U0932797

"十五"国家重点图书

中国主要经济树种栽培与利用

Culture and Utilization of Chinese Non-wood Product Forest Trees

胡芳名　谭晓风　刘惠民　主编

by Hu Fangming　Tan Xiaofeng　Liu Huimin

中国林业出版社

China Forestry Publishing House

图书在版编目（CIP）数据

中国主要经济树种栽培与利用/胡芳名，谭晓风，刘惠民　主编．－北京：中国林业出版社，2005.8
ISBN 7-5038-3997-X

Ⅰ．中…　Ⅱ．①胡…②谭…③刘…　Ⅲ．①经济林－栽培　②经济林－综合利用　Ⅳ．S727.3

中国版本图书馆 CIP 数据核字（2005）第 054725 号

出版　中国林业出版社（100009　北京西城区刘海胡同 7 号）
　　E-mail　cfphz@public.bta.net.cn　**电话**　66184477
发行　北京新华书店发行所
印刷　三河市富华印刷包装有限公司
版次　2006 年 1 月第 1 版
印次　2006 年 1 月第 1 次
开本　889mm × 1194mm　1/16
印张　50.25　　**插页**　96
字数　1703 千字
印数　1 ~ 2000 册
定价　280.00 元

《中国主要经济树种栽培与利用》编委会

主　编：胡芳名　谭晓风　刘惠民

副主编：柏方敏　姚小华　李　疆　谢耀坚　张日清　丁之恩

李保国　刘友全

编著者：（按编者顺序排列）

胡芳名　中南林学院
龚榜初　中国林业科学研究院亚热带林业研究所
丁之恩　安徽农业大学
谭晓风　中南林学院
梁维坚　辽宁省经济林研究所
裴　东　中国林业科学研究院林业研究所
吕芳德　中南林学院
张日清　中南林学院
任钦良　浙江诸暨市林业科学研究所
李　疆　新疆农业大学
尚新业　新疆林业科学院
何　健　新疆喀什地区林业科学研究所
余雪标　华南热带农业大学
林培群　华南热带农业大学
曾平安　四川省林木种苗站
万　涛　四川省林木种苗站
赵思东　中南林学院
李保国　河北农业大学
李秀根　中国农业科学院郑州果树研究所
刘先雄　湖南蓝山金地开发有限公司
王力容　中国农业科学院郑州果树研究所
何　钢　中南林学院
冯建灿　河南农业大学
王齐瑞　河南省林业科学研究院
朱鸿云　河南省西峡猕猴桃研究所
姚小华　中国林业科学研究院亚热带林业研究所
丁向阳　河南省林业科学研究院
仲山民　浙江林学院
刘惠民　西南林学院
古定球　广东省林业局
李　娜　华南热带农业大学
潘晓芳　广西大学
胥　辉　西南林学院
陈永忠　湖南省林业科学研究院
欧阳绍湘　湖北省林木育种中心
莫晓勇　广东省雷州林业局
樊金栓　西北农林科技大学
朱宁华　中南林学院
蒋丽娟　湖南省林业科学研究院
王承南　中南林学院

柏方敏	湖南省林业厅
刘友全	中南林学院
傅大利	中国林业科学研究院经济林研究开发中心
赵世华	宁夏回族自治区林业厅
吴晓春	黑龙江省林业科学研究院林副特产研究所
石明旺	河南科技学院
徐　良	广州中医药大学
阎秀峰	东北林业大学
张玉红	东北林业大学
王　洋	东北林业大学
刘克旺	中南林学院
李建安	中南林学院
李二平	湖南省林业科学研究院
覃玉荣	广西林业科学研究院
张　鹏	瑞士苏黎世植物科学研究所
谢耀坚	国家林业局桉树研究开发中心
张智俊	南京大学
李贤忠	西南林学院
任华东	中国林业科学研究院亚热带林业研究所
蓝登明	内蒙古农业大学
金争平	水利部沙棘开发管理中心
王义强	中南林学院
林保山	北华大学
段安安	西南林学院
叶　萌	四川农业大学
吴际友	湖南省林业科学研究院
舒常庆	华中农业大学
周兰英	四川农业大学
罗明灿	西南林学院
乌云塔娜	中南林学院
袁玉欣	河北农业大学
艾文胜	湖南省林业科学研究院
苏立刚	湖南省林业厅
覃正亚	湖南省林业厅
顾小平	中国林业科学研究院亚热带林业研究所
郭起荣	江西农业大学
陈建华	中南林学院

Compiling Board of Culture and Utilization of Chinese Non-wood Product Forest Trees

Compiler in Chief: Hu Fangming, Tan Xiaofeng, Liu Huimin

Deputy compiler in Chief: Bai Fangmin, Yao Xiaohua, Li Jiang, Xie Yaojian, Zhang Riqing, Ding Zhi'en, Li Baoguo, Liu youquan

Members (by compilatory order):

Hu Fangming South Central Forestry University
Gong Bangchu Research Institute of Subtropical Forests, CAF
Ding Zhi'en Anhui Agricultural University
Tan Xiaofeng South Central Forestry University
Liang Weijian Liaoning Provincial Institute of Nonwood Product Forest Crops
Pei Dong Forestry Institute, Chinese Acadeng of Forestry
Lü Fangde South Central Forestry University
Zhang Riqing South Central Forestry University
Ren Qinliang Zhuji Forest Research Institute, Zhejiang
Li Jiang Xinjiang Agricultural University
Shang Xinye Xinjiang Academy of Forestry
He Jian Kashi Institute of Forest Researches, Xinjiang
Yu Xuebiao South China Tropic Crop University
Lin Peiqun South China Tropic Crop University
Zeng Ping'an Forest Tree Seed and Seedlings Station of Sichuan Province
Wan Tao Forest Tree Seed and Seeding Station of Sichuan Province
Zhao Sidong South Central Forestry University
Li Baoguo Hebei Agricultural University
Li Xiugen Zhengzhou Research Institute of Fruit Trees, Chinese Academy of Agriculture
Liu Xianxiong Lanshan Goldenland Company Ltd., Hunan
Wang Lirong Zhengzhou Research Institute of Fruit Trees, Chinese Academy of Agriculture
He Gang South Central Forestry University
Feng Jiancan Henan Agricultural University
Wang Qirui Forestry Academy of Henan Province
Zhu Hongyun Henan Research Institute of Kiwifruit
Yao Xiaohua Research Institute of Subtropical Forests, CAF
Ding Xiangyang Forestry Academy of Henan Province
Zhong Shanmin Zhejiang Forestry College
Liu Huimin Southwest Forestry College
Gu Dingqiu Forestry Department of Guangdong Province
Li Na South China Tropic Crop University
Pan Xiaofang Guangxi University
Xu Hui Southwest Forestry College
Chen Yongzhong Forestry Academy of Hunan Province

Ouyang Shaoxiang Forest Tree Breeding Center of Hubei Province
Mo Xiaoyong Leizhou Forest Bureau of Guangdong Province
Fan Jinshuan Northwest University of Agricultural and Forestry Science & Technology
Zhu Ninghua South Central Forestry University
Jiang Lijuan Forestry Academy of Hunan Province
Wang Chengnan South Central Forestry University
Bai Fangmin Forestry Department of Hunan Province
Liu Youquan South Central Forestry University
Fu Dali Nonwood Product Forest Research and Extension Center, CAF
Zhao Shihua Workstation of Fruit Trees, Ningxia Forestry Department
Wu Xiaochun Forestry Academy of Heilongjiang Province
Shi Mingwang Xinxiang Institute of Science and Technology, Henan
Xu Liang Guangzhou University of Traditional Chinese Medicine
Yan Xiufeng Northeast Forestry University
Zhang Yuhong Northeast Forestry University
Wang Yang Northeast Forestry University
Liu Kewang South Central Forestry University
Li Jian'an South Central Forestry University
Li Erping Forestry Academy of Hunan Province
Qin Yurong Forestry Academy of Guangxi Zhuang Autonomous Region
Zhang Peng Institute of Plant Sciences, Zurich, Switzerland
Xie Yaojian Research Center of Eucalypti, CAF
Zhang Zhijun Nanjing University
Li Xianzhong Southwest Forestry College
Ren Huadong Research Institute of Subtropical Forests, CAF
Lan Dengming Inner Mongolia Agricultural University
Jin Zhengping China National Administration for Seabuckthorn Development
Wang Yiqiang South Central Forestry University
Lin Baoshan Beihua University
Duan An'an Southwest Forestry College
Ye Meng Sichuan Agricultural University
Wu Jiyou Forestry Academy of Hunan Province
Shu Changqing Forestry College of Central China Agricultural University
Zhou Lanying Sichuan Agricultural University
Luo Mingcan Southwest Forestry College
Wuyun Tana South Central Forestry University
Yuan Yuxin Hebei Agricultural University
Ai Wensheng Forestry Academy of Hunan Province
Su Ligang Forestry Department of Hunan Province
Qin Zhengya Forestry Department of Hunan Province
Gu Xiaoping Research Institute of Subtropical Forests, CAF
Guo Qirong Forestry College of Jiangxi Agricultural University
Chen Jianhua South Central Forestry University

序

中共中央 国务院《关于加快林业发展的决定》指出："林业是一项重要的公益事业和基础产业，承担着生态建设和林产品供给的重要任务"。要"突出发展名特优新经济林、生态旅游、竹藤花卉、森林食品、珍贵树种和药材培植以及野生动物驯养繁殖等新兴产品产业，培育新的林业经济增长点。"

近年来，在党和政府的高度重视和全社会的大力支持下，我国林业工作坚持以生态建设为主的发展道路，通过认真组织实施六大林业重点工程，正确处理各种重要关系，不断优化林业发展的体制和政策，大力推进科教兴林和人才强林，取得了令人瞩目的成就。生态建设已由"治理小于破坏"阶段进入"治理与破坏相持"的关键阶段，森林资源的数量和质量不断提高，野生动植物种群和栖息地环境明显改善，荒漠化防治和水土流失治理取得显著成效，林业产业迅猛发展、结构不断优化，全国林业建设呈现出盛世兴林的喜人局面。

经济林作为五大林种之一和林业产业的重要组成部分，在整个林业发展的大局中占有十分重要的地位，是做好"相持阶段"林业工作的重要载体和内容。特别是由于经济林"一年栽植、多年收益及经济和生态效益兼顾"的特点，已成为调整农村经济结构、促进农民增收的重要途径和社会投资林业的热点。据统计，目前我国经济林面积已经接近3 000 万 hm^2，占全国森林面积的17%，年产值近2 000亿元，约占林业总产值的1/3，以经济林产品保鲜、贮藏、加工为主的产业链正在加速形成，经济林已成为促进我国农村经济发展的一项新型主导产业。

经济林发展的新形势、新任务，对广大林业科技工作者提出了新的要求。广大林业科技工作者必须适应这种新形势、新要求，认真总结以往的经验和做法，自觉遵循自然规律和市场规律，勇于探索、大胆创新，进一步搞好适地适树和品种区域化问题，大力加强名、特、优、新经济林果品和产品发展，不断提高精深加工水平，促进经济林产业的持续快速健康发展。

由中南林学院胡芳名教授、谭晓风教授和西南林学院刘惠民教授主持，国内19所大学和20多个科研院所及相关单位经济林专家共同编著的《中国主要经济树种栽培与利用》，在充分吸收国内外经济林研究最新成果的基础上，比较系统地介绍了10大类共113个经济林树种的主要物种、品种及其栽培和加工利用技术，是一部集学术性、系统性、实用性于一体的大型经济林专著，被列为"十五"国家重点图书。我相信，该书的出版发行对从事经济林科研、生产和管理工作者具有重要的参考价值，对进一步促进我国经济林产业的快速持续健康发展，做好"相持阶段"的林业工作，具有重要的指导作用和实际意义。

周生贤

国家林业局局长

2005 年 7 月

前 言

经济林是指以生产果品、食用油料、饮料、调料、工业原料和药材等为主要目的的林木。我国地域辽阔，气候、土壤类型多样，经济林种类资源繁多，分布范围广泛，产品类型丰富。新中国成立以来，我国经济林生产发展迅速，特别是近20年来，经济林栽培面积不断扩大，在国家经济建设中的地位越来越高，现已形成独立规模的经济林产业。经济林科学研究也开始进入一个从单学科研究到多学科联合研究、从宏观到微观、从传统的田间试验到现代生物技术操作的纵深、宽广方向发展的新阶段，研究手段和研究方法也有实质性的提高。经济林学科体系在我国首先形成。随着经济林生产、科研的发展，近20年来，一些主要经济树种的栽培技术体系和产品加工利用体系相继建立，并出版了一些分树种的栽培利用技术图书。但到目前为止，我国尚无一部全面、系统、实用、权威的经济树种栽培利用的大型专著。为此，1999年中南林学院经济林学科有关教授经多次酝酿，并征求国内有关高等林业院校和科研院所经济林专家的意见，达成邀请国内同行专家共同编著出版《中国主要经济树种栽培与利用》大型专著的共识。各位专家一致认为，很有必要而且应尽快出版该著作，以适应我国经济林生产科研及学科发展的形势，满足广大科技工作者的迫切需求。

鉴于国内外尚无统一的经济树种分类系统，经过有关专家的反复讨论，达成了比较一致的意见。本着以植物原料类别和经济用途的基本分类原则，适当考虑类别名称的简单、通俗和实用性，本书首次将我国经济树种共分为果木类（含干果和水果）、油料类（含食用油和工业油料）、药用类、淀粉与糖类、芳香油料类、饮料类、调料类、工业原料类（含树脂、树胶、鞣料、染料、纤维类等）、竹类和其他类（木本蔬菜、饲料、土农药）共10大类。

本书包含我国主要经济树种113个，物种500余个。为保证本书的科学技术体系和编写质量，在编著过程中统一了各树种的编写体例，要求作者在充分吸收各树种国内外最新研究成果的基础上，简要地介绍各树种的栽培重要性、主要物种、主要品种（品种群）和生物学特性，重点介绍各树种的栽培技术和加工利用技术。尤其是增加加工利用技术内容是本书一大特色，有利于扩展读者的知识面及进一步开发各经济树种的潜在利用价值。绝大多数树种附有必要的彩色照片，有利于增加读者的感性认识。本书是一部集科学性、系统性、实用性于一体的图文并茂的大型经济林专著。

本书由挂靠中南林学院的经济林育种与栽培国家林业局重点实验室负责牵头，由国内19所大学20家科研院所及其他相关单位的经济林专家共同编著，最后由胡芳名教授和谭晓风教授负责统稿。本书在编著和出版过程中得到了中南林学院、西南林学院、中国林业科学研究院、湖南省林业厅、中国林业出版社等单位及全国广大经济林专家的大力支持和帮助，并得到湖南省林业厅、中南林学院森林培育国家重点学科的部分资助，使本书的编著和出版工作得以圆满完成。为此我们对各单位和各位专家的大力支持和辛勤工作表示衷心的感谢！

本书虽然历时数年，但仍成稿仓促，一定还存在许多不足和谬误之处，敬请广大专家和读者提出宝贵意见，以便再版时修改完善。

胡芳名　谭晓风　刘惠民

2004年8月28日

Preface

In the *Decision on Speeding up the Development of Forestry*, released by the Central Committee of the Communist Party of China and the State Council, forestry is explicitly defined as an important public welfare undertaking and a basic industry that bears the dual tasks of ecological reconstruction and provision of forest products, where to establish a relatively complete forest ecosystem and an advanced forest industrial system has been assigned as the long-term objective of forestry development. The *Decision* has also pointed out that, to foster new growth areas in the forest economy, efforts should be focused on such new products and industries as the famous and specialized non-wood forest products, ecotourism, bamboo and rattan, floriculture, forest foodstuff, culture of valuable trees and ingredients of traditional Chinese medicine, and wildlife domestication and reproduction.

In the recent years, our government has attached great importance to the development of forestry that puts ecological reconstruction as the priority. We have made marked progress through implementation of the six national key forest projects, coordination of the various basic relations, optimization of the forest system and policy, and advancement of the strategy of invigorating forestry through science and technical expertise. As a result, our forestry rehabilitation has entered, from the past "more damage but less control" stage, the "balanced control and damage" stage, where the forest resource has gained a continuous increase in quantity and quality, wild plants and animals have noticeably improved in community conditions and habitats, desertification and soil erosion has been remarkably checked, forest industries have boomed and the industry structure optimized, and nation-wide aspect of forestry revitalization has come into existence.

Non-wood product forest crops as a forest category belongs to the five major forest categories of our country, and it is an important component of our macro forest industry, playing a very significant role in the forestry development as a whole. It is the indispensable medium and ingredient in mediating ecological conservation and forest production. In particular, non-wood product forest trees and shrubs are characterized by their "one year planting but multi year harvest" and "a merger of economic and ecological benefit" advantages; therefore, they have long been the hot investment items in economic restructuring and optimization in the rural areas. Statistics show that we have approximately 30 million hectares of non-wood forest crops, taking 17 per cent of our total forested area and making an annual output value of 200 billion RMB yuan which accounts for 1/3 of the total value of forest output. The industrial chain is in rapid progress, comprising the production, freshness retention, storage, and processing of the non-wood forest products. In a word, non-wood forest production has become a new leading industry in promoting our rural socio-economic development.

The new task and development prospects of non-wood product forest crops have generated new requirements for all those working as forest scientists and technicians. To adapt ourselves to this change, we should conscientiously sum up our experience, follow the natural law and the market rules, and renovate old ideas and explore new orientations. We should keep solving the problem of cultivar regionalization to grow the right cultivars on the right site. In addition, we should actively develop famous, specialized, and new products, and raise the level of deep processing, so as to foster the sustained, rapid, and sound development of the non-wood product forest industry.

The large monograph *Culture and utilization of Chinese Non-wood Product Forest Trees*, compiled by Professors Hu Fangming and Tan Xiaofeng of South Central Forestry University and Professor Liu Huimin of Southwest Forestry College, and co-authored by professionals from 19 Chinese colleges and universities and more than

20 research institutes and academies, is a joint work well collaborated with all the domestic and overseas achievements pertinent to non-wood product forest crops. This book systematically introduces according to 10 product kind 113 non-wood product trees and/or shrubs that are grown in our country in terms of each tree's major species, cultivars, and cultivation and processing utilization techniques and technology. It is a book of academics, systematics, and practicability, doubtlessly worthy of the honor of having been listed as the national key publication in the "tenth five-year period". It is my belief that publication and circulation of this book will be of great reference value to the large number of people engaging in non-wood product forest research, production, and management. It will also underline a guiding role and practical significance in further promoting the sustained, rapid, and sound development of the non-wood product forest industry in our country's stage of "balanced control and damage" in forestry development.

Zhou Shengxian
Administrator of the State Forestry Administration
July 2005

Foreword

Non-wood product forest (NWPF) Crops include those forest trees and shrubs that mainly produce fruit, edible oil, beverage, condiment, industrial, and medicinal raw material, *etc.* China is vast in territory, and diversified in climate and soil types. There is a rich variety of NWPF resource, whose distribution is extensive and product kinds are numerous. Since the founding of the People's Republic of China, NWPF production has achieved great development. Especially in the last two decades, the planting area of NWPF has been enlarged continuously, giving rise to a more important role in the national economic construction, and now the specialized NWPF industry has already been formed. The research on NWPF has also begun to enter a new stage when scientists and technicians have directed their attention from single disciplines to multidisciplinary cooperation. The scope of research has not only included macro programs and conventional field tests and trials, it has also covered micro programs that make use of modern biological technology in good depth and width. In addition, the means and techniques of research have also been advanced substantially. China is the first country to establish the NWPF disciplinary system. Along with the development of the NWPF production and research in the last 20 years, the product processing system as well as the technical horticultural system of some major NWPF trees have been formed in succession, and many books on culture and utilization by individual trees have been published. However, so far, there isn't a comprehensive, systematic, practical, authoritative, and large-scale monograph on cultivating and using of NWFP trees in our country yet. Therefore, in 1999, NWPF scientists and technicians across the country reached general agreement, which had been initiated by NWPF professors with South Central Forestry University, that the expertise of all those concerned should be sought to compile and publish the large book named *Culture and utilization of Chinese Non-wood Product Forest Trees.* The editors and contributors believed that it is of great necessity to publish this monograph and the plan ought to be enacted as quickly and effectively as possible, in order to keep pace with the situation of NWPF production, research and discipline development in our country and meet the urgent demand of the broad ranks of scientists and technicians.

In view of the fact that the unified classification system of NWFP trees has not yet been set up in China or overseas, so the editors decided after repeated discussions to compile the book by the guideline of classifying the NWPF plants by the product kind and its economic utility, and at the same time consider simplicity, popularity and applicability of the class names. Thus, the NWFP trees included in this book are divided into 10 classes, including Fruit and Nut Trees covering fresh and dry fruit; Oil Trees consisting of edible and industrial oil crops; Raw Material for Traditional Chinese Medicine; Starch and Sugar Crops; Essential Oil Crops, Beverage Crops; Spice & Condiment Crops; Raw Material for Industrial Use including resin, gum, tan, dyestuff, fiber, *etc.*; Bamboo; and Other Tree Crops comprising woody vegetables, feedstuff, plant pesticide, *etc.*

This book contains the major 113 NWFP trees that grow in our country, covering nearly 500 species. In order to guarantee the system of science and technology and compilation quality, in the course of compilation, the format of all trees was unified, and every contributing author was asked, on the basis of consulting the newest achievements of his or her assigned trees, to introduce briefly the cultivation significance, major species, major cultivars or cultivar groups, and biological characteristics, and to pay particular attention to the cultivation and processing utilization techniques and technology. It is worthwhile to mention that the added content relating to processing and utilization is a great feature of the book, and is helpful to extend the reader's knowledge and further develop the latent value in use of each kind. The color photographs are provided for each tree, which is instrumental in enhancing the readers perceptual knowledge. This book is a scientific, systematic, practical and large scale NWPF monograph with rich illustration and depiction.

Through the leading effort of the State Forestry Administration Key Lab of NWPF Breeding & Culture affiliated with South Central Forestry University, the NWPF experts were drawn together from 19 colleges and universities, and more than 20 research academies and institutes and other related units. Professors Hu Fangming and Tan Xiaofeng took the responsibility of arranging and reading through the final manuscript. We are extremely grateful to those institutions that are supportive and helpful in the course of compiling and publishing this book: South Central Forestry University, Southwest Forest College, Chinese Academy of Forestry, Forestry Department of Hunan Province, China Forestry Publishing House, *etc.* We owe special thanks to the large number of nationwide NWPF professionals, whose unselfish sharing of information and whose contribution of manuscripts has made the book successfully come out. We appreciate each institution and every contributor for their vigorous support and industrious work. Although the book is an effort of several years, but we still feel the incompletion. Therefore, we warmly welcome experts and readers to make valuable comments on it, so that improvements can be made in the next edition.

Hu Fangming, Tan Xiaofeng, Liu Huimin
August 28, 2004

目　　录

序
前言

一、果木类 ………………………………（1）
1. 板　栗 ……………………………………（2）
2. 锥　栗 ……………………………………（10）
3. 丹东栗 ……………………………………（15）
4. 枣 ……………………………………（17）
5. 银　杏 ……………………………………（26）
6. 榛 ……………………………………（40）
7. 核　桃 ……………………………………（48）
8. 山核桃 ……………………………………（63）
9. 美国山核桃 ……………………………………（66）
10. 香　榧 ……………………………………（72）
11. 扁　桃 ……………………………………（82）
12. 阿月浑子 ……………………………………（91）
13. 腰　果 ……………………………………（97）
14. 澳洲坚果 ……………………………………（102）
15. 柑橘 ……………………………………（115）
16. 苹果 ……………………………………（129）
17. 梨 ……………………………………（139）
18. 桃 ……………………………………（155）
19. 李 ……………………………………（166）
20. 杏 ……………………………………（172）
21. 樱　桃 ……………………………………（181）
22. 梅 ……………………………………（189）
23. 柿 ……………………………………（197）
24. 葡　萄 ……………………………………（207）
25. 猕猴桃 ……………………………………（219）
26. 余甘子 ……………………………………（227）
27. 枇　杷 ……………………………………（234）
28. 山　楂 ……………………………………（247）
29. 石　榴 ……………………………………（256）
30. 无花果 ……………………………………（264）
31. 枳　椇 ……………………………………（271）
32. 常山胡柚 ……………………………………（275）
33. 葡萄柚 ……………………………………（282）
34. 龙　眼 ……………………………………（286）
35. 荔　枝 ……………………………………（293）
36. 橄　榄 ……………………………………（301）
37. 杧　果 ……………………………………（306）
38. 番木瓜 ……………………………………（316）
39. 黄　皮 ……………………………………（321）
40. 母猪果 ……………………………………（335）

二、油料类 ……………………………………（369）
41. 油　茶 ……………………………………（370）
42. 油橄榄 ……………………………………（384）
43. 油　棕 ……………………………………（389）
44. 椰　子 ……………………………………（392）
45. 文冠果 ……………………………………（397）
46. 元宝枫 ……………………………………（401）
47. 毛　梾 ……………………………………（406）
48. 油　桐 ……………………………………（408）
49. 乌　桕 ……………………………………（418）
50. 绿玉树 ……………………………………（422）

三、药用类 ……………………………………（425）
51. 杜　仲 ……………………………………（426）
52. 厚　朴 ……………………………………（432）
53. 黄　柏 ……………………………………（438）
54. 肉　桂 ……………………………………（441）
55. 山茱萸 ……………………………………（450）
56. 辛　夷 ……………………………………（454）
57. 枸　杞 ……………………………………（461）
58. 五味子 ……………………………………（469）
59. 野山参 ……………………………………（474）
60. 连　翘 ……………………………………（480）
61. 金银花 ……………………………………（484）
62. 降　香 ……………………………………（491）
63. 沉　香 ……………………………………（495）
64. 儿　茶 ……………………………………（500）
65. 槟　榔 ……………………………………（503）
66. 罗汉果 ……………………………………（509）
67. 喜　树 ……………………………………（520）
68. 红豆杉 ……………………………………（527）

69. 三尖杉 …………………………………………… (530)

四、淀粉与糖类 …………………………………… (533)
70. 橡 子 …………………………………………… (534)
71. 糖 槭 …………………………………………… (537)
72. 葛 ………………………………………………… (539)
73. 木 薯 …………………………………………… (545)

五、芳香油料类 …………………………………… (549)
74. 山苍子 …………………………………………… (550)
75. 芳香油用桉树 …………………………………… (554)
76. 樟 树 …………………………………………… (558)
77. 桂 花 …………………………………………… (568)
78. 玫 瑰 …………………………………………… (573)

六、饮料类 ………………………………………… (609)
79. 茶 树 …………………………………………… (610)
80. 咖 啡 …………………………………………… (623)
81. 杨 梅 …………………………………………… (626)
82. 沙 棘 …………………………………………… (636)
83. 刺 梨 …………………………………………… (641)
84. 山葡萄 …………………………………………… (645)
85. 树 莓 …………………………………………… (650)
86. 越 橘 …………………………………………… (655)
87. 西番莲 …………………………………………… (661)

七、调料类 ………………………………………… (665)
88. 八 角 …………………………………………… (666)
89. 胡 椒 …………………………………………… (678)
90. 花 椒 …………………………………………… (683)

八、工业原料类 …………………………………… (689)
91. 漆 树 …………………………………………… (690)
92. 橡 胶 …………………………………………… (696)
93. 松 脂 …………………………………………… (701)
94. 黑荆树 …………………………………………… (711)
95. 五倍子 …………………………………………… (719)
96. 虫白蜡 …………………………………………… (724)
97. 紫 胶 …………………………………………… (731)
98. 棕 榈 …………………………………………… (734)
99. 白 榆 …………………………………………… (737)
100. 柠 条 ………………………………………… (741)
101. 邓恩桉 ………………………………………… (744)
102. 沙 柳 ………………………………………… (748)

九、竹 类 ………………………………………… (751)
103. 毛 竹 ………………………………………… (752)
104. 刚 竹 ………………………………………… (770)
105. 水 竹 ………………………………………… (774)
106. 慈 竹 ………………………………………… (777)
107. 笋用竹 ………………………………………… (780)
108. 观赏竹 ………………………………………… (789)

十、其他类 ………………………………………… (799)
109. 香 椿 ………………………………………… (800)
110. 印 楝 ………………………………………… (809)
111. 马 桑 ………………………………………… (813)
112. 刺 槐 ………………………………………… (817)
113. 紫穗槐 ………………………………………… (822)

参考文献 …………………………………………… (825)

附录 1 经济树种中文名和拉丁名对照 …… (865)
附录 2 经济树种拉丁名和中文名对照 …… (875)

Contents

Preface

Foreword

Chapter 1 Fruit and Nut Trees ………………… (1)

1. Chinese chestnut *Castanea mollissima* ……… (2)
2. Henry chestnut *Castanea henryi* …………… (10)
3. Danton chestnut *Castanea dandongensis* …… (15)
4. Jujube *Ziziphus jujuba* ………………………… (17)
5. Gingko *Ginkgo biloba* ………………………… (26)
6. Siberian hazelnut *Corylus heterophylla* ……… (40)
7. Persian walnut *Juglans regia* ………………… (48)
8. Cathay hickory *Carya cathayensis* …………… (63)
9. Pecan tree *Carya illinoensis* ………………… (66)
10. Chinese torreya *Torreya grandis* …………… (72)
11. Almond *Amygdalus communis* ……………… (82)
12. Pistachio *Pistacia vera* ……………………… (91)
13. Cashew nut *Anacardium occidentale* ……… (97)
14. Macadamia nut *Macadamia integrifolia* … (102)
15. Orange *Citrus reticulata* …………………… (115)
16. Apple *Malus pumila* ………………………… (129)
17. Pear *Pyrus communis* ……………………… (139)
18. Peach *Amygdalus persica* ………………… (155)
19. Plum *Prunus salicina* ……………………… (166)
20. Apricot *Armeniaca vulgaris* ……………… (172)
21. Cherry *Prunus avium* and *P. cerasus* …… (181)
22. Sour plum *Prunus mume* ………………… (189)
23. Persimmon *Diospyros kaki* ……………… (197)
24. Grape *Vitis vinifera* ……………………… (207)
25. Kiwifruit *Actinidia chinensis* …………… (219)
26. Emblic *Phyllanthus emblica* …………… (227)
27. Loquat *Eriobotrya japonica* …………… (234)
28. Chinese hawthorn *Crataegus pinnatifida* … (247)
29. Pomegranate *Punica granatum* ………… (256)
30. Fig tree *Ficus carica* …………………… (264)
31. Raisin tree *Hovenia acerba* …………… (271)
32. Changshanhuyou *Citrus changshan – huyou* ……………………………………………… (275)
33. Grapefruit *Citrus paradisi* ……………… (282)
34. Longan *Dimocarpus longan* …………… (286)
35. Lychee *Litchi chinensis* ………………… (293)
36. Olive *Olea europaea* …………………… (301)
37. Mango *Magnifera indica* ……………… (306)
38. Papaya *Carica papaya* ………………… (316)
39. Chinese wampee *Clausena lanisum* …… (321)
40. Nilgiris helicia *Helicia nilagirica* ……… (335)

Chapter 2 Oil Trees …………………………… (369)

41. Oiltea camellia *Camellia oleifera* ……… (370)
42. Common olive *Olea europaea* ………… (384)
43. Oil palm *Elaeis guineensis* …………… (389)
44. Coconut *Cocos nucifera* ……………… (392)
45. Shinyleaf yellowhorn *Xanthoceras sorbifolia* ……………………………………………… (397)
46. Purpleblow maple *Acer truncatum* …… (401)
47. Walter dogwood *Cornus walteri* ……… (406)
48. Tungoiltree *Vernicia fordii* …………… (408)
49. Chinese tallowtree *Sapium sebiferum* … (418)
50. Malabartree euphorbia *Euphorbia tirucalli* ……………………………………………… (422)

Chapter 3 Raw Material for Traditional Chinese Medicine ………………………… (425)

51. Eucommia *Eucommia ulmoides* ……… (426)
52. Officinal magnolia *Magnolia officinalis* … (432)
53. Chinese corktree *Phellodendron chinense* ……………………………………………… (438)
54. Cassia bark tree *Cinnamomum cassia* … (441)
55. Common macrocarpium *Cornus officinalis* ……………………………………………… (450)
56. Lily magnolia *Magnolia biondii*, *M. denudata*, and *M. sprengeri* ……………………… (454)
57. Chinese wolfberry *Lycium chinense* …… (461)
58. North magnoliavine *Schisandra chinensis* ……………………………………………… (469)
59. Wild ginseng *Panax ginseng* …………… (474)
60. Weeping forsythia *Forsythia suspensa* … (480)
61. Honeysuckle *Lonicera japonica* ……… (484)
62. Scented rosewood *Dalbergia odorifera* … (491)
63. Chinese eaglewood *Aquilaria agallocha* … (495)

64. Catechu *Acacia catechu* ······················ (500)
65. Betel - nut palm *Areca catechu* ·············· (503)
66. Lohanguo siraitia *Siraitia grosvenorii* ······ (509)
67. Common camptotheca *Camptotheca acuminata* ·· (520)
68. Chinese yew *Taxus chinensis* ·············· (527)
69. Fortune plumyew *Cephalotaxus fortunei* ··· (530)
Chapter 4 Starch and Sugar Crops ········ (533)
70. Acorn *Fagus* spp. ························· (534)
71. Sugar maple *Acer saccharum* ················ (537)
72. Edible kudzuvine *Pueraria edulis* ··········· (539)
73. Cassava *Manihot esculenta* ················· (545)
Chapter 5 Essential Oil Crops ··············· (549)
74. Fragrant litse *Litsea cubeba* ················ (550)
75. Essential oil *Eucalyptus* spp. ·············· (554)
76. Camph or tree *Cinnamomum camphora* ··· (558)
77. Sweet - scented osmanthus *Osmanthus fragrans* ·· (568)
78. Rose *Rosa rugosa* ··························· (573)
Chapter 6 Beverage Crops ····················· (609)
79. Tea Plant *Camellia sinensis* ················ (610)
80. Coffee *Coffea arabica* ······················ (623)
81. Chinese bayberry *Myrica rubra* ·············· (626)
82. Seabuckthorn *Hippophae rhamnoides* ········ (636)
83. Roxburgh rose *Rosa roxburghii* ·············· (641)
84. Amur grape *Vitis amurensis* ················· (645)
85. Raspberry *Rubus crataegifolius* ·············· (650)
86. Cowberry *Vaccinium uliginosum* ··········· (655)
87. Bluecrown Passionflower *Passiflora caerulea* ·· (661)
Chapter 7 Spice & Condiment Crops ······ (665)
88. Anisetree *Illicium verum* ···················· (666)
89. Black pepper *Piper nigrum* ················· (678)
90. Bunge pricklyash *Zanthoxylum bungeanum* ·· (683)
Chapter 8 Raw Material for Industrial Use ·· (689)
91. Lacquertree *Rhus vernicifluum* ·············· (690)
92. Rubber tree *Hevea brasiliensis* ·············· (696)
93. Turpentine *Pinus* spp. ······················ (701)
94. Black wattle *Acacia mearnsii* ················ (711)
95. Host trees for Chinese gallnut *Rhus* spp. ·· (719)
96. Host trees for the white wax insect *Fraxinus chiensis* and *Lingustrum lucidum* ··········· (724)
97. Host trees for the lac insect *Dalbergia* spp. ·· (731)
98. Fortunes windmill palm *Trachycarpus fortunei* ·· (734)
99. White elm *Ulmus pumila* ···················· (737)
100. Little-leaf peashrub *Caragana microphylla* ·· (741)
101. Dunnii eucalyptus *Eucalyptus dunnii* ······ (744)
102. Sandlive willow *Salix mongolica* ··········· (748)
Chapter 9 Bamboo ····························· (751)
103. Moso bamboo *Phyllostachys heterochycla* var. *pubescens* ······························· (752)
104. Green-sulphur bamboo *Phyllostachys viridis* ·· (770)
105. Rigid bambusa *Bambusa rigida* ··········· (774)
106. Common sinocalamus *Sinocalamus affinis* ·· (777)
107. Shoot bamboo *Phyllostachys* spp. and *Sinocalamus* spp. ························· (780)
108. Ornamental bamboos *Phyllostachys* spp. , *Bambusa* spp. and *Sinocalamus* spp. ··· (789)
Chapter 10 Other Tree Crops ··············· (799)
109. Chinese toona *Toona sinensis* ·············· (800)
110. Neem *Azadirchta indica* ···················· (809)
111. Chinese coriaria *Coriaria sinica* ··········· (813)
112. Black locust *Robinia pseudoacacia* ········ (817)
113. Indigobush amorpha *Amorpha fruticosa* ··· (822)
Reference ·· (825)
Appendix One Chinese and Latin Names of Non-wood Product Forest Trees ········ (865)
Appendix Two Latin and Chinese Names of Nonwood Product Forest Trees ········ (875)

一、果 木 类

1. 板　　栗

板栗是中国著名干果之一，栽培历史悠久，从西安半坡村（仰韶文化遗址）中发现了氏族社会（距今6 000年前）就已经利用野生栗树的果实。西汉司马迁《史记·货殖列传》就在“燕秦千树栗，其人皆与千户侯等”的记载。可见在中国栽培和利用板栗的历史悠久，与人民生活极为密切。

栗实营养丰富，甘美可口。据胡芳名对“邵阳它栗”的测定，鲜果种仁除含淀粉67.5%，蛋白质11.95%，脂肪2.15%外，还含有维生素A、B、C和微量元素钙、磷、钾、铁、镁、锰等，其中蛋白质含量比大米高30%，脂肪比大米高2倍左右。它不仅营养丰富，种实、叶、壳、刺苞、雄花序、树皮、根均可入药，对防病保健有良好的作用。板栗又是中国传统的出口物资，“天津甘栗”在国际市场上久享盛名；花是良好的蜜源；叶可饲养柞蚕；树皮、壳斗可提炼栲胶。

栗树适应性强，耐干旱，寿命长，产量稳定，100年以上的栗树株产量仍可达50kg以上，素有“铁杆庄稼”之美称。

2003年全世界栗坚果总产量为92.25万t，中国栗总产量达59.9万t。主要生产国家有中国、日本、朝鲜、意大利、俄罗斯、法国和瑞士等。欧洲栗栽培面积约200万hm^2，由于栗疫病的危害，总产量由20世纪50年代的70万t下降到30万t，美国栗原是美国西部在经济上和生态上最主要的树种之一，自20世纪初发现栗疫病后，已毁灭殆尽。但位于栗原产区以外的威斯康星州，自18世纪中后期从东部引进栽种的美国栗以后，这些远离原产区的树及其后代，未被栗疫病侵染而保存下来，这是世界现存的遗传上纯正的美国栗的重要部分。日本栽培的栗树，自20世纪50年代以来，栗瘿蜂危害严重，年产量停滞在2.8万t左右，后来在选育抗栗瘿蜂品种的同时，加强了栗园管理，惟独栽培面积不断增加，产量也显著提高。

惟独中国板栗品质优良、抗病虫害、涩皮易剥离等优点，是世界其他栗所不及，在国内外均享有很高的声誉。因此，欧美各国和日本都先后引种栽培我国板栗，并利用它作为抗病虫育种的亲本。

一、栗的种类

栗为壳斗科栗属（*Castanea* Mill.）植物，同属植物约10种，其中主要的为板栗、锥栗、茅栗、美国栗、欧洲栗、日本栗、榛果栗等。根据其主要形态特征列检索表如下：

A. 一刺苞内有坚果2～3个，一般横径稍大于纵径。

B. 叶无毛，平滑，长约12～24cm，基部为楔形，冬芽无毛，或几乎近于无毛……………………………………………… 美洲栗 *C. dentata* Borkh

BB. 叶幼嫩时背面有柔毛，基部有时呈圆形，冬芽有柔毛。

C. 叶背有鳞腺，果实的内皮与果肉不易剥离。

D. 叶至少在嫩叶期背面有短刚毛，乔木。

E. 叶长约12～22cm，有疏锯齿 ……………………………………… 欧洲栗 *C. sativa* Mill.

EE. 叶长约8～16cm，锯齿密，先端为针状，树较前者稍小形…………………………………………………… 日本栗 *C. crenata* Sieb. et Zucc.

DD. 叶仅在背面叶脉上有柔毛，鳞腺密生。多为灌木 …………………… 茅栗 *C. seguinii* Dode

CC. 叶背无鳞腺，新梢密生柔毛，果实内皮与果肉易剥离 ………… 板栗 *C. mollissima* Blume

AA. 一刺苞内坚果以单生为主，呈圆筒形，普通其高较幅为大。

B. 叶背面密生短刚毛，普通叶为椭圆形。

C. 树甚矮小，果实早熟 ………………………………………… 矮榛果栗 *C. alnifolia* Nutt.

CC. 树为灌木性，但较前者大，而果实熟期亦较前者晚 ……………… 榛果栗 *C. pumila* Mill.

BB. 叶无毛，为椭圆状披针形，先端长、渐尖，叶柄细长。…………………………………………………… 锥栗 *C. henryi*（skan）Rehd. et Wils.

二、分布及品种资源

（一）分布

板栗在我国栽培的地域极为辽阔，其分布最北的是辽宁的凤城和河北的宽城，约为北纬40°31′，最南至海南省的黎族苗族自治州，北纬18°30′，东经99°～124°。跨热带、亚热带、暖温带和温带南部。包括吉林、辽宁、河北、北京、天津、内蒙古、山东、河南、安徽、江苏、上海、浙江、福建、江西、台湾、广东、广西、湖南、湖北、四川、重庆、贵州、云南、陕西、甘肃、青海南部和西藏东南部等地市。实际的栽培分布还不止于此。如吉林的集安位于北纬41°11′，板栗可以生长，但冻害严重。

板栗的垂直分布，河北昌黎最低，海拔16.2m；山东郯城、江苏新沂、沭阳等地的冲积平原，海拔在50m以下，最高的为云南维西，海拔达2 800m。板栗的垂直分布因地形及气候带不同而有差异，有愈向南分布愈高的趋势。实际上分布最多、栽培最盛的是在黄河流域的华北及长江流域。

（二）品种分布区域和主要优良品种

我国板栗品种资源十分丰富，据统计，全国板栗品种约400个，根据品种的区域特性划分为6个地方品种群，各品种群分布地区均已选育出不少优良品种。

1. 东北品种群

分布于辽宁、吉林两省的产区，是我国板栗分布最北的一个品种群。以实生繁殖为主，板栗产量占全国总产量的5%左右。品种以日本栗系统的丹东栗为主，结果较早，产量也高，但涩皮不易剥离。近年来，已选出辽丹61号、辽丹58号、辽丹15号等优良品种。该区板栗生产特点是产区分散，冬季温度过低，易遭冻害，要采取防冻措施。

2. 华北品种群

分布于河北、山东、北京、天津及河南东部、江苏北部。本品种群分布区板栗总产量占全国总产量40%以上。以实生繁殖为主，变异幅度大，果实较小，平均单果重不到10g的品种约占品种总数的78%。果肉内蛋白质和糖的含量较高，较甜香，品质优良，适宜炒食。近年来已选育出不少优良品种。如迁西明栗、红栗、红光栗、燕山红栗、金丰、石丰、上丰、华丰、沂蒙短板栗、泰安薄壳栗等。气候特点是夏暖冬冷，半湿润，春旱较重。

3. 西北品种群

分布于甘肃南部、四川北部、陕西渭河流域以南、湖北的西北部及河南西部等地。本品种群板栗产量约占全国总产量的5%。繁殖方式由实生向嫁接过渡，管理较粗放。主要优良品种有长安明板栗、长安灰板栗、镇安大板栗、汉中红板栗等。气候特点是冬冷夏暖热，半湿润或半干旱，多秋雨。

4. 西南品种群

分布于我国西南部，包括贵州、云南、四川、重庆以及湘西南、藏南谷地。本品种群果形一般偏小，平均重7.6g，含糖量较低，平均11%左右。淀粉含量平均达62.5%。常见的优良品种有玉屏大板栗、宜良早板栗、平顶大红栗、兴交薄壳板栗等。气候特点是冬暖夏凉，日照偏少，多秋雨。

5. 长江中下游品种群

分布于湖北、安徽、浙江、江苏、江西、湖南及河南东南部、福建北部等地。本品种群产量约占全国板栗总产量的1/3以上。主要特点是以嫁接繁殖为主，有利用野生板栗进行就地嫁接居多。性状比较稳定。多数品种的果形较大，单果平均重15g以上的约占品种总数的50%以上，其中不少品种的单果平均重达20g以上，如浅刺大板栗、焦扎、结板栗、大油栗等。大多数品种果实含糖量较低，含糖量不到10%的品种占47%。淀粉含量较高，平均达57%。肉质偏粳性，大多适作菜用栗。

主要优良品种有江苏的九家种、处署红、焦扎，安徽的大红袍，浙江毛板红，湖北大悟的腰子果及罗田的桂花香、乌壳栗、浅刺大板栗，湖南的大板栗、结板栗、它栗等。气候特点是夏季炎热，冬季较冷，雨量充沛，四季分明，花期多雨，秋旱严重。

6. 东南品种群

分布于我国南岭以南的广东、广西、海南、台湾以及福建南部、江西南部等地、湖南南部、自治区。本品种群产量占全国总产量的10%左右。多用实生繁殖，栽培管理较粗放。果实以中等大小占多数，亦有少数大果品种。果实品质差异较大。含糖量一般较低、淀粉和水分含量则较高，不耐贮藏。主要优良品种有广东的韶栗18号，广西的中果红油栗、大果乌皮栗、中果油毛栗、早熟油栗、中果黄皮栗等。该气候特点是冬暖夏热，雨量充沛，栗树生长快，进入结果期早，但病虫害较猖獗。

三、生物学特性

（一）生态习性

板栗生长对气候条件要求一般在年均气温8～22℃，极端最高气温35～43℃，极端最低气温－35℃，年降水量为500～1 900mm。但在年均气温10～14℃，生育期16～20℃，花期17℃，受精期的气温为17~25℃，年降水量600~1 400mm的地方生长最好。

板栗对土壤要求不甚严格，但对碱性土特殊敏感，在pH值4.5~7.0的范围内生长良好，若pH值大于7.6、含盐量大于0.2%时，生长不良。板栗是需锰的树种，生长良好的栗树叶片含锰量为0.25%，降至0.1%左右发育不良，叶片黄化。无论是山地、丘陵或河滩冲积沙地均可栽培，但以土层深厚、富含有机质、质地疏松、排水良好的土壤为宜。板栗具有发达的根系，较耐旱、耐涝。一般来说，北方品种较南方品种耐旱，南方品种较北方品种耐涝。

板栗喜光，忌荫蔽。在每日光照不足6h的沟谷，树冠生长直立，叶薄枝细，产量低。在开花期间，光照不足，易引起生理落果。如长期过度遮荫，会使内膛枝叶黄瘦细弱，甚至枯死，或枝条过多，影响产量。在栽植时应选择光照充足的阳坡，或开阔的沟谷地为宜。

（二）生长发育

板栗的生长发育与当地的气候条件和栽培技术措施有密切关系，实生苗第一年地上部分生长较慢，地下部分生长较快，第二至三年后，地上部分生长加快，一般5~7年开始开花结果，15年左右进入盛果期。但有少数品种的实生苗播后第二至三年甚至当年即有一部分植株开花结果。

1. 根系生长

板栗为深根性树种，侧根细根均较发达。成年树根系的水平伸展范围，可超过枝展1倍，甚至3~5倍，据观察，15年生的栗树，其水平根长达5.2m，越近地表上层水平根扩展越远。20年生实生栗树，在深120cm处尚有根的分布，其中20~60cm的土层根系最多，在土层薄而砾石较多的地区，在表土15cm处即有大根，并逐步有大根暴露地面。12年生的栗树，在土层深1.5m处，距主干不同距离根的数量为：0.5m处占72%，5.5m处占28%。

栗树根系的再生能力以直径2mm以下的细根的再生能力最强，一般于早春断根后2周便发出新根，2个月内即能发出大量须根；5~15mm以上的粗根，再生能力较差。因此在移栽和抚育时忌伤粗根过多，以免影响生长。据江苏植物所观察，幼苗根系在土温17℃时开始生长，土温20~26℃时根系生长旺盛，土温降到15℃以下，根系便进入休眠。

栗树幼嫩根上常有和真菌共生的外生菌根，菌丝体成罗纱状，细根多的地方菌根也多。菌根形成期与栗根活动期相适应，而菌根在栗根长出新根后形成，栗根停止生长前结束，7~8月份菌根的发生达到高峰（松原，1957），菌根可使根系表皮层细胞显著增大，扩大吸收面积，增强根系的吸收能力，还可分解土壤中难以分解的养分，当土壤含水量达萎蔫系数时，菌根还能吸收水分，促进栗根生长发育。据试验，圃地接种菌根，1年生幼苗比对照区苗高18%，径粗5%。

菌根的形成和发育与土地肥力有密切关系。当土壤有机质多、pH值为5.5~7、通气良好、含水量20%~30%、土温20~30℃时菌根形成多且生长也好。因此，对栗园增施有机质肥料，接种菌根，加强土、肥、水管理，是促进栗树生长发育的有效措施。

2. 芽的生长

栗芽按性质分为：混合花芽（可分为完全混合花芽和不完全混合花芽）、叶芽和休眠芽（隐芽）3种。完全混合花芽着生于枝条顶端及其下2~3节，萌发后抽生果枝；不完全混合花芽，着生于完全混合花芽的下部或较弱枝顶端及其下部，萌发后形成雄花枝。叶芽，幼年树着生在旺盛枝条的顶部和其中下部。进入结果期的树，多着生在各类枝条的中下部，萌发后形成各类发育枝。休眠芽着生在各类枝条的基部短缩的节位处，当枝干折断或修剪等刺激则萌发徒长枝，有利更新复壮。栗在修剪时，要注意芽的位置和方向，以调节枝向和枝条分布。

3. 枝条生长

栗树枝条可分为发育枝、结果母枝和结果枝3种。

（1）发育枝。由叶芽或休眠芽萌发而成，是形成树体骨架的主要枝条。根据枝条的生长势可分为3类。

• 徒长枝（又称水娃枝、游杆） 休眠芽受刺激后萌发而成。一般着生于主干或靠近主干的骨干枝上，生长旺盛，一般长30cm以上，有时可达1~2m。徒长枝的节间较长，生长不充实，芽小，1~2年内不能形成结果母枝，通过合理修剪，3~4年后也可以开花结果。

• 普通发育枝 由叶芽萌发而成。生长健壮，是形成树冠骨干枝的基础。在幼树时生长旺盛，顶端2~3个芽发育充实，表现明显的顶端优势，每年生长量较大，向前延续生长较快，使树冠很快扩张，但发枝力弱，中、下部的芽抽枝较少，易于光秃，故应短截改变发枝部位。到结果盛期，发育枝生长充实，在顶端2～4个芽形成花芽，成为结果母枝，在先端的发育枝仍能延续生长。在老树期，发育枝生长很慢，成为纤细枝，翌年生长甚微或枯死。

• 细弱枝　由于枝条所处部位和营养状况不良，形成各种细弱枝。

（2）结果母枝。由生长健壮的发育枝和结果枝转化而成。着生混合芽的枝条为结果母枝，由其顶端的几个混合芽抽生结果枝，下部芽抽生发育枝，靠近基部的几个芽则不萌发，呈休眠状态。但随树龄的增加，各种枝条的抽生情况也不一样。在幼龄树时，其顶芽皆可抽生结果枝；结果期的树除靠近顶芽可以抽生果枝外，在母枝的中部也可抽生结果枝；而衰老树的母枝抽生的结果枝很不规律，甚至近基部的芽仍有抽生结果枝的可能。结果母枝抽生结果枝的多少与树龄和母枝的强弱有关。结果期的树，母枝抽生结果枝较多，老树则抽生较少；结果母枝越强，抽生结果枝也越多。因而促进强壮结果母枝的发生，是丰产稳产的保证。

（3）结果枝。由结果母枝上抽生具有雌雄花序的枝条称为结果枝。从下部2～3节起向上每节叶腋着生雄花序，顶端几个雄花序基部着生雌花序，开花结果。结果枝多位于树冠外围，一般生长健壮，既能为结果母枝，又能成为树冠骨干枝，具有扩大树冠和结实的双重作用。弱结果母枝及其顶芽下的芽萌发的枝条，固着生雄花序称雄花枝，不能结果。结果枝上着生花序各节均无腋芽，不能再生侧枝，成为“空节”。

4. 开花结果

（1）花芽分化。栗树雌雄花序分化期和分化持续日数相关甚远，分化速度也不一致，通常至第2年春天萌芽才完成分化，生理分化在6月中旬至8月中下旬。

（2）开花结实。栗为雌雄同株异花树种，雄花先开，雌花后开。华北地区6月中、下旬开花，长江以南可提前30～40d开花。雄花的盛花期正是雌花的开放期，雌花授粉期可保持1个月，从柱头露出后7～26d为授粉适期。最适授粉期为9～13d。板栗座果率高，可达90%左右。在湖南从雌花受精到果实成熟一般需100～120d；在华北地区为90～100d左右。1年有1～2次落果高峰，第1次在6月下旬到7月初，落果率7%，第2次在8月中旬，落果率3%左右。

授粉不良和营养不足常造成空苞和落果，据试验，花期喷硼（200～600倍液），空苞率为2.4%；花后喷硼，空苞率为5.7%。因此，加强栗园抚育管理和人工辅助授粉等是促进丰产的重要措施。

四、栽培技术

综合栗主产区的丰产栽培技术经验，实现板栗林高产、优质、高效，必须抓住关键技术措施。

1. 选地、建园

栗树对环境条件有一定要求，建园前首先要进行栗园规划，在适宜的气候条件下，选择适宜土壤栽植板栗，有利于板栗的生长发育和结果。

造林地宜选择背风、向阳、土层深厚、湿润肥沃的中性或微酸性土壤。栽植密度视立地条件、品种、管理水平而定。板栗属高大乔木，稀植早期产量低、维持年限长；密植能早结果、早丰产。各地可因地制宜采用先密后稀的栽植方式。随着树龄的增长，进行人工修剪或间伐，栗园覆盖率维持在70%～80%为宜，间伐园栽植密度为：840～1 650株·hm^{-2}。

板栗是异花授粉树种，同品种间自交孕育率低，品种间杂交孕育率可达90%以上。因此，在营造栗林时要选择花期相同、授粉亲和力强的2～3个品种配置在同一片栗园内，以提高结实力。

2. 选用良种

我国板栗资源十分丰富，品种繁多，据统计，全国板栗品种近400个，各地已选育出不少地方优良品种（表1-1），在生产上推广应用已取得了显著效益。

表1-1　生产上推广应用的优良板栗品种

地区	主要优良品种
辽宁	辽丹（61）、辽丹（58）、辽丹（15）
北京	燕山红栗、燕丰、燕昌栗、银丰栗
河北	燕魁（107）、早丰（3113）、后转庄20号
山西	沂蒙短枝、曹家执栗、大油栗
山东	金丰、海丰、石丰、红光栗、红栗、早丰、无花栗、无刺栗、盘花栗、华丰、华光
江苏	九家种、处暑红、重阳蒲、大底青、铁粒头、焦扎、尖顶油栗

（续）

地区	主要优良品种
浙江	魁栗、毛板红、上光栗
安徽	大红袍、叶里藏、粘底板、蜜蜂球、迟栗子
江西	双季板栗
河南	罗山689、光山2号、新县10号、豫罗双季大板栗
湖北	罗田中迟栗、浅刺大板栗、桂花香、乌壳栗、大悟的腰子果
湖南	它栗、结板栗、大油栗、双季栗
广西	中果红皮栗、大果乌毛栗、早熟油栗0
广东	韶栗18号、香栗、油栗
贵州	玉屏板栗、平顶大红栗、大板栗
云南	宜良早板栗

3. 嫁接

我国板栗以往多采用实生（播种）繁殖，但因结实迟，变异大，目前各栗产区逐步由实生繁殖改用嫁接繁殖。

板栗经嫁拉能保持良种的优良性状，早实丰产，对适龄不结果或结果少的中幼树及低劣大树实行高接换种，可迅速提高产量。

（1）砧木。北方多用本砧，以2~3年的实生苗作砧木。长江流域一带有利用5~6年的野生板栗作砧木就地嫁接的习惯。湖南部分地区利用锥栗作砧木，成活率较高。

（2）接穗选择与贮存。在芽萌发前45d左右，选择成年优良单株上生长健壮的结果枝或发育枝作接穗，置于3~5℃，填充物含水量为30%~35%的地下室或土窖中贮藏。

（3）嫁接时期。枝接一般当砧木的芽开始萌动，树皮易剥开的时候进行。河北一般4月中、下旬，广西3月上、中旬。此外嫁接应选择晴天，18℃的气温为好。秋季嫁接在长江流域以9~10月为宜，大多采用腹接，也有采用芽接的。

（4）嫁接种类与方法。苗圃嫁接可采用切接、插皮接、插皮舌接、腹接、根接、利用潜伏芽进行外套芽接、春季带木质芽接等方法。砧木较粗或改劣换优的大树进行高接，如主、侧枝光秃嫁接宜用剥皮接或嵌合枝接。

胡芳名等经过6年试验研究，板栗根接获得成功。

4. 科学管理

造林后1~5年内林地可间种花生、绿豆、蚕豆等豆科作物。成林树冠扩大后，可在林下种绿肥作物和药物植物。在春季和夏季杂草生长旺盛时，及时进行栗园中耕除草或块状抚育。

板栗对肥、水反应敏感。在花期施速效氮肥效果更加显著。应以有机肥为主，结合施化肥，其中以氮、磷、钾混合施用最好。施肥方法因季节而异，一般冬季有机肥采用环状沟施，沟宽15~20cm，深25cm，夏季追肥宜用放射状沟施或穴施，深15cm左右。

北方栗产区往往春秋干旱，南方夏季气温高，水分蒸发量大，需要及时浇水。北方应推广滴灌或节水栽培措施。

5. 整形修剪

整形修剪是解决充分利用空间和通风透光的矛盾，减少养分消耗，增加产量的有效方法，特别是对密植嫁接树更为重要。

（1）幼树整形。板栗的树形通常多采用自然开心形和主干疏层形两种。

• 自然开心形　在土层较薄或干性较弱的品种可采用此形。定干高度60~100cm，选留在主干周围分布均匀的3个主枝，在主枝上间距60~70cm选留2~3个强壮分枝作侧枝，使树冠稀疏开张，通风透光，结果面大。

• 主干疏层形　有明显的中央领导枝，树冠高大成层形，充分利用空间结果。定干高度60~100cm，主枝5~6个，第一层2~3个，第二层1~2个，第三层1个，每主枝上保留侧枝2~3个，层间距1~1.5m，层内主枝间距50cm左右，第一侧枝距离主干60cm，侧枝上下交错，避免对生。

（2）成年树修剪

• 清膛修剪　一般在栗子采收后，将树膛内的雄花枝、纤细枝、发育枝以及徒长枝全部疏去，只留树冠外围的结果枝。这种方法会促使结果部位外移，缩小结果面积和造成隔年结果。

• 实膛修剪　是利用娃枝（膛内潜伏芽萌生的发育枝）充实内膛，增加结果部位，在主枝上培养接班枝（预备枝），轮替更新。它比“清膛修剪”可提高株产30%~50%。

• 老树更新　栗树的更新能力很强。更新的方法和程度，应根据具体情况而定，一般以逐年逐步地换主、侧枝，分批更新。有些老栗产区在修剪的同时进行刮树皮，也可起到老树更新的作用。

（3）低劣树改造。采用高接换头、多头多位嫁接的改劣换优。

五、病虫害防治

（一）病害防治

栗干枯病［*Endothia parasitica*（Murr.）P. J. et H. W. Anderson］又叫栗疫病、栗烂皮病、栗胴枯病。病害发生在板栗枝干上，病部初期红褐色，发软，稍隆起，内部皮层腐烂，流液汁，有酒精味，后渐干缩，上生橘黄色至橘红色小瘤状突起。后期病部略肿大成纺锤形，树皮龟裂。阳坡及树干向阳面发病较重，严重影响树木生长，或使树木死亡。

防治方法：加强水肥管理，增强树势，及时砍除病重枝干烧毁，避免人畜损伤树干；晚秋树干涂白保护；发病初期刮去病部树皮涂刷401抗菌剂，抑制病斑扩展；选育抗病品种。

（二）虫害防治

1. 栗瘿蜂（*Dryocosmus Kuriphilus* Yasumatsu）

各地都有发生，危害嫩枝、叶或花序，6～7月间成虫产卵于芽内，幼虫在芽内越冬，受害的芽肥大成虫瘿，不能正常生长，严重地影响当年和下年的生长结果。

防治方法：冬季修剪时，剪除树冠内的纤弱枝及有虫瘿的枝条；虫瘿形成后至成虫羽化前（约在5月以前）摘除新虫瘿；保护和培养利用天敌长尾小蜂；成虫羽化出瘿前后，喷撒20%乐果加水2 500～3 000倍，效果很好。

2. 栗实象鼻虫（*Curculio davidi* Fairm）

1年发生1代，成虫7～8月出现，产卵于壳斗内。幼虫通常每果一个，在果内蛀食，至10～11月份老龄幼虫自壳斗外出，多在土内越冬，翌年7月化蛹，8月羽化出土，幼虫危害果实。

防治方法：适时采收，采收后及时脱粒可减轻危害；堆积球果时，每堆积一层，喷1次50%的敌敌畏1 000倍液，而后用塑料薄膜盖上；9月中下旬振动树干捕捉成虫。亦可喷辛硫磷或杀螟松1 000～2 000倍液；用50℃热水浸种10min，以杀死果内幼虫。

3. 板栗大蚜［*Lachnus tropicalis*（Van der Goot）］

又称栗大蚜、热带黑大蚜。危害板栗、白栎、麻栎等。在山东泰安1年发生10余代，以卵在枝干背阴面越冬。翌年3月下旬至4月初越冬卵孵化出若蚜，聚集嫩梢幼芽危害。4月下旬于母胎生有翅及无翅若蚜。5月上旬有翅孤雌蚜迁至刺槐嫩枝、叶、花上危害。6月上旬至7月上旬蚜群增殖快，8～9月再群集栗苞、果梗处危害，常造成早期落果。10月下旬产生性蚜交配、产卵。卵产于枝、干，常数千粒甚至数万粒密集排列成片。

防治方法：刮老树皮，人工除卵；越冬卵近孵化期，涂刷较高浓度的石硫合剂；若虫盛发期喷40%乐果乳油1 000～2 000倍液。

六、采收贮藏与加工利用

（一）采收贮藏

适时采收可增加产量，提高质量。由于地区和品种不同，成熟期不一致，故采收期亦有差异。一般当球苞由青色转黄色，有30%左右的球苞微裂时，即可采收。一般实生繁殖产区多用拾栗子方法，而大部分产区采用打栗子方法收栗子。前者拾取的栗子，发育充实，外观和风味良好，且耐贮藏，唯采收期长、费工，不易推广；后者采收期集中，节省劳力，但易伤树冠枝条，影响来年的结果。采收的球苞放在阴凉处堆沤数天，待大部分球苞开裂后取出栗实即行分级、贮藏。

（二）加工利用

板栗是中国特产的一种主要干果。栗实营养丰富，甜香可口。除生食、炒食、煮食或作菜肴配料外，还可以酿酒或加工成美味的干栗、糖炒板栗、糖水栗子罐头、栗粉、栗子蜜饯、栗子酱、糖水栗、栗羊羹等。“中国甘栗驰名中外，在国际市场上享有很高的声誉”。

1. 干栗

将栗果晒干或烘干后，去掉外皮和内皮就是干栗。制造干栗时，先精选栗实后按大小分级，分别烘干，可先行日晒，再继续通过工厂脱水。栗果干燥后，搓碎外皮，筛去内皮。干栗包装后，切勿受潮。一般每100kg鲜栗可出30 kg左右干栗。

2. 糖炒栗子

糖炒栗子是栗果加工的主要方法，也是一种国内外传统的食品。趁热进食，香甜可口。

选用肉质细密，风味甜糯，成熟度一致，水分较少的栗果，按大小分级，将相同大小的栗果一同炒制。先将细沙用清水洗去泥土，过筛、晒干，用少量饴糖、茶油拌炒制成熟沙备用。久经使用的陈沙比新沙效果更好。炒制时原料的配比是：每100kg板栗用饴糖4～5kg、茶油200～250g、熟沙100kg。方法是：预先将沙炒热，以烫手为度，再倒入板栗，加入饴糖、茶油连续翻炒约20～30min后筛去沙粒即成。

糖炒栗子也可以机械操作，用电动搅拌机代替人工炒动。工厂化生产果用每分钟 20 转的旋转筒，将栗子和砂同时装入筒内，筒下用液化气作燃料。当炒熟后筛出栗实放入少量糖和麻油进行搅拌。炒好的栗实装入特制的复合膜袋内，用真空充气包装，充入氮气和二氧化碳气体，最后密封。

3. 糖水栗罐头

将板栗按大、中、小分成三级，分别加工。先将板栗于沸水中煮 5 ~ 10min 后取出剥壳，擦去涩皮，立即倒入含 0.2% 盐水和 0.3% 柠檬酸的混合液中浸泡，然后捞出漂洗干净后进行预煮。预煮时将 2 倍于板栗重的水加热至 60℃ 后投入板栗煮 10min 捞出，再将水升温至 85℃，投入煮 15min 捞出，最后在沸水中再煮 25min，以煮透为止。可在预煮水中添加 0.2% 的明矾。预煮后的板栗，先在 60℃ 热水中漂洗 10min，再在 40 ~ 50℃ 热水中漂洗 10min。将漂洗好的板栗装罐后，注满 85℃ 浓度为 50% 的糖液，趁热真空密封。最后在杀菌锅中用 100℃ 温度杀菌 15min，分段冷却至常温。

4. 栗粉

栗子粉加工的工艺流程是:原料→清洗→去皮→精选→切分→干燥→冷却→粉碎→超微粉碎→筛分→包装→成品。用栗子粉作原料,加工成各种点心,如栗羊羹、栗子窝窝头,这是老北京的宫廷食品。

5. 栗子蜜饯

(1) 工艺流程。原料→清洗→去皮→预处理(护色)→一次预煮→糖渍→二次煮制→糖渍→三次煮制→糖渍→分级包装→灭菌→成品。

(2) 操作要点与方法

• 选择原料　栗果大小要均匀，果形需保持一致，使制品玲珑美观。栗果采收后，经沙藏 40d，然后放在阴凉通风处数天，使稍许萎蔫，以避免加工中果肉碎裂。

• 去皮　将栗果放沸水中煮 3min，立即捞出，趁外壳变软，内皮与栗仁脱离，容易剥皮。或将栗果放在筛网或滚筒内吹 50℃ 以上热风，使栗果外壳迅速脱水开裂翻卷，自然与栗仁分开，人工稍加处理即可剥去栗壳。前法适用于小规模生产，后者适用于一定规模生产。

• 预处理　将去皮洗净的栗仁放入不锈钢锅内预处理。栗仁和煮液之比为 1:1。预煮液内加入适量的褐变抑制剂，慢慢加热，水温升至 93℃ 所需时间约 50min，尔后保持此温 15min，如颜色不理想，可增加时间及增加褐变抑制剂的浓度。

• 煮制与糖渍　预煮好的栗仁经温水漂洗后，在折光度 30° 糖水内煮制，温度从常温升到 93℃ 时停留约 15min，从锅内取出放在不锈钢容器内糖渍 24h。第二次煮制时糖液的浓度提高到折光度 45°，温度不超过 85℃，将第一次煮过后糖渍的栗仁放在此条件下煮 15min，然后放到不锈钢容器内糖渍 24h。第三次煮制糖液的浓度再提高到折光度 55° 煮制时间 10 ~ 15min，同时放入适量的甘草、香兰素、桂花和蜂蜜，糖渍时间延长到 48h。

• 分级包装　经数次煮制的栗仁可能出现开裂和破损，应分级分别处理，分别装入玻璃瓶和蒸煮袋内封闭。

• 灭菌　装入瓶和袋内的栗仁，由于渗透糖时还没有达到 67% 以上糖度，微生物还能生长繁殖，所以还要进行灭菌。灭菌时将栗仁装入 250mL 玻璃瓶或 100 ~ 200g 的蒸煮袋内，在 100℃ 的条件下灭菌 15min，然后冷却至常温。

6. 栗子酱

工艺流程：原料→清洗→脱皮→软化→加糖浓缩→罐装→密封→灭菌→冷却→检验→贴标签装箱→成品。

经脱皮精选的栗仁用蒸汽蒸大约 5min，使栗肉软化；再将软化的栗仁放入滚式破碎机内破碎成粗粉状，以一份栗二份水的比例充分搅拌，送入胶体磨进行细研磨；磨好的细栗浆放入夹层锅加热。初期蒸汽压力 30 万 Pa，后期压力 1 500 万 Pa，以 1.5 倍砂糖溶解过滤成 7.5% 的糖浆加入到细栗浆内，当浓缩到折光度 66° 时，加入适量桂花香精，0.3% 的羰甲基纤维素，0.03% 的山梨碳钾充分搅拌，这时浓度已达到 67%，立即出锅罐装；装罐时酱体温度不低于 85℃，装好后立即密封；密封罐再在 100℃ 灭菌 30min。

7. 糖衣栗

就是用栗制成糖果。其工艺流程：选果→剥壳→煮熟→剥种皮→渗透糖分→加糖衣→干燥。栗果宜选用中等大小的品种。为使糖衣栗不太硬，可适当提前几天采收。选出栗果，剥去壳，煮熟。种皮能保护种仁在煮的过程中不破碎，但因其含有单宁，会使种仁变色，所以在煮熟过程中要换水。煮熟后剥去种皮，将种仁浸入糖液中，糖分逐渐渗入。最初用糖含量以 30% 为宜，以后每次逐步增加 5% ~

10% 的含量，最后近于饱和状态，共浸泡 7 ~ 10d。为增加风味最后可加少量香精和白兰地酒。浸泡后放入白糖沸液中，一浸立刻取出，使果肉表面上有一层糖衣，而且光滑美丽。加糖衣后再进行干燥，温度从 45℃ 逐渐升到 60℃，其含水量由 60% 降到 20% 左右即成。

8. 栗羊羹

（1）配方。栗子粉 1 ~ 2kg、红豆 2. 5kg、白砂糖 10kg、琼脂 0. 25kg、苯甲酸钠 12g。

（2）操作要点

• 琼脂的浸泡与溶化　将束状的琼脂切成小块，用 20 倍的水浸泡 10h，使水分充分渗进琼脂里，然后加热到 90 ~ 95℃，琼脂可充分溶化。琼脂加入的数量和质量有关，一般占配方固形物总重的 1. 5% ~ 2% 即可凝冻，质量差的则适当增加用量。

• 红小豆提沙　将红豆洗净煮烂，然后放在 20 目的铜丝筛中搓揉，搓去皮成浆状，再装进面袋中，压去水分后即为净沙。

• 栗子制粉　按前面介绍的栗子制粉工艺流程操作，如果用 120 目细罗筛也可以达到质量标准。

• 熬制　将溶化过滤好的纯净琼脂加砂糖掺合熬制，然后依次加豆沙、栗子粉及苯甲酸钠，熬成栗粉糖浆。苯甲酸钠使用前先用水溶解，再放进锅内搅拌均匀。熬制水温不能超过 105℃，以免破坏琼脂，影响凝结力。糖液含水量达 20% ~ 22% 时，应终止加热，立即出锅。整个熬制过程中要用木棒不断搅拌，以防净沙沉底和产生焦化现象。

• 注模、凝结　出锅时，将熬成的栗粉糖浆用漏斗注入模具中，冷却成型后即可脱模，进行包装。包装好的成品即为栗羊羹。

栗实深加工是一项提高板栗增值的重要措施。随着经济的发展，人民生活水平的提高，对经济林食品的需求越来越大。进一步深入开展经济林产品的加工利用研究，是广大经济林科技工作者未来光荣而艰巨的任务。

（胡芳名）

2. 锥　　栗

锥栗［*Castanea henryi*（Skan）Rehd. et Wils.］为我国特有，属壳斗科栗属植物，适应性强，耐干旱瘠薄。锥栗坚果营养丰富，果肉（种仁）含淀粉42%～53%，总糖14%～18%，蛋白质6%～7%，脂肪2.2%～4.4%，还含有17种氨基酸，多种维生素及无机盐，其中维生素C含量达302～408mg·kg^{-1}。栗果肉质细嫩、清香，风味明显优于板栗，可生食、糖炒、菜食，也可磨粉制作糕点、代乳粉，还可加工成罐头、栗子羹、栗酱等。锥栗木材坚硬，纹理微密，耐水湿，是优良的建筑用材。枝桠还是优良的种植香茹等食用菌原料。

锥栗在我国长江流域到南岭以北的14个省（自治区、直辖市）均有零星分布，大多以用材为主，果用林主要分布在浙江南部和福建北部，有400年以上的人工栽培历史，以浙江省庆元、福建省南平地区的建瓯、建阳、松溪、政和、浦城、邵武等最多，建瓯市锥栗面积和产量居全国之首。近年来在福建三明、宁德等地区也大力发展。南方其他省开始引种大中果锥栗。目前全国果用林栽培面积约4万hm^2，年产量约10 000t，以中幼龄为主。

一、主要栽培品种

大中果锥栗品种有20多个，主要优良品种如下：

1. 白露仔

树势较弱。坚果重7～8.5g，棕褐色，长圆锥形，果壳茸毛多且明显，底小肾脏向外凸出成钝尖为本品种特征。肉质稍粗，品质中上。成熟期9月上旬。早熟稳产，耐旱，抗病虫较差。喜肥沃湿润的南坡生长。

2. 亚林24号

中国林业科学研究院亚热带林业研究所选出的优良无性系。树势较强，坚果圆锥形，单果重9～11g，红褐色，油亮美观，品质中上。成熟期9月上中旬。适应性强，早实丰产，比白露仔果大、风味好、产量高。

3. 薄壳仔

树势较强。坚果扁圆形或少量圆锥形，重7.3～10g，暗褐色，品质中上，成熟期9月中旬。耐旱耐瘠，大小年不明显。

4. 亚林25号

来源同亚林24号。树势较强，树体紧凑。平均坚果重8～11g，圆锥形，褐色。果肉细嫩香甜，品质中上等。成熟期9月中下旬。连续结果能力强，丰产稳产性极好，耐旱，喜肥沃土壤栽培。

5. 乌壳长芒

树势强，刺束长而密软。坚果9～13g，平均重11g，圆锥形，紫褐色，光亮美观。果肉稍硬，香甜，品质中上。成熟期9月中下旬。适应性强，抗病，不耐旱，宜较肥沃山地栽培，有大小年。

6. 红紫榛

树势强。坚果平均重10g，近圆球形或椭圆形，红褐色，光亮美观。肉细香甜，品质上等。成熟期9月中下旬。丰产性好，适应性强。宜一般山地栽培。

7. 油榛

树势中等，坚果重7～10g，圆锥形，褐色，油亮，果肉细甜，品质上等。成熟期9月下旬至10月初。丰产稳产，适宜土质肥沃、湿润的阳坡。

8. 黄榛

树势较强，坚果大，平均重8～13g，个别达20g，有“王榛”之称，果黄棕色，果面密布黄白色茸毛，果肉质硬，品质中等。成熟期9月下旬至10月上旬。耐旱、耐瘠，抗病虫较差，大小年明显。

9. 亚林21号

来源同亚林24号。树势强。坚果大，圆锥形，平均重13.7g，最大达24g，红褐色，光亮美观，果肉味甜，品质上等，成熟期9月下旬至10月上旬。抗病性强。坚果大小、耐贮性、风味品质等优于黄榛。

二、生物学特性

（一）生态习性

1. 气候

锥栗要求年平均气温15～19℃，可耐极端低温－15℃，但常年低温以－10℃以上为好，年降水量800mm以上，≥10℃有效积温5 000℃。

光照是影响产量和品质的关键因素之一，锥栗要求阳光充足，年日照时数 1 500h 以上。在高山深谷、北坡或东面有高山屏障，日照时数常在 6h 以下的地方，不能满足锥栗生长发育需要。生长在日照不足地方的锥栗，树冠直立生长，枝干光秃现象严重，枝条纤细，节间长，叶片薄，树冠内部和下部枝条易枯死，产量较低。

2. 土壤

锥栗对土壤种类和肥力要求不严，但以土层深厚、富含有机质、排水良好的沙质或黏质壤土最为适宜。在土质过于黏重、通气和排水不良的低洼谷地，生长发育不佳。土壤 pH 值为 4.6 ~ 7.5，但以 pH 值 5.5 ~ 6.5 的偏酸性土壤最为适宜。

3. 地势

海拔 200 ~ 1 000m，以阳光充足的阳坡为好。缓坡丘陵，遮荫不大，北坡也可栽植。

（二）生长发育

锥栗嫁接苗种植后 2 ~ 3 年开始结果，8 年左右进入盛果期，盛果期可维持 50 年以上，寿命达 200 年以上。

1. 根系生长

锥栗为深根性树种，根系发达。根系的水平分布较冠幅大 1 ~ 2 倍以上，大部分根系集中于 40 ~ 60cm 深的土层中。根系生长活动比地上部开始较早而结束较迟，在浙江南部、福建北部地区，根系全年于 6 月中旬、9 月中旬分别出现生长高峰。

2. 芽的生长

锥栗芽按其性质可分为花芽、叶芽和隐芽 3 种。花芽又称混合芽，芽体大、钝圆形，着生在结果母枝的顶端或中上部，萌发后可抽生有雌花的结果枝或只有雄花的雄花枝。叶芽芽体稍小，近圆锥形，着生于生长枝的叶腋或结果母枝中下部，萌发后抽生生长枝。隐芽着生在枝条基部，芽体最小，一般不萌发，呈休眠状态，但遇刺激后即能萌发抽梢。

3. 枝条生长

栗树的枝条可分为生长枝、结果母枝、结果枝和雄花枝 4 种。生长枝各节都是叶芽或隐芽，生长健壮，芽眼饱满的生长枝是幼年期构成树冠的骨架，成年树可作为更新复壮的枝条；依生长势的强弱可分为普通生长枝、纤弱枝和徒长枝 3 类。结果母枝通常由去年的结果枝或健壮的生长枝转化而来，雄花枝在良好的营养条件下也能转化为结果母枝。结果枝由结果母枝顶端的混合芽抽生，带雌花，结果枝上部 1 ~ 3 节着生有雌花簇的混合花序，结果后无芽，仅留下果柄的痕迹，中间约有 10 节着生雄花序，花后无芽成盲节，基部数节着生叶芽，最前端 2 ~ 6 节有芽的尾枝称果前梢。雄花枝为当年仅着生雄花的枝条。

4. 开花习性

锥栗为雌雄异花同株，雄花量极多。雌花序为球状，外表有针刺束的球苞，一般有雌花 1 朵，有的品种少数球苞内也有 2 ~ 3 朵雌花的现象。同株花粉授粉座果率低，果粒也小，栽植时应注意不同品种、无性系的配置。

5. 结果

锥栗的果实分球苞和坚果两部分，球苞又称栗苞，由总苞发育而成，表面密布刺束。刺束长度、密度、硬度因品种而异。每球苞内一般仅着生 1 粒坚果，少数品种为 1 ~ 3 粒。

果实的生长发育分 2 个主要阶段，前期即 8 月上旬以前，为果实体积迅速增长期，球苞的干物质含量增加迅速，而坚果的干物质含量增加缓慢；后期即 8 月中旬以后，为球苞营养物质转移期，果实体积增长缓慢，球苞中的营养物质逐渐向坚果转移，球苞干物质含量逐渐减少，而坚果干物质含量显著增加，栗果干物质的积累主要在这 1 个月，尤其在成熟前几天增重更快，因此栗子的采收必须在充分成熟后，栗子才能产量高，品质好。

（三）物候期

在浙江南部和福建北部地区，锥栗 3 月上、中旬萌动，4 月上旬发芽，4 月下旬开始展叶，展叶盛期为 5 月上旬。开花期，300m 海拔地区 5 月上、中旬，700m 以上海拔地区 5 月中、下旬。果熟期 9 月上旬至 10 月中旬。落叶期 12 月下旬。

三、栽培技术

（一）苗木繁殖

1. 砧苗的培育

（1）砧木。应用野生的锥栗作砧木。培育砧木的锥栗种子，每千克约 200 ~ 450 粒。

（2）种子的采集和贮藏。以球苞开裂坚果充分成熟自然脱落地面后采集的种子为宜。采集时间一般在 10 月上、中旬。种子采集后先摊开散热、发汗 2 ~ 3d，也可先用 300 ~ 400 倍托布津和 800 倍乐果、敌敌畏等浸 3 ~ 5min，贮藏前剔除破损、病虫栗。然后湿沙层积，堆高 50cm 左右，3 ~ 4 周翻动检查 1 次，并保持沙的湿度。

(3) 圃地的选择和整理。圃地应选择地势平坦、光照充足、土壤肥沃的砂壤土或微酸性的红黄壤土。播种前对圃地全面深翻，施入腐熟禽畜粪等有机肥 30t · hm^{-2}，并加入适量的磷钾肥，翻入土中。平整作畦。苗床宽 1 ~ 1.2m，高 15 ~ 20cm。

(4) 播种。播种期分秋播、冬播和春播，秋播在 10 月中旬进行，冬播 11 月中旬，春播在 2 ~ 3 月进行。采用条播，条沟行距 20cm 左右，种子间距 10cm 左右，播种量 750 ~ 900kg · hm^{-2}，为防田间鼠害，可用硫磺、草木灰或磷化锌拌种。播种后床面覆盖芒萁、稻草等。

(5) 砧苗管理。出苗后分批去掉覆盖物，苗高 5 ~ 10cm 时进行移苗和间苗，及时防治病虫害和中耕除草，6 ~ 8 月进行 2 ~ 3 次追肥。管理良好的圃地出苗量 15 万 ~ 18 万株 · hm^{-2}。

2. 嫁接苗培育

(1) 接穗的采集与贮藏。接穗应采自优良品种采穗圃或母树上充实的 1 年生发育枝。枝接也可采集 2 ~ 3 年生枝条，特别是大树改接采集 2 ~ 4 年生枝有利提高成活率，生长势旺，结果早。春季枝接的采集时间在发芽以前，贮藏 10d 以上的接穗可提高嫁接成活率。接穗用湿沙贮藏，在阴凉的室内，先在地上铺一层湿沙，将接穗的一半左右埋入湿沙中，露出前端，及时检查保护沙的湿度。秋季芽接穗条随采随接。

(2) 嫁接技术。锥栗可应用切接、切腹接、芽接等嫁接方法，大树改接用插皮接为好，经多年实践，1 ~ 3 年生砧木以春季挖骨皮接和秋季单芽贴枝接成活率高。

挖骨皮接法。浙江一带嫁接时间在 3 月下旬至 4 月中旬，树液开始流动时为宜。在削砧木时，先切取稍带木质部的外部皮层，然后取出木质部留下皮层，其他方法均与切接相似。

秋季单芽贴枝接法。嫁接时间一般在 9 月上旬至 10 月上旬。选择生长充实、芽饱满、比较成熟的当年生枝条，取中间部分，在接芽的背面平直地削一刀，深至木质部，长约 3cm，芽居中；再在削面的背后两端各斜切一刀，长切面芽上约 1cm，芽下约 2cm。砧木在离地 10cm 左右处，略带木质部向下直切，长与接穗的长切面相等，切去上部带木质部的皮层约 1/3。将切下的芽立即贴入砧木切口，用薄膜绑紧，露出芽眼即可。

接后及时清除砧木萌蘖，及时检查，尽可能补接，秋接芽接苗在春天剪除上部砧木，肥水管理和病虫害防治等与实生苗类似。

(二) 建园与栽植

1. 开园整地

按锥栗的环境条件要求选择光照充足，土层深厚（厚度 0.8m 以上），肥沃、疏松、湿润但排水良好林地建园。坡度 5°以下的林地，进行全面深翻整地，垦覆深度 30cm 以上。坡度 25°以下的林地，应整理成水平带，带宽 2 ~ 3m，梯土面要稍向内倾斜，内侧修竹节沟或挖沉淤坑兼蓄水、排水和沉积泥之用。坡度大于 25°时应修筑鱼鳞坑或根据坡面情况修筑成台阶式、复式梯田。山地栗园顶部配置森林，既可防风，又可涵养水分，使土壤不受冲刷。梯田的阶面上应生草，尤其是降雨集中季节切忌清耕。梯壁必须配置植被。

2. 挖穴施基肥

种植穴规格为 80cm × 80cm，每穴施 50kg 腐熟的厩肥或 2.5kg 饼肥，加 0.5 ~ 1kg 过磷酸钙。

3. 栽植密度

密度依栽培管理方式、品种、栗园环境条件而定，集约栽培管理栗园，土地平坦肥沃的可栽 450 ~ 600 株 · hm^{-2}，山地、瘠薄地栗园栽 600 ~ 900 株 · hm^{-2}，采用栗粮间作方式时，栽 225 ~ 330 株 · hm^{-2}株为宜。可采用 4m × 5m、4m × 4m、4m × 6m、3m × 5m 等株行距。

4. 栽植时期

冬季落叶后至翌年春季萌芽前均可种植，无冻害地区以冬季种植为宜，有利于根系的恢复。

5. 授粉树配置

锥栗异花授粉结实率高于自花授粉，因此不宜单一品种或单个无性系栽种，可以一个品种为主，另配置 10% 以上的其他品种，也可多个无性系混栽。

(三) 土肥水管理

1. 土壤管理

(1) 深翻扩穴。幼树扩穴，每次深翻 40 ~ 50cm，一般在 4 年内完成。成年树每年深翻 20cm 左右。结合施基肥进行。

(2) 松土除草。每年 2 ~ 3 次。杂草可覆盖于树下，增加土壤肥力，改良土壤。紧靠树干处不要覆草，以防虫害。在一年中，前面 1 ~ 2 次可用除草剂，后面清耕。平地栗园行间应用除草剂，行内（树下）清耕。可增加碳的含量，保持水土效果较好。

（3）套种农作物、经济作物。套种可增加短期收益，以耕代抚，以套种豆科、矮秆作物为主，如黄豆、花生、西瓜等。但不宜套种高秆作物，树高1.5m以下不宜套种。

（4）间种绿肥。根据土壤、气候条件因地制宜选用。夏绿肥如大叶猪屎豆、绿豆、印度豇豆、响铃豆、柽麻于春季播种，秋季利用。冬绿肥如苕子、箭舌豌豆、蚕豆于秋冬播种，次年春夏利用，可当饲料。多年生绿肥如紫穗槐、胡枝子等，在山区生长很好，又能护坡，防水土流失。很适宜山坡地生长。

（5）栗园生草。栗园生草可增加土壤有机质，改良土壤，保持水土，节省肥料、劳力，降低成本，改良栗园生态环境，提高栗果品质。但存在锥栗与生草之间争水、肥的矛盾，需进行一定的栽培管理。

生草种类：白三叶草、黑麦草、百喜草等，全年刈割2～3次，作饲料或埋于树下作绿肥。3～4年可全面深翻1次，重新播种。

2. 施肥

锥栗在不同时期对各种营养元素的吸收是不一样的。氮素在新梢和果实迅速膨大期吸收最多。磷的吸收时期比氮、钾都短，吸收量也少，以开花期消耗最多。钾的吸收在开花后迅速增加，以果实膨大期到采收期吸收最多。

（1）施肥的时期

依锥栗生长和结果特性，在树体最需要时施肥，可发挥大的肥效。

● 基肥　采收后结合深翻施用基肥。每株施厩肥、堆肥等有机肥50～100kg，加磷肥1～2kg。时间为10月至翌年2月。

● 追肥　每年2～3次。第一次在4月上旬至下旬新梢生长期、雌花继续分化期，以速效氮肥为主，可促进雌花花芽分化，增加雌花数量，枝叶生长旺盛，提高当年产量。一般株施尿素0.5～1kg或人粪尿50kg。第二次在6月下旬雌花开放后。枝条内养分含量达最低点，又正值幼果发育、花芽开始分化，需大量养分，施速效氮磷钾肥。第三次在7月中下旬至8月上旬，果实迅速膨大期，增加产量的重要时期。此次肥正满足锥栗坚果快速生长对养分的需求，若养分不足，则导致枝叶发黄，球苞刺黄尖枯，坚果生长发育不良，干瘪甚至空苞。施肥期过早，使枝梢和果前梢生长旺盛，从而又影响球苞和坚果的生长发育。株施复合肥1～2kg，或株施尿素0.5～1kg或人粪尿50kg，过磷酸钙1～2kg，钾肥0.5～1kg。

（2）施肥方法

地面施肥：采用环状沟施，放射状沟施，条状沟施，全面撒施等方法。在树冠外缘，挖宽30～40cm，深40～50cm的施肥沟，施入肥料，上覆土。

叶面施肥：在4月中下旬、5月中旬至6月下旬可叶面施肥。适用常用肥料是尿素0.3%～0.5%，硫酸亚铁0.5%，磷酸二氢钾0.2%～0.3%，可与农药混合喷施。7月中下旬8月上旬喷钾肥为主。

缺硼时易产生空苞，在花期喷施0.1%～0.3%硼或开花前3周每株施100g硼砂，均可有效减少空苞率。

锥栗雄花多，消耗养分大，雌花比例不高，是低产的主要因素之一。在雄花序长5cm左右时喷施0.5% TDS生长调节剂，可减少雄花，提高雌花的数量，达到丰产的目的。

3. 水分管理

锥栗耐干旱，南方雨水较多，一般情况下不需灌溉。但在果实迅速膨大生长期的夏季持续高温干旱时期，应进行灌溉。还可用杂草、树枝等进行地面覆盖，以减少水分蒸发，保持土壤水分。在水源不足或灌溉条件困难的地方尤为重要。南方梅雨季节地下水位高或排水不良的栗园应做好开沟排水工作。

（四）整形修剪

1. 幼树整形

生产上比较适宜的有自然开心形、主干疏层形、自然圆头形、多主枝丛状形等。

（1）自然开心形。无中心干，只有3～4个斜生的主枝，树高3～4m，树冠开张，内膛通风透光好，有利于内膛结果，增加结果部位。1年生苗种植后离地60cm左右定干，第二年选择2～4个生长健壮、角度适中的枝条作为主枝，在60cm左右处短截，短截时注意剪口的方向。第三年在各主枝发出的枝条中，在主枝左右两侧选留2～3个枝作为副主枝，并短截。以后每年培养结果母枝，使树冠渐次向外扩展。

（2）主干疏层形。有中心干，主枝5～7个，分2～3层，树高3～4m，第一年苗木定干同自然开心形，第二年幼树在剪口以下萌发的新梢中，保留1个生长旺盛、直立的枝条作中心干，为第二层。第二层选3个主枝，第三年在中心干顶端选一直立枝条延伸为第3层，在60～80cm处短截。第二层选2个主枝，与1层交错展开。第四年在第三层选留1～2个主枝。每主枝选2～3个副主枝。

（3）自然半圆头形。主枝较多，一般5个以上，着生位置相邻接，各主枝生长势近，主干不明显。外层结果面积较大，内膛因光照不足较荫蔽而不能结果，易形成大小年。

在实际操作中，要做到因树整形，不强求一致，在同一园地里可以有几种树形并存。生长旺盛，干性强的品种用主干疏层形，干性弱的用开心形。

2. 不同树龄修剪要点

（1）幼龄树修剪要点。树龄4～5年前主要是整形。幼树旺枝短截后，容易“跑条”，不易形成花芽，结果推迟。应以疏间为主，尽可能少短截。

幼树顶端常有3～4个强枝，按疏1留2或疏1留3的比例疏剪，为控制极性，可疏直留斜，疏上留下，疏强留缓的方法。

幼树生长量大，可多次摘心，控制树冠，提早成形。

初结果树果前梢较长，果前梢留5～6芽（约5cm长）摘去，可提高座果率10%左右。时间5月下旬至6月上旬。

（2）成龄树修剪要点。修剪的原则：弱树弱枝多疏少留，使其转弱为强，形成良好的结果母枝。旺树旺枝多留少疏，分散营养，缓和生长。疏剪纤弱枝、交叉枝、重叠枝和病虫枝。

结果母枝来自每年的结果枝、部分粗壮的雄花枝和发育枝，因此，结果枝宜疏剪，不能短截。疏一部分弱结果枝、鸡爪枝。对母枝顶端的2～4个强旺枝，第一旺枝不宜太长，宜疏剪或短截、拉成水平枝等。对生长强旺的可摘心。

（五）病虫害防治（参见板栗）

四、采收贮藏与加工利用

1. 采收

目前产区用“拾栗子”方法采收，待球苞完全成熟自动开裂，坚果落地后拾起，或用自制的竹片夹子从落地开裂的球苞内夹取坚果。此法收获的坚果饱满，果肉香甜，风味好，耐贮藏。也可前期“拾栗子”方法采收，后期树上只剩约20%栗苞时，用竹竿一次性打落球苞，集中堆放几天后，栗苞开裂，取出栗子，可缩短采收时间。

2. 贮藏与加工

（1）沙藏。可应用1份木屑加3～4份河沙混合物或河沙进行贮藏，具体方法同板栗种子的贮藏，在2月初后要降低河沙等的含水量。

（2）冷库贮藏。贮前进行“发汗”处理，用2 000mg·kg^{-1}的抑霉唑浸泡5min，能明显抑制贮藏期间锥栗发霉。锥栗适宜贮藏温度为－1～0℃，湿度90%以上，此温度下锥栗中淀粉及维生素C降解速度慢。

（3）锥栗干制。锥栗采收后，先晒1～2d，稍阴干，使涩皮易剥离，取出栗仁蒸熟，再晒2d左右，阴干，可贮藏至翌年5月，作零食或菜用。山区栗农常用此法保存。

人工烘制：锥栗按直径＞20 mm、20～17 mm、17～14 mm、＜14 mm的规格分为1～4级，按一级栗果用盐水相对密度1.125、1.131，二级盐水相对密度1.123、1.146，三级盐水相对密度1. 125、1.150、四级盐水相对密度1.123、1.146进行二次水选，利用好果与坏果的相对密度不同，基本上可剔除坏果。在浓度1.5%、温度100℃的氢氧化钠溶液中浸100s，可基本除去栗果表面蜡质，使栗仁中的水分在烘干时能迅速地通过坚硬的栗壳，缩短烘干时间，又不会因碱液的渗透而引起栗果风味的变化。再将栗果煮熟到无白心为止，在100℃连续烘干7～8h。烘干后的栗仁为半透明、浅褐色，不会产生焦化、变黑现象。

（4）加工产品。有糖炒栗子、糖汁锥栗、栗粉、栗糕等，其加工方法可参照板栗的制作。

（龚榜初）

3. 丹 东 栗

丹东栗（*Castanea dandongensis* Lieolishe）与板栗极相似，其主要区别是：小枝细弱柔软，幼嫩枝条红褐色或紫褐色，无毛或有疏毛；老枝紫褐色或深褐色，无毛。叶较大，长 12 ~ 25cm，宽 1 ~ 6.5cm。每一个总苞有坚果 1 ~ 3 个，涩皮不易剥离，坚果大小及果实生育期个体间差异较大。坚果小者只有 5g 左右，大者可达 15 ~ 20g；成熟期最早在 9 月上旬，最晚则到 10 月中旬。丹东栗在自然生长条件下，树高达8 ~ 10m，寿命长达 200 ~ 300 年。

一、分布

丹东栗在中国分布于北纬 30° ~ 41°30′，东经 120° ~ 130°地区。集中分布于鸭绿江沿岸的吉林省的集安，辽宁省的桓仁、宽甸、凤城、丹东、东港、岫岩等地。共有丹东栗林 6 万 hm^2，2 500 万株，年产量 1.1 万 t 左右，重点产区为宽甸、凤城、东港及丹东市振安区，年产量都在 150 万 kg 以上。多分布在海拔 300m 以下的山地或丘陵的阳坡中下部或地势平缓的山脚。但在辽宁省可达海拔 500m。山东文登市、黑龙江、河北等地也有引种和栽培。丹东栗除供国内市场外，每年还出口日本，主要加工“速冻栗肉”销往日本。

二、生物学特性

丹东栗比板栗耐寒，在极端最低气温 -38.5℃ 的地方也能生长。最适分布区的年平均气温在 6.5 ~ 8.5℃，1 月平均气温 -12.8 ~ -8.2℃，日平均气温 ≥10℃ 以上的积温为 3 200℃ 以上，年降水量为 800 ~ 1 000mm，无霜期 160d 左右。适生于土层深厚，腐殖质含量高，排水良好的山地棕色森林土，pH 值 5.5 ~ 6.5。喜比较湿润的环境，相对湿度年平均 65% ~ 70%。要求光照充足，光照不足时，生长结实不良。抗栗干枯病的能力不如板栗，尤其在枝干受日灼和冻害时，常引起干枯病菌侵入。抗白粉病能力强。

丹东栗最初 2 ~ 3 年生长缓慢，4 ~ 5 年以后生长逐渐加快，枝条年生长量可达 0.5 ~ 1.0m，树冠迅速扩展。属深根性树种，主根发达，大树根系可深入土中 2 ~ 3m，幼龄树的根系多分布在 30 ~ 60cm 的土层中。在生长期间土壤含水量不低于 10%，以 20% 左右为最适宜，当土壤含水量降到 7% 以下时，叶片开始凋落，引起落花落果。惟不抗涝。在适生条件下，造林后 3 ~ 5 年开始结果，15 年后大量结果，20 年进入盛果期，经济寿命 40 ~ 60 年，80 年以后开始衰老。但在立地条件和栽培管理较好的地区 100 年以上的老树，最高年产仍可达 100kg 以上。

三、栽培技术

丹东栗的经营管理技术，如采种、育苗、嫁接、栽植和栗园管理等技术大致都与板栗相似。

1. 推广优良品种（系）

现有丹东栗林多为天然实生繁殖，自然变异类型较多，单株产量较低而不稳定。辽宁省栗树选种科技工作者经过多年调查研究已在全省范围内选出了不少丹东栗优良品系，在生产上推广应用，增产效果显著。当前推广的丹东栗优良品系，有辽丹 61、辽丹 15、辽丹 58 号等，均具有结实早、丰产稳产的优点，应因地制宜，大力推广应用。

2. 加强栗园管理

种植栗树后，应及时进行中耕除草，在地势平坦，种植密度较小的林地，可间种农作物。林地施肥，第 1 次在 4 月下旬至 5 月中旬，以追施速效氮肥为主，结果树每公顷施入纯氮 45 ~ 90kg，中龄林每株施尿素 1kg 左右。第 2 次在 8 月上、中旬，追施氮磷钾混合肥，每公顷用量为纯氮 45kg，五氧化二磷、氯化钾各 30 ~ 45kg，或每株施复合肥 1 ~ 2kg。第三次在果实采收以后施入有机肥，每公顷用腐熟堆肥 45 000 ~ 60 000kg。

3. 预防冻害

丹东栗产区预防苗木和造林后的林木免遭冻害极为重要，凡达到出圃标准的苗木，应在土壤封冻前，将苗木分级成捆进行窖藏，窖藏的苗木要用湿沙覆盖。越冬留圃的苗木，也应就地将苗木朝同一方向轻轻的按倒，用土覆盖防寒。翌年清明前后，当土壤解冻 20cm 以上时，即可撤土。

在高纬度地区，冬季土壤结冻期间，土壤水分不能被根系所吸收，但是枝条仍在进行蒸腾作用，在天气干旱多风的晚冬和早春，栗树的蒸腾作用更为强烈，枝条失水过多，发生干枯，幼树和1年生枝条由于组织不充实，这种生理干旱现象很显著。幼树常被冻死，造成延迟结果和减产。辽宁省栗产区群众对幼树采用“弓背形培土防寒法”，可避免幼树“抽干”，能正常健壮生长，其效果比树干涂白、包草或喷洒植物生长抑制素等要好。大栗树的防寒，一般在土壤冻结前浇防冻水，增施有机肥料，冬季培雪等措施。8月份严格控制肥水，促使枝条早日木质化，增强抗寒能力。

四、病虫害防治

丹东栗主要病虫害有栗干枯病、栗实象鼻虫、栗瘿蜂、栗大蚜、栗红蜘蛛和栗实蛾等病虫害，除栗实蛾和栗红蜘蛛外，其余均参见板栗虫害部分。

1. 栗实蛾［*Laspeyresia splendana*（Hübner）］

分布于东北、华北、华东等栗产区。成虫展翅15～18cm。前翅暗灰色，顶端有金黄色斑，斑有黑色小条纹和边缘；后翅和腹部灰色。幼虫体长8～10cm。初为白色，以后变为暗褐色、暗绿色不等；体有暗绿色瘤状突起，被毛。在辽宁丹东一年发生一代。成虫在6月中旬出现，7月上旬大量产卵在总苞上，8月中、下旬幼虫蛀入果实。10月中旬随落果幼虫爬至落叶中作茧越冬。翌年5月化蛹。据丹东地区调查，栗实被害率30%～40%，严重的地区达70%以上。

防治方法：7月下旬至8月中旬用亚氨硫磷1 000倍液喷洒壳斗；秋冬清除落叶，消灭越冬虫茧；在栗实蛾产卵始期放赤眼蜂，防治效果良好。

2. 栗红蜘蛛（*Paratetranychus* sp.）

河北、北京、辽宁、山东等地危害严重，南方栗产区也有发生。5～7月份为发生盛期，危害叶片正面，开始使叶片脱绿转黄，最后变黄褐色焦枯。

形态特征和生活史　越冬卵深红色，在1年生芽周围和枝条粗皮、裂缝、分枝处越冬。翌年春季栗树展叶后期，冬卵孵出幼虫，爬到叶片基部正面危害。每年4～6代。虫体小，橙红色，活动力很强，脱皮3次发育为成虫。雌雄交尾后即产卵，卵期6～9d，雄成虫寿命1d多，雌成虫约15d。4月底至5月中旬孵化，5月中旬至7月上旬是发生盛期，6月中旬部分冬型雌虫产卵越冬，9月下旬后全部越冬。雨季及气温低时不利其发生。

防治方法：药剂涂干。5月上中旬涂干可基本控制危害。方法：在树干基部刮15～20cm的环带，深度以见嫩皮为止，然后涂上稀释3倍的40%乐果乳剂，用塑料薄膜包上；叶面喷药。在红蜘蛛发生期喷40%氧化乐果2 000倍液；0.3波美度石硫合剂等杀螨药。一般要连续打药2次，间隔7d，使卵孵化幼虫后杀死。

五、加工利用

丹东栗的干栗中含淀粉49.7%，可溶性糖27.5%，蛋白质8.5%，还含有人体所需要的多种维生素和无机盐，是营养丰富、美味可口的干果，无论生食、炒食、煮食或菜用都可，也是一种食品工业原料，栗实磨成粉后可制成各种点心和糕点，深受广大群众喜爱。其加工技术与板栗相同。

丹东栗木材材质坚硬、致密、抗压力强、富有弹性、抗腐耐湿，是建筑和民用家具的良材。

树皮和总苞富含单宁（达12%以上），可提取栲胶或染料。

（胡芳名）

4. 枣

枣原产中国。据古文献记载，枣的栽培历史至少有3 000年。近代考古资料表明，枣的栽培始于7 000年前。中国最早的枣栽培中心是在黄河中下游一带，且以山西、陕西黄河峡谷等地栽培最早，以后逐渐向河南、河北、山东及东南、南方等地扩种。

枣易繁殖，抗性强，结果早。枣果味美，营养丰富。据分析，鲜枣果肉含糖20.0%～35.0%，蛋白质1.2%～3.3%，脂肪0.2%～0.4%以及钙、磷、铁，还含有大量的维生素C、A、B、E和P，特别是维生素C含量高达2 500～8 000mg · kg^{-1}，超过苹果、柑橘、葡萄、猕猴桃等水果。此外还含有黄酮类化合物及环磷酸腺苷（CAMP）和环磷酸鸟苷（CGMP）等成分，并有重要的药用价值。

近40年来，我国科技工作者在枣科研方面进行了深入系统的研究，在枣种质资源的搜集和保存、生物学特性观察、生理生化研究、组织培养、丰产栽培技术、枣落花落果机理及其控制、枣人工种子的研制、分子生物学等方面取得了可喜的成果。与此同时，有些科研成果在枣生产区做了大量的技术示范和推广工作，2003年全国枣总产量达150万t，取得了显著的经济、社会和生态效益，对枣树生产的发展起了积极的椎动作用。目前我国枣业发展潜力巨大，尤其是要重点发展大果型枣、畸形枣、金丝小枣、鲜食冬枣等品种。

现在世界各国栽培的枣，都是直接或间接从中国引种。最早是朝鲜、俄罗斯、阿富汗、印度、缅甸、巴基斯坦、泰国等国家。日本在9世纪引入，欧洲和西亚各国都是从“丝绸之路”传播过去的，美国在19世纪和20世纪进行了两次引种，大约引进225个优良品种。

一、主要种类及其品种

枣属于鼠李科（Rhamnaceae）枣属（*Ziziphus* Mill.）植物，本属约有100种，主要分布在亚洲和美洲的热带和亚热带，少数种分布在非洲，两半球温带也有分布。我国有18种，常见的有枣和酸枣两种。

（一）种类

1. 枣（*Ziziphus jujuba* Mill.）

落叶乔木，高6～10m，具长枝和短枝。短枝呈长乳头状，称“枣股”。长枝“之”字形曲折，具托叶刺，长刺直立，短刺钩曲，至成年大树变无刺；短枝或新梢上常簇生3～5个纤细下垂的脱落性枝，称“枣吊”，大部分为结果枝，其叶腋着生花序。单叶互生，椭圆状卵形、卵形或卵状披针形，长2～6cm，边缘具细钝锯齿，先端钝尖，基部稍偏斜，三出脉，叶柄长0.2～0.6cm。花小，8～9朵簇生于枣吊的叶腋间，短聚伞花序，两性，黄绿色或绿色；花萼、花瓣和雄蕊均为5枚；花瓣小于花萼，呈匙形，与雄蕊对生，花盘明显：子房上位，2心皮2室，每室1胚珠。核果，熟时暗红色，大小及形状随品种不同而异，核两端锐尖，通常仅1胚珠发育成种子。5～6月开花，花期可延续1个多月，8～9月果熟（南方7月下旬至8月上旬）。

本种有4个变种：无刺枣［*Z. jujuba* var. *inermis*（Bunge）Rehd.］枣头无托刺，或具小刺易脱落，其他性状与原种相同；龙爪枣（*Z. jujuba* var. *tortusa* Hort.）又名蟠龙爪、龙须枣。生长势较弱，成龄树高仅4m左右，枝弯转扭曲生长，叶柄有时也卷曲不直，座果率较低。多栽植于公园庭院，供观赏用；葫芦枣［*Z. jujuba* var. *lageniformis*（Nakai）Kitang］又名缢痕枣、磨盘枣等。多供观赏用；宿萼枣（*Z. jujuba* var. *carnosicalleis* Hort.）果实基部萼片宿存，有的初为绿色、较肥厚，随果实发育成熟为肉质状，最后成暗红色，外皮稍硬，肉质柔软，但食之干而无味。

2. 酸枣（*Z. spinosa* Hu）

原产我国，古称棘或樲，又叫“野枣”。我国南北方都有，以北方为多，山丘、荒坡、乱石滩上到处丛生，适应性很强，为栽培枣的原生种。

3. 毛叶枣（*Z. mauritiana* Lam.）

又名滇刺枣、酸枣（云南、广东）、南枣、印度枣、缅枣（广西）等。分布于我国广东（紫金）、海南、台湾、云南（金沙江流域）、四川及福建等地；印度、越南、缅甸、斯里兰卡、马来西亚、泰国、印度尼西亚、澳大利亚及非洲均有分布和栽培。抗寒、抗旱力强，是紫胶虫较好的寄生树种。

4. 蜀枣（*Z. xiangchengensis* Y. L. Chen et P. K. Chou）

产于四川(乡城),生于河岸边,海拔2 800m。

5. 大果枣（*Z. mairei* Dode)

又名鸡蛋果（云南），产于云南中部至西北部(昆明、德钦、开远)。生长在河边灌丛或林缘，海拔1 900 ~2 000m。

6. 山枣（*Z. montana* Smith)

产于四川西部到西南部、云南西北部、西藏(察瓦龙)。生长在海拔1 400 ~2 600m的山谷疏林或干旱多石处。

7. 小果枣［*Z. oenoplia*（Linn.）Mill.］

又名麻核枣。分布于云南南部（宁江、景洪、勐海、孟连)、广西（南宁、龙州、宁明、那坡、百色）等地。生长在海拔500 ~1 100m的林中或灌丛中。印度、缅甸、马来西亚、斯里兰卡、印度尼西亚及澳大利亚均有分布。

8. 球枣（*Z. laui* Merr.）

分布于我国海南的琼崖县等地。生长有海滨沙地灌丛或疏林中。攀缘或直立灌木，稀乔木，有短而粗壮下弯的皮刺。越南也有分布。

9. 滇枣（*Z. incurva* Roxb.）

又名印度枣，产于云南（景东、景谷、耿马、勐海、景洪、富宁、思茅)、广西（百色、那坡、德保、靖西、凌云、南丹、阳朔)、贵州南部（兴义)、西藏南部（吉隆)。生长在海拔1 000 ~2 500m的混交林中。在印度、尼泊尔、不丹也有分布。

10. 褐果枣（*Z. fungii* Merr.）

又名花枣、滇南枣。产于我国海南的陵水、崖县、昌江、澄迈及云南南部和西南部，生长在海拔1 600m以下的疏林中。

11. 毛果枣（*Z. attopensis* Pierre)

又名老鹰枣。在我国云南南部（金平、景洪、富宁、屏边、勐海、文山、耿马、河口)、广西西部(扶绥、龙州、那坡、田阳）有分布，生长在海拔1 500m以下的疏林或灌木丛中。据文献记载，本种在国外仅见于老挝。

12. 皱枣（*Z. rugosa* Lam.）

又名皱皮枣、弯腰果、弯腰树（云南)。产于我国广西（田阳、百色)、海南、云南南部及西南部；在印度、斯里兰卡、锡金、缅甸、越南、老挝等地也有分布。生长在海拔1 400m的丘陵、山地。为紫胶虫的良好寄生。

13. 毛脉枣（毛脉野枣)（*Z. pubinervis* Rehd.）

产于贵州、广西西部（靖西、龙州)，分布在山坡林中。

14. 无瓣枣（*Z. apetaia* Hook.）

分布于云南西双版纳傣族自治州等地，生长在平原、低山林缘，攀缘于树上；果可食，亦作药用。

15. 巴利枣（*Z. parrvi* Torr.）

原产北美，1935年引入台湾。落叶灌木，作观赏用。

16. 达南枣［*Z. talanai*（Blauco）Merr.］

原产于菲律宾，又叫菲律宾枣树。1935年引入我国台湾。小乔木，作观赏用。

17. 凸枣（*Z. mucronata* Willd.）

原产非洲，又叫非洲枣。落叶乔木，可供观赏、食用、药用。后被引入我国台湾。

18. 钝叶枣［*Z. obtusifolia*（Hook et Torr. et A. Gray）A. Gray］

原产北美。灌木，供观赏、药用，后引入我国台湾。

（二）主要品种

我国枣树品种资源丰富，在长期栽培驯化和选育过程中，形成了许多品种和品种群。据统计全国枣品种在800个以上。

枣品种的分类方法尚不统一。以年平均气温15℃等温线为界，分南枣和北枣；按果形和大小分大枣和小枣两类。目前，多结合果形分为小枣、长枣、圆枣、扁圆枣和葫芦枣5大类群。在生产上按用途划分，分为制干品种、鲜食品种、蜜枣品种和兼用品种4大类群。

1. 制干品种类群

该类品种是枣中用途最广，经济价值最高的类群，分布广，栽培面积大，是北方枣区栽培的主要品种类群，南方8 ~9月少雨的地区也有栽种。制干品种含干物质多，糖分高，制干率一般在35%以上，优良品种可达45% ~65%。主要用于制作红枣，也可进一步加工成无核糖枣、焦枣、枣泥、枣蓉、枣汁、枣酒等深加工产品。

干制品种数量很多，占枣品种总数的32%，其中有不少优良的地方名特产品种。如山东、河北的金丝小枣、无核小枣、赞皇大枣、圆铃枣、长木枣、玉田小枣；河南的灰枣、鸡心枣、灵宝大枣、永城长红；山西的官滩枣、相枣、中阳木枣；辽宁的锦西木枣、太平顶、根德大枣；北京的密云小枣；陕西的临潼迟枣、直社疙瘩枣；甘肃的临泽小枣；浙江的义乌大枣、下山枣；湖南的观音枣、秤砣枣、木枣；江苏的泗洪沙枣等。

其中尤以金丝小枣品质最优，栽培面积最大，发展前途亦最大。中阳木枣、根德大枣、锦西木枣、临泽小枣适宜纬度高、气温较低的地区气候，是我国枣树栽培北界有希望发展的品种。

2. 鲜食品种类群

鲜食品种是性状极为复杂的一个类群，分布最广。适应性强，易于栽培管理，果实脆甜味美，营养丰富，维生素 C 含量高达 3 000 ~ 6 000mg · kg^{-1} 以上，深受大众喜爱，具有广阔的发展前途。该类群品种占枣品种总数的 37.3% 。主要优良品种（表 4-1）。

表 4-1 鲜食品种类群的主要栽培品种

品种类型	成熟期天数	主要品种及产地
极早熟品种	60 多 d	宁阳六月鲜（山东）
早熟品种	80d 左右	新郑六月鲜（河南）、槟榔枣（湖南）
中早熟品种	90 ~ 95d	梨枣（山东）、到口酥（甘肃）、大城苹果枣、大致枣（河北）、蜂蜜枣（陕西）、疙瘩脆（山东）、阳新花红枣（湖北）
中熟品种	100d	大瓜枣、妈妈枣（山东）、大椒枣（河南）、冷枣（江苏）、临猗梨枣（山西）
中晚熟品种	100 ~ 110d	彬县酥（陕西）、不落酥（山西）、永济蛤蟆枣、菏泽甜瓜枣（山东）、瓶子枣（辽宁）
晚熟品种	120d	冬枣、成武冬枣（山东）

上述品种中，品质最佳的是冬枣、疙瘩脆、妈妈枣、到口酥、彬县酥枣、瓶子枣。单果均重 15g 以上的大果优良品种有梨枣、大瓜枣、永济蛤蟆枣、菏泽甜瓜枣、临猗梨枣、成武冬枣等品种。

3. 蜜枣品种类群

该类群品种适于加工制作蜜枣，其特点是：果形整齐较大，呈两端平圆的短柱形或椭圆形，便于机械加工；果皮薄，白熟期皮色浅，含叶绿素少利于提高蜜枣成品色泽品质；果肉质地较松，含水率低，有利加工渗糖。该类群品种占枣品种总数的 8% ，主要分布在我国南方的枣产区——安徽南部、江苏南部、浙江西部、湖南西北部、广东北部、广西北部、重庆涪陵等地。近年来北方产区也选出一些蜜枣品种。该类群中优良品种（表 4-2）。

表 4-2 密枣主要品种类群的栽培品种

产地	主要优良品种
浙江	白皮马枣、南京枣、嶂安大枣、淳安大圆枣、吉枣
安徽	繁昌长枣、宣城尖枣、郎溪牛奶枣、歙县马枣
广西	灌阳长枣、平南大枣
四川	涪陵鸡蛋枣、木桐糠枣
宁夏	中卫大枣
湖南	长枣、湘西香枣
湖北	鄂西鸡蛋枣、随县大枣
广东	连县木枣

4. 兼用品种类群

兼用品种的果实既宜鲜食，又可制干加工红枣、蜜枣等产品。该类群品种占枣品种总数的 22.7% 。该类群优良品种有：阿拉尔圆脆枣（新疆），壶瓶枣、板枣（山西），核桃纹、秤砣长红（山东），扁枣、红圆枣（河北），缨络枣（北京），大鸡心、嵩县大枣、老婆枣（河南），晋枣（陕西），敦煌大枣、民勤小枣（甘肃），宁夏圆枣（宁夏），湖南鸡蛋枣、珍珠枣（湖南），石磙枣（湖北），全州秤砣枣（广西）等。

二、分布

枣树在中国分布极广，在北纬 23° ~ 42°5′、东经 76° ~ 124°的区域均可栽培。其栽培区的北缘从辽宁的沈阳、朝阳经河北的承德、张家口，内蒙古的宁城，沿呼和浩特到包头大青山的南麓，宁夏的灵武、中宁，甘肃河西走廊的临泽、敦煌，直到新疆的昌吉；最南到广西的平南、藤县，广东的东莞、郁南等地；西至新疆的喀什、疏附、阿克苏；最东到辽宁的本溪和东部沿海及台湾。

垂直分布在华北、西北等产区为海拔 100 ~ 600m 的平原、丘陵地带，在辽宁、内蒙古多在海拔 200m 以下，而云贵高原可生长在海拔 1 000 ~ 2 000 m 的山坡地。一般在低纬度地区，枣分布的海拔高，而高纬度地区分布较低。但在华北和西北的个别地区，也可分布在海拔1 000m以上，最高达1 300 ~ 1 800m的地方。

三、生物学特性

（一）生态习性

枣树的适应能力很强，耐热耐寒，耐旱耐涝，耐瘠薄土壤。

枣树为喜温树种，在生长发育期需较高的温度。

春季日平均气温达 13 ~ 14℃时开始萌芽，18 ~ 19℃时开始抽梢和花芽分化，20℃以上开花，花期适温为 23 ~ 25℃，果实生长发育需要 24 ~ 25℃以上温度，秋季气温降至 15℃以下时开始落叶，但在休眠期较耐寒。在极端最低气温 -31℃的北方和极端最高气温达 40℃的南方也能生长。

枣树对降水量要求不严，如南方降水量在 1 000mm以上仍有枣产区，而年降水量在 400 ~ 600mm 的北方正是枣的主产区。但如开花和果实生长发育期多雨，易造成落花落果，甚至裂果烂果而减产。

枣树喜光。据山西果树所观测，生长在峡谷中的枣林，每天只有 5h 直射光，干高且细，树冠小，与当地正常日照时数的同品种枣林相比，结果母枝抽生枝少 19%，座果率少 48%。枣树有较强的抗风能力，且耐烟害，但不耐水雾。

枣树对土壤的要求不严，除沼泽地重碱性土外，无论是山地、丘陵、沟谷，甚至瘠薄的石质山地及黄土山地，均可栽植枣树。对土壤酸碱度的适应能力也很强，在 pH 值 5.5 ~ 8.5 的土壤上，均能正常生长。对地下水位的高低也无严格要求，从黄土高原到渤海湾沿岸低地都可栽培枣树。枣树根耐水涝的能力也很强，特别是大枣类群，园地积水 30 ~ 70cm，历时 30 ~ 40d，对生长仍无明显影响。

（二）生长发育

1. 根系生长

枣树的根系因繁殖方法不同分为实生苗根系和茎源苗（萌蘖苗、扦插苗和组织培养苗）根系。枣树实生苗根系的主根（垂直根）和侧根（水平根）均很发达，实生幼苗垂直根的生长速度比水平根快，如 1 年生实生苗苗高 53 ~ 77cm，平均主根长 97.5cm，侧根长 5.5 ~ 40cm。枣树茎源苗根系的水平根比垂直根发达，向四周延伸的能力很强。水平根一般以地表下 15 ~ 30cm 范围内细根最多。幼树期水平根生长迅速，进入盛果后，渐趋缓慢，至衰老期出现向心更新。水平根上易发生根蘖，在断根和机械损伤后发生根蘖更多。一般情况下，以直径 5 ~ 10mm 的水平根上发生的根蘖生长良好，且易分株成苗。枣树根系开始生长的时间比地上部分早，一般在 3 月中旬至 4 月上旬，生长高峰期在 7 ~ 8 月，落叶后期进入休眠。生长期在 190d 以上。

2. 芽和枝

枣树的芽有 2 种，即主芽（正芽或冬芽）和副芽（夏芽）。3 种枝条，即枣头（发育枝和营养枝）、枣股（结果母枝）和枣吊（脱落性结果枝）。

（1）枣头。1 次枝顶端着生主芽，由数层螺旋状排列的鳞片包被，每组鳞片 3 枚，两侧鳞片呈针刺状，当年不萌发。枣股顶芽也是主芽，两侧的鳞片较大，不呈针刺状。同一枣头或多年延续单轴生长的枣头，其上主副芽的方位不变，而从 1 次枝上的侧芽抽生的枣头，其上副芽的方位与母枝相反；2 次枝上的副芽位置，每年互换。枣头是形成树体骨架和结果单位枝的主要枝条。枣头 1 次枝基部着生的枝为脱落性 2 次枝，上中部着生的枝为永久性 2 次枝，中下部的永久性 2 次枝长而健壮，越近顶端越细，甚至形成短芽。枣头 1 次枝和 2 次枝的节部着生 2 个由托叶变态的托刺，1 次枝上的托刺直立、较短，大小左右相等；2 次枝上的托刺一长一短，长托刺粗壮、直伸；短托刺向后弯曲。还有不具托刺的称无刺枣，如鸡蛋枣等。枣头具有多年连续延长生长习性，但在 1 年中多 1 次生长，枣头 1 次枝直生，2 次枝 呈“之”字形生长。l 次枝生长量较大，5 月中上旬至 6 月中下旬为生长盛期，7 月下旬基本停止生长，生长期 50 ~ 90d；2 次枝生长量较小，生长期较短，生长盛期只有 15 ~ 20d。

（2）枣股。即结果母枝，着生在 2 年生以上的 2 次枝上，个别着生在枣头 l 次枝的顶端和基部。枣股可多年连续生长结果。能抽生枣吊 2 ~ 7 个或更多。枣吊在枣股上呈螺旋状排列。枣股年生长量仅 0.1 ~ 0.2cm。枣股随枝龄增长而增长，最长可达 5cm。枣股的结实能力一般生长在立地条件好的 3 ~ 8 年生枣树，向上生长的枣股结实能力最强。枣股的寿命可达 15 ~ 20 年之久。

（3）枣吊着生在枣股上，当年生枣头 1 次枝基部和 2 次枝各节也着生枣吊。枣吊极少分枝，具 10 ~ 18 节，长 10 ~ 34cm，最长达 40cm。枣吊在叶腋间形成花序，开花结果，枣树的枝条生长和开花结果是同时进行。在同一枣吊上，4 ~ 8 节的叶片最大，3 ~ 7 节结果最多。

3. 开花和结果

枣树为多花树种。花为单生或 3 ~ 10 朵以上组成紧密的二歧聚伞花序或不完全二歧聚伞花序。枣树花芽不同于一般果树，具有当年分化，随生长分化，单花分化期短，分化速度快，全树分化持续期长等特点。单花分化仅 6d 左右，单花序分化需 6 ~ 20d，单个枣吊分化期一般 30d 左右，单株为 60 ~

90d 左右。枣树从完成花芽发育至开花开始仅42~54d。

枣花开放以树冠外围最早，渐及树冠内部。枣吊开花则从近基部逐节向上开放；花序则中心花先开。单花开放均在1d内完成。枣树品种的开花有日开型（如金丝小枣等）和夜开型（如义乌大枣等）两类，但撒粉及授粉时间均在白天。枣花单花寿命短，有效授粉期也短，开花当天授粉的座果率最高。能自花授粉，但座果率低。

枣花授粉受精后果实即开始发育，由于花期长，坐果不一致。枣树落花落果十分严重，严重影响了枣树的丰产稳产。据胡芳名等对枣树落花落果机理及其控制的研究：枣树落花从开花后5~7d开始，第2~3周达到高峰，落花率因品种不同而异，从63.72%~93.36%。生理落果有两次高峰，第1次在坐果后第2~4周，占全落果率的50%~90%，第2次在采收前2周，占l.5%~3.0%，总落花落果率99.15%~99.97%。落花的主要原因之一是花未受精；落果的主要原因之一是内源激素 GA_3 和IAA太低。采取施肥、喷激素、开甲、疏蕾、疏果、摘心等技术措施能显著提高枣树座果率。

枣树发芽与开花比一般果树晚，落叶早。枣的年生长期160~185d左右，果实发育期约95~100d。

四、栽培技术

1. 苗木繁殖

苗木繁殖大多采用分株和嫁接。近10年来，对扦插和组织培养进行了研究，已取得显著效果。

（1）分株繁殖。枣产区大多采用根蘖苗进行分株繁殖。其方法有：挖沟育苗，春季萌芽前，在树冠外围挖宽30~40cm，深40~50Cm的条沟，切断小根，然后用湿润士覆盖断根，促使萌发根蘖苗；根芽育苗，春季在树冠外围挖沟断根，当年小根上就发生成丛的芽，翌年春，取下根芽，分切后将根芽分级栽入圃地，次年即可成苗出圃；归圃育苗，将根蘖苗分级栽入圃地，培育1年后出圃造林。

（2）嫁接繁殖。枣树嫁接常用的砧木有本砧和酸枣。中国长江以南地区有用铜钱树（*Paliurus hemsleyanus* Rehd.）做砧木。嫁接时间一般在冬、春季进行。枣树嫁接常用皮下接、切接、劈接、腹接、芽接、嫩梢芽接等方法。枝接的接穗一般选用1~2年的枣头和3~4年生的2次枝。

（3）扦插繁殖。枣树扦插有根插和枝插两种。根插成活率较高，选择1~3年生，径粗l~2cm，长15cm的根段扦插，成活率达70%。扦插分硬枝和绿枝扦插两种。用萘乙酸或吲哚丁酸处理后，插条较易生根。

（4）组织培养法。近年来，用组织培养方法培育枣苗已取得很好的进展并逐步用于生产。

2. 施肥与灌水

枣树施肥应按不同物候期分期进行。果实采收前施基肥，满足翌年萌芽、花芽分化和开花坐果的需要；萌芽前追肥，一般在3月下旬至4月上中旬进行；花期追肥，提高座果率；幼果期追肥，可在7月上、中旬进行。据河北、山东等地的经验，每产100kg鲜枣约施入氮l.5kg，磷l.0kg，钾1.1kg。

枣树较抗旱，但要获得高产仍需在枣树生长发育期内及时进行灌水，北方尤为重要。北方枣产区前期干旱，应在4月上中旬、5~6月和7月上中旬进行灌水，以促进根系生长，减少落花落果，提高座果率。果实成熟前降雨过多，枣林地排水不良，易发生裂果，在南方多雨地区，要及时开沟排水。

3. 间种

间种是古代劳动人民独创的一种立体农作制度，是枣产区广泛采用的农作方式，具有较高的经济效益和生态效益。中国北方枣产区枣粮间作有3种形式：以枣为主的间作，枣树的栽植密度大，行距7~10m，株距3~4m，每公顷栽300~450株；枣粮并重，行距15~20m，株距3~4m，每公顷栽150~225株；以粮为主，枣为辅的间作，一般行距30m，也有30m或50m双行，株距3~4m。

南方枣产区在幼龄枣林地间种花生、黄豆、红薯等作物，待枣林郁闭后，再在林下种植绿肥，中药材等耐荫作物。

4. 开甲和刑枣

开甲即环状剥皮，能提高座果率，是北方枣产区枣树管理的一项重要措施。盛花期在树株距地面上10~20cm处用刀环割深达木质部0.3~0.5cm宽，以后每年隔3~5cm距离依次向上环割。刑枣即于花期在主干中下部环伤韧皮组织，幼树1年砍1次，盛果期树每年砍3~6次，每次砍3圈，间距2~3cm，可大大提高座果率。

5. 整形修剪

枣树栽植后当苗干粗3cm左右时定干，定干高度一般1.0~1.2m，当年可发出3~4个新枝，从中选留中心主枝和基部主枝。

（1）主干疏层形。一般有主枝7～8个，分2～3层交叉着生于主干上。第一层主枝3～4个，第二层以上为2～3个。主枝角度50°～60°。每个主枝上留1～3个侧枝，第一层与第二层间距70～100cm，二层与三层间距40～60cm。这种树形结果面积大，通风透光，产量高。

（2）多主枝圆头形。树体高大，无一定层次。主枝6～8个，在主干上错落排列。每主枝着生2～3个侧枝，树冠顶部开展。成形快，通风透光好，产量高，果实品质好。

（3）开心形。无中心主干，在树干上着生3～4个主枝，呈40°～45°向四周伸展，在每个主枝的外侧着生3～4个侧枝。树体矮小，通风透光好，前期产量较高。

枣树修剪一般在落叶后到萌芽前进行。北方以3月上旬至4月上旬为宜，南方可提前进行修剪。常用的修剪方法有疏枝、回缩、短截等。夏季修剪宜在枣头生长高峰以后，一般在小满至夏至进行。华北地区以6月上中旬为宜。主要方法有抹芽、疏枝和摘心。

五、病虫害防治

（一）病害防治

1. 枣锈病

各地均有发生。多在8～9月间高温多湿季节或连续1～2d出现雾天，常导致此病迅速发展。病叶背面先出现散生淡绿色小点，后逐渐凸起呈褐色角斑而脱落，严重时叶片全部脱落。

防治方法：及时修剪，保持枣园和树冠的良好通风透光状态；雨季注意排水防涝；发病初期喷洒1∶2～3∶300的波尔多液1～2次；晚秋清除或深埋落叶。

2. 枣疯病

病原为类菌质体（*Mycoplasma- like rganisms*），在枣区常见危害，病树生长衰退，叶变小，枝纤细，成簇发生，花梗细长，常出现小分枝，花盘退化，花瓣变成叶状。病情严重可导致减产或绝产，枣果不堪食用，最后全树死亡。

防治方法：及时清除病株，立即烧毁；培育无病菌木，选用抗病品种和砧木嫁接、建园。

（二）虫害防治

1. 桃小食心虫（*Carposina niponensis* Wals.）

幼虫在枣果内蛀食，严重影响产量和质量。一般1年发生2代，7月上中旬和8月中下旬分别为两代幼虫蛀果盛期。

防治方法：从枣盛花期开始，在树干周围地面喷撒0.5%～1%西维因粉剂1～2次，防治出土的越冬幼虫；7月下旬至8月上旬第1代蛀果幼虫随果落地，及时捡拾落果，深埋；7月中旬和8月下旬各喷1次25%可湿性西维因300～400倍液，消灭孵化幼虫。

2. 枣尺蛾（枣步曲）（*Chihuo zao* Yang.）

1年发生1代，枣树发芽后幼虫即开始危害，危害盛期在5月上中旬。

防治方法：3月中旬在树干基部绑塑薄膜或培土堆，阻止雌蛾上树；喷洒农药，集中消灭3龄前幼虫。

3. 枣黏虫（*Ancylis sativa* Liu.）

分布较广，以幼虫危害枣芽、枣花、枣叶，并蛀食枣果，造成枣花枯死，枣果脱落，对产量影响极大。

防治方法：冬季和早春，刮树皮，堵树洞，涂白，消灭越冬蛹；利用黑光灯诱杀成虫；幼虫孵化盛期喷洒50%杀螟松乳剂1 500～2 000倍液。

4. 枣龟蜡蚧（*Ceroplastes japonic* Green.）

此虫在枣区危害较重。1年发生1代，7月中下旬为若虫孵化盛期，以若虫和雌成虫在枝叶上吸食汁液危害，孵化后7～10d背部即全部被蜡。若虫排泄物污染全树，引起黑霉菌繁殖，使幼果早落，树势转衰。

防治方法：若虫孵化初盛期，每隔5d喷1次500倍50%西维因或400倍25%亚胺硫磷，连续喷2～3次；冬季人工刷涂；培养天敌，实行生物防治。

六、采收贮藏与加工利用

（一）采收贮藏

枣果的成熟过程按皮色和肉质变化情况分为白熟期、脆熟期和晚熟期3个阶段，历时10～20d。

采收期的确定，视用途不同而异。制作蜜枣，枣果宜在果皮呈绿白或乳白色的白熟期采收；鲜食宜在果肩开始着色转红至全红的脆熟期采收；干制红枣以晚熟期采收最好。

传统的采枣方法是以杆震枣。这种方法效率低，对树体伤害大。近年来采用“乙稀利”催落，效果良好。在枣果采收前5～7d，喷洒浓度为200～300

$mg \cdot kg^{-1}$的乙烯利液于着果部位，可提高工效10倍左右，对树体也无伤害，枣果品质也有所提高。

鲜枣耐贮藏性差。目前多采用打孔塑料薄膜袋小包装冷库低温贮藏。库温控制在0±1℃，袋内相对湿度90%～95%，CO_2浓度在5%以下。据山西农业大学等单位的研究，鲜枣贮藏期达到100d以上，张平研究员经过5年研究，在国内首次研制成功“冬枣贮藏保鲜新技术”可使冬枣贮藏保鲜期超过90d，保鲜率和保脆率达到90%，而枣失重率仅0.5%～1.0%。

（二）加工利用

枣果加工在中国也有悠久的历史，产品繁多。随着我国农村经济结构和产业结构的调整，以枣果为原料的产品已成为产枣区县乡镇企业的拳头产品，正在逐步占领市场，深受广大消费者欢迎。就目前市场而言，以枣果为主要原料的加工产品按加工方法不同，将近40多个系列产品分为6大类。

干制品类（红枣、乌枣、南枣、焦枣、枣粉、枣肉干等），糖制品类（金丝蜜枣、无核糖枣、枣饴糖、多味枣、玉枣、枣应子、枣酱、枣泥、枣果冻、枣蓉等），饮料类（红枣汁、红枣汽水、红枣可乐、枣酒、乌龙戏珠茶、大枣滋补精等），罐头类（糖水玉枣罐头、鲜枣罐头、泰山牙枣罐头、酒枣罐头等），保健食品类（红枣健胃豆、红枣营养片、枣果丹皮、保健红枣干等），综合利用类：枣醋、枣香精等。

1. 红枣

红枣由充分成熟的鲜枣干制而成，是我国枣加工量最大，方法最简单，用途最广的一种干制品。

干制方法主要有晾干法、晒干法、烘烤法和干制机干燥法等。近年来新发展起来的冷冻升华干燥法、微波干燥法、远红外干燥法、太阳能干燥法等也正在逐步应用于红枣干制，无论用哪种方法，所用鲜枣都应充分成熟后采收，并加以分级。

红枣干制要选择肉厚、糖高、成熟的枣果，先放入沸水中烫漂5～10min，果皮稍软后，随即放入冷水中冷却。将枣果铺在竹席上让阳光曝晒，在气温较高的晴天晒7～8d或在60～70℃的烘房中烘烤24h左右，使枣的含水量降低到25%～28%。然后在仓库内将干燥后的红枣堆至1m左右高，堆放15～20d后再暴晒1d。然后用聚乙烯塑料薄膜袋包装，每袋1～5kg。

2. 乌枣

又称黑枣、熏枣。生产历史悠久。它乌紫明亮，纹理细致，肉质柔韧细密，香味独特，别具风味。其性热，民间作为滋补珍品。

工艺流程：鲜枣→选料→清洗→预煮→冷浸→筛纹→熏制→包装→成品。

选果大、肉厚、果皮全红的鲜枣。用清水洗净，将洗净的鲜枣倒入沸水锅中，高火煮5～8min，使果皮软化，在熏制时果肉水分容易外渗，加速干燥过程。将煮好的枣果捞出后立即放入冷水缸中，冷浸5～8min，枣果因温度急剧下降，开始收缩，产品纹理。冷浸水温保持在40～45℃，切忌水温过高过低，以免影响质量。再将冷浸好的枣果放在滤水筛中晃动8～10min，一方面可滤去积水，另一方面经筛面压挤，使纹理变得更加细密。然后放到专用的熏炕上进行熏制，在熏架上铺厚约12～15cm的枣果，用芦席覆盖，坑下用柴火熏制。

枣果每次上炕熏制都要经过受热、蒸发、匀湿3个阶段。受热阶段约1～2h，铺面温度控制在50℃左右；蒸发阶段维持5～6h，枣面温度保持在65～70℃；匀湿阶段即在蒸发阶段后停火用余热维持5～6h，并将枣果上下均匀翻动1遍，翻好后再进行第2遍熏制，如此反复进行，一般大枣熏8遍，中枣熏6遍，小枣熏5遍。每次熏制时间应依次减少，最后一遍烘烤到肉质硬度内外一致，稍有弹性而不沾手，含水量降低到23%时，即可停止熏制。

熏制良好的乌枣，呈紫黑色，纹理细致，肉厚而紧密，滋味纯正，枣香突出。成品按大小、颜色深浅分级包装。焦枣味美耐贮藏，营养含量高，销售市场大，远销日本和我国港澳等地区。

3. 焦枣

焦枣又称脆枣。经上糖衣后又叫糖衣焦枣。焦枣焦香酥脆，风味独特。

工艺流程：红枣→选料→泡洗→去核→烘烤→上光加色（或上糖衣）→冷却→包装→成品。

选以晒干的大、中型优质红枣为原料，将其倒入温水的缸中洗净，让其吸水膨胀。再用去核机将枣核去掉。倒入特制的烘笼内烘烤，枣的体积约占总容积的2/3左右，烘烤笼的转速维持在每分钟40转，一般30～40min可烘一笼，待发出焦香味即可。亦可在电热干燥箱内进行，温度控制在80～90℃，时间1h左右。

在制成成品前15～20min进行加光上色。其方法是用带有少量枣肉的枣核，按1∶1的比例加水煮沸取得枣水。每20kg烘后枣加0.5kg煮枣水，然后再烘15～20min，枣的外果皮便由无光的褐色变成具有金属光泽的红褐色。

若要制成糖衣焦枣，则不加枣煮水，而是倒入搅拌器中，趁热加入浓缩白糖液，加喷边搅拌，至枣表面出现一层白糖霜为止。最后将烘烤成的焦枣摊在凉爽干燥的地方，待完全冷却后用无毒塑料袋密封包装。贮藏在低温干燥的仓库中。

4. 枣脯

工艺流程：原料选择→去核削皮→晒制→熏蒸→调配→整形。

原料宜选择制干品种枣果。选个大、色红、均匀、汁少的果实，用清水洗净备用；用去核机去枣核后，人工削去枣皮或用碱液浸泡去皮，即把去核后的枣果倒入温度在100℃的5%氢氧化钠溶液中，搅拌20～30s，捞出滤干后，再倒入冷水中迅速搓擦，去净枣皮，再用清水冲洗干净；将去皮的枣果摊在席上晾晒4～5d，每天翻动2～3次，果肉变软即成枣干。也可把去皮的枣果直接置于60℃以下的烤房中，烘烤2h左右，烘烤中，要经常翻动，以防焦枣；将晒制成的枣干，放在熏蒸室中熏蒸1～2h后，用清水冲洗2～3次，滤干水分，再蒸煮2～3h，浸糖，即在65%糖液中加入0.5%蜂蜜和桂花，搅拌均匀，煮沸后，放入蒸过的枣干，煮30min左右，捞出滤干表面糖液；然后按1份白砂糖与10份浸糖后的枣干比例，把白砂糖均匀地撒在枣干上，即制成枣脯。调配好的枣脯，质地松软，甘甜可口，肉色透明。经过人工逐个整成长方形或纺缍形，即为成品，用无毒塑料袋密封包装。

5. 酒枣

工艺流程：鲜枣→选料→清洗→酒制→密封。

采摘着色良好，果个大小均匀，无虫、无病、无破损的鲜枣果，洗净，晾干；再用60°白酒均匀喷洒枣果，每100kg鲜枣用白酒2kg左右；将喷过酒的枣果放入缸内，装满后用无毒塑料薄膜密封口，放在通风良好的室内，25d后即可食用。

6. 蜜枣。蜜枣又称金丝蜜枣或京式蜜枣、北式蜜枣（主产于北京、河北、河南、山东、山西等地），和徽式蜜枣、桂式蜜枣通称三大蜜枣。

工艺流程：鲜枣→选料→分级→清洗→划缝→糖煮→糖渍→初烘→整形→复烘→冷却→分级→包装→成品。

选择果大核小、肉质疏松、汁液少的果实，以每千克100～120个为宜。将枣在清水中洗净后用划缝器逐个纵向密密划破，划丝要均匀，纵距1mm左右，深度达果肉厚度的1/3～1/2。将枣与白糖一同放入夹层锅内，加入适量水一同熬煮。白糖的量占枣重的60%左右，加水量以能淹没枣果为度，煮熬40～60min，至枣果呈现黄色并有光泽时，连同糖液一起倒入缸内，待枣果吸足糖液后捞起。将枣上的糖液沥干后置于75℃左右的温度下烘拷，先后翻动几次，烤至半干时出笼，趁热逐个捏成船形或扁圆形，然后复烤至表面糖液结成“白霜”，含水量少于12%时为止。将烘好的枣冷却、包装后即为成品。成品分成4级，1级50～70个·kg^{-1}，2级90～110个·kg^{-1}，3级130～150个·kg^{-1}，4级160～190个·kg^{-1}，分别用食品袋包装、封口、防潮。成品要求颗粒完整，呈马鞍形，枣身干爽，略有糖霜，色泽为棕黄或棕红色，有光泽，色泽较一致；味清甜，略有原果风味，无异味；糖液渗透均匀，果肉柔嫩，水分含量5%～12%，总糖（以转化糖计）80%～90%。

7. 无核糖枣

工艺流程：鲜枣→选料→去核→清洗→煮制糖渍→制干→成品。

选择果形大、果肉厚、质地致密、果皮全红、出干率高的枣果品种；用去核机去掉枣核；将去核的枣果，倒入70～80℃的热水中，浸泡5min，轻压轻翻，使枣果发胀，枣皮舒展，捞出，滤干水分，即可煮制；煮制与糖渍时，先在锅中加入25kg水，煮沸后再加入17.5kg白糖，待煮沸后，把枣果倒入锅内，煮沸40min后，再加入12.5kg白糖和40g柠檬酸，开锅后再煮沸20min，直至枣皮胀展，呈紫红色为止。煮好后连同糖液一并倒入缸内糖渍40～48h，待枣肉渗饱糖液呈现黑紫色时捞出，放入铁筛中滤出糖液，连同铁筛放入沸水中，轻轻转动铁筛，洗净枣果表面的糖液，倒入烤盘，准备烘烤；把烤盘送入烤房烘干。烘烤期间温度要控制在60～70℃，不宜过高。一般烘干24h后，糖枣成品即可取出冷却。成品质量要求枣果内含水量15%～17%，含糖量70%以上；枣内残核率不超过1%；产品色泽紫红透明，香甜可口，无异味。

8. 枣酒

将干枣在清水中浸泡24h，使枣吸水膨胀后置于破碎机中破碎。在碎枣中加入占其重量1/4的谷糠或大米，拌匀后入笼蒸煮20～30min，停止加热，取出物料，待温度降到30℃以下时加入碎枣重量

4% 的大曲入缸封闭发酵。发酵温度应在 25℃ 左右，不能超过 30℃。发酵期一般为 7～10d。将发酵后的酒糟置于蒸馏器中蒸馏提酒，蒸出的白酒置于贮酒桶中密闭陈酿半年以上。在陈酿出的酒中加入一定量的白糖（0.5%～1%）以增加甜味，然后将调配好的酒装瓶密封后在 70～72℃ 温度下水浴杀菌 20min 左右。

9. 糖水玉枣罐头

糖水玉枣罐头是以鲜枣为原料，在加工过程中又未经高温煮制，较好地保存了鲜枣固有的色、香、味和营养成分，枣面洁白如玉，维生素 C 含量高达1 200mg·kg^{-1}。

工艺流程：鲜枣→选料→分级→去皮→预煮→装罐→排气→封口→杀菌→冷却→擦罐→预放→检验→成品。

选果大、肉厚、形状整齐、果皮全红的优质鲜果为原料，按果大小、色泽分级；将鲜果投入煮沸的 8%～9% NaOH 溶液中浸泡 1min，立即捞出放在流动清水中搓洗，以除去果皮和残留碱液，捞出；将漂洗净的去皮枣果放入煮沸的 0.1% 柠檬酸溶液中，预煮 3～5min，温度维持在 95～98℃；将预煮滤干后的果坯称重后装入罐中（加入的果坯重量不低于罐头净重的 55%）加配制好的糖水至满（配制糖水：用白糖配制成 25% 的糖液，并加入糖液总量 0.15% 的柠檬酸）；将装满的罐放至排气箱内排气 10～15min，温度为 85～95℃ 时趁热封罐，（如用真空封罐机排气密封，则真空度要求为 5.33×10^4Pa），放入杀菌锅中进行常压杀菌，在 5min 之内升温至 100℃，维持 15min 杀菌；杀菌后迅速冷却至 38℃ 左右即可。

10. 枣红色素

枣红色素是一种从枣皮中提取出来的天然食用色素，安全性高，无毒副作用，有一定的开发利用价值。枣红色素在饮料中用量为 0.1%。

工艺流程：鲜枣→选料→洗净→烘烤→浸提→过滤→干燥→包装。

可用劣质枣和作枣肉干后的枣皮，也可用充分成熟的的优质枣，但用优质枣提取的枣红色素得率高，质量好；将枣用清水洗净，捞出晾干后，放到在 105℃ 左右的烘箱中烘 1h，切忌烘焦；将烘后的枣放入不锈钢锅中，加入枣量 4～5 倍的清水，用小火煮 30min，过滤，如此重复 2 次，将 3 次滤液合并，静置 24h，虹吸上层清液并用过滤机过滤；再用喷雾干燥法进行干燥，即得粉状枣红色素，立即装入用棕色玻璃瓶，密封。存放在阴暗、干燥的仓库中。

（胡芳名）

5. 银　　杏

银杏（*Ginkgo biloba* L.）俗称白果，为银杏科（Ginkgoaceae）银杏属（*Ginkgo* L.）植物，仅1属1种，是最古老而原始的孑遗物种，有“活化石”之称，也是我国重要的珍稀名贵树种。我国早在商周时期就有银杏栽培，春秋时代就有银杏栽植的记载。古代栽植银杏首先用作园林植物，其次为木材利用，而作为果品生产则较晚。从“绛囊因入贡，银杏贵中州”的词句中可知银杏之名始于宋代皇帝的赐名。

银杏是多用途的经济树种。其种仁营养丰富，富含蛋白质、脂肪、多种矿物质和多种维生素，可药食两用，深受广大消费者的欢迎。银杏叶中含有丰富的银杏黄酮和苦内酯，是治疗心脑血管病的特效药。银杏木材优良名贵，经久耐用，是优良的雕刻等用材。银杏树寿命长，树冠、枝干多姿多态，深秋叶片金黄，格调高雅，是优良的园林绿化树种。

银杏原产我国，广泛分布于我国亚热带、暖温带、温带地区。我国除黑龙江、吉林、内蒙古、宁夏、新疆、青海、西藏各省（自治区）外，其他20多个省（自治区、直辖市）都有分布。分布范围为北纬22°～42°，东经97°～124°。主要分布于山东、江苏、安徽、浙江、江西、湖南、湖北、河南、广西等省（自治区）。垂直分布南北差异较大，华北在海拔1 000m以下，西南在2 500m以上地区仍可生长。现在世界上50多个国家都有引种栽培。

一、植物学特征

银杏为高大落叶乔木，树高达40～60m，胸径4～5.5m。树冠在壮年时呈圆锥型，老年时呈广卵型或圆头型。主干挺拔直立，树皮幼年浅纵裂，淡灰色；老树灰褐色，纵直深裂。枝条粗壮，近轮生。叶片扇型，长4～8cm，最大13cm；宽5～10cm，最大15cm。雌雄异株。雄花具总柄，簇生于短枝叶腋，呈倒垂的柔荑花序状，雄花长1.5～2cm，花柄长1～2mm，每朵雄花有30～40个花药；雌花1～8朵聚生于短枝顶端，有1珠柄，柄端常分2叉，稀3～5叉或不分叉，各生1胚珠，通常只有1个胚珠发育成种实（假果实）。种实（种子）核果状，倒卵型、椭圆型或近球型；外种皮由外心皮发育而成，肉质；中种皮骨质，坚硬致密，表皮平滑黄白色，先端尖或钝，具2～3条纵纹；内种皮呈膜质，淡红褐色；胚乳（种仁）肉质，淡绿色，味甘甜稍苦。

二、品种类群与主要栽培品种

（一）品种类群

国内外对银杏品种类群的划分有多种观点。1935年曾勉根据种子的大小和形状按照栽培植物命名法将银杏分为3大栽培变种即梅核类、佛手类和马铃类；1954年胡先骕将银杏划分为7个变种；何凤仁在曾勉的分类基础上，按银杏种核的长宽比例和两轴线的正交位置，从栽培学的角度，采用综合分类法将栽培银杏划分为5大品种类群，现为大多数学者所接受。

1. 长子品种群

种实长，外形相似橄榄或长枣。长宽厚比为1.7∶1∶0.83，纵横轴线交会于核的中心。种核两侧有明显棱脊，不成翼状。该品种群植株多为实生，种实和种子形态变异大，种子较小。主要品种有江苏的橄榄果、广西的枣子果、贵州的长白果等。

2. 马铃品种群

种实中等大小，宽卵型，上宽下窄，形似马铃。种核广卵型，有明显棱脊，长宽厚比为1.3∶1∶0.82。该品种群种核大粒，优良品种较多，如山东的郯城5号、魁铃，江苏的大马铃、亚甜，广西的海洋王、黄皮果、桂049等。

3. 佛指品种群

种实长圆型，略扁，上宽下窄。种核长卵圆形，有明显棱脊但近尾端不明显，不成翼状，种核长宽厚比为1.5∶1∶0.81，长宽轴线交会于长线上端1/3处。该品种群种核大，优良品种多，如江苏的家佛指、七星果、洞庭皇，山东的大金坠、新宇，湖北随州4号，广西的粗佛子等。

4. 梅核品种群

种核近圆形或广椭圆形，略扁，两侧棱脊线极明显，距离基部不远处呈羽翼状边缘，似梅核，故名。种核长宽厚比为1.35∶1∶0.78 。该品种群实生植株较多，种子大小差别较大，种仁有苦味，品质较差，但较抗旱、耐涝。主要品种有：浙江的大梅核，广西的葡萄果，湖北随州1号，河北的易州大白果，贵州的猪心果，山东的小梅核等。

5. 圆子品种群

种实圆形或近圆形，纵横三径几乎相等。种核卵圆形，长宽两线交会于长线的2/3处，侧棱明显，中部宽大处成翼状，长宽厚比小于1.2∶1∶0.8。主要品种有：广西灵川的葡萄果，安徽、山东的眼珠子，贵州和江苏宜兴的圆糯白果，江苏吴江的大圆子、小圆子，浙江诸暨、长兴的鸭尾银杏，贵州的算盘果、圆白果等。

（二）主要栽培品种

1. 优良核用品种

（1）佛指。又称佛子、家佛子。种实长卵圆形，先端圆钝而肥大，基部略现偏斜。梗长4.5～5.3cm，纵径3.1cm，横径2.4cm，平均单种重13.3g。种核长卵形，形似佛指，先端尖削，中间有凹下，尾部狭长，纵径3.7cm，横径1.7cm，厚1.3cm，平均单核重3.3g，出核率26%。核大，质地细腻，味甜，是银杏上品。本品种为江苏泰兴的主要栽培品种。目前各地均有引种，表现良好。

（2）大佛手。又称扁佛手、大长头。大佛手与佛指种实、种核的形态相似，二者的主要区别是：大佛手种实顶端秃光，孔迹稍突起，佛指顶端平或小凹陷；大佛指种实下端比佛指略宽；大佛手种核顶端秃头，孔迹稍凹起，佛指多半秃圆，孔迹平或稍凹陷，少有尖突；大佛手种核下部宽于佛指。大佛手种实纵径为3.5cm，横径2.8cm，平均单种重17.6g，种梗长4.0cm。种核纵径2.9cm，横径1.7cm，厚1.4cm，平均单核重3.3g，出核率26%。核大，壳薄，种仁饱满，浆水足，味甜，不易落种，大小年不明显，但糯性较差，抗涝、抗风性能较弱。本品种主产于江苏南部、浙江北部及安徽东南部，是嫁接的优良品种。

（3）洞庭皇。又称洞庭王。种实倒卵形，顶端圆钝，基部平而微凹，纵径3.6cm，横径2.8cm，平均单种重17.6g，种梗长4.3cm。种核长椭圆形，纵径3.1cm，横径1.9cm，厚1.5cm，平均单核重3.6g，出核率26%。性糯味甜，品质优良。本品种发枝量大，进入开花结果时间早，丰产性能强。抗病虫能力也强。主产于江苏吴江洞庭山，广西灵川、兴安也有少量栽培。

（4）大梅核。称大白果，种实球形或近于球形，顶端圆钝，基部微广，近种梗处微凹，纵径3.0cm，横径2.8cm，平均单种重12.2g，种梗长4.5cm。种核似“梅子”之核，纵径2.4cm，横径1.9cm，厚1.5cm，湖北孝感选出的实生单株，平均单核重2.63～3.16g，最大达3.78g。一般出核率26%，出仁率75%。种仁饱满，微苦，糯性强。大梅核为半展树型，抗旱、抗涝为其突出优点。本品种分布范围广，主产于浙江诸暨、临安、长兴，广西兴安、灵川，湖北随州、安陆，安徽广德、歙县等地。

（5）大圆铃。又称大银铃。大圆铃有圆底铃和尖底铃之分，种实圆球形或近圆球形，顶端稍平，基部平或较狭窄，纵径2.9cm，横径2.8cm，平均单种重13.7g，种梗向一侧倾斜，双种率45%。种核卵圆形，两端同等大小，先端突出具有三角形小尖，核两侧棱臂突起，纵径2.5cm，横径2.1cm，厚1.7cm，平均单核重3.6g，出核率26.1%。核大、质细、性糯、种仁饱满、富含浆汁。在水肥充足的条件下，生长旺盛，树势强健，大小年不明显，具有稳产高产的性能。本品种主产于山东郯城。

（6）大金坠。又称长把金坠、圆头金坠。种实和种核形似妇女之耳坠。种实长椭圆形，基部细圆，至顶端附近收缩呈三角形，顶端圆尖，纵径2.88cm，横径2.836cm，平均单种重10.13g，种梗长，上窄下宽，双种率64.3%。核长椭圆形，底部尖圆，顶端呈宽楔形，侧棱明显，有一侧中部以下至底端侧棱不明显，极平滑。核纵径2.72cm，横径1.64cm，厚1.35cm，平均单核重2.75g，出核率25.37%。核大、肉细、浆足、糯性大、味香、略带甜味，深受消费者欢迎。本品种生长快，树势强健，立体结种性能强。耐旱、耐涝、耐瘠薄，但抗风能力较差。本品种主产于山东郯城，江苏邳州等地也有栽培。

（7）橄榄果。又名橄榄佛手、大钻头。球果卵圆形，近橄榄，先端微圆秃、顶凹陷，具小孔，珠孔迹明显。中部以下稍窄，蒂盘多椭圆、稍偏斜，周缘不整微凹陷。种实纵径3.2cm，横径2.4cm，平均单种重9.5g，种梗略弯曲，斜生，出核率24.7%。种核长卵圆形或长纺锤形，先端突尖，珠孔迹明显。基部具尖，核两侧棱明显，较宽，上部宽扁，呈刀刃状。核纵径2.7cm，横径1.5cm，厚1.3cm，平均单核重2.2g，出仁率77.4%。本品种树势中等，成枝力弱，大小年明显。本品种为广西优良品种之一，浙江长兴多有栽培。

（8）大果银杏（大白果）。种实倒卵形，顶微凹入，基部平展。平均单种重11.2g。种梗长4cm。

种核肥大，倒卵形，略扁，顶端圆钝，基部渐窄，边缘有翼，纵径 2.6cm，横径 2.2cm，厚 1.7cm，平均单核重 3.3g，个大均匀，出核率 29.6%。壳薄、种仁饱满。本品种座果率高，是优良的栽培品种。本品种主产于湖北随州、安陆、孝感，以及广西灵川，河南罗山等地。

（9）大马铃。种实倒卵圆形，前半部大而圆秃。蒂盘圆形，周缘向种皮内凹陷。果柄较宽扁，直立，长约 4.2cm，种实纵径 3.33cm，横径 2.79cm，平均单种重 11～13g，出核率 26.3%。种核宽卵圆形，先端圆钝，基部狭窄，顶端具钝尖。核壳中部有棱脊，似有一圈隐约可见的横向缢痕，核似马铃，因此而得名。核纵径 2.85cm，横径 1.95cm，厚 1.52cm，平均单核重 3.24g，种壳中厚，出仁率 79.8%。本品种为江苏邳州从马铃中优选出的大粒型品种，结果早，产量高，种核外形美观，种仁无苦味，熟食香、甜、糯俱佳，品质上乘。

（10）金兵卫。原产日本爱知县中岛郡。幼树枝条开张，成龄树枝条下垂；外种皮较厚，种核较长，出核率 26%，单核重 3.75g，种核表面麻点较多。硬核期 7 月上旬，形态成熟期 9 月下旬。嫁接后 3～4 年开始结果。适宜于矮干密植栽培。是日本著名的早熟品种，我国有引种栽培。

（11）藤九郎。原产日本岐阜县本巢郡。树势强健，种实大，种核形状丰满，出核率 28%，单核重 4.1g，种核麻点少，有光泽；品质与食味好。硬核期 8 月中旬，形态成熟期 10 月中旬。嫁接后 5 年开始结果。是日本有名的晚熟品种，我国有引种栽培。

2. 优良雄性品种

主要用于对优良核用品种进行授粉的优良雄性品种。

（1）郯城 402。由山东郯城林业局选出。该品种树冠紧凑，生长势强和成枝力强，开花早。新梢年生长量 32.4cm，粗 0.8cm。2～4 年生枝段开花率达 89.7%；平均每短果枝有花穗 6.32 个，花穗长 2.95cm；每穗花药数 60.14 个，出粉率 5.97%；花期 5～7d；亲和力强，授粉座果率达 98.5%，有胚率 97.75% 以上。是一个花粉量大、授粉座果率高、丰产性能交好的优良雄性品种。

（2）郯城 501。由山东郯城林业局选出。树势生长强壮，成枝力高，树冠形成快。新梢年生长量 43.62cm，粗 0.83cm。2～4 年生枝段开花率达 91% 以上；平均每短枝有花穗 5.5 个，花穗长 2.95cm。每穗花药数 65.57 个，出粉率 5.23%；花期 5～7d；该品种亲和力强，授粉座果率达 96.75%，有胚率 97.5% 以上。是优良的雄性品种。

（3）嵩优 1 号。原株位于嵩县东村乡，树龄约 1 000 年，树高 17m，胸径 1.78m。平均花穗长 3.18cm，穗粗 0.86cm；每穗花药数 72.78 个；花期 8d；每千克鲜花穗 4 000 个，花药数 29 万个。

（4）安陆雄优。原株位于湖北安陆雷公镇，树高 35m，胸径 1.65m，年产花穗 50kg 以上。花穗长达 3.4cm，花粉量大，是湖北安陆的当家授粉品种。

3. 优良叶用品种

优良叶用品种是指以采叶为目的的银杏优良品种。

（1）郯叶 300。由山东郯城林业局选出。树冠圆头形。嫁接 10 年生平均树高 6.54m，胸径 20.7cm，冠幅 33.07m^2，单株枝量 14 737 条，单株叶量 82.66kg。

（2）郯叶 211。由山东郯城林业局选出。树冠圆头形。嫁接 10 年生平均树高 5.574m，胸径 21.28cm，冠幅 30.57m2，单株枝量 18 696 条，单株叶量 73.67kg。

（3）郯叶 202。树冠开心形。嫁接 10 年生平均树高 6.50m，胸径 22.51cm，冠幅 33.69m2，单株枝量 16 787 条，单株叶量 82.2kg。

（4）安陆柳林梅核。原产安陆，千年古树，树高 30m，胸径 1.5m，属梅核类雌株，结实很少，但枝叶茂盛，叶片大而厚。

三、生物学特性

（一）生态习性

银杏对环境的适应性很强。喜光树种，树冠受荫蔽或种植密度过大会因光照不足而生长结实不良。但强烈光照对银杏幼苗生长不利，易招致日灼。

银杏对温度的适应范围很广，年平均气温在 8～20℃范围内都有银杏分布，但以年平均气温 16℃左右最为适宜。大多数银杏产地年平均气温在 14～18℃。银杏在秋季落叶至春分萌动前，需要经过一个低温休眠期，在完成自然休眠后才能进入生长发育期。我国大多数地区银杏都正常开花结实，说明多数地区的低温已能满足休眠的需要。银杏能忍耐 -20～-18℃的低温，并能在短期 -32℃的严寒条件下越冬，但低温持续时间过长不仅受冻，甚至死亡。

银杏对降水量的适应范围较宽，在年降水量330～1 800mm范围内都能生长。由于银杏是裸子植物，具有颈卵器和大而多的鞭毛的游动精子，喜湿润的气候，以年降水量在800～1 400mm为宜，高温和干旱影响银杏的正常生长。在干旱条件下可溶性糖含量较高，蛋白质合成加强，使淀粉合成受阻；花期降水量对银杏的结实有较大的影响。银杏是雌雄异株，依赖风力传播花粉，花期若遇连阴雨天气，花粉飞散能力降低，影响花粉传播，授粉不良，结实力低。我国银杏分布地区的空气相对湿度在74%左右。降水少，空气相对湿度低，银杏树体生长缓慢。空气湿度高的地区，银杏树上常生长钟乳枝。

银杏喜湿润的土壤，但怕土壤积水，长时间积水使土壤透气性降低，含氧量减少，有毒物质积累，轻者造成落叶，重则整株死亡。银杏抗旱能力较强，一般情况下，银杏大树不需要灌溉，但作为商品经营的银杏园，在生长发育的关键时期应当酌情灌溉，如花期灌溉可提高受精率，果实生长期合理灌溉能促进银杏树正常的生长。

银杏对pH值的适应范围很宽，从弱酸性至微碱性（pH值4～8.5）均可生长结实，以pH值6.5～7.5为最佳。含盐量0.25%，银杏生长正常；当土壤含盐量超过0.3%时，银杏生长受阻，甚至死亡。土壤盐的含量不仅影响银杏生长结果，而且对银杏种实养分含量亦有很大影响。

银杏属肉质菌根植物，银杏菌根为泡囊—丛枝菌根（VAM），银杏的吸收根只有侵染内生VAM真菌后才具有良好的吸收能力，肉质根是植物耐盐的一种适应方式。一般来说，盐基影响pH值，pH值高的土壤，盐基饱和度必定大。因此在正常排水条件下，随着盐基含量的提高，土壤养分Ca^{2+}离子等随之增高，致使种实生理品质亦相应提高。银杏属喜钙树种。

（二）生长发育

银杏大树主根垂直分布可深达5m，但多数分布在50～70cm范围。水平分布范围一般为树冠冠幅半径的1.8～2.5倍。

银杏枝条萌芽率高，新梢每年抽生1次，生长期较短。银杏枝条可分为长枝和短枝两种。长枝为营养枝，生长迅速，年生长量达0.5～1.2m；短枝为结果枝，着生在长枝上，只有一个顶芽，年生长量仅0.3cm左右，寿命较长，但以3～16年生成花力最强。短枝上叶片螺旋状排列，叶片往往挤在一起，形似簇生。短枝前端被折断或枯死后，下部休眠芽能萌生出侧生短枝，但结实率低；短枝受刺激后也可萌发抽生生长枝。

在我国银杏自然分布区内，有许多古老银杏树上，经常见到在粗大侧枝基部或大枝弯曲处悬挂着钟乳石状的“树瘤”，学术界称之为“钟乳枝”，也称树奶。这种钟乳枝基部直径可达40cm以上，向下生长，着地后可以生根、发芽、长叶。钟乳枝可以单生，也可以密集生长。银杏钟乳枝的形成可能与空气湿度等生态环境有关。

银杏芽有顶芽和腋芽之分。着生在长枝或短枝顶端的芽称为顶芽，在生殖生长阶段，雌雄株顶端上的顶芽通常分化出雌混合芽或雄混合芽；叶腋处生长的芽叫腋芽，通常抽发枝叶。

银杏为雌雄异株植物、风媒花，最远传粉可达10～15km，但以1km内授粉率最高。银杏雄花上的花药成熟期不一致，一般中部较饱满的花粉成熟期早，上下不饱满的花粉成熟期较迟，同一株树或同一枝条上的雄花成熟期亦有差异。银杏雄花成熟期长为授粉提供了有利的条件。银杏从传粉到受精的时间很长，在暖温带约需108～112d。

银杏雌花无子房构造，种实（种子）由胚珠和珠被发育而成。由外种皮、中种皮、内种皮、胚乳和胚组成。除去外种皮，包括中种皮在内的部分叫做种核，俗称白果。在中种皮之内的部分叫做核仁。银杏从授粉到种子成熟大约需要140～180d，种子的发育受气候、海拔、地理纬度的影响较大，南方发育时间长，北方相对较短。银杏种子胚有后熟作用，采收时多数种子胚不明显，需经一段时间贮藏才可看到发育后的小胚。

（三）物候期

银杏物候期的迟早除受各地气候因子及地形因子的影响外，还因品种类型和植株性别而存在一定差异。影响银杏物候期的气候因子主要是日平均气温，一般日平均气温稳定在3～5℃时，银杏树液开始流动，芽膨大，10cm土层中日平均温度高于6℃时，根系开始活动，地下25cm处温度达到12℃左右时，新根大量形成，新根生长最适宜温度为15～18℃。由于物候期的迟早受温度的影响较大，所以自南向北，春季物候期推迟，秋季物候期提早。生长期自南向北渐次缩短。各地观测表明，银杏物候期因性别不同而有差异，雄株物候期比雌株物候期一般要提早3～6d，各阶段要求的积温也不同，

≥5℃的有效积温达到17.6℃时，雌花芽开始萌动，≥5℃的有效积温达到12.3℃时，雄花芽开始萌动，开花期的有效积温分别为24.8℃和16.8℃，两者均为雌性要求的有效积温值高。

四、栽培技术

（一）苗木繁殖

1. 实生苗培育

（1）种子采收和贮藏。选择结实早、丰产性好、授粉良好、发育正常、充分成熟、粒大饱满、无病虫害的20～100年生母树采种。当银杏外种皮出现白霜和软化以及由青色变为橙黄色或青褐色时，即说明银杏种子已达到形态成熟，这时即可采种，一般是在9月下旬至10月下旬。各地应根据具体情况而定，以种子开始自然脱落后采集，其出籽率和发芽率均较高。将采集的种实堆放5～6d，待外种皮腐烂后，去除肉质种皮，得到种核，洗净后阴晾数天，使种核含水量由鲜核的46%～57%降到30%～40%。

（2）种子贮藏与催芽。银杏种子形态成熟后，还必须经过一段时间的贮藏促使胚继续生长并完成生理后熟。种子贮藏方法在生产上常用的有以下两种：一是室内贮藏，即放在0～5℃的通风室内，混合湿沙贮藏（种核与沙之比为1:3）。沙的含水量以握不滴水、松手成团、手触即散为适宜。种子贮藏后，每隔10d左右要翻1次，沙干时，要即时喷水，发现烂种，应及时拣去。二是窖藏，即将混好湿沙的种核放室外干燥处窖藏，窖底先铺10～15cm湿沙，上面铺放30～40cm厚混沙种核，在种核上再覆盖湿沙10～15cm，但厚度要稍高于地面。每隔lm左右距离插入秸秆，以便通气。窖的四周要挖好排水沟，防止雨水流入窖内。种核7～10d翻1次，拣出霉烂种核。保持沙子的适当湿度．种核贮藏取出后，用清水浸泡2～3d，每天换水1次，水浸泡种核以不超过5～10cm为宜，待种核吸足水后，捞出晾干进行催芽。

（3）播种和实生苗管理。播种期可分春播和秋播两种。南方春播在3月下旬至4月上旬，北方在4月上中旬。秋播大多在11月，目前，仅在南方少数地方进行，由于秋播管理时间长，鸟兽危害严重。因此，目前主要采用春播。播种期对出苗率和生长量均有很大影响。在广西1月19日至3月19日播种，出苗率高，苗木地径生长量大，叶片数量多；4月5日以后播种，不仅幼苗生长差，而且易受日灼危害。另外播种太晚，出苗迟，还易受鼠害。在高纬度地区银杏早播必须在保护地上进行，一般1月下旬至2月上旬播种，当年苗木高生长40～50cm，比传统方法育苗高100%～150%；根茎0.9～1.0cm，比传统方法育苗粗100%～140%；早播产苗量也提高50%，且苗木粗壮、顶芽饱满、根系发达。因此，有条件的地方实行早播，能取得很好的育苗效果。

一般按银杏种子无胚率10%～25%计算，大粒种子一般400粒·kg^{-1}，则播种量为600kg·hm^{-2}。小粒种子800粒·kg^{-1}，则播种量可降至300kg·hm^{-2}。产苗量不少于15万～22.5万株·hm^{-2}。

银杏播种主要有点播和条播两种。其中条播又分单行条播和宽窄行条播。单行条播的行株距一般用20～30cm×10～15cm。宽窄行条播的宽行行距一般为30～40cm，窄行行距一般为10～20cm，但株距均为15cm，宽窄行相间排列。播种时如土壤干旱，应顺沟浇水，待水渗透后，再播种覆土。种子播放的方向和方式也很重要，种子缝合线应与地平面平行或垂直，种尖横向。这样种子出苗率高，根系正常，苗木生长粗壮。覆土厚度一般为3～4cm。覆土后，再盖上一层薄草，也可用薄膜覆盖，这样既能保湿，又能增温，更能促使种子早发芽、早出土。

营养钵育苗。将装好介质的营养钵平摆在床上，钵内放上已萌发的种子，覆盖3～4cm砂壤土，喷透水，然后搭设塑料拱棚，并用草帘覆盖，保持棚内温度18～25℃，相对湿度60%～70%，移栽前炼苗7～8d。

银杏播种后必须加强管理。主要措施有：保温保湿、加强追肥、防治病虫和适当的遮阳。

2. 嫁接苗培育

（1）砧木培育。砧木培育可以在苗圃或林地进行。在苗圃地进行的嫁接称为苗圃嫁接，在直播造林地进行的嫁接称为大田嫁接。

银杏砧木一般用实生苗，但也有用无性系苗。采用银杏不同无性系间嫁接，其成活率有很大差别。另外，2年生砧比1年生砧枝叶多，根系发达，贮存养分多，苗木旺盛，嫁接成活率高（可达91%），而1年生砧嫁接成活率相对较低（仅70%左右）。砧木培养见实生苗培育和无性繁殖苗（扦插苗和根蘖苗等）的培育。

（2）采穗圃营建及优良穗条的培育采集。接穗应在无性系采穗圃或采穗园中采集，但尚未建圃前，培育雄树苗的接穗应在30～40年生生长健壮的树上采集；雌树嫁接苗的接穗应选择早实、丰产、抗逆性强、种粒大的30～40年生结果大树采集，幼树及初果树不能采集枝条。采集接穗必须选择发育充实、芽眼饱满的1～3年枝条作接穗。绿枝嫁接可用当年生的嫩枝。在采集时，应从树冠外围中、上部或向阳面采集。如枝条不足，树冠下萌发枝也可采用。接穗最好取于枝条中部，木质化程度较高，贮存养分多，芽眼饱满，嫁接成活率高。枝条上部作接穗，虽然木质化程度较低，但顶芽饱满，嫁接效果也很好。用枝条下部作接穗，因为芽不饱满，长势弱。

接穗采集时间最好在发芽前10～20d进行，如果当地无接穗资源或嫁接任务大，也可提前1个月采集。春季嫁接的接穗一般结合冬季修剪采集。

嫩枝接穗采集要立即去掉叶片，仅保留叶柄，并把枝条的基部放入水中，以防干枯。采集的接穗要及时捆好，并缚上标签，以备嫁接或贮藏。

蜡封接穗并结合低温贮藏是保持接穗生活力的有效方法。在枝条采回后，按两个芽剪成一段，每段长7～10cm，分清上下端放齐。封蜡后，再按每50根1捆，放入低温处，湿沙贮藏。

经低温蜡封贮藏的接穗，在嫁接前要取出在5～10℃条件下放1～2d，以促进体内养分转化。便于砧、穗愈合。在嫁接前再将接穗薹部泡水1～2d后，进行嫁接。嫩枝及硬枝接穗嫁接前需暂时保存，可悬挂在水井内或用湿草包好放在室内贮存。

（3）嫁接季节和时间。银杏嫁接时间较长，在1年中可以进行春季嫁接、夏季嫁接和秋季嫁接。

自早春解冻到砧木发芽的这一段时间内均可进行嫁接。但需根据砧木离皮的状态而选用不同的嫁接方法。一般来说，在砧木离皮之前可用劈接、切接、腹接、舌接、带木质部芽接（嵌芽接）等方法；在砧木离皮之后，又可增用插皮接、丁字形芽接等方法；在砧木和接穗均能离皮时，还可增用方块套芽接和插皮舌接。

夏季嫁接也称绿枝嫁接，时间自6月中旬至9月上旬均可进行。此间以6月中旬至7月中旬成活率最高。7月中旬至8月中旬次之，8月中旬以后效果较差。

绿枝嫁接常用劈接、切接和芽接。若用单芽接很易形成偏冠，因而生产中常采用双芽或3芽嫁接。所用接穗的上口应严格封蜡，以防水分丧失。

秋季嫁接，时间自9月中旬至10月上旬。以芽接为主，但接后芽砧之间仅能当年愈合而不能发芽。秋接多用于长江以南的冬暖地区，而北方较少应用。

（4）嫁接方法。银杏嫁接的方法很多，最常用的为枝接和芽接。枝接包括劈接、切接、腹接、舌接、合接、插皮接、插皮舌接等；芽接包括T字形芽接、方块芽接、嵌芽接等（具体操作同其他果树的嫁接）。

劈接为春、夏、秋三季节银杏小砧嫁接最常用的方法，其优点是应用时间长，操作简便，成活率高。切接也属小砧嫁接，但多用于粗度在2cm以上的砧木。腹接系不截砧冠的枝接方法，大多适用银杏大树上嫁接授粉雄枝或填补树冠残缺部位。舌接一般适用于砧径1cm左右，并且砧、穗大体相同。插皮接可用于大小砧木，粗度不限，粗度在2cm以上砧木均可用插皮接，应用时间较长。

另外，还有根接和芽苗嫁接。根接是以根作为砧木，枝条作接穗，具体嫁接方法同枝接。芽苗嫁接是用尚未展开的芽作为砧木，用枝条作接穗的一种嫁接方法。芽苗嫁接不仅成活率高，而且比常规育苗缩短1～2年出圃。

（5）嫁接苗的管理。银杏嫁接方法虽然很重要，但嫁接后的管理更不可忽视。嫁接苗管理主要包括：及时解绑、剪砧、抹芽除萌、立杆支撑、加强水肥管理和扒土。

银杏嫁接一般20～30d才能成活。嫩枝或半木质化枝条嫁接，芽片新鲜、浅绿，叶柄一触即落，则已成活；芽片皱缩变枯，叶柄萎缩而牢固，则未成活。成活或未成活均要解绑，以利苗木正常生长，对未成活苗木松绑后，要补接。

成活苗要及时剪砧，促进接苗愈合和生长。春季芽接后即可剪砧，剪砧时应从芽上方1cm处剪断。枝接除腹接等需要适时剪砧外，大多不要剪砧。剪砧后，剪口处或苗的基部会不断萌发枝条和嫩芽。为了不影响对接穗和接芽的水分和养分的供应，应及时除萌抹芽。一般早春嫁接的苗，要及时抹芽和除萌；而秋季嫁接的苗木，只展叶不抽梢，可去掉接口下面的叶片和萌枝，同时，将嫁接部以上15～20cm处扭伤，以促使接芽发育，便于来年抽梢生长。银杏绿枝嫁接当年可萌生1个主芽，1～2个侧芽，如培育高干型果材兼用苗，应及早抹去侧芽，控制来年主芽抽枝斜向生长。

由于嫁接部位愈合组织比较幼嫩，极不牢固，易被风吹折断或人畜碰断，因此在新梢长到10cm以上时，要在苗木附近立好支柱，缚住新梢。银杏嫁接苗立杆缚梢，防止被风吹断，对促进新梢直立生长也有重要作用。

银杏嫁接后要多施复合肥，同时要做好松土、除草和病虫害防治工作。凡嫁接时接口处用土盖的，当嫩芽开始长出时，要及时扒松上部土壤，以利嫩芽出土；当嫩芽长出土面变成绿色时，则可把土堆扒平。

3. 扦插苗和根蘖苗的培育

（1）扦插苗的培育。银杏枝条按木质化程度分为硬枝与嫩枝。嫩枝又分微木质化嫩梢和半木质化嫩枝；按插条在母树上位置分为长枝、短枝及萌条；按年龄分为1年生、2年生、3年生及多年生枝。插条要求生长发育正常，顶芽和侧芽饱满充实，叶色浓绿，无病虫害；能分辨雌雄株的，剪下的枝条要分别存放，分开扦插。实生树上枝条比嫁接树枝扦插成活率高，所以嫁接时剪下实生苗砧梢可收集利用。硬枝插条，可在秋冬树木休眠时剪取1~2年生粗壮枝，按50根1捆扎好，将插穗下端用50 $\mu g \cdot g^{-1}$萘乙酸溶液浸泡24h，或用生根粉涂抹或浸泡。第二年春在插穗基部出现愈伤组织时取出扦插。春季剪条可在惊蛰后清明前，结合母树修剪整形和实生苗嫁接时剪下的砧梢作插条。嫩枝采条时间为5月下旬至6月上旬；半木质化枝条可于8月中旬采取。在一般管理条件下，嫩枝扦插以半木质化枝条为好。

插穗剪取应根据插条种类，扦插方式、方法及插穗规格等进行。插穗上剪口为平切口，在芽上1cm处；下切口用利刀削成单马耳形，在芽下1~2cm处，切口长0.7cm左右，要在芽的侧方，尽量保留芽，削去的部分以露出形成层和木质部为度。嫩枝扦插要保留适当叶量，留叶多少视扦插方法与管理水平而定，一般梢头上部可保留2~4片叶，下部叶片去掉，其他基段以保留1~2片叶为宜。长度和粗度依扦插地不同而异，露地硬枝扦插的插穗及成龄树上枝条可以长些，保护地嫩枝扦插的插穗及幼树上枝条可以短些，一般保留3~4个芽，长15~20cm，直径0.5~1.0cm。

（2）根蘖苗的培育。根蘖繁殖是银杏产区群众传统的育苗方法，具有节省土地和人力，技术操作简便，苗木生长快，并能保持母树的优良特性，提早8~10年结果等优点；但根蘖育苗的缺点是繁殖能力较小，出苗量少，只能供群众自繁自用，难以满足较大规模的需要。另外，苗木生长不整齐。因当年生分株苗的营养主要来源于母体，依靠母体原来积累的养分供应给幼苗生长，因而母体的营养水平，直接影响着幼苗的生长。由于根蘖苗距主干远近不一，萌根粗细不同，所以幼苗长势差异较大。

银杏无论是雄树或是雌树其萌蘖能力均很强。一般以20~40年生树木的根际萌蘖最多，通常一株可发15~20株，最多高达60余株。

银杏在根部受到机械损伤或蔓延近地面时，常发生根蘖。利用这种特性，可将母树附近的土壤挖开，切伤根系，诱发根蘖苗；也可在早春于树干根际，铺一层土杂肥，然后同土壤一起翻耕，并灌水保持湿润，促进根蘖苗发生。

（二）造林

1. 造林地选择和规划

根据银杏的种植目的，严格按照“适地适树”的原则选择造林地。银杏适应性强，在平原、丘陵、山区均可以生长，但仍以平坦、土层深厚、肥沃、温暖湿润、土壤透性强的砂壤土、壤土为好。黏重土、盐碱土、草甸土、沼泽土及低洼地、风口处、岗瘠地等均不适于银杏栽培。北方地区海拔高度一般应选择在300m以下、南方地区应选择1 000m以下，最大坡度15°以下、年降水量400~1 600mm、pH值5.5~7.7、地下水位1.5m以下、含盐量0.3%以下的平坦地栽植。叶用银杏林地还要考虑选址在水源充足及排水良好的地方。

面积达$2hm^2$以上的银杏造林地必须进行规划设计。核用银杏丰产林由生产用地和非生产用地构成。生产用地划分为多个小区，每小区面积可在1~2 hm^2；非生产用地应包括道路、沟渠、防风林带等。核用银杏丰产林规划设计时应考虑雄株的配置以确保正常的授粉结实，叶用银杏丰产林则要考虑排灌系统以满足大量叶片的生长需要。

2. 林地整理

栽植前必须进行林地清理和土壤耕作，改善林地生长条件，便于林地作业。

3. 造林方法

银杏一般采用植树造林。根据不同的栽培目的，选择适当的优良品种和优质嫁接苗木，按株行距栽植。要求苗龄2~3年生，苗木高60~150cm，地径1.5cm以上，主根长30cm以上，侧根齐全，顶芽完整，侧芽饱满。银杏苗的栽植要求是：深穴、足肥、浅栽。穴大小为 1m×1m×1m，每穴施土杂肥 50kg，并与表土混匀填入坑内。

4. 造林时间

长江以南地区一般选择 9～11 月的秋冬季栽植，北方地区宜选择春季的清明前后栽植为宜。

5. 造林密度

矮干密植园栽植密度 lm×2m，封行前移行移株，调整密度为 2m×4m。也可以初植密度 2m×3m，调整密度为 3m×4m。乔干稀植丰产园经营密度以 3m×4m 为宜，干高 100～150cm 的丰产园以 4m×5m 为宜，干高 2.0m 以上的丰产园以 5m×6m 为宜。银杏采叶园提倡大行距小株距密植型配置方式（即带状方式），密度以 0.4m×1.0m 为宜，栽植 4～5 年后，可适当移植，减小栽植密度。

（三）抚育管理

银杏定植后加强管理至关重要。主要包括：树盘管理，土、肥、水管理，授粉树的定植或人工辅助授粉等。

1. 树盘管理

银杏提倡就地育苗，就地建园，以促进早期生长。银杏苗最大特点是移栽后，根系恢复慢，缓苗期较长，新梢当年生长慢。银杏树盘管理措施有：避免旱、涝，保持土壤湿润，深翻改土，树盘覆盖等。进行深翻改土应结合改土进行扩穴增施基肥。银杏根系发达，表层根系多，趋肥性强。深翻后土壤含水量增加7%，土壤微生物增加 1.5 倍，同时有机质、全氮、速效磷、钾明显提高；深翻可促进根系向纵深发展、根量及根系密度增加。深翻改土是银杏早果丰产的重要措施之一。深翻时间以秋季果实采收后并结合秋施基肥为好，深度以 80～100cm 为好，土层厚的砂壤土可适当浅些。深翻方法分深翻扩穴、隔行深翻和全园深翻 3 种。

果园覆草在我国历史悠久。树盘覆盖对防止杂草丛生、保持土壤疏松、调节地温、增加土壤有机质含量、防止返盐、积雪保墒、促进团粒结构的形成均有明显效果。银杏园覆盖以稻草、麦秸、蒿秆的残茬及其他野草等为好。铺草厚度以盖住土面为宜。一般厚度在 10～20cm。铺草时间宜在旱热季节到来前进行；在山地、寒冷地区可常年铺草。

夏季高温季节，要松土除草、土表覆草。树体管理在定植后 1～2 年应与土壤管理同时进行。对定植的实生苗应加强管理以促进高生长和地径生长，提高苗木均匀度，有利于秋季或春季嫁接；对品种苗定植树应及时对砧木进行侧枝打头，可促进树体发育，减少养分损失。冬季寒冷地区，为防止幼树冻害，可对幼树进行防寒，如培土、绑扎等。

2. 土壤管理

土壤管理主要包括栽后的扩穴改土、中耕除草、间种作物、施肥和灌溉等。栽后 1～2 年内管理的主要措施是：保持土壤湿润、疏松，适时适量灌水，但不可大水漫灌以免造成土壤侵蚀、板结。栽植后根系尚未恢复功能，吸收肥水能力差，要勤施薄施。夏季高温季节，要及时松土、除草，减少地面蒸发。树盘内覆草可减少高热对根系影响，树盘外采取间作，或种绿肥，或采用生草法，同时，土壤管理要与树体管理结合进行。定植的幼树要抹芽，减少养分损失，适当回缩枝条，留壮枝壮芽，全年浇水 3 次，5 月追肥 1 次，秋冬季每株施堆肥 30～35kg。

（1）扩穴要在定植的头 3～4 年内进行。幼树在树盘外侧 0.5m 处开挖宽 0.5m、深 0.6～0.8m 的环形沟，逐渐向外扩大，全园分 2～3 年翻完。成年树可在行间距树干 1.5m 处开沟，第一年东西方向，第二年南北方向，深、宽度同前，轮换开沟。

（2）中耕除草与间作。间作的目的是为了防止地面裸露，杂草丛生。同时，间作还为了提高前期综合经济效益以及银杏与间作物间相互促进。如间作有固氮作用的花生、豆类作物，既能增加地面植被、减少夏季强光照射地面，又能在秋季间作物秸秆还田，增加土壤有机质。中耕除草实际上是两项管理措施，但往往相辅进行。中耕的主要目的在于清除杂草，以减少水分养分的消耗，改善通气状况。中耕次数应根据当地气候特点、杂草多少而定，一般多秋季或春季进行。在夏季杂草繁茂，耕后可增加土壤有机质，提高土壤肥力。中耕的深度，一般 6～10cm。

（3）施肥。银杏对氮、磷、钾需要量较大，一般占树体干重的 45% 左右。从施肥时期看，1 年施 3～4 次肥，基本上在春、夏、秋、冬季节进行。银杏苗定植当年只追肥 1 次；第二、三年各追肥 3 次；结果后每年追肥 4 次。据测定，每产 100kg 种实，需氮肥 40～50 kg、磷肥 16～26 kg、钾肥 45～70kg 及一定量的微量元素。据此推算，每产 100 kg 种实，冬、春两季需各施 400～500 kg 有机肥，夏、秋两季各施 5～10kg 复合化肥。施肥方式同其他果树一样。

（4）灌溉。银杏整个生育过程都必须保证水分的供给，尤其是新梢迅速生长期、种实膨大期和根系速生期。在气温高，蒸腾量大时，需水更多。田间持水量低于30%时，不能满足银杏生长发育对水分的需求。当土壤含水量低于田间最大持水量的60%～70%时，需要灌水。根据我国银杏主产区春、秋旱和夏季雨水多的特点，灌水时期侧重于春季和秋季。就全年来说，主要灌好4次水：发芽水（发芽前后，或开花前）、花后水（落花后属水分敏感期，此期遇干旱缺水则生理落种明显或严重）、种实膨大水（此期正值雨季，正常年份不需要灌水，如遇干旱等特殊年份则需灌足水，确保种实膨大和花芽分化对水分的需要）和越冬水。灌水方法同其他果树。

相比较而言，银杏属耐旱不耐涝树种，水分过多时，需要排涝。银杏园内积水15cm，持续7d，则引起落叶、烂根，乃至植株死亡。因此，及时排涝（尤其是雨季），是银杏丰产栽培不可少的重要环节。

3. 树体管理

银杏的树体管理主要是整形与修剪。银杏枝条有长枝、短枝之分，具有天然短枝结果习性。银杏营养生长与生殖生长易调节，更新能力强，耐修剪。银杏成花容易，结实大小年不明显，修剪上应重在树形培养，以整形为主。银杏的短枝易培养和更新，且连续结果能力强，因此修剪量宜小。银杏常用的修剪技术主要有：短截、疏剪、回缩、除萌蘖、缓放等，与其他果树相近。

常见的丰产树形有：无中心干的开心形、有中心干的主干疏层形、自然圆锥形、多主干卵圆形、有主干无层形、纺锤形等多种。具体树形及其整形修剪、主枝配置与一般果树大同小异，可以参考其他果树的整形，修剪操作。

4. 人工辅助授粉

银杏是雌雄异株植物，自然条件下授粉座果率较低，人工授粉可大幅度提高银杏座果率。是银杏丰产栽培的一项重要技术措施。

花粉采集的时间对花粉数量、质量影响很大。一般在4月份，当气温超过18℃时，花粉囊肥大，雄花序由青转为淡黄色，手捻花粉囊即散出淡黄色花粉时采集为最佳时期。要选择生长健壮、无病虫害的壮年雄株上采集小孢子叶球，经干燥后收集花粉。1kg雄花序可得花粉20～60g。

雄花成熟期短，最佳授粉时间大多只有2～3d。一般以80%以上的胚珠孔口有晶莹透亮的水珠时为授粉最佳时期。授粉量大或授粉浓度高，座果率越高，每生产50～60kg种实需用花粉量2～3g。授粉方法有挂枝法、喷粉法、喷雾法等。

5. 保花保果和疏花疏果

对于以产果为主的银杏，为加速进入开花结实阶段，可采取促花促果的措施，包括刻伤、环剥、环割、纵伤、摘心、倒贴皮以及疏花疏果等技术，目的在于适当控制营养生长，促使花芽分化，尽可能早地进入结果期。进入结果期以后，银杏花芽非常容易形成，所以，对于开花过多或结果过多的树需要进行疏花疏果，确保树体营养平衡及生殖生长和营养生长的协调进行。

五、采收贮藏与加工利用

（一）采收贮藏

1. 叶的采收、干燥与贮藏

银杏叶子在叶色变黄前后，黄酮组分和含量存在明显的差异。秋季绿叶中的黄酮含量低于黄叶，银杏内脂在9月下旬以后急剧下降。从叶中有效成分及叶子生长和树体生长发育方面综合考虑，北方叶片最适宜的采摘期通常在8月中旬至9月上旬；山东以南及长江以北地区大约在9月下旬至10月上中旬，长江以南地区稍迟。叶用银杏园在叶浓绿时采收效果好；果叶兼用和以果用为主、兼顾叶片利用的园地可稍晚或叶黄后，甚至落叶时采收，主要是利用其中的银杏黄酮。选晴天露水消失后开始采叶，否则叶子会因含水量大，而变黄发霉影响质量。叶子采收方法有两种：目前国内大都人工采摘，国外主要是机械采收。

刚采收的叶片其含水量高达70%左右，需要及时（6～8h内）干燥，否则容易发热变黄，干燥后的青干叶含水率为8%。国内大多采用日光暴晒干燥法，摊放厚度，一般在10cm左右；真空干燥，叶色好质量高。干燥后打包贮藏。

叶子贮藏可分为临时贮藏和长期贮藏两种。临时贮藏将晒干叶子装入消毒过的麻袋内，放在通风阴凉处；长期贮藏，将袋装叶片置冷库温度（2～4℃，湿度在40%以下）贮藏。

2. 种实的采收、取核和贮藏

（1）采收。银杏种实外种皮大部分由青色变为橙黄色（或黄色、黄褐色）、松软有白粉、果柄基部形成脱离层、中种皮完全木质化时即可采收。亚热带地区的采收时期大约在8月下旬至9月上旬，黄河以南、长江以北地区的采收期大约在9月中旬至9月下旬，黄河以北地区多在9月下旬至10月上旬。品种之间和植株之间的成熟期存在一定差异。

银杏种实采收的方法有多种。采摘法：银杏低干密植丰产园，树冠低矮，可直接上树摘取。拾取法：种子成熟自然脱落后，人工从地面上拾取。拾取法的缺点是自然脱落时间较长，一般要2个多月，少数种实要4～5个月。击落法：用竹竿等器械人工击落，这种采收方法容易损伤结果枝，也会击落大量树叶，直接影响第二年植株开花结果。化学催熟采收法：在采种前10d左右，使用生长调节剂，如用500mg·kg^{-1}或1 000mg·kg^{-1}乙烯利，喷洒树冠，喷药5～6d后，种实开始脱落，持续时间可达22～24d。喷洒乙烯利要求浓度适宜，一般来说对叶子没有催落作用，但浓度过高也会产生负作用。

（2）取核。种实采收后，应及时进行脱皮，以免发霉腐烂影响白果品质。目前采用的方法有：堆放法，让外种皮自行变软腐熟后，再用脚踩或木棒轻击除去外种皮。浸泡法，种实采收后，用清水浸泡7～10d，然后用脚踩或手搓脱皮：机械脱皮法，用白果脱皮机脱皮，工效高，白果破损少。

种实脱皮后，要及时漂洗干净，并选择阴凉处摊开阴干2～3 d即可。银杏种子不适宜在阳光下暴晒，太阳暴晒导致种仁失水和萎缩，不仅降低发芽率，也降低商品价值。

商品用白果要进行漂白，既可提高种核表面净白程度，又有杀菌作用。方法是使用漂白粉。按1%浓度处理，1kg漂白粉，可漂白果100kg，漂白时间5～6min，漂白后，需要用清水冲洗干净。

（3）银杏种实贮藏。白果适宜在低温、湿润条件下贮藏。贮藏期间，温度、湿度对白果品质的影响大，过高或过低，白果都易于硬化变质。银杏的贮藏方法通常用冷藏、沙藏方法。

● 冷藏　将银杏贮藏在1～3℃的冷库中，每隔10～15d喷水1次，保持湿度50%，贮藏期间要定期检查和翻动。5～6个月白果仍洁白新鲜，贮存时间可到1年，保证白果周年市场供应。

● 沙藏　层积沙藏，既可用于种子贮藏，也可作为食用白果贮藏的一种方法。一般可保存3个月左右，过长会影响皮色。另外，也可以将种核装入木箱、缸、麻袋内，放通风干燥处作短时间贮藏，或少量种实的贮藏。

（二）叶的加工利用

银杏叶中含有化学成分多达160多种。银杏叶中含蛋白质10.9%～15.5%，总糖7.38%～8.69%，还原糖4.64%～5.63%，维生素C 66.8～129.2mg·kg^{-1}，维生素E 61.7～80.5mg·kg^{-1}。含有18种氨基酸，其中必需氨基酸有9种，占总氨基酸的39.2%～41.5%。银杏叶中必需氨基酸含量丰富，与大豆蛋白相当，略低于鸡蛋蛋白，矿质营养也很丰富，其中钙、磷、硼、硒含量高，其他人体所必需微量元素含量也很高。

除了一般营养以外，银杏叶还含有许多重要的生理活性物质。银杏叶中黄酮类化合物，就已分离鉴定出46种，包括黄酮苷、黄酮苷元、双黄酮、桂皮酸酯黄酮苷和儿茶素等几类。银杏叶中黄酮类化合物主要以苷的形式存在，是银杏叶的主要药效成分之一，是银杏叶及其提取物中的主要活性成分，其含量是质量控制检测的主要指标，一般含量为0.2%～2.74%。儿茶素类化合物具有治疗肝中毒和抗肿瘤活性。

银杏内酯化合物又称银杏萜内酯，由倍半萜内酯和二萜内酯组成。银杏内酯属二萜类化合物，白果内酯属倍半萜内酯。银杏内酯的笼状结构在植物中是非常独特的，它与血小板活化因子（PAF）受体“楔合”产生竞争机制，特别是银杏内酯B，由于分子中醚氧与碳基氧间的距离与PAF中的相一致，活性最强。现代医学研究证明，银杏内酯具有血小板活化因子拮抗作用，可以清除超氧阴离子，具有抗氧化和延缓衰老的功能。白果内酯具有保护神经和抗水肿作用，对老年痴呆症有奇异的疗效。银杏叶各种制剂的质量，主要取决于银杏叶提取物中黄酮苷和萜内酯含量的高低，尤其是萜内酯含量的多少。银杏叶有机酸类、多糖、甾醇类等化合物，综合利用价值大。

1. 银杏叶炒制茶

用银杏嫩叶按绿茶制茶工艺及方法制作。工艺流程：鲜叶采集→晾干→杀青→揉捻→烘烤或炒二青→摊晾→烘干（复炒）→过筛→分拣、包装→成品。

于5～6月份避开阴雨天在上午10：00以前采收主干中下部及侧枝中下部的嫩叶作原料。放在竹篮或竹篓筐中，不挤压、不放袋中，并尽快加工。将鲜叶投入250℃以上锅内0.5～1min，待水汽大量向锅口溢出时，揭盖翻动。用机器或手工揉捻，但目前多用手工。杀青后尽快起锅，并在竹席上摊晾几分钟，使叶降温，到叶自然、松散、叶色深绿、鲜亮为止。对于第一次杀青、揉捻效果较好者可直接烘烤，然后摊晾。将摊晾后的茶叶投入80～90℃锅中进行复炒，用力要轻而均匀，边炒边检查，直到叶不烫手为止。也可用木炭烘干。烘干后再过筛，分级包装。

2. 银杏叶保健饮料

工艺流程：原料处理→破碎→煮汁→过滤澄清→调配→灌装→杀菌→冷却→成品。

将采摘的新鲜叶片送处理车间用清水漂洗干净，用竹篮装入并浸入100℃沸水中30～60s，热烫后依然在竹篮中迅速浸入冷水，再干燥。将干燥的银杏叶进一步去杂，然后破碎成0.5～1.0cm^{2}的碎片，或密闭贮藏备用。将破碎的叶放入夹层锅中，按1∶10的叶水比例加水，并加温到90～100℃，煮沸10～15min，然后自然冷却，静置16h，如此反复煮汁沸两次，合并浸提液。用细纱布或硅藻土过滤，最好用离心过滤机过滤，叶渣可按1∶1比例加水再过滤1次，合并两次过滤液在0～4℃低温下冷藏，静置澄清24h，取上清液（占55%）。水提银杏叶液色深绿褐色，含黄酮素470mg·kg^{-1}，用70%酒精浸提的银杏叶提取液，色黄，明亮，含黄酮素510mg·kg^{-1}。根据需要和产品档次等进行调配，一般情况下，银杏叶浸提液55%、槐花蜜44%、柠檬酸或其他酸味剂若干，pH值调到4左右，再加优质饮用水适量。如果不加水可以制成原液，饮用时临时勾兑。调制好的原液或调配液经灌装、封盖、杀菌等一系列工序与一般饮料的要求相同。最好采用无菌灌装、真空封口，然后杀菌冷却。

3. 银杏叶口服液

目前研制的银杏叶饮品包括：银杏叶口服液、银杏叶精、银杏叶桃汁、中国银杏茶、银杏叶袋泡茶、银杏叶炒制茶、银杏叶系列枣茶、银杏叶健身茶、中国健酒和银杏酒等。花样品种越来越多，具有很好的开发前景。在国际市场上非常重视银杏叶作为功能食品的原料。这里只介绍银杏口服液的加工制造。

工艺流程：原料处理原料粉碎→煮汁→沉淀→过滤→调配→罐装→杀菌→冷却→成品检验。

将去除杂质、洗净的银杏叶切碎，煮沸两次分别取汁，合并2次汁液0～4℃低温条件下冷藏24h，沉淀过滤，即得浓度55%的提取液。在银杏叶原液中加入蜂蜜（浓度为44%）、柠檬酸以及防腐剂等配料，同时调pH值至4左右，然后进行灌装。装罐、封口、杀菌与一般饮料生产要求相同，即得成品。

4. 银杏叶粉的制取

银杏叶粉可用作咖啡、口香糖和巧克力糖的添加剂；也有研制银杏叶超细粉作为抗氧化剂。

工艺淀程：原料处理→磨碎成粉→离心甩干→干燥粉碎→成品包装。

将新鲜银杏叶在清水中充分漂洗干净，然后干燥。将风干的叶片用粉碎机粉碎，再用钢磨加水磨成浆汁，然后将叶浆引入池中，静置沉淀。从池底取出已沉淀的叶粉泥，放入离心甩干机中脱水，取得初步叶碎粉。将脱水的叶粉在85℃温度条件下迅速烘干得银杏叶细粉。若细度不够可在干燥后粉碎成细粉。干燥的叶粉用食用级塑料袋包装，热封袋口，最好真空封口或充氮包装，再装箱。成品墨绿色或褐绿色，有银杏的清香气味和苦味，滋味独特，同时，由于含有较丰富的黄酮类化合物，保健价值高。

5. 银杏叶黄酮提取

工艺流程：银杏叶→破碎、沸水浸提→过滤→滤液浓缩，上吸附树脂（装柱）至接近饱和→首先用水洗脱树脂—银杏液柱，洗至无色→再用不同浓度乙醇分别洗至无色，分别接收洗脱液→回收分段接收的乙醇混合液→得银杏叶黄酮→干燥→包装→产品检测。

将银杏叶粉碎，粉碎度要适当，过细过滤困难，太粗则有效成分难以提取。沸水提取3次。根据原料的含水量确定加水量。一般情况下，首次加水为原料重的6～10倍，第二、三次加水量为原料重的5～6倍。每次浸提时微煮沸2～3h，间歇搅拌。过滤分两次进行，浸提液先粗滤，去掉大部分叶渣，滤液经冷却、静置，再用虹吸法导出上清液，再进行精滤。吸附树脂采用大孔树脂。目前很多采用天津制药厂生产的D_{101}，树脂的吸附量约为20g·L^{-1}。洗涤用水要经净化和离子交换处理。干叶和鲜叶总黄酮含量无显著差异，叶含水量最低，晒干容易贮藏。秋季成熟叶黄酮含量最高，并且此时采叶对银杏树的生长发育及结果无不良影响。

银杏叶的加工利用，除了上述的直接利用或加工外，还可以对银杏叶有效成分进行提取、分离、纯化等深层次加工，如银杏叶黄酮元的提取分离、银杏叶萜内酯的提取分离、银杏叶粗提物的利用、注射液、药片等。

（二）种实的加工利用

银杏外种皮由于刺激性、腐蚀性强，一直作为废物抛弃掉，既浪费资源，又污染了环境。日本学者川村，1928 年首先从银杏外种皮中分离出银杏酸、银杏酚、银杏醇。随后，古川陆继续鉴定了这三个化合物的结构。近年来研究表明，外种皮除含有长链酚类化合物外，还含有黄酮类成分，其总黄酮含量为1.3% 。中国药科大学楼凤昌等，对银杏外种皮的化学成分作了进一步研究，从中分离获得 20 种结晶。鉴定其中 17 个化合物分别为：银杏酸（ginnol），棕榈酮（P-almitone），β-谷甾醇（β-sitosterol），豆甾-3，6-二酮（Stigmast-3，6-dione），豆甾-4-烯-3，6-二酮（gtimast-4-ene-3，6-dione），白果酸（ginkgolic acid），白果新酸（ginkgoneolic acid），胡萝卜苷（daucosterol），银杏内酯 A 和银杏内酯 B（ginkgolide A and B），银杏内酯 C（ginkgolide C），儿茶酚（Pyrocatechol），原茶儿酸（Protocatechuic acid），金松双黄酮（Sciadopitysin），银杏黄素和异银杏黄素（ginkgetin and isoginkgetin），三十烷酸（triacontanoic acid），异银杏黄素（isoginkgetin），白果宁（ginkgonine）。银杏外种皮还含有多糖类物质、蛋白质、氨基酸、微量元素等。银杏外种皮有效成分与银杏叶子基本一致，但银杏外种皮白果酚等酸性成分含量比银杏叶的含量高，而总黄酮含量（外种皮 1.3%，银杏叶 5.91%）、酚酸类（外种皮 2.71mg · kg^{-1}，银杏叶 19.9mg · kg^{-1}）和银杏内酯的含量均比银杏叶低。可见，银杏外种皮具有与银杏叶相似的活性成分，有一定的开发利用价值，尚需进一步深入研究，以期变废为宝。

银杏种核自古药食同源，作为食疗和滋补保健用品已有悠久历史。银杏种仁的一般营养成分包括：淀粉、蛋白质、17 种氨基酸（含量为 10.77%）、脂肪、多种维生素、矿物质营养元素（并含有 25 种微量元素）等。不同品种，银杏种仁中干物质含量变动在 41.97% ~44.89% 。

生理活性物质包括：银杏含有白果酸（$C_{22}H_{34}O_3$）、氢化白果酸（$C_{22}H_36O_3$）、氢化白果亚酸（$C_{21}H_{34}O_2$）及白果醇（$C_{22}H_{32}O_3$ 即廿九烷-10-醇）、漆树酸（$C_{22}H_{22}O_3$）等。另外，4′-甲氧基吡哆醇(4′-O-methmylpyridoxine，MPN）是白果的主要毒性成分，它不仅为维生素 B_6 的颉颃剂，并能在大脑中抑制谷氨酸转化为 4-氨基丁酸（GABA），其毒性反应主要引起阵发性痉挛。

银杏中含有一些甾体化合物，如 β-谷甾醇、β-谷甾醇-葡萄糖苷、松醇（pinol）等。银杏为上等干果，种仁营养丰富、品味甘美。在我国开发历史悠久，主要用作干果、药膳和菜肴。当今以白果为原料开发的产品已涉及罐头食品、白果酒和露酒饮料、银杏固体饮料、银杏口服液、银杏蜜饯以及化妆品等。纯天然具有保健功能的白果酒和银杏啤酒早已供应市场。白果化妆品主要有护肤、护发生发以及减肥药品等系列产品不下 50 种。有的已打入国际市场。

1. 糖水白果罐头

工艺流程：原料→分类分级→清洗→烘烤或煮沸→去壳→去内皮→取仁护色→装罐→注糖液→排气→封罐→杀菌→冷却→质量检验→贴标装箱→贮藏或出厂销售。

按白果大小及重量进行分级；在 20℃温度的水中漂洗。70 ~75℃的温度下烘烤 18h，或将白果放入夹层锅内加水煮沸 10 ~15min，并不断搅拌。将烘烤后去壳的种仁在 95 ~100℃的水中预煮10 ~15min，然后在 40 ~45℃的温水中反复冲洗去除内种皮，得到光亮、黄白色的银杏仁。如果是采用煮沸后去壳的方法，则在去壳后置于 40 ~45℃的水中反复冲洗。将种仁放入 0.6% ~0.8% 的精盐液或 0.3% 的柠檬酸中护色。加糖液（配方为：砂糖浓度 20% ~35%，柠檬酸 0.1% ~0.2%，盐 2.0% 左右）。最后装罐。

糖水罐头不仅保持了白果的原有营养成分，而且有毒成分氰苷类在高温条件下分解成氰氢酸而被挥发除去，同时，氢化白果酸含量也降到原有的 1/4，大大提高了食用价值。本品对肺结核、气管炎、白带白浊等多种疾病，都有较好的疗效。

2. 银杏羊羹

羊羹是我国民间传统食品。羹是糊状或冻状食品之意。由于最初所用主料为羊肉，因此得名羊羹美称。日本人改变此用料，以小麦、豆粉制成块，也称羊羹。以银杏仁为主料的银杏羊羹凝固后犹如水晶，其中以银杏仁、赤豆、砂糖为主料配制而成，另具特色。

用温水浸泡、漂洗赤豆 24h，使豆粒吸水膨胀，研磨成浆汁。赤豆浆汁用水冲入水槽中脱皮洗沙，待豆沙沉入池底后取出豆沙，置离心机中离心脱水，即得纯净豆沙备用。用清水洗净琼脂，浸泡 24h，放入夹层锅内，加适量水加热煮沸，继续加温保持

90℃，再加入砂糖，待糖溶化后加入糊精，趁热过滤备用。将琼脂、糖混合液于夹锅内加温煮沸后，加入已经备用的豆沙、银杏仁半成品，边熬边搅拌，熬到液面出现黏稠膜，固形物达75%时，熬羹结束。所谓浇羹就是将预先准备好的铝箔纸筒或其他包装盒插入模槽中，然后将熬好的银杏羊羹趁热浇注进纸筒内，待自然晾干、冷却凝固即可。

银杏、赤豆均为滋补保健食品，具有补肾利尿、清胃润肠、止咳祛痰之功效。

3. 白果发酵酒的加工

绝大多数果子（实）酒采用液体发酵。由于银杏富含淀粉，必须使之降解成葡萄糖后才能进行酒精发酵过程，所以，银杏酿酒工艺与一般的果酒生产迥然不同，通常采用类似白酒生产工艺——固体发酵方式。

工艺流程：白果原料洗净→脱壳→破碎→加入适当填充剂（大多加入谷糠）→均匀混合并入甑内蒸熟→散热冷凉→加入4%酒曲→装入地窖发酵池→密封发酵→蒸馏→贮存→调配勾兑→装瓶→质量检验→贴标装箱→出厂销售。

将洗净脱壳后的种仁进行破碎，要求粒度均匀。加入适量的填充剂，充分混合均匀，蒸熟。蒸煮后的种仁取出散冷，温度下降后加入4%左右的酒曲。拌匀酒曲后入池发酵，发酵温度控制在30℃以下。发酵结束后就可出池或窖蒸酒，蒸出乙醇、各类有机酸、醇、酯和其他芳香成分，以及部分水分。头道酒和尾酒要区分接收。蒸馏后的酒需要除掉杂质、混浊，必要时进行过滤。然后再贮存（陈酿）一段时间，再进行调配、勾兑。

4. 银杏配制酒的制作

配制酒的原理主要是利用白酒或食用酒精萃取出银杏种仁中的有效成分及其营养物质，然后再进行调配，调到适合饮用的酒。

工艺流程：白果原料洗净→脱壳→破碎→加入适当白酒或经过处理过的食用酒精（酒精度在50°为宜，每千克酒加入30～40g银杏仁）→密封萃取1年→除去沉淀物、过滤、澄清→调配勾兑→适当贮存→装瓶→质量检验→贴标装箱→出厂销售。

将原料破碎均匀，使银杏种仁充分接触，相互扩散，并促使 有利于银杏中的活性物质和营养物质充分溶出。经调配勾兑、适当贮存以增加酒香，提高产品质量。

5. 银杏露制作

以银杏、花生为主要原料配制而成。将花生蛋白浆，加温至70～90℃，加入水泡油型乳化剂，边加热边搅拌。加热可钝化花生浆中的脂肪氧化酶和胰蛋白酶活性，促使产品乳化。然后加入银杏浆汁、糖浆，搅拌均匀后，通过均质机在压力不低于70 kg·cm^{-2}条件下均质。最好均质2次后，泵入真空脱气机脱气，罐装封口，灭菌，冷却，即得成品。

银杏蛋白露蛋白质含量高，营养丰富，风味独特，长期饮用可增强体质，防止衰老。

6. 固体饮料及白果精的生产

固体饮料是指经过加工处理生产出颗粒状、疏松多孔、随冲随饮的速溶性饮料。固体饮料易溶于水，热量低，复原后，保持银杏的浓郁香气和特有的微苦味。银杏精是以银杏种仁、糊精、砂糖为主要原料，辅之以蛋白糖、多糖等制成的。下面以白果精为代表，介绍固体饮料的生产工艺及操作要点。

半成品银杏种仁在砂轮磨中粗磨2次，再用胶体磨细磨1～2次，使得银杏纤维长度在15μm以下，最后再经过浆渣分离机分离出渣浆，从而得到银杏浆汁。在配料搅拌器中加入银杏浆汁、糊精、砂糖混合液搅拌，边搅拌边加入蛋白糖和多糖辅料，充分搅拌10min，使配料混合均匀，再开始加热，在65～70℃条件下保持30min，保温期间也需要充分搅拌。在18MPa以上压力下均质。在580～600mmHg（1mmHg = 133.322Pa）脱气，脱去物料中的空气，同时也防止真空干燥时溢盘。将脱气后浓缩的浆料装入烤盘，置于在680mmHg真空干燥箱中脱水，维持15～20min。初始蒸气压力可在4kg·cm^{-2}，约50min后，降低真空度，再过约15min后，再增加真空度，待物料气泡逐渐消失，表面上涨，最后冷却定型。经干燥的白果精用粉碎机粉碎成颗粒状，粉碎机筛孔以小于5mm为宜。包装环境的空气相对湿度应保持在50%以下。本品对支气管炎、哮喘及肺结核有一定的抑制作用，具有滋肾补虚、消炎祛痰之功效。

7. 流体饮料

流体饮料包括银杏口服液，银杏汁等产品。这里以银杏汁为例。

工艺流程：原料选择→去壳、去内种皮→烘烤和预煮去皮→粗磨→细磨→离心过滤→调配→均质→装瓶→杀菌→冷却→贴标签。

取优质银杏种核，去壳、预煮去皮等工艺同银杏羊羹。先在砂轮磨中粗磨，加水量约为种仁的3～5倍。粗磨后立即送入胶体磨中细磨。为防止浆汁褐变，影响色泽和品质，细磨时可加入1%食盐和0.2%的柠檬酸。经过细磨和离心过滤后，加入砂糖、柠檬酸等辅料混合、搅拌均匀，再次过滤。要求含糖量达16%～18%，含酸量为0.5%。在均质机上将调配液均质成乳状浆体，要求均质压力在180～200kg·cm^{-2}。均质后银杏汁就可以灌装，并且立即封口。最后灭菌，冷却降温到35～40℃，留有余热蒸发掉罐外多余水珠。

8. 食疗加工品

白果营养丰富，通过加工可制成各种风味食品。如诗礼银杏（孔府名菜）、白果炖鸡、白果蒸鸭、白果鸡丁、银杏猪肘、白果干酪、白果腊八粥、白果月饼、银杏酥泥、桂花白果、银杏红莲羹、白果仁蒸饼、白果罐头、银杏脯、琥珀银杏、银杏羊羹、银杏叶保健面、五色补粥等，花样百出，其共同的特点是晶莹透亮，糯软滑腻，清新爽口，是老少皆宜的保健食品，受到人们的喜爱。

（丁之恩　谭晓风）

6. 榛

榛是重要的坚果树种之一，也是重要的木本油料树种。

榛具有较高的经济价值，用途广泛。榛果仁营养丰富，榛仁含脂肪 57.1% ~69.8%，蛋白质 14.1% ~18.0%，碳水化合物 6.5% ~9.3%，水分只有 6% ~7.5%，多种维生素（V_C、V_E、V_B）以及 Ca、P、K、Fe 等矿物质元素。榛仁风味清香，有丰富的营养，发热量高，因此成为人们喜爱的干果食品。榛仁广泛应用于食品工业中，以榛仁为原料可制成多种多样的糖果、巧克力、糕点、冰淇淋，如榛仁巧克力是畅销欧洲各国的高档巧克力。此外，以榛仁为原料制成的榛子粉、榛子米、榛子乳、榛子酱是高级营养品，特别适宜儿童、年老体弱及病后恢复的人群享用，是健康益寿的佳品。榛仁可以榨油，榛油色清黄，味香，含不饱和脂肪酸，据美国专家研究，榛子脂肪中含 50% 的亚油酸，能稀释胆固醇，每周吃 5 次榛仁，每次吃 6g，能使心肌梗死的发病率减少 50%，并可起到预防心脏病的作用。榛仁可入药，据《开宝本草》记载："榛仁性味甘、平，无毒，有调中、开胃、明目功用"。

果壳是制作活性炭的原料，树皮和果苞含单宁物质达 8.5% ~14.5%，可提炼制成栲胶。树叶含粗蛋白 15.9%，可作养柞蚕及猪的饲料。榛木坚硬致密，可制手杖、伞柄，也可作架材。榛树根系发达，而且呈水平状分布，可以固定土层，防止土壤冲刷和滑坡，是水土保持及改良林地土壤的优良树种。此外，榛树为灌木状，可以作家庭绿篱栽植。刺榛有带刺的果苞，欧洲榛具有多种颜色的叶片和弯曲的树枝，可以作为庭园及公园等观赏树种配置。

榛的现代栽培始于 20 世纪 30 年代，首先在意大利、西班牙、土耳其、美国等主产国家兴起，经过 40 ~70 年代以及 80 ~90 年代的发展，形成了现在的榛子栽培格局。

目前，世界的榛栽培面积达 61.27 万 hm^2，榛坚果产量为 62.59 万 t 左右，不同年份其产量有所差异。其中，土耳其的面积和产量均占第一位，其栽培面积为 40.5 万 hm^2，坚果年产量为 44.6 万 t，分别占世界榛总面积的 66.1%、总产量的 71.3%；意大利占第二位，栽培面积为 7.14 万 hm^2，年产量为 12.02 万 t，分别占世界总量的 11.7% 和 19.2%；占世界第三位的是西班牙，栽培面积为 2.9 万 hm^2，年产量为 1.98 万 t，分别占世界总量的 4.7% 和 3.2%。

20 世纪 70 年代，辽宁省经济林研究所在大连开展了欧洲榛引种及平榛选种研究。但由于引进的欧洲榛不能适应我国东北寒冷的气候条件，而平榛由于果个小，产量低，不适于栽培。因此，于 1980 年开展了平榛与欧洲榛的种间远缘杂交育种研究，1980 ~1985 年杂交，1986 ~1990 年杂种陆续结果，选出杂交优系，于 1991 ~2000 年进行品种比较和区域试验。1999 年选育出第一批抗寒类型杂交品种 5 个：平顶黄、薄壳红、达维、金铃、玉坠，2000 年选出 29 个杂交优系。以上优良品种、品系统称平欧杂种榛，也叫杂交榛，它们集中了欧洲榛与平榛的优良遗传基因，既有平榛的抗寒性强及优良风味的特点，又有欧洲榛的大果、丰产、出仁率高的特点。

由于平欧杂种榛具有建园投入少、管理容易、见效快，因此深受广大生产者的欢迎。目前，辽宁省已出现栽培大果榛热，榛苗木供不应求。近年来，沈阳市郊区已发展平欧杂交种榛 70hm^2 左右，约 8 万株。辽宁的鞍山、营口、丹东、抚顺、辽阳、葫芦岛等市均已栽培了大果榛，铁岭市正在试验栽培。与此同时，河北、北京、山东、河南、山西、新疆、四川、云南等地也已引种栽培。内蒙古、黑龙江、吉林等地由于受气温条件所限，开始引种试栽。据不完全统计，上述地区已栽培了大果榛子 270hm^2，30 万株以上。但由于平欧杂种榛的无性繁殖较难，因此生产发展受到苗木短缺的限制。

新中国成立后北京植物园、南京林业大学、陕西省林业科学研究所等先后引进欧洲榛在园中保存。1972 ~1975 年辽宁省经济林研究所许万英等人开始从意大利、保加利亚、阿尔巴尼亚引进欧洲榛 10 个品种的种子，在大连建立了欧洲榛引种园。由于欧洲榛在大连不能露地越冬，经实生选种、无性繁殖，然后南移至山东泰安、安徽六安、湖北宜昌进行栽培试验，并取得初步试验成功，选出 3 个欧洲榛新品种。

1996 年，梁维坚等人开始引进意大利、美国欧洲榛优良品种（品系）37个，并在河北省邢台和山东省莒县建立了引种试验园，现正在试验中。

一、主要物种

1. 平榛（*Corylus heterophylla* Fisch. ex Trautv.）

落叶小乔木或灌木，高达7m。树皮灰褐色，有光泽。1年生枝条灰褐色或黄褐色，密生柔毛褐腺毛。叶倒卵型，长宽几乎相等，约4～13cm。雄花为葇荑花序，常2～9个呈总状着生于新梢中上部的叶腋。果苞钟状，其上密被腺毛褐稀疏短柔毛。坚果包于果苞内，单生或2～12个簇生。果实近球形，果径0.7～1.5cm。是我国榛属植物分布最广、资源最丰富的一种，分布于内蒙古大兴安岭北部、黑龙江、吉林、辽宁、河北、山东、山西、陕西、甘肃、宁夏和四川北部；朝鲜、日本、蒙古和俄罗斯东西伯利亚也有分布。平榛中有变种川榛（var. *sutchuensis*）

2. 欧洲榛（*C. avellana* L.）

落叶大灌木，树高5～8m。树干直径可达30～40cm，树皮深褐色。1年生枝黄褐色，密生腺毛和长柔毛。叶片近圆形，宽卵形或椭圆形，长10～14cm，宽8～12cm，侧脉7～9对。花为雌雄同株单性花。果苞苞叶1～2片，钟状、杯状或管状。坚果黄褐色、红褐色，具纵条纹，坚果圆形、长圆形、椭圆形。欧洲榛自然分布地域广，几乎遍布欧洲及亚洲的西部，但欧洲榛栽培主要在地中海地区、黑海沿岸和亚洲的西部。主要分布国家有土耳其、意大利、西班牙、法国、伊朗、希腊、乌克兰、阿塞拜疆等。中国于20世纪70年代开始引种，现主要分布在山东、河北南部、安徽、云南等地。欧洲榛坚果大，单果重2～4g，坚果产量高，盛果期单株产量可达2～4kg，产量可达1 000～3 000kg·hm^{-2}以上。其果仁含脂肪54.1%～65%，含蛋白质12.1%～20.3%，含维生素和矿物质，坚果壳薄，出仁率高，可达45.2%～60%，具有较高的商品价值。

3. 平欧杂种榛（*C. heterophylla*×*C. avellana*）

平欧杂种榛是辽宁省经济林研究所由平榛与欧洲榛种间远缘杂交获得。平欧杂种榛，为落叶高灌木或小乔木，树高3～5m，树冠直径3～4m。树干直径可达15～20cm，树皮深褐色；1年生枝黄褐色，具腺毛和柔毛；叶片椭圆形或倒卵形，叶片大，长9～13cm，宽7～11cm，叶面深皱褶，边缘波状，具不规则复式锯齿，先端渐尖，侧脉5～7对。花为雌、雄同株单性花，果苞针状或杯状，坚果近圆形或椭圆形，黄色、金黄色、红褐色，大型，单果重2～4g。平欧杂种榛主要栽培分布于辽宁，其次为河北、北京、河南、山西、山东、宁夏、新疆、陕西、吉林、黑龙江、云南等地。国外引种的有美国、意大利。平欧杂种榛：坚果个大，单果重2～4g，是野生榛的2～4倍；出仁率达40%～50%，是野生平榛的1.33～1.66倍；丰产性强，通过品种比较试验证明，在土质肥沃度中等条件下，2～3年生开始结果，7～9年生单株产量可达1.5～2kg，每公顷产量1 665～2 220kg；盛果期产量高（10～20年生），每公顷产量为2 775～3 330kg；抗寒性强，上述优良品种及品系，大部分可抗－30℃低温，在有雪覆盖的冬季，有11个品种可抗－35℃低温，可在沈阳北郊露地越冬。

此外，我国还有毛榛（*C. mandshurica*）、滇榛（*C. yunnanensis*）、华榛（*C. chinensis*）、刺榛（*C. ferox*）等物种。栽培物种主要是平欧杂种榛、欧洲榛。

二、主要栽培品种

1. 平欧杂种榛

抗寒品种，冬季可抗－35～－30℃低温。

（1）达维（84—254）。1984年杂交，1989年初次入选，1999年命名。树势强健，树姿半开张，直立，雄花序少。7年生树高2.78m，平均冠幅直径2.45m。坚果椭圆形，平均单果重2.5g，果壳红褐色，壳厚度为1.54mm，果仁光洁，饱满，出仁率44%。丰产，一序多果，平均每序结果2.0粒。7～8年生树平均单株产量1.6kg，坚果8月下旬成熟。越冬性强，休眠期可耐－35℃低温，适宜在年平均气温7℃以上地区栽培。

（2）平欧110号（82—11）。树势中庸，树姿开张，树冠中等大。坚果圆锥形，红褐色，美观。平均单果重2.4g，果壳厚中等，出仁率41%，果仁饱满，光洁，果仁皮易脱落，风味佳。早果性、丰产性均强，7～8年生树平均株产1.4kg。越冬性强，休眠期可耐－35～－30℃低温，适宜在年平均气温7.0℃以上地区栽培。

（3）平欧15号（82—15）。树势强健，树姿半开张。7年生树高2.7m，冠幅直径1.95m，坚果长圆形，美观。中型果，平均单果重2g，果壳薄，约1mm，出仁率达51.7%，果仁光洁，饱满。丰产，一序多果，7 年生树，单株产量 1.4kg，抗寒性强，休眠期可抗 -30℃ ~ -35℃低温，可以在年平均气温 7.0℃以上地区栽培。

（4）平欧 226 号（84—226）。树势强健，树冠高大，树姿直立。8 年生树高 3.4m，树冠直径 2.8m。坚果长圆形，金黄色美观。坚果大，单果重 2.3 ~ 2.5g，果壳薄厚度为 1.1mm，出仁率高达 48%。果仁饱满光滑，风味香。丰产，3 年生开始结果，7 ~ 8 年生单株产量 1.3 ~ 1.5kg，抗寒性强，越冬可耐 -35℃低温，为重点推广的抗寒品种之一。

（5）金铃（84—263）。1984 年杂交，1989 年初次入选，1999 年命名。树势中庸，树姿直立，树冠中大。8 年生树高 2.13m，冠幅直径 1.63m。坚果圆形，金黄色美观，平均单果重 2.2g，果壳厚度 1.38mm，果仁饱满，光洁，出仁率达 40%。果实 8 月中下旬成熟，较丰产，7 ~ 8 年生单株产量为 1.1kg。抗寒性强，休眠期可耐 -30℃低温，适宜在年平均气温 7.0℃以上地区栽培。

（6）玉坠（84—310）。1984 年杂交，1989 年初次入选，1999 年命名。树势强健，树姿直立，树冠大。8 年生树高 2.51m，冠幅直径 2.10m。坚果圆形，暗红色，平均单果重 2.0g，果壳 1.15mm，果仁光洁，饱满，风味佳，品质上，出仁率达 43%。果实 8 月中下旬成熟。较丰产，穗状结实，7 ~ 8 年生单株产量达 1.0kg，抗寒性强，休眠期可抗 -30℃低温，适宜年平均气温 7.0℃以上地区栽培。

（7）平欧 3 号（B3）。树势强健，树姿半开张，树冠高大。8 年生株高 3.5m，冠幅 2.6m，越冬叶片部分宿存。坚果长圆形，红褐色，坚果大，平均单果重 2.5g，果壳厚度 1.2 ~ 1.3mm，出仁率 45.8%，果仁饱满，光洁，风味佳。坚果成熟期 8 月下旬，丰产，结果习性为一序多果，平均每序结实 2.1 个。8 年生株产 1.5kg，树冠投影产量为 380.7g · m^{-2}，抗寒性强，可抗冬季 -30℃低温，在沈阳露地越冬正常。可以在年平均气温 7.0℃以上地区栽培。

（8）平欧 11 号（B 11）。树势强健，树姿半开张，直立。8 年生树株高 3.5m，冠幅直径 1.77m。坚果圆形，黄褐色，坚果中大，单果重 2.2g，果壳厚 1.2 ~ 1.4mm，出仁率 43.5%，果仁饱满，光洁，风味佳。坚果成熟期（沈阳）8 月下旬。丰产，结实习性一序多果，平均每序结实 2.5 个，8 年生株产 2.1kg。结实过多，肥料不足时，果仁不十分饱满，需加强肥培管理。抗寒性强，冬季抗 -30℃低温，在沈阳露地越冬正常。可在年平均气温 7.0℃以上地区栽培。

（9）平欧 21 号（B 21）。树势强壮，树姿半开张，树冠高大。8 年生树株高 3.5m，冠幅直径 2.6m，叶片部分宿存。坚果长圆形，红褐色，坚果大，平均单果重 3g，果壳厚度 1.3 ~ 1.5mm，出仁率 40%，果仁光洁，饱满，风味佳。坚果成熟期 8 月下旬。雄花序少，一序多果，平均每序结实 2.4 个，丰产，8 年生株产 1.7kg。抗寒性强，冬季抗 -30℃低温，可在年平均气温 7.0℃以上地区栽培。

（10）平欧 33 号（83—33）。树势强健，树姿较开张，树冠高大。8 年生树高 3.5m，树冠直径 2.7m。坚果长圆形，红褐色，坚果大，单果重 2.3 ~ 2.5g，出仁率 40%。丰产，2 ~ 3 年开始结果，7 ~ 8 年单株产量 1.3 ~ 1.5kg，每公顷产量为1 500 ~ 1 700kg。抗寒性强，冬季可耐 -35 ~ -30℃低温。越冬性中等，适应年平均气温 8.5℃以上地区栽培：

（11）平欧 127 号（85—127）。树势强健，树姿直立，雄花序少，叶宿存。树冠大，7 ~ 8 年生树高 3.35m，冠幅直径 2.7m。坚果圆形，棕色，具条纹，平均单果重 2.0g，果壳薄，厚度 0.93mm，出仁率高，果仁光洁、饱满。丰产性好，7 ~ 8 年生树单株产量为 1.7kg。抗寒性强，休眠期可耐 -30℃低温，适在年平均气温 7.5℃地区栽培。

（12）平欧 69 号（84—69）。树势中庸，树姿开张。雄花序少，树冠大，7 ~ 8 年生树高 2.5m，冠幅直径 2.20m。坚果长圆形，平均单果重 3.2g，果壳红褐色，具条纹，美观。果壳厚度 1.4 ~ 1.5mm，果仁光洁，饱满，出仁率 43%，丰产性强，且稳产，在大连坚果成熟期 9 月上旬，7 ~ 8 年生树平均株产 2.0kg。越冬性中等，适宜在年平均气温 8℃以上地区栽培。

（13）平欧 48 号（84—48）。树势强健，树姿开张。雄花序少，树冠大，10 年生树高 3.25m，冠幅直径 2.85m。平均单果重 2.3g，果长圆形、黄褐色，果面光滑，美观。果壳薄，厚度 1.1mm，果仁饱满，光洁，空心度小，出仁率达 43%。丰产性强，6 年生株产 0.82kg，11 年生树单株产量达 1.9kg，坚果 9 月上旬成熟。越冬性强，休眠期可耐 -30℃低温，适宜在年平均气温 8℃以上的地区栽培。

（14）平欧 119 号（85—119）。树势强健，树姿半开张。树冠大，7 ~ 8 年生树高 3.14m，冠幅直径2.3m，雄花序多。坚果椭圆形，大果，平均单果重3.2g。果面红褐色，具沟纹和白茸毛，美观。果壳厚度为1.35mm，果仁光洁，饱满，出仁率达43.1%。丰产性强，7~8年生树单株产量1.7kg。抗寒性强，休眠期可抗-30℃低温，适宜在年平均气温8.0℃以上的地区栽培。

(15) 平欧349号（84—349）。树势强健，树姿半开张，雄花序少。7~8年生树高2.45m，冠幅直径2.25m。单果平均重2.6g，坚果椭圆形，灰褐色，具沟纹，果壳厚度1.1mm，果仁饱满，光洁，出仁率为40%。丰产性强，7~8年生树平均单株产量1.5kg。越冬性较强，适宜在年平均气温8℃以上地区栽培。在沈阳8月下旬果实成熟，果实发育期80~86天。适应性及越冬性强，休眠期可耐-30℃低温，在沈阳地区可以正常越冬。适宜年平均气温8℃以上地区栽培。

(16) 平欧73号（85—73）。树势强健，树姿开张，雄花序少。树冠大，7~8年生树高3.2m，冠幅2.9m。平均单果重2.4g。坚果圆形，金黄色，果壳厚度1.2mm，出仁率高，可达47%。丰产性强，7~8年生树株产2.7kg，越冬性中等，可在年平均气温9℃以上地区栽培。

(17) 平欧545号（84—545）。1984年杂交，1989年初次入选，2000年复选优株。树势中庸，树姿开张。平均单果重2.6g，坚果椭圆形，黄褐色，美观，果面具条纹，果壳薄，为1.1mm，极易开裂，出仁率高为47.5%，果仁光洁，饱满，风味佳。该品种系早结果品种，压条苗2~3年开始结果，6~7年生可丰产，株产量1.1~1.5kg。树体越冬性常受到冬季风害影响，在沈阳房前屋后越冬良好，结果正常。可在年平均气温8.5℃以上地区栽培，并选背风向阳处栽培。

(18) 平欧237号（84—237）。树势中庸，树姿较开张，树冠中等大。坚果长圆形，红褐色，整齐。坚果重2~2.2g，果壳薄，为1.0mm，出仁率高，平均出仁率47%，果仁饱满极光仁，风味香。丰产，早果性强，定植后2~3年生开始结果，6年生单株产量1.1kg，7~8年生单株产量1.5kg。树体抗寒性中等，适宜在背风向阳处栽培。可在年平均气温8.5℃以上地区栽培。越冬性弱的品种，适宜年平均气温10℃以上地区栽培。

(19) 平欧90号（81—9）。树势中庸，树冠开张，树体中等大。坚果圆形，红褐色，美观。坚果大，单果重2.8g，果壳薄，出仁率43%~45%。果仁光洁，果仁重1.1g，饱满，风味佳。结果早，丰产，压条苗2~3年开始结果，早期产量上升快。6~7年生单株结实1.2~1.5kg，每公顷产量1 300~1 600kg。该品种不耐寒，可在年平均气温10℃以上地区栽培。

(20) 平欧230号（81—23）。树势中庸，树姿半开张，树冠中等大。坚果椭圆形，红褐色。坚果大，单果重2.6g，果壳厚1.3mm，出仁率44%~45%。果仁光洁，饱满，风味香。结果早，丰产，压条苗2~3年生开始结果，6年生单株产量可达1.1kg，7~8年生株产1.5~2.0kg，每公顷产量达到1 600~2 200kg。该品种不耐寒，可在年均气温10℃以上地区栽培。

2. 欧洲榛

欧洲榛有诸多栽培品种，在世界各地广泛栽培。辽宁省经济林研究所于20世纪70~90年代引进欧洲榛品种，经过实生驯化和选种，选出一批优良品种（品系），适于我国北纬36°以南的黄河至长江流域一带地区栽培，以及在相似气候条件下栽培。现介绍如下主要品种。

(1) 连丰（11-8）。选自意大利1号实生。树势强健，树姿开张，树冠高大，树高4.5m，冠幅直径2.8m。坚果长圆形，果壳红褐色，平均单果重2.6~2.8g，果壳厚度1.1mm，出仁率43.2%~46.9%，果仁空心度小。果仁含脂肪57.3%，蛋白质20.3%，碳水化合物13%。雌花形成能力强，座果率高，丰产。8年生树单株产量可达2.14kg，8月末成熟，在山东泰安可安全越冬。适宜在年平均气温12.8℃以上地区栽培。缺点是肥水不足时果仁欠饱满，空壳率6%。

(2) 意丰（15-5）。来自实生选种。树势中庸，树姿直立，树冠小。8年生树高3m，冠幅直径2.4m。坚果长圆锥形，果壳金黄色具纵向彩色条纹，美观。平均单果重2.5g，果壳厚度1.3mm，出仁率45.3%。该品种穗状结实，丰产，适于密植。10年生树单株产量2.1kg。果实8月末成熟。在山东泰安可安全越冬，适宜在年平均气温12.8℃以上地区栽培。

(3) 泰丰（8-2）。来自实生选种。树势中庸，树冠高大。10年生树高4m，冠幅直径3.7m。坚果椭圆形，果壳金黄色，壳厚1.2mm，平均单果重2.6g，出仁率为48%。座果率高，每序结实3~5

粒，丰产。在山东泰安8年生单株产量可达2.0kg。可在泰安地区安全越冬，适宜在年平均气温12.8℃以上地区栽培。

三、生物学特性

（一）生态习性

1. 温度

经过10年的区域试验表明，平欧杂种榛抗寒性强。它的安全北界是沈阳北郊，北纬42°，年平均气温7.5℃，冬季最低气温-30℃可以正常越冬，在有雪覆盖的冬季，最抗寒的品种如达维、平欧110号等可以在-35℃条件下正常越冬。平欧杂种榛栽培南界可以到北纬32℃，即年平均气温15℃。从地理位置来看，上述经纬度范围即沈阳以南到长江以北地区。四川、云南、贵州海拔高，气温凉爽的地区也适宜栽培平欧杂种榛。总的来说，平欧杂种榛适宜栽培在北纬32°~42°，适宜年平均气温7~15℃，即适宜中温带、南温带及北亚热带地区栽培。

欧洲榛属于亚热带树种，喜温暖湿润气候。特别是在冬季，要求-5℃以上气温才能安全越冬，适宜年平均所温13~15℃的条件，极端最高气温38℃以下，夏季气候凉爽干燥，冬季气温在0℃以上并且空气湿润的地中海式气候，更有利于欧洲榛的生长和结实。

2. 水分和湿度

榛树叶片宽大，蒸发面积大，因此喜湿润的气候。由于榛树的雄花序是裸露的，叶芽和花芽的鳞片少而松散，因而它要求在休眠期（冬、春季节）的空气湿度较高，一般平欧杂种榛在休眠期要求空气相对湿度达到60%以上即可，而欧洲榛则要求达到65%~70%以上才能安全越冬。因此，欧洲榛栽培时应选择具有较大水面的地区，如临海、湖泊、江河或大水库附近栽培更为适宜。

平欧杂种榛生长地域年降水量500~800mm可满足生长发育的要求，我国北方春季干旱，因此年降水量500mm以下的地区栽培，需有灌水条件。北方冬季降雪和积雪有利于平欧杂种榛的越冬。欧洲榛栽培地区年降水量需700~1 200mm，以春季、冬季降水较多为好，最有利于越冬和春季的生长发育；夏季要求干燥气候有利坚果的发育和成熟。

3. 光照

榛树是喜光植物，充足的光照能促进其生长发育和结实。如果在枝叶郁闭、光照不足的榛园，树冠下部枝条生长细弱，叶片小而薄，光合能力弱，难以形成花芽，不利于开花结果，从而使结果部位上移，减少了树冠结实部位，单位面积产量下降。因此榛园要求充足的光照，一般年日照时数在2 000h以上可满足榛树对光照的要求。

4. 土壤

平欧杂种榛对土壤的适应性较强，在砂土、壤土、黏质土及轻盐碱土均能生长。平欧杂种榛比欧洲榛对土壤的适应性广。作为栽培榛园，要求肥沃、湿润的砂壤土，特别是腐殖质含量高的土壤，更适宜榛树的生长和结实。土层深厚、土壤肥沃、排水良好是榛树丰产必不可少的条件。一般土层厚度在60cm以上可满足要求。土层厚度小于60cm需局部改良土壤。特别指出的是，平欧杂种榛的根系呼吸强度高，要求土壤的透气性好，因此在砂质壤土上生长发育更好。轻黏土、壤土、砂壤土、轻砂土也可栽植榛树。重黏土、砂土（腐殖质含量很低）及涝洼地、沼泽地、重盐碱土均不宜栽培榛树。土壤的酸碱度要求pH值为5.5~8。

（二）生长发育

1. 营养生长

榛为落叶大灌木或小乔木，自然生长为丛状，树高可达7~8m，而栽培树高为3~7m。无性繁殖的榛苗2~3年生开始结果，10年生进入盛果期，其株丛寿命可达几十年甚至上百年。

目前榛的栽培种欧洲榛和平欧杂种榛都是无性繁殖的自根苗，属于茎源根系，主根不明显，须根发达并向水平方向伸展，根系分布浅，集中分布区是在地表下5~40cm的土层范围内。榛可产生根状茎，它是茎的变态，其上有节，节上有不定芽和退化的叶片以及须根和侧根，因此，根状茎具有茎与根的双重特征。其上的不定芽可以萌发伸出地面形成枝，叫做根蘖；须根和侧根可以吸收水分和养分。因而根蘖可以长成新的株丛。根状茎在产生根蘖的同时，也产生新的根状茎，不断产生不定芽的形成根蘖。生产中常利用这一特性进行苗木繁殖。

其枝条的性质又可分为基生枝、营养枝、结果母枝、结果枝。营养枝的枝条上只着生叶芽或兼有雄花序的枝称为营养枝。它是榛树树体生长发育的重要组成部分，当营养条件适宜时，营养枝上则形成雌花混合芽，变成结果母枝。结果母枝由营养枝发育而来，其上着生雌花混合芽和叶芽，既能生长出结果枝，又能生长营养枝。结果枝是结果母枝上的雌花开花授粉后，混合芽萌发生长成的短枝（6～7节），其顶部具有果序。基生枝由根颈部的基生芽（也是不定芽）萌发生长而成，生长旺盛，是树体形成灌丛的主要骨架。

2. 开花结果习性

（1）开花习性。榛的花先叶开放，并几乎同时开放，春季气温如果回升得快，雄花开放进程也快，因此有时雄花早于雌花开放1～3d；如果气温回升缓慢，雌花雄花则同时开放。雄花开放是以雄花序松软开始，然后花序伸长，花苞片开裂，花药散粉时为雄花开放盛期。花粉全部撒完，花序枯萎为雄花末期。雌花开放是雌花芽顶端微露出红色或粉红色柱头为开花始期，当雌花柱头全部伸出时，柱头向四周展开为盛花期，此时的柱头鲜艳，湿润而亮泽，是授粉的最佳时期。当柱头色泽变暗并枯萎即是雌花末期。由于气温的变化及单株开花时间不同，雄花单株开放持续6～14d，雌花开放持续10～14d。

（2）结实习性。榛开始结果年龄早，无性繁殖且生长发育正常的榛树，1～2年生可形成雌、雄花序，2～3年生开始结果。4～5年生具有经济产量，7～9年生进入盛果初期。10年生以上进入盛果期，可维持20年以上。平欧杂种榛在良好管理条件下7年生可以丰产，并且产量稳定。用种子播种培育的榛树，则5～6年生开始结果，因受种子遗传分离的影响，不同种子形成的植株在结实和产量上有很大差别，所以生产中不用种子繁殖。榛树的结果母枝，常常是营养积累充足的强壮枝。结果母枝上的雌花序（混合芽）授粉后，萌发形成一个短枝，即为结果枝，一般5～7节，其顶端有一果序。果序坐果的多少，常与品种和授粉受精、营养状况有关，有的品种每个果序坐1～2个果，有的品种则每果序结果3～5个。如果单株每个果序平均坐果1.9～2个以上，则该品种丰产性强。

（三）物候期

榛是多年生大灌木，在一年中，从树液流动到休眠，要经过开花、芽萌动、展叶、新梢生长、果实发育、落叶、休眠等阶段，这种节奏的变化，叫年循环物候期，也叫年周期。榛树全年分为两个主要时期，即营养生长期和休眠期。从开花、萌芽到落叶全年生长期195～240d。平欧杂种榛在大连生长205～215d，在沈阳生长期为190～200d。欧洲榛生长期236～244d，在山东泰安生长期为235～240d，在安徽肥西生长期为238～248d。榛树的休眠期是从落叶到翌年开花始期（表6-1）。

表6-1　榛树主要物候期

种类	地区	开花期		芽萌动期	子房开始膨大期	坚果成熟期	落叶期	备注
		雄花	雌花					
平欧杂种榛	辽宁大连	3月中下旬	3月中下旬	3月下旬～4月上旬	5月下旬	8月中旬～9月上旬	11月上旬	1987～1999年
	辽宁沈阳	3月下旬～4月上旬	3月下旬～4月上旬	4月上旬	5月下旬	8月中下旬～9月上旬	10月下旬	
欧洲榛	山东泰安	3月中旬	3月中旬	3月下旬	5月下旬	8月下旬～9月上旬	11月中旬	1990～1995年
	安徽肥西	3月上旬	3月上旬	3月下旬	5月中下旬	8月下旬	11月下旬	

四、栽培技术

1. 苗木繁殖

榛树采用自根苗栽培，其苗木繁殖方法有硬枝压条、绿枝压条、扦插、组培等。国内外主要采用绿枝直立压条为生产提供苗木。

（1）绿枝压条时期。原则上是当年基生枝半木质化时进行，即基生枝生长到50～70cm高，基部已半木质化，在大连为6月中旬，在沈阳应是6月下旬进行。

（2）绿枝压条方法。先把当年基生枝下部距地面20～25cm高的叶片摘除；把当年基生枝横缢，即在离地面1～5cm高的位置用细软铁丝把基生枝绑一圈。在横缢处以上10cm高范围涂抹生长素。然后把母株基生枝用油毡纸围起来，做成一个茓子，茓高20～25cm。茓圈的大小依据繁殖苗数量的多少而定，原则是茓圈与最外面的基生枝保持10cm的距离。在茓圈内填充湿木屑，使压条枝在湿润和黑暗环境中生根。木屑保持湿润，一直到秋季起苗时为止。

2. 造林

（1）栽植密度和方式。榛树栽培方式有正方形、长方形、三角形栽植，目前生产上采用长方形栽培居多，因为长方形的行间宽有利于通风透光及行间耕作及作业。榛树栽培密度见表6-2。

表6-2　榛树栽植密度

种类	栽植目的	9年生以前株行距	10年生以后株行距
平欧杂种榛	早期压条繁苗，后期为生产园	1.5m×2m 1.5m×3m	3m×2m 3m×3m
	早期密植丰产以后间伐	1.5m×4m 2m×3m	3m×4m 4m×3m
	定植生产园	2.5m×3m 2m×4m 3m×3m 2.5m×4m	同9年生以前
欧洲榛	定植生产园	2.5m×3.5m 3m×3m 3m×4m 3m×5m 4m×5m	同9年生以前

（2）整地。建园前对园地进行平整，深翻。然后挖定植穴，定植穴以深80cm，直径100cm为宜，最低规格为深50cm，直径60～70cm。挖定植穴时底土和表土分开，回填时底土仍回到定植穴的下部，并施有机肥，与底土混拌均匀。表土仍回到定植穴的上层，当年的小苗就栽在表土里，而表土不混任何肥料。

（3）栽植时期和方法

● 栽植时期　栽植时期对提高榛的成活率关系很大。虽然春季、秋季均可栽植，但鉴于我国北方大部分地区冬季降水量少，空气干燥，因此，无论是平欧杂种榛还是欧洲榛，均提倡春季栽植。辽宁地区在4月上中旬，华北地区可适当提前至3月下旬。黄河至长江流域宜在2月下旬至3月上旬，最迟不能超过3月中旬。总之，榛树定植必须在萌芽前结束。如果苗木已经萌芽再定植，成活率降低。

● 栽植方法　栽植具体要求：栽植前要修剪根系。注意栽植深度，不能过深，也不能过浅，适宜深度是根际处在地下6～10cm处，踩实土壤，然后灌水，水要浇透。栽植后及时定干，定干高度40～60cm，以剪口下有5个以上饱满芽为宜。

（4）榛园管理

● 整形修剪　榛树同其他果树一样，必须依据自身的生长发育特性进行整形修剪，形成合理的骨架。平衡树势，尽快扩大树冠，调整生长与结果的关系，以达到早结果、早丰产的目的。修剪时间在早春榛树萌芽前。

榛子的自然树形，无论欧洲榛还是平欧杂种榛均为高大灌木，树高可达5～8m，但栽培榛树树高一般应控制在3～5m内。目前，榛树生产中采用的栽培树形有2种：少干丛状形与单干形。

少干丛状形。留3～4个基生枝做主枝，并斜生伸向不同方向。主枝上着生侧枝，侧枝上着生营养枝和结果母枝。整体形成自然开心树形，树高达到3～5m。主干上选留3～4个分布均匀的主枝，主枝上选留侧枝，侧枝上着生副侧枝和结果母枝。形成矮主干，上部为自然开心形树冠。

单干形。此树形要保留1个主干，干高40～60cm，在主干上选留3～4个主枝，主枝上选留侧枝，侧枝上着生副侧枝和结果母枝，形成矮主干自然开心形树冠。

● 施肥

基肥：施有机肥料，包括鸡粪、猪粪、羊粪和其他兽粪及有机物腐烂后形成的肥料。上述粪肥必须充分腐熟后才可施用，特别是鸡粪除充分腐熟外，还应将鸡粪和土以1∶5的比例混拌才可施用，否则易烧幼苗根系。另外，有机和无机复混肥料、生物肥料可以用于基肥施用。

追肥：含有单一元素的N肥，如尿素及含有N、P、K的复合肥及复混肥料，均可用于榛树的追肥。

根外追肥：肥料主要有N、P、K、Ca和微量元素，植物生长调节剂。

施肥量要根据树龄、灌丛大小、土壤肥沃程度以及肥料的种类而定，瘠薄的沙土应多施有机肥，土层深厚、腐殖质含量高的土质可适当少施。

施基肥量：2～3年生树，每株施粪肥7～10kg，4～5年生树株施30～40kg，6～7年生每株施有机肥50～60kg，以后随树龄和产量的增加可适当多施。

施追肥用量：幼龄榛园（2～5年生）每公顷需纯氮120kg、纯磷120kg、纯钾120kg，其N、P、K的比例为1∶1∶1。盛果初期榛园（6～9年生）每公顷施纯氮120kg，施纯磷240～330kg，施纯钾16～22kg。盛果期（10年生以上）每公顷施纯氮150～210kg，施纯磷300～420kg，施纯钾150～210kg。

施有机肥与无机复混肥料（如：黑肥，生物肥料）：幼龄榛园（3～5年生）每株2～3kg；6～9年生，每株施6～7kg；10年生以上每株施8～10kg。

● 灌水与排水

灌水：榛树是浅根性树种，其根系主要分布在5～40cm以内的表土中，不耐干旱，适时灌水是促进树体发育和结实的重要保证。

灌水时期：新定植的苗木，必须及时灌水。用压条繁殖苗木定植的榛园，在生长前期要经常保持土壤湿润。栽培园的灌水可结合施肥进行，一般在生长前期灌水两次，第一次于发芽前后，第二次于5月中下旬，即幼果膨大和新梢生长旺盛期，此时也是北方地区春旱季节，第二次灌水是保证当年产量的关键。6月中下旬以后自然降水增加，一般不需要灌水。落叶后到土壤封冻前，可再灌1次封冻水。

灌水方法与灌水量：主要采用树盘内灌水法，浸湿榛树下土壤。灌水浸湿土壤的深度为40cm。灌水后要及时松土，防治土壤板结。

排水：夏季降水集中时，榛园易产生积水，应及时排除，保证榛园内不积水。

● 除蘖　榛树易产生根蘖和萌蘖。根蘖是从根状茎长出来的枝，萌蘖是从植株基部不定芽长出来的枝。这种特性有利于榛树无性繁殖。但是，结果榛树发生的根蘖和萌蘖，使树体营养分散，不利于榛树的开花、结实，严重时使产量降低，也不利于幼树的生长发育，因此榛园除蘖是必不可少的管理措施之一。除蘖的方法有：手工除蘖：用剪枝剪剪除根蘖，于生长季节进行2~3次。化学除蘖：在生长季节用1%~1.5%的2，4-D喷洒，杀死根蘖，效果较好。

五、采收贮藏与加工利用

1. 采收

榛子采收时期为8月中旬至9月上旬。分为手工采收和机械采收。

2. 采收后处理

（1）脱苞。如果是手工采收，要进行脱苞处理。

（2）除杂。清除混在榛子里的泥土、石块、树叶和果苞，得到纯净的榛子。

（3）干燥。新采收的榛子含水率20%~35%，干燥后使榛子含水率降至6%~7.5%，便于贮藏。

3. 坚果加工

（1）分级。按果实的大小分成4个等级，以便于脱壳。

（2）脱壳。意大利用脱壳机进行脱壳获得纯净的榛仁。

（3）烘烤。用烤榛子机把榛仁烤熟，最先进的机器是德国生产的烤榛子机，全部电脑自动控制，烤熟的榛仁为白色的熟榛仁，再放在不锈钢容器贮存，贮存温度为15~16℃。

4. 果仁食品加工

（1）加工种类。意大利榛仁食品加工历史悠久，榛仁食品多种多样，质量上乘，除了本国销售之外，出口到欧洲及世界各国，其中FERRERO加工厂为世界著名的榛子食品加工厂，该厂生产的“岩石榛仁巧克力”已在我国北京、上海、大连等地销售。该厂用榛仁加工的产品种类很多，概括起来分5大类，几十种产品。

岩石巧克力球类。商品名FERRERO ROCHER，有3种产品；榛仁巧克力糖类，有18种之多；榛仁甜点心类，有5种以上；榛子巧克力酱，小包装，用于早餐；冰淇淋类。此外还有如复活节鸡蛋等为儿童食用的、名目繁多的榛仁食品加工产品。

（2）加工技术和工艺流程

● 原料准备　已烤熟的、脱皮的榛子仁；已烤熟的榛子仁破粒。用破粒机破成大小不等的颗粒，或切成片状；已烤熟的榛子仁用磨粉机磨成榛子粉；已烤熟的榛子仁用磨酱机制成榛子酱。

● 制成各种糖果　果仁饼，即用糖料50%+榛子整仁50%制成果仁饼；江都杨巧克力，即用榛子颗粒与糖混合，外包榛子巧克力；巧克力果仁糖，即果仁饼外加榛子巧克力酱；酒心巧克力；岩石巧克力球。

● 制成各种甜点、糕点类　榛仁的食品加工程序。原料检测：对榛仁进行检测，分物理检测：如整齐度、色泽等；烤榛仁及脱果仁皮；食品加工原料准备（破粒、磨粉、磨酱）。

● 食品加工　糖料的备制；其他填料的配制；榛仁料的配制；各种原料的混合；按加工工艺成型；切割；包装：分小包装和大包装。

● 产品质量的检测　进行物理和化学分析，检查各种榛子产品质量是否合格。

产品贮藏。生产的各种产品存放仓库里，贮存温度为16~18℃，可以存放3个月。

（梁维坚）

7. 核　　桃

核桃是我国栽培历史悠久、分布广泛的重要干果和用材树种，我国是世界核桃起源地之一，种质资源极为丰富。核桃的木材、枝叶和青皮均具有重要工业用途，特别是核仁含有大量脂肪、蛋白质、多种维生素和微量元素，既是补气养血、润肺健脑、治疗多种疾病的中药，又是滋补营养的果品，风味独特，广泛用于食疗、糕点及高档菜肴的原料。

新中国成立以来，我国在核桃资源调查、良种选育和引种、生产技术等方面，都有了较快的发展。但栽培管理水平、坚果产量和商品品质等方面，与发达国家相比，尚存在一定差距，迫切需要解决。

我国核桃品种化栽培已有了初步基础，一些优良品种相继问世、推广，良种繁殖技术基本得到解决；随着农业生产结构的调整，大面积集约栽培的核桃生产基地将逐步建成；一个优质、丰产、规模化经营的核桃商品化生产和加工利用的趋势即将形成。

一、主要物种

核桃的主要物种有核桃、铁核桃、黑核桃和核桃楸，其中作为食用的主要是核桃和铁核桃。

1. 核桃（*Juglans regia* L.）

落叶乔木，树高常达10~25m，干径可达1m左右，冠幅直径6~16m；树干皮灰色，幼树平滑，老树有纵裂。1年生枝绿褐色，无毛，具光泽，髓大。奇数羽状复叶，互生，长30~40cm；小叶通常5~9枚，稀11枚，广卵圆形或长椭圆形，长6~15cm，宽3~6cm，基部歪斜，先端有短尖，小叶柄极短或近无叶柄，顶生小叶具3~6cm叶柄且叶片较大。小叶全缘或微有波状浅粗锯齿，叶面深绿色，无毛，背面淡绿色，侧脉11~15对，脉腋具簇短柔毛。花单性，雌雄同株；雄花序柔荑状下垂，长8~12cm，每序有小花100朵以上，花被3~6裂，被腺毛；每小花有雄蕊15~20个，花丝极短；花药黄色，无毛。雌花序顶生、穗状；雌花单生、双生或群生；雌花具总苞，被极短腺毛，花萼4裂，在总苞上部；子房下位，1室，柱头浅绿色或粉红色，2裂，呈羽状反曲。果实为假核果（园艺分类属坚果），圆形或长圆形，果皮肉质，幼时有黄褐色绒毛，成熟时无毛，绿色具稀密不等的黄白色斑点；果核多圆形，表面具刻沟或光滑。种仁呈脑状，被浅黄色或黄褐色种皮。

2. 铁核桃（*J. sigillata* Dode）

别名泡核桃、漾濞核桃、茶核桃、深纹核桃。

落叶乔木，树皮灰色，老树暗褐色具浅纵裂。小枝青灰色，具白色皮孔。芽卵圆形，芽鳞具短柔毛。奇数羽状复叶，长60cm左右，小叶9~13枚，顶叶较小或退化，小叶卵状披针形或椭圆状披针形，先端渐尖，基部歪斜，叶全缘或具微锯齿，侧脉12~23对，基部脉腋簇生柔毛，表面绿色光滑，背面浅绿色。雄花序粗壮，柔荑状下垂，长5~25cm，每小花有雄蕊25枚。雌花序顶生，具雌花2~3，稀1或4，花序轴密生腺毛，柱头2裂，初时呈粉红色，后变为浅绿色。果实倒卵圆近球形，黄绿色，表面幼时有黄褐色绒毛，成熟时无毛；果核倒卵形，两侧稍扁，表面具深刻点状皱曲；内种皮极薄，呈浅棕色。

3. 黑核桃（*J. nigra* L.）

高大落叶乔木，树高可达30m以上，树皮暗褐色或棕色，沟纹状深纵裂。小枝灰褐色或暗灰色，具短柔毛。芽阔三角形，顶芽较大。奇数羽状复叶，小叶15~23枚，近无柄，长卵圆形或卵状披针形，具不规则锯齿，先端渐尖，基部扁圆形，表面具短毛或光滑，背面有腺毛。雄性柔荑花序，长5~12cm，雄花具雄蕊20~30枚。雌花序穗状簇生花2~5朵。果实圆球形，浅绿色，表面有小突起，被柔毛。坚果圆形或扁圆形，先端微尖，壳面具不规则的纵向纹状深刻沟，坚厚，难开裂。

本种原产美国，现在北京、南京、辽宁、河南、河北等省（直辖市）有少量引种。

4. 核桃楸（*J. mandshurica* Maxim.）

落叶大乔木，高达20cm以上，树干通直；树皮灰色或暗灰色，幼龄树光滑，成年后浅纵裂。小枝灰色，粗壮，有腺毛，皮孔白色隆起。芽呈三角形，被黄褐色柔毛，顶芽肥大。奇数羽状复叶，结果枝上复叶长达40~50cm；小叶通常9~17枚；对生，无柄，椭圆形至长椭圆形或卵状椭圆形至长椭圆状披针形，基部扁圆形，先端渐尖，边缘细锯齿，表面深绿色，初时有稀疏短柔毛，以后除中脉外光滑，背面密生短细柔毛，色淡绿。雄花序柔荑状，长9～27cm，花序轴被短柔毛，雄花具短花柄，苞片顶端钝，小苞片2枚，位于苞片基部，花被片1枚位于顶端与苞片重叠，2枚位于花的基部两侧；每小花有雄蕊12枚，花丝短，花药长，杏黄色。雌花序具雌花5～10朵，串状着生于具密柔毛的花轴上，雌花被有茸毛，花萼4裂，柱头2裂，呈鲜红色。果序通常4～7果；果实卵形或椭圆形，先端尖，密被腺质短柔毛，成熟时不开裂。果核长圆形，先端锐尖，表面有6～8条棱脊和不规则深刻沟，壳及内隔壁坚厚，不易开裂，内种皮暗黄色，很薄。

二、主要栽培品种

我国栽培的核桃主要有两个种，即普通核桃和铁核桃。普通核桃的分布最广，北至辽宁、内蒙古，南至广西，东至福建，西至新疆、西藏。过去我国普通核桃主要采用实生繁殖，20世纪70年代以来，陆续选育出了一些普通核桃新品种，并开始有了品种化栽培的核桃园。

铁核桃种群嫁接繁殖已有200多年的历史，栽培品种也较多。但由于铁核桃的抗寒性较弱，只限于云南、贵州、四川南部、西藏东部、湖南等地栽培。在普通核桃中，按实生苗结果的早晚分为早实核桃（2～4年结果）和晚实核桃（5～10年结果）。早实核桃具有结果早、易丰产等特点，适合密植丰产栽培；早实核桃的抗性较差，要求栽培管理水平较高，大量结果后树势容易衰弱，易罹病害。晚实核桃进入结果期较晚，但经济寿命较长，抗性和适应性较强。

在我国普通核桃的发展应以晚实品种为主，在立地条件较好，管理水平较高的地方，可适当发展一些早实核桃品种。

（一）早实核桃优良品种

1. 辽宁1号

由辽宁省经济林研究院培育，其母本为河北昌黎大薄皮（晚实）优株10103，父本为新疆纸皮核桃中的早实单株11001。树势强健，树姿直立，树冠圆形或圆柱形。分枝力强，枝条密集粗壮，在良好的栽培条件下，常发生二次枝。2年生开始结果，结果枝平均长度6.0cm左右，粗1.0cm左右，果枝率为90%左右。每果枝着生雌花2～3朵，座果率60%左右。连续丰产性强，每平方米冠幅投影面积产仁量200g以上。坚果圆形，壳面较光滑，缝合线较紧密；三径平均3.4cm，单果重10g左右。壳厚0.9mm左右，内隔壁膜质或退化，可取整仁，出仁率56%～60%；果仁饱满、黄白色。为雄先型。抗逆性强，适宜在土壤条件较好的立地条件下栽培。

2. 鲁光

由山东省果树研究所选育，母本为新疆无性系品种卡卡孜，父本为早实核桃优株上宋6号。树势较强，树姿开张。分枝力强，平均每母枝抽5～6个新枝，枝较粗，平均新梢长度15～20cm。通常2年生开始结果，结果枝属长果枝型，新枝果枝率为81.8%，侧生枝果枝率为80.8%，丰产性强，坚果略长圆球形，平均单果重16.7g，壳面光滑美观，壳厚0.8～1.0mm，可取整仁；内种皮黄色，无涩味，仁饱满，出仁率56.2%～62%。为雄先型。该品种树势较强，坚果品质上等，较丰产，对炭疽病、黑斑病有一定抗性，适宜在土层深厚的山地、丘陵栽培。

3. 香玲

由山东省果树研究所选育，其母本为早实上宋5号，父本为新疆早实优系无性系阿克苏9号。树势中庸，树姿直立，树冠呈圆柱形，分枝力强，每母枝平均抽生新枝4～5个，枝较粗，新梢平均长度为10cm左右，有二次生长，丰产性好，每平方米冠幅投影面积产仁量在180g以上。果枝率达85.7%，侧生枝果枝率为88.9%，坚果卵圆形，平均单果重12g，壳面光滑美观，商品性好，壳厚0.9mm，取仁极易，可取整仁；内种皮淡黄色，无涩味，仁饱满，味香，品质上等。为雄先型，该品种对黑斑病、炭疽病有一定抗性，适宜在土层较厚的立地条件下栽培。

4. 中林5号

由中国林业科学研究院林业研究所培育，母本为涧9－11－5，父本为涧9－11－12。树势中庸，树冠圆头形。分枝力强，中长母枝平均抽生8个分枝，结果枝短，丰产性好，坚果小，圆球形，壳面光滑美观，果壳极薄，缝合线紧密度稍差，平均单果重10g左右。可取整仁，仁色浅，风味佳。为雌先型。该品种抗病性较强，适合管理水平较高的早密丰产栽培，宜中度修剪。

5. 绿波

由河南省林业科学研究所从新疆早实核桃实生树中选出。树势中强，树姿开张，分枝能力强，有二次枝，树冠圆头形。高接在8年生砧木上，接后4年树高5.8m，干径14.4cm，冠幅4.2m。2年生开始结果，枝条粗壮，母枝平均抽生新枝2.4个，果枝率为86%，连续结实能力强，坚果卵圆形，壳面较光滑，缝合线微突，不易开裂。三径平均3.6cm，单果重12g左右，壳厚1.0mm左右，可取整仁，仁淡黄色，品质好。为雌先型。该品种抗病性强，适宜在土壤条件较好的地方栽植。

6. 扎343号

由新疆林业科学研究院从扎木台木本油料实验站实生核桃园中选出。树势较强，生长旺盛，每母枝平均发枝2.5个，短果枝占40%，中果枝占60%，每果枝2、3个果的较多。丰产性强，坚果椭圆形或卵形，壳面淡褐色，光滑美观。平均单果重12.6g，壳厚1.2mm，缝合线紧密，可取整仁，仁黄色。为雄先型。有二次穗状雌花序及雌雄同穗花序，该品种抗病性较强，宜在水肥条件好的地方栽植。

7. 陕核1号

由陕西省林业科学研究所从扶风隔年核桃的实生后代中选育而成。树势中庸，树姿半开张。枝条粗，中等长度，属中短枝型。每母枝平均发枝数为1.9个，枝条多，分枝角度大。树冠半圆形。2年生开始结果，每果枝有雌花1～3朵，每母枝抽生果枝数1.5个。坚果卵形，壳面光滑美观，三径平均3.38cm，单果重11.7～12.6g，壳厚1.0mm左右，取仁易，色浅，味浓香。为雌先型。该品种抗逆性强，抗旱、抗寒力强，抗病性较强，适于矮密丰栽培。

8. 辽宁4号

母本为辽宁朝阳大麻核桃（晚实），父本为新疆纸皮核桃的早实11001。树势中庸，树姿半开张，枝条疏散，树冠长圆形。发枝力5年平均为3.8。在良好的栽培条件下，幼树抽生二次枝的能力较强，2年生开始结果，结果枝平均长6.0cm，粗0.7cm，属于中短枝型。侧芽抽生结果枝的能力强，果枝率可达100%。每果枝着生雌花多为2朵。坚果圆形，果顶微尖，果壳表面光滑，缝合线平或微隆起，不易开裂，三径平均3.4cm，平均单果重11.4g，壳厚0.7mm，取仁极易，仁饱满，色浅。属雄先型。该品种综合性状好，抗病性强，果实一般不感染病害，适宜在土层深厚的地方栽植。

9. 北京861

由北京市农林科学院林业果树研究所从新疆早实核桃实生树中选出。树势较强，树姿开张，树冠半圆形，分枝力强，每母枝平均发枝5.7个。有抽生二次枝的能力，但二次枝往往不充实，在越冬时易抽条。一般2年生开始结果，结果枝85.5%。坚果长圆形，壳面光滑，有个别露仁，三径平均3.2cm，平均单果重9.8g，壳薄，取仁容易，仁淡黄色。为雌先型，5月下旬至6月上旬出现二次花。该品种结果早，丰产稳产，适应性强，尤其适宜在山地栽培。

（二）晚实核桃优良品种

1. 晋龙1号

由山西林业科学研究院从汾阳县晚实核桃实生群体中选出的优株。树势较强，树姿开张，主干明显，树冠圆头型。每母枝平均抽枝2个，枝条较密。果枝率50%左右，果枝平均长7.0cm，属中短果枝型。突出的特点是侧花芽常能开花坐果。6年生嫁接树树高3.8m，冠径3.0m，母枝平均分枝6.9个，新梢平均长22.2cm，粗0.85cm，结果株率58.82%，株均坐果14个，单株最多坐果46个。大树高接第3年开始结果，第6年母枝平均分枝1.6个，果枝率44.5%，果枝平均坐果1.7个，平均株产坚果4.79kg。坚果圆形，壳面光滑，缝合线紧而平。果较大，三径平均3.6cm，平均单果重14.85g，最大16.7g。壳厚1.09mm，取仁易，黄白色，风味香，品质上。属雄先型中熟品种。该品种抗风、抗寒、抗旱性强，丰产稳产，品质较好，适宜在丘陵山地栽培。

2. 纸皮1号

山西省选出，树势较强，树姿开张，主干明显。每母枝平均抽果枝0.9个，果枝平均长7.6cm，每果枝平均座果2个。坚果长圆形，果形端正，顶部微尖，基部圆，缝合线平，壳面光滑。三径平均3.5cm，平均单果重11.1g，壳厚0.86mm，可取整仁，仁黄白色，味浓香。属雄先型。该品种丰产稳产，品质好，出仁率高，适应性强。

3. 礼品1号

辽宁省经济林研究所从新疆晚实纸皮核桃A2号树的实生后代中选出。树势中庸，树姿开张。每枝平均发枝数1.9个，果枝率为58.4%。果枝平均长度15～30cm，粗0.9cm，属长果枝型。每果枝平均座果1.2个，丰产性稍差。坚果长阔圆形，顶部微尖，基部圆，果形整齐，壳面光滑美观，缝合线平，但不够紧密。三径平均3.6cm，壳厚0.6mm左右，内隔壁退化，取仁极易，种仁饱满，种皮黄白色。属雄先型。该品种坚果品质极佳，但丰产性较差。壳皮极薄，缝合线紧密度不够，洗果只用清水，以防污染种仁。

4. 秦优 1 号

由陕西果树研究所选出。母树生长在陕西陇县李家河海拔 1 238m 的山地上。树势较强，结果枝较长，属长果枝型。坚果大，丰产性强，坚果光滑美观，三径平均 3.7cm，平均单果重 14.3g，果壳厚 1.1mm，仁饱满，该品种丰产稳产，品质好，对自然条件适应性强。为雄先型。

5. 北京 746 号

由北京林业果树所从北京门头沟区沿河乡晚实核桃实生后代中选出。树势中庸，树姿半开张。6 年生开花结果，果枝属短枝型。丰产性强，坚果中等大小，壳面较光滑，外观较好。三径平均 3.3cm，平均单果重 11.9g，壳厚 1.2mm，取仁易，仁饱满，色浅。该品种产量高，品质好，抗逆性强，适宜果粮间作栽培。

（三）铁核桃优良品种

1. 泡核桃

泡核桃是云南、贵州等地传统优良品种，已有 300 多年的栽培历史。树势中庸，树姿开张，树冠圆头形。新枝平均长 6.2cm，粗 0.86cm，中短枝率达 94.1%，果枝为中短枝型。母枝平均发枝数为 1.92 个，果枝率 52.6%。坚果扁圆形，基部稍尖，先端突尖，缝合线窄而明显隆起，壳面刻点大而浅，三径平均 3.5cm，平均单果重 12.5g，壳厚 1.0mm 左右，内隔壁纸质，可取半仁或整仁。为雄先型。该品种丰产性强，品质好，坚果较整齐。适宜海拔 1 500 ~ 2 500m。

2. 细香核桃

它是云南省传统优良品种，有 200 多年的栽培历史。树势较强，树姿半开张，树冠半圆形。新枝平均长 5.06cm，粗 0.88cm，中短枝率为 96.9%，为短枝型，母枝平均发枝数为 1.55 个，果枝率为 54.2%。坚果圆球形，壳面刻点深而密，缝合线宽而隆起，壳厚 1.1mm，内隔壁革质较薄，取仁较易。坚果三径平均 3.3cm，平均单果重 9.6g，味浓香。该品种成熟期比一般品种早 15d 左右，丰产性强，品质好，是云南省主栽品种之一。

3. 三台核桃

产云南省各地，已有 250 多年的栽培历史。树势较强，树姿较开张，树冠半圆形。结果枝属中长枝型，新枝平均长度 8.03cm，粗 0.93cm，每母枝平均发枝 1.2 个，结果枝率 56.3%，每果枝平均坐果 2.0 个。坚果倒卵圆形，两端略尖，似苹果形，壳面刻点大而浅，较光滑。三径平均 3.4cm，平均单果重 10.0g，壳厚 1.1mm 左右，可取整仁，种仁白色，风味佳。该品种适宜在海拔 1 500 ~ 2 500m 的红壤或高山棕色土上种植。

三、生物学特性

（一）生态习性

核桃的适应性较强。从北纬 21° ~ 44°，东经 75° ~ 124°均有栽培。

从我国核桃的垂直分布来看，纬度越低，垂直分布越高。北方地区多栽培在海拔 1 000m 以下；秦岭以南多生长在海拔 500 ~ 1 500m；云贵高原多生长在 1 500 ~ 2 000m，其中云南省漾濞地区海拔达 1 800 ~ 2 200m。

核桃喜温。普通核桃适宜生长的年平均气温 9 ~ 16℃，极端最低气温 -25 ~ -2℃，极端最高气温 38℃以下，无霜期 150d 以上。花期和幼果期，气温下降到 -2 ~ -1℃时则受冻减产。在温度超过 38 ~ 40℃时，果实易受日灼伤害，核仁不能发育。

铁核桃只适应于亚热带气候，耐湿热，不耐干冷。适于年平均气温 12.7 ~ 16.9℃，最冷月平均气温 4 ~ 10℃，极端最低气温 -5.8℃，过低难以越冬。

核桃喜光，普通核桃光合作用的最适光强达 60 000lx。光照对核桃生长、花芽分化及开花结实均有重要影响。结果期的核桃树要求全年日照时数在 2 000h以上，如低于 1 000h，则核壳、核仁均发育不良。

核桃需要有深厚的土层（1m 以上）以保证其良好的生长发育。土层过薄易形成“小老树”，或连年枯梢，不能形成产量。核桃要求土壤结构疏松，保水透气性好，适于在砂壤土和壤土上种植。黏重板结的土壤或过于瘠薄的沙地均不利于核桃的生长发育。核桃最适 pH 值是 6.5 ~ 7.5，即在中性或微碱性土壤上生长最佳。土壤含盐量宜在 0.25% 以下，稍有超过即对生长结实不利。核桃喜钙，在石灰质土壤上生长良好。

核桃不同种群或品种对降水量的适应能力有很大差异。铁核桃分布区的年降水量为 800 ~ 1 200 mm，而早实核桃则适应于新疆的干燥气候，对水分的需求量不高，若引种到降水量600mm以上的地区，易罹病害。核桃耐干燥的空气，但对土壤水分状况却比较敏感。土壤干旱会造成落花落果乃至叶片凋萎脱落；土壤水分过多或长时间积水，可使根系窒息、腐烂，影响地上部的生长发育，甚至死亡。

（二）生长发育

1. 营养器官的生长

（1）根。核桃根系发达，为深根性树种，1～2年生实生苗垂直根为苗高的2～5倍。成年核桃树的根系是由几个直径较粗的水平与垂直伸展的骨干根组成骨架，从骨干根上逐级分出侧根，根系的垂直分布深度小于树高，但根幅比冠幅大。早实核桃比晚实核桃根系发达，细根的差别更大，从而实现早结实，早丰产。核桃树有菌根，分布在5～30cm土层中。

（2）枝。核桃的1年生枝可分为营养枝、结果枝和雄花枝三种。营养枝只着生叶芽和叶片，不开花结果，也称为生长枝。营养枝可分为发育枝和徒长枝。由上年叶芽发育而成的的健壮营养枝，顶芽为叶芽，萌发后只抽枝不结果，称为发育枝。徒长枝多由树冠内膛的休眠芽（或潜伏芽）萌发而成。着生混合芽的枝条称为结果母枝，混合芽多着生于结果母枝顶端及上部几节。春季萌发抽生结果枝。结果母枝按其长度和结果情况可分为长结果母枝（大于20cm）、中结果母枝（10～20cm）和短结果母枝（小于10cm）。只着生雄花芽的细弱枝为雄花枝，其顶芽为营养芽，不易形成混合芽，雄花序脱落后，顶芽以下光秃。

（3）芽。核桃的芽可分为混合芽（雌花芽）、雄花芽、叶芽（营养芽）和潜伏芽。

• 混合芽　芽体肥大，近圆形，鳞片紧包，萌发后抽生结果枝。晚实核桃的混合芽着生在1年生枝顶部1～3节，单生或与叶芽、雄花芽上下呈复芽状态着生于叶腋间。早实核桃除顶芽为混合芽外，向下2～4个侧芽也均为混合芽。

• 叶芽　腋芽萌发后只抽生枝和叶，主要着生在营养枝的顶端及叶腋，或结果枝的混合芽以下，单生或与雄花芽叠生。

• 雄花芽　雄花芽为裸芽，萌发伸长后形成雄花序。多着生在1年生枝条的中部或中下部，单生或叠生。

• 潜伏芽（休眠芽）　其性质属于叶芽的一种，只是在正常情况下不萌发，当受到外界刺激后才萌发，以利于枝干的更新和复壮。

• 叶　核桃叶片为奇数羽状复叶，初果期前，营养枝上复叶8～15个，结果枝上复叶5～12个。盛果期后，结果枝上的复叶数一般为5～6个，普通核桃的小叶数为5～9片，结果树多为5～7片，铁核桃的小叶数为9～11片。

2. 繁殖器官的发育

（1）花芽分化。核桃雌花芽的生理分化期约在中短枝停止生长后的第三周开始，第四周至第六周为生理分化盛期，第7周基本结束。

雌花芽的形态分化是在生理分化的基础上进行的。6月上中旬开始形态分化延续到休眠期只分化至苞片或花瓣，至翌年3月中旬以后雌花进一步分化，出现雌蕊、胚珠，4月中下旬进入雌花期，整个分化过程约需10个月左右。

雄花芽4月上旬侧芽原基在母芽内开始分化鳞片及苞片，至5月上旬雄花芽在新梢叶腋间露出，并继续分化花被和雄蕊，至6月上中旬雄花芽形态分化基本完成，进入一个相对休眠期。翌年3月中旬以后，进一步分化苞片、花被，4月中下旬雄花开放，散出花粉。

由于雄花芽是一个纯花芽而且发育时间长，而雌花芽是一个混合芽而且发育时间较短，使核桃树上同一年开放的雌花和雄花，前者出现在当年生枝上，后者出现在上年生枝上，这在其他异花授粉的果树上是少见的。核桃一般为雌雄同株异花。

核桃的雄花芽春季萌动后，经两周左右，花序达一定长度，小花开始由基部逐渐向顶端开放，约2～3d散粉结束。核桃的雄花序长8～12cm，着生小花130朵左右，多者达150朵，每序可产生花粉180万粒或更多，适当疏除雄芽有明显的增产效果。

核桃的混合芽春季萌发抽生一段枝条后，在其顶端出现雌花。雌花可单生或2～4朵簇生，雌花初显露时二裂，柱头抱合，子房幼小，无受精能力。经5～8d，子房逐渐膨大，羽状柱头向两侧张开，柱头正面突起且分泌物增多，此时接受花粉的能力最强，再3～5d以后，柱头表面开始干涸，授粉效果变差。

同株核桃树上雌雄花的花期不一致，称为“雌雄异熟”性。雄花先开者叫“雄先型”，雌花先开者叫“雌先型”，核桃的雌雄异熟性是品种特性，其表现是相当稳定的。由于核桃存在着较强的雌雄异熟性，在建园时必须十分注意配置授粉树。

（2）授粉受精。核桃为风媒花，核桃树的最佳授粉距离应在100m以内。在自然条件下，花粉的生活力仅能维持5d左右；在2～5℃条件下，生活力可维持10～15d。雌花柱头在开花后1～5d接受花粉的能力最强，授粉后花粉粒很快萌发出花粉管，经4d左右花粉管从合点进入胚囊，完成双受精过程。

有些核桃品种或类型不需授粉，也能结出有生活力的种子，称为孤雌生殖。核桃一个完整的果实是由一朵雌花发育而成。多毛的苞片形成青皮，子房发育形成坚果，胚珠发育核仁。从雌花柱头枯萎到青皮变黄开裂为坚果发育的整个过程，一般南方为170d左右，北方为120d左右。核桃果实发育过程可分为4个时期：

- 果实迅速生长期　5月初至6月初，约30～35d　此期间果实体积和重量迅速增加，体积达总生长量的90%以上，重量达70g左右。
- 硬核期　6月初至7月初，约35d　坚果硬壳自果顶向基部逐渐硬化，种仁由浆状物变成嫩白核仁，营养物质迅速积累。果实大小已基本定型。
- 油脂迅速合成期　7月初至8月下旬，约50～55d　核仁不断充实，含水率下降，脂肪含量迅速增加，核仁风味由甜淡变得香脆。
- 果实成熟期　8月下旬至9月上旬，15d左右。坚果重量、出仁率及种仁含油量均略有增加。青皮由绿变黄，部分出现裂口，坚果易脱出，标志着果实已充分成熟。

四、栽培技术

（一）苗木繁殖

1. 实生苗的培育

（1）种子采收和贮藏。选择生长健壮、无病虫害的壮龄树作为采种母树。培养砧苗的母树，应考虑到砧木适应性和砧木区域化问题；我国北方地区多采用核桃苗作砧木，云贵等南方地区适于采用铁核桃。供播种育苗用的核桃种子必须充分成熟，种仁饱满，一般是青皮由绿变黄并出现裂缝时采收，这时青皮易脱净，脱皮后不必漂洗，可直接放到通风干燥处晾干，但不能在直射阳光下暴晒。种用核桃不能用堆沤法脱去青皮。当种子含水率降到4%～8%时，即可装袋收藏。种子越冬贮藏应放在低温干燥、通风、防鼠的条件下。在自然温度、湿度条件下种用核桃不能隔年贮藏。

（2）苗圃地选择和整地。苗圃地应选择地势平坦、土壤肥沃、pH值在6.0～7.5、土层深厚（1m以上）、质地疏松、排灌方便的地方。忌用盐碱地（含盐量大于0.25%）、地下水位过高地（地下水位小于1m）和新撂荒地育苗。核桃苗圃育苗忌连作重茬。圃地应进行秋季翻耕，耕深20～25cm，耕后不耙，加强秋冬晒垡、冻垡，秋耕后宜灌冻水，春季播种前浅耕15～20cm，耕后耙耱镇压，作床或作垄。结合秋耕（或春耕）每公顷施入有机肥60 kg。为防治土壤中的病原菌，播种前每平方米用50mL福尔马林，加水6～12kg稀释后喷洒，喷后用塑料薄膜覆盖，也可用五代（或苏化911、敌克松）合剂防治病原菌，按4～6g·m^{-2}施用；为防治地下害虫，可用辛硫磷制成毒土，在春季整地时翻入土中。

（3）播种前种子处理和播种。核桃春季播种种子需经过处理，才能顺利整齐地发芽。核桃种子可在入冬后进行沙藏层积催芽，选洁净的细河沙，加水（约15%）使其湿度达到手握成团但不滴水，不散开的程度，层积的温度保持5～10℃，层积期间定期翻动，通气、散热，检查沙的水分和种子萌动状况。层积60d左右，当种子露白时播种。核桃播种前也可用冷水浸种7～10d，每天换水冲洗1次，当种子吸水膨胀裂口后即可播种。核桃可在秋季土壤结冻前（11月中下旬）播种，秋播可免去种子处理，春季出苗早，出苗整齐，苗木健壮，但秋播易遭野生动物危害。春播宜在3月下旬至4月初土壤解冻后进行。核桃为大粒种子，用种量大，且价格昂贵，生产上均采用点播。一般1m的床面播2～3行，行距20～30cm，株距10～15cm，每公顷产苗9 000～12 000株。播种时将种子的缝合线与地面垂直，种尖向一侧摆入，覆土5cm左右，这样出苗最好。

（4）苗期管理。核桃春播后约20d开始出土，40d左右出齐。当苗木大量出土时，应及时检查，发现严重缺苗断垄，应及时补苗。补苗最好用同期播种的幼苗带土移栽。

苗木生长期间应及时中耕松土以增加土壤通气，减少水分蒸发，一般生长前期中耕2～4cm深，后期可加深到8～10cm；每年中耕2～4次。及时清除杂草，可减少杂草对土壤水分、养分的消耗，清除病虫害的孳生场所。中耕除草应结合进行，一般追肥后必须灌水，待土壤墒情合适时，中耕除草。核桃幼芽出土前一般不需灌水，但在春旱多风，土壤墒情较差时，需适时灌水。5～6月份是苗木速生期，北方一般要灌水2～3次，并结合追施速效氮肥2次，每公顷每次施尿素150kg左右。7～8月份灌水次数根据雨情掌握，并追施磷钾肥2次。9～11月份一般灌水2～3次，其中11月份的冻水应予保证。苗木生长期间可进行根外追肥，用0.3%的尿素或磷酸二氢钾喷布叶面，每7～10d喷1次，全年喷施3～5次。苗圃地雨季要注意排水。核桃实生苗主根发达，1年生苗可深达1m左右，侧根细弱、稀少。为促进侧根生长，应于7～8月给苗木断根，将主根从地表以下20cm处切断，断根后及时灌水、中耕，并结合叶面喷肥1～2次。

2. 嫁接苗的培育

（1）接穗的采集与处理。枝接用的接穗在整个休眠期间均可采集，但在容易出现冬季旱害（抽条）或冻害的地区应在秋末冬初采集；没有抽条或冻害的地区，可在春季芽萌动前采集接穗。芽接所用的接穗应随采随用，暂存时间不能超过5d。枝接选用长1m左右，粗1～1.5cm的发育枝。要求充实健壮、髓心较小、无病虫害。芽接接穗选自当年生的发育枝，要求生长健壮、木质化较好、芽体饱满、穗条通直。采穗需用高枝剪或枝剪，要求剪口平，没有斜茬。采后分级，打捆并标明品种。芽接用的穗条剪下后立即去掉复叶，留2cm的叶柄。枝接接穗最好在晚秋或早春运输，穗条在运输和贮藏过程注意保湿和控温，湿度保持在90%左右，温度保持在0～5℃，不能超过8℃。芽接穗条保鲜困难，采穗后应及时用塑料薄膜包好，但不能密封，里面放入苔藓或湿布。运至目的地后，及时打开，放到潮湿、阴凉处，随时喷水备用。枝接用的接穗剪截长度13～16cm，具有2～3个饱满芽。穗条梢段不充实部分不能作接穗。剪截好的接穗应及时蜡封，将整个接穗速蘸入90～100℃的石蜡熔液中，形成透明的石蜡薄膜。蜡封后要及时嫁接，最好不晚于15d。

（2）嫁接技术。适于核桃室外枝接的时间可从砧木芽萌动至展叶期，北方一般在4～5月上旬，南方2～4月。室外枝接控制砧木伤流是成活的关键，一般可通过断根（嫁接前7d左右进行）、控制灌水（嫁接前15d和嫁接后20d禁止灌水）、砧木基部放水（嫁接部位以下不同方位斜砍3～4刀，深达木质部）、提前剪砧（嫁接前7d剪砧，嫁接时再剪出新茬）、推迟嫁接时期等措施，以减少伤流量。室外枝接的方法有插皮舌接、劈接、贴接、切接等。

• 插皮舌接　适用于较粗的砧木和大树高接时使用。嫁接时先在砧木基部10cm左右选通直光滑处截断，将接穗下端削成5～6cm长的舌状削面，削时的斜度先急后缓，使削面圆滑，不出棱角。在砧木侧面选光滑部位，削去砧木老皮，其削面长宽应略大于接穗削面，然后将接穗削面前端皮捏开，将接穗舌状木质部慢慢插入砧木木质部与皮层之间，使接穗皮层紧贴在砧木皮层的削面上，接穗露白1cm左右，最后用塑料条将接口包严绑紧。

• 室内枝接　可在整个休眠期进行，但以3～4月最适宜，室内枝接能有效地避免伤流液对嫁接成活的不利影响，嫁接期长、工效高，便于机械操作，并可人为地创造嫁接和愈合期间的条件，嫁接成活率高而稳定。室内枝接多采用舌接法，接好的子苗可在温床或温室促愈，在适宜的时期移栽到苗圃。

• 芽接　芽接繁殖速度快、省工、省料、成本低，接穗利用率高。芽接时期应选在砧穗生长最旺盛的时期，如北方地区宜在6月中下旬至7月上旬，南方则多在3月芽接。核桃芽接也受到伤流的影响。因此，嫁接前10d和嫁接后15d不宜灌水。芽接如遇阴雨天气，也会降低成活率。核桃芽接方法较多，如方块形芽接、T形芽接、套芽接、工字形芽接等，效果较好的是方块形芽接和T字型芽接。

• 方块形芽接　用特制的双刃刀具将砧木苗干切出一定大小的方块，取下皮层，立即嵌入同样大小的接穗芽片，切口与芽片要吻合、密接，立即用塑料条绑缚严紧，芽和叶柄要露在外面。芽片要求长3～4cm，宽1.5～2.5cm，芽内维管束保持完好，大小合适。芽接时要尽量减少砧木切口和芽接片暴露的时间。

• T字形芽接　先在接穗上将芽片切成盾形，长3～5cm，上端宽1.5cm。在砧木距地面10cm左右选光滑部位切一T形切口，横向比盾片略宽，长度与盾片相当，深达木质部，用嫁接刀挑开两侧的皮层，然后捏下芽片，迅速插入T形切口，使芽砧紧密相贴，芽片上端与砧木横切口密接，用塑料条绑紧绑严。

（3）嫁接后的管理。嫁接后要适时管理。枝接法砧木会长出许多萌蘖，应随时除去，当确认没有接活时，可选留一个合适的萌条，以备再接。枝接后60d，芽接后20～30d即可解除绑缚物，室内枝接的苗木生长量小，可在建园定植后解除。枝接接穗萌发后，适时立支柱，以防风折。核桃芽接一般当年不剪砧，多于次年芽萌动前从接芽上1～2cm处剪砧。

（二）建园技术

1. 园地选择

建园地点的气候要符合计划发展的品种对气候条件的要求。园地应选择背风向阳丘陵缓坡地、沟坪地和平地。土质以壤土至砂壤土为宜，土层厚度1m以上，pH值7.0～7.5，地下水位应在地表2m以下。园地应有灌溉水源，排灌系统畅通。丰产园应达到旱能浇，涝能排。

2. 规划设计

核桃的栽培模式有3种：一种是片状栽培，幼龄实行果农间作，成龄变为纯核桃园；一种是长期果粮间作模式；再一种是利用沟边、路旁或庭院等闲散土地零星种植。果粮长期间作是当前我国核桃的主要栽培模式；纯核桃园模式，适于集约经营。

作业区是核桃园的基本生产单位，应结合当地地形、土壤、气候特点进行设计。作业区面积一般3～7hm^2，丘陵山地核桃园应以小流域划分作业区。作业区的形状、大小、方向应与道路、水源、排灌系统、防护林配置相适应，丘陵山区要与水土保持工程相结合。

建园时选择主栽品种时除考虑到品种的商品性状外，还要注意品种的适应性。核桃是风媒传粉并具有雌雄异熟性，造成座果率差异大。为了提供良好的授粉条件，最好选用2～4个主栽品种，选择雌先型和雄先型各半，互相提供授粉机会。如专门配置授粉树时，可按每4～5行主栽品种，配1行授粉品种。

核桃园的栽植密度应根据品种特性、立地条件和管理水平决定。晚实品种在土层深厚、肥力较高的园地可采用6m×8m或8m×9m；若土层薄、肥力差可采用5m×6m或6m×7m。果粮长期间作的模式株行距7m×14m或7m×21m。早实核桃树体小，可采用3m×5m或4m×6m，也可采用3m×3m或4m×4m，待树冠郁闭时，有计划地间伐。

3. 栽植技术

（1）整地。核桃具有强大的主根和分布较广的侧根，要求土层深厚、肥沃、湿润。因此，无论在山地或平地建园，均应提前进行土壤熟化和增加肥力等准备工作。山地建园应先修梯田，然后栽植，平地建园要在划分小区的基础上，平整土地，完成排灌、道路等建设，并按间作物需要进行全面整地。

（2）栽植。核桃春季和秋季均可定植。北方地区冬春寒冷干旱多风，为防止“抽条”和冻害，以春栽为宜，春栽宜早不宜迟，秋栽应注意幼树防寒。核桃定植前要按设计的密度和配置挖掘定植穴。定植穴的直径和深度都不少于80cm，如果土壤黏重或下层为石砾、不透水层等，应加大定植穴深度，客土、增肥改良底层土壤。定植穴挖好后，将表土和有机肥填入下部。定植前应将苗木的伤根和烂根剪除，放入清水中浸泡半天或用泥浆蘸根，以利成活。然后将苗木放入，使根系舒展，分层填土踏实。填土到与地面相平，全面踏实，修筑树盘，立即充分灌水，待水渗完后封埯。苗木栽植深度可比原土印深5 cm，定植后7d再浇1次水，用地膜覆盖树盘，以保湿增温，促进成活。苗木萌芽后，及时检查成活情况并进行补植，根据苗高适时定干。定植后1～2年，应根据当地气候条件，防寒、防抽条。可采用埋土、缠塑料膜、涂保护剂等，进行越冬保护。

（三）抚育管理

1. 土肥水管理

（1）土壤管理。深翻改土是核桃园土壤管理的基本措施。深翻宜在采收后到落叶前进行。深翻深度应在60～80cm。幼树期间宜用扩穴深翻，根据根系伸展情况，逐年扩大定植穴。梯田可自堰根向外翻至垫方接壤处为止。每年春秋季应进行浅翻，秋翻20～30cm，春翻10～20cm。在每年的生长期间应中耕除草3～5次，深度6～10cm。山地核桃园应经常维护水土保持工程，防止水土流失。

（2）施肥。晚实核桃幼树（1～5年生）按树冠垂直投影面积计算，每年每平方米施氮素50g、磷、钾各10g（有效成分）。开始结果后（6～10年生），施氮素50g，磷、钾各20g。早实核桃从2年生开始结果，1～10年每平方米树冠投影面积每年施氮素50g，磷、钾各20g，有机肥5kg。成年树应适当增加施肥量，其三要素比例以2∶1∶1为好。核桃基肥以有机肥为主并配合一定的速效化肥，基肥应于早秋采收后用沟状施肥法施入较深的土层（40～60cm）。核桃萌芽或开花前（4月上旬至中旬），追施以氮素为主的化肥；幼果发育期（6月份），仍以速效氮肥为主，配合追施磷、钾肥；硬核期（7月份）追施氮、磷、钾复合肥。

（3）灌溉和排水。在年降水量600～800mm且分布比较均匀的地区，基本上可以满足核桃对水分的需要。我国北方地区降水量多在500mm，且分布不均，需要灌水。萌芽前后（3～4月），正值北方春旱少雨，应结合土壤墒情，进行春灌；6月上旬正值高温干旱、核桃花芽分化和硬核期之前，应进行灌水；核桃采收后到落叶前，一般都要进行冬前灌溉。核桃对地下水位过高或地表积水很敏感，因此，雨季要做好排水工作。

2. 栽培管理

（1）间作。幼龄核桃园应间作矮秆作物，如小麦、豆类、薯类、花生、绿肥、草莓等作物，忌种瓜菜类，以免幼树遭浮尘子危害。成龄核桃园实行长期间作时，既可间作矮秆作物，也可间作高秆作物，如玉米、高粱等。果粮间作要调节好树木和农作物对光照和土壤水分争夺的矛盾。

（2）树下覆盖。树冠下覆草、覆膜可改善局部环境，为树木生长发育创造良好的条件。多种农业剩余物，如麦草、稻草、杂草、树叶、糠壳、高粱或玉米秸秆等，均可用作覆盖材料。一般以夏末秋初覆盖最好，覆盖厚度15～20cm，上面斑点状压土，防止覆盖材料被风吹走。几年后翻耕1次。幼树覆膜一般在早春进行，最好在追肥灌水后趁墒覆膜，地膜四周用喧土压实，上面再斑斑点点压土。

（四）整形修剪

1. 幼树整形

目前我国核桃树形主要有两类，即疏散分层形和开心形。

（1）疏散分层形。其特点是有明显的中心主干，主枝在主干上分层分布（5～7个主枝），形成后的树冠呈半球形，通风透光，负载量大。定植后当树高达到定干高度时，开始定干。分枝力强的品种，采用短截定干；分枝力弱或立地条件较差的弱树，应采用选留主枝的方法确定主干的高度。晚实核桃定干高度为1.7～2.0m（干高1.2～1.5m）；早实核桃树体小，结实早，定干高度1.2～1.6m（干高0.8～1.2m），密植丰产园定干高度0.8～1.4m（干高0.4～1.0m）。定干的当年或第二年，在主干高度以上的整形带内，选留3个不同方位（水平夹角120°）生长健壮的枝条，作为第一层主枝。层内主枝间的垂直距离不少于20 cm，开张角度60°。树冠顶部选留一个垂直向上的主枝作为中心枝。当第一、二层主枝的层间距（晚实核桃80～100cm，早实核桃60cm以上）出现壮枝时，开始选留第二层主枝，一般为2～3个，同时在第一层主枝上选留侧枝，其第一侧枝距主枝基部的长度，晚实核桃80～100cm，早实核桃60cm左右。同级侧枝要在同一旋转方向上选留，以免交叉、重叠。第三层主枝一般为1～2个，第二层与第三层主枝的层间距，晚实核桃为200cm，早实核桃为150cm。选留完主枝后，在最上一个主枝上方落头开心。这样，疏散分层形的骨架基本形成。

（2）自然开心形。自然开心形无中心领导干，一般有2～4个主枝。它的定干高度可比疏散分层形稍矮。早实核桃定植后2～3年（晚实核桃3～4年），在整形带内，按不同方位选留2～4个枝条或已萌发的壮芽作为主枝，主枝间的距离20～40cm，开张角度约60°，各主枝的长势要接近；主枝可一次选留，也可分两次选留；各主枝选定后，3～5年生开始选留一级侧枝（3个左右）。各主枝上的一级侧枝要上下错落，均匀分布。第一侧枝距主干可稍近，5～7年生开始在一级侧枝上选留二级侧枝1～2个。至此，开心形的树体骨架基本形成。

2. 初果期树修剪

初结果树树体生长偏旺，树冠仍在迅速扩大，结果逐年增加。修剪的主要任务是继续培养主、侧枝，注意平衡树势，充分利用辅养枝早期结果，开始培养结果枝组等。

初结果期主枝和侧枝的延长枝，在有空间的条件下，应继续留头，延伸生长，对延长枝中截或轻截即可；对辅养枝应以有空间即保留，逐渐改造成结果枝组，如无空间应疏除。辅养枝修剪时，一般要去强留弱或先放后缩，促其在内膛结果；如已影响主侧枝生长，可以缩代疏，逐渐疏除。核桃的背后枝长势很强，此时如主枝的长势和角度正常，应及早疏除，如主枝分枝角度小，可利用背后枝换头。

初结果期修剪的主要任务是培养结果枝组，培养方法多用先放后缩。对早实核桃生长旺盛的长枝，以甩放和轻剪为宜。对晚实核桃可短截旺盛的发育枝，以增加分枝，但短截枝的数量不宜超过1/3。初结果树因树势旺，内膛易生徒长枝，扰乱树形，一般应及早疏除，如有空间可通过放缩、摘心或短截，培养成结果枝组。

3. 盛果期树修剪

核桃树进入盛果期，树冠骨架基本形成和稳定，树姿逐渐开张，外围枝量增多，内膛光照不良，主枝后部出现光秃带，结果部位外移。这一时期修剪的主要任务是，调节生长与结果关系，不断改善内膛通风透光条件，加强结果枝组的培养与更新。

骨干枝和外围枝的修剪。对疏散分层树形应逐年落头去顶。落头时应在锯口下方留一粗度相似的多年生分枝，以控制树高。盛果初期主枝应继续扩大生长，控制背后枝，保持原枝头长势。当枝展达到预定大小时，可采用交替换头的方法，控制枝头向外伸展。对于顶端下垂、长势衰弱的骨干枝，应重剪回缩更新复壮，留斜生向上的尾巴枝当头。对树冠外围枝，由于多年伸长和分枝，常常密挤交叉，应适当疏剪和回缩。

结果枝组的培养与更新。进入盛果期以后，随着树冠扩大，枝量增多，除继续培养结果枝组外，应不断进行更新复壮。对2～3年生的小枝组，采用去弱留强的办法，扩大营养面积，增加结果枝数量；当其长到一定大小，占满空间时，则应去掉强枝和弱枝，保留中庸枝，促其形成较多的结果母枝。对已无结果能力的小枝组，可一次疏除。对于中型枝组，应及时回缩更新，使枝组内的分枝交替结果；对长势过旺的枝条，通过去强留弱，加以控制。对大型枝组，要注意控制其高度和长度；对无延伸能力或下部枝条过弱的大型枝组，可适当回缩，以维持其下部中小枝组稳定。

辅养枝是幼树期为加速树冠形成，提早结果保留下来的，它是不属于分枝级次的辅助性枝条。对影响主侧枝生长的辅养枝，可进行回缩或疏除；辅养枝过旺时，可去强留弱或回缩至弱分枝处，控制其生长；长势中等又有空间者，可剪去枝头，改造成大、中型结果枝组。

4. 衰老树更新修剪

盛果期后树体衰老，内膛空虚，小枝干枯，外围枝下垂，生长量很小，很难抽生健壮的结果枝，常出现焦梢现象。为防止衰老，在盛果末期就要不断更新复壮。修剪应采取抑前促后，对各级骨干枝进行不同程度的回缩，选留健壮枝组代替原头。对结果枝组也要逐年回缩，抬高角度。枝组内采用去弱留强，去老留新的修剪方法，疏除过多的雄花枝和枯死枝。对急度衰弱严重焦梢的老树，可在接班枝处锯掉大枝的1/5～1/3，使其形成树冠。

五、病虫害防治

（一）病害防治

1. 核桃细菌性黑斑病

病害症状：果实感病后，果面上出现黑褐色小斑点，而后扩大为圆形或不规则形黑色病斑，病斑中央下陷龟裂并变为灰白色。严重时，全果变黑腐烂，提早落果。叶片感病时先沿叶脉出现黑色小斑点，扩展后，呈近圆形或多角形黑褐色病斑，外缘有半透明状晕圈。严重时，病叶皱缩、枯焦。

发病规律：病原细菌在枝条、芽鳞和病果等组织内越冬。翌春核桃展叶期借助雨水、花粉和昆虫传播到叶片与果实上，通过各种孔口侵入。于4～8月发病，并反复多次侵染。

防治方法：加强栽培管理，新区选择抗病品种。将病果集中烧毁，发芽前喷3～5波美度石硫合剂，展叶后喷波尔多液1～3次；雌花开花前、开花后及幼果期各喷1次50%甲基托布津或退菌特可湿性粉剂500～800倍液。

2. 核桃炭疽病

病害症状：受害果面病斑初为褐色，后为黑褐色，近圆形，中央下陷，病部有黑色小点，有时呈同心轮纹状排列。严重时，病果上常多个病斑扩大连成片，全果变黑腐烂或早落。叶片感病后，多在叶尖、叶缘形成大小不等的褐色枯斑，叶外缘枯黄，或在主侧脉间出现长条枯斑或圆褐斑，严重时全叶枯黄脱落。

发病规律：病菌以菌丝、分生孢子在病枝上越冬，分生孢子借助风、雨、昆虫传播，从伤口和自然孔口侵入。

防治方法：合理控制密度，改善通风透光条件，清除病枝、病果，落叶集中烧毁，春季发芽前喷3～5波美度石硫合剂；生长期用40%退菌特可湿性粉剂800倍与1∶2∶200波尔多液交替使用，半月左右1次；或喷50%多菌灵可湿性粉剂1 000倍液；75%百菌清600倍液；50%或70%托布津800～1 000倍液。药液加0.03%皮胶作展着剂可以显著提高药效。

3. 核桃腐烂病

病害症状：随树龄和发病部位的不同病害症状有所差异。成龄大树的主干及主枝感病后，由于树皮厚，病斑初期在韧皮部内腐烂，外部无明显症状。当病斑连片扩大后，从皮层向外溢出黑色黏液。幼树主干和主枝感病后，病斑易深入木质部，有酒糟气味。病组织失水下陷，病斑上产生黑色小点，从黑点内涌出橘红色丝状物，为病菌的分生孢子角。

发病规律：病菌以菌丝体及分生孢子器在染病组织上越冬。病菌孢子借助风、雨、昆虫传播，从伤口侵入。早春到树木越冬前，都是危害期，整个生长季节可多次侵染危害。其中春秋两季为发病高峰期。

防治方法：加强栽培管理，增强树势。早春和晚秋彻底刮除病斑，大树要刮去老皮铲除隐蔽在皮层下的病疤，刮除范围应超出变色坏死组织1cm左右，达到刮口光滑、平整。刮皮后涂抹50%甲基托布津、65%代森锌等50～100倍液消毒保护伤口。冬、夏树干涂白，防止冻害和日灼。用50%甲基托布津、10%苯骈咪唑、65%代森锌等50～100倍液涂刷树干，用200～300倍液涂抹嫁接伤口，用100～500倍液涂抹修剪伤口。

4. 核桃枝枯病

病害症状：多在1～2年生枝梢或侧枝上发病，并从顶端逐渐向下蔓延到主干。当病斑扩展绕枝干一周时，出现枯枝以至全株死亡。

发病规律：病菌在病枝上越冬，孢子借助风、雨、昆虫传播，通过各种伤口侵入皮层，逐渐蔓延。5～6月开始发病，随着病斑逐渐扩大，皮层枯死开裂，病部表面分生孢子盘不断释放出分生孢子，进行多次侵染。

核桃枝枯病为弱寄生菌，腐生性强，发病轻重与树势强弱有密切关系。只能危害衰弱株和老龄树。

（二）虫害防治

1. 核桃举肢蛾（*Atrijuglans hetauhei* Yang）

俗称核桃黑。在华北、西北、西南、中南等核桃产区均有发生，尤其是太行山、燕山、秦巴山及伏牛山区发生更为普遍，果实被害率达30%～90%，是影响核桃产量与质量的主要害虫。

生活习性：1年发生1～2代，均以老熟幼虫在树冠下1～3cm深的土内或杂草、石块与土壤间结茧越冬。6月下旬至7月上旬为羽化盛期。6月中旬幼虫开始危害，老熟幼虫7月中旬至9月中旬脱果，7月中旬可开始出现2代成虫。被害果实外果皮变黑下陷，皱缩、早落。

防治方法：冬季结冻前彻底清除树下枯枝落叶与杂草，刮除树干基部翘皮，集中烧毁，翻耕土壤，消灭越冬幼虫。成虫羽化前于树盘覆土2～4cm，阻止成虫出土，或地面按每公顷撒杀螟松粉30～45kg，或每株树冠下撒25%西维因粉0.1～0.2kg杀成虫。幼虫脱果前，及时拣拾落果和提前采收被害果，深埋杀灭幼虫。自成虫产卵期开始，每隔半月喷1次50%对硫磷2 000倍液，或25%西维因600倍液、敌杀死5 000倍液、50%杀螟松乳油1 000～15 000倍液、40%乐果乳油800～1 000倍液，连喷3～4次。

2. 核桃云斑天牛［*Batocera horsfieldi*（Hope）］

核桃云斑天牛俗称核桃大天牛、铁炮虫。主要危害枝干，使受害树树势减弱，进而全株死亡，是核桃树的一种毁灭性害虫。

生活习性：1年发生1～2代，以成虫越冬；河北2～3年一代，以幼虫越冬，越冬幼虫4月中下旬开始活动，6月上旬至8月中旬出现成虫，初羽化成虫先取食叶片和新枝嫩皮，补充营养。成虫有假死性。6月中下旬为产卵盛期，卵多产于距地面60～200cm的树干或较粗的主枝上。产卵前先刻槽，每处产卵1粒，一雌虫可产卵20～40粒，卵期10～15d。初孵幼虫先在皮层内串食，被害处变黑，流褐色树液，经一个月左右幼虫渐转入木质部向上串食危害。

防治方法：晚上用灯光诱杀，白天震动枝干使成虫受惊落地捕杀。产卵期在树干、主枝等处发现刻槽，用硬器敲击，可砸死卵或初孵幼虫。发现排粪新鲜的虫孔，用蘸乐果或敌敌畏5～10倍液的棉球塞入孔内，并用胶泥封口。

3. 木橑尺蛾（*Culcula panterinaria* Bremer et Grey）

俗称吊死鬼。主要危害核桃与木橑。大发生时，3～5d即可将树叶吃光，严重影响树势与产量。

生活习性：1年发生1代。以蛹在树干周围土内3cm处或石缝内、杂草及碎石堆中越冬。5月上旬至8月下旬羽化，7月中下旬为盛期。成虫趋光性强。卵成块产于树皮缝或石块上。雌虫产卵量为1 000～1 500粒，卵期9～10d。初孵幼虫有群集性，爬行很快，能吐丝下垂借风力转移危害。幼虫期40d左右，老熟幼虫坠地化蛹。往往几十甚至几百头聚在一起化蛹。

防治方法：落叶后至结冻前，早春解冻后至羽化前，结合整地组织人工挖蛹。5～8月成虫羽化期，设黑光灯诱杀。7～8月幼虫孵化盛期，树上喷25%西维因600倍液或敌杀死5 000倍液，或50%杀螟松乳剂800倍液，25%亚胺硫磷2 000倍液，10%氯氰菊酯乳剂10 000倍液。

4. 草履介壳虫（*Drosicha corpulenta* Kawana）

以若虫和雌成虫的刺吸口器插入嫩枝皮和嫩芽内吸食汁液，影响发芽和树势，导致枝条干枯死亡。

生活习性：1年发生1代。以卵在树干基部附近土中越冬。1～2月份开始孵化，初龄若虫行动迟缓，天暖上树，天冷回到树洞或树皮缝隙中隐蔽群居，最后到1～2年生枝条上吸食危害。雌虫经3次脱皮变成成虫，雄虫第2次脱皮后不再取食，下树在树皮缝、土缝、杂草中化蛹。蛹期10d左右，4月下旬至5月上旬羽化，与雌虫交配后死亡。雌成虫6月前后下树，在根颈部土中产卵后死亡。

防治方法：冬季结合刨树盘，挖除在根颈附近土中越冬的虫卵。早春若虫将上树危害时，在树干基部涂6~10cm宽粘胶环，阻止杀死上树若虫。早春若虫上树前，用6%的柴油乳剂喷根颈部表土。若虫上树后，在核桃发芽前喷3~5波美度石硫合剂，发芽后喷40%乐果800倍液。保护红缘瓢虫、大红瓢虫等天敌。

5. 核桃瘤蛾（*Nola distributa* Walker）

核桃瘤蛾又叫核桃毛虫，是以幼虫危害核桃树叶的一种暴食性害虫。在严重危害期可将树叶吃光，造成二次发芽，枝条枯死，树势减弱，产量下降。

生活习性：1年发生2代，以蛹茧在树下的石块或土块下、树皮缝、树洞及杂草内越冬。5月中旬至7月上旬羽化，成虫有趋光性。6月中旬前后为产卵盛期，卵散产于叶背主侧脉交叉处，卵期7d左右。幼虫3龄前在叶背面啃食叶肉，3龄后活动增强，能转移危害，白天到两果交接处或树皮缝内隐蔽不动，晚上爬到叶上取食，叶片被吃得只剩叶脉，严重时还吃果皮。7月上中旬第一代老熟幼虫下树，蛹期9~14d。9月中下旬第二代幼虫全部下树化蛹越冬。

防治方法：利用幼虫白天在树皮缝隐蔽和老熟幼虫下树作茧化蛹的习性，在树干上绑草诱杀。成虫大量出现期间设黑光灯诱杀。秋冬刮树皮、刨树盘及土壤深翻，消灭越冬蛹茧。6~7月幼虫发生期喷50%对硫磷1 500~2 000倍液，或敌杀死5 000倍液、西维因600倍液、50%杀螟松乳剂1 000液。

6. 核桃横沟象（*Dyscerus juglans* Chao）

该虫又叫核桃象、根象甲。主要以幼虫在根颈部韧皮层中串食（常与芳香木蠹蛾混合发生）危害，使养分、水分的吸收输导受阻，轻者树势减弱，重者全株枯死。

生活习性：2年1代，以幼虫和成虫在根际皮层内越冬。经越冬的老熟幼虫4~5月在虫道末端化蛹，7月上中旬羽化，初羽化的成虫不食不动，在蛹室停留10~15d，然后爬出羽化孔，取食树叶、根皮补充营养，8月上旬开始产卵，10月底至11月初成虫到根际皮缝中越冬。越冬成虫于3月下旬至4月上旬核桃发芽后出蛰，上树取食叶片、嫩枝补充营养，5月中旬至8月上旬继续产卵于根颈部皮层中，成虫产卵结束后相继死去。

防治方法：冬季结冻前，刨开根颈周围的土，灌入尿或人粪尿，加少量石灰，或砍破根颈部皮层，用敌敌畏5倍液或50%磷胺50~100倍液重喷根颈部，然后封土，有显著杀虫效果。5~6月成虫产卵前，将根颈部的土刨开，用浓石灰浆涂封根际，防止成虫产卵。5~8月成虫发生期和越冬前，于根颈部捕捉成虫。在5~8月成虫发生期，树上喷50%三硫磷乳油，或50%杀螟松乳油、82%磷胺乳油1 000倍液，可兼治举肢蛾。集中成片的核桃园，于成虫发生期用15~22.5kg·hm^{-2}的“741”插管烟雾剂，流动放烟，熏杀成虫。

7. 核桃小吉丁虫（*Agrilus arcuatus torguatus* Lec.）

以幼虫在2~3年生枝条皮层中呈螺旋形串食危害，被害处膨大成瘤状，破坏输导组织，致使枝梢干枯，幼树生长衰弱，严重者全株枯死。

生活习性：1年发生1代，以幼虫在2~3年生被害枝条木质部内越冬。5~6月化蛹，蛹期30d左右，6月上中旬开始羽化，羽化后成虫在蛹室停留15d左右，然后从羽化孔钻出，经10~15d取食核桃叶片补充营养，再交尾产卵。成虫喜光，卵多散产于树冠外围和生长衰弱的2~3年生枝条向阳光滑面的叶痕上及其附近，卵期约10d，7月上旬开始出现幼虫。初孵幼虫从卵的下边蛀入枝条表皮，随着虫体增大，逐渐深入到皮层和木质部中间蛀成螺旋状隧道，内有褐色虫粪，被害枝条表面有不明显的蛀孔道痕和许多月牙形通气孔。受害枝上叶片枯黄早落，入冬后枝条逐渐干枯。8月下旬后，幼虫开始在被害枝条木质部筑虫室越冬。

防治方法：加强核桃园综合管理，增强树势，是防治核桃小吉丁虫的有效措施。4~5月份核桃发芽后至成虫羽化前及采果后至落叶前，剪除虫害枝烧毁，消灭幼虫及蛹。7~8月检查发现枝条上有月牙状通气孔，随即涂抹5~10倍氧化乐果，消灭幼虫。6~7月成虫羽化期，喷敌杀死5 000倍液，25%西维因600倍液，或50%磷胺乳油800~1 000倍液，兼有防治举肢蛾等害虫的作用。

8. 黄须球小蠹（*Sphaerotrypes coimbatorensis* Stebb.）

主要以成虫食害核桃芽和枝梢。常与核桃小吉丁虫同时危害，致使枝梢和顶芽大量枯死，造成减产甚至绝收。

生活习性：1 年发生 1 代，以成虫在顶芽或侧芽基部蛀孔内越冬。春季核桃发芽时成虫出蛰，在健康或半枯死枝条的芽基部咬筑坑道，补充营养。4 月中下旬雄成虫进入交配室交尾，雌虫一边蛀食母坑道，一边开始产卵于母坑道两侧，产卵结束时 5 月中下旬，雄成虫离开坑道后死亡；雌虫仍留坑道内，直到幼虫化蛹时才死亡。4 月下旬开始孵化出幼虫，幼虫孵化后继续在母坑道两侧咬蛀子坑道取食，子坑道排列整齐，似“非”字形。两侧子坑道相接，枝条被环剥而枯死。幼虫期 40 ~ 45d，6 月上旬开始在坑道末端化蛹，蛹期 15 ~ 20d。6 月下旬开始羽化为成虫。羽化后的成虫在蛹室内停留 4 ~ 5d，从羽化孔出来，食害核桃顶芽及其下 1 ~ 2 个芽。

防治方法：采果后到落叶前，结合修剪，将虫枝集中烧毁；4 ~ 6 月核桃发芽后至羽化前，凡树上的病枝、虫枝及受冻或其他伤害及生长不良的枝一律剪掉烧毁，可基本控制该虫危害。3 月下旬到 4 月底越冬成虫产卵期，将半干核桃枝（秋季修剪的枝条）挂在树上作饵枝，诱集成虫产卵，6 月中旬成虫羽化前将饵枝全部取下烧毁。6 ~ 7 月成虫出现期，每隔 10 ~ 15d 喷 1 次 25% 西维因 600 倍液，或敌杀死 5 000 倍液、50% 磷胺 800 ~ 1 000 倍液，50% 杀螟松乳油 1 000 ~ 1 500 倍液，有兼治举肢蛾、瘤蛾、刺蛾的作用。

防治方法：保持健壮树势，清除病枝、集中烧毁，冬季树干涂白。

六、采收贮藏与加工利用

（一）采收和果实处理

核桃果实成熟的外部特征是：果皮由绿变黄，部分果实顶部出现裂纹，青果皮容易剥离；内部特征是：种仁饱满，幼胚成熟，子叶变硬，种仁颜色变浅，风味香浓。此时是采收的最佳时期，提早采收，不仅损失产量，而且降低果品质量，脱青皮困难。

核桃采收多用带弹性的竹竿或木杆，敲击带果的枝条或果实，及时收集击落的果实。采收前应将地面清理干净。收集时剔除病虫果，新收集的果实要避免阳光暴晒。机械振动法采收时，于采收前 10 ~ 20d，树上喷布 0.5 ~ 2mg · g^{-1} 的乙烯利催熟，采收时用机械振动树干，然后收集落果。此法的优点是青皮容易剥离，果面污染轻。

采收后的果实按 50cm 的厚度摊放在庇阴处或通风的室内，上盖麻袋或干草、树叶，以保持堆内温度，促进后熟。一般堆沤 5 ~ 7d 即可脱去青皮。堆沤时间长短与果实成熟度有关，时间过长，导致果皮腐烂变黑，种仁颜色变深，甚至酸败。果实采收后，可用 3 000 ~ 5 000mg · kg^{-1} 的乙烯利浸泡 0.5min，再按 50cm 厚度堆积 3 ~ 5d，脱皮率达 95%。用此法脱皮核仁变质率较低。

脱去青皮后应立即用清水漂洗，清除杂物。漂洗时间不能过长，每次不超过 5min，洗 3 ~ 5 次即可。

洗涤后将坚果放入耐腐蚀的容器，加入 10% ~ 15% 的次氯酸钠水溶液搅拌 3 ~ 5min，当壳面变白及时涝出，用清水冲洗两三次后晾晒。一般一批药液可使用 7 ~ 8 次。也可用漂白粉溶液漂白。

洗净的坚果不能立即在日光下暴晒，应先摊放在芦席或竹箔上晾半天，待表面水分蒸发后再摊放在芦席或竹箔上晾晒，坚果摊放厚度不宜超过两层，并要经常翻动。一般晾晒 5 ~ 7d，当坚果含水量降至 7% 以下时方可收藏。

（二）加工利用

核桃的坚果、青皮、种壳、木材和枝叶都各有用途，但种植桃的主要目的是获得坚果（核桃仁）。

1. 核桃仁

核桃仁的营养价值很高并具有广泛的保健和医药功能。核桃仁脂肪含量达 63%，其中饱和脂肪酸只占总量的 10%，不饱和脂肪酸高于 90%，对于降低胆固醇，防止动脉硬化，保护皮肤营养和毛发健美具有重要作用。核桃仁含蛋白质 15%，其中有 8 种氨基酸是人体自身不能合成的必需氨基酸，并含有较多的精氨酸、鸟氨酸，能促进脑垂体分泌生长激素，控制多余脂肪形成。核桃仁的碳水化合物含量较低，但矿质元素和某些维生素含量却很高，如磷、钙、铁、胡萝卜素和 B 族维生素等。

核桃仁作为食品适于鲜食、生食或加工成多种风味的核桃蘸、五香核桃仁、琥珀核桃仁、核桃花生乳、核桃乳茶、核桃酪等。以核桃仁为主料或主要辅料可制成各种风味小吃、糕点。核桃仁的医药保健功能为国内外公认，古医书记载核桃“通经脉、润血脉，常服骨肉细腻光润”，核桃仁有补气养血、润燥化痰、益命门，利三焦，温肺润肠等功能。核桃仁作为药用治疗泌尿系统结石、慢性支气管炎、皮炎、湿疹等疾病；以核桃仁为主要成分的医案、药方或验方近200个。

2. 外果皮、枝叶和树皮

核桃外果皮（青皮）富含单宁，可用于制栲胶，青皮中含有某些药物成分，用于治疗某些皮肤病及骨神经痛等，青皮含有维生素C、α和β氢化核桃叶醌、核桃醌抗菌性很强。核桃干叶可用于饲料，叶中的多酚类化合物具有一定的消炎作用。核桃树皮含有β谷甾醇、白桦树脂、没食子酚、鞣质等，核桃皮可单独熬水治疗瘙痒。

3. 木材

核桃木是公认的优质木材。木材有光泽，无异味，材色雅致，边材浅黄褐色，心材栗褐色，纹理通直美观，结构细腻，物理力学性质优良，伸缩性小，抗冲击力强，是高级家具材、胶合板面板材。野核桃、核桃楸主要用于木材，核桃可果材兼用。

20世纪90年代以来，我国引进了美国东部黑核桃，在部分地区已形成一定规模。黑核桃木材结构紧密，木材从褐色到黑色，是高档家具材和胶合板面板材，也是制作工艺品的良好材料。

（三）核桃仁作辅料的食品

核桃仁以其丰富的营养和独特的风味，名列世界四大干果之一，历来受到各国人民的喜爱。欧美各国每年两节（尼古拉斯节，圣诞节），除了各家大吃核桃，还要互相馈赠核桃。我国古时就把核桃看作厚重而高雅的礼品。以核桃做贡品由来已久。

我国是美食王国，广大群众深刻了解核桃仁的风味和价值，以核桃仁为主、辅原料的食品达200种以上。按食品特点大致分为5个方面。

1. 产区群众家常吃法

指核桃产区城乡人民由家庭简易制作的传统吃法。如带青皮烧吃，鲜核桃加蒜做饺子馅，猪肉炖核桃仁，汤圆、八宝饭馅料，凉面佐料等，约有30余种吃法。

2. 风味小吃

如：浙江的西施舌、酒酿三圆，河南的牛骨髓油茶，湖北的九黄饼等。

3. 糕点馅料

如北京的一品烧饼、核桃酥，山东的八宝油脂千层发糕，上海的三丁鸡包五仁月饼，新疆的泡油糕等。国内核桃仁用于小吃及糕点的达60种以上。

4. 加工食品

如北京的核桃蘸、核桃薄脆，山西的咸甜核桃仁罐头，河北的琥珀核桃仁罐头，四川的玫瑰桃片等。

5. 烹调菜点

核桃仁用于菜点的历史很久，花样也多。如：地方菜谱中的熘桃仁鸡卷（北京）、核桃豆腐（上海）、番茄核桃鸡卷（吉林）、核桃烩口蘑；民族（宗教）菜肴的红梅丸子（维吾尔族）、神仙炉（朝鲜族）、鸡粥鲜桃仁（回族）、酱汁核桃仁（佛教）；宴席菜点中的冰糖核桃仁、核桃鸡卷。核桃仁纸包鸡及雪山核桃酪，以及引自国外伊朗的核桃丸子，西式菜的核桃鱼等。我国核桃菜点在70种以上（表7-1）。

（四）核桃仁的加工

1. 加工虎皮核桃仁

（1）将核桃仁100g加盐5g放入大碗内，开水冲泡10min，再用牙签将核桃仁表皮剥去，并用温水洗净。

（2）净锅放白糖250g，加清水150mL，核桃仁下锅温火烧20min，待水烧干，糖浆汁包在核桃仁上即可。

（3）取净锅放麻油1 000mL（实耗25g），在旺火上烧四成热，放入核桃仁，移至温火上炸至金黄色，捞出晾凉即可食用。

2. 加工核桃酪

将核桃仁300g用开水浸泡，去皮、洗净；将江米100g淘净，在温水中泡2h；将核桃仁和江米混合，加入250mL清水，用水磨磨成浆，用细箩滤成细浆；用铜或铝锅放入清水1 000g，加入白糖300g，烧开后撇去浮沫，倒入磨好的细浆，开锅后撇去浮沫即可制成核桃酪。香甜可口，有核桃味。

（裴　东）

表 7-1 核桃产区家常吃法种类

主产省（自治区、直辖市）	吃法名称或种类	原料、制作法及吃法
山西	凉拌类	核桃仁适量，开水冲沏后碗覆约半小时，撕去种皮洗净后拌入葱花、盐面等。可佐餐下酒
	做馅类	核桃仁焙炒成焦黄色，稍凉，便用手揉搓去种皮。然后剁成碎丁，加入荤素馅内，味道香脆
	烧猪肉	红烧猪肉近九成熟时，将核桃仁和佐料下锅，稍炖一阵，翻铲几下就出锅，肉味增鲜
	做咸菜	将核桃仁在开水里焯一下，捞出放进瓶罐里，然后加盐、姜片。小茴香等佐料，过几日便可捞出做咸菜吃
北京	火烧鲜核桃	采收核桃时，在火堆上烧青皮核桃，待青皮烧焦，打开取仁，味道嫩香
	核桃仁蒜泥	把新收的核桃仁放入捣蒜钵内，加蒜（去皮）少许，混捣成泥。用来佐餐很下饭
	烙馅饼	烙饼时，先焙烧核桃仁揉去种皮，再用擀面杖压成碎块，揉入馅饼内，相当于分层加油，但有核桃仁香
云南	鲜桃仁炒白菜	中秋节前后，昆明市街上出售鲜核仁（整仁浸水中）。顾客买回，掰成 14 瓣，撕去种皮，洗净，用于炒白菜。自食或上宴席
	凉面佐料	大理、下关一带卖冷面、冷米线摊点，用食指大的刨床刨成核仁薄片，撒在米线或面条表面，吃时略加拌混，味道鲜
贵州	汤圆、八宝饭馅料	将核桃仁、花生仁等放入汤圆或八宝饭里当馅料
	待客零食	贵州产区有种难取仁的铁核桃，农户有客来，便拿出些铁核桃和锤子，让客人边聊天，边砸边抠取核仁，就同北方葵花子籽待客那样
青海	加入奶茶	在款待贵客时，将带壳核桃烧着后吹灭，取仁，切成半粒花生米大的小块，放入茶碗，再用热奶冲沏，边喝边吃其中的核桃仁
	八宝饭馅料	先将葡萄干、青红丝、花生米和核桃仁等放在大碗底部，摆成图案，然后加入米、水，蒸熟后将大碗反扣，便是表面美观的八宝饭
甘肃	炒豆腐丁	一些产区历来有用核桃油炒菜的习惯，即将豆腐丁、熟肉丁切好后，用核桃油烹炒
	核桃仁油茶	将核桃仁焙炒搓去种皮后，捣成碎块，同茶叶一道放入带盖茶碗内。开水冲沏便是核桃油茶。止渴、缓饥并能提神
河南	蒸馍馅料	蒸白面馍时，先将葱花、盐面、香油等搅合成馅。将核桃仁炒黄，去种皮，然后切成 3～6mm 的碎丁，掺入馅内，蒸馍时加入
新疆	抓饭佐料	维族群众过节日吃抓饭。饭中除放入葡萄干、胡萝卜丁以外，还常放些核桃仁

8. 山 核 桃

山核桃属（*Carya* Nutt.）植物为落叶乔木。小枝髓心充实。奇数羽状复叶，小叶具锯齿。雄柔荑花序簇生，雌花 1～10 集生枝顶成短穗状。核果、外果皮四裂、稀不裂。子叶富含油脂，不出土。该属植物约 17 种，主要分布北美东部及亚洲东南部。我国 4 种，引入栽培 1 种。我国产 4 种均属裸芽山核桃组。芽裸露，小叶 5～7。小叶不为镰形，包括：贵州山核桃（*C. kweichowensis*）；湖南山核桃（*C. hunanensis*）；越南山核桃（*C. tonkineasis*）。引种栽培的美国山核桃，又叫长山核桃或薄壳山核桃。我国现主要栽培的山核桃、湖南山核桃和美国山核桃。

一、主要物种

1. 山核桃（*Carya cathayensis* Sarg.）

别名小核桃、山蟹、浙江山核桃（浙江）、核桃（安徽）。山核桃为我国特有，是著名的木本油料及干果树种。坚果千粒重 3 040～4 425g。出仁率 43.7%～49.2%，仁含油率 69.8%～74.0%。它不仅含油率高，油质亦好，主要含油酸（79.3%）和亚油酸（14%）。而且营养丰富，仁含蛋白质 18.3%，还含多种维生素。炒食香脆可口，油似芝麻油，有芳香。在医疗上有润肠滋补功效。山核桃寿命长，易栽培，产量高。外果皮可烧灰制碱（灰含率 20%～30%），碱中含碳酸钾 60%，榨油后油饼可作饲料和肥料，种仁可用作糕点原料。山核桃材质优良，心材红褐色，边材黄白或黄褐色，纹理直、坚韧、耐腐性较差，木材经处理可作优良的建筑和军工用材。山核桃是优良的果材两用树种。

落叶乔木，高达 20～30m，树皮灰白色，平滑，裸芽、新梢、叶背及外果皮外表均密被锈黄色腺鳞。复叶 5～7，椭圆状、披针形或倒卵状披针形，长 7.3～22cm，先端渐尖，基部楔形，具细锯齿。雌雄同株异花。雄花为葇荑花序 3 条成 1 束生于花序总梗上，花序长 7.5～12cm，花序梗长 0.5～1.2cm，雄蕊 5～7，苞片小苞及花药被柔毛。雌花 1～3 生于枝顶，穗状花序。果卵状球形或倒卵形，长 2.5～2.8cm，具 4 纵脊，4 瓣裂，核果卵圆形或倒卵圆形，长 2～2.5cm，壳厚约 1mm，花期 4～5 月，9 月下旬至 10 月下旬果熟。

2. 湖南山核桃（*C. hunanensis* Cheng et R. H. Chang ex Chang et Lu）

别名油核桃，山核桃。湖南山核桃原产我国，栽培利用历史较长。种核出仁率 35% 左右，仁含油率 50%～70%，仁生食味很涩，主要用于榨油，是优质食用油。其果壳和核壳可生产糠醛和活性炭等。树体高大、速生，材质优良，是优良的果材两用树种。

落叶大乔木，高达 20m，树皮灰白色，浅纵裂；枝条直立，小枝具实心髓；裸芽，密被锈褐色腺鳞。奇数羽状复叶，小叶 5～7，叶纸质，顶生小叶倒卵状披针形或长椭圆形，侧生小叶长椭圆状披针形，长 5～17cm，先端渐尖，边缘有锯齿。雄葇荑花序 3 个簇生，下垂；雌花 1～3 朵成短穗状集生于枝顶，新梢、叶及外果皮均密被锈黄色腺鳞。外果皮木质，果倒卵形，稀近球形，中部以上有 4 纵脊，基部平滑，果熟时 4 裂（沿 4 纵脊），果核倒卵形或近球形，较平滑，灰棕色，壳坚硬。

二、分布

山核桃自然分布于浙江、安徽、江苏等省，湖南、江西、云南等省有引种栽培。主要分布于北纬 29°～31°，东经 118°～120°的范围内。集中栽培的地区是浙江的临安、桐庐、安吉、淳安，安徽的宁国、旌德、歙县、绩溪等县。其中以浙江临安的昌化地区为最多，质量亦好，故有“昌化山核桃”之美称。山核桃垂直分布最高海拔可达 1 100～1 200m，但最适宜于海拔 200～700m 的山麓、山谷土壤深厚、水肥条件较好的避风处。多与枫香、麻栎、杉木、化香、响叶杨、马尾松等混生，人工林多为纯林或与油桐、早竹混生。

湖南山核桃主要分布于湖南西北至西南，贵州东部、广西西北地区，湖南怀化各县、市均有分布，以靖州县为最多，龙山、古丈、城步、新宁、东安、黎平、锦屏、天柱、德江等均有分布。

三、生物学特征

（一）生态习性

山核桃喜温暖湿润气候，要求冬暖夏凉雨量充沛，空气湿润的山地环境。在年平均气温15.5℃，1月平均气温2.9℃，7月平均气温27.6℃，极端最低气温-13.3℃，年降水量1 417mm。雨量大部分集中在4~9月，年相对湿度79%的地方生长发育良好。山核桃为中性偏阴树种，年日照时数1 700~1 800h，日照率40%~43%为宜。幼年期易受日灼。

湖南山核桃适应性较强，在立地条件较差的情况下比美国山核桃生长要好。多生于海拔800m以下的山谷、溪边土层深厚的地方。

湖南山核桃多分布于板页岩、石灰岩等发育的红壤、黄红壤和红黄壤等土壤上。

湖南山核桃分布区年降水量1 300~1 500mm，年均气温16~17℃，1月平均气温5℃左右，7月平均气温27~28℃，无霜期270~290d，≥10℃积温5 200~5 400，年日照时数1 300~1 500h。

（二）生长发育

浙江地区的山核桃，年生长期从3月底至10月下旬，约7个月。3月底至4月初开始萌动、展叶，花序始于4月中下旬，4月下旬至5月下旬为开花期，9月底至10月中旬果熟，10月下旬落叶休眠。

山核桃必须经受60~80d连续5℃左右的低温，否则将开花不良，结果不多。4~5月气温15℃以上，有利于芽的分化发育和开花结果，若此时遇到10℃以下低温则会影响花的发育和授粉。

湖南山核桃3月上中旬开始萌动，3月下旬至4月初展叶，花序始于4月中旬，花期4月中至5月上旬，9月白露前后果熟，10月落叶休眠。

（三）生命周期

浙江山核桃1~2年生时生长缓慢，3年生以后生长加快。一般6~7年生开始结果，20年以后开始大量结果，60年以后进入衰老期，产量下降。若立地条件好，经营管理水平高的情况下，100年生的树仍能正常结果，寿命可高达200年以上。

湖南山核桃原都是实生种植，故开花结实较迟，一般要8年后才始花结果。近年才攻克嫁接繁殖技术难关，可提前2~3年结实。以实生苗种植而言，其个体发育周期可分为：

（1）幼龄期。从播种育苗到定植后开花结果，大约需6~8年，因经营管理水平而异。

（2）结果期。湖南山核桃树体高大，寿命较长，一般情况下树龄都在60年以上，现有资源大多是50~100年老树，很多树结果尚好，故湖南山核桃的结果期可达50~80年，树龄在12年以后进入盛果期，可持续到40~50年，结果盛期可长达30~40年。

（3）衰老更新期。一般情况下，树龄50年以后，生长衰弱，抗逆性差，病虫危害严重，进入衰老期，结果量急剧下降，栽培经营价值不大，需要及时更新改造。

四、栽培技术

1. 选用良种

湖南山核桃长期以来，沿袭实生种植方式，更新换代期较长，人工选择强度较弱，种内变异不大，品种资源尚不太清楚。由于近年来价格上升，无性繁殖技术突破，才开始注重良种选育工作。据初步调查，湖南山核桃品种类群可分为倒卵形和近球形两大类。以倒卵形居多，且核果较大，应作为重点选择对象。应选择果大、壳薄、出仁率和仁出油率较高的，结果分布均匀，树形开张，生长势强，抗逆性强，病虫害较少的，年龄在30~50年结果较多的大树作为优树，采种采穗育苗。

2. 培育壮苗

（1）适时采种。9月果熟时，及时采取，应从选择出的优树上采种育苗，采取的种子应进行粒选，去掉病虫和发育不良的种子。

（2）及时播种。种子经适当晾干粒选后，随采随播。据中南林学院研究和当地群众经验，湖南山核桃种子采取后若不及时播种，放置时间稍长种子就会失活，出苗率极低。现当地育苗都是随采随播。

（3）选好圃地。应选择排灌水条件良好，土壤肥沃疏松平缓的砂壤地或稻田作苗圃地。

（4）播种育苗

● 整好苗床　在播种两个月前，应对圃地进行深翻晾晒。在播种前再平整圃地，作好苗床。平整圃地的同时，施足基肥，基肥以土杂肥和腐熟的厩肥为主，可混合施放一些磷钾肥。床宽1~1.2 m，床高25~30 cm。

● 密播　秋播后时间长，为节约圃地，便于管理，再加之湖南山核桃具多胚性，一般一颗种子可出二根苗，甚至有的更多，需要移植。故靖州县果农多采用密播育苗。苗床作好后，将种子撒播在床面上，适当调匀摆平，以种子不重叠堆放为宜。每公顷播种量18~22.5 t。撒播好后再覆盖2~3 cm厚的一层土（以黄心土为佳），再覆盖薄膜或稻草，12~15d后即可出苗，揭去覆盖物。播种前，应进行种子消毒和圃地消毒，并加强鼠害防治工作。

● 移植　翌年 2 ~ 3 月份，苗木根系萌动前应进行移植，移植前应按要求先整好新圃地。按株距 10cm，行距20cm左右，每公顷移植 30 万 ~ 33 万株。

● 圃地管理　苗木移植后至出圃前，应加强苗木的土、肥、水管理，及时中耕除草，追施肥料，排涝抗旱，防治病虫害，培育出健壮苗木。

3. 嫁接繁殖

湖南山核桃长期以来，未解决无性繁殖技术问题，近年来，靖州县、洪江市等地相继攻克了无性繁殖技术难关，大量繁殖无性系嫁接苗。

(1) 砧木。湖南山核桃砧木可用本砧，亦可用化香。靖州县用化香树作砧木嫁接湖南山核桃和山核桃成活率都在 80% 以上。

(2) 嫁接方法和时间。早春 2 ~3 月份用枝接法嫁接，枝接一般选用切接或劈接。

4. 造林

(1) 科学整地。林地应选择海拔 800m 以下的山谷地、缓坡地或沟溪边的冲积滩地。超过 10°的坡地进行块状或带状整地，再挖大穴，严防水土流失。5°以下的平缓地可全垦深挖，大穴造林。

(2) 合理密植。湖南山核桃是速生优良乡土树种，适应性强且树体高大，材质优良，既是油料树种，也是优良用材树种，亦可作退耕还林的果材两用乡土树种。果用林适当稀植，密度为 5m × 6m 或 5m × 5m，每公顷 330 ~ 500 株。若材用林或果材两用林可适当密植。立地较好的应稀种，反之，应加大密度。

(3) 良种壮苗造林。果用林应用优良无性系嫁接苗造林，材用林大多用实生壮苗造林，严禁劣质苗上山造林。在冬季或早春造林，种植时应做到根舒、苗正、土实。

五、抚育管理

1. 幼林抚育

嫁接苗造林，前 3 年应设护桩扶正，防止幼树偏冠倒伏。有条件间种或经营习惯的地方可进行林粮间种，以耕代抚，以短养长，促进幼树生长，增加收益。进行适度的修枝整形，培养良好的树形。每年结合中耕除草追施 2 ~ 3 次肥，以氮肥为主，加强病虫害的防治，以生物防治为主的综合防治，尤其是加强对天牛等主干害虫的防除，确保幼树的健壮成长。

2. 成林抚育

进入结果期，尤其是盛果期，树体营养消耗和土壤肥力消耗较大。应加强土肥水管理。适时中耕除草，冬季深挖垦复。多施肥料，增施磷钾肥，促进结果。每年修剪整枝，形成合理的树体结构。及时防治病虫害，每年结合修剪和冬季深翻，去除病虫枝叶，加强食叶和蛀干害虫的防除。

3. 老林更新

目前湖南山核桃大多是新中国成立前造的林，树林老化衰败，应进行更新。更新方式酌情选用以下方法。

(1) 留苗或预植。湖南山核桃成熟时，果裂落籽，林下常生有小树，可适当选留部分幼树更新；或在林下按一定的密度种植幼树，等幼树长到一定程度时，伐除老树，抚育幼树成林。

(2) 截枝更新。湖南山核桃萌枝力较强，对树龄较大，但生长势尚可的老树可采用截干更新的方式，萌发 2 ~3 年后，即可恢复树冠结果。

(3) 皆伐更新。对已老化衰败，品种较劣，截干更新潜力不大的林分，应下决心皆伐，重新整地造林。

六、采收贮藏

湖南山核桃 9 月初白露前后果熟。果皮由绿、黄绿变为黄褐色，果脊线开裂，核果开始脱落，这时进行采收。因树体高大，采摘不便，现大多采取林地拾籽的方式。亦可用竹竿敲打，震落果实，但要注意不要乱打，以免伤及裸芽和结果枝。采后及时去杂晾晒贮藏，育苗用的种子适当晾干后及时播种。

(吕芳德)

9. 美国山核桃

美国山核桃 [*Carya illinoensis* (Wangenh.) K. Koch] 是世界上重要的干果树种之一。其坚果个大（约 80 ~ 100 粒 · kg^{-1}），壳薄，出仁率高（50% ~ 70%），取仁容易，产量高（1 500 ~ 2 250 kg · hm^{-2}）。其果仁色美味香，无涩味，营养丰富，约含油脂 72%，蛋白质 11%，碳水化合物 13%，含对人体有益的各种氨基酸比油橄榄高，还富含维生素 B_1、B_2，每千克果仁约有 32 kJ 热量，是理想的保健食品或面包、糖果、冰激淋等食品的添加原料。美国山核桃坚果的价格较高。据近 5 年的市场调查，它在美国每千克售价约 6.5 美元，在我国近 80 元。与我国的核桃（*Juglans regia* L.）和山核桃（*Carya cathayensis* Sarg.）相比，美国山核桃具有明显的易于机械剥壳取仁、果味纯正、适于南方栽培的优点。

美国山核桃亦是重要的木本油料植物。其种仁油脂含量高达 70% 以上，优于油茶（55%）、核桃（60%）和文冠果（57%）；不饱和脂肪酸含量达 97%，优于茶油（91%）、核桃油（89%）、花生油（82%）、棉籽油（70%）、豆油（86%）和玉米油（86%）。美国山核桃有很好的贮藏性，是上等的烹调用油和色拉油（冷餐油）。

美国山核桃还是优良的材用和庭园绿化树种。其木材纹理细腻，质地坚韧，是建筑、军工、室内装饰和制作高档家具的理想材料。其树形高大，树势挺拔，是深受欢迎的观赏、遮荫和行道树种。因此，美国山核桃是一个用途广、受益期长（50 ~ 70 年）、经济效益高、社会效益和生态效益明显的优良经济树种。

一、植物学特征

落叶乔木，高 20 ~ 25m。树皮纵裂呈片状剥落。奇数羽状复叶互生，长 20 ~ 30cm，小叶 5 ~ 7，长椭圆形至长椭圆状披针形，叶轴上部小叶长 14 ~ 20cm，宽 4 ~ 8cm，下部较小，先端渐尖，基部楔形，边缘有细齿。花单性，雌雄同株异熟。雄花生于上年生枝叶腋部，为三出柔荑花序；雌花着生于当年生新梢顶端，穗状花序下垂。果实倒卵形，坚果长卵形或长圆形，长 2.5 ~ 6.0cm，光滑，具暗褐色斑痕和条纹。

二、分布

美国山核桃原产美国和墨西哥北部，现以美国为中心产区，分布于美国、加拿大、墨西哥、巴西、阿根廷、秘鲁、意大利、法国、澳大利亚、埃及、南非、以色列、日本、中国等地。

美国山核桃起源于美国密西西比河谷，现在种植于该国东南部、中部和西南部的 16 个州，主要产区在佐治亚、亚拉巴马、路易斯安娜、得克萨斯、新墨西哥等州。

我国于 19 世纪末 20 世纪初开始引种美国山核桃，当时由一些中外文化、商务人士自发地从原产地美国带进种子或苗木，数量很少，栽种在通商口岸的学校、教堂和私人宅第。20 世纪 30 年代，江苏的江阴和南京金陵大学开始有计划的引种，栽于江阴和南京等地，数量亦不多。新中国成立后，我国出现过三次引种美国山核桃的热潮，第一次在 20 世纪 50 年代末 60 年代初，第二次在 20 世纪 70 年代末 80 年代初，包括直接从原产地引种和国内间接引种，范围扩大到了长江流域的 20 多个省（自治区、直辖市）。为了扩大美国山核桃在我国的种植规模，提高该优良干果的产量和改善其品质，从 1996 年开始，由林业部中南林学院牵头从事美国山核桃优良新品种和先进栽培经营技术的引进工作。目前，引种栽培分布主要集中在亚热带东部地区。

二、生物学特性

（一）生态习性

美国山核桃的栽培分布范围较广，适宜于亚大陆性气候带的广大地区引种栽培，在南、北纬 25° ~ 35°之间的地区生长结实表现更佳。立地选择以生长季大于 250 d，年平均气温 15 ~ 20 ℃，1 月平均气温 5 ~ 10℃，7 月平均气温 25 ~ 30℃，极端最低气温 −30 ~ −8℃，小于 10℃ 寒冷天不低于 750℃，≥ 10 ℃ 年积温 3 500 ~ 5 500 ℃，年降水量 1 000 ~ 1 500 mm，pH 值为 6.0 ~ 8.0（最佳 7.0）的冲积土或坡度小于 15°的山地砂壤土或黏壤土为宜。我国原有大多数引种地的纬度、地形地貌、气候和土壤等地理生态环境条件均能较好地满足美国山核桃生长发育的要求。美国山核桃在我国的大多数引种地的良好适应性可以从部分高产群体和许多高产单株的生长结实表现中得到了有力的证明。

（二）生长发育

美国山核桃为雌雄同株、雌雄异熟植物。实生苗定植10年左右始果，但采用嫁接繁殖时，定植后5~6年即开始挂果，大树高接者1~2年开始挂果，15年后进入盛果期，结实盛期长达50~70年。在我国江苏南京地区，美国山核桃4月中旬开始萌动，花期5月中旬至5月下旬，果实灌浆期7月中旬至8月下旬，果实成熟期9月下旬至10月下旬，11月中下旬开始落叶，从开花到果实成熟大约需要160d，从萌动到全部落叶大约经历220d。

三、栽培技术

（一）引种栽培区划

以现实气候生态条件和前期引种效果为主要依据的初步研究表明，我国可划分为4个美国山核桃引种栽培区域，即适宜区（Ⅰ）、次适宜区（Ⅱ）、边缘区（Ⅲ）和不适宜区（Ⅳ）。

（1）适宜区（Ⅰ）。位于北纬25°~35°、东经100°~122°的亚热带东部和长江流域，包括江苏、上海、浙江、福建、重庆、安徽全部，江西、湖南、湖北大部，贵州东北部，四川东部、南部和河南南阳、驻马店以南的部分地区。本区是我国最早开始引种美国山核桃的地区，也是我国过去引种美国山核桃的主要区域，引种效果良好，生长结实正常。据对南京中山陵的调查，30年生的大树平均高达16.7 m，平均胸径36.6 cm，单株结实18.3 kg，最高达33.5 kg，抗寒性强，抗病虫害能力不亚于其他干果树种（如核桃、板栗）。在浙江、江西、湖南、湖北、四川等地亦表现出较强的适应性，小面积的生长结实性状和坚果品质达到甚至超过了原产地的平均水平。

（2）次适宜区（Ⅱ）。分为南、北二个亚区。北部次适宜亚区（$Ⅱ_A$）包括山东全部和河北（石家庄以南）、河南（南阳、驻马店以北）、湖北（十堰以北）和陕西（西安以南部分地区）。南部次适宜亚区（$Ⅱ_B$）包括贵州大部和云南（大理以南，景洪以北，宾川、华坪以东）、广东（韶关、南雄以北）和广西（桂林以北）的部分地区。我国过去在本区引种过美国山核桃。本区内，云南林业科学研究院漾濞核桃研究站从1970年代中期开始引种美国山核桃，8~13年生时全部结实，保存的4株22年生大树，平均高12 m，胸径38 cm，冠幅7m×7m，株产20~30 kg。20世纪80年代末90年代初有较大发展，迄今已在全省11个地州市20多个县定植40hm^{2}多，计21 000多株。初步结果表明，云南有较好的发展美国山核桃的潜力。山东从1960年代初开始引种美国山核桃，迄今在济南、泰安等地都有结果大树，在青岛、烟台、栖霞等地有小面积片林，结果树达90%以上，16年生时高8.5 m，胸径20 cm，实生树10~12年始果，嫁接树5~6年始果，但果实偏小，品质比核桃差，所以，发展势头受到限制。其他地方数量均少，北部地区虽然生长良好，但结实不够正常。

（3）边缘区（Ⅲ）。由北部边缘亚区（$Ⅲ_A$）和南部边缘亚区（$Ⅲ_B$）组成。$Ⅲ_A$包括天津、北京全部和辽宁（辽东湾）、河北（石家庄以北）、山西（太原以南）、陕西（延安以南，西安以北）、甘肃（兰州以南）和四川（松潘）部分地区。$Ⅲ_B$包括云南（景洪以南）、广西（桂林以南，柳州以北）、广东（韶关、南雄以南，英德以北）和台湾（台北以北）的部分地区。我国过去在本区引种美国山核桃虽然能够正常生长，但不结实，如北京植物园内30多年生的大树，生长正常，树高14 m，胸径32 cm，但未见有结实的报道。这可能与本地纬度偏高，花芽分化期水热条件不够有关。辽宁省经济林研究所（大连市）分别于1976年和1995年两度引种美国山核桃，但均表现为适应性不强，枝梢有冻害发生，生长缓慢，没有结实。而在南部的广西柳州，美国山核桃虽然能够生长，但亦未见有结果的报道。这可能与本地纬度低、气温偏高，花芽分化期寒冷度不够有关。所以，作为果用栽培，本区没有潜力，当属边缘区，但若作为材用或园林绿化树种，本区还是适宜的。

（4）不适宜区（Ⅳ）。分为北部不适宜亚区（$Ⅳ_A$）和南部不适宜亚区（$Ⅳ_B$）二部分。$Ⅳ_A$包括黑龙江、吉林、内蒙古、青海、新疆、西藏全部和辽宁（中、北部）、山西（中、北部）、陕西（北部）、宁夏（固原以北）、甘肃（中、北部）、四川（西北部）等地区。$Ⅳ_B$包括海南全部和广西柳州以南、广东英德以南和台湾台北以南的地区。本区由于气温太低或太高，不适宜于美国山核桃生长和结实。我国曾在海南海口和广西南宁等地引种，均因夏季持续高温而死亡。在北部的山西太谷，20世纪

50年代末期引种的美国山核桃则因冬季气温太低而死亡。所以，本区无论出于果用的目的还是材用的目的，都不适宜引种美国山核桃。

（二）品种选择

美国山核桃栽培品种多达1 000个左右，在原产地用于商业性种植的品种约50个。我国经过近100年的努力，已引进优良品种近40个，优良无性系40多个，优良家系20余个。同时，通过长期的栽培繁育，我国已获得优良品种（类型）和优良无性系100个左右。

美国山核桃品种类型众多，各品种在地理生态要求存在一定的差异。因此，选择正确的品种，是实现“两高一优”栽培的关键环节。目前，选用较多且表现较好的品种有威士顿（Western）、满意（Desirable）、薛恩（Cheyenne）等引进品种和金华1号、南京1号、南京9号等国内选育的优良品种（类型）。由于美国山核桃为雌雄同株、雌雄异熟树种，品种分雌先型和雄先型两类，因此，合理配置品种，是保证授粉良好的重要措施。一般地，每10株应有1株授粉树。在商业化果园中，栽培品种应该按照成熟期分片种植而不应在行内混植，一个品种栽10～15行，接着栽2行授粉树，这样有利于栽培管理，特别是喷药和采收。

美国山核桃优良品种的树木特征。丰产性：连年丰产，坚果优质。早实性：始果期早，早发挥经济效益。抗病性：能抗诸如疮痂病、霉斑病、丛枝病等。果实早熟：坚果在秋旱和霜冻前成熟，叶片有时间为树体贮备营养物质，有利于翌年坚果产量。此外，果实早熟有较好的节日市场。抗寒性：避免晚霜危害。树体通直、生长势健壮。发枝均匀、良好：树体枝条开张角度大有利于通风透光和提高产量，也可减轻风害和因结果太多而造成的枝条撕裂。叶片大而厚，落叶晚，有利于优质高产。春季生长晚：春季生长早易受晚霜危害。开花时间理想：为了保证授粉良好，应根据开花顺序选择授粉树。果穗排列稀疏：果穗上坚果间隔适当，既可减轻幼果卷蛾的危害，也有利于机械化收获。外果皮易开裂，及时与坚果分离：在坚果大部分已经变色并且成熟后，若外果皮不能及时开裂，会迫使收获推迟，容易导致种子在树上萌发。落果少：生理落果是果树的正常生理过程，对初始挂果过多的品种尤其有意义，但落果过多既影响产量也影响坚果品质。

美国山核桃优良品种的坚果特征。大小适中：每千克110～130粒较为理想，占有主要产品市场，受去壳加工商欢迎。果粒太大或过小不利于机械去壳，只适宜手工剥壳。果仁特征理想：色泽浅而光亮，表面平滑，端正，结实，饱满；味美，含油量高，纤维少；耐贮性良好；不易碎裂，易取整仁，且不粘带木栓壳内的茸毛。果壳及内部特征良好：包括背分凹槽浅而开阔，没有中间隔膜，隔腔薄而光滑，果仁聚心点小。种壳厚度适中：脆弱易碎，单薄易击裂，但不易用手捏开；背分线不开裂；种壳太薄易受鸟害和振落时易碎，太厚则去壳困难。形状美而匀称：果形匀称，不长不圆，外观引人注目；顶端过尖、基部带尖或顶端背分线凹进的都不理想。

表9-1中列出了我们从原产地美国引进的部分美国山核桃主栽品种的生物学特性和经济性状。表中，雌雄异熟型Ⅰ代表雄蕊先熟型，Ⅱ代表雌蕊先熟型；果熟期9月下旬至10月上旬为早熟，10月中旬至10月20日为中熟，10月20日至10月底为晚熟；始果年龄指嫁接苗定植后的年数；每磅坚果数量、出仁率为原产地美国的数据（1磅=0.454kg）；含油率为引进种子回国后实测的数据；丰产性能、稳产性能、果仁品质、果仁充实度、疮痂病抗性、耐寒性均分优、良、中、差4级；适应生长范围分大、中等、小3级；适应地区指原产地美国的相应地区。

表9-1　31个美国山核桃优良品种

品　种	雌雄异熟型	果熟期	每磅坚果数	出仁率%	含油率%	始果年龄	丰产性	稳产性	果仁品质	果仁充实度	疮痂病抗性	耐寒性	适应生长范围	适应地区
卡多 Caddo	Ⅰ	早	65	58	76	5～6	良	优	优	优	良	良	大	东南
坎迪 Candy	Ⅱ	早	60	50	74	5～6	中	优	优	优	良	中	中等	东部
凯普费尔 Cape Fear	Ⅰ	早	40	52	75	4～5	优	中	优	良	良	中	中等	南部
薛恩 Cheyenne	Ⅰ	早	60	58	66	4～5	优	中	优	优	良	中	大	西南
丘克多 Choctaw	Ⅱ	中	45	57	61	3～4	优	良	良	良	优	良	中等	东部
科尔比 Colby	Ⅱ	早	60	47	77	7～9	中	良	中	中	良	优	小	北部

（续）

品　种	雌雄异熟型	果熟期	每磅坚果数	出仁率%	含油率%	始果年龄	丰产性	稳产性	果仁品质	果仁充实度	疮痂病抗性	耐寒性	适应生长范围	适应地区
柯蒂斯 Curtis	II	晚	70	60	69	9～11	优	中	优	优	优	优	中等	北部
满意 Desirable	I	中	40	53	72	6～8	优	优	优	优	差	差	大	东南
埃利奥特 Elliot	II	中	62	53	75	8～12	中	差	优	优	优	差	中等	东南
福克特 Forkert	II	中	55	62	72	5～6	优	差	优	优	良	中	中等	南部
贾尔斯 Giles	I	早	60	49	73	4～5	优	良	良	良	良	优	大	北部
格洛雷亚格兰得 Gloria Grande	II	中	44	48	68	8～12	优	中	中	中	优	中	中等	南部
杰克逊 Jackson	II	中	42	60	70	5～6	中	良	优	中	良	中	中等	南部
基阿华 Kiowa	II	中	46	56	72	5～6	中	差	优	优	良	差	中等	东南
梅杰 Major	I	早	78	51	73	6～8	中	优	优	优	良	优	中等	北部
玛拉麦 Maramec	II	中	45	58	73	7～9	中	优	优	优	良	差	中等	中南
梅尔露斯 Melrose	II	中	46	55	67	6～8	良	良	优	优	优	中	中等	南部
摩哈 Mohawk	II	早	43	58	71	6～8	良	中	中	中	优	差	中等	中南
莫兰得 Moreland	II	中	50	56	73	5～7	良	差	优	优	良	中	中等	南部
奥萨奇 Osage	I	早	81	55	69	7～9	中	优	优	优	良	中	中等	中部
欧文斯 Owens	I	中	50	48	70	5～7	优	中	良	优	良	中	中等	东南
波尼 Pawnee	I	早	50	58	76	6～8	良	差	优	优	差	良	大	中南
佩路 Peruque	I	早	65	60	77	4～5	优	中	优	优	中	优	中等	北部
波赛 Posey	II	早	68	54	72	6～8	中	优	优	优	良	优	中等	中南
硕尼 Shawnee	II	中	57	59	66	6～8	良	优	优	优	良	优	中等	西南
萨姆纳 Sumner	II	晚	48	55	68	5～6	良	优	优	优	优	中	中等	南部
萨普莱斯 Surprize	I	中	38	49	73	6～8	良	优	优	优	中	中	中等	南部
特健士 Tejas	II	中	60	53	68	6～8	良	良	优	优	差	差	中等	西部
威士顿 Western	I	中	58	55	74	4～5	优	中	良	良	差	差	小	西部
威奇塔 Wichita	II	中	55	60	68	3～4	优	中	优	优	差	差	小	西部
威蒂 Witte	I	早	65	47	75	6～8	良	良	优	优	良	优	小	北部

（三）苗木繁殖

目前，美国山核桃苗木繁殖的常用方法有两种，即实生繁殖和嫁接繁殖。实生繁殖时，苗木定植后10年左右始果，而采用嫁接繁殖时，苗木定植后5～6年即开始挂果，15年后进入盛果期，结果盛期达50～70年。因此，作为果用目的的苗木繁殖方法当首推嫁接繁殖。

1. 砧木选择

美国山核桃嫁接可选的砧木有东京山核桃（*C. tonkinensis*，又名越南山核桃）、山核桃（*C. cathayensis*，又名浙江山核桃）和湖南山核桃（*C. hunanensis*），其中最常用的砧木是本砧，即美国山核桃。

2. 砧木培育

选用优良的种子，进行层积处理或播种前浸泡处理，于1～3月播种。播种密度10～15 cm，深度7～10 cm。待出苗整齐后，应及时浇水。当苗高达5 cm左右时，撒施一薄层精土粪，然后每隔半月结合中耕除草，追施1次薄肥，施肥量应随苗木生长量加大而逐渐增加。

3. 苗木嫁接

当砧木粗度达1 cm时便可进行嫁接。常用的苗木嫁接方法为嵌接、方块芽接、舌接和香蕉接。嫁接时间分春季和夏末两种。接穗采集时间为冬季（树体充分休眠后）至暮春。

4. 嫁接苗管护

一般在嫁接3周后检查成活情况。对于成活的，要及时松绑、去袋，设立护桩，适度除萌，中耕除草，追施肥料，灌溉防旱，并防治病虫害；对于未成活的，要在适当时候补接。

5. 苗木出圃

当苗高达50 cm，地径粗达1 cm时就可出圃。出圃时间通常在春、秋两季。起苗时要求根系完整，及时剔除病虫苗，进行修根处理（主根过长时可适当剪除），按品种分级、计数、挂牌，并沾泥后合理包装。

（四）建园

1. 选地

美国山核桃是喜光树种，其栽培分布范围较广，适宜于亚大陆性气候带的广大地区引种栽培，在南、北纬25°~35°之间的地区生长、结实表现更佳。一般而言，这一地区的基本气候条件是：生长季大于250d，年平均气温15~20℃，1月平均气温5~15℃，7月平均气温25~30℃，极端最低气温-30~-8℃，≤10℃寒冷天不低于750℃，≥10℃年积温3 500~5 500℃，年降水量1 000~1 500 mm。应选择立地条件较好，即林地平缓（坡度小于15°），土层深厚，土壤肥沃、中性偏碱或微酸性（pH值6.0~8.0），河谷冲积土或丘岗沙壤，排灌条件好，高温干旱不严重的地段、地块为宜。

2. 整地

根据园地地势、土壤、耕作习惯和引起水土流失程度，分别采用全面整地和局部整地两种方法。前者适用于地势平缓、土壤条件好、有间作习惯的庭院或农耕地；后者适用于易发生水土流失或地形破碎的山地，分梯田整地、带状整地和块状整地等方式。全面整地为全面垦翻或开挖大穴（100cm×100cm×80cm）。局部整地一般要求高标准撩壕，壕宽80cm、深60cm以上，最后形成水平梯带。梯带内侧开挖25cm×20cm的蓄水竹节沟。无论是撩壕还是挖穴，都应先回填表土层，然后每穴施放农家肥50~100 kg、钙镁磷肥1~1.5 kg、钾肥0.5 kg。基肥应与表土充分混匀。整地应至少在苗木定植前1个月完成，以利穴土充分回落，避免植后“坐蔸”。

3. 栽植

（1）密度设计。定植密度为5m×4 m，即行距5 m，株距4 m。

（2）品种配置。每片丰产林内应至少配置3~5个品种，以利授粉坐果。品种配置原则为各品种之间的花期基本吻合。品种可分行配置或混杂配置。

（3）栽植时间和方法。苗木定植时间一般选在冬末春初，定植方式以长方形为主。

（4）栽植技术。将蘸过泥浆的苗木栽于穴的中央，栽植深度与苗期相同或略深，做到根舒、苗正、土实，并浇足压蔸水；设桩护苗：若园地位于风大的地方，苗木定植后，特别是嫁接苗生长前期有偏冠现象，应每株设立护杆，扶正苗木以防倾倒。

（5）园地嫁接。若定植的是实生苗，则在定植后第2~3年嫁接。

（五）园地土肥管理

1. 土壤管理

（1）中耕除草。每年至少中耕除草2次，均在施肥前杂草生长旺季进行，也可根据园地杂草生长情况灵活掌握；

（2）灌溉、排涝。美国山核桃虽然能耐一般水湿和干旱，但要优质、丰产，则要做好灌溉、排涝工作。在树体萌芽期、花期和幼果膨大期尤其要注意提供充足的土壤水分，萌芽期和幼果膨大期可采用漫灌法，花期常采用喷灌法。灌水宜与施肥结合进行。在雨水过多的年份，要注意及时开沟排涝，以免根系生长不良，影响树体正常的生长发育。

（3）间种。在树体幼年期，可间作豆类、瓜类、绿肥等经济作物，以耕代抚，既有利于改良土壤，又可增加果园前期的经济收入。

（4）水土保持。经常性的耕作容易造成水土流失，要采取有效措施加以治理，位于丘岗山地的园地尤其要重视这一点。

2. 树体营养及土壤肥力管理

在苗木定植后3年内，每年至少施肥3次。3月份和6月份各施1次追肥，每株每次施尿素0.1~0.15 kg，对水施；9月底施1次复合肥加有机肥，每株复合肥0.15~0.2 kg，有机肥5~10 kg，沟施。随着树龄的增长，每株每年的施肥量应适当增加。有条件的地方，施肥量应根据叶片营养分析的结果而确定。

3. 刷白、培土

冬季用石灰乳刷白树干，以杀虫保暖，还要在根部适当培土，以利于植株安全越冬。

4. 整形与修剪

美国山核桃幼树整形与修剪方法与其他坚果树

种基本相同。整形与修剪的目的是培养良好的树形和牢固的树体骨架，有效地控制主枝和各级侧枝在树冠内部的合理分布，创造良好的通风透光条件，促进幼树早结果多结果，达到产量与树势俱增，为将来丰产、稳产打下良好基础。

美国山核桃常见的树形及合理树体结构为主干分散疏层形和开心形。主干形树以主干为中心，干高2~3 m；主枝10~15个，3~5层，第一层有主枝4~5个，第二至第五层各有主枝2~3个，各主枝保留侧枝1~3个，各层之间距离2~3 m，结果枝组分布于主枝的两侧。开心形树有主枝3~4个，相邻或邻近排列于主干上，没有明显分层，每主枝有侧枝2个左右，结果枝组均匀分布于主侧枝的四周。

（六）低效林分改造

美国山核桃低产、劣质、低经济效益的林分若因品种不良和栽培措施不当所致，则可通过更换品种和改进栽培管理措施加以改造。对于成年林分，通常的品种更换办法是采用大树高头嫁接。一般地，高接后1~2年即开始重新挂果，第三年起便有经济产量。改造低效果园的措施包括水、肥管理，树体管理，病虫害防治等。

五、病虫害防治

美国山核桃常见的病害有叶片、幼果疮痂病，叶片霉斑病、轮斑病，真菌性叶焦病，叶片萎缩病，干基根头癌肿病，叶片、幼果白粉病，叶片脉斑病，果荚干枯病，干梢凋萎病，叶片褐斑病，叶斑病，污叶病等。常见的虫害有卷叶蛾、根瘤蚜、锯蜂、黄蚜、黑蚜、潜叶蛾、螨类、蝉蛾、美国白蛾、食果象鼻虫、幼果卷蛾、蛀荚虫、枝梢象甲、食果象甲、臭蝽、天牛等。其中，疮痂病、美国白蛾等属病虫害检疫对象。

美国山核桃病虫害防治方法分化学防治和生物防治两种，与其他坚果树种基本相同。

六、采收贮藏与加工利用

（一）采收与贮藏保鲜

美国山核桃坚果成熟时间因品种和栽培地域不同而有所差异，一般为9月下旬至10月下旬。坚果采收方法分手工(自然落果)和机械(摇果)两种。

为了保持坚果的品质，收获后应及时进行贮藏保鲜处理，包括适度干燥去水分。常用的贮藏保鲜方法为冷藏，设施为专用仓库，应注意通风和湿度控制，以防霉变和油脂氧化。通常的贮藏室温度为0~1℃，相对湿度为65%。在贮藏过程中，保持坚果品质的关键措施是控制坚果内水分含量，水分太高，则容易产生霉变；水分太低，则容易损害坚果的外观色泽、香味、风味等品质要素。常用的水分含量标准为3.5%~4.5%。若贮藏时间超过1年，则建议采用冷冻贮藏。

（二）产品加工与利用

美国山核桃坚果产品分带壳和去壳两种，二者均占有相应的市场份额。带壳产品销售前需进行去污、分级、包装等处理。去壳产品则需在去污、分级的基础上，进行定型、去壳、果仁筛分、干燥、质量检测、包装等处理。

坚果的85%~90%去壳出售，仅10%~15%带壳销售。后者要求坚果大小适中，颗粒饱满，果仁色泽明亮，多数实生树所结的果能满足这一要求。去壳的坚果由专门的加工者供应面包店、粮果糕点厂、零售商店、食品杂货批发商店、乳品冰激淋店等，分别占36%、19%、11%、9%和6%左右。

美国山核桃果仁作为果品，除鲜食外，还可以烘烤着吃，味道焦脆鲜美。它还是其他许多食品的添加材料，此用途比作为果品直接食用还广泛。饼类、面包、糕点、糖果、冰激淋等食品辅佐美国山核桃仁（粉）后，风味独特，深受欧美、东南亚、日本、台湾等地消费者的欢迎。

美国山核桃油脂含量在65%~75%，其中，不饱和脂肪酸含量高达90%以上，单链不饱和脂肪酸与多链不饱和脂肪酸的比例约为3∶1。所以，美国山核桃坚果是上等的保健食用油原料。

美国山核桃材质坚硬、纹理细腻，是制作装饰品和工艺品的优良材料。

（张日清）

10. 香　榧

香榧（*Torreya grandis* Fort. ex Lindl.）是我国特有的第三纪孑遗植物，是集果用、药用、油用、材用、绿化观赏为一体的优良经济树种。尤其以珍奇干果著称。种子因吸收2年天地之精华，营养极其丰富。以枫桥香榧为例，热量达到23 890～25 060kJ·kg^{-1}；内含脂肪44.5%～50.9%，其中以油酸、亚油酸为主的不饱和脂肪酸占82.84%～84.15%；蛋白质含量为9.9%～13.3%，蛋白质中75.9%～99.1%为水解氨基酸，其中36.2%～38.8%为人体必需而自身不能合成的氨基酸；富含V_A、V_{B1}、V_{B2}、V_E和β-胡萝卜素等多种维生素，含量最多的是V_E达49.6～61.8mg·kg^{-1}；并含有铁、锌、钙、磷等10多种人体必需元素，而砷、铅等重金属元素均在无公害果品允许值范围内。表明香榧是一种易被人体消化和吸收而又有免疫健身与药理功能的完全营养绿色保健食品。香榧栽培投入少，获利丰，收益期长，产品奇货可居，市场紧俏，价格坚挺。市价100元·kg^{-1}以上，产值达到12万元·hm^{-2}左右，收益远较其他干果丰厚。香榧具有自身价值高、栽培效益好、市场潜力大、发展范围广和可持续发展等明显优势，栽培的社会、经济、生态效益均极为显著。实践亦已证明，香榧是我国中南部山区在林业产业结构调整与退耕还林中一种不可多得的致富树。

香榧分布地域广泛，在我国长江流域以南的江苏、浙江、安徽、江西、福建、湖南、湖北、四川、贵州、云南等10个省（自治区）皆有分布。而目前，大部分地区仍处于野生或半野生状态。其中以浙江出产最多，安徽次之，无论分布范围、数量、种质资源都由东向西递减。浙江香榧盛产于诸暨、嵊州、绍兴、东阳交界的会稽山区，诸暨东部山区为商品香榧的主产地。如今，全国榧子年产量1 000t以上，其中商品香榧500～800t。诸暨市产量历来占全国1/2以上。近几年，浙江省每年发展香榧林面积达500～700hm^2，已被列为21世纪头20年林业发展规划的重中之重树种。

一、种类

香榧是裸子植物门（Gymnospermae）红豆杉科，又叫紫杉科（Taxaceae）榧树属（*Torreya* Arn.）植物。该属植物在世界上仅有7种。其中我国原产4种，引进1种。胡先骕根据胚乳组织把本属植物分为胚乳皱褶组和胚乳平滑组两组。巴山榧与长叶榧属于前一组，香榧、云南榧、油榧为后一组。

1. 巴山榧（*T. fargesii* Franch.）

因产四川巴山而名，又叫篦子榧、球果榧，分布于云南、四川、湖北等省。叶直，不呈镰刀状。内种皮侵入胚乳很深，几达中部，呈皱褶状。不适于作食用，但可榨油。

2. 长叶榧（*T. jackii* Chun）

因叶特长而名，主产浙江，又名浙榧，产仙居、丽水等县。叶刚硬，线形，长达3.5～9cm。2年生枝呈鲜明赤褐色。种子内种皮也深入胚乳。幼树常呈灌木状，进入结果期早。未闻作食用，亦可榨油。

3. 香榧（*T. grandis* Fort. ex Lindl.）

即榧、榧树，古籍记载中的别名有彼、羆、黏、椑、赤果、玉山果等，原生我国中南部。常绿乔木，高达25m。小枝近对生或轮生。叶螺旋状着生，2列，线形，先端有刺状短尖头，基部圆或微圆，中脉不明显，叶背有二条与中脉带等宽的气孔带。雌雄异株稀同株。种子核果状椭圆形、倒卵形、卵圆形或长圆形等，是区分品种类型的重要依据，全为肉质假种皮所包，初为绿色，成熟时紫褐色，胚乳微皱。子叶不出土，包于坚硬的种皮内。初生叶三角鳞形。

香榧是榧树属植物中最主要的一种，也是最有经济价值的一个种。

4. 云南榧（*T. yunnanensis* Cheng et L. K. Fu）

因产云南而名，也称杉松果，产云南西北中甸、丽江、维西、鹤庆一带，生长于海拔2 100～3 200m的山坡或山谷间。为常绿乔木，大枝轮生，小枝近对生，暗黄色或灰绿色。叶线状披针形，2列，质坚硬，长2～3cm。雌雄异株，种子近球形，有肉质假种皮，基部有圆形的鳞片包托，7～8月成熟。种子含油50.35%，可供炒食或榨油。

5. 油榧（*T. nucifera* Sieb. et Zucc.）

原产日本，也名日榧或日本油榧。常绿乔木，高至25m。树皮灰褐色，老树的干及大枝浅裂成鳞片状，枝开张。叶线形，长 2 ~ 3cm，有芳香，几乎无柄，基部骤细缩，顶部渐狭至成一尖点，表面深绿有光泽，背面有气孔带 2 条。花药顶部有齿，种子椭圆形两端尖，长约 2.5cm，外皮微带紫色，种仁可炒食或榨油。

此外，产北美还有加州榧（*T. californica*）和佛州榧（*T. taxifolia*）两种。

二、主要品种类型

（一）雌榧树

香榧在长期的繁衍生息过程中，由于复杂的环境条件和自然杂交的影响，演变产生了许多变异。从总的看有长子型（种子长椭圆形或长卵圆形等，子形指数，即纵横径比 >1.6）和圆子型（种子呈近圆球形或卵圆形，子形指数 <1.6，两大类。长子型中有细榧、芝麻榧、米榧、茄榧、獠牙榧、旋纹榧等，圆子型中有大圆榧、中圆榧、小圆榧等。其中细榧为无性系，性状较稳定，可称为品种；其余皆实生，变异性大，应称为品种类型，俗称粗榧、木榧等。

1. 细榧（*T. grandis* cv. Merrillii）

又名香榧、真香榧、枫桥香榧（因历史上诸暨枫桥镇一直为香榧集散地运销杭州、上海、宁波等地，故以浙江特产——枫桥香榧驰名中外）。据追溯考证，细榧起源于元至明初诸暨原东溪乡外宣村与杜家坑村接壤的黄家坑至梧桐树湾一带，距今已有 700 年左右的历史，是由宣氏祖上从芝麻榧中选育而成的一个优良株系品种。因姻亲关系不断扩大，发展成为会稽山区香榧的主栽品种（占 90% 以上）。盛产于诸暨、嵊州、绍兴、东阳四县（市）交界的山区，其中诸暨的赵家镇与斯宅乡是主要的商品基地。已在江苏、浙江、安徽、山西、上海 4 省 1 市引种成功，2002 年通过浙江省林木良种审定。

细榧因嫁接繁殖，主干低矮，且因一砧木上嫁接数个接穗或一个接穗上的数芽同时萌发抽生成数个骨干枝，从而形成多干分叉状，树冠呈圆头形或半圆头形；树皮黑褐色，斑剥；新梢粗壮，果枝肥大，2 年生枝紫红色；叶形拱曲，横断面圆弧形，叶缘近平行，叶色浓绿富光泽，果实（带假种皮的种子俗称果实）大小均匀，形状整齐，呈长倒卵形，不披白粉，顶部微平宽，先端具一小尖突，假种皮上纵状条纹（树脂道）密直明显，富含芳香油脂，果长 3.3cm 左右，宽 1.9cm 左右；种子为长尖状倒卵形，顶部肥大而基端略尖，长 2.7cm 左右，宽 1.3cm 左右，大小形态甚少参差，外种皮（种壳）棕褐色，棱纹细密平直，匀称透顶，薄壳区内有两个对称的分泌道孔残痕（俗称榧眼），凸起；壳薄、仁满、心实，含油多，品味香酥甘醇，为榧中之上品。8 月底至 9 月初成熟。

2. 芝麻榧

产浙江诸暨、嵊州、绍兴等地，是会稽山区较大量的实生品种类型。中央干挺拔，树冠呈尖塔形或广圆锥形（系实生树形，下列实生品种类型树形基本相同），树势中庸。果实和种子均形似细榧而较椭圆，大小形状参差，种子长 2.4 ~ 3.3cm，宽 1.2 ~ 1.6cm，与细榧的主要区别在于：种壳灰褐色，棱纹较粗深且不规则。品味尚佳而略逊于细榧。9 月上旬采收。此外还有迟芝麻榧等变型，品质较差。

3. 米榧

产浙江、安徽两地。树势较弱，幼枝细软。果实如种子形状与芝麻榧相仿，但较短小，长子型中属小颗粒品种类型。种子基端较尖，长 1.5 ~ 2.2cm，宽 0.8 ~ 1.3cm，种壳棱纹较浅。品质与芝麻榧不相上下。9 月上中旬成熟。也有迟早之别，迟者有“寒榧”之称，品味较差。

4. 茄榧

又名冲杠榧、牛栾子、长榧，产浙江、安徽等地。树势强健，干高、枝粗、叶宽长。果实和种子皆长椭圆形，又长又大为其特点，是长子型中的大颗粒品种类型。种子长胖形，长 3.3 ~ 4.2cm，宽 1.5 ~ 1.7cm，种壳表面粗糙，微隆凸而不甚明显，种仁质粗、品质劣。9 月中旬收获。

5. 獠牙榧

亦称羊角榧、尖榧、钩头榧，产浙江、安徽。种子细长、两端尖，基部微弯如羊角，形似狼犬之牙，故名。果实长椭圆形或长圆筒形，种子长倒卵形，基端急尖，长 3 ~ 3.5cm，宽 1.2 ~ 1.5cm，种壳较平滑，棱纹浅平，壳厚，仁瘠，少香气，品质差。成熟期在 9 月中旬。

6. 旋纹榧

别名转筋榧、螺榧等，产浙江、安徽、湖北等地。其假种皮上的树脂道条纹和种壳上的棱纹歪斜扭曲成旋转状为其主要特征，由此而名。果实倒卵形或广椭圆形，披条纹状白色果粉，种子倒卵形，顶端特别圆纯，全形有时也稍歪斜，长 2.3 ~ 3.3cm，宽 1.3 ~ 1.9cm，种壳粗糙，棱纹宽并旋转，种仁质粗，品质低下。9月中下旬成熟。

7. 大圆榧

土名炭鬃榧、栾泡榧、秤砣榧、蛋榧、核桃榧、猪婆榧等，香榧分布地区都有出产。果实大，近圆形，假种皮厚，种子几呈圆球形，横径2.0cm以上，种壳最厚，表面特别粗糙，棱纹粗阔硬突，种衣镶入种仁。极难加工，食之如豆渣，品质低劣。9月中下旬成熟。

8. 中圆榧

也称圆榧，产各地。果实短椭圆形，外多披白色果粉，挂果性能较好，如葡萄状，种子卵圆形，横径1.5~2.0cm，种壳粗糙，棱纹不规则。炒食硬而不香，品质差。9月中下旬成熟。本品类中还有成熟更迟的，称之谓“霜降榧”，品质更差。

9. 小圆榧

有的叫羊屎榧、珍珠榧、鸡心榧等，各地有产。果实椭圆形，种子小，卵圆形或椭圆形，横径1.5cm以下，种壳光滑，棱纹不甚明显，种仁饱满，种衣极易脱落。炒食硬是其惟一的欠缺，虽硬但松脆，香气足，品质中上。9月中旬采收。

（二）雄榧树

根据雄树单株花期迟早及其与雌花最适授粉期的吻合关系，从生育性状上划分为早花、中花、迟花3个类型。

1. 早花类型

盛花期在最适授粉期前，即雌花期之前业已开放撒粉，在雌花传粉滴出现时已经末花或近末花的雄树。运用人工辅助授粉技术（通过采蕾、摊放、收集花粉，调节和把握授粉时间）能把此类资源有效地利用起来。

2. 中花类型

盛花期与最适授粉期相吻合，即在雌花传粉滴出现起5~7天内（传粉滴明亮，有黏性并有增大趋势前）已进入盛花的雄树。中花类型雄树自然授粉效果最好，有这类雄树的榧林不必进行人工授粉。缺雄榧林进行高接换头和雄株配置中应在中花类型中选择花蕾较大、花枝比例高、年度间变化小、单株花期长的优树作为无性系原株。

3. 迟花类型

盛花期在最适授粉期之后，即雌花始花经5~7天后，传粉滴开始着色和有收缩趋势后进入盛花，少量甚至在雌花期后还在撒粉或开放的雄树。

这类雄树在果品生产中栽培价值不大，可通过大砧嫁接技术进行劣株改造。

（三）两性榧

两性榧的数量不多，但在诸品种类型内均可发生，多数为芽变现象。

三、生物学特性

（一）生态习性

香榧野生性状较强，多分布于山区，性喜在海拔200~800m，温暖、湿润、日照少、直射光不强、峰岭连绵、汐流迂回、白日犹昏的典型亚热带山区气候特征的生态环境。海拔过高会使树体矮化而呈灌木状。只要满足幼龄期的适生条件，香榧下山和北移是能够成功的，诸暨十里牌、上海植物园和中国药科大学（南京）校内引种成功，即为佐证。

气候条件的影响比较复杂。苗期耐荫，易遭日灼危害。成年树则要求光照充足、通风良好的环境，主要生育阶段对气候的具体要求也不同。7~8月持续高温、干旱会抑制新梢的发育，同时影响新梢端部芽的质量，使翌年结果枝比例减少，并且造成当年果实发育迟缓，成熟期推迟，僵果增多；早春2~3月气温低，日照少，土壤水分不足，不利于花原基的分化发育，导致花量减少且花质降低；3月以后混合芽萌动，易受晚霜危害，使花器受冻；花期须晴朗和风天气，若遇低温多雨，影响开花授粉；5~6月间多雨而日照不足或气温突变会引起大量落花落果而欠收。据分析，香榧主要生育期的气候差异是产生产量年际变化的主要原因。在开花前花器的形成与发育过程中雨水调匀，花期和落花落果期少雨和光照充足是香榧的丰产气候。另外，喜微风，忌大风。

对土壤的适应性较强。pH值在4.5~8.3，并能忍耐干旱瘠薄土壤，无论是黏土、沙土、石砾土，还是岩石裸露的石缝里都能扎根生长。土层深厚、肥沃、湿润、通透性好的微酸性到中性的沙质壤土更能促进其速生丰产。

（二）生长发育

香榧实生繁殖结实迟，通常需要15~20年时间。而用2年生播种苗嫁接，4~6年则可开花结实，若用粗5cm以上的大砧木嫁接，由于生长旺、抽发新梢次数多，因而早则2年，迟则4年即可始花始果，之后，随着树冠增大结实量递增。十几年乃至数百年都为盛果期，经济寿命可达千年以上。

香榧童期有明显主根，成年后侧根发达，主根衰退成为浅根性树种。侧根由骨干根、支根、须根构成，根皮特厚；水平根幅约为树冠幅的2倍左右，离地表15～40cm为侧根和吸收根的密集层。根系周年生长，有3个高峰期，分别在早春、春末夏初和采收前夕至隆冬。根系好气，林地荒芜和板结时须根上浮，生长衰弱。一旦断根，根系再生能力很强，产生的不定根粗壮。新根肉质，忌长期积水。

定芽着生于枝梢先端。延长枝先端通常有5个芽，侧枝3芽，呈簇生状，中间一个为顶芽，其余为侧芽。芽分叶芽与混合芽。混合芽一般由母枝上的侧芽分化而成，中庸母枝的顶芽亦能分化为混合芽。枝条叶腋间具有隐芽原基，受刺激会萌发成芽。幼龄期在春、夏或春、夏、秋抽生2～3次新梢；成年树3月中下旬混合芽萌动抽生结果枝，叶芽4月上旬至5月中下旬萌动抽生营养枝，一般无夏、秋梢。新老枝交接处呈膝状突起。树体由主干、1～3级主（副）枝与侧枝群构成，层次明显。主（副）枝先端有延长枝。侧枝群由结果母枝、结果枝和营养枝组成。春天换叶，同时伴随有规则的自然整枝。

花单性，雌雄异株，稀同株，风媒传粉。雌花成对着生于结果枝中上部叶腋间，4月中旬开花，胚珠孔出现晶明透亮的圆珠状液滴——传粉滴时，即为开花标志。传粉滴因天气变化会产生吞吐现象，重现时对授粉无妨，有等候授粉之特征。雌树全花期15d左右，单株花期与全花期相对一致。整个花期均为授粉期，最适授粉期为始花后5～7d内。逢低温或阴雨天气，传粉滴回缩，授粉效果明显下降。雄球花单生于枝条背面叶腋间，4月上中旬至5月上旬开放撒粉。群体花期20～25d，单株花期多数为2～3d，少数6d左右。因此雄树有早花、中花、迟花之分。花粉活力在25d内基本稳定，以后急剧下降。

果实（带假种皮的种子，俗称果实），在开花授粉的次年8月下旬至10月下旬成熟，跨两个年度，历时17～18个月之久，有奇特的“两代果”现象。其增大和增重均呈单“S”形曲线，经历缓生、速生、充实、成熟4个时期。以幼果越冬。成熟时假种皮色泽由绿转黄，会发生纵裂。成熟早的比迟的品质好。

四、栽培技术

（一）苗木繁殖

1. 播种育苗

（1）采种。选择壳薄仁满的母树为采种树，其种子催芽容易，发芽整齐，苗木健壮。若用细榧作种，一般于9月上中旬果实假种皮由青绿转成黄绿，大部分假种皮发生纵裂，少量种子开始脱落，即示成熟，应及时采收。实生品种类型的种子成熟相对较迟。采集后立即堆放在阴凉通风处（堆厚10～15cm，防止发热腐烂），以利种子与假种皮分离。约经7～10d，假种皮呈微紫色时取出种子，即可进行播前处理。成熟种子其胚胎尚未发育完全，如果干燥则不会发芽，因此，远道运输种子须用苔藓保湿。

（2）催芽。种子常用湿沙贮存，使其完成生理后熟和达到催芽目的。室内室外均可贮存。据试验，昼夜温差越大，发芽势越强，发芽率越高，因此，以室外变温催芽为好。具体做法是：选择避风向阳、排水良好的平地或缓坡地，最好是在向阳墙脚，挖一个1.0m深的土坑，土坑大小按种子多少而定，先铺上15cm的河沙，然后一层种子一层清洁细沙分层堆积，厚50cm左右，上覆草扇防止沙堆塌陷而种子外露，亦起保湿作用。天旱时要经常洒水以保持沙的含水量在3%～5%（即用手捏沙能成团，手松开时沙团稍经触动即散）。沙藏种子11月下旬开始陆续发芽，至翌年3月底，细榧发芽率可达90%以上，其余品种类型在20%～60%。期间应检查2～3次，当胚根长到0.5～1.5cm时即可拣出播种或供种砧嫁接用。3月底尚未发芽的种子，春季不再萌发，一直拖到冬季乃至次春仍能发芽，因此其他品种类型种子仍须湿沙贮藏。在催芽同时应严防鼠害。

（3）播种。过去产地群众曾用秋播（随采随播）育苗，但由于种子在田间的时间过长，在防止土壤荒芜、板结等方面用工量极大，并且易遭兽、鼠危害，出苗率低而且又不整齐，甚至隔年出土，一般不宜采用。目前，多分冬（12月至翌年1月）、春（3月上中旬）二期播种。香榧胚根若伸展太长，极易碰断而影响成活，必须视种子发芽程度分期播种，萌发一批播种一批，时间上不应强求一致，圃地应选择地势平缓、排灌良好、土层深厚、疏松的砂壤至中壤土，pH值5.5～6.5为好，若土质黏重则需掺沙，冬季深翻，施足腐熟厩肥作基肥。播前细致整地，东西向作高床，床宽1.2m，床面要平整，步道深浅要一致，直行开沟条播，行距30～40cm，株距10cm左右，种子横放胚根向下，每公顷播种量600～900kg。浅覆土、厚约种子横径3倍。最好上覆鲜草，以保持床面疏松湿润。

近来，采用大棚营养钵播种培育香榧苗技术取得成功。其流程是：配制营养土→做苗床→营养土装袋→营养钵床面排列→播种→营养钵四周加固。大棚营养钵育苗的优点是，不但能使香榧工厂化育苗，而且能明显提高苗木质量，提高造林成活率和延长造林时间。该技术最适合为1～2年生的香榧实生苗造林提供苗木。

（4）管理。苗圃地的管理主要是遮荫、浇水、除草、施肥和病虫害防治。种子播后，一般在4月下旬至5月上旬出土，幼根肉质黄白色，分布浅，幼苗紫红色，极脆嫩。香榧苗期不耐强光高温，要及时遮荫，荫棚高1.8m（利于圃地通风和护理），透光度40%左右，大棚育苗中午要开窗通风，当气温升至25℃以上时，应揭膜遮荫；忌干旱，尤在盛夏视干旱情况约15d左右需浇透水1次；除草要及时，第一年尽量做到用手拔，第二年起可轻锄浅铲，避免碰折苗木和伤动根系；要勤施肥，但亦要防止肥害，以稀薄人粪尿和0.1%尿素比较安全；虫害主要是地老虎，播前要做好土壤消毒，出苗后可采用诱杀防治；霉雨季节常易发生根腐病，受害病株根部脱皮而死亡，须拔除销毁病株，然后进行松土，用1%硫酸亚铁溶液喷洒，可控制蔓延。1年生苗高15～25cm，圃地留养2～3年，苗高30～50cm，即可移栽定植或供嫁接。0.07hm^2产苗量1.2万株左右。

2. 嫁接育苗

嫁接既是栽培良种化和提早开花结实的重要途径，又是控制植株性别和配比的有效手段（香榧小苗性别难以识别）。香榧嫁接成活比较容易，方法颇多，只要掌握不让接口进水和覆土遮光保湿这两个关键，都能达到理想的效果。应该选择开花结果性状好，品质优良的母树，在树冠外围中上部选取发育健壮的1年生侧枝或带1年生三叉枝的2年生侧枝作接穗，随采随接。长途引种须用苔藓保湿，到达目的地后应立即在室内将接穗下半部埋于湿沙中存放，随接随取。

（1）大砧接。砧木为5～30年生，接穗用带1年生三叉枝的2年生侧枝，三叉枝下的2年生枝取长度10～12cm，视砧木粗度可用2～4穗共砧。常用插皮接（也称皮下接），此法也用于野生榧树的改良利用、劣种改造和榧林内雌雄株比例失调时进行高接换头。大砧接根系发达，树冠形成快，接后丰产早。嫁接时间在3月下旬至4月上旬，树液已经流动而芽尚未萌发时进行。

截砧：截砧高度视砧木粗度而定，一般直径8cm以下的留砧高20～40cm，称低位嫁接；8cm以上的从80～150cm处锯去砧木树冠，即称高接。然后摘除萌蘖、修光截面。削穗：抹去2年生枝上的叶片，先在一侧面斜削一刀，去木质部的1/3～1/2，削面长3cm左右，呈长舌形，尔后在切面背部轻轻地削去表皮，以去皮露青不露白为度。嫁接：用事先准备好的与削好的接穗形状相似而略大的竹签，沿砧木形成层垂直插入，拔去竹签，随缝插入接穗。插后用棕榈叶片（或双层的塑料薄膜带）弧曲成带尾巴的倒漏斗状，套住接穗，并用麻片在砧木截面下1～2cm处把砧木连同漏斗尾巴紧实绑扎。做护窝：低位嫁接的只要在植株周围用石块垒上一圈，内填细碎黄泥覆没接穗1/2～2/3即成；高接的通常用晚稻草或茅草做窝，做法是：先将护窝材料围在砧木四周，使其基部位于截面下10～15cm处，用络麻把它绑缚在砧木上，再将护窝材料由内向外稍揿，成草窝状，然后放入疏松湿润碎黄泥，仅露接穗顶端叶芽，再绑扎草窝中上部即可。

（2）苗砧接。砧木2～3年生，一般2年生，接穗用1年生侧枝，一砧单穗，穗长12～15cm。适用于小苗嫁接有5种方法，在实地操作时应根据砧穗大小、皮层剥离的难易程度灵活运用。只要操作熟练，各种方法的成活率均在85%以上。

• 劈接　2月中旬至4月中旬，其树液开始流动而皮层尚难剥离、砧穗粗度相当或砧略大于穗时选用。

切砧：用修枝剪在离根茎5～8cm处截砧，在砧木横截面中央垂直切下一刀，深3cm左右。削穗：在接穗下端抹去接穗叶片2/3，再在基端二侧相对各削一刀，呈楔形，斜面长3cm左右。嫁接：用左手大拇指轻轻掰开砧木切口，对齐一边形成层插入接穗，使斜削面上端稍露白，后用塑料薄膜带将砧木断面和接口紧密绑扎。覆土：用黄心土将接苗培成馒头状，覆没接穗2/3。

• 反劈接　嫁接时间同劈接，穗大于砧时选用。

削砧：截砧留干高5～8cm，从砧木基部两侧自下而上相对各削一刀，呈楔形，斜面长3cm左右。切穗：抹去接穗2/3叶片后，从接穗截面中央纵切一刀，至切口长约3cm。嫁接：骑马式地把接穗插在楔形砧上，对齐接口下部一边形成层，移动接穗上部，使砧穗上下偏移程度一致。再绑扎、覆土

（同劈接）。

• 搭接　亦称舌接。嫁接时间同劈接。苗砧和接穗皮大骨细（茎皮发达而木质部纤细），在劈砧和削穗中常会切偏而单侧切落，这时可改用搭接。为此，在劈接和反劈接中，切削砧穗应按先切后削的顺序进行。

削砧：截砧后由砧木基部向上斜削一刀，去木质部1/3～1/2，削面长3cm左右。削穗：抹去接穗叶片2/3，斜削一刀，使其削面形状与砧的削面相一致。嫁接：对齐一边形成层，将两削面相合。绑扎覆土同劈接。

• 挖骨皮接　3月下旬至4月上旬，砧木液流动旺盛，树皮容易剥离，砧大于穗时选用。这种方法操作较复杂，但成活率高，达95%以上，新手初学也有一定保障。

切砧：截砧后，在砧木截面的1/3～1/2处，刀锋稍外倾下切一刀，长约3cm，以刚能剔除一片木质部而不伤皮层为度，剥离砧木外侧皮层至第一刀末，再在末端切一刀，取出木质部。削穗：同大砧插皮接一样，使其形状与取出的木质部相对应。嫁接：将两者切削面对合，把砧木剥离的皮层覆住接穗削面背部露青处，然后绑扎覆土（同劈接）。

• 挑皮接　嫁接时间同挖骨皮接，而砧木较粗时选用。

截砧后先用刀尖由砧基部自下向上直刻一刀，刻痕长3cm左右，深达木质部，后用接刀角质尾部顺刻痕挑离皮层2mm一侧。削穗：抹去接穗叶片2/3后，在接穗基端斜削一刀，去木质部1/3～1/2，斜面长3cm，再在两侧与斜面等长轻轻各削一刀，使其刚露白见骨。嫁接：将削好的接穗随挑离的皮层缓缓插入，然后绑扎并覆土（同劈接）。

（3）根砧接。在树冠投影范围外，向内挖取粗度1～4cm、带有须根的侧支根，截取长度15cm左右的根段作砧木，1年生侧枝为接穗，单穗嫁接。根砧接只要管理措施相应跟上，成活率可达80%以上，是一种快繁育新技术，1年生苗高20cm以上，第二年开始，发芽、抽梢能力同苗砧接相似，可缩短苗期1～2年，并且有大量的野生资源可供利用。

根砧接的嫁接时间、方法和操作与苗砧嫁接中的劈接、挖骨皮接、挑皮接相同。由于榧树根系活动较早，也可提早嫁接，接后用湿沙假植于透光较好的室内，并经常洒水，使其伤口愈合，至3月中旬移植于圃地，效果更好。移栽时要使畦面高于根段上截面3cm左右。株行距同播种育苗，并覆土（同劈接）。

（4）种砧接。又称胚枝接，是将接穗直接插入发芽种子子叶合缝线内的嫁接新方法。用经催芽后胚根长1.5cm左右，能看到子叶合缝线的种子为砧，粗度0.25～0.3cm的1年生侧枝作接穗。12月中旬至翌年3月中旬均可嫁接，总体成活率70%左右，早接的成活率较高。此方法也是一种快速繁育新技术，1年生苗高14.1～20.5cm，具有根系发达、生长快、嫁接期长、方法简便以及可利用阴雨天和冬闲季节室内嫁接等优点。

种砧处理：先在胚轴周围剥去薄壳区的种壳，然后将事先准备好的长10cm左右、宽0.5～0.6cm、基端宽0.5cm的楔形光滑竹签，顺子叶合缝线与缝平行缓缓插入缝内，深约1cm。削穗：抹去接穗下部1/2叶片，然后将基部削成楔形，削面长1.2cm左右。嫁接：微微摇动种砧上的竹签，拔出竹签，迅速插入削好的接穗，但要防止削面两侧的表皮皱缩，影响成活。利用种子的自然夹合力将接穗夹住，毋须绑扎。假植：接后立即用湿沙在通风透光室内假植10～40d，保证愈合。其间应防止胚根失水。移栽：选择土层深厚、肥沃、排水良好的沙质土壤建畦作圃，于3月中旬至4月上旬移植于圃地。移植深度与株行距，同播种育苗，并覆土（同劈接）。

3. 扦插育苗

香榧扦插育苗也是繁殖优良无性系苗的手段之一。插穗用当年生枝，一般在7月份，枝条半木质化时嫩枝扦插为好。可利用插条优势，选取粗度在0.4cm以上的健壮枝作种条。扦插后，当年年底形成愈伤根突，翌年春抽生新根和萌发新梢，1年生苗高生长比播种苗快20%～40%，成苗率70%以上。

插条处理：抹去枝条下端一半叶片，将去叶部分置于10%葡萄糖溶液中浸条处理24h。扦插：在平整好的圃地上，先用粗1cm左右的小圆棒垂直打孔，深约3cm左右，然后把种条插入孔内，用手指稍用力揿实插条四周小孔孔隙，使土壤和插条紧密结合。株行距同播种育苗。覆土：成馒头状，仅露插穗顶端约3cm。

接（插）后管理：无性繁殖的香榧苗，其管理措施中，遮荫、浇水、除草、施肥和病虫害防治基本上和播种育苗圃地管理相同，大砧木低接的可用插松枝或做保护圈遮荫，胚枝接、根砧接、扦插因地上、地下新组织的形成与生长同时进行，对水分要求尤为严格，过湿易造成地下部分腐烂；旱了，芽易失水枯萎而死亡，接（插）后两个月内，应隔天用洒水壶洒水，保持土壤湿润。实生砧截砧后，隐芽萌发成枝力强，嫁接成活后要做好除萌工作。苗砧接、胚枝接除萌要及时；而大砧接应视地上部分生长情况，分期分批除萌，逐次加大除萌量，1～2年后除去所有萌发枝。此外，胚枝接的接穗较小，新梢抽生后容易倒伏，须用小竹竿支撑，使其直立。单穗嫁接苗和扦插苗留圃2年后可供造林。

扦插苗挖取时根系易从根突处脱落，尤须加倍小心。为了便于移栽，最好采用营养钵育苗。

（二）造林

目前香榧造林方式有用小苗直接造林和过渡性造林（即先用小苗高密度栽植，以育成大苗，再行移植定栽）两种。视经营条件和人畜活动是否频繁而定。但不管造林方式如何，若按一般方法造林，香榧保存率甚低。因此，只有遵循香榧造林生物学，特别是根系生长特性，抓好造林质量关，成活率可达85%以上，最高达到97.3%。作为干果栽培必须掌握的造林技术要点为：

1. 林地选择

长江流域以南，水热同步，气候适宜。在海拔800m以下，除地下水位高和低洼积水地外的地方都可香榧栽培。提倡在山区发展，特别是其他果树不宜栽培的阴湿山谷或崇山峻岭多云雾的向阳地。为达到无公害香榧要求，土壤环境质量应符合GB15618中二级（旱地、果园）标准值的规定，空气和水质条件都不应有严重污染源。然后选择植被较好的地块，过风山脊、岗顶不宜造林。土壤以残积相为主的砂壤土、壤土最为适宜，香榧的挂果性状较好。沙质壤土也可选用，而不能选用透体和漏底的坡积石砾土。土层厚度大于60cm，pH值4.5～7.5为好。

2. 培育途径

模拟香榧自然群落的结构，采用混种、套种等形式，因地制宜配置出各种各样的人工群落，是香榧培育的成功途径。可行的途径有：天然疏杂灌木林香榧带状混交（在坡度较大、土壤瘠薄的残次林地上香榧造林时采用）；林榧混交，以短养长（结合短期经营的速生落叶经济林、果木和园林大苗培育营造香榧林时采用）；农作物和香榧套种，附设简易遮荫，以耕代抚（在新开荒地和已耕地上发展香榧时采用）。

这样的群落能使香榧地上地下形成一种有利的环境，既能为喜荫蔽的苗期创造适生条件，又能充分利用光能和地力增加早期效益。

3. 营造技术

林地准备。造林地确定之后，准备工作应在秋季提前进行。较陡坡地宜块状或带状整地，带（块）外植被暂予保留，平地以全垦为好，还须设计好混、套种的搭配植物。挖定植穴60cm×60cm，深50cm。黏重土壤挖穴会产生皿器效应，可改挖壕沟式以利排水，或在定植穴下方开导水沟。瘠薄土壤穴内要填客土或腐熟厩肥。然后先还表土再还底土，使穴中土壤熟化和沉实；适时造林。秋末冬初和早春均可造林，避开隆冬。一般前期在10月中旬至12月上旬，后期在2月中旬至3月中旬，以土壤不会发生干冻举拔、叶芽尚未萌动时为宜。选用良种。目前，雌株应选用细榧品种无性繁殖苗。雄株应选用中花类型中的优树无性繁殖苗。带土移栽。裸根移栽，香榧肉质根系很易失水造成横向干裂，影响成活。应带宿土挖取苗木，尽量做到根系完整。起苗后要采用包扎等根系保湿措施，大苗应带土球移植。与定植时间相隔较长，应避免风吹日晒和及时洒水保持根系湿润。合理密植。香榧虽为高大乔木但年生长量小，合理密植才能早期丰产。一般株行距4m×6m，立地指数高的则适当加大株间距离，每公顷造林300～375株。也可将小苗高密度集约栽培，待育成大苗后再间移定植。配置授粉树。在迎风处应适量配置授粉树。雄树只开花不结果，配置过多造成浪费，过少授粉不足。可根据造林地的地形和密度，在3%～5%的范围内灵活掌握。定植。栽植时要做到根舒苗正，下紧上松，宜浅不宜深。香榧种植太深，则会满足不了其根系好气要求导致死亡，即使成活也长势极差。栽后浇1次定根水，使根系与土壤密接，再在根茎处培土成馒头状。然后立杆支撑苗木，做保护圈进行遮荫保墒，并预防人畜危害。保护圈直径40～50cm，高60～80cm。

（三）幼林抚育

幼林抚育的目的是提高造林保存率，促进幼龄期生长，以速生促早实。幼林培育主要抓三个方面的工作：中耕除草。小苗定植后2～3年，大苗定植后1～2年，保护圈内在春季和秋凉后，应该用手工除草。春季除草要勤，要严防因除草而伤动根系，盛夏季节不宜除草。保护圈外可劈削中耕除草。待根系扎实之后，保护圈内可轻锄浅削除草，圈外要深翻扩穴，加快根系扩展；施肥浇水。每年要施肥2次。春季萌芽前施兑水的人粪尿或猪尿水，新梢停长后施经发酵的猪牛厩肥为好，并且应把握前淡后浓、前轻后重的原则，避免肥害发生。浇水可结合施肥进行，盛夏干旱季节须酌情抗旱；增进地力。以耕代抚是一种好方法。株行间可套种小麦、豆类、花生、芝麻、烟草、药材等农作物，忌用藤蔓类。套种作物须轮作。真正做到耕中有抚，耕抚结合，以短养长。也可通过播压绿肥，以磷增氮改良土壤，改善土壤理化性状。种类有苜蓿、紫云英等；除此之外，对用实生苗造林的，当植株粗生长达到3cm以上时应进行大砧低位嫁接，同时要做好授粉树配置。对高密度过渡性造林的，郁闭度达到0.7时要及时进行带土球间移，调整林地密度。

（四）丰产管理措施

香榧低产因素十分复杂，特别是因落花落果异常严重，产量一直低而不稳。为此，浙江诸暨市林业科学研究所对香榧促花保果配套丰产技术开展了历时近20年的系统研究，1995年终于取得全面突破。经配套实施，起到了增加结果枝比例和提高座果率的双重作用，达到了香榧丰产稳产的目的。于1998年通过省级技术鉴定，成果达到同类研究国内领先水平。推广应用之后，诸暨连续6年香榧产量超过1979年350t的历史最高纪录。2001年达687t，平均每公顷产值近15万元。同时带动了周边县（市）的推广应用和三产事业的发展，社会、经济效益极为显著。香榧促花保果配套丰产技术主要包括“劈山抚育、科学用肥、改善授粉、防虫治虫、保花保果”五个技术环节，而且要环环紧扣。

1. 劈山抚育

由于香榧根系具好气性，若林地荒芜和土壤板结，就会表现出上浮特性，须根纤细黄萎，长期荒芜，树势衰败，结果母枝减少，对生长结实危如累卵。进行垦覆松土，劈山抚育可以消除林下杂草，培肥土壤，深翻熟化能增加土层深度，使土壤疏松，通水透气，保肥保湿，有利于有机质分解，促使根系深扎吸收。同时还可促进再生根萌发，扩大养分的吸收面和吸收范围。劈山抚育应掌握“秋挖春削”的原则。秋挖，一般在果实采收前结合林地清理时进行，即7～8月间。当时杂草生物量最大，故有“七月挖金，八月挖银”之说，且这段时间根系生长缓慢，新根萌生少，实施垦覆对根系影响不大。垦覆深度应掌握在20cm左右，以挖断少量小支根和部分须根为度。相继而来的是根系第3个生长高峰期，从而加快了根系的生长与吸收，为地上部分的养分积累和混合花芽分化奠定了物质基础。春削，在4月份进行，这次抚育要求只除草不伤根。理由是4月份之后是地上部分养分需求量最大的时期，一旦伤动根系会影响吸收，导致新梢生长和果实发育凝滞而落花落果加重。抚育广度以树冠幅的1.5倍为宜。香榧分布多处于山区或半山区，坡度较大，加之常年劈山，造成水土流失严重而土壤瘠薄，骨干根裸露，使树体生长衰退和结果枝比例减少。因此要砌坎保土，逐年培客土，不断增厚根际土层，以达到增加土壤养分、防晒、防旱、防寒、壮根、保叶之目的。具体做法是利用垦覆时获得的石块，在榧树的下坡方向，树冠投影的1～1.5倍处砌成一条带状或月牙形石坎保持水土，避免冲刷。若能在树盘加覆厩肥或嫩草，然后从空旷处挑取客泥培土则更好。但年培客土厚度不超过10cm，太厚会影响根系的好气要求，其效果将会适得其反。以每年适量培土为好。过沙或过黏土壤，通过覆盖嫩草、开排水沟和拣除石砾、调节沙黏比例等措施改良土壤理化性状，以增强根系的分布与扩展，对香榧高产、稳产极为有利。

2. 科学用肥

香榧每年抽生新梢，开花结实并收获，因此对肥分有一定的要求。但从结实多少来看，并非越多越好。用肥过多，营养生长旺盛而徒长，致使生殖受抑，因生长中庸的结果母枝减少，达不到丰产的要求。用肥要科学。在以耕代抚的基础上，一般要使用采后肥（基肥）和孕育肥（追肥）二次，并结合秋挖春削进行。尽可能用有机肥作基肥，在有机肥源缺乏的情况下也可用复合肥或1:1碳铵拌过磷酸钙，通常用量为$10m^2$树冠投影1.5～2kg。但常年使用化肥会降低香榧品质，必须与有机肥隔年交替施用。追肥以复合肥为好，用量$10m^2$树冠投影1kg，以滴水线为界，按内7外3比例撒施。对长期结实累累的榧树更应加施有机肥。

3. 改善授粉

授粉是坐果的基础。目前许多产地因雄树不足、或分布不匀、花期不遇而导致减产。在缺雄株的榧林内雌株上高接雄枝和补植雄株，不失为长远之计，要抓紧趁早实施，但见效较慢。因此应同时采取人工辅助授粉这一应急补救措施，把早花、中花两种类型的雄树资源合理有效地利用起来。香榧人工授粉的方法有挂枝法、插枝法、喷雾法、浸枝法和撒粉法5种。前两种应用比较简单，在雄株较多又分布不均或刚开始人工授粉的地方可以选用；其缺点是对树体损伤太大，不宜长期采用。喷雾法和浸枝法的授粉效果比较理想，但在施行中要调制花粉液，背水上山上树，极不方便。撒粉法是一种简便易行的好方法。撒粉法在应用中分采蕾、摊放、收集、撒粉几个步骤。香榧雄树群体的花期有20d左右，而单株1~2d就进入盛花，因此采蕾的时间性很强，迟早一天都会影响花粉的收集，应事先摸清家底。在树冠下方花蕾的中轴迅速伸长，膨大，其色泽有1/2转黄，雄蕊间微裂，弹拨花蕾会有少量花粉撒出时采蕾正是时候，须及时采集；然后把采集到的花蕾，下垫白纸均匀薄摊，放置于室内通风避光处；经1~2d，花粉基本释放，用筛轻轻筛一下，去杂质收集花粉；在最适授粉期内选择和风晴朗天气，如遇风雨交界或低温，须待传粉滴重现后，将花粉盛入备用的授粉器（出口处用纱布包扎的竹筒，尾部横向装有一小木棍）内，将小棍固定在竹竿上，在榧林内摇动竹竿均匀地进行撒粉。有中花类型雄株分布的林分内，不必进行辅助授粉，可任其自然授粉。

4. 保花保果

据研究，香榧落花落果严重虽与营养和授粉不良有关，而主要是因花期和落果期由于不良天气造成胚珠着生处的离层薄壁细胞坏死之故。经试验表明，以单硝化愈伤木酚钠为主要成分的果树丰产专利产品，如万果宝、爱多收等都具有赋活离层薄壁细胞的保果机理，是颇具特效的香榧保果剂。应用时要按使用说明中木本果树配兑浓度兑水，切忌过浓。方法是叶面正反面喷雾。次数至少二次，即花期（4月中下旬）与落果期（5月中下旬）各1次。若能在花期喷施第一次后至6月上旬每隔10d左右喷1次，效果会更好。

五、虫害防治

从前，香榧罕见有虫害报道，但随着香榧身价的提升和对生产的重视，虫害相继被发现。主要害虫有两种。

1. 小潜蛾

1年2个世代，都以幼虫专门危害香榧，春季危害新梢，秋季危害叶片，转叶1~2次。大发生时受害严重，分别于5月、11月入土化蛹休眠，过夏越冬。

2. 金龟子

重点危害新梢。防治方法是在3月下旬至4月上旬当年生结果枝尚未完全展叶时，用10%吡虫啉可湿性粉剂2 500倍液或40%毒死蜱乳剂1 000~1 200倍液喷杀。也可在秋季（10月）用相同方法防治小潜蛾。

另外还有白蚁危害老龄榧树的根部及树体，可在蚁路上用白蚁专用诱包诱杀。

六、采收贮藏与加工利用

香榧利用经历了远古时代“用其材，食其果”的原始利用期，唐宋元明时代的药用栽培期，以枫桥香榧的发掘扩大为标志的果用良种期，乃至新中国成立之后步入的综合利用开发4个历史时期。从而积淀了深厚的文化底蕴，特别是以果用为主之后，发展到晚清至民国时期，香榧的采收与采后技术达到了炉火纯青的地步。原因是香榧的采收、后熟、加工技术直接关系到产量与品质。若处理不当，会导致丰产不丰收，甚至味劣而不堪食用。这也就是相同的香榧子而品味良莠悬殊的道理所在。

1. 采收

香榧采收过早，种实尚未充分成熟，水分含量高，种子在干燥过程中收缩性大，种仁皱褶，种衣嵌入褶缝难以剥离，炒食硬而不脆，无鲜香味，产量和质量都受影响。香榧假种皮由青绿转黄有少量裂开，表示已经成熟，即可采收。成熟后如遇阴雨，大量种子将自然脱落，会因鼠害等影响产量，因此，一旦榧果成熟，必须抓紧采收。香榧成熟不但因品类而异，还与海拔高低、土壤条件有关，应视成熟先后及时安排劳力，做到适时采收。由于香榧成熟时已孕育着幼果，为了保护幼果和树体，应该上树采摘，切忌用击落法采收。采摘时不宜将果实硬拉，只要将果实轻轻一旋即落。采收应一次完成。有的地方待种子自然脱落后，拣拾种子，但费工费时，且有损失。

上树采摘要注意安全。由于结果树自身负荷很大，上树采摘加大负荷，为了安全生产，可以用绳子把侧枝与骨干枝栓连在一起（榧农称“做单线”）加固，以防意外事故的发生。

2. 后熟处理

香榧种仁内含单宁，必须通过后熟处理才能食用。常用堆积法，利用自身的呼吸作用放出的热量，低温后熟。但如果堆放在通风不良之处，或堆积过厚，会因其水分丰富，呼吸作用强烈造成堆内温度难以散失而急剧上升，很快引起下层假种皮腐烂。假种皮中的香精原油与果胶汁液会从榧眼渗入种仁，使品质下降，炒食会有“榧臭”。因此，后熟必须妥善处理，有些地方用一次性腐烂后熟的方法不可取，应分假种皮后熟和种子后熟二次进行。二次堆沤后熟的方法是：采来的鲜果应堆放在通风阴凉的房间内，以泥面地为好，堆高 30～50cm，用柴爿桩通气，上覆稻草，堆放 7～10d，至假种皮由黄色转为微褐色，种子很易与假种皮分离（榧农称“脱核”）即可，这一过程为假种皮后熟，则应剥取种子。刚剥出的种子称“毛榧”，毛榧种仁内的单宁尚未转化，若立即洗净晒干炒食仍有涩味，须经种子后熟处理，促使单宁转化。第二次后熟是将毛榧堆高 30cm 左右，经 7～10d 以上，使种壳上残留的假种皮由黄褐色转黑色，同时种衣由紫红色转黑色即可。

经二次后熟处理后，种子选晴天用水洗，洗净后立即晒干，至少晒至种壳发白，否则水分易从榧眼渗入，导致种仁腐烂。晒干到 8.25 折（系收购验收标准）后，用单丝麻袋，也可用竹箩等通气容器贮藏。放置于通风干燥避光处，可贮存至翌年 5 月不变质，延至夏季则会产生油脂酸败而变味。

3. 加工

加工香榧子有烘制和炒制等方法。但由于目前木炭供应紧张，通常加工成双炒香榧。因香榧含油量高，极易炒焦，必须抓住分级下锅和掌握火候这两个技术要点。炒制前应先将香榧子按大、中、小分级。开始火头要旺，先把 1∶1 的砂或粗盐炒烫手，然后将大粒香榧子放入锅内翻炒，等大粒的烫手后再放入中粒的，最后放入小粒的。若批量大的，宜分级加工。翻炒要快，使水汽尽快散发，待发出唧唧声时，取出香榧子浸入冷水中，起到热胀冷缩作用，会使脱衣容易。若在冷水中加入少量食盐，那末加工而成的叫椒盐香榧。水中稍待片刻取出香榧子并沥干，再放入锅中仍用猛火第二次翻炒。当闻到榧香气后改用文火焙炒，并经常检查炒熟程度，炒至小粒香榧子种仁由白色变淡黄色，尖头呈褐黄色，稍经摊凉，种仁变硬，种衣易于脱落时立即起锅，与砂或盐分离后，薄摊，使其降温，摊冷后收藏于密闭容器中。这样炒制的香榧子香酥可口。另外香榧还可生产香榧糖、酥、缠、饼等，商品价值更高。

4. 提取香料

香榧假种皮含有 26 种芳香成分，提取的浸膏和芳香油是香料行业特有的香型新产品，不但有独特的浓厚清香，而且有持久的留香定香效果。浸膏得率为 1.0%～1.2%，每千克售价 400 元左右，变废为宝，效益十分可观。可采用浸提（石油醚作溶剂）和蒸馏两种方法提取。

5. 木材利用

香榧材质致密，不翘不裂，硬度适中，是高档工艺雕刻良材，特别是作为高级围棋盘的优质材料，价高货俏。

（任钦良）

11. 扁　桃

扁桃（*Amygdalus communis* Linn.）又名巴旦杏，新疆维吾尔语称巴旦木，是世界著名干果树种，近20年来世界扁桃年产量稳定在100万~150万t，在世界坚果总产量中约占30%，列第一位。

扁桃营养价值高，每千克种仁含水只有50g，热量为5 980卡，脂肪含量540g，蛋白质含量190g，总碳水化合物含量200g，含纤维30g，灰分物质30g，钙2 340mg，磷5g，铁50mg，钠40mg，钾7 700mg，镁6 250mg，V_{B_1} 2.4mg，V_{B_2} 9.2mg，V_{B_5} 35.0，还含有维生素C、杏仁苷、消化酶、杏仁素酶等成分。

扁桃起源于中亚细亚，原产地属干旱、半干旱内陆地区，为大陆型气候。夏季酷热，冬季严寒，年温差大。光照强，降水少，植被为半荒漠带旱生类型，土壤为棕色荒漠土或漠钙土。

扁桃的栽培历史约6 000年，早在公元前约4 000年，伊朗、土耳其等国便开始了扁桃的引种驯化栽培。公元前450年，扁桃从希腊传到了地中海沿岸各国直至欧洲，其中心包括现在的西班牙、葡萄牙、希腊、摩洛哥、突尼斯、土耳其、法国和意大利。目前，全球约32个国家生产扁桃，其中美国的栽培面积及产量均居世界之首。1995年美国的扁桃面积为19.4万hm^2，年总产量32万t左右，产量的一大半出口到40多个国家。据不完全统计，1990年世界扁桃总产量为123万t，引种栽培地广及西班牙、葡萄牙、法国、意大利、希腊、土耳其、叙利亚、巴勒斯坦、伊拉克、以色列、伊朗、中国、印度、乌克兰、塔吉克斯坦、乌兹别克斯坦、阿富汗、突尼斯、摩洛哥、美国、澳大利亚、阿根廷及爪哇岛、马六甲岛、南非等国家和地区。目前，扁桃产量较高的国家除美国外，还有西班牙、意大利、希腊、土耳其、伊朗、葡萄牙。

扁桃在上述国家尤其是美国的大面积栽培是在19世纪后期，由于Nonpareil等丰产优质品种被选育出来并陆续在生产上应用，才开始了规模性发展。因此可以说，世界扁桃的育种、栽培、生产经营及科研等活动，大约经历了150多年的历史。

我国有记载的扁桃引种始于唐朝，据唐书《酉阳杂俎》中记载："偏桃出波斯国，波斯呼为婆淡树，花落结实，状如桃子而形偏，故谓之偏桃。其肉涩不可噉，核中仁甘甜，西域诸国并珍之"。可见1 300年前西域已有扁桃并被视为珍品，扁桃即由偏桃而来。明李时珍《本草纲目》中又称："扁桃出回回旧地，今关西诸土亦有"，扁桃即巴旦杏，现今维吾尔语巴旦木源于波斯语Badam，巴旦杏之名也由此而来。扁桃经丝绸之路引种长安，沿途在我国新疆、甘肃、宁夏、陕西均曾栽培过，后因战乱及内地湿度过高而在绝迹。

从20世纪50年代起，以中国科学院为代表的科研单位在北京、河北、陕西等地进行了一系列扁桃的引种工作，植株基本能够生长，并完成阶段发育和开花结实，但由于这些省（自治区、直辖市）温湿度较高，植株极易感染病害，枝条停止休眠晚，越冬时易受冻害，因而结实量大大降低，未能大面积发展。

近年来，我国自东经75°50′（新疆喀什）~122°（辽东半岛），北纬33°45′（陕西商县）~43°40′（新疆伊宁）的北方各省均曾引种过扁桃，但能正常生长发育的仅限于新疆的喀什、和田、阿克苏等地区。由于历史条件的限制，新疆在新中国成立初期，民间保留下来的扁桃多呈零星散植状态，产量较低。60年代后，扁桃这一珍贵资源逐渐得到了广泛重视和利用，新疆先后从原苏联、阿尔巴尼亚、伊朗、意大利及美国引入一些品种的种子、接穗及苗木，经20余年的栽培，现大部分已驯化成功。

目前，新疆扁桃栽培面积约为1万hm^2，其中大多以农林间作模式栽培，少数为片园栽植和宅前房后零星栽植。1987年，新疆的扁桃商品基地建设被纳入国家林业工程项目。1996年以来，新疆维吾尔自治区党委也把发展扁桃果树生产作为南疆广大贫困县脱贫致富的支柱产业。新疆农业大学、新疆林业科学研究院等开展了一系列与扁桃资源、生物学特性及栽培技术等相关的研究工作。

一、主要物种

扁桃属蔷薇科李亚科桃属扁桃亚属植物，约有40个种。在我国有6个种。

1. 扁桃（*A. communis* L.）

为落叶乔木，高3～12m。树干及多年生骨干枝的树皮为褐黑色，2年生枝皮灰褐色，1年生枝上无绒毛，下垂，绿色，有时有淡玫瑰色斑。芽呈暗褐色，芽顶部紧贴枝条。树冠通常不正。枝叶繁茂，根系发达，入土深。叶光滑，淡绿色，有托叶，单生；披针形或长椭圆形，有明显的主脉；叶缘有小锯齿，叶柄短，叶基部有2～4个小蜜腺。花芽在秋季形成，花芽着生于短枝上或生长枝基部，且两芽或3芽复生，形成类似极短的花束状果枝。普通扁桃花两性，通常花先于叶开放，虫媒花，异花授粉。花瓣顶裂，白色或粉红色，花瓣、萼片多为5枚，少6枚，轮状排列，多体雄蕊（25～40枚），单雌蕊，湿型柱头。子房上位，1心皮，内含2个并列或上下排裂的胚珠，通常只发育一个，子房外壁附大量柔毛。花托基部有小蜜腺，花托隆起。果实单生，核果，着生在短果柄上。果实圆形或圆筒形，顶部钝或尖，果皮绿色或具淡红色晕。果实成熟时果皮干燥裂开。内果皮（即核壳）具有不同的厚度和硬度。内面光滑，外表面有各种沟纹和小孔，由淡黄色到褐色。通常内含核仁一粒，有时呈双仁，外覆有褐色种皮。幼嫩的白色核仁味甜或苦，开花后4～5个月成熟。在我国的分布为新疆的喀什及和田地区。

2. 唐古特扁桃［*A. tangutica*（Batal.）Korsh.］

又名四川扁桃、西康扁桃。落叶灌木，枝条稠密有刺，小枝平滑，褐色，通常簇生。叶倒披针形或长椭圆形，长1～3cm，先端渐尖或钝尖，具细微凸头，基部楔形，边缘具钝锯齿；叶表面暗绿色，背面灰绿色，侧脉5～8对。花单生，无梗，花冠径2.5cm，萼片广椭圆至卵圆形，光滑有不明显的细齿，与萼筒等长。花瓣倒卵形。果实圆形有密生绒毛，果肉薄，开裂。核近球形，两面均隆起成脊，表面有皱纹，无凹穴。产于甘肃东部、青海、四川西部及松潘县等地。可供观赏和作栽培扁桃的矮化砧。

3. 蒙古扁桃［*A. mongolica*（Maxim.）Ricker］

本种与唐古特扁桃极为相近。叶广卵形，长约1cm，侧脉四对。果小，微有绒毛。分布于我国内蒙古、宁夏、甘肃的北部沙区。抗寒、抗旱。可供观赏，并可作育种材料和矮化砧。

4. 长柄扁桃（*A. pedunculata* Pall.）

又名野樱桃。落叶小灌木，树高0.5～2m。具有大量短枝，枝无刺。叶缘有粗大锯齿，果实卵形或长卵形，核果近1cm长，结果多，果肉干枯开裂。主要分布在我国内蒙古及陕西北部沙漠里。耐旱、抗寒。可用于杂交育种材料并可作为观赏树和矮化砧。

5. 矮扁桃（*A. nana* Linn.）

本种野生于新疆塔城地区的巴尔鲁克山中。灌木，高1～2m，枝条平展，无刺，短枝多，嫩枝无毛，一年生枝红棕色，多年生枝灰色，冬芽圆锥形，鳞片红褐色。叶片长卵圆形，长2.5～7.5cm、宽0.5～1.5cm，先端渐尖、基部楔形，叶缘全缘或具浅钝锯齿，叶柄长0.4～0.8cm，叶排列在当年生枝上互生，越年生枝上簇生。花1～2朵，多为复生，着生在短枝或少数长枝上，花梗很短，萼筒倒圆锥形，长0.7～0.9cm，外面无毛，萼片卵圆披针形，边缘有腺状细齿，花瓣长卵圆形，粉红色，长1.2～1.7cm，先端钝或微缺。果实很小，密被绒毛，圆形或卵圆形，长1.5～2.5cm，宽1.2～2cm，先端短尖或钝，基部圆截形，背缝线、腹缝线匀呈弧曲。核壳坚硬圆形或卵圆形，长1.2～2.2cm、宽1.0～1.7cm，厚0.6～1.0cm，浅褐色，表面具浅网纹状沟槽，腹缝线有窄翼，背缝线光滑。核内通常含种子1粒，个别有2粒，种仁微苦。花期4月下旬至5月初，果实成熟期平原在7月上旬至7月下旬，山区在8月上旬至8月下旬。该种抗寒力强。可作栽培种的矮化砧木和育种材料。

6. 榆叶梅［*A. triloba*（Lindl.）Ricker］

灌木，高2～3m，嫩枝无毛或微被柔毛。叶片宽椭圆形至倒卵圆形，长2.5～6.0cm，宽1.6～3.0cm，先端渐尖，常3裂，基部宽楔形，边缘具粗重锯齿，正面具稀疏柔毛或无毛，背面被短柔毛，叶柄长0.5～0.8cm，被短柔毛。花1～2朵，直径2～3cm，萼筒宽钟状，无毛或被柔毛，萼片卵圆三角形，具细小锯齿，花瓣粉红色，倒卵形或近卵形，先端微凹或圆纯，雄蕊约30枚，短于花瓣，子房被短柔毛。果实近球形，红色，被毛，直径1～1.5cm，果肉薄，成熟时开裂；核球形，具厚壳，表面有皱纹。核内种子1粒，种仁苦。花期4月中旬至月底，果实成熟期7月中旬。

二、主要栽培品种

目前新疆主产区栽培的扁桃品种有纸皮、双果、多果、双软、晚丰、鹰嘴、克西、双薄、寒丰、麻克、阿曼尼亚、巴旦王、叶尔羌、矮丰、浓帕烈、米桑。它们大部分是经新疆维吾尔自治区林木良种审定委员会1995年审定和认定的品种类型，一部分是近年来选育出和引进的新品种类型。

1. 纸皮

又名露仁。树势强健，树姿直立，分枝角度小，树冠开心，新梢直，斜生，平均长32cm，7年生树高7m，冠径2.5m，树干黄褐色，较粗糙，树皮呈条状裂纹，枝条皮孔密，较大，平，长椭圆形。叶芽卵形，叶宽披针形，叶色浓绿，叶片厚，平展，边缘具整齐细钝锯齿，叶尖突尖，基部楔形，叶长5.2～7.2cm，宽1.9～2.1cm，叶柄长1.8～2.0cm。花芽较大，钝圆锥形，鳞片紧密，紫褐。花白色，花瓣6瓣，椭圆形，皱褶多，雄蕊32～34枚，花药较大，花粉量多。雌蕊1枚，花柱比雄蕊高。萼筒较大，椭圆形。坚果果形较大，长2.9cm，宽1.3cm，厚1.1cm，长椭圆形，先端渐尖，浅褐色，表面为浅沟有纤维剥落；果壳厚度0.08～0.1cm，软壳，果翼狭，单粒重1.3～1.4g，仁重0.63～0.8g，出仁率48.7%～58%，含油率54.7%～57.7%。风味佳，品质优。

该品种年生育期短，4月初芽萌动，上旬开花，下旬展叶，8月初坚果成熟，10月底落叶，生育期210d左右，结果枝以越年短果枝群为主。抗寒力较弱，较抗病虫害。

2. 双果

树姿开张，萌芽率高，成枝力强，新枝红褐色，较健壮，老枝棕褐色，树干灰褐色，10年生树高4m，冠幅南北4.5m，东西3.5m，树势中庸。叶披针形，长9～10cm，宽2.3～2.5cm，叶尖渐尖，基部楔形，羽状脉稀而不整齐，叶缘具勾锯齿，叶柄长2～2.2cm，呈棕红色，叶面淡绿色，有红晕。花粉红色，花瓣6～7瓣，雄蕊35～38枚，大多数花中有两个雌蕊，雌蕊直立，位于雄蕊群之中，双雌蕊同时受精，孕育成共柄联生的双果，呈翅状对生，故取名双果。若一个雌蕊受精，则成单果，另一个萎缩。花朵密集，平均每米枝条花朵量220个。4月上旬开花，花期9～10d，果实8月下旬成熟。坚果较大，长扁圆形，先端尖，基部楔形，纵径2.9cm，横径1.4cm，侧径1.3cm；果壳白色，或微显浅黄，有浅斑点，较软，厚0.13～0.16cm；坚果缝合线无翅，较易裂，单粒重1.8～2.2g，出仁率54%，含油率59.2%，仁饱满，深褐色，纵纹明显。

双果扁桃适应性广，抗寒性强，枝条着果密，结果性状良好，产量高。坚果品质优，缝合线易裂，宜带壳销售或加工取仁。味香甜，品质优，是优良的主栽品种，可与克西扁桃配对栽植。

3. 鹰嘴

树势中庸，枝条细软，自然成形好，新枝浅绿色并泛红晕，老枝灰褐色，12年生树高7m，干主高25cm，干周75cm，冠幅南北6m，东西5m，短果枝结果为主。叶披针形，长6.5～7cm，宽1.5～2cm，叶尖呈渐尖形，叶基圆楔形，羽状脉整齐，叶缘具圆锯齿，每齿间有一小突起，叶柄长1.2～1.5cm，棕红色，叶面绿色，革质。花较大，浅粉红色，花萼紫红色，花瓣5枚，雄蕊28～32枚，雌蕊1枚，外被很厚的绒毛，略高于雄蕊，先端弯曲，花密度较小，平均每米枝条花朵量84朵。坚果较大，扁圆锤形，先端尖，稍弯曲，形似鹰嘴。基部平，纵径3.18cm，横径1.6cm，侧径1.27cm，果壳浅黄褐色，较光滑，斑点稀、细、较深，壳厚0.18cm，坚果缝合线无翅，难开裂，单粒重1.9～2g，出仁率50.2%，含油率50%，仁饱满，棕褐色，味香，丰产，稳产。4月上旬开花，花期9～10d，果实8月底成熟，鹰嘴适应性广，抗寒性强，具早期丰产性，产量较高，品质上，适合加工取仁，可作主栽品种，也可与纸皮配置相互授粉。

4. 克西

树势中等，树姿开张，新枝绿色，带桃红色晕，健壮，直立，以中、短枝为主，老枝灰褐色，树干褐色，13年生树高4.4m，冠幅南北4.5m，东西4m。叶披针形，长7.5～8.5cm，宽2～2.5cm，羽状脉整齐，叶缘具圆锯齿，齿间有一小突起，叶尖端渐尖，基部楔形，叶革质，色浓绿，有光泽。花色桃红，花瓣5瓣，雄蕊30～33枚，雌蕊1枚，雌雄蕊一般等高，或雌蕊略低于雄蕊，花量较多，果枝平均每米枝条花朵量105朵，坚果大型，果实扁，向背缝线跷起，形似船形鞋，维吾尔语克西即船形鞋的意思。坚果纵径3.5cm，横径1.83cm，侧径1.19cm，壳较软，浅棕色，具稀疏的不规则的孔状斑纹，壳厚0.18cm，坚果缝合线不易裂，单粒重2.5g，出仁率46.95%，含油率51%，仁饱满，棕黄色，有少量纵纹，味浓甜，产量中等。4月上旬开花，花期10d，果实8月下旬成熟。

克西早果性强，果型大，外观好看，味道香甜，宜带壳销售生食，或取仁加工。品质中上，可作为麻壳、鹰嘴、纸皮等品种的授粉树，搭配栽植。

5. 麻壳

树势中等，树姿开张，幼枝棕红色，较细软，老枝棕褐色，树干灰褐色，20 年生树，高 5.5m，冠幅南北 6.5m，东西 5m。叶披针形，细长，叶长 8～9cm，宽 1.8～2cm，尖端渐尖，基部楔形，叶脉羽状，较稀，叶缘具勾锯齿，叶柄棕红色，长 1.8～2.2cm，叶面深绿色，角质，有光泽。花多为 6 瓣，花柄长，花筒肥大，呈六棱状，紫红色。雄蕊 41～45 枚，雌蕊 1 枚，高于雄蕊，柱头顶端小，不明显，果枝平均每米枝条花朵量 136 朵，短果枝占优势。坚果较大，先端稍扁，向背缝线向微弯，基部圆楔形，纵径 3.2cm，横径 1.8cm，侧径 1.28cm，坚果黄褐色，壳较松软，有深斑点形成网状沟纹。壳厚 0.11cm，缝合线有翅较易裂开，坚果单粒重 2～2.4g，出仁率 50.97%，果仁含油率 59%，仁饱满，棕色，香味浓，稳产。4 月上旬开花，花期 7～10d，果实 9 月上旬成熟。

麻壳的畸形花数量多，产量较低，但它能与多数品种互相授粉，有抗寒、耐旱、抗风等特性，坚果品质较好，品质中上。它是主要的授粉树品种。

6. 双软

树势强健，树姿开张，分枝角度大，树冠开心，新梢平均长 29cm，7 年生树高 4.4m，冠径 3.2m，树干灰褐、较粗糙。叶芽圆锥形，叶阔披针形，叶色浓绿，叶片厚，平展，边缘具整齐细锯齿，叶尖渐尖，基部楔形具腺，叶长 5.0～7.5cm，宽 2.0～2.5cm，叶柄长 1.5～2.0cm，粗 0.12cm。花芽小、圆形、鳞片紧、紫褐，花芽丛生占 69%，花期早，花冠小，花白色。花瓣短椭圆形，皱褶多，雄蕊 35～40 枚，花药大、黄色，花粉量多，雌蕊 1 枚，花柱与雌蕊等高。萼筒较大，椭圆形。结果枝以小短果枝群为主，坚果早熟，果形较大，长 2.7cm，宽 1.7cm，厚 1.6cm，呈圆球形，先端短尖，浅褐色，果面孔点多有纤维剥落，果壳厚 0.1cm，软壳，果翼狭，单果重 1.77～1.83g，双仁占 40%～60%，仁重 0.8～0.98g，出仁率 44.4%～55.7%，含油率 54.7%～55.4%，风味美。3 月底芽萌动，4 月中旬开花，下旬展叶，8 月上旬坚果成熟，11 月上旬落叶，生育期 220d 左右，抗寒，较抗病虫害，品质中上。

7. 双薄

树势强健，树姿开张，分枝角度大，树冠开心，新梢直，斜生，平均长 62cm，7 年生树高 4.2m，冠径 4.0m。树干黄褐，较粗糙，树皮条状裂，皮孔疏、小、突出、近圆形。叶芽卵形，叶狭披针形，叶色淡绿，叶片薄、平展，边缘具整齐细钝锯齿，叶尖渐尖，基部楔形具小蜜腺，叶长 4.8～6.2cm，宽 1.1～1.3cm，叶柄长 1.7～1.9cm、粗 0.08cm。花芽大，圆锤形，鳞片紧，紫褐色。花冠较大，花白色，花瓣圆形，褶皱少，雄蕊 20～30 枚，花药大、黄色，花粉量多，雌蕊 1 枚，花柱比雄蕊高。萼筒较大，椭圆形。结果枝以越年中果枝，短果枝，小短果枝结果，坚果早熟，果形较大，长 2.4cm，宽 1.7cm，厚 1.4cm，呈圆球形，先端短尖，灰白色，果面孔点多，果壳厚 0.1cm，薄壳，果翼狭，单果重 1.6～1.9g，双仁占 60%～80%，仁重 0.65～0.8g，核仁率 40.5%～43.7%，含油率 56.8%～57.95%，风味甘美。双薄扁桃 4 月初芽萌动，上旬开花，中旬展叶，8 月上旬坚果成熟，11 月中旬落叶，抗寒，抗虫性弱，品质中上。

8. 多果

树势极强，树姿直立，分枝角度小，树冠开心，新梢直立，平均长 23cm，7 年生树高 7.2m，冠径 2.5m。树干灰褐，较粗糙，树皮条状裂，皮孔疏、小、突出、椭圆形。叶芽圆锥形，叶披针形，叶色绿，叶片厚、平展，边缘具整齐细钝锯齿，叶尖渐尖，基部楔形，叶长 4～5.3cm，宽 1.2～1.4cm，叶柄长 1.2～2.2cm、粗 0.10cm。花芽较大，椭圆形，鳞片紧，深褐，花芽丛生率占 50%，花冠小，淡粉色，花瓣椭圆形，褶皱少，雄蕊 26～32 枚，花药大、黄色，花粉量多，雌蕊 2～4 枚，花柱比雄蕊高，萼筒较大，椭圆形。结果枝以越年短果枝为主，坚果中熟，果形较大，长 3.7cm，宽 1.5cm，厚 1.2cm，呈长椭圆形，先端扁，浅褐色，果面孔点多、深，果壳厚 0.19cm，中壳，果翼狭，单粒重 1.8～1.9g，仁重 0.65～0.76g，含油率 55.8%～60%，风味甘美。4 月初芽萌动，上旬开花，中旬展叶，8 月下旬坚果成熟，11 月中旬落叶，生育期 230d 左右，较抗寒，抗虫，品质中上。

9. 晚丰

树势强健，树姿下垂，分枝角度大，树冠开心，新梢直立生长，平均长 13cm，7 年生树高 4.5m，冠径 5.5m。树干深灰褐、粗糙，皮丝状裂，皮孔密、大、突出、长椭圆形。叶芽卵形，叶长椭圆形，叶色绿，叶片厚、平展，边缘具整齐大钝锯齿，叶尖渐尖，基部楔形具蜜腺，叶长 53～6.7cm，宽 1.8～2.2cm，叶柄长 1.4～1.8cm、粗 0.1cm。花芽较大，圆形，鳞片紧，紫褐，花芽丛生，占 50%，花期早，花冠较大，花白色。花瓣椭圆形，褶皱较多，雄蕊28~34枚，花药小，浅黄色，花粉量较多，雌蕊1枚，花柱比雄蕊略高，萼筒较大，圆形。结果枝以越年短果枝群为主，坚果晚熟，果形较大，长3.3cm，宽1.8cm，厚1.2cm，呈卵圆形，先端扁，褐色，果面孔点多、浅，果壳厚0.18cm，中壳，果翼宽，单果重1.9~2.2g，仁重0.7~1.0g，核仁率42.1%~42.9%，含油率58.9%~59.7%，风味甘美。3月下旬芽萌动，4月上旬开花、中旬展叶，9月上旬坚果成熟，11月中旬落叶，生育期237d左右，较抗寒，抗虫性弱，品质中。

10. 寒丰

树势强健，树姿开张，分枝角度大，树冠开心，新梢直，斜生，平均长23.7cm，7年生树高4m，冠径2.9m。树干灰褐，较粗糙，皮条状裂，皮孔较密、小、突出、椭圆形。叶芽卵形，叶披针形，叶色绿，叶片较薄，叶长1.5~8.5cm，宽0.6~2cm，叶柄长0.5~2.3cm，粗0.1cm。花芽大，圆形，鳞片紧，紫褐，花芽丛生占80%，花冠较大，花白色。花瓣圆形，褶皱较多，雄蕊28~30枚，花药较大，黄色，花粉量较多，雌蕊1枚，花柱比雄蕊略高，萼筒较大，椭圆形。结果枝以越年短果枝群为主，坚果中熟，果形较大，长2.6cm，宽1.73cm，厚1.25cm，呈近圆形，先端短尖，浅褐色，果面孔点较多、浅，果壳厚0.17cm，中壳，果翼狭，单果重1.7~2.0g，仁重0.7~0.8g，核仁率40.0%~41.1%，含油率58.4%~59.55%，风味甘甜。4月初芽萌动，中旬开花，下旬展叶，8月下旬坚果成熟，11月上旬落叶，生育期220d左右，抗寒，抗虫，品质中。

11. 浓帕烈（Nonpareil）

美国主栽品种，约占全美扁桃产最的一半以上。果仁平滑，均匀，外观好，颜色淡褐色。外壳薄如纸（出仁率60%~70%），一般的密闭都很差，所以这种坚果往往成为鸟类和蛆虫的目标，因而果仁不能受到很好的保护。花期较早，坚果成熟早（在美国加利福尼亚8月下旬或9月上旬），容易感染非侵染性芽坏死病，易遭鸟害。目前新疆产区有少量引进试栽。

12. 米桑（Misson）

美国加利福尼亚州的第二个重要的栽培品种，其质量与Nonpareil不十分相同，但因略带苦味而受到某些消费者欢迎。果形特大，外壳非常硬，出仁率为40%~45%。树体直立，生长旺盛。花期在浓帕烈之后几天并与之异花授粉。具有抗蛆虫危害和鸟害的能力。在加州的收获期为9月底或10月初。该品种比其他品种更易遭受盐害。目前新疆产区有少量引进试栽。

三、生物学特性

（一）生态习性

扁桃生长、发育、结果与环境因素密切相关，特别在开花季节，温度变化对能否成功栽培扁桃是关键因素。扁桃比较抗寒，落叶迟，在休眠期可忍耐-27~-20℃，一些国家对扁桃花期的耐寒性进行了细致研究，认为扁桃对短期低温有一定耐性。Nieddu等（1990）将不同品种带有花的枝条置于不同温度下，发现温度高低与开花期早晚呈正相关关系，温度高则开花早。扁桃适宜授粉温度是15~18℃，温度降到0.2~1.4℃时，花和花芽停止发育，花药不开裂。在-1.1℃时子房受害，-2.7℃时花受害，-3.3℃时花蕾受害。因此花期如遇低温，产量便会受到影响。另外，高温缩短花期，低温则延长花期。在花期抗寒措施上，一般采用烟熏法防霜冻。

扁桃喜光，不耐荫。如在密植栽培条件下树冠呈扫帚形，仅顶部有较多叶片；在树冠中枝条密度不均匀时，枝条向有空间处弯曲，枝条密集的地方则易发生枝条枯死现象；在持久的阴暗条件下，扁桃的花和子房会发生脱落。扁桃日照时数以每年2 500~3 500h最为理想。

（二）生长发育

扁桃根系发达，尤其是侧生根系庞大，主要分布在20~40cm土层。根系的耐旱性强。因砧木种类不同，其生长和分布特性及抗逆性、适应性均有所差异。

扁桃的萌芽力强，新梢生长旺盛，年生长量可达2m以上，芽具有早熟性，在一个生长季节，可发生二次枝。通过夏季修剪可以加快树体整形，以提早结果，同时可采用摘心来控制新梢生长，充实枝条，提高其越冬安全性。扁桃的隐芽萌发力较强，树冠容易更新。

扁桃是喜光树种，在栽植过密或遮荫的情况下，枝条往往变得纤细、弯曲，内膛空虚，枝条徒长，结果不良，在选择园地和确定株行距时应当注意。扁桃以越年中果枝、短果枝，或短果枝群结果为主。

扁桃的大多数品种自花不实，且授粉要求有较高的温度。所以，要配置花期相同的授粉品种，并在花期有足够的蜜蜂保证授粉，才能获得良好的产量。扁桃在开花后3～4个月果实成熟。果实的发育第一阶段（40d），可达到成熟果实长度的95%（即纵径生长），在第二阶段（40d）果实长度增长仅5%，开花后72～80d，进入硬核期。在花后83～90d，胚和子叶的扩大生长结束。核仁重量的增加是从硬核期到果皮开裂即成熟期进行的。扁桃子叶的含水量在成熟过程中由82.1%减少到25%，果实中脂肪积累的速度在果实成熟的前1个月（6～7月份）最快。

扁桃开始结果较早，一般实生苗3～4年开始结果，嫁接苗2～3年开始结果，12～15年进入盛果期，40～50年以后结果力开始下降。扁桃的寿命为120～130年，良好的栽培管理条件下可延长其寿命。

（三）物候期

扁桃具有开花早的习性，开花比桃早，与杏同时。扁桃花芽膨大和开放的速度快于叶芽，给人的感觉是先花后叶，其展叶时间在盛花中后期。在新疆扁桃主产区，扁桃的花期主要集中在3月下旬到4月上中旬，单花开放时间5～7d，单株开花时间一般可持续10d左右，主栽品种的盛花期完全重叠。由于扁桃开花较早，极易遭受晚霜危害，建园时可选栽晚开花的品种，并注意园地不能选择在低洼处。

四、栽培技术

（一）苗木繁殖

扁桃用嫁接、实生或根蘖繁殖均可。在生产中普遍采用嫁接繁殖，这和其他核果类果树的繁殖方法基本一样。

扁桃嫁接繁殖采用的砧木有扁桃实生苗、桃实生苗及扁桃与桃的杂种实生苗（俗称桃巴旦[*A. communis* var. *persicoides*（Wost）Rehd.]）。其中毛桃（*A. persica*）作砧木，亲和力好，成活率高，生长旺，抗寒力强，能正常开花结果，适宜黏重湿润土壤，但愈合后砧、穗径粗不一致，相对寿命较短。新疆多采用桃巴旦做砧木，它适于贫瘠土壤且根系发达，适应性、抗寒性和生产性都较为理想。嫁接方法主要用芽接，以套芽接（管状芽接）和T字形芽接较为普遍。T字形芽接一般在5月中、下旬至8月份进行。新疆喀什地区套芽接在4～5月份，将皮管套在砧木芽眼处，越紧越好，套紧后不必绑缚，极易成活。

（二）建园

扁桃是喜光树种，又具有休眠期短，开花早的特性，应选择在晚霜不易发生且避风向阳的南山坡中部和开阔的谷地及平原建园。

扁桃自花不实，一定要配置授粉树，可以每隔2～3行主栽品种，配置1～2行授粉品种。栽植过密，生长不良，结果很少，可根据当地情况，选用3m×5m，4m×4m，4m×5m或4m×6m等密度，在干旱地区适当密些，在肥沃的灌区可栽稀一些。在国外，中亚国家采用每公顷种植扁桃300～600株，法国150～400株，西班牙100株，美国120～200株。

扁桃的生产力因栽培条件而异。栽培管理正常的，在定植的第3～4年即可生产一定数量的干果，第8～9年公顷产可达1 050kg以上，而在科学先进的管理条件下，盛果期每公顷产1.8～3.0t。

（三）土肥水管理

扁桃对土壤适应性强，但以土层深厚肥沃，排水良好的壤土和砂壤土为宜。不适于过分黏重和地下水位高的土壤，土壤pH值7～8；扁桃园每年应进行秋耕，深度20～25cm。在生长季节，果园应保持疏松无杂草状态。在水分充足的地区，果园行间可播种多年生草或覆盖作物，特别是绿肥作物。

施肥应着重施基肥，幼龄树每年施基肥1次，成年树可2～3年施1次；幼树每年每株15～25kg，成年树每年25～100kg。在有条件的地方应追施无机肥料，主要在春季开花前、夏季果实形成期和秋季采收后进行。

扁桃和桃一样对氮肥要求较高，缺氮时，果实发育不良，降低产量。美国一般给每年每株成年树施0.9～1.8kg的纯氮，同时也要结合施用磷、钾肥，并适当补充微肥；在生产上还可以利用激素（琥珀酸）延迟花期，调整花芽数量从而提高产量。

扁桃对钾和锌要求不严格，但在砂壤土生长的扁桃，对施锌肥有良好反应。土壤中缺钙会引起扁桃生长弯曲和缩短寿命。扁桃有一定的耐盐性，但土壤中盐过多则会发育不良。

地中海沿岸国家年降水量为400～450mm以上，一般不进行灌溉，而年降水量在400mm以下的中亚地区，扁桃在生长季节要灌8～10次水，美国加利福尼亚州多采用滴灌或微喷灌。扁桃对春季和夏季雨水敏感，因为雨天会增加褐腐病、绿腐病等对花果的侵害以及穿孔病侵染，夏季的雾和雨可使成熟果实的核壳变成棕色，从而降低销售价格，应予注意。

（四）整形修剪

扁桃定植当年定干，第二年后开始整形，可采用疏层形或自然开心形整枝，主干高度 50～70cm，疏层形上留主枝 5～7 个，分为 2～3 层。开心形上留主枝 3～4 个，每隔 10～20cm 左右在主干上交错配置，主枝间方位角 90°～120°，在主干上除主枝外，其他枝条只要不太密可摘心保留，以促使主干加粗生长。扁桃的修剪量较轻，冬季修剪和夏剪配合进行最佳。修剪方式与杏相似，幼龄树以轻剪缓放为主，结果枝组适当短剪回缩。各级骨干枝的延长枝按需要长度进行短剪，对徒长枝、枯枝、病虫枝及过密枝加以疏除。盛果期树的修剪以疏剪为主，适当进行短截，注意保留较多的中、短果枝，加强结果枝组的培养和更新。

具体操作上，定植时将苗木剪截到 70cm 左右高度，在第 1 年冬季，以 15cm 左右的距离间隔，选择 3 个主枝，短截至 0.6～0.9m 长，最上面的主枝应是最长的。在第二年底，在每个主枝上选择两个第二级分枝，但不再短截，之后的修剪是轻度的，可在每年夏季对骨干枝以外的枝条进行摘心控制。进入成年后的树体修剪，必须除去密集和竞争的枝条。随着树龄的增长和树势的逐渐缓和，需要加强修剪以保持其生长势，并使树体通风透光。如果不进行修剪，树冠会逐渐密闭，树体的下部通透性变差，树冠光照不良，结果部位外移。徒长枝除非用作更新枝组，否则应当除去。

五、病虫害防治

扁桃的病害主要有褐腐病、弹孔病、溃疡病、叶疮痂病、叶枯萎病、果软腐病、冠腐病等，新疆的扁桃生产上病害较少，只在苗期常见立枯病发生，成年树有非侵染性病害发生，树势弱是易染枝干流胶病。另外还有一些病毒危害扁桃。扁桃虫害主要有螨类、介壳虫、红蜘蛛、蝽类、蚜虫等，防治采取生物防治与化学防治相结合，主要措施是选用无病的健壮种苗，并培育抗病虫品种。以下简介几种病虫害的发生及防治方法。

（一）病害防治

1. 褐腐病

褐腐病是一种真菌性病害（*Ionilinia* sp.），主要危害扁桃的枝、芽、花等器官。严重时使短枝或新梢枯死。以孢子在小枝上越冬，可在冬天喷药杀死越冬孢子来进行防治，也可在开花时用杀真菌剂防治。

2. 弹孔病

真菌性病害（*Coryneum beijerinckii*），主要危害花芽、花和幼果，在叶片上形成明显的穿孔病状，最后造成落叶。可以在开花前后喷施杀真菌剂进行防治。

3. 细菌性溃疡病

这是一种细菌性病害（*Pseudomonas syringae*），春季对花和新梢侵染造成枯萎症状。此病一般先感染侧枝或枝组，最后发展到主枝，使之溃疡并流胶，幼树感病后有时可能致死。在冷凉的高湿季节中特别严重。Nonpareil 特别易感染此病。

4. 叶疮痂病

真菌性病害（*Cladosprium* sp.），在早春对叶、新梢和果实造成疮痂状危害。可在花瓣脱落和幼果膨大时用杀真菌剂进行防治。

5. 叶枯萎病

真菌性病害（*Hendersonia rubi*），危害树叶，造成黄叶，并使叶干枯死在树上。可在休眠季节或花瓣脱落时用杀真菌剂进行防治。

6. 流胶病

病菌由冻害、日灼、修剪、虫害伤口侵入，引起树势衰弱，生理失调而发生流胶，胶是由细胞中原生质产生的酵素，溶解了细胞中间层的产物。主要症状是在主干、主枝、侧枝部位溃疡流胶，初期病部稍肿胀，皮下组织和形成层渐变褐色，从皮孔或伤口流出半透明的胶状物，初呈淡黄色后呈紫褐色，干燥后变成琥珀色，严重时树干布满胶块，树皮开裂甚至枯死。防治方法主要是加强栽培管理，增强树势生长；涂白树干保护，减轻冻害及日灼害；休眠时期，用波美 5 度石硫合剂消毒伤口，涂煤焦油保护，预防减少病虫害等。

7. 非侵染性芽坏死病

这是一种非侵染性病害或叫顶疯病，在 Nonpareil、Peerless、Jordanolo、Jubilee、Merced 和 Thompson 及新疆的纸皮等栽培品种上常有发生。这种危害表现为春天枝条不能发芽生长，有时在枝条上发现带状粗糙的树皮区，通过这些症状可辨别此症。在一些栽培品种及是繁殖材料，以及夏季高温的一些地区，这种病很流行。由于这种危害的易感性，突发性，致使产区有些品种发生此病时，因来不及防治而导致全树死亡，所以危害特别严重。目前尚没有有效的方法对这种危害进行预测，但可通过选择健壮繁殖材料及高接换种的方法进行控制。

（二）虫害防治

1. 螨类

螨类是危害扁桃及其他果树的重要害虫。螨类有多种，都属于叶螨科。在南疆果树产区主要有李始叶螨（苹果黄蜘蛛）、苜蓿红蜘蛛、苹果红蜘蛛等，其中危害最严重的是李始叶螨。

果螨类寄主很广，主要有苹果、梨、海棠、桃、杏、李，其次是樱桃、山楂、扁桃、葡萄、枣等。以幼螨、若螨和成螨刺吸叶片和芽，使叶片上产生许多棕黄色斑点，失去光合能力，严重时叶片枯焦甚至脱落。

李始叶螨体形很小，椭圆形或圆形，黄色或红色，背部常有斑点，成虫四对足，幼虫3对足，若虫与成虫体形相似。卵极小，黄色或橙黄色。在南疆地区，1年发生11～12代，在气温高、雨量少的地区和年份，1年可发生20代。世代重叠严重，多以受精的雌成虫在树干翘皮、裂缝及枯枝落叶下越冬，或以卵在避风处越冬。

越冬代雌虫于3月下旬开始活动，4月上旬为活动盛期，当平均气温在10℃以上时，即开始产卵，产卵多在叶背面、1年生枝条上或粗糙的树皮上；卵期为4～9d，孵化出幼虫很快爬行，或通过风、水、机具等传播，危害嫩芽和叶片，并蜕2～3次皮，长成若虫至成虫。由于世代重叠，繁殖力强，虫口密度大，所以，不易划分代数，且危害期长。一般在落花后1～2周为第一代若螨盛期，6～8月是猖獗危害时期，9～10月进入越冬期。

防治方法：清理树干虫枝。冬季刮除老树皮，清扫枯枝落叶，及时烧毁或深埋于地下，树干大枝涂白，以减少越冬成虫或卵。抓住关健时期，进行喷药防治。在果树开花前，喷布5%～6%石油乳剂或3～5波美度石硫合剂，杀死越冬代成虫和冬卵；开花后1～2周，喷布0.3～0.5波美度石硫合剂或对硫磷、敌敌畏等内吸、触杀剂，以控制第一代虫口密度；在5～7月危害猖獗期，及时喷洒杀螨药剂，防止虫害大发生；在8月中下旬，喷药杀死越冬前成虫，减少最后一代雌成螨产冬卵。目前，有机磷和菊酯类杀螨剂很多，应注意经常更换药剂，防止害螨产生抗药性。多选用广谱性杀螨剂，或混合用药，兼治其他虫害，以减少打药次数。诱杀成虫。秋季在树干大枝上绑草带，诱集越冬成虫，早春解冻前取下烧毁。预防措施。在扁桃开花前，刮去树干老皮，涂刷内吸磷80～100倍液，药效期可达1～2个月。

2. 蚜虫

蚜虫种类很多，在新疆南部危害果树的主要有杏蚜、桃蚜、苹果蚜等。蚜虫属于同翅目昆虫。其中对扁桃危害最严重的是桃蚜（*Myzus persicae* Sulzer）。桃蚜和杏蚜属于乔迁式，第一寄主（即越冬寄主）是桃、杏、扁桃、樱桃、梨等，第二寄主（即夏季中间寄主）是芦苇、十字花科蔬菜或杂草等。苹果蚜属于留守式蚜虫，主要寄主有苹果、海棠、榅桲、山楂等果树。

蚜虫是以它的刺吸式口器吸取叶片和嫩梢的汁液，使叶片上产生黄色斑点，蚜虫分泌的蜜露使叶片卷曲。若虫和成虫均可危害扁桃，受害树长势减弱，严重时叶片早落，影响花芽分化和结果产量。

蚜虫一年中发生10多代，以黑色卵在寄主的芽或枝条皱缩处越冬。桃蚜和杏蚜一般在3月底至4月初开始孵化第一代若虫，转移到叶片上危害，在桃、杏、扁桃等果树上繁殖1～2代后，5月下旬至6月中旬迁移到中间寄主上继续繁殖危害。10月初又迁回果树上产卵越冬。

防治方法：秋季剪除徒长枝和虫叶，减少有性蚜产卵越冬；消除果园杂草，减少中间寄主；早春喷药防治越冬卵孵化。也可结合其他害虫的防治，在萌芽前喷布3～5波美度石硫合剂或5%～6%的石油乳剂，并注意在蚜虫危害时期喷药防治；注意保护、利用瓢虫等天敌来防治蚜虫。

3. 介壳虫

介壳虫种类较多，均属同翅目昆虫。在新疆天山以南地区危害扁桃的主要有糖槭蚧、球坚蚧、梨圆蚧、桃蚧、枣龟蜡蚧等。

介壳虫的寄主十分广泛，主要是桃、杏、枣、梨、李、苹果、扁桃等，其次是葡萄、核桃、石榴、山楂、樱桃、无花果等。在桑、柳、杨、榆、白蜡树等林木上也常发生。果树的地上部分几乎都可被寄生，尤其在枝条和叶片上危害严重。以若虫和成虫刺吸枝、叶、果的汁液，使枝干衰弱，生长受抑制，叶片早落，甚至全株死亡。在花、果实上寄生，围绕介壳形成紫色斑点，会降低果品价值。糖槭介和枣龟蜡介分泌油状物和排泄糖液，会引起煤烟病，使枝叶和果实上布满黑霉，影响生长，造成大量落果。管理粗放的果园，危害更严重，还会引起腐烂病等发生。

介壳虫在新疆天山以南地区 1 年发生 1～2 代，以 2～3 龄若虫或受精雌成虫固定在枝干上越冬。一般在 4 月上中旬开始活动，并继续发育，5 月中旬雌成虫开始产卵，5 月下旬为产卵盛期。若虫出现在 5 月下旬至 6 月上旬，在 6 月中旬是若虫出现高峰期。

防治方法：严格检疫，禁止介壳虫随苗木或接穗带入新区；铲除越冬虫源，结合冬季修剪，剪除虫枝或刷除越冬介壳虫，集中烧毁；药剂防治，在果树萌芽前喷布 5 波美度石硫合剂或 5%～6% 的柴油乳剂，杀灭越冬若虫或成虫。注意抓住卵孵化盛期，及时喷药杀死幼龄若虫。常用药剂有 0.3°Be 石硫合剂，洗衣粉 300 倍液，50% 对硫磷乳油 1 000 倍液，80% 敌敌畏乳油 1 000 倍液，25% 亚胺硫磷乳油 500 倍液，或 20% 害扑威乳油 300～600 倍液；保护、利用小瓢虫等天敌进行防治。

其他危害扁桃的害虫有：果树卷叶虫、苹果蠹蛾、穿孔钻蛀虫、春尺蛾等。

六、采收贮藏与加工利用

扁桃果实成熟时外果先变黄绿色，然后为褐色，大部分果实外果皮干缩，腹缝线裂开，核露出，完熟时树冠外围坚果开始自然脱落。扁桃果实的成熟时间，因品种和种植区气候而有差异，早熟品种 8 月上旬成熟，晚熟品种则到 9 月上中旬才能成熟。同一品种在干旱炎热区比湿润凉爽区要提早成熟 10～15d。当扁桃果实成熟时，即可采收。

扁桃的采收一般定在树冠内膛果实开裂之时进行，因为内膛光照条件较差而使果实成熟最晚。采收要适时，不能过早或过晚，过早采收果皮不易剥落，种仁不饱满，香甜味没有达到品种应有的标准，因而坚果品质降低；采收过晚则坚果颜色变深不美观，软壳、薄壳品种常因遭受鸟、鼠类取食、脱落而损失产量，故在扁桃成熟时要集中劳力进行抢收。

新疆扁桃的采收，目前主要是人工进行，即人上树或站在采收梯上采摘，或摇动树枝，使果实落下，未摘完的残余果实用长竹竿打落。敲打时勿损枝叶、叶芽及花芽，以免影响第二年产量。摇打时最好在树盘内铺上塑料布接收果实，分品种堆放。如果果皮含水量高，去皮比较容易；但湿的坚果如去皮不及时，容易在堆内发热，造成果仁内部伤害。一般剥去外果皮后及时将坚果运到干燥通风的地方摊开进行短期晾晒，使坚果含水在 10% 以内，以 5%～7% 为宜。在新疆晾 5～10d 即可，注意坚果不能长时间在太阳下暴晒，以免降低坚果种子的发芽率，因此晾干后要及时装袋入库，并用硫磺熏蒸消毒，使核壳保持金黄色的色泽。采收中对少量未成熟的果实，不能剥去外果皮，要集中将果实埋入潮土下，经 1 周埋藏后再剥去外果皮，晾晒后另外装袋入库，这种坚果品质低劣，可食用但不能作种子。

国外特别是美国扁桃的采收，大多采用机械化。整个作业系统：由振落机→堆积机→自动运输箱→去果皮机→洗涤机→干燥机→去壳机组成。像美国常用液压式震落机紧握树干摇动树枝，使扁桃果实落在地上，几天后用收获机（拖拉机带动的吹风帚）收集果实送入去皮机，去皮机将果皮和坚果剥离分开，并将剥离的果皮干燥，装车送交家畜饲料厂；坚果则被自动装入贮藏箱运至加工厂，按品种的用途分别加工，剥食品种不去壳，将贮藏箱自动流入漂白室，经漂白和药剂熏蒸后，自动包装带壳出售。硬壳、黑壳、果型小等次级品种，经熏蒸洁净后，自动流入加工室，经砸壳机去壳，第二次洁净及大小分级、包装，完整的仁包装作餐食出售，条、丁、碎仁作食品原料、添加剂出售，用于制作糖果、糕点、冰淇淋加工，也可加工成扁桃油、饮料及化妆品等。

（李　疆　胡芳名）

12. 阿月浑子

阿月浑子（*Pistacia vera* L.）是世界四大坚果树之一。其种仁含脂肪 54.84%，蛋白质 20.19%，糖 9.80%；每 100g 种含维生素 C21.74mg，磷 446mg，钾 969mg，钙 785mg。种仁生食，具独特清香，味道佳美，为人们所喜爱，食品工业上常用于糕点。阿月浑子油质优良。油色淡黄透亮，芳香味美是高档食用油，并可用于化妆和医药。据唐代《本草拾遗》记载："阿月浑子气味辛温无毒，主治诸痢，去冷气，令人肥健"。阿月浑子坚果可治心脏病、肾炎、肝炎、胃炎、肺炎及多种传染病，外果皮、树皮、树叶等均可入药。阿月浑子耐干旱、耐盐碱，在中亚各国大面积应用于水土保持和防沙治沙等生态工程。阿月浑子树木材细致坚硬，抗压抗弯性能好，是优良的雕刻、模型、镟工等用材。

阿月浑子起源于中亚和西亚山区。人工栽培历史在中亚约有 3 500 余年，是最早为人类驯化利用的经济树种之一，引入我国约有 1 300 年历史。我国阿月浑子栽培分布区主要集中在新疆喀什市、疏附县两地。近年来新疆、甘肃、北京、山东、云南、陕西等省（自治区、直辖市）也开始引种试栽，新疆林业科学研究院、北京林业大学、新疆农业大学、河北农业大学等院校开展了阿月浑子资源、生物学特性、苗木繁育及栽培技术等方面的研究工作。

阿月浑子世界年产量在 28 万～32 万 t，产量名列第 1 和第 2 位的分别是伊朗和美国。世界阿月浑子年交易量约在 17 万～22 万 t，其中美国约占 1/3，伊朗占 1/3 左右，主要销往欧美、日本和东南亚地区。加利福尼亚州是美国阿月浑子最主要的产区，2002 年的结果面积约为 3.4 万 hm^2，产量 13.7 万 t，主要分布在中部 San Joaquin 谷地的 Kern，Madera，Tulare，Fresno，Kings 等县。由于阿月浑子种植技术的进步，产品利润大，市场前景好，20 世纪 80 年代以来，是种植面积增加最快、产量提高幅度最大的经济树种。

一、主要物种

阿月浑子（*Pistacia vera* L.）为漆树科（Anacardiaceac）黄连木属（*Pistacia* L.）植物，为落叶小乔木，黄连木属计有 11 个种，其中我国分布的有 3 个种。

1. 阿月浑子（*P. vera* L.）

落叶小乔木。分布较广泛，野生分布区东自巴基斯坦和印度，西到巴勒斯坦、黎巴嫩、塞浦路斯。土耳其、叙利亚、吉尔吉斯斯、乌兹别克斯坦、伊拉克、美国、伊朗、墨西哥等国有广泛栽培。阿月浑子是黄连木属植物中经济价值最高的树种，为世界四大坚果之一。该树种耐干旱，耐寒，耐贫瘠，抗干热，野生种可耐 40℃以上高温和 -30℃的低温，由于长期驯化栽培，在不同栽培区品种抗寒性差异很大，伊朗品种可抗 -24℃低温；地中海品种 -9℃即冻害，-12℃有冻死危险。阿月浑子在各类土壤上均可生长，适宜土壤为土层松软深厚、富含石灰质的壤土。阿月浑子抗病性较差，在新疆喀什地区常因灌水方法不当，在盛夏季节，树木根茎部腐烂病发生，造成整株甚至成片林木的死亡。

2. 黄连木（*P. chinensis* Bunge）

落叶乔木。产于中国长江以南各省及华北、西北，中心分布区为太行山山区。多生长在海拔 140～3 550m的石山林中。生长较快，干形好，材质硬，木材是良好的建筑、家具用材，种子可榨油，油可食用和工业用。黄连木原产中国，分布广，适应性强，可选用为阿月浑子的砧木。

3. 清香木(*P. weinmannifolia* J. Poisson. ex Franch.)

灌木或小乔木。产于中国云南、四川西南部、贵州西南部、广西西南部和西藏东南部，生长在海拔 580～2700m 的石灰岩山林下或灌丛中，是很好的水土保持树种。

4. 大西洋黄连木（*P. atlantica* Dest)

落叶小乔木。利比亚、地中海区域山地、阿尔及利亚和加那利群岛均有野生分布。在干旱的砾砂土和黏土地上生长良好。美国广泛用作阿月浑子砧木，嫁接亲合力强，苗木生长旺盛，生长量约为同龄阿月浑子的两倍，树高可达 15m，但结果晚，易患黄萎病（*Verticillinm* sp.）和根腐病（*Armillaria mallea*）。在新疆越冬困难。

5. 全缘（叶）黄连木（*P. integerrima* Stewart)

落叶乔木。分布在海拔 369～900m 的喜马拉雅山阳坡。在美国曾被用作阿月浑子砧木，具易嫁接、生命力强、生长快、早期产量高、坚果品质好等特点，对根腐病敏感。在新疆喀什地区抗寒性略好于大西洋黄连木，越冬困难。

6. 钝黄连木（*P. mutica fisch* Mey）

落叶乔木。是伊朗、阿富汗的乡土树种，在克里米亚半岛海拔 150～300m 的山地亦有分布。钝黄连木抗干旱、抗低温、抗病性均优于阿月浑子本砧苗木，可作为阿月浑子砧木，结果早，坚果品质好。在伊朗已被广泛用作阿月浑子砧木，此树种的引进，有可能从根本上解决我国西北干旱、低温地区发展阿月浑子的砧木问题，应引起重视。

7. 笃薅香（*P. terebinthus* Linn.）

落叶小乔木。分布于欧洲南部，非洲北部和亚洲，叙利亚有大面积笃薅香林，是西西里岛的乡土树种。该树种抗寒性优于大西洋黄连木、全缘（叶）黄连木，与阿月浑子嫁接亲合力强，抗根腐病，但生长量小，干形较差，结果晚。在新疆喀什地区植株地上部分可安全越冬。

黄连木属的其他种有：埃及黄连木（*P. khinjuk* Stockq）；乳香黄连木（*P. lentiscus* Linn.）；*P. mexicana* H. B. K；*P. taxana* Swingle 。

二、主要品种类型

1. 类型

新疆阿月浑子按成熟期和果实形状可分为：早熟阿月浑子、短果阿月浑子、长果阿月浑子等 3 个类型。

（1）早熟阿月浑子。树势较弱，树体呈丛状分枝，枝条节间短，发枝率低，新梢年生长量 5～15cm，枝梢常弯曲下垂，树皮暗灰色、粗糙裂纹多而深，叶片集中长于枝顶端，小叶少而色浅绿。果实多近圆形，阳面红色；坚果单粒重 0.4～0.6g，开裂度 40%～60%，座果率 30%～40%，果穗小而着果密集。成熟期 7 月 20 日至 8 月 5 日，约占喀什地区阿月浑子结果树的 5%～7%。

（2）短果阿月浑子。树势中庸，树体呈多主干，枝条节间长 4～6cm，发枝力中等，枝梢与主干夹角 70°～80°，新梢年生长量 20cm 左右，树皮灰色、纵裂且浅，新梢叶片分布均匀，小叶大而色绿，果实近椭圆形，阳面红色浅。坚果单粒重 0.5～0.7g，开裂度 50%～70%，座果率 20%～30%，果穗中等大小，成熟期 8 月 5 日至 8 月 25 日，约占喀什地区阿月浑子结果树的 70%～80%。

（3）长果阿月浑子。树势较强，主干明显，枝条节间长 5～8cm，发枝力较强，树梢与主干夹角 50°～60°，新梢年生长量 30～50cm，树皮灰绿色、少裂纹，叶片大而绿色深，果实长卵形，顶端尖，果面多为浅黄色，坚果单粒重 0.7～0.8g，开裂度 20%～40%，座果率 15%～20%，果穗大而着果稀疏，成熟期 8 月 20 日至 9 月 5 日，约占喀什地区阿月浑子结果树的 13%～15%。

2. 优树

新疆林业科学研究所、喀什林业科学研究所于 1994～1996 年在对喀什地区阿月浑子资源调查基础上，对当地阿月浑子进行了优树选择工作，经近几年的观测，得到较好的优树有 7 个。

（1）2－15 号。母树 19 年生，位于疏附县树木园内。树高 4.3m，冠幅 5.4m×5.1m，4 主干。树势中庸，树形开张，分枝角 72°。树皮较光滑，灰白色。枝条白灰色，粗壮。叶片中大，绿色，着生于新梢顶端，小叶 3～5 片，椭圆形。新梢年生长量 21.8cm，平均着芽 9.6 个，花芽率 80.2%。平均发枝 1.1 个，结果枝果穗数 5.1 个，果穗坐果数 7.9 粒。座果率 19.3%，果枝率 84.4%。花期 4 月下旬，果实成熟期 8 月底，最高株产 6.4kg，但大小年明显。坚果长圆形，单粒重 0.82g，开裂度 36%，出仁率 45.2%，种仁绿色，味淡。种子出苗率高，生长量大，是阿月浑子砧木专用树。

（2）4－1 号。母树 19 年生，位于疏附县树木园内。树高 4.0m，冠幅 5.8m×5.7m，4 主干，树势较弱，树形开张，分枝角 67°。树皮较光滑，灰色，皮孔多。枝条灰白色，细长下垂。叶片中大，浅绿色，小叶 3 片，近桃形，顶端尖。新梢年生长量 20.6cm，平均着芽数 9.2 个，花芽率 78.3%。平均发枝 1.6 个。结果枝果穗数 4.2 个，果穗坐果数 27.7 粒。座果率 24.4%，果枝率 76.2%，花期 4 月下旬，果实成熟 8 月中、下旬，最高株产量 2.1kg，较稳产。坚果近圆锥形，单粒重 0.71kg，开裂度 100%，出仁率 52.9%，种仁浅绿色，味淡。

（3）4－12 号。母树 19 年生，位于疏附县树木园内。树高 4.2m，冠幅 5.7m×3.6m，3 主干，树势强，树形直立，分枝角 52°。枝条青灰色，短粗直立。叶片中大，深绿色，小叶 3～5 片，椭圆形。新梢年生长量 7.5cm，节间短。平均着芽 8.2 个，花芽率 80.5%，平均发枝 2.0 个，结果枝果穗数 1.5 个，果穗坐果数 16.7 粒，座果率 14.7%，果枝率

54.2%，花期4月底，果实成熟期8月底，最高株产量1.7kg，大小年明显。坚果近圆柱形，单粒重0.96g，开裂度80%，出仁率49.8%，种仁深绿色，味清香。

（4）31～10号。母树18年生，位于疏附县树木园内。树高2.0m，冠幅4.0m×3.5m，5主干，树势弱，树形开张，分枝角80°。树皮灰褐色，较粗糙。枝条灰色，细短。叶片小，浅绿色，小叶3～5片长，椭圆形。新梢年生长量3.3cm，节间极短，平均着芽5.1个，花芽率52.9%，平均发枝1.1个，结果枝果穗数2.7个，果穗坐果数8.2粒，座果率12.1%，果枝率43.1%，花期4月底，果实成熟期9月上、中旬，最高株产量1.2kg，大小年明显。坚果圆锥形，单粒重0.89g，开裂度65%，出仁率52.2%，种仁浅绿色，味淡。

（5）26－9号。疏附县树木园内选出，1998年母树病死，1996年嫁接，1999年挂果。嫁接树树高3.7m，冠幅3.8m×3.3m，树势较强，树形开张，分枝角81°。枝条青灰色，较粗下垂。叶片大，深绿色，小叶3～5片，倒卵形。新梢年生长量29.3cm，平均着芽数9.8个，节间长，花芽率46.9%。平均发枝2.6个，结果枝果穗数3.2个，果穗坐果数15.4粒。花期4月下旬，果实成熟期8月中旬，嫁接树最高株产量1.4kg，较稳产。坚果长圆锥形，单粒重0.73g，开裂度96.7%，出仁率50.2%，种仁绿色，味香甜。

（6）24－65号。母树18年生，位于疏附县树木园内。树高4.4m，冠幅5.8m×5.0m，4主干，树势中庸，树形较直立，分枝角56°。树皮灰褐色，粗糙。枝条灰色，短细。叶片小，浅绿色，小叶3片，长卵形。新梢年生长量6.1cm，平均着芽数7.2个，节间短，花芽率68.1%，平均发枝2.5个，结果枝果穗数1.7个，果穗坐果数15.5粒，座果率13.4%，果枝率53.6%。花期4月下旬，果实成熟期8月下旬，最高株产量1.7kg，大小年明显。坚果长圆锥形，单粒重0.77g，开裂度100%，种仁绿色，味清香。

（7）多－1号。母树16年生，位于喀什市多来巴格提乡旅游果园内。树高3.5m，冠幅2.5～4.0m（严重偏冠），3主干，树势中庸，树形紧凑，分枝角48°。树皮灰褐色，较光滑，皮孔多。枝条青灰色，细而直立，叶片小，绿色，小叶3～5片，卵形。新梢年生长量20.8cm，平均着芽数9.1个，花芽率51.6%，平均发枝2.1个，结果枝果穗数1.4个，果穗坐果数10.2粒，座果率8.5%，果枝率约47%。花期4月下旬，果实成熟期9月上、中旬，株产量约0.6kg，大小年明显。坚果近圆柱形，单粒重1.2～1.4g，开裂度约30%，种仁黄绿色，味淡。

3. 引进品种

（1）Kerman。美国阿月浑子主栽品种，原产伊朗Kerman省，20世纪30年代末从伊朗引入美国，是目前栽培应用最广泛、产量最大、交易量最多的品种。新疆于1998年从美国加利福尼亚州、亚利桑那州引进穗条，枝接在疏附县树木园17年生阿月浑子实生树上，1999年形成花芽，2000年22株枝接树挂果。嫁接树树高2.0m，冠幅2.5m×1.5m，分枝角45°。树势强健，树形直立。枝条青灰色，粗壮直立。叶片中大，深绿色，小叶3～5片，长卵形。新梢年生长量19.9cm，平均着芽10.0个，花芽率52.0%，发枝2.6个，结果枝果穗数3.1个，果穗坐果数16.7粒，座果率9.6%，果枝率45.1%。最高株产量0.7kg，平均株产0.2kg，高产稳产。花期4月底，果实成熟期9月上、中旬。坚果近卵形，单粒重1.03g，开裂度70%，出仁率50.5%。果仁浅黄绿色，质软味淡。该品种高产稳产，坚果大，外观好，有望在新疆喀什、和田等地区推广。

（2）Peters为Kerman授粉品种，引进、嫁接的时间、地点同kerman。嫁接树树高2.7m，冠幅3.8m×3.5m，树势强健，树形开张，分枝角81°。枝条灰褐色，粗长下垂。叶片大而深绿色，小叶3～5片，长卵形。新梢年生长量40.8cm，节间长，平均着芽19.0个，花芽率38.9%，发枝平均为3.6个。母枝着生雄花穗3.4个，雄花芽大而饱满，花序大，花粉量多，花期4月底。

三、生物学特性

阿月浑子成年树树高5～7m，实生树雌、雄株比例约为1:1，自然树形为多主干丛状，层性明显，分枝角度大，树形多开张。枝干萌芽率高而成枝率低，自然更新能力强。主根极发达，可深入地下7m，侧根稀少，且具显著的趋水、趋肥性。叶为奇数羽状复叶，小叶3～5片，多倒卵形、近桃形、长椭圆形，革质光亮。阿月浑子芽分为叶芽、雄花芽、雌花芽三类，花芽多着生于新梢的中、下部，雄花芽大而饱满，雌花芽多呈细圆锥状，叶芽小而细长。叶芽着生于新梢顶端和下端，雌、雄花序均属圆锥花序。实生树8～12年开花结实，成年雌株大小年结实明显，果实多分布于树冠的外围，并随枝条生长逐年外移，内腔空虚，枝干多“光腿”现象，常造成枝条下垂。

新疆喀什地区的阿月浑子树，开花期4月下旬至5月初，雌花期5～7d，雄花期3d左右，群体雄花期早于雌花开放，果实发育期140～180d，果实生长期4月底至5月中，6月底至7月中外果皮开始着色，6月底至7月上旬果仁开始发育生长，约40～50d果仁发育成熟。果实成熟多集中在8月中、下旬。叶芽萌动期为4月下旬。新梢速生期为5月上、中旬，5月底新梢生长停止。树体强壮、水肥条件好的树可萌发夏梢和秋梢。叶片生长期10～15d，5月上旬叶片大小已基本定型，10月中、下旬开始落叶，新梢上芽的出现在5月初，5月底至6月初，花芽、叶芽从外部形态上已可区分。

阿月浑子在干旱少雨，有灌溉条件的西北地区可望大面积发展。在年无霜期>180d、≥10℃年积温4 000℃以上，生长期年降水量低于150mm、6～8月间极端气温达40℃以上、冬季极端低温高于-25℃的地区是阿月浑子栽培适生区。阿月浑子在各类立地条件下均可生长，适宜的土壤为地下水位4m以下，pH值7～8的壤土、砂壤土和砾质沙土。在有灌溉条件下，新疆天山以南地区绿洲外围的沙漠，是大面积发展阿月浑子最适宜的地区。

阿月浑子树抗寒、抗旱、耐贫瘠。新疆喀什阿月浑子在极端低温-25℃时不受冻害，早春干旱风沙和夏季持续高温均不影响其生长发育和开花结实，夏季高温还十分有利于其种仁发育和增加坚果开裂度。阿月浑子在年降水量不足100mm的地区每年靠6～7月份的洪水灌溉1～2次，也可存活，生长期降水量大于150mm时，叶片病害发生严重。阿月浑子对水需求量少，年灌溉定额4 500～9 000$m^3 \cdot hm^{-2}$，可满足其正常的生长发育。灌水量过大、灌水方式、时间不当，在夏季高温季节常造成根茎腐烂病大发生，至使整株及成片树木死亡。阿月浑子树对土壤要求不严，pH值7～8的黏土至砾质戈壁等各类土壤上均可生长，以在深厚的壤土砂壤土上生长最好。地下水位4m以上时根系发育不良。新疆阿月浑子除根茎腐烂病、螨类之外尚未发现有其他病虫害。

四、栽培技术

（一）苗木繁殖

阿月浑子采用播种繁殖和嫁接繁殖，砧木培育适用于播种繁殖，品种苗木则采用嫁接繁殖。另外，温室营养袋育苗在国外亦广泛应用。

1. 播种繁殖

分为冬播和春播。阿月浑子果实成熟期长，若外果皮颜色变蜡色透明时，则表明果实已成熟，应分期分批采收，采收后立即除去外果皮，然后阴干装袋（坚果含水量6%～8%即可），存于干燥阴凉之处，种子发芽能力可保持2～3年，发芽率80%左右。开裂度低的种子保存时间长，发芽率高。

（1）冬播。种子不经沙藏层积处理，10月底至11月初，冬播地平整打垄后点播或沟播种子，种子间隔15～20cm，每穴（点）2～3粒，覆土深度2～3cm，随后灌足水即可。冬播出苗早，第二年苗木生长量大，但必须防鸟、鼠危害。

（2）春播。种子需经沙藏层积处理，45～60d种子吐白后即可播种。育苗地的准备同冬播，播后15～20d开始出苗，新疆喀什地区春播时间为3月底至4月初。春播出苗率高，苗木生长整齐。

播种应选肥力高、透水透气性好的壤土、砂壤土地块，播前施有机肥30～45$m^3 \cdot hm^{-2}$，增加底施磷肥则有利于苗木生长和越冬。新疆喀什露天育苗，均采用垄播，垄高30cm，上宽40cm，底宽60cm，播种株行距20cm×60cm，播前土壤灌足水，出苗前一般不灌水，土壤干燥或干旱风后，应立即浇水，灌水深度不超过25cm，出苗后间隔15～20d灌水1次。播种苗长出3～4片小叶时（4月底至5月初）苗木常因高温、高湿发生立枯病，造成大量死亡，此时可通过松土控水和喷施农药，叶面肥防治和减少立枯病的发生。5～7月份应追施尿素和磷肥，以提高地上部分生长量。8月份以后停肥、停水，10月底至11月初应进行苗木培土，培土高度15～20cm，上冻前灌足冬水，以利苗木越冬。

2. 嫁接繁殖

（1）芽接。枝、干粗度达1.0～1.5cm时可进行芽接，分春季芽接和夏季芽接。春季芽接时间以4月下旬为宜，嫁接用芽取自于冬季采集、贮存的休眠穗条，其特点为芽接枝当年生长量大，木质化程度高，越冬容易。夏季芽接时间为6月底至7月初，可随采随接，成活率高而稳定，但枝条木质化程度低，越冬常发生枝条抽干现象。因阿月浑子叶芽较大，故芽接常采用盾形芽接法，芽片宽1.5cm，长2.5～3.0cm，在砧木枝干光滑平整处开T字形口，将芽片轻轻塞入，上口完整嵌入T字形内，立即用塑料条子包扎好。砧木嫁接口上部须留两片叶剪砧。嫁接后25～30d接芽萌动，在接芽长至2.0～3.0cm时，除去塑料条。芽接后间隔3d抹除砧木萌芽1次，直至8月底结束。根据多年芽接经验，在当年新梢上芽接成活率高，枝条年龄越大，芽接成活率越低。

（2）枝接。阿月浑子大树上可采用枝接，主要为插皮枝接法，枝接时间为4月中、下旬，砧木粗度不小于3.0cm，枝接高度以0.8～1.2cm为好。接穗为休眠树上1年生枝条，春节后采集，低温保湿贮存。枝接前将接穗直立浸泡在清水中12h。砧木接口插入接枝数2～4个，视砧木粗细而定。砧木，接枝结合部位用细麻绳包扎紧，上裹报纸装入湿土，以高于接枝1～2cm为宜，外包塑料布（袋），两头扎紧，30d左右接枝上芽萌发，40d左右逐步打开塑料上口，60d左右除去塑料布（袋）。因阿月浑子愈伤组织形成慢且数量少，嫁接后管理期长，管理要求也高于其他果树。新梢长至40～50cm时，需及时梆支架，以免风折。嫁接后隔3d左右抹芽除萌1次，直至6月底。

3. 营养袋育苗

在国外，阿月浑子育苗已进入温室营养袋育苗阶段，从砧木苗培育，品种苗嫁接至出圃均已实现工厂化作业，缩短了良种苗木培育时间，提高了苗木质量和移植成活率，是阿月浑子苗木繁殖培育的方向。温室营养袋育苗技术的关键是湿、温度控制，营养土配方，水、肥管理，根系腐烂防治等几个方面。温室营养袋苗木具有根系发达、苗木年生长量大、管理方便、定植成活率高、缓苗期短、定植不受季节限制等特点，值得深入研究和推广应用。

（二）造林

1. 定植

阿月浑子苗木主根深长，根系受伤后恢复慢，侧根不发达。苗木定植时要少伤根系，定植时间在春天宜早不宜晚，苗木随挖随栽，定植密度5m×5m或6m×6m，雌、雄株比例保持在10～15∶1。曾经种植棉花的田地，常导致根茎腐烂病的发生，不宜栽植阿月浑子。栽植阿月浑子前，应先打垄，垄上宽50cm，下宽70cm，垄高25～30cm；或做成1m宽的栽植带，两边埂高25～30cm，在定植带中间按株距栽植阿月浑子苗木后，以苗木为中心用土培植成直径50cm的圆盘，圆盘高20～25cm（苗木栽植后根茎部同圆盘平行，圆盘高度同行间地平）。栽植后立即灌透水，行隔10～15d灌水1次，及时除草松土。定植时如为苗木采用遮荫措施可提高成活率。

2. 整形修剪

新疆喀什地区阿月浑子实生树，自然条件下多呈丛状多主干状态，因此播种苗栽植后需及时清除根茎部发生的萌条，培养单一直立主干，为每株苗木设制支架是必要措施，定干高度50～70cm。如培育主干分层树形，第一层选留主枝3～4个，加大主枝角度，第二层主枝选留2个，一、二层主枝间隔50～60cm，此树形虽较理想，但所需时间长。培育开心形树形较符合阿月浑子树体特点，是主要培育目标，阿月浑子开心形树形为：主干高80～100cm，选留主枝3～4个，主枝间距30cm左右，主枝夹角50°～60°，主枝间方位角90°～120°。阿月浑子属强喜光树种，发枝力较低，树形开张，分枝角大，新梢上花芽、叶芽分布有序。修剪应以疏剪为主，剪除下垂、过密、徒长、衰老、伤病、干枯、交叉枝及树冠内部、下层的短小细弱的发育枝，一般不短截成年树上一年生枝条，为扩充树冠平衡树形可在新梢顶端或近基部进行短截。多年生枝的回缩可按需要在任意部位进行。整形修剪时期以树木休眠期时为宜，夏季修剪主要进行打顶、抹芽、加大分枝角、疏花疏果等工作。

3. 田间管理

（1）土壤管理。幼年阿月浑子树，树冠矮小，可进行行间间作，种植豆类、小麦、春夏季蔬菜等。土壤质地差，有机质含量低的林地应种植油菜、豆类、苜蓿、草木樨等绿肥，适时深翻，提高土壤肥力，改良土壤结构。阿月浑子林地不宜间种玉米、高粱等高秆作物和秋冬季蔬菜，特别要注意不可同棉花混作，以减少根茎腐烂病的发生。灌水后及时松土除草，增加土壤通透性，促进林木生长和减少树体根茎部病害的发生。

（2）施肥。新疆的耕作土壤普遍少氮缺磷，有机质含量低，作为经济林栽培的阿月浑子，合理施肥是促进树体正常生长发育、高产稳产的主要栽培措施之一。每年结合冬灌，开沟深施有机肥，春、夏季结合灌水穴施化肥，具体用量：2～4年幼树株施有机肥20kg，穴施化肥150g；5～7年树株施有机肥50kg，穴施化肥300g；8～12年树株施有机肥70kg，穴施化肥600g；12年以上大树株施有机肥80～100kg，穴施化肥1～2kg。穴施化肥时的氮、磷、钾比例以5∶3∶2为宜，为提高化肥利用率应在每年3～5月份分2～3次施追肥。无论沟施有机肥或穴施化肥，均应在树冠边缘进行，以便于根系吸收利用，避免伤根过多。施肥部位应每年变换，2～4年绕树盘施肥1次。

（3）灌水。阿月浑子虽为抗旱性强的树种，但作为经济林栽培的树种，在生长季降水量低于100mm的地区，适量的灌水对促进树体生长，高产稳产是必须的。阿月浑子除果实种仁发育在7月份进行外，其他组织器官茎、叶、花、芽等均在6月底前生长发育完毕。夏季的高温、高湿是导致根茎腐烂病大发生的主要外部因素。因此，阿月浑子灌水主要在上半年进行，灌溉量和次数应占年灌溉总数的70%左右，下半年应严格控水，7～8月份各灌水1次即可，春季自3月中至6月中每隔15～20d灌水1次。全年灌溉定额7 500～9 000$m^3 \cdot hm^{-2}$，年灌7～9次为宜。上冻前灌足冬水。阿月浑子适宜侧方沟灌，不可直接灌水，夏季大水漫灌和林地积水常造成根茎腐烂病的发生，导致整株及成片林木死亡。

五、病虫害防治

新疆喀什地区栽培的阿月浑子，主要病害有根茎部腐烂病，虫害主要是螨类。根茎腐烂病是新疆阿月浑子栽培的制约因素之一，该病病原物目前尚不清楚，发病症状与棉花黄萎病非常相似。不同龄的阿月浑子树均可发病，发病前根茎部无明显症状，病株先是整株或整枝上的叶片在1～3d内萎蔫干枯，同时根茎部分泌出大量树脂，树皮裂纹或皮孔有少量黑水渗出，剥开发病部位树皮有黑水流出，根茎部上下20cm的木质部变黑，有酒糟和发霉的混合气味，发病期多集中在6～7月。阿月浑子根茎部腐烂病，发病期短，前期症状不明显，病树死亡率100%，药物防治效果差。预防防治该病发生的主要技术措施是选择抗病砧木。经多年观察，中国黄连木对根茎腐烂病高抗，在冬季较温暖的地区可选用中国黄连木作为阿月浑子的砧木。选择土壤质地较轻、通透性好、地下水位4m以下的壤土、砂壤土种植阿月浑子。阿月浑子培垄栽植，开沟侧方灌水，避免树体直接接触水，高温季节减少灌水次数和灌溉量，灌水后及时松土除草，增加土壤通透性。严禁在阿月浑子林地种植棉花，种植地应尽可能远离棉花种植区。

六、发展前景

阿月浑子是世界四大坚果之一，自20世纪90年代以来是面积增长最快、产量提高最多、销售市场最好的经济树种之一。我国1999年的进口量约为2万t，商品名称“开心果”。我国目前年总产量约300kg，市场缺口巨大。随着人们生活水平的提高，购买力的增强，可以预见阿月浑子的需求量将越来越大。

阿月浑子在新疆虽有较长栽培历史，但由于栽培技术落后，效益差而未得到很好的发展。目前，喀什、疏附两地，约有阿月浑子树3 000余株，坚果年总产量约300kg。20世纪90年代以来，新疆林业科学研究院、喀什林业科学研究所较系统地开展了阿月浑子良种引育，营养袋苗木培育，嫁接技术，水、肥、土管理等方面的研究，已取得阶段性研究成果，新疆的和田、吐鲁番等地已开始种植阿月浑子，内地甘肃、河北、陕西等省（自治区）也进行了阿月浑子的引种试栽。今后，应加强阿月浑子良种选育、砧木种类选择、温室营养袋育苗技术等方面的研究，尽快在上述3个方面有所突破，为我国阿月浑子产业的形成提供科技支撑。

（尚新业　何　健　李　疆）

13. 腰　　果

腰果（*Anacardium occidentale* Linn.）是一种常绿的热带果树，果实为坚果，因其果梨无核，似核般的腰子状坚果附于果梨下端而得名，腰果仁是世界四大干果仁（腰果仁、核桃仁、甜杏仁、榛子仁）之一。

腰果是由假果和真果两部分组成。腰果仁（坚果仁）为主产品，约占腰果（坚果）重的30%～35%，腰果壳（坚果的果皮）约占70%左右。腰果仁营养丰富，含水分5.9%、蛋白质21.2%、脂肪46.9%、糖类22.3%、纤维素11%、磷和铁等多种矿质元素2.4%及维生素A、B。果仁用于制作巧克力、点心、上等蜜饯、油炸和盐渍干果、各式罐头等，也可作高级菜肴，风味胜过花生；果壳用于药物、造纸、油墨、纺织业和化妆品，也是制造高级油漆、彩色胶片着色剂及合成橡胶和海底电缆等重要的原料；果梨可研制果汁、果浆、果脯、酿酒。树皮含单宁9.4%，可用于鞣革，制黄色染料；树皮，淡、平、有毒，树皮煎汁服用可治痢疾、疮节、牙痛，浸剂能治糖尿病。根可作泻药用。叶片可作调味品，其嫩芽和嫩叶可食，又可泡制药茶。腰果壳中能提取水杨酸1、水杨酸2、水杨酸3及一些酚类化合物，具有抑制前列腺素合成酶和抗微生物的作用，对乳腺癌、宫颈癌等有明显的疗效，对人体无副作用。

我国的腰果种植栽培历史约为60年。海南省是我国腰果主要的种植区，云南省也有少量栽培。1998年我国腰果园7 500hm^2，腰果（坚果）产量为1.4万t。

世界主要腰果种植国家有印度、巴西、越南、坦桑尼亚、印度尼西亚、莫桑比克、几内亚比绍等。世界腰果面积200多万hm^2，1998年世界腰果（坚果）产量为78.8万t。印度不仅是全球最大的腰果仁生产国，也是最大的加工国和出口国，印度平均每年还要从国外进口生腰果19万t左右，而美国是世界最大的腰果进口国。

一、植物学特征

腰果为漆树科（Anacardiaceae）腰果属（*Anacardium* L.），常绿乔木。树干直立，单叶互生，革质，椭圆形，顶生圆锥花序，花枝总状排列，花枝上着生雄花和两性花，每个花序由30～500朵花不等。花轴或花枝顶端的花先开，随着花轴和花枝的伸长，小花也不断分化，小花早开早谢，因此，在各级花枝上可见到不同发育阶段的花朵、未成熟和成熟果。

花有雄花、两性花、退化花3种。雄花多于两性花，约占1/6。雄花有花萼、花瓣各5片，通常有雄花6～10枚，其中一枚伸出花冠外，长约6～10mm，花药发达，称为大雄花，其他的雄花短小，长约3～4mm，花药不发达，花粉圆形，有黏性，花药破裂后花粉仍附着在花药壁上，主要靠昆虫授粉。两性花形态与雄花相同，但有雄蕊1枚，通常比雄花长，突出于花冠外。退化花只有花萼和花瓣，雌、雄蕊均已退化。

果实分为真果和假果两部分，真果即坚果，形似肾，着生在花托上，分为果壳和果仁两部分。果壳由子房壁发育而成，厚3～5cm，表面光滑，内呈蜂窝状结构，含有腐蚀性黏液。种仁1枚，白色。每千克有果实180～210粒，其组成比例如下：果仁20%、壳45%～50%、种皮2%～5%、壳液18%～23%。假果由花托膨大而成，称为果梨，有梨形、扁菱形、卵形等，颜色有红、黄及红黄杂色。

二、主要栽培品种

腰果属已发现不少于11个种，而腰果（*A. occidentale* Linn.）是世界各主产区分布最广的种类，目前，海南栽培的腰果仅此1种，腰果属所有的物种都起源于南美洲。

腰果树按树形分为高种和矮种，然后再根据果梨的颜色（黄、红和黄红杂色）和形状（圆形、长形和梨形）来分类型。红果梨中有圆形、长形、梨形；黄果梨和杂色果梨中也有同样这些形状，至少可分为9个类型，9个果梨类型按高种和矮种又可分为18个类型。这18个类型中所产的坚果又有大、中、小之分，则可再分为54个类型。但是，这些类型特征与腰果树生产潜力没有必然联系。

中国热带农业科学院和海南腰果丰产研究中心合作培育出的腰果高产无性系有：CP63－36、CP

5－11、FL30、HL2－13、HL2－21 和 GA63。印度培育和推广的品种有：BLA－39－4、K－22－1、NDR－2－1、Vengurla－1、Vengurla－2、V－3、V－4、V－5等，其中 Vengurla－1、Vengurla－2 无性繁殖后代 20 年生株产分别为 20kg 和 28kg（坚果）。

三、生物学特性

（一）生态习性

1. 光照

腰果是树冠外层结果的阴性植物，具有需光照、喜温暖、忌过度荫蔽的遗传特性，长期适生于沙滩平原、滨海台地、坡岗灌丛、山麓林间和含有机质甚微的阶地上，要求丰富的光热资源。据报道，腰果原产地巴西最适宜光照时数每年在 1 500～2 000h。植株长势旺，叶片大而厚，光合同化物增加，花序营养良好，成花量和座果率均高，果实性状好。

2. 温度

温度是继光照之后影响腰果生长发育的主要因素。长期散生或栽植于滨海平原、低山台地或坡岗山麓的腰果林木，虽然其适生性强，能耐干旱又耐瘦瘠，但植（幼）株对低温较敏感，不耐寒冷。据观察，月均温 23～29℃时，生长迅速，开花结果正常；20℃左右，生长发育缓慢；18℃以下，营养生长受抑制，而且不利于植株授粉，也影响幼果的形成。腰果树抗寒力随树龄增大而提高。

3. 水分

腰果树能耐干旱，在年降水量 500～3 800mm 以及旱季长达 5～7 个月地区都能生长结果。一般认为 1 000～1 600mm 较为有利，降水过多地区，必须排水良好。降水在 1 600mm 以上时，常使腰果树营养生长过旺，反而对开花结果不利。

4. 风

腰果树有一定抗风力，在印度、斯里兰卡滨海地区，常把腰果树密植成带，起防风固沙作用，但台风能折断枝干，使植株倾斜或倒伏，大量损叶伤根。台风频繁地区，腰果树分枝低矮，风力强劲地区（4～5 级），常损伤嫩枝幼叶和花序而影响产量。

5. 土壤

腰果树对土壤要求不苛刻，但在排水不良低洼地、沼地、重黏土及盐碱土不利于生长结果，其他各类热带土壤均可栽种。腰果生长结果好坏及产量品质取决于土层是否深厚，排水是否良好。腰果树对土壤 pH 值适应范围较广，中性及微酸性土壤均宜。在热带地区海拔 900m 以上还有腰果生长，但以 400m 以下低海拔地区生长结果较好。

（二）生长发育

腰果的幼期生长速度，受立地环境和栽培技术的影响很明显。印度一般播种后 2 个月左右高生长量约 20～25cm，1 年生时高达 80～100cm。我国海南省西南部三亚、东方栽植区，1 年生苗株高 87cm，冠幅 58cm，基部围茎 6.8cm；2 年生幼树高 160cm，基部围茎 13.9cm；3 年生幼树高 247cm，冠幅 212cm，基部围茎 27.9cm。

腰果在热带地区能长年生长，但在我国海南省北部冬季生长缓慢，寒潮低温期间基本停止生长。结果枝多在春季（3～5 月）抽出，而海南南部地区多在冬季（11～2 月）抽出，冬季正是开花、结果和收获期，很少抽梢。腰果一般 2 年生开始开花，3 年生开始产果，8～10 年生进入盛产期，一般盛产期能保持 15～20 年。

（三）开花结果

1. 花期

海南南部地区，花期一般在 12 月至翌年 4 月，1～3 月为盛花期；海南北部地区，花期1～5 月，其中 3～4 月为盛花期。现蕾至开花时间，因温度不同而异；日均温越高，现蕾至开花时间间隔越短。海南儋州地区，1 月 5 日现蕾的需 43～51d，3 月 5 日现蕾的需 20～28d，而 5 月 5 日现蕾的只需 11d。3 月初开花的花序，花期长达 90d，而 5 月初开花的，花期只有 20d。两性花多集中在前期开放，雄花开放则较迟。两性花保持授粉时间为 1～2d。花粉粒活力可维持48h。花药一般在上午 10：30 左右开裂，雨天对授粉极为不利。

2. 花性比例

花性比例因地而异。海南儋州地区 3～4 年生树两性花占 14%，平均每花序有 34 朵，同龄植株间，以及同株不同枝条间花序的花性比例均不同。

3. 座果率

幼龄结果树座果率平均为 13% 左右；盛花期座果率比初花期高 2.5～6 倍。高温、土壤水分充足有利于坐果，而花期下雨则严重影响坐果。不同月份落果率不同。海南北部地区，3 月以前现蕾开花的花序几乎全部不能成果，而 5 月份现蕾开花的，成果率达 35%。

4. 果实发育

自受精至坚果成熟需 45d 左右。果实发育大致可分 3 个时期：坚果迅速增长期，至受精至第 25 天，颜色由粉红变绿。坚果充实和成熟期，第 25 ~ 40 天，果壳开始变硬，果仁迅速增长充实。果梨迅速增长期，受精后第 40 ~ 60 天，果梨迅速膨大，坚果失水略有收缩。成熟时果梨呈鲜艳的红、黄或红黄杂色，坚果呈灰褐或灰白色。一旦果梨充分成熟，即自然脱落，但仍与坚果连在一起。

四、栽培技术

（一）苗木繁殖

腰果可用种子、嫁接、压条、扦插等方法繁殖。

1. 种子繁殖

种子繁殖要注意采种、种子贮藏、播种、播种期、播种方法等方面。采种时应采自优良母树，种子晒至含水量 7% 左右时如不马上播种，应用麻袋或水缸作短期贮藏。播种时选饱满、相对密度大于 1、果皮有光泽、大小中等的种子。一般浸种 24h 后即可播种。试验证明：用恒温为 50℃ 的热水或用 $300mg \cdot kg^{-1}$的吲哚丁酸溶液浸种 24h，成苗率可提高 1.69 倍，且苗木生长健壮。种子发芽与温度有关，播种期以雨季初期温度 25 ~ 35℃ 时最适宜。播种深度一般为 2 ~ 6cm。播种方式以果蒂向上的立播法最佳。播种后如久旱不雨，需淋水保苗。根据需要也可用大田直播、苗圃育苗等方式播种。

2. 营养繁殖

营养繁殖是果树生产上广泛应用的繁殖方法。常用嫁接与压条。嫁接又分为补片芽接法、靠接等方法。

（1）补片芽接法。腰果补片芽接法包括收集接穗（又称芽条）、选择砧木和芽接操作三个步骤。

收集接穗（又称芽条）时要选高产优良母树，采树冠外围、充实饱满、无病虫害枝条作接穗，通常选叶片生长稳定，枝条开始木栓化或半木栓化部位，枝条粗细与砧木嫁接位茎干相仿为好。采集接穗以上午 10：00 前和下午 17：00 后进行较好，采下作接穗的枝条要随即除去叶片，用湿纱布包裹，并可用香蕉茎或湿椰糠包裹并经常淋水保湿。选生长正常的腰果实生苗作砧木，尽可能利用 3 ~ 4 个月的小播种苗进行嫁接，小苗嫁接可缩短非生产期。芽接操作包括开芽接位、切芽片和剥芽片、放芽片和捆绑、解绑等 4 个过程。

影响芽接成活因子主要是温度和湿度。此外，芽接时间、芽片选择、砧木长势、芽接技术等也影响芽接的成活率。

（2）靠接。靠接时间以生长季节较好，从嫁接到切离母树完成独立嫁接苗所需时间为 86 ~ 108d。靠接把尼龙袋或篮装实生苗作砧木，置于搭在母树树冠部的架子上，把用作接穗的枝条和作砧木用的枝条搭靠的部位各削一平滑切面，把两者切口对正密接，并牢固包扎保护，愈合之后，切断接穗下部和砧木上部即成独立嫁接苗。

（3）压条繁殖。分地面压条和空中压条两种。地面压条，腰果树有些枝条低垂地面或沿地面伸展，当地面潮湿时，接触地面的枝条往往长出不定根。利用这种习性进行地面压条（即堆土压条）来繁殖新株，把靠近地面枝条选适当位置进行环剥皮，并用木桩把分枝压下，将环状剥皮处盖上土使其长根，离地较高的分枝可把枝条压入悬挂在树上的盆钵中待其长根后，即可锯断形成独立植株。

（二）造林

1. 选地

温度是决定腰果地理分布的主要因子，选择腰果种植地，首先要考虑当地冬春季低温寒潮情况，要求月平均气温最低不小于 18℃，以 20℃ 以上为宜，极端低温不小于 1.5℃。其次要求海拔在 400m 以下，海南地区以海拔在 100m 以下的滨海阶地为宜。第三，要选择土层深厚的砂壤土或砂土。黏土、碱性土、低洼积水地均不宜种植腰果。

2. 开荒

海南种植腰果地多为撂荒地，因此，用拖拉机全垦或带垦即可按规定植距挖穴。如植被为矮生草，也可不用机垦就直接定标挖穴。如植被系次生林或灌木地，则先要砍山、清山、挖树头，然后才能挖穴。

3. 定植

用芽接桩或无性系苗裸根定植时，以雨季初、中期进行为宜。挖大穴定植，有利根系生长。定植时根系要舒展，分层回土压实，植后盖草保墒。定植后 5d 内无雨，须淋水保苗。

合理密植是早产丰产的重要条件。种植密度因品种特性及自然条件而定。实生树每公顷种 120 ~ 270 株，多采用 9m × 9m、8m × 8m 或 6m × 6m，形式多用正方形，也有疏伐后呈三角形或长方形或宽行密植式等种植形式。无性系植株要求每公顷种植 105 ~ 150 株，即采用 10m × 10m、9m × 9m 或 8m × 8m，正方形或三角形植。

4. 施肥

施肥量随着树龄增长而增加。定植当年，一般只在挖穴定植时施基肥。第二年苗高40～50cm，每株可施尿素0.25kg，在7月和9月份两次施下。第三年，每株可施尿素0.5kg。第四年起，每株每年可施尿素1kg，分两次施下，施过磷酸钙0.5kg、氯化钾0.3kg或火烧土30kg，一次施下。施肥方法因肥料种类、土壤类型和施肥季节而不同。

（三）田间管理

1. 除草、盖草

幼龄腰果树（3年生内）应保持根圈无杂草。一般每年除草3～4次，如根圈用枯死物覆盖，可减少除草次数。腰果园长出茅草时，应及时灭除，以免茅草蔓延发展。除草通常结合施肥进行。已建龄腰果园应保持根圈的落叶覆盖。根圈盖草可以减少土壤水分蒸发，保持上层土温，湿度比较稳定，从而有利根际微生物活动和根系生长。盖草宽度，1年生植株盖草直径宽约1m、厚度20cm，但随树龄而扩大。3年生以后，可不必盖草。

2. 间作

幼龄腰果园行间可用来间种短期作物或绿肥覆盖，既可增加经济收入，又增加肥源、改良土壤。间作作物应因地制宜选用，如花生、番薯、西瓜、绿豆等。绿肥覆盖作物可用大翼豆、毛蔓豆以及飞机草一类均可。

3. 补植

无论用种子直播或育苗定植，出现缺苗时都应及时补播、补植。补植要在雨季进行，最好用尼龙袋育苗补植。用袋育苗定植成活率高，恢复生长快。通常在定植后1～2年内补植完毕，可使林相整齐。

4. 修剪

修剪包括整形和修枝两方面，是果树管理重要措施之一。在其他管理措施，特别是施肥配合下，适当修剪，可以克服大小年，达到高产稳产目的。幼龄树以整形为主，成龄树以修枝为主。修剪方法有短截法和疏枝法两种。修剪时要遵循下列原则：青壮树轻剪，老弱树重剪；生长旺盛期少剪，生长停滞或收获后多剪；小年轻剪，大年重剪。

5. 疏伐和高接换冠

腰果树是树冠外层结果植物，种植过密或树冠交叠荫蔽时，产量迅速下降。海南现有腰果树植距多用8m×8m的正方形，在正常情况下，10年生左右相邻树的树枝即已交叉开始遮荫，应及时进行修剪。如修剪仍不能提高产量时，应进行疏伐。通常采用隔株疏伐，6m×6m正方形隔株疏伐后每公顷由270株变成135株。实生树可利用疏伐的机会结合进行高接换冠，将低产树换成高产树，逐步、逐批地将整个实生树群换成高产无性系。

五、病虫害防治

（一）病害防治

腰果苗有根腐病、茎腐病、干枯病等病发生，但只要栽培管理措施适当，如合理施肥、改善排水条件、防止冬春低温寒害和夏秋高温灼伤等，可减少这些病害发生。结果树主要病害有以下几种：

1. 梢枯病

是由鲑色伏革真菌引起的病害，病枝有白色或粉红色菌膜，自尖端往下干枯，故称梢枯病，发现此病，应及时自侵染点下方剪去病枝，切口及附近表面涂波尔多浆保护。

2. 炭疽病

侵害嫩叶、花序、坚果、果梨及桠枝。防治方法主要是清除病部，用代森锌加波尔多液喷洒植株，通过营造防护林可以阻止病害经空气传孢子蔓延。

（二）虫害防治

虫害是影响我国腰果产量最重要因素之一。其中茶角盲蝽、蛀果斑螟和咖啡皱胸天牛对腰果生产构成很大威胁，是海南岛最主要的腰果害虫。绿鳞象甲、恶绒金龟子、二白点粉金龟子、大茸毒蛾、杧果蚜、乔麦毒蛾等30余种次要害虫。

1. 茶角盲蝽（可可锤盲蝽）

若虫和成虫吸食寄主组织汁液，在叶柄、嫩梢、花枝上造成褐色棱形斑，在果实上造成凹陷斑，在叶肉区造成角状斑。主要危害季节是花前新梢期、花期和幼果期。防治方法：每年从10月份开始，定期进行田间调查，随时掌握盲蝽的发生动态。在害虫大发生初期（通常在11月至翌年1月）进行喷药，是防治茶角盲蝽成败的关键。药剂用量和有效药剂：20%速灭杀丁对水200倍或对水2 000～2 500倍；2.5%敌杀死200倍或2 000～2 500倍；40%乐果（或氧化乐果）100倍（低容量）或1 000～1 500倍；乐敌混剂（即40%乐果+80% 1∶1敌敌畏）100倍（低容量）或1 000～1 500倍。

2. 蛀果斑螟（果螟）

被害部位有虫粪黏积是果螟危害的突出特征之一。幼虫大多从果梨和坚果的交接处蛀入取食，造成果实中空。果实在发育的初、中期被害，可使其干枯死亡。盛果期虫果率为20%～60%，严重影响产量。防治方法：采用化学防治的适期是盛果期之初，通常在3月中下旬是第一次喷药防治适期。有效药剂及用量:20%速灭杀丁对水200倍或2 000～2 500倍;2.5%敌杀死200倍或2 000～2 500倍;40%乐果（或氧化乐果）100倍（低容量）或1 000～1 500倍（高容量）;20%杀虫双100倍或1 000～1 500倍。

3. 咖啡皱胸天牛（咖啡胖天牛）

被害处外部堆积大量虫粪、木屑和树胶混合物。幼虫从主干近基部处侵入，在树皮内各个方向蛀食，继而取食边材。危害后期树冠发黄，最后整株死亡。防治方法：首先要注重调查虫害情况，每年至少普查1次，复查2次。分别在收获后6～7月份进行。发现被害树时，当即用刀剖开被害处树皮，取出其中幼虫，务必把天牛幼虫清除干净，待伤口干燥后，培土促使树基部不定根生长以利恢复长势。最好在处理后1月，检查处理过的部位附近是否有新虫粪排出，如发现有，则立即依上法追寻幼虫。

六、采收贮藏与加工利用

1. 采收

腰果每年收获1次，不同地区因花期不同，收获期也不同。通常在开花稔实后2个月左右开始收获。海南岛南部收获期一般在3～6月，5月为盛产期；而海南北部地区如文昌县5月份才开始收果。由于开花期延续2～3个月，收获期也长达70～80d。

当坚果果壳变硬后，果梨迅速膨大，颜色变为鲜艳的红、黄或红黄杂色时，表明果实已经成熟。果实成熟后自然落下，但坚果和果梨不脱离。每个工可采收20～30kg生果。如果利用果梨制果汁、果酱、果脯等，收获期就要天天采果，以免果梨落地损伤腐烂。如果只收坚果，可3～5d收集1次落地坚果。

2. 贮藏保鲜

贮藏前，日晒3～4d，至含水量7%（摇动有声）时即可装袋贮藏。充分干燥的腰果，贮藏得当，可保1年而不变质。

3. 加工

（1）坚果加工。坚果出仁率为23%左右，干燥的坚果壳比较坚韧、不易破开，果壳液又容易溢出腐蚀皮肤，种仁脆而易碎，因而给加工带来不少困难，迄今尚无一套完善的加工设备。

腰果加工过程包括炒果、提油、去壳、去皮、分级、包装等六道工序。目前去壳方法有3种：压力破壳；离心破壳；切壳或锯壳。这些方法都存在一个共同缺点，就是种仁易碎和沾上果壳液，而整仁率是加工质量的主要指标。近年来我国许多工厂用蒸果代替炒果，可提高整仁率。

意大利Mocita公司生产的高度自动化腰果仁加工设备，加工经过15道工序：洗净干果，除去杂物、坏果；分选机按大小选果；增湿，使果壳变脆，促进炒焙时果壳液细胞爆裂而释出壳液，同时可保持果仁色泽；用油浴法处理干果；用离心法除去残留油渣；冷却筒内冷却；通过第二分选机，把腰果分成八级；剥壳；仁、壳分离；压缩空气排壳；干燥种仁；脱皮；用电子拣选机分开脱皮的种仁；未脱皮的种仁转入重度脱皮机，再经压缩空气分离机和电子拣选机，将整仁和碎粒分开；将剩下未脱皮的果仁用手剥除。该设备年产果仁3 000t，产壳液2 800t，然而仍未解决碎仁和种仁漂白等问题。

（2）果梨加工。腰果梨柔软多汁，含多种营养成分，可制果汁、果酱、果脯及酿酒。果梨表皮薄而柔软，易损伤而使果肉败坏，故采收后不能久置。用二氧化硫溶液浸泡和洗涤果梨，可保持1d不变，其果汁放置过夜而不会发酵。加工方法如下：

● 果汁　原料用清水洗涤，用二氧化硫柠檬酸液浸泡6h，滤干后切块、打浆、榨汁，经自然沉降后，取出上清液，加上明胶澄清，过滤，调整糖酸后进行真空脱色，瞬时灭菌，装瓶、冷却即为成品。

● 蜜饯、果酱　用盐水处理（开始用2%，以后增加到10%）成熟果梨5～10d，蒸10～15min后用含0.05%柠檬酸的30°Brix糖浆制备蜜饯。按前述方法处理果梨后，可用等量的果梨和糖加0.3%柠檬酸烹煮浓缩成果酱，或与等量香蕉、菠萝果肉制成混合果酱。

（余雪标　林培群）

14. 澳洲坚果

澳洲坚果（*Macadamia ternifolia* F. Muell.）又称夏威夷果、澳洲核桃，属山龙眼科澳洲坚果属常绿阔叶乔木。其果仁作食用，烤制后酥脆，口感细腻，带奶油清香，风味极佳，常作烹调食品、小吃或制作夹心巧克力、糕点和冰淇淋等的配料。还可制高级色拉油和美容化妆品。同时由于澳洲坚果四季常绿，叶有光泽，树型美观，花开时气味芳香，又是一种理想园林绿化树种和蜜源植物。

原产澳大利亚，在未作商业性栽培前，一直是澳大利亚的城市园林绿化树种，19 世纪末美国人在夏威夷引种栽培，并获得较高的产量，后成为澳洲坚果的最大生产国。目前世界上约有 20 余个国家种植澳洲坚果，总的种植面积近 5.0 万 hm^2，总产量达 6 万 t。其中澳大利亚种植面积 1.2 万 hm^2，产量达 2.7 万 t；美国种植面积达 8 300hm^2，产量达 2.5 万 t；巴西种植面积 6 300hm^2，产量达 1 万 t。

澳洲坚果在国际市场长期处于供不应求状况，被列为世界最昂贵的坚果。美国的澳洲坚果主要以内销为主，澳大利亚的坚果产品主要用于出口，过去主要出口美国，现在欧洲和亚洲已成为它的消费市场。澳洲坚果出口贸易价格维持在每吨 11 340～13 100 美元左右。

据预测至 2005 年，澳大利亚的坚果年产 4.0 万 t，美国约 3.0 万 t，南非约 1.7 万 t，世界总产量达 15 万 t 左右，但目前对澳洲坚果的需求量在 40 万 t 以上，这预示未来澳洲坚果国际市场仍是供不应求。澳洲坚果适生于高降水量的亚热带气候类型，土壤要求排水良好。我国云南、广西已有种植，但发展速度慢、产量少。澳洲坚果引种栽培并大面积的推广，不但可以满足我国人民物资生活不断增长的需要，同时还可以出口创汇。

一、分布

澳洲坚果属山龙眼科，本科大约有 60 属，澳洲坚果属 18 个种类中，原产澳大利亚的有 10 个种，原产新喀里多尼亚的 6 种，原产马达加斯加的 1 种，原产西里伯岛的有 1 种。在这些种类中，可食用并已被商业性栽培的只有两个种，即光壳种（*Macadamia ternifolia*）和粗壳种（*Macadamia tetraphylla*），其他的种因仁小、味苦，内含氰醇苷而不能食用。

澳洲坚果系常绿阔叶树种，树冠宽。成熟的澳洲坚果树高可达 20m 以上，树冠呈半球形，树皮呈灰色和棕色，并有绿色地衣附着。澳洲坚果的结果期很长，在澳大利亚布里斯班植物园，1858 年栽植的植株至今仍在挂果。小花粉红和米色；叶深绿色，通常长而尖；总状花序；果实的外层为肉质的外果皮，种子呈球形、棕色；外壳非常坚硬，直径 21mm 左右，成熟后自然脱落。

澳洲坚果原产澳大利亚昆士兰州东南部和新南威尔士州的东北部的台地、丘陵地带，约分布于南纬 23.5°～29°。后被美国、巴西、以色列、南非等 20 余个国家或地区引种栽培，均获得成功，引种澳洲坚果地方的气候归纳起来有热带湿润气候（如美国夏威夷、佛罗里达州，肯尼亚，哥斯达黎加，泰国等）、亚热带湿润气候（如南非，广东湛江、南宁）、热带草原气候（马拉维等国）、地中海型气候（美国加利福尼亚州、洛杉矶、圣地亚哥，澳大利亚佩斯），表明澳洲坚果具有广泛的适应性。澳洲坚果适生的热量条件是南亚热带和热量偏高的中亚热带，可耐 -5.5℃ 的低温，能耐 45℃ 以下的高温。有专家推断，在年平均气温 16℃ 以上，极端最高温在 38℃ 以下，极端最低温在 -5℃ 以上，最冷月平均气温在 10℃ 以上的气候条件下，都可引种推广澳洲坚果。

二、主要栽培品种

澳洲坚果商业栽培品种均选育自光壳种、粗壳种或两个种的杂交后代。目前世界各主产区选育并正式命名的澳洲坚果品种大约 50 多个，其中使用最广泛的是夏威夷品种和澳大利亚品种。

（1）Keauhou（246）。该品种 1936 年选出，1948 年命名。树冠开张，圆形至阔圆形。分枝多，且向下部弯曲，枝条细小至中等大，叶尖钝通常上卷，叶缘波浪形，刺中等多，叶片常扭曲。坚果大，棕色。珠孔大而凸出，缝线宽、槽状，颜色比壳果其他部分略淡，卵石斑纹集中在扁平的脐部周围。在美国夏威夷，壳果平均粒重 7.2g，果仁平均粒重 2.8g，出仁率 39%，一级果仁率 85%；高产，但在不同的栽植区表现差异很大，在夏威夷该品种只在科纳岛表现特好，在其他地区则一级果仁率不稳定。而在澳大利亚，它是一个可靠的品种，近4个产季，它的产量都高于本产业平均水平（每株产量36.5kg，出仁率39.2%）。在我国的表现：早结性比H2差，前期产量不高，10年生后比其他品种丰产稳产，抗风性比其他品种差。

（2）Kakea（508）。该品种1936年选出，1948年命名。树冠窄圆形至圆锥形，颜色比其他夏威夷品种稍淡，叶顶部略呈圆形，叶缘波浪形，少刺或全缘，有时叶缘反卷，枝条健壮，节间短，叶呈簇状成束着生于枝梢末端。坚果中等大小，圆形，珠孔中等大小，缝线为一明显的暗红棕色条纹而非槽状。在美国夏威夷，壳果平均粒重2.5g，出仁率36%，一级果仁率90.0%。该品种是夏威夷商业性种植最好和最高产的品种之一。该品种在冷凉的植区表现较好，但在我国广东湛江地区产量不高，夏季高温季节新梢叶片变黄白色，不抗风。

（3）Ikaika（333）。该品种1936年选出，1952年命名。树冠圆形，颜色深绿，叶大，尤其有些老叶非常大（长×宽为25cm×8cm），叶尖方形、扭曲，叶缘呈极明显的波浪形，多刺。坚果深红棕色，略有卵石花纹。缝线不清晰，颜色和壳果的其他部分相同或略淡。在美国夏威夷，壳果平均粒重6.5g，果仁平均粒重2.2g，出仁率36%，一级果仁率90.0%，长势极旺盛，耐寒，抗性好。在夏威夷老果园产量和果仁质量稳定性比其他品种差。但在风害严重地区该品种被广泛使用。在我国广东湛江地区，333表现早结丰产，后期产量高、抗风性好；在广东、广西、云南早期种植的果园中，表现为长势旺、早结果，前期产量较好。

（4）Keaau（660）。该品种1948年选出，1966年命名。树冠直立紧凑，呈深绿色。叶缘波浪形，刺中等多，叶顶端呈圆形有时略尖，叶脉明显可见。坚果小，深棕色、光滑、圆形，缝线像一条小沟，从珠孔开始逐渐减弱变细消失，圆形斑点集中在脐端，长形斑点靠近珠孔。在美国夏威夷，壳果平均粒重5.7g，果仁平均粒重2.5g，出仁率44%，一级果仁率97%，抗性好，果实成熟早、集中。在夏威夷它是一个优良的品种，在我国广东湛江地区，抗风性好，产量一般，和其他品种相比，产量起伏变化较大。

（5）Kau（344）。该品种1935年选出，1971年命名。树冠直立，枝条粗壮，分枝少，叶片长椭圆形，叶缘扭曲少刺，叶顶部上卷。坚果中等大小，果仁品质极好。在美国夏威夷，壳果平均粒重7.6g，果仁平均粒重2.9g，出仁率38%，一级果仁率98%。该品种高产，抗性好，适合果园密植，在较冷凉的植区耐寒性比246好。在我国广东湛江地区，344抗风性强，早结丰产，10年生果园高产。在夏季高温期，新梢叶片变黄泛白。枝条壮旺，分枝力差，要常短截促其分生结果枝，前期才能获丰产。

（6）Mauka（741）。该品种1957年选出，1977年命名。树冠直立生长，紧凑，枝条健壮，分枝量适中，叶缘刺少，叶顶部近似等腰三角形。坚果中等大小，很圆。在美国夏威夷，壳果平均粒重6.5g，果仁平均粒重2.8g，出仁率高达43%，一级果仁率98%，果仁外观非常好。高产，在夏威夷海拔较高的果园要比其他夏威夷品种好。在我国广东湛江地区，741树形疏密适中，分枝量中等，抗性较好，高产、稳产。

（7）Makai（800）。该品种1967年选出，1977年命名。是246的后代，在美国夏威夷表现比较适合较低海拔地区种植。树形、果实特性、产量潜力与246非常相似。800的树冠圆形，枝条要比246健壮，分枝力比246稍弱，叶片长形槽状，叶缘扭曲多刺，果实比246大。在夏威夷，壳果平均粒重8.0g，果仁粒重3.2g，出仁率40%，一级果仁率97%。果仁质量特好，在美国夏威夷表现出早产性及果仁质量都超过344及其他推荐的品种。但在澳大利亚及我国广东、广西、云南，早期种植的产量低，不抗风，各种大田性状均比其他品种差。老果园的产量表现有待观察。

（8）Own Choice（O.C）。该品种是从澳大利亚昆士兰州比瓦（Beerwah）地区野生丛林中选出的实生树。树冠密集，灌木形，开张，叶小扭曲，叶缘无刺或极少刺，反卷，枝条小而多，抗风性好，高产。原产地10年生单株产壳果26kg，种子中等大，壳果平均粒重7.75g，果仁平均粒重2.7g，出仁率33%～37%，一级果仁率95%～100%，果仁品质很好。澳大利亚品种果实成熟后约80%的果黏留在树上不脱落，生产上主要用乙烯利1 500mg·kg^{-1}进行催落收获。在我国广东湛江地区没观察有黏留果现象，该品种在华南7省、自治区试种均表现出早结实。定植后2.5～3年即开花结果，高产、稳产，抗风性强，该品种开花期较其他种早，花期较长，果壳较薄，鼠害较重。

(9) Hinde (H2)。该品种于1948年从澳大利亚昆士兰州吉尔斯顿（Gilston）地区选出。在新南威尔士州，该品种表现比任何一个澳大利亚品种都好，早结实性比夏威夷品种246、508都好得多。高产、稳产，10年生单株产量18kg。H2树冠疏朗，中等直立，分枝长而健壮，叶短而宽，很像灯泡，末端圆，叶基较窄，叶全缘呈波浪形，极少刺或无刺，种子中等大，形状不规则，种脐部宽大，盖有一块紧黏着的果皮物，旁边有一明显的凹陷窝。壳果平均粒重7.05g，果仁平均粒重2.33g，出仁率30%～35%，一级果仁85%～90%。抗风性差，有少量果实成熟后不脱落，果实比其他品种难脱皮。适宜气候较凉的地区种植。H2实生苗长势旺，成苗整齐，与D4品种一样，常被选作砧木材料。H2在我国华南7省、自治区试种均表现早结实，对广东、广西10～16年生以前的果园调查表明，H2品种早结实，丰产、稳产，但抗风性差，鼠害重。由于H2每年结果量大，若肥水管理水平低，则H2品种的树势比其他品种更容易出现衰退。

(10) 462 (Jordan)。树冠壮旺，树形圆锥形，稍耐寒，较高产，果仁率36%～40%，10年生单株产量37.3kg。

(11) 788 (Pahala)。树形直立，早熟品种，种子产量和种仁质量高，薄壳型，适应范围广。

(12) A16。树干比A4直，较早熟，养分需求高，比A4硬，落果迟，种仁回收率高。在瓦克明试验中，A16生长性能为5个最优品种之一，并在所有立地表现良好。但烘烤时，产品稳定性没有其他品种好。果仁率37%～47%。

(13) 849。区域试验中生长性能最优。由于还处于未成熟阶段，相关信息较少。在瓦克明、沃尔威、克朗品种试验中，生长性能位于5个最优品种之一。种仁中等至大型。落果期5月中旬。适应范围广。果仁率40%～45%。

(14) 842。区域试验中生长表现好，但很少栽植。在若克海普顿和沃尔威品种试验中，生长表现为最优5个品种之一。种仁小型至中等。落果期5月上中旬。果仁率36%～41%。

(15) 816。在克朗和温室品种试验中，生长性能好。种仁大，落果早。

(16) X8。在区域品种试验中，产量高，冠幅最优。落果期为5月上中旬，二级种仁回收率高，种仁中等。

(17) A38。每公顷生产力高。落果迟。枝条在一些季节里较密。生长性能优于A4，适宜密植。

我国澳洲坚果业目前还未有自己选育并正式命名的品种，生产上使用的品种都引自国外，我国最初引进前9个品种。

三、生物学特性

（一）植物学特征

澳洲坚果为常绿高大乔木果树，树冠高达18m，冠幅15m。原产地有100年以上的老树，仍生长良好。经济寿命约40～60年。

山龙眼科树种的主要特征在于须根发达，主根呈放射状，这可增加根系的表面积，以便大量吸收土壤养分。无主要叶序，叶片上有硬化小叶，具有耐旱形态特征，如角质层较深、气孔下陷。硬化小叶的出现是为了适应瘠薄土壤。商业化栽植的澳洲坚果树树叶很少具有耐旱性形态特征，原因是施肥保证了土壤肥力，而更多地表现出对水分的反应。此外，施肥还可减少须根数量。

光壳种、粗壳种和彼达种坚果可食用，但只有光壳种和粗壳种用于商业化栽植。

澳洲坚果是双子叶植物。主根不发达，侧根庞大，根垂直分布多在地表70cm以内，其中70%的根系主要集中分布在0～30cm土壤中，水平分布绝大多数在冠幅范围，根系约在实生苗子叶脱落时，即萌芽后2～6个月开始形成，并围绕母根茎轴成行状一簇一簇排列。其中大多数根在同一时期形成，主要作用是增大根系吸收面积；小根无再生能力，长至1～4cm时形成根毛，根毛在存活期内有吸收功能，约3个月后死亡脱落，大多小根系12个月左右消失。在大田里，根系的形成与季节、温度、水分有关。

茎直立，分枝较多，树枝圆柱形有许多小突起（皮孔），树皮粗糙，无皱纹或沟纹，棕色，树皮切口呈暗红色。直径30cm的主干皮厚9mm。木质坚硬。

三叶轮生，有时二叶对生或四叶轮生，叶片长75～250mm，质地坚硬，窄椭圆形或细长形，长是宽的3～4倍；叶缘波浪形，全缘或分成若干坚硬小齿。叶片两面的主脉、侧脉和大量的细脉明显可见。叶柄长5～15mm。

澳洲坚果花为总状花序，总状花序悬垂（悬挂），长100～300mm，着花100～300朵，可多达

500朵。花的数量和花序的长度无紧密相关，花成对或三四朵花为一组着生在小苞片腋的花梗上，花梗长3~4mm，在花序轴上有规律地间隔排列。开花期的花长约12mm，为两性花，但非完全花，无花瓣，只有4裂花瓣状的萼片，萼片形成花被管，形如4片黄色细裂片，长7mm，宽1mm，花开时后翻，已开的花为白色。在花被内，花的中心是单心皮的上位子房，子房上密生绒毛直至花柱下部，花柱上部无毛。子房卵形2室，顶部逐渐变成很细的花柱，花柱球棒状，顶部增厚。子房和花柱全长约7mm，雌蕊基部周边是一个不规则的无毛花盘，高约0.6mm，为联生下位（低于子房）腺体。柱头表面很小，乳状突起物不对称地排列在柱头顶端，并向下延伸到柱头腹缝线。4枚周围雄蕊着生于子房旁边，花丝短。每枚雄蕊有2只长约2mm的花粉囊，雄蕊在花被管月2/3处黏附在花瓣状萼片上。

果为蓇葖果，绿色，球形，直径25mm或更大。绿色果皮约3mm厚，果实成熟时，果皮沿缝合线开裂，露出一只球形种子，少数情况，为两只半球形种子，各在开裂的每一裂片内。种子即是常说的坚果，非常坚硬，由2~5mm厚的硬壳和种仁组成，种仁由2片肥大的半球形子叶和1个几乎呈球形的微小胚组成，胚嵌在子叶间种子靠萌发孔一端，由胚芽、胚根、胚轴组成。

果皮由一层深绿色、表面非常光滑的纤维状外果皮和一层较软而薄的内果皮组成，外果皮由薄壁组织（带有众多的、具分枝的维管束）和一表皮层（内含叶绿素细胞薄层）组成。内果皮的薄壁组织充满了像鞣酸似的黑色物，但无维管束，内果皮由白色转棕色至棕黑色，表明果实已成熟，这是生产上常用来检查果实成熟度的一种简单而直观的方法。

种子有种皮、种脐和珠孔。种皮由外珠被发育而来，并形成坚果的壳，且有明显的两层。外层厚于内层15倍，由非常坚硬的纤维厚壁组织和石细胞构成。内层有光泽，深棕色部分靠近脐点，约占内表面1/2以上，而珠孔釉质，呈乳白色。棕色部分（在较宽的一端）具有扁平细致的细胞，像在果皮内层细胞一样充满一种棕色的沉积物。珠孔周围乳白色部分由外珠被的内表皮发育而来的细胞层组成，这层细胞类似未发育的内珠被。

（二）生长发育

1. 枝条生长

澳洲坚果枝条1年抽生3次或4次梢，两次抽梢之间为休眠期。在我国广西南部和广东西部地区，澳洲坚果幼树年抽梢4次以上，平均每次梢从萌芽到老熟需要40d左右，新梢老熟到下一次梢萌芽，间隔平均18~28d。成年结果树，在广州及广东西部地区，1年抽3次梢，分别为4月春梢，6月底夏梢，10月晚秋梢。此外，1年中每月树冠均有少部分零星抽梢现象。7月中旬至8月下旬高温季节澳洲坚果生长缓慢，低温型品种，如508、344，这一时期的新梢常转色困难，出现叶片变黄至泛白的生理病害。12月底至翌年2月底，正常年份几乎无抽梢现象。

澳洲坚果抽梢一般长30~50cm，有7~10个节，生长旺盛的幼树或有些品种抽梢最长约1.0m以上。澳洲坚果的结果枝绝大部分是内堂1.5~3年生老枝条，初结果的中龄树尤为明显，少量结果枝甚至是几厘米长的内膛小枝条。梢的基部有一个明显无叶节，梢的顶都是发育未完全的叶小但像鳞片，每叶腋里有3个垂直排列的芽，这些芽与主枝同时抽发时，将出现9（或12）条枝，这种现象时有发生，但通常仅3叶轮生的顶上3个芽同时萌发。

2. 开花习性

花的发育可分为3个时期：芽休眠期，花序延长期和开花期。花芽分化到肉眼可见，根据生长地区不同，保持50~96d的休眠期，以后花序开始延长。在较凉的植区花序延长开始最早，并持续约60d之久。开花期发生在花芽分化后137~153d。在广东湛江地区，植株的初花期在2月中下旬，盛花期在3月中，谢花期3月底至4月初，开花期和广西南宁地区相差10~15d。但品种不同，开花期也有差异，如695品种，在湛江花期比其他品种均迟，3月中下旬才初花，3月底至4月初盛花，4月中上旬谢花。

澳洲坚果为雄蕊先熟花，即花药先于柱头老熟。开花一段时间后柱头才开始有接受能力。自然状态下，开花后前2h内，柱头上的花粉粒不萌发，最先萌发的花粉粒多在开花后24~26h，一直到48h萌发量才增加。

大多数澳洲坚果为自花授粉坐果，但澳洲坚果本身又具有较大程度的自交不孕性。研究表明自花授粉不亲和的是由于授粉后2~7d内花粉管在花柱内的生长受阻造成的。2个或2个以上品种互相靠近种植时，可产果量提高。澳洲坚果的授粉昆虫主要是蜜蜂和食蚜蝇。

3. 果实发育

(1) 果实生长发育。澳洲坚果子房内 1 个胚珠受精后，第二个胚珠受抑制败育，但偶尔也有在 1 个果实中发育成 2 个种子的，使种子成半球形。在广东湛江地区，澳洲坚果在花后 80d 左右，果实生长最快，一般每旬直径增长 0.4 ~ 0.7cm，以后增长极少；6 月下旬（花后约 110d）即完全停止生长，在果实直径达到 2.7cm 左右后生长即趋缓慢，最后直径可达 3cm。品种间生长量略有差异，年份间因开花期差异，生长时间也略有先后，但总体趋势是一致的。

(2) 落花落果。果实发育期间，大量果实脱落是该果树的一个特点，也是各国澳洲坚果业面临的重要问题。在每个花序所生的 300 朵花中，最初有 6% ~35% 的坐果，而仅有 0.3% 的能发育成成熟的果实。花和未成熟果的脱落，可以分 3 个阶段：第一阶段，花后 14d 内，授粉而未受精的花迅速脱落，剩下的（初生果）有膨大的子房，它们中大多已经受精。第二阶段，花后 21 ~ 56d 内初期坐果迅速脱落。第三阶段，花后 70d 到果熟时，较大的熟前果实逐渐脱落。在湛江地区，初生果至成熟前落果，主要在 5 月份以前，花后约 50 ~ 80d，这时落果数约占总落果数的 2/3；7 月末至 8 月中，即花后 120 ~ 150d，又有一个落果小高峰，这时的落果数约占总落果数的 1/4 ~ 1/3。

一般认为，澳洲坚果生理落果的原因是由于营养问题，幼果量大的花序比幼果量少的花序落果严重。南亚热带作物研究所的研究表明，果实的生长高峰和落果高峰非常吻合。

除生理落果外，温度和缺水亦会影响落果，台风也会引起落果。随着温度的升高，熟前果发生脱落的频率较高，在坐果后 70d 内，30 ~ 35℃ 的日高温比 15℃、20℃、25℃ 更易导致未熟果的脱落。相对湿度低亦会加重高温对落果的影响。特别是在坐果初期 35 ~ 41d 内，受缺水影响的植株，也会出现大量的果实脱落。在果实发育初期，偶尔的干热风，也会加剧落果。生长调节物质对澳洲坚果落果的影响，各国都做了大量研究工作，但至今未有好的方法可供生产上推广应用。

(3) 油分的积累。澳洲坚果从初生果至成熟大约需要 215d，果实刚成熟时，坚果的果仁含油率为 75% ~79%。随着果实的发育，果仁含油量不断增大，而氮总量（粗蛋白含量）却不断下降；糖总量在花后 111d 以前不断增加，111d 以后逐渐下降。中国热带农业科学院南亚热带作物研究所以 H2、246、660、508 四个品种 7 龄以上结果树发育中的果实为材料，经过 4 年测定，结果表明：果实发育过程中粗脂肪含量变化，从花后 90d 开始，随着果龄的增加，果仁含油量不论以鲜重百分率还是以干重百分率表示，均呈逐渐增加之势，其中花后 120d 以前为油分积累最迅速时期。各品种油分积累的速度略有差异；660 和 246 的油分积累在前期较快，花后 120d 时分别达到 54.94% 和 43.30%，而 H2 和 508 则分别为 32.59% 和 36.1%。到花后 150d 时，各品种均能达到 60% 以上。果实完全成熟时，油分均在 72% 以上。

（三）物候期

1. 温度

澳洲坚果较耐寒，幼树可忍受 -4℃ 低温，霜期 7d 而完好无损；成年树能耐 -6℃ 短暂低温，不致受冻害。然而，尽管在南北纬度 34°间有澳洲坚果种植，但商业性生产最适宜气温不超过 32℃，不低于 13℃ 的无霜冻地区发展，澳洲坚果在气温 10 ~ 15℃ 开始生长，在 20 ~ 25℃ 生长最好，低于 10℃ 和高于 35℃ 时，则生长停止。在 30℃ 高温，508、344 等低温型品种，正在发育的叶片即出现褪绿变黄泛白现象。

花芽分化最适夜间温度介于 15 ~ 18℃，温度不同，花芽分化需 4 ~ 8 周完成，花芽分化可见后，则进入芽休眠期、花序延长期和开花期。在坐果后 10 周内，30 ~ 35℃ 的气温，比 15℃、20℃ 和 25℃ 气温更易导致未熟果脱落，因为气温超过 26℃，光合速率突然下降，同化物资缺乏。在果实迅速膨大和油分积累后，25 ~ 30℃ 时使果仁生长较快，果仁率较高，在 25℃ 时，油分积累最迅速，在 15℃ 和 35℃ 进行油分积累时，果仁生长、出仁率和含油量低。高温条件下，果仁重量和出仁率下降，表明净同化积累较少。在 35℃ 时，绝大多数果仁质量低劣，含油量低于 72%，在果实发育后期，极度高温反而影响果实生长和油分积累，导致果仁质量差。

2. 降水量

年降水量以不少于 1 000mm 为宜，且年分布均匀。在澳洲坚果原产地区，年降水量约 1 894mm，在美国夏威夷澳洲坚果生长最好的地区，年降水量幅度为 1 270 ~ 3 048mm。过分干旱，则植株生长慢，产量也低，而且果实小，果仁发育不良。因此，在年降水量低于1 000mm的干旱地区，应考虑进行大田灌溉，即便是年降水量大年份，如分布不均匀，特别是在植株开花后5～6周果实发育期缺水，就会出现大量的果实脱落。果实成熟前3个月，适宜的水分对促进果实长大和增加重量有重要作用。

（3）土壤。澳洲坚果在各类土壤均能生长，但以土层深厚、排水良好、富含有机质的土壤为最适宜。商业性栽培土层深度至少达0.5～1m，且土壤疏松、排水良好。澳洲坚果在土壤pH值5～5.5之间生长最好。在盐碱地、石灰质土和排水不良的地方，则生长不良。

（4）风。澳洲坚果树冠高大，根系浅，抗风性差，特别忌热带风暴。商业栽培时应选择无风害的地方种植。在有风害的地区要特别注意配置防风林。在平均风力低于9级、阵风低于10级，无强热带风暴出现的地区，可选择避风地域并配置防护林种植；在平均风力超过9级，阵风达11级，有台风出现的地区，不宜大面积发展，抗风性较好的品种有Owh Choice、344、741、660、333等，而246、800、508、H2等则抗风性较差。

除了在果园的强风面安排种植抗风性较强的品种之外，果园幼树期行间要种高秆作物进行保护，果园的长度和宽度不宜超过150m，四周应种上1～3行抗风防护林。

四、栽培技术

澳洲坚果除了实生选育种或园林观赏而种植实生树外，商业性栽培生产都以种植优良品种的嫁接苗或扦插苗，靠接和高压育苗法由于操作上的限制，极少用于大规模的育苗生产。

1. 苗木繁殖

播种。用作繁殖的种子越新鲜越好。种子在室温下贮藏3个月后发芽率迅速下降。贮藏时间越长，种子发芽率越低。

经贮藏后的种子，在播种前，必须用干净清水浸泡1～2d（若种子太干，则需浸3d），去掉浮出水面的劣种，沉在水中的种子再用1 000倍70%甲基托布津药液浸泡10min，然后播种。

播种催芽床至少20cm厚，以干净河沙或疏松排水性好的生泥土作基质。上一年使用过的催芽沙和泥土不用，以免真菌繁殖影响发芽率。种子最后经1 000倍70%甲基托布津药液处理后条播在催芽床上。播种时种子的腹缝线朝下，种脐和萌发孔在同一水平面，即与地平线平行播在浅条沟上，种子间相隔约1～2cm宽，条沟间相隔5cm，播后用沙覆盖厚约2cm。播种过深，由于缺乏空气易于腐烂，发芽率较低。播种后用催芽床要用50%～70%遮光度的遮阳网遮光。注意经常淋水，保持苗床土壤湿润，在播种后第一周保湿尤为重要，种子必须吸足水分，发芽时才能自由开裂。播种后种子萌芽的时间长短依湿度和种壳厚薄而先后有异，快的2～3周即有种子发芽，通常要3～5周，全部种子发芽，可能要持续6～8周，若在温度低于24℃时，则持续的时间更久。播种后另一项特别重要的工作就是注意防鼠和蚂蚁的危害。

2. 苗木移栽

当播种催芽床绝大部分的幼苗头两轮叶已稳定硬化，即可把苗移入塑料育苗营养袋或实生苗床，移苗不宜过早或在抽新梢时进行，否则成活率低，应选择阴天多云天气或晴天下午16：00进行。有条件的最宜在移苗后拉上50%～70%遮光度的遮阳网遮荫3～4d。

（1）袋装苗。把幼苗直接移入塑料营养袋中管理。通常营养袋规格为18cm×25cm，种苗1.5年后出圃。大袋规格25cm×35cm。营养袋底部及四周应留有足够的排水孔。营养土以排水良好的土壤和腐熟的锯屑有机肥混合物3∶1比例为宜。袋装苗每4袋为一行排列，以便嫁接操作，袋的2/3深度埋于土中，袋间的空隙用土覆盖填充。袋装苗嫁接成活后易于取苗。缺点是，在实生苗期，由于受袋规格及有限的营养土限制，生长速度比地栽苗要差；需水量大，施肥管理不便；长途运输也较困难。

（2）地栽苗。把催芽床已稳定的幼苗移栽在实生苗床上管理，嫁接后达到出圃标准时，提前装袋，炼苗稳定后定植大苗。移苗前催芽床以及实生苗床均需提前1～2d浇水，以便移栽时易于操作，少伤根系。移栽时株行距15cm×20cm。1m宽的畦种6株，以便嫁接操作。种植时，注意保留子叶，以埋过种子稍深3cm左右为宜，根系要舒展，回土稍压实后，灌足定根水。

3. 实生苗管理

移苗后，在干旱季节每2～3d灌水1次；遇高温日灼天气，应及时遮荫或随时喷水保苗。在移苗初期要注意防鼠害。待幼苗稳定后两个月，每15d浇施稀薄水肥1次，以氮肥为主，同时及时补苗。以后可撒施氮∶磷∶钾=13∶2∶13的复合肥。在管理过程中，要注意除草浇水工作。每隔一段时间，安排一次修剪整理小苗，把多分枝生长的实生苗，只留下单一主干，其余枝全部剪去，以加快苗木增粗增高生长。

4. 嫁接

（1）嫁接前苗床管理。实生苗在苗床生长8～12月后，即达到嫁接标准粗度。实生苗生长健壮，25cm高处径粗0.8～1.2cm最适宜作砧木。接前一个月苗圃应全面施1次肥，并做好除草、修枝和苗床修复整理，嫁接前10d喷药1次，进行病虫防治清理工作。嫁接前3d灌足水。

（2）嫁接季节。嫁接繁殖的最佳季节是在秋末、初冬和春季。其他季节嫁接效果不佳。

（3）接穗准备和选择贮藏。接穗最宜采用老熟充实、节间疏密匀称的枝条。最好的穗条成熟度是灰白色已木栓化的部分，淡棕红色部分效果不好，淡灰绿色枝不宜作接穗。接穗采下后，从叶柄处剪去叶片，但不宜用手剥离，以免伤及叶腋的芽。枝条剪成20～30cm长，分小捆包扎挂好标签。然后用1 000倍70%甲基托布津药液处理10min后阴晾干，用经药剂处理过的湿润干净毛巾包裹保湿即可长途运输，若要保存7～10d后使用，最好放在6℃低温下效果更好。

（4）嫁接方法。澳洲坚果采用的嫁接繁殖方法多种多样，各种植区习惯和推广使用的方法各不相同。在我国澳洲坚果植区最普及的方法是劈接嫁接法和改良切接嫁接法。在接穗来源珍贵或砧木超大情况下，可使用芽接法繁殖。繁殖苗数量不多，有条件的亦可用靠接法嫁接。

• 劈接法　砧木在高25cm处剪断，并剪去靠近剪口的一轮叶片，以便嫁接操作；选择与砧木粗度相当的芽条，截取2个节、5～6cm长的接穗。接穗下半部削成楔形，两边的削口平滑，削口长2.5～3cm；在砧木的剪口中心下刀纵切长2.5～3cm的嫁接口，把楔形接穗插入，两边皮部对正吻合，砧穗大小不一时，最少一边的砧穗皮部对准；接口自下而上用宽1.5～1.8cm，长30cm，韧性较好的聚乙烯薄膜带绑扎，接穗部分用生物封口膜"Parafilm"或3C低压聚乙烯膜密封。当嫁接成活后接穗新长的芽能冲破这种密封接穗的材料而自然生长。

• 改良切接　砧木在高25cm靠近节眼处剪断，并剪去靠近剪口的一轮叶片，用刀在砧木切口处节眼叶柄的地方下刀往上削一斜面长1.2～1.5cm；截取2个节、5～6cm长的接穗，削成2.5～3cm长的斜面，另一面基部削一长约0.5cm的小斜面，要求削面平滑；在砧木斜面的下部，按接穗削面宽度垂直平滑下切一刀长2.5～3cm的嫁接口，插入接穗，接穗长削面与砧木的嫁接口两边形成层对准，砧穗切口宽窄不一时，以最少一边的形成层对准；接口自下往上，用宽1.5～1.8cm，长30cm，韧性较好的聚乙烯薄膜带绑扎，接穗部分用生物封口膜（Parafilm）或3C低压聚乙烯膜密封。

5. 嫁接后管理和起苗

嫁接后要注意防止碰伤，同时及时撒施防治蚂蚁农药，尤其在秋季干旱时嫁接，蚂蚁常常咬食接穗密封材料。要注意随时淋水保湿。及时抹除砧木上的萌蘖，接穗上长出的芽第一轮叶稳定后，即可开始疏芽工作，一株嫁接苗只留1～2个健壮枝条发育成主干，其余的剪除掉。大部分苗开始抽芽后即可开始施肥。在防虫防病过程中，可加入叶面肥喷施，以促进幼苗的快速生长。

待嫁接苗第二批新梢稳定后，接穗抽生的新梢达30cm以上，地栽苗即可挖苗装袋。起苗时，对根系作适当修整，同时剪去多余的枝条及其幼嫩部分，浆根后，装入18～25cm的营养袋，集中放置，并搭50%～70%遮光度遮阳网遮荫。上袋初期7～10d，要对叶面进行喷水保湿，1个月后植株生长稳定长出新根后即可出圃定植。

6. 果园的建立

（1）品种配置。澳洲坚果自花授粉可以结果，但又有较高的自交不孕性。品种间混种、异花授粉的产量一定要比单一品种连片种植的产量高。目前在品种搭配种植时，均按1∶1或2∶2的方式安排，隔行安排种植搭配品种，采收时可以按不同品种收获。

在品种搭配中，要注意避免来自相同父本或母本亲缘关系的品种种植在一起，如246与800、790、835；660与344、816、915；D4与A4、A16；Own Choice或D4与Greber Hybirid等品种，每一组品种内互相有亲缘关系，搭配的效果不佳。

（2）定植前准备工作。果苗运来之前，需做好定植点的选定、定植坑的挖掘，回填定植坑工作。

• 种植密度　澳洲坚果为高大乔木树种，经济寿命40～60a。一般种植密度375～450株·hm^{-2}，株距4～5m，行距5～6m。直立型品种如344、660、741等可栽植密些，开张型品种如246、800、Own

Choice 等可栽植疏些。在实行机械化管理的果园，一般种植密度，直立型品种株行距为 4m×7～8m，312～357 株·hm^{-2}。

● 挖定植坑　按株行距大小进行定标，在丘陵山地，进行等高种植。定植坑的大小，依土壤肥力而定，一般要求为 80cm×80cm×80cm，直壁平底。定植坑挖好后最好让太阳暴晒 1～3 个月，如要春季定植，最好在上一年的秋冬季挖好定植坑。

● 定植坑回土　定植前 1～2 个月，将已挖好的定植坑底部锄松，撒石灰 0.25kg，用草料或有机肥 25kg 和表土按一层草料加一层表土分层将坑填满，定植坑的土至少要高出地面 20cm 左右，将定植坑下沉稳定后再起定植盘定植。

（3）定植

● 时期选择　澳洲坚果在相对低温、空气相对湿度大的低温潮湿季节生长最好。在我国广西南部和广东西部地区，最佳定植时期是春季，其次为冬季，秋末冬初若生产用水充足、有覆盖保证则定植成活率也极高，在广西南部和广东西部地区，夏秋高温季节定植不佳。在云南、四川植区干、湿季明显，定植季节一般安排在雨季 6 月底至 9 月。

● 苗木选择　种植的苗木采用优良品种的种苗，且最好是袋装苗。浆根裸根苗经长途运输，到果园后即定植时成活率低。苗木至少抽 2 次新梢达稳定（接穗已抽生的新梢最少要 30cm 高）且苗高 50cm 以上定植效果最好。嫁接苗接口愈合良好，扦插苗根系发达，苗木枝叶茂盛，叶色浓绿，树干无损伤、无溃疡、树体无病虫害。

● 定植方法　在回坑土下沉基本稳定后，每株用已堆沤腐熟的农家肥 15kg，饼肥 0.5kg 和石灰 0.25kg，作基肥与表土拌匀做成下底直径 1m、盘面直径 0.80m、盘高 0.20m 的定植盘。

种植时，先在植盘中心挖一个小坑，坑的深度以把苗放入坑中，袋苗的营养土顶部与植盘面平齐为宜，然后撕去袋装苗的塑料袋，由于澳洲坚果的根系较幼嫩易被弄断，定植时动作要轻，填土时可适当用手压实，使土壤与根系良好接触，避免用脚踏，以防压断幼根。植后即淋定根水。

● 定植后的护理　植后要即时浇定根水，及时修复植盘，平整梯田，加草覆盖盘面。旱季要适时淋水，雨季及时疏通排水沟，在风害地区，可给幼苗附加抗风支架以提高抗风力，防止倒伏。定植成活后应及时解除嫁接苗接口处的薄膜，随时注意清除接口下砧木萌生的芽。澳洲坚果植后一般 20～25d，即长出大量新根，30d 左右即抽生新梢；从定植到第一批新梢老熟约需 70～80d。因此，植后 20d 左右安排第一次肥，以后每隔 15d 施肥 1 次，直至第一次梢稳定老熟。每次每株用尿素 10g，复合肥 15g，充分溶解于 8～10kg 水中浇施。

7. 果园管理

（1）整形修剪

● 合理留梢整形　从澳洲坚果枝条的组织结构来看，澳洲坚果无论叶轮生的光壳种或四叶轮生的粗壳种，每一个叶腋里都垂直并排有 3 个芽，每一枝条被截顶后，上面 3 个腋芽（若为粗壳种则 4 个腋芽）将直立生长，枝壮偏角小，较适合培养成主干；若顶芽被截去，其下部位的芽萌发抽生，与主干的偏角较大，与主干的结合部位不易被撕裂，最适合充当主枝；如果第二个芽被截去，其下部位的芽萌发抽生的枝条近似水平状向外生长，且生势较弱。根据这一特性，对幼树进行合理放梢整形。

通常，第一次促主干分枝是在主干离地面 50cm 左右开始，随后每隔 40cm 左右，促使主干水平分枝一次，形成层次性树冠，便于花期着生内膛枝的总状花序悬垂生长，从而提高座果率。

● 修剪　澳洲坚果的结果部位随树龄的增长，由内膛从低部位往高部位，从树冠内层往外层扩展。幼龄非结果树修剪。在幼树生长期进行摘心短截，促其分枝，冬季则以疏剪为主。结果树的修剪。结果树收果后，在入冬前必须进行清园工作，主要疏除清理病虫枝、枯枝、交叉重叠枝以及内膛的丛生枝、徒长枝和落果后遗留在结果枝上的果柄。对生长茂盛，树冠密集的树，在树冠顶部适当截顶开“天窗”，下部除去影响作业的下垂枝。对树与树之间已封行交叉的树，进行适当的回缩修剪。对长势衰弱、枝叶稀疏的树可实行回缩更新枝条，但要避免主干裸露被阳光直射。因为阳光直射极易灼伤主干造成树皮暴裂，干枯死亡。在回缩更新后，新萌发的枝条要及时进行疏芽定梢、摘心短截等，避免其自然生长而形成丛生枝或徒长枝。

（2）营养与施肥

● 澳洲坚果的营养变化　澳洲坚果叶片一年中各月份的营养水平受生长期、施肥措施等因素的影响较大，其中大量元素氮、磷、钾、钙、镁以及微量元素硼随月份而变化，并表现出一定的季节性规律，氮、磷、钾的季节变化以春季（1～3 月）含量相对稳定，且接近全年平均值，夏季（4～7月）含量相当低且波动较大，秋季（8～10月）果实发育结束时养分迅速积累，达到全年最高值，冬季(10～12月）进入花前期时养分又开始下降。钙、硼含量在春季略呈下降趋势，2月份含量为全年最低值，3～4月份以后，氮、磷、钾含量迅速增加，至7、8月份达到全年最高值；8、9月份以后又迅速下降至11月份，12月份又略有回升，镁含量的变化规律大体与钙相似，但月份间含量波动较大，最低值出现的时间有所不同，规律没有钙明显。叶片硼含量在春季最低。

研究结果表明，不同品种吸收和转移单个元素的效率是有差别的，一些品种更易缺氮，而另一些品种可能对缺磷或缺钾更为敏感，如508和246更易表现出缺钾。

●施肥管理　1～3年生幼树施肥，为了促使幼龄坚果树快速生长，肥料的施用应与枝梢生长相结合。幼树的施肥时期一般以一梢两肥施肥较合理，即促梢肥和壮梢肥。另外每年在春梢前和植株生长相对缓慢的7～8月间施有机肥，即铺肥和压青。

促梢肥，在梢萌芽前1周至植株有少量枝梢萌芽间，施尿素促梢。壮梢肥，在大部分嫩梢抽出7～10cm至梢基部的新叶由淡绿色变深绿之间，施用复合肥和钾肥壮梢。铺肥，从2年生树开始，每年在春季生长高峰来临前，即春梢前进行铺肥。压青，从2年生树开始，每年7～8月在植株生长相对缓慢季节进行压青改土。

初果期施肥，应结合开花、结果及果实发育的不同阶段补充营养。据南亚热带作物研究所对坚果树年养分变化测定结果，施肥可按结果树的物候分为5个时期。花前肥（2月初），1～3月是果树抽穗开花季节，对氮、磷需求较多。在抽穗前期施以速效氮为主，配合磷、钾肥，以提供抽穗开花的营养需要，提高花质，促进开花结果。谢花肥（3月中旬），谢花后要及时施肥补充营养，为将要发生的幼果速长和抽生大量春梢做准备。以氮、磷、钾复合肥为主，适当增施小量氮。保果壮果肥（4月底），在5月份叶片含氮量降至全年最低，叶片中氮、磷、钾均明显下降之前的4月底，增施1次氮、磷、钾复合肥补充营养，以起到保果壮果作用。至7月份叶片氮、磷、钾含量均明显下降，磷、钾降至全年最低值，出现第二个落果小高峰。因此，在6月中旬应施第二次保果壮果肥。这两次壮果肥的施用，要适当控制氮的用量，以免引起树体营养生长过旺而造成减产。果前肥（7月底至8月中旬），由于果实油分的积累和抽生枝梢的营养消耗，果树挂果量越大，树体表现的缺肥就越突出，植株叶片色泽变浅绿。因此，这时要增施1次肥料，以保持植株健康生长，减少收获前非成熟果提前掉落，同时可以提高果仁质量，果树进入收获期后，因果实成熟从树上掉落，应定期集中收拣，从收获期开始到结束，长达1个多月，在进入收获季节前安排这次果前肥，既可以补充前期消耗的营养，也可以保证收获季节不便施肥期间植株的营养需要。果后肥（10月初），由于收获季节长达1个多月，树体消耗营养量较大，随后活跃的营养生长，加之花芽分化亦需要营养。所以，在收获后树体修剪前，宜施1次果后肥，以便植株迅速恢复生长势，提供树体抽梢营养。

结果树在春季气温回暖，根系恢复生长、花穗抽生之前施1次已堆沤腐熟的有机肥，以农家肥为主，豆饼和氮、磷、钾复合肥为辅。有机肥肥效长，提前在抽穗开花前施用，可以为花期和幼果迅速增长期提供养分，又起到改善土壤物理和化学的性状。

（3）土壤管理

●灌溉排水　定植后的澳洲坚果幼苗，天旱时需淋水保湿，以保持植盘土壤潮湿为宜，若开花结果期缺水，会影响开花质量，导致落果减产，影响果实油分积累，降低果仁的质量。因此，从果树开花至澳洲坚果成熟这段时间都应防止缺水。

在有些地方地势低，或地下水位高，在雨季易积水，影响植株生长，因此，要经常检查，发现积水应及时排除。

●除草覆盖　澳洲坚果根系分布较浅，果园杂草滋生严重影响植株生长，每年果园应除草3～4次，并结合施肥，在每次施肥前把树冠范围内的杂草除去，然后施肥。行间的杂草，可视果园的情况，使用化学除草剂除草。

提倡周年覆草，尤其是幼龄树，盖草能保水，均衡土温（夏凉冬暖），减少杂草滋生，增加土壤有机质，防止土壤板结，保持土壤团粒结构和通气性，有利于根群活动。

●间作、压青改土　澳洲坚果非生长期长，行间距离宽，幼龄果园在行间封行前，为减少杂草生长和水土流失，可在行间种植短期作物如蔬菜、花生、豆类、短期水果或绿肥等，但不宜种消耗地力的作物或攀缘性强的作物。间作物最少要距树盘1m

以上，以免影响植株的生长及妨碍田间管理操作。

利用间作物的绿肥如花生苗或豆秆，作为肥料进行覆盖或压青，起到土壤改良的作用。

五、病虫鼠害防治

据报道，危害澳洲坚果的害虫有330多种，螨类4种，病原菌30多种，而主要的害虫只有20多种，病害10多种。鼠害危害果实也较严重。

1. 病害防治

（1）嫁接苗叶枯病。症状：受侵染后，接穗幼芽和小叶出现衰萎，叶尖变色，并沿中脉往下扩展至整叶，最终全部幼叶变干，并软软地挂在长出的接穗枝条上，一旦受侵害，即使穗、砧的形成层已经结合，接穗也会枯死；品种741和344对该病最敏感。此病常见于长期潮湿或通风不良的苗圃，易侵染新嫁接苗。

防治方法：嫁接前把刀、手或其他器具用75%的酒精预先消毒；芽条在0.1%的次氯酸钠中浸蘸3min，或在70%甲基托布津800～1 000倍的溶液中浸泡10min，晾干后再嫁接操作；在接穗刚抽芽时可用70%的甲基托布津1 000倍液进行喷施，以防该病的发生。

（2）果壳斑点病。症状：主要危害果实，造成大量的熟前落果。起初在绿色果皮上呈瞒射晕圈的淡黄色小斑点，扩展后变成较暗的黄色到棕褐色，直径约2～5mm；当病斑扩展到5～15mm时，中心变为褐色，边缘保持淡黄色；当该菌侵染未熟果实白色的果皮内层表面时为棕褐色圆斑，随着果实的成熟，果皮内层表面变棕时，病斑难于辨认。

防治方法：在坚果豌豆大小时开始喷药，每月1次，连喷3次，喷药要彻底覆盖果实，在该病的易发地区，如地势较低、树冠密集和通风不良的果园，可进行局部喷药防治，所用杀菌剂为铜制剂，如25%杀有力700～1 000倍液或氢氧化铜300～800倍液。

（3）炭疽病。症状：起初在绿色果实上出现黑色斑点，斑点互相结合，形成腐烂斑块，果实表面覆盖橘黄色、“针状”的病菌子实体，继而果皮腐烂，真菌侵染由果皮扩展到果柄，造成大量的熟前落果。

防治方法：用50%多菌灵800～1 000倍液，或25%嗅菌清500～600倍液，或80%炭疽福美700～800倍液等进行喷雾。

（4）花疫病。症状：主要侵害花序。起初在萼片上出现暗色小斑点，随后整个花朵枯死，并很快扩大至整个花序，只剩下绿色的总花梗不受侵害，当整个花序感病后，总花梗的颜色变暗，最后枯死花脱落，或可见灰色蛛网状菌丝体缠绕总花梗，潮湿条件下，受侵害的总状花序变成暗灰色至黑色。连续3d以上的阴雨和10～22℃的温度。再侵染的条件：当这些孢子被冲刷或风传到其他花序上并至少有连续6～8h的阴湿条件，再侵染便成功。

防治方法：用50%苯莱特1 500～2 000倍液，或70%的甲基托布津800～1 000倍液，或50%多菌灵750～1 000倍液喷雾。抓住喷药时机，当有60%的花序刚刚全部开放的时候，注意观察病菌的侵染情况，一经发现应及时喷药。

（5）茎干溃疡病。症状：该菌以泥水、雨水、手、机械甚至灰尘等为媒介通过植株的伤口、自然裂口进入树干，侵害树皮，使茎干或枝条表皮裂口，流出褐红色树胶，木质部变暗色，染病茎干或枝条所在的叶片脱落或呈火烧状干化，顶梢落叶，该病原菌逐渐扩展至整株，引起全株落叶，枝条干枯，严重的引起植株死亡。

防治方法：对该病的防治主要以防为主。一是购买无病种苗，大田种植时应避免积水，并用铜制剂（如30%的氢氧化铜$100g \cdot L^{-1}$），涂刷茎干基部的35cm部分；二是在耕作的各阶段都要避免机械损伤茎干；三是对感病植株用58%的瑞毒素0.4%的浓度和70%的甲基托布津0.2%的浓度混合彻底涂刷感病部位，1周1次，共连续3次，可抑制病害的进一步扩展。

2. 虫害防治

（1）蚂蚁。危害特性：主要影响种子和嫁接苗，当坚果种子萌发破土时，极易引诱蚂蚁蛀食种胚、幼根或幼芽，造成种子不能萌发而死亡。当危害嫁接苗时，主要咬穿包顶塑料膜，使接穗露空、干化或受潮霉变，影响嫁接成活率。

防治方法：在播种前对沙床进行灭菌的同时，用杀虫剂进行杀虫处理，用杀虫药液淋湿沙床，或用熏蒸剂熏蒸沙床，而且在播种后，一旦发现有蚂蚁危害时，即可喷施杀虫剂或专用的蚂蚁用药。对于嫁接苗，当发现有蚂蚁危害时必须用杀虫剂喷杀或施用专用的蚂蚁药。所用杀虫剂有25%的杀虫双500～600倍液，或5%的特丁磷30～$45kg \cdot hm^{-2}$。另外，蚂蚁蟑螂灵有效。

（2）蓟马。危害特性：主要危害花、嫩梢、嫩叶。危害花时成虫、若虫以锉吸式口器吸食花朵各器官汁液，影响花的正常发育，使之干枯、脱落。危害嫩梢、嫩叶时，先聚集于叶尖部位，后沿叶脉两侧至叶缘危害，刺吸汁液，使嫩叶沿叶脉两侧卷曲，组织变硬、变脆，逐渐使整个叶梢干枯、弯曲，影响新梢生长，严重的引起整株死亡。该虫对幼苗危害较重，流行速度也较快，一般 1 周左右达到成片危害，若不加以注意及时防治，将会造成严重损失。

防治方法：防除杂草，尽量减少蓟马的栖息场所；在该虫的流行季节，须经常调查虫口密度，做到及时喷药，抑制进一步危害，所用药剂为 20% 康福多 2 000 ~ 2 500 倍液，或 20% 好年冬 400 ~ 800 倍液，或 1% 蝇蜗净 2 500 ~ 3 000 倍液。

（3）蚜虫。危害特性：主要危害幼苗的嫩梢，成蚜、若蚜聚集于心部及嫩枝，刺吸植物汁液，使新梢萎缩，难于抽长，叶片变形、卷缩发黄，影响幼苗生长。该虫还危害成龄树的嫩梢、花穗和幼果，使花蕾枯萎，幼果受害后脱落，流行时可造成大量的落果。另外，其排泄物可诱发煤烟病。

防治方法：可用 50% 抗芽威 3 000 ~ 5 000 倍液；或 50% 的马拉松 500 ~ 700 倍液；或 22% 蚜虱灵 3 500 倍液；或 10% 的吡虫啉 2 500 ~ 10 000 倍液喷雾。

（4）光亮缘蝽、褐缘蝽和柱石绿蝽。危害特性：该虫主要危害果实，成虫、若虫以锉吸式口器刺入果皮或当果壳未硬化时刺入果仁吸取汁液，导致大量熟前落果和果仁畸变。在整个果实生长期更为严重。褐缘蝽还危害嫩梢，使叶片皱缩或枯死。果实受害后，果皮呈暗绿色，表面有细小的孔，果皮内部组织和未硬化的果壳收缩，被害部位的周围组织变色，果仁畸形，这些特征与自然落果的幼果有明显区别。

防治方法：在整个结果期，每周都要检查虫口密度，随机调查未熟落果，当有 4% 或连续数周调查均有 2.5% 的果实受害时，即可用 30% 乙酰甲胺磷 500 ~ 750 倍液，或 40% 杀扑磷 1 000 倍液，或 20% 杀灭菊酯 2 000 ~ 4 000 倍液，或 90% 敌百虫 600 ~ 800 倍液等进行防治。

（5）澳洲坚果蛀果螟。危害特性：幼虫在果实中钻洞，当果壳未硬化时，幼虫钻过果壳进入果仁，果壳硬化后，幼虫局限于果皮中蛀食，有的也蛀穿果壳取食种仁，特别是薄皮薄壳或已受其他害虫危害的果实。幼果受害后落果严重，成熟果实后受害引起果仁品质下降。该虫在果实的整个生长期均可危害。

防治方法：必须在成虫产卵至孵化前或在幼虫找到取食点钻入果皮的 3 ~ 5d 内防治才能取得较好防治效果，所以，在结果期必须每周调查虫口密度，随机调查 100 个果实，若发现有 5 个被该虫危害，或发现 1% ~ 3% 的果实上有虫卵时，则可开始喷药，每隔 10 ~ 15d 喷 1 次。所用药剂为：80% 西维因 800 倍液，或 40% 杀扑磷 800 倍液，或 20% 杀灭菊酯 2 000 ~ 4 000 倍液，或 90% 敌百虫 600 ~ 800 倍液喷雾，后两者轮换喷施效果较好。

（6）澳洲坚果缢枝蛾。危害特性：主要危害枝条，整年全株危害，夏、秋季尤其严重，幼虫环状蛀食枝条交叉处或叶轮间的皮层，叶片受害后支离破碎。

防治方法：可用 80% 西维因 800 倍液，或 20% 杀灭菊酯 2 000 ~ 4 000 倍液，或 25% 的杀虫双 500 ~ 700 倍液。

（7）白蛾蜡蝉。危害特性：该虫寄主较广，成虫、若虫聚集在坚果枝梢、叶片、果柄、果实处，刺吸组织汁液，造成组织凋萎或生长衰弱，严重的会引起熟前落果并诱发煤烟病。该虫 1 年发生 2 代，夏季是危害高峰期。

防治方法：若虫盛发期，用 80% 敌敌畏、90% 敌百虫、50% 马拉磷、50% 磷胺或 50% 稻丰散 800 ~ 1 000 倍液加 0.1% 的洗衣粉喷杀。成虫产卵初期，喷药效果最好。

3. 鼠害防治

危害特点：咬穿果皮及果壳取食果仁，在果实的整个生长期均可危害，尤其是接近成熟或已经成熟的果实，受害更重，地面上常可见大量散落被老鼠咬开的果壳，或爬上树危害仅留下被咬开的果壳于果穗上，在鼠洞或杂草丛中也可见被危害的果实。

防治方法：栽培管理。清除果园周围的杂草、枯枝落叶或其他垃圾，保持果园的整洁、干净；修剪下垂枝，使其离地面约 1m 高，疏剪过分浓密的树冠，不易于老鼠的窝藏。要保护鼠类天敌。如长标蛇、南蛇、猫头鹰等各种食鼠动物。捕鼠。运用鼠笼、鼠夹和竹筒鼠吊等捕捉器在适宜的位置，傍晚放晚上收，同时还要选用适当的诱饵（如花生、葵花籽、鱼虾仔等）。药物毒鼠。目前常用的毒鼠药物主要有磷化锌、敌鼠钠盐、杀鼠迷、嗅敌隆、安妥等。配好的药饵可放于鼠类经常活动的场所，如鼠洞口、鼠路、果园四周或每棵树底下，投放毒饵后每隔1~2d检查1次，连续检查2~3次，发现毒饵被吃完或吃过要补放，另外，最好发动周围果园或地区统一行动、统一灭鼠，这样才能取得较佳的效果。

五、采收贮藏与加工利用

1. 采收

（1）采前准备。果实成熟脱落前1~2周必须先清除果园杂草、枯枝落叶和其他障碍物。平整树冠下的地面，填补洞穴，清理排水沟。在果实成熟前的1个月内，不施生物或动物粪肥，直至采收结束，以免病菌或脏物污染果实。坚果开花后历时215d左右果实成熟、脱落。可按生产经验估算收获期，在临近收获季前，定期到果园检查，最简单的方法是检查果实内果皮的颜色变化，未成熟果内果皮白色或淡褐色，果实充分成熟时内果皮为褐色到深褐色、果壳褐色坚硬，以此确定开始收获时间。

（2）采收和分拣。由于澳洲坚果的花期长达1个多月，果实收获历时也相应较长。在我国广东、广西等种植园，果实一般在8月中下旬至10月初成熟，但品种间又稍有不同，如660较早，然后依次是741、344、H2、246、800、508、A4和A16等。

• 采收　坚果落到地上后，通常用手工或机械收捡，在坡地不平坦或较小规模的果园，亦可采用人工收捡；大规模种植、机械化程度较高而又平坦的果园，采用机械收获，如用大型真空清理机收获，或收获机在植株行间来回移动时，似橡皮手指的刷子把成熟脱落的坚果从地面上捡起来，然后推到输送带上，把坚果输送到接收桶或拖车上。

一般收获间隔期为每隔1~2周就应收获1次，在病虫危害较严重的果园，收获间隔期过长，会加重病虫的危害。在潮湿天气，由于霉菌的生长、种子发芽和酸败的发生，会造成种仁质量的降低，应尽量缩短收获间隔期。在干旱时节，若病虫害较少，则可适当延长收获间隔期。

• 分拣　在采收过程中，尤其是机械化操作收获，常有一些石块、枯枝落叶等混杂在果实中，在机械脱皮工作前，必须进行分拣，把碎石、枯枝落叶和果实分离，以便机械脱皮操作。

2. 贮藏保鲜

（1）脱皮和干燥。坚果由树上脱落时，果皮含水量可高达45%。若坚果大量贮藏，因呼吸活动使温度升高，堆沤发热会影响种仁质量。所以，坚果在收获后24h内，必须把新鲜的绿色果皮剥除，并进行初步干燥，以免果实发酵、腐败。如果在24h内不能完成脱皮工序的，必须存放于有通风设备的容器中，或者薄薄地摊晾开，增加通风透气，同时注意不能让阳光直接曝晒。

• 脱皮　人工脱皮，用橡胶胎作垫并固定坚果，然后用锤敲击使果皮分离，此法只用于小规模种植园，随着坚果业的发展，都采用了机械脱皮方法。

• 筛选　去皮后的带壳果必须尽量清除杂质、果皮、碎干病虫、受害果、发芽果、裂果（细小的裂缝除外）等。

• 干燥　坚果脱皮后，若大量囤积，高温和高湿会导致果实霉变，果仁成分的变化，如脂类分解造成可滴定酸增加等的生理活动，所以必须尽快进行干燥。

自然风干：在小规模的种植园，坚果数量较少，简单的干燥方法是在遮荫、通风良好的地方，将果实铺于钢丝网架上，厚度10~25cm，每周翻耙1次，约需6周才能完成干燥，最低含水量为10%，当含水量达到10%时，近半数的坚果摇起来会有“格格”声。在大规模的坚果生产中，一般采用人工干燥。

人工干燥：大量的坚果加工，要使带壳果含水量降至更低（如1.5%），必须采用工厂化的机械干燥设备，以加快速度，达到所定的干燥度。

（2）破壳。脱水后的干燥带壳果（含水量为1.5%）用人工或机械方法使果仁与果壳分离。人工的方法是将带壳果固定于某一位置，然后用铁锤敲击，使果壳破裂，取出果仁。大规模的坚果加工采用机械破壳方法，其原理是用两个钢体夹迫壳果，使果壳破裂，释放出果仁，然后过筛和鼓风，得到纯净的果仁。

（3）分级。破壳后，进一步对果仁进行分捡，以除去受损的果仁和果壳碎片，并进行分级，一级果仁的含油量72%，在水中漂浮的果仁为一级果仁。二级果仁含油量66%~72%，在水中下沉，但在密度$1.025g \cdot cm^{-3}$的盐水中漂浮，剩余为三级果仁，含油量50%~66%。分级后的果仁必须尽量降低果仁的含水量，使之达1.5%左右，以便长时间贮藏。

（4）焙烤。果仁的焙烤方法有两种：一是油炸。把果仁干燥到含水量为1.5%后，置于精炼的椰子油中（126～135℃）10～15min，除去过多的油分再加盐，并进行分捡、冷却，最后进行真空包装；二是焙烤。把果仁置于电烘箱或其他的烤炉中，烘烤温度逐渐升高，当果仁的含水量达1.5%后加盐，再在105℃下烤10～15min，然后进行分捡、冷却和真空包装。真空包装的一级果仁，放置在干凉的地方（15～21℃），可保存2年而不会严重变质。

（5）包装。果仁的包装一般采用真空包装。真空程度越高，风味品质越好，货架寿命越长。另外，在包装袋内放入小袋装的抗氧化剂，既起干燥吸附作用，又有助于延长货架寿命。

3. 利用途径

澳洲坚果果仁作食用，烤制后酥脆，口感细腻，带奶油清香，风味极佳，常作烹调食品、小吃或制作夹心巧克力、糕点和冰激凌等的配料。还可制高级色拉油和美容化妆品。同时因澳洲坚果四季常绿，叶有光泽，树形美观，花开芳香，又是一种理想园林绿化树种和蜜源植物。

澳洲坚果营养丰富，脂肪含量高达50%～80%。据报道，每克澳洲坚果仁应含有6.4%～18%的V_E。澳洲坚果的副产品也有多种用途，果皮含有14%单宁酸、8%～10%蛋白质，粉碎后可混作家畜饲料；果壳可制作活性炭或燃料，也可粉碎作塑料制品的填充料，目前这些副产品仅被广泛用作坚果树下的覆盖物或育苗的培养基料。

（曾平安　万　涛）

15. 柑　　橘

柑橘是热带、亚热带水果，为世界四大果树之一，在世界水果生产中占有重要地位，由于栽培柑橘投产早、产量高、寿命长、具有较高的经济效益，深受果树生产者的欢迎，又由于柑橘果实酸甜可口，营养丰富也深受消费者欢迎。因此，随着我国改革开放的深入发展和市场经济的逐步完善，柑橘生产得到了快速发展，成了南方广大农村的一项重要的支柱产业，为果农脱贫致富，为全面建设小康社会发挥了重要的作用。

一、种类与品种

柑橘在植物分类上是指芸香科、柑橘亚科、柑橘族、宁柑橘亚族的一群植物。在栽培上最重要的且具有较大经济价值的是柑橘属、金柑属和枳属，每个属又分为若干种，在种以下分为品种、品系。

（一）枳属

枳属（*Poncirus* Raf.）只有一种，称枳［*P. trifoliata*（L.）Raf.］，别名枸橘或枳壳。原产我国长江流域。枳在落叶性灌木或小乔木；三出掌状复叶，10~11 月落叶；枝梢多长刺；花芽为纯花芽，有鳞片包被，着生在先年的叶腋上，先花后叶，花大、白化、单化；果圆形，果面着生短茸毛。成熟时果皮棕黄色，囊瓣 5~8 片，果肉富黏性，汁胞味苦，不堪食用，9~10 月果熟；每果籽多达 30 余粒，卵形，肥圆，籽叶白色，多胚。

枳在柑橘类果树中最耐寒，主要用作柑橘类的嫁接砧木，可促进矮化，早实丰产，提高品质及抵抗某些病虫害。

（二）金柑属

金柑属（*Fortunella* Swing.）原产我国，各柑橘产区均有栽培。

金柑属果树为常绿灌木或小乔木；树冠较小，分枝较密；叶小而厚，叶翼和叶脉不明显；花小白色，单生或丛生于叶腋间，一般 6~8 月开花，可开花结果 3 次；果小，卵圆形或近圆形，果皮厚，光滑且肉质化，味甜或酸，有香气，囊瓣 3~7 瓣；种子卵形，表面平滑，子叶绿色，多胚或单胚。金柑早春先枝条，然后在新抽枝条上分化及形成花芽。

金柑比较抗寒、抗旱和抗病虫，适应性强，可供生食，制蜜饯或盆栽观赏。本属有金豆（*F. hindsii* var. *chintou* Swing.）、长叶金柑［*F. polyandra*（Ridl.）Tanaka］、山金柑（*F. hindsii* Swing.）、罗浮（*F. margarita* Swing.）、罗纹［*F. japonica*（Thunb.）Swing.］、金弹（*F. crassifolia* Swing.）、长寿金柑（*F. obovata* Tanaka）等 7 个种和变种。

（三）柑橘属

柑橘属（*Citrus* L.）是柑橘类果树中种类、品种最多，栽培经济价值最大的 1 个属。根据其不同形态特征分为 6 大类。

1. 大翼橙类（papeda）

乔木，叶中大，翼叶发达，与叶身同大或过之，故名。花小，有花序，花丝分离。果中大，汁胞短钝。种子小，扁平。世界上共 6 种，4 个变种，我国现有 2 个种和 1 个变种，即红河橙、大翼橙和大翼厚皮橙。主要作砧木或育种材料。

2. 宜昌橙类（papedocitrus）

常绿多刺灌木或小乔木，枝有尖刺。叶狭长，一般为宽的 4~6 倍，翼叶大，与叶身等大或过之。花单生或丛生，不具花序，花丝全部黏着或连结成束。果椭圆形或扁圆形，果皮粗皱，汁胞短，含苦油味。种子小，卵形。有一个种和两个杂种，即宜昌橙、香橙（天然杂种）和香园（宜昌橙 × 柚）。耐旱、耐瘠、极耐荫，能耐 -10℃ 左右低温，可作极矮化砧或育种亲本。

3. 枸橼类（citrophorum）

常绿灌木或小乔木，小枝幼时带紫色。叶柄几不具翼叶或仅具狭翼，花瓣外侧披紫色，果实先端具乳头状突起。主要品种有枸橼、佛手、柠檬、黎檬等。主要用作砧木、观赏植物，并可作饮料、果酱、蜜饯等原料。

4. 柚类（cephalocitrus）

柚类在我国柑橘各产区都有分布，其树冠、叶、花、果实均为柑橘类果树中最大者，柚类有柚和葡萄柚两个种。

（1）柚［*C. grandis*（L.）Osbeck］。中国原产，常绿乔木，树冠高大，呈圆头形或圆筒形。嫩梢、新叶、幼果均具短茸毛。叶片宽大而厚，卵圆形，翼叶大，心脏形。花大白色，总状花序，单花较少。

果大皮厚，海绵层厚，白色或粉红色，果形有梨形、圆形、扁圆形。果皮黄色或橙黄，囊瓣 13 ~ 18 片，汁胞大，黄白色或水红色，种大，楔形，表面有皱纹，单胚，白色，也有无核品种。柚耐寒性较弱，一般可耐 -6 ~ 7℃，果耐贮运，维生素 C 丰富，比甜橙高 2 倍，比橘类多 4 倍。柚可鲜食或制汁，未熟嫩果可制蜜饯。

柚优良品种有：广西沙田柚，福建文旦柚和平山柚，广东金兰柚，台湾晚白柚，湖南安江香柚、重庆晚白柚等。

（2）葡萄柚（*C. paradisi* Marcf.）。柚与甜橙自然交种，原产拉丁美洲巴巴多斯，美国栽培较多，我国四川、广东、台湾、浙江均有栽培。主要优良品种有：邓肯、马叙、红玉。

5. 橙类（aurantium）

橙类有甜橙和酸橙两种：甜橙为主要的经济栽培果树，酸橙一般只用做砧木。

（1）甜橙［*C. sinensis*（L.）Osb.］。别名广柑、黄果、橘红等。原产我国。从 14 世纪开始由我国传入欧洲，后传入美洲及大洋洲。我国广东、广西、湖南、湖北、江西、台湾等地为主要产区。

甜橙以成熟季节分有冬橙和夏橙；以果实性状特点分有普通甜橙、脐橙、血橙和糖橙。主栽优良品种有绵橙、先锋橙、哈姆林、雪柑、伏今夏橙、桃叶橙、冰糖橙、新会橙、柳橙、华盛顿脐橙、罗伯逊脐橙、朋娜脐橙、纽荷尔脐橙、红肉脐橙、红玉血橙、靖县血橙 。

（2）酸橙（*Citrus aurantium* L.）。典型的酸橙中我国特有的类型为代代，果实蒂部萼片特别肥大，易与其他酸橙类型区别开来，历史上以福州栽培较多，苏州多在简易温室内栽培，采其花供熏茶用或作盆景观赏。酸橙的类型较多，许多天然杂种，浙江枸头橙、小红橙等可能是天然杂种，但在砧木利用上有一定价值。

6. 宽皮柑橘类（sinocitrus）

果皮宽松易剥，囊瓣易分离，耐旱、寒、热等性能比橙类及柚类强，故在世界分布范围广，栽培面积世界上仅次于甜橙。柑橘又分为柑组和橘组两个小类。

（1）柑组（Macroacrumen）。花大，果实剥皮稍难，中果皮显著厚出外果皮，种胚为淡绿色或近于乳白色，主要品种有温州蜜橘和蕉柑等。

（2）橘组（Microacrumen）。花小，剥皮容易，种胚绿色，主要品种有南丰蜜橘和本地早橘等。

近期以来，广大科学工作者致力进行柑橘的种间杂交、育种，现已在生产中推广的优良杂柑品种有天草、不知火等。

二、生物学特性

（一）生态习性

柑橘的生长发育对自然环境有一定的要求，环境条件的主要因素包括温度、水分、光照、土壤、风、地势（坡度、坡向、海拔）。

1. 温度

柑橘的地理分布是受温度条件的限制，其中主要是年平均温度、生长期的积温和冬季最低温，柑橘原产热带和亚热带，在长期的系统发育过程中，形成了喜欢温暖、湿润的特性，我国和世界目前栽培柑橘，大多分布于年平均气温 15℃以上的地区，1 月平均气温在 5℃以上，极端最低温度不低于 -5℃为宜，一般认为：枳壳能耐 -20℃，金柑能耐 -12℃，温州蜜柑、本地早等能耐 -9℃，甜橙能耐 -7℃，柠檬只要气温降到 0℃枝叶即受冻，夏橙 -4℃果受冻，超过 50℃的高温就会枯死。我国柑橘产区自北到南大于或等于 10℃ 年有效积温为 4 500 ~ 9 000℃，积温不足则会影响柑橘的正常生长结果，柑橘不同种类品种正常生长发育要求一定有效积温。如柠檬、脐橙、锦橙、温州蜜柑等以 5 000 ~ 6 000℃为宜。

2. 光照

光照是柑橘叶片进行光合作用所必需的能量来源，柑橘虽耐荫，但是仍要求有较好的日照。光照足，叶小而厚，含氮及磷量也较高，枝叶生长健壮，花芽分化良好，病虫害减少，高产，果实着色良好，提高糖和维生素 C 的含量，增进果实品质和耐贮性。反之，如栽植过密，树冠严重交错，园地周围闭塞，高大林木荫蔽，则枝梢细长软弱不充实，叶薄易黄、脱落，花少、畸形花多，落花落果严重，果实着色不良，含糖量低。甚至连年无花，病虫害较多，但阳光过强也不利于柑橘生长，如夏秋光照过强加上高温，往往引起树冠向阳处的果实或暴露的粗大枝干受日灼。

3. 水分

柑橘不但喜欢温暖，而且喜欢多湿。据分析温州蜜柑果实中的水分含量达 87%，枝、叶、根等部位的含水量约为 50% 左右。所以在柑橘生长期间如有适度的降雨或灌溉，及时满足其需要，就可能促进果实肥大，增加产量而且提早成熟，减少果实日灼。研究表明，土壤含水量保持其最大持水量的60%～80%，空气相对湿度75%最为适宜。

4. 土壤

土壤是柑橘长期生长的基础，柑橘生长发育过程中所需要的营养物质，除碳素主要由空气中获得外，其他的营养元素和水分都是通过根系从土壤中获得。柑橘根系与地上部的生长紧密相关，只有强大的根系，才会有健壮的树冠，然而根系的正常生长，须要有良好的土壤。柑橘在山地、平地、江河冲积地和海涂均能栽培成功，对土壤的适应性较广，如红壤、黄壤、紫色土、冲积土以及壤土、砂土、砂壤土、砾壤土、黏壤土等均能利用，但一般来说，土层深厚而结构疏松的土壤，根系深而广，水分养分吸收面大，受土壤干、湿变化及高、低温变化小，生长旺盛，结果多，寿命长。土层浅而结构坚硬的土壤，特别是下面有未风化的岩盘时，则根系分布浅且生长弱，树势衰弱，产量低。因土壤温、湿变化剧烈，易落叶、落果。为了保证柑橘生长结果良好，增强抗性，土层厚度要求80cm以上为宜。

5. 地势

地势（包括海拔高度、坡度、坡向、小地形）不是柑橘树的限制生存主要因子，但能显著地影响小气候，与柑橘树的生长发育有密切关系，在建立果园及选择品种与制订栽培管理措施时要考虑这些因素。柑橘在2 500～3 000m的高山仍有分布，但以500～700m以下的生长及品质最好，坡度以缓坡及20°以下的斜坡建园最好。

（二）生长发育

1. 根系生长

根系是柑橘树的重要器官，柑橘类果树的吸收根一般没有根毛，其吸收机能主要由菌根来完成，菌根是由真菌和吸收根结合在一起的共生体，菌根真菌分泌的维生素及激素等活性物质能促进根系生长发育，分泌的抗生素还可增强柑橘的抗逆性和抗病能力，另外真菌菌丝体的渗透压比根毛高，因而对提高根系吸收土壤养分、水分能力是有利的。

根系由主根、侧根及须根组成。柑橘根系的分布依种类、品种、砧木类型、繁殖方法、土层深浅、地下水位高低以及栽培条件的不同而有显著差异。根系在年周期中没有自然休眠现象，只要条件适合，可以随时由停止状态迅速过渡到生长状态。根在一年中有几次生长高峰，根系的生长与枝梢的生长交错进行，一般来说发根的高峰多在枝梢缓慢生长时期，叶片大量形成之后才产生，据湖南邵阳地区观察，温州蜜橘通常是先长根而后萌芽，根系生长有三次高峰，第一次在春柑停止生长以后，第二次在夏、秋梢抽生之间，第三次在秋梢停止生长到果实成熟期这段时间，其中以第一次新根发生最多。

2. 梢的生长

（1）芽的生长。芽是枝、叶、花等到器官的原始体。柑橘的芽是裸芽，芽的外面没有鳞片，只有肉质的先出叶（包片）包着。而且这种裸芽还是一种复芽，即在柑橘枝梢的每一个叶腋里的芽，能抽发2～4个新梢，其中最先萌发的芽称为主芽，后萌发或暂时不萌发的芽为副芽，在发芽过程中，早发的枝梢伤亡或被摘除时，可刺激同一叶腋或附近叶腋中未萌发的芽萌发，利用复芽这个特性，人工抹去先萌的嫩梢可促进更多的新梢萌发。

柑橘的芽依芽的性质分为叶芽与花芽，柑橘的芽依芽在枝条上着生部位分为顶芽、侧芽（腋芽）和隐芽（潜伏芽）。

由于枝条内部营养和外界环境条件不同，在同一生长枝条上不同部位的芽存在着生活力和萌发力的差异，这种现象称为芽的异质性。枝条基部的芽发育程度低，故常为隐芽。枝梢顶端的芽一般较为饱满，故萌芽力强。因此，将枝条短截或把直立性枝条弯曲，均可促进下部侧芽发梢。柑橘在当年形成新梢上的芽能在当年连续形成二次梢和三次梢，这种特性称为芽的早熟性。

（2）枝梢生长。柑橘一年能发3～4次新梢，按发生季节可分春梢、夏梢、秋梢及冬梢。在长江流域一般只有3次，没有冬梢。

● 春梢　2月上旬到4月底抽生的枝梢，是一年中最重要的枝梢。春梢萌发比较整齐，数量较多，可占全年新梢总数1/2以上，生长量不大，但组织比较充实。春梢分为营养枝和结果枝，营养枝如当年不继续抽生夏梢、秋梢，极可能在当年分化出花芽而成为翌年的结果母枝。因此，春梢萌发好坏直接影响当年和翌年产量。

● 夏梢　5月上旬至8月上旬抽生的枝梢。夏梢抽生的时间不整齐，幼年树抽生夏梢较多，故可充分利用夏梢培养骨干枝，加速树冠形成提早结果。但夏梢大量萌发易与幼果生长发育争夺养分，从而引起大量落果，因而对于结果树保果应严格控制夏梢的发生。

● 秋梢　8 月中旬到 11 月上旬抽生的枝梢。8 月中旬发生的早秋梢能分化形成花芽，成为良好的结果母枝；9 月上旬以后的晚秋梢，因温度低，枝叶发育不充分，在寒冷地区它极易受冻害，而且过多地抽发会消耗养分，减弱树体的越冬能力。成年柑橘树，特别在华南地区，第二年稳定结果与秋梢多少有关，栽培上要培育健壮早秋梢，不要晚秋梢。

● 冬梢　11 月前后抽生，冬梢常处于低温干旱条件下，一般枝梢细弱，叶色黄化，发育不充分，易受冻，冬梢的抽生不利于花芽分化。栽培上应采取措施防止其发生。

3. 开花结果习性

（1）花芽分化。柑橘花芽分化的时间因种类、品种、栽培地的气候条件而异，与营养条件也有关，亚热带地区大多数的柑橘种类是在冬季果实成熟前后到第二年春季萌芽前完成。

柑橘枝梢内，碳水化合物和含氮物质的变化与花芽分化关系密切。枝梢内碳水化合物和含氮物质的含量在 11 月到翌年 2 月间达到较高水平，而且以碳水化合物的含量占优势。如在这个时期促进这些物质的积累，符合花芽分化的要求。

因此，要促进柑橘花芽分化良好，多开健壮花，首先要保持树势健壮，叶色正常，秋季极少落叶，及时促发大量健壮的营养枝。

（2）开花。柑橘的花芽除枳壳外大多数为混合芽，通常着生于结果母枝的先端及以下几个节位上，结果母枝上的混合花芽于春季萌发后，当春梢（结果枝）略为伸长时即出现花蕾。花蕾随着结果枝的生长而逐渐发育膨大，从绿色较变为绿黄色，最后变为白色，花器逐步发育成熟后即进入开花阶段，柑橘开花期可以分为 3 个时期：初花期、盛花期、谢花期。

（3）授粉受精。柑橘开花时，花粉粒由昆虫传到雌蕊的柱头上即为授粉，雌蕊柱头分泌一种黏液，主要是糖类、维生素、酶类和胡萝卜等物质，花粉粒得到这些物质的滋养，在适宜的温度条件下即可发芽。花粉管沿花柱通道通过花柱进入子房内的心室，经珠孔而入胚囊，雄配子（精子）与雌配子（卵细胞）结合称为受精，授粉后经过 48 ~ 72h 即可完成受精，之后，结合子（胚珠）开始发育形成种子，同时由种子分泌出生长素刺激果实的发育。

柑橘的大多数品种，必须经过授粉受精后才能结果。不然子房不能发育而凋落，但是也有一些品种，如温州蜜柑、南丰蜜柑、华盛顿脐橙以及其他一些橙及柚等可不经受精，其果实也能发育成熟，产生无核果，这种现象称为单性结实。

（4）结果习性。柑橘的枝梢，按其性质可分为营养枝、结果枝及结果母枝 3 种，柑橘结果母枝上的花芽萌发后，即可抽生结果枝开花结果。结果枝有 2 种类型，花和枝叶俱全者称为正常结果枝（或称带叶结果枝）；虽有花，但果枝短缩、没有叶片只有叶痕者称为退化结果枝（或称无叶结果枝）。

柑橘开花后，经授粉受精，子房开始膨大，直到发育成熟，整个果实发育期的长短因柑橘品种不同而异，如温州蜜柑中，龟井、宫川等果实发育期 150 ~ 160d，尾张 180 ~ 190d 左右，多数甜橙为 180 ~ 200d 左右，血橙 240d 左右，夏橙 360 ~ 390d。

柑橘果实在发育成熟过程中，除表现果实体积的逐步增长外，内部还经过一系列的生理变化。

（5）生理落果。柑橘所开的花，并非都能发育成果实，而是大部分在发育过程中凋落，座果率比较低，柑橘的落花落果是有其规律性的，除发育不完全的畸形花常在蕾期及花期相继掉落外，花谢之后，幼果由于生理上的原因而凋落，称之为“生理落果”。生理落果一般有两个明显的高峰期，第一次在 5 月上中旬，即有成批枯黄，然后从果梗处脱落，第二次落果高峰出现在 6 月上旬，称为“六月落果”，此时幼果的直径已达 1 ~ 1.5cm，枯黄后从蜜盘处脱落，这一时期落果相当多，直至 6 月下旬以后才基本停止脱落。

发生生理落果的主要原因：花器不正常或授粉受精不良；养分不足；水分过多；病虫危害等。

三、栽培技术

（一）整地

1. 丘陵山地水平梯田整地

在丘陵山地栽植柑橘，应修建等高水平梯田，梯面的宽窄根据坡度大小及株行距而定，一般缓坡低丘可修建 4 ~ 12m 的宽台面梯田；当坡度在10° ~ 25°时，可建成 3 ~ 5m 宽台面的等高梯田。再按行距，在梯面沿等高线挖一条宽深 80 ~ 100cm 的壕沟，沟内土壤应高出地面 20 ~ 30cm，以防松土下沉，然后再按株距栽植，如劳力不足，则可按株距挖深、宽各 80 ~ 100cm 的大穴，同样填入肥土、草皮、稻秆、绿肥等有机物后，再进行栽培。

2. 平地水田区深沟高畦整地

我国华南地区多利用水田栽植柑橘，由于地下水位高，影响柑橘根系正常生长，故采用深沟高畦整地，如在广东按株行距定点起墩，墩高 40 ~ 50cm，植后间种 1 年水稻或其他作物，秋收后大量客土、培土，加大畦面，逐年加深畦沟达 100cm 左右。

3. 旱地撩壕整地

撩壕整地栽橘是当前新建橘园最为普遍的一种整地方式，方法简单易行，只需按行距挖深宽 80 ~ 100cm 的长形壕沟，沟内填入肥土及其他有机物等，然后按株距进行定植。

（二）栽植的密度和方式

1. 确定栽植密度的依据

栽植密度视栽培条件、品种、砧木、繁殖方法和土壤条件等的不同而有差异。一般以成年树树冠的大小为依据，树冠高大的柚类最宽，橙类次之，柠檬、柑及橘又次之，金柑最窄。同一品种也因气候冷暖，不同砧木等而异，乔化砧则宽，矮化砧则窄；在有周期性冻害的地方，为利于冻后早恢复产量，一般可栽密一些。一般说山地缓坡、土层深厚肥沃地宜宽，陡坡、瘠薄地宜窄，地下水位低的平地根系深广，寿命长的品种，株行距宜较宽，地下水位高宜密。在我国长江流域的山地果园，一次性合理密植，柚一般每公顷栽 345 ~ 405 株，甜橙一般每公顷栽 495 ~ 630 株，蜜柑、柑每公顷栽 840 ~ 1 245株，金柑每公顷栽 1 665 ~ 2 500 株。

2. 计划密植

为了提高早期单位面积的产量，可实行计划密植，即按照平常栽植的最适距离确定永久树，再在株行间增加植株。一般以正常株行距离的一半增植，即计划密植的株数增为 4 倍，如尾张正常距离 4m × 4m 时，计划密植可 2m × 2m。由于单位面积株数增多，叶面积增加，早期能充分提高土地和光能的利用率，提高早期单位面积的产量。但在密植封行的情况下，由于叶片互相遮荫，影响通风透光，引起：内部、下层叶片的合成能力低于消耗变成寄生叶，结果枯死，叶片枯死超过新叶的形成速度造成减产；由于争夺阳光枝条趋向直立生长，结果部位由中下部转到顶端平面结果，产量下降；由于根部互相交叉，引起争夺水分养分，树势衰；介壳虫、红蜘蛛等病虫增多。所以当树冠扩大至互相接触荫蔽时，除回缩修剪外，应及时间伐植株，间伐的方法可根据具体情况采用隔行间伐、隔两行间伐、隔行隔株间伐，间伐前首先将决定间伐的行或株的横向大枝逐年缩剪，最后将植株砍伐或移出。此时单位面积株数虽然变少，株行距由密变稀，但留下的永久植株有足够的营养面积，单株的高产得到保证，单位面积的产量也就不致降低。

3. 栽植方式

（1）长方形栽植。生产上广泛采用，特点是行距大于株距，通风透光好，便于机械操作。

栽植株数 = 栽植面积/行距 × 株距

（2）正方形栽植。特点是株行距相等，通风透光良好，管理方便，但若密植，树冠易于郁闭，通风透光条件差。

（3）三角形栽植。特点是株距大于行距，各行互相错开而呈三角形排列，可提高单位面积上的株数，比正方形多栽 11.6%，但不便管理和机械化操作。

（三）栽植时期和栽植方法

1. 苗木选择

培育好壮苗，再带土上山，实行高标准定植，是保证成活，加速生长，促进成形，提早结果，获得丰产的重要环节。苗木定植前，选择在造林地附近的土壤及水分条件较好的地段，先将出圃的 1 年生健壮苗木集中栽植（每公顷 3 万株左右），采取施足基肥，多次追肥，中耕除草，及时抗旱，防治病虫，抹芽定干，选留主枝等措施，培养具有密生的侧根群，适当高度的粗壮主干和 3 ~ 4 个生长健壮，分布均匀的主枝，以及 30 ~ 50 个以上小侧枝的初具树形的大苗，然后进行定植。在生产上直接从苗圃选择 1 年生健壮嫁接苗定植也较普遍，只要注意选择合格的壮苗，及时定植，加强管理，也能收到较好的效果。

2. 栽植时期

柑橘树栽植最适时期应根据柑橘生长特点及气候条件来确定，一般在春、夏、秋三季，橘树开始生长前和停止生长后都可以进行移栽，但以春秋二季为宜。春栽一般在 2 月下旬至 3 月中旬进行，即在气温开始回升的萌芽前栽，太早天气太冷影响成活，太迟影响当年生长。秋栽最好是在 10 月中旬栽植，因此时温度尚高，栽后根系尚能愈合，翌年春梢能正常抽发，对增大树冠，早结丰产有好处，但秋栽应特别注意冬季的防寒，因新栽苗木抗寒力弱，不耐霜冻。

3. 栽植方法

大苗或就近定植时采用带土定植，这样伤根少，成活率高，恢复生长快，须远运的多是不带土定植，但柑橘根最忌风吹日晒，故在运输时，要将根系蘸上泥浆，使栽后易生新根。如苗木远运已有枯萎状态，应先在背阴处开深沟假植，充分浇水，待恢复后再行定植。植后结合整形剪除部分叶片，减少水分蒸发，提高成活。

（四）柑橘园肥水土管理

1. 施肥

（1）柑橘必须的矿质营养元素。柑橘是常绿果树，一年抽几次梢，挂果时间长，营养生长每年需要消耗大量土中养分。柑橘需要较多的元素有氮、磷、钾、钙、镁，其次为硫、铁、锌、锰、铜、钼等共12种。这12种元素中任何一种缺乏，都会造成营养失调，产生缺素现象，影响生长与结果。但在生长发育中对氮、磷、钾三元素的需要量最大。

（2）施肥时期。柑橘对营养元素吸收的季节性变化。柑橘根系是以离子交换的形式吸收矿质营养的，一般在生长发育旺盛时期，如抽梢、开花、结果期具有较强的吸收能力。在一定范围内，温度越高，根系吸收作用变得活跃，吸收增加。柑橘因季节及物候期不同对营养元素的吸收最多为晚春、夏、秋，吸收量最少是在1～2月。温州蜜柑，枝条对氮的吸收高峰在5月，春梢营养枝在6月和9月，果实在8月和10月，对整株植株以7月为中心，5～8月是氮吸收高峰期。磷肥，温州蜜柑的果枝在5月吸收较多，营养枝在6月吸收较多，果实在7～8月吸收较多，从整株吸收来看，以8月及10月有两个吸收高峰期。钾肥，温州蜜柑的结果枝在5月吸收多，营养枝在6月吸收最多，果实在6～10月吸收比较多，但以8月为最多。总之，氮、钾在新梢期、花期、果期均大量吸收，氮以新梢期吸收较多，钾以果实迅速增大期吸收较多，磷在花、小果期及花芽分化期吸收最多，而镁在小果期吸收较多。从整株柑橘树看，吸收量以氮最多，钾次之，磷、镁又次之。土温对吸收影响很大，从晚春到秋季高温期吸收量大，至秋末冬初吸收一定分量，冬季为全年吸收量最少时期。

基肥：经过一年生长、开花、结果，消耗了大量的养分，树势有所削弱，而且此时正值花芽大量形成和越冬锻炼的时期，应及时施肥以恢复树势，提高抗寒力和促进花芽形成。施用时期在采果前后进行，一般早熟品种在果实采收后，中晚熟品种在采收前，宜早不宜晚，要求在11月上旬以前施下，秋施基肥正值第三次根系生长高峰，伤根易愈合，切除一些细小根起到根系修剪作用，可促发新根。

基肥以腐熟或半腐熟优质的有机肥为主，如厩肥、堆肥、饼肥、人畜粪尿等，加入少量过磷酸钙或磷矿粉，草木灰等磷钾肥，并加入适量的速效性氮肥，效果更好。

追肥：根据柑橘生长发育对养分的急需要求，适时施肥，追肥的次数和时期与气候、土质、树龄有关，一般高温多雨或沙质土，肥料易流失，追肥宜少量多次；反之，追肥次数可适当减少，幼树追肥次数宜少，随树龄增长，结果量增多，长势减缓，追肥次数可适当增多。

幼树追肥，为加速幼树生长，提早丰产，应结合幼树多次发梢特点进行多次追肥，发梢前施肥促进发梢和生长健壮，顶芽自枯后至新叶转绿期施速效肥，能促使枝梢充实和促进下次发梢，幼树树小根嫩，宜勤施薄施，春梢是夏梢、秋梢生长的基础，因此春梢萌发前的施肥量要加，以促多发春梢。8～10月一般不施肥，以防晚秋梢的发生，致遭冻害，11月进行施用基肥。

结果树追肥，成年柑橘树的追肥，每年进行3～4次。第一次：萌芽肥。在春季萌芽前追肥，目的是促进春梢萌发和生长良好，多形成有叶结果枝，为当年结果和抽生第二年的结果母枝打下基础。此外维持老叶机能，延迟落叶，提高叶含氮量，使花器发育完全，提高座果率，这次追肥应施速效性氮，如尿素等化肥，一般在早春萌发前20d左右施下（2月下旬至3月上中旬施）。第二次：稳果肥。开花消耗了大量营养物质（1 000朵蜜柑花需纯氮2g），叶片氮、磷含量显著降低，开花多的植株谢花时叶会退色，且这时正是幼胚发育和砂囊细胞旺盛分裂的时期，如营养不足，幼果细胞分裂少，易落果，为使幼果形成有足够的营养，减少落果，提高座果率，于谢花3/4至幼果期施速效氮肥，稳果效果显著，尤其对多花树、老龄树特别有效。为避免施氮过量促发夏梢引起大量落果，可采用“薄肥勤施”及根据叶色施肥，对初果树和少果壮树少施或不施，以保持果色浓绿而叶色不浓不淡为度，如叶色过淡则薄施氮肥或根外追肥2～3次（尿素0.5%）。第三次：壮果肥。生理落果停止后，种子快速增大，果实迅速膨大，对碳水化合物、水分、钾及其他矿物营养要求增加，果实对枝梢的促进作用也增强，所以在7月上、中旬生理落果停止后及时追肥，对促进果实膨大，促发早秋梢，提高果实品质，利于花芽分化，养活大小年有显著作用，追肥以沟施速效氮为主，结合磷、钾肥，如增施腐熟的饼肥或骨粉，可增加果实糖度。但氮肥过多或未腐熟的饼肥等使肥效过长，会促发晚秋梢，延迟果实成熟、着色不良、粗皮等，在干旱地区要结合灌水进行施肥。第四次：采果肥。主要解决大量结果造成树体营养物质亏缺和花芽分化的矛盾，尤以中晚熟品种更为必要，此次肥可恢复树势，增加抗寒能力，促进花芽分化，可与基肥结合一起施，也可行施。

（3）施肥方法。土壤施肥：根据根系分布特点将肥料施在根系分布层内，便于根系吸收，发挥肥料最大效用。氮肥在土壤中移动性强，可浅施磷、钾肥移动差，一般宜深施。磷在土壤中易被固定，宜与有机肥混合腐熟后施用。化肥成分浓厚、速效易流失，集中施用易伤根伤树，以分期分散薄施为宜。现生产上常用施肥法有：环状施肥、放射沟施肥、条沟施肥、灌溉式施肥等。根外追肥：又称叶面喷肥，简单易行，用肥量小，发挥作用快。柑橘地上器官均能吸收养分。据测定，柑橘器官对磷酸和硝酸的吸收为：以新细根吸收量为100%，而嫩梢为97.3%，嫩叶为73.3%，4～8周龄的叶为67.3%，4～6月为70.8%，3～6年的树干为73.3%～78.2%，常用于根外追肥的肥料有：尿素为0.3%～0.5%；磷酸二氢钾为0.2%～0.3%；硫酸镁为2%～3%；硫酸锌为0.1%～0.6%；硼为0.1%～0.2%，此外还可用20%的人尿。1%的过磷酸钙浸出液等。

2. 灌水与排水

（1）及时灌溉，防止干旱。柑橘为常绿果树，枝梢年生长量大，坐果多，叶面积大，蒸腾速率大，需水量大，在缺水情况下，根系不能从土壤中吸收养分，使植株处于生理饥饿状态，影响光合作用的进行，影响柑橘体内的各项生理活动，使果实和枝梢抽生不良，加剧红蜘蛛、锈壁虱等的危害，严重时引起落叶、落果枯梢。因此，夏秋干旱常成为削弱树势，降低产量的主要矛盾，对保持橘园的高产稳产非常不利，因此必须解决橘园的水利灌溉设施，掌握旱情并及时灌水，如灌水过迟或久旱再灌，容易造成严重裂果。灌溉的方式有：沟灌、穴灌、喷灌及浸灌。不论采用何种方式，都应当以灌均灌透，湿土层达0.7m以上为原则，以减少灌水次数，保证灌溉效果。

（2）橘园排水。积水和排水不良的果园常引起叶片发黄，根系生长衰弱、分布浅，甚至烂根，加剧生理落果，导致或加剧流胶病、黄龙病、脚腐病、疮痂病、溃疡病等蔓延。我国华南地区，以农田作为橘园，地下水位高，且经常发生暴雨，必须注意开沟排水，以保证柑橘根系正常生长。

3. 土壤管理

（1）防止土壤冲刷和深翻扩穴。防止由于雨水引起的土壤冲刷。在柑橘园土壤倾斜度大的情况下，常因暴雨造成土壤流失，因而橘园土壤盖草和适当的生草栽培有防止土壤侵蚀效果，在15°以上的斜坡，应修筑梯田等高栽培。我国不少地方在梯边及梯壁种紫穗槐、黄花菜和杭白菊等，株间种豆科作物，这样既防止土壤侵蚀，又能增加经济收入。

深翻扩穴。丘陵山地幼树在定植后3～5年内，应继续在定植沟或定植穴外进行深度相等或更深的扩穴改土，以利根系生长。成龄柑橘园土壤紧实板结，地力衰退，根系衰老，也应进行改土和更新要系，深翻扩穴改土时期根据根系活动时期并结合气候条件而定，一般在果实采收前后，结合秋冬施基肥时进行，此时地上部分生长缓慢，养分开始积累，根也处在生长期，伤口易愈合，发根多。在抽梢期及有冻害地区冬季低温期不宜扩穴，以免影响新梢生长和冻害加剧。

深翻扩穴时应尽量少伤根，否则引起卷叶、落叶、枯枝，幼树可在定植穴外围挖半圆形沟或在植沟外挖长形沟，分年深耕。成年果园根系已布满园地，为避免挖断大根及伤根过多，可在树冠外围进行条沟状或放射状深耕，深宽约0.6～1m，分层埋施绿肥等有机及无机肥料。深耕扩穴可以隔年或隔行或隔株每年轮换位置深耕。广西灵山县春华山农场深翻时每株施土杂肥，堆肥1～2担，豆饼0.5～1.0kg，过磷酸钙0.5kg（或骨粉1kg），石灰0.5kg，与表土拌匀填入坑中层，心土堆置坑面并高出地面10～15cm，以防渍。

（2）间作、覆盖和培土

● 间作　一般土壤每年约消耗2%的腐殖质，及时补充大量有机质，是维持和提高柑橘园地力的必要措施，经济有效的办法是利用封行前的株行间种植绿肥。通过间种绿肥可防止冲刷，降低土温、保水，增加空气湿度，抑制杂草，豆科绿肥能增加土壤含氮量，提高土壤肥力，达到以园养园。间作前应翻耕土壤，施足养分及基肥，并保证与柑橘植株根际有一定距离。

• 覆盖　柑橘园地面盖草可防止土壤冲刷，夏季降低土温，冬季保温，又能保水及抑制杂草，增加有机质，使表土松软通气，保存养分。覆盖方式有全园覆盖及树盘覆盖，常年覆盖及短期覆盖。广东化州柑橘老区采用全园覆盖。从植后开始，每年每公顷覆盖芒萁 37 500kg，可以减少土壤冲刷，常年不须中耕灌溉。树盘覆盖即距树干 10cm 处起，至树冠外围处进行盖草或绿肥枝叶。

• 培土　培土可加厚土层，增加养分，改良土壤，防寒保温，促进水平根生长。一般培土用塘泥、河泥、草皮泥及山土等，土壤黏重的林地应培含砂质较多的疏松肥土，含砂质多的林地可培塘泥、河泥等较黏重的壤土。培土宜在干旱季节来临前或冬天采果后进行，冬季在主干培土 0.3～0.7m，可提高温度 2℃左右，但在 3 月中旬温度升高后要及时把土耙开。一般成龄园地每年培土约 3～10cm，并应掌握平地宜薄，山地宜厚的原则。

（3）酸碱度的调节改良

• 红壤柑橘园的改良　红壤果园由于高温多雨，有机质分解快，易淋洗流失，铁、铝等相对积累，土壤呈酸性，磷、铁及铝结合成为不溶态。钙和镁易溶脱，故易引起磷、钙、镁的缺乏，为了中和酸度，施用石灰是有效的，但仅在表层撒布并不能改良下层的土壤。应该在冬季抽槽挖穴时直接施于下层土壤中，在堆肥、厩肥中加入适量石灰可促进腐熟。施用石灰最好在早春，如有必要在每年秋季也施用 1 次较好，施用量目前每公顷 750kg 左右。

• 盐碱地果园土壤改良　盐碱地果树根系生长不良，易发生缺素症，树体易早衰，产量也低，主要是含盐量大影响根吸收造成，改良措施有：开排水沟，定期引淡水灌溉洗盐，要求达含盐量 0.1%；深耕施有机肥对碱起中和作用；地面覆盖，起到保墒防地下盐碱上升的作用；勤中耕，减少土壤蒸发，防止盐碱上升；施用石膏等对盐碱土壤改良也有一定的作用。

（五）高产稳产栽培技术

1. 促进花芽分化，提早幼树结果

柑橘栽植，一般是利用嫁接苗，接穗是取自阶段发育已成熟的母树上的枝条，只要具备一定的根系及树冠营养生长的基础就能开花结果，所以有的嫁接苗在苗圃第二年就开花结果，如温州蜜柑、金柑等营养生长期较短，一般只有 2～4 年，进入结果期较早。甜橙、柚类等营养生长期较长，一般需4～6 年，进入结果期稍迟。柑橘营养生长与生殖生长表现出既互相依赖又相互对立的关系，生殖器官花、果所需要的养料大部分是营养器官根、枝、叶供给的，因此前期营养生长不好，会延迟结果或产量不高或幼树结果当年营养生长不好，养分积累少，花芽形成少，翌年结果少造成大小年结果。如果幼树营养生长过旺，也会造成延迟结果，或大量落花落果，产量低。在生产上促进花芽分化，提早结果的技术措施有：

（1）利用矮化早果砧木。矮化砧呼吸强度和蒸腾强度均低于乔化砧，有利于营养物质的积累，同时矮化砧木本身产生的生长素含量低而脱落酸含量高，有利于花芽分化，我国柑橘产区利用枳壳、红柠檬、四季橘作柑橘的矮化早果砧木。

（2）适时肥培，结合修剪加强营养生长。营养物质的积累是花芽形成的物质基础，因此加强营养生长促进花芽形成的目的是符合柑橘树的生理特性的。健壮生长的苗木比弱小的苗木定植后可以早开花结果，所以在苗圃就要加强肥水等管理，培养壮苗，定植后 1～2 年要创造良好的生长条件，促使幼树加速营养生长，尽早形成良好的根系和健壮的树冠，制造光合产物，为生殖生长奠定物质基础。据调查，幼树须具有 1m 以上的树冠，3 级以上的分枝，100 根末级梢，1 000 片左右的叶片，才有利于早结丰产。在栽培上要挖大穴，分层施肥，大苗定植，定植后 1～2 年每次发梢前施肥，修剪上采取抹芽控梢，加速分枝；轻剪、保护下部枝叶，及时防病治虫，防止不正常落叶，所有这些措施都是为加强柑橘幼树营养生长。

（3）投产前一年采取措施缓和营养生长，促使花芽分化形成。花芽分化是在新梢生长减缓和停止之后开始的，所以在营养生长有一定基础时，必需逐步地控制营养生长使积累的营养物质形成花芽，及时转入生殖生长，适时开花结果，目前在栽培上采用的技术措施是①控制晚秋梢发生：在 7 月上旬施速效肥，结合灌水，并进行夏梢短截，使 7 月下旬至 8 月上旬及时促发大量健壮的早秋梢。8～10 月不追肥，使最后一次梢及早停止生长，避免枝梢生长过旺和抽发晚秋梢。如出现晚秋梢，可在花芽分化前及时抹除。②花芽分化期适当控制水：花芽分化时期，因种类、品种及栽培地区的气候条件不同而异，一般柑橘花芽分化在冬季果实成熟前后至第二年春季萌芽前，在此期间，如无严重冻害的地区，适当控水，可促进花芽分化。③在花芽分化期对健壮植株喷磷：如喷0.3%磷酸二氢钾，对老弱植株喷0.3%~0.5%的尿素2~3次，在投产前一年抽秋梢时增施磷、钾肥，把枝叶内含磷量（7月份）从0.15%提高到0.25%能使花数增加一倍以上。④在投产前一年的9月下旬对直立强旺枝进行弯枝、摘心，或在一部分主枝基部环割，可促进花芽分化。植物体内叶片制造的有机物是由韧皮部运输，环割主要作用是中断有机物向下运输，能暂时增加环割部位以上碳水化合物的积累，抑制营养生长而促进生殖生长，弯枝可减少枝条上顶端优势的差异，使枝条顶端优势下移，有利于近基部枝条更新复壮，同时使生长素减少，乙烯含量增加，含氮减少，碳水化合物增多，因而缓和生长，促进生殖作用，提早结果。⑤对垂直根生长旺盛的植株进行断根，因主根发达的树，树冠中上部生长特别旺盛，幼树易徒长，延迟结果，所以砍断过长的主根，能促发侧根。侧根和水平根发达的树，树冠侧枝多而短，能提早开花。大多数枳壳砧嫁接苗在移植时进行修剪，而枳壳砧是浅根性，须根多，故不必进行断根。⑥喷乙烯利等激素可控制新梢生长，促进花芽分化。柑橘体内有吲哚乙酸、赤霉素、细胞分裂素、脱落酸、乙烯等天然植物激素。赤霉素对柑橘花芽分化有抑制作用。据重庆江津园艺所试验，在11~12月用200~400mg·kg^{-1}赤霉素每隔半年喷1次显著抑制成花，用25~50mg·kg^{-1}赤霉素喷能减少着花数甚至无花，乙烯利在树体内被分解为乙烯，并抑制生长素的产生和运转，从而控制新梢生长和促进花芽分化。

2. 保花保果，提高座果率

柑橘树存在着开花多，座果率低的现象，如甜橙成年树一般每株开花2.5万朵以上，座果率一般1%~3%，温州蜜柑每树开花1万~2万朵，座果率仅2%~5%，华脐座果率只0.2%。在生产上提高座果率一般采用如下措施：选栽落花落果较少的品系株系，如大叶尾张比小叶尾张座果率高；充分供应氮肥，增施磷钾肥，特别在花谢3/4至幼果期，喷0.3%~0.5%尿素，0.2%~0.3%磷酸二氢钾对增加叶片含氮、磷、钾量，减少落果最为有效；花期、幼果期灌水；利用生长调节剂保果：在生产上采用喷50~100mg·kg^{-1} 920或用250~500mg·kg^{-1} 920涂果，能显著提高脐橙座果率。另外，喷施5~10mg·kg^{-1}的2，4-D或0.1~1mg·kg^{-1}的三十烷醇对保花保果也有一定的作用；防治病虫危害，冬季清园消毒；5月喷施生长激素后10d在主枝上进行环割；抹除部分春梢营养枝和夏梢。

3. 提高叶片的光合作用能力，增加单产

（1）增大光合面积。绿叶面积与土壤面积之比称为叶面积指数。柑橘叶面积指数在2.5以下时它与产量成明显的正比关系，超过2.5时产量仍有增多但已不成比例，当叶面积指数到4~5以上时，则产量不再增加，当叶面积指数超过5时，由于株间光照条件变坏，光照强度减弱，而且呼吸消耗则由于叶面积增大而增大，致使降低产量。

叶面积指数动态是否合理，对产量的形成影响极大，为了早结丰产，一般说来，前期叶面积扩展应较快，以便多吸收日光，为后期开花结果打下良好的基础，但在盛果期间，叶面积大小与分布要合理，如过于郁闭，花芽形成少，落花落果严重，光、肥不足，生长减慢，出现枝枯叶落。栽培管理上通过修剪来调节光照条件，使柑橘叶面积最大，光合效能也最大。

（2）延长光合时间。光合时间的长短决定于生长期的长短，日照时间以及叶子的年龄和衰老的进程，柑橘叶片的寿命一般17~24个月，栽培上促使叶片生长正常，保护叶片，延长叶龄是增加光合时间的重要措施。另外，叶片进行光合作用有最适的温度，柑橘光合作用最适的叶温为15~30℃，温度过高，超过40℃以上时，则光合作用几乎停止。因此，在6~9月间，栽培上通过叶面喷水等措施降低叶面温度，能延长光合时间。

（3）减少光合产物消耗。有了适当的叶面积，较高的光合效能，延长了光合时间就能增加光合产物，产量的增加主要决定于光合作用积累的同化物的数量和呼吸作用所消耗同化物的数量的差值。如果光合产物消耗多，分配利用不合理，会使幼树延迟开花结果，使已经开花结果的树大量落花落果，呼吸作用在柑橘树的各个部分器官中白昼、夜晚、生长期及休眠期都在进行，由光合作用合成的碳水化合物，大约有1/5~1/3被呼吸作用消耗掉，柑橘树在开花和幼果发育期间，呼吸强度最高。因此多花多果的树，同时可适当的进行疏花疏果，调节碳水化合物的消耗，提高坐果。另外，柑橘的新梢嫩叶的呼吸作用也是最强，所以控制夏梢抽发，也是减少光合产物消耗的一个重要措施。

4. 防止和克服柑橘大小年现象

（1）柑橘产生大小年结果现象的原因。刚进入结果期的橘树，由于营养生长旺，树势强旺，营养充足，除供应当年果实发育的养分消耗外，尚有大量的营养物质积累，形成花芽，所以产量逐年上升，而进入盛果期的橘树，在大量结果时，遇下列情况产生大小年结果现象：

● 栽培管理粗放，肥水供应不足或不适当的管理措施　造成树体营养不良，树势生长衰弱，养分主要消耗在当年果实发育上没有什么新梢生长，没有充足的营养物质积累以形成花芽，造成次年结果少或不结果。出现小年，经过一年的营养物质积累后，第三年又大量结果，出现大年。

● 遇花期下雨低温或冬季霜冻　干旱或生理落果期的高温，干旱、涝灾等这些不良外界环境和病虫害引起大小年结果现象。

由此可知，柑橘大小年结果现象是由于柑橘生长与结果之间出现矛盾所造成的，这种生理矛盾与外界环境条件特别是营养条件有密切关系，因此一切影响柑橘营养状况的栽培技术和气候条件都影响大小年的发生，而营养不足是大小年发生的根本原因。

（2）防止和克服大小年结果现象的技术措施。要年年高产稳产，关键是要平衡营养生长和生殖生长，要在结果同时年年有新梢、新叶等新的生长量。措施是：

● 加强土肥水管理　施好催芽肥，尤其结果多的大树，要其抽生一定数量的春梢营养枝，增加春叶的数量；对大年树要大肥大水，以促发早秋梢；采果前后的基肥要施得早，使花芽形成良好。小年树适当减少肥量，以防过多形成花芽，过量的消耗养分。

● 合理修剪　通过修剪调节营养枝和结果枝的比例，调节营养物质和水分在树体内的分配。对成年树将一部分结果母枝短剪，促进新梢生长作为明年的母枝，对幼年树尽量保留结果母枝，以增加产量。

● 保花保果与疏花疏果　保持每株树上有适当的叶果比，如中熟温州蜜柑，叶果比一般要求25～30:1，如叶果比少，则花芽形成少，但叶果比超过40:1 时，则夏梢生长旺，果实成熟期延迟，品质差，在栽培技术上对幼年树要保果，对大年树要适当疏花疏果，以保证有一定数量的新梢抽发，调节营养物质的分配与消耗。

● 防虫治病　通过防病治病虫减少不正常落叶，维持树势健壮。

5. 柑橘防冻

我国柑橘产区，除广东、广西、福建、台湾以及四川等地外，其他大部分柑橘产区，每隔几年或十年左右出现 1 次周期性冻害，这对柑橘生产造成巨大的损失，轻则冻坏枝梢，破坏树冠绿叶层，冻伤干皮引起流胶病，削弱树势，降低产量；重则冻裂主干、骨干枝等的皮层，造成全株死亡，如 1977 年 1 月 30 及 31 日的大冻，湖北宜昌地区秭归县冻死甜橙 20 万株，湖南怀化地区溆浦县、辰溪县等冻死甜橙及温州蜜柑达 70% 以上。此外，江西、浙江、江苏、安徽等地受冻植株也超过 50% 以上，致使 1997 年全国柑橘产量大幅度下降。

（1）柑橘冻害发生的原因

● 冬季低温　冬季低温是柑橘冻害发生的直接原因，一般认为最低气温在 -5℃ 以上柑橘生长比较安全，低温超过柑橘所能忍受的临界低温以下，冻害愈重，短时间的临界低温，一般对柑橘影响不大，但长时间的低温，即使温度不很低，冻害也较严重。冻害又与温度变化有关，冻前的温度如果逐渐降低，柑橘经过低温锻炼，提高抗寒能力。反之，冻前温度一直较高，抗寒力弱，突遇严寒，其受冻的临界温度较高，冻害较重，低温过后，温度缓慢回升，温度日较差不大，则细胞脱水结冰和冰粒融化，也就比较缓慢，减少机械性的损害而引起细胞破裂和组织死亡的可能性，因而冻害就相对减轻。反之，温度急剧升高，日较差很大，冻害就严重，特别冻后霜冻，白天太阳大，解冻快，水分尚未流入细胞壁内而蒸发，可能造成生理脱水，妨碍细胞质的新陈代谢，使叶枝枯萎，细胞壁破伤而植株死亡。另外，低温期间刮风使树体和土壤降温加快，加速树体水分蒸腾和土壤水分蒸发，使植株生理失水加重，加重冻害。

● 柑橘本身的抗寒能力及生长状况的影响　柑橘耐寒能力的强弱，与栽培的种类、品种关系很大，一般情况下，以金柑类耐寒性最强，能耐 -12℃，其次是宽皮柑橘类中的朱橘、温州蜜柑、本地早等能耐 -9℃，第三是宽皮柑橘类中的南丰蜜柑、乳橘等能耐 -8℃，宽皮柑橘类中的蕉柑耐寒力最弱，第四是甜橙及柚类，能耐－5℃。甜橙中的脐橙、桃叶橙、锦橙、血橙等较耐寒，第五是柠檬类能耐－3℃。

柑橘的耐寒力强弱与在冬季所处的生理状态关系最密切，枳在冬季落叶，完全休眠最耐寒。金柑、朱橘、温州蜜柑、本地早等秋季停止生长早，冬季休眠程度较深，故比红橘、椪柑等耐寒。柠檬等冬季不甚休眠，甚至仍生长开花，故最不耐寒。

砧木种类及繁殖方法：砧木影响接穗的生理性状，抗寒砧木嫁接的柑橘具有较强的耐寒性。枳、枳橙、香橙砧比红橘、酸橙、甜橙、酸橘、红柠檬、四季橘砧耐寒。从繁殖方法看，实生苗比嫁接苗、压条苗耐寒，嫁接部位高的比低的耐寒，一般认为冻害较严重的产区，嫁接部位以50cm为宜。

树体营养状况：凡当年结果特多或采果迟的生长减弱，树体营养消耗过多，冻害较重；营养生长过旺，停止生长迟，影响营养积累也易受冻；病虫危害，树势衰弱的，冻害重；壮年树，树势强的冻害轻，幼年树营养生长期长，耐寒力弱；老年树，树体衰弱，容易产生冻害。

● 柑橘园地环境的影响　各地冻害发生严重程度，常与地理纬度、海拔高度、产区地形、地势、坡度、坡向、逆温、水体、土壤种类等立地条件都有一定关系：

纬度和海拔高度：纬度每向北推移1°相当于海拔上升120m，气温都会明显下降，一般海拔上升100m，受冻害程度不同，低纬地区一般冻害较少、较轻；高纬地区一般冻害频繁，也较严重。

地形及逆温：东西走向的高大山脉是阻拦强大寒潮的天然屏障。就是一些较低的中小山脉也能起到阻截寒潮的一定作用，如位于长江流域的四川，因有秦岭、巴山的屏障，柑橘可以大量栽培，而湖北江汉平原因冬季冷空气长驱直入，栽培柑橘则受到限制。

在冬季降温的时候，常出现在山地一定高度内，低层空气较冷而上层空气反而较暖的现象，这是由于山区坡地，在寒潮过后的晴天夜晚，冷空气沿山坡下沉，暖空气上升至半山腰无风或风小的逆温层。因此，常在大冻时期，处在逆温层山坡上的橘树冻害轻或未受到冻害。

从坡向看一般迎风的北坡比背风的南坡冻害重，因南坡风小，接受太阳辐射的能量较多。西坡在日晒的下午，树干温度升高，晚间日落以后温度急剧下降，容易产生裂皮，故受害最重。

水域：水体对调节气温能起重大作用，夏秋江河、湖泊、大水库的水体吸收太阳辐射热量，到冬季将热释放于水面形成水气，可提高周围空气温度，故栽植在大水体周围的柑橘树，特别是在大水体的南部，在大冻之年，能减轻冻害。

（2）柑橘冻害的预防措施

● 提高柑橘树的耐寒性　选用抗寒品种。在大冻后选择未被冻死的耐寒单株，并经测定具有优良遗传性的，进行繁殖发展。选择耐寒砧木，也可采用枳的高砧嫁接方法提高苗木的耐寒性。加强栽培管理，培育耐寒树体，抗寒性大小与树体的营养状况密切相关，加强土肥水管理，防好病虫害，使树休生长健壮，枝梢在晚秋前不再生长，采果前后及早施好有机肥保温防寒。另外，氮肥不要施用过量，8月份后不追肥，控制晚秋梢的抽发。同时还要加强病虫害的防治，保护叶片安全越冬。

● 创造防冻的环境条件　选择小区气候，利用有利地形，如选山坡逆温层，大水体附近，向阳南坡栽植不选低洼谷地。设防护林，在迎风面设计5～6行乔、灌搭配的防风林带。提前7～10d灌水防冻，灌水可提高土壤含水量，水汽蒸发可使气温不致骤降，提高地面温度。苗田幼树覆盖：冻前用塑料薄膜覆盖苗田，用草帘或塑料膜搭棚覆盖幼树，可减少水分蒸发，也防止辐射冷却，增加土温，减轻冻害。但覆盖时间不能太长，大降水后应立即解除覆盖，使叶能进行光合作用。大树包干或涂白、培土：防止树干冻坏裂皮造成流胶病危害，可用稻草包扎树干或进行涂白，树干基部培土，均起到防冻作用。树冠喷抑蒸保温剂，喷后于叶面积形成一层分子薄膜，以抑制水分蒸腾，减少叶面细胞的失水，减少落叶及增强抗冻能力。熏烟：在雪后初晴的晚上，在柑橘园堆积杂草枝叶作为熏烟堆，于傍晚燃烧使之产生烟雾，可抑制辐射降温，防止霜冻。

（3）柑橘冻害后的恢复措施。柑橘树受冻后，落叶露干，如果不及时处理，容易造成日灼，产生流胶病，造成全树的死亡，如能及时处理，在逐渐解冻以后细胞原生质仍能恢复新陈代谢功能，萌发新梢，有的还能开花结果。冻后恢复措施有：

● 合理修剪　冻后枝梢尚好，但叶片枯萎不脱，应及早摘除，对受冻后干枯的枝梢应于萌芽后进行剪去枯死部分，不要早剪，早剪伤口易感染病害，继续干枯。短截尽量选在剪口或锯口四周有芽梢均匀分布的地方，由于剪口附近周围式的生长产生了向芽梢下部吸收养分和水分的能力，使枝干的内部水分和养分得以上升，从而避免剪口附近组织再向下干枯，为防止大伤口水分蒸发和连续干枯，伤口应削平，并用生黄土、牛粪混合泥封闭，也可加 $100mg \cdot kg^{-1}$ 2，4－D 或萘乙酸促进伤口愈合。

由于冻害破坏了地上部分与地下部分的相对平衡关系，春夏季常萌许多不定芽及萌蘖，应及时进行抹去过密的过弱的枝和萌蘖，以免消耗养分，扰乱树形。

● 土壤管理　受冻轻的树早春解冻后提早施肥以利恢复树势，并争取当年有一定产量，受冻害的树在各次新梢展叶后进行 1～2 次根外追肥。在缺水时，冻后及时灌水，以缓和冻害影响。据湖南、湖北及江苏的橘农经验，对受冻严重，截至主干、主枝的成年树，春季以松土除草为主，一般不施肥，保持土壤疏松，防止根系死亡。因受冻后枝叶中养分损失较大，供给根的营养物质减少，所以大冻后发芽推迟，松土可增强根的活动能力，利用树体内贮藏的养分促进早发芽。

冻害重的橘园，由于地上部受冻枝叶大量枯死，光照强度加大，果园要求间作绿肥和豆科作物，既减轻地面辐射，又可夏秋开沟压绿促发新根，从而使抽梢强壮，加速树冠形成与恢复。

● 保护树干　冻害严重的柑橘树，由于枝枯叶落，易遭日灼裂皮，导致树脂病，应进行树干刷白（用 5kg 石灰加 0.5kg 石硫合剂渣加水 20～30kg 再加盐 100g 调制而成），刷白能反射直射日光，降低树干温度，防止树皮晒裂。冻后易发生树脂病，要及时防治，有病植株在病部刻伤后用 1∶4 食用碱水刷干，也可刮除病部，用多菌灵 1g 加凡士林 50g 涂伤口，或用 200 倍托布津 1∶1∶10 的波尔多液涂刷，以免病部蔓延扩大而造成死亡，危害严重，病部皮层占 1/3 以上的应在病部下方锯干，伤口用托布津消毒。

四、采收贮藏与加工利用

1. 采收

采收是柑橘生产中夺取丰产丰收的最后一个环节，也是关系到翌年是否连续增产的重要环节。科学的采收，不仅能够提高果品质量确保贮藏保鲜效果，而且有利于树势的恢复和花芽分化，减轻大小年结果现象。果实采收必须掌握适宜的采收期和科学的采收技术，并根据分级标准进行科学分级。

2. 贮藏保鲜

柑橘的成熟采收期较集中，因而做好鲜果的贮藏，延长鲜果供应期，适应与满足消费者的需要，具有重大意义。柑橘果实采收之后，果实内部仍然进行着一系列的生命活动，不断地消耗果内的营养物质和水分使果实重量减轻，风味减退，营养成分降低。具体的贮藏保鲜方法有地下库贮藏、常温普通库贮藏、地窖贮藏、冷库贮藏等。

3. 柑橘汁的加工

加工柑橘汁要经过几个程序。

（1）选择及处理。选充分成熟、新鲜完好的柑橘作为加工的原料，果实用清水洗清沥干后除皮。

（2）加工方法。打浆取汁：一般用打浆机打浆取汁，也可用榨机压榨取汁。第一次打浆或榨汁后的果肉渣可加少许水，再打浆或压榨 1～2 次。加热过滤：将汁液加热至 77～78℃，保持 1～2min，趁热用两层细白布袋子过滤（滤下的碎果肉可加糖熬煮果酱）。滤出的汁液为橙黄至橙红色浑浊液。调配：按原果汁不低于 40%，折光糖度为 16%～19%，含酸量 0.6%～1.3% 的标准调配。调配后的果汁，每 100kg 加维生素 C 20g，以延缓果汁变色时间。装瓶杀菌：将调配好的果汁，加热至 78～80℃，趁热注入 250mL 玻璃瓶内，盖上马口铁盖，用压盖机密封。在 80～85℃ 水浴中杀菌 18min，取出冷却后尽量贮藏在低温场所。

（3）质量要求。成品成橙黄色或淡黄色，具鲜柑橘汁应有的风味，酸甜可口，无异味。汁液均匀浑浊，静置后允许有沉淀，但经摇动后仍呈原有的均匀浑浊状态。

4. 橘皮香精油的提取

香精油提取以柑橘类最为普遍，柑橘类香精油存在于外果皮、花及叶之中。以外果皮含量最丰富，其中以柠檬皮油、橙皮油质量为好。香精油在食品及日用化工工业上应用很广，也可供药用。香精油提取方法有蒸馏法、浸提法、压榨法、擦皮离心法。现简述如下：

（1）蒸馏法。一般香精油沸点低，可随水蒸气挥发，又能与水蒸气同时冷凝下来。因油、水相对密度不同，油比水轻而较易分离，应经过滤贮于密封的有色瓶内。成品应放在阴凉地方，以防止香精油挥发损失和氧化变质，此法提取的香精油品质较差，获得率低，以皮重计为 2%～3%。

（2）浸提法。将原料破碎，用有机溶剂（石油醚、乙醚、酒精等）在密封容器中把香精油浸渍提出来（3～12h）。此工序应在较低温度条件下进行，以免香精油挥发损失，所得香精油的质量较好，但生产效率较低。浸提液需进一步用蒸馏装置用较低温度（酒精浸提液是用70℃以下）将有机溶剂回收。最好用减压真空装置在50～60℃以下进行减压蒸馏，可浓缩成为浓郁的香精油。柑橘类的落花适宜于采用这个方法，所得香精油质量很好，其中以橙花最好。

（3）压榨法。柑橘类果实的香精油主要以油滴状集中在外果皮的油胞里，可施加压力将油胞压破，挤出香精油来。一般带深橙黄色，品质好。果皮白色朝上晾晒，使果皮水分减少到15%～18%，破碎至3mm大小，用水压机，压榨每50kg上述湿度的干皮，可得0.3～0.6kg香精油。

（4）擦皮离心法。把柑橘类外果皮擦破，让油胞里的香精油逸出，用高压水冲洗下来，再将油、水分离而取得香精油。一般是以整个完整好的新鲜饱满的果实在机械上进行磨擦，而以圆形果实效果较好。擦皮的机械称为磨油机，一般在罐头和果汁加工时多用此法取得香精油。

（5）压榨离心法。现在工厂用机械操作，先将新鲜皮用饱和石灰水浸泡6～8h，使果皮变脆硬，油胞易破，以利压榨。浸泡时间要适应，时间短硬度不够，时间长则变韧，都会影响出油率。处理后的果皮用橘油压榨机进行破碎和榨油，压出的香精油在高压下，经过滤后，引入高速离心机（6 000 rpm的油水分离机）分出香精油。分出的水由水泵循环，重新用来冲洗压出的香精油。得到的香精油通称“冷油”，呈深橙黄色，品质很好且价值高。

5. 糖苷的提取

糖苷有橙皮苷、柚皮苷、柠檬苷，这就是果实苦味的原因。柑橘类果实含有丰富的维生素P，就是橙皮苷、圣草苷、芳香苷3种苷类的混合物。医药上用来防治动脉粥状硬化、心肌梗塞、微血管脆弱等。

橙皮苷（$C_{28}H_{34}O_{15}$）在柑橘中果皮橘络中含量很多，溶解于碱液、热乙醇及热甲醇，通常用碱液及热酒精提取。用饱和石灰水浸泡，调整饱和石灰水的酸碱度使pH在11以上，浸泡6～12h，过滤，滤液要清，接着以盐酸调整pH值至4.5左右，在60～70℃下保温1h，逐渐有灰白色或黄色结晶析出，静置使之充分沉淀，虹吸法除去上层清液，将沉淀的水分用篮筐式离心机尽量除去，脱水后的橙皮苷及时在70℃烘干，烘7h，水分在3%以下加以粉碎，得率为0.1%。

热酒精法：削去有色皮层，以白皮层作原料洗净用热水煮10min，压榨除去过多水分，再以90%冷酒精（用量为果皮的1倍左右），浸8h，洗净除杂处理后，果皮放入回流装置的容器内加入50%的酒精，用量是果皮的2～3倍，将容器密封后，在80℃以下的水浴中，加热回流抽提90min，滤出抽提液，并将残渣内液体压出集中，将抽提液蒸馏，回收酒精，冷却3～4h后，即见结晶析出，在低温下静置，充分沉淀，得率为0.3%，成品颜色洁白，浓度较高。

6. 果胶的提制

果胶是一种用途很广的柑橘产品，在食品工业方面是制造果酱、果冻以及糖果的重要原料。其他轻工业方面广泛地用作乳化剂和稳定剂。在医药上用作油膏基质；纺织工业可以代替淀粉而不需要其他辅助剂；木材工业上用作胶合板剂。果胶本身也有药效。

柑橘果实的白皮层含有极丰富的果胶物质，质量也很好，其含量约占鲜果皮的1.5%～3.0%。柠檬皮、柚皮中含量最高，约为鲜皮的2.5%～5.5%。柑橘果实所含果胶主要集中在白皮层细胞中。一般提制方法，包括果皮的处理和果胶的提制。

（1）果皮的处理。橘皮中除果胶外，还含有其他物质，不利于果胶的提取，如糖类、酸类、苷类和橘油等物质。它们影响风味，增加提取的困难，如胶结现象，影响操作，或造成进一步水解使果胶变质损失。

提制果胶以柑橘皮为原料：先将柑橘外层油胞层削去，榨过果汁和提过香精油的皮是很好的果胶原料。先将上述的橘皮粉碎或切成细条，加水浸渍，不断换水冲洗，直至水中不含糖类和糖苷为止，取出，榨去水，以供提果胶之用。

如果因工作上的安排，不能及时提胶的，则在浸洗过程中，应先进行1次热处理，即将果皮加热到95～97℃10min钝化果胶酶。热处理后换水浸渍两次，压榨去水，而后烘干贮存，保持干燥，待以后再提制果胶。洗涤的方法也可用95%的乙醇，先用冷的，后用沸热的淘洗，再用乙醚除去酒精，压榨得干原料。这种方法浸洗可以保存果皮中原有的可溶性果胶不使流失。但这两种溶剂比较贵，成本过高，一般不用此法。

（2）提胶。将上述处理的橘皮放入大容器中，加热至沸。加入硫酸或盐酸（事先稀释好，以免过热）调整 pH 值为 2。将此糊浆加热至 94 ~ 100℃ 经 45 ~ 60min，在这个煮制中使果胶转化为可溶性果胶。煮制时须加注意，煮制的温度过高或拖延的时间过久，会使果胶进一步分解而降低其价值。在较温和的条件下多次提取比一次强烈条件下提取为佳。上法提出液含果胶约为 1%。如果提出液含量过低，可在低温下浓缩到 3% ~ 4% 后再进行沉淀。提取时要注意酸度、温度与时间的控制。

由上述制备的原液进行过滤提胶是一件麻烦的程序。它本身腐蚀性强，黏度很高且不易过滤，必须采用助滤剂，如硅藻土等。过滤分两次进行，先将溶液中的果皮粗渣分离除去，然后用筐架过滤器加压过滤，可以得到清亮的果胶溶液。将此清亮溶液在真空下浓缩，得到含果胶 4% ~ 6.5% 的液体。用氨或碳酸钠调 pH 值到 3.5 即可装瓶密封，杀菌（70℃ 水浴中 30min）。这种液体果胶即可供应工业使用。为了便于使用和保存，果胶在一般工业制造程序中现多制成粉状固体。先在桶中调配好沉淀剂（即有机溶剂，如乙醇、丙酮、异丁醇或异丙醇等），胶液加入后使有机溶剂的最后浓度为 50% ~ 70%，果胶在此液中沉淀出来，通过过滤压榨使果胶与溶剂分开。压出的果胶经过几次溶剂洗涤，再滤干压去溶剂，而后在温热空气中脱水干燥，磨成粉末后包装保存。

（赵思东）

16. 苹　　果

苹果是世界普遍栽培的四大水果之一，据 FAO 资料统计，1998～2000 年全世界栽培苹果的 88 个国家平均年总产量为 4 010 万 t。我国是世界上苹果栽培面积最大、总产量最高的国家，年总产量为 1 873.6万 t，仅次于柑橘。苹果是我国北方的主要经济树种，主产区是辽宁、山东、河北和陕西等地。

苹果果实爽脆适口，营养丰富，含糖量 10%～14.2%，苹果酸 0.38%～0.63%，胡萝卜素 0.64mg·kg^{-1}，硫胺素 0.08mg·kg^{-1}，尼克酸 0.8mg·kg^{-1}，抗坏血酸 40mg·kg^{-1}，脂肪 0.8mg·kg^{-1}，碳水化合物 122g·kg^{-1}，蛋白质 1.6g·kg^{-1}，灰分 1.6g·kg^{-1}，钙 90mg·kg^{-1}，磷 74mg·kg^{-1}，铁 2.4mg·kg^{-1}，含有多种人体健康所必须的氨基酸。除鲜食外，苹果还可加工成果汁、果脯、果酱、果酒、蜜饯和罐头等。

一、主要物种

苹果属蔷薇科（Rosaceae）苹果属（*Malus* Mill.）植物。全世界苹果属植物约有 35 种，原产我国的有 22 种。

1. 苹果（*Malus pumila* Mill.）

现在世界上栽培的苹果品种，绝大部分属于这个种或本种与其他种的杂交种。本种有许多变种，生产上有价值的有道生苹果（*M. pumila* var. *paraecox* Pall.）、乐园苹果（*M. pumila* var. *paradisica* Schneider）和红肉苹果（*M. pumila* var. *medzwetzkyana* Dieck.）3 个。

2. 西府海棠（*M. micromalus* Makino）

别名：小海棠果、海红、清刺海棠、子母海棠。原产我国，河北、山东、山西、河南、陕西、甘肃、辽宁、云南等地均有分布。同海棠果的区别是果实有明显的萼洼，萼多数脱落，少数宿存，萼片下突起不明显。果实成熟期多在 9 月下旬。树姿较直立，抗性较强，在盐碱地生长良好，较抗黄叶病。可作苹果砧木。

3. 山荆子（*M. baccata* Borkh.）

别名：山定子、山挺子、山顶子、山丁子、林荆子等。抗寒力极强，有些类型能耐 -50℃的低温。东北、河北、山西等北部地区，山定子是苹果的主要砧木之一。山定子果小，重 1g 左右，果梗细长，萼片脱落，10 月成熟。每千克种子 15 万～20 万粒。

此外，毛山荆子［*M. manshurica*（Maxim.）Kom.］、河南海棠（*M. honanensis* Rehd.）、湖北海棠［*M. hupehensis*（Pamp.）Rehd.］、海棠［*M. spectabilis*（Ait.）Borkh.］、三叶海棠［*M. sieboldii*（Regel）Rehd.］、丽江山荆子（*M. rockii* Rehd.）、台湾林檎［*M. doumeri*（Bois.）Chev.］等均可作为栽培苹果的砧木及育种原始材料。

二、主要栽培品种

目前世界上有记载的苹果品种约 1 万余个，作为经济栽培的有千余个，广泛应用的不过百余个。

1. 早熟品种

（1）早捷。美国品种。树势强健，枝条较粗壮，有腋花芽结果习性，早实，丰产。6 月中、下旬成熟。果实圆形，果面全面浓红色，美观，单果重 150g 左右，果肉乳白色，肉质松脆，汁液多，酸甜，风味爽口，品质上等，是优良的红色早熟品种。

（2）嘎拉系。嘎拉是新西兰品种。树势强健，成枝力强，枝条角度开张。幼树腋花芽结果力强，结果早，座果率高，熟前有轻微落果。果实短圆锥形，果形端正，果顶有五棱，果梗细长，平均单果重为 130g，果面黄色，具红色条纹，果肉细脆多汁，风味酸甜。9 月上、中旬成熟。新嘎拉是嘎拉的芽变，果实全面鲜红色，富有光泽。

（3）萌（嘎富）。由日本用嘎拉×富士育成。7 月中旬成熟，平均单果重 250g，全面鲜红色，肉质脆，甘甜爽口，无采前落果现象。

（4）红夏。日本育成，未希生命品种的实生。果实圆锥形，果皮底色为黄色，果面条状鲜红色，光亮，无锈，果实有明显棱状突起。果重 300～400g，含糖 14%～16%，含酸 0.54%，硬度 13.7kg·cm^{-2}，果汁多，甜酸适口，果肉黄白色，肉质脆。腋花芽结果能力强，丰产性好。树姿开张，2 年生枝条自然平斜或下垂。抗病能力强。8 月上旬成熟。

（5）藤牧 1 号。原产美国，经日本引入我国。果实圆或长圆形，平均单果重 150g，最大者 320 g，果皮红色，充分成熟时全面鲜红色。果肉黄白色，质脆，香味浓，酸甜爽口，果汁较多，品质上。7月上、中旬成熟。

（6）美国8号。原代号NY543，美国品种。果实个大，平均单果重240g，最大果310g，比较整齐。果实8月上旬成熟，果面全红，光洁无锈斑。青果不酸，红果脆甜，肉质细脆多汁，香味浓。自然存放30d以上不变绵。早果丰产，抗病性强。

2. 中熟品种

（1）元帅系。元帅系品种是指由红元帅发展而来的无性系品种，多数是芽变而来，第二代是红星，第三代是短枝型芽变，称为新红星，目前已发展到5代，约有70多个成员。

• 新红星　元帅系的第三代芽变，是从红星中选出的短枝型芽变。果实中大，单果重150～180g，呈长圆锥形，果面光滑，全面浓红，五棱突起甚为明显。果肉淡黄色，致密、松脆、汁液较多，品质上，市场上又称蛇果。9月下旬成熟，较耐贮藏。

• 首红　是元帅系第四代短枝型芽变。树体较小，树姿直立，树冠紧凑，栽后2年即可见花，短枝多，长枝少，成花易，结果早，丰产。果实中大，单果重200g左右，高桩，五棱突起明显。果面全红而鲜艳，果肉淡黄色，香味浓，是元帅系的优秀品种。成熟期比元帅早10d左右。耐贮性优于元帅。

与首红同期问世的优良短枝型芽变尚有超红、艳红、魁红，连同首红同期引入我国，人们俗称"四红"。元帅系的第四代芽变短枝品种还有银红、红鲁比短枝等。

• 瓦里短枝　是元帅系的第五代芽变，从首红中选出。果实着色极早，8月中旬即可上满色，盛花后120d即可上市。五棱突起明显，果实全面浓红色，平均单果重215g，最大者350g，耐贮性优于新红星。有腋花芽结果习性。

• 华矮红　也是元帅系的第五代芽变。树冠开张，枝条角度大，半短枝型，弥补了直立短枝不易管理的缺点。单果重220g，最大者重350g，果实色泽浓红，果肉洁白。由于着色早，着色艳，极适于着色不良的地区栽培。

元帅第五代芽变品种尚有纽红矮生、俄矮2号、阿斯等优系。

（2）金冠。又名金帅、黄元帅、黄香蕉等。是传统的与红元帅相搭配的中熟品种。易形成花芽，丰产。果实圆锥形或卵圆形，整齐均匀，单果重180g左右。果皮薄，金黄色，易生果锈。果肉黄色，细嫩，甜而多汁，富有芳香气，品质上。9月下旬成熟。

从金冠中选出的短枝型品种金矮生、好矮生等常用作新红星的授粉品种而搭配栽植。此外，还从金冠中选出了无锈金冠Reinders以及Smoothee等。

（3）津轻系。津轻是从金冠的实生后代中选育的品种。果实长圆形至圆形，单果重170g左右，底色黄绿，全面被红色霞条，有光泽；果肉黄白，多汁，有芳香，酸甜适口；9月初成熟，不耐贮藏。红津轻是津轻的浓红型芽变。座果率高，早期丰产，但有采前落果现象，9月上、中旬成熟。果实大，单果重200～250g，耐贮藏。初津轻是瓦吉津轻枝变品种，被称为早熟津轻。果重350～450g，果面浓红，外观美，果肉同津轻，甘甜、多汁，贮藏性同津轻。不摘叶片和铺反光膜即能全面着色，比津轻提前10d采收。红奥也是津轻芽变品种。果重350～450g，果面条状鲜红色，风味似津轻，有浓郁的芳香味。采前不落果，在日本10月上旬成熟，为晚熟不落果的津轻。

（4）乔纳金。美国三倍体品种。树势中庸，萌芽、成枝力均较强，进入结果期早，以中、短枝结果为主，有腋花芽结果习性，丰产稳产。果实圆形或短圆锥形，个大，单果重300g左右，果面鲜红，果肉淡黄，肉质细脆，果汁多，甜酸适口。9月中、下旬成熟。新乔纳金和红乔纳金是乔纳金的着色系枝变，主要是果实着色面大而更艳丽，其他性状与乔纳金相同。

（5）弘前富士。日本青森县从富士苗木中选出的极早熟富士。单果重350～450g，果面呈条状浓红，不需要套袋。糖度15°，多汁，肉质同富士。9月上、中旬采收。

（6）红王将。又叫红将军。为早生富士的着色系芽变，果实全面浓红色，无明显条纹，其他性状与早生富士无异。最近又从红将军中选出了富士王，单果重400～600g，比红将军提早10d成熟。

3. 晚熟品种

（1）富士系。富士是日本用国光×元帅杂交而成。萌芽率高，成枝力强。3年生开始结果，座果率高。单果重200～250g，汁多，酸甜可口，品质极佳。10月下旬成熟，极耐贮藏。抗寒性稍差。红富士是富士着色系芽变的俗称，按着色状况分为两个品系，片红为着色1系，条红为着色2系。目前红富士家族已有60多个成员，引入我国的主要有长富1，长富2，秋富1，岩富10，青富13，盛放1、2、3号，短枝富士等十几个品系。

●长富1　片红，果实个大，扁圆形，平均单果重300g，最大600g，果面浓红，肉脆多汁，味甘甜，食之爽口。

●长富2　单果重300～350g，果实长圆形，高桩，果肉黄白色，多汁，甜度大，口味好，浓条红色。树姿开张，易丰产。

●2001　又叫21世纪，鲜艳条红，着色好，果个大，平均单果重300～400g，果实长圆形。10月下旬成熟，丰产。

（2）国光系。国光是抗寒性较强的一个晚熟主栽品种，在长城沿线以南地区已逐渐被富士替代。幼树生长旺盛，萌芽率低，成枝力低，基部易出现光腿。结果晚，寿命长。座果率高，丰产。果扁圆形，平均单果重130g。肉细脆、多汁，酸甜适度。果实极耐贮藏。10月上、中旬成熟。已经从国光中选出了浓红色的国光，如新国光、红国光等，还选出了短枝型国光。

（3）斗南。日本从麻黑7号实生苗中选出。果实圆锥形，果重360～500g，果实全面鲜红色，不需要套袋，果形正，果肉黄白色，在晚熟品种中风味极佳。10月中旬成熟，可贮藏到翌年4月。

三、生物学特性

（一）生态习性

影响苹果生长发育的主要气候条件是气温，其次是降水、日照以及风等。

1. 气温

一般认为年平均温度在7.5～14℃的地区，都可以栽培苹果。冬季气温在－30℃以下大苹果便会发生严重冻害，－35℃便会冻死，小苹果可以抗－40℃的低温。冬季最冷月平均气温在－10～10℃之间，才能满足苹果对低温的要求。春季平均气温3℃以上，地上部即开始活动，8℃左右开始生长，15℃以上生长最旺盛。整个生长期（4～10月）平均气温在12～18℃，夏季（6～8月）平均气温18～24℃，最适合苹果的生长。夏季温度过高，平均温度在26℃以上，苹果花芽分化不良。

2. 水分

苹果在生长期每平方米约需0.18t水，折合降水量为180mm。一般果树实际能利用的水量约为自然降水量的1/3，生长期有540 mm的降水量就够用。

3. 日照

苹果是喜光树种，光照充足条件下才能生长正常。据测定，山东泰安的金冠、红星，光照补偿点为600～800Lx，饱和点在3 500～4 500Lx。在此范围内随光照强度增加，光合作用也加强。

4. 土壤

苹果需要土层深厚，排水良好，含充足有机质，微酸性到中性，通气良好的土壤。平原以及滨海盐碱地，地下水位必需在1～1.5 m以下。土壤中空气含氧在10%以上，苹果才能正常生长。苹果喜微酸性到中性土壤（pH值5.5～6.7），pH值4.0以下生长不良，pH值7.8以上常有严重的失绿现象。苹果对耐盐性不高，氯化盐在0.13%以下苹果生长正常，0.28%以上严重受害。

（二）生长发育

1. 根系生长

大多数苹果树的根系属于实生根系。一般苹果根系的水平分布，约为冠幅的2～3倍，吸收根的主要分布范围略大于冠幅。苹果根系的垂直分布最深可达13m，通常吸收根的主要分布20～100cm深的土层内，矮化砧根系的主要吸收根集中分布于15～40cm深的土层内。苹果根系没有自然休眠。苹果初结果期树的根系，一年内有3次生长高峰：3月上旬到4月中旬为第一次根系生长高峰。从新梢基本停止生长，到果实加速生长（6月底至7月初）出现第二次根系生长高峰。自9月上旬至11月下旬，由于果实采收，叶片制造的养分回流积累，根系得到的养分增多，出现第三次生长高峰。12月下旬土温降至0℃时，根系停止生长，进入被迫休眠。

苹果根系生长适宜的温度为7～20℃，低于0℃或高于30℃，根系停止生长；最适根系生长的土壤湿度为田间最大持水量的60%～80%。土壤空气氧含量在10%以上时根系能正常生长；15%以上时有利于新根的发生。最适宜根系生长pH值为5.7～7.0。

2. 芽的生长

苹果的花芽多为顶花芽，着生于中短枝的顶端，芽体肥大而饱满，外表色泽鲜亮。苹果的叶芽芽体瘦小，外表暗而无光。苹果的腋花芽，多着生于一年生壮枝的中、上部，芽体呈豆状，饱满而突出。苹果的花芽为混合芽。

一般饱满的苹果叶芽常有鳞片6~7片，内生雏梢7~8节。苹果侧芽鳞片内有3个生长点，中间最大的叫主芽，两边的小生长点叫副芽；通常主芽萌发，副芽成为潜伏芽。苹果潜伏芽的寿命可达十几年至几十年。

苹果叶芽萌发所需的日均温度为10℃左右。

3. 叶和叶幕

一般芽内雏梢分化的叶片叶形小，节间短，新梢上第7~8节的叶片可达到正常标准叶片的大小。

一般苹果的叶幕层厚度以不超过40cm为宜，层间距以大于60cm为好。苹果园的叶面积指数一般以2~4为宜，矮化密植的小些，稀植的大些。

4. 新梢的生长

一般幼树和初果期树，新梢生长强度大，可达80~120cm，盛果期树生长强度较小，约为30~60cm。新梢一年中有两次明显的生长高峰，第一次生长形成的枝段称为春梢，春梢生长期短，此段枝条也较短；第二次生长形成的枝段称为秋梢，生长量较大。果台顶部的瘪芽有时也可抽生新梢，称为果台副梢，营养条件好的，当年其顶芽就可形成花芽，第二年连续结果。国光的果台副梢有的可连续5~6年结果。

5. 枝

依据枝条作用，可将苹果的枝条分为营养枝、育花枝、结果枝三类。营养枝是指只着生枝叶的枝条，包括叶丛枝、生长枝、徒长枝、细弱枝等。是为树体及开花结果提供营养的。育花枝是指当年可形成花芽，翌年形成结果枝的枝条，多数是营养充足的短枝或者中枝，有的也称其为发育枝。结果枝是指当年开花结果的枝条。苹果的结果枝分为长果枝（≥15cm）、中果枝（5~15cm）、短果枝（≤5cm）以及健壮长枝的腋花芽果枝4类。以中长果枝结果果形端正。

6. 花芽分化

苹果的花芽分化可分为生理分化期、形态分化期和性细胞形成期。苹果花芽的生理分化期为5月中旬至8月下旬，短枝花芽生理分化期（5月下旬）早于中枝和长枝，腋花芽生理分化期最晚。

7. 开花坐果和落花落果

开花：苹果花芽萌发后基部先抽生一段枝叶，其顶部着生花序，每个花序着生5~8朵花，多为5朵。一般中心花较壮，开花早，结果好，边花约比中心花晚开3~5d，腋花芽比顶花芽晚开3~5d。当日平均温度达到15℃以上时，多数苹果品种相继开花，17~18℃为开花最适温度。通常，早开的花质量高，座果率高，果实大；授粉受精和结实：苹果花粉萌发和花粉管伸长的适宜温度是10~25℃。苹果花粉落到柱头上后，在常温下花粉管需要48~72h（个别需要120h）才能通过花柱到达胚囊，温度适宜时，24h即可到达胚囊。花期遇－1.7℃左右的低温，花器便会遭受冻害；苹果为虫媒花，开花期间遇阴雨低温天气，蜜蜂等传粉昆虫活动减弱，会影响授粉受精过程；落花落果：苹果开花后，有一次落花和两次落果。落花出现在谢花期，整个花器官脱落。落花的主要原因是花器发育不完全或未授粉受精。在谢花后2周幼果纵径1cm左右时，出现第一次落果高峰，主要原因是授粉受精不充分或营养缺乏。谢花后6周左右（幼果纵径达1.5~2cm），出现第二次落果高峰（又称六月落果），此次落果的主要原因是贮藏营养不足，新梢生长过旺以及光照条件差所致。

8. 果实的生长与成熟

苹果果实的发育可以分为幼果期、色泽变化期和成熟期3个时期。幼果期：果实发育大小的关键时期，是决定果实细胞数目的重要时期。色泽变化期：果实发育到正常大小，开始出现固有色泽的时期，此期主要是细胞体积的增大和内含物的积累转化，是决定果实最终大小的重要时期。此期较大的昼夜温差有利于果实膨大和着色。果实成熟期：包括采收成熟期和自然成熟期，采收成熟期是指果实可供食用，耐贮藏，符合商品要求的发育时期，一般早于自然成熟期；自然成熟期是指果实和种子均充分成熟的时期。

9. 落叶和休眠

当昼夜平均温度低于15℃，日照时数缩短到12h以下，即开始准备落叶。华北及其以北大部分苹果产区11月中下旬落叶，然后进入休眠期。前期为自然休眠期，一般为60~70d，或是日均7℃以下达到1 400h。此后进入被迫休眠期。

四、栽培技术

（一）苗木繁殖

1. 育苗地的准备

苹果育苗地要选择地势平坦、水源方便、排水良好、背风向阳、土层肥沃的壤土或砂壤土。播种前要精细整地，每公顷施有机肥75~150t，并混入

750～1 500kg 过磷酸钙，深翻 20～30cm，精细耙盖后，整成宽 1～1.2m、长 10m 左右的平畦，畦埂宽 15～20cm，高 20cm。

2. 砧木苗的培育

（1）播种。播种时期分春播和秋播。目前华北以北地区生产中大都采用春播，即在 3～4 月土壤解冻后播种。播种方法一般采用条播。行距 25～30cm，每畦 4～5 行。播种后盖上地膜便可。如无地膜，也可上盖麦糠等保湿。播种量一般每公顷用八棱海棠 30～37.5kg，用山定子 22.5～30kg。

（2）砧木苗的管理。播种后至幼苗 2～3 片真叶，不要大水漫灌，如土壤过分干旱，可在傍晚时喷水增墒。当幼苗 4～5 片真叶时按株距 6～8cm 定苗。

苗木 6～7 片真叶后，可结合浇水，追施少量氮肥，每畦 50～80g 尿素即可，以后每 20d 左右追肥 1 次。到 7 月下旬以后，不再施用尿素。此外，可每 10d 左右喷肥 1 次。

3. 嫁接苗的培育

（1）砧木种类。苹果栽培常用的乔化砧木有山定子、八棱海棠等。在当前发展矮密栽培时，使用矮化砧更适宜。苹果矮化砧的主要类型有：

● 国内种类　国内发现的苹果矮化砧有崂山柰子、武乡海棠、陇东海棠等，其中崂山柰子矮化效果好，树势中庸，直立性强，须根较少，耐瘠薄。此外，山西省果树研究所培育的 S 系、SH 系，吉林农业大学培育的 63-2-19 等，都有矮化作用。

● 国外种类　国外应用的矮化砧木主要有英国东茂林试验场的 M 系和 MM 系、波兰的 P 系、美国的 CG 系和 MAC 系、加拿大的渥太华系等。

（2）苗木嫁接。乔化砧苗。嫁接可在春、夏、秋 3 个季节进行。一般是在育砧木苗的当年，当砧苗地径达 0.4cm 以上时，进行 T 字形芽接。如苗木生长较弱或上次芽接未活，到 8 月中、下旬才芽接时，因砧木和接穗均已不离皮，便要采用带木质芽接。当年夏、秋芽接未活，到翌年春天补接时，采用枝接法中的腹切接或者插皮接。矮化自根砧苗。用压条、扦插等无性繁殖方法繁殖矮化砧木，然后在矮化砧木上芽接或枝接所需品种。一般嫁接部位要适当提高，离开地面在 15cm 以上。矮化中间砧苗。以实生乔化砧木作基砧，在距地面 10～15cm 处芽接矮化中间砧接芽，在距地面 30～40cm 处嫁接所需品种的接芽。第二年春，在品种接芽上方 1cm 处剪砧，并在中间砧接芽上方刻芽，夏季将中间砧新梢靠接在栽培品种新梢上，秋季落叶后将中间砧与品种接芽间的乔化砧段去掉，即育成矮化中间砧苗。

4. 无病毒苗木的培育

无病毒苗木繁育体系由原种圃、采穗圃和专业苗圃三部分组成。

（1）原种圃。原种圃的任务是培育、引进无病毒原种，并对原种进行保存和病毒检测，向采穗圃提供母本树，定期对采穗圃的母本树进行病毒检测。原种的保存有田间保存和试管保存两种形式。田间保存时，圃地应距苹果园 50m、梨园 100m 以上。

（2）采穗圃。采穗圃的任务是向专业苗圃提供无病毒的品种接穗和无病毒的无性系砧木苗。采穗圃的繁殖材料必须来自原种圃。凡是准备建立采穗圃的单位，应向省主管部门申请，按有关规定核发生产许可证。

（3）专业苗圃。任务是繁殖正常用于生产的无病毒苗木，其接穗和无性系砧木必须来自于采穗圃。无病毒苗木的生产应持有无病毒苗木生产许可证。

（二）造林

1. 建园

（1）园地选择。苹果是根系较深、需水较多的水果树种，建园时应选土层深厚、土质比较肥沃、能灌能排的地块，以壤土或砂壤土为最好。山间凹地及低洼地，冬春夜间易聚集冷空气，使果树受冻，不宜建园。苹果建园不能连作。

（2）果园规划。苹果园一般园地占 90%，防护林占 5%，道路占 3%，排灌系统占 1%，建筑物占 0.5%，其他占 0.5%。

● 道路　大型果园要每 80～100m 设一条 6～8m 宽的主路和支路，连成网格。

● 防护林　果园四周要建立防护林，一般要乔灌结合乔木林要 2～3 行，灌木林 3～4 行。

● 行向　平原地块以南北行向为宜，山地沿等高线栽植。

（3）栽植

● 品种选择与授粉树的配置　建园时应以优质、丰产、耐贮、晚熟而又适于本地生长的品种作主栽品种，适当配置中、早熟品种。多数苹果品种自花结实率很低，一般每隔 4～5 行栽 1 行或隔 4～5 株栽 1 株授粉树。也可等量带状配置。

● 栽植方式与密度　平地栽植以长方形为主。山地沿等高线栽植。一般中冠果园株行距为 3～

4m×5~6m，山地可密些，肥沃平地可稀些。小冠密植果园株行距为1.5~3m×3~5m，短枝型品种或矮化砧、矮化中间砧苗木可适当密些，乔化砧苗木可稀些，技术水平高的可密些，瘠薄地可密些。

● 栽植时期 中南部可以秋栽，寒冷地区应春栽。从外地远途购苗的最好秋栽，就近移栽的可以春栽，水源条件好的可春栽。

● 栽植方法 栽前要结合整地改良土壤。栽植时，在定植点上挖30㎝见方的植穴，底部可施入少量腐熟有机肥，与土混匀后，浇水5~10kg，待水基本渗下后，将苗放入植穴中，使其根系舒展，填土至根颈处，轻轻踏踩，再覆上一层土。再盖上一块$1m^2$的地膜。

● 栽后管理 定干：在春季发芽前按整形要求留90~110cm定干，并留40cm的饱满芽整形带，矮密栽培的定干高度高，中大冠栽培的定干低些；去土：春季发芽前，对冬季防寒所埋的土，要及时扒除，不要过晚，否则易造成伤芽；补水：为确保成活，对春栽后不覆膜的地块，要在栽后半月内再灌一次水。水渗下后再覆土3~5cm，以利保墒。

2. 土肥水管理

（1）土壤管理。从建园开始，要在每年秋季果实采收后，结合施有机肥，进行开沟扩穴，改良土壤，直至全园翻通为止。在麦后或秋后，用秸秆覆盖树盘，经1年的日晒雨淋后，挖沟埋入土中，然后再盖。生长季节要进行多次中耕除草。栽植苹果树后的前几年，为了提高土地利用率，在不影响幼树生长的基本前提下，可以间作矮秆农作物，如豆类、花生等。最好不要间作秋菜，以免后期浇水过多或引起大绿浮尘子危害而造成冬季抽条。

（2）施肥。基肥一般于果实采收后施入，越早越好，但不宜早于秋梢停长。基肥以有机肥为主，配合施用适量的复合肥及速效肥。一般幼树株施土杂肥50~100kg，盛果期树土杂肥施用量为产量的2倍。同时每株幼树可混入过磷酸钙1~2kg，盛果期树3~4kg。施肥方法可采用株间与行间轮替开沟的方法；生长期追肥一般每年进行3次，即花前、幼果期、果实膨大期。追肥施用方法多采用放射状浅沟施，施后立即覆土。追肥后要结合灌水；叶面喷肥在整个生长季节均可进行，应选湿润无风的天气，在上午10：00以前或下午16：00以后喷施，要避免在过干天气及中午高温时喷肥，否则会因肥料浓缩过快而灼伤叶片。喷肥时要先在容器中将肥料溶解后，再往喷雾器中配，以充分混匀。

（3）灌水与排水。苹果是需水较多的水果，尤其是春季枝条生长、开花坐果等物候交叉期，需水最多。一般情况下，北方的苹果园全年至少要灌3~4次水，即春季萌芽前、花后半月、果实膨大期及封冻前各灌1次水。但要注意，一般果园在花期不要灌水。

山地果园与低洼果园，要随时做好排水防涝工作，以防冲毁梯田或树下积水。

五、整形修剪

目前整形修剪的总趋势是低干矮冠、轻剪长放、冬轻夏重。

1. 冬季修剪方法

苹果的冬季修剪多在冬季落叶后至春季萌芽前的休眠期内进行。其方法除短截、回缩、疏枝、缓放之外，还有一些方法。

（1）戴帽。在春秋梢交界处或在1~2年生枝的交界处剪截，叫戴帽。在正盲节或轮痕上剪截，剪口附近无瘪芽的，叫戴死帽，可以促使下部枝条萌发短枝，形成花芽。对成枝力较强的品种，在盲节或轮痕以上留1~2个瘪芽进行剪截，叫戴活帽。此种剪法，可使盲节或轮痕下部形成较多的短枝，并形成花芽，而剪口下的瘪芽可抽生1~2根中、长枝，冬剪时可再去除。此法可用于中小枝组的培养。

（2）刻伤。在春季发芽前，用刀横切枝条的皮层，深达木质部，称刻伤或目伤。在枝或芽的上方刻伤，有利于芽的萌发，并形成较好的中、长枝。

（3）开角。对过于直立的枝条，在冬剪时，要采取用支棍支或用绳拉的方法，开张枝条角度，一般主枝开张到60°~70°，辅养枝开张到80°~85°。

（4）破花芽。对花芽过多的枝组，在花芽上部1/3处剪去顶部，称破花芽。破过的花芽，萌芽后不再开花，可很快抽出副梢，多数能形成花芽，翌年开花结果，这叫以花换花。

（5）破台。对已结过果的中、长果枝，在果台处剪截，称破台。其修剪反应与戴帽相近。

2. 夏季修剪方法

在春、夏、秋整个生长季节进行的修剪，统称为夏季修剪，简称夏剪。其主要方法有：

（1）花前复剪。从萌芽到开花前进行的修剪称花前复剪。对花量过多的树或枝，破顶或去蕾，或尽早剪除部分花芽，回缩串花枝，调整花量；对冬剪时认不准花而错留的过密枝、细小枝及遮光大枝，可按要求重新处置。

（2）除萌与抹芽。在苹果发芽后把无用的芽去掉叫抹芽，萌发生长成嫩梢后掰掉叫除萌。

（3）摘心。在生长期间，去掉部分嫩梢称摘心，它可促进二次梢的发生，增加分枝数。

（4）扭梢和拿枝。扭梢是在5月上、中旬，将直立生长达25cm左右的新梢，在半木质化部位（约在基部10~15cm处，表皮已有暗红色条纹）扭伤旋转一定角度。扭梢在多数品种上当年可促进成花，富士扭梢后有的翌年才成花。拿枝是用手将直立2年生以上旺枝，自基部向上，逐段折弯，伤及木质部，发出"咔咔"的响声，使其响而不断，改变生长方向。拿枝可缓和生长势，促进中短枝的形成和花芽的分化。

（5）环剥与环割。在大枝基部环剥时，要留出基部15~20cm，以便剥口前部削弱后及时更新。环剥或环割要因品种不同而区别使用，一般元帅系品种不宜环剥，环割也不要超过二道。富士生长强旺，幼树期则需连年环剥。与环剥性质相近的尚有主干大扒皮，即将多年生主干上的皮层，扒去15~20cm宽的一段，以缓和树势，促进坐果或成花。

3. 常用丰产树形

苹果丰产树形的树体结构应当是低干矮冠、树形开张；大枝少小枝多，通风透光；枝量充足，分布合理。目前生产中常用的丰产树形主要有：

（1）自由纺锤形。这种树形干高50~70cm，树高2.5~3.0m，中心干强壮而直立，全树有小主枝10~12个，每隔20~30cm在中心干上单个排列，小主枝上一般无侧枝，同一方向的小主枝间隔60cm以上，基部主枝呈80°，向上依次递减。小主枝单轴延伸，其上直接着生小型枝组。下部小主枝较大、上部小主枝较小，整个树体呈圆锥状。这种树形，树冠丰满紧凑，通透性好，适用于矮化密植果园，有利于早期优质丰产。在我国还有它的改良形式即改良纺锤形、细长纺锤形和圆锥形等。

（2）基部三主枝小冠半圆形。这种树形干高50cm左右，邻接培养3个主枝，各配2个侧枝，主枝角度60°~70°，侧枝70°~75°。第二层主枝距第一层1.2~1.4m，留2个小主枝，不留侧枝，其上中心干形成三杈枝，最后落头，剩下5个主枝。此树形适用于中冠树。

4. 不同树形的整形修剪技术要点

（1）自由纺锤形

● 第一年的修剪　定干。定植后，距地面100~120cm处定干。生长季节修剪。及时抹除树干上距地面50cm以下的萌芽；在上部选一粗壮、直立的壮梢培养为中心干；对竞争梢用疏除或扭梢等方法进行控制，其他新梢在8月下旬拿枝软化，使角度达80°~90°。休眠期修剪。抽生长枝多的树休眠期修剪时疏除主干上距地面50cm以下的枝条及上部的过密枝；选留5~8个长势均衡、方位较好的枝条缓放不短截；中心干延长枝选饱满芽轻短截，长势弱的换头，用下部竞争枝代替。抽生长枝少的树中心干延长枝在饱满芽处中短截，疏除竞争枝，其他枝留基部瘪芽极重短截。

● 第二年的修剪　生长季节修剪：对上年留有主枝的树，发芽前后在中心干上选方位适宜的饱满芽刻伤，主枝进行多道环刻或多刻侧芽，促发新梢；6月份对主枝上的直立梢进行扭梢，过密梢疏除，并在主枝的基部进行环剥或环割促进成花；9月拉枝，使选留的主枝处于近水平状态；对中心干上发出的新梢拿枝软化，使之平生。休眠期修剪：主枝继续缓放，其上的直立枝、过密枝适当疏间，两侧生长过旺的1年生枝疏除或极重短截；中心干延长枝留饱满芽轻短截。

● 第三年的修剪　生长季节修剪：参见第二年树修剪。休眠期修剪：在中心干上继续选留3~5个主枝。注意平衡树势，疏除过粗枝和竞争枝；此期树高已达3m，中心干延长枝不再短截。

● 第四年的修剪　生长季节修剪：发芽前后在中心干延长枝上选方位、位置适宜的饱满芽目伤，培养上部主枝，并对所有长放枝进行多道环刻或刻芽；5~6月控制直立枝、过密枝、竞争枝的生长；5月下旬至7月下旬根据品种、砧木种类、树势不同在主枝上环剥1次或2次（间隔25d）；9月上旬对当年选留主枝拉枝开角。休眠期修剪：与第三年树基本相同，注意调整过密的主枝，对主枝上的中庸枝甩放，培养小型结果枝组。

● 第五年及盛果期的修剪　生长季节修剪：参见第三、四年树的管理。休眠期修剪：注意调整树体结构和群体结构；株间交叉控制在10%以内；控制枝叶量，在夏季中午树冠投影范围内的地面上有均匀的光斑，树冠透光率达30%；调节生长和结果的矛盾，发育枝与结果枝比例保持在3~5∶1；注意长放枝组的回缩更新，衰弱枝组应回缩到壮枝、壮芽处，促发新枝后去弱留壮。

(2) 改良纺锤形

●第一年的修剪　苗木定植后，在 90 ~ 110cm 的饱满芽处定干，发芽前在距地面 50 ~ 70cm 对 3 ~ 4 个方位好的芽（2 个向行间、1 ~ 2 个向行内）进行刻芽，促其萌发，将来形成基部一层小主枝，再向上每隔 20cm 左右插第一层主枝的空刻一个芽，增加枝量。

定植优质壮苗，当年一般可抽生 7 ~ 9 个长枝。8 月份选择 6 ~ 7 个方位角好、生长健壮的枝条作为小主枝，揉开其基角，使呈 65° ~ 70°，其余枝除留一个作中心干外，全部拿成 80° ~ 85°。如果定植的苗木较弱或肥水条件差时，当年只抽生出 2 ~ 3 个枝条，除留一个作中心干外，于 8 月份将其他枝条的基角揉成 60° ~ 70°。

冬剪时对于秋季选好的 5 ~ 7 个小主枝，长度在 100cm 以上的一律采用缓放处理，对不足 80cm 的小主枝，采用超重短截的方法，在其基部留 1 ~ 2 个芽剪去，促发长枝。短截时，剪口芽留背后芽，第二芽留侧生芽，第二芽如为背上芽时应予抹除。中心干留 70 ~ 90cm 短截，并定向、定位刻芽，促发枝条。对于只能选出 1 ~ 2 个主枝的，所选主枝一律在基部 1 ~ 2 芽处进行短截，中心干剪留 80cm 左右按定干进行处理，注意在缺少主枝的方向刻芽。

●第二年的修剪　5 月上、中旬，对主枝和上年拿成近水平的辅养枝背上抽生的直立枝条，采取扭梢、留莲座叶疏除、摘心，培养成小型结果枝组。8 月中、下旬，对中心干上抽生的当年生长梢，除留最上一个作中心干外，全部拿成 75° ~ 80°。适当疏除内膛萌发的过密枝，改善冠内通风透光条件。

冬剪时，所有长度在 80cm 以上的小主枝一律缓放，长度不足 80cm 的小主枝一律超重短截。中心干留 60 ~ 80cm 短截，并进行定位刻芽，促发长枝。适当疏除中心干上过密、过旺、过大及对生的枝条，疏除辅养枝上过旺的枝条。

●第三年的修剪　春季发芽前，将主枝的腰角调整到 70°左右。5 月上、中旬，对结果枝组上萌发的直立长梢，1/2 的扭梢，1/2 的留莲座叶疏除。当每公顷的干周达 300m、总枝量达 45 万、覆盖率达 40% 以上时，应及时采取主枝环剥（割）等促花措施，于 5 月上旬对主枝环剥，剥口宽 5 ~ 10mm，环割时两切口相距 3 ~ 5cm。

冬剪时，轻剪基部主枝的延长枝头，即在主枝枝头顶端的半饱满芽段短截，并注意将其角度调整至 70° ~ 80°。对中心干留 60 ~ 70cm 短截。适当疏除中心干上部的过密枝，严格控制拿平小主枝背上的旺枝，使其保持单轴延伸。

●第四年的修剪　发芽前，对于生长过大或严重影响骨干枝生长的裙枝和结果枝组，在没有花或花极少的情况下，可适当回缩或者疏除；对于串花枝，可根据枝势在适当位置齐花剪。

5 月上、中旬，对各级结果枝组背上的直立旺梢，继续采用扭、疏、拿等方法及早控制，保持结果枝组的单轴延伸。如树体生长过旺时，应于 5 月下旬再次对主枝进行环剥或环割。

冬剪时，疏除过大、过粗、过密的辅养枝及裙枝，改善树冠内的通风透光条件。通过对中庸枝条破顶，成花后回缩，或对中庸枝戴帽短截，培养中小型结果枝组。对中心干继续留 60cm 短截。

●第五至第七年的修剪　通过 4 年的修剪，树体已基本成形，在加强夏剪的同时，冬剪重点搞好枝组的修剪和整理工作，维持健壮的树势和连年结果。当树高达 2.5m 以上时，对中心干缓放，促发短枝，成花结果，以果压势，然后落头回缩。

5. 树高与冠幅的确定与控制

(1) 树高。树体高度的确定与树形、密度及品种等因素有关，一般树高相当于行距的 2/3。树高还与树形有关，如采用主干疏层形，树高至少保持 3.5m 以上；而采用半圆形时，树高则至少保持 3.0m 以上；采用自由纺锤形或改良纺锤形时，树高甚至可保持在 2 ~ 2.5m。

(2) 冠幅。一般在现代栽培中，不再注重单株冠幅，而是特别注重群体结构，将一行作为一个整体看待，要求行内枝条均匀，通风透光，而行间一定要有适当的空间，一般中冠园行间要留出 1m 左右的空间，密植园留 50 ~ 70cm。

6. 盛果期树的修剪

此期是苹果树大量结果的时期，管理不当易发生大小年结果现象，同时大量结果易使树体衰弱。此期修剪的主要任务有四点：保持骨干枝间的平衡，称为平衡树势；保持枝组内的生长势，称为枝组复壮；调节树体的负载量，使其连年丰产，称为合理负载；及时处理辅养枝，使树体结构趋于稳定，通透性良好，称为调整结构。

盛果期树，要根据树势情况确定合理的负载量，通过花前复剪、疏花疏果等措施，严格控制，一般品种每公顷产量控制在 22.5 ~ 30t，尤其是大年树，要狠抓疏花疏果，坚决不超载，以维持连年丰产。一般大果型品种枝果比3～5∶1，叶果比50～70∶1，小果型品种枝果比2～3∶1，叶果比40～50∶1。

7. 不同品种的修剪特点

（1）富士系。富士系幼树生长旺盛，干性较强，骨干枝开张。对修剪反应敏感，萌芽率高且成枝力极强，枝头中截后能抽生5～6个中、长枝。易成花，有腋花芽结果习性，丰产性较好。初果期以中、长果枝结果为主，大量结果后以中、短果枝结果为主；座果率高，果台抽生副梢能力强，但连续结果能力低，易出现大小年结果现象。

幼树以轻剪为主，除短截中心干延长枝外，基本不短截，缓放平斜枝及下垂枝，及时调整骨干枝及其他枝条的角度。在生长期，采取刻芽、环剥、拉枝、扭梢、摘心等措施，促进成花结果。盛果期要及时回缩下垂枝组及细弱枝，复壮更新枝组，剪截中、长果枝，合理疏花疏果，以取得连年优质丰产。培养枝组要先缓后缩，一般结果后可见果台回缩，弱枝可见花回缩，对中庸枝也可戴帽修剪。

（2）短枝型苹果品种。多数短枝型品种枝条直立，树冠抱拢而紧凑，树体矮化，适于密植栽培。萌芽率高，栽植的前一、二年成枝力中等，结果后成枝力很低。以培养矮冠树形为宜，如纺锤形、圆柱形等，栽植后要连续重截修剪2～3年，促发长枝，尽快形成树冠，并注意开张骨干枝的角度。基本成形后，全树缓放，促进成花结果。结果后注意防止树冠郁闭，疏除背上直立枝、重叠枝、交叉枝。适当回缩长放枝和过长的骨干枝，培养中小型枝组。盛果期要注意控制产量，疏除过多的花芽或花序，避免出现大小年结果现象。

六、花果管理

1. 保花保果

苹果谢花后3～4d，有一次落花，7～10d有一次生理落果，20～30d出现第二次生理落果，出现落花落果的主要原因是授粉受精不良和营养竞争。因此，要采取适当的措施保花保果。

（1）人工授粉。苹果绝大部分品种自花授粉能力差，因此，在授粉树配置不当、品种单一或花期天气不良的情况下，要进行人工辅助授粉。

采集花粉：选好适宜的授粉品种。当授粉品种花朵待放或初放时，将花朵从树上采下，拿到室内平摊于纸上，阴干1～2d后，用手搓掉花粉及花药，去除花瓣等杂物后，将花粉用瓶装好，放干燥处备用。授粉方法：一般在盛花初期，即有25%以上的花朵开放时，授粉最佳。一般采用人工点授法。即：将采好的花粉混入3～5倍的滑石粉或淀粉，混匀后装入小瓶，用毛笔或带橡皮头的铁丝蘸取花粉逐朵花点授。授粉树较多时也可采用毛巾棒授粉，即：在长竿先端绑一内装麦秸的毛巾筒，制成毛巾棒。授粉时，先在授粉品种树开始散粉的花序上滚动，蘸满花粉后再到需授粉树的初开花花序上滚动。

（2）放蜂授粉。每公顷放1.5箱蜜蜂，或750只蜜蜂于开花前2～3d置苹果园中间。

（3）叶面喷肥。花期喷施0.3%硼砂溶液、花前花后喷施0.5%尿素水溶液等，均能提高座果率。

（4）果实套袋。套袋可防止病虫危害，使果面光滑、洁净、着色好。黄、绿品种用黄、白色单层药袋；红色品种可用单层果实袋和双层果实袋。

2. 疏花疏果

（1）人工疏花疏果。疏花：从露蕾后至盛花期均可进行疏花，最好的时期是花序分离期。一般间隔一定距离留一花序，大型果可间隔远些20～25cm，小型果则可近些15～20cm；树势强旺的可近些，衰弱的可远些。在所留的花序上，一般大型果留2～3朵花，小型果留3～4朵花。疏花朵时，要尽量保留中心花，疏除边花。疏果：未进行疏花或只疏花序的树，最好进行两次疏果，在花后7～10d，幼果子房膨大期进行间果，疏去过密果和过弱果，然后于花后1个月进行定果。定果方法很多，一种是简便易行的等距离留果法，即根据果型、品种、树势等，每隔一定距离留1～2个果。一般小果型品种每15～20cm留1～2个果，大型果则每隔20～25cm留1～2个果，多数留单果。另一种定果方法是看副梢定果，即有强旺果台副梢和中等副梢的大型果留单果，小型果留双果；有短小副梢的大型果不留果，小型果留单果。

（2）化学疏花疏果。化学疏花疏果的优点是省工、省时、工效快、成本低；缺点是受气候因素、树体状况、品种等的影响，效果不太稳定，必须要反复试验后再用。石硫合剂：一种疏花剂，作用是将未受精的柱头灼烧变褐，使其不再受精。国光上应用较多，一般用1～1.5波美度石硫合剂在盛花后2～3d喷1次即可。用它疏花安全稳定，无药害。萘乙酸和萘乙酰胺：主要用于疏果。多在幼果直径1.0～1.3cm时喷布，浓度为萘乙酸5～10mg·L^{-1}，萘乙酸胺 25～50mg·L^{-1}，元帅系品种最好不用。

3. 提高果实品质

（1）套袋。套袋后果面洁净光滑，无药迹锈斑，着色好，外观美，商品价值高。此外，还可防止病虫危害。

（2）摘叶转果。套袋果去袋后，为促进果实着色，要及时摘除果实周围的遮光叶及贴果叶，使60%以上的果面受到直射光的照射。摘叶时保留叶柄，摘叶量控制在总叶量30%以下。并且每7～10d转动果实1次，使其全面着色。

（3）铺设反光膜。在果实成熟前一个月，在树下沿行向于树冠外缘向内，在地面上铺银灰色反光膜，可增加果园散射光的强度，促进果实着色良好。

七、采收与加工利用

1. 采收

根据不同需要，当果实达到相应最佳成熟度时采收，过早或过晚都会影响果实质量。果实达到品种固有的色泽和风味时为采收适期。采收摘果时要带果柄或用特殊工具剪断果柄，轻拿轻放，保证果实无损伤；采果时，按先冠外、后冠内，先下层、后上层的顺序进行。

2. 加工利用

（1）制作苹果酱。选用新鲜、无病虫、不腐烂、充分成熟的苹果洗净，用不锈钢刀去皮、去心，切成小块，加入原料重 1/5～1/4 的清水，在不锈钢锅内加热煮沸20～30min，边煮边搅，以免焦糊，使果肉充分软化。然后每100kg果肉加50～60kg白砂糖的比例加糖浓缩，用文火加热，浓缩至固形物的68%左右，即可出锅、装罐，密封后置于沸水中杀菌20～30min，自然冷却即可。

（2）制作苹果干

非膨松型苹果干：选用含糖量高、肉质致密、皮薄、含单宁少、干物质含量高、果个中等大小、充分成熟的苹果，作制干原料。剔除烂果后用清水洗净，然后用不锈钢刀或去皮机去皮，对半切开、去心，横切成10～15mm的薄片，然后用0.5%的亚硫酸氢钠溶液浸泡5～8min. 然后捞出沥水进行熏硫处理，即按每100kg苹果片用0.2～0.4kg硫磺，熏15～30min。硫处理可以加快干燥速度。苹果片经硫处理后即可装盘，单位面积装载量为4～5 kg·m^{-2}。在烤房或烘干机内开始时用70～75℃的温度，以后逐渐降至50～55℃，干燥时间约为5～6h，干燥率为6～8∶1。为使各部分含水量均匀，质地柔软，便于包装，可在贮藏室的密闭容器内堆放15～20d。

膨化苹果干：膨化苹果干是一种膨松型苹果干制品。其主要工艺流程为原料→去皮→去心→切片→护色→干燥→膨化→包装。

先将苹果片干燥至含水量为20%～30%，然后将其放入一个密闭的容器内加热5～6min后，迅速将容器的闷门打开，苹果片内的水分骤然排出，形成多孔组织（和爆米花的原理相同）。膨化后再进一步干燥，使成品的含水率降至4%～5%。为了减少成品的体积，便于包装，可在膨化后将产品压成饼，再进行干燥。

（3）制作苹果脆片。苹果脆片加工工艺流程：

原料清洗→去皮→去心→切片→护色→脱水→真空油炸→脱油包装→成品。

苹果脆片的关键加工工艺是真空油炸。油炸时，油温约为90～95℃，真空度约为84～95kPa。经过短时的真空油炸，苹果片的组织膨胀，营养损失少，成品具有酥脆性，并且其复水性良好。油炸后，苹果脆片的含水量在6%以下。包装时一般先将包装袋和成品进行抽空处理，即排出空气，然后充入氮气，以防苹果脆片在存放中吸湿软化。

（4）制作苹果汁。将果实清洗，去皮、去心后，立即浸入1%～2%的食盐水中，然后用清水漂洗1～2次。按100kg苹果块加105kg浓度为10%左右的糖液，加入夹层锅或不锈钢锅内加热预煮10～15min。煮至果块变软，总重量约为190kg时，将果块连同汁液分别用筛板孔径为0.8mm和0.4mm的打浆机各打浆1次。然后根据销售需要用柠檬酸和70%的糖液进行调配，保证原果汁含量不低于45%。然后经真空脱气机在80kPa的真空条件下进行脱气。脱气后，用9.8～11.8MPa的压力进行均质。将均质后的果汁加热至85～90℃后迅速装入消过毒的玻璃罐内，并用封罐机密封。装罐时汁温不低于75℃，趁热将其投入100℃的沸水中煮10min左右，然后将其分别在75℃、55℃、35℃的热水中浸10～15min，使其温度降至37℃左右即可装箱入库。

（5）苹果罐头。取口大、有盖玻璃瓶1个，刷洗干净，放入水中煮沸后捞出，并沥干水待用。将苹果500g洗净，去掉皮、核，放入500g糖水（糖和水的比例为1～2∶10）中，先用旺火煮沸，然后再用温火将苹果肉煮软，趁热装瓶，拧紧盖子即成。

（李保国）

17. 梨

梨是我国栽培历史久、面积大、产量高的主要果树之一。由于梨果质脆、汁多、酸甜适口、多具芳香，适合我国人民的口味，深受人们的欢迎。

梨果含有多种人体所必需的营养成分，据测定，每1kg果肉中含蛋白质1.0g，脂肪1.0g，碳水化合物120g，钙50mg，磷60mg，铁2mg，胡萝卜素0.1mg，硫胺素0.1mg，核黄素0.1mg，维生素C 30mg。

梨树的适应性很强，我国南北各省（自治区、直辖市）都有适宜的栽培品种。与苹果相比梨树对土壤条件要求不苛，不论山地、丘陵、沙荒地、盐碱地还是红黄土壤都能生长结果，只要加强管理，便可获得高产、稳产。梨树在一般栽培管理情况下，每公顷产量可达30t以上，管理水平高的可达45t～60t，最高的甚至超过150t。

我国是世界梨属植物的最主要发源地之一，其中白梨、秋子梨、砂梨、新疆梨等均原产于我国。公元前1 000多年的古籍《诗经》、《秦风》对梨的栽培均有记载，说明我国从那时起已经普遍栽培梨了。公元前100多年的《史记》记载有“淮北荥济河南之间，千树梨”的句子，说明那时已经有较大规模的梨园了。古往今来，各个朝代，我国劳动人民均有栽培梨树的习惯，而且积累了丰富的栽培经验，在品种的选育和栽培技术上也达到了相当高的水平。

梨还是我国出口量最多的一种水果。每年的出口量在16万t左右。梨果在港澳市场上售价一般较苹果高1/3左右，而7～8月份出口的梨果价格常高于苹果的1倍以上。同时，每年还有较多的鲜果出口以东南亚及欧美市场。

新中国成立以来，我国梨果业发展很快，特别是改革开放以来，梨的发展不论是品种选育、栽培技术方面，还是在栽培面积的扩大和产量的提高等方面都得到了飞速的发展。1952年，我国梨的面积只有10.7万hm^2，1982年增至29.6万hm^2，1998年更增加到92.4万hm^2，产量也由建国初期的25万t增加到1998年的727.5万t。2001年全国梨树面积102.6万hm^2，产量880万t，分别占全国水果面积的10.9%，总产量的13.5%；占世界梨果面积的66%，产量的54%。由此可见，我国是世界梨果第一生产大国。

在我国梨果生产中，产量最多的是河北省，年产约255万t，占全国梨果总产量的30.33%，居全国首位。产量在全国前10位依次为河北、山东、湖北、安徽、陕西、辽宁、江苏、四川、河南、甘肃。种植面积最大的省份仍是河北省，面积为21.87万hm^2，其次为辽宁、山东。湖北省梨面积发展迅速，已跃升为第四位。第五至十位的省份依次为陕西、甘肃、四川、云南、吉林、江苏。

一、主要物种

梨在植物分类学上属于蔷薇科（Rosaceae）、梨属（*Pyrus* L.）。全球大约有60种之多。野生于欧、亚及北美三洲（分布于北半球的温带地区），其中野生于前苏联的约有36～40种（主要分布在高加索地区、其次分布在中亚细亚各国）。原产于我国的有14种之多。我国梨属资源十分丰富，人们通常把原产我国的梨属植物称之为东方梨（Oriental Pear）。果树分类学家俞德浚教授根据叶片锯齿情况等，把我国梨属植物分为14个种，分布在全国各地。它们是：秋子梨、白梨、砂梨、麻梨、滇梨、杜梨、褐梨、豆梨、川梨、河北梨、木梨、杏叶梨、新疆梨。引入我国的仅西洋梨一个种。

1. 秋子梨（*P. ussuriensis* Maxim.）

此种野生于我国东北、华北、内蒙古、西北等地，尤以东北与河北、山西北部，甘肃陇中、河西地区，分布最多。在俄罗斯远东地区和朝鲜、日本均有分布。植株高大，高10～15cm，树冠呈广圆锥形。幼龄植株具有很多针刺，皮呈深灰色。叶片卵圆形，具显著的刺毛状齿缘，表面光滑，有光泽。嫩梢及幼叶均多光滑无毛，或初具茸毛后即脱落，绿色，多先花开放。叶片脱落前多为绿黄色，花白色。果实大小及形状不一，多为圆形或扁圆形，着生于短的果梗上，绿色或黄绿色，有的阳面呈浅红色；每花序结果5～8个。该树种是梨属植物中抗寒力最强的种，在落雪稀少的寒冬，可耐－50～－45℃的低温。抗黑星病、腐烂病能力强。适宜于东北及河北等到地栽培。

2. 白梨（*P. bretschneideri* Rehd.）

此种原产我国河北昌黎一带，为一栽培种。以河北、山东、河南、山西、陕西、甘肃以及辽宁绥中、北镇地区栽培最盛。

植株高5～10 m，新梢及幼叶被有浓密土黄色或灰白色茸毛。幼叶及叶片脱落前多为橘红色或暗淡紫红色。叶片多为卵形或阔卵形，基部阔楔形或近圆形和心脏形，边缘具有贴附性刺芒尖锯齿。花较大，花先叶开放。果实圆形或长圆形，黄色，肉质多，细脆多汁，味甜，多较淡，大多无香气。萼片脱落，有的品种心室为4。该树种的抗寒力远不如秋子梨，一般在－25℃的低温下即发生冻害。栽培品种数目很多，达500个以上。

3. 砂梨（*P. pyrifolia*（Burm f.）Nakai）

野生于我国长江流域及珠江流域，四川、湖北、湖南、江西、浙江、福建、广东、广西、云南、贵州均有分布。日本和朝鲜南部亦有分布。

乔木，植株高7～15 m，嫩梢及幼叶初具灰白色茸毛。2年生枝条紫褐色或暗褐色。叶片外形极易与其他种区别。叶片宽大，阔卵形，先端特尖长，基部圆形、广楔形或心脏形，具刺毛状贴附性锐锯齿。花先叶开放，花冠直径3～3.5 cm，花梗长3.5～5cm；花柱5，稀有4。果实近圆形，直径约3cm，褐色、具有灰白色果点，萼片脱落。种子黑褐色，长6～10mm。实生苗发育良好，微有刺枝，分枝少，根系发达。抗高温、抗火疫病能力强，为我国南部及西洋梨的良好砧木。该树种抗寒能力较弱，一般在－25℃的低温下即有冻害发生。栽培品种甚多，估计在400个以上。日本所栽培的梨品种均属于此种。

4. 新疆梨（*P. sinkiangensis* Yü）

本种为栽培种，分布于我国新疆和甘肃河西走廊一带。乔木，植株高达6～9m。小枝紫褐色，具白色皮孔，无毛。芽卵圆形，急尖，鳞片外被白色茸毛。叶片卵圆形、椭圆形至阔卵形，先端短渐尖，基部圆形、稀广楔形，长6～8cm，宽3.5～5cm，边缘上半部具细锐锯齿，下半部锯齿浅或近于全缘，表背面无毛，叶柄长3～5 cm。果实卵圆形至倒卵圆形，萼片直立宿存，直径2.5～5 cm，5心室，果心大，石细胞多，果柄先端肥厚，长4～5 cm。本种果形近似西洋梨，惟果梗特长而叶片具有细锐锯齿，甚为特殊。在新疆、甘肃梨区有不少栽培品种。如新疆的阿木特（酸梨）、克兹二介（红梨）、赛勒克二介（黄梨）、甘肃河西走廊的长把梨、花长把等。

5. 西洋梨（*P. communis* Linn.）

该种原产欧洲、亚洲西部，分布较广、品种繁多，全世界共有6 000多个品种。我国栽培主要集中在胶东半岛、渤海湾地区和华北、西北一带，面积不大。植株，高达20～30m，树冠通常呈狭长的圆锥形，但亦有枝条开张下垂。成年植株干部表面粗糙，呈巨大片状宿存性剥离。枝条粗壮，色泽不一，上面覆有薄的灰色表皮。1年生枝富有光泽。叶片富有光泽、革质，卵圆形、椭圆形或圆形，全缘，间或先端部分具有不明显的锯齿；叶片表面深绿，无毛，背面浅绿，无毛，整个叶片平展开张，叶柄细长。花先叶开放，白色，花瓣有时带粉红色彩，花药及花柱淡紫红色，花柱基部分离，花冠直径3cm。果实瓢形或近圆形，大小、色泽、风味、香气、成熟时期与果肉组织变异很大。有绿色、黄色、红色或锈色之分，或杂有多种颜色；重量由50g至200g不等，最大的可达300g；果肉硬，后熟后易溶于口呈油质状；石细胞少或较少；5心室，每室1～3粒种子。种子大，褐色或淡褐色，先端常有种毛。

该树种的栽培品种一般抗寒力均较弱，遇到－22℃的低温即遭受较重的冻害。原生种，可耐－32～－30℃的低温。

6. 褐梨（*P. phaeocarpa* Rehd.）

此种野生于我国华北各省，以河北北部（昌黎、抚宁一带）、甘肃河西走廊最多，山西、山东、陕西也有分布。又名棠杜梨、罐儿梨、红丁子（昌黎）。在河北昌黎用作白梨、蜜梨的砧木，树势生长旺盛，结果年龄稍迟。乔木，高达5～8cm。嫩梢具白色茸毛，2年生枝紫褐色。叶片长卵圆形或长卵形，先端具有长渐尖头，基部阔楔形，长6～10cm，宽3.5～5.5cm，边缘有粗锯齿，齿向外，幼时具有稀疏的长毛，不久全部脱落。花序为伞房总状花序，有花5～8朵，具绵毛或几无毛，花梗长2～2.5cm；花大而美观，花冠直径3cm。花柱3～4枚，稀2枚。果实椭圆形或球形，长2～2.5cm，褐色。种子较大，长而钩尖，紫红褐色，每克种子34粒左右。甘肃境内的栽培品种共计20个左右，分布于陇南、武都各地，以吊蛋梨和糖梨为代表。

7. 杜梨（*P. betulaefolia* Bunge）

又名棠梨、土梨、灰丁子、白色丁子。野生于我国华北、西北等地，辽宁南部以及湖北、江苏、安徽等地均有分布，但以河南、河北、山东、山西、陕西最为常见。乔木，高可达10m，枝条开张下垂，上面有刺，嫩梢密生白色茸毛。叶片长卵形，先端渐尖，基部广楔形，后即脱落而有光泽；背面节毛特厚，后期不完全脱落；叶柄长2～3cm。开花晚，花小，直径1.5～2cm，有一种不悦人的气味。果实近圆球形，果实0.5～1.0cm，褐色，有淡色斑点，萼片脱落，2～4个心室。果实可在叶片脱落后悬于枝上直至翌年春天。此种无栽培品种。

植株根系入土很深，富有须根，实生苗生长旺盛，耐寒、耐旱、耐涝能力很强，可以水浸数月而不死亡，且具有很强的耐盐碱能力，与西洋梨及我国梨均易接活，为我国北方梨的主要砧木。此种在朝鲜、日本亦有分布，日本亦多用此种作为梨的砧木，该树种因花美观，又可作观赏用。

8. 豆梨（*P. calleryana* Decne.）

又名明杜梨、鹿梨、鼠梨。野生于华东、华南各省。山东、河南、江苏、浙江、江西、安徽、湖南、湖北、福建、广东、广西、贵州、河北均有分布，常生长在海拔1 000～1500m的高山上。日本、朝鲜亦有分布。乔木，高可达10m，新梢褐色无毛。叶片阔卵形或卵圆形，先端短而渐尖，基部圆形至宽楔形，长4～8cm，宽3.5～5.5cm；叶缘钝锯齿，叶边屈如波状；幼叶背面初期稀疏或浓密茸毛后即脱落。花小，梗细长，花柱2枚。果实球形，褐色，甚小，直径约1cm，萼片脱落，子室2，稀为3。种子小，有棱角。此种实生苗初期生长缓慢，枝细，分枝少，刺多，叶片3～5裂。

植株抗腐烂病能力甚强，对生长条件要求不苛，在较恶劣的条件下亦能生长良好；根系入土很深；惟抗寒力较差。我国南方，朝鲜、日本均用作梨的砧木，适于生长在温暖潮湿的环境条件下。根据国外应用结果，此种与西洋梨亲和力强，为其良好的砧木。

9. 麻梨（*P. serrulata* Rehd.）

此种野生于我国湖北、四川、陕西等省，在湖北西部海拔1 300～1 700m的山上，亦可发现此种。

为乔木，高10m许。嫩梢被有羊毛状毛，后期脱落。2年生枝紫褐色，具稀疏皮孔。叶卵圆形至长卵圆形，先端渐尖，基部圆形或阔楔形，长5～11cm，宽3.5～6.5cm，具细锯齿，齿尖常向内合拢。叶背幼期有毛，后期脱落。花较大，花冠直径2.5cm，花梗长1.5～2cm，花柱3～4，稀为5。果实近球形，长1.5～1.8cn，褐色，具有白色果点，萼片脱落或宿存。

除上述9种之外，还有野生于我国四川、云南、贵州、甘肃等地的川梨（*P. pashia* Buch. - Ham. ex D. Don），野生于云南的滇梨（*P. pseudopashia* Yü），野生于河北抚宁、昌黎一带的河北梨（*P. hopehensis* Yü），野生于新疆的杏叶梨（*P. armeniacafolia* Yü），野生于甘肃、陕西等地的木梨（*P. xerophila* Yü）。它们主要被当地用作砧木。

二、主要优良品种

1. 砂梨系统优良品种

（1）黄花梨。浙江农业大学以黄蜜作母本，早三花作父本杂交育成。该品种生长强健，树姿开张，易形成短果枝，当年生枝条上可形成腋花芽和顶花芽；花序座果率高，一般每序结一个果，早果性强，种后第二年可开花结果，3年生树株产高达7.8kg。果实圆形，黄褐色，充分成熟时呈红褐色；果点较大，萼片宿存，果梗细，长度中等，梗洼深；单果重200～300g，最大的可达900g；果肉洁白，肉质细脆，汁多味甜，微酸，可溶性固形物10%～13%，最高可达17%，风味浓，品质好。在浙江杭州、湖北8月中旬成熟，在湖南南部和福建8月初成熟。黄花梨对土壤和气候条件适应性较强，抗病虫害能力较强，丰产性能好。目前全国已栽培面积达10万hm^2以上。

（2）翠冠。浙江省农业科学院以幸水×（抗青×新世纪）为亲本杂交育成。该品种生长健壮，树冠直立，易形成短果枝和腋花芽，花序座果率，花朵座果率高，每花序结果1～3个。果实中大，单果重150～250g，圆球形，绿色，成熟时为白色，有果锈，果梗细，梗洼深，萼脱落，果肉白色，肉质细嫩松脆，汁多味甜，石细胞极少，风味超过亲本幸水，可溶性固形物12%～15%，品质极上等。在浙江7月下旬成熟 。

翠冠抗病能力强，但抗轮纹病能力稍差，丰产性能好，早期丰产，果实整齐，是一个优良的早熟品种，目前已在许多省（自治区、直辖市）推广。

（3）中梨1号。中国农业科学院郑州果树研究所于1982年用新世纪和早酥梨为亲本培育的耐高温多湿的优良新品种。该品种树冠圆头形，幼树树姿直立，成龄树开张，树干浅灰褐色，多年生枝棕褐色，皮细光滑；1年生枝黄褐色，平均长82cm、粗

3.1mm，节间长5.5cm；生长势较强，萌芽率高（68%）、成枝力低（2~3个）。果实大型，平均单果重220 g，最大果重450g，近圆形或扁圆形，果面较光滑，果点中大，绿色，外观美，果肉乳白色，肉质细脆，石细胞少，汁液多，风味甘甜可口，有香味，品质极上。郑州地区7月中旬成熟，货架寿命20天，冷藏条件下可贮藏2~3个月。该品种性喜深厚肥沃的沙质壤土，且抗旱、耐涝、耐瘠薄。对轮纹病、黑星病、干腐病均有较强的抵抗能力，可作为一个优良早熟梨新品种在长江流域及其以南地区推广栽培。

（4）丰水。由日本农林水产省园艺试验场1954年育成，亲本为菊水×八云，20世纪70年代由上海园艺研究所引入我国。幼树生长势旺，树姿半开张，萌芽力强，发枝力弱。3~4年开始结果，以短果枝结果为主；中、长果枝及腋花芽较多，花芽容易形成，果台副梢抽枝能力强，连续结果能力比幸水强。果实大，平均单果重253g，最大530g；纵径6.8cm，横径8.5cm，果实圆形。果皮锈褐色，阳面微有红褐色，果面粗糙有棱沟，果点大、多。果肉黄白，肉质细嫩，柔软多汁，味甜，石细胞极少，可溶性固形物含量为10.6%~13.3%，品质上等。郑州地区果实成熟期为8月下旬。对土壤适应性强，在各种土壤栽培，表现良好，结果早、丰产、稳产，较抗黑斑病，品质上等。适合华北、华中及长江以南地区发展。

（5）黄金梨。韩国园艺试验场用新高×二十世纪为亲本杂交培育而成。1997年引入我国。该品种树冠小，半开张。幼树生长旺盛。1年生枝粗大，黄褐色。皮孔大而密，浅褐色，凸起，椭圆形或长梭形，甚至长线形。枝条上端，长线形皮孔较明显，枝条生长封顶后。未停止生长的新梢顶端幼叶为黄绿色或绿色，是该品种的主要特征之一。叶片大，淡绿色，长椭圆形，叶尖长。锯齿特大，齿刻深而宽，常为复锯齿，且长针芒，是该品种的又一显著特征，果实圆形或长圆形。平均单果400~500g，果面绿色，充分成熟后金黄色。果皮薄而细嫩，光洁。果点小，圆形，淡黄褐色。果肉白色，肉质细嫩，汁多，味甜，可溶性固形物14%左右；品质上等。郑州地区8月20日成熟。果实贮藏期20d左右。适应性强，栽培管理简易，全国各梨区皆可种植。

2. 白梨系统的品种

（1）鸭梨。原产河北省，是该省最古老、栽培面积最大的优良品种之一。植株生长强健，枝条稀疏，树冠开张，萌芽力强，成枝力弱，易形成短果枝，结果早，一般栽后3~4年开始结果，结果枝组结果能力强，丰产稳产。果实中等，一般重150~200g，果实倒卵形，果皮绿色转黄白色，果皮薄，近果梗外有锈斑。果肉白色，肉质细脆，汁多，味酸甜，微香，石细胞极少。该品种适宜于寒冷地区栽培，在华北平原、西北地区表现较好，抗寒性也较强，能耐-25℃低温。目前全国栽培面积很大。

（2）砀山酥梨。最早发现于安徽省砀山县，现已在华北平原、黄河流域及新疆等地大面积推广，目前产量约占全国梨总产量30%，是上述地区主要优良品种之一。幼树生长强健，树冠直立，枝条稀疏，进入成年结果期以后逐渐开强，枝条萌芽力中等，成枝力低，易形成短果枝，种后第四年开始结果，进入盛果期后，丰产稳产。果实大，单果重250~300g，大的可达1 000g，果实近圆形，果肉白色，肉质酥脆，熟后黄色，味浓甜，果心较大，石细胞较多，品质中上，耐贮运。该品种适应性较强，在西北黄土高原区比原产地表现更好，其含糖量、产量也更高。因此，近年来发展势头很猛，在市场上已超过鸭梨、雪花梨。目前全国栽培面积已达33万hm^2。

（3）红香酥。中国农业科学院郑州果树研究所1980年用库尔勒香梨与鹅梨杂交培育而成，2001年通过国家农作物品种审定委员会审定。树冠中大，圆头形，较开张；树势中庸，萌芽力强，成枝力中等，嫩枝黄褐色，老枝棕褐色，皮孔较大而突出。以短果枝结果为主；早果性极强，定植后2年即可结果。丰产稳产，6年生树株产可达50kg。平均单果重为220g，最大单果重可达489g。果实纺锤形或长卵圆形，果形指数1.27，部分果实萼端稍突起。果面洁净、光滑，果点中等较密，果皮绿黄色，向阳面2/3果面鲜红色。果肉白色，肉质致密细脆，石细胞较少，汁多，味香甜，可溶性固形物含量13.5%，品质极上。采前落果不明显。高抗黑星病。在郑州地区果实9月上旬成熟，果实较耐贮运，冷藏条件下可储藏至翌年3~4月。红香酥梨的适应性较强，凡能种植砀山酥梨或库尔勒香梨的地方均可栽培。根据品种区域试验的结果，以我国西北黄土高原地区、川西、华北地区及渤海湾地区为最佳种植区。

（4）金花梨。原产四川，是一自然杂交种，由于产量高，品质佳，耐贮藏，在四川等地发展较快，河南、山东、湖北、湖南等地也有引种栽培。该品种生长强健，枝条生长量大，结果较早，一般栽后4年结果，短果枝、腋花芽结果能力均较强。果实较大，单果重200g左右，白色，熟后变黄白色，皮薄而光滑呈倒卵形，果梗较粗，连接果肉处成肉质。果肉白色，肉质细脆，汁多味浓甜，品质上等。金花梨适应性较强，引种到山东、河南等地品质表现更佳。

（5）黄冠梨。河北省农林科学院石家庄果树研究所于1977年以雪花梨为母本、新世纪为父本杂交培育而成。黄冠梨树冠圆锥形，树姿直立，生长势较强健，开始结果早，一般管理条件下，3年即可结果，以短果枝结果为主。采前落果轻，极丰产稳产。果实椭圆形，个大，平均单果重235g，最大果重360g。果面光洁，果点小、中密，外观酷似“金冠”苹果。果心小，果肉洁白，肉质细腻，松脆，石细胞及残渣少，风味酸甜适口并具浓郁香味，可溶性固形物含量为11.4%，品质上等。郑州地区8月15日成熟，自然条件下可贮藏20d，冷藏条件下可贮至翌年3～4月份。该品种适应能力强，对梨黑星病有较高的抵抗能力，在全国梨产区皆可种植。

3. 秋子梨系统的品种

（1）南果梨。主产于辽宁省，在辽宁海城、辽阳、鞍山一带栽培较多，其他邻近省份也有引种栽培。南果梨是秋子梨系统中品质最优良的品种。南果梨生长强健，寿命长，结果早，一般种后第四年开始结果，产量高，20年生树可结果300～350kg。果实小，平均45g左右，果形圆形或扁圆形，果皮绿黄色，阳面有淡红色晕或微显橙红色，熟后变为纯黄色，较美观。果肉熟后黄白色，肉质细脆，汁多，味酸甜、浓，品质上等。南果梨适应性较强，对土壤及栽培技术要求不严，抗寒能力及抗病能力均较强，惟一不足的是果实太小。成熟期在辽宁为9月上、中旬，可贮藏1个月左右。

（2）京白梨。北京市郊栽培较多，是秋子梨系统中优良品种之一，北京人又称它为北京白梨。果实小，平均单果重80g，扁圆形，基部微隆起，果皮绿黄色，熟后转为黄白色，外观甚美，果肉白色，肉质细软，汁多、味浓甜，品质上等。京白梨栽后结果较晚，一般4年开始结果，进入盛果期后连年结果能力强，丰产稳产。缺点是抗病性稍差。

（3）苹香梨。吉林省果树研究所1956年以苹果梨与延边谢花甜为亲本杂交培育而成。该品种植株长势强健，树冠较开张，5年生树高2.5m，萌芽率强，成枝力中等。以短果枝结果为主，较丰产。果实中大，平均单果重120g。近圆形或扁圆形。果皮绿黄色，果面光滑，果点小，果心中等大，果肉乳白色，肉质细，紧密，经后熟变软方可食用，石细胞少，汁液多，味甜酸，有浓香，品质上等。果实不耐贮藏。该品种适应性强，耐粗放管理，但在加强管理的条件下可早果、丰产、优质。抗黑星病和褐斑病能力强，抗寒性亦强。可在长城以北的寒地栽培。

4. 新疆梨系统的品种

（1）兰州长把梨。地方品种，原产甘肃兰州附近，属于新疆梨。

该品种生长势较弱，树冠较开张，萌芽率和成枝力均中等。结果较早，以短果枝结果为主，丰产、稳产；抗旱、耐瘠薄。果实小，平均重80g，果皮绿黄色，粗颈葫芦形，果肉黄白色，肉质粗，松脆，贮后果肉变软，石细胞中等，汁较多，味甜酸微涩，贮后涩味消失，微香气，品质中上等。本品种主要适合在甘肃的西部、南部和北部生长。主要产区在兰州和河西走廊地区。

（2）斯尔克甫梨。又名苏鲁克。原产于新疆吐鄯托，为当地主栽优良品种。该品种生长势中等，树姿较开张，60年生树高4m，萌芽率和成枝力均强。以短果枝结果为主，较丰产。果实中大，平均单果重150g，倒阔圆锥形或卵圆形，较整齐。果皮绿黄色，部分果实阳面有红晕，果面有凹凸不平状，果点小而少。果肉白色，质地较细，松脆多汁，味酸甜爽口，微香，品质中上或上等。果实一般不耐贮藏。

该品种适应性强，抗风、抗病虫力较强。性喜营养丰富、水分充足的土壤条件。在干旱瘠薄的土壤中生长结果不良。在原产地可适当发展。

（3）贵德甜梨。又名贵德长把梨。为青海省的地方良种。植株长势强健，树冠高大，枝条稠密，树姿开张，树冠呈半圆形，萌芽率强，成枝力弱。以短果枝结果为主，果台枝抽生能力弱，多形成果台枝群。丰产稳产。果实中大，平均单果重120g，葫芦形，果皮薄，绿黄色，果点小而密；果心中大，果肉白色，肉质细脆，石细胞少，汁中多，味甜微香，品质中上等。果实较耐贮藏。该品种抗逆性较差，不抗寒，又不抗旱，适合在肥沃的沙质壤土上栽培。

5. 西洋梨系统的品种

（1）巴梨（Bartlett）。有名香蕉梨，英国品种。系自然实生苗。是目前世界上栽培最广的品种。该品种果实较大，一般重 200～250g，形似葫芦状，果皮黄色，阳面多具红晕，果面稍有不平，有光泽；果肉乳白色，肉质细，石细胞少，经 7～10d 的后熟，变为柔软汁多，味酸甜，有浓香，品质极上，不耐贮藏。除生食品质佳，风味好外，还是制罐头的首选品种，在山东烟台 8 月底至 9 月初成熟。国外在巴梨的基础上选出了许多变种，其中内外均优的红巴梨已引入我国。

（2）红茄梨（Star krimson）。美国品种，系茄梨的芽变。是目前世界各国普遍栽培的品种之一。树势较强健，树姿开张，芽萌发力强，成枝力弱。以短果枝结果为主，丰产稳产。抗黑斑病、褐斑病能力强，但不抗轮纹病和不抗腐烂病，盛果后期树势易衰弱。果实中大，平均单果重 131.7g，细颈葫芦形。果面为全面紫红色。果皮平滑有光泽，有的稍有棱起。果点中多，褐紫色。果肉乳白色，肉质细脆，经 7～10 天后熟变为柔软多汁，品质上等。在河南郑州地区果实 8 月初成熟。不耐贮藏。该品种适应性强，抗寒性亦较强。适合在我国华北、黄河故道及渤海湾地区种植。

（3）红考密斯（Red Comice）。美国从考密斯中选出的红色芽变西洋梨品种。植株长势中庸偏强，树姿半开张，萌芽率高，成枝力强，树冠内枝条较密。成花容易，结果较早，多以短果枝结果为主，座果率高。大小年现象不明显，丰产稳产。果实成熟期 8 月初。常温条件下果实可贮藏 15d，冷藏条件下可贮 3～4 月。果实大形，平均单果重 220g，最大果重 350g。粗颈葫芦形，果面紫红色、光滑、蜡质较多，有光泽；果点中大，明显，果皮较厚，果心中大。果肉乳白色，肉质细腻，经后熟变为柔软多汁，石细胞少，风味酸甜，芳香浓郁，品质上等。8 月上旬成熟，不耐贮藏。该品种适应能力较强，抗寒能力中等。适合在黄河故道、华北平原和胶东半岛栽培。主要生产区在胶东半岛和黄河故道发展。

（4）三季梨（Guyot，Dr. Jules Guyot Precoce）。原产法国，为西洋梨的中熟优良品种。长势中等，幼树直立，树冠较高大，萌芽率较强，成枝力中等。幼树以腋花芽结果为主，成年树以短果枝结果为主。较丰产、稳产。果实大型，平均单果重 250g，粗颈葫芦形。果面绿黄色，阳面少有暗红晕；果面有呈凹凸不平。果肉乳白色，肉质细且紧密；经 10d 左右的后熟，变得柔软多汁，味酸甜可口，具微香，品质上等。该品种适应性较强，对土壤条件要求不严，抗旱能力强，在瘠薄的土壤上栽培易衰老，且易感染干腐病，但虫害较少。可在我国渤海湾、胶东半岛和黄河故道地区适量栽培。

三、生物学特性

（一）生态习性

不同种类的梨自然分布范围不同，表明它们对自然环境具有不同的适应性。如秋子梨、白梨主要分布在我国广大的北方地区，这是他们抗寒能力较强的表现。而砂梨主要分布在淮河和长江流域，表现出对南方高温多雨气候适应。一般来说，秋子梨、白梨适宜于冷凉干燥的气候，砂梨适宜于温暖高湿的气候，西洋梨则适宜于温凉干燥的气候。

1. 温度

由于长期进化的结果，梨树对不同的环境温度的适应能力具有很大的差别。秋子梨的野生种能耐 -45℃的低温，许多栽培种能耐 -30～-35℃的低温；白梨可耐 -23～-25℃的低湿；砂梨可耐 -20℃的低温，少数品种也可耐 -25℃的低温；西洋梨可耐 -20℃的低温。据孙秉均等研究，下列品种枝条可耐的临界低温值为：乔马 -45℃，身不知和大香水梨 -40℃，巴梨、苹果梨、锦丰梨、花盖梨、博多青等为 -35℃，秋白梨、夏梨、京白梨、明月、苍溪雪梨等品种为 -30℃。

低温对梨的花、幼果影响较大，如西洋梨萌芽期遇 -22℃，开花期 -1.9℃，幼果期 -1.7℃时便发生冻害。低温对早春昆虫活动影响较大，从而影响授粉受精的进行，花粉发芽的适宜气温为 18～25℃。因此，开花时天气晴好对授粉受精最为有利的。不同种类的梨需要的平均气温不同，秋子梨分布区 4～10 月平均气温为 8～14.7℃，西洋梨为 17.7～22.2℃，砂梨为 15.5～26.9℃，白梨为 17.7～22.2℃。温度对果实品质有较大的影响，北方地区的许多品种引到南方栽培，则果变小，果味变酸，质变硬，表面变粗。温度对树体的生长发育有较大的影响，北方品种对低温量要求较高，引入南方栽培，往往出现营养生长过旺，花芽分化不良。据报道，西洋梨需 7.2℃以下的低温 900～1 000h；砂梨需小于 10℃低温日数为 80d 以上，才能发育良好。夏秋季高温则有利于花芽分化，砂梨在南方栽培如遇长期低温阴雨，叶片变薄，花芽分化不良，第二年产量受影响。砂梨在春季温度10℃以上时开始萌发，在20℃左右时新梢生长旺盛，在25～30°C时果实发育良好。但高温不能使果实提早成熟。

2. 降水及湿度

梨树生长需要一定的降水和土壤湿度及空气湿度。不同种类、品种对降水及湿度要求不同。秋子梨、白梨、砂梨适宜于降水量为400～500mm、400～800mm、900～1 800mm的区域生长。梨树根的耐涝能力比较强，在水中浸泡1周，待水退后仍能正常生长，如长期积水或地下水位过高，会明显地影响根系生长发育导致地上部分生长发育不良。梨开花时要求空气湿度不能过大，否则会影响授粉受精。果实发育也需适宜的湿度。长期阴雨，使果实外表变粗，果味淡变酸；如果湿度过小，土壤水分不够，会使果实变小，着色的品种往往因干燥而不能上色，并加速果实提早成熟。

3. 光照

梨树是喜光果树，年日照时数要求达到1 600～1 700h，才能满足果实发育的要求。光合作用补偿点为800lx。当光照充足时，叶片厚，叶色深有光泽，枝条充实、粗壮，座果率高，果实发育良好，果实大，含糖量高，品质优良。光照不足时，叶片变薄，叶色淡，枝条组织疏松，纤弱，果实变小，落花、落果严重，病虫危害严重。全国有名的梨区多分布在阳光充足的地区，如鸭梨主产地的河北辛集市和山东阳信县，年日照时数为2 443～3 051h。

4. 土壤

梨树对土壤的适应能力很强，基本能适应各种类型土壤，但土壤理化性质不同对梨树的生长、果实品质和产量都有很大影响。梨树对土壤酸碱度有很强的适应能力，但不同的品种稍有差异。砂梨喜欢pH值在6.0的微酸性土壤中生长。湖南南部的蓝山县黄花梨多分布在pH值5.2～5.6的红壤上，梨树发育良好。酥梨的主产地安徽砀山，土壤的pH值多在7.5～7.9，果实品质很好。

土层的厚度对梨树生长有较大的影响。当土层深厚时，梨树根系庞大，梨树生长旺盛，产量高，品质佳。土层较浅时，梨树生长衰弱，树冠矮小，果实变小，产量低。华北平原，特别是黄河故道，由于土层深厚，许多名梨都出自于此地。同是安徽砀山，黄河故道的酥梨与其他地区的相比，其品质、外观、产量都有一定的差别。

土壤肥力对梨树的生长发育有较大影响。梨虽较耐瘠薄，但在有机质缺乏，营养元素不足的土壤里，叶片颜色变黄，植株矮小，果实小，产量低，成熟期提前。在土壤有机质丰富、肥力较高，各种营养元素均衡，供应充足，树体健壮，果实大，品质好，产量高。土壤质地对梨树也有较大影响。梨树最适宜生长在排水良好，质地疏松的砂壤土中。闻名全国的莱阳茌梨、砀山酥梨、河北辛集鸭梨、慈溪黄花梨都种植在砂壤土中。中壤土也是梨树适宜生长的土壤。黏土、黏壤土、沙土都适宜于栽培梨树，但不如砂壤土和中壤土。土壤含盐量对梨树的生长发育有较大影响。在含盐较低的土壤里，梨树能够正常发育，一旦含盐量超过0.2%时，生长受到抑制；超过0.3%时，生长不良。因此，当土壤中的含盐量超过0.2%时，不宜建立梨园。土壤含氧量对梨树的根系有重要作用。当土壤含氧量在5%以上时，根系能正常生长，下降到1%以下时，新根不能发生。不同的地势，对梨树有不同影响。缓坡地光照好，排水畅，空气流通好，最适宜建立梨园。在南方，处于光照充足的阳面比阴面建园好。沿海地区则需选择背风地区建园较好。空气不流通，积水严重的低洼地不宜发展梨树。

（二）生长发育

1. 树冠形状和寿命

梨树在适宜的分布区内为高大的落叶乔木，因此，除少数品种外，植株一般都比较高大，在野生和实生条件下，通常高达10m以上，最高的超过30m。不同种和品种之间有一定的差异，秋子梨较白梨高大、白梨比砂梨高大。秋子梨树冠多呈广圆头形，白梨多呈圆锥形或圆头形，砂梨则多呈倒圆锥形和纺锤形，西洋梨则多呈金字塔形。

梨树的植株寿命和经济寿命与其他果树相比要长，经济寿命一般可达50年，在野生条件下，可达300～400年，山西省原平县康村一株380年的夏梨，一年结果达600kg。秋子梨、白梨、砂梨寿命比西洋梨长，砂梨中的日本梨寿命较短。

植株生长前期较快。树体迅速增高，树冠迅速扩大。进入结果期后，树高增加和树冠扩大明显减慢。进入衰老期后，由于顶部细小枝条从上往下枯死，因此，树高和树冠呈负增长。

2. 叶芽及枝条生长

枝条上着生的萌发后只抽生为枝叶的芽为叶芽。

叶芽瘦小，先端渐尖。着生在枝条中上部的叶芽饱满，而着生于枝条基部的叶芽一般较小。有些着生于基部的芽，在发育中受到上面枝条的制约，常停止发育而形成隐芽，隐芽在受到某种刺激时，可萌发抽生为新的枝梢。未进入结果期的幼年树，全树的芽都是叶芽。叶芽外部覆有革质化的鳞片，不同的品种，不同发育程度鳞片数量随之变化，发育完全的白梨品种，鳞片较多，一般达 14 ~ 19 个。

叶芽在营养和外界条件适宜的情况下抽生为枝条，由于环境、芽内营养水平、着生部位的不同，抽生的枝条也不同。顶部的芽常抽生出长枝，中下部的芽常抽生为中枝或短枝，营养不足的情况下长成叶丛枝。长枝是扩大树冠的骨干枝，有些着生在主干下部的枝条，经 2 ~ 3 年生长后，也可以长成骨干枝。中下部短枝在营养充足的情况下发育成短果枝，并且是形成产量的主体部分。

梨树的枝条可分为营养枝和结果枝。营养枝可分为徒长枝、普通枝和中间枝。徒长枝：多着生在骨干枝的中下部或主干上，枝条直立，长 1 ~ 2m，甚至 2m 以上，节间长，枝粗大生长旺盛，芽瘦小，常常扰乱树形。但在树冠发生偏冠或树冠要更新时，徒长枝可改造成主干或骨干枝。普通枝：长 30cm 以上，生长旺盛时也可以达到 1m 以上。这种枝组织充实，芽饱满，一般着生在光照充足的地方，在幼年期是培养树体基本骨架的主要基枝。结果后，这种枝生长逐渐变缓，但作用仍然十分重要，是树冠继续扩大和着生结果枝和结果枝组的重要枝条。随品种不同，有些当年形成腋花芽或少量短果枝供来年结果，多数品种当年不能形成花芽。中间枝：又称叶丛枝，在树冠内，因光照不足营养缺乏，生长不旺而形成。这种枝一般长度不超过 3cm，通常只有一个顶芽，如营养继续不足，第二年仍长成中间枝；如营养充足，可转化为花芽。

大多数品种具有萌芽力高，成枝力低的特点，除隐芽外，大多数芽都能萌发。着生于顶端的芽一般可长成长枝；着生在下部的芽可长成中枝或短枝（营养枝或结果枝）。不同程度的修剪可改变发芽成枝状况，轻短截可使上部 1 ~ 2 个芽长成长枝，中等偏重短截可使靠近剪口的 3 个左右芽萌发长成中长枝。

梨的新梢在春季和夏季生长旺盛。正常情况下，1 年只发生 1 次新梢。因此，枝条延长生长期较短，短枝的延长生长期只有 20 多天，长枝的延长生长期也只有 2 个多月。南方气温高，无霜期长，在管理较好、气候条件适宜的条件下，幼年树 1 年可发生 2 次甚至 3 次新梢，这为南方进行夏季短截迅速扩大和形成树冠具有重要意义。

3. 叶片的生长

叶的生长伴随着新梢生长同时进行，随着新梢的延长，新梢基部的叶片迅速长大、增厚，多数梨嫩梢和幼叶长着茸毛，随着叶片增大，茸毛脱落，颜色由淡到深变成浓绿色，光合作用的能力迅速增强。和新梢的生长一样，成年树一年只有 1 次叶片生长期，但由于幼树 1 年有 2 ~ 3 次新梢发生，叶片也相应地进行第二、三次生长。叶面积的形成期一般在 4 ~ 5 月份，成年树 6 月上旬前已经形成。叶面积形成的早晚随南北气候带的变化而变化。南方比北方约早 1 个月，如湖南黄花梨 5 月上、中旬已经形成，而河北则要到 6 月份才能形成。叶片的大小和厚度与其本身着生的部位及管理水平有很大的关系。着生于枝条顶端和树冠外围的叶片大而厚，光合效率高，着生于内膛的叶片小而薄，光合效率低。

4. 根系生长

总的来讲，梨树根系入土较深，但不同的种类和品种，其根系生长有明显的差异，杜梨、豆梨、秋子梨比砂梨系统的根系分布深而广。土壤状况对梨根系也有较大的影响，北方干旱地区的梨树，根系比南方高温多雨地区深。一般来说，初结果树的根系主要分布在深 30 ~ 40cm 的范围，水平分布也主要在距干 100cm 的范围内。随着树冠的扩大，根系的分布会越来越深，越来越广。据朱文勇等调查，15 年生鸭梨距干 100cm 处，距地面 30 ~ 60cm 深范围内的总根量，相当于 2 ~ 4m 宽，是距地面 30 ~ 60cm 深根量的总和。根系的水平分布比垂直分布要大得多。在地下水位较高，浅层土较肥沃，疏松的情况下，根系主要呈水平方向生长。浙江大学园艺系对 12 年生的严州雪梨进行调查，由于地下水位较高，土壤属粉砂壤土，根深仅达 15cm，而河北种植在土层深厚，排水又好的砂壤土中的梨树，根深达 3.6m。湖南省蓝山县种在地下水位较高的稻田里的黄花梨，根的垂直分布仅 1m 左右。

根系生长与温度密切相关，温度达 5℃ 时，根系开始生长。在南方，特别在地处中亚热带的湖南、江西和地处南亚热带的广东、福建等地，根系终年都可生长，没有明显的休眠期。根系生长比新梢生长的时期一般早 1 个月，每年有两次明显的高峰期，第一次高峰期出现在新梢停止生长以后，这时新梢生长已停止，营养消耗减少，叶面积已经形成，营养供应充足，土温比较适宜，根系进入一年中最旺盛的生长期。此后，随着盛夏的到来，土温升高，根系生长趋缓，当土温升到30℃左右时，根系生长停顿下来，进入高温休眠。第二次生长高峰在果实采摘以后，这时由于果实采摘完毕，地上部分营养消耗减少，营养开始聚集，土温也随着秋季气温下降而下降，为根系进入第二生长高峰创造了良好的内外部条件，导致了这次根系生长高峰的到来。以后随着气温的下降，根系生长变慢，直到落叶以后，根系的生长降到最低限度。根系的上述变化规律在全国梨区基本上都是一样，但时间上因气候带的变化而不同。在南方，气温回升，落叶晚，地上部分生长期长，根系的生长也来得较早，停止也较晚。

梨树根的再生能力强，在遇到断根损伤或者某种刺激，会在断根或受伤处很快产生愈伤组织，恢复生长。在南方，落叶后由于土温仍较高，断根后根系会立即恢复生长，这是南方冬季种植重要的理论依据。

5. 开花结果习性

（1）花芽及花芽分化。梨树的花芽为混合芽，即在一个花苞内既有花芽又有叶芽。花芽从外表看，比叶芽肥大、饱满，很容易与叶芽区分开来。不同品种花芽的形状不同，金秋梨的花芽又圆又钝，几乎呈圆球形；桂冠的花芽虽然肥大，但由基部往上渐尖，呈圆锥形；而鸭梨的花芽却瘦小渐尖。

花芽分化的早晚、快慢与品种有关。许多北方种类的品种由叶芽转化成花芽需2年的时间。砂梨系统的大多数品种花芽分化比较容易，有些当年抽生的新梢当年即可分化成花芽。如黄花梨、新世纪、丰水等品种都很容易在当年生枝上形成腋花芽，甚至在当年嫁接的苗木上也可以形成腋花芽。

梨的花芽分化较早，许多品种都在6、7月份开始分化。生长在南方的梨树从5月上、中旬开始分化，而北方则要在6月中、下旬以后才开始分化。不同部位的花芽分化迟早也有很大的差别，位于枝条中、下部的花芽分化较早，而且较饱满，并在当年可形成中、短果枝；短果枝群上的花芽分化也较早；腋花芽分化较晚。花芽分化的早晚还与其他因素有关，如幼树比成年树分化晚；重剪树比轻剪或缓放树要晚。

花芽是在营养、气温条件适宜情况下芽发生质变，开始形成芽的原始体，然后依次形成花萼、花瓣、雄蕊、雌蕊，在翌年开花前再分化出胚珠和花粉粒，各部分此时也迅速增大。树体营养和天气状况是影响花芽分化的重要因素。树体内贮藏的养分多，花芽饱满，开花整齐，座果率高。夏季的高温干旱可加速花芽的分化，南方夏季温度往往高达37～40℃，加之持续干旱，花芽分化速度加快，有些在当年就可完成全部分化过程。在秋季气温适宜或由于病虫危害导致提早落叶的情况下，常出现二次开花结果现象，给生产带来较大的损失。避免二次开花主要措施是加强果园管理，干旱时果园灌水，覆草降温；果园集水时应及时排水，保持根系和叶片功能正常；同时加强病虫害的防治工作，避免果园出现夏季大量落叶。

（2）开花与结果。梨树花芽着生的短枝、中枝、长枝分别叫短果枝、中果枝、长果枝。连年结果后形成类似于鸡爪形状的枝叫做短果枝群。这几种枝是梨树结果的主要枝条，大多数果实都着生在上述几类枝条上面。幼龄树以短果枝和腋花芽结果为主，成龄树以短果枝和短果枝群结果为主。不同品种果实主要着生枝也有区别，如黄花梨幼龄树以短果枝和腋花芽结果为主，到6、7年进入盛果期后，转为以短果枝群结果为主。而桂冠开始结果时则以顶花芽结果为主，5、6年后转为以短果枝结果为主。

梨的花芽在正常的情况下于春季开放，大多数品种都是先开花后抽新梢。每一花芽包含有5～9朵花，有些也可达到10个以上，为伞房花序。同一株树上的花下部花先开，中上部花后开；少数品种则顶花先开，其他部位的花后开。同一花序的花则是边花先开，中心花后开。先开花营养充足，座果率高。

梨属植物多为自交不亲和，自花授粉结果率极低，且果品品质差。浙江大学园艺系吴少华用黄花梨作授粉试验，5个重复试验结果为，黄花梨自花授粉率分别为13%、6%、7%、20%、0，而用新世纪对黄花梨授粉，5个重复分别为80%、73%、80%、93%、80%。在上述相同的处理中黄花梨自交试验组平均单果重190g，新世纪作授粉树平均单果重达275.2g，且果形端正。梨自交不亲和性是由单基因位点的复等位基因（S基因）所控制。在梨栽培中，必须配置S基因型不同的品种以保证正常结实和果品品质。

梨花自开放之日起，3d内授粉受精能力最强，有些品种 7d 仍有授粉能力。天气的好坏对梨的授粉受精有较大的影响，开花时天气晴好，昆虫活动频繁，花的器官生命力旺盛，发育较好，授粉受精能够正常进行，座果率高。气温在 20～25℃时，最适宜授粉受精；如开花时，遇到长期低温阴雨，会造成当年的大量减产。梨是座果率很高的果树，凡经过正常授粉受精树体，营养又比较充足的果园，一般座果率都较高。授粉受精后，果实开始膨大，此后有两次生理落果过程，第一次出现在谢花之后，凡没有受精的果实，将有大量脱落，第二次出现在谢花后半个月左右。落花落果的主要原因有授粉受精不良，树体营养不足，内源激素失衡。正常的生理落果过多，会严重地影响产量，因此，在生产上要采取措施避免这种情况的发生。

梨果发育期的长短因品种而异，有些早熟品种仅 80～110d 即已成熟，中熟品种为 130～150d，晚熟品种发育期达 150d 以上。

梨果实发育可分为 3 个阶段。迅速膨大期：从授粉受精开始，果实迅速两极分化，未受精的很快变黄脱落，受精后的果实迅速膨大，主要是细胞分裂旺盛引起的，此时胚乳细胞大量增殖，细胞数量大量增加。明显的特点是纵径增大明显大于横径增大，果实呈椭圆形。缓慢增大期：果实经过一段细胞迅速繁殖后，细胞分裂速度明显变慢。这个时期从胚开始出现到胚发育基本充实为止，其主要过程为前期的胚乳发育到胚的迅速发育，并将胚乳吸收。果实迅速增大期：自胚占据种皮内全部空间起到果实成熟。此时，叶面积已经形成，光合作用处于旺盛时期，营养物质大量产生，果实得到充足的营养供应，加上果实内部的生理生化作用，使果实进入一个最快的增长时期。其特点是细胞体积迅速增大，重量迅速增加，种皮颜色由白转为黑褐色，进入成熟期。

（三）物候期

梨树的物候期随气候的变化而变化，随南北气候带的变化而变化。中国农业科学院郑州果树研究所对不同种类、品种的梨进行调查，得出 1950～1957 年的部分品种的物候期见表 17-1。

表 17-1 部分梨品种物候期

种别	品种	萌动（日/月）	初花（日/月）	盛花（日/月）	落花（日/月）	果熟（日/月）	落叶（日/月）
秋子梨系统	京白梨	17～19/4	6～9/5	8～13/5	13～17/5	12～23/9	31/10～19/11
	水香梨	12～15/4	3～7/5	7～13/5	12～17/5	7～18/9	16～31/10
	秋子梨	14～24/4	7～8/5	9～11/5	12～17/5	21～26/9	25/10～4/11
	安 梨	7～17/4	30/4～4/5	3～7/5	9～11/5	8～13/9	6～16/11
白梨系统	鸭 梨	10～28/4	6～19/5	9～13/5	12～16/5	27/9～5/10	2～12/11
	秋白梨	10～29/4	7～10/5	7～12/5	13～15/5	29/9～9/10	26/10～8/11
	慈 梨	13～26/4	7～9/5	11～13/5	13～18/5	8～12/10	5～16/11
砂梨系统	苹果梨	20～22/4	8～9/5	9～12/5	16/5	10 月上旬	22/10～9/11
	明 月	13～28/4	7～9/5	11～14/5	14～19/5	14～25/9	23/10～5/11
	博多青	13～29/4	9～10/5	11～13/5	16～17/5	9 月中旬	16～29/10
	廿世纪	13～26/4	10～13/5	13～15/5	13～18/5	9 月上旬	25/10～4/11
西洋梨系统	巴 梨	17～26/4	11～16/5	13～16/5	17～18/5	9 月中下旬	6～16/11
	三季梨	16～26/4	13/5	16/5	21/5	9 月中旬	26/10～14/11

表 17-1 仅是上述品种在当地的物候期，越往北，物候期越迟；越往南，物候期越早。如黄花梨、明月梨、廿世纪等品种在湖南南部 2 月中、下旬已经萌发，3 月下旬进入盛花期，果实成熟期黄花梨为 8 月上旬，明月为 8 月中旬；落叶则比郑州推迟，一般为 12 月上旬。以初花期为例。中国梨许多品种初花期在湖南南部和福建为 3 月上旬，在贵州威宁、四川大金为 3 月中旬，在湖北、江苏等地为 3 月下旬，在安徽砀山、河南郑州、山西万荣为 4 月上旬，甘肃兰州、河北石家庄为 4 月中旬，河北昌黎为 4 月下旬，辽宁兴城为 5 月上旬，吉林延边为 5 月中旬。

花的开放时期与气候有关，越往北，开花的时间越迟。华南地区一般 3 月上旬开始开花，3 月中旬进入盛花期；华中地区要推迟到 3 月中、下旬；河北北部和辽宁的许多品种要到 5 月上、中旬才开花。同一地方，早春气温回升快，天气好，开花时间就早些；否则，开花时间推迟。

梨的生长期和休眠期的长短与种类、品种和各地气候有关。在北方，秋子梨系统的品种休眠期为 150～160d，白梨品种约需 170～175d，砂梨系统品种更长，西洋梨休眠期约需 160～170d。在南方，由于无霜期长，早春萌发早，落叶晚，休眠期仅 90d 左右。对于那些低温需要量较高的品种，引入南方栽培，很难获得成功。据报道，在我国台湾，由于长年温度较高，许多品种长年旺盛生长，无明显休眠期，花芽分化不好，无法结果，因而每年从中国大陆、韩国和日本引入已发育成熟的花芽嫁接在成年树上，才能形成产量。

四、栽培技术

1. 梨园建立

（1）园地选择。在我国华南及长江流域多湿、高温区，要尽量选择地势高的半阴坡种植；在华北及黄河故道地区，要选择有灌溉条件的砂壤土或排水良好的轻碱土种植；在西北干旱黄土高原区，应尽量选择有灌溉条件的沟滩地种植；在我国东北及内蒙古地区，要选择背风向阳坡地种植。

（2）果园规划。小区划分与道路设置：小区划分以 $1hm^2$ 左右为宜，行长 50m 左右，南北行向，宽 200m 较为便于管理。机械化程度较高的产区，为便于管理，小区可扩大到 4～$6hm^2$。园内主路宽 7～8m，区间道路 4m 即可。主路两侧可栽植 1 行行道树。区间道路不宜种植行道树。每 $6hm^2$ 打机井一眼，并规划好排灌渠道。山区、丘陵则应以等高线测量定点，行向可东西或根据地形确定。防护林建立：防护林能够减低风速、防风固沙、保持水土、调节空气温湿度的作用。尤其在风害严重的地区，在栽树前应先营造防护林。防护林的有效范围为树高的 20 倍左右，如林带树高 10m，则应在距主林带 200m 左右的位置，与主林带平行栽植林带。主林带设在园地外围迎风面，一般 6～8 行。栽植防护林可采用先密后稀的方法，株距 1～2m，行距 3～4m。随着林木郁闭程度的提高逐年间伐，以尽快发挥防风效能，同时提早收获木材。

2. 品种选择与授粉树配置

（1）品种的选择。建园时应选择确定适宜当地的优良品种。

（2）配置授粉树。梨树属自交不亲和树种，建园时要注意授粉品种的配置。优良的授粉树应与主栽品种 S 基因型不同，有良好的亲合力，并能互相授粉；开花期和主栽品种基本一致，并具有大量花粉；果实品质优良并高产。有不少梨园授粉品种较劣（马蹄黄等），由于花粉直质感作用，使主栽品种品质降低，果实变形，所以也应考虑适宜的组合。授粉树和主栽品种的比例，一般是 1∶5 或 1∶8，即 5 行或 8 行主栽品种配置 1 行授粉品种；如授粉品种与主栽品种有同样的经济价值，可采用等量式或倍量式配置。

3. 苗木定植

（1）定植时期。从秋末落叶至早春萌芽前均可栽植。栽植成活的关键是：选用充实健壮的苗木。壮苗不仅看其苗高和苗粗，还应注意根系多且大；栽前苗木要假植好。从外地运苗，要防止苗木根系受冻和受旱。实践证明，冬前栽的比春季栽的成活率高，并且发芽早，生长快，主要是冬栽苗木的根系比春栽的能提早愈合，但寒冷地区冬前栽植苗木易抽干，应作好苗木埋土防寒工作。

（2）栽植密度。梨园栽植密度与单位面积产量和成本有直接关系。但栽培密度受地势、土壤性质、品种等因素的限制，在实践中应因地制宜，合理密植。一般长势强旺的品种株行距 3m×6m，生长势中等或偏弱的品种株行距 2m×5m 或 1.5m×5m。多采用南北行向栽植，以利光照。

（3）挖坑施肥。在栽植第一年土壤结冻前，定栽植点，通常用石灰作标记，然后以栽植点为中心，挖一个 1m 大小的圆坑，挖坑要上下垂直，大小一致，不要挖成锅底形、表土与底土要分开堆放，定植坑挖好后，每坑施入有机肥 25～50kg，肥料放入坑里与土掺匀，然后上面盖以表土，踏实，高出地表 20～30cm。

（4）定植方法。定植时，首先要注意定植深度，以苗木的砧木根颈与地面相平为宜，若土质黏重可略浅，风蚀严重地区则可略深，但均不可埋没接芽或接口。栽植过深时，苗木恢复生长缓慢，且易感染病害。栽树时，将苗放入坑中，使根系展开。填土后，将苗木微微上提，使根系舒展，并埋成 30cm 高的土堆稳住苗木。

4. 栽后管理

定植后立即浇水，水量要足，待全部入地后把倾斜的苗木扶正，并填弥裂缝。然后，紧跟浇第二遍水，再扶苗，填弥裂缝。根系的恢复需要一定的温度、湿度和空气条件。当连浇两次水、苗木扶正后，要及时用1m 见方的地膜覆盖，以利保墒，提高地温，促进根系生长。以后视土壤需水情况再浇水。定植后，要及时在干高 80 ~ 100cm 处定干。要求剪口下必需有 3 ~ 5 个饱满芽，利于抽梢发枝，并及时抹掉砧木部位的萌蘖。从定植后至 6 月份要进行多次除萌。待枝叶生长接近停止时，可喷布 300 倍尿素 1 ~ 2 次，以增加二次生长。7 月中、下旬停止喷肥，9 月上、中旬再喷布尿素 1 ~ 2 次，可增加营养积累。

5. 整形修剪

整形修剪可调整群体和个体各部分的结构，改善光能利用条件，调整器官形成的数量、质量、节奏。协调生长与结果、衰老与复壮之间的矛盾和树体各部分、各器官之间的平衡等。而其主要作用是调节果树生长与结果。

（1）修剪时期。梨树的整形修剪时期，分为休眠期修剪和生长季修剪。不同修剪时期的修剪方法、修剪效果和修剪后树体的反应差异极大，因而不能相互混淆。休眠期修剪：休眠期修剪也叫冬季修剪，指冬季梨树落叶后处于休眠状态到翌年春季萌芽前这个时期的修剪。梨树在果实采收后、落叶前，要向基部大枝和根部运输并贮藏，到翌年春季气温回升再向上运输，用于枝叶生长和开花坐果。梨树休眠期间，幼龄枝条所含养分少，剪去后养分损失少，剩下的枝条到来年春季将得到相对充足养分，从而使生长势加强。因此冬季修剪主要用修枝剪剪去枝条或用锯疏除大枝，适合于树形培养，树冠扩大，结果枝培养，或者老树更新及辅养枝改造等大手术。冬季修剪时应注意对剪口保护，否则容易感染病虫害。生长季修剪：生长季修剪也叫夏季修剪，指春季萌芽后到秋季落叶前这段时期的修剪。生长季修剪处于枝梢生长变化期，能够随枝、叶、果的生长情况及时调整和解决各种问题，保证生长结果的正常进行。生长季修剪已越来越引起重视，并在用工和时间上超过冬季修剪。生长季修剪可根据时间的不同又分为几个时期。

• 春季修剪　萌芽后到开花前，花芽数量已比较明显，可以通过修剪来调节，以补充冬剪的不足。但在春季，树体内贮藏养分已经上运，芽子已萌动，剪掉枝条芽子会损失养分，如修剪过重会削弱树势。因此，梨树的春季修剪不宜过多。

• 夏季修剪　在开花后到营养枝停止生长前。这期间树体营养生长旺盛，叶面积迅速扩大，光合能力增强，剪去枝梢则叶片损失过多，对树的生长抑制作用明显。因此，主要采取摘心、抹芽、拿枝、开角等措施。

• 秋季修剪　梢停止生长后到采果前后。此时旺长树或土壤管理较好的梨树往往强梢过多，内膛光照不良，并出现徒长枝，可疏去少量新梢和徒长枝，改善树体光照，增加后期叶片光合能力，减少冬季的修剪量。另外，此期间枝条较软，是幼树骨干枝开角和拿枝的好时机，但对中庸树和弱树不应该进行疏枝，以免生长势更加衰弱。对旺树修剪也不能过重，以免削弱过度。

生长季修剪应该注意：一是不能修剪过重，去掉过多叶片，否则会使树势削弱过重；二是剪口伤虽然很快愈合，但生长季病菌传染也很快，因此应对剪口伤及时保护。

（2）修剪方法

• 短截　短截也叫短剪，即剪去枝梢的一部分。短截在冬季进行，去掉了部分枝芽，保留下的芽子翌年春得到相对充足养分，剪口部分发枝量增加，长势旺。短截根据去掉枝条长短程度分为以下几种方法，其作用和目的各不相同。

轻截剪去 1 年生枝条的一小部分，即剪去 1 年生枝全长的 1/5 ~ 1/4。其作用是缓和枝条生长势，增加中短枝的形成，促进花芽形成。梨树 1 年生枝轻截后，一般当年即可形成花芽，第三年即可挂果。

• 中截　在 1 年生枝上部饱满芽处剪截，剪去 1/3 ~ 1/2。其作用是剪口形成强旺梢，增加枝量。用于骨干枝和结果组的培养 。

• 重截　在 1 年生枝中上部饱满芽处下剪，剪去枝条全长的 2/3 ~ 3/4。其作用为剪口处形成旺枝，用于培养结果枝组和缩短枝轴。

• 极重截　在 1 年生梢基部，留 1 ~ 3 个瘪芽短剪，因而也叫“三芽剪”。其作用为是以大换小，以强换弱，用以培养紧凑小枝组，填补空间和防止骨干枝发生日灼 。

枝梢短剪后，剪口芽所留位置不同，发出新梢方向也不同。中剪一般应留外芽，使剪口芽发出新梢并沿原枝方向沿伸，从而有利于主枝开张角度。

留背上芽时，发出新梢可抬高角度。有利于恢复生长，用于老树更新和衰弱枝组的复壮。留侧芽则可改变枝条的水平方向。短截时距剪口芽距离为：如果冬剪动手早可留 1 ~ 2cm，如果动手晚，剪后很快就发芽时，可留 0. 5cm 左右。

• 疏剪　疏剪即将一个枝条从基部全部剪去。它的作用有：减少枝量，加大空间，改善通风透光条件。在母枝上造成伤口，影响了营养物质的上运，对伤口以上的枝条生长有一定的抑制作用，对伤口以下的枝条则有促进生长作用。即抑前促后，形成伤口效应，因而在修剪中应避免形成对口伤，并对疏剪后的伤口及时保护，应避免在局部范围内造成过多的伤口。疏剪后，根据疏去枝条的性质，对母枝的影响差异较大。疏去结果枝则起促进作用。这一点在平衡树势和大小年的改造方面用得较多。

疏剪主要用于控制改造树冠内的交叉枝、并生枝、重叠枝、轮生枝、竞争枝、衰弱枝、辅养枝等。在幼树期或树势旺时应去强留壮，去直留平，以缓和树势。盛果期树，为维持树势健壮，应去弱留强，去下垂留直平。由于梨树成枝力弱，修剪中疏剪应用有限。尤其在成年大树时，疏剪较少应用。

• 回缩　回缩又叫缩剪，即在多年生枝部位上短剪。缩剪后，去掉枝量大，腾出空间多，能改善光照条件，同时刺激较重，有更新复壮作用。主要用于控制、改造辅养枝、单轴枝组等和老树更新复壮。

• 长放　长放也叫缓放或甩放，即对 1 年生新梢不动剪子。冬剪中对斜生和下垂的中、短枝一般不剪长放。枝条长放后，次年一般均能形成花芽。各种直立枝长放后的表现形式不同。

芽：叶芽在向花芽发育途中停止的芽叫中间芽。这类芽饱满，含养分多。枝条背上直立中间芽，缓放后易长成徒长枝，所以在控制时应破芽剪。

短枝：缓放后，顶芽延长生长，易长成一长梢，下部形成短果枝。

长枝：缓放后，顶部长两个左右中、长梢，下部形成一串花芽。如要控制生长，缓放后可弯枝，则易形成一串花芽。

（3）常用树形

• 自由纺锤形　适应于 1. 5 ~ 3m × 5m 的株行距。其树体结构是：干高 80cm 左右，主枝 8 ~ 10 个向四周交错延伸，主枝间距 20cm 左右，主枝开角 70° ~ 90°，同方向主枝间距要求大于 50cm，主枝长 100 ~ 200cm，下层主枝大于上层，在主枝上直接培养中、小型枝组结果。树高 250 ~ 350cm。小冠疏层形：小冠疏层形是从乔化树形的疏散分层形演化而来，适于低度密植园。株距 3 ~ 3. 5m，行距 4 ~ 5m。其树形结构是：小冠疏层形干高 50 ~ 70cm；主枝5 ~ 6 个，分 2 ~ 3 层，第一层，主枝 3 个，邻近排列，层内距 30 ~ 40cm，主枝开角 70° ~ 80°，方位角 120°。第一层间距离 80cm 左右。第二层主枝 2 个，层内距 20cm 左右，方向位于第一层主枝的空档，开张角度 70°左右。第二层间距 60m，第三层主枝一个。第一层主枝有侧枝 2 ~ 3 个，侧枝开角大于主枝，第二层主枝往往不配备侧枝，直接着生结果枝组。树形完成后，全树高 3m 左右，冠径 3 ~ 3. 5m。

• 斜式 Y 字形　斜式 Y 字形具有树形结构简单，光照条件好，容易培养，易于矮化密植，树体矮小，管理方便等特点，在陕西省礼泉县应用较多。适合于株距 1m，行距 2. 5 ~ 3m，每 667m^2 栽 222 ~ 264 株的高密度栽培。其树体结构是：主干高 70cm，二主枝开心形，主枝腰角 70°，大量结果时达 80°，二主枝与行向斜交成 45°左右，主枝上直接着生中小型结果枝组。

• 水平棚架形　梨树水平棚架式栽培类似棚架葡萄。园地四周埋设约 5cm 粗的钢管支架，在约 1. 8m 高处用铁丝拉成 60cm × 60cm 方格式的水平棚架。冬剪后把梨树的骨干枝及结果枝全部绑缚在水平棚架上，生长季发出新梢呈直立向上生长。它具有管理方便、抗风性强、生产安定等特点。在受台风侵袭频繁的地区具有重要意义。但也有树形培养困难、整形修剪费工、容易发生徒长等问题。梨树水平棚架式栽培是日本、韩国梨果生产中采用的主要树形。其树形结构是：主干高 1 ~ 1. 2m 左右，无中心干，主干顶部有主枝 2 个或 3 个，主枝与主干成 35° ~ 45°分开。主枝成水平状用细麻绳绑缚在棚架上。主枝上有侧枝 2 ~ 3 条，第一侧枝距中心干 80 ~ 90cm，第二侧枝位于第一侧枝的相反方向，距第一侧枝 1m。主枝和侧枝上的分枝成 90°，分布有单轴结果枝组，同方向间隔 30 ~ 40cm。

（4）结果枝组的配置。结果枝组的类型。结果枝组指长在同一母枝上，由各种结果果枝组成的群体枝。结果枝组根据枝条数量及范围。小型结果枝组：由 2 ~ 5 个枝条组成，枝组范围在 30cm 以内。它的特点为体积小，容易培养，便于配置，但易早衰，难以更新。中型结果枝组：由 5 ~ 15 个枝条组成，枝组范围在30~60cm。它的特点是有效结果枝多，能在枝组内轮换结果更新，寿命长，生长健壮。大型结果枝组：由15个以上枝条组成，枝组范围大于60cm。它的特点是体积大，能有效地利用冠内空间，扩大结果范围；寿命长，能在组内更新复壮，有利于延长丰产期，防止大小年发生；但也易造成遮光和培养困难。单轴枝组：由枝条连年缓放或轻短剪，形成一串中短果枝和短果枝群构成。它的特点是枝组细长，占用空间小又能延伸较远，易于培养，进入结果期早。

结果枝组的培养。结果枝组是树体负载产量的基本单位，充足、合理的结果枝组配备是丰产稳产的基础。生产中的乔化大树，初果期往往急于丰产、修剪过轻而忽视对结果枝组的培养，很不利于将来的丰产。大型结果枝组的培养：由于体积大，所以仅在稀植乔化树及疏层形上安排，而Y字形及自由纺锤形的主枝，小冠疏层形的侧枝，其实也就是一个大型结果枝组。

除去要求有一定的空间范围外，培养大型结果枝组还要求母枝有足够的生长势，即冬季短剪后，剪口附近能发出二个以上的分枝，所以应该选择主枝中部，斜生的健壮1年生枝，同时应及早开始，在树形培养阶段，树势尚旺时就着手有计划地进行。如果到盛果期，结果量大，连主枝延长枝头剪后也只能发出一条长梢，就很难培养了。选择好健壮长枝后，连续重短截2~3年促生分枝，然后结合缓放，多缓少截，成花结果与营养生长同时进行，达到应该占有的空间范围后即完成了对大型结果枝组的培养。

大型结果枝组的另一培养方法是改造辅养枝形成。幼树期培养的辅养枝，初果期即开始回缩，如有空间，缩到一定程度停止，以后作为一个大型结果枝组对待。中型结果枝组的培养：对密植梨树各树形来讲，每主枝上应配有2~3个中型结果枝组。培养时也应有意识地进行，在各主枝中部选健壮平斜枝，用先截后放或先放后截法，仿照大型枝组培养。至于到底先截还是先放应根据树势和挂果量来决定。初果期，树势旺时多应先放后缩，让先增加结果稳定树势；结果多时应先截后放。小型结果枝组的培养：小型结果枝组在树冠中分布较多。由于枝量少，容易培养，一般在调节结果量的同时，顺便可培养成。如冬季修剪时花量大，可短截部分中短果枝，让当年成枝，然后缓放，则可形成。如结果尚少，缓放部分中庸枝，当年生长季可萌发形成短枝或花芽，等下年结果后再回缩到分枝处，则可形成小型结果枝组。

（5）树高的控制。初果期梨树由于枝量增加和已挂果，树的高生长势也开始减弱，这时可顺势把中心干延长枝头缓放或轻短剪后，按大致70°拉向一方，促使成花结果。如中心干延长枝头发出2条枝时，可缓一截一。这样经过数年修剪，顶部结果变衰时，乔化树形可逐年落头，变成开心形。而密植树可从顶部开始逐年回缩，经过数年，树体高度达到了树形的结构要求。这样既增加了结果量，又不至于过重修剪，压而不服。

6. 主枝延长头的修剪

无论是乔化树形，还是各种矮化密植树形，保持各级主枝的延长枝头具有一定的生长量，是树势健壮、生产优质果品的标志。但是密植梨树在进入初果期后，一般行内二树已交接，主枝已不能继续延长，即使行间主枝也没有继续生长的必要，这时可对主枝头采用不同的办法修剪。健壮树：应把主枝延长枝头缓放，让结果，在其下边选一中庸枝短截，促使发出新梢起领导枝头的作用，多余壮枝疏掉。中庸树：对主枝延长枝头可连年重短剪，让每年发出健壮新梢，这样主枝长度每年延长20cm左右，到主枝不能再延长、树势开始变衰时，把主枝回缩到充实饱满芽处，让再发出壮条，恢复树势。

7. 人工授粉、疏花疏果和套袋技术

目前我国梨果生产已经进入了一个新的阶段，由数量型向质量型转变，由卖方市场转变为买方市场，质量成了竞争的主要因素。日本梨农为了生产出优质高档果品，严格限定产量。要求早熟梨品种产量控制在18 000kg·hm^{-2}，中晚熟品种产量控制在24 000kg·hm^{-2}以内。因此，我们也应采取限产增质的技术措施，以确保在未来的市场竞争中立于不败之地。

（1）人工授粉技术。我国南方地区花期常遇雨水，严重影响梨树的正常授粉受精。研究表明，梨花柱头接受花粉粒的多少，不仅影响能否坐果，而且影响果实的大小。林真二和田边贤二的研究表明：在一个柱头上授上80粒和300粒花粉，都可坐果，但由授300粒花粉的柱头的子房长成的果实比授80粒花粉的柱头子房长成的果实大50g，且果形更端正、品质更好。由此可见，采用人工授粉对提高座果率、增大果个、促进果实整齐、减少畸形果、提高果实品质是非常必要的。人工授粉时，可采用快速鸡毛点授法：用鸡的软绒毛绑成绒球，在1～2m长的竹竿前端绑一8#铁丝的弯拐头，再绑上绒毛球。一手拿着装花粉的罐头瓶，一手拿着绑有绒毛球的竹竿，绒球每蘸1次粉可点授50个花序，每个花序只点1～2个边花即可。

（2）疏花疏果技术。梨树的座果率较高。据研究表明：梨树平均花序坐果数1.5个，少数品种花序坐果数4～5个，疏花疏果已成为水果栽培中提高果品质量的重要技术措施之一。疏花可在花序分离期到盛花期进行，越早越好。通常20～25cm留一花序，大型果25～30cm留一花序。掐掉花蕾留下花柄，保留基部叶片和生长点。疏果在花后25d内完成，在疏花的基础上每花序留一果。疏果原则是：去小留大、去病留健、去偏留正、去中留边。

（3）果实套袋技术。果实套袋，可有效地防止病虫和农药污染，使果面干净，提高果实外观质量、生产绿色果品的有效措施。套袋时间从花后25d后开始，两周内完成。所用果袋，绿色果可用半透明的标准蜡纸袋；褐色果用外褐内黑蜡纸袋。为防病虫害，套袋前认真喷一遍高效杀虫、杀菌剂，喷药时要喷匀、喷细，以水洗状为好。喷药后立即套袋，以防病虫入袋。套袋时，先用手把果袋撑开，两手捏住袋口套在果实上，使果柄位于果袋中部的缺口处，然后两手向果柄处合拢，直至果柄，并用拇指把袋边口的扎丝反折90°，沿袋口旋转一周扎紧袋即可。

五、病虫害防治

1. 人工防治

发芽前在刮树皮的基础上，喷3波美度石硫合剂。此次用药一定要喷细，使全树呈淋洗状，以消灭越冬病虫。生长季节可人工释放瓢虫或赤眼蜂，以控制蚜虫的发生和危害。对鳞翅目的害虫，可使用昆虫性诱剂或夜晚放置黑光灯，加以捕杀。

2. 生长季节用药

3月上、中旬，梨芽膨大期喷5%的“阿维虫清”4 000～5 000倍液+25%的“灭幼脲3号”，以防治梨木虱、梨大食心虫。落花后喷25%的“灭幼脲3号” +50%的“多菌灵胶悬剂”600倍。5月上、中旬套袋前喷1.8%的“爱福丁”乳油5 000倍+50%的“多霉清”1 200倍。以后根据病虫发生情况喷3～4次药，如防病的“波尔多液”和治黑星病的“福星”；治虫的“阿维虫清”和“灭幼脲3号”等药。由于我国南方梨园多受吸果夜蛾的危害，应做好寄主植物木防己的杀灭工作等。

六、采收贮藏与加工利用

1. 采收

（1）采收期的确定。目前我国多数地区，生产上大多是根据果色的变化来决定采收期，此法简单且易于掌握。判断成熟度的色泽指标，是以果皮底色由绿变黄或变红为主要依据，但采收期不能单凭成熟度来确定采收期，还要从市场供应、贮藏、运输和加工及树种品种特性等来确定。

（2）采收方法。梨果含水量较大，而且果皮薄。所以，只能采用人工采收。采收时要特别注意轻拿轻放，避免碰伤果实，为防止果实的碰伤、刺伤和刻伤，采果人员要剪短指甲，最好配带手套。采收时先用手掌托住果实，轻轻一扭即可采下。采果动作要轻，采下后要轻轻放于采果篮内。要保持果梗完整，并尽量保护果粉及腊质。采收时，应按先下后上，先外后内的顺序进行，以免碰落其他果实，减少损失。为了保证果实应有的品质，采收过程中一定要尽量使果实完好无损，要在筐（篓）或箱内部垫蒲包、麻袋片等软物，尽量减少转换筐（篓）的次数，运输过程中要防止挤、压、抛、碰、撞。

2. 商品化处理技术

果实商品化处理是提高果实商品质量、增强市场竞争力的重要手段，也是提高产品附加值的重要措施。果实采后商品化处理包括：选果（剔除病果和虫果）→分级（根据果个大小、颜色、果形进行）→单果包装→装箱等环节。

目前我国梨果分级主要以手工作业为主，按果个大小、果形、颜色进行，带有较大的主观随意性。因此，生产企业可根据企业自身情况购买国产或国外的分级设备，尽快与国际标准接轨。

3. 贮藏保鲜

（1）冷藏保鲜法。利用冷库，将温度控制在0℃左右贮藏梨果叫冷藏。国内的冷库一般采用砖砌混凝土结构，内层安装隔热材料和防潮材料，砖墙外水泥抹面防止潮湿。这种冷库在我国河北省梨产区建造较多，其体积多在30～50t。梨果冷藏时温度容易控制，在低温条件下能有效地抑制果实的老化过程，贮藏期长，管理方便，效果较好，受环境条件影响小；但建库投资大，制冷耗电多，贮藏成本高。梨冷藏时，品种不同，对温度下降速度要求不同，大部分品种，经一昼夜预冷后，可直接运到0℃的冷藏库中。鸭梨因易患黑心病，应采用缓慢降温方式，即控制库温在12℃时入库，一周后，按每3天降1℃，降至0℃停止，库内相对湿度保持在85%以上。

（2）气调贮藏。气调贮藏是将果实贮藏在不同于普通空气的混合气体环境中的贮藏方法，也称为CA贮藏。近30多年来，果品的气调贮藏在国外发展较快，国内则在苹果上应用较多，在梨的气调贮藏方面，生产中应用尚很少。果实的气调贮藏，一般在冷藏条件下进行。在低温条件下，同时改变了贮藏环境中气体成分，一般是降低氧气含量，提高二氧化碳含量。这样有效地抑制了果实的呼吸强度，延长了果实的贮藏时间，效果比单一冷藏有所提高。但气调贮藏时建库费用高，要求配制气体测量设备，且贮藏环境气体成分控制不当时，易发生果心褐变等二氧化碳中毒现象。尤其是梨对二氧化碳很敏感，不同品种对气体指标要求不同。

梨果实气调贮藏时，大多计划贮期较长，应选择质量高，并注意适期采收果实。采后预冷24h后入库，一般连同果箱码垛后，外套聚乙烯薄膜（0.23mm厚）大帐密封，利用果实自身的呼吸作用来降低帐内的氧气和提高二氧化碳含量。也可用碳分子筛气调机（NCS10/95，北京长城无线电厂）调节帐内的氧含量。消除帐内过多二氧化碳时，可用消石灰（吸湿后的粉状石灰）。

梨各品种对气调指标的要求差异较大。据对鸭梨试验，在入冷库后缓慢降温条件下，控制大帐内氧浓度为7%，二氧化碳为0%，相对湿度89%。显著地减少了晚期黑心病的发生率。贮藏213d后，果皮仍呈不同程度的绿色，且二氧化碳浓度越低，保绿效果越好。但当氧浓度降低至5%，二氧化碳仍为0时，贮放在货架2周，绿色仍难退去。要消除大帐内果实呼吸产生的二氧化碳，可用相当于果重10%的消石灰置于帐内底部。

4. 加工利用

梨果除直接食用外，还可加工成罐头、梨汁、梨酒、梨醋、梨干、梨脯、梨膏、梨酱、梨糖浆、梨蜜饯等。下面仅对制汁和罐藏加工品的制作作一简要介绍。

（1）梨汁。主要原辅材料：鲜梨；柠檬酸；白砂糖；异抗坏血酸钠。工艺流程：异抗坏血酸钠→酥梨→选果→洗涤→破碎→榨汁→过滤→瞬间杀菌→冷却（调pH值）→澄清（加果胶酶）→精滤→保温→装罐→密封→杀菌→冷却→擦罐→入库。

操作要点：选果：为不影响梨汁的色、香、味及减少微生物的污染源，必须加以剔除病虫害果和腐败果等。洗涤：选取果后的原料，必须将附着在果实上的泥土、微生物和农药洗净。洗时温度控制在40℃以下。采用流动水漂洗。破碎：洗净的果实进入破碎机破碎，碎块大小以2～3mm为宜，太大或太碎降低原料的出汁率。为防止褐变必须添加异Vc钠，使用量为0.15g·kg^{-1}。榨汁：利用螺旋压榨机压榨，为提高出汁率可添加助剂及先以果块进行果胶酶处理。过滤：亦称粗滤或筛滤，破碎压榨后的新鲜果汁含有大量的碎块、种子及果皮等，它们不仅影响果汁的外观和风味，而且还会使果汁很快发生变质，必须除去。滤孔大小应为0.5mm左右。瞬间杀菌：在果汁中存在着各种微生物，杀死微生物采用93±2℃，保持30s。同时高温还能够钝化引起褐变的酶类。冷却：高温使香味物质挥发，使果汁的有效成分发生变化，影响其品质，必须迅速冷却。澄清：调pH值于3.0～3.5，升温至45～55℃之间保温。过滤：过滤的目的是分离其中的沉淀和悬浮物，使果汁澄清透明。调配：为使果汁改进和提高风味、品质，必须进行稀释和糖酸的调整等。封瓶：封瓶真空度大于0.05MPa。杀菌：5133型，100℃条件下杀菌5～12min。

（2）梨罐头。原料选择：制罐品种应选择肉质厚，果心小，质地细而，致密，没有或极少石细胞，有香气；酸甜味浓，耐煮性强，不易变色的类型。工艺流程：原料→分选→去皮→切分→挖核→预煮→装罐→排气→封罐→杀菌→冷却→成品。制作方法：以锦香梨为例，果实稍经后熟，肉质微软时，即可加工。先摘掉果梗，用去皮器去皮后纵切为两半，挖去果心，浸入1%～2%的食盐水中或0.1%的柠檬酸液中护色。按果块大小在沸水中热烫5～10min，以果块煮透而不烂、无夹心、半透明为度。捞出迅速装罐。容量为510g的玻璃罐头，装入果块290g，糖水210g，糖水浓度以可溶性固形物30%为好。酸度低的品种在糖水中添加0.05%～0.1%的柠檬酸。抽气密封，压力为46.66～53.33kPa。杀菌：要求罐中心温度不低于80℃。排气封罐后在100℃沸水中杀菌。冷却：玻璃罐要分段逐步冷却。

（李秀根　刘先雄）

18. 桃

世界桃生产主要位于北纬30°至南纬45°之间，其栽培面积和产量是居苹果、梨和葡萄之后的第四大落叶果树。根据联合国粮食与农业组织2002年的统计结果，全世界桃栽培面积219万hm^2，总产量13.82亿kg，其中中国产量为第一位，占总产量的30.21%，占总面积的63.32%。

一、主要物种

桃属于蔷薇科、李属、桃亚属，原产我国。世界普遍认可的桃有以下5个种。

1. 桃（*Amygdalas persica* Linn.）

本种既是一般所指的“桃”，又有5个变种。

（1）蟠桃。果实扁圆，核小。

（2）油桃。又名李光桃，果皮光滑无毛。

（3）寿星桃。树体矮小，有红花、白花、粉红花等品种，主要用作观赏。

（4）垂枝桃。枝条柔软、下垂，有红花、白花、粉花及红、粉、白嵌合体等品种，主要用于观赏。

（5）碧桃。花瓣一般3~5层，花瓣数20瓣以上，主要用于观赏。

变种间在实际生产中会有交叉，尤其是随着杂交育种的进展，产生了油蟠桃、寿星油桃、垂枝蟠桃等新品种。

2. 甘肃桃［*A. kansuensis*（Rehd.）Skeels］

本种与普通桃极为近似，惟冬芽无毛；核面有沟纹，但无孔纹。产于陕西、甘肃，当地广泛用作桃的砧木，具有较强的抗旱、抗寒性。其中红根甘肃桃对南方根结线虫免疫。

3. 山桃［*A. davidiana*（Carr.）C. de Vos ex Henry］

本种果实、核近球形，核有孔纹和短沟纹。野生于西北、华北及东北等地区，有红花山桃、白花山桃、光叶山桃等变种，为北方的主要砧木，具有很强的抗寒能力和抗蚜虫能力，但不耐涝，易感染根癌病。

4. 光核桃［*A. mira*（Koehne）Yü et Lu］

本种花白色，果实较小，近球形，可食用。核卵形，扁而光滑。分布于青藏高原及四川等地，为桃的最原始种，具有丰富的变异。

5. 新疆桃［*A. ferganensis*（Kost. et Rjab.）Yü et Lu］

本种侧脉离开主脉后即弧形上升，在叶边仍分离不相连接，网脉不明显。产于我国新疆和中亚细亚，有不少栽培品种。果实扁球形或球形，多较小，绿白色，稀金黄色，茸毛较多。核表面具纵向平行的棱或纹为其显著特征，多离核。种仁苦或甜。

二、主要栽培品种

1. 品种类型

桃在我国栽培区域广泛。根据地理分布、果实性状和用途，传统上将其划分为5大品种群，即北方品种群、南方品种群、黄肉桃品种群、蟠桃品种群和油桃品种群。近年来，为生产应用方便起见，将桃划分为：水蜜桃、油桃、加工桃、蟠桃和观赏桃等5个品种类型。

（1）水蜜桃品种群。水蜜桃即有毛鲜食桃的总称。主要特点是果实有毛，果形圆、椭圆或尖圆。它包含了传统分类中的北方品种群、南方品种群以及它们之间的杂交种。由于生产中大部分鲜食品种都直接或间接来源于南方品种群的上海水蜜桃，故在目前生产实际应用中，凡鲜食普通桃，无论白肉还是黄肉，也不论硬溶还是软溶，都统称为水蜜桃。

（2）油桃品种群。原产我国新疆、甘肃。主要特点为果实无毛，俗称李光桃。地方品种一般果形较小，核大肉少，肉质脆硬，汁少，味酸。经过育种者几十年的努力，已培育出了果形大、色泽亮丽、肉质硬、风味浓郁的优良品种，如国外的早红2号和我国的曙光品种。

（3）加工桃品种群。原产我国西北、西南一带。罐藏加工桃品种的特点是黄肉、黏核、不溶质。我国著名的地方品种有甘肃灵武黄甘桃，陕西礼泉黄甘桃，云南呈贡黄离核，新疆叶城黏核黄肉桃等。优良品种有日本的罐桃5号、罐桃14号、明星，美国的爱保太（Elberta）、红港（Redhaven）、金童6号（Golden Baby 6）等均属此类。

（4）蟠桃品种群。原产我国江浙一带栽培较多，华北、西北有少量栽培。主要特点为果实扁圆，两端凹入，果形如饼，品质甚佳。优良地方品种有南方的白芒蟠桃、撒花红蟠桃、奉化蟠桃，北方的五月鲜扁干等。培育的优良品种有早露蟠桃、农神蟠桃等。集蟠桃和油桃于一身的中油蟠3号、中油蟠4号也可划为此类。

（5）观赏桃品种群。主要指普通桃变种中的碧桃、垂枝桃和矮化桃类。主要特点是花色鲜艳、重瓣，观赏性强。优良的地方品种有红花重瓣寿星桃、红垂枝、鸳鸯垂枝、洒红桃、菊花桃等，培育的优良品种有满天红、迎春、金花、桃花仙子、重瓣玉露、乐园等品种。

2. 主要栽培品种

（1）雨花露。江苏省农业科学院园艺研究所于1963年以白花水蜜与上海水蜜为亲本杂交选育而成，1973年定名。果实大，平均单果重110g，最大202g。果实长圆形，对称，果顶圆平；果皮底色乳黄，果顶着淡红色细点形成的红晕；果肉乳白，近核处无红色，软溶，风味甜，可溶性固形物11.8%，黏核。需冷量800～850h。在河南郑州地区6月19日果实成熟，果实发育期75d。该品种是优良的早熟鲜食桃品种，果形较大，丰产，稳产，适应性强，适宜各地发展。

（2）砂子早生。1933～1934年，日本国冈山县从神玉、大久保品种的苗木中发现，推测是偶然实生，经鉴定后于1958年定名。果实大，平均单果重150g，最大400g。果形椭圆，两半部较对称，果顶圆；果皮底色绿白，顶部及阳面具红霞；果肉乳白，硬溶，风味甜，可溶性固形物11.7%，核半离。需冷量800～850h。在河南郑州地区4月4日开花，6月22日果实成熟，果实发育期77d。该品种为早熟鲜食桃品种，果形大，外观美，耐贮运。但自花不稔，丰产性一般，需配置授粉品种，必要时进行人工授粉。不适宜在春季阴雨多湿的地区种植。

（3）仓方早生。日本国品种，仓方英藏于1945年用（塔斯康×白桃）与实生种（不溶质的早熟品种）杂交选育而成，1951年定名。平均单果重127g，最大206g。果形圆，较对称，果顶圆平；果皮乳白色，向阳面着暗红斑点和晕，不易剥离；果肉乳白稍带红色，硬溶，风味甜，有香气，可溶性固形物12.0%，黏核。需冷量900h。在河南郑州地区4月上旬开花，7月上旬果实成熟，果实发育期88天。该肉质细密，耐贮运，是优良的鲜食品种。自花不稔，丰产性一般，种植时需配置授粉树，必要时进行人工授粉。不适宜在春季阴雨多湿的地区种植。

（4）大久保。1920年日本国冈山县赤盘郡熊山町大久保重五郎在白桃园中偶然发现的实生种，1927年定名。果实大，平均单果重205g。果形圆，对称，果顶圆平；果皮底色乳白，着红晕，皮易剥离；肉质硬溶，致密，风味甜，有香气，可溶性固形物10%～14%，离核。树冠开张性强，枝条容易下垂，幼树多长果枝，进入结果期早，盛果期后树势易衰弱，以中短果枝结果为主，复花芽多而饱满，花芽起始节位低至第2节，丰产稳产。在河南郑州地区7月下旬果实成熟，果实发育期110d。花为蔷薇型，花粉量多。需冷量850～900h。果实大，外观美，品质优良，丰产性能良好，适应性强，是鲜食兼加工用品种。

（5）燕红。北京果园于1954年自偶然实生中选育而成。原代号绿化9号，1978年定名。平均单果重170g，最大300g。果实近圆形，稍扁，果顶平；果皮底色绿白，近全面着暗红或深红色晕，果皮厚，完熟后易剥离；果肉乳白色，味甜，稍香，可溶性固形物12.0%，黏核。花芽耐寒能力较强，适应性强，进入结果期早，丰产。在河南郑州地区4月4日开花，8月中旬果实成熟，果实发育期130d左右。需冷量900h。果型大，色泽深红，丰产性好，耐贮运，但个别年份有裂果，是一个较好晚熟优良品种。

（6）丰白。辽宁省大连市农业科学院于1960年以大久保自然杂交种子实生选育而成，1973年命名。平均单果重210g，最大果重400g。果皮底色白绿，阳面与顶部着暗红色晕和断续较明晰细条纹及斑纹，外观色泽美，果皮厚，不易剥离。果肉青白色，硬溶质，风味甜，可溶性固形物11.78%，离核。果实成熟期7月底，果实发育期120d。自花不稔。果个大，但风味偏淡，较丰产。

（7）中华寿桃。山东栖霞、牟平等地农家栽培的晚熟桃株系中选出的品种，1997年通过品种审定。平均单果重277g，最大果重975g。果实近圆形，果顶微突出，缝合线较深，两半部较对称。套袋栽培底色乳白，去袋后果实着红色晕。果肉乳色，硬溶质，风味甜，可溶固形物18%，黏核，核周围有红色素。在贮藏果核周围果肉易褐变。果实发育期195d左右。成熟期极晚，果实大，风味甜，早期丰产性能好，但该品种裂果严重，且贮藏期果肉易变褐，仅适宜黄河以北地区在套袋栽培条件下种植。由于该品种果实生育期长，在辽宁、新疆、甘肃、宁夏部分地区栽培应注意无霜期时间的长短及冻害。

（8）曙光。中国农业科学院郑州果树研究所于1989年以丽格兰特×瑞光2号选育而成，1995年命名，1998年通过审定。黄肉油桃。平均果重90～100g，最大果重150g。果实近圆形，外观艳丽，全面着浓红色；果肉黄色，风味甜，可溶性固形物含量10%左右，黏核。河南郑州地区4月1日开花，果实6月6日成熟，果实发育期65d。花粉量多。需冷量700h。极早熟黄肉甜油桃。外观艳丽，全红型，风味甜，较丰产，基本不裂果，但有顶先熟现象。

（9）早露蟠桃。1973年北京市农林科学院林业果树研究所以撒花红蟠桃作母本、早香玉作父本杂交选育而成。1989年命名。平均单果重68g，最大果重95g。果形扁平，果顶凹入；果皮底色乳黄，果面50%覆盖红晕，易剥离；果肉乳白色，近核处微红，硬溶质，肉质细，微香，风味甜，可溶性固形物9.0%，黏核，核小。裂核极少。丰产。花为蔷薇型，花粉量多。在河南郑州地区6月10日果实成熟，果实发育期67d。需冷量750h。早露蟠桃为早熟优良蟠桃新品种，外观美，风味甜香，品质优，丰产，易栽培管理，可在各地发展。

（10）农神。美国新泽西州以NJ602903（Golden Golbe×R1T6）为母本，Pallas为父本杂交而成，1985年命名。果实中等大，平均单果重90g，最大果重130g。果形扁平，果顶凹入；果皮底色乳白，全面着鲜红晕，皮易剥离；果肉乳白色，硬溶质，风味浓甜，有香气，可溶性固形物10.7%，离核。花为蔷薇型，花粉量多。河南郑州地区4月上旬开花，7月中旬果实成熟，果实发育期100d。需冷量750h。丰产。果实全面着鲜红色，外观美，风味浓甜，有香气，耐贮运性好，离核，丰产，易栽培，为优良的中熟蟠桃品种。

（11）满天红。1992年中国农业科学院郑州果树研究所对北京2－7（白凤×红花重瓣寿星桃）自然授粉种子进行实生而成。平均单果重127g，果面50%着红色，果肉白色，软溶质，黏核，风味甜，可溶性固形物含量12%，丰产性好。郑州地区花蕾献蕾期4月1日，始花期4月9日，盛花初期4月13日，盛花终期4月22日，末花期4月26日。开花持续天数18d。花重瓣，蔷薇型，花蕾红色，花红色，花径4.4cm，花瓣4～6轮，花瓣数22，花丝粉白色，花丝数45，花药橘红色。需冷量850h。果实7月25日成熟，花色鲜艳、着花状态密集，果实具有一定的可食性，是优良的观赏、鲜食兼用品种。

三、生物学特性

（一）生态习性

1. 温度

桃树的不同生长发育期要求不同的温度，适宜的年平均气温为12～15℃，北方桃适宜年均温8～14℃的地区，南方桃则适宜12～17℃；生长期（4～6月）的平均气温为19～22℃，开花期需在20℃以上，果实成熟期25～30℃。

不同器官，对低温的抵抗能力不一。完成休眠后，花芽受害温度－18～－15℃；花蕾－6.6～－1.7℃；盛花期－2.8℃；幼果－1.1℃。

桃树属耐寒果树，但冬季低温在－25～－23℃以下时易发生冻害。桃树在冬季需要一定的低温来完成休眠过程，即要求一定的“需冷量”。温度是影响打破自然休眠的第一因素，最有效的温度范围是2.5～9.1℃，1.4～2.4℃和9.2～12.5℃打破对休眠作用仅有2.5～9.1℃的一半；18℃以上的温度能够抵消已积累的低温，但一定范围内的高低温交替对打破自然休眠有一定的作用。大多数桃品种的需冷量为750～950h，也有需冷量低于150h和大于1 200h的品种。需冷量是限制桃树栽培南移的根本因素。

2. 光照

桃原产海拔高、日照长的地区，形成了喜光的特性。一般年日照时数在1 200～1 800h即可满足生长发育需要。桃的光饱和点在740μmol·m^{-2}·s^{-1}，光补偿点在30μmol·m^{-2}·s^{-1}，不同品种之间反应不同有所不同。狭叶桃具有较高的光透率，从而有较强的群体高光效（W. R. Okie，2002）。光核桃的光合速率较普通桃强；而在普通桃中，西北桃、北方品种群桃较南方品种群桃的光合速率快，但南方的蟠桃及低需冷量品种的光补偿点则较低。

3. 水分

桃树为浅根系，对水分敏感，根系主要分布在地表20～50cm处。在根系生长期呼吸旺盛最怕水淹，连续积水两昼夜就会造成落叶和死亡，在排水不良和地下水位高的果园会引起根系早衰、叶薄、色淡，进而落叶落果，流胶以至植株死亡。缺水时根系生长缓慢或停长，若1/4以上的根系处于干旱时，地上部就会出现萎蔫现象。春季雨水不足，萌芽慢，开花迟，在西北干旱地区易发生枝条抽干现象。在生长期降水量达 500mm 以上，会使枝叶旺长，对花芽形成不利，在北方则表现为枝条成熟不完全，冬季易受冻害。在果实成熟期，雨量过大使果实着色不良，品质下降，裂果加重，病害如炭疽、褐腐、疮痂等发生严重。

4. 土壤

桃的最适土壤为排水良好、土层深厚的沙质壤土。pH 值的适宜范围为 5.5～6.5，呈微酸性。土壤盐分含量应在 0.1% 以下。当土壤内石灰含量较高，pH 值在 8 以上时，会由于缺铁而发生黄叶病，在排水不良的土壤上，更为严重。黏重的土壤易发生流胶，在瘠薄地和沙地，肥水流失严重，致使树体营养不良，果实早熟且小，产量低，盛果期短，易发生胴枯病、炭疽病等。在肥沃土壤上营养旺盛，易发生多次生长，并引起流胶，进入结果期晚。

（二）生长发育

桃树是落叶小乔木，自然生长时，中心干容易消失，枝条常呈开张。桃树萌芽力和发枝力均强。在年生长周期中，有多次生长的特性，能生长 2～3 次，旺盛的幼树有 4 次生长，可以加速培养树冠。因此，一般定植 2～3 年后即开始结果；4～5 年可进入盛果期，但桃树寿命长短，常与品种、砧木、土壤、气候和栽培条件等有关。在南方地下水位高或土壤瘠薄的地区，桃树衰老较早，有效生产年限往往不超过 15 年。而栽培管理精细或环境条件较好的，也可达到 20 年以上。

桃花芽属纯花芽，腋生，可分为单花芽和复花芽。结果枝的类型按其芽的排列和长度，可分成长果枝、中果枝、短果枝、花束枝、徒长结果枝等 5 种类型。根据对国家果树种质郑州桃圃 400 多份品种自然座果率的调查，平均在 25.6%，最高可达 60.22%；花叶芽比率 103.82%，结果枝比率 69.55%，花芽起始结位 4.61。桃树根系属浅根性，无自然休眠期，其分布的深度、广度受砧木、品种、栽培密度、地下水位高低等影响。一般地下水位高、土壤黏重或经过移植的桃树根系分布浅，反之较深。

四、栽培技术

1. 苗木繁殖

（1）苗圃地选择。土壤的酸碱度以中性或微酸性为好。沙质壤土透气性良好，苗木根系发达，地上部不易徒长，生长充实，定植成活率高。园地原则上忌重茬。

（2）苗木繁育。首先是繁育健壮的砧木，其后才是嫁接优良品种。

● 砧木　生产上应用最普遍的有山桃和毛桃等。山桃多在北方应用，发芽率高，与毛桃砧相比生长稍慢，嫁接成活率稍低。

毛桃多在南方各地采用，适应性广，生长迅速健壮，根系发达，耐旱、耐瘠薄土壤，与山桃相比耐湿性好，嫁接亲和力强，苗木生长旺。毛桃种类较多，表现一般，当地的毛桃在当地种植会表现较强抗性。现生产中广泛应用新疆毛桃（新疆桃与毛桃的杂交种），其种子价格便宜，出苗率高，但对白粉病的抗性差。列玛格（Memaguard）和筑波系列红叶砧木是抗根结线虫的优良砧木品种，建议在我国育苗中应用。甘肃桃可在西北地区应用。毛樱桃作砧木有明显矮化效果，但常表现后期不亲和，萌蘖多，单株差异大，不稳定等问题。

砧木种子的采集一般在 7～8 月进行，采后及时除去果肉并阴干，放置在阴凉、干燥处贮藏即可。毛樱桃则在除去果肉后立即沙藏。为满足种子的自然休眠及其后熟过程中体内生理变化的需要，应将其在 2～7℃低温下、沙藏 60～100d。

播种时间可根据具体条件进行，分秋播（在土壤封冻前播入）和春播两种。山桃种子较小，每千克约 250～600 粒，播种量约 300～750kg·hm^{-2}。毛桃较大，每千克约 200～400 粒，播种量 450～750kg，出苗约在 9 万～12 万株为宜，数量如超过 15 万株会影响苗木质量。

● 嫁接　由于采用嫁接方法不同，春、夏、秋季均可进行。如果夏季繁殖，当桃芽成熟时即可嫁接。

春、秋季嫁接多采用带木质部芽接、嵌芽接；春季嫁接，时间一般在树体萌芽之前，接穗要贮藏在冷凉地方备用。夏季主要为 T 形芽接、方块形芽接。在多雨地区宜避开雨季，减少流胶，以提高成活率。秋季嫁接一般在 8 月下旬至 9 月下旬进行。

苗木根据嫁接时间的不同以及嫁接后所采取技术手段的不同，可以分为 1 年生苗、2 年生苗和芽苗。1 年生苗称速生苗，指当年播种、嫁接，当年接芽萌发，生长成苗，出圃的苗木；2 年生苗木指播种当年嫁接或第二年春天嫁接成活后，生长 1 年于秋季落叶后出圃的苗木；芽苗又称半成品苗，指当年播种，嫁接成活且接芽当年不萌发的苗木。1

年生苗木成本较低，目前广泛应用，但在北方寒冷地区易冻害；芽苗可在育苗当地推广、种植。

国家于2002年颁布国家强制性标准“桃苗木”。苗木标准的基本要求是品种纯度95%以上，砧木类型一致；根系分布均匀，舒展不卷曲，有3条以上侧根，长度在20cm以上；嫁接口愈合良好，无根结线虫、根癌及介壳虫等病虫害。1年生桃苗其地上部枝条要充实，嫁接口上3cm处粗度不得小于0.6cm，高度应在60cm以上，整形带内应不少于6个饱满芽。

2. 建园

（1）园地选择与规划。根据当地的地形、土壤、气候、交通、水源等条件，结合桃树的特性选择园址。桃树在平原、坡地、河滩、山地均可种植，但以沙质壤土、土层深厚、水源方便、自然排水流畅的向阳缓坡地为好。

选用平地及河滩地建园，要求常年地下水位不高于1m，若较高应采取高畦或台田种植，在表土下有板结的黏盘层或僵石层应先深翻打通；砾石过多坡地，要先行去石增土；漏水、漏肥的粗沙地，应先行客土改良或抽槽填施秸秆、稻草、土杂肥；低洼易涝、盐碱重的地块及大风口不宜建立桃园。重茬桃园往往树体生长不良或死亡；老桃园砍伐后，要除尽残根，种植3~4年以上禾本科作物，如小麦可有效防止根癌病的发生。

园地规划包括：划分小区及道路、排灌系统的设置等。原则上应根据具体情况进行安排，以方便栽培管理，运输肥料、农药，采果、运果等操作，并保证树体生长良好。

（2）品种选择与配置。桃品种很多，如何根据当地实际情况正确确定品种十分重要。

能适应当地环境条件。每个品种，只有在它的最适条件下才能发挥该品种的优良特性，产生最大效益。如：肥城桃、深州水蜜只有在当地才能表现个大、味美、产量好，其他地方种植则表现不佳。白凤在各地表现均好。

市场销售状况。种植园所在地的人口、交通、加工条件等都直接影响果品的销售。城市、近郊可选种鲜食品种；在交通不便地区要选种耐贮运或加工品种。

成熟期。首先要考虑与其他瓜果成熟期分开，进而确定桃品种间的早中晚搭配。搭配比例要根据市场状况、气候条件及劳动力状况。

授粉品种。桃多数品种自花结实能力强，但异花授粉可明显提高结实率。对于花粉不稔的品种必须配置粉树；授粉树与主栽品种的比例一般不少于1:3。

（3）栽植方式与密度。桃树栽植方式有多种，栽植密度也应因地制宜，适当种植。桃树栽植方式有长方形、正方形、三角形，以及等高栽植等。长方形栽植，行距大于株距，优点是通风透光良好，便于操作，是常用的种植方式。栽植密度依土壤、整地方式、品种而定。桃树喜光，应适当稀植，建议采用株行距为2m×5m或2m×6m，这种密度在国外已经得到广泛应用。

（4）定植。春、秋两季均是栽树的季节，北方多在春季，地面解冻后桃苗发芽前，南方多在秋季落叶后至地面结冻前进行。定植前先挖好定植穴或定植沟，施入基肥；定植后，芽苗要及时剪砧，剪口位置在接芽上方0.5cm左右，留桩过高，影响愈合，形成死茬，过低会使接芽风干枯死；在有风害的地区，剪砧后要立支柱，当苗长到40cm时，即可开始绑缚，以防折断；砧木上的萌蘖与接芽争夺养分，要及时剪除；当接芽抽梢长到55~60cm时，即可摘心定干。在顶芽下15~20cm处用作整形带，选留3~4个位置、方向、角度适宜的二次枝作主枝培养，注意相互错开，防止3个主枝邻接，骨架不牢。

3. 土肥水管理

（1）土壤管理。在选择间作物时要考虑病虫害及与桃树争水争肥的问题。在桃苗定植后1~2年内，行间可以间作低秆作物，如花生、大豆、红薯、草莓等，但应避免种植会使根结线虫加重的番茄、西瓜等。另外还可以在行间种植绿肥，既可防止杂草丛生，又能肥田、给牲畜提供饲料。据郑州果树研究所报道，种植毛叶苕子平均产36 480kg·hm^{-2}鲜草，压入地下显著增加了土壤有机质含量并改善了土壤结构，“毛叶苕子”可“自生自灭”，不需每年播种，连续种植7年产量仍很高，是沙地果园改土的良好绿肥品种。

（2）施肥。桃树生长快，枝叶多，对营养需求量较高，营养不足，树势明显衰弱，果实品质下降。缺少某种营养元素，可能表现出缺素症。

幼树期生长旺盛，即使在瘠薄的土地上，也能生长良好。如果氮肥施用过多反而会引起徒长，进入结果期晚，易产生生理落果，因此幼树期要适当控制氮肥的用量。进入盛果期后，产量增加，需要增施氮肥。钾肥对果实发育非常重要，缺钾时叶小色淡，叶缘焦枯，叶片皱缩卷曲，有时纵卷弯曲成镰刀状，生理落果严重，果小色差风味淡，且易感病，所以要注意及时施用钾肥。

基肥主要指圈肥，施用时混入适量的氮、磷、钾肥，如过磷酸钙、草木灰、尿素等，可提高肥效。基肥以秋施为好，此期地温较高，有利于肥料腐烂分解，此时根系仍在活动，且断根还能再生新根，具有吸收能力。这些养分贮存在树体中充实花芽，有利于翌年的开花着果。同时秋施基肥还可减缓第二年新梢的长势，减少生理落果。施肥方式有条施、环状沟施、放射沟施、撒施等，生产上常用条状沟施肥，即在树冠外缘（吸收根的主要分布区）挖50cm宽、50cm深的条沟，长度根据树冠大小确定，注意每年行间株间，轮换位置，使根部逐年得到肥料。

追肥即使用速效性肥料来满足和补充某个生育期所需的养分。施肥方法有点施、撒施、沟施及叶面喷施等。一般果园追肥2～3次，具体追肥次数和时期要根据品种、产量、树势等确定。可参考5个时期追肥：花前肥、花后肥、壮果肥、催果肥、采后肥。

（3）灌水与排水

• 灌水　在北方多春旱，应灌好萌芽水，但开花期不能灌水，否则易引起落花落果。每次追肥后都应该及时灌透水；入冬往往干旱，应灌好封冻水，提高树体的抗寒能力。其余时间根据天气情况适时灌水。

油桃对水分更加敏感，常因水分分配不合理而引起裂果，如久旱不雨，或在果实迅速膨大期，骤然降水，会发生严重的裂果现象，有时连阴雨也能够引起裂果。所以掌握水分控制与调节在油桃上显得更加重要。滴灌为最理想的供水方式，既节水又能均匀供给，为油桃生长提供较为稳定的土壤和空气湿度，有利于果肉细胞膨大，减轻或避免裂果。喷灌也是一种较好的灌溉方式。当前生产上选择油桃品种时，要注意果实速生期、成熟期和降雨的关系，如南方要选择极早熟品种，在雨季到来之前成熟。黄河故道要选用早熟品种为主，中晚熟品种套袋防雨，北方可不考虑果实成熟期。

• 排水　桃树最怕涝，轻者黄化，树势衰弱，重者死亡。尤其在南方建园时要考虑排涝系统的设置。在整地时采用深沟高畦或隔几行开深沟的方法，把桃树种在高处，降雨时及时排水。北方夏季雨水集中时，可临时挖沟排水，黏土地如遇短期积水，过后应晾根。在地下水位高的地块或洼地也要起垄栽植，防止淹水。

4. 修剪技术

（1）定干高度。一般树形的主干高度在30～50cm，具体高度要根据品种、地形、栽植密度、管理方式和单株生长情况确定。生长势强，土壤肥沃，品种的枝条开张度大，定干可适当高些。

（2）树形的选择。树形、主枝选留数目和方位要根据栽植密度、整形方式等来确定。主枝选留的数量由树形决定，而树形由定植密度决定。三主枝开心形选留三主枝，角度在120°左右，主枝不要正南，以免遮光，部位最高枝不能过旺；二主枝的方位一般一枝向东，一枝向西，同样部位在上的主枝不能过旺，以保证二主枝的平衡。

整形修剪还要掌握因树修剪，随枝作形的原则，达到既通风透光，又能充分利用空间，既有牢固的骨架，又有早期产量，整形结果两不误，整形时要有轻有重，适当轻剪长留，改变过去“先长树后结果”的观点，达到边长树边结果的目的。

（3）修剪方法

• 时期　桃树修剪分冬季修剪（休眠期修剪）和夏季修剪（生长期修剪）。冬季修剪从落叶后到翌年萌芽前均可进行，一般地区以落叶后到春节前为宜，但在冬季严寒干燥地区，幼树越冬容易出现“抽条”现象，应在严寒以前剪完。有些品种或植株生长过旺，也可适当晚剪，即在刚萌芽时修剪，以削弱其长势。夏季修剪包括从萌芽后到新梢停止生长的整个生长季节。过去习惯只注重冬季修剪，但实际上夏剪比冬剪作用更大，它能及时调节生长发育，减少无效生长，节省养分，改善光照，培养理想的结果枝组，提高果实品质。尤其是幼树通过夏季修剪可以早成形、早结果，减少冬季修剪量。

冬季修剪。短截：短截即是把枝条剪短。短截改变了原有枝条的极性，促进侧芽萌发，增强分枝能力，提高剪口芽的长势。成枝力大小和分枝长势因被剪枝的粗度和短截量不同而异，长势越旺，修剪越重，抽枝能力就越强。一般长果枝截去1/3～1/2，即可抽生2～3个中短枝，结果3～4个，中果枝截去1/2，可抽生1～2个短果枝，结果2～3个；徒长枝和徒长性结果枝通过适度短截后，可培养成大中型结果枝组。回缩：回缩就是对多年生枝或枝组的短截。常用来复壮枝组，降低结果部位，增强弱枝的生长势，或对大枝堵头，促使下部枝复壮。其反应与被剪母枝的大小、年龄和剪口枝的强弱有关。缩剪的母枝本身较弱，而剪口枝较强，可刺激剪口枝的生长，达到复壮的目的。如果此时剪口枝也很弱，“弱上加弱”，反而会严重削弱母枝的生长；缩剪母枝生长势较强，剪口枝也强，缩剪量也不大，这样可促进枝条的生长势，并使近剪口处的单芽枝萌生为较强的中长果枝，恢复大枝中下部枝条的长势。但如果缩减量过大，剪口枝和留下的枝条也弱，就会严重削弱母枝的生长，甚至引起死亡，这就是所谓的“堵过火，堵死了”。疏枝：疏枝即把枝条从基部剪除。常用于过密枝、纤弱枝的疏除。疏除多余的枝条可以改善树冠通风透光条件，使枝条分布合理，增强光合能力，促进健壮生长，也有利于果实着色，提高品质。尤其要注意对外围骨干枝延长头和竞争枝上过多枝条的疏除，打通光路，做到“头清”，也要注意对内膛背上徒长枝的处理，疏通光路，做到“膛松”。

夏季修剪。抹芽除萌：即在桃芽萌发后抹去背上多余的徒长芽，剪、锯口下无用的丛生芽，延长头剪口下的双芽或3芽、竞争芽。抹芽除萌可以节省养分，减少无用的新梢，避免背上徒长枝的产生，从而创造良好的光照条件。抹芽时要根据需要选留位置、角度、长势合适的芽，一般幼树对延长头要去弱留强，背上枝要去强留弱。摘心：摘心即是摘除新梢顶部一段幼嫩部分。摘心可以改变养分的极性运输，提高枝条中下部的营养，促进枝芽充实，有助于花芽分化。一般在新梢长到20～30cm时摘心，下部可以形成饱满的花芽，此时对徒长梢摘心，可以发出几个副梢，副梢也能成为结果枝，常用来培养结果枝组。扭梢、拿枝、拉枝：扭梢在桃树上应用不多，因为桃树成花容易，伤了枝条后又容易流胶，但对直立性强的徒长枝、竞争枝可行扭转压平，以削弱其长势，改造成结果枝组。拿枝就是对竞争枝、强旺枝“伤筋动骨”，抑制其生长，改变角度。操作时用双手自基部向上逐渐挪动，伤其木质部而不折断。拉枝就是在生长季节调整骨干枝角度、方位，注意不要把大枝拉劈，劈后易流胶，愈合不良，另外拉点要垫上松软的物品，以免刈伤或拉绳长入枝条中。

● 修剪技术的综合应用　平衡树势的修剪技术：在整形修剪时往往遇到骨干枝间长势不平衡，不能充分利用空间，单株产量低。这时就要通过多种手段，抑强扶弱，达到均衡生长的目的。在修剪时一般要强枝重剪、弱枝轻剪、强枝留弱芽、弱枝留壮芽、强枝多留果、弱枝少留果，强枝开张角度、弱枝抬高角度，利用撑、拉、垂等手段，结合施肥，逐渐平衡树势。旺树促进结果的修剪技术：由于品种或管理技术等原因，如肥水过大、重修剪刺激、不注意夏季修剪，会引起树体旺长，树冠郁闭，内膛枝枯死，结果少。对于这些树除结合肥水及运用化学药剂控制外，还要进行合理的修剪。首先要打开光路，疏除部分骨干枝和挡光大枝，尤其背上徒长枝要疏除，要拉开主枝角度，有光就有花；其次要注意夏季对旺枝进行扭、拿、摘的方法。也可把冬季修剪改在早春后进行，削弱其长势。这样经过1～2年即可缓和树势，形成饱满的花芽，稳定产量。结果枝的修剪：结果枝剪留数量与品种、树势、树龄等有关，一般冬季修剪后结果枝的枝头距离保持在10～20cm，也就是一拳到两拳的距离。对于以短果枝结果的北方品种群品种，可适当密些，以中长果枝结果为主的南方品种群品种，可适当稀些。结果枝剪留长度要根据枝条的长度、着生部位、品种的座果率高低等确定，一般长果枝剪留5～8节花芽，过密时疏除直立枝留平斜枝，注意枝条分布不要“齐头”，长短应错开，还要注意留预备枝；中果枝一般剪留3～5节花芽，剪口芽留叶芽；短果枝和花束状结果枝一般只疏不截；徒长性结果枝座果率低，生长旺，短截后可抽生几个良好的结果枝，所以常结合夏季修剪，培养成结果枝组，具体剪留长度要根据位置、空间、粗度确定。结果枝组的培养：结果枝组是直接着生在骨干枝上由数个结果枝组成的结果单位，也是树体果实产量的主要担负者。枝组有大、中、小3种，大型枝组生长势较强，寿命长，果实质量好，多是由生长旺盛的枝条，如骨干枝剪口下的发育枝、徒长枝、徒长性结果枝经几年短截培养而来。培养方法为：一般对较旺枝剪留5～10节，第二年留下部2～3个健壮枝再短截，其余枝条疏除，第三年再留3～5个芽短截，即可培养成大型结果枝组。大型结果枝组一般分布在骨干枝斜侧，中小型枝组分布在背上和大型枝组的空间。中小型枝组的培养方法和大型枝组相似，只是控制的小些。结果枝组的寿命取决于结果多少和修剪方法，必须注意及时更新。结果枝组的修剪和更新：修剪结果枝组要注意果枝的长势和密度，既要考虑当年结果，又要预备下一年的果枝，强枝可适当多留果，弱枝重剪更新，保证枝组稳定，若枝组表现衰弱，要及时回缩，进行组内更新，重剪发育枝，多留下部预备枝，少结果，逐渐恢复。有些枝组已衰老，可以疏掉，利用近旁的新枝再培养代替，或将其他枝组延伸到此空间中。如果枝组生长强旺，要及时疏除旺枝、直立枝，留中庸健壮的结果枝。

在枝组修剪中，预备枝的培养有两种方式，一种叫双枝更新，即在母枝上选基部两个相近的果枝，上枝按结果枝修剪使其结果，下枝仅留基部两芽重截，抽生两个新梢，形成第二年的结果枝。到冬季把上面已结果的枝疏掉，下面新生的两枝仍按前一年的修剪方法，上枝结果，下枝留两芽短截，这样每年维持一个结果，一个抽枝；另一种叫单枝更新，即对健壮的中长果枝适当重剪，使之既能结2~3个果，又能抽出较强的新梢，冬季把上部小枝去掉，下部的健壮新梢同样重剪，如此反复，维持结果。

5. 花果管理

（1）疏花疏果。桃成花容易，座果率高，尤其是成年树，坐果往往超过负载量，致使树体衰弱，果实变小，病虫果增加，影响产量和品质。合理调整负载量，进行科学地疏花疏果，是促进优质、丰产、稳产的有效措施。疏花时期原则上越早越好，并根据天气情况进行。天气好，授粉充分可早疏；开花不整齐宜晚疏。另外成年树可早疏，幼树晚疏。一般在盛花期进行，因此时花的优劣容易分辨。疏花具体步骤为先上后下，从里到外，从大枝到小枝，以免漏枝和碰伤不该疏除的花果。

（2）套袋。套袋是防治病虫害、提高质量、生产无公害绿色果品的有效措施之一。对鲜食品种套袋可使果面洁净，果肉白嫩；对油桃套袋可明显减轻裂果发生，对加工桃可减少罐用品种红色素的形成，提高加工利用率。套袋时期应紧接定果后或生理落果后，在当地危害果实的主要病虫害发生前进行；套袋顺序为先早熟后晚熟，座果率低的品种可晚套，以减少空袋率。

六、病虫害防治

桃树病虫害很多，要遵循综合防治的原则，即以农业和物理防治为基础，提倡生物防治，按照病虫害的发生规律和经济阈值，科学使用化学防治技术，有效控制病虫害。

在农业防治方面，合理修剪，保持树冠通风透光良好；合理负载，保持树冠健壮。采取剪除病虫枝、清除枯枝落叶、翻树盘、地面秸秆覆盖、科学施肥等措施抑制或减少病虫害发生；在物理防治方面，根据病虫害生物学特性，采取糖醋液、黑光灯、树干缠草绳等方法诱杀害虫；在生物防治上，保护瓢虫、草蛉、捕食螨等天敌；利用有益微生物或其代谢物，如土壤施用线虫防治桃小食心虫；利用昆虫性外激素诱杀或干扰害虫配对；根据防治对象的生物学特性和危害特点，允许施用生物源农药、矿物源农药和低毒有机合成农药，有限度地使用中毒农药，禁止使用剧毒、高毒、高残留农药。严格按照GB4285、GB/T8231的要求控制施药量与安全间隔期。

（一）病害防治

1. 桃细菌性穿孔病

综合防治：加强桃园综合管理，增强树势，提高抗病能力。园址切忌建在地下水位高或低洼地；土壤黏重和雨水较多时，要筑台田，改土防水；同时要合理整形修剪，改善通风透光条件；冬夏修剪时，及时剪除病枝，清扫病落叶，集中烧毁或深埋。化学防治：芽膨大前期喷布5波美度石硫合剂或1∶1∶100波尔多液，杀灭越冬病菌；展叶后至发病前喷布65%代森锌可湿性粉剂500倍液，或硫酸锌石灰液（硫酸锌0.5kg、消石灰2 kg、水120 kg）1~2次，也可喷布0.3~0.4波美度石硫合剂。

2. 流胶病

加强土、肥、水管理，改善土壤理化性质，提高土壤肥力，增强树体抵抗能力；及时防治桃园各种病虫害；剪锯口、病斑刮除后涂抹康复剂。落叶后树干、大枝涂白，防止日灼、冻害，兼杀菌治虫。涂白剂配制方法：生石灰12 kg，食盐2~2.5 kg，大豆汁0.5 kg，水36 kg。先把优质生石灰用水化开，再加入大豆汁和食盐，搅拌成糊状即可。芽膨大前期喷洒5波美度石硫合剂，铲除越冬病菌。

3. 根癌病

培育苗木：栽种桃树或育苗忌重茬，也不要在原林（杨树、泡桐等）果（葡萄、柿、栗等）园地种植；嫁接工具使用前后须用75%酒精消毒，以免人为传播；育苗时采用直播的方法可有效减少此病发生；在重茬地种植桃树，在种植前种植3~4年的禾本科作物（如小麦）可有效防治此病的发生。苗木消毒：仔细检查，将病劣苗剔出后用K84生物农药30~50倍液浸根（淹没至接口下）3~5min，或

1% 硫酸铜液浸 5min 后再在 2% 石灰液中浸 2min。以上消毒法也适用于桃核防病处理。根瘤处理：在定植后的果树上发现病瘤时，先用快刀彻底切除癌瘤，用5 波美度石硫合剂涂切口，外加凡士林保护。切下的病瘤应随即烧毁。

（二）虫害防治

1. 桃蛀螟

结合冬季修剪彻底剪除枯桩干橛，挖、刮除树皮缝中的越冬幼虫，及时清理病虫越冬场所的玉米秸秆和穗轴等，消灭越冬虫源。随时摘除虫果和拣拾落果并加热处理。设置黑光灯、诱虫灯集杀成虫。加强虫情观测，在卵发生和幼虫孵化期喷布 50% 杀螟松乳剂 1 000 倍液或 90% 敌百虫1 000倍液 1 ~2 次，均可达到良好效果。产卵高峰期喷洒杀三氟氯氰菊酯。

2. 桃蚜虫

越冬卵量较多时，在桃芽萌动前喷洒 5% 蒽油或柴油乳剂，杀灭越冬卵。桃开花前，即越冬卵孵化后，若蚜集中在新叶上危害时，及时全面地喷洒吡虫啉可湿性粉剂。从桃树落花后至初夏和秋季桃蚜迁飞回桃树时，可用上述药剂交替进行防治。

3. 桃红颈天牛

捕杀成虫：6 月在成虫集中出现期，中午前后在主干、主枝附近捕捉成虫。杀灭幼虫：发现新鲜虫粪即将树干蛀道内幼虫挖出，用 40% 敌敌畏 100 倍液每孔注入 1mL，或用脱脂棉蘸敌敌畏原液少许塞入粪孔，然后用黄泥封严粪孔。该方法简便，杀幼效果好。树干涂白：5 月成虫发生前，以生石灰 10 份，硫磺粉 1 份，水 40 份加食盐少许制成涂剂，将主干、主枝涂白，防止成虫产卵。

4. 桑盾蚧

冬季或早春结合果树修剪剪除越冬虫口密集的枝条或刮除枝条上的越冬虫体。春季发芽前喷洒 5 波美度石硫合剂或柴油乳剂。若虫分散期及时喷洒 0. 3 波美度石硫合剂，或 50% 对硫磷乳剂 1 000 倍液，或1 500 ~2 000 倍毒死蜱，或2. 5% 溴氰菊酯乳油 3 000 倍液。新近用 40% 速扑杀乳油（Supracide 40 EC）1 000 ~1 500 倍液均有较好效果。

5. 山楂红蜘蛛

人工防治：结合冬季修剪和刮树皮，彻底剪除枯桩、干橛，刮除粗老翘皮或在树干基部绑草诱集越冬雌成虫。芽前、花后防治：在山楂叶螨发生量大、危害严重的果园，于芽前（芽开绽前）全面喷洒 5 波美度石硫合剂或在花前或花后喷洒 50% 硫磺悬浮剂 200 ~400 倍液，消灭越冬虫体。生长期防治：在 7 月底以前，每百片叶活动螨数达 400 ~500 只时即需进行喷药防治。50% 硫磺悬浮剂 200 ~400 倍液、5% 尼索朗 2 000 倍液、灭扫利或来福灵 2 000 倍液及 73% 克螨特 2 000 倍液，还可用 0. 05 波美度石硫合剂混加 500 ~800 倍的洗衣粉（洗衣粉对洋梨有药害），40% 毒死蜱1 000 ~2 000倍液等均可。

（三）无公害桃园病虫害防治（表 18-1）

表 18-1 无公害桃园病虫害防治

物候期	防治对象	防治措施
休眠期（落叶至萌芽前）	桃细菌性穿孔病、疮痂病、炭疽病、褐腐病、溃疡病、流胶病、白粉病、银叶病	结合冬剪，剪除病虫枝、僵果，彻底清除园内的枯枝、落叶、僵果，烧毁或者深埋；大的剪锯口用伤口保护剂涂抹（保护剂：①植物油适量，煮沸，放入细粉状硫酸铜 1kg，消石灰 0. 5kg，调成糊状。②凡士林适量，加入硫磺粉调和。③石硫合剂原液）
	介壳虫	用竹片、硬毛刷等刷掉枝干上的越冬雌虫，或用 20% 碱水洗刷枝干；也可在寒冷的冬季向枝干上喷水，结冰后用木棍将冻冰敲打下来，消灭越冬雌虫
	叶螨、食心虫	刮粗皮、刨树盘，低温冻死害虫
开始生长期（萌芽至展叶）	细菌性穿孔病、疮痂病、炭疽病、褐腐病、溃疡病、流胶病、缩叶病	萌芽前期全园喷洒 3 ~5 波美度石硫合剂，花后 10d 改喷多菌灵。降雨量大，土壤黏重的果园铺地膜，减小空气湿度
	叶螨	出蛰期在树干上涂 8 ~10cm 不干胶，防止害虫上树。展叶后喷洒噻螨酮、速螨酮等杀螨剂
	蚜虫、叶蝉（浮尘子）	花后喷洒吡虫啉可湿性粉剂
	金龟子、象鼻虫	利用其假死性，在清晨敲击树干，震落捕杀。将捕杀的虫体捣烂，用水浸泡，再喷在树上，起到驱避作用

（续）

物候期	防治对象	防治措施
生长期（展叶至硬核）	蚜虫、卷叶蛾、桃小绿叶蝉	人工释放七星瓢虫、草蛉、食蚜蝇、寄生蜂等，限制使用菊酯类农药，保护利用天敌。危害严重时，周密喷布吡虫啉可湿性粉剂与其他农药交替使用。极早熟品种在果实成熟前20d停止用药
	桃蛀螟	用黑光灯，糖醋液，性引诱剂诱杀成虫，做好预测预报。产卵高峰期喷洒杀三氟氯氰菊酯
	叶螨	全园细致周密地喷布杀螨剂，注意农药的交替使用
	茶翅蝽	卵孵化期喷布三氟氯氰菊酯或敌百虫
	介壳虫	若虫孵化盛期，尚未分泌蜡质前，喷施毒死蜱乳油
生长期（果实迅速膨大至采收）	红颈天牛	午间尤其是雨后晴天，人工捕杀成虫或用糖醋液诱捕，用涂白剂涂抹枝干，防治产卵。发现幼虫排出木屑粪便时，用钢丝或小刀挖刺幼虫，再用蘸有敌敌畏乳油20倍液的棉球塞入蛀孔，用泥土封口
	白星金龟子、蜗牛	利用成虫的趋化性，用糖醋液诱捕，发现食果时，人工捕杀；用凡士林+食盐把树干涂抹一周，宽10cm
	炭疽病、褐斑病	烂果集中深埋
采收后至落叶	潜叶蛾、桃小绿叶蝉	灭幼脲3号悬乳液或吡虫啉
	流胶病，大青叶蝉	树干涂白（生石灰12kg+食盐2kg+大豆汁0.5kg+水36kg）
	叶螨	树干绑草把，诱集越冬雌虫，落叶后，集中草把烧毁

五、采收贮藏与加工利用

1. 鲜食

果实色泽艳丽，汁多味美，芳香诱人，营养丰富。每千克果肉含糖60~130g，有机酸2~9g，蛋白质4~8g，脂肪1~5g，含维生素C 60~140mg，维生素B_1 0.1~0.2 mg，维生素B_2 2mg，类胡萝卜素11.8mg。在露地栽培条件下，桃果实从5月下旬开始到12月均有应市，供应期长达半年以上；20世纪90年代保护地促成栽培蓬勃发展，可使果实的熟期提早30~90d上市，对调节市场，周年供应有积极作用。

2002年农业部颁布了农业行业推荐性标准“鲜桃”，标准规定了鲜桃的果实质量要求、检验方法、等级判定规则（表18-2、18-3）、包装和标志、运输和贮存，标准适用于鲜桃的收购和销售。

农业行业强制性标准“无公害食品——桃”中，重点规定了农药残留指标，是目前市场准入的重要衡量尺度。其基本的农药残留标准见表18-4 。

2. 加工

桃果除供鲜食外，还可加工成多种食品，如果汁、蜜饯、果干、果酱、糖水罐头。据记载其根、叶、皮、花、果、仁均可入药，具有医疗作用。罐头是桃加工的重要形式。20世纪80年代我国的罐桃专用品种的种植面积占整个桃树面积的50%以上，90年代初由于产品出口受到影响，面积锐减；2000年以后，由于国际市场看好，罐桃又呈现较好的发展趋势。桃果实柔软多汁，香气浓郁，也是制汁的优良原料，因此近年来桃汁发展迅速。

（王力容）

表 18-2 鲜桃品质等级标准

<table>
<tr><td rowspan="2" colspan="2">项目名称</td><td colspan="3">等　　级</td></tr>
<tr><td>特　等</td><td>一　等</td><td>二　等</td></tr>
<tr><td colspan="2">基本要求</td><td colspan="3">果实完整良好，新鲜清洁，无果肉褐变、病果、虫果、刺伤，无不正常外来水分，充分发育，无异常气味或滋味，具有可采收成熟度或食用成熟度，整齐度好，符合规定的卫生指标</td></tr>
<tr><td colspan="2">果　形</td><td>果形具有本品种应有的特征</td><td>果形具有本品种的基本特征</td><td>果形稍有不正，但不得有畸形果</td></tr>
<tr><td colspan="2">色　泽</td><td>果皮颜色具有本品种成熟时应有的色泽</td><td>果皮色泽具有本品种成熟时应有的颜色，着色程度达到本品种应有着色面积的2/4以上</td><td>果皮色泽具有本品种成熟时应有的颜色，着色程度达到本品种应有着色面积的1/4以上</td></tr>
<tr><td colspan="2">可溶性固形物（%）</td><td>极早熟品种≥10.0
早 熟 品种≥11.0
中 熟 品种≥12.0
晚 熟 品种≥13.0
极晚熟品种≥14.0</td><td>极早熟品种≥9.0
早 熟 品种≥10.0
中 熟 品种≥11.0
晚 熟 品种≥12.0
极晚熟品种≥12.0</td><td>极早熟品种≥8.0
早 熟 品种≥9.0
中 熟 品种≥10.0
晚 熟 品种≥11.0
极晚熟品种≥11.0</td></tr>
<tr><td colspan="2">果实硬度（$kg \cdot cm^{-2}$）</td><td>≥6.0</td><td>≥6.0</td><td>≥4.0</td></tr>
<tr><td rowspan="6">果面缺陷*</td><td>1）碰压伤</td><td>不允许</td><td>不允许</td><td>不允许</td></tr>
<tr><td>2）蟠桃梗洼处果皮损伤</td><td>无</td><td>总面积≤0.5cm^2</td><td>总面积≤1.0cm^2</td></tr>
<tr><td>3）磨伤</td><td>不允许</td><td>允许轻微磨伤一处，总面积≤0.5cm^2</td><td>允许轻微不褐变的磨伤，总面积≤1.0cm^2</td></tr>
<tr><td>4）雹伤</td><td>不允许</td><td>无</td><td>允许轻微雹伤，总面积≤0.5cm^2</td></tr>
<tr><td>5）裂果</td><td>不允许</td><td>允许风干裂口一处，总长度≤0.5cm</td><td>允许风干裂口二处，总长度≤1.0cm</td></tr>
<tr><td>6）虫伤</td><td>无</td><td>允许轻微虫伤一处，总面积≤0.03cm^2</td><td>允许轻微虫伤，总面积≤0.3cm^2</td></tr>
</table>

表 18-3 果实重量等级标准

果实重量	等级代码
>350	AAAA
>270～350	AAA
>220～270	AA
>180～220	A
>150～180	B
>130～150	C
>110～130	D
>90～110	E

表 18-4 无公害食品——桃的卫生指标

序　号	项　目	指标（mg/kg）
1	敌敌畏（dichlorvos）	≤0.2
2	乐果（dimethoate）	≤1
3	百菌清（chlorothalonil）	≤1
4	多菌灵（carbendazim）	≤0.5
5	三唑酮（triadimefon）	≤0.2
6	戊氰菊酯（fenvalerate）	≤0.2
7	毒死蜱（chlorpyrifos）	≤1
8	溴氰菊酯（deltamethrin）	≤0.1
9	辛硫磷（phoxim）	≤0.05
10	铅（以pb计）	≤0.2
11	汞（以Hg计）	≤0.01

19. 李

李是重要的经济林木，其果实具有丰富营养及医疗价值，果实中含糖量7% ~17%，每1kg果肉中含蛋白质5g，脂肪2g，碳水化合物90g，胡萝卜素1.1mg，硫胺素0.1mg，核黄素0.2mg，尼克酸3mg，抗坏血酸10mg；果实有养肝、治肝腹水、去痼热、破淤等功效。树姿优美，是绿化、美化树种之一。它适应性强，繁殖容易。花芽容易形成，栽培管理较简单，有一定的发展前景。欧洲的塞尔维亚与黑山共和国及罗马尼亚是世界李产量最多的国家，年产量约为80万t和60万t左右；美国也是世界李产量大国，年产量约在50万t以上。我国栽培李的历史悠久，约有3 000年的历史，李在我国分布很广，河北、河南、山东、山西、安徽、江苏、浙江、福建、江西、湖北、湖南、广东均有分布。其中河南济源，浙江嵊州，福建古田、福安、永泰、浦城，湖南沅江、衡山、道县是李的主产区。

一、主要物种

李为蔷薇科（Rosaceae）李属（*Prunus* L.）的植物，约有30个种或变种，其中供栽培的约有10种或变种，我国主要栽培的是：李、杏李、欧洲李、美洲李。

1. 李（*P. salicina* Lindl.）

小乔木，枝条生长旺，光滑无毛，2年生枝黄褐色，一般无刺，个别品种则有刺；叶长倒卵形，有细锐锯齿，淡绿色。每个花芽着生3朵花，花小，白色，花期早；果圆形或长圆形，果顶微尖或渐尖；果皮白黄色至紫红色，果肉黄色至紫红色。

2. 杏李（*P. simonii* Carr.）

原产我国，北部山区栽培较多，乔木，枝直立；叶倒披针形，有细钝锯齿；花1~3朵簇生；果扁圆形，暗红色，果肉黄，质紧密，有特殊香气，黏核，成熟期迟。

3. 欧洲李（*P. domestica* Linn.）

树为中乔木，树冠圆头形，枝无刺；叶卵形或倒卵形，呈暗绿色，网纹明显；每花芽有1~2朵花，白色，花较大；果实圆形或卵形，基部多有乳头状突起；果皮自黄色至紫色，果肉一般为黄色，离核。

4. 美洲李（*P. americana* Marsh.）

为多枝有刺乔木，树冠开张，树皮粗糙；枝条屈曲，灰褐色；叶长椭圆形，较大，无光泽，有茸毛。每花芽中有花1~2朵，花稍大；果实圆或卵圆形，红色或橙黄色，果肉色黄汁多；黏核。

5. 櫹李（*P. salicina* Lindl. var. *cordata* J. Y. Zhang *et al.*）

中国李的一个变种，树干灰褐色，老干具纵裂痕，树冠开张；树叶浓密，叶倒卵披针形；花为完全花，白色，较小，果实外形像桃，果顶渐尖，但略比桃小，果面光滑不具毛茸。果核小，黏核或半离核，核顶部常与果肉分离呈蛀孔状。核顶部与果肉分离的部分叫果腔，是果的重要特征之一。

二、主要栽培品种

1. 芙蓉李

原产福建永泰。树势强健，树冠开张；果圆形，平均单果重58g，最大果重可达80g。果顶平或微凹，缝合线由果顶至梗洼处渐深，两半较对称，果皮底色黄绿，成熟时转红色；果肉紫红色，肉质致密、清脆，果皮有韧性；味甜微酸，可溶性固形物12%，黏核或半离核，可食率97%，鲜食品质上等。7月上中旬成熟。

2. 红心李

原产浙江诸暨、东阳、义乌一带。树势强健，枝梢直立；果圆形，稍扁，平均重40~50g，果皮薄，初熟时呈青色，充分成熟时转红色，肉深红色，近核部紫红色，汁多味甜，核小，品质上等。3月上中旬开花，6月下旬至7月上旬成熟，适应性强，丰产。

3. 三华李

原产广东韶关。主要有大蜜李、小蜜李、大鸡麻李、风李等品系。以大蜜李产量高，品质好，平均果重约40~50g，圆形，缝合线两边发育对称均匀。果底较平、皮薄，淡红色，果肉红色，核小、离核，具芳香，肉质爽脆清甜。生长快、结果早、丰产、品质好、栽培管理容易等特点。一般植后3年即有一定收益。经济寿命30~40a以上。

4. 青脆李

原产贵州湄潭。树势中庸，树冠半开张，丰产。

果微扁圆形，中等大小，平均重约30g，大果重可达37g，果顶平，果皮及果肉均为淡黄色，肉质致密，味甜多汁，品质极上，离核。7月中下旬成熟。

5. 江安李

原产四川。树冠开张呈自然半圆形。果近圆形，重约25g，果顶平向一侧微凹，缝合线浅，果皮中厚，果粉白色，较厚，果点黄白色，较密；完熟期为绿黄或浅黄色。果肉质软多汁而味浓，离核，品质上。7月上中旬成熟。

6. 玉皇李

原产山东。果实圆形或近圆形，顶部圆或微凹，平均单果重45~60g，最大果重80g以上。果皮黄色，果粉较多，银灰色。果肉黄色，质细，纤维少，汁液中多，味甜微酸，香气浓，可食率97.4%，可溶性固形物含量10%~14%，总糖11.6%，可滴定酸1.03%，每1kg果肉含维生素C 57.7 mg，品质上等。核小，离核。以短果枝结果为主，连续结果年限较长，丰产。3月下旬至4月上旬开花，7月上、中旬果实成熟。

7. 长李15号

长春市农业科学院杂交育成。果实扁圆形，平均单果重35g，最大果重65g。果色鲜红艳丽，果肉浅黄色，纤维少，汁多味香，酸甜适口，可溶性固形物含量14.2%。总糖含量8.24%，总酸1.09%，离核，耐贮运。6月20日左右成熟，该品种抗逆性较强，座果率高，栽培时需配置绥棱红、晚黄等授粉品种为宜。

8. 龙圆秋李

黑龙江农业科学院杂交育成。果实扁圆形，平均单果重76.2g，最大单果重110g。果皮底色黄绿，着鲜红色，果皮较厚，易剥离。果肉黄色，肉质松软。果汁较多、味酸甜。可溶性固形物含量14.8%，总糖含量5.23%。总酸含量0.99%，维生素C含量43.1mg·kg^{-1}果肉。果实生育期130d，8月下旬至9月初果实成熟，耐贮性强，该品种自花不结实，栽植时需配置授粉树，授粉品种以绥棱红、五香李、香蕉李为好。

9. 大石早生

原产于日本。果实卵圆形，平均单果重49.5g，最大果重106g。果面鲜红色，果肉黄色，可溶性固形物含量15%，总糖含量为7.49%，总酸含量1.82%，维生素C含量81.6mg·kg^{-1}果肉。黏核、核小。果发育期为65~70d。是一色、形、味俱全的优良极早熟品种。幼树生长旺盛，适应性强，早果丰产性能良好。

10. 黑宝石

原产美国。果实扁圆形，平均单果重72.2g，最大单果重127g。果皮紫黑色，果肉黄白色，肉质硬脆，果汁中多，味甜，无香气；可溶性固形物含量11.5%，总糖含量9.4%，总酸含量0.83%，维生素C含量56.2mg·kg^{-1}果肉。离核，核小。果实生育期135d。9月中旬果实成熟。果实耐贮运，早果丰产性能好，且自花结实力极强。

11. 早美丽

原产美国，果实心脏形，平均单果重40~50g，果面鲜艳红色，光滑有光泽，果肉淡黄色，质地细嫩，硬溶质，汁液丰富，味甜爽口，香气浓郁，品质上等。果核黏核。果实可食率为97%。果实于6月10~15日成熟。长、中、短果枝和花束状果枝均能成花结果，极丰产。

12. 蜜思李

原产美国。果实近圆形，平均单果重50~65g，最大果重94g。果面紫红色，果肉淡黄色，肉质细嫩，汁液丰富，风味酸甜适中，香气较浓，品质上等。果实于7月上旬成熟。幼树以长果枝结果为主。

13. 澳得罗达李

原产美国。果实扁圆形，平均单果重52.1g，最大果重98g。果面浓红色，无果点和果粉，果肉黄色，肉质细、不溶质，味甜可口，品质上等。果肉可溶性固形物含量12.8%，总糖9.2%，总酸0.89%。果实于8月上旬成熟，在0~5℃条件下可贮藏3个月以上。

14. 黑琥珀李

原产美国。果实扁圆形，直径6.2cm，单果重100~150g。完全成熟时，果皮紫黑色，果肉淡黄色，质地较致密，肉质硬韧，风味甜香，品质上等，果肉可食率97%以上。在美国加州6月下旬成熟。

15. 玫瑰皇后李

原产美国。果实扁圆，平均单果重86.3g，最大151.3g。果面紫红色，果点大而稀，果肉琥珀色，肉质细嫩，汁液丰富，味甜可口，品质上等。可溶性固形物含量13.75%，总糖12.14%，在0~5℃条件下可贮藏2个月以上。果实7月下旬成熟。

16. 红美丽

原产美国。果实中大，平均单果重56.9g，最大单果重72g。果面光滑、鲜红色，艳美亮丽。果肉淡黄色，肉质细嫩、可溶，汁液较丰富，风味酸甜适中，香味较浓，品质上等。可溶性固形物含量12%，总糖8.8%，可滴定酸1.26%，糖酸比7∶1。果实6月下旬成熟。

17. 圣玫瑰李

原产美国。果实卵圆形，平均单果重68.5g，最大果重99.2g。果皮光滑有光泽，底色黄绿，着色全面鲜红艳丽。果肉金黄色，质地致密，硬溶质，汁液丰富，风味酸甜爽口，香气浓郁，品质上等。果肉可溶性固形物含量12.6%～14%，果核小，黏核。果实于7月中旬成熟，耐贮运。

18. 红肉李

果实心脏形，重69.4g，最大果重87g。果面棕红色，果肉血红色，肉质细嫩，汁液丰富，味甘甜，香气较浓，品质上等。果实含可溶性固形物13.0%，总糖11.2%，总酸0.79%。果实7月中旬成熟。

19. 魁玫瑰李

果实长圆形，平均单果重91.9g，最大果重138g。果面光滑，全面鲜红色。果肉橙黄色，不溶质，质地细密，脆甜爽口，汁液丰富，有香味，品质上等。果肉厚，可食率97%，可溶性固形物含量12.9%，总糖10.8%，可滴定酸1.4%。果实货架期25～40d，在0～5℃条件下能贮藏4～5个月。成熟期为8月中旬。

20. 油榛

原产福建古田。树冠半直立；果大，单果重70～120g，最大达250g。果形似桃但略扁些，果肩宽广；果顶钝尖；缝合线明显具沟痕；果梗粗短，梗洼广而深，洼周有放射沟纹；果皮青绿色，充分成熟时呈绿黄色，密生明显粗大灰白色斑点，近果基处稍稀，并有油胞突起；果粉薄，灰白色。果肉淡黄色，肉质嫩，汁多，味甜，品质佳；可食率97.6%；核小，半离核。3月上中旬开花，谢花后抽梢，果实大暑至立秋前成熟；丰产性强，果实较耐贮藏，但大小年结果现象严重。

21. 青榛

原产福建福安。树冠开心形；果中大，平均果重65～95g。桃形，果顶钝尖，果基梗洼狭而深，洼周有放射状条纹，果皮青绿色，果粉厚，灰白色。肉厚质脆，汁液中多，味甜，品质上等。果腔略小，半离核。3月中旬开花，谢花后抽梢，果实于大暑至立秋前成熟。适应性强，早结，丰产，果实较耐贮藏。

三、生物学特性

（一）生态习性

中国李的品种繁多，不同品种原产地及所处的生态条件不同，可以划分为几个生态区。如华南生态区、华中华东生态区、华北生态区、西北生态区及东北生态区。如绥棱红及美丽李，可分别耐－35.6℃及－28.3℃的低温，在东北一般露地栽培均能安全越冬。同样中国李能耐干旱与湿润的气候条件，如自新疆等年降水量仅50mm至华南年降水量2 000 mm的湿润地区均有其适宜的品种，且能表现出优良品质。但是开花期阴雨连绵，或经常发生“倒春寒”的地区，反不如在无霜害的暖地或者开花期迟的寒地易得到丰产。

李对土壤要求选择不严，但必须是土层深厚排水良好之处，中国李适应于排水良好的沙质或砾质壤土。在此土壤对幼树生长势容易控制，并能提早结果并早期丰产，但进入果树盛果期后，应对这类土壤进行改良，以提高肥力，否则极易造成早衰。如果是冲积土，且土质较肥沃，则幼树结果迟，且品质欠佳，但寿命较长。低湿地病虫害较多且寿命短。

欧洲李的品种，适宜于肥沃的土质，北方栗钙土则不适；美国李则介于中国李与欧洲李之间。李对土壤的酸碱度适应性也强，在pH值4.7～7均能适应，以中性微偏酸的土壤均能生长良好，对盐碱土的适应性也强，但最适宜的pH值为6～6.5。

中国李对水分适应性较之欧洲李及美国李为强；中国李无论在干旱或湿润地区均能生长。但花期多雨妨碍授粉；成熟期多雨，易引起黑斑病等。李虽喜湿润，但积水易导致根系生长发育不良，除发生树脂病外，地下水位高的地区，更易早衰和死亡，尤其是用毛桃作砧木的。

（二）生长发育

李为落叶小乔木，干性不明显，极性较强，多呈圆头形。李根系较浅，吸收根主要分布于地表下20～40cm的土层中，根部易生萌蘖。李枝的萌芽率很高而成枝率低；幼年李树生长较旺，1年内可抽发2～3次枝，而成年树生长较弱，1年抽发1次春梢，少有夏梢抽发。幼年李树以长果枝结果为主，而成年李树以短果枝及花束状短果枝结果为主。李树开花较早，大多数中国李品种自交不亲和。

四、栽培技术

1. 苗木繁殖

（1）嫁接苗培育。李树嫁接的砧木，长江以南是毛桃，华北各地多用山毛桃、杏，在东北则用中国李及毛樱桃，新疆除用中国李还用榆叶梅，个别地区也用欧洲李和蒙古扁桃等。砧木品种选好后播种前待果实充分成熟后采果，腐烂去果肉，洗净晾干沙藏层积，翌年早春播种。嫁接方法有芽接和枝接两种。芽接一般在8月上旬至9月上旬进行，枝接有切接和腹接两种。枝接春季为2月中旬至3月中旬，秋季在10月下旬至11月下旬。

（2）分株苗培育。李的根部具有抽生萌蘖枝的特性，在春夏之交，在根部培土，以促进萌蘖枝下抽生许多细根，于当年冬或翌年春掘取根蘖苗。早春或秋季落叶后施基肥时，有意识剪断若干0.5～1.0cm粗的根，以促使其翌年春抽萌蘖苗。

（3）扦插苗培育。在生长季节（5～7月）剪取半木质化绿枝，除去先端未展开叶片，每3～5节（约10cm长）一段，基部剪口紧靠节部，再浸入NAA250 mg·L^{-1}溶液中浸30s，或20 mg/L NAA中浸12h，然后插在床内，温度保持25℃，湿度85%以上，透光率为30%以下，成活率高。

2. 造林

（1）建园。华中及华东地区，选取避寒或有防风设置的地段，要求土层深厚排水良好的沙质或砾质壤土。李园地忌连作，包括不能在原来种桃的地方。李在华东、华中地区栽植时，可采用3m×4m的株行距；如土层深厚肥沃，肥水管理又较好的情况下，可以用2.5m×4m，以后改成5m×4m，这样早期可以获得丰产。如果用毛樱桃、欧洲李等矮化或半矮化栽培，则一般用2.5～3m×4m，甚至更密一些。中国李需配置授粉树，授粉品种与主栽品种花期要相近，而且要相互授粉座果率高。通常采用2行主栽品种间隔1行授粉品种；如果小范围种植，则采用8:1，即在“田”字形中每横直交叉行上种1株主栽品种而中央栽1株授粉品种。

（2）土肥水管理。定植前园地未进行全面深翻的，在定植后3～5年内应全面深翻1次，深翻的深度60cm以上，并结合深翻施入有机肥。在山区尤其是土层瘠薄处，冬季种一季绿肥，于李开花后约在4月上、中旬深翻入园中，前期既可覆盖土壤，又增加有机质及花后幼果所需肥料，提高土壤肥力。幼龄李园如不种间作物，至少在行间可以再种一季夏季绿肥；或人工生草，于梅雨结束前翻入土中，或喷除草剂后作为覆盖，直至施冬肥时再翻入土中。李树施肥主要是在10月未落叶前施基肥，占全年施肥量的60%～70%，以有机肥为主，并增施钙肥即石灰与基肥充分拌和。其次是采果肥，占全年的20%左右，一般在7月中、下旬，结合抗旱，常施稀薄人粪尿加化肥，如果是中晚熟，也可在采收前10d左右施，有促果实肥大作用。再次是花前肥，在开花前1～2周施入，以氮肥为主，注意磷、钾配合，占全年用量的10%～20%。南方的平地李园尤其在春、夏二季，要及早疏通沟渠，注意排水。

（3）树体管理。幼年树的整形。李的树形大多数为自然开心形，干性强的品种有用疏散分层形的；国外还用篱壁形。自然开心形的整形技术要点：定干高60～70cm，之后待新梢长至30cm长时，可选位置、角度、方向较好的作为3个主枝，向3个不同方向伸展，3主枝在主干上相互有10～20cm的间距。其他各枝条至20～30cm时可扭梢，使其充实。冬剪时主枝约剪去其全长的1/3，留30～50cm，剪口芽向外。自第一主枝以下主干上发生的枝条，离地面太近，冬剪时要全部剪去，其余的则保留以后结果。第二年自主枝剪口芽附近，发生多个生长势强的枝梢约4～5个，选1个作为主枝延长枝，如认为过密的可以适当早日疏枝，其余留下的则摘心，其生长势不超过主枝延长枝。此外，在生长期选主枝侧面斜生的枝较主枝生长稍弱的，与主枝之间呈45°的为第一副主枝，基部离开主干约70～80cm。当年冬季对各主枝延长枝留30～60cm剪截，剪口芽向外，而第一副主枝则留25～50cm剪截。第三年仍按上年方法进行，选留主枝延长枝，各主枝上第一及第二副主枝。在第一副主枝的另一侧相距第一副主枝基部20～30cm，距主干约100cm，留第二副主枝；其余各主枝与第一主枝的同一侧留第一副主枝。以后陆续选留，每一主枝根据株行距和生长势，选留副主枝2～4个。同时在各主枝及副主枝上每隔20cm左右，培养结果基枝，于每年先端作适当剪截，翌年其上先端抽长枝，其次抽中枝及短枝，第二年中短枝结果，冬季对长枝再适当短截，其先端再抽长枝，然后中短枝结果，这样一根长结果基枝，可以维持4～5年，再回缩至基部或中部2～4年部分，使其局部更新，这样3～5年树形基本构成。疏散分层形整形技术要点：主干高50cm左右，3层主枝着生于主干和中央主干上，第一层有主枝 3 个，第二及第三层均各有主枝 1 ~ 2 个。第一层和第二层主枝间的层间距为 60 ~ 80cm，第二和第三层主枝的层间距为 60cm 左右，每个主枝上配 1 ~ 3 个副主枝。

成年树的修剪：个别主枝、副主枝如原来修剪时缓放过长或结果过多时，由于过分开张而生长势减弱的，可对其延长枝选上枝上芽适当重截，或回缩至 2 ~ 4 年生部位，选适宜角度、位置较直主枝梢作为延长枝的头。每年选留全树结果基枝数的1/5 ~ 1/4的新基枝，使其翌年于这批新基枝上着生一定数量中、短果枝结果。对老基枝除更新外，还应疏删其上过密的中、短果枝，并留更新枝，使回缩后有新的基枝生成。盛果后期除对各级骨干枝的延长枝适当重截外，对一部分长、中果枝也短截至叶芽处以加强营养生长，延长盛果年限。

（4）保花保果与疏花疏果。由于李需要异花授粉，花期低温阴雨易受冻害，其解决方法是：花期可喷 20 $mg \cdot L^{-1}$ 赤霉素或 0.01% 的硼砂；幼果期喷 50 $mg \cdot L^{-1}$ 赤霉素或 0.5% 的尿素、0.3% ~0.5% 磷酸二氢钾、2% 过磷酸钙浸出液等均可提高座果率。如栽植后发现缺少授粉树，可以高接授粉品种，或开花期采集授粉品种将花枝插于水瓶或罐中，挂在树冠顶部；也可以在 60% 花开放时，用准备好的花粉进行人工授粉，每一结果枝上授 2 ~ 3 朵花，用毛笔点粉。大面积则用喷粉的方法，可将花粉加入 10% 蔗糖、0.1% 的硼砂的清水中，随配随用。此外，还可每公顷放养 15 ~ 45 箱蜂，以助李树授粉。李树在开花期温度正常，树势正常时座果率高，要进行疏果，一般于 5 月进行，每个短果枝上留果 1 ~ 2 个，间隔 6 ~ 8cm。

五、病虫害防治

（一）病害防治

1. 李红点病

主要症状：主要危害叶片，初期为橙黄近圆形，边缘清晰，病斑微微隆起，随着病斑不断扩大，颜色逐渐加深，病部叶肉增厚，产生许多深红色小点粒。严重时，病叶变黄，早落。不落的叶片，秋末转变为红黑色，正面凹陷，背面突起，叶片卷曲，并出现红黑色小粒点，如果实感病，果面则有橙红色圆形病斑，稍隆起，边缘不清晰，最后呈红黑色，其上散生很多深红色小粒点，受害果常呈畸形，易脱落，且不能食用。

防治方法：开花末期至展叶期，喷 1∶2∶200 倍波尔多液。冬季清园，对病叶、病果集中烧毁。

2. 细菌性穿孔病

主要症状：主要危害叶片、初呈半透明的水渍状斑点，后扩大成圆形或不规则形褐斑，周围有淡黄色晕环，直径约 1 ~ 5mm。后期病斑干枯易脱落形成穿孔，严重时引起大量落叶。被害枝梢以皮孔为中心，生水渍状斑，渐凹陷，最后呈黑色溃疡状。果实染病，果面也生水渍状暗紫色斑，最后从病斑处裂开。

防治方法：冬季清园，剪除越冬病枝，集中烧毁。避免与桃、杏等感病树种混栽。苗圃要和李园分开。李园行间不宜栽植苗木，以减少苗木被侵染的机会。萌芽前喷 5 波美度石硫合剂，5 ~ 6 月间于病害初发期开始，喷洒 65% 代森锌可湿性粉剂600 ~ 800 倍液，7 ~ 10d 喷 1 次，共喷 2 ~ 3 次。

3. 流胶病

主要病症：危害主干和主枝，受害初期，病部膨肿，早春树液开始流动时，从患处流胶现象严重，之后树胶呈胶冻状，与空气接触成褐色，干燥后呈坚硬的琥珀状胶块，其下皮层及木质部变褐色腐烂，造成树势衰弱，叶片发黄，严重时逐渐枯死。

防治方法：消灭枝干病虫害，减少病虫伤害。对强酸性土壤，每公顷施石灰 450kg，并合理施肥，增加土壤有机质，及时排水。冬春枝干涂白。

（二）虫害防治

1. 蚜虫

主要是桃芽和桃粉蚜。桃蚜：危害桃、李幼叶、枝梢，被害叶向背面不规则卷曲。虫体为淡红、黄绿、赤褐等色。1 年发生 20 ~ 30 代，李萌芽时越冬卵开始孵化，5 月间发生极多，6 月产生有翅蚜迁到夏季寄主十字花科蔬菜上危害，至 10 月又产生有翅蚜迁回李树，产卵于李树越冬。桃粉蚜：危害叶部，群集叶背，被害叶不卷或稍卷，叶上常有虫体分泌白色蜡粉并常引起煤污病。虫体绿并被有大量白粉，1 年内发生 20 代以上。越冬寄主为桃、李等。年生活史与桃蚜相似，夏季寄主为禾本科杂草、芦苇等植物。

防治方法：冬季修剪时剪去带蚜卵的枝集中烧毁。蚜卵基本上孵化完成时施药毒杀。可选用避蚜雾、灭蚜松等进行树冠喷施。保护天敌，如草蛉、多种捕食瓢虫、食蚜蝇、蚜茧蜂等，并加以利用。

2. 李小食心虫

属鳞翅目小卷蛾科，是危害李果实最严重的害虫，在被害果虫道内积满了棕红色虫粪，使果实失去食用价值。此虫一般每年发生2～3代。老熟幼虫在土中作茧越冬，5月初，当花芽萌动时，大量老熟幼虫从越冬茧爬出，在李子露萼期化蛹，5月下旬至6月初出现越冬成虫。盛期在5月下旬至6月上旬。成虫多在晚间活动。黄昏时在果柄附近或叶背产卵，6月上旬第一代幼虫出现并蛀入果内，常到果柄附近，不久在虫孔处流出泪珠状果胶。被害果渐渐变成紫红色而脱落。幼虫约2～3周又从落果中出来，入土作茧，7月上旬出现第二代幼虫危害，然后在8月中旬又出现一次幼虫危害果实。

防治方法：在5月初，可用5%辛硫磷乳剂稀释，喷树盘或浇灌树盘；还可用5%西维因粉剂，每株100g，施入树盘土壤中。成虫发生盛期，喷40%乐果乳剂1 000～1 500倍液，加50%敌敌畏1 000倍液，50%杀螟松乳剂1 500倍液，对卵和初孵化的幼虫也有效。利用害虫的趋光性和趋化性，于第一、二代成虫发生期通过黑光灯，糖酒醋诱液性诱剂等诱杀成虫。人工摘除虫果和收集落地果，深埋烧掉，或在9月份树干束草、麻片等诱杀越冬幼虫，可减少当年危害，又可减轻翌年虫源。

3. 红颈天牛

属鞘翅目天牛科。幼虫在树干内和皮层下，蛀成弯曲隧道，排出褐色虫粪。严重时，树干被蛀空，树势衰弱，甚至死亡。2～3年发生1代，幼虫在枝干皮层下或木质部隧道内过冬，老熟后，在隧道中作茧化蛹。成虫于6月上旬开始发生，6月中旬为成虫发生盛期，成虫于6月中旬产卵，6月下旬开始孵化，幼虫孵化后，先在皮层下食害，于翌年长大后才蛀入木质部危害，深达树干中心。

防治方法：在成虫发生盛期，利用成虫晴天中午多静息在主干和主枝分叉处的习性，可进行人工捕杀。在成虫产卵前，用白涂剂涂刷主干和主枝。6月下旬幼虫开始孵化时，经常检查树干和主枝，发现新鲜虫粪，立即钩杀幼虫。

六、采收与贮藏

1. 采收

李的采收期因品种和用途不同而有差异，一般鲜食用种须在果实接近完熟期采收，加工用种最好硬熟期采收。李果成熟的标准因品种而异，红色种当果实着色占全果1/3～1/2时为硬收期，占4/5乃至全面着色时则为半熟期。一般黄色种当果皮绿色转变为绿白色时为硬熟期，由绿白色转变成黄绿时为半软熟期，果皮完全转变成淡黄色时为软熟期。李果采摘时宜同果柄一同采下。供制干的，采摘可较粗糙，可通过摇撼主枝，震落后拣拾，但切忌用竹竿敲打，不但损伤果实，且打落枝叶，影响翌年产量。供鲜食或罐藏的则应精心采摘，轻摘轻放，尽量保存果粉，切忌压伤、刺伤果皮使果实受到机械伤害。采果的顺序，自树的下部向上，由外向内膛采收，一般树冠外围顶部果先成熟。为便于以后搭梯子，应先将下部成熟果采掉。采收时以手向上轻托，手指扭向一方，使果柄与树枝分离，然后将果实轻轻放在果筐中，当果筐盛满后，立即装车运走，送至附近分级、包装厂。雨天或露水未干时不宜采收，大晴天中午或午后，果实温度升高，热不易散发，不宜采收。

2. 贮藏

采收后剔除病虫果、破损果，以及过熟果，装入0.025mm厚的聚乙烯薄膜袋衬箱密封的塑料周转箱。每袋（箱）约10kg，送入冷库，在0～1.1℃下，贮藏2～3个月，在中途翻箱1～2次检查，剔除少量过熟烂果，以保证贮藏质量。

（何　钢）

20. 杏

杏是我国重要的经济树种之一，资源十分丰富，按其用途可将杏分为4大类，即鲜食杏、加工杏、仁用杏和观赏杏。仁用杏是以生产杏仁为主要产品的种类及其品种的统称，包括甜仁杏和苦仁杏两个类群。杏果实成熟期早，色泽鲜艳，果肉多汁，风味甜美，营养丰富，且有良好的医疗效用，在中草药中居重要地位，主治风寒肺病，生津止渴，润肺化痰，清热解毒，随着人们生活水平的提高和保健意识的增强，杏已经成为人们生活中不可缺少的滋补、保健佳品，是春夏之交深受人们喜爱的果品之一。杏树抗旱、耐寒、喜光、耐瘠薄，适合干旱少雨地区生长，是山区阳坡造林绿化的先锋树种，可以保持水土、改善生态环境，并有利于农作物的生长。

杏树分布范围大体是以秦岭和淮河为界，淮河以南杏树栽培较少，淮河以北杏的分布渐多，黄河流域各省（自治区、直辖市），尤其是新疆为其分布的中心地带。西北、华北和东北各地分布很广，无论平原、山区、丘陵、沙荒及田边路旁，到处可见栽植。新疆鲜食杏的栽培面积和产量占全国第一位，近年来，我国华北、西北、东北等地一些地区也在发展鲜食杏。自20世纪80年代以来，我国仁用杏的生产得到快速的发展，目前全国苦杏仁年产量30 000～40 000t，甜杏仁在2 000t左右。栽培面积大、产量最多的是河北省，其苦杏仁产量占全国总产量30%，主要集中在承德地区；甜杏仁主产在张家口地区。其次为甘肃省和山西省。另外，新疆、陕西、山东、北京、黑龙江、吉林等地也认识到发展仁用杏是农村脱贫致富的一条好路子，原有的野生山杏林开始受到重视，仁用杏生产基地也陆续开始建设。近年来，三北地区尤其是西北地区已开始杏生产基地建设。随着种植结构调整和生态、高效农业的发展，我国将步入一个杏大发展的新时期。

一、主要物种

杏在植物分类学中为蔷薇科（Rosaceae）、李属（*Prunus*）。全世界共有8种，我国栽培利用的主要有4种。

1. 杏（*Armeniaca vulgaris* Lam.）

乔木，高5～8（12）m。树冠圆形、扁圆形或长圆形；树皮暗灰褐色，纵裂。多年生枝浅褐色，皮孔大，灰色，横生；1年生枝浅红褐色，有光泽，无毛，具多数皮孔；冬芽圆锥形，簇生，鳞褐色，无毛，开花时大部分脱落。叶片近圆形或宽卵圆形，长5～9cm，宽4～8cm，先端短尖头，稀具长尖头，基部圆形或近心形，边缘具圆钝锯齿，两面无毛，或仅在脉胞间具毛；叶柄长2～3cm，基部具1～6腺。花单生，直径2～3cm，无柄或具极短柄；萼筒圆筒状，基部微被短柔毛，紫红绿色；萼片卵圆形至椭圆形，花后反折；花瓣白色或稍带红色，圆形至倒卵形，具短爪；雄蕊25～45，短于花瓣；子房被柔毛。果实球形，罕倒卵形，直径超过2.5cm，白色、黄色至黄红色，常具红晕，微被短柔毛；果肉多汁，成熟时不开裂；核平滑，圆形、椭圆形或倒卵形，两侧常不相等，背缝较直，腹缝较圆，腹缝中部具龙骨状棱，两侧有扁平棱或浅沟。种子扁圆形，味苦或甜。

在人工灌溉下能增大果重，提高果实品质。第四年起开始结果，第六年可以丰产。植株的寿命40～50年，个别树可达100～200年。

产于辽宁、河北、山西、山东、陕西、甘肃、新疆等地，其他各省偶见栽培。变种：会枝杏var. *pendula* Jacq. 枝条俯垂，有人定为独立种，名为*Armeniaca davidiana* Carr.；花叶杏var. *variegata* Schneid. 叶片具白斑；山杏var. *ansu* Maxim. 叶片宽椭圆形至宽卵形；基部宽楔形；花常2朵，粉色；果实近球形，红色，外被短柔毛，核有网纹和薄边。原产日本、朝鲜，适于湿润温暖地区栽培，有人鉴定本变种为一独立种*Armenlaca ansu*（Maxim.）Kost.（*Prunus ansu* Kom.）。本种栽培品种极多，果供生食与制杏脯、杏干等，种仁供食用及药用。

2. 西伯利亚杏［*A. sibiricea*（Linn.）Lam.］

灌木或乔木，高2～5m，枝条开展；叶柄长2～3cm，无腺或有腺。花单生，近无柄，直径1.2cm。花瓣白色或淡红色，近圆形至倒卵圆形；雄蕊短或稍长于花瓣，子房被短柔毛。果实球形，直径1.5～2.5cm，两侧扁平，外被短柔毛，黄色常具红晕；果肉较薄而干燥，味酸涩不可食，成熟时沿腹缝线裂开；核易与果肉分离，皮黄褐色，近球形，腹楞明显而尖锐，背棱喙状凸出，种仁味苦。产于我国东北和华北，俄罗斯（西伯利亚和远东）、蒙古东部和东南部均有分布。生长于干燥多石砾的南坡上，或与其他落叶灌木混生。耐寒、抗旱均强，作砧木用，或供选育耐寒杏品种的良好材料。杏仁可供药用，作为扁桃的代用品，并可榨油。

3. 东北杏［*A. mandshurica*（Maxim.）Skv.］

乔木，树皮深裂，暗灰色，嫩枝绿色或淡红褐色，无毛。叶片宽椭圆形或卵圆形。花单生，先叶开放，直径2.5～3cm；花梗长0.7～1.0cm，无毛；花瓣红色或浅粉色。果实近球形，直径1.4～2.5cm，披短柔毛，黄色，有时向阳处具红晕或红点，果肉多汁或干燥，味酸或稍苦涩。大果类型可食，有香味。核球形或长圆形，顶端渐尖或圆钝，基部稍狭窄，微具皱纹，浅棕褐色。种仁味苦，味甜的很少。果实风味品质稍差，含糖量低而含酸量高，但仍可供加工用，制作蜜饯、果酱、果糕、果馅等；核仁具有苦扁桃味，可在糖果和罐头工业中利用，干制成粉，和糖混合，可作清凉饮料。产于我国东北各地，河北、山西偶见。分布朝鲜及俄罗斯远东地区。生长在向阳多石的山坡，散生乔木或与其他阔叶树种混生。生长迅速，并有较强的耐寒性。可作栽培杏耐寒砧木，及培育抗寒杏的优良原始材料。花期较早，花色美丽，木材坚实，在寒冷地区为有价值的树种。

4. 藏杏［*A. holosericea*（Batal.）Kost.］

乔木，高4～5m。叶片广卵形，长4～6cm，宽3～5cm，先端渐尖，基部圆形，两面被短柔毛，叶缘有细锯齿；叶柄被柔毛，长达1.5cm。果实近球形，直径2～3cm。两侧扁平，密被短柔毛，很少肉质；核广椭圆形。产于四川西部及西藏东南部。性最抗旱，可作抗旱砧木及育种材料。

二、主要栽培品种

1. 鲜食、制干品种

（1）阿克西米西（库车小白杏）。果实卵圆形，平均单果重23.08g，果实黄白色，无茸毛，果肉黄白色，肉质较细，纤维少，浆汁多，风味甜、有香气，含可溶性固形物23%，品质上，离核，仁甜、脆，壳薄，单核重1.78g，干仁重0.4g，出仁率32.4%。6月中旬成熟。本品种树势强健，丰产性强，抗旱抗寒，是一个很好的制干、鲜食及仁用杏品种。主产于新疆新和、沙雅、轮台等县。

（2）胡安娜。果实短椭圆形，平均单果重60g，果实底色橘黄，阳面部分具有红霞，果实茸毛多，果皮厚，肉色橘黄，汁液少，肉质中粗，风味甜，含可溶性固形物20%，品质中上，离核，单核鲜重3.25g，干仁重0.8g，仁甜、脆。6月下旬成熟。本品种树势强健、开张，不易落果，耐运输，宜加工、制干及仁用。主产于新疆喀什、和田、阿克苏地区。

（3）黑叶杏。果形近圆形，表面油光，果大肉厚，平均单果重50.4g，果实橙黄色，阳面具有红晕，光滑无毛，果肉黄色，汁液中多，肉质松软，可溶性固形物23.0%，离核，单核重4.6g，仁重1.29，仁香甜，品质上，6月下旬成熟，鲜食制干兼用，杏干整齐饱满，风味好，丰产性良好。

（4）赛买提杏。果形椭圆表面油光，个大肉厚，甜仁，平均单果重41.6g，平均含糖量21.8%，品质上，鲜食制干兼用，杏干肉厚色泽好，制干率高。原产于喀什地区英吉莎县一带。

（5）明星杏。果实近圆形，纵为5.90cm、横径为5.50cm，平均单果重53.67g，最大果重71.70g。果面浅黄色，无红晕，光滑无毛。果肉黄白色，肉厚1.34～1.59cm；肉质紧韧，纤维中多，汁液中多，风味酸甜，可溶性固形物含量21.40%，品质佳。离核，鲜核重4.30g；仁甜，鲜仁重1.22g，干仁重0.69g。树势中庸，开张，4月上旬盛花，7月初果实成熟。耐瘠薄，耐干旱，丰产稳产，但结果过多果实变小。

（6）凯特杏。为美国育成的杏优良早熟品种，1991年由山东省果树研究所引入我国。该品种树势强健，树姿直立。果实近圆形，特大，平均单果重105g，最大果重135g。果皮橙黄色，果顶平，缝合线中深，两半部不对称，梗洼中深。皮中厚，不易剥离，完全成熟时果肉橙黄色，硬溶质，肉质细嫩，汁液中多，风味酸甜爽口，有香气，品质上等。可溶性固形物含量12.7%；果核小，离核。耐贮运。在北方地区，该品种3月上旬萌芽，3月20～25日开花，花期5～7d，果实成熟期6月10日左右，果实发育期70～75d，11月中旬落叶。

（7）华县大接杏。果实阔圆形，平均单果重78g，最大单果重140g，纵径4.95cm。果皮黄白色，果肉橙黄色，肉质细腻，果汁多，甜酸，可溶性固形物含量13%，离核，甜仁，品质上。

（8）骆驼黄杏。果实圆形，平均单果重52g，最大单果重78g。果实缝合线明显，果面底色橙黄，阳面1/3着暗红晕，皮厚，难剥离。果肉橙黄色，肉质细软，果汁中多，风味酸甜，有香气，可溶性固形物含量11%。黏核。甜仁。品质上。

其他还有新世纪、红丰、太阳杏、秦王杏、鸡蛋杏等地方优良品种，可供生产中选择使用。

2. 仁用杏品种

依据我国目前的仁用杏分级标准，单仁重大于0.8g为一级大杏仁；0.7～0.8g为二级中杏仁；小于0.7g为三级小杏仁。

（1）龙王帽（大扁，大王帽，大扁仁）。原产河北涿鹿。杏仁肥大、扁平，酷似古装戏中龙王戴的帽子而得名。树体高大，树势强健，枝条开张，树多呈自然圆头状。萌芽力强、成枝力弱。幼树树皮灰褐色，有褐黄色丝状裂。叶色深绿，叶背灰绿，长椭圆形叶片。花白色，稍带粉色。果实长椭圆形，缝合线浅而明显，梗洼有3～4条沟纹，两侧扁；平均单果重20～25g，果面黄色，离核，果肉薄，出核率17%左右。果核橙黄色较扁，基部有沟纹，顶端尖。单核重2.9g，仁大而饱满，呈圆锥形，基部扁平，头大，尾平小，似龙王的帽子。含粗脂肪58.1%，蛋白质23.6%，碳水化合物15.8%，每千克含维生素B_{17}1 400～1 900mg。品质极佳，在国内外市场颇受欢迎。始果早，幼树成形快，嫁接后2～3年即进入结果期。以花束状及中、短果枝结果为主，丰产性好，大小年不明显，树体经济寿命可达70～80年，耐旱、耐寒性强。4月中下旬开花，花期7d左右，7月中下旬果实成熟，果实发育期约90d，生育期190多天，枝条营养生长期约210d。

（2）超仁。原代号C30901，辽宁省果树研究所从河北涿鹿县龙王帽中选出，1998年定名。果实扁卵圆形，平均单果重16.7g，果皮果肉均为橙黄色，离核。核壳最薄，平均干核重2.16g，出核率18.8%。出仁率41.1%，平均干仁重0.96g，比龙王帽重14%，仁肉乳白色，味甜，含蛋白质26%，脂肪57.7%。年平均株产杏仁4.3kg，比龙王帽增产37.5%。自花结实率为4.2%。综合性状优于龙王帽，为极有推广价值的仁用杏新品种。

（3）油仁。原代号80Bh1，辽宁省果树研究所从河北涿鹿县南山区一窝蜂中选出。果实扁卵圆形，平均单果重15.7g，离核。平均干核重2.13g，出核率16.3%。干仁平均重0.90g，出仁率38.7%，仁大而厚、饱满，味甜香，仁中脂肪含量高达61.5%，比龙王帽高3.7%，是杏仁中脂肪含量最高的品种，含蛋白质23.3%。5～10年生平均株产杏仁3.3kg，比龙王帽增产4%。甜仁。自花不结实。丰产、仁大，脂肪含量高，综合性状优于龙王帽。

（4）丰仁。原代号80E05，辽宁省果树研究所从河北涿鹿县南山区一窝蜂中选出。果实扁卵圆形，平均单果重13.2g，离核。干核重2.17g，出核率16.4%，核面较凸起。平均干仁重0.89g，出仁率39.1%，仁含蛋白质28.2%，脂肪56.2%。仁厚、饱满、味香甜。5～10年生平均株产杏仁4.4kg，比龙王帽增产38.5%。自花结实率为2.4%，极丰产。可作为超仁的授粉品种。极丰产，仁大，综合性状优于龙王帽。

（5）国仁。原代号80A01，辽宁省果树研究所从河北省涿鹿县南山区一窝蜂中选出。果实扁卵圆形，平均单果重14.1g，离核。干核重2.37g，出核率21.3%，为出核率最高的品种。平均干仁重0.88g，出仁率37.2%，仁含蛋白质27.5%，脂肪56.2%。杏仁饱满，味甜。5～10年生平均株产杏仁4.1kg，比龙王帽增产27.1%，自花不结实。丰产，仁较大，综合性状优于龙王帽。

（6）优一。原产河北蔚县。树势中强，呈自然半圆形，干皮呈条状裂。1年生枝紫红色，多年生枝灰褐色，皮孔稀密不等，结果初期的幼树发枝力强。叶片中等大小，呈长圆形，叶面较光滑，叶缘具细锐而浅的单齿。叶柄呈紫红色。花为粉色、较小，花期及果熟期比龙王帽迟2～3d。果呈长圆形，阳面有红晕。单果重9.6g，每千克104果，单核重1.7g，每千克核588粒，出核率17.9%。核壳薄，仅用牙即可咬开，核出仁率43%。仁呈长圆形，凸鼓，单位重0.75g，每千克1 350粒。含粗脂肪58.5%、蛋白质17.2%，每100g含V_{B_1}7 140mg。杏仁口感香甜，无余苦，品质佳。7月中旬果熟。该品种抗寒力强，花期可耐-5℃的低温。以中短果枝花束状果枝结果为主，丰产性强。主要缺点是有隔年结果现象。

三、生物学特性

1. 根系

杏树根呈紫褐色，表面光滑，具有网状皱纹，分根处呈突起状，分根角度小。杏根系发达，生长量大，分布深而广，强大的根系是其抗旱性强的基础。根系通常集中分布在20～60cm处，70cm以下根系较少。在主根和侧根上着生有许多须根，它是吸收水分和各种矿质营养的主要部位。

杏根系全年没有绝对的休眠期，只有根尖分生组织才有短暂的休眠，只要温度、湿度、通气条件满足，杏根系全年都可以生长。杏的根系具有明显的趋肥性和趋水性，在土壤肥力、水分较好的情况下，根系的生长量增大，根系分生能力增强。由于行间耕作，肥水状况较好，所以一般行间比行内的根量多。这说明合理的耕作制度和肥水管理对根系的生长发育十分有利。

2. 芽、枝和叶

（1）芽。杏芽属鳞芽，按其功能和构造可分为叶芽和花芽。叶芽芽体瘦小，萌发后长成枝和叶；花芽芽体肥大饱满，萌发后只开一朵花，为纯花芽。杏芽的萌发力强，成枝力弱。杏的叶芽具有异质性，在同一枝条上，基部芽体瘦小，不能萌发而形成潜伏芽。枝条中部的芽，芽体大而饱满，剪截后这些壮芽可以抽生新的发育枝或中、长果枝，形成的花芽也充实，座果率高。

杏芽有早熟性。当年形成的芽当年即可萌发，因此可抽生二次和三次枝。生产中常利用这一特性通过枝条进行摘心，促发二、三次枝，以加速树冠形成，增加结果枝数量。

（2）枝干。自然生长的杏树主干高大，而园艺栽培嫁接后的杏树，树干较矮，一般为60～80cm。杏幼树树干表面光滑，褐色；成龄树则为黑褐色，树皮粗糙，表面具纵向深浅不一的裂缝。

杏树枝条按生长年龄的不同分为一年生枝、二年生枝和多年生枝。当年生长的枝条叫新梢，没有木质化的枝条叫嫩梢。将一年之中生长的枝条，按不同的生长季节分为春梢、夏梢和秋梢，也可称为第一次枝、第二次枝和第三次枝。夏梢和秋梢合称为副梢。枝条按功能分为营养枝和结果枝。营养枝按生长势的不同分为发育枝和徒长枝。

（3）叶。杏叶片为单叶、互生，在芽内为席卷状。叶片的形态、色泽是鉴别树体营养状况的主要标志。叶幕结构因品种、栽植密度和气候条件有所差异，同时，整形修剪对叶幕的结构形成或调节也有较大的控制作用。生产上采用一切技术措施保护叶片不受损害、不提前落叶是非常重要的。叶幕结构常用叶面积指数来表示。一般叶面积指数以4～6左右为宜。栽植密度及整形修剪对叶面积指数有较大的影响，合理的栽植密度和整形修剪能够促使形成合理的叶幕结构，增加叶面积指数，提高光合利用率，实现高产、稳产。

3. 开花结果

（1）花的种类。杏花为两性花，单生，先叶开放，每个花芽发育一朵花。由于发育不健全而形成了4种类型：雌蕊长于雄蕊；雌蕊、雄蕊等长；雌蕊短于雄蕊；雌蕊退化。前面两种类型花可以授粉、受精、结实，称为完全花。第三种类型的一部分可以授粉，但结实能力差；另一部分在盛花期开始萎缩，而失去受精能力。第四种类型花，不能授粉、受精，称为不完全花。在生产中常由于大量败育花的存在，降低了结实率，造成“满树花，半树果”，甚至出现“只见花，不结果”的现象，对产量影响较大。各种不同类型的花的多少及所占的比例与品种、树龄、树势、枝型、营养状况及栽培管理条件等有密切的关系。除品种和灾害性天气外，加强田间树体的土肥水管理，是降低败育花比例的根本措施。

（2）花芽分化。杏树的花芽分化和其他核果类果树一样，都属于当年花芽分化，翌年开花结果的类型。影响花芽分化的因素很多，其中树体内营养水平是花芽分化的基础。树体营养状况好的，花芽分化就好，完全花的比例就大，结实率也高。此外，气候条件和降雨量对花芽分化也有很大影响。

（3）开花。杏的花芽为纯花芽，着生于各种结果枝节间基部。杏树的萌芽、开花比其他核果类果树早，仅次于山桃。开花时间早晚因品种、环境条件而异，不同地区开花期差异也较大。即使在同一个地区，各年份也不一致。在气候正常的情况下，从花芽萌动到幼果形成需25～30d，单花期2～3d，单株花期8～10d，果枝花期6～8d，盛花期很短，一般3～5d。

（4）授粉受精。一般情况下，当花瓣伸展后，花药即裂开，散出黄色花粉。花全开后，成熟的花粉通过风媒或虫媒传到柱头上，萌发花粉管，完成自然授粉过程。在春天开花时若干旱多风，常会造成授粉不良，导致减产。在自然条件下，杏花的授粉是借助于风和昆虫来完成的，杏园养蜂既可增加收入又可帮助授粉。有条件的地方，花期遇到不良天气，也可进行人工辅助授粉。

在许多花粉管中，一般只有1个（极少数有2～3个）花粉管进入子房，其余均在中途停止生长。花粉管在进入子房后，前端破裂并释放出两个精核，其中1个与中心细胞的二倍体次生核相融合，形成三倍体的胚乳核；另外一个精核与卵核相结合，形成合子，完成受精。在适宜天气条件下，由授粉到完成受精，一般需3～4d。授粉受精是坐果结实的基础。杏自花授粉不结实或结实率极低，要提高杏座果率，配置足够的授粉品种是很重要的。在选择授粉品种时，应选择花粉量大、花粉亲和力强的授粉品种；以提高有效的授粉、受精率。

（5）果实的生长发育。从盛花期至果实成熟，这一时期为杏果实发育期。果实发育所需时间的长短因品种而异，一般为60～90d。杏果实均发育具有明显的阶段性，大致可分为如下3个时期，即第一次速长期、硬核期、第二次速长期。果实发育期的长短也受气候和栽培条件影响，一般低温多雨的天气会延迟果实发育期；干旱，尤其是前一年的秋冬和早春的干旱，会直接影响到果实的发育。因此，冬灌和花前浇水是增产的关键措施。杏仁的形成是由胚的分化开始的。胚的分化约在花后30～35d开始，果皮停止生长是胚开始分化的外在标志。胚在分化之初，先由原胚的基部和顶部分化形成胚根和胚芽，胚芽进而生成两片子叶，子叶在12～15d后就可充满种子。随着子叶的发育，胚乳逐渐被溶解消失。珠被最后形成种皮，完成了胚的发育，形成了种仁，即杏仁。杏仁的发育和杏果的生长交替进行。在硬核期结合灌水施以氮肥，对改善土壤和树体营养，增加杏仁产量有明显效果。

四、栽培技术

1. 苗木繁殖

杏建园所用的苗木包括实生播种和嫁接苗两大类。

（1）实生苗培育。采种：选择生长健壮，无病虫害的成年树作为采种母树。在杏果完全成熟时采种，当果实全部着色，部分果实开始开裂时采收。一般山杏的采种期为6月下旬至7月中旬。

种子调制与分级、贮藏：采回的种实，应立即剥除果肉，可采用人工方法或堆积软化后冲洗的方法，取出果核。经干燥、净种、分级，即可置于通风、干燥的库房内贮存。贮藏过程中要经常检查，防止发热、受潮、霉变及鼠害发生。层积催芽：由于杏的核壳厚而硬，吸水缓慢，且需要在恒湿低温下后熟后才能发芽，因此层积催芽是保证苗齐、苗壮的关键。先将种子于清水中浸泡3～5d，每天换水1次。种子浸好后，按种子与干净河沙1∶3的比例混拌均匀。湿度以手握沙成团，不滴水，手松开后沙团能自然散开为宜。将混好的种子堆积与背阴室内或在通风、背阴、不易积水的地方，挖成宽、深均为80～100cm的地沟，将种子贮于沟内，上面盖10cm厚的河沙，最上面可盖一层秸秆，以保温、保湿。种子量大时，间隔一定距离，在中间插一把秸秆，以保证气体的交换。沙藏期间不定期地检查沟内湿度，如果发现湿度不够，可向沟内适量洒水。秋播时须将杏种在清水中浸泡2～3昼夜，并且每天换1次水。种子浸好后，捞出待播。整地：选择地势平坦、灌水方便的地块作育苗地。在冬前结合深翻每公顷施腐熟的农家肥4 500kg复合肥750 kg、硫酸亚铁150 kg、辛硫磷22.5kg，然后耙平作畦。畦面宽1.0～1.2m，畦背宽40～50 cm。播种前7～10 d，灌水沉实畦面，待畦面土表干后，再将畦面耙松整平。较长的地块，按20 m截为一段，修灌水渠，以利排灌。

播种：采用宽窄行播种，宽行行距40 cm，窄行行距20 cm，株距3～5cm。每畦播种4～5行。秋播宜深，春播宜浅。秋播在土壤封冻前进行，方法是：将浸泡好的杏种直接播入圃畦中，播种深度为7～10 cm，播后浇1次透水。春播在来年3月上中旬进行，此时经过沙藏的杏种已突破种壳而“露白”。播种时先用筛子轻轻筛去种子中的沙子，将已“露白”的种子选出放在木桶、盆等容器中，以备播种。为了防止杏种被风干，可用湿布或塑料膜将盛种的容器口盖住，把还未“露白”的杏种与湿沙混匀后放于温暖处继续催芽，边催芽边播种，这是保证出苗整齐的关键。苗木管理：一般播种后2～4周即可出苗，播后应及时间苗、补苗。在幼苗迅速生长季节，应注意土壤墒情，防止早春干旱影响苗木生长。一般结合施肥，两周左右灌水1次。当苗木长到40cm左右时，进行摘心和抹除基部10cm以内的芽及副梢，以促进苗木加粗生长。

（2）嫁接苗培育。为保持品种的优良特性，生产上多采用嫁接苗建园，即在实生苗上嫁接优良品种的接穗，培育而成的苗木。砧木的种类与培育：杏可选用的砧木有山杏、西伯利亚杏和毛桃；方法同实生苗培育。接穗采集：选择拟发展的优良品种，在采穗圃内采集，也可结合冬季或春季修剪采集，分品种选无病虫害，且枝条生长充实、芽体饱满的当年生枝条做接穗，蜡封后，捆成50枝的小捆，挂上标签，斜插于半湿的沙中，低温贮藏备用，注意随时检查沙子的湿度。嫁接方法：主要采用带木质芽接、单芽切接、劈接、切腹接等经试验比较，采用切腹接效果好，嫁接成活率高，最高达到96%以上，操作技术简单，接口愈合良好，优质苗木出圃率高。嫁接苗管理：嫁接后管理中应采取“先促后控”的措施，可生产出芽体饱满、根系健全的优质苗木。嫁接后要及时除去砧木基部的萌芽，减少养分消耗。待到接穗芽长到3～4cm时，从中选一个位置与长势较好的芽留下，其余的抹除。在6～8月底可追施氮、磷、钾复合肥2～3次，为了补充肥力，9月份可结合喷药叶面喷施0.3%的磷酸二氢钾。土壤干旱缺水时，应及时灌水。灌前清除圃地杂草，灌后2～3d松土，透气保墒，促进肥力的有效利用。在病虫害防治上，要遵循各种病虫发生的规律，进行适时防治，在7～9月份要加强对危害顶梢和叶片的虫害防治，防止影响苗木高度。

2. 造林

（1）园地选择。杏树是喜光、耐旱、怕涝、怕霜的树种，因此要选择向阳和高燥处建园，不可在阴坡、河滩地和涝洼地及冷空气易下沉的山谷地建园。

（2）建园方式。目前杏的建园方式有利用嫁接成品苗建园、实生苗建园、直播建园和利用野生杏树进行建园4种方式。

（3）计划密植。杏树经济寿命长，一般100～200年大树还丰产，规划的株行距要大些，但考虑到早期丰产，可在建园时设置临时株，随着树龄的增大及时间伐或移植。永久行的株行距可按4m×6m设计，临时加密为2m×3m。规划时还要考虑土壤和肥水情况，如果土质肥沃、土层深厚、水源充足，要加大株行距1m左右。

（4）品种配置。杏自花结实力较低，一般为5%左右，在杏园定植时，授粉树栽植数量不够，或搭配不合理，常导致座果率低。栽培中主栽品种与授粉品种的比例为4∶1或5∶1。试验证明，目前仁用杏品种中龙王帽、一窝蜂、优一的最好授粉品种是白玉扁。

（5）栽植技术。在冬季温暖、风少、土壤湿润和秋季降水量较多而春季干旱的地区，可在秋季苗木落叶后至土壤结冻前进行栽植，冬季寒冷，无霜期短的高寒地区，一般多宜春季栽植，头年夏季整地。坑的标准为：1m×1m×0.8m，株距小时，可开挖定植沟，苗木栽植时，剪除烂根，然后将苗木放入清水中浸根18h，蘸上泥浆或在浓度为500～1 000mg·kg^{-1}的ABT 3号生根粉中浸泡1h取出栽植。栽后立即浇水，树傍覆盖地膜，四周用土压实。

3. 杏园管理措施

（1）土肥水管理。杏园每年进行2～3次中耕除草，施肥要以基肥为主，宜在果实采收后进行，也可在早春或早秋施入。幼树1年1次，株施有机肥15～20kg。初果幼树株施有机肥25～50kg。成年大树2～3年1次，株施有机肥60～100kg。基肥以厩肥＋过磷酸钙＋氮、钾复合肥为好。如有条件，萌芽前、坐果后、果实膨大期以及果实采收后，根据实际需要追肥。前期以氮肥为主，后期氮、磷、钾配合施用。施基肥、追肥后要及时浇水，越冬前再浇1次越冬水。

（2）花果管理。由于杏树本身存在着许多不利于坐果的性状，因此要采取措施提高座果率以增加产量。花期施放蜜蜂及其他访花昆虫。人工辅助授粉。调控花期以避开早春低温冻害。可在秋季喷布50～100mg·L^{-1}的赤霉素，在早春刚解冻时灌水及树干涂白等，均可不同程度推迟花期，避免冻害。在花前1周和盛花期喷0.1%～0.2%的硼砂或0.2%的尿素，可提高座果率和产量。幼果膨大期可根外追施0.3%～0.5%的尿素或0.3%的磷酸二氢钾，以补充营养供给从而减少落果。

（3）整形修剪。杏树极其喜光，在国外常采用主干上2主无侧枝的Y字树形，或者主干上4主无副的树形，在我国通常采用自然圆头形或疏散分层形，少数地区采用自然纺锤形。总之主枝不要多，层间要大，阳光能进入内膛，小枝组多，大枝组少，即能丰产。

幼树修剪。幼树要尽快扩大树冠，修剪时要适度短截主枝头，疏除竞争枝、密挤枝和轮生枝，让主枝头向外倾斜单头生长，并保持其生长势，其余枝均缓放，不短截。角度和方向不合适的主枝，可采用拉枝的办法加以调整，不要轻易转头或以大改小。幼树修剪宜轻不宜重，主要目的是加速树冠的扩大，培养树形，减轻树势，提早进入结果期。

初果期修剪。继续采用轻截、多缓放和疏除竞争枝的修剪技术，加大主枝角度，应用摘心等夏剪技术，进一步缓和树势，增加结果量，培育中、小型结果枝组。

盛果期修剪。从大量结果到树体衰老以前，期间修剪除继续短截延长枝头，适当抬高和加强延长枝头的长势外，要把注意力转到结果枝组上来，特别是内膛的结果枝组容易枯死，修剪时要打开光路，让阳光射进内膛。结果3~5年的小枝组，要逐年短截更新，疏除膛内的较长枝，控制大枝上的直立竞争枝，保持树形的完整。连续结果多年的长果枝，要及时回缩到有生长势的新带头枝处。要保持全树新枝生长是在30cm左右。长果枝要在1/3处短截，中、短果枝群要适当短截，刺激更新生长，保持健壮。

衰老树修剪。这类树修剪要适当加重，对小枝要多短截少轻放，衰老大枝要回缩更新，一般回缩要抬高角度，并短截带头枝。徒长枝和竞争枝要加以利用，以恢复树势和树冠。

放任树修剪。有的杏树从不修剪，树势早衰，结果部位外移，内膛光秃，产量很低。这类树在进行改造时首先要从大枝着眼，根据树的现状，坚持随枝做形的原则，将过多的、交叉的、重叠的大枝和层间的直立枝，逐年去掉，加大层间距离，阳光射入内膛，诱使内膛发枝，培养结果枝组。同时回缩衰老枝，多短截发育枝，抬高下垂枝头。高冠的树头，要采取落头措施，减少层次，打开天窗，经过多进阳光，2~3年改造，就能成为丰产树形。

五、病虫害防治

1. 病害防治

细菌性穿孔病（bacterial leaf spot）。防治方法：消除病枝、叶、果等病源；不与桃、李等核果类混栽；春季发芽前喷5波美度石硫合剂，落花后10d喷布65%代森锌300~500倍液，或喷硫酸锌石灰液（硫酸锌0.5kg，生石灰2kg，水120kg），每10d左右喷1次，连喷3次。

流胶病。由虫害或人为的伤口引发，要防止树体受伤。防治方法：枝干涂白，预防冻害和日灼伤。春季刮除病部，涂抹5波美度石硫合剂或40%福美砷50倍浓杀苗，然后涂抹伤口保护剂。也可在刮除病部后，涂抹12.5%敌力康，小伤口当年愈合。

2. 虫害防治

（1）杏仁蜂。防治方法：首先要清除树上干缩的僵果和地下落果，集中烧毁，消灭虫源。在杏花未开前时，立刻打20%速灭杀丁3 000倍液，或喷布90%敌敌畏1 000倍液；或50%辛硫磷乳油1 000~1 500倍液。切忌使用乐果和氧化乐果，会造成严重落叶和死树。

（2）小木蠹。防治方法：杏园要及时清除被害死树和死枝，并烧毁，减少虫源。在5月底至6月初、7月底至8月上旬，在杏园堆放些枯枝，引诱成虫在其上产卵，然后烧毁。或在主干和主枝上喷布（或涂干）50%甲胺磷乳油300倍，或者用1份桃康加4份水的药液涂干，也能保护主干和主枝。

（3）杏象甲。防治方法：落花后立即打药（同杏仁蜂），或于清晨振落捕杀，消灭地上落果。在开花初期地面洒药：50%久效磷乳油1 000倍液；50%辛硫磷乳油300倍液，7.5kg·hm^{-2}；50%地亚农乳油450倍液，7.5kg·hm^{-2}；2%杀螟硫磷粕剂或4%敌马粉剂7.5kg·hm^{-2}。

（4）红颈天牛。防治方法：主干和大枝涂白，在枝杈要特别加厚；或用50%甲胺磷乳油300倍涂干。向虫蛀道口内塞50倍三硫磷棉球，或磷化铝颗粒剂，然后用泥团堵住。在6~7月成虫出现期，可用糖、酒、醋1:0.5:1.5的混合液诱集成虫，捕杀。

六、采收贮藏与加工利用

1. 采收

仁用杏以收获杏仁为目的，必须在果实充分成熟时采收，过早采收会影响杏仁的品质和产量。仁用杏一般采用人工采收。

2. 仁用杏脱壳

脱壳的方法有手工敲砸和机械脱壳两种。手工敲砸的效率低，但杏仁完好率高。机械脱壳采用专用的脱壳机械，如新疆农业大学研制的500型脱壳机，每小时可加工杏核2t。脱壳效率高，但杏仁破碎率高。

3. 仁用杏分级

分级是实现优质、优价和杏仁商品化的重要步骤（表20-1）。

表 20-1　杏仁分级标准

项　目	苦杏仁			甜杏仁		
	一级	二级	三级	一级	二级	三级
自然含水率≤（%）	7	7	7	7		
破碎率≤（%）	2	4	6		5	
秕粒≤（%）	1	2	4		2	
异种率≤（%）	1	1	1		0	
杂质≤（%）	1	2	8		0	
虫果率≤（%）	0	0	0		0	
霉变率≤（%）	0	0	0		0	
完好率≥（%）	96	87	78		93	
千粒重（g）	—	—	—	≥800	700～800	<700

目前主要的分级方法是人工分级和筛分。

4. 仁用杏加工与利用

仁用杏的产品包括苦杏仁和甜杏仁两类，苦杏仁需要脱除苦味方可加工利用，甜杏仁则可直接利用。在此主要介绍杏仁小食品的加工。

（1）糖衣果味类杏仁的加工。此类产品有薄荷杏仁、橘子杏仁、玫瑰杏仁、山楂杏仁、麻辣杏仁等。果味杏仁工艺上属于套糖返沙制成的一类产品。杏仁外套着一层返沙糖衣，根据不同品名，配以相应的色、香、味。薄荷杏仁青翠碧绿、清凉可口；玫瑰杏仁粉微红、酸甜适度；雪花杏仁洁白无瑕、酥脆爽口，不同品种各具特色，诱人食欲。

原料配方：杏仁 10kg，蔗糖 14kg，饴糖 1.1kg，柠檬酸、调料粉、蜂蜜、色素香精、香兰素适量。

工艺流程：脱苦杏仁→精选→炒制→第一次淋糖→第二次淋糖→第三次淋糖→白砂糖→溶化→熬糖成品→包装→低热烘干。

操作要点：化糖前锅底要涂一层擦锅油便于操作。第一次淋糖用总量 1/3 的白砂糖，1/3 饴糖，1/2 蜂蜜，加清水约 0.6kg，文火熬至 104℃即砂糖全部溶化时，加入蜂蜜和饴糖；预热并转动糖衣机使其加热至 60～70℃，杏仁移入糖衣机，转动糖衣机使杏仁稍加热，缓缓加入糖液，并不断转动糖衣机，翻动 5～10min，使糖液均匀地裹在杏仁上，并使水分蒸发，糖衣凝固；其余白砂糖和饴糖再分两次熬制淋糖，化糖和挂糖搅拌期间炉火总是按低—高—低的程序，以利挂糖；最后一次套糖接近完成时，可将其他辅料调配好后喷洒于结晶产品上。有些香精极不耐高温，要待全部冷却后再施加。在这一步，色素、香精、酸味剂的调配十分重要。其最适浓度要求它在套糖杏仁上薄薄喷洒一层即可形成柔和自然的色彩和适口的味道。批量生产前要进行试验；酸味剂不可在化糖时提前加入，那样将使蔗糖转化，返砂困难；五香、麻辣等类型的产品，调料要在第三次套糖时加入，调味料细度应在 100 目以上；冷却后迅速包装，以免受潮。产品应存放于低温阴凉之处。

（2）琥珀类杏仁产品的加工。包括琥珀杏仁、怪味琥珀杏仁、麻辣琥珀杏仁。琥珀杏仁外观为光亮琥珀色，有酥脆的油炸糖皮，并具有蜂蜜的清香余味。糖皮上加入各种调料，又形成了琥珀类不同风味的产品。

原料配方：杏仁，蔗糖（与杏仁等量），饴糖（蔗糖的 10%），蜂蜜少量，精炼植物油、食盐、调味料粉少许，茶多酚。

工艺流程：

蜂蜜、饴糖、杏仁
↓
蔗糖→化糖→糖煮杏仁→冷却→移入油锅油炸→冷却→甩油→包装→成品

操作要点：用等量杏仁与白砂糖加少量水共煮，使水分逐渐蒸发，当糖液达到饱和浓度时，由于不断搅拌，部分砂糖返砂。倒入糖量 2%～5% 的蜂蜜，继续搅拌，这时杏仁周围形成一层带有部分结晶的糖衣。再加入蔗糖 5% 的饴糖，搅拌均匀出锅；糖煮的杏仁降温 5～10min 后，移入油锅。此时油温已预热至 160℃左右，将杏仁油炸至糖皮变成琥珀色。捞出，薄薄地摊于盘中冷却，将少数黏连在一起的分开；过油杏仁冷却至不黏手时，入离心甩干机甩去表面浮油；甩油后杏仁要尽快装袋密封，以防回潮发黏；琥珀型其他风味产品可在过油前或过油后加入调味料。口味可自行调配，但此类产品不得使用香精色素。

（3）五香类杏仁产品的加工。包括五香杏仁、椒盐杏仁、奶油杏仁、香草杏仁。此类为不套糖产品，要尽量选用颗粒大的杏仁原料。产品以酥脆为特点，略带淡淡的五香、奶油、香草等调料或香料味。

原料与配方：配方中部分调料的配比设一个范围，而不是一个定数，可根据调料的成色、品质高低、地域间口味的差异进行调整。

五香杏仁：杏仁 10kg、八角 80～120g、肉桂 100～140g、陈皮 100～150g、小茴香 70～100g、草果 25～30g、食盐 250～300g、阿斯巴甜 15～25g、杏仁香精油 70g、单甘酯 S15g。

奶油杏仁：杏仁 10kg、肉桂 100～140g、陈皮 100～150g、公丁香 25～30g、食盐 120～150g、阿斯巴甜 30～35g、杏仁香精油 60g、鸡蛋牛奶香精油 80g、奶油香精油 50g、单甘酯 15g。

香草杏仁：杏仁 10kg、肉桂 60～80g、陈皮 80～100g、公丁香 30～50g、八角 50～70g、食盐 120～140g、阿斯巴甜 30～50g 杏仁香精油 70g、香草香精油 80g、橘子香精油 20g、单甘酪 15g 。

工艺流程：杏仁→净化去杂→漂烫→浸泡调味→沥水甩干→风干→熟制→包装→成品。

操作要点：预制调味汤料时要选用上好调料。称重、破碎、包成调料包，置于不锈钢煮锅中，加 8～10L 水，大火烧开后小火煮 30min，然后将汤移出，再加 7L 水大火烧开后小火煮 20min，两汤合并，加入食盐和香精油、单甘酯，制成调料汤，并注意保温。

调味处理：将 10kg 去杂洗净的杏仁入锅加水煮开，将杏仁移入调料汤中，浸泡 3～4h，每半小时搅拌 1 次，然后沥水甩干，再风干 2h。

熟制：采用杏仁熟制专用烤箱，设定 3 个温度时段，第一时段为 140～150℃、12min；第二时段为 110～120℃、8min；第三时段为 80～90℃、15min，每个时段中间搅拌 1 次。出炉后晾置半小时后包装。

（冯建灿　李　疆）

21. 樱　　桃

樱桃果实色泽鲜艳，味美可口，是北方落叶果树中成熟期较早的树种之一，素有“早春第一果”的美誉。果实发育期短，成熟早，早期病虫害少，基本不需化学防治。樱桃营养丰富，其蛋白质、氨基酸、维生素和矿物质含量都很高，尤其是铁的含量居各水果之首；根、茎、叶、果、核都可入药，具有较高药用价值；树姿优美，枝叶浓密有较高的观赏价值；花期早，花量大，是早春重要的蜜源植物；木材坚实，花纹好，可制作上等家具。近年来大樱桃鲜果每千克的批发价都在20元以上，所以适当地发展樱桃，对提高果农的收入，富一方经济也是一个较好的思路。

我国樱桃种植历史悠久。考古发现我国战国时期已经开始种植樱桃。汉代和北魏的文献中就已经比较详细地描述了樱桃及樱桃种植技术，说明我国古代的劳动人民已掌握了较高的栽培技术。中国樱桃在我国分布很广，北起辽南、华北，南至云南、贵州、四川，西至甘肃、新疆等地都有栽培。但栽培最多的是江苏、浙江、安徽、山东、河北等地。甜樱桃原产亚洲西部和欧洲东南部，栽培最多的国家为原苏联、德国、美国、意大利和法国，其他如瑞典、荷兰、澳大利亚、日本、挪威、丹麦、阿根廷和新西兰也都有栽培。产量以原苏联、德国和美国为最多，这几个大的樱桃主产国几乎控制了国际市场。目前在东南亚及香港市场上主要是美国产品占据统治地位，价格不斐，且销路极好。目前我国樱桃栽培面积相对较少，产品主要是内销，尤其是甜樱桃因其总产量小，仅能供应一些大城市的高消费群体，根本无法满足大众的需求，从目前国内国际市场看，樱桃都有极大的发展空间。

一、主要物种

樱桃为蔷薇科（Rosaceae）樱桃属（*Cerasus* Mill.）植物。本属有100多种，在水果生产中有栽培价值的有中国樱桃、毛樱桃、甜樱桃、酸樱桃及其杂种。我国当前生产中栽培最广是中国樱桃和甜樱桃。

1. 中国樱桃［*Cerasus pseudocerasus*（Lindl.）G. Don］

本种原产我国长江流域。属小乔木或灌木，树干暗红色；枝叶茂密，萌蘖力较强。单叶互生，叶片卵圆形或阔卵圆形，暗绿色，先端渐尖，基部圆形；叶缘具二重锯齿。花两性，白色或稍带红色，常2～5朵簇生，先叶开放。果小，核果圆球形，直径约1.2～1.8cm，果柄有长短两种；果皮红色，有时呈淡黄色，皮甚薄，肉多汁，极不耐贮运；成熟期甚早，华北各地一般在5月上中旬即成熟。

中国樱桃抗寒力较弱，但对土壤要求不严格，不论黏土或瘠薄山地均能生长。主要分布于黄河流域以南各地，山东、江苏、安徽、湖北等地栽培较多。山东烟台、莱阳、栖霞山等地栽培的草樱桃即是其主要品种。

中国樱桃主要以果品生产为主，但商品性远不如甜樱桃，近几年很少有新的发展。但中国樱桃的早熟性是任何甜樱桃品种没法比的，另外其早果性及自花结实能力，还是很有优势的，以前中国樱桃主要作为大樱桃品种的砧木，但近年来发现，中国樱桃与大樱桃品种的嫁接亲和力还是有一定的问题。另外也易感染根癌病。

2. 毛樱桃［*C. tomentosa*（Thunb.）Wall.］

本种原产我国西北、华北及东北地区。多为小灌木，萌蘖力强，树冠呈扁圆形或半圆形。主枝多，较开张，老枝暗黑褐色，树皮呈片状爆裂。叶小，单叶互生或4～5片簇生，倒卵形或椭圆形，先端渐尖，叶缘粗锯齿状，两面均被茸毛。花小，白色，稍先叶而开放。核果小，近圆形，果梗短；果皮鲜红色，被短茸毛，味甜，可生食或供加工。种子小，近圆形，表面光滑。毛樱桃抗寒力极强，对土壤适应性广，耐干旱、瘠薄，也较抗涝，丰产。不仅可作果树栽培，亦可用以观赏，在生产中用作桃的砧木，具显著的矮化作用。

3. 欧洲酸樱桃（*C. vulgaris* Mill.）

本种原产欧洲东南部和亚洲西部，又称酸樱桃或普通酸樱桃。为小乔木，树势健壮，树冠直立或开张。易生根蘖，枝条细长而密生。叶小而厚，单叶互生，倒卵形，先端尖，叶缘为复锯齿，齿尖具小黑色腺体，叶柄长，其上具1～4个蜜腺。花白色，常1～4朵簇生，先叶或与叶同时开放。核果中大，圆形、扁圆形或心形，两侧稍压缩，缝合线不明显；果皮淡红色至暗红色；果肉暗红或淡黄色，肉质柔软易溶、味酸，间或有涩味。核圆形，光滑，离核或黏核。酸樱桃抗寒、抗旱力较强，结果早，对土壤条件要求不高。栽培品种甚多，前苏联及欧洲各国广有栽培。

4. 欧洲甜樱桃［*C. avium*（Linn.）Moench］

又称甜樱桃。原产亚洲西部和欧洲黑海沿岸，南欧、小亚细亚等地有野生，原苏联的乌克兰、摩尔达维亚、克里木和高加索等地的阔叶林及林缘常见有野生大樱桃。1880～1885 年前后传入我国，主要在山东烟台和辽宁大连等地栽培。本种为大乔木，树势强健，枝干直立，树皮光滑，色较暗，树冠近卵形。单叶互生，叶片大而厚，长卵形，边缘重锯齿，先端渐尖，叶柄暗红色，有 1～3 个红色圆蜜腺。花白色，2～5 朵集生，与叶同时开放。果大，核果球形或卵形，黄色、粉红色、红色或近紫黑色；果肉黄色、红色或黑紫色，果柄长，果肉与果皮不易分离，肉质有软、硬两种，味甜，离核或不离核。樱桃喜温，惧热，冬季在 -24℃时花芽会受凉害，温度过高 也不利于生长，故适合在温暖地区栽培。樱桃喜欢通透性较好的土壤，在壤土、砂壤土上植株生长旺盛，产量高，但抗旱力较差，也不耐荫。本种栽培品种和变种、变型极多，果实品质很好，经济价值较高，深受人们的喜爱。

二、主要栽培品种

樱桃栽培上有大樱桃和小樱桃：大樱桃主要指甜樱桃，果个大，味道美，稍耐贮运；小樱桃是指以中国樱桃为代表的果个较小，品质一般，极不耐贮的品种，但它早熟、自花结实率高、耐性强、易管理，生产上也有一定利用价值。

1. 中国樱桃

（1）矮樱桃。又名中华樱桃，短枝型，是山东莱阳市林业局于 1981 年选出，1991 年鉴定、命名。主产于山东莱阳，现在烟台、临沂、泰安、枣庄、青岛等地有栽培。矮樱桃平均单果重 2.9g，果实圆球形，果面鲜红，光泽艳丽。果肉淡黄色，肉质细密，果汁多，风味佳。含可溶性固形物 16% 左右，品质中上。在郑州地区 5 月上旬成熟，果实发育期 40d 左右。树体紧凑矮小，枝条节间短，干性弱。叶片大而肥厚、浓绿有光泽，以分压条分株繁殖为主，栽后第二年见果，第三年丰产，自花结实率极高。

（2）豫樱桃。是河南省林业科学研究院从郑州郊区樱桃沟选出。树形丛状，树姿较直立。萌芽力和成枝力较强，隐芽萌芽力高。叶片大而薄，色浓绿。花白色，自花结实，以花束状果枝和短果枝结果为主。果实圆球形，浓红色，果皮薄，果肉淡黄色，多汁，味酸甜适口，有香气，可溶性固形物 18%，平均单位重 3g，在郑州地区露地“五一”前后成熟。该品种适应性强，尤其是黄泛沙区表现良好；连续结果能力强，大小年现象不明显。

2. 甜樱桃

（1）雷尼尔。原产于美国。树势强健，树姿直立，节间短，枝条粗壮。果实呈心形，果面黄色底上着红色，光泽美丽，平均单果重 9g 左右；果肉无色，质硬，含可溶性固形物 15% 左右，品质佳，耐贮运，较抗裂果。果实发育期 50d 左右，该品种抗寒性强，结果早、丰产、花粉量大，是优良的授粉品种。本品种自花不实，在生产中注意授粉树的配置，以那翁、滨库、红蜜、红艳等授粉为好。

（2）红灯。大连农业科学研究所于 1963 年用那翁与黄玉杂交育成。为当前栽培面积最大的一个品种。树势强健，长势旺，幼树生长直立，结果后渐开张。果实呈肾形，平均单果重 9g，最大果重 12g；果皮紫红色，有光泽、艳丽；果肉较硬，酸甜可口，可溶性固形物 17%，品质上等，果实发育期 45d。该品种丰产、优质，宜鲜食，耐贮运，但成熟期遇雨，有轻微裂果现象。红灯栽后第四年开始结果，且连年丰产，红灯自花不实，适宜的授粉品种有巨红、大紫、滨库、红蜜、那翁、佳红等。

（3）佐藤锦。原产于日本。20 世纪 80 年代中期引入我国。树势强健，树姿直立。果实中等大小，呈心形，果面黄色底上着鲜红色，光泽美丽，平均单果重 6～7g。果肉白色，核小，肉脆，多汁，酸甜适口，可溶性固形物含量 18% 左右，品质上等。果实发育期 45d，果实耐贮运，丰产，稳产。该品种自花不实，适宜的授粉品种有砂蜜豆、南阳等。

（4）先锋。又名 VAN。原产加拿大，20 世纪 80 年代引入我国。树势强健，抗寒性强。叶片大而厚，色深绿，具光泽，叶柄蜜腺多为 2 个，稀 4 个。结果早，丰产。果实中大，肾形，紫红色，光泽艳丽，平均单果重 8g 左右，最大果重 11g。果皮厚，果肉玫瑰红色肉质肥厚、硬脆、多汁、甜酸适口，含可溶性固形物 17%，品质上等。果实发育期 55d。

需异花授粉，授粉品种以滨库、那翁为好。花粉多，是其他品种较好的授粉品种。

（5）芝罘红。芝罘红甜樱桃系大紫的实生变异，是山东省烟台市芝罘区农林局在1979年樱桃资源调查时发现的。该品种树势中庸，树体紧凑，成枝力、萌芽率均高，树冠较小，早实丰产，宜于密植。3年生即结果，5～6年进入盛果期。果实成熟期较早。果实宽心脏形，果个大，整齐均匀，平均单果重8.1g；果面鲜红，有光泽，果汁多；果肉浅红色，肉硬，可溶性固形物16.9%。该品种为异花结实，可以红灯、那翁、滨库等品种作为授粉树。

（6）意大利早红。又名伯莱特、布莱脱。原产法国，幼树树势旺，萌芽力高，成枝力强。果实短心脏形，平均单果重7g，最大果重11g；果顶平，果肩明显。果柄粗而短；果面底色黄白，全面着紫红色，有光泽；果肉红色，肉质硬韧、汁多，风味酸甜，可溶性固形物含量12%；半离核，品质上。果实发育期42d左右。耐运输性稍差，但果实成熟期稍早。自花不结实，授粉品种可用红灯、红艳、大紫等。

（7）拉宾斯。是由加拿大杂交育成的自花结实品种。该品种树势健壮，侧枝发育良好，树姿直立。可保持连年高产，不但自花结实率较高，而且还是一个良好的授粉品种。抗寒性强，且无病感染，是一个高产、抗裂果的晚熟优良品种。果个大，平均单果重10.2g；近圆形或卵圆形；果皮厚，成熟时为紫红色，有光泽，外观美；果肉厚，硬脆，多汁，酸甜可口，口味佳，耐贮运。

（8）乌梅极早。原产乌克兰。树势健壮，抗寒抗旱，以花束状果枝和1年生果枝结果。果实大，整齐，单果重6～7g，心形，红色，皮细，紧密，易剥皮。果肉鲜红色，多汁，细嫩爽口，具有葡萄甜味，果汁玫瑰色。果核中大，圆形，离核，花后28～32d果实成熟，成熟期一致。自花不实。

（9）早红宝石。原产乌克兰。树势强健，以花束状果枝和1年生果枝结果，嫁接苗栽后第三至四年结果。果实阔心脏形，单果重6g；果面刚成熟鲜红色，随后变为紫红色，果皮细，易剥离；果肉紫红色，肉质细嫩，汁液多，酸甜适口，鲜食品质优，果实发育期35d，上市早。该品种抗寒抗旱，自花不实。

三、生物学特性

（一）生态习性

影响樱桃生长发育的因素很多，主要有温度、光照、水分、空气、土壤等。了解樱桃的生态习性，可利用其促进樱桃的生长发育，在栽培上有重要意义。

1. 温度

樱桃适于在年平均气温10～12℃的地区栽培。温度高低直接影响樱桃的地理分布，并且决定着樱桃的生理活动，从而对其生长发育产生重要影响。冬季气温降至－20～－18℃时，大枝会发生冻害，降至－25℃以下，会使树株大量死亡。在极端低温类似的地区均不宜发展樱桃。樱桃各物候期的发生发展，都与温度有关，各物候期限的极端温度对樱桃的正常生长发育都有极大的影响。

2. 水分

樱桃对水分状况极为敏感。既不抗旱也不耐涝，水分过多，轻者易造成枝叶徒长，裂果，重者造成烂根，流胶加重；水分不足又易造成大量落花落果，花芽发育不良，新梢生长受到抑制，适宜在年降水量为600～900mm的地区栽培生长。樱桃对水分的要求因生育期不同而异。随着果实的生长、叶面积迅速扩大，樱桃对水分需要量也逐渐增加。

3. 土壤

樱桃最宜在土层深厚、土质疏松、通透性良好的土壤种植。低洼易涝的沼泽土和盐渍土，极其干瘠的石渣子土，具流动性的风沙土等，都不适合栽培樱桃。土壤质地、肥力状况也直接影响大樱桃的生产力和果实品质。

4. 光照

中国樱桃稍耐荫，大樱桃为喜光果树。一般地说，年日照时数在2 600～2 800h的条件下，大樱桃生长结果良好。光照条件好可使树体健壮，果枝寿命长，花芽充实，座果率高，果实成熟期提前，果实着色好，含糖量高，酸味小。

5. 风

风有利于樱桃传粉授精，但风力过大时，易造成树木风倒、风折、摧花、落果；春天大风可能抽干枝条，花期可吹干柱头。

（二）生长发育

1. 根系

樱桃属浅根性树种，主根不发达，侧根和须根较多。中国樱桃根系分布集中在5~20cm土层内，在疏松的土壤中分布可达20~35cm深土层内。实生砧繁殖的甜樱桃根系分布较深，可达4m以上，水平分布较广。中国樱桃与酸樱桃易发生根蘖，因此传统的樱桃育苗多采用分株法。

2. 芽

樱桃的芽分叶芽和花芽两大类。樱桃的顶芽均为叶芽，叶芽萌发后长成枝条，用以扩大树冠，或转化为结果枝，增加结果部位。樱桃的萌芽力较强，中国樱桃萌芽力最高，1年生枝上的芽几乎全部能萌发，但多形成短果枝或花束状果枝。甜樱桃的萌芽力较低，当枝较强，当年生新梢可达1m以上，潜伏芽寿命很长，是后期大枝更新的基础。花芽腋生，均为纯花芽，形圆钝。每一花芽内具有2~7朵花，中国樱桃具4~6朵，成总状花序或簇生。

3. 枝条

樱桃的枝条，按其性质分为发育枝和结果枝两大类。发育枝又称营养枝。其顶芽和各节位的侧芽均为叶芽。叶芽萌发后抽枝展叶，是形成骨干枝，扩大树冠的基础。因年龄时期和生长势的强弱不同，植株抽生发育枝的能力也不同，幼树和长势较强的树，形成发育枝的能力较强。进入盛果期和树势较弱的树，抽生发育枝的能力越来越弱，并且发育枝基部的一部分侧芽也变成花芽，发育枝形成了既是发育枝、又是结果枝的混合枝；结果枝按其特性和长短，可分为长果枝、中果枝、短果枝和花束状果枝。中国樱桃的结果部位多在长、中、短果枝上。甜樱桃多以花束状果枝或中、长果枝果结果为主。

（三）物候期

1. 萌芽与开花期

樱桃萌芽开花期因品种而异。一般讲，中国樱桃开花最早，大樱桃稍晚。樱桃开花早，易受晚霜的危害，尤其是中国樱桃，受害比较严重。花期时应严密关注天气情况，一旦有低温天气要及时进行预防，一般采用放烟雾法或喷水法。大樱桃的花期与桃杏差不多，所以在桃杏易受害的地区，也要加强大樱桃的管理。

2. 新梢生长期

樱桃的叶芽萌动往往晚于花芽萌动。叶芽萌动后，便开始新梢生长期。花期新梢生长缓慢，花谢后新梢开始迅速生长，当果实进入硬核期，新梢生长又渐转慢，以至停止生长。果实成熟后，随即进入雨季，新梢再次进入生长期。

3. 果实发育期

果实发育期一般需要30~60d。果实发育过程呈双S曲线，大体要经过3个时期。即从花谢后到硬核前，这个时期果重快速增加，果核已是果实成熟时的大小，而果实大小则为采收时的一半大小；第二阶段果实生长缓慢，而胚和核壳迅速生长，核壳逐渐硬化，营养主要用于种子消耗；第三阶段进入二次速生期，此时果实迅速膨大，特别是横径加速增大，果重猛增，果实重量和可溶性固形物含量均达到最高值。

4. 花芽分化期

樱桃花芽分化期较为集中，花芽的生理分化，约在果实采收后10d左右完成；其形态分化则需较长的时间才能完成，全部完成花芽分化约需20~50d。樱桃花芽分化受多种环境因素影响，例如温度、日照等，树体营养状况对花芽分化也不容忽视。特别是缺少硼元素时，成花少且花芽质量差。生产中应注意合理施肥，保证树体发育和开花结实有充足的营养。

5. 落叶休眠期

我国北方地区，樱桃落叶约在11月中旬，樱桃的自然休眠期一般在几十至100d。自然休眠过后，只要温湿度条件适宜，便可开始萌芽生长。

四、栽培技术

1. 苗木繁殖

中国樱桃可采用实生繁育，也可采用分株、压条、扦插组培嫁接等方法育苗；而甜樱桃多采用嫁接育苗，砧木多采用根系发达、抗逆能力强且具有矮化效果的品种。前几年多采用中国樱桃作砧木，但现在看来中国樱桃砧与甜樱桃还是存在亲和问题。另外，我国还引进了部分砧木如考特、磨把酸、马哈利，但不是矮化效果不好，就是易感根癌病。现在国内最理想的砧木，当数中国农业科学院郑州果树研究所的ZY-1和引自德国的吉斯勒，不但矮化效果好，也较抗根癌病。樱桃的嫁接，可采用枝接、芽接，其方法与一般嫁接相似，成活率也很高。现在速成苗嫁接技术，采用早育砧木，早嫁接，加强管理，可于当年育出高150 cm、地径达0.8 cm以上的苗木。

2. 建园及栽植

（1）园址选择。樱桃栽培宜选在土层深厚、土壤肥沃、土质疏松、排灌条件良好的地方建园。丘陵山地栽培应选海拔较低、地势平缓、土层深厚、背风向阳、有水浇条件的地段建园。平原地区应避免在低洼易涝、风沙危害、土质黏重和盐碱地建园。此外还应考虑樱桃不耐贮藏，不便运输的特点。所以，选择园地还应尽可能靠近产品销售地，最好选在邻近城市、工矿区和交通便利或有樱桃等食品加工企业的地方。

(2) 品种选择。品种是优质高产的保证，樱桃品种选择要保证良种良砧。良种指适于当地发展的优良品种，可根据当地具体情况选择发展。樱桃尤其是大樱桃的砧木是一个关键，如果砧木选择不当，轻则产品低产低质，重则死树。甜樱桃砧以前多采用考特、马哈利、磨把酸等。现在生产应用的吉斯勒、ZY－1 等砧木效果都不错，但大部分地区还是以中国樱桃做砧木，在引种苗木时一定要注意。

中国樱桃自花结实率高，而大樱桃栽培品种虽然都有花粉，但大多数表现自花不结实。因此，栽培大樱桃必须配置授粉树，而且它对授粉品种要求也相当严格，具体搭配见品种介绍。品种越多授粉效果越好，但一个果园品种不宜过多，否则管理不便，采收期不集中，劳力、运输、销售都有一定困难；另一方面，主栽品种也不宜过少，单一品种对自然灾害和不良环境的抵抗性差，难以实现果园的高产和稳产。一个面积适中的果园，最好有成熟期不同的大樱桃品种 2～3 个作为主栽品种。

(3) 栽植。栽植密度应视园地土壤情况、肥水条件、品种特性、采取的树形和栽培措施等来确定。原则上：土壤瘠薄可适当密植，土质肥沃可栽植稀些；旱地可密些，水浇地可稀点；长势中庸的可栽密些，长势旺健的宜栽稀些；光照条件较好的果园可栽密些，否则应适当稀植。现在生产中大冠型、生长势旺的多采用 3m×4m，中国樱桃及小冠型、中庸品种多采用 2m×3m，介于两者之间的可小幅调整。

樱桃秋春两季栽植均可，北方寒冷、多风和干旱地区，秋季栽植，苗木易失水抽干，最好在春季栽植。春栽应在土壤解冻之后至苗木发芽前进行。一般地区，3 月中下旬樱桃即将发芽，此时栽植成活率最高。温暖、湿润的地区可在秋季栽植，此时气温低，蒸发量少，秋栽可以使根提前愈伤，成活率高。

栽植穴大小因地而异，平原果园可挖 1m×1m 的大穴，山地果园可适当小些。然后每穴施入 25～30kg 的土杂肥。栽植时，先将湿润的表土与土杂肥混合均匀，然后填入穴中，稍微踏实。苗木修根后放入穴中，修根可促发新根，主要修除冗长根、病残根。具体栽植同其他果树，按“三埋两踩一提”法，使根系自然舒展，同土壤密接，然后踏实。但要注意两点，一是在整个操作过程中，严禁损伤树皮；二是栽植深浅不宜过深，一般栽植深度以埋没原根茎部 2cm 处为宜。苗木栽植后，及时灌透水。春季栽植后，也可以覆盖地膜，以增温、保墒，促进成活和早发芽。

3. 整形修剪

樱桃树自然生长虽也能开花结果，但树体结构差，树形不整齐，枝条分布不合理，通风透光差，果品质量差，树势衰老快，寿命短，效益低。通过整形修剪，可以合理造型，均衡树势，有效地调节生长与发育，复壮树体，增强抗性，延长寿命，提高果实产量与品质，同时也便于管理和获得最大的经济效益。

(1) 整形

• 丛状形　这种树形多用于中国樱桃。通常从根茎或近地面处抽生出 4～5 个壮枝作为主枝，向四周延伸，主枝上再分生 6～7 个侧枝，侧枝开角 50°～60°，各级骨干枝上再配置结果枝和结果枝组。这种树形主枝较开张，通风条件好，结果早，管理方便，但选的主枝过多，往往易导致树冠郁闭，主枝中下部发生光秃。

• 自然开心形　这种树形适用于中国樱桃和甜樱桃。干高 30～40cm，全树有 3～4 个主枝，每主枝上有 6～7 个侧枝。主枝基角为 30°，侧枝成 50°向外延伸。由于甜樱桃幼树生长旺，直立性强，开始暂时保持中心干，待主侧枝配齐和大量结果致树势缓和后再去掉中心干。

• 疏散分层形。这种树形适于光照充足和肥水条件好的果园，以及干性明显、成层性强的甜樱桃中的一些品种。干高 40～60 ㎝，分 4～5 层，第一层 3～4 个主枝，第二层 2 个，第三层以上各 1 个。每个主枝上留 1～3 个侧枝，下层侧枝可多，向上逐渐减少，侧枝间距 40～60 ㎝。该树形由于树体高大，冠内光照条件较自然开心形差，同时易招风害。

(2) 中国樱桃修剪。中国樱桃为小乔木或灌木，树体矮，干性弱，树冠开张，枝条密生，易产生根蘖。中国樱桃在混合枝和长、中、短枝上都能形成花芽，而且不论哪种结果枝，花芽着生果枝上下各节，因此在自然状态下结果部位容易外移，盛果期后，应及时利用下部潜伏芽进行更新，稳定结果部位；中国樱桃易抽条，尤其在北方寒冷地区，轻者新梢抽干，重者地上部死亡。因此适宜秋季剪梢，在可能条件下，越早越好。剪梢后能控制新梢生长，减少养分消耗，促进枝条充分成熟，减少水分的蒸发。

（3）甜樱桃修剪

● 甜樱桃定植当年生长迅速，定植后新梢长到40 cm左右时摘心，以促进分枝，这样不仅能抑制新梢生长，又能达到早成形、早结果的目的。新梢长到10～15cm时，留5～10cm摘心，可增加短枝量；对背上强旺枝连续摘心，可培养成稳定的结果枝组。摘心时间不宜太迟。

● 幼树和初结果树应适当缓放，可促生斜生中庸枝，以有效地增加枝量，缓和生长，促进抽生较多的短果枝和花束状果枝，有利提早结果和提前丰产。花束状结果枝是甜樱桃的主要结果部位，故它所占的比重常常是该品种丰产的重要指标。

● 甜樱桃幼树生长旺盛，树姿直立，应注意拉枝开角，但甜樱桃枝条硬，拉枝易劈裂，宜于树液流动后进行；若拉枝过晚，对当年花芽形成没有明显效果。

● 进入盛期之后，甜樱桃生长较弱，最好对结果多年的花束状果枝和短果枝的母枝适当回缩，以刺激营养枝和新果枝不断抽生。

● 甜樱桃的不同品种修剪上也要分别对待。对分枝能力弱，花束状果枝多且寿命长，最好多采用长放的方法；对萌发力和分枝能力均强，可培养为有枝轴的枝组，为防止内部易光秃，修剪上要注意及时回缩。

此外，要疏除交叉枝、重叠枝、病虫枝，以满足甜樱桃喜光的特点。同时，为生产中便于操作，要控制好树高。

4. 土肥水管理

（1）土壤管理。经常深翻土壤，以改善土壤通气条件，有利于根系生长。一般栽后第一次深翻不应过大且不能伤及大根。深翻最好在落叶后，封冻前进行，且越早越好，促进伤根提前愈合。

（2）施肥。一般说樱桃应保证三肥即秋施基肥、采后追肥、适时补肥。落叶后结合果园翻土，可采用环状或沟状施肥，施肥量以盛果期树株施农家肥150 kg，尿素0.5 kg，过磷酸钙2 kg为宜，施肥深度25～35 cm，施后及时灌水；樱桃果实发育期，需求养分量大，一般应在发芽前、开花后和果实发育期结合灌水施肥，以氮肥为主，量不宜大；樱桃采收后，为恢复树体的生长发育，保证花芽分化和提高来年的产量，可用农家肥进行追肥。另外根据实际需要，进行叶面施肥，叶面施肥以尿素、硼砂、磷酸二氢钾等为主。

（3）水分管理。同其他果树一样，樱桃的萌芽水和封冻水是不能少的。而且，樱桃从开花到果实成熟，在果实发育的同时抽枝长叶，消耗水分量很大，但此期适逢北方的春旱，因此要注意灌水，一般应7～10d 灌1次水，少量多次。樱桃既不抗旱也不耐涝，秋季要注意排水，严禁雨季积水。

五、病虫害防治

（一）病害防治

樱桃常见病害有10多种，如根癌病、癌肿病、流胶病、丛枝病、炭疽病、褐腐病、灰霉病等。在生产中危害最严重的要数根癌病、细菌性叶穿孔病和流胶病。

1. 樱桃根癌病

主要发生在根茎部及根部。发病初期，病部形成灰白色瘤状物，表面粗糙，内部组织柔软，后来病瘤增大，表皮渐变为褐色，内部组织坚硬，木质化。病瘤呈球形或扁球形，大小不等，造成树势衰弱，产量降低。根癌病属土壤杆菌，病菌在病组织中越冬，借雨水或灌溉水传播，从伤口侵入。发病轻重与砧木及土壤质地有关，以中国樱桃和实生甜樱桃砧发病最重。防治方法：选择抗病力强的砧木；严格检疫，防止带菌苗入园；及时排水，避免果园积水，保持果园土壤疏松；人工刮除病瘤，用40%的福美胂可湿性粉剂30倍液或石硫合剂残渣涂抹伤口。

2. 樱桃叶穿孔病

主要危害叶片。发病初期，叶片上形成针头大的紫色小斑点，以后渐大，相互结合，形成圆形褐斑干缩，穿孔脱落。易造成早期落叶，树势衰弱，影响产量。叶穿孔病源为樱桃球腔菌，属细菌。病菌以子囊壳在病叶内越冬，翌年春季产生子囊和子囊孢子，进行初侵染，并产生分生孢子进行再侵染，5～6月份开始发病，7～8月份危害最重。防治方法：清扫落叶并集中烧毁；发病初期喷洒70%的代森锰锌可湿性粉剂500倍液或50%多菌灵可湿性粉剂 800 倍液。

3. 流胶病

流胶病是李属常见的病害，主要危害枝干。起初受害枝干病部微隆起，随着树液流动从病部流出透明或褐色的胶状物。流胶后，病部皮层及木质部变褐，腐生有其他杂菌。流胶首先表现为树势衰弱，严重时枝干干枯，整株死亡。流胶病的发病机理还不十分清楚，多数专家认为是生理性病害。防治方法：增施有机肥，防止旱、涝、冻，提高树势增强抗病性；树干涂白，预防日灼，保护机械伤口；加强病早害防治，特别是蛀干害虫；及时中耕松土，改良土壤通气状况；发病部位及时刮治，并用石硫合剂残渣涂抹。

（二）虫害防治

樱桃常见的害虫有天牛、吉丁虫、介壳虫、金龟子、黄刺蛾、梨小食心虫、卷叶蛾、蚜虫、红蜘蛛等。生产上普遍发生并危害较大的有红颈天牛、樱桃红蜘蛛、梨小食心虫、黄刺蛾等。

1. 红颈天牛

属枝干类害虫。前期在皮层下纵横串食，后蛀入木质部，深达树干中心，虫道呈不规则形，在蛀孔外堆积有木屑状虫粪，易引起流胶，受害树易衰弱，大枝易风折。红颈天牛 2～3 年完成 1 代，以幼虫在蛀孔道内越冬，并在蛀道内化蛹，6～7月份羽化，产卵于树皮的裂缝里，初孵幼虫仅在皮下蛀食，当年冬以小幼虫在韧皮部越冬，第二年早春蛀入木质部。防治方法：树干涂白，防治成虫产卵；在成虫发生期内，中午人工捕捉成虫；在 7～8 月发现有新鲜虫粪，用尖刀挖除虫道内的幼虫；用 80% 的敌敌畏 200 倍液制作毒签，堵塞虫孔以达到杀虫目的。

2. 樱桃红蜘蛛

以刺吸芽、叶、果的汁液危害。叶片受害初期呈斑点状失绿，严重时全叶焦枯早落。影响树势及花芽形成。一般 1 年发生 5～13 代，以受精雌螨在树皮缝隙或干基附近土缝隙内群集越冬，早春花芽开绽之际出土上芽危害。初花至盛花期产卵，第一代幼螨发生比较整齐，为期约 15d，随着气温的升高，发育加快。7～8 月份螨口量最大，危害也最严重。防治方法：发芽前刮除老树皮，树穴翻土，消灭越冬螨；发芽前全树喷布 3～5 波美度的石硫合剂；卵期喷布 2 000～3 000 倍尼索朗；盛发期喷布 600 倍的三氯杀螨醇或 3 000 倍的克螨特。

3. 梨小食心虫

以危害嫩梢为主。幼虫从新梢顶部叶柄基部蛀入，并往下蛀食，造成新梢干枯下垂，并有虫粪排出及流胶。1 年发生 3～4 代，主要在老皮裂缝内结茧越冬，或在根茎部以幼虫越冬。越冬幼虫化蛹从 4 月直到 6 月中旬，羽化后第二天交尾，第三天产卵。第一、二代主要危害桃，6～9 月转移至樱桃。防治方法：发芽前刮除老树皮，树穴翻土，消灭越冬幼虫；幼虫危害期 50% 的杀螟松 1 000 倍液或 20% 的速灭杀丁 3 000 倍液及其他菊酯类农药防治。

六、采收贮藏与加工利用

1. 采收与包装

（1）采收时期。适时采收是保证樱桃品质，获得最佳商品性的一个关键。早采虽然从经济收入上可能不吃亏，但樱桃的产量和品质都较差。晚采又易造成过熟，不耐贮运。果实的采收期因品种和用途不同而异。中国樱桃果实变红，果柄变软时即可采收，北方地区约在 5 月上中旬。甜樱桃早熟品种在 5 月下旬，中熟品种在 5 月底至 6 月初，晚熟品种在 6 月中下旬采收。外销果品可在果实八成熟时采收。一般比当地鲜食樱桃提早近 1 周。樱桃同一株树成熟不一致，尤其中国樱桃的部分品种，一般树冠上部和外围的果实比内膛的早成熟，不同果枝类型成熟也不一致。因此，应根据实际情况，分批采收。

（2）采收方法。由于樱桃果实皮薄肉嫩，不耐贮运、不耐机械损伤，生产中主要靠人工采摘。采摘时要轻采轻放，用手握果柄，用食指顶住果柄基部，轻轻掀起即可采下，或用剪刀轻轻剪下，剪口尽量要平，剪后轻放，以免刺伤其他果实。在采收时果实必须带果柄，不带果柄的果实易腐烂变质。在采摘过程中，要尽量避免折枝，以免影响翌年产量。

（3）果实的包装。首先将采收后的果实剔去小果、伤残果、成熟过度、病虫果等。外销鲜果，一般用硬质纸箱或木箱装运，箱规格根据要求而定，一般每箱质量不要超过 5kg，以免互相挤压，导致果实破裂变形。装箱时先在箱底和四周铺一层软纸，然后把选后的果实装入箱内，装的过程中，轻轻摇动箱体，使果实沉实，箱顶再铺一层软纸，最后封箱。近销鲜食樱桃一般用筐包装，筐内垫蒲包或其他较软的东西，装筐的果实要紧实，以免运输过程中互相挤压。

2. 贮藏保鲜

目前贮藏樱桃的主要方法有低温贮藏法、冷库贮藏法、气调贮藏法和减压贮藏法等。

（1）低温冷藏。樱桃冷藏适宜温度为-1～1℃，湿度在90%～95%，在此条件下，樱桃贮期可达20～30d。国外试验认为-1℃贮藏比较合适，可防止果实与果茎遭受冻伤，同时抑制细菌性腐烂，保持原来的色泽。樱桃在入库前最好先预冷，樱桃采后处理应及时，预冷降温速度越快，贮藏效果越好。预冷方式可采取冷库强风预冷或直接入冷库的方式。

（2）气调贮藏。高浓度的CO_2有助于保持果梗的鲜绿色和水果的良好光泽，可明显抑制病菌的生长繁殖。气调贮藏适宜的指标为：温度为0℃，CO_2为20%～25%、O_2为3%～5%，湿度90%～95%。目前国内应用较多的是MA气调贮藏方法。具体做法：樱桃采收后，采用小纸箱或纸盆内衬0.06～0.08㎜厚聚乙烯袋扎口贮藏，每件2～5kg，装袋前最好进行预冷，贮藏效果好，在此条件下，樱桃可贮藏30～45d。

3. 加工利用

我国樱桃加工制品主要品种有樱桃汁、樱桃酒，樱桃酱、蜜饯樱桃、糖水樱桃等。

（1）糖水樱桃。选果，用流动清水洗果。樱桃果小，一般不去皮。洗净后的樱桃先进行预煮，预煮水中加入柠檬酸，于90℃以上的热水煮4min左右，以煮透为准，煮后快速冷却。对预煮的果进行二次选果，然后装罐，同一罐的果大小、色泽尽量一致。装罐糖水和樱桃的比例接近2∶1。装罐后加热，温度达到70℃以上，立即密封，抽真空，真空度不低于60 000Pa。

（2）浙江绍兴蜜饯樱桃。选果，先将原料除去果柄、果核。去核的损耗约为30%。去核后，按重量每100kg果加明矾7kg，食盐3kg，水适量，以淹没果实为度。经过腌渍的樱桃，红色褪去，质地变紧密。约腌4～5d，捞起沥干，在清水中漂4～5d，中间换水1次，漂去矾、盐之后，将果实沥干。每100kg果用糖100kg渍，糖宜分次加入，以免果实皱缩。一般分3次加入，相隔时间的长短，以糖加入后完全溶解为标准，一般相隔1d。待果实吸收糖液呈饱和状态后，将果实捞起。糖卤用铜锅加热，并加入鲜橘红天然染料，每100kg果加60g左右，调匀，冷却后倒入装樱桃的容器中即成。

（3）安徽太和干态蜜饯樱桃。选果，去核后的樱桃放入缸内，用水漂洗干净。然后倒入沸水中煮4～5min，取出，再用清水漂洗干净。移至陶制容器中糖渍，每100kg果加糖50kg，糖渍时间约0.5～1d。糖渍后将樱桃连同糖卤一起倒入铜锅内，每100kg加糖30～35kg，煮沸，再回到陶制容器中，待其慢慢吸收糖液。经1～2d，再行第二次加热，并酌量再加糖12～18kg。煮沸后静置1～2d，再煮1次。经过3次热煮，樱桃果肉呈透明鲜黄色。取出沥干，分散在晒床上晒干。晒时应经常用清洁的湿布轻轻抹揉果实，以免黏在晒床上，又可使果形整齐。晴朗天气晒1～2d即可。

（王齐瑞）

22. 梅

梅（*Armeniaca mume* Sieb. et Zucc.）是我国栽培的果树之一，具有食用、药用、观赏等多种用途。梅果营养丰富，每1 000g鲜食果肉中有碳水化合物189g，蛋白质9g，脂肪9g，以及丰富的有机盐及无机盐，且含较多的有机酸。鲜食有生津止渴、刺激食欲和杀菌解毒作用。梅果主要用于加工蜜饯、梅干、制罐和多种梅汁、酒、汤、醋等，深受人民所喜爱。在医药上，用乌梅入药，有解热、镇呕、止泻、驱蛔虫等作用，治疗咽喉炎、慢性腹泻、痢疾、白痢等疾病都有一定疗效；盐梅有镇呕、解热、祛风寒之功效；青梅汁有杀菌作用，可治肠炎；另外梅果有净化血液、增强肝功能、预防高血压脑溢血及抑制多种肿瘤病等功效。梅果在工业上可作为媒染剂，经久不褪色；梅树木质坚硬，色泽美观，为优良的木工用材；同时梅树是园林绿化的优良树种。

梅原产我国西南山区，在华中、东南各地山区及台湾的阿里山均有野生分布。日本的大分县及宫崎县，朝鲜的济州岛汉峰山等地也有野生梅。我国栽培梅的历史悠久，积累了丰富的栽培和利用经验。梅多分布于长江以南各地，淮河以北及黄河附近局部地区也有栽培，东南沿海的江苏、浙江、广东、湖南、云南等地分布较多，四川、湖北、江西等只有零星栽培。台湾、广东、浙江和江苏为我国梅的4大产区，浙江省以超山栽培最盛，江苏省以吴江洞庭山及光福栽培最多。

梅耐瘠薄，适应性强，山地及平原都能栽种。梅树栽培管理容易，结果早、丰产、寿命长，一般栽后3年挂果，5年进入丰产期，70年的老树仍能维持丰产，隐芽易抽发为长枝，树冠易更新。梅果加工方法简便，加工后耐贮藏，易运输，很适合在丘陵山地发展。

一、植物学特征

梅属于蔷薇科（Rosaceae）李属（*Prunus*）杏亚属（Subgen. *Armeniaca*）植物。落叶小乔木，树冠圆头形，开张或半开张，树高可达10m左右。树皮灰色或带绿色，新梢细长而呈绿色，叶为宽卵形或卵形，长4.3～10cm，先端渐尖，基部宽楔形，边缘有细锐锯齿，叶的背面和表面均有短柔毛，或仅生于叶背脉上，叶柄短，圆筒状。花芳香，先叶开放；花梗极短，其色泽有白、淡红、绯红等色，纯白者少，往往白色中微带绿或淡黄；花瓣普通5片，重瓣品种有达30片者。一朵花内有雌蕊1枚（重瓣梅的雌蕊有2～3枚；梅的变种品字梅有雌蕊3～7枚）。雄蕊一般50枚；花萼5～6片，呈紫红色至淡绿色，直立或反卷，与花瓣相连接，下部形成短花托筒，内有蜜腺；子房密披柔毛。梅花常有不完全花，其雌蕊很短或完全退化。果为圆形，一般约30～40g，成熟时果皮由绿变黄，肉质变软。果肉厚，汁少，核硬，味酸，带苦味或不带苦味，核卵圆形，表面密布小浅凹点，黏。

梅以观花为主的，有重瓣的多不结果，称花梅。以采果为目的，称果梅。也有重瓣供观赏兼结果的品种。

二、主要栽培品种

以采果为目的品种分为青梅、红梅、白梅3类。

1. 青梅类

未成熟或将熟果为青色，完全成熟时呈青黄色。果实稍大，每千克40个左右，肉厚质脆，味酸（未熟）或稍带苦涩。无苦味的适于鲜食或制成糖水青梅、青梅酒等，品质上等。如浙江萧山大青梅、余杭升箩底，江苏吴江洞庭山青梅，湖南沅江青梅，广东的鹅素梅。

2. 红梅类

又称花梅类。未熟果青绿色，向阳面具红晕，成熟果阳面具淡赤褐至深紫红色。质细脆而味清酸，为梅中上品。一般每千克40个左右，单果最大达100g。适宜制成梅干及以咸梅干为梅胚的各种加工品。该类比青梅丰产稳产，但抗病力较差。如浙江余杭猪肝梅、湖南的胭脂梅。

3. 白梅类

未熟果淡青色，熟果黄白色，多数肉薄核大，质粗味苦，品质最劣。果实中等大，每千克60个左右。成熟期早，4月上中旬成熟。大部分供制梅干用，目前较少栽培。

各梅类的主栽品种如下：

（1）萧山大青梅。产浙江萧山，是浙江省推广品种之一。果圆形略歪，缝合线明显，梗洼较浅。硬熟时青绿色，完熟时黄色；单果重20～25g，肉质脆、汁多，无苦涩味，品质上，当地5月20～25日采收。从大青梅中选出的青丰，其抗性强，始果早，易丰产稳产。

（2）升箩底。产浙江余杭，属青梅类。树冠开张，枝较密。叶倒卵形，幼叶基部青色，叶色较绿。花雪白、单瓣。果大，扁圆形，似量米的升箩，单果重25～30g，皮色绿，核小。肉厚，肉质稍密，松脆多汁，无苦味，有香气，质佳。除可鲜食外，为制糖青梅最好的原料。此品种不适于粗放管理，在土肥水及管理好的情况下可获丰产。

（3）大种梅。产广东普宁、揭阳等地。树势强健、丰产，25年生树株产可达100kg，单果重20～25g，肉厚、核小，当地4月下旬采收，为加工用良种。

（4）鹅素梅。产广州市郊罗岗等地。树势强健，枝疏且硬，叶大果大，果重46g，果皮绿色，成熟时黄色，肉质厚而脆，适宜加工话梅及蜜饯。晚熟、丰产，易发生大小年。

（5）胭脂梅。产湖南沅江。果阔卵形、果顶平或微凹，果完熟时黄绿，阳面具胭脂红。果肉风味浓，无异味，单果平均重28.5g，单果最大45g。花量大，大年应加强肥水管理及疏花疏果以保稳产，以桐梅或全福青梅作授粉树，易丰产。

（6）桐梅。产湖南沅江，又名桐绿梅或沅江青梅。树势强健，果顶圆而微突起，花柱残存，硬熟期果淡绿色，5月下旬成熟。一般管理条件下可产果7 500kg·hm^{-2}以上，若以全福青梅作授粉树，注意肥水管理，还可大幅度增产。

（7）洞庭山青梅。产江苏吴江洞庭山及光福等地。实生繁殖，多变异。果大（22～25g）、肉厚、核小、果实利用率高，适于鲜食和加工。

（8）南高。日本培育品种。树势强健，树姿开张，枝条粗细中等，分枝较多。花白色单瓣，萼片深红色，不完全花少，约占20%，开花期较迟。果实椭圆形，单果重25g左右，果皮底色绿，阳面红色，果面茸毛稍多，外观稍差。品质好，丰产。熟期中等。

（9）白加贺。日本培育品种。树势强健，树姿开张，枝粗。果实重30～40g，短椭圆形，缝合线浅，果面光滑、茸毛少、果皮淡黄绿色，向阳面呈微红色，外观美，果肉厚，纤维少，适宜加工梅干、梅酒。宜于土层深厚、肥沃土壤栽培。需配授粉树，抗黑星病弱，中熟种。

（10）莺宿。日本培育品种。果短椭圆形，果顶圆，果重20～25g，肉质，品质中，花量大，花粉多，自花结实率30%左右。

（11）丰后。日本培育品种。为梅与杏的杂种，树势强健。抗寒性强似杏；树姿较直立，枝粗长，分枝少。叶厚，叶柄长。花有重瓣、单瓣2种；单瓣花淡红色，大，开花迟。花粉少，应配授粉品种。果皮淡黄绿色，外观似杏，果最大重50～70g，皮厚、肉厚、质粗，核大，有翼似杏。长果枝及花束状结果枝均能结果，栽培较易。果为梅中最大者。

（12）玉梅（青轴）。日本培育品种。该品种新梢老化后表现为青绿色，向阳面不呈红色，故有“青轴”之称。树势中等，树姿开张。花白色单瓣，萼片淡绿色，开花期中等。果实短椭圆形，单果重约30g，果顶圆，果面光滑，淡绿色，外观美，肉质致密，纤维稍多。成熟期中等。花芽易形成，即使长枝上亦较易形成花芽，进入结果期早。

（13）养老。日本培育品种。树势中等，树冠多呈回头形，叶柄与叶背的叶脉呈暗红色。花淡红色，单瓣，萼片深红色，开花期迟，自花不实，需配授粉树。果椭圆形，单果重50g左右。果顶圆，缝合线浅。果皮厚，底色淡绿，阳面淡褐色。果肉纤维稍多，品质中等，成熟期迟。

（14）藤五郎。日本培育品种。树势中等。花淡红色，开花期中等。果圆形，单果重25g左右。果底色绿，阳面暗红。皮薄，纤维少，质优。丰产，中熟。

（15）城州白。日本培育品种。树势中等。花白色，开花期中等，有自花不实现象，应配授粉树。果实歪圆形，单果重30g左右，向阳面微现红晕。皮厚耐运输。丰产，中熟。缺点为果形不够端正。

（16）甲州最小。日本品种。果实椭圆形，果小，重5g左右，果实向阳面着色浓，花量大，花粉量多，自花结实率因年份而异，在2%～30%，可以作为白加贺的授粉树。

三、生物学特性

（一）生态习性

1. 温度

梅树喜欢温暖的气候，较适宜在年平均13.7～23℃的地区生长，但耐寒性较其他果树为强，在0℃

以下仍可开花，其花粉在15℃左右发芽最好，不能低于10℃，并且从开花至幼果期间遇低温极易受冻，当温度下降到0℃以下时，幼果常受冻害而致落果，花期遭低温危害的温度为-8～-9℃。开花期需寒冷高爽天气，最适宜吹小北风；若遇温暖、南风、多雾天气，则不利于授粉，座果率低，而且由于气温升高，枝梢旺长，养分消耗过多，使落果加剧。

2. 雨量

梅树在生长期间需要较充足的土壤水分供应，但在梅树盛花期多雨或下大雨，花药不能开裂，柱头分泌液随水流失，妨碍授粉结实。另外，花期若遇旱风，花柱、柱头易干枯，同样影响授粉；小果期间久雨不停，则容易落果。

3. 地势

地势或坡向不同，会产生小气候的差异，从而影响梅树的开花和结果。为避免花期受干燥东风的影响，应选择南向或西南向坡种植；较北地区，宜选日夜温差较小的东向或东北向坡地，使花期不致因气温骤然上升而提早开花，也不会因低温而使花受冻害。另外，在多雨地区栽种，以缓坡倾斜地或土层较深的山坡地为好。

4. 土壤

梅树对土壤要求不严格，无论是山地、平地或是冲积平原均可种植，但以土层深厚、地下水位低、排水条件好、表土疏松湿润、底土稍带黏质的砾质壤土、沙质壤土或冲积土为好，尤以溪旁坝地最好。不宜种于过高燥之地。土层浅和保水保肥力弱的瘠薄土壤，易受旱害，生长不良，必须先行深耕熟化才能种植。排水不良的黏质土，易使枝叶徒长，落果多，产量低，且果小质差，病虫害多，故不宜种植梅树。

（二）生长发育

1. 根系生长

在广东一般于12月中、下旬开始发根，直到秋末才停止生长，以秋季生长最旺。梅树的根向水平伸展，分布广，一般大于树冠范围，最远至树冠外1～2m处。主根弱，根群好气、浅生、忌水浸。平地梅园，根群多分布在40cm左右的土层中，在土层深约10～15cm处须根分布最密；山地梅园比水田梅园的根系分布较深，有的深达148cm，而以离地表65cm左右处根群分布最多，向水平伸展也较广。

2. 枝和芽生长

梅树芽的萌发力和成枝力都强。腋芽以单芽为多，叶芽除正常萌发外，其潜伏芽或隐芽寿命较长，能多年保持活力，枝条短剪后极易发芽。

梅幼年树每年可抽梢2次，于雨水前后和芒种前后各抽1次；结果树每年先开花后发芽抽梢1次，抽梢期约在开花末期的大寒至雨水，此次春梢是明年的结果母枝。

梅枝条顶端优势强，幼年、青年树易抽发长枝，一般长1～1.5m；在大寒前开始抽出的枝条到夏至后仍继续伸长。树龄渐大，枝梢渐短。成年树新梢长度一般为30～50cm，所抽出春梢到3～4月停止生长，谷雨后老熟。采果后仍有一些枝条会继续伸长。衰老树一般生长势弱，停止生长早，每年仅抽一次梢，长度仅为10～20cm。梅树进入结果期后，枝梢易形成结果枝，完全不着生花芽的徒长枝及营养枝则极少。

3. 开花结果

花芽着生在一年生枝条的叶腋间，以单生花为主。梅树一般于秋季开始花芽分化，11月下旬至12月上旬出现花蕾，12月上旬至1月下旬开花，12月中旬至1月上旬为开花盛期。花期可持续1个多月。不同品种的开花期有先后，经常出现二次开花：第一次花期短，多不能结实；第二次花期长，多能结实。一般在大寒后便完全谢花。

梅长果枝达30cm以上，只在基部开花结果，结果多不可靠，枝的中上部为叶芽，下部为花芽。中果枝长度在20cm以上，结果较好，但也易于中途落果。6～10cm的短果枝或花束状短果枝结果最可靠，结果率高。短果枝上的花芽，多分布在枝条中部，为结果的主要部位，顶端及基部常为叶芽，但基部叶芽一般较顶端少。短果枝中有一部分尖端呈针状，为针刺状短果枝，全枝只有花芽而无叶芽，长度为1～5cm，在幼树长枝基部发生较多。针枝虽能结果，但无再生新枝的能力，一年后即枯死，而中、短果枝则能在结果的同时，再抽生长3～10cm的短果枝，保持连年结果，但衰老树的大部分短果枝在结果后逐渐枯死。梅树进入盛果期后，短果枝和针刺状果枝便成为主要的结果枝。

梅花为完全花。对花粉缺乏或花粉少的品种，应配置授粉树，进行异花授粉，以提高结果率。

梅从开花初期至花后40～60d都有生理落果，其间会出现2～3次落果高峰，落果的原因主要是开花时天气转暖，吹南风，多雾或多雨，授粉不完全；开花结果量过多，养分不足；盛果期气候转暖，春梢过早抽出，消耗养分；树体衰弱或受病虫危害。

果实成熟期依品种不同而有先后，大致在 4 月中旬至 6 月上旬，自开花至果实成熟需 120d 左右。幼果发育前期纵径增长快，约 1 个月后进入硬核期，果实生长明显减慢，过了硬核期后果实又迅速膨大，此时横径增大较快。

4. 落叶

梅树落叶一般自 7 月开始，9～10 月可全部落完，进入休眠期。梅树落叶过早，不利于养分的积累，花芽减少，不完全花增多；但落叶过迟，则梅树没有适当的休眠期，消耗养分多，也影响花芽分化和翌年的开花结果。

四、栽培技术

1. 苗木繁殖

梅的繁殖主要用嫁接法，很少用实生苗种植。

（1）砧木苗的培育。供梅树嫁接的砧木以本砧为最好，桃砧次之。选择生长势强健、丰产稳产、果大肉厚、核小、品质优良的植株作母树，待果实熟后采下，堆沤 5～7d，将梅核洗净阴干，放在阴凉通风处，用半湿润细沙层积贮藏。贮藏过程中要保持一定的温、湿度，同时注意检查梅核有无变坏（良好的种仁为白色，变坏时种仁红色）。11 月下旬至 12 月下旬，可整地播种，用条播或点播方式，用种 110～150kg。播前用 50% 人尿浸种 1～7d，能促进种壳胶质腐解，提高出苗率。播后约 1 个月长出幼苗；幼苗长出后要经常保持土壤湿润，勤除杂草，勤施薄施肥料，促使苗木生长健壮。当砧苗径粗达 1cm 左右时，便可提供嫁接。一般情况下，播种后至翌年早春可提供嫁接。

（2）嫁接苗培育。供嫁接用的接穗，应从品质优良且生长健壮的母树中，选取树冠外围中部发育良好的 1 年生枝条，要求芽眼饱满，无病虫害。嫁接方法分芽接、切接、腹接及劈接。嫁接时间春秋二季均可。秋接在 10 月中旬至 11 月上旬进行，春季在 2 月中下旬进行。切接法春季 2 月中下旬进行；腹接法在秋季接。也可采用 T 字形芽腹接。

接后经 15～20d 检查成活情况，对嫁接成活的苗，要进行细致的管理：及时除去砧木芽，保证接芽的良好生长；当接穗芽萌发后，要注意保护嫩梢的生长，免受病虫的危害；嫁接苗达到一定高度后，应适时摘心，促使其加粗生长，并及早抹除整形带以下的副梢，对整形带内的副梢，则有意识地选留，培养嫁接苗一定的树形及分枝。

梅苗的出圃时间一般在落叶后到春芽萌发前进行，但以秋末冬初出圃为好，因秋季土温尚高，有利于苗木根系伤口的愈合，定植后翌年春季萌芽早。

2. 造林

（1）建园。梅园应选在晚霜少、通风而又能避强风的南向或东南向的坡地，其土壤排水良好，耕作层深厚而肥沃。定植前先行整地。山地梅园，应先开成水平梯级，做好水土保持工作，然后才种植。平地果园则要起畦种植。定植前先挖好定植穴，大小约 80cm×80cm，预先施入基肥，待充分腐熟后，在正常落叶后新梢未抽出前及时定植（以 11～12 月为宜）。梅在栽培时宜搭配品种，增加授粉以提高座果率。平地株行距 5m×5m 或 5m×6m；山地株行距 4m×5m 或 4m×4m。

（2）土壤管理。土壤深翻：在定植前土壤未进行全面深翻熟化施有机肥的梅园，定植后 3～5a 内应进行全面深翻，尤其是土层瘠薄山地。深翻以秋季进行为宜，深翻深度 40～60cm。山地幼龄梅园一般采用扩穴的办法深翻，于每年秋季在树盘外围向外挖宽、深在 40～60cm 左右沟；成年梅园则采用隔行深翻并结合施有机肥的办法。施肥：幼年树施肥每年 3 次，第一次在立冬前（10～11 月），第二次在清明前后（4 月），第三次在立夏前后（4～5 月）。目的是加速树冠形成，使新梢生长良好，尤以立冬和清明前后为重点肥。以氮为主，适当配合磷、钾肥，氮、磷、钾比例为 10:6:7。成年树的施肥应掌握在花芽分化期和采果后施重肥，利于恢复树势，促进花芽分化并使花芽壮旺，提高结果率。为使结果良好，应在施氮肥的基础上适当增施磷、钾肥。第一次肥每株施 25～50kg 人粪尿；第二次肥每株 50～75kg 人粪尿：在幼果期再施 1 次肥，使果实正常发育长大，减少落果。除此之外，在夏秋季节，对叶面进行多次根外追肥。中耕除草：每年在 5、7、8、10 月中耕除草各 1 次。梅根好气忌湿，分布浅，树冠下宜浅耕或覆盖干草。水田梅园较潮湿，杂草生长快，除草次数还应增加，并在每年 9～10 月深耕松土 1 次，深度约 15cm，有促进休眠的作用。山地梅园每年犁翻 2～3 次，可保持土壤疏松无杂草。间作：定植后 1～2d 的幼龄梅园，可间作蔬菜、花生、薯类、绿肥及豆类等，间作作物应在 8 月前收获，否则会影响梅树正常落叶和出现不正常抽梢。水分管理：梅是既怕涝又怕旱，春季要注意排水，夏秋季要抗旱。长江以南通常7月上旬左右进入高温干旱期，因此在旱季来临前，要注意保墒，有条件灌水一次后中耕覆草。无条件灌水的梅园，可用山青覆盖，一般覆草20～30cm。如水源不足，可用草把穴灌，即沿树冠直下，埋长30cm、直径10cm草把2～3个，上留土穴，然后对穴洞草把灌水。

（3）树冠管理。梅是喜光树种，抽梢力强，抽梢多，导致枝叶过密、枝条紊乱、下部枝梢尤其是中短枝生长极差，往往易枯死，影响产量和品质。因此合理的整形修剪，能使植株形成良好的树体结构，枝条分布适宜，合理利用空间，改善通风透光条件，调节生长和结果的关系。

● 幼年树的整形修剪　幼年树的整形修剪主要是培养树冠，由于梅树干性较弱，一般多采用自然开心形。主干高度可按地势高低而定，山地可高些，平地可矮些。在幼树定植后的第一年进行定干，干高60～70cm；第二年分枝后选留3～4条分布均匀的主枝，冬季把主枝短截1/3左右；第三年在每条主枝上再留两条副主枝。经3年处理后，树冠基本形成，以后再逐年扩展，逐步构成强大的树冠骨架。同时，应注意培养小侧枝及结果枝组，尽快形成丰产的树冠。为使主侧枝生长良好，须重视夏秋季的抹芽、摘心、拉技和疏剪等。

● 成年树的维持修剪　结果树在每年采果后及冬季发芽前进行修剪，剪除枯枝、荫蔽枝、乱枝、交叉密生枝及病虫危害严重的枝条。在3月间剪去徒长枝及抹去枝干上的不定芽。冬季开花前的修剪，主要是疏枝和短截。一般当年生的枝条剪去1/3，生长弱的枝可留长些，强的枝可留短些。若剪后先端抽枝过密，可适当疏删，选留2～3条壮枝，下部可形成结果枝，以供下一年结果。中、短果枝结果最好，除过密枝外，一般不剪；对短果枝群，可适当疏删；对30cm以上的长果枝，应适当短截，使分生中、短果枝；对过于衰老的枝条，应进行回缩更新；在适当位置短截，以侧枝替换并更期衰老枝，尽快恢复结果能力。除冬季修剪外，在夏季旺盛生长时期，可采取抹芽、摘心及疏枝等办法进行修剪。夏季修剪得当，可减轻冬季修剪的工作量。梅树修剪应以轻剪为原则，切忌重剪，才能促使多抽生结果枝，而对树龄较大且树冠郁闭的可适当疏剪，以改善光照条件。梅的木质硬，伤口愈合较慢，要对伤口保护，大伤口除涂保护剂外应包扎薄膜，防日晒雨淋，以利早日愈合。

（4）保叶保花保果。保叶：梅抗污染能力差，叶片如过早脱落，不完全花增多，花粉发芽率低，结实率差。因此，在5月下旬梅采收后追施一次肥、加强病虫害防治、及时灌水排水，防止环境污染以保护叶片。保花保果：由于花期低温阴雨和花后低湿、梅自花不孕或花粉量过少、花器不完全及缺少昆虫传粉，往往造成梅低产。其解决方法是：花后低温时可进行熏烟防霜，花期喷防落素5 000倍液（每10d 1次，先后3次）、赤霉素、尿素、硼砂等均可提高座果率。如栽植后发现缺少授粉树，可以高接授粉品种，或开花期采集授粉品种插花枝于水瓶或罐中，将瓶或罐挂在树冠顶部。也可以在60%花开放时，用准备好的花粉进行人工授粉。短果枝上授2～3朵花，中果枝上授5～6朵花。果实采收后加强土肥水管理及病虫防治，延迟落叶。梢停长后及第二次落果后，根外追肥，对结果过多的梅树，在生理落果后进行疏果，大果品种每隔4～5cm留1果，中果品种3～4cm留1果，或每一短果枝留1～2个果，即每12～16片叶留1个果，其他疏去。此外，应选择不同品种作为授粉，以提高座果率，并注意农药使用，以防农药杀蜂。也可每2 000～3 000 m^2放养一群蜂，中蜂较之意蜂更耐寒。还可放养岛花忙，在30%花开放和盛花期时，每公顷放21 000头，于10:00～11:00在果园中心放养，成虫每批可活动7d左右。

五、病虫害防治

（一）病害防治

1. *炭疽病*

主要症状：主要危害果实及新梢，其次是叶片。被害果初期病斑不明显，局部果毛变灰白而萎蔫，病斑扩展较慢，有时流胶。数日后，病斑迅速扩大，幼果变黄褐而干缩成僵果，多不脱落。新梢受害后在枝梢上发生椭圆形浅褐色水渍状斑，以后扩大成纺锤状，边缘呈红褐色。下雨或受潮时，病斑上有红色胶质小粒点，严重时全树顶梢枯死。叶片受害后，边缘出现枯黄色圆形或半圆形病斑，病斑周围暗紫色，与健康组织界限分明。以后病斑出现黑色小粒点，并形成同心的轮纹状。最后病斑腐朽穿孔，病叶极易脱落，严重时全树叶片落光，嫩枝枯死。病菌在被害枝或树上僵果内越冬，借风雨以及昆虫而传播，在4月上旬前后降水增多时开始发病，5

月后此病会暴发。

防治方法：加强土肥水管理，增强树势；收集病果、病枝集中烧毁，消灭越冬菌源。花芽萌动前喷布3～5波美度石硫合剂。开花后至幼果期用退菌特800～1 000倍液，隔1～2周再喷，连续2～3次。5月以后高温时，喷退菌特800～1 000倍加等量石灰，以防药害，或代森铵1 000倍液，或50%多菌灵1 000倍液。

2. 流胶病

主要症状：病菌于春季侵入当年新梢后，以皮孔为中心，发生大小不等而突起的病斑。以后由枝干伤口或孔处流出无色半透明软胶，遇空气变成赤褐色，呈结晶状，吸水后膨胀成胶状体。严重时，树皮开裂，枝干枯死，导致树势衰弱。

防治方法：加强植株的肥水管理，增强抗病能力。注意防止机械损伤，及时防治病虫害，尽量减少侵染途径。对已发生此病的树，先刮除胶状体，然后涂上波尔多液（硫酸铜1kg，生石灰1kg，水10L），或用石硫合剂。小枝流胶者应及时剪除。秋季将主干涂白。

3. 黑星病

主要症状：主要危害果实，其次危害枝叶，果面上初有黑绿色圆点，后逐渐扩大成直径2～3mm深褐色圆形病斑，不深入果肉中，表面有裂缝。采收时果实上病斑逐步呈皱缩状，果实被害后降低外观质量。嫩枝受害发生紫褐色或深褐色圆形或椭圆形、稍凹陷的病斑，但仅限于表皮。在叶上形成圆形灰褐色病斑后穿孔，叶片早落。病菌在枝中越冬，翌年春夏随风雨传播，在树冠郁闭、树势较弱、梅雨期的低湿园地极易发生此病。

防治方法：冬季清除病枯枝，清理病果病叶，减少病原，并合理修剪，增强通风透光条件。加强园地管理，开沟排水，降低园地湿度。药剂防治，花芽萌动前喷洒3～5波美度石硫合剂，花谢后10～15d喷50%多菌灵600～800倍液或代森锌65%的500倍或70%甲基托布津1 000～1 500倍液；每隔10天喷1次，连续2～3次。

4. 溃疡病

主要症状：细菌性病害，危害枝、叶、花果。幼年树多在枝上发病，成年树多在果实上发病。病原菌在枝上越冬，翌年春开花前后，在枝上先出现浓绿色的水渍状病斑，以后呈紫红色或转暗紫红色，病部扩大而呈纵裂的溃疡形，严重时枝条渐枯死。晚秋发病多呈暗绿色水浸状斑点。在嫩枝上发病先呈水浸状斑点，以后变成红色至褐色，中央隆起而成纵裂。嫩叶上发病，先呈水浸状圆形病斑以后病斑大部分穿孔，而造成落叶。花染病后不能结实。果实感染后，先出现白色水浸状小斑点，以后周围呈紫红色，中央为稍隆起的圆形病斑。有时数个病斑集合而成大型的不整齐的病斑，并引起果实开裂。

防治方法：苗木易传此病，因此应当加强苗木的检疫。加强园地排水，多施磷钾肥，控制氮肥，剪除病枝。开花后用链霉素喷洒数次。

（二）虫害防治

1. 蚜虫类

危害梅树的蚜虫有桃蚜、桃粉蚜、桃瘤蚜及圆尾蚜等。寄主还有桃、李、杏、樱桃等核果类果树，以及梨、苹果、柑橘类、烟草和蔬菜等。

主要症状：危害幼苗及成年树，6～7月盛发。主要危害新梢和叶片。若虫群集于嫩叶背面，刺吸汁液，其分泌物还会导致烟煤病的发生，使被害叶片向背面卷缩，严重时引起落叶，因而影响树势，座果率低。

防治方法：利用七星瓢虫、食蚜蝇、食茧蜂、草蛉等天敌捕食蚜虫。在蚜虫初发期，喷50%辛硫磷乳剂2 000倍液；或2.5%溴氰菊酯5 000倍液，或20%蚜克星1 000～1 500倍液等。在展叶初期喷1 000～1 500倍马拉松乳剂；或5 000倍速灭杀丁，除虫菊酯等，可连续喷布多次。

2. 金龟子类

主要有铜绿金龟子、褐金龟子、茶色金龟子等几种。除危害梅外，还危害桃、梨、苹果、葡萄、柑橘、柿等多种果树，以及柳、桑等树木和大田作物。

主要症状：金龟子白天潜伏在土中或杂草丛中，傍晚出来活动，危害叶片及嫩梢。叶片受害后千疮百孔，严重时仅留下主脉基部及叶柄，使果枝缺少营养，引起落果。成虫产卵于土中，俗称“蛴螬”，在表土下危害根部。金龟子每年发生1代，以老熟幼虫或成虫在土中越冬，4～7月危害最重。

防治方法：利用其假死性，白天摇树枝，振落后捕杀之。尤其在盛发季，无风闷热之夜晚，提灯在果园中摇动树枝，使之坠地后杀之，或用水桶一只放少量水及少许煤油，将成虫放入桶中，效果很好。在成虫大发生时，傍晚在果园边火堆诱杀，或在果园内利用黑光灯诱杀。于成虫发生期，傍晚用

50% 马拉硫磷 1 000 ~ 2 000 倍液、90% 晶体敌百虫 800 ~ 1 000 倍液，或 80% 敌敌畏乳油 1 000 倍、75% 辛硫磷乳油 1 000 ~ 2 000 倍液，向树冠喷杀成虫。向果园土表撒施 2.0% 杀螟松粉剂，每株 0. 25kg，撒后耙松表土，使土药混合，可毒杀潜伏于土中的成虫。

3. 介壳虫类

主要有小型球坚蚧、桑白蚧。

主要症状：小型球坚蚧 1 年发生 1 代，多在嫩枝上危害，虫体附在枝上吸食树液，被害枝生长衰弱，发生多时，密布枝干，枝干枯死，甚至全树死亡。桑白蚧 1 年发生 2 代，危害枝条及果实，尤以 2 ~3年生枝受害较多，严重时枝条萎缩干枯而死。

防治方法：冬季结合清园，用钢丝刷对树体进行全面刮杀清洗，并于发芽前喷射 5 波美度的石硫合剂或喷布 5% 的柴油乳剂，有显著的杀灭效果。3 月中旬（开花后）喷 800 倍马拉松乳剂。若虫爬出母体（孵化盛期）时喷 0. 2 ~0. 3 波美度石硫合剂或 50% 马拉硫磷乳剂 1 000 倍液。利用球坚蚧的天敌黑缘红瓢虫。

4. 刺蛾类

主要有黄刺蛾、青刺蛾、棕边褐刺蛾、褐刺蛾、扁刺蛾等，尤以黄刺蛾最多。除危害梅外，还危害苹果、梨、桃、柿、枣、石榴等多种果树、观赏树木及林木。

主要症状：幼虫蚕食叶片，大量发生时，叶片被吃光仅留下秃枝，影响生长。1 年发生 2 代，以老熟幼虫在枝上的茧内越冬。2 代成虫分别出现 5 月上旬和 8 月上中旬。

防治方法：冬季清园刮除树干或枝条上虫茧，集中烧毁。在 6 ~8 月用黑光灯诱杀成虫。小幼虫群集危害期，摘除虫叶，但操作时注意勿触及虫体，以免刺伤皮肤。药剂防治，在 6 ~8 月用 90% 敌百虫 800 ~1 000 倍液，100 亿 · g^{-1} 青虫菌 1 000 倍液喷树冠。

六、采收贮藏与加工利用

1. 采收

梅果采收一般在清明前后开始。具体根据各种加工品对梅原料及成熟度的要求而定。加工糖青梅、青梅干的，要求在不十分成熟时采收，即在果实尚未充分肥大、核还不十分坚硬的嫩梅期采收。此时梅果绿色刚退，但还未转黄，加工后成品肉质脆嫩，否则肉质酥软，品质低下。加工咸梅干或青梅酒等，以果实充分肥大，果皮由浓绿转至淡绿色，果面有光泽为采收适期。此时梅果糖酸含量高，肉质硬脆，加工后品质优，成品率亦高。制乌梅干、梅酱及留种用梅，则需在果实转黄、果肉柔软且香味较好、充分成熟的黄熟期采收。作鲜果用青梅以果大色浓绿，果实已充分肥大，正常成熟时采收。鲜果如要远销，则应适当提前采收，不能过熟。

采果最好用手摘，用竹竿打落地面后，果易受伤腐烂，不耐贮运，影响品质，而且容易损伤枝叶，影响翌年开花结果，造成大小年。对高大的树，实在不能用手摘的，可在竹竿一头系以铁钩，钩住有果的枝干，然后用手摇动，使果落下，注意地上应铺上草席或薄膜，使落下的果较清洁，且易于收集。

采收应在早晨露水干后，至中午以前。下午温度过高，果实受热后再装进筐内，容易发热，影响品质，因而不宜采收。雨天也应待雨停后，果面无积水，方能采收。

梅果采收后，应按规格进行分级包装，一般按果形大小分为 2 ~3 级，每级果均要求颜色鲜、无黑斑、无虫疤、无破损、大小均匀。

2. 加工利用

梅果除少数鲜食外，一般制作成梅干、蜜饯、梅酱、梅汁、饮料等。

（1）咸梅干的制作。咸梅干是精制各种蜜饯的果胚，如话梅、广东梅、陈皮梅等。其制作方法是：在当地按果实大小，硬度分级，鲜果经水洗晾干后，每 100kg 鲜果加食盐 16 ~ 25kg，另根据果实再加 0. 3% ~0. 4% 的明矾或石灰作硬化剂，以增加果肉硬度，成熟度低的可少加或不加。用水泥池或大缸，一层果一层盐，逐层踏实，直至池（缸）面，最后上层再撒上一层盐、明矾或石灰水，分层加入。最后上压大石块，再盖以竹帘。约 7d 后果皮皱缩入出卤，然后翻缸，如盐液未上升到果面，再加浓度为 20% 食盐水或已用过的盐卤至溢出果面，再腌 7d 左右，果实表皮皱纹消失，取出暴晒 2 ~3d 后，转置室内晾 5 ~6d，回软后再晒干，以手握梅坯摇动时，核仁有响声为度。

梅干制成后经挑选，剔除破碎的；按大小分级，每千克咸梅干在 100 个以内为 1 级，100 ~170 个为 2 级，170 ~200 个为 3 级。通常多为粗加工咸梅干运出再加工。鲜果梅加工成咸梅干根据品种及咸梅干的干燥程度而异，一般为 35% ~45% 成品率。

（2）蜜饯制作

●话梅　话梅是一种以咸梅坯为原料，加糖精、白砂糖、甘草、香精等辅料精制而成的甘草型蜜饯。其具体制作是：脱盐：将咸梅坯用清水浸漂4～8h，捞起后用清水冲洗表面盐分、沥干。晒干：白天摊晒，夜间堆积、晒干后入缸备用。配制甘草液：甘草加水煎煮，过滤澄清后加糖精、白砂糖及香精调匀。每100kg梅坯约需60kg甘草液、加糖精150～350g、白砂糖30～45kg、香精50～80g。浸制：甘草液加热至80℃，倒入盛有梅坯的缸中，上下翻动有助于吸收，等甘草液全部被吸收后取出摊晒至干，即为成品。

●广东梅　它是一种不加甘草和糖精的蜜饯。其具体制作方法是：洗盐：将咸梅坯浸漂于清水中3～4h后捞起沥干。碎核：把洗过盐的淡梅坯用木槌敲扁，以敲碎核而不碎肉为度。碎核有利于糖液的渗透。糖渍：碎核后的淡梅坯，加60kg糖腌渍2～3d，捞起沥干。煮糖液：取糖渍液入锅煮沸，再加20kg糖共煮，直至糖液全部溶化并稍浓缩至带黏性为止，然后加入色素调匀。浇糖液：把煮好的热糖液立即浇在梅坯上，放置2～3d使其吸收。

●陈皮梅　陈皮梅是一种以咸梅坯为原料，加白砂糖、橘皮、香精等辅料精制而成的蜜饯。具体作法是：脱盐：将咸梅坯用清水浸漂一夜，捞起后用清水冲洗表面盐分、沥干。糖渍：每100kg咸梅干加白砂糖70～90kg糖腌渍10～15d，捞起沥干。配制橘皮酱：用水将干橘皮冲洗5～6次，每次浸半天，然后入锅烧煮发软，捞起后用凉水冲洗，去除橘皮苦味，把去苦的橘皮捣碎，与糖一起在锅中熬煮。10kg干橘皮约需白糖40～50kg。熬煮：将糖渍后沥出液熬煮，煮沸后加入橘皮酱、香精调匀，出锅冷却，然后摊晒至干。

（3）梅酱制作

梅酱是将新鲜梅果经过蒸煮，加糖浓缩而成的凝胶体。宜选取不带苦味的品种和充分成熟的黄熟梅，用清水洗净后待用。具体制作方法是：软化、破碎和去核：将梅子放入锅中，加入果重10%～20%的水煮沸数十分钟，捞起后破碎去核，梅汁水可反复使用，数次后倒出。熬煮：将果肉倒入锅中，加入相当于果肉重量或多于果肉30%的白糖和20%～25%的清水共煮。装罐及杀菌：梅酱趁热装入洗净的罐内或瓶中，随即封盖。若需长期保存时，可在沸水中杀菌15～20min。

（何　钢）

23. 柿

柿原产我国，有2 000年以上的栽培历史。柿适应性强，耐干旱瘠薄，是兼具生态经济效益的优良树种。在山地、丘陵、平原、河滩，肥土、瘠地，黏土、砂地都能生长，素有“木本粮食”、“铁杆庄稼”的美称。入秋碧叶丹果，鲜丽悦目，是优良的庭院绿化树种。发展柿树栽培，既可绿化荒山，改善气候，又可美化环境。

柿果营养丰富，据中国林业科学研究院亚热带林业研究所分析，每100g鲜果肉中含可溶性糖10～14g，蛋白质0.57～0.88g，脂肪0.2～0.3g，维生素B_1 0.02mg，B_2 0.05mg，B_5 0.65～0.96mg，E0.22mg，C50～122mg，还含有15种氨基酸和多种人体必需的矿物质元素，如磷、钙、钾、铁、锌、硒、碘等。除鲜食外，其加工制品柿饼、柿干、柿糕、柿脯等也是人人喜爱的产品。柿具润肺、清热、止咳、解毒等多种医疗保健功能，柿蒂、柿果、柿根均为中医常用药物。柿叶含单宁、芦丁、胆碱、蛋白质、矿物质、糖、黄酮类物质等成分，是制作柿叶茶原料。

我国是生产柿子最多的国家，2004年全国栽培面积约28.3万hm^2，年产量172.6万t，占世界柿总产量的68.5%。柿在我国分布极广，除黑龙江、吉林、内蒙古、辽宁、宁夏、新疆、青海等地外，其余各省（自治区、直辖市）均有生产。近年全国各地大面积发展柿树，南方从原有的零星种植，形成了现有的规模化商业性栽培，产量不断上升。

我国绝大多数为涩柿品种，近年日本甜柿生产发展较快，全国18个省（自治区、直辖市）都有引种栽培，但仍未形成大规模商业化生产。中国林业科学研究院亚热带林业研究所较早在浙江省进行甜柿引种与示范并取得成功，此后全国迅速掀起了发展甜柿的高潮，现浙江、湖北、四川、山东、重庆、河北、河南、云南等地正在大力发展，栽培面积较大。目前国内甜柿品种主要为“次朗”系，其他品种因砧木原因发展较少。

国外以日本和韩国栽培最多。其中日本柿栽培面积为2.8万hm^2，年产鲜果稳定在30万t左右，成为日本面积第五、产量第四的主栽果树，其中甜柿占60%，主栽品种为富有和次朗。近年来，开始发展一些芽变品种和杂交新品种。经过半个多世纪的努力，在品种选育、优质丰产栽培、脱涩、贮藏保鲜和加工等方面已经形成一套成熟的技术体系。9～12月为鲜果的主要销售期，晚熟品种可贮藏至翌年4～5月。韩国柿园面积3万hm^2，年产量26.1万t，甜柿占99%，面积和产量均居韩国果树第三位，柿果以内销为主。近年来，意大利、巴西、以色列、新西兰、澳大利亚、美国、智利等国开始发展柿树，尤其是甜柿的栽培。其中，意大利主要以内销为主，以色列、巴西和智利主要出口欧洲，而新西兰则主要出口新加坡和返销日本市场。

一、主要物种

柿为柿树科柿属（*Diospyros* L.）植物，全世界约500种。为灌木或乔木，常绿或落叶。我国柿属植物有57种，6变种，1变型，1栽培种，主要分布在西南部至东南部地区。作为果树栽培和砧木应用的主要有柿、君迁子、油柿、浙江柿、洞柿、老鸦柿等。

1. 柿（*Diospyros kaki* Linn. f）

落叶乔木，高10～15m。树皮浅灰色，呈鳞片状开裂。新梢有绒毛。叶深绿色，呈倒卵形、广椭圆形、椭圆形等，多数品种仅有雌花，少数品种有雄花或两性花。果实大，形状多样。成熟时果皮黄色至橙红色。花期5月，果熟期8～11月。为主要栽培品种。

2. 洞柿（*D. oleifera* Cheng）

又叫稗柿、青稗、乌稗、漆柿、绿柿、白头翁。落叶乔木，老树皮呈灰白色。新生枝及叶两面均密生黄褐色茸毛。雌雄同株，花形较柿子小。果实圆形或卵圆形，成熟后果面分泌胶状黏质物。熟果暗黄色，常具黑斑。成熟期9月下旬至10月下旬。原产我国长江以南，浙江、江苏、湖南等地有栽培。

3. 油柿（*D. kaka* var. *sylvestris* Makino）

野柿为柿的原生种，野生于山地天然林或次生林中。形态特征与柿树相似，生态类型很多，个体间变异也较大。生长势强，耐干旱瘠薄。果实较小，种子多。柿的各种果形在野柿中均可找到。在南方常用作柿的砧木。

4. 浙江柿（*D. glaucifolia* Metc.）

又叫粉叶柿、粉背柿。落叶乔木，枝梢光滑无毛。叶上面深绿色，背面苍白色。果球形或扁球形，径约1.5cm。花期4～5月。果熟期10月中下旬。本种近似君迁子，但叶大，叶背面粉白色，果熟时红色，不变为蓝黑色，可与君迁子区别。可作砧木。产浙江、江西、安徽、江苏、湖南、福建等地。生于半阴山坡杂木林或灌木丛中。

5. 君迁子（*D. totue* L.）

又叫黑枣、软枣、牛奶柿、丁香柿、羊枣、红蓝枣、豆柿等。落叶乔木。嫩枝被有灰色短柔毛。雌雄同株或异株，果实小，长、扁、圆形都有，初为黄色，后变为黑色或黑紫色，故称黑枣。少数无种子。本种常作北方柿树砧木。在我国分布很广，以山东、河南、河北、陕西、山西、湖北、四川、云南、湖南较多。

6. 老鸦柿（*D. rhombifolia* Hemsl.）

落叶小乔木，高2～3m，具枝刺。叶菱形或倒卵形。果卵球形，径约2cm，熟时橘红色，宿存萼片4深裂，有明显纵脉。果柄长1.4～2.5cm。花期4～5月，果熟期9～10月。分布于福建、江苏、浙江。生于山坡灌丛或疏林中。较耐阴湿，不易落叶，病虫害少。在柿的矮化砧开发上有一定前景。

二、主要栽培品种

我国柿树品种很多，据2002年统计，有1 026个，分为涩柿和甜柿两大类。

1. 涩柿类（表23-1）

涩柿类果采收后有涩味，需经人工脱涩处理或自然后熟变软方可食用，我国栽培的绝大多数品种属涩柿。

表23-1　部分主栽涩柿品种特征

品种	产地	平均单果重(g)	果形	主要特点	品质	用途	成熟期
七月糙	河南、山西	180	扁心形	橙红色，汁多，味甜、纤维少，特早熟，不耐贮	中上	鲜食	8月下旬
永定红柿	福建永定	147	扁方圆	朱红色，纤维少，汁多，糖度16%～19%，无核或少核	上	鲜食或制饼	8月下旬
南通小方柿	江苏	125	扁方	橙红色，质黏，汁少，糖度13%	上	鲜柿软食	9月下旬
斤柿	黄河中下游	270	高扁圆	橙红色，肉质松软，汁少，糖度16%	中	鲜柿软食	10月上中旬
于都合柿	江西于都	200～300	扁方	橙红色，质黏，纤维少，汁多，无核，糖度20%	上	鲜食	10月上中旬
磨盘柿（腰带柿）	北京、河北、湖南	200～250	扁圆	橙色，果腰有明显缢痕，肉松且纤维少，汁多，无核，糖度16%～18%耐贮，喜肥，产量中，有大小年	上	鲜食	10月中下旬
镜面柿	山东菏泽	130	扁圆	橙红色，肉质松脆，味甜，汁多、无核、含糖量高。喜肥，丰产稳产	上	鲜食、制饼	10月中下旬
眉县牛心柿	陕西关中	180	方心	橙红色，肉质松软，汁多，糖度17%～18%，高产稳产	上	鲜食、制饼	10月中下旬
千岛无核柿	浙江淳安	170	长方圆	橙黄色，肉质柔软多汁，糖度20%，无核，丰产	上	鲜食	9月中下旬
安溪油柿	福建安溪	280	扁圆	橘红色，肉质柔软，汁多，味甜，糖度20%	上	制饼、鲜食	10月中下旬
元宵柿	广东潮阳、福建诏安	200	扁方	橙黄色，质黏，纤维少，汁少，糖度16%～20%。高产稳产。耐贮	上	制饼、鲜食	10月下旬
恭城水柿	广西恭城	200	扁圆	橙红色，质细软，汁多，糖度18%～21%。适应性强，丰产稳产。优良制饼品种	上	制饼、鲜食	10月下旬
新安牛心柿	河南新安	240	心形	肉质松脆，多纤维，汁多，糖度20%，无核或少核。喜肥。瘠薄、干旱地栽培有大小年	上	制饼、鲜食	10月中旬
东皋红柿	浙江永嘉	170	长椭圆	橙红色，黏粉质，纤维少，汁少，糖度19%，丰产稳产，耐贮	上	制饼、鲜食	11月中下旬

2. 甜柿类

甜柿果在树上能自然脱涩，采下即可食用。日本的甜柿品种很多，我国原产仅有湖北罗田甜柿。甜柿又分为完全甜柿和不完全甜柿。完全甜柿指无论有无种子，果实成熟期间树上硬果自然脱涩完全，果肉中无褐斑或有极少而细微的褐斑。不完全甜柿自然脱涩和种子多少有关，一些品种必须含有一定数量种子才能完全脱涩。已知的甜柿品种有200多个，大多原产日本。中国林业科学研究院亚热带林业研究所等先后从日本、美国引入了近40个甜柿品种（表23-2）。

表23-2 主要优良甜柿品种特征

品种	果形	平均年果重（g）	颜色	糖度（%）	汁液	褐斑	品质	成熟期*	其他特点**
早秋	扁圆	250	浓橙红	14～16	多	少	上	10月上旬	丰产，完全甜柿，优良早熟杂交新品种
西村早生	扁圆	180～200	橙黄	14	较少	较多	中	9月中旬	不完全甜柿，肉质较粗而脆，种子4粒以上才能完全脱涩，宜排水良好的沙质壤土，结实量低于富有
上西早生	扁圆	200	浓红	15	多	少	上	9月下旬至10月上旬	松本早生的芽变，丰产稳产，可大量发展的早熟品种
次朗	扁方圆	200	橙黄	17	中	少	中上	10月上中旬	单性结实强，常有果顶开裂现象发生，不耐贮，对砧木要求不严，适应性强，丰产，较抗炭疽病，有许多芽变品种
罗田甜柿	扁圆	75	橙黄	15	多	少	上	9月下旬至10月上旬	我国惟一原产的完全甜柿，主要分布于湖北罗田。果小籽多，商品价值不高，需品种改良。已选出秋焰、宝盖、小果、四方、野生等5个类型和一些变异单株
阳丰	扁圆	240	浓橙红	15～17	中	少	中上	10月中旬	杂交种，风味略逊于松本早生。单性结实力强，丰产稳产，与君迁子嫁接亲和力早期比富有强，但后期亲和性仍差
太秋	扁圆	320	橙红	17	特多	极少	上	10月下旬	杂交种，种子少，丰产稳产，优良中晚熟品种
禅寺丸	圆球形	110	橙黄	17	多	多	中下	10月上中旬	不完全甜柿，主要作授粉树。种子4粒以上才能脱涩，肉质粗
富有	扁球	200	橙红	14～16	多	少	上	10月下至11月上旬	适应性强，丰产稳产。耐贮，商品性好的完全甜柿品种。易感落叶病、炭疽病及根癌病等有松本早生、爱知早生、纹叶背等芽变品种
骏河	扁心形	250	橙红	16～17	多	少	上	11月上中旬	单性结实力强，无核果多。丰产稳产，耐贮，抗炭疽病
上总	近扁圆	200	橙红	17	多	少	上	11月中下旬	杂交种，单性结实力强，无核果甚多。丰产稳产，耐贮

注：*“早秋”为日本原产地成熟期，其他为浙江杭州的成熟时间。**表中除西村早生、次朗、罗田甜柿、禅寺丸对砧木要求不严，其他品种均与君迁子嫁接亲和性差，而与“亚林6号”砧亲和性好。

三、生物学特性

（一）生态习性

1. 温度

柿树喜温暖又耐寒，年平均气温10～21.5℃地区为栽种界限，年平均气温13～19℃为经济栽培界限，9℃以下柿树难以生存。冬季－16℃不会受冻，甚至可耐短期－20℃低温。甜柿对温度的要求较涩柿严格，经济栽培要求年平均气温13～18℃，≥10℃有效年积温为5 000℃以上，4～11月营养生长期均温在17℃以上，其中9月份21～23℃，10月份16～18℃；如成熟期温度过低，果实不能自然脱涩，温度过高，则果实着色不良，肉质变粗，品质下降，软化果多。休眠期7.2℃以下低温要求800～1 000h。

2. 降水

柿树比较耐旱，一般年降水量在450mm以上，分布均匀，不需灌溉。南方品种耐湿，北方品种耐旱。不同物候期对降水量的要求不同，花期、幼果期多雨，光照不足容易引起落花落果及病虫害发生；8～9月果实发育期干旱会造成落果，成熟期多雨影响着色、味淡。甜柿对水分要求比涩柿稍高，年降水量700～1 200mm比较适宜。

3. 光照

柿树喜光，宜选择避风向阳处种植。要求4～10月日照时数在1 400h以上。光照条件好，树冠开张，柿果产量高，品质好；光照不足，树干高，冠幅窄小，产量低，着色不良，品质差。

4. 土壤

柿树对土壤要求不严，山地、丘陵、平原、海涂滩地均可种植。不同砧木对土壤的要求不一样，北方君迁子较耐盐碱，不耐湿；南方野柿耐湿，适宜于酸性土壤栽培；浙江柿根系发达，生长旺盛，适于南方红黄壤丘陵山区栽培。以土层深厚、排水和通气性好的轻壤土或砂壤土，地下水位1m以下最为适宜以中性偏酸，pH值6～7的土壤最好。

（二）生长发育

柿的根系通常为黑褐色。根因砧木不同而有差异，君迁子、浙江柿侧根和须根发达。栽培柿和野柿主根发达，但侧根和须根少。通常认为柿树根系生长在枝叶之后，开花前后大量发生新根，一年有2～3次生长高峰。嫁接树一般3～5年开花结果，8～10年进入盛果期，经济寿命长达60年，甚至200年以上。枝条在萌芽展叶后迅速生长，开花前停止。成年树1年抽梢1次，幼年树1年可抽梢2～3次。新梢生长有自枯现象，由第二芽代替顶芽，也称“伪顶芽”。枝条一般可分为结果母枝、结果枝、生长枝和徒长枝等四类。柿大部分栽培品种只有雌花，而无雄花，少数品种有雄花，极少数具有两性花。

果实生长发育有3个明显阶段。第一阶段为果实迅速膨大期，从花后到幼果迅速生长，此时主要是细胞数量增加；第二阶段主要是种子生长时期，果实膨大较缓慢，果形变化小，果面开始着色；第三阶段为果实着色到采收前，果肉细胞体积增大，再次出现增长高峰期，同时果面色泽加深，果实养分转化加快，糖分、水分迅速增加。杭州地区5月中旬子房受精后，果实迅速增长，6月中旬达到生长高峰，7月中旬以后转入果实生长缓慢期；第一次果熟前生长高峰期依品种而不同，如“火柿”为8月中旬，“西村早生”在8月下旬，“松本早生”则在10月上旬。

柿果的萼片与众不同，据日本学者渥美、中村三夫等研究表明：萼片是柿果重要的呼吸和蒸腾器官，并合成了果实和种子发育所需的植物激素。6月底前摘去萼片，种子发育停止，果实也随之脱落。萼片大的花或幼果，成熟时长成的果实也大。

柿树一般在3月上旬萌芽、展叶，花期5月上旬，果成熟期为9～11月，12月初开始落叶。物候期因地理环境、气候条件的不同有所差异。

四、栽培技术

1. 苗木繁殖

（1）砧木的选择。砧木选择是柿树繁殖关键技术之一。柿树砧木要求生长快、砧穗亲和力强、根系发达，抗性强。北方常用君迁子作砧木，南方用野柿、浙江柿、油柿等，近年来应用北方君迁子也较多。据龚榜初观察，北方产君迁子在南方常表现不耐水湿，当年实生苗和嫁接苗的生长势和出圃率不如浙江柿、野柿等，在水分较多的农田这种现象尤其明显，以北方君迁子作砧木的嫁接树在南方长势弱，树体衰弱。浙江柿作砧木树体较高大，结果推迟。油柿作砧木嫁接涩柿，可提早结果，但树体寿命短，易衰弱，50年生时渐失去了经济价值。

甜柿对砧木要求非常严格。大部分甜柿以油柿为砧木嫁接成活率不高，栽植后易死亡，树体衰弱，因此，油柿不宜作甜柿的砧木。次朗系品种、西村早生等不完全甜柿对砧木要求不太严，与君迁子、野柿、浙江柿等嫁接表现亲和。但富有系品种及以富有为母本杂交育成的品种、部分御所系品种与君迁子嫁接不亲和，中国林业科学研究院亚热带林业研究林所通过砧穗组合嫁接试验及20年的生长结果观测，认为“亚林6号”砧木与富有系、御所系品种及杂交品种均有很好的亲和性，是一个优良的甜柿砧木。本砧与富有的亲和性也较好。

（2）砧苗的培育

● 种子处理及贮藏　晚秋采收充分成熟的君迁子、浙江柿、野柿等果实后，堆积使其腐烂，搓去果肉取出种子，用水洗净、阴干。种子贮藏一般应用干藏或湿藏方式。干藏即将阴干的种子置于通风干燥处。湿藏，将阴干的种子湿沙层积，注意沙内含水不可过多。将种子堆放在地势高燥、排水良好的地方或阴凉、干燥、通风的室内，堆积高度以50～60 cm为宜，每隔1 m左右竖立一束稻草，便于堆内空气流通、散热。并经常检查种子状况，一旦发现问题，应及时处理。

● 播种　播种前种子应进行催芽处理。用冷水或40～50℃温水浸种1～2d，让种子充分吸水膨胀便可播种；也可用0.1g·kg^{-1}浓度的赤霉素浸种，以保证出苗较早和整齐；或湿沙层积处理，以3%～10%种子萌动或露芽时播种为好。播种时间分春播和秋播。2～3月间春播，秋播北方宜冻土前播种，南方可在晚秋后播。播种方式为条播和撒播，条播行距20cm左右。播种量依种子大小、发芽率、播种方式等而定。一般君迁子、浙江柿等种子，用量为60～90kg·hm^{-2}；野柿等中粒种子用种量120～180kg·hm^{-2}；柿等大粒种子，用量225kg·hm^{-2}，这样符合嫁接粗度的合格苗约15万株·hm^{-2}。播种后用铁芒萁或草等覆盖床面，秋播的也可用塑料薄膜或地膜覆盖。

● 砧苗的管理　当种子发芽开始出土时，分期分批撤除覆盖物。当幼苗长出1～2片真叶时进行间苗和移苗，柿根恢复慢，移苗应尽早进行，并尽量少伤根及带土移栽。在浙江富阳砧苗于6月中旬至7月中旬、8月中旬至9月中旬分别出现生长高峰。在生长前期可追施速效氮肥，苗高达40cm时，进行捻梢或摘心。苗木生长后期（8月底至9月初）应停止施用氮肥，适当施用磷钾肥，促进苗木充分木质化。柿、野柿等实生苗易感炭疽病，应特别注意及时防治。

（3）嫁接。柿单宁含量高，切面易形成黑色隔离层而影响愈合，熟练掌握嫁接技术和选择嫁接适期特别重要，充实的接穗、平滑切口、砧穗形成层密切接触、嫁接后保湿是柿树嫁接成功的关键。

● 接穗的采集和贮藏　枝接用穗条，整个休眠期间均可采取。选择生长健壮的优良品种植株，截取1年生充实发育枝，忌用徒长枝和秋梢。剪成长约30cm一段，捆好埋入湿润沙中，深度为穗条长的1/2左右。注意贮藏期间接穗不干燥、不萌发。也可将接穗塑料薄膜包好，在2～5℃冷藏。芽接用接穗，随采随接。

● 嫁接方法　主要有枝接和芽接两种。枝接通常在春季进行，一般采用切接、切腹接、插皮接、腹接、劈接等。芽接全年均可进行，以8月中旬至9月上旬，砧木皮层易剥离时为嫁接适期。木质芽接应用得较多，也可用T字形、方块芽接等方法。

（4）其他繁育技术。柿树枝条扦插不易生根，应用较少。日本的铁村琢哉从老鸦柿根蘖萌条及次朗和西村早生组培树根蘖条上剪取叶芽插条，在6月下旬用IBA 3 000mg·kg^{-1}处理5s或IBA 25mg·kg^{-1}处理24h，获得了70%的发根率。用稻壳堆埋处理，基部黄化了的根蘖条有利于生根。直接用根插容易繁殖成功，可以保证苗木整齐一致。可用于优良砧木苗的培育。为了促发须根，避免挖苗伤根，从而缩短缓苗期和提早结果，尤其是培育大苗方面，采用大容器育苗是行之有效的技术。组培技术可加速优质杂交新品种的繁育，日本多年的生产示范表明，茎尖培养的自根甜柿苗须根发达，生长健壮，缓苗期短，开始结果早，节省肥水。

2. 造林

（1）开园整地。柿树适应性很强，低山丘陵及海涂滩地均可种植，但不同立地条件要求采取相应的整地方式。山地柿园宜选择土层深厚向阳坡地，坡度10°以下的林地，宜进行全垦整地，垦覆深度30cm以上。坡度10°～25°的林地，进行水平带状整地，带宽2～3m。坡度大于25°时应修筑鱼鳞坑。低丘红黄壤柿园，土壤贫瘠，通气性差，应考虑改土、蓄水、增施有机肥，整地方式可采用撩壕或筑水平梯田。海涂滩地柿园地势平坦、开阔，但风大，土壤瘠薄、含盐量较高。首先要营造多层次防风林带，沿防护林开沟渠，使林带水渠呈网络分布。同时改良土壤结构，增施肥料。低山、丘陵柿园顶部保留森林，既可防风，又可涵养水分，使土壤不受冲刷。梯田的阶面上，应间作经济作物或生草，尤其是降雨集中季节切忌清耕。梯田内壁必须配置植被。

（2）栽植。柿树栽植时期分为秋植和春植。北方以春植为主，秋植需采取防寒措施。南方从11月中旬至翌年4月初均可种植。不太严寒地区以秋栽为好，有利于次年提早发根和萌芽，提高成活率。定植穴为0.8 m×0.8m，每穴施腐熟有机肥50kg左右，磷肥1～1.5kg。

栽植密度依品种、栽植方式和立地条件而定。成年柿园最适密度为树冠投影面积占园地面积的85%。涩柿栽植株行距一般为5m×6m，甜柿为4m×5m或3m×4m。现代柿园常初期采用密植，株行距为2m×3m、2m×2.5m，封行后逐步间伐成最终密度，从表23-3得知密植可以达到早期丰产。

表 23-3 栽植密度与产量关系（品种为次朗）

树龄	栽植密度（m）	株数（株·hm^{-2}）	4 年平均产量（kg·hm^{-2}）
5~8年	4×5	500	5 600
	2.5×4	1 000	9 600
	2.5×2.7	1 480	14 240

单性结实能力低品种需配置授粉品种。富有系、御所系甜柿品种可用禅寺丸、正月品种作授粉树，早熟品种用赤柿作授粉树，所占比例约为 10%。

（3）土肥水管理。柿树是深根性树种，根系发达，要求深厚而疏松土壤。土壤贫瘠的柿园要进行土壤改良。丘陵山地柿园，每年需深翻扩穴，间作绿肥，熟化土壤。柿园间种农作物起到以耕代抚，增加经济效益；间作物应以豆类为主。

幼龄柿树施肥采取勤施、薄施的方式，通常在 3 月下旬至 9 月下旬，每月浇施 1~2 次稀薄人粪尿。成年树对营养需求有 3 个比较集中时期：一是 3 月中旬至 6 月中旬，此期包括新梢生长、开花、幼果发育等，所需营养必须在休眠期结束之前被吸收到体内。二是生理落果之后，施肥目的是促进果实膨大，以追施钾肥为主。三是果实采收之后至落叶休眠之前，施肥目的是补充树体营养消耗，恢复树势。

基肥在果采收之后至落叶休眠之前施入，以堆肥、厩肥等有机肥为主，基肥中氮的施用量占全年用量的 60%~70%，磷为 100%，钾为 50%。株产 50kg 以上的成年树，可施厩肥 100kg，加 0.5~1kg 过磷酸钙，或饼肥 5kg。成年树追肥一般有 3 次：①催芽肥，3 月下旬至 4 月上旬施，以氮肥为主，占全年施氮量的 15%，一般株施尿素 1kg 或人粪尿 50kg。②保果肥，6 月中旬至 7 月上旬施，以氮、钾肥为主，氮肥施用量占全年 15%，钾肥施用量占全年 30%。一般株施尿素 1kg，钾肥 0.5kg。③壮果肥，在 8 月上旬至 9 月中旬施，以氮、钾为主，钾肥施用量占全年 20%，氮肥施用量占全年 10%。一般株施尿素 0.5kg，钾肥 0.3~0.5kg。另外，还可根据情况，在生长期进行多次根外追肥。

柿树对磷的需要量较少，而对钾的需要量较大，特别是果实膨大时对钾的吸收量较氮、磷多。柿树的氮、磷、钾施用量依树龄而定，幼龄期氮磷钾三要素比例为 10:6:6，成龄期为 10:6:10。可参考日本福岗县的施肥标准（表 23-4）。早期密植园，可根据计划产量确定施肥量。

水分管理：柿树在生长期需要充足的水分，但根系忌长期积水。一般土壤含水量在 30%~40% 时（相当于田间持水量的 60%~80%），枝梢生长最好。柿耐干旱，一般不需灌水，但遇 35d 以上持续高温、干旱天气，叶片卷缩时必须灌水。柿耐涝性强，但平地或地下水位高的柿园雨季应加强排水。

表 23-4 不同树龄的施肥标准 单位：g·m^{-2}

树龄（年）	肥沃土 48~12 株			普通土 64~16 株			瘠薄土 64~32 株		
	氮	磷	钾	氮	磷	钾	氮	磷	钾
1	1.5	1.0	1.0	3.0	2.0	2.0	5.0	3.0	3.0
2	3.0	1.5	1.5	5.0	3.0	3.0	6.5	4.0	4.0
3	3.5	2.0	2.0	6.0	3.5	3.5	8.0	5.0	5.0
4	4.5	3.0	4.5	8.0	5.0	8.0	11.0	6.5	11.0
5	5.5	3.5	5.5	9.0	5.5	9.0	14.0	8.5	14.0
6	6.5	4.0	6.5	10.0	6.0	10.0	15.5	9.0	15.5
7	7.0	4.0	7.0	11.0	6.5	11.0	17.0	10.0	17.0
8	7.5	4.5	7.5	12.0	7.5	12.0	18.0	11.0	18.0
9	8.5	5.0	8.5	13.0	8.0	13.0	20.0	12.0	20.0
10	9.0	5.5	9.0	13.5	8.5	13.5	20.5	12.5	20.5
11	9.5	5.5	9.5	14.0	8.5	14.0	21.0	12.5	21.0
12	10.0	6.0	10.0	14.5	9.0	14.5	22.0	13.0	22.0

（4）整形修剪

● 整形　变侧主干形，适宜于树势强健、树姿直立性品种。有中心干，定植时在 70cm 左右定干，当年选留一直立枝作主干，其下留着生角度大的强枝作第一主枝。第二年将主干短截，在第一主枝以上 30cm 处选留方向错开的强枝为第二主枝。以后每年继续如此在主干上培养上下错落、不同方向伸展的第三至五主枝，第五、六年截去主干先端，主枝数控制在4~6个，每一主枝上各配1~2个副主枝。

自然开心形，无中心干，定植时距地面60~80cm短截定干，在剪口下发出的枝条中选取3个方向不同的枝条培养为主枝，错落着生于主干上，上下间隔30cm左右，除去其余枝条，然后在每个主枝上选留2~3个侧枝。整形完毕后保留树高4~5m。此外，还可采用疏散分层形、多主枝自然开心形等。

● 修剪　修剪分生长期修剪和冬季休眠期修剪。生长期修剪主要除去无用的萌芽和枝梢。新梢在30cm左右时摘心，可促发分枝，对角度较小的主侧枝拉枝。休眠期修剪从落叶至翌年2月。

骨干枝修剪：幼年柿树骨干枝的延长枝一律短截，选留部位合适的枝条作为主枝和侧枝。疏除同方向枝条，使各级骨干枝延长头均处于优势。对不影响延长枝生长的其他枝条，若过密应疏除，过长则回缩。成年树主枝、侧枝的延长枝可放任生长，让其结果，利用果实重量使骨干枝开张角度增大。骨干枝抽生的营养枝，可用来更新结果部位。骨干枝过多造成通风不良时，宜疏除一部分大枝。

结果母枝修剪：结果母枝原则上不进行短截，只对过密的适当疏删。大年估计结果过多时，对部分结果母枝短截，促其多发营养枝以备下一年结果，以调整大小年。修剪时应选留粗壮的结果母枝。

结果枝修剪：柿树的结果枝结果以后，一般不能再成为结果母枝，应留基部2~3芽短截或回缩至基枝上有粗壮营养枝发生的部位。结果母枝上着生3个以上结果枝时，结果后留最下部一个，并将基部2~3芽留下后短截，其余的连同母枝剪除。

过密或无用的生长枝应疏去，20~45cm长的生长枝极易成为结果母枝，过长的可截去1/3，作为更新母枝。徒长枝应疏除，如需填补树冠空档时，留弱枝疏强枝。

五、病虫害防治

（一）病害防治

主要病害有10多种，以柿角斑病、圆斑病、炭疽病、黑星病等发生较普遍和危害严重。

1. 柿角斑病

主要危害柿叶和柿蒂，引起落叶和落果。病叶表面初期病斑呈不规则的黄绿色和褐色斑，边缘较模糊，斑内叶脉发黑。以后病斑逐渐加深至灰褐色，受叶脉限制形成多角形。柿蒂染病时，多在蒂四周发生，呈褐色至深褐色。病斑的两面均会产生黑色绒状的分生孢子。病菌在病蒂和病叶上越冬，翌年6~7月为初次侵染，8月份为发病盛期。病菌在病蒂上可存活3年，成为该病主要初次侵染源。

防治方法：摘除病蒂，冬季清园以减少病源；6月上中旬喷1∶3~5∶300~600的石灰多量式波尔多液，或65%代森锌可湿性粉剂500~600倍液，或托布津50%可湿性粉剂500~800倍液。

2. 柿圆斑病

主要危害叶片与柿蒂。叶部病斑近圆形，呈淡黄褐色，边缘不明显，随着病斑扩大，转为深褐色，中心浅褐色，外围黑色。病叶变红时，病斑呈黄绿色晕环，背面具黑色小粒点。防治方法同柿角斑病。

3. 柿炭疽病

主要危害新梢和果实，造成枝条枯死，提早落果，苗圃发生时造成苗木大量死亡。发病初期果面出现黑褐色小斑点，渐扩大成圆形凹陷病斑，直径约1cm，中央有黑点，高湿条件下会产生粉红色的分生孢子堆，被害果肉形成僵硬的黑色结块。新梢上的病斑呈长椭圆形，中部凹陷并有纵裂，有时叶柄、叶脉上也会出现病斑，病菌由伤口或表皮直接侵染，枝梢在5月中旬至6月上旬发病，果实多在6月下旬发病。该病能多次重复侵染，高温高湿、夏季多雨会出现发病高峰。

防治方法：清园，剪除病枝、病果，清扫落叶落果。喷药保护，萌芽前喷3~5波美度石硫合剂1次；6月上旬喷1∶3~5∶400波尔多液1次，隔半月再喷1次，或喷65%代森锌可湿性粉剂500倍液。选栽抗病品种。苗圃远离成龄柿园，防大树上病原传播到苗木上危害。

（二）虫害防治

主要害虫有柿梢鹰夜蛾、柿蒂虫、舞毒蛾、刺蛾、柿星尺蛾、柿斑叶蝉、柿绵蚧、柿粉蚧、龟蜡蚧、金龟子、斜纹夜蛾等。

1. 柿蒂虫

又名柿实蛾、食心虫、钻心虫，俗称柿烘虫。该虫分布广泛，幼虫钻食柿果，造成果实发红，提早软化脱落，危害严重时颗粒无收。1年发生2代，以老熟幼虫在树皮裂缝或树干基部附近土壤培结茧越冬。翌年4月中下旬化蛹，5月上中旬成虫羽化，5月下旬第一代幼虫危害幼果；6月下旬至7月上旬幼虫老熟，一部分老熟幼虫在被害果内，一部分在树皮裂缝下结茧化蛹。第一代成虫在7月上旬起羽化，盛期7月中旬。第二代幼虫自8月上旬至柿采收时危害柿果，8月下旬后幼虫老熟越冬。

防治方法：冬季刮树皮，集中烧毁，消灭越冬幼虫。及时摘除虫果。8月中旬在树干缚草诱集越冬幼虫，冬季解下烧毁。药剂防治。5月中旬和7月中旬，两代成虫盛发期喷90%敌百虫1 000倍液，或50%马拉松乳油1 000倍液，或50%杀螟松1 000倍液，50%敌敌畏乳油1 000倍液1～2次。

2. 柿梢鹰夜蛾

柿梢鹰夜蛾与苹梢鹰夜蛾在柿园中常混合发生，危害习性相似，较难区分。其初龄幼虫吐丝缠卷新梢嫩叶成苞，取食苞中嫩芽和嫩叶，大发生时，新梢柿叶被食殆尽，严重影响柿树生长。

幼虫体色变化很大，多数胴部绿色，少数黄色，两侧有两条黑线，也有全耳黑色的。在浙江1年发生2代，世代重叠，以老熟幼虫在土内化蛹越冬。翌年6月上旬羽化为成虫，晚上交尾产卵散生于叶背、嫩梢或芽上。幼虫孵化后蛀入嫩芽苞中取食，2龄幼虫吐丝将顶端嫩叶粘连，潜身在叶内，蚕食嫩叶。3龄幼虫食量较大，6～8月为主要危害期。幼虫受惊后，常吐丝下垂，转移它处。8月底后入土化蛹开始越冬。

防治方法：幼虫数量不多时，可用人工捕杀。虫口密度高时，用20%速灭杀丁乳油2 000倍液，或2.5%敌杀死乳油3 000倍液，喷杀效果95%以上。

3. 舞毒蛾

又名柿毛虫，幼虫危害柿叶，严重时将柿叶食尽仅剩叶脉，致使树势衰弱，产量降低。1年发生1代，卵块在树皮缝、石缝中越冬。翌年4月下旬孵化，初孵幼虫有群集性，昼伏夜出，5月中旬至6月上旬危害叶片最重；6月中旬幼虫老熟化蛹；6月下旬至7月中旬成虫羽化。

防治方法：7月上中旬在柿园边设置30W黑光灯，诱杀成虫。冬季清园，将树皮裂缝、石缝中的卵块收集烧毁。药剂防治。利用幼虫白天下树的习性，在树干基部喷洒菊酯类农药毒杀幼虫。也可在树上喷50%敌敌畏乳油或50%杀螟松乳油各1 000倍液喷杀幼虫。初龄幼虫，喷洒舞毒蛾核型多角体病毒悬浮液（每1单位重量的病毒死虫尸体加水稀释3 000～5 000倍液）可取得良好防治效果。

4. 柿棉蚧

又叫柿囊蚧、柿毛毡蚧、柿绒蚧。柿产区普遍发生，管理粗放、树势衰弱的柿园更严重。危害嫩枝、幼叶和果实。被害枝呈黑色凹陷，叶片畸形、早落，被害果提前软化脱落，导致减产。雌成虫、卵、若虫均为紫红色，椭圆形。雌成虫体背有白色毛毡状蜡壳，卵表面附有白色蜡粉及蜡丝，若虫有短刺状突起。1年发生4～5代。以初龄若虫在3～6年生枝的皮层裂缝、老皮下、干蒂上越冬。在柿树萌芽时期若虫爬到嫩芽、新梢、叶柄、叶背等处吸食汁液，以后在柿蒂和果面固着危害。5月中旬成虫交配产卵，6月中旬、7月中旬、8月中旬、9月中旬、10月中旬为各代若虫孵化盛期。10月中旬若虫开始越冬。

防治方法：主要天敌有黑瓢虫和草蛉等，天敌发生期，应少喷农药，以保护天敌。早春发芽前喷5波美度石硫合剂或5%柴油乳剂，消灭越冬若虫。在展叶至开花前，喷50%杀螟硫磷1 000倍液或80%敌敌畏1 200倍液杀灭若虫。

六、采收贮藏与加工利用

1. 采收

（1）采收期。因气候、品种、成熟期不同而异。一般在9月中旬至11月下旬柿的黄熟期采收。同一品种依用途确定采收期，作脆柿用的宜在果皮转黄色，种子呈褐色时采收；作烘柿用可稍迟采，待转为红色，完熟后采；制柿饼宜在果皮稍呈红色而肉质尚硬时采收；用于鲜食的甜柿在达到该品种固有的色泽时采收；用于贮藏的可适当早采，但过早采收会影响果实大小和风味品质。

（2）采摘方法。采收宜选晴天，雨后不要立即采，否则果肉味淡或不耐贮。依果成熟度分批进行。采收时用果剪自果梗部剪下，也可将留下部果枝1～2芽后连枝剪取，采果兼行修剪。采收时防止伤果，贮藏用果要保留萼片。

2. 贮藏

常用的贮藏方法有常温堆藏、露天架藏、自然冻藏、液体贮藏、简易气调贮藏、冷库+气调贮藏。

（1）常温堆藏。选择阴凉、干燥、通气好的房屋，铺15～20 cm稻草。将选好的柿果轻轻堆放草上，3～5层，上面盖草，密封，使自然软化，可贮藏2个月左右。露天架藏、自然冻藏方法与其类似。

（2）液体贮藏。每50 kg凉开水加食盐1.5～3.5 kg、明矾0.25～3 kg，溶化后冷却备用。将配好的盐矾水倒入干净缸内，再倒入柿果，盖上柿叶，压上竹条，使柿果完全浸没液中。当水分减少时，须经常添加。贮藏效果好坏与盐、矾混合比例及贮藏期温度、品种等有关。如食盐、明矾含量少，贮藏后柿果风味品质较好，食盐明矾比例大，贮藏时间长，可达4～5个月。

（3）塑料薄膜袋贮藏。果实经杀菌防腐处理后，装入0.1mm厚的聚乙烯薄膜袋中，每袋装果约1kg，加入还原铁粉为主和氧吸收剂和以高锰酸钾、珍珠岩、分子筛等原料的乙烯吸收剂，密封袋口，置于0±1℃冷藏。利用薄膜对氧气和二氧化碳有适宜的透性，果实自身的呼吸作用，达到自发气调的效果。贮藏期可达3～4个月。

罗正荣等对磨盘柿采用0.1mm厚聚乙烯膜单果真空包装，可保脆50d不变，室温下7d脱涩。在4～6℃下可保脆4个月。

（4）冷藏。日本对富有甜柿的冷藏方法：果用纸箱包装后，在0～1℃可保鲜1～1.5个月；如用0.06mm厚聚乙烯薄膜袋单果包装后，在0～1℃冷库可保鲜2.5～3个月；如聚乙烯袋内再加入吸湿纸，以保持袋内相对湿度50%，单果包装后在2±0.5℃高精度冷库内可保鲜4个月。贮藏后出库的柿果，不拆袋，原封不动地销售，以防碰伤和变质。

3. 脱涩

（1）软柿供食。自然脱涩：柿果在树上软化后再采收，或采下后不作任何处理，让其自然变软。自然脱涩的柿果色彩好，味甜，但脱涩时间长，温度低时，单宁多的品种脱涩不完全。混果脱涩：将柿果与成熟的苹果、梨、山楂、猕猴桃等混放置于密闭室内，在室温下，经3～5d便软化脱涩，而且色彩艳丽，风味好。酒精脱涩法：柿果装入缸内，每装一层，喷少量75%的酒精，在常温密封1～2周即可脱涩。山区也可用50°～60°烧酒代替酒精，注意酒精不能过多，否则产生异味。日本将一种洒上酒精的吸水纸，放入柿果包装箱中可防脱涩过程中果面褐变。乙烯利脱涩：用500～1 000mg·kg^{-1}乙烯利溶液喷洒柿果或250～500mg·kg^{-1}乙烯利溶液浸果，经3～4d可脱涩。此法简便有效，成本低，大小规模均可，但处理过后很快变软，应及时销售。

（2）作脆柿用。冷水脱涩：该法多在南方应用。将柿果装入箩筐，连筐浸入水池或塘内，淹没柿果，经5～7d便可脱涩，或将柿果倒入缸内用水淹没，同时加入芝麻秆、柿叶等，上面覆盖草，水若变味则换入清水，5～7d脱涩。此法脱涩时间较长，但操作简单，果实较温水脱涩脆硬。温水脱涩：将柿果装入缸内，倒入45℃左右温水，淹没柿果，密封缸口，加盖覆盖物或加热保持温度。脱涩时间依品种、成熟度而异，一般经15h，待缸中水起白沫时即脱涩成脆柿。控制水温是关键，水温过低，脱涩慢；水温过高，果皮易烫裂，果肉呈水渍状，果色变褐。该法脱涩的柿子味稍淡，不能久贮，2～3d后颜色发褐，变软，不适于大规模应用。石灰水脱涩：按水100kg，生石灰8～10kg的比例配成石灰水，在石灰水温和时放入柿，以水淹没柿果为度，经3～4d即可脱涩。该法用于处理不大成熟的柿果效果显著，但脱涩后果面附有石灰，影响外观。二氧化碳脱涩：将柿子装入密闭容器或塑料薄膜袋内，上下方各设1个小孔，由下孔注入二氧化碳，待上方小孔排出二氧化碳时，塞住小孔。在20℃左右，2～6d可脱涩。脱涩后立即将果放在流通空气中。

日本应用CTSD脱涩法，即将柿果采后立即入脱涩库，在23～25℃下放置5h以上，使果温均一化。然后，在此温度下注入100% CO_2，当库内CO_2浓度达到100%时，关闭排气孔，维持12～24h，最后换气，在25℃环境中保持24～48 h后即可上市。CO_2脱涩适宜大规模应用，但需一定设备。

4. 加工利用

（1）柿饼加工。加工流程：选果→去皮→熏硫→晾晒或烘烤→捏软→回软出霜→成品包装。操作要点：选果。应选择果形高圆，端正，充分成熟，未软化，水分少，糖分高，重150g左右的果。去皮。先修整萼片，仅留萼盘，剪掉果柄。去皮要薄而净，不留面皮和花皮，柿蒂周围最多留1cm宽的皮。熏硫。在密闭房间，按每立方米用硫磺10～25g点燃熏蒸20min左右，在晾晒过程中，若遇阴雨潮湿天气，则要每天熏硫1次，每次20～30min。晾晒。将去皮的果实，果顶朝上排放在晒席上，并经常翻动。采用挂晒的果柄系在绳上，挂于架上或房檐、树上晒晾，串间不要靠得太近，以利通风。捏软。晾晒15d左右，当果面结皮，果肉微发软时，轻轻捏动果实中部，促进软化。隔2～3d后，果面又干燥出现皱纹时捏第二遍，此次须将果肉硬块全部捏碎、捏散，捏成饼形或桃形。如果需要可捏第3次，捏后继续晾晒15d。每次捏的时间，最好选晴天或有风的清晨。回软与出霜。晒至手感柿肉绵软，富有弹性，便可收集出霜。将柿饼装进缸内或堆在木板上，厚40～50cm，盖上柿干皮，上面用草席、麻袋或塑料布覆盖，经4～5d，柿饼回软后，内部糖分随水向外渗出，在有风的早晨，取出放在通风阴凉处摊开，果面吹干后便有柿霜出来。晾摊次数多，出霜就又快又好。出霜过程中应保证柿饼含有25%～30%的水分，并使柿子内外水分基本一致，可增加出霜。分级与包装。出霜后的柿饼便可分级包装出售。人工干制柿饼。在多雨地区可采用人工加热烘烤。先用40℃（最高不超过45℃）烘烤至不涩，需24h。脱涩后进行第一次捏果，结合捏果，逐渐将温度升至60℃，连续烘烤24h。后降温至50℃烘烤约20h，并进行第二次捏果。最后回软上霜。

（2）柿酒

• 发酵酒　柿子洗净脱涩后，除去柿蒂，搅成糊状，倒入发酵缸内，拌入酵母菌，混合均匀，充分压实，加盖密封。在25～28℃下进行发酵。在发酵过程中，每天用木耙打耙3次，使上下发酵均匀，经5～7d上部出现清水，酒味很浓时，用布过滤，滤出的就是发酵酒。发酵酒经陈酿、杂质沉淀，再装瓶出售较为理想。

• 白酒　将柿果破碎，按重量加入25%的谷糠，拌匀后蒸20min取出。待温度降至35℃左右，加入4%的酒曲，搅拌均匀，装入发酵缸，温度保持25～28℃，密闭发酵7～10d便可进行蒸馏。蒸馏前再拌入20%的疏松材料（如谷糠、高粱皮等），使成不干不湿，拌匀后蒸馏。出酒多少与柿子含糖量、成熟度及酿造技术有关。一般每50kg鲜柿可出50°白酒5～6.5kg。

（3）柿醋加工。选用柿果、坠柿、破损柿及柿饼下脚料，洗净捣碎后，加适量水制成果浆。装入发酵缸，拌入醋曲，盖上草席。保持室温30℃，每天搅拌2～3次或倒缸，经6～7d发酵至有酒气，酒精含量在6%以上，取出放在木槽里，每100kg加谷糠30kg，拌匀后再装入缸内，用草苫盖。3d后再每天搅拌3次，连续4d，便可转入淋醋，每50kg加水60kg，浸2h后过滤，滤液为头醋，再加同量的水，仍浸2～3h，滤出二遍醋。将头醋二醋配成醋汁酸度每100mL 4～5g，加2%食盐，加热至60～80℃，杀菌10～20min，装坛、密封、陈酿后出售。

（4）柿片加工。柿干片：将次朗等甜柿果洗净，纵切成0.5cm左右厚的薄片，太阳晒制或60℃烘干可成黄色脆甜干片。湿片工艺流程：选果→洗净、风干→剥皮→切片→包装→杀菌→冷藏。技术要点：选着色一致，大小整齐的甜柿果，剔除损伤和病虫果，用1 000倍液泛酸钙浸泡1min，流水冲洗10min，风干。切除萼部和蒂隙等并削去果皮。将果分割成4～16片，用不透氧的薄膜袋包装，加入脱氧剂后密封。用紫外灯透过包装膜对果实切片杀菌1h，再在0℃下冷藏。

（5）柿叶茶。柿叶茶制作类似于绿茶加工。在6月中下旬采摘柿树鲜叶，洗净晾干，放入沸水中杀青2min左右，杀青过程水温应保持80℃以上。杀青后及时从锅中捞出摊凉，否则叶色发黄，影响品质。然后手工揉捻10min或揉碎机揉20min，使叶子破皱，有利于内含物成分的浸出，揉后解块。烘干或瓶式机内滚炒至干，再筛分、轧切、整形，即为精制柿叶茶。

（龚榜初）

24. 葡　　萄

葡萄是人们喜爱和生活中不可缺少的果品，是我国重要的经济树种之一，长江以北各地均有栽培，种质资源十分丰富。葡萄味道鲜美，营养价值高，富含多种人体必需的矿质元素和维生素。除鲜食外，葡萄还广泛用于制干、酿酒、制汁和加工葡萄罐头等。

葡萄具有适应性强，结果早，产量高，易于管理等特点，在世界大多地区都有栽培，其产量和面积一直列居各类果树之首位。葡萄定植后的第二年即可结果，4～5 年进入盛果期。新疆是葡萄栽培的理想地区，也是我国葡萄种植面积最大的省份，其面积和总产量均占全国的95% 以上。在著名产区吐鲁番、哈密及和田地区，葡萄种植已经成为振兴地方、国有团场经济的支柱产业，是果农的生财致富的希望产业。近年来，国内和港澳市场对新疆的鲜食、制干、制汁及酿酒葡萄的需求量愈来愈大，使葡萄栽培的经济效益大大提高。

一、主要物种

葡萄属于葡萄科（Vitaceae）葡萄属（*Vitis* L.）植物。在葡萄科的 11 个属中，葡萄属是栽培最广泛的，包含 70 多个种，其中约有 35 个种分布在中国。分类上常根据地理分布和生态特点，把葡萄属的各个种划分为三大种群：欧亚种群、东亚种群、北美种群。其中欧亚种群仅 1 个种即欧洲种。

（一）欧亚种群

目前世界上栽培的鲜食和加工品种均属本种群，产量约占世界葡萄总产量的90% 以上。通过长期的选择与栽培，形成了数以千计的品种。本种不单起源于欧洲，也发源于亚洲。所属品种因受地理条件和生态因子等的影响而形成不同的类型。一般可划分为三个生态地理品种群，即东方品种群、西欧品种群、黑海品种群。

1. 东方品种群

分布在中亚、中东和黑海沿岸，其共同特征是幼叶无绒毛，新梢粗壮，多为赤褐色。植株长势强健，生长期长，果枝结实力较低。果穗大，果粒大或中大，果肉丰满多汁。抗旱力强，但抗寒、抗病、耐湿性差，适于生长季长、夏秋气候干燥的地区栽培。我国许多品种如龙眼、无核白、木拉格、马奶子等均属于本品种群。

2. 西欧品种群

分布在西欧各国，其共同特征是幼叶绒毛密生，呈桃红色。新梢较细，呈淡褐色。叶背具丝绒状混合绒毛。植株生长势较弱，但结果枝多，结果系数高。果穗较小，单株产量较低。生育期较短。抗寒及抗病性略强于东方品种群。本品种群鲜食和兼用品种少，绝大部分是酿造品种，如雷斯令、黑彼诺和法国蓝等。

3. 黑海品种群

分布在黑海沿岸各国，其共同特征是叶背密生混合绒毛。果穗中等大，紧密。果粒中等大，多汁。生长期短。抗寒、抗病性较东方品种群强，但抗旱力较弱。结果系数高，一般较丰产。本品种群多数为酿造鲜食兼用种，少量为鲜食品种，如白羽、晚红蜜、白玉等。

（二）东亚种群

约有 40 多个种，原产于我国的有十余种，山葡萄便是其中的主要种类。

山葡萄（*Vitis amurensis* Rupr.）在我国东北及华北各地均有野生分布，尤以东北长白山区最多，主要生长在林缘与河旁，具有高度的抗寒性。本种多属雌雄异株，果穗小，果粒圆形，直径约 8～10mm，呈黑紫色，被有浓厚果粉。果汁紫红色，含糖量 10%～12%，含酸量 2.4%。其主要用途是作为酿酒、酿酒加色剂、抗寒砧木，育种上则以山葡萄作为抗寒育种的原始材料。产量较一般山葡萄高且稳定，适于酿制优质红葡萄酒。

（三）北美种群

约有 28 个种，大多分布在北美洲的东部。在经济栽培上有利用价值的主要有美国葡萄（*Vitis labrusca* L.）、河岸葡萄（*Vitis riparia* Michaux）、沙地葡萄（*Vitis rupestris* Scheels）、圆叶葡萄（*Vitis rotundifolia* Michx.）等。这些种类的果穗和果粒较小，果实多有麝香味，品质风味差，但大多适应性强，生长势旺，抗病、耐湿、耐寒。除美国葡萄外对根瘤蚜的抵抗力均很强。生产上可做抗性砧木，某些品种适于酿酒。

二、主要栽培品种

1. 早生红富士

早熟生食品种，原产日本。果穗大，平均重约400g，单歧肩圆形。果粒着生紧密，果粒大，平均重8g，成熟时紫红色，皮厚，具浓郁香味，可溶性固形物含量15% ~18% 。品质上。成熟期7月下旬。座果率高，树势强健，抗逆性强，丰产。

2. 日本无核

早熟鲜食无核品种，果穗大，平均穗重约500g，圆锥形。果粒椭圆形，单粒平均重5g，紫红色，无核。品质上。成熟期7月下旬。该品种树势旺，抗逆性强。丰产，易栽培。

3. 玫瑰香

中熟的鲜食和酿酒兼用的品种，原产英国。果穗中大，平均穗重350g，圆锥形。穗上果粒疏松着生。果粒卵圆形，紫黑色，单粒重4~5g，果皮中等厚，肉质稍脆，多汁，具浓郁的玫瑰香味。可溶性固形物含量18% ~20% ，品质上。果实成熟期8月下旬。

树势中等，果枝率约47% ，副梢的结实力很强。对肥水的要求条件高，营养不足易引起落果，造成果穗疏松，果粒大小不整齐。

4. 巨峰

原产日本，为晚熟鲜食品种。果穗大，穗重300~550g，圆锥形，果粒着生松散。果皮中厚，黑紫色果粉较厚，果粒大，平均重12.5g，短椭圆形。肉质软，汁多，有草莓香味，可溶性固形物含量20%左右。品质上。果实8月下旬至9月上旬成熟。

树势强健，但生长后期会变弱，早期丰产性强，但落花落果严重，负载量不宜过大，对肥水条件要求高。

5. 马奶子

为晚熟鲜食品种，也可制干。在新疆各地均有栽培。果穗大，穗均重约600g，圆锥形有歧肩，穗梗长而脆嫩，易折断。果粒着生松散而整齐，果粒大，平均重6g，长椭圆形或圆柱形，少数束腰形。果皮薄而韧，果肉易于分离，果粉薄，果皮黄白或绿白色。肉质松软而多汁，味甜。可溶性固形物含量19% ，品质上。成熟期8月下旬至9月上旬。

该品种树势强，萌芽率50% ，果枝率29% ~34% ，以结果母枝上第6~10节的结实力最强，故应进行长梢修剪，结果系数1.42 ，副梢结实力弱。由于该品种生长旺盛，副梢萌芽力强，故叶幕层较厚，通风透光差，应加强夏季修剪和主蔓更新，还应加强肥水管理，以防早衰。

6. 木拉格

新疆晚熟鲜食品种，果穗大，圆锥形，均重800g。果粒着生疏松，粒大，约8~10g，卵圆形或短椭圆形，果粒整齐，果粉中或厚，果顶或阳面有少许红晕。果皮厚，肉质松脆，部分果实内无核，为少籽类型。果汁中多，味酸甜，可溶性固形物含量16% ~18% ，品质中上。9月底至10月初成熟，鲜果耐贮运。本品种生长势中等，果枝率24% ，耐盐碱和瘠薄，适应性强，在新疆有“戈壁葡萄”之称。

7. 红地球（red globe）

又名全球红，商品名红提，为美国加州晚熟主栽品种。亲本为（皇帝×L12~80）×S45~48。果穗特大，松散，平均穗重700g，最大2400g。果粒圆至近卵圆形，粒重11~13g，最大22g，鲜红色至紫红色。果粒着生极牢固，不裂果。皮薄肉质爽脆，果肉半透明，用刀切片不淌汁，可溶性固形物含量17% ~20% ，品质上。采用延迟栽培措施，可使果实成熟后留树保存1个月，极耐贮运，低温条件加保鲜剂可贮藏到翌年6月份，风味不减，即使果梗枯了也不落粒。长势中庸，抗病力弱。该品种9月上中旬成熟。

8. 无核白

为优良制干品种，新疆和甘肃有栽培，主要分布在新疆吐哈盆地及和田地区。果穗长圆形，有歧肩，穗松散，平均重260g左右，最大达1 000g以上。果粒为椭圆形或短椭圆形，单粒重为1.2g左右。果皮黄绿色，果粉薄，果皮薄，皮与肉不易分离，果肉紧密而脆，汁较少，无核。味甜，可溶性固形物含量20% ~25% 。品质上。生长势较强，果枝率35% ~40% ，第4~12节结实力较强。可进行长枝修剪为主的混合型修剪，结果系数1.15，副梢结实力强。该品种落花落果现象较重，对肥水条件要求高，可用赤霉素于花期刺激果粒增大。目前已在生产上推广和发展新发现的大粒型和长粒型无核白品种。

9. 乍娜（Zana）

1975年从阿尔巴尼亚引入我国。本品种果穗为双歧肩圆锥形，平均穗重400g。果粒着生松散，果粒较大，平均粒重5.6g，最大粒重8.5g，果粒圆形，粉红色，果粉中等厚。肉质脆，汁液多，可溶性固形物含量14%，味甜清香，品质上等。7月底成熟。结果早，栽后1年即结果。果枝多，双穗率高，副穗结实力强。在加强肥水管理的同时，要进行适当的疏花疏果，严格控制挂果量。抗寒性较弱，在西北寒冷地区易受早霜危害，常导致枝蔓受冻。应提早下架防冻，冬前覆土厚度应比一般品种厚。该品种为早熟的优良鲜食品种，外形美观，始果期早，座果率高，耐运输。可在城镇、工矿区附近栽培，也适于庭院小棚架栽培。

10. 里扎马特（Ризамат）

原苏联品种，亲本为卡它库尔干×帕尔肯斯基。1961年从苏联引入我国。植株嫩梢绿色。幼叶绿色，有光泽；成龄叶片中等偏小，圆形或肾形，浅3裂或5裂，叶面叶背均无绒毛，锯齿中等锐，叶柄洼拱形。两性花。果穗大，平均重650～1 000g，果穗圆锥形，呈分枝状。果粒着生松散，果粒极大，平均粒重10.4～12g，最大粒重19g，长圆柱状（牛奶型）。果粒呈浅红至暗红色，十分美观，果皮极薄，果粉少。肉脆，无涩味，汁多，可溶性固形物含量16%～20%，含酸量0.44%～0.68%，风味甜，品质极佳。每果粒含种子2～3粒。果刷长，不易落粒。该品种生长势极强，扦插易成活，容易栽培。结果枝占芽眼总数的30%～32%，每果枝平均花序数为1.02～1.13穗，多着生于第5节。产量中等，有大小年。肥水条件要求高，湿度大时易裂果和遭霉菌感染。果实8月下旬成熟。适于大棚架栽培，宜长梢修剪或超长梢修剪，是理想的鲜食品种。

11. 先锋

近年从日本引入我国。植株嫩梢绿色并带稀疏绒毛。幼叶浅紫红色，有光泽，绒毛中等；成龄叶片大而厚，深5裂，浓绿色，锯齿锐，无绒毛，叶柄洼拱形，极开张。芽眼圆形，肥大。新梢粗壮，成熟后为红褐色。果穗大，穗长18.5cm，宽11cm，平均重450～600g，圆锥形。果粒巨大，近圆形或椭圆形，平均单粒重15g，紫红色，皮厚。肉质较巨峰硬，汁多，汁无色，含可溶性固形物17%～18%，含酸0.64%，风味酸甜，品质优于巨峰，为上等。果粒含种子1～3粒。耐贮运，各项经济指标都高于巨峰。生长势极强，抗病力中等，结果率较高，略有落花现象。用赤霉素处理可形成大粒无核果，果实9月上旬成熟。

12. 京亚（Jing Ya）

由北京植物园从黑奥林的实生苗中选出，极早熟。穗形中大，一般400～500g，穗圆形或圆柱形，紧凑。果粒圆形，粒大，重10～12g。果皮紫黑色至黑色，皮厚肉软，可溶性固形物14%，口味酸甜。长势中庸，较丰产，抗病力强，果实耐运输。7月上旬成熟。

13. 矢富罗莎（Yatomi Rosa）

近年从日本引入我国。极早熟品种。果穗大，一般450～650g，最大1500g。果粒长椭圆形，粒重8～10g，形状像里扎马特，但果端稍尖，粉红至紫红色。皮薄肉质稍脆，汁多，可溶性固形物含量14%～16%，有清香味，含酸量低，风味清甜爽口，品质优。树势强健，丰产，抗病力较强，果实不裂果，极耐贮运。7月中旬成熟。

14. 夏黑（Summer Black）

日本引进的3倍体无核品种，高含糖量。果穗紧凑，重450～500g，果粒椭圆形，自然粒重3～3.5g，经处理后可达到7～8g；果粒着色浓厚，紫黑色，果粉浓。皮厚肉质硬脆，可溶性固形物达20%～22%，浓甜爽口，有浓郁草莓香味，品质优。树势强健，抗病力强，果粒着生牢固。7月底开始成熟，可一直留树保存到10月份，不裂果、不落粒、不回味、不回软。可在我国南方大面积露地栽培。

15. 奇妙无核（Fantasy Seedless）

原产美国。该品种果穗较大，穗重400～550g。果粒较大，长椭圆形，自然粒重5～6g，无核，果皮浅黑色，外被浅白蜡质，外观优美。皮较厚，果肉脆，可溶性固形物含量17%～19%，口感甜爽。8月上旬成熟

16. 森田尼无核（Centennial Seedless）

原产美国，早中熟。果穗大，正常穗重600～700g。果粒长卵形，头部稍尖，外观优美，自然粒重3.8～4.5g，无核，充分成熟黄绿至金黄色。皮薄肉脆，可溶性固形物含量15%～17%，味甜可口。树势较强，花芽分化节位较高，抗病力中等，耐贮运性较强。8月上旬成熟。

17. 优无核（Superior Seedless）

别名上等无核、黄提，原产美国，亲本绯红×未命名的无核品种。该品种果穗大，穗重550～750g。果粒为阔卵圆形，自然粒重4～5g，无核，果皮绿黄色，充分成熟金黄色。皮薄肉脆，可溶性固形物含量16%～18%。果粒着生极牢固，不脱粒不

裂果，极耐贮运，抗病力较弱。8 月上旬成熟。

18. 高妻（Takatsuma）

日本晚熟品种，亲本为先锋×森田尼。果穗大，正常穗重 450 ~ 650g。果粒短椭圆形，粒重 14 ~ 17g；着色特别好，紫黑色至黑色；皮与肉难分离，果肉较硬，是藤稔的 2 倍，裂果少，不易脱粒。可溶性固形物含量 16% ~18%，含酸量低，风味甜美爽口，有草莓香味。树势较强，丰产，抗病力强，果实耐运输。8 月下旬成熟。产量宜控制在 22.5t · hm^{-2}以内，坐果后及时疏果、套袋，尽量不使用果实膨大剂，以提高品质。

19. 藤稔（Fujiminori）

日本中熟品种，亲本为井川 682×先锋。果穗大，圆锥形至圆柱形，着粒紧凑，均重 600g，最大 1 800g；果粒近圆到短椭圆形，自然粒重 12 ~ 16g，强化栽培可达 18 ~ 40g。紫红至紫黑色，完全成熟黑色，光亮，果粉少。肉质肥厚，多汁，可溶性固形物含量 14% ~16%，味甜少酸，品质中上。月初成熟。长势中庸，易丰产，抗病力强，果实不耐贮运，过熟后口味变淡，多雨年份易裂果。

20. 皇家秋天（Autumn Royal）

美国加州品种。果穗圆锥形、松散，穗重 600 ~ 800g，坐果良好。果实椭圆形，紫黑色，正常粒重可达 6 ~ 7g，最大 10g；经赤霉素处理，果粒可增大到 12 ~ 15g。果肉脆硬、透明，可切片，品质上。果皮薄至中等厚，耐贮运，8 月底至 9 月初成熟，为晚熟无核葡萄新品种。

21. 美人指（Manicure Finger）

原产日本。1998 年在国内推广。果穗中大，无副穗，一般穗重 450 ~ 600g，最大 1 750g。果粒大，粒重 10 ~ 12g，最大 20g，最大果粒纵径超过 6cm，果实纵横径之比达 3∶1，正常粒长 4 ~ 5cm。果粒细长型，先端鲜红色至紫红色，光亮，基部稍淡，外观奇特艳丽。果皮与果肉难分离，皮薄但有韧性，不易裂果；果肉半透明紧脆，可切片，无香味，可溶性固形物 16% ~19%，成熟后留树保存，糖度还能增加，可溶性固形物可达 21% ~23%，口感甜美爽脆，品质上。8 月上旬开始上色，8 月底成熟，果实成熟后可留树一段时间，果实较耐贮运。该品种对栽培管理和气候条件要求严格。

三、生物学特性

（一）生态习性

1. 温度

有效积温：栽培上常用有效积温来衡量葡萄不同品种在一年中对热量的要求。栽培品种多在日平均气温达 10℃时才萌芽，故将 10℃作为有效积温的起点（即生物学零度）。如果将葡萄开始萌芽至浆果完全成熟这段时间内的日有效温度加起来，即为该品种正常发育所要求的有效积温值。不同品种要求的有效积温值不同，大致范围如下：极早熟品种为 2 200℃；早熟品种为 2 500℃；中熟品种为 2 900℃；晚熟品种为 3 300℃。我国目前葡萄主要产区平均积温数大多能满足各类葡萄正常生长发育的需要。

对低温的反应：不同种类、品种、不同器官的抗寒能力不一样。一般野生种比栽培种抗寒，枝蔓比根系抗寒，成熟的新梢比未成熟的新梢抗寒。花期对低温最敏感，气温为 0℃时即会使花器受冻。大多数品种在新疆栽培时，冬季必须埋土才能安全过冬 。

2. 光照

葡萄是喜光植物，光照对葡萄的生长发育有很大影响。光照不良使枝条徒长、纤细，叶片小而薄，颜色变淡，生长不良，落花落果严重，甚至不结果。我国西北干旱地区的光照条件良好，栽培密度应适中，枝叶在架面上分布均匀，并及时进行夏剪整枝，控制合理的叶面积指数，否则过密或过稀，均需要调整。

3. 水分

葡萄既抗旱又喜水，主要在新梢速长和果实膨大期需水较多，但在果实成熟期需要控制水分，休眠期土壤中若含有较高水分可提高土温，防止枝蔓失水干枯。故寒冷地区应在埋土前向葡萄园灌封冻水。

4. 土壤条件

葡萄有较强的适应性，对土壤的要求不严格。最佳土壤是砂壤土，含有较高的有机质。像新疆吐鲁番地区含有大量石砾的土壤和粗砂土，是葡萄生长的良好土壤，该类土壤通风透气好，杂草和病虫害少，昼夜温差大，更利于养分的积累，浆果含糖量高，品质好。主要缺点是需水量大，水分、养分易流失。需增施大量有机肥，以改良土壤的物理化学性质。如果在轻盐碱地、山地、沙荒地、河滩地建立葡萄园，则要先进行土壤改良，后栽树。

5. 风

微风对葡萄的生长发育有利，但在新疆一些地区的葡萄生长期、开花期、浆果成熟期常遇大风危害，造成枝蔓折断磨伤，花器及幼果吹落，严重时掀翻葡萄架。所以在园地规划时应避开风口，营造防风林带，搭架时使架向、枝蔓走向于主风方向平行。

（二）生长发育

1. 根系生长

葡萄的根系富肉质，髓射线发达，积累的养分较多，故有较强的恢复地下、地上部分平衡的能力。即使被冬剪去掉80%的枝量，翌年仍能恢复正常生长，而不像苹果、梨那样会发生徒长枝，说明葡萄的自身调节能力很强。

地下根系与地上枝条的分布具有明显的对称性，如棚架整枝的葡萄，架下面的根系分布大大超过架外的分布。一般根系多分布于土壤20～80cm的深度内。根系的耐涝性较强，根压很大，使枝蔓在春季伤流较为严重。

根系在土壤温度5℃左右即开始活动，25℃生长发育最快。冬季虽然处于生长停顿阶段，但根系实际上并没有休眠，条件适合时全年都能生长，一般在春夏之交和秋季各有一个生长高峰期，在干燥的盛夏和寒冷的冬季，生长减弱或停止。

2. 芽和茎生长

（1）茎、芽的形态特性。葡萄的地上部分枝蔓包括主干、主蔓、结果母枝、结果枝、营养枝、主梢、副梢等。

主蔓：着生在主干上的大分枝或从多年生枝蔓上直接着生结果枝组，不提倡配备侧蔓。结果枝组由结果母枝和预备枝组成。结果母枝是指春天萌芽后抽生结果枝条的1年生枝。

葡萄的茎细而长，髓部较大组织疏松，体重轻。节部稍膨大，节上着生叶片，叶片互生，叶腋内着生芽眼，叶片对面着生卷须或果穗。

葡萄新梢叶腋内存在两个芽，即夏芽和冬芽。夏芽为裸芽，随着新梢的生长，叶腋中的夏芽即自然萌发为夏芽副梢，而在夏芽旁边的一个芽，被有鳞片，一般需越冬至翌年春季才能萌发，抽生主梢。有时经刺激，冬芽当年也能萌发而抽生冬芽副梢。冬芽是几个芽的复合体，包含主芽和后备芽。在春季通常只有主芽萌发生长，后备芽成潜伏状态。有时经刺激几个后备芽和主芽一起发出，故可在一个芽眼中同时出现几个新梢。

（2）花芽分化。一般在开花前后（5～6月份）新梢上的冬芽即开始花芽分化，入冬前花序原基可分化到花托原基状态，翌年开春后才依次分化出各部分花器，时间持续近1年。如采取特殊措施（摘心、除副梢等），也可适当提前和缩短花芽分化过程（1～1.5个月即可分化完毕），从而实现一年多次结果（在南方或温室栽培）。另外，副梢花芽分化时间较主梢为短。

（3）新梢生长特性。葡萄萌芽抽枝比其他果树晚，但新梢生长速度很快，一般在开花时新梢的长度已达80cm以上。新梢生长一直可以进行到晚秋，不形成顶芽，只要温度适宜便可以继续生长。因此要注意控制后期的氮肥和水分供应，以防枝梢贪青生长，影响枝条木质化及芽眼的充实，导致不能安全过冬。

3. 叶的生长

葡萄叶片为掌状叶，有全缘（无裂刻）、三裂和七裂之分，裂刻深浅不同，叶缘锯齿也各异。叶面和叶背常着生不同形状的茸毛。上述的形态特征及其变化可作为鉴定葡萄种类和品种的标志。葡萄的叶面积指数以2左右为宜，须小于那些呈立体结果状的仁果类和其他果树的叶面积指数，叶片过密会造成架面郁闭，通风透光差，反而降低了产量和品质。

4. 开花结果

葡萄的花序为圆锥花序，具有3～5级分枝，一个花序上有200～1 500个花蕾不等。多数品种为两性花，自花可实。开花时花冠呈帽状脱落，雌蕊1，呈梨形，子房2室，每室有2个胚珠，故每个葡萄浆果中有1～4粒种子，但无核白品种的胚珠在发育中途停止，故成熟果中见不到种子。

葡萄从萌芽到开花一般需要6～9周，主要受温度影响，当昼夜温达20℃时开花，花期6～10d。由于生长前期树体内贮存营养不足，或树势过旺，使生长与结果发生矛盾，而形成营养竞争。如果花期遇恶劣的气候条件等，均会造成落花落果现象，使座果率低，果穗松散，降低产量。因此应有针对性地采取一些措施以提高座果率，如保持树势中庸，花期对结果枝摘心和除副梢，以及花期喷硼或无核白葡萄用赤霉素处理等。

5. 浆果的发育与成熟

葡萄果实为浆果，由子房发育而成，包括果梗、果蒂、果刷、外果皮、果肉、果心及种子等部分。果粒的大小和形状因品种而异。授粉受精完毕，坐果后浆果即迅速膨大。开始成熟时，果皮色泽逐渐变化，果实内部糖分含量慢慢增加，酸和单宁渐渐下降。进入成熟期，有色品种完全着色，白色和绿色品种变为黄白或黄绿，果皮变软，光泽增加，果粉出现，果实富有弹性。为提高果实品质，要注意肥水的管理，在成熟前1个多月要少施氮肥，多施磷、钾肥，如对叶面喷施磷酸二氢钾肥料，采收前还应停止灌水，以防裂果。

四、栽培技术

1. 苗木繁殖

葡萄苗木的繁育，主要采用扦插、压条和嫁接等方法。其中扦插繁殖为生产中最常见的方法。

（1）扦插育苗。苗圃地准备：选择肥力、排灌水条件好的砂壤土，头年秋季或当年早春施入腐熟的厩肥30t·hm^{-2}，灌水后翻耕，耙地整地做垄，垄顶宽40cm，高15cm，起垄后立即全垄覆盖地膜，垄沟底部留出3～5cm宽不覆盖膜，利于浇水时水渗入垄内。

插条准备：选择生长健壮的优良植株，结合冬季修剪，从1年生枝条中选出粗壮、节间短、充分成熟的作为插条，埋藏于窖内。或直接从春季出土的枝蔓上剪取插条。

插条的剪截长度一般20～25cm，约3～4节，注意使插条上端的剪口离顶芽1cm左右，并剪平口；下端剪口则尽可能剪在节上，为斜口。剪好的插条按50或100为一捆，捆时不要将插条上下口颠倒混乱，避免在扦插时造成麻烦。插条在扦插前的处理：为提高插条的成活率和加速苗木生长，可在插前对插条进行生根处理，主要使用药剂催根和加温催根两种方法。药剂催根处理：常采用的药剂有ABT生根粉、吲哚丁酸、吲哚乙酸、萘乙酸钠、高锰酸钾、蔗糖等。处理时将各种药剂按使用说明配成溶液，把插条下端插入药液中，浸泡12～24h，浸泡期间将插条上端保湿，以防失水。加温促根处理：葡萄发根的最适温度为25℃左右，因此，可设法创造条件使插条生根部位约25℃，插条上端芽眼处于10℃以下的温度条件。做到先生根，后萌芽生叶，成活率则高。一般用火炕加温和电热温床加热方法，需15～20d。在插前20d左右，在背阳处挖火炕或床炕，炕上铺10cm厚的湿锯末（用于火炕）或细沙（用于电热温床），将剪好并浸泡过24h水的成捆插条，基端朝下垂直插入锯末或细沙中，埋深约3cm，然后在炕下烧火加温或铺电热线加温，用温度计插在床底观测温度变化，控制床内温度约25℃左右，而空气温度不超过10℃。催根过程中，应保持床内湿度，一般3d左右喷1次温水，以防插条受旱。待大部分插条基部长出白色的愈伤组织，即可出床插入苗圃中。扦插及管理：于4月中旬左右将经过催根处理的插条在覆膜的垄上扦插，每一垄插两行插条，株距约15cm，行距约40cm，1hm^{2}约插15万根。扦插时要斜着插，地面露出1个芽。插条破膜入土时不要把地膜随根带到根的底部，以免地膜贴在伤口上影响发根。扦插后应及时灌水，每月灌水1～2次，7月破膜后锄草，并追施化肥1～2次，可用氮磷复合肥45kg·hm^{-2}。当抽枝30cm时应设立支架，将新梢引缚架上，以促进加速生长。在8月中旬对主梢进行摘心，并将副梢留2片叶摘心，促使新梢成熟。在秋季葡萄埋土时，即将苗木挖出埋土或窖藏均可。一级苗的规格是茎基部直径0.8～1.0cm，成熟蔓长40cm以上，根系长20cm以上，至少有3条以上根系。

（2）压条育苗。压条是指把枝条在不与母体分离的状态下压入土中使其发根，然后再剪离母体成为独立的新枝的方法。葡萄春季出土后，在母株的近旁挖一深为30cm的沟，沟长依枝条长度而定填入腐熟的有机肥和土拌匀。从母株上选取较长的1～2年生枝蔓，水平压入沟内，然后每隔3节培土50cm左右，未培土的部分露出2芽。枝蔓的入土部位可适当刻伤，待新梢长达30cm左右时，要及时引蔓，促其生长良好，8月份进行摘心以促其木质化。待长成健壮苗木后，分段切开，使其独立成苗。

（3）嫁接育苗。如要利用某种抗逆性的砧木（如抗寒、抗旱）或加速繁殖稀有品种以及更新品种时采用嫁接繁殖方法培育苗木。有硬枝嫁接和嫩枝嫁接两种，前者于3～4月在室内进行，用舌接法，接好后将砧穗放入愈合箱内半个月左右，待接口愈合后进行扦插，使砧木生根，接穗抽枝。嫩枝嫁接一般是将夏剪下来的嫩枝做接穗，用劈接法接在未木质化的砧木上。嫩枝嫁接后要注意接穗保湿，最好能遮荫，以提高成活率。

2. 建园

葡萄栽培有篱架栽培和棚架栽培两种。篱架栽培的行向宜采用南北向，棚架栽培宜采用东西向并使架口朝南，使枝叶和果穗均匀受光。注意在行内每隔100m左右留出一条通道，以便行间作业。雌性花品种需要配置具有完全花的授粉品种。

葡萄的栽植密度因气候、土肥水条件、品种、架式、整枝形式和管理方法不同而异。生产中较常见的株行距为篱架1.0m×2.0～3.0m，小棚架1.0m×4.0～6.0m，大棚架1.0m×6.0～12.0m。

葡萄栽植沟的深度为60～100cm，如土壤质地和结构不好，可在秋季深翻土壤，定植坑内采用客土法或填入粗有机质加以改良。

我国北方各地一般以春季定植为主，当昼夜平均气温达到10℃左右时即可栽植。窖藏的苗木栽植前最好在清水内浸泡24h左右，然后根据栽植深度及苗木质量进行修剪，地上部剪留长度以栽植后露出2～3个节为宜。栽植后露出地面的枝条需培土覆盖顶芽（高出顶芽2～3cm），以防春季旱风将枝条抽干。

葡萄栽植深度一般多在30～40cm，在气候炎热而干燥，或在严寒地区土壤为沙性时，为了减轻根系冻害，可适当深栽，甚至可采用低畦或深沟栽植。定植嫁接苗时，接口必须高出地面，以防接穗生根。

3. 植株管理

（1）出土。在芽膨大呈萌发时（3月下旬至4月上旬），将埋土过冬的枝蔓扒出土。要求尽量少伤枝蔓，出土后应将主蔓基部的松土掏干净。

（2）上架引缚。出土后枝蔓要及时上架，以防枝蔓干燥不宜拉伸摆匀。上架时要求引蔓均匀，主蔓拉直，相互不交错纠缠，并在关键部位捆扎，不时其自动弹回收拢。对长、中结果母枝呈弓形引缚，即把枝梢绕过铁丝向斜下方引绑，整个枝梢成一弧形，以促进基部芽眼萌发生长，抑制枝条的极性作用。另外，捆扎时要用活套，防止在捆扎时产生缢痕，最后将下面一道铁丝拉紧。

（3）主蔓基部除萌蘖。一般在主蔓生长到果实成熟期，一直都在不断抽生新梢，因而要随时将其基部萌蘖除去。

（4）疏花序及掐花序尖。为提高果实质量，可根据树势及结果枝强弱，疏去过多的花序或用手掐去花序尖端，约占全长的1/5～1/4，一般在开花前进行此项工作。

（5）生长调节剂的应用。在葡萄的开花期喷硼肥（0.1%～0.25%的硼酸）能显著提高座果率。无核白葡萄等在开花量达50%（盛花期）时喷0.02%的赤霉素溶液，或用0.01%赤霉素溶液浸沾花序，可促使无核果肥大，果形变长，还能起保花保果作用。

（6）除卷须与新梢引缚。葡萄的卷须是为新梢攀缘之用，但不加处理，任其在架面上乱缠，将给以后的新梢引缚、采收、冬剪及下架等操作带来不便。故应结合夏剪工作，随时摘去不必要的卷须。另外，当新梢长到40cm左右时，须将其引绑在架面上以利通风透光并避免被风吹折。

4. 土肥水管理

如果秋季未施基肥，可于出土前在冬前埋土时取土坑里施入腐熟的厩肥，最好拌入速效性化肥和油籽饼，出土时顺便将土回填覆盖肥料，并平地打埂。如果秋季施了基肥，便可在出土后于主要的根系分布处附近开沟或挖穴施入化肥，然后灌水。

葡萄萌芽后，在新梢生长期要加强土壤管理，常进行松土、除草等田间管理工作。开花期的管理主要围绕座果率的提高，这是一年中抓产量的关键环节，除根系追施复合肥外，可在叶面喷施硼肥和磷酸二氢钾；幼果生长期为营养竞争激烈期，易造成6月落果，因此，要增加营养积累，缓和生长与结果的矛盾。要求及时追肥灌水，除施氮肥外，主要补充磷、钾肥。可根部追施，也可叶面喷肥，如0.3%的磷酸二氢钾或3%～4%的过磷酸钙浸出液。

葡萄园1年中至少应保证灌溉5次，即萌芽或新梢速长水、花前水、花后水、幼果膨大水、冬灌水。注意采收前1～3周不宜灌水，但采后结合施基肥可灌1次，以促进根系生长和吸收，提高树体养分积累。寒冷地区10月底至11月初落叶后，必需灌1次透水，叫封冻水 。

新疆干旱区在葡萄生长季必须灌溉10多次，耗水量很大，现提倡采用滴灌、喷灌等节水灌溉方式。

5. 下架和捆蔓覆土

寒冷地区在第一次重霜使葡萄叶片枯焦后（约10月下旬）进行修剪，然后下架。下架前先将最下面的一道铁丝抽掉或放松，然后由上而下将缠在架上的卷须和绑缚的绳索剪断，再将枝蔓小心下架，尽量少损伤枝梢。

枝蔓下架后采用直线捆蔓（即把枝蔓压倒顺着行向平放在地，用绳把枝蔓捆成束，不得有散乱的枝条）或盘墩法（同一墩葡萄的枝条，顺着一个方向紧紧地缠在一起，先盘小蔓后盘大蔓，最后在墩顶适当覆土并镇压)。下架枝蔓在埋土前应进行半月的抗寒锻炼,以提高枝蔓的越冬性能。

在11月上中旬即可进行埋土防寒工作。可直接用土覆盖于捆好或盘好的枝蔓上,覆土厚度视寒冷程度而定,在新疆20cm即可,注意不要在主要根系分布区内取土,覆土宽度宜盖住根系集中分布范围,因为根系的耐寒性较枝条弱。另外,用来覆盖的土壤要较潮湿、松散,不能结块堆放于枝蔓上,以防漫长冬季里被风吹干或冻死。

6. 葡萄的架式和整形修剪

葡萄为蔓性果树,在生产中应根据自然条件、品种特性及栽培管理技术,确定适当的株行距、架式及相应的修剪方法。一定的架式要求一定的树形,一定的树形又需要一定的修剪方式,必需相互协调,才能收到良好的效果。

(1)架式。葡萄的架式基本上可分成两种,即棚架和篱架,其他形式都是这两种形式的变形。

• 棚架 在垂直的立柱上架设横梁,梁上牵引铁丝,形成一个倾斜的棚面,葡萄枝蔓分布在棚面上。有大棚架、小棚架和棚篱架3种类型。

行距为5m的园子里设的小棚架,每行棚架设两排支柱,靠近葡萄根系的一排叫前柱,高约1.2m,靠近葡萄梢端的一排叫后柱,高1.8m。每隔5m设一对水泥柱支柱(前、后柱),柱宽10~15cm,厚8~12cm,入土深度50cm。柱顶安放粗约10~15cm的木椽,架面等距离设置4~5道镀锌铁丝,要求最下第一道为8#或10#铁丝,其他各道可以是12#铁丝。注意在行的两端铺设锚石,将边柱和横梁固定,然后用“U”形钉将铁丝固定在横梁上。

• 篱架 架面与地面垂直,形似篱壁,又分单壁篱架和双壁篱架两种,生产上常采用单壁篱架。

单壁篱架的高度一般采用1.8~2.0m,篱架的支柱每隔5m设一根,其规格与棚架相同,埋深50cm。架面拉4~5道铁丝,最下一道铁丝约距地面50cm,往上各道铁丝的距离分别为40cm、40cm、30cm、20cm。搭架时注意两端的边柱承受力最大,必需选用较粗大而且坚固的支柱,埋土应深一些,并在行的内侧设立辅助支柱,倾斜支撑边柱,以防倾倒。

(2)整枝形式。葡萄的整形是将枝蔓整成一定形状,使其均匀分布在架面上,以利于生长与结果。葡萄的整枝形式很多,主要根据架式和气候条件确定。

• 棚架的整枝形式 多主蔓自然扇形。无主干或有较低的主干,主蔓数4~6个,成扇形分布在架面上。主蔓较长,其上直接着生枝组,一般不配置侧枝蔓。优点是架面大,枝蔓多,在结果母枝的剪留长度上有较大的灵活性,便于更新复壮和埋土防寒。缺点是修剪和引缚不当,易使架面紊乱和下部枝蔓脱空秃裸。幼苗定植后,留2~4个节短截(依苗木粗度而定),在抽生的主梢中选2~4个梢做主蔓,到当年冬剪时根据枝梢长势和粗度剪截,强蔓长留(1~1.5m),弱蔓短截到刚好能引缚于最下一道铁丝上即可。第二年再重点培养,冬剪时可剪留1.5~2.0m,以后每年修剪,要保证主蔓延长头的优势,并根据需要配置结果枝组,这样经过3~5年即可形成。

龙干形:由地面发生一个或几个主蔓直至架顶,主蔓上直接配置枝组,且对枝组进行短梢甚至极短梢修剪,使枝组成龙爪状,故得名。优点是枝蔓在架面上分布均匀,结果新梢多,修剪技术简单且容易掌握。缺点是主蔓粗硬,不便于下架埋土,且只采用短梢修剪,局限性大,对结果部位高、须进行长梢修剪的品种不合适。其整形过程与多主蔓扇形整枝相似。篱架的整枝形式主要采用扇形整枝。

多主蔓半扇形整枝:株距为1.5m,架面拉4~5道铁丝,采用4~5个主蔓,除最下面的一个主蔓配一个结果单元外,其他每个主蔓上配置2个结果单元。每个结果单元由1~2个结果母枝组成。每株按5个主蔓计算,一株就有9个结果单元,9~18个结果母枝。

• 整形过程 春季定植后剪留2~6个芽,抽出的新梢向同一方向倾斜引缚于架上。秋季一般剪去新梢的不成熟和纤细部分,过长的也要短截。第二年出土后按枝条的长短和所处的位置,分别倾斜成半扇形引向各道铁丝,将各枝条的尖端牢固地捆在铁丝上。如果枝条的长度超过铁丝,其超出部分绕过铁丝,向下弯曲,引向相邻的下一道铁丝。对引在最下一道铁丝上的蔓,其超过部分,则铁丝成水平方向引缚。抽出新梢以后,各主蔓上靠近最上两道铁丝的新梢上的花序要摘除以便培养成为翌年的结果母枝。秋季将弓形蔓弯向下面的部分剪去,靠近铁丝的成熟梢,即为翌年的结果母枝。第3年春季出土后,除最下一道铁丝上的结果母枝水平引缚外,其余的母枝均弯曲引向下一道铁丝。抽出新梢后选着生于结果母枝基部、靠近铁丝的强壮新梢摘除其花序，培养成翌年的结果母枝。秋季修剪时剪去结果母枝弯向下面并结过果的部分。以后在每个主蔓的上部，靠近上面两道铁丝的附近，各形成一个结果单元，使5个主蔓的半扇形面上共有9个结果单元。至此，整形工作便告完成。对于一次抽生主蔓不足的植株，可在整形过程中，随时选择适当的根部萌蘖进行培养。

（3）冬季修剪。这是指葡萄落叶后至埋土防寒之前的修剪，新疆一般在10月下旬至11月上旬。主要任务是按整形的要求调整好主蔓的留量及更新，并调整好结果母枝的距离和长度。冬季修剪中应注意在短截时剪口落在节间，疏枝时留小短橛，同一侧的两个伤口尽量相隔远一些。

●主蔓的留量和修剪　根据栽植密度、整枝方式和架面的宽窄来确定主蔓的留量。主蔓间距一般为40～60cm，如株距1.5m的密度，每株留主蔓数为3～4条，这样可使主蔓在架面上均匀分布，合理占据空间，通风透光良好，枝蔓生长健壮。主蔓确定后即可按整形要求进行主蔓延长头的剪定和更新复壮，一般在整形任务完成后每隔3～5年即可去除一老蔓，并提前从根部萌蘖中选留一健壮枝条作预备培养。主蔓在10～15年生时结果状况不良，主要是疏导不畅而衰弱。

●母枝的留量　关系到产量、品质及树势的等方面问题。留量大，植株负载量大，枝条密挤，光照不良，果粒小、含糖量低，品质差；留的过少，则会影响产量。合理的留枝量，宜根据品种特性和植株长势、架面积大小来确定。一般在主蔓上每隔25cm左右留一个结果枝组，每枝组内留1～2条结果母枝。例如每株4个主蔓，每条主蔓第一个枝组到最后一个枝组的长度为2.5m，则每主蔓上可配备10个枝组，每株就有40～80条结果母枝。

●结果母枝的剪留长度　通常有长短梢修剪之分，在无核白修剪上还可进行超长梢修剪。短梢修剪留1～4芽（节），中梢修剪留5～7芽，长梢留8～12芽，超长梢13芽以上。在具体应用中须根据品种特性、枝条粗度、成熟情况、整枝形式、肥水条件及管理水平来确定。其中主要考虑品种特性，即根据各品种结果母枝上着生果枝最多的节位来定。如无核白及和田红葡萄为4～12节，便可进行长中梢混合修剪，甚至超长梢修剪；而马奶子葡萄为3～7节，应进行中、短梢修剪 。

●防止结果部位上移和主蔓光秃的措施　留预备枝与结果母枝使形成固定枝组。这是在采用中长梢修剪时，为了控制结果部位外移和保证每年都能获得质量好的结果母枝，而进行双枝更新或三枝更新的修剪方法。即在中长梢结果母枝的留1个具有2～3芽的预备枝，翌年当中长结果母枝完成结果任务后，就可将其疏除；而预备枝上发出的2～3个新梢，靠上位的仍按中长梢修剪留位结果母枝，靠下位的新梢仍留2～3芽作为预备枝剪留，这样每年依此法进行修剪，便可使枝组固定，结果部位不外移。弯曲引缚结果母枝。即春季上架时将中长结果母枝成弓形绑缚在铁丝上，以改变它的极性。加快更新主蔓，使其一直保持壮势和良好的结果状态。

（4）夏季修剪

葡萄在一年中的生长期中，发生多次副梢，且生长旺盛，如不进行夏季修剪加以适当控制，很容易造成架面郁闭，通风透光不好，无效消耗营养，严重地影响产量和品质。因此，合理进行夏季修剪是必需的管理措施。夏剪主要包括以下内容。

●抹芽和疏枝　当春季萌芽后内梢长达到5～10cm时，即可看出新梢上有无花序和花序的质量好坏，此时可根据架面的大小，除预备枝外，将没有花序的营养枝疏去，仅留结果枝，并将多年生枝和根干上发出的隐芽枝及过密过弱的嫩枝抹去。同一芽眼中出现几个嫩梢，也只许留下一个。当新梢长到15～20cm长时，在进行一次疏枝，根据架面大小和树势强弱，最后确定留梢数量，此叫定梢。一般每平方米棚架保留15～20个新梢，单壁篱架上新梢的垂直引缚间隔为10cm左右。

●结果枝摘心　目的是暂时停止结果枝的加长生长，使体内用于营养生长的物质转而流向花序，以提高座果率。摘心的最适时间是开花前的1～2d，摘心程度在花序以上留5～7片叶即可。一般摘心可使加长生长停止1周左右。

●副梢处理　随着新梢的加长生长，新梢枝腋中的夏芽从下而上萌发成为副梢，这些副梢既不能全留下也不能全去除。一般将结果枝花序以下的副梢全抹去，花序以上的1～2片叶摘心，以后发出新的副梢仍按此法进行3～5次。对要留下的营养枝，副梢处理是每次留1～2片叶反复摘心。

●剪梢　7～8月间将新梢顶端过长部分剪去，促使新梢木质化及果实成熟，在树势较旺或通透条件不良时进行尤为有效。

五、主要病害防治

1. 葡萄黑痘病

属真菌危害。叶片从展叶期即发生，病斑圆形不规则，直径1～4mm，边缘紫褐色，中央灰白色，病斑破裂后出现星芒状穿孔。叶脉受害，病斑呈棱形，灰褐色凹陷，以后叶脉干枯，使叶片扭曲、皱缩。凡葡萄的绿色幼嫩部分均会受害，造成枝叶扭曲、皱缩，果实酸硬，影响产量和品质。

新梢受害初期，尖端幼嫩部分出现不规则形褐色小斑点，以后呈灰黑色，边缘深褐色，中央凹陷龟裂，有时深达木质部。发病部位由上向下蔓延，严重时整个新梢变黑枯死，卷须、叶柄、花轴、穗轴、果柄等处症状与新梢相似。

绿果受害初期为圆形深褐色小斑点，逐渐扩大，病斑中央灰白色，稍有凹陷，边缘紫褐色，呈鸟眼状，病果小而酸，色泽绿，发硬，有时产生裂果。潮湿时，病斑上出现乳白色黏质物，此为病菌分生的孢子团。

防治方法：选用抗病品种。不同品种对黑痘病的抗性差异较大，一般欧美杂交种较抗病，而东方品种群较易感病，如目前栽培较多的马奶、无核白、玫瑰香和龙眼等东方品种抗病能力弱，而近年引进的金皇后、巨峰、红富士和黑汗等欧美杂交种抗病性较强。在新建葡萄园中应注意选用抗病品种。加强栽培管理，增强树势。合理搭架与修剪，改善通风透光条件，加强土壤管理，增强树势，提高抗病能力。清除越冬菌源，减少初侵染。冬季剪除病枝、僵果，清除残叶，剥除老皮，并集中烧毁。夏季修剪时要同时去处病梢、病果、病叶，减少侵染源。药剂防治。春季葡萄出土后，在萌芽前喷一次5波美度的石硫合剂，或40%福美砷可湿性粉剂100倍液，杀死越冬病菌。展叶期、开花前和开花后是防治黑痘病的关键时期，应注意喷药。可用半量式200～250倍波尔多液喷布，也可用40%多菌灵、75%百菌清、65%代森锌等杀菌剂500～1 000倍。

2. 葡萄白腐病

主要危害果实和穗轴，在果梗上先发病，初生水渍状浅褐色不规则病斑，逐渐向果粒蔓延，使之变褐腐软，果柄干枯缢缩，病果表面散生灰白色粒点（分生孢子器），果粒腐烂脱落或干枯成僵果。该病是葡萄成熟期病害，受害果大量腐烂，造成严重减产，也危害叶片和新梢，严重时枝条枯死，影响来年产量。多发生于当年生枝条的伤口处，初为淡红褐色水渍状病斑，向两端扩展迅速，后形成褐色长条状，表面密生灰色小粒点，严重时，病部环切缢细，上部枝叶枯死，后期病皮呈丝状纵裂，与木质剥离。叶片上病斑黄褐色水渍状，扩展后有不明显的同心轮纹，中部生有灰白色小粒点，病斑最后变红褐色，干枯易破裂。葡萄白腐病属真菌危害，该病菌是弱寄生菌，主要从伤口侵入，一般从6月中旬开始发病，7月中旬到果实成熟为发病高峰期。地面的果穗，由于通风透光不好，且湿度大而受害较重。

防治方法：清理果园。冬剪和夏剪时，剪除病枝、病果、病叶，结合冬翻和埋土，施药进行土壤消毒，可喷洒80%的五氯酚钠50～100倍液，杀死越冬病菌。加强栽培管理。增施有机肥，注意架面通风透光，适当提高架下第一层结果部位，以减少感病机会。田间喷药保护。发现病果时，于6月下旬喷第一次药，以后每隔15d左右喷1次，特别是在成熟采收前半个月，要认真喷药防治，力求喷布均匀周到，经常更换药剂种类。波尔多液对葡萄白腐病无效，不宜使用。多数杀菌剂对葡萄白腐病都有较好效果。其中退菌特对某些葡萄品种有药害，8月份以后最好不用。

3. 葡萄霜霉病

为世界性葡萄病害。病菌侵染枝蔓、果穗、叶片等绿色组织。主要以卵孢子在病叶和落叶组织过冬。一般7～8月开始发病。栽植密度大、通风不良、施氮肥过多的果园病害发生重。

防治方法：清除病源。结合冬季修剪彻底清除病枝和残枝落叶，深埋或烧毁。科学施肥。防止氮肥偏多，增施有机肥。加强夏季管理。使新梢合理布局，避免枝叶过密，保持合理的负载量。化学防治。波尔多液、65%代森锌500倍液、40%乙磷铝可湿性粉剂300倍、瑞毒霉（甲霜灵）可湿性粉剂600～800倍、72%杜邦露可湿性粉剂600～700倍等交替使用。

4. 葡萄根癌病

主要危害主蔓、根颈、主根和侧根。癌瘤发展速度很快，多在初夏开始发生。还危害苹果、梨、桃、杏等多种果树。

防治方法：苗木消毒。用1%硫酸铜溶液浸泡5min，或2%石灰水浸泡1～2min。栽培技术防治，增施肥料增强树势提高抗病力。刮除病瘤，发现病树弱树，刮除病瘤，用波尔多液、3 波美度石硫合剂、2% 的 402 消毒剂涂抹伤口，重病树尽早挖除。

5. 葡萄毛毡病

为壁虱寄生在葡萄嫩叶的背面。在叶背面有数个直径 2～3cm、深 1mm 凹陷的浅窝，内有密生的白色茸毛，叶表面出现凸起。随着叶片的长大，茸毛变成褐色或深褐色，好像一层毛毡。

防治方法：彻底清除枯枝病叶，春季出土上架前喷布 5 波美度石硫合剂，发病期及时摘除受害叶片。

六、采收与加工利用

1. 采收

葡萄除鲜食外，还可用于制干、酿酒、制汁和加工葡萄罐头等。葡萄成熟的标志是：有色品种已充分表现其固有色泽，白色品种则全黄或白绿色；果粒成透明状，果肉变软并富有弹性，达到了该品种固有的含糖量和风味。鲜食品种要求择熟采收，酿酒用葡萄则要根据不同酒类所要求的含量进行采收，制干葡萄要求完熟或含糖量达到 23% 以上时采收为佳。葡萄的采收要借助剪刀将果穗剪下，不能用手硬拉拽。

2. 加工利用

（1）葡萄干的加工

葡萄干在我国已有悠久的历史，是畅销国内外的著名特产。它的优点是重量大为减轻，体积显著缩小，便于运输，可较长期保存，食用方便，营养丰富，很受勘探、航海及旅游者的欢迎。

现以无核白葡萄干加工为例，简介其加工方法：

无核白葡萄干由质软、含糖量高、无籽的白葡萄加工而成。新疆生产葡萄干的历史悠久，其中吐鲁番所生产的葡萄干，除销往国内各省市及港澳地区外，还出口日本、东南亚等国。

工艺流程：原料→选择→干制→包装

操作要点：原料选择干制的葡萄鲜果，宜选择固形物含量高，风味色泽好，酶褐变不严重，成熟度适宜，果粒皮薄，肉质软，含糖量在 20% 以上。方法 1：在阳光下直接暴晒，制成褐色葡萄干。方法 2：在荫房中晾制。新疆只在吐鲁番盆地和田地区可如此制作。这里气候干燥，秋季气温高，常刮干热风。荫房设在房顶或缓坡上，高 3m，宽 4m，长6～8m，用土坯砌成，四壁布满小通风孔道，室内有排排木架，把成熟的葡萄一串串挂在上面，在干热风的吹拂下，30～45d 即成为色泽碧绿，状如珍珠，肉软清甜，营养丰富的葡萄干。著名的新疆无核绿葡萄干即以此法制成，其含糖量高达 69.71%，含酸 1.4%～2.1%。方法 3：是近年来采用的快速制干法，先将葡萄经脱水剂处理，再置于荫房内晾干或以烘干机烘干，大大缩短制干时间。

（2）葡萄汁的加工

生产工艺：葡萄→挑选→清洗→破碎→除梗→加热→压榨→杀菌→冷却→酶处理→过滤→调配→过滤→灌装→杀菌→冷却→成品

操作要点：原料的选择：目前我国生产中栽培的制汁品种有康可、康贝尔、康太、紫玫康、玫瑰香、玫瑰露、黑贝蒂、尼加拉、白香蕉、吉香等。这些品种大部分是鲜食和制汁兼用优良品种，应积极开发利用。在葡萄加工前应选择完全成熟，色泽鲜艳，无腐烂及无农药残留的新鲜果实作原料。冲洗与除梗：选好的葡萄原料，要用清水冲洗干净，晾干后除去果梗。破碎与压榨：用粉碎机将果粒挤压破碎，目的是使果汁流出。将果浆装入不锈钢容器内加热，温度在 60～70℃，经过 10～15min 使果皮色素浸出而溶于果汁中。制白葡萄汁不经过加热处理，把果浆直接装入过滤白布（或 2 层白纱布）袋中压榨，使果汁全部流出。过滤与澄清：榨出的汁液用白布过滤，除去果汁中的果皮、种子和果肉块等，然后将汁液装入经消毒杀菌的玻璃或瓷缸中，再按汁液重量加入 0.08% 的苯甲酸钠，搅拌均匀。经 3～5 个月的自然沉淀，果汁澄清透明后，吸出澄清液即完成原汁加工阶段。调整糖酸比例：根据大多数人的口味，一般将葡萄汁的糖酸比调整为13～15∶1为宜。装瓶与杀菌：将果汁瓶刷洗干净后进行蒸汽或煮沸杀菌，然后将调整好的新果汁灌入瓶内，经压盖机加盖封口，并置于 80～85℃ 热水中，保持 30min，取出将瓶擦干，即可粘贴商标，装箱出售，或就地贮存。葡萄汁存放在 4～5℃ 阴凉环境中，可长期保存。产品标准：应具有浓郁的本品种香味，汁液清亮透明，允许有微量沉淀，无异味、无杂质，可溶性固形物 >12%，总酸 >0.30%，pH 值 <4.5，细菌总数每毫升 <100 个，大肠菌群每 100mL <6 个，致病菌不得检出。

（3）葡萄酒的加工。葡萄酒具有降血压、舒筋活血等健身功能，目前人们对葡萄酒的消费日益增长。

工艺流程：原料选择→分选→去梗→破碎→消

毒→前发酵→压榨→调整酒度→后发酵→贮藏→沉清过滤→装瓶、杀菌。

操作要点：原料与分选。原料应选择新鲜、香味浓、充分成熟的果实，除去腐烂果和青粒果。去梗、消毒、漂洗、破碎：用除梗机或手工去果梗，然后用0.33%高锰酸钾溶液浸20min，用流动清水漂洗至水中无红色为止，再用破碎机破碎，但种子不能压榨，在破碎过程中果实不应与铜、铁容器接触。前发酵：酿造白葡萄酒，应选绿色的品种，破碎果实的汁与渣分别置于干净的容器内（水缸、坛子或玻璃瓶等）发酵。葡萄汁发酵后为一级酒，皮渣发酵后为普通酒。酿造红葡萄酒，破碎果实汁与皮渣混合置于干净的容器内进行发酵。发酵容器事先要进行熏硫消毒，将上述原料倒入，装量约为容器的4/5，容器表面用湿布盖严。早晚各搅动1次，将浮在面上的皮渣压入汁内，天气炎热时，每天应多搅动几次。前发酵一般需5min左右即可完成。压榨与硫处理：充分发酵后的皮渣应及时分离。分离方法是：使用竹筛粗滤，用手工或小型螺旋压榨机进行压榨，将榨取的汁装入经消毒的上釉的小口坛子内，装入量为坛子容量的95%；然后添加二氧化硫，用量每100L葡萄汁或100kg葡萄皮渣加入6%的亚硫酸100～150mL，均匀搅拌。调整酒度：一般每100mL葡萄汁含糖量约14～20g，因此只能生成约8°～11.7°的酒，而成品的酒精浓度为13°～18°，根据生成1°酒精需要107g砂糖，计算出所需加糖量，并加入原酒中。

后发酵：前发酵后的原酒加入砂糖后，在15～18℃下缓慢地进行后发酵1个月，使残糖进一步发酵为酒精。贮藏：用虹吸管把酒吸入木桶内，在8～12℃环境中贮存，使之成熟。其间须换桶多次，以除去酒中沉淀。换桶前切忌移动或振动酒桶。应采用虹吸方法，不能使酒液接触空气，以免过度氧化。贮存时间约需1年。澄清过滤。用黑曲霉提取的酵制剂进行澄清（也可用鸡蛋清、果胶酶等），经过滤除去酒中细渣，取得澄清的酒液。装瓶、杀菌：把酒装入经消毒的玻璃瓶中，在70～72℃的水中杀菌。

（李　疆）

25. 猕猴桃

猕猴桃为猕猴桃科（Actinidiaceae）猕猴桃属（*Actinidia* Lindi）落叶藤本果树。其果实营养丰富，风味独特，可鲜食，具有医疗保健作用，还可加工成果汁、果酱、果脯、果片、果糖、果晶、果酒、罐头、汽水等，是轻工食品的重要原料。被誉为“水果之王”、“果中珍品”，深受人们喜爱。

我国是猕猴桃的原产地，发现利用猕猴桃最早，二三千年前就有文字记载，1200多年前已在庭院中栽培，唐朝诗人岑参有“中庭井阑上，一架猕猴桃”的诗句。宋《开宝本草》中记载“猕猴桃又名猕猴梨、藤梨”。明《本草纲目》称猕猴桃“其形如梨，其色如桃，而猕猴喜食，故有诸名。闽人呼为阳桃”。

猕猴桃在我国大部分地区俗称杨桃，也有叫阳桃、仙桃（河南），山毛桃、蒜辫子（陕西），狐狸桃、鬼桃（江西），布筒子（湖南），毛梨（四川），羊桃（湖北），猴子梨（福建），金梨、野梨（浙江），冬兵、冬耐（广西），羊油果、牛美果（云南），马屎果、山羊桃（贵州）等，我国北方的软枣猕猴桃，俗称软枣子、圆枣子和藤枣。在美国因其原产中国，维生素C的含量可与醋栗相比，故名“中国醋栗”。在新西兰，因其果形类似新西兰国鸟“基维”，故称为基维果，英名“中国鹅莓（Chinese Gooseberry）”。日本称猕猴梨、中国猴梨。

新西兰1904年从我国引种，1910年开花结果，1937年开展商业性栽培，70年代开始引起世人瞩目，被视为世界上的“新兴果树”。澳大利亚、智利、意大利、法国、荷兰、日本等十几个国家相继引种栽培。目前中国、意大利、新西兰、智利等国栽培面积较大。

我国研究开发猕猴桃较晚。1975年在中国科学院植物研究所倡导下，河南省西峡县林业科学研究所开展了伏牛山区猕猴桃资源调查，初选出一批优良单株。1978年成立全国猕猴桃科研协作组，进行全国性资源调查、品种选育、栽培技术、加工、贮藏保鲜、医疗等方面研究，筛选出50多个优良品种、200多个优良株系，目前有10多个优良品种成为当地的主栽品种，推动了猕猴桃事业的发展。

我国猕猴桃人工栽培经二十多年发展，已初步形成基地化。到2001年底全国栽培面积58 227hm^2，居世界第一，总产量34万t，居世界第四位。目前已形成产业规模的县市有：河南西峡、陕西周至、四川苍溪、江西奉新、湖北赤壁、湖南吉首、浙江江山、安徽岳西、广东和平、贵州修文、福建建宁等。其中西峡县建成标准化猕猴桃商品基地5 333hm^2，被国家林业局命名为“中国名特优经济林——猕猴桃之乡”。

一、主要物种

全世界猕猴桃属植物63种，中国有59种、43个变种、7个变型。

猕猴桃种群中开发利用价值高且人工栽培普遍的是中华猕猴桃、美味猕猴桃和软枣猕猴桃。

1. 中华猕猴桃（*A. chinensis* Planch.）

俗称光阳桃、软毛猕猴桃，主要特征是果实和枝蔓被有柔软短茸毛，后期毛常脱落呈光滑，或残留稀疏短柔毛，果形偏圆，多椭圆形、圆柱形、倒卵形或近球形，果肉多为黄色、浅黄、浅绿，稀有红色，生食、加工品质优良。

2. 美味猕猴桃（*A. deliciosa*）

俗称毛阳桃、硬毛猕猴桃，果实及枝叶被有刺毛状长硬毛。果实偏长，多长椭圆形、长圆柱形、长卵圆形。适应性强，栽培面积最多。

3. 软枣猕猴桃［*A. arguta*（Sieb. et Zucc.）Planch.］

俗称软枣子，果实小，卵球形至长圆柱形，果皮绿色、绿黄色或紫红色，无毛，无斑点，先端喙状。单果重8g左右，大的20g以上。主要分布在辽宁、吉林、河北、天津等地。

二、主要栽培品种

1. 美味猕猴桃雌性品种

（1）海沃德（Haywaid）。由新西兰人海沃德·赖特（Hayward Wright）选育。果实多宽椭圆形，平均果重90g左右，最大果重120g以上。果皮绿褐色或淡绿色，密生褐色硬毛，果肉绿色、翠绿色，肉质细嫩，甜酸可口，香气浓郁，可溶性固形物15%左右，每千克果肉维生素C 500 ~ 1 000mg。果实后熟期长，耐贮藏运输，货架期长，鲜食品质极佳。该品种在国际上栽培面积最大。

（2）徐香（Xu Xiang），原代号徐州 75～4，由江苏省徐州市果园从北京植物园引入实生苗中选出，1990 年 11 月通过省级鉴定。果实圆柱形，单果重 75～110g，最大果重 137g。质细多汁，酸甜适口，风味浓香，含可溶性固形物 15.3%～19.8%，总糖 12.1%，总酸 1.42%，每千克果肉含维生素 C 994～1 230mg。

（3）金魁（Jin Kui）。原代号金水Ⅱ-16-11，系湖北省农业科学院果树茶叶研究所选育。1988 年和 1992 年先后荣获农业部全国猕猴桃品种株系鉴评希望奖和优良品种。1993 年通过湖北省品种审定，命名为鄂猕猴桃 1 号。果实阔椭圆形，果皮较粗糙，褐黄色，被硬糙毛，毛易脱落，果肉翠绿色。平均单果重 100g，最大果重 175g，可溶性固形物 18%～22%，总酸 1.6%～1.8%，每千克果肉维生素 C 含量 1 000～2 420mg。果实风味浓郁清香，品质极佳。该品种树势强健，抗旱、耐涝、抗冻。突出优点是果实风味甜香，深受消费者青睐；但缺点是部分果实表面有棱脊，欠美观。

（4）华美 2 号（Hua Mei-2）。原代号 86～5～1，由河南省西峡猕猴桃研究所选育。1995 年获“第二届中国农业博览会金奖”，1999 年获“昆明世界园艺博览会金奖”，2000 年通过河南省林木良种审定委员会审定，命名为豫猕猴桃 2 号，2002 年通过国家林业局良种审定，是首批通过国家级审定的林木良种之一。果实长圆锥形，黄褐色，密被黄棕色柔毛，果肉黄绿色。平均单果重 112g，最大果重 205g，果心小，汁液多，酸甜适口，富有芳香，含可溶性固形物 14.6%，总糖 8.88%，总酸 1.76%，每千克果肉维生素 C 含量 1 520mg，耐藏性好。成熟早，9 月上中旬成熟，系美味猕猴桃中最早熟的品种。

（5）秦美（Qin Mei）。原周至 111，由陕西省果树园选育。果实椭圆形，平均单果重 106.5g，最大 160g。果皮褐绿色，质细多汁，酸甜可口，味浓有香气。含总糖 11.18%，有机酸 1.69%，每千克果肉维生素 C 1 900～3 546mg，可溶性固形物10.2%～17.0%。该品种果实大，产量高，始果早，耐贮藏，适应范围广，是陕西省的主栽品种。

（6）米良 1 号（Mi Liang－1）。湖南吉首大学选育。果实长圆柱形，平均单果重 86.1～95.8g，最大果重 162g，果皮棕褐色，果肉黄绿色，含可溶性固形物 16%～18%，总糖 11.2%，总酸 1.16%，每千克果肉维生素 C 含量 1 880～2 070mg，汁较多，酸甜适度，具芳香味，品质上等。该品种为湖南省重点发展的优良品种。

（7）华美 1 号（Hua Mei-1）。原代号 79－5－1，由河南省西峡猕猴桃研究所选育。1984 年通过省级鉴定，1987 年获国家科技进步三等奖，1999 年获“昆明世界园艺博览会金奖”。2000 年通过河南省林木良种审定委员会审定，命名为豫猕猴桃 1 号，2001 年全国猕猴桃品种鉴定暨无公害栽培会上被评为鲜食、制片优良品种。果实长圆柱形，果面密生刺状长硬毛，果肉翠绿色，平均单果重 60g 以上，最大果重 110g，含可溶性固形物 12.8%，总糖 7.43%，总酸 1.52%，每千克果肉维生素 C 含量 1 500mg，酸甜适口，富有芳香，耐藏性强。

2. 中华猕猴桃雌性品种

（1）魁蜜（Kui Mi）。原代号 FY－79－1，由江西省农业科学院园艺研究所选育，1985 年鉴定命名。果实扁圆形，平均单果重 92.2～106.2g，最大果重 183.3g。果肉黄或绿黄色，质细多汁，酸甜清香，含可溶性固形物 12.4%～16.7%，总糖 6.09%～12.08%，柠檬酸 0.77%～1.49%，每千克果肉维生素 C 937～1 476mg，品质优。魁蜜果实大，风味甜，结果早，丰产稳产，是以鲜食为主的优良中熟品种。在江西奉新、浙江江山等地发展为主栽品种。

（2）红阳（Hong Yang）。原代号苍猕 1－3，由四川省自然资源研究所和苍溪县农业局从龙岗自然实生后代中选育，1997 年鉴定。果实短圆柱形，平均单果重 68.8g，最大果重 87.0g。果尖凹陷，果皮绿褐色，果肉黄色或浅绿色，位于果心外呈红色、紫红色，鲜艳美观；果汁多，香甜味浓，口感佳，含可溶性固形物 16.0%，总糖 8.97%，每千克果肉维生素 C 2 500mg，品质上等，鲜食、加工均佳，特别适宜制作工艺菜肴。

（3）华光 2 号（Hua Guang-2）。原代号 76-2-A，由河南省西峡县猕猴桃研究所选育。1984 年 12 月通过省级鉴定，1987 年国家科技进步三等奖，2000 年通过河南省林木良种审定委员会审定，命名为豫猕猴桃 3 号。果实椭圆形，果面光滑，无毛或少有茸毛，整齐匀称，平均果重 60g 以上，最大果重 114.5g，果肉浅黄至金黄色，质细汁多，味纯正，口感好，富有浓香，品质上等。可溶性固形物含量13%，总糖6.51%，总酸1.24%，维生素C含量116.77 mg/100g。加工、鲜食俱佳，是国内首批选出的优良栽培品种。

（4）金丰（Jin Feng）。原代号FT-79-3，由江西省农业科学院园艺研究所选育，1985年鉴定命名。果实椭圆形，平均单果重81.8～107.3g，最大果重163g，果形端正，整齐一致。果肉黄色，质细汁多，甜酸适口，微有清香，含可溶性固形物10.5%～15.0%，总糖4.92%～10.64%，柠檬酸1.06%～1.65%，每千克果肉维生素C 506～895mg，耐贮藏。加工适性好，是鲜食和加工兼用的优良高产品种。

（5）武植3号（Wu Zhi-3）。原代号武植81-36，由中国科学院武汉植物研究所选育，1985年10月鉴定命名。果实椭圆形，暗绿色，果皮茸毛稀少，平均果重80～90g，最大果重150g。果肉浅绿色，质细多汁，酸甜浓香，含可溶性固形物15%，每千克果肉维生素C 2 500～3 000mg，总糖6.4%，总酸0.9%。

3. 雄性品种（株系）

（1）马图阿（Matua）。系美味猕猴桃雄性品种，1950年由新西兰哈洛德·麦特（Harold Mouat）和图马里同时选育。始花早，定植第二年即可开花，每开花母枝有花150朵左右，花粉量大，花粉发芽率64%，花期长约20d左右，与大多数雌性品种花期相遇，可作早中花期品种的授粉树。

（2）陶木里（Tomuri）。又译为汤姆利、唐木里、图马里，系美味猕猴桃雄性品种，1950年由新西兰哈洛德·麦特（Harold Mouat）和费莱契（W. A. Fletcher）从提普克果园选育。花期晚，花量大，每开花母枝有40多朵花，花梗极短，每花序3～5朵，一般5月中下旬开花，花期集中，5～6天，花粉发芽率62%，树势强健，主要用作海沃德、秦美等晚花性品种的授粉树。

（3）磨山4号（Mo Shan-4）。系中华猕猴桃雄性品种，由中国科学院武汉植物研究所选育。花量多，花期长15～20d，比一般的雄株花期长1周左右，可与大多数中华猕猴桃雌性品种的花期相遇，是较理想的授粉树。

三、生物学特性

1. 植物学特征

（1）根。肉质根，主根不发达，须根多。根系水平分布浅而广，一般在距地表50cm的土层内。

（2）芽。通常一个叶腋处有1～3个芽，凡开花或结果部位的叶腋不生芽。

（3）枝。蔓性，有髓心。结果枝多着生在发育枝和徒长枝的上、中部。

（4）叶。大而薄，纸质，形状多为卵形、广椭圆形，互生。

（5）花。猕猴桃为雌雄异株，单性花。初开时多白色，后渐变为淡黄色至橙黄色。雌花雄蕊退化，雄花雌蕊退化。

（6）果实。浆果，多为卵圆形、圆柱形、长圆形等，果皮棕褐色、黄绿色，果面无毛或被柔软的短茸毛或被刺毛状的长硬毛，果肉黄色、黄白色、淡绿色、翠绿色或粉红色，中轴胎座，多心皮，横断面呈放射状。

（7）种子。形似芝麻，红褐色，棕褐色或黑褐色，表面隐有蛇纹，每果含种子100～120粒，千粒重1.3g左右。

2. 生态习性

我国长江流域是猕猴桃的起源中心，在年均气温10℃以上的地区，中华猕猴桃和美味猕猴桃都能生长，以年平均气温15～18.5℃的地区最为适宜。其自然分布北界是秦岭和伏牛山，往东延伸至大别山、天目山，南达南岭地区及云南、贵州、四川山区，气候温暖，夏无酷热，冬无严寒，以河南伏牛山、陕西秦岭、湖南湘西、湖北神农架、江西井冈山等山区最多。无论是种群数量、分布范围还是总蕴藏量，我国均居世界首位，故有“猕猴桃故乡”之称。全国年蕴藏量约1.5亿kg。河南省西峡县年产250万kg，居全国县级首位。

猕猴桃喜湿润，不耐干旱，也不耐积水，在阴湿多雾雨、年降水量800mm以上、相对湿度70%以上的地区，生长发育较好。

猕猴桃适宜土层深厚、疏松、肥沃、排水和保水性好的腐殖质土和冲积土，在森林土、黑土、砂壤土上生长正常。在有效土层50cm以上、偏酸性至中性（pH值6.5～7）土壤上生长较好，偏碱性土壤上生长不良。

猕猴桃耐荫、喜光、怕暴晒，宜栽植在有光照、较阴凉的地方。在无霜或少霜地区生长结果正常。在低温有霜害的地区，应采取防寒措施。

3. 生长发育

猕猴桃1年生苗生长较慢，主枝一般不分枝，2

年生苗生长迅速并开始分枝，3年以后年生长量增大，一般1~2m，大的可达8m。猕猴桃的主芽易萌发为新梢，副芽不易萌发而变为潜伏芽，一旦萌发，多抽生为徒长枝。枝条基部的芽凹陷，多为盲节，不抽生枝条，中上部的芽饱满充实。结果枝由一年生枝中、下部饱满芽萌发而成。当年生枝条顶端生长扭曲，自然枯萎，称为“自枯现象”。主蔓具左旋缠绕性；枝条有明显背地性，极性很强。

猕猴桃实生苗一般3~4年开始结果，5~7年进入盛果期。嫁接苗第二年开始结果，4~5年进入盛果期。一般株产25kg左右，每公顷产22.5~30t。结果母枝从基部3~7节开始抽生结果枝，结果枝于茎部2~3节开始开花结果，一个结果枝一般着生3~5个果实。由开花终期到果实发育成熟一般需130d左右。中华猕猴桃成熟期在9月中下旬，美味猕猴桃成熟期在10月中旬至11月上旬。

猕猴桃寿命相对较长，正常栽培情况下20~25年仍能开花结果。肥水条件好、管理水平高的条件下，百年老树亦可开花结果。

4. 物候期

在西峡田关地区，中华猕猴桃3月上中旬萌芽，展叶期3月下旬至4月上旬，开花期5月上旬，果实成熟期9月下旬，落叶期11月中下旬。美味猕猴桃的物候期一般比中华猕猴桃晚，萌芽、展叶期晚4~5d，开花期晚7~10d，果熟期晚20~35d。

四、品种选育

猕猴桃是雌雄异株植物。在长期野生、自然杂交条件下，经过自然选择，形成了复杂多样的变异类型，在不同地域、不同栽培管理条件下，也会出现一些变异，这为品种选育提供了丰富的物质基础。积极利用现存变异，选择合乎人类需要的经济性状的变异，从野生群体中选择优良单株，采用嫁接、扦插方法加以繁殖，从而选出优良株系，进而扩大栽培面积和区域化试验，再经比较鉴定选育出优良品种，这是我国猕猴桃由野生变家生，实现人工栽培品种化、良种化，尽早发挥效益的一项“多、快、好、省”的技术措施。

1. 品种选育的基本标准

口感好，营养成分高。果实外形美观，大小均匀。早实、丰产、稳产。耐贮运性强，货架期长，商品率高。适应性、抗逆性强。

2. 分类标准

（1）鲜食用。口感好，酸甜适口，有香甜味；果实大，平均单果重80g以上，最大果重120g以上；果形端正美观，大小均匀整齐，果面光滑无毛或少毛；肉质细嫩，色鲜艳，果心小，多汁，可溶性固形物15%以上，维生素C含量100mg/100g以上。果实耐贮藏、运输，货架期长。丰产、稳产、抗逆性强。

（2）制果汁、果酱用。果肉黄色或金黄色，果面无毛或少毛，果皮薄、肉细汁多，果心软而小，种子少，可溶性固形物和维生素C、糖、酸含量高，丰产稳产，抗逆性强。

（3）制糖水罐头用。果肉绿色、翠绿色或黄色，果面无毛或少毛，可溶性固形物和维生素C、糖、酸含量高，丰产稳产。若制整果罐头，要求果实大小均匀，平均单果重30g左右，圆形或椭圆形；若制片用，要求果实长圆柱形或长椭圆形。

（4）制果酒用。果形、果实大小及果肉颜色不限，特别要求风味香浓，维生素C、总糖、总酸含量高，少毛或无毛，丰产稳产。

（5）特殊类型。雌雄同株，短枝、叶厚、极丰产，抗逆性强（抗寒、抗旱、抗涝、抗病、抗虫、抗风），花色、肉色奇特鲜艳，无籽或少籽类型等，可作为创造新品种的原始材料。

3. 雄株选育标准

生长势强，枝条紧凑，花期与雌株花期一致，开花期长，花量大，花粉多，寿命长，花粉发芽率高，与雌株亲和性好，抗逆性强。

五、栽培技术

1. 苗木繁殖

猕猴桃是雌雄异株植物。种子繁殖的后代变异大，不仅大部分为雄株，而且雌株结果也较晚，结果性状极不一致。在野生状态下，通过鸟兽动物传播种子或根蘖繁殖。人工栽培主要通过播种实生苗嫁接繁殖以及扦插、组织培养等无性繁殖技术。其中嫁接繁殖在生产上应用最广。

（1）种子繁殖。种子要采自生长健壮、无病虫害、品质优良的成年母树，应在果实充分成熟时采收，待后熟变软后将种子与果肉一起挤出，装入纱布袋揉搓，压尽果汁，放在水盆中淘洗，慢慢漂出杂质和空粒。种子洗净后放在室内摊薄晾干，切忌在阳光下暴晒。播种前2个月采用湿沙层积处理种子，育苗要选择排灌方便、疏松肥沃的中性至微酸性土，深翻细耙，施足底肥，在早春土壤解冻后适时播种，采用条播或撒播，做好喷水、遮荫、揭盖草、追肥、间苗、摘心、除草和病虫防治，只要管理得当，当年即可达到嫁接要求。

(2) 嫁接繁殖。接穗要选择丰产、稳产、性状优良的品种（株系），从生长健壮、无病虫害的中龄树上采集。选择母树中上部生长良好、充分成熟、腋芽饱满的1年生枝或当年生发育枝，有利于丰产、稳产。常用的方法有单芽片腹接、单芽枝腹接、单芽枝切接和舌接法等，这几种方法结合起来，可以大大延长嫁接时间，由早春一直嫁接到秋季。因为猕猴桃有伤流现象，影响嫁接成活率，所以春季嫁接要在伤流期前，即萌芽前20~30d，夏季嫁接应在接穗基本木质化后进行，以6~7月嫁接较好，秋季嫁接以8~9月中旬为好，嫁接过迟接芽虽能愈合成活，但越冬时易冻死。对建园时先栽实生苗而后嫁接的，最好采用劈接法，生长快，结果早。嫁接后要加强肥水管理，及时剪砧、除萌、立柱缚引、解绑。

2. 丰产栽培措施

(1) 选地。依据猕猴桃野生自然分布区的环境条件，结合猕猴桃生物学特性，选择最佳适生区栽培，是猕猴桃速生丰产优质的基础。山地、平原均可栽培，平地集约栽培更好。在非适生区实行保护性栽培既不经济，也有风险。

猕猴桃园地选择必须坚持两个原则：一是切实防止环境污染，包括大气、水质、土壤污染，防止工业“三废”的污染，防止城市生活污水、废弃物、污染垃圾和粉尘的污染，防止农药、化肥和生长调节剂等方面的污染。经过检测，大气、水质、土壤符合环境标准，属于良好的无污染的自然生态环境。二是适合猕猴桃生长发育的要求。

猕猴桃具有明显的四喜（喜温暖、喜湿润、喜肥沃、喜光照）四怕（怕干旱、怕水涝、怕强风、怕霜冻）的特性，需要较好的气候、土壤条件。适宜在土壤深厚、湿润、透水透气性好，呈微酸性或中性，天旱能浇水、雨涝能排水的地方栽培，不耐干旱，也不耐水涝，在严寒的北方不可露地栽培。

(2) 选优良品种。从我国目前猕猴桃商品生产实际出发，应着重选用口感味好、果形美观、果重100g左右、较耐贮藏、丰产性强的雌性品种，选用与雌性品种花期一致，花期长，花量大，花粉多的雄株品种。当前各地都重视发展鲜食品种，忽视食用加工品种。大面积栽培，多数选用当地的优良品种和株系，需要引进的，最好选用经过区域试验而确定的优良品种和株系。

(3) 培育、栽植壮苗。为提高成活率，应选择根系完整、嫁接愈合牢固、结合处粗度0.8cm以上的壮苗，保证有3个以上饱满芽，栽植时做好苗木保护，无风干、冻害现象，并且无检疫病虫害。

(4) 规范化种植。园地选定后进行一次性全面细致平整，按定植点挖大穴或沿定植行抽槽，穴大小1m见方，槽宽1m以上，深60cm以上。栽植密度以果园的地势、土质、肥水条件和架式的不同而异。株行距为3m×3m，3m×4m，4m×4m，4m×5m。肥水条件较好的稀一些，反之要密一些。

• 施足底肥，及时回填，浇足透墒水　一般按每穴施入土杂肥100kg、腐熟人粪尿25kg和1kg过磷酸钙或磷钾复合肥，土肥混合均匀后用好土回填踩实，浇透水，让土肥水下渗压实，以利栽植。浇水、施肥无公害化，多施有机肥，少施化肥，间种绿肥代替化肥。

• 搭配好雌雄株　猕猴桃在秋季落叶后至春季萌芽前栽植。因其雌雄异株，栽植时应做好雌雄株的搭配，保证雌株能得到足够雄花粉，以利达到优质高产。目前普遍使用雌雄株比为8∶1，其配植方法：按行序在2、5、8行上栽雄株，在此行上按2、5、8定植点上栽雄株，其他行、定植点上都栽植雌株。此法简明易操作，雌雄株分布均匀，有利于授粉结果。新西兰、日本已提高到6∶1或5∶1。若在庭院栽植几棵雌株，可在雌树上接几枝雄枝条，亦能达到授粉作用。

• 立支架　猕猴桃是攀缘藤本植物，栽植前后必须尽早立支架，拉铁丝，以利正常生长和整形修剪。目前国内外普遍采用T型棚架、篱架和平顶大棚架。多数地区认为平顶大棚架好，通风透光，结果面大，果实优质高产。我国一些山区，利用树干、竹竿和活立木，搭设临时性棚架，虽节约资金，但不规范化，不利于长期优质高产。

• 设置防风林　在有台风、潮风、干热风地区建园，必须设置防风林，选用高大、枝密、速生、根深、常绿树种，在迎风面栽植，使主林带在果园最挡风的位置。防风林尽可能与道路、排灌系统同步规划、设置。

(5) 精细管理。猕猴桃同葡萄等果树一样需要进行经常性的土肥水和树体管理。主要有5点：

• 整形与修剪　猕猴桃生长结果习性与葡萄极为相似，其整形修剪几乎同葡萄一样。整形因架式不同而异。T 型棚架，单主干上架后采用“Y”形向架两边延伸形成两条主蔓，与主蔓垂直方向每隔 30 ~ 50cm 留一侧蔓（结果母枝），侧蔓向架横梁方向，两边错开排列，在结果母枝上留结果枝（每结果母枝上留 4 ~ 7 个结果枝），结果母枝与结果枝超过横梁最外端，任其下垂生长。

修剪，主要是冬季修剪，采用短截与疏枝相结合，长、中、短枝相结合修剪。成龄园每平方米留结果母枝 3 ~ 4 个。疏除各个部位的细弱枝、枯死枝、下垂枝、过密枝、重叠枝、病虫枝，以及无利用价值的根际萌蘖枝和生长不充实、无培养前途的发育枝。对已结果 3 年左右的结果母枝要更新。若母枝基部有生长充实健壮结果枝或发育枝和饱满的腋芽，可回缩到健壮部位，这样就可避免结果部位外移和大小年现象。若整个母枝很弱，其上结果枝衰弱甚至枯死的，可从基部疏除；对从基部萌发和从发育枝上部萌发的徒长枝，除留作更新枝外，一律从基部剪除，留作更新枝的从第 5 ~ 8 芽处短截；发育枝除过密的应从基部剪除外，一般在 50 ~ 100cm 处短截；除将多余的、衰弱的、过密的结果母枝从基部疏除外，一般在结果部位以上剪留 2 个芽；对结果母枝上徒长的结果枝，一般在结果部位以上剪留 3 ~ 4 个芽，短果枝和短缩果枝一般不剪，在连续结果后已衰老干枯的、腋芽弱小的剪除。夏季修剪包括抹芽、摘心、短截、疏枝，抹除植株基部砧木萌芽及徒长性萌芽，对上年冬季剪锯口周围新生的萌蘖、树体内枝叶茂密处抽生萌芽要及时抹除。对永久性枝蔓上萌发出的预备枝和徒长性发育枝，可在 80cm 处摘心或短截，对徒长性结果枝和长果枝，在最后一个果实上部第七至八片叶处摘心。对遮挡光线的过长营养枝适当短截。疏除过密枝、衰弱枝、病虫枝、机械损伤枝及临时性母枝上萌发的部分结果枝。雄株修剪主要在开花以后，将花枝短截至 50 ~ 60cm，冬季修剪时剪留 75 ~ 80cm，让其占据一定空间，均匀分布。冬夏修剪的同时要及时绑蔓，使枝蔓均匀合理地引缚到架面上。

• 加强土肥水管理　通过扩穴、松土、除草改良土壤，对地面进行覆盖、间作套种，特别要讲究施肥质量，因猕猴桃属贪肥果树，其施肥配比为氮∶磷∶钾∶微量元素为 1∶0.26∶1.33∶1.53，其中微量元素含量：钙 3.3%，镁 1.05%，硫 2.08%，氯 8.6%，锌 0.05%，锰 0.05%，铁 0.16%，铜 0.05%。按此标准制成专用肥主要用于追肥，每年 3 次，分别在萌芽后、落花后和果熟期，结合灌水每株施用 1.5 ~ 2kg。秋冬季重点施足基肥，主要是厩肥、饼肥、土杂肥，一般每株施入 50 ~ 70kg，再加过磷酸钙 5kg、硫酸钾 1kg。特别是腐熟的羊粪、猪粪和饼肥最有利于猕猴桃生长结果。

• 花期放蜂、人工授粉　猕猴桃异花授粉，单靠风媒不行，还要靠蜜蜂授粉。据试验，猕猴桃开花期间，每公顷园放蜂 2 ~ 6 箱，可使其充分授粉，座果率、单果重量和品质均能提高。但遇到低温、阴雨天气，蜜蜂活动次数少，影响授粉，要开展人工辅助授粉，将刚开的雄花采下，待花粉散出收集起来，用毛笔蘸花粉在雌花柱头上轻轻涂擦，最好连续 3 次，效果很好。

• 疏花疏果　猕猴桃一般座果率在 95% 以上，生理落果少，呈现果实累累，如全部保留，必然果小质差。疏花疏果后好果多，售价高，效益好。疏果不如疏花，疏花不如疏蕾。疏果多数在花后进行，越早越好。一般 3 个果的，留中间去掉两边果。短果枝留 1 个果，中果枝留 2 个果；长果枝留 3 ~ 5 个果，大体每平方米留 25 ~ 30 个果，8 ~ 9 个叶承担 1 个果。疏果时，留大果，疏小果，留正常果，疏畸形果、伤果和病虫果。

五、病虫害防治

生产上应选择抗病抗虫的优良品种。虫害主要是介壳虫、二星叶蝉、蟀象、根结线虫和红蜘蛛等；病害主要有溃疡病、根腐病等，应加强检疫，杜绝传入。病虫害防治应全面贯彻“预防为主，综合防治”的植保方针，以改善果园生态环境，加强栽培管理为基础，优先选用农业和生态调控措施，注意保护利用天敌，充分发挥天敌的自然控制作用。选用高效生物制剂和低毒化学农药，并注意轮换用药，改进施药技术，最大限度地降低农药用量，以减少污染和残留，保证果品质量符合国家标准。

六、采收贮藏与加工利用

1. 开发利用价值

猕猴桃果实含有人体必需的多种维生素、17 种氨基酸、蛋白质、糖、酸、果胶、矿物质（钙、钾、镁、磷）及碘、锰、锌、铬、锗、硒等微量元素，每千克果肉维生素 C 含量为 1 000 ~ 4 200mg，人体利用率高达 94%，每天仅食用一个鲜果即可满足需要。猕猴桃鲜果及其制品是飞行员、航海员、矿工、高原作业者及老弱妇幼的极好营养果品，被誉为营养、保健、长寿、美容的世界珍果，水果之王，新西兰称为“绿色金库”，日本人誉为“美容果”。

猕猴桃的根、茎、叶、花、果都可以入药，特别是果和根在医药上有较高的利用价值。临床经验表明，猕猴桃具有调中理气、生津润燥、清热利水、活血散瘀、祛风解毒之功效，用于治疗肝炎、消化不良、食欲不振、呕吐、烧烫伤、维生素C缺乏症等，对便秘、尿道结石等有一定疗效。猕猴桃果实含维生素P，有降血压的疗效。种子中含有亚油酸，有疏通血管之功效。

猕猴桃枝条含纤维多且质量好，可制高级文化用纸，枝内水溶性胶液丰富，黏性强，可作为造纸、建筑上的黏结剂。叶厚肥嫩，含淀粉11.8%，蛋白质8.2%，含维生素和多种矿质，是优质饲料。花为较好的蜜源，含有挥发油，可提取香料。种子含油量22%~35%，蛋白质15%~16%，熟食有芝麻香味，榨油干性，质量好。根可熬制农药，对茶毛虫、菜青虫、蚜虫、稻螟虫、稻包虫等有防治效果。

猕猴桃生长迅速，枝叶繁茂，覆盖地面快，改善生态环境能力强，水土保持效益佳。猕猴桃的枝态、花香、果味早已被人们欣赏，为庭院栽培的良好树种之一。

2. 果实采收

适期采收是保证丰产丰收的重要措施。采收过早，影响产量，果实也不耐贮藏，食用品质差，降低商品价值；采收太晚，果实易受早霜、低温和鸟类危害，过熟的果实极易软化、衰老变质变味，果实在藤蔓上继续消耗养分水分，影响养分积累，降低树体抗寒性，甚至影响翌年的生长结果。一般按果实的可溶性固形物达到6.5%时就可采收。轻采轻放，严格分级，随时入冷库贮藏保鲜。

猕猴桃人工栽培应积极推广无公害栽培技术，走生产绿色食品、有机食品之路，坚持高标准建园，严格控制使用化学农药、除草剂和生长调节剂，在果实采收、贮藏、包装、运输及加工中严格控制或不用添加剂、防腐剂和防病虫农药。只有生产绿色食品、有机食品，才能使猕猴桃产业长盛不衰。

3. 贮藏保鲜

目前全国猕猴桃重点产区都先后建立了许多不同规格、不同形式的贮藏保鲜库，通过试验、示范、推广，基本上解决了一些技术问题。猕猴桃在适期采摘、合理分级包装等前提条件下，通过自动保鲜库贮藏，可以保持果实品质，减少损耗，延长市场供应期，争取周年供应，满足消费者的需求。

常用的贮藏方法有常温贮藏、低温冷藏、气调贮藏等，因库房构造、机器设备不同，贮藏效果和时期有较大差别。

据试验，最适宜的气调贮藏条件是：3%的氧气+3%的二氧化碳；或2%的氧气+5%的二氧化碳；温度为0.5~1℃，相对湿度为95%左右。

猕猴桃鲜果贮藏原则：

（1）挑选优质果入库，严格分级，禁止病虫果、伤残果、小果、畸形果和病菌侵染果入库。搬运要轻拿轻放，果实入库前应进行预冷和防腐处理。

（2）维持恒定低温0~2℃，避免库温升高和出现大幅度波动，尤其要加强果实入库、出库管理。入库时果实带来大量的田间热，为防止库温升高和波动，除进行预冷外，每批入库果实不能过多，以占总库容量的10%~15%为宜。出库时，若库内外温差大，果面上易产生一层水珠，引起腐烂，可将果实置放在缓冲间或预冷间，待果实温度回升后再搬运出库。

（3）安装加湿器进行湿度控制。若条件不具备，可在地面洒水增加湿度，库内相对湿度大于95%时，可放置适量的氯化钙、木炭或干锯末等吸湿物。贮藏期间尽量减少库门开关次数，以免造成空气湿度和温度的波动。

（4）通风换气，调节室内气氛。果实在贮藏过程中会释放出乙烯和二氧化碳等，乙烯起催熟作用，二氧化碳过量会危害果实，因此每隔一段时间要通风换气。通风宜在晴天早晨进行，雨天或雾天湿度大，不宜换气。果箱堆放要留出空道，以利检查和库内冷空气流通。

（5）猕猴桃属呼吸高峰型水果，因此采用小包装气调具有一定的效果，试验证明，控制O_2在2%~5%及CO_2在2%~5%效果较好。

（6）对猕猴桃贮藏期间病菌危害，如灰霉病等，必须采取预防为主，综合防治措施。

4. 加工技术

猕猴桃加工业是人工栽培稳定发展的保证，也是猕猴桃产业发展大势所趋。

（1）糖水猕猴桃果。工艺流程：原料→分选→洗果→去皮→漂洗→修整→装罐→排气→密封→杀菌→冷却→擦罐→成品。

●感官指标　色泽：果肉呈淡黄色、青黄色或青绿色，同一瓶中色泽均匀一致，无变色果。糖水透明清晰。允许含有少量不造成糖水混浊的果肉碎屑或种子。滋味及风味：具有猕猴桃应有之风味，甜酸适度，无异味。组织形态：果形完整，大小均匀，软硬适度，果肉光滑，呈原果状，不带机械伤、病虫害斑点。杂质：不允许存在。

• 理化指标　净重：425g、510g、1 000g，每罐允许误差 ±3%，但每批平均不低于净重。固形物：果肉不低于净重的 55%。开罐糖水浓度：以开罐折光计为 14% ~ 18%。重金属含量：Sn ≤ 200mg · kg^{-1}，Cu≤10mg · kg^{-1}，Pb≤2 mg · kg^{-1}。

• 微生物指标　无致病菌及因微生物所引起的腐败症状。

（2）糖水猕猴桃片。工艺流程：原料检验→去皮清洗→切两端→修整分级→切片→清洗选片→装罐加糖水→封口→杀菌冷却→擦罐入库。

• 感官指标　色泽：果肉呈淡黄色或黄绿色，同一罐内色泽较一致，糖水透明。滋味及气味：具有该品种应有之风味，酸甜适度，无异味。组织形态：果片软硬适度，去皮后横切成片，直径 30mm 以上，片厚 3.05mm，同一罐中，果片大小均匀，允许有少量不规则片存在。杂质：不允许存在。

• 理化指标　净重：425g（7113 号罐），允许公差 ±3%，但每批平均不得低于净重。固形物含量：不低于净重 60%。糖水浓度：17% ~21%（以开罐折光计）。重金属含量：Cu≤5mg · kg^{-1}，Pb≤1 mg · kg^{-1}，As≤0.5mg · kg^{-1}。

• 微生物指标　符合罐头食品商业无菌要求。

（3）猕猴桃混浊果汁。工艺流程：选果→清洗→破碎→打浆（离心取汁、压榨取汁）→调配→均质→预热→过滤→装罐→封口→杀菌→冷却→擦罐入库。

• 感官指标　色泽：呈黄绿色或淡黄色。滋味及风味：具有猕猴桃汁应有之风味，甜酸适度，无异味。组织形态：果汁均匀混浊，长期静置后允许稍有沉淀及轻度分离，但摇动后仍呈原有均匀混浊状态。杂质：不允许存在。

• 理化指标　可溶性固形物：12% ~16%（按折光计）。总酸度：以柠檬酸计 0.6% ~1.2%。原汁含量：不低于 30%。净重：250g，每罐允许误差 ±3%，但每批平均不低于净重。重金属含量：Sn≤200mg · kg^{-1}，Cu≤10mg · kg^{-1}，Pb≤2mg · kg^{-1}。

• 微生物指标　无致病菌及因微生物作用所引起的腐败症状。

（4）猕猴桃浓缩果汁。即利用物理方法将新鲜果汁中多余的水分除去，把果汁浓缩 1 ~5 倍而成。浓缩果汁生产，不仅能保持新鲜水果、果汁的营养和风味，而且能节约包装和运输费用，又因糖酸含量高不加防腐剂也能长期贮藏。工艺流程：原料→分选→破碎压榨→澄清调配→浓缩→包装→成品。

（5）猕猴桃酱”。工艺流程：选果→洗果→去皮→打浆配料→浓缩→装罐→杀菌→冷却→擦罐→成品。

• 感官指标　色泽：酱体呈浅黄绿色或浅琥珀色。滋味及气味：具有猕猴桃酱良好的滋味及气味，无异味。组织形态：酱体呈黏稠状，徐徐流散，酱体保持部分果粒，无果梗，无汁液析出，无糖的结晶。杂质：不允许存在。

• 理化指标　净重：150g、300g、410g 三种，每瓶允许公差 ±3%，但每批平均不低于净重。总糖：不低于 45%（以转化糖计）。可溶性固形物：55 ~60%（以折光计）。重金属含量：每千克制品中：Sm≤150mg，Cu≤5mg，Pb≤1mg，Sn≤0.5mg。

• 微生物指标　符合罐头食品商业无菌要求。

（6）猕猴桃果脯。工艺流程：选果→洗果→去皮→切片→软化→浸渍→糖煮→烘干→分级包装

• 感官指标　色泽：淡绿黄色至黄色，色泽一致，半透明，有光泽。组织形态：横切片完整，厚 0.5 ~0.7cm，厚薄一致，软硬适度，不得流糖或翻沙。风味：具有猕猴桃应有的风气味，无异味，允许种子稍有涩味。杂质：不允许存在。

• 理化指标　可溶性固形物不低于 65%。含水量：16% ~18%。重金属含量：Sn≤200mg · kg^{-1}，Cu≤10mg · kg^{-1}，Pb≤2mg · kg^{-1}。

• 微生物指标　符合国家有关规定。

（7）猕猴桃果酒。工艺流程：原料→分选→破碎→主发酵→分离压榨→后发酵→调整成分→陈酿→配酒→过滤→包装→成品。

• 感官指标　色泽：金黄、黄色，清亮透明。滋味及气味：具有猕猴桃特有的芳香和陈酒酿香，酒质醇厚，酸甜适口，无异味。组织形态：无浑浊沉淀及悬浮物。杂质：不允许存在。

• 理化指标　酒度：16% ~18%，总酸 0.6%，含糖 12%。

• 卫生质量指标　符合国家卫生标准。

（朱鸿云）

26. 余 甘 子

我国是余甘子原产地之一。余甘子在我国已有悠久的历史。晋朝（公元3世纪末）左思著的《吴都赋》中，记叙过三国时代吴境所产果树种类，其中涉及到余甘子。可以说在1 700年前的吴国，余甘子已作为一种较为重要的果树栽培过。吴国所属的福建和广东，目前仍是我国余甘子栽培的主要产区之一。早在汉章帝时（公元77～88年）杨孚撰的《异物志》中记载："余甘子小如弹丸，视之理如定陶瓜，初入口苦涩，咽之口中，乃更甜美足味，盐蒸尤美，多可食。"故肯定1 800年前我国已有余甘子。之后，许多古书对余甘子作过记载，如《唐本草》《图经本草》《桂海虞衡志》《玉祯农书》《云南记》等等。

余甘子是一种原产亚洲热带的落叶经济树种，在我国广泛分布于南亚热带及其以南地区，是我国重要的多用途经济树种。余甘子果实含有较丰富的营养成份。据分析余甘子鲜果果肉含水分77.1%，每千克果肉含乙醚抽提物2g，碳水化合物218.9g，纤维19g，灰分5g，钙125mg，磷260mg，胡萝卜素0.1mg，硫胺素0.3mg，核黄素0.05mg，烟碱酸1.8mg，氨0.7mg，色氨酸30mg，蛋氨酸30mg，赖氨酸170mg。果肉含有丰富的维生素C，国内每千克余甘子维生素C含量在2 000～7 000mg，国外有报道每千克果肉维生素C含量在4 670～18 140 mg。余甘子果肉维生素C不但含量高，而且相当稳定。此外，鲜果内含有多种大量元素和多种微量元素，每千克果肉硒（Se）元素含量0.15mg。

余甘子具有较广泛的抗微生物能力。印度对105种植物的抗微生物能力进行鉴定，认为余甘子果实浸出液效果最好，对金黄葡萄状球菌、枯草杆菌、酵母菌、鼠伤寒沙门氏菌、霍乱弧菌、大肠埃希氏菌、酵母菌、白麦曲霉菌、须发癣菌和红色发癣菌有抑（杀）效果。果实浸出液经高压消毒后对马铃薯X病毒有抑制作用。100%树皮浓缩液对金黄葡萄状球菌、乙型溶血性链球菌、绿脓杆菌、费氏痢疾杆菌、变型杆菌、大肠杆菌均有抑杀作用。临床上用于注射式手术皮肤消毒效果很好。余甘子果实不仅可以治Vc缺乏症，并可治感冒、发热、咽喉痛、风寒积食、消化不良、肚痛腹泻、阴亏型高血压等。福建省惠安县人民医院利用余甘子果实制剂治疗乙型肝炎，总有效率89.9%。北京医科大学在模拟条件下利用余甘子果汁对N—亚硝基化合物形成的阻断率达到90%以上，具有防癌抗癌作用。另有报道余甘子果汁对于抗衰老也有一定效果。

余甘子还是我国栲胶生产的优质原料。其单宁组分为由局部带有3－O－醛基的原翠雀定与原花青素定组成的混合型原花色素。余甘子单宁主要部分属水解类。余甘子树皮单宁含量一般在30%以上。余甘子树皮具有剥皮再生能力，3年后再生皮厚为3～4mm。经过活立木剥皮，得到的再生皮品质优于原生皮，其单宁含量多可达到40%以上。

余甘子极耐瘠薄，分布区中常见与马尾松或云南松作为伴生树种。在福建南部为一种重要的水土保持树种。可以在风化剧烈的母质甚至石头缝中生长。其根系十分发达，主根粗而长，有的可以达到10m以上，甚至直穿岩层的石缝，而且蓄水固土功能很强。余甘子萌发能力极强，新梢交叉互生，叶片细而浓密，有效地拦截、减缓雨水对地面的打击，使地表径流分散，土壤侵蚀程度大大减小。此外，余甘子生长快，萌发能力强，而且植株被挖后，能迅速萌发出整丛的萌条，是较好的薪炭树种，目前，余甘子已成为分布区荒山绿化、石质山地绿化、采矿区植被恢复树种，甚至有的地区作为泥石流防治的优良树种。

一、植物学特征

余甘子（*Phyllanthus emblica* Linn.）属大戟科叶下珠属植物，又名油柑（福建）、余甘（福建）、橄榄（云南）、橄榄（云南）。余甘子为落叶小乔木或灌木，高1～6m，老枝褐色，小枝纤细，被锈色短柔毛，落叶时整个结果枝脱落。叶互生，在枝上成2列，条状矩圆形，无毛；叶柄短，托叶小，棕红色，三角状锐尖。花小，单性，雌雄同株，无花瓣，3～6朵簇生叶腋，结果枝具数朵雌花和较多雄花，或全为雄花。萼片6，雄花花盘腺体6，分离，三角形与萼片互生。雄蕊3枚，花丝合生，无退化子房；雌花花盘杯状，柱头3裂，裂片再分叉。蒴果中外果皮肉质，无毛，扁球形，明显或不明显6棱，稀8

棱，光滑或被褐色斑纹，初为黄绿色，后为白色、赤色、棕褐色或黄色。内果皮硬壳质，干时开裂，内3室含种子6粒，稀4室含种子8粒，种子不规则肾形。

二、主要栽培品种

1. 粉甘

高产，较稳产，优质，多次果，原产于福建惠安，在福建惠安、莆田、南安、仙游等县及广东有栽培。占闽南余甘子栽培面积90%以上。一般一年开花结实3次。该品种树冠扁球形或半球形，内膛充实，无主干。叶面积0.57m^2，叶长1.6～1.8cm，宽0.4～0.6cm，矩圆形。雌雄花比＝0/17～1/13。单果重7.55g，纵径1.51cm，横径2.0cm，果扁球形，果皮近无斑，成熟时黄绿色。果实可食率90.1%，每千克果肉含维生素C 3 600～5 750mg，全磷136mg，总糖2.22%，总酸1.96%，果肉纤维少，果汁多，果实宜鲜食或加工。长期无性繁殖后，在形态和维生素C等成分含量上类型内比较稳定。

2. 扁甘

高产，早熟，优质，果实基部大上部小，扁球形，单果平均重6.74g，最大9.5g，纵径1.37cm，横径2.03cm，果皮斑纹多。果实可食率90.2%，每千克果肉含维生素C 3 643mg，总糖2.97%，总酸1.87%，果肉脆，纤维较少。树体高大，枝条短而硬，叶片较狭长，矩圆形，较丰产，早熟。

3. 秋白

高产稳产，大果，较优质，迟熟，主要分布于福建省惠安县，有100年栽培史。果大，单果重7.76g 纵径1.62cm，横径2.06cm，果扁球形，果皮黄绿色。果实可食率85.13%，每千克果肉含维生素C 5 850mg，全磷112mg，总糖2.15%，总酸2.15%，果肉脆，汁多，纤维多，涩味浓。植株直立高大，主干较明显，枝下高高，树皮灰白色。晚熟类型，春果8月下旬到9月上旬成熟，秋果12月上旬成熟。高产稳产。

4. 赤皮甘

数量较少，主要分布于福建省惠安县、南安县和广东省普宁县，约100多年栽培史。果近球形，中等大小，单果重5.82g，纵径1.52cm，横径1.88 cm。果实成熟时果皮布满赤斑，果肉松，纤维少，汁多，可食率85.2 %。每千克果肉维生素C 2 015mg，全磷99mg，总糖31.9mg，总酸2.15 %。树冠圆头状，枝条软，春果10月上旬成熟，冬果翌年1月成熟。

5. 六月白

大果、早熟，低产，品质中，分布于惠安县，有100多年栽培史，目前栽培群体约有8 000株。单果重6.85 g，纵径1.67cm，横径1.92cm。果球形或扁球形，果斑多。果实可食率83.7%，每千克果肉含维生素C 2 604mg、总糖2.43%，总酸2.18%，果肉脆，果核大，果肉纤维较多，味较涩，品质较差。树形高大开张，内膛较空，结果母枝和结果枝粗壮。叶片长2.1～2.7 cm，宽0.8～1.0 cm。结果枝长12～18 cm。早熟，产量较低。但在育种和栽培上可以利用其早熟这一优良性状。

6. 枣甘

高产，中果，早熟，品质中等，分布于福建惠安县。树形较直立，树皮褐色结果母枝粗而硬，结果枝较长，黄褐色，略呈弓形。平均单果重6.20g 纵径1.60 cm，横径1.87 cm，果圆球形，果皮青白色，肉质松脆，果实可食率86.3%，每千克果肉含维生素C 2 130mg，总糖5.01%，总酸2.8%。早熟，产量较高。单株间的结实性状、树形、结果枝及叶、果外观等性状上有一些差异。春果9月上旬成熟，秋果11月下旬成熟。

7. 玻璃甘

稳产，较高产，优质，晚熟，产于福建省惠安县兰田。树冠半球形，果实淡绿色，半透明，具光泽。单果重5.26g，纵径1.40cm，横径1.87cm，扁球形，腹缝线明显，可食率82%。每千克果肉含维生素C 3 013mg，全磷132mg，糖2.64%，总酸1.57%，肉质脆，汁多，品质优。

8. 人面仔

晚熟，优质，产于福建莆田。树形直立，结果枝细长。果扁球形或近球形，果皮淡绿色，半透明，肉质脆，汁多。品质优，晚熟。

9. 狮头种

稳产，高产，优质，广东省汕头市主栽品种，产于普宁、揭阳。树体高大，树冠圆球形。叶片条状矩圆形，先端微凹，长2.6cm，宽1.0cm。果大，形似狮头而得名，果大，果熟时赤白色，单果重10.0g，果纵径1.8 cm，横径2.8 cm，可食率91.0%。高产稳产。

10. 软枝种

高产，优质，产于广东省普宁县，树形高大，生长旺盛，叶长 2.6 cm，宽 1.1 cm，条状矩圆形。果较小，近球形，单果重 6.0g，果纵径 2.0cm，横径 2.4cm。成熟时赤白色，9～10 月成熟，一般株产果 50kg，最高达 435kg。

11. 青皮种

产量中，早熟，优质，主产于广东省普宁县，树体高大，树势旺盛，树冠近球形。叶长 2.6cm，宽 1.1cm，单果重约 8.9g，果球形，熟时青色，成熟较早（9～10 月），产果量中等，株产 45kg，高的达 160kg，果肉甘甜，宜于生食。

12. 先峰

高产不稳产，种子优质，果肉质较差，产于福建省南安县洪濑镇坝田林果场。树体中等大小，树冠谷堆形或伞形。树高 3.20～6.40m，冠幅 3.8×3.8m～5.7×5.7m，基径 13.0～18.4cm。丰年结实 65～170kg，4.50～5.23kg·m^{-2}冠幅，歉年 0.21～0.22kg·m^{-2}冠幅。雌/雄 =0/13～1/26.67。叶面积 0.67cm^2，叶长 1.49cm，叶宽 0.50cm。果实圆球形至扁球形，单果重 4.50g，果高 1.79cm，果径 2.05cm，果形指数 0.873 2，单核重 0.72g，果可食率 84.0%。腹缝线不明显。每千克果肉含维生素 C 3 860mg，含水量 86.4%。该类型产果量特高，每年只开一次花，受春季降水量影响大。出核率高，种子饱满、出苗率高，苗木生长较快，是砧木用优良类型。类型内在树形、果形、果色、叶形等性状上较为稳定。

13. 穗型

高产，质优，果小，早熟，籽饱满，树高 2.5～3.1m，冠幅 2.3～3.5m×2.3～3.5m，有主干，枝下高 1.2m，光秃区小，伞形树冠。年开一次花，结果枝量多，株产果 30～60kg，平均冠幅产果 4.90～5.67kg·m^{-2}。核小，种子饱满。单果重 3.65g，果高 1.5cm，果径 1.96cm，果形指数 0.765 3。单核重 0.35g，出肉率 90.41%，每千克果肉含维生素 C 3 866.5mg。果实酸而不涩，果肉脆，较早熟。

14. 皮用型

高枝下高，生长快，树高 5～6.3m，伞形树冠，冠幅 4.3m×4.3m～5.4m×5.4m，平均地径 18.4cm。叶面积 1.21cm^2，叶长 2.01cm，叶宽 0.64 cm。该类型特点为乔木或小乔木状，生长快，枝下高高，结实少而小且品质差。

15. 山甘群体

资源量大，变异广泛，为良种选育利用资源库，山甘群体（福建省称“山甘”，广东省称“土种”）为野生余甘子林总称，广泛分布于广西、云南、四川、贵州、福建、台湾、广东、海南等省区。长期实生繁殖，群体内个体性状变异大，优劣类型众多，是天然的余甘子资源库。

上述类型中除了粉甘由于长期嫁接繁殖，群体数量大，具有较高遗传稳定性，可以认定为农家品种外，其余都为实生群体中选出的类型，有待进一步选育。目前普遍进行的野生林改造工作，虽对于提高资源经济效益，开发浅山丘陵有着积极的意义，但由于野生群体中蕴藏大量优良类型和单株，因此这项工作应有选择地进行。

三、生物学特性

（一）生态习性

余甘子起源于中国、印度和缅甸。地理上大致在南北纬度 26° 范围以内的地区，大体上在北半球中亚热带以南、南半球中亚热带以北地区，主要集中于南亚热带和热带地区。地域上集中于亚洲（印度、中国、缅甸、越南、巴基斯坦、菲律宾等）。非洲（南非、肯尼亚）、美洲（美国、古巴）和大洋洲（澳大利亚）有引种。

余甘子在我国主要分布在南亚热带及其以南地区。分布的地区主要有云南省大部（除西北部以外）、四川省渡口市（攀枝花市）、贵州省黔南自治州、广西西部和南部、广东南部（主要在东南和西南部）、福建南部以及海南省和台湾省。其栽培北界从东到西为莆田—梅县—桂平—武鸣—百色—田林—望漠—彝良—巧家—丽江—维西一线。余甘子集中分布区有福建的莆田、惠安、南安、安溪、晋江、同安、云霄等县市，广东省主要有东南部和西部；贵州省主要在册亨和望溪；云南省除迪庆州外全省有分布；四川省主要分布在南部。

余甘子在我国主产南亚热带以南地区，喜温暖忌霜冻，一般要求年均温 19℃以上。余甘子花期对低温敏感，1987 年春花期冻害，闽南余甘子大面积减产。低温对野生群体产量影响小于栽培品种，可能与野生群体分化大，花物候期不一致有关。余甘子分布区海拔差异很大，闽南余甘子多分布在 200～300m 以下；云南省多分布于 500～1 300m 野生林中，广东汕头一带分布于 500m 以下。

我国天然分布和人工栽培余甘子一般在砂壤土、红黄壤土和砖红壤土。余甘子根系发达，主根深达

10m 以上，能穿越岩石缝隙，是耐旱性很强的树种。盛花期阴雨对余甘子产量影响极大，1987 年春低温多雨、1989 年冰雹、1990 年 4 月初连续阴雨使闽南余甘子减产 50% ~90%，共同特征是花期连续阴雨。试验表明，云南种源耐湿性比闽南本地种源差，这可能与云南种源长期适生于少雨生境、福建种源长期适生沿海多雨生境有关。

（二）生长发育

1. 生长发育周期

根据余甘子生长发育特性将其划分为 5 个阶段：童期：种子到始花期，一般 2 ~4 年（包括苗木培育期 1 ~2 年）；播种至当年秋季为砧木培育期，秋季嫁接，到第二年春季出圃为秋苗（一年培育成苗，相当于"三当苗"），到第二年冬或第三年春季出圃为春苗。秋苗接后生长时间短，穗条生长慢，根系不发达，春苗相反，造林成活率春苗高于秋苗；幼林期：从苗木造林至开始开花结果时期。此期为树体生长最迅速时期，苗木定植后开始呈匍地生长，后成直立和斜上生长。此期偏冠较为严重，应提倡整形；始花果期：开始开花结实至盛果期阶段。在时间上为造林后当年或翌年（较多）开花 4 ~7 年内，此期初花果与树体迅速生长并存，前期生长迅速开花结实较少，后期生长渐慢，结实逐步增加，为骨干枝形成的重要时期；盛果期：一般在定植后 4 年左右。骨干枝基本定型，结果呈缓慢上升趋势。可以观察到各龄级结果母枝结果的变化和结果层缓慢外移。余甘子盛果期相当长，50 多年生结实累累极为常见，估计盛果期可达 100 ~500 年。根据实地调查试验，我们认为余甘子结果母枝上结果枝位多次萌发结果枝和盛果期一龄结果母枝生长慢是结果层外移、结果大小年变化平缓、盛果期长的生物学原因之一。广东省普宁县蔡口乡有一株 50 多年生老树（软枝种），树高 7.7m，冠帽 8.7m × 8.7m，基径 33cm，1983 年株产 435kg。我们在福建省惠安观察到该县黄塘乡蓝田村有成片 50 多年生余甘子林，结实累累，最高株产达 400kg 以上；衰老期：估计 150 年左右开始衰老。表现为树干木质部腐烂、空心、基部或树干外缘萌发结果母枝更替，并发育成结果母枝着生的骨干枝来更替原来树冠。目前在惠安观察到 300 多年已衰老植株，几乎不结实，但树冠长势仍良好。

2. 结果母枝发育

有效结果母枝（着生结果枝的母枝）一般为 2 ~5 龄级。一龄结果母枝主要起扩展树体作用，两侧为互生排成 2 列的结果枝，但无花、果，点状结果枝位上无束状结果枝；结果枝较长，结果枝无叶片部分相对较少。结果枝和叶片在秋、冬季脱落，少数（尤其野生幼林）可以延至次年萌芽期。第二年原 1 龄结果母枝发育成 2 龄结果母枝，在去年单个结果枝脱落的结果枝位上抽出束状结果枝，这部分结果枝是结实的主要枝条之一。继续发育成 3 龄结果母枝，其性状与 2 龄结果母枝相似，3 龄结果母枝上结果枝位仍具较强萌发结果枝能力，束状结果枝较多，也是结实主要枝条之一。继续发育为 4 ~6 龄或更高龄级结果母枝，结果枝位萌发结果枝能力减弱，束状结果枝逐渐减少，甚至不萌发结果枝而出现结果枝空位。以后龄级结果母枝更少萌发结果枝而成为树体骨干枝。从结果母枝发育过程可见，余甘子结果母枝发育及其特性具有与许多木本经济植物相异的特点。在结果母枝同一部位可以重复萌发结果枝，这样结果层外移慢，结果层厚而均匀，树体光秃区相对较小。

在通常情况下，余甘子结果母枝按龄级顺序发育，但是在受到外界刺激（病虫害、机械损伤、枯枝等）时，在伤口附近能萌发结果母枝和结果枝。利用这个特性可以做到人为控制树体结构。这一现象在苗木或大树嫁接后砧木上表现明显。因此，嫁接繁殖和野生林改造要求随时抹芽。1987 年春对余甘子粉甘品种 11 年生植株的 2 龄结果母枝（1986 年春季萌发）施行强修剪处理，结果 1 龄结果母枝长增加 1.842 倍，1 龄结果母枝粗增加 1.830 倍，龄结果母枝结果枝数增加 1.557 倍，结果枝长增加 1.128 倍。而且 1 龄结果母枝粗和结果枝数整齐度分别提高 1.750 和 1.487 倍。试验结果为采穗圃建立提供了试验依据。

3. 结果母枝龄级

余甘子骨干枝上的结果母枝具有多次着生结果的特性。结果母枝年龄上的差别可分为 1 龄结果母枝、2 龄结果母枝、3 龄结果母枝等。1 龄结果母枝为当年春季萌发的枝条，其上互生带叶片的脱落性结果枝（一般冬季脱落）。第二年原先的 1 龄结果母枝成为 2 龄结果母枝，第一年结果枝脱落的结果枝位上继续萌发 1 ~3（多为 2 或 3）个结果枝，结果枝在结果母枝上排列仍两列互生。2 龄结果母枝继续发育为 3 龄结果母枝，结果枝位从小而尖长变为大而扁平，其他特性同 2 龄结果母枝。4 龄以上结果母枝上结果枝位更大，丛生结果枝数减少，结果枝位空位（无结果枝着生的结果枝位）出现，并随龄级而增加，最后全空位出现（目前调查到5～7龄级才出现）。结果枝位变为骨干枝上两列互生脐形痕，结果母枝发育成骨干枝。结果母枝龄级及其特征见表26-1

表 26-1　结果母枝龄级及其特征

性状	龄级				
	1	2	3	4～5	>5
母枝颜色	红　黄褐	黄褐	黄褐－灰白	灰白	灰白
枝条粗度	————	————	增加	————	————→
果　实	无	有	有	有	稀
结果枝位形状	点	细长	细长	粗短至扁平	扁平至结果枝位痕
结果枝空位	无	无	少	较多	多至全空位
束状结果枝	无	最多	多	少	极少
结果比重	低	最高	高	较高	低

（三）物候期

余甘子品种（类型）在物候学多个性状上有明显差异。主要表现在萌芽期、开花期和果实成熟期。尤其果实成熟期，品种（类型）之间差异可达3～4个月以上。余甘子主栽品种粉甘在福建省南安、惠安县的物候为：树体萌动期为3月上旬至3月中旬；结果枝（或母枝）萌动期在3月下旬至4月初；展叶期在3月下旬至9月下旬；结果母枝生长期从3月下旬1龄结果母枝开始生长，直到11月下旬停止生长，多龄结果母枝在此期增粗；结果枝位上春结果枝3月下旬至4月初萌发，4月生长较快，一般到6月下旬停止生长，而结果枝位夏结果枝6月中旬至7月中旬萌发，隐结果枝位结果枝3月下旬至10月中下旬均可出现。

叶片物候期不同单株、不同结果母枝和不同结果枝类型差异很大。就全株而言，3月下旬至4月初展叶，叶在枝条上生长为一个连续过程，一般落叶期为10月下旬至翌年2月份。野生植株中有早发、迟落叶单株，如福建省南安县洪濑镇坝田林果场野生余甘子垂枝型SSW－012资源号，连续几年6月底开始落叶，而惠安野生余甘子林部分单株（幼龄）甚至到翌年3～4月份才完全脱落。

花物候期：春花：3月下旬至4月下旬；夏花：7月中旬至8月中旬；秋花：9月上旬至10月下旬。余甘子粉甘品种年生长过程中开花次数为1～3次，开花次数与品种（类型）有关。六月白、秋白、先峰等开1次花。

果实物候期在一定程度上与花的物候期相一致。成熟期范围为9月上旬至次年2月份，成熟期跨越5～6个月。其中春果9～10月成熟，夏果11～12月成熟，秋果翌年1～2月成熟。果实可以留树至翌年3～4月份。不同品种（类型）之间果实成熟期差异较大，我们选择的六月白、罗东大白、丰－1为早熟类型，可在6～9月份成熟，而秋白类型则要在11月份后成熟。

四、栽培技术

（一）苗木繁殖

1. 种子采集

种子一般从野生余甘子林中采集。到果实完全成熟时，采摘果实进行沤烂得到果核，果核经摊晒开裂得到种子，一般出种率为2.0%～2.5%。一般栽培品种出种率和出核率低，而且种子质量差，出苗率也低。现已选出采种用的优良品种，种子饱满率高，出种率和出核率高，种子色泽佳。而且经过播种试验其出苗的生长势优于野生林中随机取样的种子。采用取种子用的品种，为培育优良嫁接苗打下基础。从整个分布区来说，种子原则上取自本地的野生林或取种品种。来自西南余甘子种源种子培砧，具有耐干旱、乔化、不耐湿等特点，但在闽南一带其适应性不如福建本地种子培育砧木。

2. 砧木培育

苗圃地选择土层深厚、肥沃、通风向阳、排灌方便的沙壤土。做床前进行土壤整理，施基肥并用石灰进行圃地消毒。整平后做成宽1m，畦高30～35cm的苗床。播种一般在清明前后，每亩播种量为3～4kg，将种子均匀撒播于苗床上，用细泥或焦泥灰盖种，以不见种子为度。其上覆盖一层稻草，以保持土壤湿度。播种后约 15～30d 出苗，幼苗出土后一周除去稻草。苗高在 4～6cm 时即可间苗，移密补稀，保持一定株行距。幼苗长至 1～2 个真复叶时进行第一次施肥。每亩用尿素 2～3kg，掺水进行泼施。以后施肥量可逐步增加。当苗木长到 25cm 时进行摘心，以促进砧木增粗。

3. 嫁接苗培育

一般多在秋季进行嫁接。可采用切接、嵌芽接、皮下腹接、舌接等方法嫁接。适宜选择优良品种类型的穗条，一般在采穗圃中选用 2 年生枝条（母枝），采集的接穗及时将枝叶去掉，用湿布包扎，不马上嫁接的可以在湿沙中贮藏。秋季取的穗条，经湿沙贮藏 12d，其嫁接成活率仍可达到 90% 以上。嫁接以后苗圃地进行适时灌水，在 15d 后对未成活的进行补接。成活后及时除萌，如采用皮下腹接要及时断砧，以利于接芽抽梢。当接芽抽出后要及时施薄肥并做好病虫害防治工作。

（二）果园的营建

1. 园地选择和整理

余甘子果园宜选择在分布区内的丘陵山地、盆地和河谷地带。黄砂壤土、红壤土均适宜于余甘子种植。在山坡上建园，一般采用等高梯田整地，梯面宽 3m，对于坡度较大的地方可采用鱼鳞坑或开环山沟。沿海地区建果园，在果园四周和沿山脊线建立防风林带。定植穴规格为 50cm×50cm×40cm，挖穴后施土杂肥和磷肥作基肥。

2. 嫁接苗定植

余甘子一般以春季定植为宜，有明显干季地区在雨季进行造林，如云南在 5 月份到 8 月份。栽培密度根据不同品种的特性和立地条件来确定。比较矮化的品种如粉甘、玻璃甘等，进入盛果期以后树冠扩展慢，可适当进行密植。而秋白、山大、大白、六月白、丰大、丰六等品种树冠高大或开散，结果层外延较快，可适当密植。一般密度以 60～120 株为宜。定植要求根系舒展，根际土壤压实。

3. 果园的管理

（1）土壤管理。在冬季或初春，用火烧土、土杂肥施肥，每株施 50～100kg，堆于树干周围。每年进行 2～3 次中耕除草。采果后将树冠下的杂草、枯枝落叶翻埋于土中，任其腐烂，起到改善土壤结构和提高肥力的作用。余甘园幼龄期可进行间种作物和绿肥，以耕代抚，改良果园条件。

余甘子是耐瘠薄的树种，但管理粗放的果园，往往在大量结果后出现结果母枝枯死的情况，尤其是在野生林改造后又荒芜的林地中尤甚，这样势必影响翌年产量，加剧大小年的形成。在果园中适当施肥是必要的，尤其是采果后施基肥对恢复树势有利。追肥以施复合肥为主，氮肥过多往往导致枝叶徒长，影响花芽分化。

（2）树体管理。定植后树体管理主要有整形修剪。营养期要对形成骨干枝的母枝进行控制，可以用疏剪、截顶和拉枝等技术控制形成合理的树形。结果盛期对于病虫枝、枯枝、下垂枝和交叉枝进行修剪。衰老期树体冠层外移，内膛空，有效结果层薄，结果母枝抽生结果枝能力减弱，结实能力下降。此时，可针对树体的情况，采取骨干枝或结果母枝回缩，重新形成新的骨干枝和结果母枝，恢复树势。另外，余甘子易寄生兔丝子和桑寄生等，在福建南部一带严重的导致成年树体枯死或被寄生物覆盖，要在早期及时除掉。

（三）野生林改造

我国余甘子分布区有丰富的余甘子野生林。在对优良育种资源选育后，改造野生林为余甘子果用果园，是一种投资少，见效快的一种方法。一般来说头年改造，第二年即可投产，2～3 年后可以达到亩产 500kg 以上的可观产量。具体做法是：

1. 改建园地的选择

改建园地要求具有一定野生余甘子分布频度。按桩算，一般要求 60～100 株（桩）为宜，并以分布较均匀为好。在未作薪柴砍伐的地区，有利于进行改造。

2. 嫁接和补植

选择生长比较好的植株（桩）进行嫁接，嫁接采用劈接或插皮接。分枝多的植株可嫁接 3～5 个骨干枝，每个骨干枝根据粗细嫁接 1～3 穗。嫁接后要及时做好除萌条和补接工作，做到定期检查。接穗伸长后要根据具体情况进行截顶、拉枝等树体管理办法。对于改接林地无野生植株的地段，采用优良品种嫁接苗进行补植。

3. 改建园的管理

改建的余甘子果用园一般立地条件较差，首先要做好水土保持工作，嫁接成活后进行植株周围局部垦复。针对不同地形，采用开条沟、鱼鳞坑、梯田、筑墩等方法进行土壤管理。采用树体和肥力调控方法，力求使改建余甘子园达到一致。

五、病虫害防治

余甘子抗病能力强，病害少。但虫害较多，主要有蚜虫、木毒蛾、介壳虫、卷叶虫、天幕虫等。主要虫害的有蚜虫、木毒蛾和天幕虫。其防治方法为：

（1）蚜虫。4 月中上旬用乐果乳剂 1 000 倍液或 50% 敌敌畏乳剂 800 倍液，相隔 1 周连续喷 2 次。

（2）木毒蛾。及时除去虫枝，用蘸有敌敌畏的棉花填塞虫孔。

（3）天幕虫。冬季剪除卵块，大发生期用 90% 敌百虫 1 000 倍液杀灭幼虫。

六、采收和加工利用

1. 采收

余甘子为丰产性树种，实生树一般在 3 ~ 4 年开始开花结果，根蘖分株繁殖 2 ~ 3 年开花结果，嫁接繁殖第二年即可开花结果。一般 10 多年生嫁接树可结果 40 ~ 50kg；20 ~ 30 年生的树可结果 50kg 以上；百年余生大树可产 150 ~ 200kg。

余甘子树体比较高大，可采用竹梯采摘，对于一次性成熟品种可以待成熟后 1 次采收；对于多次开花结实的品种，可以分批采收。余甘子果柄短，采收时注意不伤果皮。余甘子不同品种采收期不同，如进行品种搭配，可大大延长果实供应时间。但多品种不同成熟期搭配建园，采收和果园管理成本也相应增加。

2. 贮藏

余甘子采果后如不伤果皮，在常温条件下放置在阴凉处，可以贮存 40d 左右。余甘子果实可以留树越冬，有的果实成熟后留树至翌年生长季甚至可出现返青现象。适当的留树贮存可以降低酸度和涩度，提高甜度。这样就延长了市场的供应时间。从采收到结束，果实供应期可达 210d，这对于加工企业原料供应是非常有利的。

3. 加工利用

目前，余甘子果实加工产品有余甘子密线、余甘罐头、余甘原汁、余甘浓缩液、余甘津等：

（1）余甘蜜饯。原料选择→分级→预煮→浸泡→盐渍→冲洗→糖煮浸渍→烘晒→包装。

（2）余甘罐头。原料选择→压裂→漂洗→糖水装罐→封罐→灭菌→包装。

（3）余甘原汁。原料选择处理→压榨→过滤去果渣→原汁→加入配方→装瓶→灭菌→包装。

（4）余甘浓缩汁。余甘原汁→真空浓缩→装瓶→灭菌→包装。

（5）余甘津。余甘浓缩液→填充剂→搅拌过筛→低温烘干→包装。

（姚小华）

27. 枇　　杷

枇杷［*Eriobotrya japonica*（Thunb.）Lindl.］又称芦橘，是蔷薇科（Rosaceae）枇杷属（*Eriobotrya* Lindl.）植物，为我国特有果树。果实在初夏成熟，此时正直鲜果淡季，加之果色鲜艳、柔软多汁、甜酸适度、风味独特，因而深受消费者青睐。枇杷果实营养丰富，据分析含蛋白质 0.5%，脂肪 0.7%，总糖 12.78%，果酸 0.6%，粗纤维 0.8%，以及多种维生素、矿物质。除鲜食外，还可以制作糖水罐头、果汁、果酒、蜜饯等产品，是食品工业的良好原料。根、叶、花、果、核以及树皮均可入药，其中，应用最广泛的部位是叶，具有化痰止咳、清肺和健胃等功效。枇杷树形优美，果色鲜艳，叶为常绿，具有较高的园林观赏价值。所以枇杷是具有较高的经济价值和多种用途树种。

枇杷原产我国西部，据资源调查，在四川及湖北曾发现野生枇杷原始林，进一步证明枇杷原产于我国四川、湖北及西南。枇杷在我国栽培历史悠久，早在西周时代已有栽培。《西京杂记》（公元 1 世纪）中记载“初修上林苑，群臣远方各献芳果异树，有枇杷十株。”由此可见，到唐代枇杷栽培技术已经相当发达。四川枇杷自古有名，但现代则以安徽、福建、浙江、江苏等省栽培最盛。据安徽《休宁县县志》记载，早在公元 2 世纪时已有枇杷种植。日本栽培的枇杷由我国引进，而欧洲地中海沿岸以及美国加利福尼亚州、夏威夷，印度北部，澳大利亚，智利，墨西哥等国家和地区栽培的枇杷均由我国或日本引种。

枇杷在我国长江以南地区均有栽培，特别是东南沿海地区栽培最盛，尤其是安徽歙县（“三潭”）、浙江塘栖、江苏吴江、福建莆田、湖南沅江、广东潮安等地为枇杷著名产区。据统计，截至 20 世纪末，全国枇杷栽培总面积达 3.3 万 hm^2，总产量达 15 万 t。随着枇杷生产的进一步发展，已在 4 大著名产区（安徽歙县三潭、浙江余杭塘栖、江苏吴江洞庭山、福建莆田）的基础上，发展了一些新的产区，如四川纳溪、成都市郊，浙江温岭，江西安义等地，枇杷已经成为当地生产的支柱产业之一。

一、主要物种

枇杷属植物约有 30 多种，分布于亚洲温带和亚热带地区。原产中国的枇杷属植物有 14 个种和 1 个变种。

1. 枇杷［*Eriobotrya japonica*（Thunb.）Lindl.］

别名卢橘。常绿小乔木，高 6～10m，树皮灰褐色，粗糙，新梢密被锈色绒毛。叶片革质，披针形、倒卵形至长椭圆形，长 12～30cm，宽 3～9cm，先端急尖，基部楔形，叶缘有锯齿状缺刻，上面浓绿色，下面密被锈色绒毛，主脉及侧脉明显，叶柄短。花大多为复总状花序，长 10～16cm，花直径 1～2cm，花梗密被锈色绒毛，下位子房，通常 5 室，每室 2 胚珠。果实球形至倒卵形，直径 2～5cm，黄色，有 2～6 粒种子，种子暗褐色，长 1～1.5cm，2n＝34。分布于长江流域及长江以南各地，其中，安徽、浙江、福建、江苏栽培最盛，湖南、广东、广西、云南、贵州、四川、湖北、台湾、陕西南部均有栽培。

2. 麻栗坡枇杷（*E. malipoensis* Kuan）

常绿乔木，高 10～15m，枝粗壮，密被锈色绒毛。叶片革质，长圆形至长圆倒卵形，长 30～40cm，宽 10～15cm，先端急尖，基部渐狭窄，边缘有疏生波状锯齿，上面光亮无毛，下面密被锈色绒毛，中脉粗壮，侧脉 20～25 对，叶柄长 1cm。密被锈色绒毛。花序顶生呈圆锥形，花梗密被锈色绒毛；花直径 1cm，萼筒杯状，花瓣白色，基部有短爪；雄蕊 20；花柱 3～5，离生。产于云南东南部靠近中越边界。

3. 栎叶枇杷（*E. prinoides* Rehd. et Wils.）

常绿乔木，高 4～10m；小枝灰褐色，幼时密被绒毛，生长后渐渐脱落至无毛。叶片革质，长圆形或椭圆形，长 7～15 cm，先端急尖，基部楔形，上面亮绿，下面密被灰色绒毛，侧脉 10～12 对；叶柄长 1.5～3 cm，密被棕灰色绒毛。花序顶生呈圆锥形，长 6～10 cm，花梗密被灰棕色绒毛，花柱离生或中部合生。果实卵形，暗褐色，直径 0.6～0.7 cm，种子 1～2 粒。产于云南东南部，四川西部和南部，大多生于河旁或潮湿密林中，海拔 800～1 700 m。

4. 怒江枇杷（*E. salwinensis* Hand. – Mazz.）

常绿小乔木，小枝粗壮，幼叶密被棕色绒毛，随后逐渐脱落。叶片厚革质，倒卵披针形，长 10～

20cm，先端渐尖，基部楔形，边缘先端1/4每侧有4～10浅锯齿，下部密被黄色长绒毛，侧脉14～20对并有明显网脉；叶柄肥厚，长2～3 cm。花序呈圆锥形长达15 cm，花梗密被棕色绒毛；花瓣乳黄色，倒卵形，长0.5 cm，先端密被黄色绒毛；花柱2个。果实球形，直径1.5 cm，肉质，具颗粒状突起，基部和顶端密被棕色绒毛，种子1粒。产于云南西北部，多生长在亚热带季节性雨季的阔叶林中，海拔1 600～2 400 m。

5. 台湾枇杷［*E. deflexa*（Hemsl.）Nakai］

别名台广枇杷，山枇杷，赤叶枇杷。乔木，高5～12m，小枝粗壮，幼时密被棕色绒毛，随后逐渐脱落。叶片集生小枝顶端，卵状长圆形或椭圆形，长10～19cm，先端短尾尖或渐尖，基部楔形，边缘稍微向外卷，有不规则的钝锯齿；叶柄长2～4 cm，无毛。花序呈圆锥形顶生，长达6～8 cm；花梗密被棕色绒毛，花梗长0.6～1.2cm；花直径1.5～1.8cm，白色，花柱3～5个。果实近球形，直径1.2～2 cm，黄红色，无毛，种子1～2粒。产于广东、海南、广西和台湾。多生长在山坡或山谷阔叶杂木林中，海拔1 000～1 800 m，可作为普通枇杷的砧木。

6. 香花枇杷（*E. fragrans* Chanp. ex Benth.）

常绿小乔木或灌木，高达10m，小枝粗壮，幼叶密被棕色绒毛，随后逐渐脱落。叶片长椭圆形，长7～15cm，先端急尖或渐尖，基部楔形，边缘在中部以上有不明显锯齿，下部全缘，幼时两面密被短绒毛，不久脱落呈无毛；叶柄长1.5～3 cm。花序呈圆锥形顶生，长7～9 cm；花梗密被锈色绒毛，长0.2～0.5cm；果实球形，直径1～2.5 cm，表面有颗粒状突起。产于广东、广西，多生长在山坡丛林中，海拔800～850 m。

7. 大花枇杷［*E. cavaleriei*（Lévl.）Rehd.］

常绿乔木，高4～10m，小枝粗壮，棕黄色无毛。叶集生枝条顶部，长圆形或长圆披针形或长圆倒披针形，长7～18cm，先端渐尖，基部渐窄，边缘有不明显锯齿，下部全缘，两面无毛；叶柄长1.5～2.5 cm。花序呈圆锥形顶生，花梗粗壮，长0.3～1 cm；花梗密被短绒毛；花直径1.5～2.5cm，白色，花柱2～3个。果实椭圆形或近球形，直径1～1.5 cm，橘红色，肉质，有颗粒状突起，无毛或微被绒毛，顶端有宿存萼片。产于四川、贵州、湖北、湖南、江西、福建、广东、广西。多生长在山坡，河边的杂木林中，既可以鲜食，又可以酿酒。

8. 狭叶枇杷（*E. henryi* Nakai）

灌木或小乔木，高达7m，小枝纤细，灰色，幼叶密被绒毛，随后逐渐脱落。叶片革质，披针形或倒披针形，长5～11cm，先端渐尖，基部楔形，边缘有尖锯齿，幼时两面密锈色绒毛，不久脱落呈无毛；叶柄长0.5～1.3 cm。花序呈圆锥形顶生，长2.5～4.5 cm；花梗密被锈色绒毛，长0.2～0.4cm；花直径1.5～1.8cm，白色。果实卵形，长0.7～0.9 cm，外密被锈色绒毛。种子1～2粒。产于云南东南部，生长在山坡灌木丛中，海拔1 800～2 000 m。

9. 南亚枇杷［*E. bengalensis*（Roxb.）Hook. f.］

常绿乔木，高10m以上，小枝粗壮，灰色，无毛。叶革质，椭圆形、长椭圆形、倒卵状长圆形或倒卵状披针形，长8～18cm，先端渐尖或急尖，基部楔形，边缘有钝锯齿，两面无毛，侧脉8～16对；叶柄长1～3 cm。花序呈圆锥形顶生，基部分生多枝；花梗密被锈色绒毛，花梗长0.2～0.3cm；花瓣白色，倒卵形或近圆形，长0.4～0.5cm，基部密被绒毛；花柱2个。果实卵形或近球形，直径1～1.4 cm，种子1～2粒。产于云南南部，国外印度、越南、马来西亚等也有分布，生长在河谷或潮湿地区常绿阔叶林中，海拔1 000～1 900 m。

10. 腾越枇杷（*E. tengyuehensis* W. W. Smith）

常绿乔木，高达18m，小枝粗壮，暗灰色，幼时密被锈色绒毛，随后逐渐脱落无毛。叶片集生小枝顶端，革质，长圆形、椭圆形或近倒卵形，长10～17cm，先端渐尖，基部宽楔形或近圆形，边缘在中部以上有少数尖齿，下部全缘，下面密被棕色绒毛，老时脱落呈无毛；中脉凸起，侧脉10～18对，网脉明显；叶柄长2～3.5 cm。花序呈圆锥形顶生，长10～12 cm；花梗密被棕黄色绒毛；花瓣乳黄色，倒卵形，长0.8cm，先端圆钝，无毛；花柱2～3个。果实近球形，直径0.7 cm，密被棕黄色绒毛。产于云南腾冲及其西部，国外缅甸北部也有分布，多生长在山坡杂木林中，海拔1 700～2 500 m。

11. 小叶枇杷［*E. seguinii*（Lévl.）Card. ex Guillaumin］

别名贵州枇杷。小乔木，高达4～5m，小枝棕灰色，无毛。叶片革质，长圆形或倒卵长圆形，长3～6cm，先端圆钝或急尖，基部渐窄，边缘锯齿，下部幼时密被绒毛，以后脱落呈无毛；叶柄长1～1.5 cm，无毛。花序呈圆锥形或总状花序，顶生，少花或多花，长 1 ~ 4 cm，密被锈色绒毛；花直径 0.5cm，花柱 3 ~ 4 个。果实卵形，长 1 cm，紫褐色，微被绒毛。产于贵州西南部、云南东南部，生长在山坡林中，海拔 500 ~ 1 500m。

此外，还有椭圆枇杷（产于西藏）、倒卵叶枇杷（产于云南）、大渡河枇杷（产于四川西部）、齿叶枇杷（产于云南）等类型。其中枇杷的经济价值最高，目前已广泛用于栽培。

二、主要栽培品种

我国枇杷资源丰富，品种繁多，据统计主要品种及品系有 300 多个。按果肉色泽可将枇杷分为白沙和红沙两大类，凡着色的果肉，不论橙红、橙黄或黄色都归于红肉类，统称为红沙种；而着色极淡者，如白色或近于白色、淡黄者，统称为白沙种。枇杷主产区的主要优良品种有两大类。

1. 白沙类

（1）照种白沙。产于江苏洞庭东山。树势中庸，枝条开展、密而整齐。树冠扁圆头形，叶大而厚，叶色灰绿，叶缘锯齿疏而浅；花序大而疏松，果梗细硬而挺，果实平均重 25g 左右，大小一致，果圆形或略扁，果面淡橙黄色，绒毛短，果皮薄，易剥离。果肉黄白色，汁多，酸甜适度，含糖量 10.94%，总酸 0.46%，品质极佳。种子小，每果 3 ~ 4 粒，种皮易裂开，露出子叶为其特点。在洞庭山 6 月上中旬成熟。该品种有生长迅速，产量高，果形整齐，风味鲜美，不易裂果，较耐冻，大小年不明显等特点。

（2）白玉。产于江苏洞庭东山。树势强健，树冠圆头形，枝条粗壮而直立。叶窄长，大而薄，先端尖锐，叶色较浓，叶缘锯齿稀，大而尖；花序紧密，花梗粗。果实扁圆形，横径 3.9cm，纵径 3.4cm，果实平均重 33g，果面淡橙黄色，绒毛和果粉少，果皮薄。果肉淡绿白色，汁多而细腻。总糖含量 9.67%，总酸量 0.34%，味甜而微酸，品质上乘。种子圆而大，每果 2 ~ 3 粒。在洞庭山 6 月上旬成熟，较照种白沙早 4 ~ 5d 成熟。果实大小一致。该品种耐瘠薄，不易裂果，也耐冻，但不耐贮藏。

（3）软条白沙。产于浙江余杭塘栖。树势中庸，树冠广圆锥形，枝细长而软，斜生。叶中等大小，较薄。果实卵形、扁圆或圆形，平均单果重 30g，横径 3.78cm，纵径 3.79cm；果梗纤细而软，果中等大小，果面淡黄白色，果皮极薄而易剥，果肉黄白或乳白色，肉质细嫩而柔软，汁多味美，品质优良，宜鲜食。种子一般 4 粒。在当地 6 月上旬成熟。该品种采前遇雨容易裂果，不耐贮藏，抗性差，不易丰产。

（4）黄花。产于安徽歙县三潭。树势较强，枝条着生角度小。叶片大，微皱，叶缘锯齿稀疏而浅。果大圆形，平均单果重 44.4g，横径 4.61cm，纵径 4.7cm；果面橙黄色。果肉黄色，肉质细，甜而酸，汁多味浓，含糖量 11.75%，品质上乘。种子 2 ~ 4 粒。在当地 5 月下旬成熟。该品种耐贮藏，抗性中等。

（5）白梨。为福建莆田的主栽品种之一。因果肉雪白，细嫩如梨而得名。树体矮化，枝条细密，叶狭长，叶缘有浅锯齿。果实圆形或长圆形，平均单果重 31.8g，果面淡黄色，皮较薄，容易剥离，果肉乳白色，质地细腻，果汁特多，味甜香气浓，种子 3 ~ 4 粒。在当地 4 月下旬成熟，为早熟品种。本品种丰产、稳产，品质极上，为鲜食中的优良品种，抗性强。但果实易碰伤变黑，不耐贮运，宜就近鲜销。

（6）青种。产于江苏吴江洞庭西山。树势较强，树冠开展圆头形，枝粗。叶大而挺立，叶缘锯齿不明显；花序疏密中等，花瓣较大。果大、圆球形，平均单果重 32.4g，横径 3.61cm，纵径 3.48cm；果面、果肉淡橙黄色，皮薄，易剥离，果实成熟时蒂部仍呈绿色，故名“青种”。肉质较松，汁多，总糖含量 9.6%，总酸量 0.58%，酸甜可口。种子大，每果 2 ~ 3 粒。当地 6 月上中旬成熟。该品种适应性强，产量高，果实大小均匀，对肥水条件要求高。

2. 红沙类

（1）大红袍。产于安徽歙县，为当地的主栽品种。树势强健，枝条开张，树冠圆锥形，树干灰白色，枝条粗，较软。叶为纺锤形、厚、尖端稍宽，叶缘顶部锯齿疏而尖。果实大，高圆形，平均单果重 46g；果梗密被灰绿色绒毛，萼片绿色，开张，呈明显五角星状；果皮较薄，红黄色，果粉多；果肉厚，淡红橙色，易剥皮，味甜汁多，微有香气，果汁可溶性固形物含量达 11%，品质佳。每果种子平均 3 粒。在当地 5 月下旬或 6 月上旬成熟。本品种，较耐寒，丰产、耐贮运，适宜鲜食和制罐。

（2）光荣。产于安徽歙县漳潭，是歙县枇杷产区的主栽品种。树势强健，树冠高大呈半圆形，枝条细而软。叶片较大，纺锤形，叶缘锯齿小。平均单果重45g，果长圆形或倒卵圆形，果皮橙黄色，果梗粗而短，果肉厚，肉质稍粗，橙红，略带香气，味甜汁多，酸甜适口，果汁可溶性固形物含量达10%，品质中上等。种子2~3粒。当地5月下旬成熟。本品种适应性强，果大肉厚，色泽鲜艳，外形美观，丰产，耐贮藏。鲜食、制罐均宜。

（3）扁核。产于安徽歙县三潭。扁核是大红袍实生种苗的变种。树势中庸，树姿开张，树冠圆头形；枝条长而硬，较稀疏；叶片短纺锤形，革质较厚，叶缘锯齿小。果穗较松，果实为扁圆形，平均单果重31g；果梗中等长，密被黄灰色绒毛，因果柄长短不一，又有“长柄扁核”和“短柄扁核”之分；萼片开张；果略呈扁圆形，果皮和果肉都是淡橙红色，果肉中等厚，味浓甜，稍带微酸，果汁可溶性固形物含量达12%，品质中上等。在当地5月下旬成熟。本品种适应性强，较抗病，丰产。但抗寒力稍弱。

（4）早种。产于安徽歙县，由浙江“塘栖”品种引种后实生苗的变种。由于成熟期早而得名“早种”。树势中等，树冠圆头形，枝条粗短而硬。叶深绿色，纺锤形，叶缘锯齿较浅。果穗紧密，果实为倒卵圆形，平均单果重30g，果皮橙黄色，容易剥离，果肉中等厚，橙黄色，甜而微酸，果汁可溶性固形物含量达12%，品质中上等。当地5月中旬成熟。本品种早熟，丰产，可适当密植。

（5）夹脚。产于浙江余杭塘栖。树势强健，树姿直立，主枝和主干之间的夹角较小。叶中等大，花穗多下垂，藏于叶腋间。果椭圆形或卵形，多歪斜，平均单果重33g，最大者41g，果面呈麦秆黄色，绒毛长而密，果肉黄橙色，肉厚质粗，甜少酸多，味浓，品质中上。平均每果2粒种子。在当地6月上旬成熟。本品种抗寒力强，果大核少，丰产易栽培，适宜加工制罐。

（6）宝珠。产于浙江余杭塘栖。树势强健，树姿直立，树冠内部枝多。叶中等大。果实椭圆形或广椭圆形，中等大，平均单果重28.4g，果面淡橙红色，绒毛长而密，果肉厚，质地稍粗，味甜而酸少。种子少，平均每果1.78粒。在当地5月下旬成熟。本品种丰产稳产，味甜，较耐贮藏，为当地早熟优良品种；但果形小，易裂果是其缺点。

（7）华保2号。系华中农业大学选育。树势强健，树姿半开张，自花授粉结实率不高。果实圆球形或广卵形，平均单果重38g，果皮比软条白沙稍厚，橙黄色，果肉厚，质细，汁液多，风味甜而微酸。种子少，平均每果1~2粒，可食率71%。在当地5月底至6月初成熟。本品种抗逆性强，品质极佳，适宜鲜食；但对肥水管理条件要求高。

（8）大钟。产于福建莆田。树势中庸，树姿开张。叶片大，夏叶狭椭圆形，叶缘反转明显，如一叶小舟。果实大，如庙堂中的大钟，因此而得名，单果重50~60g，果皮和果肉均呈淡橙红色，果肉致密，稍粗，酸甜适度，风味浓。每果平均种子数5.8粒。在当地5月上旬成熟，为晚熟品种。本品种果大丰产，耐贮运，适宜制罐，但易裂果。

（9）解放钟。产于福建莆田，1949年从“大钟”枇杷的实生变异株中选出，因此得名。树势强健，树姿半直立，枝条粗壮。叶大而厚，叶缘有钝锯齿。果实卵形至长卵形，平均单果重60~70g，最大单果重达172g，果面橙红色，果皮厚，易剥离，肉质细密，汁液中等，甜酸适度，每果种子5粒。在当地5月中旬成熟。本品种丰产、耐贮运。

（10）梅花霞。为福建莆田著名品种。树势中庸，树姿开张。果实倒卵形，果个大小均匀，平均单果重35.8g，果顶萼片紧闭凸起，成明显的梅花形，果实成熟时，果面鲜红艳丽，故名“梅花霞”。果肉橙红色，肉质致密，汁多味甜，风味浓。每果平均4~5粒种子。在当地4月底至5月初成熟。本品种耐贮藏，不易裂果，适宜鲜食及制罐。

三、生物学特性

（一）生态习性

枇杷是亚热带常绿果树，性喜温暖，耐寒性较柑橘强。年平均温度12℃以上就能生长，但以15℃为宜，同时，由于枇杷在冬季开花，因此冬季的低温直接影响当年的产量，成为枇杷经济栽培的主要限制因子。花期、幼果期均怕冻。一般地，年平均气温在15℃以上，冬季最低气温不低于-5℃，幼果期气温不低于-3℃的地区都可以栽培枇杷。枇杷要求空气湿润，雨量充沛。但春节和初夏雨水过多时，易使枝条徒长，果实着色不良，风味淡，易裂果，品质差。枇杷适应性强，在半阴半阳处都能生长，但以阳光充足的南坡和西南坡为宜，光照好，生长健壮，寿命长，果实着色好，品质佳。枇杷对土壤选择不严，沙土、黏土都可栽培，以沙质壤土为佳。

（二）生长发育

枇杷嫁接后3~5年开始结果，8~10年进入盛果期。40年后产量开始下降，如果管理良好，80年的老树依然可以获得丰产。寿命可达70～100年。

枇杷一年内有多次抽梢，新梢生长的次数和时间随当地气候、树龄、品种及管理水平等条件而存在差异。一般可以抽生3～4次，分别为春梢、夏梢、秋梢和冬梢。春梢自上年的生长枝或强壮的结果母枝上抽生，粗而短，叶大而深，当年能成为结果母枝或为一般的生长枝。夏梢来自当年春梢生长枝或采果后的结果母枝上抽生的，细而长，叶小而色淡，如果抽生早，并且生长充实者，当年可以成为结果母枝。秋梢从当年的春梢或夏梢上抽生，幼树抽生多，老树几乎不抽生。冬梢仅仅在我国东南和西南等温暖地方抽生，安徽、江苏、浙江等地冬季较寒冷，一般不抽生冬梢。

枇杷结果枝的形成，一般认为要经过生长枝、结果母枝和结果枝的过程。通常有以下几种情况：春梢（生长枝）→夏梢（结果母枝）→秋梢（结果枝）；春梢（结果母枝）→秋梢（结果枝）；夏梢（结果母枝）→秋梢（结果枝）；采果痕夏梢（结果母枝）→秋梢（结果枝）。枇杷的结果枝由结果母枝顶端混合芽抽生。结果母枝多为生长健壮的春梢及其上着生的夏梢形成，采果后自采果痕下方抽生的夏梢亦可成为结果母枝。9～10月，枇杷顶花芽萌发后，抽生结果枝，基部1～5片叶，上部着生花序，称有叶结果枝，也有生长较弱的结果母枝，抽生的结果枝基部无叶片，称无叶结果枝。凡是通过“生长枝”、“结果母枝”、“结果枝”三个过程的，花穗壮实，果实大，品质好；如果缺少某一过程或环节而直接形成结果枝的，产量和品质都不理想。

枇杷的花序为复总状花序。花期多在秋末冬初的9月至翌年2月，集中在10月至翌年1月，花期长达3～4个月，会有2～3次花的现象。江苏、浙江、安徽，10月至翌年1月开的花称头花，果实发育时间长，果大质优，在有冻害时易受冻；11～12月开的花为二花，受冻机会少于头花，果实质量次之；三花在1～2月，受冻机会少，但果实发育时间短，果小质量差。

枇杷的物候期因地区、品种和栽培技术措施不同而存在差异。早春，枇把新根生长比春梢萌发早半个月，根系在土温5～6℃时开始生长，9～12℃生长旺盛，30℃以上停止生长。春梢抽生，福建为2月上旬，湖南、江苏、浙江在3月上中旬，安徽在4月上旬。10月下旬至翌年1月（也有到2月）为开花期。果实成熟期在4～6月。

四、经营方式

枇杷的经营方式主要有纯林经营、混种、零星种植和设施栽培4种形式。

（一）纯林经营

纯林经营是指种植密度较大（根据品种、土壤、气候条件而定），一般为4m×5m（包括在幼林期间进行短期间种），进入结果期专门经营枇杷林的方式。为提高土地利用率，在平地或缓坡地可实行计划密植，定植时，采用2m×5m株行距，行间保留3m宽的间作带，种植绿肥或低秆经济作物，待树冠扩大到相互影响时，移植或间伐临时植株，密度变为永久密度4m×5m。这种经营方式是我国枇杷栽培主要经营方式。

（二）混种

枇杷与农作物混种是指在枇杷地里长期间种收获期短的农作物。这种经营方式的特点是枇杷种植密度稀，能够充分利用光能，合理地利用和维持地力，以耕代抚，有利于枇杷和农作物的生长，保持长期高产稳产，地上树上双丰收。

（三）零星种植

零星种植是利用村旁、路边，以及房前屋后的空坪隙地来种植枇杷。特点是见缝插针，水肥条件好，阳光充足，便于管理，单株产量高。

（四）设施栽培

设施栽培是指人工控制条件下，利用一定的设施栽培枇杷。枇杷树冠紧凑、圆整，比其他果树在设施栽培上更有优势，且设施栽培还是枇杷防冻的最有效手段，不但可以防寒、稳定产量，还能延长鲜果供应期，增加效益。

露地栽培枇杷有近3个月因气温过低，从而影响枇杷的产量、品质。枇杷秋季开花，春夏结果，在花期和幼果期往往会受到冬季冻害的威胁，从而导致产量不稳，品质下降。因此，采用设施栽培枇杷非常有必要。

（1）早期加温。秋季温度降低即开始加温，这种方式主要是以促成果实早成熟，早上市为目的。

（2）普通加温。仅仅在某个低温期间，如在可能发生冻害某个晚上或一段时间，加温使设施内温度保持在0℃以上。无加温覆盖：塑料大棚覆盖也能明显提高棚内早春温度，使幼果发育期和膨大期提前，从而减少冻害。设施的类型主要有玻璃温室、塑料大棚和简易覆盖。

● 花期　枇杷设施栽培的主要目的是利用秋季的头批花，冬季覆盖或加温，有利于开花和坐果。但过早增加温度会影响授粉受精，设施内温度超过28～30℃时需降温。

● 幼果期　加温为12月至翌年1月。最高温度不超过25℃，最低在5℃以上，夜间不低于0℃。

● 果实膨大期　没有加温时一般在3～4月，加温在2～3月。这一时期温度上升快，若上升过猛，对果实易造成高温伤害。加温幅度保持在7～9℃，最高温度不超过28℃。同时，3月份应保持充足的水分，4月以后应保持相对干燥，以利于果实糖分的积累。

● 成熟期　无加温条件下为4月下旬至5月，加温条件下为3～4月。这一时期的管理与果实膨大期后半期相似，最高温度应该低于30℃。

五、栽培技术

（一）苗木繁殖

枇杷可采用实生、嫁接和压条（高压）等方法繁殖苗木。为实现苗木的良种化和商品化，我国枇杷主产区多采用嫁接繁殖。压条繁殖比嫁接繁殖出苗早，结果也早，但不如嫁接繁殖获苗量大。

1. 实生苗培育

枇杷实生繁殖，方便简单，苗木生长健壮，并能获得大量苗木，根系发达；但实生苗变异大，不能保持母本性状，生产上多用实生繁殖培养砧木。一些老产区，也有应用实生苗进行选择性栽培，把果大、品质优良的单株保存下来，不合要求的实生苗再进行高接换种。实生苗繁殖包括两个环节。

（1）苗圃地及种子的准备。苗圃地应选择地势平坦、排灌方便、土壤疏松肥沃、pH值6.0左右的地段。插种前应将土壤深翻，整平，施足基肥，最好进行一次消毒处理，防止病虫害的发生。苗床宽1m左右，每15～20cm开播种沟，沟深2～3cm为宜。

选性状优良、生长健壮的丰产母本树上大果实，然后洗净取出大粒种子，充分冲洗，立即播种。由于枇杷种子无休眠期，所以，应该及时播种，否则会失去发芽力。播种以浅播为宜。

（2）播种及管理。枇杷播种量按每公顷1 500kg，播种沟内种子间隔距离以4～5cm为宜。由于枇杷成熟采种正值夏季高温，因此，一方面以浅播（覆土后以不见种子）为宜，另一方面，播种后除覆草外，还应搭设荫棚或将苗床选择在果树行间、疏林内。第二年春季移栽到露地苗圃，秋季进行芽接，或第三年春苗高达1m时进行枝接。

2. 嫁接繁殖

嫁接育苗可保持母本优良性状，投产快，生产效率高，因此，在生产中应用广泛的一种育苗方式。嫁接苗的培育包括砧木选择及培养、嫁接及其管理等环节。

（1）砧本选择及培养。枇杷的砧木以本砧（共砧）为主，也有用石楠、赤叶枇杷和榅桲等作砧木。

本砧（*E. japonica* Lindl.）：即应用普通枇杷作砧木（凡是栽培品种的种子，播种后所得实生苗均可作为枇杷砧木），嫁接后生长结果良好。

石楠（*Photinia serrulata* Lindl.）：嫁接后生长良好，根系发达，嫁接树寿命长、丰产，耐瘠薄，耐旱，耐寒。但是，初结果时，果实大小不一，肉质硬，着色差，风味淡，品质不佳，几年后逐渐变好。

赤叶枇杷（*E. deflexa* Hemsley）：耐寒力较差，适合于高温地区。

榅桲（*Cydonia vulgaris* Pers.）：嫁接后生长良好，适合于低温土地或较冷地区栽培。用榅桲作砧木可使枇杷矮化、早熟、丰产，但根系较浅，寿命短，不适合栽植在多风的山坡或高地。

以上砧木除榅桲可用于扦插繁殖外，其他砧木均用种子繁殖。砧木的培养同实生苗。

（2）嫁接方法及其嫁接苗管理。枇杷的嫁接一般采用枝接，包括切接、腹接、劈接和嵌接。小砧木多用切接或腹接，以1～2年生枝为好。大砧木多用劈接或嵌接，选用3～4年生砧木。近年来在福建用芽片贴接（贴芽接）、舌接等方法。

嫁接时期：在江苏、浙江、安徽等地大多在3月下旬至4月上旬进行枝接（切接和劈接等）；腹接在一年四季都可以进行；芽接须在砧木和接穗都容易剥皮时进行。

嫁接后管理：嫁接成活后，萌发的新梢叶大枝嫩，容易遭受烈日和大风的袭击。因此，嫁接成活后的苗木要注意遮荫，同时立支柱以防风折。

（3）压条繁殖。为保持枇杷优良特性，湖南沅江、福建莆田和江苏吴江洞庭山等产区，常使用高压繁殖的方式。压条繁殖成活率高（高达95%以上）；缺点是繁殖系数低，应用受到限制。

（二）造林

1. 造林地选择

根据枇杷的生物学特性及其对生态环境的条件要求选择枇杷林地，必须贯彻“适地适树适品种”的原则。枇杷中心产区是枇杷生态最适区域，气候条件一般都能满足枇杷生长发育的要求，林地选择时主要考虑坡向、坡度和土质、酸碱性等情况。但利用小地形、小气候和创造微环境条件也能满足枇杷的生长发育的要求。例如，北缘的江苏吴江洞庭山和安徽歙县的“三潭”就是利用小气候来选择枇杷林地的，由于太湖和新安江大水体的调节温度，以及气温的日较差、年较差小，所以成为我国枇杷著名产区。再如陕西的西乡县和城固县，纬度虽然较高，但由于秦岭对北方寒流的阻挡等因素，也能利用小气候环境栽植枇杷。选择阳坡和半阳坡、坡度在20℃以下造林。山顶、山脊、亢阳和土壤干燥的地方不适合种植枇杷。枇杷适合于土层深厚，排水良好，中性或微酸性，有机质含量丰富，含适量的N、P、K、Ca、Mn、Mg的土壤上生长。

2. 造林设计

大面积种植枇杷时必须进行造林规划设计，要坚持“先设计、后施工”的原则。设计内容包括：造林区（包括母本区、生产区、苗木繁殖区等）、道路、排灌系统；整地方式、季节和方法；苗木质量要求，品种搭配；造林方法、种植密度、排列方式；抚育管理；产品收获和利用。

3. 林地整理

枇杷园地包括土壤清理和耕作，目的是改善造林地环境和土壤结构，防止水土流失，方便造林工作，保证幼林成活，促进枇杷的生长结实。枇杷整地分为全园耕翻和局部整地，主要根据林地的地形地势、耕作习惯和水土保持条件来确定。全园耕翻整地适合于坡度较小、立地条件好及进行混种、纯林经营的地域。在坡度较大、立地条件较差的地域适合局部整地。局部整地有梯状整地、带状整地、块状整地和鱼鳞坑整地等多种形式。梯状整地是最好的水土保持整地方式，适合于坡度不太大的地域，先按等高线放样，按样线开梯。一般采用半挖半植的方式，将坡面一次性造成水平台阶。梯面宽度因林地坡度和栽培品种不同而异。坡度越大，梯面越窄。每梯种植一行枇杷。带状整地适合在坡度较大的地域，采用等高带状整地。沿等高线按一定宽度开垦，在开垦带种植枇杷，带与带之间不开垦，留作生土。块状整地适合于石山区坡度较大、土壤疏松的地域，在种植点周围整地。整地深度要求达30～40cm，一般栽植大小要求达1.0m×1.0m×0.7m。基肥施于栽植穴内。鱼鳞坑整地适合于坡度较大，石头多、土壤少的山地，沿等高线间隔一定距离挖坑，状似“鱼鳞”，因此而得名。在种植坑内整地。整地深度要求达30～40cm，一般栽植大小要求达1.0m×1.0m×0.7m。基肥施于栽植穴内。

4. 造林时期、密度和方法

（1）定植时期。华东地区多在春天雨季、清明期间定植，此时天气转暖，雨水充足，是栽植枇杷的最佳季节。华南地区12月至翌年2月均可。华中、西南地区在秋季或春季进行，以春季为好。

（2）定植密度。枇杷栽植密度应该根据品种、土壤、气候等条件来决定。一般按4m×5m株行距的密度，每公顷栽种450～600株。为提高土地利用率，在平地和缓坡地，土壤条件好，管理水平高的地方可实行计划密植（前期密植，后期稀植），定植时采用2m×5m株行距，行间留3m宽的间作带，种植绿肥或低秆经济作物，待树冠扩大至相互影响时，将临时植株移栽或间伐，使枇杷地永久性密度成为4m×5m的株行距。

（3）定植方法。同其他果树一样，枇杷定植都是利用苗圃培育的优良品种的嫁接苗或压条苗或实生苗，定点栽植在经过整理的地段上。山地应先筑梯田，做好水土保持工作，平地则采用低沟高垄或筑墩移植，降低地下水位。定植前，先挖定植穴，定植穴内施足腐熟的堆肥或土杂肥等，然后覆土。栽植时，在造林坑中，先挖30cm×30cm×30cm的穴，将枇杷苗的根部和根茎部放入穴中，使根自然舒展，再将细土填入穴中，填至一半时，将树苗稍稍向上提起，最后将剩余土全部填入，边填土边踩实。填土后浇透水1次，并在栽后1个月内保持土壤湿润。为了减少叶片蒸发，栽植前后应剪去一半的叶片。

（三）抚育管理

一般来说，1～3年生枇杷林为幼林，4～5年生以上的枇杷开始进入结果期，为成龄林，幼龄林抚育的目标是构建良好的树体和骨架，促进营养生长，并且积累足够的营养物质，为形成花芽和成林的丰产栽培奠定基础。成林抚育管理的目标是维护树体营养生长和生殖生长的平衡，实现丰产、稳产和优质。

1. 土肥水管理

枇杷园的土、肥、水管理，就是为了根系协调提供水、肥、气、热的外部条件，及时有效地供给根系适当的矿质元素、水分、氧气和热能。枇杷根系与其他果树相比，具有以下特点：无休眠期，周年活动。同地上部树冠比，地下部根系所占比例非常小，尤其是须根，单位根所担负的地上部供给量大。所以有“头重脚轻根底浅”之说。所以，加强枇杷园的土、肥、水管理是较为重要的一环。

（1）土壤管理。枇杷园进行秋耕和春耕，有保墒、保温、防止冻害的作用，又由于耕作时多结合果园施肥，所以有增强树势的作用。秋耕一般在10月下旬至11月上旬进行，耕翻深度在13～16cm；春耕宜在3月下旬进行，翻土深度在10～13cm。中耕除草是确保生长季节内土壤疏松，有利于保水、保土和保肥，为根系生长发育创造良好条件。每年中耕除草一般在6～8次，大多结合施肥、灌水或雨后进行。

（2）施肥。据分析，枇杷果实中氮、磷、钾的比例分别为0.89%、0.81%和3.19%，说明成年枇杷园需钾最多，氮、磷次之，三元素要配合适当，否则会影响枇杷果实的产量和品质。枇杷的需肥时期、需肥量与树龄、物候期及土壤条件有关，一般1年施3～4次肥，也有一年只在采果后或9月施肥1次。

• 基肥　在8月底至9月中旬，因为枇杷不能在秋末或早春施基肥，这一点与其他果树不同。在这两个时期正是枇杷开花及幼果发育期，均不能大量伤根。所以提前至现蕾前，正值根系生长高峰，伤根后有利于愈合及新根的发生，基肥应以有机肥为主，适当加入速效N肥（占总量1/3）。可以从树冠基部逐年向外挖放射状沟，诱导根系向外发展。该期施肥占全年施肥量的50%，以15年生树为例。每棵施肥标准为：人粪尿25kg＋尿素1kg＋饼肥3.55kg。也可在采果前施。

• 幼果期施肥　春梢抽生前，一般在2月中下旬。着重施P肥，以利于果实着色及糖分积累。施肥量占全年的20%，全部用速效复合肥，施肥量按15年生树，每株施人粪尿25kg＋2kg过磷酸钙。

• 采果肥　果实成熟前后施用，晚熟品种果前施用，以恢复树势，促进花芽分化，保证翌年产量。多施速效肥，占全年施肥量30%。也有将此次肥作基肥，如前所述。

• 花期肥　在有冻害的地区（或受冻害的当年），开花前的10～11月要追施1次氮肥，增加10%～20%的钾肥，可延长花期，提高幼果的抗冻能力。施肥量为全年需肥量的20%，每株施肥25kg、草木灰5～12kg、尿素0.25kg。

对于未结果幼树，一般年施1～2次，此时只有枝梢的生长及树冠的扩大，应以基肥为主，秋末或春初施入腐熟的农家肥。

（3）水分管理。正常情况下，我国南方多数枇杷产区自然降水的年周期与枇把需水年周期基本一致，能满足枇杷生长发育需要。3～6月果实发育期，雨量充足，采果后的少雨季节利于花芽分化，不需灌水。

冬季土壤干旱易引起或加重枇杷冻害，所以，在有冻害地区应及时灌溉，从而提高土温，减轻或避免冻害。灌水方法一般采用沟灌，或喷灌、滴灌。枇杷虽然要求较多水分，但枇把根系浅，最忌渍水。水分过多，极易使枝条徒长，花芽分化困难，果实着色不良，甚至落果。所以，在降雨多的地区或年份，特别是5～6月，正值枇杷成熟季节，要做好果园内排水。

2. 整形修剪

为了调节树势、重新合理分配水分和营养物质，使营养生长和生殖生长协调发展，达到连年丰产的目的，需对枇杷树实行合理的整形修剪。自然生长的树，20～30年后树冠高大，大枝密挤，内膛空虚，结果部位外移，易受凉害和风害，产量和品质下降，大小年现象严重，管理也不方便。整形修剪的目的是调整树冠结构，降低干高和冠高，促进内堂结果和立体结果，保证年年丰产。

（1）整形。枇杷若任其自然生长，中心干明显。根据这一特性，生产上常用有3种树形：主干分层形、双层杯状形和变则主干形。

• 主干分层形　是目前应用最多的树形。利用树体自然特性，稍加修剪，中心干明显。2年生苗木栽植后，每年培养一层主枝，每一层3～4个主枝，共3～4层为止，每个主枝上留有2～3个副主枝。干高30～50cm，层间距50～60cm，成形后，最终将中心干去除。这种树形对树势直立性强的品种均适用。

• 双层杯状形　适宜干性不强的开张性品种。干高30～60cm，第二层距第一层1.0～1.5m，成形后顶部中心干落头开心。幼树可在两层之间增加一个过渡层，以后逐渐疏除。结果母枝较多，树冠低，产量高，操作方便。

●变则主干形　集上述两种树形的优点。干高30cm，层距30～45cm。每层1～2个主枝，成年树共4～5层，幼树可5～6层，主枝上配置侧枝，侧枝上再配置结果枝组。特点是叶片多，光照好，结果枝组更新容易。

（2）修剪。枇杷的修剪重在结果枝组及结果母枝的配置及培养上。

●结果枝组的配置　主侧枝上的结果枝组，基部较大，先端较小，基部间隔大，一般40～60cm，先端间隔小15～20cm；有交叉的枝组从基部疏除或适当回缩，生长势强或徒长枝应从基部或靠近结果母枝处回缩，剪口芽留2个。

●结果母枝的培养与更新　枇把的产量与结果母枝的数量及其上叶片的数量成正比。故宜多培养健壮多叶的结果母枝。在采果后半月内完成修剪，剪口下萌发的夏梢多能成为良好的结果母枝。连续结果的结果母枝，数年后易成为细长光腿枝，结果能力差，应适当回缩、更新。多年生结果母枝一般应从基部或有不定芽处回缩，剪口处发出数根新梢中选留2根，方向不同。

3. 花果管理

枇杷成花容易，如果管理不善，易造成大小年结果，果实小，质量差，影响树势。生产上通过疏花疏果疏除去过多的花和果，可以克服或缩小大小年幅度，提高果实商品价值。

（1）疏花穗。从养分的角度出发，疏果不如疏花，疏花不如疏花穗。疏穗应首先将全树上生长较弱的细小花穗及过密花穗，于10月上中旬疏除，中心枝上花穗大，开花早，着果大，在冬季无冻害地区，注意保留这部分花穗，副梢的花穗应疏除；有冻害地区，中心枝上的花首先受到冻害，所以中心枝上的部分花穗应疏除，副梢上留30%花穗。一般来说，疏除花穗总量的50%，对产量影响不大，如果处理得当对果实品质提高非常有利。

（2）疏花。一个花穗有花50～200朵，过多的花将浪费许多营养。在无冻害地区，每穗只留10朵左右早开的花，其他多余花疏去，可使枇杷成熟期显著提早，利于果实肥大。在有冻害地区，疏除花序上半轴上的花，可以延长花期，避免冻害的发生，提高座果率。

（3）疏果。疏果时期，越早越好。在长江流域，3月底至4月初果实进入迅速发育期，所以应在3月中旬前进行疏果、定果。同时，结合考虑气象因子，在有冻害的地区，一般在危害温度（－3℃以下）过去1周后再定果，最迟不能晚于3月下旬。疏果标准依树势、品种而定。浙江塘栖农民留果口诀是“大果幺二三，中果四五六，小果八九十”。也就是说，对于大型果，如大红袍等品种每穗留2～4果；中型果，如软条白沙、照种、长柄扁核等品种每穗留3～6果；小型果，一般每穗留6～9果。另外，树势衰弱时，应减少留果量。同时疏去病虫果、冻害果、小果，畸形果等。

（4）套袋。枇杷成熟期间，易遭受鸟类、病虫危害；雨过天晴，容易裂果，为此常常要进行套袋保护。套袋后的果实，外观优美，色泽鲜艳，且袋内温度高，可促进果实早熟。套袋结合最后一次疏果进行，一般在3月中、下旬。果袋可用旧报纸，也可用硫酸纸、牛皮纸等材料制成。

六、病虫害防治

（一）病害防治

1. 癌肿病

主要发生在枝干上，叶、芽、果上也有发生，产生溃疡状，在枝干上发生则有轮纹，表皮粗糙，且膨大呈癌肿症状。病原菌在叶的病斑或枝干的患病部位越冬，经过雨水传染，多数由虫害、风害或其他机械创伤引起。由于食心虫的危害，加之过多雨水，发病尤为严重。树势衰弱的，将加重该病的发生，为枇杷最严重的病害。

防治方法：加强苗木检疫，防止带病苗木的传入；加强栽培管理，增强树势。套袋前、抹芽后、采果后和修剪后喷0.6%等量式波尔多液。4月、9月各检查1次枝干，发现病斑，及时用利刀将病部刮尽削除，并涂上链霉素糊剂。被害枝条、苗木及枯枝落叶应集中烧毁。

2. 叶斑病

我国枇杷产区大多有叶斑病分布，是枇杷最主要的病害。危害叶片时，受害叶片僵化变小，影响树势和产量，严重的可以导致早期落叶、树势衰弱。常见的叶斑病有灰斑病、褐斑病和角斑病。

防治方法：综合防治，加强栽培管理，提高树体抗病能力；及时清园，集中烧毁病叶；梅雨季节做好果园排水工作，疏除过密枝条，使果园保持低湿，通风透光，可抑制病菌的繁殖和蔓延。药剂防治，在春、夏梢生长期，每隔 10 ~ 15d 喷 1 次药，如 70% 甲基托布津可湿性粉剂，苯来特 50% 可湿性粉剂，波尔多液等。

（二）虫害防治

1. 黄毛虫

为枇杷的专食性害虫，遍及我国广大枇杷产区。主要危害叶片，也食枝梢皮层及果实。主要以 1 ~ 2 龄幼虫危害，先食嫩叶，留下表皮，然后吃老叶，吃光叶片再吃枝皮、花蕾及果皮，严重时造成无叶、无花、无果的光壳树现象。成虫颜色和树皮相近，早晚活动多，白天倒贴在枇杷树的主干、主枝上，不活动。幼虫初时淡黄色，后变黄绿色，越冬代幼虫多在树干基部或附近灌木丛中结茧化蛹。1 年发生 3 ~ 5 代，发生高峰期多与抽梢时期一致，5 ~ 9 月最严重。

防治方法：人工捕杀 利用成虫白天倒贴在主干、主枝上休息的特性，人工捕杀，这种方法最有效。冬季清园同时，将树干基部的虫茧集中烧毁。化学防治：用杀虫剂喷布，如溴氰菊酯 4 000 ~ 5 000 倍液或 Bt 乳剂 500 ~ 1 000 倍液，于黄毛虫各代幼虫阶段的幼龄期喷杀。

2. 梨小食心虫

该虫是多种果树的害虫，在枇杷上主要危害枝干，也危害果实。危害新梢及采果痕、抹芽痕、剪口痕等柔软及受伤部位。吃食过的地方容易导致癌肿病菌的侵入，会显著助长癌肿病的蔓延，所以该虫要和防病结合起来防治。幼虫蛀入表皮内，食害皮层，可侵入本质部，被害处呈腐烂状态。随着幼虫的长大，被害部逐渐扩大，形成直径 4 ~ 5cm 的圆形或不规则斑块，苗木或小枝的皮部常全部被蛀断，导致水分不能向上输送，最后枯萎死亡。危害春芽或夏芽抽生的新梢时，使新叶不能正常展开。果实被害，由果蒂处蛀入果内。

幼虫初孵时为乳白色，老熟后变成淡红色，体长 12mm 左右。蛹纺锤形，黄褐色。长 7 ~ 8mm，黄白色。一年发生的代数随气温而异，一般 1 年发生 3 ~ 6代。最后一代老熟幼虫在树皮伤口中越冬，翌春化蛹，不久羽化。

防治方法：用敌敌畏煤油乳剂涂于受害枝干的虫蛀处。在有癌肿病发生的果园，要随时刮除被害处死皮、虫粪、害虫，并在刮后涂布 1 500mg · kg^{-1} 链霉素加 5% 的巴丹水剂。

3. 天牛

天牛为杂食性害虫。危害枇杷的天牛有多种，如星天牛、褐天牛、桑天牛及枇杷天牛等。各种天牛的生活习性不同，但都以幼虫先在树皮下蛀食，后进入木质部或髓部蛀食，每隔一定距离向外钻孔，排出粪便。枝干被蛀空后，风吹易折，而且造成树势衰弱，甚至全株枯死，危害甚大。

防治方法：将新近受害的树梢剪除，并烧毁。在成虫羽化期，根据不同种类，掌握适宜时机，人工捕杀成虫，发现有新的产卵刻槽，及时用锤子锤卵，稍晚后，可用小刀在产卵槽附近挑出小幼虫，将其杀灭。用铁丝或小钩从最后一处排粪孔插入蛀道，刺杀或钩杀幼虫。注入药剂：新近采用 50% 青虫菌液，用注射器注入洞口，然后用黄泥封闭洞口，可以杀死蛀道内幼虫，安全可靠。也有采用磷化铝药片熏杀：将一片药分成 3 份，取一份塞入蛀洞内，封闭所有洞口，并在塞药的洞口抹以黄泥，药片遇水后即分解出具熏杀作用的气体，可用于杀灭各种蛀干性害虫。对植株无药害，效果极佳。

4. 黑毛虫

严重危害叶片，从 8 月中旬起检查叶背，发现有卵块或群集危害的幼龄虫及时捕杀，或在幼虫期喷布 50% 杀螟松 1 000 倍液或其他杀虫剂。幼虫于秋季入土化蛹。可以在冬季于被害树附近行冬耕，或放家禽啄食，也可杀灭。

5. 枇杷毒蛾

食叶性害虫，其卵相集成块，着生于叶背面。6 月和 9 月发现时，及时杀灭，并利用其群集性，人工捕杀幼虫，幼虫期也可用上述杀虫剂。

6. 木蠹蛾

危害 1 ~ 2 年生枝梢，发现枝梢发黄或风折，立刻剪下，挖出幼虫杀灭。

7. 金龟子

杂食性食叶害虫，有时发生，可用 25% 西维因 300 倍液喷叶防治，或灯光下置水缸诱杀。

8. 蓑蛾类

食叶及食树皮，以人工摘除护囊杀灭及在幼虫未作护囊前（6 ~ 7 月份），用杀灭菊酯等杀虫剂防除。

9. 刺蛾类

危害叶片，冬季消灭树干或周围的茧壳，幼虫期用上述杀虫剂防治。

10. 蚜虫类

可用 40% 氧化乐果 2 000 倍液或灭蚜磷 200 倍液，稻丰散 1 000 倍液或烟叶石灰水（烟叶 0. 5kg，石灰0.5kg，水25～30kg，分别将烟叶和石灰加水浸泡过滤后混合，立即喷用）杀灭。

11. 介壳虫

在若虫孵化期，喷布硫酸烟碱1 000倍液，有良好效果，或喷布1%柴油乳剂。越冬代在枝干上发生时，可于12月至翌年1月，喷涂50%蒽油乳剂30倍液或松碱合剂10倍液。还可以利用天敌（寄生菌、寄生蜂、瓢虫等）防治，效果很好。

另外，地衣苔藓在枝干上寄生，严重时可使大树枝条枯死，生长势弱的树易被寄生。消灭地衣、苔藓最有效的办法是用松碱合剂（3份松脂，2份纯碱，10水份煎制），或用松针碱合剂（新鲜松针10份，纯碱5份，水10份煎制）或用1%的等量式波尔多液喷射均有良好效果。

七、采收贮藏与加工利用

1. 采收

（1）果实成熟度。果实在成熟前2～3周迅速膨大，随之绿色减退，果皮转黄，红肉品种逐渐呈现出橙红色。枇杷果实的风味，多以完全成熟时最好。但是，进入市场销售时，如果在树上已经充分成熟，由于枇杷果较难保鲜贮藏，容易损伤和变质，因此，一般在充分成熟前稍早些时候开始采收。过早采收，则酸多糖少，风味不良。当然，过晚采收容易导致溃烂，影响枇杷商品价值。把握好成熟度和市场，适时采收至关重要。枇杷果实成熟度可以依据理化指标（如果实硬度、含糖量、糖酸比等）来确定。

（2）采收适期和成熟期。枇杷的采收适期很短，过早风味不良，过晚过熟品质下降，且易从果梗脱落，导致落果，所以要尽早预测采收适期，做好各种准备。

研究表明，果实前期发育高峰的平均气温与采收期有极大关系，可以依此预测采收开始日。日本学者研究认为，4月下旬的平均气温在18℃以上，那么从5月份开始采收枇杷；如果4月下旬气温在17℃以下时，则必须到6月份才能采收。因此，可以通过调查上一年4月下旬的气温与实际采收日期，再以当年4月下旬的气温与上一年相比，预计当年的采收期。

另外，枇杷的成熟期，受品种、气候、地势、土质、肥料、修剪等因素影响。品种不同，成熟期不同，如早熟、中熟、晚熟品种，受遗传因素决定，是枇杷固有特性。即使同一品种、同一株树上不同部位，成熟期也有差别，一般来说，树冠内部的果实成熟较迟，树冠外侧的成熟较早，尤以树冠上部的成熟最早。甚至同一果穗上，由于开花有先后，成熟期也不一致。气候对成熟期的影响非常显著，一般暖地较冷地早熟。地势对成熟期的影响，主要是由于光照和温度引起的，光照良好的南坡，比北坡早熟，坡地的下部较上部早熟，近水地比无水地早熟。此外，沙土地早熟，黏土地迟熟；近成熟期多施氮肥者，会推迟成熟期。综上所述，枇杷采收应分批进行。一般从树冠外围向内，从上到下，依次采收。

果实的成熟期，可根据各品种特有的色泽（淡黄、淡橙黄或橙黄、橙红等）、口尝、糖酸比和呼吸跃变期等综合判断。近年江苏对枇杷色素进行了研究，果实的颜色与色素的组分和含量有密切的关系。还与黄酮类物质有关。

（3）采收方法及要求。我国各枇杷产区多采用人工采收。修枝剪、竹篓、摘棒、梯子等工具。枇杷果梗柔软，用手折取即可。但用手折取时，果子易受机械伤，所以最好用修枝剪采摘，在癌肿病多发园，手采后发病重，用修枝剪情况好得多。我国枇杷产区，多数没有进行细致的整形修剪，因此，树体较大，采收时需要借助梯子辅助采摘。采收枇杷时，大果品种单个采，中小果整穗采。枇杷果面的茸毛对果实贮藏保鲜有较大影响，采收时一般不用手直握果实，以免擦去果面茸毛，同时，要轻拿轻放，以免造成果实的机械伤。

有些地区采收期适逢多雨季节，由于枇杷采收适宜期较短，即使有雨也必须采收，完熟后遇雨，果实易从果梗脱落，或果面产生龟裂，大大降低了商品价值，同时，货架寿命大大降低。下雨采收的果实，要及时将果实阴干或用风扇吹干，除去表面水分。

晴天采收的果实，因温度高，采收后，必须立即送到阴凉处，散去田间热，然后再进行整理、选果工作，果实温度下降后，再包装。因枇杷果实柔软多汁，果皮又薄，遇到采收期高温，极易造成果实大量损坏，故采收后，必须避免日晒，置于冷凉的场所。

2. 保鲜贮藏

（1）保鲜贮藏。在自然条件下，枇杷果实不耐贮藏。因此，枇杷的贮藏保鲜一直是难题。同时，枇杷成熟时正值每年5～6月份（暖地4～5月份），此时气温较高，各种枇杷几乎同时上市，供应集中，很容易造成大量烂果。近年来，随着科技、设备和贮藏条件的改善，对枇杷进行短期或中期贮藏还是有效的。在枇杷贮藏中，温度影响最大。因此，在采摘过程中尽量避免高温时段，供贮藏用的枇杷果实，一般应在早晨采收，采后立即贮藏。对于家用少量贮藏，可选用成熟度适中（完熟前几天采），轻摘轻放，新鲜果实完好，可用竹篮挂在室内避光处，存放15d以上。贮藏较多时，利用地下室、隧洞或山洞的低温把枇杷连同竹筐排列于洞内，不可重叠。白日关好洞口，以免外部热空气进入；夜晚打开，将内部热气散出，一般可贮藏半个月左右。利用低温冷库可以大量贮藏枇杷：将早晨采收的果实立即送进0℃左右的冷库内，使果实温度迅速下降到2～5℃，然后转送到普通通风库，保持较低温度，一般可以保鲜20d左右。如果利用气调贮藏结合低温库保鲜效果更好：气调贮藏时保持CO_2浓度在2%～3%，O_2在3%，同时要适当控制乙烯浓度、保持库内温度稳定在1℃左右，注意通风，并保持一定的湿度，以减弱果实呼吸量，延长贮藏期。这种贮藏时间最长，一般可贮1～2个月。如果采用药剂处理后冷藏，可保存更长时间。方法是：取成熟适度，果梗、果面完整，无机械外伤、压伤的鲜果，在250mg·kg^{-1}的多菌灵溶液中浸泡2～3min，取出阴干，用聚乙烯塑料袋包装好，然后在6～8℃的低温库中，经过50d仍可以保持枇杷果实香甜可口，类似鲜果；90d后，仍然具有良好风味。一般来说，中晚熟品种较早熟品种耐贮藏，如中晚熟的大红袍、宝珠等较耐贮藏。

（2）运输销售。枇杷上市多为高温、高湿季节（5～7月份），平均气温多在20～25℃，在这样的气温条件下，完熟的枇杷5d左右就会腐烂变质，商品价值急骤下降。枇杷采后，呼吸强度高，常温下贮藏很难保持它的新鲜度、品质和风味。因此，运输过程中采用冷藏车船，保持低温条件下运送可大大减少耗损，保持新鲜。在采用冷藏系统运输、贮藏和销售时要注意通风、换气。

由于我国枇杷产区广，成熟期相差较大：广东、广西、福建、云南、贵州、四川大多在4月下旬至5月中旬成熟，而安徽、浙江及长江中下游产区大多在5月下旬至6月中旬成熟（有些年份可能在6月下旬成熟），因此，销售价格和市场情况是有变化的。

2. 加工利用

枇杷叶是传统中药，果实可以鲜食，也可加工成各种加工产品，因此，枇杷的果实、叶、种子、树皮和根所有部位都可以作为加工原料或药用。

一般来说，枇杷果实可以加工成罐头、果汁、枇杷酱、枇杷酒、果脯等产品；枇杷叶、花蜜、干花、根及树白皮等皆可入药或制成枇杷叶膏、枇杷露、枇杷叶冲剂等。

（1）枇杷糖水罐头。工艺流程：原料选择→热烫→去皮去核→分级→漂洗→罐装→注汁→排气→封罐→杀菌→冷却贮藏→检验→成品。

原料要求：要求果实新鲜，无病虫害，无机械伤；圆形果要求横径3cm以上，长行果要求2.8cm以上。

产品质量要求：果肉要求橙黄、橙红或黄色。同一罐内要求一致。果实大小均匀，肉质软硬适中。其他要求应符合国家对水果罐头的相关标准。

（2）枇杷汁。工艺流程：原料选择→取肉→预煮→打浆→榨汁→配料→均质→加热装瓶→封口→杀菌→冷却→成品。

原料要求：要求果实新鲜充分成熟，用1%盐水或0.1%的高锰酸钾溶液清洗消毒，或利用制罐所剩的破碎果肉，同时加入适量的砂糖和柠檬酸。

质量要求：成品呈橙黄色，具有枇杷汁应有的风味，汁液混浊均匀。原果汁含量不低于45%，可溶性固形物为17%～20%，柠檬酸0.5%。

（3）枇杷酱。工艺流程：原料选择→预煮→破碎打浆→浓缩→装罐密封→杀菌→冷却→成品。

原料要求：要求果实新鲜充分成熟，用1%盐水或0.1%的高锰酸钾溶液清洗消毒，或利用制罐所剩的破碎果肉，去皮、去核，同时加入适量的砂糖、琼脂和柠檬酸。

质量要求：成品呈橙黄色或金黄色，具有枇杷应有的风味，呈粒状不流散，无汁液分离，无糖结晶，稍有韧性，可溶性固形物不低于65%。

（4）枇杷酒。工艺流程：原料选择→去核、破碎、打浆→加入充分活跃的酵母菌→主发酵→压榨取汁→后发酵→陈酿→添桶→换桶→成分调整→无菌（或杀菌）装瓶。

（5）枇杷叶膏。工艺流程：原料选择→除去叶面绒毛→喷水湿润→切丝→加水煎煮→过滤→合并滤液→滤液浓缩至相对密度1.2～1.25→浸

膏 → 浸膏中加入蜂蜜或砂糖混匀 → 浓缩到规定的相对密度 → 包装 → 成品。

原料处理：枇杷叶全年均可采摘。晒至七八成干时成小把，再晒干备用。以完整、色灰绿者为佳。

质量要求：本品为黑褐色稠厚的半流体，味甜、微涩。

枇杷叶膏具有清肺、止咳、化痰之功能。用于肺热咳嗽、痰少咽干等症。

（6）枇杷露。工艺流程：原料选择 → 除去叶面绒毛 → 喷水湿润 → 切丝 → 加水 → 蒸馏 → 取蒸馏液 →成品包装

原料处理：枇杷叶全年均可采摘。晒至七八成干时成小把，再晒干备用。以完整、色灰绿者为佳（同枇杷膏）。

枇杷露具有清肺、止咳、和胃、下气、降火、化痰等功效。用于治疗肺热咳嗽、痰多、口渴等症状。

（丁之恩）

28. 山　　楂

山楂（*Crataegus* spp. L.）属蔷薇科山楂属（*Crataegus* L.）植物，俗称红果、山里红等。是我国原生的特有果树之一。山楂含有丰富的营养物质，据北京食品研究所对山楂、苹果、梨、桃、葡萄、柿、柑橘、香蕉、荔枝、菠萝等10种水果的13种营养成分的分析，山楂的8种营养成分占第一位，这8种是干物质、碳水化合物、热量、无机盐中的钙和铁、维生素A、维生素B、维生素C，山楂果实中维生素C的含量在所有果实中是比较高的，是苹果的17倍，仅次于枣、猕猴桃和刺梨，果胶含量也是果品之首。

山楂有广泛的药用价值，山楂作为药用，公元5世纪20年代的《本草经集注》中就有记载。以后历代的医药家对山楂的药用性能均有详细的记述，山楂可入肝、脾、胃三经，具有消积散热、防暑降温、提神醒脑、帮助消化，增进食欲等功能。以山楂为主要原料制成的山楂丸、山楂糕、山楂冲剂、山楂化积散等中成药，对几十种常见疾病和疑难病症有防治效果。20世纪50年代，一些中外学者发现山楂有黄酮类物质和三萜类物质，这些物质具有增强心肌收缩力，扩大心室、心房的运动振幅，增加冠心血液流量，防治心血紊乱等作用，并有降低胆固醇、血压、利尿和镇静的作用。

山楂的果实不仅适于生食，而且具有良好的加工性能，能制山楂片、山楂酱、山楂酒、山楂冰糖葫芦近100种，人们把山楂及加工品称为“保健食品”。山楂耐旱、耐寒、耐瘠薄，对土壤要求不高，在广大山区、丘陵、坡地生长良好，利用丘陵山地发展山楂对增加林农收入，扩大对外贸易，加速我国全面进入小康社会都具有重大意义。

山楂为我国古老果树，已有3 000年的栽培历史。新中国成立前作为“小杂果”的山楂栽培管理粗放、产量低、品质差，新中国成立后栽培水平得到了很大的提高，特别是20世纪70年代中期以来，随着我国营养科学和医药科学的发展，以及食品结构的变化，人们对山楂的营养价值和保健作用认识的日益提高，山楂则成了我国三大新兴果树之一，出现了全国的山楂热，山楂总面积达40万hm^2，产果量3亿kg以上，随后由于加工技术跟不上，在我国出现了山楂供过于求的局面，挫伤了群众的积极性，栽培面积有所减少，但随着人民对山楂营养成分和药用价值的进一步了解，及加工利用技术的不断提高，发展前景还是很广阔的。

一、主要物种

山楂属蔷薇科苹果亚科山楂属植物。在我国种类很多，已正式定名的有17种，即山楂、野山楂、云南山楂、辽宁山楂、陕西山楂、华中山楂、甘肃山楂、光叶山楂、中甸山楂、橘红山楂、裂叶山楂、阿尔泰山楂、准噶尔山楂、绿肉山楂等。

1. 山楂（*Crataegus pinnatifida* Bunge）

别名红果、山里红等。乔木，大果。有较高的经济价值，是目前生产栽培利用最多的一种，有很多优良品种都来自该种，主要分布在吉林、辽宁、河北、河南、山东、山西等地。

2. 野山楂（*C. cuneata* Sieb. et Zucc.）

别名山林果、小叶山楂、毛叶山楂、花叶山楂灌木，叶小，形状特殊，果色不一，有红、黄、绿等多种果的大小也不一样，含种仁率高，可做矮化砧木。河南、陕西及长江流域以南各地都有分布。

3. 湖北山楂（*C. hupehensis* Sarg.）

别名牧虎梨、猴楂。树体一般较高大，小乔木到乔木。果实较大，果实品质较好。种子含仁率高，主要用做砧木。另外木材也很好，纹理细腻，质地坚韧，不变形，是制作各种家具的优质材料。

4. 云南山楂［*C. scabrifolia*（Franch.）Rehd.］

它是山楂植物中的较特殊的一个种，其树体高大，高者可达20m。叶全缘不分裂。果实以黄色为主，少有红色，果大。主要分布于云南、贵州、广西，湖南、广东部分山区也有分布。

除上述4个主要种之外，在我国分布的还有陕西山楂（*C. shensiensis* Pojark.）、华中山楂（*C. wilsonii* Sarg.）、滇西山楂（*C. oresbia* W. W. Smith）、毛山楂（*C. maximowiczii* Schneid）、辽宁山楂（*C. sanguinea* Pall）、中甸山楂（*C. chungtienensis* W. W. Smith）、甘肃山楂（*C. kansuensis* Wils）、阿尔泰山楂［*C. altaica*（Loud.）Lange］、裂叶山楂（*C. remotilobata* H. Raik. ex Popov）、绿肉山楂

(*C. chlorosarca* Maxim.)、准噶尔山楂（*C. songorica* K. Koch)、橘红山楂（*C. aurantia* Pojark.）等多种。各种山楂果实均可生食和加工，入药有散淤、消积、化痰、解毒、止血等功效。

二、主要栽培品种

我国山楂的栽培利用历史悠久，各地经过选择培育出了大批优良品种和类型，现介绍如下：

1. 山东大敞口

主产山东省的鲁中山区。树势强健，树姿开张，枝条粗壮，叶大浓绿，萌芽力偏低，成枝力中等；适应性强；产量高，每个果序结果多，多者达20多个；果大，每千克80～100个，果顶平宽，萼筒深陷，筒口宽敞，故叫“敞口”，果皮鲜红，具蜡光，果点白色，小而密，果皮较薄，果肉白色至粉红色，有青筋，肉质致密；味酸甜，爽口，略具芳香，品质极上。10月中旬成熟，耐贮运。

2. 山东大金星

主产山东费县、沂南、临沂等地，现全国各处均有引种栽培。树势强健，树姿开张，树干暗灰色，枝条粗壮，1年生枝红褐色，多年生枝灰色，叶片大而厚，浅裂有光泽；适应性强，山地、平原、海滩、沙滩栽培反映良好；果实呈扁圆形，紫红色，具光泽，果点圆形，特大，故名“大金星”；果大，一般每千克60～80个，果肉粉红色，散生有红色小点，质硬致密。品质上等。果实耐贮藏，一般可贮到翌年清明节以后。

3. 豫北红

主产河南北部山区，其中以辉县、林县栽培最多，是清康熙年间辉县后庄乡一村民从山东带来接穗在当地嫁接，经扩大繁殖形成的品种，1980年定名。树姿开张，成枝力强，树势中庸，连续结果能力强，适应性强，丰产稳产。果近圆形，皮鲜红色至紫红，光滑美丽，果点灰白色，果较大，每千克90～110个，果肉粉红色，质密，味酸而甜，品质中等偏上。10月上旬成熟。

4. 辽红

原产辽宁省辽阳市，于1982年定名。树势强健，成龄树姿开张，多呈自然半圆形；结果能力强，果实大而且鲜艳美丽；果扁圆形，果肉呈红或紫红，味较甜，肉质细，风味浓，适于生食，曾在1978年和1981年全国山楂果实鉴评会上获第一名，但果实不太耐贮藏。

5. 山西粉口

主要分布在山西绛县等地，湖北、河南、陕西、河北等地均有引种，表现较丰产、早结。树势健壮，树姿开张，呈自然圆头形，萌芽力中等，发枝力强；连续结果能力亦强；果实圆形，深红色，有光泽；果肉粉红色，有香气，品质好，且耐贮藏。10月上旬成熟。

6. 大绵球

主产山东费县、平邑等地。树势强健，发芽力和成枝率均高，座果率高；结果早而高产稳产；果实扁圆形橘红或橘黄色，果个较大，每千克60～80个，成熟期早。在湖北西北山区9月中旬已充分成熟，能提前供应市场，而且香甜、品质优良。

除以上介绍的6个主要优良品种之外，现在全国推广的还有西丰红、山西朱砂红、北京大金星、大红袍、燕瓤红、白瓤绵、红瓤绵、大货、大旺等。近年来广大果树科技工作者又先后选育出“奥特”、毛红子、甜红子、西红子、马刚红、寒丰、大黄红子、小黄红子、算盘珠红子、“辐早甜”、沂楂红等，可以在相关区域发展。

三、生物学特性

（一）生态习性

1. 温度

山楂对温度的适应范围广，它能忍受－36℃的低温，也能忍受40℃以上的高温，但以年平均气温为4.7～15.6℃，年积温（≥10℃日平均气温之和）为3 000～4 500℃为好，其中以年平均气温12～15℃的地区栽培为最好。

2. 光照

山楂是一种喜光性强的果树，其平均光照时间应在每天5h以上，少于3h则不结果，露光结果带的光强，应在3万lx以上，1.5万lx左右的遮荫部位结果较少，少于1万lx就不能结果。

3. 水分

山楂原产我国黄河以北的干旱少雨地区，具有较强的抗旱特性，安全湿度的土壤含水量为9%左右，萎蔫湿度的土壤含水量为7%左右，干旱致死湿度的土壤含水量为6%左右。山楂虽然具有较强的抗旱特性，但就近年早结丰产栽培的实践看，干旱季节给予适当的灌水可以明显的提高产量和改进品质。

（二）生长发充

1. 枝干生长

山楂多为小乔木，树高4m左右，是一种顶端优势强、主干明显的果树。其芽具有较强的萌发力，但成枝力弱，据对大量标准地抽样调查，长旺枝（30cm以上）很少，不到1%，长枝（15～30cm）也只占2%左右，中短枝（5～15cm）占10%左右，短枝（1～5cm）占20%左右，而叶丛枝（1cm以下）却占70%以上。山楂新梢生长有一定的节奏，幼年树可多次生长，盛果期树一般多为一次生长。

2. 根系生长

山楂多数属浅根果树，其垂直分布不到1m，80%的根系分布在20～50cm的土层中，但水平分布广，一般为树冠的3倍以上。山楂的根具有较强的再生能力，断根后能长出大量新根，同时极易发出大量的根蘖苗。山楂的根系没有自然休眠期，但一年中有3次生长高峰，在北亚热带地区，第一次高峰在3月上旬至4月上旬，第二次出现在5月下旬至6月中旬，第三次出现在10月上旬至11月中旬。

3. 开花结果

（1）露光结果特性。山楂是一种强喜光果树，对光照的要求较高，果实大都结在树冠外围露光的部位，占总果树数的80%以上。

（2）顶端结果特性。山楂的花芽为混合芽，多着生在结果母枝的顶端或其顶芽以下1～4个节位上，花和果则都着生在结果枝的顶部。

（3）中、短壮果枝结果特性。山楂一般以粗壮的中果枝（5～15cm）结果为主，经过实际调查，像大敞口、粉口、山东大金星等品种，中果枝结果的占80%以上，短果枝（5cm以下）占20%左右，长果枝（15cm以上）极少。

（4）连续结果的特性。山楂结果枝上的果实在生长发育的同时，下部的芽又能形成花芽，果实采收以后，这个结果枝便又成为第二年的结果母枝，一般能连续2～5年，多者可达7～9年，这是其他果树很少见到的，因此山楂的产量高，同时大小年也不明显。

（5）结果能力强的特性。山楂树极易形成花芽，其营养枝容易向结果枝转化，早结性能、丰产性能都强，不需要采取特殊措施，嫁接后两年都可大量开花，山楂的花芽分化一般是8月中下旬开始到第二年3月下旬，最迟到4月上旬结束。同时山楂自然授粉、自花授粉能力都很强，座果率也较高，在一般情况下，自然结实的座果率可达16%～18%，自然授粉座果率可达18%～24%。山楂也可不经过授粉受精而结实，即单性结实，其种核无仁。

四、栽培技术

（一）苗木繁殖

1. 嫁接苗培育

目前山楂育苗的主要方法是嫁接育苗。嫁接育苗一般采用湖北山楂和野山楂做砧木。湖北山楂是乔化砧和半乔化砧，用它做砧木培育的苗木健壮、树体较高大、产量高，特别是抗白粉病能力较强。野山楂为矮化砧，用它做砧木培育的苗木建园结果早，但树势较弱，易感白粉病。

山楂的嫁接一般采用切接、劈接、腹接及T形芽接等。

2. 砧木的培育

培育山楂嫁接苗与柑橘等其他果树不同，最大的困难是栽培种的种子无核仁，发芽率极低，只能用野生的果实种子育砧木，但野生山楂种子不易发芽，一般要经过两个冬季以后才能萌发，这主要是由于山楂种壳坚硬而厚，且胶质多，缝合线紧，气孔小，骨质致密，种壳难开裂，水分、空气渗透十分困难所造成的，目前解决这一问题的常规方法是进行长时间的层积贮藏。近年来，人们为了快速培育山楂苗，采取了一些特殊的措施，使山楂种子能在短时间内发芽出苗。主要方法有：恒温层积处理：即将种子与沙混和，加水搅拌，放在25～30℃的恒温箱中，及时喷水，保持种子湿度在最大持水量的80%～90%，处理30d后再常规贮藏，翌年春播种即大部分会萌发出苗。水浸暴晒处理：10月中下旬将山楂种核水浸7d，然后摊放到石板、铁皮或水泥面上暴晒1d，晚上又用冷水浸泡一夜，第二天再晒，如此重复多次，待种壳有70%左右开裂时进行贮藏，翌年即可出苗。马粪常温处理：10月上旬将1份种子和4份马粪混和，加水呈饱和状态，上盖5cm的粗砂，入冬前灌水1次。

培育山楂砧木苗除采用实生播种之外，目前在生产中还有：归圃培育砧木苗、扦插培育砧木苗、“走马上任”培育嫁接苗等多种。

良种壮苗的规格：山楂苗出圃要有一定的规格，要求根系好，茎干粗，芽体饱满，无病虫害，具有一定的高度，具体标准见表28-1。

对于新发展山楂园，宜选用自育苗或近距离购买，需从外地购苗时，必须做好根系保湿工作，可先蘸泥浆，再用塑料袋，最外用麻袋或草袋包装运输。

表 28-1 山楂苗标准

项目	规格	一级	二级	备注
茎部	地上部高度	80cm 以上	60 ~ 80cm	1. 茎干发育健壮 2. 无病虫危害
	接口上 10cm 处直径	1.0cm 以上	0.8cm	
	整形带内饱满芽数	8 个以上	8 个以上	
根部	主根长	15cm 以上	15cm 以上	侧根舒展，并分布较均匀，不偏一方，且有较多须根
	侧根数	4 个以上	3 个以上	
	侧根长度	20cm 以上	15cm 以上	
	侧根基部直径	0.5cm 以上	0.4cm 以上	
结合部	愈合程度	完全愈合	完全愈合	无未愈合伤疤

（二）建园

山楂园地选择和建园的标准及技术要求略低于柑橘、苹果。但据资料表明：山楂园应选择由页岩、花岗岩、石灰岩、红砂岩、片麻岩等母岩发育的土层较深厚、肥沃，质地较疏松，排水及保水性能良好的中性或微酸性壤土。坡度不宜超过 30°，坡向以阳坡、半阳坡、半阴坡为宜。具体选择可根据当地的自然条件，分别按表 28-2 要求选择宜园地。

表 28-2 山楂立地因子等级划分表

立地因子	立地因子等级划分表		
	优	良	劣
母岩	页岩、花岗岩	石灰岩、红砂岩、片麻岩、紫色砂岩	石英砂岩
坡形	凹坡	直线坡	凸坡
坡向	阳坡	半阳坡、半阴坡	阴坡
坡位	下部	中部	上部
坡度	<10°	10° ~ 20°	>20°
土层厚度	>60cm	30 ~ 60cm	<30cm
土壤质地	砂壤、轻壤	中壤	重壤、黏土
土壤湿度	湿润	潮	干
有机质含量%	>1	0.6 ~ 1	<0.6
土壤 pH 值	6.5 ~ 7.5	6 ~ 8	>8 或 <6

在自然界，立地因子是交叉出现的，在该地应注意掌握母岩、坡向、坡形 3 个主导因子，其次是土层厚度、坡位、坡度、土壤肥力等因子。对于山楂园应修梯地，并撩壕压肥，实行等高栽植。

目前适宜的山楂栽培密度一般是 3m × 3m 或 4m × 4m 或 2.5m × 4m。计划密植可再密 1 倍，采用 3m × 2m 或 1.5m × 2m。可增加前期产量，随着树冠的扩大，对临时植株进行控制和间移，可确保永久植株的正常生长和结果，使果园前期、中期、后期密度合理，获得高产。

（三）整形修剪

山楂根据其生长发育的特点，大都采用有中央领导干的疏散分层形，这样树形和树性相统一，有利于早结果、早丰产和持续高产稳产。这种树体结构和树冠形状的特点是：低干矮冠。干高 50 ~ 60cm。主枝分层配置。主枝 5 ~ 6 个，分 2 ~ 3 层，呈 3—2—1 排列，使树冠叶幕呈立体结构；主枝角度开张。一般层间距离 80 ~ 100cm，增加了露光叶面积；树冠上小下大，外稀内密。每层叶幕由厚变薄，减少了上下相互遮光的影响。

整形要点是，定干和选留主枝。苗木定植后，在距地面 80cm 左右处打顶，剪口以下的整形带中留 6 ~ 7 个饱满芽，定干后的第二年春季萌发后，选留大小相当，位置合适的 3 个作为第一层主枝，主枝以下的芽给予抹去,将剪口芽培养为中央领导干让其向上生长。留作主枝的枝条,年生长量超过 50 ~ 60cm 时,可适当短截,一般剪去 1/4 ~ 1/3;若不足 30cm 的可不短截,以保持各枝长势的均衡。对不作主枝的其他枝条,为增加枝叶量,可保留作为辅养枝。

第二三层主枝和侧枝的选留培养：定干后的第三年，在中央领导干上距第一层主枝 100cm 的地方，插空选留 2 个枝条作为第二层主枝。同时，第一层的各主枝可在距其基部约 50cm 的地方选留 1 ~2 个侧枝，在第四年或第五年可再在中央领导干上离第二层主枝 80cm 处，选留培养 1 个主枝作为第三层，同时可培养第一、二层主枝上的侧枝，到整形结束，一般要求每个主枝上配备 2 ~3 个侧枝，在主侧枝上，可根据空间大小培养结果枝组，使其开花结果。

临时植株树体管理的任务是尽快求得产量，促枝促花控制树体，对树形不宜过于强求。选用拉干，超低干或不规则倾斜式进行整形，采用轻剪长放，单线延长或拉枝补空、摘心短截等形式，充分利用空间和光能，尽快增加单位土地面积上的枝叶量，以提高光能利用率，增加单位面积产量。结果后注意树冠的控制，为永久树让路，当用修剪措施无法控制时，应进行间移。

进入结果以后的成年山楂树修剪应特别注意的问题是以疏删、拉枝为主，短截为辅。主要目的是使露光叶面积达到最大限度和培养更新结果枝组。

枝组的更新复壮是整个盛果期修剪的中心任务，其修剪方法要求有截、有疏、有放，一般应注意“疏弱留强、疏下留上、疏密留稀”。

（四）土肥水管理

山楂园的土、肥、水管理，如深翻扩穴，中耕除草，合理间种，科学施肥，及时排灌等是实现山楂早结丰产和持续高产稳定的基础。

1. 深翻扩穴

栽植后的第二年秋末或冬季开始，结合秋季施肥全园深翻 30 ~60cm（掌握冠内浅、冠外深），并施入有机肥，可分 2 ~3 年完成，使全园土层得到深翻，忌留“隔壁层”。

2. 中耕除草

春夏进行中耕除草，同时将间种的绿肥压入土中，每年 4 ~5 次，深度 10cm 左右，可结合施追肥进行。

3. 合理间种

幼年山楂园可间种绿肥或农作物，但不能种像小麦、玉米、高粱等高秆作物，成年山楂园可间种 1 ~2 季绿肥，间种红薯、花生、豆类应保证树干周围留出 0. 6m 以上的范围，同时要加强间作物的肥水管理，并将茎干、藤蔓及时压入土中，改良土壤结构，增加土壤有机质。

4. 科学施肥

山楂园施肥包括基肥、追肥、叶面喷肥等。基肥的施用方法：幼树施基肥多采用环状、半环状沟施，施肥深度为 30 ~50cm，沟宽 30cm，施肥沟挖在树冠投影下。追肥的施用方法：追肥可多点穴施（在树冠下四个方向上挖横向或放射状的浅沟，深 10 ~20cm）。施肥时要注意随施随埋，干旱季节施后还应及时灌水。叶面施肥方法：用易溶于水的速效化肥如尿素、复合肥、磷酸二氢钾等喷洒在叶面上。

对于进入结果期的山楂树，一年应施肥 3 ~4 次，一般要在秋季果实采收后重施一次基肥。基肥提倡早施，最好能在早秋施下，此时正值新根大量生长之时，气温较高，根系吸收功能强，能较好的增进秋季叶片的光合能力，增强树体的营养积累，促进来年开花座果和新梢的前期生长，为花芽分化创造良好的物质基础。基肥最好是猪、牛、马粪、堆肥等有机肥。施肥原则上应每产 50kg 山楂施 50kg 优质的有机肥。山楂园除施基肥外，还应进行多次追肥，前期追肥主要解决开花和座果需要大量营养与树体内贮藏营养供应不足的矛盾，减少落花落果，提高座果率，促进新梢健壮生长，增加叶面积。前期追肥应以氮素为主。后期追肥主要解决大量结果造成树体后期营养不足的矛盾，以促进花芽的分化，为提高树体贮藏营养和保证下一年继续丰产创造条件。后期追肥要氮、磷、钾肥结合施用。

5. 果园排灌

多雨季节对低凹地山楂园要注意排水防涝，避免影响根系生长和土壤微生物的活动。有条件的山楂园一年应灌水 3 ~5 次。生产实践证明，山楂园春季土壤水分不足，能显著降低座果率；夏季干旱会严重影响花芽形成和果实膨大增重,并抑制根系生长和树体营养积累,从而影响第二年的生长和结果。无灌溉条件的山楂园,应认真做好水土保持工作,并采用树盘覆草或地膜覆盖,及时中耕除草等措施以增加土壤蓄水和减少土壤水分蒸发。

（五）增枝促花、保花保果措施

山楂是一种结果早的果树之一，而且又容易开花结果，但要速生早结，又要丰产、稳产，就必须在幼年期促发大量的新梢，迅速增加枝条数量，经对湖北、河南、陕西3省大量的3、4、5年生丰产园标准地的调查研究结果表明：3年结果，亩产果150～200kg，每亩的末次梢应达8 000～10 000条，4～5年生幼树亩产果500～1 000kg，每亩末次梢应达4万～6万条，叶面积系数应达5～8。

目前增加幼树枝量，除休眠期进行整形修剪和侧枝进行适当短截之外，还应因树制宜，因时制宜进行夏季修剪。目前在生产中常用的促枝方法有：

1. 拉枝和拉干

用绳、藤将直立或开张角度较小的旺枝引向水平或下垂，以缓和枝势，增加枝量，合理安排枝条位置，提高光能利用率。拉枝主要在第二年到第四年进行，可在每年的5～7月下旬拉1～2次，对于临时植株还可在第二年萌芽前进行拉干，将主干拉弯使主枝与地面距离20～30cm，促使弯曲部位的芽头发枝结果。实践证明，拉枝可大大增加枝量，同时又促进花芽分化、开花结果，“不拉一根棍，一拉一大串”，山东费县东马兴庄1981年将一根2.04m的旺长枝拉平，1982年这一枝收果6.2kg；河南方城县洋集乡大河口村陈府庄村民小组对2年生树进行拉枝，结果有60%的植株都结了果。

2. 刻伤与环剥

刻伤即用刀在芽附近横刻枝条的皮层深达木质部。于生长初期在枝或芽的上方刻伤，可促进刻伤以下部位的枝或芽的萌发和生长，增加枝量；生长期于芽和枝的下方刻伤，可促进花芽分化，刻伤的宽度为枝径的1/2～2/3，深达木质部即可。环剥是指在山楂枝条旺盛生长之后，花芽生理分化之前，或盛花期对主干、主枝或辅养枝环剥其直径1/10～1/8长的皮层，深度到木质部，可促进花芽分化和提高座果率。

3. 抹芽和摘心

抹芽是将无用或被病虫危害的嫩芽，于新叶初展期及时抹去，可节省养分，提高留枝质量和减少生理落果。摘心是指在生长期用手将生长强旺的枝条的顶端部分摘除。新梢旺长期摘心可促发二次梢，有利于幼树树体的扩大和分枝级数的增加，提早结果。新梢缓长期摘心，可促进花芽分化；生理落果前摘心，可提高座果率。

4. 叶面施肥和喷生长激素

花前花期花后各喷1次0.3%～0.5%的尿素+0.2%的硼砂或尿素+0.2%的磷酸二氢钾，还应在盛花期喷1～2次50mg·kg^{-1}的九二〇或8mg·kg^{-1}的2，4-D或0.5mg·kg^{-1}三十烷醇，可显著提高座果率。

五、病虫害防治

危害山楂的病虫害比较多，在山楂整个生长发育过程中都会遭到不同的病虫危害，轻的影响产量和品质，重的造成树体的死亡。危害山楂的病害有白粉病、锈病、花腐病、叶斑病、根腐病等。虫害有桃小食心虫、白小食心虫、山楂红蜘蛛、天牛、桃蛀螟、金缘吉丁虫、金龟子、星毛虫、卷叶虫等。

（一）病害防治

1. 白粉病

危害山楂的主要病害。叶片、新梢、果实均可被害。

防治方法：清扫果园及苗圃，烧毁病叶、病果以减少病原。刨除山楂树下的根蘖。往年发病较严重的山楂园，在发芽前喷1次5波美度石硫合剂，注意不要漏喷附近的野生山楂及山楂树的根蘖。花蕾期及6月纷各喷1次600倍50%可湿性多菌灵，效果极好。此外，50%可湿性托布津或甲基托布津800～1 000倍液及石硫合剂也可收到较好的防治效果。喷石硫合剂时，前期用0.5波美度，后期用0.2～0.3波美度。

2. 山楂锈病

山楂锈病（即梨锈病），主要危害叶片、新梢和幼实等。嫩叶初展时感染呈现橙红色圆形斑点，病斑中央出现黑色小点（性孢子器），其后慢慢从叶背病斑处出现淡黄色毛状物，即为病菌的锈孢子器。幼果受害后产生黄斑或淡黄色的毛状物，病菌主要在圆柏等中间寄生（转主寄生）。防治上只要砍掉山楂区附近栽植的圆柏、龙柏等中间寄主即可彻底防除此种病害。

3. 山楂花腐病

山楂花腐病是我国山楂生产上新近发现的一种严重病害，主要危害叶片、新梢和幼果。尤其以叶片及幼果受害严重。

防治方法：早春翻地。去年留下来的病源多落在地面成为新的一年的初传染源。为消灭病原，减少发病，应在早春子囊盘产生前，将病树下的表土深翻1次，深度在10cm以上，这样将病果深埋入土，可以消灭初次侵染源。地面施药。早春翻地有困难，可于4月下旬在病树地面喷布五氯酚钠1 000倍液，每公顷用原药7.5kg，对杀死越冬病果上产生的子囊盘有良好的效果。树上喷药保护。在展叶时喷0.4～0.5波美度石硫合剂，开花盛期喷1次25%多菌灵可湿性粉250倍液，对保护幼果有良好效果。

(二) 虫害防治

1. 桃小食心虫

主要危害果实、幼虫蛀果后不久，即在入果孔处流出泪珠状的胶质点，不久胶质点干涸，在入果孔处留下一白色蜡质膜。幼虫入果后，直蛀果心，或在皮下纵横潜食果肉，排粪于果实内，造成所谓的“豆沙馅”，使果实基本失去食用价值。

防治方法：晚秋耕翻树盘。在秋末冬初上冻以前，可将树冠垂直投影范围以内的土壤翻刨一遍，深达15～20cm，特别是接近树干附近1～2m的范围内，通过翻刨破坏其越冬场所，埋入深处使之不易出土或暴露地面以低温、干旱或鸟类的作用，杀死部分幼虫，以减少越冬虫基数。人工摘除虫果。在树上发现的虫果应及时摘除，并将落地的虫果及时拾干净，以减少转果危害和压低越冬基数。树下喷药。根据预测预报的指标，进行地面撒药。树上喷药。根据预报指标进行树体喷药，在各代的产卵盛期喷4 000～6 000倍2.5%的溴氰氯酯。

2. 梨小食心虫

梨小食心虫是一种分布很广、危害树种多的食心虫，如有山楂、梨、桃混植或邻近的情况下危害更甚。危害果时其入果孔很小，不易被发现，入果孔四周微有色变，稍凹陷，幼虫入果后直达果心，食害果肉时，其粪便留在山楂果实之内，老熟幼虫脱果孔较大。

防治方法：梨小食心虫的寄生很多，必须注意其他树种的防治，新建园应避免与桃、梨、苹果等混植或应隔一定的距离。消灭越冬幼虫。冬季或早春刮掉枝干上的翘皮，集中烧毁；秋季果采后清扫果园，将枯枝落叶、杂草集中烧毁。成虫盛期，设糖醋液诱杀成虫。药剂防治。在卵盛期用药。

3. 金缘吉丁虫

分布于东北南半部、华北地区和西北地区。该虫危害植物较多，除山楂以外，还危害苹果、杏、桃、樱桃等果树以幼虫蛀食主干，幼龄虫先在绿色皮层蛀食，被蛀食的部分，皮层组织变深，随着虫体增大，蛀食日渐加深，直至韧皮部与木质部之间，最后蛀食到木质部。韧皮部受害后，被害处外观变黑，外表颇似腐烂病的黑斑，幼虫在皮下蛀食虫粪并不排出，被害坑道内充满褐色虫粪。被害部后期常常纵裂，枝干满布伤痕，被害主干或侧枝如被蛀食一圈，常致全株或侧枝逐渐枯死。受害轻者，树势生长衰弱，叶脉呈红色，叶片枯黄凋萎。管理粗放的老树，造成死枝现象非常普遍，以致树冠残缺不全。

防治方法：利用其假死性，在成虫的发生期组织劳力进行震树捕杀成虫，每隔2～3d 1次，清晨气温低、湿度大时震落效果最好。处理好伤口，以5波美度石硫合剂涂抹伤口，以保护伤口促进愈合，防止成虫产卵。在受害不太严重的树上，可使用药剂防治。及早清除死树死枝，并及时处理，消灭树体上的幼虫，减少虫源。药剂防治，要掌握好成虫发生期用药。

六、采收贮藏与加工利用

1. 采收

山楂的采收时间因品种的不同而不同，早熟品种成熟期在8月上中旬，中熟的品种成熟期在9月中下旬，晚熟品种成熟期在10月上中旬。果实达到成熟时，果皮充分着色，富有光泽，果点明显，果肉相对变软一些，果实大小及风味达到了该品种固有的特性。药用和鲜食的山楂，要求果实充分成熟，达到该品种应有的色、香、味时采收；做罐头、果脯、蜜饯等加工的山楂，对果实要求要有一定的硬度，所以，尽管果实尚未完全成熟，只要硬度大，香味合乎要求时即可采收；如果用来制山楂汁、山楂酱、山楂酒、山楂晶、山楂糕和山楂糖片的不需要保持果形的制品，可按鲜食的标准及时采收。

山楂采收的方法一般是人工采收，这样可使果实保持完整，防止碰伤；如果不要求果实完整，可用竹竿敲打击落或摇枝击落，但最好要在树冠下用篷布接收，既可减少果实摔伤，又可提高功效。现有的地方在采收前7～10d喷500～800mg·kg^{-1}乙烯，使果柄产生离层，然后击落果实，可提高采收效率。有些地方还研制推广了山楂采收机，以手扶拖拉机为载体和动力，采收效率是人工的7倍以上。

2. 贮藏保鲜

采收后山楂果实，无论是鲜食还是加工，都要保持果实新鲜，不腐烂，不变质，因此都离不了贮藏保鲜这一环节

(1) 贮藏前预处理。山楂贮藏前都要进行预处

理，首先要预冷，因为山楂果实从树上采下来之后，由于受外界温度的影响，果实本身温度较高，在贮藏前必须释放出来，使果实温度逐渐降下来，才能入库贮藏。果实贮藏前除需预冷处理外，还要用化学药物对贮藏库及袋装果实的用品进行全面消毒，可防止真菌侵染，减少果实腐烂，效果十分明显。

（2）贮藏方法。山楂果实含水量较高，采后呼吸作用加强，后熟作用加快，果品预冷以后要及时进行贮藏保鲜。山楂贮藏方法很多，归纳起来有6种。

• 大缸贮藏　少量果实需要贮藏时，可在阴凉的室内用大缸贮藏。先在缸底放一个瓦盆，缸中间立一束秸秆（4～6根）以利通气，将经预冷处理的无机械损伤的山楂果实装入缸中，用稻草等物覆盖，厚度与缸口相平，经半个月待果温下降，一般在11月份天气尚未冷时，用牛皮纸封严缸口，这种方法贮藏山楂可达半年。

• 沟藏　山东、云南、河南等许多地方都采用沟藏法贮藏山楂，实践证明如操作得当效果很好，经贮藏的果实新鲜饱满，自然损耗较低，节省材料，管理方便，一般能贮藏到翌年3月。

• 地窖贮藏　北方各省多采用窖藏山楂，在11月份天气变寒时入窖，根据季节变化进行通风透气，调节温度。在贮藏期要定期检查，剔除坏果。

• 冷藏法　山楂可用冷风仓库贮藏，适宜温度为0℃，带包装的山楂果可降至－4～－2℃，相对湿度85%～90%。在0～4℃的密闭环境下，贮藏前适当增加二氧化碳浓度（4%～6%），抑制其呼吸，可以延长贮藏期，提高贮藏效果。

• 塑料袋贮藏　据辽宁省果树研究所试验报告，山楂果采收后放0℃冷库预冷3～6d，然后装入0.05mm厚的聚氯乙烯塑料袋中，每袋60kg，袋口不扎仅折叠，可贮藏8个月，比对照（纸袋）延长贮藏期约4个月。塑料袋贮藏的山楂，果梗鲜绿，色泽鲜艳，这主要是聚氯乙烯塑料袋防止了果实的水分蒸发，抑制了果实的呼吸作用，延续了后熟，减少了果实的机械损伤，从而使贮藏的山楂具有很好的商品性。

• 山楂气调贮藏　气调贮藏又叫CA贮藏，是通过调节贮藏环境中氧和二氧化碳的比例而达到保鲜目的的一种方法。据中国农业科学院特产研究所试验报告：气调贮藏具有良好效果。试验处理分：对照（0.07mm厚薄膜袋装，敞口放置）；减压（0.1mm厚薄膜袋，抽空减压，每周抽气1次）；自然降氧（0.07mm厚的薄膜袋装，密封袋口）贮藏216d。结果表明，自然降氧处理自然损耗最低，为1.92%，果实色泽鲜艳，质地较硬，风味纯正；减压处理自然损耗大，果皮干燥无光泽；对照处理腐烂率高达48.5%，果皮皱缩，质地绵软，失去商品价值。气调贮藏产生良好效果的原因是由于降低了氧的浓度，提高了二氧化碳的浓度，因而抑制了果实的呼吸作用，延缓了果实的衰老过程。近年推广应用硅胶自动调节帐内气体成分的贮藏方法，可以在温度较高的条件下贮藏山楂果实，效果很好。

3. 加工利用

山楂果实经过加工，可以制成多种多样的制品，包括食品、药品及加工原料三大类。山楂加工成食品营养丰富、色美味鲜、风味独特，历史上就把它列为贡品。山楂中含有许多药用成分，是几十种常用中药的主要原料。山楂果肉含有丰富的果胶物质、红色素和维生素，是多种食品的加工原料。

（1）山楂糖制品的加工　糖制品是利用高浓糖具有较高的渗透压，使微生物细胞原生质脱水收缩，产生所谓的生理干燥现象，使微生物不能进行正常的新陈代谢，失去对食品的侵蚀能力，从而达到保存的目的。山楂糖制食品的种类很多，山楂果丹皮、山楂糕、山楂冰糖葫芦、山楂晶、山楂冻、山楂蜜饯、山楂果脯等为其主要加工产品。

• 山楂果丹皮制作　果丹皮是一种大众化的加工品，加工制作方法简便，深受消费者的欢迎。工艺流程：原料→分选→冲洗→软化→打浆→加糖→浓缩→烘干→包装→成品。

操作要点：

原料处理。对山楂果实进行认真冲洗，去除杂质、污垢。

软化、打浆。将洗净的果实放入不锈钢锅中，加入果实重量的20%的水，煮沸30min左右即软化。将软化的果实放入打浆机内，打浆一至两遍，然后滤去细浆，去除果核及其杂质。

加糖浓缩。将滤出的细浆放入锅中熬煮，同时加糖浓缩到稠泥状即可。

烘干、包装。将浓缩好的浆料，均匀地堆在预先备好的钢化玻璃或不锈钢烘盘上（厚度为0.3～0.5cm）。将烘盘送入烘房，温度以65～75℃为宜，经4～4.5h即可烘干取出烘盘，将成品揭起，要用力均匀，以免破碎，然后，在制成品上撒一层砂糖

（或不撒砂糖），卷成卷，切成小段，用玻璃纸或食品塑料袋包装。也有切成小方片或小圆片，加以包装为山楂糖片。

● 山楂糖葫芦的加工　山楂糖葫芦是将去核的山楂果实穿成串，在熬好的糖液中蘸糖后冷却制成。食之酥脆，甜酸爽口，独具风味，是我国冬季时令的民间传统山楂制品，深受广大群众，特别是儿童喜爱。制作时选择果个均匀山楂，洗净后用刀横切一刀，用小挖子将核挖出复原，保留外形不变，再一个个穿连成串。

按5份糖、1份水的比例配成浓糖液，加热煮沸至无明显水蒸气，取出几滴糖液放冷水中速冷，若吃起来发脆不沾牙则停止加热。将山楂串在糖液表面浮滚一周，蘸均匀后，放在抹有油的平板（石板、铝板、玻璃板等）上，轻轻后拉一下使底面出现一薄层脆糖，冷却5～6min即成。糖葫芦不能久放，宜及时销售。

● 山楂晶的加工　工艺流程：山楂果→浓缩汁→制颗粒→烘干→包装→成品。

操作要点：

原料处理：用浓缩的山楂汁（可溶性固形物为30%左右）和白砂糖作原料。先将白砂糖用机器粉碎成粉状，然后将糖粉与果汁按10∶1～2混合，搅拌成面坯状，搅拌过程中加入适量的柠檬酸和食用色素，至浅红色时为止。制颗粒。将面坯状的原料送入自动颗粒机中制粒。烘干。把制成的颗粒，平铺在有沙网的烘盘上，放入烘箱或干燥箱中烘干，温度以50～60℃为宜，最高不能超过60℃，否则易使制品溶化，烘干时间为20～30min。包装。将烘干的成品先装成小袋（25g装），20小袋再装成一大袋（计500g），或直接装成大袋。

● 山楂蜜饯果脯的加工　山楂果脯是将去核山楂放入浓糖液中熬煮，并用原糖液浸泡后，经干燥制成。制作时先将山楂去核洗净，在锅内配制75%的糖液，加热至沸，再把准备好的山楂倒入锅内（山楂与糖的比例以1∶2为宜），继续蒸煮，轻轻搅拌，使山楂受热均匀，蒸煮10min左右，待糖液尚未猛烈沸腾时，将山楂捞出，捞前最好先向锅内加些糖或糖液，可使山楂略有收缩而捞时不易碎。捞出后轻轻置于缸内，同时将锅内糖液取出一部分用以浸泡山楂，每向缸内倒入煮好的山楂后，应将中间的山楂轻轻搅动至缸边，使中间形成孔洞凉得快，避免下层山楂焖黑。山楂在缸内浸泡24h捞出，置抽屉上平放一层，进行干燥即成。

（2）山楂饮料的加工　山楂加工成饮料的种类主要有山楂果汁、山楂果酒、山楂汽酒、山楂露等几种，市场需求量大的是山楂汁。

● 山楂汁的加工。工艺流程：原料→分选→去核→水洗→预煮→浸泡→抽提→熬汁→装瓶→包装。

操作要点：

去核。将挑选出的合格果实用捅核器去核，检查果核是否捅净。

水洗、预煮、冷却。将去核后的果实用清水淘洗两遍，除去碎果肉及污物，即可预煮。预煮时，以每锅放25kg为度，温度掌握在60～70℃，预煮时间按果实大小、成熟度等适当掌握，以果实收缩变软为适宜，预煮后，将果实立即捞出，放入冷水中冷却，再漂洗一次，滤去水。

浸泡。把滤干的果实倒入浸泡缸内，浸泡用的糖水浓度为35%，温度以60℃为宜，不能过高或过低。浸泡时，果肉与糖水用量的比例为1∶3。

抽提。用虹吸法抽提清汁，抽提时要注意不能把汁液搞混，缸底的混汁要另行收集，不能与清汁混合。浸泡后的果实可收集起来另行使用（如制果酱等），浸泡缸每次用完后须洗干净，并用75%酒精消毒。

熬汁。将抽提出的汁液放入夹层锅内加糖熬制，糖与汁的比例为1∶1.5，加热至沸，熬至折光度为49°～50°时，再加3%苯甲酸钠（防腐剂），搅拌均匀，即可出锅。

装瓶。先将空瓶清洗好，用蒸汽消毒3～5min，瓶盖、胶帽、虹吸软管等先用75%酒精消毒，将熬好的汁液趁热虹吸装瓶，温度不能低于90℃。

包装。装好瓶后，在室温下放置3d，即可包装，包装时要严格挑选，剔出不合格产品。

（赵思东）

29. 石　　榴

石榴（*Punica granatum* Linn.）又名安石榴、海石榴、若榴、丹若、天浆等，属石榴科（Punicaceae）石榴属（*Punica* L.）植物。原产于波斯到印度西北部喜马拉雅山一带。石榴花朵和果实色泽艳丽，外形美观，形色俱佳，富含营养，是人们喜爱的鲜食珍稀果品，也是常见的庭院观赏树。石榴籽粒多汁，是加工制作清凉饮料的上等原料。在中药中，石榴属性温涩，润燥兼收敛之效，主治咽喉燥渴，根可以驱除绦虫，果皮可止痢、止泻，叶可治眼疾。

石榴是世界上栽培较早的果树之一，在我国栽培已有2000多年的历史。我国石榴主要栽培区在山东、陕西、河南、新疆、安徽和云南等地。由于我国长期以来一直注重于大宗水果的发展，忽视了很多极有价值的小杂果的生产，石榴这一极有价值的树种，现在全国栽培面积仅为2.2万 hm^2，年产鲜果10万t。作为优良小杂果树种，石榴发展前景十分广阔。

一、主要物种

石榴属植物有两个种，作为果树栽培的只有石榴（*Punica granatum* L.）一种。在印度洋的索克特拉岛（Socotua）曾发现一种石榴属的野生种（*Punica protopunica* Balfour），但无栽培价值。

石榴为落叶性灌木或小乔木，树高可达7m，一般3~4m。树冠多不整齐，分枝多，树干在北方常为顺时针扭旋，常有瘤状突起，有钭纹理现象，可增强机械抗力。老皮呈斑块或片块脱落。嫩枝常呈四棱形，以后变圆，多数品种小枝具针状茎刺，弯曲枝条常萌生徒长枝，故树冠紊乱。干、根蘖多，受刺激会萌发徒长枝。叶对生或丛生，倒卵或披针形，先端钝尖，较厚、全缘、光亮。石榴芽依季节而变色，为紫、绿、橙色。叶对生或簇生，质厚，全缘，矩圆形或倒卵形，叶脉红色，老叶绿色。花为两性，1朵至数朵生于枝顶或叶腋。花萼钟形，红色，顶端5~7裂，中间一雌蕊，雄蕊多数，达220~231个。花瓣倒卵形，稍高出花萼裂片，通常红色。花期5月。子房5~7室，子房成熟后，变为大型多室多籽的果实。浆果近球形，红色、青色或黄色，顶端有宿存花萼。种子多数，具肉质外种皮。

二、品种类群与主要栽培品种

品种是保证果树优质丰产的基础。优良的石榴品种必须具有早实、丰产、优质、耐贮和外观好、商品价值高等特性，含糖量在10%以上，含酸量在0.4%以下，有较强的抗性和适应性。石榴栽培历史悠久，品种资源丰富，我国现有品种资源160余个，其中观赏品种10余个，生产上常用栽培品种有70多个。根据我国各地品种特征，石榴品种按栽培目的大致可分以下5个类群。

1. 品种类群

（1）食用型。平均果重69~335g，大果重96~750g，一般含糖量4.09%～12.84%，含酸量0.15%～0.39%。食用型石榴主要品种有大红甜、大红袍、铜皮、铁皮、青皮、河阴软籽、大白甜、蒙阳红等。

（2）观赏型。植株矮小，以赏花为主，果实有赏果价值。主要品种有月季石榴、牡丹石榴、紫果、重台等。

（3）赏食兼用型。平均果重74~180g，大果重104~250g。一般含糖量9.75%～12.41%，含酸量0.28%～0.38%。因其花冠大，花瓣数多，开花时间长，故极具观赏价值，是典型的观赏果树资源，多在城市街道和厂区绿化栽植。主要品种有千瓣红石榴、红花重瓣、白花重瓣等。

（4）酸石榴。平均果重85~204g，大果重109~295g。一般含糖量2.24%～8.47%，含酸量3.38%～4.89%。风味酸涩，不具鲜食价值。籽粒可用作加工果汁、饮料，并有药用价值。主要品种有大果红酸、小果红酸、黄皮酸、大果青皮酸、三白酸等。

（5）还有一个被称为“哑巴石榴”的品种，基本无籽，只作资源和水土保持树种保存。

从园艺学角度，对石榴品种归类评价，籽粒风味分为甜、酸甜、酸3个类型，即糖酸比在40∶1以上为甜，以下的为酸甜，糖酸比10∶1以下的为酸。

2. 优良品种

（1）铜皮石榴。河南省优良品种。果实球形，平均单果重201g，最大果重384g。果皮黄绿色，籽粒红色，百粒重 30g，风味酸甜，含糖量 12.8%，汁多味甜，品质上等。9 月下旬成熟。该品种在黄土丘陵生长良好，品质优良，易丰产，不易裂果，耐贮藏。

（2）豫石榴 1 号。河南省优良品种。果实圆形，果皮红色。平均果重 270.5g，最大果重 672g。子房 9 ~ 12 室。籽粒玛瑙色，出籽率 56.3%，百粒重 34.4g，出汁率 89.6%，可溶性固形物含量 14.5%，含糖 10.4%，含酸 0.31%，糖酸比 29∶1，风味酸甜。成熟期 9 月下旬。5 年生平均株产 26.6kg。该品种抗寒、抗旱、抗病，耐贮藏，丰产性好，适生范围广。

（3）豫石榴 2 号。河南省优良品种。果实圆球形，果皮黄白色、洁亮。平均果重 348.6g，最大果重 850g。子房 11 室，子粒水晶色，出籽率 54.2%，百粒重 34.6g，出汁率 89.4%，可溶性固形物含量 14.2%，含糖量 10.9%，含酸量 0.16%，糖酸比 30∶1，味甜。成熟期 9 月下旬。该品种色泽独特、艳丽，抗寒、抗旱，适生范围广，5 年生平均株产达 27.9kg。

（4）泰山红。山东省优良新品种。9 月中旬成熟，平均单果重 400 ~ 500g，最大果重 1 000g。果圆形或扁圆形，果面鲜红色，光洁而有光泽，外形美观艳丽。籽粒鲜红色，质脆，粒大肉厚，平均百粒重 54g。味甜微酸、核小半软，口感好。该品种无裂果，鲜食品质极佳，较耐贮运。栽后第二年见果，丰产稳产。

（5）大红甜。北方普遍分布。果实圆形，平均单果重 254g，最大果重 600g，果皮红色或玫瑰色，籽粒红色，百粒重 35.5g，出汁率 88.7%，含糖量 10.11%，品质上等。9 月下旬成熟，抗裂果性强。该品种丰产、稳产，抗旱、抗寒、耐瘠薄，投产快、适应性广。定植后第二年开花结果株率达 90%，单株结果 4 ~ 6 个。进入盛产期后，每公顷可达 60t 以上，极具发展潜力。

（6）大青皮甜。又名铁皮石榴，为山东枣庄石榴的代表品种。果实扁球形，梗洼平，有纵棱 6 ~ 7 条，果特大，平均单果重 340 ~ 490g，最大果重可达 1300g，萼 6 裂、半开。果皮黄绿色，阳面深红色，皮厚约 3mm，每果籽粒 400 ~ 800，粉红或鲜红色，百粒重 30 ~ 44g，汁多、味甜，含糖量 15%，品质极上。9 月上旬成熟，耐贮运。

（7）粉红甜。陕西临潼品种。果大，圆形，平均单果重 200g 以上，最大果重可达 500g，果皮较厚，光滑洁净而无锈，鲜艳粉红色。心室 5 个籽粒大，粉红色，汁多味甜，含糖量 8.49%，含酸量 0.60%，品质佳。8 月下旬成熟。成熟期遇雨易裂。

（8）青壳石榴。云南巧家地区品种。果大，平均单果重 312g，最大果重可达 560g，果皮青绿色，光滑，阳面紫色，果皮厚 3mm，萼片 7 ~ 8 片，开张。心室 7 ~ 8 个，内有籽粒 554 ~ 871 粒，籽粒大，略圆，水红色，浆汁多，味甜美。8 ~ 9 月成熟，不易裂果，耐贮藏。

（9）红皮软籽石榴。树冠半开张，树形较紧凑，近圆头形。叶片较大，绿色。花朱红色。果实大，圆球形，单果重 400g，最大果重 1 000g。果皮中厚，底色黄白，果皮鲜红色，阳面为胭脂红，果面光洁，外形美观。果粒大，百粒重 53 ~ 58g，鲜红色，汁多味浓，籽粒透明，放射状宝石花纹多而密，味甜有香气。可溶性固形物 15% 以上，品质优。7 月中下旬成熟，抗裂果。该品种抗逆性强，山地、平地均可种植，早果性好，丰产、稳产，90 年的老树单株产量仍可达 100kg 以上，盛果期每公顷产在 48t 以上，极具发展潜力。

（10）蒙阳红石榴。产于安徽蒙阳，单果重 500 ~ 750g，色泽鲜艳，果实近圆形，果皮呈鲜红色，果面光洁润滑，极美观。9 月中旬成熟，不裂果，耐贮运。蒙阳红石榴喜欢温暖的气候条件，冬季最低温度不能低于 −18℃。该品种适应性强，抗旱、耐瘠薄，适宜山岭薄地栽培，对土壤要求不严格，丰产性能好。在一般栽培条件下，第二年开花座果率 100%，单株坐果 20 个左右。

（11）海棠花石榴。又名千瓣红石榴，观赏品种。枝条较细软，叶片较小。花特大，花冠直径达 8 ~ 10cm，多蕊重瓣，花瓣极多，花色鲜红至浓红，十分艳丽夺目，花期特长，单朵花可开 15 ~ 20d，是观花石榴的优良品种。

（12）月季石榴。又名月月榴、火石榴，为观赏品种。树冠极矮小，枝条细软，叶狭长（小），线状或窄披针形。花萼、花瓣多为鲜红色，也有粉红、黄白、白色等多样变种。花瓣多数单生，花小，果亦小，成熟时，果皮粉红或红色，经常作盆栽，作观赏用途。

（13）酸石榴。原产云南。长势中等，枝黑灰色，四棱，有茎刺，叶片大。果实正圆形，较小，平均单果重 160g。萼筒低，萼片直立。果皮黄红色，有锈，不易裂果。子房5室，果粒中大，百粒重47.4g，内种皮软，果肉淡红色，味酸而甜，品质中上。可溶性固形物12.8%，含酸1.84%，总糖13.33%，每千克含维生素C114.4mg，糖酸比7.24∶1。该品种2年始果，发枝力弱，落果少，单株产量可达35kg左右，大小年明显。抗寒、抗风。在南方砂壤土种植产量高。

（14）牡丹石榴。近年选育出的新品种。幼树生长旺盛，树姿开张，成枝力强，无刺。叶片宽大、肥厚。花冠大，重瓣，形似牡丹，状如绣球，平均花径8.3cm，最大15.5cm，色泽大红，秋后偶有白或黄色花瓣点缀其间，更显艳丽美观。花型多样，有里红外粉或里粉外红。5月始花，10月花尽，花期长达5个月，成年树花量达1 000朵以上。果实9月下旬成熟，发育期120d左右。平均单果重400g左右，近圆形或扁圆形，皮光洁鲜艳，黄中透红。籽粒红色，大而肉厚，汁多、味甜微酸，仁半软。

适应性强，抗旱，耐瘠薄，对土壤要求不严，但以土层深厚、排水良好的砂壤土或壤土较好。冬季气温降至－17℃时易发生冻害，并有部分幼树死亡，－20℃时出现大树冻死现象，北方寒冷地区栽植时应采用保温措施防寒。

三、生物学特性

（一）生态习性

1. 温度

原产于亚热带及温带地区，适应性强，栽培区域广，性喜暖畏寒，生长期要求有效积温在3 000℃以上。但温度过高则果实变小、风味变淡；冬季休眠期对低温要求不严并可耐一定低温，在冬季气温不低于－17℃情况下，石榴可安全越冬。除了东北等极寒冷的少数地区外，我国从南到北均有分布。

2. 光照

喜光，不怕强烈日晒，生长季节要求日照时数在1 100h以上。光照充足生长结果良好，正常花分化率高，果实色泽艳丽，籽粒品质好。光照不足时，生长结果较差，正常花分化率低，果实色泽淡，籽粒品质欠佳。因而，建园时株行距要合理，尽可能南北成行，采用合理的树形，科学修剪，使枝叶量适当并分布合理，尽量满足生长发育对光照的要求。

3. 水分

对水分要求不严，较耐干旱瘠薄，不耐涝，但在生育季节需要充足水分。雨水充足，则花开得整齐，如水分不足，则有干果及落果现象。果实成熟前，以天气干燥为宜，如遇雨则易引起裂果，并影响果实品质。花期有雨，对授粉不利，影响坐果。

4. 土壤

对土壤酸碱度适应范围大。凡pH值在4.5～8.2的土壤都能正常生长和结果，山地、丘陵、平原、河滩，肥地、薄地、沙黏土都能正常生长。特别很是石榴耐盐能力强，耐盐指标可达0.4%，是目前落叶果树中最耐盐树种之一，特别适合盐碱地、海涂地开发栽植。在土壤透气性差，黏重条件下生长不良，果表黑斑多且种核硬。石榴对土壤有效钾较敏感，其产量和品质都会受到极大影响。

（二）生长发育

石榴花芽多为混合芽。结果母枝是上年春季一次枝或二次枝以及停长早的短梢和叶丛形成，上面的叶芽秋冬分化发育为混合芽，翌春开花。花两性，虫媒花，单生在结果枝顶端或1～4节叶腋间，但常有退化花出现。据调查，一般20～30年生的植株，完全花仅占总花量的10%左右。在退化花中，雌蕊呈不同程度的退化现象，直至基本消失，这在开花前从外形上即能区别。正常花萼筒下端圆钝，结实力高；退化花萼筒下端尖削，不能结实，为无效花，多脱落。及早疏除退化花，可节约树体养分，提高完全花的座果率。萼筒钟形或筒状，肉质，与子房连生。子房下位，6～10室，内有大量多角棱柱状胚珠。果皮革质，外种皮肉质多汁，为石榴的食用部分，内种皮角质化，也有的退化变软而可以食用。外种皮厚薄是品质构成的重要因素，其颜色从鲜红、淡红至白色，以淡红的品质最佳。每果约有籽500～800粒，良种百粒重35g以上。

亚热带地区石榴每年开花3次，果农俗称“三卵”，头卵花果实品质最好，饱满，萼筒附近常凸出，但较小；二卵花果实品质稍次，皮滑个大，是石榴产量主要部分；三卵花果实极小，无食用价值。

石榴生长量大，树冠成形快，投产早。栽后第二年可投产，第四、五年进入盛果期。进入盛果期后，一般1hm^{2}产量可保持在45t左右，管理条件较好的高产园1hm^{2}产量可超过70t。由于石榴隐芽寿命长，更新能力强，因此正常结果年限可达几十年，甚至100年以上。石榴管理粗放，生产成本低，病虫害明显少于其他果树，管理方便。

根系发达，须根较多，特别易于成活，一般栽植成活率都在95%以上。它是所有果品中最耐贮运的种类之一。在室内常温下可存放4~5个月，在简易贮藏处加药剂处理的条件下，可贮藏至翌年4~5月份，个别品种甚至可贮藏至翌年新石榴上市。这一突出的优势，为长年销售鲜果打下良好的基础。

四、栽培技术

1. 苗木繁殖

石榴多采用扦插、分株、压条和嫁接等繁殖。

（1）扦插育苗。苗圃地选择：用于育苗的土地以地势平坦，背风向阳，地下水位在1~1.5m以下，土层深厚、质地疏松，排水良好，中性或微酸性沙质壤土为宜，圃地应具备一定灌溉条件。扦插苗培育：根据选用枝条的长短、扦插时间、方法可又分为短枝扦插、长枝扦插和绿枝扦插。从优良品种母树采集1~2年生，粗度0.5~1cm的营养枝。随采、随插成活率高，生长旺。扦插时间北方地区一般在3月下旬至4月上旬。扦插前插条按每段2~4节、长12~15cm剪取。插条上端离节1.5~2cm处剪平，下端离节0.5~1cm处斜剪，每50根为一捆，下端要整齐，随即放入清水中浸泡24h后再扦插。插后到生新根前一段时期要保持土壤湿润。同时，也可采用长枝扦插即坐地苗建园或绿枝扦插，即在生长季利用木质化或半木质化的绿枝进行扦插繁殖。扦插后立即浇水，过15d芽萌动时再浇水1次，以后每隔15~20d浇水1次，每次浇水后及时浅锄保墒。当苗高5cm时，每株插条只保留一个健壮的新梢，其他新梢均抹除。苗高20cm时，适当剪除茎部新枝，促使新梢主茎健壮生长。苗高15cm时结合浇水追施1次速效氮肥。

（2）分株育苗。春季萌芽前将优良品种母树树干基部周围的表土挖开一层，暴露出一些水平根，并在根上每隔10~20cm处刻伤，深达木质部，然后封土、灌水，即可促生大量根蘖苗。为使根蘖苗独立生根且不影响母树生长和结果，可在7~8月份将已萌发的根蘖苗与母树相连的根一一切断，再覆土、灌水，促进已脱离母树的根蘖苗多发新根，形成较多的可供栽植的根蘖苗。

（3）压条育苗。萌芽前，将母株根部粗壮的萌蘖从基部进行环割，人为促发生根，然后培土8~10cm厚，秋后将生根植株断离母树成苗。也可将萌蘖条于春季弯曲压入土中10~20cm，并用刀刻伤数处以促发新根，上部露出顶梢，使其直立，然后切断与母株联系，带根挖苗，即可栽植。

2. 造林

（1）造林地选择。石榴对土壤要求不太严格，但仍以立地条件好、土层深厚、湿润肥沃的地区建园为好。石榴喜光、喜温，宜选择阳坡栽植为好。丘陵山地坡度不宜太高，山地建园还应根据地形、地势，修筑梯田、鱼鳞坑等水土保持工程。

（2）造林密度。石榴花虽是两性花，但同花授粉不能结实或结实率太低，同株不同花及同品种内不同株间相互授粉虽能结果，但结实率不高，因此建立新园时，必须配置2~3个优良品种，以利授粉受精。建园时平地采用3m×4m的株、行距，每$1hm^2$栽植825株，山坡地2m×3m的株、行距较为合理，每$1hm^2$栽植1 650株。

（3）造林。栽植时要选择优质1、2年生，苗高80~100cm，侧根3~5条的优质壮苗，蘸上泥浆。外地运来的苗木，要全部浸水24h后再栽植。10月下旬至12月上旬和春季均可栽植，前者越早越好，春季则在土壤解冻到芽萌动时栽植为宜。在气候干燥的地方，保持土壤湿度是提高成活率和生长势的关键，栽后将土壤压实并浇水，待水渗透后培土堆高于地面30cm，具有保湿防冻的作用。也可每株覆盖$1m^2$地膜，不仅可以保湿，而且可以提高土壤温度。栽后定干，定干高度可根据土地和管理情况而定，一般以60~80cm为宜。

3. 抚育管理

（1）土壤管理。土壤条件的优劣，直接影响石榴树的生长和结果，因此，必须根据石榴树对土壤条件的要求，采取有效的农业措施，改善土壤结构和理化性状，促使土壤中水、肥、气、热相互协调，以利于树体的生长，保证高产、稳产和优质。管理措施主要有扩穴、翻耕和间作。秋冬季结合施肥可进行扩穴和翻耕土壤，提高根系对养分和水分的吸收。间作以大豆、绿豆、花生等豆科矮秆作物较好，可充分利用土地和光能，又利改善土壤理化性质和结构，提高土壤肥力。除此之外，还可进行春夏浅耕、果园覆盖等措施，以清除杂草、防旱保湿、提高土壤肥力。

（2）施肥。

● 幼树施肥　1~2年生的密植石榴园施肥采用“薄施、勤施”的原则。以氮肥为主，氮、磷、钾混合使用。定植第一年春季发芽3周后施第一次肥，株施尿素5~10g，人畜肥3~5kg，过磷酸钙50~100g，此后每月施肥1次，直至8月，用肥量随着树冠的扩大而增加。10 月初再施基肥 1 次，以有机肥和磷肥为主。第 2 年 3 月、5 月、7 月各追肥 1 次，10 月施基肥 1 次即可。

● 丰产园施肥　密植石榴园第三年即可进入丰产期，此期施肥以氮、磷、钾配合施用。每年施肥 3 次。每公顷年施肥量（按亩 3 000kg 为标准）：氮肥 300kg、磷肥 225kg、钾肥 150kg。第一次施催芽肥，于发芽前施用；第二次施壮果肥，于谢花后（6 月）施用；第三次施用采果肥，早熟品种采后施，中晚熟品种可采前施。

● 叶面施肥　叶面施肥可作为土壤施肥的补充，常结合喷施农药一并进行。于花期喷 0.2% 硼砂 + 0.2% 磷酸二氢钾 +0.2% 尿素，能明显提高座果率，6 ~8 月多次喷施 0.3% 磷酸二氢钾 +0.2% 尿素，可使果实膨大，果形整齐，色泽艳丽，提高籽粒品质，并能促进花芽形成，为翌年丰产奠定基础。

（3）整形修剪

● 整形　石榴以自然开心形为主。定植当年春天定干（短剪）50 ~60cm，夏季选择方位角适当的 3 ~4 个壮枝作为主枝，留2 ~3个枝作辅助枝，并对辅助枝于7 月摘心扭梢，以促其分化花芽。其余枝在 6 月初全部抹除。第三年对主枝短截以促发侧枝，并选留延长枝扩大树冠。密植园 2 年可基本成形。

● 修剪　石榴枝梢长势差别很大，1 次枝有长达 1m 以上，有的则成为叶丛枝。1 次枝的长枝上常发生 2、3 次枝，使树体枝叶茂密，内膛光照条件恶化，为此每年都须进行修剪。

结果树的修剪：冬剪时首先要疏除细弱枝、密生枝、干枯枝、病虫枝及无用的延长枝。对空缺处的徒长枝拉枝或短剪；对过分下垂的下垂枝适当回缩，叶丛枝应去弱留强，中庸枝疏密留稀；对结果母枝过弱的应短截复壮，伸向行间过长的枝适当回缩，便于行间通风透光。夏剪在 6 ~8 月进行，主要对长枝摘心、扭梢，控制生长，疏除过密的枝。

老年树及衰弱树的修剪：以冬剪为主，主要采用回缩、短剪更新复壮，恢复树势。

（4）花果管理

● 保花保果　为了提高石榴座果率，获得丰产，常用的保花保果技术有：多品种混栽；人工授粉；花期放蜂；在盛花期和花后 15d 各喷 1 次 0.2% 硼砂 +0.2% 磷酸二氢钾 +0.2% 尿素；盛花期喷 50mg · L^{-1}赤霉素 +0.2% 尿素。

● 疏花疏果　在花量多、座果率高的果园，为了获得优质果和避免果树负载过多而影响翌年产量，常采用疏花疏果技术以控制产量，使来年连续丰产。疏花在刚现蕾时，能够分清筒状花和钟状花时进行最好，每 10d 1 次，主要疏除钟状花及所有 3 次花。疏果在 6 月中下旬进行，主要保留头花果，适当保留 2 花果，疏除 3 花果，树冠内膛和中下层要少疏，外围和上层多疏少留。

五、病虫害防治

石榴抗病力强，病虫较少。常见病虫害有石榴干腐病、石榴褐斑病、桃蛀螟、桃小食心虫等。

（一）病害防治

1. *石榴干腐病*

此病为石榴树的主要病害，主要危害果实，也侵染花器、枝干和新梢。花瓣受害部分变褐，花萼受害初期产生黑褐色椭圆形凹陷小病斑，有光泽，病斑扩大后变浅褐色，组织腐烂，病幼果在萼筒周围发生豆粒大小的浅褐色病斑，后逐渐扩展至果实腐烂。枝干受害变深褐干枯，可造成死枝和烂果。5 月上旬至 6 月初发病，7 月为果实发病高峰期。近成熟的果实和贮藏期的果实较易发病。

防治方法：加强管理，提高树体抗病力。冬季清洁果园，结合修剪将病枝、烂果清理或烧毁。夏季随时摘出病果并深埋。同时注意保护树体，防止受伤。对伤口用药剂保护，以防止病菌侵入。果实套袋，防效可达88.7%，并可兼治疮痂病和桃蛀螟，且果实外观极佳。冬季清园时喷 40% 福美砷 600 倍液或 3 ~5 波美度石硫合剂，5 ~8 月喷 1∶1∶160 的波尔多液或 40% 多菌灵 800 倍液。

2. *石榴黑斑病*

又称角斑病，主要危害叶片和果实，引起前期落果和后期落叶。叶片受害后，初为褐色小斑点，扩展后呈近圆形斑点。果实上的病斑近圆形或不规则形，黑色微凹，果着色后病斑外缘呈淡黄白色。病菌在带病的落叶上越冬，翌年 4 月形成分生孢子，5 月开始发病，7 ~8 月为发病高峰。每次降雨后为病源传播高峰。

防治方法：加强栽培管理，合理修剪，增强树势，提高抗病能力，可减少病叶 50%。落叶后将果园中所有叶片及落果集中烧毁或深埋。发病初期用 140 倍等量式波尔多液（1∶1∶400）或 50% 多菌灵 600 倍液连喷数次（10d 1 次）。

（二）虫害防治

1. 桃蛀螟（*Dichocrocis punctiferalis* Guenee）

为石榴主要害虫，以幼虫危害果实，受害时，果实中充满虫粪，引起腐烂，严重影响果实品质。

防治方法：早春刮树皮，堵树洞，及时处理向日葵、玉米、高粱等残株，以消灭越冬幼虫。成虫发生期和产卵盛期喷布50%杀螟松乳剂1 000倍液或50%辛硫磷1 000倍液，或用菊酯类农药防治。

2. 桃小食心虫（*Carposina niponensis* Walshingham）

危害多种果树，亦危害石榴，以幼虫蛀食石榴果实。幼虫发生1年有3次高峰，分别为7月上旬、8月上旬、8月底，成虫寿命3d左右，午夜交尾后产卵于石榴果面上，每果1粒。幼虫孵化后很快蛀入果内。蛀孔微小，幼虫蛀入石榴后朝向果心或皮下取食籽粒，虫粪留在果内。

防治方法：采取树上与树下治理相结合、农药与人工治理相结合的防治方法。在幼虫出土期（6～7月）时，在树冠下地面喷洒300倍50%辛硫磷，喷后浅锄树盘，摘除虫果并及时处理。成虫盛发期喷2.5%溴氰菊酯乳油5 000倍液，20%杀灭菊酯3 000倍液。

3. 石榴茎窗蛾（*Herdonia osacesalis* Walker）

1年发生1代，以幼虫在蛀道内越冬，于翌年3月底至4月初活动，蛀食危害。5月下旬开始化蛹。6月下旬至7月上旬为化蛹盛期，蛹期20d左右。6月中旬出现成虫，7月中下旬达到羽化盛期，8月上旬为卵孵化盛期，卵期13～15d，幼虫孵化后蛀入新梢危害直至11月上旬，并在蛀道内越冬。

防治方法：人工剪除虫梢。4月中下旬和6月底7月初，剪除并消灭枯枝。防治蛀道内幼虫。幼虫发生期用磷化铝片堵塞虫孔防治，也可注射40%久效磷或敌敌畏稀释3倍液，每孔注入3mL，死亡率95%。喷药防治。卵孵化盛期及幼虫蛀梢前，用40%久效磷乳油1 000倍液、50%敌敌畏800倍液或2.5%溴氰菊酯乳剂2 500倍液进行喷雾防治，每隔10d喷施1次。

4. 龟蜡蚧（*Ceroplastes japonicus* Green）

1年发生1代，1龄若虫很小，肉皮色或粉红色，卵圆形或椭圆形，爬行扩散能力很强。若虫和雌成虫期可分泌出蜡质物，形成伪介壳或蜡质与若虫蜕相互重合形成真正介壳，主要危害枝、干、叶、果。寄主被害后生长势衰弱，造成落叶，甚至局部或整株死亡。果实受害造成裂果，枝干受害引起皮层肿胀龟裂。此外，龟蜡蚧在危害过程中的排泄物常引起“煤污病”的严重发生，阻碍植株光合作用的正常进行。

防治方法：结合冬剪，消灭越冬蚧。剪除干枯枝及虫害严重细弱枝，并回缩徒长枝，然后集中一起焚烧。化学防治的关键时期是初龄若虫扩散爬动期，最晚至泌蜡初期。冬季和早春喷布3～5波美度石硫合剂，同时可按0.2%～0.3%比例加入洗衣粉，以增加润湿能力，提高杀虫效果。也可选用0.9%的爱福丁乳油4 000倍液或40%速扑杀乳油1 500倍液。每隔10d交叉喷施1次，即可达到良好效果。对蚧虫率较高的石榴树可采用涂干环药法进行防治。

5. 紫薇绒蚧（*Eriococcus lagerostroemiae* Kuwana）

该虫危害引起石榴早期落叶、枝条干枯、树势衰弱，产量下降或绝产，严重者枝干布满白色虫体，致全树死亡。该虫1年发生2代，以成虫和若虫附在枝干上吸食汁液。4月中旬越冬若虫开始发育，雌雄分化，形成伪介壳，5月雌、雄成虫交配。5月下旬为雌成虫产卵期。第一代若虫6月中旬出现，7月上中旬发生第一代雌、雄成虫，7月下旬为产卵期。8月中旬至9月上旬为第二代若虫孵化期，绝大多数个体在寄主枝条上定居。10月下旬以后以2龄若虫在枝条表面、枝干皮缝下越冬。

防治方法：人工防治。结合冬季修剪，剪下紫薇绒蚧严重的枝条集中烧毁。刮除树干老翘皮，清除树干表面、皮缝下越冬若虫，然后喷布5波美度石硫合剂。主干涂药防治。6月中旬第1代若虫出现时，刮除树干老皮1圈，用甲胺磷2～3倍水溶液浸透后用纸、布包扎，外层用塑料薄膜包严，以防风干，待紫薇绒蚧全部死亡，即将包扎物除去。化学防治。第一、二代若虫孵化盛期，是化学防治的关键时期。选用药剂为25%蚧死净乳油800倍液或40%速扑杀乳油1 200倍液。严格加强对苗木和接穗的检疫。防止疫区苗木、接穗进入非疫区。

6. 石榴巾夜蛾［*Parallelia stuposa*（Fabricius）］

1年发生4～5代，以蛹在土中越冬，翌年4月羽化为成虫，产卵于树干。幼虫危害芽和叶，白天静伏，夜间取食。老熟幼虫9月底下树，在树干附近土中化蛹越冬，世代重叠。成虫吸食果汁。

防治方法：秋冬在树干周围挖蛹灭除。幼虫期用90%敌百虫1 500倍液或50%辛硫磷乳液2 000倍液喷洒防治。

六、采收贮藏与加工利用

1. 采收

果实适时采收，才能获得高产、优质、高效。果皮和籽粒色泽变化是石榴果实成熟程度的主要标志。当红色品种果皮底色由深绿变为浅黄色，白石榴底色由绿变黄时，即表示果实进入成熟阶段。籽粒色泽的变化能真正反映成熟程度。成熟了的红色品种籽粒鲜红或浓红，粒大、汁液多、味甜，果肉近核处针芒状物极多；充分成熟了的白色品种，籽粒晶亮透明，粒大、汁多、风味浓甜，籽粒近核处针芒状物非常明显。所以，石榴果实成熟的标志可归纳为：果皮由绿变黄，有色品种充分着色，果面出现光泽。果棱显现。果肉细胞中的红色或银白色针芒充分显现，红粒品种色彩达到固有的程度。籽粒饱满，果实汗液的可溶性固形物含量达到该品种固有的浓度。

头花、二花果采收早，开花坐果晚的三、四花果成熟晚，采收也晚，要注意分期采收。

2. 采后处理

（1）预冷。在运输或冷藏水果以前，要预冷并迅速地降到规定温度。石榴预冷比较适宜的温度为10℃左右。

（2）清洗、干燥和涂料处理 消费者需要清洁的产品，洗涤可以改进产品的外观。采收后石榴果品上常有尘垢、泥土、介壳虫和烟蕾存在，采前杀虫剂等农药也会有残留，因此要用洗涤剂将它们洗除掉。清洗后的石榴必须立即阴干。为了长时间保持石榴收获后的良好品质，要进行涂蜡作业，以增加果面上的光泽，提高商品价值等。

（3）分级。初选合格的果实，进一步按照商业部门规定的统一标准，根据不同品种，果实大小，果皮色泽，病虫情况，碰、压、磨和刺伤程度等进行分级。经过分级后的果实，大小一致，优劣分开，便于销售。目前石榴果实还没有全国性的统一分级标准。一般根据品种大小、色泽和损害情况以及客户要求可将石榴果实分为4个档次。

1级　大型果重400g以上，中型果300g以上，光泽好，无病虫害和碰伤。

2级　大型果重300g以上，中型果200g以上，光泽正常，无病虫害和碰伤。

3级　大型果重200g以上，中型果125g以上，光泽正常，无病虫害和碰伤。

等外　大型果重200g以下，中型果125g以下，级内剔出的病虫伤劣果。

（4）包装。总的原则应符合科学、经济、牢固、美观、适销。石榴包装材料可用纸板箱、塑料箱、内包装纸等。箱的内外各挂一个标明品种、等级、产地、净重的标签。大批贮藏应分层包装于16～18kg纸箱内，如装在10kg左右塑料薄膜袋或硅窗袋，则效果更为理想，用保鲜剂处理后晾干、装箱。

3. 贮藏

（1）适宜的环境条件

• 温度　石榴属于亚热带和温带果品，对温度的依赖性极强，温度>10℃时呼吸作用旺盛，温度<－1℃，或部分品种<0℃时即有冻害发生。石榴大多品种适宜贮藏温度范围为0～1℃，冻害温度为－0.5～－1℃，温度波动幅度<0.5℃。石榴遇冻害后，表现果皮凹陷，籽粒褐变、褪色，腐烂果增加，严重者汁液外流。石榴对冷害的敏感性因产地和品种而有一定差异，对低温敏感性较低的品种，可在一定时间内进行冷藏。据报道，北方有些品种可在0℃贮藏1个月、在5℃贮藏2个月而不会冻伤。

• 湿度　贮藏石榴的环境相对湿度一般为85%～90%。据国外报道，在0～1.7℃，相对湿度85%～90%的条件下可贮藏11周而果皮不会变皱。控制相对湿度是贮藏关键，因为果皮在低温下，易变干、变黑、发硬。

• 气体成分　在石榴贮藏过程中，合理的控制气体组成并保持一定的比例，即可维持果实正常的最低呼吸作用，达到延长保鲜的目的。石榴果实贮藏在温度3℃条件下，空气中氧的成分以2%、二氧化碳以12%为宜。

（2）入贮前的处理。果实选择与分级：采收后，应剔除病、伤果和裂果。健全无伤的果实，视其大小按级分类。等外果及伤果除就近销售外，也可作为加工原料处理。贮前药剂处理：贮前用50%多菌灵1 000倍液或45%噻菌灵悬浮剂800～1 000倍液浸果3～5min，晾干后贮存，效果较好。贮存量较大时，可用喷药的办法把上述药剂均匀喷洒到果面上，晾干后贮存。

（3）贮藏方法

• 室内堆藏法　选择阴凉、湿润、通风房屋，垫约10cm厚鲜草，然后将石榴一层果梗向下、一层果梗向上交替摆放，高度以40～60cm为宜，最后盖上鲜草，并随温度变化加盖覆盖物，可贮藏70～100d。

● 井窑贮藏法　选高燥处，挖直径80～100cm，深100～200cm的干井，然后根据贮量向四周挖数个拐洞，底部铺10cm厚细沙，摆放石榴4～5层，然后把井口盖好，留好通气孔，随时注意检查，可贮藏到3月底。

● 罐瓮贮藏法　此法仅作少量贮藏。选干净无油垢的坛、缸、罐等，底部铺一层厚5cm的湿沙，中央放一个草制通气筒，以将石榴放满容器为度，上面盖一层湿沙，用塑料薄膜封口即可。

● 聚乙烯薄膜袋贮藏　将预冷并经杀菌剂处理的石榴放入聚乙烯塑料薄膜袋中，扎好袋口，置于冷凉室内贮藏，也可用塑料袋单果包装，这种果实在3～4℃下可贮存100d，果粒新鲜度好，病害减轻。

● 气调贮藏　又称"CA"贮藏，一般用0.1～0.2mm厚的机械强度、透明度、耐低温、热密封性能较好的塑料薄膜压制成帐，上方设充气口，下方设抽气口。在比帐底四边小20～30cm的地面上，挖好深、宽各10cm小沟，在沟内铺好帐底，帐底上面放置垫砖，砖与砖之间撒上消石灰。将经过预冷的果箱在砖上码成通气垛，随即将帐顶扣在垛上，再把帐四壁下边埋到小沟内用土压实，同时将通气口扎紧即成为一个密闭的贮藏室。以后注意调节、控制帐内气体成分即可。

● 冷库贮藏

温度对石榴贮藏保鲜时间的长短起决定性作用。用机械冷藏库贮藏时，其温度下降快，然后要保持库内温度为0～1℃。

4. 加工利用

石榴主要加工产品有石榴汁和石榴酒（表29-1）。

（1）石榴汁。石榴果汁工艺流程为：石榴原料→清洗→拣选→暂存→人工去皮→护色→破碎→热浸提→冷却→酶处理→螺旋榨汁→过滤→（杀菌）→石榴原汁→中间储存→脱气→预热→灌装→封口→杀菌→冷却→保温→打检→包装→出厂。

加工过程中，护色以1%柠檬酸液处理，浸提用合格的石榴籽经过漂洗进入冷热缸浸提，热浸泡使石榴的色素尽可能的浸出，以保证产品的质量，温度65℃，时间为10min。酶处理是为减少果汁中果胶含量，提高果汁澄清度。调配过滤的糖浆处理部分采用热溶法化糖，用糖浆过滤器过滤。水处理部分可根据水质条件，采用离子交换与电渗析相结合的方法。调配按国家果汁饮料的要求进行配方设计，原果汁含量为30%，糖为4%以下。原汁在两个调配缸中进行调配或进行浓缩，再经真空脱气，真空度为≥650mmHg（浓缩汁不需进行此步操作），然后进行预杀菌。灌装温度≥85℃，灌装密封饮品杀菌温度为105℃，经保温后包装入库。

表29-1　石榴果肉果汁及饮料的质量标准

种类指标	内容	果肉果汁	果肉果汁饮料
感官指标	色泽	深红色	浅红色至深红色略有透明感
	滋味及气味	天然石榴香味，无其他异味	具有原果香味，酸甜适口，无异味
	组织形态	均匀果浆状，放置后有分层现象	果肉颗粒悬浮，长期放置有少量沉淀
理化指标	浓度	90%	15%
	可溶性固形物	14%～15%（折光计）	7%～9%
	酸度	1.3%～1.5%	0.25%～0.3%
	苯钾酸钠	≤0.1%	≤0.05%
卫生指标	细菌总数	无致病菌及微生物引起的腐败现象	每毫升≤100个
	大肠杆菌		每毫升≤60个
	致病菌		不得检出

（2）石榴酒。酿造工艺流程：石榴采收→分选入库→人工去皮→压榨取汁→澄清杀菌→添加酵母→前后发酵→分离下胶→后期管理→原皮籽处理→加糖发酵→萃取→有效成分→酒精浸泡→勾兑→半成品酒→酒。

按制汁精选果粒放入瓷缸中榨出汁液，用SO_2杀菌，调整糖分、酸度、含氮物，放入罐或桶内进行主发酵，温度控制在25～28℃。发酵后及时将发酵液分离成原酒。原酒经准确计量后装入酒桶中后发酵。酒液后发酵中酒精偏低时，可用白酒或食用酒精调整，后再陈酿。陈酿过程中若悬浮物多、透明度差时可加蛋清或明胶进行下胶处理。长期陈酿要加入SO_2杀菌。装瓶后要放在68～75℃温度下进行20min杀菌处理，冷却后贴上商标装箱待售。

（丁向阳）

30. 无 花 果

无花果（*Ficus carica* L.）俗名映日果、明目果、七利果、文仙果、奶浆果、蜜果等，为桑科（Moraceae）无花果属（*Ficus* L.）多年生落叶灌木或小乔木。原产于地中海地区及西南亚，是一种果、药兼用植物。在《本草纲目》等书籍中记载有“味甘、润肺止咳、清热润肠、消肿解毒”之功效。常用于咽喉肿痛、便秘、乳汁不足、哮喘、消化不良、脾胃虚弱、肠炎痢疾、胃溃疡、筋骨疼痛、风湿麻木、痔疮等疾病的治疗。近年来国内外研究结果表明，无花果至少含18种氨基酸和大量微生素C，其维生素C的含量是橘子的2.3倍、葡萄的20倍、梨的27倍。无花果的幼果、叶子和枝条中含有黄酮苷（与银杏叶成分类同），经常食用可降低和抑制血压升高。此外，在无花果中还含有苯甲醛、呋喃香豆素内酯、补骨酯素、佛手苷内酯等多种对癌症有抑制功效的物质。国内外研究表明，无花果含有多种抗癌活性物质，对13种癌细胞生长有明显抑制作用，而且无副作用。

无花果还是富硒果树，每千克果实含硒量54.7μg，每千克叶子含硒量189.3μg，是新发现的浓集硒果树，其含硒量是食用菌的100倍、大蒜的400倍。硒被营养学家誉为“生命的奇效元素”，有延缓衰老、增强机体免疫力、抵抗疾病的特殊功能。硒也是人体内抵抗有毒物质的保护剂，可降低有毒物质（如苯、砷、镉、汞等）的危害。因而无花果被誉为“水果皇后”、“21世纪人类健康的保护神”。

一、主要物种

无花果属大约有600种，其中大多数为原产热带的大乔木或藤木，只有少数原产亚热带。该属仅有无花果（*Ficus carice* L.）一种作为果树栽培。

无花果在适宜的条件下，树冠较高大，广而开张，呈圆形或广圆形。根、茎、枝、叶均有乳管，可分泌白色乳汁。冬季落叶后，在枝条上留下三角形的大型叶痕。叶腋内多能形成2~3个芽，其中较小呈圆锥形者为叶芽，叶芽可萌发新梢，也可成为潜伏芽，其余大而圆者为花芽。无花果雌雄同株，异花，埋藏在隐头花序中。因其类型不同，如普通无花果和中间型无花果只有雌花，原生型无花果则具有雌花、雄花及适于无花果产卵的短柱头雌花，又称虫瘿花。果实形状有扁圆形、球形、梨形或坛形多种，果皮有绿、黄、红以及深紫等多种颜色。

根据无花果花器性能和授粉关系，通常无花果可分为4种类群：原生型无花果、普通无花果、斯密尔那无花果和中间型无花果。

1. 原生型无花果（*F. carica* var. *sylvestris* Shinn.）

雌雄异株。雌株每年有3批花，第一批花多为雄花和虫瘿花，果初夏成熟；第二批花有雄花、虫瘿花和雌花，果秋季成熟；第三批花只有雌花，必须有传粉蜂授粉才能长成可食用的果实，否则果实小、品质差、不堪食用。雄株产量低，品质差，主要作为传粉蜂的寄主。

2. 普通无花果（*F. carica* var. *hortensis* Shinn.）

目前世界各国的主要栽培品种都属此类。花序中只形成雌花，这种雌花不需授粉就能与花托一起长成可食用的果实，雄花着生在花托上部。通过人工授粉可获得种子。

3. 斯密尔那无花果（*F. carica* var. *smyrnira* Shinn.）

一直在小亚细亚斯密尔那栽培。花序中只形成雌花，必须经过传粉蜂授粉才能形成可食用果实，许多制果干用的良种属于这一类型。

4. 中间型无花果（*F. carica* var. *intermedia* Shinn.）

该类型花分3批。第一批花序不需授粉即能长成可食用的无花果，与普通无花果相近。而第二、第三批花序必须经过授粉才可形成可食用果实，与斯密尔那无花果相近。

上述几类无花果除普通无花果类群外，都要进行昆虫或人工授粉，才能在全年生长过程中不断长成可食用的果实。昆虫主要利用膜翅目的传粉蜂来完成。这种蜂寄居在原生型无花果的雄株上，以蛹在虫瘿花中越冬，生活史与原生型无花果发育的年生长周期相似。

二、主要栽培品种

（1）麦司衣·陶芬。产于日本，传统种植品种，夏秋兼用种。夏果果形大，品质好，平均果重80～100g，最大达200g以上，果皮淡紫褐色至赤褐色，薄而强韧，裂果少。产量很高，成年树1hm^{2}产果22.5～30t。鲜果及收获期未成熟果均能用于加工。

（2）玛斯义·陶芬。原产美国加州。树冠较小，枝条开张，适宜密植。易分枝，枝条多，生长量大。单性结实，极易结果，当年种植当年投产。夏秋两次结果，夏秋果兼用，但以秋果为主，夏果长卵圆形，较大，平均果重100～150g，果皮紫红色。秋果倒圆锥形，中大，平均单果重80～100g，成熟时紫褐色。该品种果实个头大，果皮鲜艳，果肉桃红色，肉质稍粗，含糖16%～18%，商品性好，且果皮韧性大，较耐贮运，抗病力特强。自然休眠期不明显，依地温上升快慢而异，自然落叶少，经霜冻叶片干枯后方始脱落。夏果于7月上旬成熟，秋果8月下旬至10月中旬陆续成熟，11月下旬落叶。该品种抗病力特强，适应性广，丰产性好，品质佳，耐贮运，发展潜力巨大。适宜在黄淮、长江流域及其以南地区发展。

（3）布兰瑞克。为法国原产的夏秋果兼用种。该品种树势中庸、树姿开张。分枝习性弱，如不摘心，则分枝极少，枝条中上部着果多，连续结果能力强，单性结实，丰产性好。5～7月陆续开花。夏果呈倒圆锥形，成熟时黄绿色，单果重100～140g。秋果倒圆锥形或倒卵圆形，一般重40～60g，成熟时果皮黄绿色，果顶不开裂，果实中空，果肉淡粉红色。含糖量高，成熟果实含糖18%～20%，肉质细、味甘甜，品质极上。夏果7月上中旬成熟，秋果8月中旬至10月下旬陆续成熟。该品种果实大小适中，味甜而芳香，品质优良，为鲜食和加工兼用的优良品种。适应性强，极抗寒、丰产性好，1hm^{2}产量可达30t，适宜在北京以南的广大地区发展。

（4）黄果1号。河南省林业科学研究院选育，属普通无花果类型，夏秋果兼用种。树势中等，生长旺盛，叶色深绿。夏果6月下旬成熟，果数中等，长卵形，颈小，果梗短，果实大，一般单果重120g左右，最重达200g以上，果面黄色。秋果从8月上旬至10月陆续采收。果形为稍偏一方的长卵状。单果重50～80g，最大可达125g。果皮黄色，果肉红褐色，味甘甜，品质优良。果实基部和顶部成熟度不一致，鲜食和加工俱佳，结果性和丰产性好，1hm^{2}产量达35t以上。品质极优，适宜北方发展。

（5）绿果1号。河南省林业科学研究院选育，属普通无花果类型。树冠自然圆头形，树势强健，树姿半开张。本品种夏秋果兼有，以秋果为主。秋果倒圆柱形，部分果端面呈钝三棱形。平均果重70g左右，最大可达170g以上，色泽浅绿，无果顶，果柄粗，极长，果目大，开张，果面平滑，不开裂，近果处有裂纹，果目鳞片呈三角形，果点大，果肋明显，果实中空，果肉紫红色，可溶性固形物达17%。味甜带酸，酸甜适中，品质极上。1hm^{2}产量30t。适宜北方发展。

（6）金傲芬。属普通无花果类型。1998年由美国加利福尼亚州引入中国。夏秋果为主，始坐果部位2～4节，果实大卵圆形，果颈明显，果皮金黄色，有光泽，似涂层腊质。果实纵横径6.2～6.0cm，单果重80～100g，最大果重160g。果目银白色，果肉淡黄色，致密无空隙，可溶性固形物18%以上，风味佳，品质极上。该品种丰产性能好，耐寒，扦插当年结果，2年生单株产量9kg以上，果熟期7月下旬至10月下旬，条件适宜可延长至12月。

（7）波姬红果 属普通无花果类型，1998年由美国得克萨斯州引入中国。树势中等，分枝力强。果实为夏、秋兼用，以秋果为主。始坐果部位2～3节，大型果，长卵圆形，果色鲜艳，紫红色，有腊质光泽，果肋明显，果径较短，为0.4～0.6cm，果目鲜红色，中等开张。果肉浅红，中空。秋果单果重60～90g，最大重达110g。味甜、汁多，可溶性固形物16%～20%，品质极佳。果熟期7月下旬至10月中下旬。耐寒性较强，丰产性能好。

（8）日本紫果。属普通无花果类型。1997年引自日本福岛地区。秋果专用品种。树势强健，分枝力强。果实扁圆卵形，始坐果部位3～6节，成熟果深紫色，果皮具白色果粉，果颈不明显，果柄短。果目红色，果肉鲜艳红色，致密，汁多甘甜、味美，果、叶富含微量元素硒，较耐贮运，可溶性固形物18%～23%，品质极佳。该品种丰产，较耐寒，果熟期8月下旬，为目前国内外倍受欢迎的鲜食加工兼用优良品种。

（9）A134。属普通无花果类型，引自美国。夏秋果兼用品种。树势强健，树姿较开张，分枝性较强。果实卵圆形，大果，金黄色，有光泽，果肉琥珀色，较致密，稍有中空，果颈明显，平均单果重60g，最大果重160g，固形物含量16%～19%，色艳味美，品质极佳。该品种耐寒，丰产性能好，为目前我国鲜食无花果优良品种之一。

（10）新疆早熟无花果。夏秋果兼用种。果实大，扁圆形，单果平均重53.5g，最大果重69g。完全成熟后果皮呈黄色，有白色椭圆形果点。果肉淡黄色，肉质柔软，味甜，品质上等。夏果7月中旬成熟，秋果8月中旬开始成熟。

（11）新疆晚熟无花果。果扁圆锥形，果梗较长。果皮黄白色，有白色果点。果肉淡黄色，味甜，品质上等。果实7月下旬开始成熟，可陆续采收至9月下旬。

（12）绿抗1号。夏秋果兼用种，果实短倒圆锥形，果大，平均单果重80g左右，最大果重达140g。可溶性固形物16%以上，风味浓甜，品质极上。易繁殖，丰产性较好；耐盐力强，在5%含盐量的情况下仍能生长；抗寒能力较强，较抗天牛危害。

（13）蓬莱柿。树势强健，树姿直立，树冠大。枝梢少但长而壮，叶片大，裂刻浅，多为3裂。进入结果期稍迟。夏果有少数能成熟，秋果自9月上旬成熟，10月为盛期，至11月上旬还能成熟。单果重60～70g，果实短卵圆形，果孔小而开张，果颈极短，果脉较明显，果皮稍厚，红紫色，果顶部容易裂开。果肉鲜红色，肉质软、甜，耐寒性强，适宜北方栽植。

三、生物学特性

（一）生态习性

无花果分布于南北两半球的热带至亚热带。中国南北各地均有栽培，尤以长江以南各地及新疆南部栽植较多。无花果喜温暖湿润气候，不耐严寒，较耐旱，怕水涝；喜阳光，稍耐荫蔽；冬季－12℃时小枝受冻，－18～16℃时枝条严重受冻，－22～－20℃时，地上部分冻死，翌春自根部萌发成灌木状。以年平均气温15℃、夏季平均最高气温20℃、冬季平均最低气温5℃以上、≥10℃有效积温达4 800℃的地区生长与结果最好。年降水量700～800mm，且分布均匀的地区栽培最为适宜。无花果对土壤要求不严格，在多石灰的沙漠性沙质土壤上，潮湿的亚热带酸性土壤、中性土及石灰性冲积土上均可生长。其中以土层深厚、肥沃、湿润、排水及保水力较好的砂壤土、砾质壤土或砾质黏土最符合其生长和结果要求。由于其木质韧度较差，在多风的地区，枝干极易被强风摧残。因此，在大风地区，应选择背风地栽植。

（二）生长发育

无花果的生长势很强，幼树新梢或徒长性分蘖枝的年生长量可达2m以上，并有多次生长的习性，因此形成树冠较早，进入结果期也早。无花果的潜伏芽很多，寿命也较长，极易在骨干枝上形成不定芽，所以，枝条的恢复和树冠的更新都比较容易。

无花果在当年生新梢上结果，除秋末在新梢顶部的叶腋内分化花托原始体、第二年继续分化并开花形成春果外，还能在新梢延长生长的同时，由基部向上依次形成花托并结果，长成夏果和秋果，这是无花果早果丰产的基础，因此无花果修剪时不宜短截。无花果进入结果期后，除了生长特别旺盛的萌条和徒长的分蘖枝以外，几乎所有的新梢都能结果，同时也都能扩大树冠，这也是无花果不同于其他果树之处，这种既能结果又能扩冠的具有双重作用的枝条，称为混合枝。进入盛果期以后，这种混合枝的长势逐渐变弱，扩冠的能力降低，逐步转化为结果枝，结果枝衰老后，如不能抽生健壮混合枝时，就应及时更新修剪。在无花果新梢生长的同时，在花托分化和开花结果等过程中，花器的分化和花托的成长也同时在进行。为了区别于其他果树的花芽分化，称为花托分化。无花果的枝条，结果以后坐果的节位就不再发枝而成为光秃带。在着生果实的叶腋间，除果实外，还有叶芽存在，果实采收以后，第二年仍可抽生新梢。无花果新梢的坐果时间是由下而上逐渐形成的，越是上部新梢坐果越晚。因此，无花果的成熟时间，也是由下而上逐步延迟，所以，无花果的采收期很长，从8月份开始，可连续不断地进行采收。虽然无花果的坐果时间有早有晚，成熟和采收的时间有先有后，但也并非一直这样延续下去。在北方地区，着生晚的果实，如果到落叶时还不能成熟，那么，就会因气温降低、热量不足而不能成熟。所以，北方地区栽植的无花果，晚着生的果实应适当疏除。在冬季气温较高的南方地区，有些品种在进入初冬时，结果枝先端所生花芽还没有成长为果实，这些花芽就由鳞片包被而仍然保持其原有状态，虽因气温下降而暂时停止了生长，但仍能安全越冬而不遭受冻害，第二年春季气温上升以后，继续生长发育成长为果实，至6月下旬便逐渐成熟，这时早熟的果实，称为夏果；8～10月间所采收的果实，则称为秋果。

无性繁殖的无花果，栽植后2～3年开始结果，

6~7年进入盛果期，以后树冠不断扩大，产量逐年增加，经济结果年限可保持40~70年，在适宜的条件下，其寿命可达100年以上。无花果丰产性极强，当年栽植，当年即可结果，6~7年进入盛果期，6年以上植株，可株产鲜果30~150kg，40~50年生的植株仍能连年结果。

四、栽培技术

1. 苗木繁殖

无花果因其种子小，实生繁殖困难，所以一般采用无性繁殖。无性繁殖方法有扦插、压条、分株和嫁接，生产上多采用扦插繁殖。

（1）扦插。扦插全年都可进行，成活率很高。扦插苗翌年早春即可结果，有的甚至当年就可结果。一般在3月上旬至4月上旬进行露地硬枝扦插，以随剪随插为宜，插入深度约为穗条的1/3，上部第一个芽应露出地面。扦插前插穗下端可用50~250mg·kg^{-1}的生根粉溶液浸泡10min，取出晾干后再扦插，可提高成活率。也可在6月上中旬枝条达半木质化时进行绿枝扦插，将叶片剪去1/2，扦插深度以留下的叶片露出地面为准。扦插株行距为20cm×20~30cm。

（2）压条。可在冬季修剪时将靠近地面的枝条，包括不成熟枝与幼嫩枝压土，于翌年6月取其生根的压条栽植。4月中下旬进行低主干压条，在落叶后挖开土层，取其苗木。5月中下旬进行萌发新枝压条，7月中旬切断枝条，使其脱离母体。

（3）分株和嫁接。分株在6月中下旬进行，取其根蘖苗进行分株培植。嫁接一般在3月中旬至4月初无花果萌芽前进行，嫁接方法同一般嫁接技术。

2. 造林

（1）林地选择。无花果对环境适应性特强，沙土、壤土乃至各种黏重土壤均可栽植，但以土层深厚的中性或偏碱性的砂壤钙质土为宜。在无花果适生区的内陆平原、山坡下部、河滩地、沿海丘陵缓坡地，宜选择光照充足、土层深厚肥沃，有灌溉条件的地区建园。无花果对钙需求量较大，在偏酸缺钙的土地种植时，施石灰改良土壤有显著的增产效果。由于无花果柔软多汁，耐贮性较差，不便运输，果园应选择交通方便、离城市或加工厂较近的地方，以便加工销售。

（2）林地整理。成片造林时可于当年冬季进行土壤全面翻耕，让其自然风化，同时施足有机肥，翌年春天定植前进行碎土、整平，然后按设计的株行距开穴。

（3）造林方法。一般用1年生10~30cm长的截干苗造林。根据品种的不同和土壤条件的差异，可进行灌丛型栽培和开心形整枝栽培。灌丛型栽培时栽培密度稍大；开心形整枝法栽培结果早，产量高，管理方便，值得推广。

造林前按设计要求定点开挖定植穴，穴直径60~80cm，深50~60cm，每穴施入有机肥50kg，加入少量钙、镁、磷肥。栽植前定植穴土壤回填，并分层压实，然后栽苗。栽苗时要求深挖浅栽、苗正土实，然后浇足定根水。定植后，要加强管理，及时按整形要求定干。

（4）造林时间。无花果发芽和根系生长比其他果树迟，为防止冬季和早春低温冻害，应以春季定植为主。3月下旬至4月上旬气温回升后栽植最为适宜。南方气候回升早的可以适当提前。

（5）造林密度。无花果树生长速度快，树冠扩展迅速，结果盛期早，定植密度视品种、整形修剪方式以及土壤肥力不同而异。树冠低矮品种或中下等土壤肥力，株行距以2m×1.5m或2m×3m为宜。高冠品种或肥沃土壤，株行距以2m×4m或3m×3m为宜。进行Y形整枝法进行栽培时，行距一般为2m，穴距4m，每穴2株，1hm^{2}栽2 250株。

3. 经营方式

无花果一般多采用纯林经营，结合间作套种，以提高经济效益。大田栽植不能与小麦、玉米、大豆、棉花间作，但可与瓜、菜间作，如早春间作甜瓜、西瓜，收后种大白菜、萝卜等。间作草莓效益最高，每667m^{2}栽植1.4万~1.8万株，于9月中旬栽植，冬季覆盖地膜，翌年4月份见果，每公顷可收获鲜草莓15 000kg。与甜叶菊、地瓜间作效果也较好，但同时应增加无花果的施肥量，一般增加1倍左右。

4. 抚育管理

（1）整形修剪。合理的树形是无花果丰产、稳产、优质的基础。无花果比较喜光，树形以开心形为宜，即将当年栽植的树苗剪留20cm左右，从茎部长出新梢，翌年再从中留4~5枝短截，其余剪掉。一般每年在春、秋季修剪时，剪除病虫枝、弱枝、衰老枝和翌年不结果的副枝条，以及过密的结果母枝。在生长季节，要及时剪除根蘖、萌条和徒长枝，保持通风透光。分枝较弱，但生长旺盛的植株要在

7～8 月新梢展叶 20～25 片时，及时摘心，以控制旺长，促进分枝，增加枝的数量和提高产量。

（2）水肥管理。无花果生长量大，需要及时施肥。基肥一般于落叶后的 11 月中旬至 12 月上旬，以施厩肥为佳。成年树每公顷需补充氮 100～120kg、磷 80～100kg、钾 80～100kg。无花果枝叶生长与果实发育同步进行，对营养的需求量大，每年应追施 5～6 次肥。第一次在新梢旺长时的 5 月，以氮肥为主，每公顷施 200～300kg。在果实成熟期的 8～10 月追肥 2～3 次，以复合肥为主，每次每公顷 250～300kg。此外，喷施 0.3%～0.5% 磷酸二氢钾或氮钾为主的复合肥，也能达到增大果实，减少开裂的效果。

无花果根系发达，比较抗旱，但叶片大，夏季高温季节水分蒸发较多，需水量大。要保证高产、优质，应及时灌水。主要需水期在越冬前、发芽期和果实生长发育期的 7～9 月。除采用传统的沟灌、穴灌外，还可进行喷灌和滴灌。无花果如果长期受渍或积水，易造成落花、落果，甚至死亡，所以，要注意做好雨季防涝排水工作。

（3）土壤耕作。一般无花果建园，植株为自根苗类型，根层浅，主要分布在地下 30～40cm 左右，要及时中耕除草。盐碱地种植无花果，应采用行间生草或间作物与覆草相结合的土壤管理措施，可抑制返盐，降低土壤含盐量，改良土壤结构，培肥地力。山丘地无花果园，应采用覆草和种草相结合的土壤管理制度，可改善墒情，保持水分，又可防止水土流失。平原地区的无花果园，在幼树和初果期，可间种豆科作物或蔬菜。

五、病虫害防治

无花果病虫害较少发生，常见病害主要有炭疽病、果锈病、黑斑病；虫害主要有桑天牛、黄刺蛾、东方金龟子等。

（一）病害防治

1. 炭疽病［*Colmerella cingulata*（Stonem.）Spauld. Schrenk］

该病由真菌引起，病原主要以菌丝体在病果内和当年生枝蔓皮层组织内越冬。翌年 6 月前后，温湿度适宜时产生分生孢子，成为主要侵染源，高温高湿季节侵染严重。果实近成熟时受害，在潮湿条件下有粉红色黏液，发病严重时，病斑可扩展到半个或整个果面，果实软腐，易脱落，或干缩成僵果。果园排水不良，过于密植，植株徒长，使病害加重。

防治方法：清除病原加强栽培管理，土壤疏松通气，保持果园通风透光良好。生长季节及时剪除病果、病叶，拾净落地病果集中烧毁。化学防治，春季萌芽前，用 50% 退菌特可湿性粉剂 500～800 倍液、40% 福美砷可湿性粉剂 500～800 倍液，或 3 波美度石硫合剂 +0.5% 五氯酚钠液，喷洒果园。生长季节果树发病后，用 80% 代森猛锌可湿性粉剂600～800 倍液、50% 多菌灵可湿性粉剂 1 000 倍液喷施。

2. 叶锈病（*Aecidium mori* Barcl.）

该病主要分布在南方，主要危害叶片、幼果及嫩枝。病株叶背出现红褐色多角形斑点，内含大量的锈孢子。嫩枝受害时，病部橙黄色，稍隆起。染病后的幼果表面发生圆形病斑，黄褐色，上生土黄色毛状物，病果局部生长停滞，多畸形。高温多雨的 8～9 月发病严重。

防治方法：在果园周围 5 千米范围内彻底砍伐圆柏，切断病害的侵染循环。用倍量式波尔多液 100～200 倍液喷雾防治。用 65% 代森锌可湿性粉剂及 97% 敌锈钠 250 倍液喷洒，均较理想。一般 3 月初喷第一次，以后每隔 15d 左右喷 1 次，连喷 3 次。

（二）虫害防治

1. 桑天牛［*Apriona germari*（Hope）］

桑天牛是无花果树的主要害虫，主要危害植株的枝干。成虫啃食嫩枝，严重时枝条、树皮被啃光，造成结果枝折断枯死。成虫在枝干上产卵于刻槽中部，卵孵化后，幼虫在枝干内沿木质部、髓部向下蛀食，可蛀食至根部，导致植株生长不良，树势早衰，影响当年果实产量，而且树体耐寒性降低，容易出现冻害，严重时全株枯死。桑天牛以幼虫在枝干蛀道内越冬，3 月上中旬越冬幼虫开始出蛰活动，4～5 月份进入危害盛期。5 月下旬老熟幼虫沿虫道上移做蛹室化蛹，成虫 6 月中下旬羽化后即啃食无花果新梢皮，并在枝干上产卵，8 月上旬为产卵盛期。初孵幼虫直接蛀入木质部取食，并向树干基部发展，幼虫一生蛀道长达 1.5～2.5m。11 月中下旬幼虫停止取食，进入越冬状态。

防治方法：根据桑天牛有喜食桑树、柞树的特点，以桑树或柞树作为诱集树种，在无花果园 100m 以外栽植桑树或柞树，作为隔离保护带。在桑天牛发生期间，对桑树进行喷药防治，注意幼树防治要及时、彻底，以减轻虫源对无花果树的危害。在成虫发生前对树干和大枝涂白，防治成虫产卵。在桑天牛成虫发生期，早晚捕捉成虫。在7～8月份采用人工挖除卵粒，每隔7～10d检查1次产卵刻槽，在刻槽处用小刀刺破卵粒或刺死初孵幼虫，检查挖卵2～3次就可控制幼虫蛀干危害。幼虫发生期，发现潮湿新鲜排粪孔时，先用铁丝将虫粪掏光，然后将磷化铝片剂塞入排粪孔内，并用黏泥密封虫孔，进行熏杀。或用兽用注射器将40%氧化乐果乳油40～50倍液注入排粪孔，然后用泥堵塞虫孔，防止药液外流。

2. 白星金龟子［*Potosia*（Liocola）*brevitarsis* Lewis］

白星金龟子在果实成熟期将果实吃成大空洞而腐败变质，尤以被鸟啄食后的和易裂果品种的果实上为多。该虫1年发生1代，以幼虫在土中越冬，5月下旬开始羽化，直至9月下旬结束，成虫羽化后约7d出土，白天活动危害，以10:00到15:00～16:00最盛。喜食糖蜜，有假死习性。

防治方法：建园时选择不易裂果的品种。果实成熟时要适时采收，防止采前果实流蜜及果皮受伤，以减少白星金龟子的危害。在成虫活动盛期，利用其假死习性进行人工捕捉，也可利用白星金龟子的趋化性，在树上悬挂装有加蜜熟果的竹筒进行诱杀，效果很好。在成虫出土初期，以50%辛硫磷200倍液或2.5%敌百虫粉6～12kg·hm^{-2}喷撒地面，然后浅锄入土，毒杀出土及潜伏成虫。

六、采收与加工利用

1. 采收

（1）采收时期。无花果的成熟期较长，应分批采收，外运果品应提前采收。充分成熟的无花果的标志是：果皮由绿色转变为不同品种所固有的色泽（如紫、红、黄、浅黄或浅绿等色），果实变软，果皮变薄，并散发出较浓的香气，风味甜而多汁，有的品种还常有果顶开裂、果肩出现果皮纵裂纹等特征。采收期依品种不同而异，夏果和秋果的采收时间不同，一般夏果多在6月下旬左右开始成熟采收，秋果从8月上中旬开始成熟采收，直至10月上中旬，之后的果实因气温下降不能达到完熟，果个小，品质差，多作制干或加工蜜饯。采收适期依用途而定，如供当地鲜销，宜在九成熟时采收。如运外地市场鲜销，则宜八成熟时采收，此时果实已达固有大小，且基本转色，但未软化。因无花果不耐贮运，极易腐烂，要运往外地市场须有良好包装和冷藏条件。加工用果可按加工产品要求的成熟度采收。制干和蜜饯用果可适当早采，甚至青果亦可利用。采收下的过熟果，可用作果酱或果酒。

（2）采收方法。采收时，手指捏住果梗捻转摘下，或用剪刀仔细剪下，轻放于容器内。盛果容器宜浅，如浅木箱或浅塑料筐，内垫软纸花，每箱限装10kg为好。采摘和分级、包装都要轻拿轻放，最好戴手套进行保护采摘，不能擦伤果皮或有机械伤口，否则极易腐烂。采收的果实应及时处理和销售。

2. 加工

无花果的加工产品多种多样，粗加工以制干为主，精加工可制成果酱、饮料、罐头、果酒等。

（1）果干。无花果制果干既不需要加糖，也不需削皮去心。直接将完熟的整果清洗干净，在熏蒸室中熏蒸1h，然后进入干燥室在70～75℃中经6～12h干燥即可。

（2）果酱。原料经剥皮破碎后，用40目的筛子过滤，以除去果籽。然后将少量水加入果肉中煮沸，将白糖（用量约为果肉重量的3/5）分2～3次逐渐加入，添加适量的柠檬酸和明胶，熬制浓缩到最终糖度为65～67度即可。此后，通过均质、脱气、装罐，采用90～100℃加热杀菌10min冷却后即得成品。工艺流程：鲜果→清洗→软化→打浆→调配→浓缩→装罐→杀菌→冷却→成品。

（3）果脯。原料经清洗，用1%的氢氧化钠去皮后，在30%的糖液中加热煮沸使之浓缩，并同时分2～3次添加白砂糖，使最后制成品糖度达65度，然后装罐、密封。采用78～90℃的热水杀菌15min即可。工艺流程：选果→清洗→去柄切瓣→去皮（或不去皮）→热烫护色→一次糖煮→二次糖煮→三次糖煮→糖渍→沥干→烘干→回软→整形→包装→杀菌→成品。

（4）无花果饮料。原料经清洗去皮后，与经杀菌消毒的自来水混合研磨、离心，用100目以上的滤布过滤，然后在滤液中加入稳定剂，稳定剂可以是琼脂，但其用量较大，也可以加入藕粉，保持15min后，滤液成为胶凝状时包装，采用90℃温度杀菌10min，冷却到室温。为防止产品腐败，可在包装时加入0.025%的山梨酸钾作为防腐剂。无花果汁工艺流程：鲜果→清洗→软化→打浆→过滤→调配→均质→脱气→装瓶→杀菌→冷却→成品。

（5）糖水无花果罐头。原料用果要在完熟前1天采收，根据是否有利于保持果块完整决定去皮与否，小型果可直接整果装罐，大型果则宜对开果块或四开果块装罐，为了提高产品硬度，保持果形及防止变色，可在装罐前采取硬化处理及热烫。硬化处理采用0.3%的石灰水，时间3～4h，果块热烫2～3min，整果4min。装罐后经排气、密封、95～100℃杀菌25min，罐中心温度达到90～95℃，然后迅速冷却即可。工艺流程：原料→挑选→清洗→去皮→切分→热烫→装罐→排气→封罐→杀菌→冷却→成品。

6. 无花果酒

无花果酒工艺流程：

工艺流程一：无花果→清洗→捣碎→浆体→调糖调酸→巴氏杀菌→接种→发酵→过滤→灭菌→发酵原酒→调配→陈酿→澄清→过滤→无花果酒

工艺流程二：无花果→清洗→捣碎→浆体→食用酒精浸泡→过滤→调糖→巴氏灭菌→无花果浸泡原酒→调配→陈酿→澄清→过滤→无花果酒

（丁向阳）

31. 枳　　椇

枳椇（*Hovenia acerba* Lindl.）别名拐枣、木室、长寿果、万寿果、龙枣、鸡爪梨、金果梨、金钩子等，为鼠李科（Rhannaceae）枳椇属（*Hovenia* Thunb.）落叶乔木，是材、果、药三用的珍稀树种。

枳椇果实利用价值高。其肥大的果序梗，即拐枣果，肉质多汁、营养丰富。经化验，枳椇含有多种营养元素和成分，每千克果中含葡萄糖 45%，氨基酸 2.41%，维生素C 230mg，酸 3 458mg、钙 12.2g，蛋白质 3.1mg，铁、磷、锌、铜、锰分别为 34.7mg、8mg、1.2mg、7.4mg、2mg，营养价值远大于常见水果。可加工成酿酒、酿醋、制糖及加工清凉饮料等。枳椇有神奇的解酒功能，中国民间有“千杯不醉鸡爪子”的俗语，民间也常在酒宴上备有枳椇鲜果以防贪杯者致醉，功效显著。我国古代《唐本草》《滇南本草》《本草纲目》等医药名著，均有拐枣解酒的详细记载。

按现代观念，枳椇应属第三代水果。这类果品的特点是富含营养成分，为野生或半野生，无化肥农药污染，是现代社会人们所追求的天然保健食品。但此类果品一般个体小、味涩酸、残渣多、适口性差。长期以来，枳椇只是在农村人群食用，尚未形成商品价值。近年来利用拐枣含糖量高这一特点，韩国与中国在枳椇解酒果粉饮料、熬糖和酿酒上取得了新进展。

枳椇木材紫红色，硬度适中，纹理美观，容易加工，既是优质建筑用材和室内装饰用材，又是制作精细家具、美术工艺品、车船、枪柄等的上好用材。

该树种果材兼用，适生性强，也是退耕还林、西部开发、岗丘瘠薄地资源开发和现代庭园绿化极好的新树种。

一、主要物种

枳椇属植物共有 3 种、2 变种，包括北枳椇、枳椇、俅江枳椇（变种）、毛果枳椇和光叶毛果枳椇（变种）。在我国分布最广的是枳椇。

1. 北枳椇（*Hovenia dulcis* Thunb.）

落叶高大乔木，高达 10～20m。小枝无毛。叶卵圆形、宽长圆形或椭圆状卵形，长 7～17cm，宽 4～11cm，基部平截、心形或近圆，常偏斜，具不整齐锯齿或粗锯齿，两面无毛或下面沿脉疏被柔毛。花淡黄绿色，聚伞圆锥花序不对称，顶生稀兼腋生，花序轴及花梗均无毛；萼片卵状三角形，无毛；花瓣倒卵状匙形；花盘边缘被柔毛或上面疏被柔毛；花柱 3 浅裂。果实近球形，平滑，果径 0.6～1cm，无毛，果序轴无毛。果梗肿大，肉质，红褐色，有甜味，可食。种子扁圆形，径约 5mm，种皮红褐色，有光泽。花期 5～7 月，果期 8～10 月。

分布于河北、山东、山西、河南、陕西、甘肃、安徽、江苏、江西、湖南、湖北、四川。生长于海拔 1 400m 以下地带。日本、朝鲜也有分布。

2. 枳椇（*H. acerba* Lindl.）

高大乔木。小枝被棕褐色柔毛或无毛。叶宽卵形、椭圆状卵形或心形，长 8～18cm，宽 6～12cm，具浅钝细锯齿，上部或近枝顶的叶锯齿不明显或近全缘，下面沿脉被柔毛或无毛。二歧聚伞圆锥花序，对称，顶生和腋生，被棕色柔毛；萼片具网状脉或纵纹，无毛；花瓣椭圆状匙形，具短爪。果径 5～6.5mm，无毛，黄褐色或棕褐色。花期 5～7 月，果期 8～10 月。

产于长江流域以南各地及河南、甘肃、陕西。生长于海拔 2 100m 以下山区疏林中、林缘、开旷地。印度、尼泊尔、不丹、缅甸北部也有分布。

3. 毛果枳椇（*H. trichocarpa* Chun et Tsiang）

高大乔木。小枝无毛。叶长圆状卵形、宽椭圆状卵形或长圆形，长 12～18cm，宽 7～15cm，基部平截、近圆或心形，具圆或钝锯齿，稀近全缘，下面常被绒毛。二歧聚伞花序，顶生或兼腋生，花序轴密被锈色或棕色茸毛；花黄绿色；花萼密被锈色茸毛，萼片网脉明显；花瓣卵圆状匙形；花盘密被锈色长柔毛；花柱 3 深裂至基部，下部疏被长柔毛。果球形或倒卵状球形，径约 8mm，密被锈色或棕色绒毛和长柔毛；果序轴被锈色或棕色绒毛。种子径 4～5.5mm。花期 5～6 月，果期 8～10 月。

产于安徽、浙江、江西、湖北、湖南、贵州、福建、广西、广东北部。生长于海拔 600～1 300m 山林中。日本也有分布。

4. 光叶毛果枳椇［*H. trichocarpa* Chun et Tsiang var. *robusta* （Nakai et Kimura） Y. L. Chen et P. K. Chou］

叶两面无毛或下面沿脉被疏柔毛。产于安徽、浙江、江西、福建、广东、广西、湖南、贵州。生长于海拔600～1 100m山区林中。日本也有分布。

5. 俅江枳椇［*H. acerba* Lindl. var. *kiukiangensis* （Hu et Cheng） C. Y. Wu］

果及花柱下部被疏柔毛。花期6～7月，果期9～10月。产于云南西北及南部、西藏东南部（察隅）。生长于海拔650～1 800m山谷常绿阔叶林中。

二、生物学特性

（一）生态习性

枳椇在我国主要分布在陕西、四川、重庆、湖北、湖南、江西、江苏、浙江、福建、广东、广西、安徽、河南、河北、山东、甘肃等地。陕、川、渝量多质佳。多生长在海拔1 500m以下低山丘陵、向阳山坡、山谷沟边和林中、庭院、路边，野生成林者罕见。除朝鲜、日本有少量分布外，印度、尼泊尔、不丹、缅甸北部也有少量分布，大多处于野生状态。

枳椇较耐寒，喜光，萌芽力强，生长较快。枳椇适应性较强，对气候、土壤要求不严，在微酸性、中性土及石灰岩山地均能生长，但在土层深厚肥沃、湿润的砂壤、中性土壤，排水良好、光照充足的地方生长良好。而且具有耐酸碱、耐贫瘠、耐沙荒、抗干旱等较强的适生特性。

（二）生长发育

枳椇为落叶高大乔木。6月开花授粉，10～11月果实成熟。果实灰褐色，果小，圆球形，有3～4条纵沟，为黄褐色或紫红色瘦果。花序轴在结果时膨大，扭曲，肉质软，具细纤维，名果梗（俗称果实），是可食部分。霜降后涩味逐渐减轻，风味转佳，甚甜略带芳香。果柄肉质肥厚，多分枝，弯曲不直，形似鸡爪，在分枝及弯曲处常膨大如关节状，分枝多呈丁字形或相互成垂直状，长3～5cm或更长，直径4～6mm。果实表面棕褐色，略具光泽，有纵皱纹，偶见灰白色的点状皮孔。分枝的先端，着生1枚钝三棱状圆球形的果实，果皮纸质，较薄，3室，每室含种子1粒。果柄质稍松脆，易折断，折断面略平坦，淡红棕色至红棕色。气微弱，味淡或稍甜红褐色，成熟后味甘可食。种子扁圆，红褐色，平滑光泽，种皮坚硬。

枳椇5月初萌发，5月中下旬为萌芽高峰期，6月枳椇幼苗开始分枝，7月生长量较大，至10月上旬，幼苗高生长依然很快，11月下旬停止生长。枳椇的经济寿命可达100年以上。

三、栽培技术

1. 苗木繁殖

（1）实生繁殖

●种子处理　11月份当种子充分成熟，种皮呈红褐色革质、胚黄白色时及时采种。采集的种子进行保存和湿沙层积法催芽处理，一层种子一层湿沙，覆盖湿沙6cm，再放置于15℃室内保湿、保温即可。

●播种育苗　经50～60d种子萌发后即可进行播种。营养钵育苗。当种子出芽70%，芽长3cm时，播入营养钵内，播种时间为3月中旬。开沟条播。播种沟深3cm，每畦播种4行，行距30cm，种子间距4～5cm。播后用细土覆盖种子，覆土厚度3～4cm，并轻轻镇压，使种子与土壤接触紧实。播种时间为3月下旬。开沟穴播。方法同开沟条播，播种时间为3月下旬。进行宽窄行播种，宽行80cm，窄行50cm。为保证土壤湿润，播种后，土壤表面应覆盖一层薄膜，以确保种子发芽所需的土壤湿度。

（2）嫁接繁殖

●砧木管理　嫁接前应加强砧木接前管理，促使其达到当年嫁接标准。当砧木高度达到20cm左右时及时摘心，并及时摘除砧木中、上部萌芽，减少养分浪费，促进生长发育加速；要勤灌水、多施肥，及时摘除砧木根颈处的萌蘖，促进砧木良好生长。

●嫁接方法　一般采取带木质芽接。接穗芽上端留1～1.5cm，用塑料薄膜束扎，以防止髓部雨水浸入和水分蒸发；然后从芽的正面削一个短面，削面长0.5～1cm，呈45°斜面，轻轻刮去外表皮，以见青不见白为度，不能露出木质部；之后将砧木距离地面2～3cm处剪断。选择光滑的一面，在断面1/4～1/3处，向下垂直切一刀，不能切到髓部，长度最好等于或者大于接穗的长削面。用刀或者手轻轻将皮层与木质部分开，将木质部切除，保留皮层不受损失。最后将接穗长削面向内、短削面向外，插入砧木切口深2cm左右的地方，形成层对准后，用塑料薄膜包扎严实，仅露出上芽眼。

●嫁接后管理　若7月底以前所嫁接的苗木，

当年要发育成出圃苗，嫁接后5～7d待接穗成活后，把原砧木折枝，促使营养直接供给芽苗，还应在10～15d内把扎绳解掉。如果在8月初以后嫁接的树苗，当年不能出圃，就无须解除扎绳和折枝。不论是当年嫁接的出圃苗或半成品苗都必须分期分批，把下部影响接芽发育和充实的萌芽及时摘掉，萌芽越小、除萌越早，越能减少营养消耗。当年嫁接所发育的成品苗剪砧要及时。7月底以前嫁接的苗木，成活解绳后，立即在接芽上留6cm左右进行第一次剪砧。待苗木长到30cm左右，接芽上留0.5cm左右进行第二次剪砧，以利于愈合。新发育的嫁接苗要注意根部封土和支撑，以防风折、碰断。注意及时对苗木施肥、灌水和中耕除草、松土保墒。

2. 造林

壮苗定植。为促进早花早果，选用健壮苗建园，苗高0.5m，地径粗0.5～1.0cm，苗干有1～2个分枝为优。合理密植，低度定干。枳椇喜光向阳，耐瘠薄土壤，适宜小冠种植，每公顷合理密度为825～1 320株。造林时间。一般为春季造林，时间可在2～3月。

3. 抚育管理

枳椇幼树生长缓慢，一般栽培5年才开始挂果。如以果用为主，通过现代矮化栽培技术，可以提前到3～4年挂果。

（1）土壤管理。枳椇种粒较小，萌发出土幼苗生长势很弱，与杂草争水争肥能力差，田间杂草要及时清除，以免影响苗木生长。全年除草5次，分别在5月上旬、5月末，6月中下旬、7月中旬和9月上旬进行。

（2）施肥。为了促进幼苗生长，应于春3月、夏6月、冬11月分别进行施肥。第1次于3月底施入，施肥量较少，每亩可追施尿素2～3kg，雨后结合除草，于畦上行间开沟施入。第二次6月下旬施入，随着幼苗的生长，适当加大施肥量，每亩追施尿素3～4kg。第3次于11月初结合灌水施入，每亩施复合肥8kg。

（3）灌水。春季、夏初及7～8月份，如出现旱情，应及时进行灌水。

（4）合理修剪。枳椇萌芽成枝率较高，修剪后，侧芽成枝力强，通过修剪，可控制树体，使其向矮化发展。栽后第二年，当幼树高1～1.5m时把主杆拉弯，使其分生二级枝条，再用同法拉技，在第三级和四级枝条上即可开花结果，并且树枝向四面展开，达到早结果、多结果，提高产量的目的。

（5）间作绿肥。枳椇为耐贫瘠树种之一。为增加土壤肥力，提高综合效益，可间种草苜蓿和毛苕子，增加有机质，提高地力。

四、病虫害防治

枳椇的生活力比较强，抗病性好，少有病虫害。主要病害有叶枯病；主要虫害有吉丁虫、桃小食心虫、蚜虫、黄刺蛾等。栽培管理中应根据各种病虫害的发生和危害规律，进行适时、合理的综合防治。

幼苗期常见有叶枯病和蚜虫危害。在防治上，叶枯病在发病前和发病初期可喷1∶1∶400的波尔多液防治。蚜虫主要危害嫩梢和嫩芽，用40%乐果2 000倍水溶液喷洒，即可取得满意的防治效果。黄刺蛾、大蓑蛾、蛀果虫等常危害叶片、果梗、种子，并在树皮缝中产卵，在叶片间牵丝结茧，特征明显。防治时可及时通过人工摘除，也可用1 500倍50%敌敌畏乳油或敌百虫喷杀，但在花期和果实成熟期切忌药剂防治，以防减产和污染。

五、采收与加工利用

1. 采收

枳椇果实未充分成熟时，果梗含有较多的单宁酸，味涩酸。待果梗变为红褐色时方可采摘。以霜降前后3天为最佳采收期。采收时在果梗下10cm处剪断，20枝为一束，轻轻放入盛果箱中，做到轻剪、轻装、轻运，切勿折压。切忌用竹竿敲落果枝，因果梗皮极薄，容易造成创伤导致腐败。

果实采回后，及时将果梗与果实分离，将果梗储于通风、阴凉处，后熟7～10d，即可鲜品出售，也可经压榨、过滤、分离、加工成各种加工产品。果实经晒干，搓去果皮，去除杂质，风选后袋装贮运。根皮四季可采挖，但应尽量少挖。树皮宜在夏季剥取。同杜仲、厚朴类处理后贮运。

2. 加工利用

枳椇可以精加工，制作高级解酒、保健饮料。枳椇果酒的酿制工艺流程：

原料→精选→漂洗→榨汁→果汁调整→SO_2、柠檬酸→主发酵→转罐与后发酵→换罐、下胶、澄清→勾兑→过滤→杀菌→装瓶→成品。

加工技术要点：原料精选、漂洗，除去霉变果和果柄，自来水漂洗后用纯净水冲洗干净。榨汁在履带式压榨机中进行，将干净的原料直接送入榨汁机，分离出果渣和果汁，果渣加少量纯净水浸渍 2h 后复榨，果汁混合，汁液总糖浓度为 20% ~21%。果汁入贮罐，立即按 50mg·kg^{-1}的量加入 SO_2，用柠檬酸调整 pH 值为 3.5~4.0。主发酵将果汁醪液泵入 50t 主发酵罐中，用蒸汽加热到 26~28℃，泵入酒母罐中已培养好的酒母液，接种量为 5%，在 26~30℃温度下发酵 3d 左右。用泵将主发酵罐中的醪液送入后发酵罐，使未发酵完全的醪液在后发酵罐中完全发酵，注意转罐时不要溶入较多的空气，后发酵约 6~9d，至醪液中残糖含量降至 0.5% 以下，后发酵完毕。发酵完成的果酒，下胶采用单明胶法。正式下胶时先将单宁预溶于少量原酒中（浓度4% ~5%），在充分搅拌下均匀加入单宁溶液于整个酒液中，然后静置 24h；将明胶预溶在 80℃热水中，配成4% ~5% 溶液，将已下单宁的原酒强烈搅拌，同时加入明胶溶液，静置 6~8d，使其生成沉淀，至完全澄清为止，转移清酒，弃去沉淀。最后按产品甜型、干型要求进行勾兑，即达到产品质量要求。

（丁向阳）

32. 常山胡柚

常山胡柚（*Citrus changshan-huyou* Y. B. Chang, sp. nov.）原称或简称胡柚，为中国柑橘属植物的一个新种，原产浙江省常山县，国外目前尚无此种。由于其果实外形美观，呈球形或扁球形至梨形，平均果重250g左右；色泽橙黄，富有光泽；香气浓郁、独特；果肉汁多味浓，食之口感较脆，酸甜适中，略带苦味，食后使人觉得非常爽口。其营养丰富、全面，据分析报道：每千克常山胡柚果实中的可溶性固形物含量在10%以上，优株的果实可达12%～16%，糖酸比8∶1以上，维生素C含量达37.9～46.6mg，赛过美国的西柚。此外，它还含有维生素A、维生素B_1、维生素B_2和Ca、P、K、Mg、Fe、Zn、Mn等多种矿物质以及氨基酸18种（其中人体必需的8种氨基酸以及婴幼儿所必需的组氨酸全部都有）。再加上常山胡柚果实的耐贮性很好，因而深受消费者的青睐，并先后于1986年、1989年、1995年和1997年多次在全国评比中获奖，1991年3月还被授予“绿色食品”称号。它是我国第一个优质杂柑，号称“中华第一杂柑”。目前，它已成为浙江省一个不可多得的“一优二高”经济树种和重点开发的名特优产品，浙江把发展常山胡柚列入了创汇农业工程，因而，使常山胡柚近些年来的发展速度非常迅猛，除了在原产地大量发展外，还相继被省内外许多地方所引种，从而使常山胡柚的栽培面积由1982年的33.3hm^2增加到现在的7 000 hm^2左右，同时，还建立了一批集中连片的商品基地。年产鲜果量也由1982年的225t猛增到2003年的10万t。

常山胡柚既是一种理想的鲜食水果，又是一种很好的加工原料，通过对其适当的加工处理，可得到多种不同的产品，既可丰富食品种类，满足各地消费者所需，搞高其附加值和经济效益，又可促进常山胡柚生产的进一步发展。由此可见，发展常山胡柚有着十分广阔的前景和非常重要的现实意义、社会效益。

一、植物学特征和主要优良性状

（一）形态特征

常山胡柚为常绿小乔木，高3～5.5m。树冠开展，呈球形至半球，直径3～6m。枝干褐色，发枝整齐，有刺，花枝无刺，幼枝绿色，有棱，无毛。芽鳞有缘毛。单生复叶，叶片革质，椭圆形，长5～9cm，宽2.3～5.8cm，先端钝尖，微凹头，基部楔形至阔楔形，全缘或有不明显微浅钝齿，上面深绿色，有油点，下面浅绿色，两面均无毛，中脉两面均隆起，侧脉6～8对，上面不清晰，下面隆起；叶柄长0.5～2cm，有倒披针形翅，翅宽2～6mm，幼时中脉和下部边缘有微短柔毛，后渐脱落；叶片常向内卷。花单生或为总状花序生于叶腋，有花2～4朵，总花梗短，长约3mm，有微短毛，花梗长约1cm，无毛；苞片小，有微毛；花萼浅杯状，3～4浅裂，萼片阔卵形，长约3mm，宽约4mm，先端稍锐尖，外面有疏短柔毛，果期宿存；花瓣4～5枚，向外反展，白色，长圆形，长约1.6cm，宽约7mm，有油点；雄蕊18～24（最多30）枚，长约1cm，花药基着，花丝扁平，基部合生；雌蕊与雄蕊近等长或稍短，子房筒形无毛，柱头大而圆钝。柑果橙黄色，近球形至梨形，大小变幅大，一般高5～10cm，直径6～13cm，重120～400g（最重700 g），顶端平，具一圈铜钱状印纹或无，近果梗部有沟脊，果皮稍厚，厚5～8mm，光滑或稍粗糙，较易剥离，油胞下凹，大而疏，有柚子芳香，果心中空，瓤囊10～12瓣，瓤皮稍厚，灰黄色，易剥离，果肉淡黄色，汁多，味微酸，贮藏后变甜，有种子（2～）10～30（～40）余粒，也有无种子品系，种子淡黄白色，长卵形或长圆状纺锤形，长1.2～2cm，宽5～8mm，有棱、稍扁，子叶白色，多胚或单胚。

（二）主要优良性状

常山胡柚的主要优良性状表现如下：

1. 丰产性好，寿命长

常山胡柚在粗放管理条件下，也能表现高产。零星种植的实生胡柚，一般株产可达150～200kg，成片种植的嫁接胡柚，7～8年生产量可达到2 000～3 000kg·hm^{-2}。常山胡柚进入结果早，据调查，嫁接树种植后3年开始挂果，4年投产，而实生树需8～10年才投产（平均为9.7年）。常山胡柚从投产到盛果的间隔时间短，通常结果1～2年后即进入盛果期，株产可达 50 ~ 100kg，最高株产可达 500kg 以上，每公顷产量可超过 75t，而且产量稳定、大小年不明显，盛果期长达 40 ~ 50 年，经济寿命可达 60 ~ 80 年。

2. 抗逆性强

常山胡柚树势强健，具有耐旱、耐寒、耐瘠薄、抗病强等特点。它对土壤要求不严，山地、平地均能良好生长；也可在肥水条件较差、25°以下的红土低丘或油茶产区栽种。据观测，在夏秋季节，连续一个多月无雨，对常山胡柚的生长无明显影响，如 1990 年夏季，常山县遭遇历史罕见的旱灾，炎热无雨天竟持续 60d，当地的椪柑树因失水而落叶落果，而胡柚树却安然无恙。1991 年冬季，常山县又遇罕见的持续低温天气，最低气温达 - 8℃，突然的冰冻和持续低温使当地的椪柑、甜橙和温州蜜柑等因受冻大面积死亡，翌年产量也大幅度减少，而常山胡柚却仍然保持较高产量。据南京植物研究所测定：常山胡柚枝条的致死温度为 - 13.7℃，比椪柑、衢橘分别低 3℃和 2℃。忍受低温的能力强，可以说是常山胡柚的最大特点之一。

3. 果实耐贮藏

常山胡柚果实的贮藏性强，一般不加任何处理，将立冬前后采收的果实（做到“三轻”即轻采、轻运、轻放）堆放在室内阴凉处或挖土坑贮藏，至翌年 4 ~ 5 月份，果实色泽新鲜，总糖和维生素 C 含量变化不大，酸度下降，糖酸比值增高，风味变好。而且干烂耗低，据测定，简易贮藏 163d，干耗 13.08% ~ 14.43%，烂耗 0.92%，好果率达 84.65%；若采用科学方法贮藏，如药剂保鲜处理后，用单果薄膜包装，室温贮藏，或采用氮气贮藏或低温贮藏，则干烂耗可降低到 5% 以下，好果率达 90% 以上，最长保存时间将近 1 年。常山胡柚果实的贮藏性能，在柑橘类中是突出的，将其贮藏到翌年 4 ~ 5 月份水果淡季时应市，具有较好的经济意义。

4. 果实品质佳、营养丰富

常山胡柚果实外形美观，呈球形、圆球形或梨形，果大适中，单果重一般为 200 ~ 400g，色泽金黄，富有光泽，香气浓郁、独特，据报道，常山胡柚果皮油中已鉴定出有叶醇、乙醇、α-蒎烯、莰烯、γ-松油烯、辛醛、癸醛、香芹醛、香紫苏醛、乙酸香叶酯、石竹烯、金合欢醇、甜橙醛、圆柚酮等 55 种香气成分。果实肉质脆嫩，汁多味浓、酸甜适宜、略带苦味，食后感觉非常爽口，其品质绝不亚于美国西柚。据检测，常山胡柚的 3 项主要品质指标为：每千克平均含总糖 8.38%、含总酸 0.63%、含维生素 C 459.2mg，分别比美国西柚高 1.39%、低 0.16%、高 159.2mg。常山胡柚的糖酸比为 13.3，而美国西柚的糖酸比仅为 5.64。

此外，常山胡柚果实还含有 18 种氨基酸、多种维生素及多种矿物质等营养成分。常山胡柚果实品质上乘，因此，曾多次被评为全国优质农产品、优质名牌产品等，深受国内外市场的欢迎。

二、主要栽培品种

常山胡柚是天然杂交的群体类型，传统上习惯用种子繁殖，造成变异很多，特别是果实的经济性状上表现良莠不一、差异明显，至今尚无单系繁殖的品种。因此，选择优株，筛选出优良无性系，是发展常山胡柚生产、提高其果实品质的首要任务。从 1982 年开始到 1986 年已从当时的 5 629 株投产树中，初选出 32 株优株；1988 年春经分析测定和多方品评，确定了 12 个优株参加复选和无性系后代鉴定；1991 年，其中的 4 个优株通过了省级鉴定。

1. 82-4

树龄 22 年，1982 年选种株。该单株果实圆球形，色泽金黄。经多年观察，果实未发现异常种子，只有少数退化籽。可溶性固形物含量 4 年平均为 12.14%，总糖含量 9.42% ~ 12.07%，糖酸比 9.7 ~ 14.0：1。口感甜酸适中，肉质脆嫩。维生素 C 含量较高，每千克果汁中含维生素 C 在 500mg 以上。

2. 88-1

树龄 47 年，香泡高接树。从 1988 年入选以来，各项指标表现较为稳定，果实圆球形，色泽金黄，少籽或无籽。可溶性固形物含量几年来都在 13% 以上，总糖量 10%，糖酸比 11.0：1，可食率 65% 以上，味浓汁多。果形偏小，单株产量高。

3. 82-3

树龄 25 年，实生树，1982 年入选。果实圆球形，色泽金黄，大小均匀适中，果径在 7.5 ~ 9.5cm 的果实占总果数的 84%，该单株退酸较早，贮藏性也好。风味鲜、甜，肉质脆嫩。1986 年参加浙江省柑橘品评会获杂柑第一名，参加农业部晚熟柑橘品评，被评为优质农产品。

4. 86-2

树龄 32 年，实生树。果实圆球形，色泽金黄，大小均匀，果径7.5～9.5cm的果实占总果数的84%。可溶性固形物含量一般都在11.5%以上。风味甜酸适口，汁多。贮藏性极好，贮至翌年4月，不发生或甚少发生果实枯水，好果率高达90%以上。

常山胡柚的果实有球形、扁球形、梨形之分。根据果实大小又可分为大果（果径>10cm）、中果（果径8～10cm）和小果（果径7～8cm）。一般果大的皮粗，果小的皮细。粗皮大果早期食用味较淡，但酸度小，清爽可口，到后期（元旦后）易枯水。故大果型宜早期鲜食和加工；细皮果汁多，味浓，采收时鲜食偏酸，贮藏到春节前后，酸减少，糖相对增多，甜酸适度，风味比采收时更好，宜长期贮藏鲜食。

三、生物学特性

（一）生态习性

1. 分布

常山胡柚主产于浙江省常山县常山港沿岸的青石、阁底、招贤、五里、大桥头等乡镇，栽培历史约百年左右。如今，在该县24个乡镇的324个村内都有分布，种植村数占全县总村数的96%。与此同时，还辐射到邻近的一些县市如衢州、江山、开化等。

此外，常山胡柚还被全国许多地方所引种，如浙江的金华、武义、仙居、松阳、丽水等县市以及江西、福建、湖南、湖北等地，有的已结果投产。

2. 气候条件

原产地浙江常山的年平均气温17.5℃，极端最高气温40.5℃，极端最低气温-9.2℃，最冷月（1月）平均气温5.2℃，无霜期238d，≥10℃以上平均有效积温5 514℃，年平均降水量1 725.3mm，年日照时数1 898.6h。常山胡柚对低温的忍受能力比甜橙、椪柑强，与温州蜜柑相似。1991年冬季，常山县遭遇罕见的持续低温天气，最低气温达-8℃以下，突然冰冻和持续低温使当地的椪柑、甜橙和温州蜜柑等减产幅度高达6～9成，许多橘园颗粒无收，而常山胡柚受冻害相对较轻，减产幅度仅1～3成。

3. 土壤与地势

常山胡柚对地势、土壤的要求不严，平原、河滩、丘陵、低山，海拔500m以下、坡度不超过25°的山地（以东南坡为好），冲积土、红黄壤、紫沙土、菜园土等均可栽植。但以土壤深厚、排水良好、富含有机质、pH值5.5～6.5的沙质壤土为宜。土质黏重、排水不畅、通气不良，则对常山胡柚的生长极为不利。相对而言，山地种植的常山胡柚品质更佳。山地种植常山胡柚时，要利用冬季辐射散热出现的“逆温层”现象，避免在冷空气容易积滞的盆底低谷栽种，以防冻害。靠近大水库的山区，常形成有利于常山胡柚生长的小气候，尤适于发展。

（二）生长发育

1. 根系生长

根系的分布。常山胡柚实生树树冠高大，主根发达；嫁接树侧根发达。4年生枳砧胡柚主根深62 cm，侧根水平分布直径150 cm。吸收根主要分布在5～30 cm土层中，水平分布以树冠边缘附近根群最密集。从9年生枳砧胡柚根系水平分布和垂直分布看，胡柚根系的水平分布比树冠投影面积大，树冠投影外缘附近的根群最密集；根系的垂直分布以0～20 cm土层根群最密集。根系的分布除生物学特性外，与施肥、中耕等耕作措施有一定关系。根系的生长：新根的发生与新梢生长交替进行，因此1年有几次发根高峰。第一次发根高峰在春梢停梢后，夏梢抽生前，是全年发根量最多的一次。第2次高峰出现在夏梢停梢后，发根量较少。第3次在秋梢停梢后，出现细根生长高峰，发根量也较多。根系生长的上限温度为37℃。温度过高，根系生长受抑制，夏季园地铺草能降低土温，减少水分蒸发，利于根系的生长。

2. 枝梢生长

常山胡柚幼树生长旺盛，1年可抽发春、夏、秋、晚秋4次梢，发枝量大，树冠扩展迅速。4～5年生枳砧胡柚高可达2m，冠幅1.5～2.0m，树冠体积5～8m^3。因此，进入结果期的常山胡柚，树冠就拥有大量结果部位，这是常山胡柚早期产量高的重要原因。进入盛果期后，一般只抽春梢，不抽夏梢，挂果量少的树发少量秋梢，树冠扩展速度逐渐减慢，进入稳定结果期。

（1）春梢。一般在3月下旬萌发，4月中下旬自剪，春梢抽发整齐而集中，数量多，通常在成年树上春梢约占80%～90%，枝条节间密，短壮充实，长度约10～20cm，是当年结果和创造积累养分的主要新梢。强壮的春梢可成为抽发夏、秋梢的基枝；长势中等的可发育成为翌年主要的结果母枝；而由混合芽发育的春梢便发育成当年的结果枝。另据调查观察，枝粗大于 0. 40cm 的春梢结果母枝较为理想，而枝粗大于 0. 40cm 的春梢不易抽生结果枝。春梢的数量和质量取决于树体的营养状况。如果上年树体养分积累充足，则春梢数量多、质量好；而春梢的数量和质量又决定了当年结果枝和翌年结果母枝的数量和质量。培养数量多、质量好的春梢是获得高产稳产的先决条件。

（2）夏梢。于 6 月下旬萌发，7 月上中旬自剪。夏梢的抽生能力弱，仅零星抽发，其长度约为 20 ~ 40cm，叶片大，生长快，可以培育成良好的骨干枝，但不易成花。对于初结果树的夏梢，若组织发育充实，则也可成为来年的结果母枝。

（3）秋梢。于 7 月底 8 月初萌发，8 月中下旬自剪，多发生在幼龄树上和结果少的树上，以扩大树冠，秋梢一般 20 ~ 40cm 长，数量少，叶片稍大，发育充实的秋梢，也可发育成翌年的结果母枝。

（4）晚秋梢。幼树于 9 月初还可抽发第四次梢，即晚秋梢，这种枝梢由于抽发时间较迟，易被冻死。

常山胡柚初结果或结果少的树，常抽发 50 ~ 60cm 乃至 1m 以上的徒长性夏梢或夏秋两次梢。这类徒长枝虽然翌年不能结果，但一般也不会继续抽生强枝，而只抽生数量多、长度 10 ~ 15cm 的春梢营养枝，成为第 3 年良好的结果母枝。对此类徒长枝，幼树可利用扩大树冠，结果树可填补树冠空档，增加结果面积。因此，除了那些位置不当、扰乱树形的应及时剪除外，尽量加以利用。

3. 开花结果

（1）花芽分化。花芽分化是开花结果的基础，它直接关系到果实数量和质量。常山胡柚的花芽形态分化过程可分为以下 6 个时期：未化期（叶芽期），即花芽形态分化尚未开始，形态特征与叶芽相同；开始分化期，从 12 月中下旬至翌年 1 月下旬，历时 30d 左右；花萼形成期，从 1 月下旬至 2 月下旬，历时 30d 左右；花瓣形成期，2 月下旬至 3 月上旬，历时 20d 左右；雄蕊形成期，3 月上旬至 3 月下旬，历时 20d 左右；雌蕊形成期，3 月下旬至 4 月中旬，历时 20d 左右。由于常山胡柚的芽是复芽，其花芽分化不是同时进行的，就一个花序来说，顶花芽先开始分化，然后依次由上而下进行。对于刚进入盛果期的常山胡柚，其春梢结果母枝的各节位均能分化花芽，但主要集中在顶端的第 1 ~ 4 节位上。此外，常山胡柚的花芽形态分化期还与物候期存在着一定的相关性，比如花芽分化在芽休眠期末开始；花萼形成期，芽开始萌动膨大；花瓣形成期，初现花蕾，叶芽伸长变尖；雄蕊形成期为花芽露白始期，是春梢抽发期；雌蕊形成期，正是花芽露白期，春梢处于自剪始期。

（2）结果母枝。常山胡柚的春梢和组织充实的夏秋梢均可发育成翌年的结果母枝。但成年树一般只抽春梢，夏、秋梢极少，而春梢是常山胡柚良好的结果母枝、结果枝。据研究报道，常山胡柚的结果枝可分为有叶顶花枝、有叶花序枝、无叶花序枝和无叶单花枝 4 种，其中有叶顶花枝（即有叶春梢顶端着生一个花蕾的结果枝）的座果率最高为 19. 35% ~ 25. 47%，平均 24. 43%，所得果实品质佳，但开花稍迟，果实数量较少。通常，有叶结果枝的座果率比无叶结果枝高。无叶结果枝数量众多，着果率低。树势强健的，有叶花序枝和有叶顶花枝较多；树势较弱的，无叶花序枝较多。因此，培养强健的树势和良好的结果母枝，争取多抽生有叶结果枝，特别是多抽发有叶顶花枝、减少花蕾量和养分消耗，提高座果率，对于实现高产稳产有重要意义。

（3）开花结果。常山胡柚的花芽为混合芽，春季萌发时先抽梢后开花。常山胡柚是多花树种，平均每株着花 6 650 朵，多的达 9 535 朵。常山胡柚的花单生或总状花序。4 月下旬始花，5 月上旬盛花。花有发育正常的雌、雄蕊，授粉受精后产生有种子的果实。常山胡柚也具有单性结实的能力，未经授粉受精的子房也能膨大发育成无种子的果实。

另据报道，用不同种、不同品种的花粉进行人工授粉，能提高常山胡柚的座果率，而且果实增大，其缺点就是种子较多。常山胡柚的生理落果从 5 月中旬开始到 6 月底基本结束。5 月中旬落果占总落果量的 17. 8%，5 月下旬占 40. 6%，是生理落果的高峰期，5 月中旬到 6 月中旬落果占 90% 左右，7 月上旬生理落果基本结束。常山胡柚果实立冬前后成熟，果球形、扁球形或梨形。平均单果重 250g 左右，果顶平，有时有环状印圈。果蒂微凹，有 7 ~ 8 条放射状沟。皮橙黄，易剥离，囊瓣 8 ~ 12，易分离。囊衣稍厚，易剥离。汁胞纺锤形，橙黄色。果实有核或无核，多的每果有 40 余粒。种子单胚或多胚，单胚种子占 1/3 左右。不同单株的种子，单胚与多胚的比例差异较大，从 1∶2 至 1∶11，因此实生树变异甚多。多胚种子占 1/3 左右，表明实生树的 1/3 左右可能是由珠心胚发育而来的。珠心苗能保持母本遗传性状。因此，现在结果的实生树，绝大多数是由珠心胚发育来的，是经橘农长期观察、不断去劣留优保存下来的，是常山胡柚选种非常宝贵的原始材料。

（三）物候期

常山胡柚的物候期因立地条件和地理位置不同而异。在其主产区浙江省常山县境内，常山胡柚的发芽期（即幼芽鳞片开裂，芽体膨大时期）在3月下旬，4月初为现蕾期（即从能区分出花芽到花蕾转白），4月上旬至4月下旬为露白期（即花蕾转白到花瓣展开前），4月下旬至5月上旬为开花期（即花瓣展开到花瓣脱落），待谢花后不久，幼果就大量脱落，一般在5月上中旬有一个明显的生理落果高峰，约持续1周，这与温州蜜柑、椪柑等品种具有二个生理落果高峰是明显不同的，5月下旬以后虽有3~4个落果小峰，但数量不多，6月底已基本进入定果期，6~7月和9月为果实膨大高峰期（即膨大最快时期），9月中旬以后膨大速度明显减慢，进入10月份就基本停止生长，至10月下旬时，果皮由青转黄进入果实转色期，通常果实成熟期在11月上中旬。当80%以上果实向阳面转黄时即可采收。

四、栽培技术

1. 苗木繁殖

常山胡柚过去长期采用实生苗繁殖，从20世纪80年代初期开始采用嫁接苗无性繁殖。无性繁殖一方面可提早结果，通常比实生树提前4~5年挂果；另一方面可以使所选优株的一些优良经济性状得以保持，稳定果实的品质。它对砧木的适应性广，据查有10余种，但以枳壳、香抛、本砧为好，其中以枳砧更理想，它亲和力强，愈合好，成活率高，树冠矮化紧凑，始果期早，抗逆性强。其嫁接方法多用芽接法。

2. 造林

（1）苗木定植。每年3月上中旬，是常山胡柚苗木定植的最好季节，除此之外，10月份也可进行定植。定植穴要求宽1m、深0.8m，定植的株行距为4m×3.5m，每公顷约600~750株（具体应按地形、坡度、土壤肥力而定）。定植时，在每一定植穴内用50kg左右的定植土（可由菜园土或细塘泥，混合腐熟厩肥和少量钙镁磷肥或鸡粪、饼肥、焦泥灰等堆制而成），先将此土略与表土混合后，再填入定植穴中，然后将苗木植入，一层根一层土，分层压实，务使苗木的嫁接口高出地面5 cm左右。定植完毕用稀释粪水浇透，使根系与土壤紧密结合。定植应选阴天或晴天的傍晚进行，雨天或土壤过湿不宜定植。

（2）肥水管理。初栽时，每15d施薄肥1次。成活后的幼树，由于根系小，分布浅，吸肥能力弱，故应结合发梢特点，掌握肥水兼顾、薄肥勤施的原则和方法，每年至少施肥5次，分别于3月上中旬春梢萌发之前、5月上旬春梢自剪后、6月中旬夏梢萌发之前、7月中下旬夏梢自剪后、晚秋或早春深翻之时进行。幼树以有机氮肥为主，如人粪尿、腐熟的厩肥、饼肥，结合适量尿素等化肥。通常每株树需用尿素0.1kg或人粪尿7kg，并加足量的水浇施。幼树施肥以促进春、夏、秋新梢的抽发，加速树冠的形成为主，并注意调节营养生长和生殖生长，增强抗旱防冻能力。

投产后的成龄树施肥以调节生殖生长与营养生长之间的关系，从而达到优质、高产稳产为目的。一般每年至少施3次肥：春季抽梢肥（也称催芽肥）：在3月上中旬发芽之前进行，以速效氮肥为主，配以适量磷钾肥，促使抽发数量多、质量好的春梢。这次施肥关系到当年和翌年的产量，必须及时、及早、施足。施肥量占全年的30%左右，通常每株施用尿素0.5~1kg，磷钾肥各0.1~0.3kg。夏季长果肥：以氮为主、磷钾为辅，施肥量约占全年的30%。可分两次进行，一次在6月上旬，每株施尿素0.5~1kg和磷钾肥（如过磷酸钙、氯化钾）各0.2~0.4kg；另一次在8月底至9月初，每株施磷钾肥各0.5~1kg，尿素0.25kg。上述两个时期，恰是果实的膨大期，故这两次施肥又称稳果肥、壮果肥。假如挂果不多，则可酌情少施或不施壮果肥，以防猛发秋梢。冬季过冬肥（又称采果肥）：在11月上中旬果实采摘之后进行。施肥量占全年的40%左右，由于常山胡柚果实生长消耗了大量养分，故需及时补充，以恢复树势，提高越冬抗寒能力，促进花芽分化，为翌年生长、结果打下基础。采果肥应以速效肥和有机肥相结合；氮肥和磷钾肥相结合。一般每株施尿素、复合肥各0.5kg，饼肥5kg以及厩肥垃圾等其他有机肥50~100kg。此外，还可以结合喷药配以适量尿素、磷酸二氢钾进行根外追肥，及时补充树体对氮、磷、钾的需要。

据测定，每生产1kg常山胡柚果实，约需施氮肥23.6g，而且氮、磷、钾的比例以1:0.6:0.8为宜。

（3）整形修剪。常山胡柚幼年树的整形方法是，在植株接口以上30～40cm处剪截定干，待抽梢后，选留3～4个生长健壮、四周分布均匀、相互间有一定间隔的新梢作为主枝，其余抹除。每个主枝顶端继续延长至40cm左右时，及时摘心打顶，使树冠不断扩大，再在每个主枝上选择位置适当的健壮分枝2～3个作为副主枝。主枝、副主枝间应保持适当的间隔，使分生的侧枝能受到充分的光照。此外，还要经常抹除主干和主枝上交叉、重叠、扰乱树形的徒长枝，以及位置不当的枝芽。

对于常山胡柚成年树来说，由于其生长势强，一般只抽春梢，夏秋梢很少，内膛结果性好，一般只行疏剪，不宜短截、重剪。只要将位置不当的强势徒长枝、病虫枝、枯枝、过密的纤弱枝、重叠枝和交叉枝等剪去即可，适当保留内膛枝，保持阳光通透，以利结果。

（4）疏果、保花保果及其他丰产经营技术。常山胡柚定果后，常于7月上旬至8月中旬分2次进行疏果。疏果方法可根据叶果比为60～70∶1或根据树冠和树龄的大小，大致按株产50kg留果250只左右的标准，第一次先疏去病虫果、畸形果及粗皮大果、特小果；第二次8月上中旬按留果标准，疏去多余的果实，使留树果实分布均匀、合理、大小一致。

ABT 9号生根粉对常山胡柚提高座果率、增加产量和改善果实品质有一定的作用。以$10mg \cdot kg^{-1}$浓度的ABT 9号生根粉喷洒常山胡柚，其产量提高最显著，而$15mg \cdot kg^{-1}$的浓度则对提高座果率和改善果实品质最适宜。

为了提高果实品质，减少其种子数量，应注意避免和椪柑、柚子等混栽。

五、病虫害防治

经调查发现，常山胡柚常见的病虫害有红蜘蛛、锈壁虱、红蜡蚧、矢尖蚧、褐天牛、潜叶甲、潜叶蛾和溃疡病等。其中前三种虫害尤其严重，有关它们危害的部位、结果及防治措施已有报道。溃疡病对常山胡柚的危害也比较严重，它由细菌引起，主要侵害新梢、嫩叶和幼果，形成近圆形、木栓化、表面粗糙、黄褐色、直径0.3～0.5cm的溃疡斑，引起落叶、落果，影响生长，降低果实外观和内在质量。在通常情况下，1年中需对常山胡柚进行6～7次的病虫害防治，其方法可参见柑橘。

六、采收贮藏与加工利用

1. 采收

常山胡柚果实在立冬前后，当80%以上果实向阳面转黄时即可采收。采收要用橘果剪，轻剪轻放，果蒂要剪平，以免刺伤其他果实。为保证采收质量，还应注意：不采露水果，雨后应在晴2～3d后采收。采收要带梯子，不攀枝拉果，所采果实轻放入篮，不要抛掷。伤果、落地果、沾泥果、病虫果要与好果分别放置，以防止腐烂传染。采下的果实不能日晒雨淋；装篓不要太满，防止压伤。

2. 分级包装

为了提高常山胡柚果实的商品价值及经济效益，果实应进行分级、包装销售。

（1）吹风（发汗）。刚采摘的果实，果皮含水量高，不能立即进行贮藏，应先放置在通风良好的地方进行吹风，使果皮失去一部分水分，大约失重5%左右，然后再进行分级、包装，入库贮藏。

（2）分级。通常按果实大小、果皮粗细将常山胡柚果实分成3级：粗皮大果，果径>10 cm；细皮中果，果径8～10 cm；细皮小果，果径7～8cm。

（3）包装。一般采用竹篓（20kg）、纸箱（5～10kg）包装。如果是分单系栽培的，那么不同株系的果实应分别包装，并标明株系的名称号码。散装果实搬运费事，翻动多，易伤果皮，造成品质下降，损耗增加。

3. 贮藏保鲜

耐贮藏是常山胡柚的一个优势。通常情况下，常山胡柚鲜果能贮藏到翌年4～5月，风味不减，品质上等，因而能很好地丰富淡季水果市场。

（1）简易贮藏法。选择昼夜温差小的朝北房间，堵塞鼠洞，室内用福尔马林+高锰酸钾薰蒸消毒，密闭24h，地面铺上厚5 cm的干净河沙，把果实轻轻倒在沙上，堆高应小于1m。堆好后在上面覆盖一层松针，贮藏期内不要随意翻动。至翌年4～5月仍能保持果实新鲜，风味佳，损耗仅15%左右。

（2）通风库贮藏法。通风库是利用库顶、库底温差和昼夜温度的变化，通过人工启闭通风窗来调节库房的温湿度，也可用换气扇进行通风。散装果实堆放高度小于1m，码箱高度以1.3～1.5m为宜。

（3）化学贮藏法。常山胡柚果实在贮藏前用一定的药剂进行适当的处理，以减少果实的干耗、烂耗，保持果实新鲜度，延长其贮藏时间，调节水果市场。目前市场上柑橘果实所用的保鲜剂很多。应用较多的有：20%的甲基托布津1 000溶液$+50\times10^{-6}$的2，4－D液；京2B30倍液。近些年推出的还有42%的噻菌灵，45%的特克多，50%的抑霉唑等，都可以选用。另据研究报道，常山胡柚果实用50×10^{-6}的2，4-D加0.1%托布津溶液浸果10s，待干耗5.5%左右时，再用0.025mm厚的聚乙烯薄膜袋充氮包装或0.015mm厚的薄膜单果包装，室温贮藏，11月入库至翌年4月中旬，其干、烂耗分别只有1.8%和2.13%，为对照干、烂耗的10.95%和11.73%，防腐保鲜效果良好。此外，采用1 000 $mg\cdot L^{-1}$特克多（TBZ）或100～200$mg\cdot L^{-1}$培福朗（Befran）+200$mg\cdot L^{-1}$2，4-D，具有较好的防腐效果；采用50～200$mg\cdot L^{-1}$ 2，4-D的处理效果相当；采用SB复合保鲜剂，结合XG保鲜膜（一种改性保鲜膜）单果套袋技术贮藏常山胡柚果实可获得良好的综合贮藏保鲜效应。药剂处理的方法通常是：将果实浸入配制好的药液中几秒钟，阴干后入库或包装入库贮藏。药液应随配随用，不宜放置过久。

4. 加工利用

目前，对常山胡柚的加工利用研究集中在果实方面，而且主要是利用其果肉来进行一系列产品的加工研制。据研究分析可知：常山胡柚果实全身是宝，其可食的果肉部分色泽金黄、诱人，香气独特、浓郁，汁液丰富，甜酸适宜，口感清爽，而且营养十分丰富，因此可以通过适当的加工将其制成常山胡柚砂瓤罐头、常山胡柚砂瓤悬浮果汁、常山胡柚果汁及其饮料、常山胡柚果酱等各种系列产品。另外，还可利用果实汁液中富含的有机酸来提制柠檬酸产品，可以在食品、医药、轻工等行业中应用。常山胡柚的果皮中，含有丰富的果胶物质、橙皮苷、纤维素、芳香油以及色素物质等，均可采用相应的方法加以合理利用。除此之外，常山胡柚果实与常见的柑橘果实不同，它在中医学上属于凉性果品，具有清凉祛火、平喘化痰、生津止咳、健胃壮身、降血脂、抗便秘、抗衰老等特殊的药理功效，因而其本身就是一种理想的保健水果，常食有益于身体健康。同时，也可将其开发成具有一定功效、适用于特定人群的药膳产品，以充分显示其应有的作用和价值。

常山胡柚果实进行加工与利用的途径可归纳如下。

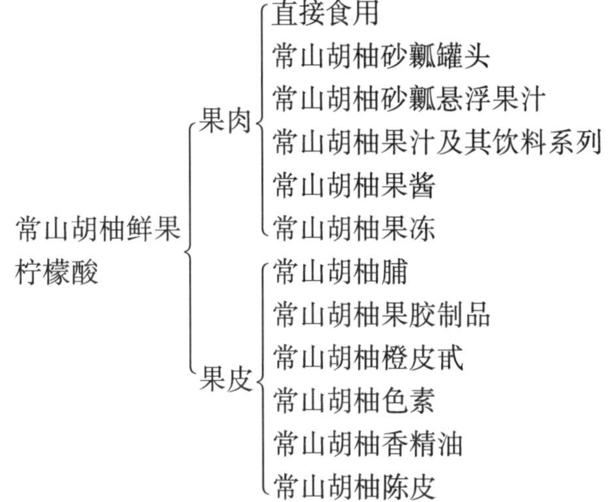

常山胡柚果汁及其饮料系列产品的加工工艺为：原料选择→清洗、沥干→去除果皮→瓤瓣分离→去瓤衣→砂瓤打浆→压滤取汁→汁液调配→高压均质→装瓶、封口→杀菌、冷却→检验、贴标→成品。

常山胡柚果酱制品的加工工艺为：原料选择→清洗、沥干→去除果皮→瓤瓣分离→去瓤衣→砂瓤打浆→过滤→配料→浓缩→装瓶、封口→杀菌→冷却→检查贴标→成品。

常山胡柚砂瓤悬浮果汁产品的加工工艺为：原料选择→清洗、沥干→去除果皮→瓤瓣分离、分级→去瓤衣→砂瓤分离→配料→混合→装瓶、封口→杀菌、冷却→贴标→摇匀→成品。

常山胡柚砂瓤罐头产品的加工工艺为：原料选择→清洗、沥干→去除果皮→瓤瓣分离、分级→去瓤衣→砂瓤分离→漂洗→装罐、注液→排气、封罐→杀菌、冷却→检验、贴标→成品。

常山胡柚脯的加工工艺为：常山胡柚鲜果→挑选、分级→清洗、沥干→刨削去除外果皮→划线剥取中果皮→整理、切分→盐煮脱苦→漂洗→糖渍→糖煮→干燥→冷却→整理→真空包装→贴标→成品。

（仲山民）

33. 葡萄柚

葡萄柚（*Citrus paradisi* Macf.）原产于南美洲加勒比海的巴巴多斯岛，1809 年引进美国加利福尼亚，1885 年才被看成有价值栽培的柑橘，后经多年选育，成为家喻户晓的水果，居世界四大柑橘类群第三位。葡萄柚主要做鲜食，以及瓤瓣罐头、果汁和色拉原料。我国台湾于 1975 年开始引种推广，作为最有前途的新兴水果大力发展，年产量 1.45 万 t，售价比当地的芦柑高 2 ~ 3 倍。且作为保健美容食品，尤受中上层人士和妇女的喜爱，进口大增。据我国台湾 1997 年统计，进口柑橘总数量 5.56 万 t，其中 60% 是葡萄柚，为 3.15 万 t。年消费量 4.6 万 t。中国大陆从 20 世纪 20 年代开始引进葡萄柚。但由于其味酸、苦，不适合中国人口味，虽经过 70 年的时间，仍鲜为人知，至今还未形成规模化商品。西南林学院于 80 年代引进美国有籽、黄肉品种邓肯葡萄柚，现已有年产 20 ~ 25t 的生产规模，果品深受消费者青睐。

该品种具有品质优良，适应性强，丰产性稳定的特点。据分析，每千克果实含可溶性固形物 12.6% ~ 15%，可食率 66%，出汁率 52%，总糖 9.99%，总酸 0.85%，维生素 C 520mg，酸甜适中，风味浓，品质优，果实大，平均果重 160 ~ 180g，外观美。特别是葡萄柚富含能形成 V_p 的类黄酮物质，具有清凉退火、改善血管的渗透性和脆性、降低高血压和保养肌肤之特殊医疗效果。随着我国人民生活水平的不断提高，人口的老年化加快，以及妇女日益增加的求美渴望，葡萄柚将更加为人们所重视。

葡萄柚是芸香科柑橘属的 1 个种，是世界柑橘类四大类群之一（甜橙类、宽皮柑橘类、柠檬来檬类、葡萄柚和柚类）。葡萄柚营养价值高，风味独特，果大，质优，用于鲜食和果汁加工，还可制作瓤瓣罐头，果皮可提香精油和果胶，种子可提油。葡萄柚含有的苦味由柚苷、新陈皮苷和少量的柠碱组成，有助于协调人体代谢，对防治脑动脉硬化和心血管疾病及癌症等有一定效果。20 世纪 80 年代初至 90 年代初的 10 年间，世界葡萄柚年平均产量为 410 万 t，约占柑橘年总产量的 7% 左右。葡萄柚主产国为美国、古巴、以色列等，消费国除上述国家外，主要还有英国、德国、法国等西欧国家。葡萄柚的主要食用方式是鲜食，其次是制作瓤瓣罐头和葡萄柚汁，还可作色拉（西餐中的一种凉拌菜）的原料。葡萄柚发展成为商品栽培距今仅 100 年左右，目前世界上生产葡萄柚的国家至少有 49 个，主产国有美国、以色列、阿根廷，其他拉丁美洲及地中海沿岸国家也有栽培。我国种植的葡萄柚均为引进，最早在 20 世纪的 20 年代末引进葡萄柚试种，从国外引进了邓肯、马叙和汤普森葡萄柚，近几年又引进了路比、星路比等葡萄柚。经过近 70 年引进，仅在四川、广东、福建、云南和台湾等地有少量的零星栽培。

葡萄柚发展缓慢的原因很多，主要有两点：一是葡萄柚含酸较高，不符合我国人民的鲜食口味；二是加工业不发达，葡萄柚虽然酸，但它是加工果汁的好原料，经加工的葡萄柚果汁，可以降低酸度，脱除苦味，是优质饮料。目前发展葡萄柚有 3 个有利条件。一是市场需要。随着改革开放的进行和我国人民生活水平的提高，吃葡萄柚的人会越来越多，加之加工业的发展，葡萄柚的需求量将随之增加，而且葡萄柚无论是鲜果或是加工的果汁都是出口的缺俏物资。因此，发展葡萄柚有利于出口创汇，增加果农的经济效益。二是葡萄柚种植地域辽阔，我国南亚热带和中亚热带柑橘产区均能栽培。三是有丰富的种质资源。经过历年引种、栽培，有了一批优良的既适合鲜食又宜加工的品种。此外，发展葡萄柚对改善我国柑橘品种结构具有积极作用。因此，我们应重视葡萄柚的发展。

一、植物学和生物学特性

葡萄柚属于芸香科（Rutaceae）柑橘属的植物，树冠呈圆头形，叶片卵圆形，翼叶较大，倒卵形顶部不与基部重叠，花单生或簇生；果实扁圆，果面油胞平生，呈淡黄色或绿黄色，成熟时具淡红色晕；果肉淡黄或粉红色，囊瓣 13 ~ 14 瓣，中心联合，不易分瓣，种子多胚。单果重约 0.45 ~ 0.9kg。

葡萄柚适宜热带和亚热带气候区域种植，适应性强，经济寿命长，甚至干热的沙漠地区也能栽培。喜高温以及排水良好的沙质土壤。在果实成熟期，所需热量大，若热量不足，会延长果实的成熟期。

不能受霜冻，抗寒性介于柠檬与宽皮柑橘之间，与甜橙类似。我国热带、南亚热带气候区，如海南、广东、广西、福建、云南及台湾南部均适宜种植。

葡萄柚结果时，果实悬挂成串，簇生如葡萄，所以称为葡萄柚，葡萄柚果实柔软多汁，酸甜中略带苦味，风味独特、口感好。

我国2000年直接进口葡萄柚3 617t，占柑橘进口总量的5.8%，由香港转口进口的有2 231t。台湾省1917年从美国引进葡萄柚栽培，1975年开始推广，多数分布在台湾南部海拔100～300m的山坡地带，1997年产量1 456t，占柑橘总产量的2.9%。

二、主要栽培品种

葡萄柚起源于加勒比海地区的巴巴多斯岛，早期栽培的葡萄柚果实为白肉、有核，统称为邓肯。随后发现了无核果实及果肉不同色泽的芽变和实生变异，加上人工培育的，现已有20多个品种，其中主栽品种有邓肯、马叙、汤普森、星路比和红玉。

1. 邓肯（Duncan）

是最古老的栽培品种，树势强健，高大，丰产性好，果大皮厚，有核（30～50粒）；果皮果肉均淡黄色，柔软多汁，酸甜适中、微苦、品质中等，1～3月成熟，生产上现已基本被马叙取代。邓肯是美国最古老的葡萄柚品种，早在1830年母树定植于佛罗里达州的Sate by Harbor附近，距今已有170年以上。约于1892年定名并加以繁殖推广。采收期1～3月。在我国重庆栽培生长结果正常，果大，一般横径8.75～9.44cm，纵径7.25～8.12cm，果重316～358g，丰产。

2. 马叙（Marsh）

为邓肯柚实生变异品种，原产美国的佛罗里达州，树势强健，高大，丰产，果重400～600g，果皮厚约0.5～0.8cm，果肉淡黄色，味酸、无籽或少籽（0～6粒），晚熟、耐贮运、尤耐树藏，鲜食、加工均可。成熟期要求热量高，沙漠或湿润地区均可栽培，目前栽培面积最大。我国于1938年由张文湘从美国引入四川，表现良好，在重庆生长结果正常，一般果实横径7.33～8.93cm，纵径6.26～7.15cm，果重189～293g，无核。

3. 汤普森（Thompson）

又称淡红肉马叙（Pink Marsh），1913年发现的马叙芽变品种，果肉粉红色、无核、中熟，留树挂果贮藏性好，但随时间的延长，果肉色泽渐退。在重庆生长结果正常，一般横径7.84～9.10cm，纵径6.43～7.51cm，果重187～312g。

4. 星路比（Star Ruby）

美国得克萨斯州A&I大学柑橘中心用热中子辐射赫德森葡萄柚（Hudson）种子培育而成，无核（0～9粒，而亲本有核40～60粒），叶片稍狭，10月或11月果实充分着色。用热中子辐射哈德森葡萄柚种子培育出无核粉红肉品种，果皮薄而光滑，果汁糖酸含量均高，开花多、结果呈串状，丰产性好，晚熟（10～11月充分着色），外形美观，品质优。星路比（Star Ruby）：在重庆生长结果正常，一般横径7.72～8.63cm，纵径6.57～7.96cm，果重198.0～295.0g，果实大小不很整齐，产量不稳定。

5. 红玉

又称红马叙（Red Marsh）、路比（RubyRed），由汤普森葡萄柚芽变而来。原产于美国得克萨斯州的AcAllen，于1929年在汤普森葡萄柚中发现的果肉深红色芽变，果皮海绵层也呈明显红色。无核，果面、海绵层、汁胞均为深红色，外形美观、品质优，中熟，留树贮藏性能好，颇具市场潜力，生产上发展迅速，现为美国主栽品种。但随着时间的延长，果肉色泽有变淡的趋势。在重庆生长结果正常，果肉色泽亦佳，丰产，一般横径8.17～8.81cm，纵径7.56～7.64cm，果重241.3～287.0g。

6. 罗布郎柯（Oroblanco）

是用低酸柚CRC2240与四倍体马叙杂交育成的三倍体无核新品种，果肉柔软多汁、味甜酸少，无明显苦味，品质优，成熟期较马叙早2～3个月。

我国引种试验从20世纪20年代末至30年代开始，从美国引进四川的有邓肯、马叙、汤普森3个品种。60年代这些品种被收集、保存在重庆北碚中国农业科学院柑橘研究所，这是第一批。1978年引进星路比，1979年引进路比，1988年又从意大利引进路比和沃若布郎柯，这是第二批。此外，还从古巴引进古巴柚（实为葡萄柚）等品种。最近在古巴又选出了Marsh Jiarito品系，在古巴广泛栽培。

应该看到，我国引进葡萄柚距今已近70年的历史，但仍处于种质保存的初级阶段，尚未针对葡萄柚的特点，开展评价与利用的系统研究。初步引种评价提出“生长结果正常”，这仅是就植物体本身完成生长发育周期而言，它只是植物异地引种驯化的生物学基础和潜力，不能作为确定发展经济栽培的依据。

三、栽培技术

我国葡萄柚种植业的关键应根据葡萄柚市场发展的趋势及我国的自然条件、柑橘资源状况，适度发展葡萄柚种植业。多年来在重庆等局部地区试种表明，葡萄柚按普通甜橙的采收期采收，主要是含酸量过高，果汁固酸比低。根据美国最大葡萄柚产区佛罗里达州规定的品质标准（成熟度），不同采收期及果实用途，最低可溶性固形物为6.5% ~ 8.0%，最低固酸比应为7。多年来重庆国家柑橘种质圃，11月中旬至1月上旬分析资料表明：邓肯、马叙、汤普森、星路比和路比的可溶性固形物分别为8.8% ~10.0%、7.2% ~8.5%、7.5% ~8.5%、9.0% ~ 10.0% 和 8.1% ~8.5%；固酸比分别为4.38 ~ 5.71、3.88 ~ 5.38、2.98 ~ 4.17、3.70 ~ 5.05 和3.50 ~3.77。另据石健泉在广西桂林分析邓肯、马叙、汤普森葡萄柚，除邓肯葡萄柚达到固酸比的指标外，其他品种均未达标。刘晓东等分析沃若布郎柯杂种葡萄柚，固酸比指标符合要求。

选择葡萄柚种植气候区要求有效温热指标高，为3 500℃，比甜橙中要求有效温热指标最高的晚熟品种（2 000℃）还要高。因此，在我国热带及南亚热带气候区，如海南以及广东、广西、福建、云南、台湾的南部可列为最佳种植地区加以考虑。至于中亚热带地区发展葡萄柚，需在品种选择、田间促熟栽培以及采收推迟结合贮藏等方面加以研究，达到提高果实品质，发挥其后期应市的优势。栽培品种的布局目前葡萄柚品种不多，但类型比较多样，不同熟期俱全。在我国热带、亚热带地区可根据鲜销和加工以及不同成熟期加以综合考虑，选择优良品种，合理配搭，做到品种多样化。在中亚热带地区应侧重选择成熟期较早的优良品种。邓肯葡萄柚成熟期稍早，品质亦佳，但种子过多，目前世界上主要作为加工利用；早熟品种沃若布郎柯虽属无核，但由于果皮厚等缺点，在国际市场上尚未获得消费者的普遍接受。目前比较受欢迎的品种当推马叙和路比，星路比今后也许会有较好的发展前景。在发展我国葡萄柚种植业中，除注意现有良种的布局外，同时应加强我国的葡萄柚选种、育种工作。

（1）定植。葡萄柚定植园地要求地下水位较低，灌溉排水良好，附近没有感染立枯病、黄龙病的柑橘区。苗木可选用苦柚或枳壳为砧木，以脱毒处理过苗木繁育为佳。每年的11月至翌年2月均可定植，行株距以6 ~8m为宜，定植穴深挖，宽不少于1m。

（2）施肥。定植前每株施足有机肥10 ~20kg。幼龄树园宜套种绿肥，以保持水土，增加有机质，改善土壤养分，促进树体生长发育。结果树体年施肥不少于2次，基肥占年施肥量的60% ~70%。也可按不同时期花前肥、稳果肥、壮果肥、采果肥进行施肥。

（3）修剪。幼苗期即注意整枝，以形成良好树形。树形采用自然圆头形整枝，主干高度约40 ~ 60cm，留2 ~3个主枝，每主枝均留2 ~3个亚主枝，注重调节树势，控制高度和树形，但修剪量不可超过枝叶总量的15%。

（4）田间催熟降酸处理。花后果横径约3.8cm时对红肉品种喷施0.05%砷酸铝，可使葡萄柚在9月下旬至10月下旬达到成熟的最低要求。砷酸铝同样处理对红玉的效果较马叙和邓肯好；湿润地区效果好于干旱地区。使用中应注意砷酸铝浓度比例，过量施用，树体会出现缺硼症状，造成危害。

四、采收贮藏与加工利用

葡萄柚既可鲜食，也可制成鲜果罐头和果汁。果实尤耐贮存。若以留树挂果贮藏可喷施20mg · L^{-1}的2，4-D加强果实的固着力，一般贮存期可达数月之久。可分批采收，也可集中采收。葡萄柚的成熟期依栽培地域及气候条件而异，应根据葡萄柚成熟度的各项主要指标来确定适宜的采收期，以保持葡萄柚的品质。葡萄柚的采后贮存方法较多，简单的可在采后通风失水2 ~3d后，套上0.03mm的薄膜后装箱，置于阴凉通风处可贮藏2 ~3个月。若采后放置于21℃条件下3d后，移至11℃条件下可贮藏3周，再置于0℃冷库中，可贮存2 ~3个月。发达国家通常则将田间采集的葡萄柚送到包装生产线经清洗、消毒、分级、杀菌、包衣、分级、包装等工序后贮藏或销售。

根据果实成熟度，确定采收适期葡萄柚因不同栽培地区气候条件的差异，特别是气温条件的差异，果实采收期大不相同。同一品种在热带地区10月可以达到采收标准，而在中亚热带地区可能要到翌年4月才能达到最低的品质标准。因此，在不同气候区栽培葡萄柚，应根据衡量葡萄柚成熟度的各项主要指标，确定不同品种适宜的采收期。

田间促熟处理是美国佛罗里达州葡萄柚产区的

通用技术措施，一般在花后果实横径约3.8cm左右时，对红肉品种喷0.05%砷酸铅，对白肉品种喷0.075%砷酸铅，这样可使葡萄柚在9月下旬至10月初达到成熟度的最低要求。生产上一般喷一次即可，个别果园为促进更早成熟，在整个夏季也有喷2~3次，但加大了生产成本。砷酸铅可有效地降低柑橘果汁的酸度，但是按美国的规定只允许在葡萄柚上使用。喷砷后因不同品种和生态条件差别很大，处理路比葡萄柚减少酸度比马叙和邓肯明显；在干旱地区（如亚利桑那沙漠地带）减少酸度有限，而在湿润地区效果明显。

葡萄柚果实耐贮性强，可在树上挂果贮藏达数月之久。我国柑橘贮藏方式不同于美国，通常是集中采摘，库房贮藏，分期供市，这就需要研究符合我国栽培特点的采收和贮藏技术，同时还应研究果实的综合加工利用。

（刘惠民）

34. 龙　　眼

龙眼是我国南方名贵特产，重要亚热带果树之一。它和荔枝并列为无患子科中的两种重要果树。在东南滨海丘陵地带，有不少成片浓郁的龙眼，是它在红壤丘陵山地长期适应的见证。因其对土壤适应性强、栽培管理又不及柑橘类果树之苛求，故在一般低丘山地栽培，生长发育甚佳；海拔较高，地势较陡的山地，如广东高州、福建莆田、台湾南部等地种植龙眼，生长正常。

龙眼果实富含营养，明朝李时珍曾有“资益以龙眼为良”的评价。据对福建龙眼品种果实分析，果肉含全糖量12.38% ~22.55%，还原糖3.85% ~10.16%，全酸0.096% ~0.109%，每100g果肉含维生素C 43.12 ~ 163.70mg。另据奥村分析，每100g果肉含维生素K 196.5mg。除与其他果品一样能提供人类所需之营养外，尚能供给更多的糖和维生素C、K，对人体健康殊有裨益。除鲜食外，还可加工制干、制罐、煎膏，均受国内外消费者欢迎。其木材纹理细致优美，坚固耐久，可雕刻精巧的工艺品；又是作高级家具、木器、建筑等的优良木材。花期较长，为优良蜜源植物。

龙眼原产华南，据《神农本草经》：“龙眼一名益智，生南海山谷。”南海即今华南。又据Macmillon H. F. 所著《热带园艺植物手册》和Roxburgh W著《印度植物志》认为印度龙眼系由我国传入。

我国栽培龙眼历史悠久，至少在2000年以前就开始栽培，据《群芳谱》引《梧浔杂佩》云：“龙眼自尉陀献汉高帝始有名”。《三辅黄图》载：“汉武帝元鼎六年……起扶荔宫，以植所得奇草异木。……龙眼、荔枝、槟榔、橄榄、千岁橘皆百余本”。

亚洲除我国外，泰国、印度、马来西亚、越南、菲律宾也有栽培。19世纪后龙眼才输入欧美、非洲、大洋洲的部分热带、亚热带地区。但栽培面积最大，产量最高，首推我国。

我国龙眼分布，集中在东南沿海，主产区为广东、福建、广西，而四川、台湾也有相当数量。此外云南南部及贵州也有少量栽培。1992年全国龙眼产量为12.8万t。广东省1992年龙眼面积为2.9万hm^2、产量4.21万t；1997年为11.9万hm^2、12.47万t；1999年14.3万hm^2、35万t。以高州、电白、化州、信宜、揭东、台山、中山、南海、广州、新会、番禺、顺德较为集中，饶平、增城、龙门、惠阳、博罗、宝安、罗定、潮安、潮阳等也较多。其中高州于2000年被国家林业局授予全国惟一的龙眼之乡。广西以桂平、岑溪、博白、陆川、大新、合浦等最多。

福建龙眼大多集中在东南沿海丘陵地，其中以晋江、南安、莆田、仙游、同安及泉州最多。四川、重庆、云南、贵州、台湾等地亦有少量栽培。

一、植物学特征

龙眼根系庞大，具垂直根及水平根。根系分布因土壤条件、地下水位及管理措施而异。龙眼水平根的分枝能力远远超过垂直根，且其水平根的生长状态（如分枝能力，细根尖削度）与土壤性状有一定关系。若园土性状良好，则分枝密，根径首尾差异小。新根白色，后逐渐变黄白，至粗根时则转为黄褐色，皮孔粗密而明显。龙眼具菌根，为总状分枝式，或由于间歇生长而呈念珠状。

龙眼的树干粗大，有的大龙眼树干周达3m。树干外皮粗糙，有不规则纵裂，外皮厚而具木栓质，灰褐色，颜色的深浅依树龄、品种而异。树干的高低与繁殖方法有关。每年龙眼抽梢3 ~4次，是构成高大树冠的基础。龙眼的枝条粗而坚脆，外皮褐色，皮孔明显。随年龄的增长，外皮逐渐变粗呈纵裂。

龙眼叶为偶数羽状复叶。幼苗的第一、二叶仅具1对小叶，第二、三叶具两对小叶，以后则增至3、4对小叶或更多。成年植株以4对小叶最多，3对次之。小叶对数的幅度因不同品种有所差异，7对以上小叶者较为罕见。小叶对生或互生，全缘革质，多属长椭圆形，叶长9.26 ~ 17.50cm，宽3.33 ~5.80cm。嫩叶常为赤褐色；结果枝上的嫩叶常为绿黄色。

龙眼花为圆锥状聚伞花序，每花序一般有10余分枝，少者数枝，多者20余枝。着花数百朵至2 000 ~3 000朵，最多达5 000余朵。每一分枝又由很多小花穗构成，每一小穗有3朵花，中央1朵先开，旁边两朵后开，基部的小穗一般都比顶端的先开，花蕾紫红色，龙眼花型主要有雄花、雌花两种。

此外，尚有为数不多的两性花及各种变态花（包括中性花以及多种的畸形花）。

● 雄花　雄花为数最多，大约占总花数80%左右。开放次数多，时间也长，大部分花穗先开雄花，也以雄花告终。花呈浅黄白色，有花萼（5深裂），花5瓣，花盘粗大。雄蕊发达，7～10枚，多为7～8枚；花丝长0.6～0.8cm，呈放射状散开；花药黄色，散发花粉时纵裂。雌蕊退化，仅留一个红色的小突起。雄花一般在开放后1～3d即行脱落或枯干。

● 雌花　龙眼最重要的花型，直接关系到结果多少。外型与雄花相似，但雌蕊发达，深黄色，子房2室，间有3室，花柱合并，开放时柱头分叉，弯曲如蛾眉月。子房周围有退化雄蕊7～8枚，花丝很短，花药不散发花粉。雌花开放时间短，一般集中开1～2次。

● 两性花　此种花为数极少，它具有正常的雌、雄蕊，花药能散发花粉，子房可发育膨大。根据花芽形态分化观察可以证明，龙眼单性花也是由两性花演化来的。

龙眼花属子房上位花。正常的雌蕊，子房2室，并蒂而生，通常是一室膨大，另一室萎缩，并宿存在果蒂旁边。少数2～3室同时膨大，成并蒂果。

果实核果状，扁圆形或圆球形。果实外皮主色为褐色，因品种不同，还有黄褐、青褐、锈褐、红褐等。外皮上有程度不同的龟状纹、疣状突起及放射线。果皮薄，果肉为假种皮。肉色淡白、乳白或灰白，肉质可分为透明、半透明或不透明。肉质带脆，清甜，有香气。种子圆形至扁圆形，外皮主色暗黑至红棕，光滑，种脐白色，稍突。

二、主要种类和品种

1. 主要种类

龙眼（*Dimocarpus longan* Lour.）（《云南植物志》，第一卷，1977）（*Euphoria longana* Lam.）为无患子科（Sapindaceae）龙眼属（*Dimocarpus* Lour, *Euphoria* Comm.）植物。在植物学上与荔枝（荔枝属）近缘。该属在我国作为果树栽培的仅龙眼一种。其他大约还有10种，均原产于亚洲热带地区。

2. 主要品种

我国龙眼约近400个品种。虽在生产上进行一些品种选育、淘汰工作，但距良种化要求较远。现将我国龙眼主要品种列下。

（1）福眼。又名福圆，为福建晋江地区最普遍栽培的品种。树体高大，树冠圆头形或半圆形。叶片长椭圆形，叶色深绿。果穗长21cm，每穗果实31粒，穗重约0.25kg，果重10.6g，可食部分占全果重64.1%～73.5%。该品种产量高，抗旱力强，果大，品质中上，适于鲜食、焙干。大小年结果较严重，抗虫力较差。成熟期8月下旬至9月上旬。

（2）赤壳。又名硬种、有种，产于福建主产区同安。树冠圆头或半圆形，稍矮，扩展性强，树干有明显的螺旋状。叶长椭圆形，叶尖较钝，叶绿色。果穗长21cm，果梗硬，每穗果实25粒，穗重约0.35kg，果重14.6g，可食部分占全果重71.5%～71.9%。产量较高，但大小年较明显。耐旱力强，果大肉厚，可食率高，品质中上，是焙干良种。成熟期8月下旬至9月上旬。

（3）乌龙岭。又名乌石岭、黑龙岭、霞露岭、地本，原产福建仙游郊尾。霞露岭为福建莆田仙游地区栽培最普遍的品种。树冠圆头形，树势强健。叶长大而末端尖，侧脉疏，主脉显著浮起。果穗粗短（20cm）而散，每穗果实31粒，穗重约0.3kg，果重10.9g，可食部分占全果重56.0%。产量高，抗病力强，少患鬼帚病，品质中上，皮厚，核大，焙干率高，外形美观，为莆田仙游地区主要的制干品种。成熟期9月上旬。该品种又分红壳、白壳、青壳等品系。

（4）油潭本。原产福建莆田油潭，树冠圆头形，树势强健。叶狭小短，先端尖，浓绿色。果穗长，每穗果实37粒，穗重约0.35kg，果重10.8g，可食部分占全果重59.5%。产量较稳定，品质中等，核大皮厚，故焙干率高，焙干后壳不凹陷，仍为目前制干良种。该品种易患鬼帚病。成熟期较迟（9月中旬）。

（5）普明庵。原产福建莆田六城门外普明庵，为莆田主栽品种之一。树冠半圆至圆头。叶狭小，先端尖，叶缘波浪状明显，绿色。果穗较长（27cm），每穗果实41粒，穗重约0.4kg。果实扁圆形，果肩不明显，果基微凹，果重9.3g，果皮褐色。果肉乳白、半透明，软脆，清甜。果核赤褐，扁圆形。可食部分占全果重72.7%，全糖量16.4%，酸量0.06%，每千克鲜果含维生素C 449mg。产量稳定，品质上等，为主要鲜食良种，亦宜罐藏。因其皮薄不宜焙干。易患鬼帚病。成熟期9月上旬。

（6）东壁。又名糖瓜蜜，为福建著名稀有的优良品种。原产于泉州市开元寺，目前泉州、晋江已有一定数量。树冠圆头形，树性较直立，树干灰褐。叶长椭圆形，叶面浓绿，叶背淡绿。果穗长24cm，每穗果实38粒，穗重约0.4kg，果重10.9g，可食部分占全果重62.5%～65.6%。丰产，果大，肉厚，质坚脆，浓甜，味芳香，品质极上。为鲜食极优品种，鲜果较耐藏。抗旱、抗风较差，有大小年结果现象。成熟期8月下旬至9月上旬。

（7）石硖。又名石圆、脆肉、十叶，为广东栽培最多的品种，产于中山、顺德、南海、番禺、广州等地。植株生长旺盛，树冠较大。叶色浓绿，产量高，大小年不明显，果实圆形略扁，中等大。果重7.5～10.1g，可食部分占全果重67.1%～69.8%。为广东优良的品种之一，8月中旬成熟。石硖可分3个品系。黄壳石硖：最清甜，品质最优。肉厚，种子小，焙干后果肉成分较高。由于皮壳坚厚，较耐贮运，宜大量推广发展。青壳石硖：较为丰产稳产，但品质较差，含糖低，味淡，易流汁。不宜焙干，适于罐藏。白壳石硖：又名宫粉壳石硖。果实品质介于黄壳与青壳之间。皮厚，肉厚，核中小，肉质脆爽，味甜，品质上。树势强健，抗逆性强，产量高。

（8）乌圆。又名孤圆、乌叶。该品种在广东分布地区较广，主产于南海、番禺、中山、顺德等县，为广东普遍栽培的品种。树体高大，树势强健。叶色特别浓绿（故名乌叶），叶长椭圆形，宽大。平均果重11.6g。乌圆有大乌圆品系（俗称牛眼），果重16.9g。可食部分占全果重71.4%，由于长势旺，结果稳定，8月上、中旬成熟，适于鲜食和焙干。乌圆种子充实而大，发芽率高，还可作优良品种的砧木。

（9）泸元3号。分布四川泸州，由四川宜宾地区园艺科学研究所从实生树中选出。树势较强健，树姿开张。树冠圆头形。枝条较壮，成枝率弱，节间较密。叶厚，色暗绿，少光泽，叶面平展，叶脉较明显。果穗圆锥形，较小，着果较密，果穗重约0.35kg，每穗果实32粒。果实圆球形，果重8.1g，可食部分占全果重66.7%。种子大，深褐色。八月下旬成熟，是黄壳类中美观的早熟鲜食良种。

（10）泸元6号。分布四川泸州，由四川宜宾地区园艺科学研究所从实生树中选出。树势强健，树姿开张。树冠圆头形，枝条健壮，成枝率中等，节间较密。叶片狭长椭圆形，叶较厚，色绿，有光泽，叶面较平展，叶脉不显。果穗圆锥或短圆锥形。穗大着果较密，果穗重约0.75kg，每穗果实85粒。果重7.6g，可食部分占全果重63.2%。品质中上，9月上旬成熟。该品种树势强健，丰产稳产，穗大果多，是风味好的中熟良种。

（11）广眼。广西分布较广的品种。树冠半圆形。小叶2～5对，叶色绿。果穗中等大，每穗果实28粒。果重8.2g，扁圆形，两肩突。果皮中等厚，黄褐而带青绿色。果肉蜡白色，汁多，质脆而淡甜。可食部分占全果重63.9%，品质中等。种子大，扁圆形，漆黑色。鲜食、加工均宜。成熟期8月中旬。

（12）花壳。产于广西博白。树冠半圆形，树势中等。叶狭长椭圆形，叶面绿色。每穗果实33粒，果重4.9g。果实圆球形。果皮中等厚，黄褐色。果肉汁少而脆，蜡白色，味浓甜。可食部分占全果重63.8%，品质中。种子小，长扁圆形，棕褐色。制桂元肉之良种。

此外，近年大面积在广东发展的品种有高州的储良龙眼（一般单果重17g，可食率74.3%）、双子孓木龙眼、揭东的古山2号龙眼等品种。1999年高州市利用药物处理龙眼树10 000株，使其反季节开花结果，已取得初步成效。化州市民昌果业公司在2000年对2 500亩龙眼进行药物处理，使其反季节开花结果，亦已取得成功。

三、生物学特性

（一）生态习性

1. 温度

龙眼对温度要求比较敏感，这是限制龙眼地理分布范围的主要因素。它喜温忌冻，年平均温度20～22℃较为适宜，生长较正常。据四川资料，在年均温17.5℃地区，龙眼生长发育不正常。冬季（12月至翌年1月）有一段相对的低温，利于花芽分化。开花期则需较高气温，大约在20～27℃，气温太低对开花坐果均有害。果实成熟期，正值夏秋高温季节，有利于品质的提高。龙眼耐寒力较差。气温降至0℃，幼苗受冻。-4～-0.5℃，则大树也表现出不同程度的冻害。1999年12月下旬，广东全省持续1周的低温霜冻天气，致使大面积幼树冻死，成年老树也有少量冻死。

2. 水分

龙眼在整个生育期要求有充足的水分，年降水量需在1 000mm以上。但在亚热带果树之中，龙眼又是比较耐旱的，这与它长期处于旱、酸、瘠的红壤山地和季风较大的沿海地带所具有适应性以及本身植物学结构（菌根、气孔结构等）有关。采果之后至冬季期间，其所需水分较少。开花期间及果实成熟时，不宜多雨，否则会降低产量及果实品质。根系生长旺期（6～8月），必须保持足够水分。春夏多雨季节应防止果园积水。

3. 风

在四川产区，龙眼花期有时会遇到西北吹来的冷风，气候特别干燥，并夹有大量黄沙微尘，致使柱头沾染黄沙白泥而干燥凋萎，座果率大为降低。沿海地区，夏秋之间常有台风，有时可达8～10级以上，此时正值龙眼成熟期，常致果实大量脱落、枝条折断、树冠毁坏，甚至大树连根拔起。除修剪、嫁接（靠接）之外，还应着重防护林设置。

4. 土壤

龙眼对土壤适应性颇强，除部分地区栽植在平地或冲积地外，大多分布在低缓丘陵地，也有栽植在海拔数百米的低山上。如要获得高产稳产，土层必须松软湿润，有机质含量超过1%，全氮量最少0.07%，碳氮比的变幅是在7～11，土壤有机质转化平稳，每千克土含有效磷25mg以上，每100g土壤水解酸度在2～3mmol以下。

（二）生长发育

1. 根系生长

龙眼根系在年周期生长中，据对4年生实生植株观测，一般有3次生长。第一次在3月下旬至4月中旬，生长量较小；第二次在5月中旬至6月中旬，是根系一年中生长的高峰；第三次在9月中旬至10月中旬，生长量次之。

根系年周期生长受地上部（主要是枝梢生长和结果）及环境的影响相当显著。根系生长高峰出现的先后强弱，通常都伴随在各季枝梢生长高峰之后。凡当年结果多者，新根和新梢生长均较结果少的年份微弱，待果实采收后，新根生长才有回升的趋势。通过修剪、水肥管理等措施，使枝梢、花果、根系三者均衡地生长发育，是连年高产稳产的基础。

根系生长还受环境的影响，主要在土温和水分方面。据观察，土温在5.5℃时（据在四川宜宾的观测为10℃），根系活动甚弱，随土温上升根系活动加速，土温达23～28℃时，为生长最适温度，生长最快。如土温升至29～30℃，根系活动又变缓慢。土温高达33～34℃，根系则进入休眠状态。土壤含水量也是影响根系生长的重要因素，凡土壤水分充足，如6～8月高温多湿，成年树根系生长量最多（据观察，8月1～11日，每条新根平均每天延伸1.55cm）。此时若遇伏旱，根生长量则相对减少。因此，旱季保持果园土壤水分的农业措施是值得重视的。比如，龙眼幼年果园间作绿肥的划切覆盖、翻埋，对增加土壤水分含量有明显效果。成年果园也应加强管理，调节土壤水肥气、热的关系，对促进根系生长可收到相当显著的效果。

2. 枝梢的生长

龙眼每年抽梢3～4次，分别为春梢1次，夏梢1～3次，秋梢1次，抽冬梢情况较少。

（1）春梢。通常自去年的秋、夏梢及未萌发秋梢的采果枝及老枝抽出。大部分春梢4月中旬停止生长，4月下旬基本老熟。年年结果的树，春梢数量不多，然而当年花穗少或花穗大量“冲梢”的树，春梢生长数量多而壮，花穗多的树春梢则很少。春梢生长势较差，难作为来年结果母枝，福建莆田果农常在修剪时将其除去，促使发出强壮的夏、秋梢，作为翌年结果母枝。

（2）夏梢。一般从当年春梢或去年夏、秋梢和没有萌发的秋、春梢的采果枝以及老枝抽出，亦有从春季修剪和疏花穗的短截枝上萌发。夏梢自5月上旬至8月初抽生，先后有2～3次抽生期。5月上中旬为第1次抽生盛期，生长数量较少；第2次抽生盛期在6月中下旬至7月上旬，此期气温高，雨量足，植株大量抽生夏梢，为龙眼夏梢生长高峰；7月中下旬至8月初，又从当年早萌发的夏梢顶端再抽长，形成2次夏梢，或从落花落果的结果枝端发出。夏梢生长与当年结果量、管理水平等有密切关系。如若当年结果多，养分大量供应果实发育之需，则夏梢抽生很少；反之则多。结果中庸的植株，如肥水充足，能抽生较多夏梢。足量的夏梢生长，对当年果实增大与及时萌发秋梢，均有显著效果。

夏梢是龙眼很重要枝条，除继续萌发秋梢作为来年结果母枝外，也有部分直接作结果母枝的。因此，夏梢抽生情况与龙眼是否年年丰产有相当重要的关系。

（3）秋梢。8月上旬至11月初萌发秋梢，树势强健的比较早发，大量在采果后15～20d萌发。秋梢主要有两种，一为夏延秋梢，另一为采果枝秋梢。此外，还有短截枝及老枝秋梢，但为数少。如若当年结果少或无结果的，因春、夏梢充分生长，秋梢则少。秋梢抽生与树势、结果量、果实成熟期、管理措施及气候有关。早熟的品种萌发早，生长量多，迟熟的品种萌发迟且生长较差；树势强健，肥水管理完善的萌发早、生长强壮。培育足够数量强壮秋梢是年年丰产的重要手段。

（4）冬梢。成年树多不抽冬梢，惟幼树、壮树才于 11 月间气候适宜时抽发冬梢。果农常以肥水控制以避免壮年树萌发冬梢。

3. 花芽分化

龙眼属于当年花芽分化当年开花结果的类型。未分化期。生长点狭而尖，鳞片紧包。分化前期。2 月上旬至中下旬为分化前期，也是花序原基形成期。此时，花序原基与叶芽原基刚开始分化，两者差异不大，仅花序原基呈圆锥形，短而略宽。花序分化期。2 月底至 3 月上中旬，花序形成速度较快，进一步分化产生许多支穗原基。早分化的支穗，进而发育分化出小穗原基，有部分原基开始分化出花萼。花序迅速分化期。3 月中旬末花序进入迅速发育时期，分化出大量支穗和小穗原基，多数原基已开始花萼分化，少数出现花瓣原基。花器建成期。龙眼花器发育和花序分化基本上同时进行，4 月上旬整个花序基本建成，而花器发育加速，花序上大量雄蕊原基出现，继而子房开始发育。这段时间很短，大约 10 天左右。各型花分化决定期，雄花较早，雌花较迟，两性花与雌花相近。整个花芽分化过程约需 60d，大致是 2 月上旬至 4 月上旬。

4. 花穗发育

花穗大致在 2 月上旬至 3 月下旬抽生，4 月上中旬以后逐渐发育成完全的花穗。抽穗初期，顶芽先抽一般新梢，然后逐渐形成完整的花穗，包括主轴、侧轴、支穗、小穗及各型花朵。抽穗时期迟早依结果母枝种类、树势及早春的气候而有所不同。以夏梢为结果母枝且树势强健的植株，抽穗最早；夏延秋梢为结果母枝的次之；秋梢为结果母枝而树势弱的植株，抽穗迟。

花穗抽出之后，穗轴上的幼叶逐渐展开，长大，叶色变绿。通常花穗上的幼叶在花穗发育过程中自行脱落，否则养分会消耗于枝叶的生长，对花穗后期发育颇为不利，有时很容易发生“冲梢”现象（四川称“叶包花”），即花穗顶芽形成不正常发育枝。龙眼花穗正常发育需要较低的温度（3 月份保持 8～14℃）和湿度，如果此时气温高，相对湿度大，常导致营养生长的趋向加强。易发生“冲梢”现象。“冲梢”的产生对稳定丰产不利。

5. 开花

开花期自 4 月中旬至 6 月上旬，依气候、品种、树势、抽穗期等的不同而异。较温暖地区早开花，树势强健，抽穗期早，开花也早。单株开花期约 30～45d，单穗则多为 20d 以上。单穗中各花型开放次序不一，通常大部分花穗先开雄花，再开雌花，又以雄花告终。此外，还有雌花先开，而以雄花或雌雄花混开告终，以及先以雌雄花混开，后以雄花告终等类型。单穗中雌雄花互为交替或交错开放，但雄花开放次数多，雌花通常集中 1 次，时间短（3～7d 或更短）；也有少部分植株开放 2～3 次，从而延长了雌花开放时间（10～20d），致使果实大小悬殊较大，影响品质。花穗中雌雄花相隔开放，之间没有休息现象。龙眼单花穗不同性别花的开放时间虽不一，但由于整株或整个果园的雌雄花交错开放，所以并不影响其授粉。

6. 结果和果实发育

（1）坐果及落果。龙眼约有 60%～90% 的花蕾能正常开花，其余早期脱落。据观察，若以雌花计算大约总落果率达 80%～90%，座果率大多为 10%～20%。龙眼雌花柱头有效受精时间较长，开花当天受精率高达 42.3%，但开花前 3d 花蕾微裂苞，至开花后 3d 花瓣凋萎时，雌花都有 7.7%～10.7% 的受精率。加上雄花数量很多，开花期间雌雄花交叉开放，因而龙眼座果率较高。

（2）果实发育。受精后龙眼幼果不断增大，坐果头一个月纵径增大比横径快，种子先发育，6 月中旬果肉逐渐成长，6 月底至 7 月上旬，成长逐渐迅速，以后主要是果肉增长肥大。因此，果实后期横径大大超过纵径的生长速度。龙眼果实增大最快在 7 月上旬以后。

果实成熟和品种、地区、气候有关。龙眼成熟期在 8～9 月。福建以 8 月下旬至 9 月中旬居多；广东 7 月下旬至 8 月上旬为多。

四、栽培技术

1. 苗木繁殖

龙眼育苗方法各产区不尽相同。实生繁殖，各产区虽有采用，但实生苗多用于砧木。高压繁殖是不少主产区的传统育苗法；而小苗嫁接（如芽片贴接、舌接）推广较多。

（1）实生育苗。实生繁殖结果迟、产量低、品质差、变异大，不利于果树良种区域化。实生苗现多用于砧木。实生育苗一般是随采随播。每公顷播种量 1 725～1 875kg。当真叶长到 4 片时，可用铡刀切断主根，促发侧根。幼苗期应注意防霜冻。经1~2年培育，苗高80cm、茎粗1.2cm左右即可出圃或进行小苗嫁接。

（2）嫁接育苗。舌接法：3~5月均可进行，但以4月最好。砧木为1~2年生实生苗（茎粗1~2cm）。嫁接时在夏、秋梢交界处将最上的一次梢剪除，用刀以30°左右向上斜削成3cm长的斜面，后在斜面1/3处纵切一刀。接穗以青壮年树上生长强健、节间较稀的1~2年生直立枝条为好（有条件时，在嫁接前3~4周进行环状剥皮，可增加成活率），每段接穗长6~7cm，上具2个芽，基部削法同砧木，接时要对准形成层，后用1.2cm宽的薄膜带子自下而上缠缚，微露芽眼。使接穗萌发后，自然抽出，待后再剪去砧木枝叶。该法当年秋季即可出圃。补片芽接法：3~6月、9月均可进行，以4月最好。嫁接时，砧木径粗1cm以上，在离地面10~15cm选树皮光滑及叶痕垂直线处开芽接位。芽接位大小应依砧木粗度而定，一般宽0.8~1.2cm，长3~4cm。用刀尖自下而上划二条平行的切口，切口上部交叉连成舌状形。然后从尖端把皮层向下撕开，并切除大部分，仅留一小段（腹囊皮）便于夹放芽片。芽片削取：用1~2年生木质部梅花形沟槽不明显的粗壮枝条削取带木质的芽片，长约4~5cm，其中央具1芽。用刀修芽片的边缘，使削口向外斜，芽片宽度应比芽接位小（宽0.5~0.7cm），撕去芽片的木质部，再将芽片切成比芽接位稍短（长1.8~2.0cm），芽片成长方形薄片。将削好的芽片安放在芽接位中央，芽片下端插在复囊皮下，使其固定。随即用1.5cm左右宽的薄膜自下而上缠缚，缠缚时微露芽眼。接后经30d左右，即可解除薄膜，5~7d后如芽片保持原色，并紧贴砧木，即可剪砧。剪砧后，一般10~15d开始萌发，此时应加强管理，保证接芽健壮生长。采用该法0.5~1年便可出圃。

（3）高压育苗。福建晋江地区、同安及广东潮州、饶平等地多用此法。龙眼高压可在2~8月进行，尤其以3~4月发根更好。在优良母树上，选2~4年生枝条进行环状剥皮，环剥宽约4cm，切口要整齐，并刮净红色皮层至见白为度。经1d后，用苔藓加湿土等敷在切口上，以薄膜包扎成球状，经100d左右可锯下假植。

2. 造林

龙眼建园应注意坡向，内陆山区宜选南或东南向，沿海地区选西南向为宜。土层较深厚的砂壤土或壤土。造林整地多采用修筑等高环山梯田，以保持水土；沿海地带，应营造防护林。各地多在3~4月栽植，也可秋季栽植，每公顷栽植375~600株。龙眼多用大穴定植，穴深0.6~1.0m，穴深1.0m，下足基肥，有利适龄结果，且能获得高产、稳产。

3. 土壤管理

合理的土壤管理可以创造有利于龙眼生长发育的土壤水、肥、气、热条件，并克服龙眼“大小年”现象，成为年年丰产、稳产重要措施的组成部分。

（1）间作覆盖。幼树在栽植后进入结果期之前，可以合理利用株行间空隙地，间作其他作物，坚持“以园养园”的途径。间作能防止水土冲刷，调节土壤水热状况，抑制杂草滋生，有利微生物活动，改善土壤理化性状等，有利于龙眼幼树生长。

（2）培土。有增加根系活动层，保护根群以及施肥、改土的作用。福建、广东、四川等地群众，经常就地取材，如火烧土、塘泥土、溪边冲积土、垃圾土等，幼树每年培土100~150kg，大树可培土500kg。在山地果园，培土还有增强抗旱的效果。

（3）中耕除草。幼龄果园多数结合间种作物进行每年3~4次较深中耕，还可配合几次浅耕除草。成年果园每年进行1~2次翻深耕（采果后或抽穗前的1~2月）和中耕施肥，以改善土壤养分、水分及通气性，使根系能够良好生长。园地翻耕适宜时期，可因地制宜。

（4）施肥。根据龙眼生物学特性，为满足其生长结果的需要，除在幼年期间合理施肥（每年3~5次），促使提早结果之外，成年果园必须分期适时施足肥料，以达到丰产、稳产，克服大小年结果的目的。果区群众对肥料的使用相当经济，不但采用集中施肥方法，而且施肥时间也根据龙眼生长发育的需要而定。以有机肥为主（如豆饼、花生麸、人畜粪尿等），每株每次施10~25kg；氮肥或复合肥每株每次施1~2kg。根据龙眼年生长发育规律分别在2~4月、7~8月、9~10月分期分批进行施肥。

4. 树体管理

（1）整形修剪。整形在幼树开始进行，离地面40~60cm截干，主干上留3~4主枝，以后逐渐培养成圆头形树冠。幼树应促其迅速扩大树冠，可作适当轻剪，以疏剪去纤弱枝、密生枝、荫蔽枝、病虫枝等，生长过于旺盛突出的树冠枝条可行短截。

成年树的修剪，应围绕保持增强树势和培养优良结果母枝这个目的，掌握在春、夏、秋时进行。春季在疏花时修剪，疏删过密、衰弱、病虫、杂乱枝条，细弱的春梢亦可剪除，以促进夏梢抽生。夏季在6~7月间结合疏果进行，原则是除去过多、细弱、病虫的新梢，每一枝条可留2个新梢，枝小留1个，枝壮留3个，使养分集中以形成强壮夏梢，成为来年优良结果母枝。采果后在有些地区也进行一次轻剪。

(2)疏花疏果。龙眼有明显的大小年结果现象，这是生产上存在的重要问题。群众经验:分期适时增施肥料;做好水土保持,防止自然灾害;选择适宜品种也是克服大小年的有效途径。

广州郊区小洲龙眼果农疏花疏果的经验是:结果大年,折去大枝(硬枝)的花穗,且疏果分量也重一些;而结果小年,以折去侧枝(软枝)的花穗为主,疏果也相应略轻。

(3)树体保护。防风的根本办法是防风林设置,果园位置选择,品种选育,矮化树形等。可以采取一些行之有效的方法,如幼树缚以支柱,结果量多的用竹竿支撑或绳索吊起等。有些地区以靠接枝条或树株,亦能起加固抗风的作用。

此外,还应做好防冻、防病虫及防人畜危害等工作。

五、采收与加工利用

1. 采收

龙眼果实以充分成熟采收为宜。采收期因地区、品种、用途及气候而异。当果壳由青色转为红褐色,由厚而粗糙转薄而平滑;果肉由坚硬变柔软而富有弹性的;果核黑色(红核品种除外),果肉生青味消失呈现浓甜时即已成熟,一般在8~9月,应及时采收成熟果,以免过熟落果。制罐头的原料宜在果实八成熟时采摘,制干制酱的可在十成熟时采摘,台风季节应及时抢收,远途运输则为八九成熟采收。采果宜在清早、傍晚进行,切忌中午高温时段或雨天进行。

采摘时一般用竹制的采果梯及采果篓。从果穗基部与结果母枝交界处采摘，以保持果实新鲜。鲜果在包装前先经选剔，除去坏果，并摘掉果穗上的叶片及过长的穗梗，使果穗整齐。包装容器多用竹篓。在篓底垫叶片，装篓时果穗先端朝外，穗梗朝内。篓的中间留有空隙以便通气，避免发热变质。一般每篓装鲜果约25kg。长途运输则用冷藏车运送。

2. 加工利用

龙眼果除供鲜食外，大宗用作焙制桂圆干。桂圆干营养丰富，是名贵补品，畅销国内外。尤以福建莆田的龙眼干驰名国内外。制干工艺流程：剪果→分级→浸水→过摇→初焙→再焙→剪蒂→第二分级→包装。

(1) 剪果、分级、浸水。先将龙眼果逐粒剪下，按果实大小分级。分级后将各级龙眼分别置于竹篓中，连篓放在木桶内用清水浸渍3~4min。

(2) 过摇。将浸渍的龙眼倒入竹摇笼中，每笼约装35kg，均匀撒入约250~500g洗净的干细沙，连续摇动600~800次，历次6~8min，果壳转棕色干燥即可。

(3) 初焙。摇毕，将果肉倒入焙灶上，耙平，厚度约10~16cm。中高、外缘低，每焙灶1次约焙龙眼300~350kg，上焙后每8h翻转并分上、中、下起焙，分层装放，然后把上层的倒入焙席上，耙平后倒入后中层，又耙平后，再收原来的下层放于表层，耙平后继续烘焙。再经8h又以同样方式翻动1次，再过3~5h，即可起焙装箩。

(4) 再焙、三焙。初焙的龙眼干均须焙2次，其烘焙方法与初焙同，烘焙时间4~5h，中间翻焙1次，然后将龙眼干装入竹篓中。一般龙眼干只要再焙即可焙干，但果大肉厚的龙眼须再放置2~3d后进行三焙，烘焙2~3h，方法同前，烘至果梗用手指轻轻推易脱落即可。一般烘干率为33%~37%。

(5) 剪蒂。三焙后用小剪刀将龙眼干的果柄剪平。

(6) 第二次分级。用不同筛号的竹筛将龙眼干分级。即大三（三元）平均果径为2.9~3.2cm；正四（四元）为2.6~2.75cm；五元为2.31~2.45cm及中元2.16~2.30cm等4级。五元、中元在初焙时已分开。一般大三占10%~20%，正四占30%~40%，五元占25%~40%，中元占15%~20%。

(7) 包装。分级时剔出破果，然后包装。

上述土法烘焙费时、费工、燃料利用率低，消耗大，亟待改进提高。目前有不少单位采用了先进的烘焙方法，可因地制宜推广应用。

除制干外，还可加工成桂圆罐头、桂圆肉、桂圆酒，以及新开发的、品种繁多的桂圆系列饮品等。

（古定球）

35. 荔　枝

荔枝是我国南方著名特产水果，果肉香甜可口，营养丰富，誉为果中珍品，李时珍的《本草纲目》中记载："常食荔枝，能补脑健身，治疗瘴疠疔肿，开胃益脾，干制品能补元气，为产妇及老弱补品"，据测定每千克荔枝果肉，含碳水化合物 140g，含维生素 C 360mg，蛋白质 7g，脂肪 6g，磷 320mg，钙 60mg，铁 5mg，硫胺素 0.2mg，核黄素 0.4mg，尼克酸 4mg。果除供鲜食外，还可制荔枝干、果汁、糖水罐头、酿酒等。具木材坚实耐用，可制作高档家具、用具。亦是良好的蜜源植物。

我国是荔枝原产地，广东廉江的谢鞋山，海南岛的雷虎岭，广西博白的石方山，以及云南勐仑都发现了野生荔枝。我国栽培荔枝已有 2 000 多年的历史，文字记载，汉武帝元鼎六年（公元前 111 年）"起扶荔宫"栽植自广东、广西移来的荔枝。历代也有不少有关荔枝的诗文，如著名的宋代诗人苏东坡有"日啖荔枝三百颗，不辞长作岭南人"的诗句。汉代以前，我国南方早已有荔枝栽培。

荔枝在我国南方的分布，限于北纬 18°～30°范围内，以广东、福建和广西 3 个省（自治区）栽种最多，其次为四川和台湾，云南则相对较少。

广东为荔枝主产区，栽培面积和产量占全国第一位，1997 年广东全省荔枝面积 26.9 万 hm^2，产量 40.95 万 t；1999 年产量达到 60 万 t。以高州、电白、广州市郊、从化、增城、东莞、深圳、南海、番禺、中山、惠来、普宁、潮安、饶平、廉江、化州、新兴、郁南等 80 多个县（市）为多。

福建荔枝栽培，分布于闽南和东南沿海，北纬 24°～26°。主要栽培地区包括漳州、福州等市郊，以及龙海、漳浦、南靖、泉州、莆田、仙游、南安、福清、闽侯、永春等 32 个县（市）。产量次于广东，成熟期则较迟。

广西荔枝栽培，主要分布在广西中部和南部，北纬21°～25°一带。包括南宁、梧州市郊，以及苍梧、桂平、平南、藤县、容县、北流、横县、贵县、玉林、岑溪、博白、陆川、灵山、隆安等 20 多个县（市）。

四川以及重庆的荔枝栽培，主要是分布在川南长江和金沙江河谷相连的一些县（市）。近代以合江为荔枝主产县。此外，台湾、贵州、云南有少量栽培。

国外的荔枝栽培面积和产量较少。主要分布于东南亚及太平洋岛屿，大洋洲、美洲各国和南非，其中以印度、南非和美国种植较多。

一、种类

荔枝是无患子科荔枝属常绿乔木。荔枝属具有两个种：一种是荔枝（*Litchi chinensis* Sonn.），原产我国。常绿乔木，高 8～20cm。茎上部多分枝，无毛、灰色；小枝圆柱状，有白色小斑点，被微柔毛。羽状复叶互生，连叶柄长 10～25cm；小叶片 2～4 对，长圆形至长圆状披针形，长 6～12cm，宽 2～4cm，先端渐尖，基部楔形而稍斜，全缘，新叶橙红色，有光泽，背面稍带白粉，侧脉不明显。圆锥花序顶生；花小，青白色或淡黄色，杂性；花柄长2～4mm；花萼杯状，4 片，被锈色小粗毛，边缘浅波状；无花瓣；花盘环状，肉质；雄蕊 6～10，通常 8，着生于花盘的内侧，突出，在雄花中较短，不发育，花丝分离，中部以下被小粗毛；子房上位，具短柄，倒心瓣 2～3 裂，2～3 室，通常只有 1 室发育。核果球形或卵形，外果皮革质，有小瘤状突起，熟时赤色。种子外被白色肉质假种皮，多汗，与种子极易分离；种子长圆形，褐色而光亮。花期 2～3 月，果期 6～7 月。另一种是菲律宾荔枝（*Litchi philippinensis* Radl.），是当地野生树种。菲律宾荔枝的果实为长椭圆形，皮面有长刺状突起，种子大，假种皁（果肉）只围绕种子的一部分，不甚发达，品质差，味酸涩，没有食用价值，可作为荔枝砧木或杂交育种材料。

1974 年云南省热带植物研究所在勐仑还发现一个野生荔枝新变种，*Litchi chinensis* Sonn. var. *spontaneus* Pei var. nov. 别名光头荔枝（云南勐仑）。小叶 2～6 对，先端长，渐尖。果面龟裂纹细密，小瘤体突起，呈菱形。果肉薄（不够 2mm 厚度）。种子圆锥形。

二、主要栽培品种

我国荔枝栽培品种，据统计约有 160 多个，其中广东70个，福建和广西各有40多个，四川、台湾、云南合计约10个。主要的优良品种有：

1. 三月红（玉荷包）

为广东著名的早熟种，分布于广州珠江三角洲低地、水乡和广西南部各县。单果重31.5g，可食率69%。成熟期比一般荔枝早2～3个月。

2. 水东（圆枝）

分布于广州市郊及珠江三角洲各县，宜于低地及水乡栽种。单果重17g，可食率74%。5月下旬至6月上旬成熟，为产区果农较受欢迎的早熟品种。

3. 妃子笑

为广东、广西的著名中熟品种。栽培历史悠久，历代《荔枝谱》都有记述。可食率75.6%，6月中旬成熟，是值得推广的良种。

4. 黑叶

别名乌叶（福建）、绛纱兰（四川）。广东分布最多，其次为广西、福建、台湾、四川以及国外都有栽培。中熟品种。单果重17g。6月中旬成熟。

5. 桂味

别名带绿（四川），分布于广东、广西、福建、台湾及国外。有全红桂味和鸭头绿桂味两个品系。单果重18g。皮色红带黄绿，满布成刺状隆起的龟裂片，触之最刺手。种子甚小或退化，可食率75%，品质上等。7月上中旬成熟，年产量低而不稳定。

6. 鹅蛋荔（大荔枝海垦11号）

产于海南岛琼山县永兴。果实特大，单果重52.9g，最大达62g，可食率74.1%。6月下旬成熟。

7. 铊荔（铊提）

分布四川合江及附近，最初由广东引入，为四川省目前著名的荔枝优良品种。单果重15.6g，可食率78.3%，味清甜有香气，品质上等。7月底至8月初成熟。

8. 新兴小香荔

分布于广东、广西各地，主产区广东新兴及其附近郁南、罗定等县，为广东著名荔枝品种之一。清代吴应逵《荔枝谱》记述："大如龙眼也，无核，绝香，名曰香荔，出新兴，或有核而绝小。"果重12g，皮深红色，可食率80.1%，品质上等。7月上旬成熟。大小年现象较明显。

9. 灵山大香荔

分布于广西、广东，主产地为广西灵山县。单果重20.4g，可食率76%。有两个品系：早熟品系6月中旬成熟，迟熟品系6月下旬至7月上旬成熟。

10. 糯米糍

分布广东、广西、福建、台湾各地。广州市郊罗岗、增城、从化、东莞、深圳等栽培最多。单果重29.5g，可食率80.9%。肉厚汁多，含可溶性固形物20%，肉质爽，较滑，味极甜，有香气，品质上等。为广东价值较高的品种之一，7月上中旬成熟。分红皮大糯和白皮小糯两个品系，前者叶大果大，果皮厚呈鲜艳红色，又名双皮大糯；后者叶小果小，果皮薄多呈粉红色，又名白糯糍，单株产量高于前者。

11. 挂绿（增城挂绿）

为广东著名品种，原产增城西园，其母树现仍存在，后代除在广东各地有零星栽种外，广西、台湾、四川也有分布。据清代陈鼎《荔枝谱》（1780年）记述："广州荔枝，以挂绿为第一品，果实大，味甘甜，核小如豌豆，其壳上赤如丹砂，下绿明澄波，故名。"《岭南丛述》也有记述："其实大于常荔，坚莹似玉，脆如霜梨，津液肉敛，剥而怀之，三日不变其色，微红带绿，因名挂绿，味之香美，冠于群荔。"单果重18.7～20g，可食率70.4%。6月下旬至7月上旬成熟。

12. 淮枝

别名凤花（广东惠来）、古凤（广西苍梧）、新丰黑叶（广西北流）。新梢顶部叶密集成丛生状，为淮枝特征之一。单果重25.3g，可食率74%。一般7月上旬成熟。为广东最大宗出口的晚熟种。

13. 尚书怀

据《岭南荔枝谱》记载："明代姓湛的尚书，自枫亭（福建）怀核而归，故名"。比一般淮枝晚熟，而果实质量更好。分布于广州市郊（黄埔、新窖、岭头）及番禺、增城各县。单果重20.3g，可食率76.1%。7月上旬成熟。

14. 楠木叶

为四川及重庆晚熟荔枝品种，在8月上旬采收。合江县三块石为其著名产地，并分布宜宾、泸县、江津等地。单果重19.1g，可食率72.7%。

15. 兰竹

为福建南部普遍栽培的著名品种，分布于漳州、龙海、南靖一带。单果重约20g，可食率70%，7月上旬成熟。

16. 陈紫

为福建莆田、仙游一带著名品种，栽培普遍。单果重19.5g，可食率79.5%。7月下旬成熟。陈紫在美国名叫 Brewster，在澳洲南部栽培也颇多。

此外，广东茂名所属县大面积发展白糖罂并于2000 年 7 月 17 日由国家工商局正式注册为“中华红”品牌。东莞市新培育了无核荔枝，该品种无核率达 98%，最大单果重达 38.9g，可食率 77.9%。

三、生物学特性

（一）生态习性

1. 温度

荔枝生长期间要求高温、高湿、阳光充足。在荔枝花芽分化和形成期，则需要一段低温干燥时间。故在广东、福建、广西及四川沿长江两岸等地区，北纬 20°～28°的气候条件，成为荔枝栽培最集中的理想地区。荔枝在 10～12℃ 生长仍缓慢，13～18.5℃生长增快，最适宜气温为 23～26℃。栽培地区如温度过低或遇霜，则易受冻害，其受冻程度因生长及温度变化情况而不同。枝叶老熟，气温降到 -3～-2℃时，短时间内尚不致冻死；若气候反常，秋冬气温高或雨水多，使荔枝在冬天抽梢，再突遭寒流侵袭，即使在稍高温度下，也易遭受冻害。反之，温度过高生长不佳，热带地区因得不到所需的低温而影响花芽分化和形成。开花期间，若温度在 5～8℃，则很少开花，10℃以上才开始开花，18～24℃开花最盛，温度过低则开花期延迟。

2. 降水量

荔枝虽然性喜温湿，但花期忌雨，雨多使柱头黏液受冲刷，花药不易开裂，雄蕊凋萎，或因水分多花粉腐烂，同时低温阴雨也影响着昆虫活动，雌花授粉困难。

广东的三月红、水东、黑叶等主要在降水少的 1～2 月份开花，授粉良好，产量稳定。而中熟种及迟熟种开花较迟，往往遇连续阴雨而影响授粉受精，造成产量不稳。因此，选择适宜品种及合理配搭品种，控制花期，避免花果期遇到阴雨的不良影响，是亟需解决的问题。

3. 日照和大风

荔枝对日照的要求较高，在充足的阳光下有促进同化作用与花芽分化、提高品质之功效；阳光不足，植株过密，枝条互相荫蔽，叶片薄，养分积累少，难以开花结果。反之花期温度过高，空气干燥，光线过强，蒸发量大，花丝易凋萎，柱头黏液浓度高，不利于授粉。1 月的气候变化与荔枝丰歉年关系较密切，在 1 月份低温（11～15℃）条件下，晴天日数多（15～22 日以上），日照时数长（117h），降水日数少（5～10 日以下），雨量也少（50mm 以下），相对湿度低（73% 以下）则为丰年；相反，则为欠年。

台风招致落果，折断树枝，破坏树形，特别在果实近熟时受害更大，损失更为严重，种植前应注意选择林地。

4. 土壤

荔枝对土壤适应性较强，无论山地红土壤、沙质土、砾石土，或平地黏壤土、冲积土，都能正常生长发育。

（二）生长发育

1. 树形

荔枝为常绿乔木。主干粗壮，棕灰色，树冠圆头形。树姿因品种而异。如陈紫、兰竹、糯糍较开张；乌叶、桂味较直立；兰竹、糯糍、淮枝枝叶紧密；三月红、桂味、乌叶枝叶比较稀疏。

2. 根系生长

荔枝根群庞大，其扩展深浅远近跟繁殖方法、土壤性质、水位高低和栽培管理有关。实生苗初期主根长而发达，侧根短而较少，随后分生的侧根也渐发达，形成深广强固的根群。高压繁殖苗缺主根，幼期侧根盘生，随后分布广而较浅，也能形成庞大的根群。在水位较高的地区，侧根多而直根少。荔枝根系的生长，随温度的增减变化而变化。根系在年周期中，可出现 3 次生长高峰或更多。据观察，土温 23～26℃时最适宜根系生长而出现第一次生长高峰；6 月底至 8 月底土温高达 31℃时，根系生长渐趋缓慢；9 月底至 10 月中旬，土温降低到 26℃时，根系生长又出现第三次高峰。与根菌共生，构成了内菌根，有利于根系对矿质营养和水分的吸收。酸性土适合于荔枝栽培，也能促进菌丝体的生长，尤以 pH 值 5～5.5 生长最好，过酸的土壤对菌根生长不利。

3. 枝梢和叶生长

荔枝每年抽发新梢次数和长度，与树龄、树势、水分、温度有关。养分水分充足，气候适宜，枝梢生长次数多且长，否则次数少而短。幼年树能抽梢 4～5 次或更多，发梢多而长；老年树抽梢 1～2 次，发梢少而短。抽梢次数依开花结果情况而定，结果多且肥水供应足，一般采果后于 8～9 月能及时抽 1 次秋梢成为良好结果母枝。少花植株，在没花的枝梢上，于 3～4 月发出新梢，秋天再抽第二次，可成为结果母枝。开花后由于天气关系，全部落花落果的枝梢，则于6～7月在去年生结果母枝顶部发出夏梢，若树势强健，则8～10月再抽出秋梢。结果母枝宜生长中庸，壮而不旺，才有利于花芽分化。

叶为偶数羽状复叶，小叶2～4对，互生或对生，革质，叶柄短，叶面浓绿，有光泽，叶背灰白色，侧脉不明显，全缘，先端渐尖，小叶片长椭圆形或披针形。新叶橙红色，后转绿色老熟，叶片寿命约1～2年。

4. 开花

（1）花型。荔枝为圆锥花序，由主轴、侧轴及小穗组成。花簇在花枝上，由3朵聚成1小穗，1个或数个小穗着生于侧轴上构成侧穗，很多侧穗着生于主轴上，构成一个圆锥花序。每个花序着生花数有20～30朵至4 000多朵不等，具体与品种特性、结果母枝营养状况和气候因子等有关。早熟品种如三月红，花序长而大，花梗较粗，称“长脚花”；迟熟品种如淮枝，花序短小，花梗较细，称“短脚花”。花序大多数由去年生枝梢顶芽以及其下12～13个腋芽抽出，少数花序由老枝或主干抽出。

荔枝花型小，横径只有4～5mm，一般没有花瓣，花萼合生，呈碗状，有齿状突起4～5枚，在花萼上面有花盘突起，能分泌蜜汁，雌蕊及雄蕊着生在花盘上。荔枝多为雌雄异花，少数是完全花，着生在同一花穗上。

花型大体可分如下4种：雌花（俗称仔花，即不完全雄蕊雌花）：子房发达，通常2室，柱头作羽状2裂，子房随柱头的羽裂数目而分室。雄蕊花丝很短，花药通常不开裂，即使开裂也不散播花粉。当雌蕊成熟时，柱头分泌黏液为授粉最好时间。雄花（俗称虚花）：在蜜腺上着生雄蕊5～10枚，花丝很长，花药很壮，花粉健全，成熟时黄色，雌蕊仅有一些痕迹，或有一子房，有花柱，但无柱头。两性花：雄蕊能散发花粉，子房发育正常，柱头能开裂授粉，是能结果的完全花，但为数少。变态花：雌蕊有子房1～16室，柱头有单裂和多裂，子房排成1列或重叠多层。雄蕊花丝多达19条。

（2）开花习性。荔枝的花序由混合芽形成，整个花序的发育和花开放次序是由下而上，以小穗言，则中央一朵先开，旁边两朵后开。在同一花穗上，雌雄花绝大多数不同时开放。开花过程可分为3种类型：单性异熟型：在整个花期，雌雄蕊不同时成熟，故雌雄花异开，对授粉不利，例如黑叶、糯米糍等。单次同熟型：在整个花期中，虽雌雄蕊成熟有先后，但雌雄花仍有几天同时开放，例如淮枝、陈紫、兰竹等。多次同熟型：在整个花期中，雌雄花同时开放在1次以上。例如三月红、桂味等。

以上开花类型及花期长短，依每年气候、品种和植株生长情况有所变化。

5. 结果

雌花经授粉受精后，至果实成熟需70d左右，其发育过程，可分为3个阶段。

（1）胚的发育和果皮、种皮细胞增殖阶段。这个时期自受精后子房开始发育至果肉（假种皁）明显出现以前，主要是果皮和胚的发育。雌花开放后约10d，子房发育，果皮种皮细胞增殖、生长；经20～30d，胚的发育呈半透明状态。30d后种柄明显向外突起，果肉开始出现。这个时期果实近蒂部开始膨大，种子和果皮之间有空隙，压之有不实感。此期约经历34d。

（2）种子迅速生长阶段。这个时期自果肉出现至长到核顶，同时种子迅速增大。开花约经36d，种腔内已为子叶充满，种子迅速增大增重，种皮由质软逐渐变硬，后期种子充实，并由乳白带青转为棕褐色。果肉自出现后约经2周包满种子，此期共约15d。

（3）果肉迅速生长和果实成熟阶段。这个时期特点是果肉生长至核顶后迅速增厚增重，并随着营养物质的迅速积累，果肉增厚而出现了皱摺，可溶性固形物迅速提高，果皮从近蒂部开始逐渐变红，龟裂片渐平，果肉饱满成熟。

种子发育状况因品种而不同，焦核品种如三月红、糯米糍等在发育的第二阶段结束时，子叶生长已经停止，种子内呈空虚或半空状，到第三阶段种子出现萎缩现象，而大核品种如黑叶、淮枝等种子内部继续发育饱满，种子继续增大。据Joubert在南非研究，荔枝自开花至成熟期的天数因年份不同而有所变动，但变动天数非常少，特别是从果重1g时至成熟期，5年来均为65±2d，因此，根据开花日期，大体可以推测收获日期。

四、栽培技术

（一）苗木繁殖

荔枝育苗以嫁接育苗为主，压条育苗为辅，少数地方也有用扦插育苗。实生苗一般只作为嫁接苗的砧木。

1. 嫁接育苗

（1）砧木。砧木苗要选择种子发育完全，树势强健、适应性强的品种，如黑叶、甜岩、白蜡子、怀枝、实生山枝等的种子即采即播，或以湿润河沙催芽后播种。苗圃应选向阳、排灌方便、肥沃的地方。为促进幼苗生长迅速壮健，苗地应施足基肥，出苗后应注意肥水管理。经 1 ~ 2 年，干径粗约 0.8cm 以上，即可在苗圃嫁接或移植造林。

（2）嫁接

● 嫁接方法　主要有补片芽接，该方法与龙眼的补片芽接相同，也有搭接和靠接等方法。

● 嫁接时间　因地区及嫁接方法而异，补片芽接要在树液流动容易剥皮季节，一般 4 ~ 8 月均可；搭接法在广东于 1 ~ 2 月和 5 ~ 7 月进行；靠接容易成活，除冬天外都可进行。

● 接穗选择　接穗应在高产、稳产、品质优良的母树上采取。具体条件随嫁接方法不同而略有差异，小砧嫁接宜选充实饱满、皮身嫩滑已木质化的 1 ~ 2 年生向阳枝。

● 嫁接主要技术环节　荔枝因枝条富含单宁，淀粉含量低，维管束构造不规则，嫁接一般较难成活。为提高成活率，除应掌握一般嫁接技术外，特别要注意下列几点：操作要快，避免切面久露，单宁氧化变色，影响愈合成活。要在母树养分积累较多的时期选取接穗，或预先对母树的一些枝条环状剥皮，促进有机养分积累于剥皮部位之上，再从剥皮枝上取接穗。由于枝中淀粉含量增加，嫁接成活率也提高。砧穗形成层要对准。

2. 压条育苗

广东、广西、福建全年均可压条，一般以 2 ~ 4 月“随花驳（环剥），随果（锯）落”为多。此期正值气温升高，雨水渐多季节，环剥后发根快，早成苗，锯落母树后，雨水仍较多，成活率高。采果后约 5 ~ 7 月压条效果也好，同样发根也快，至锯落母树时气温已下降，台风较少，有利于假植成活。压条应选品质优良，丰产稳产，长势健壮的结果母树。选择已结果的 3 ~ 4 年生、径粗约 1.5 ~ 2.4cm 且较直生、皮光滑的壮健枝条，进行环状剥皮和包裹生根基质。压条苗锯落母树时间随枝条粗细、生根基质、压条季节和管理水平等而定，可自 2 个月至4 ~ 5个月不等。枝条环状剥皮后，用 5 000mg · kg^{-1}吲哚丁酸涂抹上切口，然后包扎生根基质，促进早发根、多发根、提早锯落母树并提高成苗率。荔枝压条苗的初出根很脆，再生力较弱，据群众经验在出了 3 次根后才锯离母树较好。如锯落太早，植后易“回水”死亡。锯落操作要细心，避免伤折新根。落树后对幼苗进行适当修剪。根量不多的苗，还应先行“催根”，即将苗排放树荫下，根部覆盖稻草，酌量淋水，经 5 ~ 10d 长出新根才假植，并搭棚遮荫，有利于幼苗成活。

（二）建园

1. 园地的选择和整地

园地应选择在阳光充足、空气流通、土层深厚的地方，有冻害发生的地区，西北向及低洼峡谷地均不宜选作建园。山地丘陵要修筑梯田进行水土保持，田埂高、宽各约 0.3m，梯田内壁开沟，深、宽各约 0.3m，两端设稍低于畦面的土墩阻挡，使多余的水通过墩面流出，防止土壤流失。在平原地区，若地下水位高，至少应使畦面高出最高水位 0.7m 以上，建园工作着重于增高畦面，可采用挖深沟，或筑土墩定植。以后逐年培土，联成深沟高畦。

2. 株行距及植穴准备

荔枝是结果龄长的大型果树，栽距较大，土壤肥沃的河岸及山坡地株行距一般为 7 ~ 8m，土壤瘠薄及水位较高地方，株行距一般为 5 ~ 6m。平原地区穴宽、深分别为 45cm 和 75cm，山坡地分别为 1m × 1m。用绿肥、土杂肥及适当石灰分层压绿回泥，定植时再混入厩肥 50 ~ 100kg，过磷酸钙 0.5kg，以利于植株迅速恢复生长。

3. 品种的规划和配植

栽植前应进行规划，把一些大小年结果较显著、花期易受天气影响的品种，如糯米糍、桂味等，安排在较通风地段，减轻由于花期阴雨连绵而造成烂花等不良气候的影响。新区发展荔枝，要配植授粉树，提高座果率。

4. 定植

一般以春植为主，立春后即可定植。其他中、晚熟种可在清明前后进行。此时气温回升，雨水充足，栽后发根快，成活较有保证，特别适宜山地栽种。

荔枝根脆易断，受损时恢复缓慢，新梢又易抽出，因而易造成地上、地下部的水分、养分供应不平衡而死亡。因此，移植时切忌伤害根系，压苗需带泥团，栽植时要浇足定根水，植后覆土盖草，保持土壤湿润，以保证幼苗良好生长。

（三）幼树管理

1. 施肥和灌水

幼苗栽植后约1个月发新根，此时可施入薄肥。为促进春、夏、秋梢的大量萌发，应勤施薄施。

2. 间作

荔枝株行距宽，但树冠增长较缓，一般需15年左右树冠才能交接，因此，在幼龄期应充分利用土地，间种作物。荔枝园间作忌选用高秆和攀缘作物，如甘蔗、木薯、竹瓜等，以免与幼树争夺阳光、养分，影响幼树的生长。

3. 林间管理

幼年树中耕除草，一般结合间作物的管理同时进行。为了适应植株生长，应有计划地扩穴改土。秋旱来临前可用树叶、青草、绿肥等覆盖树盘以减少水分蒸发，翌春结合中耕除草把覆盖物翻埋入土中改良土质。

4. 整形修剪

荔枝幼树在较好的管理下，每年抽梢次数可达5次以上，且枝叶茂盛，自然生长下一般亦会形成半圆形树冠，故修剪较少。为培养较理想的树形，在离地面约50cm的主干处截干，促使生出3～4主枝，向四周均匀伸展，并任其分枝，但应将过密或交叉枝、弯曲枝疏去，并矫正不规则分枝，以免扰乱树形，且便于管理。

5. 树体保护

定植后最初几年，树形小，根浅，枝梢少而嫩，抗逆性较差，必须加以护理。危害荔枝幼树比较严重的虫害有金龟子、荔枝蝽蟓、白蚁等。应注意防治。幼树抗寒力弱，冬季低温可覆草保护。

（四）成龄树管理

1. 土壤管理

加强对荔枝园的科学管理，是保证丰产稳产的关键。

（1）施肥。施肥应根据当地气候、品种、树势、果量和枝梢抽生情况灵活掌握。一般每年施肥2～3次，应以有机肥为主，如人畜粪尿、厩肥、堆肥等，且氮、磷、钾肥混合使用。施肥时期和用肥量，采果肥：一般重施，促使树势恢复，适宜发枝梢成为结果母枝。早熟品种宜于采果后进行，避免秋梢过早抽生，出现冬梢。晚熟品种、弱树、结果多的树，以采果前施肥为好。还应视结果量、树势、树龄、土壤条件等不同而分别施肥。广东东莞的经验是将树分成强、中、弱3类，树势强、果少，则少施或不施；弱树多施，结果量50kg的树，施复合肥0.5～0.75kg；30年生大树结果量400～450kg的树，采果前1次施复合肥5kg。促花肥：增强树体抗逆能力，促进花穗健壮生长，提高座果率。一般在12月至开花前施用。若气温回升早、雨水多，又施用速效肥，早施易使新梢早萌发，不利开花。树势弱、气温低，则早施可提高抗寒力，也利于花芽形成。早、中熟种在小寒前后施肥，晚熟种在大寒前后施肥，每株施人粪尿50～100kg，复合肥0.5～1.0kg。壮果肥：及时补充开花时营养物质的大量消耗，起保果壮果、增进果实品质的作用。在开花后至第2次生理落果前施用，特别对于老树、弱树、当年花果多的树，应在清明至小满及时追施速效肥或根外追肥。施用量与促花肥相同，或用0.3～0.5%尿素，每7～10d喷洒1次，连续数次，保花壮果效果显著。

（2）覆土。覆土是增厚生根土层，保护根系，增加土壤养分的有效措施。一般于冬季将塘泥等覆盖于荔枝园内，对促进新根生长、枝叶更新具有良好效果。

（3）松土除草。荔枝要求通气性良好的土壤环境，松土利于根系活动和养分分解。因此，荔枝园每年至少松土除草2次。主要在采果前、后及冬季各犁翻1次，深约15～20cm。此外，开花前约20d，可行浅耕1次，利于根系生长，对开花结果有良好作用。

（4）排水灌溉。荔枝根深叶茂，较为耐旱耐湿，但在开花结果及抽发结果母枝期间，如遇旱应及时灌水。反之，降水过多要及早做好防涝排水工作。

2. 树体管理

（1）修剪。修剪的对象是过密枝、阴枝、枯枝、病虫害枝、纤弱枝以及枝干的不定芽。修剪工作既要除去部分不必要枝条，又要防露顶日灼伤树干。

修剪时期，一般在采果后1个月内及早进行，配合施肥、松土、促进新梢萌发。此外，也可于春季进行轻修剪。壮年树枝条发枝次数多，每年可适当修剪1次；老年树生长量不大，可2～3年修枝1次。经修剪的枝干，特别是壮年树强修剪后，会刺激其不定芽萌发，应及时抹除，以免浪费养分，扰乱树形。

（2）控制冬梢。秋梢充分老熟后，对可能抽发冬梢的植株，应采取措施，严格控制。松土断根法：

在秋梢充实后至冬至前，深翻20～30cm，或在树冠外围挖沟达30～50cm深，切断水平侧根，然后放入表土或土杂肥，可调节植株生长，有利成花。生长势较弱的植株，切忌伤根。露根法：秋梢发育充实后，把树冠下的表土耙开，使根裸露暴晒，待树叶萎蔫反卷，但尚未枯干脱落为准。通过根系裸露失水，迫使荔枝停止生长，转入休眠，积累养分，有利花芽分化。

萌发冬梢后的措施：缚扎、刻伤法：据华南农业大学果树组试验，迟熟品种如桂味、尚书怀等于11月中下旬至12月上中旬，冬梢长至4cm以前，用16#铁线缚扎枝条，细枝缚1道；粗枝则相隔4～5cm，缚2～3道，并拉紧至树皮略微下陷，使冬梢生长受到抑制，停止伸长。到低温期解松铁线，放梢后几天，嫩梢即恢复生长，并有促进花芽形成的作用。环状刻伤，如对尚书怀及糯米糍，于12月在冬梢长约2cm时，于径粗2～5cm的枝条上每隔约2cm，行环状刻伤3圈，深达木质部，也有促花作用。任何品种在结果母枝形成后至正常花序萌发期间抽生冬梢，应行人工摘除，摘除后约1个月左右侧芽即萌发，而正常成花。促梢法：如果早冬梢难以抑制，叶色由红转绿，则应争取时间，施入速效肥或喷根外追肥，促进枝梢老熟，使抽迟花。应用植物生长调节物质：使用萘乙酸（NAA）500 $mg \cdot kg^{-1}$、乙烯利1 000$mg \cdot kg^{-1}$、青鲜素（MH）2 000$mg \cdot kg^{-1}$等药物，对抑制枝梢生长，促进养分积累有一定作用。但由于品种和喷药时间不同，效果差异很大。

（3）长花穗打顶。一般长花穗多是雄花，结果少，徒耗养分。短花穗多是雌花，结果多。据广东国有葵潭农场的实践，认为长花穗打顶是一项增产的有效措施，打顶工作应根据开花的迟早，花穗的长短而定。一般打顶时间在3月中旬进行，如黑叶品种，在3月中旬花穗长达10cm以上的，多是长花穗，如不及时打顶，便成空花穗，所以，当花穗长10cm以上时，就进行打顶，保留花穗长度8～10cm，促使分枝，提高花数，多生雌花，达到增产的目的。

（4）保花保果。花期放蜂：荔枝花粉散发，主要是在7：00～10：00时，如天气晴朗，气温高，花粉囊基部此时裂开，花粉轻松易散。蜜蜂的活动对完成授粉具有重要作用。雨天摇树枝抖落水点：荔枝花期常遇连绵阴雨，妨碍花药破裂，甚至烂花，影响授粉。可于雨后，充分利用短促的间歇晴天、阴天，对受影响较大的植株，组织人力摇枝抖落水点，加速花朵风干，促使花药开裂，花粉粒散开，利于昆虫传粉。旱天喷水：花期遇旱，空气干燥，蒸发量大，花蜜浓度高，有碍昆虫传粉，雌花柱头也易凋萎。可在8：00～10：00喷水于树冠，稀释花蜜，增加空气湿度。广东东莞荔枝产区，花期有时出现碱雾，雾天早晨用清水喷树，洗除碱质，对提高座果率有效果。应用药物保果：应用药物喷射果实和叶面，可防止离层产生，或增强光合作用，减少落果，促进果实发育，提高产量。多年来各地先后应用各种药物。如2，4-D、萘乙酸、吲哚乙酸、赤霉素、乙烯利、阿拉等植物生长调节物质进行保果试验，取得一定效果但不稳定。病虫防治是克服荔枝大小年结果的重要环节之一，通常危害较多的有霜霉病、炭疽病、毛毡病、荔枝蝽蟓、金龟子、木蠹蛾、小灰蝶、枝梢天牛、爻纹蛾等，应及时防治。花期喷药，须注意防止蜜蜂中毒死亡，影响采蜜传粉。防寒护树：冬天如气温降至－4～－2℃，树体即受冻害，尤其是早熟品种于11～12月间已抽花穗，1～2月份突然降温，花穗易被冻坏，故必防寒。易受冻害地区，选择南向丘陵山地建园，或营造防护林，可减轻受冻程度。多施有机肥，增强树势，提高抗寒力。灌水、喷水。可以调节气温和地温，减轻冻害。熏烟：堆杂草树叶等，在低温来临前焚烧，每公顷60～75堆，以提高温度防霜冻。树干刷白：用涂白剂于秋季涂树干，避免因日夜温差大而引起树皮爆裂，并有防病虫之用。涂白剂可用石灰1份、水1份、硫磺粉0.1份，加入少量食盐调和即可应用。

五、采收贮藏与加工利用

1. 采收

果实成熟期因品种及气候而异，广东早熟种在5月初即可采收应市，一般广东在6月上旬至7月上旬最盛。广西、福建、四川则在6月中旬至7月中旬最盛。福建下番枝在8月上旬成熟，四川的铊荔和楠木叶可到8月中旬采收。待果皮颜色鲜红、果肉香甜、种子褐色、荔枝果实成熟时即可采收。老树、结果多、树势弱的树要分期分批采收或提早采收。采收时间以早晨为宜，中午温度高，易使果实变色。过早采收，产量低品质差；太迟采收，果成熟过度，不耐贮运，品质下降。

采收方法。为防伤树折枝，确保采果人员安全和树上运果方便，采收人员应配备长绳、果梯，自上而下分层采摘。采后在果园就地分级，除去烂果，裂果及其他等外果，然后迅速包装，即可运送，或入库贮藏。高州等地利用保鲜剂制冰，塑料袋装外加泡沫箱包装，用货柜冷藏车长途运输。

2. 加工利用

荔枝加工产品主要有荔枝干及新开发的荔枝系列饮品，荔枝干是连壳带核整果晒、焙（烘）干的畅销产品，广东用于制作荔枝干的主要品种是淮枝、黑叶等一般品种。荔枝干制方法有日晒和火焙两种。日晒品质比火烘好，壳色较红，肉色金黄，味甜、香，但由于鲜荔枝成熟期比较集中，加上季节炎热多雨，影响日晒，故产区一般以火焙为主。火焙的壳色较暗，肉质略带烟火药味，口味不及日晒。

干制用的鲜荔枝，均应在成熟度七、八成时，连穗剪下进行加工。

（1）日晒法。将剔除次果、劣果后的鲜荔枝果均匀排列在竹匾内，在烈日下暴晒，每天晒前翻动1次。晒至7～8成干时把竹匾密堆。烘果1次，使果胚变软，果肉干潮均匀，然后再晒，至8～9成干时，壳面色褪，再在烈日下进行催色，用喷水器喷射少量的水分，让壳面自然返红。晒干后待热散发，去梗，再次拣去劣果，密封贮藏。日晒法晴天需20～25d，一般需30～40d。

（2）火焙法。采摘后进行挑选，将劣果、次果拣去，剪去果梗，先晒2～3d，散发果胚水分后，烘焙24h，放入竹匾中，下铺谷糠，上盖草席，蒸发内在水分，使果肉干湿均匀，发汗均匀，发汗3d，视成品率品质与干湿程度，再经过第一次复焙约12h，发汗2d。第二次烘焙以干焙适度为止。复焙后还需推出摊开散热，然后密封贮藏。火焙法约需10d左右。

干制100g荔枝干，一般需鲜荔枝360～380kg，而糯米糍荔枝因核小肉厚水分多，需400～500kg。荔枝还可以加工成糖水罐头、酒酱、浓缩液汁以及蜜饯荔枝外（参见其他果品加工法），家庭可熬煮成膏、剥壳浸酒，或将茶叶浸泡于鲜荔枝果汁中，然后将茶叶晒干制成“荔枝茶”，泡饮时茶香中并存，荔香，别有一番风味。

（古定球）

36. 橄　　榄

橄榄和乌橄统称榄类，是我国南方特有的果品。橄榄除鲜食外，还可加工成食品，如：甘草榄和顺榄等是出口创汇的畅销商品。乌榄加工成榄角、榄胚等，是华南有名的佐餐小菜。核壳可制活性炭，榄肉和核仁含油量分别为28%和45%。榄鲜果初食味涩，久嚼香甜爽口，余味无穷，古人称之为谏果，比喻忠言逆耳，良药苦口。橄榄果肉含有丰富的营养物质，就其含钙量来说为水果之冠（表36-1、表36-2）。每千克果肉能提供给人体的能量为10 613.538kJ。橄榄有较高的药用价值，明代李时珍的《本草纲目》载：橄榄果实味涩性温，无毒，生食、煮饮消酒毒；嚼汁咽之，治鱼鲠；生啖、煮汁能解诸毒；开胃下气、止泻，生津液、止烦渴、治咽喉痛；咀嚼咽汁，能解一切鱼、鳖毒。”现代医学研究和中医临床实践认为橄榄以根、叶切片鲜用或晒干，果实鲜用、盐淹或以火煅烧存性为末用。根微苦，性凉，降气和胃，舒筋活络；果实微苦干，性凉，清肺解毒，化痰消积；果核辛甘、性凉，清热利喉，烧灰存性或果肉可治疗急性咽喉炎，急性扁桃体炎；果实或根可治疗羊癫风和咳嗽痰血。鲜果可用于预防白喉，食之能消热解毒，化痰消积。

榄树寿命长，适应性强，宜于丘陵山地、住房四周及田边等地栽种，结果多，效益期长，易管理，宜于推广。树姿优美、常绿，是绿化和庭园观赏的优良树种。

表36-1　每千克果肉所含营养物质

果肉（g）	水分（g）	蛋白质（g）	脂肪（g）	碳水化合物（g）	钙（mg）	维生素C（mg）
1 000	730	7.7~12	65.5	56~120	2 040~4 000	211.2~398.9

表36-2　果实中所含营养物质

果实（%）	总糖含量（%）	还原糖（%）	有机酸（%）	单宁（%）	可溶性固形物（%）
100	1.67~2.3	0.49~0.75	0.97~1.55	2.57	11.21~14.25

目前橄榄生产面积不断扩大，产量逐年提高，但仍然远远不能满足市场鲜销、加工、出口的需要，供需矛盾突出，价格上扬。蜜饯系列产品、化皮橄榄、橄榄果汁、橄榄复合饮料、橄榄果酱、橄榄酒等系列产品逐步投入市场。抓住有利时机，因地制宜地发展橄榄生产，是当前一项迫切的任务。

一、主要物种

橄榄属于橄榄科（Burseraceae）橄榄属（*Canarium* L.），产于亚洲、非洲热带及太平洋北部。橄榄科有16属，500余种，分布在南北半球热带、亚热带地区，是热带、亚热带森林主要树种之一。中国有3属13种，分布于四川、云南、广东、广西、福建等地，作为果树栽培的是橄榄属植物。

1. 白榄［*Canarium album*（Lour.）Raeusch.］

别名青果、山榄、黄榔果。常绿乔木，高10~20m，有胶黏性芳香树脂。小枝髓部周围有柱状维管束，有时在中央亦有若干维管束。叶互生，奇数羽状复叶，长15~30cm，有小枝7~13枚；小叶对生，纸质至革质，披针形或椭圆形，长6~14cm，宽2~5cm，先端渐尖，基部锲形，偏斜，网脉在叶片两面均明显，无毛或在叶背脉上散生少数刚毛，叶背网脉上有小疣状突起。花小，单性或杂性，花序腋生，微被绒毛至无毛；雄花序为聚伞状圆锥花序，长15~30cm，多花；雌花序为总状，长3~15cm，少花；花萼杯状，3~5裂，长2~3mm；花瓣3~5枚，白色，芳香，长4~6mm；雄蕊6，无毛，着生于花盘边缘，雄花的花丝基部大部分合生，雌花的花丝基部全部合生；雄花的花盘球形，雌花的花盘杯形；雌蕊密被短柔毛，子房2~3室，每室有胚珠2枚，雄花的雌蕊短小或缺。果序长3~20cm，具1~50果，果实卵形至纺锤形，长约3cm，幼时绿色，成熟后为黄绿色，外果皮厚，有皱纹；果核两端锐尖，横切面圆形至六角形，种子1~2粒。

在中国，主要分布于福建，其次为广东、广西、台湾等地。

2. 乌榄（*C. pimela* Leenh.）

别名木威子、黑榄。常绿乔木，高 10 ~ 16m，小枝髓部周围及中央有柱状维管束。叶较大，长 30 ~ 60cm，有小叶 9 ~ 13 枚，小叶长 6 ~ 17cm，宽 4 ~ 7cm，叶脉在叶面凸起，在叶背面光滑。聚伞圆锥花序腋生，无毛。雄花花萼长 2.5mm，明显浅裂，花瓣长约 6mm，花丝近一半合生，雌蕊缺；雌蕊的花萼长 3.6 ~ 4mm，浅裂或近平截，花瓣长约 8mm，花丝一半以上合生，雌蕊无毛。果序长 8 ~ 35cm，有果 1 ~ 4 个，果具长柄，果熟时紫黑色，卵圆形，长 3 ~ 4cm，横径 1.7 ~ 2cm，单果重 6 ~ 19g，外果皮较薄，果核两端钝，横切面近圆形，种子 1 ~ 2 粒。

原产中国，主要集中在广东东部的普宁、揭西，广东中部的博罗、增城、东莞、番禺、广州郊区、从化，广东西部的德庆、郁南、罗定等县、市。广西、福建也有少量分布。

我国西南部还有方榄和滇榄等资源，目前尚未得到很好开发利用。

二、主要栽培品种

1. 白榄

白榄是在不同生态环境中，经过自然选择和人工长期栽培形成了适应于各地栽培的地方品种，品种资源极其丰富，有待开发选育利用。主要品种见表 36 – 3。

表 36-3 白榄的主要品种

品种名称	品种来源	主要特点	主要用途
长营	福建闽清、闽侯、福州郊区	果实和果核均为长梭形，核棱明显，身狭长，两头尖，果顶花柱残存黑点，果肉较粗	生食、加工兼用
惠圆	福建闽清、闽侯	树开雌花，果近圆形或广椭圆形，果肉厚，果大，单果平均重 18.6g，果皮光滑，淡黄色，品质优，中熟种	宜加工
自来圆	福建闽清、闽侯、福州郊区	果较大，单果重 16 ~ 18g，果为椭圆形，果基钝突，果顶圆突，果皮光滑，果肉淡白色，纤维多，品质较好	适宜加工蜜饯
檀香	福建闽清、闽侯	树开雌花，果较小，单果平均重 8.3g，卵圆形，青绿色，果基部有明显的褐色 5 裂纹，肉质酥脆，品质上等，最晚熟	宜生食
下溪本	福建莆田	果实长纺锤体，两端尖而长，顶部较突出，品质较优，10 月份前后成熟	生食、加工兼用
糯米	福建莆田、仙游以及闽南各县	果实小，椭圆形，两端较尖，果皮油光，果肉白色，质幼嫩而脆，带微甜风味，产量低	鲜食
刘族本	福建莆田	果实纺锤体，两端尖而长，从果实基部到果顶有不明显的浅褐色条纹，似血丝状，果较小，肉质粗	加工、生食兼用
公本	福建莆田、仙游	果肉脆，果实小，单果平均重 5.5g，卵圆形，品质好	宜生食。
红心本地种	台湾	果椭圆形，成熟时黄白色，果肉少甜味，稍软	宜加工蜜饯
青心本地种	台湾	生长较红心本地种缓慢，果长椭圆形，成熟时金黄色，肉质细腻，味甜	宜加工蜜饯
茶窖榄	广东增城	肉质细致爽脆，纤维少，肉核易分离，品质好，10 ~ 11 月成熟	鲜食
猪腰榄	广东广州郊区	果形狭长，两端稍弯，形似猪腰，有黑色痣点散布于果面，肉质细致，品质优良，产量低，10 ~ 11 月成熟	鲜食
大头黄	广东	果型大，果肉纤维粗，味涩	加工凉果蜜饯
汕头白榄（山榄）	广东汕头	果卵形，肉滑爽脆，味甘凉，肉与核不易分离	加工或鲜食

2. 乌榄

乌榄果肉味香美，可加工成盐淹水榄和榄角等可口的佐膳小菜。榄仁可供榨油，也可加工榄仁糖或作糕饼的上等馅料。榄核质地坚硬，细致，可雕刻成工艺品。榄壳可烧制活性炭。乌榄树枝美观，是丘陵、道旁、河堤的优良绿化树种，也是极好的木本油料树种。

乌榄，又名木威子，原产中国，主产广东，主要品种见表36-4。此外，还有早榄、羊榄等品种。

三、生物学特性

（一）生态习性

1. 温度

橄榄喜温暖气候，年均温20~22℃生长最为适宜。白榄一般年均温在18~20℃左右，乌榄年均温在20~22℃左右即可生长发育和开花结果。橄榄只能忍受短暂的低温，乌榄在-1.8℃，白榄在-3℃以下就会受到冻害。

2. 水分

白榄年降水量在1 200~1 600mm，乌榄年降水理在1 500~2 000mm左右的地区，即能满足它生长发育和开花结果的需要。水分过多、地下水位过高、根系长期浸水都会导致生长不良，甚至死亡。橄榄树根系发达，主侧根强健，分布较深广，耐旱性较强。

3. 土壤

橄榄类对土壤适应性范围较广，只要土层较深厚，排水良好，江河沿岸到丘陵山地，不论冲积土或红黄壤都可种植，但以土壤pH值4.5~5.0，中等肥沃的地区生长良好。广州郊区及福建莆田等地，多在山区栽种，100年以上老树仍年年丰产。但地下水位较高和潮湿的黏土地不利于橄榄树生长种植。

4. 风

大风对榄树生长发育不利，特别是在挂果期，遇上台风或狂风会造成严重减产，应及早预防。

（二）生长发育

1. 根系生长

榄树主侧根发达，据广东林业科学研究所调查，100年生乌榄树根深达3m。在冲积土上，17年生树根深达1.6m，侧根和须根分布在距地面20~120cm的土层中。在丘陵山地上，乌榄侧根发达，多临近地面平展。橄榄树下常有粗大的侧根露出，呈瘤状突起。由于根系分布深广，所以耐旱、耐瘠薄能力强。根属半肉质性，故不耐水湿。每年抽梢前，根开始生长，4月上旬根生长最快且多，11月上旬以后根生长缓慢直至停止生长。

表36-4　乌榄的主要品种

品种名称	品种来源	主要特点	主要用途
油榄	广东普宁、揭西、博罗、增城、番禺	果基尖，有6条沟纹，仁大含油量高，肉厚甘香，品质优，寒露前后成熟	提取榄油
西山榄	广东增城	果长卵圆形，果大，果皮灰黑色，肉质软滑，味佳，有香气，种仁含油率45%，霜降前后成熟	提取种仁
黄肉榄	广东增城	果中等大，长卵形，果身微歪斜，果顶钝尖，微凹，有3条沟纹，肉质优，肉厚，质优有香气，秋分至霜降成熟	加工
立秋榄	广东广州郊区	果长卵形，果基有4条线皱纹，果皮灰黑色，其中有小黑点，肉味甘香，纤维少，早熟品种，8月上旬成熟	加工
秧地头	广东增城等地	果较大，果实横切面呈三角形，果顶有3~6条沟纹，肉质较粗，含油分高，产量高且稳定，9月成熟	提取榄油
鹅膏	广东广州郊区	果大且端正，肉厚质嫩，有鹅膏香味，产量较高，立秋至秋分成熟	加工

2. 枝的生长

橄榄年抽梢2~4次，依不同年龄和当年结果多少而有差别，不同品种梢生长期相差25~30d，年度间相差1~3d，各品种枝梢抽生时间有前后，但结束期都相近。一般而言，春梢于3月中旬至4月上旬开始抽生，5月上旬结束；夏梢6月下旬至7月下旬抽生，8月中旬结束；秋梢8月下旬抽生，10月上旬结束；冬梢10月下旬抽生，11月中旬结束。

3. 开花结实

橄榄以秋梢和春梢为结果母枝，当年春抽生圆锥花序3月下旬至5月中下旬为花序原基生长发育形成花序期。花序有3~4级花穗分枝，不同品种完成花序形成需18~50d，差别很大，一级花穗从3月下旬至4月中旬抽生，二级花穗从4月中旬至5月上旬抽生，三、四级花穗从5月上旬抽生。花穗分化完成花序后，5月上旬至中下旬现蕾，5月中下旬始花，5月下旬至6月上旬盛花，6月上旬到中旬终花。不同品种花期长短不一，约需24~37d。橄榄单朵花现蕾3~5d，开花至谢花4~5d。

橄榄谢花后幼果迅速生长膨大，至7月中旬，果实大小基本稳定；7月中旬至10月初为果核硬化、果肉充实期；10月中旬至11月上旬为成熟期。不同品种成熟期不同，相差月余。早熟种于8月上、中旬成熟，中熟种于11月上、中旬成熟，晚熟种于11月下旬成熟。

橄榄若授粉不良，花谢后5~7d（约在6月下旬）便产生生理落果，此后至成熟时很少落果。12月进入休眠期。

四、栽培技术

1. 苗木繁殖

（1）种子采集与处理。留种用的果实，须充分成熟、核仁饱满。一般9~10月采种。取种方法有多种：采后让果肉自然腐烂取种；把鲜果装在竼篱里，放入开水中浸泡1~2min，不断摆动竼篱，待果肉稍变浅黄色，倒入冷水中浸1~2h，用木棰轻敲，肉即与种分离；盐渍取种，按100kg果实加食盐5kg的比例，混合后倒入石臼或缸中不断搅拌，果皮开始皱缩后，再用清水浸泡7~8h，捞起用木棰轻敲，肉即易与种分离。核取出后需要进行层积处理。选通风阴凉的室内，以3~4倍的干湿适度（含水量5%~6%）的干净河沙，逐层堆积4~5层，盖上草席或塑料薄膜。层积期间经常检查，剔除霉烂种，并保持河沙干湿适度。

（2）苗木的培育。橄榄最忌积水，必须选择排灌便利、交通方便、土质疏松肥沃处为苗圃地。大部分地区采用营养袋育苗，使幼苗根系移植时不受损伤，以提高定植成活率。施腐熟人畜粪15 000kg·hm^{-2}和过磷酸钙1500kg·hm^{-2}配合营养土，在2月中下旬，每个营养袋各播1~2粒，再覆土，盖草，播后约40~50d即可萌芽出苗，应及时揭去盖草。做好间苗补苗，每袋只留较茁壮苗1株，及时拔除杂草。待幼苗长出5~6片真叶时，施1次稀薄粪水，以后每月约施肥1次，天旱时及时灌水。寒冷地区冬季应注意防寒。

（3）嫁接育苗。当砧木苗径达1.5~2.0cm粗时即可嫁接，一般在3月下旬至5月上旬，采用短枝（2~3cm）单芽腹接。接穗选用良种、高产、稳产的壮年结果树，其树冠外围1~2年生枝条充实、芽眼饱满的秋梢或夏梢，去叶留短柄，用湿沙布或草纸包好待用。在砧苗离地面20~30cm处，较光滑平直的一侧，从上向下斜切一刀，深达木质部，形成上薄下厚的斜面刀口。在接穗芽眼反侧削长斜面，芽眼同侧削短斜面，立即插入砧木切口内，并对准形成层，使其密切贴合，用2cm宽的塑料薄膜带绑扎。接后及时抹除萌芽，拔除杂草，在接穗抽梢长至20cm时剪去嫁接口以上砧木。嫁接苗肥水管理同塑料营养袋育苗。

2. 建园

（1）栽植。宜选择土层深厚、排水良好，小于25°坡向阳避风的丘陵、山地种植。栽植行距为：山地白榄园株行距为4m×5m，450~480株·hm^{-2}，乌榄实生苗株行距为8m×8m，150~160株·hm^{-2}。以定植位为中心挖深宽0.8m的定植穴，下足基肥，3月下旬至4月下旬种植。如果是塑料营养袋小苗栽植，要淋足定根水。大苗可保持主干高1.6m左右，截干后种植。

（2）橄榄园管理

● 施肥与灌水　定植后新苗刚萌发时应施1次薄肥，以后每年春、秋各施1次，每次每株施人粪尿约10~20kg或适当加施氮肥。结果树一般全年施肥2~3次，春梢萌发前和采果后进行1次，6~7月再施1次促果肥。10~20年树每株施人粪尿肥50~75kg；20年以上生树每株施100~150kg。果实膨大期，如遇天旱，应及时灌水。或利用林地草本植物覆盖果园，减少水分蒸发。

● 土壤管理　橄榄树植株高大，株行距宽，林地可间种豆类、花生、蔬菜等农作物，也可间种耐荫植物，如珠兰等香料作物；既增加林地收益，又可通过作物的抚育管理促进林木生长。林地牛耕除草每年2~3次，第1次于2~3月间，第2次5~6月间，第3次11~12月采果后结合施肥进行全面翻耕，深15~20cm。

● 整形修剪　定植2~3年内控制主干生长并在0.8m处摘顶，让其分生3~4个主枝，后再分生出侧枝以培养低干多分枝的树形。橄榄修剪一般都与采摘果实时结合进行，把枯枝、密生枝、交叉枝及病枝剪除。由于顶芽能产生翌年结果枝，橄榄应多疏剪，少用短截修剪。

五、病虫害防治

（一）病害防治

1. 炭疽病

属真菌病害，多发生在近成熟果实上，青果被害处变黑，失去经济价值。采用 0.3∶0.3∶100 的波尔多液喷洒，可控制其蔓延发生。

2. 流胶病

春夏多雨季节发生在老弱树枝干上。初始树皮发生裂缝，继后分泌出胶黏性汁液，凝结成黑褐色胶状物。发病后影响生长，造成树势减弱，产量下降。先用锋利小刀刮除胶状物，再用 1∶2∶100 倍量式波尔多液涂刷病部。

3. 树瘿病

主要发生在乌榄上，危害树干或枝条，被害部位多呈瘤状突起，严重的则树势衰弱，枝叶稀落，产量减低。防治方法同其他果树。

（二）虫害防治

1. 橄榄星宝木虱（*Psendo phacopteron canarium*）

近年来新发现的一种害虫。成、若虫均危害新梢、叶。叶片受害后扭曲畸形或干枯脱落，且分泌“蜜露”引致烟霉病。每年春梢受害最为严重，对产量影响很大。防治时掌握在若虫盛发期用40% 氧化乐果 1 000 倍液或 90% 敌百虫 1 000 倍液喷射，平时切忌滥用农药，以保护瓢虫、寄生蜂等天敌。

2. 橄榄枯叶蛾（*Metanastria. terminalis*）

幼虫蚕食叶片，严重时全树叶片几乎可被吃光，使当年及翌年不能结果。幼虫盛发期喷洒敌敌畏、敌百虫或杀螟松 1 000 倍液，或 0.001% 天幼脲，在空气湿度大的情况下，也可喷洒白僵菌剂。另外，天牛对广州郊区橄榄树危害也颇为严重。

六、采收贮藏与加工利用

1. 采收

橄榄果实成熟期一般在 8 ~ 11 月，应按品种成熟期进行采收。早熟品种于 7 ~ 8 月采收，中熟品种于 10 月下旬至 11 月上旬采收，晚熟品种于 11 月中下旬采收。因用途不同，采收具体时期也各异。供加工蜜饯的果实，可适当早采，有的甚至提前到 7 ~ 8月采收。作复合饮料加工的果实，多在霜降前后采收（10 月中下旬）采收，供鲜食、保鲜贮藏的果实，要适当晚采，多在立冬后采收（11 月），有利于果实品质的提高和风味的形成，橄榄树干高大，枝条脆弱易断，不宜上树采摘。

（1）竹竿敲击法。在采果前，先清除树下杂草，整平地面，铺上蓬布，以竹竿敲击树上的坐果枝干，使果实落下后收集装运。此法采收劳动强度小、速度快、成本低，采收的果实适宜立即加工。但用竹竿敲打，不可避免地会打伤秋梢顶芽，造成大量的落叶断枝，影响翌年结果，造成减产。

（2）手工摘果法。用 7 ~ 8m 长竹梯靠上树冠，采收者上梯采收。可减轻对果实、枝叶的损伤，有利于果实保鲜贮藏，但劳动强度大，成本高。

（3）化学催果法。近年来试用的一种采收方法，利用化学激素催果，使果与果蒂结合处形成离层而脱落。用 40% 的乙烯利 300 倍加 0.2% 中性洗衣粉作黏附剂。喷果 4d 后，振动枝干，果实催落率可达 99% ~100% 。在选择化学药剂及其浓度时应谨慎考虑。

采收的果实经挑选、分级、包装和贮藏保鲜。

2. 加工利用

（1）扁榄。是初加工阶段的半成品。工艺流程：原料→擦皮→拷扁→盐渍→晒干（烘干）。

（2）十香扁榄。工艺流程：原料→脱盐→第 1 次腌渍→糖煮→第 2 次腌渍→烘干→拌料→包装。

（余雪标　李　娜）

37. 杧　　果

杧果（*Mangifera indica* Linn.）是世界十大水果之一，享有“热带水果之王”的美誉。其果实美观，肉质细滑，香甜，具有特殊风味和较高的营养价值，含糖 10.15% ～20.90%，蛋白质 0.5% ～0.9%，每千克果汁含维生素 C 300～1 420mg，胡萝卜素 38.1～57mg，另外还含有相当数量的维生素 A、维生素 B 及钙、磷、铁等无机盐。果实除鲜食外，还可加工成罐头、果汁、蜜饯及发酵制取酒精或醋酸，叶片可制药。

杧果树生长迅速，抗逆性较强，容易栽培；结果早，种植后 2～3 年开始结果；产量较高，经济寿命长，结果年龄一般都在 50 年以上。据统计，印度平均产量达 9 000kg · hm^{-2}，澳大利亚 41 970～55 980kg · hm^{-2}，刚果最高产量达 60 000kg · hm^{-2}，我国杧果单产仍较低，一般都在 4 500kg · hm^{-2} 左右，由此可见我国杧果生产潜力有待进一步提高。由于杧果是一种经济效益很高的果树，值得推广种植。

杧果具有很强的市场竞争力。在巴西，良种杧果收购价为 2.27 法郎，而柑橘每千克只有 0.16～0.25 法郎，每千克香蕉为 0.2 法郎。在香港水果市场上，杧果售价每千克在 20 港元以上，在广州、深圳水果市场上，每千克售价 10～20 元，比普通水果高出好几倍，而在我国北方一些城市的水果市场上，一般很难买到杧果。随着生活水平提高，外观好、包装好、品质优的杧果比普通杧果更受消费者欢迎，售价也比普通杧果高出好几倍，能获得更高经济效益。此外，杧果树形美观，遮荫性好，是美化环境的首选树种，在我国南方城乡街道普遍栽种。

一、概述

杧果起源于亚洲东南部的热带地区。有人认为杧果的自然分布仅限于印度—马来西亚地区，并从印度向东扩展到菲律宾和新几内亚。植物地理学、形态学、细胞学、解剖学和花粉的研究表明，缅甸、泰国和印度等大陆地区以及马来西亚半岛是杧果属物种形成的中心地区；巽他群岛、菲律宾和西里伯斯—帝汶群岛是第二个中心地区。

目前，全世界大约有 87 个国家栽种杧果。从地理位置上看，北自我国四川的南部，南至美洲南部，在南北纬 30°以内的地区都有杧果栽培。其中：亚洲杧果栽培面积最大，产量最高，将近占全世界产量的 80%。主产国有印度、泰国、中国、印度尼西亚、马来西亚等；其次为美洲，产量约占全世界的 15.2%，非洲约占 6.3%。

我国杧果主要分布在南方的海南、广东、广西、云南、福建、四川和台湾等地。海南全省都有杧果种植，其中以东方、昌江、乐东、琼中等地栽培最多，主要栽培品种有秋杧、泰国杧、吕宋杧等；广东除北部山区外，其余各地都有杧果种植，而主产区集中在湛江、茂名和珠江三角洲等地区，栽培品种以紫花杧果、秋杧果、桂香杧果等为主；广西杧果主产区集中在百色、钦州、南宁、玉林及柳州的南部地区，栽培品种以紫花杧果、桂香杧果、吕宋杧果为主；云南杧果主要分布在红河、思茅、玉溪、西双版纳等地，主栽品种有白象牙杧果、三年杧果、吕宋杧果等；福建杧果主产区集中在安溪、莆田、福州等地，栽培品种有红花杧果等；四川杧果主要分布在攀枝花地区及凉山彝族自治州的会东、会理、宁南等地，主要栽培品种有吕宋杧果、白象牙杧果等。台湾杧果主要分布在台湾东南部地区，栽培品种有哈登、凯特、台农 1 号、台农 2 号等。

杧果色泽佳，味香甜，营养高，深得人们的喜爱，但我国杧果的产量只有 48.5 万 t，占全国水果总产量的 2.6%，全国人均不到 500g。杧果产量远远不能满足国内市场的需求。当今世界杧果贸易迅速增长，平均每年国际销售量增加 13%，而杧果总产量每年增长 1.2%，国际市场需求量大。世界杧果鲜果的主要进口国有美国、加拿大、沙特阿拉伯、阿联酋、科威特、英国、法国、德国、俄罗斯和荷兰，以及日本和我国香港地区。出口国主要有墨西哥，约占全世界总出口量的 33%；其次为菲律宾，占 12%；印度和巴基斯坦各占约 10%；我国杧果出口量几乎是空白。目前我国杧果生产存在的主要问题是栽培技术落后，管理粗放，病虫害严重，品种繁杂，花期早，品质较差，贮运、保鲜及加工技术滞后，科技投入少，不能满足当前杧果生产发展的需要。今后应加强科技投入，研究及推广杧果栽培新技术，提高杧果产量和品质，利用我国杧果成熟期比东南亚国家晚 2 ~4 个月的有利条件，积极开拓国际市场，将我国杧果生产推上新的台阶。

二、主要种类

杧果属于漆树科杧果属。杧果属植物在世界上确认的有 41 种，其中约有 15 个种的果实可以供食用。

1. 杧果（*Mangifera indica* L.）

是世界各地广泛栽培的惟一主要种。

2. 桃形杧果（*M. perciformis* C. Y. Wu et T. L. Ming）

又称扁桃，为广西、云南的野生种。

3. 林生杧果（*M. sylvatica* Roxb.）

为云南的野生种。

4. 泰国野杧果（*M. siamensis* Warb. ex Craib.）

主要分布于泰国。

此外，杧果野生种在我国还有广西靖西等地的冬杧果、海南的臭杧果等种类。这些野生种的食用价值均不及杧果。

三、品种类型及主要栽培品种

1. 品种类群

杧果由于栽培历史悠久，分布范围较广，且过去多采用实生繁殖，因而产生了不少的变异，形成的品种、品系很多，估计全世界有 1 000 多个品种，我国目前有 100 ~200 个品种。国外学者曾根据这些众多品种的生态特征、分布地区进行分类，有人将杧果品种分为 4 个品种群（品种类型）：菲律宾品种群、印度支那品种群、印度品种群及西印度品种群；也有学者将其分为 3 个品种群：印度支那品种群、印尼品种群与印度品种群；还有人将其分为更多的品种群。

目前，我国常用的一种简单的杧果品种分类方法是根据品种的种子特征，将杧果品种分为单胚和多胚两个类群。

（1）单胚类群。从印度、巴基斯坦、缅甸等地引入的品种多属此类型。这类品种的特点是种子为单胚，果形变化大，且多为短圆、肥厚，较少长而扁平。果皮黄色带红或全红，果肉多具有特殊香气或松香气味。由于种子单胚，其实生后代易形成品种间的自然杂交种，变异大，是实生选种的良好的原始材料。过去生产上长期用种子繁殖，故这类群品种、品系较多。根据这一特点，人工杂交时常选该类品种作母本，以保证其实生苗后代确为杂种。

（2）多胚类群。从印度支那、菲律宾、印度尼西亚等地区引入的大多数品种多属此类。其特点是种子为多胚，果实多为长椭圆形且较扁平（宽度大、厚度小），果肉芳香无异味，品质特好。著名的吕宋杧即属此类。

2. 主要栽培品种

（1）国外杧果主要栽培品种

全世界杧果的优良品种大部分分布在印度、印度尼西亚、菲律宾等东南亚国家，美国的佛罗里达州及墨西哥、海地等国家和地区也有不少优良品种。全世界一些杧果主产国及新发展的主要栽培品种如下：

• 印度　主要栽培品种有阿方苏、秋杧果、莫哥巴、孟岗鲍里等。

阿方苏：是印度最著名的品种，果大（每千克 3 ~4 个），宽卵形（腹肩突出），靠近果实基端有引人注目的粉红色的晕。味道极好，糖酸比例优，风味诱人。丰产、稳产。

秋杧：又称印度 1 号，1 年可结两次果，成熟期为 8 ~9 月，果实成熟时已届立秋，故名秋杧果。果实斜卵圆形，先端略有嘴，果实中等大，平均单果重 250 ~300g，果皮粗糙，青黄色，外观较差；其汁清，肉黄色，风味较好。较耐贮存。

莫哥巴：果实特大，平均单果重可达 922g，品质极佳，迟熟，但只适应干燥气候，且大小年结果现象严重。

孟岗鲍里：果实较大，平均单果重 626g，品质好，丰产、稳产，中熟，但只适应干燥气候。

• 印度尼西亚　主要栽培品种有鹰嘴杧果、象牙杧果等。鹰嘴杧果实长椭圆形，果尖凸弯曲，酷似鹰嘴，果实较大，平均单果重 500g，核小而细长，多胚。成熟时果皮浅绿色，果肉橙红色，味甜，香气浓，纤维少，品质好。但易感染炭疽病，较适于干旱地区栽培。

• 菲律宾　主要栽培品种有吕宋杧果等。吕宋杧果是菲律宾最重要的商业栽培品种，果实品质好，在世界市场上很受欢迎。吕宋杧果实长卵形，先端较尖，平均单果重 200 ~250g，最大果重可达 350g。成熟时果皮鲜黄色或深黄色，果皮光滑，果肉橙黄色，肉质细滑，纤维极少，甜酸适度，可溶性固形物 16% ~17%，品质上等，核小而薄，多胚，可食部分占70%。果实较抗炭疽病。该品种树势强健，树形开张。叶片椭圆披针形。花序绿黄色。花期若遇低温阴雨，则常常开花而不结果，大小年结果较明显。

●泰国　主要栽培品种有泰国杧果。泰国杧果是泰国的主要商业品种之一，果实有明显的腹沟，品质好。泰国杧果树势中等至强。树冠呈圆锥形，分枝多而直立，中等粗壮。初生叶青黄色，成熟叶片长椭圆状披针形，中等大小，叶面起伏不平，呈波状，叶色较淡。花序抽生早，约在12月至翌年3月开花。花序初抽为青黄色，后总花梗向阳面呈现粉红色，花序抽生多而整齐，较大，呈长塔形。花序一般坐果1~2个，多的可达5个。果实肾形，厚度扁平，果腹面有一条明显的沟槽。成熟果皮为青黄色或暗绿色，向阳面果肩有时呈现红晕。果实后熟，果皮黄绿色，果肉淡黄色，肉细滑，皮薄汁多，味浓甜而清香，纤维少，品质极好。可食部分占64%~72%，可溶性固形物18%~24%。核较大而薄，多胚。

●美国　主要栽培品种有哈登、爱文、凯特、肯特、爱顿等品种。

哈登：果实较大，长球形，平均单果重350g，成熟时果皮橙红色，果肉橙黄色，纤维少，肉质细嫩，可溶性固形物15.4%，品质上等。树势较强，产量较低，早熟，喜高温，较抗炭疽病。

爱文：是美国佛罗里达州1945年从印度第三代里本斯实生树中选出的品种。果实大小中等，长卵形，长达13cm，底色橙黄，皮呈白色较小，盖色鲜红。单果重450g（均重340g），果肉厚，橙黄色，无纤维，香甜软滑，多汁，品质好。植株较矮小，花梗鲜红色。若开花期受到低温阴雨天气，会结许多无胚果。花期在3月下旬至4月上旬，一般当年产量都较高。

凯特：是美国佛罗里达州1947年从印度第一代穆尔古巴实生树中选出的品种。果大，长达15cm，重1kg（平均单果重500~700g），果宽卵形，厚而丰满，底色黄色，盖色粉红，有淡紫色的果粉，皮孔多而小。果肉多汁，无纤维（仅近种子处有纤维）。风味浓郁且甜，品质很好。种子小，仅占果重的7%~8%，较高产。

肯特：美国佛罗里达州1938年从印度杧果布鲁格斯第二代实生树中选出的品种。果大，长13cm，平均单果重680g，卵圆形，厚布丰满，底色黄绿至杏黄色，盖色深红，有灰色的果粉和很多黄色的细皮孔。果汁多，无纤维。风味浓郁且香甜，品质好。种子占果重的9%，果实7~8月成熟，较耐贮藏，是一个较好的迟熟品种。产量较高，树姿直立，枝条密集，抗风性较差。

●非洲　主要栽培品种有哈登、吉绿、苹果杧果、沙伯里等品种。

（2）我国杧果主要栽培品种

●紫花杧果　由广西农学院在20世纪70年代从泰国杧的实生后代中选育出的优良品种。树势中等，枝条粗细中等、角度开展。叶中等大，叶面平展，叶色暗绿，光泽较差。花序中等大小，圆锥形，总花梗暗红带绿。开花期在海南一般在2~3月，广西、广东在3月中下旬至5月上旬，末花期略晚于桂香芒。海南7月上旬，广东、广西7月中旬至8月中下旬果实成熟。果实呈斜长椭圆形，两端尖；果皮灰绿色，向阳面淡红黄色，少数果整果呈淡红黄色；经后熟后转鲜深黄色，果表皮蜡粉较厚。果肉橙黄色，纤维极少或无，果汁多，肉质细嫩坚实。产量高。可食部分64%~73%，含可溶性固形物13%~15%，含糖量12%，含酸量0.09%~0.65%。核小无胚。

●粤西1号　为吕宋杧果的实生后代，由广东南亚热带作物研究所选出。树势强健，树姿开张，枝条粗而长，分枝较多。叶片椭圆披针形，中等大，叶尖急尖，叶基楔形，叶面平展，侧脉呈平行排列。嫩叶浅绿色至淡棕色，老叶浓绿色。花序圆锥形，两性花比例为24%~56%。广州地区开花期为3月上旬至4月上旬，能多次开花。果实成熟期为6月中下旬，属早中熟品种；果实椭圆形，较小，平均单果重180~200g，果皮光滑，橙黄色，外观美丽，果肉黄色，细滑，汁多，纤维少，风味偏淡，无香气，核小，多胚。可食部分占73%，可溶性固形物15%~17%，品质中上等。

●桂香杧果　广西农学院20世纪70年代末至80年代初培育成功的优良品种，是由秋杧和鹰嘴杧的杂交后代中选育出的。树势中等偏弱，分枝较少且粗壮，枝条结果后易下垂。叶大，扭曲，边缘有明显波纹，叶面有轻度皱褶，叶色深绿而亮。花序中大，圆锥形，花梗粗壮，黄绿色。开花期海南在2~3月，广东、广西在3月上旬至5月上旬。产量较高，经品种比较试验，连续7年平均折合每公顷产果13.42t，相当于同等条件下秋芒品种产量的

1.65 倍。果实成熟期海南 7 月上中旬，广东、广西在 7 月中旬至 8 月中旬，平均单果重 215～360g。果实长椭圆形，果形指数（果长/果宽）1.7～1.8，果皮淡绿，经贮藏后转为黄绿或暗黄色。果肉橙黄色，纤维极少，肉质细，汁多，甜酸适度，香气浓郁。可食部分占 69%，可溶性固形物 14%～17.5%，含糖量 11.49%～16.22%，含酸量 0.08%～0.56%。核小，多数种子为单胚。

● 乳杧果　为四川省凉山州热带作物研究所 1974 年从龙眼香杧果的实生树中选育出的优良单株。树势强健，树形高大。树冠呈自然开心形，枝条粗，较柔软，易下垂。嫩梢叶黄绿色。花序圆锥形，总梗较粗壮，黄红色。开花期在四川攀西地区 2 月下旬至 3 月下旬，开花期可持续近 40d。果实 7 月上中旬成熟。产量高，4 年实生树每公顷产果 7.3t，10 年生树每公顷产果 20.7t。果实近纺锤形，扁平，平均单果重 250g，果皮光滑，后熟后呈鲜黄色，皮薄。可食部分占 87%～90%，可溶性固形物 14%～18%，含糖量 10.76%，含酸量 0.35%，品质中上。

● 椰香杧果　又名鸡蛋杧果、印度 9 号、909 等，原产于印度，是当地的主要商业品种之一。树势中等偏强，树冠呈长圆头形，枝条粗壮，分枝较多。叶片深绿色，较小，尖端较尖，叶缘有波纹。嫩梢，叶淡绿色略带淡紫色。12～3 月开花，花梗浅绿色。果实卵形至椭圆形，几乎无果喙，果顶呈圆形。平均单果重 150g，果皮较厚，淡绿至绿色，后熟后呈蛋黄到橙黄色。果肉橙黄色，纤维极少或无，汁中等偏少，味甜，有椰香味。种子单胚。

● 三年杧果　又称金杧果，原产于云南，德宏、西双版纳栽培较多，是云南杧果主要栽培品种之一。树势中等，树冠圆头形，树形紧凑，10 年生高 5～6m。果实斜长卵形，中等偏小，平均单果重 200g。味甜而微酸，汁多，香味浓，纤维较多，品质一般。正常情况下，在云南、广西、四川等地都表现高产。

● 绿皮杧果　为广西农学院新培育出的品种，由秋芒与鹰嘴杧果杂交而成。树势强健，枝条粗壮，结果后枝条略下垂。叶大，叶缘有波状起伏，叶色浓绿。花序中大，平均单果重 450～520g。经品种比较试验连续 5 年平均折合每公顷产果 11.14t，比同等条件下的秋芒增产 20%～30%。开花期与桂香芒近似，惟盛花期略早。果皮黄绿色，果形长椭圆形，果肉呈黄红色，纤维少，果汁中多，肉质细。可食部分占 74%，可溶性固形物 20%，含糖 17%，含酸 1.22%。核中大，种子饱满度 3/4，多胚。果实 8 月中旬成熟。

● 台农 1 号　为台湾省农试所风山热带园艺试验分所选出的品种。主要分布在台湾，海南、广东已于近年引种。果实较小，扁卵形，平均单果重 221g。果皮橘黄色，果肉橙黄色，肉质细嫩，多汁，纤维极少，甜度高，香气浓，可溶性固形物为 20%，含糖 20.3%，品质优良。果实抗炭疽病，耐贮运。树冠矮小，枝梢短，抗风性强。该品种具优良性状较多，华南杧果产区可大力引种栽培。

● 攀西红杧果　为四川攀枝花市从吕宋杧果实生群体中选出的品种。果实长卵形，果顶较尖。果皮为黄色，盖为紫红色。平均单果重 154～200g，最大可达 300g，果肉橙黄色。可食部分占 68%～70%，可溶性固形物 24.8%，总糖为 22.7%，品质优良。开花期在四川 3 月中旬前后。果实成熟期为 7 月中旬。由于目前仅分布在四川金沙江干热河谷，能否适应潮湿多雨产区栽培，还需作进一步观察。

四、生物学特性

（一）生态习性

1. 温度

杧果树起源于热带，有喜温畏寒之特性，一般认为，年平均气温在 21℃以上，最冷月平均气温不低于 15℃，终年无霜的地方较适宜栽培杧果。对低温的敏感性依品种、树龄和树体状况及器官的不同而差异，吕宋杧果稍遇低温阴雨，花穗就霉烂枯萎，抗逆性较差；而红花杧除了阴雨连绵，花期严重低温年份外，均有一定产量。杧果树营养器官对气温适应性广，在平均气温 20～30℃时生长良好，18℃以下时生长缓慢，10℃以下时停止生长，当气温低于 3℃时幼苗受害，至 0℃时会严重受害，气温低至 -2℃以下时，叶片以至侧枝会冻死，至 -5℃时幼龄结果树的主干也会冻死。未老熟的嫩梢比老熟枝梢更易受冻害。杧果生殖器官对温度的适应范围较小，花序对寒冷的抵抗力弱于营养器官。温度影响杧果花芽分化的数量、质量和进程，有试验结果表明：高温（白天 31℃，晚上 25℃）对营养生长有利，中温（白天 25℃，晚上 19℃）干扰甚至抵消了促进开花物质的产生，低温（白天 19℃，晚上 13℃）对杧果花芽形成有促进作用，但是花芽分化速度随着温度的降低而减慢。

另外，温度也影响着杧果花的性别分化，当花芽进入形态分化时，气温高有利于分化形成两性花，气温低有利于分化形成雄花，特别是早熟品种，两性花的比率受气温的影响出现较大幅度的波动。气温高开花期短，从第一朵花开放到全穗开完花只需15~20d；相反，温度低，则需要30~35d，甚至更长时间才能开完花。温度不但影响到杧果的开花，亦影响坐果及果实发育，花期气温在15℃以下时，授粉受精会受影响，即使受精，胚的发育也不良，影响果实的膨大，变成糙皮小果或落果。

2. 水分

影响杧果的水分包括土壤水分和空气湿度与降水。杧果是一种根深的果树，比较耐旱，特别是花芽分化期更需要适当干旱的土壤和天气；但杧果开花、果实生长发育及营养生长则需要充足的土壤水分，严重的土壤干旱会抑制营养生长，妨碍有机营养的产生与积累，间接地影响花芽分化及果实生长发育。在我国杧果产区夏末秋初采果后，常遇连续干旱天气，若不给果园灌水，则会造成芽难于萌发，枝梢生长慢，植株抽梢不整齐；开花期空气湿度过于干燥，会使花柱很快干枯，造成授粉不良。空气适度干燥，阳光充足，有利于花的开放以及传粉昆虫活动，促进授粉受精和坐果，提高座果率。

3. 光照

杧果是喜光果树，充足的阳光，有利于杧果生长发育和开花结果。据调查，大树南面和北面，花芽分化及开花时间会相差8~12d，抽花穗率南面高于北面。而枝叶过密，通风透光差的树冠内部结果较少。而幼树则需适当的荫蔽条件才能生长良好。

4. 土壤

杧果根系较深，粗长，对土壤质地要求不严，但以土层深厚（2m以上），pH值为5.5~7.5，排水条件好，通气良好的松软砂壤土或冲积土为好。

5. 风

杧果树体高大，根深叶茂，但枝条较脆，抗风能力中等，大风或台风常会造成断枝、断树。果实生长后期，大风常成为影响产量的重要因素。风力达4~6级时，稀植果园易造成落果，6年生以上果树会引起折枝、倒树现象。若是矮化密植园，则有较强抵抗大风的能力，8级以上大风才会造成大量落果或折枝、倒树。

（二）生长发育

1. 根系生长

主根发达粗壮，地下水位低时，可入土达8~10m深；侧根和须根生长相对较弱，稀疏细长，层次分明，大多数侧根在20~60cm土层内。幼年树水平根生长慢于垂直根，且分布范围小于树冠，随着树龄的增长，水平根生长速度加快，成年树根系常超出树冠。

根系生长常受环境条件的影响，在土壤干旱或低温季节根系生长缓慢或停滞，在适宜环境条件下，没有休眠期，周年可生长；根系的生长也受树冠的制约，经观察幼龄树根系1年内有3次生长高峰。第一次生长高峰一般从11~12月开始，2月达到高峰，随着枝梢的生长及花芽分化而转入低潮，第二次生长高峰是在春梢老熟后至夏梢萌发前，这是根系一年中生长量最大的1次，随着夏季梢的生长，根系生长减慢，夏梢老熟后至秋梢萌发前，根系生长进入第三次高峰期。成年结果树1年只有2次生长高峰期，第一次生长高峰在果实采收后，秋梢停止生长后至冬季低温来临，根系生长进入第二次生长高峰期。

2. 枝叶生长

杧果树主干明显，树皮较厚，不同品种树皮粗糙程度不同，印度品种群的品种树皮比较粗糙，而菲律宾和印支品种群的品种树皮光滑。新梢在枝条先端的顶芽上或上部腋芽抽出，每年可抽2~6次梢，依树龄、品种、栽培条件及气候而定，枝梢多在2~3月开始生长，11~12月停止生长，按枝梢抽出的季节分，可分为春梢、夏梢、秋梢和冬梢。

（1）春梢。2~4月抽生，分早春梢、晚春梢等，多为花芽萌发的同时或稍后抽生。开花多的树春梢数量少，开花结果少的树很快又抽一次梢，早、中熟品种抽生的晚春梢会加重落果。

（2）夏梢。5~7月抽生，此时温度高，水分充足，枝梢生长旺盛，一般可抽2次梢，幼年树一般要保夏梢，扩大树冠，以便提早结果，成年树5~6月抽生的夏梢会造成落果，在生产上要控制夏梢萌发。

（3）秋梢。8~10月抽生，是翌年的主要结果母枝，一般在采果后才抽生，加上温度较高，雨水多，因此，抽梢量较多、较整齐，在生产上要培养好，使其适时抽出。

（4）冬梢：10月以后抽生，此时气温较低，一般抽生量较少，幼年树可留冬梢，以扩大树冠。成年结果树要控制冬梢，以免影响花芽分化和坐果。早冬梢（10月底抽生），可留作翌年结果母枝。

3. 花芽分化与开花

杧果的新梢不论春、夏、秋、早冬梢，只要老熟，当年不再萌发生长，就可能成为翌年的结果母枝。杧果的花芽分化在结果母枝的顶芽或枝条上部的腋芽上进行，花芽分化时期一般始于11月至翌年1月，其分化的始期及终止期，分化过程和各阶段时间长短，以及花器形成发育都与品种、气候条件和栽培管理状况有关。在海南，早熟杧果品种花芽分化在11月中下旬开始，高峰期在12月上中旬；晚熟品种的秋杧则在12月中旬开始分化，高峰期在1～2月。从花序分化开始至第一朵花开放，约需20～33d。在花芽萌发期气温不稳定情况下，容易出现花芽分批萌发的现象，花芽萌发的持续期长，第一批与最后一批花的间隔可长达1～2个月。杧果花芽为圆锥花序，每个花序自抽出至花蕾成熟约需1个月。在广州地区，紫花杧果、桂香杧果等中、晚熟品种开花期一般在3月中旬至4月下旬，自第一朵花开至全穗开花完毕，约需半个月至1个月。1株树从初花到谢花约需50d，花序下部的花先开，依此向上开放，顶部的花开放最迟。在1朵花中，从花瓣展开至柱头干枯约经1.5d。天气晴朗时全天都有花开，但以凌晨3：00～5：00开花较多，花药多在上午9：00左右开裂，雌蕊在上午9：00至下午14：00成熟，柱头接受花粉以当天为好。某些品种在开花后3h内授粉具有最大受精能力，开花后6h授粉已无意义。

杧果花分雄花和两性花两种，生于同一花序上，每花序着生200～4 000朵小花。两性花具有花萼、花瓣和雄蕊各5枚（而5枚雄蕊中只有1枚具有下沉发育的花粉），雌蕊1枚。两性花占总花数的比例不等，依品种、花芽分化时的气候、开花时的天气条件和树种的营养状况而定。两性花才能结果，两性花比率高的品种一般较为丰产，如紫花杧果，其两性花比率为41%～61%，产量也较为稳定。

4. 坐果与果实发育

杧果的授粉主要靠蝇类传播，蜜蜂类传播很少，一般杧果两性花的受精率在35%以下，而座果率仅0.1%～0.2%。开花受精后，子房开始膨大，并由淡黄色转变为绿色至粉红色，未受精的子房在开花后3～5d就随花凋谢而脱落，但有些品种未受精的少数子房仍可膨大，极少数可以成熟，且果实比有种子者小得多。

杧果从开花至果实成熟所需天数因品种和气候而异，一般约需110～150d，杧果的果实发育显单S型，即以纵横径的增长前期较慢，后期较快，成熟前最慢，以至停止。在整个发育过程中有2次明显的落果高峰，第一次在幼果发育至黄豆大小时，主要是由于幼果受精不良或幼胚发育不良；第二次是在谢花后约2个月左右，幼果横径不足2.5cm时，由于养分供应不足和病虫害、风害所引起的。谢花2个半月后，果实横径达3cm以上时，如无风害、裂果和病虫害等的影响，落果基本停止。果实成熟期因地区气候和品种的差异不同，一般由5月中下旬至9月，多数集中在7月。

杧果种子较大，种壳外纤维发达，与果肉相联，种胚有单胚和多胚，印度和巴基斯坦原产的杧果品种多为单胚，种仁由一个有性胚和2片子叶组成。印度支那和菲律宾等东南亚地区起源的品种则多为多胚性的，多胚性品种的产量一般比单胚性品种高。

五、栽培技术

1. 苗木繁殖

杧果苗木的繁殖可用有性繁殖和无性繁殖两种方法。

（1）实生繁殖。即直接播种来获得杧果幼苗。实生苗结果迟，而且植株变异大。因此，这一方法已在杧果商品生产中很少采用。

（2）无性繁殖。生产上常用嫁接、压条进行繁殖育苗，具有成活率高，生长快，结果早的优点，而且能保持母本的优良性状。

● 砧木苗培育　砧木苗的培育目前生产上主要有袋装育苗和大田育苗。袋装育苗的管理较精细，成本较高，但成苗率和移植成活率也比较高，移植受季节性气候影响少，植后生长快，有条件的地区可采用袋装育苗。袋装育苗选择直径15～20cm的育苗塑料袋，装入培养土，然后按播种法进行育苗。培养土的配方有多种，现介绍其中1种，主要成分有1/3细沙、1/3腐熟木屑、1/3腐烂的垃圾肥；并在每立方米培养土中加入下列适量营养元素，过磷酸钙1.8kg、碳酸镁2.5kg、碳酸钙0.8kg、硫酸铜80g、硫酸锌50g、硫酸锰40g、钼酸铵0.2g、硼砂0.7g，充分拌匀均匀并经暴晒杀菌。大田育苗，苗圃地应选择交通方便，地势平坦，周围1km没有杧果树，近水源、背风、日照充足、土层较厚、有机质丰富、土质疏松、排水良好、pH值为6.5左右的壤土或砂壤土地带。进行带状整地，先行深翻晒地

1～2周，以消除病虫害，再细耙使土块细碎，并起畦修成长10m，宽1.2m，高20cm的畦床，每畦相隔40cm，后施足基肥并浅翻，使土、肥均匀混合，然后进行播种或移苗。幼苗出土后，要加强苗期管理工作。种子萌发至子叶转绿之前要适当遮荫，最好在苗床上用50%～75%透光率的黑色遮阳网搭荫棚，以防日灼伤幼苗。此外，还应及时中耕除草，灌水施肥和苗期病虫害防治工作。

• 嫁接　杧果嫁接大多采用芽接和枝接。芽接法：广东湛江、海南等地采用外片芽接法，成活率较高。即当砧木苗径粗达1cm以上时即可嫁接。在砧木离地面10～15cm处开芽接位，宽0.8～1.2cm，长3～4cm，然后将芽接位的皮层大部分切除，仅留下小部分（腹囊皮）。再从健壮的母树1～2年生枝条上削取带木质的芽片，长4cm，中央具有一小平芽，接芽的宽度与砧木芽接位相同，将芽片放在芽接位的中央，芽片下端插在腹囊皮下，使其固定，随即用塑料薄膜带捆紧即可，接后10～20d形成愈伤组织，即可解除绑带，如芽片保持原色，证明芽接成活，如芽片呈褐黑色，则应在接位的背面进行补接。枝接法：杧果可用切接、腹接、靠接等。目前生产上主要采用切接法，其操作简便，易掌握，接后萌发快，生长迅速。切接以3～7月嫁接为宜。杧果靠接最容易成活，一般在2～3月进行。

2. 栽培管理

（1）定植。春秋雨季均可栽植，但以春季定植为宜。栽植注意授粉树的配置，以利于授粉。

（2）肥水管理。对幼年树的肥水管理要做到勤施薄施，每次施肥量宜少，次数宜多。干旱季节适当灌溉，使幼树在适宜的生长条件下，早抽梢、多抽梢，迅速形成树冠，为早实丰产打下良好的基础。灌溉：幼苗定植后，视天气情况及时淋水。在降水较少时，新植苗应2～3d淋水1次，15d后可1～2周淋水1次，直到抽出新梢为止。定植后两年内，因其侧根不发达，在夏末至秋冬季节，如遇连续高温、干旱，植株萌芽慢，抽梢迟，而且不整齐，容易引起植株发生叶焦病，使植株生长受到抑制。因此，此时果园的灌溉是十分必要。每次灌水前应先小心锄松树盘表土，然后淋水，使水能完全渗透入土，并可用杂草覆盖树盘保湿。

杧果结果树在营养生长和生殖生长的不同时期，对水分有不同的要求，幼果形成至果实膨大期和秋梢萌发期为最需水分时期。此时如遇干旱少雨将影响秋梢萌发和生长，抑制果实生长，严重时导致或加重落果，因此，要及时灌水。杧果果实成熟期（约采果前30d），应停止灌溉，以增加果实甜度，耐贮性，提高果实品质。施肥：幼年树施肥，主要是促进植株营养生长。幼树在良好的生长条件下，一般1年可抽梢5～8次。施肥应根据抽梢情况进行，一般每抽1次梢施1次肥。施肥时，可交替使用粪水、尿素或复合肥，每株每次可施尿素或复合肥50～75g；可采用水淋施，也可在树盘滴水线内开浅环沟均匀撒施，然后覆土。天旱时最好施水肥，或施肥后适当灌水，以便树体吸收和避免灼伤根系。

杧果结果树施肥，应以合理调整营养生长与生殖生长之间的关系为原则，既需促进当年开花结果和控制夏梢旺长，又要促进秋梢抽发、生长健壮。结果树施肥可分3次进行。采后施基肥，施肥量占全年的80%，有利于翌年梢生长，开花结果；催花肥，早春于杧果开花前每株施尿素0.75～1kg；壮花肥，初夏当杧果小果发育期，及时施速效氮、钾肥每株0.5～1kg，既可促进果实生长快，又可避免夏梢抽发时争夺养分，导致落果。

（3）幼林管理。幼树园应进行间作、覆盖与除草。由于树冠与根分布范围较窄，株行距较大，杧果植后的1年内，可间作豆科作物及绿肥、菠萝等生长期短的作物，以增加果园前期的经济效益。

幼年果园除间作外，还可采用果园生草覆盖法，即树盘定期除草，行间生草。根据近年引种杧果的经验总结，杧果园内生草覆盖法只适宜结果前的幼年阶段。成年结果园，特别是植株开花坐果期，应定期除草，以提高果园的通透性，降低果园内的湿度，减少病虫害的发生，同时也可避免杂草与下垂果接触，减少果实的机械损伤，提高果实的商品率。

杧果园除草可用人工铲除，也可用除草剂。常用的除草剂有：草甘膦、克芜踪等。种植1～2年的幼龄杧果树对除草剂敏感，使用时要特别小心，避免产生药害。

（4）扩穴改土。创造良好的土壤条件，是丰产、稳产的措施之一。杧果定植前虽对定植穴或定植沟作了局部的改土工作，但植穴以外的土壤未经改良，随着树龄增长，根系不断向四周扩展，如果不及时扩穴改土，会抑制根系生长，从而影响地上部分的生长发育。故一般在植后的第三年或第四年进行深翻、扩穴、压绿工作。

扩穴改土的工作，幼年树一般1年四季都可进行，而结果树一般在11月至翌年1月间结合断根、促花进行。此外，每年6月和10月果园应浅耕1次，耕深在15～20cm，通常在雨后进行。

（5）整形、修剪。杧果树喜温好阳，速生快长，枝多叶茂。在种植密度较高的情况下，要使杧果树体有一个良好合理的结构，自幼苗期或定植成活后，就要进行适当的整形、修剪，使其具有主枝3～5根，枝条分布合理，树体透光良好，既有利于营养生长，又有利于开花结果，形成早实、丰产、稳产的树形。目前生产上常用的树形有两种：自然圆头形和中心主干形。

杧果幼树的修剪多采用轻剪，以便加快生长，加快分枝，尽快扩大树冠。根据整形的需要，在整个生长季节均可进行各种修剪，修剪以抹芽、摘心、轻短剪为主。

成年结果树采取：

● 疏梢、控梢　杧果树采果后经修剪抽出大量秋梢，要培养健壮的结果母枝，必须对秋梢进行修剪，一般采用"去强、去弱、留中"的办法，在新梢抽出5～10cm时抹除多余新梢，每枝条只留1～2个梢即可。同时对延长枝或生长不良的枝予以剪除，这样有利于养分集中及保持良好的通风和光照环境。

● 促花　适龄树不开花是生产上较常见的现象。杧果树不开花与偏施氮肥，营养生长过旺及冬季和潮湿的天气有关。为了使适龄杧果树能正常开花、结果，在生产上可利用植物生长调节剂调控、养分调节及一些物理措施应用来促使枝梢及时停止生长，积累足够的养分，及时转入花芽分化和开花。生长调节剂调控：应用植物生长调节剂来调控杧果的生长、开花、坐果。提高产量。目前，生产上常用乙烯利、多效唑来调控。养分调节：喷施硝酸钾促使树体提前几个月开花结果，使处于营养生长而不能结果的树开花。广东农业科学院果树研究所近几年来使用硝酸钾做催花剂试验：11月上旬开始喷1.5%硝酸钾，每隔10～15d喷1次，连续喷3次，植物抽穗率为47%，对照为24.6%。合理施肥：利用施肥来调节杧果的生长与发育是控梢、促花的重要手段之一。不合理的施肥会直接影响杧果树开花的数量和质量，甚至影响座果率和幼果的发育。如施氮肥过多，会造成枝繁叶茂，植株难以成花；施肥量过少则生长衰弱，会造成早花、早落。杧果植株缺磷则含影响呼吸强度和碳水化合物的转移，从而抑制了氮的吸收和转化，杧果植株缺钾则影响光合作用及新陈代谢的调节和抗逆性；各种肥料之间又存在着相互制约的作用。此外，施用微量元素，可促进杧果开花和提高花的质量。在开花前、盛花期各喷1次500倍的硼酸液，可诱导植株开花和集中开花，提高座果率，同时也可预防杧果的缺硼症。

● 物理措施应用　环割：环割是在植株的某一部位用刀环割一圈或按一定的深度，上下环割一刀，将树皮扳开，防止光合产物往根部输送，使其在地上部积累，促进花芽分化；结扎：用16～18号铁丝环扎主枝，用铁钳扭紧勒至表皮或稍深入表皮，植株抽蕾后解扎。此方法较费工费时，一般很少单独来促花，可与生长调节剂配合使用；摘花：近年来，杧果常有开花后不结果或结果少的现象，主要原因之一是由于盛花期受低温寒害的影响，在广东，对早期萌发的花芽一般要摘除。摘除花序时应是剪一半，留一半。一般留植株顶部花序，剪掉中下部的花序。这样处理，一方面调节树体内的养分平衡，避免因全部摘除后又会重抽花序；另一方面通过开花，适当抑制顶端生长优势。在剪除花枝时，应留花枝3cm左右，在其上可抽出再生花序，且花的质量好。

● 保果、护果　杧果果实发育期间，除了要经历两次生理落果外，在果实迅速膨大期，因树体在大量开花时消耗养分较多，如果挂果较多或抽发夏梢，则易造成养分的竞争而引起落果，或在果实发育时受病虫危害或干旱等而引起落果。因此，在果实发育期间喷施化学药剂，合理灌溉，及时有效地采取措施防治病虫害，可减少落果。

（6）防寒与防风　华南杧果栽种区，由于花期与幼果期常遭受低温危害，当温度低于4.4℃时，易造成许多品种的胚发育不正常，引起幼果大量脱落。遇低温冷雨天气，落果则会更为严重。此时，在果园内燃烧枯枝落叶、木屑等有助于防寒，增强果树座果率。

6～7月是果实成熟期，常遭遇台风侵袭，造成严重落果。因此，在台风频发的栽种区，应选择避风的地带栽植，同时营造防护林带，降低台风造成的损失。

六、病虫害防治

（一）病害防治

1. *杧果炭疽病*

由病原 *Colletotrichum gloeosporioides* Peng. 危害

所致。在国内外杧果产区均有发生，国内主要分布于广东、广西、海南、福建、云南等地。主要危害杧果的嫩叶、嫩梢、花穗和果实。

2. 杧果白粉病

由病原 *Oidium magngiterae* Berthet. 危害所致。在世界各国杧果产区普遍发生，国内主要分布于广东、广西、海南、云南等地。主要危害叶片、花梗、花和幼果，致使嫩叶卷曲萎缩，造成花果变黑褐色脱落。

3. 杧果叶斑病

由病原 *Pestalotza* sp. 危害所致。多发生于干旱季节，主要危害老叶。国内分布于海南、广东、广西、云南等地。

4. 杧果梢枯流胶病

由病原 *Diplodia natalensis* Pole – Evans 危害所致。主要危害嫩枝条与果实。

以上病害的防治方法基本相同，除及时剪除病枝、病叶和病果并销毁外，一般可喷施 1∶1∶100 波尔多液或低毒、低残留的杀菌剂进行防治。

（二）虫害防治

1. 杧果尾夜蛾（*Chlumetia transversa*）

又名梢螟或钻心虫。在广东、广西、海南、福建及云南等地的杧果栽植区发生较普遍。幼虫蛀食嫩梢和花穗的髓心部，引起枯梢枯穗，严重影响植株的生长发育和产量。

2. 短头叶蝉（*Idiocerus niveosparsus* Leth.）

俗称叶蝉或叶跳虫。华南各地的栽种区普遍存在的害虫，主要危害花穗和果柄，吸食汁液，引起落花落果。同时也危害嫩梢及嫩叶，影响植株的生长发育，造成叶畸形。其排泻物中含有糖分常引起煤烟病的发生。

3. 胸天牛（*Rhyticlodera bowringu* Whete）

分布广泛，国内主要分布于广东、广西、海南、福建、四川及云南等地。主要以幼虫钻食杧果枝条和树干危害植株生长，使枝干失水干枯，造成断枝、断干。

4. 柑橘小头蝇（*Strumeta ferruglnea dorsalis* Hende）

分布于世界各大杧果产区，寄主有杧果、柑橘、香木瓜等 50 余种。以幼虫危害果实从而引起果实腐烂和脱落。

这些杧果害虫的防治方法除使用低毒低残留药剂外，还可进行人工捕捉或剪除虫害枝条并及时销毁。

七、采收与加工利用

1. 采收

采收期的早晚对果实的产量、品质及贮藏有很大影响。判断杧果果实成熟度有几种方法。果实体积增长停止，果皮由青绿色转为黄绿或淡绿，果肩饱满、浑圆；果肉由乳白到淡黄；成熟的果实放入水中下沉，适宜采收的果相对密度在 1.01 ~ 1.015。

采收时应做到轻拿轻放，防止任何机械损伤，并避免果柄流胶污染果皮而影响品质。采收时间宜选择上午 9：00 ~ 10：00 或下午 16：00 ~ 18：00 进行，雨天不宜采摘。采果应做到“一果二剪”，即从树上用果剪将整穗果剪下，放入盛果篮中运回室内，然后再次用果剪在距果柄 1.5cm 处剪下，将各果分开，以避免流胶污染果面。采收下的果实，运至清洗包装场后，立即进行清洗、保鲜处理，然后送入仓库贮存。由于杧果产于热带，其果实不耐低温，冷藏温度不能低于 11℃，具有优良商性的杧果冷藏时间约为 30d，货架期为 3 ~ 7d。

2. 加工利用

杧果色香味俱佳，其果肉、果仁均富含营养成分，具有较高的开发利用价值。以杧果为原料的深层次、多品种研制开发在我国有着广阔的发展前景。现介绍几种加工产品：

（1）杧果汁。工艺流程：原料选择→清洗→去皮→打浆（用装有 0.8mm 孔筛板的打浆机打浆，并分离出粗纤维和果核）→调配（加 3 ~ 4 倍于果肉的水及砂糖、柠檬酸，使杧果原汁达到 20% ~ 30%，总可溶性固形物达 10% ~ 11%，酸度 pH 值为 3.5 ~ 4.0 时再加入 0.2% ~ 0.3% 的增稠剂）→脱气（将打浆和调配时进入果汁中的空气抽出）→均质（均质压力一般为 25 ~ 30mPa）→灌装、杀菌（均质后的杧果汁灌装封口，加热至 100℃，保温 3min，再冷却）。

（2）糖水杧果灌头。原料选择：选新鲜饱满、无病虫害和机械损伤、肉质厚嫩、色泽鲜黄、核小、纤维少（直径 45mm 以上）、八成熟的杧果。清洗、去皮、切片：用 0.5% 稀盐酸溶液及清水清洗后削去果皮，在果肉宽厚处纵向斜切，果片成纺锤形。护色漂洗：边切片边放入 0.5% 石灰水中护色，护色时钙离子与果实中的果胶生成不溶性钙盐，使果片在杀菌时耐煮。浸泡 12min 后用清水漂洗 2 次。

分选装罐：挑选光滑、形状完整的果片，称量后装罐，加入 1/2 果片重量的水。排气密封：为减少果片受热程度和变色反应，采用 4.27×10^9 ~ 4.80×10^9Pa 真空封罐，密封不合格的罐头要及时挑出处理。杀菌冷却：将罐头在沸水中煮 20min，然后分段冷却至 38℃。

（3）杧果晶固体饮料。榨汁、真空浓缩：将杧果肉送入螺旋榨汁机榨汁，果渣加入 10% 清水再榨 1 次，把 2 次榨出的果汁合并，用纱布滤出粗纤维和其他杂质，将滤液在真空度为 7.73×10^9 ~ 8.27×10^9Pa、温度 55 ~ 60℃ 条件下真空浓缩，直至可溶性固形物含量 58% 以上。配料、造粒：将一定比例的粉状白砂糖、柠檬酸和浓缩杧果液在配料罐内搅拌均匀，制成干湿适度的松散粉团，然后加入到旋转式造粒机内，通过 2.5mm 的金属筛网，挤压形成米粒大小的颗粒。干燥：将湿杧果晶均匀铺在烘房或烘箱内的烘盘上，厚度为 15 ~ 20mm，在 65℃ 下烘烤 2h，将颗粒上下翻动一遍并打碎结块，当烘至含水量为 2% 时，即可取出包装。

（4）杧果干。选用熟的和酸的杧果→清洗→除蜡→护色→切块去核→热烫（80℃，10min）→冷却→1% 明胶溶液（浸泡 1h）→硫处理→浸盐→漂洗→浸糖（35% ~40% 糖溶液 4h）→烘干→成品。

（5）杧果蜜饯选用大小一致的未成熟的果实→清洗→去皮→水泡（3 ~ 4h）→果肉穿孔→盐水浸（2% 盐水浸 25h）再加 4% 盐，3d 后取出→热水洗涤（3 ~ 4 次）→糖渍（30% 沸糖浆淋于杧果上，每 3d 浓度增加 5%，直到 70%）→蘸糖→成品→密封。

（6）落果话杧。选用未成熟落地杧果→去皮→去核→切分→烫漂（85℃ 热水，1 ~ 2s）果块晾晒（含水量约达 20%）→香辛料浸提（甘草、茴香等按 1∶1.8 的比例加水后温火煨煮，待水分蒸发约 50% 时过滤取汁）→调配（取香辛料浸提汁液，按糖 5%、蛋白粉 0.06%、盐 1%、山梨酸钾 0.02% 的比例配浸渍液）→浸渍渗液（按 1∶2 的比例加入果干，反复浸渍晾晒 3 ~ 5d）→烘干→增香（分别配制 1% 的杧果、香草和奶油香精溶液，喷雾于果肉上）→包装。

（7）杧果牛奶蛋糊。利用杧果原浆、脱脂乳（粉）、蛋白粉、麦芽糖糊精、玉米油及维生素 A、B、D、E 和各种矿物质为原料精制成的杧果牛奶蛋糊是极佳的婴儿食品，它不仅为断奶婴儿的生长发育提供了必需的营养成分，而且还可适量地增加水果纤维，提高了婴儿的消化能力。杧果牛奶蛋糊是目前欧美国家最流行的婴儿食品。

（8）杧果营养薄脆片。杧果营养薄脆片是由杧果、淀粉、蛋白粉、糖及各种矿物质元素和维生素等原料加工而成的幼儿营养食品，它不仅要作为幼儿平时的嚼食食物，而且可冲入牛奶调成牛奶糊食用，是目前欧洲、美国等国家流行的一种儿童食品，既具有浓郁的杧果色香味，又薄脆酥松，香甜可口，特别适合 2 ~ 3 岁儿童食用。

（余雪标）

38. 番 木 瓜

番木瓜原产南美洲，分布遍及热带、亚热地带地区，与香蕉、菠萝同称为热带三大草本果树。番木瓜17世纪传入我国，在我国栽培已有300多年的历史，主要产区是广东、广西、云南、福建、海南、四川、台湾等地。世界上以印度、墨西哥、巴西、美国、乌干达、哥伦比亚及东南亚国家栽培较多。台湾省在清朝末年从我国大陆引进番木瓜，20世纪初逐渐普遍栽培和食用，据统计，20世纪90年代初期，台湾栽培面积已达4 300多hm^2。目前台湾种植面积最大，已发展到6 000hm^2，产品有一半出口日本等国。美国番木瓜主要在夏威夷和佛罗里达州，其中夏威夷栽培面积较大，番木瓜加工厂多设在夏威夷。

近年来，随着我国品种的不断改良和栽培技术的提高，番木瓜有逐渐北移的趋势，在中亚热带的福建北部试种台湾红妃、广东穗中红48等品种已获成功，产量达60 000～75 000$kg \cdot hm^{-2}$。云南在20世纪80年代末期以来，由云南省农业技术推广站、西南林学院等单位分别从我国台湾以及泰国、越南、美国夏威夷等地引入10余个品种在云南试种并获得成功。番木瓜肉质甜美，营养价值高，含糖度13°左右，除富含各种矿物质和维生素外，还含有具强烈抗癌活性的木瓜碱和帮助消化、治疗胃病的木瓜蛋白酶，因而倍受大众青睐，发展前景广阔。

一、主要物种

番木瓜属于番木瓜科（Caricaceae）番木瓜属（*Carical* L.）植物，该属有40多个种，但有栽培价值的种并不多。

1. 山番木瓜（*Carica candmarensis* Hook. P.）

该品种为野生木瓜，不适宜生食，但抗逆性强，较为耐寒。其果实较小，长圆形，果腔大，肉薄。原产哥伦比亚和尼加拉瓜高山地区。

2. 槲叶木瓜［*Carica quercifolia*（st. Hi）Solms.］

该品种果实更细小，有酸涩味，加糖可以食用。本品种更为耐寒，在0℃也不易冻死。

3. 番木瓜（*C. papaya* Linn.）

又名木瓜、万寿果、树冬瓜，为多年生常绿果树，生长迅速，可连续结果20年以上。茎干直立向上，顶芽生长势强，侧芽较少，当树龄增加后被切断顶芽时容易抽生侧芽发生分枝情况，在良好的水肥条件下，植株高度可超过10m，树干灰色上有大叶柄痕，木质疏松，多汁。叶为单生、掌状深裂，直径可达90cm，叶柄长而中空，花有单生花或花序。果实瓜型，大小和形状差别大，中空。种子黑褐色，有皱纹，外有一层假种皮。

二、主要栽培品种

目前我国约有几十个品种的番木瓜，主要栽培的品种有穗中红、碧地种、蓝茎种、美国夏威夷索罗（Solo）品种群、岭南种、泰国红肉，以及台湾省的台农杂交品种群、红妃等，大多品种具有适应性强、单产高、单果个大、果肉品质好、含糖量高等特点。

1. 穗中红

广州市果树研究所利用岭南木瓜与泰国红肉木瓜杂交培育而成，它有红肉系列和黄肉系列两类品种，为广东主栽品种，福建漳州栽培较多。该品种株型矮化，茎干灰绿；叶略小，缺刻多而略深，叶端稍下垂。营养生长期短，第25～28叶期现蕾，花期早，坐果早，穗中红花性较稳定，高产稳产，平均果重约1 200g。果形美观，两性株果长圆形，雌性株果椭圆形，质滑，味清甜，但抗逆性差，根系较浅，易遭台风吹倒。

2. 台农1号

从台湾引进，1971年由台湾凤山试验分所利用哥斯达黎加红肉种与夏威夷日升种杂交育成推广。生育强壮，抗疫病强，早生，雌果椭圆型，两性果长型，果肉红色艳丽，含糖度13°，平均果重1 800g。产量高，耐贮运。

3. 台农3号

该品种从台湾引进，1971年由台湾凤山试验分所利用泰国种和日升种杂交育成。生长健壮，早生，结果部位低，雌果椭圆型，两性果长型，从播种至开花220d。果大丰产，平均果重2 200g。雌果椭圆形，两性果长圆形，果形平整美观。果皮浓绿，果肉红色多汁，含糖度11°～12°，气味清爽。为台湾目前最主要的经济栽培品种，成熟较快，不耐贮运。

4. 台农3号

从台湾引进，1971年由台湾凤山试验分所利用菲律宾种与日升种杂交育成。矮生强壮，离地面72cm即开始挂果，果大丰产，单株产量较高，果均重2 600g。雌果椭圆型，两性果长型。果肉橙黄色，含糖度11°～12°。品质中等，耐寒性稍强。

5. 台农5号

该品种是台湾省第一个抗病毒病新品种。1988年由台湾凤山试验分所利用美国佛罗里达州种与哥斯达黎加红肉种的杂交后代再杂交育成。高产，平均果重2 870g。早生，约比台农2号早1个月收果。矮生，离地面56cm开始挂果。雌果椭圆型，两性果长型，果肉橙红色，品质和风味夏季略逊于台农2号，可以通过疏果及施肥改善；冬季糖度品质反比台农2号高。

6. 红妃

从台湾引进。该品种结果能力强，果形美观，大小整齐，果面光滑。矮生，离地面50cm开始挂果，是极具商品性的优质小果型品种。株产约35kg，雌果近圆形，两性果长圆形。甜度高，味香，果肉红色，品质极优。此品种在福州地区表现抗病、丰产，可以作为开发番木瓜1年生栽培优良适栽品种。

7. 夏威夷索罗（Solo）品种群

起源于西印度群岛的巴巴多斯，由于长期采用两性株，坚持自花授粉，不断选种，故其后代整齐一致，性状表现稳定。索罗（Solo）品种群果实较小，单果重约500g左右，肉厚，香甜，较耐贮运，成为世界上主要鲜食品种之一。

（1）日升（Sunrise）。从美国夏威夷引进。该品种结实力强，果形美观，大小整齐，果沟不明显，果顶凹陷，畸形果极少。但果小产量低，单果重400～600g。雌果近球形，两性果梨形。甜度高，含糖度13°～16°，味芳香，果肉红色艳丽，品质极优。抗病及耐寒性较弱。

（2）卡坡和（Kapoho）。从美国夏威夷引进，该品种单果重390～780g，果肉硬，耐贮运，果皮光滑，适应雨量充沛地区，若在干旱地区栽培，则果实较小。

（3）歪玛纳洛（Waimanalo）。从夏威夷引进，开始结果部位低，距地面80cm左右开始开花结果。单果重440～1 000g，果圆形，果皮光滑，明亮，种子腔星形，果肉厚而硬，橙黄色，耐贮运。适应雨量多地区栽培。

（4）日落（Sunrise）。从美国夏威夷引进，果形、品质类似于日升品种，果肉橙红色。

三、生物学特性

番木瓜是热带、亚热带常绿果树，为大型草本双子叶植物。根部粗大，为浅生肉质根，侧根发达。茎干直立向上，顶芽生长势强，侧芽较少，植株一般只有一明显主干，韧皮部发达，木质部肉质化，中空。当树龄增大后，特别是顶芽被切断时，容易抽生侧芽，形成几个分枝。叶为单生，叶片大，呈掌状深裂，叶柄长而中空。番木瓜花性较为复杂，一般分为雌花、雄花、两性花，花有单生花或花序。由于花性繁多，因此株性复杂，可分为雌株、雄株和两性株。果实形状随着株性花性、授粉受精和果实发育的不同而有差异，一般为长圆形，椭圆形、梨形，果肉为黄色、红色。番木瓜果实中空，内含种子数不一，种子黑褐色，外种皮有皱纹，外有一层透明胶质的假种皮。

番木瓜性喜炎热的气候，最适宜的年平均气温为22～25℃，生长适宜气温是25～32℃，气温10℃左右生长缓慢，5℃时幼嫩器官开始出现寒害，气温0℃时叶片即受冻枯萎。番木瓜土壤适应性较强，在沙质土、红壤土和火山灰土上都可种植，但以沙质壤土最好。喜湿润、忌积水。番木瓜在生长发育过程中，对水分需求很大，雨量充沛，降雨均匀的环境更适合番木瓜生长。番木瓜在高温炎热气候下生长迅速、高产，故对营养需求量大，主要营养物质有氮、磷、钾、硼、钙、铁、镁和铜等。番木瓜在我国主要分布于广东、广西、云南、福建、海南、台湾、四川等地。

四、栽培技术

（一）苗木繁殖

生产上多采用实生繁殖育苗。番木瓜全年均可播种，选择充分成熟、新鲜、品质纯正，无杂交劣变现象的优良木瓜种子。需贮藏的种子，最好保存在5～10℃，相对湿度10%～20%，即低温干燥并且密封的地方，以免丧失发芽力。番木瓜的播种期全年均可，但要注意冬季保温、雨季注意防水、旱季注意保持苗圃地湿润。在云南一般以雨季前（3～4月）或秋季（9～11月）播种比较适宜。育苗不宜采用直播或床播，宜用穴盘或营养袋育苗，育苗土选择充分腐熟、无病虫、富含有机质的土。播前种子用清水浸泡36～48h，经多菌灵或托布津500倍液浸种消毒，催芽后用营养钵或营养袋育苗，每袋3粒。一般播种后10d左右开始发芽。在气温30～32℃时种子出芽最快。所以，播种后可用小拱型薄膜覆盖，或用大棚薄膜育苗。阳光太强烈，气温过高时，还要注意搭荫棚，或拉遮阳网以免灼伤苗木。

苗期要注意水肥管理，防寒控温和防治病虫害。当番木瓜幼苗抽生4片真叶时，可薄施复合肥，一般10～15d施肥1次。当苗木有15～16片真叶，高20cm左右时，就可出圃。

（二）造林

1. 选地

番木瓜干高叶大，叶柄细长，根是肉质，组织纤弱，对自然灾害抵抗力弱，所以，选择适当的栽培园地十分重要，一般要注意以下条件：

（1）高温无霜。番木瓜生育最适温度是25～30℃，日平均温度最低在16℃以上时，生长发育、结果、产量、品质才能正常。若有霜，即受冻害死亡。

（2）排水良好。番木瓜根部浸水24～48h即腐烂，因此，栽培地要选雨后不积水的地段，造林宜做高畦和排水沟，便于排水，以防根部腐烂。

（3）灌溉方便。番木瓜根系较浅，不耐干旱，若要保持连续结果和丰产，提高品质和延长结果年限，园地应具备灌溉条件，旱季要经常灌溉，保持园地湿润，沙质地每周灌水1次，壤土地每2～3周灌水1次。

（4）肥沃土壤。虽然番木瓜对土地要求不严格，无论是乳浆割取还是鲜瓜收获均要求在较湿润的肥沃壤土上栽培。最好选择质松肥沃富含有机质，土层深厚，地下水位低，土壤微酸（pH值6～6.5），通气良好的沙质壤土或砾质砂壤土。

（5）忌连作。番木瓜不宜连作，否则发育不良，病虫害严重，为了避免花叶病毁灭性危害，老株废耕后最好间隔3年才可再种。

（6）定植。选日照充足、排水良好的砂壤土或中壤土，施垃圾土杂肥45～75t·hm^{-2}，拌混均匀后整成高40～60cm、宽1m的高畦。云南在雨季到来时（5月底至6月中旬），选壮苗适时移栽，株行距2m×2.5m，定植1 995株·hm^{-2}。移栽时，先在畦面挖穴至适当深宽，再将营养袋放入穴内，再小心剥除塑料袋，填平穴土后浇足定根水。栽植不可太深，以免基部腐烂。

2. 水肥管理

要注意肥料的勤施巧施，移栽后3个月一般即进入生殖生长，因此，要加强水肥管理，既重视有机肥料的施用，还要注意氮、磷、钾的合理搭配。施肥要注意基肥重施，生长前期氮肥少施，开花坐果期要多施磷钾肥。根据广州市果树研究所介绍，在营养生长期氮、磷、钾的比例是5∶6∶5，生殖生长期为4∶8∶8。不同的土壤施肥的比例不同，可根据实地情况调整施肥比例。早期管理对木瓜结果影响极大，缺肥尤其是缺水使木瓜结实率显著下降，特别是两性植株往往只挂2～3个果，甚至不结实，间断结果现象也常发生。此外，水分的调控至关重要，旱季应经常灌水，保持土壤湿润，一般每月灌水1～2次，畦沟浸水不超过1h，土壤含水量控制在最大持水量的70%左右。云南旱季明显，更要注意旱季灌溉。

3. 抹芽疏果

番木瓜树在湿润温暖的春夏季节，往往会从叶腋长出侧芽，侧芽一经长出就消耗营养、水分，抑制开花结果，甚至会防碍通风透光引发疾病，而且还影响割浆操作，一经发现应及早抹除。结果期间应随时将受精不良、形状不正、过分拥挤和病虫害果实摘除，每株留果20～25个以保证养分集中供应，提高单果重量和品质。若发现有病虫果、畸形果及过密的弱势果都应及时清除。

4. 辅助授粉

留种果必须选用生长较好的两性植株，通过人工辅助授粉可以获得较多的种子，以留种为目的，可用毛笔将花粉刷在两性花的柱头上。为增加产量，可用毛笔将花粉刷在雌花和两性花的柱头上，以补虫媒授粉之不足，不但能提高单果重，还可大大提高座果率，特别是增加两性株座果率。

五、病害防治

1. 炭疽病

症状：由真菌侵染所致。病果初现污黄色水渍状小斑点，后扩大为褐色圆斑，稍下陷，具同心轮纹，上生轮状排列突起的小黑点，潮湿时则呈朱红色黏质小点，病斑下果肉硬化。主要危害果实引起果腐，也危害叶片和叶柄。

防治方法：可用波尔多液或硫菌磷等农药喷射。

2. 疮痂病

症状：由真菌侵染所致。叶面上沿叶脉两侧呈不规则黄斑，叶背沿叶脉两侧呈现木栓化疮痂状突起，粗糙，后期斑面转呈灰褐色，其上长灰色至灰褐色薄霉。叶片病斑易破裂或穿孔，甚至早衰脱落。

防治方法：可用50%多菌灵500倍液或托布津1 000倍液防治。

3. 灰斑病

症状：由真菌侵染所致。危害植株叶片，病斑近圆形至不规则形，叶面灰色，叶背不明显。

防治方法：可用波尔多液或硫菌磷等农药喷射防治。

4. 环斑病

症状：由病毒（PRSV）侵染所致。传毒介体为蚜虫，非持久方式，属全株性病害。病叶呈浓绿与黄绿斑驳花叶状，稍变形，病重者叶片黄化、大多脱落，仅剩顶部少数畸形黄色幼叶，顶叶变小，嫩茎及叶柄现水渍状斑点或条纹；病果果面现水渍圈斑或同心轮纹状圈斑，后互相联合成大斑，病株矮化，结果少，多畸形，易脱落，失去食用价值。

5. 花叶病

症状：由病毒侵染所致。传毒介体为蚜虫，叶片接触也可发病。可出现在叶、茎、花和果各器官上，属全株性病害。病叶明显畸形，皱缩，呈窄蕨叶状、鸡爪状、带状或线状，缺叶肉或叶肉很少，病株不能结果，或结果少而小，失去原有风味，不堪食用。

防治方法：番木瓜的病毒病对番木瓜的生产影响很大，世界上许多学者都在不断研究防治方法，目前还没有十分有效的办法。对传播病毒的蚜虫可用杀灭菊酯500倍液喷雾防治。

六、采收贮藏与加工利用

番木瓜果实除可作生果鲜实或蔬菜外，还可作饲料或加工原料制成果汁、果酱、果脯、果糖、果酒，并可提取果胶。木瓜酶可供作肉品加工软化剂，也可在皮革业、医药和化妆品上应用。近年来，随着对番木瓜营养价值和保健价值的认识，番木瓜越来越受到人们的青睐，市场销路看好，经济效益可观，发展前景相当广阔。

1. 采收贮藏

番木瓜速生丰产，营养价值高，但果实成熟后一般不耐贮藏，采后保鲜困难，因此，番木瓜果实的采收标准，要依市场需要和贮运时间来确定，如果就地销售，果实的成熟度要求果皮有1/2以上黄色时采收为宜，此时果肉大部分还未变软；如果远销外地，贮运时间较长时，采收的果实就要选择刚开始变黄、果肉还未变软时为宜。果实经清洁处理后包装运输。

美国夏威夷索罗（Solo）系列品种一般比较耐贮运，采后有10～14d可以运往市场。在美国，贮运番木瓜温度保持在7～13℃，相对湿度85%～90%，贮藏寿命1～3周。若温度低于7℃，易发生冷害，果实催熟温度以21～27℃为宜。

2. 加工利用

番木瓜果实除作鲜水果上市外，还可提炼木瓜蛋白酶，或将青果加工成果脯、果条、果酒、果醋、果粉和果酱等。

（1）生产番木瓜汁饮料和番木瓜果酒、果醋。番木瓜的可食部分占整个果实的80%以上，是生食佳品和制造饮料、果酒、果醋等的好原料。一般是先制备番木瓜原浆或浓缩汁。制饮料工艺流程为：番木瓜→挑选→清洗消毒→蒸汽处理→冷却→切去皮籽→打浆→酸化→热灭菌→番木瓜原浆→酶处理→过滤→浓缩→番木瓜浓缩汁。

工艺的关键要点是：一是尽量选用充分成熟的番木瓜，保证其最佳风味；二是用100℃蒸汽处理1～2min，以抑制乳汁渗出、钝化酶、清洁果皮和减少微生物数量，同时软化果实，提高出汁率；三是果核含脂量高且有特殊气味，应毫无破坏地完全从原浆中清除净；四是为防止变色，所有与番木瓜原浆接触的机器部件、工具都应用不锈钢制成；五是将番木瓜浓缩汁添加糖、柠檬酸、天然香料，或与其他果汁、蔬菜汁配合，可制成各种风味的番木瓜汁饮料、混合果蔬汁饮料等。

番木瓜果酒和果醋的生产均采用发酵酿造法。番木瓜汁→成分调整→杀菌→主发酵→分离→后发酵→储存陈酿→配制→加胶澄清→过滤→杀菌→番木瓜果酒。果酒→酒精发酵→醋酸发酵→过滤→配兑→消毒→成品果醋。工艺关键在于严格控制发酵温度、防止微生物污染、确保发酵顺利进行。

（2）提取番木瓜蛋白酶。木瓜蛋白酶一般从番木瓜乳汁中提取。其原料主要来自未成熟的果实，在未成熟的果实上割采乳汁，经过加工处理后便可得到木瓜蛋白酶粗品。当番木瓜坐果后80～90d，从此时至果实成熟变黄前均可以采浆制酶，采浆对果实品质风味无影响。为保证品质，应遵守技术规程。乳汁的采集方法如下：选择非金属或不锈钢小刀在青果上纵切4条深约0.2～0.3cm、间距1.25cm的切口，使白色乳汁流出，然后用玻璃瓶收集。经过几小时，在划破的地方再收集果皮上的半固体物质。每隔3～4d可在果实上未划破的地方重新割取。采集一般在早晨或多云天气时分5～6次进行。采取乳汁与划线下刀的深浅和间隔时间都有很大的关系，过深过浅，流出的乳汁都不会多，一般以果皮割口容易愈合，且流出的乳汁量最佳为宜。实践证明：下刀深度以0.8～1.5mm为宜，超过这个深度果皮伤口不宜愈合。

收集的乳汁迅速晒干或烘干，烘温不超过40℃，玻璃瓶应密封，贮放在冷凉、干燥处，待乳汁变硬约15min后，即放入酒精中沉淀，用丙酮洗涤，室温下用硫酸真空干燥。干后即得淡黄色粉末状木瓜蛋白酶粗制品，再经分离纯化即得木瓜蛋白酶纯品。采取乳汁时加0.05%亚硫酸氢钠，既防腐，又提高品质。

（3）番木瓜蜜饯。番木瓜从幼果到成熟果都合适于糖制加工，制成蜜饯小食品，很受欢迎。工艺流程：原料选择→清洗→去皮→切片整形→硬化处理→漂洗→糖制→烘干→包装。技术要点：原料选择六、七成熟的番木瓜，剖开后去皮、除去种子，切成瓜片，厚约0.5cm，即用饱和石灰水溶液浸泡2h，然后捞出用清水漂洗。在沸水中烫漂约1min，移出后即用清水冷却，然后捞起沥干。将沥干的番木瓜片放入糖渍容器内，再将煮沸后的35%蔗糖溶液倒入进行糖制，浸泡24h后滤出糖液，补加糖液重10%～15%的蔗糖，煮沸后倒入番木瓜片再糖渍24h。如此反复，经4～5次渗糖，使瓜片含糖60°以上，捞出瓜片，沥去糖液即可进行烘干。在烘干过程中注意瓜片的形状，以65℃温度烘至瓜片含水量不超过15%，冷却后即可包装成商品。

（4）番木瓜罐头。工艺流程：原料选择→清洗→去皮→切块、清除子瓤→分选→装罐→封罐→杀菌→冷却→成品包装。技术要点：选择果形整齐，可溶性固形物7%～10%成熟的果实，清洗后去皮，然后用不锈钢刀将果纵切剖开除去种子，再根据罐头容器的大小，将果纵切成合适的长条。按果条大小、色泽进行分选，然后装罐，若瓶装净重400g，则果条240g，糖水160g，浓度为25%～30%。封罐要抽气密封，真空度0.05～0.06MPa。杀菌可按公式5′～20′～5′/100℃，杀菌后分段冷却到38℃左右，最后包装成成品。

（刘惠民）

39. 黄　　皮

黄皮［*Clausena lansium*（Lour.）Skeels］又名为黄弹子、王坛子、黄批、黄柑，是芸香科（Rutaceae）黄皮属（*Clausena* Burm. f.）的常绿小乔木，为我国南方的特产水果。黄皮果实营养丰富，富含维生素C、糖类、果胶和有机酸等营养物质，据分析，每千克果肉含水分826g、蛋白质10g、脂肪2g、碳水化合物149g、钙500mg、磷250mg、铁7mg、维生素C 390mg等。果实鲜食甜中带酸，甘美可口，食之能助消化，有开胃消食的作用。黄皮可加工成干果、果冻、蜜饯、盐渍、果饼、果酱和清凉饮料等。其根、茎、叶、种子均有药用价值，有消除胸腹胀满、生津、止渴、化痰顺气、镇咳的功效，种子能治疝气。其枝干是良好的木材，可制作家具。黄皮树姿优美，周年常绿，可作庭院宅旁绿化，是美化环境的优良树种之一。黄皮适应性强，栽培管理简单，具有早结、丰产的特性，嫁接苗一般在种植后2～3年开始结果，4年生的嫁接树平均株产鲜果5～8kg，经济价值较高，逐渐成为重要的名优小水果之一，深受消费者欢迎。

黄皮原产我国南方热带和亚热带地区，约有1500多年的栽培历史，主要分布在我国南方各地，如广东、海南、广西、福建、台湾、云南、四川、贵州等，但以广东、广西、福建、台湾等地栽培面积较多。多年来，我国挖掘和选育了黄皮新优良品种（品系），栽培技术不断改进和提高，种植面积和规模日益扩大，已从过去的房前屋后的零星栽培逐步走向大面积的连片商品化栽培。

黄皮生产上也存在不少问题，果实的贮藏保鲜技术还未得到解决，加工综合利用技术滞后。这两个问题严重影响黄皮种植业的发展。

一、主要物种

芸香科黄皮属有30多个种，分布在东半球的热带和亚热带地区。我国约有9种。

1. 黄皮［*Clausena lansium*（Lour.）Skeels］

黄皮是常绿小乔木，树高4～6m。树冠开张，树皮灰色或暗褐色，树干和老枝上有小突起；幼嫩小枝、花枝、花轴和叶轴上均着生短柔毛；羽状复叶互生，长20～25cm，小叶5～13片，卵形或卵状长圆形，长7～9cm，宽3～4cm，有小叶柄，叶面深绿色、光滑，叶背淡绿色，主、侧脉突起，叶缘波浪形，油胞细而密，搓碎后有柑橘芳香味；花为雌雄同花，花小，白色，直径约8mm，聚集顶生成复总状花序，花穗圆锥形；花萼和花瓣均为4～5裂，分离；雄蕊10枚，雌蕊淡绿色，子房被柔毛，4～5室，每室2胚珠；果为浆果，黄褐色，圆形、卵形或长心脏形，果皮被柔毛、有油腺、具特殊芳香；每果有种子0～5粒，种子肾形，上部为黄褐色，下部为青绿色，种皮白色。

2. 细叶黄皮［*C. indica*（Datz.）div.］

细叶黄皮又称小叶黄皮、山黄皮或鸡皮果，树高3～5m；枝暗灰色，无毛，奇数羽状复叶；小叶7～15片，斜长圆形、披针形或长圆状卵形，叶较小，全缘或有细圆锯齿，纸质，同叶轴上的小叶大小差异不大；顶生圆锥花序，花小，白色，子房无毛，花蕾圆球形，花蕾无隆起的脊棱；果圆球形或近圆球形，成熟的果实淡黄色，光滑无毛，果皮薄。主要分布于我国广西、云南南部、广东、海南。果实含有18种氨基酸和多种人体需要的微量元素，果实可生吃，亦可制成果干、果脯、果酱、果汁，香纯可口，酸甜适中，可作香料与肉类烹调去异味，增加香味，具有消腻开胃、增进食欲的功效；种子也可晒干磨成粉作香料。2001年北京中国国际农业博览会上，山黄皮果被评为名牌产品。

上述良种为我国的栽培品种，此外，还有假黄皮（*C. excavate* Burm. f.）、香花黄皮（*C. odorata* Huang）、小黄皮（*C. emarginata* Huang）、齿叶黄皮（*C. dunniana* Lévl.）、毛齿叶黄皮［*C. dunniana* var. *robusta*（Tan.）Huang］、云南黄皮（*C. yunnanensis* Huang）、光滑黄皮（*C. lenis* Drake）等物种，分布于长江以南的广东、广西、云南南部、台湾、福建、湖南、贵州、四川等地。

二、主要栽培品种

1. 品种类型

目前还没有对中国黄皮品种进行系统的类群划分。习惯上，有如下分类方法：

（1）按果实风味分　可分为甜黄皮、酸黄皮和苦黄皮3大类。甜黄皮酸味极少，可用于鲜食和加工，如广东的大鸡心、红嘴鸡心、鸡子黄皮，福建的奎章种、鸡心种、尖尾种，广西的鸡心黄皮均属此类。酸黄皮酸味颇重，品种繁杂，缺乏分类，多用于加工果脯、果汁、果酱，如广东的大圆皮、大牛心、细鸡心、半尖尾、圆皮等。苦黄皮味苦难食，但药用功效好。

（2）按果实形状分。可分为心形黄皮、圆球形黄皮和卵形黄皮。

（3）按果实有无种子分。可分为有核黄皮和无核黄皮。

2. 主要栽培品种

（1）大果甜黄皮。为广西选育出来的品种。树形圆头形，分枝能力强，枝短而壮。叶片小，明显上卷，叶脉比较明显，嫩叶味稍甘甜。主穗粗壮，圆头形，长10～15cm，稍短，侧穗紧凑。果穗紧凑，果实圆形，无酸味，平均单果重8.3g，最大12.8g，果皮鲜黄，肉淡黄。每果有核2～4粒，七成熟果实无酸味，成熟果蜜甜，含酸量0.098%，座果率高达30%～50%，果实膨大期如果遇上连续高温干旱后下大雨，会造成部分裂果。种植后第三年开始结果，株产5～10kg左右，10年树株产25kg以上。同等栽培管理条件及同等大小树冠，产量比无核黄皮高出30%以上。本品种适应性强，适于鲜食和加工。

（2）大果黄皮。为广西从鸡心黄皮品系中选育出来的优良单株。树形圆头形，树势中等，分枝能力强。枝粗壮，叶片宽大，似无核黄皮。花穗圆锥形，主花穗较长，达15～30cm，侧穗较无核黄皮多。结果比大果甜黄皮疏，又比无核黄皮紧凑。果穗大，重约1kg。果大，果形似鸡心，果皮黄褐色，随着熟度增加，皮色加深，色相更美。果肉厚、坚实、黄白色，平均单果重9g，最大果重14.6g，每果有核2～5粒。可溶性固形物高达13.5%，但含酸量1.17%，高出大果甜黄皮1.072%，座果率达40%左右。本品种适应性强，适于鲜食和加工。

（3）大鸡心黄皮。该品种是黄皮名优品种之一，主产于广州市海珠区。该品种树势强健，树冠开张，叶阔卵形或披针形。4月中下旬开花，7月上中旬果实成熟，果穗较大，单穗重达500g。果大，单果重约8g，最大可达15g；果实呈鸡心形，果皮较厚，蜡黄色，果肉黄色，果肉质地结实，耐贮运；果汁多，味甜而微酸，富有黄皮香味；果实可食率47%～62%，含可溶性固形物12%～16.7%，全糖10.55%，酸1.02%，每千克果肉含维生素C351.5mg。该品种适应性强，比较丰产，嫁接苗定植3年后开始结果，株产果实约5kg，成年大树株产鲜果可达100kg以上。

（4）选种大鸡心黄皮。选种大鸡心黄皮是广州市果树科学研究所与广州市农牧渔业局、广州市白云区果树科共同选育而成的新品种，于1990年通过广州市的品种鉴定。该品种的植物学性状及适应性与大鸡心黄皮基本相同，但成熟期比大鸡心黄皮早5～7d，果实品质、早结、丰产性能都优于大鸡心黄皮。7月上旬果实成熟，果大，平均单果重9.7～10.5g，最大果重可达16～18g，果粒大小均匀；果实鸡心形、美观，果皮蜡黄色，充分成熟时果皮古铜色，风味好，甜酸适中，商品性状好；可食率61%以上，可溶性固形物约17%，每1kg果肉含维生素C 351.5mg。

（5）长鸡心黄皮。树势强健，树冠开张。叶片披针形，叶缘呈波浪形。4月中下旬开花，7月中下旬果实成熟。果实中等大，长鸡心形，单果重8～10g，果皮金黄色，较薄，果肉黄白色，肉质结实，味甜，风味可口，是鲜食的优良品种。果实可食率45%～62%，可溶性固形物10%～14%，全糖8.11%，酸1.47%，每千克果肉含维生素C262.9mg。该品种具有早结丰产的特性，果穗坐果密而均匀。主要分布于广州市近郊，在珠江三角洲等地均有栽培。

（6）大圆头甜黄皮。该品种果大，平均单果重约8.5g，果实圆头形，果皮薄，鲜黄色，果肉色淡白，味甘而香，核2～4粒，果实大小一致，成熟期遇雨易裂果，产量中等。7上旬成熟。该品种是黄皮中较为优良的一个品种，主产于广州市海珠区。

（7）无核黄皮。近年来，在广东、广西等发现了不少无核黄皮的优良单株或品系，如郁南无核黄皮、揭阳县龙山无核黄皮、广西无核黄皮等。由于无核黄皮的果实无核，可食部分较高，商品性状好，现各地相继引种，颇具发展前景。无核黄皮仍有少数果实具独核，即无核率并未达到100%，座果率较低，皮较厚。

郁南无核黄皮品系树势强健，树冠开张。小叶9～13片，阔卵形，叶缘呈波浪状，微卷。4月上中旬开花，花小，白色。果穗较大，结实疏散，果实大而均匀，一般单果重9～10g，最大的可达16～

18g。果实于7月上旬成熟，在光照充足的情况下，果实充分成熟时呈橙色，果皮较厚，不易裂果；果肉橙色，肉质结实嫩滑，无核，少数具退化种子1粒。果实可食率85%，含可溶性固形物17.5%，全糖11.10%，酸1.21%，每千克果肉含维生素C358mg。

广西各地相继发现多株无核黄皮单株，最好的广西无核黄皮单株枝梢生长与大果黄皮相似，花穗长达25cm左右，侧穗稀疏。座果率低，一般为5%～20%。果实大小均匀，长形，皮厚而鲜黄，果重8.5g，最大单果重13.5g，可溶性固形物15%，无核率达96%，含酸量高达1.394%。果实在7月上中旬成熟，成熟后在树上保留10d也极少落果或裂果，较前两者耐贮运。本品种在广西黄皮分布区均有栽培，适量配种一些有核黄皮或放养蜜蜂可以提高座果率。

（8）鸡子黄皮。果形似鸡子，果大，单果重7～8g，果皮较薄，完全成熟时蜡黄色，成熟期较一致，果肉浅黄色，甜酸适度，有香味，果实大小较整齐，丰产稳产。7月下旬成熟，可迟至8月上旬采收。是广州地区优良迟熟品种之一，主要分布在广州市。

（9）红嘴鸡心黄皮。原产于广州市海珠区。果形美观，味甜而香，核少，不裂果，耐贮运，属于珍稀品种之一，目前处于濒危状态，偶有混栽于黄皮果园中。

红嘴鸡心黄皮幼龄期生长较慢，结果后树势强健，适应性强。清明前后开花，花期15d。开花期遇湿冷天气或过于干旱，会影响座果率。果实转蒂后对不良天气抵抗能力较强，落果不明显。在良好栽培条件下，产量比较稳定，成熟期在大暑前后，可在树上保果，最迟可延至立秋采收。果实鸡心形，果大，果肩宽，果顶尖歪，浅红色；果皮厚，成熟时金黄色；果长2.5～3cm，单果重11～13g；果肉黄白色，肉质致密，酸甜适度，味甘甜而香。

（10）岐山甜黄皮。岐山甜黄皮主要产于广州市黄埔区岐山村，栽培已有百年的历史。以其果大、核小、味甘甜有蜜味而颇有盛名。岐山甜黄皮为早熟品种，有5个品系：细崛督、最长大崛督、长大崛督、尖督、崛督大圆等，其中以最长大崛督为最优。其树干灰绿色，枝干密生粒状突起。小叶阔卵形，叶缘波浪状。3月下旬开花，夏至开始成熟。花穗长10～40cm，花小，白色。果实椭圆形，单果重6～9g。果皮深黄色，有油腺，具有特殊芳香。每千克果肉含维生素C404～617mg，肉味甘甜，有蜜味，核少。该品种在黄皮主产区均有少量栽培。

（11）独核甜黄皮。独核甜黄皮主产于广州市白云区萝岗镇水西，故又名水西独核黄皮。其栽培已有百多年的历史，但由于种种原因，目前处于濒危状态。果形略似鸡心，皮薄，金黄色，肉厚，味清甜甘香，大多数为独核，商品价值甚高。

独核甜黄皮树势强健，适应性强。清明前后开花，花期约15d，同一花穗的小花开放有先有后，果实成熟也有先后。花期忌阴雨、低温和干旱。晴天及土壤有适当的水分条件下座果率高。生理落果不明显，大小年结果现象。果实较大，单果重约8.5g，鸡心形，金黄色，皮薄，肉厚，品质佳。独核率70%，少数2核，核较小，亦有无核的。

（12）从城甜黄皮。从城甜黄皮是黄皮优良品种之一，主产广州从化市。栽培已有300多年的历史。从城甜黄皮果大，核少，味甘甜，皮薄，肉滑，芳香。从城甜黄皮树冠开张。3月下旬开花。低温阴雨或干旱时对开花结果不利，在晴天和水分充足的条件下，坐果好，每穗果20～40个。对土壤要求不严，喜温暖气候，幼树不耐寒，成年树耐寒性较荔枝、龙眼强。

（13）牛心黄皮。是福建省的优良品种之一，果实大，长圆形，先端稍圆，微皱，果形似牛心，纵径2.8～3.1cm，横径2.5～2.7cm，单果重11.2g。果皮深黄色，较厚，果皮和果肉结合紧密，不易剥离。果肉乳黄色，甜酸可口，8月中下旬成熟。丰产稳产，成年树株产可达50kg。该品种风味好，肉质紧实，较耐贮运，宜于鲜食和加工。

（14）迟熟黄皮。原产福建省福州市。果尖卵形，果皮厚，微带绿黄色。果肉乳淡白色，偏酸，果胶含量较高，单果重约9g，果实于9月成熟。该品种丰产性好，可鲜食，但以加工为最适宜。

（15）圆梨黄皮。主产于福建。果实圆球形，先端平圆，果中等大，单果重约8g，果皮薄，深黄色，核约4粒。果肉乳黄色，风味香甜，糖分和果胶含量较高。8月中旬成熟，果实密生，成熟期较为一致。丰产，成年树株产可达50kg。

（16）白密黄皮。主产于福建。果实较大，单果重约11g，椭圆形，先端较平，具皱纹。果皮淡黄色，中等厚，核4粒。果肉淡乳白色，质地较坚韧，果汁少，风味酸甜；适宜加工成蜜饯。果实在8月中下旬成熟。丰产，成年树株产达50～75kg。

三、生物学特性

（一）生态习性

花期遇阴雨、干旱气候，对开花结果有影响，坐果后对不良气候的抵抗力较强，果实成熟时期晴天如遇骤雨，易裂果。对土壤的适应性广，在土层深厚、土质肥沃且含有适量大灰质的砂壤土上，生长强健、寿命长、产量高；而在土质黏重、瘠薄，排水不良的地方，生长不良，产量低。

1. 温度

黄皮原产中国南部热带亚热带地区，喜温暖、湿润的环境，以年平均气温在20℃以上、1月份平均气温在12℃以上的地区为最适宜区。成年树较耐寒，耐寒能力比肉桂稍差，可耐短期0℃的低温，-1℃时成年树枝梢开始被冻害，幼年树的耐寒能力较差，据观察，幼苗在1～2℃时开始受害，连续4天时间气温在0～2.7℃时，4年生幼树整株冻死。开花期若遇低温，对开花结果有影响。

2. 水分

水分对黄皮生长发育影响很大。黄皮需要湿润的环境和充足的水分，在年降水量1 300mm以上且分布均匀的地区，黄皮生长良好，水分不足时生长不良，易引起落叶。如早春遇旱，会影响花器官的发育，影响开花坐果；花期遇低温阴雨天气时，影响花正常开放，不利于授粉受精；夏旱会影响果实发育，果熟时遇下雨会落果、裂果；秋梢抽生遇干旱会影响秋梢的抽生，降低翌年的产量；秋末至冬季需要适当的干旱，有利于花芽分化。

3. 光照

黄皮属阳性偏中的树种。光照充足，植株生长良好，产量高，果实着色好，味道甜，品质好；光照不足，易落果，果实着色差，味道酸，品质差，易发生煤烟病。

4. 土壤

黄皮对土壤要求较高，不同的土壤对黄皮植株生长、寿命和产量有不同的影响。山坡地、池塘边、房前屋后的排灌水良好、土壤肥沃、土层深厚的砂壤土或壤土上种植。树势强健，寿命长，高产稳产。黄皮有很强的趋肥性和趋水性，在瘠薄、干旱的土壤上种植黄皮，则黄皮生长不良，叶黄而少，树寿命短，虽能开花，但花穗小，花质差，果小质差，产量低。排水不良积水、地下水位高的地方，黄皮也生长不良。因此，在建园时应尽量选择适合黄皮生长的土壤。

（二）生长发育

1. 根系生长

黄皮实生树主根明显，压条繁殖植株主根不发达，其侧根、须根发达。根系主要分布在60cm土层以内。根的生长与地上部分的生长交替进行，在每次新梢萌发前，都会出现一次根系生长高峰期。黄皮根系生长没有明显的休眠期，只要条件适宜，在一年四季都处于生长状态。其根系生长有好气性、趋肥性、趋水性。

2. 萌芽和枝条生长

黄皮抽梢时间和次数因树龄、树势、地区、立地条件不同而异，幼树萌发新梢次数比成年树多，早春温度高的地区比温度低的地区萌发新梢的时间早，立地条件好的地方比立地条件差的地方萌发新梢的次数要多，生长旺盛的树比生长弱的树萌发新梢的次数多。

幼树一年可萌发3～4次梢；成年树一般一年萌发枝梢2～3次。春梢在2月至4月萌发，夏梢在5月至6月萌发，秋梢在8月至10月底前萌发。结果树一般极少萌发夏梢，只有挂果量少，或当年不挂果的植株才会萌发夏梢，树势较弱的树可保留夏梢作营养枝培养。结果树一般不会萌发冬梢，若冬季暖和、水肥供应充足或树势过旺，会出现冬梢，此时要及时控制冬梢。树势较弱的树。在翌年计划不挂果或少挂果的，且需要更新树冠的可保留冬梢。

秋梢是来年的结果母枝，生产上应采取措施，培养数量适宜、生长健壮、充实、节间较短的秋梢。生长壮旺的树，或秋梢经摘心处理后，约在10月中下旬前萌发第二次秋梢，同样可培养成翌年的结果母枝。已结果的枝条，在采果后及时在果穗基部1～2个芽处进行采后修剪，促使其剪后枝上部腋芽在当年抽发健壮秋梢，也可成为翌年的结果母枝。

枝梢生长特点：顶端生长优势强，连续生长不分枝，枝条生长可长达40～60cm，若经短截或摘心处理后，可刺激剪口下的芽萌发新梢而分枝。

3. 开花结果习性

花芽分化，黄皮的花芽分化时期一般在当年12月至翌年2月，容易进行花芽分化。黄皮有再花现象，2～3月当黄皮抽穗后花朵未开放前，将花穗从花轴基部剪去后，枝条上部的侧芽可在15～20d左右抽出新的花穗。影响黄皮花芽分化的主要因素，树体自身的营养条件：树体养分积累少，枝条弱小，叶片早落，顶芽不饱满，不容易形成花芽；施氮肥过多，或萌发冬梢，消耗树体大量的养分，也不易形成花芽。土壤水分：11 月份以后，土壤干旱则有利于花芽分化；土壤水分含量过高，不利于花芽分化。花芽分化期间的天气：花芽分化期需要充足的光照、适度的低温和较为干燥的天气。若花芽分化期间天气高温多湿，则不利于花芽分化。

开花结果，花穗为顶生圆锥花序，花穗从去年生长发育充实的秋梢顶端抽生，开花期因品种、地区不同而异，一般在 3 月中旬至 4 月上中旬开花，花期约 10 ~ 15d，虫媒花，花量大，每一花穗平均有 200 ~ 1 000 朵小花。同一花穗中花的开放有先后，花穗基部的小花轴的花先开，同一小花轴上，基部的小花先开放，小花多数在上午 8：00 ~ 12：00 开放，10：00 ~ 11：00 是花朵开放的高峰期。

谢花后，子房为绿黄色，后转为绿色，约 1 个月后，果实会迅速膨大，同一果穗中，幼果生长不整齐，有些品种生理落果严重，黄皮有 3 次生理落果现象：第一次在花期至谢花后 10d 左右，主要是发育不全的花和授精不良的果脱落；第二次生理落果是在小果如绿豆大时，幼果连果柄一起脱落；第三次生理落果在果实迅速膨大时。7 ~ 8 月果实成熟，不同地区、品种果实成熟期不尽相同，多数品种同一果穗的果实成熟期不一致，果实成熟时其果皮由绿色转蜡黄色，果实大小不均匀，每穗果数 10 ~ 100 个不等，此时遇雨，或水分供应过于充足会出现裂果。果期约为 80 ~ 100d。

4. 生命周期

黄皮的生命周期可分为幼年期、结果始期、结果盛期、结果衰退期 4 个不同的生长发育阶段。嫁接苗从定植后前 3 年，实生苗从定植后至第一次开花结果前为幼年期。嫁接苗从定植 3 年后至大量结果，实生苗从第一次结果到大量结果的时期为结果始期。从开始大量结果到产量开始下降的时期为结果盛期。产量开始下降，侧枝逐渐向心枯死，大枝上常萌发徒长枝，抗逆性减弱，果实品质差，味道变酸时期为结果衰退期。

四、栽培技术

（一）苗木繁殖

黄皮常见的繁殖方法有实生苗培育、嫁接育苗、高压（圈枝）育苗、扦插育苗等方法。目前，黄皮繁殖多采用嫁接繁殖育苗，一般嫁接后第二年即可开花结果。

1. 实生苗和砧木苗培育

（1）苗圃地选择。根据经营管理方便、自然条件和育苗树种相适应的原则，苗圃地宜选择交通方便，地势平坦的，背风向阳地块、坡度不超过 5°，要求石砾少，土壤肥沃、疏松，水源充足，灌溉方便，排水良好，地下水位在 1m 左右，pH 值 5.5 ~ 6 的地段。

不宜选择干燥瘠薄的山顶、风口和阳光不足的山谷，寒流汇集积沙低洼地，重盐碱地，雨季易发生山洪、易遭受淹没的山区地带，泥沙堆积的地段，经常出现早霜冻和晚霜冻的地区作苗圃地。

（2）圃地整地。苗床育苗时，要对苗圃地深翻细耙，翻垦深度为 40 ~ 50cm，将土壤打碎，捡净杂草、灌木。用有机肥如堆肥作基肥，施肥量为 15 000kg · hm^{-2}左右，在翻耕之前，均匀地撒在地上，然后犁耙翻耕。翻耕后起，畦宽 1m 左右，高 0.3m，按 20 ~ 25cm 的行距开播种沟，沟深 3 ~ 4cm。

采用容器育苗时，起高 10cm、宽 80 ~ 100cm 的苗床，长度依地形而定，过道宽 40cm。用薄膜塑料育苗袋作为育苗容器，容器规格为 20cm × 25cm，底部打洞。基质配方为：菜园土加红壤土（70%）+火烧土（15%）+农家肥（12%）+过磷酸钙（3%），将各种成分混匀，过筛后装杯，排杯。排好杯后在苗床四周用松土堆培，以防杯倒伏及边缘的营养杯中土壤失水过多。

（3）采种及种子处理。在 7 月至 8 月黄皮成熟期，选择适应性强、种子多且大粒的酸黄皮，采下成熟的黄皮果。然后，将果实压烂，取出种子，洗净，选种。选种时把细小的、发育不全的、形状异常的种子剔除。种子最好随采随处理随播种，如一时不能及时播种的，种子要进行沙藏。种子不宜暴晒，在室内贮放时间过长，也会影响发芽率。

（4）播种时期和播种方法。播种时期：黄皮种子无休眠期，成熟后即可发芽，宜随采随播。播种方法：苗床育苗多采用条状点播。将种子按 15 ~ 20cm 的距离点播于播种沟内，覆盖厚约 1 ~ 2cm 细土，上覆一层稻草，淋足水。

营养袋育苗则将种子播种在营养袋的中央。黄皮种子发芽率很高，可达 95% 以上，因此，每个营养袋点放入 1 粒种子即可，然后覆盖细土。也可先将种子进行催芽，当种子发芽后，胚根长 1 ~ 2cm 时上杯，每杯点播 1 粒，已长成小苗的，移栽前先剪去侧根以下的主根，以促进侧根的生长。点播或移栽后要轻轻压实营养土，每点播或移栽2～3床后立即淋足水。

（5）播种后管理。淋水及排灌：应经常检查土壤水分状况，土壤干旱时要及时淋水，保持土壤湿润，雨后及时排除积水。揭草：幼苗开始出土时，分次逐渐将稻草揭去，利于幼苗生长。补苗：待幼苗长出4～5真叶后，进行补苗。中耕除草：中耕时以不伤幼苗根系为宜；及时拔除杂草，避免杂草与幼苗争肥和遮光，影响苗木生长。施肥：当幼苗长出2～4片真叶时开始施肥，肥料以氮肥为主的复合肥0.3%～0.5%倍液淋施，随着苗木生长可逐渐加大施肥量。第二年后，可进行撒施，施肥量为100 $g \cdot m^{-2}$。抹芽：及时抹除苗干上的侧芽萌枝，使苗木直立，苗干光滑、平直、粗壮。病虫害防治：危害叶片的害虫有蚜虫、红蜘蛛、潜叶蛾、介壳虫、凤蝶类；危害根茎的害虫有蝼蛄、蟋蟀、金龟子。病害有立枯病、炭疽病、煤烟病等。要及时检查，发现病虫发生及时施药。

2. 嫁接苗的培育

（1）砧木选择。选用1～2年生的实生苗作砧木，要求1年生苗地径粗0.5cm以上，2年生苗地径粗1cm以上，砧木生长健壮、无病虫害。管理水平较高的苗圃，可用于嫁接的1年生苗占40%左右。

（2）接穗采集及贮藏。接穗从已结果的优良品种树上采集。要求采母树树冠中上部外围生长健壮、芽眼饱满、无病虫害、1年生的老熟枝条。剪下的枝条应立即剪去叶片。

当地采穗时应随采随接，以提高嫁接成活率，不宜将接穗采下贮藏多日后再嫁接。异地采穗时，采集的接穗应立即剪去叶片，以减少水分蒸发；按品种扎成捆，50～100条枝条捆成一扎，挂好标签；放入水中吸足水后取出，再用2张为一层的草纸包好，用水将草纸湿润后再置于垫有黄皮叶的纸箱内，再盖一层黄皮叶，然后包装好纸箱待运。运输途中防日晒，不能将纸箱放到车顶或近发动机处，以免温度过高而使枝条受害。运到目的地后可将装有接穗的纸箱直接置于室内阴凉处贮藏，每天洒水保湿，这种贮藏方法比沙藏或冰箱低温贮藏效果更好。采回的接穗要求在3d内要全部嫁接完，若超过3d，嫁接成活率会大大降低。

（3）嫁接时间。最佳嫁接时期为3月中旬至9月上旬。10月后气温逐渐下降，嫁接成活后接穗生长慢，有些甚至难以萌发，嫁接不成活的植株，第二年补接时成活率较低。

（4）嫁接方法。黄皮嫁接成活率高的方法有切接和补片芽接，生产上多用切接，该方法嫁接速度快，成活率高。嫁接时要求切要锋利、动作要快、削面要平滑、形成层要对准、绑扎要紧。

• 切接　此嫁接方法成活率高，可达95%以上，其方法如下。削砧木：嫁接时在距地面约10～30cm处剪断砧木，选择砧木平滑的一面把砧木切面略斜削少许（便于辩认形成层的位置），再在皮层和木质部之间稍带木质部垂直纵切一刀，长约1.5cm，切面要平、直。削接穗：接穗留2～3个芽，长3～5cm，在平直饱满处的反面离基部芽2cm处呈45°削断，此面称短削面，再翻转枝条将芽朝下贴在食指上，在接穗平直饱满处离基部芽眼0.5cm左右于皮层与木质部之间往下平削一刀，称长削面。要求切面要平滑，削下皮层不带或稍带木质部，恰到形成层为好。然后倒转枝条，在顶部芽眼的上方0.5～0.8cm处斜削一刀，将接穗削断即成。接穗可随削随接，也可先在室内削好，将接穗置于盛有水的容器中，积累到一定数量后再去野外嫁接，要求接穗在3h内接完。插接穗：将接穗长削面的形成层对准砧木接口的形成层插下，使两者形成层紧密贴合，接穗切面应高出砧木斜面0.1cm左右，以利于砧木与接穗愈合。包扎薄膜：用6～7mm的地膜绑带由下往上螺旋上绕将整个接穗全封，封顶后把绑带拧成线状再往下缠至接口处绑紧。用此地膜包扎时，嫁接成活后其芽可突破地膜长出。

• 补片芽接　砧木选择及处理：选好砧木的嫁接部位，切口处要平滑，先于砧木上纵划两刀横划两刀为正方形或长方形的皮层，宽度和长度略比接芽大，深度以达木质部能剥取树皮为度，用芽接刀上的角片将砧木上已割划的树皮轻轻撬掉。接芽的选择和处理：在接穗枝条上选取生长饱满的芽，用芽接刀在芽的上方1cm，下方1cm和芽的左右各0.8cm处各划一刀，接芽宜比砧木略小，深达木质部，然后用芽接刀上的角片将芽轻轻剥下，即行嵌接。嵌芽和捆扎：把接芽小心补入砧木的接口，注意不要将芽倒置，并要求接穗与砧木切口下边紧密接合，立即用塑料薄膜由下而上包紧，不露芽。

（5）嫁接后管理。检查成活：一般嫁接后10～15d，接穗的芽开始萌动、发芽。及时检查成活情况，不成活的要及时补接，以提高成苗率。解绑：

嫁接时用塑料薄膜全封闭覆瓦状包扎，接穗芽萌发后，会自动冲出捆缚塑料薄膜向上生长。当新梢老熟、嫁接口愈合后，可以松绑。解绑太迟，绑扎物易陷入皮内而造成嫁接部位肿大形成肿瘤，造成嫁接植株生长不良，严重时植株死亡。抹除砧芽：砧木上常萌发砧芽，要常检查，及时抹除砧木上萌芽，使养分集中供应接穗，否则接穗难以生长。施肥：接穗萌发的第1次新梢老熟后可以开始施肥，此后，每次新梢生长前施1～2次，肥料可选用复合肥进行追肥，撒施100g・m^{-2}。如果苗地基肥充足，土壤有机质含量高，叶色浓绿，一般不需大量施肥。

注意排灌：干旱时淋水、灌溉，下雨积水时排水。防止过干过涝，保障苗木生长对水分的需要。中耕除草：结合施肥适当浅耕松土，松土深度为2～3cm。及时除去苗地杂草，原则是除早、除小、除了。整形：在嫁接部位30～40cm处打顶摘心，促使分枝，然后选留3～4条分布均匀的健壮枝培养为主枝。病虫害防治：常见的病虫害有蚜虫、红蜘蛛、潜叶蛾、绵蜡介壳虫和煤烟病、炭疽病、根腐病、立枯病等。要经常检查，发现病虫要及时防治。

3. 压条繁殖

全年均可进行，但以2～9月进行压条的生根率高。

应选品种优良，生长旺盛，丰产稳产，大小年结果不显著的壮年树作母树。枝条要选择3～4年生、径粗1.5～2cm、皮光滑、无损伤的健壮枝条，不选阴生枝、弱枝、病虫枝和徒长枝，对损伤母树过多的枝条也应少用。

在选用的枝条上离基部10～15cm或较平直的适宜部位，用刀上、下各环割一圈，深达木质部，宽度为2～4cm，枝条粗则圈口稍宽些。纵切一刀后把皮层剥除，再用刀刮净圈口木质部上的形成层，剥后3～5d，即可用发根基质包扎，为了促进生根，可用1 000 mg・L^{-1}吲哚丁酸涂抹上圈口的皮层，然后才包上湿润的生根基质。

经过3～5个月，发2～3次根后，便可锯离母树，锯下后结合整形，剪去大部分叶，留2～3个分枝，解去薄膜，取出后再蘸泥浆，再进行假植。

一般假植于苗圃，按30cm×30cm开穴，苗放入穴中央，覆土，并从四周向苗木泥团轻轻压土，切忌从泥团上面向下压土，以免苗根折断。覆土过泥团约3cm，并即盖草淋水，搭矮棚遮荫，以防苗木新梢回枯。

4. 出圃

（1）苗木出圃规格。嫁接苗要求品种纯正，嫁接部位愈合良好、无肿瘤，至少抽2～3次梢且老熟，有一定分枝，嫁接部位20cm处的直径要求在0.8cm以上。苗木生长健壮，无病虫害，无机械损伤，根系发达。

（2）起苗。出圃前3天，用阿维菌素和速灭抗按1∶1比例的混合液1 000倍液和叶斑清1 500倍液进行喷雾。起苗前要淋足水，使土壤湿透，起苗时用铁锹或锄头从苗床的一端开始，先开一条略深于苗木根系的沟，然后依次向苗畦掘进，尽量减少须根损伤，勿伤茎枝。严禁用拔苗的方法进行起苗。将苗木进行分级，把一、二级苗堆放在一起，每50～100株为一捆。挖出的苗木避免风吹日晒，立即用黏性较大的黄泥浆浆根并用稻草包裹苗根，置阴凉处待运。营养袋育苗的，起苗时应连袋取出。剪去病叶和切断穿透容器的主根。在装车及运输过程中，要防散杯或坏杯。

（二）园地选择

黄皮是热带、南亚热带果树，一般在华南地区（广东、广西、福建、海南等地）年降水量1 300mm以上，年平均气温20℃以上，极端低温一般在0℃以上的地区均可种植。但要使黄皮达到早结果、早丰产、稳产、长寿的目的，在建园时应根据黄皮对环境条件的要求，慎重考虑园地的交通、位置、地形、地貌、土壤、水源、病虫害和环境小气候。园地最好选建在土层深厚、肥沃疏松、排水良好、光照充足的水田、平地或丘陵坡地，做到适地适树。

在丘陵地建园，要求海拔在300m以下，坡度在15°以下为宜。

（三）园地规划

1. 分区

分区的原则是便于管理，防止果园土壤受侵蚀，防止果园受风害，经济利用土地，有利于园地内部运输和机械化作业。

面积较大的果园可分成若干个作业区，下设小区。作业区大小和分区的原则是按坡向、等高线，并结合排灌系统和道路设置进行规划。在丘陵坡地，分水岭两侧的水分和热量条件相差较大，同一个小区不要跨过分水岭。小区的形状可采取近似的长方形、正方形、平行四边形或梯形，其长边要与等高线相平行。这样可提高水土保持措施的效果，减少土壤冲刷，保证小区内土壤、气候相对一致，从而便于在同一小区内实施统一的技术措施。每个作业区大小为 10～17 hm^2，每小区大小为 2～4 hm^2。

2. 道路系统规划

大型果园要根据园地大小设可通机动车的主道，宽 5～7m，区间干道宽 2～4m，小区工作道宽约 2m，梯田的土埂作行人小道。

3. 排灌系统

（1）上部设拦水沟。在果园上部设拦水沟，阻止山上的雨水直冲果园。拦水沟的大小根据集雨多少而定，一般宽 80cm、深 1m 左右，每隔 10m 留土墩，以缓和流速，用于蓄水。

（2）设施灌水。在果园里铺设管道，安装微喷和滴灌设施，省工省水。

（3）水源缺乏的果园应建蓄水池或挖水井，保证水分供应，以满足黄皮生长发育的需要。

（4）营造防风林。黄皮易遭受大风的危害，引起落花落果、枝折，在有风害的地方，应营造防风林。防风林可以降低风速，防止风害，调节温度，增加湿度，减轻高温、干旱和霜冻等造成的自然灾害，并减少地表径流，保持水土，为黄皮生长发育创造良好的生态环境。

选择的防风林树种应该具备有如下条件：适应能力强的乡土树种；树形高大，生长快，寿命长；与黄皮没有共同的病虫害，并且不是黄皮病虫害的中间寄主；树冠紧密，直立，对邻近果树影响小，根系深、根蘖少，不串根，不易受风害；具有一定的经济价值。

防风林的配置方向、位置和距离，应根据果园的具体情况确定，既要有效地防止主要害风对黄皮的危害，又要保证果园通风透光通气良好，管理方便。大型果园的防风林设有主林带和副林带，小型果园可以只营造环园林带。主林带通常由 3～5 行树组成，间距 300～400m；副林带通常由 2～3 行树组成，间距 500～600m。

配置方向应与害风风向垂直设置。乔木的行距为 2～2.5m，株距 1.5～2.0m，灌木株行距以 1m 为宜。林带最好与排灌渠道、作业区等结合设置，并且在黄皮定植之前营造，至少与黄皮定植同时进行。

（5）辅助设施。包括肥料堆沤用地、农具室、肥料农药仓、办公室、生活设施等。

（四）整地

平地、水田果园按株行距挖长、宽、高各为 1m 的种植坑。水田地下水位高，整地时要挖排水沟或起墩。

坡地果园为了防止水土流失，坡度较大的果园一般要开梯田种植。修筑梯田时，选一有代表性的坡面（坡面比较整齐，坡度适中，面积较大），从上往下拉一直线即为基线，再在此基线上，按已定的行距量出等距点，作为测量等高线的基点，以等距点为起点，分别向左右延伸测量出等高线，按等高线开梯土。由于山坡坡面陡缓不一，测出的等高线有些距离较近，有些距离较远，如果距离已超过行距的 2/3 的等高线，可加栽短行，即“加线”；若很近，不足行距的 2/3，可把不足行距的线段去掉，叫“舍线”。根据测好的等高线从上而下进行修筑。先筑梯壁，梯壁坡度 50°～60°；后平整梯面，梯面一般向内倾斜 2°～3°左右，内侧设排水沟，沟深 30cm，沟宽 40cm，边坡比一般为 1∶1.5，沟内每隔 5～10m 筑一小土埂，形成竹节状沟，便利于蓄水。梯田外侧设土埂，高约 20cm，宽 30～40cm，防止雨水冲刷梯田。梯田比降为 1/1 000。然后在梯面上按株距挖长、宽、高各为 1m 的种植坑。

缓坡地不用修筑梯田，按等高线和株行距挖长、宽、高各为 1m 的种植坑。

有些地方可不开梯土，而是沿等高线开沟，在沟沿上先种绿肥→绿肥埋入沟内→表土回填→栽植。

在栽植前 1～2 个月，回土及施定植基肥。先回表土，在回表土的同时，宜埋杂草、绿肥等，要求一层草一层土填埋。在回土同时施入基肥，基肥以有机肥和磷肥为主，要求沤熟，施入时要求且与土壤拌匀。

（五）确定合理栽植密度

株行距可选用 3m×4m 或 4m×4m，密度每公顷为 833 株或 625 株。

（六）选用良种壮苗

选择适应本地区栽培的优良品种嫁接苗，其结合部愈合良好，至少抽 2～3 次梢且老熟，有一定分枝，嫁接口以上 20cm 处的直径要求在 0.8cm 左右。苗木生长健壮，根系发达，须根多，无病虫害，无机械损伤。

（七）造林

1. 栽植季节

以春植为最好，在春季新梢萌发前定植成活率较高。营养袋苗在移植时，根系受影响较小，有灌溉条件的园地，春、夏、秋、冬四季均可种植。

2. 科学栽植方法

（1）裸根苗的栽植方法。在栽植前用 ABT 3 号生根粉混浆蘸根，生根粉的浓度按使用说明书规定的范围使用。栽植时，采用“三埋两踏一提苗”方法进行栽植，即先挖一个定植穴，深度略大于苗木的根部长度，然后把苗木放入定植穴中，将苗扶正，理好根系，使其均匀向四周伸展，不窝根，根系更不能上翘或外露；然后把肥沃湿润土壤填埋于根际，再握住苗茎把苗往上轻轻一提，让根系舒展朝下；踏实，使土壤与根系密接，防止干燥空气侵入，保持土壤湿润；再埋土，踏实；踏实后穴面再覆一层虚土。栽植深度不合适，栽植过深时，苗木根部不容易干燥，成活率高，但栽植后苗木生长慢；栽植太浅，苗木根部易干燥，成活率低。栽植黄皮时应注意栽植深度，考虑到栽植后穴面土壤会有所下沉，故埋土高于原苗木根颈处5cm左右。栽植后覆草。

（2）带土苗、营养杯苗的栽植方法。栽植时应先去掉不容易降解的容器并防止土团松散；易降解的容器可不去掉，连同容器或包装物一起栽植。将苗木放入定植穴中，用肥沃土壤填实定植穴与土团的空隙，用手轻压，切勿用脚踏实，否则易造成土团松散断根。带土苗也要注意栽植深度，埋土比原苗木根颈处高出5cm左右。定植时黄皮苗的根要避免与肥料接触，嫁接苗接口应至少高出地面10cm。

（八）栽培管理措施

1. 幼树管理

（1）间种和覆盖。在植后的第1年至第3年，选择低秆和非攀缘性作物，利用行间间种。常间种豆科作物，或蔬菜、西瓜等，既可“以短养长”，增加收入，又可疏松土壤和抑制杂草生长，提高土壤肥力和保湿防热的能力，达到以耕代抚的目的。同时，间种作物的枝叶可作压青材料。

土壤覆盖能降温保湿，防止土壤板结，增加土壤有机质含量，减少杂草生长。覆盖方法：种植后用地膜覆盖树盘或用田间杂草、稻草、作物的茎秆等覆盖树盘，其上再培上一层薄细土。生草覆盖。在果园种植绿肥，或让杂草生长，每年割草多次，覆盖树盘，杂草生长过旺时喷除草剂杀除。

（2）施肥。幼树生长旺盛，迅速扩大根系和树冠，每年能发3～4次梢，因而需要供给大量的养分才能满足植株生长发育的需要。定植成活后1个月可以开始施肥，此后在每次新梢萌发前10～15d用三元复合肥进行沟施，每次每株施0.25kg，干旱时应结合灌水。也可用腐熟人畜粪尿或腐熟麸水2倍液，每次株施5kg，在树冠滴水线附近的两边或周边挖浅穴施入，覆回表土。有条件的地方，在新梢转绿后可再施1次肥，即“一梢二肥”。新梢转绿以后施肥能加速新梢老熟，增加叶片的厚度和有机物的积累，缩短梢期，利于萌发多次新梢。每年冬季要结合扩穴改土深施有机肥。在树冠滴水线附近开深60～80cm、长100cm、宽50～60cm的穴，分层埋施有机肥，最后覆回表土。每株施畜粪2.5kg＋生麸250g＋草料10kg＋石灰500g。施肥时要少伤根，肥料不能堆放，要与土壤拌匀，以防发生肥害。

（3）幼树水分管理。黄皮适宜在湿润环境下生长，但忌积水。幼龄树生长旺盛，根系分布浅而少，容易受土壤水分变化影响。空气湿度低、土壤又干旱时树体水分消耗大，若水分补给不及时，叶片出现萎蔫，严重缺水时植株会枯死。水分过多，土壤透气性差，会烂根而导致植株死亡。因此要加强土壤水分管理，旱时灌水，涝时排水，保持土壤湿润。定植后至第1次新梢老熟时期，要注意保持土壤湿润，以保证植株成活。植株成活后，根据土壤的水分含量和枝梢生长发育状况及时排灌水，使土壤既不积水又保持湿润，以利于植株正常生长。

（4）松土除草。一年要松土2～3次，每年6～7月、10～11月各除草1次，一般结合除草和间种作物时进行。在根际范围松土深度宜浅，以5～10cm为好，冠外范围宜深。松土除草时少伤根。

（5）幼树整形修剪。黄皮以矮干的自然圆头形和自然开心形为理想树形。幼苗定植成活后，在主干高30～40cm时进行摘心或短截定干，要求剪口下的节间短密，促进截口下多芽同时萌发。选取3～4条生长健壮、分布均匀的枝条培养为主枝；待主枝老熟后，在30cm处进行摘心或短截，促剪口下的芽萌发，再在各主枝上选留2～3条健壮的、分布合理的枝条培养成二级主枝；在二级分枝以后，当枝条长度达30cm时，及时短截或摘心，促进分枝，依周围的枝条分布及着生方向进行留定新梢，每母枝留2～3条新梢。经3年后，可培养出一个具有5～6级分枝、达40～60条分布合理侧枝的树冠。在各个季节及时疏删过密枝、细弱枝、交叉枝、病虫枝、枯枝。若树冠不够大而又开花的植株，应在开花后剪掉花穗，使其转入营养生长，促进其多分枝，当枝条数达40条以上时，即可让其结果投产。幼树修剪的主要目的是整形，宜着重培养做成树形的主干、主枝、副主枝等骨干枝，修剪宜轻，除了为整枝而强短截外，不宜强短截，尽量多保留枝梢，以防将来有用的枝修剪过度，生长缓慢，造成营养生长期延长，结果期推迟，但对扰乱树形的枝条，宜及时除去。

（6）冬季防寒和清园。幼树耐寒能力较差。因此，在大寒前后注意防寒。遇低温霜冻天气时，可用稻草或用薄膜盖树冠防霜害冻害。冬季清园一次，以减少翌年病虫的发生。结合冬季修剪，剪除病虫枝、弱枝等。同时铲除果园内和园边的杂草，在园内喷施波尔多液进行消毒，用石灰涂白树干。

2. 结果树管理

黄皮树进入结果年龄后，随着树龄的增大，开花结果大量进行，消耗树体大量养分，若不科学管理，将出现大小年结果现象，会造成植株低产，品质差，寿命短。

（1）结果树的修剪。结果始期整形修剪：结果始期一方面要求树形早日扩大完成，同时也希望它结果，修剪是要使某些枝条开花结果，对某些则不使其结果，力求其生长强壮，以期树形早日完成，早进入盛果期，对在幼树期留的无用枝逐渐删除。永久植株以短截为主，促进分枝增加枝梢数目，回缩明显突出树冠的强枝，前期开的及树冠顶部的花应去掉，促进树体扩大，只保留树冠中下部和内部枝条的花，并多留预留枝条的花果。春季剪除发育不良的花穗、落花落果的空穗和过多的花穗，疏删过密枝、纤细枝、病虫枝，尽量做到留枝不废、废枝不留。对于春季短截的枝条，当新梢萌发后，每根母枝留 1～3 条新梢，夏季短截过长的夏梢，促进秋梢抽生。采果后可进行一次轻剪。为了在早期增加单位面积的产量，常在永久植株间栽临时植株，在临时植株保存期间，对永久植株与临时植株的修剪要区别对待，如果采取一样的矮化管理，则永久植株不可能具备大树的骨架，以后难以补救。临时植株宜求其早日生产果实，不必考虑整形和根系的培养，其树形宜比较小，因此，自主干直接长出的主枝数宜多，中小枝宜稍多保留，尽量使其早期多结果，而略抑制其营养生长，注意更新枝组。当临时植株对永久植株的生长结果有影响时，应及时修剪或间伐，当要进行间伐的数年前，在一部分主枝上可进行环状剥皮，尽量使其多结果，以求发挥最高的生产力。结果盛期整形修剪。为了确保年年丰产稳产，延长结果盛期，应保证结果枝与生长枝均衡发生，修剪时，宜侧重疏删或短截结果枝或结果母枝，促进新梢的发生，以维持树势，衰老的结果母枝或侧枝宜随时更新，疏删过密枝、病虫枝、交叉枝，短截生长旺盛的营养枝。黄皮花穗大，小花多，每穗达千朵以上，开花期长，导致同穗果实间大小不一，成熟期不一致。因此，对于大年结果树，为了减少养分消耗，促使同穗花期和成熟期趋于一致，可采用适当方法疏花或短截花穗，保持两者合适比例。疏穗过多，会影响当年的产量；过少，克服大小年结果不显著。疏穗时，先把病穗、弱穗和带叶片的花穗去掉，并掌握“树顶少留，中下部多留；外围少留，内部多留；去劣留优，分布均匀”的原则，疏去总穗量的 10% ～20% 。对于留下来的花穗，在花穗开花后至盛花前，将花穗顶部剪去总量的 1/3 左右。若花穗上带有小叶，应同时将小叶摘除。疏果可以增大果实，使果实大小及成熟期趋于一致。疏果可在生理落果后进行，一般先疏去畸形果、病虫果、小果，然后根据植株生长、营养水平、挂果量，适当疏去密生果，每果穗保留 60～80 个果即可。

采果后立即对结果树进行全面的整形修剪。对结果枝留 3～4 张复叶进行短截，促其早发秋梢，对不影响树形的无果枝任其自发秋梢。剪除结果枝顶端的果穗，去除枯枝、病虫枝和衰弱枝；对树体进行合理整形，如采取压顶开天窗，回缩徒长枝，疏删过密枝，形成一个良好圆头状树形。立秋前后，枝梢开始萌芽抽生秋梢，特别是经短截处理的枝条萌芽较多时，选留顶端两个芽，其余的全部抹除，有利集中养分，抽发健壮枝条。

（2）结果树施肥。冬季施足基肥：每年 12 月至翌年 1 月在树冠外围滴水线挖长 100cm、深 60cm、宽 50cm 的环状沟，株施禽畜粪 10kg + 麸饼 500～1 000g + 过磷酸钙 1.5～2.0kg + 石灰 250g。肥料要沤熟，施时肥料应与土壤拌匀，以防出现肥害。施促花肥：春季在芽萌动前 10～15d，根据立地条件、长势施促花肥，株施三元复合肥 1.0～1.5kg，采用沟施。花前花后喷施保花保果肥：在开花前和谢花后喷尿素 0.3% + 磷酸二氢钾 0.1% + 硼砂 0.05% + 赤霉素 50～100mg · L^{-1}，在盛花期用 10% 蔗糖 + 0.001% 硼酸喷 1～2 次可提高花粉萌发率和促进花粉管伸长，有利于受精，提高座果率。壮果肥：在果实迅速膨大前期，依结果量、长势、叶色来确定是否增施壮果肥，如果结果量大、叶色黄，应增施壮果肥。肥料宜选用以氮、钾为主的复合肥，施肥量依结果量和叶色来定。撒施在树冠滴水线附近，或在滴水线附近开浅穴施。采果后促梢肥：秋梢是黄皮主要的结果母枝，在采果后应及时施促梢肥，以促进秋梢适时抽生，培养质量好的秋梢。有灌溉条件的可在滴水线附近开浅沟施，施肥量视结果的树龄、结果量、土壤条件而定，一般情况下，株施复合肥1～1.5kg。缺水地区宜水肥淋施，水肥以40%～50%腐熟的人畜粪尿或5%沤熟的麸水，配以氮为主的速效肥料，在树冠四周的滴水线附近开浅穴或浅沟淋施，或直接在树盘上淋施。

（3）结果树水分管理。要根据黄皮不同的生长时期及对水分的需求进行合理灌溉和排水，以利于丰产稳产。12月至翌年1月是黄皮花芽分化时期，此时期要减少灌溉，使土壤稍为干旱，利于花芽分化的进行。2～4月是黄皮开花坐果期，春旱时灌水，保持土壤湿润，大雨后要注意排除积水。5～6月是果膨大期，此时期水分供应要充足，天气干旱无雨时要喷水、滴灌，必要时全园灌“跑马水”1～2次。此时期也是暴雨季节，要注意及时排水，防止烂根和裂果。7～10月是采收期和秋梢抽生时期，应保证充足的水分供应，以利于植株生长；下暴雨时要排积水，防止裂果和烂根。

（4）果实套袋。黄皮进行果实套袋，可防病虫害，防日灼，防果实被刮伤，促进果实色泽鲜艳。一般在采收前30d进行套袋。不宜提前套袋，否则着色不好，酸度高。套袋材料有白色纸袋、黑色牛皮纸、银色牛皮纸。袋子有单层材料制成，也有双层材料制成，但以单层黑色牛皮纸为好。袋子宜用药剂处理且外表层经蜡质处理过。

套袋注意事项：套袋时期不可提前或过迟；套袋前全园喷一次杀虫剂和杀菌剂；需待果实上药液干后再套袋，并在2～3d内完成；下雨天或清晨果实上的露水未干时勿套袋；套袋方法要正确，应将封口依序卷成螺旋状，且贴紧于总果穗梗，不宜将封口随便束紧而使封口呈漏斗状，以防雨水及露水浸入。

（5）松土除草。黄皮进入结果期后，随着树冠的扩大，一般不间种作物，为了保持土壤疏松、透气，常常结合施肥或除草进行松土。树盘松土宜浅，一般深10cm左右，外围可渐深。花期、果期松土时应少伤根，否则易引起落花落果。雨水多的年份或土壤湿润的地方，秋梢老熟后，全园进行深翻，断较细的根，减少根系吸收水分的量，利于花芽分化。

（6）控制冬梢。冬暖天气极易诱发冬梢，冬梢的抽生势必消耗养分并影响花芽分化，因此，必须严防冬梢的萌发。冬梢的控制方法有：结合冬季开穴埋基肥时，晒土断根控水，使树体根系控制在一定干旱状态，迫使树体休眠；另一种方法是秋梢充分老熟后用0.15%多效唑，间隔20d连续喷3次，可以有效抑制冬梢的形成。当冬梢刚萌动时，可用500mg·L^{-1}喷。

3. *衰老树管理*

加强肥水管理，增施肥料。施肥时间、施肥种类、施肥方法及施肥量可参照结果树管理。更新主枝，或利用徒长枝培养枝群。注意病虫害的防治。后期栽培上已失去经济价值，要开始考虑更新措施。

五、病虫害防治

（一）病害防治

1. *黄皮炭疽病*

黄皮生产上的一种常见病，各个生育期均可感病，一般以夏梢、花果期以及秋梢发病较多，危害梢、叶、果，造成叶斑、叶腐、秃枝、果腐等，严重影响产量和果品质量。

防治方法：在发病前喷43%大生富500倍液保护，发病时可用25%叶斑清1 000～1 500倍液防治或用1∶1∶100的波尔多液喷雾。发病严重的果园，修剪枯枝，清园，清除杂草灌木，收集病叶及落叶，集中烧毁，并用1∶1∶200波尔多液喷树干和地面。

2. *黄皮梢腐病*

农民称之为“死顶病”，黄皮梢腐病病原为砖红镰刀菌长孢变种的真菌，侵害黄皮、柑橘，普遍发生于黄皮产区，该病可在黄皮植株的地上部各部位发生，造成梢腐、叶腐、果腐和枝条溃疡。嫩梢上的幼芽、幼叶感病后变褐坏死或腐烂，嫩梢顶端受害呈黑褐色，病部干枯并明显收缩，呈烟头状；稍老的枝条上病斑褐色，梭形，长3～12mm，病部隆起但中央下陷，表面木栓化较粗糙；叶片和果实上病斑均为褐色、水渍状。在潮湿条件下，病部表面密生白霉和橙红色的黏孢团。本病一年四季均可发生，4～8月为发病高峰期，春梢发病明显重于秋梢，刚抽出的嫩梢、嫩芽、嫩枝容易感病此病，越冬期的老芽、老梢较抗病。植株发病轻者减产，重者无收，甚至毁园，一些果园病株率达到100%，病梢率亦达88.2%。

防治方法：新梢萌发期及时施药保护新梢。药剂可用12%腈菌唑乳油1 500～2 000倍液喷雾防治，或用25%叶斑清1 000～1 500倍液防治，或用仙生600倍液喷雾防治。冬季清园，清除病枝、病叶、残体，集中烧毁，减少病原。

3. 黄皮煤烟病

病原种类较多，常见的一种为 *Capnadium citri* Berk et Desm。在密度大的果园或枝条过密的植株易发生，特别是随着介壳虫、蚜虫等害虫的发生而发生，枝条叶片均可发生，病部表面覆盖黑色煤烟状物，妨碍黄皮正常光合作用，影响植株正常生长，导致落花落果，影响黄皮产量和质量。湿度大的地方及有介壳虫、蚜虫危害的地方发病严重。

防治方法：及时防治介壳虫、蚜虫。当有介壳虫、蚜虫危害时，用乐斯本1 000倍液或速灭抗1 000～1 500倍液喷杀。密度过大的果园应进行间伐，枝条过密的植株应进行修剪，以保证树冠通风透光良好。

（二）虫害防治

1. 黄皮木虱（*Diaphorina ccitri* Kuway）

属同翅目，木虱科昆虫。以成虫、若虫危害黄皮嫩芽、嫩梢，刺吸汁液，导致被害芽梢、嫩叶干枯萎缩，新叶畸形扭曲。排出的蜜露可诱发煤烟病，影响光合作用，导致树势衰弱，降低产量。该虫寄主有柑橘、黄皮、九里香以及芸香科植物，故称柑橘木虱。

该木虱1年可发生11～12代。各世代重叠发生，辗转危害多种寄主。冬季以成虫越冬，成虫寿命较长，越冬代历期141d，其他世代15～20d。成虫能飞善跳跃，栖息于果园边上通风透光的树冠上，取食交尾产卵。雌虫产卵多达1 000粒，一天产卵70多粒。卵散产于嫩芽，在新梢嫩芽上密集排列，一芽多卵。

防治方法：避免与柑橘等芸香科果树同园混栽，减少虫源。统一放梢，梢期喷施吡虫啉1 000～1 500倍液或乐斯本1 000倍液或阿维菌素1 500～2 000倍液喷杀。

2. 黄皮介壳虫类

黄皮介壳虫属同翅目，介壳虫科。危害黄皮的介壳虫有多种，其中较普遍发生的是褐圆蚧（*Chrysomphalus ficus* Ashmead）、吹绵蚧（*Icerya purchasi* Maskell）。介壳虫以成虫、若虫危害嫩芽、嫩梢，导致幼芽扭曲变形，不能正常抽发，被害幼果易发黄脱落，影响果品质量和产量。寄主有柑橘、黄皮、龙眼、番荔枝等果树。堆蜡粉蚧一年发生5～6代，以4～5月以及10～11月虫口密度最大，危害最重。

防治方法：用乐斯本1 000倍液喷杀或用10%氯氰菊酯（灭百可）2 000倍液喷杀。

3. 潜叶蛾（*Phyllocnistis citrella* Stainton）

属鳞翅目，枯潜蛾科，俗称鬼画符。以幼虫潜入嫩叶表皮下取食汁液，形成白色蜿蜒虫道，使叶片卷曲，易脱落。一年发生多代。

防治方法：在每次梢期进行药剂防治。药剂可选用速灭抗1 000～1 500倍液喷杀、阿维菌素（克蛾丁）1 500倍液喷杀或用乐斯本1 000倍液喷杀。

4. 黄皮蚜虫类

蚜虫属同翅目，蚜科。危害黄皮的蚜虫主要有橘蚜（*Aphis citricidus* Kirkaldy）。蚜虫以成虫、若虫群集于新梢、嫩叶及嫩茎上刺吸汁液危害。叶片受害后表现为皱缩，凹凸不平，不能正常伸展。新梢受害后弯曲变形。被害植株因蚜虫危害，排出蜜露而诱发煤烟病。

防治方法：采用50%抗蚜威1 500～2 500倍液或40%克蚜星600倍液喷杀或乐斯本1 000倍液喷杀。

5. 黄皮卷叶蛾类

卷叶蛾属鳞翅目，卷蛾科害虫。危害黄皮的卷叶蛾种类很多，除危害黄皮外，还危害柑橘、荔枝、龙眼等果树。比较常见的卷叶蛾是拟小黄卷叶蛾（*Adoxophyes cyrtosema* Meyrick）、褐带长卷叶蛾（*Homona coffearia* Nietner）等。几种卷叶蛾均以幼虫吐丝缀叶，藏匿于其中咬食叶肉，亦危害嫩梢、花穗、果实。

防治方法：在幼龄幼虫用阿维菌素1.8%乳油1 500～3 000倍液喷杀，或用吡虫啉10%粉剂1 000倍液喷杀。

6. 黄皮夜蛾类

黄皮夜蛾属鳞翅目，夜蛾科害虫。危害黄皮的夜蛾有多种，其中普遍发生的是嘴壶夜蛾（*Oraesia emarginata* Fabricius），又称桃黄褐夜蛾）。该虫以成虫刺吸果汁，造成落果，幼虫危害叶片。寄主还有柑橘、杧果、桃、李、梅等。嘴壶夜蛾在1年发生5～6代。成虫白天隐蔽于果园附近灌木丛中，傍晚飞出活动。趋光性弱，趋化性强，嗜食糖液。4～6月先危害枇杷、杨梅、桃和早熟荔枝，6～7月危害杧果、黄皮等，8月下旬开始危害柑橘，9～10月为转移危害盛期。11月后以幼虫在危害植株树冠及附近灌木丛中越冬。

防治方法：在幼虫低龄期施药防治，药剂可用阿维菌素（克蛾丁）1 500 倍液喷杀或用乐斯本1 000倍液喷杀。结果期应及早套袋，可防止危害。

7. 红蜘蛛［*Panonychus citri*（Mc Grigor）］

危害黄皮、柑橘等多种果树。以成虫、若虫刺吸叶片、绿色枝梢和果实汁液，导致叶片发黄、落叶、落果。叶片被害最为严重，被害叶片出现黄白色细小斑点，严重时斑点密布连成一片，呈灰白色，失去光泽，叶片脆薄，容易脱落，减弱树势。

防治方法：适时施药，保护新梢、花穗。施药的重点时期应在春暖、秋凉两个季节，在幼螨发生期进行。药剂选用：40% 三氯杀螨醇乳油 1 000 倍液、73% 克螨特乳油 2 000 ~3 000 倍液、5% 尼索朗乳油 1 000 ~2 000 倍液、5% 速螨铜 1 500 ~2 000 倍液，虫口密度大时，药剂可轮换使用。保护天敌，利用生物防治害虫。红蜘蛛的天敌很多，如捕食螨（钝绥螨）、食螨瓢虫、草蛉、花蝽以及寄生菌（芽枝霉菌）等。

8. 天牛类

天牛属鞘翅目天牛科。危害黄皮的天牛有星天牛（*Anoplophora chinensis* Först）、褐天牛［*Nadezhdiella cantori*（Hope）］等，但最常见的是星天牛。星天牛以幼虫蛀害树干、主枝，影响水分和养分的输导。受害植株全株发黄，叶片黄化，树势衰弱，严重时整株死亡。

幼虫孵化后，就在近地面的树皮下蛀食，经2 ~4 个月后，始深入木质部，蛀害成隧道。初入木质部时，直入蛀食，至一定深度后转而向上，蛀道多与树平行，少数弯曲或斜向，因此钩杀容易。蛀入孔接近地面，咬碎的木屑及粪便堵塞于孔内，部分推出孔外，堆积在树干基部地面，易于发现和识别。

防治方法：成虫发生期可组织人力进行人工捕捉。幼虫发生期可以根据危害部位，用铁丝钩捕。也可以用棉球蘸杀虫农药堵塞虫孔，杀死幼虫。

9. 玉带凤蝶（*Papilio polytes* L.）

属鳞翅目，凤蝶科。寄主有柑橘类、花椒、黄蘖。以幼虫咬食嫩叶，初孵幼虫取食嫩叶边缘，成长后常把嫩叶吃光，老叶仅留主脉。1 年发生 4 ~5 代。

防治方法：在新梢生长期用乐斯本 1 000 倍液或敌杀死 1 000 倍液喷杀。

六、采收贮藏与加工利用

1. 采收

黄皮未成熟果实的果皮为绿色，成熟果实的果皮为蜡黄色或暗褐色，充分成熟的果实风味浓，具有该品种所应有的色泽和特性。黄皮果熟期因品种和种植地气候而异，多数品种在 7 月成熟。一般当果穗中的大部分颗粒的果皮转黄时，即可采收。供生食的果实，充分着色并具黄皮特殊香味时采摘为宜，长途运输的应在果实八成熟时采收。采收时间宜在上午 11：00 前。有些品种同一穗的果成熟期不一，可分批分次采果，前期先采收单个成熟果，然后精选、分级包装，每袋（每盒）500g；当果穗有80% 以上的果完全成熟时，整穗采摘。采后即剪除细果、裂果、未成熟果、畸形果，剪除落果的果柄，然后按 500g 扎成一扎，整齐放置在果筐中，运送到市场销售。

2. 贮藏

黄皮果实汁多易腐，在常温下不易贮藏保鲜。采后不作任何处理直接在常温下贮放时，一般采后第二天开始失水，第三天失味变色，第四天开始出现病害和腐烂，失去食用价值。因此，黄皮一般不作贮藏和长途运销，宜即采即销售，减少因采后烂果而造成的损失。目前，黄皮贮藏保鲜技术研究比较滞后。

3. 加工利用

黄皮果实可加工成多种产品，据黎晓晖等介绍，黄皮可生产如下系列产品：

（1）蜜黄皮加工。蜜黄皮成品清甜可口，具有黄皮果原有的独特风味，是华南和港澳一带顾客喜欢的食品之一。原料配比：新鲜优质黄皮果 50kg，生石灰 7. 5kg，白糖 60kg。加工步骤，除籽：将果色刚转黄的黄皮果采收后，放入加入少量石灰的清水中浸泡一夜，然后捞出，用手压出种子。石灰浸泡：清水 80kg，生石灰 7. 5kg，充分溶解，然后过滤，把去籽后的黄皮放入石灰水中浸泡 12h，捞出沥干。漂洗：将经过浸泡石灰水的黄皮果放入清水中漂洗 3d，每天换水 3 次，捞出放入沸水中，煮沸后捞出，然后放入清水中继续漂洗，至无石灰味为止。糖煮：将经过漂洗后的黄皮果放入锅内，加入全部糖液小火煮 3h 后再翻动，待糖液有黄泡溢出即示煮成。搅拌：将煮成后的黄皮果连同糖液一起倒出冷却，并不断搅拌，待果面起糖霜即成。密封包装，以防吸潮糖溶。

（2）黄皮豉加工。黄皮豉是潮汕名特凉果之一。其制作方法：取黄皮果去核盐渍、晒胚、蒸熟，加白糖、甘草末、香料，反复蒸晒而成。其味甘酸浓郁，有驱风去瘀、止咳消痰、健脾开胃、生津解渴之功能。口含咀嚼，开水冲服，均有异香。

（3）黄皮脯加工工艺。工艺流程：选料→预处理→去核 →糖煮、糖渍→烘烤 →包装。工艺要点，选料：选择优良的原料，是制造优良产品的关键之一。因此，在原料选择时宜选用果粒饱满，肉厚籽少的品种，如鸡心黄皮等。具体选果时，应选用八、九成熟的果实，以果皮由青转黄时为最佳，剔除虫蛀、表皮有病菌感染、霉烂的果实。加工原料越新鲜越好，采摘下来即进行加工，这样加工出来的产品其色、香、味最理想。预处理：包括清洗、热烫、浸漂3道工序。清洗，将采收来的黄皮去梗，洗净外皮，沥干水分。摘果去梗时，勿使果实破烂。热烫、浸漂，黄皮果皮的苦涩味较重，加工时果皮颜色会变深，所以糖煮、糖浸前要先经过热烫、浸漂以脱苦、护色处理。方法是将稀盐水（含少量亚硫酸氢钠）煮沸，立即倒入黄皮果中，浸泡1夜。去核：将黄皮捞起，清水洗净后，在尾端切口。将核从切口挤出，并将果实恢复原状。糖煮、糖渍：第1次糖煮和糖渍：将配好的浓度为40%的糖液注入锅中加热煮沸，倒入黄皮煮5min.，将黄皮连同糖液一同倒入缸内浸渍1d。第二次糖煮和糖渍：将黄皮涝出沥干，往糖液中加入砂糖，提高糖度至55%，煮沸后倒入黄皮煮5min，离火，糖浸1d。第3次糖煮和糖渍：将糖液浓度提高到70%，放入黄皮煮5min后离火，糖渍2～3d，使其充分吸收糖液。烘制：将糖渍好的黄皮涝出，沥净糖液，用开水冲去外表的糖液，沥干后便可摆盘，送入烘房（或烘干机）烘制；烘制温度在50～60℃，烘1h后取出，浸入2%琼脂溶液约1min，捞起沥干，重新送入烘房，待黄皮含水量达18%（表面不黏手）即可。包装：将烘好的蜜果进行密封包装即为成品。保存时要谨防吸潮使制品潮解。

（4）黄皮果酱加工工艺。工艺流程：选料 →预处理 → 磨浆→ 煮浆 → 装罐、封罐→ 杀菌 → 冷却。工艺要点：选料，选择优良黄皮品种，采摘由青转黄成熟的果实，挑出病虫害果弃之。预处理，包括清洗、浸漂、脱苦、脱盐、去核等步骤。清洗：摘除果梗，洗净果子外皮，沥干备用。浸漂：配制10%盐水，加入少量亚硫酸氢钠，加热煮沸，稍凉（80℃）即倒入黄皮果中（以浸过果面为好），静置2～4h。脱盐：捞出黄皮果，放入流动水中浸漂2h，脱盐至无咸味。去核：捞起黄皮果，用人工挤出籽核，务必去除干净。磨浆，配制浓度40%的糖液，过滤，将去核黄皮果与糖液按1∶1的比例混合，然后在胶体磨中磨成果浆（颗粒细度为0.2～0.3μm），如果黄皮果皮较硬，可在磨浆前后先加热软化。煮浆，经过这一工序后果酱的糖度要达到68%以上（以手持精量计测定），含酸量0.5%～1%（pH值约为3），补充的果胶量为1%（以成品计），但不同黄皮品种的酸度、甜度和果胶含量都不尽相同，所以糖、酸和果胶的添加量要视具体情况而定。操作时先将果浆放入锅内，加热软化，然后分批加入优质白砂糖，至糖度70%以上时，依次加入预先溶解好的果胶溶液和柠檬酸液，充分搅拌均匀；再测定终点，糖度在68%以上即可。注意整个煮浆过程要持续搅拌，煮制时间控制在1h内完成。装罐、密封，灌酱前必须将容器（玻璃罐或有防酸涂料的铁耀）彻底刷洗干净并消毒（玻璃罐在95～100℃中消毒5～10min，罐盖3～5min，垫圈用75%酒精消毒）。果酱出锅后要迅速装罐，封口温度75～80℃，密封后迅速杀菌冷却。杀菌和冷却：封罐后尽快杀菌，净重650g的包装100℃杀菌15～20min。杀菌后罐头应在冷却池水中冷却至40℃左右。

（5）黄皮饮料——黄皮汁的加工工艺。工艺流程：原料 → 选料 → 浸漂→ 去核 → 磨浆榨汁→ 离心去渣→ 调配 → 灌装 → 封盖→ 灭菌 →包装→成品。

工艺要点：原料的选择、浸漂、去核操作与果酱生产工艺中的相同。软化，量取果实重量1.5倍的水，与黄皮混合煮沸10min，使果皮软化。磨浆取汁，趁热将果与水的混合物用胶体磨磨浆取汁，为使出汁完全，可先粗磨，然后细磨一次。离心去渣，用离心机把汁和渣进行分离，用少量水洗渣，再离心，然后两次离心液合并。调配，按果汁重量添加8%砂糖，0.02%柠檬酸，调整果汁糖度为10%，pH值以4.0为好。静置澄清，在果汁中添加果胶酶制剂，静置4h，然后取出上层清汁。罐装、封盖，将澄清果汁分装入玻璃瓶，同时压盖。灭菌在100℃水浴中杀菌30min或在115℃下蒸汽灭菌15min。

（潘晓芳）

40. 母 猪 果

母猪果（*Helicia nilagirica* Bedd.）又名深绿山龙眼，俗称豆腐渣果，为山龙眼科（Proteaceae）山龙眼属（*Helicia* Lour.），分布于西南、东南等地，集中在云南思茅及其周边地区。该树种因猪食其果实后"酣睡不止、生长加速、体健肉多"而得名，种子的有效成分母猪果果苷（Helicid）可入药制成神衰果素片，具有良好的镇静作用，对于神经衰弱、记忆力减退、神经衰弱综合症以及血管性头痛具有特殊的疗效；种子、种皮、叶片和茎干均含有单宁，可提取栲胶。随着人们对中药认识的不断深入，母猪果原料供不应求。根据有关部门预测，全国母猪果的年需求量为5 000t，而实际年产量仅 600 ~ 1 000t，最高年份也不超过 3 000t。母猪果除了具有高的经济价值外，且生长迅速、冠幅浓密、根系发达、寿命长，也是良好的生态树种。2002 年，该树种被确定为云南省今后发展的 7 个主要天然药用植物之一，墨江县也建立了母猪果加工厂，日均加工果实达 1 000kg。但是，目前所利用的母猪果尚处于野生状态，单位面积产量低、5 ~ 7 年才能结实，且有效成分含量差异明显。另一方面，掠夺式的采摘不仅导致资源衰退，而且造成了许多环境问题。因此，对母猪果进行引种驯化、保护和利用优良遗传资源，促进早实丰产，并按照药用植物利用的要求进行规范化栽培等技术研究迫在眉睫。

一、植物学特征

母猪果为乔木，高逾 10m；小枝和幼叶柄初被锈色短毛，很快变无毛。叶革质，倒卵状长圆形、椭圆形、卵状椭圆形至长圆状披针形，长 5 ~ 17（23）cm，宽 4.5 ~ 9cm，先端钝或渐尖，基部楔形或下延，老叶两面无毛，全缘或具疏锯齿，侧脉 5 ~ 8对，渐上升，连同主脉在上面均明显，在下面隆起；叶柄长 1.5 ~ 3.5cm，无毛。总状花序生于枝上或落叶腋部，长 12 ~ 16cm，序轴初被锈色短毛，很快变无毛；苞片长 1 ~ 2mm；花浅黄色或白色，长 1.2 ~ 1.9cm，花被 4 裂；雄蕊 4 枚，花丝短；子房无毛；花盘腺体 4 裂，基部贴生成环，有时其中 1 或 2 腺体延长成丝状，在中部以下成螺旋状变曲的附肢。果稍扁球形，长 2.5 ~ 3.5cm，径达 4.2cm，无毛，果皮木质，厚约 4mm，果柄粗，长约 4mm。

母猪果属中国云南野生种，主要分布于云南南部及西南部，目前仅有数量不多人工种植。尚未形成栽培品种。该树生长迅速，通常情况下，树高达 10m，在立地条件好的情况下，树高可达到 20m；胸径一般可达 20cm 左右；冠幅浓密、根系发达、寿命长；每株结果实平均 10kg 左右，对水肥条件好、生长良好的树木结果量可达 100kg。该树适合于海拔 1 100 ~ 2 100m的山坡阳处或疏林中生长。

二、生物学特性

自然生长的母猪果是一种南亚热带树种，其森林类型属季风常绿阔叶林。常见于海拔 1 100 ~ 2 100m的山坡阳处或疏林中。该树为喜光树种，喜生于阳光比较充分的环境。在幼苗期不耐强光暴晒，在幼龄期直至成熟期的各个生长发育阶段，都需要有充分的光照条件，才能枝叶茂盛，生长迅速，发育健全；在荫蔽处，枝叶细弱，生长不良。在树丛中，同龄树冠整齐，自然整枝明显。该树种生长适宜的气温为 15 ~ 18℃，耐极端高气温为 35℃、极端最低气温 -4℃。喜深厚肥沃、疏松、排水良好、偏酸性的沙质壤土。在亚热带地区通常情况下，该树种 6 ~ 8 年才开始开花结实，花期 4 ~ 5 月，果期 7 ~ 12 月。自然条件下，一般以种子繁殖。但植株萌枝力强，伐后可成丛萌生数枝。主根粗壮，水平根系可产生不定芽而萌生新植株。母猪果大小年现象十分明显，落果较严重，许多植株隔年结果。

广布于我国云南南部及西南部，印度也有分布。

三、栽培技术

1. 采种

成熟的果实由绿色变为棕褐色，天晴时种壳自然开裂，种子飞落，采种时选择 15 ~ 20 年生的壮龄大树，趁种子未飞落前及时采收。经过晒干、脱粒、净选后的种子，装入袋中，摆放在通风、透气、干燥处，种子宜随采随播，种子发芽率在 80% 左右，采种后在常温下贮藏 3 个月播种，发芽率已明显降低。

2. 播种育苗

播种地选择在背风处、日照多的空旷地，土壤要求疏松、肥沃、排水良好的沙质壤土，每亩施入3 000～5 000kg腐熟堆肥作基肥；进行整地作苗床，湿季作成高床，干季作成低床。苗床土壤必须整平。

（1）播种方法。方法一：采种后选择饱满、无病虫危害、粒径大小比较一致的种实随即集中进行拌沙层积催芽，待大部分种实胚根突破种皮（吐白）时播于营养袋育苗，之后植苗造林。方法二：播种前，用冷水浸泡种24h，把水滤去晾干，趁天晴午后无风时播下。用冷水浸种催芽比干播能提前发芽，出苗整齐，生长势也旺盛。

（2）苗圃管理。播种后，天旱时每隔1～2d浇水1次，保持土壤湿润。出苗后，在阴天或晴天下午陆续揭去覆草；揭去覆草后，如晴天阳光强烈时，须加盖遮阴棚，避免幼苗受到灼伤。幼苗浇水宜勤；热天宜早、晚浇水，中午阳光强烈不宜浇水。雨季随时排除积水。除草要及时。幼苗长出几片叶子时，须陆续间苗，保持株间距离均匀，促进根系发育，生长整齐健壮，移植时便于带土取苗。

3. 分株繁殖

由于母猪果有从根系自然萌蘖的现象，可通过适当切根和在根系周围培土等手段促进其萌蘖成苗，然后使其与母株分离的办法繁殖新的植株。

4. 扦插繁殖

可以在晚秋或早春从单株果实产量高、果实中有效成分含量高的植株基部采集粗1.0cm左右的枝条或挖取0.5～1.5cm粗度的根条在苗圃地进行集中扦插（插茎或插根）育苗的方法进行繁殖。注意选用疏松肥沃的壤质土或蛭石、珍珠岩作扦插基质，如事先能够用生根粉处理插条，则可提高生根率。

5. 其他繁殖方法

对于筛选出的具有果实产量高、有效成分含量高的优良植株还可以通过嫁接或组织培养的方式繁殖，在保持母株优良特性的前提下迅速扩繁，为母猪果的品种化、集约化栽培创造条件。

6. 栽植技术

株行距为2m×3m。栽植穴的大小根据树苗大小而定：一般1.5～2m高的苗，穴宽60～70cm，穴深50～60cm；4～5m高的苗，穴宽80～100cm，穴深70～90cm。栽植时，先在穴底填15～25cm厚的细土，上面施腐熟的堆肥2～3kg，再盖上一层细土压肥。起苗时注意挖好土球，土球的直径约为树干直径的8～10倍。树苗栽好后，沿栽植穴用土围起，及时浇足定根水。

四、病虫害防治

已发现野生豆腐渣果树叶上的食叶害虫黄缘米萤叶甲 *Mimastra cyamura* 属于鞘翅目 COLEOPTERA，叶甲科 Chrysomelidae，萤叶甲属 *Mimastra* 昆虫。其成虫长形，黄褐色，头顶和前胸背板具不规则黑斑。鞘翅具蓝黑色宽纵带，中后胸和腹部黑蓝。初孵幼虫体黄色，随生长与取食，逐渐变为墨绿色。在墨江，该虫1年发生1代，成虫于6～8月交配产卵，7月下旬至8月上中旬孵化。幼虫群聚于叶背面，取食叶片。末龄幼虫下地入土化蛹，以蛹越冬。成虫活泼，易飞，取食叶片成缺刻或孔洞。

防治方法：因母猪果用于制药，故在敌害防治上应尽量避免使用农药进行化防，而以物理防治方法为主。

（1）初孵幼虫常20～30只群聚于叶片背面，故可以采取于7月下旬至8月中旬幼虫孵化期间，进行林间检查，发现初孵幼虫群居的叶片后，摘取虫叶，杀死幼虫或深埋处理，可以取得显著防治效果。

（2）成虫出现时，诱捕成虫。

（3）中耕灭蛹。于秋、冬、春季在树行间进行中耕抚管，可杀灭土中的越冬蛹。

若是采取混农林方式经营母猪果种植园，在林间种植作物，以耕代抚，则防虫、灭蛹效果更佳。

五、采收与加工利用

从母猪果的果实中可提取单体成分豆腐果苷（又名昆明神衰果素），该苷具有镇静、安眠及止痛作用，已应用于临床治疗神衰综合症及血管性头痛等。最新的药理研究显示，母猪果苷分子量小，脂溶性好，能透过白脑屏障进入脑脊液，对中枢神经系统的作用机制及溶效更确切。提苷后的渣含粗蛋白3.6%，无氮浸出物81.13%，另外，母猪果的果实中含淀粉一般在50%以上，工业上可作提取酒精。

散孔材。木材灰褐色微红，心边材区别明显；生长轮明显，宽度不均匀；纹理直，结构粗而均匀，重量、硬度及强度中等，干缩性大，不耐腐，切削容易，径面及弦面射线斑纹美丽，油漆性能良好。可做家具、室内装修等用材。种子、树皮、叶、茎均含单宁，可作提取单宁的原料。

（胥　辉）

板栗林

板栗树结实状

板栗刺苞开裂

板栗果枝

紫油栗

野生锥栗林

锥栗亚林23号果枝

丹东栗树形

丹东栗果序

枣树树形

鸡心枣果序

雪枣果序

冬枣果序

桐柏大枣果序

茶壶枣果型

千年古银杏树形

银杏果序

银杏果序

银杏种实

银杏成熟种核

银杏果序

平欧杂种榛子树冠

平欧杂种榛子，品种“达维”结果状

平欧杂种榛子，品种“平欧 110 号”果实和果仁

意大利拿波里集约化核桃栽培

核桃树形

核桃幼龄树

核桃小苗

核桃花序

核桃果序

核桃种核

核桃食品

野生湖南山核桃林

湖南山核桃种子

野生湖南山核桃树形

美国山核桃果园

美国山核桃树形

美国山核桃雌花

美国山核桃雄花

美国山核桃果序

美国山核桃种子

香榧林

香榧树形（嫁接）

香榧花枝

香榧果枝

香榧种子

香榧产品

扁桃林相：农林间作模式

扁桃树冠及开花状

扁桃花序

扁桃果序

扁桃种子（浓帕尔）

阿月浑子林地

阿月浑子果枝

阿月浑子结果状

阿月浑子果实

澳洲坚果林分（果园）为澳大利亚坚果园

腰果果实

腰果种子

澳洲坚果树形和花序

澳洲坚果果实

椪柑树形

柑橘花序

甜橙结果状

柑橘园

佛手

沙田柚

美国长形脐橙

桥本（温州密柑）

红肉脐橙

福罗斯特脐橙

红肉脐橙果实剖面

朋娜脐橙

长红（华红）脐橙

山川（温州蜜柑）

红富士苹果树形

苹果幼树

苹果花序

苹果果序

苹果幼果

苹果果实（红富士）

苹果堆

苹果贴字

苹果套袋

苹果园施肥

苹果环剥

荡山酥梨

沙梨

七月早酥与红皮荡酥

红香酥

水晶梨

黄金梨

桃园

桃树树形

桃树花朵

桃花

蟠桃果枝

水蜜桃果序

（仓方早生）果序

桃点心

大久保果形

桃果形

李树园

李果序（大石早生李）

李树树形

李果序（玫瑰皇后）

棕李树形

棕李果实

杏树林分

现代化温室繁育杏苗

新疆小白杏盛花

鲜食杏果枝

鲜食杏果序（金太阳杏）

仁用杏果序

仁用杏果实

新疆杏地方品种

樱桃园

樱桃树形

樱桃枝叶

樱桃拉枝

樱桃果序

樱桃果实

次郎果序（日本甜柿）

富有果序（日本甜柿）

日本柿结果枝

水柿果序

东皋红柿结果状（涩柿）

腰带柿（涩柿）

红地球葡萄小棚架栽培

无核白葡萄结果状

无核白葡萄

新疆木拉格葡萄

新疆吐鲁番葡萄干晾房

红提

猕猴桃棚架

猕猴桃花序

猕猴桃花序

猕猴桃果序

华光2号

海沃德

都江堰市红阳猕猴桃

高产稳产加工型无性系 LY1＃CC6

国外引进余甘子优良无性系 ＃E44

余甘子

国外引进余甘子优良无性系 ＃360

高产稳产加工型无性系 LY1＃2E0

枇杷园

枇杷树形

枇杷枝叶

枇杷果实

枇杷果实

枇杷果实

大五星枇杷

山楂树形

山楂花序

山楂果序

山楂果

石榴结果树

石榴果序

石榴果形（豫石榴1号结果状）

石榴果形（泰山红石榴）

石榴果裂

青皮石榴

无花果果园

无花果树形

无花果果枝

无花果果序

无花果果实形状

无花果果实纵切面

无花果果实

无花果产品

常山胡柚产品——砂囊悬浮果汁

常山胡柚产品——低糖果酱

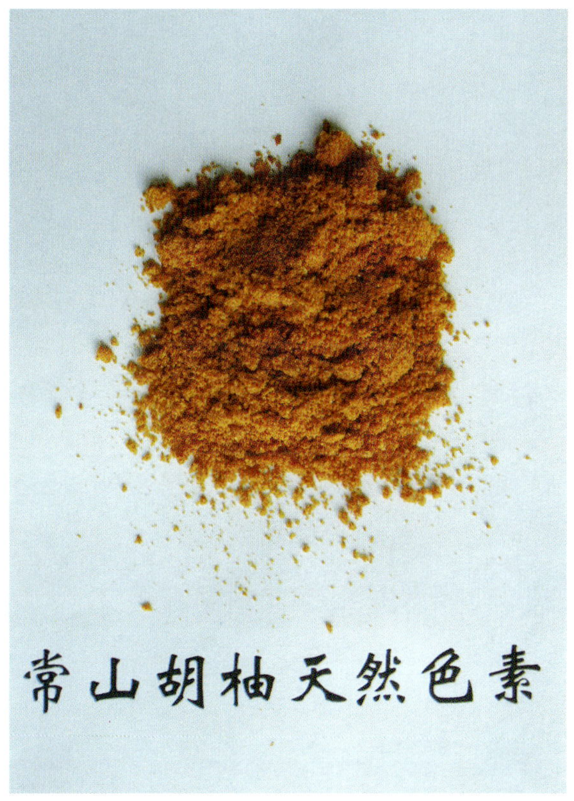

胡柚产品——天然色素

葡萄柚果园

葡萄柚花序

葡萄柚花朵

葡萄柚幼果

葡萄柚果序

葡萄柚果实横切面

龙眼基地

龙眼树形

龙眼幼果及残花

龙眼结果状

荔枝园

矮岭林荔枝幼果

荔枝花及幼果

荔枝果序

橄榄

橄榄

杧果园

杧果树形

杧果树林

杧果果序

杧果花序

番木瓜园

番木瓜果序

番木瓜果肉

黄皮树果园

黄皮树树形、果序

黄皮树树形和结果状

黄皮树枝叶

黄皮树花序

黄皮树幼果

黄皮树果序

母猪果幼树

母猪果果枝

母猪果果序

母猪果果实纵切面

二、油料类

41. 油　　茶

油茶是我国南方主要的经济林木，与油棕、油橄榄和椰子并称为世界四大木本食用油料植物。主要分布于我国长江流域以南地区，湖南和江西等地是其主要集中产区。油茶适应性广，耐干旱瘠薄，是我国南方丘陵红壤地区的主要造林绿化树种。

用种子榨取的茶油是深受群众喜爱的优质食用油，其不饱和脂肪酸含量达90%以上，以油酸和亚油酸为主，还含有少量的亚麻酸等高价不饱和脂肪酸，一般不含对人体有害的芥酸。茶油风味独特，耐贮藏，易被人体吸收，长期食用能降低血清胆固醇含量、起到预防和治疗高血压和常见心血管疾病的作用。油茶还能通过油脂的深加工生产高级保健食用油和高级天然护肤化妆品等，茶油的副产品茶枯饼可提取茶皂素、制抛光粉和复合饲料，茶壳可提糠醛、鞣料或制活性炭等，通过综合利用还可以大大提高油茶经济效益。

油茶自古野生于我国南方低山丘陵地区。据清张宗法《三农记》引证《山海经》："员木，南方油食也"。这时的"员木"即油茶，至今已有2 300多年的历史。但由于油茶产区社会经济发展不均衡、文化背景差异较大等原因，造成油茶有很多别名，而真正古史上称为油茶的极为罕见。如：木贾（《尔雅》）、茶（唐・李泰《括地志》；明・王世懋《闽部疏》）、茶油树（《广西通志》）、山茶（江西《武宁县志》）、南山茶（宋・范成大《桂海虞衡志》）、楂、楂木或槎（宋・苏颂《图经本草》）、楂（明・徐光启《农政全书》）、樘或樘（明・方以智《通雅》）、探或探子（三国・吴莹《荆杨异物志》；明・李时珍《本草纲目》）、椮（福建《闽侯县志》）等等。

明・徐光启的《农政全书》对油茶选种、种子贮藏、育苗、整地和造林等作了比较详细的记载。将油茶的栽培技术分为：种楂法（秋间收了时，简取大者，掘地作一小窖，勿令及泉，用沙土和了置窖中。至次年春分取出畦种。秋分后分栽。三年结实）、作油法（每岁于寒露前三日，收取楂子，则多油，迟则油干。收子宜凉之高处，令透风，楼上尤佳。过半月则罅发，取去斗。欲急开，则摊晒一、两日，尽开矣。开后取子晒极干，入磨中碾细，蒸熟榨油如常法），还记载了油的使用方法（楂油能疗一切疮疥，涂数次即愈。其性寒，能退湿热。用造印色，生者亦不沁。以泽首，尤胜诸膏油，不染衣，不腻发。其查可作爨）和油茶与油桐混交栽植的好处（种桐者，必种山茶，桐子乏，则茶子盛，循环相代，较种栗利返而久）等。是古代对油茶栽培经验总结比较全面的著作之一。

一、主要物种

广义上的油茶是指山茶属（*Camellia* L.）植物中种子含油率较高、且有一定的栽培经营面积的树种的统称。山茶属是山茶科中最大的属，目前已知的有238种，其中种子含油率高的有50多种。以油茶（*C. oleifera* Abel）分布最为广泛，其他如滇山茶（*C. reticulata*）、浙江红花油茶（*C. chekangoleosa*）、攸县油茶（*C. yuhsiensis*）、小果油茶（*C. meiocarpa*）、越南油茶（*C. vietnamensis*）和红山茶（*C. japonica*）、栓壳红山茶（*C. phellocapsa*）和广宁红山茶（*C. semiserrata* Chi）等在一些特定的地方有较大的栽培面积。洪德元认为山茶属植物染色体基数为15，由于长期的自然杂交，自然种中出现2～8的多倍体，同个种中也存在多倍复合体的现象。

1. 油茶（*C. oleifera* Abel）

常绿小乔木或大灌木，树高一般3～4m，最高可达8m；树龄可达100～200年。树皮棕褐色或灰色，小枝淡褐在短毛。顶芽1～3个，紫红色为花芽，居中细长、黄绿色的为叶芽，鳞片紧密。单叶，椭圆形，互生，革质，长3.5～9cm，宽1.8～4.2 cm，表面光滑，先端渐尖，边缘锯齿，中脉突起。花两性，白色，少数尖端有红斑。雄蕊多数为2～4轮排列，基部相连，通常与花瓣同时脱落，花药黄色。雌蕊柱头3～5裂，子房3～5室。蒴果圆形、桃形、橘形、橄榄形不等，幼果青色被毛，有种子1～20粒。种子茶褐色或黑色，种仁白色或淡黄色。染色体2n＝30～90。花期10月下旬至12月中旬。

油茶是目前的主栽种。生产上可分为"寒露籽"和"霜降籽"两大类型。

2. 小果油茶（*C. meiocarpa*）

与油茶相似，惟树体偏小，为灌木小乔木，枝叶多而浓密，叶长2～5.5cm，宽1.0～2.2cm，锯齿浅而细，芽苞片没有毛。花径2.5～4cm，朔果10月上旬成熟，果皮薄，每果有种子1～3粒。染色体2n＝60。花期10月中旬至11月下旬。小果油茶的栽培面积仅次于普通油茶，湖南、江西、广西、浙江、广东等产区均有一定分布，除产量不及普通油茶外，具有很多优良经济性状，如产量稳定，果实出籽率和种子含油率高，抗性好等等。

3. 滇山茶（*C. reticulata* Lindl.）

又名腾冲红花油茶。为乔木，嫩枝黄绿色被毛，叶长椭圆形，长4～9.7cm。单生于小枝顶端，艳红色，花径7.6～9cm。蒴果大，直径3.4～6cm，皮厚木质，每果有种子4～16粒。染色体2n＝30～90。花期1～3月。

该种适于高海拔地区栽植，主要分布于云南西南部，种仁含油率高、油质好。通过培育和自然选择，很多雄蕊瓣化后成为观赏用的优质茶花系列——云南山茶。

4. 攸县油茶（*C. yuhsiensis*）

又名长瓣短柱茶、薄壳香油茶。常绿灌木，树皮灰白色或黄褐色，枝条分枝角度小，排列紧密，叶质粗糙较厚，宽卵形，椭圆形，先端渐尖，边缘密生小锯齿，叶背有明显散生腺点。芽长梭形，稍大。花白色，有淡淡香味。蒴果10月下旬成熟，直径2～4cm，果皮薄，每果有种子1～5粒，出籽率和含油率均很高，油质好。染色体2n＝60～90。花期1～3月。

攸县油茶原产湖南湘中和湘南一带，大多处于野生状态，具有很好的抗炭疽病特点，由于植株矮小、树体紧凑，很适合密植，现在浙江、安徽和陕西等地引种栽培表现良好。

5. 浙江红花油茶（*C. chekangoleosa* Hu）

常绿小乔木，树皮灰白色、平滑。叶长椭圆形，边缘疏生短锯齿。大红色，单生枝顶，直径6～9cm，萼片5枚，有丝状短毛，若枯萎状。蒴果黄青或红色，果皮木质，直径4～6cm，萼片宿存，9月中下旬成熟。染色体2n＝30。花期1～3月。浙江红花油茶主要分布于浙江、江西、福建、湖北等部分地区，适合海拔600～1 200m的温暖湿润地区。

6. 越南油茶（*C. vietnamensis* Huang et Hu）

又名高州油茶、陆川油茶。乔木，枝叶粗壮，较普通油茶为大，叶阔椭圆形，长5～12 cm，叶缘和叶柄有毛。花白色，直径6～10cm，瓣近平展。蒴果球形，中等大小，直径4～6cm，果皮厚，10月下旬至11月成熟。染色体2n＝120。花期11月至翌年1月。越南油茶主要栽培于广西、广东南部，在温暖湿润的热带和南亚热带地区生长旺盛，树体高大，单株产果量高，但北移至北亚热带往往有成熟期推迟或开花不结果的现象。

二、主要栽培品种

除普通油茶（*C. oleifera*）外的品种均处于野生或半野生状态，所以目前生产上所使用的主要栽培品种大都是由普通油茶中选育出来的。油茶良种选育工作于20世纪60年中后期首先在各油茶产区广泛开展起来。从生产、资源和品种类型调查开始，进行优树选择、农家品种和优良类型的评选、优良家系的鉴定、无性繁殖技术研究，进而开展采穗圃营建、优良无性系的鉴定等，选育出来的良种主要分为如下几种类型。

1. 优良农家品种

农家品种是介于类型与品种之间的育种群体，是群众通过在长期的生产实践，对一些具有特殊性状的优良类型进行集团或单株混合选择而形成了适应该地区气候和环境的地方品种，并成为该地区的主栽品种。因而，农家品种是一个比较复杂的群体，只有通过进一步的选育才能提升为品种。

目前已选育出的油茶优良农家品种和优良类型主要有：

（1）永兴中苞红球。湖南永兴县油科所和湖南林业科学研究所共同选出。是“霜降籽”与“寒露籽”在长期自然杂交和人工选择过程中逐渐形成的一大类群，主要形态特征介于两者之间，但主要经济性状偏向于前者，经测定4年平均每公顷产油462kg，比本地霜降籽增产41.56%。该农家品种适应性较广，经引种试验证明在中北亚热带大部地区表现较好。

（2）巴陵籽。又称五粒籽，由湖南省林业科学研究所和岳阳地区林业局于1984年共同选育成功。属“寒露籽”类型，3年平均每公顷产油434kg，比普通“寒露籽”增产53.3%～95.9%。适应于湖南湘北、湘中及大部寒露籽主产区。

（3）衡东大桃。中国林业科学研究院亚热带林业研究所与湖南衡东县共同选育。果大桃形，早实高产稳产，造林后一般3年开花，4年后有收获，8～10年进入盛果期，每公顷产油150kg以上。适应性较广，在长江以南的湖南、江西、浙江、广西、福建、广东以及云贵高原等均有栽植。

（4）珠山红花。湖南零陵地区林科所1987年选育出，属寒露籽类型，造林后6～9年平均每公顷产油283.5kg，比对照高20.4%，并具有早实丰产的特点。适应于湘南地区。

（5）江沱黄球。湖南省零陵地区林业科学研究所1987年选育出，造林后6～9年平均每公顷产油297kg，比对照高26.1%。有早实丰产的特点。适应于湘南地区。

（6）板桥红花。安徽农学院于1981年选出。1977～1980年单株产油平均为11.75kg。花期较晚，成熟期介于寒露与霜降之间。

（7）石市红皮。江西省林业科学研究所于1986年从赣中的宜丰县石市乡选出，平均每公顷产油345kg。种仁含油率较高，平均50.38%。

（8）鄂东大红果。湖北林业科学研究所于1980年选出。平均每公顷产油517.5kg，比其他9个类型平均增产2.4倍。

（9）望谟油茶。贵州省林业科学研究所于1987年选育出来，平均每公顷产油585kg，比当地“霜降籽”类型增产75.9%。

（10）岑溪软枝油茶。广西林业科学研究所经10多年的系统研究于1982年选育出来的普通油茶型优良农家品种，2002年通过国家良种审定（国S－SC－CO－011－2002）。该品种生长快，结果早，产量高，种植后3～4年开花，7年生进入盛果期。10年生每公顷产油达375kg，丰产时可达915kg，连续五年平均每公顷产油489kg；种仁含油率51.37%～53.60%，各项均高于油茶良种标准。油质酸价1.06%～1.46%，低于3%要求。抗油茶炭疽病，耐霜冻、耐贫瘠、耐干旱。但茶树结果过多，抚育施肥措施跟不上，易造成少部分茶树生长势衰退。现已在全国14个省（自治区）300多个单位引种和推广应用面积达1.3万hm^2。适宜种植范围为北纬18°21′～34°34′，东经98°40′～121°40′，海拔800m以下的适宜地区均可种植，对土壤要求不严，但选择低丘林地，土层深厚，肥沃，排水良好的微酸性土，生长发育最好。造林时宜选择丘陵林地，带状或块状细致整地，壮苗造林，施足基肥，即时抚育、施肥，促进幼林生长。结果树要做好抚育，及时补充营养，保持高产稳产。

2. 优良家系和优良无性系

（1）湘林1号。别名羊古老1号，区1号。是湖南省林业科学研究院于1990年选育出的优良无性系，4年平均每公顷产油722.5kg，树势强健，树姿开张，花期稍晚，湖南通常于11月中下旬至12月中旬；果实橄榄形，每500克果数20～26个，鲜出籽率46.8%，鲜果含油率8.869%。在湖南、江西、广西、浙江等全国区域试验中平均每公顷产油量为684kg。适用于各主要油茶产区。其实生子代也为优良家系，4年平均每公顷产油550.5kg。

（2）湘林210。别名茶陵166、攸17。是湖南攸县油科所和湖南省林业科学研究所于1989年共同选育出的优良无性系。4年平均每公顷产油618.75kg；树势强健，树姿开张，花期适中，湖南通常于11月上旬至12月上旬；果实青红球形，每500g果数16个，鲜出籽率44.8%，适于湖南、江西、广西、浙江等油茶主产区。

（3）湘林170号。区15。是全国油茶攻关协作组于1992选育出来的优良无性系，4年平均每公顷产油839.55kg。树势中等，树姿紧凑，花期稍早，湖南通常于10月中下旬至11月中旬；果实橄榄形，每500g果数个，鲜出籽率47.85%，种仁含油率51.65%，果油率10.10%。适用于南方各主要油茶产区。

（4）XLJ2。2003年湖南省林业科学研究院选育出来的优良家系，霜降类型。蒴果是以红色为主，树膛中或树冠下部光照不足时，则以青黄为主；果形以球形，果顶较宽大，但时有不规则变形；每500g果数为27.6个；鲜果出籽率均在44.2%；鲜果含油率在6.85%；每500g籽数为318.8粒；每果籽数2～8粒，平均5.1粒。花期稍晚，多于11月中至12月中，果实种子成熟度较好。

（5）XLC14。2003年湖南省林业科学研究院选育优良家系。蒴果则是以青色为主，结果少年份且光照充足时，则以黄、红为主；果形是很规则的球形、有小尖突起，有时也会有橘形等变形。每500g果数为29.9个；鲜果出籽率均在42.5%；鲜果含油率在7.5%；每500g籽数为366.2粒；每果籽数3～7粒，平均5.2粒。种子成熟度较好、花期早，常于10下旬至11月下旬。

（6）赣优1号。赣州油1号，江西省赣州市林业科学研究所选育出来的油茶优良无性系，2002年通过国家良种审定（国S－SC－CO－012－2002）。生长快，结实早，产量高，树冠每平方米产果量2.356kg，鲜果出籽率41.09%，种仁含油率达

48.47%，连续4年平均每公顷产油1008.72kg。果皮红色，皮薄，抗性强，树冠开张，分枝均匀。造林时宜选择造林地，反坡水平梯带大穴整地，施足基肥，选用芽苗砧嫁接苗造林，每公顷1 800株，当年免耕，第二年以深挖垦复为主，辅以追肥，注意病虫害防治，5年内不宜挂果，10年进入盛果期。适宜江西各地（市）及南方油茶中心产区种植。

（7）赣优2号。赣州油2号，江西省赣州市林业科学研究所选育出来的油茶优良无性系，2002年通过国家良种审定（国S－SC－CO－013－2002）。生长快，结实早，产量高，树冠每平方米产果量1.501kg，鲜果出籽率42.09%，种仁含油率达58.325%，连续4年平均每公顷产油955.69kg。果实红球形，皮薄，抗性强，树冠开张，分枝均匀。选择造林地，反坡水平梯带大穴整地，施足基肥，选用芽苗砧嫁接苗造林，每公顷1 800株，当年免耕，第二年起抚育以深挖垦复为主，辅以追肥，注意防病虫，5年内不宜挂果，10年进入盛果期。适宜江西各地（市）及南方油茶中心产区种植。

三、生物学特性

（一）生态习性

山茶属植物作为观赏用的山茶花可在世界绝大部分地方看到，但作为油料植物主要分布于北纬18°21′～34°34′，东经98°40′～121°41′的广阔地区，以中国南方为主。油茶广布于中国长江流域及以南的18省（自治区），越南、老挝、泰国和缅甸等国家的北部、日本南部部分地区也有少量分布。在垂直分布上可从中国东部地区的海拔低于100m到西部云贵高原海拔2 200m以上。庄瑞林等根据我国的地理条件和不同特种的生态适应性将其分为西南高山、华南丘陵、华中和华东丘陵及北部边缘四大分布区。

油茶树根系发达，是喜酸性的喜光树种，幼苗时稍耐荫，根系直立发达，在pH值4.5～6的酸性红壤上生长良好，寿命长达100年以上。油茶属两性虫媒花，花期10～12月，果实翌年10月成熟，经济收益期达40～50年，在立地条件好的百年大树也挂果累累的。

（二）生长发育

1. 根系生长特性

油茶属直根植物，主根发达，种子萌发时首先胚根伸出，20d后胚芽才出土。幼年阶段主根生长量一般大于地上部分高生长量，成年时正好相反。成年时主根能扎入2～3m深的土层；吸收根主要分布在5～30cm深的土层中，且以树冠投影线附近为密集区，其分布与品种、树龄、立地条件和管理水平密切相关。根系生长具明显的趋水趋肥性。

油茶根系每年均发生大量新根，每年早春当土温达到10℃时开始萌动，3月份春梢停止生长之前出现第一个生长高峰，此时的土温17℃左右；其后与新梢生长交替进行，当温度超过37℃时根系生长受到抑制，所以夏季树蔸基部培土或覆草能降低地温，减少地表水分蒸发，利于根系的生长。9月份，果实停止生长至开花之前又出现第二个生长高峰，此时的土温大约27℃、含水量17%左右。12月后逐渐缓慢。

2. 新梢生长

油茶的新梢主要由顶芽和腋芽萌发，有时也可从树干上萌生的不定芽抽发。油茶顶端优势明显，顶芽和近顶腋芽萌发率最高，抽发的新梢结实粗壮，花芽分化率和座果率均较高。树干不定芽萌发常见于成年树，有利于补充树体结构和修剪后的树冠复壮成形。

油茶幼树生长旺盛，在油茶主产区立地条件好、水肥充足时一年中可抽发春、夏、秋和晚秋等多次新梢，进入盛果期后一般只抽春梢，生长旺盛的树有时亦抽发数量不多的夏、秋梢。

春梢是指立春至立夏间抽发的新梢，长江流域多于3～5月。春梢数量多，粗壮充实，节间较短，是当年开花、制造和积累养分的主要来源之一，强壮的春梢还可以成为抽发夏梢的基枝。春梢的数量和质量，决定于树体的营养状况，同时也会影响到树体生长和翌年结果枝的数量和质量，所以培养数量多、质量好的春梢是争取高产、稳产的先决条件之一。

夏梢是指立夏到立秋间抽发的新梢，一般在6～7月；幼树能抽发较多的夏梢，促进树体扩展。初结果树抽发的夏梢，少数组织发育充实的也可当年分化花芽，成为翌年的结果枝。

秋梢是立秋到立冬间抽发的新梢，一般在9～10月；以幼树和初结果的或挂果少的成年树抽发较多，但由于组织发育不充实，不能分化花芽。在亚热带北缘的晚秋梢还容易受到冻害。

3. 开花结果习性

在正常栽培情况下，油茶实生树一般3～4年可以开花结果，而油茶嫁接树提早到2～3年；5～6年开始进入投产，8～10 年后逐渐进入盛果期。一般盛果期平均每公顷茶果 3 000～9 000kg。

油茶的芽属于混合芽。花芽分化是从 5 月春梢生长停止后的当年春梢上饱满芽的花芽原基开始，到 6 月中旬已能从形态上区分出来，但要到 9 月份才能完全发育成熟。油茶属两性虫媒花，但大多数优良无性系也具有自花结实能力。

油茶的挂果能力与结果枝或结果母枝的质量和数量密切相关。所谓结果枝是在当年春季由混合花芽抽发的新梢，该新梢能分化出花芽，并能当年开花挂果。结果枝中以有叶结果枝为优，无叶结果枝相对较差，这是树势强弱的标志之一。

油茶花期在长江流域主产区是 10 月下旬到 12 月上旬。油茶开花坐果后，在 3 月份第一次果实膨大期有一个生理落果高峰，7～8 月是油茶果实膨大的重要高峰期，这个时期的果实体积增大占果实总体积的 66% ～75%，也可能存在第二次落果高峰；8～9月份为油脂转化和积累期，油脂积累占果实含油量的 60%。油茶“寒露籽”和“霜降籽”类型分别于 10 月上旬和下旬成熟。

四、栽培技术

（一）苗木繁殖

1. 实生繁殖

油茶传统上是以直播造林为主，目前生产上已基本不采用，但对一些优良家系和优良杂交组合的实生子代，有时也采用种子培育实生苗木造林的方式。实生苗 1 年生达 30cm 以上，根系发达，可出圃上山造林。操作时要注意以下技术措施：

（1）种子处理。油茶蒴果 10 月份成熟后，及时采收，经脱壳处理后不要暴晒，筛选粒大饱满的种子于阴凉处摊开或拌上潮润的河沙存放，种子含水量低于 14% 时，发芽力会大幅度下降。

（2）苗圃地准备。育苗圃地要选在土壤肥沃、疏松，并且有良好的排水条件。重黏土、菜地和油茶连作地不宜作苗圃。雨水多的地方要在圃地周围和中央开好排水渠道，以农家土杂肥作基肥，做好 1～1.2m 宽的垄。有条件的应适当搭建遮荫棚。

（3）催芽播种。播种前要对种子进行湿沙催芽处理，当种子部分破壳萌发时要及时播种，按行距 10～15cm、株距 3～5cm 为宜，每公顷播种量 1 500kg，出苗 60 万～90 万株。

（4）加强管理。幼苗出土后要及时清除杂草，还可定期喷浇稀薄的叶面肥以促进苗木的生长。11 月份抽梢的宜适当喷施 0.5% 的磷酸二氢钾以加快苗木封顶，预防寒害。

2. 油茶撕皮嵌接法

（1）砧木的接前管理。为保证嫁接成活率和接后生长良好，在嫁接前对选用的砧木进行管理，首先，根据嫁接的需要进行修剪，剪除病虫枝、枯枝、弱枝、过密枝及嫁接部位以下的各类侧枝；在 3 月份以前对林地进行挖垦 1 次，有条件的结合垦复追施 1 次氮肥，促使砧木生长旺盛。

（2）接穗的采运和保存。接穗的好坏是影响嫁接成活率的重要环节之一，穗条应在通过鉴定的优良无性系上采取当年生的粗壮、无病害、腋芽饱满的半木质化新梢，随采随接，如果要长途运输，应将采下的穗条整齐地捆扎好，在下端包上浸过水的脱脂棉，装入纸箱内，以免挤压。在运输过程中要做到保湿，对一时接不完的穗条，可插放在荫凉处的沙床上，注意经常喷水、一般可保存 1 周左右。

（3）嫁接。削砧：在砧木的嫁接部位，先用布擦去灰尘，然后用接刀剖成“门“型，深达木质部，宽与接穗粗细相当，自上向下撕开皮部。削穗：将穗条削成长 2.5cm 左右，芽两端成马耳形的短穗，去掉 1/2 或 2/3 的叶片，然后在接合面（芽的背面）自一端撕去皮部，宽约为接穗粗的 1/4 左右，若不能撕开皮部，接合面也可以用嫁接刀削，削的深度一般为枝条粗的 1/3 左右。嵌穗：将削好的接穗，嵌入撕开皮部的砧木槽内，再把撕开的砧木皮部，覆盖在接穗的上面。包扎：嵌穗后，立即用塑料绑带进行包扎，注意不要伤接芽的前提下，应尽量包扎紧。加罩：为了保湿，包扎后在接穗部位应加绑一个塑料罩，塑料罩在接芽的方位呈灯笼状，严禁塑料罩贴靠在接穗的叶片上，以免灼伤叶片。绑罩要严密，否则起不到保湿的作用，影响嫁接成活率。

（4）接后管理。嫁接后生长的好坏和质量，接后管理非常重要，要注意几方面事情。剪砧。剪砧是油茶嫁接后管理上的重要技术措施，剪砧一般可分两次进行。第一次在接后 40d 左右，这时接芽与砧木已愈合，接芽膨大或已开始抽稍时进行。第一次剪砧，剪口距接穗 30cm 左右，在剪口下方尽量保留 1～2 个小枝；第二次剪砧在翌年春，叶芽萌动前进行，一般剪口距接穗枝 3～5cm，视砧桩粗细而定，粗砧桩应留长些，细砧桩可短一些，对砧桩较粗的，直径在 3cm 以上，在剪口处仍应保留 1～2 个小枝，以免砧桩向下干枯。解罩与解绑。在第一次剪砧后10d左右，此时接枝抽生1~4cm，接穗与砧木愈合的很牢，即可解罩。解罩最好选在阴天进行，或在晴天的早晚进行，以防刚解罩的嫩芽被烈日灼伤。剪砧和解绑罩后，接枝生长很快，为了不影响接枝的生长，在9~10月份，将绑带解除，对还没有抽梢的接芽，可在翌年春进行解绑。除萌与扶绑。剪砧后，砧木上会不断的生长出一些萌芽条，对这些萌条应及时除掉，否则会影响接枝的生长，同时造成砧木的萌条与接枝混淆一起，降低嫁接树的质量。应经常除萌，1~2年后砧木不再出现萌芽枝为止。大树砧嫁接，接枝生长很快，徒长严重，形成头重脚轻的现象，易造成风折，对这些徒长枝应及时扶绑在砧桩上，避免风折。虫害防治和林地管理。嫁接后，接枝生长幼嫩，很容易受金花虫、金龟子和象甲等的危害，应随时注意虫情，及时进行药物防治。因油茶嫁接林都是优树，结实累累，对养分消耗很大，所以必须加强林地土壤肥水管理，进行垦复、除草和追肥等措施，满足树体养分的需求，否则会造成嫁接林的提早衰败。

3. *芽苗砧嫁接规模化育苗技术*

中国林业科学研究院亚热带林业研究所于20世纪70年代研究出的“油茶芽苗砧嫁接”方法，是油茶无性系小苗嫁接的较好方法。后经不断改进和广泛应用，油茶芽苗砧嫁接方法得到了进一步的完善，为油茶优良无性系的大规模推广应用奠定了技术基础。

油茶芽苗砧嫁接是采用油茶大粒种子经过沙藏促芽处理、待种子发芽但尚未展叶前的幼芽作砧木，以当年生优树和优良无性系枝条作接穗的一种劈接法。它是目前油茶良种苗木繁育量大，成苗率高，操作简便，技术易掌握，在生产上广泛应用的一种方法。

（1）砧木催芽。砧木种子的选择与贮藏。油茶果收摘回来后，放在通风处堆放3~4d，使其后熟，然后脱壳，筛选大粒饱满的种子在阴凉处风干，用清洁稍干的河沙与种子在室内分层贮藏（沙子与种子体积之比为1.5∶1）。沙床促芽。在2月底或3月上旬，把沙藏的种子筛出来，播在沙床上。沙床必须选在排水良好的平坦地面，在地面上先垫一层约10~15cm厚的清洁湿河沙，把种子均匀撒播在上面，种子尽量避免重叠，再盖上10cm厚的湿河沙，用清水喷透沙床，然后覆上薄膜或稻草，沙床要保持湿润，如发现湿度不够，应及时喷水，到5月中旬即可进行嫁接。

（2）圃地准备。圃地可以选用土层深厚、肥沃的旱土，也可选用稻田，但必须是排水良好，水源灌溉方便的地方。整床：选用的圃地，在当年的冬天挖翻，在翌年4月底施足基肥并将苗床整好，苗床宽1~1.2m，床面覆盖一层4cm厚的黄心土。架好荫棚。栽植油茶嫁接苗的圃地必须设有荫棚，荫棚高1.5~1.8m，遮荫度在70%~80%。设置薄膜拱罩。在栽植芽砧苗后喷透水，并立即架设竹弓覆盖薄膜成拱棚，拱棚的四周要封闭严密。

（3）嫁接和栽植。嫁接前用品准备。嫁接前首先要准备好包扎用的牙膏皮，牙膏皮先剪成长1.5~2cm，宽0.6~0.8cm的小片，再卷成像筷子粗的筒状；在湖南株洲等地采用一种草茎做捆扎材料，这种草茎套可于嫁接成活后自然干缩脱落，不污染圃地；其次准备好嫁接用的单面刀片、毛巾、盆子、木板等用具。接穗的采运和保存：同前。嫁接。5月中旬以后，优树当年生的春梢已停止生长，芽砧苗已长好，便可进行嫁接，操作程序，起砧：在催芽的沙床内，用手轻轻挖起砧苗，再用清水将砧苗上的沙子冲选干净。起砧时要注意不碰掉砧苗上的种子及弄断根部。削穗：选用接枝上饱满的腋芽和顶芽，在叶芽两侧下部0.5cm处下刀，削成两个斜面（成楔形）削面长0.8~1.0m，再在芽尖上部0.1~0.2cm处切断，便成一个接穗，接穗上的叶片，可以全部保留，也可以削掉1/2，将削好的接穗放在装有清水的盆内。削砧：在砧苗子叶柄上2~3cm处切断，对准中轴切一刀，深约1.0~1.2cm，砧苗根部保留5cm左右，将多余的部分切除。插穗和包扎：把准备好的牙膏皮或草茎按粗细相当的卷筒套在削好的芽砧上，将接穗插入砧木的切口内，把牙膏皮或草茎套筒提到接口处轻轻捏紧即可，将接好的苗木放在荫凉处以备栽植，并用湿布盖好，避免日光照射。栽植：将接好的苗木栽植到苗床内，株行距一般为6cm×15cm，栽植深度以苗砧上的种子刚埋入土内为度，然后将土压紧，用喷壶浇透水，然后在竹弓架上覆薄膜，四周用土压紧密封。

（4）嫁接后苗圃管理。除萌条：栽植后30d左右，接口开始愈合，同时砧木会长出一些萌芽枝，对萌芽枝应及时剪除，否则会影响接苗的生长。除草：在高湿高温的条件下，苗床杂草生长很快，应及时拔掉，以免影响苗木生长。除杂草和除萌条可以结合进行。喷水与追肥：嫁接苗床，既不能积水也不能缺水，如发现苗床缺水，应及时喷灌，注意油茶苗木只能喷灌不能漫灌，漫灌不但对苗木生长不好，还会造成苗木成批死亡，在除萌条、除杂草时。每揭开 1 次薄膜时都要喷 1 次水，喷水量根据苗床湿度而定。当接苗长到 3 ~ 5cm 时，可以追施沤制过的稀释人粪尿，或追施 0.2% 浓度的氮素化肥水，追肥可以结合喷灌进行。

揭除薄膜罩和拆除荫棚：到 9 月份，苗木根系已较发达，苗木也有一定高度，气温稍低，蒸发减少，这时可将薄膜棚罩两头揭开，2 ~ 3d 后再将薄膜全部揭除。9 月中旬再将荫棚拆除，有利于培育壮苗。翌年春，主要加强苗木肥水管理和病虫害的防治。

4. 扦插育苗

油茶扦插于 5 ~ 6 月份进行较为合适，采用当年已木质化的春梢，剪取 4 ~ 5cm 长度，保留一芽一叶，经生长素处理后按株行距 10cm × 3cm 插于整好的圃地上，浇足水后覆农膜，圃地要架设好荫棚，透光度 60% ~85% 。

采用 NAA100mg · kg^{-1} 和 ABT 生根粉处理可提高成活率，以 ABT 1 号成活率较好，平均 95% 以上，且以 50mg · kg^{-1} 的成活率最高，达到 98% ，生根速度、生根量、根长和高生长均最好；ABT 3 号的成活率也有 93.3% 。

（二）造林

1. 培育良种壮苗

优良家系和实生子代是 1 年生实生苗；优良无性系是芽苗砧嫁接 2 年生苗。苗木规格达二级苗以上（1 年实生苗苗高 20cm，2 年生嫁接苗高 25cm，基径粗 0.4cm，根系完整、无病虫害）。

2. 造林设计

油茶既可房前屋后零星栽植，也可集中建园进行集约化经营。在建园前须进行林地规划，以达到适地适树，充分发挥油茶的优良特性，达到高产、稳产的目的。

（1）整地。根据油茶的适生性选择土层深厚，排水良好，pH 值为 4.5 ~ 6.0 的阳坡山地建园，根据坡地坡度进行全垦或整土成梯，然后撩深、宽 70cm × 70cm 的壕沟或挖长、宽、深 80cm × 80cm × 80cm 的大穴，用厩肥、堆肥和饼肥等有机肥作基肥，每公顷施 45 ~ 75t，与回填表土充分拌匀，然后填满待稍沉降后栽植。

（2）定植。油茶栽植在冬季 11 月下旬至翌年春季的 3 月上旬均可，但以春季定植较好。定植宜选在阴天或晴天傍晚进行，雨天土壤太湿时不宜。

定植密度需根据坡度、土壤肥力和栽培管理水平等情况而定，大至每公顷 900 ~ 1 800 株。适宜的行距为 2.5 ~ 3.0m，株距为 2.0 ~ 3.0m。在事先标好的定植点，最好能在根蔸处加些火土灰、磨细的稻田土或肥沃的培泥土作定植土，将苗木根系自然舒展开，加土分层压实，栽植嫁接苗时可使嫁接口与地面平，浇透水使根系与土壤紧密结合，做到根舒、苗正、土实。

3. 油茶幼林管理

幼林期是指从定植后到进入盛果前期的阶段，油茶嫁接苗一般为 6 ~ 9 年。此期的管理特点是促使树冠迅速扩展，培养良好的树体结构，促进树体养分积累，为进入盛果期打下基础。

（1）施肥措施。幼树期以营养生长为主，施肥则主要以氮肥为主，配合磷、钾肥，主要培养春、夏、秋三次梢，根据树龄大小逐年提高施肥量。

定植当年通常可以不施肥，有条件的可在 6 ~ 7 月树苗恢复后适当浇些稀释的人粪尿或每株施 25 ~ 50g 的尿素或专用肥。从第二年起，3 月份新梢萌动前半月施入速效氮肥，11 月上旬则以土杂肥或粪肥作为越冬肥，每株 5 ~ 10kg，随着树体的增长，每年的施肥量逐年递增。

（2）抚育管理措施。同一般果园一样，油茶也怕渍水和干旱，所以雨季要注意排水，夏秋干旱时应及时灌水。

夏季旱季来临前中耕除草一次，并将铲下的草皮覆于树蔸周围的地表，给树基培蔸，以减轻地表高温的灼伤和旱害；冬季结合施肥进行有限的垦覆。林地土壤条件较好的要以绿肥或豆科植物为主进行合理间种，实行以耕代抚，还能增加收入。

油茶幼树营养生长旺盛，管理得当时病虫害不多，主要有炭疽病、天牛、刺蛾、蚜虫等。平时要注意预防，在高发季节时要注意观察防治。

油茶成年树有较强的抗冻害能力，但幼树由于抽梢量大，组织幼嫩，易受冻害，因而在林地规划时要避免在低洼凹地建园，冬天冷气流频繁的地方应适当营造防风林带，平时应做好施肥和病虫害防治以加强树势，11 月份施足保暖越冬肥，还可根据枝梢生长情况在 10 ~ 11 月份用 0.2% 的磷酸二氢钾溶液叶面喷施以促进新梢木质化程度，有利于越冬。

（3）树形培育。油茶定植后，在距接口 30～50cm 上定干，适当保留主干，第一年在 20～30cm 处选留 3～4 个生长健壮，方位合理的侧枝培养为主枝；第二年再在每个主枝上保留 2～3 个健壮分枝作为副主枝；第 3～4 年，在继续培养正副主枝的基础上，将其上的健壮春梢培养为侧枝群，并使三者之间比例合理，均匀分布。油茶在树体内条件适宜时，具有内膛结果习性，但要注意在树冠内多保留枝组以培养树冠紧凑，树形开张的丰产树型。在培养树形时要注意摘心，控制枝梢徒长，并及时剪除扰乱树形的徒长枝、病虫枝、重叠枝和枯枝等。幼树前 3 年需摘掉花蕾，防止挂果，以维持树体营养生长，加快树冠成形。

4. 油茶成林管理

良种油茶进入盛果期限一般为 8～10 年，经济收益期限长达 30～50 年。在盛果期内，每年结大量的果实，会消耗大量的营养成分，所以，成林管理的主要工作是加强林地土、肥、水管理，恢复树势，防治病虫害。

（1）土壤改良。为了促进土壤熟化，改良土壤理化性状，满足树体对养分的大量需求，改善油茶根系环境，扩大根系分布和吸收范围，提高其抗旱、抗冻能力，保持丰产、稳产，需隔年对土壤进行深翻改土，一般在 3～4 月或秋冬 11 月份结合施肥时进行。在树冠投影外侧深翻 30～60cm；为避免大量伤根，也可分年度对角轮换进行，以 2～3 年为一周期。深翻时要注意保护粗根。

（2）施肥技术。据研究，油茶林每抽发 100kg 枝叶，需氮素 0.9kg，磷素 0.22kg，钾素 0.28kg；每生产 100kg 鲜果需氮素 11.1kg，磷素 0.85kg，钾素 3.4kg；每生产 100kg 茶油（1 430kg 鲜果）需从土壤中吸收氮素 158.7kg，磷素 12.0kg，钾素 48.6kg。盛果期为了适应树体营养生长和大量结实的需要，施肥要氮磷钾合理配比，一般 N: P_2O_5: K_2O比例为 10:6:8。每年每株施速效肥总量 1～2kg，有机肥 15～20kg。增施有机肥不但能有效改良土壤理化特性，培肥地力，增加土壤微生物数量，延长化肥肥效，而且还能提高果实含油量。

在施追肥的基础上，还可根据每年情况、土壤条件和树体挂果量适当增施一些适量的叶面喷施，对促花保果，调节树势，改善品质和提高抗逆性大有帮助。叶面施肥多以各种微量元素、磷酸二氢钾、尿素和各种生长调节剂为主，宜于早晨或傍晚进行，着重喷施叶背面效果更好。

（3）灌溉技术。油茶大量挂果会消耗大量水分，长江流域一般是夏秋干旱，7～9 月的降水量大多不足 300mm，而此时正是果实膨大和油脂转化时期，欲称“七月干球，八月干油”。漆龙霖等研究认为，当油茶春梢叶片细胞浓度≥19% 时，或土壤平均含水量≤18.2% 时、田间持水量≤65% 时，油茶已达到生理缺水的临界点，这时合理增加灌水可增产 30% 以上，如果叶片细胞浓度达到 25% ～28% 时，叶片开始凋萎脱落。但在春天雨季时要注意及时排水。

（4）修剪技术。油茶修剪多在采果后和春季萌动前进行。油茶成年树多只抽发春梢，夏秋梢较少，果梢矛盾不突出。春梢是结果枝的主要来源，要尽量保留，一般只将位置不适当的徒长枝、重叠交叉枝和病虫枝等疏去，尽量保留内膛结果枝油茶挂果数年后，一些枝组有衰老的倾向，或因位置过低或过里而变弱，且易于感病，应及时进行回缩修剪或从基部全部剪去，在旁边选择适当部位的强壮枝进行培养补充。保持旺盛的营养生长和生殖生长的平衡。对于过分郁闭的树形，应剪除少量枝径 2～4cm 左右的直立大枝，开好“天窗”，提高内膛结果能力。通过合理修剪可使产量增长 39% 以上，枝感病率降低 70% 。

（5）油茶放蜂。油茶林放养蜜蜂技术是由中国林业科学研究院林业研究所等研究成功的新技术，通过多次试验，找到了蜜蜂中毒的原因和解毒的方法，筛选出了“解毒灵”1、2 和 6 号等多种高效低廉解毒药，并在此基础上研制出“油茶蜂乐”等蜂王产卵刺激剂。还筛选出了合适油茶林的蜂种，如中国黑蜂、高加索蜂和高意杂交蜂等，只要采取系统的技术措施，不但能增加产量达 35% 以上，而且每公顷每年可产蜂蜜 120～225kg，还可节省大量的越冬喂蜂糖。

（三）油茶低产林改造

油茶低产林是与良种丰产林相对而言，是指其生产潜力未能充分发挥出来的那些林分。油茶低产林改造是在联合国粮农组织的援助项目“2696 工程”的启动下，在全国滚动实施。低产林改造的技术主要包括 8 大技术措施。

1. 清理林地

油茶低产林的一个原因是多年荒芜后，林地长满了各种杂灌木及高大乔木如马尾松、泡桐、檫树等，以及大量的多年生杂草。因此，必须将林中的高大林木、杂灌木和有害杂草等清除，有利于油茶林的垦复管理和果实采收。

2. 密度调整

传统上油茶直播造林时都没有密度设计，疏密不均；多年的萌芽更新林也会造成林相不整齐，将过密的疏伐，过稀的适当补植，根据不同的坡度使油茶林每公顷保留900～1 650株。

3. 整枝修剪

油茶植株进入盛果期后，结果面逐渐外移，内膛空虚，影响立体结果，通过修枝整形改善通风透光条件，除去过密的交叉枝、重叠枝、过弱的营养枝、病虫枝等培养良好的树形。

4. 垦复深挖

“冬挖金，夏挖银”是群众对油茶垦复的总结。冬天深垦可熟化和改良土壤，增加肥力，清除杂草和消灭越冬病虫害。夏天正是新梢、果实生长的关键时期，结合除草浅垦培蔸可增强抗旱能力，提高油茶树势，有利于保花保果。

5. 蓄水保土

油茶林立地条件相对较差，特别是在湖南中南部第四纪红壤的低山丘陵地带，雨水造成的地表侵蚀相当严重，影响油茶林的产量。针对坡度陡的林地，尽可能整土整梯，或者每隔6～8m按环山水平开挖1～1.5m的竹节沟，防止水土流失，以达到保水、保土和保肥的目的。

6. 合理施肥

以农家土杂肥为主，结合冬垦时进行。有条件的春季适当施一些N、P为主的复合肥。

7. 病虫防治

油茶成林中危害最严重的病害是炭疽病和软腐病，每年均造成大量的落果和落叶，不但造成当年损失，还会影响翌年产量，减弱树势，严重时造成整株死亡。油茶病虫害多以综合治理和预防为主，结合树体管理，在4～7月定期喷洒波尔多液等杀菌剂可起到有效的预防作用。

8. 劣株改造

适合于一些立地条件较好的中幼龄林，在调查清楚林分产量结构的情况下将部分不结果或结果不多的植株，采用大树换冠的方法加以改造，从而提高林分的整体产量。该方法技术难度较高、投资相对较大，要进行必要的论证后再实施。

五、病虫害防治

据调查，我国危害油茶的病虫害很多，虫害有10目300多种，病害有50多种，其中危害很大、在生产上造成巨大损失的有油茶成林的油茶炭疽病和软腐病，在油茶幼苗期有油茶根腐病等。

（一）病害防治

1. 油茶炭疽病

由油茶炭疽病菌（*Colletotrichum camelliae* M.）引起，其有性世代是子囊菌纲鹿角菌目的围小丛壳菌（*Glomerella cingulata* S.），无性世代是半知菌黑盘胞目的茶赤叶枯刺盘孢菌（*Colletotrichum gloeosporioides* P.）。主要在果实、叶、枝和树干上发病。造成果实开裂及果实和叶片大量脱落，枝条枯死，树干溃疡等，严重地影响着树体生长和茶果产量，严重时整个植株干枯死亡。发生时，在果实、枝叶上出现红褐色小点，后逐渐扩大成淡褐色病斑，病斑中的不规则轮纹，后期病斑上出现黑褐色的小点。发生时间通常是5～8月高温高湿季节，7～8月是发病高峰期，成林在8～9月会见到大量落果、落叶，如果在大树嫁接换冠时，也可在树干上见到溃疡病斑。

油茶炭疽病分布广，受害面积大，防治困难，目前尚无很有效的防治方法。生产上注重抗病性育种，选育的良种要求果实自然感病率3%以下，结合营林措施减少病源，增强树势等综合防治方法。在苗期时春夏季节定期喷施1%的波尔多液预防，发病早期可用50%的多菌灵等内吸性杀菌剂防治，可达到70%的效果。

2. 油茶软腐病

由真菌引起，无性世代为半知菌丛梗孢目、伞座孢属油茶伞座孢菌（*Agarocodochium camellia* L.），未见有性世代。油茶软腐病主要在果实、叶、芽和梢上发生，造成大量落叶落果，芽梢枯死。受害油茶往往成片发生，如遇连续阴雨天则扩散速度更快。油茶软腐病的发生与环境的温度和湿度有密切关系，风雨是病原菌近距离传播的主要方式。通常于3～6月和10～12月为发病高峰期，在南方油茶苗期，则全年都有可能发生，造成苗木落叶后成片死亡。油茶软腐病是油茶常见病，对油茶成林会造成大量落果，但不至整株死亡，主要对油茶苗木的危害最大。主要采取营林管理措施，改善通风透光条件。浙江省常山油茶研究所认为1%波尔多液的预防效果较好，达到96.7%，多菌灵和托布津的防治效果达到为67.6%～82.2%。

3. 油茶根腐病

病原菌的无性世代为半知菌无孢菌群的罗氏白

绢小菌核菌（*Sclerotum rolfsil* S），有性世代为担子菌纲的罗氏白绢病菌（*Pellicularia rolfii* W）。根腐病主要危害油茶1年生苗木，先侵染苗木根颈部，患部组织初期褐色，后长出白色绵毛状物（菌索），受害苗木根部腐烂叶片凋落最后死亡。在高温高湿条件下，病菌苗根周围形成大量白色的丝状膜层，所以也称白绢病或霉根病，后来从白色变成黄褐色，即为病原菌的菌核。油茶根腐病主要发生于4～5月和9～10月份，7～8月是重病株死亡期。病原菌适宜生长于pH值约为4的土中，特别是对土壤黏重、排水不良的圃地时。在感染部位和根部土壤越冬，主要从伤口或幼嫩表皮侵染。油茶根腐病的综合防治，特别是进行苗木培育时，须从圃地选择开始，土壤质地、排水情况、前期作物等。发病后首先尽可能清除重病株，以熟石灰拌土覆盖，或50%退菌特、50%多菌灵等浇灌根茎处，防治效果均可达到75%以上。

（二）虫害防治

常造成经济损失的油茶害虫主要有以油茶尺蛾（*Biston marginata*）和茶毒蛾（*Euproctis pseudoconspersa*）为代表的食叶害虫，包括刺蛾类、蓑蛾类、金龟子类和叶甲类；以茶梢尖蛾（*Parametriotes theae*）和油茶绵蚧（*Metaceronema japonoca*）为代表的枝梢害虫，包括油茶蛀梗虫和蚧虫类；以蓝翅天牛（*Chreonoma atriarsis*）为代表的蛀干害虫；以及种实害虫茶籽象甲（*Curcnlio chinensis*）等。

油茶害虫的防治多采用综合治理的措施，从加强营林管理，增强树势，破坏害虫的生存和危害环境；通过修剪清除和减少病虫枝和过弱枝，消灭越冬害虫；采用生物防治，保护天敌。化学防治时须针对不同害虫进行，鳞翅目和鞘翅目食叶害虫可在2～3龄时以90%敌百虫、50%辛硫磷乳油等防治均有很好的效果。对蚜虫和介壳虫等刺吸式害虫，可用40%乐果乳油或氧化乐果乳油防治。对茶梢蛾和茶蛀梗虫等钻蛀性害虫，应在成虫盛发期，卵初孵化或幼虫转移蛀梢盛期，以40%氧化乐果乳油等强渗透内吸作用化学农药喷洒效果较好。害虫会逐渐产生抗药性，所以每一种药都不是绝对的有效，应采取综合防治方法，将害虫控制在允许的危害范围内，连续使用多年化学药剂防治，应及时更换和采用新的杀虫剂，以达到杀灭害虫的效果。

1. 茶毒蛾（*Euproctis pseudoconspersa* Strand）

又名茶毒蛾、茶黄毒蛾、茶毛虫；俗称痒辣子、摆头虫、毛毛虫、毒毛虫、茶辣子，为鳞翅目毒蛾科。

油茶毒蛾为多化性昆虫，发生代数因各地气候不同而异，大多以卵块在树冠下的老叶背面越冬。成虫羽化期在午后至黄昏。羽化期雄蛾比雌蛾早1～2d。成虫白天静伏于树丛中，受惊时迅速飞翔，一次能飞10～100m，有时可假死落于地面。具趋光性，未交尾雌蛾具强性引诱力。羽化当天或次日交尾，雌蛾一生交尾1次，雄蛾可交尾2～3次，大多在黄昏与清晨进行，以上午6：00～8：00和下午18：00～20：00最盛，尾后当天或次日产卵，大多一次产完。卵粒集结成块，每块为50～300粒，产卵时往往选择生长旺盛植株。雄蛾寿命2～9d，雄蛾3～11d。卵：一般于早晨至中午孵化，盛期在始期后5d左右。幼虫1、2龄幼虫有群集习性，仅食下表皮和叶肉、上表皮与叶脉，使被害叶呈半透明网状膜，不久枯黄；3龄始食全叶，常群迁到树冠上部危害，同时吐丝结网；4龄后食量逐渐增加，5、6龄食量大增，吃完后即行迁移。防治时期以3龄之前进行为佳。幼虫蜕皮前需转移到树冠下部叶片或树干基部进行，经1～3d蜕皮后又向上爬行，继续危害。幼虫怕光与高温，中午转移到树冠下部或阴凉地方，受惊时停止活动。蛹：老熟幼虫爬到枯枝落叶层或土中结茧化蛹，常2～3个甚至多个聚集在一起；化蛹土深为3～7cm。茶毒蛾的发生和发展与气候关系十分密切。在成虫羽化期，若遇高温干旱、久晴不雨，羽化率就低，产卵量也少。

防治方法：冬季与早春人工采摘卵块。油茶毒蛾以卵块越冬，在3月底至4月初将采下的卵块集中烧毁。为防止毒毛，采摘前先在手上涂一些肥皂水；结合垦复灭蛹。在结茧化蛹期进行垦复培土，使蛹埋在土下10cm深，成虫便不能羽化出土，此法对阻止成虫羽化、外飞有一定作用；药物防治。应掌握在3龄之前效果更好。药剂可用100～200倍肥皂液、50%敌百虫剂200倍液；90%敌百虫、50%马拉松、50%杀虫螟松1 000～1 500倍液；合成洗衣粉50～100倍液等；菌剂防治。喷撒含1.325亿·mL^{-1}的苏云金杆菌，从田间收集茶毛虫感病虫体，以每公顷375～450头病虫用量，捣碎并稀释至100倍，在上风处喷雾，7d后成虫感病，15d后即大量死亡；灯诱。利用成虫趋光性进行诱杀，也可利用雌蛾的性激素诱捕；利用天敌防治。如卵期有黑卵蜂（*Telenomus* sp.）；赤眼蜂，幼虫期有毒蛾绒茧蜂（*Apanteles consperae* Fiske.），茶毒蛾姬蜂（*Henicospilus pseudoconspersae* Sonan.），毒蛾瘦姬蜂（*Hymenobosmina* sp.），小胞瘦姬蜂（*Holocremnus* sp.），日本黄茧蜂（*Meteorus japonicus* Ashmend.）以及幼虫蛹寄生蝇（*Tachina*. sp.）；捕食性天敌有桃茶色蝽象（*Armacustors* Fab.）、蠼螋、螳螂、蜻蜓、蜘蛛、土蜂等。

2. 茶尺蛾（*Biston marginata* Shiraki）

又名相思尺蛾、圆纹尺蛾，俗称量步虫、拱拱虫、造桥虫等，为鳞翅目尺蛾科。油茶尺蛾为间歇性暴发害虫，以幼虫咀食叶片危害，大发生时可将油茶老叶、嫩茎吃光。1 年 1 代。以蛹在树根四周土下 17 ~ 20cm 深处越冬，翌年 1 月下旬至 3 月成虫羽化、交尾、产卵，4 月上旬幼虫孵化，5 月下旬至 6 月上中旬入土化蛹。成虫寿命 4 ~ 6d。成虫大多一生交尾 1 次，少数可交尾 2 次，交尾后于当晚或次夜产卵，卵一般产于小枝上、树干的凹面及分叉处，外披黄褐色茸毛。一雌可产卵 412 ~ 1 234 粒，并聚集成块。成虫白天四翅平展，静伏于茶林中，于傍晚开始活动，飞翔力较弱。该虫弱趋光性，雌蛾具性引诱力。幼虫于早晨 6：00 ~ 7：00 孵化，有群集性。以啃食嫩叶为主，3 龄前食量少，4 龄后食量逐渐增大。化蛹时钻入根系土中 7 ~ 10cm 处做好蛹室，若是松土可深达 20cm 左右。

防治方法：油茶尺蠖各虫态无毒，活动迟钝，卵粒成块，蛹期长，可以进行人工防治；药物防治应掌握在 3 龄之前进行为好。垦复灭蛹；用 3% 敌百虫粉，每公顷 2kg；90% 敌百虫 2 000 ~ 4 000 倍液；亚胺硫磷 800 ~ 1 000 倍液；苏云金杆菌，含孢子 0.5 ~ 0.7 亿 · mL^{-1} 菌液，“735” 杆菌，1 ~ 2 亿孢子/mL 菌液，防治 4 龄幼虫，死亡率达 80% ~ 90%。

3. 茶梢蛾（*Parametriotes theae* Kuzhetzov）

又名茶梢蛾、茶蛾，俗称钻心虫、蛀梢虫，为鳞翅目尖翅蛾科。茶梢蛾以幼虫危害叶肉和蛀食春梢，被害梢逐渐枯萎而死。除危害油茶外，还危害茶叶与山茶。大多数地区 1 年发生 1 ~ 2 代，成虫白天静伏于小枝上，夜间活动，趋光性颇强；交尾大多在晚上 7：00 ~ 10：00 进行，尾后产卵于叶柄附近或小枝表皮裂缝中，每 2 ~ 5 粒集成一堆；每雌蛾产卵 50 余粒，卵经 14 ~ 16d 孵化；孵幼后开始活动爬向叶背，咬破表皮，潜入叶肉，并以蛀入孔为中心，向四周啃食叶肉，使叶面逐渐出现褐色圆斑或浅斑，其直径为 3 ~ 5mm，致使该叶子枯黄，之后，幼虫转移到其他叶子上继续危害。自 3 月份开始，当日平均气温上升到 14℃ 时，幼虫便钻出叶肉，转移到嫩梢上危害。一只幼虫能危害 1 ~ 3 个春梢。受害枝梢因受刺激日趋膨大，因水分与养分的输送不畅，最终连梢枝一起枯黄而死。枯死部分一般长为 60 ~ 80mm，其蛀道长 52 ~ 75mm，老熟幼虫在化蛹前，先在蛀入孔处咬一圆形羽化孔，在其下部作蛹室，并吐白丝膜封闭孔口；孔口距梢顶为 40 ~ 50mm，最长达 75mm 左右。

防治方法：加强检疫工作，严防虫菌传播扩散；成虫盛期，可人工剪除被害叶、梢，集中在纱笼或简易荫棚内，待寄生蜂等天敌羽化后烧毁；在荫棚内堆放时应注意通风透气，防止霉烂，影响天敌存活率；在严重危害林地，掌握幼虫转移危害时期，喷布敌百虫 500 ~ 1 000 倍液，乐果等 1 000 倍液喷施；保护好天敌。油茶林里有很多茶梢蛾寄生蜂，寄生率高达 20% ~ 40%，基本能控制茶梢蛾的危害。

4. 油茶蛀茎虫（*Casmara patrona* Meyrick）

又名茶枝镰蛾、茶枝蛀蛾、茶枝蛀梗虫，俗称钻心虫，为鳞翅目织叶蛾科。以幼虫蛀食油茶枝条危害，被害枝初呈凋萎状，日久均枯死。1 年 1 代，以大幼虫在被害枝内越冬，翌年 4 月下旬开始化蛹，5 月下旬至 6 月上旬成虫羽化，6 月中下旬幼虫孵化，卵期 18 ~ 20d，幼虫期长达 280 ~ 300d，蛹期 29 ~ 39d，成虫寿命雄蛾 2 ~ 10d。成虫大多在晚上羽化，羽化次日晚上交尾；雌蛾一生交尾 1 次，交尾后 8 ~ 10h 产卵，每雌蛾可产卵 30 ~ 50 粒。卵散产于嫩枝上，以顶端第 2、3 叶居多，每处产卵 1 粒；孵幼从侧枝嫩梢的叶腋处蛀入芽梢，然后自上而下蛀入木质部；蛀食后 40 ~ 50d，离顶梢 20 ~ 40cm 长的枝条即枯死。在被害枝上每隔一定距离向外蛀一圆形排粪孔，粪粒红棕色；幼虫于化蛹前，蛀孔一般可达 7 ~ 9 个，最多达 13 个；被害枝的直径大多在 8 ~ 18mm，蛀道长达 53 ~ 102cm；化蛹在蛀道的中上部，化蛹前先咬一个羽化孔，以白丝封闭孔口，以防水与蚂蚁等侵入，在蛹室的上下端亦以白丝团堵塞蛀道，在蛀道的最底部，一般有一定水分。

防治方法：人工剪除虫枝。剪枝时间一般以 7 ~ 9月为好，此时危害时间尚不太长，若发现梢端枯黄，可沿枯枝下端剪除，放于室内，待寄生蜂等天敌羽化后烧毁；灯光诱杀：成虫趋光性强，可设黑光灯诱杀。每 $3hm^2$ 茶林设 40W 黑光灯一盏，连续 3 年可消灭此害虫。在成虫羽化高蜂期，可喷洒

20%乐果乳剂500倍液、90%敌百虫1 000倍液；幼虫期可喷洒90%敌百虫500倍液。

5. 油茶刺绵蚧（*Metaceronema japonica*）

又名日本卷毛蚧、油茶白毛蚧，俗称蜡丝蚧为同翅目蚧科。刺吸式害虫，以若虫与成虫吸取叶片、小枝条的液汁危害，其分泌物可大量诱发烟煤病的滋生。大量发生时使油茶林及其地面一片漆黑，严重影响茶林的光合作用，致使油茶树落花落果，造成整株、整片死亡，形似火烧。1年1代，以受精雌成虫越冬，于翌年3月下旬至4月上旬开始活动，4月中旬产卵，5月上旬为盛期，产卵期5～15d，一雌蛾产卵多达1463粒。在气温在21.1℃以下，卵期为30～35d，5月中旬出现幼虫，6月上旬为盛期，7月出现两性分化，10月上旬雄虫进入预蛹，10月下旬羽化，雄虫羽化出来后即寻找雌虫进行交配，平均寿命3.5d，交配后即陆续死亡，雌虫交配后仍然留在叶面、小枝干及树干基部越冬，翌年4月产卵，产卵前先分泌蜡粉蜡丝，形成卵囊，裹覆全身，长椭圆形，后端稍宽而突起，具一小孔，前端具横脊与沟；雄虫危害期约5个月，雌虫长达11个月左右。初孵若虫善爬行，是该虫蔓延扩散的重要时期，一旦找到适合场所即固定取食；此时雌雄难辨，自2龄后两性开始分化，明显易辨。油茶刺绵蚧具转移危害习性，在产卵期间，为寻找适合产卵场所到处爬行，极易蔓延扩散。主要分布在比较潮湿的山区，并与地势关系密切，因而大多在海拔300～800m的油茶林。

防治方法：人工剪除虫源。抓住4～5月份即雌成虫产卵与幼虫孵化期，人工剪除被害叶、枝等集中烧毁，这对控制刺绵蚧的蔓延有很大作用；在大发生的油茶林，在2龄以前，可喷50%敌敌畏乳剂、90%敌百虫晶体等200～1 500倍液，此时幼虫背上的蜡质尚未形成或还不厚时防效很好；以2.5%溴氰菊酯乳剂，浓度分别用30mg·kg^{-1}、40mg·kg^{-1}喷雾，防效可达90%以上。此药广谱性强，药效高，具触杀与胃毒作用，对人畜安全，是防治油茶刺绵蚧理想的农药；充分利用天敌黑缘红瓢虫等进行生物防治。

六、采收与加工利用

1. 油茶籽的采收和粗加工

油茶一般10月逐渐成熟，寒露籽类于10月上旬寒露节、霜降籽类于10月下旬霜降节前后进行收摘。提前采摘2周，鲜果出油率低1/3。采收后拌上少量石灰，在土坪上堆沤3～5d，完成油脂后熟过程，再摊晒脱籽。凉干做种用或再暴晒干燥后用于榨油。

2. 茶油精炼和深加工

茶籽通过压榨后取得茶油，其不饱和脂肪酸含量在90%以上，每千克茶油维生素A和E含量分别51mg和202.8mg，不含芥酸和黄曲霉，是一种优质食用油。薄壳香茶油的α-维生素E含量为490mg·kg^{-1}，经加热和贮藏1年后仍有440mg·kg^{-1}和145mg·kg^{-1}。经动物喂养试验表明其消化率为85%（普通茶油为90%），具有降低血清甘油三脂，升高高密度脂蛋白的作用，从而有利于冠心病的防治，并优于豆油，长期食用可降低血清胆固醇，有预防和治疗心血管疾病的作用。通过以莱杭鸡作试验表明，茶油对动物血脂无不良影响，是值得推广食用的木本食用油料。目前食用纯茶油的市场价格是菜籽油的2～3倍，在日本是菜籽油的7.5倍，也高于油橄榄油的价格。茶油中油酸含量在80%以上，在空气中不易氧化而耐贮藏；茶油的不饱和脂肪酸总含量在四大木本油料植物中是最高的，且远高于菜籽油和花生油。

茶油在工业上可制取油酸及其酯类，可通过氢化制取硬化油生产肥皂和凡士林等，也可经极度氢化后水解制硬脂酸和甘油等工业原材料。茶油也是医药上的原料，可用于制作注射用的针剂和调制各种药膏、药丸等。民间用茶油治疗烫伤和烧伤以及体癣、慢性湿疹等皮肤病。茶油还能润泽肌肤，用来擦头发，可使头发乌黑柔软。近年，研究发现利用高亚油酸茶油能滋养皮肤、降低290～320μm短波紫外线（UVB）危害的功能，茶油经过精炼制作的天然高级美容护肤系列化妆品和高级保健食用油等，可成倍提高其经济效益。

3. 茶枯的综合利用

茶枯是油茶籽经压榨出油后的固体残渣，内含有大量的多糖、蛋白质和皂素。茶枯的深加工是油茶综合利用中开展最早和最深入的项目。

（1）提取残油。茶枯中的残油含量因加工的方法和操作，工艺的水平而有很大差异，就目前最广泛的机械压榨方法而言，残油量一般在5%～9%，有的甚至高达10%以上，这些残油绝大部分随茶枯而浪费了。通过研究采用的溶剂浸提法提残油，提取率为5%～6%，每吨茶枯可浸提茶油50kg。全国平均每年生产 50 万 ~60 万 t 茶枯，只要回收利用 50% 提取残油，则每年可增加茶油约 1 300 万 kg，相当于新造 130 万亩亩产 10kg 油的油茶林，而且，提取残油也是茶枯进行深加工，如提取皂素的必要环节。

（2）提取皂素。油茶皂素即茶皂角苷，是一种很好的表面活性剂和发泡剂，有较强的去污能力，广泛用于化工、食品和医药等行业，生产洗发膏、洗涤剂、食品添加剂、净化剂和灭火器中的起泡剂等。油茶种籽中的皂素含量随果实成熟而逐渐降低，到采收时含量在 20% ~25% 。当前皂素提取法有水萃取法和溶剂萃取法，其中采用甲醇、乙醇和异丙醇为溶剂的萃取法最为常用。采用有机溶剂可将茶枯中残油的 85% 左右提取出来，经 3 次浸提，茶皂素得率可达 8.57% ~9.17% ，提取率达 75% 以上，这样萃取取得的为粗皂素浆，可直接使用或通过进一步加热沉淀结晶等方法进行精制提纯，制成各种成品皂素，经脱脂和提取茶皂素的茶枯饼残渣中糖类和蛋白质含量分别增加 23.2% ~28.3% ，是很好的饲料。一般可从茶枯中提取 9% 左右的工业用皂素。

（3）作饲料。茶枯中蛋白质和糖类总含量为 40% ~50% ，是很好的植物蛋白饲料，但由于茶枯中含有 20% 的皂素，皂素味苦而辛辣，且具有溶血性和鱼毒性，虽然可用于作虾、蟹等专业养殖场的清场或有害鱼类的毒药剂，但不能直接作为饲料，使用前必须脱除皂苷去毒。脱毒后的茶枯可掺拌或直接用来饲喂家畜或用于各类水产养殖。江西省糖科所用碱液浸泡法去毒后加 30% 的糖和 20% 的糠饼喂猪日增长 360g。

（4）制作抛光粉。抛光粉是用于车床上制作打磨各种部件时用的润滑剂。茶枯具有特殊的物理颗粒结构，研究证明：用提取残油后的茶枯饼粕经粉碎加工成 200 目的粉状颗粒，可以作为高级车床的抛光粉，价格和效果均优于现有的同类抛光粉。目前，国内外需求量日益上升。

（5）其他用途。茶枯中的氮、磷、钾含量分别为 1.99% 、0.54% 、2.33% ，可作有机肥使用。广西植物所试验证明每株油茶树穴施 1.5kg 茶枯，当年新梢增长度比对照长 23% ~28% 。茶枯还可作农药，既可杀虫防病，又可改良土壤结构，提高土壤肥力。群众还用它来作洗涤剂，生产灭火器的起泡剂，制作人造液体燃料或医治支气管炎和老年慢性支气管炎等疾病的药剂配方等。

（6）茶壳的综合利用。茶壳也就是油茶果的果皮，一般占整个茶果鲜重的 50% ~60% 。通常茶壳经晒干脱籽后往往作为废料处理或作燃料。茶壳中含有大量木质素，多缩戊糖和蛋白质等化学成分，是提取糠醛、木糖醇和拷胶等工业原料的良好原材料，还能制作活性炭等。每生产 100kg 茶油的茶果壳，可提炼栲胶 36kg，糠醛 32kg，活性炭 60kg，碳酸钾 60kg，并能衍生出冰醋酸 6.4kg，醋酸钠 25.6kg。同时每生产 100kg 茶油的茶枯，可提取皂素 90kg，粗茶油 20kg，优质饲料 200kg。因此，油茶通过加工每公顷可增值 1 350 ~1 500 元。中南林学院姚天保等（1986）利用油茶壳经炭化、活化后再加入适当的化学药剂处理，生产出高效除臭剂。

• 制糠醛和木糖醇　糠醛是无色透明的油状化工产品，广泛用于橡胶、合成树酯、涂料、医药、农药和铸造工业，是一种很重要的化工原料。由于目前只能通过植物材料水解提取，所以市场上供不应求。茶壳制糠醛是通过对多缩戊糠的水解得到，理论含量为 18.16% ~19.37% ，超过现今用于制糠醛的主要原材料玉米芯（9.00%）、棉子壳（7.50%）和稻谷壳（12.00%）等。在湖南、江西、浙江和福建等地已有不少企业利用茶壳生产糠醛，其得率为 8% ~10% 。

多缩戊糖的水解也能生成木糖，经加氢而成为木糖醇。木糖醇是一种具有营养价值的甜味物质，易被人体吸收，代谢完全，不刺激胰岛素，是糖尿病患者理想的甜味剂，也是一种重要的工业原材料，广泛用于国防、皮革、塑料、油漆、涂料等方面。1988 年全世界产量 5 万 t，远未能满足需求。茶壳生产木糖醇的得率为 12% ~18% 。

在水解多缩戊糖生产糠醛或木糖醇过程中，还可以生产工业用葡萄糖、乙醇、乙酸、丙酸、甲酸和醋酸钠等副产品，一般每生产 1t 糠醛成品可收回 1.2 ~1.3t 结晶醋酸钠。

• 制栲胶　茶壳中含有 9.23% 的鞣质，可用水浸提法提取栲胶。栲胶是制革工业的主要原料，还可作为矿产工业上使用的浮选剂。提取拷胶后的残渣可用制糠醛或作肥料。

• 制活性碳　活性炭是一种多孔吸附剂，广泛用于食品、医药、化工、环保冶金和炼油等行业的脱色、除臭、除杂分离等。茶壳中含有大量的木质素，且具特有物理结构，是生产活性碳的良好材料。

茶壳经热解（炭化、活化）可生成具有较大活性和吸附能力的活性炭，其综合性能良好，各项质量指标如活性、得率、原料消耗及生产成本等均接近或优于其他果壳或木质素材料。江西省玉山活性炭厂利用茶壳为原材料生产的G-A糖炭。茶壳生产活性炭主要有气体活化法和氧化锌活化法，其中以氧化锌活化法较常用，且效果较好，成品得率为10%～15%。

● 作培养基　茶壳中含有多种化学成分，作栽培香菇、平菇和凤尾菇等食用菌的培养基，所生产的食用菌，其外部形态和营养成分接近或优于棉子壳、稻草和木屑等培养基。用油茶壳屑栽培香菇以含量40%～50%为宜，产量略高于使用纯壳斗科木屑，氨基酸含量则提高50%。每吨培养基降低成本16.7%～20.8%，可产鲜菇900kg（干菇90kg）价值2 700元，同时每吨油茶壳还可节省1m^3木材。

（陈永忠）

42. 油橄榄

油橄榄是世界闻名的亚热带常绿木本油料树种，具有产量高、寿命长、适应性强、油质好、用途广的优点。油橄榄果实含油率高达34.6%。油橄榄果实中的油脂，称橄榄油。油橄榄树经济寿命长达200年以上，其系列产品综合开发大有可为。

橄榄油是世界重要的高级木本食用油，色浅黄、透明，含有多种维生素，营养价值很高，在植物油中居首位，橄榄油分约含10%甘油和80%～90%的脂肪酸，脂肪酸中不饱和脂肪酸约占80%～90%，易被人体消化和吸收，吸收率达到100%。橄榄油是惟一用其鲜果冷榨即可食用的优质油脂，油中丰富的维生素A、E、K等几乎很少损失。另外，橄榄油不含胆固醇，特别适于中老年人食用；适于胃病、肝病和高血压患者食用。橄榄油在工业和医药制造上也有广泛用途。橄榄油添加到乳制品、肉及鱼罐头中可改善其保存性和风味；在医药上可用于配制各种抗菌素或维生素针剂和软膏；橄榄油对胃及十二指肠溃疡的治疗有效，烧、烫创面涂上橄榄油，不仅伤口愈合快，而且不会留下疤痕。此外，还可作为印染用油，使颜色光亮鲜艳且牢固。

古人称作“液体黄金”的橄榄油，长期食用除了可降低胆固醇，预防心血管疾病外，还有滋润肌肤、延缓衰老、美容功效，以及强健心肌，肝胆细胞防癌等医疗效用。橄榄油除食用和医药、化工、食品、纺织以及电子工业等方面都有特殊和广泛的用途外，若用作化妆品原料，可用于柔润肌肤、减少老年皮肤皱纹，促进人体皮肤细胞及毛囊新陈代谢的功能。

油橄榄主要分布在地中海区域，已有4 000多年的栽培历史。迄今已扩大到世界五大洲40多个国家，遍布在北纬45°至南纬37°的广大地带。目前全世界油橄榄种植总数约8亿株，种植面积$6.8\times10^6hm^2$，每年产果近1.0×10^7 t，产橄榄油约1.8×10^6t以上。橄榄油产量的99%集中在地中海沿岸国家。西班牙、意大利、希腊和突尼斯是世界四大橄榄油生产国家。近年来橄榄油成为相当热门的食用油，世界橄榄油市场供不应求。

我国引种油橄榄的历史并不算长。新中国成立前，在台湾和云南有少量引种。新中国成立后，由中国科学院南京植物所和中国林业科学研究院相继从前苏联和阿尔巴尼亚引进油橄榄种子和品种材料。1964年周恩来总理亲自提倡引种油橄榄，阿尔巴尼亚政府赠送5个品种1万多株树苗给我国，自此，油橄榄引种在我国进入林业科学研究的阶段。油橄榄在我国的生产发展大致可分为3个阶段：

第一阶段为1964～1977年。这是由我国政府组织的较大规模的油橄榄引种、试种阶段。以1964年从阿尔巴尼亚引种1万余株油橄榄种苗为标志，广泛种植于长江以南15个省（自治区、直辖市）。由于当时对油橄榄生物学特性不了解，没有按科学规律办事，带有一定的盲目性。经10余年试种，有些引种资源逐步损失、死亡。

第二阶段是1978～1987年。由联合国粮食与农业组织（FAO）资助，中国林业科学研究院技术负责，在中国进行了较大规模的油橄榄发展项目。通过这个项目，我国初步组织起了一个油橄榄科研协作网，进行了一些基础研究工作，培训了一批科研和技术骨干，初步确定了油橄榄在中国的适生区，这是我国对油橄榄研究的正规起步阶段。

第三阶段始于1990年代初，甘肃武都建立$7hm^2$油橄榄种植示范园和一座橄榄油加工厂，培育油橄榄苗木50万株，进行有目的试验示范和推广发展。这是我国油橄榄向产业化发展迈出的坚实一步。

一、植物学特征

油橄榄（*Olea europaea* Linn.），又名齐墩果，木犀科（Oleaceae）木犀榄属（*Olea* L.）常绿乔木。原产小亚细亚，经过引种驯化，我国北到秦岭，南到福建、广西，西至贵州、四川，东到浙江，均有引种栽培。

油橄榄树高8～12m，幼龄树树皮光滑而色浅，树干基部常有大的瘤状突起，通称树瘤。叶对生，长椭圆形，长5～8cm，宽1～1.5cm，叶面深绿色，叶背淡绿色或银白色。圆锥花序着生于1年生枝叶腋，有完全花及雌蕊退化花两种，子房2室，每室有胚珠1。核果椭圆形，重3～7g，最大可达15g，成熟后呈紫黑色，果肉含油量达50%～70%（干重）。油橄榄树寿命长，丰产。一般1、2年生扦插苗定植后4~5年即可开花结果，实生嫁接5~6年可结果。自开花结果后20~50年为盛果期，经济寿命长达200年以上。在适宜的栽培条件下，每公顷产油可达750kg以上。据国外资料记载，盛果期的树，一般产果量为1.0×10^{3}kg·hm^{-2}左右，变动幅度为750~9 750kg·hm^{-2}，最高在1.35×10^{4}~1.5×10^{4}kg·hm^{-2}，高产株可达80~300kg。

二、主要栽培品种

油橄榄品种繁多，大约有500多个，其中有经济价值的约350个。依经济用途可分为油用、果用和油果兼用三大类，先后引进我国的品种有150多个，目前，四川省凉山林业科学研究所油橄榄品种园还保存品种60个，其中油用品种30个，果用品种14个，兼用品种16个。下面介绍几种我国引种栽培较多的品种的主要性状。

1. 佛奥（Frantoio）

原产于意大利托斯卡纳，1964年引入我国。为意大利中部最丰产而优质的品种之一。已经广泛引种到世界许多国家，并且反应良好，除了抗寒性较弱外，对其他生态因子的适应性强。成年树高6~8m，树冠茂密，圆头形，较开张。主枝、侧枝倾斜较大，小枝低垂，果枝细长弯曲下垂。叶大，长椭圆形，先端，基部近于对称，叶色深，富有光泽。花序长，每序10~18朵花，自花授粉率高。果中等大，椭圆形，果核卵形，表面光滑，少沟棱，成熟果黑色，鲜果平均重1.8~2.6g，含油率22%，油质好。9~11月成熟。该品种在我国各地表现生长快、树势强健，适应性强，产量高等特点，惟幼树耐寒能力弱，但受冻后易恢复。嫩枝扦插易生根。

2. 卡梅（Kallamai）

产于阿尔巴尼亚，树形大，树冠开张，果枝和小枝弯曲下垂，节间短。叶披针形，较窄而直立，叶面浅绿，叶被银灰色。果圆形，长1.9~2.3mm，宽0.7~2.1mm，果皮厚，成熟果为紫黑色，鲜果重4~6g，含油率20%左右，产量高、抗寒力强，但大小年明显。成熟期10~12月中旬，本品种果中等大，可油用，也可罐用。目前我国各地试种，长势尚好，扦插生根率高。

3. 莱星（Leccino）

原产于意大利，为自花不实品种，以抗寒和抗孔雀病而著名。树冠大、抽梢多，主枝和其他枝条倾斜向四周扩展，结果枝下垂性强。叶片椭圆形，较宽大，叶面浅绿色，叶背银白色。花序短，花大，自花授粉能力差。果长卵圆形或长椭圆形，成熟果为深紫色或紫黑色，有光泽，鲜果平均重4g，含油率20%，油质优。果实11月份成熟。抗寒、抗病能力强，虽有大小年结果现象，仍是优良品种之一。在我国特别是北亚热带地区（如甘肃武都），生长结果表现良好。

4. 米扎（Mixaj）

原产于阿尔巴尼亚，1964年引入我国。树冠矮小，成年树高6~8m，冠幅6m左右。主枝向上倾斜，侧枝多，结果枝节间短，平展或微向下垂。叶小。果似倒梨形，顶点尖，基部较宽，果核长，卵圆形，成熟时果黑色，鲜果平均重1.6~2.4g，含油率30%~32%，油质好。10~12月成熟。适应性强，丰产，是优良油用品种。本品种类型较多，从果形、叶形可分二类：大果型果椭圆形，叶稍大，枝条短而细；小果型果小，似倒梨状，叶披针形，枝条长而粗壮。

5. 卡林（Kalinjoti）

原产阿尔巴尼亚。成年树高达12m，树冠大，呈开张的圆头形，冠幅10m左右。叶长披针形，叶面绿色，叶背浅灰绿色。花序较长，分轴少，一般有花10~15朵，多至20~30朵以上。果阔椭圆形，果核椭圆形，果实成熟前期，果皮上着生许多白色斑点，后期呈黑斑点，成熟果黑色，有光泽，9~12月份成熟，鲜果重2.5~3.3g，含油率34.6%。该品种生长快，结果早，产量较高，但小枝易枯枝，发枝力弱，抗寒、抗病力差，对肥水要求较高。

三、生物学特性

（一）生态习性

油橄榄是亚热带常绿树种，主要产于地中海一带，夏季喜欢炎热，干旱少雨；冬季温暖，雨量较多，光照充足的气候，是典型的地中海气候型植物。影响油橄榄生长发育的主导因子主要是：温度、水分、光照和土壤。

1. 温度

适宜于油橄榄生长发育的年有效积温为3 500~4 000℃，年平均气温在15~20℃，当气温下降到8~10℃，生长缓慢。8℃以下生长停止。油橄榄在生长发育的各个不同时期，对温度要求是不一样的。8~10℃花芽分化最快，10℃左右叶芽开始萌发，15℃时枝梢生长加快，花蕾开放，20~25℃为生长旺盛的温度，18～20℃为花期的适宜温度，20～27℃为果实发育的适宜温度，果实从开花着色到完全成熟，温度不宜低于15℃。

2. 水分

油橄榄既是一种耐旱，又是对水分要求较高的树种。在干旱的条件下，油橄榄可以生存，但要生长发育良好，并获得丰产，就必须为油橄榄提供所需的适宜水分。当土壤含水量为最大持水量的65%～75%时，油橄榄地上部分的营养生长和根系发育最好。如果土壤中水分或空气湿度过大，则不利于油橄榄生长和发育，特别在土壤积水状态下，极易根腐而死亡。

3. 光照

油橄榄是喜光树种，对日照反应敏感，耐荫性差，凡是在光照不足，荫蔽的地方，植株生长不良，且易受病虫害感染。油橄榄在生长发育过程中所需的年日照时数至少在1 250h，最好在1 500h以上。

4. 土壤

油橄榄对土壤的适应性较强，只要土壤不是过分潮湿、黏重和地下水位高时，一般都能正常生长。在土壤pH值5.5～8.5都可以生长，但以pH值7左右最为适宜。油橄榄对营养元素的要求，从植株灰分化学元素分析表明，它需要的钾较多，其次是氮和磷。油橄榄对硼尤其敏感，因此，在栽培管理中，要多施有机肥，这样可以达到改良土壤，满足油橄榄速生丰产的要求。

（二）生长发育

油橄榄萌生枝条的能力很强，在一年内可以不断地萌发和抽生新梢。根据萌发时期先后，可分为春梢、夏梢和秋梢。在一般的情况下，每个腋芽都可以抽生形成侧枝。在欧洲地中海，由于夏季干旱，枝条生长有夏季休眠现象。在我国大部分地区，没有夏季休眠，但因冬季低温，有冬季休眠现象。

油橄榄的花芽长在头一年抽生的夏梢、秋梢上，少数也可以长在春梢和2年生枝条上。花芽从开始分化至开花需2个月。花芽在早春生长期开始以前的15d左右开始分化形成的。花有完全花和不完全花两种。在圆锥花序内，主轴和分轴上顶生的花多数是完全花，开放较早，座果率高。二次花轴上的花通常是不完全花。完全花和不完全花的比例因品种、营养条件、栽培措施、树龄和气候条件而异。

油橄榄果实从开始形成到成熟约需4～6个月。早熟品种从坐果到成熟，需130d左右，晚熟品种需180d左右。油橄榄在果实成熟过程中存在落果现象，前期落果出现在花谢后幼果膨大时，主要原因是授粉受精不良，后期落果出现在8～9月，由于营养不良导致落果。

油橄榄物候期开始和结束取决于品种特性、外界环境条件。我国幅员辽阔，地形复杂，自然条件差异甚大，同一品种的物候期在不同地区有显著的差异（表42-1）。

表42-1 油橄榄在不同地区的物候期

地点	年平均气温（℃）	萌动期	开花期	果实成熟期	枝梢停止生长期
昆明	15.5	2月上旬	4月中旬至5月中旬	9月中旬至10月下旬	12月底
重庆	18.3	2月下旬至3月上旬	4月下旬至5月上旬	10月下旬至11月上旬	12月
武汉	17.2	3月中、下旬	5月中、下旬	10月中旬至11月下旬	11月中、下旬
汉中	14.4	3月中、下旬	5月中、下旬	9月下旬至11月上旬	11月底

四、栽培技术

（一）苗木繁殖

油橄榄苗木繁殖方法有很多种，常用的有种子播种、嫁接、扦插和压条。其中，扦插繁殖是国内外油橄榄育苗的主要方法。

扦插繁殖的主要技术措施：从优良品种的树上剪取生长旺盛的1年生枝条或当年生半木质化的嫩枝，取中下部径粗0.4～0.8cm的一段，截成长8～10cm、带有3～4个节的插穗，上下靠节外平剪，先端留叶1～2对，下端切口用利刀削平。采穗宜在清晨，并注意保湿，插前用ABT等植物生长素浸渍24～48h，以促进生根。开沟直插，深度为插条的2/3，株行距4～5cm，插后压紧，浇透水使切口与插壤密接，覆盖地膜和遮荫物。扦插后的培育管理与一般经济林木相同。

油橄榄扦插有春插和秋插。适宜的扦插时期，应根据当地气候条件和管理水平而异。在冬季较温暖或有温室大棚条件下，采用秋插比春插好。

（二）造林

选择地形开阔，背风向阳的低山缓坡地，土壤疏松，排水良好，pH值6～7.5的沙质壤土。一般应在春季苗木萌动前或刚开始萌动时栽植，灌溉条件好、无冻害的地区，也可以秋末造林。种植密度应根据品种、立地条件以及抚育管理水平而不同，一般每公顷以150~225株为宜。

油橄榄多数品种自花授粉不孕或自花结实率很低。利用其他品种的花粉进行异花授粉，能提高座果率。因此，栽植油橄榄必须配置适量的授粉树。在整个油橄榄林中，主栽品种和授粉品种比例不能少于8:1。

（三）栽培管理措施

根据油橄榄生长发育习性，每年应施3次肥。即采收后施冬肥，施肥时间约11~12月份，以有机肥为主，加适量的石灰和硼砂，采用开沟深施。萌动前施春肥，施肥时间在2~3月份。果实膨大和夏梢抽生施夏肥，又称保果肥，施肥时间在6~7月份，多采用速效性肥料。

整形修剪是油橄榄获得高产、稳产以及防治病虫害的主要技术之一。冬季整形修剪一般采用疏枝和短截相结合。疏枝修剪，主要使树冠内通风透光良好，增加结果面积，除了截除大枝外，一般可将连续对称萌发的侧枝交错剪去1/2。短截修剪时，应根据情况修剪到有侧枝分生的位置，保留侧枝，这样会萌发许多新枝。夏季修剪是冬季修剪的补充，主要是采取抹芽、除梢、摘心、曲枝、环剥等方法来控制或促进枝条的生长。

虽是亚热带常绿果树中较耐寒树种，但由于幼树抗寒力弱。因此，防寒、防冻是油橄榄栽培中主要考虑的因素之一。国内主要采取的措施包括：主干刷白、包草、搭棚、地面覆盖、培土，雪后清除枝叶积雪，设防风林等。

五、病虫害防治

油橄榄引种到我国时间不长，各引种区面积小且分散，与周边环境的相互作用尚不稳定。目前主要病害有：油橄榄肿瘤病、油橄榄青枯病、油橄榄孔雀斑病；主要害虫有：油橄榄实蝇、蛀干害虫（天牛类、小蠹虫）、油橄榄蜡蚧。

（一）病害防治

1. 油橄榄肿瘤病

该病在油橄榄种植区广泛分布，危害较大，能侵染油橄榄的枝条、主干、根茎、叶片和果实，病原为极毛杆菌属的一种好气性细菌［*Pseudomons savastanoi*（Smith）Stevens］，能与橄榄蝇共生。初生肿瘤和次生肿瘤的导管组织内充满了含有白色黏稠状的脓状物。病菌在肿瘤内越冬，第二年降雨季节或潮湿天气，黏稠脓状液溢出到肿瘤的表面，主要靠风雨、昆虫、鸟兽传播，潜伏期为1~3个月，株间传播慢，株内传播快，得病后不易治好。该病的发生与品种关系密切，贝拉特感病率最高，卡林尼奥次之，米扎抗病力较强。

防治方法：加强检疫，对有染病的苗木和插条等繁殖材料应集中烧毁，尽量清除病株；推广抗寒抗病品种；采果时应避免使树体受到损伤；喷后若立即下雨要重喷。

2. 油橄榄青枯病

青枯病是一种细菌性的维管束病害，病原菌是极毛杆菌属的一种青枯病菌（*Pseudomonas solanacearum* E. F. Smith），侵染初期地上部较难发现。病株的典型症状是地上部分的枝、果实表现失水萎蔫，根系、根茎基部的木质部变褐，重者皮层腐烂。一年四季均会发病，高温多雨的季节为发病盛期，土层瘠薄、土温在20~30℃易于病害的发生。

防治方法：选用尖叶木榄做砧木嫁接；选择未发生青枯病的林地种植，忌用种过烟草、番茄和其他茄科植物的地方造林，抚育时勿伤树根；在发病林地内及时隔离病株，开沟排水，改良土壤，培高根区的土层，增强树势，降低土温，集中烧毁重病株和死株。梅雨期间喷洒农用链霉素2~3次。

3. 油橄榄孔雀斑病

孔雀斑病主要危害叶片、果实，在叶片表面形成油污状扩散的暗褐色同轴环状病斑，一年四季都在叶上出现；也危害枝条、果柄，病斑小，不规则，为圆形红褐色，导致大量落叶和落果。属半知菌亚门、丝孢纲、丝孢目、暗孢科、环梗孢属的［*Spilocaea oleaginum*（Cast.）Hughes = *Cycloconim oleaginum* Cast］，冬季以菌丝体和分生孢子在病组织中越冬，3~4月开始向外扩展，新产生的分生孢子是春天主要的侵染来源，在9~25℃萌发，最适温度为16~20℃，菌丝生长在12~30℃；夏季高温季节，感染停止。

防治方法：实行苗木检疫、选育抗病品种；药剂防治，以40%可湿性多菌灵1 000倍液防治效果最好。1:2:150倍的波尔多液也能控制病害的发展，但应避免硫酸铜过高产生药害，引起落叶。清除病落叶、落果，修去病梢，消灭可能的越冬病菌。

（二）虫害防治

1. 油橄榄实蝇（*Dacus oleae*）

属双翅目，实蝇科。1年发生1~2代，以蛹在土中越冬，3月上旬羽化，5月间产卵，喜欢选择绿色的果实产卵，每个果上只产1卵，幼虫在果实内孵化，但需要一些共生细菌的作用方能生长发育，危害10d左右后脱出，在土中4~6cm处化蛹。成虫越冬死亡率高。受害幼果早落，成熟果无商品价值，榨油出油率也低，而且油的酸价高达8~12。

防治方法：物理防治：采用频振式杀虫灯诱杀，兼治其他害虫；主要谢花约1周后喷洒阿维菌素杀灭卵与幼虫。产卵期喷洒农用链霉素，可有效抑制与幼虫共生的细菌从而控制幼虫的发育。

2. 天牛（*Bacchisa atritaris*）

属鞘翅目，天牛科。主要有云斑天牛、桑天牛、星天牛等，以星天牛为例说明其生物学特性：1年1代或2年1代，以幼虫或卵越冬；翌年3月下旬越冬幼虫开始取食，卵相继孵化，4月下旬至5月上旬幼虫老熟，在虫道上做蛹室化蛹，虫道下以碎细木屑堵塞虫孔，6月上中旬为化蛹盛期，蛹期约20d，在蛹室内停留7d左右羽化。成虫晴天活动频繁，以上午8：00~12：00最活跃，阴雨天栖息于树冠，以寄主树的叶柄、叶片、嫩枝皮做补充营养，寿命3~66d。每只雌虫平均产卵32粒，卵期在6~7月约11d，9~10月产的卵可延至翌春才孵化。

防治方法：人工扑杀成虫，连续10d，可基本控制危害；减少周围林木种类，还可引诱天敌花绒坚甲和啄木鸟；树干涂白，防止成虫产卵；用苏云金杆菌注射虫孔。

3. 小蠹虫（*Phleotribus Scarabeoides*）

属鞘翅目，小蠹科。1年发生3代，以幼虫在树皮下越冬，翌年4月开始化蛹，5~6月钻出直径约1mm的小孔，成虫从中羽化出，在枝干皮孔或裂痕处蛀孔产卵，孵化幼虫从母坑道呈放射状蛀食危害，蛀道内充满密集的虫粪。

防治方法：加强园地管理，增强树势，保护天敌；结合修剪，剪取被害枝条及衰弱枝，集中烧毁；用棉球蘸乐果或苏云金杆菌堵孔。

4. 油橄榄蜡蚧［*Saissetia oleae*（Oliv）］

属同翅目，蚧科。1年发生1代，以2龄若虫固定在枝条上越冬，翌年3月上中旬开始活动，到其他枝条上群居危害，不久便分化为雌、雄性，雌性若虫蜕皮后逐渐膨大成球形，雄性若虫4月上旬分泌白色腊质形成蚧壳，再蜕皮化蛹其中，4月中旬开始羽化为成虫，4月下旬至5月上旬交尾，5月中旬为若虫孵化期。

防治方法：用抹布抹掉虫蜡体；早春发芽前在受害严重的林内喷洒5波美度石硫合剂，要求均匀；在夏季当90%的若虫孵化后，用1.5%~2.0%矿物油或0.2%~0.3%波美度石硫合剂喷洒。

六、采收贮藏与加工利用

1. 采收

油橄榄果实的成熟期因品种和种植地区气候条件不同而异。采收时间的确定，主要根据果实的成熟度。果实的成熟度直接影响出油率和油的质量。根据国外的经验，在成熟时期，果实自然掉落较少，但是过了成熟期之后，自然掉落的比例就高了。所以，一般应在树上见不到青果时开始采收，采收到末期恰好是果实大量自然掉落的时候。国外主要有从地上收集、手摘和机械采收；国内主要用手摘。

2. 果实贮存

贮存果实的基本要求是在贮存过程中不改变果实含油量和油质。果实贮存的方法很多，主要有干藏、水浸和冷藏等几种，其中效果最好是冷藏，将果实放在0℃左右的冷风库内，贮存3个月对出油率和油质均没有任何影响。大量贮存的成本较高。

3. 果实榨油

油橄榄果实含有较多的水分和油脂，宜用鲜果榨油。若用干果榨油，不但酸价高，油质也差。果实榨油工艺过程是把果实内的油和其他成分分开。充分成熟的果实采收后，装箱运到榨油厂，经过选择的果实进行洗涤，然后磨成浆糊状，使果肉内的含油细胞破裂，形成一种液体和固体的混合物质，将这些混合物质融合（即搅拌），通过过滤、加压或离心作用使液体成分（油和水）和固体成分（果皮、果肉、核、仁）分开，固体成分就成了“油饼”（即橄榄渣），液体成分通过油水分离就得到真正的产品——橄榄油。“油饼”内含有不同程度的水分和油分，通过有机溶剂浸提，可得到橄榄渣油（即粗油），橄榄渣油精炼后也能食用。

4. 果品加工

油橄榄果实除榨油外，一些果用品种的果实还可以加工成盐渍、糖水、糖渍等罐头，由于果肉含有一定的油分，加工后的果品具有独特风味。

（欧阳绍湘）

43. 油　　棕

油棕，俗称油椰子，整个树形美观高雅，一年四季花开不断，花汁可作饮料，果皮及种仁均可榨油，干果的含油量高达75%，单位面积产油量是花生的5倍、大豆的12倍，故有世界油王之美称。棕榈油是一种棕红色的非干性油脂，精炼后是味美的食用油脂和高级人造奶油，具有很高的营养价值。棕榈油含不饱和脂肪酸，约为50%，所含不饱和脂肪酸中的亚油酸是食物中最重要的脂肪酸，由于它在人体内不能合成，故食用棕榈油对人体健康非常有益。棕榈油易为人体消化吸收，它是人类的又一个良好的能量来源。棕榈油不同于其他植物油的另一优点是含有44%的棕榈酸，它能使人体血液中高密度脂蛋白增加，溶解胆固醇，有助于预防心血管病。棕榈油还含有丰富的维生素E，可抵御细胞衰老、动脉硬化及癌症，同时也是维生素A和类胡萝卜素的丰富食源。由于它具有抗氧化和抗聚合作用，被广泛应用于食品制造业。

油棕除果实可榨油外，还有不少的副产品。麸饼富含蛋白质，是家畜的精料；果壳可制活性炭，用作脱色剂和吸毒剂；未成熟的花序割开后流出的汁液，可酿酒、制糖。叶片、茎的纤维可编织提包、篮子和扫帚等日常用品。

油棕原产热带几内亚西部，15世纪才被引种到非洲其他地区、东南亚及拉丁美洲各国。最初人们只将它作为观赏、装饰及园林绿化树种，直到1917年人们才认识到它的巨大价值，并竞相发展，开始大面积的商业种植。今天，世界上种植油棕的主要国家是马来西亚、印度尼西亚、尼日利亚、哥伦比亚等国。目前马来西亚是世界上最大的棕榈油生产国及出口国，其出口量占世界总产油量的70%以上。我国从1926年开始引种油棕，现在海南岛、雷州半岛、云南南部及台湾等地均有栽种，生长良好。

一、植物学特征

油棕（*Elaeis guineensis* Jacq.）是典型的热带油料植物，属于单子叶植物纲棕榈科（Arecaceae）油棕属（*Elaeis* Jacg.）的常绿乔木，直立的树干不分枝，被叶鞘形成的棕衣所包围，树高10m以上，茎粗50cm。羽状复叶全裂，长3～4.5m，簇生于茎顶。复合花序着生于叶腋，全年开花，花雌雄同株异序。雄花序由多个指状的穗状花序组成；雌花序近头状，密集。果实卵球形或倒卵形，长4～5cm，直径3cm，熟时橙红色，果实顶端有3个萌发孔。花期6月，果期9月。

二、主要变种

我国目前栽培的油棕主要有3个变种。

（1）杜拉种（*E. guineensis* var. *dura*）。内果皮厚，中果皮与核壳之间无纤维轮，产量中等，果穗含油率16%～18%。

（2）薄壳种（*E. guineensis* var. *tenera*）。内果皮薄，厚度只有1～2.5mm，中果皮与核壳之间有纤维轮，种核大，果穗含油率22%～24%。

（3）无壳种（*E. guineensis* var. *pisifera*）。核壳无或薄如纸，果穗含油率23%～26%。性比率（雌花序和混合花序占叶片数的百分比）和败育率（雌花序死亡率）杜拉种较大，薄壳种次之，无壳种较小；而果穗败育率（干枯率）以无壳种最大，杜拉种次之，薄壳种最小。

三、生物学特性

油棕幼树每年叶片生长约30片，7～8年以后逐渐减少，成龄树一般稳定在18～22片。油棕的花芽分化至开花期间花时较长，大约需要2年之久。在雌花开放后的3个月内，小果迅速生长，但如果花粉不足或受精不良，往往造成果穗干枯，即果穗败坏。果实发育过程中，如遇寒风袭击或长期干旱，也可能发生果穗败坏。

油棕定植后3～4年开始结实，10～15年为结果盛期，20年后产量逐渐下降，树的寿命一般在50年左右，如经营管理水平较高，寿命可达90年。

油棕是热带喜光嗜钾树种。适生气候，月均温25～28℃，年降水量1 800～3 000mm。油棕喜疏松、肥沃、深厚土壤，酸性，pH值4～6。海拔高度在100～450m为宜。喜高温、不耐寒，如22～23℃需有7～8个月以上，才能正常开花结实，最适宜的温度为25～28℃，当气温低于18℃时，生长显著缓慢，败育的花序增加，当气温低于15℃时，生长停止。日照充足有利于雌花序的发生，花性周期的长短，随着环境的变化差异较大，一般一个花性周期约为8～10个月。

四、栽培技术

1. 采种

良种的选育是油棕高产的关键环节，由于薄壳种的果穗含油率较高，故在生产上多选用薄壳种，但薄壳种的遗传变异很大，只能利用 F_1 代杂交种。选择多年来果穗生产力和含果实率高、抗性强的成龄母树采种。但果穗产量受环境条件的影响很大，因此，应尽量避免在特殊优异的环境下选种。采获的果实应脱去果肉，用清水洗至完全脱脂为止，阴干后淘汰过大、过轻的种子，杜拉种可以贮藏4个月，但薄壳种应立即进行催芽。

2. 种子催芽

油棕种子有坚硬木质的果壳，不易吸收水分。一般在播种后3～6个月才能发芽。因此，催芽非常重要，催芽的方法主要有以下几种：

（1）露天沙床催芽。把成熟的种子埋入露天沙床中，经过淋水日晒，2～3个月可发出幼芽。

（2）温水浸种催芽。把种子放入木桶中，加入温水保持40℃，浸泡2周后取出播种，经3～4个月便可发芽。

（3）堆厩肥催芽。把种子与新鲜马粪混合成层堆入土穴中，由于肥料发酵生热促进种子发芽，2周后取出播种，经3～4个月便可发芽。

（4）将含水量17%～18%的种子每500粒为1袋，分装在厚塑料袋中，在38～40℃培育箱内，经40d后取出种子，再浸水2d提高种子含水量至21%，仍装在厚塑料袋中，于常温下经常淋水，7～8d后发芽，直至发芽率达到85%～90%为止，采用此法较沙床育苗发芽快且发芽率能提高50%。

3. 播种

播种前要把发芽沙床做好，沙床上敷30cm的细沙，床宽1.5m左右，床与床之间留60cm的步道。播种时每粒相距7～8cm，胚孔斜向下，埋入沙床约3cm。播种后每天浇水2次，经常保持沙床湿润，约8周后发芽。

4. 移苗

移植用的苗床易选择平坦、肥沃、水源便利的地方，须充分整地，使土壤疏松细碎，施加底肥，将苗床整平以备移苗。当种子在发芽床上长出两片叶子时，应及时进行移植。移植时不可伤根，栽时株行距以30cm×30cm为宜。如遇干旱天气，须每天灌水。移植后应根据土壤肥瘠，施1～2次肥。

5. 定植

定植前应选好适宜造林地，把地整好，并将排水沟、道路开好，然后依地形拉线定穴、挖穴、定植。定穴时株行距分别为6～9m，穴的大小依幼苗大小而定，一般深40～60cm。幼苗须经7～8个月或苗高35～45cm有叶8～10片时即可定植。定植季节最好在雨季，如遇干旱天气，应适当淋水或临时遮荫。

6. 抚育管理

（1）结合林粮间作进行中耕除草。油棕定植后2～3年，可以间种一些农作物，如花生、黄豆、绿肥等。中耕除草的目的是增加土壤的有机质和保水力，给油棕和农作物创造良好的生长条件。

（2）施肥。原则上以施有机肥为主，定植后第2年开始，幼龄树每株施有机肥25kg，成龄树应施50～100kg。并按树龄及季节适当追施速效肥，一般幼龄树以施氮肥为主，适当配合磷、钾肥，成龄树应增施氮、钾肥。施肥应在雨季末期，用有机肥最好。化肥应于雨季末期或旱季初期，土壤比较湿润时施用。一般每1～2年施有机肥1次，每年施氮肥2～3次，低温前50d不宜施氮肥。

（3）割叶。油棕的叶片枯老后不会自然脱落，果序生长在叶腋间，收获果实时须适当割掉一些叶片，每年所割叶片数不得多于自然发生的叶片数。割叶期应在雨季末期开始进行，每年1次，低温阴雨期间严禁割叶，否则易导致茎腐烂。

（4）人工授粉。油棕雌、雄花序开花的日期参差不齐，自然授粉结实率低，通过人工授粉，提高果穗的座果率，能增产1～2倍。授粉前首先要适时采集花粉，并及时晒干、保存，避免花粉的败育，雌花开放后1～3d内授粉座果率较高，在开花后4天授粉，座果率就明显下降。为了促进植株均一生长，争取初产期较高的产量，在定植后2年半内对幼树花序实行阉割，不进行人工授粉。

五、加工利用

1. 利用油棕果壳制造活性炭

主要采用物理活化法。物理活化法选用焖烧活化法和水蒸气活化法两种。焖烧法的工艺为：原料筛选、称量→具盖坩埚→炭化→（500℃，2h）→活化（800～900℃，3～5h）→成品分析。炭化、活化设备用高温电炉。水蒸气活化法实验设备为小型炉管式水蒸气活化炉，活化温度为850～900℃，活化时间2～3h。

2. 传统的棕油提取法

将棕果放入汽油桶中蒸煮2～3h，取出后用木棒捣碎，把果泥和皮浆浸入热水（60～80℃）中，撇取上层油。残渣和水再煮沸，进一步撇油。此法的出油率仅在50%～60%。

3. 压榨法提取棕果油

将新鲜果穗人工装入杀酵锅，在98～100℃蒸煮3h，高温使果穗松软，便于果穗脱落。采取人工方法把熟果实取出后送入卧式螺旋榨油机，出渣含油率25%左右，油渣再人工装入水压机，手动加压，油饼残油9%左右，收集毛油落入振动筛除去纤维等残渣。

（余雪标　林培群）

44. 椰　　子

椰子（*Cocos nucifera* Linn.），别名叫越王头、胥余、椰瓢，也称之为宝树、生命树、摇钱树等，为棕榈科椰子属植物。著名的热带经济作物之一。

椰子树全身都是宝，它能提供人类生活需要的各种物品，深受人民喜爱。椰木、椰壳、椰叶、椰衣和椰衣纤维等产品是目前受欢迎的原料，在建筑和手工业等的用途日益广泛，椰果又是名符其实的天然饮品。因此，椰子被认为是最优良的种植树种之一，是一种无公害的多年生植物。有证据表明，椰子很可能原产于马来西亚或印度尼西亚等地。

现在世界热带地区已有 80 多个国家栽培椰子，最南为马达加斯加的当芬港，最北至印度的勒克瑙。主要产区是亚洲、大洋洲、中美洲、南美洲、非洲主要产椰国有印度尼西亚、菲律宾、印度、斯里兰卡、泰国、马来西亚、越南、巴布亚新几内亚、墨西哥、科特迪瓦和斐济等。

目前世界椰子栽培面积约为 1 000 万 hm^2，年产椰果 540 多亿个，4 603.3 万 t，产椰干 525.1 万 t。我国椰子种植已有 2 000 多年的历史，主要产区是海南岛、台湾岛及西沙、南沙群岛。广东省的雷州半岛、上川岛、下川岛及广西的北海、钦州，云南的西双版纳、河口以及福建的闽南地区等均有种植。在海南岛，椰子主要产地是文昌、琼海、万宁、陵水和崖县。全国椰子种植面积约 3.12 万 hm^2，总产椰果 1.48 亿个。素有“椰乡”之称的文昌已达 1.05 万 hm^2，产果 3 011 万个。

一、椰子主要品种类型

椰子为单子叶植物，有 140 多属，1100 多种。普通栽培的有 30 多种。由于椰子在自然授粉条件下，后代分离变异大，同时又受外界环境的影响而产生性状变异，因而分类较难，很多品种是以其产地而命名的。世界栽培品种类群主要有高种、矮种和杂交种三类：

1. 高种椰子

目前世界上种植较多的商品性椰子。植株粗壮、高大，树干高 20m 以上，茎围粗约 90cm，基部膨大称“葫芦头”。树冠有叶 30 ~ 40 片，叶长约 6m，植后 6 ~ 8 年结果，果实较大，产量也高，经济寿命长达 70 年左右。花期重叠，大多为异花授粉，后代分离变异大。

高种椰子的类型以菲律宾最为丰富，其主要品种类型有：拉古纳、圣罗蒙、卡耶米斯、塔格纳南、卢皮桑、塔塔格丹、普利卡特。

印度最受欢迎的是西海岸高种，其他则有拉卡代夫普通型和小果型高种、安达曼和卡帕丹等。泰国的高种依特征分为 6 个类型：大果高种、中果高种、巨果高种、小果高种、厚衣高种、甜衣高种。

其他椰子生产国的高种椰子也不少，如印度尼西亚巴厘高种、牙买加高种、马来西亚高种、巴布亚新几内亚的马克汉姆高种、所罗门高种以及西非高种等。

2. 矮种椰子

植株较矮小，树茎围 65 ~ 70cm，高 8 ~ 15m，茎干基部不膨大。本种雌雄同序，花期相同，自花授粉，种质较纯，果实较小，早熟，植后 3 ~ 4 年开花结果，椰干质量差，含油率低，椰肉软，但较甜，可作水果、绿化树种。易感病虫害，经济寿命只有 20 ~ 30 年。矮种椰子几乎各椰子生产国都有，较典型的类型有马来西亚矮种、可可尼诺、曼吉波得、塔库南等近 20 个。泰国的主产矮种类型也有 5 个，即：泰国绿果矮种、小绿果矮种、香绿果矮种、红果矮种、黄果矮种。

3. 杂交种

近年来椰子生产国都进行椰子有性育种，培育出不少适合本国的高产杂交种，如我国的文椰 78F1 等，可提高椰干产量 5 ~ 6 倍之多。

（1）马哇（Mawa）。由马来西亚育成并大量种植，其特点是：在马来西亚极早熟，1 年生苗定植后 30 个月就开始开花；在适宜的生长条件下，早期产量很高、大田定植后 4 ~ 5 年，单株椰干高达 20kg，最高单株产椰干近 30kg。马哇的树冠较小，叶片下垂，故种植密度可适当增加，植株生长一致，始花期集中，结果多，果实偏小，但椰皮薄，单果鲜重为高种的 80% 多。中国热带农业科学院椰子研究所和兴隆华侨农场联合引种试种的结果表明，马哇在海南东南同样呈现出投产早、产量高、经济效益好等特点，如椰子研究所种植的马哇，椰子产量为1 702.5kg·hm^{-2}，而本地高种只有813.75kg·hm^{-2}；缺点是抗风、抗寒能力稍差，果型也不理想。

（2）PB111。法国油料油脂研究所在科特迪瓦育成的杂交种，亲本组合为喀麦隆红果矮种和西非高种。其特点是：抽叶快，高生长慢；对环境有良好的适应性，较抗旱，并高抗椰子长蠕孢叶斑病；非常早熟，单株产果多，椰衣率低，单果椰干产量高，4年生椰林，平均每公顷产果1 038个，椰干产量234.6kg，高于马哇。

（3）PB213。法国油料油脂研究所在科特迪瓦育成的杂交种。其特点是：高生长快，叶片长，果实发芽慢，高抗椰子长蠕孢叶斑病，但不抗旱。其突出优点是，椰衣率低，单果椰干率相当高。

（4）文椰78F1。中国热带农业科学院椰子研究所用马黄矮与海南高种杂交而成的。特点与马哇相似，具有生长快、投产早等特性，植后3～4年开花结果，比本地高种早2～3年。7～12年生平均每公顷产6 090个，明显高于本地高种。抗风、抗寒能力胜过马哇，果型也比马哇好，椰肉主要营养成分与其他椰子品种相似，是海南发展椰子的理想品种。

二、生物学特性

（一）植物学特征

为单子叶多年生常绿乔木，有高、矮椰子两种。

1. 叶

椰苗具船形单叶，称联合叶，生长8～10片叶后，逐渐成深裂羽状叶；成龄树有30～40片羽状叶，辐射状丛生树干顶端。高种椰子植后5年，矮种植后3年干茎露出地面：茎由多数维管束组成，单茎不分枝，外具明显叶痕，茎没有形成层，不随树龄面增粗，受伤后也不能恢复原状。

2. 根

须根系，由不定根与其他各级支根（营养根）、呼吸根组成。从树干基部球状茎放射状长出的根称不定根，50年生椰树不定根约4 000～7 000条；从不定根生长出的侧根为分根，总称营养根，分布在10～15cm土层中，组成庞大的根系；侧根上长出圆锥形白色小突起为呼吸根。

3. 花

肉穗花序腋生，初期由革质佛苞包被，有单层（正常）、2层和多层花苞（不正常）之分，成熟时从顶部纵裂。雌雄花同序，花序由序柄、中轴和花枝组成。花单性，雄花三角筒状，成熟时花药纵裂，散出花粉随风飘散。每个花药有花粉11万～20万粒之多，花期15～23d。雌花球状较大，子房上位，柱头3裂，6枚花被宿存，果实成熟时成为果萼。

4. 果实

果实为植物中最大核果之一，圆形，椭圆形或三棱形，由外果皮、中果皮、内果皮、总皮、椰肉（固体胚乳）、椰水（液体胚乳）组成。外果皮革质，成熟时呈褐色，表面光滑；中果皮质地松软，由硬质纤维和薄壁细胞组成，棕褐色，富有弹性，是椰果保护层，又称椰衣；内果皮具椰壳，成熟时黑褐色，质坚硬，冷热不变形，保护胚乳和胚；种皮为覆盖在胚乳表面的保护层；胚乳又称“椰肉”，白色、质硬。椰肉形成前嫩果椰水味酸涩，椰肉形成后（受精7～8个月）椰水含糖量较高，味甜。成熟时味淡，但脂肪和矿物质含量增加；胚白色，圆柱状，大小如米粒，存在椰肉中。椰壳有3个孔，只有一个胚发育在其中一个孔中，其他两个退化封闭，胚向椰壳外生长根、叶，向果腔内生的吸器分泌酶，吸收椰肉营养。

（二）生态习性

椰子生长发育最适年均温度为26～27℃，最低年均温度不低于24℃，日温差不超过5～7℃，也能忍受偶尔低温或短暂极端0℃低温，但果实生长发育受到影响，热带边缘地区发展椰子应对低温特别注意。海南岛地处热带边缘，年均温度24～25℃，最冷月均温17～20℃，年日照时数1 750～2 750h，具典型的热带季风气候特征，适宜种植椰子。但夏秋间有台风，冬春间有低温寒潮，对椰子生长、发育、产量有一定影响。年降水量1 300～2 300mm，分布均匀，适宜椰子生长。一般认为80%～90%的相对湿度适宜椰子生长，热带作物中椰子抗风力较强，沿海地区3～4级风有利于叶片蒸腾和传粉，9～10级强风会有少量椰果被吹落，个别叶片被吹断，11～12级台风会造成危害，严重影响椰子产量。椰子要求有充足的阳光，年总日照时数达到2 000h，每月要达到120h，否则生长发育受影响。椰子多分布沿海地区，海拔100m以下最适宜，有文献报道300m以下能种植。椰子对土壤要求不严，能在各种类型土壤上生长，pH值5～8的土壤都可种植。

三、栽培技术

1. 苗木繁殖

（1）催芽。选择催芽圃：催芽圃应选择半荫蔽，通风，排水良好之处建立。分层催芽时，应在没有直射光的树荫下或茅棚中进行。椰子种实及幼苗忌阳光直射，尤其是西晒。种实在强光直射下，水分蒸发过多，造成种仁收缩，与果壳分离，以致种实不能发芽。出芽时，直射的强光会灼伤胚。催芽方法：不设圃分层催芽法，用藤条或篾条穿过种实侧面的果皮，将6个串成1环，以1环为1层，将6~10环交叉堆置于树荫下或茅棚中让其发芽，芽长至10~15cm时，移进苗圃育苗。设圃靠列催芽法，采收后1个月的种子，用刀除去果蒂，将种实与地面成45°，发芽孔向上，靠列在已覆好沙的通风而干燥的催芽圃中催芽。芽长10~15cm时，移进苗圃育苗。设圃催芽育苗法。选择有适度荫蔽、排水良好的砂壤土，把已采的果实除去果蒂，依照育苗的株行距，在整理好的苗圃地上开沟，然后催芽。置放种实应果蒂向上，用沙将种实埋至种实高度的1/3~1/2，使其发芽。

（2）育苗。苗圃应选择靠近水源或排水良好的沙质疏松壤土地，要有适度的荫蔽，但不宜过于荫蔽，并应尽可能靠近定植地，以便今后定植。苗圃的设计与开垦苗圃应全垦，深翻25~30cm，除去杂草、茅草、树根后，起畦，如为壤土过黏时，应尽可能铺沙，以防白蚁危害种实，不利于发芽。

起畦时，畦宽及畦长以利于管理及灌溉为原则。畦宽以种植2~3行为宜，长应根据灌溉系统及苗圃可利用的空间及管理是否方便而定。畦间隔以浅的排水沟，各沟汇合成一干渠，以便排除过量的雨水。植距大小应根据苗木在苗圃的时间而定。苗期9~12个月、苗高80~100cm的，株行距以30~40cm为宜；苗期1~2年者，以40~50cm为宜；用3~4年的大苗时，株距应在1m以上；用5年生大苗时，通常以1~1.5m的株行距。育苗时果实的放置方式有：斜立式、直立式和横卧式。育苗时间和种植深度，以雨季开始时移芽育苗为好，应选择阴天移芽，避免晴天中午进行。埋土一般深约15cm，以埋至种实的1/3~1/2或刚使果壳露出地面为宜。种植过浅，果实会因干燥而使发芽受阻，过深也会妨碍幼芽出土，使幼苗不能正常生长。移苗时期，以发芽率达40%时为适期，幼芽的长短对移苗的时期关系不大。苗圃管理，椰子苗圃应有排灌设备，旱季适当的淋水（每周不少于3次）或灌溉，雨季应将多余的水分排掉，以经常保持土壤湿润。苗床应覆盖，尤其在干燥地区更应注意。建立在空旷地的苗圃，由于阳光太强，抑制幼苗生长，应轻度遮蔽，适当覆盖。椰叶为优良的覆盖物。随着苗木的长大，可以逐次减少荫蔽，定植前1个月，全部除去荫蔽物，以锻练幼苗适应阳光的能力。育苗后1个月左右，根就穿出果皮，伸入土中，从此时起，应注意施肥。苗期应施全肥，以施用有机肥为主。农家肥料和混合肥料等易招引白蚁危害，应予以注意。

在白蚁严重危害的地区，应在育苗床覆沙之前，用易燃烧的废物，数次烧焦苗床，也可用火油乳液烧焦苗床，也可施用其他农药来防治。

2. 定植技术

椰子的定植技术，是关系到成活率和日后长势的关键。

（1）定植。国内外采用椰子定植苗的标准和习惯不一，从萌发阶段至4~6年的均有。定植苗的大小，应视不同地区的条件、目的要求而定。小于9个月的苗木，性状特点不明显，很难选择，不适宜定植。一般以1~1.5年生苗木最适宜定植。较幼的苗木定植比老苗的成长快些，但容易受白蚁危害，并且不能抵抗雨季的水浸。2~3年生苗木适宜栽植在稻田的田梗上或者低凹处。采用4~6年的苗木可使苗木安全生长，不受家畜的危害，并可减少大田管理费用。一般情况下，特别是定植较大的苗木时，必须将苗木牢固地栽入土中，并且适当地搭支架，直到植株长根并转入生长为止。支柱应涂沥清，以防止白蚁危害和腐烂，延长使用年限。

（2）植穴。植穴应视圃地环境条件和苗木大小而定。植穴应争取在种植前1~3个月挖好，施入基肥，以利土壤风化和肥料腐熟。在沙地上，植穴可较其他土壤上略小些。在白蚁多的地区，可用树叶放在植穴内燃烧，烧焦穴边，防止白蚁危害椰苗。在雨水很多的地区，植穴周围可筑起一道小土埂，以防止地面水流入穴内，并在雨后舀去穴内过多的积水，以免苗木腐烂。

3. 基肥施用

基肥的作用，并非追肥所能代替，应根据各地条件，尽量施足基肥。椰子植穴中施基肥时，应同时注意防止白蚁危害。在白蚁危害区，一般不以农家肥（如堆肥）作基肥。海藻肥、椰糠、椰壳等都是良好的肥料，磷矿粉亦可酌施。

4. 种植时间

应根据各地实际情况确定定植时间，以在雨季开始时定植的成活率高，生长旺盛，如在雨季中期定植，则心叶大多开放，根亦正在旺盛生长，移植时容易伤根，不利生长；雨季末期以及冬季定植时，由于生长期短和水分不足，容易干枯，大量淋水和覆盖虽可保证一定的成活率，但越过漫长的低温期时，仍不免造成大量死亡现象。海南岛陵水县一般在5月定植，其他地区习惯较迟定植。

5. 定植方法和深度

定植时，将苗木按株行距对准，放于穴中后填土，填土以恰好覆至种实顶部或仅让种实有一小部分露出，不可埋没根颈，切忌泥土撒入叶腋内，导致苗木腐烂，然后压实种实四周的泥土，并适当灌水。种植深度视具体环境而定，一般地下水位不很高也不太低的地区种植深度为0.6～1.0m，若在山坡地带的砾质土或砖红壤上，种植深可达1.3m左右。在地下水位低的水洼地区，则可适当浅种。

种植苗木应随挖随运随定植，如挖后放置超过20d，则会影响成活率。挖苗时应适当带土，要注意尽可能减少伤根。

6. 间作

目前椰子生产国为了提高土地利用率和经济效益，都由单一种植制度改为多层种植制度。幼龄期可间种花生、豆类、粮食作物。成林后把具不同习性的作物协调地种植在一起，以充分利用光能和地力。

四、椰园的管理

1. 幼龄椰园的管理

幼龄椰系指未进入结果期的椰子种植园。可以采取以下管理措施。

（1）围篱。也可开隔离沟防害。

（2）保苗补株。大面积种植椰子时，因定植技术、管理和气候原因，容易出现缺株，应该及时检查补苗。为了使苗木生长一致，宜选用适当的优质壮苗补植，补植前应施足基肥。

（3）中耕除草与间作。椰子幼龄期，椰园尚未郁闭，每当高温多雨季节，尤其在肥沃的土壤上，杂草生长迅速，如管理不及时，椰树即被淹没。幼龄椰园适宜种植短期作物和绿肥，间作、轮作应结合中耕管理，以提高土壤肥力，改善植株营养状况，并可提高土地的利用率，提高劳动力效率。

（4）深翻扩穴。

（5）施肥灌溉。氮肥和磷肥能使植株速生，故应作为幼龄椰园施肥的重点。施有机肥时，可采用侧沟或环状沟施肥，沟长相当于冠幅，沟宽20～25cm，深约30cm。如施化肥，以氮为主，兼施其他肥料，如磷、钾、普通盐等，施肥深度约10cm，不可结合中耕除草，进行压青。在沙质地，应偏重于施用牛、羊、家禽粪，豆饼油渣、鱼肥或垃圾肥等，以利改良土壤。

2. 成龄椰园的管理

成龄椰园是指已进入结果期的种植园，可以采取以下管理措施。

（1）消灭荒芜。成龄椰园应注意及时清除杂草杂木、枯干和病虫株。

（2）除草松土。

（3）间作或中耕培土。初产期和盛产期时，椰园逐渐郁闭，这时椰树正旺盛地生长和生殖，株行间的中耕管理（包括间作、轮作、中耕、培土）成为显著增产极为重要的措施。中耕培土一般采用树干基部培土、椰园翻耕和椰园锥形培土等方法。

（4）保果护果。

（5）复壮。

（6）施肥灌溉。成龄椰园施肥是使椰树复壮和提高产量的重要措施，应根据椰树的营养状况，对症施肥。一般情况下，成龄树需肥量大，尤以钾肥为重。在旱季和雨季明显地区，最好在雨季，旱季间歇中的末期施用肥料，避免过早施肥。旱季施肥时应同时进行灌溉，若在多雨地区的沙质土中施肥，由于养分易于流失，应控制在最低限度，在雨季结束前，则应在土壤湿润时施肥；在积水地区，施肥前应排水，否则施肥效果不显著。

施肥方法有：沟施法；带状条施法；撒施法；犁底施肥法等。

五、病虫害防治

国外椰子的病虫害种类很多，但我国海南岛还没有毁灭性病虫害。

（一）病害防治

1. 败生病

可能由类病毒引起，最早发现于菲律宾。病树幼叶发黄，有小斑点，可愈合成条斑，叶短而脆、僵直，叶柄微弯，严重时下叶脱落或叶柄折断，果小或变长而弯曲，果量大减。我国尚无此病，已列为对外检疫对象。

2. 黄化病

类菌原体。病树从下层叶片开始脱落，迅速发展至全株，坏死腐烂，顶部叶有褐色叶枯斑，最后生长点死亡，严重时3～5个月就死亡。昆虫载体可能是叶蝉，我国已列为对外植检对象。

3. 红环病

线虫病害，是拉丁美洲椰子上的严重病害。病树下部的小叶及叶柄变黄转红褐色，枯萎脱落。病树干横剖，可见距表面2～3cm处的维管束组织有一宽约3～5cm的红环腐带，上有大量线虫。通常根被害很轻，但干茎的木质部导管被破坏并堵塞。已列为我国对外检疫对象。

4. 泻血病

又称茎流胶病，为真菌病害。病树茎杆纵裂，流出红色锈水。防治上将感病组织挖净，喷波尔多液、涂煤焦油防治有效果。

（二）虫害防治

1. 二瘤犀甲

又名椰隧犀金龟、红棕象甲、椰子象甲。成虫和幼虫取食椰子心叶，破坏生长点或钻食茎干，严重可致整株死亡，幼树的损失较大树为大。

防治方法：注意田间杂草清除及时处理虫害、风害、砍伐的椰树残桩；放置新鲜椰椿诱集；试用呋喃丹处理心叶或用克牛灵、磷化铅等塞入蛀道。

2. 红脉穗螟

海南每年多代，终年可见，幼虫危害花穗和幼果，严重时可使整个花穗枯死。

防治方法：可在花苞至幼果期间喷20%速灭杀丁或25%敌杀死3 000～5 000倍液以消灭成虫或初孵幼虫。

五、采收贮藏与加工利用

1. 采收贮藏

椰果不耐贮放，贮后容易长霉、失重、椰子水变干。有些椰子生产国边采收、边加工，不能及时加工的椰果应妥为贮放，放置在室温下贮藏2周没有严重损失，湿度太高则椰果会发霉，如在0～1.5℃，湿度80%～85%条件下贮藏，可保存1～2个月效果良好，超过2个月椰果会发芽、腐烂影响质量。

2. 果品加工

椰果以鲜食风味最好，但仍以加工利用为主。目前以传统产品椰干为主，其次加工椰油，主要是工业用油，其次是食用油。近20～30年来椰子湿法加工业发展很快，产品有椰奶粉、椰蛋白、高级椰子油、食品椰干等食品工业原料，正逐步取代传统加工产品。

（1）食品椰干。以成熟新鲜的白椰肉，清洗干净，在严格卫生条件下用机械加工成椰蓉、椰丝、椰块、椰条等产品，再烘干而成，并用作食品工业原料，如作面包、饼干、糖果、糕点等重要配料。

（2）椰子湿法加工产品。用新鲜椰子在严格卫生条件下生产椰奶粉、脱脂奶粉、椰蛋白、超滤蛋白、椰子粉、无色椰子油六大产品。可供糖果、饼干、冰淇淋等椰香系列产品原料，也可作椰奶饮料、菜肴调料、咖喱配料等。

（3）椰奶饮料（椰子汁）我国近十多年来椰奶饮料生产发展很快，利用美国罗伯特哈根·梅尔（Robert Hagermaier）的“椰子湿法加式工艺”原理研制成功。用新鲜椰奶加工椰奶饮料主要困难是椰奶不稳定，这与乳液奶酪化、蛋白质凝固、油水分离成为上层是奶酪下层是水的现象，用乳化剂、添加剂增加黏度，再通过胶体磨和均质机处理，减少油滴直径，可以防止酪化。要使产品保持液态必须防止蛋白质凝固和变性，应使椰奶预热温度不超过80℃。目前解决椰奶酪化和油水分离现象推荐的乳化有酪朊酸钠、硬脂酰乳酸钠、羧甲基纤维素钠、单棕榈酸山梨糖醇酐酯等。椰奶饮料工艺流程：椰奶→加糖加乳化剂→搅拌→过滤→加热（＜80℃）→胶体磨→均质机→装罐→消毒→成品。

（4）浓缩椰奶。传统工艺是高温浓缩法，椰奶加糖再加热到100～105℃，让水分蒸发并降到含水率15%左右，装罐、消毒。可用作椰奶饮料、糖果、饼干、冰淇淋等椰香产品的原料。近年来发展的低温真空浓缩椰奶工艺流程为：椰奶→加糖或不加糖→加乳化剂→搅拌→过滤→胶磨→均质→低温真空浓缩（温度60～70℃）→装罐→消毒→成品。

（5）椰子水。椰子水含水分95.5%。蛋白质0.1%、脂肪少于0.1%、矿物质0.4%、碳水化合物4.0%、少量氨基酸、维生素B和维生素C、激素等，可做清凉饮料、培养基等。

（6）椰干。椰干加工方法很多，各国都有成功的工艺，归纳起来有日晒椰干、炉烘椰干、日晒与炉烘椰干。目的是榨取椰油。

（7）椰油。椰干榨取椰油所用的机械仍然是较原始的切古榨油机、旋转式榨油机、水压机和螺旋压榨机生产椰油。榨取的油主要是作为工业用油，其次是作为食用油。

（莫晓勇）

45. 文冠果

文冠果是原产我国北方地区的重要油料树种，有“北方油茶”之称。文冠果全身都是宝：亚油酸是“益寿宁”（治疗高血压症）的主要成分之一；果实还可治遗尿症、风湿症等；果皮含糠醛达12%，具有提取价值；叶、枝均是药材，也可加工作为饮料；花是良好的蜜源。文冠果结果早，收益期长，材质坚硬，纹理美观。发展文冠果对增加木本油料生产，逐步实现我国食油木本化以及荒山绿化和水土保持都具有重大意义。

文冠果多自然散生于沟谷崖头，少量栽植于庭院、寺庙等地。20世纪60年代在河北、内蒙古、吉林、辽宁、山西等地相继建立了以文冠果为主的林场和制种基地。对文冠果的品种类型、育苗、造林、选优、丰产栽培技术及病虫害防治等进行了研究，解决了文冠果栽培中的一些实际问题，初步选育了一些优良单株，出现了人工栽培的高产典型。

一、植物学特征与经济性状

文冠果（*Xanthoceras sorbifolia* Bunge）又名文官果、文灯果、木瓜、文冠树、僧灯木道等。属无患子科（Sapindaceae）文冠果属（*Xanthoceras* Bge.）植物，本属只此一种。落叶乔木或灌木，高达8m，树皮灰褐色。枝粗壮直立，嫩枝呈红褐色、平滑无毛。叶互生，奇数羽状复叶，长14～90cm；小叶9～19枚，长椭圆形至披针形，长2～6cm，宽1～2cm，边缘具锐锯齿，表面暗绿色，背面色较淡。花杂性，总状花序；花瓣5，白色，基部里面呈紫红色斑纹，美丽而具香气；花盘5裂，裂片背面有一橙色角状附属物；雄蕊8。蒴果，黄白色，长3.5～6cm，3 爿裂。种子球形，直径1cm，黑褐色。花期4～5月，果熟期7～8月。

文冠果的种子含油率30%～60%，种仁含油率55%～66%，粗蛋白26.7%，粗纤维1.6%。文冠果油为半干性油，透明，气味芳香，是良好的食用油；还可作为高级润滑油以及制造增塑剂、油漆、肥皂的原料。文冠果油中含有14种脂肪酸，其中软脂酸、硬脂酸、月桂酸、豆寇酸、花生酸、山榆酸、木焦油酸、二十四烷酸等饱和脂肪酸7%～7.9%，在不饱和脂肪酸中，油酸30.0%～53.29%、亚油酸37.81%～42.9%、亚麻酸0.3%；文冠果脂肪酸的种类及含量与花生油、大豆油、向日葵油相近。

由于文冠果栽培历史较短，目前尚无定型的栽培品种，有待于进一步开发。

二、生物学特性

（一）生态习性

适宜栽培文冠果的主要气候条件是：1月平均气温-0.2～16.7℃，7月平均气温22.4～27.6℃，年平均气温4.1～14.2℃，极端最低气温-17.9～3.9℃；年降水量140.7～984.3mm，年日照时数2 341.2～3 168.1h，年日照率53%～72%。

文冠果在我国分布于北纬32°30′～46°，东经100°～127°。北到辽宁西部和吉林西南部，南自安徽萧县黄藏峪及河南南部，东起山东，西至甘肃、宁夏。均有文冠果分布。主要分布在陕西延安、山西蒲县、河北涿鹿县、辽宁昭乌达盟等地。数年来各地均有引种栽培，在黑龙江齐齐哈尔、新疆南部与北部均已引种成功。文冠果自然分布多在海拔400～1 400m的山地和丘陵地带，青海西宁在海拔2 300m的高山上也有引种栽培，且生长良好。据调查，河南的山区发现有野生林近400亩，100年生以上大树36株。

文冠果为深根性树种，耐瘠薄，耐盐碱，适应性强，对土壤要求不严。在石质山地、黄土丘陵区、石灰性冲积平原、沙地、黏土地、黄土地和岩石裸露地都能正常生长发育；但不耐涝，排水不良的低洼地、重盐碱地和未固定的沙丘不宜栽植。文冠果根的穿透能力差，在重黏土上生长不良。在山脚、沟坡等土层深厚、肥沃、湿润、通气良好、背风向阳、pH值7.5～8的微碱性砂壤土上生长良好。

（二）生长发育

1. 根系生长

1年生苗木主根长度可达1m以上，较大的侧根有20条左右，多分布于5～30cm的土层内。10年生文冠果根系入土深度达2.4m以上，根幅2m左右，根系主要分布于20～120cm的土层内。幼树期主根和侧根生长迅速，侧根、须根稍慢。3年生后侧根与须根生长加快，保证了地上所需水分和养分的吸收供应，也是对干旱、寒冷、土壤贫瘠有较强适应能力的原因。文冠果根系皮层很厚，皮层重量约占根系总重量的 81.3%，为木质重量的 4.21 倍，能大量贮存水分和养分，因而提高了适应能力。根系的再生能力很强，但其较脆嫩，容易折断和干枯，根皮损伤后不易愈合，栽植时应予注意。

2. 枝梢生长

根据抽梢时间分为春梢、夏梢和秋梢。春季顶芽抽放为总状花序，基部长出 3～4 个新梢，此为春梢。春梢在平均气温 10℃左右发生，5 月底至 6 月初开始封顶，历时 20d 左右，春梢生长迅速，平均日生长量 1.6cm，此期正值开花与幼果生长期，生殖生长与营养生长矛盾比较明显。春梢停长形成顶芽后，在水肥条件较好的情况下部分春梢顶芽抽生夏梢，此期正值果实体积增大后期，种子正在发育充实，若夏梢过多过旺，不仅对树体无益，对当年的产量及翌年的花量均有影响。在秋季雨水集中时，部分春梢和夏梢的顶芽再次萌发抽枝而成秋梢。此时由于已进入花原始体分化阶段，秋梢顶芽不易形成花芽。因此，生产中要适当促进春梢，抑制夏梢和秋梢，以保持树体的健壮生长和高产稳产。

3. 花芽分化

在春梢停长后 20～30d，若不抽生夏梢或秋梢，即从顶芽向下开始花芽分化。花芽分化形成过程可分为如下 6 个阶段：叶芽阶段；花原基分化阶段；花萼原基分化阶段；雄蕊分化阶段；花瓣分化阶段；雌蕊分化阶段。花芽分化从 7 月中旬开始，到翌年开花前完成，历时约 10 个月。

4. 开花

（1）花芽与花序。文冠果的花芽为混合芽。混合芽抽枝后，顶端为总状花序，基部生长 3～4 个新梢。成年植株新梢的顶芽多为混合芽，靠近顶芽的数个腋芽亦为混合芽。一般情况下，结果母枝的顶花芽和部分腋花芽开放时形成总状花序，5 月上旬开始伸长，5 月中旬生长最快，5 月下旬停止生长。侧生花序比顶生花序生长慢，生长量较低，停止生长时间较早。

（2）花型。文冠果的花为两性花，有可孕花和不可孕花两种。可孕花雄蕊退化，表现为花丝短，花药不开裂，子房生长正常；不可孕花子房退化，雄蕊正常，表现为花丝长，花药开裂散粉。可孕花与不可孕花所占比例（除株间差异外），与其着生位置明显相关。每个顶生花序着生 20～60 朵花，其中可孕花占 61.5%～90.5%；每个侧生花序着生 20～40 朵花，可孕花占 4%。侧生花序基本是雄性花，有利于授粉。文冠果的花型有 5 种，即正常五瓣白色可孕花、五瓣白色不孕花、五瓣以上至十瓣单瓣花、重瓣不开放小花、五瓣至八瓣开放小花。

（3）开花与落花。开花期因不同年份和植株，1 朵花开放时间约 6d，1 个花序开放约 8d，1 株树开花期可持续 12～25d。可孕花与不可孕花开放和脱落的进程不同。可孕花开花迅速、集中；不可孕花开放缓慢，持续时间较长，保证了可孕花的受粉机会。可孕花落花约 8%～9%，多集中在 3～4d 脱落，不可孕花落花持续 8～10d，前三四天落花 60% 左右，其余缓慢脱落。可孕花开放时，柱头上产生黏液便于受粉，不可孕花开放时，花药开裂散粉。

5. 果实发育

（1）果实生长。可孕花授粉以后子房开始膨大。6 月上中旬果实的纵、横径增长最快，7 月上旬以后果实生长趋于减慢。果径增长有两个生长高峰，6 月上旬（即第一阶段落果后）果径增长出现第一个高峰；6 月中下旬出现第二个高峰，此期持续时间较长，是果实体积增长的关键时期。在果径的生长过程中，前期纵径比横径增长快，6 月下旬以后，由于种子的生长和充实，横径的生长超过纵径。

（2）落果。可分为 2 个阶段：5 月末至 6 月上旬为第一阶段，此期时间短，落果多；6 月中旬至 6 月末为第二阶段，此期持续时间长，落果量较少。大部分落果主要是由于营养不足造成生理落果。文冠果多数花序结果 2～3 个，最多达 8～15 个，但平均座果率仅为 2.2%～6.3%，平均每果穗着生 1～2 个果实。在自然条件下，座果率较低，加强栽培管理，可大大提高座果率。

（3）种子产量。文冠果的 1 年生苗即可形成花芽，翌年开花结果。但在一般栽培条件下，大部分植株需 3～4 年才开花结实，以后随树龄增长单株产量迅速增加；20 年进入结实盛期，100 年左右单株产量最高，200 年生树单株产种量 5～10kg。文冠果表现为结实早，产量高，丰产年限长，但产量变化大。在粗放经营条件下表现株间差异和大小年结实现象比较明显。

（三）物候期

不同地区、不同年份和不同生态条件下，文冠果的物候期有一定的差异。主要分为如下 7 个物候期：

（1）芽膨大期。鳞片沿芽的纵断面稍稍展开，彼此分离。

（2）萌芽期。鳞片彼此分离，绿色幼芽自顶端伸出。

（3）展叶期。新梢上端的第1～2个叶序的叶片展开。

（4）开花期。开花期又分为初花期（约5%的花完全开放）、盛花期（70%左右花开放）和末花期（大部分花的柱头枯萎）3个时期。

（5）子房膨大期。子房受精，开始膨大。

（6）果实生长期。从幼果形成到果实体积不再增大。

（7）果实成熟期。果皮由绿色变为黄色，由有光泽变为粗糙，果实尖端微微裂开，种子由白色变为粉红色、棕红色，最后呈黑色。

三、栽培技术

1. 苗木繁殖

（1）选种与采种。文冠果生长势株间差异明显。8月上中旬种子由红褐色变为黑褐色、全株1/3以上的果实开裂时，即可从树势强健、连年丰产和抗逆性强的优良单株上采集种仁饱满、充分成熟的果实。采下的果实在阴凉通风处去掉果皮，晾干，装袋防潮备用。种子千粒重600～1 250g，最多可达2 850g。

（2）实生苗培育。种子处理，文冠果种皮厚、含油脂，吸水困难，播种前须进行处理，可在土壤结冻前进行沙藏，沙藏100d以上，翌春种子萌动时播种。未能沙藏的种子要在播种前15d左右，用45℃温水浸种3d，换水1～2次，捞出放进筐篓内，上盖湿草帘，在20～25℃室内催芽，每天翻动1～2次，待2/3种子萌动时播种。播种，4月中旬至5月上旬播种于苗床中，每667m^{2}播种量为15～20kg，条播时行距20～30cm，沟深3cm；点播时沟内每隔15～20cm放1粒种子，种脐平放，播后覆土2～3cm厚。苗木管理，幼苗出齐后，要适当浇水，过多会使幼苗根茎腐烂死亡。苗高10～15cm时定苗，苗距15～20cm。6月上旬追肥，越冬苗木要灌防冻水。苗木出圃运输时避免大量伤根、失水。用于造林的2年生一级苗，苗高≥70cm，地径≥1cm，根长≥25cm，侧根15条以上。

（3）嫁接育苗。嫁接方法，有带木质部大片芽接、劈接、插皮接、切接、芽接等方法，其中以带木质部大片芽接效果较好。砧木和接穗的选择，选用1～2年生、直径在1cm以上的实生苗为砧木，选用优良单株上生长健壮的发育枝为接穗。接穗应在3月中下旬以前采集，并用潮湿干净的细沙埋藏在地窖内或冷凉处备用。4月下旬当砧木皮层可以剥离时进行嫁接。为提高成活率，嫁接部位应尽量低些。接后的管理。嫁接成活株接芽开始萌发后，要在接芽上方0.6cm处剪砧，剪口呈马蹄形。接芽长到15 cm左右时，要设支柱绑苗，并及时除萌、除草和保墒。

（4）插根育苗。春季利用起苗后残留于苗圃地中粗0.4cm以上的根系或挖取老树的部分根，截成长10～15cm的根段，插于苗床地表下2～3cm。插根15～20d可萌发出土，选留1个壮芽，其余摘除。插根成活率约70%～80%，当年苗高可达60cm左右。

2. 造林

（1）选地与整地。造林地应尽量选择在土层较厚、背风向阳的地方，排水不良的低洼地、重盐碱地、未固定的沙丘不宜栽植。整地应在栽植前一年夏季进行。山地、丘陵和沙地可带状整地，带宽为2m，带距可根据行距而定，深度60～80cm；也可穴状整地，沿等高线进行，按株行距定点划线，直径和深度不应低于60cm。

（2）栽植密度。根据不同立地条件和经营管理方式而定。凡是土壤瘠薄、肥源缺乏的山地和沙地，株行距可为1.5～3m ×2～3m。在土壤肥沃、土层较厚、灌水施肥方便的地区可采用3m×3m或4m×4m，便于机械耕作的地块行距不应小于3m。为早期提高单位面积产量，可采用先密后稀的计划密植方式。

（3）栽植方式。植苗造林，宜于早春蘸浆栽植，以免春季干风危害，降低成活率。秋季栽植应培土防寒，提高越冬成活率。直播造林，4月下旬开始直播，每穴播种3～5粒，种脐平放，覆土2～3cm。

3. 抚育管理

（1）整形。文冠果整形主要是及时控制结果部位外移，形成立体结果，增加有效花数，减少落果等。目前常见的树形有3种。自然半圆形：该树形适宜在土壤瘠薄地区或树冠开张、中央主干较弱的植株。这种树形光照好，内膛枝充实，每个主枝上选留2~3个侧枝，比较丰产。自然开心形：主枝分布适宜，可充分利用空间，扩大结果面积，增加产量，每主枝交错选留2~3个侧枝。适用于干性差的植株。多主干丛状形：适用于衰老后平茬复壮，平茬多在秋末冬初，留茬与地面平。平茬后选择比较健壮的2~3个壮条，培养成多主干丛状形。未修剪多年的树，应根据“因树修剪，随树造形”的原则灵活掌握，将其尽快改造成丰产树体结构。

（2）修剪。文冠果修剪的主要目标是多形成顶芽饱满的粗壮春梢。应控制直立枝，疏除细弱枝、交错枝、重叠枝、对头枝、平行枝、下垂枝、竞争枝、密生的徒长枝等。生长衰弱、多年延长的下垂骨干枝，应视具体情况缩剪，有空间的可培养成枝组。

（3）土壤管理。根据杂草的生长状况，每年中耕除草3~5次，中耕深度10~15cm。每年采果后应进行土壤深翻和扩穴，深度30~50cm。

（4）灌水和排水。新梢生长、开花坐果以及果实膨大期需水较多，应适时灌溉。早春开花前可结合施肥进行春灌；落花后灌水可减少落果；冬灌有利于早春保墒。雨季要注意排水，防止水涝。

（5）合理施肥。在秋施基肥的基础上，生长前期以施氮肥为主，中后期以施磷、钾肥为主。氮肥在花前半个月施入，每株约50g，深度10~20cm，也可在幼果期喷洒0.3%的尿素溶液，每周1次，连续2~3次。在花芽分化期和种子增长期连续喷2~3次0.5%磷酸二氢钾。

（6）提高座果率。文冠果开花多，结果少，落花落果严重，这种“千花一果”的现象是生产上急需解决的问题。应积极采取措施提高座果率。疏花：开花前去掉侧生花序上95%的雄花和大部分雌花，只保留5朵可孕花，同时去掉顶梢，使营养集中在这5朵可孕花上。人工辅助液体授粉：先将250g砂糖、15g尿素放入5kg水中配成糖尿液，再用250g水、25g砂糖配成10%糖溶液，加入干燥花粉10~12g，搅匀并用纱布过滤到糖尿液中。为提高发芽率，增强花粉活力，可加入硼酸5g，展着剂5mL。辅助授粉一般在花开60%~80%时进行。喷施植物生长调节剂：花后喷施500mg·L^{-1}的萘乙酸和80mg·L^{-1}的增产灵有防止文冠果落花落果的效果。

四、采收贮藏与加工利用

1. 采收贮藏

文冠果的果实形态多样，有圆球形、扁球形、平顶球形、长尖果形、桃形、倒卵形、三棱形、木瓜形等。果实体积相差较大，一般果长6cm左右，直径5.5cm左右，最大果实长度可达10cm，直径8cm。总的来说，果实大小、种粒多少、果皮和种皮厚薄差别较大。一般由3~4个心室组成，少的只有2个心室，多者可达5个心室，每室含种子5~6粒，多者8粒。每个果实一般具12粒左右种子，约40个果实产500g种子。果实生长期较短，一般为60~70d，在8月上、中旬成熟。但文冠果果实成熟期受纬度和海拔的影响。同一地区的不同年份，因降水量、气温等条件的变化，成熟期可相差10d左右。因此，不能统一规定文冠果的成熟期和采种期。文冠果果实采收成熟的形态特征为：果皮由绿色变为黄绿色，果皮光泽消失而变得比较粗糙，种子由红褐色变为黑褐色，全株约有1/3以上果实果皮开裂。

果实采收以后，应摊晾于阴凉通风处，待果皮裂开后剥除果皮，收集种子。种子风干后，即可贮藏。干种子装入麻袋后置于阴凉处或堆于干燥通风的室内均可。贮藏中应严防潮湿。

2. 加工利用

文冠果的加工利用主要是榨油，常用压榨法。主要步骤为晒籽→粉碎→蒸坯→包饼→压榨→粉碎初压饼→蒸坯→包饼→复压。

（李保国）

46. 元 宝 枫

元宝枫（*Acer truncatum* Bunge）是槭树科槭属植物，因翅果形状像中国古代的“金锭”而得名。汉代许慎《说文》中称之为槭树，这是它最早的名称。《中国植物志》定名为“元宝槭”，《中国主要树种造林技术》称为“元宝枫”，《山地林果栽培》又叫“色木”，河北称为“元宝树”，陕西又名“五角枫”。另外，还有的称“平基槭”。

元宝枫原系我国北方野生树种，已由观赏绿化树种开发为集油料、蛋白资源、鞣料、药用、化工等多效益为一体的树种，其前景十分广阔。由于其树冠荫浓，树姿优美，叶形秀丽，嫩叶红色，入秋后，叶片变红，红绿相映，甚为美观，为营造风景林的重要树种。

元宝枫作为经济树种开发研究始于20世纪70年代初，其种子可榨取食用油，是一种优良的木本油料树种。

一、植物学特征

元宝枫为高大的落叶乔木，高15～20m，树冠密集。树皮灰黄至灰褐色，深纵裂。小枝对生，无毛，1年生枝表皮光滑，淡赤褐色或绿色，具细小而明显的皮孔；多年生枝表皮粗糙，呈灰褐色，具不规划的纵向裂纹。单叶、对生、纸质、掌状五裂，全缘，叶表亮绿，光滑。花杂性同株，伞房花序，单性花的雄蕊较长，一般为4～6mm，两性花的雄蕊较短，仅有2～3mm。翅果未成熟时，两小翅果连在一起，基部连接处呈截形，翅果成熟时，分离成单翅果，淡黄或淡褐色；果皮膜质，具脉纹，果翅长圆形，与种核近等长；种子单粒，种皮革质棕褐色，种子无胚乳，子叶扁平，呈黄色、折叠或卷折。

二、生物学特性

（一）生态习性

元宝枫是一种适应性、抗逆能力较强的树种，影响发育的主要生态因素如下：

1. 土壤

元宝枫对土壤有较强的适应性，在pH值6.0～8.0的微酸性、中性、微碱性及钙质土上均能生长。土壤质地以砂壤土、壤土为最好，过于黏重、适应性差的土壤上生长不良。土层较薄或过于贫瘠的土壤上生长亦不良。

2. 水分

元宝枫耐旱能力较强，在年降水量250～1 000mm条件下，均能生长。但该树种不耐涝，在地下水位过高或土壤湿度过长地区生长不良，而在湿润且排水良好的条件下，生长迅速、发育较好。

3. 温度

元宝枫主要分布在温带及暖温带地区，为喜温树种，对温度的适应幅度较大，在年均温9～15℃，极端高温42℃以下，极端低温不低于－30℃的地区，植株均能正常生长发育。

我国元宝枫主产区一般平均气温为10～14℃，1月平均气温－7～4℃，7月平均气温19～29℃，极端低温－25～－4℃。

4. 光照

元宝枫为喜光树种，幼苗可忍耐庇荫。在光照比较充足的地方，元宝枫树木枝条生长充实，树势强健，相反则生长势弱，冠幅小。处于半遮荫状态下的元宝枫树木，一般结实差、产量低。

（二）生长发育

1. 萌芽特性

元宝枫具有较强的萌芽力，植株的枝干一旦受损潜伏芽很快萌动，迅速长出新梢。元宝枫还具有较明显顶端优势和较强直立生长能力的特点。元宝枫一年生枝的萌芽率可达80%～100%，成枝率高达80%以上。

2. 枝干生长

元宝枫树木的高生长在幼龄期比较迅速，在栽培条件下1～8年生苗木生长速度较快，高生长量以每年0.6～1.5m的速度递增，地径每年6～10mm的速度递增。8年以后，高生长减缓，随树龄的增加而渐趋于停滞状态。在一年中的不同月份，苗木的生长速度不同。据观测，在陕西关中地区，1年生实生苗生长量变化规律基本符合S型生长曲线。在一年中，苗木粗生长高峰期出现在6月中旬至9月中旬。元宝枫枝条一年有两次生长，形成了春梢和秋梢。根据枝条的功能，可将元宝枫枝条划分为发育枝和结果枝。发育枝又称生长枝或营养枝，年生长量大，最长可达1.5m左右，有扩大树冠和增加结果部位的作用。幼龄树发育枝数量多，进入结果期后，随着树龄的增加，发育枝相对减少，结果枝不断增加，长度逐渐变短。

3. 根系分布和生长

元宝枫为深根性树种，主根明显，侧根发达。其根系垂直分布情况受树龄、土壤质地和土层厚度等的影响较大。如生长在土质疏松的砂壤土或壤土上8年生以上的大树，根系垂直分布可达5m以上，但侧根主要分布在120cm以内的土壤中，而生长在土质粉重或土层较薄石砾较多土壤上的元宝枫，主侧根一般较浅，根系深度随土层厚度有所变化，主要分布在50~100cm以内。在年生长周期中，元宝枫根系的生长较地上部分开始早，停止晚。冬季，其根系休眠约2个月。

4. 叶片生长

元宝枫植株从芽开始放叶到叶片大小定型，所需时间较短。如在陕西关中地区，4月上旬开始展叶，5月上旬叶片大小定型。在年周期中，叶片中的水分及有效成分（如黄酮、氯原酸）在不同的月份含量亦不同，6~8月份含量均最高。元宝枫在生长季节中，叶片的颜色由最初的粉红渐变为深绿，入秋后，变成深红色或黄色。

5. 开花结实

（1）花芽分化。元宝枫树属于当年花芽分化，翌年开花结实类型。其花芽为混合芽，着生于当年生枝顶端及叶腋部，其分化过程依时间先后可分为7个时期，即分化开始期、花序原基形成期、花萼原基形成期，花瓣原基形成期、雄蕊原基形成期、雌蕊原基形成期和分化完成期，整个分化过程约需5个月才能完成。其中顶花芽分化早且集中，腋花芽分化相对晚些。

（2）开花特性。元宝枫属于先花后叶或花叶同时开放树种。根据元宝枫树芽的动能和构造，其芽分为混合芽和叶芽。前者萌发时，先抽生出花序，然后在花序基部抽生出叶片和枝条。叶芽萌发时，直接抽生出枝叶。幼树期树体上的芽全为叶芽，进入结果期后，叶芽所占比例逐年下降，混合芽则反之。

（3）结果特性。开始结果年龄，元宝枫开始结果年龄因繁殖方式、栽培条件及个体的不同而有差异。一般实生苗5~8年开始开花挂果，8年生树全部进入开花结实阶段。嫁接繁殖的苗木，定植3年即可开花结果。翅果发育，元宝枫从开花到种子成熟大致需要210~220d。根据元宝枫在1年生长过程中翅果重量及发育程度和油脂形成累积规律，在陕西杨陵地区，可将翅果发育分为4个时期：

种壳膨大期，从4月底开花结束到6月底大约60天，此期间翅果的大小和重量均增加较快，到末期果翅及种皮基本膨至最大，翅果烘干千粒重平均达129.35g，该期没有油脂积累。种仁形成期，7月初至下旬末约30d，翅果干物质积累缓慢，在此期间，翅果千粒重增加量仅13g左右。到了末期，种仁雏型形成，干态种仁含油率约为0.34%。油脂快速形成期，从8月上旬至10月中旬的70d左右，为种仁和油脂快速形成期。在此期间，种仁体积迅速膨大，翅果千粒重增加了约135g。随着种仁的生长，油脂积累不断增加，至10月中旬末，翅果出仁率达34.40%，种仁含油率增加到46.58%。翅果成熟期，从10月下旬为翅果成熟期。果实含水率快速下降，翅果重量和种仁含油率达到最大，彼此相连的两小翅果裂一分为二。种子比较坚硬，种皮呈黄褐色，种仁为亮黄色。

（4）生命周期。元宝枫树的寿命较长，根据其一生中树体生长发育特征呈现的显著变化，可划分为幼树生长期、生长结果期、盛果期和衰老更新期。

• 幼树生长期　从苗木定植到开花结果以前，称为幼树生长期。一般实生苗5~8年，嫁接苗3~4年。该期的主要特征是树体营养生长旺盛，地上和地下部分迅速扩大，逐步形成树体结构。

• 生长结果期　从开始结实到大量结实以前，即元宝枫开始结实的头3~5年，称为生长结果期。该期前期，树体生长旺盛，以营养生长为主，枝条大力生长，分枝角度逐渐开张，结果产量不高。随着树木的生长，中、短果枝占的比例逐年增加。后期，离心生长渐缓，树体基本稳定。

• 盛果期　盛果期是树木大量结实期，一般可持续30~50年。该期树冠和根系伸展都达到最大限度，骨干枝离心生产停止，结果枝大量增加，产量达到最高，种子质量也最佳。

• 衰老更新期　从结实开始衰退到植株死亡这段时间，称为衰老更新期。一般出现在40~60年后。这一时期，种子产量明显下降，生长势逐渐衰退。

（三）物候期

在温暖地区，元宝枫全年生长期为200~230d。

在一年生长过程中，树木从萌芽、展叶、开花、结实、新梢生长到落叶休眠等物候变化，依树龄、栽植地区的气候和栽植管理措施等的不同而有差异。在陕西关中地区，物候期大致为：芽萌动期，2 月底至 3 月初，芽子稍微膨大。芽膨大期，3 月上旬至下旬，花芽膨大，外被鳞片长大，叶芽膨大后外形较细长。展芽期，4 月初花芽露出黄绿色的花序，叶芽抽生合成束。开花期，4 月上旬至下旬。果实生长期，4 月下旬至 10 月下旬。初期主要为果皮、种皮速长期，中后期为种仁快速增长期。果实成熟期，10 月下旬至 11 月初。叶变色及落叶期，从 10 月中旬开始，树梢部分叶片开始变黄或变红，此时已开始落叶，到 10 月下旬，进入大量落叶期，至 11 月中旬，树叶基本落光。休眠期，11 月下旬至翌年 2 月下旬。

三、栽培技术

1. 苗木繁殖

元宝枫苗木的繁殖方法主要有播种育苗和嫁接育苗两种。目前，生产上主要采用的是实生繁殖，但培育的苗木多良莠不齐，且结果晚。嫁接育苗是培育元宝枫高产优质、早结果壮苗的主要途径。

（1）播种育苗。采种及种子贮藏：采种前确定优良采种母树。元宝枫种子一般 10 ~ 11 月份为成熟期，种子采集以种子成熟 7d 左右后较好。选择无水或微风的晴天，将成熟种子采收后及时放到阴凉通风处晾干，勿在日光下长时间暴晒，然后装袋贮于室内阴凉处，也可将种子直接湿沙埋藏越冬。播种前种子处理：元宝枫种子为深休眠光型，寿命多为 1 年。播种用的种子，一定要选用前一年秋季采收的新鲜饱满种子进行催芽，切勿使用陈种子。催芽方法主要有沙藏催芽和水浸种催芽。沙藏催芽，种子一般在播前 8d 左右沙藏。沙藏前 1d，先用清水浸泡 24h 后，按 1∶3 的种沙比例充分混匀，堆放于阴凉通风的地面或挖坑沙藏。贮藏种子的厚度以 30 ~ 40cm 为宜，上覆一层细沙，并盖上湿布或稻草，经常洒水保湿。沙藏后，每天翻动 2 ~ 3 次，待种子有 10% ~ 20% 露白时即可播种。水浸种催芽，播种前 7d 左右对种子催芽。先将种子用 30 ~ 40℃ 的温水浸泡 1d 或用冷水浸泡 2d，每天换水 1 ~ 2 次，然后捞出放在温暖适宜的地方，盖上湿布或草帘，每天用水淘洗 1 次，翻倒 1 次，当 10% ~ 20% 的种子露白时即可播种。另外，也可将种子置于 20 ~ 30℃ 温水中或冷水中浸泡 2d，每天换 1 ~ 2 次水，然后直接播入土中。播种，春秋均可进行，但以春播为好。春播在 3 月中、下旬进行。一般采用条播，多雨区可筑高床。干旱地区可做平床（低床），行距 35cm 左右，沟深 3 ~ 4cm，覆土 2 ~ 3cm。播种量为 180 ~ 195kg · hm^{-2}。播种后可覆膜盖草保温保湿使幼苗提早出土。苗期管理，在出苗期内注意揭掉覆盖物，适量喷水，清除杂草。结合中耕防治鼠害。苗木生长初期时，要促进根系生长发育，浇水、施肥、除草、间苗、补苗。在苗木速生期内，前期加强肥水管理，后期停止追肥和灌溉，防止苗木贪青徒长，促进苗木充分木质化，以利越冬。在苗木生长后期，苗木准备落叶休眠，应采取措施，尽量促进苗木充分木质化。冬季干旱不起苗的苗圃，越冬前要灌冻水 1 次。

（2）嫁接育苗。元宝枫属于多年生树，扦插生根较难。因此，嫁接育苗是实现元宝枫良种化、早果、丰产的一条很重要的途径。砧木培育：培育元宝枫砧木有两种方式，即直播育苗和平茬育苗。前者将种子直接插入苗床，待砧木地径粗度在 0.4mm 以上时，可进行嫁接。后者选用 1 年生实生苗，于春季芽未萌动时，从苗木基部剪断，待平茬桩上的芽萌动时，留一饱满芽，在其抽生的当年枝上进行嫁接。接穗采集与保存：接穗应采自优良母树树冠外围生长正常、芽体饱满的当年生枝。穗条采下后，立即放到阴凉处并剪掉叶片，保留一段叶柄。长途运输应避免 30℃ 以上高温，每 10h 冲 1 次水，防止穗条发热霉变。接穗从采穗到嫁接，一般不要超过 3d。嫁接方法：元宝枫常用的嫁接方法为芽接，即带木质嵌芽接和 T 字形芽接。芽接方法与其他果树基本相同，在此不再重复。嫁接时间：元宝枫不宜春季嫁接，成活率仅 13.4%，宜夏秋季即 7 月上旬至 9 月上旬嫁接，成活率可达 80% ~ 90%。在此时期嫁接，应注意避开阴雨天气。

2. 造林

元宝枫是绿化观赏、经济利用和水土保持及综合利用价值较高的树种。生产中，可根据栽培目的选择不同的栽培形式和管理措施。

（1）栽培模式。以果为主的元宝枫栽培，以果为主的栽培，其主要目的是使元宝枫树能提早结果，稳产、高产、优质。其栽培方式可概括为矮化密植和乔干稀植两种。矮化密植栽培：该栽培方法的特点是：主干矮，枝下高一般为 60 ~ 80cm；密度高，树体结实早，产量高，收益快。

栽植密度依立地条件而定。立地条件好，密度宜稀，株行距3～4m×4～5m；立地条件较差，密度宜密，株行距2～3m×3～4m。乔化稀植栽培：它是我国历史上一贯采用的栽培方式，将元宝枫培育成中干或高干乔木，枝下高一般为2m，并适当稀植。一般可采用的株行距为5m×6m、6m×7m、7m×8m、8m×9m等。以叶为主的元宝枫栽培，如前所述，元宝枫叶具有较高的开发利用价值。因此，以叶为主的栽培，目的是产叶多且质量佳。元宝枫叶片按其嫩叶颜色可分为绿叶型和红叶型，不同类型可加工成不同的茶叶。茶园式栽植：按树体修剪方式可分为球形栽培和宽窄行带状栽培。前者，行距2～3m，穴距2m，每穴栽植4～6株成丛壮，留主干0.5～0.7m，萌条后逐步剪成球形。后者，株行距0.5～1.0m×0.5m，两行构成一组林带，带内三角定植，留主干0.5～0.8m。枝带间隔2～3m。高密度栽植：栽植方式有单行式和宽窄形式。单行式，株行距0.6m×0.6m，0.5m×0.8m或0.5m×1.0m。宽窄行两行一带，带距1m，带内株行距0.5m×0.5m。元宝枫其他栽培形式包括风景园林栽培、行道树栽培、庭院栽培、农田防护林和荒山绿化。

（2）栽后管理。元宝枫栽植后的管理同其他果树基本相同，包括土肥水管理、整形修剪、病虫害防治等。

● 土肥水管理　苗木栽植后，要浇水和松工保墒，幼树定植后第2年进行扩穴（沟）改土，以秋季9～10月份深翻较好，深度以不伤根为宜，一般2～3年内完成深翻扩穴工作。深翻时，应结合增施有机肥，深翻后应及时浇水。元宝枫施肥要适时，幼龄期宜灌肥勤施。一般于每年4月下旬至8月上旬追施肥料4～5次，以速效氮肥为主，辅以磷、钾肥，或每月浇施1次稀薄人粪尿。秋季，结合改土施1次基肥，每株5～15kg，加饼肥0.3～1.0kg或人粪尿5.0～7.5kg。成年结果树施肥，分一年1次的基肥和数次的追肥。基肥秋施即叶子，变红或变黄前施放果较好。每株可施农家肥15～20kg，加饼肥1.0～1.5kg。土壤追肥一般一年施4～5次，前期以氮肥为主，后期加施定量钾肥。一般每次株施尿素0.1～0.5kg，钾肥0.1～0.3kg。需要时，在生长期内可根外追肥，6月份以前，用0.3%～0.5%的尿素液喷施叶面，7月份再加入0.2%～0.3%的磷酸二氢钾水液喷施叶面，每15天左右喷施1次。水是元宝枫生长发育必需的，合理灌溉是其丰产栽培的保证。元宝枫根系深广，一般抗旱能力较强，但不耐长期水涝。因此，可采用穴灌、沟灌或喷灌、滴灌等技术适时适量供水。

● 整形修剪　为了实现元宝枫优质、丰富、稳定，整形修剪工作必不可少，其目的和其他果树一样是为了调节树体与环境的关系，提高光能利用率，调节营养生长与生殖生长的关系，调节树体的营养状态，其修剪时间和主要方法也和其他果树大同小异。元宝枫修剪一般可分为冬季修剪和夏季修剪。冬季修剪的主要方法有：短截、疏枝、回缩和平茬；夏季修剪的主要方法有：抹芽去除萌、摘心以及撑枝和拉枝。元宝枫树形根据需要而定。在生产中，结果为主的矮干、中干元宝枫可采用自然开心形；果材两用的高干元宝枫，则大多采用疏散分层形。

四、病虫害防治

元宝枫具有较强的抗病虫能力，但苗木及幼树时有虫害发生。因此，在大力发展元宝枫的同时，应采取有效的办法防治害虫危害等。目前，发现的主要害虫有：食叶黄刺蛾（幼虫）、尺蠖和蛀干害虫天牛（主要是光肩星天牛、黄斑星天牛）。

五、加工利用

1. 果实的加工利用

元宝枫翅果由果皮（果翅）、种皮和种仁三部分组成，其百分比组成分别为：30.6%～33.5%，22.8%～23.6%，42.9%～46.6%。元宝枫果皮和种皮中富含凝类单宁，含量分别为7.87%、60.24%，纯度分别为42.91%、87.17%，是工业上的优质鞣料。元宝枫种仁中主要化学成分是脂肪和蛋白质，两者总含量达75%。其蛋白质的总含量为27.2%，含有人体所必需的8种氨基酸，是一种营养丰富的植物蛋白，其中谷氨酸和甘氨酸含量分别高达26.15%，13.09%。元宝枫种仁中含有人体需要的多种维生素，每100 g种仁含有水溶性维生素V_{B1}（硫胺素）0.568 mg、V_{B2}（核黄素）0.680 mg、V_{B6}0.903 mg、尼克酸（烟酸）4.816mg，脂溶性维生素V_A1.17 mg、V_E2.44 mg、V_{D3}0.36mg。

2. 种子油的提取

1970年，原西北农学院林学系初次用浸出法从元宝枫种仁中提制元宝枫油，每100kg种仁中，可提制出42～45kg原油，出油率在90%以上。

3. 栲胶的提制

栲胶是从含单宁的植物原料中提取制成的产品，工业上通称为栲胶，主要用于制革工业的鞣皮剂、锅炉防垢剂、选矿抑制剂、胶柠剂、污水处理、染料、涂料、气体脱硫、医药原料等方面。

栲胶生产主要是将植物中含鞣质丰富的部分，经磨碎、水浸、真空浓缩、喷雾干燥而制得。通过中国专利局审查批准的元宝枫果中栲胶提制的工艺流程如下：

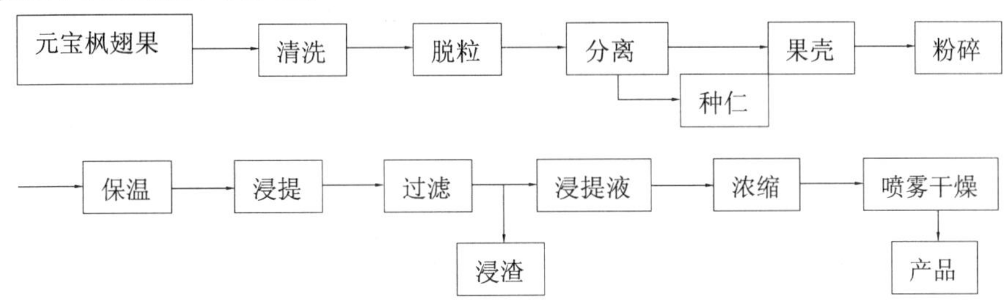

4. 种仁蛋白质发酵酱油的制取

元宝枫种仁含有丰富的蛋白质（约 27%），且含有人体必需的 8 种氨基酸，同时富含与酱油鲜味密切相关的谷氨酸，含量高达 29.89%（占蛋白质部分），是加工酱油的优质蛋白质资源。

工艺流程如下：

水→加热　　麸皮

↓　　↓

元宝枫种仁或油粕→破碎→润水→拌料→蒸料→接种→制曲→入罐发酵→淋油→灭菌→检验→成品。用元宝枫种仁生产酱油，适宜的工艺参数为：种仁与麸皮的原料配比为 7∶3；润水量为种仁重的 80%；常压蒸料 40min；前期发酵温度为 48～50℃，后期为 40～42℃；发酵用水量为总原料重的 80%。用油粕生产酱油的适宜工艺参数为，油粕∶麸皮∶小麦 =6∶3∶1；润水量为总原料重的 90%；常压蒸料 20min；发酵温度 48～50℃，后期 40～42℃；发酵用水量为原料重的 120%。

5. 枫叶茶的加工利用

元宝枫叶中含有许多与人体健康和治疗疾病有关的活性成分，如黄酮、绿原酸、强心苷等。同时还含有 SOD（超氧化物歧化酶），V_E、儿茶素、硒等抗氧化、抗衰老成分及人体必需的 8 种氨基酸等，单宁含量达 11.4%，具有镇静、镇痛、抗凝血等作用。另外，叶中还含有丰富的矿质元素。因此，元宝枫的叶也具有较高的开发利用价值。1997 年，西北林学院与勉县秦巴山经济技术研究所协作以元宝枫为原料，首次在勉县茶厂研制出“元宝枫”茶。元宝枫叶茶的加工工艺和我国传统的绿茶生产工艺大同小异。其初加工的主要工序为：萎凋→杀青→揉捻→烘干→包装。除此外，目前元宝枫开发产品的主要有：元宝枫油、元宝枫栲胶、元宝枫蛋白粉、元宝枫酱油、元宝枫口服液、元宝枫药用单宁、元宝枫黄酮、元宝枫保健茶和元宝枫美容霜等。

（樊金栓）

47. 毛　　梾

毛梾（*Cornus walteri* Wanger.）属于山茱萸科（Cornaceae）梾木属（*Cornus* L.）植物，又名车梁子、黑椋子、椋子木、小六谷。毛梾是我国分布广、寿命长的木本油料树种。也是良好的用材树种。

一、植物学特征

落叶乔木，高6~15m。单叶对生，椭圆形至长椭圆形，长5~9cm，宽2.5~4 cm，先端渐尖，基部楔形，两面被伏毛，侧脉4~5对。伞房状聚伞花序顶生；花两性，白色；雄蕊稍短于花瓣。核果球形，黑色，直径6~7 mm；果核近圆形，直径约4.5 mm。花期5~6月，果期9~10月。

二、生物学特性

分布较广，北起辽宁，南至浙江、湖南，西至青海、甘肃，西南到云南、贵州，东达山东半岛，以黄河中下游的山东、河南、山西及陕西各地分布最多。垂直分布一般在海拔600m以上，最高可达1 800m。

中性偏喜光树种，喜生于半阳坡。在光照不足的河谷、阴坡及密林中，树冠发育不良，虽主干很高，但数冠小，结实少。

对气温的适应幅度较宽，能忍受-23℃的低温和43.4℃的高温。在降水量450~1 000mm、无霜期160~210d的条件下生长良好。但在不同物候期，对水分的要求有差异，早春严重干旱或7~8月遭到伏旱，会造成大量落花落果。

对土壤的适应性强，在微酸性土、中性土、及微碱性土上都能生长，能在比较贫瘠的山地、沟坡、河滩及地堰、石缝里生长，但以pH值为7.0~7.5的钙质土生长最好。

深根性树种，根系发达，愈合力和分蘖性很强，能在石缝里穿插延伸3~5m，但根系密集区在地表以下30~50cm处。

苗期生长较快，当年播种苗高可达1.0m左右，2年生苗高1.5~2.0m，萌蘖条可高达2m。栽后4~6年始果，30年左右进入盛果期，每株产果10~40kg，最多可达100kg以上。盛果期较长，一般为60~70年，寿命可达300年以上。

三、栽培技术

1. 采种及种子处理

选择生长健壮、果实含油率高、生长性能好、无病虫害的15~30年生的壮龄树作为采种母树。于白露至秋分前后，当果实由绿色变为黑色并发软时及时采收。先将果穗采下，然后去果柄穗枝，除去有病虫的种子和杂物，室内阴干。由于油脂大部分在果肉中，因此，鲜果不宜堆放过厚，一般不超过5cm，以免发生霉烂。

果实经榨油或经压榨去果皮后，外种皮仍有一些油脂，而且种皮极其坚硬，如不处理，播种后第一年发芽率极低。处理办法：先将种子在清水中浸泡1~2d，捞去上浮的空粒。当正常种子的皮变软后捞出，铺在碾台上，厚约5cm，用碾子碾压，但注意不要压碎种核。然后加入10%的水，搅拌均匀，再放入锅内加热炒4~5min，温度40~60℃，迅速搅拌均匀，立即装入布袋内，置于微有倾斜的磨盘上压榨，并反复抖动布袋，压榨2~3遍即可。所得油液经处理后可供食用。种子去掉油皮后可放入筐内，置流水中部去渣滓，所得种子的种皮仍具一些蜡质，可在种子中拌入0.5~1倍的河沙，按4~6cm厚置于碾台上碾压，直至各壳呈粉红色即可。然后筛去河沙，将种子放入草木灰中搓1~2次，用清水洗净，阴干后即可播种。春播的种子宜采用混沙埋藏法贮藏。

2. 育苗

（1）播种育苗。选择土层深厚、排水良好、便于灌溉的壤土作圃地。育苗前要进行全面整地，并施足基肥，进行土壤消毒，然后修筑苗床。播种时间分秋播和春播，但以秋播效果较好。行距30cm，播幅3~5cm，播种量150~225kg·hm^{-2}，覆土2~3cm，并稍加镇压。秋播在土壤封冻前灌水2~3次，以利来年种子发芽。

（2）插根育苗。苗木出圃时剪下苗根可作插穗进行插根育苗。春季剪下的根作插穗其成活率较高，秋季采下的根要埋在沙土中越冬，翌年春季再取出扦插。插穗一般长10~18cm。粗0.5~1cm。通常在春季扦插，可直插、斜插和平埋，以斜插和平插效果为好。扦插时插穗露出地面约0.5～1.0cm，插后对床进行覆草，并经常浇水，保持湿润。幼苗基本出齐后，分批将覆草揭去，覆在苗行间，即可保墒，又可防止杂草发生。

（3）嫁接育苗。有枝接和芽接两种方法。芽接成活率较高，但枝接生长快。枝接在3月下旬至4月下旬进行，芽接在7月下旬至8月中旬进行。嫁接砧木选择1～2年生、地径1～2cm的毛梾苗，接穗和芽片选用优良健壮母树的1年生枝条。

（4）苗期管理。苗期要及时松土除草，并进行间苗、定苗、灌水、施肥和防治病虫害等管理措施。

3. 造林

毛梾适应性较强。但在干燥、瘠薄的土壤上生长缓慢，产量低，宜选择地势较平坦、土层深厚、土壤肥沃的山麓、沟坡、冲积河滩和“四旁”造林。

多选择在春季芽未萌动前造林。山地造林宜选择在秋季进行整地。定点挖穴，穴大多为1.0m×1.0m×0.5m，并施足基肥。造林密度视立地条件而定，平地造林采用6m×6m或6m×7m的株行距，山地造林可采作4m×6m或5m×5m的株行距。

一般采用2年生苗木造林。在苗龄小、小苗多时，采用截干造林能显著提高造林成活率。为培育主干明显的树体促进幼树生长，截干后的前两年应及时修枝抹芽，每年6～8月抹芽，每年2～3次。

4. 抚育管理

栽植后两年内，如在林地未间种其他农作物，每年要松土除草2～3次，以后每年1次。有条件的地方当年应灌水2～3次，适量施肥，施肥时间一般在早春或秋未果实采收后，取好与中耕培土结合进行。毛梾萌芽力很强，树冠内常萌发许多侧枝，消耗养分，影响正常的生长和结实。因此，从幼林开始就要及时进行整形修剪。造林后2～3年定干高度一般以1.5～2.0m为宜，在其上留3～4个侧枝。定干后下部萌发的枝条应及时剪去，以后每年剪去萌发的徒长枝、重叠枝、下垂枝及竞争枝，促使其形成良好的树形。对进入结实期的成龄树，可采用结果整枝法。方法二：一是连年结果整枝法，即在秋季毛梾果熟时，结合采收将整个树冠的1/2结果枝从果枝基部剪掉，翌年长出新枝，第三年结实；另外1/2树冠翌年再剪，形成一个树冠轮换修剪，年年有收。二是隔年结果整枝法，即秋季收获时把当年的结果枝全部修剪，翌年长新枝，第三年结果。若不整枝光采果穗，每年都有收获，但产量较低。

四、采收与加工利用

白露至秋分前后果实成熟，应及时采收。采收后去掉果柄、果穗等杂物，阴干后即可榨油。毛梾的果皮、果肉和种仁均含有丰富的脂肪，果实含油率31.8%～41.3%，其中果肉含油量最高，占果实全部油脂的95%以上。土法榨油出油率为25%～30%。初榨出的油呈绿黄色，贮藏1～2年后呈黄色，透明。油的理化性质：折光指数1.492 0，碘值100～140，皂化值193～200，酸价较低，为1.5，属于半干性油。油的脂肪酸30%～68%和油酸16%～23%，其次为棕榈酸6%～23%，还有2%左右的亚麻酸和硬脂酸。除可供食用外，还可作工业用油，如制肥皂，用作机械、钟表机件的润滑油，还可以制造油漆。油渣可作饲料和肥料。毛梾的花有蜜，可作为蜜源植物。其木材坚硬，纹理细致，可供建筑、家具及农具等用。

（朱宁华）

48. 油　桐

油桐是大戟科（Euphorbiaceae）油桐属（*Vernicia*）植物的统称，是重要的工业油料树种。从油桐种子榨取或提取的油称为桐油，是世界上最优质的干性油，广泛应用于工业、农业、渔业、建筑、交通运输、印刷、国防等行业。

油桐在我国栽培历史悠久，远在唐代陈藏器所著《本草拾遗》中就有“罂子桐生山中，树似梧桐”及其他关于油桐栽培和利用的历史记载。唐宋以后，油桐在我国南方山区广为栽培，桐油主要用于照明、涂抹农具、家具和船舶、治疗疥疮肿毒。19世纪末20世纪初，由于世界涂料（油漆）工业快速发展，而桐油又是最好的油漆原料，各国相继从我国进口桐油，成为我国大宗的出口贸易商品。出口量的增加也大大地刺激了我国的油桐生产，至20世纪80年代，全国油桐栽培面积达180万 hm^2。

从中国引种油桐最早的国家是美国（1968年），后来有俄罗斯、日本、印度、英国、法国等40多个国家，但真正成为油桐种植和产油出口国的只有位于南美洲的阿根廷、巴拉圭和巴西。

一、主要物种

油桐属植物共有3种。

1. 油桐［*Vernicia fordii*（Hemsley）Ary-Shaw］

又名三年桐、光桐，古代也称罂子桐、虎子桐、荏桐、冈桐。落叶小乔木，高2～10m，幼树树皮光滑，成年树和老树树皮粗糙并有纵裂；主枝近轮生，粗壮无毛；单叶互生，叶阔卵形或心脏形，长宽各10～15cm，先端尖，通常全缘，有时1～3裂，叶柄与叶片连接处有2个紫红色半球型无柄腺体；花单性，顶生，雌雄同株，圆锥状聚伞花序；花白色，花瓣基部有淡红色纵条及斑点，也有开淡绿色或淡黄色花的植株；花径4～7cm，萼片2枚，基部合生；雄花瓣5枚，雌花瓣5～9枚；雄蕊8～12枚，2层轮生，花丝基部合生；子房上位，一般3～5室，柱头2～3裂，具茸毛；单生或丛生果序，球型或扁球型，单果重50～120g；每个果实有种子4～5粒。叶柄与叶片连接处有2个紫红色半球型无柄腺体；果皮光滑。原产中国。

2. 千年桐（*V. montana* Lour.）

又名皱桐，木油树。落叶乔木，高15m，树皮褐色；主枝近轮生，小枝无毛；单叶互生，叶阔卵型或心脏型，长8～20cm，先端渐尖，常3～5裂，叶柄顶端和叶缺裂处有青绿色杯状腺体；花单性，顶生，雌雄异株，稀同株，聚伞花序抽生于当年生枝顶端；雄花序伞房状，雌花总状花序；花初开为白色，后花瓣基部出现红色条纹；花瓣5，花径3～5cm，萼片2～3枚；雄蕊8～10，2层轮生；子房上位，一般3室；果实核果状，卵型，果径4～6cm，果皮上有3条突出纵棱，并有许多不规则横棱或皱纹；每个果实有种子3粒。原产中国，现南美洲有栽培。

3. 日本油桐（*V. cordata* Steud）

落叶乔木，高10m；主枝轮生；叶全缘或3～5裂；雌雄同株异序，复总状花序；果球型，有棱。树体、叶片、果实和种子近似千年桐，但果实和种子均较千年桐小。原产日本中部。

油桐和千年桐在我国都有大面积栽培，日本油桐历史上曾经有栽培。桐油质量以三年桐最佳，千年桐次之，日本油桐居末位。

二、主要栽培品种

20世纪80年代进行了全国油桐品种资源普查，共发掘油桐品种类型184个。

（一）油桐品种类型及主要栽培品种

1. 品种类群

根据株型、花果序特征、生育期等，一般将油桐划分为6大品种群。

（1）小米桐品种群。树体一般比较矮小，树高3～5m；栽后3年结果；果实5～8个或10个以上丛生；果实较小，果皮薄；单株产量高，耐寒、耐旱，但不耐瘠薄，大小年现象明显；寿命比较长，一般20年左右；是栽培最多的油桐品种类群。主要品种有：四川小米桐，湖南葡萄桐，浙江少花（多花）丛生吊桐，云南矮脚米桐等。适合在立地条件好、经营水平高的地方进行纯林经营。

（2）大米桐品种群。树体高大，达4～8m；树干主侧明显，分层清楚，一般3～4轮；栽后3～5年结果；通常果实单生，也有3～5个丛生；果实大，果皮较厚；产量不如小米桐高，但结果稳定，大小年不明显，种子含油率高；适应性很强，寿命长，可达30～40年。主要品种有：四川大米桐，南丹百年桐，浙江座桐，湖北景阳桐、云南高脚米桐等。适合在水肥条件一般的立地条件下进行纯林经营或桐作混种。

(3) 对年桐品种群。树体矮小，一般在2m以下；栽后第2年结果（故称对年桐）；果实丛生；寿命短，一般5～7年。单株产量不高，但适合矮化密植，更适合作为短期混交树种。主要品种有：恭城对年桐，湖南对年桐等。

(4) 柿饼桐品种群。树体比较矮小；栽后3年结果；雌蕊常畸形，通常果实单生，果大，扁球型，形状像柿饼和蟠桃，或畸形，故名柿饼桐。没有成片栽培，常混生在实生繁殖的油桐林内。

(5) 柴桐品种群。树体高大，枝条稀疏；种后3～4年结果；果实小，多单生，果尖长而稍弯曲（故又称鸡嘴桐、寿桃桐），常有畸形果；产量低，无栽培价值，但抗逆性强，适合作砧木。如湖南柴桐、湖北寿桃桐等。

(6) 窄冠桐品种群。该品种群的最大特点就是分枝角度很小，枝条大多直立，树冠很小，型似杨树；多数品种分枝少，产量很低。主要品种有：四川立枝桐，湖南观音桐（白杨桐），贵州窄冠桐等。其中四川立枝桐曾有大面积栽培。

2. 主要栽培品种

(1) 四川小米桐。又名细米桐，为小米桐类品种。树高5m以下，分枝矮而平展，轮间距短，主枝分轮不明显。果实通常5～6个丛生，多时可达20个以上。果实球型或扁球形，略具果尖，果小，果径4.0～5.5cm，平均鲜果重约59g。果皮薄，光滑，气干果出籽率58.5%，气干果出仁率59%，种仁含油率约66%。本品种栽后3～4年开始结果，5～6年进入盛果期；单产高，盛果期株产一般8～10kg，最高可达30～40kg；油质好；栽培面积广，是重庆、贵州、四川等地的主栽品种和全国著名的优良品种。但大小年明显，不耐荒芜，适宜选择立地条件好的地域进行集约栽培。

(2) 葡萄桐。又名湖南葡萄桐，泸溪葡萄桐，步步桐，为小米桐类品种。植株比较矮小，树高2.5～5m，主干和枝条分层明显，枝条平展或下垂，轮间距大，枝条比较稀疏。一般每丛果序6～15个果，最多可达60个以上。果实球型或扁球型，略具果尖，果小，果径4.0～5.5cm，平均鲜果重约58g。果皮薄，光滑，鲜果出籽率41%，气干果出仁率56%，种仁含油率约66%。本品种果实丛生性极强，单产高，进入盛果期早。但不耐瘠薄，抗叶斑病能力弱，宜优良立地条件下集约栽培。

(3) 浙江少花球桐。又名浙江少花吊桐，为小米桐类品种。树体中等大小，树高4～6m，主干分层多为上2轮，枝条密度较大而细短。少花花序，雌花着生花轴枝顶，丛生果序，常3～5个为一序。中小型果，球型或扁球型，果径5.0cm，单果鲜重65.1g。气干果出籽率53.5%，出仁率64.2%，种仁含油率66.2%。3年开始结果，4～5年进入盛果期，盛果期持续10年左右，15年以后逐步衰老。该品种雌性较强，单产高，但不耐瘠薄，宜选择在水肥条件好的立地条件上种植。是浙江等地的主要栽培品种。

(4) 四川大米桐。又名大果桐，蒜瓣桐，为大米桐类品种。树体高大，树高6～10m，主干明显，分层清楚，常3～4轮层轮生。果实单生或2～5个丛生，大型，果径7.1cm，单果重115g。出籽率53%，出仁率63%，种仁含油率67%。该品种4～5年始果，6～8年进入盛果期，盛果期长达20～30年或以上；树势强健，适应性强，产量稳定。是重庆、贵州、湖南、四川等地的主要栽培品种。

(5) 南丹百年桐。为大米桐类品种。植株较高大，树冠紧凑，小枝分布均匀。4～5年开始结果，果实单生或3～5个丛生。寿命长，单位产量高，含油率达68%～72%，原产广西南丹，是当地的主要栽培品种，广西及临近省有引种栽培。

(6) 对年桐。又名周岁桐、对岁桐，为对年桐类品种。植株矮小，高1.5～3.0m，主枝1轮，冠幅小。栽后第二年开始结果，果实多丛生，每丛2～8个，最多可达15个。结果寿命仅6～7年。原产广西、湖南、四川、浙江、福建等地，适合用作杉木和油茶的短期间种。

（二）千年桐品种类群与栽培品种

1. 品种类群

千年桐可划分为雌雄异株和雌雄同株两大品种类群。

2. 主要栽培品种

(1) 桂皱27号无性系。由广西林业科学研究所于1975年育成。具有结实早、产量高、适应广、抗性强等特点。成年树高11～12m，主枝4～5轮。树冠广卵形或伞形，冠幅5～7m。圆锥状聚伞花序，主轴长平均 8.7cm，有雌花 20～30 朵，果实丛生，通常每序 4～8 果。单果重 54g，含种子 3 粒。在广西南部，萌动期 3 月 5～10 日，盛花期 4 月 25～30 日，果实成熟期 10 月 20 日～11 月 5 日，落叶盛期 11 月 20 日～12 月 5 日。栽后第 2 年开花结实，5～6 年进入盛果期，可持续 15～20 年。盛果期年产桐油 $450kg \cdot hm^{-2}$。气干果种 20.7g，出籽率 42.7%，籽重 3g，出仁率 56.9%，干仁含油率 56.9%，桐油酸值 0.77，折光指数 1.515 0。属雌雄异株类型。适合纯林经营和桐作混种。

（2）桂皱 1 号无性系。由广西林业科学研究所育成。成年树高 7～8m，主枝 4～5 轮，主枝开展。树冠广卵形或伞形，冠幅 5～7m。栽后第 2 年开花结实，5～6 年进入盛果期，可持续 15～20 年。盛果期年产桐油 $460kg \cdot hm^{-2}$。气干果重 26.3g，出籽率 41.8%，籽重 3.9g，出仁率 60.4%，干仁含油率 61.2%，桐油酸值 0.33，折光指数 1.516 9。

（3）浙皱 7 号无性系。由中国林业科学研究院亚热带林业研究所与浙江永嘉县林业局于 1987 年合作选育而成。7 年生树高 5.5m，冠幅 5～6m，主枝 4～5 轮；圆锥花序至总状花序，每花序有花 20～30 朵。果型三角状近球形，3 纵棱。单果重 46.6g，种子 3 粒。7 年生平均产油量 $766.8kg \cdot hm^{-2}$。在浙江永嘉，萌动期 3 月 8～16 日，盛花期 5 月 10～15 日，果实成熟期 11 月 10～20 日，落叶盛期 11 月 30 日～12 月 7 日。栽后第二年开花结实，5～6 年进入盛果期。盛果期年产桐油 $300～450kg \cdot hm^{-2}$。气干果种 20.7g，出籽率 45.7%，籽重 2.7g，出仁率 55.6%，干仁含油率 64.9%，桐油酸值 0.59，折光指数 1.5130。属雌雄异株类型。适合于千年桐北缘地区种植。

三、生物学特性

（一）生态习性

三年桐属典型的中亚热带树种，在我国北纬 22°15′～34°30′，东经 97°50′～121°30′的广大亚热带地区，包括重庆、贵州、湖南、湖北、四川、广西、广东、云南、陕西、河南、安徽、江苏、浙江、江西、福建、台湾等地都有分布，其中以重庆、贵州、湖南、湖北、广西等的栽培面积和总产量最大。三年桐的中心栽培区是重庆、贵州、湖南、湖北 4 省（直辖市）毗邻区。千年桐是典型的南亚热带树种，在我国北纬 18°30′～34°30′，东经 99°40′～122°07′有栽培分布，主要栽培区为广东、广西及福建南部。

油桐是阳性树种，喜温、喜光、喜水，但又不耐水湿。三年桐适应暖湿气候，千年桐适应热湿气候。三年桐适宜在年均温 15.5～17℃、年降水量 1 026～1 596mm、相对湿度 70%～80%、年日照时数 1045h 以上的地域栽培。千年桐适宜在年均温 18.4～21.3℃、年降水量 1 200～2 057mm、年均相对湿度 68%～85%、年日照时数 1 250h 以上的地域栽培。

三年桐喜钙，在板岩、页岩和石灰岩发育的富含腐殖质、土层深厚、中性或微酸性（pH 值 6～7）的褐色土壤上生长最好，产量高，种子含油率高。但在贫瘠的红壤上也能正常生长结实。

油桐忌风，不宜种植在风口之处。

（二）生长发育

油桐栽后第 1 年仅 1 个主干。第二年分枝，枝条轮生。以后每年在主干或主枝、侧枝抽生 1 轮枝条。一般第三年开始结果，第五年进入盛果期，20 年后开始衰老。但因品种不同而存在很大差异，对年桐 6～7 年就进入衰退期，而大米桐类品种 30 年以上还结实良好。油桐属浅根性树种，主根不很发达，伸入土层的深度通常不超过 1m；但侧根非常发达，而且再生能力很强，当主根或各级侧根被切断后，就会很快产生大量次生根，满足植株对土壤水分和养分吸收的需要。

油桐在先年完成花芽分化，花序抽生于上年生枝条顶端的混合芽，先花后叶或花叶同步。雌花常着生于花序主轴及侧轴的顶端，形成单果或丛生果序。虫媒花，开花期的晴朗天气有利于传粉受精。北方干冻和南方低温阴雨会影响油桐的开花和传粉。

物候期因地域不同而存在较大差异。湖南中部的三年桐一般在 3 月上旬开始萌动，4 月 20 日前后开花，10 月 20 日前后果实成熟，11 月中下旬落叶。千年桐在广西南部于 3 月上旬萌动，4 月下旬为盛花期，10 月下旬为果实成熟期，11 月中下旬为落叶期。

四、经营方式

我国油桐的经营方式有 4 种，即桐作混种、纯林经营、混交、零星种植。

桐作混种是在油桐林地长期间种收获期短的农作物，是我国油桐产区的主要经营方式。这种经营方式的特点是油桐种植密度不大，能够充分利用光能，合理地利用和维持地力，以耕代抚，有利于桐林生长，保持长期高产稳产，地上树上双丰收。

纯林经营是指种植密度较大、仅在幼龄林进行短期间种，进入结果期专门经营油桐林的方式。它是我国油桐栽培中另一种重要经营方式，建立大面积丰产林基地时一般都采用纯林经营。

混交是我国杉木林区和油茶产区过去经常采用的经营方式。主要利用早熟早衰的对年桐与生长较慢的杉木、油茶进行早期混交，是一种以短养长、长短结合的混交方式。

零星种植是利用村旁、路边、以及房前屋后的空坪隙地来种植油桐。它的特点是见缝插针，水肥条件好，阳光充足，便于管理，单株产量高。

五、栽培技术

（一）苗木繁殖

1. 实生苗培育

油桐在实生繁殖条件下，树形和结实等性状的遗传稳定性比较高，所以一般采用实生苗造林或种子点播造林比较多。

（1）种子采收和贮藏。10 月中下旬，当果实呈深红色或红褐色时，从种子园或优树上采集成熟果实，堆置在阴凉通风处，上覆稻草，喷洒适量的水防止果实干燥，待种皮腐烂后，检出种子，选取饱满种子晾干后贮藏。贮藏方法有袋藏、窖藏、沙藏和库藏等。在油桐中心产区，种子不多时一般采用袋藏，即把风干的油桐种子装入布袋中，于干燥、避风的室内贮藏。在北缘产区和高寒地带，由于冬季气温低，适合袋装窖藏。在冬季气温高的南缘产区，适合沙藏，即将油桐种子与等量的湿润河沙混合贮藏在容器内或堆放在室内。大量种子适合库藏，库藏适宜温度为 4℃，适宜湿度为 30% ~40% 。

（2）播种和实生苗管理。选择排水良好、灌溉方便、土层深厚肥沃的微酸性土地作苗圃地。冬季深翻，春季播种前再深耕一次，除去杂草，击碎土块，施足基肥，起厢整平，开具播种沟。播种前需要对种子进行催芽处理。处理方法有 2 种：种子浸泡催芽，即用冷水浸泡种子 24 ~48h，让种子吸足水分，并弃去上浮的种子，留沉水的种子播种；混沙沉积催芽，即将浸泡后的种子与湿润河沙分层堆积在室内进一步催芽，种胚萌动露芽后于 2 月下旬至 3 月上旬播种，播种时间最迟不应超过 5 月上旬。播种方法为点播，各粒种子相隔 20cm 为宜，覆土 3 ~5cm，再覆适量稻草以保持水分及抑制杂草生长。种子用量为 300 ~375kg · hm^{-2}。出苗后及时间苗、补苗、松土除草、追肥、灌溉、排水。7 月中旬后，可适量追施钾肥，若苗木在60cm 以下，则还需适量追施氮肥。

2. 嫁接苗培育

（1）砧木培育。砧木培育可在苗圃进行，也可在林地进行。在苗圃地进行的嫁接称苗圃嫁接，在直播造林地进行的嫁接称大田嫁接。嫁接砧木可选用千年桐，也可用三年桐。选用千年桐作砧木可以消除枯萎病对油桐栽培造成的危害，还有一定的乔化作用，因此枯萎病多发地区经常采用。使用本砧时，一般选择树体高大、抗逆性强的品种如大米桐、柴桐作砧木，以扩大树冠、延长经济寿命、提高抗逆能力。

苗圃地砧木培育方法见实生苗培育，直播造林地的砧木培育方法见油桐直播造林。千年桐砧木培育见千年桐实生苗培育。

（2）采穗圃营建及优良穗条的培育采集。采穗圃地的选择与苗圃地选择条件大致相同。采穗树以大穴栽植，穴大小为 1m ×1m ×0. 7m，每穴施土杂肥 30kg，饼肥 0. 5kg，过磷酸钙 0. 2kg。定植于采穗圃的苗木应选用一级优株嫁接苗，株行距为2m × 3m ~2m ×2m。栽后及时中耕除草、施肥。当采穗树达 0. 5 ~0. 7m 高时须进行定干，即摘除顶芽，促进一级分枝。一级分枝一般保留 4 ~5 个，最多不超过 6 个。当一级分枝长达 0. 6 ~0. 7m 时，又需摘除顶芽，促进二级分枝，二级以上侧枝的保留数量视采穗圃的立地条件、经营管理水平、品种、发枝能力及采穗季节而定。优良接穗的标准是：年龄在 1 年生以内，且充分木质化；径粗 2cm 左右，不大于 3. 5cm，不小于 1. 5cm；芽眼饱满，可利用的腋芽数量多。

新鲜接穗嫁接易于成活，如采穗圃与嫁接圃相隔较近，应随采（穗）随（嫁）接。油桐顶芽对腋芽有明显的抑制作用，可在采穗嫁接前 1 周将顶芽去除，这样有利于腋芽的发育，提高腋芽的质量。剪取穗条时，应在枝条基部留茬 3 ~5cm（具 1 ~2 个腋芽），保证今后的枝条萌发。穗条剪取后，去掉叶片，用湿润的草纸或稻草包裹，装入桶内，携至圃地嫁接。若嫁接地离采穗圃很远，必须对所采穗条进行处理。具体方法是：剪取穗条，保留叶片；将穗条水培 1 ~2h，使穗条吸足水分；剪去叶片；

用石蜡对穗条末端剪口封蜡；剪口再用湿润草纸或苔藓、稻草包裹，每20～30枝一捆，用塑料薄膜包扎穗条基部，露出穗条顶部以利通气；装入木箱中运至嫁接地。

（3）嫁接季节和时间。嫁接季节分为春接、夏接和秋接。嫁接时间视嫁接方法和地域气候不同而略有差异。枝接宜在早春进行，温度太高不宜枝接。芽接则在春、夏、秋季均可。春接，在清明、谷雨进行，立夏之前完成，适用于枝接和芽接，中亚热带一般在4月中下旬。南缘产区在3月中下旬至4月上旬，北缘产区在4月下旬至5月上中旬。夏接，在小满、芒种、夏至进行并立秋之前完成，适用于芽接。应掌握在梅雨季节完成。秋接，在白露、秋分进行，南缘分布区可迟至寒露、霜降，北缘分布区可早至立秋、处暑；适用于芽接，秋接的关键是不断砧，不让接芽萌发以免遭受冻害。

（4）嫁接方法。油桐嫁接一般比较容易成活，但也要选择健壮的砧木、适当的季节和天气进行嫁接。油桐体内含单宁物质较多，单株嫁接时间尽可能短，这样有利于提高嫁接成活率。油桐嫁接方法有枝接和芽接：枝接法又有切接和劈接两种，其操作方法与一般果树的切接和劈接相同。油桐最常用的是芽接。芽接又有方块芽接和T字型芽接。方块芽接：用刀片从接穗上切取带腋芽的小方块（2.5cm×2.0cm）树皮（不带木质部），在砧木上开一个大小相同的接口；将接穗（带芽树皮）补贴在砧木接口处，用塑料带绑缚即成。该嫁接方法操作简单，成活率高，容易推广。T字型芽接：在砧木上划一“T”字形接口，深达木质部，用芽接刀角片沿纵线向左右两边将树皮撬开；取一带少量木质部的盾形芽片，自接口由上而下插入砧木树皮内，接口树皮覆盖芽片后用塑料带捆绑即可。T字形芽接的成活率亦可达90%以上。

（5）嫁接苗的管理。油桐嫁接10d左右，伤口就基本愈合，可检查嫁接成活率。凡嫁接成活的，其芽和接穗树皮均保持新鲜青绿的颜色，而未成活的则均为暗褐色，需及时补接。嫁接后15～20d，接穗芽开始萌动，需及时解除扎缚带。此后要经常注意嫁接苗的遮荫、保湿、去砧萌、中耕除草、施肥、整形修剪及病虫害防治等管理措施。

（三）造林

1. 造林地选择

根据油桐的生物学特性及其对生态环境条件的要求选择油桐林地，必须贯彻“适地适树适品种”的原则。油桐中心产区是油桐生态最适区域，气候条件一般都能满足油桐生长发育的要求，其林地选择主要注意坡向、坡位、坡度和土质状况，在油桐的北缘和南缘产区则要注意根据小地形、小气候来选择适宜的造林地。宜选择阳坡和半阳坡、坡度在20°以下、海拔高度800m以下的山谷、山腹和山腰为油桐造林地。山顶、山脊、亢阳和土壤干燥的地方不宜种植油桐。油桐适合于土层深厚，排水良好，呈中性或微酸性，有机质含量丰富，含适量的N、P、K、Ca、Mn、Mg的土壤上生长，一般以板岩、页岩发育的褐色土、黄壤、红黄壤、紫色土为宜，西部喀斯特地貌石灰岩发育的土壤也非常适合油桐的生长。低丘红壤地区种植油桐时要注意多施有机肥，并适量施用石灰。

2. 造林设计

油桐造林面积达2hm^{2}以上时，必须进行造林规划设计，要坚持先设计后施工的原则。设计内容包括：造林区小区（小班）、道路、排灌等系统安排；整地方式、季节和方法；苗木质量要求，品种搭配；造林方法、种植密度和排列方式；抚育管理；产品收获和利用。

3. 林地整理

油桐林地整理包括林地清理和土壤耕作，目的是改善造林地环境和土壤结构，防止水土流失，方便造林工作，保证幼林成活，促进油桐的生长结实。油桐整地分为全垦整地和局部整地，主要根据林地的地形地势、耕作习惯和水土保持情况来确定。全垦整地适合于坡度较小（一般小于10°），立地条件好及进行桐作混种、纯林经营的地域。全垦整地分为三个步骤，即炼山、冬垦和造林前的林地整理。在坡度较大（大于10°）、立地条件较差的地域适合局部整地。局部整地有梯土整地、带状整地和块状整地。梯状整地是最好的水土保持整地方式，适合于坡度不是很大（15°以下）的地块，先按等高线放样，按样线开梯。一般采用半挖半填的方式，把坡面一次性造成水平台阶。梯面宽度因林地坡度和栽培品种不同而异。坡度越大，梯面越窄。一般每梯种植一行油桐。带状整地适合于坡度较大的地域，一般采用等高带状整地。沿等高线按一定宽度开垦，在开垦带种植油桐，带与带之间不开垦，留作生土。块状整地适合于石质山区坡度较大、土壤疏松的地块，在种植点周围整地。整地深度要求达20～

25cm，一般栽植穴大小要求达 1.0m×1.0m×0.7m。基肥施于栽植穴内。

4. 造林方法

根据所用材料不同，油桐造林方法可分为直播造林和植树造林。

（1）直播造林。将优良品种的种子直接点播在林地上，出苗成林、不需移栽的造林方法。直播造林是油桐林营造的传统方法，特点是方便省工。直播造林用种必须是来自经过鉴定的优树种子，应从种子园或优树上直接采集。种子采集、处理方法参见实生苗培育。播种方法：按设计的株行距定点挖穴，施足腐熟基肥。每穴播放经催芽处理的优质种子 2 粒，覆土 5～7cm，上覆一层干草。注意种子不能直接播在肥料上。

（2）植树造林。将苗圃培育的优质品种嫁接苗和实生苗定点栽植在经过整理的林地的造林方法。造林前定点挖穴，每穴施腐熟的土杂肥 10kg，桐麸 0.5kg，过磷酸钙 0.5kg，上覆表土。填坑与施基肥必须在造林前 15～20d 完成，以免发酵烧死苗木。栽植时，于造林坑中挖一大小为 40cm×40cm×40cm 的穴，将油桐根部和茎部放入穴中，使根自然舒展，将细泥填入穴中，填至 1/2 时，将树苗稍稍用力提起，然后将其他土填入穴中，一边填一边踩实。填完后浇 3～5L 压根水，再覆 3～5cm 的松土和稻草，以保持土壤的湿润。

5. 造林季节

无论是植树造林还是直播造林，一般都是选择春季油桐萌动前，而且通常都是先植树造林后直播造林，即在立春（2 月上旬）至惊蛰（3 月上旬）期间进行。南缘产区季节稍早，而北缘产区季节稍迟，北缘产区最迟可至 4 月上旬。

6. 造林密度

油桐造林密度的确定因树种、品种、立地条件、经营方式及经营水平不同而略有差异。具体而言，树体高大的品种宜稀，矮小的品种宜密；经营水平高的宜稀，经营水平低的宜密；立地条件好的宜稀，立地条件差宜稀；平地宜稀，坡地可稍密；南坡、西坡宜稀，东坡、北坡可稍密；上层深厚宜稀，上层浅薄宜密；土壤肥沃宜稀，土壤贫瘠宜密；石灰岩区宜稀，页岩区宜密；行距宜稀，株距宜密；桐农混种宜稀，纯林经营宜密。

小米桐类品种纯林经营的栽植密度质为：立地经营类型为一级时，最佳密度范围为 495～555 株·hm^{-2}，即栽培株行距为 4m×5m～4m×4.5m；立地经营类型为二级时，最佳密度范围为 630～720 株·hm^{-2}，即栽培株行距为 4m×4m～3.5m×4m；立地经营类型为三级时，最佳密度范围为 750～945 株·hm^{-2}，即栽培株行距为 3.5m×3.8m～3m×3.5m。千年桐的栽植密度一般为 7m×7m～8m×8m。

（四）抚育管理

一般来说，1～3 年生油桐林为幼林，4 年生以上的油桐林为成林，幼林抚育的目标是构建良好的树形，促进营养生长，为成林的丰产栽培奠定基础。成林抚育管理的目标是维护林分和树体的营养生长和生殖生长的平衡，实现丰产、稳产和优质。

1. 修枝与整形

1 年生油桐一般树高 60～80cm，第二年开始分枝，主枝为轮生，然后 1 年 1 层。油桐顶端优势明显，具有自然的中央主枝，这一性状有利于形成中央主干形的树冠，通过整形修剪能够培养成理想的 3～4 层中央主干型树冠。油桐顶端优势明显，若顶端优势去除，其潜伏芽萌芽能力很强。若幼树高达 1m 以上还不分枝，需要剪去顶芽促进分枝。待长出 4～6 个主枝后，将最上面的一个枝扶为主干，其余作为第一轮主枝。以此方法，可以控制干预各轮侧枝生长。当一轮分枝达 6～10 个时，可根据空间的均匀分布，疏去弱枝和密枝，以形成良好的树冠。幼树的整形修剪一般在生长季节进行，而成年树的修剪一般是在冬季或休眠期进行。主要剪去弱枝、干枯枝、病虫枝、过密枝、交叉枝和重叠枝。

2. 施肥

一般油料植物对氮、磷、钾的需要量都是比较大的。因为在花芽分化、果实种子发育和油脂转化过程除消耗大量的氮素外，还需要消耗大量的磷和钾，否则容易导致花芽分化不良、果实发育不正常、早期落果和种子含油率低。油桐对 Ca、Mg、S、Fe 的需要量比较大，但在南方山地除 Ca 外一般都含量比较丰富，不需要专门施用。为促进油桐幼林的营养生长，应以施氮肥为主，辅以少量的磷肥和钾肥。造林前要施足基肥，造林后第二年追肥以氮肥和钾肥为主。6 月上中旬施氮肥，每株施尿素 25g，或硫酸铵 50g，7 月下旬至 8 月上旬除施用氮肥外，还需要适量钾肥，一般用 0.1% 水溶液喷施，以促进枝条的木质化。第 3 年追肥与第 2 年的时间、次数、肥料种类都相同，施用量可增加 50%。油桐进入结果期以后，每年开花结实需消耗大量的养分，而且被果实带走，对肥料需要量及需肥时间与幼树存在差异，因此，油桐成林的施肥与幼林有所不同。成林的施肥一般分为基肥与追肥。一般来说基肥施用要早、追肥施用要巧。基肥宜施有机肥，一般为堆肥、厩肥、土杂肥等，让其逐渐分解，长期供油桐吸收利用，通常在冬季结合土壤垦复时施用。具体方法是油桐树周围挖沟、埋入土中。追肥需要很快吸收，一般使用化肥。花前施肥为促进开花，以施氮肥为主，适当辅以磷肥。果实膨大期，追施方法一般为沟施，也可进行叶面喷施，特别是缺少某种元素时宜用喷施，施肥量应根据立地条件树龄而定。

3. 油桐林的土壤耕作

桐林土壤耕作主要包括冬垦和夏铲。垦覆是油桐栽培最重要的技术措施。油桐极不耐荒芜。桐农有谚语："一年不垦叶发黄，二年不垦减产量，三年不垦树死光"。垦覆能显著改善油桐林地土壤的理化性质和桐林吸收土壤养分的状况，还有利于消灭土壤中化蛹的害虫。垦覆一般在冬季进行，深翻20～25cm。用耕牛犁山的垦覆办法可大幅提高工效，垦覆效果好。横耕有利于保土、蓄水，一般从山脚开始，自下而上犁耕。夏季杂草生长旺盛，与油桐争夺养分和水分。中耕松土有利于铲除杂草、减少土壤水分蒸发，增强土壤通透性和蓄水保肥能力，促进油桐生长。松土深度一般为10cm左右。铲下的杂草埋在桐树周围，以增加土壤有机质和改善土壤条件。

（五）老林更新

油桐结果寿命为25～30年，此后则生长不良，很少结实或不结实。但通过一定的更新复壮技术措施可使油桐结实寿命再延长10～15年。老林更新复壮技术方法主要有以下3种，即截枝更新、截干更新和矮桩更新。

1. 截枝更新

在树液流动前，将老树上的2～3轮主枝全部在基部截断。由于油桐萌芽能力特别强，春季会在基部萌发大量新枝，第二年即开始结果，3～5年为结果盛期，以后逐年衰退。可在第6～8年进行第二次截枝更新。

2. 截干更新

树液流动前离地面0.7～1.3m处将老树树干全部截断，仅留一个树桩。当年可在基部萌发新枝，保留4～5个主枝、其余抹除。以后每年萌发新枝，第三年可开始结果。

3. 矮桩更新

离地面20cm处截断主干。当年萌发新枝，第4年可进入盛果期。

六、病虫害及寄生植物防治

（一）病害防治

油桐病害共有10余种，最常见的病害主要有：油桐枯萎病、油桐根腐病、油桐黑斑病、油桐腐烂病。

1. 油桐枯萎病

它是油桐一种毁灭性病害。在广西和广东最为严重，其他产区亦有发生，病菌从根部侵入，通过维管束向树干、枝条、叶梢和叶脉扩展，引起全株或部分枝干枯死，是一种典型的维管束病害。发病初期很难判断，病原菌为尖孢镰刀菌（*Fuarium oxysporum*），是一种弱寄生真菌，可在土壤或病株残体中存活，适宜条件下从油桐须根侵入，也可从根部和根茎的伤口侵入。病菌在植株内分泌毒素，使组织变色坏死。或由于菌丝在细胞间或细胞内扩展，影响植物正常的水分运输，导致桐树枯萎死亡。

防治方法：以千年桐作砧木嫁接繁殖是防治三年桐枯萎病的根本措施；适地适树；清除病株，及时烧毁，并用石灰处理病土，防治病害蔓延。

2. 油桐黑斑病

油桐黑斑病又称黑疤病、角斑病。主要危害油桐的叶和果实，引起早期落叶、落果，降低油桐产量。在我国油桐产区都有发生。叶片和果实染病初期出现褐色小斑，慢慢扩展为褐色角斑或褐色硬疤。后期病斑长有病菌子实体。病原菌为油桐尾孢菌（*Cercospora alearitids*）。病菌在病叶、病果内越冬，翌年春季形成子囊腔，子囊腔孢子成熟后借气流传播，从气孔侵入新叶，产生分生孢子进行再次侵染。侵染果实后形成病疤。黑疤病在8～10月最为严重，引起落叶落果。

防治方法：结合桐林抚育管理，清除病叶、病果；采用化学防治，染病前喷施波尔多液。

3. 油桐根腐病

病株先是须根腐烂，后是侧根和主根腐烂，叶失水萎焉，枯黄脱落，最后全株干枯死亡。该病多在8～9月发生，幼树和成年树都可染病，潮湿或水淹过的油桐地容易发生根腐病，造成大面积桐树死亡。病原菌可能是镰刀菌。

防治方法：避免积水，深翻土壤，保持土壤透气良好；清除病株，石灰消毒病土；药剂防治，70% 敌百松粉剂700倍液或甲醛溶液200倍液浇灌病株。

（二）虫害防治

危害油桐的害虫种类比较多，最为常见和严重的主要有：油桐尺蛾、油桐蓑蛾、大蓑蛾、丽绿刺蛾、六斑始叶螨、桑白蚧等。

1. 油桐尺蛾

油桐尺蛾（*Buzura uppressaria*）属鳞翅目，尺蛾科，是我国南方油桐、油茶、茶树的重要害虫，我国各产区均有发生。危害方式是幼虫啃食油桐叶片，油桐叶片食光后，还取食树下杂草灌木。湖南、浙江1年发生2～3代。以蛹在树干中越冬。翌年4月羽化，5～6月为第一代幼虫发生期，7月化蛹，7月下旬羽化产卵，8～9月中旬为第二代幼虫发生期。9月中旬开始化蛹越冬。油桐尺蛾的发生与气候条件关系密切。夏季高温干旱，土壤干燥，常使蛹大量死亡，第一代羽化率低，第二代成虫密度也大为下降。在油桐与其他杂草、灌木块状混交时虫害发生率较低。天敌对控制虫口密度有一定的作用。

防治方法：垦复灭蛹，人工拾蛹；拍蛾刮卵；保护天敌；释放赤眼蜂；苏云金杆菌喷杀2～5龄幼虫；药物防治，90% 敌百虫800～1 000倍液，20% 速灭杀丁4 000～6 000倍液消灭4龄前幼虫。

2. 油桐蓑蛾

油桐蓑蛾（*Chalia larminati*）属鳞翅目，蓑蛾科。分布于福建、湖南、浙江等地，以幼虫取食油桐叶片和果实，且以护囊上部的柔丝缢束枝条，使缢束枝条处上端枝条死亡。1年发生1代，以幼虫在囊中越冬。成虫4月中下旬羽化，5月中下旬新幼虫开始危害。雄幼虫7龄，雌幼虫8龄，3龄以后幼虫危害严重。

防治方法：摘除蓑囊；喷洒苏云金杆菌，杀螟杆菌液；喷洒多角病毒；化学防治，在幼龄期用95% 敌百虫800～1 000倍液喷洒。大蓑蛾（*Clania variegata*）危害方式与油桐蓑蛾相同，白囊蓑蛾取食叶片。防治方法两者相同。

3. 丽绿刺蛾

丽绿刺蛾（*Latoia lepida*）属鳞翅目，刺蛾科。危害油桐、乌桕、茶树、咖啡、柿树、悬铃木等。以幼虫大量取食叶片，危害油桐生长结实，江西、浙江1年发生2～3代。幼虫在茧中越冬，在茧中化蛹。6月下旬为第一代幼虫盛期，危害最重。8月中旬为第二代幼虫盛期，第三代幼虫在9月中旬。

防治方法：摘除虫叶；消灭虫茧；灯光诱杀；释放赤眼蜂；喷洒苏云金杆菌；喷洒多角体病毒；保护天敌；化学防治，用90% 敌百虫1 000～2 000倍液等喷洒。

与显脉球须刺蛾（*Scopeloide svenos* Kwangtungnesis）防治方法相同。

4. 六斑始时螨

六斑始时螨（*Eotetrangchus sexmaculus*）属蜱螨目，叶螨科。俗称油桐黄蜘蛛，是油桐的主要害虫。在四川1年发生15～19代，以成虫及卵在芽鳞间越冬，少数在树干裂缝中越冬。4月份油桐展叶，越冬虫就迁移到新叶上危害，取食叶片。幼虫活动能力弱，爬行慢。若虫、成虫活动能力强。成虫和若虫具负趋光性，多在避光的叶片背危害。该虫繁殖快，世代重叠。其增殖速度与食物、气候条件关系密切。5月下旬至6月中旬，气温适宜，虫口增殖快，6～7月虫口密度最大危害最烈；8～9月气温高，桐叶老化，虫口密度减少。

防治方法：加强桐林管理，提高抗虫力；保护天敌；摘除虫叶；化学防治，40% 乐果乳剂3 000倍液喷洒。

5. 桑白蚧

桑白蚧（*Pseudaulaeaspis pentagona*）属同翅目，盾介科。为世界性害虫，是油桐、桑、桃的重要害虫，还危害茶、梅、杏、李等。长江中下游年发生1～3代，以受精雌虫在枝条上越冬。雌虫产卵40～200粒于介壳下，初孵幼虫从母虫介壳下爬出，成群固定在2～3年生枝条或幼树树干上。以口器刺入树皮，不再移动，分泌蜡质逐渐形成介壳，被害树干如涂了一层白色粉末。天气和天敌是影响桑白蚧发生的两个主要因素。天气潮湿、林分荫蔽容易发生，夏季高温会抑制其发生且有利于寄生蜂繁殖，危害较小。

防治方法：合理密植，注意林内通风透光，修剪虫枝；用抹布擦去树干上的介壳虫；保护天敌；药剂防治：80% 敌敌畏乳剂1 000倍液喷洒。

6. 油桐大绵蚧

油桐大绵蚧（*Megapulvinaria matima*）属同翅目，预介科。是油桐的毁灭性害虫。1年发生2代，以若虫在枝条上越冬，翌年4月下旬变成成虫。每个雌虫可产卵1 000～2 000粒。5月中旬第一代若虫孵化，初孵若虫在嫩枝上爬行固定后，吸取汁液。多集中在1～2年生枝条上，4～5年生幼树主干上便有寄生。被害树轻者生长衰弱，枝梢干枯，重者全株死亡。虫体排泄大量蜜露还容易招致煤污病。

防治方法：保护天敌，主要是瓢虫；成虫产卵和若虫孵化后半个月，可用50%马拉硫磷1 000倍液等喷洒；人工刮去成虫及卵囊，摘除虫叶，冬前剪去越冬虫枝。

（三）寄生植物防治

在油桐大树的枝叉、枯枝断口等处，经常有寄生植物着生其上，寄生植物多为许多鸟类所食浆果，随鸟类排泄种子粘附在油桐树的枝叉或枯枝断口处形成。寄生植物根侵入到油桐枝内与油桐争夺水分和养分。受害桐树往往叶片早落、发芽迟、顶枝枯死、延迟开花或不开花、落果或不结实，枝干肿胀和空心，严重时可导致全株死亡。

油桐树的寄生植物主要有无叶枫寄生（*Visum articulatum*）、青冈栎寄生（*V. angnlatum*）、木波罗寄生（*Elytrarhe ampullacea*）、桐寄生（*E. ampullacea*）、桑寄生（*Cornthus gadoriki*）。

防治方法：结合抚育、剪除寄生虫植株；用高浓度的硫酸亚铁喷洒于寄生植株上。

七、采收贮藏与加工利用

1. 果实的采收和种子处理

参见实生苗培育。

2. 榨油

桐油提取方法有两种，即机械榨取和浸出法制油。

（1）机械榨油。又可分为人工木榨和榨油机机榨。人工木榨为我国传统的榨油方式，一台旧式榨油坊需5人操作，日加工油桐种子约200kg，出油率为20%～25%，桐饼残油率为10%～15%。榨油机有液压式榨油机和螺旋式榨油机两种。平均每人每天可以加工桐籽250kg，桐籽出油率可达25%～30%，桐饼残油率为6.8%～8.6%。其基本工艺流程为：

脱壳 → 粉碎→ 蒸坯→ 制饼 → 上槽→ 压榨→ 毛油 → 沉淀过滤 → 净油。

（2）浸出法制油。利用有机溶剂将桐籽中的油脂浸出，然后利用油脂与有机溶剂的沸点不同而将两者分离，最终得到纯净桐油的制油方法。该方法出油率高、残油率低，工业化生产程度高。其工艺流程为：

供料 → 粉碎 → 干燥 → 溶剂萃取 → 蒸馏分离 → 毛油 → 净油。

（3）桐油性质及其质量检测。桐油是一种天然的甘油三酯混合物。其脂肪酸种类含量主要有6种：即棕榈酸、硬脂酸、油酸、亚油酸、亚麻酸和桐酸。棕榈酸和硬脂酸为饱和脂肪酸，约占总脂肪酸含量的5%，其余近95%为不饱和脂肪酸，其中又以桐酸含量最高，占总脂肪酸含量的80%左右。桐酸是决定桐油性质的主要成分，含有3个共轭双键，化学性质极为活泼，可引入各类官能团，聚合成许许多多的桐油族化合物。桐酸的同分异构体主要有α-桐酸和β-桐酸。桐油中约有90%为α-桐酸，其余为β-桐酸和其他同分异构体。α-桐酸常呈液体状态，熔点为48℃；β-桐酸很容易析出为固体物质，熔点为71℃。桐油的特殊性质和品质好坏主要决定于桐酸的含量，而桐酸含量的多少主要决定于α-桐酸的含量。α-桐酸与β-桐酸在桐酸含量中成负相关，β-桐酸的增加导致α-桐酸的减少，使桐油质量劣变。

我国制定了桐油的国家检定标准和出口标准。检定指标内容包括色状、气味、比重、折光指数、碘价、酸价、皂化价水分杂质、掺杂试验、华司脱试验、β型桐油试验，其中最为重要的理化指标是折光指数和酸价，桐果采收过早，桐油储藏时间过长都会导致酸价过高而影响桐油质量。

3. 桐油的综合利用

（1）油漆。桐油传统用途最大的是油漆工业。桐油的干燥性能优于亚麻油，可用于研制系列具有特殊性能的新型涂料，如水性涂料、无溶剂涂料、辐射固化涂料、防火涂料等。新型桐油船舶涂料具有更强的抗海水腐蚀及减少海洋生物附着、长年浸泡不脱落的特性。以桐油、甘油、苯酐等原料制成的桐油醇酸树酯涂料在我国已批量生产。13类合成树酯涂料和环氧树酯、聚脂树酯等都是以桐油为原料，经桐油改性后的树酯涂料性能得到很大改良，柔韧性、干燥性、粘附性、绝缘性及耐腐蚀性都有大幅度提高。此外还可制成桐油水性涂料、食品罐内壁涂料，也可作涂料的辅助材料。

（2）油墨。桐油第二大传统用途是做油墨，是高级油墨生产的主要原料。用桐油与马来酸酐制成的马来化桐油是制成水基油墨的基本原料，这种油墨具有无味、无毒、无着火危险、成本低（溶剂为水）等特点，印刷中不粘结、印刷性能好、印刷速度快。环戊二烯（石油加工副产品）制成的涂料膜质脆，用桐油改性后制成的油墨具有干燥快、性能稳定、成膜强度高、光泽度好的特点。用桐油还可制成具有节能、无公害、成膜性好、光泽度高、耐摩擦、抗化学腐蚀的光敏性固化油墨及柔性薄膜用油墨、静电复印油墨等。

除传统的两大用途外，近来还开发了一系列其他用途。

(3) 树酯。桐油可用于合成各类树酯。如合成桐油不饱和树酯，合成桐油、松香改性不饱和树酯，合成桐油改性酚醛树酯等等。

(4)粘合剂。桐油可代替环氧树脂,用于合成各类粘合剂。如桐油耐水粘合剂、光固化密封胶、高温导电胶、桐油高聚粘合剂、桐油乳胶、防裂剂等。

(5) 阻燃剂系列产品。以桐油、磷、卤素等化合物为原料，可制备用于塑料、橡胶及各种树酯的阻燃剂和阻燃树酯的反应中间体，具有优良的阻燃性，还可制备各种化工产品，如塑料、橡胶的增塑剂、表面活性剂、分散剂、乳化剂、涂料用的固化剂、触变剂、抗静电剂、纸张上胶剂等等。

4. 桐饼的利用

桐饼中含有机质 77.58%，氮 3.6%，磷酸 1.3%，氯化钾 1.3%。100 kg 桐饼相当于 20kg 硫酸铵、10kg 过磷酸钙、2kg 氯化钾，是水稻、蔬菜、果树和经济林木的优质有机肥料。油饼含有毒物质，脱毒后可用于生产饲料。

5. 桐壳的利用

桐壳占整个果实的 2/3 ~ 3/4。桐壳中含丰富的钾，将桐壳烧成灰后，钾以碳酸钾形式留在灰分中，水渍溶解钾，经过滤蒸发，得固体土碱，精制后与工业磷酸中和制成磷酸二氢钾，作化肥使用。

桐壳中还含有丰富的糠醛（10% 以上），通过氧化、氢化、硝化、氮化等工序可制取大量衍生物。桐壳制取糠醛的工业流程是：

桐壳拌料蒸煮→水解→气相中和→冷凝→蒸馏→粗糠醛→补充中和→减压蒸馏→冷凝→精糠醛。

（谭晓风）

49. 乌　　柏

乌柏［*Sapium sebiferum*（Linn.）Roxb.］俗名木梓，为大戟科（Euphorbiaceae）乌柏属（*Sapium* P. Br.）落叶乔木。从乌柏种子中可提取两种油脂，一种为种子外包被的白色蜡状固体油脂，称为皮油，又称柏脂；另一种为种仁含有的液体油脂，称为籽油，又称柏油、梓油，为干性油。柏脂是食品和化工的重要原料，柏油是油漆、油墨及其他化工产品的重要原料。

乌柏原产我国，在我国北纬18°31′～34°40′，东经98°40′～122°20′的亚热带广大区域有栽培分布。包括甘肃、陕西、安徽、河南、江苏、湖北、湖南、云南、贵州、四川、重庆、江西、广东、广西、海南、福建、浙江、台湾等地。乌柏是中亚热带的代表树种之一，主产区为重庆、湖北、湖南、浙江、陕西等地。分布的最高海拔达2 800m，集中分布在1 000m以下的低山、丘陵地区。

乌柏在我国有悠久的栽培历史，早在6世纪后魏·贾思勰的《齐民要术》里就有关于乌柏的记载："玄中记云，荆阳有乌臼，其实如鸡头，迮之如胡麻子，其汁味如猪脂。"国外从17世纪开始从我国引种，现世界各地均有引种栽培。

一、植物学特征

乌柏属植物有多种，但作为油料树种栽培利用的仅乌柏一种。乌柏为落叶乔木，树高达20m，树冠为椭球形，树皮灰褐色，全体无毛，小枝和叶片具有毒的白色乳汁。小枝细，单叶互生。叶菱形，叶柄顶端有两个红色腺体。花单性，雌雄同株。雌花3朵形成小聚伞花序，再集生为葇荑状复花序，雌花1至数个着生于花序的下部。蒴果近扁球形，幼果绿色，成熟时为黑褐色。种皮黑褐色，坚硬，外被一层白蜡固着于中轴上，经冬不落。

二、品种类群及主要栽培品种

1. 品种类群

根据乌柏开花和结果习性可分为两大品种群：

（1）葡萄柏品种群。花序着生于当年春梢顶部，为雌雄同序的穗状花序，上部着生雄花，下部着生雌花。开花后，上部雄花脱落，下部雌花结果，形成如葡萄串状的单生密集果序，故称葡萄柏。

（2）鸡爪柏品种群。因结果枝上着生两种花序，开两次花而形成。第一次开花是在春梢顶部，着生雌花序，开放后自行脱落。第二次是在第一次开花的春梢基部再抽生3～5个新梢，在第二次新梢上着生穗状花序，各花序的构造与葡萄柏相同，最后形成几个穗状果序，状如鸡爪，故称鸡爪柏。

2. 主要栽培品种

（1）分水葡萄柏1号。葡萄柏品种群果序特长的一个品种。树高5～6m，主枝开展。新梢顶部叶片紫红色。果实于11月中旬成熟，果实小、三角形。籽小、具尾尖。果序长18.4cm，最长可达25cm，每序平均坐果45.4个，最多可达75个。种子千粒重为239.6g，全籽含油率43.35%，油质优良。6年生柏籽产量1 250kg·hm^{-2}，12年生柏籽产量2 728kg·hm^{-2}。春梢发枝力强，结果枝多、结实累累。耐干旱瘠薄和低温，大小年不明显。

（2）选柏1号。属葡萄柏品种群，树高9～10m，主枝开展。叶大、叶柄细而长，结果枝着芽稀。果实长三角形，果柄较长，籽较大，椭圆形。果序长17.4cm，最长的19cm，平均每果穗坐果44.6个，最多可达56个。种子千粒重256.9g。全籽含油率46.53%。每公顷柏籽产量：6年生1 251kg，12年生2 677.5kg。结果枝基部着芽稀，梢顶端着芽密。在采收柏籽时，留桩（结果母枝）长度应相对长一些，一般为18～25cm，否则会影响翌年结果枝数量和柏籽产量。它对水、肥条件要求不苛刻，较耐瘠薄，适合山地种植。

（3）选柏2号。树高8～9m，树冠圆形，主枝开展，树皮较厚。叶大、质厚、色深。结果枝粗壮，树势强健，发枝力强，每果序有3～7个果枝，状如鸡爪。果实圆形，皱皮，果柄粗壮。新枝髓心大而松，结实成熟期晚，立冬后果还呈绿色，故群众叫"落叶青"。果大，籽粒也大，蜡皮厚，种子洁白，每果序果数52.9个，最多可达62个。种子千粒重287.4g，全籽含油率46.2%。每公顷柏林产量：6年生1 147.5kg，12年生1 759.5kg（小年），在水肥条件良好，气候温暖的地方更能优质高产。

（4）铜锤柏11号。树高4～5m，树冠多半圆形及开心形，主枝开展，分枝较稀疏，结果枝粗壮且长。叶特大、质厚、色深。花序穗状，细硬直立似烛，果实较大，扁圆形，皮厚、籽粒大、蜡皮质，色略发黄，种子在中轴上着生牢固，不易脱落，成熟期较晚，一般在11月下旬成熟。果序长13.4cm，最长可达18.3cm，每果序果数33.1个，最多可达47个。种子千粒重253.2g，全籽含油率46.71%，油质优良。每公顷柏籽产量：造林第五年1 071kg，第六年1 045.5kg，第12年1 974kg。树体小，可适当密植，结实早，适应性较强。

三、生物学特性

（一）生态习性

乌柏为喜光树种，喜温、喜水、耐湿。适合于年均温16～19℃，极端低温－10℃以上，≥10℃有效积温大于4 500℃，年降水量1 000～1 500mm的地区生长发育。乌柏对土壤的适应幅度较宽。pH值从4.5～8.5的沙土和黏土均能生长。但以土层深厚、肥力高的平原冲积土、石灰岩发育的土壤最好。乌柏较耐水湿，在洞庭湖区生长良好、产量高。

（二）生长发育

乌柏属典型中亚热带树种，速生。实生树种结实年龄因品种不同差异较大，早则3～4年，迟则7～8年；嫁接树一般2～4年开始结果。实生树寿命可达100年以上，结果盛期可达50年以上。一般情况下，乌柏幼树每年可抽梢3次，即春梢、夏梢和秋梢。成年树一般只抽发春梢。春梢在中亚热带地区一般于4月中旬抽发，是当年的结果母枝，春梢前期生长慢，中期生长快。夏梢抽梢发生于7月上中旬，虽可作翌年的结果母枝，但大多会扰乱树冠结构，影响通风透光，需适当控制。秋梢抽发迟，冬季一般都枯死，应严加控制。在浙江，葡萄柏的雌雄同株穗状花序于6月上中旬开放，鸡爪柏的单性雄花序于5月上中旬开放，两性穗状花序于6月底开放。乌柏于6月下旬至7月上旬形成幼果，随后进入果实膨大期，7月下旬至10月中旬为种子发育期。乌柏为虫媒花，传粉媒介主要有蜜蜂、苍蝇、蚂蚁等。

四、栽培技术

1. 苗木繁殖

乌柏通常采用无性苗造林。

（1）砧木的培育。乌柏所用砧木可以是本砧，也可以是乌柏属其他种，以本砧应用最广。于11月中、下旬，从生长健壮、无病虫害发生的乌柏树上采集果壳脱落的露白种子。去除杂质，晒1～2d后干藏备用。播种前，将种子放置在桶或水缸中，用冷水浸泡3d，待蜡质外种皮软化易剥时将种子捞起，舂去蜡皮，过筛、水选，晾干后播种。选择地势平坦、土壤肥沃、排水良好的壤土作苗圃，播种前深翻，施足基肥，作床。可冬播、春播，春播宜早，一般在2～3月进行。播种方式一般采用条播，播种量为11.25kg·hm^{-2}，覆土2cm，50～90d出苗，注意应适时间苗、除草和施肥。

（2）嫁接。选用优良品种枝条作接穗，一般在春季进行嫁接，以3月中、下旬为佳，乌柏常用的嫁接方法有切腹接和撬皮接。切腹接：用枝剪将砧木在根颈处剪断，用嫁接刀自砧木剪口稍带一点木质部斜向砧木髓心方向切下，将楔形接穗插入后捆绑即可。撬皮接：宜于4月上旬至5月中旬进行，先将砧木锯断，用嫁接刀将砧木树皮纵向划开2～3条，并用牛角签撬开树皮，将马耳形穗条插入，捆绑、填充即可。嫁接后注意及时抹去萌蘖和进行其他抚育。

2. 造林

乌柏造林主要有山地造林和河滩、湖洲平原造林。

山地造林一般选择海拔800m以下，坡度在15°以下的土层深厚、肥沃的阳坡修筑梯土，沿水平梯土挖穴，施足基肥后定植，栽植密度一般为6 m×6m或6m×7m。乌柏耐水湿，在湖洲或河流两岸的河洲及水渠两边，土层深厚、肥沃、地下水位高，非常适合生长，产量高。栽植密度为5m×6m或6m×6m。造林时间一般选择春季，但在湖区等春季水淹的地方最好选择在秋季，有利于提高造林成活率。

3. 抚育管理

林粮间种是山地乌柏林的主要经营方式。在林地间种黄花、大豆、芝麻、红薯等经济作物，既保持水土，又增加了林地的经济收入，还可以耕作抚育除草。乌柏每3～4年要深翻1次，以秋季深翻为好，深翻时施用土杂肥。乌柏的修剪是乌柏丰产、稳产的一个重要技术环节，一般结合采收进行。依树体生长强弱，以适当的强度将着生果穗的结果枝连同果穗一起采摘下来代替修剪。翌年从留下枝茬的基部萌发新枝条即为结果枝，只有留下的枝茬比较粗壮，才能抽发会结果的新枝。因此，修剪强度应遵循“强枝弱剪，弱枝强剪”的原则。

五、虫害防治

乌桕害虫种类比较多，约有200余种，其中危害最严重的是乌桕毒蛾、樗蚕、蚜虫和红蜘蛛及云斑天牛。

1. 乌桕毒蛾

乌桕毒蛾（*Euproctis biopunctapex* Hampson）属鳞翅毒蛾科，以幼虫取食嫩芽、叶及嫩枝皮层。是我国南方乌桕、油桐的主要害虫。常数十或数百条群集在一起，多栖身于叶背。每年发生2代，以3～5龄幼虫作薄丝幕群集于树干向阳面的树腋或凹陷处越冬，翌年3～4月开始危害，5月中旬化蛹，6月上旬羽化。夏季高温，幼虫每天16：00后从树冠上迁移至树干阴面隐伏休息，17：00以后爬至树冠取食危害。

防治方法：人工捕杀，利用幼虫群集越冬或夏季高温下树隐蔽休息的习性，及时用火烧灭；诱杀：灯光诱杀成虫；药剂防治，20%杀灭菌酯30mg·kg^{-1}或溴氰菊酯2～3mg·kg^{-1}喷杀幼虫；保护天敌，寄生幼虫的天敌有膨娅蜂和绒茧蜂，寄生蛹的天敌有大腿蜂。

2. 樗蚕

樗蚕（*Philosamia cyathia* Walker et Feldeer）属鳞翅目大蚕蛾科，以幼虫取食叶片，由于幼虫取食量大，将树叶食尽，严重影响乌桕生长。该虫年发生2代，以蛹越冬，翌年5月中、下旬羽化，交尾产卵于叶片上。6月第一代幼虫危害，7月上旬结茧，8月下旬至9月上、中旬羽化产卵，第二代幼虫危害。卵块集中于叶片背面，初龄幼虫具群集性。

防治方法：人工采茧；药剂防治：用90%晶体敌百虫100倍液喷杀；黑光灯诱杀成虫。

3. 毛黄鳃金龟

以幼虫危害叶片及皮层。

防治方法：圃地用胺磷加适量煤油喷杀或用火烧杀群集于丝幕中越冬的幼虫；夏季中午，幼虫下树避暑时，将树下杂草铲除并连土一起烧焦或用农药喷杀。

4. 蚜虫

取食汁液，影响乌桕树生长，以5～6月份危害最大。

防治方法：40%氧化乐果1 000倍液喷杀或3～5倍液环状涂干。

5. 红蜘蛛

连年危害，高温干旱季节尤为严重。

防治方法：冬春增施肥料，促进生长，提高抗虫能力；用专用杀虫剂液于刮去老皮后环状涂干。

6. 云斑天牛

以幼虫蛀食皮层，严重导致乌桕树死亡。

防治方法：钢丝钩杀；50%甲胺膦涂干。

六、采收贮藏与加工利用

1. 采收

11月下旬至12月上旬，当果实外壳变黑、裂开，露出白色种子时，表明种子已成熟，可以采收。用枝剪或乌桕采摘刀从果枝基部将果穗剪断。收集果穗并放置场坪上翻晒，待果壳全部裂开，捡出种子。晾干后用麻袋贮藏。

2. 加工利用

乌桕籽的利用分为皮油和籽油。将种子加热蒸煮后，可将皮油从种子表面脱落出来，收集固体皮油。也可通过机榨工艺将皮油分离，将黑色种子压榨，可得液体籽油。

（1）皮油的利用。皮油的脂肪酸几乎完全由棕榈酸和油酸组成，比例为2∶1，其他脂肪酸含量极低，因此，皮油是制取纯棕榈酸和油酸的理想原料。通过脂肪酸的分离，可制取纯棕榈酸和纯油酸，纯棕榈酸和油酸是重要的化工原料，广泛应用于食品、化妆品、医药和塑料等工业部门。高纯度棕榈酸是制取无味氯霉素、无味合霉素等药品的重要原料。皮油的甘油三酯具有对称的β-油酸，α·α′-饱和脂肪酸（棕榈酸）结构，即主要为POP结构，与天然可可脂的甘油三酯成分很相似，是一种理想的类可可脂资源，广泛应用于巧克力生产。我国可可脂（CEB）资源极其缺乏，主要依靠进口。20世纪80年代后期已利用皮油生产出类可可酯产品。在过去，山区农民也有直接利用皮油作为食用油的。纯皮油中的皮饼用于制酸辣蛋白面粉和人造肉精。皮油中也含少量的PPP结构，可制起酥油、杏仁酥饼。

（2）梓油的利用。梓油与皮油的特性截然不同，它是一种不饱和油脂，且是普通甘油三酯的复合物。梓油甘油三酯的脂肪酸为亚麻酸、亚油酸和油酸，还有两种稀有的天然短链脂肪酸HODA和DDA。因此，梓油可作为干性油，广泛应用于我国传统产品的油漆和油墨中。另外，梓油可通过水解，从中提炼出 HODA 和 DDA，可作为新的聚合体和树酯应用于相关工业。HODA 还可制取一种新型的杀菌剂和前列腺素。梓油通过适当的氢化水解，可代替柴油作为燃料使用，经过适当的化学加工过程可合成润滑剂、增塑剂、表面活化剂及保护膜等。

（谭晓风）

50. 绿 玉 树

绿玉树（*Euphorbia tirucalli* Linn.）原产非洲的厄立特里亚、安格拉、肯尼亚、莫桑比克，南非的纳塔尔、乌干达、苏丹、史瓦济兰、坦桑尼亚以及热带雨林地区，野生，或栽培于庭院、植物园供观赏和药用。1972 年石油危机后，人们日益重视研究和利用新能源，以可再生能源来替代资源有限的石化能源。绿玉树产生的乳液富含有 12 种烃类物质，且成分与石油相近，而逐渐被作为燃料油植物加以重新认识和开发利用，成为干旱地区农业中重要的能源植物。其能源价值的发现使绿玉树成为集药用、观赏、工业原料、环境绿化、水土保持于一体，具有能源、生态、经济综合效益的多功能、多用途树种。除原产地外，美国、马来西亚、印度、英国、法国等许多热带和亚热带地区有较长的栽培历史。为了更好的开发和利用该植物，各国学者对绿玉树生长发育进行了不同层次、不同方面的研究。

我国的海南、西双版纳、台湾等地作为庭园观赏树种、水土保持树种进行了零星引种栽培，随着药用和能源价值逐步被认识，并开始将其作为能源防护林造林树种进行引种栽培，湖南从 2000 年开始以能源树种开展了试验性引种栽培。

一、植物学特征

绿玉树（*Euphorbia tirucalli* Linn.）属大戟科（Euphorbiaceae）大戟属（*Euphorbia* L.）植物，又名橡胶大戟（rubber euphorbia）、绿珊瑚、铅笔树、白乳木等。直立无刺的灌木或小乔木，高2～10m。分枝对生或轮生，圆柱状，簇生或散生，叶少数，散生于小枝顶部，叶小（长 1～2.5cm、宽 3～4mm），线状矩圆形，或退化为不明显的鳞片状，无托叶，嫩枝行使叶的功能；枝绿色，稍肉质多乳汁；雌雄异株，杯状聚伞花序通常有短总花梗，簇生于枝端或枝叉上；总苞陀螺状排列，直径约 2mm，内面被柔毛；腺体 5，无花瓣状附片；雄花少数，苞片易撕裂，基部多少合生；雌花淡黄白色，子房 3 室，花柱下部合生，先端短 2 裂，柱头状；蒴果直径 6mm，暗黑色，被贴伏的柔毛；种子卵形，平滑；正常植株的染色体数为 2n＝2x＝20（x＝10）。

二、生物学特征

绿玉树适应性强，在干旱、湿润的各种土壤条件下均生长良好，对土壤质地要求不严，热带、亚热带干旱贫瘠的沙地、坡地、林下，pH 值为 6～8.5 的各种土壤，温度－4～35℃均适应。绿玉树生长快，年高生长可达 50cm，地上生物量鲜重约 2kg。在新鲜材料中 85% 左右为水分，一年幼嫩植株的含水量比 2 年生植株的含水量高（20%～30%）。随着植株木质化程度的增加，水分、灰分含量有下降趋势（下降 2%～3%）。

开花期为春天，花色为黄绿色小花，结果期为 7～10 月。

三、栽培技术

（一）苗木繁殖

（1）扦插育苗。绿玉树在原产地以种子繁殖，而在其他引种栽培地主要采用扦插繁殖。绿玉树嫩枝、老枝、有无激素处理、在各类土壤条件下均可生根（生根率 70%～90%）、生长，属于扦插易生根树种，但以 1 年生木质化的和半木质化的枝条生根快，生根质量最好；扦插基质以肥力条件、透气性、保水等较好的土质疏松带腐殖质的沙土（如河沙 1＋珍珠岩 1＋腐质土 1）生根效果最好。

在夏初 4～5 月或秋季 8～9 月的温暖季节，选用生长健壮的 1～2 年生枝条，剪成 10～20cm 的插条进行扦插繁殖。扦插前用清水将插条切口清洗，自然晾干 7d 使切口干燥愈合。

插床设置在光照好、水源充足的地方，扦插床长、宽、深适中（长 2～3m、宽 12m、深 30～40cm），这样便于扦插、浇水、观察、除草等。扦插结束后，喷一次透水，以后根据天气的变化，土壤含水情况进行喷水，防止浇水过量产生积水，而影响插条切口愈合生根。一段时间后，要进行除草，减轻杂草因过多地吸收基质的营养而对插条生根产生影响，或由于杂草分泌物使插条致死而影响生根率。在温暖条件下插后 3 周左右开始生根。生根后对扦插苗喷洒 0.1% $CaCl_2$ 和 0.1%～0.2% 的 PP_{333} 可提高绿玉树扦插苗对低温的抵抗力。冬季或第二年春季即可用于造林。

(2) 离体微型快繁。为加快抗寒诱变、良种选育、定向培育及遗传转化可进行微型快繁。通过顶芽、腋芽快速增殖及芽轴基部不定芽的再生共同形成丛芽，从芽端试管生根获得再生小植株。

(二) 造林

造林地选择。绿玉树属中生至旱生植物，生态幅度宽，适应性强，在干旱、湿润、瘠薄条件下均生长良好，对土壤质地要求不严，具有较强的耐高温、高湿、耐涝、耐旱能力，但耐低温能力较差。在南方温暖地带可以露地栽培于山地、林下等荒地，在长江流域及其以北地区要在温室培养。在长沙地区露地栽培不能越冬，比较适合在湖南南岭山脉一带的有林或无林山地和河、沟沿岸栽培。其中以在干旱少雨、无霜的沙土上生长最好。整地，用生根的扦插苗造林于荒地或林下栽植，可采用小穴整地，穴长、宽、深各20cm即可，采用直接扦插造林，进行全垦整地。造林密度，10 000 ~ 670 000 株 · hm^{-2}，如果设定轮伐周期为3年，从经济角度考虑比较合适的栽种密度是80 000 株 · hm^{-2}。2年生林分平均可收获干物质20t · hm^{-2}，即鲜物质150t · hm^{-2}。造林密度过高，植株损失增加，而干物质生物量没有明显的增加，同时增加病虫害的防治和控制。平地全株砍伐后，树桩可再萌芽生长，因此，可以每20年造林一次。

林地管理。绿玉树林地不用进行施肥和灌溉，不易感染病虫害，没有天敌，有报道 Meloidogyne 可能对该树种产生影响。

四、加工利用

1. 能源利用

绿玉树的茎、枝多乳汁，鲜乳汁中含有丰富的烯、萜、醇、异大戟二烯醇（$C_{30}H_{50}O$）、天然橡胶、三十一（碳）烷和三十一烷醇等，其成分接近石油成分且不含硫，可以直接或与其他物质混合成原油，作为燃料油替代石油，且有毒、有害气体释放量低，因而被称之为“绿色”石油树，成为干旱地区重要的能源树种。在新鲜材料中85%左右为水分，而在干物质中76%为挥发性物质，固定碳含量为16%左右。挥发物质含量高，固定碳含量低，因此，该植物的燃烧值高，每公顷干材料燃烧值为17.6MJ，而无灰分的干材料其燃烧值更高达19.0MJ。但如果采用简单的加工技术（无气体和热解油回收装置）在裂解过程中将产生能量和物质的损失（碳的生产量低），绿玉树新鲜材料水分和灰分含量较高，因此，在能量转化前一定要进行预处理。其能量转化途径如下：

收获当年生枝条或平地收获整株植株鲜用，或在种植地自然晾干或机器脱水（回收甲烷、矿物质及化学物质）备用。

干物质制成合适的小块或颗粒状物通过氧化气化、气体压缩、甲醇合成等途径产生汽油；或通过空气气化途径由内燃机或气轮机转化为电能；通过碳化和燃烧途径产生热解油、可燃气体和电能。

乳汁和整株植物发酵产气。新鲜绿玉树枝经机械压榨获得压榨渣纤维和乳汁，压榨渣纤维经干燥、压缩制成煤球，能量转换可达77.3%。

压榨所得乳汁经发酵产生沼气，贮存备用；或乳汁脱水后与其他物质混合成为原油或生物柴油即：脱水乳汁 +95% 乙醇（或甲醇） + 柴油→生物柴油。

2. 药用

绿玉树活性成分丰富，全株可入药。在南美洲巴西，亚洲的马来西亚、印度以及非洲各国，绿玉树是众人皆知的民间良药。植株各部分有不同的药用价值，新鲜乳汁含 α-香树脂醇（α-amyrin），环木波罗烯醇，大戟甾醇（euphorbosterol），十四碳五烯酸酯［12-O-acetylphorbol-13-（2，4，6，8，10-tetradecapenaenoate）。还含甘油三酯类（triglycerides），甾醇三帖类（steroidal triterpenes），二帖酯（diterpene ester），帖烃类（terpenoidal hydrocarbons），环绿玉树烯醇（cyclotirucanenol）也叫 24β-甲基-9β-19-环羊毛甾-20-烯-3β-醇（24β-methyl-9β-19-cycloanost-20-en-3bol）等，已从中分离出了7种具抗癌作用的成分，发酵后的乳胶可治疗哮喘、咳嗽、耳痛、风湿病等。新鲜乳汁对血吸虫的中间寄主钉螺具有致死作用；对 Tylenchorhynchus brassicae 、Rotylenchulus reniformis 病菌的繁殖具有抑制作用，对植物寄生线虫有毒害作用。

绿玉树根中含有24-亚甲基环木波罗烯醇（24-methylenecycloartenol），大戟醇（euphorbol），大戟醇二十六烷酸酯（euphorbol hexacosanoate），正二十六醇（n-hexacosanol），等甾萜甙类活性物质；茎中含三十一烷（henthriacontane），三十一烷醇（hentriacontanol），β-谷甾醇（β-sitosterol），蒲公英赛醇（taraxerol）及3，3′-二-O-甲基并没食子酸（3，3′-di-O-methylellagic acid），并没食子酸（ellagic acid）；

树皮含环木波罗烯醇（cycloartenol）、24-亚甲基环木波罗烯醇，β-谷甾醇，巨大戟帖醇，三乙酸酯（ingenol tracetate），大戟醇，大戟帖醇二十六烷酸酯，12-去氧-4β-羟基巴豆醇-13-苯乙酸-20-乙酸酯（12-deoxy-4β-hydroxyphorbol-13-phenylacetate-20-acetate），蒲公英赛酮；木材提取液中含抗梅毒抗体。根、嫩枝煎剂对皮肤癌、肉瘤、各种肿瘤和疣具有缓解和治疗作用。

3. 工业原料

绿玉树材质轻（0.455g·cm^{-3}），可用作木筏、玩具、贴面板等；纤维含量高，是一种优良的造纸原料；绿玉树烧制的木炭可作火药原料、活性炭；乳胶含有天然橡胶、树脂、鞣酸，可用于油毡、制革工业。因此，它也是一种多用途工业原料树种。

（蒋丽娟）

三、药 用 类

51. 杜　　仲

杜仲又名思仙、思仲、仙仲、木棉、丝绵树等，是原产我国的经济树种，被国家列为二类重点保护植物，是国家计划管理的麝香、甘草、杜仲、厚朴4种重要药材之一，其主产品杜仲皮为名贵中药材，具有益精气、坚筋骨、治肾虚、疗腰痛、除风湿、降血压等神奇功效；而且杜仲叶在药用成分和药理作用上与杜仲皮有近似的之处，与杜仲叶相关的保健品如：杜仲茶、杜仲晶、杜仲可乐等，在市场上备受青睐；杜仲叶中还含有杜仲胶，国际上习惯称为古塔波胶，是一种天然高分子化合物，与我们现在经常使用的天然橡胶是同分异构，为反式－聚异戊二稀，具有许多天然橡胶没有的特性；杜仲叶还作为牲口饲料、鱼饲料及添加剂。由于人们对杜仲价值的不断认识，杜仲的综合开发利用也逐步深入。

杜仲栽培主要在中国，但国外也有一些引种，且有百余年的历史，1896 年，法国从我国引种至植物园，几年后英国也开始引种，1899 年日本也开始从我国引种，1952 年美国的俄亥俄州、犹他州、印地安那州、加利福尼亚等也进行引种，生长良好；日本是引种最早的国家之一，也是发展和利用最好的国家之一，日本利用其先进的科研手段，在杜仲的利用与开发方面取得了较好的成绩。

一、植物学特征

杜仲（*Euccommia ulmoides* Oliv.）属于杜仲科（Eucommiaceae），杜仲属植物本科仅1属1种。

落叶乔木，树高可达25m以上，胸径可达40cm以上；树干端直，树皮灰色粗糙，枝条斜上，树冠卵形，密集；冬芽卵形，外被深褐色鳞片；单叶，互生，椭圆形或椭圆状卵形，长6～18cm，宽3～7.5cm，先端长渐尖，基部圆形或宽楔形，边缘具锯齿，叶脉凹陷呈网状皱纹，上面平滑，下面脉有毛，叶柄长1～2cm，无托叶；花单性，雌雄异株，无花被，花先于叶，或同时开放，单生于小叶基部；雄花有短梗，雄蕊6～10个，花药条形，花丝极短；雌花有短梗，子房狭长，1室，胚珠2枚，柱头2裂向两侧伸展或反曲；翅果狭长椭圆形，扁而薄，长3～4cm，宽1～1.5cm，先端有缺刻；种子1粒；花期3～5月，果实成熟期9～11月。

药用杜仲商品以身干、皮细、厚实、块大、去净粗皮、断面白丝多、内表皮暗紫色、无杂质霉变者为佳；杜仲茶用叶主要考虑杜仲叶是否干净、有杂质、病虫，如果有霉变或堆沤的叶子不能用于加工杜仲保健食用品；提取杜仲胶的叶主要考虑杜仲胶的含量。

二、分布

杜仲主要栽培区的地理位置在：北纬26°～34°；东经105°～115°，在我国西部地区的中亚热带和北亚热带，年降水量在650mm以上，≥10℃年积温在3 200℃以上，海拔在1 300m以下，土壤条件较好地区适宜栽培，主要有四川、贵州、重庆、陕西南部、云南部分地区适宜栽培。

杜仲中心栽培区范围更小，地理位置在北纬27°～33°，东经104°～109°，包括中亚热带中部和北亚热带南缘，年降水量在800mm以上，≥10℃年积温在4 000℃以上，主要地区有贵州东北部、贵州北部、湖北北部、湖北西北部、湖南西北、河南西南、陕西南部及四川东北。

三、主要栽培品种

杜仲在我国的栽培历史已有2 000多年，但传统上以实生苗造林，植株生长良莠不齐，产量低。各产区基本上以地方品种栽培为主，杜仲的品种可划分为粗皮（青冈皮）和光皮（白杨皮）两大类型。从单株产量上看粗皮类型高于光皮类型，但从药用成分（主要在内皮）来看，光皮杜仲的内皮厚和内皮比例高于粗皮杜仲，故光皮杜仲品质优于粗皮杜仲。近年来，河南洛阳林业科学研究所等单位对杜仲优良单株进行了选择，经全面测定和统计分析选育出华仲1号、华仲2号、华仲3号、华仲4号、华仲5号，富胶1号、中林大果1号等品种，下面作简要介绍。

1. 华仲1号

幼树皮光滑，成年树皮浅纵裂。树势强健，树冠紧凑，呈宽圆锥形，分枝角35°～47°，主干通直，接干能力强。耐寒冷、干旱，－27℃低温不受冻害。芽呈桃形，2月中旬萌动，萌芽力强，4年生伐桩可萌芽27～34个。叶片较密集，节间长3.4cm，叶片呈椭圆形，深绿，长16.9cm，宽7.6cm，叶柄长1.5cm。雄花期3月上旬至4月中旬，雄花6～10枚，簇生于当年生枝条基部。5年生树高达7.0m，胸径10.4cm，每公顷产皮量4.5t，产叶量6.4t。适于各产区营造速生丰产林。

2. 华仲2号

幼树皮光滑，成年树皮深纵裂，皮孔不明显。树冠开张，呈圆头形，分枝角43°～64°，主干通直，耐干旱，喜水湿。芽长圆锥形，3月上旬萌动。叶片深绿，光亮，呈宽卵形，长17.4cm，宽8.4cm，叶柄长1.6cm，叶缘向内卷曲。枝条节间长3.4cm。雌花期4月1～15日，雌花6～12枚，单生在当年生枝条基部。果实椭圆形，9月中旬至10月中旬成熟，长3.2cm，宽1.2cm。嫁接苗3年结果，5年生树高达7.3m，胸径9.6cm，每公顷产皮量4.2t，产叶量6.2t，产种量2.3t。适于各产区建立良种种子园、果园和速生林。

3. 华仲3号

幼龄树皮光滑，成年树皮深纵裂。树冠开放，分枝角44°～82°，主干通直，接干能力强。耐盐碱、干旱。叶片小，稀疏，狭卵圆形，叶长16.2cm，宽7.3cm，叶柄长1.6cm，节间长3.3cm。芽长圆锥形，3月上旬萌动，雌花期4月1～15日，雌花6～14枚，单生于当年生枝条基部。果实椭圆形，9月上旬至10月上旬成熟，长3.0cm，宽1.1cm。嫁接苗3年结果，5年生树高达7.6m，胸径9.2cm，每公顷产皮量4.8t，产叶量5.9t，产种量2.5t。适于各产区尤其是干旱、盐碱地区营造速生林和种子园。

4. 中林大果1号

从大果杜仲中选育出的高产杜仲胶优良无性系。芽长圆锥形，3月中上旬萌动。叶片宽卵圆形，长16.7cm，宽9.1cm，叶柄长1.8cm，枝条节间长3.5cm。雄花期4月上中旬，雄花8～14朵，单生在当年生枝条基部。果实椭圆形，9月中旬至10月中旬成熟。果长5.3～5.8cm，宽1.4～1.6cm，果翅宽。种仁长1.3～1.6cm，宽0.32～0.36cm，成熟果实千粒重118～130g，种仁重量占整个果重的35%～40%。嫁接苗2～3年开花，第五年进入盛果期，盛果期每公顷年产果量20 kg。适于各产区建立高产胶果园、良种种子园。

四、生物学特性

（一）生态习性

1. 温度

杜仲对温度的适应幅度比较宽，在年平均气温9～29℃，极端最高气温44℃以下，极端最低气温不低于-33℃，植株均能正常生长发育。

2. 水分

杜仲的正常生长发育与水分状况有密切的关系。降水量多少直接影响杜仲的生长，但杜仲产区降水量在450～1 500mm的范围均能正常生长，杜仲有一定的耐涝性，在慈利的调查中，发现被洪水淹没2d的杜仲仍能正常生长，但在苗圃中的苗木若排水不及时，会导致死亡，故在苗圃一定要挖排水沟。

3. 光照

杜仲为喜光性树种，对光照有比较严格的要求，据调查生长在阳坡或半阳坡的杜仲，光照比较充足，树势比较强健，叶厚而呈浓绿色；反之，则树势较弱，树冠小，叶色淡而薄。

4. 土壤

杜仲对土壤条件的适应性很强，但杜仲生长的好坏与土壤条件有密切的关系，通过杜仲立地条件选择（表51-1），尽可能选择适宜杜仲生长的立地条件。

表51-1　杜仲立地因子等级划分表

立地因子	立地因子等级		
	1	2	3
海拔（m）	300～600	600～1 000	1 000～1 300
坡位	坡底	下部	中部
坡向	阳坡	半阳坡	阳坡～半阳坡
坡度	<15°	15°～20°	20°～25°
土层厚度（cm）	>80（厚）	50～80（中）	<50（薄）
黑土层厚度（cm）	>25（厚）	20～25（中）	<20（薄）
土壤湿度	湿	润	潮
土壤质地	沙壤土	轻壤土～中壤土	黏壤土
土壤结持力	疏松	疏松	稍紧密～较紧密
宜林地类型	旱地，经济林	用材林迹地、荒芜经济林地	荒山
立地质量评价	优	良	中

（二）生长发育

1. 种子特性

杜仲的种子寿命 0.5 ~ 1 年。杜仲果皮含有果胶，阻碍种子吸水，沙藏处理后的种子在地温 9℃时开始萌动，在 15℃左右的条件下，2 ~ 3 周即可出苗。

2. 根系生长

杜仲有明显的垂直根系和庞大的侧根、支根、须根系。根系在早春地温达到 6℃以上时开始生长，比地上部分的生长提早 15 ~ 20d；初冬地温降到 8℃时根系才停止生长活动。在黄河中下游地区杜仲根系休眠时间约 50 ~ 70d，在长江以南多数地区根系几乎不休眠，或休眠不足 1 个月，根系休眠的时间长短由南向北，逐步增加。

3. 萌芽特性

杜仲有极强的萌芽力，植株的枝干和根际一旦受伤，如采伐或人为碰伤等，休眠芽很快萌动，迅速长出旺盛的新梢。由于杜仲主芽周围有许多多级副芽，受刺激后往往多个副芽同时萌发。因此，要及时进行抹芽，保留 1 个生长势最好的萌芽条或枝条。

4. 枝干生长特性

杜仲的枝干生长速生期受立地条件、造林质量及苗木质量等诸多因素影响，一般在较好的条件下，高生长速生期 3 ~ 8 年；条件差些的，速生期约在 5 ~ 15年，达到一定的高度 20 ~ 25m 后，高生长减缓，进入粗生长。

5. 树皮再生特性

由于杜仲具有极强的再生能力，近年来，人们为使杜仲能可持续利用，避免砍树后剥皮，进行了大量的研究，试验结果表明，杜仲具有树皮再生的能力，剥皮后，处理方法得当，仍可生长再生皮。

（三）物候期

杜仲的自然分布范围较广，南北纬度跨度有 10°，东西经度横跨有 15°，因此，各个产区的气候条件有较大的差异，导致物候期的表现上也存在较大的差异，如春季的萌动，南北差别可达 40 ~ 60d，湖南、四川、贵州的杜仲 2 月中旬就开始萌动，而北京的萌动时间在 3 月下旬至 4 月中旬；北方的落叶期比南方早，北京的落叶期在 11 月上旬，而长江以南的地区落叶期在 12 月中旬，福建、江西南部、云南等地曾出现冬季未落叶的现象。

五、栽培技术

1. 苗木繁殖

（1）苗圃地的准备。苗圃地的选择选择疏松、湿润、肥沃、沙质壤土，pH 值在 5.5 ~ 5.7，供水和排水良好，坡度为 5°左右的平缓坡。苗圃地的整理。进行精细整地，结合施有机肥（饼肥 2 ~ 3t · hm^{-2}），多雨和低洼地区作成高床，床高 15 ~ 20cm，宽 0.8 ~ 1m。

（2）实生苗的培育。

● 种子贮藏　采集后的种子放在阴凉通风处阴干，忌用火烘或烈日曝晒。阴干后的种子需经过净种后才可贮藏，要外运的种子一般装布袋或麻袋存放在阴凉通风处，单层摆开，不要堆放。

● 种子催芽处理　沙藏催芽法，长江以南地区在播种前 30 ~ 40d，北方地区在 40 ~ 50d 沙藏，将种子与沙子以 1∶3 的比例混合，沙子的湿度以手握沙子后能成形为宜，贮藏种子厚 30 ~ 40cm，室内通风阴凉，北方干燥地区可覆盖稻草以保持湿度。每 10 ~ 15d 检查翻动一次，防止过分潮湿而使种子霉变。应注意种子变化，若种子膨胀萌动，或刚露白尖，即筛净沙子，播入圃地。温水浸种催芽法，秋冬播种或温室播种时采用，将种子浸入 40 ~ 45℃温水中 24h，除去漂浮种子，捞出后滤去水分。或用 30℃温水浸种 3d，每天换水 1 次，第二次换水时除去漂浮种子。

● 播种期春播　黄河以南地区在 2 月至 3 月中旬播种，黄河以北地区在 3 月中旬至 4 月上旬进行。中亚热带地区可采用秋冬播种。播种方法：一般采用条播法，行距 20 ~ 30cm，播种沟深度 3 ~ 4cm，覆土 1 ~ 2cm，再盖草或盖膜。每公顷播种量 90 ~ 120kg，每公顷产苗木 22.5 万 ~ 30 万株。

● 苗期管理　中耕除草，生长期内幼苗刚出土时，只宜手除杂草，避免伤幼苗，当苗木生长 3 ~ 4 片真叶时，进行第二次除草，8 月份以前，每月除草 1 ~ 2 次，并经常保持苗圃无草，圃地土壤疏松。施肥，4 ~ 8 月为杜仲追肥期，施肥量以少量多次为好，随苗木增长加大用量，每公顷施尿素 75kg ~ 150kg，施肥、中耕除草应同时进行。灌溉、排水，少雨地区、干旱季节应勤灌溉，保持土壤湿润。多雨地区、洪涝季节要设排水沟，避免土壤积水。

（3）苗木等级划分。参见表 51-2

表 51-2　苗木等级划分

等级　　苗龄	Ⅰ		Ⅱ		Ⅲ	
	1 年生	2 年生	1 年生	2 年生	1 年生	2 年生
苗高（cm）	≥100	≥200	80～99	150～199	60～79	120～149
地径（cm）	≥0.9	≥1.5	0.7～0.9	1.2～1.5	0.6～0.7	1.0～1.2

注：Ⅰ、Ⅱ级苗为合格苗，2 年生苗为嫁接苗标准。

2. 造林

（1）造林地选择。造林地选择参见表 52-1。

（2）造林整地。整地季节秋冬垦挖、开穴。整地要求荒芜、半荒芜的宜林山地要进行炼山，炼山前要充分做好防火准备，严防山林火灾。坡度在 10°以上，必须梯土整地，以防水土流失。造林挖穴规格为 70cm×70cm×70cm。坡度在 25°以上不宜造林。施足基肥施基肥根据本地情况每穴施土杂肥 10kg，磷肥 0.5kg，腐熟饼肥 0.5kg。造林密度应根据立地条件，栽培品种，经营水平而定，一般造林密度为：1.5m×2m、2m×2m、2m×3m。

（3）造林方法。造林季节：冬季造林在土壤封冻前进行；春季造林在苗木新芽萌动前进行，一般在 3 月上旬。造林方式植苗造林，Ⅰ、Ⅱ级苗木不能混栽，一般采用明穴栽植法（即掘穴栽植法）。

（4）幼林抚育。平茬：造林 1 年后，春季幼树萌动前 15d 将主干剪去，平茬部位 2～4cm 处。苗高 2m 以上的 2 年生苗圃平茬苗或嫁接苗，栽植后不再平茬。除萌抹芽。平茬后，剪口处会萌发许多萌条，留一粗壮萌条，其余除去；留下的萌条在生长过程中腋芽会萌发，必须抹去下部腋芽，抹芽高度为苗高的 1/3～1/2 处。疏枝：幼树未能及时抹芽而长成过多、过低侧枝时，主干 2m 以下的小侧枝需从基部剪除。松土、除草和施肥：第一次松土时间在 4 月上旬以前进行，第二次松土、除草在 5 月或 6 月上旬进行，杂草翻晒在林地上或制成堆肥，腐熟施用。施肥与松土、除草同时进行，每公顷施 150kg 氮肥和 300kg 磷肥。间种幼林期，林内要间作豆科等农作物，以耕代抚。补植造林后第二年对缺株进行补植，缺株采用 2 年生Ⅰ级苗补柱。

（5）成林管理。土壤耕作冬季要进行深翻，夏季进行中耕除草。施肥结合中耕除草施肥，施肥量根据树龄大小施农家土杂肥 15～30t·hm^{-2}、复合肥 0.75t·hm^{-2}或磷酸二铵 0.6t·hm^{-2}。树体修剪根据需要可采用短截、回缩与截干。

（6）采收年限。杜仲从栽植后第四年开始采叶，剥皮采收年限一般以定植后 15～25 年为宜。

六、病虫害防治

（一）病害防治

1. 立枯病

防治方法：选排水良好的砂壤土做苗床。雨季及时排除苗床积水。育苗整地时每公顷喷洒 40% 甲醛溶液 40～60kg，然后覆草，并进行土壤消毒。发病初期用 50% 甲基托布津 1 000 倍液喷雾防治。

2. 叶枯病

防治方法：冬季清除枯枝落叶，集中烧毁。发病前喷 1∶1∶120 倍波尔多液保护，发病初期喷 50% 多菌灵 1 000 倍液。

3. 根腐病

防治方法：发病初期用 50% 甲基托布津 100 倍液浇灌根部。

（二）虫害防治

1. 刺蛾

防治方法：消灭带病虫苗。发生期用 80% 敌敌畏乳油 1 000 倍喷雾。

2. 祸蓑蛾

防治方法：幼龄期用 80% 敌敌畏乳油 1 000 倍喷雾。

3. 木蠹蛾

防治方法：6 月初，在成虫产卵前，用涂白剂涂刷树干。幼虫孵化期，用 40% 乐果乳油 1 000 倍液喷洒树干。在树干上发现有新鲜虫粪，找出虫道，用蘸 80% 敌敌畏乳油原液的棉球塞入虫道，并用泥封口，毒杀幼虫。

危害杜仲幼苗，可在发生期进行人工捕杀。b. 50% 辛硫磷乳油 1 000 倍进行灌服。

七、采收与加工利用

1. 皮的采剥与粗加工

（1）再生剥皮。条件：一般为 10 年生以上的树木，生长旺盛，主干明显。剥皮季节：春夏之交的 5～6 月。剥皮天气条件林内温度 15～35℃，空气湿度为 53%～93%，下雨后一周剥皮为佳，在剥皮前一周浇水。雨天不宜剥皮。环剥方法剥皮时用刀在主干分枝处10cm以下和地上10cm处各环切一刀，再竖切一刀，刀口不要碰伤形成层，剥皮由上至下。剥后处理用透明塑料薄膜保护剥皮部位，上下用绳捆扎，上紧下松，1个月后，剥皮部位已形成再生皮，可以取掉薄膜。

（2）砍树剥皮。砍树全剥。该法用于密度过大需要间伐的纯林。砍树时间。砍树剥皮4～5月为适。剥皮分级。剥皮根据收购标准的宽度、厚度等要求，将皮划分为干皮、枝皮、根皮等不同等级。

（3）杜仲皮处理。采剥的树皮根据收购标准分段，一般为85cm，置于干燥通风的荫凉处，内皮两两相对层层叠放，每层厚5～7cm，注意层间留适当空隙，防止中间变霉，叠放后用绳捆好平放、压实，任其发汗，1周后立放晒干。

（4）炮制方法。中医用的杜仲有炒杜仲、生杜仲之分。炒杜仲又称杜仲炭。将杜仲块放入锅内，边炒边洒盐水，炒至黑色并断丝，取出趁热喷匀盐水后凉干即成。传统的炮制方法易使部分杜仲炭化，损失率达30%～50%。近年医学界对杜仲的炮制方法有许多改进。如将刮皮法改为用钢丝刷皮；将传统的块片改为宽6mm的丝片；将武火清炒改为文火沙烫。采用文火沙烫时，先将油沙置于锅内，加入少量食油，待沙炒后，把按规定用量润好的杜仲丝片倾入锅内，不断翻动，温度控制在200℃左右，烫炒至无丝时取出，筛去油沙，待烟冒净后倒入土坛或铁筒内密闭。

2. *产品加工利用*

（1）药品利用与开发。杜仲具有多种药理功能，如益精气、坚筋骨、治肾虚、疗腰痛、除风湿、降血压、抗肿瘤、抗癌、抗肌体老化等神奇功效，这与杜仲含有的化学成分相关，杜仲主要含有苯丙素类化合物、黄酮类化合物、木脂素类化合物、环烯醚萜类化合物及绿原酸、桃叶珊瑚苷、松脂醇二葡萄糖苷、维生素C、白桦脂醇、白桦酸、熊果酸、胡萝卜苷等化学物质，如杜仲含有多糖成分可以增加肌体非特异性免疫功能；京尼平苷酸具有抗肿瘤作用；杜仲叶中的绿原酸含量达2.52%～5.28%，具有广谱抗菌作用。绿原酸价格昂贵，我国目前尚未批量生产绿原酸产品，保健品开发也较少。目前各地的杜仲药品有强力天麻杜仲胶囊、滋肾育胎丸、杜仲酊、杜仲降压片、杜仲补腰精等。

（2）保健饮料的利用开发。杜仲保健饮料是目前杜仲保健品的主要部分，开发品种范围广泛。国内杜仲保健饮料的开发从1986年才开始，主要品种有杜仲茶、杜仲晶、杜仲冲剂、杜仲口服液、杜仲咖啡、杜仲可乐、杜仲酒等。其中以杜仲茶的生产规模最大，杜仲茶具有延缓衰老、健身、减肥作用，对肝肾病、高血压、动脉硬化、腰膝酸痛、阳痿、尿频等疾病有一定的疗效，是一种名贵的“滋味”饮料。现代研究证明，杜仲叶与杜仲皮的有效成分基本相同，杜仲叶完全可以代替杜仲皮用作医药和保健品的原料。因此，杜仲叶的研究及应用愈加深入和广泛。我国对杜仲叶的研究有着悠久的历史，近年来杜仲叶的研究文献迅速增加，占杜仲研究文献总量的58%以上。杜仲茶的研究开发与利用，使杜仲茶在国际市场的需求和价格看好。1993年10月，湖南省茶叶进出口公司特种茶科根据日本客商的需求，分别在安化茶厂、白沙溪茶厂、石门茶厂、长沙县春华山茶厂及平江茶厂等单位进行杜仲碎茶试制。试制后，经省茶叶公司评审比较，决定采用平江茶厂的加工工艺并决定投入批量生产。它的投产，为平江茶厂猴王牌系列保健茶又添了一个新族。国外杜仲保健饮料的开发主要在日本和韩国，日本加工杜仲茶、干叶3 000～5 000t，生产的保健饮料主要有杜仲茶（方便饮料茶、煎茶、冲茶）、杜仲人参茶等。韩国的保健饮料主要也是杜仲茶。

（3）保健食品的利用开发。食品及调味品类的保健品最先由日本开发生产，主要品种有杜仲挂面、杜仲酱；另外还以杜仲茶为原料开发了系列保健品、菜肴等。国内最近已生产出杜仲麻辣酱、杜仲酱油、杜仲醋等产品，可开发的杜仲食品还有杜仲面包、杜仲方便面、杜仲长寿蛋糕、杜仲面粉、杜仲米粉、杜仲糖果以及杜仲药膳等。

（4）饲料及其系列产品的开发。日本用杜仲叶开发出鱼、肉鸡、蛋鸡、肉牛等畜禽饲料。杜仲叶饲料的加工方法很简单，据日本的介绍，在一般饲料中，根据畜禽不同生长发育阶段加入不同的杜仲叶粉量，加杜仲叶粉的比例为2.5%～10%。日本用加有杜仲叶的饲料喂养蛋鸡，产蛋率可提高10%，蛋内胆固醇含量降低24%。我国用杜仲叶作饲料添加剂喂养畜禽已在湖南、河南等产区开始试验。

（5）杜仲胶的开发利用。杜仲叶、皮中含有丰富的胶质，我国学者严瑞芳等采用独特的方法处理后，获得了具有弹性的胶质，它不仅可以代替弹性橡胶，还具备热塑性、粘结性、透射X光等特殊功能。杜仲胶与橡胶、塑料有极好的共混性，共混后又可形成一系列的新材料，可广泛用于工业、电力、通讯、交通、水利、航空、运动保护器械等方面。

（6）其他保健品的开发。贾恢先等用杜仲、红芪及其他天然植物研制出杜仲复方化妆品——防老抗皱美容霜，美容保健效果明显；日本研制开发了洗澡用的玉露杜仲，这种保健型沐浴品，对皮肤具有保健和延缓衰老的作用；国内还开发生产的其他保健品还有杜仲牙膏、杜仲保健枕、杜仲保健腰垫等。杜仲的种子含油率在27%以上，其中亚麻酸67.38%，亚油酸9.97%，油酸15.81%，硬脂酸2.15%，杜仲油的食用与保健用途有待进一步开发。

（王承南）

52. 厚　　朴

厚朴是我国特有的珍贵木本药材树种，栽培历史悠久。关于厚朴的记载最早见于《神农本草经》，列为中品。《名医别录》："厚朴生交趾、冤句。三月、九月、十月采皮、阴干。"又载："今出建平、宜都（湖北）极厚，肉紫色为好，壳薄而白者不佳"。《图经本草》载："今洛阳、陕西、江淮、湖南、蜀川山谷中往往有之，而以梓州（四川）、龙州（四川江油）者为上。木高三四丈，径1~2尺。春生叶如槲叶，四季不凋。红花而青实，皮极鳞皱而厚，紫色多润者佳，薄而白者不堪。"可见厚朴在我国的经营历史是悠久的。

厚朴用途十分广泛，树皮、根皮及花均可入药，有温下气、散食满、健脾胃、化食消痰之效；治胸胃中冷逆、呕吐、腹痛腹胀、泻痢、嗽咳、血瘀气滞等症。芽可作妇科用药。种子有治虫瘻及明目益气之效，还可榨油，供制皂。树皮亦含芳香油。木材轻韧，纹理致密，不翘不裂，供细木工、乐器等用。厚朴树姿雅致，叶大浓荫，花大味香色艳，是优良的风景观赏树种，巧置庭院，别有风趣，可作庭荫树种栽培。厚朴分布广泛，人工栽培历史悠久，然而，厚朴在中药材市场上，供销矛盾仍十分突出，发展厚朴在我国有着广阔的前景。

一、种类及分布

厚朴为木兰科（Magnoliaceae）木兰属（*Magnolia* L.）植物，是几种药理作用和功效相同或相似的同属种类的统称。包括我国天然分布的厚朴、长喙厚朴2个种和凹叶厚朴1个变种以及原产日本的厚朴1个种。厚朴为中药厚朴的正品。这4种厚朴在我国均有栽培利用。

1. 厚朴（*Magnolia officinalis* Rehd. et Wils.）

又名厚朴花、油朴（四川）。为落叶乔木，高达10~15m，具宽而密的树冠。树皮厚，紫褐色，不开裂；枝开展，小枝淡黄色或灰黄色，幼时有绢毛；芽圆筒状卵形或三角形，先端微凹，具1被黄褐色绒毛的苞片；单叶互生，革质，7~9片集生枝顶，长圆状倒卵形，长20~46cm，宽15~24cm，先端钝圆而有短尖头，其部楔形，全缘或呈微波状，上面绿色，无毛，背面蓝灰色，有白色灰状物，羽状网脉，侧脉20~40对，于背面隆起；叶柄粗壮，长2.5~4.0cm；托叶痕约为叶柄的2/3；花白色，有香气，直径10~15cm；花梗粗壮而短，密被丝状白毛；花被片9~12对，厚肉质，外轮3片淡绿色，长圆状倒卵形，长8~10cm，宽4~5cm，盛开时常向外反卷，内两轮倒卵状匙形，长8~8.5cm，宽4~4.5cm，直立；雄蕊长2~3cm，花丝红色；雌蕊群长圆状卵形，长2.5~3.5cm，单生枝顶，花叶同时开放；聚合果长圆状卵形，长9~15cm，其部宽圆，蓇葖具2~3mm的喙；种子三角状倒卵形，长约1cm，外种皮红色；花期4~6月，果期8~10月。

分布于我国四川、贵州、湖南、湖北、浙江、江西、福建、广西、四川、贵州、云南、陕西、甘肃等地海拔300~1 500m的丘陵及山区。主产于四川广元、万源，重庆丰都、城口，湖北恩施、宜昌，湖南安化、衡阳、郴县，浙江龙泉、庆元及福建浦城、建阳等地。

2. 长喙厚朴（*M. rostrata* W. W. Smith）

又名大叶厚朴。落叶乔木，树高可达24m，树皮淡灰色；小枝粗壮，幼时绿色，后为褐色；芽圆柱形，灰绿色，无毛；叶坚纸质，5~7片集生枝顶，倒卵形或宽倒卵形，长34~50cm，宽21~23cm，先端宽圆，具短急尖头，2/3以下渐窄，基部微呈心形，侧脉28~30对；叶柄4~7cm，初被毛，托叶痕明显凸起，长约为叶柄的2/3；花后于叶开放，芳香，花被片10~11，外轮3片背绿色，略带粉红色，腹面粉红色，长圆状椭圆形，长8~13cm，宽约5~6cm，向外反卷；内两轮白色直立，倒卵状匙形，长12~14cm；雄蕊群紫红色，约隔成三角状尖头；雌蕊群圆柱形；聚合果圆柱形，直立，长11~18cm；蓇葖先端具向外弯曲，长6~8mm的喙；种子扁，长约7mm，宽约5mm；花期4~5月，果期9~10月。分布于我国云南、西藏海拔2 400~2 800m的山地阔叶林中。缅甸也有分布。

3. 凹叶厚朴［*M. officinalis* ssp. *biloba*（Rehd. et Wils.）Law］

厚朴的变种。落叶乔木，高达20m；树皮厚，灰色；小枝淡黄色或灰黄色；顶芽窄卵状圆锥形；

叶近革质，7～9片集生枝顶，长圆状倒卵形，成年树叶先端凹缺，成2钝圆的浅裂片（幼苗叶先端纯圆，无凹缺），长24～46cm，宽15～24cm；叶柄长约2.5cm；托叶痕长约为叶柄的2/3；花白色，径10～15cm，花梗粗短，具长柔毛，花被片9～12，厚肉质，长圆状倒卵形，长8～10cm，宽4～5cm，盛开时常向外反卷；雄蕊长2～3cm，花丝红色；雌蕊群长圆状卵形，长2.5～3.5cm；花期4～5月，单生枝顶，花叶同时开放。果期10月，聚合果基部较窄，长9～15cm，基部宽圆，蓇葖具2～3mm的喙；种子三角状倒卵形，长约1 cm。（图3）分布于我国福建、浙江、江西、湖南、广西、广东等地，多栽于海拔300～1 400m处的山麓和村舍附近。

4. 日本厚朴（*M. hypoleuca* Sieb. et Zucc.）

树高达30m，小枝紫色，芽无毛；叶集生于枝顶，倒卵形，长20～38cm，宽12～18cm，先端渐尖，基部宽楔形，上面绿色，下面苍白色；托叶痕为叶柄的1/2或1/2以上；花白色，杯状，芳香，径14～20cm，花被片6～12，倒卵形，外轮3片红褐色，长约8cm，内两轮乳黄色，长约11cm；雄蕊长约2cm，花丝深红色；聚合果圆柱状长圆形，长12～20cm，径约6cm，紫红色；花期6～8月，果期9～10月。原产日本北海道。我国山东崂山、青岛有成片栽培。

二、生物学特性

厚朴是喜光树种，性喜凉爽，不耐干旱与水湿，适宜生长在年平均气温16～20℃，1月平均气温3～9℃，年降水量800～1 800mm的雾气重、相对湿度较大但阳光充足的环境，忌严寒酷暑或久雨连雨的气候。喜疏松、肥沃、腐殖质丰富、湿润、排水良好、呈微酸性至中性的土壤，一般山地黄壤、黄红壤上均能生长，但以土层疏松、湿润、肥沃的山地沙土、中性或微酸性的向阳山地土壤上生长最好。野生的多混于落叶阔叶林内。

厚朴生长快，侧根发达，萌芽力强，在适宜条件下，幼树每年高生长可达1m。在林内可长成直干树。每朵花持续期达15d，全花期约20多d。果9～10月下旬成熟。11月上旬落叶。15年生开始结实，20年生可剥皮制药，药性以树龄越大为好。

三、栽培技术

1. 采种

选择厚朴自然分布林分优良类型和单株。于10月中下旬当聚合果由黄绿色转为紫黑色，蓇葖微裂，露出红色种皮时连果柄采收，置于室内阴凉通风处，让其自然开裂，将筛出的种子摊沤于室内，待红色外种皮发黑后，用清水浸泡1～2d，搓去外种皮，漂洗干净，再用洗衣粉或草木灰反复搓洗后，用清水洗净，摊于阴凉处，自然干燥2～3d，用湿沙贮藏。厚朴出籽率5%～10%，种子千粒重227～310g。

2. 苗木繁殖

（1）播种育苗。播种前，先将种子放入50℃的温水中自然冷却，浸泡3～5d，待种皮松软后再播入苗床。圃地应选土层深厚、肥沃、灌溉便利、不西晒的地方。冬季翻地熟化，播前作宽130cm、高20cm的苗床后施厩肥、堆肥或火土灰22 500kg·hm^{-2}。2月下旬至3月上旬播种。采取条播，条距25～30cm，沟深5～7cm，沟内每隔5～7cm播种1～2粒，播种量120～180kg/hm^2，种子上覆盖草木灰厚2～3cm，再覆草以保持湿度。当幼苗大部分出土时，及时揭除覆盖物。视苗木生长情况，进行中耕除草、追肥、防治病虫害。1年生规格苗高40～60cm，地径粗1～1.5cm。

（2）无性繁殖育苗。扦插，在早春树木萌动前，选择树冠中上部粗壮的1～2年生枝切成15～20cm长的枝段，下端削成45°的斜切口，随即插入做好的沙床或黄心土苗床上，上端留1～2个芽露出床面。扦插行距10～15cm，株距6～8cm。插后淋透水，并搭设高30～35cm的塑料棚遮荫保湿，两端留孔，适度通风。翌年春检查苗木发根情况，已发根且生长良好的插条移入苗圃继续培育，1年后即可上山造林。嫁接，厚朴嫁接主要为保持优良种类或单株优势，提早开花，增厚树皮，繁殖良种等。砧木采用1～2年的幼树苗；接穗采用优良经济性状、生长健壮、发育充实、无病虫害的10～20年生母树的中、上部1～2年生枝条。采穗应在阴天或早晨进行，采下后剪除叶片，保留叶柄长1cm左右，不伤芽眼，随采随接。如一次不能全部接完，剩余的可用湿润、清洁的河沙层积贮藏，但时间不宜超过5d。嫁接时间为3月下旬至4月上旬，也可在8月上旬至9月上旬进行。嫁接方法有枝接和芽接两种。

3. 苗木的抚育管理

（1）揭草和遮荫。当厚朴幼苗大部分出土时，及时揭去覆草，并将覆草撒留在苗木行间。揭草时间宜在傍晚或阴天分次进行。苗木出土之后，正值气温上升，苗木易受日灼危害，应及时采取避荫措施。遮荫办法：6月上旬在苗圃地里架设荫棚，高150cm左右，用透光度40%的遮阳网或草类作遮荫材料进行覆盖，9月底撤除。

（2）中耕除草。选择雨后天晴或灌溉后土壤疏松时的早晚进行。全年需中耕除草4~8次，松土深度4~5cm。可结合进行移苗。厚朴幼苗在5月下旬至6月上旬，一般高7cm，根颈粗约0.2~0.4cm，真叶2~4片，若苗木过疏或过密，应进行移苗。移苗时轻轻用竹片或移植铲将幼苗连土挖出，移植到缺苗的地方，浇足定根水。

（3）抗旱和施肥。厚朴种子发芽和苗木生长都需要适当的水分供应。特别是7~8月，气温和地面温度上升到30℃以上，若天晴少雨，苗叶略呈黄色，叶缘皱缩，应及时浇水抗旱。夏末秋初，气温高达38~39℃，易造成苗木凋萎，浇水时必须加少量低浓度的有机肥料，以利苗木吸收后增强耐旱力。一般情况下，苗木抗旱浇水应结合施肥同时进行。要把握好施肥时间和施肥量，圃地肥沃、基肥充足，生长期内追2~3次微薄腐熟的人粪尿或少量化肥。化肥施用量，尿素22.5~37.5kg·hm^{-2}或硫酸铵45~75kg·hm^{-2}。

（4）幼苗移植。厚朴播种苗当年苗高35cm左右，不分枝，还不能用于造林，需移床继续培育。移床时间为翌年春季。方法是将幼苗完好地挖出，对根部适度修剪除掉受伤根，保留主根15~20cm，再带土栽植在已准备好的圃地内，22.5万株·hm^{-2}，淋足定根水，加强管理，第2年苗木高可达1m以上。扦插苗的移床与实生苗移床方法相同，移床时间在扦插苗木上有新生叶3片以上后进行，移植密度为30万株·hm^{-2}。

（5）苗木出圃。厚朴苗根系发达，起苗深度不少于20cm。宜选阴雨天进行，力求多带土，保持根系完整，不伤顶芽、侧芽及主干皮层。苗木分级后进行浆根、包装，运至造林地，切忌苗木风吹日晒或成捆堆放，应随起随栽。若需长途运输，一定要用湿润的稻草、草席等物包装，保持根系的湿润。

4. 造林

（1）造林地选择。不同的厚朴种类，其生物学特性不同，对立地条件和环境条件的要求也不一样。厚朴成林在高山、中山地区生长极茂密，但超过海拔1 500m以上就只开花，结实不多，种子很难成熟；低于海拔500m的丘陵平地生长慢，且易受病虫危害。但幼林在丘陵平地生长快。因此，培育苗木应选在丘陵地区，造林地应选在高山、中山海拔1 500m以下的山地，最好是海拔800~1 200m，雾气笼罩，湿度大，土壤呈微酸性或中性的沙壤、油沙土或钙质冲积土，肥沃深厚，腐殖质含量高的山麓、溪谷、坡窝等排水良好的东南坡上。

（2）整地。在地势平坦，坡度10°以下，立地条件好，没有水土流失的地方实行林地清理，全垦整地，深度为20cm左右；坡度10°~20°采用林地清理，环山水平带反坡阶梯隔带方式整地，梯面宽2~3m，内低外高，内沟深30cm、宽40cm，梯面挖穴，梯间保持3~4m宽的水土保持生物带；20°以上陡坡地，根据地势的不同采用块状或穴状整地，尽可能保持原生植被。岩石裸露的地方整地，可采用见缝插针的方法选择穴状整地。

（3）栽植。定点挖穴：按栽植的株行距定点挖穴大小为60cm×60cm×60cm，将表土填入穴底，施放基肥。每穴一般施堆肥40kg或火土灰30kg，或腐熟厩肥20~30kg，并施复合肥0.5~1kg，肥料均应与底土拌和均匀，上覆5~10cm细土，不让苗根和肥料接触。栽植密度：密度因立地条件、栽培目的不同略有差异。一般情况下，以经营用材为主的初植株行距1m×2.3m，4 350株·hm^{-2}或1.3m×2.6m，2 925株·hm^{-2}。待进入成林郁闭时，再行抚育间伐，保留1 200~1 500株/hm^{2}株至成林。以经营药材为主的初植株行距1.5m×2.5m，2 670株·hm^{-2}，或1.2m×2.5m，3 330株·hm^{-2}。成林郁闭时进行间伐，保留1 500~1 800株·hm^{-2}，以增加皮厚，提高药材产量。栽植时间：宜在早春雨水前后进行。造林方式：厚朴人工林多为纯林，为提高林地效益，促进厚朴生长，宜营造厚朴混交林。适合混交的树种为刺楸、鹅掌楸、杉、松等，可采取行间混交、块状混交或带状混交。

（4）抚育管理。中耕除草：根据整地方式不同，结合林地杂灌草生长情况不同，采用不同的除杂方式，杂灌生长快的地方，采用耕抚、刀抚相结合，每年5~6月和9~10月各进行1次，连续进行3年。杂灌生长慢的地方，每年5~6月耕抚1次，9~10月刀抚1次，连续进行3年。杂草生长快的地方，造林第2年在杂草生长期喷施强力除草剂将草杀死。耕抚时结合松土，深度夏抚15~20cm，秋抚10~12cm，冠内浅锄，冠外深挖。造林后第2年结合中耕进行补植。间种施肥：幼林生长头2~3年可间种低矮作物，以耕代抚，作物以绿豆、花生、萝卜等为好。间种作物不宜太密，离树蔸在0.5m左右，肥料种类以有机肥为主，也可追施少量化肥。追肥应深施，一般开十字沟或绕树冠开环状沟，沟深10~12cm，施肥后即行覆土。除萌间伐：厚朴萌蘖性强，3~4年后，树蔸下面即生萌蘖，应及时抹除，保留明显主干。除萌可结合分蘖繁殖进行，第1次间伐应在厚朴林郁闭后1~2年，当厚朴个郁闭太大时进行第2次间伐。间伐时间宜在树木萌动时进行，以利树皮的剥取，也可结合除萌进行。树皮斜割：对15年生左右的厚朴树，如树皮较薄，应在1~2月份用快刀围绕树干将树皮斜割2~3刀，使其养分积累，促进树皮增厚，4~5年后即可收割，可明显提高经济效益。

5. 环剥再生技术

厚朴传统上均采用砍倒树剥皮的方法，此法易造成资源枯竭。采用环剥再生技术能在3~4年内恢复利用，可源源不断地提供商品药材，经济效益期长，而且不影响植株生长，一般剥后60d新生皮恢复可达60%以上。

方法：事先准备好芽接刀、剪、高级透明塑料纸、电工胶带等，在温湿度适宜的无雨天里环剥；选好剥皮树段，下切割线距地面约20cm，以利对下部封闭保护，防止感染和机械损伤，剥皮高度（剥长）根据采药分段标准为45cm或45cm的倍数。剥前清除树基周围至少50cm处的枝叶草灌和一切容易侵染环剥部位的外物；切割成“I”字形，上一横刀并向下斜45°，下边一横刀向上斜45°（均绕树干一周），以利恢复创伤面，中间竖刀，下刀时严格注意保护韧皮部形成层，不能深达木质部。然后，从“竖切口”用嫁接刀的另一端（非金属面），撬开周皮，用手轻轻将皮层剥离取下，动作要快而谨慎；剥皮后，立即将环剥部位用高级透明塑料纸密封起来，塑料纸的上下限超出切割线5~10cm，迅速将电工胶带绕树干将透明纸上下外缘缠紧；注意保护看管，以防外力机械损伤和破坏，仔细观察，及时排除一切可能侵染、干扰、感染等影响环剥部位的因素；剥后15d先解除下部封闭线，取掉电工胶带，使环剥面新生组织逐步接触空气，适应外界环境。20d后可全部解除封闭，此时愈伤组织已经形成，切割部愈合，新生皮长出，开始恢复生长。

四、病虫害防治

（一）病害防治

1. 苗木根腐病

厚朴幼苗在排水不良的黏土湿地，常易发生根腐病。受病株根部腐烂，枝茎产生暗黑斑纹，严重者导致整株死亡。

防治方法：不要选过于阴湿地作苗圃地，在苗床四周开好排水沟，以保持苗床干湿度。发病后及时清理病株烧毁，同时挖出病土，回填新土，每公顷用15kg70%五氯硝基苯，拌土375kg撒到病株迹地上，或撒生石灰或硫黄粉消毒，以防止病害蔓延，并多施钾肥如草木灰等，增强苗木抗病力。用50%托布津1 000~1 500倍液，或50%多菌灵1 000~1 500倍液浇灌病株根部。另外，也可用氯化苦或福尔马林进行土壤消毒。

2. 厚朴叶枯病

为真菌性病害。叶片病斑初起呈黑褐色，圆形，直径0.2~0.5cm，以后逐渐扩大，布满全叶，导致叶片干枯而死。

防治方法：冬季清除病叶，集中烧毁或深埋。发病后及时摘除病叶，每隔7~10d喷一次1∶1∶100波尔多液，或50%退菌特800倍液，连续2~3次。

（二）虫害防治

1. 天牛

天牛成虫咬食嫩枝皮层，造成枯枝。雌虫喜在5年生以上的植株离地面30~50cm的树干基部，咬破树皮产卵，皮层常裂开突起；初龄幼虫在树皮下穿凿不规则虫道，稍长成后，蛀入木质部，再向主干危害，虫孔常排出木屑。被害植株逐渐枯萎死亡。

防治方法：树干涂白防止产卵；在8~9月晴天上午进行人工捕杀成虫；9月后，从虫孔注入1∶300倍液的乙硫磷、久效磷或敌敌畏等进行毒杀；发现虫孔后插入含久效磷的毒扦熏杀。

2. 白蚁

白蚁食性杂，主要危害林木根部和幼苗。1个成年群巢，群体庞大，个体数多达100万只以上。蚁群活动和危害范围可达40~50m。危害林木的主要有黄翅大白蚁和黑翅土白蚁。黄翅大白蚁巢多筑于地下50~150cm深处，成虫蚁巢椭圆形馒头状，大小一般在40~60cm，最大达100cm左右。分群季节在4月中旬至6月中旬，盛期在5月中旬。黑翅土白蚁蚁巢在地下1~3m，开始分群日期略早于黄翅大白蚁。

防治方法：食物铒杀，在白蚁发生时，于被害处附近挖长1m，宽0.7～1.0m，深0.7m的土坑，坑内选放松木、松枝、甘蔗渣、枯竹片、稻草等白蚁喜吃食物，上面洒以稀薄的红糖水或米汤，上面再覆一层草。白蚁诱至后，喷洒灭蚁灵或50%升汞、35%亚砷酸、10%水杨酸、5%红砒。也可将白蚁喜食物品经1：5的亚砷酸水浸渍后，放在林木被害处，白蚁食后即回巢死亡。如不施药，可将诱杀物连同白蚁一起搬走烧掉，另换新材料诱杀。压烟熏杀，按白蚁分飞孔判断巢位，据此开挖侧沟，一般入土0.7～1.0m可发现主道，在通向主巢的主道下方挖一个烟包洞，可放1kg烟剂，放药发烟后，洞口用挡烟板挡死，然后将打气筒与挡烟板上的气眼接好后打气压烟，冬季压烟12h，夏季压烟48h，可全巢杀死。或从分飞孔上施王蚁灵粉剂，以便守卫分飞孔兵义带入巢穴，传入全巢将所有白蚁杀死。也可在不损伤树木的情况下，采用挖巢灭蚁的杀灭办法。

五、采收和加工利用

（一）皮、花的采收

1. 厚朴皮的采收

厚朴一般生长20年左右即可剥皮制药，生长年限愈长，皮愈厚，质量愈佳。以4～5月采收皮为宜。厚朴皮按规格可分5种，其采收方式各异。

（1）蔸朴（刁朴）。从树蔸触地处起到生长大侧根这一段称蔸朴。采集时先将泥土挖开，在靠近第一侧根处，绕蔸身横切一圈，按40～80cm规格，再绕蔸身横割一圈，在两圈中直划一刀，按直线切口将皮取脱。

（2）块耳朴。蔸部除去蔸朴后密生根系一段的皮。采集时根据朴皮生长方向划刀，成块取脱，力求大块。

（3）根朴。即主根、侧根细小部分的根皮。采集时将根周泥土挖开，按规格开刀取脱。

（4）筒朴。是蔸朴以上的主干皮。剥皮时由下而上按40～80cm规格要求，绕树干横切一刀，再直划一刀，按直划刀痕整块剥取，由下至上依次进行。或将树伐倒，按同样长度分段，每段直划一刀，按刀痕整块剥取。为保证厚朴材质，刀口深以刚接触木质部为度。

（5）枝朴。树枝的皮称枝朴。剥取时粗大主枝的皮可提级为筒朴，小枝皮不好切剥，则用锤子锤开剥下，任其自然卷筒，可以日晒。

按以上方法剥取树皮后每3～5筒套在一起，横放竹筐内，切忌直放，以免树液流出，影响发汗，更不能日晒雨淋，降低质量。

2. 厚朴花的采收

厚朴花的采收宜在3月下旬至4月上旬，当花蕾含苞待放而未开花时进行。采收应保持花朵完整不碎、色紫红、气香浓。宜在阴天或晴天早上采收。鲜花采回后，应将杂物清除，放在蒸笼中蒸5～10min，再用微火烘干或烘焙。操作时切忌火势太猛、太急，以免烘枯焙焦，至烘焙七成干后，再晒干，置于干燥处贮藏或装箱外运销售。

（二）皮的加工处理

1. 厚朴皮的处理

（1）发汗。将剥下的树皮刮去粗糙外皮，阴干后，数张皮卷成一大卷，堆放2～3d，覆上稻草或棉絮、麻袋，使其发汗。也有的将厚朴皮先放入沸水中微烫后再取出堆放炕上，或堆于坑内3～4d，覆盖湿草或棉絮等，促其发汗。

（2）风干。发汗后的厚朴皮、筒朴或蔸朴取出卷成双卷或单卷，捆紧，放在通气的室内或棚内架好的竹架或木架之上，让其自然风干，经常翻动，以加速干燥，切忌日光暴晒，造成油分、香味损失，朴皮破裂，降低等级；也不能堆放地上，以防回潮发霉。风干后的朴皮，即可分类打包，外运出售。

2. 厚朴皮的加工

（1）厚朴药材规格

• 筒朴（包括枝朴）

一等　双卷筒，长度40cm，厚度0.4cm以上；

二等　双卷筒，长度40cm，厚度0.33～0.39cm；

三等　双卷筒，长度40cm，厚度0.29cm以上。

• 刁朴（蔸朴）

一等　长度不超过40cm，土内部分要在16.7cm以上，厚度0.83cm以上；

二等　长度40cm，土内部分16.7cm以上，厚度0.67～0.83cm；

三等　长度40cm，土内部分16.7cm以上，厚度0.5～0.67cm。

• 块朴

一等　全土内块朴，长度13.26cm，宽度6.67cm，厚度在0.5cm以上；

二等　全土内块朴，长度 9.99cm，宽度 6.67cm，厚度在 0.4 ~ 0.5cm。

● 羊尔朴　即全土内小根朴：

一等　长度 46.7cm，每千克不超过 12 根；

二等　长度 46.7cm，每千克不超过 20 根；

三等　长度 46.7cm，每千克不超过 40 根。

（2）厚朴药材的性状。筒朴，外表皮灰棕色或灰褐色，粗糙不平，栓皮呈鳞皮状，较易剥落，有不规则纵横裂纹及椭圆形皮孔。刮去粗皮，外表面较平滑，内表面呈棕色至紫棕色，具细密纵纹，质坚硬，不易折断。断面外侧呈颗粒状，常可见有白色光亮的结晶，内侧呈纤维性气味芳香，味辛辣，稍苦涩。刁朴、块朴、根朴，呈筒状或不规则的块片，小根采集的朴皮弯曲似鸡肠，质硬，易折，断面呈纤维性。朴皮均以内表面紫棕色，油性足，断面有小亮点，香气浓者品质为佳。花，以含苞未放，全干，柄短，色棕色，香气浓者为优。果。厚朴果实应是外皮鲜红，内皮黑色，腹部有浅沟。

（三）药材的泡制

厚朴皮必须经过泡制，才能达到预定的医疗效果。主要工艺包括：

（1）净洗去皮。泡制前，人工清除杂质、泥沙及霉变品，用利刀刮去表皮及附着物。

（2）切丝。厚朴皮质地致密、坚实，为使泡制时均匀受热，吸收辅料，控制火候，需用特殊的切药刀将经过水处理软化的朴皮切成宽约 2 ~ 3mm 的细丝，再放到阴凉通风处使水分缓缓蒸发阴干，以保持药材药性。

（3）姜制厚朴。将切制的厚朴条蒸 1 ~ 2h，趁热取出再切成 0.3cm 长丝片，晾干。将锅内余汁与打碎的生姜一起置入锅内煎成浓汁，取出姜渣，将药汁拌入朴片内吸收，晒干。

（4）姜、苏制朴。每 100kg 初加工的厚朴条，用鲜生姜和紫苏叶各 10kg，放入蒸煮厚朴片的余水中煮 2 ~ 3h，滤去姜渣、苏叶、残渣，再放朴片拌匀将汁吸尽，取出晾干。

（5）浸泡厚朴酒。用 60°的主粮酒 50kg 浸泡经加工姜炙后的厚朴丝或洗净后刮去粗皮的厚朴片 2.5 ~ 5kg，20 ~ 30d 即可饮用。厚朴酒具有温中、除湿、去寒之功效。

（柏方敏）

53. 黄　柏

黄柏为芸香科（Rutaceae）黄檗属（*Phellodendron* Rupr.）植物，全世界约10种，我国产6种4变种，均为药用植物。药典上收载2种，即黄皮树（*Phellodendron chinense* Schneid.）（习称川黄柏）和黄檗（*P. amurense* Rupr.）（习称关黄柏），用其干燥树皮的内皮层鲜黄色入药即著名中药黄柏。其性寒、味苦，具清热燥湿，泻火解毒等功效，常用于湿热泻痢、黄疸、白带以及热痹、热淋等症。黄柏含小檗碱、黄柏酮等主要成分，有抗菌、收敛、消炎的作用，对各种皮肤湿毒、疮疡等症状功效良好。内皮层还可以作染料。关黄柏的栓皮层是优质软木工业原料。种子可榨油，含油量20%～25%，用于制皂及机器润滑油。黄柏也是珍贵用材树种，木材淡黄色，纹理直，结构细，不翘裂，材质好，坚韧，有弹性，耐水湿，耐腐性强，易加工，是上等家具、造船、三板及航空工业用材。

一、种类与分布

黄柏属为东亚特有，主要分布于我国西南地区，个别种（黄檗）分布到东北北部小兴安岭的山地针阔混交林，是第三纪孑遗植物。

（1）黄皮树（*Ph. chinense* Schneid.）。落叶乔木，高达20m，胸径1m。树皮灰褐色，内面黄色，有黏性，无加厚木栓层，小枝紫褐色，粗壮，具有长圆形皮孔。奇数羽状复叶对生，小叶7～15，薄革质，长卵形或披针形，长7～15cm，宽3～6.5cm，先端长渐尖，基部近圆形，两侧不对称，全缘或具稀疏的浅齿，上面深绿色，中脉密被短毛，下面灰绿色，密被白色柔毛，中脉上的毛尤密，叶具柄，小叶柄及叶轴均密被柔毛。花单性，雌雄异株，聚伞状圆锥花序顶生，花序密被短柔毛，萼片5，卵状三角形，长约1.5mm；花瓣5～8，淡黄色，长圆形，长约4～5mm；雄花具雄蕊5～6，长于花瓣，花药紫色，退化雌蕊钻形；雌花具退化雄蕊5～6，子房5室，花柱粗短，柱头头状；花盘小，垫状。果枝及果序轴粗壮，被柔毛；浆果状核果紫黑色，卵球形，果核5～6；种子黑褐色，长卵形。花期5～7月，果期8～10月。黄皮树树皮无加厚的木栓，主要分布于秦岭以南各地，如湖北、湖南西北部、四川东部、重庆东南部和云南。

（2）黄檗（*Ph. amurense* Rupr.）。黄檗与黄皮树的主要区别在于其具有厚而软的木栓层，且多分布于东北、华北及台湾地区。黄檗主要分布于东北小兴安岭南坡，长白山和华北燕山山地北部，最北端可至大兴安岭，主要在北纬39°～52°范围内。在此区域的北部，垂直分布可达海拔700m，南部海拔可达1 500m。黄檗为喜光树种，在东北林区常零散分布于河谷两侧及山体下部湿润肥沃的森林棕色土上，常混生于阔叶林中，少数生于针阔混交林中。

（3）秃叶黄皮树（*Ph. chinense* var. *glabriusculum*）。分布于秦岭以南的陕西、湖北、湖南、贵州、四川、重庆和广西等地。

（4）大叶黄檗（*Ph. macrophyllum*）和法氏黄檗（*Ph. fargesii*）。分布于重庆城口县附近。

（5）镰刀叶黄檗（*Ph. Chinense* var. *falcatum*），云南东北及四川凉山地区有分布。

（6）辛氏黄檗（*Ph. sinii*）。贵州有分布。

（7）峨眉黄皮树（*Ph. chinense* var. *omeiense*）。四川中部以西地区有分布。

（8）云南黄皮树（*Ph. chinense* var. *yunnanense*）云南东南有分布。

野生黄皮树生长在四川盆地南部的常绿阔叶林和亚热带常绿阔叶林中，在海拔600～700m的天然混交林中长势较好，但并非优势种。四川栽培的黄柏主要是川黄柏及其变种峨眉黄皮树，以皮入药，药用成分为小檗碱，因其含量高，为提制小檗碱的主要原料。成片林不多，多是散生或生长在杉木、樟、楠、桦木林中。在20世纪50年代中期，四川年均收购黄柏曾达到120t。川黄柏生长在四川平武、茂汶、宝兴、雅安、美姑一线以东的盆地边沿山地，其垂直分布在海拔2 000m以上的低中山和丘陵地区。在气候温和湿润，年平均气温15°C左右，年降水量1 000～1 200mm的地区，黄柏生长迅速，一般情况下，栽后3～4年始果，10年生以上即可剥皮，伐后新芽生长更快。传统上川黄柏多以利用野生资源为主。20世纪70年代以来才开始营造成片人工林，栽培上习称黄皮树为“南川黄柏”，而称秃叶黄皮树为“武隆黄柏”，称峨眉产秃叶黄皮树为

“峨眉黄柏”，其中峨眉黄皮树生长较其他品种快。黄皮树不仅木质部增粗快，而且其树皮也增厚较快。据调查，四旁零星种植的黄柏，7 年生胸径可达 19cm，10 年生的黄柏树株产鲜皮 30kg。

二、生物学特性

黄柏适应性强，在我国南北各地均能生长。喜凉爽、湿润的气候，苗期较能耐荫，成年树喜光，多生于湿润，通气良好，中性或微酸性红黄壤，以深厚肥沃排水良好的沙质土壤上生长好，在河谷两侧肥沃深厚的冲积土上生长最好。成年树较耐寒，幼树易受冻害。不耐干燥瘠薄及水湿。黄柏为深根性树种，植株萌蘖能力强，伐后可萌芽更新。

三、栽培技术

1. 采种

黄柏雌雄异株，花单性。花期 5 ~6 月，果期 10 月。立冬前后，浆果开始变黄，果实呈紫黑色时，完全成熟，即可采收。种实采集后，堆放 2 ~3 周，至果皮完全变黑腐烂，装入竹篮或筛子内，搓去果皮放清水中漂去果皮杂质，淘洗取籽，摊放在阴凉通风处阴干备用。种子千粒重 13 ~17g。由于种子有松节油香味，老鼠喜爱吃，需慎防之。

2. 播种育苗

播种育苗的时期，秋播、春播均可。春播以早春为宜，春播种子需沙藏处理，播种前用 30 ~40°C 温水浸泡 2d，捞出晾干播种，一般于春分前 5d 下种。因种子很小难以播匀，需筛取 3 ~5 倍于种子的细土拌匀一起撒播。条播用种量需用洗籽 47 ~ 75 $kg \cdot hm^{-2}$，沟距 35cm，深 2 ~2.5cm，覆盖火土灰 2cm，播后覆土，盖草，浇水。一般情况下，播后 20d 左右即出苗。幼苗忌高温干旱，如遇天旱应及时浇水。当苗高 5 ~6cm 时，进行第一次间苗，当苗高 20cm 以上时定苗，定苗要选择阴雨天或傍晚进行，每次间苗后，应结合中耕除草，追肥 1 次。苗木产量约 30 万 ~45 万株 $\cdot hm^{-2}$。1 年生苗高 60 ~ 80cm，根径 0.4 ~0.8cm 时可出圃上山造林。

3. 组织培养

黄柏植物的组织培养已有研究报道，可利用其愈伤组织提制小檗碱。将黄檗种子萌发所得实生苗的下胚轴切成 2mm 左右的小段或将其子叶切成小块作为外植体。基本培养基为 1/2MS 培养基；愈伤组织及芽分化培养基为每升附加 BA1.0mg，玉米素 0.3mg，蔗糖 30g，水解乳蛋白 300mg，琼脂 6g；生根培养基为每升附加 NAA0.02mg，蔗糖 15g，琼脂 10g；培养室温度为 25 ±2℃，光照强度为 1 500 ~ 2 000Lx。一般经过 4 ~5 周的培养即可发育出正常的根系，在温室的自然光照下经 10 ~20d 炼苗，待苗茎的机械组织发育较好后，即可移植到盛有土壤的花盆中培养，再经一个阶段的培养锻炼后即可移到室外圃地。

4. 造林

黄柏适生于海拔 800m 左右山地。造林地应选择在河谷两侧、避风向阳的缓坡、山脚、山腹中部以下及山间台地中土层深厚、肥沃、疏松、排水良好的酸性土壤或微碱性土壤上。新造黄柏林可进行全周期培育和间种，采用全垦作梯状整地方式，挖大穴 0.5m ×0.5m ×0.4m，施足底肥，植好苗木。黄皮树为喜光树种，幼时生长较缓慢，枝多树干不直，因此造林密度应适当加大，有利于主干生长，每公顷造林 2 250 ~4 500 株。前期生长快，一般成片林 10 年生树高 7m，胸径 6 ~8cm。

5. 抚育管理

栽后若遇干旱应适当浇水。在幼树生长期，每年春、秋两季要松土、除草，入冬前宜沟施厩肥。在造林后的 4 ~5 年内，要进行抚育、壅土和修枝。对于干梢或丛生不良幼苗，要平茬复壮。为了促进树木生长，提高树皮产量，对较大的幼树应及时修枝。以耕代抚，开展林内合理间种，间种一些草本药材或作物，如玄参、桔梗、白术、百合或土豆、花生、黄豆、绿豆等，或者在林地内培育黄柏、杜仲、厚朴、板栗等苗木。黄柏栽后第五年秋季，采取株间间伐方式，以调整林内结构，可获取中期收益。间伐后的黄柏具有很强的再生能力，在翌年春从伐蔸上萌发出多根萌芽条，结合抚育间种，抹除多余芽条，只保留一健壮萌芽条，培育定干，形成人工栽培黄柏的立体种植结构，即：上层为黄柏保留木，中层为黄柏萌芽木，下层为林内间种的作物。在川西大邑，湖南湘西凤凰、花垣、保靖、龙山等地及长江防护林体系中大面积营造了黄柏 × 杉木混交林，黄柏 × 松类混交林，黄柏 × 杜仲混交林等等。

四、病虫害防治

黄柏种植于海拔低于 1 000m 以下丘陵地区时易遭病虫危害，常见的有叶锈病、煤烟病、蚜虫、青虫、吹绵蚧等，但在海拔 1 000m 以上地区则少有发生。

1. 叶锈病

为叶部主要病害，初期病叶上出现黄绿色小疮斑，渐至病斑增多，导致叶片枯死。一般5月中旬发病，6~7月危害严重。发病期用敌锈钠400倍液或0.2~0.3波美度石硫合剂或50%二硝散200倍液喷雾，每隔7~10d喷1次，连续喷2~3次。

2. 煤烟病

被害树木叶片或枝干上被煤烟似的霉状物所覆盖。常发生在有蚜虫、介壳虫危害的树上。在透光条件差，湿度大、温度高的地方，容易发病。防治方法：蚜虫、介壳虫发生期喷40%乐果1 500~2 000倍液，或25%亚胺硫磷800~1 000倍液，每隔7d1次，连续2~3次，发病初期喷1:0.5:150的波尔多液，每隔10d 1次，连续2~3次。

3. 枯黑黄凤蝶

幼虫危害叶片，于5~6月发生。在幼虫幼龄时期，喷90%敌百虫800倍液，每5~7d喷1次，连续2~3次，在幼虫3龄以后喷每克含菌量100亿的青虫菌300倍液，每隔10~15d 1次，连续2~3次。

五、采收与加工利用

1. 采剥

定植后10~15年即可收获。采剥宜在5~6月进行，此时植株水分充足，有黏性，容易剥皮。剥取树皮的植株以老龄为好，10年生树皮总生物碱含量为5.83%，而20年生，30年生树皮则分别为7.66%和8%。采收一般采用间伐的办法，将树砍倒，不留桩，用伐树剥皮法，树砍倒后，先用利刀在伐倒的树干基部环割，按60~100cm左右定点割第二道切口，再于两切口间纵割一刀，用竹片从纵切口处撬剥，依次剥下树皮、枝皮和根皮。趁新鲜除去外皮和栓皮，压平，切丝，晒干。树干越粗，树皮质量越好。也可采用活立木环剥法：在树干基部离地表30cm处向上分段，间隔剥去树干皮的1/3，以保证养分输送和树木健壮生长，为防止新皮感染而坏死，可用塑料薄膜或喷塑材料对剥皮后暴露的创面进行保护，待伤口愈合后，轮换剥皮。一般剥后5年再生新皮厚达1.2mm，可供药用。还有采用完全环剥树皮法，成活率在90%以上。剥皮后要加强管理，确保树木旺盛生长。剥皮间隔期则因树龄、树势、经营水平、环剥技术而异。在北方黄檗皮的环剥在7月进行为宜。在15年生的黄檗树上连续三年进行环剥试验表明，新生皮生长较快，增重达44%~63%。皮中所含总生物碱组分与老皮的相同。

2. 加工

在加工过程中不能遇水湿，否则黏液渗出会影响加工操作和产品质量。

（1）初加工。剥下的树皮趁新鲜水分多时刮去粗皮，以显出黄色为度，晒干或烘干。或将剥下的树皮晒至半干排放成垛，用石板压平，然后剥去外层树皮，显黄色为度，再继续晒干。以身干鲜黄色，粗皮去净，苦味厚重，皮厚者为佳。

（2）切制。将原药材在清水中略浸片刻，洗净泥沙，取出置竹篓内放阴凉处润4~8h，待变软切2.5~3cm宽长条，再切成0.2~0.25 cm丝片，先晾至半干，再晒干。

（3）盐水炒黄柏。取黄柏片，置盆内喷洒盐水适量拌均，稍润吸尽，置锅内用文火炒至深黄色，略见焦斑时，取出摊晾，每100kg黄柏用食盐2kg化水拌炒。酒炒黄柏：黄柏片用黄酒喷洒拌均稍润，置锅内用文火炒至深黄色，略见焦斑时，取出摊晾，每100kg黄柏用黄酒15kg拌炒。

（4）黄柏炭。取黄柏片置锅内，用武火炒至焦黑色，存性，取出喷洒清水灭火星，晒干即得。治过的黄柏放容器内置干燥处，防蛀防霉。

3. 综合利用与资源保护

黄皮树的枝皮和根皮均可提取小檗碱，叶中含有黄柏酮醇苷等多种黄酮类化合物，含量约10%。果实中含有小檗碱和药根碱。黄皮树提取小檗碱之后的残余物中尚含巴马亭、药根碱和黄柏碱等，值得进一步开发利用。黄檗为我国东北地区珍贵用材树种，材质好，可作为家具，枪托及飞机用材。其树皮木栓可做瓶塞，软木，隔音、隔热材料，内皮的黄色可做染料；叶和果实可供提取挥发油，油中含月桂烯等成分；花是一种优良的蜜源。台湾的威氏黄柏（*Ph. wilsonii*）树皮中含有小檗碱等8种季胺型生物碱，还有贵州的辛氏黄柏（*Ph. sinii*）等都可以作为黄柏药用新资源进一步加以研究利用。

（刘友全）

54. 肉　　桂

肉桂是我国重要的调料树种和的特产药材，亦是珍贵南药。

我国使用和栽培肉桂已有2 000多年历史。目前我国桂皮的产量占世界总产量的40%以上，所产肉桂除少量内销外，大部分出口印度、巴基斯坦、德、希腊等国家作香料，在国际市场上久负盛名。肉桂是制作香料的重要原料，其树皮（桂皮）、幼果（桂子）、树枝（桂枝）和枝叶蒸制的肉桂油均可供药用。桂油不仅为常用驱风药及健胃药，而且还是食品、轻工及化工工业的重要原料，从中提取的桂油醛是合成高级香精的重要原料，为各种饮料（如可口可乐、百事可乐）、冰淇淋、糖果、焙烤食品、肉类产品、各类腌渍产品等的必备上料。

此外，肉桂的木材纹理直，结构细，可制作高档家具。由于肉桂苗供应不足，栽培不易，影响了肉桂的发展，加上肉桂需求量大，自然资源逐渐递减，导致肉桂价格偏高，宜大力发展。

一、主要物种

1. 肉桂（*Cinnamomum cassia* Presl）

肉桂为樟科（Lauraceae）樟属（*Cinnamomum* Trew）常绿乔木，高达10～17m，主干外皮灰褐色或棕色，粗糙，有细皱纹及小裂纹，皮孔椭圆形，偶有凸起横纹，常出现灰绿色花斑，内皮红棕色，芳香而味甜性辛。老树皮厚1～1.5cm，幼枝略呈四棱形，幼枝、芽、花序和叶柄均被褐色短绒毛。叶片、树皮均有肉桂特有的香气。叶互生或近对生，革质；叶片长椭圆形至披针形，长8～20cm，宽4～5.5cm，全缘，先端稍急尖，基部急尖，上面绿色，平滑而有光泽，无毛；下面灰绿色，疏被黄色短绒毛，具离基三出脉，于下面明显隆起，细脉横向平行；叶柄稍膨大，长1～2cm。花呈圆锥花序，腋生或近顶生，长10～19 cm，花小，两性，黄绿色；花梗长2～8 cm，花被管长2mm，裂片6，黄绿色，椭圆形，与花被等长，花被内外两面密被黄褐色短绒毛，花被筒倒锥形；发育雄蕊9枚，花丝被柔毛，第一、二轮雄蕊药室4室均内向，上2室较小，第三轮雄蕊在花丝上方1/3处有1对圆状肾形腺体，药室4，上2室小，外侧向，下2室外向，内轮为3枚退化雄蕊，先端箭头状正三角形；子房长约17 mm，椭圆形，无毛，1室，1胚珠，柱头小，略呈盘状，花柱纤细，与子房等长。花托肉质。花期6～7月。浆果卵圆形，直径9mm，熟时黑紫色，基部有浅杯状的增大宿存花被，边缘平截或稀齿状，内有种子1粒，卵圆形，黄褐色，长1cm，宽0.6cm。新鲜种子千粒重209.2g。果期10月至翌年2～3月。

2. 南肉桂［*C. cassiamacrophlla*（ined）］

南肉桂又称清化桂，是肉桂的变种，植物形态与肉桂相似，惟叶较大，嫩叶色较红，花丝近无毛。树皮供药用，含挥发油，医药上用作驱风剂、芳香剂、矫味剂。

南肉桂原产于越南中部清化地区。我国从20世纪50年代末开始少量引种，在广东、海南、福建、四川和云南等地，尤其是广东的很多市、县种植，均获成功，生长良好，面积不断扩大。南肉桂质量比我国广西、广东所产的地产肉桂优，比进口肉桂稍逊，是肉桂中的佼佼者。其主要特点是：香气浓、甜味重、含渣少，先甜后辣，色泽近似进口肉桂（以越南清化桂为主）。

二、主要栽培品种

在中国肉桂有3个栽培品种。

1. 红芽肉桂

又名黄油桂，新芽和嫩叶均呈紫红色，叶片较大，长15～25cm，宽5～8 cm，叶柄长1.1～1.7 cm，叶柄向上弯曲翘起，花序总柄较长，4～12 cm，小花较疏，结果量少，果实亦小。13年生树高7～8m，胸径8～10 cm，树皮呈淡红褐色，皮孔突出，韧皮部油层呈黄色、味香。含油率：桂皮1.26%，桂枝0.68%，桂叶0.33%。植株生长快，桂皮与桂油品质较优，但耐旱力差，适宜在山谷、缓坡下部土壤湿润处种植。

2. 白芽肉桂

又名黑油桂，是我国地产肉桂中较好的栽培品种。该品种植株生长快，枝条紧密，树冠较整齐。新芽和嫩叶呈淡绿色，叶柄水平伸长。叶片较小，下垂，一般长10～19 cm，宽4～6 cm，老叶主脉两侧的叶面向上翘起，呈鸡胸状。花较密集，花序总柄较短，结果较多。13年生树高7～8m，胸径10～11 cm，树皮呈灰褐色，有稀疏细疣状突起，韧皮部油层呈黑色（剥皮晒干后），与非油层界线明显。香味浓，味辛辣重，口嚼先辣后甜。除幼苗期需要阴蔽条件外，整个生长期均需在充足光照下才能生长。较耐旱，适宜在山坡高地种植。桂皮品质尚优。含油率：桂皮1.7%，桂枝0.55%，桂叶0.13%。

3. *砂皮肉桂*

又名糠桂。嫩芽新叶呈棕色，表皮粗糙，叶片长11～16cm，宽2.5～6cm，叶柄长1.4～2.2cm，花序总柄长3.5～8 cm，13年生树高7～8m，胸径8.5～10.5cm，韧皮部油层淡黄色，不明显，桂皮质量差。含油率：桂皮0.45%，桂枝0.20%，桂叶0.25%。

三、生物学特性

（一）生态习性

肉桂主产于广东、广西，云南、海南、福建、浙江、湖南、江西和四川亦有生产，多为栽培品种。广东、广西是我国肉桂的最大产区，产量占全国95%以上。广东主产于德庆、信宜、高要、罗定；广西主产于防城港、平南、容县、藤县、岑溪、苍梧、桂平等。

1. *地形地势*

肉桂多生长在北回归线以南，北纬18°～22°，海拔100～500m，坡度30°～40°，东向或东南向的山坡或山谷。野生者常在避风的疏林中，与亚热带季雨林常绿阔叶林混生，栽培种多单独成片。

2. *温度*

肉桂喜温暖，适宜生长于南亚热带气候区，生长适宜温度21～30℃，最适宜温度22～26℃。植株在月平均气温20℃以上才开始生长，20℃以下生长缓慢，0～5℃低温未见冻害。能耐－2℃的短期低温，生长和开花结实正常，但若连续遇到5d以上霜冻，则常出现枝叶枯萎，幼树冻死。

3. *水分*

肉桂喜湿润，忌积水，雨水过多易引起根腐叶烂；在过于干旱地带，植株生长势差。年降水量1 200～1 800mm，空气相对湿度70%左右。

4. *光照*

肉桂属半耐荫性树种，对光照的要求随着树龄的不同而变化，幼苗喜阴，需要70%～80%的荫蔽，忌烈日直射，在阴蔽的条件下生长迅速，强光下生长受抑制；2m高的幼树能耐受较多的光照。成龄树在较多阳光下才能正常生长、开花、结果，桂皮含油分高，质量优。

5. *土壤*

种在山区的肉桂比平原的质量好，尤以排水和透水性良好、土层疏松深厚、肥沃湿润，土壤酸碱度pH值为4.5～5.5（酸性）的沙质壤土或富含腐殖质的沙质黑壤土为好。在黄泥土上生长的桂皮质软，有油分，质量优。土层瘠薄、干燥和排水不良之地，以及砂土、石砾土不宜种植。排水不良的低洼地易患根腐病。

（二）生长发育

50%左右的荫蔽度有利于幼苗的生长。3～5年生幼树，在阴蔽条件下生长较快。

幼年实生苗树的高生长较慢，2～3年生后逐渐加快，接近成年阶段又逐渐减慢，但对树的增粗影响不大，树皮的增厚是随着树龄的增长而加厚。实生植株10～11年时开始结实，每年1次。营养不足时，常出现大小年。一般100～120年开始衰退。如在开花结实前即行采伐，进行矮林作业，则能维持萌芽更新十多次。年龄可延续100多年。肉桂5月下旬至6月下旬小花陆续开放，昆虫传粉。正常年份座果率25%～30%，在幼年阶段，主茎较为发达，侧枝生长慢，能形成3～5m以上的枝下主干，有利于剥取成块的桂皮。引种的南肉桂7年后便开始开花结果。光照条件得到满足，幼龄肉桂每年可抽梢4次，即4～5月抽春梢，6～7月抽夏梢，8～9月抽秋梢，11月后抽冬梢。一般春梢生长量最大，可达50 cm左右。10年以上的成年树，因开花结实消耗了一定的养分，所以每年只能抽梢2次，4～5月抽春梢，9月下旬至10月下旬抽冬梢。5月中旬自春梢的叶腋间或顶端抽出花序，花期始于6月上旬，终于6月下旬至7月上旬，果熟期翌年2～4月，从花谢到果实成熟需7～9个月。新鲜种子的发芽率可达90%以上，失去水分的干燥种子则易失去发芽能力。肉桂具有很强的萌蘖能力，在砍伐的树墩旁能萌发出新芽成长为新植株。

四、栽培技术

（一）苗木繁殖

以种子繁殖为主，也可采用萌蘖、压条和扦插等方法繁殖。育苗地宜选择靠近水源、有阴蔽、土层深厚、土质疏松肥沃、湿润、排水良好的沙质壤土。坡向以东南方为宜。冬季深翻土地风化，翌年春季播种前翻耕 2 次，施厩肥、堆肥、草木灰混合肥 37 500 ~ 45 000kg · hm^{-2} 作基肥，起畦高 15cm、宽 100cm，畦沟宽 40 ~ 45 cm，并开好排水沟，以待播种。

1. 实生苗培育

（1）种子采收和贮藏。桂树通常种植 10 ~ 11 年后开花结果，选 10 ~ 15 年生、树形端正茂盛、主干高大通直、皮厚、含油足、气香浓、味甜辣、健壮、无病虫害、产量高的植株作留种母树。每年 2 ~ 4 月种子陆续成熟，过早成熟和迟熟种子品质较差。若冬季气温高，雨量多，则提前成熟；如气温低或遇连续干旱，种子成熟期延迟。

当果实变为紫黑色、果肉变软时应及时采收，随熟随采，以防鸟类、松鼠偷食。采收时用木钩或高枝剪把成熟的果实钩下或剪下，不要折断树枝与果枝及采集未成熟的果实。果采收后要及时除去皮，不宜堆积过久，以免发热、发酵，降低发芽率。去皮的方法：将果实放竹篓内置流水处或装有清水的大木盆里，将果皮、果肉搓烂，除去果皮、果肉、黄色嫩籽及空粒，冲掉浆质，把沉于底层的饱满种子取出，摊放在室内阴凉通风处晾干。种子千粒重 370 ~ 380g。

由于种壳较薄，极易干缩，种子久放干燥或晒干均易丧失发芽力。去皮后及时播种，发芽率可达 99.2%，阴干 2d 后播种，发芽率仍可达 86%，晒干或阴干超过 2d 时间，发芽率只有 1.2% ~2%。

肉桂种子寿命短，失水干燥即丧失发芽力，采用湿沙或苔藓及椰屑纤维保湿混藏，亦可延长种子寿命。1 份种子与 2 份湿润的细河沙混合均匀，铺 30 ~ 40cm 的厚度，贮存在室内阴凉避风处，每隔 2 ~ 3d 翻动检查 1 次，发现种子有发热或发霉现象，加干沙拌和，如种皮有干皱现象，须适当加水拌匀。这样可以存放 2 个月，并保持发芽率 80% 左右。超过 2 个月左右，发芽率不到 50%。若起过 8 个月，则全部失去发芽力。2 ~ 3 月，气温 20 ~ 30℃ 时，贮放 1 个月便现芽点，如气温低且细沙较干时，贮藏时间可以延长。

（2）播种和实生苗管理。大面积造林所需苗木常采用种子繁殖的方法。种子用种量为 180 ~ 225 kg · hm^{-2}。

播种前宜进行种子消毒，用 0.3 的福尔马林溶液浸种 30s，然后倒出多余的药液，放入密闭缸内处理 2h，再用清水洗去药液，随即用清水浸种 24h，可以保证较高的发芽率。

播种时期以春季随采随播为好，最迟不要超过 5 月上旬。

● 催芽　取种子 1 份及湿细沙 3 ~ 4 份，两者混合均匀（细沙的湿度以手握成团无滴水亦不松散为宜），然后，在适宜场所铺一层厚 3cm 的湿沙，上面均匀撒上有种子的湿沙，再覆 2 ~ 3cm 厚湿沙，最后用稻草覆盖。如数量不多，可用木箱、纸箱、瓦盆、瓦缸等容器盛放，置于室内，或在室外阳光下。一般经 7 ~ 11d 种子便陆续发芽。种子数量多时，应在室外选择靠近水源、有阴蔽条件、地势较高、干燥、向阳、排水良好处挖坑催芽，坑深 15 ~ 20cm，宽 1m，长按种子量而定。经常保持湿润，约 10d 左右萌发，15d 左右发芽。当有 60% 左右种子露出白色芽点后应及时播种。如芽过长，播种时易损伤幼芽，降低出苗率。种子如需远途运输，则不宜催芽。可用谷壳先浸水 12h 后，滤去多余的水，然后按 1 份种子加 2 份湿谷壳混匀，装入竹筐内，开通气孔，筐口加盖缚好。运途在 7d 以内，种子发芽率仍可保持在 90% 左右。

● 播种　于早春 2 ~ 3 月，将苗床整细理平，开浅沟条播，行距 20 ~ 24 cm，株距 5 ~ 7 cm，播深 1.5 ~ 2.0 cm，播后覆土（厚 2 ~ 3cm）、盖草、浇水。3 ~ 4 月播种，气温 22 ~ 25℃，15d 左右出苗。若不经催芽处理，出苗一般需 20 ~ 30d，出苗率 90%。出苗后立即揭去覆草，将稻草拨向行间，以免压伤幼苗。

● 幼苗管理　苗期应注意遮荫、除草、松土、浇水、追肥等。幼苗有 3 ~ 5 片真叶时施液肥，以后每半月或每月施用 1 次，半年后每隔 2 ~ 3 个月施用 1 次，秋后停施，并在株间撒一层熏土或堆肥。要及时除草、松土，适当修去下部侧枝及叶片，有利于通风，提早行间郁闭，提高耐旱和耐阳光能力。

在苗木根系生长初期，适当施腐熟的人粪尿肥，但不宜过浓，以免灼伤苗木。每公顷幼苗约可移植 5hm^2，每公顷土地可育苗 15 万余株，可供造纯桂林 45 ~ 100hm^2。移植后对原苗圃，追施稀薄人粪尿或尿素、硫酸铵催苗。施化肥应开沟施于行间，不要与根接触，施后覆土浇水。

幼苗喜荫蔽，若无自然荫蔽，需搭荫棚，荫蔽度 50% ~70%，以防日晒。日晒则生长缓慢，叶色黄绿，枯斑多；在有荫蔽条件下的幼苗，生长快，叶色浓绿肥大。随幼苗长大，行间郁闭，荫蔽度可逐渐减小。一年后，当苗高 30 cm 以上，基径粗 0.5 cm 以上时便可出圃造林。如需培育 2 年生大苗，可按株行距 30cm × 30 cm 疏苗移植，或按需要的株行距间去多余苗木，加强水肥管理工作，培育壮苗，待第三年造林。

2. 萌蘖苗培育

又叫分株繁殖、剥根繁殖，专供培育大桂林所用苗木。每年 4 月上旬，选择 1 ~ 2 年生、高 100 cm、直径 2 ~ 2.5 cm 的萌蘖，在接近地面处用锋利的小刀剥去茎部一圈约 3 ~ 4 cm 宽的树皮，随即用疏松肥沃的表土将剥皮部位覆盖，稍压实后淋透水，经 1 年后，剥皮处长出很多不定根，每条根长 30 ~ 50 cm，此时可把土扒开，用刀将萌蘖与母树之间的连接处砍断或用锯锯断，使萌蘖成为单一的独立苗木，便可移至林地造林。采用这种繁殖方法培育的苗木，因其长有发达的根群，定植后成活率可达 95% 以上，但此法不容易获得大量苗木。

3. 压条培育苗

又称高压繁殖。一般在 3 月下旬到 4 月上旬进行。通常选择直径 1 cm 以上的 1 ~ 2 年生优良健壮枝条，或结合修枝整形时选过密的及有碍田间管理的、直径为 1 ~ 1.5cm 的下部侧枝，在距离主干 3 ~ 5 cm 处环状或半环状剥皮 2 ~ 3 cm 宽，剥皮时切口要整齐干净，勿伤到木质部。要求皮部切口不破裂或松脱，以免影响长根，切口处若残留有皮部应用割刀轻轻刮除。在剥皮处用湿青苔、湿椰糠、锯木屑或用稻草拌塘泥或黄泥加羊骨粉拌和等作敷料，敷在切口处，外面用塑料薄膜包扎，两头用绳绑紧，下口扎紧，上口稍松。也可将竹筒从中间纵劈成两半，装土扣压环割部。10 ~ 15d 切口愈合，30 ~ 40d 即露新根，半年后生根率可达 80% 以上。待切口处长出较多的新根后，即在紧贴主干处将枝条平齐锯下，除去塑料薄膜，栽于苗圃，压实四周泥土，浇水，放阴蔽处。加强田间管理，经常淋水、松土、除草、追肥，待根长粗后，便可移到林地造林。此法繁殖造林成活率高，但要获得大量的种苗也较困难。

4. 扦插育苗

扦插育苗方法可获苗最多，比较常用。每年2 ~ 3 月间，从优良母株上选取嫩枝或半嫩枝，或粗为 0.5 ~ 1cm 的侧枝作扦插材料，截成 15cm 长，带有 4 ~ 5个节，下端离节 0.5cm 处剪成斜面，上端留叶 2 ~ 3片，并将叶片剪去 3/5。按株行距 10 ~ 15cm，直插入土中约 2/3，插后注意遮荫，并浇水保持床土湿润，约 2 周开始萌芽，40 ~ 50d 后可以生根，萌芽条高 10cm 时，从中选留一株健壮的培育。当新株 20cm 高时，可拆除荫棚，适当追肥，此法成活率约 70% ~80%；若在扦插前若用 1 500mg · kg^{-1}萘乙酸浸切口 10min，取出稍凉干后扦插，成活率达 90% 以上，且新根系特别发达。

（二）造林

1. 造林地选择

肉桂属深根性树种，造林地宜选择东向或东南向的缓坡地，阳光充足，无寒风和台风侵袭，排水良好，水土流失较轻，坡度 15° ~ 20°，土层深厚、肥沃湿润、微酸性、质地疏松、排水和透水性良好的壤土；一般黄壤、黄红壤及砂壤土均可，沙土、石砾土不宜选用。秋冬季将造林地内的杂草、树木砍光（砍坝），干燥后进行清理烧毁（清坝）。5°以下的坡地，需全垦间作农作物或草本药用植物。25°以上的坡地，砍坝、清坝以后，宜采用水平带状开垦成梯状，带宽 3 ~ 5m；5° ~ 25°的可以全垦，也可环山带状整地，开成保水、保土、保肥的林带地，并适当留下一些小树作荫蔽，或间种有经济价值的作物作荫蔽。耕翻整地后按定植株行距挖穴，生产桂皮按株距 4 ~ 5 m 挖穴，生产桂枝按株距 1 ~ 1.5 m 挖穴，穴长、宽、深分别为 60cm、60cm、50 cm，挖穴时表土和底土分开，使其风化 1 ~ 2 个月，待种植时再回穴。

2. 造林方法

1 年生苗高 15 ~ 30 cm 即可移栽造林（1 年生苗成活率较高），以每年 3 月中旬至 4 月上旬较为适宜，苗木根系开始生长，而新芽尚未萌动，此时定植成活较高。肉桂起苗宜在阴雨天进行，如在晴天定植，必须在傍晚进行。定植前一天将苗圃地浇足水，以便取苗。取苗时尽量少伤根，过长的主根和侧根（超过种植穴部分）应剪短。为了减少苗木水分蒸腾，提高成活率，应同时将下部侧枝、叶片剪掉，上部侧枝可留下，叶片剪去 2/3，但要留下顶芽以下 1 ~ 2 片叶子。挖苗时尽量带土。1 年生苗木可用铁锹起苗，2 ~ 3 年生的苗木不能用铁锹起苗，可采用挖沟起苗。如果是萌蘖苗木（剥根苗），苗高 2.5m 以上、根径 2 cm 以上的，起苗时用锄头慢慢挖掘，并注意保持较完整的根系。起苗后剪去全部枝叶，并截去苗木顶部（约为苗木高度的1/5），留下4/5的主干，然后用草绳捆扎好带土团的根部和主干部分，只留上端15～20 cm不捆扎，以利植株长新芽。

起挖和修剪后的苗木，如不带土团宜马上用黄泥浆蘸根，并按苗木的大小和高矮分成大、中、小三级，分别包扎成捆，大的苗木5～10株扎成1捆，中等苗木30～50株扎成1捆。每捆重量不宜超过20kg，以便搬运。苗木起运前，最好用黄泥浆再浆根1次，以利于提高造林成活率。肉桂苗木如要长途运输，需用湿稻草包裹根部，再用草绳绑扎牢固才能起运，运输过程中还要给根部淋水，保持湿润。到达目的地后，应及时组织力量定植，不可拖延，以免影响苗木成活。

种植宜选择阴雨天进行，每穴加腐熟厩肥5～10kg，过磷酸钙1kg，与底土掺合均匀，回入穴内，每穴1株。将苗或带苗小竹篓置穴中，把根理直，填入细土于根隙，当填土至穴深1/2时，将苗木轻轻往上提，使根系舒展，再分层填土压实，穴表低于地面1～2 cm，浇足定根水，再培一层松土，天旱时需用草覆盖穴面。定植深度要比苗木根系长度略深3 cm左右，过浅苗木易受旱而干枯死亡，过深则土温低而使根系发育不良。填土压实后灌足定根水。

定植后的幼龄桂树，需要阴凉湿润的环境（50%的阴蔽度），在缺少荫蔽的情况下，定植前先种好荫蔽作物，可与灌木药材、高秆杂粮、绿肥等作物间作，如裸花紫珠、山栀子、芝麻、黄麻、黄豆、木薯、玉米、高粱、甘蔗或短期收获的药材，既可适当荫蔽，又达到以短养长的目的，但以不影响桂树生长为原则。桂树长大成林，间作物收获后，行间仍可间作各种喜阴湿的草本药用植物，如千年健、益智仁、苦草、砂仁等，以达到经济利用土地，加强林地管理的目的。

3. 造林密度

在已翻垦的造林地内，按预定的株行距，事先挖好树坑。树穴大小以60cm×60cm×50 cm为宜，根系大、主干直的苗宜直栽，弯曲的苗木，宜斜植，促其重新萌蘖，培养通直干形。种植密度可根据经营方式、种植目的和环境条件而定。

（1）矮桂林作业。矮林作业以采叶蒸油和生产桂通、桂心等产品为种植目的。林地肥力较低，行株距可采用1m×1m；林地较肥沃，可以采用株行距1m×1.5m。矮林作业的株行距是1～1.2m×1.5～2m。造林3～5年后，平均每年可采剥桂皮600～750kg·hm^{-2}，桂碎60～70kg，同时每年还可采收桂叶蒸油22.5～25.5kg。这种作业方式可以提早受益。

（2）大桂林作业。以生产桂皮（企边桂、板桂）、“桂子”和种子为目的。土地肥沃，株行距可采用4m×4m或4m×5m；肥力中等的林地可采用株行距2m×2m或2m×3m。山区可密些，平原宜稀植；易受风害地区宜密，可采用2～3m×2m的宽窄行种植，以利抗风；留种地宜稀，一般株距不应少于2m。桂树冠幅较大，若株距适中，可接受足够的光照，桂皮质量较好，桂树主干生长挺直，树冠封行郁闭，对抗风、保持地面湿度都有利。

（三）抚育管理

1. 灌水保苗

肉桂苗木移至林地定植后2～3个月内，根系的吸收功能不能很快恢复到原来的状态，很容易受干旱的影响而枯苗，影响成活率。因此，在定植初期每天早晚要灌水，以浇润坑面为度，保持树坑内的土壤湿润，但同时要严防积水。如遇干旱时间较长则在坑面上松土、铺草，减少土壤水分蒸发，这样才能保证苗木成活。定植3个月后，苗木已长出部分新根，根系的吸收功能已逐渐恢复，灌水次数可视天气情况而定。定植后的翌年春天，要在林地内进行1次检查，发现枯苗、缺苗，应在造林季节及时补苗，以保证全苗。

2. 中耕除草

桂树幼龄期，要注意中耕除草。每年5～11月需除草2～3次，将距离植株1m内的杂草除净。中耕表土，一方面使土壤通气良好，另一方面将杂草压青，增加土壤肥力。11月进行最后1次中耕时，应将地内杂草铲除并覆盖于树干周围的地面上，以减少水分蒸发，保持土壤湿润，利于抗旱保苗，安全度过旱季。

中耕时应注意不要碰伤近地面茎皮，以减少萌蘖的长出和营养的消耗，加速茎干生长，提高肉桂树皮的产量和质量。有间作物的林地，在护理间作物时结合对肉桂进行中耕。成林后每年除草1次。

3. 施肥

肉桂生长期较长，需要充足的养分才能生长繁茂。因此，要适当施肥，一般每年施肥2～3次，第一次在2～3月植株抽芽现蕾时，施足芽肥、花肥，以施氮肥为主，可用1∶8的稀人畜粪水或每25L水加硫酸铵50～100g，或施用饼肥亦可，每株施5～10kg。以促进长芽抽蕾。第二次在7～8月青果期，以施氮、磷肥为主，可用草皮灰、过磷酸钙、人粪尿混合肥或有机肥50kg加0.5kg过磷酸钙混合沤制腐熟后施入，每株施5～10kg，或每株施复合肥0.5kg。第三次在11～12月份，施养果和过冬肥，以施有机肥和磷、钾肥为主，用100kg厩肥加3～5kg过磷酸钙或磷矿粉、草木灰200kg沤制腐熟1个月后每株施5～10kg。水肥及速效肥可松土后开浅沟浇入或撒入，有机肥及磷肥开15cm深的环状沟施入，每次施肥后均要培土。肥料施于齐树冠外缘，施肥量随树龄而增加，干肥施后若无雨时要浇水。以采收桂皮为目的的林地，在肉桂10～15年生时，夏冬两季的2次追肥应增加有机肥和磷肥的用量，以促进桂皮油层的形成，提高桂皮质量。施肥次数和施肥量视土壤肥力的高低而定。肥力中等的林地，每年施肥次数可多些，一般3次，如条件许可则施4次，施肥量应适当增加。肥沃的林地，土壤肥力高，每年只在夏、秋季各施1次，宜少施氮肥，多施磷肥、钾肥。

4. 间作

定植后未成林的幼龄树，需要阴凉湿润的环境，故在全垦地宜间作红花、益母草、苡仁、补骨脂等药材或玉米、芝麻、花生等作物，成林以后不再间种。

5. 修枝和间伐

修剪枝条可以使肉桂树长得粗壮，提高桂皮产量。加工桂通或利用枝叶蒸油为目的的肉桂林地，一般在种植后第二年开始，每年在秋季修枝1次，用锋利的刀子紧靠主干削去枝条，削口平滑，保证主干有2～2.5m高且光滑通直，以生产更多的桂皮产品。利用枝叶蒸油为主的肉桂林地，则应在定植后的第3年摘顶，以促进分枝萌蘖，增加枝叶产量。以生产高价值的药用桂皮为主的，整枝更显得十分必要，因为按市场需求的标准生产的企边挂、板桂、油桂等规格的产品，树皮不允许有死节疙瘩。因此，修枝要求以“一早、二光滑”为原则。修枝应在种后第3年开始，每年进行1～2次，每次修剪从地面到树冠的1/3以内的枝条。小枝条用利刀紧靠主干削平，但不能伤其主干的树皮。较大的枝条不能用刀削除的，可用锯子锯掉，保证切口平滑以利愈合。枝条伤口越少越易愈合，故修枝应在秋、冬季进行，宜早不宜迟。成林肉桂树应在修枝的同时，将病虫枝条、弱枝和过密的枝条剪去，以利植株内通风透光，增强光合作用，促进树干生长和桂皮内油层的形成。

培育大肉桂树林为目的的林地，若有形成郁闭的林冠，都会影响油分的形成和开花结果。因此，要进行适当间伐，保持株行距为10m×8m较适宜，使树冠之间的枝条不互相遮盖。如要进行高压或扦插繁殖，修剪时适当留下繁殖用的侧枝。

6. 萌芽更新

萌芽更新是肉桂生产中1次种植多次收获，投工少、收益多的造林方法。肉桂树具有很强的萌芽能力，成林的肉桂树被砍伐后1～2个月，树桩的近根处可萌发出3～5个新芽。故在每年5～6月砍伐剥皮后，应将砍伐过的林地进行1次全面翻耕、除草、松土、施肥，以促进萌芽抽出并使其生长粗壮。当新生苗木高60cm时，选留1～2株生长旺盛、健壮的枝干，让其继续生长成林，其余的砍掉。以后林地的抚育方法与第1次造林相同，这样可以一代一代延续下去。若以加工桂通为主的林地每隔5～6年可砍伐1次，萌芽再生可连续10多代。如果以剥皮加工企边桂或板桂为主的林地，每隔10～20年砍伐1次，萌芽再生可连续5～7代，待树根衰老不再萌芽时，应全部挖除，重新造林。

五、病虫害防治

（一）病害防治

1. 炭疽病

真菌性病害，危害叶部。从幼苗至成龄树都可感染此病，终年均可发生，以春、秋季流行最烈。在连续阴雨、阳光不足、土质黏重积水和管理不善的情况下，最易发病。发病症状：初期在叶缘或叶尖出现病斑，并逐渐扩展成不规则的大斑块。初为黑褐色，后变成灰白色，表面密生黑色小粒点（分生孢子盘）。受害严重时整株落叶，影响植株生长，造成苗木大量死亡。

防治方法：加强苗木管理，增施磷、钾肥，提高抗病能力；摘除病叶烧毁；发病初期用50%退菌特1 000倍液或50%托布津可湿性粉剂（或50%多菌灵可湿性粉剂）1 000倍液，每隔7～10d 1次，连续2～3次。

2. 褐斑病

真菌性病害危害叶部。发病初期，植株叶面病部呈现椭圆形黄褐色病斑。病斑扩大后在病斑范围内分布有许多小黑点，叶片背面的病斑多呈紫色，最后全叶黄化，凋萎脱落。常发生在新叶上。7 月开始发病，8 月较严重。在高温多雨条件下，特别是台风季节，病情发展迅速。防治方法：清理田园，把残枝病叶烧毁，并用喷 1∶1∶100 波尔多液喷洒，每隔 10～15d 喷 1 次可防止蔓延，或用 50% 托布津 1 000～1 500 倍稀释液，每隔 7d 喷 1 次，连续喷 2～3次，可收到较好的防治效果。

（二）虫害防治

1. 肉桂蠹蛾（*Thymafues* sp.）

木蛾科，原称堆砂蛀蛾，是肉桂的主要害虫之一。主要是幼虫危害肉桂侧枝、新嫩枝条，少数危害主干，从外表看受害部 2～3 cm 的树皮被削食成圈，或将近一圈，留下木质外露光滑，受害部位两头的树皮呈疣状鼓起，极为明显；从内部看，木质部被蛀成坑道并达髓心，幼虫及蛹匿居其中。肉桂树皮被害成圈者，顶枝条枯干而死，不成圈者，顶上枝叶稀少；1～2.5m 高的幼树常因受害而枯死。主干受害者，成为枯顶，风吹即折，形成无头树，侧枝丛生，严重的可使 4m 以上较高的树全株枯死。一般受害后生长衰退，叶片失去光泽。幼龄幼虫在嫩枝及叶基部啃食树皮或嫩枝叶，且钻小坑道，由木质部到髓心，随虫龄增大，便从细枝转向粗枝。幼虫在分叉处钻入髓心，然后垂直方向朝下钻食，坑道呈“7”字形，坑道口堆积着用丝黏结的虫粪。该虫 1 年 1 代，以近老熟的幼虫在坑道中越冬。幼虫 5 月下旬出现，6 月上旬为幼虫高峰期。成虫白天不动，静伏于叶背或小枝上，晚上较为活跃，有趋光性。卵一般产于枝条分叉处，或叶柄基部，或树皮裂缝中，1～2 粒或 3～7 粒堆在一处。该虫多发生在中老林，幼林发生较少。

防治方法：剪除虫枝。发现树干有虫蛀孔口，结合修剪，把被害枝干剪去。药剂毒杀。当幼虫发育较大，并蛀入木质部危害时，可将新鲜虫孔内的粪粒清除干净，然后用棉花球醮取 80% 敌敌畏原液，或 90% 敌百虫原油塞入虫孔，并用黄泥封口，毒杀洞内幼虫。保护天敌。寄生性昆虫姬蜂、小茧蜂、寄生蝇可抑制蠹蛾的发生，此外有一种黄蚂蚁是此虫的天敌，该蚁在树上筑巢，注意保护。人工捕捉。在成虫盛发期可进行人工捕捉灭杀。药剂防治。在幼虫孵化盛期，可用 90% 敌百虫晶体药液 1 000～1 200 倍液喷杀，每 7～10d 1 次，连续 2～3 次，对防治初龄幼虫效果很好。

2. 潜叶甲（*Podagricomela weisei* Heikertinger）

该虫属鞘翅目甲科，主要以蛀食叶片危害。幼虫在叶面下蛀食叶肉，造成潜道，后破裂，使生长受阻。危害盛期是在植株长嫩叶新梢期。幼树无阴蔽的条件下危害严重。

防治方法：在成虫产卵期用 40% 乐果 1 500～2 000倍液喷洒；发生期用 80% 敌敌畏 1 000 倍液喷洒，每 7～10d 1 次，连续 2～3 次。

六、采收贮藏与加工利用

（一）采收加工贮藏

1. 采收

（1）肉桂皮及叶的采收。肉桂皮的采收树龄与药材商品规格有关。一般，加工桂通和采叶蒸油的，在造林后 5～6 年可砍伐或采叶；而加工成企边桂、板桂、油桂的，需要 10～20 年的树龄才能砍伐剥皮，过早砍伐，树皮薄，皮部肉层未完全形成，达不到质量要求。

肉桂每年可分 2 次采收。4～5 月采收的称“春剥”，这时容易剥皮，成品率稍高，总灰分含量较低，但是质量较差，主要化学成分的含量低于 9 月份所收的肉桂；9 月砍伐的称“秋剥”，此时的产品油分较足，质量也较优，但不易剥皮，且树蔸萌芽量少。若要在 9 月砍伐加工，必须在 6 月下旬，在树干离地面 10cm 处环剥 1 圈宽 3～4cm 环带，以切断全部筛管，阻止地上养分往根部输送，使桂树“断水，畜油”，从而增加树皮油分的含量。另外，也可使木质部和韧皮部产生分离，经过这样处理则有利于秋后剥皮。

剥皮的方法：采收时用刀在离地面 30cm 处环割一圈，深达木质部，再依次每隔 30～40cm 处又环割一圈（企边桂、板桂均按 40cm 宽，桂通则按 30cm 宽），再分别按企边桂 10cm、板桂 15cm、桂通 9cm 的宽度，用刀在两圈间纵割。将特制刀具的刀尖斜插于纵裂缝内，慢慢掀动，使皮层与木质部分离，将树皮剥落。剥皮时先将主干下部树皮剥下，再伐倒树干剥取上部干皮和枝皮。新采下的桂皮，经过通桂（擦除桂筒内壁污染物）、洗桂（洗刷外面的污垢）、刮桂（使外表整齐美观）等处理，然后按所需商品规格进行加工。

剥下的树皮宜放于阴凉处，或置于木制的“桂夹”内压制成型，阴干或先放置阴凉处 2～3d 后，于弱光下（日初或日落前）晒干。不宜暴晒或烘烤，以免油分挥发，影响品质。

16年生的肉桂树，其主干可剥取干桂皮3.5～4.5kg，干鲜比约1∶2。砍伐后2～3个月树桩即萌芽长新枝，选留直立、粗壮的新枝，将其余剪除，过10年后再次采收。

肉桂树剥皮后能再生，通过涂抹NAA 50mg·L^{-1}，加包塑料薄膜，可以提高树皮再生率。2年再生皮（6年生树剥皮后，进行再生技术处理，让其长出新皮，2年后取皮，树龄为8年）含油量0.77%，色黄；3年再生皮含油0.92%，色深黄；6年原生皮（6年生树剥皮即得）含油0.77%，色浅黄。通过对2年、3年再生皮与6年原生皮挥发油含量比较，发现2年再生皮与原生皮含油量相差不大，3年再生皮的含油量明显高于前两者。薄层层析试验结果也表明3种皮的挥发油各组分斑点位置基本一致。今后可考虑在树干上间隔取皮，涂抹生长激素，使其再生，每年在不同部位轮换取皮，加以保养，不进行砍伐。

（2）桂枝的采收。春夏季（4～5月）割取直径不超过1cm的肉桂树枝条，或9～10月采收肉桂期间，同时采集肉桂嫩枝，此季节采收产量大，枝条嫩细，质量好。此外，在6～7月间整枝时也可采收，以筷子粗的幼嫩枝条为好。

（3）肉桂子的采收。9～11月将未熟的果实，连果托（宿萼）采下，除去枝梗、叶等杂质，或收拾青果期中的落果，阴干或低温干燥或晒干即得。采收时注意掌握好采收季节，勿使其开花结实后生长过久，否则果实近成熟或成熟时，个体变大，味薄质差，药效也差。一般认为果实成熟后，无香辣味，不宜入药，仅可作种子用。

2. 加工

肉桂以大小整齐、外形美观、皮细而坚实、肉厚而沉重及断面紫红色、油性充足、香气浓厚、辛、甜味大、嚼之无渣者为佳。

（1）企边桂。剥取10年生以上、离地面1.2m以上至分叉处的树干皮加工而成。选择皮纹细致，光滑无节痕，皮肉厚有油，皮色灰白，条长40cm、宽10cm、厚0.3～0.7cm的桂皮，修平两边，将两端削成斜面，突出桂心（栓皮层内的桂皮），摊晒到软，然后将桂皮夹在木制的凹凸板中间，将数块叠起，两端和中间用绳绑紧，使每块桂皮卷成槽状后，摊晒至四成干时，解开绑绳和夹板，利用早、晚较弱的阳光晒至干。

（2）桂枝。新鲜时切片，片张完整，色泽鲜明，香气浓厚，质量优良。若用干燥枝条加工切片，则要水浸润、湿透后再切，不然片张易碎、破烂，色泽、气味和质量均差。

（3）桂皮油。利用采收肉桂树时所砍下的嫩枝叶，经蒸馏提炼而得到油分。生产多采用较先进的机械蒸油设备，比土法蒸油出油率高、油质好。一般每100kg干枝叶，可蒸得桂油0.5～0.6kg。

每年3～6月或8～12月在采收桂皮的同时，收集桂叶、桂枝及碎桂皮，晒干并贮存6d后用来蒸油。或晒至六成干，扎成小捆，每捆12～15kg，堆放在密封的仓库内贮藏，经30～40d，使其自然干燥，待叶色由青黄变成紫红色时，便可取出蒸油，经过贮藏的桂枝叶，出油率高，质量好，含桂皮醛在90%以上，最高的可达95%。

8～12月采摘的叶称“秋叶”，蒸出的油称“秋油”，秋油含油量较高，为0.33%～0.37%，但桂皮醛含量较低，一般为80%～86%。3～6月采摘的叶称“春叶”，蒸制的油称“春油”，春油含油量较低，为0.23%～0.26%，但是油的质量好，桂皮醛含量高，可达85%～90%。而夏季采摘的叶、枝不论出油率或桂皮醛含量均较低，故应在春秋两季加工为宜。

桂碎含油量为1%～2%，鲜嫩枝叶为3%～4%，桂子为1.5%左右，连同果梗的桂子作原料，蒸出的油质更佳，但是实际出油率要低，如鲜嫩枝叶约1%左右。

3. 贮藏

（1）肉桂。肉桂易失油、干枯、受潮生霉、受压破碎、散失香气，应密封，置阴凉、干燥、通风、清洁、遮光处保存，温度在30℃以下，相对湿度为70%～75%。商品安全含水量为10%～13%。必要时安装空调及除湿设备，并采取防鼠、虫、禽、畜的措施。地面应整洁、无缝隙、易清洁，忌与冰片、樟脑、薄荷脑共存。也可利用蜂蜜保管肉桂。先在贮缸或瓮底放入一碗蜂蜜，或倒入一层蜂蜜，然后放上有孔可通气的搁板，再将肉桂置于搁板上，加盖保存，即能保持肉桂的色、香、味。

（2）桂油。桂油的主要成分是桂皮醛，遇铁器容易变色，因此，在桂油加工和贮运过程中应避免与铁器接触，而桂皮醛在空气中又易氧化成桂酸，故最好用锡制容器或铝制容器或玻璃缸盛装。桂油的挥发性很强，贮藏时应注意密封，并放在阴凉通风处，以免散失和变质，影响质量。

（二）综合利用

1. 药用

肉桂含挥发油（桂皮油），油中主要有效成分为桂皮醛，占 52.92% ~61.20%，最高可达 90%，有效成分还有乙酸苯丙酯、香豆素、桂皮醇、桂皮酸、胆碱、鞣质和醋酸桂皮酯等，还含微量元素锰、铜、锌、铁等。肉桂韧皮部已形成油层的桂皮品质更优，可贮藏越久，味道越醇，既香又甜，药力更显著，为补药中之珍品，常与人参、鹿茸并称，对年老虚弱者有特效。

肉桂挥发油是治疗阳虚证的主要成分。肉桂水提取物能明显抑制应激性溃疡的形成。肉桂煎剂能显著抑制胃肠运动。肉桂煎剂及桂皮醛能使外周血管扩张，血压下降，增加冠脉血流量及预防血栓形成。肉桂具有升高白细胞、降血糖、抗缺氧和明显的镇静、解热作用，有较强的杀菌作用。桂皮油能增强消化功能、促进血液循环、止胃肠痉挛，有强大杀菌作用。桂皮醛、桂皮酸有抗菌、防腐作用。肉桂对大肠杆菌及革兰氏阳性菌有明显的抑制杀灭作用，特别是对大肠杆菌的抑制效果尤为明显。肉桂油具有驱风健胃的作用。肉桂具有补火助阳、引火归源、散寒止痛、活血通经的功效，用于治疗阳痿宫冷、肢冷脉微、虚寒吐泻、心腹冷痛、腰膝冷痛、肾虚咳喘、痛经、经闭、低血压、寒性脓疡等病症。用于治疗冻疮及阑尾术后肠功能失调效果较好。

2. 食品保鲜

肉桂用于制造食品保鲜剂，能大大提高食品的防腐、保鲜效果，在水果、蔬菜、肉食品加工业中具有广阔的应用前景。

3. 香料

肉桂除桂皮、桂枝入药外，还是重要的香料植物。肉桂油常可直接用于调配食品、化妆品、日用品的香精、香料，用途广泛。在香料工业中肉桂油常用单离桂皮醛再合成一系列香料，如溴化苏合香烯、肉桂酸及其酯、肉桂醇及其酯等。

（徐　良）

55. 山茱萸

山茱萸是传统的名贵中药材，是药用价值很高的经济树种，也是绿化、美化的观赏树种。因其果肉入药治病，保健性能强，赋予美名“红衣仙子”；又其树龄长达二三百年而盛果不衰，素有“绿海寿星”之称。目前我国许多山区已把山茱萸当作农民脱贫致富奔小康的“摇钱树”。

山茱萸是山茱萸科山茱萸属植物。在历代本草和医籍方书中多以“山茱萸”名称作为药用正名，亦记载有很多异名，如：蜀枣（《神农本草经》），鼠矢、鸡足（《吴晋本草》），思益（《名医别录》），汤主（《药谱》），山萸肉（《小儿药证直诀》），实枣儿（《救荒本草》），肉枣（《本草纲目》），山萸（《本草经读》），枣皮（《会药医镜》），萸肉（《医学中参西录》），药枣（《四川中药志》），红枣皮（《新华本草纲要》）等。自明末清初以来，广泛流传的名称为山萸肉。新中国成立后在中医药专著和经营药材目录上已把山萸肉列为山茱萸的处方名、商品名。

目前全国有 2 000 多万株，其中人工栽培的幼树约 1 500 万株，结果树约有 250 万株，总产量超过 200 万 kg。全国最多的河南西峡就有 300 多万株，总产量达 120 万 kg，被国家林业局命名为“中国名特优经济林——山茱萸之乡”。西峡县的行上、蒿坪村，内乡县的湍源村、南召县的石鼓村，年产量均在 3 万 kg 以上。

一、主要物种

山茱萸为山茱萸科（Cornaceae）山茱萸属（*Cornus* L.），山茱萸属全世界共有 4 种，我国产 2 种。

1. 山茱萸（*C. officinalis* Sieb. et Zucc.）

落叶乔木或灌木，树高 4～10m。树皮灰褐色或淡褐色，呈片条状剥落。小枝细圆柱形或略带四棱。叶对生，纸质，卵状至长椭圆形，长 5～10cm，宽 2～8cm，顶端渐尖，基部宽楔形或近圆形，全缘，表面无毛，背面被白色贴生的短柔毛，侧脉呈孤曲状，5～7 对，脉腋被淡褐色簇生毛，叶柄长 0.5～1.5cm。花着生在 1 年生小枝顶端，先花后叶，伞形花序，每序 15～30 朵，多者 40 多朵，萼片、花瓣各 4 片。果实成熟时红色至紫红色，核果长椭圆形，长 1.2～1.7 cm，宽 5 ～7 mm，核骨质，长约 1.2cm 左右。叶背脉腋密生淡褐色簇毛；总花梗短，长约 2mm；果实大，长 1.2～1.7cm，红色至紫红色。

2. 川鄂山茱萸（*C. chinensis* Wanger.）

与山茱萸的区别是：叶背脉腋密生灰色簇毛；总花梗长，长约 1.2cm；果实小，长 6～8mm，紫褐色至黑色。

《中国药典》收载、使用的仅山茱萸 1 种。

二、主要品种类型

据 20 世纪 80 年代河南西峡山茱萸资源调查，初步划分的自然类型有：

1. 石滚枣

树体高大，树势中庸，冠阔卵形，低矮主干或丛生干。叶深绿，长圆形。枝粗壮，节间短。每果序着果 3～13 个，平均 7.2 个。大型果，纵径 1.38～1.59cm，平均 1.50cm；横径 1.04～1.17cm，平均 1.10cm。果柄短。果实圆柱形，状如石滚，故名石滚枣。10 月上旬成熟，果色大红，微覆灰白色果霜，欠晶亮。肉黄红色，味酸涩微甘。捏皮易离核。鲜果千粒重 1010g，种子千粒重 178g，出药率（烘干）29.1%。石滚枣数量不多，占 8%。壮龄树株产 50kg 以上。该类型产量高，果大，核小，肉厚，出药率高，药质好，属优质丰产类型。

2. 珍珠红

树体中高，无明显主干，多为基部丛生干。萌芽和成枝力强，冠卵圆形，冠内枝条稠密。每果序着果 4～14 个，平均 7.9 个。大型果，纵径 1.43～1.55cm，平均 1.51cm；横径 0.92～1.02cm，平均 0.98cm。10 月上旬成熟，果实卵圆形，鲜红色，无果霜，似珍珠，晶亮，故名珍珠红。鲜果千粒重 973g，种子千粒重 252g，出药率（烘干）21.4%。肉粉红色，味酸涩微辣苦。捏皮易离核。该类型抗虫性强，药质好，产量高，有株产 150kg 以上的大树，分布量约 2%，属丰产类型。

3. 大米枣

树高 8～10m，树势强健，树姿丰满。叶深绿有光泽，卵圆形，先端尖，朝背垂曲。大枝直立，小枝平斜交叉。干深褐色。每果序着果2~8个，平均5.6个。大型果，长卵形，纵径1.67~1.85cm，平均1.75cm；横径0.91~1.20cm，平均1.02cm，鲜果单重0.75~1.23g，千粒重1 000g，种子千粒重301g，出药率（烘干）18.5%。10月上中旬成熟，色鲜红，肉橙红，味酸微甘，药质较好。该类型数量众多，占40%以上，抗病虫，耐瘠薄，经济寿命长，适应性强，属较丰产类型。

4. 八月红

树体中等，枝干皮浅褐色。叶浅绿，叶脉正凹背凸明显，无光泽。每果序着果4~8个，平均6.1个。中型果。8月上旬至9月上旬成熟，该类型成熟最早，正值农历8月，故名8月红。果色砞红，肉色粉红，在适宜条件下，4年始果，出药率（烘干）20.6%。药质较好，但数量不多，约占10%，属早期丰产类型。

5. 马牙枣

树高5~8m，树势中庸，树姿开张。叶色浅绿。每果序着果2~7个，平均3.9个。果柄长0.98~1.12cm，平均1.06cm。中型果，长圆柱形微弯，似马牙，故名马牙枣。10月下旬成熟，果色深红，肉色黄红。果实纵径1.70~1.91cm，平均1.79cm；横径0.73~0.86cm。鲜果千粒重790g，种子千粒重243g，出药率（烘干）20.3%。种子细长弯曲，一头钝，一头尖，缝合线由钝头向尖头伸出，为种子的1/2长。马牙枣喜肥沃，不耐瘠薄。肥沃沙土果大肉厚；瘠薄土果小肉薄，所以群众又有大马牙和小马牙之分。该类型资源约占10%，药质中等，属中产类型。

6. 笨米枣

树体高大，树势强健，枝条直立，短果枝多。叶深绿肥大。每果序着果2~4个，平均2.8个。果柄长1.34~1.60cm，平均1.52cm。大型果，纵径1.55~1.70cm，平均1.63cm；横径0.9~1.2cm，平均1.07cm。鲜果千粒重1152g，种子千粒重242.3g，出药率（烘干）16.7%。果红橙色，11月上旬成熟。该类型成熟期最晚，故名笨米枣，其分布数量约5%，产量低，出药率低，药质差，属低产类型。

7. 小米枣

树体中小，树高4~6m。叶片薄，色淡绿，落叶早。新梢细弱，节间长。每果序着果3~6个，平均4个。小型果，纵径1.16~1.27cm，平均1.22cm；横径0.74~0.87cm，平均0.79cm。鲜果单重0.48~0.62g，平均0.57g，种子纵径1.00~1.12cm，平均1.05cm，果小皮薄，核尖露于果皮之外，果顶有雌蕊宿存痕迹，捏皮黏核，出药率（烘干）16.1%。10上旬成熟，味涩苦。因该类型果实最小，故名小米枣，又名小麦枣、干尖枣，老鼠屎等。小米枣属野生低产类型，分布量12%。

8. 青头郎

树体同八月红，果形同笨米枣。10月下旬成熟，着色极差，且不均匀，仅有少部红润，呈一头红一头青，或半边红半边青状态，故名青头郎、疆黄枣。出药率仅10.1%，药质极劣。该类型分布量约3%，属低劣类型。

三、生物学特性

（一）生态习性

山茱萸自然分布在北纬33°~37°，东经105°~135°之间的亚热带与北亚热带交界地带。原产我国，日本、朝鲜和韩国有零星分布。我国主要集中分布在浙江天目山和河南及陕西的秦岭山区。如浙江的临安、淳安、桐庐、萧山、建德、富阳等，河南的西峡、内乡、南召、嵩县、卢氏、桐柏、鲁山、栾川、济源、灵宝、淅川等；陕西的佛坪、周至、洋县、丹凤、宝鸡、太白、山阳、商南、华县、柞水等；安徽的歙县、石台、贵池、祁门等地都有山茱萸的分布。此外，山东、山西、四川、甘肃、江苏、河北、江西等地有少量分布。

山茱萸自然分布在海拔200~2 100m，多在海拔250~800m的低山栽培，其中以海拔500~800m处生长较为适宜。主要生长在山区的阴坡、半阴坡及阳坡的山谷、山脚。

在疏松、深厚、肥沃、湿润、排水良好的微酸性至中性壤土、砂壤土上生长最好。

山茱萸要求年平均温度8~16℃，3~6月平均温度9℃以上，7~10月平均温度25℃左右，1月份平均温度2.5~7℃；年降水量600~1 500mm，年均相对湿度70%~80%；夏季不炎热而凉爽，冬季不严寒而温暖，特别是早春萌芽、开花期间，最怕低温、晚霜和雪冻。

（二）生长发育

山茱萸在种子繁殖情况下，进入结果期较晚，约需10年左右，如采用嫁接、压条繁殖可提早开花结果，一般7~8年开花结果，进入盛果期约20年左右，盛果期很长，寿命长达几百年。

年生长发育周期：在河南西峡自然生态条件下，花芽萌动期2月中下旬；初花期3月上旬，盛花期3月中下旬，花期25d左右；展叶期4月上中旬；新梢生长期4月下旬至7月中下旬；果实生长期4月上旬至9月上旬，约170d左右；果实成熟期9月中下旬至10月中下旬；落叶期11月中下旬；全年生长期约270d左右。

四、栽培技术

1. 苗木繁殖

通常采用种子繁殖，很少采用嫁接、压条和其他方法繁殖。种子繁殖的关键是采用充分成熟、氽枣捏枣过程中种仁未受烫伤损坏的种子；播种前必须做好种子处理，使种核早腐蚀，提高透水性，以利种仁吸水发芽。产区群众习惯把刚采收的新鲜种子倒入猪圈，让猪踩入猪粪沤制，直到翌年或第三年早春扒出播种，其发芽率高，出苗整齐。现在普遍采用漂白粉、草木灰、碱等腐蚀性强的水浸泡新鲜种子，2~3天捞出搓磨，再浸泡再搓磨，直到种核变薄粗糙时，直接播种到地里，或用湿沙层积贮藏，待翌年春季播种。还有的用牛马粪搅拌层积处理。另外，为实现良种化，应提倡嫁接方法，采用优良品种的接穗，繁殖大批良种壮苗，或大树高接换头改用优良品种。

2. 栽植

选择背风向阳、土壤疏松、肥沃、坡度小于25°的山坡地，采用等高梯田整地，按600~750株/hm的密度定植。定植前要挖大穴，填好土，于早春栽植，栽后要浇水、培土、封穴。

3. 管理

主要是加强土肥水管理和整形修剪，与一般经济树种相同。

五、病虫害防治

危害最大的主要有两种。

1. 炭疽病

炭疽病主要危害果实。果实感病初期为褐色斑点，大小不等，扩展为圆形或椭圆形的不规则大块黑斑，感染部位下陷，逐步坏死。

防治方法：要选育抗病类型，减轻危害；药物防治，喷洒倍量式波尔多液，15月1次，连续3次，喷洒时要细致均匀全面。萌芽前喷1次5波美度石硫合剂或50%可湿性退菌特或50%多菌灵1 000倍液，对消灭越冬病菌有良好的效果。

2. 山茱萸蛀果蛾

蛀果蛾以幼虫蛀食果肉。幼虫孵化2h后，开始在果面爬行觅食，24h后蛀入果实，多为每果一虫。据观察，幼虫蛀入第一果10d后，有少量粪便排出，15~17d后转入第二果，6~13d蛀空果实，排出虫粪。老熟幼虫脱果缀丝入土，织茧越冬，冬茧扁圆形，土色，茧直径约5mm，丝质较厚，冬茧内的幼虫在土中休眠长达10个月。

防治方法：要适时采摘及时加工，降低虫果率。及时清除虫源，在山茱萸蛀果蛾分布聚集区，清除虫源和虫蛀落果，防止扩散蔓延。采取药物防治，根据蛀果蛾生活习性，成蛹、羽化主要集中在8月，在此期间用20%的杀虫菊酯或2.5%溴氰菊酯2 500~5 000倍液，对树体进行喷布，防治效果较好。

六、采收贮藏与加工利用

1. 采收

山茱萸果实由青变黄、变红，轻轻摇动树体，果实自然脱落时，表明已充分成熟，即可采收。具体采收时间，因各地自然条件和品种类型不同而有差异，一般成熟时间在10月中下旬。采收时要尽量保护好枝条和花芽，以免影响来年结果量。

2. 果实初加工

山茱萸的加工过程：选果→软化→去核→干燥。就是把纯净的鲜果用85~95℃的热水翻煮（俗称氽枣）或用蒸气蒸煮几分钟或用微火烘烤法，直到果实膨胀发软时，用手挤压，果核自动滑出果皮（俗称捏枣皮）。

经过去核的果肉（俗称枣皮）要及时晾晒或烘干，经常翻动，直到手翻枣皮不黏手时，可收集贮藏。一般7~8kg鲜果可加工1kg成品。

贮藏在瓦楞纸箱或木箱或麻袋中，置阴凉干燥处，室温保持在28℃，相对湿度70%~75%，严防发霉、虫蛀、变色，维持果肉含水量13%~16%。

3. 药用

山茱萸是很重要的药材，其性味归经：味酸涩，性微温，归肝肾经。其功效：补益肝肾，涩精固脱。我国自汉代以来就以其补力平和，壮阳而不助火，滋阴而不腻膈，收敛而不留邪等奇效，被历代医学家所喜用，广泛应用于眩晕耳鸣、腰膝酸痛、阳痿、遗精、遗尿、尿频、崩漏带下、月经过多、大汗不止、体虚欲脱、心虚怔忡、肾虚气喘、消渴和痞痱证等。

山茱萸的常用验方、制剂、食疗方百余种，是传统中药六味地黄丸、金匮肾气丸、全鹿大补丸、锁阳固精丸、左归丸、右归丸等十几个品种的主要原料。不仅在临床上广泛应用，而且在保健食品、酒类、饮料、罐头、添加剂及生态观赏等方面都有重要用途。

（朱鸿云）

56. 辛　夷

辛夷是指木兰科（Magnoliaceae）木兰属（*Magnolia* L.）玉兰亚属［Subgen. *yulania*（Spach）Reichendach］植物花蕾入中药的统称。我国秦汉时期的医学名著《神农本草经》把辛夷列为上品药。辛夷是我国传统的珍贵中药材，出口东南亚。辛夷挥发油含量较高（>4.0%），主要成分为：桉油醇（eucalyptol）、香桧烯（sabinene）等，特别是部分品种具有较高含量的名贵香料成分如金合欢醇（farnesol）等，是优良的香料原料，具有巨大的开发利用潜力。

玉兰亚属植物又统称辛夷植物，在我国有着悠久的栽培历史。最早记载始见于春秋战国时期。如屈原《九歌・湘夫人》："桂栋兮兰橑，辛夷楣兮药房"等。辛夷植物27种，主要分布于我国黄河流域以南各地，河北、山东、陕西等地及北京市有少数种分布与引栽。日本及东南亚地区各国有本属少数种分布。欧洲各国的本属树种均为引种，或以杂交种、杂交品种为主。美洲仅分布渐尖玉兰1种及其变种、品种，也有人工杂种及其品种的栽培。

本属树种花大、美观、绚丽、芳香，是庭园观赏及城市园林的重要树种。本属部分树种如望春玉兰生命力旺，适应性强，根系发达，为荒山绿化的重要树种之一，在长江与淮河流域治理中具有重要作用。总之，玉兰亚属植物是重要的绿化、园林美化、传统中药材、香精原料树种，在速生用材林、经济林、城乡风景林、水土保持林的栽培中占居重要地位。

一、主要物种

辛夷植物分5组，27种，原产我国23种、日本3种、美国1种。在我国作为辛夷栽培有2种：

1. 望春玉兰（*Magnolia biondii* Pamp.）

又名辛夷、望春花、华中木兰、萼辛夷等，古代称辛夷、木笔、辛雉、新雉、新矧、侯桃、房木等。落叶乔木，高达20m，胸径达1.5m。花蕾卵圆球形，长1.7～3.0cm；苞鳞4～6枚，外面密被淡黄色长绢毛。叶互生，纸质，长卵圆形、椭圆形，长10.0～21.7cm，宽3.5～6.5（～11）cm，先端短渐尖，渐尖，基部圆形，稀楔形；托叶痕长1～4mm，为叶柄长的1/5～1/3。花先叶开放，径6～12cm，芳香；花被片9枚，外轮花被片3枚，萼状，膜质，早落，内轮花被片6枚，薄肉质，白色至紫色，内面白色，匙状鞋形或倒卵状披针形；雄蕊多数，药室侧向纵裂；单雌蕊多数，离生，花柱先端内曲，微有紫色晕。聚合果圆柱形，不规则弯曲，长6.0～14.5（～25.3）cm；果梗粗壮，宿存长柔毛；蓇葖果球形、近球形，表面疏被疣点，先端无喙。花期2～4月；果熟期8～9月。原产中国，陕西、河南等地有分布，河南伏牛山区自然分布最高海拔达1 600m。

2. 玉兰（*M. denudata* Desr.）

又名白玉兰、望春花、玉堂春、迎春花，古代称玉兰、迎春、白辛夷、玉树等。落叶乔木，高15～20 m，胸径达1.2 m。小枝淡灰褐色。花蕾卵圆体形；苞鳞4～5枚，外面密被淡黄色绢毛。叶互生，革质、厚纸质，倒卵圆形，或倒卵状椭圆形，长7～21.5 cm，宽4～16 cm，先端钝圆，具短尖头或平截，从中部向下渐窄，基部楔形，稀圆形，侧脉8～10对；叶柄长1～2.5 cm，粗壮，托叶痕为叶柄长度的1/4～1/3。花先叶开放，径10～16 cm，杯状，芳香；花梗长10～20 mm，密被淡黄色长柔毛；花被片9枚，白色，有时外面基部带粉红色或紫色晕，形状近相似，长圆状倒卵圆形或匙状卵圆形，长5～12 cm，宽2.5～6 cm，先端钝圆，稍内曲；雄蕊多数，药室侧向纵裂，药隔伸出呈窄三角状短尖头；雌蕊群圆柱形，淡绿色，长2～2.5 cm；单雌蕊多数，狭卵球形，长3～4 mm，无毛。聚合果圆柱形，长8～15 cm，径3～5 cm，淡褐色，常扭曲；果梗粗壮，被长柔毛；蓇葖果厚木质，扁球形，褐色；种子1～2枚，宽扁卵圆球形。花期3～4月，果熟期8～9月。原产中国，分布很广。欧洲、北美有引种与栽培。

二、主要栽培品种

1. 望春玉兰品种

依据花色的不同，望春玉兰分为5个品种群，22个品种，其中新品种3个。

（1）白花望春玉兰品种群（Biondii group）。为原品种群。本品种群花瓣状花被片白色。主要品种：白花望春玉兰（Biondii）。

（2）变紫望春玉兰品种群（Bianzi group）。为新品种群。本品种群花瓣状花被片外面中脉、基部或顶部具有不同程度的紫色或淡红紫色，为主要栽培品种群，有16个品种。主要栽培品种有：

● 桃实望春玉兰　花蕾单生枝顶，桃状卵圆体形，淡黄灰绿色，长2.0～3.9cm，径1.3～2.6cm；苞鳞通常4层，外密被绢毛。该品种花蕾大、个匀、质优、色泽美观，入药作辛夷，颇受外商欢迎。

● 小桃望春玉兰　花蕾单生枝顶，长椭圆状卵圆形，淡黄白色，比桃实辛夷小，长2.1～2.9cm，径0.9～1.5cm；苞鳞一般4层，外被较短丝状柔毛，斜展。

● 富油望春玉兰　新品种，小枝细弱。花蕾卵圆球形，先端稍弯曲。花杯状，花被片9～11枚，内轮花被片6～8枚，薄肉质，匙状椭圆形，先端钝圆，具突短尖头，中部向下突狭，外面中部以下中间浓红色；雌蕊群绿色；花梗密被弯曲长柔毛。

该品种辛夷产量高、质量好，平均百蕾重43.4g，平均百蕾挥发油含量3.07mL，平均挥发油含率高达7.2%；分别比对照高69%、142%和47%，其挥发油含率比现有报道最高值5.47%，高出31.9%，居挥发油植物之冠；富油辛夷还具有生长快，产量高，树形优美，扦插成活率高等优良特性，具有巨大的潜在开发利用价值。

（3）紫花望春玉兰品种群。为新品种群。本品种群花瓣状花被片两面均有不同程度的紫色或紫红色及其色晕。品种有3个：奶嘴望春玉兰（Naizui）；玫瑰望春玉兰（Rosiflora）；紫色望春玉兰（Purpurea）。

（4）黄花辛夷品种群。为新品种群。本品种群仅黄花辛夷（Flava）1个品种。花淡黄白色。

（5）双色辛夷品种群。新品种群。本品种群仅双色望春玉兰1个新品种。花2种颜色：瓣状花被片紫红色及淡白色，外面中基部中间被紫色或淡紫色晕。

2. 玉兰品种

据初步调查，我国玉兰栽培品种20余个。根据玉兰栽培品种的主要形态特征，可分为5个品种群：

（1）玉兰品种群。为原品种群。本品种群花被片白色，通常9枚，稀7、8、10枚。主要品种有：豫白玉兰（Alba）等。

（2）变紫玉兰品种群。为新品种群。本品种群花被片外面具有不同程度的以紫色为主的色彩或色晕，雌蕊群通常被毛或无毛。其中有：香蕉玉兰、柱蕾玉兰、窄被玉兰等。

（3）塔形玉兰品种群。为新品种群。本品种群仅1个品种，即塔形玉兰。树冠呈塔形是其典型特征。

（4）红脉玉兰品种群。新品种群。本品种群花被片外面基部淡紫红色，脉纹色浓，中部以上为红脉直达边缘。其中有：红脉玉兰（Red Nerve）、长叶皎紫虹玉兰（Changye Jiaozihong）等。

（5）黄花玉兰品种群。新品种群。本品种群花被片淡黄色或淡黄白色，雌蕊群被柔毛。其品种有：黄花玉兰、多被黄玉兰等。

三、生物学特性

（一）生态习性

辛夷植物在我国分布栽培范围较广，约为北纬17°～45°，东经100°～130°，横跨热带、亚热带、暖温带和温带4个气候带。北至辽宁、内蒙古南部，南达广东、海南，东起山东，西至云南、四川。在河南、湖北、安徽、四川等地有大面积人工栽培。在年平均气温13～14.5℃，年降水量750～1 400mm，海拔高度300～900m，无霜期180～240d河南伏牛山区的中低山地生长最好，其产品品质最佳。

辛夷植物喜光喜湿，幼时稍耐庇荫，但以山谷、溪边、半阴坡、土壤肥沃湿润的条件下生长发育最好，产蕾高，品质好。辛夷植物对土壤的适应能力很强，能在酸性、中性、微碱性的多种土壤上生长，其中以土层深厚、肥沃、湿润、疏松、排水良好的中性或微酸性的壤土、砂壤土、棕壤土上生长最好，胸径年平均生长量可达1.5cm以上。在干旱瘠薄的粗沙地、山顶、山梁、乱石堆、风口以及pH值8.5以上的盐碱地，植株生长不良。

坡度、坡位对辛夷植物生长也有很大影响。辛夷植物宜栽培在背风半阴坡、半阳坡的沟边，在土质深厚的东南坡和东北坡生长较好；北坡和西坡则次之。陡坡水土流失严重，土壤瘠薄，植物生长缓慢。缓坡水土流失轻，土层较厚、水肥较好，其生长好，坡位下部、中下部的土壤肥沃、气候凉爽湿润地段，生长特别好。如在河南伏牛山区坡地酸性成土母岩上有百龄以上的望春玉兰大树，至今生长良好。

（二）生长发育

1. 年周期

依据物候期和枝条生长特点，望春玉兰年生长发育过程可划分为：

（1）树液开始流动和芽膨大期。1 月底，天气转暖，树液开始流动，花芽迅速生长，膨大。

（2）开花期。花先叶开放；花期 2 月上旬至 3 月上旬，不同品种早晚不一。

（3）展叶期。3 月下旬至 4 月初，小叶展开。

（4）春季营养生长期。展叶后，嫩枝进入中短枝的速生期。持续时间 15 ~ 20d。春季营养生长期间，幼壮树上的短枝、中枝、长枝、主枝，区别极为明显。短枝长度 5 ~ 15cm；中长枝长达 20 ~ 30cm，有的达 50cm；大树上或弱树上的枝条长度多为 5 ~ 15cm。

（5）春季封顶期。春季营养生长期后，短枝迅速形成顶芽，停止生长。长枝 5 月下旬至 6 月中旬，开始出现生长缓慢现象，不形成顶芽，仍继续生长。

（6）速生期。主枝和萌枝生长从 5 月下旬开始加速，至 7 月上旬生长减缓，8 月下旬停止高生长，一般高度可达 0.5m，有时徒长枝或主枝可达 2.5m。

（7）果熟期。一般 8 月中下旬至 9 月中下旬，聚合果由绿色或深绿色变为紫褐色、黄绿色带红晕时，蓇葖果开裂，露出鲜红的拟假种皮种子。

（8）落叶期。从 10 月中旬开始，直到 11 月上中旬，中短枝叶首先变黄脱落，大量落叶在 10 月中下旬；长壮枝叶多在 10 月下旬到 11 月上旬脱落。

（9）休眠期。落叶后进入休眠期。

望春玉兰生长期 190 ~ 200d。

2. 生命周期

根据望春玉兰生长发育不同阶段和栽培经营上的不同要求，可分为 5 个时期：

（1）幼龄期（1 ~ 5 年）：造林后，始花前，主要为营养生长。栽植后，常有一段恢复期。该期应该严格执行林木栽培技术措施，即：适地适树、适时栽植、良种壮苗、加强管理，使幼树迅速生长，缩短恢复期。

（2）成冠期（6 ~ 9 年）。栽植 4 ~ 5 年后，树冠迅速扩大，营养生长旺盛，个别植株出现花蕾。为培育速生、丰产、优质树形。此期间应采取的主要技术措施是：选型定冠、合理修剪、加强管理、高接换种等。

（3）丰产期（10 ~ 99 年）。植株成蕾龄开始后，其产量逐年增多，直至很长时期仍趋于花蕾丰产，稳定阶段，到花蕾产量开始下降时为止，这一时期称丰产期。该期特点：花蕾产量显著增加，据调查，10 ~ 55 年生，花蕾产量随着树龄增加而相应增加；55 年生以后，花蕾产量与树龄呈现出稳定的趋势。营养生长稳定，辛夷胸径连年生长量从 10 ~ 100 年生逐渐出现下降趋势，但是，仍保持在一个相对稳定的水平上。延长丰产期，提高花蕾产量，是获得最大经济效益的关键。该期应采取的技术措施是：适当修剪、增施肥料、防止干腐等。此外，还要及时防治病虫害。

（4）丰产后期（100 ~ 150 年）。从 100 年左右开始，花蕾产量明显下降，直到花蕾产量很低时，枯枝、焦梢明显增多。该期应采用的技术措施是：加强管理、增施肥料、防治病虫，及时更新、复壮，防止枝枯、干腐和根烂等。

（5）衰老期（150 年后）。150 年后进入衰老期。但在适宜的立地条件和管理措施下，辛夷寿命很长，数百年大树尚有生存，且生长旺盛。如河南南召县有株 350 年生以上的“辛夷王”，目前仍生长繁茂，株年产蕾达 187kg 左右。

四、栽培技术

（一）苗木繁殖

1. 播种育苗

选择生长迅速、发育健壮、透光良好、成蕾年龄早、品质好、产量高的壮龄单株为采种母树。当聚合果由绿色变为红褐色，蓇葖果大部开裂，露出鲜红色的拟假种皮时，及时采收。用高枝剪或长竿绑上利镰采果。采时，必须保护母树。聚合果采回后，及时放在通风、干燥处摊开、凉晒，使蓇葖果全部开裂后，敲击“龙爪”取出种子后，随即投入草木灰或洗衣粉水中，待拟假种皮吸水膨胀后，捞出反复搓，冲净种皮，捞出种子，阴干后及时贮藏。实践证明，经过层积沙藏的种子，一般发芽率达 90% 以上。具体方法：贮藏坑选择在背风向阳、地势高燥、排水良好、无鼠害的地方。一般坑深 70 ~ 80cm，宽 60cm，坑的长度视种子多少而定。坑底先铺湿润的细沙 10cm，沙上放入混有湿润细沙的种子（3:1），中间插一束秸秆，当种子放到离地表 20cm 处，覆沙盖土，高出地面，四周挖排水沟以防积水。

育苗地要选择地势平坦，土层深厚、肥沃湿润、疏松通气，排灌方便，pH 值 5.5～7.5，地下水位在 1.5m 以下的砂壤土或壤土地为宜。育苗地选好后，进行深耕细整。整地深度适宜、深浅一致、床面平整，上暄下实、土块细碎、无杂根及石块。整地深度 25～30cm。耕后不耙，使其经过冬季进行风化。翌春土壤解冻后，施入基肥，撒上农药，进行浅耕细耙，采用两犁两耙后，达到上暄下实、肥土均匀的要求，然后搂平筑床。播种时间，应根据当地的气候条件，选择适宜的播种期。据南召县云阳镇育苗试验表明，适宜播种期为 3 月下旬至 4 月上旬。播种方法可采用条状撒播，按行距 40cm，开深 3cm、宽 5cm 的播种沟，沟内浇水，待水渗完后，按株距 10～15cm，将萌芽的种子单粒均匀的撒放在沟内，覆细土 2cm，用秸草覆盖。也可条状撒播。辛夷植物每千克种子约 5 000 粒左右。根据种子质量和育苗要求，一般每公顷播种量为 50～60kg。播种后，从发芽出土到落叶休眠的整个生长过程中，及时灌溉、施肥、中耕、除草，防止病虫危害。

辛夷植物苗木在年生育的不同阶段中，所采用的相应育苗技术措施：

（1）出苗期。该期适时喷水，细致覆盖苗床，保持土壤具有一定温度和湿度，同时，严防土壤板结和病虫危害，提高种子场圃发芽率，加快幼苗出土早、出苗齐，缩短出苗期，达到苗齐、苗壮、苗匀。

（2）生长初期。也称扎根期或蹲苗期。该期要适时适量灌溉，保持土壤具有一定湿度，严防日灼和病害的发生，每隔 5～7d 灌溉 1 次。及早采取措施严防病虫危害，尤其是根腐病和子叶黑斑病及地老虎、蛴螬的发生。当幼苗长出第 2～3 片真叶时应及时进行间苗，要留大、留优、合理密度，每公顷保留 18.0 万～22.5 万株为宜。结合间苗进行带土移栽，以扩大苗木数量，提高苗木质量。适时中耕、除草，为苗木速生和根系发育创造条件。

（3）速生期。该期加强苗圃管理是培育壮苗的关键。应采取的措施：天气干旱时，应及时灌溉，一般 10～15d 1 次。灌水前，应沟施肥料，以尿素为最好，每次每公顷施 55～75kg，然后覆土灌溉，达到充分利用肥效的目的。苗木速生期间，有少量杂草，应及时拔除，一般不进行中耕。若行距较宽，行内杂草丛生，地表板结时，可在灌溉后，适时疏松地表，消灭杂草，有利于苗木生长发育。苗木速生期，正处雨水较多时，特别是大雨、暴雨和连阴雨天气，平床地面容易积水，加之高温易发生苗木根腐造成死亡，应及时排除积水。苗木虫害一般不多，偶尔发现食叶害虫、毒蛾、尺蠖的幼虫，用人工捕捉。

（4）生长后期。该期主要任务是防止苗木徒长，促进木质化，提高苗木越冬抗寒能力。因此，应停止灌溉和施肥，叶面喷施磷钾肥，提高木质化程度。

（5）休眠期。该期苗木处于微弱的、正常的生理活动状态中，应在 12 月上旬前后，灌水越冬，严防苗木冻害和人畜危害。

2. *嫁接育苗*

辛夷植物良种繁育通常采用嫁接繁殖。常用的嫁接方法有：切接、劈接、芽接等。现介绍 2 种方法：

（1）切接。切接不仅培育各种苗木，而且能在大树高接换种，更新复壮时应用。接穗可在树木落叶后（12 月）到翌春萌动前（2 月）采集，并用湿沙贮藏，到嫁接时应用，但以随采随接为宜。采集时，应选择光照充足、发育充实、芽体饱满的健壮枝条。冬采或早春采集的接穗，剪成长 20～30cm，按 30～50 根一捆进行贮藏。贮藏地点应选择地势干燥、排水良好，温度低处。贮藏坑深 50cm，大小依接穗数量多少而定。具体方法，用湿沙层积法进行。嫁接时期从 11 月到翌年 3 月上旬均可进行。切接以在温室内嫁接后，放在湿沙中贮藏，待接口处愈合后，翌春发芽前移栽。室外嫁接时期，以叶芽萌发前 15～20d 进行为宜。当天用的接穗，放在湿润的麻包片中，以备嫁接时用。嫁接时，先在接穗基部 2～3cm 处上方芽的两侧下方切削，削成锐角双切面。削好的接穗保留 2 个芽。砧木苗从地表 4～8cm 处剪去苗干，将断面一侧削光，随这在光面处用利刀纵劈 2～3cm，露出形成层。将接穗垂直插入砧木切口，使接穗和砧木一侧的形成层接合，用塑料薄膜绑紧。接后，切忌碰动接穗，最好套上塑料袋，防止接穗失水，以确保成活。室内切接后的苗木，可进行沙藏，经一定湿度和温度，利于接口愈合。翌春进行移栽，以不发芽为宜。移栽时，严防碰动接穗，以保证嫁接成活率。

（2）嵌芽接。具有接得快、成活率高、苗木壮等优点。芽接时间从砧木萌芽到 10 月初，均可进行，但以 5 月中旬至 6 月中旬及 9 月中旬为宜。如 4 月下旬嫁接成活率为 40%，5 月下旬至 6 月下旬

92% ~95.7%，7 月中旬 76.5%，9 月上旬 90% 以上。接时先在砧木离地面 10cm 左右地方，削出接芽嵌口。方法是在下方斜向下切一刀，深达木质部3 ~ 5mm，并从切口上方 1.5 ~2.0cm 处，向下斜入木质后，再顺皮层与木质部处纵切到下方斜切口处，剥离，空出接芽口。然后将充实饱满的接芽，去掉叶片，削成与嵌芽口大小、厚度形状相似或稍小一些的芽片，放入砧木嵌芽口内，对准形成层，用塑料薄膜绑紧。绑时接芽外露，上切口处也要绑紧，以防雨水入内，影响成活率。接芽成活后，适时剪除接芽上的砧木。接芽萌发后，及时绑缚，以防风折。同时，还要加强中耕、除草、施肥、灌溉、防治病虫，及时抹除砧木上的萌芽，加速苗木生长，提高苗木质量。

此外，还可采用扦插育苗、芽苗移植等方法。

（二）造林

1. 造林地选择

辛夷植物喜光、喜湿润、喜肥沃的土壤。因此，造林地应选择在背风向阳、排水良好、土壤肥沃、坡度较缓的山脚、山腰、沟边、村旁的微酸性土壤上为宜；平原上以砂壤土为最好。

2. 细致整地

细致整地可以改善土壤的理化性质，促使土壤团粒结构的形成，增强土壤蓄水、保肥的能力，提高造林成活率，加速幼林的生长。整地方法有全面整地、水平阶整地、穴状整地及鱼鳞坑等方法。坡度在 15°以下、地势平缓、水土流失轻微的地方采用全面整地；坡度在 16° ~30°的山坡地，采用水平阶整地以防止水土流失；在坡度陡、地势复杂的山沟内的缓地、山腰，“四旁”以及大块岩石裸露的地方，采用鱼鳞坑或穴状整地。

3. 良种壮苗

良种是指生长速度快，适应性强、成蕾龄早、产蕾量高、品质优良、病虫害少等性状的优良的品种。在长期的系统发育中，由于自然条件的作用与影响，辛夷植物产生了许多类型和栽培品种，如桃实望春玉兰（Ovata）是单株产蕾量较高的品种，而富油望春玉兰（var. *fuyou* D. L. Fu）是产油量较高的品种。玉兰属其他树种也作为辛夷树种栽培，如腋花玉兰［*Yulania axilliflora*（T. B. Zhao et al.）D. L. Fu］、怀宁玉兰（*Y. huainigensis* D. L. Fu et al., sp. nov. ined.）等。

壮苗是指芽发育饱满、根系发达、苗干通直、无病虫害、发育健壮的（苗高 100cm，地径 1.0cm 以上）的 1 年生苗而言。苗木规格对幼树的影响是很大的，特别是“四旁”绿化，更应选择壮苗栽植，这样的苗木才不易受破坏，同时也提高了造林成活率。

4. 栽植

辛夷植物栽植时间依据当地的气候条件和苗木的质量而定。一般来说，从秋季落叶至翌春发芽前这一段时间均可造林。冬天气温低、风大的地区苗木易遭受冻害而发生枯梢，应在早春造林。无风、湿润的立地条件，可在秋末冬初造林。

辛夷植物栽植密度根据经营方式不同而定。营造纯林时，可采用小冠密植法，每公顷栽 415 株。栽植后至产蕾前这一段，可适当间作低秆作物，以耕代抚，可获林粮双收。如进行辛夷植物农作物间作时，应依不同的间作类型而定。以农作物收入为主的间作类型，栽植的行距以 20 ~50m，株距 6 ~ 10m 为宜，每公顷栽植 30 ~45 株。以辛夷为主的间作类型时，以 6m ×4m 的株行距为宜，每公顷栽 270 ~300 株。随着树龄的增大，可将间作类型改为辛夷纯林经济林栽培模式。

（三）抚育管理

1. 幼林抚育

辛夷植物栽后，必须及时进行抚育管理，不然会形成“小老树”。幼树抚育主要是中耕、除草、灌溉、施肥及抹芽、防治病虫害等。抹芽主要在栽植后的当年进行。抹芽时间，常在侧芽萌发后但尚未木质化前进行。抹芽方法，通常是把中部以下的芽全部抹去，上部一般留 5 ~7 个，如果上部芽仍很多，可抹去重叠、生长较弱的芽，保留发育饱满、各方向都有数量适中的芽，保证主干能正常生长。

2. 整形修剪

（1）整形。辛夷植物丰产树形有疏散分层形和自然开心形，可因树做形。主要技术措施是：定干，造林 1 ~2 年后，当树高达 1m 左右时，于春季萌发前从 1m 左右处截去顶梢，破坏树高的顶端生长优势，促进侧芽萌发成枝。成形的植株，根据树体结构的特点，采用锯、拉、撑等方法，形成理想树体结构。如果现有幼树已形成“卡脖”时，可根据具体情况采用逐年疏枝措施，打开层间距，促进中心主干良好生长；或去掉中心主干，培养成开心形的树体结构。整形：为了防止第一层侧枝的“卡脖”现象发生，可在侧芽萌发后，第一层选留 3 个壮芽，使其均匀分布。其分布是，第1个枝位于主干最下部的南方，第2、第3个枝分别与第一个枝成100°～120°着生于主干上，构成三大主枝。主枝间距30～40cm。以后逐年采用短剪措施，培养骨架枝，开张枝角，培养各种类型的枝组。

（2）修剪。为了提高花蕾产量和质量，必须合理修剪，控制树形树势。主要措施有：摘心：夏季修剪以摘心为主，当营养枝长到15cm时即可摘去顶芽，促进侧芽萌发。短截：对长枝进行轻短截，以促进萌发中短枝；对短枝进行重短截，促进萌发中长枝；萌发的中、长枝再进行摘心或轻短截，培养成蕾枝组。疏枝：冬季修剪以疏枝为主。疏除徒长枝、过密枝和细弱下垂枝，改善树体结构和通风透光条件，平衡树体营养。大树蕾枝外移严重，内膛光照不足，枝条光秃，可疏除弱枝、密枝，打开内膛，增加光照，促进萌发长壮枝、增多成枝成蕾部位，形成立体枝型，提高产量。特别是密枝型的植株，疏枝是调整树体结构，增加成蕾枝量，提高产量的重要措施。缩剪：大树或老树骨干枝要进行回缩更新，刺激潜伏芽抽生强旺枝，充实内膛，从而达到更新复壮。缩剪具有改善光照，增强弱枝长势，降低蕾位，控制树冠或枝组的发展，充实内膛，延长成蕾年限等良好作用。

3. 土肥水管理

土、肥、水管理仍是调节树势最根本的措施。特别是长在溪边石砾地、山坡上及贫瘠土壤的树，加强土壤管理更为重要。在干旱地区，适时灌溉具有决定性作用。灌溉时间、灌溉次数和灌溉量，一般根据林木年发育规律和当地降水条件，多在速生期前和速生期间灌溉2～3次。

辛夷植物喜肥，定植后，应薄肥勤施，当年追肥6～8次，主要用速效性氮肥，每隔15～20d 1次。第2年施肥5～6次，或用0.3%尿素液进行树冠喷雾。成蕾树还可在每年3月下旬以前进行追肥。辛夷植物喜疏松肥沃的土壤，每年冬季要进行深耕松土，结合冬耕施入有机肥，每株施有机肥10～15kg，并加入适量的磷、钾肥，为翌年花芽分化打下基础。

五、病虫害防治

辛夷植物林木病虫害发生稀少，一般不影响树木的生长与产量。常见的病害有：玉兰炭疽病、干腐病等。常见的虫害有：辛夷卷叶象甲、潜叶蛾等。防治方法，具体可参见有关林木病虫害防治方法。

六、采收贮藏与加工利用

（一）采收与贮藏

1. 采蕾时期

辛夷植物花蕾采集时间，依立地条件不同而异。试验表明，花蕾采集时间，一般于树木落叶或落叶前即可采蕾，以11～12月为宜，此时采集的新鲜花蕾的挥发油含率高，一般达3%～5%，最高可达7.2%，且更耐贮藏。

2. 采摘方法

（1）捆绑树冠：辛夷树种，多为大乔木。同时，枝条较柔软而脆。因此，在采蕾前，多用长的粗麻绳，将树头、侧枝从下向上全部捆抱起来，以免因枝细采蕾损枝伤人。树冠侧枝捆好后，技术熟练而有经验者，应在树梢或树冠周围枝上采集；技术不熟练者可在树冠下部外围枝或内膛枝上采集。

（2）采蕾方法：辛夷采收应从花蕾基部采摘，采摘时所留蕾枝长度，以2～3mm为宜，既不可留枝过长，以免因达不到辛夷产品质量要求而进行二次去枝，造成返工；也不可直接拽下花蕾，这样不仅直接影响辛夷的产量，造成种植户收益降低，还容易造成辛夷有效成分的挥发，不利于辛夷贮藏，降低辛夷产品的质量。

采收时，要注意：采蕾前，加强安全教育，并作好一切准备工作。有采药经验的人采树冠外围枝或梢枝，不熟练者采内膛冠下枝。大风、寒流天气不采，以免发生事故。采蕾时，以采1年生枝为宜，不能砍大树或大枝进行采蕾，以免影响树木生长和翌年产蕾量。

3. 贮藏

花蕾采集后，将花蕾在屋内摊开，阴干，避免暴晒。贮藏于通风干燥处，以免发霉变质或失去药品有效成分，降低药品品质。同时，还要防止病虫危害。

（二）辛夷加工利用

1. 直接入药

（1）药性与药效：晾干后的花蕾直接入中药，即中药辛夷。辛夷药性、药效历代均有记载，《神农本草经》把辛夷列为上品药，并记载："辛夷味温。主五脏，身体寒，头风，脑痛，面皯，久服下气，轻身，明目，增年耐老。"南朝《名医别录》中记载："无毒。温中，解肌，利九窍，通鼻塞，涕出，治面肿，引齿痛眩冒，身兀兀如在车船之上者，生须发，去白虫”。宋朝《日华本草》加载：“通关脉。治头痛憎寒。体噤瘙痒。入面脂。生光泽”；明朝《本草纲目》加载：“鼻渊鼻鼽。鼻窒鼻疮。及痘后鼻疮。并用研末。入麝香少许。葱白蘸入数次甚良［时珍］。［发明］［时珍曰］鼻气通于天。天者头也。肺也。肺开窍于鼻。而阳明胃脉环鼻而上行。脑为元神之府。而鼻为命门之窍。人之中不足。清阳不升。则头脑为之倾。九窍为之不利。辛夷辛温走气而入肺。其体轻浮。能助胃中清阳上行通於天。所以能温中治头面目鼻九窍之病。轩岐之后。能达此理者东垣李杲一人而已。”

现代中医学也是把辛夷作为主治头痛、鼻炎等症状的主要用药之一。《中华人民共和国药典》作了收录：“［性味与归经］辛，温。归肺、胃经。［功能与主治］散风寒，通鼻窍。用于风寒，鼻塞，鼻渊，鼻流浊涕。”

（2）有效成分与药理。现代药理学证明，辛夷主要有效成分有3类：挥发油、生物碱和木脂素，具有明显的消炎、杀菌、镇痛、抗过敏、抗组胺等作用。体外实验显示，辛夷煎剂对多种致病真菌及细菌有抑制作用。另外，辛夷还对血液循环具有显著的影响，如加快血液流速而不扩张血管，舒张血管的强直收缩，抑制和阻止由高 K^+ 和 NE 影响下的 Ca^{2+} 的减少和聚集，抑制 PAF 影响的血小板聚合作用等。辛夷所含酚性生物碱对乙酰胆碱引起的骨格肌收缩有抑制作用。辛夷木脂素具有多种生理活性，包括免疫、降压、对中枢神经系统的作用、抗菌和抗病毒、抗衰老、杀虫和抗真菌作用等。因此，辛夷在防治冠心病、高血压、抗炎、抗类风湿方面具有较高的研究价值。

2. 中成药

中成药已成为中药发展的重要趋势。以辛夷为主要成分的中成药主要有：

（1）外用药。以辛夷有效成分为主药而制成的中成外用药，主要为鼻炎水类、外用滴鼻、治疗过敏性鼻炎、慢性鼻炎、急性鼻炎和鼻窦炎等。常见的这类中成药有：鼻根治液、滴鼻净、鼻炎水、鼻康水、鼻炎滴剂、益鼻喷雾剂、鼻通宁滴剂等。

（2）口服药。以辛夷或辛夷有效成分为主药，辅以其他药物而制成，包括口服液、胶囊、片剂、颗粒等，用于内服治疗各种类型的鼻炎等症状。常见的这类中成药有：鼻窦炎口服液、鼻渊舒口服液、复方辛夷胶囊、鼻康王、鼻渊胶囊、辛芳鼻炎胶囊、香菊胶囊、通窍鼻炎片、鼻炎片、鼻通丸、鼻渊丸、辛夷鼻炎丸、双辛鼻炎颗粒等。

另外，辛夷在治疗支气管哮喘、自身免疫性疾病、慢性肾炎蛋白尿等方面已有报道，随着对辛夷研究的逐渐深入，辛夷中成药产品及功能将更加丰富与完善。

3. 香料的开发利用

（1）挥发油提取。水蒸气蒸馏法：该法是提取辛夷挥发油的常规方法。即把辛夷粉碎、湿润后，装入蒸馏锅，然后通入水蒸气或过热蒸汽，使挥发油随同水蒸气从冷凝器中馏出。该法简便易行，但出油率低。超临界 CO_2 流萃取方法：提取辛夷挥发油的新方法，用该法萃取辛夷挥发油，因未受热和溶剂残留的影响，香气特别新鲜、浓郁，具有天然香气，其有效成分和得率较高，并能最大限度地保持原有的化学组分，提高辛夷精油的品质。该法需要专用设备，投资较大。其主要技术要点：先把辛夷粉碎过筛，使辛夷颗粒直径小于1mm，然后置入高压釜，在压力14MPa、温度35℃下，萃取40min，分取所得物，即辛夷挥发油。望春玉兰挥发油通常为橙黄色，玉兰挥发油通常无色。

（2）挥发油利用。烟草行业：辛夷挥发油具有较为浓郁的清凉香，香气质好，味浓清雅，无杂气，稀释后有清新飘逸的薄荷香气，对香烟具有明显的提香作用。实验表明，香烟加香，辛夷挥发油的用量以 $1.5\times10^{-5}\sim1.75\times10^{-5}$ 为宜。日化行业：辛夷挥发油还用于香水、香皂、肥皂、牙膏、化妆品中，是香料工业的主要原料之一。

（傅大利）

57. 枸　杞

枸杞是茄科（Solanaceae）枸杞属（*Lycium* L.）多年生落叶灌木，是我国重要的药用植物资源。果实、叶片和根均含有人体所必需的脂肪、蛋白质、糖、氨基酸、无机盐，铁、钾、磷、锂等多种微量元素和生物碱以及活性物质枸杞多糖。是我国传统的名贵中药材和高级营养滋补品。

在我国，枸杞的药用历史非常悠久。早在2 000多年前，我国最早的一部诗集《诗经》“小雅”中就有“陟彼北山，言采其杞”（译意是“登上北上头，为把枸杞采”）的描述。明代药学家李时珍在《本草纲目》记载，枸杞具有润肺清肝、滋肾益气、生精助阳、祛风明目等功效。现代医学证实，枸杞多糖还具有增强人体免疫功能、抑制癌细胞生长、预防艾滋病、降血脂、降血糖、抗辐射、耐缺氧、延缓衰老、养颜美容等特殊功效。

我国是世界上惟一大面积种植和出口枸杞的国家，人工栽培最早源于宁夏。早在明代弘治年间，宁夏中宁一带就已种植枸杞并作为“贡品”，距今已有500多年历史。新中国成立后，枸杞在宁夏得到迅速发展，并很快扩展到内蒙古、新疆等地，到2002年全国枸杞种植面积达到4.43万hm^2，年枸杞总产量3 635万kg，每年出口枸杞500多万kg，产品远销我国港澳台地区、东南亚各国及欧美发达国家，已成为我国种植业中栽培历史悠久、发展潜力最大的传统名牌产品和地方特色产业。

一、主要物种

我国枸杞属植物共有7个种、3个变种。

1. 黑果枸杞（*Lycium ruthenicum* Murr.）

多棘刺灌木，高20～50cm，稀达150cm，多分枝；分枝斜升或横卧于地面，白色或灰白色，坚硬，常成“之”字形曲折，有不规则的纵条纹，小枝顶端渐尖成棘刺状，节间短缩，每节有0.3～1.5cm的短棘刺；短枝常成瘤状，生簇生叶或花叶同时簇生。叶在幼枝上常单叶互生，在老枝上2～6枚簇生于短枝，肉质，近无柄，条形、条状披针形或条状倒披针形，当生态条件好时可变成狭披针形，顶端钝圆，基部渐狭，两侧边缘有时内卷，中脉不甚明显，长0.5～3cm，宽2～7mm。花1～2朵簇生于短枝上；花梗细瘦，长0.5～1cm。花萼狭钟状，长4～5mm，果时稍膨大成半球形，包围果实中下部，不规则2～4浅裂，裂片膜质，边缘有稀疏缘毛；花冠漏斗状，浅紫色，长约1.2cm，筒部狭细，向檐部稍扩大，长为裂片的2～3倍，裂片矩圆状卵形，无缘毛，耳片不明显；雄蕊着生于花冠筒中部，花丝离基部稍上处有疏绒毛，同样在花冠内壁等高处亦有稀疏绒毛。浆果黑紫色，球状，有时顶端稍凹陷，直径4～9mm。种子肾形，褐色，长1.5mm，宽2mm。花期果期5～10月。分布在我国陕西北部、宁夏、甘肃、青海、新疆和西藏；中亚、高加索地区及欧洲其他一些地区亦有分布。耐干旱，常生于盐碱土荒地、沙地或路边。

2. 截萼枸杞（*L. truncatum* Y. C. Wang）

灌木，高1～1.5m；分枝圆柱状，灰白色或灰黄色，少棘刺。叶在长枝上通常单生，在短枝上则数枚簇生，条状披针形或披针形，顶断急尖，中部较宽，基部狭楔形且下延成叶柄，长1.5～2.5cm，宽2～6mm，中脉稍明显。花1～3朵生于短枝上同叶簇生；花梗细瘦，向顶端接近花萼处稍增粗，长1～1.5cm。花萼钟状，长3～4mm，2～3裂，裂片膜质，花后有时断裂而使宿萼成截头状；花冠漏斗状，下部细，向上渐扩大，筒长约8mm，裂片卵形，长约为筒部之半，无缘毛；雄蕊插生于花冠筒中部，稍伸出花冠，花丝基部被稀疏绒毛；花柱稍伸出花冠。浆果矩圆形或卵状矩圆形，长5～8mm，顶端有小尖头。种子橙黄色，长约2mm。花期、果期5～10月。分布在我国山西、陕西北部、内蒙古和甘肃。常生于海拔800～1 500m的山坡、路旁或田边。

3. 新疆枸杞（*L. dasystemum* Pojark.）

多分枝灌木，高达1.5m；枝条坚硬，稍弯曲，灰白色或黄色，嫩枝细长，老枝有坚硬的棘刺；棘刺长0.6～6cm，裸露或生叶和花。叶形状多变，倒披针形、椭圆状倒披针形或稀宽披针形，顶端急尖或钝，基部楔形，下延到极短的叶柄上，长1.5～4cm，宽5～15cm。花多2～3朵同叶簇生于短枝上或在长枝上单生于叶腋；花梗长1～1.8mm，向顶端渐渐增粗。花萼长约4mm，常2～3中裂；花冠漏斗状，长9～12mm，筒部长约为檐部裂片长的2倍，裂片卵形，边缘有稀疏的缘毛；花丝基部稍上处同花冠筒内壁同一水平上都生有极稀疏绒毛，由于花冠裂片外展而花药稍露出花冠；花柱亦稍伸出花冠。浆果卵圆状或矩圆状，长7mm左右，红色。种子每果可达20余个，肾脏形，长约1.5~2mm。花期、果期6~9月。分布在我国新疆、甘肃和青海及中亚地区，生于海拔1 200~2 700m的山坡、沙滩或绿洲。

4. 宁夏枸杞（*L. barbarum* Linn.）

灌木，或小乔木，高0.8~2m，栽培者茎的直径达10~20cm。分枝细密，野生时多开展而略斜升或弓曲，栽培时小枝弓曲而树冠多呈圆形，灰白色或灰黄色，无毛而微有光泽，有不生叶的短棘刺和生叶、花的长棘刺。叶互生或簇生，披针形或长椭圆状披针形，顶端短渐尖或急尖，基部楔形，长2~3cm，宽4~6mm，栽培时长达12cm，宽1.5~2cm，略带肉质，叶脉不明显。花在长枝上1~2朵，生于叶腋，在短枝上2~6朵，同叶簇生；花梗长1~2cm，向顶端渐增粗。花萼钟状，长4~5mm，通常2中裂，裂片有小尖头或顶端又2~3齿裂；花冠漏斗状，堇色，筒部长8~10mm，自上部向上渐扩大，明显长于檐部裂片，裂片长5~6mm，卵形，顶端圆钝，基部有耳，边缘无缘毛，花开放时平展；雄蕊的花丝基部稍上处及花冠筒内壁同一水平上生一圈密绒毛。浆果红色或在栽培类型中也有橙黄色，果皮肉质，多汁液，形状及大小由于长期人工培育或植株年龄、生境的不同而多变，广椭圆形、矩圆形、卵形或近球形，顶端有短尖头或平截，有时稍凹陷，长8~20mm，直径5~10mm。种子常20余粒，略成肾脏形，扁压，棕黄色，长约2mm。花果期较长，一般从5月至10月边开花边结果，采摘果实时成熟一批采摘一批。本种群野生资源主要分布在我国河北北部、内蒙古、山西北部、陕西北部、甘肃、宁夏、青海、新疆等地。人工栽培除上述地区外，我国中部和南部不少地区也引种栽培，其中以宁夏、内蒙古、新疆、天津等地栽培面积最大，产量最高，是我国药用枸杞的主要产地。

5. 柱筒枸杞（*L. cylindricum* Kuang et A. M. Lu）

灌木，分枝多“之”字状曲折，白色或带淡黄色；棘刺长1~3cm，不生叶或生叶。叶单生或在短枝上2~3枚簇生，近无柄或仅有极短的柄，披针形，长1.5~3.5cm，宽3~6mm，顶端钝，基部楔形。花单生或有时2朵同叶簇生，花梗长约1cm，细瘦。花萼钟状，长和直径约3mm，3中裂或稀2中裂，裂片有时具不规则的齿；花冠筒部圆柱形，长5~6mm，直径约2.5mm，裂片阔卵形，长约4mm，顶端圆钝，边缘有缘毛；雄蕊插生于花冠筒的中部稍上处，花丝基部稍上处生一圈密绒毛且交织成卵球状的毛丛体；子房卵形，花柱长约8mm。果实卵形，长约5mm，仅具少数种子。分布在我国新疆。

6. 枸杞（*L. chinense* Mill.）

多分枝灌木，高0.5~1m，栽培时可高达2m多；枝条细弱，弓状弯曲或俯垂，淡灰色，有纵条纹，棘刺长0.5~2cm，生叶和花的棘刺较长，小枝顶端锐尖成棘刺状。叶纸质或栽培时质稍厚，单叶互生或2~4枚簇生，卵形、卵状菱形、长椭圆形、卵状披针形，顶端急尖，基部楔形，长1.5~5cm，宽0.5~2.5cm，栽培者较大，可长达10cm以上，宽达4cm；叶柄长0.4~1cm。花在长枝上单生或双生于叶腋，在短枝上则同叶簇生；花梗长1~2cm，向顶端渐增粗。花萼长3~4mm，通常3中裂或4~5齿裂，裂片有缘毛；花冠漏斗状，长9~12mm，淡紫色，筒部向上骤然扩大，稍短于或近等于檐部裂片，裂片卵形，顶端圆钝，平展或稍向外反曲，边缘有缘毛，基部耳显著；雄蕊较花冠稍短，因花冠裂片外展而伸出花冠，花丝在近基部处密生一圈绒毛并交织成椭圆状的毛丛体，与毛丛等高处的花冠筒内壁亦密生一环绒毛；花柱稍伸出雄蕊，上端弓弯，柱头绿色。浆果红色，卵形，栽培的可成长矩圆状或长椭圆形，顶端尖或钝，长7~15mm，栽培的长可达2.2cm，直径5~8mm。种子扁肾脏形，长2.5~3mm，黄色。花期、果期6~11月。分布在我国东北地区、河北、山西、陕西、甘肃南部以及西南、华中、华南和华东各地；朝鲜，日本及欧洲有栽培或野生，常生于山坡、荒地、丘陵、盐碱地、路旁及村边宅旁。

7. 云南枸杞（*L. yunnanense* Kuang et A. M. Lu）

直立灌木，丛生，高50cm；枝坚硬，灰褐色，小枝细弱，黄褐色，顶端锐尖成针刺状。叶在长枝和棘刺上单生，在极短的瘤状短枝上2至数枚簇生，狭卵形、矩圆状披针形或披针形，全缘，顶端急尖，基部狭楔形，长8~10mm，宽2~3mm，叶脉不明显；叶柄极短。花通常由于节间极短缩而同叶簇生，淡蓝紫色，花梗纤细，长4~6mm。花萼钟状，长约2mm，通常3裂或有4~5齿，裂片三角形，顶端有短绒毛；花冠漏斗状，筒部长3~4mm，裂片卵形，长2~3mm，顶端钝圆，边缘几乎无毛；雄蕊插生花冠筒中部稍下处，花丝丝状，显著伸出于花冠，长5~7mm，基部稍上处生一圈绒毛，而在花冠筒内壁上几乎无毛，花药长0.8mm；子房卵形，花柱明显长于花冠，长7~8mm，柱头头状，不明显2裂。果实球状，直径约4mm，黄红色，干后顶部有一明显纵沟，有20余粒种子。种子圆盘形，淡黄色，直径约1mm，表面密布小凹穴。分布在我国云南。生于海拔1 360~1 450m的河旁沙地或丛林中。

8. 红枝枸杞（*L. dasystemum* Pojark. var. *rubricaulium* A. M. Lu）

为新疆枸杞的变种，不同之处是：老枝褐红色，花冠裂片无缘毛。分布在青海诺木洪，生长于海拔2900m的灌丛中。

9. 黄果枸杞（*L. barbarum* Linn. var. *auranticarpum* K. F. Ching）

为宁夏枸杞的变种，不同之处是枝条多棘刺，几乎在每节均有；叶狭窄，条形或条状披针形，老枝叶明显肉质；花稍小，花冠筒比檐部裂片长达2倍；浆果小，近球形，直径4~8mm，橙黄色，一般仅有2~8粒种子；果萼先端呈膜质。分布在宁夏银川地区，生于宅旁、路边或田头地埂。

10. 北方枸杞［*L. chinense* Mill. var. *potaninii* (Pojark.) A. M. Lu］

为枸杞的变种，不同于枸杞之处是：叶通常为宽披针形、距圆状披针形或披针形；花冠裂片的边缘缘毛稀疏、基部耳不显著；雄蕊稍长于花冠。分布在河北北部、山西北部、陕西北部、内蒙古、宁夏、甘肃西部、青海东部和新疆，常生于向阳山坡、沟旁，也有栽培作绿化观赏植物。

在上述种群中，宁夏枸杞是惟一药用价值最高，栽培面积最大，经济价值最高的物种。

二、主要栽培品种

宁夏枸杞共有约20个品种，目前各地枸杞生产中，除河北栽培北方枸杞外，其他各地采用的主栽品种均为宁夏枸杞种大麻叶品种及采用单株选优法从中选育出的宁杞1号和大麻叶优系两个优良品种。

1. 宁杞1号

该品种由宁夏农林科学院枸杞研究所1987年培育而成。主要形态特征和经济性状：叶色深绿、叶披针形，叶长4.6~8.6 cm，宽1.23~2.8 cm；当年生枝灰白色，多年生枝为灰褐色，棘刺极少；花紫堇色，果实呈柱状，果身有4~5个纵棱，果实顶端有短尖或平截。果实红色，果个大，鲜果纵径1.68cm，横径0.97cm，果肉厚0.114cm，果实鲜干比为4.37∶1，鲜果千粒重605g，内含种子10~30粒，占鲜果重的5.08%。丰产性能好，一般每公顷产2 250~3 000kg，管理好的最高6 000kg以上。

2. 大麻叶优系

该品种由中宁县枸杞推广站1990年培育而成。主要形态特征和经济性状：叶色深绿，质地厚，新枝叶卵状披针形或椭圆状披针形，老枝叶条状披针形，叶长6~9cm，叶宽1.5~2 cm，叶面微向叶背反卷；当年生枝青灰色，多年生枝灰褐色或白色，棘刺极少；果身呈棒状而略方，果实先端有一短尖，果实红色，鲜果纵径1.8~2.2cm，横径0.6~1 cm，果肉厚，果实鲜干比4.3∶1，内含种子17~35粒，鲜果千粒重450~510g，一般每公顷产1 500~2 500kg，管理好的2 500~3 000kg，最高4 500kg以上。

3. 大麻叶

该品种为宁夏传统枸杞栽培中的当家品种，主要形态特征和经济性状：叶色深绿，质地厚，老枝叶披针形或条状披针形，长6~12cm，宽0.8~1.5cm；新枝第一次叶卵状披针形至椭圆状披针形，长6~9cm，宽1.5~2cm。叶面大，微向叶背反卷。结果枝粗壮，刺少。当年生结果枝青灰色；多年生结果枝灰褐或灰白色。枝长40~65cm，节间长1.5~2cm，枝基着果距8~12cm。幼果粗壮，先端具一短尖。熟果鲜红，先端钝尖或近截平，果身略带方棱。果长2~2.6cm，果径0.8~1.2cm。果肉厚，果实鲜干比4.3∶1，鲜果千粒重502g，内含种子28~55粒。种子占鲜果重的5.49%。一般每公顷产1 500kg。

三、生物学特性

（一）生态习性

宁夏枸杞适应性强，分布范围广。野生种自然分布区域为北纬35°~45°范围内，包括河北、内蒙古、山西、陕西、新疆、甘肃、青海和宁夏等地。人工栽培主要集中在宁夏、新疆、内蒙古、天津等地。野生枸杞耐寒、耐旱、耐瘠薄、耐盐碱，对环境条件要求不严，在干旱、瘠薄、盐碱、沙荒地均可生存。但在人工栽培条件下必须有一定的光、热、水、土等条件。宁夏枸杞是强喜光树种，喜温、喜水、喜肥。生长结果需要充足的光照，一定的温度、适宜的水分供应和肥沃的土壤。光照不足，土壤过盐碱地，地下水位过高，灌水次数过多，地表长期积水都不利于枸杞正常生长和发育。因此，枸杞适合年平均气温 5.6～12.6℃，年日照时数2 500h以上，地下水位1.5m 以下，土层深厚，土壤肥沃，土壤盐碱含量小于0.2%，有一定的灌溉条件和排水设施的地区栽培。

（二）生长发育

枸杞生命周期长，营养生长期短，开始结果早，生存年龄最长可达百年，经济结实年限较长。最长可达50年。一般枝条扦插苗从第一年后开始，实生苗从第二年后开始结果，5～6 年进入盛果期。20～35 年为结果后期，35～55 年为衰老期。

枸杞是无限花序、连续开花结果植物。花芽分化当年完成，老眼枝（2 年生以上极短枝）4 月初开始分化，同一花序内先从外叶腋开始，逐步向序中心分化。七寸枝（当年生枝）花芽分化从 4 月下旬开始，随枝条延长自下而上不断进行，到 6 月下旬结束。秋枝花芽分化从 6 月下旬开始，9 月上旬结束。一个花芽从开始分化到分化结束，约需 15 ～16d，从现蕾到开放约需 20～25d，从开花到成熟约需 1 个月。

枸杞物候期因地域不同而异，在宁夏引黄灌区枸杞根系 1 年有 2 次生长高峰，3 月中旬开始生长，4 月上中旬出现第一次生长高峰，7 月下旬至 8 月中旬出现第二次生长高峰。营养生长一年分两个时期，4～7 月为春季生长期，5 月上旬至 6 月下旬为第一生长高峰，8～10 月为秋季生长期，8 月下旬至 9 月上旬为第二生长高峰。春梢生长最适温度为 16～18℃，秋梢生长最适温度为 21～24℃。一般 3 月底开始萌动，4 月中旬开始展叶，4 月下旬开始生长，5 月上旬开始开花，6 月中下旬老眼枝果开始成熟，7 月上旬七寸枝果开始成熟。9 月上旬至 10 月下旬为秋季花果期。9 月下旬停止生长，10 月下旬进入秋季落叶期。一般枸杞白天开花多，晚间开花少。白天当气温在 18℃ 以下时，以中午开花为多，在18℃以上时以上午开花为多。

四、栽培技术

（一）苗木繁殖

枸杞是异花授粉植物，利用种子繁育，遗传不稳定，后代变异大，很难保持品种的优良性状。利用根蘖繁育又容易造成品种混杂，良莠不齐。为了提高枸杞建园质量，确保良种壮苗的生产和供给，枸杞苗木应采用硬枝扦插无性繁育技术，其优点是方法简单、易于掌握、成本低、出苗率高，根系发达、苗木健壮、结果早。一般春季扦插、秋季出圃、当年苗圃即可结果。采用硬枝扦插苗建园，定植当年每公顷可产干果 750 多 kg，产值可达 1.05 万元。

硬枝扦插技术要点：

（1）苗地准备。选择地势平坦，排灌方便，土壤肥厚的壤土或轻壤土，地下水位 1.2m 以下，pH值 8 左右，土壤含盐量 0.2% 以下的土地建圃。于头年秋季施足基肥、灌足冬水。

（2）插条采集。3 月下旬至 4 月上旬，在丰产园优良母株树冠中上部采集生长健壮、充分成熟、无损伤、无虫害的 1 年生中间枝和结果枝，粗度 0.5～0.8cm。剪成 15cm 长的插穗，上端距饱满芽 0.5～1cm。每 100 枝一捆置于果窖或背阴处湿沙中贮藏。

（3）土壤消毒。为防止地下害虫危害，扦插前开沟施入 300 倍辛硫磷毒土。

（4）插穗处理。为诱导不定根萌发，提高扦插成活率，扦插前必须用生根剂处理。一般用萘乙酸 100～150mg·kg^{-1}或吲哚丁酸 100～150mg·kg^{-1}或 ABT 生根粉 100mg·kg^{-1}配成水溶液，并加入 0.5% 蔗糖水溶液，将插穗下端 3～5 cm 浸泡在溶液中，保持 4～8h。

（5）扦插形式。采用苗床扦插和覆膜扦插两种形式，扦插行距 50～60cm，株距 7～10cm，每亩扦插 1.3 万～1.5 万根插穗，扦插深度以外露 2 个芽为宜，四周踏实，顺行覆盖地膜。

（6）苗圃管理。发芽时及时撤除地膜。苗高 15 cm 左右时灌第一次水，水位不得淹没苗顶，以后根据墒情进行灌水。6 月下旬以根外追肥为主，苗高 10cm 起，每 10 天叶面喷 0.1% 磷酸二氢钾和 0.2% 尿素混合液 1 次。6 月中旬至 7 月中旬集中追肥，苗高 50cm 左右时每公顷施二铵 750kg、钾肥 575kg、尿素 600kg 。7 月以后控制追肥。灌水或雨后立即中耕除草。苗高 20 cm 以上时，选一健壮直立枝条作主干，其余萌芽一律抹除。苗高 40～60 cm 时摘心，促发侧枝，进行圃内整形。苗期发生蚜虫、负泥虫时，及时喷药防治。第二年 3 月中旬土壤解冻后挖苗，做到不伤皮、不伤根，保持根系完整。根据苗木生长情况进行修枝，即可出圃。

（二）造林

（1）园地选择。土壤是枸杞生长结果的载体，是实施枸杞优质高效栽培和无公害生产的重要基础。新建枸杞园应具备良好的生态环境。除选择地势平坦，排灌方便，地下水位1.2～1.5m，土壤含盐量低于0.5%，土壤酸碱度8左右，活土层在30 cm以上，土壤肥沃的壤土或砂壤土外，还要求枸杞园远离工厂和矿区，上风口和上游水域不得有污染源，大气、水质和土壤质量符合国家二级标准。对选好的园地进行平整规划。200～300亩为一小区，设置沟、渠、路。为方便田间操作，主干道与条田平行，生产路与行向垂直。同时，为减轻风沙危害，提高防护效应，建园时设置主林带、副林带和环园林带，主林带与地方主风向垂直，7～10行，乔灌混栽。副林带栽于排水沟两边，以窄冠乔木为主。

（2）定植技术。选用良种壮苗，即用宁杞1号和大麻叶优系根系完整、枝干粗壮的一级硬枝扦插苗建园。掌握定植时间，春栽于春季土壤解冻至萌芽前，秋栽于土壤结冻前。合理密植，为充分利用空间，争取早果早丰，采用可变式株行距。小面积栽培，株行距0.5m×2m，每公顷栽9 990株，3年以后，树冠相接，园内郁闭时进行隔株间伐，变为1m×2m，每公顷保留4 995株。大面积栽培，株行距0.5m×3m，每公顷栽6 660株，3年后间伐，变为1m×3m，每公顷保留株数3 330株。大穴培肥，定植穴规格30cm×30cm×40cm，每穴施腐熟的厩肥3kg，加氮、磷复合肥与土搅拌均匀施入后栽植。苗木处理，为促进根系生长，提高定植成活率，定植前用ABT生根粉蘸根。栽后管理，栽后及时定干，对无分枝的苗于40～50 cm处短截定干，有分枝的苗剪口下留3～5个生长健壮的、分布均匀的侧枝做第一层主枝，留15～20 cm短截，促发分枝，其余分枝剪除。为提高定植成活率，栽后及时浇水，干旱地区采取树盘覆膜，防止蒸发，保持水分。设立支柱，为增强干性，防止倒伏，提高树干承载能力，促进生长，加速成形，提早结果，定干后在树干旁边插粗3～5 cm，长1.5 m的木棍，将枸杞绑缚其上。改进建园方式。为节约成本，加快发展，实现早果早丰，近年来除定植成苗常规建园外，还推广了硬枝扦插直接建园和定植营养袋苗方式建园，效果很好，当年每公顷可产干果600kg。

（二）抚育管理

（1）科学施肥。枸杞是连续开花结果植物，一年中生长结果期长达7个月，对养分需求量很大。据宁夏自治区枸杞研究所研究，每生产100kg干果，需纯氮39.46kg，纯磷26.68kg，纯钾16.2kg。试验表明，增施鸡粪、羊粪、油渣、青豆、大粪等有机肥，追施氮、磷、钾混合肥，具有显著的增产效果。因此，枸杞施肥应坚持以基肥为主、追肥为辅，有机肥为主、化肥为辅的施肥原则。根据枸杞根系生长和地上部分生长发育规律，重视有机肥的施入，注重氮、磷、钾搭配和微量元素的补充，满足枸杞生长结果对养分的需求。混施基肥，根据枸杞根系生长分布深度和范围，秋施基肥：一要深施，沿树冠外缘开深40cm，长40cm的施肥沟。二要混施，每株施入油渣2～5kg，厩肥20kg外，掺入氮、磷复合肥200g，拌土封坑。深追化肥，为促进枸杞营养生长和生殖生长，减少土壤固定和流失，提高肥料利用率，每年结合灌水，在树冠外缘开15 cm深的半环对称小沟，深追3次化肥。第一次于4中旬至5月初株追尿素200g，促进新梢生长；第二次于6月上旬株追二胺200 g，保花保果；第三次于7月上旬，株追复合肥200 g，增大果个，促进成熟，提高产量。叶面喷肥，为补充营养短缺，5～7月枸杞营养生长和大量开花结果期，每隔10～15d喷施1次有机液肥和生长调节剂，减轻落花落果，提高座果率，增加产量。为提高喷肥效果，防止产生药害，叶面喷肥一要准确稀释肥液，二要着重喷叶片背面，三要雾点细，喷布均匀，四要在10：00前，16：00后喷肥，五如喷后遇雨，雨后要及时补喷。

（2）合理灌水。枸杞是需水较多的树种，尤其在果实成熟期，果实急剧膨大，需水量很大。因此，适时灌水是夺取枸杞高产优质的主要措施。每年4～10月，根据降雨情况，灌水6～8次，其中4月下旬至6月中旬3～4次，6月下旬至8月中旬3～5次，9月上旬灌白露水，11月上旬灌冬水1次。使生长期0～20 cm土壤含水量保持在18%左右。灌水量掌握“头水大，二水赶，三水四水看叶面，采果期间勤而浅，越冬水要大水灌”的原则。

（3）中耕翻园。每年生育期内中耕3～4次，3月下旬至4月初浅耕一次，深度为10～15 cm，以利松土保墒、提高地温，消灭越冬虫蛹。5月、6月、7月各中耕一次，深15～20 cm，疏松土壤，增强通透性，清除杂草，消灭避暑害虫。9月份全园深翻一次，行间深20～25 cm，树冠下深10～15 cm，清除杂草，增加冬灌蓄水量，促进来年根系生长。

(4) 整形修剪。枸杞树形有一把伞、三层楼和自然半圆形，生产中常用的树形为自然半圆形。其树体结构：单主干，主枝5个（第一层3个，第二层2个），两层树冠，干高40～50 cm，树高1.5m，上层冠幅1.3m，下层1.5m，呈上稀下密、上小下大、上短下长、树冠骨架牢固，结果枝层次分明的自然半圆形。幼龄枸杞整形修剪，幼龄枸杞整形修剪的主要目的是培养树形，扩大树冠，增加枝量，提早结果。第一年定干剪顶：根据主干粗细及侧枝多少，定干高度40～50cm，剪口下选留3～5条侧枝，留30 cm短截，其余萌枝一律剪除。第二、三年培养基层：第二年5月份在上半年选留的侧枝背上部，选择距树冠中心萌发的徒长枝或直立强壮的中间枝，于20～30 cm处短截，促发分枝。如选留的是徒长枝，短截后形成的分枝是中间枝，需对其再留15～20 cm进行摘心，萌发的第二次枝才是结果枝。如选留的是中间枝，短截后形成的分枝就是结果枝，不需要再摘心。第三年控制徒长枝，选留和短截中间枝，扩大树冠充实基层。第四年放顶成形：在树冠中心部位选留2～3个生长弱的徒长枝或直立强壮中间枝，间距10 cm，呈对称状，于20～30 cm处短截，促发侧枝，再行摘心，形成上层树冠即完成整形。

为缩短整形时间，提早进入盛果期，近年来对幼龄枸杞采用冬夏结合，四季修剪，促发枝量，快速整形的修剪办法，充分利用夏季摘心和短截，增加枝条分枝级次，加速树冠形成。一般3年即可完成整形，管理好的2年也可完成，比传统整形提前2～3年完成，并进入盛果期。

成龄枸杞树的修剪，主要目的：调节生长与结果的关系，控制冠顶优势，平衡树势，更新结果枝组，控制树高，补充空缺，使各类枝条主次分明，合理搭配，实现稳产、高产。

冬季修剪，一般2～3月进行。修剪原则：截横不截顺，去旧留新枝，密处疏除多余枝，稀处选留徒长枝，空处短截邻近枝，补型补空利用徒长枝。修剪顺序：根颈抹除萌蘖枝、树冠剪除徒长枝，冠顶去强留弱枝，中层短截中间枝，下层留顺结果枝，枝组去弱留壮枝，冠下短截着地枝。修剪方法：采用剪、截、留三种方法，对不同枝条进行修剪。剪：即剪除植株根茎、主干、膛内、冠顶着生的徒长枝、冠层结果枝组上的细弱枝及3年生以上的老结果枝；截：即交错短截树冠中、上部分布的中间枝和强壮结果枝，中间枝截去1/2，强壮果枝截去1/3；留：即选留冠层生长健壮的1～2年生结果枝。要注意利用徒长枝偏冠补正和短截中间枝进行冠层补充。

夏季修剪：5～7月份进行，目的是控制徒长，减少无效消耗，促使营养生长向生殖生长转化。主要内容，抹芽剪干枝：5月初进行，将植株根茎、主干、膛内、顶部萌发的新芽，除要留顶和偏冠补正的萌芽外，一律抹掉或剪除，同时剪去冠层的干枯枝。剪除徒长枝：5月中旬至7月中旬，及时剪除植株及冠层抽生的无用徒长枝。6月下旬在剪除徒长枝的同时，对树冠中上部抽生的中间枝和强壮结果枝打顶，促发二次结果枝。

秋季修剪：采完秋果后于10月上旬，剪除主干、主枝、膛内及冠层侧枝上萌发的徒长枝，降低树体营养消耗，保证结果枝安全越冬，减少翌年春季枝条抽干。

五、病虫害防治

枸杞是连续开花结果植物，病虫危害主要特点是病虫种类多，发生代数多，繁殖速度快，世代重叠严重，需要多次喷药才能控制危害，尤其是果熟期，采果与喷药交替进行，间隔期短，致使大量未分解农药残留在果实内，对枸杞造成严重的药物污染。为有效控制病虫危害，减少喷药次数，提高防治效果，消除药物污染，枸杞病虫害防治应贯彻“以防为主，综合防治”的方针，采取农业防治、生物防治和化学防治相结合的办法，掌握最佳防治期，选择无公害农药，实施无公害生产。

1. 枸杞蚜虫

危害方式：群集嫩梢、花蕾、青果等部位，吸取汁液，受害枝梢曲缩，生长停滞。严重时，枸杞叶、花、果表面全部被蚜虫的分泌物所覆盖，影响光合作用，引起早期落叶，造成大减产。

生活习性：1年发生约15代，以卵在枝条缝隙芽腋处越冬。翌年4月下旬卵化出干母，孤雌胎生，第2～3代出现有翅蚜，在田间繁殖扩展。5月中旬至7月中旬蚜虫密度最大，6月份为危害高峰期，9月份危害秋梢，10月上旬出现性蚜交配产卵，10月中旬为产卵盛期，11月上旬为末期。

防治方法：清理园地，集中烧毁残、枯、病、虫枝，消灭越冬虫卵；土壤耕作；药物防治：越冬卵孵化期、无翅胎生期交替使用10%吡虫啉2 000倍，2.5%功夫1 000倍，百草1号1 000倍。

2. 枸杞木虱

危害方式：成虫及若虫危害枝叶，吸吮汁液，使树势衰弱，早期落叶，翌年干枝严重，影响产量，严重时会造成全树死亡，

生活习性：1 年发生 4 代以上，以成虫在树皮裂缝、土壤、枯枝落叶及杂草中越冬。3 月下旬成虫出蛰，繁殖危害。6～10 月危害最重，10 月下旬以末代成虫越冬。

防治方法：清理园地。萌芽前喷 3～5 波美度石硫合剂。成虫出蛰期交替使用 2.5% 扑虱蚜 2 000～3 000倍，10% 蚜虱净 3 000～5 000 倍。

3. 枸杞瘿螨

危害方式：卵孵化后若虫侵入叶面组织和幼果内，形成虫瘿，虫体在瘿内繁殖，使组织隆起，造成弯曲，畸形，变色。严重时造成树势衰弱，叶片和果实早期脱落。

生活习性：1 年发生 10 余代，以老熟雌成虫在枸杞冬芽鳞片内或枝条皮层裂缝内越冬。翌年 4 月展叶时，成螨出蛰，迁至老枝新叶上产卵，孵化后若虫侵入组织造成虫瘿，5 月中下旬瘿螨从虫瘿内爬出到新梢上危害，一直到 6 月下旬形成第一次繁殖高峰，9 月份为第二次繁殖高峰，11 月进入休眠期。

防治方法：清理园地。早春喷 3～5 波美度石硫合剂。成虫出蛰转移期：交替使用 20% 螨死净胶悬剂 2 000 倍，托尔螨净 1 500 倍，5% 尼索朗2 000倍。

4. 枸杞锈螨

危害方式：成群虫体密布于叶片吸取汁液，使叶片变为铁锈色，加厚，变脆而早期脱落。

生活习性：1 年发生 14 代，以成螨在树皮缝隙芽腋处越冬，翌年 4 月上旬出蛰，4 月下旬繁殖危害，5 月下旬至 6 月下旬为繁殖最盛期，7 月底至 8 月初出现第二次繁殖高峰，10 月转迁到枝条缝隙越冬。

防治方法：清理园地，集中烧毁枯残病虫枝。药物防治：50% 硫悬浮剂 200 倍，0.3 苦参碱 800 倍。

5. 枸杞负泥虫

危害方式：成虫和幼虫啃食叶片造成缺刻，严重时全树叶片吃光，仅残存叶脉，并被稀泥状排泄物所覆盖，严重影响枸杞生长和结果。

生活习性：1 年内发生 3 代，以成虫在土壤隐蔽处越冬，翌年 3 月下旬成虫出蛰繁殖，4 月枸杞发芽后开始危害，6～7 月危害最重，10 月初末代成虫羽化，10 月底进入越冬。

防治方法：土壤耕作。药物防治：40% 氧化乐果 1 000 倍，20% 杀灭菊酯 2 000～3 000 倍，2.5% 敌杀死 3 000 倍。

6. 枸杞红瘿蚊

危害方式：以幼虫在幼蕾内危害子房，形成畸形花蕾，不能开花结果。

生活习性：1 年发生约 6 代，以老熟幼虫在土壤里越冬，翌年春季化蛹，4 月中旬枸杞现蕾时成虫出现，产卵于幼蕾顶部内，幼虫蛀食子房，被害花蕾呈畸形，不能结实而脱落，9 月下旬以老熟幼虫入土越冬。

防治方法：做茧幼虫转化虫蛹期，使用 50% 辛硫磷 300 倍毒土进行地面封闭。药物防治、10% 万安可湿性粉剂 1 500～2 000 倍，5% 凯素达乳油 1 500倍。

7. 枸杞黑果病

危害症状：花蕾感病后，初期出现小黑点或黑斑，严重时变为黑蕾，不能开放。花感病后，首先花瓣出现黑斑，轻者花冠脱落仍能结果，重者成为黑色花，子房干瘪，不能结果。青果感病后，出现小黑点或黑斑，阴雨天病斑迅速扩大，使果变黑，失去药用价值。

发病规律：病原菌在病果内越冬，通过风和雨水传到附近的健康花、果、蕾等部位侵染寄生，进行危害。从 5 月上旬初果期到 11 月中旬的末果期，均易受到该病的侵染。发病程度与湿度、温度呈正相关，初期（5～6 月份）日平均气温 17℃以上，相对湿度 60% 以上，每旬有 2～3d 降雨即可发病。盛期（7～9 月）日平均气温 17.8～28.5℃，旬降雨在 4d 以上，连续二旬的平均湿度在 80% 以上，发病增猛。后期（10 月至初霜期），旬平均气温 9.2～14.6℃，只要有 1d 以上的雨天，病害仍会有较重发生。

防治方法：高温季节雨前喷布等量式波尔多液 100 倍或噻霉酮 1 000～1 200 倍或多菌灵 600 倍。

六、采收贮藏与加工利用

1. 采收

（1）掌握采收适期。枸杞鲜果为浆果，从开花到果实成熟，夏季需 25～35d，秋季更长些。果实成熟的标志是色泽鲜红，表面明亮，质地变软，富

有弹性，果蒂松动，容易脱落，种子由白色变为浅黄色，种皮骨质化为适宜采收期。6月中旬至7月上旬间隔7d采收1次，7月中旬至8月中旬间隔5d采收1次，9～10月间隔8～10d采收1次。

（2）注意采收质量。为保证鲜果质量，减少损失，枸杞采收应坚持做到“三轻”：即轻采、轻拿、轻放。“两净”：即树上采净、地下拾净。“三不采”：即下过雨不采、早晨有露水不采、刚打过农药不采。“三不带”：即不带果把，不带叶片，不带青果。为防止鲜果挤压受伤，采果筐不宜过大，盛果不宜过多，一般以5～7 kg为宜。

2. 鲜果处理

采后处理是实施枸杞无公害生产的主要环节。为清除枸杞果实表面污染物，缩短脱水时间，在制干前将枸杞鲜果放入配制好的油脂冷浸液中，浸泡0.5min，滤去水液，摊入果栈进行晾晒或烘干，既可有效清除鲜果表皮细菌、灰尘等污染物，又可破坏果实表面的蜡质保护层，使气孔外露，加快果实内水分的排出，缩短烘干时间。一般可使日光制干缩短2～3d，热风烘干缩短12h。另外，还可使枸杞干果色泽纯正，红果率达到90%以上，口感好，无异味。是目前枸杞鲜果采后处理的最佳技术。

3. 制干技术

传统的枸杞鲜果脱水制干采用日光晾晒，自然风干，干燥时间长，遇到阴雨天容易造成果实霉烂，鲜果长期暴露在外，易受灰尘、虫蝇、细菌二次污染等弊端。为适应枸杞大面积栽培和无公害枸杞生产的需要。枸杞制干应采用隧道式热风烘干技术。具体方法是：将油脂冷浸液处理过的鲜果摊入果栈，推入烘干道，进口温度控制在65℃，出口温度掌握在45℃，经过50h便可将含水量80%的枸杞鲜果，烘干到含水量低于12%的商品干果含水标准。一条长20m的烘干隧道日烘鲜果1 000～1 200kg，可承担14hm^{2}生产的枸杞鲜果的烘干。采用热风烘干，不仅制干速度快，主要营养成分损失少，而且不受天气影响，果实不易霉烂变质，减少了果实二次污染，提高了产品等级率，有利于实施无公害生产。

4. 包装与贮藏

改进分级包装技术，做好仓储害虫防治，是枸杞无公害生产的最后环节。枸杞烘干后，要及时利用机械和人工清除果把、叶片和其他杂质，按照国家进出口商品检验局行业出口枸杞检验标准，进行人工选果、分级、包装。为有效防止贮存期间发生虫害、霉烂、变质，宁夏农林科学院枸杞研究所采用^{60}Co，2.6万伦琴照射48h，可有效地杀死虫卵和病菌；或者也可采用真空或充氮包装，延长保质期，实现枸杞增值。

5. 果实的利用

（1）作为中药材直接入药服用。

（2）直接食用。作为零食，长期服用可养颜明目、延年益寿；泡茶时加入枸杞，可生精止渴、益肝补肾；炖肉、做菜、煲汤时加入适量枸杞，可和胃补肾、滋肝活血。

（3）开发保健食品。主要产品有复方枸杞膏、枸杞豆奶粉、枸杞可乐、枸杞咖啡、枸杞水晶软糖、枸杞豆浆精等。

（4）利用枸杞果实酿制枸杞保健酒。

（5）利用喷雾干燥法生产枸杞全粉，用于保健功能食品添加剂。

（6）提取枸杞多糖：利用枸杞原汁，通过叶片式过滤器、50万相对分子质量膜超细过滤器、10万相对分子质量膜超细过滤器、1万相对分子质量膜超细过滤器获得枸杞清液，再经过真空低温冷冻干燥获得浅黄白色枸杞多糖粗品，经柱层析后，再真空冷冻干燥得到疏松纤维絮状白色结晶体纯枸杞多糖。近一步开发枸杞多糖溶片、多糖含片、多糖胶囊、多糖口服液等产品。这些产品可有效增加人体免疫功能，抑制癌细胞生长、降血脂、降血糖、延缓衰老、养颜美容等特殊功效。

6. 枸杞籽的利用

利用超临界二氧化碳萃取技术提取枸杞籽油，开发枸杞籽油丸，可有效预防治疗心脏病、动脉硬化、肥胖症、高血压、糖尿病等疾病。

7. 枸杞叶片的利用

（1）利用枸杞鲜叶嫩枝制作枸杞菜。

（2）利用枸杞鲜叶嫩芽制作枸杞叶茶：春夏生长季节采摘鲜叶嫩芽，通过清洗、萎凋、杀青、揉捻、理条、烘干、提香等工序制作枸杞叶茶。

（赵世华）

58. 五 味 子

五味子始载于《尔雅》，《神农本草经》列为上品。宋苏颂谓："五味皮肉甘酸，核中辛苦，都有咸味，此则五味具也"，故名为五味子。《神农本草经》记载：本品益气，咳逆上气，劳伤羸瘦，补不足，强阴，益男子精的功效。历代复有养五脏，除热，补虚劳令人悦泽，明目等记述。

果实含挥发油约3%，油中有多量的倍半萜烯（sesquicarene）、β_2－甜没药烯（β_2－bisabolene）、β-花柏烯（β-chamigrenc）及α-衣兰烯（α-ylangene）等。干果中含柠檬酸12%，苹果酸10%，少量酒石酸及单糖类、树脂等。近期文献报道，还含有精氨酸（argininc）。

种子含脂肪油，其非皂化部分含有强壮剂的有效成分五味子素（schizandrin）约0.12%。还含r－、e－、p－五味子素，伪－r－五味子素（pseudo－r－schizandrin），去氧五味子素（deoxyschizandrin）及五味子醇（schizandrol）。还含挥发油约1.6%，主要成分为柠檬醛（citral）。此外，又含叶绿素，甾醇，维生素C、E，树脂，鞣质及少量糖类。种子中含铁、锰、硅、磷等矿物质。

辽宁产的种子含油33.29%，油色紫棕色，相对密度（d_{20}^{20}）0.9598，折光率（n_c^{20}）1.4930、酸值3.3，皂化值137.8，乙酰值34.7，碘值151.8，硫氰值93.9，不皂化物5.9%。其脂肪酸组成：月桂酸7.0%，肉豆蔻酸微量，棕榈酸1.4%，硬脂酸0.2%，油酸12.3%，亚油酸77.0%，亚麻油酸1.2%，癸酸微量。

果实入药。味酸，性温。入肺、肾经。有敛肺，滋肾，止汗，生津，止泻，涩精之功用。主治咳喘，津亏口渴，自汗，盗汗，遗精，久泻，神经衰弱。内服用量2.5～10g，煎汤或入丸、散；外用研末掺或煎水洗。

自古以来，五味子用作滋补强壮药和收敛性镇咳药。经现代医学证明，五味子的强壮兴奋作用胜过任何已知的神经系统兴奋药，它能增加中枢神经系统的兴奋性，提高机体的工作效能，减轻疲劳，减轻瞌睡感，并显著增强中心及周围视力的敏感性，对听力也有良好影响；并能增强肾上腺皮质功能，促进心脏活动；又能暂时加强碱性磷酸酶的活性，对脑、肝、肌肉的呼吸有特别兴奋作用，能增加氧张力且有更强的耐受性；还有明显的止咳和祛痰作用；有增强心血管系统张力，加强收缩力，具有调整血压的功能，降低或升高血压的作用；尚能调节胃液分泌，促进胆汁分泌，对肝炎患者的谷-丙转氨酶有明显降低效果；其酊剂对滞产妇的阵缩微弱，甚至过期妊娠均有加强分娩活动的作用；北五味子与人参相似，具有"适应原"样作用，虽比其他同类药如刺五加、人参的作用差些，但其毒性亦较轻，能增强机体对非特异性刺激的防御能力。

北五味子根和茎藤亦可药用，但效力较弱。果实的水浸剂较酊剂为弱。东北民间用北五味子的茎藤放入大酱或咸菜缸内，给渍物增添特有的五味子香气，煮肉时放入五味子藤，既使肉易熟，又起调料与解瘟气的作用。茎皮纤维柔韧，可代替绳索使用，种子芳香油后，再取脂肪油可供肥皂和润滑油加工使用。其开发潜力大，发展前景好。

主要分布于中国（东北、河北、山东、山西、内蒙古、湖南、湖北、四川、陕西、甘肃及东北、华东等地区），俄罗斯（阿穆尔州、沿海边疆区、库页岛、千岛群岛），朝鲜及日本等地。我国以黑龙江、吉林、辽宁为主要产区。

一、主要种类

1. 北五味子［*Schisandra chinensis*（Tuecz.）Baill.］

又称五味子、辽五味子、玄及、面藤、软枣子（山东）、山花椒（黑龙江）。为木兰科（Schisandraceae）五味子属（*Schisandra* Michx.）植物。

北五味子是多年生落叶缠绕木质藤本，长达10m，不易折断，小枝褐色，稍具棱。老枝褐灰色，全株近无毛。叶生在幼枝上，单叶互生，在老茎上则丛生于短枝；叶柄细长，幼时红色，叶片广椭圆形或倒卵形，先端急尖或渐尖，基部楔形，边缘疏生有腺体的小齿，上面深绿色，有光泽，无毛，下面淡绿色，有时呈灰白色，脉隆起，嫩时有短柔毛。花单性，雌雄同株。乳白色或粉红色，1～3朵集生于叶腋，下垂，雄花具5（4～6）雄蕊，花丝肉质，合生成短柱状，花药纵裂，药隔略宽；着生在细长雄蕊柱上；雌花花被6～9片，卵状长圆形，长7～10mm，心皮多数，离生，螺旋状排列在花托上，子房略呈倒梨形，无花柱，柱头常偏向，幼时聚成圆锥状，受粉后花托延长成穗状，长3～10cm；偶见不明显的两性花，即在雌花中有不发育的雄蕊，或在雄花中有不发育的雌蕊状物。浆果球形，肉质，成熟时深红色，径约5～8（10）mm，内含种子1～2粒，多数形成长3～10cm下垂的长穗；果肉味酸微甜，种子肾形，长约4.5mm，宽约3.5mm，淡橙黄色，有光泽，具有芳香之辣味，种皮坚硬，平滑，种仁类白色，富油分。花期5～6（7）月，果期8～9（10）月。同属中还有数种植物的果实在不同地区也作为五味子入药。

2. 华中五味子（*S. sphenanthera* Rehd. et Wils.）

与北五味子主要区别是：小枝具有明显皮孔及纵向皱棱。花单性，同株。花被片6～9枚，橙红色。雄花具10～15枚离生雄蕊、花丝极短。雄蕊群顶端常连合成盾状不育的部分；雌花有30～50枚，由心皮组成。浆果红色。种子近光滑至脊部有皱纹状突起。分布于山西、陕西、甘肃及华中和西南等地。生于较湿润的阔叶林或灌木林中。

3. 翼梗五味子（*S. henryi* Clarke）

该种短枝和枝条的棱上具狭翅，并宿存有卵形的芽鳞。叶大，近厚纸质，有时叶背粉白色。雌雄异株，花单生。花被6～10，黄绿色或白色。雄花具28～40，离生雄蕊，花丝短，药隔宽。雄蕊柱顶部有明显的盾状体。雌花约有50枚心皮，浆果红色。种子具有粗糙突起。分布于长江以南各地，生长于疏林中。其果实为商品“西五味子”。

4. 圆药五味子（*S. sphaerandra* Stapf，f. *pallida* A. C. Smith）

该种主要区别为花腋生，淡黄白色。果序长穗状，总梗长。西藏地区以其果作五味子入药。

二、生物学特性

（一）生态习性

五味子野生于杂木林缘，山沟溪流两岸的小乔木及灌木丛间，缠绕在其他树木上。五味子适应性较强，喜光、喜土壤肥沃、湿润而阴凉的环境条件。在疏松肥沃微酸的沙质壤土和森林腐殖质土上生长更为良好。吉林及辽宁产区多分布在海拔20～110m，年平均气温3～7℃，年降水量800～1 200mm，无霜期90～170d，年平均相对湿度65%～69%，雨季多集中在6～9月的地区。

五味子在不同生长发育阶段对外界环境条件的要求不同，在开花结果阶段需要良好的通风透光条件，而在幼苗及营养生长阶段，则需要阴湿的环境。野生五味子一般阴坡比阳坡多，林下比林缘和溪流两岸多，但结果情况却相反，阳坡比阴坡结果率高，林缘和溪流两岸比林下结果率高。林下五味子多不结实，主要是光照不足，有的缠绕到其他乔木的树冠顶部方能开花结果（表58-1）。

表58-1 不同环境对五味子产量的影响

不同环境	样方内平均产量				果实含水率（%）
	鲜重（g）	%	干重（g）	%	
溪流两岸	375.0	206.0	63.5	236.1	80.4
林缘	201.7	110.8	35.8	133.1	82.8
林下	182.0	100	26.9	100	85.2

（二）生长发育

（1）生长特性。野生五味子成熟落地后生根发芽成母体，在母体的根茎上发出许多芽，在土壤中向四周水平或斜上生长成横走茎；而横走茎上又发出许多芽及须根，并形成新的横走茎，每条横走茎都能生出许多地上茎，进行无性繁殖，逐渐形成独特的营养繁殖系。

（2）开花结果习性。五味子一般在5月中、下旬至6月上旬开花，花期10～15d，单花初展至凋萎可延续6～8d。其开花习性是夜间开花最多，白天开花数目较少。果熟期8～10月。

五味子的芽分花芽与叶芽两种，花芽为混合芽，与叶芽在外形上无明显区别。雌雄同株，但也有异株现象。花芽生长在叶芽下面，由几片鳞片覆盖着，展叶后方能见到花芽，每个花芽可开1～3朵花。花芽着生在1年生枝的叶腋内，翌年春萌发后抽出结果枝，在结果枝的基部开花结果。3年生以上的枝条开花结果甚少（表58-2）。

表58-2 不同年龄的枝条着果情况比较表

调查株数	枝条年龄	坐果枝条数		坐果数	
		条 数	%	数量（穗）	座果率%
5	2年生	40	90.9	507	98.1
	3年生	3	6.8	9	1.8
	4年生	1	2.3	1	0.1

种子胚后熟要求低温湿润条件，生产上需要秋播或低温沙藏。

（3）五味子的年生长特点

第一年：高8～12cm，无侧枝无地茎，根系良好，须根多。

第二年：高 20～40cm，地上蔓 3～6 条，地茎 2～4根，须根发达，庞大。50% 顶尖枯死。

第三年：高 80～150 cm，可有少量花，多为雄花，开始有基生枝。

第四年：高 150～200 cm，雄花可增加 6～9 倍，开始着生少量雌花。

第五年：着生少量果穗。

第六年：果量可增加 8～10 倍。有产量。

第七至九年：达盛果期。

第十年，结实开始下降。

（三）物候期

北五味子 4 月中旬开始萌动，5 月上旬展叶，5 月下旬开花，6 月上旬结果，5 月中旬开始高生长，6 月末停止，生长期50d 左右，果实成熟期 8 月下旬至 9 月下旬。新芽形成 7 月上旬至 8 月上旬。9 月上中旬叶片开始变黄，9 月中下旬枯落。

三、栽培技术

1. 苗木繁殖

五味子主要是用种子繁殖，也有用野生植株移栽的方法。试验证明，用无性繁殖法繁殖成活率低，主要是再生根生长困难，即使成活生长也不旺盛。种子繁殖方法简单易行，并能在短期内获得大量苗木。

（1）种子的选择。在秋季收获期间选择果粒大、均匀一致的果穗作种用，将其晒干或阴干，放通风干燥处贮藏。

（2）种子处理。五味子种子的胚很小，种皮坚硬，光滑有油层，不易透水，必须进行播种前处理。于结冻前将选做种用的果实，用清水浸泡 5～7d，至果肉涨起时搓去果肉，洗出种子，然后用 2～3 倍于种子的湿沙混匀，放入室外深 50cm 左右准备好的坑内，上覆 10～15 cm 的细土，盖上柴草或草帘子，进行低温处理。翌年 5～6 月胚根露出时，即可裂口播种。另外，也可在 2 月下旬将种子移入室内清除果肉，用层积沙藏处理，其温度控持在 5～15℃，翌春即可裂口播种。

（3）育苗。五味子育苗技术关键在于出苗，保苗。应选择排水良好、平坦、向阳，土质肥沃的腐殖土或沙质壤土地作圃地。整地作宽 1.2m 的苗床。按每平方米施腐熟厩肥 5～10kg，与床土充分拌匀，耙平床面即可于 5 月上旬至 6 月中旬进行播种。便于管理，宜采用 10～15cm 的行距条播，播种量在 $30g \cdot m^{-2}$左右。播后覆土 1.5～3.0cm，稍加镇压，覆草浇水。种子播后 20～30d 即出苗，应及时搭 1～1.5m 的荫棚进行遮荫、保湿，土壤湿度保持在 30%～40%，待小苗长出 2～3 片真叶时应进行间苗，株距以 6～10cm 为宜。并经常松土、除草。

（4）移栽。选择土壤肥沃、土层深厚、排水良好的林缘地或熟地，以腐殖土和沙质壤土为好。施基肥 30～45 $t \cdot hm^{-2}$，整平耙细备用。当苗高达 1.0～1.5cm 时，于 4 月下旬至 5 月上旬移栽。株行距 150cm×50 cm，挖穴深 30～35 cm、直径 30 cm，每穴栽 1 株。15d 后进行查苗，没成活的需及时补苗。

2. 田间管理

（1）灌水施肥。五味子喜水、喜肥，生长期需要足够的水分和营养。栽植成活后，要经常灌水，保持土壤湿润，结冻前灌 1 次水，以利越冬。孕蕾开花结果期，除需要足够水分外，还需要大量养分，及时施肥 1～2 次。据试验：展叶期以 N、P 较好，开花期细胞增殖快，同时亦是蔓条分化期，以 P 或 P、K 混用效果显著，新芽出现时，以 N、P 或 P、K 混用效果明显，K 对幼芽、根尖和茎有促进作用。每株施有机肥 2～2.5kg 为宜。施肥应在距根部 30～50 cm 处，开深 15～20 cm 的环状沟，施入肥料后覆土。开沟时勿伤及根系。

（2）剪枝。五味了的枝条春、夏、秋 3 季均可修剪。春剪：一般在枝条萌发前进行。剪掉过密果枝和枯枝，剪后枝条疏密适度，互不干扰。夏剪：一般在 5 月上、中旬至 8 月上、中旬进行。主要剪除基生枝、膛枝、重叠枝、病虫枝等。同时，对过密的新生枝也需要进行适当疏剪或短截。夏剪进行得好，秋季可轻剪或不剪。秋剪：在落叶后进行。主要剪掉夏剪后的基生枝。不论何时剪枝，都应选留 2～3 条营养枝，作为主枝，并引蔓上架。

（3）搭架。移植后第 2 年即应搭架，使蔓条早日上架，有利于生长。从抽蔓当天起，即需人工捆绑上架，在枝蔓生长旺盛的 6～7 月更应注意加强管理。可用水泥柱或角钢做立柱，用木杆或 8 号铁线在立柱上部拉一横线，每个主蔓处立一竹竿或木杆，高 2.5～3.0 m，直径 1.5～2 cm，用绑线固定在横线上，然后按左旋引蔓上架，开始时可用绳绑，之后即会自然缠绕上架。

（4）松土、除草。五味子结果期要及时松土、除草，保持土壤疏松无杂草，松土时要避免碰伤根系，在五味子基部做好树盘，便于灌水。入冬前在五味子基部培土，可以保护五味子安全越冬。

5. 半人工园林及自然群丛改造

（1）半人工园林。北五味子适应性较强，要求条件不苛，人工移植成园容易，但由于其属攀缘植物，必须缠绕上架，才能更好生长、发育、结实，而搭架所需工程量大，成本也高，根据几年来的工作经验及实践认为在有条件的地方最好建立半人工园经济林，半人工园经济林就是在造林地段的保留带上栽植，做到一地多用，林药间作，多种收益、长短结合。

具体做法：在距保留带 0.5m 处，按株距 0.5m 或 1m 栽种一株 2 年生北五味子苗，另一面也同样栽一行，成活后定蔓上架保留带内树木，适当整枝稀疏用作支架。其他管理同人工园。另一种半人工园经济林可沿溪流、公路或森铁两侧林缘栽植，利用树木作支架稍加管理，即可有收益。

（2）自然群丛。自然群丛常成片分布，成丝生长，蔓条密集，交叉重叠，形成紊乱而郁闭的蓬冠，光照及通风均不良，结实率低，大小年现象明显，个别地区甚至颗粒无收。如对这些资源进行人工经营改造，改变群体结构和环境条件，促进群丛生长，就能提高产量。该法时间短，投入小，见效快，收效大，也是目前北五味子生产中一条“多、快、好、省”的途径。

具体措施：间密补稀、理顺枝蔓、修剪上架、更新复壮、选育良种。根据每丛特点，酌情采用。通过间密补稀尽量使群丛分布均匀，约 $2m^2$ 一丛，每丛主蔓 3 ~ 5 个，保持 4 500 ~ 5 250 株 · hm^{-2}，多余株丛及主蔓要逐步淘汰，过稀的地方可就地移苗补植。对杂乱无章、四周蔓延、互相缠绕的蔓条，要理蔓上架、修剪，使群丛间有一个既通风又透光，具一定营养空间的生长发育环境条件，群丛间也便于通行作业。没有支架时要人工增设，自然支架树枝过密处也应修剪。群丛内年老植株要平茬复壮，通过复壮可比正常移栽植株提前 1 ~ 2 年结实。

四、病虫害防治

（一）病害防治

1. 白粉病

是北五味子常见病害，在自然群丛中也常有发生，严重时整个叶面像洒上一层白粉，如不及时防治，会影响生长。人工园常在 7 月下旬出现。

防治方法：7 月中旬用（1∶1∶100 倍）波尔多液进行预防，每半月 1 次，一旦发生，用 800 倍粉锈灵喷洒，防治效果甚佳。

2. 叶枯病

由属半知菌类，叶点霉属真菌（*Phyllosticta* sp.）引起。5 月下旬至 7 月上旬发病，先由叶尖或边缘干枯，逐渐扩大到整个叶面，干枯而脱落，随之果实萎缩，造成早期落果。人工园经济林中却时有发生，自然群丛中少见。

防治方法：发病初期可用 50% 托布津 1 000 倍液和 3% 井冈霉素 50mg/kg 液交替喷雾。喷药次数可视病情确定。用 800 倍退菌特或多菌灵以及双效灵喷洒，均有较好的防治效果，或者人工摘叶除病蔓，严重时整株平茬，均可根治。

3. 根腐病

5 月上旬至 8 月上旬发病，开始时叶片萎蔫，根部与地面交接处变黑腐烂，根皮脱落，几天后整株死亡。

防治方法：选地势高燥、排水良好的土地种植；发病期用 50% 多菌灵 500 ~ 1 000 倍液根际浇灌。

（二）虫害防治

1. 泡沫蝉

成虫多发生北五味子基部蔓条密集处，用 800 倍乐果进行针对性喷洒，即可杀死，发生时间多在 5 月下旬。

2. 咬食叶部害虫

有蝗虫、金龟子成虫、天幕毛虫和蛱蝶幼虫（背板和体节上有金黄色条纹）以及卷叶虫，大多发生在 7 ~ 8 月，将叶片咬成缺刻状，用上述药喷雾，可收到效果。

五、采收与加工利用

北五味子栽后 4 ~ 5 年开始结果，7 ~ 9 年进入盛产期，8 月下旬至 10 月上旬果实呈紫红色时，进行采收，随熟随采。采摘时要轻拿轻放，以保障商品质量。加工时可日晒或烘干。烘干开始时室温在 60℃左右，当五味子达半干时将温度降到 40 ~ 50℃，达到八成干时挪到室外日晒至全干，除去果柄，挑出黑粒即可入库贮藏。

3. 加工利用

鲜果经低温保鲜，可加工成果汁饮料，保鲜糖渍软灌头，风味果酒、糖酒、膏、羹等系列产品。干品除作为中药复方大量应用外，更是重要的医药原料，剂型广泛，如丸、片、粉、胶囊及口服液等。另外，其藤茎的提取物和粉剂亦可开发出调味料等产品。所以，开发潜力大，市场前景广阔。

干后除去果柄、杂质等的种子，以粒大，紫红色，肉厚有光泽者最好。可泡制成：

（1）酒五味子。取五味子 100kg 放入 15kg 白酒中拌匀，置容器内密封，隔水蒸至上大气，稍后取出晒干即得。

（2）醋五味子。取五味子 100kg 放入 15kg 醋中拌匀，稍焖，待醋吸尽后，放入蒸笼内蒸至上大气，取出晒干或烘干。

（3）炙五味子。取五味子 100kg 放入 15kg 煮沸的、加有少量清水的蜂蜜中拌炒，直至蜜水炒干为止，即得。

（吴晓春）

59. 野 山 参

野山参即人参（*Panax ginseng* C. A. Mey.）的野生种，亦称为“老山参”、“野山参”、“大山货”、“棒槌”等，是五加科多年生草本植物。山参在世界上是富有神奇色彩的名贵药材，目前每千克售价高达30万元左右。我国药典记载：“人参，昔以辽东、新罗所产皆不及上党，今以辽东、吉林为贵，新罗次之，三姓、宁古塔亦试采，不甚多。”山参属第四纪冰川后幸存下来的孑遗植物，由于其医药功能奇特，经济价值昂贵，千百年来，“放山者”每到8月间山参果实呈“红榔头”时，便进驻深山争相采挖，致使山参资源遭到毁灭性的破坏。我国太白山区、辽南和辽西山区的山参早已绝迹。现今地理分布约在北纬40°~48°，东经117°~134°的山区，主产区的东北东部山区也已非常稀少。山参已成为濒危植物。

我国是人参生产古国，《神农本草经》列为上品，药用时间之早，栽培历史之久，分布之广，面积之大，产量之多，为其他产参国所不及。据《石勒列传》记载，我国人工栽培人参约始于西晋末年（公元313年），一直以来人参栽培面积小，产量低，分布区域也有限。新中国成立以来，栽培区域不断扩大，栽培面积逐年增加，产量也不断提高。以根入药，叶、花及种子亦供药用。人参根含人参皂苷Ra1、Ra2、Rb2、Rb3、Rc、Rd、Re、Rf、Rg1、Rg2、Rh1、Ro，20－葡萄糖－Rf，20（R）－Rg2，20（R）－Rh1，丙二酰基－Rb1、Rb2、Rc、Rd、Rs1、Rs2、20（S）－Rg3。茎叶含人参皂苷Ra、Rb1、Rb2、Rc、Re、F1、F2、F3、Rg1。花蕾含人参皂苷Rb1、Rb2、Rc、Rd、Re、Rg1、F3。果实含人参皂苷Rb2、Rc、Rd、Re、Rg1。另外尚有人参炔醇、β-榄烯等挥发油类、黄酮苷类、生物碱类、甾醇醇类、多肽类、氨基酸类、低聚糖、多糖、多种维生素及人体需要的微量元素等。近代药理研究证明，人参能调节神经、心血管及内分泌系统，促进机体物质代射及蛋白质和RNA、DNA的合成，提高脑、体力活动能力和免疫功能，增强抗应激、抗疲劳、抗肿瘤、抗衰老、抗辐射、利尿及抗炎症作用。人参生品味甘，苦性微凉；熟品味甘，性温。有补气救脱、益心复脉、安神生津、补肺健脾等功能。用于体虚欲脱、气短喘促、自汗肢冷、精神倦怠、食少吐泻、气虚作喘或久咳、津亏口渴、失眠多梦、惊悸健忘、阳萎、尿频、一切气血津液不足之症。对高血压和动脉粥样硬化症、肝病、糖尿病、贫血、肿瘤及老年病等亦有较好疗效。是一种“扶正固本”的强壮剂。

原产中国。朝鲜、韩国和俄罗斯亦有分布。主产区为东北三省。北京、河北、山东、山西、湖北、陕西、甘肃、新疆、浙江、江西、四川、贵州、广西、云南及福建等地也栽培。

一、植物学特征

多年生草本，株高约60cm。直根肥大，多分支，肉质；根茎短而直立，每年增生一节，俗称“芦头”，形态有马牙形（马牙芦）、竹节形（竹节芦）或圆柱形（圆芦），顶生越冬芽，侧生不定根；主根粗壮，肉质，圆柱形，多斜生，下部有分枝，外皮淡黄色；须根长，多数长有疣状物。茎直立，单一，不分板。掌状复叶，轮生茎端，具长柄；1年生有1枚三出复叶，2年生有1枚五出复叶，3年生有2枚五出复叶，以后每年递增1叶，最多可达6片复叶。小叶片以两侧一对较小，中间比较大，椭圆形、长椭圆形或微呈倒卵形，长4~15 cm，宽2~6.5 cm，先端渐尖，基部楔形下延，边缘具细锯齿，上面绿色或黄绿色，脉上疏生刚毛，下面光滑。伞形花序单独顶生，总花硬长可达30 cm；花小，多数；花萼5裂；花辨5，淡黄绿色；雄蕊5；雌蕊1，子房下位，2室，花柱上部2裂；花盘环状。果实浆果状，扁肾形，熟时鲜红色，少数呈黄色或橙黄色，内含种子2粒。种子肾形，黄白色或灰白色。染色体数为$n=24$，染色体组型公式为$2n=22M+22SM+4ST$。

二、主要栽培品种

我国人参栽培历史悠久，东北是我国人参主产区。在产区的自然和生产条件下，经过长期人工选择和自然选择，主要依据根的形态特征划分为4个品种（表59-1）。

表 59-1 人参不同品种的形态特征

类型	形态特征	
	地上部分	根
大马牙	叶端渐尖，叶基楔形，叶卵形，茎基部多扁有粗棱，近地面处茎多紫色或紫青色	芦短粗，芦碗数少，肩头齐，主根短，有腿的很少，根皮黄魄力，纹浅
二马牙	叶端渐尖，叶基楔形，叶披针形成或长椭圆形，叶长、宽比3:1，茎和大马牙相近	芦较大马牙长，肩头尖，主根比大马牙长，腿明显
圆膀圆芦	叶端骤凸，叶基歪斜或渐狭，叶倒卵形，茎多为圆形	芦头长，芦碗较明显，主根长，根丰满，近肩处圆柱状，根皮黄白色，纹较深
长脖	叶端骤凸，叶基渐狭，叶长卵形，茎近地面处多为青紫或青灰色，茎多细棱	芦细长，芦碗清楚，主根细长，有腿，根皮黄色或褐色，纹深

三、生物学特性

（一）生态习性

1. 光照

人参为阴性植物，对光的要求较为严格。光照的强弱直接影响人参的发育、产量和质量。人参的光补偿点约400lx，由400～10 000lx，人参光合速率呈直线上升；由10 000～30 000lx，人参光合速率增高缓慢。

人参生育的最适光强，一般随纬度增加而提高。低纬度地区为7 000～10 000lx；高纬度地区10 000～22 000lx。同一纬度或地理生态条件下，年龄和生育季节的不同，要求的最适光强亦有不同。

2. 温度

喜温和或冷凉气候，在年平均温度2.4～13.9℃、≥10℃积温为1 800～3 800℃、年降水量500～2 000mm的气候条件下均可栽培。在亚热带的低纬度、高海拔山区，广西资源县同乐大队药材场（北纬26°3′，东经110°38′，海拔1 450m，年平均温度13.1℃）、福建德化县戴云山九仙山参场（北纬25°43′，东经118°38′，海拔1 650m，年平均温度12℃）、云南丽江地区鲁甸拉美芝高山药物试验场（北纬27°09′，东经99°28′，海拔2 350～2 950m，年平均温度7～8℃）等单位也都引种栽培成功，并有相当栽培面积。

人参种子发芽的最适温度为12～15℃；最低温度为4～6℃；最高温度为30℃。人参不同生育期要求不同的温度（表59-2）。

表 59-2 人参不同生育期对温度的要求

生育时期	时间	温度℃
越冬芽萌发期	4月下旬	5～10
出苗期	5月上旬至下旬	15
展叶期	5月下旬至6月上旬	15～20
开花期	6月上、中旬	20～24

（王铁生，1986）

3. 水分

人参属中性植物，既不耐涝又不耐旱。全生育土壤相对含水量为80%的条件下，生长发育良好，光合速率高，参根增重快，从而产量高，质量好。土壤水分不足60%时，参根多表现烧须，土壤水分过大，易发生烂根。

4. 土壤酸碱性

人参喜微酸性土壤，pH值4.5～5.8时对人参生长最好，pH值6.5以上对人参生长发育不利。

（二）生长发育

人参的生育时期可分为出苗期、展叶期、开花期、结果期及枯萎期。人参生育时期出现的早迟与长短和地理位置、气候变化及栽培条件密切相关。我国东北人参主产区，地处中温带，通常出苗期在5月上、中旬；展叶期在5月下旬至6月上旬；开花期在6月上、中旬；结果期在7月中、下旬；枯萎期在9月下旬、10月上旬。全生育期一般为130～150d，少则100～110d，多则180d以上。中温带往北纬度越高，全生育期越短，出苗期亦相应推迟；中温带向南纬度越低，全生育期越长，出苗期亦相应提早。在同一纬度，随着海拔的升高，全生育期随之缩短，出苗期亦相应推迟。

1. 根系生长

完成后熟的种子，于4月中、下旬萌发出胚根伸入土中形成幼主根，接着在幼主根上长出幼支根。幼主根和幼支根中以水为主，并呈半透明状，后渐木栓化。5～6月为主根伸长期，此后为主根生长旺盛期。根长可达5 cm，并长出20～30条幼支根。6月上旬开始幼主根上部逐渐木栓化，至7月上旬形成白色主根。8月上旬幼支根开始木栓化，其中大部分失水脱落，少数成为白色支根。在主、支根木栓化时，其部分须根根毛随表皮脱落而更新。

从第2年生开始，主、支根伸长变粗，须根发达，构成基础根系。此后，随着年份的增长，人参根系逐年发育、伸长、加粗、增重，形成主、支、须根发育均衡完备的根系。6 年生人参根，主根长达 6 cm 以上，径粗达 2 cm 以上。一般有 2～3 条支根，数十条须根，根全长可达 35 cm 左右。一般平均单根鲜重约 50～80g，有达 300g 以上者。据测定，4～6 年生人参根的年增长量，一般随年份的增长而增加。

人参根在一年的生长过程中，各时期的生长速度是不同的。据测定，4～6 年生人参根的生长速度均呈单峰曲线，高峰期出现于出苗后的 2～2.5 个月的时期内，而高峰期前后的 40d 内，人参根的生长速度基本接近最大。

人参的根属于下缩型，或称收缩根，主根每年收缩，并把根茎往下拉，根茎 1 年长多长便拉下多深，而使根茎端部的越冬芽经常藏于土中。因此，人参的生活型属于地下芽植物。由于主根具下缩特性，致使主根上产生环状横纹，并随年龄而增加。下缩从主根上部开始，随年龄增加，逐渐扩展到主根中、下部。因此，生长年龄越大的人参，纹越细密而深，并多呈螺丝纹。

2. 根茎

也称地下茎，着生于主根端部，是主根连接地上部器官的枢纽。根茎上有越冬芽，每年春季抽芽生长，秋季枯萎留下茎痕。茎痕的多少是判断人参生长年龄的重要依据。每个茎痕的外缘有一潜伏芽突起。在主根生长不利或受害感病的情况下，根茎一般可长出 1～5 条不定根，起主根吸收和贮藏营养的功能。根茎的形成是越冬及对其他不良环境的一种适应。根茎不仅是人参营养繁殖和更新的器官，而且是营养物质贮藏的地方。

3. 越冬芽

除由种子播种发芽长出的 1 年生苗外，2 年生以上的人参植株（地上枝）都是由越冬芽生长发育形成的。着生于根茎端部的越冬芽，被以 3 枚白色芽鳞片。芽鳞腋内包有一个已完全分化的地上枝的芽原始体，当春季温度适宜时，越冬芽开始萌发，约经 8～10d 便可长出完整的地上枝。在鳞片腋内，在已完成分化的主芽两侧基部，各有一很小的圆锥状突起。一个是越冬芽原始体（较大，靠近茎痕一边），当春季地上枝抽出后，约从 6 月份开始分化，至 7 月中、下旬肉眼可见增大，冬前形成越冬芽，越冬后翌年春季抽出地上枝。另一个是休眠芽的原始体，是由一小群分生组织构成，很少分化，并位于前者的对面。当春季越冬芽抽出地上枝时，它位于其茎的基部；当秋季地上枝枯萎时，它留在茎痕边缘，处于休眠状态。这种休眠芽原始体每年茎痕残留一个。如果冬春期间，越冬芽由于某种原因受害时，这年便不能发芽长出地上枝来，再由越冬芽原始体形成新的越冬芽，越冬后于第三年长地上枝。芽受害，其中的越冬芽原始体也受害，则休眠芽原始体进行分化，形成越冬芽。如果整个越冬芽受害时（包括越冬芽和休眠芽原始体），将由最近的一年及二年能上能下的茎痕休眠芽原始体发育成几个新的越冬芽，翌春相应抽出 1～3 或更多的地上枝来。人工掰芽促进形成多茎参，就是利用这一原理。

越冬芽原始体发育成正常的越冬芽，必须两个阶段：

高温阶段或称形态后熟阶段，温度为 18～20℃，时间约为 4～5 个月，略与夏季自然条件相一致。在此阶段，越冬芽原始体发育成具有茎、叶和花序雏形体的越冬芽。

低温阶段或称生理后熟阶段，需要温度为 2～3℃，时间为 4 个月。经过分化成型的越冬芽，还必须通过低温后熟阶段，方能萌发出苗。

未经低温阶段的越冬芽，应用 100mg · kg^{-1} 赤霉素液浸 12h，可代替低温作用，促进后熟，提早 20～30d 便可出苗。

据研究，多年生人参 1 年中生长的过程呈现 S 型曲线变化。人参出苗后，地上部器官开始生长，主要消耗参根中贮藏的营养，根重渐减，至出苗后的 20～25d，参根减重至最低值；人参进入开花期，地上部和地下部同时进入旺盛生长期，至出苗后的 126～130d，即人参枯萎前，参根增重至最高值；展叶期持续时间长。气温低于 15℃很少开花，超过 25℃时开花率下降。

生育期遇温度过高过低，对人参生育和光合功能器官都有不良的影响。夏季高温干旱，易发生茎叶日烧或萎蔫枯死。人参对轻寒（气温 －3℃）有一定抵抗力；气温低于 －5℃的严霜便受冻害。

4. 茎

人参的茎每年春季抽出，秋季枯死脱落。1 年生的茎（实为叶柄）由种子发出；至 2 年生开始均由越冬芽发出。人参一般单茎，少有 2～4 茎。一般认为，茎数的多少，与遗传及气候、土质、年龄、栽培地和条件有关，降水量多的地区，易产生多茎。采用人工掰芽法可促进多茎的形成。人参的茎随年龄的增加而埋头苦干、增粗。

5. 叶

是人参进行光合作用、气体交换及蒸腾作用的重要营养器官。随年龄的增加，叶片数增多，叶面积增大。一般1年生叶面积为10～30cm^2；5～6年生一般可达1 500cm^{2}左右。叶片对强光反应敏感，当光强达60 000Lx或50 000 Lx且持续时间较长时，表现为叶子伸展角度变小，叶片呈卷曲状态（叶片两半沿中脉卷合），整个植株表现向光倾斜，叶色变淡等。这样可避免吸收过多的日光能，以减少叶面蒸腾或不使叶温剧烈增高而免于受害。如强光照射时间过长，叶温达30～33℃时，叶片就会出现日灼烧（俗称日烧），枯萎脱落。

6. 花

人参的花芽在越冬分化时形成。一般3年生开花，少有2年生开花者。伞形花序的小花，随年龄而增多，由10朵至数十朵不等。人参开花时，花序外缘先开，逐次向中心开放。每一花序的开花日数，少则需5d，多则需15d，一般为8～10d。每一朵花开放的时间，晴天需23～48h；雨天需30～60h。一日内，以7：00～13：00开花频率最高。天气条件对开花很有影响。晴天高温开花多；雨天低温开花少。一般气温在17～20℃、相对湿度40% ～45%时，开花最多。

人参属于异花授粉植物。异花授粉一方面有利于防止品种退化，但另方面在良种培育及繁育中，应采取有效措施防止异交，以免影响品种纯度。

7. 果

人参果实成熟时子房壁内层木质化而成坚硬的内果皮；子房壁外层变为肉质的红色果肉。每一果实内含2粒种子。5年生人参单株可采果实4～5g；果实出籽率（干重）为20% ～25%左右。

人参种子属于胚构造发育不完全类型。新采收种子的胚很小，仅由少数胚原细胞组成，长约0.3～0.4mm，宽约0.025mm，胚面积约为0.075mm^2；胚乳长约5～6mm，宽约4mm，胚乳面积为胚面积的266倍。胚为锁形或半月形，位于胚乳腔中。因此，人参种子必须经过后熟过程，才能发芽出苗。

四、栽培技术

（一）栽培制

人参的栽培制或栽培法，大体分为两种：

1. 直播法

播种后不移栽，连续生长4～6年收获，其间疏苗1～2次。这种栽培制节约栽参用地、遮荫材料及生产用工，人参的产量、质量和经济收益也都不低。辽宁省新宾县旺清门乡，1978年收获5年生700m^{2}直播田人参单产2kg，等内参占76%，比移栽田增产70%，增收20%，费用降低73%。是今后发展方向。日本和韩国均有应用。美国和加拿大栽培西洋参，也都采用直播法栽培。

2. 移栽法

设有苗圃和本圃，播种后栽培期多移栽1次，如“1、5制”（即苗圃1年，本圃5年）、“2、4制”及“3、3制”等；有的移2次，8～9年收获，如“3、2、3制”等。我国长期以来多采用“3、3制”和“3、2、3制”栽培法。这种移栽法，不仅不利于人参正常生长发育、病害严重、产量低、质量差，且浪费种子、土地和棚材。因此必须因地制宜地改进人参栽培制，实行不移、少移和早移栽培法。气候温暖、土壤湿润、生长期长的人参产区可试用“1、5制”；气候冷凉、土壤干旱、生长期短的人参产区，宜采用“2、4制”。在保证人参质量的前提下，根据自然和栽培条件及商品市场需要，亦可采用“1、4制”和“2、3制。

移栽法，或用4～6年收获的直播法，从而缩短生产周期，节约土地和棚材，降代生产成本，提高经济效益，同时生产出优质参苗和商品人参，满足生产和市场需要。

（二）选地

科学选地，是保证人参栽培条件，并创造高产体质的基础。选定栽参用地，总的原则是：选择交通方便，水源条件好，土质肥沃，微酸性的壤土或砂壤土地区为宜。

（三）栽培方式

1. 林地栽参

利用伐林迹地或疏林地、皆伐地栽参叫林地参或称腐殖土栽参，为我国传统栽培人参的用地方式。也是山区、林区发展人参的主要用地途径。选用坡度5°～20°的岗地、山地；植被以蒙古栎、椴、桦树为主，并生有榛柴、胡枝子小灌木等，土壤多为森林棕壤，土层厚度10cm以上。栽参前1年要进行休闲整地。1985年吉林省长白县实行林参间作等高产技术，创造了65hm^{2}平均每平方米单产2.25kg的大面积高产先进水平。

2. 育林栽参

利用林间隙地整地作畦栽播人参，其优点是不伐林栽参，减少水土流失，不搭荫棚，节材省工，降低生产成本，环境适宜，依林地坡度大小、土层厚薄、立木分布等特点，做成不同规格参畦，畦面覆盖落叶，严防树根侵入参畦，注意夏季加强防病和局部调光等。

有些参产区，也有选择适宜山参生长的较大山林面积，不整地进行穴播或埯栽人参，不加管理，任期自然生长，实行封山养护，经过20～30年收获，即为人工野山参。

3. 农田栽参

利用种植农作物的土地栽参，是解决参粮轮作对改变农林产业结构，促进农村商品经济的发展，增加农民收入，具有重要现实经济意义。农田栽参在国外如日本、朝鲜等国早已广泛应用。近年来在国内各产区特别是新产区亦应用甚广。

4. 园田栽参

利用宅旁园地栽培人参，近年来在人参产区已广泛采用。园田地背风向阳、土质好，便于田间管理和看护，并可获得很高产量，因而易于在农村推广，是当前农村发展参业生产的一个不容忽视的用地途径。

5. 老参地栽参

人参忌连作。实践证明，老参地再利用栽参的年限一般至少10年甚至20年以上。再能栽参时间的长短，与参地土壤质地、栽参年限、生产管理水平，尤其防病水平等密切相关。通过施用大量有机肥料改良土壤，实行以紫穗槐、胡枝子等植物调整的绿肥轮作，增施硼、锌、镁、铁、锰、钴、钼等微量元素，加强防病和注意调光调水及田间管理等措施，就可大大缩短老参地再栽参的年限，10年以内便可再栽参。朝鲜广泛采用埴壤（黏壤土）农田栽参，实行参粮轮作，参后种植5年玉米，栽参前1年休闲施肥改土，然后再栽参，每平方米单产人参2kg以上。日本也有这方面和利用经验。近些年随着我国参业生产的迅速发展，栽培区域不断扩大，种植面积逐年增加，解决栽参用地问题已引起参业场户的极大重视。吉林省抚松县二参场，于1976～1978年利用改制2年生苗田连作栽参，3年平均单产每平方米1.85kg。可见，因地制宜采取综合有效可行措施，老参地是可以短期内利用的。

6. 无土栽参

利用砂砾（河砂或花岗岩风化砂）、蛭石、珍珠岩、炉渣等基质配合浇灌必需的营养液，这种育苗效果较好。王铁生曾报道，朝鲜广泛采用花岗大地风化沙育苗，1年生苗根长15cm，单根重0.8g，值得借鉴。但无土栽培有待进一步研究。

（四）林下栽参技术

山参是喜阴的宿根性多年生草本植物，需依靠鸟类传播种子，对生态环境条件要求严格，靠自然恢复资源十分困难。为了解决这一难题，十几年来，黑龙江省林业科学研究院先后对适宜山参生长的生态环境条件进行了全面调查，并经多年的探索，总结出了“山参林下免耕种植技术”。应用证明，这套技术确实可靠，具有省工、省时、省料，投资小，效益高，并能维持和保护森林生态环境不遭破坏等优点。

1. 选地

选择15年内相对稳定（不受破坏）的阔叶混交林或针阔混交林，郁闭度0.4～0.6，腐殖质层深厚、pH值要求在5.5～6.5的土壤，坡度在15°～30°半阴坡或阴坡为宜。

2. 种子选择

种子最好用原来就是野山参或移山参的种子，也可用园参中鞭条参或长腚的种子。用种子直播生长出来的山参叫籽海山参。苗栽可用移山参，苗起山参和池底山参。移山参苗是将园参1年生苗集中移入林下，经1～2年后，再移栽定植；苗起山参是在林下集中播种育出的苗，2年后，移栽定植；池底山参是采用2～3年生的不换床园参苗，直接在林下移栽定植。

3. 育苗

圃地宜选择坡度为10°～25°、风化岩砂砾的腐殖土壤地，先翻耕后熟化1年，隔年用其作床，床高35cm，宽1.2m，长可据地形确定。采用双透棚最好。

播种前先进行种子催芽。生产多采用：室外自然催芽。上年采收的干籽，于6月中旬前开始催芽；当年采收的种子，采种后随即催芽。干籽催芽前，可用清水浸泡35～48h，使之充分吸水。1份种子混拌3份细沙，砂子湿度14%，装入催芽木槽中。在自然条件下催芽开始至种胚形态后熟完成，种子裂口率达到95%以上，历时90d左右。催芽前期每隔3～5d翻动一次；后期每隔7～10d翻动一次。并应定期检查。室内控温催芽。7月下旬至10月下旬均可在室内催芽。在能够控温的室内，控制催芽箱温度在10～20℃范围内，由较高温度逐渐降低，种子裂口率达95%以上时，放0～5℃下低温贮存，进行生理后熟，至翌年4月中旬便可取出播种。株行距6cm×6cm，点播播深3cm，覆土3cm。

苗期管理。一般与园参管理相同。但参苗展叶后于床面盖1层厚约3cm的凋落树枝树叶。

4. 整形、增重、增纹和移栽

（1）整形。整形是种植山参技术中很重要的一环。将为山参打下终生基础。培植顺体山参一次整形即可，如有芋，只留对称的一对，其余全部摘掉；支根只留两个，其余的全部摘掉。培植横灵体山参，首先把2年生的参苗起出来，去掉主根的1/4后进行消毒，栽植于准备好的苗床中，加强田间管理，2年后，再将其起出来，进行第二次整形，修整成较理想的横灵体，移栽到适宜圃中。

（2）增重。山参自然生长增重是十分缓慢的，要使其加快生产率，就必须适当改变其光、热、水、肥等条件，增加其光合速率。为此，要把参苗移栽到肥沃的腐殖质土层里，3年后就可增重到100g左右。然而，由于这3年中培育条件近于园参，因此，参形也表现为横纹少，芦碗大，皮色白等特征。

（3）增纹。为了弥补增重后的不足，使其达到山参的标准，把增重后的参苗起出来，移栽到含风化岩砂砾的砂壤土中，风化岩砂砾含量需占土壤的20%，经5年生长，参苗即可增纹。

（4）移栽。我国东北东部山区，最好采用秋栽，9月下旬至10月上旬最为适宜。此时人参基本停止生长，新陈代谢缓慢，移栽成活率高。栽植方法，栽植或播种时，应保持原有的生态环境不受破坏，把锹直插到土壤里，深度以参苗的长度而定，锹插入后，前后搬动锹柄，使土壤呈"〕〔"形的缝，将参苗植入缝中，注意避免窝根，植后的参苗芦头距地面7cm为宜，再将锹插入与原缝平行，用腐殖土将缝口复平。一般株行距40cm×40cm。栽植后，在表层覆盖10cm厚的枯草落叶，以利越冬防寒。

5. 管理

山参林下免耕法种植技术是森林生态学原理的具体应用，管理简单易行，只需每年7月份进行摘蕾，提高山参的产量。

五、采收与加工利用

栽培品种称园参，野山的称野山参，均以8～9月采收为宜。挖取后将鲜参除去茎、叶及泥土，经沸水微烫或直接晒干的称"白参"；经糖水煮后晒干的称"糖参"；经蒸熟后晒干或烘干的称"红参"；野山参多加工为生晒参或掏皮参。

经加工后的商品分野山参、生晒参、白糖参、掏皮参、高丽参、石柱参、红参等多种规格。人参因加工方法不同分为糖参、掏皮参、生晒参3类。其加工过程：

1. 糖参

凡人参须子均可使用。加工时先将人参须子用冷水浸泡一会，洗刷干净然后按头大小确定水煮时间，一般参头煮5min后再将全身放入沸水中煮20min，经骨刺之不滞针时为止，捞出后"排针"、"顺针"，然后将人参按支头大小分别摆入盒中。在砂糖内加15%的水，用锅煮，至滴点成凝固状为止，立即将热糖汁倒入盆中浸泡12h（为头遍糖），取出，再为顺针4～5孔，同样以热糖汁浸泡12h（为二遍糖）；再取出，阴干，见外皮不黏手时，再为顺针4～5孔，同样浸泡12h，最后取出，用温水洗净浮糖，顺序摆在盒内，晒干即为成品。

2. 掏皮参

选择体形好，须芦完整美观的参须来加工。首先把须子放入沸水中煮15～20min，然后再放入水中煮和浸糖，其时间与糖参相同。不同的是，取出后，摆在盘内晾到2～3成干时，用高温把外皮烤起，然后用骨簪在外皮上掏上爪痕，须子用白线缠之，称"绑须"，晒干即为成品。一般0.5kg水参可出成品0.3～0.45kg。该法因工序复杂，成本高，不宜推广。

3. 生晒参

利用全须生晒，选择体形粗大、浆足，将人参须子洗净后晒干即为成品。因晒干的须子易断，必须用线缠捆。

此外，人参还可以精加工成人参皂苷片、人参精、人参露、参片、人参口服液以及配制各种营养中成药，还可配制成各种保健食品，如：人参可乐、人参蜂王浆、人参饮料、人参酒、人参茶等。在日用化工方面，可生产出人参护肤霜、人参牙膏、人参洗发精等。人参也是我国出口林特产品之一。

（吴晓春）

60. 连　翘

我国最早使用的连翘，经考证为金丝桃科湖南连翘（红旱莲、黄海棠，*Hyperium ascyron* L.），唐、宋以前，均以此种为连翘之主流品种，多用地上部及根，侧重于消肿散结，除经实热。自宋代以后，则以木犀科（Oleaceae）连翘属（*Forsythia* Vahl）的连翘［*Forsythia suspensa*（Thunb.）Vahl］为正品。本草文献均以“连翘”名收载，并以果实入药一直沿用至今，侧重于清心火，散上悠诸热，多用于各种温病初起。现代“连翘”以山西产的为道地药材，且以“青翘”为佳，多用于流感、麻疹、乙脑初起等症。木犀科植物连翘，又名空壳、连壳、连召、落翘、黄寿丹、黄花杆、绶带等。连翘果实含有连翘酚、熊果酸、齐墩果酸，还含有连翘皂苷、黄酮醇类和挥发油等，以果供药，具有清热解毒，消肿散结，强心利尿，降血压等功能。目前有数十种药物含有连翘成分。

连翘在全国分布于东北、华北及陕西、甘肃、河南、山东、湖北、四川、云南等地。主产河南、山西、陕西、山东等地，以山西、河南等地产量最大。生山坡灌丛、林下或草丛中，或山谷、山沟疏林中，海拔250～2 200m。我国各地均有栽培。日本也有栽培。

连翘是我国常用大宗药材，由于双黄连以及各种感冒药的普遍使用，年需求量在6 000t以上。由于以下原因，使得连翘价格连年上涨，其一是近年社会库存减少，但需求量却逐年递增；二是连年掠夺性采收使野生资源减少，而人工栽培几乎空白；三是我国实行“天保工程”后，封山育林采收量下降；四是连翘用途范围拓宽，使得其身价倍增。

此外，连翘先花后叶，管状花行为黄色或金黄色，花期长，花形美，花量多，盛开时缀满长长枝条，远望去同天女散花，绿化观赏价值极高，是观光农业和现代园林难得的品种。同时连翘根分蘖力很强，根系发达，防止水土流失效果良好，可用于小流域治理和荒山绿化。

因此，连翘突出的经济效益和生态效益，显示出了其广阔的发展潜力以及人工栽培的重要性。

一、植物学特征

连翘为落叶灌木，株高1～3m。冬芽褐色，无毛，小枝开展，褐色，稍四棱形，枝条通常下垂，节间中空。叶对生卵形、宽卵形或光椭圆状卵形，无毛，先端急尖，基部圆形或宽楔形，缘具粗锯齿，有时形成羽状三出复叶，叶脉在叶表面凹下，背面突起；叶柄长1～2cm。花黄色，先叶开放，腋生，单花；花萼4深裂，裂片长圆形，具缘毛，与萼筒近等长；雄蕊2枚，生于花冠筒基部；子房2室，花柱较雄蕊短，柱头2裂。蒴果卵圆形，熟时黄褐色，先端有长喙，基部略狭，表面散生瘤点，2室，开裂。种子多数，狭长圆形，具翅，棕色，长4mm。花期3～5月，果熟期8～10月。

二、主要变种

连翘品种很多，生产上常见的7个变种。

（1）紫枝连翘（var. *atrocaulis*）。枝条紫色。

（2）单花连翘（var. *decipiens*）。花单生，深紫色。

（3）三叶连翘（var. *fortunei*）。直立强壮灌木，枝条拱形，叶在长枝上通常3小叶或3裂，花冠小，花瓣窄，常扭曲。

（4）毛叶连翘（var. *pubescens*）。嫩枝和叶面有短毛，嫩叶带紫色。

（5）垂枝连翘（var. *sieboldii*）。分枝极细而下垂，通常近地面，花多单生。

（6）花叶连翘（var. *darieguta*）。叶片有黄色斑点，花深黄色。

（7）金叶连翘（var. *auratofolia*）。叶片初生叶鲜黄色，成熟叶片金黄色或初生叶片边缘鲜黄色，成熟叶片外缘1/3金黄色，中间绿色。

三、生物学特性

（一）生态习性

1. 气候

连翘对气候要求不严，喜较干燥和阳光充足的环境，在阴湿条件下枝叶徒长，结果较少，在阳光充足的地方则枝壮叶茂，结果多，产量高；生长适宜温度20～25℃，但能耐寒，在北方能露地越冬，但花期如遇冻害，使花朵脱落，可造成严重减产。耐旱，耐瘠，忌积水。

2. 土壤

连翘对土壤要求不严，一般酸、碱性土均可生长，盐碱地例外，但以酸碱度适中、深厚、肥沃、疏松的夹沙土和腐殖质土较为适宜。可在排水良好的向阳山坡、丘陵、荒地、庭院、路旁，成片或零量栽培。

（二）生长发育

1. 苗木期

连翘春播后一般约20d开始出苗，萌芽出苗后10～15d长出真叶，22d长出第二对真叶。植株萌芽力强，每对叶芽都抽枝梢，每年基部均长出大量新的枝条。生长枝1年能生长2次，但少数生长旺盛的枝条在2次枝上当年还能抽生3次枝。连翘根系发达，实生苗根长约为茎长的2～5倍，成年树主根、侧根、须根形成网状，密集于1～45cm深的土层，1～12cm为须根密集层，根穿透深度为80～100cm，最长根达290.5cm。

2. 开花结果特性

连翘的花可分为两种：一种花柱长，柱头高于花药，称长花柱花；另一种花柱短，柱头低于花药，称短花柱花。这两种不同类型的花不生长在同一植株上。在自然生长情况下，单独有长花柱花的植株只开花，不结果；单独有短花柱花的植株也只开花，不结果。只有长花柱花植株和短花柱花植株混栽在一起，才能开花结果。连翘从花芽萌动到开花约25d。花微开时花粉囊微裂，有少量花粉散出。花全开时，花粉囊随之全裂，散出大量花粉，5～7d花粉散裂殆尽，花渐凋谢，7～12d后形成幼果。自花授粉结实率低，仅4%。因此，连翘作为同株自花不孕植物，在栽培时宜成片种植，必经将上述两种类型的花混交，相互授粉或人工异株异花授粉，才能结果和提高产量。

（三）物候期

连翘花芽萌动期1月下旬至2月上旬；花蕾期2月中旬至下旬；花期3月上旬至4月下旬；叶幕形、幼果出现及春梢迅速生长期4月上旬至下旬；生理落果期4月中旬至5月中旬；果熟期8月下旬至9月中旬；落叶期10月中旬至11月上旬；休眠期11月中旬至翌年1月中旬。

四、栽培技术

（一）苗木繁殖

连翘可用种子、扦插、压条、分株等方法繁殖，生产中多以种子、扦插繁殖为主。

1. 种子繁殖

采种。选择生长健壮、枝条节间短而粗壮、花果着生密而饱满、无病虫害的优良单株作母树，于9月中、下旬至10月上旬采集成熟的果实，薄摊于通风阴凉处，宜阴干后脱出种子，精选后，干藏或湿沙层积贮藏，温度为5～10℃。播种。连翘种子的种皮较坚硬，不经预处理，直播入土，需要1个多月时间才发芽出土。因此，播前最好进行催芽处理。种子处理，对于湿藏种子，播前用50℃的温水将其浸泡10～12h，取出晾干后即可播种。对于干藏的种子可采取以下处理方法，一是播前用25～30℃的温水浸泡4～6h，捞出，以1∶3的种沙（湿沙）比混匀后，置于背风向阳处，盖上塑料薄膜或其他有效遮盖物，经常保持湿润，每天翻动2次，10多天后，种子萌芽即可开播；二是将种子在1∶2 000的赤霉素酒精中浸泡3～4h，打破休眠后，用按重量1∶1 000的种沙比充分混合，置于10～20℃温度催芽，30d左右即可发芽播种。播种时间，连翘播种育苗多在春天进行，即春播为好。南方3月上、中旬播种，北方4月上旬播种。播种方式，多条播，在畦上按行距25～30cm开沟，沟深3～5cm，均匀播种，覆土1～2cm，压实，覆草，保持畦面湿润。

2. 扦插繁殖

秋季落叶后或春季发芽前（或花期后），均可扦插。南方多在早春露地扦插，北方多在夏季扦插。在优良母株上，选用1～2年健壮枝条，截成20～30cm长的插穗，上端剪口要离第一个节0.8～1cm，插条每段必须留2～3个芽，然后将其下端近节处削成平面。为了提高成活率，可将插条分扎成30～50根1捆，用500mg·kg^{-1}生根粉（ABT）或500～1 000mg·kg^{-1}吲哚丁酸（IBA）溶液，将插条基部（1～2cm处）浸泡10s或用100mg·mL^{-1}的萘乙酸浸30min，取出晾干按株行距10cm×25cm插入已整好的苗床上，入土深度以使插穗露出床面1～2个芽即可。插后，可用铁条或细竹做弓形支架，上覆塑料薄膜，并适当遮荫，浇足水分。扦插20d左右便可生根。

在南方，也可于5～6月梅雨季节用当年生嫩枝扦插。插穗于节处剪下，长8～20cm，插后易生根，成活率一般可达90%以上。

3. 分株繁殖

秋末上冻前，把丛生的连翘，3～5个枝条为一组，从母株上竖直切下，用生根粉水溶液浸泡3min，立即栽入备好的坑穴内，浇透水过冬。也可在春季土层解冻后按上述方法分株，移栽。

4. 压条繁殖

连翘压条极易生根。在雨季到来之前，将母株上较长的下垂枝弯曲压埋到土中3～4cm处，露出梢端，在入土处将枝条环剥或刻伤，覆盖细肥土，灌足水，以后一直保持土壤湿润，秋季可生根，压条繁殖的新苗翌年可截离母株，带根定植。

（二）造林

（1）选地及整地。育苗地宜选水源条件好，排灌方便的地方。土壤要求土层深厚、土质疏松、肥沃的砂壤土。圃地要深耕细作，施足底肥，开沟做床，以待播种育苗。种植应选土层深厚、土质疏松、背风向阳的缓坡地，如坡度较大，为保持水土，应沿等高线作梯田栽植。

（2）定植。栽植前，先在穴内施肥，每穴施农家肥2kg，栽时要使苗木根系舒展，分层踏实，定植点要高于穴面，以免雨后穴土下沉，不利成活和生长。为了克服连翘同株自花不孕情况，提高结果率，在其栽植时必须使长花柱花与短花柱花植株定植点合理配置。据报道，连翘株间混交，可提高授粉率。株间混交也就是相邻两行长柱花植株与短柱花植株配置不同，两者上下左右要错开，即单行与单行、双行与双行配置的植株一致。

栽植时，应对苗木大小要进行分级，使两种植株生长基本一致，林相整齐，有利授粉，提高产量。

另外，由于两种类型植株，除花期外，在外形上不易辨别，尤其是幼苗。为了适应生产需要，可在其花期采用无性繁殖，其中主要是扦插。

（三）田间管理

种子播种出苗后，在苗期应及时进行间苗（株距5～7cm）松土、除草、定苗和追肥。以促使幼苗生长健壮。追肥以充分腐熟、稀薄的人畜粪水为主。排水，连翘怕积水而耐干旱。因此，在雨季要及时疏沟排水，否则会引起早期落叶，致使花芽分化不良而减产。连翘定植后到郁闭，一般需5～6年时间，在郁闭前的4年内要根据整地情况进行间种、中耕除草、追肥。每年于4月下旬、6月上旬结合中耕除草各施肥1次，每次每公顷施腐熟人粪尿30～37.5kg或尿素225kg，可沟施。连翘定植后，一般于第4年开始结果，此时应适当增施磷肥，有助于其生殖生长。郁闭后，为满足连翘生长发育需要，每隔一段（一般4年）深翻林地1次，每年5月和10月各施肥1次，5月以化肥为主，10月施厩肥。每株施复合肥300g，厩肥30kg。整形修剪。根据连翘自然树形生长的特点，所用树形以自然开心形和灌丛形为好。自然开心形是连翘的结果树形。定植后，当植株高达1m左右时，在主干离地面20～80cm处剪去顶梢，再于夏季使其摘心，多发分枝，在不同的方向上，选择3～4个发育充实的侧枝，培育成为主枝，以后在主枝上再留3～4个壮枝，培育成副主枝，在副主枝上，放出侧枝，通过几年的整形修剪，便形成了短冠、内空外圆、通风透光、小枝疏密适中、提早结果的开心形树型。同时每年冬季将枯枝、重叠枝、交叉枝、纤弱枝、徒长枝和病虫枝剪除。生长期还要适当进行疏删短截。对已经开花结果多年、开始衰老的结果枝群，也要进行短截或重剪，促使剪口以下抽生壮枝，恢复树势，提高座果率。

灌丛形是利用连翘萌芽力强的特性为其扦插繁殖培养插穗，因为扦插是连翘繁殖的主要方法，也是今后的发展方向。定植的第二年早春，将植株在离地面20～25 cm处剪去上端，隐芽通常可萌发6～8条枝，此为一级枝。当其长至25cm左右时，摘去其顶芽，使其发生二次枝。每条一级枝上，大约可萌发10条以上二级枝，这些枝条就可作为当年秋季或翌春扦插的材料。以后采穗，则是采集在二级枝上萌出的三级枝或四级枝。

五、病虫害防治

连翘本身有强烈的杀菌、杀虫能力，病害和虫害很少。目前发现的虫害主要有两种。

1. 钻心虫

钻心虫的幼虫钻入茎杆木质部髓心危害。可用敌敌畏液喷雾防治，也可用80%敌敌畏原液蘸药棉堵塞蛀孔毒杀，或将受害枝剪除。

2. 蜗牛

危害花及幼果。可在清晨撒石灰粉防治或人工捕杀。

六、采收与加工利用

1. 采收

中药将连翘分为青翘、黄翘（也称老翘）2种产品。

青翘于8～9月上旬采收未成熟的青色果实，然后用沸水煮片刻，或用蒸笼蒸约30min，取出晒干即成，以身干、不开裂、色较绿者为佳。

黄翘在10月上、中旬果实熟透变黄，果壳开裂时采收，筛去种子作种用，并去除杂质，晒干即成，以身干、瓣大、壳厚、色黄、无种子者为佳。

用席打成长圆柱形包，每包50kg，存放通风干燥处，防潮、防霉。

2. 加工利用

（1）药用。连翘性微寒，味苦，归肺、心、小肠结。功效是清热解毒，消肿散结，主要用于治疗：外感风热、痈肿疮毒、斑疹痘毒、瘰疬瘿瘤、水肿黄疸、高热神昏等症。连翘果皮含连翘酚、甾醇化合物、皂苷及黄酮醇苷类、6，7－二甲氧基香豆精、齐墩果酸、Vp等成分，具有抑菌、抗病毒、抗钩端螺旋体、强心利尿、降血压、止呕、保肝、保护毛细血管和调整甲状腺机能等作用，如连翘酚对金黄色长菌球菌和痢疾杆菌杀效率最大，对流感病毒有很强的抑制作用。

近年来中医常采用连翘与其他中草药配合，治疗乳腺癌、鼻咽癌、肺癌、皮肤癌等效果不错。连翘可加工成如银翘解毒丸等多种中成药、片剂或胶囊。

（2）食用和工业用。连翘种子含油率26.8%，可提取食用油脂，也可用于制香皂、化妆品、漆等。有文献报道：用含有精油的连翘籽油制备1030漆，其电气性能较高，其耐油、耐热性能均达到部颁标准。

（3）美容。连翘的花及未熟的果实，采集后用水煮20min，每天在早上或睡前用此水洗脸，有良好的杀菌、杀螨、养颜护肤作用。长期坚持使用，可消除面部的黄褐斑、蝴蝶斑，减少痤疮和皱纹。

（樊金栓）

61. 金 银 花

金银花，别名忍冬、银花、双花、二花、苏花等。分类上属于忍冬科（Caprifoliaceae）忍冬属（*Lonicera* L.）植物。

金银花还是国务院确定的常用名贵中药材之一。历史上，最早认识见于《神农本草》，记载忍冬入药的见于《名医别录》；但宋代以前用茎叶入药，到明代，茎、叶、花同时入药；明代以后，虽然茎叶及花均入药，但以花为主，茎叶成为同一植物的另一种药，事实上茎、叶、花化学成分不同，功效不尽相同。明朝李时珍以花蕾入药，在《本草纲目》中说它能治“一切风湿气及诸肿毒，疥癣、杨梅诸恶疮，散热解毒”，称其既是“治风除胀，解痢逐尸”之良药，又为“消肿散毒、治疮之良剂”，并做出了忍冬茎、叶及花功用皆同，久服轻身长寿的结论。

金银花主产于山东、河南等地。其中以河南所产的“南银花”质佳；以山东所产的“东银花”量大而著称。山东、河南的栽培品种主要是忍冬。山东省以鲁中南山区的平邑、费县、沂南、苍山、蒙阴、滕州、邹城、枣庄等地栽培集中，其他县（市）多零星栽培，山东金银花称东银花。河南省以封丘县的金银花种植面积最大，产品质量最佳，在国内外市场享有很高声誉，河南新密产的金银花称密银花，其他县种植面积相对较小。四川金银花在四川很多县市都有种植，主要分布于川南、川北及川西北。金银花在全国大部分地区都有分布。现全国各地均有栽培。在湖南溆浦县境内的梯田坎上、沟堤路旁，凡是栽植了金银花的，墩距 150 ~ 200cm，2 ~3年即可覆盖堤坎不坍塌。25°以上的荒坡采用点穴栽植金银花，两三年内即可覆盖地面，绿化荒山，达到控制水土流失，绿化、美化环境的目的。

总之，金银花用途广、价值高，适应性强、结花期早，丰产性能好，具有经济、社会、生态综合效益。

一、主要物种

我国忍冬属植物广布于全国各地，以西南地区种类最多，其中作为金银花主流商品来源植物主要集中在华中、华东以及华南地区。除了其自然资源被开发利用外，该属植物由于适应性强已被广泛引种栽培。

1. *忍冬*（*Lonicera japonica* Thunb.）

该种为本属中自然分布最广的一种，其分布北起辽宁、吉林，西至陕西、甘肃，南达湖南、江西，西南至云南、贵州。地处北纬22° ~43°，东经98° ~ 130°。在此范围内又以山东、河南分布最广。

多年生半常绿缠绕小灌木或直立小灌木。根系发达、藤长可达 9m，茎细中空，多分枝，幼枝绿色，密生短柔毛；老枝柔毛脱落，皮呈棕褐色，呈条状剥裂。叶对生，卵形或长卵形，全缘，长 3 ~ 8cm，宽 1 ~ 3cm。嫩叶有短柔毛，背面灰绿色。叶隆冬小凋，故名“忍冬”。花成对生于叶腋，苞片 2 枚，叶状，故名“二花”，“双花”。花萼短小，5 裂，裂片三角形。花冠稍呈二唇形，长 3 ~ 5cm，筒部约与唇部等长，上唇 4 浅裂，下唇不裂，外面被短柔毛利腺毛。雄蕊 5 枚，子房无毛，花柱比雄蕊稍长，均伸出花冠外，有清香，花初开时白色，后经 2 ~ 3d 变为金黄色、故又称金银花。浆果呈球形，成熟时黑色有光泽。花期 4 ~ 6 月，果期 9 月。

2. *红腺忍冬*（*L . hypoglauca* Miq.）

又称腺叶忍冬、盘腺忍冬、岩银花，藤本。根系发达，幼枝被柔毛。叶卵形至卵状矩圆形，长3 ~ 11cm，宽 1.5 ~ 5cm，先端短渐尖，基部近圆形、下面密生微毛，并共有橘红色腺点为其特征，双生花的总花梗短，一般短于叶柄。萼筒无毛，萼齿长三角形，具睫毛，花冠长 3.5 ~ 4.5cm，白色或黄色，稀为红色，外疏微毛和腺毛，管部与檐部近等长，花柱无毛，苞片细小，锥形盯非卵形，叫状，可与忍冬相区别。浆果呈球形、成熟时黑色有光泽。

3. *山银花*（*L. confusa* DC.）

又称毛萼忍冬、土银花、金银花，亦为藤本。根系发达，茎被柔毛，叶对生，卵形或长卵圆形，长约 5cm，两面均被柔毛，下面甚密。夏初开花，花近无梗，两两成对，芳香，约 6 ~ 8 朵合成头状花序或短的聚伞花序，生于叶腋或顶生于花序柄上。苞片为叶状，长 4 ~ 8mm，小苞片极小。花冠形态亦与忍冬相似，白而后黄，惟有花等密被灰白色小硬毛，可加以区别。浆果足球形，成熟时黑色有光泽。

4. 毛花柱忍冬（*L. dasystyla* Rehd.）

又称水银花、水花。藤本，幼枝被毛，叶二型，有裂叶，全绿叶且矩圆状卵形或卵形，长 2.5 ~ 6cm，宽 1.5 ~ 3.5cm，先端急尖或钝，基部圆形或近心形，上面无毛，下面苍白色并有疏柔毛或无毛，边缘反转，但无微毛，管部细瘦而弯，较裂片为短，花柱下部的 2/3 有开展的短柔毛为本种的特征。

二、主要栽培品种

1. 毛忍冬

我国主要产区为湖南和贵州，有“大银花”、“山银花”、“岩银花”等名称。半常绿木质藤本，幼枝或仅顶端被短糙毛，后近无毛，小枝紫红色，无毛。叶近革质，卵形、卵状椭圆形、矩圆形或宽披针形，长 5 ~ 9cm，宽 3 ~ 5cm，顶端短渐尖或锐尖，基部圆形，全缘，上面无毛，下面及脉上密被灰白色或灰黄色短糙毛组成的绒毛状毡毛，并散生桔黄色微腺毛。侧脉每边5 ~ 7条，主、侧脉及网脉在上面下陷，在下面凸起呈蜂窝状；叶柄长 4 ~ 10mm，有短糙毛。双花密集于紧缩成短节状的主、侧枝顶端，似一顶生或腋生的总状花序，花序长1 ~ 4cm，花序轴和总花梗均被黄褐色短糙毛，每一花序下有 1 对具柄的小形叶片，每节有 1 对无柄苞叶，条状披针形，向上逐渐变小，总花梗生于每节的苞腋，长 1 ~ 4mm；苞片披针形，等长或长于萼筒，外面被短糙毛；小苞片卵形，长为萼筒的二分之一，有缘毛；萼筒离生，无毛或近无毛；常有蓝白色粉，萼齿三角形，有短糙毛；花冠唇形，有香味，先白色，后变黄色，长 3.5 ~ 4.5cm，外面被短糙毛及桔黄色腺毛，唇瓣短于冠筒，下唇反折，冠筒内面密生短柔毛；雄蕊和花柱高出花冠，均无毛。浆果蓝黑色，常带蓝白色粉，卵球形或球形，直径 6 ~ 8mm，长约 1cm。花期 6 ~ 7 月；果熟期 10 ~ 11 月。安徽南部、浙江、四川、江西、福建西北部、广东（翁源）、广西东北部、湖南、湖北西南部、贵州等地有分布。

2. 细毡毛忍冬

甘肃南部、陕西南部、浙江、福建、湖北西部、湖南西部、广西（都安）、贵州、云南等地有分布。大量栽培。花蕾供药用，是四川、云南、贵州中药材“金银花”的主要品种之一。

3. 异毛忍冬

浙江南部、江西西部、福建（南平）、湖南、广西、贵州、云南、四川等地有分布。灰毡毛忍冬变种。本变种叶柄、总花梗被长短糙毛；叶下面除密被由短糙毛组成的绒状毡毛外，脉上还被长糙毛；萼齿三角形。花期 5 月；果熟期 11 月。

4. 忍冬

除黑龙江、内蒙古、宁夏、青海、新疆、西藏和海南等地尚未发现自然生长的忍冬外，其余各省、区均有分布。半常绿缠绕灌木；幼枝、叶柄、总花梗、苞片柄均密被黄褐色开展的长、短糙毛和腺毛，茎左缠，多分枝。叶纸质，卵形、矩圆形、椭圆形或卵状椭圆形，长 3 ~ 7cm，宽 2 ~ 4cm，顶端短渐尖或锐夹，稀钝或圆形，基部圆形，全缘，有睫毛，上面疏被伏毛或仅中脉被短糙毛，下面或仅中脉被短糙毛，侧脉每边 4 ~ 6 条；叶柄长 4 ~ 8mm。总花梗生于小枝上部叶腋，上方比叶柄略短至稍长，下方长可达 2.5cm；苞片大，叶状、具柄，椭圆形或卵形，长 0.5 ~ 2cm。

有睫毛，上面中脉和下面被短柔毛或近无毛；小苞片卵圆形，长为萼筒的二分之一或稍长，边缘有长睫毛，外面有短糙毛和腺毛；萼筒离生，无毛，萼齿披针形，顶端及边缘有长毛，外面有毛或无毛；花冠唇形，清香，先白色后变黄色，长 2.5 ~ 4cm；外面被糙毛和棕色腺毛。冠筒约为花冠长的 3/5；雄蕊和花柱无毛，均高出花冠。浆果蓝黑色，近球形；直径 6 ~ 7mm，有光泽；种子褐色，卵圆形或椭圆形，长约 3mm、中部有 1 凸起的脊。花期5 ~ 6 月；果熟期 10 ~ 11 月。常栽培收购药用或绿化、观赏、药用。

5. 淡红忍冬

甘肃东南部、陕西南部、安徽南部、浙江、江西、福建、台湾、湖北西部、湖南西北部、广东北部、广西、贵州、云南及西藏东南和南部有分布。半常绿缠绕灌木：幼枝密或疏被上黄色糙毛或无毛。叶薄革质，卵状矩圆形、卵状椭圆 形、矩圆形或披针形。长 3 ~ 9cm，宽 1 ~ 3cm，顶端渐尖至长渐尖，基部圆形或截形，全缘，有明显的睫毛，上面中脉有短糙毛，下面无毛或仅中脉被糙毛，侧脉每边 5 ~ 7条，有时不明显；叶柄长 3 ~ 5mm，密具土黄色糙毛。双花生于小枝上部叶脉，在枝顶常聚集成近伞房状花序。总花梗长 5 ~ 20mm，密被土黄色糙毛；苞片狭披针形或钻形，长于或短于萼筒，疏生短糙毛或无毛；小苞片分离，倒卵形，无毛或顶端有缘毛；萼筒离生，无毛，萼齿卵形或狭三角形，无毛或顶端有缘毛；花冠唇形，漏斗状，黄白色而有红晕，后变黄色，长1.5～2.5cm，外面无毛或近无毛，上唇4裂，下唇反折，筒长1～1.4cm，长于唇瓣，内面有短糙毛。雄蕊开花时略高出花冠，花丝基部有短糙毛；花柱伸出花冠外，中下都有糙毛。浆果蓝黑色，卵球形或倒卵球形、直径6～7mm；种子稍扁，椭圆形或矩圆形，表面有细凹点，两面中部各有1凸起的脊。花期5月至7月上中旬，果熟期9～10月。生于海拔600～2 600m的山坡和山谷针阔叶混交林中或灌木丛中。大量栽培。

6. 匍匐忍冬

产于湖北西南部、湖南西北部（桑植）、四川东南部和西南部、贵州西部（毕节）和北部（道真），云南（麻栗坡）。主要为野生。常绿匍匐灌木，高达1m；幼枝密被淡黄褐色卷曲短糙毛，枝黑褐色，无毛。冬芽有数对鳞片。叶通常密集于当年生小技的顶端，革质，宽椭圆形至矩圆形，长1～3.5（～6.3）cm，两端稍尖至圆形，顶端有时具小凸尖或微凹短，除上面中脉有短糙毛外，两面均无毛，边缘背卷，密生糙缘毛；叶柄长3～8mm，上面具沟，有短糙毛和缘毛。双花生于小枝梢叶腋，总花梗长2～10（～14）mm，具短糙毛或无毛；苞片、小苞片和萼齿顶端均有睫毛；苞片三角状披针形，顶端稍钝，长为萼筒的1/2～2/32 小苞片圆卵形，长约为苞片之半，顶端圆；萼齿卵形，长约lmm，为萼筒的1/3～1/2，顶端钝；花冠白色，筒带红色，后变黄色，长约2cm，外面无毛，内被糙毛，筒基部一侧略肿大，唇瓣长约为筒的1/2，上唇直立，有波状齿或短的卵形裂片，下唇反卷；雄蕊长与花冠几相等，花丝下部疏生糙毛；花柱远高出花冠，中上部以下有糙毛。果实黑色，圆形，直径5～6mm。花期6～7月，果熟期10～11月。生于溪沟旁或湿润的林缘岩壁或岩缝中。海拔900～1 700（～2 300）m。重庆武隆县民间栽培，以其花治风湿。

7. 盘叶忍冬

山西南部、宁夏南部、甘肃南部、陕西中部和南部、河南、安徽、浙江、湖北、贵州北部等地有分布。花蕾供药用，有清热解毒的功效。四川、甘肃、贵州等地分地区称“大金银花”。主要为野生。落叶木质大藤本，幼枝平滑无毛。叶纸质，椭圆形或长椭圆形、卵状椭圆形，长5～13cm. 宽2.5～6cm，顶端圆形或钝，稀锐尖，有时具凸尖，基部楔形，全缘，上面无毛，下面粉绿色，被短糙毛或至少在中脉中下部两侧密生横出的淡黄色糙毛，侧脉每边6～8条，花序下的1～2对叶连合成近圆形或长圆形的盘；叶柄短或近于无柄，无毛。花无梗，6～18朵，1～3轮密集成头状花序生于枝顶，花序梗长2～25mm，无毛；萼筒壶形，萼齿浅，卵圆形，无毛；花冠唇形，黄色或橙黄色，长5～8cm，外面无毛，上唇直立。4裂，下唇反折，筒长为唇瓣的2～2.5倍，内面疏生柔毛；雄蕊着生于唇瓣基部，与裂片等长，不外露，无毛；花柱伸出花冠，无毛。浆果近球形，直径0.8～1cm，成熟时红黄色，后变深红色。花期6～7月；果熟期9～10月。产于四川产奉节、巫溪、石柱、南川、峨眉、宝兴、康定、汶川、理县、茂县、南坪、平武、旺苍、南江、通江、万源等县、市，生于海拔1 200～3 000m的山坡林下、灌丛中或河滩旁岩石缝隙中。产于四川乐山等地的寺庙及公园有栽培收购入药，但产量不高。

8. 川黔忍冬

产于四川、贵州东部（盘县、毕节）有分布。落叶木质藤本落叶木质藤本；幼枝、叶、叶柄均无毛。冬芽约有4～5对鳞片，无毛。叶薄纸质，椭圆形、宽椭圆形，稀卵状或倒卵状椭圆形，长6～13cm，宽3～7cm，顶端圆形稀钝，基部楔形，全缘，侧脉每边7～9条，花序下的1～2对叶连合成盘状，下面常有白粉；小枝下部的叶柄短，上部1～2对叶片基部渐狭而下延于小枝互相连接。花单生，无梗，6～12朵密集成头状花序生于枝顶，花序梗短或近于无梗；小苞片近圆形，长为萼筒的三分之一，无毛或有缘毛；萼筒壶形，上端有腺毛，萼檐紧缩，萼齿短，圆形，无毛或有缘毛；花冠两面均为黄色，漏斗状，5裂，近整齐，长2.5～3.5cm，外面疏被糙毛和腺点。内面有柔毛，裂片卵形，稍不等大，长7～8mm；雄蕊着生于花冠筒中上部，与花冠等长，不外露，花丝无毛；子房3室，花柱伸出，无毛。浆果红色，近球形，直径6～7mm；种子带白色，椭圆形，长约2mm，具细网纹。花期5～6月；果熟期10月。

此外各地现在金银花品种自行定名，品种繁多，有等进一步审定和规范其名称。

三、生物学特性

金银花喜温暖湿润气候，适应性强，也能耐寒、耐旱、耐涝。我国南北各地、山区、平原、丘陵均能栽培。对土壤要求也不严，但以土质疏松、肥沃、排水良好的沙质壤土为好。能耐盐碱，适宜在偏碱性和微酸性的土壤中生长。金银花的根系发达，能有效防止水土流失，可利用荒山坡栽种。

金银花为喜阳光作物。花多着生于外围阳光充足的新生枝条上，且枝叶茂盛，易造成郁闭；因此，栽培上必须通过整形修剪，再加上肥水管理才能获得高产。

四、栽培技术

（一）苗木繁殖

以扦插繁殖为主，亦可种子繁殖和分根、压条繁殖。

1. 扦插繁殖

分直接扦插和扦插育苗两种方法。

扦插时期：于春、夏、秋季均可进行。春季宜在新芽萌发前、秋季于9月初至10月中旬。江南宜在夏季6~7月高温多湿的梅雨季节进行，因此时空气及土壤湿度较大，插后成活率较高。

插条的选择与处理：宜选择1~2年生健壮、充实的枝条，截成长30cm左有的插条，每根至少具3个节位。然后，摘去下部叶片，留上部2~4片叶，将下端近节处削成平滑的斜面，每50根扎成1小捆，用500mg·kg^{-1}吲哚丁酸溶液快速浸蘸下端斜面5~10s，稍晾干后立即进行扦插。

直接扦插：在整好的栽植地上，按行株距150cm×150cm或170cm×170cm挖穴，穴径和深度各40cm，挖松底土，每穴施入腐热厩肥或堆肥5kg。然后，将插条均匀散开，每穴插入3~5根，入土深度为插条的1/2~2/3，再填细土用脚踩紧，浇1次透水，保持土壤湿润。1个月左右即可生根发芽。

扦插育苗：在整平耙细的插床上，按行距15~20cm划线，每隔3~5cm用小木棒或竹筷在畦面上打引孔。然后，将插条1/2~2/3斜插入孔内，压实按紧，随即浇1次水。若在早春低温时扦插，插床上要搭塑料薄膜弓形棚，保温保湿。半个月左右便可生根和萌发新芽，随即拆除塑料薄膜，进行苗期管理。春插的于当年冬季或第二年春季出圃定植。夏、秋扦插育苗的于翌年春季移栽。扦插育苗能在短期内取得大量营养苗。

2. 种子繁殖

在霜降前后，当金银花浆果变黑色时，及时采集成熟的果实，置清水中揉搓，漂去果皮及杂质，捞出沉入底层的饱满种子，晾干贮藏备用。亦可随采随播。若翌年春播，于播前40d将种子取出，用40℃温水浸泡24h，捞出与3倍的湿沙层积催芽，当有50%的种子裂口露白时，即可筛出种子进行条播。在畦面上按行距20cm开横沟，深3~5cm，播幅宽10cm，将催芽籽均匀地撒入沟内，覆土压紧，盖草保温保湿，保持土壤湿润，10d左右出苗。齐苗后揭去盖草，加强苗床常规管理。当苗高15cm时，摘去顶芽，促进分枝。当年秋冬或翌年早春便可出圃定植。每667m^2出种量1~1.5kg。

3. 分株繁殖

于冬季金银花休眠期挖取母株，将根系及地上茎适当修剪后，挖穴进行分株，每穴栽入1~2株，栽后第2年就能现花蕾。

4. 压条繁殖

于秋、冬季植株休眠期或早春萌发前进行。选择3~4年生已经开花、生长健壮、产量高的金银花作母株。将近地面的1年生枝条弯曲埋入土中，在枝条入土部分将其刻伤，压盖10~15cm细肥土，再用枝杈固定压紧，使枝梢露出地面。若枝条较长，可连续弯曲压入土中。压后勤浇水施肥，第二年春季即可将已发根的压条苗截离母体，另行栽植。

（二）造林

1. 整地

选择土质疏松、肥沃、排水良好的沙质壤土和灌溉方便、有水源的地方。地选后深翻土壤30cm以上，打碎土块，整平耙纫，施足基肥。然后作成宽1.3m的高畦播种育苗或扦插育苗。栽植地，可利用荒坡、地边、沟旁、房前屋后零星地块种植。先深翻土地，施足基肥，整平耙细作高畦或高垄栽植。

2. 移栽

于早春萌发前或秋冬季休眠期进行。在整好的栽植地上，按行距150cm、株距120cm挖穴，宽深各30~40cm，每穴施入土杂肥5kg与底土拌匀。然后，每穴栽壮苗1株，填细土压紧、踏实，浇透定根水。成活后，通过整形修剪，使匍匐的藤形成为直立、单株状的小灌木。增加分枝，扩大树冠，由1年1茬收花变为1年3~4茬。可大幅度提高产量。

3. 栽培管理

加强金银花的田间管理，是丰产的主要环节。金银花是多年生植物，不同的生长阶段采取不同的管理方法。定植后第一年，以促进幼苗生长为主；第二年重点是促进营养体的生长，搞好修剪，施肥时要在磷钾肥料的基础上适量地增施氮肥用量；第三年后进入成年株型管理期。田间栽培管理一般包括合理安排群体结构、中耕除草、施肥浇水和病虫害防治等。金银花作为常用中药材，在某种程度上说，药品质量比药材产量更重要。在金银花的栽培管理中，施肥和病虫害防治与其产量、品质关系密切。

（1）合理密植。金银花群体结构的合理化一般通过前期密植、后期修整，使群体内植株对光温水气肥的竞争调整到总体效益最大化，以提高群体的通风透光性和水肥利用率，实现植株群体结构和密度合理化。合理密植一般指的是前期的合理密植。

金银花前期密植栽培，2～3 年可达到群体盛花期，6～8 年后可通过疏墩措施，使总产稳定在较高的盛花期水平。方法如下：

土壤瘠薄地块：株行距 0.5m×0.5m，每 667m^2 2 644 株，永久墩单墩，临时墩 3 墩栽植，第三年冬隔墩去墩，株行距 1m×0.5m，每 667m^2 1 333 墩。第 5 年冬再隔行去行，墩行距 1m×1m，每 667 m^2 666 墩。从栽植起就分永久墩和临时墩。以“×”代表久株，“O”代表 3 年间伐株，“×“代表 5 年间伐株。

土壤肥沃地块：墩行距 0.5m×0.75m，每 667 m^2 1 776 墩，永久墩单墩，临时墩墩栽植。第 3 年冬永久行隔墩去墩，临时行不动，墩行距为 1m×0.75m，每 667 m^2 888 墩。第 5 年冬隔行去行，墩行距为 1m×1.5m，每 667 m^2 444 墩。

四川目前主要的定植方式和密度。移栽时按墩行距 1m×1.2m 定植，每 667 m^2 500～600 株。

（2）土壤改良。金银花大都栽培在丘陵山地的地边坎堰上，土壤多为砂砾土，土层薄，保肥保水力差，排水通气良好，肥力低，有机质含量 0.3%～0.6%，水土流失严重。土壤改良的重点，首先是做好水土保持，防止山洪冲刷。

• 整修梯田、地堰、水平阶、鱼鳞坑　经过一年的雨水冲刷，人畜践踏，土堰受到一定程度的破坏，水土保持效果降低。因此，在每年的冬春农闲季节对植有金银花的农田地堰、水平阶、鱼鳞坑都要普遍检查整修一遍。在整修中对那些一头高、一头低，保水保土能力差的梯田、水平阶要按等高线进行整修，尽量达到水平，提高保持水土的能力。地堰一般用石块砌垒，要求像垒墙一样结实整齐，地基深 30～50cm. 地堰高出地面 20cm。梯田地面要水平，大块梯田里边要设排水沟，防止水分外溢。

• 深翻园地，熟化土壤　为了防止土壤板结，降低土壤密度。提高保肥保水能力，金银花园地要求每 4 年深翻一次。深度 40～50cm。距主干 20～30cm 挖沟，渐次外延，将表土和基肥混合翻入地下，整平地面，一次完成。

• 压沙换土，改良土壤结构　黄黏土压沙，厚度 10～20cm，然后深刨，使土沙均匀混合；河滩沙地可开沟抽沙换土；对瘠薄的山地，又有土源的地方，可进行压土，加厚土层，为花根生长发育创造良好的条件。

（3）土壤耕作。金银花园地每年冬春都要结合施基肥进行深刨、扩穴、清墩等土壤管理工作，深度一般 25～30cm，要求拾净杂草、碎石，整平地面。土壤耕作能加深耕作层，增加土壤的通透性和蓄水能力，同时也可消灭地下越冬害虫。

（4）中耕除草。移栽成活后，每年中耕除草数次。第一次可在春季萌芽发出新叶时；第二次在 6 月；第三次在 7～8 月；第四次在秋末冬初进行。中耕除草后还应于植株根际培土，以利越冬。中耕时，在植株根际周围宜浅，远处可稍深，避免伤根，否则影响植株根系的生长。第三年以后，视杂草生长情况，可适当减少中耕除草次数。金银花栽植后还要经常除草松土，使植株周围无杂草滋生，以利生长。每年春季和秋季进行中耕松土除草培土。夏季视杂草情况进行松土除草。中耕松土可提高地温，防旱保墒，促使根系发育，多发枝条，多开花。封林后因杂草较少，中耕不便，于春季发芽以及冬季落叶时各进行 1 次即可。中耕锄地时，须从花墩外围开始，由远及近，先深后浅，避免伤根，即在植株根际周围宜浅，远处可稍深。

（5）肥料的来源及种类。金银花的肥料来源主要是农家肥、绿肥，其次是商品化肥。总起来说，可分为有机肥和无机肥两大类。有机肥料主要有各类厩肥、人粪尿、堆肥、垃圾、绿肥、草木灰、作物茎叶等。有机肥中含植物生长所需要的多种元素，经过分解可增加土壤肥力。尤其有机能所含的腐殖质，可改良土壤的理化性状，降低土壤密度，增强保水保肥能力。由于有机肥肥效慢，有效期长，放主要用作基肥。无机肥料主要是单元素化肥或三元素复合肥，如尿素、硫酸铵、碳酸氢铵、复合肥等。它们的特点是肥效迅速、明显，肥效期短，主要用作生长期追肥和叶面喷肥。

基肥以施有机肥为主，化肥为辅。追肥多用无机肥。施肥时期：基肥在11月份至翌年3月，冬施比春施效果好。追肥在发芽后及1、2、3茬花采收后施用，1年4次。施基肥的方法：有撒施和沟施两种。撒施就是将肥料均匀据撒入园中，结合深刨翻入土中。这种方法施肥范围大，肥料分布均匀，有利于根系吸收。缺点是，施肥较浅，引根上来，肥料损耗较大。沟施又分为环状沟施、月牙沟施、放射沟施、穴施等。一般沟宽30cm，深40cm，长度根据情况而定。将肥料施入沟内与土混合均匀，上边覆土。施肥量：一般成龄墩施用圈肥5～7.5kg，追肥每次施用化肥（尿素）30～50g。叶面施肥又叫根外追肥。特点是，收效快，养分利用率高，节省劳力。一年中可多次进行，也可结合打药进行，是一种补充树体养分不足的好办法。将尿素、叶肥、磷酸二氢钾等溶于水中，一般是300～400倍，用喷雾器喷布于叶面，养分通过气孔被植株吸收利用。穴贮是近几年来金银花栽培中一项新兴的施肥技术，并且在生产中显示了它的优越性。用玉米秸秆或其他作物的秸秆扎成直径20cm粗的草把，截成长35cm一个，先用人尿或水泡透，然后在墩冠外缘20cm挖深40cm、直径25cm的圆穴，将草把放人，四周用土培好。将25g尿素撒于上面，浇水2.5～3kg，上面盖上石板或培土。以后每隔10d加水1次，加尿素25g。至4月下旬育蕾期为止。

穴贮时间：3且上旬开始，每墩1穴，下年移动位置，4年1周。

扩大种植绿肥是当前解决金银花生产中有机肥严重不足的重要途径。作物的秸秆、杂草回田是有限的，而扩种绿肥作物则是无限的。

（6）浇水。金银花在整个生长发育过程中，需要供应一定的水分；才能生长旺盛。但从总的生长过程中看，它是喜欢干燥气候的，尤其在金银花的育蕾过程中假若供水过多，会造成金银花有效成分——氯原酸含量降低。所以，在金银花的每次育蕾期间，都要严格控制浇水，宁旱勿涝。金银花的需水时期是在一年的两头，一是春季芽子萌动期（3月上旬）这时浇水，而且灌足，可提前发芽育蕾2～3d，花墩生长显著旺盛。二是封冬水，在初冬浇灌，也要灌饱浇足，最好挖沟漫灌，可促进受伤根的愈合，提高地温，加速有机养分的分解，为翌年金银花的生长奠定良好的基础。有水浇条件的可进行满园灌溉，穴贮的春天不再浇水。

五、病虫害防治

1. 白粉病

危害金银花叶片和嫩茎。叶片发病初期，出现圆形白色绒状霉斑，后不断扩大，连接成片，形成大小不一的白色粉斑。最后引起落花、凋叶，使枝条干枯。

防治方法：选育抗病品种：凡枝粗、节密而短、叶片浓绿而质厚、密生绒毛的品种，大多为抗病力强的品种；合理密植，整形修剪，改善通风透光条件，可增强抗病力；用50%胶体硫100g，加90%敌百虫100g，加50%乐果15g，对水20kg进行喷雾，还可兼治蚜虫；发病严重时喷25%粉锈宁1 500倍液或50%托布津1 000倍液，每隔7d喷1次，连喷3～4次。

2. 咖啡虎天牛

以幼虫和成虫两种虫态越冬。越冬成虫于翌年4月中旬咬穿金银花枝干表皮，出孔危害；越冬幼虫于4月底至5月中旬化蛹，5月下旬羽化成虫。成虫交配后产卵于粗枝干的老皮下。卵孵化后，幼虫开始向木质部内蛀食，造成主干或主枝枯死。折断后蛀道内充满木屑和虫屎。

防治方法：用食糖1份、醋5份、水4份、敌百虫0.01份制成糖醋液诱杀；7～8月发现茎叶突然枯萎时，清除枯枝，进行人工捕捉；在产卵盛期用50%辛硫磷乳油600倍液喷射灭杀。

3. 其他害虫

还有蚜虫、尺蠖等，按常规方法防治。

六、采收与加工利用

1. 采收

一般于栽后第三年开花（河南封丘农科中心培育的“金丰一号”金银花在引种的当年就开花，3年后进入盛花丰产期）。金银花开放时间较集中，大约15d左右，适时采摘是提高金银花产量和质量的关键。一般于5月中、下旬采摘第1茬花，隔1个多月后陆续采第2、3、4茬。采收时期必须在花蕾尚未开放之前。当花蕾由绿变白、上部膨大、下部为青色时；采摘的金银花称“二白花”；花蕾完全变白色时采收的花称“大白针”。一天之内，以清早至上午9时前所采摘的花蕾质量最好，因此时露水未干，不会损伤未成熟的花蕾，而且金银花香气浓，好保色。过早，质量差，产量低；过迟，降低药用价值。

2. 加工

采摘后要及时进行加工，防止堆沤发酵。可晾干或烘干。晾干：将鲜花薄摊于晒席上晾干，不要任意翻动，否则会变黑或烂花。最好当天晾干，花白，色泽好。烘干：初烘时温度不宜过高，控制在30℃左右。烘2h后，温度可提高到40℃左右，鲜花将逐渐排出水汽。经过5～10h后，使室温保持在45～50℃，再烘10h，水分大部分可排出。最后将室温升至55～60℃，使花迅速干透。烘干比晾干质量好，产值高。但要注意：烘时不能翻动，也不能中途停烘，否则要变质。产量方面若年收四茬花，667m^2可产干花高达150kg以上（河南封丘农科中心培育成功的“金丰一号”金银花优良品种一年可连续开放5～7茬花）。质量以身干、花蕾硕大、色青绿、气味清香者为最佳。

3. 利用

金银花为常用中药，以未开放的花蕾和藤叶供药用。花蕾，具有清热解毒、散风消肿的功能，主治风热感冒、咽喉肿痛、肺炎、痢疾、痈肿疮疡、丹毒、蜂窝组织炎等症；忍冬藤，具有清热解毒、通经活血等功能，主治湿病发热、关节疼痛、痈肿疮疡、等麻疹、腮腺炎、细菌性痢疾等症。

金银花药味甘苦、性寒，多用于温病初期、痈疽疔毒；炒药味甘微苦，性寒偏平，多用于温病中期；炭药味甘微苦，性微寒，多用于赤痢、疫毒痢。金银花主要的药用功效有抗菌、抗病毒、抗生育、保护肝脏、抗肿瘤、止血等。金银花具有广谱抗菌作用，对痢疾杆菌、金黄色葡萄球菌、伤寒杆菌、副伤寒杆菌、霍乱弧菌、大肠杆菌、变形杆菌、绿脓杆菌、α-溶血链球菌，β-溶血链球菌、肺炎双球菌和百日咳杆菌有较强的抑制作用。对呼吸道感染致病病毒有抑制和延续细胞病变作用。对多种动物有明显缓阻妊娠作用。黄褐毛忍冬总皂苷对肝损伤有保护作用。金银花中黄酮类化合物木犀草素对NK/LY腹水癌细胞体外培养有抑制作用。能减少肠内胆固醇吸收，降低血液中胆固醇和血脂水平。

现代研究表明，金银花茎叶花均含有含量不等的氯原酸、异氯原酸，花中还有含有挥发油、肌醇和皂苷等成分，叶中含有鞣质、紫丁香苷，茎中含有木犀草黄素、皂苷。氯原酸、异氯原酸是药用主要成分。

金银花的挥发油中含有30多种成分，提取分离了芳樟醇（linalool）和（-）顺-2，6，6-三甲基-2-乙烯基-5-羟基四氢吡喃，另外，还鉴定出蒎烯（pinene），1-已烯（1-hexene），顺-3-已烯醇-1（cis-3-hexenol-1），顺-2-甲基-2-乙烯基-5-（-羟基异丙基）四氢呋喃，反-2-甲基-2-乙烯基-5-（α-羟基异丙基）四氢呋喃，香叶醇（citronel-lol），α-松油醇（α-terpineol），异双花醇，苯甲醇（benzyl alcohol），苯乙醇（benzylethyl alcohol），香荆芥酚（carvarol）及丁香油酚（eugenol）。

金银花花蕾中含有木犀草素（luteolin）和肌醇（inositol）。分离出氯原酸（chlorogenic acid）和异氯原酚（isochlorogenic acid），它们是金银花的抗菌有效成分。金银花还有三萜类化合物。

金银花含有微量元素：Fe、Mn、Cu、Zn、Ti、Sr、Mo、Ba、Ni、Cr、V、Co、Li、Ga。

常用的金银花制剂有金银花注射液、双黄连粉针剂、银翘白虎合剂、金银花露、银翘解毒丸、银翘解毒片、栀子金花丸，以及金银花口服液等。

金银花除药用外，还是饮料、化妆品以及多种中成药的重要原料。其优质品出口外销，一直供不应求。

（石明旺）

62. 降　　香

降香是国家一级珍稀名贵树种，是国家重点保护植物。降香的树干和根的干燥心材是重要的名贵药材，其叶、果也可入药，有极高的经济利用价值。中药降香又名紫藤香，宋·唐慎微撰著《证类本草》对降香的药用价值有较详细的记述：“降香有行瘀止血定痛之效。”《名医别录》记载：“周密被海寇刃伤，血出不止，筋如断，骨如折，用花蕊石散不效。军士李高用紫金散掩之，血止痛定。明日结痂如铁，遂愈，且无瘢痕。叩其方，则用紫藤香瓷瓦刮下研末尔。”降香也是制造高级家具、乐器和名贵装饰镶嵌的材料，是精美雕刻工艺品等的上等用材。降香油常用来作香料的定香剂。

过去降香主要从印度进口，故又称为“番降”。现海南、广东、福建已有引种栽培，其生长迅速，自然萌生力强，心材并不逊于从国外进口的印度黄檀的心材。近年来产区提供药用的降香，多为收集制造木器所剩下的边角料，以及挖取过去砍伐树后留下的树头及树根，茎干心材资源十分短缺。因此，大力发展降香生产具有重大意义。

一、主要物种

1. 降香檀

降香檀（*Dalbergia odorifera* T. Chen）又名花梨、花梨木、降香黄檀、香酸枝，为蝶形花科（Fabaceae）黄檀属（*Dalbergia* L. f.）植物半落叶乔木。树冠广伞形，高可达15m，胸径可达80cm。树皮厚约5mm，暗灰黄色，略粗糙而有细槽纹，内皮黄色，带草腥气味。幼枝圆柱形，略被柔毛，老时无毛，且密集黄色皮孔。奇数羽状复叶，互生，长15～25cm，或稍长，小叶7～11枚，小叶互生，稀近对生，叶片纸质至薄革质，卵形至椭圆形，长3.5～8cm，宽1.5～4cm，先端短渐尖而钝，基部阔楔尖或浑圆，全缘，上面深绿色，无毛，背面灰绿色，被微毛，小叶柄长约4mm。圆锥花序腋生，连花序柄长4～8cm，宽3.5～5cm，被褐色小柔毛；花两性，细小，芳香，多数，密集于分枝之顶，成一假头状花序，近无柄；花萼长约2mm，略被毛，有钝齿，其下有近圆形的小苞片2枚；花冠白色，长约为花萼的2倍，旗瓣阔，翼瓣分离，龙骨瓣钝；雄蕊9～10枚，一束；花药小，直立，药室顶裂；子房具柄，有胚珠1至数颗，花柱短，内弯，无毛。荚果不开裂，矩圆形或披针形，长5～7cm，宽2～2.5cm，直或稍弯，中部荚室隆起，为木栓质，浮凸不平，外缘为薄翅状，具显明的细纹，成熟时不脱落，干燥时呈褐色，具柄，有种子1颗，少有2颗的。种子肾形，扁平，长1～3cm，宽5～7mm，种皮薄、褐色，子叶黄绿色。花期4～6月，果期6～8月。

2. 降真香

降真香（*Acronychia pedunculata*（Linn.）Miq.）为芸香科油柑属乔木，高可达10～15m。单叶对生，纸质；叶柄长1～2cm，顶端有一结节二叶片矩圆形或长椭圆形，长6～15cm，宽2.5～6cm，两端狭尖，有时先端略圆或钝且微凹，基部窄尖，全缘；上面素绿色，光亮，网脉两面浮凸。夏秋开白色花，聚伞花序，常近顶部腋生，花梗长4～8mm，近无毛；萼片4，长0.6～0.8mm，花瓣4，线形，或狭长圆形，两侧边缘内卷，长约6mm，内面密被毛；雄蕊8，花丝中部以下两侧边缘被毛，子房密被毛，花柱细长。核果黄色，平滑，半透明，直径8～10mm，4室，每室有种子1～2粒，果柄长5～8mm。种子黑色，有肉质胚乳。花期3～4月，果熟期11～12月。

二、生物学特性

（一）生态习性

降真香主产于印度、泰国、菲律宾、越南等国家。我国海南、广东、广西、福建、云南、四川等地也有分布和引种栽培。尤以海南白沙、昌江、东方、保亭、陵水、三亚等地资源为多。降香檀一般分布在海拔670m以下的山区、丘陵、台地以至林木稀疏旱生平原，低山次生林中也常见。野生状态多生于中海拔山坡疏林中、林缘，或村旁旷地上，尤其在干燥山坡疏林中生长较好。中心分布区平均气温为23～25℃，年降水量为1 200～1 600mm，年蒸发量为1 600～2 000mm。

降香檀为喜光树种，耐干旱耐瘠薄，自然生长常见于山脊、陡坡、岩石裸露的贫瘠干旱地带。幼苗、幼树在全光照下生长正常，而在过于荫蔽的情况下，长势衰弱。常见于山地各类型的季雨林上部，尤其是喜生于山腰开阔的低丘陵处。

（二）生长发育

降香檀幼树生长较快，年平均高生长 60 ~ 80cm，径生长 0.6 ~ 0.8cm，好的幼树年平均高生长达 1m，胸径达 1cm。降香檀因立地条件不同，其生长速度有所差异。生长在干旱瘠薄土壤上的天然林，23 年生树高 10.9m，胸径 12.6cm；而生长在较为肥沃湿润的土壤上的天然林木，32 年生树高 16.7m，胸径 22.1cm。人工林的生长较为迅速，海拔 200m 沙质壤土上，16 年生的人工林，平均高 12.4m，平均胸径 17cm。降香能耐 0℃ 的低温，苗期越冬普遍枯梢，但可以萌芽恢复正常生长。引种到广州、厦门生长良好。在广州，9 年生树高 5.2m，优势树高 5.8m，胸径 9.2cm，少数 40 ~ 50 年生的植株树高达 16m，胸径 46.5cm；厦门 8 年生树高 4.5m，胸径 5.7cm，优势树高 6.7m，胸径 8.1cm。孤立木 5 年生左右开花结果，郁闭林木 8 ~ 10 年生才结果。降香树冠稀疏，干形略弯曲，但在林分中能长成较为通直的高大植株。萌芽力强，砍伐后能萌芽更新。自然结实力极强，但天然更新较差。

三、栽培技术

（一）苗木繁殖

繁殖方法有种子繁殖和扦插育苗。

1. 种子繁殖

（1）种子采收和贮藏。降香檀宜选择 15 年生以上，干形高大，比较通直的实生、健壮、发育正常、无病虫害、结实多、阳光充足的林缘木作为留种母树。当果实由黄绿色变为黄褐色时即为成熟，一般是 12 月成熟。种子成熟后久悬树上不裂、不落，可以上树采摘，剪下长有荚果的小细枝条，回来后晒干、搓揉，除去边缘果荚取出种子。一般出种率约 70%，每千克有 3 600 ~ 4 500 粒。种子含水率 30% 左右，可用布袋盛装，或密封贮藏，贮藏一般不要超过半年。由于种子容易丧失发芽力，最好随采随播，若不能及时播种，最好用相当于种子重量 1/3 的草木灰，与种子混合藏于瓦缸内，这样可贮藏 1 年，发芽率保持 80% 左右。

（2）播种和实生苗管理。降香檀幼苗期不耐水渍，所以选择圃地很重要。黏重、板结的土壤会导致幼苗生长衰弱、叶片枯黄脱落，甚至烂根死亡。因此，应选择沙质壤土、砂壤土作圃地为宜。同时圃地应整平、整细，开好排水沟，不让积水，有利幼苗生长。播种期以春季 2 ~ 3 月为好。播种前用 60℃ 温水浸种 24h，捞起种子晾干，均匀撒播于苗床上，播后覆土（最好用晒干搓碎的牛粪）、盖草，约 15 ~ 20d 开始发芽。新鲜种子场圃发芽率约为 50% ~ 60%，或者更高。若种子在播前不经浸泡，则发芽推迟，持续时间延长，不便今后管理。同一批种子播后发芽分早、中、晚三期。一般情况下，中期发芽数量多、质量好，宜选择子叶健全、肥大、苗径粗壮、果荚正常脱落的苗移植。当子叶转绿，真叶开始长出（发芽后 20 ~ 30d）即可移植苗床育苗。培育 1 年生苗造林者，株行距以 20cm × 20cm 为宜；培育 1.5 年生苗造林者，株行距以 25cm × 25cm 为宜。苗期要薄施氮肥及足够的水肥。随着幼苗生长加快，这时应增施水肥，有利幼苗的健壮生长，提高出苗率。若肥水供应不上，幼苗生长不良。半年生苗高 30cm，基径粗 1cm 或 1 年生苗高达 1m 以上，基径粗 1.5cm 左右时进行造林。

2. 扦插育苗

取大田低切干时所切下的苗木主干木质部分，或粗为 0.5 ~ 1cm 的侧枝，切成 15cm 长的插条进行扦插，插后注意遮荫，约半个月开始萌芽（此时尚未长出新根，应摘除新梢），约过 1 个月根系长出后，萌芽条约高 10cm 时，从中选留一株健壮的培育。当新株 20cm 时，可拆除荫棚，适当追肥。扦插苗培育 8 个月，高达 90cm，径粗约 1.3cm，侧根 4 ~ 5 条时，即可造林。成活率约 70% ~ 80%，在扦插前若用 40mg · kg^{-1} α-萘乙酸浸切口 12h，成活率达 90% 以上，且新根系特别发达。

（二）造林

应选择阳光充足的地方栽植。种植前将林地灌木、杂草全部砍除、炼山挖穴。植穴一般为 40cm × 40cm × 40cm。造林季节最好在春季或雨季初期。造林密度视立地条件而定，比较干旱瘠薄地方，株行距为 2m × 2m、或 1.5m × 2m。如水肥条件好，可以间种作物，株行距 2m × 3m 或 3m × 3m。

降香檀用实生苗造林，多枯梢，保存率低。因此，一般多采用大田低切干移栽造林。方法：采用 1 ~ 2 年生，径 1.5 ~ 2cm 的苗。起苗前 1 周进行切干，仅留主干 3 ~ 5cm；起苗后修剪根系，垂直保留 20cm 左右，根幅 25 ~ 30cm；浆根，浆根时勿将苗干及切口蘸上泥浆；造林地忌积水，并使苗干露出土面 1 cm，也可用培育半年左右的容器小苗造林，苗高30cm左右，成活率也高。

（三）抚育管理

降香檀栽后初期生长较慢，且主茎软弱，髓小而稀疏，容易被灌木、杂草、藤蔓压抑和缠绕，应加强田间管理。最初3年，每年除草、扩穴、松土2～3次，这样保持主干挺直，生长迅速。3年以后，每年除草1～2次，同时进行松土施肥。降香檀分枝较低，侧枝粗壮，萌芽条多，在除草松土施肥时应结合修枝和抹芽整形，这样有利于培育良好主干。用低切干造林的，还要在头年冬季和翌年早春选留好萌条，每株保留1支。6～7年后才能郁闭，如果藤蔓仍很茂盛，则还应进行清除。如能在造林的同时间种木薯等高秆作物2～3年，也可促进干形通直，加快生长。

四、病虫害防治

（一）病害防治

1. 黑痣病（*Phyllachora dalberyiicola* Henn.）

苗期及幼树均可发生，一般危害叶片、小枝及果荚等。发病症状：发病初期先在叶上产生褐色小斑点，逐渐扩大汇合，并变黑色，严重时连成一片，几乎覆盖整个叶面。防治方法：发病较重园地和林分，可在新叶抽出开放后，每隔半月喷1∶1∶100波尔多液2次。

2. 炭疽病（*Gloeosporium* sp.）

苗木和幼树均可感染，常侵害叶片，严重时也危害嫩枝。常在多雨季节发病严重。发病症状：叶片产生枯死病斑，病斑上有小黑点，有时排列成轮纹状。在潮湿条件下，病斑上产生粉红色的胶状物，此为病原菌的分生孢子团。

防治方法：发病前或初期，每隔15d喷1次1∶1∶100波尔多液；秋冬季节或起苗前，彻底剪除和收集枯枝、病叶深埋。

（二）虫害防治

1. 瘤胸天牛（*Aristobia hispida* Saunders）

成虫于2月初出现，3～4月为盛期，主要取食嫩枝嫩叶树皮。发病症状：被害后的幼树往往造成风倒或枯死，较大的树生长受到影响。

防治方法：在成虫盛发期，摇树或用竹竿敲打落地，进行捕捉灭杀。卵及幼虫期都易发现，也可用人工捕杀；或用90%敌百虫、50%双硫磷马拉松、80%敌敌畏300～400倍液注入虫孔，然后用泥巴封口毒杀。

2. 伪尺蠖

成虫于4月上旬出现，产卵于叶片上，5月中旬是幼虫危害盛期，主要危害嫩叶，可用90%敌百虫1 000倍液或25%亚胺硫磷800～1 000倍液进行防治。

五、采收贮藏与加工利用

1. 药材采收及加工贮藏

（1）采收。果实在秋冬季采收，其余部分全年可采。

（2）加工。把树干砍伐后，削去外皮及白木，截成段，晒干或阴干备用。取原药剔除枯木，整理洁净，劈成碎片。本品呈长条形或不规则碎块，大小不一。表面紫红色至红褐色，有致密纹理。质坚硬，富油性。火烧有黑烟及油冒出，残留白色灰烬。气香，味微苦。

商品为统装货，以不带枯木，质坚体重，红褐色，富油性，烧之香气浓郁，表面无黄白色外皮者为佳。

（3）贮藏。扎捆成束，用蒲席封固，存放阴凉干燥处，防潮湿发霉。

2. 综合利用

（1）工艺品。降香黄檀为我国海南特有经济树种，它的经济价值高，实用范围广，它的木质重而坚硬、强度高，有光泽，心边材分明，材色美丽，心材紫红或紫褐色，结构细致匀称，纹理交错，干燥后不变形、不干裂，极耐腐，并有别致美观的花纹，又具有长年不灭的浓郁香气，是制造高级家具、乐器、座子、算盘、宫灯及雕刻等工艺品和装饰口的上等用材。它与外国进口的世界名材酸枝木齐名。

（2）栲胶。芸香科降真香树皮含鞣质，可提制栲胶，树皮含鞣质16.72%，是很好的栲胶资源。

（3）香料。降香木材蒸馏后可提取降香油，含油量0.3%左右，油味清香，经久不易挥发，在工业生产中，常用来作香料。如将其挥发油少量加于花露水、沐浴液中，可增加芳香及活血行气等作用。

（4）卫生香。利用作木材、家具、艺术品等余下的碎料，打成粉，再加制线香之基料，按一定比例混合，可替代檀香作工艺卫生香原料，以其制成的工艺卫生香，不仅有卫生香的功能，而且燃烧后不倒不变形，可显出字迹或图案，是一种兼保健及观赏功能的卫生香。

（5）药用。降香具有行气活血、止痛、止血的功效，可用于治疗脘腹疼痛、肝郁胁痛、胸痹刺痛、跌仆损伤、外伤出血。降香油有降气、止血、消炎、镇痛等多种功效，与丹参等加工配制的复方注射液，对治疗冠心病、心肌梗塞、心绞痛等疾病，有特殊疗效。研究还发现，降真香含山油柑碱，有抗癌作用，能显著缩短家兔血浆再钙化的时间。降真香的理气化瘀止痛功用，与檀香类同，近年用以代替檀香治疗气滞血瘀之心腹疼痛。其根、干材或叶，主要用于治疗风湿性腰腿痛、跌打肿痛、支气管炎、胃痛、疝气痛；果实，对食欲不振、消化不良等症有明显疗效。

实验研究表明，降香挥发油具有抑制血栓形成的作用，有明显的镇痛作用，治疗心脑血管缺血性疾病，总有效率达 94% 。因此，降香及其挥发油的开发利用前景非常广阔。

降香还可作兽药，能理气止血，行瘀止痛，可治牛胃寒呕吐、牛马外伤出血、牛瘟疫等病。

（徐　良）

63. 沉　　香

沉香为国家二级珍贵树种和中国珍稀濒危植物，是我国沿用历史相当久远的珍贵中药，最早始见于梁代陶弘景《名医别录》，被列为“上品”。蔡绦在《铁围山丛谈》中说：“占城不若真腊，真腊不若海南黎洞。黎洞又以万安黎母山东峒者，冠绝天下，谓之海南沉香，一片万钱。”可见当时海南沉香已负有盛名，价格昂贵。过去把槟榔和沉香列为海南五大宗传统出口商品，并把沉香列为由国家统一收购的中药材。

历代医家用沉香治病，积累了丰富的经验，在历代本草都有精辟的论述，如清朝乾隆三十四年黄宫绣撰著的《本草求真》中，对沉香的药性、药理、药效等方面，作了全面综述：“沉香，辛温，体重色黑，落水不浮。故书载能下气坠痰；气香能散，故书载能入脾调中；色黑体阳，故书载能补火、暖精、壮阳。是以心腹疼痛，禁口毒痢，症癖邪恶，冷风麻痹，气痢气淋，审其病因属虚属寒，俱可用此调治。盖此温而不燥，行而不泄，同藿香、香附，则治诸虚寒热，并妇女强忍入房，或过尿以致胞精不通；同丁香、肉桂，则治胃虚呃逆；同紫苏、白豆蔻，则治胃冷呕吐；同茯苓、人参，则治心神不足；同川椒、肉桂，则治命门火衰；同肉苁蓉、麻仁，则治大肠虚秘。”书中对沉香的优劣、用法，也有介绍：“色黑中实沉水者良，香甜者性平，辛辣者热。入汤剂磨汁用，入丸散纸裹置怀中，待燥碾之，忌火。”

我国台湾、海南、广东、广西、福建、云南、贵州等地都出产沉香，尤以台湾、海南的天然沉香质量最负盛名。海南出产的沉香历来销往全国各地，价格昂贵。但是，长期以来由于森林资源、生态环境遭受自然灾害和人为破坏，天然沉香也与其他名贵药材和珍贵树种一样，货源日趋枯竭，市场日益紧缺。我国当前药用沉香基本上还是依靠进口，价格高昂。特级每吨44万元，一级36万元，二级28万元，每年都用去一笔相当大的外汇。

随着国际沉香资源的短缺和价格的暴涨，我国出产的沉香也出现供不应求的局面。故积极发展沉香栽培生产，是解决资源紧缺，减少进口，扩大出口创汇的有效途径，华南热带或南亚热带地区可大量种植，增加地方经济收入。

一、主要物种

主要物种有进口的瑞香科（Thymelaeaceae）沉香属（*Aquilaria* Lam.）植物沉香及国产白木香。白木香主产于海南，所以人们又叫它“海南沉香”，是广东地道药材“十大广药”之一。国产沉香与进口沉香的功能和主要治疗疾病完全相同。

1. 白木香[*Aquilaria sinensis*(Lour.) Spreng.]

白木香为瑞香科常绿大乔木，高达20m以上，胸径达30～40cm。树皮灰褐色至灰黑色，平滑或有纵皱纹，外皮质薄而致密，易剥落，内皮淡红色，木材淡黄色，材质轻软，略有辛辣气味，茎枝皮纤维细致；小枝被柔毛，芽密被长柔毛，分枝呈两杈状，茎有香气。主根发达，细根不多，根有香气。单叶互生、革质、具短柄，卵形或倒卵形至长圆形，长5～10cm，宽2～4cm，顶端渐尖而钝，基部窄楔形，下延，全缘，两面均光滑，侧脉细而平行略成弧形，叶柄短，腹面下凹成浅沟，被毛，长成后逐渐无毛。春末夏初开黄绿色小花，数朵排成顶生或腋生，伞形花序，被灰白色毛；花被管状，有毛，先端5裂，喉部有鳞片10片，与雄蕊互生，雄蕊10枚，成2轮着生花被管上；花丝短，花药长圆形，子房瓶状，密被柔毛，无花柱，柱头扁圆。花有芳香气味。蒴果木质，扁倒卵形，长2.5～3cm，密被灰色绒毛，基部有宿存略为木质的花被。果实6～8月开始成熟，能自行裂为2果瓣，内有种子1～2粒，卵圆形，黑褐色，长约0.8cm，先端渐尖，基部延长为一角状附属体，为种子长度的2倍，约占果实重量的20%，上部扩张，形似小鸭耳或耳环，故有鸭仔树和耳环树之称。花期4～5月，果期6～8月。

2. 沉香（*A. agallocha* Roxb.）

沉香为瑞香科沉香属常绿大乔木，树高12～25m，在柬埔寨高可达30m以上。叶椭圆状披针形，或倒披针形，稍带革质，先端长渐尖；伞形花序无总梗，花梗短；蒴果长3 cm以上。

二、生物学特性

（一）生态习性

沉香（进口沉香）主产柬埔寨、印度、越南、马来西亚、泰国、缅甸、印度尼西亚等国家。白木香（国产沉香）分布于福建、台湾、广东、海南、广西、云南等地。

1. 气温

白木香喜高温环境，要求年平均温度20℃以上，最高气温达37℃以上，生长发育良好；最低气温在3℃，对冬季短暂的低温、霜冻也能适应。气温较高白木香生长快。如海南的白木香比广东湛江的生长良好，而湛江又比陆丰、陆河的为好。其中主要原因就是气温在起作用。

2. 光照

白木香幼苗、幼龄期比较耐荫，不耐曝晒。在日照较短的高山环境或在山腰密林中均有其生长优势。但是荫蔽也不能过大，一般以40%～50%适宜。到了成龄则喜光，只有充足的光照，才能正常开花结果，种子饱满精壮；也只有在充足的光照条件下，才能促进结香及结高质量的香。

据调查，凡是荫蔽度大的地方，水分过于充裕，结香很慢，甚至不会结香。如广东省从化县燕塘管理区，白木香树生长四五十年，高超过10m，胸径30cm以上，虽然多次接菌种，就是不结香。

3. 土壤

白木香适于pH值4.5～6.5的酸性黄壤土。对土壤要求不严，在酸性的沙质壤土、黄壤土和红壤土均能生长。白木香在野生状态下，在瘠薄的黏土，生长慢些，长势差些，但木材比水肥条件优越的要结实，香味也浓，油脂也多，还易于结香，且香的质量也较佳。在土层深厚、肥沃的条件下，生长虽较迅速，但木材和皮部组织疏松，分泌树脂少，结的香极少，质量也差。

4. 水分

白木香喜润湿、耐干旱，要求年降水量1 500～2 000mm，在比较湿润的环境中，白木香高、粗生长都快，而在干旱瘦瘠的坡上，长势较差，但香的质量好。

5. 海拔

在我国北纬24°以南的山区，丘陵，从海拔1 000m至低海拔的丘陵、平原，都有野生分布和栽培。如广东陆河全县8个乡镇，大部分在海拔500m以下，都有野生白木香资源，而且长势很好，多数与竹子及常绿阔叶林混生。

（二）生长发育

白木香主根发达，幼树分枝为二叉状。植后3年开花结果，3月份现蕾，4月开花，6～8月果实成熟，蒴果自裂为2果瓣。白木香定植后前5年生长较慢，5年以后生长较快。15～30年生株高平均年生长量达90cm，一般年生长量在40～50cm。10年生树高可达14 m，胸径达15 cm以上。沉香树有愈伤能力强和天然更新良好的特性。树皮容易整段剥落，且容易重新长出新树皮，能多次剥皮，多次生皮。在风害引起断干或采伐后，基部能够萌发出大量枝条继续长成大树。白木香种植后一般要7～10年后，才能结香，若经长年积聚沉积，一直下降到根部最好。年代越久品质越好。

三、栽培技术

（一）苗木繁殖

可利用母树下小于1年生的野生幼苗造林，或用种子育苗繁殖。

1. 种子采收和贮藏

白木香种一定要在10～15年以上的母树上采选。一般在6～8月，当果实由青绿转黄白，种子呈棕褐色时，连果枝一并采下。采回的果枝放在通风处阴干，不能日晒，经2～3d，果壳开裂，种子自行脱出，种子千粒重176g。种子含油量高，不耐贮藏，发芽率随贮藏时间的延长而下降，宜随采随播；荫蔽度为58%时种子萌发率高。

如不能及时播种，则要妥善贮藏。一般采用沙藏。通常以1份种子3份湿沙混匀，放在通风、低湿处贮藏，但贮藏时间也不能超过7～10d，贮藏超过15d，发芽率下降为50%以下；贮藏3个月，种子完全丧失发芽力。如果采收后及时播，发芽率在80%以上。

2. 播种和实生苗管理

选择有适当荫蔽、空气湿度较大、坐西向东的缓坡，或平地，深翻，然后整宽1m、高20cm的畦；也可用大号营养袋育苗。播种方法有条播或撒播两种，以条播为好。在苗床上，按行距15～20cm开浅沟播种，或将种子均匀撒在苗床上，然后将种子轻压入土。适宜稀播，每亩播种约5kg，可培育1.2万～1.3万株壮苗。因种子发芽时顶土力差，应浅播，播后盖一薄层（1cm）火烧土或细沙。覆土不能厚，以不见种子为度，畦面再覆草，淋水保湿。若无天然荫蔽，则应搭棚，保持50% ~60% 透光度为宜。也可将白木香母树下的小苗，于早春气温回升时移至营养袋中，营养土配方为：表土加少量河沙、牛粪、过磷酸钙。

白木香种子发芽迅速，在苗床温度27 ~29℃时，播后11 ~16d 便开始出苗。出土幼苗不耐旱，移苗后要早晚淋水1次，保持土壤湿润。如无天然荫蔽应搭棚遮荫。每年5 ~8 月，每月除草1 次，防止杂草盖住小苗。适当修剪分枝促使主树干生长。苗高15cm 后，每2 个月施稀粪尿水1 次，以后随苗木增长适当加大浓度。培育好的1 年生苗高30 ~50cm 以上，袋育苗高30 ~80cm 以上即可出圃造林。

（二）造林

白木香适应能力较强，它适宜在海拔800 ~1 000m左右、避风向阳的缓坡、丘陵，pH 值4.5 ~6.5 的红壤，或山地黄壤种植。栽植地要深翻，然后按株行距2m ×3m 的距离挖穴，每公顷种植1 650 株左右。穴的规格为50cm ×50cm ×40cm，每穴施20kg 基肥，覆土待植。

栽植时间宜在立春后，气温稳定回升春梢尚未萌动时开始移苗定植。由于幼苗侧根较少，在起苗时，应尽量多带宿土；植前应将幼苗下部的侧枝及叶片剪去，只保留上部部分叶片；修剪过长的主侧根，蘸上鲜牛粪黄泥浆；营养袋育苗的宜撕裂塑料袋。栽植时苗要正、根要舒展，分层填土、压实、踩紧，淋足定根水，最后覆层松土，成活率可达95% 。

（三）抚育管理

1. 初期管理

初期视天气情况及时淋水；幼龄期每1 ~2 个月除草松土1 次，并在穴周围覆草；每年施肥2 ~3 次，旱季薄施人畜粪水或硫酸铵、尿素对水施；雨季穴周开沟施有机肥掺过磷酸钙。成龄树开沟增施有机肥和绿肥。为促进主干挺直，利于今后人工接菌结香，须修除茎干下部侧枝、病弱和过密枝条。缺苗的要及时补种。

2. 成龄后的常规管理

（1）中耕除草。白木香栽后每年要进行中耕除草2 次，以5 ~6 月伏暑前和8 ~9 月秋末冬初进行。将清除的杂草覆盖根际周围，逐年逐次翻埋入土，以增加有机质。

（2）施肥。每年最少施肥一次，以2 ~3 月间春梢萌动前，施入人畜粪尿水，可以促进抽梢、发芽，加速生长。有条件的地方，在9 ~10 月施入腐熟有机肥，并把杂草翻埋，这时要进行沟（穴）施，随着树龄增大，施肥量也要相应增加。

（3）修剪。白木香是以主干结香的树种，所以一定要适时修剪，把下部的分枝、病虫枝、过密枝逐步剪去，以促进主干生长，有利于结香。

3. 立体套种

人工栽植的白木香生长期长，在幼龄期间，空隙较大，定植前3 年可间作粮、油作物（薯类、豆类），短期药材（金钱草、穿心莲等）；当行间较郁闭时，可间作较耐荫的中药材（益智、草蔻、高良姜、砂仁等），以充分利用自然资源，调节白木香生长环境，增加经济收入。间作后根据不同间作对象，采用不同的栽培管理技术，使白木香、间作物生长良好，收到以地养地、以短养长、以间种代替抚育的目的，一举多得。

4. 促进结香

白木香要结香必须具备2 个条件：首先是内部条件，即白木香树已经长成大树，有一定粗度、高度，内含较多油脂，作为结成沉香的物质基础，一般情况下，树龄越大，基础越好，产量多、质量好。其次，就是外部条件，即外来力量（刺激）对白木香的机械损伤，可促使树干内油脂的分泌，形成沉香。另外，生长在气温较高的地区和阳光充足的面有利于白木香结香。柬埔寨产的沉香，比我国产的质量好，是因为该国地处热带；我国海南沉香产量高、质量好，也是因为气温较高之故。据观察，荫蔽度太大的地方，是不会结香的。

在正常情况下，白木香的茎干未受伤前是不会结香的，只有经过刀砍、虫蛀、病腐后，被一种真菌感染，可能在菌丝所分泌的酶类作用下，使木材的一些薄壁细胞里贮藏的淀粉，或其他有机物质发生一系列的变化，最后才形成香脂。因此可以通过人工干预促进其结香。人工结香有6 种方法。

（1）砍伤法。通常选择8 ~10 年以上、树干直径30cm 左右的立木，在距地面1.5 ~2m 左右，顺砍几刀，刀与刀之间的距离约30 ~40cm，伤口深约3 ~4cm。经过一段时间后，伤口附近的木质部会分泌油脂类物质，数年后逐渐变成黑棕色，这便是沉香。时间越长越好。取香后造成的伤口，可继续结香。

（2）人工接菌结香法。在避风、向阳面，从树干同侧自上而下，每隔40～50cm，用锯或凿，按垂直于树干的方向开香门，深约为树干的1/3，口宽约1～2cm，凿去中间的断木。如天气干燥可用冷水淋湿伤口，随即将结香菌种塞满香门，再用塑料薄膜包扎封口，防止杂菌感染及昆虫、蚂蚁危害，以保持菌种所需要的水分。采用人工接菌结香的方法，两年时间即可获得合格的商品沉香，在相同条件下，人工结香在结香时间上比天然结香快1倍，结香厚度比天然结香厚5倍以上，人工接菌两年的沉香其挥发油的成分与天然沉香基本相同，产品可达四级品。如果结香时间再延长，其香脂含量会相应增多，3年左右可达到二级、三级品。

（3）凿洞法。在距树干基部1～3m的树干上，凿数个6～8cm宽、深3～4cm的圆形小洞，亦叫“开香门”。然后用泥巴封闭，小洞孔附近的木质部会逐渐的分泌树脂，经数年后便有可能结香。一般情况，这种方法结香快、结香好。

（4）半断干法。在离树干基部1～2m处的树干上锯一伤口，深度可达干粗的1/4～1/3，可在同一方向不同高度锯几个伤口，伤口之间的距离为30～40cm，伤口宽约3～4cm，成“匚”形状，群众称为开香门，久之在伤口处也能结香。经数年后便可在伤口处取香，取香后在香门处仍有可能继续结香。

（5）化学法。经过多次试验观察，用甲酸、硫酸、乙烯利处理伤口，可刺激伤口结香，采收后再用药物处理，仍可继续结香。

（6）枯树取香法。在自然界，白木香常被虫蚁、病害及其他自然力吹断，造成枯烂腐朽或枯死，这些部位常常结香，且品质优良。如历时较长，其产量也难以估计。

四、病虫害防治

（一）病害防治

1. 枯萎病

发生于苗床，由于病原菌侵入导管，堵塞并产生毒素，破坏导管输送功能，引起全株发病，导致幼苗枯萎死亡。老苗床、排水不良、种植密集、黏重地上易发病。发病症状：发病初期植株下部叶片失绿，继而变黄枯死。

防治方法：种植前消毒苗床、合理种植；发病初期及时拔除病株并使用70%敌克松1 000～1 500倍液、50%多菌灵800倍液淋土壤2～3次，每次间隔7～10d。

2. 炭疽病

主要危害叶片。阴雨潮湿、露水大时易发生病害。发病症状：初为褐色小点，后扩展呈圆形、椭圆形至不规则形斑，有些病斑呈轮纹状，严重时叶片脱落。

防治方法：发病初期喷80%炭疽福美600～700倍液或75%百菌清400～600倍液2～3次，每次间隔7～10d。

（二）虫害防治

1. 卷叶虫

卷叶虫是白木香的主要害虫，严重时把树叶吃光。主要在每年夏秋之间危害。发病症状：幼虫吐丝将叶片卷起，并躲藏在叶内蛀食叶肉，致使光合作用减弱，影响正常的生长。

防治方法：发现卷叶及时把它剪除，集中深埋，减少虫害。可在虫害卷叶前，用80%敌敌畏乳油800～1000倍液，进行喷洒，每5～7d喷1次，连续2～3次。

2. 天牛

天牛幼虫从茎干、枝条或茎基部、树头蛀入。发病症状：咬食木质部，受害严重时树干枯死。

防治方法：人工捕杀卵块和幼虫；发现蛀孔时，用注射器注入80%敌敌畏800～1 000倍液，再用黄泥封口。

3. 金龟子

金龟子虫也是白木香的主要虫害。常在抽梢和开花期危害幼芽、嫩梢、花朵。

防治方法：人工捕杀或喷80%敌敌畏1 000倍液防治。

五、采收贮藏与加工利用

（一）药材的采收加工贮藏

1. 采收

采收沉香一年四季都可进行，但是人工接菌结香以春季采收为宜，以便采收后有利菌种继续生长。具体采收方法：选取凝结黑褐色或棕褐色、带有芳香性树脂的树干或树根（如果从树干结香后，并一直延伸到树根，就一定产量高、质量好），把结香的树干砍回来，将根也挖回来，然后用利刀砍去和剔除白色部分和腐朽部分，进行阴干。

如何判断一株树是否结香呢？由于白木香要经过机械（人为、自然）损伤，才能结香。所以，首先是看树干有无伤口、腐朽、残枝、断干或雷劈；

其次是看树的外貌和长相，在正常情况下，出现枝叶生长枯黄、不旺，局部枯死等现象，大多数可以断定已经有香。所以流传的“有伤疤就有香，有虫蚁就有香”的说法，有一定的科学道理。

2. 加工

把已结香的木材采回后，用具有半圆形刀口的小凿和刻刀雕挖，剔除不含香脂的白色轻浮木质和腐朽木质，留下黑色坚硬木质。然后再加工成块状、片状，或小块状，放室内阴干，即为商品。也可捣碎，或研成细粉，即为沉香末和沉香粉。

本品呈不规则块、片状或盔帽状，有的为小碎块。表面凹凸不平，有刀痕，偶有孔洞，可见黑褐色树脂与黄白色木部相间的斑纹。孔洞及凹窝表面多呈朽木状。质较坚实，断面刺状。气芳香，味苦。沉香以油润、体重、香浓，沉水者为佳。

商品规格按含油情况分为四个等级。

一等品：干货，不规则块状，挖净轻浮枯木，油色黑润，身重结实，黑色油格占整块80%以上，燃之有油渗出，香气浓烈，无杂质，无霉变。

二等品：干货，黑色油格占整块60%以上，(其余要求同上)。

三等品：干货，黑色油格占整块40%以上，(其余要求同上)。

四等品：干货，黑色油格占整块25%以上，(其余要求同上)。

3. 贮藏

用木箱装载，存放于阴凉干燥处，密闭保管。忌高温、燥热、潮湿。

（二）综合利用

1. 药用

中药沉香别名密香、沉水香。国产沉香来源于白木香，又叫白木香、女儿香、牙香、莞香、六麻树、土沉香等，沉香含挥发油、白木香酸、白木香醛、沉香螺旋醇、色酮、三萜类化合物。有降压、抗组胺和解除胃肠平滑肌痉挛的作用，对人型结核杆菌、伤寒杆菌、福氏痢疾杆菌有抑菌作用。2－苯乙基色酮类有抗过敏作用，苄基丙酮是镇咳有效成分，以其制成的商品称为止咳酮。最新研究发现，沉香还有明显的抗癌作用。

近代临床试验研究表明，沉香是是很好的镇痛药，是胃痛特效药。具有补脾益肾、壮阳助阳、降逆平喘之功效，还能辟去疫疠，主要用于治疗气逆胸满、喘息、心绞痛、积痞、胃寒呕吐、霍乱、水肿、男子精冷和恶疮等症，尚可治疗老年性肠梗阻、哮喘。

许多中成药都含有沉香。如大活络丹（丸）、人参再造丸、苏合香丸、紫雪（散）、再造丸、温经丸等。

2. 香料

沉香除药用外，还是很好的香料，可用来制作高级香水、香皂、香精和化妆品。

3. 造纸、纺织

白木香树皮坚韧性特强，色白如丝，可制作打字蜡纸、皮纸、钞票，又可作人造棉供纺织用。

4. 工业用油

种子可榨油，含油率高达71.7%，出油率56.6%，属不干性油，用于制造肥皂、润发油和鞣皮革用油，油粕是很好的肥料。

5. 其他用途

花可采收制浸膏，木材还可作一般用材，所以白木香树全身是宝。

国外沉香主产区还有把沉香“焚香”供佛的习俗。柬埔寨运往世界各地的沉香，多被用来制作香水、香皂、香精和化妆品。柬埔寨的沉香木材，多用作建筑梁柱，或雕刻高级家具、用具。所以用途很广泛，经济价值很高，历来以斤两论值，有如黄金贵重。

（徐　良）

64. 儿　　茶

儿茶是重要经济林树种，也是著名南药，具有生津化痰、止血、生肌敛疮的功能，用于治疗痰热咳嗽、咯血、消渴、腹泻、消化不良、跌扑伤痛；外用治疮疡久不收口、湿疹、口疮、扁桃体炎、痔肿、外伤出血。

儿茶在《本草纲目》列入土部。李时珍曰："出南番爪哇、暹罗、老挝诸国，今云南等地造之。苦涩、平，无毒。清上隔热，化痰生津；涂金疮，一切诸疮；生肌定痛，止血收湿。"儿茶原产缅甸、印度，现我国云南、广东、广西、海南已有引种，尤以云南西双版纳勐腊、景洪产儿茶树干粗壮、出膏多，儿茶鞣酸量多，儿茶素含量高，质量好，已成为国产道地药材。儿茶在我国应用历史悠久，是我国重要南药之一。

儿茶适应性强，生长迅速，不占耕地，生产的潜力很大。云南、广东、广西等地热带、南亚热带区域较大，气候温和，雨量充沛，适宜儿茶生长，具有重要的栽培意义和开发利用价值。

一、植物学特征

儿茶［*Acacia catechu*（Linn. f.）Willd.］为豆科（Leguminosae）金合欢属（*Acacia* Mill.）植物落叶乔木，高6～13m。树皮棕色或灰棕色，常呈条状薄片剥离，但不脱落。小枝细长，有棘刺。叶为偶数二回羽状复叶，互生，6～20cm，叶轴上被灰色柔毛，叶轴基部具长圆形腺体，羽片10～20对，长2～4cm，具短柄，每羽片有小叶20～50对，平行排列成复瓦状，几无柄，细长矩形。总状花序腋生，花蝶形，白色或黄色，花萼基部联合成筒状，上部分裂，裂片半圆形，有稀疏的毛，花瓣5，黄色或白色，为萼长的2～3倍，长披针形或卵状椭圆形；雄蕊多数，伸出于花冠之外。雌蕊1，子房上位，长卵形。荚果扁而薄，棕紫色，成熟时褐色，有光泽，边缘波浪状。种子7～8粒，极扁，卵圆形，绿褐色至褐色，光滑，有光泽。花期6～8月，果熟期翌年2～3月。

二、生物学特性

（一）生态习性

儿茶分布于热带，缅甸、印度和中南半岛皆有出产。在我国分布区域较窄，主要分布于云南；海南、广西、广东、福建、四川、贵州亦有种植。主产于云南勐腊、景洪，广西南宁，广东遂溪，福建漳州，海南万宁、屯昌。云南潞西、思茅、孟连、耿马亦有种植。引种到广西南部生长迅速，发育正常；在低温地区引种，苗期宜采取防寒措施。

儿茶为适应性较强的热带喜光树种，喜温暖湿润环境，耐旱，但不耐寒，多栽培于热带、亚热带地区，海拔为550～650m的气温高、日温差大、年温差小、有机质含量高的坝区及空旷地、沟边、坡地和村边。在生长过程中要求阳光充足，特别是幼苗，最怕其他植物覆盖和荫庇。在平地肥沃而湿润的土壤中生长良好，但儿茶膏含量低。在山坡干旱瘠薄的土壤中，生长缓慢，但儿茶膏含量高。

儿茶生长要求年平均气温21～22℃，日照百分率平均为44%～50%，绝对低温2.7℃，全年无霜。年降水量1 532mm，相对湿度86%，若绝对低温至－3.1℃时，幼苗易遭寒害。绝对低温至－1℃时，果实即不能完全成熟。对土壤要求不严，除石灰性、碱性强或过于黏重的土壤外，均宜种植。pH值在6～7.5。

（二）生长发育

儿茶种子极易萌发，平均温度24.9℃时，播种6天即达出苗盛期，出苗率81.2%；温度30.2℃，播种后4天即达出苗盛期，出苗率94.6%。种子千粒重40～45g。种子在潮湿情况下，存放2个月后就丧失发芽能力，在干燥密闭的条件下，贮存19个月后发芽率保持在87%左右。植株生长4年后开花结籽。15年以前为生长旺盛时期，儿茶主要成分的含量逐年增加，以后随着树龄的增大而减缓。

儿茶根部膨大。径粗为地上茎的2～3倍，积累了较多的养分和水分，增强了自身的抗旱能力，提高了栽植成活率。

三、栽培技术

（一）苗木繁殖

（1）种子采收。2～3月种子成熟，当荚果变成褐青色有光泽时采收，如不及时采收，荚果失去光泽变成黑色时，种子即变质，丧失发芽力。当年采收必须当年播种，隔年则发芽力显著降低。采种时用竹竿敲落收集，晒干，选粒大饱满的种子，于通风处晾干，装入布袋或通气瓦罐中备用。种子不耐久贮，超过半年，发芽率显着降低，甚至丧失发芽力。瓶装密封置室内和置4℃冰霜，以及室内干燥器贮藏18个月，发芽率合仍有87%。

（2）播种和实生苗管理。5月底至6月初播种，出苗整齐，幼苗生长健壮。过早，土壤水分不足，出苗率低，且不整齐；过晚，因生长时间短，幼苗矮小瘦弱，难以度过翌年的第一个旱季。穴播的每穴播种7~8粒，覆土1~1.5cm，盖草保墒，防止土壤板结。条播的按行距约30 cm开横沟，播幅约10 cm，深约7 cm，每沟播种子约50粒，盖细土或火灰约5 mm，如覆土过厚，两片子叶不能顶出土面，种子会闷死。最后盖草，篱笆式或防护林式种植可采用开沟条播，沟内每隔3~5cm播种子1粒，播后覆土盖草即可。天旱要适当淋水，3~5d后便可出苗，出苗后揭去盖草，严防人畜践踏。在雨季较晚的地区，可在3~4月用打孔的塑料袋装腐殖土育苗、集中管理。此法成活率高，生长旺盛，易度过翌年春旱，保证全苗。直播出苗后25d左右，苗高5cm，具2~4片真叶时按株距20cm间苗，拔去弱苗、过密苗，或每穴留苗4株。再过20d，苗高15cm时，进行第二次间苗，每穴留苗2株。儿茶在田间播种，温度高，出苗快，出苗率高。

（二）造林

种植地宜选背风向阳，土层深厚，肥沃疏松、排水良好的壤土或轻黏土为宜。可种植在丘陵、平地、河旁、溪边。此外，还可作为荒山绿化及铁路、公路、护堤堰树及作地边篱笆或防护林式种植。宜深翻土地，施入1 500~22 500kg·hm^{-2}有机肥，耙细整平，作1.3m宽的高畦。或按行株距3m×3m或3m×4m开穴，每穴施入有机肥15~20kg，与表土混匀，填入穴内作基肥。篱笆式或防护林式种植，可开沟，沟深30~35cm，沟内施入与表土混匀的有机肥作底肥，以待播种。培育1年，苗高1m左右时，即可移栽造林。选雨季阴雨天进行移栽，随挖随栽，剪去下部侧枝和上部嫩枝叶，于30cm处截干，适当剪短过长的主根，栽于种植穴中，每穴1株。栽时应使根系舒展，填土压实，浇透定根水，再覆土稍高于地面，覆草保湿即可。成活率一般达95%以上，大苗定植比小苗定植成活率高。

（三）抚育管理

（1）中耕除草。儿茶是喜光树种，忌荫蔽，幼苗期应注意除草，栽植第一年7~8月松土除草一次，在植株未郁闭前，每年6~7月均应松土除草，以免杂草遮荫和土壤板结，使幼苗黄瘦逐渐死亡。雨季初期，将除掉的杂草覆盖植株根茎周围，以利抗旱保苗。

（2）施肥。每年应追肥2~3次，春季发新叶时，可追施人畜粪水、尿素或硫酸铵等速效肥料。7~8月，在植株根际周围挖坑施入拌有过磷酸钙的腐熟有机肥，每株5kg左右，以适量为度。9~10月，再施一次有机肥（厩肥），施后培土，以利保墒，抗寒越冬。

（3）修剪，设立支柱。儿茶树主要利用茎干心材，分枝不宜过多，否则影响产量，应将距地面2m以下的分枝于每年冬季或初春剪去，促使树干生长端直粗壮，既便于管理，又能提高心材质量。幼树顶技易下垂，应设立支柱，使其正直生长。

（4）间作。儿茶树幼龄期生长缓慢，且林间易生杂草，为了充分利用土地，增加地力，防止土壤冲刷，抑制杂草滋生，可间种花生、黄豆等矮茎作物，促进儿茶生长。成林后可间作萝芙木。

四、病虫害防治

（一）病害防治

猝倒病为主要病害。危害根、茎，以幼苗期为多。出苗过密、荫蔽度过大、过湿的环境易发生。发病症状：受害茎基很快干缩倒伏。

防治方法：注意排水，控制湿度；及时间苗，减小荫蔽度，通风透光，及时拔出病株，并用石灰封穴消毒；发病初期喷1∶1∶200波尔多液；对未发病植株可用500倍退菌特预防，5~7d喷1次，连续2~3次，喷药时以茎干为主，使药液顺流到基部。

（二）虫害防治

1. 小地老虎［*Agrotis ypsilon*（Rottemberg）］

咬食末出土的幼芽，或从地面咬断幼苗，造成断苗缺株。多于4~5月发生。白天潜伏，晚上出土危害。

防治方法：毒饵诱杀，用炒香的米糠，加上适当糖水和2%的敌百虫，做成毒饵，撒于幼苗周围。用20%速灭杀丁乳剂20g，对水75kg制成药液，傍晚喷雾防治。

2. 粉介壳虫（*Pseudococcus citri* Risso.）

幼虫体上被白色粉状物，随着虫体长大，粉状物增多。多聚集在枝杈上吸取汁液危害。

防治方法：若虫发生期用25%水杨硫磷乳剂1 000～2 000倍液喷杀，连续喷多次，直到扑灭为止。用生石灰浆或5波美度石硫合剂刷涂杈杆，植株根部撒石灰。

3. 毛虫

咬食叶片，7～9月发生，危害严重。

防治方法：用90%晶体敌百虫、80%敌敌畏乳油800～1 000倍液喷杀。

四、采收贮藏与加工利用

1. 采收加工贮藏

（1）采收。儿茶种后管理比较好的，6～10年、直径15cm以上时即可采伐，如管理粗放的需15年以上。目前，产区一般多用15年以上树龄的的儿茶树加工儿茶膏。树龄愈大，心材愈多，儿茶膏产量愈高。3年以下的儿茶无加工价值。10年生的比7年生的含量增加1.4%，15年生的比10年生的增加0.4%。每年12月至翌年3月，将株高12m以上、胸径30cm左右适龄的树砍倒以待加工。采伐加工季节以冬季落叶后至翌春萌芽前为宜，此时正值旱季，儿茶停止生长，儿茶膏易蒸发干燥。近年，试行不砍伐树干，用儿茶的枝、叶煎儿茶膏，已初获成功。

（2）加工。伐树后，将儿茶树削去粗皮，除去白色边材，将黑色心材砍成碎片或刨成刨花，或砍成厚薄均匀、长宽适度的薄片放入锅内，然后加5倍水，浸24h，用武火煮1～2h，待水干至1/3时，取汁过滤，滤液另存，再加5倍水煮1～2h，取汁过滤，如此反复2～3次。最后将滤液合并置锅内，用武火收至浓汁，后改为文火，搅拌至糖浆状，用木片挑起滴下成丝时取出，稍冷却，倒入特制的方格模型中，冷却干燥成形后倒出即得儿茶膏。实验证明，刀砍成的碎片，每100kg可熬10～12kg儿茶膏，刨木机刨成的刨花，每100kg可熬16～18kg。加工时宜采后者，煮的时间亦可减少。儿茶膏（黑儿茶）呈方块状或不规则块状，大小不一，表面黑色或棕褐色，平滑而稍具光泽，有时可见裂纹。质硬易碎，断面不整齐，具光泽，有细孔，无臭，黏性大，味涩，苦，回味略甜。儿茶商品分国产与进口两类。进口货规格多，有绿油伽南香、紫油伽地香、黑油伽南香、青丝伽南香等，或分为全沉、落水原装、特等、一等、二等、三等、四等，以油性足、体重而糯性大、香气浓郁者为佳。国产货分为一号香（质重、香浓）、二号香（质坚、香浓）、三号香（质较疏松、香气佳）、四号香（质浮松、香淡）、等外香，以体重、色棕黑油润、燃之有油渗出、香气浓烈者为佳。

（3）贮藏。儿茶一般用塑料袋分装，置内衬防潮纸的纸箱、木箱盛装，贮存于仓库干燥处。温度28℃以下，相对湿度65%～75%为宜，商品安全水分约10%。本品忌高温，夏季易潮解、变软、溶化和生霉。吸潮后表面光泽减退、黏手，断面细孔不甚明显，严重时熔化黏连，与包装内壁相贴，甚至出现霉斑。故应经常检查，严防日光照射。有条件的地方，置低温仓库或密封仓房内保存。

2. 综合利用

儿茶具有收敛、消炎止血、抑制肠蠕动、抗病毒、抗真菌及抗癌作用，是治疗溃疡病、支气管出血、黄水疮、中耳炎等疾病的常用中药材，现代临床用于治疗鼻炎、鼻窦炎、口腔炎、咽喉炎、鼻炎、痔疮出血、肺结核咯血、宫颈炎、婴幼儿腹泻、小儿消化不良、小儿肠炎等，并用于试治食道癌、肺癌等恶性肿瘤。此外，外用可治疗外伤出血、白带过多、皮肤湿疹与溃疡等症。

儿茶生产潜力很大，应用前景广阔。不仅在配方上使用，而且是制药工业的原料。据统计，全国有许多制药企业以儿茶为原料生产冰梅上清丸、清热丸、珍珠八宝散、气厘散等21种中成药。同时，儿茶在工业生产上又是鞣革、染料的优良原料。

（徐　良）

65. 槟　榔

槟榔是我国重要的经济树种和名贵中药材。槟榔除了药用之外，还可作副食品，其新芽还可以作蔬菜；果实含单宁，可提取拷胶作工业原料，所含的红色染料，可提取植物性色素。槟榔树姿挺拔雅观，也是热带城市的优良观赏植物。

槟榔原产于马来西亚。在我国已有悠久的生产历史。最早始见于西晋水兴年成书的《南方草木状》记载："槟榔，树高十余丈，皮似青桐，节如桂竹，下本不大，上枝不小，调直亭亭，千万若一，森秀无柯……出林邑"。梁代陶弘景在《名医别录》说："槟榔生南海。今岭外诸州有之。"明代顾自介《海搓余录》："槟榔产于海南，唯万、崖、琼山、会同、乐会诸州县为多。"古代诗人刘穆之有赞槟榔诗：繁实独超南国产，孤根不受北方泥，琼农本有天然利，飓母秋风自适时。可见早在1 000多年前，海南已广泛种植槟榔。到了宋代苏颂在《图经本草》对槟榔的形态特征也作了形象的描述："木大如恍榔，而高五七丈，正直无枝，……叶生木颠，大如盾头，又似芭蕉叶。其实作房，从叶中出，旁有刺若棘针，重叠其下。一房数百实，如鸡蛋状，皆有皮壳。其实春生，至夏乃熟。"又云："种子作鸡心状，正稳心不虚，破之作绵纹者为佳尔。岭南人啖之，以当果实，言南方地湿，不食此无以祛瘴疠也。"明代《本草纲目》中对槟榔的形态特征也作了形象而逼真的描述："本不大，末不小。上不倾，下不斜。调直亭亭，千万如一。步其林则寥朗，庇其阴则肖条。"

槟榔全身是宝，经济价值很高，栽后5～6年后开始挂果，10年以上进入盛产期，株产达10kg以上，产量逐年增高，高产时株产50kg以上。每公顷栽植1 500～1 800株，寿命长达百年。除了果、皮入药外，其根和花，也是药材，叶的用途也很广，可编织工艺品，扎扫帚，干茎可作棚梁、架桥、建房用。同时槟榔叶绿、挺拔，是热带城市绿化美化的园林树种，具有重要的药用经济价值和绿化观赏价值。

一、植物学特征

槟榔（*Areca catechu* L.）是棕榈科（Arecaceae）槟榔属（*Areca* L.）植物。常绿乔木，茎基部膨大，茎干圆筒形，粗壮直立无分枝，高达10～20m，胸茎15～20cm。茎干上有许多竹节状的环纹（节），每节相距5～10cm，最长可达15cm以上。根系为不定根，无主根，须根发达。叶为大型羽状复叶，聚生在茎干的顶端，叶片大，长1.5～2m。小叶披针形或线形，表面光滑无毛，多数，长30～60cm，宽2.5～6cm，先端渐呈不规则的齿裂，狭长，总叶柄呈三棱形，表面光滑无毛；叶柄基部扩大或鞘状，称叶鞘，环抱茎干。肉穗花序着生于最下一叶的叶基部，有佛焰苞状大苞片，长倒卵形，长达40 cm，光滑，花序多分枝。花单性、雌雄同株，一般每株有3～4个花序，花序的上部着生雄花，下部着生雌花。雄花小而多，无柄，可达2 000～3 000朵，好似稻粒，白而带淡绿色，有萼片、花瓣各3枚，花被6，雄蕊6枚，退化雌蕊3枚。雌花大而少，无柄，每个花序约有250～550朵，卵圆形，有花萼、花瓣各3枚，花被6，退化雄蕊6枚。子房1个，花柱3。果为核果、坚果，呈圆形、心形、卵形、长椭圆形至矩圆形，长4～6cm，红色。成熟果实基部有花被片宿存，橙红色或金黄色。外果皮角质，中果皮厚而有许多纤维。内果皮木质坚硬，内有种子1枚，呈圆锥形或略扁平圆形，基部平坦，中央有一脐点，肉质，呈大理石花纹。花期3～6月，果熟期翌年3～6月。

二、生物学特性

（一）生态习性

槟榔原产中非和东南亚热带雨林，如印度、巴基斯坦、斯里兰卡、马来半岛、新几内亚、印度尼西亚、菲律宾、缅甸、泰国、越南、柬埔寨等国家。目前全世界有16个国家种植槟榔，面积较大的是印度、泰国、马来西亚。但它的原产地是在北纬0.8°～6°、东经109°15′～119°以内的马来西亚。我国引种槟榔有1 000多年历史，主要产地在海南，次为台湾。云南、广西、福建、广东等地也有栽培。海南槟榔生产有得天独厚的环境条件，不仅产量高，而且质量也好，享誉中外。

槟榔原产于热带，适合高温、高湿的气候条件，是典型的热带植物。由于长期生长在季雨林中，形成了喜温、喜湿、好肥的生态习性。

1. 温度

槟榔喜高温，但不适应过高或过低的温度和日温差变化大的环境，常年恒温，年平均温度在22℃以上，能正常生长发育的最佳温度是24～26℃，25～28℃时生长迅速，16℃时发生落叶现象，气温下降到5～6℃时，植株便产生冻害，造成落果；当气温下降到3℃以下时，或遭受短期轻霜时，幼苗易被冻死，成年树则叶片发黄，心叶萎缩，果实发黑脱落。－1℃时植株死亡。一般老龄植株抗寒能力比幼树幼苗抗寒性强，随着年龄增大抗寒性增强。冻害还与地形地势有关，山区比平原严重，同一座山，北坡比南坡严重，而山腰比山脚严重。所以种植槟榔选小环境很重要。

2. 光照

槟榔是喜光树种，对光照要求因树龄不同而异。苗期和幼树期怕强光直照，容易灼伤幼嫩枝叶、嫩梢，影响正常生长，甚至枯死，所以要求适当荫蔽。一般定植后头两年，荫蔽度以40%～50%为宜。随着树龄增大，荫蔽要逐渐减少，达到开花结果后的成年植株，则要求有充足的光照，以提高结实。若过于荫蔽，会使茎杆徒长，生势纤弱，影响花芽分化、发育，推迟结实，甚至不开花不结实。成年槟榔树冠上有阳光暴晒，树干基部或地面有荫蔽覆盖是最好的生长条件，所以间种作物是槟榔高产的措施之一。

3. 水分

槟榔植株要求雨量充足而分布均匀，最忌积水。年降水量为1 500～2 600mm的地区均适宜，而年降水量在1 700～2 200mm、空气相对湿度80%以上地区最为理想。幼树要求相对湿度60%以上，成龄树在50%～60%生长良好。而土壤含水量要求湿润，最低限度在25%以上，过低则对正常生长产生不利影响。

4. 土壤

槟榔是寿命很长、产量很高的作物，但土壤营养条件是关键。它适生于土层深厚（60cm以上）、含腐殖质丰富，保肥力强，且排水条件良好的壤土或沙质壤土，底层为红壤或黄壤土最理想，如果土层浅于60cm，则要经过人工干预，把底层母质（岩）翻挖，施入有机肥，使根系能扎下去。山区腐殖质土、河岸冲积土、村边、居旁、路侧，比较肥沃、深厚、阳光充足的地方，最适宜种植槟榔。但是海边冲积的滩地、盐碱性重、长年久旱、不能排灌、酸性过大且不易改造的地方不宜种植。

5. 坡向

植地的方向、位置，对槟榔生长也十分重要。应选择背北风的南坡或东南坡山腰以下种植。

6. 风

槟榔一般靠风媒传粉，一定的风速有利于花粉的传播与授粉，但超过一定的风速，对传粉不利，而且还有害处，容易将叶片撕烂，并将花枝、花朵和幼果打落，影响植株的生长发育和产量提高。因此，种植槟榔除选择自然背风或低洼地（不能积水）种植外，还要营造防风林。

（二）生长发育

槟榔根系为不定根，无主根，须根发达，一般多分布于50cm表土层内，每株有须根群达200多根，垂直分布深达1～2m，甚至更深，水平分布宽达1～1.5m。种植后2～3年，茎干露出地面，每年很有规律的生长7片羽叶，也脱落7片羽叶。一般情况下，生长7～8年后结果，少数5～6年也可结果，但产量很低，果实也较小。成龄树初期2～3年有开花不结果或少量结果现象。每年10月花芽分化，孕育花序，翌年2～6月抽出花序，花序抽出后4～7d，苞片脱落，花序开放。一株槟榔一般开3～4个花序，多的达5个，少有6个的，有也往往因营养不足导致生长发育不良，不开花或不结果。每个花序结1托果，一般有1～3个花序可结果。15～30年为结果盛期，每株年产果可达200～400个，高产株达500～600个，个别株超过千个。40年以后产量逐渐减少，大小年明显，株产果100个左右，甚至更低。槟榔寿命长达50～60年，立地条件好、培育管理精细的，树龄可达百年以上。

槟榔从开花到果实成熟约需13个月，果熟期海南产区为2～6月，云南产区为2～3月。槟榔开花的特点是：雄花先开，雌花后开。雄花开花次序是，自上而下次第开放，花期约20～25d，当天开的当天掉落，每天9：00～12：00时散粉量最大。当雄花将开尽时，雌花才陆续开放，而雌花的开放顺序是，由下而上开放，刚好与雄花相反。花期约4～5d，槟榔一般是2～7月为花期，翌年3～4月份第一托果实成熟，温度略高的南部地区稍早些。第二、第三托果实多在5～6月份成熟，也就是说，果熟期也是第二年的花果期。幼果青绿色，成熟后橙黄色或鲜红色。从这特性可以看出：槟榔一年四季花送果、果迎花，花果不离枝头，所以大小年现象很明显。如果营养物质跟不上，大小年更加显著，甚至一年大年后，要二年才能恢复树势，开花结果。如果少留种子和少留作药用榔玉，多采未成熟果实制榔干作为副食品，则可以减少大小年的出现和提高产量。

三、栽培技术

（一）苗木繁殖

1. 种子采收

（1）选株。采种母树应选 15～30 年生，结果正常，产量稳定，单株结果不少于 300 个，开花早，花序长而稍下垂，果托不少于 3 托，叶片 8 片以上，浓绿下垂，茎干上下大小均匀，节间均匀的无病植株作留种母株。

（2）选穗（果托）。槟榔一般植后 7～8 年可开始结果，10 年以后果托才有 3 个以上，因为第一托果实成熟早、不均匀，多呈长椭圆形，较小，种仁细、不饱满，不能作种。因此，宜选第二、三托的果实作种，此果托一般在 5～6 月成熟。

（3）选粒。以卵形、椭圆形种子为好，选择外果皮呈金黄色、个大、饱满、无病斑点、光滑无裂痕、或裂痕不明显，核坚硬、果仁重，每千克鲜果约 18～22 个以下的无病虫果实作种。

（4）贮藏。槟榔种子有果内后熟的特性。黄色成熟果实发芽率 64%，半黄色或青果发芽率较低。将青果在室内存放 20d，果实变黄后播种，发芽率可提高到 61%。槟榔种子干燥后容易丧失发芽力，故带果皮润沙贮藏或瓶藏均能较好地保存种子的活力。因槟榔为热带植物，不宜在 4℃ 冰箱内保存，在 4℃ 冰箱内保存会大大降低发芽率。

2. 播种和实生苗管理

（1）催芽。为了提高种子发芽率和避免由于发芽时间不一致而造成不整齐、不便管理的弊端，应进行催芽处理。果实采收回来后，应置太阳下曝晒 1～2d，蒸发掉部分水分，果皮干缩，并能吸收一定热量，有利于种子熟化、分化，即可进行催芽处理。堆积催芽法：在靠近水源、并有荫蔽的大树底下，地上铺一层 2cm 左右的河沙，把槟榔果实堆成 24cm 高的小堆，长度不限，但要便于淋水，并盖上稻草，不宜盖茅草（因茅草受潮后易诱发白蚁），厚度以不见果实为宜，每天淋水 1 次。约 7～10d 后，外果皮开始发酵腐烂，及时取出用水洗净。放阳光下晒 1～2d，晒时要注意翻动，使温度均匀，然后继续堆放。重新覆盖稻草、淋水。约经 20d，开始检查种子发芽情况，以后每隔 7～8d 检查一次，并将具有白色小芽点的果实及时取出播种育苗。由于长出芽点（胚根）过长时，播种时易碰断，影响出苗率，因此，应发芽多少、播种多少。这种方法从堆放到播种完毕，约需 25d。堆积催芽法较简单易管、花工少，且能大批量催芽，故产区药农习惯用此法。箩筐催芽法：如果种子不多时，可将果实装在箩筐内。用稻草封盖箩筐口，置于屋内保温、淋水，待果皮发酵腐烂后，将箩筐连同果实一起放在河沟内洗擦干净，然后依照上法放于屋内，当露出白色芽点时，即可播种。此法成本高，费用大。

（2）育苗。常用的育苗方法有苗床育苗和营养袋育苗。苗圃地宜选择靠近水源，有一定树木遮荫，肥沃疏松，向阳、避风的坡地，排水良好的沙质壤土或壤土，经深耕细耙后，作成宽 1m、高 30cm 的畦。苗圃地按株行距 30cm × 30cm 开小穴，施一定基肥，每穴播一粒催芽露白的种子，覆土 2～3cm，稍为压实，盖草、淋水。1 个月左右，小苗会陆续顶出土面。苗木经过 1～2 年培育，待苗高 50～60cm、具有 6 片叶以上时，便可移植大田。一般每公顷可育苗 52 000～60 000 株。

目前，生产上多采用营养袋育苗，即将经过催芽露白的种子，放入盛有泥土、腐熟的牛粪各 1 份营养土的塑料袋中，每袋 1 粒，盖土 1 cm，上面再盖塘泥或河沙少许，以免板结，再用杂草覆盖，淋水至湿。营养袋的直径 25cm、袋高 30cm。袋底要打 2～3 个洞，以利通气排水。营养袋育苗便于移栽，减少伤根，可以提高成活率。

（3）圃地管理。盖草淋水：为了避免太阳直照畦面，可用稻草覆盖，如无自然荫蔽，还需搭设荫棚。旱天要注意淋水，保持苗床湿润，但水分不能过多，否则易导致种子腐烂。施肥：当第一片真叶展开时，即要施肥，以后每隔 20d 左右追肥 1 次，有条件的最好顶端箭叶未展开时施肥，以农家肥为主，若施化肥，则应在土壤潮湿时施，干旱时绝对不能施。方法是在小苗侧旁两边挖沟（穴），每株施硫酸铵 2～4g（尿素减半），或 1∶10 人粪尿水适量，施后盖土。当幼苗长到 4～5 片叶时，可在幼苗周围施入，浓度加大，用量增加，化肥 5～6g 或 7～8g，绝不能把化肥撒在心叶上，以免烧伤。除草：

施肥前最好先进行松土除草，但宜浅不宜深。将杂草覆在幼苗周围，腐烂变肥。

（二）造林

种植槟榔宜选择海拔 300m 以下的森林采伐迹地，如南坡、东南坡，谷地、河沟两边的避风向阳地，以及农村的“五边”地。荒山荒坡应先砍后烧再挖翻，穴深 30 ~ 40cm，把树根挖净；山坡栽植，坡度不宜过大，一般以 15°以内的缓坡，最大不能超过 25°。如坡度较大，应按水平带状整地，带宽 3m，带面向内倾斜，带内侧挖一条蓄水沟，沟宽 30cm。整地后按株行距 2m × 3m 挖穴，穴大小为 60cm × 60cm × 60cm，把肥泥表土回穴，每穴施入基肥 15kg。在肥水较好、灌溉方便地方，以春季 3 ~ 4 月份造林为好。宜选阴雨天进行，挖苗时最好选择箭叶末抽出、末展开的苗，易于成活。挖时多带宿土，减少伤根，并酌量剪去下部老叶。栽时不宜过深，要栽正、踏实、淋水，用稻草遮盖或插荫枝，减少蒸发。塑料袋育苗的，在定植时要除去营养袋。一般每公顷栽植 1 500 ~ 1 800 株为宜。

（三）抚育管理

1. 调整荫蔽度

造林后 3 ~ 4 年，根浅，芽嫩，为了保护幼苗不受烈日曝晒，减少地面水分蒸发，可在槟榔行间种植作物作荫蔽。如在槟榔周围种上飞机草、山毛豆、花生、山栀子，或其他经济作物，或草本药树，即可起到庇荫保护作用，又可防止土壤冲刷，保持湿润，还可翻埋压青，增加收益。但块根作物（红薯、木薯）不宜间作。在开花结果期，应砍去高大的荫蔽树，或收获间种的作物。但应保留树干周围的矮小植物作覆盖物，形成一个树冠上部有充足阳光，下部有荫蔽覆盖的生长环境。

2. 除草培土

槟榔幼龄期要勤除杂草，每年除草 3 ~ 4 次，于春秋两季进行，除净植株周围杂草，并晒干覆盖于茎干基部，使土壤疏松，增加通透性，促进生长。结合除草进行培土，把裸露出土面的根埋入土中，增强根系对水分、养分的吸收。除下的杂草也要覆盖在植株周围，腐烂后增加土壤有机质。

3. 施肥

幼树每年施肥 3 ~ 4 次，可在除草后进行，第 1 年每公顷施腐熟有机肥 3 500 ~ 7 500kg；第 2、3 年每公顷施 7 500 ~ 15 000kg，也可配合施入少量化肥。施肥方法：在槟榔茎基外围开穴，或半月形浅沟施入，覆土盖严。结果树每年施肥 2 次，第 1 次在 2 ~ 3 月，花苞开放前，每株施入粪尿水 5 ~ 10kg，或硫酸铵 100g，以促进早开花；第 2 次在 9 ~ 10 月青果期进行，每株施绿肥或厩肥 15kg，并加入过磷酸钙 100g、或火烧土 5kg，以促进幼果生长。秋冬季节要防寒保温，施土杂肥、火烧土，增加一些鱼肥，效果很好。据国外报道，每 3 年混施 1 次花生麸、硫酸铵、硫酸钾、过磷酸钙，可提高单产。

4. 灌溉排水

槟榔对水分要求较严、较高，在雨水较少的季节，有条件的应加强灌水，保证植株正常生长。但切忌积水，所以在雨季，要及时疏通沟渠，避免积水，以防感染病害。

四、病虫害防治

（一）病害防治

1. 炭疽病

病原菌为真菌中半知菌类盘园孢属炭疽病菌，主要危害叶片。在雨季和高温条件下易发病。病菌的菌丝体及分生袍子盘附在被害的组织上越冬，翌年春天，当条件适宜时，病菌产生分生孢子，借风雨或昆虫传播。发病症状：病斑呈不规则形，灰褐色，边缘有双褐线围绕，其上密生小黑点（病菌的分生孢子盘），后期病部组织破裂。

防治方法：清除病叶、病株，集中烧毁，加强田间管理；发病后可用 1∶1∶120 波尔多液，或甲基托布津可湿性粉剂 1 000 ~ 1 500 倍液，或 80% 代森锌可湿性粉剂 600 ~ 800 倍液喷雾防治。

2. 叶斑病

病原菌为真菌中叶点霉属菌。阴雨、高温条件下病害易发生发展。病原菌分生孢子器黑色、扁球形、具孔口，分生孢子梗很短。分生孢子小，椭圆形，单细胞，无色。发病症状：病菌多从小叶尖叶缘侵入，并向叶基扩展，病斑不规则形，长可达 21cm，宽 4.5cm，叶中部的病斑呈长椭圆形，病部灰褐色，并有深褐色的外圈，其上散生很多小黑点（病菌的分生孢子器），后期病部纵裂破碎，其叶片枯萎，植株死亡。防治方法：加强田间管理，改善通风透光条件和卫生状况；发病初期可用 1∶1∶100 波尔多液喷洒防治。

3. 果腐病

此病多在高温高湿条件下流行。发病症状：病菌侵入嫩果和果柄，引起落果，严重时逐渐蔓延到心芽，致使心叶萎缩，接着叶片枯萎下垂，逐渐死亡。防治方法：取食盐 150 ~ 200g 用纸包或布包，放在心叶中央，受雨露潮解，溶化后，可以减轻和防止落果，免除感染；加强田间管理，增强抗病能力。

4. 根腐病

主要由真菌中半知菌引起，多发生于7 ~ 8 月的雨季。发病症状：根部腐烂，叶片黄软，嫩茎萎缩变细，最后茎干疲软枯萎倒毙。防治方法：可用15% 食盐水施于基部；发病初期用 50% 退菌特800 ~ 1 000倍液，每隔 10d 从基部淋 1 次，连续 2 ~ 3 次。

（二）虫害防治

据调查，槟榔的虫害也比较多，主要有红脉穗螟、二疣犀甲、黄翅大白蚁、黑刺粉虱、椰园盾蚧、褐园盾蚧、软蜡介壳、大蓑蛾、小蓑蛾、蔗根锯天牛。其中危害最烈的为红脉穗螟、白蚂蚁、蚜虫和吹绵介壳虫。

1. 红脉穗螟（*Tirthaba rufivena* Walk）

属鳞翅目螟蛾科昆虫。主要是幼虫危害槟榔的花和果实，被蛀果实逐渐变黄、干枯，最后剩下果皮，幼虫则迁到另一个果实进行危害。被害果实受害后全部脱落。此虫一年中以 4 ~ 5 月、8 ~ 9 月为幼虫危害高潮期，也是槟榔花、果受害的高峰期。此虫一年可发生 10 代，卵期 3 ~ 4d，幼虫期 12 ~ 32d，蛹期 8 ~ 32d，成虫期 2 ~ 7d，一代所需时间约 27 ~ 74d。槟榔红脉穗螟可世代重叠出现，虫害所致落果大多数是红脉穗螟危害。

防治方法：100 ~ 200mg · kg^{-1} 速灭杀丁及其他菊酯类农药对幼虫的杀伤较为有效；对林地进行清理，消灭产卵藏所，降低虫口密度；对于幼虫也可用 40% 乐果 800 倍液，或 80% 敌敌畏 800 ~ 1 000 倍液喷杀，也有效果。

2. 白蚂蚁（*Macrotermes barneyi* Light）

在种子催芽期蛀蚀种子，影响种子发芽。防治方法：可在种子催芽处理时，喷洒 50% 敌百虫。

3. 吹绵蚧壳虫（*Icerya purchasi* Maskell）

成虫和若虫危害花蕾和幼果后，造成煤烟病。在阴湿或雨多季节易发生。防治方法：在幼龄阶段用 20 倍松脂合剂，或 50% 二硫磷 3 000 倍液喷雾。

五、采收贮藏与加工利用

（一）采收加工

1. 采收

槟榔因商品规格要求不同，加工榔干的宜在 11 ~ 12 月采收青果。加工榔玉的宜在 3 ~ 6 月采收成熟果。通常在春末至秋初，待果实呈金黄色时或橙黄色时采收。采收时连果枝成串剪下。

2. 加工

（1）榔肉加工。3 ~ 6 月摘下果实，将果皮剥下，取其种子，晒干。果皮可加工成大腹皮。或先将成熟果实剪下，除去果枝，然后晒 2 ~ 3d，接着放入特制的灶内，用木炭火烧烘 7 ~ 10d；每 1 ~ 2h 翻动 1 次，使其受热均匀，待果皮呈黑色时取出冷却，用小铁锤击破或用刀剖开果皮，取出种子晒干，即为中药商品槟榔（榔肉）。一般每 100kg 鲜果可加工榔肉 17 ~ 19kg。

本品呈扁球形或圆锥形，高 1.5 ~ 3.5cm，底部直径 1.5 ~ 3cm。表面淡黄棕色或红棕色，具稍凹下的网状沟纹，底部中心有圆形凹陷的珠孔，其旁有一明显疤痕状种脐。质坚硬，不易破碎，断面可见棕色种皮与白色胚乳相间的大理石样花纹。气微，味涩、微苦。

（2）槟榔干的加工。12 月份采收未成熟的幼嫩果实，去掉果枝，然后将果实放入锅内加水，浸过果实，煮沸 0.5h 左右，捞出晾干，再将果实置于烤灶内用湿柴文火熏烘，切勿用干柴旺火熏烘。烘约 2 ~ 3h 翻动 1 次，连翻 2 次便可。第一次翻动时面上一层不动，将中间一层放于底层，底层放于中间；第二次翻动可将面上一层放于底层，底层放于面上。约熏烘 8 ~ 10d 左右，可用木棒从上插入灶内，如一插便入，说明底部已干，此时取出即成榔干。一般烘烤后以果蒂不脱落，两头不蓬松，黑褐色而有光泽，摇动时有响声者为佳。另据一些产区老农经验：烤槟榔干如用山竹子当木柴，其质量最佳。一般每 100kg 鲜果可烤榔干 20 ~ 25kg。如果提早在 11 月份采摘的鲜果，则仅烤得榔低于 20kg。

槟榔干商品分为榔软干、榔硬干和枣肉槟 3 种。槟榔干呈长椭圆形，长 4 ~ 6cm，直径 1.5 ~ 2.5cm。表面黑棕色，有纵皱纹及隆起的横纹，顶端有花柱基痕，基部有果柄痕及残存的萼片。质坚硬，断面果皮纤维性，棕紫色，内含种子 1 枚。由于采摘时的老嫩程度不同，种子的形状不一，幼果的种子一般细长如大枣核状，产地称为“榔软干”；近成熟的果实，其种子干燥后，呈长圆形块状，产地称“榔硬干”，其效用较成熟槟榔缓和。槟榔干的种子称枣肉槟或枣槟榔，表面皱缩，红棕色或棕褐色，有浓焦臭味，味涩。榔干主要销往湖南等地，作为副食品。

（3）商品质量标准。据国家医药管理局、中华人民共和国卫生部制订的药材商品规格标准，槟榔分为2个等级。大腹皮、大腹毛、槟榔花，主产区均不分等级（表65-1）。

表65-1 槟榔商品规格标准

等级	标准
一等	干货。呈扁圆形或圆锥形。表面淡黄色或棕色。质坚实。断面有灰白色与红棕色交错的大理石花纹。味涩微苦。每千克160个以内。无枯心、破碎、杂质、虫蛀、霉变
二等	干货。呈扁圆形或圆锥形。表面淡黄色或棕黄色。质坚实。断面有灰白色与红棕色交错的大理石样花纹。味涩微苦。每千克160个以外，间有破碎、枯心、不超过5%；轻度虫蛀不超过3%。无杂质、霉变

3. 炮制

取原药浸水6～8h，堆闷至透心，刨薄片，晒干，或原个临时捣碎。槟榔有效成分为槟榔碱，易溶于水，加工切片时应尽量缩短泡浸时间，以免影响药效。

（1）焦槟榔。将槟榔片或颗粒放入锅炒至焦黄色，取出晾凉。

（2）炒槟榔。取槟榔片用文火炒至微黄色，取出，放凉。

4. 贮藏

槟榔用麻袋包装，贮于通风干燥处，温度30℃以下，相对湿度70%～75%。商品安全水分9%～12%。椰干可贮藏于铁罐、陶罐、纸箱、木箱内，也可以用塑料薄膜袋包装。为防潮保持品质，可用生石灰（CaO）装在有洞的塑料袋里，外加泡沫固定，置于椰干中央作干燥剂。

本品含鞣质，在高温多湿条件下易变色，断面茬口较明显。危害的仓虫有咖啡豆象、烟草甲、药材甲、亚扁粉盗、大谷盗、长角扁谷盗、四纹豆象、枣核椰小蠹、小菌虫、黑菌虫等。被蛀槟榔内部疏松，颜色加深，底部凹陷部位（种子珠孔和种脐）蛀洞较明显。

贮藏期间，宜保持环境清洁、干燥；定期检查，发现虫蛀，及时用磷化铝等药物熏杀。有条件的地方，可进行抽氧充氮养护。

5. 综合利用

（1）药用。槟榔种子称槟榔玉，其果皮（大腹皮）、佛焰苞（大肚皮）、雄花蕊和根亦可入药。槟榔别名：仁频、突门、洗瘴丹、大腹子、光郎、马金南、国马（云南）、戈马（傣语）、青仔（台湾）、槟门（广东）、白槟榔。槟榔有杀虫消积、降气、行水、截疟的功效，可治疗绦虫、蛔虫、姜片虫、血吸虫，虫积腹痛，积滞泻痢，里急后重，水肿脚气，疟疾，外用治疗青光眼等症。据现代研究，槟榔治人、畜绦虫、姜虫病有独到的疗效。

槟榔是捻金丸、九气拈痛丸、大黄清胃丸、小儿至宝丹、开胸顺气丸、木香槟榔丸、利胆排石片、肥儿丸、茴香橘核丸、舒肝和胃丸、槟榔回消丸、藿香正气丸（大腹皮）、藿香正气水（大腹皮）等中成药的原料药。

槟榔经药理试验证明有强大的驱绦虫作用，对猪绦虫、短小绦虫、阔节裂头绦虫及姜片虫有效。主要用于治疗食积气滞，腹痛胀满、腹水，痢疾，绦虫病，胆道蛔虫，血吸虫病。外用治青光眼，制成眼药水滴眼。

（2）制作副食品。槟榔除以成熟种子、果皮、雄花蕾、佛焰苞入药外，将近成熟的果实烤制加工成槟榔干，是海南、广东和东南沿海部分地区以及湖南一些群众十分嗜好的副食品和吉祥物。海南有些地方定亲结婚，逢年过节，走亲访友也常携带槟榔干作为礼品。

用槟榔干制成的各种副食品，能增加口腔酶的活性，助消化，可防止牙齿蛀龋，还可提神。

（3）其他。槟榔的果皮经过浸泡加工成的腹毛纤维在轻纺工业上用途很广，可制成优质纤维隔板或绝缘毛，也可编织地毡、制刷，是出口的热门货。失去结果能力的槟榔树，树干通直，外皮坚硬，可作建筑材料及隔板用。干枯脱落的叶片、叶鞘等，产区群众也用来搭设禽畜舍、茅屋等。由于槟榔具有粗生易长、受益期长、经济价值高、用途广、收益大的特点，已成为我国热带山区人民喜欢种植的药用植物之一。

我国海南等地的自然条件十分优越，很适宜槟榔的生长，是种植槟榔不可多得的宝地，而且种植历史悠久和种植技术较好。因此，槟榔生产的潜力很大，有很广阔的发展前景。

（徐 良）

66. 罗 汉 果

罗汉果［*Siraitia grosvenorii*（Swingle）C. Jeffrey ex Lu et Z. Y. Zhang］是葫芦科（Cucurbitaceae）罗汉果属（*Siraitia* Merr.）植物，又名光果木鳖、长寿果、拉汉果、假苦瓜，是驰名中外的名贵药材，其果实营养丰富，含比蔗糖甜300多倍的天然甜味剂三萜苷、果糖、氨基酸、黄酮等。罗汉果利用价值高，其果实药食兼用，其性清凉，味甘甜，无毒，具有清热解毒、润肺祛痰、滑肠通便、防治呼吸道感染和抗癌等功效，主要用于治疗肺火燥咳、咽痛、肠燥便秘、冠心病、预防血管硬化及呼吸道感染等症，也广泛用于清凉保健饮料和调料，对肥胖病、心脏病和糖尿病患者有独特疗效，并有一定的抗癌作用。罗汉果可制成冲剂、糖浆、果精、止咳露和浓缩果露等，利用鲜果提取的罗汉果甜苷广泛应用于医药、食品、日化、饮料和保健品等行业。罗汉果是我国出口创汇的主要中药材品种之一，以罗汉果为原料生产的中成药产品，在国外市场上深受人们欢迎。

罗汉果为我国特产，主要分布在广西，已有300多年的栽培历史，近年来，广东、湖南、江西、云南、福建及贵州等地也有少量栽培。广西是罗汉果的主要产区，主产于广西永福、临桂、融安等县，正常年产量为8 000万～10 000万个。其中，永福县是全国最大的罗汉果生产基地，1995年被国家农业部授予“中国罗汉果之乡”，该县罗汉果产量占全国70%以上，目前全县种植面积为1 300hm^{2}以上，年产果7 000万个左右。

近年来，由于市场对罗汉果需求量大，价格不断攀升，罗汉果种植面积逐年扩大；栽培技术不断改进和提高，熟地平地栽培罗汉果技术获得成功，对防止水土流失、保护生态起到了积极作用。罗汉果深加工利用程度也进一步提高，如利用鲜罗汉果生产罗汉果甜苷（V）研究获得成功，成功地开发了除杂技术，并生产出合适的甜苷（V）产品，销往美国、日本等。但罗汉果生产仍存在许多问题，主要的问题是：优良品种选育及保存滞后，品种混杂且严重退化，单产低，质量下降；病虫危害严重；罗汉果需要在新开垦地上种植，由于多年开山垦植，毁林开荒，水土流失严重，环境恶化，适宜种植罗汉果的土地逐年减少；管理跟不上，技术较落后。

一、主要物种

葫芦科罗汉果属约有7种，分布在我国南部及国外中南半岛和印度尼西亚，我国有4种。最有栽培利用价值的只有罗汉果1种。

1. 罗汉果［*Siraitia grosvenorii*（Swingle）C. Jeffrey ex Lu et Z. Y. Zhang］

为多年生草质攀缘藤本植物，长2～5m。根多年生，肥大，纺锤形或近球形；茎暗紫色，有纵棱，初被黄褐色柔毛和黑色疣状腺鳞，后毛渐脱落变近无毛。叶互生；叶柄长3～10cm，稍扭曲；叶片卵形或心状卵形，长12～23cm，宽10～15cm，先端渐尖或长渐尖，基部宽心形或耳状心形，全缘，被稀疏短柔毛和黑色疣状腺鳞。卷须2歧分叉。花单性，雌雄异株。雄花序总状，腋生，被短柔毛和黑色疣状腺鳞，花萼漏斗状，上部5裂，被灰黄色柔毛，先端有尾尖；花冠长圆形，黄色，5全裂，先端锐尖，外被黑柔毛；雄蕊5枚，被白色腺毛，药室S形折曲。雌花单生或成短总状，花萼和花冠比雄花大，子房长圆形，花柱短粗，柱头3，镰形2裂，有5个黄色的退化雄蕊。果实圆球形、长圆形或倒卵形，初密生黄褐色茸毛和混生黑色腺鳞，具10条纵线，顶端有花柱残痕，果皮薄质脆，干后易破。种子多数，淡黄色，近圆形或阔圆形，扁平，边缘有微波状缘檐。本种作为重要的经济植物栽培。

2. 翅子罗汉果［*S. siamensis*（Craib）C. Jeffrey ex Zhong et D. Fang］

又名凡力（广西壮语）、红汞藤（广西那坡）。根肥大，多年生，味苦；全株密被黄褐色柔毛，嫩枝和幼叶在活体时密被红色疣状腺鳞，手摸时立即染成红色，干后腺鳞变黑色。叶柄长及叶大小与罗汉果相近，叶先端急尖或短渐尖，两面被柔毛及密布黑色（干后）疣状腺鳞，老后毛不甚脱落。卷须2歧分叉。花单性，雌雄异株。雄花为总状花序或圆锥花序，花冠卵形或长圆形，药室S形折曲。雌花单生或双生，子房卵球形，花柱无毛，顶端3浅裂，柱头2裂。果实近球形，味甜。种子多数，淡棕色，近圆形，具3层翅，翅木栓质，边缘具不规则齿。

3. 无鳞罗汉果［*S. borneensis*（Merr.）C. Jeffrey ex Lu et Z. Y. Zhang］

植株不被黑色疣状腺鳞而仅被柔毛，茎、枝有棱沟，初时被刚毛和柔毛，后渐脱落变成近无毛。叶柄较前两种短，叶长卵状心形，较小，叶片不分裂或稀有不规则波状浅裂，叶面深绿色，初时被刚毛，后刚毛断落而残留粗糙的疣状突起，脉上被稀疏短柔毛，叶背浅绿色或苍绿色，有稀疏柔毛或近无毛。卷须2歧分叉。雌雄异株，雄花序总状或圆锥状，花室弓曲但不成S形折曲。雌花单生或2～3朵聚生于总梗上端，子房长圆形。果序梗和果梗粗壮具棱沟，密被锈色柔毛和刚毛，后渐脱落，果实长圆形或近球形，初时被柔毛，后变无毛，干后红褐色。种子多数，三角状阔卵形，淡黄褐色，基部钝圆，先端缢缩，顶端平截，两面平滑。

4. 台湾罗汉果［*S. taiwaniana*（Hayata.）C. Jeffrey ex Lu et Z. Y. Zhang］

植株不被黑色疣状腺鳞而仅被柔毛，茎、枝具条纹，近无毛。叶柄短，叶片长圆状心形或卵状心形，较小，边缘具不整齐齿，3浅裂，叶面具粗糙的疣状突起，叶背脉上初时被稀疏刚毛，后变光滑。卷须不分歧。雄花序总状，腋生。果实球形，被毛。种子多数，阔卵形，表面平滑。

二、主要栽培品种

罗汉果的品种类型很多，主要栽培品种有：

1. 青皮果

植株生长健壮；叶片卵状心形，先端急尖。花瓣粗短，卵形；子房近圆形，果实呈圆球形或近圆球形，绿色，鲜果重60～100g，果实表面由基部至顶部具有脉纹，被有柔毛，成熟时近无毛；种子近圆形。花期6～10月。该品种结果早，果形大，含糖量较低，品质中等，早熟，丰产性好、适应性强，是栽培面积最大的主栽品种，占80%以上，可适宜平地、丘陵、山地栽培，但在平地栽培易感染根结线虫。

2. 长滩果

因最早发现于广西永福县龙江镇保安长滩而得名。叶心脏形，先端渐尖。花期7～10月，果实长圆形、卵状椭圆形或长椭圆形，草绿色至绿色，间有淡黄色斑块，果大，果皮较厚，鲜果重80～110g。品质最好，但对土质和栽培技术水平要求较高，产量较低，抗逆性较弱，现栽培面积很少，几乎绝种。

3. 拉江果

由长滩果选育出来的一个品种，植株生长较壮，叶片心脏形，先端尖；子房歪斜，有红色腺毛；果实长圆形、椭圆形或梨形，草绿色或略带黄色斑块，表面密被锈色柔毛，鲜果重70～80g，果皮薄，易脆；种子椭圆形。本品种甜苷含量高，品质优，但对土质和栽培技术水平要求较高，且产量较低，可在丘陵、山区栽培。目前，拉江果已极少种植，几乎绝迹。

4. 冬瓜果

植株生长健壮叶片三角状心脏形；果实长圆形，两端圆平，整个形状似冬瓜，果实表面密被柔毛，具六棱形，鲜果重72～85g，果大，整齐，高产，优质，适应丘陵和低山地区栽培。

5. 红毛果

植株生长健壮；嫩蔓、子房、幼果上均密被红色疣状腺鳞，是与其他品种区别的主要特征；果实呈犁状短圆形，果形较小，鲜果重50～65g，一般只作生产中成药的原料。该品种长势旺、结果多、产量高、抗病力强、适应性强，但品质略差，果小。可在平地、丘陵、山地栽培，近两年该品种种植面积有逐渐扩大，目前占总面积的18%左右。

6. 茶山果

因半野生于油茶林中而得名。果圆形或扁圆形，草绿色，被白色柔毛。本品种品质中上，适应性强，但产量低，果小，目前栽培不多。

三、生物学特性

（一）生态习性

1. 地形

罗汉果生长在海拔300～1 400m的亚热带山坡林下、灌木丛中及河边湿地处。以在海拔300～500m的山区，山腰以上排水良好，通风透光，背风、南向或东南向的山坡，四周保存有次生阔叶林的环境生长良好。种植园地海拔太低，周边植被少，易受高温干旱的影响，罗汉果生长发育不良。

2. 温度

喜在温暖、无霜期长、昼热夜清凉温差大的气候条件下生长，怕霜冻，不耐高温，生长发育适温范围为18～32℃。春季当气温为15℃时，块茎开始萌芽，若低温阴雨天气长，温度低，阳光不足，土壤湿度大，幼苗生长缓慢；13℃以下低温，新长出的嫩梢受冻而枯萎，25～28℃藤蔓生长最快，气温高至34℃时，植株生长发育不良。在果实生长期，当气温低于22℃时，不利于果实膨大。气温低于15℃时，植株生长停止，并出现落叶枯藤；5℃以下块茎容易受冻害。7～8月遇异常的高温干旱天气，罗汉果开花率减少，35℃以上时，花粉萌发力减弱，花粉管生长减慢，受粉、座果率明显降低，果实发育不正常。

3. 光照

罗汉果是一种喜光而不耐强光的短日照植物，每天有6～8h光照就能满足其生长发育需要。幼苗期耐荫怕强光照，在半荫的条件下生长发育良好。成年植株喜光，但忌强光暴晒；在荫蔽的条件下，成年植株藤蔓纤细，节间长，结果少，产量低。

4. 水分

罗汉果喜空气湿度大、多雾的环境条件，要求空气相对湿度80%以上，生长期雨量充沛，一般为1 300～1 900mm，而且降雨分布较均匀，但忌积水。

5. 土壤

罗汉果对土壤要求不严格。一般的土壤均能正常生长，但以土层深厚、富含腐殖质、疏松湿润、排水良好的壤土为宜；土层瘠薄的砂土以及土质黏重、排水不良的土壤均不适于罗汉果生长。罗汉果生长发育需要较湿润的土壤，在土壤含水量为25%～30%，植株生长发育良好。土壤含水量过低，新梢停止生长，果实生长发育缓慢，果小，植株提前落叶枯萎，严重地影响来年的产量；土壤水分过多，植株徒长，开花结果推迟或不能开花。

（二）生长发育

每年4月上旬当温度15℃以上时，罗汉果块茎开始萌动，4月下旬至5月上旬长出嫩芽3～5条，多者可达10条，新梢开始生长较慢。11月中旬后，当旬温降至15℃以下时，地上部分逐渐枯萎。1年生植株很少结果，一般情况下，种植后第二年才开始结果，主要结果蔓是三级侧蔓，其次是二级侧蔓。种植后第2年的藤蔓，6月份以后陆续现蕾、开花，7月份为盛花期，9月下旬以后开的花为无效花，果实不会膨大。当气温在27～28℃时，雌、雄花从早上6：30～7：00开始开放；9：00～10：00为开花盛期，约有70%的花朵在这段时间开放，若遇低温或阴雨多雾天气，开花时间则延迟到9：00～10：00时；花期长，开花期为6～10月。花的寿命较短，早上开的花在当天下午几乎全部萎缩，第二天花瓣脱落。雌花受粉后第三天幼果开始膨大，第七天幼果纵径比横径增长快，15d前为果实迅速生长期，21～30d果实进入生长缓慢期，以后便停止生长，而果实内则不断积累营养物质，果实从开始形成至成熟大约需55～60d左右。果熟期为8～11月份，果实成熟不一。

罗汉果的寿命为3～15年，不同品种和不同立地条件其寿命有差异，平地和高温地区的罗汉果寿命为5～6年，凉爽地区的罗汉果寿命可达10～15年。

四、栽培技术

（一）苗木繁殖

罗汉果苗木繁殖方法有种子繁殖、压蔓繁殖、嫁接繁殖和组织培养育苗等方法。

1. 种子繁殖

种子繁殖方法简便、繁殖系数高。但雄株比例大，占70%以上，早期难以识别性别，目前生产上采用不多。

（1）苗圃地选择和整地。选择土壤肥沃、疏松、排水良好的阴坡作为圃地。圃地应是新开垦地，不宜选前作为辣椒、烟草、茄类的熟地作为苗圃地。

将圃地进行深翻，碎土，捡净草根和灌木，然后将有机肥均匀地撒在地上，施肥量为10 000kg·hm^{-2}左右，再翻耕。翻耕后起畦，畦宽为80～100cm、高为30cm、长依地形而定。

（2）种子采集与处理。高产优株的罗汉果，单株结果多达100～200个，每果有40～70多粒种子，种子发芽率为80%左右。采种时要求选择品质优良、生长健壮、高产稳产、适应性强、抗性强的植株作为采种母株。当果实充分成熟时，将果实采下，选无病虫害的果实留种，将种子从果实中取出，用清水洗净，即可播种；如春季播种，可在阴凉处将种子与清洁河沙进行混沙沙藏，也可将采回的果实，置室内通风处晾干后，用麻袋装好，置于通风干燥处贮存。不宜将种子直接干藏，否则发芽率太低，仅为28%～36%。

罗汉果种子的种皮木质化，透水性较差，种子难以发芽，若将种子去壳后再播种，种子发芽快、整齐，发芽期缩短。

（3）播种时间。随采随播或春播，生产上多用春播。有霜害或冻害的地区不宜随采随播；春播不宜太早，以防早春气温过低而使幼苗受害，一般情况下，当气温15℃以上时即可播种。

（4）播种。可用条状点播方法播种，行距为20～25cm，株距为10cm，沟深1～2cm。播种前用0.5%高锰溶液浸种消毒10 min，用水洗净后在25～28℃条件下催芽，待种子萌芽露白时再播种，可使种子提早发芽，出苗整齐、苗壮。播后用细土覆盖，覆土厚度为1cm左右，再用稻草覆盖畦面，以保持土壤湿润。

（5）播种后管理。播种后搭棚遮荫，遮荫度为60%～70%，待种子出土后，将畦面上的盖草分多次揭去。当幼苗3～4张叶时开始施肥，用稀释10～15倍液的沤熟人畜粪尿或1%～2%的复合肥水液淋施。注意病害虫的防治。

2. 压蔓繁殖

压蔓繁殖是罗汉果生产上常用的繁殖方法，具有保持母本优良性状，成活率高等特点，但罗汉果当年不开花结果，长期进行压蔓繁殖，会造成品种退化，适应性和抗性差，品质差，产量低。此外，生长发育好、开花结果多的母株“嫩藤”极少，繁殖系数很低。

9月中、下旬，在晴天或雨后转晴及时压蔓。一般以幼龄植株繁殖为主，因幼龄植株多未结果，“嫩藤”多，压蔓容易成活，繁殖系数高。选用棚上下垂、粗壮的徒长蔓（称“嫩蔓”），在蔓条下垂处的畦上挖一穴（径20cm，深15～20cm），然后将选好藤蔓平放于穴内，也可使2～3个藤蔓同埋于一个穴内，藤蔓间隔3～4cm为宜，放入穴中的藤蔓长约12～15cm。摆放藤蔓后用湿润细土覆盖并压实。干旱时注意浇水保湿。也可进行空中压蔓，将藤蔓先端3～5节用湿苔藓包住，再用塑料薄膜包扎。一般压蔓4～5d藤蔓即开始转白增粗，7～10d蔓节上露出白色根点，13～15d不定根长达3～5cm，40d后苗头膨大成小块根，即为种薯。11月上旬当地上部分开始枯萎时，将种薯与母体分离，在排水良好，温暖的地方培土越冬，翌年再取出种植。

3. 嫁接繁殖

（1）砧木选择。选择亲和力强，适应性强，抗性强的品种作砧木，如常用青皮果、红毛果和茶山果。

（2）接穗采集。接穗宜选择优质高产、无病虫害的母株的营养蔓，在上午8：00～10：00剪下，只留芽眼饱满的藤蔓中部8～10节，每20条为一捆，用湿润草纸包好待用。接穗应现采现用，隔天嫁接时成活率低。

（3）嫁接时间。在旺盛生长阶段随时都可嫁接，但以4～6月嫁接成活率最高。可选择无风温暖的晴天的上午或下午或阴天进行，晴天的中午和雨天不宜嫁接。

（4）嫁接方法。有镶接、嵌合接、劈接和腹接等方法，镶接成活率最高，可达70%～80%，最高可达90%以上。镶接是采用单芽接穗。削穗：以藤蔓节上的一芽为中心，在距芽上1cm、芽下1.5～2cm处截断，在芽的下端将芽的两侧用刀片从皮层向髓部斜向削去，使之削成楔形。削砧：选主蔓基部弯曲程度与接穗相似的节，以节为中心，用刀片自上而下纵切一刀，切口与接穗等长，其深度视接穗而定，以接穗镶入并与砧木皮层能对准为宜。然后拉切口，镶入接穗，并对准皮层，绑扎牢固即可。

4. 组培育苗

目前，罗汉果生产上使用传统的压蔓苗栽培，出现当年不开花结果、品质退化、适应力差、产量低等问题，导致果实质量、产量大幅下降。为了解决此问题，中国科学院武汉植物研究所、广西农业科学院生物研究所、广西师范大学相继研究出罗汉果苗木组培快繁技术，培育出罗汉果脱毒苗。罗汉果脱毒苗适应能力强，具有不带病源，植株健壮，抗性好，早产（有不少苗当年就开花结果，最高株产可达102个）、丰产、果大、品质佳等优点。广西农业科学生物研究所杭玲，陈丽娟，陈少珍等研究的罗汉果茎尖快繁技术如下：

采用种子播种的实生苗，剪取50cm左右的嫩梢，用无菌水冲洗两遍，用75%酒精消毒5 s，再用0.1%升汞液消毒10min，灭菌水冲洗3次，切取0.5～1mm的茎尖分生组织接到出芽培养基上，经继代培养后接种到生根培养基上。出芽培养基为MS附加0.1～0.5 mg·L^{-1} BA+0.1mg·L^{-1} NAA，生根培养基为MS附加0.1mg·L^{-1} NAA或0.5mg·L^{-1} IBA。培养室温度为25～28℃，光照强度1 000 Lx，每天光照12h。继代培养后，转入生根培养基10d后均可陆续生根，培养30d左右的植株，叶片宽大呈卵圆形，颜色浓绿，叶柄较长，茎杆粗，生长健壮，此时把苗放到光照条件下炼苗10d左右，即可移栽到网室里。移栽的土壤一般用沤熟的塘泥和熟土，有条件的可放入充分风化沤制的有机肥。移栽时温度保持在25～30℃，移栽成活率达90%以上。高温不利于植株生长，超过35℃，成活率只有50%左右。

（二）造林

1. 园地选择

果园宜选择在海拔 300 ~ 500m、冬暖、夏凉、昼夜温差大、高湿多雾的山区，坡度在 15° ~ 30°左右，中坡以上，背风向阳，南向或东南向，有阔叶杂木林且未开垦的坡地。要求土层深厚、富含腐殖质、疏松湿润、排水良好的壤土；土层瘠薄的砂土以及土质黏重的土壤，夏季炎热，冷空气容易沉积，通风排水不良山谷、岭槽、山脚和马尾松林地不宜选作园地。

罗汉果重茬栽培病害危害严重，平地栽培产量较低，长势弱。目前，罗汉果多选在未开垦的阔叶林地上开垦种植，罗汉果种植面积的扩大意味着森林被破坏，在发展种植时，应有计划地垦植，合理开发，尽可能地减少对森林破坏，要求退耕还林后再批准相当面积的垦地，以推广良种和加强管理来提高产量。应重视重茬和平地栽培技术的研究和推广，从根本上保护森林植被。近年有关人员进行了平地和重茬栽培试验，栽培技术有一定的突破。

2. 林地清理及整地

秋末冬初伐除杂木，割除杂草，清除树根、草根和石块。按行距沿等高线开 90 ~ 100cm 宽的等高畦，沿梯土内侧开浅排水沟，深翻土地，深 30 ~ 50cm，使其暴晒越冬。翌春 2 ~ 3 月耙细、碎土后，待定植。果园四周应保留生长良好的竹林或阔叶次生林。

按株距挖 35cm × 35cm × 35cm 定植坑，每坑施 2.5kg 左右腐熟的基肥（畜粪：磷肥 = 10∶1），基肥与土抖匀，上再覆 10cm 厚的细土，以免种薯直接接触肥料引起烧伤。

重茬栽培时，在播种前可用每平方米 6g 的敌克松与细土混匀洒于床面，也可用噁霉灵 4 000 倍液淋床面进行土壤消毒；用阿维菌素 1 500 倍液淋床面或其他防根结线虫的药剂杀根结线虫。

平地栽培时，应进行土壤消毒，消毒方法同重茬栽培。在西边和西南边每隔一定距离种一行遮荫树，以防西晒。

3. 选用良种壮苗

应因地制宜选果大，果形好，含糖量高，高产稳产，适应性强，抗性强的优良品种作为发展品种。夏季气温较高的地区，宜选用青皮果；在平地栽培时可选用青皮果和红毛果；长滩果品种只宜种植在较冷的丘陵山区。

种植时宜选择优良种薯，优良种薯其标准如下：

1 年生幼薯：肥大健壮，粗度在 1.5cm 以上；顶芽和基节完好；种薯皮幼嫩色新鲜；无损伤和病虫害，特别是无根结线虫侵染。

2 年生以上老薯："基头"完好无损伤，并带有 2 ~ 3 条 10cm 长的侧根。

新发展的果园，提倡用脱毒组培苗。

4. 合理密植

行距为 1.7 ~ 2.0m，株距为 1.3 ~ 1.5m，密度为 3 333 ~ 4 525 株 · hm^{-2}。生长旺盛的品种如拉江果，可采用 1.5m × 2.0m，其他可采用 1.3m × 1.7m。采用单株种植。

5. 配置授粉植株

罗汉果为雌雄异株，种植时应配置授粉植株，配置的雄株比例为 2% ~ 3%。配置时要求雄株分布均匀，采用幼龄雄株和老龄雄株结合（老龄植株开花早但花期短，而幼龄雄株开花迟但花期长），使雌株在整个开花期中都有雄花开花，保证整个花期有足够的花粉。

6. 种植时间

清明前，气温已稳定上升在 15℃ 以上，选择暖和的雨后晴天种植。

7. 种植方法

种植时先在定植坑挖一浅穴，将平放入穴内，顶芽朝上，覆土 3 ~ 5cm，露出顶芽。平地果园定植时不直接挖定植坑，而按株行距直接在畦面做一个略高于畦面、直径为 50cm 的小土堆，然后在土堆上挖穴种植，然后按上述方法种植。

8. 管理技术

（1）搭棚（架）。罗汉果生长期间需攀缘在棚架上才能正常开花结果，因此，在种植前或种薯萌芽前搭好棚架。确定棚高度的原则是便于施肥、管理和授粉，一般为 1.6 ~ 1.8m。雄株的棚架可低一些，便于采花。棚架的大小视种植面积而定。棚架材料可就地取材，最好用杉木、杂木或水泥柱做桩，用杉木、杂木条或竹竿做横条；水泥柱做桩的，可以用大号铁丝拉成横条。然后在棚上再铺一些小竹子或树枝，也可在棚面上用尼龙网代替小竹子或树枝，既方便又耐用。搭好的棚架一般可连续使用多年。旧棚应及时修复扩大，以保证藤蔓有充分的生长空间。

（2）松土除草。新果园和宿根园地要及时松土除草，一年松土除草 3 ~ 4 次。宿根园地在开蔸前进行松土，除尽杂草，全部集中烧掉或深埋。松土深度为15～25cm，近种薯宜浅。发现较长的根，用刀离种薯10～12cm处剪断，利于另发新根。入冬藤蔓枯死后，进行一次果园清理，清理枯蔓、落叶、杂草，全部集中烧掉或深埋。

（3）园地覆盖。新植园地如遇大雨将覆土冲走而露出种薯时，应及时覆土，以免种薯受旱。

罗汉果园地覆盖稻草或杂草，具有冬季保温、夏季降温保湿防旱作用，使罗汉果增产增收。覆盖方法是：在果园覆盖一层5～7cm厚的草层。盖草处理的果园，植株表现情况为叶片生长正常，浓绿色，长势好，花蕾多而壮，果实均匀，大中果多，而未盖草的果园，植株的叶片小、萎垂，花朵黄弱，开花后坐果少，果实大小不均匀，小果偏多。

（4）开蔸。在春分至清明前后温度在15℃以上时，把冬季防寒用的培土挖开露出“基头”的方法称为开蔸。适时开蔸以提高土温促进越冬种薯适时萌芽，抽生健壮母蔓，母蔓早上棚，早开花结果。开蔸适宜时间要根据果园立地条件和霜期而定。平地丘陵地区南向的果园的温回升快，可早开蔸；海拔高的地区晚霜严重，开蔸宜晚。过早开蔸，种薯萌芽快，抽生新梢易受寒害；过晚开蔸，种薯推迟萌发，母蔓抽生晚，上棚迟，开花结果延迟，产量低。

开蔸宜在晴天进行，种薯露土程度视雨水情况而定，一般使种薯上面的30%～50%露出土面，雨水多的地区，开蔸时块茎露出地面部分要少，以1/3为宜。开蔸时要小心，勿伤“基头”。

（5）留好母蔓，引蔓上棚和整形。早春气温上升在15℃以上，“基头”即陆续萌发抽生新梢3～5条，为了培养健壮的母蔓，当新梢长在10～15cm时，每株只选留最粗壮的一条做母蔓，其余及时抹除。当母蔓长至30cm左右，于植株旁插一木枝或竹枝，将母蔓逐段绑系，引母蔓上棚架。在棚架以下母蔓上所有萌发的侧蔓全部摘除。

罗汉果是以二、三级侧蔓为主要结果蔓，因此，母蔓上棚后，宜及时摘心，母蔓留10～15节摘心，促使抽生6～8条生长健壮的一级侧蔓；一级侧蔓长至20～25节时摘心，促进抽生二级侧蔓，留3～4条二级侧蔓；二级侧蔓长至25～30节时摘心，留3级侧蔓2～4条，以形成合理的自然扇形结构，要求各侧蔓分布均匀。

（6）施肥。罗汉果植株生长迅速，生长量大，花期长，开花结果多，养分消耗量大，应科学施肥以满足其生长发育的需要从而达到高产稳产。施肥要看苗、看季节，分品种合理施用。青皮果、长滩果要施基肥、追肥并重；拉江果在下足基肥的基础上，前期少追肥，中后期酌量增施；开花前施肥过多，易引起徒长，开花结果少，因此，开花前期宜少施、轻施，开花时可多施、重施。具体施肥技术如下：

在春季开蔸时，在种薯周围30～40cm处开环状沟，沟宽20～30cm，深20cm，每株施堆制腐熟基肥（人畜粪∶麸∶磷肥＝20∶2∶1）2～3kg，将基肥与土壤拌匀后覆土。

当母蔓长30～40cm时，每株施沤熟人畜粪1kg或复合肥0.1kg加水1.5～2kg。

母蔓上棚时，株施对水1倍的沤熟人畜粪水1kg，促使分生侧蔓，提早开花。

6月下旬到7月上旬，大部分植株呈现花蕾时，施一次促花肥，以沤熟人畜粪麸肥混合液为主，配合少量化肥（磷钾肥或复合肥料），这次肥料宜重施，每株施对水1倍的沤熟人畜粪桐麸混合液3kg加3%复合肥；7月下旬第一次盛花期后，若花量大、结果多时再施一次，以保果促花，满足果实生长发育和花芽继续分化所需的养分。在第一次盛花期谢花后，应每隔10～15d进行一次叶面施肥，用0.5%尿素＋0.1%硼砂＋0.5%磷酸二氢钾＋0.2%硫酸锌＋0.01%赤霉素或碧绿素800～1 000倍液喷洒。

8～9月大批果实迅速发育长大阶段，再施一次人粪尿与磷钾肥，对多开花、保花保果、提高结实率、壮大果实和提高尾果成果率有很好的作用。

收完果实后，必须施一次人畜水肥以恢复植株生长势，保证第二年高产稳产。

罗汉果主根少而短，根系分布不广，块根的抗肥力差，肥料浓度大时易发生肥害，因此，以上追肥应根据罗汉果根群生长特点，确定合适的施肥位置，不能将肥料淋施在块根上。罗汉果根生长范围随季节不断扩大，追肥距离应逐次扩大。

（7）提高座果率的措施。罗汉果雌雄异株，且雌雄植株开花时间不一致，一般情况下，雌株比雄株提早10～15d开花，而且雄花花期比雌花短，早期和晚期的雌花没有花粉进行授粉，致使产量降低。生产上如何使雌雄株的花期相遇，进行人工授粉提高座果率是罗汉果栽培的关键技术措施之一。

雄株不足或雌雄花期不遇可采取如下措施：

按比例配置有早、中、晚开花的雄株，采用幼龄雄株和老龄雄株结合配置，保证整个花期有足够的雄花授粉。

进行高节位和低节位留芽抽藤，也可以解决花期不遇的问题。高节位留芽，上棚早、开花早，但花期短；而低节位留芽，长苗慢，开花迟，但花期长。

在冬季剪老蔓时，保留一部分雄株留长藤(50～100cm)，用稻草包扎过冬，翌年3月去掉稻草，加强肥水管理，使雄株早发芽，早上棚，提早开花。

早春增温催苗，促进雄花提前开花。在2月下旬至3月初，选用3年左右生长健壮的雄株种薯，剪去过长须根和部分主根，把雄株的块根装入装有营养土的育苗袋中，放在塑料棚内，保持营养土湿润，再放入简易塑料温棚内进行催芽培养，棚内温度保持在25℃左右，空气相对湿度85%～90%，利用塑料棚内的高温使块根早发芽，待清明节后，再将雄株块根带营养土定植到大田（定植时应将塑料营养袋去掉），可使雄株提早开花。

雄株不足时，可利用早春发芽的健壮母薯于早春嫁接雄株接穗，加强管理，当年可以开花供应花粉。

人工授粉是提高罗汉果座果率最有效的措施，特别是对于需人工异花授粉才能正常结实的品种，如长滩果、拉江果、青皮果。人工授粉技术：于阴天或晴天清早6：00左右，采集发育良好、含苞待放或微开的雄花，用竹筒或其他容器装好，放置阴凉处备用。上午7：00～10：00待雌花开放时用竹签蘸取花粉，然后轻轻地抹到雌花的柱头上。另外，也可用毛笔来取花粉给雌花授粉，操作也很简便。广西植物研究所试验证明，阴天授粉座果率最高，可达82%，晴天座果率次之，达72%。为提高授粉质量，在授粉时，用竹签沾雄花内的花蜜或稀蜜糖水后再括花粉授粉，可以提高座果率10%以上。授粉时动作要轻，不要损伤雌花柱头和子房，以免影响正常授精结实。一般一朵雄花可授粉10～12朵雌花，每人每天可授粉500～800朵雌花。

(8) 疏花疏果。罗汉果挂果太多时，果小，第二年萌芽迟，藤蔓细弱。因此，为了减少养分的消耗，提高产品的规格，高产稳产，生产上应进行疏花疏果，方法是：在开花期，疏掉发育不良或畸形的雌花。结果多的年份，在第一次生理落果后进行疏果，疏去小果、畸形果、病虫果或密生果。

(9) 冬季果园管理。入冬藤蔓枯死后，最好进行一次果园清理，剪去老蔓，只留30cm左右的母蔓。剪蔓不能过早或过迟，过早剪蔓，将导致营养贮存不足，芽细弱，次年萌芽迟；立春后剪蔓，易产生伤流，造成营养流失。最佳剪蔓时间为正常落叶后1个月左右，即11月中旬至12月。剪蔓后将枯蔓、落叶、杂草全部集中烧掉或深埋。

罗汉果种薯不耐低温，在冷凉地区，如不采取防寒措施，常引起种薯受冻害、腐烂。因此，冬季必须覆盖培土雍蔸，保护种薯不受冻害，安全越冬。冬季培土覆盖的罗汉果，次年发芽整齐，发芽率高，产量高。冬季培土覆盖保薯的方法是：在立冬前后，将剪蔓后所留的母蔓轻轻压至地面，连同种薯一起培土防寒，培土厚20～30cm，再在上面盖一层稻草。这样，当气温降到～6℃左右时，种薯也不会受冻害。

五、病虫害防治

（一）病害防治

1. 根结线虫病

病原线虫为爪哇根结线虫（*Meloidogyne javanica* Chitwood）和南方根结线虫［*Meloidogyne incognita*（Kofoid et White）Chitwood］，群众称为“起泡”病，是当前危害最严重的病害，产区各地均有发生，一般情况下可使罗汉果减产15%～30%，严重的减产60%～70%。凡罗汉果入土的部分（包括根和部分薯蔸），均可被线虫危害。根部被害时多从根的细嫩部分开始浸染，受害处膨大形成大小不一、球状或棒状的“疙瘩”（虫瘿），后期被害处易腐烂。种薯被害，表面多呈瘤状突起（虫瘿），大者如指，小者如豆，明显可见。被害种薯，个体小，发育慢，寿命缩短，严重时甚至腐烂。由于根组织受到破坏，影响到根系的正常生理活动，水分和养分供应不足，被害植株生长缓慢，开花结果延迟或不开花结果，藤小，分枝少，结果少而小，严重时种薯全部腐烂，植株枯死。根线虫在桂林除冬季以卵、幼虫或成虫越冬休眠外，其余季节均可发生危害，条件适宜，1年可发生数代，主要是通过种苗调运、病根病薯、借助人脚和农具的携带、随流水和冲刷物等途径进行传播。据对永福罗汉果园地的调查，发现山区发生少，平原发生严重，排水不良的园地发生最重，坡度大排水好的园地发生轻。

防治方法：选用生荒地作园地，并提前开垦翻晒土地，种植前进行土壤消毒；严格检疫；选育抗病品种，建立无病种苗繁殖区。青皮果是最易感病，拉江果和长滩果较抗病。繁殖种苗时用空中压蔓的方法，或压蔓前进行土壤消毒，然后再压蔓。种植前，种薯用 45 ~ 48℃温水浸泡 15 ~ 20min（注意不要泡及芽眼部分），可杀死其中线虫；露薯晒薯。在早春挖开薯蔸周围表土，让种薯露出地面1/3 ~ 1/2左右，以利薯蔸和根表皮组织老化，减少根线虫的危害，对于已发病的主根，也能起到延缓腐烂、保护当年果实的作用。晒薯时间的长短要看当地日照强弱、土壤和空气的湿度来决定，一般以薯块表面不出现裂缝为宜。发生严重的园地，应开设环园和园内隔畦排水沟，以减少园内土壤湿度，控制病害的发展，减轻危害。高温多雨季节及时排水。加强田间管理，增强磷钾肥，以增强植株抵抗力；注意园内清洁，及时清除病株，集中烧毁。检查种薯及根系，对发病种薯及时采取措施，并对病穴进行土壤消毒。可用阿维菌素 1 500 倍液或噁霉灵 4 000 倍液淋淋根。

2. 疱叶丛枝病

由类菌质体［*Mycoplasma likeorganism*（MLO）］和病毒（Virus）复合感染。受害植株嫩叶首先发病，叶肉隆起呈疱状，凹凸不平，叶片出现畸形，卷曲皱缩，脉间褪绿，表现为花叶，肥厚粗硬，随之整片叶枯黄脱落。藤蔓脆硬，腋芽萌发成丛枝状，植株开花结果少或甚至不结果，品质下降，次果增加，经济效益大大降低。此病是通过棉蚜传播，也可侵染西葫芦、南瓜、黄瓜等葫芦科植物。目前，广西产区被害面积达 100%，受害植株减产 25% ~ 45%，严重时可达 50% 以上。

防治方法：组织培养方法培育无病种苗，用茎尖脱毒的组培苗建园；定期轮流用乐斯本1 000倍液、10% 氯氰菊酯（灭百可）2 000 倍液、50% 抗蚜威 1 500 ~ 2 500 倍液或 40% 克蚜星 600 倍液其中一种农药喷杀棉蚜，预防昆虫传播；强力克病毒 600 ~ 800 倍液喷施。

3. 白粉病

白粉病是由一种白粉菌侵染所致，在产区普遍发生，主要危害嫩叶、嫩梢，造成落叶和顶端组织坏死。罗汉果在受到白粉菌侵染的初期，藤蔓及叶出现分散的病斑，当环境条件适宜病菌生长时，这些病斑便互相连接，并大量产生分生孢子，使感病部分呈白色粉末状（即病原菌的菌丝体和分生孢子），病叶枯黄卷缩脱落，嫩藤扭曲、变形干枯。低洼干燥、栽植过密、通风不良、偏施氮肥使植株组织幼嫩、徒长，这些都有利于病害的发生和流行。

防治方法：冬季清除残株病叶，减少越冬菌原；注意氮、磷、钾肥的配合使用，勿单用或过多使用氮肥，防止植株徒长；发病初期可用 25% 叶斑清乳油 1 000 ~ 1 500 倍液或 12% 腈菌唑乳油 1 500 倍液喷雾，也可用信生 6 000 倍液喷雾。

4. 芽枯病

近年在我国罗汉果主产区严重发生罗汉果芽枯病，严重影响罗汉果的生产，广西永福县每年因该病所造成的经济损失就超过 1 000 万元。该病每年多始发于 6 月中下旬。发病时，一般植株嫩叶黄化，顶芽枯死。枯死前顶芽多呈棕红色，质脆，易折断。枯死后顶芽呈褐色至黑褐色，直立或下弯。发病后腋芽很快长出，但新出的腋芽不久一般亦枯死，这种现象在同一植株上可反复发生，严重时导致整株罗汉果苗自上而下枯死。切开病株块茎，可观察到其内部组织发生褐变。发病早而重的植株一般不能开花结果，发病晚而轻的虽可开花结果，但果柄枯死，果实过早黄化，其内部组织也发生褐变。植龄长的果园一般比植龄短的发病重，2 年植龄果园罗汉果芽枯病的发病株率为 7.1% ~ 26.9%（平均 18.5%），5 ~ 6 年的为 27.3% ~ 51.9%（平均 39.6%）。随着生长季节的推移，芽枯病的发病株率呈直线上升趋势。除植龄长的果园发病较重外，在新果园种植当年严重发生的现象也时有发生。

黄思良等通过调查、植物寄生生物学、土壤学及植物营养学分析，证明该病为缺硼所致的生理性病害。土壤酸化是导致其有效硼含量减少的重要原因。防治建议：深施硼砂加石灰对控制该病发生、促进罗汉果植株生长、提高植株含硼量及其产量具有很好的效果。

5. 烂薯病

病原菌（*Sclerotium rolfsii* Sacc.）侵害罗汉果植株的茎基部和种薯，被害部位产生绵毛状菌丝，并向四周地表蔓延分布呈辐射状，后期形成茶褐色油菜子大小的菌核。被害植株萎蔫，严重时植株枯死，一般被害率可达10% ~30%。

防治方法：选生荒地作园地，忌连作；种薯定植前用 20% 石灰水或 25% 叶斑清乳油 1 000 倍液浸泡；拔除重病株，将其根际病土挖除，并用 12% 腈菌唑乳油 1 000 倍液淋施；轻病株用 50% 甲基托布津可湿性粉剂 500 倍液淋灌。

6. 日灼病

由高温烈日暴晒、久旱无雨引起的生理性病害。日灼病引起幼苗产生灼伤而枯萎，藤蔓尖枯，花蕾、幼果停止生长发育，植株变成“老小苗”。在广西南部发病重的果园被害株率在 90% 以上，造成果园严重减产。

防治方法：选择座西朝东、短日照的坡向作为园地；利用现有林木遮荫；萌芽期用铁芒萁遮荫。

（二）虫害防治

1. 愈斑瓜天牛（*Apomecyna saltator niveosparsa* Fairmaire）

罗汉果的一种重要害虫，主要是以幼虫在藤蔓中心髓部钻蛀取食危害，形成隧道，使藤蔓枯萎死亡。1 年发生 1 代，以蛹在罗汉果地的土中越冬，每年 5 ~ 6 月羽化为成虫。成虫产卵于藤蔓的皮层内，产卵前先用口器将藤蔓皮部咬一纵沟，再将卵产于纵沟的一侧。卵孵化后，幼虫即从纵沟中蛀入髓部，再由上向下蛀食。被害的藤蔓上部叶片很快枯黄，并逐渐萎缩死亡，植株枯死危害率可达 50% ~60% 。至 8 ~ 9 月，幼虫老熟后咬一孔洞，爬出藤蔓，下土化蛹。

防治方法：每年 9 ~ 10 月后，对罗汉果棚架下的土壤进行多次翻动，以杀死在土中的越冬蛹。冬季清园，烧毁干枯藤蔓，消灭越冬虫源；在成虫羽化期人工捕杀成虫；幼虫危害期，用棉花蘸 50% 杀螟松乳油或农地乐堵蛀孔，薰杀幼虫。

2. 棉蚜（*Aphis gossypii* Glover）

又名瓜蚜，群集在叶背及嫩茎上，以口器刺吸罗汉果嫩芽、叶、花蕾及嫩果的汁液、轻者叶片、果实出现失绿，重者藤蔓、叶片卷缩变形或造成落果，生长缓慢，结瓜期缩短。该虫一年可发生 10 ~ 20 代，发生期为 3 ~ 10 月。防治方法：用乐斯本 1 000倍液或抗蚜威 1 500 ~2 500 倍液喷杀。

3. 黄守瓜（*Aulacophora femoralis* Mots）

此害虫杂食性，喜危害瓜类作物，成虫和幼虫均可危害。成虫危害叶、嫩芽、花、幼果等，常将叶咬成弧状缺刻、斑痕或小洞，4 月开始危害，5 ~ 6 月危害严重；幼虫危害根部，影响植株生长发育，严重时可使植株枯萎死亡。

防治方法：用乐斯本 1 000 倍液或阿维菌素 1 500倍液喷杀成虫；用农地乐 2 000 倍液灌根毒杀幼虫；冬季清园，处理残株杂草，减少越冬虫口；瓜苗附近地面撒石灰粉，防止成虫产卵。

4. 罗汉果果蝇［*Zeugodacus gaudatus*（Fabricius）］

形似小苍蝇，是罗汉果果实的一种主要害虫，在永福、临桂等老产区发生普遍，危害严重。每年 5 月中下旬土中越冬的蛹羽化出土，7 ~ 9 月为产卵期。成虫产卵时，用产卵器刺破果皮，将卵产于果中，卵孵化后幼虫便在果内蛀食危害，使被害果腐烂早落，影响产量。成虫产卵位置多在果腰以上部位，产卵处可见针状大小的圆孔，并常有黄色胶状液渗出。被害果初期不易发现，后期出现未熟先黄，黄中略带红，容易辨认。幼虫成熟后离果入土化蛹。附近林木多的罗汉果地和郁闭度大的果棚发生严重。青皮果被害较其他品种严重。

防治方法：定期摘除有虫的青果和捡拾地面落果，集中烧毁，以防止幼虫入土化蛹，冬季清园，用 5% 的西维因粉处理土壤消灭越冬蛹，成虫羽化期，喷洒 90% 敌百虫 1 000 倍液加 3% 红糖液于蔓叶、果上，诱杀成虫。

六、采收与加工利用

（一）采收

罗汉果开花时间不一，果实成熟时间差别大，要分批采收。一般在 8 ~ 10 月，见果柄枯黄、果皮稍黄、轻捏压时有弹性即可采收。采收过早，果实内含物不充实，糖分少，加工出的果实外观质量差，多为响果（果囊与果壳脱离）和苦果（糖分少）。采收时用左手轻托果实，右手用剪刀将果实剪下，同时剪平花柱与果柄，以免互相刺伤果皮，造成空洞。刚收的果实水分含量大，应排放在楼板或竹垫上，使其糖化。摊凉时果实忌堆积，以防果实沤腐。每隔 1 ~ 2d 应翻动 1 次，7 ~ 10d 后待果皮转黄时即可入炉烘烤。

（二）加工利用

1. 干果加工

将经过摊晾的果实，按大、中、小分级，装入烘箱内，放在烘烤炉上，每次烘烤 4 ~ 5 箱，最后一箱盖上麻袋，便于通风透气。然后在烘烤炉内生火加温。烤果的温度是加工罗汉果质量好坏的关键，常规烤果法烤果的温度要求两头低，中间高，即在果实入炉后的头 3 ~ 4d 和出炉前的 3 ~ 4d 温度控制在 45 ~ 50℃，中期的 2 ~ 3d 火力要大，温度逐步升高，从45℃提高到60～70℃左右。前期果实水分多，逐步升温，让水分慢慢蒸发，否则果实易爆裂形成爆果；中期，果实水分逐渐减少，果实内外温度均匀后，适当升温可加速果实干燥；后期，果实近干透，适当降温可减少响果、焦果。

新烘烤法是入炉时装果隔层的温度为70℃～75℃，一天后降至55℃左右，保持2d，第四天降至45℃左右，此温度再烘1d即可出炉。新法烘烤之果实维生素含量高于旧法1.7倍，含糖量相同，果色光亮，加工成本降低50%左右。

烤果过程中，每天早晚应上下翻果1次，使其受热均匀，尤其在后期，更要勤翻动，以免烤焦。一般7～8d即可烤干。

烘干的罗汉果刷去果皮绒毛，即为正品，凡品种纯正、果形端正而大、干爽、皮黄褐色、摇不响、壳不破、无焦味、味清香、甜而不苦的为上品。

2. 罗汉果茶

罗汉果茶是将罗汉果与优质茶叶加工成细沫，混合后包装成小包装即成。制作工艺：将烘烤干的罗汉果粉碎，颗粒大小为1～2mm，每5克罗汉果粉加2g绿茶，装入4cm见方的薄消毒纸袋中，口端夹一消毒棉线，薄纸袋周围压封好，20袋装一盒，外用塑料薄膜密封。用时用温水一冲即可。罗汉果茶香气浓郁，鲜甜爽口，生津止渴，清肝润肺，化痰止咳，明月益思，回味无穷。

3. 罗汉果甜苷提取

罗汉果甜苷（V）是罗汉果深加工的一个新产品，为浅黄色粉末，具有良好的保健功能，无糖低热、食用安全、且口感好、甜度极高（其甜度为蔗糖的330倍），风味突出，对治疗糖尿病、肥胖症、高血压、心脏病等禁糖疾病有特效。本品易溶于水，热稳定性好，利于贮存和加工，广泛应用于医药、食品、日化、饮料和保健品等行业，现已销美国，日本及国内有关单位。

罗汉果经提取、分离、精制，得到罗汉果苷，产品无溶剂残量，为淡黄色粉末。提取工艺如下：

罗汉果 → 破碎 → 萃取 → 过滤 → 滤液 → 澄清 → 离子交换（脱色）→ 吸附（分离）→ 洗脱 → 浓缩 → 干燥 → 罗汉果苷。

据报道，在提取和纯化罗汉果苷的过程中，$Ca(OH)_2$是一种很好的澄清剂，D280、D290、D61和D151国产离子交换树脂有很好的脱色能力，AB－8吸附树脂能有效分离这种皂苷。

4. 罗汉果果汁生产

配方：罗汉果原液（折光2%）20L、蛋白糖2kg、柠檬酸2.2kg、螯合剂0.3kg、缓冲剂0.2kg、山梨酸钾0.3kg、天然植物赋香剂适量。

按配方称取一定量的罗汉果原液，煮沸加入定量的溶化好的蛋白糖和柠檬酸，混匀过滤，趁热于65～75 ℃下灌装。装瓶后及时杀菌。将装有饮料的玻璃瓶放置温水中升温至90℃，保温15～20 min，然后降温到40℃，取出饮料瓶擦净、贴标。

5. 罗汉果糕

主要原料：罗汉果、糯米粉、白糖。

制作工艺：将成熟罗汉果果实干燥、破碎，去掉种子后，用钢磨磨细过筛成为粉状，加入适量的糯米粉和白糖，用水搅拌均匀成为酱状，倒入方盘中，并用小木板刮成2～3 cm厚的片状，蒸熟，冷却后适度烘干，包装即得。

特点：口感松软，甜度适中，罗汉果味浓郁，是一种良好的具保健作用的小食品。

6. 罗汉果汁粉

主要原料：罗汉果、β－环状糊精、黄原胶、多糖。

制作工艺：将成熟、干燥的罗汉果破碎后，加入8～10倍清水，在70℃下浸泡2～3 h，其中应适度进行搅拌以便浸提均匀，然后用纱布过滤浸提液，一般连续浸提4次。最后将各次浸提液合并，加入适量的β－环状糊精、多糖和黄原胶搅匀，高压均质，浓缩脱气，待固形物达80%以上时进行真空干燥，并粉碎成粉状，过筛，包装即得。

特点：色泽黄褐，加水能迅速溶解，水溶液色淡黄彻亮，具有明显的罗汉果香气及甜味，口感丰润，余味悠长。

7. 罗汉果咖啡茶

主要原料：罗汉果汁粉、速溶咖啡、白糖

制作工艺：将罗汉果汁粉和速溶咖啡按3∶1的比例混合均匀，再调入适量的白糖使甜味适中，经适宜的干燥后，用锡箔纸制做的包装袋包装即得。

特点：色泽为黄褐至咖啡色，加人热水即成为乳状液，罗汉果味、咖啡味并存，香气浓郁持久，口感甘甜鲜爽，特别适于中老年人饮用。具有清肝润肺、止咳祛痰、提神醒脑之效。

8. 罗汉果膏

主要原料：罗汉果汁粉、速食凉粉、白糖。

制作工艺：将速食凉粉加入少量清水搅成乳状

液，然后慢慢倒入煮沸的清水中，边倒边搅拌，再加入适量的罗汉果汁粉及少许白糖，拌匀并熬煮，当液面出现粘膜、固形物达75%左右时停止加热，倒入预置的罐头瓶中，自然冷却，待凝固后真空封口，包装即得。

特点：色泽光润，状如水晶，罗汉果香气及甜味浓郁，口感细腻，特别适宜于老年人及少年儿童食用。具有清热解暑、清胃润肠、清肝润肺、止咳祛痰之功效。

9. 罗汉果冲剂

主要原料：罗汉果、糊精、蔗糖粉

制作工艺：将成熟罗汉果干燥处理后破碎，加水煎煮一定时间后，去渣取汁，加人少量糊精后将汁煎熬成浓稠浸膏，再加入适量的蔗糖粉，充分拌匀，并捏成小团状或搓制成颗粒，然后在不超过60℃的温度下烘干，冷却后磨碎过筛，包装即成。包装可直接用袋装，也可以先将其压成长3cm、宽2cm、厚1cm的方块，外包一层防潮纸后，再用盒装。

特点：本品可作为保健药品使用，具有清热、润肺、去痰、止咳之功效，临床上常用以治疗肺热、咳嗽、痰多等症状。同时有便于携带、贮存以及服用方便、作用快等特点。

（潘晓芳）

67. 喜　树

喜树（*Camptotheca acuminata* Decne.）是蓝果树科（Nyssaceae）喜树属（*Camptotheca* Decne.）多年生亚热带落叶阔叶树，此属仅喜树一种植物，为我国特有经济树种。现广泛分布于长江流域及其以南诸省区。常见于低海拔的山区、谷地、林缘、溪边，不耐干燥寒冷，喜温暖湿润气候，在适宜的生境条件下生长迅速，年生长量最多可达1.5m，多为四旁绿化树种或被老百姓用作薪炭。

喜树又叫千丈、水冬瓜、旱莲等。它是一种多用途经济树种，集药用、材用、观赏和绿化于一体。喜树材质轻软坚韧，干燥速度快，不翘裂；但不耐腐，容易感染蓝变色菌；喜树木材切削容易，切面光滑，且花纹也较美观，油漆后光亮性也较好，因此，喜树木材可作室内装修用的装饰条。另外，喜树木材也是农具、包装、造纸、火柴杆、胶合板等工业原料。喜树的枝叶所含营养元素也较丰富，据分析，干叶含氮2.62%、磷0.51%、钾2.56%。每500 kg干叶的肥分相当于磷酸铵65.5 kg、过磷酸钙12.8 kg、硫酸钾25.5 kg。因此，也是较好的木本绿肥树种。

自古以来，喜树即为重要药材，且可全株用药，用于治疗恶性疔毒、肿瘤。在《江西中草药学》及《浙江民间常用药草》中均有关于喜树用于治疗肿瘤、疮痈、牛皮癣等病症处方的记载。在我国民间，尤其是在一些少数民族居住区也常被入药使用。喜树的根、皮、茎和种子中均含有喜树碱（Camptothecin，CPT），现代医学研究表明，喜树中的生物碱——喜树碱具有独特的抗癌机理，它能通过抑制癌细胞DNA复制过程中拓朴异构酶Ⅰ的活性而对胃癌、结肠癌、直肠癌、绒毛膜上皮癌、头颈部肿瘤、膀胱癌以及白血病等多种恶性肿瘤具有显著的疗效。

喜树除含有抗癌活性物质喜树碱，还是富含ω-3系列多不饱和脂肪酸——α-亚麻酸的植物性新资源。α-亚麻酸是人体的必需脂肪酸（essential fatty acid），在人体内对于稳定细胞膜功能、调节基因表达、维持细胞因子和脂蛋白平衡、抗心血管疾病、抗炎症、抑制肿瘤并保持癌症患者正常代谢和体能、增强自身免疫能力、促进生长发育等方面具有重要的作用。

据国外研究，喜树碱还是一种防治家蝇的有效化学不育剂。

喜树对有害气体如二氧化硫、氟化氢、氮氧化合物的抗性较强，而且病虫害少，适应性强。喜树主干通直挺拔，冠形似宝塔，春夏郁郁葱葱，是公园、街道、机关、厂矿和庭院等绿化观赏的优良树种。

喜树是我国特有第三纪冰川孑遗植物，广泛分布于长江流域及其以南地区，主要分布在长江流域及四川、湖北、湖南、江西、云南、贵州、广东、广西、浙江等地，河南、安徽、江苏、福建有栽植。垂直分布则因纬度及地势而不同，一般多分布于海拔1 000 m左右的山谷坡地或溪流两岸的土壤肥湿之处。但在云贵高原，生长可达海拔1 800 m。虽然喜树的各个构件含有较好抗癌功效的喜树碱（CPT），但由于我国生产技术落后和信息的滞后，使得喜树碱自1966年发现后一直没有受到重视，也从没有对喜树做过系统的调查和研究。

目前，除了我国有喜树分布之外，在韩国、日本及英国等国家的公园或试验林场有极其少量的栽培。美国自20世纪初以来，曾多次从我国引种喜树，直到1934年才引种成功。据最新资料表明，美国现在有数十株的成年喜树植株和2万多棵喜树苗。我国是喜树的资源大国，虽拥有世界上其他国家不可相比的资源优势，但对喜树的研究却一直落后于美国等发达国家。

一、主要物种

1873年，法国人Joseph Decaisne在中国江西庐山发现喜树，但最早有关喜树的文字记载要追溯到1848年中国清朝时期吴其濬（浚）所著的《植物名实图考》一书中。喜树自发现以来，一直被归属于山茱萸目（CORNALES）下的珙桐科（Nyssaceae）。对于喜树属下分类单位有不同观点，有的学者认为喜树为单种，也有学者将喜树定为3个种2个变种：

1. 喜树（*Camptotheca acuminata* Decne）

落叶乔木，高达20m多。树皮灰色或浅灰色，纵裂成浅沟状。小枝圆柱形，平展，当年生枝紫绿色，有灰色微柔毛，多年生枝淡褐色或浅灰色，无毛，有很稀疏的圆形或卵形皮孔；冬芽腋生，锥状，有4对卵形的鳞片，外面有短柔毛。叶互生，纸质，矩圆状卵形或矩圆状椭圆形，长12～28cm，宽6～12cm，顶端短锐尖，基部近圆形或阔楔形，全缘，上面亮绿色，幼时脉上有短柔毛，其后无毛，下面淡绿色，疏生短柔毛，叶脉上更密，中脉在上面微下凹，在下面凸起，侧脉11～15对，在上面显著，在下面略凸起；叶柄长1.5～3cm，上面扁平或略呈浅沟状，下面圆形，幼时有微柔毛，其后几无毛。头状花序近球形，直径1.5～2cm，常由2～9个头状花序组成圆锥花序，顶生或腋生，通常上部为雌花序，下部为雄花序，总花梗圆柱形，长4～6cm，幼时有微柔毛，其后无毛。花杂性，同株；苞片3枚，三角状卵形，长2.5～3mm，内外两面均有短柔毛；花萼杯状，5浅裂，裂片齿状，边缘睫毛状；花瓣5枚，淡绿色，矩圆形或矩圆状卵形，顶端锐尖，长2mm，外面密被短柔毛，早落；花盘显著，微裂；雄蕊10，外轮5枚较长，常长于花瓣，内轮5枚较短，花丝纤细，无毛，花药4室；子房在两性花中发育良好，下位，花柱无毛，长4mm，顶端通常分2枝。翅果矩圆形，长2～2.5cm，顶端具宿存的花盘，两侧具窄翅，幼时绿色，干燥后黄褐色，着生成近球形的头状果序。花期5～7月，果期9～11月。

分布于江苏南部、浙江、福建、江西、湖北、湖南、四川、贵州、广东、广西、云南等地，在四川西部成都平原和江西东南部均较常见。

薄叶喜树（*Camptotheca acuminata* Decne. var. *tenuifolia* Fang et Soong）。薄叶喜树与原变种的区别在于翅果比较纤细而长，约长3～3.2cm；叶比较薄而细，长8～10cm，宽4～6cm，侧脉常仅11～12对。

圆叶喜树（*Camptotheca acuminata* Decne. var. *rotundifolia*）。圆叶喜树与原变种的区别在于：树皮栗色，叶圆形或近圆形，侧脉4～7对，花瓣背面仅上部有毛。

2. 云南喜树（*C. yunnanensis* Dode）

SY Li根据多年的研究结果认为：被并入*Camptotheca acuminata*中的云南喜树（*Camptotheca yunnanensis* Dode）应为喜树属中一个独立种。与喜树原变种的区别在于：半落叶，狭叶，12～14侧脉；果实灰色，光滑，有光泽，三侧具窄翅；红色下胚轴，线形，针形掌状子叶（2～4对侧脉）。

3. 洛氏喜树（*C. lowreyana* S. Y. Li）

与喜树原变种的区别在于：心形或卵形叶，下表面绿色有光泽；果实灰褐色，光滑，有光泽，而且较长（26～32cm）；子叶6～8对侧脉。

二、生物学特性

（一）生态习性

1. 光照

喜树喜光，光照充足则树冠发育良好，干径加粗生长快。同为12年生的喜树人工林，阳坡上的树高为11 m，胸径22.1 cm；而阴坡上的树高只有9.6 m，胸径16.8 cm。但喜树在幼苗、幼树阶段比较耐庇荫，一般天然更新的喜树幼林，大都分布在比较阴湿光照不强的沟谷山地。在光照不好的地方，喜树分枝多，树冠大，干形差。

2. 温度

喜树的中心产区地处亚热带，年平均气温14～18℃，无霜期250d以上。在喜树分布区的最北端——秦岭南坡及河南的南部山区，喜树及其幼苗虽不经防护即可安全过冬，但每年都经受冻害而枯梢，导致喜树生长缓慢。如河南新县林场栽培的20年生喜树林平均高12.8 m，平均胸径17.9 cm。因此，低温是影响喜树分布的主要原因之一。

3. 降水

喜树在年降水量800～1 000 mm的地区，只要温度适宜，均可栽培。喜树根系发达，不耐干旱。幼苗期的喜树，干旱会造成喜树的成活率大大降低，会使喜树生长缓慢。喜树较耐水湿，在地下水位较高的河滩沙地、河湖堤岸及渠道埂边生长都较旺盛。如湖南洞庭湖区南县，在一条排灌渠堤上栽植的喜树林带，7年生平均树高11 m，胸径13 cm，最高12 m，胸径最大16 cm。

4. 土壤

喜树对土壤的适应性很强，在红壤、黄壤、紫色土、冲积土和黄棕壤上均能生长，但喜树最适宜在土层深厚、肥沃、湿润、排水良好、酸碱度适宜（pH值6.0～6.5）的土壤上生长。在干燥瘠薄、含石砾较多的微碱性土壤上，虽能适应，但生长缓慢。因喜树属深根性树种，土层较薄时，限制了根系的生长发育。这种情况在以石灰岩山地为主的贵州和广西最为明显。

（二）生长发育

喜树于每年3月下旬开始抽梢，7～8月为生长盛期，9 月中下旬高生长停止；径生长以 7 月上旬至 8 月最快，10 月中旬生长基本停止。因地域不同喜树的生长发育也有较大差异。在四川成都喜树一般在 3 月上旬开始萌动，5 月中旬开花，11 月上中旬果实成熟，11 月中下旬进入落叶期。而在秦岭南坡，喜树在 3 月中下旬开始萌动，6 月中下旬为盛花期，10 月中下旬果实成熟，11 月上旬落叶。

喜树生长快，速生期早。3 ~ 10 年为树高生长速生阶段，一般年生长 1.0 ~ 1.8 m，最大值出现在 4 ~ 10 年。郁闭度较大的林分，生长更高，年最高可达 2.0 m；10 ~ 30 年间的高生长稍次，年高生长 0.7 ~ 0.8 m；30 年后为生长缓慢阶段，年平均高生长 0.4 m 左右；40 年以后处于比较稳定阶段，每年增高很少。胸径生长以 3 ~ 20 年为速生阶段，连年生长量 1.0 ~ 2.0 cm，最大值出现在 6 ~ 15 年，20 ~ 35 年每年增高 0.8 ~ 0.9 cm；40 年以后生长缓慢，但能持续到 55 年左右，连年生长量在 0.6 cm 以上；直到 85 年前连年生长量仍有 0.3 cm，胸径生长持续时间长，故能长成大径材。材积连年生长量从 15 年以后加快，30 ~ 35 年达到最大值（0.082 m^3），以后逐年下降。如四川彭州白鹿乡所栽培的 39 株喜树，平均树高 39.0 m，平均胸径 65.5 cm。根据解析木材料，91 年生时，树高 38.9 m，胸径 60.6 cm，单株材积 5.463 9 m^3（29.6 m 处分枝）。

三、栽培技术

（一）苗木繁殖

喜树繁殖的方法多种多样，可采用播种育苗、扦插育苗以及微体快繁等多种形式。通常，生产中培育种用喜树苗木时，常采用播种育苗和扦插育苗两种方式。

1. 播种育苗

（1）良种采集。采种母树应选择生长迅速、发育健壮、树干高大、通直圆满、无病虫害和结果量大的 15 ~ 20 年生壮龄母树。主产区一般在 11 月份中下旬果实成熟，待喜树瘦果由表绿转变为淡黄褐色，即为种子充分成熟的特征。种子应是在当年采收后到翌年春季播种，否则，陈旧种子发芽率极低甚至不能发芽，存放 1 年的陈旧种子发芽率低于 10%。良好的喜树种子每千克 2.5 万 ~ 3 万粒，千粒重 33 ~ 45 g。

（2）培育壮苗。喜树苗期怕涝，怕旱，忌霜冻，喜肥湿。因此，育苗地应选择在排水良好，灌溉方便，土层深厚、肥沃、湿润疏松，微酸至中性的壤土或砂壤土。由于喜树幼苗侧根不发达，忌选土壤过于黏重之地育苗。圃地选好后，应深耕细整，并施足基肥，做好苗床。在喜树主分布区如四川，应在早春（3 月初）播种，采用条播，条距 30 cm，条内间隔 7 ~ 10 cm 下种 3 ~ 5 粒，不应过密，每公顷播种 60kg 左右。种子上面覆土厚度以 1.0 cm 左右为适宜，否则覆土太厚，不利于子叶出土。为促进提早发芽，可在播种前对种子进行沙藏催芽 1 周，沙子的湿度以手握不出水为宜。催芽后的种子播种后 7 ~ 10d 即可发芽，比不催芽的种子可提早发芽 10 ~ 15d，且出苗整齐。

苗木出土后，幼苗正处于根系形成时期，入土浅，苗根分布范围窄，且幼嫩脆弱，对不良环境反应敏感，忌干旱，应经常注意水肥管理和中耕除草，以保持苗床疏松湿润，促进根系生长和形成。当幼苗长出 3 ~ 4 片叶、苗高达 10 cm 左右时，应及时间苗、定苗，使苗木在苗床上分布均匀，以免苗木因分化剧烈而降低苗木质量。

7 ~ 9 月份是苗木速生期，也是培育壮苗的关键时期。这个时期苗木的高生长量占整个年生长量的 80% 左右，径生长量占整个年生长量的 50% ~ 60%，特别要注意勤浇水，保持土壤干湿适度，并不能使土壤板结。同时要及时施肥。这样一般能使 1 年生喜树苗木高达 70 ~ 110 cm 左右，地径 1.0 cm，最高可达 150 cm 以上，地径在 1.5 cm 以上。这个时候的苗木在冬季最易受冻害，需要加以保护，使之安全过冬。第二年春天，就可以用它来造林。如果是供行道树或庭园绿化时，苗木需 2 年生、苗高达 2 m 时移植苗木。

2. 扦插育苗

喜树具有较强的再生能力，可以利用其营养器官进行繁殖，并且能保持母本的优良类型的遗传性状。一般可采用短穗扦插，扦插穗条上有一芽一叶即可繁殖一株苗木，成活率高，发根成苗也快。

（1）培育优质采穗母树。扦插成活率的高低、苗木质量的好坏与采穗母树生长的好坏关系极为密切。首先选择生长健壮的母树并认真进行肥培管理，并进行轻修剪。同时及时中耕除草、施肥、灌水，并防治病虫害。

（2）扦插圃地的选择与整理。苗圃地是培育优质喜树苗木的基础，要求圃地土壤肥沃、排水良好，呈弱酸性，向阳且不受风害，水源充足，便于灌溉。

（3）扦插的时间。喜树的扦插时间以夏插较为理想。此时穗条较多，枝条粗壮，气温和土温都比较高，剪口愈合发根快，成活率也高。

（4）插穗的处理与扦插。在剪取穗条前的半个月左右，对母树进行一次打顶，以促进枝条粗壮、腋芽饱满，枝条大部分已木质化或半木质化。剪取穗条最好在清晨进行，剪取的枝条要避免暴晒，并注意洒水保持湿润。要求剪随扦插。插穗长度约 5 cm 左右，至少有一个成熟的节、一个饱满的腋芽和一片健全的叶，如叶片太大，可以适当剪去 1/2。穗条下端剪口要求平滑，成 45°倾斜以增加与土壤的接触面，上端剪口应距叶柄 4 ~ 5 mm 且平。扦插前应在圃地上适量洒水，使土壤湿润。扦插时株距以 2.5 ~ 3 cm 为宜，根据叶片大小可适当放宽或缩小，以不使叶片重叠太多为好。穗条与土壤面成 60°，入土深度以叶柄基部腋芽处微露出土面为度，并将土压紧，使短穗与土壤密接，以利于剪口愈合发根，同时边插边浇水，并及时盖好荫棚。

（5）扦插后的管理。喜树扦插后管理工作十分重要。扦插后应及时遮荫，并有适当的光线，能让穗条得到微弱的阳光，以利于发根。扦插以后，苗圃要经常浇水，每次浇水应使苗床土壤全部湿润。浇水应用喷水壶，水要清洁，以防止有害菌类或微生物危害穗条。苗圃除草要及时，以免杂草影响插穗的生长。扦插 20d 到 1 个月要全面检查，发现穗条叶片干枯变黑，应及时拔掉补插。追肥要少量多次，一般在扦插后的第二年开始进行。

（二）造林

喜树造林一般海拔不宜过高，应在 1 200 m 以下为宜。海拔太高，容易连年遭受冻害枯梢，而且生长缓慢，甚至不生长。此外，林地土壤应深厚、湿润、肥沃。

喜树一般种植于"四旁"及作为滨湖、平原区防护林树种。但喜树抗风力不太强，不宜营造单纯林带，应与其他树种混交，栽在林带的背风面。喜树生长快，干形直，出材率高，在山区、丘陵区立地条件较好的沟谷坡地也可营造用材林。根据生产喜树碱的需要，也可以营造以采叶为主的喜树半灌木林和以采种为主的喜树乔木林。

营造用材林，可采用全垦或撩壕整地；"四旁"种植要挖大穴，挑客土，施底肥。山区、滨湖、平原区最好用截干造林，成活率高，生长好。截干造林不宜深栽，比苗木原来土痕深 3 ~ 5 cm 即可，截干露头也不宜过高，离地 2 ~ 3 cm 较好。造林季节应于冰冻期后，叶芽即将萌动时为宜。造林的密度，"四旁"可采用 2.5m × 3m 的株行距，护田林带为提早产生防护效果，以 1.5m × 2m 的株行距为宜。混交林带应与生长速度比较一致，与树冠较小的香椿、臭椿、栾树、白榆、水杉等树种混交。山区、丘陵区成片造林，为了促其提早郁闭，有利于培育通直良材，可适当密植，采用 2m × 3m 的株行距，待郁闭成林后，通过间伐调整密度。

以采叶为主的喜树半灌木林宜采用 1 年生实生小苗，定植株行距为 1m × 1m，每亩种植 1 000 株左右。建园初期，先定干高，以 50 ~ 70 cm 为宜。应加强修剪，使之多萌发侧枝。第二年开始采叶利用，同时辅以进一步修剪，使树体加大。随着树体的不断长大，枝叶交错过密，可逐步间疏部分苗木，另异地种植，这样才能使树木有足够的空间，保持树势，达到产叶稳定的目的。在抚育管理过程中，应事先设计好，按 3m × 3m 的株行距保留植株。同时在整个过程中应加强浇水、施肥，以促使树体尽快长成。随着每年的叶子采收过程，应及时辅以修剪，以防树体长得过高，一般不超过 2 m 为宜。在初期采摘树叶时，不能伤及枝条和芽，保证有足够的侧枝长成。

以采种为主的喜树乔木林在树苗移植前要先挖穴，施足基肥。造林季节以春分前后叶芽即将萌动时为宜，造林密度以采用 2.5m × 3m 的株行距为宜。待郁闭成林后，还可通过间伐调整密度。

如果以实生苗造林，喜树一般在 5 ~ 7 年开始结果，树龄在 10 ~ 20 年为盛果期，25 年以后，喜树结果量将逐年减少。若用无性繁殖苗造林，可以使喜树提早结果，对喜树果早利用，早见效益。

（三）抚育管理

幼林抚育主要是中耕除草、抹芽修枝、追肥等工作。中耕除草一般是在造林后 2 ~ 3 年内，幼林没有郁闭时进行，每年 2 ~ 3 次。防护林带或成片造林搞林粮间作的，可结合农作物培育管理进行。喜树主根发达，萌芽能力强，幼林期间应注意抹芽修枝，为培育优良干材，最好用春季抹芽代替修枝。截干造林应及时除去多余的萌条并进行培土。幼林期修枝不能过度，应采取轻修枝重留冠的修枝方法，在冬季按冠干比 2∶1 的强度，修去下部侧枝，有枯梢的要剪除，人工辅助换头，夏初定头控侧，剪除直立枝、竞争枝，以免枝杈横生，干形弯曲。

间伐可根据造林密度、立地条件及培育用途来确定间伐开始年限、次数和强度，一般 2m × 3m 的成片造林，第一次间伐可在造林后 6 ~ 8 年内进行，如培育大径级用材，15 年生左右还可进行第二次间伐。各次间伐的强度，应视林分生长情况确定，至主伐年龄每公顷保留 900 株左右。防护林带的间伐，应以林带的稀疏度要求为准则，一般保持 25% ~ 40% 的通风度。喜树萌芽能力强，可萌芽更新一至二代，培育一般用材 20 年生左右即可进行主伐，培育较大径级用材可在 30 年生左右主伐。

四、病虫害防治

喜树的各个部位都含有毒性的生物碱，因此，危害喜树的病虫害相对较少，主要有根腐病、黑斑病、刺蛾类和叶蝉类。

（一）病害防治

1. 根腐病

主要发生在苗期，由于雨水过多或排水不良，土壤通气不好所致。因此，要注意苗圃的选择，同时加强松土除草，改善环境条件，施加追肥，加速苗木生长，增强抗病能力，同时注意排水。

2. 黑斑病

多出现在苗期和幼林期，滨湖区较为普遍，一般发生在 7 ~ 8 月。为预防黑斑病，育苗不要连作。发病后可用 0.5% ~ 1% 青矾液、0.3 波美度石硫合剂或代森铵 800 倍液防治。

（二）虫害防治

1. 刺蛾、毒蛾类

常见的有黄刺蛾、绿刺蛾、青刺蛾及黄毒蛾等。它们主要危害喜树的叶，影响庭园绿化和环境美化效果。防治它们，可结合抚育，消灭越冬蛹；在羽化期用灯光诱杀成虫；幼虫可用 90% 的敌百虫或 50% 敌敌畏，效果较好。

2. 叶蝉类

主要是淡色缘脊叶蝉。它主要危害喜树的叶部，以成虫、若虫在叶背刺吸汁液，使叶片枯萎变黑而提早脱落。可用 40% 的乐果乳油2 000倍液、40% 氧化乐果乳油于 8 月中下旬采取喷雾方式防治，杀虫效果较好。

五、加工利用

喜树在民间作为重要药材，用于治疗恶性疔毒、肿瘤。目前喜树的主要用途为提取具抗癌活性的喜树碱及其衍生物羟基喜树碱。除喜树碱和 10-羟基喜树碱外，研究者还从喜树中分离得到了其他的喜树碱衍生物（表 67-2）。

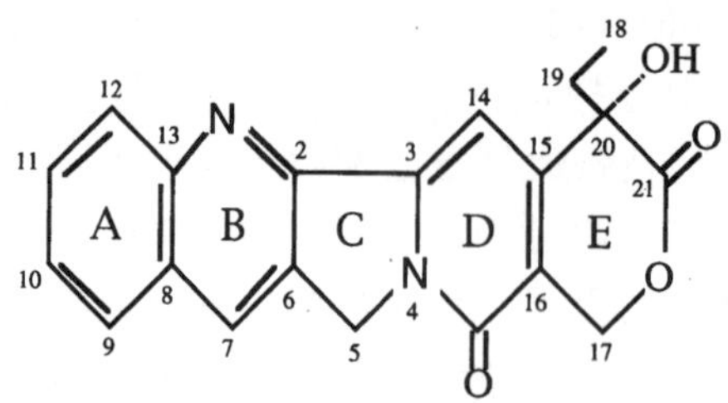

图 67-1 喜树碱化学结构式

表 67-1 喜树中天然喜树碱衍生物

序号	化合物名称	分子式	来源
1	10-羟基喜树碱	$C_{20}H_{16}N_2O_5$	全株
2	11-甲氧基喜树碱	$C_{21}H_{18}N_2O_5$	果实
3	脱氧喜树碱	$C_{20}H_{16}N_2O_3$	果实、树皮
4	11-羟基喜树碱	$C_{20}H_{16}N_2O_5$	果实、木质部、树皮
5	10-甲氧基喜树碱	$C_{21}H_{18}N_2O_5$	果实、木质部、树皮
6	10-羟基脱氧喜树碱	$C_{20}H_{16}N_2O_4$	果实
7	18-羟基喜树碱	$C_{20}H_{16}N_2O_5$	果实
8	20-已酰基喜树碱	$C_{26}H_{26}N_2O_5$	树皮
9	20-已酰基-10-甲氧基喜树碱	$C_{27}H_{28}N_2O_6$	树皮

1. 喜树碱的提取

用于提取喜树碱的喜树原料部位，目前已有报道的有果实、根及根皮以及叶片。喜树碱的提取率随提取部位及工艺的差异而不同，一般为 0.01% ~ 0.04%。喜树碱的提取主要包括萃取、分离及重结晶几个步骤。喜树碱的萃取方法很多，目前文献报道的有醇提法、水提法及超临界二氧化碳萃取法。醇提法是使用浓度为 50% ~80% 的乙醇为溶剂萃取原料中的喜树碱，水提法则是采用水煮的方法，另外也有文献报道使用超临界二氧化碳或碱水溶液萃取喜树碱的方法。

方法 1：将喜树根锯成块后磨粉，先用 70% 乙醇浸泡 24h，而后开始渗滤，收集渗滤液 7 倍量，减压浓缩至生药的 0.5 倍，静置过夜，过滤，滤液（pH 值 5.4 左右）用氯仿提取 4 次。残留物用 20 倍甲醇/氯仿（1/1，体积比）混合液回流 1h，过滤。滤液浓缩至析出结晶为止。结晶再用同样混合溶剂重结晶，即得淡黄色片状结晶（得率 0.01%）。

方法 2：将喜树果磨粉，用 80% 乙醇浸泡 24h，而后开始渗滤，收集渗滤液 10 倍量，减压浓缩至

0.6 倍后静置过夜，过滤，滤液用氯仿提取 5 次，提取液浓缩至少量即析出粗喜树碱，用甲醇/氯仿(1/1)混合液重结晶，得淡黄色片状结晶（得率约 0.03%）。

方法 3：新鲜晒干喜树果 100 kg，打粉后分装七个渗滤桶，用 75% 乙醇浸泡 48h 后开始渗滤，收集渗滤液 1 000 L，减压蒸至 60 L 左右，冷却，用布氏漏斗过滤（上铺滤纸及纱布各一层），滤液用氯仿提取 5 次（每次 20 L）。氯仿提取液常压回收至 1 ~ 2 L，冷却，滤取析出的喜树碱粗品，而后用 200 ~ 400 倍氯仿/甲醇（1/1，体积比）混合液回流至全部溶解，趁热过滤，滤液回收至析出结晶为止，即得黄白色片状结晶喜树碱精品约 20 g（得率 0.02%）。

方法 4：喜树根粉以 95% 乙醇 50℃ 提取，浓缩提取液得提取物。提取物以水溶解后过滤，固体部分以氯仿萃取，萃取液浓缩至干。萃取物以甲醇回流冷却至室温后过滤，剩余固体部分再以石油醚回流滤去醚液，固体以 10% 氢氧化钠水浴加热趁热过滤，立即向滤液中加入甲醇及 2mol · L^{-1} 盐酸，60℃ 保温下析出沉淀得喜树碱粗品。氯仿/甲醇（1/1，体积比）得喜树碱结晶。

方法 5（专利技术）：喜树叶粉或果粉以 6 ~ 10 倍体积的 50% ~80% 乙醇渗滤后超临界二氧化碳萃取剩余物质或水进一步渗滤后浓缩萃取液，萃取液经惰性大孔吸附树脂柱层析，以乙酸乙酯、丙酮、乙醇、二氯甲烷、乙酸、正丁醇等为解吸剂解吸后经乙醇或丙酮重结晶后得到喜树碱产品。

方法 6（专利技术）：以喜树果粉或根皮粉为原料，在亚硫酸氢钠或苯甲酸钠的存在下水煮原料，煮液浓缩后以 4 倍体积乙醇分离树胶杂质后析出粗品，经氯仿/甲醇或乙醇重结晶后得到产品。

另外，喜树果实还可以用来提取 10-羟基喜树碱。10-羟基喜树碱是含量最高的一种天然喜树碱衍生物，在喜树果实中的提取得率可达 0.002%。10-羟基喜树碱的活性高于喜树碱，而毒性则比喜树碱低，是我国目前临床应用的喜树碱类药物。10-羟基喜树碱药品名为羟基喜树碱，剂型为针剂。10-羟基喜树碱的提取方法为利用分离喜树碱后的母液，乙酸乙酯萃取后经重结晶得到 10-羟基喜树碱。除提取法外，10-羟基喜树碱的主要生产方法为以喜树碱为原料生物转化法或化学合成法。

2. 喜树碱药物临床应用现状

经过各国学者多年的努力，目前，已有两种喜树碱衍生物获美国食品药品监督管理局（FDA）批准临床应用于治疗癌症，另外尚有数种已进入临床实验阶段，近期可望获得 FDA 的批准。

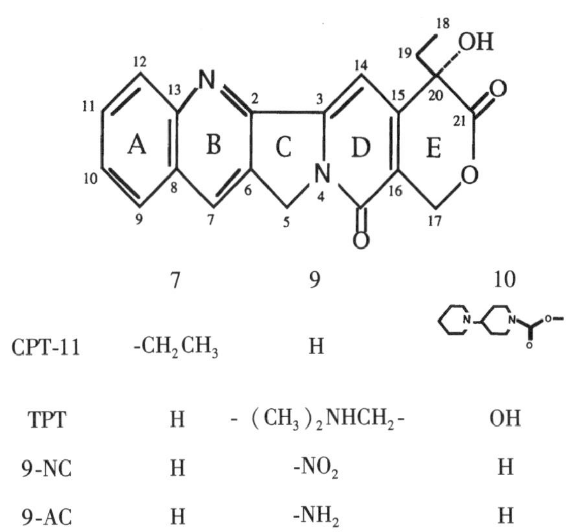

	7	9	10
CPT-11	$-CH_2CH_3$	H	
TPT	H	$-(CH_3)_2NHCH_2-$	OH
9-NC	H	$-NO_2$	H
9-AC	H	$-NH_2$	H

图 67-2　喜树碱临床研究衍生物的化学结构式

（1）Irinotecan（CPT-11）。CPT-11 是一个半合成的水溶性喜树碱衍生物，商品名 Camptosar，于 1996 年获 FDA 批准临床用于治疗结肠、直肠癌。

CPT-11 抗肿瘤范围较广，对动物肿瘤的 S_{180} 肉瘤，Lewis 肺癌，EAC，肝癌，乳腺癌及 L_{1210}、P_{388} 白血病均有明显抑制作用。对 B_{16} 黑色素瘤、结肠癌亦有效。体外试验显示可抑制多种人癌细胞株的生长。对移植人癌（结肠癌、乳腺癌、胃癌等）的裸鼠亦有良效。

日本推荐使用方法为 100mg · m^{-2} 静滴，每周 1 次，或者每 2 周静滴 150 mg · m^{-2}，然后根据白细胞下降程度和腹泻来减量。

（2）Topotecan（TPT）。TPT 亦为喜树碱的半合成衍生物，水溶性较好，商品名 Hycamtin，于 1996 年获 FDA 批准临床用于治疗复发性卵巢癌。该药对多种小鼠肿瘤有效，可以治愈 P_{388} 白血病和 Lewis 肺癌，对结肠癌 38 和 51 模型亦有效。

TPT 在体内可呈内酯型水解或开放的双羟型，但只有前者有抗癌活性。临床药物动力学研究显示肿瘤病人用本药 0.5 ~ 2.5 mg · m^{-1} · d^{-1} 静滴 30min，连续 5d，然后间隔 3 周再用时，其 $t_{1/2}$ 为 3h，最高内酯型浓度为 20.6 ~ 50.8ng · mL^{-1}，平均清除率为 27.0L · h^{-1} · m^{-2}（范围 10.8 ~ 132L · h^{-1} · m^{-2}），肾脏排泄是其主要消除途径，用药后 24h 内约有 45% 药物从尿排出。

Ⅰ期临床用 TPT 治疗 NSCLC、卵巢癌、SCLC、

食道癌、直肠癌、胰腺癌和急性白血病有一定效果，Ⅱ期报道对顽固性卵巢癌有中等疗效，对大肠癌亦有一定效果，但对肾癌和对激素耐药的前列腺癌无效。

TPT的主要剂量限制性毒性是白细胞下降，一般发生在用药后8～10d内，短暂，很少伴有发烧，亦可能伴有轻到中度的血小板减少，其他有恶心、呕吐、腹泻、秃发、发热、无力和皮疹，未见出血性膀胱炎。

（3）9-aminocamptothecin（9-AC）。1986年，Wani博士等合成了9-AC，该化合物的抗癌活性在所有喜树碱衍生物中最强（T/C348%，剂量为2.5mg·kg^{-1}）。1989年，NCI（the National Cancer Institute）/DCT（Division of Cancer Treatment）开始进一步研究9-AC。临床前的筛选工作在Southern Research Institute及另外两个实验室进行，证明其对小鼠的人体移植肿瘤有效，特别是对结肠癌。对小鼠及狗的研究表明，粒性白细胞减少，血小板减少症及胃肠毒性为剂量的主要限制因素。

1994年，Ⅰ期临床研究由NCI/DCT及Pharmacia&Upjohn company在合作研究及发展协议（Cooperative Research and Development Agreement）下合作进行。两个Ⅰ期临床分别在波士顿的Dana-Farber Institute及Bethesda的the NCI-Navy Medical Oncology Branch进行，以确定Ⅱ期临床剂量，剂量为59μg·m^{-2}·h^{-1}连续72h滴注。给药方式研究表明，9～AC口服给药最为有效。

NCI支持了Ⅱ期临床研究，给药方式为每两周1次的72h连续滴注，但无明显的疗效。

Dana-Farber Institute于1992年开始9-AC的临床研究，Ⅰ期及Ⅰ/Ⅱ期对白血病，第Ⅱ期针对乳腺癌。研究结果表明，Ⅰ期对溶解的9-AC以每3周连续72h滴注方式给药，最大容忍剂量（MTD）为45μg·m^{-2}·h^{-1}，嗜中性白血球减少症为剂量限制因素，反应率为3/31。Ⅰ/Ⅱ期针对难治的白血病，口腔炎及呕吐为剂量限制的主要毒副作用，反应率为3/15。Ⅱ期针对不治的转移乳腺癌，也显示了明显的抗肿瘤活性。

（4）9-nitrocamptothecin（9-NC）。Wani博士等人在合成9-AC的同时，合成了另一非水溶性的喜树碱衍生物9-NC，其抗癌活性基本与9-AC相当，该药由美国斯特林癌症研究基金会（The Stehlin Foundation for Cancer Research）开展临床研究。

9-NC的给药方式为口服每日2mg·m^{-2}，连续5d，停药2d后再服用5d，如此重复。在此给药方式下，9～NC平均血药浓度为120ng·m^{-1}。Ⅰ期临床50%的病人表现为病情稳定或微弱的反应，20.69%的病人在治疗期表现为较明显的病情缓解。9-NC的剂量主要限制因素为血细胞减少。每日服药量超过1.5mg·m^{-2}时，25%的病人出现4级中性白细胞减少，32%的病人出现贫血，14%的病人出现血小板减少，其他有恶心、呕吐、腹泻、发热、无力等症状。

9-NC目前正在接受Ⅲ期临床，用于治疗胰腺癌等癌症。

（阎秀峰　张玉红　王　洋）

68. 红 豆 杉

红豆杉［*Taxus chinensis*（Pilger）Rehd.］是红豆杉科（Taxaceae）红豆杉属（*Taxus* L.）植物，中国特有古老残遗种，国家一级保护植物（含本属国产所有种）。近代医学研究表明，红豆杉属所有种含有抗肿瘤活性物质紫杉醇（Taxol），在临床上对几种癌症疗效显著，副作用小的新型抗癌药物，20 世纪 80 年代开始，美国、英国、中国、俄罗斯、韩国、日本都开展了研究，普遍认为紫杉醇是21 世纪人类抗癌的新药。

红豆杉起源古老，对研究红豆杉科植物的分类及其系统发育有重要价值；其树姿优美，四季常青，假种皮红色，为优美观赏树种；木材红褐色，结构细密，坚韧耐用，是高级家具、装饰、雕刻、美术工艺的优良用材。红豆杉无论在医药、用材和园林绿化上均有很高的价值，开展对其天然资源保护、繁育技术和深度加工利用具有着重要意义。

一、主要物种

红豆杉属全球有 11 种，中国 4 种 1 变种。

1. 红豆杉［*Taxus chinensis*（Pilger）Rehd.］

常绿乔木，高 25m，胸径可达 1.4m。树皮灰褐色，条片状剥落，大枝开展。叶条形，螺旋状互生，2 列，微弯曲或直，长 1.5～3cm，宽 2～4mm，上面中脉隆起，深绿色，下面淡黄绿色，中脉两侧各 1 白色气孔带，中脉上密生角质乳头状突点。球花单生，雌雄异株，单生叶腋，雄球花球形有梗，雌球花近无梗，球托盘状。种子坚果状，当年成熟，生于杯状肉质红色假种皮中。

分布：东起浙江，南至广东北部，西达西藏东部，北至甘肃文县，主要分布于南岭、武夷山、武陵山亚热带地区，一般分布在海拔 1 000～1 300m，广东北部 400～500m，西部可达 2 000～3 500m，呈东部低西部高趋势。多散生，纯林罕见，在湖南双牌县阳明山自然保护区，海拔 800～1 000m 处有小块南方红豆杉优势群落，单株树龄多数在 100 年以上，伴生有黄杉（*Pseudotsuga sinesis*）、多脉青冈（*Cyclobalanopsis multinervis*）、银木荷（*Schima argentea*）等。在江南的一些古庙、村旁或残林中保留少量古树，广东连州海拔 500m 处有胸径 1.3～1.92m 的古树数株，湖南炎陵县大垸有树高 18m、胸径 0.75m 大树，湖南城步五团有胸径 1.95m，树龄约 500 年的古树，这些极为珍贵的古木应重视保护。

2. 南方红豆杉［*T. chinsis* var. *mairei*（Lemee et Lévl.）Cheng et L. K. Fn］

是红豆杉变种，与原变种的区别在于南方红豆杉的叶呈弯镰状，叶背中脉无角质乳头状突起点。两者的生物学、生态学特性、地理分布及经济用途与红豆杉相同。在南方以南方红豆杉分布较普遍。

3. 西藏红豆杉（*T. wallichiana* Zucc.）

常绿乔木。叶条形、密集，在小枝上排成不规则的 2 列，常呈‘V’形展开，质地较厚，坚直，先端有刺尖头，叶背中脉和两侧气孔带密被角质乳头状突点。种子圆柱状。产西藏南部海拔 2 500～3 000m林中。阿富汗、尼泊尔也有分布。

4. 云南红豆杉（*T. yunnanensis* Cheng et L. K. Fu）

常绿乔木或小乔木。叶披针状条形，质地较薄，呈弯镰状，在小枝上排列疏散，叶背中脉和两侧气孔带均匀密被角质乳头状突点。种子圆形。产云南西部、四川西南部、西藏东部，生于海拔 2 000～3 500m 地带。不丹、尼泊尔也有分布。

5. 东北红豆杉（*T. cnspidata* Sieb. et Zucc.）

常绿乔木。叶在小枝不规则 2 列，条形、直，稀微弯，先端有刺尖头，叶背中脉带上无角质乳头状突点。种子近球形。产黑龙江、松花江流域以南，张广才岭及长白山海拔 500～1 000m 山地。日本、朝鲜、俄罗斯有分布。

以上种均含紫杉醇，以东北红豆杉和南方红豆杉的含量较高，可达 0.02%。

二、生物学特性

红豆杉（含南方红豆杉）是亚热带树种，常绿阔叶林组成树种之一。分布区经纬度跨度较大，温度条件随纬度的变化，差异也较大，中南部气候温暖，雨量充沛，生长季节长，是红豆杉最适生的环境；西北部气温较低，降水量少，气候干燥，甘肃南部是红豆杉分布的北缘。中亚热带是分布中心，南岭、武陵山、罗霄山和武夷山为集中产地。该地区年平均气温 12 ~ 18℃，年降水量 1 300 ~ 2 000mm，年相对湿度大于 85%，垂直带谱出现在海拔 400 ~ 1 300m，在此分布带上仍保存有少量的古树，在天然群落中属偶见种，处于林冠中、下层。

耐荫树种，喜漫射光，多生于林下，溪旁、沟谷等荫蔽地，云雾缭绕的中山地带是红豆杉生长的最佳环境。幼苗、幼树只需 60% ~ 80% 的透光度，结实母树需光较充足。浅根系，侧根发达，附着力强，常盘结于悬崖缝隙而生，长势良好，对土壤要求不严，但不宜积水。生长缓慢，生命期长。雌雄异株，花期 3 ~ 4 月，种子 10 ~ 11 月成熟，有大小年，结种间隔期 2 ~ 3 年，种子产量与当年授粉季节的天气状况有直接关系，如遇上持续阴雨，雌球花授粉受阻，则种子产量下降。可实施人工授粉而选择良好天气以提高结种率，种子有休眠期。

树干生长实例：南方红豆杉解析木，采自湖南省炎陵县桃源洞自然保护区，海拔 920m，土壤为花岗岩发育的山地黄棕壤，pH 值 5.5，伴生树种有毛竹（*Phyllostachys pubescens*）、多脉青冈（*Cyclobalanopsis multinervis*）、灰柯（*Lithocarpus henryi*）、拟赤杨（*Alniphyllum fortunei*）、大叶青冈（*Cycobanopsis jenseniana*）等。树龄 114 年，树高 18.3m，胸径 35.9cm，材积 0.754 0m^3，树高、胸径、材积年均生长量分别为 0.16m、0.31cm、0.000 66 m^3。以上数据表明，南方红豆杉生长缓慢，从生长规律研究表明，其速生期晚（60 年左右），成熟期长，生长寿命长。

三、栽培技术

1. 采种及种子贮藏

红豆杉种 10 ~ 11 月成熟，假种皮呈暗红色时可采收，因假种皮味甜，鸟兽喜食，应及时采收。采收后，堆放 2 ~ 3d，待种皮软化后搓洗干净，置于通风处晾干，出种率 10% ~ 15%，千粒重 5 ~ 6g。坚果状的种子种皮坚硬并附有蜡质层，切勿暴晒和干藏，用湿沙分层贮藏可保持发芽力。

2. 播种育苗

红豆杉种子育苗成败的关键是混沙贮藏，去蜡、变温处理和遮荫，干藏会严重丧失发芽力。以 2∶1 的湿沙分层贮藏为佳，播种前用碱性液泡 1 ~ 2h，再用细沙搓磨，可以去蜡和搓伤种皮，促进发芽。用变温可打破休眠，发芽整齐，苗床遮荫，透光度不能低于 50%，抓住了以上 4 个环节，发芽率可达 85%。

宜在山间，荫坡地或疏林下开辟苗圃，力求保持自然生境状况，以满足其生理需要。圃地要精耕细作，尤以苗床表土要平整、种子细小，覆盖不宜太厚，厚度在 1cm 为宜，上面覆盖稻草，搭荫棚，透光度 5% 左右。播种量 75 ~ 90kg · hm^{-2}。1 年生苗高约 10cm，移栽后 3 ~ 5 年达 20 ~ 30cm，可用于造林。

3. 无性繁殖

（1）扦插繁殖。春插以嫩枝为好，秋插以硬枝为好。插穗长约 3 ~ 6cm，扦插时用生根粉处理，可促进愈伤组织的形成。扦插后必须搭透光度为 40% ~ 50% 的荫棚，保持 85% 左右的空气湿度，出苗率可达 70% ~ 80%，扦插成活率较高的还有南方红豆杉、东北红豆杉和云南红豆杉。

（2）组织培养。据资料报道，红豆杉的嫩芽、幼茎、叶、形成层、胚等均可作为植体进行组织培养。愈伤组织形成的迟早和比率，不同种类和同一种类的不同个体之间存在差异，同时与外植体类型、取样部位、采集季节、光照条件、培养基种类等因素有关，东北红豆杉、南方红豆杉和云南红豆杉形成愈伤组织较明显。有资料显示，一定浓度的水解酪蛋白（CA）能促进东北红豆杉和南方红豆杉的愈伤组织生长及紫杉醇的积累，重组 DNA 技术可提高紫杉醇的含量，也是今后发展的方向。

4. 造林和抚育管理

红豆杉是慢生和耐荫树种，对造林地的小生态环境要求严格，主要是光照和湿度能否满足其要求，而成为对造成林地选择的先决条件，以阴坡、谷地为好，尤以混交林下进行套种最佳，对土壤无严格要求。营造红豆杉药用生态林造林密度在6 000 ~ 6 750株 · hm^{-2}为宜。红豆杉幼苗侧根发达，栽植时截除过长的根系可提高成活率。造林后 5 ~ 6 年内加强抚育管理，重视抗旱和施肥，不要全部清除林地灌林和杂草，控制在 50% 左右的透光度有利于红豆杉幼树成长。

四、加工利用

1971 年美国学者首次从短叶红豆杉茎皮中提取到紫杉醇，1989 年在临床上用紫杉醇治疗卵巢癌获得成功，自此之后，被认为对多种癌症具有独特疗效，具治癌和抗癌机理，是新的突破，在今后相当长的时间内紫杉醇为治癌的首选药品，嫩枝、树叶制作紫杉茶具有抗癌、利尿、降血压、消炎作用，木材珍贵，可作为园林和制作盒景，观赏价值高，人工繁殖和栽培具有广阔前景。

红豆杉天然资源稀少，据资料记载，全球目前有红豆杉属的11个种的野生植株约2 500万株，中国占有全部资源的1/2，由于其紫杉醇含量低，茎皮含量为0.1% ~0.2%，利用野生红豆杉控制紫杉醇，对全球每年增加数百万癌症患者所需药品量望尘莫及，因此，对红豆杉资源的开发与利用，建立红豆杉药用生态基地已刻不容缓。中国有5种红豆杉，分布于全国不同气候带和地区，与世界其他国家相比，具有得天独厚的地理、气候和资源优势，进行人工林栽培和紫杉醇提取研究工作，对发展地区经济和保持生态环境均具有重要作用。

（刘克旺）

69. 三 尖 杉

三尖杉是三尖杉科（Cephalotaxaceae）三尖杉属（*Cephalotaxus* Sieb et Zucc. ex Endl.）中国特有的孑遗植物。近年来国内外学者从三尖杉的根、叶、枝、树皮和种子中提取出许多种生物碱，其中三尖杉酯碱、高三尖杉酯碱、脱氧三尖杉酯碱和异三尖杉酯碱对恶性淋巴肉瘤、坏血病有良好疗效，近年来，我国医务工作者应用三尖杉碱对急性非淋巴性结核病患者的治愈率达 80% 以上。木材纹理细致、坚实、有弹性为优良用材；种子含油 55% ~75%，为工业用油；树姿优美，可供观赏。三尖杉集药用、用材和园林观赏于一身，开发利用前景良好，但迄今为止很少人工培育，值得重视。

一、主要物种

本属全球 9 种，我国 7 种 3 变种。主产秦岭以南，含抗癌生物碱的物种及变种有：

1. 三尖杉（*Cephalotaxus fortunei* Hook. f）

常绿乔木，树皮褐色。大枝开展，梢下垂，小枝绿色，近对生，基部有宿相芽鳞。叶条状披针形，微弯，先端渐尖，长 4 ~12cm，宽 3.5 ~4.5mm，叶面深绿色，叶背中脉两侧有白色气孔带。球花单性，雌雄异株，雄花数个聚生成头状，腋生，总花梗长 6 ~8mm，基部苞片；雌花具长梗，生于小枝基部的苞腋或枝顶，花梗上部的苞片交叉对生，每苞腋有 2 胚珠，胚珠具珠托。种子核果状，被肉质假种皮全包，椭圆状卵形，长 2 ~3cm，成熟时紫色，顶端直尖头。分布于浙江、安徽、福建、江西、湖南、广东、广西、贵州、四川、云南、湖北、河南南部、陕西南部和甘肃南部。在东部分布于海拔 1 200m 以下，西部海拔可达 3 000m。多散生，少有纯林，常生于针阔混交林或阔叶林中，在湖南的绥宁县黄双自然保护区海拔 900m 处与多脉青冈（*Cyclobalanopsis multinervis*）、甜槠（*Castanopsis eyrei*）、西川朴（*Celtis vandervis*）、白玉兰（*Magnolia denudata*）、青钱柳（*Cyclocarya paliurus*）、猴头杜鹃（*Rhododendron simiarum*）等混生，居林冠中、下层。

本种有 2 个变种均含生物碱。

（1）高山三尖杉（var. *alpina* Li）。与三尖杉的区别，本变种的叶较短、较窄，长 4 ~9cm，宽 3 ~3.5mm，雄球花无总梗或短。产云南西北部、四川西部及北部和甘肃南部海拔 2 300 ~3 700m 高山地带。

（2）绿背三尖杉（var. *concolor* Franch.）。与三尖杉的区别，本变种叶下面无白色气孔带，全为绿色。产四川、贵州、江西海拔 1 000 ~1 300m 地带。

2. 粗榧（*C. sinensis*（Rehd. et Wils.）Li）

常绿小乔木。条形叶，长 2 ~5cm，宽约 3mm，质地较厚，先端急尖，中脉明显，叶背有两条白色气孔带。种子卵圆形。产地同三尖杉。

3. 篦子三尖杉（*C. oliveri* Mast.）

常绿灌木，高不及 4m。叶条形，质硬，在小枝排成坚密的 2 列，形如篦梳，长 1.5 ~3cm，宽 3 ~4mm，近无柄，先端有尖头，上面拱圆，中脉不甚明显，背面有两条宽的白色气孔带。种子倒卵圆形或近球形。产湖南、湖北、江西、广东、贵州、四川、云南等地。生于海拔 300 ~1 500m 针叶、阔叶林下或沟槽、山谷荫湿地。本种天然资源稀少，处濒危状态，被列为国家二级保护植物。

4. 贡山三尖杉（*C. lanceolata* K. M. Feng）

常绿乔木，枝下垂。叶条状披针形，薄革质，长 4.5 ~13cm，宽 4 ~7mm，先端渐尖，上面中脉隆起，叶背有两条白色气孔带。种子倒卵状椭圆形，长 3.5 ~4.5cm，成熟时绿褐色。产于云南西北部贡山独龙江上游，海拔 1 900m 阔叶林中。本种云南特有，分布范围狭小，被列为国家二级保护植物。

5. 海南粗榧（*C. hainanensis* Li）

常绿乔木。树皮褐色或红紫色。叶条形，薄革质，长 3 ~5cm，宽 2 ~3.5mm。种子微扁，倒卵状椭圆形，长 2.2 ~3cm。产于海南、广东信宜、广西容县、云南东南部及西藏墨脱。生于海拔 1 100m 以下南亚热带和北带山地雨林中。

二、生物学特性

三尖杉主要分布中亚热带，部分可延伸至南亚热带和温带，是常绿阔叶林和常绿落叶阔叶林组成树种之一。产区年平均气温 14 ~18℃，极端低温 −12 ~ −8℃，年降水量 1 000 ~2 000mm，相对湿度 80% 以上。土壤主要呈山地黄壤或黄棕壤，pH 值为

5～6。阴坡、山沟、谷地，林下是三尖杉生长的主要环境，在森林群落中处于林冠下层。

耐荫喜湿，侧根发达，生长中速，分枝较低，干形略差，荫芽性强。花期3～4月，种子成熟期8～10月。结种有大小年，大年单株产量较高，遇上小年结种很少或不结种，其原因，除三尖杉自身的遗传特性外，与授粉季节及天气状况也有直接关系。

三、栽培技术

1. 采种与种子贮藏

三尖杉假种皮呈紫红色时种子已形态成熟，假种肉质含果胶和糖类，鸟兽喜食，要及时采收。采摘后要堆放4～5d待假种软化，揉烂搓洗干净，于通风处晾干。种子有休眠期，需要进行催芽处理，可采用混沙分层贮藏和变温打破休眠。混沙分层贮藏的方法，用洗净的细沙，于容器或温室内，与种子分层堆放，沙层厚3cm，种子厚1cm，堆积高度视容器高度而定，沙子要保持湿润，催芽期间要防止鼠害、种子霉变和沙子干燥。温度保持25℃左右，贮藏4～5个月，部分种子胚根可破出种皮，长出胚根的种子用于插种，没有长出胚根的种子，采用变温处理可加速发芽，发芽率可提高90%左右。

2. 播种育苗

（1）圃地育苗。选择土壤肥沃、排水良好、日照短的阴坡地作苗圃。圃地细致整地，施足基肥，用条播，条距15cm，沟深3cm，播种量50kg·hm^{-2}，播后覆土盖草，用透光率50%的黑色遮阳网搭荫棚。苗期采用常规管理，经崔芽后的种子播种，发芽率可达90%左右。幼苗生长缓慢，1年生苗高15cm左右，需留床培育2～3年，苗高30cm左右，根系粗壮发达才能达到造林效果，否则死亡率很高。

（2）容器育苗。选用10cm×14cm规格的塑料容器，营养土按腐殖质60%、黄心土20%、土杂肥20%比例配制，装于容器内，整齐摆放于苗床上，苗床周围及容器间隙用土填实，每容器播1～2粒种子，其发芽率比圃地育苗更高。

3. 无性繁殖

插穗选择侧枝长势好、粗壮的1年生枝，穗长8～10cm，上面留有2～4个小枝，剪出过长的小侧枝部分，用ABT 1号生根粉，浓度200mg·kg^{-1}，浸泡2～4h。圃地宜选择地势平坦的阴坡，排水良好、土壤肥沃疏松的耕作土，做成宽150cm、高10cm的苗床，上面铺盖6cm厚的细沙，扦插的株行距5cm×4～5cm，插后喷封穴。用透光度为5%的黑色遮阳网做成高180cm的封闭大荫棚，保持苗床90%的温度一般在扦插后30d产生愈伤组织，70～80d生根，第二年春称栽，成活率85%左右。组织培养：三尖杉当年生幼茎和未成熟的假种皮能较好地形成愈伤组织，培育出幼苗，为大量发展人工栽培提供了苗木。

4. 造林与抚育管理

三尖杉喜阴湿，生长较慢，对环境要求较严格，造林地要选择光照时间短的阴坡，土壤的腐殖含量较高，排水良好的酸性土、山地黄壤或黄棕壤最好。造林方式宜用混交林，选择生长较快的树种如：木荷、樟树、杜英或落叶树蓝果树、山槐等混交，为三尖杉幼树创造适度遮荫的生长环境，避免阳光直射三尖杉苗，影响其生长。宜林荒山造林，切不可采用皆伐全垦的造林方式，有选择地的保留一些原生植被，定点挖穴，使栽植点不全露在阳光下，有利于幼树生长。营造药用材，造林密度在6 000～7 000株·hm^{-2}。

加强抚育管理是成林的关键，三尖杉幼树生长缓慢，竞争力弱，造林后5～6年尤为重要，要及时清除栽植点周围杂草灌木，定期施肥，秋季抗旱。

四、利用与开发

据有关资料，三尖杉有效酯碱的含量与植株的分布地、海拔高度、植株的不同部位和生长季节不同而不同，这些信息对合理开发三尖杉资源提供了借鉴。对三尖杉细胞悬浮培养，不同的培养方式和理化因子对培养细胞生长和生物碱含量有影响，今后完善三尖杉悬浮培养，提高生物碱含量是研究的方向。对三尖杉的组织培养，愈伤组织通过HPLC分析表明含水量有紫杉醇和10－dAB Ⅲ成分，三尖杉可望成为紫杉醇来源的新途径。

（刘克旺）

四、淀粉与糖类

70. 橡　子

橡子（*Quercus* L.），英文名：Oak，又称栎树，泛指壳斗科（Fagaceae）可利用其坚果作为淀粉或鞣料的一类植物，特指栎属（*Quercus* L.）植物，是我国分布最广、数量最大的一种木本淀粉植物资源，年蕴藏量多达9亿kg以上，相当于近百万亩玉米良田的淀粉产量。

橡子植物可全身利用。其种仁通称橡仁，含淀粉40%～70%，糖类8%～10%，单宁10%～14%，是重要淀粉和鞣料资源；其壳斗通称橡碗，含单宁10%～30%，是很好的鞣料资源；其种皮通称橡壳，可生产活性炭、色素等。许多橡子植物本身是多用途树种，除利用橡子外，其木材通称栎木，是良好的房屋建筑、桥梁及家具用材；树根、小树枝及林下土壤是培养天麻的原料；小径材是培植香菇、银耳、灵芝、木耳的原料；枝桠可作薪炭材；树叶可饲养柞蚕或作家畜饲料；树皮可提取单宁；栓皮是软木工业重要原料等，该种植物具有重要经济价值和良好的立体开发条件。此外，大多数橡子植物是天然阔叶林的建群种或优势种，在保持生物多样性、维护生态平衡、涵养水源、保持水土等方面发挥着极为重要的作用。

我国人民栽培利用橡子有悠久的历史，利用橡子植物饲养柞蚕已有2 000多年历史，《齐民要术》等古书有对于麻栎播种育苗、造林用途的记载。新中国成立后，橡子成为国家统一收购的重要林副产品，在利用橡仁代替粮食浆纱和酿酒方面，我国曾在20世纪50～70年代做了大量工作，仅上海和天津两市，利用橡仁淀粉代粮浆纱，每年为国家节约粮食2 280万kg，为发展林业生产、增加山区农民收入发挥了重要作用。此后，由于对天然林的过度开发和对橡子资源的不恰当利用，全国橡子资源锐减。近年来，随着天然绿色食品、环保产品的兴起和橡子深加工、精加工产品的问世，橡子这一我国传统的淀粉和鞣料资源，又迎来了新的发展机遇。

一、主要物种

橡子植物种类较多，全世界有壳斗科植物9属600余种，我国有7属320多种，大多为野生，资源非常丰富，除青海、新疆、西藏外，全国各地均有大量的橡子植物资源，新疆有少量引种。具有重要开发利用价值的种类有：栓皮栎、麻栎、小叶栎、白栎、槲栎、枹栎、刺叶栎、乌冈栎等20余种。其主要形态特征如下：

大多是高大乔木，常绿或落叶；树皮坚硬，暗褐色，不规则深裂；1年生枝灰褐色，密生软毛。单叶互生，椭圆形，边缘锯齿状，齿尖突出如刺芒，初生叶有毛，后渐脱落，叶脉羽状；具叶柄；托叶鳞片状，常早落。花单性，雌雄同株或异株，花序腋生，无花瓣；雄蕊成头状或柔荑花序，萼4～7裂、复瓦状排列，雄蕊4～20枚，有时多达40枚，花丝为线形，分离，花药2室，直裂；雌花序穗状或簇生，雌蕊1～3枚生于具有多数苞片或刺状总苞（壳斗）内，萼附生子房上、4～7裂，子房下位，3～7室，每室有胚珠1～2颗，花柱3～7枚。果实为具1粒种子的坚果，圆球形、椭圆形至三角状卵圆形，果皮厚而坚硬，木质，淡褐色至深褐色。种仁黄白色，富含淀粉及鞣质，味甘甜至苦涩，无胚乳，子叶2枚。花期4～6月，果期翌年9～10月。

1. 麻栎（*Q. acutissima* Carr.）

又名栎树、柴栎、橡碗树、柞树、黄麻栎、橡树等。落叶乔木，高达30m，胸径1m。产于辽宁南部、河北、山西、陕西、甘肃以南，东至福建，西至四川西部，南至海南、广西、云南等地，以黄河中下游及长江流域较多。垂直分布在云南达海拔2 200m，河南1 600～1 800m（伏牛山），山东1 000m以下（泰山）。生于山地或丘陵林中，常与马尾松、枫香、栓皮栎、柏树、槲树、酸枣等混交，或成小面积纯林。是我国主要优良用材树种。

2. 栓皮栎（*Q. variabilis* Blume）

又名软木栎、大叶橡、花栎、粗皮栎、白麻栎等。落叶乔木，高达30m，胸径1m。树皮栓皮层发达。产于辽宁、河北、山西、陕西及甘肃东南部，南至广东、广西、云南，东至台湾、福建，西至四川西部等地。多生于海拔3 000m以下阳坡，与木荷、枫香、马尾松、麻栎、苦木、山杨、油松、尖齿栎等混生，在秦岭北坡有纯林。可作用材或栓皮。

3. 小叶栎（*Q. chenii* Nakai）

落叶乔木，高达30m。产于安徽、江苏、江西、浙江、湖北、四川东部及福建等地。生于海拔600m以下丘陵地带。在江西海拔800m以下山区，与石栎、枫香、苦槠、木荷、马尾松、白栎等混生，有时成小面积纯林。

4. 白栎（*Q. fabri* Hance）

又名金冈栎等。落叶乔木，高达20m，或成灌木状。产于淮河以南、长江流域和华南、西南各地。生于海拔1 900m以下丘陵山区林中，多与麻栎、枫香等混生，有时成次生矮林。可作薪炭材造林树种。

5. 槲栎（*Q. aliena* Blume）

又名细皮青冈等。落叶乔木，高达20m。产于陕西、河南、安徽、湖北、湖南、广东、广西、福建、浙江、江苏、江西、四川、贵州、云南等地。生于海拔100～2400m山区，常与麻栎、白栎、木荷、枫香、马尾松、甜槠等混生，多成灌丛，有时成小面积纯林。可作用材或薪炭材。

6. 枹栎（*Q. glandulifera* Blume）

又名枹树、柞木、小橡树、青冈树等。落叶乔木，高达25m。产于辽宁、河南、山东、山西、陕西、甘肃、广东、广西、台湾、福建、四川、贵州、云南等地。生于海拔200～2 000m山区或沟谷林中。在河南、山东、陕西常与油松、华山松混生，在长江以南常与马尾松混生或成纯林。可作用材。

7. 刺叶栎（*Q. spinosa* David ex Franch.）

又名铁橡树、铁橡子树、刺青冈等。常绿乔木或灌木，高达15m。产于陕西、甘肃、湖北、台湾、福建、江西、四川及云南。生于海拔900～3 500m阳坡或山脊。

8. 乌冈栎（*Q. phillyraeoides* A. Gray）

常绿乔木，高达10m，或呈灌木状。产于陕西、河南、广东、广西、福建、四川、贵州、云南等地。生于海拔300～1 200m山坡、山顶或山谷密林中。为优良用材。

二、生物学特性

橡树主根发达，侧根少，属深根性树种，一年生幼苗根系长达1m以上，成林时根系可达6～7m。因此，在干旱瘠薄的山地阳坡、半阳坡均能正常生长。萌芽力强，次生林中可以自然萌芽更新。1～5年生地上部分生长缓慢，根系生长较快，以后生长速度逐渐加快，混交林中比伴生树种快2～3倍。但栓皮栎最初几年生长快，20年生以后逐渐缓慢。

橡树喜光，适应性强，我国大部分地区均适宜其生长。多生长在阳坡可半阳坡，也有生长于阴坡的。对温度适宜幅度大，能耐低温或高温。对土壤要求不严，耐旱耐瘠薄，以沙质壤土最适宜。对土壤pH值适应幅度也很广，酸性、中性、石灰质土壤上均可生长，麻栎、栓皮栎、小叶栎等较耐碱，而白栎、槲栎等喜酸性土壤。

三、栽培技术

（一）苗木繁殖

一般采用播种繁殖。选择有排灌条件的砂壤土作圃地，深翻整平后作床，施足基肥。春播在3月下旬至4月上旬进行，秋播在10～11月。播前将种多放水中浸泡1～2d，捞出后摊放在阴凉处，每天喷水保湿，待有部分种子萌芽时即可播种。混沙湿藏的种子，可随时取出播种。播种时要使种子横卧，以利生根出苗。播后覆土厚3～5cm。播种量2 250～3 375kg·hm^{-2}。出苗后，要及时中耕除草、灭虫、浇水、施肥和间苗。

（二）造林

栽植前需整地。平缓地可进行全面整地或带状整地，深30cm左右；土层较厚、坡度在25°以下的坡地，宜采用水平阶梯整地，围山等高呈品字行排列，阶长2.5～3.0m，阶面宽0.8～1.5m，松土深度40cm左右，水平阶上下间距1～1.5m；山地陡坡，采用鱼鳞坑整地，坑的长径1m，短径60～70cm，松土深度40cm。植苗造林在土壤解冻后或晚秋苗木落叶后进行，栽植穴深度和穴径均为30cm，栽植深度比根颈深2～3cm，栽后覆土踏实，每公顷栽4 500～6 000株；直播造林时间、栽植穴的深度和穴径均与植苗造林的相同，每穴播5～6粒，覆土厚6～8cm，每公顷4 500～6 000穴。

（三）抚育管理

栽植后要连续进行除草松土2～3年。第一年3次，在4～8月进行；第二年2次，在4～6月进行；第三年1次，在6月进行。北方地区春季解冻后常发生幼树根系与土壤脱离，甚至被风吹倒或吊干死亡，应及时培土踏穴。1年生小苗要在初冬时培土，加厚土层2～3cm。栽后3～4年应进行平茬，即在休眠期用利刀从基部平地面截掉，第二年选留1株直立粗壮的萌芽条抚育成林，同时封山禁牧。在休眠期要把枯死枝、衰弱枝、病虫害枝及竞争枝修剪掉，一般10年生以前，保留树冠长度为树高的1/3～1/2为宜，10年生以后维持在1/3以上。橡树纯林中的枯死木、弯曲木、被压木、病虫危害木要及时砍掉；混交林中凡抑制橡树生长的其他树种都要砍掉，而在橡树侧下方的伴生树种应尽量保留。

四、采收贮藏与加工利用

1. 坚果采收贮藏

橡子的成熟期因种而异，一般9～10月成熟。成熟的橡子呈黄褐色，橡碗呈灰褐色。商品橡子要求籽粒饱满，有光泽，无皱纹，籽粒呈乳白色或黄色。采集橡子可以在成熟落地时拣取，要随落随拣，以免虫蛀或鼠吃；也可以在大部分成熟时，先于树下铺布，然后摇动树干和树枝，或者用竹竿、木棒敲打，使橡子落地，集中拣取。采回的橡子要及时煮沸，然后晒干，放通风、阴凉、干燥处贮存。

橡子加工利用的途径很多，包括橡仁、橡碗、橡壳，主要产品有淀粉和栲胶，以此为原料，可进一步开发系列深加工产品。另外，加工剩余物也具有较好的综合利用价值。橡子的加工不需复杂的设备和机械，可根据当地实际情况，因陋就简。以下介绍一些重要的加工利用新途径。

2. 橡子淀粉（或橡仁粉）

湿橡子仁壳比例约为8:2，橡仁含淀粉40%～70%，是生产淀粉的优良原料。橡子淀粉的加工工艺简单，基本加工工艺流程如下：

橡子→干燥→脱壳→浸泡→粉碎→过筛→浸漂→干燥→成品。工艺的关键是除杂（主要是单宁）和漂白。未经处理的淀粉色黄味涩，常用浸漂剂有冷水、热水（70℃）、碱水等，以碱水效果最好；漂白剂多用次氯酸钠，双氧水也有很好的增白效果。化学实验和毒理实验均证明，橡子淀粉对人畜安全无毒，可以食用。以橡仁粉为原料，适量加豆沙、糖、琼脂等熬制，可加工制作风味独特的橡子羹；以橡仁粉、稻壳等为原料，经糖化发酵，可酿造白酒；还可加工橡子酱、橡子豆腐、橡子粉丝。工业利用方面，可制取草酸、变性淀粉、橡仁胶（橡子淀粉胶）、葡萄糖、工业酒精、电池填料等。其浸漂后的废液可生产液体栲胶、染料、颜料等；废渣可加工成饲料、酒精、增稠剂等。

橡子淀粉支链淀粉含量高，比粮食淀粉黏度大，有利于形成凝胶，深度开发利用前景广泛，可用作纺织浆料、石油工业缓冲剂和宇航电子工业粘合剂的改性淀粉，可作为石膏板优质黏合剂的橡仁胶，可用于食品安全无毒包装的生物塑料和单细胞蛋白以及可用作农药包裹剂和橡胶工业增强剂等。

3. 橡子栲胶（液体栲胶）

一般要先经过筛去杂和冲洗后，再浸泡提取单宁；浸提时需保持一定的温度，并每隔12h换液1次，以提高单宁浸出量；共换液4次，采用逆流循环；浸出液放出后，经发酵去除糖类，沉淀后取其清液，浓缩即得栲胶，浓缩时温度不宜过高，并掌握时间。

把浸泡后的橡子取出，用石磨磨碎，过120目筛网，残渣可用作酿酒原料和饲料。石磨后取得的橡子淀粉，用烧碱、次氯酸钠处理去除残留单宁，撇几次黄后，通过脱水机甩干，即为纺织上浆浆料。

4. 橡碗栲胶

橡子植物壳斗含10%左右单宁，高的可达30%，适于提取橡碗栲胶。栲胶是制革业重要原料。1980～1984年，中国林业科学研究院林化所首次将橡碗净化、仓贮新工艺联用于平转型连续浸提器，针对不同用途，生产了碗胶和壳胶，碗刺和碗壳的浸提率分别为85%和84%。两种产品分别用于制革、选矿、除垢、脱硫、陶瓷等，均能满足生产需要，有较好的经济效益。

碗刺胶有单宁含量高，渗透较快的特点，生产上已证明低温碗刺胶在产品质量、鞣革性能和成革质量方面，均优于橡胶栲胶。浸提后的栲胶渣，还含有大量的纤维，可进一步研究开发纸浆、木纤维、纤维板等产品。橡碗也可用于制活性碳和黑色染料。

5. 橡壳色素

橡壳占橡子的20%左右，可用于制活性炭、糠醛、色素等。橡壳色素是一种优良的天然食用色素，其主要成分是儿茶酚、花黄素、花色素等含有糖基的化合物，易溶液于水和稀乙醇，耐光、耐热、无异味，对面粉着色性能好，能烘烤，pH值适应范围广，安全性高，耐贮存。其基本工艺如下：

仁壳分离→水洗（除去易溶于水的部分糖、蛋白质、果胶等）→酸处理（除去单宁、蛋白质、淀粉等）→碱液加热提取色素→乙醇纯化（沉淀出残留的胶质淀粉等）→离心分离→回收乙醇、浓缩色液→喷雾干燥→成品。

提取橡子壳色素过程中的废液（制淀粉过程中废液亦可）含有较多单宁，浓缩至含水量50%时，可与各类金属离子络合制成各种颜料，如用硫酸铜和重铬酸钾以不同的比例络合可得到棕色、蓝绿色、绿色颜料。颜料和醇酸树酯漆能混合形成各种色漆，成膜后色泽美观。

（李建安）

71. 糖　　槭

在北美温带地区的林木中，有一种能分泌糖液的糖槭树，俗称枫树，其中以加拿大最为著名。加拿大众议院于1964年12月表决通过，采用糖槭树叶图案作为加拿大的新国旗，象征着加拿大的特色和历史。在繁华热闹的街市上，摆着用枫树糖加工的各色各样的食品，琳琅满目，香甜可口。割取和加工枫树糖在北美有着悠久的历史。当地土著印第安人早就掌握了种植、割取和加工枫树糖的的技术。枫树糖在糖源原料中占有重要地位。据历史资料记载，1869年市场出售的枫树糖高达900万加仑（1加仑=4.546L）。后来由于蔗糖生产发展迅速，加上价格低廉，因此枫树糖才从主食糖的地位降下来，产量也大幅下降。只有在加拿大，枫树糖的产量始终居世界领先地位，为世界总产量的70%。目前每年仍生产有300万加仑，除本国销售外，还有出口。主要分布在五大湖、圣劳伦斯河至纽芬兰岛一带。

糖槭树原产北美东南部，我国东北、华北、西北及长江中下游一带都先后引种栽培。武汉植物园所引种的糖槭树已开始采割糖液。初步试种推广的情况表明，银糖槭在长江中下游广大地区生长正常，在海拔800m～1 000m的山区更为适宜。在未来食用甜添加剂中，又可增添一个新的品种。糖槭树液中含有糖分，可制糖。树皮可供药用。木材白色，纹理细，有光泽，在气候干燥地区可作家具及细木工用材。糖槭树枝叶茂密，入秋叶色金黄，极为美观，又可作庭荫树，行道树及防护林树种和四旁绿化、美化树种。各地可因地制宜推广种植。

一、主要物种

糖槭树为槭树科（Aceraceae）槭树属（*Acer* L.）植物。大致可分为两大类，即糖槭类和红糖槭类。糖槭类包括糖槭（*Acer saccharum* Marsh.）和黑糖槭（*Acer nigrum*，Michx.）；红糖槭类包括银糖槭（*Acer saccharinum* Linn.）和红糖槭（*Acer rubrum* Linn.）。这4种产糖较为著名，属热带树种，在原产地常与青冈、鹅掌楸、桦木等树种混生，也可组成单纯林，主干通直、树龄可达数百年之久。槭树属植物有200余种，在我国有140余种，其中复叶槭树液中含有糖分，可制糖。其他多作为用材及环境美化的树种，至今尚未很好地开发利用。

二、生物学特性

复叶槭（*Acer negundo* L.）又称糖槭、羽叶槭、梣、叶槭。落叶乔木，高达15～20m；树冠圆球形。小枝粗壮，嫩时绿色，有时微带紫红色，有白粉。奇数羽状复叶对生，小叶3～5，稀7～9，卵形或长椭圆状披针形，缘有不规则缺刻；顶生小叶常3浅裂，其叶柄有的长于侧生小叶之柄；叶背沿脉或脉腋有毛。花单性异株，黄绿色，无花瓣及花盘；雄花有长梗，成下垂簇生状；雌花为下垂总状花序。果翅狭长3cm，花期3～4月，叶前开放；果8～9月成熟。

复叶槭原产北美东南部；中国东北、华北、内蒙古、新疆及长江流域一带都有引种。复叶槭喜光，喜冷凉气候，耐干冷，喜深厚、肥沃、湿润土壤，稍耐水湿。在中国东北地区生长良好，华北尚可生长，但在湿热的长江下游却生长不良，且多遭病虫危害。生长较快，寿命较短。抗烟尘能力强。

糖槭树为速生树种，据中国科学院武汉植物研究所在所内和推广点上试种的银糖槭，其生长速度约与悬铃木近似。在武汉地区，一般10月停止生长，11月下旬进入落叶休眠，翌年3月底开始萌动，4月初展叶，自此进入叶绿枝茂的旺盛生长期。

糖槭树适于平地或丘陵的湿润肥沃的砂黏壤土，在生长期间的土壤水分需要充足。其树冠庞大，为阳性树种，但较耐侧方遮荫；亦耐寒，在纬度偏高地区幼树有冻害现象，大树不怕冻害。其原产地纬度与我国华北、西北、东北相近，其生态条件比较接近我国长江流域。

三、栽培技术

（一）苗木繁殖

1. 播种育苗

红糖槭和银糖槭的种子春季成熟，可随摘随播。其他秋熟种子，采收后常在41°F温度下层积90d后进行春播，才有较高的发芽率。

复叶槭主要采用种子繁殖，扦插、分蘖也可。据黑龙江伊春林校段全猛等采用大棚育苗技术，效果良好。其技术措施如下：

选择生长健壮、无病虫害的母株采种。9月下旬果实成熟时，采下树体南向的当年生种子，去掉种穗，将其阴干后置于低温、干燥、通风处贮藏。

为了缩短育苗年限，加速幼苗生长，圃地应选择背风向阳、土壤疏松、有机质含量高、排灌方便的地区育苗。

采用秋翻地、秋整地、秋做床的方法。根据大棚的长度做长60cm、宽100cm、高25cm的苗床，施足基肥，然后用木磙压平。

4月上旬搭建一座宽6m、长60m的钢骨架大棚，以提高土温，早日解冻。

播种前15d对种子进行催芽处理。将种子放于温度20℃，浓度为0.5%的硫酸铜水溶液中浸泡2h，然后用清水冲洗10min。将清洗后的种子置于35℃的热水中浸泡12h，使之充分吸胀，再将吸胀的种子与沙按1∶3充分混合后，置于25℃的室内催芽，经常翻动，并保持湿润，当有50%的种子胚芽露出种皮0.5cm时即可播种。

4月中旬进行播种。采用沟播，每平方米用种10g，同时对土壤进行消毒，以防治地下害虫危害和立枯病，最后覆土2cm。

播种后10d即可齐苗，苗期5~7d施1次尿素，每公顷22.5~37.5kg，可结合灌水沟施或配成0.3%~0.5%水溶液施入。5月上旬开始炼苗，5月中旬进行定苗，每平方米留60株苗左右，5月下旬撤除大棚，以后每周施氮肥1次，每公顷每次施用量为75kg。8月上旬施最后1次肥。遇干旱天气要及时浇水，整个生长期除草4~7次。

10月下旬苗木高度可达1.5m，地径0.7~1.0cm。当气温降至0~5℃时开始起苗，并分级扎捆后沙贮。具体做法是：先挖深1.8~2.2m的窖，在窖底铺5~10cm的湿沙，然后一层苗木一层沙，在盖棚前喷水封冻，以防苗木风干。翌年的生长季即可出圃，比常规育苗提前1年出圃。

2. 无性繁殖

无性繁殖，可采取压条繁殖，包括空压和根际萌蘖条地压。还可采用插枝繁殖，包括早春休眠枝插和夏季嫩枝插。一般看来，扦插成活率受多种因素影响，变化幅度很大。经中国科学院武汉植物研究所多年研究试验成功的“糖槭树夏季嫩枝喷雾扦插法”只需9~15d大量生根，成活率达90%以上。

（二）病虫害防治

复叶槭易遭天牛幼虫蛀食树干，要注意及早防治。

四、采收与加工利用

1. 采收

槭糖来自于生长季树干中以淀粉形式积累起来的碳水化合物。当天气变冷时，淀粉转变成蔗糖，使木质部树液含糖的浓度增高，并于翌年早春树液开始流动时，这种糖液从树干上所钻的孔内流出。据Jone等的研究，在糖槭树的采割中所取出的糖量不到树木总含糖量的10%，虽经多年采割，对树木生长没有影响。

糖槭树开割年龄一般在15年生以上，当树高约14m，径达15~25cm时为宜。过早采割会影响树木生长。

据高思山等研究，在河北承德县栽植的复叶槭，其采割糖液技术：

（1）采割时间。正确确定糖槭树液采割时期，直接关系到产糖量，而气温及物候则是确定采糖时期的依据。当糖槭树的叶芽及花芽尚未萌动，则是糖液采收始期，当糖槭树叶芽及雌花芽膨大，则是糖液采割的终止期，即3月上旬至4月中旬。一天内采收量以9：00~14：00最高，采割效果最好。

（2）采割方法。糖槭树含糖量在2%~8.63%。20年生的糖槭树如在树干南面采用斜割“V”口的方法（口深达木质部），可采收糖液30 000mL，即年产固体糖1kg以上，若用钻孔取树液，即可收割10 000mL，折合产固体糖0.87kg，采割方法虽以斜割口产糖量高，但树液流量过大，树木生长受影响也较大，因而以钻孔采液为宜。

采割自树干基部高60cm处开孔，深达木质部，以后逐年旋转往上开孔。其开孔数可视树径而定。

2. 加工

树液经蒸发，浓缩即可形成糖浆。炼制软糖，温度要煮沸到114~115℃，连续搅拌至冷却即成，而硬糖炼制温度需煮沸到115~116℃，并要快速搅拌冷却即成。

（胡芳名）

72. 葛

葛为豆科（Leguminosae）葛属（*Pueraria* DC.）植物的总称。有些种类具肥大块根，富含淀粉，营养丰富，可制葛根粉供食用或药用。有些种的根、茎、叶、花及种子均可入药。茎蔓及叶茂密，耐干旱瘠薄土壤。它既是主要的淀粉植物，又是主要的药用植物、饲用植物和优良的水土保持植物。葛的全身都是宝，从根、茎到花、叶在工业、农业、医药等方面都有很高的开发研究价值。对发展我国功能性绿色食品，开发药品资源，发展畜牧业，改良土壤，防止水土流失，均有重要意义。

我国自古以来山区农民就有栽培葛取根作粮食、中药的习惯，有悠久的栽培、洗粉历史和经验。早有栽培记载，但主要以药用栽培研究为主，且属一般性小量栽培。目前葛多呈野生分布，甘葛藤以农田栽培为主，葛藤也有人工栽培。我国有丰富的葛根资源，尤以葛藤分布广，资源多。

一、主要物种

本属约20种，中国约12种。

1. 葛藤［*Pueraria lobata*（Willd.）Ohwi］

又名野葛，是葛属中重要的一种。多年生藤本，长达10m以上，植株及果密被黄色长硬毛。块根肥厚，富含淀粉。3出复叶，复叶具长柄；顶生小叶菱状卵形，长5.5~19cm，宽4.5~18cm，全缘或波状3浅裂，两面均被白色平伏短柔毛，下面较密。侧生小叶较小，偏斜，宽卵形至棱状椭圆形，有时有2~3波状浅裂。小托叶芒状，托叶长圆形或盾形。总状花序腋生，花萼钟状，萼齿5，上面2齿合生，下面一齿较长，内外面均被黄色柔毛；花冠紫红色，长约1.5cm。果条形，扁平，长5~10cm，宽约9mm。主产中国，日本、朝鲜也有分布，美国已引种成功。

2. 甘葛藤（*P. thomsonii* Benth.）

又名粉葛，藤木，茎枝生褐色短毛并杂有侧生的长硬毛。块根肥厚，富含淀粉。小叶3裂，长10~21cm，宽9~18 cm，先端短渐尖，基部圆形，两面均有黄色长硬毛；托叶宿存，披针状长椭圆形，具毛。总状花序腋生，小苞片卵形；萼钟状，萼齿5，披针形，有黄色长硬毛；花冠紫色，长约1.3cm。荚果长椭圆形，扁平，长约15cm，密生黄色长硬毛；种子8~12，肾形或圆形。分布于西南和华南；越南、印度也有分布。

3. 云南葛藤（*P. peduncularis* Grah. ex Benth.）

又名苦葛藤，藤本，各部有黄色短硬毛。小叶3，顶生小叶卵状菱形，长8~20 cm，宽5~12 cm，先端短尾状渐尖，基部圆形，两面均毛，侧生小叶基部偏斜；托叶舌形。总状花序腋生；萼钟状，萼齿5，卵形，疏生柔毛；花冠淡紫色或白色，长约1.5cm；子房有微毛。荚果条形，扁，几无毛，黑色，长3~7cm，种子3~8，肾形，褐色。分布云南；缅甸、印度也有。生于旷野、山沟、森林、岩石上。

4. 峨眉葛藤（*P. omeiensis* Wang et Tang）

藤本，分枝被稀疏黄色长硬毛。小叶3，顶生小叶近圆形，长6~14cm，宽4~12cm，先端短尾状渐尖，基部圆形，上面被短柔毛，下面被绢质柔毛。侧生小叶基部斜；托叶盾状，椭圆形，长约1 cm，两端钝圆，小托叶狭披针形。总状花序腋生，小苞片披针形，被毛；萼具4齿，齿披针形，最下面1齿最长，均密被黄色短硬毛；花冠紫红色，长约1.5cm。旗瓣宽椭圆形，基部具爪及小耳，翼瓣略短于旗瓣；雄蕊1组；子房被毛。荚果条形，密被锈黄色长硬毛。分布于四川、云南。生于海拔1 500~1 700m山沟或森林中。

5. 三裂叶野葛［*P. phaseoloides*（Roxb.）Benth.］

藤本，茎密生开展的锈色硬毛。小叶3，顶生小叶卵形、菱状卵形或近圆形，侧生小叶偏卵形，长4~7 cm，宽3~6 cm，两面密生长硬毛，边缘全缘或有不规则的3裂。总状花序腋生，单生，长8~15 cm，花排列疏松；萼钟状，长约6cm，有紧贴的长硬毛；花冠淡蓝色或淡紫色，长约1cm。荚果近圆柱状，微膨胀，长4~8cm，宽约4cm，无毛或稍有毛，果瓣薄革质，开裂后扭曲，种子长椭圆形。分布于浙江、台湾、广东、广西；越南、缅甸、泰国、马来西亚、印度也有分布。生于山地、路旁、水边及山谷灌丛中。

6. 食用葛藤（*P. edulis* Pampan）

又名葛藤，藤本，块根肥厚。小叶3，顶生小叶宽卵形，长8～15cm，3裂，先端渐尖，基部宽楔形或圆形，两面疏生短毛，侧生小叶斜宽卵形，2裂；小叶柄有长硬毛；托叶箭头状，长约1 cm。总状花序腋生，小苞片长约4 mm，无毛；萼宽钟状，萼齿5，与萼筒等长或稍长，下面3个披针形，上面2萼齿完全合生，外面无毛，内面有短柔毛；花冠紫色，长约16 mm；雄蕊1组；子房有短硬毛，基部有腺体。荚果条形，干后变黑，长约6 cm，有疏毛。分布于广西、云南、四川。生于山沟、森林中。

7. 越南葛藤［*P. montana*（Lour.）Merr.］

又名葛麻姆，藤本，块根肥厚。茎疏生黄色长硬毛。小叶3，顶生小叶阔卵形，长9～18cm，宽6～12cm，先端渐尖，基部圆形，上面有稀疏长硬毛，下面有绢质柔毛。侧生小叶略小而偏斜；托叶披针形，基部于着生处下延为盾形。总状花序或圆锥花序腋生，花多且密，苞片卵形，比小苞片短，具毛；萼钟状，萼齿5，披针形，最下一个萼齿较长，均有黄色硬毛；花冠紫色，长约1.2cm。荚果条形，扁平，长4～9cm，密生锈色长硬毛。分布于广西、广东、福建、台湾；越南也有。生于向阳旷野灌木丛或疏林下。

作为食用淀粉和主要药用的是葛根，中华人民共和国药典收载葛根为豆科葛属粉葛（*Pueraria. thomsonii* Benth.）及野葛［*Pueraria lobata*（Willd.）Ohwi］。即葛根为葛藤或甘葛藤的干燥根。目前在我国作为商品的主要是葛藤和甘葛藤。两者化学成分基本相同，葛藤根所含的药用重要成分多于甘葛根；甘葛藤一般块根纤维性弱，富粉性。

二、主要栽培品种

目前葛藤、甘葛藤的栽培还处于比较落后的状态，特别是葛藤多呈野生状态，亟待总结栽培经验和品种普查。各地在长期栽培葛藤、甘葛藤的过程中也培植出了一批优良栽培品种。

1. 赣饲5号葛薯

据报道，赣饲5号葛薯是从野生的葛藤［*Pueraria lobata*（Willd.）Ohwi］中通过系统选育而成的新品种，具有高产优质，抗逆性强，叶片无毛等优点。块根、青草的年产量分别为26 176kg·hm^{-2}和54 664kg·hm^{-2}，比野葛藤（对照）增产145.9%和17.4%。块根的晒干率、出粉率和出渣率分别为32.5%～37.2%、20%～24.4%和8.2%。块根的粗蛋白、无氮浸出物和粗纤维含量分别占干物质的5.37%、90.04%和2.64%。赣饲5号葛薯的块根、葛粉和叶片分别含黄酮0.21%、0.26%和3.47%，具有与葛根类似的药用价值。

2. 杂交粉葛

江西省金溪县的冬瓜研究会培育成的杂交粉葛，既具有野生粉葛适应性强、易繁殖的特点，又具有块根浅、横向生长能力强、表皮光滑、肉质细嫩、纤维少、味甜、产量高、出粉率高、品质好、易采收、加工方便等优点。每蔸可出精葛粉0.5～1.0kg，荒山荒坡地平均每年可产葛粉3 000～4 500kg·hm^{-2}。很有研究推广利用价值。

3. 金粉葛

金粉葛是福建省宁德市从野生粉葛中选育出来的优良品种。金粉葛速生、高产、优质，具有以下性状特点：茎蔓粗壮，叶面宽大；块根生长周期短、产量高、品质好，可直接生、熟食用，生吃甜脆，熟吃香面，风味独特；栽培适应性强，耐旱抗涝，病虫害极轻。可年产鲜葛99 000kg·hm^{-2}以上，高产可达150 000kg·hm^{-2}以上，每年可产葛粉15 000kg·hm^{-2}以上，高产可达30 000kg·hm^{-2}。

三、生物学特性

（一）生态习性

葛藤在日均气温达12℃左右时开始萌发，适宜生长的日均气温为20～33℃。据温室试验表明：白天33℃，夜间30℃的条件下生长最好，当白天低于24℃，夜间低于19℃生长渐缓，昼长、夜温高有利于它的生长。葛藤喜光，在充足阳光下茎叶粗壮，分枝极多，生长势强，而光照不足时则分枝减少，叶小而稀，但可缠绕向上，挂满枝头。葛藤适应性强，耐瘠薄，对土壤要求不严。除砂石地，排水不良的瘠薄地，重黏土和基岩上生长不良外，无论在中性和微酸性土壤，还是在石缝、岩石裸露的石灰岩溶上都能生长，还可在苜蓿、三叶草不能生长的高酸性土壤上生长，但以富含有机质的肥沃、疏松、湿润的土壤上生长最好。

葛藤性喜温暖湿润，但也能耐寒、耐旱。在寒冷地区越冬时地上部分冻死，但地下部分仍可正常越冬，翌年春天再萌生。葛藤根系发达，根茎可深入地下3m以上，抗旱能力强，在年降水量500mm即可正常生长。在较强的光照和较高的温度下也能照常生长，但不耐水淹。葛藤的生命力很强，在火烧地，其他植物都被烧死，而葛藤却能很快从块根长出繁茂的藤蔓。

葛藤除新疆、西藏外，几乎遍布全国。日本、朝鲜也有分布。常生于山坡草丛或路旁。

甘葛藤在12℃以下时停止生长，冬季落叶，翌年气温上升达16～17℃时重新抽藤长叶。生命力极强，适应在沙质与石灰岩土壤中种植，对土质要求不严，是一种适应性很强的耐半荫植物，可以广泛种植，但不宜生长在水边或含水量较高的土地。甘葛藤广泛分布于广东、广西、海南、四川、云南等地。葛作为豆科植物，具有很强的利用氮素的能力。能增强土壤中的有机物质和氮肥，改良土壤。

葛藤根系发达，密如蛛网，四面分散紧固土壤，是优良的水土保持植物。

（二）生长发育

葛具有相互攀缘的特性，既可贴地面生长，又能攀缘其他物体向上生长。葛藤第一年能匍匐地面 $2m^2$ 以上，第二年分枝5～7个，第三、四年的分枝可达到20～30个，可形成很厚的植被，茎叶覆盖率达100%。物候期因地域不同而存在较大差异，一般3～4月萌发，随温度的升高而迅速生长，5～7月为生长盛期。在高温多雨的季节，日延伸长度可达5～15cm。在全年生长过程中分两个时期：3～7月初为前期，以长茎叶为主，7～10月为后期，是块根膨大、淀粉转化积累最佳时期。11月中旬停止生长。一般花期8～9月，果期9～10月。葛藤一般种植，可生长10年以上。

四、栽培技术

（一）苗木繁殖

1. 种子繁殖

种子繁殖包括苗床育苗和直播。春季播种，播种时最适月均温为18～24℃。由于种子硬实，播种前需处理，如用河沙磨擦，用浓硫酸浸种1～2h，用针或刀片划破种皮可获得较高的发芽率。据报道用50℃的丙三醇浸葛藤种子1h能显著提高发芽率。建立苗床最好选择背风向阳、无畜禽危害的山地或园地，避免积水，否则幼苗很易腐烂。在苗床中播种，撒播播种量约 $5.5g\cdot m^{-2}$，条播 $2.3g\cdot m^{-2}$。种子产量低，用种子繁殖出苗率较低，生长较慢且苗期易感病。

2. 压条繁殖

选取健壮的枝条，采取波状或连续压条法繁殖。把葛蔓拉到地上，分段埋上6cm厚的土，待茎节处生根后切断，带根移栽。压条繁殖是一种简单、快速、成本低、成活率高的好方法，同时移栽后生长迅速，可望在当年布满山坡，是葛最佳的繁殖方法。

3. 分根繁殖

在春季挖出老根旁生出的嫩枝根部，将支根切断，然后移植。此法应用较多。

4. 插条繁殖

一般有嫩茎繁殖（未木质化）和老茎繁殖（已木质化）两种方式。前者是在春末夏初用当年返青茎扦插，取嫩茎插条长6cm，中间留一个节，水平置于沟内，同时要剪去茎尖端部分；后者是在秋季取当年木质化茎保存至翌年春季扦插。选择当年健壮茎条保存在地窖中或用沙埋越冬，翌年3月从这些枝条中选取具有两个节的老插条扦插。老茎比嫩茎效果好，但二者均易感染软腐病，所以最好使切口干燥或涂上沥青。

（二）栽植

1. 良种、林地选择

人工栽培葛要获得高产，首先要选择良种，其次要选好林地。应选择土层深厚（厚度80cm以上），坡度25°以下，排水良好的坡地、旱地的田边地头种植，尤以土层深厚、肥沃的花岗岩风化出来的沙质红壤土为佳。低洼易积水的田地不宜种植。

2. 林地整理

整地方式视土质、坡度等具体条件选择。全垦、打条带、挖穴方式：先清除山场杂草、杂灌木，全垦松土15cm深，然后视种植密度，作1～1.5m宽的条带，再在条带上挖50cm×50cm×40cm的洞穴，穴距视种植密度而定，一般为1.5m。全垦、挖壕沟方式：先清除山场杂草、杂灌木，全垦松土10cm深，然后依照地形，沿水平线挖壕开沟，沟深60cm、宽80cm，沟距一般1.5m。全垦深挖垒垄方式：先清除山场杂草、灌木，全垦挖土25cm深，然后扒土垒垄，垄高60cm，宽80cm，垄距一般1.5m。挖大穴整地方式：先清除山场杂草、杂灌木，然后按100cm×80cm×50cm，规格挖长方形穴。穴距视种植密度而定，一般为1.5m。挖种植沟（穴）方式：先清除山场杂草、杂灌木，然后挖沟（穴），沟（穴）宽、深各30～40cm，两沟（穴）间距一般1m。

3. 施底肥

整好地后应施足底肥，农家肥或有机肥均可。底肥均施穴内30cm，离葛根20～30cm处，再回填

20cm 表土即可。大田或砂壤土质施底肥，农家肥不得少于7 500kg · hm^{-2}，按土灰、粪肥 3∶2 比例拌匀腐熟后施入即可。施用饼肥必须用清水拌匀发酵后使用，再回填 30 ~ 35cm 土，每穴施入 1.5kg 左右的饼肥与土拌匀，再回填 15 ~ 26cm 的表土即可。

4. 栽植密度

葛的造林密度视土壤条件和栽培目的，栽植密度一般4 500 ~ 10 500 株 · hm^{-2}。移栽到大田一般穴大小为 80cm × 100cm、100cm × 100cm、100cm × 150 cm、150 cm × 150 cm；按条状地栽植行距间隔一般 100cm。

5. 栽植方法

分为直播和植苗。直播：直播采用穴播，穴宽、深各 30cm。每穴播种 4 ~ 5 粒，覆土 3 ~ 4cm。种子出苗后要进行间苗，每穴留 1 株。定植：播种 80d 后的幼苗便可移栽。移栽时间最好是在春、秋季，秋季一定要在叶子枯萎前，春季栽培可先在当年挖出幼苗，几株捆在一起假植起来在翌年春季移栽。种条长出的嫩枝展叶 3 片、长度为 5cm 时便可带土起苗。起苗动作要轻，以免伤害。移植前苗床要浇透水，以便带土起苗。在 2 月中旬至 4 月上旬选择阴雨天气定植，做到葛苗随起随栽。定植时根据葛苗的大小，在整理好的葛墩（葛垄）上斜挖一条沟或穴，把葛苗放在斜面上，理直使株苗与地面成 30°（以便以后取葛），栽入土墩里，压实，节头埋于地面，隐约可见，浇足定苗水。若气温干燥，栽植后应每日浇水 2 次，连续 5d。

（三）抚育管理

目前，葛的田间管理可分为常规管理和高产栽培管理。常规管理采用普通匍匐栽培方式，一般种植密度为 4 500 ~ 7 500 株 · hm^{-2}，2 ~ 3 年后采挖，平均产鲜葛根 15 000 ~ 45 000kg · hm^{-2}，适宜于野外大面积栽培；高产栽培管理采用搭架栽培方式，一般种植密度为 7 500 ~ 9 000 株 · hm^{-2}，平均产鲜葛根30 000 ~ 97 500kg · hm^{-2}，适宜于科研及房前屋后小面积栽培。

1. 常规管理（普通匍匐栽培）

在定植初期浇两遍水后，其余时间可靠自然降水维持墒情；在未抽生新蔓前，需中耕除草。茎蔓长到 1m，新叶展叶后即开始粗放管理。当藤蔓长到 1.7m 左右时，需摘掉顶芽，促其分枝。7 ~ 8 月摘除葛花，减少养分消耗。后因其生命力强，覆盖率高，固氮力强，不用中耕除草，但每年春季必需补施各类肥料。为提高葛根产量，多施有机肥和磷肥，少施氮肥，以免茎叶生长过旺。种植的当年要刈青 2 次，不宜收块根。应在种植的第二年或第三年收获块根，每年割 3 ~ 5 茬，留茬高度一般为 20cm，下霜前留茬 3 ~ 5cm，下霜前 2 个月停止刈青，以利于块根膨大。

2. 高产栽培管理（搭架栽培）

苗木移植后，可以适当用稀释人畜粪水作定根水。当苗长至 30cm 左右时，催苗 2 次，可用 0.3% ~ 0.5% 的尿素溶液喷洒，每 5d 喷 1 次，以后可适当追肥。待葛藤长出 1m 左右后要经常除草松土，浇施腐熟稀释的人、畜粪尿 2 ~ 3 次，浇施点应偏离根部 15cm，以免灼伤葛苗。苗高 15cm 以上时架设支柱或棚架，以利藤蔓伸展；葛藤长到 1.5m 左右时，每蔸留 1 ~ 2 根粗壮的藤条作为主藤，其他的全部剪除。在主藤离根部 1 ~ 1.5m 范围内侧芽藤也应剪去，不让蔸部再长嫩枝。主藤长到 5m 长时，剪去顶端，保证养分供应，促进块根膨大。每年春季要补施石灰、钙镁磷和氯化钾等矿物质肥料，以平衡割草从土壤中带走的钙、磷、钾等矿物元素。若遇天旱，有条件可进行浇灌、沟灌，但不能漫灌，天气久雨也要注意排除积水。

五、病虫害防治

葛一般病虫少，不需施用过多的农药，但也有某些病虫害成区域性的发生。

（一）病害防治

1. 粉葛拟锈病

粉葛拟锈病主要危害叶片、叶柄及葛藤。是广州及珠江三角洲一带粉葛上普遍发生的一种病害，国内外曾有该病在葛藤上发生的记载。病原为葛藤集壶菌（*Sychytrium puerariae* Miy），形成黄色泡状物隆起，最后破裂，散出黄色粉末，病叶早落，后期造成病藤呈肿瘤状。其孢子囊最适温度为 20℃ 左右，高温不利于孢子囊萌发。广州地区每年 5 月份开始零星发生，5 ~ 6 月、9 ~ 11 月，多雨高湿，发病严重。

防治方法：栽前进行种苗消毒；58% 瑞毒霉锰锌和 64% 杀毒矾对粉葛拟锈病有较好的防治效果。发病后用 800 倍液粉锈灵进行喷雾。

2. 葛叶角斑病

葛叶角斑病主要危害葛藤、甘葛藤的叶，会使叶片在成熟前就脱落。病原菌为尾孢属（*Cercospora*

pueraricola)，从种子感染。重庆合川曾有此病发生的报道。4月开始发生，直到地上部枯萎都能危害，尤以春雨连绵期发生严重。

防治方法：用硫酸浸种可以防除。清除消灭越冬菌原，增施磷钾肥。发病期间喷1∶1∶100波尔多液，每隔7～10d喷1次，连续3～4次，可控制病情发展。

3. 炭疽病

在重庆合川6月下旬至8月上旬此病危害严重。

防治方法：展叶后喷1∶1∶150波尔多液，每隔10～14d喷1次，连续2～3次。发现病叶及时摘除烧毁，并喷代森锌500倍液或退菌特800～1 000倍液，每隔7d喷1次，连续2～3次，可收到较好的防治效果。

（二）虫害防治

1. 葛藤紫茎甲

葛藤紫茎甲（*Sagra femorata* Lichtenstein）属鞘翅目叶甲科。是危害茎部的重要昆虫，在广东、江西、湖南等地都有发生的报道，主要危害葛藤藤蔓，也能危害扁豆、刀豆、长豇豆等植物。成虫啃食新枝嫩皮，幼虫蛀食藤蔓髓心，茎被蛀空，形成虫道，虫道内充满大量虫粪和分泌物，招引其他次生性昆虫（天牛、小蠹等），影响植株生长，被害茎上形成肿大的虫瘿，第二年出现大量枯藤。严重时可导致葛藤茎部或整株枯死。1年发生1代，以蛴螬型的老熟幼虫在藤茎内越冬，第二年春季4～5月在薄壳茧的蛹室化蛹，5月下旬开始羽化。6月下旬开始产卵，幼虫生长期长，生长很慢，主要是幼虫在藤蔓时蛀食危害，不危害葛藤幼苗。主要防治措施：消除枯萎的藤蔓，减少虫口密度，在春天清除干枯的老藤，烧毁枯藤，从而消灭越冬幼虫。

2. 葛藤豆突眼长蝽

葛藤豆突眼长蝽（*Chauliops bisontula* Scotttd）属半翅目长蝽科。在广东为危害叶部的优势昆虫，严重时可导致叶片脱落，但对整株葛藤生长发育的影响不十分明显，同时在其他豆类作物上也危害。

3. 葛藤花蓟马

葛藤花蓟马［*Frankliniella intonsa*（Trybom）］属缨翅目蓟马科。在广东省为危害嫩梢及花的主要种类等。

六、采收与加工利用

（一）利用

葛块根肥大富含淀粉，可制葛粉，供食用，制糊料、酿酒；根、茎、叶、花、种子（称葛谷）均可入药，有生津止渴、清热解毒、消痈肿、治喉痹、止泻止吐、解酒毒之功效；叶可作饲料；种子可榨油；茎皮纤维可作纺织原料和编绳索及造纸。枝叶茂密，根系发达，为优良土壤改良及保持水土植物。

1. 食用

鲜葛根含淀粉（20%～35%）和丰富的人体必需氨基酸和矿物元素等营养成分，可供食用。葛根经水磨而澄取的淀粉称为葛粉。葛粉一般含蛋白质0.1%～0.2%、粗纤维0.3%～0.4%、灰分1.0%～1.8%、淀粉75%～80%。所含淀粉为短支链植物淀粉，糊化后弹性大，透明度高，食时口感好，并且易于消化吸收。葛根所含成分是制作功能食品极好的天然原料，可用其生产与药用价值相当的保健食品和药膳。葛粉还可酿制饮料、保健食品和风味小吃。营养丰富，风味独特。

2. 药用

葛的根、叶、蔓、花、果（葛谷）均可入药。在我国有悠久的历史，始载于《神农本草经》，为历代医家常用药物之一。

（1）葛根。葛根的主要成分有异黄酮成分葛根素、葛根素木糖苷、大豆黄酮苷β-谷甾醇、花生酸和葛粉等。现代医学研究分析，葛根的药理作用有解痉、降血糖和增加脑及冠状血管血流量等功效。葛根为升阳解肌、透疹止泻、除烦消渴之良药。临床应用于治疗血管神经性头痛、高血压、高血脂，也用于腹泻、痢疾、口喝痰鸣、食积不化、气滞腹痛等消化系统疾病，对糖尿病、迟发性运动障碍、食道痉挛、外感发热、内脏下垂等多种内科疾病，颈椎病、跌打损伤等外科疾病，以及银屑病、皮肤瘙痒等皮肤病，神经性耳聋、嗅觉失灵等五官科疾病；另外，还对小儿秋季腹泻、落枕、美尼尔氏综合症，急性乳腺炎、酒精或食物中毒等多种疾病，均有显著疗效。

葛根中含有大量的淀粉，但以黄酮类衍生物为其主要有效成分。葛藤、甘葛藤的化学成分基本相同，但含量相差较大。葛藤中所含葛根素明显多于甘葛藤；葛藤中所含总黄酮明显高于甘葛藤；水溶性、醇溶性总成分含量葛藤亦明显高于甘葛藤。在药用葛根时，因具解痉作用和心血管疾病作用的总黄酮类成分含量差异较大，二者应注意区别应用（孙恩玲等，1997）。

（2）葛叶、葛蔓。葛叶性味甘平而无毒，内服保健去毒，外用主治金疮止血。蔓灰也是外用之良药，主治痈肿和喉痹。

（3）葛花。葛花用于解酒醒脾、治头晕憎寒、酒痢呕吐、发热烦渴、胸膈饱胀、不思饮食等。葛花含有蛋白质、脂肪、碳水化合物、矿物质、维生素等多种营养成分。用其烹制菜肴不但味道鲜美，且适用于食欲不振、消化不良等病症。

（4）葛种子（葛谷）。葛种子（葛谷）含油约15%及γ-谷氨酰基苯、丙氨酸等成分，服用后可止痢，有补心、清肺、解酒毒等功效。

3. 饲料

葛的茎、叶和根都可饲用。茎叶营养丰富，据测定葛藤风干物质的营养物含量为粗蛋白质15%～29%，粗纤维20%～38%，粗脂肪2.5%～4.2%，无氮物35%～43%。饲喂家畜习惯后，适口性甚佳，马、牛、猪、羊、兔等都爱吃。葛作为饲料树种，不仅适应性强，再生性好，生长迅速，枝叶繁茂，每年可收获2～3次，而且产量高（产鲜草可达75 000kg·hm^{-2}，干草11 250～15 000kg·hm^{-2}），为很好的天然优质饲料。可供放牧、作青饲，也可干贮作为干饲料。为我国山野自生的优良藤本饲料作物。嫩茎叶及加工淀粉后剩下的渣滓，是家畜的良好饲料。

4. 生态

葛是很好的绿肥作物。葛藤茎叶含大量肥分，如鲜叶含氮0.67%、磷0.14%、钾0.93%、有机肥20%，是压绿肥、堆肥的上等肥料。每年枯枝落叶厚达2cm，可增加土壤有机质和氮素，改善土壤结构和肥力，是瘠薄荒山，石质山地造林绿化的好树种。葛根系发达，主根深达3m以上，发达的侧根伸向四面八方，在表土层形成稠密的根网，在防止冲刷、崩塌，护坡固沟，保护堤岸、路基等有显著作用。由于葛生长迅速，枝叶茂密，匍匐地面，多枝长蔓，覆盖良好，耐干旱瘠薄，是保持水土的首选植物。葛在园林绿化中应用范围很广。比较适合在原野大片裸地上种植。葛的生长能适应各种地形、地貌的复杂环境，在沉降或阶台式地形的垂直绿化上能很好地发挥其特长。葛藤观叶、观花效果也很好，是棚架、门廊绿化的绝好材料。葛藤生长快，在垃圾场地，它能覆盖垃圾，不起尘，还能蓄水，加速垃圾分解。

5. 其他

葛含有大量长纤维，称葛麻，可用作编织绳索、纺织、制地毯和造纸。我国古代就利用葛藤纤维纺织，曾制成高级布料。葛根是造酒的好原料，每100kg鲜葛根可酿56°白酒12～16kg，若用干葛根可酿65°白酒37～40kg。葛根的良苦味又可使酒产品具有类似啤酒花的口感。葛的根、茎、叶经过发酵，可提炼甲烷和酒精。葛藤的种子可榨机器用的润滑油。葛根提取淀粉后，其残渣纤维可作填充物及造纸原料，加入油漆又可作修理船板的填充物等。

（二）采收加工

1. 葛根采收

据含量测定，从9月至翌年2月，其总黄酮及异黄酮含量呈增加趋势，以2月最高。考虑到2月下旬农田要改种其他作物，所以1月底至2月初为最佳采收期。如果集中在2月采收，质量更好。根龄以3年为最佳，2年或3年挖1次。

采挖时可直接从地面开裂处，把植株根部泥土挖开，露出块根头部，采大留小（因小根能继续生长），后覆土即可。

2. 葛根加工方法

传统加工方法为去皮后干燥，实验结果表明，带皮葛根的总黄酮及其异黄酮含量比去皮含量要高。因此，去皮的加工方法应予以改进，带皮质量更好。

挖出水洗后，纵切或横切成厚片或小块，干燥。

3. 葛粉的制作

通常采收葛根后及时将块根上的泥土及须根、残留的基部剔除后，经洗刷→切片→碾轧→洗粉→过滤→沉淀→干燥→质检→装袋等过程，便可得成品葛粉。

4. 葛蔓、葛花和种子的采收与加工

葛蔓，秋季下霜前取蔓，晒干，备药用。葛花，立秋后，当花未全开放时，采摘花序，晒干备用。葛谷，9～10月，种子成熟后采收，簸去杂物，晒干备用。葛麻，秋季采割1～2年生嫩葛藤，切成1～2cm的小段，放在锅内蒸煮1～2h，捞出剥皮，放在地上沤3～4d，使其发酵后用水洗去胶质，晒干成麻。

（李二平）

73. 木　　薯

木薯是世界三大薯类作物之一，有“地下粮仓”、“淀粉之王”和“特用作物”之美称。木薯是人类主要食物资源之一，是热带各国约5亿人口的主要热能来源。鲜木薯块根中淀粉含量达28%以上，维生素含量也十分丰富。木薯淀粉是优质淀粉，易于人体吸收利用，是食品工业重要原料。同时还有广泛的工业用途，可制作酒精或用于纺织、化工、制药、皮革等，而且还可作饲料养蓖麻蚕。木薯原产于热带美洲。在哥伦布发现新大陆之前，南美洲人已知种植大薯。木薯属的植物，除木薯外，完全野生于美洲，以巴西分布最多。

目前，全世界约有90个国家栽培木薯，种植面积约$1.4\times10^7hm^2$，年产量约为1.3亿t；木薯年贸易量约占总产量10%。生产木薯最多的地区为非洲，约占世界木薯总产量的54%；其次是亚洲，占28%；再次是拉丁美洲，占16.8%。生产木薯最多的国家为南美洲的巴西。出口量最大的国家为泰国，占世界木薯贸易量的80%以上。1850年木薯开始传入我国，距今已有100多年历史，首先在广东和广西栽培，以后逐渐扩大到福建、台湾、云南、贵州、湖南、江西、浙江、四川等地。我国的木薯生产，在1950～1990年的40年间，栽培面积增长了17倍，木薯产品的商品率由原来的30%提高到70%。产品用途已由粮食、饲料、工业原料转变为饲料、工业原料。耕作方式也由粗放栽培逐渐变为集约化生产。木薯是我国亚热带地区的大作物，1995年以广东、广西、海南为中心的木薯栽培面积为44.8万hm^2，产量536.78万t，其中广西种植面积为全国之首，约27万hm^2。木薯已成为华南地区的一种重要的旱地经济作物。

一、主要种类

木薯（*Manihot esculenta* Crantz）属大戟科（Euphorbiaceae）木薯属（*Manihot* Mill.），别称树薯、树番薯、木番薯、南洋薯、槐薯、番薯等，在热带、亚热带为多年生，在温暖地区为1年生灌木。木薯的品种通常依块根氰酸含量多少分为苦味种和甜味种两类。

1. 苦味种

块根表皮呈褐色，皮部和肉质所含氰酸量大约相等，毒性较大，此类型生长势强，块根较粗大，产量高，主要供制造淀粉及制干作饲料用。

2. 甜味种

块根表皮呈淡青色，皮部含氰酸较肉质低。毒性较少，此类型块根产量较低，除可制淀粉及作饲料外，还可直接以块根供食用。

二、主要栽培品种

目前，全世界选育出的木薯品种有2 000个左右，我国有近40个品种，多数从国外引入。

1. 红尾种

又名东莞红尾、南洋木薯。广东省于1953年从越南引进。中迟熟。茎秆高大，上部分枝多，三叉分枝，基部不分枝，嫩茎紫红色，老茎黄色。顶芽嫩叶紫红色，叶片3～7裂，裂片宽长比为1:3.5，嫩叶两面有茸毛，叶柄紫红色，叶痕突起，淡红色。薯周皮平滑，浅黄褐色，皮层浅紫红色。薯长大，数多，产量高，淀粉含量中等。氰酸含量较多，属苦味种，未经处理不能直接食用，是制粉的优良品种。

2. 南湾木薯

中熟。茎矮小，株高仅138cm，嫩茎部分红色，老茎黄褐色，茎上部有分枝，基部不分枝。顶芽嫩叶浅紫褐色，两面有茸毛，裂片细长，宽长比为1:8.1，叶柄深红色。薯周皮粗糙，深褐色，皮层全白色。薯大而短，数多，产量高，淀粉含量中等，薯片晒干率中等。氰酸含量高，属苦味种，未经处理不能直接食用，为制粉良种，抗风力强。

3. 印尼细叶

华南农垦局于1956年秋从印尼引入。中迟熟。茎秆高大，高位分枝，茎基部也有分枝，嫩茎深绿色，老茎黑色。顶芽嫩叶绿色，叶两面无毛，裂片细长，宽长比为1:7.9，叶柄部分绿色，部分红色。薯周皮粗糙，深褐色，皮层浅紫红色。薯大而短，数多，产量高，淀粉含量中等，氰酸含量最高，皮层、肉质都含氰酸多，属苦味种，未经处理绝对不能食用，是制粉良种，晒薯干率中等（33.8%）。

4. 面包木薯

又名马来红，海南儋州于1912年从马来西亚引入。中熟。茎干高大，嫩茎部分紫红色，老茎灰褐色，茎基部不分枝，茎高位分枝。顶芽嫩叶浅绿色，叶面无毛，叶柄紫红色，叶裂片宽长比为1∶3.2。薯周皮粗糙，深褐色，皮层浅紫红色。薯数多，长、大中等，产量稳定，中等。氰酸含量少，属甜味种，食味佳。喜高温多湿土肥条件，落叶较早。

5. 文昌红心

早中熟。茎高中等，嫩茎紫红色，老茎灰绿色，基部不分枝，茎高位分枝。顶芽嫩叶紫褐色，两面有茸毛，裂片宽长比为1∶3.9，薯周皮平滑，浅黄褐色，皮层全白色。薯数多，中等长大，产量高，属甜味种，蛋白质含量高，食味中等，落叶早，种茎贮藏期间易干枯。

6. 8002 木薯

广东农业科学院旱作所从华南热作所引进鉴定选出。耐旱、耐寒、耐瘠、抗倒、不早衰，株高、茎粗较红尾种矮小，节密、主茎分叉或不分叉，茎色绿带紫。叶短披尖形，顶部褐绿色，叶柄紫色。薯表皮深褐色，皮层粉红色，薯肉白色，纤维少。结薯集中，薯形短粗，易收获。晒干率38.23%，鲜薯淀粉37.02%。

7. 糯米木薯

早熟。茎干中等，嫩茎浅绿色，老茎浅黄色，基部不分枝。顶芽嫩叶浅绿色，两面有茸毛，裂片宽长比为1∶3.7，叶柄浅绿色而带小红斑，薯数少，略较粗大，薯周皮粗糙，深褐色，皮层浅红色，产量比面包木薯低10%，氰酸含量最低，最宜食用，宜于纬度较高地区栽培。

8. 茂名白心

中熟。茎干中等，嫩茎深绿色，老茎灰绿色。顶芽嫩叶浅紫褐色，两面有茸毛，裂片宽长比为1∶4.5，叶柄浅绿色。薯周皮平滑，浅黄褐色，皮层白色。薯数中等，产量比面包木薯增加11%。氰酸含量低，属甜味种，宜于食用。

9. GR891

由广西亚热带作物研究所育成。株高1.5～2.5m，茎灰黄色，节间密。叶较大，厚而浓绿，裂叶长棱形，叶柄红色。结薯呈掌状平伸，浅生，薯块大小均匀，薯皮浅黄色，肉质细嫩，可鲜煮食，风味好。鲜薯淀粉含量30%～32%。植后8～9个月可收获，一般产量在30 000～45 000kg·hm^{-2}，是目前淀粉含量最高的优良木薯品种。

10. GR911

由广西亚热带作物研究所育成。其株高2～3m，株型紧凑，茎灰褐色。裂叶椭圆钝尖形，叶色绿，叶柄红色。结薯呈掌状平伸、集中、浅生，薯粗短，薯皮深褐色，有白色环状条纹相间。鲜薯淀粉含量26%～28%。植后9个月可收获，一般产量在30 000～45 000kg·hm^{-2}，是结薯性能好、易收获、产量高的优良品种。

11. ZM9057

由中国农业科学院育成。已在海南、广西、云南等地试种示范。株高1.8～2.5m，主茎矮，顶端分枝部位低，分枝角度较大，节间密。裂叶窄长，呈线形，叶柄红带乳黄色。结薯集中、大小均匀，薯皮浅黄色、光滑。鲜薯淀粉含量28%～30%。植后10个月可收获，一般产量在30 000～45 000kg·hm^{-2}，集约栽培可达75 000kg·hm^{-2}，是个高产、优质、抗风的试种级品种。

三、生物学特性

（一）植物学特征

木薯可食用部分是块根，分两种，一种是入土很深的长形粗根，另一是分布在表土层的细小须根，又称吸收根，大多为20～38条，主要作用是吸收营养。长形粗根上形成膨大部分即为块根，贮存养分。木薯块根为肉质，圆筒形，先端尖，集生在茎的基部，薯皮颜色因品种不同有白、灰白、淡黄、紫红、白中带红点等多种。木薯的横切面为圆形或椭圆形，分表皮、皮层、肉质和薯心四个部分。表皮薄而坚韧，厚0.1～0.2mm，具有纵向横纹，皮层较厚，为1.2～1.7mm，其上层具有各种不同的颜色。肉质是薯块的主要部分，白色，富含淀粉。薯心即维管束，贯通薯心的中心。木薯块根有分枝性，大薯可生小薯，是由薯心的维管束分枝生出而连结的。

木薯茎木质、直立、基部圆形，上部多角形，高为1～3m，色青或青紫、青白。表面平滑，多蜡粉，茎有分枝和不分枝两种。叶片脱落后，茎上留有掌状复叶，互生，有小叶3～9片，叶色绿，被有白色绒毛。圆锥花序，花单生，雌雄花同生于一个花序上，雌花在下，雄花在上，雌花紫红色，雄花白色，异花授粉。木薯仅在广东、海南等地开花，果实为蒴果，棱形多面状，种子肾形，斑黑或棕黄，千粒重为53～74g，发芽率仅20%～30%，生产上不作种用。

（二）生态习性

木薯适应性很强，耐旱、不耐湿、耐瘠薄适于热带及亚热带气候，无霜冻和暴风雨少的地方种植，在华南地区最适宜发展。木薯发芽的最低温度是14～16℃。在年平均气温16～18℃，无霜期210d以上的地区都可种植。以年平均温度大于20℃，生长盛期气温27～30℃，并且雨水充足时较理想。气温低于10℃时则生长发育受到阻碍，若受霜害，则叶部枯萎，茎黑腐烂。日照程度影响块根淀粉含量。耐酸性土壤，但以土质疏松富含有机质土壤为好，土质黏重和排水不良则不利于块根发育。

四、栽培技术

1. 轮作与间作

由于木薯较耗地力，不宜连作，应合理轮作，以增加土壤氮素，培肥地力，同时减少杂草危害和防止病虫蔓延。

木薯与其他作物间作，能有效地利用地力和光能，发挥边行效应，提高作物单位面积产量。木薯可以单独种植（净作）或与玉米、豆类、蔬菜、花生等作物间作。

2. 整地

木薯为深根性作物，耕地宜深，耕后碎土，耙平去草，作高畦栽培。畦高约30cm，行距90～120cm，株距45～60cm，栽插密度中等肥力地约9 000～12 000株·hm^{-2}，瘠薄地约13 500～18 000株·hm^{-2}。

3. 选砍种茎

木薯块根表面没有芽眼，也无休眠芽，一般不能用作种繁殖。生产上一般采用种茎杆扦插法种植，即当木薯成熟收获时，砍下茎杆，除去分枝及嫩茎，扎成小束保藏，以备翌年插植。种茎在较冷冬季应横放在暖房中或地窖中过冬，并覆盖草木灰，保持干燥。采用茎杆无性繁殖，应选生长期在10月个以上成熟、健壮粗大茎杆的中下部作种苗，分枝与茎梢太嫩，不宜作种。种苗长度为10～15cm左右。

4. 种植

木薯可春植或秋植，春植在温度达15℃以上即可插植。秋植应在8～9月份。插植方法有直插、斜插、水平插3种，下端插入土内，上端约留2～3cm露出土面。以直插法较好，可使块根向四周伸展，生长良好，产量较高。

5. 抚育管理

木薯插植后约2周即发芽，插植后1～2月内嫩茎伸长30～50cm高时，进行中耕除草，植后3～4月视情况再中耕除草1次，植后6个月左右，株高1～1.5m时，需追肥和中耕培土。

木薯栽培中，氮肥不可单独施用过多，否则导致茎叶生长过旺，反而降低块根产量。氮肥必须配合磷、钾肥使用。为维持地力、提高产量，有机肥如堆肥、厩肥、草木灰等应与无机化肥氮、磷、钾等配合施用。在整地前均匀撒施有机肥（堆肥）作基肥，一般10～15t·hm^{-2}，也可与化肥混施作基肥，在做畦时施入。有机肥与化肥配合作基肥，化肥配比为过磷酸钙200～250kg·hm^{-2}、尿素80～100kg·hm^{-2}及氯化钾100～150kg·hm^{-2}；追肥时，用尿素80～100kg·hm^{-2}和氯化钾100～150kg·hm^{-2}分1～2次施。在插植后6个月左右、枝干高1～1.5m时可进行追肥，施在畦侧并培土。如为2年生木薯，于翌年2～3月间恢复营养生长时，再追肥1次。

木薯不耐寒，抗风力差，遇强风易折断根茎，栽培时宜选用抗风力较强的品种，并加强防风措施。在苗木生长期间，苗高约70cm左右，可以摘去顶芽以阻止茎伸长过高，降低株高及增加分枝数，以减少强风的危害。

木薯耐旱不耐湿，如遇田间积水，块根易腐烂，在生长期间须注意降雨后的田间排水管理。若遇长期干旱，如能适当灌溉，则可提高产量。但在年降水量低于500mm或高至3 500mm的地区也可生长。木薯也可以忍受其他作物不能忍受的长期干旱，故在年降水量分布不均匀地区，种植木薯具有一定的经济价值。

五、病虫害防治

木薯病虫害较少，一般采用抗病品种；选用健壮种苗，拔除病株集中烧毁；实行轮作，药剂喷洒等方法。另外，特别要注意防止兽、鼠等危害。

六、采收贮藏与加工利用

1. 采收

木薯插植后2个月开始结薯，12个月后，产量基本形成，14个月后，产量增长不大，故在热带地区，一般在植后12个月收获，也有生长至18个月才收获的。我国广东、广西、福建、湖南各地，多在植后8～11个月收获；若在4月插植，当年11月至翌年1月间均可收获。收获过早或过迟，都会影响淀粉的产出率。收获过早，肉质嫩，淀粉少；收获过迟，肉质木化，纤维素增加，淀粉含量减少。

木薯因品种和栽培地区不同，成熟期也不一致。木薯成熟的特征是：叶色稍转黄，基部老叶逐渐脱落，薯块表皮色泽变深且粗糙，以手用力摩擦薯块表皮时易脱皮，此时即可收获。

收获木薯时，先将茎离表面 6 ~ 10cm 处用刀砍下，再用锄掘起块根，如土壤松软，可用手拔出。有的地方先用犁从薯畦的两边犁开，再用锄掘收，较为省工。挖掘时注意不要将块根切断或损伤，以免腐烂。种用木薯茎砍倒后，要认真收藏，并需在降霜前收完，以免影响插植效果。

2. 加工与贮藏

木薯块根收获后，一般不作鲜薯长期贮藏，应即时进行加工利用。

淀粉加工。先将木薯用水浸渍，除去氰酸和单宁等，然后磨细，过筛，得淀粉乳；再经沉淀，脱水，干燥，即得淀粉。

木薯制干片。木薯块根中含有木薯苷毒素，在加工之前先将皮层剥除，切成薄片后再在清水中浸 1 ~ 2d，取出晒干或烘干即可。制干片的含水率保持在 13% 以下为宜。即可入库贮藏。仓库须通风良好，保持低温并具防热、防潮及防虫等。

如鲜食，选取甜味种的块根，先将皮层剥除，切成薄片浸水 0.5 ~ 1.0d，经煮沸 1 ~ 2h 才能食用。

鲜叶嫩茎，可做饲料或喂鱼，但须经去毒处理方可饲用。制造淀粉后的残渣也可作饲料。

（覃玉荣　张　鹏）

五、芳香油料类

74. 山苍子

山苍子又称木姜子，是樟科（Lauraceae）木姜子属（*Litsea* Lam.）多种芳香油料植物的总称。从山苍子果实中可蒸馏出挥发性芳香油称为山苍子油，是精细化工的重要优质原料，广泛应用于制药、合成香料、油脂等工业部门。山苍子油也是我国重要的出口创汇物质。

山苍子原产我国，是我国南方丘陵山区火烧迹地的先锋速生树种，广泛分布于我国长江以南地区，主产区为湖南、云南、福建、贵州、四川、浙江、江西、广东、广西、安徽、湖北、重庆和台湾等地。芳香油年产量约 2 000 余 t，其中湖南生产量最大，年产量约 400t。我国是世界上最大的山苍子油生产国和出口国，年出口量达 1 500t。

一、主要物种

木姜子属为小乔木或灌木，落叶或常绿；叶互生、稀对生或近对生，全缘、羽状脉；花单性，雌雄异株，伞形花序；核果球形或卵形，果托杯状或盘状。

全世界木姜子属植物约有 250 种，我国约有 72 种、18 个变种，其中作为大面积栽培和利用的主要有 4 种：

1. 山鸡椒［*Litsea cubeba*（Lour.） Pers.］

落叶小乔木，树高 4m；小枝绿色；叶互生、纸质、披针形或长椭圆披针形，绿色，叶背灰白色；花单性，雌雄异株，花序单生或簇生。有花朵 4 ~ 6 朵；果近球形，果径约 5mm。浅绿色，果实成熟期 7 ~ 8 月。果实含油率为 3% ~5%，主要分布于长江以南各地 300 ~ 1 800m 的丘陵山区。

2. 清香木姜子（*L. euosma* Smith）

落叶小乔木，高达 10m；树皮、小枝均为灰褐色；叶互生，纸质，墨绿色，卵状椭圆形或长圆形；单性花，雌雄异株，果球形、果径 5 ~ 7mm，墨绿色。果实成熟期为 9 月。果实含油率高，可达 6%，一般分布于海拔1 300m以上地区。

3. 毛叶木姜子（*L. mollis* Hemsl.）

落叶小乔木，树高达 4m；树皮绿色，光滑、有黑斑；小枝灰褐色，有柔毛，叶互生、纸质，长圆形或椭圆形，上面暗绿色、无毛，背面苍白色，密被白色柔毛；伞形花序常2 ~ 3簇生；果球形，径约 5mm，蓝黑色，9 ~ 10 月成熟。果实含油率 3% ~ 5%，产于湖南、四川、云南、西藏，分布于海拔 600 ~ 2 800m 的山地。

4. 天目木姜子（*L. auriculata* Chien et Cheng）

落叶乔木，胸径达 60cm；树皮灰色或灰白色，小枝无毛；叶互生，倒卵状椭圆形或椭圆形；花单性，雌雄异株，伞形花序簇生，每花序有花 6 ~ 8 朵；果实卵形或椭球形，果径 6 ~ 7 mm，黑色，7 ~ 8 月成熟。果实含油率 3% ~5%，分布于海拔 500 ~ 1 000m 的浙江天目山和天台山，安徽南部歙县和大别山区。

二、生物学特性

（一）生态习性

山苍子系中性偏阳性的浅根系树种，是南方丘陵低山向阳的采伐、火烧迹地和新开垦地的先锋树种，天然下种能力十分强，生长也十分迅速。根系集中分布于土层 10 ~ 30cm 范围内，适生于排水良好、pH 值 4.5 ~ 6.0 的酸性红壤、黄壤、黄棕壤。

山苍子喜温暖湿润的自然环境。适合在年均温 10 ~ 18℃，年降水量 1 200 ~ 1 800mm，大于 10℃ 年积温 4 500℃ 以上，长江以南低山丘陵地区生长。人工栽培山鸡椒宜选择海拔 1 000m 以下地区，1 000m 以上地区以发展清香木姜子为好。

（二）生长发育

山苍子一般 3 ~ 4 年开始结果，5 ~ 6 年进入盛果期。山鸡椒自然寿命一般为 10 ~ 12 年，立地条件较好、经营水平较高的林分可达 20 年以上，甚至 30 年以上。清香木姜子的自然寿命和经济寿命均比山鸡椒长。

山苍子属速生树种，山鸡椒 1 年生树高可达 1 ~ 1.5m，2 年生约 3.0m，3 年生可达 5.0m。自然状态下山苍子表现出较强的顶端优势，但如果将顶芽去掉，其潜伏侧芽具有很强的萌发力，能萌发大量侧枝。

山苍子的芽有叶芽和花芽两种，叶芽又有顶生单芽和侧生重芽之分。顶生芽翌年抽发新稍，重芽中的上位芽当年可抽发新稍，下位芽通常不萌发。

花芽为侧生单芽。结果的山苍子新稍基本上都能形成花芽，成为结果枝。

山苍子每一枝条上可形成多个侧芽，3～4 年生树的每个侧芽都能形成花蕾，通常于 6～7 月份在当年枝的侧芽处形成花蕾，翌年早春开花。每花芽可形成多个花序和果序，因而每个枝上可形成一串果序。山鸡椒单株产量 3 年生达 1.5～2.5kg，4 年生 3.0～5.0kg，4 年以上为 1.5～5.0kg。单株最高产量可达 20kg 以上。

山苍子为雌雄异株植株，自然林分中的雌雄株比例约为 3∶1。山苍子为先花后叶植物，而且先开雄花后开雌花。人工造林必须配置 10% ～15% 的雄株，自然林分也要保持一定的雌雄株比例。山苍子为风媒花。

山鸡椒一般于 2 月中下旬萌动，3 月上中旬开花展叶，中下旬抽生夏稍。2 月下旬至 3 月上旬开雄花，3 月上中旬至 3 月下旬开雌花。3 月下旬至 4 月上旬形成幼果，7～8 月为果实的工艺成熟期，9 月为生理成熟期。

三、栽培技术

（一）苗木繁殖

山苍子繁殖技术主要有播种育苗和扦插育种

1. 实生苗培育

（1）采种。造林育苗用的种子要求是经过鉴定的优质种子。鉴于目前国内尚未对山苍子进行大量的优树选择和后代鉴定工作，可在现有的天然或人工栽培的山苍子林分内选择生长发育正常、产量高、精油含量高的单株作为采种母树。待种子完全成熟，即采种母树有 80% 果实的果皮变成紫黑色时（一般是 8 月底至 9 月初）进行采种，直接用手摘取。

（2）种子处理。将果实浸泡搓洗，使果肉与种子完全分离，漂洗干净，捞出干净种子，晾干。再用草木灰浸泡 24h，洗净晾干后备用收藏。

（3）种子贮藏。一般采用沙藏。将种子与河沙用 1% 的硫酸亚铁（或高锰酸钾）溶液滤洗 1～2 遍，然后一层河沙一层种子层积贮藏于花钵内，也可以直接层积堆放于阴凉通风的室内，保持室内湿度在 70% 左右。

（4）圃地整理。选择地势较平坦，土层深厚、疏松、肥沃、排水良好的砂壤土作圃地。播种前深耕 1 次，并在播种前 1 周结合整地用硫酸亚铁 187 $kg \cdot hm^{-2}$进行土壤处理，起沟作床。苗床高 20cm，宽 120cm，床面要平整。

（5）播种。于 3 月上旬播种。播种前筛出种子水漂精选，洗净后即可播种。条播，播种量 75～150 $kg \cdot hm^{-2}$，覆土 4cm，并覆草。

（6）苗木管理。出苗后及时揭草，15d 后松土除草 1 次。5 月中旬至下旬选择阴雨天进行间苗和补苗。后隔 15d 中耕施肥 1 次，以氮肥为主。8 月下旬停止施肥，及时排水抗旱，1 年生实生苗高要求达到60～80cm，地茎粗 0.3～0.4cm。

2. 扦插育苗

秋季分别取雌雄优株当年生枝条，用 100$mg \cdot kg^{-1}$萘乙酸（NAA）浸 24h 后扦插。保持圃地湿润，1 个月左右即可长出新根。以后要及时进行中耕施肥。

（二）造林

1. 林地选择和整理

山鸡椒选择海拔 1 000m 以下，清香木姜子选择 1 000m 以上的阳坡，土层深厚排水良好，pH 值在 4.5～6.0 的红壤、红黄壤、黄壤、黄棕壤及棕黄壤作为造林地。于夏秋砍去杂草灌木，冬季烧毁。翌年春季挖去树蔸并全垦整理，每相距 6～8m 开环山水平蓄水沟一条，沟宽 40cm，深 40cm、节长 50～70cm。

2. 栽培密度

纯林经营初期可稍密植，株行距为 1.5m×2.0m 至 2.0m×2.0m。第二、三年去雄株时再调整密度至 1 500～1 800 株$\cdot hm^{-2}$，与杉木等混交时可视情况而定，一般采用带状混交，栽植密度为 1 200 株$\cdot hm^{-2}$。

3. 造林方法与造林时间

利用实生苗或扦插苗植树造林。造林前按株行距放样开穴，穴大小为 60cm×60cm ×50cm，定植前 1 个月每穴施足基肥。栽植时做到苗正、根舒、填土踩实。造林时间为 2 月上旬至下旬。

（三）抚育管理

1. 幼林抚育

每年松土除草 2 次，第一次为 4～6 月，第二次为 7～9 月。松土深度为 15～20cm，除净杂草覆盖在幼树周围。每年 5～6 月施氮肥（碳氨）1 次，每株用量 50～100g，环状沟施。在定植后的当年和第 2 年，可间种收获期短的农作物及绿肥，以耕代抚。

2. 去雄和密度调整

于定植后第二、三年进行，每公顷保留雄株 120

~150 株，多余雄株伐去。雄株间隔要均匀适当。将过密处的雌株移栽至过稀地域内，其余过密的雌株伐去，保持林分密度为 1 500 ~ 1 800 株 · hm^{-2}。

3. *成林抚育管理*

每年冬季深挖 1 次，深度 20 ~ 25cm，夏季（6 ~ 8 月）中耕除草 1 次，深度为 10 ~ 15cm。结合冬挖，每 2 年可施用基肥 1 次，以有机肥、菌肥、长效复合肥为主。每株施土杂肥或厩肥 10 ~ 15kg，或腐熟饼肥 0.5 ~ 1.0kg。追肥分两次，第一次为 4 月中旬，第二次为 6 ~ 7 月。第一次以氮肥为主，第 2 次以磷肥为主。基肥和追肥均采用沿树冠开环状沟施放。

4. *老林更新*

对衰老的山苍子林可进行截枝萌芽更新。春季在离地面 25cm 处将树体锯断，待其从基部自行萌芽更新。萌芽更新后又可经营 3 ~ 5 年。

5. *人工辅助天然林更新*

在山苍子分布较多的重点产区，选择好的林地，夏秋砍伐林地杂灌木，冬季烧毁，翌年早春挖山整地，经由山苍子天然下种，当年进行抚育。第二年调整林分密度，疏密补稀，保持林分密度为 1 500 ~ 1 800 株 · hm^{-2}，第三年始果。

四、病虫害防治

山苍子病虫害极少，在温度比较高的地区要注意白蚁危害。

五、采收与加工利用

1. *采摘*

用于蒸馏芳香油的山苍子果实的采摘时间以果实成熟为原则，当果实由深褐色转变为淡绿色并布有白色斑点，用手捻碎有强烈的生姜香味时为最佳采摘时间，因地区不同采摘时间稍有差异，一般为 7 月中旬至 8 月中旬。用于播种育苗的果实采集须待种子成熟时即果实变为黑色时采集，时间会稍晚些。采摘时用剪刀连同果柄一同采下，避免芳香油从果柄处挥发。

2. *芳香油蒸馏*

采摘后的山苍子要保证及时蒸馏加工，尽可能就地进行，以避免芳香油的挥发。加工方法尽可能采用机械蒸馏法，在条件不允许的偏远山区或不具备机械加工设备的地方可以利用土法蒸馏。

3. *山苍子油的利用*

山苍子油是一种多组分的混合物，其主要成分为柠檬醛，占山苍子油的 60% ~ 80%，此外，还含有甲基庚烯酮和柠檬烯等有机成分。柠檬醛具有羰基和双键，兼有醛类和烯烃类有机化合物的性能，易于进行加成、氧化、异构化、缩合、聚合等多种反应，化学性质活泼。山苍子油的柠檬醛的含量高，可以进行单离利用，而其他成分因含量较少，单离利用很少，主要以混合成分的形式用于香料工业。利用柠檬醛或山苍子油可以合成几十种芳香化学品和维生素制品，是香料工业和制药工业极为重要的原料。

（1）天然柠檬醛。一般采用亚硫酸钠加成法或高效分馏法从山苍子油中提取柠檬醛。前者是利用水溶液中的亚硫酸钠与山苍子油中的柠檬醛发生加成反应生成水溶性的柠檬醛二氧化二磺酸钠，从而与非醛类成分分开。接着在碱性介质中水解，从水层中重新析出柠檬醛，并经减压分馏得到纯度产品，得率为原料的 75%。高效分馏法是借助于柠檬醛与其他组分沸点上的差异，经多次气化和冷凝而分离出柠檬醛的，得率为原料的 80%。

由上述两种方法得到的是 α-柠檬醛和 β-柠檬醛的混合物，其中前者占 70% ~ 80%，利用 $NaHSO_3$-AcOH 可将 α 与 β 两种异构体分离。

柠檬醛具有天然柠檬样气息，用于配制玫瑰、橙花、柑橘和柠檬型香精，广泛用于食品、牙膏、化妆品、卷烟等行业及制造合成香料和维生素制品。

（2）紫罗兰酮。利用柠檬醛与丙酮进行缩合反应，再经过环化即可制得紫罗兰酮。合成的紫罗兰酮有 α 和 β 异构体。以 60% ~ 65% 的硫酸作环化剂时，以 α 异构体为主；以 95% 硫酸作为环化剂时，则以 β 紫罗兰酮为主。利用亚硫酸氢钠法或缩氨脲分步结晶法可将两者分离。

紫罗兰酮具有优雅的紫罗兰气息和良好的稳定性，是配制紫罗兰、金合欢、桂花和茉莉香型香精的重要原料，广泛用于食品、香水、牙膏、化妆品、香皂和香烟等行业及用于生产香料与维生素 A、E。带有强烈花香的 α-紫罗兰酮多用于香料生产工业，具有柏木气息的 β-紫罗兰酮还用于维生素 A 的制造。

（3）甲醛紫罗兰酮。利用柠檬醛与丁酮进行缩合反应可以制取甲醛紫罗兰酮。该产品香气细腻盛甜，有似鸢尾酮和金合欢香韵，用于配制桂花、紫罗兰、金合欢和紫丁香型香精，用于较高档的香皂、香烟、牙膏和日用化妆品。

（4）柠檬二乙缩醛。以柠檬醛与原甲酸乙酯进行缩合反应，以稀硫酸为催化剂来制取。工业品是α和β异构体的混合物，α异构体多于β型，混合作为香料使用。该产品具有柔和新鲜柠檬样气息，香气持久，性质稳定，用于配制各种青果香型香精，在香料工业用途广泛。

（5）柠檬二甲缩醛。利用柠檬醛和原甲酯在酸性催化剂及温和条件下合成。该化合物以柠檬香气息用于配制柑橘型和果香型香精，用于食品、香皂、化妆品等行业及作为定香剂和修饰剂使用。

（6）柠檬腈。利用经典的成肟和脱水反应制取柠檬腈。该产品具有强烈油脂样的新鲜柠檬样气息，香气持久、稳定，可制成日用化妆品香精及替代柠檬醛应用于肥皂、洗衣粉的生产中，是目前广泛应用的具有卓单萜类结构的不饱和腈类化合物之一。

（7）环柠檬醛。利用柠檬醛与苯胺缩合并经硫酸环化和蒸馏制取。该化合物产品具有新鲜的柠檬样气息和花香韵，用于配制多种果香型和花香型香精，用于食品、饮料、日用化妆品及用于合成α及β-突厥酮等名贵香料。

（8）维生素A、E。以柠檬醛为原料，经β-紫罗兰酮制取十四碳醛，再与侧链部分的六碳醇进行缩合，再经水解，加氢过程可制取维生素A；经假性紫罗兰酮和四氢假紫罗兰酮制取异植物醇，再经主链部分2，3，5－三甲基对苯二酚缩合和乙酯化可制取维生素E。柠檬醛曾经是制造维生素A、E最适合的原料而被大量应用于生产。维生素A、E也是两种销售最大的维生素制品，广泛应用于临床医疗，还有滋润、保护皮肤的功能，也广泛应用于各种化妆品中。

4. 山苍子种子核油的提取和利用

山苍子果实经蒸馏精油后，其废弃的果核（果仁）可提取核油。核油的主要成分为癸酸甘油脂，月桂酸甘油和C_{10}、C_{14}、C_{16}等饱和脂肪酸甘油酯。核油中脂肪酸分子量大，凝固点高，脂肪酸在有氧条件下可氧化分解反应，不饱和脂肪酸还会产生聚合作用，采用高真空蒸馏可提高产品得率，并保证油脂质量。

从核油中可分离出月桂酸、癸酸、豆蔻酸、十二烯酸、棕榈酸、十四烯酸、油酸、甘油等，可作为原料应用于化工产业。

（谭晓风）

75. 芳香油用桉树

桉树是桃金娘科（Myrtaceae）桉树属（*Eucalyptus* LHérit.）植物的通称，约600余种自然分布于大洋洲。桉树树干木材广泛应用于建筑、枕木、家具、造纸、人造板等。桉树叶片油腺细胞可分泌芳香油，幼叶精油含量一般为1.5%左右，成熟叶片精油含量达2%。经蒸馏提炼的桉叶精油广泛用于医药、工业和精细化工等。桉树是一类多用途树种。

我国桉树精油的生产，始于1985年，20世纪60年代开始大量生产，全国桉树油产量3 000t以上，其中广东湛江地区约1 000t，云南保山年产蓝桉油16t多，中国已成为世界精油市场的主要成员，70年代占市场年销售量的45%，南部非洲国家占18%，葡萄牙占17%。1989年前，中国供外贸出口经过提纯的桉叶油年约1 000t，跃居世界第一，主要销往美国、法国、德国和英国。

一、主要物种

桉树树种多含有精油，有学者对240多种桉树开展过蒸制精油试验，发现有商业开发价值的仅20多种。从目前世界范围来看，兼顾木材生产和桉油生产的只有以下几种：

1. 蓝桉（*Eucalyptus globulus* Labill.）

高大乔木，树高45～55m，胸径可达1～2m以上，树干大而通直，树冠密集伸展。嫩树皮光滑，灰白色至米色或黄色；树干基部未脱落的树皮为灰褐色。老皮呈长薄片状脱落。幼茎和幼枝呈四棱形，具白粉。幼态叶对生，无叶柄宽卵形或卵形，灰绿到灰白色，被白粉；成熟叶披针形至窄披针形，有时呈镰状，渐尖，互生，绿色；伞形花序3～7个花，花梗扁平；花梗有或无。花蕾陀螺状至倒圆锥状，具疣状白粉；蒴盖扁半球状，短脐状突起；隐头花序倒圆锥形，具肋或平滑。蒴果倒圆锥形至半球形或近球形，具白粉或无。果盘宽；果瓣3～5。蓝桉100g鲜叶出油量1.85mL。

蓝桉是最早定名和引种栽培的桉树。众所周知，蓝桉与另外3个种（亚种）有密切的亲缘关系。它们是双肋蓝桉［*E. bicostata*（Maidenet et al.）Kirkpatr］、假蓝桉［*E. pseudoglobulus*（Naudin ex Maiden）Kirkpatr］和直杆蓝桉［*E. maidnii*（F. Muell.）Kirkpatr］，被称之为蓝桉组。

2. 柠檬桉（*E. citriodora* Hook. f.）

常绿大乔木，高达35m以上，胸径1.2m，树皮每年呈片状剥落，一次脱光，剥落后呈灰白色，淡红灰色或棕褐色等不同的斑块状。幼苗及萌芽枝之叶队胜，卵状披针形，基部圆形近平截，叶柄在叶片基部盾状着生，叶及枝密生棕红色腺毛，成年树之叶互生，披针形或窄披针形，稍呈镰状，长10～35cm，宽0.7～1.5cm，具柠檬香气，无毛，叶脉明显，侧脉稍粗而多数，平行斜举，边脉靠近叶缘。叶柄长1.5～2cm。花每3朵成伞形花序，再集生成腋生或顶生的复伞形花序。帽状体半球形，2层，外层的稍厚，顶端具小尖头，内层的薄，平滑，有光泽，雄蕊长8～10mm，花药卵形，纵裂，蒴果壶形或坛状，长约1.2cm，果缘薄，果瓣深藏。100g鲜叶出油量2.7～2.92mL。

3. 史密斯桉（*E. smithii*）

中等高大乔木，树高达46m，胸径达1.2m，木材浅褐色，致密，但不够坚硬。树皮粗糙，树干下部为杏仁桉类型的树皮，树干上部和树枝平滑，幼态叶对生，无柄至抱茎，灰绿色，狭披针形，成熟叶互生，具柄，渐尖狭披针形。

树皮单宁含量21%～26%，树叶桉油含量1.1%～2.2%，史密斯桉在南部非洲的安哥拉、马拉威、南非等国商业化栽培用于桉叶油工业，也有少数用于生产木材的林分。

二、生物学特性

（一）生态习性

蓝桉原产地自然分布区年平均气温17.7～23℃，最低－8.9℃，最高46.2℃，年降水量600～1 100mm。蓝桉为强喜光树种，稍有遮荫即影响其生长速度。蓝桉有一定耐寒能力，幼苗最低能耐－5℃的低温，大树则可耐－7.3℃的低温。低温的时间不宜过长，一般不超过1周。蓝桉在严重干旱时，可导致幼树死亡。在原产地年降水量1 000mm以上，雨量分布均匀的地区，生长最好。在非洲北部，年均降水量525mm的地区，蓝桉人工林生长正常，在西班牙和葡萄牙，能耐比原产地干得多的干旱环境。

桉树生长需要某些微量元素，尤其是硼。在云南蓝桉栽植地区，缺硼现象比较严重，其症状与生理干旱和轻微冻害所致枯梢相似，需进一步研究。在云南楚雄州一平浪林场，通过施硼，幼林的枯梢症状明显改善。

柠檬桉自然整枝非常好，叶子集中于枝梢顶端，林下透光度很大。原产地降水量只有630mm，集中于夏季降落，干旱季节明显而长，为耐旱树种。在我国的栽培区内，年降水量1 100～1 600mm，而且比较均匀，干旱期短，所以它生长比原产地还好。凡气温在0℃以上都能正常生长，并保持有嫩叶；气温在0℃以下，随延续时间增长，会引起顶芽冻害、叶片枯黄脱落等症状。柠檬桉对土壤肥力要求不严，喜湿润、深厚和松疏的土壤。在一般酸性土，土层深厚而疏松，排水量好的红壤、砖红壤、黄壤或冲积土上生长良好。

（二）生长发育

蓝桉生长迅速，最适合于我国气候凉爽的亚热带高海拔地区。成片栽植时，2～3年即可郁闭成林。云南省林业科学研究院栽植在酸性红土壤上的2年生蓝桉幼林，平均高6.6m，平均胸径4.8cm；15年生单株树高34.5m，胸径43.3cm。云南保山县15年生树高26.2m，胸径51cm，个旧市21年生平均树高35.6m，平均胸径43.5cm；四川盐源8年生树高25.2m。15年生之前为蓝桉的生长旺盛时期，高、径生长都很迅速。直杆蓝桉和双肋蓝桉的生长速度稍低于蓝桉，但差异不显著。蓝桉的3个亚种的生长节律基本相似，根据在昆明的观测结果，生长最盛期在7～10月，恰与昆明地区的月平均气温和降水变化一致。12月至翌年4月为旱季，生长缓慢，4月份气温开始升高，蒸发量大，但雨季尚未开始，生长近与停滞。蓝桉萌芽能力强，萌芽林的生长速率超过实生林，且干形通直。在云南个旧，8年生萌芽林平均树高20.1m，胸径19.8cm，生长超过同龄实生林。在云南保山县苗圃，由同一桩萌生的2株蓝桉，12年生时树高25.7m，胸径分别为38.7cm和42.6cm。10后生左右的蓝桉萌芽力最强，胸径50cm以上的大树立萌芽力有所降低。柠檬桉为深根性树种，尤其是幼苗初具5～6片真叶时，其主根长为苗干3～4倍。根颈具木瘤，有贮藏养分和促使萌芽更新的作用。柠檬桉为夏雨性树种，春末夏初，当气温稳定在25℃以上，雨量充沛时，生长最快，同时期脱皮，生长衰退的植株不脱皮或脱皮不完全。1～8年生胸径和高生长比较快，平均每年胸径生长1.7～2.0cm，高1.8～2.0m。10年以上后，材积生长较快，18～25年数量成熟。随后若林地水肥条件差，林分内植株逐渐出现枯稍或整株死亡现象，如林地水肥条件好，生长仍然正常。

（三）物候期

蓝桉6～7年生开始开花结实，15年进入结实盛期。在昆明栽培的蓝桉，2月中旬至4月初为抽梢期，4～5月孕花蕾，7～8月第一层帽盖脱落，开始开花，10月下旬花期结束，少数植株花期或延长至12月，翌年2～5月果实继续成熟。亚种间的物候基本相同。

柠檬桉每年3～4月、10～11月各开花1次，花期很长，6～7月、9～11月种子成熟，成熟的蒴果可宿存1～2年。

三、栽培技术

（一）蓝桉

蓝桉种子播种前无需处理，一般在春季4～5月播种，多采用容器育苗。种子可直接播在容器或育苗盘（床）上，播种后7～10d发芽，经40～50d培育，当子叶长出3～4对真叶即可移植。在炎热的天气下，出芽小苗和移植苗要适当遮荫，防止强烈阳光暴晒。苗期管理要注意一些问题。不能用“死水”淋苗；从播种的前7～10d内，要经常巡视苗床及时防止病虫害；根据苗木生长情况，可用浓度0.1%～0.3%复合肥水追施2～3次；分床时保证分床苗成活，使其尽快恢复生长，及时补苗减少空袋和苗木分化。并按苗木生长情况进行适当调整，加强管理提高壮苗出圃率。

蓝桉造林一般在7～9月夏秋雨季进行，在云南如能机耕整地效果更好，不能机耕的山地通常采用带状撩壕整地，按等高线挖宽70cm，深80cm的沟；或按株行距2m×3m或2m×2m挖大坑70cm×70cm×70cm整地。每株基肥用腐烂的垃圾肥5kg，加施磷肥200～300kg。当苗木高生长达到25～30cm，造林地下透雨之后即可造林，造林后1～2年，每年要中耕除草通带扩穴1～2次，并按每株150g追施复合肥1次。蓝桉萌芽力强，可进行1～2次代萌芽更新，轮伐期6～7年。采伐季节以春末夏初雨季之前最好，有利于萌芽生长。

（二）柠檬桉

柠檬桉目前主要都是用种子育苗。所有的种子必须采自规范的种子园或母树林，并经试验证明其子代各方面性状表现优良。一般来说，桉树种子不需进行消毒处理，但为保险起见，可用农用链霉素以温水稀释成 1 000 ~ 2 000$mg \cdot kg^{-1}$浸种 4h，或用高锰酸钾 1∶200 溶液浸种 2h 进行消毒。

播种前的整地对圃地育苗发芽率、成苗率、苗木产量和质量影响很大。柠檬桉种粒极小，每克种子数 220 粒左右，对播种前整地的要求高，播种床除草深翻松土后再细致碎土平整，床面铺 2.5 ~ 3.0cm 厚的播种基质。

播种：播种季节由造林季节、苗木规格和苗木生长速度而定。正常情况下，华南地区在每年 10 月至翌年 1 月播种，6 ~ 9d 开始发芽出土，经 30 ~ 45d，小苗可以移植至容器，30 ~ 45d 苗木可达 15 ~ 20cm，可以出圃造林。从播种到出圃需 100 ~ 120d。

播种方式分点播和撒播两种。点播是直接将种子点放在容器基质上，一般每个容器放种子 3 ~ 4 粒，待种子发芽成苗稳定时，将多余的小苗间出移至发芽失败的容器或新容器中，原容器中只留下一株健壮的小苗。撒播是将种子均匀撒播于规整的苗床上，育成一定规格的小苗，移植至容器内再进行培育。实践证明，撒播比点播有很多优势：节省用工，节约种子，提高苗木出圃率，且管理方便。

选择林地和整地。柠檬桉对土壤的肥力要求不严，但对土壤的深度、坚实度以及土壤湿度要求比较严格。因此，应选择土层深厚、疏松的地方作为造林地。深耕整地，有利于主根往深处穿插，加速生长。因此，如林地比较低平（不超过 15°），最好用拖拉机二犁二耙整地。如没有拖拉机或坡度较大，应挖长、宽各 60cm，深 50cm 的大穴造林。

柠檬桉对钾肥比较敏感，造林时，用复合肥作基肥，外加草皮灰或其他钾肥最好。

造林密度与配置。密度过大会影响林木个体发育，密度过小也会影响干行圆满度、通直度和抗风能力。密度设计得当与否，对单位面积产量影响很大。广西渠黎林场曾做过柠檬桉造林试验，6 年生林，密度 3m × 3m 的每亩蓄积 4.6m^3；密度 3m × 2m 的每亩蓄积为 8.3m^3，而且干形比前者好。造林密度因立地条件、造林目的以及机械化程度不同而定。如经营用材林为目的，立地好、机械化程度高以及综合利用设备齐全的，可采用 3m × 1m；无机械和综合利用设备的，可采用 3m × 2m 或 2m × 2m。如以蒸油为目的，可用 1m × 1m。如培育木材为目的，可用 4m × 2m 或 5m × 2.5m。

造林季节与方法。在栽培区内，除少数偏北、冬季气候过冷的地方不宜造林外，只要下雨土湿，不论哪个季节都能造林，但以春季造林效果最佳。

造林时，如是机耕整地，土壤很松，应先把定植穴的穴底踏实，以免造林后整株苗木下陷，雨后积水影响成活率。栽植时把整个营养袋或杯（去塑料袋或杯）放入定植穴内，覆盖比原苗根际深 1 ~ 2cm，略为压实即可。

柠檬桉萌芽力极强，1 年生萌条高可达 3 ~ 4m，是很好的萌芽更新树种。萌芽更新的伐根要低，一般在 10cm 左右，每个伐根保留 1 ~ 2 株萌芽条，中耕除草 2 ~ 3 次即可成林。

四、病虫害防治

蓝桉苗期易发生猝倒病，常因苗木密度大，通风不良，加之高温、高湿而感染。防治方法以预防为主，化学防治为辅。加强苗圃卫生管理和土壤基质消毒，注意播种密度。同时采用 5% 甲基托布津毒土（阴天多雨），或 50% 的甲基托布津 800 ~ 1 000倍液，也可用 25% 多菌灵、百菌清 800 ~ 1 000 倍液和 1% ~ 3% 高锰酸钾溶液喷洒防治。

蓝桉虫害主要是桉小卷蛾和金龟子。金龟子的防治用 500 倍液的敌敌畏、敌百虫或杀虫威浇灌苗床及四周，幼林用 5 ~ 6g 的 3% 的呋喃丹颗粒剂施放根际。桉小卷蛾对幼苗和幼林危害较大，可用 25% 灭幼尿 3 号胶悬剂，用量 300 ~ 450$g \cdot hm^{-2}$，也可用 90% 敌百虫稀释 1 500 ~ 3 000 倍液喷洒防治，2.5% 溴氰菊酯乳油 5 000 倍液，20% 杀灭菊乳油 2 000 ~ 3 000 倍液。

五、采收与加工利用

1. 叶片采收

蒸制桉树精油的原料主要是利用抚育间伐、主伐更新和萌芽更新定株时伐下的嫩枝和树叶。也有些地方或农场专门栽培柠檬桉和蓝桉作叶用经济林，年采嫩叶 2 ~ 3 次，一般产叶量约 4 500$kg \cdot hm^{-2}$。3mm 以下嫩叶按间伐和萌芽定株作业能产2 000 ~ 4 500$kg \cdot hm^{-2}$；主伐更新和叶用林则能产 8 000 ~ 15 000$kg \cdot hm^{-2}$。工人用小镰刀削叶，每个劳动日每人可获 200 ~ 400kg。采摘的嫩枝叶用树条扎成每捆10 ~ 15kg，由畜力或机车运往炼油厂。

2. 桉油的提取与加工

采用蒸馏法提取桉叶中的芳香油。一般简易蒸油炉灶分为灶口、燃烧室、风道、炉膛、侧烟通道、固油甑锅圈（砖砌成）、烟窗等部分。利用桉油具有挥发性及相对密度小于水的特点以蒸馏法提取。将采收的桉叶装入甑筒，装叶时要将四周装实（中间不宜装实）；装叶后即将甑盖盖上，用活动钳把甑身与甑盖的连接螺栓拧紧。装叶结束后，应在锅底加足燃料点火蒸煮。在出油前，还要经常检查油甑和冷凝管相连接的缝口，看是否有漏气现象；将要出油时，烧火要猛，出油一个多小时后，当大量精油已出完时，可从排油管承接一些馏出液检查是否还有油，待油出完后即停止烧火。用活动钳将甑盖和甑身连接螺丝栓慢慢松开，待蒸汽大部分出完后把甑盖打开，用铁叉把已蒸过的桉叶挑出，随即把预热池的热水灌到锅里，重新装叶。如此循环地进行蒸馏。

3. 桉油的利用

蓝桉油的主要成分是1，8-桉油素，占61% ~69%。另外，还含有单萜碳水化合物如：α-蒎烯，占6% ~11%；萱烯，占2% ~3%，对一伞花烃1% ~11%，其他化学成分还有：α-水芹烯，萜品烯，萜品-4-醇，α-萜品醇，β-伞花烯-8-醇等。桉叶油其用途可分为药用、工业用和香料用3种。

（1）药用。桉叶精油的主要成分含桉醇60%以上。其药理具有杀菌、健胃、驱风和抗疟等作用。我国生产的中成药如驱风油、瑞草油、十滴水、清凉油之类都以桉叶油为主要成分。自20世纪60年代初就已广泛应用于涂擦消毒剂、吸入剂和饮食添加剂等。用桉叶精油制成的药品在治疗肺结核、痢疾、线虫病、烧伤、高血压、化脓性疾患、结膜炎和一些皮肤病等都有一定的疗效。

（2）工业用。桉叶油具有很好的表面活性和杀菌能力，是一种理想的乳化剂和杀菌剂。有的国家已用桉叶油直接研制空气洁净剂和高效多泡肥皂、药皂等产品。

宽叶辛味桉和滨河白桉叶子油的主要成分是胡椒酮和水芹烯，其工业用途是作矿石浮选剂，或作为合成化学产品时的溶剂及反应中间体。

世界上工业用油生产量很小，工业用油含胡椒酮和非兰烯，只能从丰桉的特殊变种和辐射桉中提炼出来。非兰烯还可以用作消毒剂和杀菌剂。胡椒酮是生产合成薄荷醇和麝香草酚的基本原料。

（3）香料用。香料桉油主要从柠檬桉中获得，这种油含有大量的香茅醛，可作为香料加以利用。香茅醛主要用于生产一些名贵的香料。很多香料厂都先后将柠檬桉叶油减压分馏，提纯各成分用于调香或生产化妆品。

利用桉油合成的麝香草酚除在医学方面有广泛用途外，在香料工业上还用于制造牙膏、香皂、香精油和痱子粉等。

（谢耀坚）

76. 樟　树

樟树［*Cinnamomum camphora*（L.）Presl.］为樟科（Lauraceae）樟属（*Cinnamomum* Trew）植物，是主产我国的珍贵用材和经济树种，也是我国亚热带常绿阔叶林的主要组成树种之一，被誉为江南宝树。广泛分布于我国的台湾、江西、湖南、云南、浙江、福建、广东、广西、四川、贵州等地区。其栽培利用早在东周春秋时代就有记载，至今已有2 000~3 000年的历史。

樟树树形优美，根系深广，寿命长，适应性较广。其绿荫面积大，具抗烟、抗二氧化硫、抗风沙和除尘能力强，具耐湿固土护堤功能，是优良的风景林和防护林树种。我国是世界上樟树分布最广，生产樟油、樟脑最多的国家。因此，充分利用我国有利的自然条件，培育和利用具生态和经济多种功能的樟树资源，具有重要的意义。

我国是樟树和樟属其他许多物种的适生区域。樟树在我国亚热带及以南地区生长和适应性良好。近年来，樟树在长江流域低山丘陵区生态治理、树种更新和城乡绿化中占有相当的比重。我国樟树的良种化水平极低，樟树多数生长速度较慢、干形差，在分布区北部有轻度或重度冻害和雪害。此外，樟属其他物种有的具生长快、树形优美、干形好等优点，但对其特性仍了解不多。因此，开展樟树良种选育和培育技术研究，选育和扩繁具有适应性强、速生优质、树形优美、抗冻等优良性状的樟树良种，筛选多功能的樟属物种，对于我国长江流域及以南地区的生态治理、林种树种结构调整、城乡园林绿化等具有重要意义。

樟（属）树作为一种多功能的经济林树种，它既可以全树利用提取芳香油和作珍贵用材，又可以作为山地树种更新、林种结构调整和城镇、乡村、道路绿化的优良树种，长期以来受到国内外的关注，并进行了较广泛的研究。

樟树是我国著名的经济林树种，樟树中提取的芳香、医药和日用工业原料在世界上久负盛名。樟树及其同属相近种主产我国的亚热带地区，是亚热带地区重要的经济、用材和绿化的多用途树种，是亚热带常绿阔叶林的的优势树种之一，属于多用途树种。该树种适应性广，可以在我国北亚热带以南地区生长；整个长江流域为樟树主要的分布区域，经历20世纪50~60年代的破坏和70~80年代采挖全树提取芳香油，资源受到严重的破坏，目前只在一些村落周边和景区仍有一些樟树古树分布。天然林和人工林很少。

作为重要的芳油树种，在大树资源由于炼油而大量枯竭的情况。各地纷纷采用建立樟树采枝叶的生产基地，取得了一定的成效。在樟树芳香油生产基地建设中，以四川、江西、云南、福建等地较多，多数以生产基地与工厂相结合。这些基地的建成，在一定程度上缓解了樟树芳香油及其主成分产品的供需矛盾。

同时，樟树作为多用途树种也大量用于绿化。随着城市化的加快，樟树作为主导的大宗绿化树种，在绿化工程中大量应用。但也一度出现采挖野生大樟树的现象，现许多省份对采挖大树进行了限制。

我国樟树芳香油生产有悠久的历史，在《山海经》《淮南子》等古籍中就有记载，但到20世纪才形成一定的规模，主要是挖树取樟脑。分布在台湾、广东、广西、江西、福建等地。1949年以来各地以樟树及樟组为原料的芳香油生产发展较快。我国台湾是对樟组精油资源开发利用较早的省份之一。20世纪初其樟脑产量曾经占到世界的70%，1910年其精油产量最高，达到3 100t，自50年代以来，樟脑生产开始萎缩，至60年代后产量降到160~300 t。到目前为止，四川、云南、江西、福建、广东等地，仍然是我国樟树芳香油和主成分产品的主要产地。

樟树在其他许多国家也分布。据统计，樟树芳香油研究和生产主要在亚洲国家，除了中国以外，主要有印度、日本、越南、巴基斯坦等国。印度北部（如北方邦）就有将樟树用于芳香油生产，采用纯林或与农作物间种的方式进行原料生产。

一、主要物种

全世界樟科植物约有45属，2 000~2 500种，种数最多的是中、南美洲，其次才是东南亚。我国樟科植物有24属422种，大多数集中于长江以南各地，主要分布于台湾、江西、湖南、云南、浙江、福建、广东、广西、四川、贵州等地，只有少数落叶种类分布较北，大体以秦岭—淮河为北界。

樟属在世界上约有250种，分布于亚洲热带、亚热带地区和澳大利亚及太平洋岛屿。我国约有46种，多为优良用材树种及特用经济树种，其中以樟树最为名贵。同属还有肉桂、锡兰肉桂等著名香料树种。

我国作为芳香油生产、绿化和材用的主要樟属物种有近20种。

1. 樟树［*Cinnamomum camphora*（L.）Presl.］

别名樟木、香樟等。常绿乔木，树高可达30米。枝条圆柱形，淡褐色，无毛。叶革质，互生，卵状椭圆形，长6~12cm，宽2.5~5cm，两面无毛或背面幼时被微柔毛。具离基三出脉。圆锥形花序腋生，长3.5~7cm；花绿白色或带黄色，长约1mm。果卵球形或近球形，直径6~8mm，紫褐色；果托杯状。花期4~5月，果熟期8~11月。樟树在世界上主要分布在我国，印度、巴基斯坦、越南、日本等其他国家也有分布。樟树是樟属物种中分布最为广泛的物种，我国主要分布在亚热带广大地区，特别是江西、台湾、湖南、浙江、福建、贵州、广西等地。常生于山坡或沟谷、水边、路旁及村前屋后，海拔30~1 000m，在台湾南部分布上限可达1 800m。

可分1，8-桉叶油素型、柠檬醛型、樟脑型、柠檬醛、龙脑型、异橙花椒醇型、芳樟醇型、混杂型等多个化学型。

2. 芳樟（*C. camphora* var. *linaloolifera* Fujita）

别名樟、油樟、樟树等。是樟的变种，富含芳樟醇，故名芳樟。常绿乔木，枝叶、树皮、木材及根均芳香。叶革质，互生，椭圆形或卵状椭圆形，先端急尖，基部楔形，全缘。叶缘波状，上面绿色或黄绿色，有光泽，下面黄绿色或灰绿色，晦暗，常附黑点，具离基三出脉，脉腋内有腺体，下面窝内常被柔毛，圆锥花序腋生，花小，绿黄色或带黄色。果球形或近球形，成熟时黑紫色。花期3~5月，果熟期10~11月。分布于台湾、江西、福建、湖南、湖北、云南等地。常生于丘陵山地的缓坡地带或路旁、水边、沟谷和房前屋后。多为人工栽培，在江西吉安等地仍可见到天然林。

可分芳樟醇型、1，8-桉叶油素型、樟脑型、柠檬醛、混杂型5个化学型。

3. 黄樟［*C. porrectum*（Roxb.）Kosterm.］

别名黄槁、山椒、大叶樟、冰片树、樟等。常绿乔木，高10~20m。枝条圆柱形，小枝具棱角或稍扁、淡绿色至灰绿色，无毛。叶革质，互生，椭圆状卵形或长椭圆状卵形，长6~12cm，宽3~6cm，先端钝或急尖，基部楔形或阔楔形，叶呈卷筒状或平展或叶缘呈波状，两面无毛，羽状脉，侧脉每边4~5条，脉腋于叶背无明显腺窝。圆锥花序或近顶生，长4.5~8cm；花绿色带黄，长约3mm。呆球形，直径6~8mm，成熟时黑色。花期3~5月，果熟期10~11月。分布于我国云南、贵州、湖南、广东、广西、福建、江西等地。生于常绿阔叶林或灌木林中，最高海拔1 500m。

可分樟脑型、1，8-桉叶油素型、黄樟油素型、d-芳樟醇型、柠檬醛型、橙花椒醇型及混杂型7个化学型。

4. 沉水樟［*C. micranthum*（Hayata）Hayata］

别名水樟、臭樟、牛樟等。常绿乔木，高14~20（30）m；树皮坚硬，厚达4mm，黑褐色或红褐色。叶坚纸质或近革质，互生，长圆形、椭圆形或卵状椭圆形，长7.5~9.5cm，两面无毛，羽状脉，脉腋于叶背具小腺窝。圆锥花序顶生及腋生，长3~5cm，花白色或紫红色具香气，长约2.5mm。果椭圆形，长1.4~2cm。花期7~8（10）月，果期10月。分布于广西、广东、湖南、江西、福建、台湾等地。生于山坡或山谷密林中或路旁、河旁水边，海拔300~650m，在台湾的分布可达1 800~2 500（3 000）m。巴基斯坦、印度、马来西亚、印度尼西亚等国亦有分布。

只有黄樟油素型1个化学型。

5. 猴樟（*C. bodinieri* Lévl.）

别名樟、大胡椒树、香树等。常绿乔木，高16m；树皮灰褐色。叶坚纸质，互生，卵圆形或椭圆状卵圆形，长8~17cm，宽3~10cm，背面密生微柔毛，侧脉每边4~6条，最近的一对对生，其余互生，宽3~10cm，圆锥花序长10~15cm；花序总梗和各级序轴均无毛；花绿白色，长约2.5mm，花被裂片的外面近无毛，果球形，直径7~8mm。花期5~6月，果熟期9~10月。分布于四川东部、湖北、湖南西部及云南东北和东南部石灰岩山地。生丁路旁、沟边、疏林或灌丛中，海拔700~1 480m。

可分黄樟油素型、1，8-桉叶油素型、柠檬醛型、橙花椒醇型及混杂型6个化学型。

6. 云南樟［*C. glanduliferum*（Wall.）Nees］

别名大黑叶樟、香叶树、臭樟、樟树等。常绿乔木，高5~15（20）m，树皮灰褐色，深纵裂，小片脱落，内皮红褐色。枝条粗壮，圆柱状，小枝具棱角。叶革质，互生，叶形变化很大，椭圆形至卵状椭圆形或披针形，长6~15cm，先端通常急尖，基部楔形、宽楔形至圆形，两侧有时不相等，上面深绿色，有光泽，下面通常粉绿色，仅下面被柔毛或多少被微柔毛，羽状脉或偶有近离基三出脉，脉腋有明显的腺窝，窝内被毛或变无毛，叶柄粗壮，腹背凸，近无毛。圆锥花序，各序轴无毛；花小，淡黄色。果球形，成熟时呈黑色，果托狭长倒锥形。花期1~3月或3~5月，果熟期9~11(12)月。分布于我国云南、贵州、四川、西藏等地。多生于山地常绿阔叶林中，海拔600~2 500（3 000）m。印度、尼泊尔、缅甸、马来西亚等国亦有分布。

可分1，8-桉叶油素型、柠檬醛型、α-水芹烯型、黄樟油素型、混杂型5个化学型。

7. 八角樟（*C. ilicioides* A. Chev.）

常绿乔木，高5~18m。树皮褐色，具纵裂纹。老枝圆柱形，黑灰色，幼枝淡绿色。叶近革质，互生，卵圆形或卵状长椭圆形，先端锐尖或短渐尖，基部宽楔形至近楔形，上面淡绿色，下面浅褐色，晦暗。羽状脉或偶为三出脉，侧脉与中脉两面凸起，脉腋下面常有明显腺窝。花序腋生或近顶生，圆锥状。花期4~5月，果熟期9~11月。分布于我国海南、广东、广西。生于谷地或密林中，海拔200~800m。越南北部亦有分布。

只有黄樟油素型1个化学型。

8. 银木（*C. septentrionale* Hand. – Mazz.）

别名樟、土沉香。常绿乔木，高16~25m；树皮灰色，光滑。枝条稍粗壮，被白色绢毛。叶近革质，互生，椭圆形或椭圆状倒披针形，长10~15cm，宽5~7cm，先端短渐尖，腹面被短柔毛，背面被白色绢毛，具羽状脉，侧脉腋于腹面微凸，于背面呈浅窝状。圆锥状花序腋生，花序轴绢毛；花开时长约2.5mm，花被裂片两面被白色绢毛，具腺点。果球形，直径不及1cm，无毛；果托盘状，宽达4mm。花期5~6月，果期7~9月。分布于四川西部、陕西南部、甘肃南部等地。生于山谷或山坡上，海拔600~1 000m。

可分樟脑型、t-甲基异丁香酚型2个化学型。

9. 湖北樟［*C. bodinieri* Lévl. var. *hupehanum* (Gamble) G. F. Tao］

系猴樟之变种。常绿乔木；枝、叶、木材、树皮及根均芳香。叶坚纸质，互生，卵圆形或卵椭圆形，先端短渐尖，基部锐尖、宽楔形至圆形，幼时被极细柔毛，老时变无毛，下面苍白色，密被绢状微柔毛。圆锥花序腋生或侧生，花小，绿白色。总花序梗及各序轴常被柔毛，花被筒及花被裂片的外面被绢状微柔毛或近无毛。果球形，成熟时呈紫黑色。花期5~6月，果熟期9~10（11）月。集中分布于湖北西部、四川东部和湖南西部。生于海拔250~1 300m的河谷盆地或向阳坡。

可分樟脑型、柠檬醛型2个化学型。

10. 细毛樟（*C. tenuipilum* Kosterm.）

常绿乔木，高4~16m。单叶互生，倒卵形或近椭圆形，长7.5~13.5cm，初时两面密被毛，先端钝或短渐尖。圆锥花序腋生或顶生，长4.5~8.5cm，密生灰绒毛；花被两面被绢状微柔毛。果近球形，直径达1.5cm，果托长达1.5cm，顶端浅杯状，宽达8mm。分布于云南南部及西部。生于海拔600~2 000m的山谷或灌木丛或密林中。

可分芳樟醇型、香叶醇型、金合欢醇型、甲基丁香酚型、樟脑型、龙脑型、1，8-桉叶油素型、α-水芹烯型、柠檬醛型、榄香素型、γ-榄香素型。

11. 尾叶樟（*C. caudiferum* Kosterm.）

别名樟树、香樟、野樟木、臭樟。小乔木，高5m左右。枝条带紫色，圆柱形或多少具棱角，初时密被柔毛，后渐变无毛。叶革质，互生，卵圆形或卵状长圆形，长9~15cm，宽3~5.5cm，先端尾状，老时无毛或略被柔毛，中脉及侧脉在上面凹陷，下面凸起，脉腋有明显的腺窝；叶柄腹凹背凸，被柔毛。圆锥花序，总梗细长，被柔毛；花小，黄白色，花梗无毛。果球形，成熟时呈紫黑色或黑色。花期4月，果期9~10月。分布于我国云南东南部、贵州南部。生于山谷或路旁向阳处，海拔800~950(1 500)m的山谷或灌木丛或林中。

可分1，8-桉叶油素型、樟脑型2个化学型。

12. 岩樟（*C. saxatile* H. W. Li）

常绿乔木，高15m。枝条圆柱形。略具棱角，有细纵条纹，干时黑褐色，有少数淡褐色圆形至长圆形皮孔，无毛，幼枝明显压扁，具棱角，被淡褐色柔毛。芽卵球形至长卵形，长2~5mm，芽鳞极密，被黄褐色绒毛。叶互生或有时在枝条上部近对生，长圆形或有时卵形至长圆形，长5~13cm，先端短渐尖，尖头钝，基部楔形至近圆形；两侧不对称，近革质，上面绿色，晦暗；疏被微柔毛，羽状脉，侧脉每侧5～7条。弧曲，在叶缘之内网结，两面多少明显，无明显的脉腋腺窝，细脉网结状，两面明显呈蜂窝状小窝穴。圆锥花序近顶生，长3～6cm，6～15朵花，具分枝，分校长约1.5cm；花期4～5月，果期10月。分布于云南东南部及广西。生于石灰岩山上的灌丛中、林下或水边，分布于海拔600～1 500m。

干及侧根油为黄樟油素型。

13. 毛叶樟（*C. mollifolium* H. W. Li）

别名香茅樟、毛叶芳樟等。系常绿乔木，高5～30m，树皮灰褐色或褐色，纵裂。枝条近圆形，初时被柔毛，老核常扁。顶芽大，卵球形。叶互生，卵形椭圆形、卵圆形或长圆状卵圆形，长7（4.5）～18cm，宽3.5～7.4cm。先端锐尖或短渐尖，基部宽，楔形至近圆，两侧有时不相等；革质，上面无毛，背密被灰柔毛，例脉每边4～7条，脉腋无窝点。圆锥花序，腋生或顶生，花小，黄色；花被具灰色微柔毛。果近球形，大，稍扁而歪，成熟时黑色。花期3～5月，果熟期10～11（12）月。为我国特有种，仅分布于云南南部励海。生于路边、疏林中或樟茶混交林中，分布于海拔1 100～1 300m。

可分樟脑型、柠檬醛型、1，8-桉叶油素型、α-水芹烯型、芳樟醇型、t-甲基异丁香酚等6个化学型。

14. 阔叶樟（*C. platyphyllum*（Diels）Allen）

别名大叶樟等。常绿乔木，高达5～15m；当年生枝被灰褐色或灰白色短绒毛。叶坚纸质或近革质，互生，椭圆形至阔卵圆形，长5.5～13cm，宽2.5～7cm，先端渐尖或短渐尖，背面有白粉，被灰褐色或灰色绢毛；具羽状毛，脉腋无小窝孔。圆锥花序腋生，疏散，纤细，多花；花绿白色，花被两面被毛。果阔倒卵形或近球形，歪斜，稍扁，直径约1cm，被灰褐色或灰白色绒毛；果托浅碟状，全缘。花期3～5月，果熟期9～10月。分布于四川东部、湖北西部。生于山坡上，分布于海拔约1 000～1 500m。

只有t-甲基异丁香酚型1个化学型。

15. 长柄樟（*C. longipetiolatum* H. W. Li）

常绿乔木。枝条近圆柱形，多少具棱角，红褐色，无毛。叶革质，互生。卵圆形，先端短渐尖，基部近圆形，上面绿色，下面淡绿色，两面无毛，侧脉脉腋下面无明显腋窝。花小，淡黄色；核果卵球形，果托浅杯状，成熟时呈紫黑色。花期4～5（6）月，果熟期9～10（11）月。分布于云南南部至东南部。生于山坡阳处疏林中或路边，分布于海拔750～2 100m。

可分柠檬醛型、黄樟油素型、混杂型3个化学型。

16. 米槁（*C. migao* H. W. Li）

别名大果樟等。常绿乔木，高20m；树皮灰黑色，开裂，具香味。老枝近圆柱形，纤细，有纵向条纹；幼枝略扁，具棱，被白色柔毛。叶坚硬、纸质，互生，卵圆形至卵圆状长圆形，先端急尖至短渐尖，基部宽楔形，两侧近相等；上面绿色，稍光亮，无毛，下面灰绿色，晦暗，被极细的灰白色微柔毛或者时变无毛，脉多少带红色，边缘略内卷。花序被极细的白色微柔毛，花小，腋生，淡黄色。球果，黄色，果托高脚杯状，顶部盘状增大，具圆齿，外面被极细的灰白微柔毛，成熟时呈紫黑色或黑色。花期4～5月，果熟期10～11月。分布于我国云南东南部、广西西部。常生于石灰山或山地疏林中，分布于海拔500～1 500m。

只有黄樟油素型1个化学型。

17. 油樟［*C. longepaniculatum*（Gamble）N. Chao］

别名香叶子树、樟、黄葛子树等。常绿乔木，高达20m；小枝无毛，互生，卵形或椭圆形，长6～12cm，宽3.5～6.5cm，先端骤然短渐尖至长渐尖，两面无毛，具羽毛状，有时呈离基三出脉，中脉与侧脉两面凸起，脉腋于腹面有泡状隆起，背面有小窝孔，孔内有短毛。圆锥形花序腋生，纤细，长16～20cm，疏散，无毛，花淡黄色，花被内侧密被柔毛。果宽倒卵形，顶端平或微凹，歪斜，稍扁，长9mm；果托碟状，全缘。分布于四川的西南部及毗邻的云南部分地区和湖南的西部。生于海拔600～1 400m以下的常绿阔叶林中。

可分甲基丁香酚型、龙脑型、樟脑型、1，8-桉叶油素型、芳樟醇型、倍半萜烯型、9-桉醇型7个化学型。

18. 坚叶樟（*C. chartophyllum* H. W. Li）

常绿乔木，高20m；树皮灰褐色。枝条呈圆柱形，绿色，幼枝具棱角，有时呈红褐色，均具纵向细条纹，无毛。叶互生，叶形多变，宽卵圆形，卵状长圆形至长圆形，长6～14cm，宽1.5～7.5cm；先端钝、锐尖至渐尖，基部楔形至近圆形；羽状脉，侧脉叶腋在上面呈泡状凸起，下面有明显的1～2个腋窝窝穴。圆锥花序腋生，花小，黄色。果近球形，果托增大，成熟时紫黑色，干时具纵槽。花期7~9（10）月，果熟期10至翌年1月。分布于我国云南南部至东南部。常生于山坡疏林中的水沟旁或沟谷雨林中，分布于海拔380~750m。

只有黄樟油素型1个化学型。

19. 短序樟（*C. brachythyrsum* J. Li）

别名樟树、香樟等。乔木。顶芽长锥形，长5mm，宽2mm，外被白色绢状短柔毛。枝条圆柱形，茶褐色，疏布有凸起的纵裂皮孔，干时有纵向细条纹，无毛。叶互生或近对生，椭圆形，长5~9cm，宽2~4cm，先端渐尖，基部宽楔形，两侧常不对称；革质，干时上面绿色，光亮，下面粉绿色，疏被白色绢毛；中脉两面凸起尤以下面明显，侧脉每边5~8条，脉腋无腺窝；叶柄长6~10mm，腹凹背凸，无毛。果球，直径1~1.5cm，黑褐色，无毛；果托增大，高脚杯状，顶端径达1.3cm；果梗长5~8mm，疏被绢毛状柔毛。分布于云南的文山、老君山等地的林中或林缘、路旁，海拔1 250~1 500m。

20. 菲律宾樟［*C. philippinense* (Meer.) C. E. Chang］

乔木，高8~15m。枝条纤细，干时呈褐色或黑褐色，老枝无毛，具条纹，细枝密被柔毛。叶互生，疏离，卵状椭圆形或披针形，长6~8.5（9）cm，宽2~3cm；先端渐尖或尾状渐尖，尖常弯曲，基部楔形，边缘多少波浪；上面稍光亮，无毛，下面多少苍白，初时被短柔毛后变渐无毛；中脉在上面凸起，侧脉纤细，每边5~6（7）条；叶柄长1~1.5cm，腹凹，背凸，初被短柔毛，后变无毛。聚散状圆锥花序，近顶生，长6~10cm，少花，具分校，分枝长3~5cm，顶端为3花的聚散花序。果球形，直径长约7mm，着生于杯状果托上。花期3月，果熟期4月以后。分布于台湾南部（嘉义、高雄、台东）的次生林中。海拔在1 000m以下。

菲律宾等国亦有分布。

二、主要栽培品种

樟树和同属物种芳香油良种选育取得一定进展。但总体来说其良种化程度较低，大多数对樟树和樟属仍按含主成分的多少划分为几个化学型。主要化学型有1，8-桉叶油素型、柠檬醛型、樟脑型、龙脑型、芳樟醇型、异橙花椒醇型、混杂型等等，这些类型在经济林良种上属于生化遗传型，是混合栽培材料。

近年来，我国许多单位在突破无性繁殖技术的基础上，开始选出具有高化学主成分的无性系。主要有中国林业科学研究院亚热带林业研究所选出的LN、ZN、FZ、YZ、AU系列无性系，江西吉安地区选出的龙脑樟无性系以及福建武平县选出的1个芳樟醇无性系。主成分无性系具有含量高，性状稳定，无性繁殖后代遗传型一致。采用樟树和同属物种的化学遗传型无性系建立芳香油生产基地，是今后芳香原料生产的方向。

除了芳香油良种选育外，我国樟树种内绿化专用良种选育也取得初步结果。“九五”以来选出的生长快、适应性强、抗冻、遗传稳定性强的5个种源和10个家系选育成功，并大批量应用于长江流域绿化苗基地建设、退耕还林、次生林改建等。在绿化专用良种无性系选育方面，一批色叶无性系品种、奇异叶冠型无性系品种也开始在生产中应用。

相对来说，樟树的材用良种选育工作滞后，迄今为止尚未选出用材型专用良种。

三、生物学特性

（一）生态习性

我国樟树和樟树物种基本上分布在北亚热带气候区以南地区，樟属地理分布界线：樟属在我国分布北界为从东到西为江苏南京—安徽合肥—河南信阳—湖北十堰—陕西安康—汉中—甘肃武都—西藏察隅；樟树地理分布界线：樟树在我国分布北界江苏南京—安徽合肥—湖北红安—湖北十堰—陕西安康—四川成都—西昌—云南楚雄—玉溪—河口。

1. 温度

樟树适宜于温暖湿润的地区生长，一般要求年平均温度在15℃以上，极端低温在-10℃以上的地区生长。近几年由于暖冬，各地将大量樟树北移种植，有的甚至在北亚热带以北地区大面积栽培，这将埋下严重的隐患，一旦寒潮来临，很有可能导致毁灭性的结果。

2. 水分

樟树是喜湿润条件下生长的树种，特别是早期生长和天然更新需要较为湿润的环境条件，在干旱条件下生长不良。但樟树也不耐水湿，在地下水位高，排水不良，季节性淹水的立地条件下，常出现枝叶黄化，久而久之造植株死亡。

水分条件是影响樟树开花结实的主要原因。樟树开花期通常是分布区雨季（云南、川南除外），授粉的好坏常受降雨的影响。通常只要有一段时间的间隔性晴天，就可以保证樟树的授粉。樟树花量大，但结实率并不高，如果遇到阴雨连绵的天气，就可能不结果和很少结果。

樟树生长还受到地下水位的影响，如果地下水位太高，根系通气不良，轻则影响樟树的生长，严重的造成枝叶枯黄，甚至植株死亡。因此，在苗圃地选择、大树移植苗地选择和造林地选择中不宜选地下水位太高的地方。短期移植地也要保证排水良好。

3. 光照

樟树生长与光照有相当重要的影响。适中的光照条件有利于樟树的生长发育。但樟树在不同的发育阶段对光照的要求有所不同。我们在栽培实践中可充分利用樟树的这一特性，创造培育特定目标的条件。

樟树在苗期生长需要在较荫蔽的条件下生长，在林分较好的阴湿条件下，樟树苗自然更新能力强。根据我们对樟树林分更新情况的调查，在密度中等、林下枯落物多、常年较阴湿的条件下，更新苗木频度大，而且各个龄级苗都有一定的比例。

林分的光照条件不好，不利用樟树林的结果，但对于樟树珍贵材的培育却有好处。在以珍贵用材林为目的的栽培中，进行密度设计和调控，有利于培育通直、均称、利用率高的木材。但对以果实为目的的林分如种子园的建立，就应采用较稀的密度，保证林分内充足的光照条件。

4. 土壤

樟树适宜于土层深厚的微酸性土壤中生长。我国南方红黄壤、红壤、黄壤等均适合于樟树生长。但樟树在偏碱性的土壤中生长不良，叶色黄化，叶绿素和光合作用能力下降。在园林绿化中特别是街道绿化中，有时留有建筑工地使用的石灰渣，造成局部立地土壤偏碱性，出现樟树黄化现象。

造林时由于坡位不同造成土壤条件差异，这种差异对于樟树的生长有很大影响。对浙江省杭州市余杭区长乐林场7年生樟树试验林调查表明，樟树在上、中、下坡胸径分别为6.92cm、7.34cm、9.02cm，树高分别为5.91m、6.23m、6.72m，下坡生长比上坡快得多。同样4年生的矮林作业上坡的生物量也比中、下坡低。主要是上坡土层薄、石砾较多所致。

5. 雪害

矮林作业由于采收，所以一般不受雪害的影响。但雪害对于林分和作为景观绿化的大树危害较大，通常情况下造成枝条、大枝甚至主枝折断。1999年冬季，浙江富阳一带树林林分由于降大雪普遍受害，其中Ⅲ级（大枝或主枝折断）危害达到32.1％。

（二）生长发育

樟树是亚热带常绿阔叶树种中生长速度较快的树种，其中早期生长特别快。在较好的立地条件下，树高、胸径在15年生以下生长速度分别有可达0.5～1.2m和0.6～1.4cm，15年后仍保持较快的生长速度，特别是胸径生长后期仍然较快。樟树材积在10年生后增加较快，直到20年增加仍很快，但在30年后树干逐步出现空心。樟树寿命长，我国樟树产区仍然保存有很多上千年的古樟，生长良好。古樟分布最多的是江西省的吉安地区，湖南、贵州等地也保存有古樟树。

樟树萌芽力非常强。通常情况下没有明显表现，当樟树主枝、大枝或整株树折断或采伐后，在切口基部就会萌生出大量的成簇的丛生枝。我们调查研究表明，樟树无论大小均有较强的萌生能力，这种萌生能力与所处部位的粗细很有关系。1年生幼树通常基部萌生2～5条，而20cm粗的大树伐后基部可萌生67～117条萌条，且生物量很大，这主要与大树母株庞大的根系有关。越处于幼态则萌生能力越强，同样粗细的樟树切断试验，切口越靠下部萌生能力越强。芳香油矮林作业就是利用樟树的强萌生能力，在定植后几年后可每年进行采割，生产高产的芳香主成分生产原料。樟树园林绿化大树移栽也是利用这一特性，在移栽时保留主枝或只留主干进行移植，具有较高成活率，移后又能萌生出枝条，很快形成优美的树冠。

樟树传播能力强。樟树天然传播有自然下种和鸟类传播2种方式。樟树幼树结实能力差，但到10年生以后结实能力逐步增强，20年以后结实力较为稳定。根据我们调查，天然下种通常在成龄大树周围出现，通常情况是重力下种和鸟类共同作用的结果，从数量上林内呈明显群集分布型。而且，林分中天然更新数量高于孤立木，这与林分内湿度较大很有关系。同样，樟树群体具有向周边扩散的特点，同样有群集性，离成龄樟树越近则密度越大。

樟树也有很强的更新能力。樟树树体在树干、主枝、侧枝和小枝切断后，在断口下部能很快萌出萌条，而且萌出的部位多并且不确定性。同样，地下部分也有强萌芽力，在植株被采挖或根被切断后，均可在断口附近萌出枝条。这种萌生能力与发育年龄成反比，越靠基部、发育年龄越轻的地方，萌生力越强，远离基部、发育年龄越大的地方萌生力越弱。樟树的强萌生特性是樟树适用于芳香油基地建设和园林株型调控的生物学基础。

樟树嫩枝叶色彩在天然群落中和人工林实生苗造林林分中有较大差异，樟树叶色与心材颜色有相关性。

（三）物候期

萌动：樟树在不同分布区萌动时间有一定差异。在长江中下游地区通常于2月下旬开始萌动。南部种源区一般萌芽早于北部种源区。

枝梢：随着紧包芽体的芽鳞开绽。开始芽体稍彭大，而后芽尖端伸长，尖端多被白色绒毛。而后芽鳞张开，幼叶逐步绽出。随着幼叶和嫩枝梢的出现和伸展，芽鳞脱落。樟树在一年中有多次萌生枝条，幼树每年有3～4次，而老树萌芽抽枝力相应减弱，通常每年为1～3次。

叶片落叶：樟树春季随着幼枝叶的生长，到了幼叶部分开始展开时，老叶也开始变色（通常变黄少量变红），并随着幼枝叶的生长而脱落，最后全部老叶脱落。春天有一次换叶期。幼枝叶刚萌出时有不同的颜色，

开花与授粉特性：樟树在第一次枝梢完全伸长同时出现花序，随后在4月下旬至5月中旬花序逐步开放。

果实发育与成熟：授粉后，约有1个月左右幼果生长不多，到6月下旬后幼果较快增长，一直增长到8月中旬，均处于较快速生长期。8月下旬后果实生长趋缓，以后随着果实生长，内果皮从青色、脆嫩逐步硬化，果肉油分积累，胚发育成熟。通常在长江流域于11月中旬果实逐步变为黑色，此时果核硬化也变黑，种子成熟。樟属不同物种在种子成熟时间上有较大差异，同样樟树不同植株在成熟时间上也有一定的差别，只不过时间相差较小一些。同一株樟树植株的果实也是逐步成熟的过程，一般要在全部或绝大部分果实变黑后种子才能采收。樟树果实有较长时间的留树挂果能力，从11月至翌年樟树果实在树上成熟后可挂果2～3月。

四、栽培技术

（一）苗木繁殖

1. 实生苗繁殖

采种选取本地向阳生长的优良母树，在10月下旬果皮变为黑色时采种，并及时将果实放入水中浸泡2～3d，捞出拌草木灰脱脂24h，再洗净晾干贮存。用含水30%左右的细沙与种子分层堆积，贮存于通风干燥的室内。

育苗圃地每亩施腐熟厩肥1 500～2 000kg，或腐熟菜籽饼肥25～50kg，犁耙平整，再捞沟作床，床上每亩撒复合肥50kg，垫2cm黄心土，再播种。惊蛰前种子先用0.5%高锰酸钾溶液浸种消毒2h，再用3℃温水浸种0.5h，而后混沙堆积，上盖稻草，每天浇水至种壳开裂，种胚突起，即可播种。播种量每亩15kg，条播，行距25cm（最后株距5cm），过筛覆盖黄心士，以不见种子为度，再盖草，以不见土为度，苗木出士后，分2～3次揭去盖草。梅雨季节，可将过密幼苗切断主根后，穿小穴移植。在长出4片真叶时，可用利铲呈45°、深6cm切断苗根，以促进侧须根生长。苗期白粉病发生，嫩叶背面有灰褐色斑点，并出现白粉，用0.3～0.5波美度的石硫合剂，每10d喷洒1次。黑斑病，苗木出士后至长出4片真叶前，从苗尖开始逐步向下变黑至死，可用0.5%高锰酸钾喷洒几次即可。

2. 扦插繁殖

选择地势平坦，水源方便，排水通畅，半阴半阳的酸性或微酸性砂土或砂壤土作插穗圃，最好是粉碎过筛的红砂石沙，铺设20～25 cm厚的沙床。沙质土壤需用3%的硫酸亚铁，按每100m^{2}撒37.5kg溶液进行土表消毒，不再翻耕，7d后床面铺沙10cm以上备插。

扦插季节春、夏、秋均可，但以立夏至小满时节为宜。

选用10年生以下侧枝或10年生以上母树2m以下枝条和萌芽侧枝。要求顶芽饱满，枝条木质或半木质化，长20 cm、径0.3 cm，注意保鲜。插条长12～18 cm，梢顶留2～3片半叶。用利刀削成平底，并在高底部2 cm内横刻3～4刀，深达木质部，50枝齐整结捆，竖置于5 cm深的清水盆中，待药物处理。

药物处理方法：是用萘乙酸处理，按1 000株插条下部4 cm浸泡在2 g高锰酸钾溶解于2 kg水的

比例0.5 h（秋插4 h），再用非金属容器将0.3 g萘乙酸溶解于3 mL酒精（或高度酒）中，对冷开水600 g，最后把这1 000株插条浸泡底部3～5 s后掘入沙床4～5 cm深，株行距5 cm，浇透水，盖薄膜，膜棚高50cm，在膜棚上搭荫棚80cm高，棚面透光度10%～15%。用ABT生根粉处理，首先配制0.2%的硫酸亚铁溶液125 kg，然后将1g ABT生根粉溶于1kg酒精中，对水10 kg，最后把1万株插条分批依次浸泡插条底部4 cm高，时间1～2 h，插入沙床4～5 cm深。

保持沙床湿润，不能过湿，浇水时忌用井水；插床地温不超过35℃，高温时可揭膜散热；插条走根发叶后，揭开覆盖，再行水肥管理。

（二）造林

1. 整地造林

要使油樟林达到预计的经济效益，必须把好整地造林质量关。坡度25°以下的，全垦整地，沿水平等高线筑台。坡度在26°～35°的，带状整地，整地深度为35 cm。水平带状整地的宽度为1.5～1.6 m。每年7～8月砍山、炼山，9～11月整地，12月定苗造林，坡长超过50 m时，设沿山排水沟与纵坡排洪沟相联。在排水沟、排洪沟上适当位置设沉沙池、蓄水池，形成防止水土流失的坡面水系工程。

2. 造林密度

为了达到早投产、多产樟油、保持水土的目的，应加大造林密度。按林业部门摸索的经验，山顶和阳坡按1.5 m×1.5 m株行距配置，每亩栽285株；山脚和阴坡按2m×1.5 m株行距配置，每亩栽222株。不论零星还是集中成片栽油樟，都必须实行大穴栽植，施足底肥，穴大为0.7 m × 0.7 m × 0.4 m（深0.4 m），苗木须是1年生移植壮苗，苗高0.40～0.6m，地径0.5～0.8cm。

3. 幼林抚育

为提高油樟林的造林成效，促进幼林生长，造林后的3年，每年6～9月要进行1次除草管理，施肥1次。为了以短养长，在不妨碍油樟生长的情况下，前3年可以在幼林中种植固氮型农作物以增加收入。

4. 栽培技术措施

（1）选地标准。交通方便，山场相对集中连片；地势比较平缓，坡度不超过25°，土层深厚湿润肥（肥力在中等以上），pH值4.5～7.0；阳光充足，水源较好，空气湿度较大；保护条件较好。

（2）整地。坡度10°以下的山场，采用撩壕整地，壕沟40 cm×40 cm。坡度10°以上的山场，采用条垦整地，条垦带呈环山水平，条带宽1～1.2 m，开穴40 cm× 40 cm × 30 cm。整地前清山，植被茂密的山场全刈炼山清除杂灌；植被稀少的不用炼山。每株（穴）施复合肥0.25 kg或塘泥半穴，有条件可施酒糟等腐殖酸肥料；表土还穴，回填2/3。

（3）密度。栽植密度一般采用株行距1.2 m×1.2 m，土壤深厚的可采用1.2 m×1.4 m。

（4）栽植。选用龙脑樟优树扦插苗木，地径0.6 m以上，保留根幅35 cm，顶部留2～3片叶，苗高超过50 cm的截干造林，保留苗干30 cm。栽植时间在2～3月上旬。选择雨后的阴天或小雨天栽植，天旱土干时不栽。苗木随起随栽。注意对停放苗木保湿遮荫。

（5）抚育管理。除杂灌草与松土：投产收割前每年1～2次，于5～6月和8～9月进行。第一次结合开沟施肥，每公顷施尿素或复合肥约225 kg。采割枝叶投产后，每年除杂灌松土开沟施肥1次，于3～4月进行，每公顷施尿素或复合肥300 kg以上。

（6）补栽。造林第2年春进行缺株补齐。

（三）樟树绿化苗木基地营建

樟树由于其具有优良的绿化特性，已成为我国亚热带广大地区优势的绿化乔木树种和造林树种。迄今为止，还没有一种常绿阔叶树种在绿化规模和应用范围上超过樟树。樟树绿化大苗仍然是紧缺产品，近几年大量的山上采挖给现有不多的资源造成破坏，各地纷纷制定相关规定，限制对山上大苗的采挖。因此，今后建立规模化大苗专门生产基地才能满足市场大苗的需求。而且良种化和基地化，产品规格标准相对一致，同一规格可以提供较大批量。适应于当前绿化工程对樟树苗木的需求。樟树绿化苗大田工厂化生产基地建设主要注意的技术步骤是：

1. 采用适用优良物种和良种

物种：根据生物气候学和市场对物种的需求来确定物种。目前，樟树仍然是主流的樟属绿化用物种，由于常绿优美树形和适应性较广，很受欢迎。近年来，其他物种如猴樟、黄樟也开始增加，由于其通直和生长快速也很受大家喜欢。其他许多物种也在当地作为重要的经济绿化树种，如云南樟在云南，四川大叶樟在成都一带，沉水樟在福建、江西南部等地。绿化专用良种：樟属中只有樟树进行了绿化专用良种的选育，“九五”计划以来，中国林业科学研究院亚热带林业研究所主持的樟树良种选育与栽培技术课题，已选出绿化用专用种源 8 个，家系 30 多个，以及一批优良单株和无性系，目前仍在继续选育之中。选出的种源和家系在生长性状上与当地对照相比平均增益达到 20% 以上。优良种源和优良家系生长快，其中优良种源年平均胸径生长量 1.04 ~ 1.26cm（入选种源年平均胸径生长 1.11cm），优良种源年平均高生长量 0.87 ~ 0.96m（入选种源年平均高生长 0.91m）；优良家系年平均胸径生长量 1.04 ~ 1.21cm（入选家系年平均胸径生长 1.09cm），优良家系年平均高生长量 0.94 ~ 1.04m（入选家系年平均高生长 0.99m）。优良种源多数有较高的稳定性，具有较广的应用范围，通过推广应用，已产生巨大的经济和生态效益。

2. 选择合适的气候区与立地

樟属不同物种有不同的气候适应性，但大多数在北亚热带以南的地区。对于樟树来说，比较适应于水热条件较好的地区，从气候区上从北亚热带至南亚热带，直至热带地区也有分布。但从种源试验结果看，樟树种源区分为 3 带 9 区，纬向跨区调种有较大的风险，特别是南亚热带以南的种源调至北亚热带地区，基本上不能越冬，苗期试验地上部分全部死亡。

樟树绿化苗木基地宜选用微酸性土壤条件，以缓坡山地丘陵地带为好，排水良好的农田也可开深排水沟来改良。从生长速度看，樟树在深厚土壤条件下可保持较快的生长速度，在山坡上部土壤浅薄地段生长不良。

樟树绿化苗木培育基地还有一个因素应重点考虑，即土壤的黏结特性。因绿化苗产品出售时通常要带土，沙性太大的土壤不易采挖时带土球。

3. 进行规划设计与林地清理

樟树绿化苗基地在规划时要考虑施工上的方便，除了平常的管理外，最终产品要运输出去。故在待设计林地要在中下坡设计简易车道，宽度至少以拖拉机或手拖车可以进入。在条件许可的情况下，可以有选择地选用在原来公路、林道周边设计基地。

设计完成后，进行林地清理。农田开挖深排水渠（沟）。

4. 密度设计与整地施工

根据我们对绿化苗木密度试验初步结果看，绿化苗木培育可采用 2m × 1.5m 或 2m × 2m，一般在 3 ~ 5年生开始可以进行一次疏挖。时间长短根据苗木生长快慢来确定，管理较粗放、生长慢的基地，间隔时间可以长一些进行疏挖。而对于管理精细、立地条件又较好的基地，第一次采挖时间可短一些。初植密度设计较密主要也是为进行间隔密度调整用。

为了抚育管理和密度调整方便，基地尽可能将株行距对齐。拉线确定定植穴位置，然后按 50cm × 50cm × 40cm 挖定植穴。施工季节以冬季为好。挖好后进行基肥施放，以充分腐熟的厩肥、饼肥和土杂肥为好，并每穴施放适量的磷肥。

5. 定植技术

基地樟树定植时间以春季未发叶前为好，具体时间要选在充分下透雨或在下雨前种植。栽植苗木以苗圃中随挖随种为好，起苗地要湿润，以保证苗木不伤根系。定植时，根系整理后，黄泥浆蘸根，扶正栽实。栽植后可剪去离地 20cm 以上部分枝叶。

6. 抚育管理

樟树栽植后当年及此后 2 年松土除草工作量很大，当年至少要进行 3 次，第二、三年要进行 2 ~ 3 次，以后随着树冠冠幅的增大和郁闭度的提高，林下杂草减少，除草次数可相应减少。樟树施肥以基肥加上追肥较好。基肥在冬季使用，在冠下挖沟施放，但要充分腐熟。追肥要根据樟树的生长习性决定，据我们研究，幼树和大树在施肥时间用量上略有不同，通常第一次在 3 ~ 4 月份，第二次在 6 ~ 7 月份（其中幼树 6 月上、中旬，大树 6 月上旬到 7 月上旬）。追肥可采用复合肥。樟树一般不需要修枝，在纯林基地中下部枝条有自疏现象。加强病虫害防治管理。樟树纯林较多出现樟丛螟和樟袋蛾，对幼枝叶危害较大。通常情况下，山地混交林比基地纯林虫害少，基地纯林又比绿化带樟树片林虫害少。可能绿化带片林由于趋光性导致虫害群集危害所致。

7. 采挖技术

樟树采挖大多数在冬春季时间进行，随着园艺化和保护栽培技术的发展，樟树栽植季节已大大延长。有浇水、遮荫条件下，一年中大多数时间均可种植。樟树采挖前一年的秋天，可进行一次切根处理。位置以树冠缘下进行切根最好，切后覆土，以促进树木须根的生长。采挖时要用草绳进行包扎，边挖边包，直到整棵树全部挖掘。采挖、包扎、运输过程要注意轻抬轻放，不使土球破损。

（四）次生樟树林改造

对现有次生林改建成樟树林有两种方法，一是原来周边有大樟树林，通常由于鸟类传播使原有次生林下有许多天然下种的幼苗或小树，一旦次生林人为去除，这些幼树或小树可在很快的时间内快速生长，并覆盖原来次生林林地。二是对次生林进行调整密度，有意识移植一些樟树幼苗，并开天窗增加林内光照条件。这样随着密度调整，次生林可逐步演变为樟树纯林。

五、病虫害防治

进行连年采割枝叶的龙脑樟矮林，经营得当，一般没有虫害发生。偶有樟叶蜂和樟巢螟危害，前者可用1:4 000敌杀死液喷洒，后者可用人工摘除叶巢烧毁之。

六、采收与加工利用

1. 采收

选料樟树的树干、树根、枝叶均含有樟脑和樟油，树龄越大含量越多，故应选树龄大的樟树在秋冬季采摘，每株留下1/5树叶，采集时可将树枝、干或根劈成宽25cm、厚1cm，长10cm左右的薄杆，以便投入蒸馏器中蒸馏。

2. 樟油樟脑产品加工利用

（1）蒸馏。蒸馏锅以铜或不锈钢制的为好（不用铁锅），蒸锅上放一块隔板，再套一个与蒸锅口径大小一致的木制蒸桶。把樟树叶或樟树枝干薄片装入蒸桶内，锅内水位与原料隔开10cm，投料后立即关闭锅盖及装料口的侧门，并检查蒸馏锅与冷凝器的连接处是否严密．以防漏气，加热使锅内水沸腾，产出蒸汽进入蒸桶内，将原料中的樟脑和樟油蒸发出来。蒸馏时应保持锅内水位，防止烧干。

（2）冷却分离。带有樟脑和樟油的蒸汽经过导气管进入冷凝器中，冷凝后流入油水分离器中，樟脑和樟油浮在水面上，从出油口流出。下层的水返回蒸馏锅内。分离出的水应是透明的，否则要再次分离，以提高出油率。将分离出的樟脑和樟油用纱布过滤。即得粗樟脑，滤出的樟油中还含有大部分樟脑，故称樟脑油。可用来再次提取樟脑。

（3）复蒸提纯。用樟脑油提取樟脑的方法是，把樟油放入蒸馏锅内蒸馏，吸集155～200℃的馏分称白油，白油冷却后析出结晶樟脑，然后过滤得樟脑。将滤液反复蒸馏几次，直至无樟脑为止，余下的即为樟油。完成上述过程后，樟油应放入黑铁镀锌桶内，注意密封。樟脑是一种柔软、无色、透明的结晶体，用防潮纸或薄膜包装，置于木箱内，防止受潮。

（姚小华）

77. 桂　　花

桂花［*Osmanthus fragrans*（Thunb.）Lour.］又名木犀、岩桂、九里香、山桂、金粟，属木犀科（Oleaceae）木犀属（*Osmanthus* Lour.）植物，是原产我国传统的名贵花卉和珍贵天然木本香料植物。桂花在我国的栽培至少已有2500年以上的历史。《吕氏春秋》中曾有记载："物之美者，抬摇之桂"。桂花叶大浓绿，四季长青，树姿挺秀，有"独占三秋压众芳"之美誉，是我国十大名花之一。自古以来，深受我国人民喜爱，并把桂花作为美好幸福的象征。人们常常称誉良家儿子、孙子为桂子、桂孙。每当中秋佳节，金风送爽，红叶争艳，十里飘香的桂花，应时开放，历代诗人名家咏桂、植桂的记载和佳话颇多。诸如"不是人间种，从月里来，广寒香一点，吹得满山开。""人间植物月中根，碧树分敷散宝熏。自是庄严守金粟，不将妖艳比红裙。""弹压西风擅众芳，十分秋色为伊忙；一枚淡贮书窗下，人与轻心各自在。""遥知天上桂花孤，试问嫦娥更要无？月官幸有闲田地，何不中央种两株。"等等。另外，民间也流传着不少关于桂花的神话，其中以"吴刚伐桂"的故事流传最广，更给桂花增添了神秘的色彩。

桂花有丰富的营养价值。含有22种氨基酸（包括人体必须的8种）和A、B族、C、D、E、K等15种维生素，含有10多种人体必须的微量元素和大量的激素、酶、生长素等。还含有桂花烷、三十碳烷、胡萝卜素等成分，胡萝卜素是维生素A的前身，经消化后水解，变成维生素A，具有营养强身的作用，能促进身体发育、营养角膜、骨骼构成、脂肪分解等。现代医学证实，维生素A可以抑制癌物，增加人体的抗癌免疫力，有抗衰老、美容健身的作用。桂花花粉主要由香料、色素、糖分和营养素组成。据测定，每100g糖腌桂花中，含蛋白质0.6g，脂肪0.1g，碳水化合物26.6g，粗纤维7.2g，灰分2.5g，水分63g，发热量110kcal①，在世界上称为"全营养食品"。桂花籽可榨油，出油率11.9%，可食用。桂花因树形美观，花香宜人，常栽培于庭园供观赏，可结合绿化、美化、香化扩大种植。

一、植物学特征

常绿灌木或小乔木，高2～8m。树冠多为圆球形，树形浑厚丰满，郁郁葱葱，细枝下垂，婀娜多姿。茎灰色，表皮光滑，嫩茎紫茄色，表皮粗糙。单叶对生，椭圆形或长椭圆状披针形，长3～8cm，宽2.5～5.0cm，革质，有光泽，叶色浓绿，网脉不甚明显，先端尖或渐尖，基部楔形，全缘疏生细锯齿。聚伞状花序，3～5朵着生于当年春梢的叶腋间或顶尖端，花梗纤细，花朵小，黄色、白色或橙红色；花萼杯状，花冠4裂，雄蕊2枚，雌蕊4枚，子房2室；核果长卵状，紫黑色，内果皮坚硬骨质，种子通常1枚。花期9～10月，果期翌年4～5月。桂花树的生命较长，一般可活几十年至数百年，有的甚至活到上千年。宋代诗人郭鲲滨的诗："西岭千年桂，阴森入翠微；琼枝云外绿，金粟雨中肥；影落浮杯酒，香飘袭客人；当年和露折，曾向广寒归。"形象地说明根深叶茂，生长旺盛的桂花能活千年以上。

二、品种群与主要栽培品种

桂花经过人工长期栽植和选育，产生了许多栽培品种，以花色而言，有金桂、银桂、丹桂之分；以叶型而言，有柳叶桂、金扇桂、滴水黄、葵花叶、柴柄黄之分；以花期而言，有八月桂、四季桂、月月佳之分等。目前，国际上对桂花尚无统一的品种分类，习惯上将桂花分成四个品种（群）类型：金桂、银桂、丹桂和四季桂。根据现有资料统计，目前我国有桂花品种61种，其中金桂品种28种，银桂品种9种，丹桂品种13种，四季桂品种10种，从桂花观赏价值和经济收益出发，现介绍优良品种16种。

1. 金桂品种群（var. *thunbergii*. Mak.）

（1）早金桂。小乔木。树冠球形。叶椭圆状披针形，叶缘上部有疏齿。叶腋内有花芽1～2个，每花芽有小花4～8朵，花色金黄，花冠直径0.5～0.6cm。雌蕊退化，花后无实。花期8月下旬至9月上旬。

（2）晚金桂。小乔木。树冠卵形。叶卵状披针形，叶腋内有花芽2个，每花芽有小花3～7朵，花

① 1cal＝4.1840 J

梗紫红色，花色中黄，花冠直径0.6~0.8cm，雌蕊退化，花后无实。早金桂与晚金桂两者花期相差超过60d，在园林绿化中若合理搭配，可延长桂花观赏期。

（3）大花金桂。灌木。叶椭圆至长椭圆形。花色金黄，花冠直径1.0cm，明显大于普通金桂，且花的香气甚浓。子房退化，花后无实。

（4）金狮桂。大灌木。叶长椭圆形，叶腋内有花芽2个，每花芽有小花8~10朵。花色金黄，花冠直径0.6~0.8cm，花瓣圆阔内扣，状若金狮，十分艳丽，花量亦多，有较高观赏价值。雌蕊退化，花后无实。

（5）金球桂。灌木。树冠阔圆球形。叶披针形至长椭圆形，波状全缘。叶腋叠生花芽1~3个，每花芽有小花7~8朵，花色金黄，花冠径0.6~0.8cm。花芽几乎同时开放，状若球形，花量繁密而艳丽。子房退化，花后无实。一般年开花2次，第一次始花于9月8日~9月14日左右，花期为7~9天，第二次始花于9月28日~10月4日左右，花期8~11d。为桂花中的珍稀品种。

（6）亮叶金桂。大灌木。树冠圆球形。叶椭圆形至披针形，波状全缘，叶片光亮而密生。叶腋内叠生花芽2~3个，每花芽有小花7~9朵，花色金黄，花繁叶茂，花冠直径0.7~0.9cm。雌蕊退化，花后无实。

2. 银桂品种群（var. *Latifolius* Mak.）

（1）晚银桂。灌木。树冠半球形。叶长椭圆形，全缘或中、上部位有疏齿。叶腋内有花芽1~2个，每个花芽有小花4~7朵，花色淡白，花冠直径0.6~0.8cm，花瓣较薄且平展，香气较淡。雌蕊退化，花后无实。花期10月上旬，延续时间较长。

（2）早银桂。树体特征同银桂，但花期为8月下旬，属早花品种。早银桂与晚银桂的利用价值同早金桂与晚金桂。

（3）九龙桂。小灌木。树冠圆球形。枝条生长旺盛，且自然扭曲呈游龙状，故得名。叶长椭圆形至披针形。树姿极其优美，为园林绿化的珍稀品种。

（4）白桂。大灌木。树冠半球形。叶长椭圆形，波状全缘，且反卷。叶腋内有花芽1~2个，每个花芽有小花3~7朵。雌蕊退化，花后无实。该品种着花量很大，为当地生产鲜花的主产品种。

（5）雪桂。灌木至小乔木。叶狭长呈披针形。叶腋内有花芽1~2个，花色银白。花期迟至11月上旬，为典型晚花品种，对延长观花期有很大意义。

3. 丹桂品种群（var. *aurantiacs* Mak.）

（1）籽丹桂。小乔木。树冠半球形，树姿优美。叶长椭圆状披针形。叶腋内有花芽1~2个，每花芽有小花4~9朵，花量繁多，花色橙红，花冠径0.8cm。雌蕊发育正常，花后有实。

（2）大花丹桂。灌木，树冠球形。叶披针形，全缘或有疏齿。叶腋内有花芽1~2个，每花芽有小花6~8朵，花色橙红，花冠直径1~2cm，明显大于普通丹桂。雌蕊退化，花后无实。

（3）宽叶红。小乔木。树冠伞形。叶卵状椭圆形。叶腋内有花芽1~2个，每花芽有小花5~9朵，花色深红，花朵稠密。子房退化，花后无实。

4. 四季桂品种群（var. *aurantiacs* Mak.）

（1）日香桂。灌木。树冠球形至椭圆形。叶狭长呈披针形。同一枝条各节先后开花，花期相错，全株几乎日日有花，故得名。叶腋内有花芽1~2个，每花芽有小花3~5朵，花淡黄色。四季桂一般香气很淡，而该品种所开的花香气甚浓，当为桂中珍品。雌蕊退化，花后无实。

（2）佛顶珠。小灌木。树冠圆球形，叶长椭圆状披针形。有小叶佛顶珠和大叶佛顶珠之分，产于四川新都，中山陵园引种。叶腋内有花芽1~2个，花序顶生，状若佛珠，故得名，花色淡白，花冠直径0.7~0.8cm，花繁叶茂。雌蕊退化，花后无实。该品种树姿与着花形态均很优美。

三、生物学特性

桂花为深根性树种，根系发达，侧根较多，萌芽力强。喜温暖，要求年平均气温14~18℃，年降水量在1 000mm左右，最适宜亚热带及暖温带地区栽培。属长日照植物，喜光。适宜在土层肥沃、湿润、排水性好、透气性强、富含腐殖质的沙质土壤（pH值5.5~6.5）生长。忌碱土，怕积水和煤烟。桂花一般都生长在海拔800~2 500m的丘陵地区。长江流域及其以南地区，多为露地栽培。北方需盆栽，温室越冬，一般桂花较耐寒，可抗短时期-5℃的低温，0℃左右对盆栽的桂花不会有害。

桂花原产我国，印度、尼泊尔、柬埔寨等国亦有少量分布。我国广东、广西、江苏、浙江、安徽、福建、台湾、江西、湖南、湖北、陕西、四川、贵州、云南等地区较普遍栽培。

四、栽培技术

（一）苗木繁殖

桂花可用播种、扦插、嫁接或压条等方法繁殖，常以扦插育苗为主。

1. 播种育苗

当果实由青绿变黑时采摘，新采摘的种子需要经过“夏眠”和“冬眠”，胚才能完全成熟，否则直接播种不会发芽，后熟处理的方法，先除去果皮，取饱满的核种，用湿细沙窖藏半年左右，于当年11月秋播或翌年2~3月春播。播种时要将种脐侧放，以免胚根和幼茎弯曲，影响将来幼苗的生长。播后要薄盖稻草，并搭盖荫棚。苗床按照行距20cm，开3cm深的浅沟，8~10cm进行点播，播种量300~450kg·hm^{-2}，可产苗木375 000~4 500 000株·hm^{-2}。1年生苗高达15cm左右，经留床或移植后，于第二年出圃栽植。切忌将种子晒干贮藏。播种繁殖的苗木均为实生苗木，性状差异较大，始花期晚，产花量低，但根系发达，生命力强，在实际生产中不宜作为香料生产，多用作砧木。

2. 扦插育苗

桂花的最适生根温度为25~28℃，注意温度的调节与控制，可以提高生根率和成活率。扦插的时间一般在春季发芽前进行，选1年生或当年生枝条作插穗，剪成5~10cm的插穗，留2片叶，100mg·kg^{-1}萘乙酸溶液或者ABT浸泡数小时后，插入细沙土或草炭土内，如温度过低，应覆盖塑料薄膜，增加地温，放在蔽荫处养护，保持湿润。一般扦插在25d左右即可生根。可用于大量繁殖苗木。

3. 压条繁殖

又分为低压法和高压法。低压法选取分枝部位低的品种，于3~6月份，将健壮的1~2年生枝条在压土部位，刻伤环剥，涂上萘乙酸溶液200mg·kg^{-1}或ABT生根粉，埋入3~5cm深浅沟中，压实，并用木桩或竹片固定好被压的枝条，仅使梢端和叶片留在土外。保持土壤湿润，一般经半年或1年即可生根，生根后切离母体成新植株，通常每株母树可繁育出10株左右的小苗。高压法亦即空中压条，选取2~3年生枝条，在压条部位先进行环剥宽度5mm，涂生根粉，用塑料膜包裹，添蛭石、培养土等，包严扎紧，生根后剪离母体。压条繁殖操作简便，生根容易，但不适于大量繁殖苗木。

4. 嫁接育苗

大量繁殖苗木时，多采用此法。砧木可选择本砧（种子繁殖），也可用嫁接砧本如女贞（*Ligustrum lucideum*）、小叶女贞（*L. quithoui*）、水蜡（*L. obtusifolium*）、流苏树（*Chionanthus*）和白蜡（*Fraxinus chinensis*）等等。北方多用小叶女贞，南方多用大叶女贞2年生苗作砧木。在春季发芽之前自地面以上5cm处剪断砧木后，用切接、腹接、劈接等法进行嫁接。北方盆栽桂花多在夏至到入伏前用靠接繁殖，早春先将小叶女贞上盆栽植，然后与桂花树上粗细相近的枝条靠接，白露前后将接穗剪离母体，同时将砧木接口上面的枝条剪掉。

（二）造林

1. 园地选择

建园应选择阳光充足，土层深厚疏松，排水良好，富含有机质的沙质土壤为宜，忌在碱性、黏重土壤或地下水位高的低洼积水的地方建园。桂花抗风能力差，多风的地区要做防风林的设计。另外，种植点污染要轻，要求空气中二氧化硫含量小于0.1mg·L^{-1}，降尘量每月小于20t·km^{-2}。

2. 品种选择

品种的选择根据生产的需要而定。若以生产香料为主，则应该选择花大、花香、产量高。且花期集中的品种，诸如早银桂、晚银桂、白桂等。若以观赏美化为目的，则应选择花期长，色香具佳的品种，如四季桂，丹桂等。在产花品种中，还应注意早中晚品种的搭配，以延长花期。如：可按照银桂30%、金桂20%、白桂20%、晚银桂30%进行搭配。

3. 栽植时间

桂花可秋季造林，即10上旬至11中旬，也可以春季造林，2月下旬至3月上旬。一般以春季造林为宜。栽植前需要提前整地挖穴，穴的大小视苗木大小而定，施足有机肥。苗木需带土栽植，栽植后浇透水，并注意保持土壤温湿度，提高成活率。栽植植密度可采用4m×3m或4m×4m，即630~690株·hm^{-2}。

4. 土肥水管理

露地栽培的桂花栽后要充分灌水。成活后施1次液肥。7~8月间再施1~2次水肥。临冬之前再施腐熟堆肥。以后每年3月下旬追施1次速效性氮肥，7月追施1次速效性磷钾肥，10月份施1次有机肥。每次施肥后都要及时灌水和中耕除草。盆栽桂花的土肥水管理，需要抓住盆土选择、适时浇水和巧施追肥三个环节。盆土可选用山泥或腐叶土5份、园土3份、沙土2份混合调制或腐殖土和砂壤土各1/2作培养土。如酸性过高（如岭南地区的砖红壤），可添加一些石灰粉或草木灰；碱性过重（如华北地区的棕壤），则可加入一些硫酸铝或硫酸亚铁等。春季盆栽桂花宜选择株型矮壮，枝叶紧凑，主干较粗的植株。盆栽后要浇透水，然后移至庇荫处约10d，使其“服盆”。“服盆”期间，不能浇水和施肥。在恢复生长并长出新叶后，方可浇水和施肥。浇水要适时。浇水要掌握“二少一多”，即新梢发生前少浇，阴雨水少浇，夏秋干旱天气需多浇。经常保持盆土50%左右含水量为宜。特别是秋季开花时，如果盆土过湿，容易引起落花，一般春秋季每隔3～4d，夏季每隔1～2d，冬季每隔7～10d，浇1次水。盆内如有积水，需及时排出。每隔1～2年于早春换盆1次。北方于晚秋需将桂花移至0℃以上温室内越冬，保持盆土略湿润，使其充分休眠，有利于翌年开花，翌年清明节后移到室外通风向阳处养护。巧施追肥。桂花春季发芽后约每隔10d施1次充分腐熟的稀薄饼肥水，促使萌芽发枝。7月份以后施稀薄的腐熟有机肥，可促进发芽分化。9月初施1次以磷肥为主的液肥，促使桂花生长茂盛，多开花、香味浓。

5. 整形修剪

要使桂花花繁叶茂，保持生殖生长和营养生长的生理平衡，必须适时修剪。秋季开花后进行第一次修剪。除将过密枝疏剪外，还要将徒长枝剪去，使每个侧枝上均匀留下粗壮短枝。第二次修剪是在早春萌芽前进行，将细弱枝、病虫枝剪去，以利通风透光，促使桂花孕育更多、更饱满的花芽。生长期要及时将萌发枝剪除。

五、病虫害防治

（一）病害防治

1. 叶斑病

多发生在叶片基部或边缘上。初发时病害部位出现褪绿、褐色斑点，继而边缘逐渐成为褐黄色，严重时为黑色，稍有隆起，出现米黄色球状细菌胶质液，里边下陷，后期病斑干枯，呈淡黄色，使叶片脱落，不能形成花芽，影响开花。发病初期可用50%的可湿性多菌灵加1000倍水制成溶液，也可用80%的可湿性代森锌粉剂加水500～600倍稀释后喷洒，每隔5～7d喷1次，连续2～3次。

2. 腐叶病

多发生在高湿的霉雨季节后，叶片腐烂脱落，影响孕蕾开花。发病初期可用福美砷2份、平平佳1份，加水100倍配成药液，用毛笔涂抹受害部位，严重时可刮治后再涂抹药液。

（二）虫害防治

1. 白介壳虫

多在7～8月的霉雨季节发生。此害虫以针状口器刺入桂花叶片组织吸取液汁危害。一般不直接破坏植株组织，只是受害部位形成斑点，引起各种病态，如卷叶、叶片皱缩，严重的也会出现瘤状物等。对于白介壳虫的防治，应以预防为主，及早发现，及早除治，防止蔓延与危害。一般用80%的敌敌畏乳剂加1 000～1 500倍水制成溶液，或90%的敌牙虫结晶体加1 000～2 000倍水制成溶液进行喷洒。

2. 红蜘蛛

多在高温干燥的季节容易发生。受其危害叶片卷曲焦枯，严重时受害叶片脱落。可用40%的乐果乳剂加2 000～2 500倍水制成液，每5～7d喷杀1次，一般喷2～3次可以消灭红蜘蛛。

六、采收与加工利用

1. 药用价值

《本草纲目》中记载“木犀辛温无毒”，“生津避臭化痰，治风虫牙痛”、“同麻蒸熟，润发及作面脂”。桂花的花、籽、根都可入药，有法痰、暖胃；平肝、益肾、散寒的功能一是医药工业的重要原料。经蒸馏制成的“桂花露”，可理脾开胃，治咽干。花可除口臭、祛痰、治牙痛；根可治风湿麻木、筋骨疼痛、胃痛；籽（果实）能暖胃、平肝、益肾、散寒。蜜蜂采制的桂花蜜，有败火、润肠、通便之功，也是调制中药蜜丸的上好调料。根据现代科学分析鉴定，桂花有美容健身之功。常饮食和搽用桂花类的饮料食品和护肤品，能保持皮肤娇嫩、抗衰老、延年益寿、儿童健脑益智、壮体助长；对运动员消除疲劳、恢复体质、增强活力；对心血管病、高脂血症、高血压、脑溢血、贫血、前列腺功能紊乱、神经官能症、消化疾病；以及静脉曲张、妇女不孕症和更年期综合症等，均有一定的疗效和免疫力。

2. 加工利用

目前，全世界香料有5 000多个品种，天然香料仅有110种，全世界香料产业的产值以每年1%的速度递增，我国年耗香料约3亿元，人均为7g，日本人均消耗量250g，为我国消耗量的35倍。目前，国家已经把桂花列为大力发展的香料品种之一，随着我国经济的发展和人民物质文化生活水平的不断提高，桂花香料将会在美化人民生活中大放异彩。

加强桂花开发利用，从桂花花粉中提取对人体有益的微量元素，研制和生产天然高营养滋补品——桂花健身食品，将有非常广阔的前景。鲜花的采收：作为香料生产来说，桂花的最佳采收期仅有4～5d，不同品种花期不同。一般最佳采收期在初花期为宜，盛花期采收虽产量有所增加，但品质下降。采收的方法，现一般用震落法，采下的鲜花装入透气竹筐，避免鲜花的挤压，阴干。保鲜与加工：桂花采后6h香气明显淡弱，为避免香气损失，便于运输贮藏。鲜花采后应立即进行保鲜处理，通常采用水、食盐、白矾按照100∶30∶3的比例混合成保鲜液，将鲜花浸泡在此保鲜液中，可贮藏120d，其色、香、味基本不变。加工时应先沥去盐水，清水漂洗沥干后，以1/2.5（重量/体积）的香料专用石油醚浸提（约2h），石油醚沸点60～70℃，经洗涤，澄清后过滤，回收石油醚，经过制膏工艺的桂花浸膏，得率1.3%～2.0%。将浸膏溶于酒精，冷冻脱蜡，回收酒精后的桂花油。桂花浸膏和桂花油可配置高档香水、香精。浸提后的桂花渣加适量的桂花香精和白糖就成为桂花糖，可用来配制一般食品。桂花香料的制备：取新鲜桂花50kg，加入50°～60°的脱臭酒精50kg，搅拌均匀，使桂花全部被酒淹没，然后装入缸中压紧密封，放阴凉处贮存2个月，抽出桂花浸渍液。于蒸馏釜中加入500kg 50°～60°的脱臭酒精，然后加入桂花浸渍液50kg，蒸馏去除5kg酒头，当馏出液浓度60°时截尾，中馏液则为桂花香料。酒头、酒尾合并重蒸或与下次的浸渍液一起重新蒸馏。

3. 其他应用

作为轻工业特别食品工业的重要原料：桂花加香产品，如香水、香脂、香皂等日用化妆品久负盛名。作为配制香精重要原料的桂花净油，长期供不应求，因而国家把桂花列为应积极发展香料品种之一。

桂花用于食品烹调上，有桂花糕、圆子、桂花酱，还可制成晶、膏、饼、蜜饯、饮料等；用桂花窨制的桂花茶，香清幽芳，独具特色；桂花酒也有1 000多年的历史了。

桂花食品不仅花色繁多，而且有营养价值。桂花含有15种维生素和22种氨基酸。研制和生产一种天然高级营养滋补品——桂花健身食品，将具有非常广阔的前途。桂花树，材质细密，纹理美观，不易破裂变型，木材具有光泽，可制成精美家具，可长久散发一股桂花的清香，还可用于盆景、根雕的艺术作用。

（张智俊）

78. 玫　　瑰

玫瑰（*Rose rugosa* Thunb.）又名梅桂、徘徊花、玫花、刺玫，为蔷薇科（Rosaceae）蔷薇属（*Rosa* L.）植物，是世界上最古老的栽培花卉之一。原产我国。主要分布在北半球的温带和亚热带，目前世界上有150种之多。是观赏价值极高的多年生木本花卉植物之一。

玫瑰用途广泛，除了作为盆栽或花坛欣赏外，更是切花市场上最红的主角之一。同时，食用玫瑰的花瓣能用来提炼香精，香油以及化妆品，并且可用来做食物赋香的添加原料等。

目前，玫瑰已经成为世界上四大切花之一，其栽培面积仅次于康乃馨和菊花。栽培面积较大的国家依次为：荷兰 898hm^2，德国 626hm^2，日本 605hm^2，法国 452hm^2，美国 366hm^2，意大利 200hm^2，瑞典150hm^2。另外，墨西哥、肯尼亚、西班牙、摩洛哥等国也是玫瑰切花的主要产地和出口国。

我国玫瑰的栽培已经有2 000多年的历史，但是从栽培方式以及品种选育的方向来看，都是从观赏园艺的角度出发，主要应用于盆栽或者园林绿化。玫瑰真正用于大规模切花生产是从20世纪80年代初开始。用于切花的玫瑰品种主要来源于中国月季（*Rosa chinensis*）、突厥蔷薇（*R. damascena*）、黄玫瑰（*R. foetida*）、欧洲玫瑰（*R. moschata*）、香水月季（*R. odorata*）、多花蔷薇（*R. multiflora*）、野玫瑰（*R. rugosa*）、光叶蔷薇（*R. wichuraiana*）等原种的种间杂交种。所以，今天的切花玫瑰多用月季。玫瑰具有一年一次开花或一年四季开花等不同开花习性。但玫瑰在姿态、花色及其丰韵神采又不同于月季和蔷薇。诗人杨万里曾有诗为证："非关月季姓名同，不与蔷薇谱牒通。接叶连枝千万绿，一花两色浅深红。风流各自胭脂格，雨露何私造化工。别有国香收不得，诗人熏入水沉中。"

一、植物学特征

玫瑰为落叶灌木。干粗壮，直立丛生，枝皮褐色，皮孔明显，密生刺毛和倒刺。奇数羽状复叶互生；叶脉深隐呈现皱纹形，小叶5～9枚，椭圆形或圆状倒卵形，长2～5cm，宽1～2cm，先端尖或钝，基部圆形或阔楔形，边缘具细锯齿，表面暗绿色，有皱纹，无毛，背面苍白色，略有柔毛。花单生或数朵丛生于当年生新枝顶端，香味浓郁醇美，冠压群芳。花径7～12cm，花型可分为大、中、小3种，花有单瓣、重瓣等。花色可分为红、黄、蓝、白、黑，还有混色的，但以红色的品种为最多。玫瑰花从花蕾形成到全开放的过程分为：预蕾期、中蕾期、蕾饱满期花瓣始绽期、半开期和全开期6个过程。花期一般为5月中旬至6月上旬，但7～8月仍有零星花开放。瘦果骨质，扁球形，平滑，暗橙红色，9～10月成熟。玫瑰主要的变种有红玫瑰、紫玫瑰、白玫瑰、重瓣玫瑰等。

二、主要栽培品种

玫瑰品种较多，目前世界玫瑰栽培的主要品系来源于Hybrid Tea品系以及FIoribunda品系。主要栽培的品种有：

1. 重瓣红玫瑰

花色红色，重瓣，茎枝上刺少且小，枝干均较白玫瑰细，花浓郁芳香。

2. 重瓣白玫瑰

茎枝上刺多且大，刺为倒钩形、叶光亮而平滑，枝干较超，花大而香浓、

3. 重瓣紫玫瑰

花色紫色，重瓣，茎枝上刺少，叶上有皱纹，与月季的叶近似，栽培广泛。

4. 保加利亚红玫瑰

花粉红色，当年生茎绿色，老茎褐色，花瓣多，花期长，芳香味浓、枝条上的刺近似月季。

5. 保加利亚白玫瑰

花白色，茎浅绿色，花期长，也是优秀的观赏品种。

三、生物学特性

玫瑰原产于我国北部，适应性较强，世界各地都有栽培。我国山东、江苏、浙江、广东、湖南等地栽培较多。玫瑰为浅根性植物，萌蘖力强，能耐－20℃低温。玫瑰不耐高温，气温30℃以上则生长不良，低于5℃停止生长。玫瑰喜光，在遮荫和通

风不良的地方生长欠佳，开花稀少，造成徒长。玫瑰耐干旱、贫瘠，但以含腐殖质丰富、排水良好、土壤 pH 值 6.8 ~ 7.2 的壤土中生长良好。玫瑰不耐盐碱，因此，忌在盐碱地种植玫瑰。玫瑰怕涝，积水时间稍长，枝干下部的叶片即易黄落，严重水涝会使整个植株死亡。常生于我国中部至北部的低山丛林中及土壤疏松、湿润肥沃而呈中性的地方，目前庭院或花园中广为种植。

四、栽培技术

（一）苗木繁殖

玫瑰的繁殖方法有播种繁殖和无性繁殖。一般多采用分株繁殖和扦插繁殖，也有采用嫁接、压条和播种育苗繁殖。

1. 分株繁殖

多在秋季玫瑰落叶后或春季玫瑰萌动前进行。将整株玫瑰带土挖出进行分株，每株分 2 个枝条并略带一些须根，注意使枝干与根相连，露地栽植前每穴可施入 2.5 ~ 5kg 腐熟的堆肥，栽后浇透水。当年即可开花。

2. 扦插繁殖

可分为硬枝扦插和嫩枝扦插两种。硬枝扦插一般在早春或晚秋玫瑰落叶休眠时，剪取成熟枝条 10 ~ 20cm，带 3 ~ 4 个芽进行扦插。嫩枝扦插一般在 7 ~ 8月份进行，扦插后要适当遮荫，并保持苗床湿润。具体方法是剪取当年生枝条或带顶芽的 1 ~ 2 年生半木质化枝条 15 ~ 20cm，插穗只保留顶部少许叶片，插后 1 ~ 3d 每天床面洒水2 ~ 4次，1 周后减少洒水量，以免烂根。扦插后一般 30d 即生根，成活率 70% ~ 80%。扦插时若用 $50mg \cdot kg^{-1}$ 的 2，4-D 或 ABT 生根粉处理，成活率更高。当然，玫瑰也可根插，春季分株时选取粗壮的根，剪成 10 ~ 15cm 长，斜插于沙质壤土中，根端微露出土面，成活后当年即可成苗开花。

3. 嫁接繁殖

玫瑰嫁接一般用野蔷薇作砧木，主要采用芽接，也可进行枝接和根接进行繁殖。枝接主要在春季，芽接一般在生长季节。芽接部位要尽量靠近地面，一般在地面以上 5 ~ 10cm 处进行嫁接。在砧木茎枝的一侧，用芽接刀在皮部做“T”形切口，然后从当年生发育良好的枝条中央部位选取接芽，削取一盾形芽片，插入“T”形切口后，用塑料带扎缚。嫁接后适当遮荫，这样经过 10d 左右接口即可愈合。

4. 压条繁殖

一般在夏季进行，将植株上的枝条中部茎皮剥除半圈即埋入土壤，露出枝端，待被埋枝条生出不定根和新叶后，再与母体切断。

5. 播种育苗

即春季播种繁殖。可穴播，也可沟播。通常在 4 月上、中旬即可发芽成苗。

（二）栽植

1. 选地

选择土层深厚，土壤结构疏松，地下水位低，排水良好，富含有机质的沙质土壤为宜，忌在黏重土壤或低洼积水的地方建园。品种：玫瑰的品种较多，根据不同的建园目的选用不同的良种壮苗。以生产花蕾为目的的玫瑰园可选用丰花玫瑰、重瓣玫瑰或紫枝玫瑰。萌生苗木要有 2 ~ 3 个分枝，嫁接苗木的砧木根系要发达，株高在 30cm 以上。

2. 栽植时间及方法

玫瑰一年四季均可栽植。但一般以秋季落叶后至春季萌芽前为宜，其中秋季落叶后到封冻前为最佳栽植期。栽植苗木一般可采用分株苗、扦插苗和嫁接苗 3 种。由于嫁接技术繁琐，扦插成活率低，因此习惯上又多采用分株移植。为使植株快速生长扩大花丛，必须进行大穴栽植，按株距 0.66 ~ 1.00m，行距 1.3 ~ 1.6m 的标准，开深、宽约 30cm 左右的穴，每穴栽 3 ~ 5 枝，施足基肥，再填土压实，灌水即可。

3. 土肥水管理

（1）根际培土。玫瑰根系 80% 是水平根，在玫瑰落叶后或早春时，对玫瑰基部进行培土，厚度一般 4 ~ 8cm，这样即加厚了花丛土层，促进根系的生长，也使落叶、杂草埋入土中增加土壤腐殖质，同时减少了病菌的传播。

（2）深翻改土。在玫瑰栽植 2 ~ 3 年后，可分年进行深翻改土，一般在玫瑰落叶前，春季解冻后至萌芽前或采收后结合施肥进行。主要采取挖沟深翻方式，从玫瑰丛带外缘顺行开沟，沟深 40 ~ 50cm，宽 50 ~ 60cm，深翻时要注意与原栽植沟穴打通，不留隔墙，尽量少伤植株大根。

（3）中耕除草。每年进行中耕除草 4 ~ 5 次，中耕深度一般为 10 ~ 15cm，结合中耕，清除杂草。

（4）合理间作。新建玫瑰园的最初 1 ~ 3 年，为了充分利用土地，增加经济收入，可间作矮秆经济作物或种植药材，但要留足玫瑰生长空间，不要影响玫瑰的正常生长。

(5) 合理施肥。早春，当气温稳定在 3～5℃时，玫瑰花芽开始萌动，此时应施以氮为主，氮、磷结合的速效肥料，4 月中旬至 5 月下旬是玫瑰现蕾开花阶段，追施适量速效复合肥，用量 225～300 $kg \cdot hm^{-2}$。若土壤干旱，施肥后灌 1 次透水。8 月中旬至 10 月中旬，结合深翻施有机肥 37 500～75 000$kg \cdot hm^{-2}$，然后进行 1 次冬灌。

4. 整形修剪

玫瑰修剪可分为冬春修剪和花后修剪。冬春修剪，在玫瑰落叶后至发芽前进行，修剪以疏剪为主，每丛选留粗壮枝条 15～20 枝，空间大的可适当短剪，促发分枝，以保证鲜花产量。对于生长势弱、老枝多的玫瑰株丛要适当重剪，达到集中营养，促进萌发新枝、恢复长势的目的。花后修剪，在鲜花采收完毕后进行，对生长旺盛，枝条密集的株丛，疏除密生枝、交叉枝、重叠枝、病虫枝，但要适当轻剪，否则会造成地上、地下平衡失调，引起不良后果。

5. 更新复壮

玫瑰花的高产期一般在 7～8 年生，10 年生以后的玫瑰可逐步进行更新或复壮。主要有 2 种方法：一次更新法，即在霜降前后，将玫瑰枝条在离地面 5～6cm 处全部剪去，然后用细土把玫瑰株丛培成馒头状，刺激翌年重发新枝。缺点是第二年基本没有产量。逐年更新法，此法是目前玫瑰生产中普遍使用的更新法。就是每年根据玫瑰花丛的生长情况，适当地剪去部分枯枝、纤细枝、衰老枝和病虫害枝，促使花丛每年长出新嫩枝条，保持花丛长势旺盛，既不减产，又达到更新复壮的目的。

五、病虫害防治

玫瑰的病害主要有锈病、黑斑病、白粉病、枝枯病、根部肿瘤，虫害有金龟子、天牛、红蜘蛛、介壳虫等。

(一) 病害防治

1. 黑斑病

多发生在高温潮湿的气候下南方，除冬季低温时期较少发生外，几乎全年都有发生。其病症是叶柄、叶片产生黑褐色斑点，传染力强。严重时，叶片变黄、脱落，植株枯萎。

防治方法：将病叶摘除并焚毁，喷洒 50% 多菌灵可湿性粉剂 1 000 倍液、70% 甲基托布津可湿粉剂 1 000 倍液、50% 代森铵 1 000 倍液、波尔多液 (1:1:200)。

2. 白粉病

多发生在晚秋至早春。患病时，叶、枝、蕾有白霉，叶面凹凸，背有红斑。

防治方法：发病早期喷洒药剂最有效。可喷洒 15% 粉锈宁可湿粉剂 1 000 倍液、70% 甲基托布津可湿粉剂 1 000 倍液或 $1kg \cdot L^{-1}$ 的石硫合剂，也可通过控制氮肥量，培养结实的枝桠来预防。

3. 枝枯病

全年都会发生，以夏天最严重。患病的枝条呈黑褐色，会导致植株死亡。

防治方法：喷洒 50% 退菌特可湿粉剂，70% 百菌清可湿性粉剂，或 50% 多菌可湿粉剂 1 000 倍液。

4. 锈病

在春、夏季均会发生，病症是茎、叶脉突起橙色小点。

防治方法：喷洒 75% 百菌清 800 倍液、50% 代森铵 800～1 000 倍液或 50% 退菌特 500 倍液。

5. 根部肿瘤

在嫁接部或根部，会出现肥大的暗褐色的瘤。染病后，植株变得衰弱，出现枯萎、死亡。

防治方法：此病目前尚无有效防治措施，在调运和购买时进行严格的检疫，防止传播。

(二) 虫害防治

1. 蚜虫

一年四季都会发生，体长 1～2cm 左右的绿色或黑色的小虫，群聚于新牙或花蕾上吸食树液。

防治措施：早期可用毛刷之类的工具将其拂拭下来。可用马拉松 (1 000 倍液) 或 40% 氧化乐果 1 000倍液等，也可使用奥尔托兰剂来防除。

2. 红蜘蛛

主要发生在高温、干燥的夏季。植株遭受红蜘蛛危害后，会使叶面呈灰白色，质地变脆，并使叶片逐步脱落。

防治措施：使用 5% 尼奈朗乳剂 3 000 倍液、50% 溴螨酯乳剂 2 500 倍液或氧化乐果、三氧杀螨醇等药剂。

3. 切叶蜂

夏季最易发生，可发现叶缘有圆形切口。

防治措施：用 50% 杀螟松 1 000 倍液、40% 氧化乐果 1 000 倍液或溴氰菊酯 2 000 倍液来防治。

4. 介壳虫

白蜡覆盖的小虫，在枝条上吸取树液。可用刷子将其拭落。

防治措施：药剂无效，因此，要尽早防除。

5. 叶螨

肉眼难以发现。一旦放任不管则所有的树叶都会变得干巴巴，导致落叶，需要事先喷撒杀虫的专用药。

6. 拟尺蠖

在春季到秋季都会发生，症状就是新梢折断，有虫食痕迹，芽点被啃食。

防治措施：以90%敌百虫800～1 000倍液或多或50%杀螟松乳油1 000倍液等喷施。

六、采收与加工利用

1. 采收

每年4月下旬至6月上旬为玫瑰花的采摘期。但利用目的不同、采摘期也不同。药用玫瑰花，要求花蕾充分膨大，花瓣尚未开裂，即蕾饱满期采摘；提炼玫瑰花精油，应在半开呈杯状，即花半开期采摘。采摘的具体时间是早晨5：00～8：00。采下花蕾铺开晒干，但久贮后变黄色。最好用微火烘干，铺成数层，在架上层与层要有一定距离，烘时上下层要按层次轮换，直至烘干为止。品质以干燥、色紫、花未开放、味清香者为佳。装入箱中，勿压，并放置于阴凉干燥处保存。

2. 加工利用

（1）玫瑰酱。将纯净花瓣倒入筐中，加糖揉搓，每50kg鲜花用糖50kg，揉搓至成团装瓶密封。

（2）玫瑰露酒。一般选料后采取浸泡配制方式。

（3）香料（油）的制备。取盛开的各色玫瑰花，用白砂糖淹制。

方法一：一层花上撒一层砂糖。比例是1kg鲜玫瑰花用白砂糖1kg。将精馏酒精稀释成60%后进行脱臭处理，把处理好的酒基倒入已腌制好的玫瑰花中，以能淹没玫瑰花为止，3d后抽出浸出液，放入密闭的玻璃容器中贮存备用。在浸渍过的玫瑰花中，再放入60°的脱臭酒精，以淹没玫瑰花为止，3d后取出第2次浸出液，与第1次浸渍液混合，放入密闭的玻璃容器中贮藏备用。取第2次浸渍过的玫瑰花残渣用壶式蒸馏器进行蒸馏，得到蒸馏液，将两次浸出液与蒸馏液混合一起，贮存在密闭玻璃容器中，此即为玫瑰香料，这是一种浸渍型玫瑰香料。这种香料的酒精含量必须在60°以上。

方法二：取新鲜玫瑰花70kg放置缸中，随即倾入65%的脱臭酒精80L，然后密封贮存两个月。取出已浸渍两个月的玫瑰花浸液，在壶式蒸馏器中加热回流90min，然后进行蒸馏，冷凝液的酒精浓度在50%以上的作为玫瑰香料，贮存在密闭玻璃容器中备用。50%浓度以下的进行精馏处理。此法制得的玫瑰香料所含酒精成分必须在65%以上。目前，从玫瑰花瓣中提取的玫瑰香料（油），在国际市场上售价比黄金还要高。

（4）玫瑰的药用效能。现代医学应用，主要利用其果配制冲剂、糖浆、片剂等，应泛应用于治疗维生素缺乏症，重病后的虚弱、骨折、胃疡病、肝病和胆道病。

在美容方面，国外玫瑰香水和化妆玫瑰醋等为畅销产品。随着市场经济的发展玫瑰花作香料有着十分广阔的发展前景和开放价值。

（张智俊）

油茶优良无性系丰产林

普通油茶树开花

普通油茶花

小果油茶树

油茶芽苗砧嫁接苗

滇山茶花

油茶果枝

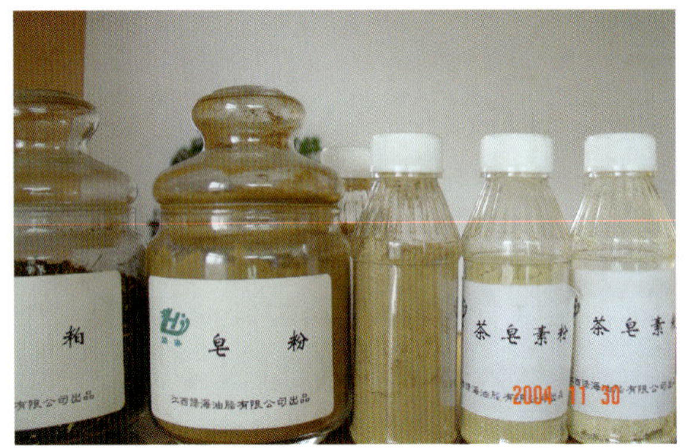

油茶产品——皂素

油茶产品——茶油

茶油化妆品

油橄榄种子

油棕林

油棕

油棕

椰子树

椰子果序

椰子果序

文冠果

野生文冠果树

文冠果树形

文冠果果序

文冠果种子

元宝枫林分

元宝枫

元宝枫幼林

元宝枫枝叶

元宝枫树形

千年桐树形

小米桐树形

油桐花序

柿饼桐果形

千年桐果枝

日本油桐幼果

油桐种子

乌桕树形

乌桕果枝

乌桕果序

乌桕果枝

乌桕被蜡种子

杜仲林

杜仲树形

杜仲枝叶

杜仲叶与胶

杜仲花序

杜仲果序

厚朴林

厚朴叶

厚朴果

厚朴花

黄檗树枝叶

黄檗树皮（未放大）

黄檗树皮（放大）

黄柏（川黄檗）里层树皮外观

川黄檗果序

黄柏种子

黄檗树皮（里层）

肉桂林

肉桂林

肉桂枝叶

肉桂药材（桂皮）

肉桂皮

路旁山茱萸

山茱萸树

山茱萸花序

山茱萸果序

山茱萸着果状

山茱萸果实

望春玉兰林分

望春玉兰古树群

辛夷（广玉兰）树形

望春玉兰山地造林

望春玉兰开花状

望春玉兰花蕾

望春玉兰枝叶及果实

枸杞枝叶

枸杞果序

枸杞果序

枸杞采收

连翘

连翘

连翘

金银花种植园

金银花植株

金银花花序

金银花枝蔓与花序

金银花顶芽及花序

金银花雄蕊和雌蕊

金银花花蕾

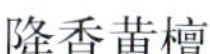

降香黄檀

降香药材

（沉香）白木香树林

（沉香）白木香

（沉香）白木香

沉香药材

儿茶树干、枝叶、果实

儿茶药材

槟榔林

槟榔植株

槟榔药材（饮片）

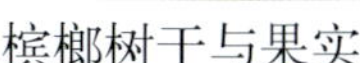

槟榔树干与果实

罗汉果棚架

罗汉果果序

罗汉果果形

罗汉果

喜树林

喜树果枝

喜树果枝

喜树果序

喜树幼苗

喜树盆栽苗

红豆杉林

红豆杉树形

红豆杉树干

红豆杉幼果

红豆杉果枝

红豆杉果枝

三尖杉树形

三尖杉枝叶

三尖杉枝叶（背面）

三尖杉果

栎树林

栎树林

白栎树形

槲栎

白栎幼果

山羊角栎种子

乌冈栎种子

地面葛

野葛

棚架葛

棚架葛

栽培葛

葛根块

树上葛

沙漠中种木薯

木薯实生苗

非洲花叶病毒感染的木薯

CLAYUCA 展示的各种木薯加工产品

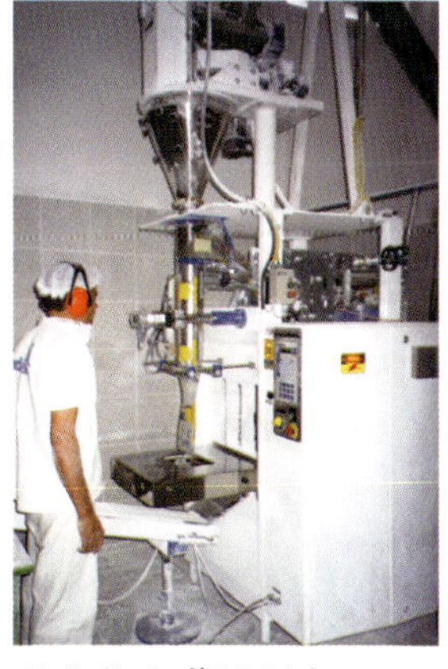
现代化木薯淀粉加工

木薯自动扦插机

山苍子（山鸡椒）林分

山苍子（山鸡椒）

山鸡椒果序

山鸡椒果序

清香木姜子果枝

桉树林

云南富民蓝
桉丰产林

史密斯桉

云南蓝桉丰产林

幼林

桉树杂交

桉叶油粗提取设备

桉叶油

樟树成林

樟树无性系 399 号

樟树幼林

樟树无性系 #E8B 号

樟树亚林所 R64 色叶无性系 #29C

樟树果序

樟树果序

桂花树形

六、饮 料 类

79. 茶　　树

茶树为山茶科（Theaceae）山茶属（*Camellia* L.）的多年生常绿植物，它的叶芽可以加工成茶叶，是世界上三大无酒精饮料（茶叶，咖啡，可可）之一。

茶树原产我国，相传神农时代（公元前2737～公元前2679）就知道了茶可当药用，有解毒作用。茶作为饮料在我国已有3 000多年的历史，世界各国饮茶和种茶知识都是由我国传入。

茶树作为一种主要经济树种，是山区、丘陵区多种经营的一项支柱产业，由于茶树适应性强，产量高且稳定，具有很高的经济效益，我国广大亚热带地区气候条件非常适合茶树的生长。茶叶是广大消费者普遍爱好的健康饮料，不仅有止渴解暑，提神醒脑，消毒治病等功效，而且还富含丰富的营养成分。喝茶有利于人民的身体健康，茶叶是我国传统的大宗出口产品，可以换取大量外汇支援祖国的四化建设，特别是在我国加入世界贸易组织（WTO）以后，非常有利于茶叶出口，茶叶生产将成为优势产业。茶叶是我国边疆少数民族的生活必需品。与此同时，茶树是我国山丘和庭园绿化的良好树种，种茶可以起到绿化、美化环境的良好效果。特别是近十多年来研究推广茶树无公害栽培技术，积极开发茶叶绿色食品和有机食品，使茶叶品质得到了很大的提高，初步形成了茶树栽培与生态环境建设协调发展的新局面。总之，发展茶叶对促进我国经济的快速发展，对提高人民的健康水平，对增强我国的出口创汇能力，对加强民族团结以及改善农村环境条件都具有重要意义。改革开放以来我国茶叶生产虽然有了长足的发展，但国内外茶叶消费市场空间很大，特别是名优茶叶远不能满足人民的需求，积极发展茶叶生产前景广阔。

一、植物学特征

茶树一般为小乔木，栽培品种一般修剪成灌木状，为深根性树种。叶片革质，卵状椭圆形或椭圆形，长5～10cm，宽3～4cm，先端短尖或钝尖，基部楔形，叶缘浅锯齿，下面微有毛，侧脉明显，叶柄长2～5mm。花白色，径2～3cm，花梗下弯，萼片5～6，圆形，有缘毛，花瓣5片左右，雄蕊多数，子房有毛，花柱顶端3裂。蒴果，径1～1.6cm，淡褐色。花期8～10月，果翌年秋季成熟。

二、主要栽培品种

茶树由于长期生长在山地、丘陵、平地等不同的环境条件中，受到自然的选择和人为的选择，形成了十分丰富的品种资源，据不完全统计，已发掘的茶树地方品种或类型就有500个以上，近年来，各有关单位的科技工作者又选育出了一批新的品种、品系。

国家农业部先后公告了四批经审定的茶树优良新品种，到2002年止，全国审（认）定的茶树优良品种95个，其中有性系地方品种17个，新中国成立后育成的无性系品种65个。现将全国最主要茶树良种列表79-1。

表79-1　我国茶树主要良种及栽培地区

品种名称	原产地	主要形态和特性	适制茶类	适栽地区
福鼎大白茶	福建福鼎	小乔木,中叶,早芽,适应性强	绿茶	全国各茶区
政和大白茶	福建政和	小乔木,中叶,迟芽,产量中等,适应性强	红茶	长江以南
毛蟹	福建安溪	小乔木,大叶,中芽,产量高,适应性较强	乌龙茶及红茶	长江以南
梅占	福建安溪	小乔木,中叶,中芽,产量高,适应较强	乌龙茶、红茶、绿茶	长江以南
铁观音	福建安溪	灌木,中叶,中芽,产量高,适应性一般	乌龙茶	长江以南
黄旦	福建安溪	灌木,中叶,早芽,产量中等,适应性较强	红、绿茶	长江以南
福建水仙	福建建阳	小乔木,大叶,迟芽,产量中等,适应性强	乌龙茶	长江以南
大叶乌龙	福建安溪	灌木,中叶,中芽,产量高,适应性强	乌龙茶、绿茶	福建茶区
上梅州种	江西婺源	灌木,中叶,早芽,产量高,适应性强	绿茶	长江以南

（续）

品种名称	原产地	主要形态和特性	适制茶类	适栽地区
云南大叶种	云南西南部	乔木，大叶，早芽，产量高，适应性强	红茶	西南及华南
凤凰水仙	广东潮安	小乔木，大叶，早芽，产量较高，适应性强	红茶、乌龙茶	长江以南
乐昌白毛茶	广东乐昌	乔木，中叶，中芽，适应性一般	红茶	广东红茶区
凌云白毛茶	广西凌云	小乔木，大叶，中芽，适应性性强	红茶及绿茶	广西茶区
祁门种	安徽祁门	灌木，中叶，中芽，产量较高，适应性强	绿茶、红茶	全国茶区
鸠坑种	浙江淳安	灌木，中叶，中芽，产量较高，适应性较弱	绿茶	浙江绿茶区
崇庆枇杷种	四川崇庆	乔木，大叶，早芽，产量高，适应性较弱	红茶及边茶	四川、贵州红茶区
南江大叶种	四川南江	灌木，大叶，早芽，产量高，适应性强	红茶	四川茶区
宁州茶	江西修水	灌木，中叶，中芽，产量较高，适应性强	红茶	江西茶区
云台山大叶种	湖南安化	灌木，大叶，中芽，产量较高，适应性强	红茶	江南各茶区
紫阳槠叶种	陕西紫阳	灌木，中叶，早芽，产量高，适应性强	绿茶	陕西、河南
湄潭苔茶	贵州湄潭	灌木，中叶，中芽，产量高，适应性强	绿茶	贵州、四川

表79-1中的上梅州种、福鼎大白茶、政和大白茶、毛蟹、梅占、铁观音、黄旦、福建水仙、大叶乌龙等8个品种为无性繁殖品种外，其余均为有性繁殖品种。

近年来，全国又先后选出了一些茶树良种，表现突出的有：湖南的江华苦茶，在湖南红茶区颇受生产者欢迎，品质优良。产量高，特别适合制红碎茶。湖南的湘波绿，该品种适合制红、绿茶，品质优良，湖南的高桥早，适合制红茶。英红1号，由广东省英德茶场选出，适制红碎茶，可与云南大叶茶相比，可在亚热带茶区发展。龙井43号，宜制龙井名茶，由中国农业科学院茶叶研究所育成。黄山群体种引种到山东，表现有较强的抗寒性，受到北缘茶区的欢迎。福云6号、福云7号、槠叶齐、尖波黄、迎霜、碧云、鄂茶1号、黄观音等都受到相关茶区种植者的欢迎。

三、生物学特性

（一）生态习性

1. 光照

茶树原产于森林荫蔽多雨的地方，形成了比较耐荫的生态习性，喜漫射光，因此，茶树对光照有一定的适应范围。光照强度最适宜时，光合作用最强，有利于增加茶叶产量和鲜叶的品质。为了经济有效地利用光源，在栽培技术上要做好选用良种和选好园地的工作，并做好合理密植、人工灌溉及遮荫等技术措施，以提高茶树对光的利用率。

2. 温度

一年中茶树生长期的长短，直接由温度所支配。当日平均气温稳定上升到10℃以上，茶芽就开始萌动。全年要求≥10℃有效积温为5 000～6 000℃，最适气温为17～30℃，最低气温不能低于－8℃，最高气温不能连续几天超过35℃，但不同品种能够忍耐的最低和最高气温各有差异，一般中、小叶种比大叶种有较强的耐寒性。

3. 水分

茶树在生长过程中需要消耗大量水分。据分析：树体中的水约占55%～60%，芽叶含水量则高达70%～80%。在茶叶采摘过程中，芽叶不断被采收，又可不断地发芽。因此，水分也是支配茶树生育活动的重要因素之一。一般年降水量在1 500mm左右，生长季节平均每月需100 mm以上才能满足茶树生长发育的需要。若出现干旱，必须灌水或通过覆草，结合施肥来调节土壤湿度，以满足茶树对水分的要求。

空气湿度能够影响土壤水分的蒸发和茶树的蒸腾作用，空气相对湿度在80%以上有利于茶叶产量和品质的提高。

4. 土壤

土壤要求呈酸性反应，pH值在4.0～6.5的土壤均适宜茶树生长。在中性的或带碱性的土壤，茶树生长不良甚至死去。南方红壤、黄壤和紫色土一般呈酸性反应，适宜茶树生长。在无积水、地下水位低、土壤疏松、通气良好的壤土或砂壤土最适宜茶树生长。茶树虽然喜湿，但最怕土壤渍积水，在土壤水分过多、通气不良、缺氧的条件下，根系发育受阻，严重的会使根变黑、腐烂，引起死亡。要求土层深厚。茶树为深根植物，土壤中靠近地面有铁盘层、黏土层或网纹层均不宜种植茶树，或须深耕改土，重施基肥，才有利于茶树生长。

5. 地形、地势

地形地势对局部的气候、土壤及茶园管理都有很大关系。我国茶树一般多种于山地和丘陵地，但坡度一般不超过30°为宜，一般阳坡比阴坡热量条件好，春茶萌发早。

我国许多名山生产名茶，这与“高山云雾出好茶”的生态条件有关，其中一个主要原因是由于高山环境综合了各种有利因素，例如空气湿度大，雨量充沛，漫射光多，昼夜温差大，积累的物质多，特别是内含芳香物质较多，再加上山地土壤有机质含量丰富等，这些对提高茶叶的品质都是有利的。

总之，在深入分析茶树与外界条件相互关系中，不能只限于光照、温度、雨量、土壤、地形地势等指标，还必须对上述各生态因子在年周期中的变化与茶树年周期的各生长发育阶段加以综合分析比较，才能正确判断，得出各地能否建立茶叶生产基地的科学依据。与此同时，我们还应考虑到上述各因子之间的相互影响和相互关系，并抓住对茶树生长起主要作用的主导因子。主导因子是制定某一茶区栽培技术的主要依据。我国劳动人民在长期的茶树栽培过程中创造了许多因地制宜的技术措施来影响主导因子，借以满足茶树生长发育的要求。例如，我国淮北产茶地区栽培的主要困难是冬季冻害和生长期短，这一带的主要措施是选择抗寒品种，选择光照较好、温度较高的地势建园，并采取一系列的防寒防冻措施。长江中下游地区影响茶树生长的生态因子则是春季晚霜和秋旱，栽培措施上宜在冬季施足基肥以及秋季灌溉等。南方茶区主要是春旱和烈日，则着重在春季灌溉，适当在园地中种植遮荫树。又如许多山地茶园，由于坡度较陡，水土极易流失，栽培茶树的主要措施是建造梯田等高种植，以保持水土。总之，要因地制宜地具体地分析不同条件下综合生态因子中的主导因子，以确定农林技术措施的重点。

（二）生长发育

1. 生命周期

茶树从生命的开始一直到衰老死亡，依其自然生育特点，可分为5个时期，即种子期、幼苗期、幼年期、成年期、衰老期。

（1）种子期。从受精卵形成到种子萌发为止，时间长约1年多。这个时期受精的卵细胞不断分裂分化形成胚和子叶。种子形成后，新陈代谢缓慢，除内含物发生转化外，外形固定。采种后若不能及时播种，应保存在适宜的条件下，以保证种子有一定的发芽率。因此，适时采收健康成熟种子，并妥善进行贮藏，对全苗、壮苗关系极大。

（2）幼苗期。从茶子萌发到幼苗出土后第一次生长休止（出现驻芽）时为止。种子播下后吸水膨胀，茶子内的贮藏物质转化成幼胚生长发育所需要的物质，种壳胀破，胚根首先向下伸展约10～15cm后，胚芽逐渐生长，最后破土而出，此期所需要的养分主要靠子叶中的贮藏养分，要求有适合的水分、温度、空气。茶苗出土后鳞片首先展开，随后再生出鱼叶，最后再展开真叶，当真叶展至3～5片时顶芽形成驻芽，即进入第一次生长休止。幼苗后期，茶树的营养，一方面由子叶供给，同时真叶能自己制造养料，其营养方式是双重营养。此时的农林技术措施要从两方面做好工作：一是要给予良好的土壤条件，以利幼苗扎根出土，为茶苗提供充足的土壤养分；二是要特别注意做好抗旱保苗工作，以促进苗木健壮生长。

（3）幼年期。茶苗从第一次生长休止到第一次现蕾开花为止。这一时期地上部分和地下部分都以分枝占绝对优势，地上部分主轴生长旺盛，主干显著向上生长，侧枝很少，尔后，主轴上生长侧枝，根系由最初的明显直根系发展为分枝根系。此时，为促进地上部分枝，培养粗壮骨干枝，塑造理想树形，需要进行多次定型修剪。同时，需要加强土壤管理，增施磷、钾肥，还应做好除草、防旱、防治病虫害等工作。

（4）成年期。从第一次开花结实到第一次更新改造为止。这一时期树冠不断扩大，是产量最高的阶段，营养生长和生殖生长并茂。成年期的后阶段，树冠内部的小侧枝逐渐枯死，鸡爪枝增多。成年期茶树只要做好肥培管理，适当修剪，合理采摘，防治病虫害等管理工作，就能在相当长的时期内保持旺盛的生长势，高产、稳产、优质年限可持续20年，甚至更长。

（5）衰老期。茶树自第一次更新开始到整个树体死亡。该时期的表现是：茶叶产量和质量开始下降，新梢节间显著缩短，“鸡爪枝”、“对夹叶”大量发生。这个时期的长短因管理水平不同而异，长者可达百年以上。茶树经过更新修剪以后能重新恢复树势，形成新的树冠，得到复壮。经过多次复壮更新直至茶树极度衰老或更新复壮能力显著减退时，即应换种改植，重新建立高产、稳产茶园。茶树在整个个体发育过程中具有明显的阶段性，具有一定的连续性，即各个生物学年龄时期有着密切的关系，前一个时期的发展动态在一定程度上制约着后一时期到来的早晚和持续时间的长短，也影响到茶叶的产量。因此，必须认识和掌握各时期的变化规律，采取合理的农林技术措施，以获得茶叶持续高产、优质。

2. 年发育周期

茶树年发育周期是指茶树在一年内不同季节生长、发育进程所表现出不同的特点，这些不同的特点取决于茶树本身的生育特性及环境条件的影响。

（1）新梢的生长发育。新梢上的幼嫩芽叶是制茶的原料，也是茶树维持正常发育和丰产树冠的重要器官。茶树枝梢在一年中的生长发育有明显的节奏性。冬季茶树树冠上有大量的越冬芽，呈休眠状态，到第二年春季，日平均气温稳定在10℃以上时，芽便开始活动。自然生长情况下，在湖南是5月份停止生长形成驻芽，进入第一次休眠，此为春梢；5月以后又开始萌动，到7月份进入第二次休眠，此为夏梢；8月份又开始生长，9月份进入休眠，此为秋梢。广东、广西等较暖地区，全年枝梢有4次生长。茶树枝梢在一年中的生长和休眠不是固定不变的。在肥水条件好的情况下，生长期可相对延长。品种间也有差异，采摘能相对缩短休眠期，增加新梢轮次。所谓新梢轮次即是指由越冬芽发育的新梢称头轮，采摘桩上的腋芽发育成的新梢为二轮，依次类推，一年内可发3～5轮新梢。促进新梢的生长发育是栽培茶树的主要任务之一。

（2）根系活动。茶树根系在一年内的生长速率呈多峰曲线，其高峰与地上部的生长高峰交替进行，即地上部生长停止时，根系生长活跃；而地上部生长时则根系生长缓慢。茶树根系没有明显的休眠时期，即使在天气最冷的1～2月仍在进行一定的活动。但在四季分明的长江流域，一年内有3次生长高峰：第一次在春季，第二次在春梢停止生长以后的6～7月，第三次在9～11月。根系活动的规律是我们进行合理施肥、中耕除草的依据。

（3）叶片在年周期的活动。叶片是由芽生长锥基部侧生的叶原基发育而成的。新梢上的叶片展开需要1～10d不等，春季气温较低，需要5～6d展一片叶，夏季气温高则只需1～4d，而一般多为3～6d。叶片的寿命一般不到一年，一年中多以5～7月为落叶盛期，也常因品种、气候条件而有差异。

（4）开花和结果。茶花一般着生在叶腋、叶芽的两侧，6月中、下旬开始分化，可延续到11月，而夏季和初秋形成的花芽结实率较高。茶树开花期在我国大部分地区是9～12月，盛花期在10～11月。在生产上为了减少花果，可采取一些农林技术措施促进营养生长，抑制花果形成。茶果于每年霜降前后成熟。此时正值当年茶花盛开，这就是茶树的“抱子怀胎”现象。

四、栽培技术

（一）苗木繁殖

茶树的繁殖方式，分为无性繁殖和有性繁殖。

1. 短穗扦插育苗

茶树具有较强的再生能力，利用其一部分营养器官进行繁殖叫无性繁殖。无性繁殖的茶苗可以保持茶树的优良性状。当前生产上大量采用的无性繁殖方法是短穗扦插，此法繁殖系数高，一芽一叶即可繁殖一株苗木，同时成活率高，发根成苗快。短穗扦插育苗要掌握以下技术要点：

（1）培育好采穗母树。首先要选用适于当地气候条件和茶类要求的良种作为采穗母树，为了能够适时大量地提供优质插穗，幼年树应进行定形修剪，壮年树应进行轻修剪，生长势较弱的树应进行重剪或台刈。在修剪的同时，必须及时中耕除草、施肥、灌水，并做好病虫害防治工作。

茶树扦插一年四季均可进行，但一般以夏插最为理想，由于此时枝条较多，而且粗壮，气温、土温高，剪口愈合发根快，成活率高。

剪扦插的枝条以当年成熟的春梢最好，表现为上绿下红，大部分已木质化或半木质化。

（2）选好整好扦插圃地。苗圃地是茶苗生长的场所，扦插圃地的特点是管理精细，因此，首先要选择好圃地，一般要求土壤肥沃，排水良好，呈酸性反应；其次地势平坦，水源充足，便于灌溉，但不积水；再次交通方便，地势向阳，不受风害。圃地选好之后应进行合理规划，然后深翻施基肥，再整理苗床。苗床的方向一般以东西方向较好，以减少阳光从侧面射入。苗床宽1.5m左右，苗床之间的道路宽50cm左右，长度可根据地形而定，以10～15m为宜。苗床均采用高床，高度在10～15cm。整地时要根据土壤肥力情况施用腐熟的土杂肥，基肥要施得稍深些，深约10cm左右，以免与接穗直接接触。苗床整平后，在苗床原来的土面上，再铺一层红黄壤心土，铺盖的心土应先过筛。由于心土结构松散，透气性好，浇水不易结板，无有害细菌，因此，插穗插在这样的土壤上容易发根，且杂草较少，有利于成活。一般铺土厚度为5～7cm，要铺均匀，用木耙耙平，并适当压实，畦的四周筑埂，浇水时防止水往外流。铺土整平后，在畦面划好行，行距10～12cm，扦插圃地应设置荫棚，以保持通风避光，有利于保持圃地湿度，控制温度，它是茶树短穗扦插繁殖重要的一环。荫棚的形式较多，一般采用平顶矮棚。遮荫的材料有遮阳网竹帘、芦帘、杉枝及其他作物秸秆等。

（3）剪取插穗和扦插。在剪取穗条前的半个月左右，对母树进行一次打顶，以促进枝条粗壮，腋芽饱满。在枝条部分成红棕色半木质化时剪取为好。剪取穗条最好在清晨进行。剪取的枝条要避免阳光暴晒，注意洒水保持湿润，剪取后及时扦插。插穗长度必须适当，穗长约3cm左右，要求有一个成熟的节、一个饱满的腋芽和一片健全的叶。通常一个节可以剪取一个插穗，如节间较短的可用两个节剪成一个插穗，剪去下端的叶片和腋芽，剪口要求平滑，插穗上端的切口应距叶柄3～4mm，插穗应边剪边插，不要停放，以免剪口干枯影响成活。插穗扦插前应在圃地上适量喷水，使土壤湿润，待床土不粘手时即可进行扦插，株距以1.5～2.0cm为宜。根据叶片大小适当放宽或缩小，不使叶片重叠太多，扦插时用拇指和食指夹住插穗上端竖直插下，入土深度以叶柄基部腋芽处刚露出土面为度，每插完一行，一定要将土压紧，使短穗和土壤密接，以利于剪口愈合发根，同时要边插边浇水，及时搭好荫棚。

（4）扦插后的管理。茶树扦插后的管理工作十分重要。管理包括遮荫、浇水、补插、施肥、除草、摘除花蕾、防治病虫害等工作。第一年以遮荫、浇水、补插最为重要。圃地遮荫是一项经常性的工作，从插后第一天起到当年11月都需遮荫，晴天时最好白天盖，晚上揭；阴雨天时，昼夜都应揭开，这样有利于发根和插穗成活。扦插以后，苗圃必须经常浇水，两个月后根据情况，隔天浇水1次，每次浇水应使畦面土壤全部湿润。浇水应用喷水壶，用水要求清洁，不能用污水或泥浆水，以保持插穗叶片和腋芽的正常生长。扦插1个月后要全面检查，发现有短穗叶片干枯变黑，就应及时拔掉补插，争取全苗。苗圃除草要及时，影响插穗的正常生长，若杂草蔓延，不仅草用工多，而且容易因除草而伤害茶苗。当年10月前后还要摘除花蕾，以免消耗养分，第二年3～4月要结合除草摘除枯叶，清洁苗圃，防止老叶病菌感染。追肥要以少量多次、淡肥勤施、先稀后浓为原则，一般在第二年3～4月份进行。此外，应及时防治病虫害。

2. 播种育苗

从我国当前茶叶生产情况出发，茶树良种繁殖应采取无性繁殖和有性繁殖相结合的方法。有性繁殖的繁殖数量多，技术简单易行，茶苗根系发达，适应性强，缺点是容易产生变异，品种性状不易保持一致。有性繁殖必须要选用品种比较纯正的种子，最好是建立无性系采种园，在采种园进行采种。

种子育苗，有苗圃育苗和生产园直播两种，各地可根据具体情况进行。但无论采取哪种形式都必须做好茶果采收和种子贮藏工作，为种子发芽生长创造适宜条件，保证种子顺利萌发，做到早出苗，快出苗，出壮苗。

（二）建园技术

在茶园建设上要推广立体种植、复合经营，实现茶园园林化，保持茶园生物多样性，创造多物种、多林种的人工生态系统，为茶树的生长发育构建一个良好的生态体系。此基础上推广茶树无公害栽培新技术，从而建设成上规模的、以高科技为先导的，集茶叶产业开发、资源合理利用和生态环境保护于一体的名优茶生产基地。总体上，新建茶园应注意做好下面几项工作。

1. 选择园地

选择园地要适地适树，因地制宜，不仅考虑到当前的环境条件，而且要估计到数十年内可能发生的变化。这里要特别强调选择保持着良好生态环境，并远离城市、厂矿的山区和水库库区以及江河两岸森林植被茂盛的山丘区建立名优茶生产基地。通常根据下面4个方面来考虑：

（1）气候。在我国秦岭—淮河以南的山区和丘陵区，一般来说都适于发展茶叶生产，但由于各地地理环境条件各不相同，气候也有很大差异。在气候条件中首先应了解这个地区的绝对最高温、绝对最低温、无霜期、年降水量、雨量的分配、相对湿度、有无台风和干风等，因为这些气候条件与品种安排及各季茶的产量、年产量、茶园管理技术措施等都有密切的关系。

（2）土壤。一般红壤、黄壤和其他酸性土均适宜于茶树生长，该类土壤中多长有映山红、铁芒萁、油茶、杉木、马尾松、蕨类植物等酸性土壤指示植物。如果没有指示植物，就应测定土壤 pH 值；若 pH 值接近 7 时，则不宜种茶。土壤一般应较深厚，土层薄的要进行深耕改土。

（3）地形。地形地势不仅影响茶园的气候和土壤，同时还与交通和排灌系统的建立密切相关。一般坡度在 30°以下的可开辟茶园。

（4）其他条件。水源条件、交通情况、生产经验、劳力情况等均应加以考虑。其中水源是关系到茶园灌溉的重要条件。

2. 园地规划

新建茶园园地选定以后，便应进行认真的规划。

（1）规划的原则。因地制宜，适地适树，认真贯彻农林生产方针，正确处理茶叶生产与农业、其他林业生产的关系。科学用地，实行山、水、田、林、路等综合规划，恰当安排有关种植业、养殖业，做到宜茶则茶、宜林则林、宜牧则牧。有利于今后实现机械化、水利化和不断提高劳动生产率。把恢复改善茶园生态环境放到重要的位置。

（2）土地利用原则。茶场应坚持以茶为主的经营方针，新建茶园应尽可能集中连片，以便管理，但也考虑到地形特点和土壤质地，以茶为主的茶场，茶园占所有土地面积应在 60% ~70%，其他作物面积、绿化面积以及各种设施和道路等用地也应有恰当的规划。进行土地规划时，可考虑远山和高山顶部造林，近山、低山种茶。

（3）道路的设置。茶园应以场部和茶叶加工厂为中心，建立交通运输网，道路分主道、支道和步道三种。主道应贯穿茶园主要的作业区，一般宽6 ~7m，能通行汽车、拖拉机。支道要贯穿整个茶园，往往是作业区的分界线，一般宽 2 ~4m，可通手扶拖拉机和板车。步道为设置在茶园纵向和横向的道路，利于采茶及管理茶园时人员的进出和行走，宽 1 ~1.5m，一般应隔 60m 左右设一纵向步道，每隔 30m 设一横向步道。所有道路的两侧或一侧均需安排水沟。

（4）排（蓄）水系统的设置。茶园的水利设施应排蓄兼顾，可分隔离沟、等高截水沟、纵排水沟和梯面内侧的横排水沟等。设沟多少应根据当地的雨量、降水分配情况、茶园坡度大小、坡面长短以及土壤性质等来决定。

隔离沟：设置在茶园坡地上方与林地交界处，其作用是拦截上部冲来的雨水，防止树木根系进园，一般深宽 60 ~80cm，沟壁呈 60°，沟内可分段蓄水，过多的雨水可通过纵排沟及时排出园外。

等高截水沟：坡面长的茶园，可每隔一定数量的梯层设置一条等高截水沟，以截留上段茶园多余的雨水，减少土壤冲刷，沟深、宽各 30cm 左右，每隔 4m 左右留一土堆分段蓄水，沟的两端与纵排水沟接通。

梯面横排蓄水沟：每一梯面内侧设置一条，宽 20cm，深 10cm 左右的沟，每隔 3 ~4m 留一土堆蓄水，沟的两端与纵排水沟相接。

纵排水沟：纵排水沟是汇集隔离沟、等高截水沟、梯内侧横沟多余的水让其排出茶园的水沟。纵排水沟往往设置在纵步道的两侧，为了降低纵排水沟的水流速度，沟内可设拦水设施和沉沙池。

蓄水池和小水库：为扩大蓄水能力，并供应日常喷药、施肥等用水，最好每 $1hm^2$ 茶园范围内设一蓄水池，其位置可在山腰纵沟旁，其体积一般为 50 ~$100m^3$，较大的茶园还应修建小型水库和山塘，既可以作为茶园抗旱和生活用水，而且还可以发展养殖业等。

（5）园林规划。在茶场范围内，因地制宜地实行环境园林化，有利于保持水土，改良小气候，减轻自然灾害，改善劳动条件和增加经济收益等，因而是建设现代化茶园的需要。

茶场园林建设除依目的和地点不同营造防风林、水土保持林、用材林、风景林、行道树和庇荫树等林种之外，要强调运用生态学原理，从实现茶园园林化这一高层次上来考虑，有条件的地方还可以进行观光茶园的规划设计和施工，运用园林艺术与茶树栽培，茶叶加工技术相结合的手法，设置景区，配置植物，修筑必要的园林建筑，培养生长茁壮，树形优美的茶树，建造环境幽雅的制茶车间和品茶场馆，使茶园四季有景，人们来此游憩，体验“天人合一”的高雅享受。

3. 梯地茶园的设计和施工

（1）梯地茶园设计。坡度在 5°以下的坡段应尽可能开成宽梯，5°以上的应开成水平梯地茶园，以利于水土保持，便于耕作。梯层应按等高线开辟，梯面应外高内低，呈反倾斜。梯层的宽度和高度应根据山坡地势合理设计。但一般要求种一行茶树的梯面不少于 2.7m，最好为 2m，梯层高度尽量不超过2m，否则开垦费工费时，开垦后土地利用率低，管理操作困难。梯面两端应与纵步道相接。

（2）筑梯技术。修筑梯层的方法目前主要采用的是逐级下翻法。施工时先从山脚下第一条等高线开始，把上坡土挖下来，边挖边筑，分层夯紧，筑成60°～70°倾斜的梯壁和外高内低的梯面。当第一层梯级筑好后，再将上一层坡面的表土移下，铺在梯面上，接着把上层坡面留下的心土做成第二层梯壁，再将第三层表土填在第二级梯面上，如此按梯级逐层向上修筑，表土层往下翻移，直至筑完为止。

（3）梯式茶园的质量要求。梯层要求等高，尽量保持水平，以利排灌。地形复杂，坡度不一致，梯面等宽与等高发生矛盾时，应首先保持等高，而不强调宽度一致。梯面宽度必须控制在适合范围内，通常种单行茶树者应在2m左右，种两行茶树者应在3m左右。梯壁必须牢固，高度一般在2m以下，土壁一般为60°左右，石壁为80°左右。梯级的长度，在以路为区的情况下，一般可达50～70m，做到大弯随势，小弯取直。

梯式茶园的道路和水沟系统是决定山地茶园是否符合要求的重要标志，必须保证路、沟修筑的质量，做到路梯相连，路沟结合，沟沟相通。

4. 栽植

（1）合理密植。过去茶树种植有两种形式，即丛式和条列式，条列式又分为单行条列式和双行条列式，近年来又采用多行条列式，即密植免耕速成茶园。目前，我国生产上普遍采用的是单行条列式。单行条列式较丛式茶园种植相对密度大，不但产量高，而且便于专业化管理，与双行和多行条列式比较，由于单位面积上基本苗较少，成园投产自然要慢些，但成园后个体发育相对较充分，其稳产期或者说经济年龄长些。就全国而言，一般中小叶品种采用单行条列式，以行距1.4～1.6m，丛距25～33cm，每丛2～3株的种植是比较合理的，即公顷种45 000～90 000株的种植密度。

（2）开沟施底肥。布设种植行。梯式茶园应先布设好每梯最外一行茶树的位置，最外行茶树离梯壁应保持1m左右，以便管理，而后依确定的行距向内依次设其余茶行。如遇同梯不等宽的现象，可以在宽处的内侧适当加设短条茶行。单行梯地茶园，一梯种植一行，要求布设在梯面的中心位置。开沟施底肥。土壤已深垦的开挖30cm种植沟即可，然后将底肥施入，其底肥用量一般每公顷施农家机肥75～225t，磷肥750～1 500kg，可适当施以钾肥。底肥数量较多，体积较大时，应适当深开沟，并注意分层施肥，肥、土混匀。

（3）栽植技术。育苗移栽最大的优点是便于选优去劣，提高种苗质量，但也有其弱点：移栽头年保苗任务大，管理不好会造成大量的死苗。茶苗移栽的技术环节有：茶苗选择，供移栽的茶苗应经过严格挑选，苗高不低于20cm，主茎粗大于3mm，根系生长正常，数量较多，无病虫害，特别是无根部病害和枝干寄生物。移栽时期，茶苗移栽可在晚秋早春进行，冬干或冬冻严重地区宜在早春进行，否则可在初冬进行，特别是在11月前移栽可使茶苗在越冬前根基本上扎稳，第二年可提早发芽，有利于增强抗旱能力和当年生长量。栽植方法，茶苗宜随取随栽，外地调进茶苗如不能及时栽于大田，就应进行假植，待茶园整好后栽上。在开好种植沟施足底肥的基础上，便可按规定的株距和每丛株数进行栽植，栽植时左手持茶苗茎的基部，让茶苗垂直于沟中，根茎部略低于土面3～4cm，随即右手覆土埋入根部，然后将茶苗轻提一下，以便根系舒展于土中，而后压紧茶苗周围土壤，再继续将沟沿两边的土移入沟中，浇足定根水，再覆土到根茎部以上3～4cm，适当压紧土面。定植后的管理，茶苗移栽后的第一年，根系功能恢复缓慢，吸收能力弱，抗逆性差。故首先要浇好水，以后视天气情况再浇水3～5次，为减少栽时水分损失，可剪除一段主茎，兼起定形修剪的作用，以后的一年里均应抓好以抗旱保苗为中心的各项管理措施。

（三）茶园管理

1. 土壤管理

（1）茶叶高产优质的土壤条件。据调查表明产干茶3 750kg·hm^{-2}以上的高产茶园土壤的共同特点是：有效土层深厚，表土（耕作层）比较松软肥沃，心土层稍紧而不坚实，土质不过黏过沙，既能通气透水，又能保肥蓄水，水分和养分含量多，土温也相对稳定，土壤中的水、肥、气、热比较协调。

（2）茶园土壤管理方式。在我国不同的茶区，由当地的耕作习惯和茶园状况所支配，茶园土壤管理常以某项栽培作业为主体，再配合其他几项作业，形成一种比较固定的方式。以挖“伏土”为主，结合锄草；以间作物管理为主，结合中耕、除草、追肥；以施肥耕作为主，结合除草灌水；以铺草为主，结合耕作除草；以施肥为主，密植免耕。近年来实行的矮化密植茶园，采用肥料撒施，铺草免耕，化学除草的茶园土壤管理方式。取得了茶叶速生丰产优质而又省工的好效果，值得推广。

(3) 土壤管理。目前我国茶园的土壤管理主要有浅锄、深耕两种方法。茶园浅锄的目的主要是松土、保水和除杂草等。全年一般进行3～5次，春茶前、春茶后、夏茶中进行，深度约10～15cm。茶园深耕：茶园深耕因时期不同有伏耕和秋冬深耕，另外还有一种以加深有效土层为主要目的的深翻改土。

2. 茶园的肥水管理

(1) 茶园施肥。肥料种类的选择：茶园施用何种肥料，应因园、因树因时制宜，其要点是正确决定肥料施用比例。茶树为叶用作物，叶片中含氮达3.5%～5.8%、磷0.4%～0.9%、钾2.0%～3.0%，每采收50kg干茶，就等于从土壤中摄取2.5kg左右的氮素、近0.5kg磷酸和1kg多钾素。一般成龄茶园，红茶区N∶P∶K施用比例应为3∶2∶1或2∶1∶1；绿茶区为3∶1∶1或4∶1∶1。应有机肥与无机肥、迟效肥与速效肥配合施用；提倡施用复合肥，配合施用单体肥；同时注意肥料的酸碱性。肥料用量的确定：正确地确定肥料用量是合理施肥的一个重要方面。确定用肥量的科学办法是对茶树营养和土壤养分有效性进行诊断。但目前生产上一般依据树龄、产量、茶类及土壤等来决定相应的用肥量。一般为采摘100kg鲜叶，施入3～5kg纯氮，折合标准肥15～25kg。施肥时期和方法：茶芽大量萌发之时正是根系吸肥高峰期，故茶园施肥多在此期进行。一般来说，春肥在3月中、下旬，夏肥第一次在5月上、中旬，第二次在6月下旬至7月上旬，秋肥在8月上旬施用。为了促进茶树冬季积累养分，为翌年春茶生长打下物质基础，茶园常在秋末冬初施入农家有机肥为主的基肥，基肥宜早施（10～11月），迟则效果减小，甚至因开施肥沟而引起根系受冻。茶园施肥的方法有沟施、穴施、散施、叶面施等多种。

(2) 茶园保水、灌水和排水。丰产优质茶园一定要及时进行灌水。良好的灌水方法能使土壤各层水分分布均匀，茶园小气候得到改善，不致产生地面径流、深层渗漏或土壤结构破坏等问题，达到科学用水、经济用水的目的。我国茶区茶园灌水有3种方法：即漫灌、喷灌和滴灌。其中漫灌是一种传统的落后的灌水方法，它只能改变土壤湿度，对茶园小气候影响小，且水浪费多。近年来在我国各茶区特别是长江流域茶区推广的喷灌和滴灌已在生产实践中显示了许多优点，特别是喷灌已得到大面积推广，在茶叶生产中发挥了很大的作用。

(3) 茶园的树体管理（茶树修剪）。茶树的树体结构、树冠形状与丰产性有着密切的关系。实践证明：茶树骨干枝的着生部位较低且粗壮，上部则枝叶繁茂且密集，并具有宽幅度的采摘面是栽培茶树良好的树形结构。在自然生长或者单纯的采摘条件下是很难达到上述树形的，只有通过树体管理，采用修剪的方法，并配合合理的采摘才是控制树冠发展方向、培养理想树形结构最有效的手段。

成年茶树的定型修剪：茶树定型修剪一般在早春的春茶萌发前进行。灌木型常规条列式新茶园一般经过3次定型修剪便可适当打顶轻采投产。第一次定型修剪：待树高25～30cm，主茎基部粗0.3 cm并有1～2个分枝时，离地面12～15cm处将主茎剪断，侧枝不剪，未达标准的留待第二年再剪。第二次定型修剪：一般在第一次定型修剪后和第二年进行，这时树高已达35～40 cm，离地面25～30 cm处下剪。但剪时应注意“压强扶弱，抑中促侧”，即粗壮而长的和树冠中部的分枝应适当压低，细弱枝和边缘枝适当提高，以利树冠枝条平衡发展，第一、第二次定型要求修剪精细，故用整枝剪修剪。第三次定型修剪是在第二次以后下一年进行，剪口较第二次提高10 cm左右，这次修剪主要是促进分枝增多加密，以造成采摘面的雏形，一般是用水平剪，按规定高度平剪冠面。茶树3次定型修剪后一般高度可达40 cm以上，连同主茎形成4～5层分枝，在此基础上可进入打顶养蓬采摘阶段，此期应贯彻以养为主，切忌过重采摘，一般每季打顶采1～2次，以逐步培养树冠的采摘面。

成年茶树轻修剪和深修剪：茶树经过系统定型修剪后和正常采叶茶园应进行轻修剪和深修剪。轻修剪的目的是抑制冠面上的突出枝，促进侧芽萌发，创造平整的树冠面，一般是一年一次，也可以隔年一次，每次比上一次提高3～5cm。深修剪的目的在于消除“鸡爪枝”层，畅通养料运输，复壮育芽能力，故适用于上层枝育芽能力明显衰退，产量有所下降的成龄茶树。深修剪的深度应视“鸡爪枝”层厚度和绿叶层而定，一般是剪去15～20cm。茶树轻修剪和深修剪一般在晚秋或早春进行，无严重冻害时，整个冬季都可进行。但轻修剪最好在当年秋季进行，因为这样有利于翌年春茶早发和多发，否则春茶萌发推迟，对产量有不利。

茶树的更新修剪：以大部分或全部更新树冠为目的修剪称更新修剪。其主要方法有重修剪和台刈。对树势较为衰退，产量明显下降，但树龄不大或1～2级骨干枝尚完好的茶树可用重修剪的方法进行改善。具体做法是在离地面30cm左右处剪去树冠中的上部分，剪后经一季到两季留养，结合打顶轻采，待树冠重新形成后尽量保留下部绿色枝叶，待秋后再适当清除一部分，这样有利于新梢生长和树冠恢复。对树势极度衰退，树龄大的茶树一般用台刈来更新。所谓台刈就是去掉根颈处以上的整个地上部分的枝干，让其重新发出新梢，再经培养形成新的树冠的一种修剪方法。具体作法是离地3～5cm左右将所的骨干枝剪除，让其在桩墩上重新萌发新枝，重建分枝系统。

五、病虫害防治

危害茶树的病虫害有300多种，其中最主要的病害有茶饼病、茶云纹叶枯病、赤叶斑病、炭疽病、茶煤病等，危害严重病虫害有茶毛虫、茶尺蠖、茶蓑蛾、茶刺蛾、茶叶蝉、介壳虫、天牛等。

我国茶园长期以来依靠化学防治，大量使用有机氯和有机磷农药，不仅增强了病虫的抗药性，同时也杀死了天敌，使茶园生态环境和生物多样性遭到了破坏，另一方面农药在茶叶中的残留也影响了茶叶消费者身体健康，因此，茶园的病虫害防治必须坚持防为主综合防治的方针，其防治策略应以农业防治为基础，生物防治为核心，同时发挥物理防治的优势，彻底改变以化学防治为主要方法的局面。

1. 常用的农业防治措施

（1）采摘、修剪和台刈。根据害虫的生活习性，大多数茶树害虫可采用采摘或修剪台刈的方法去除。及时采摘，合理修剪、台刈可改善茶园通风透光条件，抑制喜湿或郁闭条件下的黑刺粉虱、介壳虫害虫等的发生，不及时采摘可导致小绿叶蝉、茶蚜等嗜叶性害虫种群的增长。

（2）耕翻整地。冬季结合施用有机肥进行深耕培土，可将土表层和落叶层中越冬的害虫如茶尺蠖、扁刺蛾、茶叶斑蛾、茶叶夜蛾、茶短须螨等害虫的蛹、幼虫、卵及多种病原物深埋入土中。同时，也可将深土层中越冬的害虫如蛴螬、象甲类幼虫暴露于地面。中耕可促进通风透气，促进根系生长和土壤微生物活动，破坏害虫的地下栖息场所，一般夏秋季节翻土1～2次为宜。

（3）合理种植。开辟新茶园时需选用无病虫害的苗木，且尽量采用丛栽或条栽的方式，避免过度密植，以利于创造一个良好的茶园生态环境。

（4）适当间作。实践表明，大面积单一栽培茶树，易诱发病虫害猖獗，如小绿叶蝉、茶饼病、茶云纹叶枯病等。因此，有机茶园的周围应保持较为丰富的植被为宜。但在小绿叶蝉发生严重的茶区，茶园不宜间作花生、猪屎豆等豆科作物；斜纹夜蛾发生地区不宜与甘薯间作。

（5）合理施肥。合理施肥可以改善茶树营养条件，提高茶树抗病虫害能力：也会因茶树加快生长而避开害虫危害期；还可以改变土壤性状破坏某些害虫的生存环境，甚至直接引起害虫死亡。如施用有机氮肥可提高茶树对茶橙瘿螨的抗性；石灰不利于蓟马、叶蝉的生存；磷矿粉作根外追肥、对红蜘蛛有杀伤作用。施肥不当也会引起某些食叶类害虫的猖獗。

（6）科学除草。杂草妨碍茶树正常生长，助长小绿叶蝉、茶橙瘿、象甲、地老虎等害虫的生育和繁殖。多种害虫在生活史中某一时期，经常在杂草上生活、取食、产卵、越冬、繁殖等。勤除杂草，及时深埋，可减轻危害。

2. 生物防治

生物防治既不污染环境，对人、畜、天敌、作物以及其他有益生物基本无害，也不会使病虫产生抗性，且对病虫有较长时间的控制作用。

（1）以虫治虫。即利用寄生性昆虫和捕食性昆虫（或捕食性螨类）来防治害虫的方法。寄生性昆虫常见的有寄生蜂和寄生蝇等，捕食性昆虫常见的有瓢虫、草蛉和捕食性盲蝽等。生产上可以释放。

（2）喷洒病毒。目前已经较广泛应用于防治的有茶尺蠖核型多角体病毒，每公顷用量1×10^{10}～1×10^{11}个多角体，或375～750头虫尸用水研磨后，用纱布过滤，加水稀释即可喷施。此外，用茶毛虫核型多角体病毒（NPV）、茶叶小卷叶蛾颗粒体病毒（GV）等进行防治，效果也不错。

（3）以菌治病虫。即利用有益的细菌、真菌或放线菌及其代谢产物防治病虫的方法。常用的有用苏云金杆菌（BT）制剂防治茶毛虫、刺蛾、茶蚕等鳞翅目害虫的幼虫；应用白僵菌871菌株防治茶小卷叶蛾、茶丽纹象甲、茶毛虫、油桐尺蛾、茶蚕等；应用韦伯虫痤孢菌防治黑刺粉虱；还可应用各种抗菌素来防治茶树病害。

3. 物理机械防治

物理机械防治即利用各种物理因子、人工或器械防治害虫的方法。包括最简单的人工捕杀害虫，破坏害虫的正常活动，以及改变环境条件使害虫不能适应。物理机械防治既可用于预防虫害，也可在已经发生虫害时作为应急措施。

捕杀：利用人工或简单器械捕杀害虫。如震落有假死习性的茶黑毒蛾、茶丽纹象甲；用铁丝钩杀天牛幼虫；对局部发生量大的介壳虫、苔藓等可采取人工刮除的方法防治。

利用趋性诱杀：大多数昆虫具有趋光性，可在灯下放置水盆，水面上滴少量洗衣粉，使害虫趋光落水而死；另外，也可用性外激素诱杀。

4. 化学防治

做好田间查定，选用对口农药。由于茶叶是不经洗涤直接加工作饮用，对农药有特殊要求外，还应根据不同的害虫种类选择农药。

四、采收与加工利用

1. 采摘

茶叶采摘有手采法、机采法、刀割法 3 种，无论采用哪种方法采茶，都必须保证鲜叶的定量，鲜叶质量主要是以嫩度、匀度、净度和鲜度来衡量。

（1）嫩度。鲜叶的老嫩是衡量鲜叶质量的重要因子，是鉴定鲜叶等级的主要指标。看鲜叶老嫩，可以知道内在各种化学成分的大体情况，预计制茶品质的等级。鲜叶嫩度高的有效化学成分高，纤维素少，角质层薄，柔软多汁，制出的茶一般外形品质都好；粗老的鲜叶则相反。在茶叶审评中，嫩度是评定茶叶品质优次的一项主要因子。

我国茶类很多，对鲜叶老嫩度的要求不一。作为加工绿茶类的名茶（除芽茶只采 1 个芽头外），一般以采 1 芽 1 叶或 1 芽 2 叶初展为宜。对机制毛尖以采 1 芽 2 叶或 1 芽 3 叶初展为宜。正确地掌握这个标准，做到合理采摘，相应的可以达到高产优质高效的目的。

（2）匀度。它是指同一批鲜叶均匀一致的程度，无论制哪种茶，都要求鲜叶均匀一致，如果同一批鲜叶老嫩互相混杂；雨水叶、露水叶和无表面水的鲜叶互相混杂；不同品种、不同生长势茶树的鲜叶互相混杂。这些情况对制茶品质都带来一定影响，特别是老嫩混杂，给制茶技术处理会带来很大困难。

（3）净度。它是指鲜叶含有夹杂物情况。鲜叶的夹杂物有茶类的和非茶类的。茶类的夹杂物如：茶籽、花托、花蕾、幼果、病枯叶、老梗和隔年老叶等；非茶类的夹杂物如：虫体、虫卵、杂草、泥沙等。这些夹杂物，特别是非茶类的夹杂物，有损制茶品质，有的还会损害人体健康。因此，要努力提高鲜叶净度。

（4）鲜度。也是衡量鲜叶质量指标之一。刚采下的鲜叶，应及时运送茶厂，立即付制，即“现采现制”。如果处理不当，放置过久，使鲜叶发热损伤，就会出现红变，甚至出现酸、馊等不良气味和劣变现象，这些都会使鲜度降低，有损制茶品质。

2. 茶叶的分类及其品质特征

世界上的茶叶按其加工方法的不同，结合品质和形态特征，通常分为绿茶、红茶、黑茶、黄茶、白茶、青茶 6 大类。

（1）绿茶类。制造上经过高温杀青破坏酶的活性，制止发酵，而后经揉捻和干燥过程，保持“青汤绿叶”“香气鲜爽”的品质特点，在技术上应尽量减少茶多酚类氧化。因此，在各类茶中，绿茶保留的多酚类物质最多，故也称不发酵茶。按杀青方法不同，有锅炒杀青绿茶和蒸汽杀青绿茶两种。我国主要是生产锅炒杀青绿茶，而日本则以后者为主。绿茶是我国广大人民群众喜爱的茶类，内销茶以绿茶为主。

（2）红茶类。国际茶叶贸易中，红茶销售量占有很大的比例。我国红茶大部分外销。品质特点是“红汤红叶”，即应具有红艳的汤色和红色的叶底，要求多酚类物质充分氧化，又称全发酵茶。初制主要是经过萎凋、揉捻、发酵和干燥。

根据制法和品质的不同，红茶可分为工夫红茶、小种红茶、红碎茶等。

（3）黑茶类。黑茶主要为边疆少数民族所饮用，其鲜叶原料粗老，初制的主要过程与绿茶有些相似，为杀青、揉捻、干燥，但要经过堆积变色，一般称作渥堆工艺，其目的是促进多酚类的氧化，较多地破坏叶绿素。因此，黑茶的品质特点是：叶色油黑，汤色橙黄，叶底黄褐，要求部分茶多酚类迟缓氧化，故又称为后发酵茶。

（4）黄茶类。黄茶初制的主要过程和绿茶相同，只是添加了一个该茶所特有的焖黄过程。根据焖黄工序的时间不同又分为湿坯焖黄和干坯焖黄。

所谓湿坯焖黄就是在杀青后或揉捻以后进行。干坯焖黄是指在毛火后进行。焖黄的目的是适当促进非酶性氧化，让绿色消失，黄色显露，使其形成“黄汤黄叶”，“香味清鲜”的品质特征。黄茶按鲜叶老嫩分为芽茶、小茶和大茶。

（5）白茶类。白茶一般鲜叶原料细嫩，是世界上有名的茶中珍品，成茶白色茸毛多，因此，干茶外形银白，满披白毫，细长如针，具毫香，味爽微甜，汤色清澈浅绿，叶底朵朵完整，而且氧化反应也缓慢，被称做微发酵茶。

（6）青茶类。青茶又称乌龙茶，主产福建、广东和台湾，以侨销为主。它的加工方法介于红、绿茶之间，要通过萎凋（晒青、凉青）、做青、炒青、揉捻和烘干五道工序。在做青过程中擦破部分细胞，促进酶性氧化，使其叶缘变红，然后在炒青中高温破坏酶活性。因此，它的品质特征是“绿叶红镶边”，最理想的叶底为“三红七绿”，汤色澄青，味鲜浓甘醇，香气高长。因它的加工方法介于红、绿茶之间，品质兼有红、绿茶的优点，所以也被称为半发酵茶。

3. 茶叶加工

茶叶种类繁多，其加工方法各不相同，因此，茶叶加工工艺非常繁杂。

（1）绿茶加工。绿茶加工历史最早，品种花色最多，就绿色形态特征而言有扁形绿茶、条形绿茶、卷曲形绿茶、银针形绿茶、颗粒形绿茶等多种，但无论那种形状的绿茶，其加工过程都分为杀青—揉捻—干燥三道工序，现以西湖龙井茶（扁形）、东湖银毫茶（条形）、都匀毛尖茶（卷曲形）为例，介绍其各类绿茶的加工工艺技术。

西湖龙井茶加工技术要点：龙井茶产于浙江杭州西子湖畔的狮山、龙井、虎跑、梅家坞一带，手工制作龙井茶一般分青锅和辉锅两个步骤，由抖、搭、捺、拓、甩、扣、挺、抓、压、磨等十大手法组成，交替使用，灵活掌握，做到手不离茶，茶不离锅。青锅：每锅投叶量为100～150g，锅温180～200℃，分3个阶段共炒12～13min，炒到茶叶舒展遍平，含水量20%～25%时起锅。青锅叶摊放回潮40～60min，用3孔、5孔筛将青锅叶分成3档分别辉锅。辉锅：投叶量为250～300g，锅温60～80℃，待炒到茶叶受热回潮，吐露茸毛时，再把温度提高到80～90℃，当茸毛开始脱落，茶叶收紧较扁平时，再把温度降到50～60℃辉锅，辉锅时，高级龙井每锅15～20min，中级龙井每锅25～30min。

东湖银毫茶（条形）加工技术要点：“东湖银毫”的制作方法分：杀青、清风、揉捻、做条、摊凉、整形、提毫、烘焙等过程。

• 杀青　在平锅内进行，锅口直径60～62cm。杀青前，清除锅垢，用小块青砖磨锅，洗净锅面，发火后，用制茶专用油擦光锅面，控制锅温在离锅底1cm处测定，保持锅温在120～130℃的情况下才能杀青，每锅投叶量400g左右。鲜叶下锅后，两手迅速翻炒，要求翻得快，扬得高，抖得散。当芽叶受到高温，水汽大量蒸发时，右手持棕把，左手配合翻叶，边闷边抖，少闷多抖，促进杀透杀匀。从投叶起约经3min，当芽叶变软，失去原有鲜绿光泽，发出悦鼻的茶香时，即为杀青适度，应立即出锅。

• 清风　出锅后的杀青叶，及时薄摊在篾盘内，可用蒲扇扇凉，驱散热气，避免叶色变黄，然后簸扬10余次，以清除轻片碎末，提高茶坯净度。

• 揉捻　经清风后的茶坯，随即在篾盘内进行揉捻，揉时用力要轻，切忌揉出茶汁，约揉1min，待芽叶初步成条，即为适度，立即解块，投入锅中做条。

• 做条　将揉捻后的茶坯，仍置于平锅内进行做条（俗称炒二青），掌握锅温从90℃逐渐下降到70℃。操作方法是：开始用双手将茶坯捞起扬炒，待炒到茶坯表面不再相互黏着时，便开始降温做条。做条是依靠熟练手法，边翻边搓，顺序操作，反复进行，待茶坯达六成干左右时，即可出锅。

• 摊凉　将做条后的茶坯，薄摊在篾盘内，摊放20～30min，目的在使茶坯水分分布均匀，便于下续工序的整形。

• 整形　仍在平锅内进行整形（俗称炒三青），锅温控制在70℃左右，当茶坯受热变软时，将锅温下降到50℃左右。其操作方法是：首先是边翻边炒，然后是边搓条，边理条，反复交错进行，把茶条做紧做细做直，待茶条达八成干时为适度。

• 提毫　紧接着在整形后进行，其目的是破坏茶条外表的胶结状态，使芽叶上的茸毛显露，并附着在茶条上。而提毫的关键是严格控制锅温在40～45℃，否则，将收不到提毫的效果。其操作方法是：将茶条置于掌中，两手握茶向同一方向搓转，使茶条相互摩擦，从“虎口”散落锅中，反复进行。待茶条达九成干时，即可出锅。

● 烘焙　采用焙笼烘至足干。

都匀毛尖、碧螺春（卷曲形）加工技术要点：卷曲形绿茶制造工艺 包括高温杀青、降温揉捻、搓团提毫、及时干燥几个过程，但茶不离手，手不离锅，连续操作，一气呵成，是其制法的最大特点。

● 杀青　用直径 55cm 的小平锅，掌握锅温 120～140℃，投叶量每锅 0.5～0.75kg，碧螺春茶用直径 60cm 的锅，锅温要达 180～200℃，鲜叶下锅后轻轻按住叶子，沿锅两侧抓起抖炒，适当结合翻炒与闷炒，动作要轻，抓叶要净，抖得要散，翻拌要匀。约经 2～3min，鲜叶变软，手捏有黏性，但又不黏手为度。

● 揉捻　杀青适度后，立即退火降温，保持锅温 70℃左右，随即在锅中揉捻，以重揉为主，结合轻揉，使芽叶初步成条。再用较长时间重揉，使茶汁溢出粘于锅壁，形成“锅垢“，以免茶坯再与锅壁直接接触，使叶色变暗。当手捏茶坯成团，一抖即散，约五成干时，即可转入搓团。

● 搓团提毫　当茶坯已呈半干状态，立即将锅温下降到 60～50℃，将茶坯置于掌心，两手合掌旋转搓揉，使茶叶卷曲如“汤园”，用力由轻到重，搓团由大到小，待全部搓完后，经解块再搓，反复进行，至七成干，即可开始提毫。提毫用力要轻，边搓边用拇指勾动茶团，待成团后反搓 2～3 转，置于锅中，反复数次，至白毫显露为度。

“搓团”与“提毫”，是形成都匀毛尖茶、碧螺春茶品质的主要工序，重点是：搓团次数要多，用力要多，用力要匀；提毫则用力要轻，否则茸毛脱落。

● 干燥　搓团提毫结束后，锅温掌握在 45～50℃，将茶叶薄摊于锅中，每 3～5min 轻翻一次，至足干，经摊凉，包装入库。

(2) 红茶加工。红茶加工分萎凋、揉捻、发酵、干燥 4 道工序。现以功夫红茶加工技术为例说明红茶加工的基本方法。

● 萎凋　萎凋目的在于使鲜叶蒸发出部分水分，减小细胞张力，叶质变软，便于揉捻成条；增强酶的活性，促进内含物发生变化和“发酵”的进行，从而为以后各个过程的顺利进行创造条件，同时萎凋还能使鲜叶散发青臭气，增进茶香。

我国目前鲜叶萎凋方法有三种：即阳光萎凋、室内自然萎凋、萎凋槽萎凋。萎凋槽是比较先进的方法，具有设备结构简单，操作方便，工作效率高，不受天气条件的限制等优点。但不论用哪种方法进行萎凋都要求萎凋适度和均匀。松手时叶片不易弹散，嫩茎折不断，无枯尖、焦边、红边现象；叶片由鲜绿变暗绿，青草气消失，具有清香感觉。

● 揉捻　揉捻是形成工夫红茶外形内质的一个重要工序，由于红茶滋味的浓淡，除因品种和栽培条件不同而异外，在工艺上主要决定于细胞破碎程度。揉捻的目的是为了破坏叶的细胞组织，使茶汁揉出，借助酶和氧的作用，便于发酵。同时使叶片紧卷成条，增进外形美观，达到商品茶的规格要求。

目前，我国红茶普遍使用揉茶机揉茶，揉茶机的型号很多，为了提高红茶的产品质量，揉捻时的投叶量、时间、次数、加压情况等，应根据机型、鲜叶老嫩、萎叶含水量等情况灵活掌握。一般来说，应掌握嫩叶揉时短，加压轻；气温高揉时短，气温低揉时长；其加压应掌握“轻—重—轻”的原则。不论采用哪种机型，红茶要求充分揉捻，成条率要求达到 90% 以上，叶细胞破损率在 80% 左右。用手紧握茶坯，有汁液向外溢出，松手后，茶团不松散，有粘手感，茶坯局部泛红，并发出较厚的青草气味。

● 发酵　发酵又称“发汗”，是形成红茶品质的关键，是绿叶变红的主要原因，茶叶发酵是一个非常复杂的生物化学变化过程，其目的在于形成红茶所特有的“红汤红叶”的品质特色。

红茶发酵从揉捻开始算起，一般为 3～5h，但应根据叶质老嫩、揉捻程度灵活掌握。茶坯的发酵程度一般根据发酵叶温度、香气和叶色确定。在正常环境条件下，发酵叶的温度由低到高，然后又降低，当叶温平稳并开始下降时，即为发酵适度；从叶色来鉴别，由绿色转为黄红色或紫红色；从香气来鉴别，发酵适当的茶坯应具有熟苹果似的芳香，青草气味消失。

● 干燥　干燥是利用高温破坏酶的活性，停止氧化；蒸发水分，紧缩茶条，增加外形美观；使毛茶充分干燥，防止霉变，保持毛茶品质；散发青草气味，进一步提高和发展茶叶香气。机械干燥是目前先进的一种干燥方法，广泛使用的干燥机有自动式和手拉百叶式两种，自动干燥机有快、中、慢三级宝塔轮盘或无级变速箱调节烘茶时间，匀茶板调节摊茶厚度；手拉式的烘茶时间和摊叶厚度全由人工掌握。机械干燥要分两次进行，第一次叫毛火，第二次叫足火。具有浓厚的茶香，用手摘梗即断，叶捻即成粉末，含水量为 4%～6%，即为干燥适度。

(3) 黑茶、青茶、黄茶、白茶加工

黑茶：是我国特有的一种茶类。主销边疆兄弟民族地区，也有少量内销和侨销。黑茶的初制过程为杀青、揉捻、渥堆、复揉、干燥五道工序。通过高温作用，抑制酶的活动，除去青臭气，发挥黑茶特有的香气，蒸发掉部分水分，使叶质变软，便于揉捻成条。

通过揉捻使茶叶成条或有折皱，并使叶细胞组织破裂，茶汁附着于叶面，易于冲泡，并为渥堆时的物理、化学变化创造条件。黑茶渥堆的目的是在一定的条件，使多酚类化合物发生非酶促性的自动氧化和其他内含物的转化，除去部分苦涩味，使叶色变成黄褐色，形成黑茶的品质特征。复揉可以使茶叶条索卷折、整饰外形，同时可进一步破损叶细胞，揉出茶汁附于茶叶表面，增加茶汤浓度。干燥使茶坯经受火温作用水分逐渐散失，茶汁浓缩，使茶叶的吸附性能不断增强，让燃烧松柴发挥出来的松香气味被茶叶吸附，使成茶具有独特的松香烟味。

青茶：又称乌龙茶，以侨销为主，它的加工方法介于红茶与绿茶，要通过萎凋（晒青、凉青）做青、炒青、揉捻和烘干五道工序。在做青过程中擦破部分细胞，促进酶性氧化，使其叶缘变红，然后在炒青中高温破坏酶的活性，使未破碎的中部保持绿茶的颜色，是半发酵茶。

黄茶：其加工工艺和绿茶加工基本相同，只是增加了一个该茶所特有的焖黄过程，焖黄又分为湿焖黄和干焖黄。湿焖黄是在杀青后和揉捻后进行；干焖黄是指在毛火后进行。焖黄的目的是适当进行非酶性氧化，让绿的色素消失，黄的色素显露，黄茶是微发酵茶。

白茶：其加工方法比较简单，仅萎凋和干燥两道工序，它不炒不揉，不仅芽叶完整，而且氧化反应也缓慢，基本不发酵，保持外形银白、满披白毫的形态特征。

（赵思东）

80. 咖　　啡

咖啡为茜草科（Rubiaceae）咖啡属（*Coffea* L.）多年生常绿小乔木，是一种园艺性多年生的经济作物，具有速生、高产、价值高、销路广的特点。咖啡作为一种优雅、时尚、高品位的饮料早已风靡全世界，并被人们列为世界三大饮料（咖啡、茶叶、可可）之首。

咖啡含有咖啡碱、蛋白质、粗脂肪、粗纤维和蔗糖等9种营养成分，作为饮料，它不仅醇香可口，略苦回甜，而且有兴奋神经、驱除疲劳等作用。在医学上，咖啡碱可用来作麻醉剂、兴奋剂、利尿剂和强心剂以及助消化剂，促进新陈代谢。咖啡花含有香精油，可提制高级香料。咖啡的果肉富含糖分，可以制糖和制酒精。果肉还可以生产一种黏性很大、不燃和不透水的黏质胶。在蒸煮的果肉中配入无机盐，并将pH值调至4.5，可作食品工业中应用的某些酵母的培养基。咖啡中的单宁酸和咖啡残渣发酵产生的有机酸可作鞣料。加工后残渣可作饲料和堆制成肥分较高的肥料。

咖啡生产国，主要分布在南美洲、中美洲、西印度群岛、亚洲、非洲、阿拉伯地区、南太平洋和大洋洲。巴西是世界咖啡产量第一位的国家，第二位是越南，第三位是哥伦比亚。

咖啡的种植遍及全世界的76个国家和地区，咖啡的故乡在非洲的埃塞俄比亚，仅1983～1984年度，全世界的咖啡产量就达550万t之多，出口量为420万t，其中以素有“咖啡王国”之称的南美洲巴西的产量和出口量最多。巴西咖啡的生产量大约占世界咖啡生产量的30%，产量居世界第一位。巴西正式的咖啡栽培开始于1850年左右，从巴西东南部的圣保罗州开始栽种咖啡树。

中国种植咖啡的历史已有100多年，但真正成为商品生产的时间不长。截止到1995年，全国种植面积6 000hm^2，1995年全国总产3 291t，其中海南581t，云南2 605t，广东105t。

中国云南省南部的思茅地区由于特殊的地理位置、气候优势，加之采取湿法加工工艺，所生产的北归咖啡具有香而不烈、浓而不苦、略带果酸、口感浓滑、甘醇的特性，味纯质佳，是目前中国惟一能与世界著名咖啡——蓝山咖啡相媲美的咖啡。北归咖啡至2 000年底止已开垦种植670hm^2，年产量在1 000t（商品豆）以上。

一、主要栽培品种

咖啡的栽培品种大致可分为阿拉伯种（俗称小粒种）、罗布斯塔种（俗称中粒种）和利比里亚种（俗称大粒种）。

1. 阿拉伯种

俗称小粒种，原产于非洲埃塞俄比亚，是世界主要栽培种。该种为常绿灌木，较矮小，高4～5m；分枝细长，枝干木栓化较早；叶片小而尖，长椭圆形，革质，富有光泽，质地较中粒种硬；叶缘波纹细而明显；果实较小，果肉较甜，种皮较厚，易与种子分离。鲜果与干豆比（鲜干比）约4.5～5:1。种子较轻，每千克干豆4 000～5 000粒。单节结果数较少（12～15个），但枝条结果节较多。管理良好的每公顷产可达7 500kg左右。该种较耐寒、耐旱，含咖啡因成分低，产品气味香醇，饮用质量好，但易感染叶锈病。我国主要栽培于云南保山、西双版纳和广东湛江地区。

2. 罗巴斯塔种

俗称中粒种，原产于非洲刚果热带雨林区。该种为常绿小乔木，株高5～8m，侧枝长而下垂，枝干木栓化较迟；叶片较大，呈椭圆形，质软而薄，叶缘波纹大而明显；枝条单节结果较多（平均25～30粒）。聚伞花序1～3生于叶腋内。浆果近球形，汁液少，成熟时紫红色，果肉较薄，鲜干比3.5～5:1；种皮（银皮）薄，紧贴种子，不易脱落，每千克干豆3 000～4 000粒。本种喜荫蔽，不耐强光，耐寒性较弱，但抗病力强，结果期早。不易感染叶锈病。咖啡因含量高，香味差一些，刺激性较强。栽培面积仅次于小粒种，我国主要在海南河口和云南保山、西双版纳栽培。

3. 利比里亚种

俗称大粒种。原产于非洲利比里亚。栽培面积小，主要栽植于各热带地区，我国海南亦有少量种植。适于低海拔、气温较高的地区生长。

二、生物学特性

咖啡属浅根作物，根系的形态分布和深度随品种、环境条件及栽培措施的不同而异。

咖啡的芽分顶芽与腋芽，顶芽分主干及直生枝顶芽和各级分枝顶芽。主干顶芽的作用是向上抽生新的主干。各级分枝顶芽的作用是延生分枝。腋芽分为主干腋芽和分枝腋芽两种。主干腋芽有上、下两种性质不同的芽，上面的称上芽，下面的称下芽。上芽与主干顶芽同时萌动，抽出一分枝，每个上芽只能抽生一次。下芽又称潜伏芽，一般在主干顶芽受抑制时（去顶、受伤或变曲），才萌生发育为直生枝，整形修剪时截干后，可利用直生枝培育为新的主干。下芽为不定芽，可以多次抽生。分枝的腋芽又分为两种，一种是叶芽，可以多次抽生，主要作用是抽生下一级分枝或次生分枝。另一种是花芽，可以多次抽生，主要作用是开花、结果。咖啡的花芽为复芽，每个叶腋中有花芽 2 ~ 6 个，花芽的发育与枝条内部营养及环境条件有密切关系。中粒种咖啡的花芽 7 月下旬才开始发育，小粒种的花芽在 10 ~ 11 月开始发育。当年抽生的枝条的腋芽，都可以正常发育为花芽，但在过度荫蔽环境中生长的纤弱枝条的腋芽多数不发育，或仅少数发育。

咖啡不同株或同株不同叶腋或同一叶腋不同花的花芽，发育常不一致，有先有后，形成花期相对地集中，有多次开花的特性。中粒种咖啡在海南的花期为 11 月至翌年 6 月，盛花期为 2 ~ 4 月。小粒种咖啡在海南花期为 11 ~ 4 月，盛花期 3 ~ 5 月。在广东花期为 2 ~ 6 月，盛花期 4 ~ 6 月。高温干旱或低温干旱，小粒种咖啡花蕾发育不正常，形成“星状花”、“爪状花”。中粒种咖啡花蕾变细小，颜色变成粉红色，开花不正常。气温低于 10℃，花蕾不开放，13℃ 以上才有利于开花。在晴朗天气，中、小粒种开放的花，一般在清晨 3：00 ~ 5：00 初开，5：00 ~ 7：00 盛开，9：00 ~ 10：00 散发花粉较多，阴天、毛毛雨天，花可整天开放。

咖啡的果实发育时间较长，开花至果实成熟所需要的时间随种类不同而异。小粒种咖啡需 8 ~ 10 个月，中粒种咖啡 10 ~ 12 个月，咖啡果实发育初期较慢。果实增长最快期，小粒种咖啡为开花后 2 ~ 3 个月，中粒种咖啡则在花后 4 ~ 6 个月。采果期因各类而异，果皮开始变红即可采收。种后 2 ~ 3 年就有少量收获，6 ~ 8 年盛产，可以连收 20 ~ 30 年。

雨量对果实的发育影响较大，花后幼果形成时，遇暴雨或雨水连绵，常引发花序轴腐烂，整个花序脱落。花后遇干旱，幼果常因缺水而干枯，特别在管理较差的情况下，落果、干果更为严重，造成减产。

宜在年降水量 1 000 ~ 1 800mm，土质疏松、肥活、排水良好的沙质土壤，pH 值为 6 ~ 6.5，年平均气温 18 ~ 25℃，海拔 1 400m 以下地区种植。咖啡为喜阴植物，需一定的荫蔽。

三、栽培技术

1. 选种良种

种植良种是咖啡高产、优质的基础。目前生产上普遍使用的良种是卡蒂莫系列的 P2、P3、P4、7963、8667、5175 等。据生产试验，7963 综合表现较好，而 5175 表现出败育性。

2. 育苗

采用沙床催芽，胚根露白点时直播于营养袋内或子叶芽移栽育苗，培育适龄壮苗。

3. 定植时间

既要考虑提高定植成活率，又要在定植当年就获得较大的生长量，以促进提早投产。一般当年 12 月或翌年 1 月开始催芽育苗，7 ~ 8 月出圃移栽定植。移栽标准为苗高 10 ~ 15cm，4 ~ 5 对叶片。定植前在回填沟中，施腐熟油枯。25t · hm^{-2}，钙镁磷肥 1.5t · hm^{-2}。山坡地咖啡种植的密度为每公顷 4 200 株 · hm^{-2}，株行距为 2m × 1.2m。定植时要小心撕除营养袋，剪除弯根，深浅适中、直立稳固、整齐均匀。定植后灌足定根水，平整梯田，保持梯面内倾，以利保持水土。

4. 及早整形

咖啡一般实行单干整形。即在株高 1 ~ 1.8m 时分次打顶，促进一分枝和二三分枝的生长，并把株高控制在 2m 以下。打顶后要及时抹去新抽生的多余的直生枝。在咖啡生长季节和采果后，要及时修剪不必要的枝条，以增强通风透光，减少养分的消耗。修剪对象是 30cm 以下的低位分枝；离主干 15cm 以内的二分枝；同一节生长出的二分枝中的一条分枝；向上、下、内生长的枝条；病枝、枯枝、纤弱枝、徒长枝、树冠内过密而长势弱的一分枝；结果几年后老化的枝头。在咖啡结果 4 ~ 5 年后，如树势减弱、产量下降时，应适时分区或隔行截干复壮。

5. 咖啡园施肥

施肥是栽培咖啡获得丰产的关键措施之一。根据盛产咖啡的象牙海岸的资料，每收获 0.5kg 干豆，咖啡树就要从土壤中吸收氮 35g（折合硫酸铵

0.3kg）、磷 7g（折合过磷酸钙 0.05kg）、钾 38g（折合氯化钾 0.1～0.15kg）。因此，每年必须施用大量肥料，以满足咖啡生长和开花结果的需要。

（1）幼龄咖啡的施肥。在定植后 1～2 年内，结合整形进行施肥，可使咖啡形成良好的树形，为丰产打下基础。幼龄咖啡树主要是营养生长，施肥应以氮肥为主，同时适当施用磷、钾肥，以加速树冠的形成和促进根系的发育。人畜粪尿和绿叶沤肥对幼龄咖啡树的生长有很好的效果。

咖啡苗定植后两个月可进行第一次施肥，以后每隔 1～2 个月施肥一次。如施人畜粪尿，应沤制腐熟并以 1∶3 的比例加水稀释后施用，每株施 5kg。水肥最好在旱季施用，硫酸铵可加在沤肥中一起施用，每担沤肥可混入硫酸铵 0.15～0.25kg。化肥（氮、钾）也可在雨后于树冠范围内均匀撒施，每株 15～25g。

（2）结果初期咖啡树的施肥。在管理较好的情况下，咖啡定植后第三年便开始结果。在果实发育期间施用钾肥的效果非常显著，小粒种咖啡每年每株施钾肥 30g，产量可提高 10%～30%，每年每株施钾肥 60g，产量可提高 57%～100%。施用时期以 8 月份较为好。

（3）成龄结果咖啡树一般每年施肥 5 次。第一次在 2～3 月开花期，于树冠外沿穴施，每株施腐熟的堆肥 20～25kg，并混入过磷酸钙 0.25kg。第二次在 4～5 月幼果期，于雨后每株施硫酸铵 0.1kg。第三次在 7～9 月份果实开始充实期，每株施用火烧土 25～35kg。第四次在 10～11 月，每株施用硫酸铵 0.1kg。第五次在当年 12 月至翌年的 1 月，每株施火烧土 25～35kg。

四、采收与加工利用

咖啡鲜果加工方法通常有湿法和干法。两者相比较，湿法加工的产品质量较优，但设施投入费用较多，干法加工的产品质量差些。在此，着重介绍湿法加工提高产品质量的几个关键环节。

1. 果实采摘

（1）鲜果采摘。以果皮呈鲜红为成熟标志，即开始分级采收，将病果、绿果、过熟果、正常果分别包装。采后鲜果不宜长时间堆放，应该当天脱皮。

（2）分级。按鲜果色泽及饱满度分级脱皮、发酵清洗、干燥、加工和包装贮藏。

（3）发酵标以手搓有粗糙感带有响声为发酵彻底，发酵时间视温度而定，一般以 24～36h 为宜。发酵不足或过度均对质量有较大的影响。

（4）清洗标准。把发酵完毕的咖啡豆放入清洗循环沟内，注入清水用木制刮耙轮送水翻搅、清洗，直到水清为合格标准。然后再把咖啡豆放入浸泡池内浸泡 12h 后用清水冲洗，进入晒场晾晒。

2. 咖啡豆干燥

咖啡豆晒豆过程中，迅速均匀脱水是保证咖啡品质的关键之一。常规的晒豆方法是将湿咖啡豆摊平在水泥地上暴晒，咖啡豆与水泥地接触部位水分不易脱水，表层咖啡豆则因暴晒时间过长而产生种壳炸裂现象。咖啡豆脱水不均匀，内部化学成分变化差异大，达不到优质产品的质量标准。因此，干燥时一改传统方法，在平摊晒豆的基础上采取起垄翻晒的方法，即将咖啡豆用木耙刮起宽 40cm 左右，厚 10～15cm 的长垄，使水泥地上的水分很快散发，间隔两小时后再换垄翻晒，使咖啡豆均匀脱水。通过起垄晒豆可使咖啡豆在表皮阶段 10h 内水分降到 45% 以下，又可使在白阶段和软黑阶段阳光较均匀地照射咖啡豆，使内部化学变化均匀，避免咖啡豆种壳炸裂，提高产品质量。

3. 咖啡豆脱壳

咖啡豆脱壳机械为小型碾米机，因机械的部件米刀是金属制品，咖啡豆脱壳过程中破碎率高。因此，将金属米刀部件改用木质米刀，可使咖啡米产品的破碎率由 8%～10% 降低到 4%～6%，从而提高产品质量。

（李贤忠　刘惠民）

81. 杨　　梅

杨梅为杨梅科（Myricaceae）杨梅属（*Myrica* L.）多年生阔叶类常绿乔木。我国是杨梅的故乡，早在汉代就有栽培记载。我国又是杨梅主产区，北纬31°以南的广大区域，包括湖南、浙江、江西、广东、广西、福建、台湾、重庆、贵州、云南等地都有分布，其中浙江、湖南、广东、福建是较有名的四大主产区，尤以产于浙江东部的荸荠杨梅品质最佳。

杨梅不仅味道好，其营养价值也很高。据测定，每千克杨梅鲜果中，蛋白质含量高达9.4g、脂肪4g、碳水化合物100g、钙750mg、铁570mg、锌13g、磷73g、维生素E 75.7g，所含杨梅皮绒等微量元素也相当丰富。中医认为：杨梅味甘酸而性温，入肺胃经，有生津止渴、和胃消食、益肾利尿及避暑诸功。明代医学家李时珍在《本草纲目》中记载："杨梅味酸、甜，性温，无毒。能止渴，和五脏，涤肠胃，除烦溃恶气。"《开宝本草》中记载："杨梅主去痰，止呕、断下痢、消食解酒。"多吃杨梅不但不伤脾胃，还可治疗心胃气痛及呕吐、腹胀等病。

一、主要物种

杨梅属约有50个种，我国4种，即：杨梅、云南杨梅、毛杨梅和青杨梅，主产于长江以南地区。

1. 杨梅（*Myrica rubra* Sieb. et Zucc.）

为亚热带常绿果树，乔木，高达15m，胸径60cm。树冠圆头形或半圆形。根较浅，主根不明显，须根发达，多分布在5～60cm土层内；能在荒山瘠薄地生长结果。幼树皮光滑，灰黄绿色，成年树暗灰褐色，具灰白晕斑，浅纵裂。枝圆形粗壮，无毛，幼时被圆形盾状着生的树脂腺体，伞状分枝，顶芽为叶芽，花芽腋生，着生之节无叶芽。叶革质，两面无毛，叶背面疏被黄色树脂腺体，倒披针形或长倒卵形，全缘或先端呈波状、钝锯齿，幼树及萌枝叶中部以上具锯齿，基部窄楔形；叶柄长0.2～1cm。雌雄异株，雄花为复柔荑花序，长1～3cm，由15～36小花序组成，单生或几个簇生叶腋，雄蕊2～6，鲜红色；雌花为柔荑花序，长0.5～1.5cm，有7～26朵花，单生叶腋，柱头2裂羽状张开。果为球形核果，果径1～3cm，果多为深红或紫红色，少量栽培品种为白色；果肉为外果皮外层细胞囊状突起，称肉柱，内柱长短、粗细、尖钝、硬软因品种而异，肉柱圆钝的，汁多柔软可口；果核坚硬，优质品种核小，光滑，被细茸毛，原始品种核大，缝合线棱起明显，被鳞毛。开花期因雌雄而异，雄花为2月下旬至4月上旬，花期约45d；雌花为3月上旬至4月上旬，花期约20 ～30d。

产于江苏南部、浙江、台湾，福建、安徽、江西、湖北、湖南、广东、广西、云南、四川及贵州，垂直分布自东部沿海低山丘陵至西南达海拔2 000m。日本、朝鲜及菲律宾也有分布。

2. 云南杨梅（*M. nana* Cheval.）

常绿灌木，高达2m。小枝较粗，丛生，无毛或疏被柔毛。叶长椭圆状倒卵形或倒卵形，长2.5～8cm，先端钝圆或尖，基部楔形，上面有腺体脱落后的凹点，下面被腺体，无毛或上面中脉疏被柔毛，叶缘中部以上具粗浅锯齿，叶脉上面凹下，叶柄长1～4mm。雄花序长1～1.5cm，雄花无小苞片，雄蕊1～3；雌花序长1.5cm以上；雌花具2小苞片，花黄绿色；子房无毛。果球形，径约1.5cm，外果皮肉质，多液汁及腺体，熟时紫红色，味极酸。花期2～3月，果期5～7月。

产于云南东北部、中部和西部，贵州西部，多生于海拔1 500～3 500m的山坡草地、林缘及灌丛中。根、果药用，有收敛、止泻、止血等功效。果可食。

3. 毛杨梅（*M. esculenta* Buch. – Ham.）

常绿乔木，高达10m，胸径40 cm。树皮淡灰色。小枝及芽密被毡毛，皮孔密。叶长椭圆状或披针状倒卵形，长5～18cm，先端钝圆或尖，基部楔形，下延为长0.6～2cm叶柄，全缘或中部以上疏生圆齿或锯齿，上面近基部中脉及叶柄密被毡毛，余处无毛，下面浅绿色，有极稀疏金黄色腺体。雄花序分枝成圆锥状，腋生，红褐色，长6～8cm，花序轴密被短柔毛及稀疏金黄色腺体，分枝长0.5～1cm，雄蕊3～7；雌花序单生叶腋，或分枝成圆锥状，长2～3.5cm；雌花具2小苞片，子房被柔毛。果椭圆形，稍扁，红色，长1～2cm，具乳头状凸起，外果皮肉质，多液汁及树脂，味酸甜。花期9～10月，果期翌年3～4月。

产于四川中西部、贵州西部及南部、广东西北部、广西及云南；生于海拔280～2500m山地阳坡、阴坡、山谷，散生于疏林中。中南半岛也有分布。用途与杨梅相似，可作紫胶虫寄主树。

4. 青杨梅（*M. adenophora* Hance）

常绿灌木，高达3m；树皮灰色。小枝细，密被毡毛及金黄色腺体。叶椭圆形或长圆状倒卵形，长2～7cm，先端尖或钝，基部楔形，下延成长0.2～1cm的叶柄，中上部疏生浅齿，上面幼时密被金黄色腺体，后脱落留有凹点，下面密被腺体，两面中脉被柔毛；叶柄密被毡毛。花序单生叶腋，下端有不明显分枝；雄花序长1～2cm，雄蕊3～6，雌花序长1～1.5cm，分枝极短；子房近无毛。果椭圆形，长0.7～1cm，红色或白色。花期10～11月，果期翌年2～5月。

产于广东徐闻、海南，广西钦州地区，生于海拔300～600m的山坡、山谷疏林内及灌丛中。果盐渍后称“青梅”或“杨梅”，有祛痰、解酒、止吐等功效。

二、主要栽培品种

1. 荸荠种杨梅（炭梅）

源于浙江的余姚和慈溪。树势中庸，树姿开张，枝梢较稀疏，树形较矮。果中等偏小，重约9.5g，扁圆，形似荸荠故名。成熟时果面紫黑色，肉柱棍棒形，柱端圆钝，离核，肉质细软，汁多，味甜微酸，略有香气，含可溶性固性物高达13%，含酸量0.8%，可食率高达96%，品质特优，核小。主产地余姚、慈溪6月中旬至7月初成熟，采收期长达20d左右。

丰产稳产，定植后3～5年开始结果，10年进入盛果期，旺果期可维持30年左右，经济结果寿命约50年。盛果期平均株产50kg以上，最高可达450kg。成熟时抗风强，不易脱果，较抗癌肿病与褐斑病，耐贮运，加工性能特佳，为目前最佳鲜食兼罐藏品种之一。近年利用不冻冷藏法，远销我国东北、香港及澳门等地区，糖水杨梅罐头远销欧美等10余国家和地区。

适应范围广，凡有杨梅生长之地均可引栽，浙江的余姚和慈溪为该品种主产区。

2. 晚稻杨梅

浙江舟山实生优选良种。树冠高大，呈圆头形或圆筒形；树势强健，主侧枝粗壮，紧密，发枝力强，以春梢中果枝结果为主。果实圆球形，中大，平均单果重11.21g，大的达15g以上；完熟时果面紫黑色，有光泽；肉柱多槌形，顶端圆钝、质细，汁多，甜酸适口，略具香气，核与肉易分离，品质特优，可溶性固形物12.6%，总酸量0.85%，可食率95.5%。原产地浙江舟山7月上、中旬成熟，采收期12～15d。

该品种定植后4～5年开始挂果，10年后进入盛果期，盛果期可维持40～50年，一般大树株产50～100kg，高者可达200kg左右。果实鲜食和加工性能均好，为鲜食和制罐良种。抗逆性强，大小年幅度小，丰产。

3. 丁岙杨梅

树势强健，圆头形或高馒头形。果实圆球形，中大，单果重11.3g，大者达13g以上，果柄长约2cm，常连柄采下出售；完熟时果面紫红色，果蒂较大，红黄色，加绿的果柄与果面紫红色相映，故有“红盘绿蒂”的佳名；肉柱顶端圆钝，肉质柔软多汁，甜多酸少，含可溶性固形物11.1%，含酸量0.83%，可食率96.4%，品质上等。较耐贮藏。浙江温州等主产地6月中、下旬成熟。

该品种种植后4～5年开始结果，15年左右进入盛果期，株产75kg左右，盛果期可维持40～50年。采前落果轻，抗风力强，适应性广。最近十几年在浙江、福建、广东、湖南等地栽培较多。

4. 东魁杨梅

品种源于浙江黄岩。树势强健，发枝力强，以中、短结果枝为主。树姿稍直立，树冠圆头形，枝粗节密。果实特大，高圆形，平均单果重25g，最大者达62g，为目前世界上果形最大的杨梅品种。完熟时果面深红色或紫红色，肉柱较粗大，先端钝尖，汁多，甜酸适中，味浓，含可溶性固形物13.4%，含酸量1.1%，可食率达94.8%，品质优良。适于鲜食或罐藏。主产地黄岩成熟期为7月上、中旬，采收期8～10d。

该品种产量高，种植5～6年后开始结果，15年后进入盛果期，盛果期可维持50～60年，一般株产100～150kg，最高者达500kg。生长旺盛，结果大小年现象不明显，成熟时不易落果，抗风力强。果实成熟期晚，使杨梅鲜果供应期延长至7月中旬。较抗杨梅斑树点病、灰斑病、癌肿病等。

该品种自20世纪70年代以来，已推广到浙江、福建、江西、湖南、湖北、云南、贵州、广州等各杨梅产区，因果形特大，市场售价数倍于普通杨梅，已成为全国性良种，至1997年总面积达38.4万亩。

5. 光贵早梅

原产湖南靖州，为湖南主栽木洞杨梅品系之一。平均单果重8.8g，果实圆球形，果面紫黑色，肉质细而柔软，汁液多，味甜微酸，可溶性固形物10%，品质上乘，果实6月上旬成熟，叶片倒披针形，深绿色、全绿。成年树株产30～50kg。

6. 光叶杨梅

原产湖南靖州，为湖南主栽木洞杨梅品系之一。平均单果重12.5g，果实球形，果顶有放射沟，果面紫黑色。肉厚、多汁、甜酸适口，可溶性固形物10.5%，品质上乘，果实6月中旬成熟。株产60～80kg，产量稳定。

7. 上冲杨梅

原产湖南靖州，为湖南主栽木洞杨梅品系之一。平均单果重9.2g，果实球形，果面紫黑色，肉质致密，甜酸可口，可溶性固形物含量12%，品质极上。果实6月中旬成熟，单株产40～60kg。耐贮运，采前无落果现象。

8. 大叶梅

湖南靖州名优品种之一。平均单果重14.6g，果实圆球形，果面紫黑色或深红色，可溶性固形物14.6%，品质特优。6月中旬成熟。平均单株产量65～75kg。

9. 细蒂

江苏吴江洞庭东山实生优选良种。平均单果重14.7g，果实圆形，果面深紫红色。甜酸适度，柔软多汁，可溶性固形物12.3%，总酸0.6%，品质上等。在江苏吴县6月底至7月初成熟。

10. 乌酥核

广东潮阳西胪内峰实生优选良种。平均单果重11.5g，果实圆形，果面紫黑色。肉质鲜嫩多汁，甜酸可口，可溶性固形物13.4%，总酸0.8%，品质上等。当地6月上旬成熟。

三、生物学特性

（一）生态习性

1. 温度

杨梅是比较耐寒的常绿果树。要求年平均温度在15～20℃，大于10℃的积温大于5 000℃（下限4 500℃）。极端最低气温不低于－9℃的气候条件。一般以1月平均气温大于3℃，7月不低于29℃，花芽分化期在20～25℃为宜。高温干燥对杨梅生长不利，特别是烈日照射，易引起枝干枯焦而死亡。

2. 降水量

杨梅喜欢湿润，要求水分充足。年降水量在1 300mm以上。特别是4～9月份要求水分较多。4～6月份春梢生长和果实发育期如水分充沛，则新梢生长健旺，果实肥大，肉柱顶端多呈圆钝，果肉柔软多汁。反之，会使新梢生长缓慢，果形变小，肉柱形尖，汁少味劣。7～9月份水分供应充足，有利于树体后期生长，能促发新梢，增加叶面积指数，增进光合作用，从而保证了营养物质的积累和花芽分化，为翌年开花结果打下基础，所以杨梅多分布在山沟深谷间、滨海临湖河流交错地区。

3. 地形

杨梅是喜阴耐湿树种，山坳或太阳照射不太强烈的地方，树势健壮，寿命长，果实汁多味甜，色泽鲜艳。栽植在山顶或南坡，则树势弱，寿命短，果实小，肉柱尖，汁少，品质差。因此，杨梅栽植的地点，以北坡、东北坡为最好，西或西南坡不良，南坡也较差。

4. 土壤

栽植杨梅的土壤，以深厚肥沃、排水良好，混以小石砾的沙质黄壤或红壤土，pH值5～6为宜。这类山坡上多生有杜鹃花、狼蕨、桃金娘、松、杉等指示植物。

总之，杨梅喜欢温暖湿润、酸性土壤、耐荫（不耐强光直射），对环境条件的适应性较强，在山区、半山区发展杨梅生产大有可为。

（二）生长发育

杨梅物候期因地区、环境条件、品种及雌雄性的不同而有差异。以浙江为例：杨梅根系活动期在2月下旬至3月上旬。萌芽期因芽的性质而不同，花芽在2月中、下旬，叶芽在3月上旬至3月下旬，花芽比叶芽早萌发20d。开花期因雌雄而异，雄花为2月下旬至4月上旬，花期约45d，雌花为3月上旬至4月上旬，花期约20～30d。谢花后4月中旬为生理落果最多的时期。果实发育有两个高峰，第一个高峰在4月下旬至5月上旬生理落果后，第二个高峰在硬核期后的6月上旬。果实采收期一般在6月中旬至7月上旬。新稍生长期一年有3～4次，第一次在4月下旬，第二次在7月上旬，第三次在8

月中旬，分别形成春梢、夏梢和秋梢3种新梢。

四、栽培技术

（一）苗木繁殖

1. 实生苗培育

（1）播种育苗。采种：收集树体健壮、充分成熟的果实（最好是落地果）倒入木桶（盆）中，置于流水处，搓洗并漂去果肉，将种子摊于阴凉处晾干。整地：选择光照充足、排灌良好、土层深厚地块作苗床，深翻，均匀撒施钙、镁、磷肥（每公顷1 000～3 000kg）后细耙、平整，开好排水沟。播种：将晾干的种子密播于苗床上，密度以种子不堆层（每平方米2.5～3kg为度），以细沙或细肥土盖住种子（厚度≤1cm），用清水淋湿苗床后平盖农膜，膜上覆土和杂草（厚度>10cm），种子在立春前后发出根芽原始体（露白）。拱膜：立春前后定期抽查种子的生理动态，发现"露白"的迹象，即适时清除膜上覆盖物，并改平膜为拱膜。促苗：拱膜后注意温、湿、气的调节（晴天10～16h须揭拱棚两端降温、换气，3～7d喷洒1次清水）；严防鼠害；当苗长到2叶1心时，晴天白天应揭全膜炼苗、促长。

（2）小苗移栽。整地：选择光照充足、土层深厚、排灌良好的地块作圃地，撒施杀虫剂（防治地下害虫）和钙镁磷肥、复合肥（每平方米各0.1～0.4kg）后深翻，细耕、平整，开好排水沟。移苗：当苗3～4叶1心时，选阴天或晴天早晚移栽（株行距12cm×20cm），注意栽正、栽齐、栽浅（不露根），浇足定根水。

（3）促成壮苗。肥水管理：移栽后1周内的晴天，每天补充1次水，以后如遇干旱，及时浇水；当苗木恢复生长后，不定期补充速效根肥和叶肥。病虫害防治：杨梅实生苗的抗逆性强，基本上不用施农药。如出现病虫害，可对症喷施杀菌、杀虫剂。清除杂草：尤其是5～7月间要做到"除早、除小、除了"。控高增粗：粗度是杨梅实生苗出圃的关键指标。当苗高>40cm时，可采取反复摘心，喷施"矮壮素"、"多效唑"、"烯效唑"等方法增粗，确保当年出圃（达到嫁接规格）。

2. 嫁接育苗

杨梅是含单宁植物，嫁接可以采用掘接或砧木移植后再嫁接，或者在苗圃地断根后再嫁接等方法。在浙江慈溪、余姚一带，基本上采用掘接育苗技术，不仅延长了嫁接期限，同时可在室内操作，大大减轻了劳动强度，能够不受时间、地点、天气情况的限制，也克服了杨梅1～2年生砧木树液流动过旺，影响嫁接成活率的缺点。采用此法嫁接，一般成活率在80%左右，当年育苗数可达7 000株·hm^{-2}。

（1）嫁接时期和方法。嫁接在每年的3月10日至4月10日。嫁接前一周，在砧木地掘取杨梅砧木或买来杨梅砧木，在室内堆放。所选的砧木要求1～2年生，粗度约0.6～1.0cm。采取的接穗一般是7～15年生良种杨梅树冠外围中上部充分成熟、健壮、芽眼饱满的枝梢，以当年生的带叶春梢为好，粗度要求0.5～1.0cm，基本与砧木粗度相一致。采下接穗后，应立即剪除叶片（留叶柄）。

嫁接时，把接穗剪成8cm左右长的枝段，从穗条下部向下削成伤及木质部的"长削面"，长约为3cm，再翻转穗条，削成45°斜角"短削面"，长约1cm。切砧木前，应剪掉砧木上部主干，留下3cm长的主干基部即可。在其横截面的一侧1/4处，用利刀从上向下纵切一刀，其长度与接穗的"长削面"等长或稍长为度。再把削好的接穗插入砧木切口中，接穗的"长削面"紧贴于砧木切口一侧，使两者形成层密接，接后用薄膜将整个嫁接部位捆扎实，并将接穗上端的切断面从上向下包住，以减少水分蒸发。接穗及砧木应随切随接，动作要迅速。嫁接时最好一人专削穗及砧木，另一人专包薄膜，以利提高工效。

（2）接后保存。嫁接后可以立即栽种，若遇上天气不宜时，可用假植方法保存。把嫁接苗埋在室内湿沙床中，埋住嫁接部位即可，最好排列整齐，沙的湿度要求以捏之能成团，触之即散为宜，过干过湿都不好；或先把嫁接苗排齐，喷湿根部，用薄膜覆盖包实保存，此种方法保存时间不能太长。

（3）圃地种植。苗圃地应选土质疏松透气，有机质丰富，酸性或微酸性的沙性山田土，最好排灌方便。把圃地按1m宽畦（包括畦沟），沟深0.4m，宽0.3m的要求整理好。种植时间与嫁接时间相同，最好选择不下雨天种植。每畦种两行，行距20cm，株距6～7cm，一般每公顷可种15万株。杨梅嫁接苗在苗圃种植时必须培土，培土至少不低于接穗最顶端1cm。在培土保护下，温、湿度比较稳定，有利于接口愈合、成活和生长。5月上旬接穗发芽，覆盖在芽上的土一般能自动塌下，如仍有土块压住应及时除去，以利发芽。

（4）苗期管理。5月中旬，检查嫁接苗成活率，及时拔去死苗；嫁接苗成活发芽后，及时将砧木萌蘖除尽，一般萌蘖较少；在苗圃地应对嫁接苗追肥，薄肥勤施，在6～8月，每月施肥1次，肥料以复合肥为主，将其稀释成0.5%浇施；及时去除苗圃地的杂草，经常进行浅中耕，疏松表土，同时谨防损伤苗木；梅雨季节及时排水，7～8月干旱时应及时灌水抗旱；病虫害主要防治杨梅卷叶蛾（俗称卷叶虫），1年2次，幼虫发生在5月底至6月中旬和7～8月，可用50%杀螟松乳油1 000倍液和敌敌畏乳油1 200倍液防治。

（5）苗木出圃。出圃时间一般在2～3月。苗木根据干高及茎粗进行分级：干高≥40cm，茎粗≥0.5cm为1级；干高≥25cm、茎粗≥0.4cm为2级；2级以下不作商品苗。起苗时，尽量少伤根，保持根系完整，及时摘去大部分枝叶，减少水分蒸发。若远距离运输，枝梢叶片全部摘去，再将根部蘸泥浆，稻草包扎，以提高种植成活率。

（二）造林

1. 园地的选择

发展杨梅生产，园地条件的好坏，将对其产生长远的影响。杨梅适应性强，一般山地均可种植。但其性喜温暖湿润环境，加上根系与好气性的放线菌共生，故在滨海临湖山地，通透性好的沙质微酸性土壤。如果栽培条件差一些，通过人为的改良，也能种植杨梅。山地种植，可用杂草覆盖在树盘或挖坑蓄水加以解决水分要求；如种植地土质黏重，可加沙石土及多施有机肥来改良；陡坡山地，应采用筑等高梯地或水平带、鱼鳞坑种植等。

海拔高度对杨梅品质有明显的影响。随着海拔高度的增加，水汽的绝对含量相应降低。据调查，海拔较高的山峰，风速大，气压低，水分蒸发快，易使裸露的杨梅果肉肉柱形成尖刺形；而海拔高度相对较低的山地，由于气温较高，昼夜温差小，湿度较大，果实可溶性固形物含量也低；海拔中等的山地，由于山峦重叠，互相遮蔽，散射光多，空气湿度和温度配比合理，较有利于杨梅果实的生长发育，因此，肉柱柔软汁多，甜酸适度，品质较好。

山地坡向不同，杨梅的品质也有差异：南坡山地太阳辐射强，空气湿度低，可使杨梅果实成熟早、含糖量高、果形小、产量低；北坡山地则相反，散射光比例大，夏季温度比南坡低，湿度比南坡大。所以北坡杨梅一般枝叶繁茂，果形大、质地软、汁液多、风味佳、产量高。在杨梅果实成熟期的6月份，湿度与温度的变化对品质影响也较大。实践表明：湿度与温度之比大于3.5时，杨梅果实可溶性固形物含量在11%以上；在3.2～3.4时，为10%～11%；小于3.2时，在10%以下。研究结果也表明了杨梅喜湿耐荫的特性。生产实践中也经常碰到这样的情况：在杨梅果实采收期，若高温干旱，则果实小、汁液少、风味差、产量低；相反，采收期晴雨相间，则果实品质好，产量也高。

如有条件，杨梅种植园地，最好是选在近海或临湖（水库）的地方，由于附近的大水体能调节小气候，对杨梅的高产优质有较好的作用。

2. 良种壮苗的选择

杨梅优良品种的含义是多方面的。比如既要产量高，又要品质好；既要果形大，又要色泽佳；既要鲜食好，又要可加工等等。如果一个地方较大面积发展杨梅，则还应考虑不同成熟期的优良品种配套，这样不但可缓解采收期间劳力紧张的矛盾，又可延长市场供应期。有的地方若原有野生杨梅较多，则可采用高接的办法改换优良品种。如当地缺乏良种，则可考虑从外地引入接穗苗木。但引种要注意两地的气候条件、土壤质地等差异及原有品种的熟期，如地域差异较远的引种，必须先少量试种，成功后再扩大，切忌大规模盲目引种。

杨梅苗起苗，最好选无风的阴天或小雨天，这样可减少苗木的水分蒸发。若遇苗圃地干燥，则应先浇透水，后再掘苗，以减少根系损伤。起苗后，苗木叶片的处理，视运苗距离远近、苗龄大小、种植技术而定。近距离栽可不去叶片或仅去掉顶部的少量叶片；而长途运输的苗木，为了保持品种特征和外观质量，可留中下部的叶片，在到达目的地栽植时，叶片也可全部去掉，以减少水分蒸发，提高成活率。同时剪去伤残的根系，伤口要剪平，利于愈合。如远途运输的苗木，还应黄泥浆蘸根，稻草包扎护根，并用蒲包（草包）或编织袋困扎包装，视苗木大小，每包50～100株。装车时，为保护根系，应将根部朝里，远途运输时为了减少水分蒸发，最好在苗上盖好防雨布，免受风吹、日晒，防止根部干燥和苗木发热变质。

苗木质量的好坏，与种植成活率和幼树能否速生早产果关系极大。生产实践证明，凡苗木就地种植或运输距离近的，以2年生嫁接苗为好；而需长途运输的，以1年生嫁接苗为宜。1年生嫁接苗的壮苗标准是：品种纯正，无杂苗；根系发达，须根多；嫁接口愈合良好，或有1～2个分枝；主干粗壮，接穗第1分枝点起高30cm以上，分枝点基部直径不小于0.7cm；无病虫害及受冻等征状。

3. 定植方法

这是提高苗木栽植成活率和幼树速生早产的关键。首先，要根据品种、气候、土壤肥力及栽培管理措施来确定栽植密度。为使幼树提高前期单位面积产量，一般每公顷可栽300～600株左右。如栽600株，要安排好计划密植方案。其次定植的时期，一般分春植、秋植两种。春植在浙江于杨梅萌芽前（2月中旬至3月上旬）进行。此时冰冻期已过，气温开始回升，有利于根系的恢复和生长。如过早，植后易遇冻天气，会导致土裂、根断、苗死；过迟，则根系受伤后尚未恢复，不能及时吸收肥水，而地上部已抽梢发叶，将影响成活和生长。

定植前，要挖好定植穴，如在较陡山坡，最好先开水平带，在带中开穴，可有效地减少水土冲刷流失。其定植穴应挖在离外侧1/3处；较缓山坡，则可用块状整地，以后逐年深翻扩穴。定植穴的大小，长宽深至少是80cm×80cm×100cm。挖穴时，把表土和心土分开放，以便填土时分层利用。挖穴时间最好在冬季，经冰冻后可使土壤风化，利于幼苗根系吸收肥水，并可杀死穴内越冬害虫。

苗木定植的方法是先在穴底施入经腐熟的基肥，如垃圾肥、家畜家禽粪肥等20kg，草木灰或焦泥灰5～10kg，钙、镁、磷肥0.5kg，三者混合拌以泥土后放入，或每种肥料分层放入穴内，再在其上盖一层15～20cm厚的肥沃表土，这是直接与苗木根系接触的土壤，做成中心稍高的馒头形，然后放下苗木，理顺根系，分次填入表土，踏实并嫁接口平齐，再在嫁接口上面用土覆盖高于接口20～30cm。一般把心土放在上面，其道理是，可通过中耕、施肥、覆草等方法进行改良。苗木定植后，如土壤干燥，应浇足定根水，这样既能保持根系在潮润的土壤中便于成活，又能通过水的作用，使根部和泥土紧密接触，有利于提高成活率。浇水后上盖一层松土，以减少水分蒸发，防止表土板结开裂。

定植时，还要注意将苗木嫁接口部位的塑料薄膜解开。生产实践中，有时会出现苗木栽后已经成活抽发新梢，但到秋后甚至2～3年后，幼苗却不断出现枝叶发黄死去的情况。经检查，其主要原因是嫁接时包扎接口的塑料薄膜带没有解开，从而随着苗木的生长，卡断了缚扎部分的形成层，影响了树体养分的输送，使新梢生长受阻，根部生长受抑制。

生产实践证明，凡定植杨梅幼苗时做到“大穴、大肥、大苗”，并安照“苗扶正，根舒展，深浅适度，土踏实，水浇足，盖松土”原则种植的，一般第三年就能形成良好的树冠，第四年开始结果，第五年有一定产量。所以，这两条是杨梅幼树速生早产的重要环节。

（三）抚育管理

1. 幼树管理

杨梅幼苗定植后，约经4年左右开始结果，为了实现速生早产的目标，栽后加强抚育管理不能忽视。

（1）定干。苗木定植后，要立即做好定干工作。即在苗木中心干接口以上留35～40cm高度，剪去顶梢，促使下部抽发新梢，以后选留3～4条强健新梢作为主枝。如苗木已有分枝，且离地面高度适当的，可保留作主枝，过低近地面的应剪去，另行选留主枝。

（2）补苗。杨梅苗木一般栽植成活率较高，但若定植时质量差、栽后天气干旱或缺乏管理，则容易造成死苗缺株。为此，定植后必须及时检查，发现缺株，立即补植，使其生长整齐一致；如栽后天气干旱，须及时浇水；苗木根部有松动的，应用脚踏实，并适当培土。过了夏秋季，还要再检查一次，有的幼苗因高温干旱而使顶梢枯焦或死亡，发现后及时剪去枯焦顶梢，拔掉死株，秋季或次春进行补植。苗木定植成活后，当年春季会从主干隐芽抽发一些萌蘖，可从上到下有一定间隔、方向均匀的选留3～4条作为主枝，其余大部分萌芽可抹去，仅剩少量小枝以辅养树干。从砧木上发生的萌蘖，则一律除去。

（3）搞好地面覆盖。幼树栽植后，当年7～8月如遇长期高温干旱，易受旱害致死。为此，须在6月中下旬高温干旱来临前，做好抗旱保苗工作。山地如水源便利，可浇水后进行覆盖；如水源缺乏，则可在苗木四周地面浅耕后搞好地面覆盖。覆盖材料，一般可就地取材，如割取山上嫩柴青草铺于树干周围约1m直径的圆盘上，厚10～20cm。覆盖材料不能接触幼树主干，否则腐烂发酵产生高温会灼伤树干。

（4）逐年拓垦扩穴。杨梅幼苗定植时，如因时间紧迫，或劳力矛盾，种植穴挖得不大，随着幼树的生长，将会使根系的扩展得受到限制。为此，要每年拓宽种植穴。方法在原种植穴外围开垦，挖去大石块及杂树柴根，以利幼树根系伸展，扩大吸收肥水范围，保证树体健壮生长。

（5）合理追施肥料。杨梅新植幼树，除定植时施用较多的长效基肥外，成活后还应及时追施速效性肥料，以满足抽梢长叶的需要。特别是那些在定植时未施基肥的，更应在成活后即施追肥。肥料以稀薄的人粪尿为好，每株小树施 1～1.5kg；如山高坡陡，也可用尿素 0.1kg 加水施入，或在小雨前或大雨后施入。施追肥最好一年 3 次，即每次抽梢（春、夏、秋梢）前施入，以尽快形成具有结果能力的树冠。凡 1～3 年生幼树，追肥均以速效氮肥为主，第 4 年开始再增施钾肥，每株施草木灰或焦泥灰 2～5kg，或硫酸钾 0.2kg，以增强树势，为结果打下基础。

（6）适当间种绿肥。新栽杨梅园如是全垦的或退农还林的，则可利用株间空闲地种夏绿肥，一般能一次性收割鲜草 500～800kg，作为幼树夏季覆盖草源或肥料。可供选择的品种有：印度豇豆、乌豇豆、赤豆、绿豆等都适宜作夏绿肥种植，其中乌豇豆更耐瘠薄。绿肥作物的播种适应期，在浙江 4 月中旬，当气温稳定在 10℃ 以上时可播种。过早不利于齐苗，过迟鲜草产量不高。另外应注意带肥下种，因杨梅园土壤一般含砂砾较多，土质较瘠薄，故间种绿肥时最好配施一些磷钾肥。每亩可施钙镁磷肥 5kg，硫化钾 10kg，钼酸铵 2g（先溶解于少量精酒或白酒，再加水 50ml，拌 1kg 种子），绿肥作物的收割，一般在夏季高温干旱来临前（约 6 月下旬），一次性收割完，作为幼树树盘覆盖草，或埋入土中作肥料；如要分次收割，则可留基干 20cm 左右，收割后施一次稀薄氮肥，促其再长茎叶。

2. 投产树的管理

杨梅大小年结果明显，其表现为大年花果多、产量高，但果小质差，春夏梢抽发少，而小年则相反。这是树体生长与结果、养分积累与消耗失衡在果实产量和质量上的综合反映。

（1）原因：杨梅树因其生物特性，每年下半年的花芽分化与夏梢、秋梢生长是同步进行的；而次年上半年的开花结果与春梢、根系生长也同步进行的。生产实践中往往会碰到这样的情况：当某一年风调雨顺，树体养分积累充足时，下半年形成了较多的花芽，而次年上半年开花结果期又遇到较好的天气条件时，则结果多而成大年。由于上半年结果多，消耗养分也多，下半年树体就无力形成较多花芽，这样次年结果少，就成了小年，如此往复。除气候条件外，也有人为因素造成大小年的。如：杨梅树管理粗放，肥料投入不足，或虽施足肥料，但偏施氮肥，造成树体徒长，难以形成花芽；果实采收后肥料施用过迟，促发了大量的无用秋梢，影响了花芽分化；偏施磷肥，结果多而个体小；花芽或花期受到冻害等自然灾害，致使大量落花；或受病虫害侵袭而当年减产。如此造成当年小年，翌年就相反了。

这种大小年结果现象，如果不用采取措施矫正，则一经形成，就会延续好多年。使树体内的营养水平和内源激素的平衡遭到了破坏，致使营养生长和生殖生长严重失调，这是造成大小年结果的根本原因。

（2）克服大小年技术措施：针对大小年结果产生的原因，克服的措施要因树因地制宜，围绕上述“协调”和“平衡”的中心问题，其基本措施有两方面：一是合理施肥和改良土壤，做到“以钾为主，结合氮磷，配方施肥”，使杨梅树体生长健壮，并有深、密、广的根系和大、厚、多的叶面积，这是连年丰产稳产的基础。二是科学修剪和合理疏果，使树上一部分枝梢当年结果，另一部分枝梢次年结果，做到结果枝和生长枝配比适当。

各期的具体措施有：

● 大年上半年　春季疏删修剪结果枝，减少花量、果量，促发生长枝，为次年结果作准备。采用化学药剂疏花、疏果，如在盛花后期，用 100 $mg \cdot kg^{-1}$ 的多效唑溶液喷洒有花树冠，使之适量落花；也可用 1 000 倍液的吲哚乙酸或 200$mg \cdot kg^{-1}$ 萘乙酸、乙烯利，在幼果期喷洒，使适量落果。人工疏果，在生理落果以后，对半数左右的结果枝摘除幼果，使每条结果枝留适量的果数，此法疏果效果较稳定，但成本高，在杨梅集中产区较难实施。大年由于多，一部分果实成熟推迟，可喷洒果实催熟剂（如乙烯利等），促进后期果实提早成熟，达到采期一致。中耕施肥，在幼果期对树冠下土壤进行一次浅中耕（深约20cm），然后视树体大小，每株开沟施入尿素水溶液0.3～0.5kg，促使适量落果。

● 大年下半年　促进花芽分化，为次年开花结果打基础。在夏梢、秋梢长1cm时，树冠喷洒500～1 000mg · kg^{-1}多效唑，以抑梢促花。如土施则应在上半年2～3月施用。果实采收后立即施人足量的有机肥和钾肥，控施氮肥，为形成花芽提供充足的养分。对大年结果后树势较弱的树，除土施肥料外，还可进行根外追肥，以0.3%尿素+0.2%磷酸二氢钾+0.2%硼酸（或硼砂）混合液作叶面喷施，以尽快恢复树势。对长势旺盛的树，对部分枝条基部进行环割3～4圈，使枝条上部积累养分，促使花芽形成。对旺长树，可在采果后于树冠滴水线附近开40cm深的沟，适当断根，减少根系过多的吸收氮素，增大碳氮比值。采果后立即喷“开特灵”、“比久”、“矮壮素”等植物生长调节剂，可促进叶片光合作用，增加营养物质积累。

● 小年上半年　用化学药剂保花保果，如在终花期可喷20～30mg · kg^{-1}赤霉素。开花前喷500～800mg · kg^{-1}多效唑，抑春梢保花果。3月上中旬喷0.3%磷酸二氢钾液，隔10d再喷1次，连续2次。

● 小年下半年　采果后树冠喷30～50mg · kg^{-1}赤霉素，每10d 1次，连喷3～4次，抑制过多的花芽形成。采果后修剪，删除一部分春夏梢，以减少次年化果数量。果实采后肥少施或不施肥。

以上措施，其总的目的是适当减少大年的产量，增加小年产量，以逐步缩小大小年之间的差距。

五、病虫害防治

（一）病害防治

1. 癌肿病

该病1981年在日本首先发现。1982年浙江省组织杨梅病虫害调查时，发现该病危害严重，并认为这种俗称为“杨梅疮”的病害，但不同于桃癌肿病，尚未发现该病菌的其他寄主。

症状：主要发生于2～3年生枝条或主干，主枝及新梢上，严重时田间病株率可达90%以上。初期发病部位为乳白色小隆起，表面光滑。尔后渐渐扩展为近球形肿瘤状，表面粗糙且凹凸不平，木栓化而坚硬，呈褐色至黑褐色。大的肿瘤可达10cm以上。一个枝干上可有1～5个或更多的肿瘤，且多发生于枝节处，从而造成以上枝干枯死，以致植株早衰甚至死亡。

防治：在新梢抽生前，剪除并烧毁发病的枝条；在伤口抹以“402”抗菌剂或20%叶青双可湿性粉剂50～100倍液、硫酸铜100倍液，经半月后再涂1次。

2. 褐斑病

该病是危害杨梅叶片的一种主要病害，发病严重的地区发病率达70%以上。主要发生在浙江省的余姚、慈溪、黄岩、温州等地，近年来日趋严重。

症状：开始时在叶面上出现针头大小的紫红色小点，后来逐渐扩大呈圆形或形状不规则。病斑中央红褐色，边缘褐色或灰褐色，直径4～7mm。后期病斑中央变成浅红褐色或灰白色，其上密生灰黑色的细小粒点，即病菌的子囊壳。进而病斑联结成斑块，最后叶片干枯脱落。

防治：春季剪除枯枝，扫除落叶，树冠喷洒5～7波美度石硫合剂，以减少病虫传染源；发病初期，树冠喷洒50%多菌灵可湿性粉剂800～1 000倍液或70%甲基托布津可湿性粉剂700倍液或65%代森锰锌600倍液，每隔7～10天喷1次，连续2～3次。

3. 干枯病

各杨梅产区均有发生。一般在衰弱的老树上发病较多，造成枝干枯死。

症状：初期呈不规则暗褐色病斑，随着病情的发展，病斑扩大，并沿树干上下发展。被害部位因水分逐渐丧失而成为微凹陷的带状条斑。染病部位与健康部位间有明显裂痕。后期病部表面生有许多黑色小粒点，即为分生孢子盘。初期埋生于表皮层下，成熟后突破表皮，形成圆形或横裂开口，严重时病部可深达木质部，当病部蔓延至枝干环周时即出现枝干枯死。

发病规律及防治方法：该病菌是一种弱寄生菌，一般从伤口侵入，当寄主生长衰弱时才能在树体内扩展蔓延，故尚未造成生产性危害。一般于早期刮去病斑，在伤口处涂抹“402”抗菌剂等，伤口容易愈合，或锯去枯死枝条，刮平再涂抗菌剂。

（二）虫害防治

1. 柏牡蛎蚧（*Lepidosphes cupressi*）

主要发生于我国浙江，以其雌虫和若虫固着于枝梢和叶片，吸取汁液危害枝梢，引起枝梢干枯死亡，田间观之似火烧状，严重影响产量。

发生规律及防治方法：第一代若虫常在5月至6月，第二代若虫于8月中下旬至9月上旬孵化。其雌虫可越冬危害翌年的春梢。故可于冬春交替的3月中旬和采果后的8~9月份修剪，改良园内通风透光条件，删除过密枝、重叠枝，剪去衰弱枝、病虫枝及枯枝，降低越冬虫口基数；保护和利用二星瓢虫、异色瓢虫、中华草蛉、跳小蜂等天敌，达到生物治虫的效果；8~10月在初孵若虫期，用40%杀扑磷2 500~3 000倍液或快克800~1 000倍液，或40%氧化乐果2 500倍进行树冠喷布防治。

2. 油桐尺蛾（*Buzura uppressaria*）

属鳞翅目，尺蛾科。危害方式是幼虫啃食杨梅叶片，浙江1年发生2~3代。以蛹在树干中越冬。翌年4月羽化，5~6月为第一代幼虫发生期，7月化蛹，7月下旬羽化产卵，8~9月中旬为第二代幼虫发生期。9月中旬开始化蛹越冬。

防治：除卵块，人工捕杀；树干涂白。冬季用石灰水涂白树干，以阻碍其产卵，并有杀卵作用，涂刷时加入少量残留期长的药剂，以提高防治效果；药剂防治：在幼虫四龄前可喷80%敌敌畏油1 000倍液，或20% 杀灭菊酯乳剂2 000~2 500倍液或90%万灵可湿性粉剂3 000~4 000倍液，或1.8%虫螨光乳油3 000~4 000倍液。

3. 卷叶蛾类

1年发生2次。幼虫在5月下旬至6月中旬和7~8月份在顶端新抽生的幼嫩叶片上吐丝裹成一团，幼虫卷于其中，食害叶肉，结茧化蛹，影响叶片光合作用，新梢生长缓慢，长势衰弱。

防治方法：人工摘除或剪除被害枝梢，集中烧毁；摘除叶片上卵块并杀死；掌握初孵幼虫盛期，及时喷洒80%敌敌畏乳油乳1 500倍液或50%马拉松乳剂1 500倍液，或20%杀灭菊酯乳剂2 000倍液，喷时应注意喷湿虫苞。

4. 油茶枯叶蛾（*Lebeda nobilis* Wather）

此虫又称杨梅毛虫，在浙江杨梅产区普遍发生，个别年份局部地区造成严重危害。严重时，将整株或成片杨梅林叶片吃光，因虫体大，危害期长，受害枝多枯萎，甚至引起树体死亡。杨梅树受害后，大大影响杨梅的产量。

油茶枯叶蛾在浙江1年发生1代，以卵越冬。翌年3月底，4月上旬开始孵化。幼虫共7龄，发育期为123~160d。8月下旬老熟吐丝结茧，9月下旬至10月上旬羽化、产卵。初龄幼虫喜群集取食，吐丝结成袋状薄幕群居。3龄后分散危害，4龄后白天蛰伏于树干下部或阴暗的地方，在黄昏和清晨取食，老熟幼虫在受害树上或在灌木丛中吐丝结茧化蛹。

防治方法：于5月中下旬点灯诱杀或人工捕杀；也可用松胶或凡士林等胶黏物徐于草绳上，然后缚扎在树干上，使幼虫不能上树；药物防治可于4月中下旬用90%敌百虫或80%敌敌畏1 000~1 300倍液喷布。

六、采收贮藏与加工利用

1. 采收

（1）采收时间。为提高杨梅商品价值，要求及时采收，而且运输保鲜效果与成熟度也有较大关系。杨梅一般于6月份成熟上市，野生的山杨梅于5月份成熟上市，此时气温较高，又正值梅雨季节，果实极易腐烂和脱落，要求及时采收，随熟随采。荸荠种、晚稻杨梅等乌梅品种，当果实转红时仍有酸味，转变到紫红色或紫黑色时，甜酸适口，风味最佳，此时为采收适期。东魁杨梅等红梅品系，深红或微紫即可采收。杨梅采摘以清晨或傍晚为宜，此时气温低，损失较少。下雨或雨后初晴不宜采摘，果实水分多，容易腐烂。

（2）采收方法。一株树上果实成熟度并不一致，应分期分批采收。采前割除树冠下杂草灌木，同时准备好人字形梯、乳胶手套、塑料周转箱或竹篓等工具。采果时用右手三指握住果实，提紧果柄轻轻摘下，放在底部铺有蕨类或青草的塑料箱或竹篓中，每筐盛果不超过20kg。小心轻放，禁止摇落果实。

2. 运输保鲜

一般来说，运输工具最好是冷藏车。农村产地多数没有冷藏车，可采用冰块冷却运输。先将果实送进冷库或小型预冷库预冷，使温度降到0~2℃，在泡沫箱底部中央放上薄膜包扎的定型冰块，再在其上放置包裹杨梅果实的薄膜袋，然后将经过预冷的杨梅放入袋内，紧密排列。冰块数量要适当，运输距离远则冰块应多些，如冰块数量太少，果实易腐烂变质：运输距离短，则冰块可少放些。为满足市场对小包装果品的需求，也可改用塑料或泡沫小包装盒，每盒装果500g，每箱装10~20盒，内装薄膜包裹的冰块。装箱后要注意挤出袋内空气，箱内空气越少越好。对箱装杨梅顶层喷施保鲜剂后，折好薄膜袋口，盖好泡沫箱盖，最后用黏胶纸封好泡沫箱。装车时果箱要堆码整齐，固定，不能让其移动。果箱装好后，再包以泡沫塑料板或其他隔热保温材料，即可起运。

3. 其他用途

杨梅除鲜食外，可加工制成果干、糖水罐头，果汁果酱、果酒及蜜饯等特别是鲜杨梅浸入50°～60°白酒中，制成“烧酒杨梅”，不仅风味独特，且久存在不坏，是夏季解暑的良药。核仁含油量高达40%，可供炒食或榨油用，叶可提炼香精，供食品、化妆品、肥皂香精用。树皮和根皮富含单宁，干皮含鞣质约11%，根皮约19.4%，是传统的栲胶原料，可熬制鱼网涂料或其他涂料。木材暗红褐色，心边材区别不明显，结构甚细切面光滑，供细木工、工具柄、农具等用。

（任华东）

82. 沙　棘

沙棘是中国三北和西南地区优良的生态经济树种，在生态环境及农村经济发展中起着巨大的作用。其生命力强，具有耐贫瘠、耐干旱、造林成本低、成林快、根蘖能力强等特点，有很好的涵养水源、水土保持和防风固沙功能。沙棘全身是宝，综合开发利用潜力非常大，其根具有根瘤，能固氮培肥地力、改良土壤；果实含有多种对人体健康有益的生物活性物质与营养成分，广泛用于医药、食品、饮料、化装品等工业生产；另外，其叶营养丰富，含有多种氨基酸，可作饲料和提取黄酮，嫩叶还可制茶叶。因此，沙棘的研究和开发利用倍受国内重视。

我国沙棘资源十分丰富，沙棘资源总面积达133万 hm^2，占全世界总面积的90%以上，分布在全国20个省、自治区、直辖市的430多个县。从20世纪80年代以来，国家在黄土高原水土流失治理和三北防护林体系建设工程中加强了沙棘人工栽培的力度，使我国的沙棘林面积迅速扩大，成为沙棘资源大国。沙棘不仅是我国三北地区水土保持和生态建设的重要先锋树种和混交树种，而且成为我国食品、保健品、药品开发和群众增收致富的重要经济树种。随着科学技术不断进步，沙棘产品的开发已引起国内外专家学者的高度重视，很多企业家也纷纷投入巨资开发利用沙棘资源，并逐步向产品深加工迈进，特别是在医药、化妆品、饮料、食品等方面已具有很大规模，沙棘产品种类繁多，功能各异，成为人们争相购买的绿色产品。

20世纪30年代以来，前苏联的科技工作者就持续开展了野生沙棘的选优、驯化和育种研究，60年代以来，在沙棘良种选育和果实加工利用等方面得到了迅速发展；70年代，蒙古、波兰、德国、芬兰、意大利、罗马尼亚、加拿大、美国等对沙棘的生物学特性、保水保土、提高土壤肥力、维持生态平衡等方面作了大量研究。经过几十年的努力，目前，俄罗斯的科技工作者培育出了100多个沙棘优良品种，取得了居于国际领先水平的成果。我国沙棘产业的兴起虽在80年代后期，但规模之大、速度之快实属罕见。

一、主要物种

沙棘（*Hippophae rhamnoides* L.）别名：醋柳、酸刺、黑刺，属胡颓子科（Elaeagnaceae）沙棘属（*Hippophae* L.）植物。该属全世界共有6种，包括西藏沙棘（*H. thibetana* Schlechtend）、肋果沙棘（*H. neurocarpa* S. W. Liu et T. N. He）、棱果沙棘（*H. goniocarpa* Lian，X. L. Chen et K. Sun）、江孜沙棘（*H. gyantsensis*（Rousi）Lian）、柳叶沙棘（*H. salicifolia* D. Don）和沙棘，分布于亚洲和欧洲。沙棘是该属中分布最广，资源蕴藏量最大，最具栽培利用价值的一个树种。沙棘属的6个种在我国均有分布。

沙棘是落叶灌木或小乔木，高1～18m，枝条通常具粗壮棘刺。幼树皮光滑，灰绿色至灰褐色；成年树皮浅褐色至深黑色。幼枝银白色或密被锈褐色鳞片。叶互生或近对生，稀三叶轮生，条形或条状披针形，长2～8cm，宽0.4～1.2cm，两端钝形，边缘全缘，上面有银白色或锈褐色鳞片，后渐脱落，下面较密，中脉明显隆起；叶柄极短，无托叶。花单性，雌雄异株，组成短总状花序，着生于1年生小枝上，稀散生于2年生或多年生枝条上。雄花序有4～20朵花，花后花序轴常宿存，后渐脱落；雌花序有2～16朵花。花小，淡黄色，先于叶开放或与叶同时开放，单被。雄花无梗，具2个镊合状的花萼裂片；雄蕊4，花丝短，长约1mm。雌花比雄花开放晚1～2天，花萼筒囊状，顶端2小裂，长2～3mm，黄绿色；雌蕊1，花柱浅黄色；子房上位，1心皮1室，1胚珠。果实近球形、椭圆形或卵圆形，纵径5～15mm，横径5～10mm，橘红色、橙黄色、红色、深红色或黄色，包于肉质花萼筒内，呈浆汁核果状。种子1粒，硬骨质，卵形、长卵形、阔卵形或卵状矩圆形，长1.8～6.5mm，宽1.2～4.0mm，灰棕色至黑褐色，有光泽，表面具一条明显的环状纵沟。花期4～5月，果熟期9～10月。

沙棘分布于亚洲及欧洲。在我国产于华北、西北及西南，东北地区普遍栽培。

沙棘是一种具有很高经济价值的野生果树，其果实、种子、枝叶、根、皮等均含有多种极有价值的营养成分。主要有维生素、蛋白质、氨基酸、糖类、油脂、有机酸、微量元素及黄酮类化合物等。沙棘含有丰富的维生素C，其含量随品种或产地的变化较大。每 100g 果实中维生素 C 含量高的可达 1 900mg，几乎居一切果蔬之首，低的仅含有 123.6mg，可提制浓缩剂。此外，还有其他多种维生素，如维生素 A、B_1、B_2、B_6、E、K、P。每千克种子含沙棘油 9% ~12%，油中含有胡萝卜素和类胡萝卜素 3 500mg 沙棘油，V_E 1 600 mg 沙棘油及多量的 V_F，能抗辐射、抗癌变、增强机体的活力、参与人体的新陈代谢、促进伤口的愈合并有镇痛作用。它不仅是优良的食用油，也是难得的高档保健药物，能配制烧伤药。苏联曾将沙棘油用作宇航员的食品添加剂，在国际市场上售价每千克可达 50 美元。沙棘叶含有丰富的维生素 C，类胡萝卜素、非皂化物、黄酮类化合物和多酚化合物，是制取维生素类和黄酮类制剂、研制多种抗硬化剂的重要原料；沙棘叶片含蛋白质 11.47% ~22.92%、脂肪 3.68% ~9.48%、纤维 13.0% ~19.72%、灰分 3.36% ~6.20%、无氮浸出物 48.26% ~62.50%，又是优质的饲料或饲料添加剂。

沙棘果实产量主要与种类或品种有关，其次受生长环境、树龄、雌雄比例、栽培管理状况等多种因素的影响。通常野生沙棘林鲜果产量为 1 000 ~ 4 000 $kg \cdot hm^{-2}$，优良人工沙棘林鲜果产量可达 3 000 ~13 000 $kg \cdot hm^{-2}$。

二、主要沙棘亚种

沙棘有 8 个亚种，其中我国有中国沙棘、云南沙棘、中亚沙棘和蒙古沙棘 4 个亚种。

1. 中国沙棘（*H. rhamnoides* L. ssp. *sinensis* Rousi）

又名醋柳、酸刺、黑刺。落叶灌木或小乔木，高 1 ~15m。通常具粗壮棘刺。当年枝条较坚硬，表面常具明显肋状突起，横断面近四棱状。叶近对生，条形或条状披针形，长 2 ~6 cm，宽 0.4 ~1.2cm；叶柄极短。花小，淡黄色。果实扁球形或近球形，果径约 5 ~10mm，通常纵径小于横径，橘红色、橙黄色、红色、深红色或黄色，果皮与种皮分离。种子 1 粒，硬骨质，卵形、长卵形、阔卵形或卵状矩圆形，长 1.8 ~4.2mm，宽 1.2 ~3.0mm，灰棕色至黑褐色，有光泽，表面具一条明显的环状纵沟。种子千粒重 4.8 ~11.4g。花期 4 月下旬 ~5 月上旬，果熟期 9 至 10 月。野生，主要用于加工饮料、汽水、浓缩汁、沙棘油、沙棘醋等。原产于我国，主要分布于山西、内蒙古、河北、陕西、甘肃、青海及四川等地，总面积约占全国各类沙棘资源总量的 90% 以上。我国北方的天然沙棘林和人工沙棘林，绝大多数属于中国沙棘，是我国有极大开发利用价值的野生资源，也是西部地区沙棘栽培中的主要树种。目前，全国每年新增人工沙棘林面积约 100 万 hm^2。然而，中国沙棘存在果实小、果柄短、单株产量低、棘刺多等缺点，这是制约开发利用中国沙棘经济效益的主要方面，也是目前中国沙棘遗传改良研究的主要内容。

2. 云南沙棘（*H. rhamnoides* L. ssp. *yunanensis* Rousi）

野生，主要用于加工饮料。主要分布于云南、西藏、四川、青海。花期 4 月，果熟期 8 ~9 月。本亚种与中国沙棘近似。当年生枝条较柔软，表面常具多数细条状纹饰，横断面近圆形。叶多互生；叶柄长 1 ~2mm。果实近球形，果径约 5 ~7mm。

3. 中亚沙棘（*H. rhamnoides* L. ssp. *turkestanica* Rousi）

落叶灌木或小乔木，高约 6m，最高可达 15m。嫩枝被银白色鳞片，小枝呈白色，光亮，老枝树皮部分剥裂；刺多而短，有时分枝；芽小。叶小，线形，叶顶端钝圆或近圆形。果实椭圆形或倒卵圆形至近圆形，长 5 ~9mm，直径 3 ~4 mm，果肉较脆。种子形状不一，常稍扁。野生，果可鲜食或加工饮料。我国主要分布于新疆海拔 800 ~3 000m 河谷阶地、山坡及河漫滩地。5 月开花，8 ~9 月果熟。

4. 蒙古沙棘（*H. rhamnoides* L. ssp. *mongolica* Rousi）

落叶灌木，高 2 ~6m。幼枝灰色或灰褐色，老枝粗壮，侧生棘刺较长而纤细，不分枝。叶互生，顶端钝圆，上面绿色或稍带银白色。果实圆形或近圆形，长 6 ~9mm，直径 5 ~8 mm，种子椭圆形。野生，果可鲜食，主要加工饮料。原产亚洲，我国主要分布于新疆伊犁、策勒等地。

三、主要栽培品种

俄罗斯沙棘优良品种普遍具有果实大、果柄长、单株产果量高、枝条无刺或少刺等优良性状，适宜于北纬 40° ~45°，水分条件较好或能灌溉的土壤上栽培。目前国内引进的俄罗斯沙棘品种约 50 余个，正在推广的主要品种有：

1. 楚伊沙棘（丘伊斯克沙棘）

树高 2.5m，棘刺较少。定植 3 ~4 年进入结果期。果实呈柱椭圆形，橙色，百果重90g，单株产量为9.5～10kg，6～7年进入盛果期后，单株产量为14.6～23.0kg，盛果期可达8～10年。果味酸甜可口，采收果实不破浆，抗病虫害。

2. 太阳沙棘（向阳沙棘）

树高2m，无棘刺，树冠叉开，定植2～3年进入结果期。果实呈圆柱形，橙色，百果重80g，单株产量10kg。果实8月中旬成熟，果味酸甜可口，可鲜食。采收果实不破浆。耐严寒，耐干旱，抗病虫害。

3. 浑金沙棘

树高2.4m，树冠张开型，棘刺较少，4年树龄进入结果期，无大小年之分，盛果期达10～12年。果实于8月底成熟，中熟型，果实呈椭圆形，橙黄色，果柄长3～4mm，采收果实不破浆。百果重70g，6～7年的单株产量为14.5～20.5kg。果实可鲜食。耐严寒，耐干旱，抗病虫害。

4. 橙色沙棘

植株高达3m，棘刺较少，4年树龄进入结果期，产量高，无大小年之分，盛果期达10～12年。果实于9月中旬成熟，为晚熟型。百果重60g，果实呈椭圆形，橙红色，果柄长8～10mm，采收时果实不破浆。6～7年树龄的单株产量为13.7～22.1kg。抗病虫害。

5. 优胜沙棘

植株长势中等。树冠呈圆形，叉开式，枝干细而下垂，无刺，树冠稀疏。果实大，百果重80g，呈长卵圆形，有光泽，橙黄色，很鲜亮，味甜酸，采收不破浆。抗内原真菌病，抗沙棘蝇。

6. 阿亚甘卡沙棘

树冠呈圆形，棘刺程度中等。果实呈小水桶形，很好看，浅橙色，果端有晕圈，果粒较大，百果重50～60g，结果3年的单株产量为4.5kg，最高可达10kg。果实9月中旬成熟。采收时果实不破浆，果实较甜，既适宜鲜食，也适宜加工，耐寒耐旱，在大田条件下能抗病虫害。

7. 阿列伊沙棘

它为目前已推广的惟一雄性品种。植株长势强健，无刺。花粉产量特别高，花期与大多数已推广的和有推广前途的雌性品种和类型的花期重合。

8. 泽梁

它是用化学辐射诱变方法选育的第二代品种。树冠紧凑，棘弱且极小。果实圆柱形，顶端稍偏斜，浅橙黄色；果粒较大，百果重64g，高产，鲜果产量11.39t·hm^{-2}；果皮坚实，采收时不易破浆；果实酸甜、芳香；果柄长6～7mm。可用于加工或鲜食，生长期156～158d。

目前我国已经培育出第一代沙棘品种，主要有辽阜1号、辽阜2号、乌兰沙林。此外，还有绿洲系列、绥棘系列等沙棘品种，均表现出较好的丰产性和适应性。

四、生物学特性

（一）生态习性

沙棘属中生树种，多生于黄土丘陵和梁峁顶、河谷滩地、干涸河床以及山麓，海拔600～4 000m地区，成单性群丛。喜光，抗寒，适应性广，耐土壤瘠薄，耐风沙及大气干旱，喜湿润土壤，但不耐水淹。

（二）生长发育

1. 种子萌发与幼苗生长

成熟的种子经过短暂的休眠期后，当获得适当的外界环境条件时，就开始萌发生长，胚由休眠状态转为活动状态。在常温条件下，经过浸泡处理后使种子吸水、膨胀、种皮变软，一般4～6d开始发芽，萌发时胚根首先突破种皮，约2周即可完成发芽实验。种子萌发后，胚根开始向地下生长。从播种到子叶出土约需要21d，种壳随子叶一起出土，3～6d后逐渐脱落。在23d左右，主根长到5～7cm时，开始出现一级侧根，以后逐渐生长发育形成根系。初生叶在播种第4周后完全展开。初生叶近对生，披针形，全缘，中脉明显，上面绿色，下面淡绿色。播种后30～50d，主根长达25～30cm，以后地上和地下部分生长都迅速加快。幼苗生长的突出特点是从子叶完全出土到播种后30～50d生长速度十分缓慢。在沙棘播种育苗时，由于光照太强、水分不足或土壤板结等原因，容易出现出苗整齐而成苗率低的现象，应根据幼苗生长特点进行科学管理。

2. 根蘖特性

沙棘的根系既有发达的水平根系又有垂直根系。沙棘能在水平根上产生不定芽，形成根蘖苗，这是沙棘重要的生物学特性之一。通常，在0～40cm范围内分布的水平根上均可产生根蘖，其中在距地面5～18cm不定芽形成根蘖苗的能力最强，约占实际根蘖苗数量的85%以上。沙棘无性繁殖林，根蘖部位到地面的距离则更小。一般2～3年生沙棘即开始产生根蘖，并发育形成自己的不定根系，根蘖苗形成后通过水平根仍保持着与母株的联系。根蘖苗不断形成的结果，常常形成以根蘖母株为中心的团状片林。沙棘的根蘖特性是沙棘种子繁殖的重要补充，是适应自然环境条件的结果。

3. 固氮特性

沙棘根系另一个重要的生物学特性是它能够固定空气中的氮，这种特性是整个胡颓子科（包括沙棘属、沙枣属和水牛果属）所固有的。这是因为胡颓子科植物的根系都具有黄白色珊瑚状的根瘤，它是放线菌、细菌及分枝杆菌等侵入根系后形成的。沙棘在幼苗期便有根瘤产生，随着树龄的增大，根瘤的大小和数量在不断增加。根瘤除了固定空气中的氮分子外，还能将土壤中难于吸收的营养物质转化成易于吸收的物质。

4. 芽的类型与分枝特点

沙棘的芽为具芽鳞的单生芽，是在当年生枝条进入生长后期逐渐形成的。进入生殖期后的沙棘，除了单一的叶芽外，还有花芽和混合芽两种类型。叶芽将发育形成枝和叶，通常位于1年生枝条近先端1/4～1/3的部位。花芽位于枝条近基部的1/4～1/3，以后发育形成短总状花序。雄性花芽占枝条长度的比例比雌性花芽更大些。混合芽既能发育形成枝和叶，又能在枝条基部形成花，但花的数量比花芽上的要明显减少，通常在12朵以下。混合芽所形成的枝条长度较短，木质化程度较低。沙棘的分枝方式比较复杂，与亚种类型及年龄等有关，通常以合轴分枝为主。

5. 开花结实特性

通常，实生苗3～4年开始开花结果，营养繁殖苗定植2～3年开始开花结果，5～8年进入盛果期，18～20年后生长衰退。花是由集中生于1年生枝条上的花芽与混合芽中的花原基发育形成。花芽与混合芽形态建成一般在每年9～10月，第二年4～5月，当温度适宜时开始逐渐膨大直至开花，从形态建成到开花需要180～210d。花期长6～12d，一般在开花后的第二天就很快进入盛花期，盛花期持续时间短，仅2～3d。从开花到果实成熟需要120～150d，种子比果实成熟早15～30d。沙棘结果量受品种类型、地理位置、气候、种源、林龄、林分密度、立地条件或栽培管理条件等因素影响很大，并常有大小年。一般4～5年后进入盛果期，产量明显提高。

五、栽培技术

（1）播种育苗。是最简单常用的繁殖方法。采下充分成熟的果实压榨去汁果肉，用水淘洗、晾干、置于干燥室内贮藏。播种前用热水（40～50℃）浸种，待水温降到气温时再重复一次，每天早晚各换清水一次，种子约4～5d开始破嘴即可播种。种子应在深秋或早春开沟条播，行距20～25 cm，每公顷播种量约为37.5～60kg，幼苗发育初期需搭荫棚或草袋覆盖。幼苗出真叶后进行第一次间苗，第四片真叶出现后进行第二次间苗，间苗株距6～8cm。经常中耕除草、喷水、追肥，当年即可出圃。

（2）硬枝扦插育苗。在早春树液开始流动时采2年生或1年生木质化的枝条，剪成长度为15～20cm的插穗，上下切口离芽2～4cm。插床以沙土或砂壤土为宜，露天或大棚均可进行。插前用ABT生根粉或吲哚丁酸100mg·kg^{-1}浸泡插条基部12h可提高成活率和加快生根速度，扦插成活率一般可达85%。主要特点是繁殖容易，苗木生长快，当年或第二年春即可出圃；缺点是母株出条量少，繁殖指数低，成活率也较低。

（3）嫩枝扦插育苗。在6～8月，剪取当年半木质化的粗壮嫩枝，嫩枝插穗长度7～10cm。基质用蛭石、河沙或珍珠岩均可，也可进行综合配制。一般在雾化喷灌或微喷条件下成活率高，可达95%以上。露天或大棚均可进行。处理方法同硬枝扦插育苗。主要特点是母株出条量大。

六、加工利用

1. 制取种子油

压榨法，主要用于提取沙棘种子油和全果油，也作为浸出法的前处理工序使用。浸出法，是20世纪50年代后广泛兴起的一种制油方法，主要借助一种能与料胚中的脂质以任何比例互溶的溶剂，将料胚中的油脂最大限度地取出。目前世界范围内普遍使用的是6号溶剂，或称为工业正己烷。超临界法，是一种新的分离、提取技术，其原理是超临界流体在临界温度和临界压力以上，是介于气体和液体之间的流体，其扩散系数比液体大100倍，对许多物质有很强的溶解能力。气化后容易分离。可作超临界流体的物质很多，其中二氧化碳多被使用。

2. 果汁的制法

榨汁、过滤、通入0.2%的二氧化硫气体后装罐密封即可。也可将果实干制成半成品（干制时要熏硫，以使干果二氧化硫含量达到约0.1%）后，再经过密封，进行长期保存，到时再加工成果汁。

3. 提取维生素C浓缩剂

鲜果经榨汁、过滤、真空浓缩（真空度650～700mm Hg，浓缩温度50～60℃）、配料、包装等工序，即制成维生素C浓缩剂。

4. 酿酒

沙棘多刺，果实多汁，应先将带果小枝切成2～3 cm长的小段后再初压，然后除去碎枝。粉碎时要用石碾。为了不使果汁流失，碾压时要加30%的谷糠，以碾压成黏片状。发酵时只需将沙棘入缸加热（不加曲）即可。发酵期间要每天搅拌2～4次。7d后，待全缸温度均匀在40℃时，即发酵成熟。蒸馏时装槽要轻装平摊，以便于出酒。

5. 药用

沙棘含有多种生物活性物质，已广泛应用于医药方面。

6. 食用

沙棘的枝叶以及果实榨取果汁提取沙棘油之后的渣泊等，都含有少量的油脂、微量元素、营养元素、多种氨基酸、蛋白质、磷脂、黄酮类及其他多种生物活性物质，是家畜、家禽的优质饲料。

7. 工业用

沙棘广泛用于化妆品生产，在化妆品配方中都含有一定比例的沙棘油、沙棘浸膏、沙棘水溶物、沙棘提取物等，国内外已投入市场的产品主要有沙棘美容霜、沙棘洗发香波、沙棘护发素等；树皮含有鞣质，可提制栲胶；嫩枝叶可作燃料。木材坚硬，可制作多种工艺品，也是一种生物量很高的绿色能源，其燃烧值高，1.37kg相当于1kg标准煤，为优质薪炭材。

8. 保护和改造环境

沙棘具有水土保持、防风固沙、改良土壤等多种生态功能，广泛分布于我国华北、西北、西南及东北地区的山地、丘陵、河滩等地，我国许多学者以及各级领导均把沙棘作为三北地区保护和改造环境的一个战略树种，对该地区的生态平衡和经济振兴具有重要的战略意义。

（兰登明 金争平）

83. 刺　　梨

刺梨因其果形似梨且表面密生小芒刺，故称为刺梨。刺梨主产贵州、四川、云南、广西和湖南等地，湖北、陕西、安徽、江苏、广东等地也有分布，是我国特有的野生果树，仅有30多年栽培历史。

刺梨为新兴的第三代水果，具有很高的营养价值和医药价值，开发前景广阔。刺梨营养丰富，被誉为世界“水果维生素C之王”，鲜果每100g含维生素C达2 000mg以上，比猕猴桃高5～10倍，比柑橘类高40～50倍，比蔬菜类高150倍。另外，富含维生素B、维生素D和维生素E，且含有16种氨基酸及多种人体必须的微量元素，是生产高级保健饮料和天然美容补品的最佳优质原料。刺梨的花、叶、果、籽皆可入药，有健胃、消食、滋补、止泻等功效。刺梨果实、花粉中的SOD含量均很高，其中，鲜果约为每100g含10mg，果汁为每100g含5mg，干果为每100g含22mg，花粉为每100g含2.5mg，可称得上植物界的“SOD之王”。超氧化物歧化酶（SOD）具有抗衰老、防辐射等功效，对肿瘤有较好的预防效果。目前，还从刺梨果中提取出了对治疗早期宫颈癌和皮肤癌有较好疗效的3β－谷甾醇。

刺梨广泛分布于亚热带季风湿润地区，包括陕西、甘肃、安徽、四川、贵州、湖南、江西、浙江、云南、广西、西藏、福建等地。从全国来看，刺梨以贵州分布最广，产量最高，主要集中分布在贵州毕节地区的毕节、纳雍、黔西、织金等地。其次是重庆、湖南西部的新晃、芷江、靖县，广西北部的乐业、南丹，鄂西的神农架区以及陕南的大巴山区等地；河南、河北、山东等地有引种栽培。

一、植物学特征

刺梨（*Rosa roxburghii* Tratt.）别名刺梨子、缫丝花、刺石榴、刺蘼、木梨子等，为蔷薇科（Rosaceae）蔷薇亚科（Rosoidcac）蔷薇属（*Rosa* L.）植物。目前，调查发现刺梨有2个变种，分别是无籽刺梨（搭钩刺梨）和光皮刺梨（和尚刺梨）。

普通刺梨为落叶小灌木，高为1～2m，无明显主干，分枝多。茎、枝、叶柄和果实均带刺。奇数羽状复叶，小叶7～15枚，叶片椭圆形或长圆形，边缘具尖锐锯齿。花红色或粉红色，单朵或2～3朵生于短枝顶端。花径5～7cm，花瓣5片，重瓣至半重瓣。两性花，雄蕊多数，花柱离生，短于雄蕊。果实扁球形，直径3～4cm，外披针刺，成熟时呈黄色或红黄色，成熟期8～9月。

无籽刺梨为多年生攀缘性落叶灌木。1年生枝长而软，长者可达3m以上，枝干易生不定根。小叶7～9片，长椭圆状卵形，边缘有细锐锯齿。花红色或粉红色，聚伞花序着生于枝顶，有花5～8朵。花瓣与花萼均5片，萼片宿存。果实倒卵形或椭圆形，成熟时黄褐色，果面着生短刺，成熟后易脱落。果内种子多败育，偶尔有1～2粒发育完全的瘦果。果实成熟期10月。

二、主要栽培品种

1. 贵农57号

来源于贵州江口县。突出优点是极丰产，果实较大，维生素C含量高。株高2.3m，冠径3.39m×3.8m，单株产量18kg，平均单果重18.4g，最大果重21.2g，果实扁球形，果色金黄色，果刺硬，其味酸甜微涩，每100g果实维生素C含量25 080mg。

2. 贵农31号

来源于贵州兴义县。突出优点是果实大。株高1.6m，冠径2.7m×3.4m。平均单果重18.3g，最大果重39.7g，果实扁球形，果色金黄，果刺硬，其味酸甜，每100g果实维生素C含量1 982mg。

3. 贵农95号

来源于贵州石阡县。突出优点是维生素C含量特高，比一般刺梨高出70%以上。平均单果重11.9g，最大果重17.4g，果实扁球形，黄色。可溶性固形物17.6%，每100g果实维生素C含量3 500mg，总糖含量为3.69g，总酸含量1.78g，单宁含量846.4mg。

4. 贵农62号

来源于贵州松桃县。突出优点是单宁含量极低，仅为一般含量的1/5，果肉无涩味。株高1.67m，冠径2m×2.3m，单株产量4.4kg。平均单果重15.3g，果实圆球形，黄色。每100g果实维生素C含量1.88g，总糖含量为2.21g，总酸含量1.07g，单宁含量 138mg。

5. 贵农 90 号

来源于贵州望谟县。突出优点是胡萝卜素含量高，比一般含量高出近 10 倍。株高 2.4m，冠径 2.6m × 2.0m，平均单果重 10.7g，最大单果重 15.2g，果实扁球形，黄色。每 100g 果实 Vc 含量 1.962g，胡萝卜素含量 1.18mg，单宁含量 460mg。

6. 贵农 49 号

来源于贵州兴仁县。突出优点是果实无种子，质细嫩而甜，无涩味，丰产。株高 3.5m，冠径 3.5m×3.5m，单株产量 20kg。果实椭圆形，成熟时金黄色。每 100g 果实 Vc 含量 842 ~ 934mg，胡萝卜素含量 11.3mg，单宁含量 138 ~ 171mg。

7. 贵农 54 号

来源于贵州安龙县。突出优点是果皮光滑无刺。植株性状同一般刺梨，果实近球形，成熟时褐色，果皮无刺，光滑，果实较小。每 100g 果实 Vc 含量 1.724g，单宁含量 750mg。

8. 贵农 129 号

来源于贵州普定县。突出优点是丰产，单株产量为 6.2 kg。植株性状同一般刺梨，每 100g 果实 Vc 含量 2.253g，单宁含量 610mg。

三、生物学特性

（一）生态习性

刺梨适应性强，自然分布海拔 300 ~ 1 800m 中低山区，在溪沟、道路、水塘两旁或田坎、土坎、山坡、山脚等处可见。

刺梨喜温，在年平均气温 16℃左右，大于 10℃的年有效积温 4 000 ~ 5 000℃，年降水量为 1 400 ~ 1 500mm的环境下正常生长发育。温度过高，年平均气温在 20℃ 以上，刺梨生长缓慢，甚至引起死亡。

刺梨喜湿，在湿润的环境中，植株生长健壮，枝多叶茂，果实大，产量高，品质好。土壤含水量低，空气干燥，刺梨生长不良，树势衰弱，结果少。

刺梨为喜光植物，光补偿点为1 000 ~ 1 500lx，饱和点为 38 000 ~ 40 000lx，光合速率为12 ~ 20mg $(CO_2) \cdot dm^{-2} \cdot h^{-1}$。光照良好，树冠开张，分枝多，花芽易形成，果实品质好。但是，刺梨不耐强烈的直射光。

刺梨对土壤的适应性强，能在多种土壤上生长，如壤土、砂壤土、红壤、黄壤和紫色土等。土层厚、肥力高、保水保肥能力强的土壤，对刺梨生长有利；在沙土、砾石含量高的土壤，刺梨生长不良，结果少。

（二）生长发育

刺梨的种子无明显休眠期，秋季种子发育成熟后立即播种，在适宜的条件下，当年即可萌芽生长。刺梨幼期短，早果性强，在良好的管理条件下，无论采用扦插、嫁接、分株繁殖的 1 年生营养苗，还是用播种繁殖的 1 年生实生苗，都有相当一部分植株当年开花结果，2 ~ 3 年全部开花结果。4 ~ 10 年为刺梨盛果期，11 年后逐步进入衰老期。

刺梨枝的生长没有明显的顶端优势，同一根枝条上的芽抽生的枝条，中部的生长较强，生长量较大，而中下部和先端的生长量较小。枝条具有自剪现象，当枝条伸长生长将要停止时，先端几节自行干枯脱落，下次由侧芽萌发抽枝继续向前延伸。无论是幼树还是老树，根颈部均易抽生徒长性的枝条，徒长枝又容易抽生二次枝和三次枝，地上部分被砍掉后，1 ~ 2 年内又重新形成树冠。

刺梨的根系为浅根系，主根不发达，侧根和须根多。根系一般分布在 5 ~ 30cm 的土层中，土壤黏重紧实，分根性差，粗根多、细根少；反之，土壤肥沃疏松，分根增强，细根增多。根易形成不定芽，产生根蘖苗。野生刺梨很多都是根蘖形成的。

刺梨的结果母枝多为 1 年生枝，2 年生枝较少抽生果枝，在多年生枝上很难找到结果枝。刺梨的一次枝、二次枝和三次枝，只要生长发育比较健壮，都能形成花芽而成为结果母枝。刺梨的结果枝由混合芽萌发抽生而来，结果枝一般长 7 ~ 8cm，最长可达 20cm 以上，短的不到 1cm。结果枝有单花结果枝和花序结果枝二种，一般多为单花结果枝，生长健壮的结果母枝可抽生花序结果枝。花序结果枝，一般有 3 ~ 4 朵花，多者可达 7 朵，形成不规则的伞房花序结果。健壮的结果枝在结果的同时又能形成花芽并转化为翌年的结果母枝，具有连续结果的能力。刺梨落花落果少，座果率较高，大小年不明显。

（三）物候期

刺梨的物候期，依地区的不同差别较大。通常 2 月下旬萌芽，3 月上旬展叶，3 月下旬抽一次枝，4 月上旬现蕾，5 月上旬开花，5 月下旬抽生二次枝，8 月上、中旬抽生三次枝，9 月中下旬果实成熟，10 月上旬开始落叶。

四、栽培技术

（一）苗木繁殖

刺梨可采用播种、扦插、嫁接、分株和压条等方法进行繁殖，一般以扦插育苗为主。

1. 实生繁殖

刺梨实生繁殖有秋播和春播 2 种方法，秋播比春播效果好。9 月，待果实充分成熟时采种，将种子洗净，立即播种。种子忌太阳暴晒、失水，种子的生活力随含水量的降低而下降，不能立即播种的应用湿沙贮藏。圃地应选择肥沃、深厚、保水保肥能力强的壤土或砂壤土。播前，土壤需深翻，施肥，作床。播种量为 75 ~ 90 kg · hm^{-2} 种子，采用条播。播后覆土，浇水，盖草保湿。

2. 扦插繁殖

有绿枝扦插和硬枝扦插 2 种。绿枝扦插以秋插为好，选择当年生健壮的枝为插条（呈 T 型），长约 16cm，具 5 ~ 6 芽，顶端带 1 ~ 2 片叶，用浓度为 5 ~ 25mg · kg^{-1} 的 IBA 或 NAA 处理。扦前精细整地作畦，插条约呈 60°斜插入土，外露 2 芽，株行距 12 cm × 17 cm。插后搭棚遮荫保温，晴天早晚浇水，及时中耕除草。硬枝扦插，春、夏、秋三季扦插成活率均高，插条 1、2、3 年生均可，管理方法与绿枝扦插相同。

3. 压条繁殖

刺梨采用各种压条方法都易获得良好的效果，但以水平压条成苗率高。春、夏、秋三季均可压条，但以春季压条为佳，所生苗木健壮，利于早果丰产。选择优良母株，将株丛中心枝培土，埋其基部，外围枝平压于四周，株产苗木 20 株左右。

4. 组织培养繁殖

选用优良母树的枝条为外殖体，以 MS + 1.5% 蔗糖 + 1.5% 琼脂粉 + 0.5mg · kg^{-1} BA 启动培养基，以 MS + 1.5% 蔗糖 + 1.5% 琼脂粉 + 1mg · kg^{-1} BA + 0.2mg · kg^{-1} IAA 为丛芽诱导培养基，以 1/2MS + 1.5% 蔗糖 + 1.5% 琼脂粉 + 2mg · kg^{-1} IAA 为生根培养基，可获得刺梨试管苗。

（二）造林

选择向阳、肥沃深厚的壤地或砂壤地，深翻施肥，开沟定植。株行距离 1 m × 1.5m 或 1 m × 2 m。栽植时间以秋季落叶至翌春新梢萌动前为好。栽前，选用良种壮苗，要求根系发达、须根多，剪除劈伤、发霉、有病虫害和畸形的根。栽时，做到根系自然舒展，分层填土踩实，根颈略高出地面。栽后浇透水，及时进行土、肥、水管理。

（三）抚育管理

1. 幼林管理

从刺梨定植至开花结果为幼林期，约为 2 ~ 3 年。此阶段为刺梨的营养生长时期，要求刺梨迅速形成树冠，为早产、高产打下基础。

2. 肥水管理

勤施追肥，在春、夏、秋梢萌发前 1 周分别追施速效肥，以氮肥为主，促进枝梢的伸长生长；第二年和第三年追肥的数量逐年加大。每株施尿素 0.05 ~ 0.1kg，当枝梢定型后施以磷钾肥或高效复合肥，以壮枝肥叶。天旱及时浇灌，旱时施肥应对水，旱季应进行树盘覆盖保湿。

3. 整形修剪

刺梨萌芽抽枝能力强，无明显顶端优势和垂直优势，树形应以自然形为主，适当进行修剪。修剪以轻剪为主，剪除枯枝、病虫枝、过密枝和衰老枝。

4. 中耕除草，改良土壤

在刺梨生长季节，应经常中耕除草，保持土壤疏松，蓄水保墒。中耕的深度不超过 10cm，一年 4 ~ 6 次。中耕一般结合灌水进行，在灌水后、雨后应及时中耕，防止土壤板结，同时消除杂草。

5. 成年树管理

重点在于调节刺梨结果与生长的关系，保证营养生长和生殖生长平衡，达到高产、稳产和优质的目的。冬季深翻土壤，施足底肥。生长季节，及时追施花前肥、稳果肥和壮果肥，花前肥以氮肥为主，稳果肥和壮果肥以磷钾肥为主，并喷施适量的微肥。修剪与幼年期类同，以轻剪为主，剪除枯枝、病虫枝、交叉枝和衰老枝。

6. 老年树管理

主要措施是重剪短截，重施基肥，促进骨干枝的更新复壮，延长刺梨结果寿命。

五、病虫害防治

刺梨主要病虫害有白粉病、梨小食心虫、桃小食心虫、蔷薇长管蚜、蔷薇白轮蚧等。

白粉病病原（*Sphaerotheca* sp.）主要危害嫩梢和嫩叶，病菌以菌丝体在芽、叶或枝上越冬，4 月下旬至 11 月为发病期，7 ~ 8 月高温受阻。在春梢和秋梢受害初期，各喷 25% 粉锈宁 2 000 倍液或农用抗生素 BO-10 200 倍液 1 次，保梢效果好。

梨小食心虫、桃小食心虫和长管蚜，可选用40%的乐果乳剂1 500倍液或80%的敌敌畏2 000倍液喷杀；对蔷薇白轮蚧可喷5波美度的石硫合剂。刺梨病虫害的防治还应重视冬季清园，采取剪除病虫枝、翻耕土壤等综合防治措施。

六、采收贮藏与加工利用

1. 采收

适时采收是保证刺梨果实品质风味和加工产品质量的基本措施。提前采收，单宁含量高，涩味重，维生素C含量低，产品加工质量差。推迟采收，果实自然掉落多，水分减少，纤维增多，维生素C降低，品质差。因此，应做到适时采收。刺梨适宜采收期，普通刺梨为8～9月，无籽刺梨为10月。当刺梨果实由绿转黄色时，果实香气浓、总糖高、维生素C含量高、单宁含量低、纤维少、水分充足、口感好，此时为最佳采收期。贵州刺梨果实最适采收期划分为5类：黔南区采收期（8月上旬至8月下旬）；黔东区采收期（8月中旬至9月上旬）；黔北区和黔西南区采收期（9月上旬至9月下旬）；黔中区采收期（9月中旬至10月中旬）；黔西北区采收期（10月中旬至11月下旬）。

2. 采收贮藏保鲜

刺梨果实的成熟季节集中，采摘期一般为1个月左右，而鲜果耐藏性低，常温下仅能贮藏半月左右。为了延长刺梨的贮藏时间，满足全年原料的供应，应采取科学的贮藏方法。

（1）鲜果冷库贮藏。鲜果采收后，去杂洗净，用聚乙烯薄膜袋包装、封口，置于0～5℃ 的冷库中贮藏。贮藏期可达2个月，好果率为80%，维生素C保存率为70%以上，果实新鲜饱满、汁多、肉质脆嫩，具有浓郁的刺梨果实风味。

（2）鲜果干制贮藏。鲜果采收后，去杂洗净，用刀切成5～6小块，80～100℃控温烘干（含水量为5%）。冷却后，麻袋包装，外套聚乙烯薄膜袋封口，置于0～5℃ 的冷库中贮藏。贮藏期可达1年，Vc保存率为70%以上，色泽正常，具刺梨果实风味。

（3）保鲜剂贮藏。采用天然食品添加剂0.3% JA3作保鲜剂对鲜刺梨果进行涂膜处理后于室温下贮藏，保鲜效果好。

3. 综合加工利用

随着现代科学技术的进步，刺梨的加工和综合利用技术得到了很大的发展，形成了多样化的产品，主要有刺梨果汁、刺梨果酒、刺梨啤酒、刺梨酸奶、刺梨果脯、刺梨酱、刺梨晶、刺梨软糖、刺梨糕点、Vc浓缩汁、刺梨化妆品等。

（1）刺梨果酒。刺梨鲜果洗净沥干，用锤式机破碎，按1%量加入柠檬酸，压榨取汁，过滤。按果重的2.5倍添加热糖浆，加入8%的酵母培养液，18～22℃低温发酵7～10d。虹吸法进行换桶，适当调整糖度，于10～18℃发酵至酒度达10%～12%，残糖至0.5%以下时，发酵结束。陈酿1年以上，期间倒池换桶2～3次。取汁后的果按1:1比例，于40°～50°脱臭酒精浸提2次，每次20～30d。浸提果酒用0.1%明胶除涩。将刺梨发酵酒与浸提酒按比例勾兑，包装。

（2）刺梨酸奶。将30%的鲜牛乳、10%的浓缩鲜刺梨汁、0.6%的柠檬酸、0.05%卡拉胶、0.4%的山梨酸钾及12%的白糖混合搅拌，过滤，混合搅拌调配，均质，灌装灭菌而成。

（3）刺梨果脯。刺梨鲜果，用开水热烫去刺。将刺梨果分成两瓣，取出果内的籽，然后用清水洗净，放入开水中煮3～5min，取出待用。将10kg糖配制成40%的糖液，取1/2在锅中煮沸，倒入待用刺梨20kg再煮沸，反复加糖液3次熬煮，整个煮制约40～50min。出锅，冷却，包装。

（4）刺梨果汁。刺梨果实→选果→冲洗→破碎→压榨→静置→倒池→下胶→分离→过滤→刺梨原汁→配料→包装。

（5）刺梨罐头。刺梨果实→挑选分级→碱液浸泡→机械磨皮→果块成型→去籽→保脆处理→漂洗→装罐→加糖水→密封→杀菌→检验→成品。

（王义强）

84. 山葡萄

山葡萄（*Vitis amurensis* Rupr.）为葡萄科（Vitoideae）葡萄属（*Vitis* L.）植物，是寒地果树的宝贵资源。它抗寒力极强，浆果营养丰富，含糖7%～23%，有机酸2%～3%，还有氨基酸、蛋白质及多种维生素和矿物质，是酿制葡萄酒的优质原料。山葡萄用于工业化酿酒有近60年的历史。其浆果易加工、酿酒工艺简单，用山葡萄酿制的葡萄酒，色泽艳丽，酸甜适度，馥香爽口，醇味浓郁绵长，不仅风味独特，而且内含原花色苷、白藜芦醇等多种具有抗癌、消炎、抗过敏、防治心脏病、增强肌体免疫力等医疗保健功能，深受消费者欢迎，远销世界几十个国家和地区。

随着生产的不断发展和科学研究的日益深入，山葡萄已从野生状态，逐步走向良种化和集约化栽培。是我国寒带地区的优势种植业，近年来发展面积很大。驯化后易栽培管理，产量和效益高，市场前景好。由于山葡萄酒的高额利润带动了栽培产业的快速发展，地处中国、朝鲜边界鸭绿江畔的集安市岭南地区，到2001年山葡萄栽培面积已达330hm^2左右，主栽品种“双优”产量可达15 $t \cdot hm^{-2}$。

一、主要物种

按葡萄种的地理分布和生态特点，葡萄属大体可分为3个种群：即欧亚种群、东亚种群和美洲种群。东亚种群约有40余种，原产我国的约有10余种。主要的种有：

1. 山葡萄（*Vitis amuremsis* Rupr.）

别名山藤藤秧、野葡萄。木质藤本，长达15m。茎皮暗红褐色，成片状纵向剥离；幼枝初有细毛，后无毛，枝匍匐或攀缘于其他树木上，有与叶对生的二岐卷须。单叶互生；有长柄，长4～12cm，有疏毛；叶形大，宽卵形，长4～17cm，宽3.5～18cm，3～5裂或不裂，先端锐尖，基部宽心形，边缘有粗锯齿，上面暗绿色，无毛，下面绿色，叶脉上有短毛。花雌雄异株；圆锥花序与叶对生，花小形，黄绿色；雌花内5个雄蕊退化；雄花内雌蕊退化；花萼盘形，无毛；花序轴有白色丝状毛。浆果球形，直径约1cm，黑色。种子2～3，呈卵圆形。花期5～6月，果期8～9月。

原产中国东北、西北、华中以及朝鲜和俄罗斯西伯利亚地区。我国东北地区分布广泛。果实可鲜食，又是酿制葡萄酒的上好原料。根、藤可入药，主治神经性头痛、胃痛、腹痛、外伤及术后疼痛。果可治烦热口渴、尿道感染、小便不利。抗寒能力极强，能在－40℃的低温下存活，冬季可在自然条件下越冬，是较抗寒种质资源。

2. 葡萄（*V. thunbergii* Sieb. et Zucc.）

又称野葡萄。分布于河北、山东、江苏、江西、湖北、福建、云南、广东等地。日本和朝鲜也有分布。抗寒较强，在华北一带可露地越冬。果实紫黑色，可酿酒。

3. 刺葡萄（*V. davidii* Fôex）

分布于湖南、湖北、江西、云南、贵州、四川、福建、浙江、江苏等。果实黑色，可酿酒，根可入药，主治筋骨伤痛。

4. 秋葡萄（*V. romanetii* Roman.）

原产秦岭北坡，陕西、河南、湖北、四川、甘肃、江苏等地。果实黑色，可酿酒。

5. 毛葡萄（*V. quinguangularis* Rehd.）

分布于广西、云南、贵州、四川、甘肃、陕西、湖南、湖北、江西、安徽、江苏、浙江等地。果实为黑色，味甜，可酿酒。

上述种大多为野生，有的山区比较集中成片。近年来，各地已相继开发利用，加强了栽培、抚育管理，产生了显著的经济效益。

二、主要栽培品种

早在20世纪50～60年代，我国山葡萄的利用，主要是采集果实，随着采集量的不断增加，野生山葡萄资源日益枯竭。为了满足葡萄酿造业的需要，我国于20世纪50年代后期开始进行山葡萄驯化和新品种选育的研究。80年代初，野生山葡萄驯化栽培获得成功，同时，从野生资源中选育出左山一、左山二等优良雌能花品种。特别是发现了具有两性花的珍稀品种双庆，为山葡萄杂交育种，提供了宝贵的种质资源。近20年来通过杂交育种培养出双优等优良品种，栽培技术也有了很大进步，为在我国东北、西北寒地建立以山葡萄为原料的酿造葡萄基地，奠定了坚实的物质和技术基础。山葡萄主要品种有以此几种。

1. 双优

吉林农业大学等单位育成。两性花，植株生长势中等，早期丰产性好，且连年丰产。可露地越冬。果穗长圆锥形，长 15.7cm，宽 9.2cm。平均穗重 102g，果穗紧密，浆果圆形，直径 1.17cm，果皮蓝黑色，较薄。果汁紫红色，出汁率为 64.7%，可溶性固形物含量 15.6%。萌芽率 93.6%，结果枝率 94.2%。9 月上中旬成熟。

2. 左山一

中国农业科学院特产研究所育成。雌能花，植株生长势强，丰产性较好。果穗圆锥形，长 15.2cm，宽 9cm，平均重 78.7g，紧密度中等。浆果圆形，直径 1.11cm，果皮蓝黑色。果实紫红色，出汁率 60% 左右。萌芽率 94.1%，结果枝率 94.5%，9 月上中旬成熟。

3. 左山二

中国农业科学院特产研究所育成。雌能花，植株生长势中等，较丰产，稳产。果穗圆锥形，长 13.8cm，宽 7.3cm，平均穗重 109.3g，较紧密，浆果直径 1.18cm，果汁可溶性固形物含量 14.3%。萌芽率 81.8%，结果枝率 86.6%。9 月上中旬成熟。

4. 双红

中国农业科学院特产研究所育成。亲本为通化 3 号双庆，两性花，植株生长势较强，较丰产，抗霜霉病能力强。果穗双歧肩圆锥形，长 16.1cm，宽 9.3cm，平均穗重 127g，浆果直径 1.039cm，平均重 0.83g，青粒少。果汁可溶性固形物含量 15.58%，浆果出汁率 55.7%。萌芽率 91.2%，结果枝率 89.56%。9 月上旬成熟。

5. 双丰

中国农业科学院特产研究所育成。亲本为双庆通化 1 号。两性花，植株生长势较强，丰产性好。果穗双歧肩圆锥形，穗长 14.8cm，宽 9.1cm，平均重 179g。浆果直径 1.076cm，平均重 0.81g。果汁可溶性固形物含量 14.25%。萌芽率 90.98%，结果枝率 88.5%。9 月上旬成熟。

三、生物学特性

研究果实的生长发育规律，是制定栽培管理措施和确定采收期的基础。山葡萄果实的生长主要集中在坐果后 5 周左右，果实体积和重量迅速增大，以后随着果实的发育，果径生长缓慢。山葡萄果实生长呈双“S”曲线，果实单果重与单果体积的曲线完全一致，呈正相关。分为 3 个阶段：6 月下旬至 7 月下旬为果实迅速生长期；8 月份为缓慢生长期；8 月末至 9 月初的 1 周内果实生长再次加快，但这次生长量较小，时间较短。此后果实的体积几乎不再增加，直到该品种固有的果实重量和体积时为果实的成熟期。

山葡萄果实在生长发育过程中，含糖量的变化与果实生长密切相关。坐果后随着果实生长，固形物含量增加，7 月 10 日以后浆果固形物含量增加缓慢。从果实开始着色时含糖量迅速增加，到浆果全部着色后固形物含量不再增加。果实的酸度是影响山葡萄酒品质的主要原因之一，无论鲜食还是加工，适度的含酸量尤其重要。在果实生长发育过程中，含酸量也不断增加。果实生长前期到中期含酸量低且积累速度慢；到生长后期含酸量积累速度加快；当果实基本着色，果实已进入软化阶段后，含酸量开始缓慢下降，这种变化规律与果实成熟有关，因此，可以作为采收期的指标之一。

山葡萄在最佳生态区是生长季节和果实成熟期降水量小、空气干燥、光照充足、昼夜温差大，这样浆果发育良好，果粉厚、果香味浓，糖积累多，果实含糖量（固形物）提高 4.67°；山葡萄在一般生态区生产栽培，果实含糖量（固形物）12% ~ 16%，因含糖低，只能酿造低档半汁甜型山葡萄酒，而在最佳生态区果实含糖达 18.1% ~27.2%，山葡萄果实含糖量符合酿造高档全汁干红葡萄酒（GB/T15037 -94）等国家标准，使酿制高档全汁干红山葡萄酒成为可能。在山葡萄最佳生态区生产栽培，果穗整齐，果实成熟度好，尚未充分成熟的青绿粒，果实总酸比一般生态区大幅度降低。

四、栽培技术

（一）苗木繁殖

苗木繁殖，目前，国内主要采用扦插和嫁接两种方法。

1. 扦插繁殖

山葡萄主要采用硬枝扦插法。山葡萄枝蔓不经处理露地扦插发根率较低，必须通过植物生长调节剂处理或加温催根后，然后才能移栽到露地。山葡萄插条必须采自优良品种植株，芽眼饱满，充分成熟，无病虫害的1年生枝条。也可结合冬季修剪采集，具体时间为落叶后至翌年3月上旬。将采集好的插条，剪成5～10节为一段，每50～100根为1捆，拴好标签后贮藏，贮藏方法与其他葡萄相同。3月中下旬，将贮藏好的插条，剪截成18cm左右，具有两个芽以上的插条。

扦插前插条宜进行药剂处理。常用药剂有萘乙酸、吲哚丁酸、ABT生根粉等。萘乙酸和吲哚丁酸的适宜浓度为150mg·L^{-1}，ABT生根粉的适宜浓度为4 000mg·L^{-1}。配制好的药液要加入5%的蔗糖，促根效果更佳。浸泡深度为插条基部5cm，在室温（15～20℃）下浸泡24h。取出后要用清水冲洗干净，注意不要使药液沾到插条的上部。

催根为促使山葡萄发根，常利用温室、火坑或阳畦作苗床。苗床常用的基质为河沙，基质厚度为20～22cm，为保证苗床温度稳定，扦插前3～4d应进行加温，15cm深基质温度稳定在28～30℃时，方可扦插，株行距为3cm×4cm，插入深度为15cm，芽眼露出沙面。扦插后20d内，应保证基质内发根部位的温度稳定在28～30℃。床面气温不要超过10℃，防止芽眼过早萌发。基质湿度（绝对含水量）应控制在8%～9%。20d后，插条开始生根，萌芽展叶。此时只需保持基质温度与前期相同，不必控制床面的气温，以利新梢生长。还要注意抹除多余的芽，摘除花序，及时松土，防治病虫害发生。45d后到幼苗移栽前，应进行炼苗。

5月下旬，扦插苗就可以移栽到苗圃地，苗圃地的选择同其他果树。移栽前应做好整地、施足底肥等项准备工作。适宜株行距为12～60cm。移栽时要将苗木分级，分别栽植。移栽成活后要及时松土。新梢长出后，应及时立枝柱、绑蔓。

2. 嫁接繁殖

山葡萄主要是利用贝达砧木易生根的优点，解决山葡萄不易生根的问题，提高成苗率和繁殖系数。为了尽快使接穗早生根，发挥山葡萄抗寒力较强的优点，应采取“长穗短砧，深栽浅埋，不解绑扎物，逐渐培土，促穗生根”的办法，嫁接采用劈接法。贝达砧木的长度为8cm左右，基部带节剪成斜面。接穗长12cm，下端剪成两面等长的斜面，接好后接口的绑缚物不要解除，要利用其形成缢痕，限制砧木根系的发育。苗木移栽或定植时，一定要深栽。通过逐步地培土，使原山葡萄接穗和新梢逐渐生根，并取代原有由贝达砧发出的根系，达到由嫁接苗转化成自根苗的目的。

（二）栽植

1. 园地选择

山葡萄为多年生藤本植物，园地宜选择地势较平坦的东南坡或西南坡，地下水位在1m以下，无涝害，无霜冻危害，土壤为砂壤土或壤土，pH值5～8，含盐量小于0.25%，无霜期大于120d，10℃以上有效积温2 400℃以上的地区。

为便于管理，面积较大的园应划分小区，小区为长方形，面积为1～2hm^2，山坡地应依地形划分。棚篱架以东西向为宜，篱架以南北向为宜，山坡地行向按等高线设置。风大地区要设置防风林，主林带与主风向垂直，乔木2～4行，灌木1～2行。林带与葡萄架距离应小于6m。

2. 催根催芽处理

4月上旬将苗木从窖中取出，用清水浸泡24h，然后将苗木栽入直径20cm、高25cm，并装有营养土（由园土、厩肥、河沙等配制）的塑料袋中，然后放入塑料大棚中，浇透水，进行催根催芽。当苗木萌芽后，应选留2～3个壮芽，抹去弱芽，摘除花序。苗木长出5～7片叶时，即可进行定植。

3. 定植

经催根催芽处理的苗，于5月下旬至6月上旬定植。未经催根催芽处理的苗木，应于4月下旬至5月上旬定植，但定植前应在清水中浸泡24h。栽植时，按1m的株距，挖直径40cm，深30cm的栽植穴。边挖坑边定植。定植前每穴施入5～10kg基肥，50～100kg钾肥和200kg过磷酸钙。栽后浇水，用土将苗木地上部埋严。待萌芽后，除去埋土。旱时栽后3～4d再浇一次透水。

4. 常用的架式

主要有两种，单壁篱架、棚篱架。单壁篱架架高1.8～2.2m，行内柱距3～6m。架面上拉4～5道铁线。

棚篱架是棚架与篱架的结合形式，架高2～2.2m，行内柱距5m。篱架面拉4道架线。行间每隔50cm再拉一道架线。棚面架线2～3道（间距50cm左右）。

5. 山葡萄整形

常用龙干形和多主蔓扇形两种。

（1）龙干形。每株在架面留1个主蔓的称独龙干形，留两个主蔓的称双龙干形。双龙干形整枝，定植当年秋或翌年春，地上部留3～4个芽，翌春萌发后留两个壮稍，如果只萌发一个新梢，可在新梢20～30cm时摘心，促发副梢，再选留两个壮梢培养成主蔓。对选留好的主蔓，待新梢长到150cm摘心。所萌发的副梢，一律从基部疏掉，第一年冬剪时留80～100cm短截，最长不超过120cm。第二年春先端的延长蔓，继续培养。对基部30cm以内萌发的主副芽，及早培养。每个结果新梢只保留下部两个花序，在第二个花序上部留3～4叶摘心。对萌发的副梢一律及早抹掉。第二年冬季修剪时延长蔓留80cm。对结果枝留2～3芽短截，每隔20～25cm留一个，错落着生。第三年后对结果枝组按单枝更新原则培养。3年后，双龙干形基本形成。

（2）多主蔓扇形

主蔓数3个，其上直接着生结果母枝。在架面上呈扇形分布。定植时，每株留3～4个芽，萌发后选留3个新梢，处理方法同双龙干整枝。但新梢摘心时所留长度，可适当缩短。第1年冬剪时，根据枝蔓生长强弱，分别截留80～100cm；60～80cm；30～40cm；副梢一律疏掉。翌春，按长、中、短分别引缚在篱架上。萌芽后，对30cm以下的芽全部抹掉。最先端新梢培养成延长蔓，并疏除花序，及时摘心。其他结果新梢一律按双龙干形结果枝的办法处理。第二年修剪时，应保证延长蔓分别按半倾斜引到1、2、3道架线上的长度剪留，其余结果枝留2～3个芽短梢修剪。过密处应适当间疏。第2年多主蔓扇形基本形成。山葡萄的修剪与鲜食葡萄不同。山葡萄抗寒力较强，不必下架防寒，故冬剪从上一年落叶直至翌年3月下旬前均可进行。此外，山葡萄生长势较强，生长量较大。因此，搞好夏剪十分重要。冬剪对结果枝通常采用短梢修剪，剪留过长不利结果枝形成。对主蔓延长蔓修剪，在架面尚未布满之前，根据架面空位大小留10～15个芽。随着架面空间减少延长蔓留芽量逐年减少。一般每平方米留芽量为35～40个。

6. 修剪

山葡萄结果部位容易外移，因此，结果枝或主蔓应及时更新。结果枝多采用单枝更新；延长蔓多采用双枝更新。夏剪萌芽后，结果母枝每节留1个壮芽，副芽抹除，抹去篱架面下部30cm内结果枝的主副芽。当新梢长到10cm时，应及时疏除过密枝、弱穗枝、发育枝。每平方米留16～20条新梢。在开花前1周，对结果新梢进行摘心，壮枝最先端花序留3片叶摘心，弱枝留4片叶摘心，延长蔓在8月中旬摘心。摘心后萌发大量副梢，都应全部抹除，所有卷须也尽早剪除。新梢长到30cm时，将新梢绑缚在架面上。由于山葡萄的芽具有早熟性，夏季副芽大量萌发会造成架面郁闭，因此，需要进行夏季修剪。正常开花结果的成龄树，在开花前将结果枝前端1个花序的留3片叶摘心、抹除全部夏芽、不留副梢。夏季修剪应采用不留副梢的方法比较适宜。这种方法较常规方法可减少摘心1～2次，而且也可减少每次摘心的工作量，节省人工1/3以上，降低生产成本。

7. 肥水管理

定植当年全园要进行3～5次中耕除草。同时，注意前期施1次氮肥，后期施1次磷钾肥，干旱时浇水，雨季排涝。

果实采收后，施农家肥30～45t·hm^{-2}，化肥按每产100kg果实施尿素5kg，过磷酸钙10kg，硫酸钾5kg的量施入。采用沟施方法施肥，深度为30～40cm。萌芽前，施尿素150～180t·hm^{-2}，在花前喷0.3%硼酸或硼砂溶液。浆果膨大前，施过磷酸钙225～300t·hm^{-2}，硫酸钾150t·hm^{-2}。果实膨大期，果实着色期喷0.3%的磷酸二氢钾。萌芽前灌1次催芽水，每次追肥后，根据墒情要及时灌水以促进根系对肥料的吸收。在土壤结冻前灌1次封冻水，防止冬季和早春抽条，可采用沟灌或滴灌。雨季应注意排涝。

五、病虫害防治

（一）病害防治

1. 葡萄霜霉病

主要危害叶片，也危害新梢、花序和幼果。

防治方法：增施有机肥料及磷、钾肥，提高植株抗病虫能力。秋季落叶后及时清扫果园；春季萌芽前喷5波美度石硫合剂；在6月中旬至9月上旬，每隔7～10d喷1次200倍半量式波尔多液或每隔10～15d喷700倍甲霜灵，或克霜氰500倍液，40%可湿性乙磷铝300～400倍液。

2. 葡萄白腐病

是危害果穗最严重的病害，有时也危害叶片和新梢。

防治方法：秋后或早春及时清扫果园，萌芽前喷5波美度石硫合剂，发病期喷退菌特700倍液，或福美双500～700倍液，百菌清700～800倍液，多菌灵600～800倍液。为提高药效，各种杀菌剂应交替使用。

（二）虫害防治

葡萄十星叶甲（*Oides decempunctate* Bill.）幼虫早晚活动，危害幼芽嫩叶，6 月底入土化蛹，8 月为羽化盛期危害叶片。

防治方法：秋耕灭卵，清洁果园；幼虫开始危害时，常密集在叶片正面，可及时清除虫叶消灭虫盛期，在清晨振动树体捕杀或用药剂喷杀。

六、采收贮藏与加工利用

与葡萄加工利用相同。

（林保山）

85. 树　　莓

树莓为蔷薇科（Rasaceae）悬钩子属（*Rubus*. L.）半灌木植物，是一种重要的小浆果类果树，也是一种很好的生态经济型灌木树种。

全世界悬钩子属植物750种，主要分布在北半球温带和寒带，少数分布在热带、亚热带和南半球。在美国国家无性系种质资源库公布的悬钩子目录中，目前有利用价值的有143个种，1 000多个无性系，来自36个国家和地区。其中树莓17个种，336个无性系。我国悬钩子属已报道的有194个种，其中特有种138个，分布遍及全国各地，以西南地区分布最为集中，但大都以野生状态存在。

悬钩子属植物种类繁多，各种间性状差异很大，根据外部形态分类比较困难，目前对该属的植物学分类有几种不同的方法。《中国植物志》中将该属植物分为8个组，即空心莓组、常绿莓组、悬钩子组、木莓组、刺毛莓组、矮生莓组、匍匐莓组、单性莓组，其中前5组为灌木或半灌木，后3组为草本。俞德浚将该属分为刺毛莓亚属、软枝莓亚属、大花莓亚属、空心莓亚属、实心莓亚属等5个亚属。在园艺学分类上，曲泽洲将该属分为树莓种群、黑刺莓种群和露莓种群。欧美国家园艺界根据果实成熟后是否与花托分离，将该属分为树莓种群（raspberries）和黑莓种群（blackberries），树莓果实成熟时易与花托分离，黑莓果实不分离。根据果实颜色和生长特性不同，树莓可分为红树莓、黄树莓、黑树莓和紫树莓4种类型，黄树莓与红树莓只在果实颜色上有差别，紫树莓为黑树莓和红树莓的杂交种，生长特性与黑树莓相似。根据结果习性不同，可将树莓分为夏季树莓和双季树莓，大多数双季树莓为红树莓和黄树莓。

大约在16世纪，英国最先将欧洲红树莓进行人工栽培。20世纪初，树莓的种植业迅速发展，在波兰、南斯拉夫、苏格兰、美国和加拿大等都有大面积的经济栽培。但到20世纪50年代，由于种苗质量差，病虫害严重以及手工摘果成本过高等方面的原因，树莓的栽培逐渐衰退。近几十年来，树莓在遗传改良方面取得了很大的成绩，培育出了许多优良品种，特别是现代生物技术的迅速发展，极大地促进了树莓的研究与生产。在国内，树莓的育种也逐渐展开，目前主要集中在种质资源的调查和引种上，取得了一些成绩。

树莓主要分布在北半球温带和寒带，少数分布在热带、亚热带和南半球。大规模经济栽培区主要分布在欧洲，以及美国、加拿大、澳大利亚、新西兰等国。产品除部分供鲜食外，大部分速冻或加工成汁、酱。

树莓又称木莓，是重要的小浆果树种之一。根茎叶皆具有止渴、除痰、发汗、活血之功效。果实色泽宜人，风味独特，其果甜而芳香，营养丰富。据测定果实含糖5.6%～10.7%，酸0.6%～2.2%，每100g鲜果含Vc47mg、V_A133mg，V_{B_2}16mg，$V_{B_{12}}$205mg，不仅是味道鲜美的鲜食果品，也是加工的上好原料。其加工品主要有果酒、果汁、果酱、蜜饯等。还可作多种食品添加剂，其极高的营养价值是其他水果所无法替代。在医药、化妆、保健等方面，树莓也有着广泛用途。此外，树莓生长快、耐瘠薄、耐干旱，是优良的水土保持植物和蜜源植物，具有广阔的开发前景。

一、主要物种

1. 托盘悬钩子（*Rubus crataegifolius* Bge.）

又叫木莓，马林。落叶灌木，高1～2m。小枝红褐色，有棱，幼时有短柔毛，有钩状皮刺。单叶，3～5掌状分裂；叶柄长2～5.5cm，散生小钩刺，并具有短柔毛；托叶线形，贴生叶柄上；叶片宽卵形、长卵形或近圆形，长5～13cm，宽4～10cm，花枝上叶较小，先端渐尖，基部阔心形，叶缘有不规则粗锯齿，下面叶脉有短柔毛和小皮刺。花2～10朵，丛生或成短伞房花序，下垂；花梗长5～10mm，有柔毛；花径1～1.5cm；萼片5裂，裂片三角形，先端尖；花瓣5，白色，卵形或椭圆形；雄蕊多数；雌蕊多数。聚合瘦果近球形，径约1cm，深红色，多汁。花期6月，果期7～9月。

布于中国东北、华北、内蒙古。朝鲜，日本也有分布。

2. 库页悬钩子（*R. sachalinensis* Lévl.）

又名白背悬钩子。落叶灌木，高30～100cm。小枝淡灰褐色，有短茸毛或有红褐色直刺。三出复叶，互生；小叶长圆状卵形或卵状心形，长 5 ~ 12cm，宽 3 ~ 7.5cm，先端尖，顶端小叶大，叶柄长，约 2cm，两侧小叶小，近圆形，几无柄，叶缘有规则或不规则锐锯齿，上面绿色，无毛或稍有毛，下面密生灰白色绒毛，沿脉疏生小刺。花 1 ~ 5 朵，顶生或腋生；花托有毛或有带柄的腺体；花梗有腺或刺毛；花径约 1cm；萼片 5，长三角形，先端渐尖，有小刺和短柔毛；花瓣 5，白色，椭圆形，先端钝，比萼片短；雄蕊多数，比花柱短。聚合瘦果，近球形，红色，多汁。花期6 ~ 7月，果期 7 ~ 8 月。

分布于中国东北、西南。朝鲜，俄罗斯及欧洲也有分布。

在我国，树莓主要分布在东北、西北、华北、华南等地。目前栽培面积尚少，主要栽培区在黑龙江尚志、阿城和海林，以及单位面积产量较低和品种退化等问题。

二、主要栽培品种

1. 红树莓

别名托盘、红马林。浆果圆球形，深红色，芳香味浓，品质上。单果重 2.5g，产量为 7.5t ~ 1.5 $t \cdot hm^{-2}$。7 月中旬开始陆续成熟。植株萌蘖力强，抗旱力强，产量较高。红树莓中的大红树莓是大果类型，但产量不如普通红树莓。

2. 双季红树莓

别名双季红马林、托盘。浆果鲜红色、圆球形，味甜酸，香气浓，品质好。夏秋两季结果，产量较高，供应市场时间长。1 年生枝（茎生枝）形成的当年就在上部开花结果，8 月份成熟，直至霜降；翌年春天，中下部继续结果，7 月初开始成熟。

3. 黑树莓

别名黑马林。果实短圆头形，有光泽，成熟后为紫黑色。单果重 1.9g，含糖为 5.7%，酸 1.3%，每 100g 鲜果含维生素 C30mg。果味酸甜，果肉较硬，适于加工。浆果在 8 月上中旬成熟。产量为 12 ~ 17$t \cdot hm^{-2}$。当年生枝条老熟时为紫红色，茎上被有一层很厚蜡粉，株丛不发生根蘖，但其枝条顶端触地后能发根成苗。抗病及抗旱力强。

4. 黄树莓

别名黄马林。浆果黄色，圆尖形，味甜酸，香气浓，含糖 6.6%，酸 1.6%，每 100g 鲜果含维生素 C24mg，单果重 2.4g，产量 10t ~ 15$t \cdot hm^{-2}$。

5. 紫树莓

别名紫马林。果实圆头形，不耐贮，单果重 2.5g；含糖 8.5%，酸 2.1%，100g 鲜果含维生素 C20mg，产量 12t ~ 17$t \cdot hm^{-2}$。

6. 红宝玉

属中早熟品种。浆果红色，圆形，味酸甜，香气浓，鲜食及加工。平均单果重 2.9g，最大 4g，可溶性固形物 9.4%。结果母枝粗壮，生长势旺，通常株高 1.6 ~ 2.0m。丰产性好，花芽率在 80% 以上，每个果枝上有 7 ~ 12 个花序，每个花序有 1 ~ 5 花，座果率高，产量 17$t \cdot hm^{-2}$以上。长春地区果实采收期从 6 月末至 8 月初。授粉结实率在 85% 以上，可以栽单一品种。

7. 美 22 号

浆果深红色，圆锥形，平均果重 399g，果实含糖 5.3%，酸 2.6%，每 100g 鲜果含维生素 C25.8mg。丰产，3 ~ 4 年生产量 10$t \cdot hm^{-2}$。果实 7 月上旬开始成熟。

8. 美 21 号

浆果圆锥形，红色，平均单果重 4.15g，含糖 9.5%，酸 4.1%，每 100g 鲜果含维生素 C 21mg。较丰产，3 ~ 4 年生产量为 10.9$t \cdot hm^{-2}$。抗病力较差。果实 7 月初开始成熟。

9. 澳洲红

浆果圆锥形，红色，平均单果重 3.08g，含糖 11.6%，酸 2.7%，每 100g 鲜果含维生素 C44.7mg。较丰产，3 ~ 4 年生产量 12.41$t \cdot hm^{-2}$。抗病能力强。果实 7 月初开始成熟。

20 世纪 60 年代以来，美国培育了大量的树莓品种，有的品种不仅在美国得到广泛应用，而且被其他国家如加拿大、英国、中国等引种栽培，并作为育种资源加以利用，选育出了适合于各国生产的新品种，对世界树莓的发展起到了很大的推动作用。此外，英国、加拿大、荷兰等国的育种学家们也培育出了许多优良品种。欧美栽培较多的树莓品种也有许多。

（1）Newbergh。Jennings 等 1962 年发表，中熟，中果，味佳，色红，带刺，抗寒，抗螨虫，对短枝枯萎病有很强的抗性。

（2）Latham。1961 年由美国纽约农业试验站 Hull 等发表，晚熟，小果，味佳，色红，产量中等，少刺，极耐寒，抗旱，易感白粉病和腐烂病，抗绿斑病，在美国北部广泛栽培。

（3）Royalty。晚熟，大果，果肉软，色紫，味甜，生长势强，极高产。

（4）Black Hawk。晚熟，中果，味佳，色黑，高产，抗炭疽病。

（5）Redwing。中熟，大果，果肉软，味佳，稳产，双季结果。

（6）Heritage。1969 年由美国纽约的 Keep 发表。晚熟，中果，果肉硬，色红，速冻品质好，茎干直立，高产，双季结果具有很强的抗寒性，是美国北部、加拿大等温带地区广泛栽培的优良品种。

最近，加拿大农业部的 PARC（h ~ cificAgri ~ FoodReseachCenter）培育出了许多优良品种。

（1）BC-86-6-15。早熟，果大，果硬，色黑，可溶性固形物含量高，特别适于加工，具有极好的采收品质，对采前和采后果实腐烂病，Botrytis 有极高的抗性，但对烂根病非常敏感。

（2）Malahat。1996 年发表，Nootka 的后代，早熟，果大，果硬，味佳，高产，贮藏性好，但抗寒性稍差。

（3）Tulameen。1996 年发表，晚熟，果极大，果硬，味极佳，高产，茎健壮、直立，采收期长。

芬兰农业研究中心浆果育种组最近培育出了两个红树莓品种 Jenkka 和 Jatsi，Jenkka 具有很好的抗寒性，产量高。这两个品种均适于鲜食，可手工采摘。

三、栽培技术

（一）苗木繁殖

1. 根蘖繁殖

红树莓的根系上具有不定芽，每年 5 ~ 6 月在株丛周围发生大量根蘖苗，在 6 月中旬将半木质化的根蘖苗挖出趁雨前定植或栽植到苗圃中。也可在秋季埋防寒土前挖出，当年秋季或翌年春季定植。根蘖繁殖，方法简单、易行，成活率高。

2. 压条繁殖

适于黑树莓。品种枝条呈拱形，先端向下弯曲，顶端触地后生根，形成一个新植株。通常在 7 ~ 8 月份，距母株 1m 左右处挖一浅沟，将当年生枝顶端埋入沟内（埋土不宜过厚），过一段时间即生根，长出新梢。注意田间除草，以促进新苗生长。秋季将压条苗与母株分离。

3. 扦插繁殖

树莓的不定根和枝梢都可作繁殖材料。利用不定根（根条）繁殖，在秋季挖根蘖苗时也就挖出根条，或单独在距母株 60cm 以外的地方挖取。将挖出的根条及时剪成 15 ~ 20cm 长的根段，扎成捆，埋在窖内湿沙中贮藏越冬。第二年春季在苗圃内挖 10cm 深的沟，将根条相接平放在沟底，然后用疏松的土埋填沟，适当踩实并浇水，水渗下后再覆一薄层土。加强苗期的田间管理，当年多数可成苗。

用枝条繁殖，多采用绿枝扦插，即将当年长出的半木质化绿枝剪成带 2 ~ 3 个芽的插条，扦插在大棚或温室内，扦插后要用自动定时喷雾装置喷雾，保持湿度，5 ~ 7 周内即可生根。绿枝插条在繁殖材料缺乏时，可剪成单芽枝段使用。使用休眠枝条扦插也能生根，但应用的甚少。

4. 分株繁殖

一般在春、秋两季进行，即将原来的株丛切割成几份，每份带有根系和基生枝。然后按通常的栽植方法进行繁殖。

全光雾扦插技术。采用全光雾扦插技术明显优于传统的分株、压条和硬枝扦插技术，一般 $100m^2$ 的苗床育苗 3 万 ~ 4 万株，从扦插到苗木移栽仅需 35d 左右，1 年可育 2 ~ 3 次，育苗 10 万株以上，大大缩短了育苗周期，降低了育苗成本。现将该项技术介绍如下。

选择地势平坦的地方建直径为 12m 的圆形苗床，苗床周围砌高 40cm 的砖墙，在底部每隔 1.5m 留一个排水小口，中间安装国家林业局科技情报中心推广的对称式双长悬臂旋转自动间歇喷雾装置。苗床边建 4m 高的供水塔。苗床底层铺 15cm 厚的粗煤渣，中层铺 10cm 粗沙，上层铺 15cm 的细河沙，扦插前用 0.2% 的高锰酸钾液喷洒消毒。

从母树上选择当年健壮的半木质化绿枝为插条，6 ~ 8 月均可扦插。插条剪截长度为 15 ~ 20cm（2 ~ 3 个节间），注意上端切口要平，下端切口稍斜。每 50 根扎成 1 捆，然后用 $400mg \cdot L^{-1}$ 的 ABT 1 号生根粉浸泡基部（2 ~ 5cm）30s 即可扦插。扦插深度 5 ~ 8cm，株行距 3 ~ 5cm × 6 ~ 8cm 为宜，插后立即浇水，并启动喷雾装置喷雾。扦插 10d 内，白天一般 5 ~ 10min 喷 1 次，夜间 1 ~ 2h 喷 1 次，10d 后逐步延长喷雾间隔时间，到 20d 每隔 2 ~ 4h 喷 1 次（夜间停止），25d 左右停止喷水，炼苗 7 ~ 10d 后即可移栽。

为防治插条腐烂，从扦插当天起每隔 7d 喷 1 次 800 倍多菌灵，共喷 2 ~ 3 次。在扦插 10d 后可喷

3% 磷酸二氢铵，以促进新根生长。采取此项技术育苗，美国黑莓扦插成活率达 95% ~98%，澳州红莓和波兰黄莓成活率在 80% ~90%。

移栽前将移栽地整好，施足基肥。苗畦宽 1.2m，黑莓可密些，红莓、黄莓稍稀，开沟栽后浇水。移栽后用遮阳网遮荫 2 ~3d；无遮阳网可选在风力较小的阴天或傍晚移栽，栽后中午喷雾 1 ~3 次。苗要随起随栽。栽后 7 ~10d 浇第二次水，以后管理与常规育苗相同。秋后即可出圃用于生产。

树莓应栽在土壤肥沃，湿度适宜的地方。山坡地以南坡为好，平地要求以沙质壤土和透水性良好的黏壤土为宜。深翻整地的同时要施足底肥。树莓春、夏、秋均可栽植，但以春、秋季栽植为主。春栽在土壤解冻后（4 月下旬至 5 月上旬），秋栽在土壤结冻前或埋土防寒前（10 月中旬），栽后也要埋土越冬，翌年春再撤除；夏季可在 5 月末至 6 月中旬，从田间直接挖根蘖苗定植。

定植穴以深、宽各 30 ~40cm 为宜。通常每穴栽 1 ~3 株苗。要注意保护基生芽不受损伤，栽后地上部剪留 15 ~20cm。

树莓的栽植方式分带状和单株栽植两种。带状栽植适于红树莓类和发根蘖多的品种，行距 2 ~2.5m，株距 0.4 ~0.75m。单株栽植适于黑树莓或发根蘖少的品种，行距 2 ~2.5m，株距 1m，每株丛保留枝条 15 个左右，即当年新梢和 2 年生枝各 7 ~8 条。

5. 组织培养

春季取当年生枝条，剪成 3 ~4cm 长并带 1 个芽的茎段，去掉叶片，用软毛刷蘸洗涤液仔细刷洗叶腋及皮刺，将较硬的皮刺刮掉，在自来水龙头下流水冲洗 1 ~2h. 无菌条件下，将冲洗干净的茎段放入 70% 乙醇溶液中浸 30s，再用 0.1% 的 $HgCl_2$ 溶液消毒 1 ~10min（视材料幼嫩程度而定），无菌水冲洗 4 ~6次。将消毒后的茎段接种到启动培养基上，待茎段腋芽萌发展叶后，从基部切下转接于增殖培养基中。苗木分化后，选取较壮的芽接种于生根培养基中诱导生根，继而将生根苗炼苗、移栽。

（二）抚育管理

1. 整形修剪

树莓株丛中有两种类型的枝条，即当年生的基生枝（或根蘖）和 2 年生的结果枝。为使株丛通风透光良好，保证果实品质和产量，要进行合理的整枝修剪，通常一年进行 2 ~3 次修剪。第 1 次修剪在春季解除防寒后，剪去破伤、断折、干枯、病虫枝条，疏去过密枝条，使每个株丛保留 7 ~8 条枝，留下的枝条间距为 10 ~15cm，然后将这些枝条均匀地绑缚到架上。第 2 次修剪在株丛当年新发基生枝或根蘖苗高 20 ~30cm 时进行，选留其中靠近株丛发育健壮的 7 ~8 个，以备翌年结果，其余的从基部全部除掉。夏季对过密的基生枝、根蘖，与行间的根蘖苗，要结合中耕除草随时清除，以利通风透光。第三次修剪在果实采收后进行，主要疏去结过果的干枯 2 年生枝及病虫枝，使株丛通风透光良好。树莓枝条较软，特别是结果后枝条弯曲下垂。引缚枝条可以保持果实清洁，避免果实霉烂，提高产量，改善果实品质，同时也便于采收。

（1）单篱架引缚。即在栽植行稍偏一侧的地方每隔 5 ~10m 埋入一根直柱（木杆或水泥柱），地上留 1.3m，在立柱上部绑一横杆或拉一道铁线，将 2 年生枝条均匀引缚其上。这种方法有利于株丛的通风透光，提高产量，增强品质，健壮植株，同时也便于采收。

（2）扇形引缚。即在株丛之间设立柱，把邻近两株丛的各一半枝条上下均匀地绑在两根柱子上，形成 1 个扇面状，其效果与单篱架式的相同，而且取材容易。

（3）单杆引缚。即在株丛中央立一根支柱，把株丛的全部枝条绑在支柱周围。柱高 1.5 ~2.0m。方法简便并节省材料，但枝条受光不均匀，影响结果，产量低。

2. 施肥与灌水

树莓是高产、稳产的小浆果果树，每年要从土壤中吸收大量养分。一般一年要施肥 2 ~3 次，第一次在 4 月上旬解除防寒后施氮肥，第二次在浆果发育及新梢旺长期施氮肥，第三次在秋季结合防寒施有机肥。一般农家肥每公顷施 50 ~60t，无机肥料每公顷施氮 50 ~60kg，磷 60 ~80kg，钾 60 ~80kg。

在萌芽、开花及浆果成熟期。根据土壤湿度进行灌溉，可大大提高浆果的产量和质量。在土壤封冻前浇一次水，不仅能提高株丛的越冬能力，还有利于翌年春季的生长。

在春、夏、秋季，应及时中耕除草，减少杂草对养分、水分的消耗，保证养分用于树莓植株的生长，以促进树莓树体的健壮生长。

在每年秋季可每 667m^2 施农家肥 2 000 ~3 000kg，在开花和果实发育期各追肥 1 次，以提高座果率和促果实膨大。追肥应以速效性氮肥为主，每次每 667m^2 施尿素 10 ~ 15kg。

根据当地条件，可分别在发芽前后、新梢生长期和开花期及果实成熟期各浇 1 ~ 2 次水，或采用杂草或地膜覆盖的方法，保持土壤湿润，提高降水的利用率，减少水分的蒸发，保证植株的健壮生长。

春季应及时剪除 2 年生枝顶端干枯部分，促使留下的枝发出强壮的结果枝，疏去基部过密枝和病虫枝，每株从保留 7 ~ 8 个 2 年生枝。

在采果后剪除 2 年生枝，疏除根蘖和过密的基生枝，以控制园内的总枝量。

3. 防寒越冬

目前我国北方栽培的树莓品种都需要防寒越冬，主要措施是埋土，既防寒，又防旱。埋土防寒要在土壤冻结前进行，将枝条压倒在地，从行间取土将枝条全部埋上，以不露枝条为度。翌年春土壤解冻后，将覆盖土填回原处，并清理株丛基部防寒土，以防根部年年上移。

四、采收与加工利用

树莓果实成熟期不一致，从 7 月中旬延至 8 月中下旬，长达 1 个月左右。双季树莓在秋季还有第 2 次结果，因此，要分批采收。树莓果实柔嫩多汁，很容易撞破果皮发生霉烂。如供加工用，可不带花托摘下，装入塑料桶内，当天运送到加工厂。供鲜食用的果实可以带花托或不带花托摘下，采摘后直接装入小盒内，每盒 0.5 ~ 1.0kg。带花托摘下的果实比不带花托的较耐贮运；有露水和雨天不要采收，以减少浆果霉烂。采摘下的果实在常温下只能存放 1 ~ 2d。

（林保山）

86. 越　　橘

越橘是杜鹃花科（Vacciniaceae）越橘属（*Vaccinium* L.）落叶或常绿灌木。其中的蓝果类型在美国俗称“蓝莓”，是具有较高经济价值和广阔开发前景的新兴果树树种。果实为蓝色或红色，果实大小因种类不同而异，一般单果重为0.5～2.5g。果实除了含有常规的糖、酸和Vc外，还富含V_E、V_A、V_B、SOD、自由基、蛋白质和脂肪等其他果品中少有的特殊成分，以及丰富的钾、铁、锌、锰等微量元素，具有防止脑神经衰老、增强心脏功能、明目及抗癌等独特功效。据中国古医药书中记载，可追溯近2 000年的历史，其果实、枝叶、植株广泛应用于医药、保健、食品、化妆品、观赏和保护生态环境等六大功能。现已成为美国等不少发达国家一些地区的支柱产业。朝鲜也在长白山南坡三池渊郡建立了大面积越橘基地。

越橘在世界分布广泛，亚洲、欧洲、美洲的温带针叶林下，高山沼泽湿地直至北极冻原均有它的踪迹。据不完全统计全世界约400余种。中国已调查清楚的有91种，28亚种、变种。

在我国越橘的主要产区是大小兴安岭和长白山林区，年产越橘果实500 000t左右。主要为红豆越橘果实和笃斯越橘果实。虽然产量很大，但单位产量却很低，采摘费时费力，加上成熟期集中，采摘时间短，造成大量果实还来不及采摘已经脱落。因此，对野生越橘进行集约化经营是十分必要的。

越橘的栽培历史不到1个世纪，最早始于美国。1906年开始了野生选种工作，1937年将选育出的15个品种进行商业性栽培。到20世纪80年代，已选育出100多个优良品种。目前，越橘已成为美国主栽果树树种。形成了缅因州、佐治亚州、佛罗里达州、新泽西州、密执安州、明尼苏达州、俄勒冈州主要经济产区，总面积1 900hm^2，产量20 000 t。继美国之后，世界各国竞相引种栽培，并根据气候特点和资源优势开展了具有本国特色的越橘研究和栽培工作。加拿大、荷兰、罗马尼亚、澳大利亚、保加利亚、新西兰和日本等国相继进入商业化栽培。

我国越橘栽培起步较晚。80年代初期，吉林和黑龙江采集野生越橘果实加工果酒、饮料，但由于依靠野生原料供应不稳及果酒市场的衰退，未能形成一个稳定的产业。针对这一问题，原吉林林学院于1996年申请了“948”项目：“引进美国越橘优良品种及加工工艺的技术研究”，并于1997年4月引进了20个品种。当前有12个品种生长茁壮，抗逆性强，无病虫害，产量高，结实累累。现已推广种植27hm^2左右。有3个品种被生产单位推广，吉林顺安农业科技综合开发有限公司现已有20hm^2进入了商业化栽培，开始结果。

一、主要物种

1. 笃斯越橘（*Vaccinium uliginosum* Linn.）

别名甸果、地果。小灌木，高达50～80cm，多分枝。树皮光滑，呈淡褐色或红褐色。小枝暗灰褐色，当年枝褐色。单叶，互生；叶柄短；叶片倒卵形或长卵形，稀近圆形，长1～3cm，宽0.5～1.5cm，先端稍尖或微凹，基部广楔形或楔形，全缘，上面绿色，叶脉不明显，下面灰绿色，叶脉隆起。花常1～3朵集生于去年生枝稍，或叶腋；花梗长5～10mm，有2苞片；萼裂片4，稀5；花冠宽，坛状，绿白色，下垂，长约5mm，2～5浅裂；雄蕊10，短于花冠，花丝及花药背上有突起；子房4～5室，花柱宿存。浆果椭圆形或偏球形，径约1cm，蓝紫色，有白霜。花期6月，果期7～8月。分布中国东北、华北。朝鲜、日本、俄罗斯及北欧和北美等地区。

2. 越橘（*V. vitis-idaea* L.）

别名红豆、小苹果。常绿矮小灌木，高达10～20cm。地下茎长，匍匐。茎直立，小枝细，灰褐色，当年枝绿色；芽卵圆形，淡褐色，有毛。单叶，互生；叶柄长0.5～3mm，有白毛；叶片椭圆形或倒卵形，长1～2cm，宽0.6～1cm，革质，先端圆或微凹，基部楔形，边缘有细毛，叶缘上部有微波状锯齿或全缘，微外卷，网状脉明显，上部暗绿色，有光泽，下面浅绿色，散生腺点。总状花序短，生枝顶，稍下垂有2～8花；苞片2，花梗及花轴上密生细毛；萼短钟状，4裂，光滑；花冠钟形，白色或淡粉色，直径约5mm，4裂；雄蕊8，花丝有毛，花药上方有两个长形突起；花柱长于雄蕊，露出花冠之外。浆果球形，直径5～8mm，红色。花期6～7

月，果期8月。

分布中国东北、华北。朝鲜、日本、俄罗斯及北欧和北美等地区也有分布。生长在长白山海拔1 000m以上高山林下，常成群落生长。

二、主要栽培品种

（1）Patriot（爱国者）。缅因大学培育。矮丛越橘家系，早熟，极抗寒，果大，高产、稳产，株产果4.54～9.08kg，果黑蓝色，味极好，果痕小，灌木状，高1.22m，适生多种土壤类型，但在湿润土壤中生长更佳。春白花，夏绿叶，秋红叶，果实与观赏兼用树。

（2）Northstar（北极星）。早熟，1996年明尼苏达州培育的品种，极抗寒，果实浅蓝色，果痕小，具强烈的芳香味，果中等。产量中等，直立，高1.22m，是很好的授粉树。

（3）Chippewa（奇伯瓦）。中熟，明尼苏达大学培育。直立灌木状，高1.22m。该品种树形比Northblue紧密而稍大，果实比Northblue（北青）大，味独特稍甜，株产果1.59～3.18kg，特抗寒。

（4）Bluetta（布卢塔）。特早熟，果中等，黑蓝色，具特殊越橘气味。更适于寒冷气候区，灌木状，冠紧密，高0.91～1.22m，果实与观赏兼用树。

（5）Spartan（斯巴达）。早熟，果深蓝色，秋叶橘红，晚花但果早熟，风味极佳，灌木状，高1.52～1.83m，需肥沃砂壤土，抗霜。1981年已引入西海岸。

（6）Bluejay（蓝乐）。早熟，生长快，果中等，淡香味，果痕小，树高1.83～2.13m，抗寒，成熟期集中。

（7）Bluecorp（蓝作）。中熟，高产，果大，优质，淡蓝色，果硬，果痕小。抗病，抗旱，抗霜，耐寒，果实与观赏兼用树。

（8）Blueray（蓝线）。中熟，果大且硬，深蓝色，是加利福尼亚良种，灌木状直立，易繁殖，高1.52m，抗寒。是受青睐的古老品种。

（9）Barclay（伯克利）。晚熟，枝开展，树高和冠幅1.52～1.83m，是温和气候区良种，果大粉蓝色，果痕小，鲜食、加工兼用。

（10）Nelson（纳尔逊）。晚熟，于1988年由USDA培育而成。高产，果极大，稳产。

（11）Jersey（泽西）。晚熟，高产，株高2.13m，果黑蓝色，易机械采收，果中等较硬。

（12）Darrow（达罗）。晚熟，果大，浅蓝色，味稍酸，口感好，可鲜食或烤制，适宜于俄勒冈。

（13）Elliot（埃利奥特）。很晚熟，果期长，果味佳，易繁殖，不耐寒。

（14）Brunswick（斯卫克）。矮丛，高15～20cm，起源于加拿大的新斯科舍，美国多分布在缅因，极抗寒，100粒果重约62g，味酸甜适宜，产量高。

（15）Blomidon（美登）。中熟，高20～30cm，果球形，大小均匀，100粒果重约64 g，高产，极抗寒。

（16）Northblue（北青）。中熟，高寒地区优良品种，高61～91.4cm，树形疏散，果深蓝色，株产果1.36～3.18kg，冬季在－37℃仍可存活，需埋雪越冬。

（17）Northland（北土）。早熟，耐寒，高丛品种，树高1.22m，株产果9.08kg，果含糖量高，适于加工。在加拿大和美国西部生长良好。

（18）Northsky（北空）。1983年美国明尼苏达大学选育，为晚熟品种。树体生长较矮，一般25～55cm，较饱满，丰产性中等。耐寒。果实中大，天蓝色，肉质中硬，鲜食风味好，耐贮。适宜于北方雪大地区栽培。

（19）Northcountry（北村）。1986年美国明尼苏达大学选育。为中熟品种，有大、小北村之分，小北村高50cm，大北村树高1m，早产，丰产，连续丰产。果实中大，亮天蓝色，口味甜酸，风味佳。此品种在我国长白山区栽培表现丰产、早产、抗寒，为寒冷山区越橘栽培优良品种。

三、生物学特性

越橘为灌木丛树种。树高差异悬殊，高丛越橘一般1～3m，半高丛越橘为50～100cm，矮丛越橘为30～50cm，红豆越橘仅为5～25cm。春季，当气候条件适宜时，越橘开始生长发育，先花芽开始膨大并开花。花芽着生于1年生枝顶部的1～4节，有时可达7节。花芽卵圆形、肥大，长3.5～7mm。花芽在叶腋间形成，逐渐发育，当外层鳞片变为棕黄色时进入休眠状态，但花芽内部在夏季和秋季一直进行各种生理生化变化。当2个老鳞片分开时，形成绿色的新鳞片。花芽沿着枝轴在几周内向基部发育，迅速膨大形成明显的花芽，并进入冬季休眠。

进入休眠阶段后，花芽形成花序轴。花序原基是在7月下旬至8月中旬形成。花序原基沿膨大的顶端从腋生分生组织向上发育。内部细胞分裂持续到9月份，10月份可在显微镜下观察到各个花器。从花芽形成到开花约需9个月。

花芽在1年生枝上的分布有时被叶芽间断，在中等粗度枝条上往往远端的芽为花序发育完全的芽。枝条的粗度和长度与花芽形成有关，中等粗度枝条形成花芽数量多。枝条粗度与花芽质量也有关系，中等粗度枝条上花序分化完全的花序芽多，而过细或过粗枝条单花数量多。一个花芽开放后，一般为1～16朵花。开花时顶花芽先开放，然后是侧生花芽。粗枝上花芽比细枝上花芽开放晚。总状花序，花序大部分侧生，有时顶生。花序一般着生在枝条顶部。在一个花序中，基部先开放，然后中部花，最后顶部花。然而果实成熟却是顶部先成熟，然后中、下部。花单生或双生在叶腋间。春季花芽先萌动3～4周后才是盛花期。当花芽萌发后，叶芽开始生长，叶芽着生于1年生枝的中下部。当叶片完全展开时叶芽在叶腋间形成。叶芽刚形成时为圆锥形，长度3～5mm，被有2～4个等长的鳞片。休眠的叶芽在春季萌动后产生节间很短，且叶片簇生的新梢。叶片按2/5叶序沿茎轴生长。叶芽完全绽开约在盛花期前2周。

新梢生长茎粗的增加和长度的增加呈正相关。按照茎粗，新梢可分为3类：细<2.5mm、中2.5～5mm、粗>5mm。茎粗的增加与新梢节数和品种有关。越橘新梢在生长季内普遍有2次生长。叶芽萌发抽生新梢，新梢生长到一定长度停止生长，顶端生长点小叶变黑并形成黑尖，黑尖期维持2周后脱落并留下痕迹，叫黑点。2～5周后顶端叶芽重新萌发，发生转轴生长，这种转轴生长1年可发生几次。最后1次转轴生长顶端形成花芽，开花结果后顶端枯死，下部叶芽萌发新梢并形成花芽。

越橘的花开放时为悬垂状，花柱高于花冠，如果没有昆虫媒介，授粉则很困难，有些品种自花授粉率低，无异花授粉时会大大影响产量。有些品种不需要受精而只需要授粉刺激即可坐果并产生无种子果实，但这种果实往往达不到固有的颜色、大小和品质，从而影响产量和效益，生产上应尽量避免。

越橘栽培中应授粉树配置，以实现异花授粉。异花授粉可以提高座果率，增大单果重，提早成熟，提高产量和品质。

影响座果率最重要是花粉的数量和质量。有些品种花粉败育，授粉不佳。对高丛越橘、矮丛越橘来讲，花开放后8d内均可授粉，但以开花后3d内授粉率最高，为最佳授粉时期。花粉落在柱头到达胚珠需要3d。越橘的花粉萌发后一般只产生1个花粉管，很少有2个以上花粉管。花粉的萌发与pH值直接相关，pH值为5时萌发率最高。花粉萌发后，花粉管的生长依赖于温度的高低。温度高，花粉管生长迅速，有利于受精。

越橘授粉受精坐果之后，落果现象较轻。落果一般发生在果实发育前期，开花3～4周后，脱落的果实往往发育异常，呈现不正常的红色。落果主要与品种有关。浆果发育受许多因素影响，但从落花至果实成熟一般需要50～60d。受精以后子房迅速膨大，约持续1个月后停止膨大。浆果停止生长时期约1个月，然后浆果的花托端变为紫红色，而绿色部分呈透明状。几天之内，果实颜色由紫红色加深并逐渐达到其固有颜色。在果实着色期，浆果体积迅速增加，此阶段可增加50%。果实达到其固有颜色以后，还可增大20%，再持续几天可增加糖含量和风味。开花期应用赤霉素和生长素都有促进坐果的作用。在盛花期喷施20mg·L^{-1}赤霉素，不仅可以提高座果率，还可产生无籽果实，增大果个，提早成熟。根据浆果的发育可划分为明显3个阶段：迅速生长期：授精后1个月内，此期主要是细胞分裂。缓慢生长期：特征是浆果生长缓慢，主要是种胚发育。快速生长期：此期一直到果实成熟，主要是细胞膨大，其果实发育呈单S型。

浆果发育所需时间主要与种类和品种特性有关。一般来讲，高丛越橘果实发育比矮丛越橘快，兔眼越橘果实发育时间较长。大多数情况下，果实发育时间的长短主要取决于果实发育迅速生长期的长短。另外，温度和水分是影响浆果发育的两个主要外界因子。温度升高会加快果实发育，水分不足则阻碍果实发育。

果实开始着色后需20～30d才能完全成熟，同一果穗中，一般是中部果粒先成熟，然后是上部和下部果粒。矮丛越橘果实成熟比较一致。果实成熟过程中内含物质发生一系列的变化。

越橘正常生长结果的冷温需要量为800～1 200h，连续的0.5℃低温对满足越橘需冷要求最为有效。越橘冻害类型主要有抽条、花芽冻害、枝条枯死、地上部死亡，很少有全株死亡发生。其中最普遍的是抽条，冬季下雪，造成冻害死亡。花期霜害的保护措施除了传统的灌水、防风、提高果园温度外，近年来应用化学物质也不断受到重视。营养生长随光照时间从8h到16h增加并在16h达到最大值。光照时间长短与花芽形成密切相关。当植株处于16h以上光照时，只有营养生长而花芽不能形成。当光照长度缩短时，花芽形成数量增加，8h光照花芽形成量达最大值。

相对其他果树，越橘对土壤条件要求比较严格。不适宜的土壤条件常常导致越橘栽培的失败。越橘栽培最理想的土壤类型是土壤疏松、通气良好、湿润、有机质含量高的强酸性砂壤土、沙土或草炭土。在钙质土壤、黏重板结土壤、干旱土壤及有机质含量过低的土壤上栽培越橘，如果不进行土壤改良则会造成失败。土壤中的颗粒组成尤其是沙土含量与越橘的生长密切相关。沙土含量高，土壤疏松、通气良好，极利于根系发育。

草炭土和腐殖土土壤类型上栽培越橘有两个问题，一是春秋土壤温度低，且由于湿度大、升温慢，使越橘生长延缓；二是土壤中氮素含量很高，使枝条停止生长晚，发育不成熟，常易造成越冬抽条。土壤pH值是影响越橘栽培最重要的一个土壤因子。越橘生长要求强酸性土壤条件，土壤pH值以4.0～5.5为适宜范围，最适为4.3～4.8。

土壤有机质的多少与越橘的产量并不呈正相关，但保持土壤较高的有机质含量是越橘生长必不可少的条件。土壤有机质的主要功能是改善土壤结构，疏松土壤，促进根系发育，保持土壤中水分和养分。土壤中的矿质养分如钾、钙、镁可以被土壤中有机质以交换态或可吸收态保存下来。当土壤中的沙土层有机质含量低时，根系分布主要在有机质含量高的草炭层。

越橘为浅根系，主要分布在浅土层，影响根系生长的主要因素是土壤温度和土壤水分。越橘根系随土壤温度而变化，1年中有2次生长高峰。第一次出现在6月初，第二次出现在9月份。第二次生长高峰出现时，土壤温度为14～18℃，低于14℃和高于18℃根系生长减慢，低于8℃时，根系几乎停止生长。当土壤水分不足时，影响根系生长甚至导致根系死亡。第2次根系生长高峰出现时，地上部枝条生长高峰也同时出现。

越橘根系与真菌共生形成菌根。侵染越橘的菌根真菌统称为石楠属菌根，专一寄生于石楠属植物，目前已发现侵染越橘的菌根真菌有10余种，其中比较普遍的有 *Pezillaerlcace*，*Scytadidium vaccinii*。

四、栽培技术

（一）苗木繁殖

1. 硬枝扦插

插条应从生长健壮、无病虫害的树上剪取。宜选择枝条硬度大、成熟度良好且健康的枝条，尽量避免选择徒长枝、髓部大的枝条和冬季发生冻害的枝条。若在果园中有病毒病害发生，取插条树应离病树至少在15m以上。扦插枝条最好为1年生的营养枝。如果插条不足可以选择1年生花芽枝，扦插时将花芽抹去。但是，花芽枝生根率往往较低，而且根系质量差。插条位于枝条上的部位对生根率影响大，以枝条的基部作为插条，无论是营养枝还是花芽枝，生根率都明显高于上部枝条作插条。因此，应尽量选择枝条的中下部位进行扦插。剪取插条在春季萌芽前（一般在3～4月）进行，随剪随插。但大量育苗时需提前剪取插条，一般枝条萌发需要800～1 000h的低温，因此，剪取的时间应确保枝条已有足够的冷温积累。一般来说，2月份比较合适。河沙、锯末、草炭、腐苔藓等均可作为扦插基质，但用河沙和锯末作扦插基质生根后需进行移栽，比较费工且影响苗木发育。比较理想的扦插基质为腐苔藓和草炭与河沙（1:1）的混和基质。

扦插可以在田间直接进行，扦插基质铺成1m宽、25cm厚的床，长度根据需要而定。但这种方法由于气温和地温低，生根率也较低。一切准备就绪后，将基质浇透水但不积水。然后将插条垂直插入基质中，只露一个顶芽。扦插不要过密，株距为5cm×5cm。过密一是造成生根后苗木发育不良，二是容易引起细菌侵染，使插条或苗木腐烂。扦插后应经常浇水，以保持土壤湿润。插条生根后开始施入肥料，以促进苗木生长。施肥应以液态施入，用13—26—13或15—30—4完全肥料，浓度约为3%，每周1次，每次施肥后喷水，将叶面上的肥料冲洗掉，以免伤害叶片。

2. 绿枝扦插

在新梢停长前约1个月剪取未停止生长的春梢进行扦插，不但生根率高，而且比夏季剪插条多1个月的生长时间，一般到6月末即已生根。用未停长的春梢扦插，新梢上尚未形成花芽原始体，第二年不能开花，有利于苗木质量的提高。而夏季停止生长时剪取插条，花芽原始体已经形成，往往造成第二年开花，不利于苗木生长。因此，当春梢一形成时即可剪取插条，插条剪取后立即放入清水中，避免捆绑、挤压、揉搓。

插条长度因品种而异，一般至少留4～6片叶，插条充足时可留长些，如果插条不足可以采用单芽或双芽繁殖，但以双芽较为适宜，留双芽既可提高生根率，又可节省材料。扦插时为了减少水分蒸发，可以去掉插条上部1～2片叶。枝条下部插入基质，枝段上的叶片去掉，以利于扦插操作。但去叶过多，会影响生根率和生根后苗木发育。同一新梢不同部位插条，其生根率不同，基部插条生根率比中上部低。越橘绿枝扦插时用药剂处理可大大提高生根率。常用的药剂有萘乙酸、吲哚丁酸及生根粉。采用速蘸处理，浓度为萘乙酸500～1 000mg·L^{-1}、吲哚丁酸2 000～3 000mg·L^{-1}、生根粉1 000mg·L^{-1}可有效促进生根。苗床设在温室或塑料大棚内，在地上平铺厚15cm、宽1m的苗床，苗床两边用木板或砖挡住。也可用育苗塑料盘，装满基质。扦插前将基质浇透水。在温室或大棚内最好装置全封闭弥雾设备，如果没有弥雾设备，则需在苗床上扣高0.5m的小拱棚，以确保空气湿度。如果有全日光弥雾装置，绿枝扦插育苗可直接在田间进行。苗床及插条准备好后，将插条用生根药剂速蘸处理，然后垂直插入基质中，株距以5cm×5cm为宜，扦插深度为2～3个节位。插后管理的关键是温度和湿度控制。最理想的是利用自动喷雾装置，利用弥雾调节湿度和温度。温度应控制在22～27℃，最佳温度为24℃。如果是在棚内设置小拱棚，需人工控制湿度温度，为了避免小拱棚内温度过高，需要用竹帘半遮荫。生根前需每天检查小拱棚内温度和湿度，尤其是中午，需要打开小拱棚通风降温，避免温度过高而造成死亡。当生根之后，小拱棚撤去，此时浇水次数也适当减少。及时检查苗木是否有真菌侵染，发现时将腐烂苗拔除，并喷600倍多菌灵杀菌，控制真菌的扩散。

3. 组织培养育苗

组织培养方法已在越橘上获得成功，应用组培方法繁殖速度快，适宜于优良品种的快速扩繁。接种外殖体：主要采用单芽枝段，长约1cm，所取枝条为当年生新梢。接种前用0.5%新洁尔灭消毒7～15min，再用0.1%升汞浸5～10min，然后用无菌滤纸吸去浮水，并将切口削去1.5mm，随即插入改良的WPM培养基中。接种操作需在无菌条件下进行。幼枝增殖：用IBA效果较好，在培养基中最初浓度为10mg·L^{-1}，继代培养后用5mg·L^{-1}，一个外殖体在试管内可一次增殖30个幼枝。WPM培养基的改良：按WPM培养基将其中的KH_2PO_4含量减少1/2，Ca（NO_3）$_2$，为原来的1倍，NaCl为原来的2倍，通过改良的WPM培养基对大多数越橘品种比较适合。幼枝试管外生根：幼枝生根同绿枝扦插方法。

4. 分株繁殖

适应于矮丛越橘。许多矮丛越橘品种如“美登”、“斯卫克”根状茎每年可从母株向外行走18cm以上，根状茎上的不定芽萌发出枝条后长出地面，将其与母株切断即可成为1株新苗。

（二）造林

科学建园是实现越橘优质、早产、丰产、稳产的基础。越橘是多年生植物，一次建园，多年收益。越橘园的规划，品种的确定，建设的好坏，对越橘的生长发育和经济效益提高都起决定作用。由于土壤、立地条件不同，越橘各品种的生长特性不同，建园时必须因地制宜地安排好越橘品种的选择。

长白山、大兴安岭野生的笃斯越橘和越橘多集中成片，可采取清除丛间或丛内杂木、匀苗补缺、更新老株、化学除草等措施，保护资源，提高产量。

越橘新园建立，宜选择土壤有机质含量高，酸性较强（pH值通常在5.5以下），湿度较大，排水良好的立地条件建园。

在长白山区海拔600m以上排水良好的山坡地暗棕色森林土或草甸沼泽土，pH值5.5以下的立地，采用高床排水，提高地温，搞好土壤管理，也可先栽植长白山原生笃斯越橘。一则可以短期获利，再则可以利用笃斯越橘繁衍菌根菌，为引进国外越橘良种奠定基础。土壤是建园的基础，土壤结构，土壤肥力对苗木生长影响很大，选择疏松腐殖质较高的酸性土壤，土壤pH值为4.3～4.8最适宜，如果想在一个特定的地点栽植建园，在建园栽植的前1年就应进行改土，调节土壤酸碱度。每亩地施硫磺粉1.7～6.7kg，能使土壤pH值降低0.1，用这种方法可以调节到适宜的pH值。

苗木在春季和秋季均可定植，其中以秋季定植成活率高。若春栽越早越好。栽植季节是否适合，是影响栽植成活率的重要因素。由于东北地区气候、地形、土壤等条件差异很大。通常在土壤解冻后，应抓紧时机进行栽植。

（三）抚育管理

幼林抚育的目的是通过人为活动调节越橘幼树

生长发育与环境条件之间相互关系而采取的积极措施。它是巩固造林成果，促进越橘高产、稳产的重要环节。

（1）幼林抚育。包括松土除草，间苗补植，修枝，预防冻拔害，施肥等。

（2）松土除草。由于越橘是浅根系，不需松土，而应采取除草培土的办法，避免伤害树根。

（3）间苗补植。间苗与补植可同时在春季进行。应本着去劣留优，去弱留强，去密留稀的原则，适当照顾株行距，补植苗应适当浇水，促进成活。

（4）整形和修剪。每年秋季落叶后或春季萌芽以前，剪去徒长枝、病虫枝、枯枝和过密枝，或将株丛中枯死植株、病虫害植株和年龄较大的植株剪去，培养好1～4年生结果后备枝，留足、留好5～8年生盛果枝，比例以4∶6或5∶5为宜，疏去9年以上衰老枝。这样保持合理的株丛比例，调整不同年龄的结果植株及其结果枝的比例，促进生长发育，实现丰产稳产，提高果实质量的目的。通过整形和修剪，座果率也将明显提高。

（5）平茬。对生长衰退的植株，可以采取平茬更新复壮措施，使其萌生出生长旺盛的植株。方法是把笃斯越橘生长衰退的植株，距地面3～5cm处地上部分全部截掉，余下部分萌发出的新枝条，当年高40～50cm，地径0.3～0.4cm。

（6）预防冻拔害。防止冻拔的方法，一是栽植大苗，二是在苗穴周围覆草，防止日温差过大，造成冻拔。

（7）施肥。目前林地施肥还不普遍。在当前肥料不足的情况下，可就地取材，广种绿肥。有条件的地方氮、磷、钾的施肥比例为1∶1∶1或1∶2∶1，在中等肥力的土壤上按有效成分每公顷施氮60kg，磷120kg，钾60kg。施肥时期一般在6月末前进行，否则，施肥过迟造成树木徒长，枝梢在入冬前还来不及木质化，会遭受冻害。

（8）覆土防寒。东北林区冬季寒冷多风，极易造成引进越橘品种的生理干旱，出现抽条现象。覆盖防寒土很好地解决了这一问题。在10月中下旬，当柳树开始落叶时，进行覆盖防寒。其方法是：在植株顺风方向10～15cm处，放一锹土做枕土，将枝条按到枕土上，再覆盖15～20cm厚的土即可。要特别注意有枝条露在外边。

五、病虫害防治

笃斯越橘主要病害是锈病；虫害主要是叶蝉，叶蝉的若虫、成虫危害花果，果蝇危害熟果。

六、加工利用

越橘鲜果需要保存在10℃以下低温贮存，即使在运输过程中也要保持在10℃以下温度。果实从田间温度降至10℃以下低温必须经过预冷过程，去除田间果实热量，才能有效防止腐烂。预冷的方式主要有真空冷却、冷水冷却、冷风冷却。

在国际市场上，越橘鲜果大约70%用于生食，30%用于加工。主要加工品有果汁、果酒、果酱、越橘冰淇淋等。在家庭中，越橘常用来制作越橘饼、越橘点心及鸡尾酒等。越橘提取物主要用于保健食品和营养配餐。欧洲多以果酱、果汁食品及色素为主。以制药为主的生产，欧洲有2家、日本有1家。

（林保山）

87. 西 番 莲

西番莲为西番莲科（Passifloraceae）西番莲属（*Passiflora* L.）所有种的通称。全世界西番莲科有16个属，约500种以上，间断分布于热带区域，以美洲为最多。我国有2个属［西番莲属和蒴莲属（*Adenia*）］，19个种，其中云南为最多，约14种，多数以绿化观赏、药用为主。

西番莲果，俗称鸡蛋果、百香果（台湾）、激情果（Passion Fruit）、洋石榴。在澳大利亚、新西兰及我国台湾，西番莲果实直接作为餐桌水果食用。

西番莲果汁营养价值丰富，不仅富含有机酸、糖、维生素等人体所需要的营养成份，而且具有怡人的香味，含有优良天然饮料所需的天然色香味，素有“饮料之王”的美称，果汁中有73种挥发性香味成分，17种氨基酸，适合配制上等果汁饮料，西番莲果汁还被称为“果汁味精”，以增香剂的身份与其他果汁饮料配合使用，可改善其他饮料的风味。

在国内外，西番莲果汁的市场行情非常好，潜力巨大，国际市场的贸易主要是西番莲浓缩果汁。中国饮料市场发展很快，但与国际水平差距很大，1995年中国软饮料消费人均5kg多，而美国1987年为140kg，随着人民生活水平的提高，饮料逐步由碳酸型饮料向果汁型饮料方向发展。天然果汁饮料又以西番莲果汁饮料为上品，在国际市场上享有“皇后饮品”之美誉。

一、主要物种

西番莲属物种有两大类：一类是我国乡土西番莲8个，以绿化观赏和药用为主，另一类是外来的西番莲12个，多以食用和加工果汁为主。

1. 乡土西番莲

（1）圆叶西番莲（*P. henryi* Hemsl.）

（2）长叶西番莲（*P. siamica* Craib）

（3）长叶蛇王藤（*P. moluccana* Reinw. ex Bl.）

（4）心叶西番莲（*P. eberhardtii* Gagn.）

（5）杯叶西番莲（*P. cupiformis* Mast.）

（6）月叶西番莲（*P. altebilobata* Hemsl.）

（7）山峰西番莲（*P. jugorum* W. W. Smith）

（8）镰叶西番莲（*P. wilsonii* Hemsl.）

2. 引种的西番莲

（1）栓皮西番莲（*P. suberula* Linn.）

（2）西番莲（*P. caerulea* L.）

（3）龙珠果（*P. foetida* L.）

（4）紫果西番莲，鸡蛋果（*P. edulis* Sims）

（5）黄果西番莲（*P. edulis* Sims f. *flavicarpa* Degcner）

（6）细柱西番莲（*P. gracilis* Jacq. ex Link.）

（7）大果西番莲（*P. quadrangularis* Linn.）

（8）樟叶西番莲（*P. laurifolia*）

（9）苹果西番莲（*P. maliformis*）

（10）蝎尾花西番莲（*P. cincinnata*）

（11）甜果西番莲（*P. liguaris*）

（12）香蕉（毛叶）西番莲（*P. mollissima*）

二、主要栽培品种

目前商业加工为主的栽培品种有黄果西番莲（*P. edulis* f. *flavicarpa*）、紫果西番莲（*P. edulis*）及一些杂交种（如台农1号等），以及这3类的无性系品种。所引种的无性系品种一般不纯，品系内变异较大，西南林学院通过引进试种，然后优株选择，无性繁殖，选育高产黄果西番莲无性系20多个，其中也有风味香甜的黄果西番莲品种。黄果西番莲和紫果西番莲是一种多年生的热带、亚热带木质藤本果树，其果实主要用于加工果汁、制作饮料。

1. 紫果西番莲（*P. edulis* Sims）

又称鸡蛋果。草质藤本，长约6～8m，茎圆柱形，有微线纹，幼茎有时近四棱形，全株无毛。叶纸质，黄绿色，长6～13cm，宽8～13cm，顶端短渐尖，基部楔形或心形，掌状3深裂，中间裂片卵形，两侧裂片卵状长圆形，裂片边缘有内弯腺尖细锯齿，近裂片缺湾基部有1～2个杯状小腺体；叶柄长1.5～2cm，近顶端有2个杯状腺体，无毛；聚伞花序退化仅存1花，花白色，芳香，径约4cm，花柄长达4～4.5cm；苞片绿色，阔卵形或菱形，长约1～1.2cm，宽6～7mm，边缘有不规则细锯齿；萼片5枚，外面绿色，内面绿白色，长2.5～3cm，宽5～7mm，背部顶端具1角状附属器；花瓣5枚，与萼片近等长；副花冠裂片4～5轮，外2轮丝状，约与花瓣近等长，基部淡绿色，中部白紫色，顶部白色；内3轮窄三角形；内花冠褶状，顶部具不规则短裂片，高约1～1.2mm；花盘膜质，高约4mm；雌雄蕊柄长1～1.2cm；雄蕊5枚，花丝分离，基部合生，长5～6mm，扁平；花药长圆形，长5～6mm，宽1.5～2mm，淡黄绿色；子房倒卵形，长约8mm，被短毛；花柱3枚，扁棒状，基部微被短柔毛，柱头肾形，宽达4～6mm。果卵形，直径3～4cm，无毛，熟时紫色。花期6月，果期11月。

栽培于云南昆明、西双版纳、瑞丽、腾冲等地，有时逸生于海拔180～1 900m的山谷丛林中；台湾、广东、福建亦有栽培。本种原产大小安的列斯群岛。

果可生食或作蔬菜，饲料和药用，具有兴奋、强壮之效。果瓤富于液汁，加入重碳酸钙和糖，可制成芳香可口的饮料。种子榨油，可供食用和制皂、制油漆等。花供观赏。为果汁加工的主栽种之一，广为种植。

2. 黄果西番莲（*P. edulis* Sims f. *flavicarpa* Degcner）

黄果西番莲的许多性状与紫果西番莲相似。茎长约12m，叶深绿色，长8～17cm，宽14～14cm；茎淡绿色；花径约6cm；果实卵圆形或近圆形，果径5～10cm，重60～120g。成熟时金黄色或淡黄色。花期5～12月，果期7月至翌年1月。果酸芳香，为优良的果汁饮料的原料之一，在我国广为种植。

三、生物学特性

黄果和紫果及其杂交种西番莲生长旺盛，通过卷须攀爬到支架上，定植后每年能生长4.6～6m，但寿命5～7年。西番莲花芳香，单生于当年生枝的节，紫果种自花可育，在潮湿条件下授粉较好，黄果种的花雌雄同花，但其自花不育，木蜂是其主要的传粉者；因为花粉黏重，故不能借助风力传粉。

西番莲果近圆形或卵形，果皮坚硬，光滑具蜡质，紫色，淡黄色或南瓜色，上有白色斑点，黄果种的产量常比紫果种的高，但果肉味常较酸，而紫果种果肉更具香味，口感较好，出汁率也比黄果种高（35%～38%）；黄果和紫果一些杂交种的颜色和其他性状多介于二者之间。

西番莲一般种植一年后便开花结果。3月上旬至4月上旬花蕾期，花期3月下旬至5月上旬，4月中、下旬盛花期，4月上旬始为小果期，7月中旬至8月底果实成熟，2月中、下旬新梢萌发，以后新梢抽出没有明显季节性。从花蕾出现至开花需17～22d。从小果期到果实着色，一般需要4个月左右。如果管理精细，植株生长健壮，12月份再次开花，结第二年果，翌年4月采收。

四、栽培技术

（一）苗木繁殖

1. 种子繁殖

选择充分成熟的果实，取出种子，洗干净，去瘪粒，种子无休眠期，可直接播种。亦可晾干，低温或以2～3倍稍湿沙贮藏，备用。苗圃地要选择排水良好的沙质壤土，进行畦播。播种后1个月内，要注意淋水，保持土壤湿润，10d左右开始发芽，当幼苗长出4片真叶时，每周可施稀薄人粪尿水（1:10）一次，苗高33cm左右即可定植。

2. 扦插繁殖

可在春季或采果后结合修剪进行，选取半年至1年生粗壮、无病虫的枝蔓，剪成15～20cm长插穗，具3～4个芽，按5cm×30cm株行距斜插入透水性良好的沙床内，露1～2个芽，边插边将沙子稍压实，使插穗与沙紧贴，以利发根。插后浇水，遮荫，扦插周年都可进行，自以秋插为好。

（二）造林

春夏秋季均可定植，但以春季为好，虽然西番莲对土壤要求不严，但作为大面积生产则以土层深厚、肥沃、疏松、排水良好、pH值为5.5的土壤为好，这样才能充分体现其早产丰产稳产性能。株距1～3m，行距2～5m，挖60～80cm见方的定植坑，坑内施优质猪牛厩粪、过磷酸钙、石灰、杂草等作基肥。苗长20～30cm就可定植，定植时剪除下部老叶，仅留顶部3～4片叶子，种后压实根部，整成水盘，淋足定根水，以后经常淋水，保持土壤湿润，促进果苗生长。

（三）栽培管理

西番莲是多年生常绿藤本植物，它依赖棚架支撑才能正常生长。植后1个月内要及时搭架，架式（形）有篱笆式、“门”字型、平顶式和水平式棚架等，但据苏德铨推荐，新植西番莲以单线架式的篱笆式栽培，线高2m，行距为1.6～1.8m，株距6m，其产量比传统的三线或改良门式高出20%。西番莲具有分枝能力强的特性，在适宜的温度条件下，茎基部抽生很多侧枝，因此，要及时把基部的侧枝剪除，让主蔓上架。当主蔓生长到第一层支架时打顶，并固定，促其多抽支蔓，并使支蔓分布均匀，以后任其攀缘。每条支蔓长度控制在70cm左右，不宜过长，每年采果后要及时修剪，把老弱枝、枯枝、病虫枝和过密枝剪掉，使株形结构良好，通风透光，减少营养消耗及病虫危害，以达到高产稳产目的。

由于黄果西番莲自花不育，而紫果及其杂交种的自花授粉率也较低，木蜂是它们主要的传粉者，因此木蜂的数量也影响授粉的效果，故可以通过为木蜂提供龙舌兰茎，使其筑巢，以增加其数量，同时也应周年地提供适宜的蜜源和花粉。

五、病虫害防治

西番莲主要虫害有蛀干害虫，如天牛，引起干部膨大；危害树皮的害虫，将干部皮层环状危害而致死；还有危害根部的白蚁。

六、采收贮藏与加工利用

西番莲果成熟时，果很快由绿色变成深紫色或黄色，几天后落到地上，采收时可以在果变色时摘下来或每天从地上捡收，然后将西番莲洗净干燥后放进袋子里，置于10℃下可保存2～3周，果实轻微皱缩时味道最甜，西番莲果汁冷冻后口味更佳。

西番莲果肉色美味香，酸甜可口，可以鲜吃，但主要用于提取加工西番莲浓缩果汁，直接用西番莲浓缩果汁调配各种比例的西番莲饮料或与其他果汁饮料调配，以提高风味。还可以加工果酱，配以木瓜果实，可以制成蜜栈。种子出油率 14.7% ～ 19.3%，可供食用。果皮可提取果胶，是食品加工的良好稳定剂和增稠剂。西番莲果汁加工后的果壳可以作为有机肥料。

据报道，前几年西番莲的浓缩果汁在广州交易会上很受外国朋友的欢迎。近年来在国际市场上，西番莲果汁的出口量逐年有较大幅度的增加。1981年荷兰从巴西进口西番莲果汁 3 459t，每吨售价2 749美元。1984 年，广西亚热带作物研究所饮料厂和南宁市饮料厂试制的西番莲果汁饮料、汽水和啤酒，初步试销，获得群众的好评。家庭饮用，可将果剖开，把果肉连种子挖出放在杯中，加上少量白糖，冲进开水搅拌，即成为可口的饮料，一个果可冲1～2杯。

（段安安）

七、调 料 类

88. 八　　角

八角又称大茴香、八角茴香、麦角（广西壮语）、大料（壮方称）。它是我国南亚热带地区的珍贵树种，具有寿命长、产量高、用途广、经济价值大等特点，为我国特产。

八角在我国的栽培利用已有近千年的历史，唐代（公元618～907年）孙思邈著本草已有“蘹香”的记载。

八角原产我国广西西南部和云南东部。以广西的德保、防城、宁明、龙州、凭祥、那坡、百色、凌云等地栽培历史最悠久。据考证，八角树是广西西部土山地区天然林中的原生树种，野生于杂木林中，结果少，品质不佳，后经人们发现可以提取茴油后，才开始注意采收、栽培和利用，其中以龙州、宁明为最早，以后逐步发展，但当时只限于广西的壮族和其他少数民族的部分山区中。据资料记载，云南富宁县在公元1279年前后（元朝）由广西引入八角种植。

国外仅越南北部有栽培。中国分布在北纬21°30′～25°30′，东经98°～119°之间亚热带湿润季风区，主要包括广西和云南、广东以及福建等地。垂直分布多数为海拔300～1 000m的低山丘陵地带。在安徽黄山也有观赏性种植，只是植株生长较差，不能正常开花结果；在云南玉溪地区种植在海拔1 700m的八角林仍然生长发育良好；广西防城则由于雨水充沛，在海拔50m左右的丘陵，八角植株生长旺盛，产量也较高。

我国栽培八角的历史悠久，早在1887年已有茴油输往欧美各国，以后每年都有大量的八角和茴油出口，当时我国除广西和云南外，广东和福建均有种植，其中广西是主要产区，栽培面积与产量均占全国80%以上，成为我国最大的八角与茴油集结地，在国内外市场上素有“南宁八角”、“天保茴油”之声誉。

新中国成立后，八角生产得到迅速恢复和发展，特别是1978年以来，政策落实，科技成果得到发展与推广，我国南方各省都在积极发展八角林，建立商品生产基地，生产向提高单产和综合经济效益方向发展。据统计，目前我国八角林面积约33.73万hm^2，主要集中在我国的广西、广东和云南，面积分别29.33万hm^2、3.07万hm^2和1.33万hm^2。

八角在人们日常生活中，常用作调味品，在国外，有用八角作牲畜饲料调味剂的报道，对牧畜长膘有促进作用。

八角在医药上用于止咳、健胃、驱风、镇痛，并治神经衰弱、消化不良及疥癣等功能。

八角树的树叶、果皮、种子都含有丰富的茴香油，其中鲜果皮含5%～6%，种子含1.7%～2.7%，树叶含0.75%～0.9%，可提取芳香油，其主要有机成分是茴香脑，约占85%～95%，是制甜香酒及食品工业的重要香料，经深加工可以得到茴香脑、茴香醇和茴香腈等系列产品，可作香精，是高级香水、香皂、饮料、食品、香烟、牙膏及化妆品不可缺少的增加香剂。在制药工业上，茴油是合成阴性荷尔蒙已烷雌酚和抗癌药“派洛克萨隆”的原料。

八角树的木材淡红褐色，结构细致、纹理直，木材质轻软，有香味，能避虫，可制作家具、玩具、雕刻等细工木料。

八角也是常绿阔叶乔木，寿命长达百年，适生于丘陵，具有保持水土，涵养水源和调节气候，等作用。此外，八角树形美观，树体富含芳香油，能散发香气，花色粉红至深红色（也有白花、黄花），且花期较长，也可作庭院绿化观赏树。

八角是国际市场上紧俏商品。我国出口的干八角和茴油，是出口商品中畅销的大宗品种。目前在国际市场上，中国是惟一可提供八角商品出口的国家。在东南亚一带，有着传统的市场和固定的客户，销售市场已从传统的我国香港、澳门，以及新加坡、马来西亚等扩大到印度、斯里兰卡、叙利亚以及欧盟各国。“南宁八角”在世界市场上享有很高的声誉，是一个名、优、特品种。随着人民生活水平的提高和我国加入世界贸易组织，对八角产品的需求将不断增加，为发展八角生产提供了契机。

一、主要物种

八角为八角科（Illiciaceae）八角属（*Illicium* Linn.），主产于我国西南至东南部。我国有24种，其中5种具有经济价值，供香料和药用。

1. 八角（*Illicium verum* Hook. f.）

常绿乔木，树高 10～17m，主干通直，胸径 30～40cm。树冠呈圆锥形或卵圆形，冠幅 10～25m^2，幼龄树树皮为绿色，壮龄树皮灰色或褐色，不规则浅裂，分枝部位较高，其上主侧枝密集，平展或下垂，少有上举。小枝多，枝叶茂密，树体结构紧凑。单叶互生，半革质或革质，长椭圆形或披针形，长 9～13.0cm，叶宽 3～4.5cm，先端急尖或渐尖，茎部尖形或楔型，全缘；叶面深绿色，光亮无毛，有透明小点，叶背淡绿色，被稀疏柔毛，叶脉羽状，主脉下陷，侧脉凸起 3～7 对，细脉网状，不明显，叶柄长 0.8～1.5cm；花两性，单生于叶腋内，具苞片，花柄长 1.5～3.8cm，开花时花柄直伸，果实成熟时弯曲；萼片2～3 个，分离，花冠球形，花瓣淡红、深红、淡黄或白色，一般 7～11 瓣，排成 2～3 轮，瓣长 0.7～1.5cm，宽 0.3～1.2cm，广卵圆形或长圆形；雄蕊多数，15～19 枚，花丝长约 0.5mm，花药长 2mm，长卵圆形内向，2 室纵裂；雌蕊分离，通常 8 个完全发育，着生花的中央，轮生排列于隆起的花托上；子房 1 室，内室胚珠 1 枚；果为一星状排列的蓇蓇葖果，8 瓣聚合呈八角形，故名八角。鲜果绿色，直径 2.5～3.4cm，成熟后纵向裂开，每瓣内含种子 1 粒。每 0.5kg 鲜果约 100～350 个，每 0.5kg 气干果 350～650 个。种子近椭圆形，呈棕色或棕黄色，表面光滑有光泽，种壳角质，壳内包有一层银灰色膜质的种仁，气芳香，味甘甜，胚乳白色饱满，胚细小。花期每年 1 次，果期 10 月和翌年 4～5 月。

2. 厚皮香八角（*I. ternstroaemioides* A. C. Simth）

3. 红毒茴（*I. lanceolatum* A. C. Simth）

这两种的果实有毒，不可食用，能致命。形态与八角相近，不同之点为：聚合果具蓇葖果 10～13 枚，八角为 8 枚，蓇葖果先端具细长而弯曲的尖头，八角的蓇葖果先端钝尖。

此外，还有以下几种：假地枫皮（*I. jiadifengpi* B. N. Chang）；中缅八角（*I. burmanium* Wils.）；大八角（*I. majius* Hook. f. Thoms）；匙叶八角（*I. spathulatum* Wu）；地枫皮（*I. difengpi* B. N. Chang *et al*）；红茴香（*I. henryi* Diels）；小花八角（*I. micranthum* Dunn）；岭南八角（*I. tsangii* A. C. Simth）；红花八角（*I. dunnianum* Tutch.）；短梗八角（*I. pachyphyllum* A. C. Smith）；少花八角（*I. parifolium* Merr.）。

二、品种群和主要栽培品种

广西林业科学研究院经过多年的调查研究，根据品种划分的原则，以花色为分类主要依据，结合树形、果、叶、分枝习性等进行区分。将八角划分为 4 个品种群，共 17 个品种。

（一）红花八角品种群

1. 普通红花八角

常绿乔木，树高 10～16m，胸径 23～40cm。花红色，萼片 3～4 枚，浅绿色，花瓣 7～9 片，覆瓦状排列，多数 2 轮，少有 3 轮；雄蕊 12～22 枚，花药粉红色，呈 2～3 轮覆瓦状排列；雌蕊 8 枚。蓇葖果 8 枚，作规则星状排列，果径2.5～3.4cm，果柄长 2.2～3.2cm，每千克鲜果约 200 个，每千克气干果 700～1 000 个，叶薄革质，浅绿至绿色，长椭圆形或披针形，长 9～13cm，宽 3～4.5cm；叶柄长 0.8～1.5cm；叶脉呈规则的波浪状凸起。侧枝平展或上举，小枝粗短。分布于广西各八角产区。该品种的单株最高年产量达 273.5kg，盛果期长，但枝条较稀疏，大小年较明显。

2. 柔枝红花八角

主干明显、冠幅窄，一般2.9～3.0m。树冠形状近圆柱形或长圆锥形。分枝角度小，小枝细长且密生、柔软下垂。叶薄革质，长椭圆形。果肥大，内向着生，分布均匀，大小年不显著。分布于八角主产区。其中以广西的防城、德保、龙州、凌云、金秀等以及藤县的共青林场较多。该品种单株产量比相同立地条件下的其他八角高 162.6%～239.2%，含油率高 9.4%～29.0%，是值得推广的主要品种。

3. 红萼八角

与普通红花八角的区别是花柄、花萼、花瓣和果脊线均为红色。分布于广西的防城县大录乡、那勤乡，德保县的那甲乡，以及龙州县的八角乡等地。该品种产量低，但抗病力强，可作育种材料。

4. 大果红花八角

果径大于 4cm，果厚在 1.1cm 以上，每千克鲜果 100～140 个，每千克气干果约 500 个，其他特征同普通红花八角。分布于广西防城那勤、宁明那陶、德保那甲、龙州八角等乡以及藤县共青林场。该品种树体高大，多散生于八角林地内，大小年显著，不易大面积推广。

5. 多角红花八角

雄蕊 21 枚左右，雌蕊 9～13 枚。蓇葖果 9～13

瓣，果瓣大小不匀，规则排列或呈堆积状着生在果柄基上，其余特征与普通红花八角相同。分布于广西的防城那勤、扶隆和大录乡，宁明的那楠乡，以及龙州的上金、八角等乡。该品种产量虽高，但大小年明显，可逐步推广。

6. 鹰嘴红花八角

与普通红花八角区别之处：果8枚，果尖渐尖且向内勾曲，形似鹰嘴。分布于广西的凌云、德保、防城等地。该品种树体高大，多散生于八角林地内，大小年显著，不宜大量推广。

7. 小果红花八角

叶长6.1～8.2cm，宽2.1～3.0cm，果形正八瓣，色鲜香味浓，果径小于2.5cm，每千克鲜果400个左右。分布于广西宁明那陶乡。该品种单产低，但八角香味浓厚，茴脑含量高，可酌情发展。

8. 厚叶红花八角

叶厚为普通红花八角叶的2倍以上，革质、墨绿色，稀生，结果较少。分布于广西德保和藤县共青林场。该品种单产和含油率低，利用价值不高，不宜推广。

9. 矮型红花八角

植株自然矮化，树高8m以下，分枝低，冠幅大，侧枝发达，小枝密。叶薄革质，其他特征与普通红花八角相同。分布于广西的德保和藤县共青林场。该品种产量低，但树体矮小，可作矮化砧培养。

（二）淡红花八角品种群

1. 普通淡红花八角

常绿乔木，树高10～17m，胸径23～41cm。花萼3～4片，浅绿色，花瓣6～9片，淡红色或边缘呈白色、中心呈红色，呈2～3轮覆瓦状排列；雄蕊10～21枚，花药淡红色至浅黄色，雌蕊8枚。蓇葖果8枚，呈规则星状排列，果柄长短不一，嫩叶暗红色，成龄叶绿至浓绿色，叶薄革质，叶缘波状，多为长椭圆形，小枝粗短，侧枝平展或上举。普遍分布于各八角产区。该品种单株产量高，但大小年显著，可因地制宜进行种植。

2. 多角淡红花八角

花淡红色。蓇葖果9～13枚，果径3.5～4.5cm，星状排列或成堆积状着生在果柄基上。其他性状与淡红花八角相同。分布于广西防城、宁明等地和藤县共青林场。该品种产量虽高，但大小年明显，不宜大面积推广。

3. 厚叶淡红花八角

花淡红色。叶椭圆形至倒卵形，叶厚于一般八角叶的2倍以上，其他性状与淡红花八角相同。分布于广西藤县共青林场。该品种树体结构不佳，产量低，不宜推广。

4. 柔枝淡红花八角

花淡红花，枝条着生性状与柔枝红花八角相似，其他性状与淡红花八角相同。分布于广西防城、宁明、德保、凌云等地和藤县共青林场。该品种单株产量、含水量油率均较高，是目前栽植发展的主要品种。

（三）白花八角品种群

1. 普通白花八角

花白色，花萼2～4枚，浅绿色；花瓣7～10枚，白色，3～4轮覆瓦状排列；雄蕊12～17枚，浅黄色，少数粉红色。蓇葖果8枚，呈八角形。叶薄革质，长椭圆形，嫩叶红色，成叶深绿色，有光泽，叶集生枝顶。分布于广西防城、德保、宁明、龙州、凌云、金秀等县以及藤县共青林场。为零星散生。该品种适应性强，单产高，是当前产区的当家品种。

2. 多角白花八角

花白色，果实特征与多角红花八角相似，其他特征与白花八角相同。散生于广西宁明和藤县共青林场等地。该品种树体高大，大多散生，大小年显著，不宜大量推广。

3. 柔枝白花八角

花白色，枝条特征与柔枝红花八角相似，其他特征与白花八角相同。零星散生于广西德保、防城、龙州、宁明等地以及藤县共青林场。该品种高产稳产，是当前各产区发展的主要品种。

（四）黄花八角品种

只有黄花八角。花黄色，花萼3～4枚，浅绿色；花瓣10～11片，黄色，雄蕊14～16枚；雌蕊7～10枚，花柄长2.2cm，蓇葖果7～10个。叶长5.0～9.8cm，宽1.0～3.8cm，狭长椭圆形，革质，嫩叶红色，成叶深绿色，枝干夹角约35°，小枝夹角45°左右，枝距0.4m，小枝粗壮直立或平展。散生于广西防城县大录乡。该品种花色鲜艳，可作育种材料，培育成观赏品种。

（五）各个品种的评价

我国八角农家品种资源是丰富的。在通过普查划分的17个农家品种（类型）中，有些品种是优良的，可在当前八角生产中推广。还有一些品种，具有某些优点，可根据生产和科研的需要加以利用。

1. 优良的品种

有柔枝红花八角、柔枝淡红花八角和柔枝白花八角，可作为八角基地中当前发展的主要品种。其主要特点是：

(1) 树大冠高，小枝柔软下垂，枝叶茂密，树体结构紧凑，具有大量挂果的骨架基础和充分利用光能的条件，为丰产具备了前提。

(2) 单株产果量高。如广西德保和藤县共青林场的柔枝八角平均单株产量为 29.07kg 和 11.86kg，分别比相同立地条件下的其他八角品种高 162.6% ~ 239.2% 和 69.2% ~95.4% 。

(3) 冠幅较窄。在相同环境条件下，一般造林密度可比其他品种大 20% ~25% ，从而提高了单位面积产量。

(4) 结果枝与营养枝的比例较协调。结果枝一般占 53% ~65% ，因而大小年现象不太显著，比较稳产。经调查，广西德保 6 个不同品种大小年产量的比值是柔枝八角 1.88，比其他八角品种小 1.60 ~ 5.68 倍。

(5) 含油量高，油质量好。解得含油量 6% 以上，干果含油量 8% 以上。

2. 其次优良的品种

有普通红花八角、普通淡红花八角和普通白花八角。其特点是：

(1) 分布广，适应性强。尤其是前 2 个品种遍布各八角产地，为当前各产区的主要当家品种，总产量占第一。

(2) 产量高，树高冠大，分叉较多，枝粗叶大。多年来在八角选优工作中，选出的高产优树，这 3 个品种的命中率最高。如凌云城厢乡仓洋村尾凤生产队有一株普通红花八角最高年产达 273.5kg；又如上思南屏乡江坡村有一株普通淡红花八角 1982 年产鲜八角 309.5kg。

(3) 寿命和盛果期较长。在立地条件较好，一般管理的情况下，种后 7 年始花，15 年进入盛产期，70 年后产量下降，寿命可延至 100 年以上。

(4) 产油高，油质亦好。但这几个品种也存在枝条较稀疏，亮节长，树体结构较疏散，骨架欠牢固，大小年现象显著等缺点。因此，在推广的同时，应选择立地条件好，土层深厚肥沃的地方种植，实行集约经营。

3. 一般优良品种

有多角红花八角、大果红花八角、多角淡红花八角、多角白花八角、鹰嘴红花八角的共同特点是树体较大，枝叶较茂密，单株产量高，果实较大且分布均匀，寿命和结果期长，含油量高，抗病力强。这些品种大小年显著，不宜大面积推广，可结合科研进行片选和株选，选取优良母树，建立母树林、采穗圃和种子园进行逐步推广。

4. 低劣品种

厚叶红花八角、厚叶淡红花八角、小果红花八角、红萼八角、矮型红花八角及黄花八角等品种的树形和树体结构都不好，单株产量低，含油率低，在生产上不宜推广。但小果红花八角香味浓，茴脑含量高；红萼八角抗病虫能力强；矮型红花八角可作矮化砧，黄花八角花色鲜艳，可作育种材料，培养观赏品种。

据以上分析结果，柔枝红花八角、柔枝淡红花八角、柔枝白花八角、普通红花八角、普通淡红花八角和普通白花八角是广西主要栽培品种，尤以前 5 种分布广、面积大、产量高、寿命长、抗性强且稳产，宜大力发展和推广。

此外，广西经多年八角单株选择，确定选出不少优良单株。如：德甲蒙 7902 号，凌城 8104 号，宁楠 8201 号，藤共 3 号，龙角 8201 号、8204 号，大企 1 号，派阳 2 号，界牌优 1，六万 107 号等。

三、生物学特性

(一) 生态习性

八角适生于北热带至南亚热带冬暖夏凉的山区气候条件，其对各种生态因子的要求分：

1. 光照

八角在不同的生育阶段，对光的反应不同，有前荫后阳的特性，幼龄阶段，阴湿环境是其适生条件，需要一定的荫蔽度；成龄树阶段，若光照不足，会影响结果枝发育和开花结果。从育苗遮荫与成活率看：播种后，必须有遮荫措施，苗期的荫蔽度，一般要求 0.7 左右，透光度过多过小，均不利于培育壮苗。半年后可逐渐增加透光度，以锻炼苗木对光的适应性。从分布情况看：八角是一个生态幅窄的树种，对环境条件要求很严格，一般分布在低山、丘陵的谷地、山垅和山脚，以比较郁闭的环境生长最好，这是因为山谷土层深厚且肥沃、空气湿度大、云雾多、阳光直射时间短、光照强度弱的缘故。从八角的生长性状看：在适宜的环境中，八角树的枝密叶茂，侧枝密集，平举或下垂，树冠圆柱形、圆锥形和伞形，冠下部枝条发育良好，枝下高很低，树皮薄，叶深绿色，厚革质。说明八角是阴性偏中树种。生长后期的光反应：在不同的生育阶段，对光的要求有所不同。长期处于郁闭度大的密林或荫蔽下，随着树龄的增加，长势不良，枝叶茂密，果枝发育细弱，影响开花结果。因此，在栽培过程中应根据各生育阶段对光的需要，采取相应的措施，方能达到较好的经济效果。

2. 温度

八角是南亚热带树种，有一定的耐寒能力，适应性较强，要求极端最低气温不低于-2.6℃，如平均气温低于15℃以下，八角虽然能成活，但树冠生长受到限制，开花结果不理想。根据八角树喜冬夏凉、耐荫的特性来看，一般八角适生区的年均气温在19~23℃为好，最冷月平均气温不低于10℃，极端最低气温在-2℃以上，大于10℃的年积温7 500~8 100℃。极端低温对八角生长和产量影响极为显著，当气温降至0℃时，越冬春果果柄受害，缺角果多且早脱落；-3℃时幼苗和幼树梢受寒害，严重的整株冻死；-4℃时幼果大部分被冻死，秋果减产，严重时颗粒无收；-6℃时大树枝条受害，部分植株死亡。因此，八角北移，首先要考虑适生温度的临界值。

3. 水分

八角在整个生育过程中，对水分的要求比较高，大体上，雾多、湿度大，有利于生长。一般年降水量1 200~2 800mm，相对湿度80%以上最适宜。

4. 土壤

由于八角常年花果不断，需要有足够的土壤水分和养分。八角主要分布在以砂岩、砂页岩、页岩和花岗岩等母岩发育而成的土壤为多。这些土壤类型，土层深厚、腐殖质含量高、土质疏松湿润、通风透气、结构良好，最适宜栽培八角。据中国科学院植物研究所对八角生长的土壤测定结果指出，八角是一种嫌钙性的植物。在成土母质为石灰岩，由于形成的土壤含钙或镁较多，pH值较高的碱性土或黏性土则不适于它的生长。

5. 风

八角是浅根性树种，主根不发达，侧根较浅，集中分布在55cm以内的土层中，枝条纤细脆弱，材质比较松软，抗风能力差，遇风力9级以上即遭风倒或折断。因此，应选择避风地域栽植。

6. 地形

影响八角生长的主要地形因子有海拔、坡位和坡向。这些因子将导致日照、温度、湿度、降水量、土壤理化性质以及土层的厚度等变化，直接影响八角的生长发育与产量和高低。一般最适于八角生长的海拔高度为500~1 000m，10°~30°的坡地的阳坡、半阳坡栽植最好，排水不良、易积水的洼地或沼泽地均不宜栽植八角。

（二）生长发育

1. 根系生长

八角属浅根性树种，主根不发达，侧根较少，且集中分布在55cm以内的土层中，这种特点，与八角长期的系统发育过程中喜肥沃湿润生境的遗传性有关。八角根系生长的特征，主根深入土壤并随年龄和土层厚度不同而变化，有强烈的趋肥性和趋水性，在根系垂直面上，可见有偏斜特征。八角幼苗在2年生前为扎根期，先生主根，后生侧根。地上部分生长缓慢，3年以后随年龄增长，根幅和冠幅同时扩大，但是根部的生长速度大于冠部。

八角根的再生能力强。当主根或各级侧根受损伤后，其下即产生次生根，以代替原先的侧根继续向前伸展。因此，在八角林地进行垦复或间种，对八角根系的发展影响不大。相反，只要垦复得当，还能促进根系的发展。

2. 生长发育

八角树的生长发育可分为3个阶段：幼林阶段。从幼苗栽植后到成林树冠形成并开始大量开花结实，约需10~15年，在适宜的环境条件和良好的抚育管理下，一般种植4~6年始花。始花前为单纯性营养生长阶段，始花后边生长边结实，并以营养生长优于生殖生长。成林阶段。即充分开花结实时期。此期长短与环境条件和栽培管理有关。在适生的环境条件和良好的管理水平，树龄可达60~70年以上。反之，在立地条件差的地方，管理措施又赶不上，只有20~30年或更短，产量显著下降。衰老阶段。从产量开始下降到少量果实乃至枝条枯死为止。此阶段时间的长短主要同环境条件和后期的管理水平有关。条件适宜、管理完善，可继续生长达百年之久，反之则短龄枯竭。

（三）物候期

一般在2月中下旬气温到达10℃时，八角便开始萌动发芽，到3月上旬或中旬日平均气温到达12~15℃时，便进入展叶期。主干枝条每年抽梢2次，3月上旬至7月下旬，抽梢长20~30cm；8月上旬至9月下旬，抽梢长6~10cm。结果枝每年3月上旬只抽梢1次，树冠上部枝条抽梢长，约10~

15cm，树冠下部枝条抽梢较短，约6～10cm。开花结果：八角花芽膨大期出现于7月上旬，当年积温到达3 200℃时花芽开放，8月下旬至9月中、下旬为盛花期，到11月中旬为末花期。一般花期为80d左右，一朵花从花芽萌动到花朵即将开放时间历经50～60d，花朵从开放到凋谢约有6～8d。八角果成熟出现期，在9月中旬至10月中旬果实或种子开始脱落，由于八角每朵花开放时间不同，因此，果成熟期也不一致，但一般需经13～14个月才成熟。

八角谢花后，少部分幼果继续生长发育，至翌年4～5月成熟，此时成熟的果实称为春果（又称小造果），春果数量少，占全年产量的1%～10%，果实大小不均匀，色暗质差；大部分幼果停止生长发育，至第二年春季才开始迅速生长发育，10月份成熟，此时成熟的果实称为秋果（又称大造果），秋果产量最多，占全年产量的90%以上，果实饱满，大小均匀，色泽鲜艳，质量佳。

八角有"抱子怀胎"的现象，即在7～9月，八角幼果迅速生长，但此时又是开花期。这个时期同时出现幼果迅速生长、开花及抽生晚夏梢或秋梢，是八角生长发育过程中营养生长和生殖生长矛盾特别突出的时期，常常由于花量大、新梢多而导致大量落花、落果、落叶，或树势变弱，易受病虫害的危害。因此，在生产上应加强水肥管理，促进花芽的分化，调节好营养生长和生殖生长的关系。

四、栽培技术

（一）苗木繁殖

八角的繁殖可分为有性繁殖和无性繁殖两种方法。用无性繁殖的八角，比实生苗造林提前4～5年结果。以生产果实为目的宜采用无性繁殖。

1. 有性繁殖

用种子培育出苗木的方法，称为有性繁殖，这种方法在八角造林中应用较为广泛。

（1）采种。在优良品种中选择生长旺盛、结果多的壮年母树，或者在已划定的母树林内采种。由于八角花期长，果熟期也长，过早成熟的果实大多是发育不健全或受病虫危害；过迟成熟的种子，因母树营养不足和气候渐凉而发育不饱满，故应选择在霜降前后果实大量成熟而未开裂时采收。采种时勾取果枝，用手摘果，切勿损伤枝芽，影响翌年开花结果。

（2）种子处理。种子处理方法有3种，一是果实数量较少的，可将果放在室内均匀摊开，每天翻动数次，勿使发热霉烂，3～4d后果实开裂，种子自行脱落，要及时收集。二是待气干果实微裂，尚未脱落的种子即用铁钩钩取。三是如果用种量不多或优良品种单株需另作种子处理的，则在新鲜果实的蓇葖果背面用较锋利的小刀划开硬壳，然后用刀尖扳开取出种子。

八角种皮较薄，油质易挥发而丧失发芽力，故宜随采随播。如在春季播种或远途运输，将种子加以处理，有两种方法。湿润处理法：当地采种就地育苗可用此法。挖取半干黄泥（取心土）捣碎过筛堆于室内地上，在黄泥土堆中央开穴，将种子放于穴中，随放随洒少量清水，可以搅拌，使种子黏着黄泥土成颗粒状（所用黄泥较种子多3～4倍），将其堆积于室内阴凉处，最好靠近水缸，每隔几天翻动一次，干燥时适当洒水，保持湿润，经2个月后开始发芽，翌年1～2月取出播种。若种子贮藏时间不长（1个月左右），可用湿沙代替黄泥粉更为方便，即筛取粗细均匀的湿河沙（湿度以手握不滴水，松手不成团为标准）与种子分层贮藏在通风阴凉之处，经常保持湿润，待整好苗圃地，即将种子筛出播种。干燥处理法：先将种子湿润，再与过筛的黄泥粉拌成颗粒状，大如黄豆，然后贮藏于地窖内或水缸中，用板封好，以防鼠害，要经常检查有无霉烂发热。如需长途运输，先将拌有黄泥粉的种子放入布袋内压实绑牢，装入木箱，以防在途中振动使种子与黄心土分离，运到后，应于播种前洒水催芽处理。

（3）播种育苗。圃地应选择靠近水源、土壤肥沃、土层深厚、疏松、排水良好的缓坡，沙质壤土，pH值4.5～5.0的荒地作苗圃。圃地选定后，应在秋末冬初深翻晒地，除去杂物，使其风化一段时间，在播种前翻土锄碎，整平畦面，苗床畦面宽1～1.2m，高20～25cm，畦间留40cm宽的步道，长度视地形而定。八角播种最好是随采随播，若不能随采随播可用干、湿藏法将种子贮藏到当年12月底前或翌年2月下旬播种，3月中旬播完。采用开沟点播，按15～20cm的行距开沟，沟深3～4cm，株距4～5cm点播于沟内，每穴1～2粒为宜，播种量约90～120 kg·hm^{-2}。播种后用草皮泥拌细碎的黄心客土覆盖种子，厚度约1.5～2.0cm，随即用茅草或稻草覆盖畦面并淋足水分，保持苗床湿润，以利于种子的萌发。

(4) 苗圃管理。当苗地有50%种子发芽并长出地面时，即应陆续揭除播种沟内的覆草，让其幼苗正常生长，种沟间的覆草暂不揭开，有利于保持苗床的湿润。

八角属中性偏阴树种，幼苗期耐荫，要求湿润，不能忍受阳光的直接暴晒。因此，揭开盖草后要立即搭盖荫棚，使幼苗得到适宜的遮荫。透光度以30%左右为宜。待到10～11月份时，即将荫棚折除。苗木出土后，要加强松土除草、间苗、施肥及病虫害防治等管理工作。松土施肥与施肥同时进行。施肥应以化肥如尿素、复合肥、人粪尿为主。第一次在5月苗高5～8cm时为宜，第二次在6～9月苗木生长最旺盛时期，应每月各追施1～2次，12月底苗木开始进入越冬状态，此时施一次经沤制过的腐殖质长效肥，以增强越冬能力，有利于翌年春幼苗迅速生长。

(5) 苗木出圃。八角是常绿树种，上部枝叶水分蒸腾较大，起苗时应剪去1/2叶片，留顶芽和1～2轮侧枝即可。起苗后立即分级浆根，运往造林地，再浆根一次，做到随起随运、随栽。当日没栽完的苗木要放在湿润的地方进行假植。有条件的地区可用吸水剂捞拌黄泥浆浆根，或用ABT生根粉混浆浆根，促进根系生长，有利于苗木生长。

2. 无性繁殖

嫁接苗培育：嫁接目的是利用接穗和砧木的相互影响以获得数量多、质量高的苗木，使八角树既能保持母株的优良性状，又能利用砧木的良好作用增强植株的抗逆性、抗涝、抗病虫害和耐低温的能力，并矮化树冠，促进提早结实。目前，在八角育苗生产中，已开始采用嫁接繁殖方法并取得良好的效果。

(1) 接穗的采集与贮藏。接穗应从适于当地生长的优良品种类型或采穗圃中选择柔枝窄冠型、生长健壮、产量高、无病虫害的壮年母树树冠的中上部的向阳部位生长粗壮、芽眼饱满的枝条。夏接采取半木质化或基本木质化的春梢，春接则用充分成熟的1年生结果枝。剪去1/3叶片，随采随接。若需要长途运穗或贮藏时，应用湿脱脂棉裹住剪口按20～40枝为1捆用湿木屑包装挂上标签，写明品种、树号及采集地点、时间等。

(2) 砧木的选择和准备。嫁接时必须选择适于本地生长、根系发达、发育好、抗性强的1～2年生，离地15～20cm处径粗0.7cm以上的八角实生苗作砧木。嫁接前1～2d，圃地应灌足水，保持圃地湿润，以提高嫁接成活率。

(3) 嫁接的时间与方法。在八角整个生长周期中都可以进行嫁接。目前生产中一般在春季（2～3月）进行枝接成活率最高。嫁接的当天必须是在平均气温15℃以上的晴天或阴天的上午和午后，切忌中午和雨天进行。常用的嫁接方法有切接、顶芽合接。切接：是目前八角嫁接方法中成活率最高的一种，尤其适用于较小的砧木。顶芽合接（嫩芽合接）：适用于各种大小的砧木，操作简便，成活率高，生长较快。但其接口离地面较高。接穗取自母树上当年生半木质化或1年生木质化的枝条，枝条必须具备健壮顶芽，穗长3～5cm，削穗时于顶芽下方0.5～1cm处向下削成平滑接面。砧木选取直径与接穗相近的1～2年生苗，切去顶芽，切口长度与接穗切口相同，然后将削好的接穗插于砧木的切口上，使两者的形成层紧密吻合，然后用塑料绑带自下而上绑扎，封住切口，并延其绑带扎缚接穗至顶端，露出接穗顶芽，便于接穗萌动抽梢。或套上薄膜罩即可。5～10月嫁接较适宜。

(4) 嫁接后的管理。嫁接后15～20d即可检查成活情况。成活植株在萌芽抽梢后，先行松绑、去罩，以利砧木与接穗的生长，未接活要进行补接。约40～60d待第一次抽梢后才能解绑。待嫁接苗长至25cm左右时便可扶正、摘心定干，让其长出第一级主枝。枝接苗在接穗萌发后，只保留一个健壮的萌芽，其余的全部抹去。砧木上萌出的萌蘖亦要抹除，以保证成活接枝的生长发育。砧木上原有的轮枝，待到接穗长出侧枝并能正常地进行光合作用能够维持自身生长发育时再全部剪除。八角嫁接苗期需要有较大荫蔽的环境。有无荫蔽是八角育苗成败的关键。必须及时架设荫棚遮荫，保证嫁接苗的正常生长。

嫁接后至苗木出圃前的生长期内，每月应中耕、除草、施肥1次，及时灌水，保持圃地湿润，这样才能保证培育出合乎规格的嫁接苗。施肥前期以氮肥为主，磷、钾肥为辅，后期适量施用磷、钾肥或复合肥，以促使嫁接萌条的木质化和根系发育。同时，还要加强病虫害防治。

此外，还可用扦插方法，培育苗木供造林用。

（二）造林

1. 造林地选择

宜选择由花岗岩、砂岩、砂砾岩、角砾岩为母质发育成的山地红壤、黄壤和黄红壤，土质疏松、深厚湿润、呈微酸性，pH 值4.0～5.5，适宜于八角生长的地域造林。林地植被。一般选择以枫香、鸭脚木、樟树、牛奶果、假平婆、乌柿、山枇杷等木本植物为主，下层以喜阴湿的蕨类等组成的次生杂木林或覆盖茂密的禾本科植物等灌丛作造林地为宜。林地宜选择海拔 500～1 000m 的低山和中山的中、下部的南坡、东坡及东北坡，且坡度以 5°～30°为好。

2. 整地

通常采用全垦整地，深 20～25cm，若坡度大于 20°以上，宜采用带状或块状整地，以减少水土流失。穴大小为 50cm×50cm，深 30cm。整地挖穴应在秋季进行。

3. 造林密度

八角经营目的不同，栽培密度各异。

（1）果用林（又称乔林作业）。以生产果实为目的。其要点：一是要选择有利于结果的环境，主要环境是山地的阳坡；二是疏植，使树冠得以充分的扩展，为丰产创造良好的条件。造林密度采用 2.5m×5m（900 株·hm^{-2}）、3m×5m（660 株·hm^{-2}）和4m×5m（495 株·hm^{-2}）株行距为宜。

（2）叶用林（又称矮林作业法）。是以生产枝叶用于蒸油为目的。其经营性质比较短期，但可提前收益。经营的要点首先选择有深厚肥沃的土壤，有利于八角树的正常生长；其次是阴坡密植，使枝叶生长茂盛。造林密度以 1m×1.7m（5 876 株·hm^{-2}）或1.32m×1.32m（5 733 株·hm^{-2}）为好。植后3～4 年，株高 1.5～2m 左右，可在离地 1.3m 左右高处截顶以培育头木林，一般收叶量达4 500 kg·hm^{-2}，往后年份，产量逐渐增加，10～15 年期间为盛产期，质量好，产量高达 15 000kg·hm^{-2}以上，但连续采叶 40～50 年后需更新。

（3）果油两用林（又称中林作业法）。是生产果实和生产枝叶用以蒸油为目的。根据果用林要求稀植、叶用林需求密植的原则，在生产上为集约经营和提高土地利用率及提高单位面积产量，同时还可以节省劳动力。这种混交种植方法，两者互不影响生长和产量，能达到长短结合的目的。中林作业时，先密植造林，株行距一般采用 1m×1.3m，7 500 株·hm^{-2}，采叶蒸油时按 600 株·hm^{-2}左右保留，按一定的密度和品种选留，通常其株数比为 1（果用）。15（叶用），其余在 1.3m 处“砍头”蒸油。

4. 种植

根据八角经营方式进行造林，果用林用 1～2 年生苗，叶用林用 2～3 年生苗。在 2 月新芽未萌动之前进行。雨天造林的成活率一般可达 85%～90%。

5. 抚育管理

（1）幼林抚育管理。八角造林后到植株普遍开花结实（能采叶蒸油）这段时间称为幼林。幼林阶段主要是进行营养生长，以便形成庞大的根系和完整的树体，为进入投产阶段作好准备。八角幼林抚育管理目标是力争幼林 1 年生、2 年长、3 年成林。为此，应重点强化植后头 3 年抚育管理工作。

• 遮荫保湿　利用造林后林地上自然生长起来的杂草灌丛等天然植被作林地的覆盖，这些植被有荫蔽土壤、保持林地湿润、均衡土壤温度、减少水土流失、防止日灼等作用，若能控制得好，适时铲草或压青还能增加土壤肥力。同时，还可在八角行间进行人工种植作物，如八角造林当年种上一些高秆农作物如玉米、高粱、木薯等，也是一种较好遮荫保湿措施。

• 中耕除草　通过耕作，目的是改善土壤环境。清除杂草，疏松土壤，能改善土壤结构，调节土壤中水分与空气状况，提高土壤肥力。中耕除草每年进行 2 次，以 1～2 月和 5～6 月为好。根据当前八角产区生产力的水平，应推广混农经营模式，坡度小于 15°的林地采取全面间作，16°～25°的林地进行块状轮作，即把八角林地划分成若干块。八角林可采用以下几种间作模式：八角—粮食作物（玉米、旱谷、薏仁等）；八角—豆科作物（黄豆、花生、蚕豆等）；八角—经济作物（姜、花椒等）；八角—绿肥（苕子等）。通过间作，能合理协调和改善林地土肥关系。

• 施肥　合理施肥是八角幼林生长的重要途径。施肥与中耕松土同时进行，根据八角经营方式，果用林施肥以氮为主，对 3 龄以后幼林可兼施一些复合肥，第一、二龄幼树每次每株施尿素 50～150g，第三龄后可每次每株施尿素 150～250g，加复合肥 100～200g。施肥时沿树冠投影上方挖深 15～20cm，长 0.5～1.0m 的弧形沟，撒施覆土即可。叶用林的在造林头 2 年以间种农作物为主，从第 3 年开始，每年的冬季翻土一次，深 15～20cm，使根系不断向四周扩展，增加营养面积。另外，每年 1～2 月抽梢发叶前，每株施尿素 0.5kg 或复合肥 0.5kg。每年采叶后，每株再施尿素 0.5kg、磷肥 0.25kg、氯化钾

0.25kg，使植株恢复长势。果、油两用林，在植株进入开花结果前，按叶用林进行管理施肥。

● 修枝整形　八角幼树顶端优势很明显，是否修枝整形，要根据经营目的和实际情况而定。果用林的幼树一般不进行修枝，一是考虑到八角枝脆易断，收果人要攀扶住主干才能安全收果；二是八角是耐荫树种，树冠上下、内外均有果，枝下高越低，结果的面积就大，相对产量就越高。若用截干苗造林，第一、二年要注意培养树形，一般每株只留2枝萌芽条，培养为强壮的主干，其余全部抹掉，当苗高1.3m时需摘除顶芽。叶用林若用带顶芽的苗造林，在树高生长到1.3m左右摘掉顶芽，促进侧枝生长，以获得更多的枝叶。

（2）成林抚育管理。成林八角是指进入大量结果的果用林或开始大量采叶蒸油的茴油林。八角成林抚育管理目标是高产稳产，必须加强管理工作。

● 中耕除草　进入盛果期的成林八角，一般每年抚育2次，分别在2~3月和8~9月进行全面铲草，以便采收春果和秋果。以后每隔2~3年全面垦复1次。若坡度超过25°的坡地，宜用块状或带状垦复。叶用林和果油两用林，每年都要垦复抚育，结合施肥和压青，可收获50~60年，如不加强管理，任其荒芜5~6年后即自然衰败无收。

● 疏伐、补植　针对当前八角主产区大面积的成林密度结构都不大合理的情况，有些造林密度过大，达2 500株·hm^{-2}以上，造成自然整枝、分枝高、林内光照不足、湿度大，极易引起病虫害滋生，导致八角产量低，大小年明显。有的则由于粗放经营，保存率低，只有200株·hm^{-2}左右，且分布不均匀，林相不完整。这些都是造成八角林分产量水平不高的主要原因之一。因此，对这些八角林分密度进行合理的调整，过密的进行适当疏伐，伐除病虫株和被压株，留优去劣；缺株的用良种壮苗或带土大苗补植，力求使八角林相整齐均匀，树冠之间应控制在0.8~1.2m的距离，不要互相重叠。疏伐应逐年进行，一般果用林按375~600株·hm^{-2}保留；叶用林保持在4 000~6 000株·hm^{-2}。

● 施肥　要使八角林稳产、高产，就特别要加强对八角林地的土壤管理。果用林每年1~2月在抽梢发叶前施一次以氮、钾肥为主的催梢肥；4~5月八角即将开花前，可以施1次以磷、钾肥为主的催花肥；7~8月是果实坐果与生长发育期，再施1次包括氮、磷、钾和少量微量元素如钼、硼的壮果肥，以提高果实质量和恢复树势，为来年丰产打下基础。方法宜采用开沟施肥，即在上坡沿树冠投影线开一深16~20cm，长100cm左右的弧形沟，施肥后即覆土。一般幼树每株施化肥0.2~0.3kg，成年树每株放1~1.5kg。果油两用林，在进入开花结果后，则按果用林进行管理和施肥。为促进植株生长、开花结果和提高座果率，可在幼果期和花芽分化期进行根处追肥，以补充八角生长发育对养分的需求。可施用的叶面肥及用量为0.3%~0.5%尿素、1%钙镁磷浸出液加0.5%硫酸钾，或0.1%~0.2%磷酸二氢钾加0.05%~0.1%硼砂，或用0.01%~0.1%钼酸钠或钼酸铵，或0.01%~0.02%硫酸铜喷洒。

6. 低产林的改造

现有部分八角低产林，因树体衰老，生长势弱，产量低且不稳，大小年明显，必需及时进行改造。

五、病虫害防治

八角病虫害主要有炭疽病、日灼病、煤烟病、八角尺蠖、金花虫等。

（一）病害防治

1. 炭疽病

主要危害幼林叶片和嫩梢，在高温多雨季节病情加重。防治时先清除病株残体，病害发生期可喷1:1:200的波尔多液进行防治。

2. 日灼病

发生在幼林没有遮荫或成林长期处于杂木林荫蔽下突然暴晒于强光下所引起，每年7~8月发病严重。防治措施一是搞好荫蔽工作，对成林八角要逐渐增加光照进行日光锻炼过程；二是对受害部位及时修剪涂封，防止白蚁危害；三是在高温季节进行树干涂刷石灰浆，以反射部分白光，减轻危害。

3. 煤烟病

由真菌引起发病，常随介壳虫、蚜虫、粉虱等而发生，在叶片和枝条上形成一层黑色煤烟状物，影响八角产量与质量，每年3~6月和9~11月是发病高峰期。防治措施：一是加强抚育，适当修剪，增加通风透光，合理施肥，提高抗病能力；二是用40%乐果1 000~2 000倍或敌敌畏500~1 000倍喷杀。此外，在轻病区喷0.3~0.5波美度的石硫合剂，每15d喷1次，直至高峰期过后为止。

（二）虫害防治

1. 八角尺蠖

1年发生4代，幼虫从3~11月食叶片，8~10

月危害严重。可用90%敌百虫1 000倍或80%敌敌畏1 500倍或马拉松1 000倍喷杀，用苏云金杆菌粉炮防治效果更佳。

2. 金花虫

又称八角叶甲，1年发生1代，3～4月幼虫危害，6～7月成虫危害，咬食八角叶片、幼芽及新梢。危害轻者，造成八角减产，生长不良，严重者，造成植株枯死。

防治方法：5月份结合抚管进行铲草、松土、刮地表土等消灭虫蛹；冬季进行修枝、摘除卵块；用400～500倍敌敌畏或乐果药液喷杀，杀虫率可达85%或用“621”烟剂喷杀；在幼虫期施放白僵菌粉炮，使之感染致死；人工捕捉，利用金花虫假死习性，用布袋收集杀灭。

六、采收贮藏与加工利用

1. 果实采收

（1）采收时间。八角果实成熟季节不同有春果和秋果之分。春果每年4月成熟，采收的最佳时间为4月上旬；秋果成熟期是9～10月，采收时间在“霜降”前后。

（2）采收方法。春果产量低，一般是八角老熟落地后，通过人工捡收，直接晒干或加工茴香油。

秋果的采收：八角树质地松脆，果实成熟时，正值新花和幼果共存，采果时要加倍小心以免折断枝条，影响翌年结果。一般采取人工采摘，严禁用竹竿敲打。宜在晴天进行，便于果实干燥加工。

2. 叶用林采收

叶用林是以生产枝叶用作蒸油为目的，老叶（1年生以上）含油量比嫩叶高，一般秋后采叶，随采随蒸效果较好。但大面积经营者，亦不分季节，月月蒸油，必须设置多个作业区，轮换采叶，以保证八角的正常生长，有利于扩大再生产。

3. 果实加工

八角果实采收后要及时进行加工干燥处理，方法因各产地的加工习惯、燃料来源以及气候变化不同而异。现行的加工方法有自然干燥、土烤炉床微火烘烤、土窖烘烤3种。

（1）自然干燥。八角在太阳光下直接晒干或借助风、高温而直接干燥的简易方法。该方法简单易行，投入少，加工成本低。自然干燥又包括杀青干燥、直接干燥和薄膜覆盖干燥。杀青干燥：先将新鲜八角放入沸水中，用长棒搅拌5～10min，待八角果颜色由绿转变为淡黄色时捞出，然后摊在晒场或草席上晒干后即为成品。目前加工方法多采用“先烫后晒（烤）”，手工操作的方法。铁锅里烫八角用的开水不可多次反复使用，为避免影响外观颜色，所以每烫1～3遍后要换水一次。直接干燥：新鲜八角不经杀青，直接在太阳下暴晒成干八角的方法。薄膜覆盖干燥：将采后的八角摊在水泥地上暴晒至手感果身发热后，收拢，然后用0.2～0.4mm厚薄膜覆盖密封，周围用砖或石块把薄膜边压贴地面，然后暴晒4～5h，待薄膜内部凝结有水珠，八角果实的颜色由青绿变黄绿时除去薄膜，重新摊开翻晒，晚上收成堆，不盖薄膜，次日如此反复进行，但薄膜覆盖时间减为2～3h，第3天不再覆盖薄膜，4d左右即可干燥为成品。该方法兼有杀青干燥和直接晒干的优点，既能使八角叶绿素消失，保证八角棕红颜色，又能保持八角香味，提高八角成品率，是值得推广的加工好方法。

（2）土烘炉床微火烘烤法。土屋内设固定炉，高80～100cm，长250～300cm，宽约150cm，用竹竿、荆条编成架作烤床，四周围砌成炉墙，高50～70cm；或直接在室内用竹竿搭架，高80～100cm，将果均匀铺在竹架上，用微火烘烤，经常翻动，烘2d即可，微烘的八角成品颜色紫红、暗淡、无光泽，但香味浓，容易保管。

（3）土窑烘烤法。在八角林中，选择10°～15°的斜坡，先挖1m^{3}大小的烧柴火的炉膛；在炉膛上方顺着斜坡开一条60～70cm宽，约30cm长的通火道，通火道顶端砌烟囱；在炉膛和火道上面，放上竹片编成的床垫，床垫上堆放鲜八角；在床垫周围，用木板或砖块砌成方形的烘烤室，体积以能装100～150kg鲜八角为度；亦可根据炉膛大小而增减。烘烤时在炉膛内烧火，热气经床垫通孔进入鲜八角内，在鲜八角上面加上覆盖物如草席等，效果会更好，2～3d可烘干一窑。

4. 八角茴香油的加工

茴香油是从八角树叶、果实蒸馏出的挥发油，略具黏性，经营上以灰白的色泽为优，黄色次，其主要成分茴香醚，大都用作制油及食品工业的重要原料。

八角茴香油是由多种互溶的有机质构成的混合物，存在于八角果实及枝叶不同组织器官中，由于八角茴香油具有挥发性和几乎不溶于水的特性，可以采用水蒸气蒸馏法提出。直接火加热单锅蒸馏工艺是八角茴香油传统生产工艺，由于它具有设备结构简单、易移动、投资少的特点，目前个体经营者仍广泛使用。

（1）生产工艺流程。八角枝叶（果实）直接火加热单锅生产工艺流程如图。预先把八角枝叶（果实）装入蒸馏锅内，往锅底注水，水位距离花板50～100mm，受直接火加热而蒸发的水蒸气通过花板上的八角枝叶层，使八角茴香油与水蒸气一起蒸馏出来，经冷凝器、冷却器进行冷凝，然后进入油水分离器进行油水分离。由于八角茴香油相对密度小于水，故悬浮在水面。油水分离后的水含有八角茴香油，应返回蒸馏锅进行复馏以提高出油率。

（2）技术经济指标

• 八角枝叶

得油率：0.8%～1.0%

蒸馏时间：8～10h

耗木柴：每千克油100～120kg

凝固点：≥15℃

• 八角鲜果

得油率：3.0%～3.2%

蒸馏时间：10～12h

耗木柴：每千克油60～80kg

凝固点：≥17℃

5. 八角商品规格

《中华人民共和国八角标准》GB7652-87 适用于不同季节和不同方法加工八角果实的干制品。

（1）术语。大红八角：指秋季成熟期采收，经脱青处理晒干或烘干的八角果实。角花八角：指春季成熟期采收，经脱青处理晒干或烘干的八角果实。干枝八角：指落地自然干燥的八角果实。脱青：指用加热处理，使八角鲜果原有的叶绿素消失的方法。色泽：指八角成品的不同色泽，有棕红、褐色、褐红和黑红之分。碎口：指八角成品破裂后1～4瓣连结一起的碎体。杂质：指八角果实外的其他物质（包括果梗）。香味：成品八角特有的芳香味。芳香油：八角经水蒸馏得到的挥发油。灰分：八角在高温下炽灼至完全灰化的残渣。

（2）规格质量

规格：大红八角分一、二、三级，角花分一、二级，干枝八角统级六个级别。

质量：详见表88-1、表88-2。

表88-1　八角感观指标

类别	级别	颜色	气味	果形特征
大红八角	一	棕红或褐红	芳香	角瓣粗短、果壮肉厚、无黑果、无霉变、干爽
	二	棕红或褐红	芳香	角瓣粗短、果壮肉厚、无黑果、无霉变、干爽
	三	棕红或褐红	芳香	角瓣粗短、果壮肉厚、无黑果、无霉变、干爽
角花八角	一	褐红	芳香	角瓣瘦长、果小肉薄、无黑果、无霉变、干爽
	二	褐红	芳香	角瓣瘦长、果小肉薄、无黑果、无霉变、干爽
干枝八角	统级	黑红	微香	壮瘦兼备、碎角多、无霉变、干爽

表88-2　八角理化指标

类别	级别	物理指标				化学指标	
		果体大小（个/kg）	碎口率（%）	杂质含量（%）	水分含量（%）	芳香油含量（%）	灰分含量（%）
大红八角	一	<850	<6	<0.5	<13.5	>7	<2.5
	二	<1 200	<10	<1.0	<13.5	>7	<2.5
	三	不限	<20	<1.5	<13.5	>7	<2.5
角花八角	一	<1 200	<3	<1.0	<13.5	>7	<2.5
	二	不限	<15	<1.5	<13.5	>7	<2.5
干枝八角	统级	不限	不限	<2.0	<13.5	>7	<3.0

6. 茴油商品规格

相对密度：25℃ 0.978 0～0.988 0；折光指数：20℃ 1.553 0～1.560 0；乙醇溶解度：15.5℃时全溶于3倍体积的乙醇（90%）中，成为澄清的溶液；凝固：15～18℃。

7. 八角的综合开发利用

八角茴香油的提取多数地区采取土法蒸馏，产量低，耗能高，资源浪费严重，质量不统一，大部分八角仍作为原料低价出口。因此，对其综合开发利用势在必行，其综合开发工艺的基本流程如下（图88-1）：

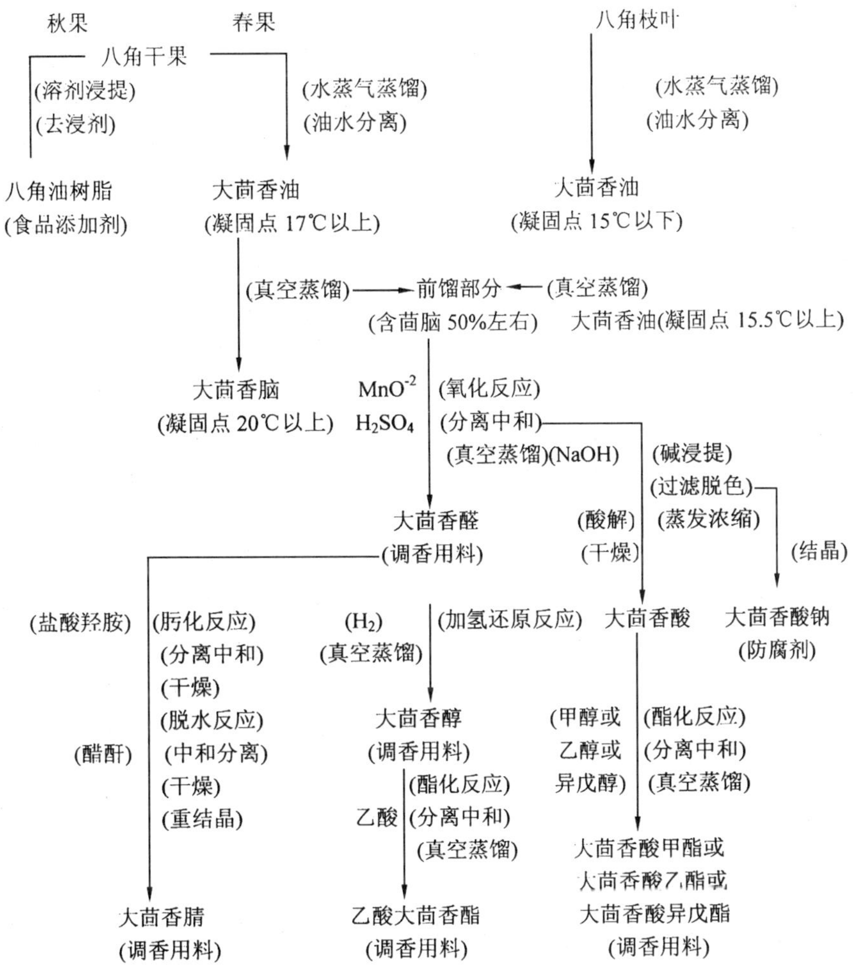

图88-1　八角综合开发工艺流程

（覃玉荣）

89. 胡　　椒

胡椒（*Piper nigrum*. L）是世界上重要的香辛作物之一，在食品工艺中被广泛使用。胡椒果实中含有8%左右的脂肪油、36%的淀粉和4.5%的灰粉。果实含芳香油，其含油量因采收处理不同而异，白胡椒的含量为0.81%，黑胡椒为1.2%～2.6%，可用于香料调和。果实中含有2种构成辛辣成分的植物碱：一是胡椒碱，含量约5%～9%；二是胡椒脂，碱含量约0.8%。从药理上而言，胡椒芳香辛热，温中祛寒、消痰、解毒。它原产于印度西海岸，目前已遍及亚、非、拉20多个国家和地区，种植面积25万 hm^2，年产量15万～17万t。我国引种胡椒始于1951年，现海南、广东、广西、台湾、云南、福建等地均有栽培，种植面积1.73万 hm^2，总产量6 000t，其中主产区海南省种植面积1.31万 hm^2，产量4 000t。我国已成为世界上又一个主要产椒国。

一、植物学特征

胡椒（*Piper nigrum* L.）属于胡椒科（Piperaceae）胡椒属（*Piper* L.）多年生常绿藤本植物，适宜在高温潮湿的地区生长。

自然状态下蔓长达7～10m，栽培条件下一般在2.5～3m，冠幅1.2～1.5m，呈现圆柱形。蔓上节膨大，叶腋有休眠芽，当生长点受到抑制或水肥充足时，休眠芽便萌动抽生新蔓；叶互生，椭圆形、卵状或心形；穗状花序长6～12cm，上面密生30～150朵小花，单性，无花被；浆果球形，一般直径4～7mm，成熟时红色，干则变为黑色而有皱纹。

胡椒种植后2～3年便可开花结果。海南广泛栽培的大叶种一般在8～10月开花，翌年5～7月收获，挂果时间长达9个月左右。按白胡椒计算，年产量达1 500～2 250kg · hm^{-2}，优质高产的胡椒园可达7 500kg · hm^{-2}以上。经济寿命达20年左右。

二、主要栽培品种

胡椒为胡椒科胡椒属植物。胡椒科大约有12个属，1 400多种，其中胡椒属的植物有600或700种。有藤本的，也有木本的；有栽培种，也有野生种，分布于世界热带、亚热带地区。世界栽培的胡椒种类很多，其分类法也各有不同，有的以地区命名，有的以叶片大小或花序构造（如两性花、雄花或雌花构成的花序）定种的类型。但一般以叶片大小分为两种类型：大叶种和小叶种。

1. 大叶种

叶大而薄，色浓绿；植株生长较快，分枝多而健壮，树冠较大，蔓、枝较脆易折断；季节性开花明显，花期较集中，花穗较长；成果率较高，果粒较小，浆果在穗轴上排列不整齐。成熟期较一致，种子小，大小一致；较耐肥、耐旱，单株产量较高，但产量不稳定；抗病力较差，易感染胡椒瘟及根腐病，经济寿命较短，一般20～30年。

2. 小叶种

叶小而厚，浅绿色，常有镶嵌斑纹；植株生长较慢，分枝少而短，树冠较小，蔓、枝有韧性，不易折断；花期长，开花不集中，抽生花穗多；果穗较短，成果率低，果粒较大，浆果在穗轴上排列整齐，成熟期不一致，也不易落果；种子辛辣，单株产量较低，但产量稳定；不耐旱，但抗病力较强，不易感染胡椒瘟病及根腐病，经济寿命较长，一般可达30～40年。

三、栽培技术

（一）苗木繁殖

作为一种多年生的常绿攀缘植物，其繁殖方法主要有无性繁殖和有性繁殖2种。生产中最常采用无性繁殖。

1. 无性繁殖

传统的胡椒无性繁殖方法，是采用多节插条进行扦插。这种繁殖方法增殖率有限，需耗费较多的繁殖材料。竹片法作为一种快速增殖方法，非常适合于大规模繁殖良种材料，因而日益引起人们的重视。另外，也有研究者探讨采用单节扦插法（单叶芽扦插法）、嫁接法和微型繁殖法等用于胡椒种苗繁殖。

（1）常规法。这是胡椒商业化种植的主要繁殖方法，特点是多节扦插。在马来西亚的沙捞越地区及印度尼西亚，通常选用少于2年生的主茎顶端作为插条。顶端插条长5～7节（约60cm）。在选取顶端插条之前，先掐去顶芽，除去顶端向下3～5节的叶片和枝条；约10d后，当顶芽再生时，在从顶端算起的第5～7节节下切断（应防止损伤气生根），即可在苗圃或田间扦插。扦插时，插条呈45°倾斜，扦插深度为3～4个节（10～15cm），然后用蕨叶遮荫。而在印度，通常使用植株基部的匍匐茎进行扦插或压条繁殖。扦插的方法是，选取茎蔓基部，并将该部位的匍匐茎缠绕在叉型杆上，以防止其早熟生根，一定时间以后，再将其与母蔓分离，切成4～5个节长的插条，扦插在育苗袋、苗圃或大田中。据Bavappa等介绍，上述2种方法的生根表现差异不大。但若利用侧枝（斜生枝条）扦插，则不仅生根率低，且日后的株形为丛生状，果穗极少。

（2）竹片法（bamboo split method）。为一种规模化的快速繁殖方法。它具有以下优点：繁殖快。第一次收获插条需3.0～3.5个月，继后每次仅需2.0～2.5个月。占用空间少，增殖率高。这种方法的增殖率为40倍以上，每年每公顷苗圃可生产150万～250万株种苗。种苗质量高。这种插条苗根系发育好，易于田间定植，且其生活力比常规扦插苗的更强。竹片法的具体做法是，将直径7～8cm、长1.2～1.5m的竹子对半剖成2片竹片（但不要破坏竹节间隔），然后，在有荫蓬的苗圃中，将竹片以45°倾斜支放在育苗沟或聚乙烯育苗袋中。育苗沟或育苗袋中填充腐熟牛粪、表土、椰糠和河沙的等体积混合物（并拌有10g·dm^{-3}的过磷酸盐），或体积比为3∶1∶1的表土、FYM（未查明全称）及河沙的混合物。然后，在每片竹片底部种植1段生根插条，15d后，可适当追施氮、磷、钾、镁的混合肥。当所植胡椒茎蔓沿竹片向上生长时，可往竹节槽中逐节填充生根基质。生根基质可以是体积比为3∶1的牛粪和椰糠的混合物，也可以是等体积的椰糠（或锯末）、过筛表土、粉状FYM和河沙的混合物。为了让茎蔓与生根基质更好地接触，可将茎蔓与竹片捆扎在一起。当茎蔓到达竹片顶端时，掐去茎尖，并将茎基部的茎蔓压碎；7～10d后，即可从压碎处完全切断茎蔓，并逐节将茎蔓切断，制成单节插条苗（每株苗仅带1个节）。出圃前，插条苗应在营养袋中培育或苗圃中假植一段时间。

（3）单节扦插法　单节扦插法也称单叶芽扦插法。Choudhary等人报道，单叶芽插条在生根率、根数、根长和枝条发育方面都优于茎段插条；如若用55mg·kg^{-1}吲哚丁酸，或再结合萘乙酸进行浸渍处理，可获得最好结果。Irulappan等人以Panniyur-1品种的胡椒为材料，也得到与上述类似的试验结果。但Bavappa等人却认为，单节插条在田间的生根率只有12%，而且与用竹片法产生的已生根或未生根的单节插条相比，其枝条和根系发育较差。Sridhar的试验结果表明，改变生根基质的组成，可使单节插条的生根率从7%提高到21.2%。Sasikumar等人以Karimunda品种的插条为材料，设用与不用200mg·kg^{-1}的粉状IBA浸蘸切口的8～10cm长的单节插条及3节长的匍匐枝插条（对照）3种处理；基质为等体积河沙、表土、椰糠和牛粪的混合物；扦插时，单节插条的叶轴靠在基质上方，并加以遮荫。2个月后，3种处理的生根率分别为92.3%、82.3%和86.6%。但在单节插条的2种处理中，未用IBA浸渍切口的，不仅根系粗壮，而且上部抽芽也很正常；用IBA浸蘸切口的，尽管在生根率、根长方面略具优势，但却未能抽芽。如果单节插条去掉叶片，则会死掉。对于单节扦插的生根率，不同研究者所取得的结果相差较大，原因可归为，不同生根基质与环境条件相配合作用于单节插条所产生的效果不同。

（4）嫁接法。有不少人试图利用靠接、芽接等嫁接方法进行胡椒良种繁育，但从文献来看，结果大多不成功。马来西亚的沙捞越农业林业部曾用芽接法将Kuching等栽培品种嫁接到印度的抗性砧木无性系（尤其是Balamcotta）上，但其存活时间未过结果期。该试验曾利用以对根腐病有高度抗性的*P. colubrinum*为接穗，以对根腐病抗性不完全的*P. cubeba*以及其他如*P. hispdum*、*P. scabrum*等为砧木，但很少成功。

（5）微型繁殖法。微型繁殖又称“离体快繁”或“试管快繁”，是利用组织培养技术进行的无性繁殖方法。V. J. Philip等人曾报道过以下的胡椒组织培养方法：以茎尖作外植体；启动和增殖培养阶段，采用液态MS培养基+1.5mg·L^{-1}BA（6-benzylaminopurine，6-苄基氨基嘌呤），进行滤纸纸桥培养，其中，外植体放置方式较为重要，垂直放置会形成丛生芽，而水平放置则会形成单芽或衰退；继后的侧芽的生长和发育阶段，在附加1.5mg·L^{-1}BA、3.0mg·L^{-1}IBA的MS培养基上进行，若再附加160mg·L^{-1} adSO$_4$（硫酸腺嘌呤），虽能增加每个外植体再生枝芽的数目，但却降低了能再生的外植体的数目；生根培养基为1/2MS+1mg·L^{-1}NAA。微型繁殖法的优越性不仅快速高效，节省材料和空间；且可以实现周年生产，脱除病原物，利于种质交换；

还可同细胞工程和基因工程育种结合起来用于种质改良。在胡椒组织培养中，由于胡椒极易被微生物所侵染和寄生，且很多为内部侵染，因而外植体的表面消毒十分困难。因此，外植体必须采自卫生植株，否则初代培养很难建立。

2. 有性繁殖

即利用种子进行实生苗繁殖。胡椒的果实为单种子果实。通常从田间采集完全成熟的果实，然后立即去掉肉质的中果皮，或在水中浸泡 2 ~ 3d 后去皮，所得种子再置于阴凉处晾干后，才能播种。种子保存应避免潮湿，并尽可能缩短滞留时间，否则会影响其生活力。实生苗在幼龄期应避免日光直接照射，苗圃要具有相应的遮荫设施。据报道，胡椒种子萌发一般需要 5 ~ 6 周，萌发率为 75% ~85%。但 Ravindran 等人进行的 40 个品种的胡椒种子萌发试验结果表明，开始萌芽的时间为 22 ~ 45d，完全萌芽所需时间为 50 ~ 77d，萌发率为 25% ~100%。基因型的遗传变异、种子贮藏营养多少及有无病原物侵染等因素，都会影响胡椒种子的生活力。

（一）造林

1. 栽植密度和时期

胡椒在幼龄时期需要适当荫蔽，但在开花结果时期则需要充足的光照和足够的营养面积。栽植密度一般株行距 2m ×2.5m。土壤肥沃 2m ×3m，瘠薄地 2m ×2m。春秋两季植较为适宜。定植宜在阴天和晴天的下午进行。土壤湿度过大时不宜定植。

2. 定植方法

定植方向应与梯田的走向一致。定植时距柱 20cm，挖穴深 30cm，坡面成 50°斜面，并压实。种单苗时，种苗对着柱放置；种双苗时，种苗对着柱呈“八”字形放置。每条种苗上端 1 ~ 2 节露出土面，种苗根系紧贴斜面，分布均匀，自然伸展，随即覆土压紧，在种苗两侧施腐熟有机肥 5kg，然后再回土做成中间呈锅底形的土堆，覆草、遮荫和淋足定根水。荫蔽度 80% ~90% 为宜。

植后 1 ~ 2d 淋水 1 次，成活后淋水可逐渐减少。定植一年内都要保持荫蔽，切勿让太阳晒坏椒头，引起幼苗死亡。植后如有死株，要及时补种。椒苗抽出新蔓时，要及时立支柱。此外，还要注意松土、除草、施肥和绑蔓。

（三）施肥

施肥以有机肥、水肥为主，化肥、根外追肥为辅，有机肥和无机肥配合使用。根据植株生长和开花时间、天气情况分阶段施肥。

1. 采果后重施攻花肥

在 7 月底至 8 月初，胡椒采果完后，每株施有机肥（以滤泥、人粪肥、厩肥、火烧土为主混合堆制而成）20kg 以上，混过磷酸钙 0.5kg，豆饼 0.5kg，尿素 0.2kg，挖穴长100 ~ 120cm，宽 20cm，深 25cm，将表土和肥料充分混匀施下后覆土，并淋施优质水肥 1 桶。这次重肥对促进开花有重要作用，是获得丰产的关键。

2. 辅助攻花期

9 月上、中旬，每株增施尿素 150g，淋施优质水肥 1 桶（人畜粪尿、绿肥、蚕粪、豆饼等沤制而成），以满足开花结果的需要，提高稔实率。

3. 早施攻果肥

10 月份果实呈绿豆青，开始迅速增大，此时，每株追施氯化钾 200g；10 ~ 12 月是干旱季节，每月追施优质水肥 1 ~ 2 次，每株每次 1 桶，12 月上、中旬每株于苗头周围均匀撒施火烧土 10kg 或草木灰 2.5kg 以上，防寒保果，满足果实生长发育的需要，提高抗旱抗寒能力，减少落果。

4. 重施壮果养果肥和春季攻花肥

后期果实仍继续增大，干物质积累迅速增加，结合攻春花肥，于翌年 2 月份（春节前后），每株施有机肥 20kg 以上，混过磷酸钙 0.5kg，豆饼 0.5kg；2 ~ 4 月，是春季干旱季节，以施水肥为主，每次每 50kg 可混尿素 50 ~ 100g，共施 3 ~ 4 次，每株每次 1 桶，并追施氯化钾 150g，以壮上年秋果、保留当年春花，提高产量。5 ~ 6 月份追施尿素和氯化钾各 100g，满足春果生长发育的需要。

5. 适施微肥，并进行根外追肥

据 1989 年 7 月至 1992 年 7 月的试验，在浅海沉积物砖红壤胡椒园上，用白云石灰配施微量元素锌，胡椒产量比对照增加 26.9%。叶面喷施 0.3% 磷酸二氢钾加 0.5% 尿素，可以迅速补给胡椒开花结果所需的氮、磷、钾营养元素，提高胡椒的抗旱抗寒能力，减少落果。施用方法是：白云石灰与有机肥混合穴施，每株每次施 250g；叶面用 0.3% 硫酸锌或 0.3% 磷酸二氢钾加 0.5% 尿素于花前、盛花期、幼果期、壮果期 4 次喷施。

四、病虫害防治

（一）病害防治

1. 胡椒瘟

胡椒瘟国外称为茎腐病，发病时常流黑水，胡椒农称为“黑水病”。胡椒瘟是世界胡椒产区主要病害，危害极大。我国胡椒瘟病主要发生在海南及广东湛江部分植椒区。胡椒瘟病菌可以侵染根、蔓、枝叶、花果。而以侵染蔓基部危害最大。主蔓感病部位多数在基部，感病初期，外表皮没有明显的症状，但内部组织已有病变，纵剖主蔓可见到木质部导管变黑，有褐色条纹，上下扩展，病部与健康部交界不明显，后期外表变黑，木质部组织开始腐烂，在雨季常溢出黑水，随后皮层脱落，木质部导管完全腐烂。根部，特别是底层根往往完好。叶片多数是植株下层叶片先感病。开始时，呈浅褐色似水渍状小斑点，2～3 天后，小斑点扩展成黑色水渍状病斑。嫩蔓和枝条，嫩蔓多数从节上先感染，枝条则多从伤口感病，病部变黑，水渍状，随后干枯脱落。花穗及果穗，一般先从穗的末端感病，感病部位变黑，水渍状，随后向穗基部扩展，最后使花、果穗脱落。

病害初侵染源主要来自带病菌的土壤及病死株的残枝落叶。病菌在病土及病组织中繁殖，产生孢子囊和游动孢子，主要靠雨水传播，人、牲畜亦能传播病菌。

防治方法：常用的栽培与生态措施包括：采用无病原感染的种植材料，并尽量采用抗病、耐病品种或混合品种栽培；避免大面积连片种植，可分为小块种植，每块之间 7～14m 内套种其他作物；清除土壤中染病植物的残枝、残叶；使用排水良好的土地，或修建完善的排水设施；避免在垄间除草；在植株基部培土、施肥时，避免伤害胡椒根系（断根的枝蔓更易发病）；修剪遮荫树或支柱树，以利于阳光穿透田垄，降低湿度，调节小气候，可降低病原的繁殖；在雨季来临之前，将拖在地上的匍匐枝提起，捆在支柱上或修剪掉；将椒园用围栏围起，以防行人将染病土壤带入园内；在染病椒园工作后不宜立即进入健康椒园，病健椒园的农具不宜混用；消灭病原携带者，如蚂蚁、蜗牛等。

化学防治常规用 1% 的波尔多液或 0.3% 的氧氯化铜，浸透土壤加以防治。

2. 细菌性叶斑病

细菌性叶斑病是由细菌引起的病害，是我国胡椒主要病之一。细菌性叶斑病可在各龄胡椒发生，尤以结果椒为多。病菌可侵染蔓、枝、叶、花序及果穗，但主要侵害叶片。感病的叶片初为透明状的侵染点，随后扩大成多角形病斑，数天后，病斑中间呈褐色，外缘有黄晕，叶背病健交界处呈水渍状，雨天或湿度大时，常见有细菌溢脓，成一层明胶状薄膜。高温干旱期，病斑多在植株下层叶边缘和叶尖发生。蔓枝一般在节上或伤口感染，初为紫褐色，随后干枯脱节。花序及果穗一般先从穗的末端感病，病部呈紫黑色、易脱落。

防治方法：及时处理中心病株。发现病株，及时摘除病叶及其周围叶片并在园外烧毁。病株喷射 1% 的波尔多液保护健康叶，但要随时摘掉新出现的病叶，每隔 7～10d 喷一次药，连续喷数次，才能有明显效果。

（二）虫害防治

主要虫害有金龟子、蚜虫、粉蚧等，可用 90% 的敌百虫和 40% 乐果配成 500～800 倍液喷杀。胡椒园由于长年有覆盖物，干旱季节易引起火灾，应注意防火工作。

五、采收贮藏与加工利用

胡椒供食用可促进唾液和胃液的分泌，增进食欲。我国人民食素饺、酸汤面时，妇女产后进补，常喜欢加少许胡椒粉以增味。用胡椒粉制成辣酱油，夏天食用可去暑，冬天食用可祛寒。国外还有把胡椒粉加到冰淇淋或伏特加酒中的食法，也别有风味。胡椒入药，有健胃、解热、利尿、抗惊厥等功用，可治疗消化不良、咳嗽、寒痰、感冒、支气管炎、肠炎、风湿病和癫痫病等病症。胡椒根也可入药，与猪蹄炖服或用白酒泡饮，对风湿病、胃寒性腹痛、呕吐等有显著疗效。

1. 采收

采收处理，胡椒经扦插条繁殖后 8 个月即开花，此时应随时将花摘除，不宜采收果实，要到 2.5～3 年才能收摘；种子繁殖的植株要到 3.5～4 年才能进行采收。盛产期一般为栽植后的 7～15 年，扦插繁殖的植株可连续收 8～9 年，甚至到 35 年以上，种子繁殖的植株可收 14 年左右。果实成熟先后不一，每年一般可收 2 次，第一采收期为 3～5 月，第二次在 7～9 月，以第 2 次的产量最高。

2. 加工

目前商品胡椒主要有黑胡椒和白胡椒两种，黑胡椒和白胡椒的加工方法是不同的。

（1）黑胡椒的加工方法。黑胡椒是将刚成熟而未完全成熟的果实或自行脱落下的果实堆积发酵 1～2d（或用开水泡数分钟），使表皮变黑后脱粒，晒3~4d，直到颜色变为黑褐色，干燥后即变成黑胡椒产品。也可在经发酵脱粒后，蒸5~10min摊晒5~7d，在放进60℃烘箱中干燥。一般1kg鲜果可制得185g黑胡椒。制成的黑胡椒以粒大饱满、色黑皮皱、气味浓烈者为佳。

（2）白胡椒的加工方法。白胡椒的加工是将颜色呈青黄而有点变红的红熟浆果采收下来，装入布袋，浸在流动的清水中7~8d使其外果皮易剥下，搓去果皮后，装进多目小孔的聚乙烯袋内，用流水冲洗3d，除净果皮，使种子变白，随后在竹席上摊晒3d左右，再放于60℃的烘箱中干燥，或晒干即可。一般1kg鲜果可制得125g白胡椒。制成的白胡椒以个大、粒圆、坚实、色白、气味强烈者为佳。白胡椒的用量大约占世界胡椒总用量70 000~75 000t中的25%。欧洲人传统上喜爱白胡椒。在白胡椒的生产中，其加工方法也在不断改进，最常用的方法有蒸煮法。即将成熟的青浆果装在篓筐中用蒸汽处理10~15min后，用机器脱粒（壳、皮）。再经清洗及漂白粉漂白后，洗涤、干燥即成白胡椒。脱掉的种皮可收集起来，进行水蒸气蒸馏，回收其中所含精油。

3. 胡椒深加工产品

胡椒的深加工是用有机溶剂从黑胡椒中提出一种油树脂。过去只有一些发达国家如英国和美国制造胡椒油树脂。最近印度、印度尼西亚、新加坡也相继设厂制造，每年可加工胡椒18 000t胡椒，生产胡椒油树脂150~200t。我国华南热带作物科学研究院加工所也在进行胡椒的深加工研究。胡椒的油树脂保持着胡椒的辛辣与香味。它的质量取决于它的挥发油和胡椒碱的含量，而这些物质的含量又因品种的不同而有一定差异。一般胡椒油树脂含挥发油15%~20%，胡椒碱35%~55%。我国栽培的大叶胡椒油树脂含量较低。胡椒深度加工，一般8kg黑胡椒可制得1kg黑胡椒油树脂，而1kg黑胡椒油树脂与其他惰性物质掺用，可充作25kg黑胡椒之用。

胡椒油树脂的提取方法是把黑胡椒磨成0.05mm的碎片或直径为0.1~0.3mm的粗粉后，用丙酮、乙醇或二氯乙醇等溶剂提取。新鲜的黑胡椒油树脂为深绿色黏液，香气浓郁，静置后会析出晶体胡椒碱，具有强烈的辛辣味。胡椒油无色或灰绿色，味甘而不辛辣。制法是把黑胡椒磨成粗粉，用蒸汽蒸馏，出油率为1%~2.6%。

（李贤忠）

90. 花　椒

花椒（*Zanthoxylum bungeanum* Maxim.）别名凤椒、秦椒、川椒、蜀椒，属芸香科（Rutaceae）花椒属（*Zanthoxylum* L.）落叶小乔木或灌木；为我国栽培历史悠久、分布很广的香料、油料、药用兼用经济树种。

花椒主要经济利用部分是果皮及种子。人们通常说的花椒即花椒树果实之果皮经干制而成，因具有特殊的辛麻香味，可去腥膻味，更兼有增进食欲、开胃之功效，是我国人民生活中不可缺少的调味品。花椒果皮含芳香油 4% ~9%，主要成分为花椒油素、柠檬烯、枯茗醇、花椒烯、香叶醇、香茅醇、水茴香萜等，芳香油经精制后可作为高级调香原料，用于食品工业和轻化工业；花椒种子含油 25% ~30%，出油率 22% ~25%，主要成分为棕榈酸、亚油酸等，可作为食用油，或作为工业用油用于制造肥皂、油漆、润滑油等；油饼可作肥料和饲料；椒叶亦含芳香油，可代替花椒作为调味料，或制成土农药，用以防治蚜虫、菜青虫、螟虫等；花椒材质坚硬，色深黄，具绢质光泽，可制作手杖、伞柄及各种雕刻工艺品。

花椒为我国传统中药，气芳香、味微甜、辛温麻辣，具温中散寒、行气、除湿、发汗、明目、止泻、杀虫、健脾胃之功用，主治积食、呕吐、咳嗽气逆、风湿、腹泻、牙痛、蛔虫等。明朝李时珍的《本草纲目》中对花椒的性味、功用、用法、炮制等均有详细的记述，其中“椒目”即花椒的种子，“黄壳”指花椒内果皮，“椒红”指花椒外果皮。现代医学研究表明，花椒提取物对链球菌、葡萄球菌、白喉杆菌、伤寒杆菌、大肠杆菌、绿脓杆菌等均有抑制作用。

花椒枝繁叶茂，姿态优美，古人赞曰：“叶青、花黄、果红、膜白、籽黑，”秉五行之精，金秋成熟，果红似火，香气宜人，兼有刺，耐修剪，可作为庭院绿化的优良绿篱，又因其根系发达，固土能力强，可栽在田边地埂，作护堤埂树或作水土保持树。

我国花椒栽培利用历史可追溯到 2000 多年前，最早关于花椒的文字记载见《诗经》，“椒聊之实，蕃衍盈升”、“有椒其馨”、“贻我握椒”等词句；我国伟大诗人屈原在《离骚》《九章》《九歌》中亦有多处记椒之词，如“怀椒糈而要之”、“奠桂酒兮椒浆”等，可见当时人们就用花椒作调味品、制椒酒。至汉代，饮椒酒已成为全国风行的一大民俗，汉人崔 所著《四民月令》中写到：“过腊一日，谓之小岁，拜贺君亲，进椒酒，从小起”。汉晋时，则大兴“椒房”之风，以椒和泥，涂抹宫室，取其“闻香祛五毒”兼多子多福之意。南北朝时已有较完善的花椒栽培方法，北魏贾思勰所著《齐民要术》中有关于花椒采种、育苗、栽植的详细记载：“四月初，畦种之，治畦下水，如种葵法，生高数寸，夏连雨时，可移之”，至今仍为椒农采用。四川省以汉源县所产花椒最为著名，汉源花椒约有 2 000 多年栽培历史，具有肉厚粒大、油多、色深红、香麻味浓郁之特点，历朝均作为贡品。据《汉源县志》记载：“本境方物，列为贡品，元和老贡黎椒，环宇记贡红椒，明统治贡花椒，大清一统老贡花椒，官斯士者，每年除入贡外，以小红囊印记分遣，得者其莫不以为贵也”，故有“贡椒”之称。

花椒属植物约 250 种，主要分布在亚洲、非洲、大洋洲、北美洲的热带和亚热带地区。花椒原产我国北部及中部的泰山、秦岭山区，约 45 种，分布极为广泛。除新疆、内蒙古外，西起西藏，东达沿海各省，北起甘肃、辽宁、黑龙江，南抵云南、广东、广西，但中心分布区在泰山、秦岭一带，黄河流域中下游地区、长江流域及以南地区。垂直分布为海拔 100 ~3 300m，以 400 ~2 500m 分布较多。主产地有河北、山东、甘肃、山西、陕西、四川、云南等，其中河北的涉县、平山，山东的沂源，陕西的韩城，山西的平顺，甘肃的武都、秦安，四川的汉源等地均为我国花椒著名产区。

花椒适应性强，耐瘠薄、干旱，在温暖湿润山区、干旱、半干旱山区及丘陵地区均可栽植。花椒对土壤要求不严，繁殖容易，栽培简便，实生苗定植后，3 年结果，5 ~7 年进入盛果期，经济寿命可达 20 ~40 年。多年来，良种花椒如大红袍、正路椒收购价一直保持在每千克 20 ~30 元，而花椒生产成本较低，经济效益十分显著，是退耕还林的重要经济树种，也是山区农民脱贫致富的有效途径。近年来，我国花椒栽培面积有较大幅度的增加，深加工及综合利用也初具规模，花椒生产已逐渐走向集约化、规模化、产业化。

一、主要种类

原产我国的花椒属植物有45种，作为经济利用的约5～7种。

1. 花椒（*Z. bungeanum* Maxim.）

又名秦椒、凤椒、蜀椒、川椒，是我国栽培最为广泛、品种最多、品质最好、经济价值最高的一种，优良品种如大红袍、正路椒均属此种。

落叶小乔木或灌木，高3～7m，树干常有扁刺及瘤状突起。枝具宽扁皮刺。基数羽状复叶互生，小叶5～11枚，对生，无柄，卵形、椭圆形，叶缘有细钝锯齿，齿缝有透明腺点，小叶片上面无毛，下面中脉以下有柔毛。花序顶生，花被片6～8片，黄绿色，蓇葖果，球形，直径4～5mm，外果皮革质，表面有疣状腺点，成熟后浅红色至深红色。花期4～5月，果期7～9月。种子黑色，近球形，具光泽，直径约3～4mm。

2. 川陕花椒（*Z. piasezkii* Maxim.）

落叶小乔木或灌木，高1～3m，节间短，多刺，皮刺直伸，基部增大。小叶7～17枚，小叶长0.3～2.5cm，宽0.3～0.8cm，是国产花椒中叶子最小的一种，圆形、宽椭圆形，全缘或中部以上具浅锯齿。花序顶生，果紫红色。花期4～5月，果期6～8月。

产甘肃、陕西、四川。用途同花椒，可作花椒砧木。

3. 竹叶花椒（*Z. armatum* DC.）

又名狗屎椒。常绿或半常绿小乔木，高3～5m，皮刺先端弯曲，基部扁平。小叶片3～9枚，形似竹叶，较小，全缘或具疏锯齿，翼叶明显，花序腋生。果较小，橙红色。花期4～5月，果期7～9月。

主要分布于西南、华东、华中及华北。用途同花椒，但香味较差，有异臭，多做腌菜调料，亦可作芳香防腐剂。竹叶椒树势强健，适应性强，耐瘠薄，抗病虫，是优良花椒砧木。

4. 青花椒（*Z. schinifolium* Sieb. et Zucc.）

落叶小乔木，高3～5m，皮刺宽短。小叶7～19片，表面有柔毛，背面无毛，干后苍绿色或黑色。花序顶生，萼片和花瓣均5片。果红色，光滑，无油点，干后变暗绿色。花期4～5月，果期8～10月。

青椒分布于辽宁以南各地，以四川凉山州金阳县所产青椒质量好。青椒抗旱性强，麻味足而香味淡，多作腌菜及牛羊肉调料。

二、主要栽培品种

我国花椒栽培历史悠久，分布广泛，变异复杂，经长期自然选择和人工选育，形成60多个地方品种和类型。有以产地分，叫蜀椒、秦椒；以地区分，叫西路花椒、南路花椒；以叶型、果色、气味分，叫大红袍、竹叶椒、臭椒；以成熟期分，叫伏椒、八月椒、秋椒等。现将我国主要优良品种分述如下。

1. 正路花椒

又称南路花椒。树高2～4m，树势中庸，树冠开张，枝条较短，新梢绿红色。小叶5～11，较小，椭圆形或近披针形，叶缘锯齿不明显，齿缝有透明腺点，皮刺较小而稀。聚伞花序腋生或顶生，果实成熟时鲜红色，干后紫红色，果大肉厚，果面密生突起半透明芳香油腺点，油润芳香醇麻。7～8月成熟，制干率较高，4～5kg鲜椒可制1kg干椒皮，品质上等。正路花椒是我国花椒的主栽品种之一，从南方到北方、从海拔700～2 700m均有栽培，主产甘肃、山西、陕西、河南、四川、山东等地。

2. 贡椒

又称清椒、娃娃椒、黄金椒、子母椒、梅花椒。其椒粒基部骈生2粒未受精发育的小红椒，为正路椒的变异类型。贡椒结实早、丰产，实生苗栽后2～3年开花结实，5～6年进入盛果期。果实制干率高，果实粒大，内果皮极薄，呈金黄色，梅花形。果实色泽润红，芳香浓郁，麻味醇厚，无异味，品质极上，居全国之首，历朝均作为贡品，故有梅花椒、黄金椒、贡椒之称。以甘肃武都、四川汉源所产贡椒驰名全国。

3. 大红袍

又称西路花椒、狮子头。树冠较大，高3～5m，树势强健。分枝角度较小，皮刺大而稀，新梢绿红色。小叶5～11片，叶片较大，卵圆形，无毛光滑，较厚而有光泽。果实7～9月成熟，果实粒大，鲜红色，干后红色，香麻味亦佳，但略次于正路椒。4～5kg鲜果可晒制1kg干椒皮。大红袍适应性强，丰产性好，生产中有大小年现象。大红袍也是我国广泛栽培的主要品种，主产甘肃、陕西、山西、河南、山东、四川等地。

4. 大红椒

又称油椒、大花椒、二红袍。树势强健，树高

2～5m，新梢绿色，刺大而稀，叶片较宽大，卵形，叶色较大红袍浅，叶面光滑。果实较大，果皮厚，9月中旬左右成熟；果熟后红色，干后酱红色，香麻味佳，品质上等。3.5～4.0kg鲜椒晒制1kg干椒皮。甘肃、山西、陕西、河南、山东、四川等地均有栽培。

5. 小红椒

又称小红袍、m椒、小椒。树体较矮小，分枝角度较大，树姿开张，树势中庸。新梢绿色，阳面带红色，皮刺小而稀。叶小而薄。果实较小，红色，8月成熟，香味浓，品质优，制干率较高，约3.5kg鲜椒晒制1kg干椒皮。该品种抗旱力较差，采收期较短。河北、山东、河南、山西、陕西等地均有栽培。

6. 豆椒

又称白椒。树高2.5～3.0m，分枝角度大，树姿开张。新梢绿白色，皮刺基部及顶端扁平。叶片较大，长卵圆形。果实9月下旬至10月中旬成熟，果实成熟前由绿色变为绿白色；果实颗粒大，果柄较长，果皮厚，成熟后淡红色，干后暗红色，品质中等。豆椒抗性强，产量高，在黄河流域的甘肃、山西、陕西等地均有栽培。

7. 白里椒

又称白沙椒。树高2.5～5.0m。新梢绿白色，皮刺大而稀疏。叶片较大，叶色浅绿，果实8月下旬成熟，淡红色，干后褐红色；麻香味较浓，但色泽较差，品质中等。白沙椒丰产性和稳产性均好，耐贮藏。山东、河北、河南、山西多有栽培。

8. 秦安1号

又称大狮子头。是甘肃秦安县林业局在发现的大红袍变异类型。树势健壮，树姿半开张，分枝角度小，枝条特征同大红袍。叶片宽大，表面波浪状，叶色浓绿，果穗大而紧凑，果柄极短，果实颗粒大，成熟时鲜红色。果实8月下旬至9月份成熟，晒干后浓红色，色泽鲜艳，麻香味浓，品质上等。该类型喜水肥，耐瘠薄，抗干旱，耐寒冷，适宜在干旱和半干旱地区栽培。

三、生物学特性

（一）生态习性

1. 温度

花椒喜温不耐寒，在年均温7～17℃地区都有栽培。据阿坝州大红袍花椒分布区气候调查表明，年均温3.5℃地区，椒树越冬困难，不能开花，无栽培；年均温5.0～6.9℃地区，花椒不能正常成熟，或因热量不足影响花芽分化，或因晚霜危害而落花落果严重，影响产量和品质；年均温7.0℃地区，花椒生长良好，年平均气温9.0～12.0℃地区，为大红袍优质高产区。据调查，我国优质花椒产区如四川汉源，甘肃武都、文县等地大都处于北亚热带和暖温带半干旱、半湿润区和北亚热带干热河谷的温暖半干旱气候区。年平均气温11～17℃，大于5℃积温3 800～6 000℃，无霜期150d以上，日较差12～13℃。花椒产量高，着色好，香麻味浓，品质优。

据陇南地区多点定位观察，当春季日平均气温稳定通过0℃时，花椒树液开始流动，稳定通过5℃时芽绽开，气温达8℃时展叶，10℃现蕾，13℃开花，18℃果实着色，20℃果实成熟。花椒从芽开放至果实成熟需117～130d，大于5℃时积温1 900～2 600℃。研究表明，影响果实增重的主要气象因子是旬均温和旬降水，果实膨大增重最适旬均温为18～20℃，旬降水量为20～30mm。

大红袍在休眠期可耐－21℃低温，如果气温降到－25℃，可能冻死。春季气温高低对花椒当年产量影响很大。北方地区春季常发生“倒春寒”，花器受冻，造成严重减产。

2. 光照

花椒喜光，是强喜光树种。光照对花椒品质影响很大，花椒优质产区年日照一般在1 200h以上。光照充足，树体生长健壮，果实颜色鲜艳，香味浓郁持久。光照不足，枝条细弱，果粒小，着色差，香麻味不足，产量低而品质差。

3. 水分

花椒抗旱性强，在年降水量500～1 400mm地区均可栽培，但以降水量600～1 000mm、空气相对湿度65%～70%为宜。雨量过多，湿度太大，病害严重。花椒极不耐涝，土壤含水量过高或排水不良，均影响花椒生长结果，严重时甚至死亡。

4. 土壤

花椒对土壤适应性强，除极黏重土壤、盐碱地外均可栽培，但花椒根系喜肥好气，以疏松、透气、肥沃的砂壤土和中壤土最宜，若土壤黏重且石砾含量高，亦能生长良好。

花椒在土壤pH值6.5～8.0范围生长良好，但以pH值7.0～7.5为宜。花椒喜钙，在石灰岩发育的棕色石灰土生长特别好。据四川农业大学陈明玉对汉源花椒产区土壤研究，当土壤有机质含量在1.47% ~7.60%时，单株产量随土壤有机质增加而增加；土壤微量元素中以有效锌、有效硼含量与产量呈显著正相关，土壤有效锌含量在1.406 0 ~ 18.860 0mg · kg^{-1}，有效硼在0 ~ 0.144mg · kg^{-1}范围内，产量随有效锌、有效硼含量增加而增加。

综上所述，花椒适宜的生态环境，以气候温和、冬无严寒，生长季热量条件好，光照充足，年降水略少，空气相对湿度较小，土壤疏松、肥沃、呈中性为好。

（二）生长发育

花椒为落叶小乔木或灌木，树高2 ~5m，实生苗定植2 ~3年可结实，5 ~6年进入盛果期，经济寿命15 ~20年，树体寿命30 ~50年，盛果期单株产量2.5 ~5.0kg，最高可达10kg。

1. 根系生长

花椒具明显主根，但侧根、须根发达，垂直分布约1.5m，水平分布可达冠径的3 ~5倍，吸收根多集中在15 ~40cm的土层中。

春季当土温（10cm处地温）达5℃时，花椒根系开始生长。根系在一年中有3次生长高峰，第一次生长高峰出现在萌芽前后，随着新梢生长和开花，根系生长减慢；第二次生长高峰出现在5月中旬至6月中旬，此时新梢多已停长；第三次生长高峰出现在果实采收后，约在9 ~ 10月，以后随气温下降，根系生长变缓，直至停止。花椒根系需氧量较大，宜栽在疏松土壤，若土壤黏重、积水、通气不良，将导致花椒生长不良，严重时死亡。花椒根系发达，较耐瘠薄，可栽在梯地、田埂边作护堤埂树，亦可作水土保持树。

2. 芽的生长

花椒花芽为混合芽，饱满，呈圆形，多着生于1年生枝条中上部。花芽分化始于新梢生长的第一次高峰之后，大约在6月上旬，花序分化在6月中旬至7月上旬，花萼分化在6月上旬至8月上旬，此后花芽分化处于停顿状态，直至翌年3月下旬至4月下旬进行雌蕊分化，同时，花芽开始萌动。花椒成花容易，即使在弱枝上，也容易形成花芽。花椒隐芽寿命长，可达20 ~30年。因此，花椒枝条结果多年后，可更新复壮。

3. 枝的生长

花椒枝条分为营养枝、结果枝、结果母枝。营养枝：长枝（ >30cm），中枝（15 ~ 30cm），短枝（ <15cm）。结果枝：长果枝（ >5cm），中果枝（2 ~5cm），短果枝（ <2cm）。结果初期以中长果枝结果为主，盛果期以中短果枝结果为主。生长中庸、健壮的结果枝、营养枝以及经改造后的徒长枝均可成为结果母枝。当春季气温达到10℃时，新梢开始生长。一年中新梢有两次生长高峰，第一次生长高峰出现在展叶后至果实开始膨大（4月中旬至5月底）；第二次生长高峰出现在果实膨大末期至成熟（6月下旬至8月上旬）。

4. 长叶

奇数羽状复叶，小叶3 ~ 11枚，多为卵形、椭圆形，全缘或有锯齿。小叶数目、大小、形状、色泽、柔毛及叶缘锯齿有无因品种而异。花椒枝条复叶数至少要3枚以上，方能保证果实正常发育。

5. 开花

花椒为聚伞花序，每花序有小花50 ~ 150朵，多者可达200朵。花椒开花在5月上中旬，花期15d左右。当花芽萌发后，花序伸长，花蕾现出，数日后，花被裂开，露出子房，1 ~2d后柱头向外弯曲，由淡绿色变为淡黄色，分泌物增多，此时为授粉的最佳时期，4 ~6d后柱头变为枯黄色，枯萎脱落，子房开始膨大。花椒花期对温度敏感，北方地区常因晚霜而使花器受冻害。

6. 结果

花椒果实由2 ~4粒无柄蓇葖果聚生而成。果实发育前期（花后15 ~20d）主要是果实迅速膨大，表现为体积增加；后期（6月中旬至成熟）主要为果皮增厚、重量增加、种仁发育。当果实由绿色逐渐变为浅红或深红色，表面疣状突起明显，具光泽，当少数果皮开裂时即为成熟。花椒有较严重的落花落果现象，主要与遗传、营养不足和环境条件（低温、病虫、干旱等）等因素有关。物候期（四川凉山州）：3月下旬至4月上旬萌芽，4月中旬现蕾，5月上旬初花，5月上中旬盛花，5月下旬终花。5月下旬果实开始发育，7月中旬果实着色，种子硬化，立秋前后果实成熟。11月中旬落叶。枝条生长：4月中旬至5月下旬，6月下旬至9月。

四、栽培技术

（一）苗木繁殖

花椒可用种子、嫁接、压条、扦插等方式进行繁殖。由于花椒种子来源方便，且育苗较简单，定植后结果早，故生产上以实生繁殖为主。

（1）采种。选择树龄在 10～15 年生，树体健壮，无病虫危害，丰产性、稳产性较好的良种株。当果皮完全转色，种子呈蓝黑色，有少量果皮开裂即可采收。种子采收后阴干贮藏，切忌暴晒。

（2）种子贮藏。种子贮藏有干藏法和湿藏法。干藏法：种子阴干后，直接放入布袋和瓦罐，置于阴凉通风处。湿藏法：将种子与湿河沙混合堆藏。农村中常与牛粪混合堆藏。

（3）种子处理。花椒种皮坚硬，含蜡质，透水性差，直接播种发芽困难，出苗率低，因此，播前必须进行种子处理，其目的是破坏种子表面的蜡质，使坚硬的种皮软化，提高出苗率。种子处理常用的方法有碱水处理法和热水烫种法。碱水处理法：用浓度为1%的碱液（或洗衣粉、洗洁精）浸泡种子 36～48h，并反复搓洗，然后用清水浸漂多次后即可播种。热水烫种法：将种子放入 60～70℃热水中搅拌 4～5min，然后置于 30℃的温水中浸泡 3～4d，捞出，用湿布覆盖催芽 2～3d，见种子露白即可播种。

（4）播种。花椒春秋两季均可播种，西南地区雨量充沛，春季升温快，多用春播；北方地区春季多干旱，若无灌溉条件，则宜秋播。种子秋播可不贮藏，采种后立即播种。

苗圃地应选择背风向阳、平坦、肥沃疏松、有排灌条件的砂壤土。播前翻耕，施入农家肥 3 000kg · hm^{-2}，耙细整平，作畦，北方用平畦，南方用高畦。畦宽 120cm，沟深 20～30cm，开沟条播，深3～5cm，行距 20～25cm，播后覆土约 1cm，用稻草或地膜覆盖。播种量为 120～180kg · hm^{-2}。

（5）苗圃管理。间苗定苗：苗高 4～5cm 间苗，当苗高 10cm 时，按株距 10～15cm 定苗，每公顷约 30 万株。适时追肥：定苗后立即追肥，生长期可根据幼苗长势施肥 3～5 次，以速效氮为主，按尿素 90～120kg · hm^{-2}，结合中耕除草施入。亦可用 0.5% 尿素、0.3% 磷酸二氢钾、0.2% 硼砂进行叶面施肥。另外，加强病虫防治，注意排灌水。

当苗高达 50～100cm，地径 0.5cm 时即可出圃。花椒苗分级标准：一级苗：地径 >0.8cm，苗高 >70cm，根系长 >20cm。二级苗：地径 0.5～0.8cm，苗高 40～70cm，根系 20cm。

（二）栽培管理

（1）苗木定植。栽植密度：根据品种、立地条件，可选择造林密度：株行距为 1.5m × 2.0m，3 330株 · hm^{-2}；2.0m × 3.0m，1 655 株/hm^2；3.0m × 4.0m，825 株/hm^2。定植穴：花椒为果用经济树种，必须实行大穴加深施基肥进行定植，方能保证早果高产。定植穴规格：50cm × 80cm，按农家肥 45 000kg · hm^{-2} 与土混合填入坑内。栽植：花椒秋季至春季均可栽植，定植成活的关键：一是土壤是否与根系紧密接触；二是土壤能否保持足够的水分。花椒栽植要“窝大底平，深挖浅栽、施足底肥、回填熟土、根展苗直、定根水足”。秋季带叶栽植须剪去部分枝叶，以免枝叶失水过多，影响成活。栽植前，可用 ABT 生根粉 3 号 50kg · mg^{-1} 浸泡根系 1～2h，可促进生根，提高成活率；用晶体石硫合剂 40 倍液浸枝干 1～2min，或 50% 甲基托布津 1 000 倍液浸带叶苗 1～2min，以杀灭部分病原生物。

（2）土肥水管理。幼树期。幼树期主要进行营养生长，尤其是第一年，苗木小，根系浅，光合能力和吸收能力较弱。土壤管理的关键是保证营养生长，尽快成形，早实丰产。管理水平直接影响投产年限和产量。要及时进行中耕除草和施肥。俗话说“花椒不除草，当年就枯老”，花椒 1 年至少中耕除草、追肥 3 次，追肥以速效氮为主，按尿素 120～150kg · hm^{-2}，农家肥 30 000kg · hm^{-2}，距树干30～40cm 开浅穴施入。干旱季节要及时灌溉。盛果期：盛果期主要是保持树体营养平衡，保证丰产、稳产、优质。木期土壤管理要点：重施基肥，适时追肥、防治病虫、冬季培土。

基肥以农家肥为主，按每株农家肥 20～30kg、过磷酸钙 1～2kg、硫酸钾 0.2kg 或复合肥 0.5～1.0kg，在两株或两行之间，挖穴，深 40cm，采果后施入。追肥每年 2 次，第一次在春季萌芽前，主要促进新梢生长健壮，有利花芽分化。此次仍以速效氮为主，按每株碳酸氢铵 0.5kg、农家肥 5～10kg，以树冠滴水线处挖穴，深 20cm 施入。第二次在果实迅速膨大期（5 月下旬至 6 月上中旬），以促进果实发育为主要目的。肥料以氮、磷、钾配合使用，按每株用复合肥 0.5～1.0kg 施入。根外追肥在初花期、盛花期各一次，使用浓度：尿素 0.5%，磷酸二氢钾 0.3%，硼砂 0.2%。每年中耕除草 2 次。第一次在 5 月份杂草大量生长时进行，第二次在采果后，可结合施基肥进行，同时浅挖树盘，疏松土壤，以利根系生长。花椒根系分布浅，因雨水冲刷，根系极易裸露于空气中，在冬季农闲时应进行客土埋根。

（3）采收。花椒多在立秋前后成熟，当果实充分转色，表面油润光亮，麻香浓郁，种子呈蓝黑色，少数果皮开裂时即可采收。采收过早，麻香味淡，品质差，制干率低；过晚则果实脱落，影响产量。目前国内花椒均用人工采摘。花椒采收应在晴天进行，忌雨天、露水未干时采收。收后立即摊晾，次日摊放于竹席上暴晒（忌水泥地），几小时后果皮开裂，再用竹竿轻轻敲打，使果皮、种子、果梗分离，过筛，置阴凉通风处摊晾 6 ~ 8h，即可贮藏，以一天晒制的花椒色香味俱佳。花椒亦可用乙烯利催熟，但浓度、时间须经试验后可实施。

（三）整形修剪

（1）整形。花椒为小乔木或灌木，喜光，根据品种和立地条件，常用树形有自然开心形、疏层小冠形、丛状形、水平枝扇形。

● 自然开心形　无中心干，干高 30 ~ 40cm，三主枝错落着生于主干上，每主枝着生 2 ~ 3 个侧枝。该树形较矮，成形快，光照好，结果早。整形要点：定植当年留 40 ~ 50cm 截干，萌芽后选留 3 枝（每枝水平夹角约 120°）作主枝，疏去其余枝条。翌年冬季，主枝留 40cm 短剪，萌芽后，每主枝选留 2 ~ 3 枝作侧枝。

● 疏冠小层形　有中心干，干高 40 ~ 50cm，主枝 5 ~ 7 个，分二层，第一层 3 ~ 4 个，第二层 2 ~ 3 个，每主枝有 2 ~ 3 个侧枝。该树形较高，主枝较多，分层着生，通风透光，产量高，寿命长，但成形较慢。整形要点：定植当年留 50 ~ 60cm 截干，萌芽后剪口下第一芽培养成中心干，下面选留 3 ~ 4 个新梢作第一层主枝。翌年萌芽前，中心干延长枝留 70 ~ 80cm 短截，第一层主枝留 40cm 短截。萌芽后，中心干选留 2 ~ 3 个新梢作第二层主枝。第三年，短剪主枝延长枝，培养侧枝。

● 水平枝扇形　有中心干，干高 30cm，树高 2m，在中心干上，向两侧水平分布小主枝 10 个，间距 20cm，树冠扇形。该树形呈扁形，通风透光，结果早，产量高，适用于水肥条件好，管理水平较高的密植园。整形要点：定植当年留 40 ~ 50cm 截干，萌芽后，顶端新梢培养作中心干，下面留 3 ~ 4 个新梢作主枝。翌年萌芽前，中心干留 40cm 短剪，萌芽后，保留中心干上萌发的新梢，当新梢长至 100cm 时，分别顺栽植行拉向两侧，绑缚在木桩上，小主枝拉成水平状后，其上生长的枝条长至 30cm 后摘心，培养为结果枝组。

（2）修剪。花椒定植后 3 ~ 4 年开始结果，5 ~ 7 年进入盛果期。花椒初果期以中长果枝结果为主，盛果期以中短果枝结果为主，此时，树冠已不再扩大，枝条较多，有的已开始衰老。修剪原则：调整树体结构，调节营养生长和生殖生长的平衡，改善光照，减少病虫，保证丰产、稳产、优质。修剪要点：生长健壮的营养枝、结果枝保留；结果多年，开始衰老的枝条进行回缩复壮，促发新枝；疏除扰乱树形的大枝和徒长枝；疏除冠内的细弱枝、病虫枝、密生枝。

五、采收贮藏与加工利用

1. 花椒的粗加工

（1）袋装花椒加工。晒干后的花椒混有树叶、果枝、种子等杂质，必须去除，方能进行加工。工艺流程：花椒 → 清选→分级→装袋 →抽真空→袋装花椒成品。

花椒芳香物质易挥发，不宜用纸袋，应用复合膜袋抽真空包装。

（2）花椒粉加工。工艺流程：花椒→ 清选→烘干→ 粉碎→ 包装 → 花椒粉成品。

2. 花椒香油加工

花椒香油是利用花椒果皮中所含香料成分，经油炸、浸提、蒸馏等方法，使香料成分浸渗到食油中或提取出来，配制成各种调味品。

（1）花椒麻香油加工。花椒麻香油是将花椒放入加热的食用油中浸泡、炸煮，使果实中的麻香成分浸渗到食用油中加工而成的调味品。工艺流程：食用植物油→ 加热（120℃）→冷却（30 ~ 40℃）→加入花椒→浸泡（30min）→ 加热（100℃）→冷却（30℃）→ 过滤→ 麻香油→ 冷却（室温）→ 装瓶→ 封口→ 成品

（2）花椒香精油加工。花椒香精油是利用从果皮中提取出来的花椒原精油，再与其他配料混合配制而成。花椒原精油提取：工艺流程（浸泡式），花椒→ 烘干→ 粉碎→浸泡（溶剂）→ 离心分离→浸提液（混合油）→ 蒸馏→精油原液。花椒精油系列调味品配制：将花椒精油原液、食用酒精、各种食用油（芝麻油、色拉油、芥末油、辣椒油、大蒜油）分别按 1∶100 ~ 200 的比例混合，即可配制成花椒系列调味品。

（叶　萌）

八、工业原料类

91. 漆　树

漆树是我国重要的天然涂料树和油料树种。由漆树采割的漆液称为生漆（又叫国漆、大漆），有“涂料之王”之称，由生漆涂刷所形成的漆膜，坚硬而富有光泽，具有独特的耐久性、耐磨性、耐热性、耐油性、耐水性、耐溶剂性以及绝缘性等优良性能，是我国著名的特产，是许多工业的重要原料，也是我国传统的出口物质。除用作一般建筑材料的涂料外，还广泛用作国防、机械、石油、化工、采矿、纺织、印染等工业部门设备器材的防腐蚀涂料，在我国工农业生产和支援对外贸易方面，作用愈来愈大。另外，漆蜡是制造肥皂和甘油的重要原料；漆仁油可用作油漆工业的原料，还可食用。

我国人民经营和利用漆的历史极早，大约在4 200年前的虞夏时代，中国人民就会采割生漆，涂饰漆器。上古时期用漆代墨记事，《学古篇》（晋·丘衍）记载：“上古无笔墨，以竹捉点漆分竹上”。《韩非子·十过篇》和《说苑》（公元前1世纪西汉刘向著）记载：“尧释天下，舜受之，作为食品，斩木而裁之……犹漆黑之以为器。舜释天下，禹受之，作为祭器，漆其外而朱画其内”。说明在新石器时代晚期，氏族社会解体到奴隶社会的兴起，漆器已成为人民日常生活中不可缺少的器具了。

远在春秋时期（公元前8～公元前5世纪），我国已重视漆树的栽培。《诗经·国风》中有“山有漆，隰有栗”等诗句。到西汉时代，漆树选材和经营已具有一定的规模，已成为产区的经济支柱。《史记·货殖传》记载：“陈夏（今河南境内）千亩漆……其人与千户侯等”。

在春秋战国及秦汉时代，生漆生产及加工工艺极其兴盛，历经唐、宋、元几个朝代，漆工艺不断进步，制作方法不断创新，并在栽培技术、采割方法及加工、检验上积累了很多的经验。

我国漆树资源丰富，目前约有漆树4亿多株，产生漆居世界首位。近20余年来，基本上摸清了我国漆树品种资源，初步鉴定和评选出一批经济性状优良的地方品种；改进了繁殖技术和割漆技术。但从市场需要来看，我国漆树的造林和营林技术，落后于其他经济树种，产量低，而且变幅大。据《中国统计年鉴》1989年全国生漆的总产量为3 334t，1993年为3 376t，1994年总产量为3 219t。

一、植物学特征

漆树［*Rhus verniciflua*（Stokes）F. A. Barkl.］，又名大木漆、小木漆（陕西、湖北）、山漆树（福建、湖南、四川），为漆树科（Anacardiaceae）漆树属［*Rhus*（Torun.）L.］植物。

落叶乔木，高可达20m，胸径80cm。树皮初呈灰白色，较光滑，以后逐渐粗糙，成不规则纵裂。幼枝粗壮，叶痕为心脏形，项芽粗大而显著，三角状广卵形，褐色，有轻毛。叶互生，奇数羽状复叶，小叶7～19片，全缘，长卵形或椭圆形，基部偏斜，圆形，先端渐尖，侧脉12～15对，有毛。圆锥花序腋生，长12～20cm，花5～6月开放，花较小，黄绿色或黄白色，雌雄异株或杂性，雄花有花瓣5，雄蕊5，着生于花瓣基部，中有退化子房；两性花的子房上位，1室，具1胚珠。果实9～10月间成熟。核果扁，肾脏形，叶果皮膜质，灰黄色、深黄色或黄绿色，光滑或有皱纹；中果皮为蜡质，与内果皮相连；肉果皮坚硬，黄褐色，内含种子1枚。通常将内果皮和种子称为“漆子米”或“漆骨头”。

二、主要栽培品种

1. 品种类型

树通常分为两大类，一类是大木漆，即野生的山漆树；另一类是小木漆，即人工栽培的家漆树。

（1）大木漆。山漆树多分布在较高的高山、中山地区，其繁殖主要靠风力或鸟类传播漆籽生长，但也有人工进行籽育根育的。大木漆树，寿命较长，一般在70年以上，树形高大，成年树多10～15m，树干较粗，树皮较厚，生命力强，耐旱耐寒。大木漆树冬芽细长干瘦，分枝多水平伸展，节细长，当年生小枝灰白色，光滑无毛。叶片色浅或带黄绿色，质薄，表面有光滑感，背脉上有疏生绒毛，脉低平，叶轴及小叶柄较光滑。花多为黄白色或淡黄色，漆籽一般较饱满，果形小，长宽近相等，表面光滑平展。

（2）小木漆。小木漆树多分布在低山丘陵地区，是由长期人工培育的，其繁殖主要采用根育，一般寿命较短，树体较矮，成年树高5～12m，生命力弱。小木漆树的冬芽较肥胖，分枝斜上伸展，节间较短，当年生小枝密生黄褐色绒毛，叶色深绿，质厚而较柔软，背脉上密被白绒毛，脉隆起，叶柄及叶轴密被绒毛。花多为黄绿色或黄色，漆籽一般多皱纹，果形大，一般宽大于长。

2. 主要地方品种

我国漆树经营历史悠久，漆树地方品种很多，有来自野生和半野生的，也有人工栽培的。但因为实生繁殖仍是漆树的主要繁殖手段，同一个品种，其后代的单株经济性状也不一致，特别是在不同生境里，表现较纷杂，同时由于缺乏严格的鉴评和测定，同物异名、同名异物的现象很严重。今依狄丽娜等人研究的划分标准，即按产区及品质划分，作一介绍。

（1）主产于秦岭、巴山、甘肃东南部、河南南部，包括陕西、湖北、四川诸省的优良品种。其漆液稀漂，色较浅，质地净，谷黄色，转艳较快，涂刷后易干燥，透明度及光泽度均好，是生漆深加工、精制透明漆和彩色漆的好原料。

（2）主产于四川南部深山，贵州北部大娄山，云南东北部乌蒙山的漆树品种。漆汁稠浓，大多数色泽较深，转艳比较快，涂刷后不易干燥，附着力强，吃胚量大（生漆在使用时能吸收干性植物油的数量大，使用时省漆），漆膜坚实，底板肥厚，但透明度不好。为加工深色漆和黑色推光漆的好原料。

（3）主要于湖北西部武当山、巫山、大巴山脉，湖北东部大别山南麓诸品种。漆酸含量较高，光亮，色较浅，质地细腻纯净，丝路细长，吃胚量大，附着力强。自古以来，视为上等漆，用途较广泛。

（4）主要于安徽西部大别山，安徽南部黄山、天目山，江西东部坏玉山，江西西部武功山、福建西北部仙霞岭诸品种。漆质稀、薄、细，色较深，丝路细长，弹性大，转艳较慢，燥性一般，板底较薄，透明度好，作面漆和特种美术工艺品使用。

（5）主要于中条山、太岳山诸品种。漆液稀薄，丝路长，色黄亮，质纯净，漆膜底板较薄，透明度好，作面亮漆好，适宜作彩色和透明漆原料。

三、生物学特性

（一）生态习性

漆树是亚热带树种，其顶芽及幼枝密被茸毛，抵抗外界不良环境条件能力较强，是适应性较强的落叶阔叶乔木。

1. 土壤

漆树对土壤的适应性很强，酸性、微酸性，中性或微碱性的土壤都可生长。主要生于山地黄壤、山地黄棕壤、红壤、山地棕壤和淋溶褐土，pH值5.0～7.5，但一般以偏酸性（pH值6.0～7.0）的沙质壤土上生长发育最好，产漆量较高，结实量大。在酸性土壤上生长慢，漆质好；在钙质土壤中，林木生产较快，但漆质较差。

2. 温度

在年平均气温11～18℃，1月平均气温－5～7.4℃，7月份平均气温22～30℃。极端最低温－8～25℃，极端最高气温在33～41℃的气候条件下都能生长，我国漆树林中心分布区，年平均气温为11.8～17.4℃，1月份平均气温为－0.9～6.8℃，7月平均气温24～28℃，极端最低温不得低于－20℃，生育期220d以上。

3. 水分

年降水量约600mm以上，但以降水量800～1 200mm，空气相对湿度70%～84%最适宜。

4. 光照

漆树为喜光树种，不耐庇荫，喜生长于背风向阳、光照充足，温和而又湿润的环境中。在生长季节中漆树需要足够的光照，在漆液分泌的旺盛季节，下午有充足的阳光照射，林木生长量提高，漆液量增大。漆树在中心产区，要求年日照时数为1057～2209h，但以1 400～2 200h，日照率30%～50%为最适宜。

（二）生长发育

漆树多于4月萌芽，5～6月开花，9～10月果实成熟，10月底至11月落叶。

漆叶道实际上是漆树体内的一种分泌道，它结构是由上层上皮细胞和2～3层薄壁细胞组成的鞘，包围着中央的腔道组成。生漆是由上皮细胞产生，并贮存在腔道中。

漆汁道在漆树各器官中均有分布。在幼茎中，漆汁道分布初生韧皮中，直径一般较大，在中央的髓部薄壁组织中也有较小的漆汁道分布，在树干中，漆汁道只分布在次生韧皮部中，直径约为170μm；在根内，漆汁道分布在初生韧皮部中和次生韧皮部中；在叶内，漆汁道分布在各级叶脉管束的韧皮部中；在叶柄内，漆汁道主要分布在叶柄的维管束韧皮部内。

在每年生长季节，维管形成层的纺锤状原始细胞不断地进行细胞分裂，新细胞在进一步的发育分化中，有些细胞之间的中层（胞间隙）溶解、消失，通过裂生方式而形成一个个由上皮细胞所包围的细胞间道，即漆汁道。漆汁道最初是缝隙状，以后由于上皮细胞的分裂和生长，间隙逐渐扩大并变成圆形。在此过程中，漆液也大量产生，并逐渐充满漆汁道中。

（1）幼龄期。亦称营养阶段。从苗木定植至割漆前的一段时间，一般2～6年，树高生长极快，年均生长量0.8～1.0m，到6年时高约4～5m，冠幅2～3m，地下部分比地上部分生长快，逐渐形成庞大的根系。

（2）开割期。漆汁道发育完善，漆液开始合成，可开始割漆。林龄7～12年，树高6～9m，胸径8～12cm。此期仍以营养生长为主，漆液产量低，不可开刀太多、太频繁，以免损伤树体。

（3）盛产期。林木生长旺盛，漆汁道数多，合成漆液多，产量高，质好。树龄8～15年，胸径15～25cm。此期应加强抚育管理。

（4）衰老期。树皮变硬，产漆量低，枝条年生长量10～15cm，开花结实少，以至大侧枝枯死，树势显著衰弱，并且割口愈合慢，韧皮部石细胞层加厚，次生韧皮部变薄。这一现象一般出现在树龄20年以后。此时应用植苗造林或根桩萌蘖更新。

（三）分布

漆树主要分布于亚洲温暖湿润的地区，我国资源丰富，广泛分布于温带落叶和亚热带针阔叶混交林中。日本在中国唐朝（公元710～789）引进中国漆材，以后朝鲜、越南、缅甸、柬埔寨、泰国、印度、伊朗等国相继引进漆树栽植。欧美各国在1874年以后才引种栽培漆树。

1. 水平分布

漆树林的水平分布大致在北纬21°30′～40°46′，东经95°30′～125°25′。西起西藏的波密、察隅及澜沧江的云南经钦；东至辽东半岛，河北的太行山山脉，山东的鲁中南山地丘陵，江苏南部，浙江天目山一带，安徽南部，福建及台湾；北起宁夏泾源，陕西志丹，山西东南部，南至广东肇庆地区及云南怒江中游的泸水，共分布于17个省（自治区、直辖市），从暖温带落叶阔叶林到中亚热带常绿阔叶林区。

2. 中心分布

中心分布区为北纬26°34′～34°29′，东经103°53′～112°10′之间，即集中分布于秦岭、大巴山、武当山和武夷山、巫山、大娄山和乌蒙山构成的南北弧形地段，漆树群集度和常见度较高，漆林茂盛，品种繁多，割漆历史悠久，为我国漆树的分布中心，可谓“漆树之乡”。

3. 垂直分布

漆树的垂直分布，就全国来看，一般分布在海拔200～2 500m，其中以海拔400～2 000m资源较盛。天然林一般在海拔1 000～2 500m的以上，人工林则在海拔1 200m以下。但由于各地区漆树所处的自然条件和种类不同，其分布的海拔位置亦不同，一般来说，我国西部地区漆树的分布较高，东部较低；野生、半野生或栽培的大木漆树分布海拔较高，而栽培的小木漆树分布海拔低，多分布于800m左右。

四、栽培技术

（一）苗木繁殖

漆树育苗可采取有性繁殖（播种）和无性繁殖（漆树的根、茎育苗和嫁接育苗）两种方式。

1. 有性繁殖

这种方法的优点是采籽容易，运输方便，育苗省工，出圃较快；且能保持寿命长，漆质好，结籽多，生活强的原有特性。采种：选15年生以上、生长健壮、无病虫害、籽粒饱满的树木作为采种母树。种子9～10月成熟，树叶发黄并开始脱落时即可采种，采种过迟漆籽脱落或被鸟类啄食。按品种采收、处理和贮存。采用的果树放于通风处晾干后，除去果梗和杂质后贮藏。播种育苗：种子处理，由于籽外皮有蜡质，坚硬致密，不易透水，种胚生理休眠期长，因此，必须进行脱蜡和催芽。脱蜡的方法为开水烫种（选种）退蜡、碱水（或洗衣粉）脱蜡、硫酸脱蜡、拌沙揉搓退蜡等，脱蜡后的种子需进行催芽。催芽的方法有冷水浸种、温水浸种、淋水催芽、堆肥催芽、湿河沙层积催芽法等，一般以用于手指甲能掐破种皮或有5%的种子裂开呈孔芽点时即可播种。播种，苗圃地应选择地势向阳、土层深厚、肥沃疏松、水源近、排水良好的沙质壤土。秋播，保湿出苗，11月后盖塑料棚越冬，清明前可将百日苗出圃造林；春播于3～4月，做好苗床，施足底肥，开好排水沟，按25～50cm行距开3～4的深的沟。条播，1m长播种50～60粒，覆土1.5～

2cm 厚，最后用塑料薄膜或稻草覆盖以保湿，出苗时撤除。用种量 225kg・hm^{-2}左右。苗圃管理，幼苗出土前，注意经常洒水，保湿，苗高 10～17cm 时，要分 2～3 次间苗及定苗，株距 13～15cm，结合间苗，进行补苗，在生长期追施2～3次，并及时除草松土和灌水，还要做好病虫害防治。产苗量 1.2×10^5～1.5×10^5 株・hm^{-2}。

2. 无性繁殖

此方法主要用于不结籽或结籽少的漆树品种，其优点是能较好地保持母本的优良特性。

(1) 埋根育苗。埋根育苗简便易行，但对采根漆树的生长发育影响很大，当年不能割漆，因此，最好结合起苗，利用1～2 年生苗修剪下的苗根进行育苗为宜。

采根：起苗时采根，每株苗木可剪 3～4 条。成年树采根，以“惊蛰”前后 10d 为宜，在离树干 1m，与树围1/4 的范围内挖开表土，使根全部露出，用刀切断，下侧根和主根上 0.5～1cm 粗的根系、长 10～15cm（每株树的采根量不能超过 2.5kg）。将剪下的短节按大小顺序整理好，不能暴晒，稍晾干后到温暖处埋土催芽。催芽：催芽可选在苗圃附近背风向阳，排水良好的砂壤土地方，挖深 20cm，宽 25cm 的沟，长度随地势而定，然后将捆成的根较直立地排在沟壁，大头向上，小头向下，把间距 5～10cm，放完覆土 3cm 左右，20d 左右，当大部分漆根发芽时，便可取出排入圃地。

排根：先整床开宽 30cm、深 20cm 的沟，行距 30～40cm，然后将催芽后的根段在沟内排列，根距 18～40cm 为好，排根时要随取随排，幼芽向上，勿使根芽暴晒，覆土至沟深 1/2 时，稍加镇压，再覆以超过芽位 1～1.5cm 的土层为宜。为了保证成活率和根苗的健壮生长，排根前最好用泥粪浸根，

埋根苗管理：萌苗在 1 个月左右出齐后，要结合松土除草，定芽间苗，按 1 个根段留 1 个健壮苗的原则进行。当年苗可达 0.7～1m，地径 0.8～1cm 时即可出圃造林。

(2) 嫁接育苗。嫁接是繁殖漆树、培育良种的另一种方法，普遍采用“T”字形芽接法，嫁接时间以 7 月中旬为宜。砧木选用生长健壮 1～2 年生的野生漆树实生苗，接穗可采用 10 年生优良的品种的 1 年生枝条的幼芽，具体操作和管理与其他经济树种的一样，但这种方法很少在生产中应用。

（二）造林

1. 林地选择

选择背风向阳，土层肥沃，湿润、排水性和透水性良好的酸性、微酸性或中性的沙质或沙质壤土，并要求气温较高、湿度较大的气候条件。海拔800～2 000m 可栽植大木漆，小木漆宜选择在海拔 700～1 200m的地带造林。

2. 栽植建园

对立地条件较差的地区，栽植前要精心整地，根据实际情况，可用块状、带状或全垦整地，或挖成鱼鳞坑。漆树造林春、夏、秋三季均可进行，一般在早春或晚秋。密度可以依据立地条件、品种、经营管理措施及目的而定，一般大木漆为 1 200 株・hm^{-2}，小木漆为 1 800 株・hm^{-2}，栽植苗木要求基径粗 1cm 以上，高度在 1m 以上。栽植后要定期进行中耕除草、补苗、整枝及病虫害防治。

人工促进天然更新。天然漆林多数由于林内荆棘杂草丛生，或连年采割，漆树生长不良，对于这些漆林应有计划地加以抚育更新，漆树侧根发达，萌蘖力较强，人工断根促进根部萌蘖更新，也可伐桩萌芽更新。

（三）整形修剪

对于人工漆林，可培养成自然圆头形或多主枝丛状形，对漆树的修剪一般以培养粗壮主干或主枝为主，主要为更新修剪，剪去干枯枝、病虫枝、细弱枝、过密交叉枝，回缩主干或主枝，以恢复树势，促进生长。

五、病虫害防治

漆树病虫害的发生，不仅影响漆树育苗，而且影响漆树正常生长发育，使生漆产量减少，给生漆生产带来很大的损失，因此，必须抓好病虫害防治工作。

漆树苗木害虫有：小地老虎、蛴螬（金龟幼虫）；食叶害虫有：漆树叶甲、梓蚕、漆毛虫；蛀干害虫有四点象天牛、梢小蠹等；枝梢害虫有漆树蚜虫、叶蝉。病害有漆苗根腐病毛毡病、漆苗叶霉病、漆苗炭疽病和褐斑病。

漆树病虫害的防治应贯彻“预防为主，积极消灭”方针，实行综合防治，主要是结合漆林的抚育管理，提高漆树抗病虫害的能力。本着“防早、治小、治了”的原则，采取有效方法，及时消灭所发现的病虫害，保证漆林的迅速生长。

六、采割贮藏及加工利用

（一）割漆

割漆，就是在漆树上割口采漆，现为生产生漆的一种手段，又是栽培漆树的主要目的。也是合理经营漆树的重要环节之一。割漆不当，会影响漆树生长，甚至造成死亡。因此，应注意割漆的技术。

1. 采割时间

割漆的季节，因各地的气候不同，始终期略有迟早。气温高的地方割漆早且割期长（约120d），气温低的地方割的迟且割期短（约90d），具体的采割始终期，常依据树叶的生长情况来决定。始期应在树叶长成以后，终期应在落叶以前。漆农的经验是："芒种以前准备完，叶子长成就挂篮，三伏时节割漆欢，落叶收刀漆下山"。

（1）割漆的树龄。割漆的树龄依地区和种类不同而不同，高寒山区的野生漆树，需生长13～15年，才开始割漆，栽培的家生漆树，7～9年生便可开割。

（2）采割时间。在采割季节内，理想的采割时间：每天黎明时割漆，10：00前结束。阴天割漆时间可延长。主要是因为日出之前，树冠的蒸腾作用小，空气湿度大，漆液分泌快；割口干涸慢，漆液分泌时间比较长。高温阴雾天往往是割漆的最好时间。

2. 割漆方法

世界上割漆方法大体上分为采割法和火炙法两种。我国均采用采割法。

（1）割漆口型。割漆口型较多，接刀法分为曲线切割和直线切割两大类。曲线切割类型有"柳叶型"，"画眉型"；直线切割光型有"一字形"（少用）、"剪刀型"、"鱼尾型"和"牛鼻型"。

（2）割漆方法。自上而下割皮采漆，要注意先割割口的上边沿，后割割口的下边沿，同时要求下刀准快，提刀利落，刀起皮掉，口齐无茬，不能补刀，不能拖泥带水。割口深度以透过韧皮部为宜，每一刀割去的树皮愈窄愈好，一般应控制在3mm以内。割口上切成坡面，下切口成沟槽，并与水平保持45℃左右的夹角。漆口割好后，应迅速在割口下方7cm左右处，用漆刀割一条宽2cm，深0.5cm的缝，将蚌壳插入缝内，收漆时应自下而上，将漆收到漆桶内。

（3）割漆方式。歇年割漆。对于采割过的漆树，应当停割，长者3～4年，短者1～2年，即常说"七年割三次"、"三年两头割"。当割口愈合或基本愈合，树冠葱绿，枝叶茂盛，亦可再次采割。连年割漆。对于立地条件好，生长快，流漆量较大的漆树，可连年采割，但割漆方法要适当，割后应加强土、肥、水管理和病虫害防治。强化采割。对于采割年久，不能再开新口，病虫害严重，无法继续生存；衰老枯萎，失去发育能力，以及因其他原因必须砍伐的漆树，可以多开口、开大口进行强化采割后伐除更新。

（4）刺激剂在割漆上的应用。试验表明，合理施用刺激剂（如乙烯利、电石、中草药等）能提高漆树流漆量。但应掌握用药的种类、剂型、剂量、方法和时间等。

3. 生漆的包装与贮藏

不同时期收割的漆液和不同种类的漆树的漆，应分别包装，放在阴凉不通风处贮藏，忌同酸、碱、盐以及其他化学试剂接触。生漆不易久存。

（二）生漆的化学组成、性质和用途

1. 生漆的化学组成

生漆的组成很复杂，其主要成为漆酚、漆酶、树胶质、含氮有机物、水分以及少量其他有机物质。各成分的含量，随漆树品种、生长环境和采割时期而变化。

（1）漆酚。漆酚含量为55%～80%，是生漆的主要成分，是漆液涂布后的成膜物质，它是由一些邻苯二酚的衍生物组成的一种混合物，包括：氢化漆酚（饱合漆酚，R_1）；单烯漆酚（R_2）；双烯漆酚（R_3）；三烯漆酚（R_4）。其中前者为结晶固体，约占漆酚总量的5%。后三者都是液体。R_2、R_3的含量总计约5%，R4占漆酚总量的90%以上。生漆中漆酚含量愈高，生漆质量愈佳。漆酚含双键饱和越多，不饱和性越强，生漆的性能越好。

（2）漆酶。漆酶含量为1.2%～5.5%，是一种含铜氧化酶，漆酶含氮量6%～11%，其内含有铜约0.24%。漆酶能使漆酚催化氧化，在常温下促使生漆干燥。当温度在30～50℃，相对湿度为80%时，漆酶活性最大。

（3）树胶质。树胶质含量为4%～7%，为不溶于有机溶剂而溶于水的多糖类物质，呈淡黄色，透明状。它是一种悬浮剂和稳定剂，能使生漆中各主要成分成为均匀分布的乳胶体，并使其稳定不易变质。

（4）水分。水分含量为15% ~30%，不仅是不形成乳胶液的成分之一，而且也是生漆自然成膜干燥过程中漆酶发挥作用所必要的条件，即使在精制漆中，含水量也必须在4% ~6%左右，否则极难自干。水分在生漆中的含量不但与树种环境有关，还与割漆的时间和技术有关。一般来说，水分含量少的生漆质量较好，但含水越少越稀薄，越多越黏稠。

（5）其他有机物质和矿物质。生漆中的其他有机物质含量为1%左右，主要是油分，另外还有微量的甘露糖醇、葡萄糖、乙酸以及微量的Ca、Mn、Al、K、Na、Si等矿质元素。

2. 生漆的性能

生漆与空气接触后，迅速氧化而逐渐变黑，涂在器物上干燥后，漆酶相互联接形成网高分子立体结构，外观为坚硬光亮的漆膜，这种膜密封性很强，耐磨、耐热、耐水、耐溶剂、耐化学介质腐蚀、绝缘以及耐土壤腐蚀等特殊性能。

3. 生漆的用途

生漆作为涂料可直接应用，但是通常是经加工（精制）或改性后再用。精制和改性产品广泛应用于手工、轻工、纺织、建筑、石油、化工、印染、冶金、采矿、国防等，也是我国传统的出口创汇产品之一。

精制漆有推光漆、广漆、指漆、漆酚清漆等。改性漆有6001漆酚清漆、T09-12漆酚缩甲醛清漆、1004漆酚硅树酯净料、1006漆酚树酯黑烘漆等。各种加工或改性的生漆，由于性能不同，用途各异。如清酚清漆可用于需耐酸、抗水防潮、耐土壤腐蚀等处的一切金属、非金属物体的表面涂装。如用于石油贮罐及输送管道、纺织机件、印染，矿井的机械设备等。改生生漆，性能很好，如漆酚硅涂料可用于作石油喷油管道的防蜡涂料；漆酚涂料可作缝纫机、小轿车、工艺美术品的涂料，光亮耐磨，耐化学腐蚀。总之，随着人们对生漆重要性的认识不断提高，应用技术的不断发展，生漆，特别是改性涂料的用途前景越来越广阔。

4. 种子油

漆树种子富含漆蜡和漆仁油，漆蜡是制皂和甘油的重要原料，亦为作蜡烛、蜡纸原料；种子油为不干性油，可制高级香皂、雪花膏、油墨等，还可用作油漆工业的原料，也可食用。

此外，漆树木材宜作桩木、坑木用材和盆桶之类盛器，也可作家具、面板、细木工制品以及高级建筑物的室内装饰，干漆、花、果实 、叶、皮、根、木心均可入药。干漆能消积去湿、杀虫，治风寒湿痹、闭经、月经不调、丝虫病；蛔虫病，花治小儿腹胀；果实能治便血、尿血、并有消瘀通经，利小便的功能；叶治癫疯，外伤出血，疮疡溃烂；干皮和根皮捣烂以酒炒服，可接骨；根可治跌打损伤；木心有行气镇痛之效。漆根和叶可作农药，煎汁加煤油可喷杀水稻害虫，漆叶煎汁可防治棉蚜、稻包虫、蔬菜等害虫。叶含鞣质，可提栲胶。

（樊金栓）

92. 橡　　胶

橡胶树是各种产胶植物中产胶量最高，胶质好，又容易采割的产胶植物。橡胶具有很强的弹性和良好的绝缘性、可塑性、隔水隔气，以及拉力和耐磨力等特殊性能，用途非常广泛，可制成各种橡胶制品，如：汽车、飞机等的轮胎，煤气管、水管等到橡皮管，医疗用的手套、胶布，电线的外皮等。种子可榨油，是制造油漆、肥皂和醇酸树酯的原料。木材可制家具、模压板、刨花板和胶合板等。橡胶木浆掺入 5% ~10% 的长纤维木浆，可制高级用纸。

我国于 1904 年（清光绪 30 年）云南盈江土司刁印生从新加坡购橡胶树苗8 000株，引种栽植于云南盈江凤凰山南坡（北纬 25°，海拔 960m），至 1949 年仅留下 2 株。1905 年台湾嘉义引种橡胶成功。以后旅居东南亚的华侨在海南岛、雷州半岛和云南西双版纳引种并经营橡胶园。到 1949 年全国种植橡胶林面积2 800多 hm^2。

近 50 多年来，我国天然橡胶业发生了跨越式巨变。至 1998 年橡胶达到46.2 万 t。50 年来累计产胶 606.3 万 t，其中农垦 516.8 万 t，民营 89.5 万 t。1998 年海南农垦橡胶产量 1108.5kg · hm^{-2}，居世界先进水平。云南西双版纳是世界上少有的产胶“宝地”，尽管地处北纬 21°08′~22°84′，但具有橡胶树最佳的生长与产胶的自然条件，除了有与海南相似的气候条件外，还具有静风少寒、土壤深厚和昼夜温差大等特点。夏季高温多雨，水热同季，提高了积温和降雨的有效性，有利于速生和高产；冬季低温，降温缓和，正值旱季，有利于橡胶树越冬，提高抗寒力。西双版纳的橡胶单位面积产量多年来一直居世界之冠。据统计，1998 年西双版纳农垦植胶面积为6.46 万 hm^2 开割面积4.67 万 hm^2，连续6 年产胶超过 1 500 kg · hm^{-2}，产量超过世界最高产的科特迪瓦（1 665 kg · hm^{-2}）、和马来西亚(1 060.5 kg · hm^{-2})、泰国（1 039.5 kg · hm^{-2}）等产胶大国，居国际领先水平。

一、主要物种

橡胶［*Hevea brasiliensis*（Willd. ex A. Juss）Muell. -Arg.］为大戟科（Euphorbiaceae）橡胶树属（*Hevea* Aubl.），别名巴西橡胶树、三叶橡胶树（海南）。橡胶属约有 17 种，大量栽培的只有本种。

大乔木，高达 30m，全植株有白色乳汁。三出叶，互生，小叶椭圆形，长 10 ~25cm，宽 4 ~10cm，先端突尖或渐尖全缘，两面无毛，网脉明显，叶柄长 5 ~14cm，柄顶腺体。雌雄同株异花植物，圆锥花序，腋生。雌花着生于花梗顶端，通常每花序具雌花 3 ~20 朵，花萼 5 裂，米黄色，中间有 1 个雌蕊，由子房和柱头组成；雄花着生于花梗四周，比雌花小，但数量很多，无花瓣，花萼基部合生，先端五裂，米黄色。每朵雄花有花药 10 枚，成两轮排列在花丝柱上。子房 3 室，每室 1 胚珠，柱头厚，近无柄。蒴果球形，有 3 层果皮，内果皮在幼果期较薄，以后增厚和木质化，形成坚硬的内壳。种子的外种皮木质坚硬，并具有蜡质，故吸水较慢。种子椭圆形或圆形，单粒重 4 ~5g。花期 4 ~7 月，果期 8 ~11 月。粒橡胶种子无明显休眠期，一旦成熟，便能发芽。

橡胶原产于南美亚马孙河流域，主要是巴西，其次是秘鲁、哥伦比亚、厄瓜多尔、圭亚那、委内瑞拉和玻利维亚。热带亚洲、非洲、拉丁美洲和大洋州约 30 个国家和地区已引种栽培，以东南亚各国栽培最广，产胶最多。我国海南、云南、广东、广西、福建、台湾等地均有栽培。一般都在海拔 500m 以下的平地、台地或山丘。另外，还有一些国家保存有野生橡胶树资源。

二、主要栽培品种

我国选育和从国外引进的橡胶品种约1 000多个，但先后推广应用的仅 70 ~80 个，目前在生产上种植的主要有以下几种。

1. PR107（国外引进）

该品种抗风力较强。保苗率高，可割率也高，早期生长较慢，叶片较薄。4 年生以后及割胶期生长中等，干胶含量高，耐刺激，刺激割胶可发挥高产潜力。开花抽叶期胶乳易早凝。冬季落叶不整齐，翌年陆续落叶，易患白粉病。原生皮较厚、较硬，乳管排列靠近形成层，深割才能高产。宜在海南、广东及云南中寒中风区、轻寒轻风区推广种植。

2. 海垦1

树干圆直，树形宝塔形，分枝疏朗，木质坚韧，叶片厚，有蜡质，物候期早，整齐一致；幼龄期生势旺盛，开割前速生。早花、多花、多果。干胶含量低，原生皮薄，胶多外溢、长流，强割易死皮。该品种抗风力强，抗白粉病。在海南微寒中风区、东北部红壤重风区和广东西部重风中寒区可大规模种植。

3. GT1（国外引进）

生长中等，有较强耐旱性，叶片浓绿，较厚。割胶期对水湿条件敏感，雨季明显增产，干热天气减产。树皮较硬，耐割，耐刺激割胶，原生皮中等，再生皮中至下等。抗风力差，耐寒力中等，对辐射低温的耐寒力较好。可因地制宜推广种植。

4. 93-114

抗寒力强，特别是对强平流低温（暗霜）的忍耐力强，对辐射低温（明霜）的忍耐力稍差，在茎干离地20cm处出现环枯，大树出现烂胶。副性状：生长快，生势壮。开割前茎围平均增长5.72～7.0cm，伤口反应良好，无长流，无早凝，胶乳白色。宜在广东西部严寒中风区、东部中寒区，福建中寒区及广西大量推广。

5. 红星1号

生长较快，开割后干径生长快，抗风力强，抗寒力中等，对白粉病和炭疽病敏感。树皮光滑好开割，胶乳机械稳定性低，不宜制浓缩胶乳。本种为广东徐闻橡胶研究所从红星农垦场实生树群中选出的母树，育成初生代无性系。在广东西部地区种植。

6. 云研1号

云南热带植物研究所育出，生长快，树干粗壮，较耐割，无长流。抗辐射、低温能力较强，对白粉病和炭疽病较敏感，较抗条溃疡病。可在云南西南部重寒区的半阳坡、阳坡扩沟谷的阳坡栽植。

三、生物学特性

橡胶树原产南美亚马孙河流域，为热带雨林树种。长期生长在高温、多雨，相对湿度大于80%，土质肥沃，风小的环境中，形成了自己特有的生长发育习性，并逐渐适应了这种特定环境条件。

（一）生态习性

1. 温度

橡胶树生长发育的温度指标以平均气温计量：10℃时细胞可进行有丝分裂；15℃为组织分化的临界温度，18℃为正常生长的临界温度；20～30℃适宜生长和产胶；其中26～27℃时橡胶树生长最旺盛。当林间气温小于5℃时，橡胶树便会出现不同程度的寒害。

2. 水分

橡胶树生长和产胶，以年降水量在1 500mm以上为宜。在年降水量1 500～2 500mm，相对湿度80%以上，年雨日大于150d，最适宜于橡胶的生长和产胶。降水量大于2 500mm，降水日数过多，不利于割胶生产，且病害易流行。一般认为月降水量大于100mm，月雨日大于10d适宜橡胶树生长；月降水量大于150mm最适宜。

3. 光照

光照条件对橡胶树的生长发育和产胶量以及抗逆力都有明显的影响，适宜的光照条件有利于橡胶树生长和产胶。在密植情况下（1 080株·hm^{-2}）植株间为争得充分的光照条件，高生长占优势，茎粗生长受到抑制，原生皮和再生皮生长缓慢，影响产胶量。而在疏植情况下（120株·hm^{-2}）；光照条件充足，植株高度差异不明显，茎粗增长较快，有利于原生皮和再生皮的生长，其乳管列数相应增多，产胶能力强。但对胶树树皮生长来说，并不是光照越强越好，在暴晒情况下，树皮粗糙，石细胞多，乳管发育反而不良，因而不是越疏植越好。虽然单株产胶量以疏植的为高，然而为取得较高的单位面积产量，应当合理密植。

4. 土壤

橡胶树喜土层深厚（100cm以上）、酸碱度接近中性或含钙质、排水良好而又保水力强的土壤，以季雨林下砖红壤为最好。据海南调查，通常在砖红壤上种植的橡胶树7～8年可达开割标准；而种植在干燥红土和褐色砖红壤的则需9～10年才能产胶。

5. 风

橡胶树对风的适应能力较差，一般年均风速1 m·s^{-1}，对生长发育有利，2～3m·s^{-1}成为生长的限制因子，8～10m·s^{-1}以上强风会不同程度地出现断干和倒伏。营造防风林能有效降低风的危害，增强树势生长。

（二）生长发育

1. 生命周期

（1）苗期。从种子发芽出土到苗木始开枝约1.5～2年。初期生长慢，高生长势强，茎高与茎粗比80～100∶1。此期抗逆性较弱。

（2）幼树期。从开始分枝到开花结实，历时4～5年，根系和树冠扩展快，茎粗生长旺盛。要及时合理施肥和松土除草。

（3）初割胶期。开始割胶后至原生皮割完历时6～7年。茎粗生长减慢，产胶量逐年增加，开花结实也逐年增多，树冠密闭，开始自然整枝。要加强施肥和防风、防病及防虫。

（4）产胶旺盛期。从15年开始到产胶量明显下降时为止，历时约为20年。茎粗生长缓慢，年抽叶蓬减少，开始在再生皮上割胶，产量较高。

（5）衰老期。从25～30年起到橡胶树失去经济价值为止。树高和茎粗生长缓慢，再生皮再生能力很差，可采取强割或在树干上部和粗侧枝上割胶，增加产量。

2. 年生长周期

（1）根系生长。当土温在24～29℃时，根生长最快，当土温小13℃或大于31℃时，根生长较慢。在湿润、肥沃的土壤中根系生长快，在土壤中含水量15%～21%时，根系生长好。据观察，在海南西北部4～10月根系生长较快，其中以5月和7～8月生长最快，11月至翌年3月生长缓慢。

（2）茎、叶生长。茎粗生长，1～3月生长最慢，生长量不到全年的10%，7～11月生长旺盛，生长量占全年生长量的65%～75%。叶生长与气温、季节关系密切。高温、多雨季节，在较好的管理条件下，生长一个叶蓬约需20～30d，稳定约10d，再抽另一蓬叶。但在干旱低温季节，形成一个蓬叶长达60d左右。成龄树第一蓬叶抽叶量约占抽叶量的60%～70%。

（3）产胶量变化。雨季产胶量高，旱季产量低，开花抽叶时低，叶蓬稳定时高。

（4）开花结果。橡胶一般每年开花2次，3～4月为主花期，称春花，开花最多。5～7月第二次开花，称夏花，亦有在8～9月开花的。花大部分中午开放，雄花10：00左右初开，中午盛开，雌花在11：00左右初开，14：00左右盛开。花开后约30天形成小果，经120～150d的生长发育，至8～9月间果实成熟，称秋果。夏秋花发育成冬果。

四、栽培技术

（一）苗木繁殖

1. 播种繁殖

（1）采种。选择生长旺盛、健壮的优良胶树作采种母树。成熟的橡胶树种子没有明显休眠期，失水很快，极易丧失生命力。据试验，采后种子如保存不当，30d后有60%以上失去发芽力。因此，当果皮由青色变为土黄色时即可采收。宜随采、随运、随播。

（2）育苗。圃地宜选择土壤肥沃疏松，土层浓厚，向阳、背风、便于灌溉的地区。圃地宜深耕30cm，施放有机肥15 000kg·hm^{-2}，过磷酸钙375～750kg·hm^{-2}。平地一般按10m×0.5～0.8m作苗床，每床播2行，便于管理与芽接。按株行距30cm×40cm或40cm×50cm，育苗36 000～49 500株·hm^{-2}。播种前收种子进行沙床催芽，保持沙床湿润，约5～7d，发芽，待苗高5～10cm时，小心地将萌发的幼苗分离移栽。圃地管理，幼苗要精心管理，应经常保持土壤湿润。前期施肥掌握“勤施薄施”原则，每月施1～2次，每床每次施腐熟肥水50～100kg或尿素0.1kg，入冬前每床施火土灰25～50kg，过磷酸钙0.5kg、以增强抗风、抗旱能力。还应及时松土除草。

（3）芽接。从优良品种胶树上采取接穗的芽片，嫁接到实生砧木苗上。一般叶芽、鳞片芽、密节芽和初期萌动的健壮芽均可作芽接材料。5～9月均可进行嫁接，宜早晨进行取穗，注意穗条保湿。芽接全过程动作要“快、准、紧”，提高嫁接成活率。芽接技术同果树嫁接相同。

（二）造林

据橡胶树生长习性对环境条件的要求，应选择年均温21℃以上，最低月均均温度12℃以上，年降水量1 200mm以上，5～10月生长分布均匀，相对温度大于75%，避风，土层深厚，湿润肥沃，海拔在350～750m以下的地域为林地。为了充分利用地力，获得高产、稳产，必须合理密植。种植密度须根据环境条件和品种特性确定，实践证明，初植420～520株·hm^{-2}，成龄时保证有300～375株·hm^{-2}割胶为好。按株距3～4m，行距8～10m定穴。挖80cm×80cm×80cm的穴，在雨季初期、阴天或小雨天定植。

（三）抚育管理

1. 胶园管理

（1）消除杂草。橡胶林地的杂草灌木生长很快，要早除、除净，保持2m宽种植胶带上无杂灌。带间的萌生植物要及时铲除。大芒、竹子、有刺植物应予以挖除。清除的杂草、灌木就地压青或覆盖胶树周围。利用草甘膦除杂草，是一种高效、低毒的有效手段。

（2）间种。定植后的幼林地，空隙较大，可在行间种植短期作物。一般种植花生、豆类等矮秆作物，并加强施肥管理，可达到胶、粮双丰收。

（3）施肥。合理施肥，是保证胶树高产、稳产的重要技术手段之一，橡胶树在各个年龄阶段需要的营养不同，施肥也应分别对待。

幼树施肥。种植后第一年，施堆积肥 2 ~ 3 次，每次每株施 3 ~ 5kg，植后第三年冬进行深耕改土，施肥压青，可促进胶树生长。一般 1 ~ 2 年生幼树，在离树干 30 ~ 40cm 处施肥，2 年幼树每株年施硫酸铵和过磷酸钙各 0.25kg，3 ~ 4 年生幼树在离树干 50 ~ 60cm 处施肥，每株年施硫酸铵和过磷酸钙各 0.5kg，5 ~ 6 年生植株在离树干 100 ~ 150cm 处施肥，每株施硫酸铵 1.0kg、过磷酸钙 0.5kg，有机肥与磷肥混合穴施，每年在冬季施 1 次并轮换穴位。尿素和硫酸铵易挥发，须开浅沟施并覆盖。缺钾地区每年每株应增施钾肥 0.1 ~ 0. 2 kg.

割胶树施肥。每年每株给不刺激的胶树施腐熟的有机肥 25 ~ 50kg、硫酸铵 0.5 ~ 1kg、过磷酸钙 0.25 ~ 0.5kg、氯化钾或硫酸钾 0.1 ~ 0.2kg。给刺激的胶树施腐熟的有机肥 100k、硫酸铵 0.5 ~ 1kg、过磷酸钙 0.25 ~ 0.5kg、氯化钾或硫酸钾 0.15 ~ 0.25kg。冬季按水肥沟施有机肥和过磷酸钙，早春抽叶前施下全年氮肥量的 50%。抽第二蓬叶前（6 月份左右），寒害来得较早的地区施下全年氮肥量的 50%，其他地区为 30%。抽第三蓬叶前（9 月份），寒潮来得较迟的地区施下其余 20% 的氮肥量，9 ~ 10 月施钾肥。

施肥以有机肥为主，化肥为为辅，两者混合使用。提倡充分利用自然资源，广种绿肥，科学制肥，提高肥效。

2. 整形与修剪

橡胶树的整形与修剪，必须从幼树开始。在重风区的胶园，一般在开割之前，要进行 2 ~ 3 次芽定干，一般保留 3 ~ 4 个上下左右错开的叶芽枝条，培养成为骨架枝；第 3 年，在分枝点上 50 ~ 70cm 处的分枝上短截，每个分枝上选留 2 ~ 3 个饱满且分布匀称的萌芽；第 4 ~ 5 年，主要是在第二次短截修枝萌芽的分枝上，再行短截，此次修枝的重点是控高促低，修整“霸王”枝和偏冠枝，适当地修除一些密集重叠枝，把胶树修整成矮干、多级多枝、疏透均衡的树型。

五、病虫害防治

（一）病害防治

病害主要有橡胶白粉病、橡胶炭疽病、条溃疡病、根紫纹羽病等。防治方法参见相关树种。

（二）虫害防治

虫害主要有大头蟋蟀、蛴螬、小囊虫等。防治方法参见相关树种。

六、采收与加工利用

（一）割胶

1. 橡胶树开割标准

橡胶树生长到一定时间便开始割胶，生产胶乳。因此，为了保证橡胶树的健康生长，又能正常割胶，首先必须确定一个安全合理的开割标准，这是关系到橡胶树的经济寿命和生产价值的一项十分重要的技术措施。

橡胶树的开割标准对橡胶树生长的影响，常因其品种（系）、割胶制度和胶园的管理水平不同而异。据观测，影响橡胶树树围生长缓慢的主要原因是：连续割胶切割树干的韧皮组织，使输导系统遭受损伤，由于此期是幼树的生长旺盛期，大量胶乳的排出，降低了用于生长的干物质分配率，也导致橡胶树树围的增粗受到抑制。一般不同品种（系）的幼树，开割头两年所产的橡胶占光合产物的3% ~ 11%，以后逐步增加到 20% 以上。

一般橡胶树的经济寿命为 30 年左右，有的可高达 40 ~ 50 年。因此，成龄幼树开割标准的确定，不仅关系到今后橡胶树几十年的经济寿命和生产价值，而且也关系到橡胶树整个生产期的经济效益。

根据长期以来国内外的实践经验，达到成龄幼树开割标准的植株，必须占该林段正常橡胶树株数的一定比例，才能开始割胶，这个比例称为橡胶树的开割率。

我国植胶区橡胶树的开割标准比其他植胶国家稍低，而且在割胶标准中以树围为主，树龄为次。在重风害、重寒害地区种植的芽接树，当树龄达 8 年以上，离地面高 1m 处树围 45cm 的植株，占林段株数 50% 时，方可正式开割。其他华南各植胶区的芽接树离地面高 1m 处，优良实生树离地 80cm 处的树围达 50cm 时便可开割。

2. 割胶技术

割胶是一项技术很强的作业。关键是必须掌握“稳、准、轻、快”的操作要领。主要做到 3 点：

（1）伤树少。就是指割胶时尽可能不要伤及树皮内的形成层。一般超深度割胶伤及水囊皮也是伤树，应做到基本上无大伤和特伤，小伤小，伤口越小越好。橡胶树开割后要连续割胶几十年，还要割再生皮，如果橡胶树被割伤，伤口便会长瘤，影响乳管的生长，降低胶乳产量，严重时可使橡胶树失去割胶价值。

（2）耗皮适量。一株橡胶树的经济寿命主要取决于割胶树皮的消耗量，树皮消耗量大，便会缩短橡胶树割面的割胶年限，使树皮不够轮换。因此，一般每割次的耗皮量为0.12～0.15cm。利用乙烯利刺激橡胶树，采用低频割胶，一般每割次耗皮量比其他割法稍厚一些；割的树皮太薄，不能完全割开乳管口的堵塞凝块，使有些乳管不能排胶，产量则低。

（3）割线要均匀、深度要适当。树皮内乳管列数靠近水囊皮的较多，乳管列之间互不相通，割胶时必须达到适宜的深度（即离形成层0.12～0.15cm），使该割的乳管都割到才能获得高产。下刀、行刀和收刀的深度要一致，保持割线均匀，才能使割面平整，再生皮光滑。乙烯利刺激要浅，割胶的深度以离形成层0.12～0.15cm为宜。至于一年之中如何掌握好深割和浅割的时期，应根据“三看”割胶的原则而定。

3. 刺激增产

利用化学药物以某种方式施予胶树，刺激胶树增加产量的措施。使用得当，既能增产，又可省工，对胶树也无不良作用。

目前生产上使用的刺激剂主要有两类。乙烯利，被胶树吸收后，在体内释放出乙烯，刺激胶树增产。工业品为40%药液，对水稀释成8%，搅匀应用。施药时，拔去胶线，沿割线在表面上涂药2cm宽即可，或用乙烯利1份，加4份重量的1∶2胶籽油和松香作载体，搅匀，即成8%的乳剂。使用时先在割线下刮去1～2cm的粗皮，深至见青皮（再生皮见紫或灰色），用刷子涂均匀即可。2，4-D使用浓度为0.5%～0.8%，老胶树可用到1%，用油棕油作载体稀释到所需浓度，搅匀。施药方法与乙烯利相同。注意涂药均匀，不可过多，以免引起肿皮。

使用刺激剂，要适当减少割胶刀数，适当浅割，同时增加施肥量，而且增产量应控制在不施刺激剂前的20%之内。

（二）加工利用

1. 橡胶木材的利用

橡胶木可用于制造胶合板、刨花板以及中密度纤维板（MDF），甚至橡胶木锯末都可用作蘑菇的培养基质。橡胶木还可以制作用于工业原料的木炭，供炼钢、烧砖、烘干茶叶和烤面包等用，未经处理的木材碎片和树根可作民用燃料。

2. 橡胶籽的利用

通过对橡胶籽的化学成分的测定分析表明：橡胶籽仁中的油脂可加工肥皂、油漆、润滑油等产品，其残渣富含蛋白质，除去氰苷后，可作饲料、味精、酱油、胶粘剂等产品的原料，其橡胶籽壳可加工活性碳。因此，橡胶籽资源综合利用将有十分广阔的前景.

橡胶种子加工后可以食用。种仁经脱毒处理、焙烤或膨化、抗氧化及充氮包装加工成坚果类食品，既供休闲食用又具保健功能。每粒种子含α-亚麻酸147～169mg。据研究，每日食用15粒种子即能满足生存需要，可提供2.1g α-亚麻酸的植物油，相当于每日食用30g海鱼。多不饱和脂肪酸对人体具有多种保健作用，但若摄入过多，由于其容易氧化在体内可产生大量过氧化物与自由基，过量的自由基又会损伤细胞膜、组织器官及遗传物质DNA，对健康不利。通过饲料转为富含EPA、DHA的畜禽产品或将种仁加工成小食品，则可避免像用作烹饪食用油那样造成摄入大量多不饱和油脂的弊病，充分发挥α-亚麻酸的有益功能。

3. 橡胶初制品的加工

橡胶初制品分为生胶（风干胶片、烟胶片、皱胶片、颗粒橡胶、橡胶粉等）和商品胶乳（离心胶乳、膏化胶乳、蒸浓胶乳、天甲胶乳等）两类。前一类主要用于制造各种轮胎、输送带、工业胶管、胶鞋等难以用胶乳直接成型的制品；后一类主要用于各种浸渍制品、海绵、胶背毯和胶粘剂的生产。

（1）生胶的制造。在生胶中，由于皱片胶和风干胶在国内已不生产，仅简述烟胶片的制造过程。烟胶片的生产主要包括鲜胶乳处理、胶乳凝固、凝块压片、烟熏干燥、分级和包装等5个生产过程。

（2）商品胶乳的生产。商品胶乳一般都是浓度比鲜胶乳高的浓缩胶乳，大体上可分为通用胶乳与特种胶乳两大类。通用胶乳是用常规方法浓缩而得的商品胶乳，应用领域较广。胶乳制品工业主要采用离心胶乳，离心胶乳的生产主要包括过滤、澄清、离心、聚集、检验和包装等过程。特种胶乳的种类较多，制造方法不一，在此不再赘述。

（李贤忠　刘惠民）

93. 松　　脂

松香和松节油是一种天然树脂和天然芳香油，它们以溶液状态存在于某些针叶树的树脂道中，尤其在松属树木中含量最多。从松树树脂道中分泌出来的松脂，是重要的工业原料，经加工后可广泛应用于胶粘剂、油墨、涂料、造纸、合成橡胶、食品与医药等方面，主要用在造纸、肥皂、橡胶、涂料、油墨、火柴、化工、塑料、电器、医药、农药、炸药、纺织、印染、选矿、建筑、印刷、油漆、冶金、香料、粘合剂、食品加工等领域。它已成为现代工业的重要原料之一。

松脂生产伴随人类文明的进步而发展，到目前，全球松脂产量超过 1.0×10^6t，其中美国 2.9×10^5t、巴西 4.5×10^4t、俄罗斯 7.8×10^4t、印度 4.2×10^4t、印度尼西亚 5.6×10^4t。我国是全球最大的松脂生产国，松脂年产量超过 5.0×10^5t，主要产于广西、广东、福建、江西、云南、湖南、湖北等地。全球松脂产值达 9 亿美元，加工增值达到 450 亿美元。松香是我国重要的出口商品之一，近 10 年来，年均出口额约在 0.7 亿～1.0 亿美元，因此，松香在国民经济中占有重要地位。

一、主要物种

1. 马尾松（*P. massoniana* Lamb.）

又名枞树，常绿乔木，高 40m，胸径 1.5m。叶 2 针 1 束，细柔，长 12～20cm，叶内树脂道 4～8 个，边生。胸径 18cm 的马尾松，一般年产松脂达 2～3kg。球果卵圆形或圆锥状卵圆形，长 4～7cm，径 2.5～4.0cm，有短梗，下垂；中部种鳞长圆状倒卵形，或近长方形，长约 3cm，鳞盾菱形，鳞脐凹陷，无刺；种子长卵圆形，长 4～6mm，连翅长 2～2.7cm。花期 4～5 月，球果翌年 10～12 月成熟。马尾松是我国分布最广、数量最多的一种松树，主要分布于秦岭—淮河以南广大地区。

2. 云南松（*P. yunnanensis* Franch.）

乔木。喜光，生长快，树皮褐灰色，深裂成不规则鳞状块片。针叶 3 针 1 束，稀 2 针 1 束，长 10～30cm，径约 1.2mm，柔软稍下垂，叶内具 2 个维管束，树脂道 4～5 个。胸径 18cm 的云南松，一般年产松脂达 1～3kg。球果圆锥状卵形，长 5～11cm，成熟时种鳞张开，种子连翅长 1.6～1.9cm，昆明花期 4～5 月，球果翌年 11～12 月成熟。分布较广，西藏东南部、四川泸定及天全以南、贵州毕节以西、广西百色都有分布，以云南分布范围最广，垂直分布于海拔 1 000～2 800m。

3. 湿地松（*P. elliottii* Engelm.）

湿地松为常绿大乔木，在原产地树高可达 40m，胸径达 1m 以上。树皮灰褐色或暗红色、纵裂、粗糙成鳞状大块片剥落，树干通直园满，树冠卵圆形，枝条每年生 2 至数轮，小枝粗壮，橙褐色至灰褐色，冬芽红褐色，圆柱形，无树脂。针叶 2～3 针 1 束并存，3 针 1 束居多，一般于翌年脱落，长 20～30cm，粗约 2mm，粗硬，深绿色，边缘有细齿。树脂道多内生，通常为 2～9 个，偶 11 个。胸径 18cm 的湿地松，一般年产松脂达 3～4kg。叶鞘宿存，圆筒状，长 1.3cm，浅棕色，后变为灰色。花单性，雌雄同株，雄球花簇生于基部，圆筒状，长 2.5～3.0cm，无柄。雌球花生于春梢顶部，通常 1～4 个聚生，圆锥状卵形。球果成熟时长 6～14cm，径 4～7cm，有短柄，熟后翌年夏季自然脱落，鳞盾近斜方形，肥厚，有锐横脊，鳞脐内凹，具短尖刺，长 1～2mm，每一鳞内具 2 粒暗灰色带种翅的种子，种子呈卵状或略呈三角状，平均长约 6mm，种子具棱脊黑色或灰褐色，种翅发育完整，长 1.5～3.0cm，易脱落。幼苗子叶 7～9 针，长 2～4cm。原产美国东南部，世界上亚热带及部分热带地区广泛引种，我国长江以南各地均有引种，生长表现良好。

4. 高山松（*P. densata* Mast.）

乔木，针叶 2 针 1 束，稀 3 针 1 束或 2 针、3 针 1 束并存，粗硬，长 6～15cm，径 1.2～1.5mm，微扭曲，边缘锯齿锐利，树脂道 3～7（10）个，边生。胸径 20cm 的高山松，一般年产松脂达 1～3kg。球果卵圆形，长 5～6cm，径约 4cm，鳞盾肥厚隆起，种子连翅长 2.5cm，云南花期 5 月，球果翌年 10 月成熟。为我国西部高山地区的特有种，产青海西部、西藏东部及云南，垂直分布海拔 2 600～3 500m。

5. 黑松（*P. thunbergii* Parl.）

乔木，喜温暖湿润气候，叶 2 针 1 束，深绿色，有光泽，粗硬直，长6～12cm，径1.5～2mm，叶内树脂道6～11个，中生，胸径18cm的黑松，一般年产松脂达1～3kg，球果圆锥状卵圆形，长4～6cm，径3～4cm，有短梗，中部种鳞卵状椭圆形，鳞盾稍肥厚，有短刺，种子连翅长1.5～1.8cm。花期4～5月，球果翌年10月成熟。原产日本和朝鲜，我国东部沿海辽宁、山东、江苏、浙江、台湾均有引种造林。

6. 黄山松（*P. taiwanensis* Hayata）

本种外形与马尾松近似，其主要区别在于：本种叶较短粗，稍硬直，长5～13cm，叶内树脂道3～7个，中生，胸径20cm的黄山松，一般年产松脂达2～3kg。球果卵圆形，长3～5cm，径3～4cm，近无梗，种子连翅长1.4～1.8cm。花期4～5月，球果翌年10月成熟。分布于浙江、福建、安徽、江西、湖南、湖北、台湾等地，垂直分布海拔700～1 800m。

二、栽培品种、品系

目前我国作为采脂林经营主要栽培的树种有马尾松、云南松、湿地松、高山松、黑松和黄山松等，已选育出了相应的高产脂家系，如湖南省林业科学院选育出的湿地松、马尾松高产脂优良家系：0-510、0-508、6-22等，但尚未大面积推广。目前生产上作为采脂林经营的松树良种，一般是按速生丰产林标准选育出来的松树良种。

三、生物学特性

在此主要介绍湿地松的生物学特性。

1. 适生性强

湿地松为喜光树种，在原产地天然分布区多为海岸平原地带，土壤多为酸性砂壤。在国内引种地有台地、岗地和低丘缓坡地及海岸沙地，土壤类型为酸性红壤、赤红壤和砂壤等。在土层深厚、湿润、疏松、排水良好的低丘酸性红壤地区最适生，是营造湿地松高产脂林最理想的地方。

2. 具有早期速生性

湿地松具有早期速生的特性。据湖南省林业科学院试验点调查，在中、高等立地条件下，15年生以前，湿地松树高年生长量为0.9～1.3m，胸径年生长量为1.4～2.4cm，15年生以后，生长速度减慢。

3. 生长与开花结实规律

湿地松在我国南方一般抽梢3～5次，据湖南省林业科学院1993年前后在湖南汨罗市桃林林场4年生的湿地松幼林以及一代去劣种子园湿地松物候观测表明：全年抽梢3次，高生长为1.13m，第一次抽梢时间为：3月16日至5月5日，抽梢高度为58.3cm，占全年高生长的52%，第二次为6月8日至7月8日，抽梢25.1cm，第三次为7月14日至9月22日，抽梢长度为29.6 cm。其开花结实规律如下：开花期为2月中旬至3月下旬，湿地松从休眠期转向复苏期，其叶绿素含量显著增高，光合作用和呼吸作用强度大。生长期为2月上旬至9月上旬，生长旺盛期为4月中旬至6月底。营养积累期在9月至10月，10月份高生长停止，形成休眠芽，但植株内部生理活动仍很旺盛，大量光合产物进行储藏积累，供来年春天开花及生长需要。针叶脱落期为当年11月至翌年1月，树高、直径生长完全停止，生理过程缓慢，但针叶蒸腾强度出现全年第二个高峰。松脂产量的形成与树体营养生长基本一致，树体营养生长的高峰期也是松脂产量的高峰期。

湿地松的生长发育期，常因气候、立地条件、经营措施等不同而有差异。雄花每年由开花散粉到结束，在广东广州为2月上旬至3月中旬，湖南长沙为2月中旬至3月下旬，湖北武昌为3月下旬至4月中旬；雌花每年由开放到结束，在广东广州为2月中旬至3月中旬，湖南长沙为3月中旬至4月上旬，湖北武昌为4月上旬至4月下旬。

雌花授粉后，经过18～19个月球果成熟。在广东台山种子园，授粉后于翌年9月上旬成熟，在湖南汨罗桃林林场湿地松一代去劣种子园中，授粉后于翌年9月下旬成熟。在同一园区，物候期迟早也有差异。据1994年湖南省林业科学院对汨罗桃林林场湿地松种子园进行调查，其中，早熟株占35%、中熟株占54%、迟熟株占11%，早熟与迟熟时间相差达15d。

关于湿地松的开花年龄，在原产地美国一般9年生时开始开花，引种到我国后，在湖南一般于11～12年开始开花，在广东一般于8年生时开始开花。一般湿地松有效生产种子的结实年龄为12～14年。

4. 根系发达

湿地松为深根性树种，主根粗长，侧根发达。湿地松4年生的植株，其侧根扩展半径可达4～5m，在草丛中有较强的种间竞争优势，如湖南攸县在草坡上营造的湿地松人工林，种后仅一般抚育1～2

次，树体就可把近1m高的茅草压制下去，本身迅速生长起来。据湖南省林业科学院观测，湿地松从苗期开始，就形成发达的强壮的根系，出圃苗的主根长一般都超过其地上部分，根幅在100cm^2以上，成龄树的主根伸入土层1～1.8m，侧根成辐射分布，根幅远远超过冠幅，多数根系集中分布于距地面25cm左右的土层内，林内根系密布，互相交错。湿地松根系发达，根基牢固，广东电白县曾多次受台风袭击，但湿地松风折、风倒的现象很少，其抗风力远比马尾松、木麻黄强。

5. 根系有菌根菌

湿地松根系有菌根菌与之共生，菌根对湿地松的生长有很大的促进作用，缺乏菌根则叶色灰黄或暗紫，长势弱，产脂量低。湿地松菌根属外生菌根，根呈叉状分枝，多个短根聚集成簇状。酸性红壤有利于菌根的发育，石灰性土壤因pH值较高，不利于菌根的形成。湿地松对菌根的选择具广谱性，常可以自然感染。

6. 湿地松有根连生现象

在原产地美国佛罗里达州10～35年生的湿地松人工林内（株行距从1.8m×2.4m至3.0m×3.0m）有7%～15%的根连生，立木间的距离是影响根连生的重要因子。据湖南省林业科学研究院调查研究(1994年)，湿地松的幼根分生组织非常活跃，分生细胞分裂膨胀，互相靠挤而连生。与其他松类树种相比，湿地松的根连生出现比率高，在丛生穴中，一般2～3年生开始出现根连生，4年生的连生率达66%，连生长度达15cm，且形成共同年轮，具有生理连生的特征。

7. 抗虫能力强

在我国南方，马尾松毛虫危害十分严重，尤其在低丘地区对马尾松的危害已成为历史性的大害虫，在湖南莽山林场，也曾造成严重危害，在广东开平镇海林场，20世纪70～90年代松毛虫曾大发生过，招致马尾松大片死亡。在松毛虫大发生期，湿地松针叶虽也受松毛虫危害，但因湿地松有一年之内多次抽梢的生长特点，所以被害后恢复生长的能力较强，受虫害枯死现象少，但经马尾松毛虫危害后，湿地松产脂量显著下降。

8. 影响松树产脂量的主要因素

（1）树种。树种不同，其产脂量也不同，我国主要采脂树种有马尾松、云南松、思茅松、湿地松、高山松等。如：胸径为20～22cm的湿地松，每年可采松脂6.5～7.5kg，同样，胸径的马尾松每年松脂产量仅为2.5～3.5kg，同一树种不同地区产脂量也不同，同地同种的松林，单株产脂量相差也很大，一般树干和树冠发育良好的松树，松脂分泌量多。

（2）胸径、树高和树龄。树木生长的高度和胸径越大，树脂道的数量也多，产脂量也越高，据测定：胸径30cm的湿地松林，平均每对侧沟产脂量比胸径20cm的高70%～90%，一般松树的产脂量与树木成熟年龄相一致，即树龄较大，树径较粗，产脂量则较高。

（3）生长势。立地条件、经营技术不同则树木的生长势不同，生长势旺盛的树木其产脂量明显增多，同样胸径大小的湿地松，生长旺盛的比生长弱势的一般增产30%～50%。

（4）冠干比。冠干比即活树冠高与树高之比，一般是冠干比越大则其产脂量越高，比较理想的冠干比为3：4以上。不仅松脂产量高，而且采脂年限长，适于中长期采脂。要达到这样的效果关键是要控制好林分的经营密度，确保林木树冠生长发育良好。

（5）采脂技术。采脂技术也是影响松脂产量的关键因素之一，如不同的复刀间隔期、割面负荷率、割面配置、采脂方法（常法采脂、单侧沟采脂、化学采脂）等。

（6）气候条件。春季气温低，同时树木正是生长期需要消耗大量养分，松脂分泌量少。到了夏季，气温升高，雨量多，湿度大，晚材开始加厚，形成新的树脂道，光合作用增强，促进松脂的形成，产脂量显著地上升。到秋后，温度又降低，产脂量也下降，最适宜的产脂温度是平均气温为20～30℃。温度过高，产脂量也会降低。

（7）含水量。水分越多，泌脂细胞渗透吸水越快，割破树脂道时，松脂的流速也快。因此，在适当的气温条件下，空气温度的增大和土壤水分的适中是采脂的有利条件。如雨后天晴采脂，松脂流量显著提高；若土壤中水分过多，氧气不足，树根呼吸及吸水困难，生理代谢抑制，松脂产量反会下降。

四、栽培技术

松脂是多萜混合物，主要组成是固体树脂酸溶解在萜烯类中所形成的溶液。它在松树体内形成的机理极其复杂，据现代生物科学的成就，按生源学说，初步认为是从叶光合作用生成的糖，经生物酶的催化，生成萜类（松脂）。所以，它不仅涉及到不同类型松树的生长发育和生理、生化的差异，而且还涉及到树木内含物的树脂酸、萜烯化学组分的性质和遗传基因组合的变化。遗传学家研究指出，松树产脂力在遗传上是一个比较稳定的特性，单萜组成在种内各植株间有很大变异，并且有很强的遗传性。研究表明，影响松脂产量的主要有：树种、品种（家系）、复刀间隔期、生长势（优势木、平均木、被压木）、胸径、活树冠高与树高之比（冠干比）、树高等；另外，还有气象因素，主要是气温和降水。选择与利用高产脂树种及其遗传增益高的高产脂良种（家系、无性系）是提高松树产脂林经营综合效益的基础。充分利用各产脂树种栽培区划及立地类型划分的成果，应选择在中、高立地类型区经营高效益的产脂林，确保树木正常生长，使其发挥应有的经济效益。如经营湿地松产脂林的最佳立地类型为：要求立地指数级在 14 指数级以上，海拔 300m 以下、坡度 20°以下、年降水量 1 000mm 以上的丘岗山地。石灰岩发育的浅层土壤（厚度小于 50cm）、花岗岩发育的浅层土（厚度小于 80cm）及白沙土均不宜经营湿地松产脂林。经营高产脂林分首先要确保林分正常生长或旺盛生长，才能充分发挥其应有的高产脂效应。研究表明，胸径生长、冠干比（活树冠高与树高之比）、树高生长等因素均对与松脂产量成正相关。

（一）苗木繁殖

在造林地附近选择苗圃地育苗，可减少运输造成苗木干枯或苗木机械损伤，降低苗木成本，提高造林成活率。湿地松育苗可分为有性繁殖育苗（播种育苗）和无性繁殖育苗两类，其中有性繁殖育苗方法常用的有 3 种：大田直播育苗、芽苗切根移栽育苗、容器育苗。无性繁殖育苗有扦插育苗和组织培养育苗等。这里主要介绍大田直播育苗和扦插繁殖育苗技术。

1. 大田直播育苗

（1）选苗圃。应选择交通方便、背风向阳、土层深厚、肥沃、疏松、排灌方便的土壤，要求土壤酸碱度近中性或偏酸性，pH 值在 5 ~ 6.5 为好，前作为松树育苗地更好。忌用重黏土和前作物为瓜类、马铃薯、红薯、茄子、辣椒、烤烟等的土壤。选好的苗圃于秋季或冬季进行深耕、耙平、整细，除去杂物，结合整地每公顷施硫酸亚铁 225kg，碾成粉，撒在地面进行土壤消毒。如有地下害虫，每公顷施 50% 辛硫磷颗粒剂 32.5kg（拌土施入），再复耕一次；结合开厢撒施优质农家肥 11.25t · hm^{-2}、饼肥 1.5 t · hm^{-2}、复合肥 1.5 t · hm^{-2}作基肥。以 120cm 宽开厢，东西向，厢沟宽 25cm，厢沟深 15 ~ 20cm，其余围沟、腰沟依次渐深，厢面呈龟背形。

（2）选良种。使用高产脂良种是湿地松人工林高产脂的基础，应选用经认定的良种（高产脂家系种子或高产脂种子园的种子）进行育苗。

（3）种子处理。一是种子消毒，一般用浓度为 0.4% 的高锰酸钾溶液浸种 3 ~ 5min 或用 2% 的福尔马林溶液浸种 20min，浸时应经常搅拌，以防药液烧伤种子，之后用清水反复冲洗，直至没有颜色为止。二是浸种，将消毒洗净的种子放入 60℃ 的温水中，使其自然冷却，约 20 ~ 24h，之后再用 50mg · kg^{-1} 的 ABT 2 号生根粉溶液浸泡 2h，可使苗木出土整齐。晾干后可进行播种。

（4）播种。一般良种的发芽率在 80% 以上，播种量为 37.5kg · hm^{-2}，可出标准苗约 4.5×10^5 株。若种子发芽率低，则应相应增加播种量。播种一般在 3 月中旬，日均温已稳定在 10℃ 以上时进行。采用条播的方法，播种时，用工具在苗床上开 1 ~ 2cm 深的播种沟，沟间距约 20cm，将种子均匀条播于播种沟内，种子间距约 3 ~ 5cm，根据种子发芽率调控播种种子间距，发芽率高的种子间距大一些，发芽率低的种子间距窄一点，这样播种既整齐，又便于掌握播种量，也利于今后田间管理。种子播下后，覆盖一层取自附近松林内的菌根土，以不见种子为宜（或于播种前于播种沟内撒一些马勃菌或喷菌剂后再行播种，再盖一层黄心土，以不见种子为度）。然后盖上一层薄稻草，以不见土为宜，在稻草上面扎上草绳，压紧，以防风吹草动。当种子发芽至 50% 以上时，可逐步除去稻草。当种子发芽至 80% 以上时，全部揭去稻草。过迟揭草会影响苗木生长。揭草应在阴天或傍晚进行，切不可在中午揭草以防环境骤变，影响苗木生长。播种后如遇干旱，每隔 5 ~ 7d 应在苗圃灌水 1 次。种子播下后，一般 1 个周左右开始出苗，1 个月左右苗木出齐。在这段时间里，因湿地松种子味香，鸟最喜欢叼食其刚发芽的胚芽。因此，必须加强保护，如育苗面积大，要派专人管护，如面积小，可在圃地上扎设草人，或牵纱网防鸟。

（5）苗期管理。主要包括 5 个方面，除草：杂草的生长强烈争夺苗木生长所需要的水分、养分和光照，而且也易引起病虫害发生。因此，当苗木出齐后应及时除草。苗木生长初期，不宜用锄头除草，必须用手扯草，扯草时应小心，以免带出幼苗。苗木生长后期，可用锄头除草。中耕松土：目的是防止表土层板结，以减少水分蒸发，促进肥料的分解。夏季中耕还可降低土温，改善土壤的通气性能。中耕一般可结合除草在行间进行，中耕深度一般为8～10cm，分别于6、7、8、9月各1次。追肥：苗木出土后2～4个月内，需要磷肥和氮肥较多。施肥可用人畜粪每担加上尿素0.5kg同时施，每公顷每次施人畜粪15t左右。一般6月和8月各1次，如人畜粪少，则每次每公顷浇施尿素或复合肥150kg（对水15 000kg），分别于5、7、9月各1次，同时于7月份叶面喷施0.2%的磷酸二氢钾水溶液加0.2%的尿素水溶液每10d喷1次，连喷3次。如基肥施得很足，苗木生长旺盛，则可不施追肥。灌水与排水：苗木生长前期，如不下雨，一般应10d左右灌一次透水。苗木生长的中后期，如遇久旱，应半月灌透一次水。最好是引水灌溉，水浸到苗床平面为好，如不能引水，则必须担水浇地，要尽量浇透，宜在早晨或傍晚进行灌溉工作。9月底后，不必再灌水。但若苗木在中前期缺水，生长不良，而后期又有水可灌时，也可在10月灌两次水，使苗木生长量提高5～10cm，但灌水量要严格控制。如圃地积水，特别是下大雨时，要及时清沟排水。湿地松苗木生长主要取决于灌水是否适量、适时。但若灌水太多，苗木地上部分高大，而地下部分不发达，主根浅短，根系细小且量少，造林难以成活。一般灌水后或大雨后，苗木根茎部易被土壤泥浆裹住，应及时用手弹去或喷水冲掉，否则，苗木生长会受到影响。

（6）苗木标准。1年生湿地松苗木标准为：Ⅰ级苗高40cm，地径0.7cm，根长25cm；Ⅱ级苗高36cm，地径0.6cm，根长19cm。这个标准在水肥条件好的苗地，若管护措施得力是可以实现的，如苗圃地缺水，又遇干旱天气，苗木普遍达不到上述标准。经试验研究和生产实践，采用良种育苗，并用百分率作为指标对苗木进行分级是科学、有效的。该方法一级苗占20%～30%，二级苗50%，三级苗20%～30%。其分级标准是动态的，不是用苗木的绝对高度来决定，而是由各级苗木构成的百分比来决定的。生产实践证明：在生产中按百分率分级法对苗木进行分级，用一、二级苗造丰产林，控制三级苗（占20%左右）不上山造高产脂林，可显著提高产脂林的经济效益。

（7）苗木出圃前的调查。苗木出圃前，应进行调查，目的是测定苗木的产量和质量。调查方法主要采用标准行调查法，因育苗采用的是条播法。即每隔一定的行数之后确定一行作为标准行，调查其苗木保存率、苗高、地径，有效苗木率。调查株数每公顷不少于15 000株。

（8）苗木出圃。取苗时，先用锄头或铁镐将土壤挖松（即挖苗），再检取苗木，应尽量减少取苗时对苗木幼根的伤害，尽量避免扯苗，再根据苗木分级标准进行分级，同时进行苗木打捆，一般每100株一捆，即时运往造林地点造林。

2. 扦插繁殖育苗

营造湿地松高产脂林主要采用以种子繁育实生苗造林为主，但考虑到对一些高产脂遗传基因比较好的优良单株的保存，以及扩大苗木来源，开展无性繁育（扦插或组织培养）也是十分必要的。特别是高产脂优良家系的选育成功，市场对优良家系无性化的要求越来越强烈。因此，开展无性繁育前景十分广阔。20世纪80年代，湖北省荆州地区林业科学研究所开展湿地松针叶束水培育苗，取得了较好的成绩。90年代，中国林科院亚热带林业研究所开展了湿地松组织培养育苗，同样获得了较好的效果。这里介绍笔者开展湿地松优良家系扦插育苗工作多年来所取得的一些经验和技术。

（1）良种采穗圃的建立。应选择交通方便、背风向阳、土层深厚、排灌方便的地方建立采穗圃，要求土壤pH值在5～6.5为好。选好的圃地于秋季或冬季进行整地，定植株行距为0.5m×1.0m，挖穴规格为50cm×50cm×40cm。结合挖穴每穴施饼肥1～2kg、磷肥2kg+氮肥1kg，将肥料与表土拌匀施入穴中，再填盖表土，填土要高于地面10cm。该项工作应在种植前1个月完成。选择高产脂优良家系的超级苗作为定植苗木。一般于早春春梢萌发前进行定植。为提高成活率，宜选择雨后阴天或无风晴天定植。对远途运输的苗木，定植前应将苗木的根系浸入80mg·kg^{-1} ABT 2号生根粉水溶液中15min后，再根蘸泥浆定植。栽植深度应适宜，定植后，淋定根水，栽紧踏实是提高栽植成活率的关键。

（2）采穗圃的管理。定植后应经常进行淋水、除草、施肥、松土、防治病虫害等工作，以促进营养生长，提高穗条产量。每次修剪促萌、采穗后都要加强水肥管理，每次每株树施入氮肥0.1kg+磷肥

0.2kg + 钾肥 0.1kg。施肥方法：干旱时采用兑水浇施，或者沟施。沟施的方法是沿树冠滴水线（树冠投影线）外侧，在树干上坡方向挖半环行沟，沟深 30cm、宽 30cm，均匀放入肥料后，填入表土至沟深的 1/2 后，将表土与肥料拌匀，再覆表土填平即可。同时在枝梢修剪培萌期，于每年的 5～9 月进行叶面喷施 0.5% 的磷酸二氢钾水溶液，每月 1～2 次。

（3）采穗圃培萌。当定植苗主干高达 60cm 左右时，剪去其顶芽，促发侧枝，对过密且弱小的侧枝则从基部剪除。侧枝每年修剪二次以促发萌条（培萌），其修剪时间和方法是：5 月中旬当侧枝第一次抽梢完成，准备第二次抽梢之前，即可对第一次梢进行修剪，剪除其梢长的 1/10，第一次梢修剪后，其叶芽将萌发新梢（第二次梢）。对萌发出的二次梢进行选留，抹去过密、弱小的梢，保留健壮且均匀分布的梢，以保证留下的萌条有充足的养分供应。当第二次梢抽生完成，准备抽生第三次梢时，同样剪除其梢长的 1/10，使其叶芽促发新梢。此后，对萌发出的第三次梢进行选留，抹去过密弱小的梢，保留健壮且均匀分布的梢，以保证留下的萌条有充足的养分供应。该新梢（保留下来的）即可为插穗穗条。

（4）采穗采集与处理。在采穗圃中，采集树体中上部生长健壮的培萌穗条作为插穗，于 12 月份或 1 月份进行。此时穗条顶芽已休眠，次生叶平均 3cm 以上，穗长平均在 5cm 以上，可剪取穗条扦插。剪穗条时，要注意在部分被剪枝条基部保留 3～4 束针叶，作为下次萌条的母枝。穗条不分段（长度为6～10cm），即一个穗条为一个插条，插条应健壮、饱满并带顶芽。将采集的插穗浸于 1 000mg · kg^{-1}的多菌灵溶液中约30min 后取出，再浸于500mg · kg^{-1}的 ABT 2 号生根粉溶液中 10s，然后在穗条基部蘸上消毒黄泥浆，待插（黄泥浆用2 000mg · kg^{-1}的高锰酸钾溶液消毒）。

（5）扦插基质。大田插床应选择交通方便、背风向阳、土层深厚、肥沃、疏松、排灌方便的壤土，要求土壤酸碱度近中性或偏酸性，即土壤 pH 值在 5～6.5 为好，忌用重黏土和前作物为瓜类、马铃薯、红薯、茄子、辣椒、烤烟等的土壤。选好的插圃于秋季或冬季进行耕深 25cm，整细，除去杂物，结合整地每公顷施硫酸亚铁 225kg，碾成粉，撒在地面进行土壤消毒。如有地下害虫，每公顷施 50% 辛硫磷颗粒剂 37.5kg（拌土施入），再复耕一次，或用 90% 晶体敌百虫 0.5kg 兑水 1 500kg 喷施杀虫。结合开厢作床，每公顷施优质农家肥 11.25t、饼肥 1500kg、复合肥 1 500 kg 作基肥。以 120cm 宽开厢，东西向，厢沟宽 25cm，厢沟深 15～20cm，其余围沟、腰沟依次渐深，厢面呈龟背形。然后对整个圃地喷施一次 1 000mg · kg^{-1}的多菌灵溶液进行消毒，再在厢面上铺一层厚约 5cm 的基质（无菌、无虫）备用，基质成分为：无菌黄心土，基质铺好后，再喷一次 2 000mg · kg^{-1}的高锰酸钾溶液进行消毒。

（6）扦插。将处理过的插穗直接插入大田苗床的基质上，扦插株行距为 15cm × 5cm，扦插时最好是阴天，晴天的中午或大风天气不宜扦插。插扦前苗床要提前 1～2d 浇一次透水，使土壤保持湿润，可提高成活率。扦插时，用竹片在苗床基质上扎一条缝，深度约 2～4cm，然后取一插穗小心插进缝内，穗条入土深度约为其长度的 1/2，再将穗条轻轻压紧，使土壤与穗条紧密结合，避免上紧下松的情况。插几行后马上浇透水，不要等到全部插完后再浇水。一厢扦插圃插完浇透水后，喷一次 1 000 mg · kg^{-1}的甲基托布津溶液，再用薄膜搭棚覆盖床面以保温、保湿，光照强度、温度高时要加盖遮阳网。穗条生根后（3 月份），即可撤除遮盖物，撤除后立即喷施一次杀菌剂，撤除过程应在傍晚进行。

（7）插后管理。主要包括三个方面，防治病害：插后每隔半月，交替喷 1 000mg · kg^{-1}的甲基托布津溶液或 1 000mg · kg^{-1}的多菌灵溶液，发现病株时应立即拔除，防止病菌扩散。温、湿度控制：湿度控制方面应做到基质湿润而不潮湿，温度控制方面，应做到薄膜密封有效。施肥。扦插成活后，于 3～4 月间每月喷施 3～5 次 0.3% 的磷酸二氢钾 + 0.2% 的尿素溶液。一般在 6～8 月，每公顷施氮肥 150～225kg，加水 15 000～22 500kg 施入，一般施 2 次，同时叶面喷施 0.3% 的磷酸二氢钾水溶液。6～7 月，苗木易发生黄化，可用 0.2% 的硫酸亚铁加 0.05% 的柠檬酸混合液喷洒，4～5d 后可使苗木转绿。其他方面的管理，可参照种子大田直播育苗中的相关内容进行。

（二）造林与管理

1. 造林

用百分率分级法对苗木进行分级，用Ⅰ、Ⅱ级苗造林，严禁用Ⅲ级苗造林，我国中亚热带地区用裸根苗造林一般于早春即春梢萌发前进行定植。为提高成活率，宜选择雨后阴天或无风晴天定植。对远途运输的苗木，定植前应将苗木的根系浸入 80 mg·kg^{-1} ABT 2 号生根粉水溶液中 15min 后，再根蘸泥浆定植。栽植深度应适宜，不宜栽植过浅。栽紧踏实是提高栽植成活率的关键，其方法是：先在定植穴的填土上面挖一小穴，深度约 15cm，把松苗的根系放入穴中，用少量细土压紧；然后稍稍上提树苗，使苗正根舒后填土约 2/3 再充分压紧；再填土 1/3 后充分压紧填土，再在其上盖一层土。

若造林时阳光强、天气干燥、风大或下大雨，此时应将苗木暂时放在阴湿的地方或树林中，并覆盖保湿（如草或湿布等），充分保湿，待天气变阴、空气湿润、无风时再进行造林。

2. 密度管理（树冠管理）

在中、高立地上，建立湿地松采脂林基地，初植密度宜为：1 110 ~ 1 380 株·hm^2，即株行距为 2.7×2.7m ~ 3.0 × 3.0m，正方形配置，8 年生时，可实施一次去劣疏伐，强度为 30%，以保护立木树冠发育良好，生长旺盛，要求活树冠与树高之比在 3：4 以上，一般树干和树冠发育良好的松树，松脂分泌量多，生长具优势的树木其产脂量也有优势，18 年生湿地松同一标准地林内优势木、平均木、被压木的单株产脂量分别为 7.9kg、5.1kg、3.3kg。

去劣疏伐的原则是“去弱留强、去劣留优、去密留疏、照顾均匀”，即下层间伐法，确保保留木树冠发育良好。对疏伐对象进行强度采脂（按强度采脂法进行），一年后伐除。林分 10 年生时，平均胸径达 16cm 以上，郁闭度 0.6 左右，每公顷株数为：740 ~920 株，可开始进行常规采脂（按常规采脂方法进行），采脂 6 ~8h 后，进行皆伐。

3. 土壤管理

整地：在不同的立地上采用不同的整地方法，是高效益栽培的技术措施之一，研究表明，在湿地松适生区 14 指数级以上的立地条件营造湿地松高产脂林时，只需对林地进行清理后，可直接挖穴（不必全垦）造林。穴的规格依立地指数而定，中立地（立地指数为 14、16）条件下，穴的规格为：中穴（50 cm × 50 cm × 40cm）；高立地（立地指数为 18 指数级以上）条件下，穴的规格为：小穴（40 cm × 40 cm × 30cm），是最经济的造林整地方法。施基肥与追肥。在中等立地新造林时，基肥及量为：每穴施过磷酸钙 0.5kg；在高立地上，可不施基肥。施肥方法是将肥料放入穴中，填入表土至穴深的 1/2 后，将表土与肥料拌匀，再覆表土填平即可。适时追肥，在中等立地条件下，追肥时间、肥料种类及每株的施肥量为：4 年生时施尿素 0.15kg，9 年生时施尿素 0.3kg + 锌、硼肥 50g（含锌、硼的多元微肥）。在高等立地条件下，4 ~ 7 年生时追施尿素 0.1kg + 过磷酸钙 0.3kg，9 ~ 11 年生时追施尿素 0.2kg + 50g 锌、硼肥（含锌、硼的多元微肥）。对中立地上的现有林，追肥时间、肥种及每株的施肥量为：4 ~ 7 年生时追施尿素 0.15kg + 过磷酸钙 0.3kg，9 ~ 11 年生时追施尿素 0.3kg + 50g 锌、硼肥 50g（含锌、硼的多元微肥）；对高立地上的现有林，追肥时间、肥种及每株的施肥量为：4 ~ 7 年生时追施尿素 0.1kg + 过磷酸钙 0.2kg，9 ~ 11 年生时追施尿素 0.2kg + 50g 锌、硼肥（含锌、硼的多元微肥）。一般于 3 ~ 4 月施追肥，施肥方法是沿树冠滴水线（树冠投影线）外侧，在树干上坡方向挖半环行沟，沟深 30cm、宽 30cm，均匀放入肥料后，填入表土至沟深的一半后，将表土与肥料拌匀，再覆表土填平即可。这样可提高松脂产量 30% 以上。

4. 抚育管理与防火林带建设

（1）抚育管理。在中立地上需连续抚育 3 次，即造林当年于 5 月、9 月各抚育一次，第二年 5 月或 9 月抚育一次；在高立地上需连续抚育 5 次，即造林当年于 5 月、9 月各抚育一次，第二年的 5 月、9 月各抚育一次，第三年 5 月或 9 月抚育一次。抚育方式为铲草浅耕抚育（深 5cm ~ 10cm）。

（2）防火林带建设。经营采脂林最大的风险在于火灾，防止火灾的发生除加强火源管理外，还应搞好防火线、防火林带及瞭望台的建设等。主要防火树种有：油茶树、茶叶树、木荷、毛竹等。根据林分状况和自然地形统一规划防火林带，打破行政界限，充分体现出规划的科学性、实用性、经济性和完整性，防火林带主要根据地形地貌和人员活动频繁、火灾易发地等状况，充分利用河、渠、道路、水库等自然地形，形成自然阻隔，在无自然阻隔区宜沿山脚、山脊线、林缘线设置防火林带，尽量与当地主风向垂直。在实施大面积人工造林时，同步规划、施工生物防火阻隔带，从而保证一次施工长期受益，同时通过对现有阔叶林进行改造成为防火林带，包括伐除易燃树种，保留耐火树种，适当补栽防火树种，可节省投资，尽快见效。

（3）新建防火林带技术要点。实行全面砍灌，穴状整地，防火林带设置宽度为 15 ~ 20m，防火树种栽植株行距为：油茶 2m × 2m、茶树 0.5m × 2m、木荷 2m×2m、毛竹 4m×5m。栽植后 1～4 年每年 4～5月、9～10 月分别对其进行抚育，抚育方式为铲草抚育，确保其正常生长。

（4）改造防火林带技术要点。对于分布在山脊、林缘、山脚的一些常绿阔叶林和常绿灌丛，只要稍加管理和培育、改造，可获事半功倍之效。主要措施是：保留常绿目的树种，砍除杂灌草和易燃树种，适当补植油茶树、茶叶树、木荷等防火树种，加强管理，使其尽快郁闭，防火林带宽度一般为 20～25m。

五、病虫害防治

湿地松苗期常见病害有根腐病、茎腐病、立枯病和猝倒病等，虫害有地老虎、白蚁、大蟋蟀等。除播种前进行种子消毒，做好防病工作外，幼苗易受猝倒病、日灼病危害，应注意预防。要防止土壤干旱和渍水，可定期（每隔 10～15d）喷施一次 1% 波尔多液或 1% 硫酸亚铁溶液预防，每公顷用量约 1950kg，喷施硫酸亚铁溶液后，立即喷清水洗苗，防止药害。发现病株应及时拔除，并间隔 5～6d 喷一次 1% 波尔多液或 1% 硫酸亚铁溶液或 0.3% 的高锰酸钾溶液，交替施用，或用 5 000 倍新洁尔灭喷洒消毒。同时要注意减少淋水，搞好排水，控制病害发生环境，以防止病害的蔓延。防治圃地地下害虫可用 90% 晶体敌百虫 0.5kg 兑水 1 500kg 喷施或每亩施 50% 辛硫磷颗粒剂 2.5kg（拌土施入）碾成粉、撒在地面翻入土中。

病虫害防治，良种的抗病虫害能力强，只要选择好适生且丰产的立地与气候区，一般很少有病虫害发生。湿地松林分常见的病虫害有：松针褐斑病［*Lecanostita acicola*（Thum.）Syd.］、松梢枯病［*Diplodia pinea*（Desm.）Kickx］、松赤枯病（*Pestalotia funereal* Desm.）、松落针病［*Lophoermium. pinastri*（Schrad.）Chev.］等病害及马尾松毛虫（*Dendrolimus punctus* Walk.）、松梢螟（*Dioryctria splendidella* H. S.）、松梢小卷叶蛾［*Petroua Cristata*（Wals.）］、松突圆蚧（*Hemiberlesia Pitysophila* Tagagi）、松材线虫［*Bursaphelenchs Xylophilus*（Steiner et Bubrer）Nickle.］、湿地松粉蚧［*Oracella acuta*（lobdell）Ferris］、松褐天牛（*Monochamus alternatus* Hope）等虫害，若发生这些病虫害应及时进行相应的防治。

六、松脂的采收与利用

（一）采脂前的准备

1. 采脂前的准备和松树选定

采脂季节到来之前必须做好采脂规划、技术培训、准备采脂工具、松脂受器、化学刺激剂等，以便采割季节进行松脂生产。同时林地规划必须采脂、采伐相结合，按林分采伐年限决定采脂期限，把采脂林区划分为若干采脂林班，林道应根据地形选择树多、路短、行走方便的地方开道，清除林道上的灌木及杂草，以便提高工效。

采脂松树应选择胸径 18cm 以上（3 年内需砍伐的不受此限）、生长健壮、无病虫害、枝叶繁茂的马尾松、云南松、思茅松、湿地松、高山松、黑松和黄山松等松属树种为采脂松树。凡有下列情况者，不准采脂：生长衰弱，针叶枯黄者；虫害较重，并在蔓延者；生长在悬崖上者；风景林、防护林和疗养林；母树林、试验林等。在标定的割面部分把鳞片状的粗皮刮去，刮至无裂隙淡红色的较致密的树皮层出现为止，不应刮伤内皮，留在树干上的树皮厚度不应超过 0.4cm。刮皮应在早春树液未流动时进行。刮面宽度需比割面宽 2～4cm，长度应比计划年所需割面长度多 5cm，作为后备长度，一般为 25cm。常用的刮皮工具为双柄刮皮刀，高割面上用铲刀。

2. 采脂季节的确定

当昼夜平均温度在 10℃ 以上，树液开始流动，松脂分泌逐渐增多，即可开始采脂。20～30℃ 为最适温度，南方以清明至霜降期间为采脂季节，7～9 月为产脂旺季；北方一般 6～8 月为采脂季节。

3. 割面负荷率的确定

负荷率（割面宽度之和占胸高树干周长的百分率）要结合林木的采伐年龄确定。10 年以后采伐的为长期采脂，割面负荷率＜40%；6～9 年间采伐的为中期采脂，割面负荷率＜60%；3～5 年间采伐的为短期采脂，割面负荷率＜70%；伐前 1～2 年可强度采脂，但其割面负荷率也要＜80%。

4. 采脂工具

刮割面树皮，可选用铲形刀。割沟采用高效采脂刀（Gxzp92-6-1 型），该采脂刀是在综合原有各种采脂刀优缺点的基础上研制而成，可减少割面的消耗，提高采割工效 50%。受脂器采用塑料杯采脂器，该受脂器是国家发明专利，重量轻，耐老化性好，可重复使用2～3年。导脂器，用直径3.5cm的毛竹破成两片，截成5cm长，一端削成马耳形即成。收集松脂可用铁桶或木桶。另外还必须准备好磨割刀用的粗石和油石。

5. 割面配置

首次割位宜选在枝叶茂密、节疤较少、作业方便的一面上的距地面2.2m处；长期或短期采割的可按年割面长25cm的幅度适当提高或下降；一般每株开1个割面，大树割面宽超过40cm时，可并列开2个割面，其中间必须留不少于10～15cm宽的营养带，也可在割面的背面加开一个割面。已采割的湿地松长期采脂时，每年均需紧接上年割面的正下方配置新割面，继续用下降式采脂，直至离地面20cm时为止，然后可在原割面上方进行搭架采脂，采几年以后，再在树干的另一面用下降式采脂，整个采脂年限中的总长度一般不超过4.5m。每年新的割面均需与旧割面对正，防止歪斜，以免影响树木养分的输送，两割面之间应留足营养带，一般不得小于10cm～15cm。

采脂复刀间隔期对松脂产量的影响。不同复刀间隔期其松脂产量有显著差异，复刀时间相隔愈近，产脂量愈高，产脂量2d复刀是6d复刀的2倍。

（二）采脂方法

1. 常法采脂

冬季或早春用铲刀刮去割面上的粗皮，刮皮深度以保留粗皮层0.3～0.4cm为宜。气温上升到10℃时可以开割口，先在刮面正中开长30cm左右，宽1.0～1.2cm，深0.5～0.6cm的中沟，要求中沟与地面垂直，沟面光滑，口宽底窄。将导脂器向下倾斜钉在中沟下端，用竹钉（禁止用铁钉）把受脂器钉在导脂器下方。在中沟顶端开第一对侧沟，沟宽0.15～0.2cm，深0.3～0.4cm（割去2～3个年龄层），二侧沟应等长，对称汇合于中沟，夹角在60°～70°之间（中沟为夹角的平分线），沟道必须割得平直，等长、整齐、无撕裂现象，侧沟与中沟交接处应割成圆钝状。以后每隔1～2d紧接前对侧沟，依次往下割新的侧沟，要求与前者平行、等长、不留空隙，并保持每次沟宽0.15～0.2cm，深入木质部0.3～0.4cm。采脂期间，要经常收集受脂器内的松脂，并清除割沟和导脂器上的堵塞物，以保持松脂流畅。

“浅修薄割”是我国采脂能手的经验总结。侧沟割得愈窄愈好，只要把纵生树脂道被干松脂堵塞的厚度割除，树脂道内的松脂就可流出。侧沟深度要看树木生长情况和树种而异，就湿地松而言，一般侧沟保持0.3～0.4cm左右的深度，割伤1～2个晚材年轮即可保证松脂源源流出。

2. 单侧沟采脂

单侧沟采脂是中沟（纵沟）一边开侧沟，中沟与侧沟夹角为45°～50°，这种作业方式称为单侧沟采脂。单侧沟采脂的负荷率、中沟和侧沟深度与宽度等技术要求与常法采脂相同。单侧沟采脂适用于中龄松树的采脂，湖南省汨罗市等地的实践证明，与双侧沟采脂相比，单刀产脂量提高2.5%；日产值提高17.5%；对采脂木胸径生长量影响率仅降低2.1%，同时单侧沟采脂还容易控制，有效地延长采脂年限，值得推广应用。

3. 化学采脂

化学采脂是用植物激素或化学药物刺激松树促进多分泌松脂，延长流脂期，达到提高松脂产量和劳动生产率的目的。

（1）松树增脂剂。松树增脂剂是以稀土为主要成分的无色水溶液。松树增脂剂能提高松树生成松脂营养系统各阶段的生理活性，促进根系对养分的吸收，增强光合作用，增加光合产物，从而加速松树的生长和松脂的生成，实现松脂的丰产，一般施用增脂剂可提高松脂产量20%～30%，投入产出比为1:9。一般在开始采脂时喷施第一次，每次间隔期为一个月，至9月下旬结束的最后一刀后再喷施一次。喷施部位在松树的采脂割面表层，以湿润割沟为准，割面负荷率应控制在40%左右；若割面负荷率超过50%时，则增脂率有所降低。施药不宜在烈日中午，施后24h内不宜采割，若下雨则需补施。随着使用期的延长，增脂效果愈显著。实践证明，施药后既有利于割面保养又能增强抗干旱能力，在秋季施药区较未施药区的松树针叶特别深绿，生长旺盛。另经中国林业科学研究院南京林产化学工业研究所测定，施药松脂比未施药松脂含油率高1%～6%，加工后的松香软化点提高了2.3℃，单萜类、倍半萜类分别提高1.2%、2.9%，提高了松香的产品质量。

（2）增产灵-2号。该药剂呈白色针状结晶，易溶于热水及有机溶剂，遇碱性物质生成相应的盐，使用时先溶于碳酸氢铵溶液（或氨水），再稀释至所需浓度。浓度以200mg·kg^{-1}为宜，一般施药间隔7～10d，增脂率可达20%以上。投入产出比为

1:9。此药剂系植物激素，20 世纪 80 年代后期被大量推广使用，具有成本低、可适当延长采脂季节等优点，喷药时间、位置与上述松树增脂剂相同。

(3) 9205 低温增脂剂。该采脂剂是一种无色的水溶液，呈酸性（pH 值 1～2），使用时加入 10 倍清水稀释即可。施药方法与增产灵-2 号相同，间隔期为 3～5d，增产幅度为 15%～25%，投入与产出比为 1:5 左右。主要特点是该采脂剂能在 5～15℃低温情况下进行采脂，每年可延长采脂时间 1 个月左右。

(4) 萘乙酸。萘乙酸系植物生长激素，实践证明其最佳喷施浓度为 100～110mg·kg^{-1}，平均可增产松脂 20% 以上，但必须每割一刀后施药才行。由于每刀施药，即使增脂显著，但施药用工量太大，适合于劳动力充裕地区使用，其喷或涂药时间及位置与上述药剂相同。

（三）收脂

受脂器中松脂的收集时间根据气温条件、季节、受器容量而定。收脂愈勤，松节油含量愈高，但过勤质量虽好，但费工费时，一般以隔 6～8d 收脂一次为宜。松脂收运一般不要超过 15d。收脂时应把积水倒干净，并拣去杂质，及时交售，脂桶必须加盖，防止掉入杂质和松节油挥发。

（四）采脂结束工作

湿地松通常在昼夜平均温度 5～7℃时就有少量松脂流出，但产量过低，采脂温度一般在 10～12℃以上，最好是在 15℃以上，最适宜的温度为 20～30℃，气温增高，松脂的流动性增大，同时树木生长快，光合作用强，松脂形成多，但温度过高，天气炎热干燥的时候，产脂量而下降，这是因为松节油强烈地挥发，松脂很快硬化，缩短了松脂流出的持续时间。当秋季昼夜温度在 8℃～10℃时，即停止开沟，将受器和其他工具分别整理收藏，如松树上有较多毛松香，可以刮下收集，但不能刮下木材。

若是常年采脂，每年的采脂结束工作就可免除。在二三年内要砍伐的松林，可进行强度采脂，强度采脂在技术上包括：加大割面负荷率，增开割面，增加割沟次数，加大割沟的宽度和深度以及采用化学药物刺激等。

常规采脂耗工量大、产量低，在国外生产松脂国家除应用先进刀具外，90% 的国家用化学药剂采脂，其每个劳动力的年平均采脂量是常规采脂法的 4～6 倍。在松林资源日益减少的今天，无论是基于保护、开发利用松林资源，还是为提高产量、质量和劳动生产率，都有必要提高采脂工作的科技含量。因此，在采脂工作中，采用切实可行的新刀具和新技术是十分必要的。

（五）松脂加工与利用

松脂是一种重要的林产品，也是重要的工业原料，我国年产量 5.0×10^5t 以上，约占世界总产量的 50%。松香具有防腐、绝缘、粘合、防潮、乳化等性能，松节油是优良的溶剂、香料和药品，其原料都是松脂。松脂加工后形成的产品非常之多，主要产品有油墨树脂、胶粘剂、合成橡胶、造纸施胶剂、歧化松香、食用松香酪、氢化松香、氢化松香酯类、无色松香树脂、松香基户外耐候性环氧树脂、冰片、高级香料等。据统计，松脂产品的用途有 400 多种，主要用在胶粘剂、油墨、涂料、造纸、合成橡胶和食品与医药方面，如用于造纸、肥皂、橡胶、涂料、油墨、火柴、化工、塑料、电器、医药、农药、炸药、纺织、印染、选矿、建筑、印刷、油漆、冶金、香料、粘合剂、食品加工等领域。它已成为现代工业的重要原料之一。据专家预测粘胶剂工业的发展对松脂产量的需求年增长约 4%，油墨工业年需求增长率 7%，涂料工业年需求增长率 6%，发展中国家纸张产量的增长，对松脂的需求量也会增大，预计中国的年需求增长率达 10%，合成橡胶工业随着汽车轮胎需求量的增加为 4%，松脂在食品与医药方面的需求量也有较快的增长。因此，松脂产品的市场需求量还在不断扩大。

在松脂加工方面，目前，生产上应用较多的技术是中南林学院完成的“ZHX-3 松香炼制及二次加工技术”，该技术（包括设备）的特点是：产品质量高，能耗低、设备造价低、操作简单可靠。松脂加工生产脂松香、脂松节油的过程为：将松脂注入溶解锅中，并加入适量水和草酸，加热并搅拌，升温到 90℃时保温，松脂全部溶解后（约 45min），经过滤到粗滤器，除去粗渣（包括树叶、树皮等杂质），经澄清池澄清后（约 4h），看到油水分层现象，打开相关阀门，进行分离，除去水分和杂质，澄清后的脂液经精滤器流入蒸馏釜中（细渣经精滤器上部排出），加热至 150℃进行蒸馏，开通冷凝器中的冷却水，并打开蒸馏釜中的喷汽阀，进行油水分离，当蒸馏釜内松脂中的松节油含量减低时，加热温度会逐步上升到 180℃，控制温度的 180℃以内，约 20min 后，测定松香的软化点，当软化点达到 76℃以上时，关闭喷汽阀，停止加热，使松香经过一个 160 目的精滤器后，再包装、入库，加工过程完成，整个过程约需 2h。

（吴际友）

94. 黑荆树

黑荆树为含羞草科（Mimosaceae）金合欢属（*Acacia* Willd.）植物，是优质的栲胶原料树种，树皮单宁含量在40%以上，最高可达50%，纯度高达83%，且其栲胶色泽浅，溶解度高，渗透快，沉淀少，鞣性好，是制革工业的优质植物鞣料，是世界上凝聚类单宁含量最高的树种之一。

黑荆树原产澳大利亚，我国于20世纪50年代初引进，当时主要由华侨带回种子，在福建、广东等沿海地区试种。60年代初，林业部及中国林业科学研究院从澳大利亚、日本、荷兰等地引进一批种子，分别在福建、广东、浙江、广西、云南等地大范围试种。70年代，林业部又从阿尔及利亚、肯尼亚、荷兰、法国购进商品种子，试种范围扩大到江西、四川、贵州等地。80年代后，中国林业科学研究院亚热带林业研究所与澳大利亚国际农业研究中心进行了3期、历时12年的黑荆树合作研究，全面系统地引进了大量的澳产相思树种，黑荆树原产地全分布区种源、家系等资源，在浙江、福建、江西、云南、贵州、广西等地建立了各种试验林。通过试验已筛选出一批适于我国生长、增产潜力大的树种、种源和家系，同时在栽培技术方面也逐渐成熟。黑荆树已成为我国中、南亚热带地区的一种重要经济林树种。

一、主要物种

金合欢属（*Acacia* Wilde.）主要分布于澳大利亚和非洲地区，共有900多个种，引入我国与黑荆近缘的二回羽状复叶金合欢属植物主要有3种，分别是黑荆、银荆和绿荆。

1. 黑荆树（*Acacia mearnsii* De Wilde）

又名澳州金合欢，属含羞草科金合欢属。常绿小乔木，高5~15m，树冠宽与高相似；树干直径可达35cm，树皮暗灰色光滑，较老的树干下部粗糙；小枝有棱角并被短柔毛。叶密，成熟叶暗绿色，幼叶常呈金黄棕色；叶为二回羽状复叶，5~15cm长，4~12cm宽，叶柄长1~5cm，叶轴长5~15cm，在每一对羽状叶基部附近上表面有明显的毛发状腺体，沿着叶轴在至少两对羽状叶之间有一个或更多的毛发状腺体；羽状叶8~25对，小叶片30~65对，它们紧靠在一起生长，经常彼此重叠，1.2~4mm长，0.5~1mm宽，长椭圆形，很少其他形状，正面无毛，反面有柔毛。腋生总状花序（有时为圆锥花序），具3~10个花头；花头直径5~10mm，球形，浅黄色，开花20~30朵，有香气；总花梗常被金黄色柔毛；花具有5个深裂。荚果4~15cm长，5~8mm宽，扁平且直；种子之间缢缩，无毛，棕紫色；在荚果内种子纵向排列，珠柄短。晚春到初夏为开花期。原产于南澳大利业东南部，新南威尔士，澳大利亚首都直辖区，塔斯马尼亚和维多利亚。

2. 绿荆（*Acacia decurrens* Willd.）

常绿小乔木，高5~15m，树干直径可达25cm，树冠直径可达10m；树皮暗灰色、光滑；小枝有翅或明显的棱角。叶密，幼叶呈浅绿或黄绿色；二回羽状复叶，5~15cm长，8~13cm宽；叶柄有棱角，下延，1~3cm长；叶轴有棱角，4~12cm长，每一对羽状叶上表面基部附近有一明显的腺体，在其间没有另外的腺体；羽状复叶共5~15对；小叶片15~35对，相互分离不重叠，长度都超过5mm，可达到15mm，宽为0.5~0.75mm，急尖，线状，完全或几乎无毛。花序为腋生总状花序（有时为圆锥花序）有8~20个花头；花头直径5~8mm，球形，鲜黄色，开花20~30朵；总花梗无毛或几乎无毛，3~6mm长；花5个间隔。荚果4~10cm长，4~7mm宽，平直或稍弯曲；种子间没有或极少溢缩，无毛，棕紫色。种子纵列豆荚内，珠柄短，展入顶生假种皮。冬、春两季开花。原产于新南威尔士中部。

3. 银荆（*Acacia dealbata* Link）

常绿小乔木或乔木，高5~15m，最高可达35m，树干直径5~75cm，树冠开阔可达10m宽；树皮灰或银灰色，常有斑点，光滑，小枝有棱角，上有短柔毛。叶通常为浅灰蓝色，银灰色，很少其他颜色；叶二回羽状复叶，2.5~15cm长，4~10cm宽，叶柄0.5~3cm长，叶轴2~12cm，每对羽状叶上表面基部附近有一小的但明显的毛发状腺体，在其间没有另外的腺体，羽状叶8~25对，小羽片17~50对，相互靠近或有时相互重叠，大部分2~5mm长，较此短的很少，长椭圆形、钝或急尖，至少有很微细多少带紧贴的茸毛。花序为有3～10花头的腋生总状花序（有时为圆锥花序），花头直径5～10mm，球形，浅黄或鲜黄色，但并不总是鲜明，有香味，开花25～35朵；总花梗有柔毛，约6mm长，花有5个间隔。荚果长4～8cm，宽8～12mm，扁平，直或有时扭曲；种子之间稍有缢缩，无毛，一般为紫褐色有时浅灰褐篮色看时无毛；种子在荚内纵列；珠柄短，展入小的顶生假种皮。冬末到春末开花。原产于新南威尔士，澳人利亚首都直辖区，维多利亚和塔斯马尼亚。

二、主要优良种源

中国引种黑荆树的种子主要来源于澳大利亚、印度尼西亚、日本、肯尼亚、荷兰、法国和阿尔及利亚等国，至今已有数十年，大部分引种区已经形成三代以上的黑荆后代林分，这些林分由于来源不同并受当地生态环境的影响，已形成了各具特色的地理种群，如温州种源、漳州种源、赣州种源、云南种源及通江种源等。此外，中国林业科学研究院亚热带林业研究所还先后从黑荆树原产地及主产国引进大量的种源，在国内各产区进行了多点种源试验，从中筛选了一批适合在我国各地栽培的优良种源。我国主要优良种源有：

1. 14928号（澳大利亚维多利亚州）种源

有较强适应性，生长速度快，通直度好，5年生每公顷干皮产量15 097.51kg，比国内较好种源增产110.71%，树皮单宁含量37.67%。本种源适合我国各黑荆树产区。

2. 巴西种子园种源

有较强适应性，生长速度快，皮厚，通直度好，5年生每公顷干皮产量13 210.65kg，树皮单宁含量39.90%。适合我国各黑荆树产区推广。

3. 14922号（澳大利亚新南威尔士州）种源

有较强适应性，生长速度快，通直，每公顷干皮产量13 256.38kg，比国内较好种源增产85.02%，树皮单宁含量37.73%。本品种适合各黑荆树产区，在福建省表现特别优良。

4. 14927号（澳大利亚维多利亚州）种源

有较强适应性，生长速度快，树皮厚度一般，树干通直。5年生每公顷干皮产量8 683.29kg，树皮单宁含量41.10%。在云南省表现特别优良。

5. 14925号（澳大利亚维多利亚州）种源

有较强适应性，生长速度快，干型通直，5年生每公顷干皮产量9 201.96kg，树皮单宁含量34.67%。本种源在江西赣南表现特别优良，耐瘠薄，在水土流失区种植有较好表现。

6. 14398号（澳大利亚新南威尔士州）种源

有较好的抗寒性，生长速度快，通直，皮厚，5年生每公顷干皮产量8 678.21kg，树皮单宁含量36.83%。本种源适合我国各黑荆树产区。

7. 山门种源

源自浙江山门林场，这个种源干型通直，产皮量高，单宁含量中等，抗逆性较强，适宜全国各黑荆产区种植。

8. 阿尔及利亚种源

由中国林业科学研究院从阿尔及利亚引进，单宁含量高，生长迅速，树皮产量属中等，但抗寒性较差。福建南部和江西赣南地区表现较好。

9. 漳州种源

福建省漳州天保林场种，长势旺，单宁含量较高，但干型弯曲，抗寒性弱。适于福建南部及广西中部黑荆产区种植。

三、生物学特性

（一）生态习性

黑荆树原产澳大利亚，天然分布于澳大利亚东南部，即澳大利亚大陆的新南威尔士州、澳大利亚首都区、维多利亚州、南澳大利亚州及塔斯马尼亚州分布纬度在南纬33°43′～37°42′，东经140°27′～151°16′，垂直分布在海拔10～1 000m，最高分布到新南威尔士州的库马，海拔高达1 070m。

在中国，黑荆树主要引种区分布在23.5°北回归线以北，四川盆地以东，极端低温在－5℃以上的中、南亚热带地区。我国黑荆树的垂直分布多在海拔500m以下，但在云南、贵州两省，海拔1 800～2 000m的地带生长良好。目前我国种植黑荆树面积较大的主要为福建南部、云南中部、广西河池、江西南部等。近年来，湖北长江三峡地区，贵州高原东部，湖南西部沟谷地区，云南高原中部低海拔地区及北回归线以南的南亚热带地区正在大力发展种植。

黑荆树在澳大利亚原产地多生长在较为凉爽潮湿的东南部，气候温暖的亚潮湿到潮湿地带，年平均温度在10～17℃，最热月份平均最高气温为21～29℃，很少在温度超过38℃的地区生长。最冷月份平均最低气温－3～7℃，当极端低温低于－4.5℃

时，黑荆树即会受冻。分布区的年均降水量为450～1 600mm，最干旱月平均降水为15～75mm。在澳大利亚，很多地区土壤养分非常缺乏，特别是磷和氮。从黑荆树分布区的土壤来看，黑荆树不局限于某种土壤类型，在酸性到中性（pH值在4.5～7.0）的沙土、壤土和灰壤土上均能良好生长。

（二）生长发育

黑荆树苗期一般为4～6个月，种子萌发出土时上胚轴极短，不到1mm，幼茎淡黄绿色，微被短毛。初生叶互生，第1、2两叶近似对生，第一叶为一回羽状复叶，小叶3～5对，第二叶以上为二回羽状复叶。下胚轴长为1.5～5.5cm，茎粗约为1mm，淡黄带紫红色。主根细长，侧根较短，淡黄白色。5个月苗高可达30～50cm，地径为0.3～0.5cm。

黑荆树为早期速生树种，幼树生长期为1～4年，此期高、径生长迅速，年均树高生长量可达1.5～2m，径生长达1.2 ～2.0cm，在良好的条件下，高、径生长分别可达2～3m和2～3cm。5年后主要以径生长为主，高生长逐渐减慢。8～10年为黑荆树成熟期，此时的高径生长日趋缓慢，但此期树皮增加较快。11年后高生长十分缓慢，树皮颜色逐渐变深，并出现裂纹。黑荆树一年中有二个生长高峰，分别为5～6月和9～10月，高峰期与当地的气温和雨量有关。

黑荆树的花为雌雄同株，异花授粉，部分自交可孕。一般3～4年生树便能开花，但在立地条件差，生长不良的1～2年即可开花结实。在我国，花期从10月开始至翌年6月连续不断，但以3～4月花量最大，并且结果较多。种子成熟期前后不一，5月中旬至6月下旬成熟的种子较好，为主要采种期，9～10月为另一成熟期，也可采种。

四、栽培技术

（一）苗木繁殖

1. 种子采集、贮藏

黑荆树果实为荚果，多数聚生枝条顶端，成熟果实为暗褐色，成下垂状，内有种子3～12粒，荚果在种子间缢缩，成熟时断裂。种子黑色有光泽，卵圆形。荚果的成熟期各地不一，福建南部为6月上旬，浙江温州为6月中旬，而四川却在6月下旬至7月上旬。采种应选树干圆满通直，生长健壮无病虫的5～10年生优良单株为母树，当荚果由青色转为黑色时即可采收。采回的荚果应平摊翻晒，使果荚自然裂开，脱出种子，除去荚壳等杂物后，将净种在通风干燥处干燥（贮藏最佳含水量为10%～12%），贮于干燥处并撒入适量的石灰。黑荆树种子千粒重为14g左右，发芽率在90%以上。

2. 种子催芽处理

黑荆树种子坚实且种皮具较厚的蜡质，未经处理的种子，发芽率仅为5%～10%，且出苗不齐。常用的处理方法有热水浸种和沙搓处理两种。

（1）热水浸种法。首先将种子倒入清水中，把浮于水面干瘪劣质种子捞出，然后倒干水分，再将90℃以上的开水倒入，边倒边搅拌，水量以种子体积2倍为宜，搅拌3～5min后，自然冷却，继续浸泡24h后，用清水洗去附于种子表面的胶状物质，将洗净的种子置于纱布袋中，保持一定的湿度进行催芽。此法操作简单，发芽整齐，发芽率可达80%以上。

（2）沙搓处理法。将干燥种子与干细沙混合，置于沙袋或拌种滚筒中，进行揉搓，使种皮蜡层逐渐损坏变薄，然后筛出种子，用60～70℃温水浸泡半天，即可取出种子保湿催芽，催芽温度以20～25℃为宜。

3. 播种时间

播种时间应根据造林时间而定，一般可以在造林前5～6个月进行。春播以2～3月，秋播以9～10月为好，我国以秋播为主，云南雨季在夏、秋季，故多采取春播。如浙江温州一般在8月上旬到9月上旬，福建漳州在9月下旬到10月上旬，江西赣州多在9月中旬播种。一般冬季气温低的地区播种时间应适当提前。

4. 育苗方法与播种量

常用的育苗方法有圃地育苗和容器育苗。

（1）圃地育苗。圃地应选择背风向阳，土层深厚的砂壤土或壤土，靠近造林地并具备灌溉的地方为好。圃地应避开菜园地。播种前先施腐熟人粪尿或充分腐熟的饼肥并加适量的钙、镁、磷肥，与表土充分搅拌均匀后，整平苗床即可播种。播种方式有条播和散播两种，但以宽行条播为好，每公顷播种量在25～30kg，一般每公顷可生产合格苗$7.5\times10^5\sim8.0\times10^5$株。

（2）容器育苗。我国目前常用聚乙烯袋制作营养袋，袋的大小以利于苗木根系生长及上山造林方便为原则，一般可用口径8～10cm，高14～16cm，袋底打8～10个排水孔。营养土一般采用林地表土

80%、火烧土 10%、腐熟厩肥 10% 混合而成，每 50kg 混合土另加钙镁磷肥 0.5～1.0kg。每袋播催芽处理过的种子 2～3 粒，并覆火烧土 0.5～1.0cm，最后覆盖稻草保墒。一般 3～5d 后种子便可出土，出苗后每袋仅留 1 株。

5. 苗期管理

及时拔除杂草，做到拔早、拨小、拔净。当苗长至5cm后，每15d追施1%尿素1次，在出圃前1个月施一次磷、钾肥，促使苗木根系健壮、茎干充分木质化。

（二）造林

1. 宜林地选择

选择宜林地的根据：选择宜地必须根据黑荆树的生态要求，结合本地区的自然特点进行选择。黑荆树对温度的影响较敏感，要求最低平均气温在高于3℃的等温线地带内都可以生长，造成寒害的最低温度一般为－6℃左右。在雨量要求上，黑荆树在原产地只要年降水量在500mm以上就可以正常生长，一旦成活便能忍耐干旱，若要速生丰产就需要有更多的雨量，以满足生长所需。土壤方面，要求通气性、排水良好、土层深厚的土壤，根瘤菌粒的数量及大小都比较高，根瘤的固氮能力也较强，树木生长旺盛。在小地形上应注意避开冷空气容易停滞的洼地、谷地及坡状地形的下部及平坦台地等。另外，由于黑荆树生长快，为浅根性树科，需防风倒，应避开强风的迎风面栽植。宜林地的种类：荒山荒地，这是我国最大的一类造林地，这类造林地土壤失去了森林土壤的湿润、疏松、多根穴等特性。荒山造林的首要问题是消灭根茎性杂草和根蘖性杂草。同时荒山大部分都已失去腐殖质层，土壤比较贫瘠。应结合消灭杂草，清理灌丛，把杂草灌丛进行堆沤或烧火烧土，以补偿林地有机质的不足。耕地、四旁地及撩荒地，以农耕地及撩荒地作为造林地，主要在退耕还林工程区或林农间种的地区，它一般平坦裸露、土层厚、肥力较高。四旁植树所用的土地，土壤条件比较好，比较适合黑荆树的生长。采伐迹地，新采伐迹地是最好的造林地，它具有土壤松软、湿润、腐殖质层厚的特点，这类土壤适宜黑荆树的生长发育。

2. 整地

造林地的清理：清理的对象主要有灌丛、竹类、枝桠、梢头等。清理的目的是为了改善立地条件和卫生状况，同时为整地、造林和随后的幼林抚育管理创造条件。清理造林地方法很多，主要有割除、火烧、堆积、挖除及化学方法清理。如果根茎性杂草严重的最好采用化学清理，喷除草剂（如草甘磷等）将杂草杀死。整地季节：选定适宜的整地季节，可以较好改善林地的立地条件，提高造林成活率，节省整地用工，降低造林成本。整地一般在造林前1～2个季节进行，以利土壤风化。春季造林在头年秋季进行，秋季造林即在当年春季进行，但多数地区是秋整、春造。整地方式和规格：整地方式有穴垦、撩壕和全垦三种。各地应根据经营强度、劳动力情况、山场情况，选择最适的整地方式。整地规格包括整地的长度、宽度、深度、断面形式，各地通常采用如下几种规格：穴垦：60cm × 60cm × 40cm；撩壕：60～70cm 宽，深 40cm，壕长不限；全垦：一般要求深挖35cm以上。整地时将表土和心土分开，各放一处。施基肥：基肥用量及肥料种类必须根据土壤肥力状况来决定。贫瘠的土地，要求施农家肥 52.5～75.0t · hm^{-2}，氮肥 225kg · hm^{-2}，磷肥 450kg · hm^{-2}，钾肥 225kg · hm^{-2}；土壤回填：造林前1～2周进行，以便使填回的土沉实，填土时必须将土层倒置，即表层土回填穴（沟）底，心土回填穴（沟）面，这样有利改良土壤。

3. 选用优良种源

选用优良种源是营造黑荆速生丰产林的关键措施。科研究人员经多点种源试验，已选出一批适合我国不同生态和土壤条件的优良种源，优良种源比普通种源增产在20%以上。各地应根据当地的生态及气候特点，选用合适的优良种源育苗造林。

4. 造林技术

（1）造林季节。造林季节必须根据当地气候因子进行全面考虑，黑荆树分布范围广，自然条件相差悬殊。因此，必须强调造林季节和具体时间。在我国主要有春季造林和秋季造林 2 种。春季造林：春季大部分地区的土壤水分充足，雨量稳定，是我国大部分地区最适的造林季节。春季造林的具体时间应掌握在苗木萌幼之前，这对苗木尚处于休眠状态，造林后苗木要先长根，后长叶，所以造林成活率高，黑荆树萌动抽梢时间各地不同，一般旬平均气温在10℃左右便开始萌动抽梢，如江西赣州地区是3月5日～10日。有些地区也可以在萌动之后造林，在南方，3月中下旬是多雨季节，月平均气温在14℃左右，属阴雨低温时期，这时虽然已经萌动抽梢，但生长也很慢，同时由于温度低、湿度大、蒸腾量也小，而根系在土壤中的生理活动仍在继续进行，此时造林仍有较高成活率。造林具体时间各地不一，一般在旬平均温度10～15℃时造林，即大致在3月上旬至4月上旬，云南省因春季干旱，6～8月为雨季，故多在6月下旬至7月中旬造林。在适宜的造林季节里，造林宜早不宜迟，造林越早，成活率越高。秋季造林：秋季气温逐渐下降，在土壤水分状况比较稳定，春季干旱地区（如我国的云南等地），采用秋季造林比较适宜，从苗木生理方面来说，苗木准备进入休眠，地上部分的蒸腾量，随着气温逐渐降低而减少，而根系由于土温还适宜其生长活动，因此对苗木成活有利，秋季栽植的苗木到翌春生根、萌发都早，待晚春干旱季节到来时，已恢复正常生长增强了抗性。秋旱的地方不宜秋季造林，秋季造林的具体时间，一般在12月前后，土壤湿润时。

（2）造林方法。按造林所用的材料不同可分为播种造林和植苗造林。

● 播种造林　播种造林是南非习惯的造林方法，它从种子发芽开始就在造林地上生长，中间不经过移植，因此林木对环境的适应性较强，而且根系末受损伤变形，对林木生长十分有利，同时造林施工技术简便，由于它省去了育苗这一道工序，因此，造林成本比植苗造林来得低。但是它要求有较好的立地条件，需进行较精细的整地，幼林管理要求高，造林当年生长量小，因此立地条件差的地方不宜采用。具体造林方法：必须事先细致整地拾净草根，把土敲细，开好排水沟，做好穴盘、作好垄，按预定的株行距挖播种穴，施播种肥，然后播种。种子必须经过处理，不催芽，拌上磷肥即可播种，每穴播3～5粒。播后用紫色土或火烧土盖种，并用稻草遮盖保墒，可以使苗木出苗整齐一致。出苗后要注意松土除草，间苗、补苗、追肥、防病虫工作。

● 植苗造林　植苗造林的苗木应是在条件较好的苗圃中培养的壮苗，它具有完整粗壮的根系和健壮的地上部分，对不良环境条件的抵抗力较强，因此相对地说，对立地条件和整地质量不像直播造林那么严格，能够比较稳定地达到较高的造林成活率。而且生长整齐、稳定，幼林郁闭快，可在造林当年郁闭（指春季造林）。高密度栽植的水保林，管理得好，可在伏前郁闭。所以植苗造林是当前应用最广泛的造林方法，其不足之处是造林成本比播种造林要高一些。

● 容器苗造林　在起苗时，应尽量不要破坏容器；在原先挖好的栽植穴上挖一小穴，将容器苗放入穴内（若以塑料袋作容器的，要去除塑料袋，但不能把土团搞撒）苗木不宜栽得过深，一般容器苗放在穴内与原地面相平，用细土培苗、压实，最后做一个略高于地面的穴盘（膜头状）以防雨后泥砂埋苗。圃地裸根苗造林，在起苗时，应尽量少伤根，多带土，造林时应选有几天的阴天或细雨天，栽时对苗木要疏枝叶、疏剪根系，并做到用细土培根、栽正、压紧，栽后同样做穴盘。

（3）造林密度。先密后疏，符合黑荆树生长发育规律，是增加产量的有效措施，它一方面能最大限度地充分利用空间，另一方面则在幼林期，由于密度大，分枝显著减少，促进主干通直生长，这样既可减少无效分枝，又可增加立木株数，当造林2年后，林分已充分郁闭，并开始出现被压木时，就应当进行间伐，通过间伐去劣留优，一方面可以获得较大数量的树皮和薪柴，另一方面保留较多优质的立木株数，为后期优质、高产打下扎实的基础。因此，它是比较科学的密植方法。

由于各地的气候、土壤、地形、地势，经营条件、技术条件都不相同，因此，造林密度和栽植方式应当因地制宜进行确定，目前，各地大致采用4种密度和栽植方式：山地采用一穴多株式，12 000株·hm^{-2}，株行距1.6m×2.0m，每公顷3 000穴，每穴栽4株，穴内株间距30cm，造林第三年间伐留3 000株·hm^{-2}，第四年间伐后保留1 500株·hm^{-2}。丘陵地采用撩壕式，3万株hm^{-2}，壕距2m，壕内栽双行；三角形定植，株间距30cm。造林后第三年间伐，保留3 000株·hm^{-2}，第四年间伐保留1 500株·hm^{-2}。四旁地，采用零星植树，株行距1.6m×2.0m。常规造林，不准备间伐的，一般用4 950株·hm^{-2}或3 300株·hm^{-2}，即株行距分别为1.5m×1.5m，1.5m×2m。

5. 混交方式

黑荆树病虫害较多，从减少病虫害角度出发，黑荆树需要与其他树混交；其次黑荆树是豆科树种，具根密菌，有固氮作用，轮伐期又短，因此它可以作其他树种的伴生树种进行混交。如在日本熊本县本渡市有一片红松天然林，在混植黑荆树前17年生树高仅75cm，年平均4.4cm，混植三年后生长量显著增加，6年生树高生长量达4m，年平均66.4cm。据江西宁都县林科所采用黑荆树与杉木进行行间混交，对杉木有较好的促进作用。混交方式：以与衫木混交来看，可以采用2行杉木加1行黑荆树，或2杉×2黑，也可以3杉×2黑等；与桉树混交宜采用2∶1的比例较合适，即2行黑荆加1行桉树。总之，营造黑荆树混交林必须注意一点，即应充分考虑树种间的空间关系，否则慢生树种容易被黑荆树所盖。

（三）抚育管理

“三分造，七分管”是我国林业生产宝贵经验，黑荆树尤其如此。黑荆树为早期速生树种，造林后前二年的管理至关重要，早期管理水平与黑荆树能否丰产密切相关。对黑荆树林的抚育管理主要从以下几方面着手落实：

1. 及时补植

由于苗木质量，造林技术和造林季节自然因素的影响，造林后幼苗往往会有些不能成活，因此在造林后10～15d，应进行成活检查及时补植。

2. 松土、除草、施肥

黑荆树一年有两个明显生长高峰。分为5～6月和9～10月。因此松土除草必需在高峰期来临前及时进行，造林第一年应在5月上旬和8月下旬各除草一次；造林第二年5月上旬除草一次，第三年视林分郁闭和杂草情况而定，若林分尚未郁闭且杂草繁茂影响林木生长，宜在5月再除草一次。此外，在第一年应结合第二次除草每株林木追施碳酸氢铵、钙镁磷各50g；松土除草方法，因造林整地方式而异。凡水平带整地或全垦整地的，第一次全面松土，第二次块状松土（树周围松土）并进行培土，块状整地的，造林当年第一次块状除草，并深翻扩大栽穴至1m；第二次深翻连成带。

3. 间伐

黑荆树生长快，郁闭早，必须及间伐，伐除被压木，病虫危害严重的林木和干形弯曲的林木，保证优势木迅速成材。

4. 加强护林

造林第1～2年严禁放牧，严禁群众砍枝，确实缺柴地区应有组织，有领导修砍枯枝、防止因砍枝伤树引起流胶及其他病菌侵染。

五、病虫害防治

我国引种黑荆树已有30多年历史，栽植面积逐年扩大，出现了一些病虫的危害，有些地方严重发生，必须采取有效的防治措施，防止灾害性的病、虫害发生。

（一）病害防治

1. 猝倒病

主要发生在60d以前的幼苗上，随苗木生长时间的不同，表现不同的症状类型，分猝倒型和根腐型两类，前者主要出现在木质化以前的幼苗，后者则表现在木质化和半木质化后的苗木上。猝倒病发生的主要原因是土壤选择不当，如选用蔬菜地土壤等。另外土壤消毒不严，管理不善也可能导致病害的严重发生。

2. 苗木茎腐病

主要发生在2个月以后的苗木和截干萌条上。在定植后的当年幼树上也会发生。发病后主要引起幼苗茎皮腐烂，导致全株枯死。茎腐病同粹倒病一样，属侵染性病害。在育苗过程中，管理不善，时于时湿，成为发病的诱因；基干萌芽和当年幼林在夏季高温条件下，基部皮层被灼伤，病菌由此而入，导致发病。

对苗木猝倒病、茎腐病的防治，主要应注意圃地选择，土壤消毒和加强苗期管理，发病后及时消除病苗。可用以下药物防治：10%多菌灵可湿性粉剂，稀释400～600倍，用于喷雾。70%敌克松原粉，稀释800～1 000倍，用于喷雾，效果显著。80%代森锌可湿性粉，稀释600～800倍，用于喷雾。发病初期，用1∶1∶100的波尔多液喷雾防治，可起到一定的作用。

3. 黄化病

主要由长期积水、营养条件不适宜等引起的一种生理性病害。当年定植幼林发生黄化的，多半由于夏季干旱因素所致，待到气温凉爽的秋天，症状可逐渐消失。防治主要应立足于精细整地，施足基肥，营养杯肥料配合的恰当并搅匀，防止积水和干燥等。发生黄化后，可针对诱因，采取相对措施，进行消除，如排灌水，补施以氮肥为主的肥料等。

4. 线虫病

主要导致幼苗根结，根系生长差。地上部生长不良，叶黄脉衰，严重时导致幼苗整株死亡。防治上首先应注意圃地的选择，可用氯化苦、DCTP乳剂进行土壤消毒。另外，育苗时要多施堆沤腐熟的有机肥料。

5. 炭疽病

被侵染后的枝干出现深褐色的斑点，在苗茎上蔓延成环状，以致地上部分枯死。该病在苗圃和定植地均可发生，但以幼苗发病率较高，因幼苗组织幼嫩最易惶病。防治方法：用1∶500多菌灵或同浓度的托布津液5～7d喷洒1次，连续4～5次；发病盛期，每隔5～7d喷洒65%的代森锌600倍液或50%代森铵500～600倍液，连续2～3次。

6. 棕斑病

该病主要危害梢部、小枝、叶柄及叶。在小枝和病叶上产生棕褐色不规则小斑块，小叶柄上褐斑环绕一圈，受害处叶子由黄变褐至干枯落光，侵染梢部，使嫩梢绣缩，颜色变暗。在潮湿天气或经保湿培养，病部表面产生白色粉层。经室内测定，65%代森锌可湿性粉剂500倍液对抑制其孢子萌芽效果很好。

7. 叶斑病

该病是黑荆树常见病之一。多发生于定植后幼林和大树。初期出现针头小斑点，边缘具淡黄色圈，后扩大成近圆形褐色斑，几个病斑相连成不规则大斑，叶片边缘发黄。后期病斑中央灰白色，并散布黑色小颗粒。发病严重时嫩枝上叶子脱落殆尽，且出现枯枝。经林地防治试验，第一次喷布1%波尔多液，再每隔15d喷撒多菌灵1 000倍液，或喷甲基托布津600倍液，防治效果较好。

8. 枯梢病

主要病状是主梢和侧梢先枯死，2～3年后整株枯死。发病初期主、侧枝新生嫩梢顶芽，鳞叶发黄，嫩梢萎蔫下垂而呈脱水状，叶片大量脱落。后支脉和主脉全部脱光，仅剩梢头、主干和小枝。其树皮先灰绿色，且有局部肿大，从顶端向下变红褐色于枯且略向下弯曲。后期，干枯的病枝呈黑褐色，病部木质部和韧皮部之间有明显“锯屑”状红褐色物，形成层严重坏死。对该病的病原问题，据福建林学院蔡秋锦先生的研究，初步诊断是因土壤缺硼而引起的生理性病害。主要防治方法：采用环状沟施硼砂，离树干0.8～1m，每株施硼砂20g，最好能与基肥或追肥一起施，每3～5年施1次。如要喷施，可用浓度0.1～0.5%的硼溶液，每年喷施两次。

9. 干腐病

经研究初步认为，干腐病是由多种木腐菌复合侵染所致。该病多发生在植株茎部，是黑荆树发展中的一种常见而严重的病害。发病后引起树干下部腐烂，轻者影响水分和养分输导，重者常致风倒或枯死。防治：除改善抚育管理措施外，在干腐部位涂刷50%托布津可湿性粉剂或10%多菌灵可湿性粉剂。稀释200～300倍液，有抑制病斑扩展，促进腐烂伤口愈合的效用。

（二）虫害防治

黑荆树的虫害有5目、29科97种，其中食叶的83种，蛀枝干10种，地下害虫4种，分布区域广。有一定危害或危害较严重的有土栖白蚁、袋蛾，吹绵阶壳虫、宽边小黄粉蝶，局部地区大发生的有棉古毒蛾、大蟋蟀、尺蛾等。危害黑荆树的主要害虫，危害部位、危害季节及防治方法描述如下：

1. 大蟋蟀［*Tarbinskillus portentosus*（Lichtenstein）］

以成、若虫咬食幼苗。它白天静伏洞中，晚上出洞觅食。盛发期7月中旬至8月上旬。防治：可堆草诱杀，用炒香的麦麸或米糠5kg加90%敌百虫原药10g加水搅匀，撒于畦面或土洞旁，效果很好。

2. 小地老虎（*Agrotis ypsilon* Rottemberg）

以幼虫咬食新萌芽不久的荆树小苗，特别在4～5月发生量多，能造成较大的损失。防治：在4月以后，每隔5～7d浇灌1次90%敌百虫原药1 000倍液，连续2～3次即可达到防治目的。

3. 白蚁

危害黑荆树的主要有黑翅大白蚁［*Odontotlermes formosanus*（Shiraki）］和黄翅大白蚁（*Macrotermes barneyi* Light）两种。白蚁危害黑荆树在一些地区相当严重，成为该地区发展黑荆树的主要制约因素之一。防治主要采用营林措施与药物防治相结合的方法，首先要落实丰产栽培措施，促进幼树生长的旺盛，增加对白蚁的抗害能力；其次，采用带状或块状整地时保留部分植被，使白蚁获得部分食源，以减轻对幼树的取食压力。药物防治：在白蚁活动高峰期，即4～6月、9～10月间投施灭蚁灵诱饵剂每亩15～20包，施药后1个月内不要清杂、整地。另外，造林时，也可在苗木根颈处洒施，每株洒施3%呋喃丹颗粒剂5g，这样可以基本控制白蚁危害。

4. 蚱蝉［*Cryptotympana atrata* Fabricius］

以成虫吸食荆树汁液为主。雌虫在枝条上产卵，能造成枝条枯死。防治方法：于冬季或早春剪除有虫卵的枝条，集中烧毁。由于成虫有趋光性，可在6～8月盛发期夜间用明火堆诱杀。

5. 金龟子

成虫取食叶片，幼虫危害树根。由于种类多，数量大，有的日夜取食，严重时可把大部分树叶食尽，严重影响黑荆树生长发育和开花结实。防治方法：采用100W的白炽灯和40W的黑光灯诱杀。在

4月下旬至7月中旬，连续灯诱可以大大减轻危害。对有假死性的金龟子，可在树下铺尼龙纸，摇动树干或树枝，震落成虫，然后集中扑杀。下午16：00以后，用90%敌百虫原药1 000倍液喷洒树冠，能杀死成虫70%～85%。

6. 木毒蛾（*Lymantria xylina* Swinhoe）

属鳞翅目，毒蛾科。以幼虫取食树叶为主，由于大量食叶因而能影响生长。幼虫具毒毛，能致人的皮肤灼痛，影响作业，危害期5～6月。防治方法：喷90%敌百虫原药1 000倍液，每隔5d喷1次，连续2～3次即可。

7. 大袋蛾（*Cryptothelea variegata* Snellen）

以幼虫取食树叶及嫩枝皮，几天内将树叶吃光，幼树2～3年被害，能导致枯死。危害盛期7～9月。防治方法：冬季摘除护囊，减少翌年虫源。保护天敌蝇蜂、姬蜂及鸟类。6月中、下旬喷90%敌百虫原药800倍液1～2次。

8. 吹绵蚧（*Icerya purchasi* Maskell）

其若虫、成虫群集在黑荆树的叶芽、嫩枝上危害。发生严重的植株，枝条几乎呈白色，大叶片黄化脱落，最后枝条枯死。防治方法：保护天敌，澳洲瓢虫、大红瓢虫、小红瓢虫、红绿瓢虫对吹绵阶均有抑制作用。也可在4月上、中旬和8月中、下旬幼虫盛孵时喷50%马拉硫磷乳油800倍液防治，每隔5～7d喷1次，连续2～3次。

9. 棉古毒蛾（*Orgyia postica* Walker）

鳞翅目，毒蛾科。分布广，食性杂。是黑荆树主要害虫之一。大面积发生时能把整片树林的叶片吃光，造成严重损失。防治方法：幼龄幼虫群集，抗药性弱，是防治适期。可用90%敌百虫原药1 000倍液，或50%马拉松乳油1 000～1 500倍液喷雾。

此外，局部地区还有蝗虫、蝶类等害虫危害，可以结合其他害虫防治一起进行。个别地方也出现兔子等兽害，给黑荆树生产造成一定的影响。

六、采收与加工利用

1. 采伐

（1）采伐年龄。根据黑荆树树干解析，其树高生长在1～3年最快，以后逐渐减慢。胸径和材积连年生长量，第三年始迅速增加，6～7年达最大值，平均生长量最大值，树高生长在第6年，胸径，材积在第8年，以后逐渐缓慢，单宁含量8年达最高值。因此，乔林作业一般采伐龄为8～10年，不能超过12年，否则树皮变质，易遭病虫危害，降低利用价值；高密度短伐期一般3～4年为宜。

（2）采伐季节。根据黑荆树年单宁聚集规律，每年2～3月树皮单宁含量最高，但冬末春初气温低，形成层还未活动，剥皮困难，剥不净且耗工大，影响产量，据统计此时采伐树皮产量降低20%～30%，耗工量增加2～3倍，故不宜在2～3月份采伐，5～6月和9～10月是最好的采伐季节，剥皮容易，而且剥得净。

（3）采伐方式。黑荆树林一般采用皆伐方式，采伐时要求伐根低（一般要10cm以下），切口光滑，皮不撕裂，以保证二代萌蘖更新。

（4）树皮采剥。伐木剥皮的顺序：伐木→ 打枝→ 剥皮→ 造材。树皮处理：风干。树皮剥下后，切成1～1.2m段片，摊放林地晒2～3d，水分降到16%以下，归堆打捆，每捆重50～60kg。若当地有栲胶厂，鲜皮也可进厂。树皮分级标准：南非黑荆树树皮分级标准，一级：树皮完全达到成熟期，厚而重，干燥良好，外观漂亮；二级：树皮已达成熟期，干燥好，其他一般；三级：树皮干燥，质量一般，颜色较差。

2. 黑荆树皮栲胶加工

黑荆树皮栲胶是世界公认的优质栲胶。进厂的荆树皮原料计量后送入车间进行粉碎、筛分，达到合乎需要的粒度（5～15mm），然后在浸提罐组内以热水浸提，将原料内可抽出物溶解出来。从浸提罐内放出来的浸提液，经过滤去除夹杂悬浮物后，在蒸发器内蒸去大部分水分，成为浓胶。根据需要，对浓胶进行亚硫酸盐处理，改进栲胶质量或生产不同品种的栲胶，处理后的浓胶在喷雾干燥塔内干燥，即成为粉状栲胶成品，最后包装出售。

工艺流程：原料→粉碎→浸提→蒸发→亚硫酸盐处理→干燥→成品→包装。

3. 木材加工利用

黑荆树木材纹理细致，质地坚硬，纤维素含量高，纤维长，据测定，粗纤维素达46.53%，纤维长0.629 1mm。木材可以作车立柱、坑木和家具；枝材边角可造纸，制作纤维板。

（任华东）

95. 五倍子

五倍子是倍蚜虫寄生在漆树科（Anacardiaceae）盐肤木属（*Rhus* L.）与黄连木属（*Pistacia* L.）等部分树木复叶上形成的虫瘿的总称。目前已知，在盐肤木、红麸杨和青麸杨3种倍子树上所结的五倍子有14种，栽培利用价值大的五倍子主要是角倍、圆角倍、倍蛋、枣铁倍、蛋铁倍、肚倍和蛋肚倍。

五倍子为我国传统名优经济林产品和享誉世界的出口商品，富含单宁酸，是提制单宁酸、没食子酸和焦性没食子酸等化工产品的重要原料。我国利用五倍子的历史悠久，早期主要用于医药、纺织印染和制革等。唐朝陈藏器的《本草拾遗》（公元739年）载："盐肤木生吴蜀山谷，收之入药，称'百虫仓'。"其后许多古籍中多有记载。20世纪以来，随着科学技术的发展，五倍子及其加工产品已直接或间接地在医药、食品、机械、石油、化工、纺织等领域得到广泛应用。

五倍子主产我国，朝鲜半岛和日本有少许。在我国，贵州、四川、湖北、湖南、重庆、陕西、云南、广西、河南、河北、山西、甘肃、山东、江苏、浙江、江西、广东、福建、安徽和台湾等地均产五倍子，其中，贵州、四川、重庆、湖北、湖南、陕西及云南等为主产区。角倍主产区位于长江以南，重点产区有贵州的遵义、铜仁、黔东南州、黔南州，四川的乐山、宜宾，重庆的涪陵，湖北的恩施、宜昌，湖南的湘西以及云南的昭通等地；肚倍主产区位于长江以北，重点产区有陕西的汉中、安康、商洛，湖北的十堰及四川的随州等地。

五倍子生产要具备3要素，即倍蚜虫、夏寄主（第一寄主，即倍子树）及冬寄主（第二寄主，即一些藓类植物）。20世纪80年代以前，五倍子生产基本上维持天然生长、人为采摘的生产方式。此后，随着五倍子科学研究的深入，生产技术得到提高，生产方式开始不同程度地向人为经营转变。目前，栽培利用价值较大的几种五倍子都已能够实行人工栽培。2001年和2002年我国五倍子年产量分别为8 332t和8 344t。栽培寄主树，发展五倍子，是山区经济开发的重要门路之一。

一、寄主树物种

1. 盐肤木（*Rhus chinensis* Mill.）

又名五倍子树、泡被树、肤杨树、迟倍子树等等。落叶小乔木或灌木，高约2～10m。树皮灰褐色，小枝棕褐色，有毛。奇数羽状复叶互生，叶轴有较宽的叶翅。小叶7～13片，近无柄，卵形、卵状椭圆形或长圆形，先端渐尖或急尖，边缘具圆齿或粗锯齿，背面密被灰褐色柔毛，长6～12cm，宽3～7cm，上部的小叶较大。圆锥花序顶生，密生灰褐色柔毛，多分枝，花小，白色。核果扁球形，径5mm左右，密被毛，成熟时橘红色，内有种子1粒。盐肤木叶轴有较宽的叶翅，是角倍类的优良寄主树，产结角倍、圆角倍、倍蛋、倍花和红倍花。

2. 红麸杨［*R. punjabensis* Stew. var. *sinica*（Diels）Rehd. et Wils.］

又名漆倍树、漆倍子、伏炎倍树、早倍子树等等。落叶乔木，高8～12m。树皮光滑，灰褐色，小枝被微柔毛。叶互生，奇数羽状复叶，叶轴上部具狭翅或不明显；小叶3～6对，全缘，长圆状披针形或长圆形，长5～12 cm，宽2～4.5cm，先端渐尖，基部圆形或近心形，叶背疏被微柔毛或仅脉上被毛，小叶无柄或近无柄。顶生圆锥花序，密被细绒毛；苞片钻形，长1～2mm；花小，白色；花柄短，长约1 mm；花萼5裂，裂片狭三角形；花瓣5枚，长圆形；雄蕊5枚，花药卵形，暗红色；子房球形，密被白柔毛；花柱先端3裂；雄花中有退化的子房存在。核果略呈扁球形，长宽各4mm，厚约3mm，成熟时深红色，被毛；种子小，略扁。红麸杨上产结枣铁倍、蛋铁倍、红小铁枣倍、黄毛小铁枣倍及铁倍花。

3. 青麸杨（*R. potaninii* Maxim.）

又名野漆树等。落叶乔木，高4～8m。树皮灰褐色，粗糙有纵裂。小枝通常光滑无毛。叶互生，奇数羽状复叶，叶轴无翅或在叶轴上部的小叶间时有极窄的翅，微被柔毛；小叶7～9片（有时多至15片以上），3～4对对生，长5～10cm，宽2～4cm，具极短而明显的柄，卵状长圆形或长圆状披针形，先端渐尖，基部稍偏斜，圆形，叶边全缘，幼时具锯齿，叶片两面沿中脉被微柔毛或近无毛，小叶具极短而明显的柄。顶生圆锥花序，长 10～20cm，微被柔毛；花小，白色；花萼 5 裂，裂片卵形；花瓣 5 片；子房球形，密被白绒毛；花柱 3 个，柱头平截。果序下垂，核果近球形，稍扁，径 3～4mm，密被毛，成熟时红色。种子扁形，径 2～3mm，内有种子 1 粒。青麸杨是肚倍类的优良寄主树，产结肚倍、蛋肚倍、米倍及周氏倍花。

4. 滨盐肤木［*R. chinensis* Mill. var. *roxburghii*（DC.）Rehd.］

又名盐霜柏，是盐肤木的一个变种。灌木或小乔木，高 2～8m。小枝、叶柄及花序均密生柔毛。叶互生，奇数羽状复叶，叶轴及叶柄无翅或有窄翅；小叶 3～6 对，卵形至椭圆形，长 5～12cm，宽 2～5cm，具锯齿，叶上表面近无毛，下表面密生灰色或灰褐色柔毛。圆锥花序，长 20～30cm，花序柄粗壮；花白色，杂性；萼片 5～6 片，卵形，有柔毛；花瓣 5～6 片，有缘毛；子房 1 室，花柱 3 个。核果近圆形，略扁平，径约 5mm，红色，有灰色短毛。分布于云南、贵州、四川、广西、广东、台湾、江西、湖南等地。与盐肤木相比，叶轴无翅或仅有窄翅。因此，结倍性能较盐肤木差，所结五倍子少且小。在滨盐肤木上已发现角倍、倍花和红倍花 3 种五倍子。

5. 黄连木（*Pistacia chinensis* Bunge）

又名楷木。落叶乔木，高达 30m。通常为偶数羽状复叶，小叶 10～14 枚，全缘，披针形或卵状披针形，长4～10cm，先端渐尖，基部偏斜，一边圆形，一边窄楔形，有短柄。雌雄异株，圆锥花序，雄花序淡绿色，长 10～18cm，雌花序紫红色，长 18～24cm。果倒卵状扁球形，径 5～6mm，成熟时呈红色至紫红色。花期 3～4 月，先叶开放，果熟期 9～11 月。分布范围北起河北，南达广东、广西及台湾。黄连木怕寒，喜光，根深，萌芽力强。对土壤要求不严，耐瘠薄。产结黄连木五倍子。

二、寄主树的生物学特性

（一）生态习性

前三种倍子树均为适应性强的喜光树种。其中，盐肤木适应性最强，对气候和立地条件要求不严，耐湿、耐旱、耐寒、耐热。在我国，除黑龙江、吉林、内蒙古、宁夏、青海、新疆等地外，其余各地均有分布，垂直分布在海拔 1 300m 以下（西部可达 1 600m）的山地、丘陵、平原。对土壤要求不严，各种土壤上都能生长，喜生长在阳光充足的山坡荒地上，在采伐迹地和二荒地上生长得最好，但在干旱瘠薄的山岗石砾地或阴湿的沟谷地、溪涧两旁也能正常生长。

红麸杨分布于四川、云南、贵州、湖南、湖北、重庆、陕西、甘肃、西藏等地。垂直分布于海拔 400～3 000m 的山坡、沟谷或溪畔。

青麸杨分布于四川、陕西、山西、河南、湖北、甘肃、云南等地。在湖北西北及陕西南部地区人工栽植较多。垂直分布于海拔 300～2 500m 的向阳山坡、沟谷的疏林或灌丛中，在海拔 400～800m 处生长良好。耐寒，耐旱，在较干旱、瘠薄的砂砾土壤上也能生长，排水不良的黏性土不宜种植，多栽种于土层深厚、疏松湿润的塘岸路旁、房前屋后等闲杂地。

（二）生长发育

前三种倍子树均为速生树种，萌发力和根蘖力强，根系分布较浅。盐肤木的寿命较短，红麸杨和青麸杨的寿命较长。盐肤木一般 4 月萌芽，4～5 月结倍，8～9 月开花，9～10 月倍子成熟，10～11 月果实成熟，11 月开始落叶。红麸杨的萌芽期在 3 月下旬至 4 月下旬，4 月中下旬至 5 月结倍，6 月下旬至 9 月上中旬倍子成熟。花期 5～6 月，果熟期 9～10 月。青麸杨 3 月中旬叶芽开始膨大，3 月下旬至 4 月下旬叶芽开放，叶片展开，8～9 月果实成熟，落叶期 11 月至翌年 2 月。

三、寄主树的栽培技术

（一）苗木繁殖

1. 播种育苗

（1）种子的采集与贮藏。待果实成熟时，将整个果序采下，脱粒，去掉杂物，放置在阴凉通风处贮藏，翌年 3～4 月播种。

（2）种子处理。3 种寄主树种子的外种皮都较坚硬，且富含蜡质、不易透水，未经处理一般难发芽。因此，播种前应进行种子处理。

常用的方法有以下几种：用 80℃ 的热水浸泡种 24h，捞出后用草木灰或洗衣粉或石灰等水溶液浸泡，并搅拌搓洗，以去掉果皮和种皮外的蜡质和脂质。再浸入 40℃ 的温水中约 1h，然后捞出晾干。将种子浸入 5% 的纯碱溶液中，搅拌，待果肉脱落后捞出，再加草木灰搓揉 10min，流水中冲洗 12h，晾干。

(3) 播种。将处理过的种子放在垫有稻草的筐中，每天早、中、晚各用50℃的温水淋种催芽，种子开始萌动时即可播种。春秋两季均可播种，但以秋播为好（秋播时不催芽），春季播种以3月中下旬为好。用种量约为60～90kg·hm^{-2}。

(4) 苗期管理。主要搞好松土除草、少量多次施肥、适时灌溉等。管理得当，1年生苗可达1m左右高，地径0.7cm以上，每公顷可出苗15万株左右。

2. 根蘖育苗

几种寄主树的根蘖力都较强，可利用此特性来繁殖倍子树苗木。此法简便易行，是繁殖倍子树苗木的好方法。

春秋两季（最好在早春），在倍林内或散生倍树的地方，选生长健壮的倍子树，铲除周围的杂灌杂草，深挖，不翻土，挖伤20cm左右表层土壤中的侧根，伤口附近即可长出根蘖苗。经营水平高的，可在树冠外沿开30cm深的环状沟，施有机肥，并配施少量磷钾肥，然后覆土，即可萌生较多的健壮根蘖苗。此后，加强肥水管理，并在苗木长至一定高度和粗度时，选留健壮株，疏去密生的细弱苗。条件较好，管理得当，早春萌发的根蘖苗在当年即可长到lm左右高。

3. 根插育苗

三种寄主树的枝条扦插繁殖都较困难，而利用须根扦插则效果较好。在早春时期挖取壮龄母树外围直径0.5cm左右的侧根，剪成10～15cm长的小段。选土壤肥沃、水源条件好的地方作苗床，精细整地，施足基肥，开沟作床，宽1.2～1.4m，高15cm左右，长度依具体情况而定。床面上每20cm开一扦插沟，沟深以插条不露出土面为准。然后，在沟的一侧，每隔10～15cm斜放一段插条，大头朝上、小头朝下，覆盖细土并压实，浇足水分。根插苗的管理同一般的苗圃苗管理。一般情况下，一年后可出圃造林。另外，在倍子树生长的地方，常会有成批自然生长的根蘖苗，在砍伐迹地和弃耕地上也有很多野生的实生苗，这些野生苗均可直接加以利用。

（二）造林

1. 林地选择

五倍子的产结需要倍蚜虫和冬寄主、夏寄主三要素。因此，只有在那些同时适于三要素生长发育的地段，五倍子才结得多且好。由于夏寄主倍子树的适应性强，而倍蚜虫和冬寄主对生境的要求相对较高，故林地选择主要应考虑既要适于冬寄主藓类植物生长，又要满足倍蚜安全越冬的要求。倍蚜虫和冬寄主的生态特性是不一致的。冬寄主的结构较为简单，只具备假根、拟茎和拟叶等器官，只能利用空气中的水分，通常要求阴湿的环境。而倍蚜虫要安全越冬（或过夏越冬），完成其瘿外世代，冬寄主的存在是前提条件。但是倍蚜在冬寄主上生活期间（尤其是在未形成保护物——蜡球以前），藓层上水分的多少对其影响极大，过多会直接导致倍蚜被淹死，过少则又因冬寄主生长不好（或干死）而引起倍蚜大量死亡。因此，产区群众得出“阴坡结倍多”的经验。根据三要素的要求，角倍林宜选择海拔600～1 200m，坡度10°～30°，“八分阴二分阳”的阴坡或半阴坡。肚倍林宜选择海拔300～1 000m，坡度小于35°，“七分阴三分阳”的阴坡或半阳坡。无论是哪种五倍子，若有“两山夹沟，沟中常年有溪流”或“两坡夹一槽，槽内较湿润”的地段造林更为理想。倍林地的土壤最好是沙质土或石渣土；地面上的土壤与岩石相间分布，并有一定数量的杂草覆盖。也可选择房前屋后、沟边、塘边、地边零星栽植倍树。

2. 造林技术

林地整地以局部整地为好，一般不进行全垦，更不能炼山。整地时尽量保留原有的冬寄主，砍除高大乔木和较大的杂灌木，对于小灌木和杂草等，其覆盖度应在0.7以下。栽植穴长、宽、深各60cm左右，施足底肥。倍子树栽植可在春、秋两季进行。秋季雨水多、冬无严寒的地区，秋季栽植效果更佳，第二年开春后倍子树生长快。栽植的密度以2m×2m为好，一般不能少于2 250株·hm^{-2}。为使林分在早期达到适宜的郁闭度，利于创造阴湿的环境，可实行计划密植，即在初植时加大密度，郁闭后通过间伐调整到适合的密度。造林时，宜用苗高1m以上的大苗，1.5m以上的苗木应摘去顶端嫩梢。栽植不要过深或过浅，保持苗木根系舒展，然后覆细土并压紧。

3. 倍林的抚育管理

倍林管理主要有施肥和修剪两个方而。每年春季萌芽前施速效氮肥，以促其多发健壮枝，多长叶片。第一年每株施尿素50g，第二年为100g，以后视情况需要增加。注意适当配施一些磷钾肥。倍子树和其他树木一样，其枝条生长具有顶端优势，若不加以人为控制，往往使倍树向上生长快，侧向生长慢，分枝少，叶面积小。合理修剪是增加分枝数和叶面积、提高倍子产量的有效途径，同时还可使树体矮化，便于倍蚜虫上树和采倍。当倍子树长至1.5m高时，可剪去顶梢10～15cm，在以下部位培养2～3个主枝；当主技长至1m长时也剪去顶梢，促发2～3个侧枝；依次培养各级枝条。每年都应进行生长期和休眠期修剪数。休眠期除进行倍子树的整形修剪外，还应彻底清除病虫枝、枯枝等。通过修剪，可使结倍数和倍子的体积都得到较大幅度的增加。此外，栽后1～2年内，还应做好松土除草，促进倍树正常生长。

（三）倍林生态技术

根据五倍子生产三要素的特点，倍林生态技术主要应围绕保证倍蚜虫顺利完成其生活史、促进结倍这一中心。这一方面要通过选择同时适于三要素的环境营造倍林，另一方面要通过人工植藓，增加冬寄主的数量，保证尽可能多的倍蚜虫能安全越冬（或过夏越冬），翌年有较多的倍蚜虫致瘿结倍。此处主要介绍植藓技术。

造林后的第二年，在倍林地的阴湿地段栽植优良冬寄主。藓的配置量应尽可能多，以占地面积不低于5%～7%为宜，最少不得低于3%。植藓时期最好在雨水充沛的春季和夏初进行，也可在9～11月植藓。在少雨的季节植藓，应加覆盖物，晴天要勤浇水，保持土壤湿润，待藓完全成活发出新枝时停止。

在盐肤木林内，可在倍林内或周围附近选阴湿地段，栽植侧枝匐灯藓、湿地匐灯藓、圆叶匐灯藓、钝叶匐灯藓、大叶匐灯藓等等。将种藓连土铲起，剔除杂草和杂藓。种植时，先铲除植藓地的土表杂物，使土表碎而平整，并喷湿土表，然后将藓块平铺于土表，用手轻压，使其与碎土接触，再喷洒浇水，注意不要使藓块移动。秋季植藓，应在接种倍蚜前1～2个月进行，待藓生长旺盛后，接种培养越冬倍蚜的效果较好。

在红麸杨林内，可栽植密叶尖喙藓、褶叶藓、东亚附干藓和羊角藓等等。东亚附干藓的栽植通常在春末夏初、枣铁倍和蛋铁倍成熟前1～2个月进行。先将肥泥调成稀糊，均匀地涂于树干、树叉上，然后将东亚附干藓紧贴种植于其上。只要在半个月内不下大雨，此种藓即能在树干生基，成活后便能萌发新枝叶。羊角藓一般采用光滑岩板、树干、树蔸、煤渣陀、腐殖土等为基质，将藓株切碎成6～7mm，然后均匀撒在准备好的湿润基质上，压紧即可。或将土拌水，敷到岩面、树干或树蔸上，然后将种藓分成小块紧贴于其上。也可选取湿润的地面开沟，洒水湿润沟壁和沟底，然后将碎藓紧贴于基质上，基质湿度不够要注意及时喷水保湿。

在青麸杨林内，应栽植细枝赤齿藓、密叶尖喙藓、细枝青藓、褶叶青藓等等。在林地内的阴湿地段，挖V型沟或U型沟，V型沟坡面35°～40°；U型沟长1m，上宽80cm，下宽20cm，深50cm。将细枝赤齿藓撕成小束状藓块，均匀植于沟壁，紧压藓体，使之与土壤充分接触，并浇水。在以后的管理中，注意拔除杂草和杂藓；如果直射光较强，应适当遮荫；遇干旱则应每天早、晚喷水。对于以上各种倍林，如林内及附近无适宜植藓的阴湿环境，可在其他地方建立人工植藓养蚜基地，挂放倍蚜结倍。

四、寄主树的病虫害防治

（一）病害防治

危害五倍子寄主树的病害主要有膏药病和盐肤木锈病。此处介绍膏药病。树干表面形成圆形或不规则病斑，菌丝形成绒毛状膜，好像在树干上贴了膏药一样。有灰色和褐色两种。病原菌为一种真菌。膏药状物即为菌丝相互交错形成的薄膜，雨季时上生白粉，在显微镜下可见病菌的担子和担孢子。灰色膏药病病菌的担孢子镰刀状，略弯曲，无色。褐色膏药病病菌的担孢子长椭圆形，无色。

防治方法：刮除菌丝膜，再喷波尔多液或20%石灰乳，或用硫磺粉加煤油（1∶2）涂抹。

（二）虫害防治

1. 吸食性害虫

主要有蓟马、黑尾大叶蝉和桑盾蚧等。

（1）蓟马。主要刺吸树木复叶、复叶叶轴、倍子着生部位或倍壁的汁液，出现变色斑点，严重时倍子枯萎脱落。可在倍蚜瘿内生活期间，用50%马拉硫磷1 500～2 000倍液喷雾，或用敌杀死及速灭杀丁防治。注意不能用内吸剂。

（2）黑尾大叶蝉。其若虫和成虫刺吸叶片汁液，被害处呈白色斑点。以成虫在杂草中越冬，越冬成虫于5月初产卵，5月中旬至6月上旬卵孵化，8月下旬开始羽化成虫。可在倍蚜瘿内生活期间用50%敌敌畏乳剂2 000倍液或50%马拉硫磷1 000倍液喷雾防治。

（3）桑盾蚧。其幼虫和雌成虫群居寄生于树干、枝上，刺吸汁液。严重受害时，树皮凹凸不平，发芽推迟，落叶提早，长势衰弱，甚至死亡。一年发生2代，以雌成虫在树干上越冬。第一代5月上、中旬产卵，5月中、下旬幼虫孵化，6月份雄虫化蛹羽化。第二代于7月中旬至8月上旬产卵，8月上、中旬孵化，8月中旬至9月上旬雄虫化蛹。可擦死树干上的害虫，或在倍蚜瘿内生活期用农药防治。

2. 咬食嫩芽和叶片的害虫

主要有天幕毛虫、银杏大蚕蛾、绿尾大蚕蛾、波纹蛾、大黄叶甲、白点金花虫等。可在倍蚜瘿内生活期用胃毒剂或触杀剂杀灭，不能用内吸剂。

3. 蛀干害虫

主要有云斑天牛。该虫成虫啃食新枝嫩皮，使新枝枯死，幼虫先蛀食韧皮部，后钻入木质部，受害枝条易风折，严重时整枝、整株枯死。

形态特征：成虫体长32~65mm，黑褐色或灰褐色，鞘翅上纵向排列着2~3行10多个云片状白斑。头胸腹两侧各有一条白带。卵淡黄色，卵壳坚硬光滑，长椭圆形。幼虫体长70~90mm，淡黄色，前胸背板有一个“山”字形褐斑。蛹淡黄色，40~70mm长。

生活习性：2~3年一代，以成虫在树干蛹室内越冬，翌年5~6月间咬孔爬出树干，啃食嫩枝皮层，在树干上咬椭圆形刻槽产卵，同时分泌液汁，使木质部与韧皮部间腐坏变色。初孵幼虫在树皮下取食，后蛀入木质部。老熟幼虫在虫道末端作蛹室化茧。成虫在树干上的产卵部位不高，以靠近地面处较多。

防治方法：产卵期用石灰、硫磺、食盐和水（20∶2∶1∶80）充分拌和后涂刷树干；用80%敌敌畏乳剂200倍液，注入新鲜排泄孔杀死幼虫；用浸蘸80%敌敌畏乳剂200倍液的棉花堵塞虫孔，杀死虫道内的幼虫。

五、采收贮藏与加工利用

1. 五倍子的采收

（1）成熟采倍。一般在倍子盛爆期前5~10d开始采倍，或等倍林内倍子爆裂40%~50%时采收。这样既不影响当年产量，又为来年倍子产结留下了倍蚜虫种。铁倍类、肚倍类一般在夏至前后采摘，迟熟的在秋分前后采摘；角倍类一般在寒露前后采摘。过早采摘，倍子个体小、产量低、质量差；成熟时采摘，个体大、产量高、质量好。采倍时，连同倍柄一起摘下，或连小叶或复叶摘下，这样对寄主树不会造成伤害，并可保持倍子完好，大大减少破裂倍。采回后，再小心地把倍子从叶片上摘下，切勿弄破倍子或将倍柄弄断而形成孔口，否则浸烫时倍内进水而难以晒干。红麸杨和青麸杨上的倍子可连同小叶一起摘下，浸烫晒干后再去掉小叶。

（2）注意留种。采收时应在倍树上保留一些个体较大的倍子作为种倍，任其自然成熟爆裂，使倍子内的秋迁蚜（或夏迁蚜）迁飞至冬寄主上繁殖后代越冬，以保证来年有足够的倍蚜虫致瘿结倍。在尚未开展人工繁殖倍蚜虫的倍区更应当这样做，切不可全部采完。

2. 五倍子的干制

干制五倍子的方法较多，其中以传统的浸烫法较好。

（1）开水浸烫或淋烫。开水浸烫，就是先烧一锅开水，水开后将倍子投入锅中，翻动几次，倍子颜色变黄后，立即捞出，放在太阳下晒干或微火烘干。浸烫时，水要足，一定要水沸腾后才能放入鲜倍，并且一次放入数量不能太多；同时，浸烫时间不能太长，否则单宁酸损失过多，倍子质量下降。淋烫，就是把采收的倍子放在筐内，用开水淋至鲜倍变色为止，然后晒干或烘干。经开水浸烫或淋烫的倍子容易干，商品外观好，单宁色度低，无霉烂，不易吸潮，好保管。

（2）直接晒干或烤干。把鲜倍直接晒干，或放在烘灶上用火烘干。这两种方法干制倍子需时较长，在晒干的过程中，有些倍子会爆裂，裂倍易霉烂。直接晒干或烤干的倍子，颜色灰暗，单宁色度较深，容易受潮。在五倍子产区，一般雨水较多，湿度较大，直接晒干比较困难。用烘烤的方法倍子干得快，但火候难以掌握，倍子易烤焦，同时也较费工费时。晒干或烤干的方法在天气好、鲜倍少的情况下可以采用，但单宁色度深的问题仍不易解决。

3. 五倍子的贮藏

（1）包装。包装五倍子时，应除去潮湿倍、霉烂倍及其他杂物，然后按角倍类、肚倍类和倍花类分别包装。包装袋可用干净的麻袋或其他编织袋，每袋净重50kg，并在袋上标明品种，缝牢袋口。

（2）贮藏。干倍应放在温度较低、通风干燥的地方贮藏，不要同易受潮、易污染的物品混杂堆放，并且不能堆放太高，以免压碎倍子。

（舒常庆）

96. 虫白蜡

虫白蜡又叫川蜡、中国蜡，由白蜡虫雄虫分泌产生，具有熔点高、理化性质稳定、防锈防腐、润滑着光等特点，用途极广，是军工、化工、轻工、机械、医药生产等方面的重要原料，又是我国传统的出口商品，在国际市场上享有盛誉。

一、寄主树特性

白蜡虫为寡食性昆虫，适宜其生存的寄主植物甚少。到目前为止，最佳寄主只发现女贞和白蜡树两种。

1. 白蜡树（*Fraxinus chinensis* Roxb.）

白蜡树为木犀科（Oleaceae）落叶乔木。树皮灰褐色，奇数羽状复叶，小叶对生，椭圆形，先端渐尖，叶缘具齿。圆锥花序，花萼管状，无花瓣，花单性，雌雄异株。翅果倒披针形，顶端圆或微凹。

白蜡树适生于温暖潮湿环境，喜湿耐涝。对土壤要求不严，在砂页岩钙质紫色土、石灰岩土壤、黄壤、冲积土、水稻土等一般酸性、中性及碱性土壤上均能正常生长。萌蘖力强，耐修剪，播种、插条、埋条均可繁殖。

白蜡树生长旺盛期较短，集中在夏秋季节，而这正是雄蜡虫的生长发育时期，因营养液充足，供求恰相配合，虫体发育健壮，泌蜡量高，主要适于挂蜡。白蜡树有的变异类型分枝细而长，也适于放养种虫。

2. 女贞（*Lingustrum lucidum* Ait.）

女贞为木犀科（Oleaceae）常绿小乔木。单叶对生，叶片革质而脆，卵形，叶面深绿，全缘，光亮无毛，具短柄。圆锥花序顶生，长 12 ~ 20cm，花梗近无，花萼钟状。花白色，花冠管与裂片近等长。核果长圆形，微弯曲，初为绿色，成熟后蓝黑色。

女贞生态幅度较广，对气候、土壤要求不严，适应性强，生长快。萌蘖力强，耐修剪。播种、扦插均可繁殖。

女贞适宜放养种虫。因雌蜡虫生长期长达 11 个月，早春是虫体急剧膨大及产卵的主要时期，需要大量养分，常绿的女贞树对营养的供给具有显著的优越性，所以女贞树放养的种虫生长健壮。又因女贞枝条较细小，在其上放养的雌虫口小，虫卵不易混杂散落。

二、寄主树的培育

寄主树的树形和生长状况与虫蜡产量密切相关，没有理想的寄主树，便没有理想的产量。因此，发展虫、蜡生产，必须首先抓好寄主树的管理。

（一）白蜡树的培育

白蜡树既可种子繁殖，也可进行扦插、压条繁殖。扦插见效快、简便易行，是常用方法。

1. 苗木繁殖

扦插育苗，插穗应从头年未放养蜡虫或开花结实的优良类型的健壮母树上选取，于 2 ~ 3 月芽苞膨大时，剪取粗细一致的二台枝，截长 30 ~ 40cm，上端剪平，下端削成马耳形，在马耳形背面轻刮三刀，长 3 ~ 5cm，深至形成层，以促进生根。穗条宜随采随插，一时插不完，可绑成小捆插入水中待用。如需远距离运输，须注意保湿。插圃宜选土壤湿润、排水良好的地方。扦插时，先用引橛打一小孔，随即把插穗的马耳形一端插入孔中，再将插穗周围土壤压实。扦插株行距为 15 ~ 30cm。插后应保持苗床湿润。若管理得当，1 个月后即可生根发叶。此后要经常抹去下部萌芽，保证顶芽正常生长。当苗高 60 ~ 100cm 时，即可出圃造林。

2. 造林

白蜡树适应范围广，但作为放养蜡虫、生产白蜡的园地，则应根据蜡虫的特性选择适宜的造林地。以年平均气温 16 ~ 18℃，年降水量 1 000mm 以上，夏季具有较高气温，海拔在 1 000m 以下，水分条件较好的河谷平原、低山、丘陵地区最为适宜。成片造林，以放养雄虫生产白蜡为主的，株行距 4 m × 5m 为宜；以放养雌虫繁育种虫的，株行距 2 m × 3m 为宜。地边、田坎种植的，可因地制宜，避免与农作物争光争肥，株距 3 ~ 5m。在秋后至早春整地后定植。

3. 白蜡树的管理

对定植后的成片幼树要进行抚育管理，加强中耕、除草和施肥。每年应中耕除草 2 次，第一次在放虫前进行，并适当施肥，以促使枝叶生长茂盛；第二次在秋季收蜡后结合施堆肥、厩肥进行。地边田坎栽植的，可结合作物种植以耕代抚。

定植后第二年春天定干，剪去梢头以促进侧枝生长。定干高度，田边地坎上的高 1.5m，蜡园的 0.8～1.0m。侧枝发出后，选留 3～5 个分布匀称的健壮枝条作为主枝，其余剪去。如主枝开张角度小，可在上面绑重物，将其坠下与地面基本平行。这样萌生的小枝基本直立，相互平行，可防止风吹枝条，互相磨擦扫掉蜡虫。当树冠基本形成后，可量树放挂蜡。这些小枝老化后砍去，休养一年又萌发新枝，恢复树冠形状，继续挂蜡或养虫。

成年蜡树每年要整形两次。繁殖种虫的轻修，一般只需修去干桩和生产枝上着生的丛生萌发枝、枯枝、病虫枝、过密枝等。对于放虫取蜡的树则需重剪，第一次在放虫前，对横生枝、背枝、重叠枝、病虫枝、脚枝、过密枝及生产枝上着生的毛毛枝等，应全部剪去，同时去掉枝条下部的部分叶片，留出蜡路。其长度为整个枝条的 1/4～1/3。修剪效果应达群众形容的“远看一把伞，近看光杆杆；远看一树青，近看枝枝匀”。第二次修剪可结合采蜡进行，但要注意保留一年生健壮枝条。

（二）女贞的培育

1. 苗木繁殖

11～12 月，女贞果实由绿色转为蓝黑色，表面“上霜”后即可采收。采果后，搓洗淘去果皮果肉，洗净阴干，随即播种或以湿沙贮藏。

种子处理好后，可于当年 12 月下旬播种，以条播为好，每公顷用种 100～150kg，覆土 1cm 左右并覆草，幼苗大部分出土后揭除覆草。翌年播种出苗稀少，要增加用种量。1 年生苗高 50cm 左右即可出圃栽植。

2. 造林

女贞树适应性强，容易成活，但考虑到挂放蜡虫的需要，最好选择四面环山、霜冻不大或三面环抱、一面向阳的凹地，也可选择背风向阳的坡地、谷地和年温差较小，冬春日照长，附近森林面积较大的地方。还可在山坡中上部栽女贞树，在水分条件好的坡脚栽白蜡树。

荒山造林以人穴为佳，并施足底肥。成片栽植，株行距以 2～3m 为宜。选择阴天栽植，适当剪除部分叶片，以减少叶面蒸腾，促进成活。

3. 修剪

未经修剪的女贞树比较高大，放养种虫不方便，而且可利用枝条少，分布不合理。修剪可以改变树形，调节树势，延长使用年限，使之更适宜于种虫的生长繁育。

女贞定植后第二年，在主干高约 1m 处截去顶梢，促其萌发侧枝，从中选留匀称健壮的 3～5 枝作主枝，第三年切除主枝顶梢以控制树高并促进小枝萌生。小枝放虫老化后砍下，休养一年又可恢复原来树形，继续放虫，如此不断循环。

修剪宜在秋冬进行，若已放养蜡虫，则须结合摘虫砍枝修剪。凡过密枝、交叉枝、衰枯枝、细弱枝、病虫枝一律剪去，徒长枝短截或剪除，视其位置而定。一般阴坡或背阴面多修，阳坡或向阳方少剪。通过修剪使树冠枝条疏密得当，通风透光良好。

4. 老树的更新复壮

目前，一些地方使用老树放养种虫，其树形差、生长弱、产虫量低。因女贞树萌生能力很强、耐修剪，经过整形复壮，可在一定程度上恢复生产能力。

对树势尚好，但枝条老化的，可砍除老枝，以促进新枝萌发。树势衰弱、树冠残缺的，应调整树形、树势，可在地面或 1m 高处伐倒树干，同时松土、施肥，以促进萌芽，之后选留合适的一定枝条，加以整形复壮，两三年后可放养种虫。

（三）虫、蜡园的轮流放养

在一些虫、蜡生产地，为了短期的经济效益，有连续放养的习惯，导致的后果首先是寄主树枝条密集老化，不适宜蜡虫生长发育，定杆虫数大大减少，降低虫、蜡产量；其次寄主树树势不能恢复，生长衰弱，蜡虫营养不足，种虫质量难以保证；第三，连续放养会招致严重的虫害，因连续放养使蜡虫的各种天敌大大增加。所以，无论收虫还是取蜡后，都要停止放养一年，以恢复树势，并使蜡虫天敌失去食物，从而抑制病虫害的发生。若需连年作业，须将寄主树划分为两部分，轮流交替放养。

三、白蜡虫生物学特性

白蜡虫（*Ericerus pela* Chavannes）属同翅目蜡蚧科，雌雄异型。其种群自然繁衍中心在云南、贵州、四川三省交界的狭窄山原地带，但其分布范围较广，在我国亚热带的山原地带均有寄生。雌雄虫在形态上相差甚远，生活习性也大不相同。

（一）雄虫

1. 形态特征

卵：淡黄色，居于壳底一面，每卵囊内，雄卵一般占 70% 以上。

幼虫：第一龄幼虫卵形，大小与初孵雌虫相似，但体色较淡，体背中线褐色。二龄幼虫阔卵形，淡黄褐色，体背中线隆起，黄褐色。

蛹：蛹期为雄虫独有，又分前蛹与真蛹二期。前蛹梨形，头部狭小，胸部宽阔，黄褐色，眼淡红褐色。无口器，足粗短，休眠不动。真蛹很像成虫，但无尾丝，翅为翅芽。

成虫：雄成虫很小，头钮状，口器退化。足细长多毛，前翅透明，近于长方形，后翅为梭形平衡棒。腹末有2孔，各有一条长于身体的蜡丝，中间为长锥形性刺。

2. 生态习性

雄虫喜温暖湿润的气候条件，适生于海拔1 000m以下的丘陵或平坝地区，要求年平均气温16～18℃，年降水量1 000～1 500mm，尤以夏季具有较高的气温、相对湿度80%～90%、无大风的气候为宜。

3. 生活习性

雄虫孵化爬出母壳后，一般多向上爬行，最后成群聚于树叶背面吸食、生长。雄虫不如雌虫活跃，爬行速度慢、距离短。初孵雄幼虫离开母壳后向上爬行时，常在最近的叶片上固定下来取食树液，也称定叶。虫包下面的叶片很少有雄虫。因此，离母壳近的上部叶片常定满雄虫，离母壳越远，所附雄虫越少。

雄虫定叶次日，体背渐生白丝，经6～7日，虫体几乎全为白丝包被。又经过7～8日蜕第一次皮进入第二龄期。继而离开叶片到枝上爬行，后即一个接一个头部向上，群聚于2、3年生枝条的背阴面而定杆。其后集中分泌蜡质而形成蜡条，但多数蜡条只包住枝条的半面或大半面。幼虫活动时间，均在8：00～15：00。

雄虫定杆后开始分泌蜡质，10d以后，虫体完全被白蜡包围。以后蜡质不断增加，腹下增加更快，虫体腹部逐渐上举，最后仅以口针插于枝条中，虫体与枝条垂直。定杆后100d左右，蜕第二次皮成为前蛹，开始休眠，不再泌蜡，又经4～5d蜕第三次皮成为真蛹，仍不活动，再经4～5d蜕最后一次皮而变为成虫。这时尾丝逐渐加长，将蜡花戳破，在蜡条上形成小孔，由孔内伸出两条尾丝，群众称为“放箭”。放箭后1～3d，雄虫由孔中退出，略略爬行便飞去寻找雌虫交尾，交尾数次后逐渐死亡。雄成虫寿命很短，包括在蜡花内时间不过2～6d，退出蜡花后时间，仅2h至4d左右。

（二）雌虫（种虫）

1. 形态特征

雌虫一生仅有卵、若虫、成虫三个生活时期。

卵：通常在母壳口部，早期淡黄色，与雄卵区别不明显，将孵化时呈红褐色。一粒成熟的种虫中，怀卵量在4 000～10 000粒左右，其中雌卵不到30%。

若虫：初孵若虫近于长卵形，体长不到1mm，黄褐色，定叶后变为红褐色。二龄若虫卵形，淡黄褐色。定杆后，虫体变为灰黄绿色，并逐渐生出长而密的蜡毛。

成虫：雌虫初成熟时，胸背部隆起，背面淡红褐色，散布大小不均的淡黑点。越冬后虫体逐渐膨大，最后呈球形，红褐色，以后仅以身体末端和体壳边缘附着于树枝。产卵时的母体，直径大约10mm。

2. 生态习性

雌虫适生海拔较雄虫高，要求年平均气温10～18℃，年平均降水量1 000mm左右，冬春日照时数长且温暖干燥。

3. 生活习性

初孵幼虫可利用残留卵黄作养料，不需立即取食，可静伏20d左右。一般情况下，幼虫常藏匿于母壳内10d左右才活动。雌虫较雄虫早孵出2～8d。幼虫离开母壳后，即在枝干间上下来回爬行，然后散布在向阳面的叶脉处，并将口针插入叶脉吸食，即定叶。部分雌虫会爬到地面，在树周有杂草时，雌虫常栖附于草上而损失较多。一部分雌虫离开母壳后，直接栖附于叶上。绝大多数初孵雌虫在1～2d内便均匀地散布在叶上不动，在叶上约经20d，虫体上出现白毛，蜕第一次皮进入第二龄。

雌虫脱蜕一次皮后离开叶面，在枝上爬行，以后在1～2年生嫩枝上定居下来，终生不再移动，其中以栖附于2年生枝上的占绝大多数。在7月下旬至8月下旬，进行第二次蜕皮变为成虫。

雌成虫经交配后，逐渐进入休眠期，准备越冬。整个冬季，虫体增大都不明显。未受精的雌虫，在严冬降临以前逐渐死亡脱落。翌年早春，雌虫结束休眠开始发育，胸部急剧隆起，虫体接近球形，开始分泌糖液，虫体营养越充足，分泌的糖液越多，种虫的质量也就越好。约在3月，虫体扩张为直径10mm左右的球形，开始产卵。产卵盛期，糖珠呈血色。产卵结束，虫颗逐渐干缩，成为薄壳，紧紧包住卵粒，仅以壳口衔附在枝条上。此时壳呈深褐色，蜜糖干涸，种虫成熟。

由于各地海拔高低不一、冷暖各异，雌虫各生活期出现时间前后可差 2 个月，因此，种虫成熟、采收期也相差甚远，开成早、中、晚市虫子。

(三) 雌雄蜡虫习性差异

掌握了雌雄蜡虫生活习性上的差异，我们就能根据其各自的特征在种虫、白蜡生产中制定相应的措施，做到育虫高产，挂蜡丰收。雌雄虫生活习性上主要的差异：雄虫喜欢温热潮湿和较为荫蔽的环境，雌虫则喜光，适宜比较干燥寒冷的气候。雌虫活动力强，在寄主上往来爬行较长时间后定叶；雄虫则相反，上树后遇叶便定，爬行距离很短。初龄雌虫喜在较坚实的叶脉外取食，雄虫则选择幼嫩、疏松的叶肉处取食。与定叶情形相反，雄虫在 2 ~ 3 年生枝上定杆取食，雌虫则在嫩一些的 1 ~ 2 年生枝上定杆生活。雄虫有群栖性，雌虫则喜散居。雌虫先于雄虫定叶，而后于雄虫定杆，定叶时间较长。

四、白蜡虫种虫的放养技术

1. 选种

留用种虫应坚持挑选红润光泽、粒大饱满、壳薄口小的健壮虫颗，这类虫颗怀卵量高，寄生害虫少，不易翻沙。在产虫区不同海拔高度交换使用种虫，可使高、低山种虫成熟期趋近一致，并提高蜡虫对病虫害和不良环境的抵抗能力。忌用下等虫作种。

2. 整园

整园是绑挂蜡虫前极重要的准备工作，主要有摇掉树上黄叶和部分害虫，除去树上的藤蔓、蜘蛛网和树下的杂草，清理掉树上的干蜡花、空虫壳、苔藓、寄生植物等，剪去病虫枝、干枯枝、过密枝等。实现虫园卫生、通风透光、便于绑挂。

3. 放养

(1) 摊晾。种虫采下后，要及时置于清洁凉爽、光线暗淡的室内摊晾，切忌堆沤。将种虫均匀铺于洗净的凉席、晒垫或簸箕之上，厚度不超过 3cm，每天用竹筷或树枝轻轻翻动 3 ~ 4 次。若天气热，应在旁边洒上一些凉水并每天检查幼虫孵化情况。注意远离化肥、农药、烟雾等物。

(2) 包虫。在雌卵大部分孵化、少数雌幼虫出外爬行时，就可进行包虫。包虫以往多使用稻草、玉米壳等，但以纱布（新旧皆可）为好，既滤水透气、便于虫子上树，又使寄生害虫无法爬出虫包。每包内种虫不宜过多，以上等虫 1 ~ 3 颗、中等虫 3 ~ 5 颗为宜，否则不但提高成本，而且引起上虫过量，既影响种虫质量，又损伤寄主树。

(3) 摊养。为了使幼虫整齐孵化、整齐上树、整齐定叶，降低定叶过程中的损失，包好的虫包应进行室内摊养。摊养也叫贮包、晾包，就是将虫包分层贮放于室内架上，温度控制在 17 ~ 18℃ 最好，使虫卵不断孵化，积累虫口数，等幼虫孵化率达到 80% 以上时，选择良好的晴天绑挂上树。这样幼虫孵化整齐、定叶迅速，可在 1 ~ 2d 甚至几小时内全部上叶，少损失，多增产，还省时省力。蜡虫在 15℃ 以上孵化，18℃ 以下不活动，初孵幼虫可利用体内残留卵黄作养料，不取食可存活 10 ~ 20d。根据这些特点，摊养不仅有把握，而且是蜡虫能否高产的一个重要措施。摊养时间不宜超过半月，否则将影响其正常生长发育。

(4) 绑挂。当摊养的虫包已经“红包”（包上爬满幼虫）时，选择晴朗无风、气温 25℃ 左右的天气，在 10：00 以前将虫包绑挂上树。即在虫园中逐株由高到低进行绑挂。大风、高温及阴雨天都不宜绑虫，所以临近上虫时应密切注意天气预报。若到绑虫时天气不好，可设法降低摊养温度延缓孵化。

上虫时，将虫包底部向上，绑于 2 ~ 3 年生枝条的分叉部位背风向阳面，距梢尖约 1m，包下还应有二、三台枝。使虫包易于接受阳光，温度较高，已孵化有幼虫定叶快而整齐，未孵化的虫子也能尽早孵化，减低因自然灾害和盘头造成的损失。若是绑在老树干上，初孵幼虫要爬行较远距离才能到达叶面，损失较大。

虫包在树上绑得均匀，才能使虫子分布均匀。上虫时，要根据树势强弱、枝条多少做到量树定包、量枝挂虫、中台挂包、小包匀挂。一般以拇指粗、1m 长的适龄枝条挂 1 包为标准，根据树的大小计算用种量。树旺枝多就多绑，大枝配大包，小枝配小包。只有上虫适量、均匀才能得到好收成。此外，虫包要紧贴枝条，严禁在未薅整过的虫园和虫树上绑“荒山包”，在老树干上绑“总包”，在树枝上挂甩动的“秋千包”，这些做法都会使大量幼虫不易上树定叶而造成损失。

(5) 挂虫后的管理。首先检查绑挂质量，查有无漏绑、重绑、倒绑和掉包的情况，及时加以纠正。

其次每天都应观察爬出情况及定叶情况。幼虫完全上树后解下虫包，草包及时烧毁，纱布包用开水烫后解开洗净，翌年可继续使用。及时解包处理是控制蜡蚧长角象的有效措施。

幼虫第一次脱皮后，离叶到枝来回爬行而定杆，在这之前，要勤于打掉蜘蛛网。若定杆雌虫过多过密，应中耕施肥，打去花穗，使寄主树健壮生长，增强耐虫力。

（6）蜡虫的采摘。摘虫关键在于适时。采摘过早，种虫未成熟，会降低等级和白蜡生产率；收摘过晚，虫壳易碎，虫卵孵化爬出，遭受损失。各产虫区因地形地势和气候条件的差异，种虫成熟期各不相同，应根据本地情况适时采收。当卵囊表面糖汁已干、虫壳呈亮红褐色、剖开后壳内没有浆质，就意味着种虫已经成熟，应立即采收。一般阴天可以全天采收，晴天早晚采收。雨天水分过多，虫颗易发烧变质，烈日下虫颗干燥，容易破碎，都不宜采收。

摘虫有砍枝和留枝两种方式。对于枝多、枝乱、枝老的寄主树应先下后上、先外后内砍枝摘虫。砍下的虫枝要传递下树，放于树荫处，随砍随摘。所用刀具须锋利，以免扯坏树皮，影响萌芽。幼树和更新树枝条不多，树形尚未完善，要在树上摘虫。对于1～2年生枝不多的壮树，一般只砍下少数弱枝、老枝和过长的枝条摘虫。

无论树上摘虫还是砍枝摘虫，都应用手指轻轻捏住虫颗，左右摇动，一颗一颗摘下，切忌将虫颗扯下，更不能一把把抹下。盛虫颗的容器内应有倒插的树枝，以利通气散热，并放置于阴凉处。

五、病虫害防治

在白蜡虫种虫生产过程中，会发生多种病虫害，尤其是寄生害虫，严重影响种虫产量质量，生产者对此应引起高度重视。

1. 白蜡虫褐腐病

在温湿度较高的夏秋季节，感病的雌蜡虫虫体上出现黄色或灰褐色斑点，然后扩散为半圆形或不规则形黑褐色病斑，虫体呈褐色腐烂死亡。在同一林地或同一枝条上，感病蜡虫先在一点出现，然后扩散蔓延。种虫带菌是发病的主要原因，较高的温湿度则是发病的重要条件。

防治方法：在包虫前用50%的退菌特或50%的托布津500～800倍液，对种虫进行喷雾消毒，喷到虫颗湿润为止。在蜡虫发病后，用上述药剂500倍液或75%可湿性百菌清500倍液喷洒。这些药剂仅有杀菌作用，对蜡虫无害。

2. 蜡蚧长角象

蜡蚧长角象（*Anthribus lajievorus* Chao），俗称蜡牯牛、蜡象、象鼻虫。其幼虫寄生于种虫虫囊内，以蜡虫卵为食，每只幼虫一生食卵1 500粒左右，老熟后结茧化蛹还要粘附、损坏许多卵粒。其成虫在雌蜡虫体上咬孔，取食溢出的体液，产卵时也咬孔伤害蜡虫。蜡虫被咬伤后，轻则结痂愈合，重则皱皮黑壳而死。

该虫1年发生1代，成虫于树皮裂缝中越冬。从3月下旬吊糖后期出蛰，至收摘蜡虫，约1个月的活动时间。成虫越冬后不断取食、交配和产卵。产卵时在雌蜡虫上咬一1～2mm小孔，将产卵器伸入孔内产卵。产卵后经10左右孵化，不久开始取食。1、2龄各历期5～10d，3龄经8d左右即老熟结茧化蛹。蛹经10d左右羽化为成虫，羽化后3～6d在卵囊上咬一圆孔出壳，不久即潜入树皮裂缝休眠。其幼虫自相残杀，通常每个虫颗内只有一只蜡象能够存活下来。

防治方法：及时解下虫包处理。因蜡象出壳时间较晚，待蜡虫上树定叶完毕，立即解包烧毁或开水淋烫，杀灭尚未出壳的蜡象。药物防治。在成虫活动期，用50%二二三可湿性粉剂或25%乳剂200～400倍液、鱼藤精1 500倍液等均匀喷洒。利用其假死性，在成虫活动期于树下铺设布单、塑料薄膜等，摇动树干，迅速拾毁落下蜡象，时间以10：00以前和16：00以后效果最好。

3. 寄生蜂类

危害白蜡虫的寄生蜂目前已发现10多种，对虫、蜡生产均带来很大危害。寄生蜂成虫以产卵器钻刺雌蜡虫体，取食自伤口溢出的体液，并产卵于蜡虫体内，并在蜡虫体内孵化、取食虫卵直到羽化为成虫，严重的使种虫成为空壳。雌蜡虫被寄生蜂危害后，通常背部特别隆起，有明显的体色变化。寄生蜂羽化后，蜡虫体上有圆形羽化孔。

防治方法：用平板纱布包虫，关杀寄生蜂。选种。同一产地的蜡虫蜂害率并不相同，应选择外观正常、粒大、口小、壳薄、怀卵量高的虫颗作种。药物防治。一般4月上旬至8月下旬为不同世代寄生蜂羽化和活动时期，可施用40%乐果2 000倍液、1.5%甲基1 605或敌百虫1 000倍液。

4. 黑缘红瓢虫

黑缘红瓢虫（*Chilorcous rubidus* Hope），又称二星瓢虫、蜡狗子，在部分虫、蜡产区危害较大。它们捕食蜡虫，有的成虫钻入蜡花取食雄蜡虫。一只壮年幼虫一天可吃300~500个蜡虫，严重的可将蜡虫吃光。

该虫1年发生1代，以成虫在落叶、草丛中越冬，翌年3月产卵于枝上，一般3月底出现幼虫，5月化蛹，6月羽化为成虫。幼、成虫均有假死性，受惊则落地。

防治方法：黑缘红瓢虫除捕食蜡虫外，还捕食多种农业害虫，可收集在远离虫、蜡园的果园、农田放养。利用其假死性，敲击树干，使瓢虫落地集中杀死。

此外，采取轮流放养对预防病虫害效果显著，尤其对寄生害虫，轮放既可消灭寄主树上原有的害虫，又使后来入侵的害虫找不到寄主而无法生存。

六、白蜡生产及加工

1. 雄虫的挂放与管理

白蜡由雄虫分泌而来，生产白蜡即是放养雄虫。种虫运到挂蜡地点后，先摊晾，方法与育种虫相同。待孵化的雌若虫大部分爬走，雄幼虫开始爬出时，用纱布包成蜡包。蜡包较虫包为大，可分为固定包与活动包。一般每活动包大颗虫20粒、中颗30粒、小颗40粒左右，其做法是两包相连，结成一“担”，固定包应小一些。包好后摊养2~3d（方法与育虫相同），待蜡沙大量孵化，达80%以上，选择晴朗无风、气温25℃左右的天气，于上午挂放上树。若幼虫孵化不整齐，可分批挂放。

挂放前整园，要特别注意清除黄叶。挂放位置以2~3年生幼嫩枝条、离枝梢1m左右、靠近树叶的分叉处为宜。挂活动包须使蜡包贴近树干，使蜡沙易于上树定叶。在挂包后的3~5d内，要注意检查雄虫定叶情况，一般在拇指粗、长约50cm的蜡树枝条上有3~6片叶定满雄虫时就应移包，也叫挑包。移包时期要准，动作轻柔，挑下的虫包要很快挂到未挂的枝上。若上虫量已足够，固定包也应移动。倘若摊养好，挂放天气适宜，当天就要注意移包，有时一天要挑移2次，连续1周左右。

2. 白蜡的采收

（1）虫区采蜡。虫区的零星蜡花应适时采收，既增加收入，又减轻病虫害。虫区采蜡须在放箭后3~5d，雄虫已飞出（蜡花上留有小孔）后方可进行。若雄虫羽化飞出前采收，雌虫不能受精，会在越冬前死亡脱落，造成极大损失。采收时应注意不要损伤枝上雌虫。

（2）蜡区采蜡。采蜡应把握适宜的时期。若采摘过早，雄虫还处于泌蜡期，蜡质未分泌完，会减少收成。一般在蜡区挂放雄虫后，经120d左右，雄虫已进入蛹期，不再泌蜡，此时即可采收。判断采收时间，可剥下一小块蜡花，在手中搓碎，挑出虫蛹观察，若雄虫尚未化蛹，说明不到采收期；若蛹色焦黄，说明蜡花已老，应抓紧采收。若蜡条上出现白色蜡丝（放箭）时，雄蛹已羽化，应立即采收。如果待雄虫飞出后再采，蜡花易碎，且不易剥尽。收蜡以阴天、细雨天最好，这种天气蜡条湿润，易于剥下剥净。晴天采收，应在早晨露水未干前进行。

若蜡树生长旺盛，枝条较密，可砍枝采蜡，既方便，又促进蜡树枝条更新。若是幼树或树冠更新后尚未成型，可留枝采蜡。采下的蜡要及时熬煮，不要过夜。若采下的蜡花太多，熬煮不及，应摊晾在干净竹席上，以免发烧变色，影响质量。

3. 白蜡加工

采收下的蜡花经熬煮除去残渣杂质即得白蜡。熬煮时应注意所有用具要清洁坚固，火大、均匀、不间断，用水要清洁。

（1）熬头蜡。蜡花与水按2∶1的比例倾于大锅内，大火熬煮。待蜡全部熔化，蜡质浮于水面时，立即熄火，降低温度，使脚渣杂质下沉，然后将熔化的蜡质舀入干净容器，冷却后浮于水面的就是头蜡。

（2）熬二蜡。头蜡提出后，将剩下的蜡蛹和余蜡转入箩筐或簸箕，用冷水慢慢淋洗。洗得越好，黄色杂质越能去尽。洗后转入清水中浸漂2天，漂得越好，二蜡颜色越白。但浸漂时间不能过长，且每天换水1~2次，以免沤臭。臭蜡不仅影响质量，且熬制时易溅泡伤人。漂后用布袋装上蜡蛹，与余蜡一并放入沸水中熬煮，并不时用搅棒挤压布袋。其他熬制与头蜡相同，得到的便是二蜡。

（3）脚蜡的处理。在头蜡、二蜡加工过程中，由于技术和其他原因，常产生少量锅巴蜡、臭蜡脚渣等低质蜡，杂质多、色泽差，此时可加以蒸提，即用木甑或蒸笼，下面垫一层布片，将蜡打碎置于其上大火蒸煮，使杂质过滤，蜡质流入锅中。所提取的蜡质若色泽尚好，可与头、二蜡配合熬制成品蜡。如色泽太差，可单独作脚蜡出售。

（4）成品蜡的提制。前面提取的蜡质还需再熬制，方可得到成品蜡。提制成品蜡要求配料恰当、适时激水。一般按头蜡占60%～70%，二蜡30%～40%的比例，配好料后打成碎块，混合倒入热水锅内，开水与蜡的比例为1∶5。熬制过程中，火力要大，火势均匀。从蜡质熔化到起锅，均应不断用木棒搅拌。当锅内由起牛眼泡转成豌豆泡，再呈米花泡，声音由哗哗声变为“泼泼”声，锅边出现二三指宽清油状时，立即激入白蜡用量10%左右的冷水。此次激水关系到白蜡色泽与品质好坏的关键。以后继续熬煮，可再激水1～2次，煮沸后，立即将蜡液舀入开水烫热的木盆内，凝固后便得到心蜡。全部过程需50min左右。

在提制过程中，火候不当或激水不适，会降低成品蜡品质。若蜡质熔化后立即起锅，得到的是白色大牙子，未到米花泡时起锅，得到的为小牙子。若煮得过老，会得到黄色老牙子。这些和激水不适时的都是马牙蜡。

（5）白蜡加工过程中的注意事项。掺水过少，火力过猛或其他原因，可能引起锅内起火。如不慎起火，应立即退火降温，并用湿锅盖或湿布捂住锅口，以隔绝氧气，千万不能泼水。用水清洁无渣，工具干净，不让蜡蛹沤臭发霉。要漂尽蜡蛹的乌水，并在提制成品蜡中适时激水，这是白蜡品质与色泽的关键。在熬煮沤过的蜡花或蜡蛹时，常易溅泡伤人。应退减火力，多加搅拌，徐徐熬煮。倾入木盆的蜡，切勿振动，以免惊盆钻水，影响质量。操作不当会产生次蜡。蜡花或蜡蛹霉变会产生臭蜡；配水过少或熬煮过度会得到黄蜡；用具、用水不清洁或加水太少还会产生红、黑蜡。

（周兰英）

97. 紫　　胶

紫胶是一种天然树脂，是紫胶虫的一种分泌物，它是一种传统的不可替代的兵器工业及电器、轻工、家具、装饰、皮革、文具、食品、化肥和医药等方面的常用原料。除满足我国工业用胶外，尚有部分出口，在国际上享有一定的声誉。

一、寄主树种类及生物学特性

中国紫胶虫主产于云南西南部的南亚热带地区，适宜其生存的寄主植物较多。最常见的寄主树种有思茅黄檀和木豆等。

1. 思茅黄檀（*Dalbergia szemaoensis* Prain）

思茅黄檀为蝶形花科（Fabaceae）檀属（*Dalbergia* L. f.）树木，是云南、贵州紫胶产区高产稳产和冬代保种的传统优良寄主树种之一。它分布的植被类型主要为河谷季雨林次生林和灌丛，与其伴生的其他寄主种类有聚果榕、高山榕（*Ficus altissima* BL.）、垂叶榕（*Ficus benjamina* L.）、偏叶榕、一担柴［*Colona floribunda*（Wall.）Craib］、蒙自合欢（*Albizia bracteata* Dunn）等。在一些地区的村寨附近，也可见到思茅黄檀纯林。

思茅黄檀为落叶乔木，高达20m。树冠平展，分枝长，平伸，幼枝条密被黄色茸毛。奇数羽状复叶，小叶通常18～20枚，倒卵形，幼时密被短绒毛，叶轴和小叶柄密被黄色茸毛；托叶较大，卵形，宿存。圆锥花序腋生，总花梗、花序枝及花梗均被黄色茸毛，花白色。荚果宽舌形，革质，内有1粒种子，少有2粒。

对土壤条件要求较高，但对母岩的选择不严格。属于中性偏阳好湿喜肥的树种，对水肥条件要求较高。

主要物候期：2～3月抽梢发叶，4～5月开花结实，生长加速，6～9月生长茂盛，10～11月生长减缓，叶片开始转黄，12月全部脱落，种子成熟。

主根不甚发达，侧根向四周水平伸展。茎干表皮层极薄，髓心发达，树汁丰富，萌发力强，2～3年生枝条容易被紫胶虫寄生，无性繁殖较容易，根蘖能力强，结实力强。

产海拔550～1 700m，以海拔1 400m以下分布较多，散生和小片集中在江河及溪流两岸，以云南思茅、西双版纳、临沧和德宏等地区（州）最多，玉溪、楚雄、红河、文山等县也有少量分布。近年来，已引种到广东、广西、福建、贵州、四川等地栽培。多种植于海拔600m左右，生长良好。

2. 木豆［*Cajanus cajan*（Linn.）Mill sp.］

木豆为蝶形花科常绿灌木，产于非洲和亚洲的热带地区，又名鸽豆、树黄豆、柳豆、三叶豆、千年豆等，是豆科木豆属一年生或多年生木本植物，具有粮食、蔬菜、饲料、柴火、放养紫胶虫等功用，还可作覆盖作物、蜜源作物、防护林、薪炭林、药用植物等用途。

常绿或半落叶性灌木。3～5年生树高约1～3m，小枝细瘦，有槽，密被灰白色毛。三出复叶，小叶披针形或长椭圆形，先端渐尖，纸质，小叶两面以及叶柄均密被短柔毛。圆锥花序顶生，花色较杂，常因为品种而异；花瓣多为黄色或橘红色。荚果有毛，荚果内种子间有些凹槽隔开。种子3～5粒，状如黄豆。

木豆是喜光树种，喜欢温暖湿润的气候和肥沃疏松的土壤。一般种植在山坡中下部、溪流和河岸边、道路两旁以及房前屋后的闲杂地；具有一定的耐旱、萌发能力；不耐低温，容易受寒害。

我国云南、贵州、四川、广西、广东、湖南等地均有栽培。在西南三省分布在海拔1 600m以下；华南地区在海拔500m以下。木豆是紫胶新老产区常用的优良寄主树之一。

二、寄主树的培育

1. 思茅黄檀的培育

思茅黄檀一般用种子繁殖，也可以用无性繁殖。

（1）育苗。采种：选择10～30年生的低干、矮冠、枝条开展、无病虫害的健壮植株作为采种母树。采种母树最好不要放养紫胶虫。种子成熟期在12月，荚果由绿变黄时及时采收。采收时应将整个果序采下，放于通风干燥处晾干。播种育苗：适宜的播种期在3月，也可在6月雨季前播种，以减少育苗期间的灌水次数。每亩播2～2.8kg净种。播种前用30～35℃温水浸种4～6h；播后应该保持床面湿润。幼芽出土前，晴天每天浇水1～2次，幼芽出土后到真叶展开前，每天浇水1次，真叶展现后视苗木和土壤水分状况灌溉。若苗床土壤板结，应在行间松土，追肥前也应松土，切忌雨天除草和松土。无性繁殖：用1~2年生实生苗的苗干扦插成活率高。用生长素处理插穗下切口的浓度，α-萘乙酸为100mg·kg^{-1}，2，4-D水剂为50mg·kg^{-1}，2，4-D粉剂为2 000mg·kg^{-1}。插条宜选1~2cm粗的1~2年生已木质化的枝条，剪成长约20cm的插穗，宜带有2~4个芽，下切口削成平滑的楔形。扦插地要细致整平，施足底肥，按30cm距离开沟，淋水后将插条按10cm株距倾斜放入，与床面成60°，入土深度相当于插条长度的2/3~3/4，覆土后使扦插沟与苗床齐平。扦插后要保持苗床湿润并搭荫棚，待苗高15cm时选留一个健壮枝留作苗干，其余剪去。第二年雨季初期苗木可达出圃标准。

（2）造林。植树造林：造林地要选择水分条件较好、灌溉方便、土层较厚的地方，以山坡中下部、渠道两旁、村寨周围较为合适。最好全面垦复，然后挖穴栽植。株行距以3m×4m或4m×5m为宜。分根造林：在雨季挖取粗1~5cm，长20~30cm的侧根，将入土一端削成楔形，成60°斜栽入穴中，上端露出1~2cm，覆土后踏实。萌条长到5~10cm时，选留一株健壮萌条，其余剔除。

（3）抚育管理。在栽植的当年和第二年以松土为主的土壤管理，松土时间可在8~9月和雨季结束前或掌握在造林地杂草种子成熟前。每年松土和中耕除草1~2次。有条件的地区应采取施肥。为方便放虫和收胶，应对幼树进行合理的整形和修剪，可采取打顶定干和侧枝打顶的方式，留干150~200cm。

2. 木豆的培育

木豆一般以种子繁殖。

（1）育苗与造林。播种方式：木豆最适宜的播种深度是3~5cm。比较合理的播种方式是开行条播、开穴点播，播后马上覆土，以保证种子与湿土接触良好，提高出苗率。播种期：木豆一般在地温稳定在10℃以上时，即可播种。由于我国发展木豆主要是利用自然降雨，在没有灌溉条件的可利用荒山荒坡。因此，种植木豆最好在雨季来临时开始播种，可以保证雨季结束时进入开花结荚期，避开病害和虫害高发期，获得较好的收成。播种规格：播种规格根据不同收获目的而定，如收籽粒和收青荚，其规格可以适当疏播，株行距为40~60cm×100cm。如用作采割青饲料，可采用条播，行距为1m。播种后及时喷施除草剂控制杂草。采用乙草胺的除草效果较好。

（2）肥水管理。施足基肥：由于木豆苗期前期还不能进行固氮作用，因此，播种时每公顷施用复合肥150kg或农家肥1 500kg作基肥，以保证苗期的健康生长。灌排水：木豆每公顷形成10 00kg的产量，大约需要200~250mm的降水量。在年降水量不足500mm的地区，如在木豆的灌浆期浇水，将会显著增加木豆产量。另外，由于木豆对水涝很敏感，在雨季应注意排水。中耕除草：木豆是所有豆类作物中苗期生长最缓慢的一种，常常遭遇杂草的严酷竞争，应在播种后30d和60d进行两次中耕除草和培土，可基本保证木豆不受杂草危害。播种60d后木豆生长则非常迅速，杂草将被抑制。病虫害防治：木豆易感豆荚螟、豆荚野螟、豆芫青和豆象等。豆荚螟、豆荚野螟、豆芫青主要在花期咬吃花和嫩荚，豆象主要危害未晒干的种子。因此，在开花结荚期要注意积极防治，可用杀螟松800~1 000倍液，或用甲胺磷和乐果配合喷杀。

三、紫胶虫生物学特征及生活习性

胶虫（*Kerria chinansis* Mahdihassan），属胶蚧科（Kerriaidae）。目前，在我国的胶蚧属虫种有：紫胶虫（*Kerria lacca* Kerr）（1985年引进），中国紫胶虫（*K. chinensis* M.），信德紫胶虫（*K. sindica* M.）（1980年引进），榕树紫胶虫（*K. fici* Green）（1981，1982年引进），格氏紫胶蚧（*K. greeni* Chamberlin）。在中国，目前就生产规模而言，仍以中国紫胶虫为主。

1. 卵

中国紫胶虫的卵胚胎期的6个发育阶段均在母体内完成，卵胚胎成熟后即产于母体后部的胶室内（孵化腔），幼虫不久即行孵化，一旦出现胶孔，幼虫则由胶孔爬出胶壳，故生殖方式为卵胎生。母体孕卵期夏世代为92d，冬世代为79d。

2. 幼虫

一龄幼虫蛹散出胶壳后，四处爬行觅食，一经固定取食就不再迁移。2龄期雌虫夏世代历时13d，冬世代为54d；雄虫夏世代为20d，冬世代为65d。雄虫2龄期由于泌胶量少，胶突不甚显露，亦无放射状出现。进入3龄期的雌虫，泌胶量大增，在原放射状胶角下，出现新的更大的胶角，状似鸡爪，俗称爪状，爪状蜕皮进入成虫，3龄期雌幼虫夏世代历时 17d，冬世代历时 40d。

3. 前蛹和蛹

仅雄虫具有。雄虫 2 龄末期胶壳呈圆筒形，状似雪茄，肛门蜡丝极细，腹背 4～8 节的胶壳呈现一圆盖形，停止泌胶。老熟的 2 龄雄幼虫蜕皮后进入前蛹期，此时口器、口突、膊孔、气门及肛突孔全部消失，附肢芽及翅芽及阳茎鞘突出现，有翅型个体，也同时出现。

蛹蜕皮进入蛹期，此期体节及附肢分节明显，中胸及后胸上的两对气门亦显现，翅芽较前为长，体形亦较前略有缩小，圆盖下出现空间。

4. 成虫

雌雄异型。雌成虫无翅，在体后端背有 1 对膊器突起，在两个膊突之间的膜质背突上有一根硬化背针，是鉴别雌成虫的重要特征。雄成虫分为有翅和无翅型。腹末端有一角质化的阳茎鞘和 1 对细长蜡丝。

雌成虫：刚进入成虫后的雌虫可接受雄成虫的交尾活动，1 头雌成虫可与 3～7 头雄成虫先后进行交尾。交尾后的雌成虫泌胶量激增，膊器前两对爪状角相连在一起，膊器后至肛门蜡丝一侧各 4 只爪状角相连，背部呈一品字形，膊器蜡丝与肛门蜡丝旺盛，新蜡丝直立，旧蜡丝向外披，呈菊花状，随着时间的推移，泌胶量越来越多，虫体较分散的，可看到丘状胶形愈合，胶壳边缘隆起，中间肛突孔、膊器部位凹陷，呈一钮扣状，在虫口密度达到每平方厘米 7 条的群体中，则相互连成一片，当纽扣状的凹陷部位胶溢平后，在胶壳局部地方开始出现颗粒状胶珠，俗称粒状。在雌成虫末期，卵成熟涌散前15～20d，在连成片的胶被上，先有裂纹出现，后来裂纹外翻。成虫初期，原背突上从蜡盾断裂处长出一刺穿出胶表，3～4d 后，胶壳增厚，背刺全部埋入胶内。

雄成虫：蛹蜕皮后进入成虫，体节及各附肢上可见到刚毛，在头部的额、眼窝及面颊上 5 个部位有 1～5 只单眼着生，个别虫体无眼，阳茎呈钝锥形，有翅型的两对膜质翅透明，翅端达到尾部，待阳茎鞘基部两侧长出一对埝曲状白蜡丝并伸出胶壳外时，成虫开始退出胶壳，并四处寻觅雌成虫进行交配活动，一般 1 头雄成虫可与 10 余头雌成虫进行交配，在完成交配后即行死亡。

中国紫胶虫一般一年发生 2 代。第一次一般在 4～5 月放养，9～10 月收胶，称为夏代；另一次一般在 9～10 月放养，直至翌年 4～5 月收胶，称为冬代。

四、中国紫胶虫的放养技术

中国紫胶虫一生不脱离寄主树，且只有在蛹散期才能迁移传播。因紫胶虫爬行距离有限，若任其自行传播繁殖，极易造成固虫过量而引起寄主树死亡。因此，只有人工放养，才能合理利用寄主树，提高产量。

1. 选择优良的放养地

为减少冬代紫胶虫死亡，作为冬虫越冬，应选择东西走向或北有高山屏障山脉，南向开阔，日照时间长的南向坡地，冬暖无霜或仅有轻霜，水热条件好的地方。

2. 选择优良种胶并适时采种

选择种虫完全成熟、胶被厚、连片丰满且无病虫害的胶枝作为种胶。应适时采种，一般就地放养的应该见到种胶寄主树上幼虫开始涌散时才采收。

3. 适时放养和正确绑种

放养应选择阴天和晴天的清晨或傍晚，夏天在灼热的中午不能放养。绑种时应尽量将种胶接近若虫容易固着的有效枝条。如寄主为黄檀类乔木，应该选择 1～3 年生枝条下绑种，寄主为木豆等灌木时，种胶应绑在离地面 30cm 的树枝上。在绑种前，将种胶的枝条两端削成马蹄形斜口。绑种时将斜口朝外，两端紧贴树皮，然后用细绳绑紧。

4. 放养后的管理

放养 2～3d 后，应全面检查种胶有无松绑，固虫量是否合适等等。一般紫胶虫若虫群体固定的长度占整株树上直径 1～3cm 枝条总长度的 30%～60%，乔木可多些，灌木可少些；夏代多些，冬代少些；耐虫强的可多些。若虫涌散结束后要及时收种胶。

五、原胶采收及加工处理

采收原胶和采收种胶可同时进行。一般在快要涌散或开始涌散时进行，可用枝剪砍下枝条，切口要平滑。采下的枝条应及时剥取胶块，及时杀死害虫，清除杂质，平摊在室内阴凉通风处晾干，厚度不超过 10cm，且要经常翻动，直至完全干燥。

（罗明灿）

98. 棕　榈

棕榈［*Trachycarpus fortunei*（Hook.）H. Wendl.］又叫棕树、山棕，为棕榈科（Arecaceae）棕榈属（*Trachycarpus* H. Wendl）植物，是我国亚热带特有经济树种。树干直立、挺拔、秀丽、端庄。叶大蒲扇形，簇生于树干的最上部，姿态雅致，是优良的庭园和“四旁”绿化树种。桶栽棕榈，可作为室内或建筑物前装饰及布置会场之用，也可露地列植、丛植，与其他乔木树种搭配，用不同的年龄间成片种植，高矮参差，郁郁葱葱。对烟尘、SO_2、HF 等抗性较强，并具防火作用，是厂区绿化、美化的优良树种。

棕皮的叶鞘纤维拉力强，耐磨耐腐，可编织蓑衣、鱼网、绳索、制刷具、地毯及床垫等。棕丝又是我国重要出口物质之一。老叶可制绳索。棕籽表层蜡质含量高，可提取用作国防工业原料。木材轻韧，可做小型建筑的亭柱、水槽、扇骨、木梳等。嫩花葶可食。花、果、种子可入药。种子富含淀粉、蛋白质，加工后是很好的饲料。棕榈适应性强，栽培管理容易，且收益期长而稳定，深受广大群众所喜爱。还可利用房前、屋后、地头、田坎、路旁、树下见缝插针，大力发展。近 10 多年来，随着国内城镇园林绿化热潮的兴起，棕榈树已日益受到广大园林工作者的青睐。

棕榈主要分布在我国秦岭—淮河以南长江中下游地区，以四川、云南、贵州、湖南、湖北、陕西栽植最多，福建、广东、广西、浙江、江西、安徽、江苏、河南等地也有分布。一般分布在海拔 300m 以下的平地、丘陵、山区等处，个别地区可达 2 700m。日本也有分布。

一、植物学特征

常绿乔木。树干直立不分枝，高 10 ~ 15m，干径达 20cm。叶圆扇形，簇生于树干顶端向外扩展，掌状深裂几达基部，裂片线形或线状披针形，宽 1.5 ~ 3.0cm，革质坚硬，先端又浅裂。叶柄长 50 ~ 100cm，边缘具细锯齿，先端小戟突三角形、光滑，基部褐色苞片纤维状鞘，包围茎干，苞痕在树干上呈节状。花单性，雌雄异株，圆锥状，肉穗花序腋生，长 40 ~ 60cm，雄花序的分枝密而短小，雌花序分枝疏而粗长。佛焰苞厚革质，管状，棕红色，密度脱落性锈色绒毛，花黄白色。雄花常成束或密集成团着生于分枝的四周，外轮花被宽卵形，基部稍合生，内轮花被圆形，先端渐尖。雄蕊 6 枚，雌花单生或成对着生于小枝两侧，外轮花被宽卵形或近圆形，基部稍合生，先端钝。内轮花被圆形，与外轮花被近等大，先端急尖。心皮 3 枚，密被毛。核果肾状球形，兰黑色。花期 4 ~ 5 月，果熟期 10 ~ 11 月。

二、主要栽培品种

四川雅安、峨眉、巴县等地群众在长期生产实践中，根据棕片性状、干节长度、叶形等的差异分为 3 个品种：

1. 大木棕

又名双线大棕，树干较粗，胸围可达 50cm。干节较短，长 2.2 ~ 2.5cm。棕片褐棕色，基部微曲呈笋壳状，长 60 ~ 66cm，宽 33 ~ 40cm，棕丝 5 层，细密而匀，棕心味微甜。12 年后才结实，且有间隔期。花枝稀，种子大，肾形，千粒重 400 ~ 450g。

2. 小木棕

又名双线棕、桐油棕、笋壳棕、布棕，树干较细，胸围 40cm。干节短，长 1.0 ~ 1.5cm，叶较小。棕片长 34 ~ 54cm，宽 28 ~ 40cm，棕丝多 4 层，棕心味微苦。8 ~ 10 年结实，结实多，无间隔期。花枝密，种子小，近圆形。耐寒性稍弱。

3. 竹棕

又名单丝棕、清油棕、黄壳子，干节较长，初期呈绿色后转为褐色为显著特征，干形细瘦似竹而得名。干节长，3.3 ~ 3.8cm，少数可达 8cm。高生长较快，叶片较小。棕片棕黄色，长 40 ~ 60cm，宽 24 ~ 39cm，棕丝 3 ~ 4 层，较稀，棕心味甜。

湖南宁乡地区群众分为线棕、圆棕、宽棕、毛棕及山棕。经胡芳名等调查根据棕皮大小及用途综合分析划分为线棕、圆棕、山棕 3 个品种：

（1）线棕。生长快，树干通直，节较稀。叶柄长，叶身大。棕皮长较厚而密，棕丝 4 层以上，厚 1.05mm，棕丝长，出丝率高 75% 以上，是当地最优良的品种，可大量繁殖推广。

（2）圆棕。生长较慢，节较密。叶柄较短，叶身较小。棕皮较宽，棕丝3～4层厚0.6mm，出丝率68%。树龄较大的所产棕皮丝短质脆，质量中等。

（3）山棕。树干较矮小、节密，叶柄短，棕皮较窄、较短，棕丝薄（0.5mm以下）而短，质量不佳。一般生长在山地或与其他树种混生。

三、生物学特性

（一）生态习性

棕榈为喜光树种，对水肥条件要求不高，抵抗自然灾害的能力也较强。棕榈是棕榈科中最耐寒的植物，在上海可耐-8℃低温，但喜温暖湿润气候。花期最怕严寒危害。在年均日照率20%以下，春季降水量多，气温较低时，常出现花芽不能充分发育生长而死亡，同时也影响棕片的质量。湖南宁乡栽植的线棕在海拔400m以上的山地，幼苗易遭冻害。但小木棕在四川能耐-7.1℃的低温。

棕榈在湿润肥沃的地方生长良好，据调查，在湖南宁乡一带，栽植在陡峻的坡地、土层瘠薄的地方，棕片产量仅为生长在良好立地条件下的1/3～1/2。

棕榈对烟害、SO_2、HF等有毒气体的抗耐性能较强，经SO_2污染后，1kg干叶的含硫量为5g以上。经氯气污染后，叶片的含氯量为未污染的2.33倍。在严重氟污染地方，1kg干叶可吸氟1 000mg以上。在汞蒸气散放的工厂附近，1kg干叶汞的含量为84mg。棕榈病虫害也较少。

（二）生长发育

棕榈主干直立，不分枝，无萌发能力。根系浅，须根发达。棕榈生长发育过程可分为：苗期（1～3年）生长很慢，1～2年生可抽生8～10片披针状新叶，3年生开始形成掌状叶片。根颈处有稀少的棕丝围绕，即可移植造林。树干形成期（4～10年）。树高、直径、叶片和根系均生长较快，每年可形成12个叶片，是培育树干的重要时期。8～10年时树干粗度基本稳定，高达1.2～1.5m，即可开割棕片。生长旺盛期（10～20年）。高生长较快，干节相对较长，每年可产棕片12～18片，棕片宽大，产量高。生长衰退期（20年后）。生长速度下降，干节增密，棕片薄小，产量渐低。

2月中下旬至3月上、中旬开始萌动，3月下旬至4月上旬出苞抽叶，4月下旬至5月中旬开花后生长加快，6～8月生长速期，8月后生长渐慢，10～11月种子成熟，11月后进入休眠期。

四、栽培技术

（一）苗木繁殖

选择生长健壮和棕片质量好的棕树，10～11月种子成熟时及时采种，随采随播或沙藏翌年春播。在南方地区也可随采随播，但必须用草木浸灰泡种子3～5天，搓去种子上的蜡质，或堆沤3～4d去蜡。发芽率80%～90%。棕榈小苗可在2年后换床移栽，以3～4月最适宜。为保证成活，移栽时可剪除叶片顶部1/2～2/3左右。3年生苗即可出圃造林。

（二）造林

普遍采用棕、桐间作，棕、茶间作，棕榈和其他喜光树种混交的经营方式。常用播种和植苗两种造林方法。抚育管理，棕树林地大多间种黄豆、花生、豌豆、西瓜等。棕树纯林应及时进行松土、除草、施肥等，以提高棕片产量和质量。

棕树7～8年生，高1.2m以上，干粗基本定型后，即可开始制棕片，一般在3～4月或9～10月进行。每株树可割7～10张棕片，以茎不露白为宜。切忌过多割取，以免造成树干粗细不匀，既影响正常生长，又有碍美观。

五、病虫害防治

棕树病虫害较少，但有些地区幼树有烂心病易导致梢心腐烂死亡和幼苗有介壳虫等的危害。防治方法同其他树种。

六、采收与加工利用

棕树全身都是宝，利用价值大，开发前景广阔。主要有：

1. 棕片

制作蓑衣、棕垫、机井滤网等的材料。抗水耐腐。一株棕榈开割后，每年可产0.5～0.75kg干棕片，个别可产1.0kg。

2. 棕丝

由棕片加工而成，是制造各种棕绳及多种棕制品的原料。一般生产工艺流程是：浸泡—撕棕，抽边丝—抓丝—干燥去屑去绒—半成品包装。主要机具是抓丝机。可用4.5马力的电动机带动。1台机器1天可加工350～400kg棕片。丝长40cm以上为头丝，24～40cm为平丝，24cm以下为乱丝。

3. 棕夹板

棕夹板主要用于加工棕板丝，代替棕丝作工业和生活上的各种用刷，亦可与棕平丝、乱丝混合制成各种绳索。取过棕夹板丝后的棕渣可作为垫子的填充物。棕夹板一般出丝率 30% ~40% 。生产工艺流程：脱胶—压板抓丝—干燥—整理—包装。脱胶方法甚多，以清水焖煮较好。压板多用压板机操作。以后工序同棕丝。

4. 棕叶

老叶经加工可制作绳索，亦可作扇子等。心叶经处理加工可制作精美手工艺品及帽、鞋、提包等。

5. 棕籽

含有较丰富的淀粉和蛋白质，加工后是很好的饲料。出粉率达 85% ~90% 。棕籽表层的蜡加工后可代替蒙旦蜡，用于国防和工业。

6. 棕材

边沿坚硬、耐腐、耐水湿，可作水槽、亭柱、小建筑等。亦可加工成精美的手工艺品。

（胡芳名）

99. 白　　榆

白榆（*Ulmus pumila* Linn.）别名家榆、榆树、钱榆，是我国北方地区最常见和适应性最强的阔叶树种，是华北平原地区的五大阔叶树种之一。

树皮含纤维16.14%，且纤维坚韧，是绳索、麻袋或人造棉的优良原料；另外，形成层和部分树皮内皮层可作为食品的添加剂，增加食品的黏性。果实俗称榆钱，可食用。种子含油率25.5%，可榨油供食用，制肥皂及其他工业用油。

新鲜嫩叶含粗蛋白24.10%、粗脂肪2.66%、粗纤维15.16%、无氮抽出物41.23%，能够食用，也是良好的牲畜饲料。

果、叶、树皮还可入药，能安神、利尿，可医治神经衰弱、失眠及体浮肿等病症。

木材有光泽，纹理通直，结构粗，花纹美丽。略硬重，不易钉钉，油漆费工，稍难干燥，易翘曲，稍耐腐。力学强度较高，是很好的建筑、车辆、枕木、家具、农具等用材。

白榆主要分布于中国、蒙古，以及俄罗斯和朝鲜部分地区也有分布。

白榆是我国分布比较广泛的阔叶树种之一。它广泛分布于我国东北、华北、西北、华东等地区，是平原地区四旁的主栽树种。垂直分布中，东北地区一般在海拔1 000m以下，华北1 500m以下，陕西秦岭可达2 000m以上。

一、植物学特征

白榆为高大乔木，成龄树高达25m，胸径可达1.5m。树冠卵圆形或近圆形，树皮暗灰色、粗糙并呈纵裂状；1年生小枝灰色或黄褐色，以后颜色逐步加深；叶片椭圆状卵形或椭圆状披针形，长2～8cm，宽1.2～3.5cm，先端渐尖或尖，基部近对称或稍偏斜，边缘单锯齿，表面光滑无毛或叶背面脉腋出有簇毛，叶背侧脉明显，7～16对；花两性，风媒，先叶开放，簇生于去年枝上；花萼4～5裂，雄蕊4～5，子房扁平，绿色，花柱2裂，柱头2；翅果近圆形，长约1～1.5cm，成熟时黄白色。花期3～4月，果期4～6月。

二、主要栽培品种

1. 钻天榆类型

树干通直圆满，树冠窄，适应性强，生长迅速。

2. 小叶榆类型

树干通直，树冠卵圆形，叶披针形，长2～4cm，宽1.5cm左右。适应性强，耐旱，抗病虫力较强。材质较好。

3. 细皮榆类型

树干通直，树冠卵形或扁圆形，树皮灰色，光滑仅基部有浅纵裂。适应性强，但抗烂皮病能力差。

4. 垂枝榆类型

树干稍弯，主干不明显，树冠伞形，树皮灰白色，较光滑，2～3年生枝常下垂。适应性强，生长较快。

5. 龙爪榆类型

树干稍弯。树冠圆球形。侧枝曲状开展或平伸，小枝卷曲下垂。抗病力较强，但生长稍慢，可供园林观赏用。

近年来，白榆的选、育种工作在白榆的主要栽培区迅速开展，取得了不错的成绩，其中山东、河南和甘肃均得到了适合当地实际条件的白榆无性系系列。

三、生物学特性

白榆是喜光性树种。幼龄时侧枝多向阳排列成行。壮龄时树枝向外伸展，形成庞大的树冠。耐寒性强，在冬季绝对低温达-40（-48）℃的严寒地区（黑龙江省海拉尔）也能生长。白榆抗旱性强，在年降水量不足200mm，空气相对湿度50%以下的荒漠地区，也能正常生长。榆树喜土壤湿润、深厚、肥沃，能生长在干旱瘠薄的固定沙丘和栗钙土上。耐盐碱性较强，在中度偏下的盐碱地上，如含0.3%的氯化物盐土和含0.35%的苏打盐土，pH值达到9时能正常生长。根系发达，抗风力强。白榆不耐水湿和土壤粘重，地下水位过高或排水不良的洼地，常引起主根腐烂。

白榆生长快，寿命长，一般20～30年成材。白榆随纬度和海拔高度的变异，从芽萌动开始到落叶为止，整个年生长期的长短不同，华北和西北地区比东北地区年生长期要长 30 ~ 40d 左右，因此，生长量在华北和西北地区也比东北地区要大。

此外，白榆的抗逆性强，对干旱和烟尘的抵抗力强，特别是对氟化氢等有毒气体的抗性强。

四、栽培技术

（一）苗木繁殖

1. 播种育苗

采种母树以 15 ~ 30 年生的健壮树为好。在一般情况下，年年开花结实，无大小年之分。果实 4 ~ 5 月间成熟，各地应根据成熟期的不同，及时采种。当果实由绿色变为黄白色时，即可采收。采种方法可待其自然成熟落下扫集，或于无风天将其击落收集，采后应置于通风的地方阴干，清除杂物，即可播种。最好随采随收随播，否则降低发芽率。如不能及时播种，应密封贮藏。种子含水量 8%，经密封贮藏后，其发芽率可保持近 2 年之久。白榆种子发芽率一般 65% ~ 85%，千粒重 7.7g，每千克 12 万 ~ 13 万粒。

育苗时应选择排水良好，肥沃的砂壤土或壤土作为苗圃地。播种前一年秋季进行整地，深翻 20cm 以上，每亩施基肥（腐熟的厩肥）2 000 ~ 3 000kg，并撒敌百虫粉剂 1.5 ~ 2.0kg，毒杀地下害虫。翌春作成长 10m，宽 1.2m 的苗床，或长 10m，宽 5m 的大畦，以备播种。在东北各地也常采用大垄育苗，先作垄，耙碎土块，压平，垄面宽 60 ~ 70cm，垄间距 20cm，垄可长可短。种子不必进行处理，如处理可混湿沙，贮放 2 ~ 3d，每日翻动数次，至微露出白色幼芽时播种。播种时需先行灌水，水分全部渗入土中，土不粘手时进行播种。为了管理方便，一般多用大垄双行条播，条宽 3mm，条深 3 ~ 5cm，条距 20cm，覆土不宜太厚，0.5 ~ 1.0cm，覆土后稍加镇压，以保持土壤湿度，促进发芽。每亩播纯种 2.5 ~ 3kg。播后 10 余天幼苗出土，小苗长出 2 ~ 3 片真叶时，开始间苗，苗高 5 ~ 6cm 时定苗，每亩均匀留苗 3 万株左右，间苗后要适当灌水，以保持土壤湿润。

幼苗生长阶段要经常除草，苗木稍大时结合松土进行除草，注意不要损伤苗根。雨后和灌水后应及时松土，以免土壤板结。除草松土的次数，可根据杂草多少和土壤情况而定。追肥和灌水可结合进行。6 ~ 7 月间追肥较好，每亩施人粪尿 100kg 或硫铵 4kg，每隔半月追肥一次，8 月初停止追肥，以利于幼苗木质化。在发生榆树炭疽病的地方，每周可用 1% 的波尔多液喷洒一次。

2. 扦插育苗

根据新疆农垦科学院林业所的经验，采用全光雾插的方法非常有效。插床为半径 7m 的圆形苗床，四周用砖砌成高 60cm 的围墙，其地面部分高 50cm，插床中心用砖砌成 40cm × 40cm、高 50cm 的底座，用以安装全光照喷雾装置；基质为细河沙或蛭石，用高锰酸钾或甲醛溶液对基质喷淋消毒 24h，然后在插床底部铺垫 20cm 的小卵石（也可用炉渣），以利渗水透气，上面铺垫 20cm 厚消毒后的基质；插穗尽量从幼年母树上剪取，并选择健壮无病虫害的当年半木质化的嫩枝，粗 0.2cm 以上。插条采回后放在荫棚内或室内通风处进行修剪插穗。插穗长 8 ~ 10cm，上剪口为平面，下剪口为斜面，剪口要平滑，插穗上部留叶 3 ~ 5 片（叶片大时可剪去叶片的一半），然后进行生长调节剂处理，可用萘乙酸、生根粉等作为生根刺激剂。药剂的浓度可在 50 ~ 250 $mg \cdot L^{-1}$，把插穗的下切口浸入药剂溶液中，时间为 30 ~ 60min，然后取出备插。扦插时为了避免插穗下部皮层损伤，采用打孔直插。株行距 5cm × 5cm，扦插深度为 3 ~ 4cm，扦插后将插穗周围的基质轻轻压实，使插穗与基质紧密结合。扦插时间最好在阴天或早上 10：00 以前或下午 20：00 以后；扦插完立即启动全自动喷雾装置喷雾，使基质喷透。前期（10d 左右）使叶面能始终保持一层水膜状态，并每隔 3d 在傍晚喷 1 次透水。中期（10 ~ 20d）喷雾次数及喷雾量以不使叶面萎蔫为宜。后期（20 ~ 30d）减少喷雾次数，控制喷雾量。移栽前 5 ~ 7d 进行炼苗；扦插 35d 后，当插穗生根率达到 90% 以上，根长 4 ~ 8cm，通过炼苗，根系逐渐木质化后，进行大田移栽。

移栽时间最好是阴天或下午 20：00 以后。移栽时因扦插苗根系幼嫩，用小铲小心起出放入移植盘中（尽量不伤根或少伤根）并迅速运送到移栽地，将苗埋入沟后轻轻压一下，随即浇水，2 ~ 3d 后复水 2 次，以后根据墒情及时浇水。移栽成活后，结合松土、除草施肥 1 ~ 2 次。其他管理措施同上。

（二）造林

可采用植苗和直播两种方法。造林季节分春、秋两季，春季造林是在土壤解冻至苗木萌发前，秋季造林是在苗木落叶后至土壤封冻以前进行。

1. 直播造林

最好随采随播，这样出苗整齐，成活率高。可于整地后开条状沟播种。沟不宜太深，但下部土壤宜疏松，播种要均匀，播后覆一层薄土。也可采用穴状直播，穴的直径 20～30cm，穴距 1m，行距 1.5m，成品字形相互交错，每穴播种20粒左右，覆土厚度 1.0～1.5cm。

2. 植苗造林

四旁植树 在土层较深厚、肥沃，水分条件好的地方，植树容易成活，采用2～3年生大苗造林。植树坑50～60cm×50～60cm，深50cm，剪去苗木过长的主根，栽时将苗木放在穴中，填入细土踩实，然后浇水，并培土。营造大面积速生用材林时要选择土壤肥沃，湿润深厚的砂壤土或壤土作为造林地，进行细致整地。采用1年生苗木进行穴植，穴的直径30～40cm，深30cm左右，应适当密植，以利于培养干形，促进树高生长，一般行距2m，株距1.5～2.0m，每公顷栽2 500～3 000株。

（三）抚育管理

造林后头2～3年，应进行松土、除草和培土等工作。这不仅是为消灭杂草，蓄水保墒，同时在盐碱地还能有效地防止熟土层返碱。如混栽紫穗槐发墩较旺，可在夏季平茬，将割下的嫩枝叶翻人白榆根圈周围土中压青，增加土壤肥力，促进幼树生长。

白榆在幼龄期发枝较多，常造成枝杈横生，干形不良。为保持干形，可采用如下方法：“冬打头”：在冬季幼树落叶后到翌春萌发前进行，将当年生主枝剪去1/2，将剪口下3～4个侧枝剪去，其余剪去2/3。栽后1～3年冬季剪去当年生枝长度1/3，并将剪口以下3～4个小枝剪去，其余不剪。“夏控侧”：在夏季生长期剪去直立强壮的侧枝，以促进主枝生长。要掌握控强留弱，当春季从剪口萌发的几个壮枝，长到30cm时，留一个直立健壮作主干，其余均剪去长度的2/3，以控制生长。第二、三次分别在6月中下旬和7月中下旬进行。重点控制直立强壮的侧枝，剪去长度的1/2。“轻修枝，重留冠”：随着幼树年龄的增长，不断调整树冠和树干比例。栽后第一年，树冠要占全树高度的3/4以上，2～3年的幼树，树冠要占全树高度的2/3。根据培育材种目标的不同，来确定树干的高度，达到定干高度后，不再剪枝，使树冠扩大，加速生长。

白榆造林后7～8年，一般每公顷栽植密度3 000株左右的林分，树冠即达郁闭，此时可开始间伐，伐后郁闭度保留0.6～0.7。每公顷留2 000株左右，以后，每隔5年左右间伐1次，到20年时，每公顷保留1 500株左右，郁闭度控制在0.6左右。

五、主要虫害防治

1. 榆蓝金花虫（*Ambrostoma quadriimpressum* Motsch.）

成虫鞘翅有紫红色条纹。1年发生1代。成虫在土内越冬，翌春树叶发芽时出来危害。雌虫开始产卵在小枝上，以后产在叶上，卵经5～7d孵化为幼虫，幼虫在5～6月间大量出现，经20～30d老熟后人土化蛹。老一代成虫此时也下树越夏，8月间新羽化的成虫和越夏的老成虫又上树危害，直至10月下旬成虫再下树越冬。幼虫、成虫均危害叶片，大发生时常把树叶全部吃光。

此外还有榆绿金花虫（*Galerucella aenescens* Fair.）（成虫鞘翅呈蓝绿色，具金属光泽）和榆黄金花虫（*G. maculicollis* Motsch.）（成虫棕黄色或深棕色）也同样严重危害树叶。

防治方法：早春当成虫上树时，在成虫产卵之前，发动群众震落捕杀。喷洒90%的敌百虫800～1 000倍液，毒杀幼虫和成虫。

2. 黑绒金龟子（*Seriea orientalis* Motsch.）

1年发生1代。4月中、下旬成虫出土，6月份为产卵盛期，6月中旬孵化出幼虫，8月中、下旬，老熟幼虫化蛹，蛹经过10d左右羽化为成虫，成虫在土中越冬。成虫喜食嫩叶和幼芽，夜间和上午潜伏，午后群集危害，在温暖无风天气出现最多。

防治方法：在成虫出现盛期，可震落捕杀与设灯光诱杀；或用50%敌敌畏乳剂800～1 000倍液毒杀。

3. 榆天社蛾（*Phalera fuscescens* Butler）

1年发生1代，6～7月出现成虫，白天潜伏，夜间活动。卵多产于叶片下面，常百余粒集中成块，单层排列，约经两周孵化，幼虫多群集在叶上，昼夜取食。8～9月危害最重，大发生时叶子可全被吃光，造成二次发叶。9月间幼虫老熟人土。化蛹越冬。

防治方法：秋后在树干周围土中挖蛹。利用幼虫受惊时吐丝落地的习性，震动树干，捕杀幼虫。在幼虫群集时，喷洒90%敌百虫800～1 000倍液毒杀幼虫。成虫有较强的趋光性，夜间可用灯光诱杀。

4. 芳香木蠹蛾

成虫为较大的蛾子，体色灰褐，头顶及前胸背面为黄色，翅上有许多深暗色横纹。防治方法：在幼虫期，用40%的乐果乳剂25～30倍液，注入虫孔中，密封。

5. 榆毒蛾（*Ivela ochropoda* Ever.）

成虫纯白无斑，与杨毒蛾相似，但较小，翅顶较圆。前足胫节与跗节，中、后足跗节均橙黄色。

在北京1年2代，6～7月为第一代成虫、8～9月为第二代成虫羽化期。

防治方法：采用诱杀幼虫的方法。树干秋季束草或在树干基部放置杂草的方法诱杀幼虫；用黑光灯诱杀成虫；用苏云金杆菌或青虫菌500～800倍液喷杀幼虫。

六、采收与加工利用

纤维采收和加工处理：一般在春季或8～9月份采割枝条，立即剥皮，将剥下的树皮在水中浸泡10～15d，当纤维分离时，取出用清水揉搓洗净，即成柔软又呈黄白色的半脱胶纤维。制人造棉可用碱煮法。

（袁玉欣）

100. 柠　　条

柠条（*Caragana* sp.）包括小叶锦鸡儿［*Caragana microphylla*（Pall.）Lam.］、中间锦鸡儿（*C. intermedia* Kuang et H. C. Fu）和柠条锦鸡儿（*C. korshinshii* Kom.）等种类。抗严寒和酷热，耐瘠薄，耐旱力强，育苗和造林较易，是我国西北、华北、东北地区水土保持和固沙造林中的重要灌木树种，也是良好的薪炭林树种，嫩枝叶可作家畜饲料，深受群众欢迎。柠条是我国主要栽培种小叶锦鸡儿、中间锦鸡儿和柠条锦鸡儿的俗称，也是锦鸡儿属中最有价值的几个栽培种。

它原产欧亚大陆，广泛分布在我国的西北、华北和东北等地，是干草原、荒漠草原优良的饲用和水土保持植物。在我国的吉林、辽宁、河北、山东、山西、内蒙古、陕西、宁夏、甘肃、清海、新疆等地均有分布。尤以陕北比较集中，人工林面积较大。垂直分布方面，多在海拔 1 000 ~ 2 000m 之间的沙漠绿洲或黄土高原地带。在华北地区，其垂直分布可以到海拔 2 000m 以上，而在海拔3 800m 的高山（祁连山）也能生长。

柠条的枝叶繁茂，嫩枝和鲜叶是牲畜特别是羊喜食的优良饲草。另外，柠条的种子可以作为精饲料，而其枝叶的营养也非常丰富，见表 100-1。

表 100-1　柠条枝叶的营养含量

分析部位	干物质（%）	占干物质的百分比（%）				
		粗蛋白	粗脂肪	粗纤维	消化能（MJ/kg）	无氮浸提物粗灰分
枝叶	86.41	22.07	5.28	35.12	15.8	31.78

柠条的枝条坚实，外皮有蜡质，干湿均能燃烧，火头旺。因此，是良好的薪材。另外，种子含油。油棕色，清亮，黏腻，味苦，可用作滑润、照明。油渣可喂羊，也可作肥料。枝条可供编织。树皮是较好的纤维原料。花为蜜源。根、花、种子均可入药，为滋阴养血、通经、镇静、止痒等剂。

一、植物学特征

柠条是落叶罐木，株高 40 ~ 300cm，直立，多分枝；叶簇生或互生，偶数羽状复叶，小叶 6 枚以上；花单生，蝶形花冠，黄色，萼桶状；荚果椭圆形或肾形；种子圆形或椭圆形。三个种中小叶锦鸡儿最矮小，高度一般不超过 1.0m，种子也小；柠条锦鸡儿最高，一般在 1.5 ~ 3.0m；中间锦鸡儿的高度在 0.7 ~ 1.5m。

二、生物学特性

据观察，华北、西北地区的小叶锦鸡儿芽膨大及树液开始流动的日平均气温为 5 ~ 7℃，叶落末期的气温约为 2 ~ 3℃。一般每年 4 月开始返青，10 月上旬叶子开始枯黄，5 ~ 7 月开花结实，花期较早，生育期较长。各个地区有叶期的长短取决于当地有效积温的高低和无霜期的长短。内蒙古小叶锦鸡儿的生长期为 140 ~ 170d，山西和陕西为 160 ~ 190d。

柠条具很强的抗寒性，能抵御 -40 ~ -30℃ 的严寒。内蒙古准格尔旗极端冻土层深达 128cm，锡林郭勒盟年平均气温只有 1. 5℃，最低气温 -42℃，最大冻土层深达 290cm。柠条锦鸡儿和小叶锦鸡儿等在上述地区均能正常生长安全越冬。柠条也耐高温，在夏季能忍耐 55℃ 的地温，不见日灼。但当年生幼苗一般怕晒而耐冻。喜光性甚强，在上方遮荫下生长不良，结实甚少，甚至不结实。

极耐干旱瘠薄，是干旱草原、荒漠草原地带的旱生灌木。在黄土丘陵地（峁顶，山坡、沟岔）、沙盖黄土地、砾岩、花岗岩、石灰岩的山地（阳坡、顶部）、河谷阶地和松沙质、硬土质、砾石质的丘间低地以及固定、半固定沙地上均能正常生长。适于在砂壤土至黏壤土、棕壤土、黑垆土和栗钙土上生长。在黄土丘陵地多单独成丛；沙盖黄土地多与白草或油蒿；固定沙地常与油蒿、猫头刺构成群丛。当流沙变得干旱和坚硬、走向稳定后，柠条继油蒿之后成为优势种，更替为流沙上的先锋植物。

柠条的根系发达，直播出土后半个月的幼苗，根长为苗高的 7 ~ 10 倍。当年生苗木根深达 0.7m。在干燥的固定沙丘和深厚的黄土坡上，垂直主根特别明显，7 年生主根长达 4.49m，同时也有发达的水平侧根。枝条萌蘖力和再生能力极强，柠条各个种均系丛生灌木，一般从 3 年生开始大量萌枝，特别是经过平茬以后，能从根颈部萌生出大量枝条，形成稠密的灌丛。2 年生小叶锦鸡儿单株有 18 个枝条，3 年生有 32 个枝条，4 年生 57 个枝条，5 年生 82 个枝条。沙土层中如含水率较高时，根系往往只向水平方向发展，超出冠幅甚远。主根穿透力很强，有根瘤，能固定空气中的游离态氮，增加土壤含氮量，有改良土壤的作用。萌芽力很强，平茬后可从伐根上萌发出大量枝条，夏季嫩梢被啃食后，可再长出新梢。由于这种特性，柠条常丛生，一丛枝条可达10～30根以上，最多达50余根，因而固沙保土，防止冲刷的作用很大。

柠条一般4月上、中旬萌芽，5月开花，花期15～25d。种子6月中旬至7月上旬成熟。11月上、中旬落叶。一年之中，5～7月份生长最旺，8月份生长减退，9月以后生长逐渐停止。幼苗期地上部分生长缓慢，第二年生长加快，第三年后生长量显著增大，3～4年生即开花结实。条件好的半固定沙地上，20年生地径可达12cm，而干燥的半固定沙地上，31年生地径仅7cm。寿命在40年以上。

三、栽培技术

（一）苗木繁殖

1. 采种

柠条种子成熟后，如果不及时采收，荚果就会炸裂，种子散落。所以，应该及时注意荚果的颜色的变化，适时采收。一般情况下，当荚果的颜色由绿色变成黄绿色或红绿色时，就可以采摘。荚果采集后，应及时晾晒、捶打。除去荚果皮和杂质后，就得到纯度在90%以上的种子。晒干后的种子，为防止虫蛀，可以用粉状杀虫剂与种子拌匀后，用容器存于通风干燥处。需要注意的是，柠条种子贮藏的时间不宜过久。一般情况下，贮藏3～4年的种子的发芽力会有很大的降低。

2. 播种育苗

柠条的播种育苗技术与其他树种相似。在圃地育苗时，通常在早春播种。首先将种子进行温水浸种24h，捞出种子后，与湿沙子按3∶1的比例进行层积催芽。当种子露白时，就可以在播前灌足底水的圃地播种。由于柠条的顶土能力较差，播种时不宜过深。播种时采用行距25cm。播种量的多少与柠条的种类有关，但一般可以保持每米100～120粒，每亩播种量8～12kg。柠条具有良好的抗旱性，所以出苗后，不宜多灌水，只要注意土壤不过分干燥就行。一般情况下，当年的苗高可达30cm左右。造林时宜用1年生的苗木，由于柠条的根系比较柔嫩，起苗时要防止根系的劈裂损伤。

（三）造林

（1）造林地的选择。一般情况下，拧条应该与其他草本植物建立混合植被。所以，在较缓的坡地，柠条可以沿等高线建造15～20m宽的林带，间隔相似距离播种优质牧草，形成林草间作的高产草地；在地形破碎的山地，可以采用鱼鳞坑的整地方式，建立具有水土保持功能的柠条林或林带；在大面积的沙荒地和土层较厚的撂荒地，应该建立高产柠条林；在风蚀严重的沙地，可垂直于主风方向，建造带宽10m左右、行距10～15m的柠条林带，林带间播种优良牧草，以逐步形成稳定的林草间作地。

（2）造林。柠条造林可采用植苗造林方法。柠条直播造林，最好采用1年生的小苗，在早春土地解冻后立即栽植，注意采用根系良好的苗木，以提高造林的成活率。也可以采用容器苗造林，在雨季造林，株行距1m×3m，每公顷300株。营造采种基地，可放宽株行距，采用2m×3m或1m×6m为宜，每公顷造林1 650株。

直播造林。从柠条林的成活、生长情况进行了观测和调查，以雨季播种的成活率最高为100%，春季播种成活率低于雨季播种；采用穴播按1m×0.5m的密度，品字形排列，覆土1.5～2.5cm；穴播要尽量增大播幅，一般用方锹可实现这一目的。长（播幅）约15cm的穴，每穴内放入30粒左右种子，每亩约1 330穴，拍实。

（三）抚育管理

特别是播种造林的柠条幼林，抚育管理的主要内容是保证幼苗的正常生长。所以，播种后的三年内，极易受到牲畜破坏，应实行封护，不许放牧。1～2年应及时间苗、除草松土。3～4年后，进行第一次平茬，平茬后可以进行放牧。第一次平茬5～6年后，进行第二次平茬，及时更新，促进植株复壮，延长幼林寿命，并可获取肥料、燃料。平茬后10年左右，植株生命力逐渐下降，出现自然干枝现象后，再次平茬。平茬在距地面2～3cm处截除地上部分。

四、病虫害防治

主要虫害为柠条豆象，它对柠条种子的危害比较严重，可以造成60%以上的种实被害。防治的主要方法是在成虫产卵盛期（即结荚初期），在林内喷杀90%的敌百虫800倍液或来福灵4 000倍液2次；库存的种子在密封的条件下，以每平方米3～5片磷化铝熏蒸72h，杀虫效果良好。

五、加工利用

放牧是利用柠条的主要形式，特别是骆驼和羊喜食其嫩枝和鲜叶。夏秋季节可以割其嫩枝条，晒制后可以作为冬储饲料。为提高柠条的利用率，可以把它打成叶粉饲用，可以节约80% ~90% 的饲料。

柠条可以加工成颗粒或叶粉状饲料，具体的工艺是：切割→揉碎→干燥→粉碎→加纤维酶（0.2% ~0.7%）→造粒

（袁玉欣）

101. 邓恩桉

邓恩桉（*Eucalyptus dunnii*）为桃金娘科（Myrtaceae）桉树属（*Eucalyptus* L'Herit.）的双蒴盖亚属（subgenus *symphyomyrtus*），蓝桉组（section *maidenaria*）多枝桉系（series *viminales*）植物。在总的形态学特征上，邓恩桉和柳桉、巨桉相似，且易和山桉亚种混淆。

桉树以其卓越的速生性及其木材广泛的工业用途，在引入中国100余年来，种植面积飞速发展。目前，桉树已发展成为我国最重要的人工林资源之一。随着我国天然林禁伐政策的实施，桉树更已被多个省份选定为重点发展树种，以满足“禁伐”后我国木材市场的需求。由于桉树是一个传统的热带树种，我国目前桉树的种植区主要在广东、广西、海南等南亚热带地区，一些冬季较冷的省份如要种植，就须选用较耐寒的桉树树种。而邓恩桉恰好具备较好的耐寒能力（能耐 -9℃的低温），并且生长迅速、树干挺直，它的木材用途广泛，很适合用作锯材、纤维板材、纸浆材等。

一、分布

邓恩桉的天然资源主要分布在澳大利亚的新南威尔士州和昆士兰州。据估计，目前新南威尔士天然林中的邓恩桉已不足82 000株，占地面积约为800hm^2；而昆士兰现存邓恩桉数目和面积都更小。现在，邓恩桉已被看作一个稀有树种，出现在澳大利亚国家稀有、濒危植物名录上。

世界上很多国家已进行过邓恩桉的引种试验，包括南非、津巴布韦、肯尼亚、哥伦比亚、巴西、乌拉圭、阿根廷、智利、中国和斯里兰卡。虽然在大多数试验中邓恩桉都表现良好，但大面积进行推广的国家却相对较少，目前只有澳大利亚、乌拉圭、巴西、南非的种植面积超过了1 000hm^2。

我国的广西、福建、湖南、云南等地都做过或正在做邓恩桉的引种试验，大多数试验中它都表现出较强的耐霜冻能力，并且生长速度快、干形好，一些省份也有加以推广的计划。但由于邓恩桉不易开花结实，缺乏有性繁殖材料，无性繁殖也困难，所以至今在我国未有大面积推广。

在气候适宜的地区，如果土壤肥沃，它的生长速度很快，且常常干形优良。和巨桉相比，它有更耐霜冻、耐干旱的优点。邓恩桉特别适合冬季霜冻较有规律的夏雨型气候地区。但是，和其他桉树相比，邓恩桉的种子产量低。

二、植物学特征

1. 树形

邓恩桉的树体大小中等，在开阔的生长条件下，它的分枝长而浓密；成龄植株的高度可达50m，胸径可达1～1.5m，树干通直，枝下高为30～35m。在人工林中，它的树干通直度比巨桉还要好，且它的分枝更细。

2. 树皮

呈棕色，粗糙且颇似软木的树皮，常从树干基部延续到1～4m高处；上部树皮光滑的，呈灰色或微白色、深黄或带青色的嵌片。常有长带状的树皮从树干上部或主枝上脱落下来。

3. 树叶

幼叶无叶柄，对生，之后很快长出短叶柄，并有数对呈亚对生。叶形为圆形、卵形或心形；叶色变化大，上表面为灰绿色，下表面为苍白色。成叶互生，具柄，披针形，单色，为淡光绿色。

4. 花、花序及果实

花苞具柄，各柄常以一定角度着生成杯状，呈卵形，有疤痕，蒴盖为圆锥状或鸟啄状。花序为腋生，不成枝，7朵花着生在7～16mm长的平梗上。果实具柄，倒圆锥状，成盘状或略微上升，3～5粒，强突起状或向外弯曲。

5. 种子

呈灰棕黑色，粒小，每千克大约250 000粒。树种很难结实，种子的供应受到限制。

三、生物学特性

（一）生态习性

1. 气候

邓恩桉的天然分布区的气候是暖湿型，最热月的最高平均气温为24～29℃，最冷月的最低平均气温为 -0.5～7℃。每年的霜冻次数20～26次。每年的降水量为845～1 950mm，其中夏季的降雨占绝大多数，月降水量低于40mm的月数不超过2个月。

已经有人根据这个树种的天然分布区及其成功引种地研究出了这个树种的适宜气候模型，如：非洲、中南美洲、中国和澳大利亚等地的数据。要获得高成活率和优良生长的重要环境因素有：年均降水量750～1 500mm；降雨主要在夏季；旱季不超过2个月；最热月的最高平均气温为24～31℃；最冷月的最低平均气温：－1～7℃；年平均气温为14～22℃；极端最低气温为－5℃。巴西有报道过，这个树种适合在极端最低气温为－9℃的地区种植。

2. 土壤和地形

邓恩桉的天然林主要生长在峡谷的底部和小坡度的山上和悬崖上，且还能生长在雨林边缘玄武岩发育的土壤的山脊上。喜欢潮湿、肥沃的土壤，特别是玄武岩发育的土壤。

作为外来树种，已经证明，它能适应深度和肥沃程度适中的多种土壤类型。它要求的最小有效根系深度是55cm，并提供足够的水分。在我国它能在土层较厚（＞1m）的砖红壤上生长良好（4年生时的平均高为14.2m），而在澳大利亚的深厚的（＞1.5m）黄灰色土上也能生长优良（3年生时的平均树高达11.3m）。

（二）物候期

邓恩桉繁殖周期的完成约需2年。自然花期为3～5月。蒴果在早春成熟，收种时期为9月至翌年2月。作为外来树种，它的花期在南非为2～5月，观测到的花期随原始种源的不同而异。

四、栽培技术

作为造林树种，邓恩桉非常适合夏季降雨、冬季降霜较频繁的气候类型地区。但它的枝冠较易断裂，容易被雪压断。它在较厚的肥沃土壤上早期生长很快。在干旱地区虽然成活率很高，但它的生长差，在保水能力差的薄土层上一般生长也不好。

（一）苗木繁殖

1. 种子繁殖

邓恩桉主要通过种子繁殖的。它的种子很小，一般如果干燥后（含水率5%～8%）在室温下隔绝空气储存，它的活力可以保持数年。它的每千克有效种子数是250 000 ± 119 000粒。如果采用2.5m × 3.5m的株行距，种子的成苗率225%，则1kg种子提供的苗木足以种植50hm^2。

适宜的发芽温度是25～30℃。种子可以播在平整的苗床上，也可以播在发芽盘中，然后在早期移入培养容器。

2. 营养繁殖

邓恩桉的插条能够生根，但生根率都很低。并且在不同无性系和不同扦插季节间生根率差异都相当大。在巴西，用春天采集的645株母树的插条进行扦插，结果85%以上的母树的插条生根率低于30%。这些插条的长度约10cm（保留一对叶），均采自优良的母树约60cm高的萌芽。澳大利亚新南威尔士用种苗做的试验也得到相似的结果。在冬天扦插的平均生根率是21%，试验中21个种苗母株的生根率在10%～85%；而在春天采集的同样的插穗，平均生根率则达到37%。

南非通过嫁接成功建立了邓恩桉无性系育种园和无性系种子园。

3. 苗圃技术

邓恩桉种苗一般都在苗杯中培养，可以是在单独的容器中，也可以是有很多小室的容器盘。在条件适当的情况下，3～4个月的苗圃期就足以培养出可以种植的合格邓恩桉苗。幼苗150～200mm高、根系纤维化、地径粗壮是优良出圃苗的标准。桉树苗越壮实、锻炼得越好，就越能抵御恶劣的栽培环境和气候。

全世界成功用于桉树苗培育的容器类型已不计其数，有杯壁可透的纸杯、泥煤杯、壁不透性容器等。虽然在澳大利亚有一个阶段偏爱用泥煤杯作邓恩桉及其他桉树苗的容器，由于成本、达到统一方面的问题、土壤水分不很理想时根系穿杯问题等原因，现在已很少有人用。可重复利用的容器，幼苗种植时可完整地从中取出根系，越来越受喜爱。理想的容器是硬塑料的，有矩形隔板、隔条或皱褶，能防止盘根并促进直根生长。目前在澳大利亚广为采用的、培养高质量邓恩桉苗的容器容积范围是22～93mL。

外生菌根结合氧化和加热杀菌法生产基质，能改善苗圃的卫生。健康强壮的幼苗会减少疾病侵袭的机会。过度遮盖、土壤湿度过高和桉树繁殖密度过大，会增加病菌发生的可能和加重病害，同时导致产品质量降低。用漂白或高温的办法对苗盘或苗杯消毒，可以减少病害发生。另外，有规律地施加杀菌剂是一般桉树苗圃的常用做法。

桉树苗的苗圃效率（播下的有效种子中得到的种苗所占的比例）可能从不足20%到高于75%，甚至更高，因苗圃不同而异，也受季节影响。

（二）造林

有报道说邓恩桉的萌芽很好。但关于这个树种的特别造林技术的报道很少。

林地备耕。要充分发挥邓恩桉或其他桉树的潜力，理想的造林措施应包括：彻底的林地翻垦、清除杂草和施加基肥。省略哪怕其中的一步也可能降低高达60%的生长，甚至更多。林地全垦而不只是挖穴，也将是很有益的。在土壤密实的立地上，深耕或深犁都将大大增加产量。

菌根共生体在苗圃和林地中应用的重要性。桉树根系和适当的外生菌根的结合不但可能促进林木的生长，而且可能增强在某些情况下对逆境的抵抗力，特别是在贫瘠的立地上。然而，当首次在澳大利亚以外的地区种植邓恩桉时，可能缺乏可共处的外生菌根；而且，众所周知，不同的外生菌根菌和邓恩桉的共处能力是不同的。因此，预先筛选会有利于菌根接种的成功。

使用充分氧化、高温杀菌过的基质，在生长季节施加小剂量的所需营养的溶液，能促进在苗圃中成功地进行菌根接种。苗圃中菌根接种的影响因素包括：土壤、孢子、孢子囊和营养菌丝体。

苗圃、林地中肥料的使用。毫无例外，施肥能大大增加邓恩桉和其他很多桉树树种的成活率及早期生长。特别是生长在相同的土壤上，这个树种对肥料的需求量可能比巨桉和其他一些桉树造林树种大，因为有发现证明：它比那些树种对营养成分的利用效率低。

在发育充分、有机物积累较多的老土壤上，像巴西、南非、澳大利亚和美国东南部大部分地区那样，对桉树施加磷通常比单独施加其他营养成分效果好；相反，在土壤相对较新、有机物含量少的地方，氮则成为反应最敏感的养分。但是，同时施加氮和磷的效果要比单独施加其中任何一种的效果好。根据表层土的土壤类型、状况和有机物成分，Herbert给出了桉树施肥的一般配方。

灌溉、排水系统。有了灌溉，桉树可以向很干旱的地区推广，甚至可以有非常突出的生长表现。在澳大利亚内陆一个有灌溉系统的树种试验中（此地的年均降水量约为570mm），邓恩桉在34个月时的平均树高达10.1m，是这个试验30个桉树树种中表现最好的两个树种之一，排名是综合生长和包括干形在内的几个性状的表现得出的。

杂草控制、疏伐、修枝和其他抚育措施。化学除草，完全除去被处理的所有植物，比用机械法除去野草的地上部分的效果好，因为后者并没有消除野草在土壤中对养分和水分的竞争。全面或地毯式地用除草剂压制有竞争的植物，比穴式或带式处理更有利于邓恩桉的生长。对桉树，一般都要求至少在种植后一年内都进行杂草控制。

经营管理。如果气候适宜，邓恩桉在优良的立地上的早期生长是非常迅速的。有报道说，在试验中它的高生长每年可达4.2m，而胸径增长每年可达3.6cm，材积生长量每年则可超过34m^3·hm^{-2}。

Herbert概述了南非所采用的包括邓恩桉在内的多种桉树的营林措施，“纸浆材和矿柱材的轮伐期为6～12年，主要取决于立地的质量、种植密度和木材的用途。一般的种植密度是3.0m×2.0m（1 667株·hm^{-2}）或3.0m×3.0m（1 111株·hm^{-2}），在优良立地上，短轮伐期达到最大收益率的时间更早，但木材密度低。装饰用途木材的轮伐期在25年以上，要进行常规间伐，最终的保有量约为250株·hm^{-2}。电杆木的轮伐期介于纸浆材和装饰材之间，初植密度为约750株·hm^{-2}，4年生时进行选择性的疏伐。

但短轮伐期纸浆材和矿柱材能否通过萌芽更新林培育，至今没有文字报道。

用宽株行距（如3m×4m）培育的邓恩桉木材可能不适合制化学浆，因为有发现表明：这种木材在用硫酸盐法制浆过程中的碱耗很高。相反，窄株行距（3m×1m，3m×1.5m，或3m×2m）培育的木材的碱耗相对较低，更适合制硫酸盐浆。

四、加工利用

1. 农用林

澳大利亚有的地方曾用土豆和邓恩桉间种，到18个月大时，仍未发现邓恩桉的生长量有明显降低。间种的突出优点是：通过培育经济作物可以有效地抑制来自其他植被的竞争。在巴西的某些地区，邓恩桉还和其他作物间种过。

2. 木材利用

邓恩桉的心材呈棕白色，和边材没有明显的区别。木材的纹理直而均匀。因为耐久性不足，其心材不宜外用；其边材易遭虫蛀。木材的气干密度

（澳大利亚天然林中取样）约为800kg·m^{-3}。邓恩桉木材曾被用作建筑物和木制品的框架，而且适合生产粒子板、烧炭及作燃料。

南非的研究发现，邓恩桉的硫酸盐浆打浆后的强度非常好，细浆得率高，筛渣率低；同时，同巨桉浆（一种以纤维品质好闻名的浆）相比它的耐破度、撕裂度和裂断长都相当令人满意。这些结论也为其他研究证实。

表99-1是邓恩桉木材的一些参数的数值。

表99-1 邓恩桉木材物理参数

参数	树龄	所在地	数值	数据来源
木材基本密度	5.25	巴西	524kg·m^{-3}	Riberiro/Filho, 1993
	81/3	巴西	566 kg·m^{-3}	Riberiro/Filho, 1993
	5.5~11	南非	497~64 kg·m^{-3}	Coetzee, 1998
	4	乌拉圭	489 kg·m^{-3}	Beckman/De Leon, 1998
纤维平均长度	14	南非	0.70mm	Van Wyk/Gerischer, 1994
	4	乌拉圭	0.60mm	Beckman/De Leon, 1998
未漂浆得率	14	南非	48%~49%	Van Wyk/Gerischer, 1994
	4	乌拉圭	50.1%	Beckman/De Leon, 1998
漂白浆得率	4	乌拉圭	46.8%	Beckman/De Leon, 1998
吨浆木耗（硫酸盐法）	4	乌拉圭	3.9m^3·t^{-1}绝干漂白浆浆	Beckman/De Leon, 1998
树皮率	不详	南非	平均=21.2%	Coetzee, 1998

在南非，它是木材密度最大的桉树纸浆材树种之一，但随着树龄和生长环境的不同，其木材基本密度会有很大差异。南非的一个研究报告中认为邓恩桉的树皮较薄；但其后南非的另一个研究认为：同巨桉相比，它算得上是树皮最厚的桉树之一。

邓恩桉的木材干燥的初期一定要慢，以防止开裂，因为它从鲜材到干材：径向的收缩率为5%、轴向为10%。另外，邓恩桉的木材在干燥过程中容易翘曲。在南非，有人认为10年生以下的邓恩桉原木不适合用作矿柱，因为它的端头易开裂；但是，在澳大利亚的邓恩桉人工幼龄材（14年生）的锯切和干燥试验中，却发现邓恩桉的木材很适合做面板；它的锯板变形在可接受的范围内；有时发生的季节性皱缩也不是不可克服的。巴西有人在试验中发现，20年生的邓恩桉的锯材的物理和机械性能均优于巨桉。

3. 非木材

邓恩桉的叶经蒸馏可得桉叶油，油中含：1，8-桉脑、α-蒎烯、β-松油醇、ρ-异丙基苯等成分。虽然它的叶油中1，8-桉脑的含量高达58%，但如果用作医药，这个数值仍然太低。

（谢耀坚）

102. 沙　　柳

沙柳（*Salix psammophyila* C. Wang et Ch. Y. Yang）又叫北沙柳、西北沙柳，为杨柳科（Salicaceae）柳属（*Salix* L.）树种，是西北沙地主要的生态经济树种之一。我国西北的大部分地区生态环境极其脆弱，木材严重缺乏，因此，生态环境保护和生产木材是西北沙区林业工作的最突出的特点。而沙柳是西北沙区的乡土绿化树种，生态效益和经济效益十分显著。从西北沙区的实际出发，结合当地生态、经济、社会三大效益，推广种植沙柳，是促进由单一的生态型林业向综合的生态经济型林业发展的必然趋势。

一、植物学特征

沙柳为沙生速生小乔木或大灌木，高 3～5m，最高达 6m 以上，胸径 1～3cm。树皮灰色，小枝淡黄色。叶条形或条状披针形，长 4～8cm，宽 2～4mm，先端渐尖，基部锲形，边缘具疏腺齿，上面淡绿色，下面苍白色；叶柄长 3～5mm。花先叶开放，雌花须具短梗，花序轴具柔毛；苞片矩圆形，腺体 1，腹生，雄花具有雄蕊 2 个，完全合生；子房卵形，无柄，被柔毛，花柱明显，柱头 2～4 裂。蒴果长椭圆形，被柔毛。

沙柳主要分布于内蒙古、甘肃、宁夏、青海、新疆、陕西、山西等干旱、半干旱地区。天然沙柳生长于固定、半固定沙丘、沙丘间低地，常与乌柳（*S. flavida*）形成柳湾林，成为沙地天然“绿洲”。20 世纪 80 年代末，河北地区引进沙柳，表现非常好，尤其是水分条件良好的地区引种或推广沙柳均得到了较好的效果。内蒙古地区沙柳天然林主要分布在中西部地区。内蒙古东北部通辽地区引进沙柳营造三北防护林，已见成效。

二、生物学特性

（一）生态习性

沙柳耐干旱、抗沙埋、抗风蚀、耐盐碱、耐土壤瘠薄、耐平茬和耐寒能力强。沙柳是喜光树种，但也能生长于疏林下。耐寒和耐热能力均较高，在冬季气温 -30℃以下和夏天沙地表面温度高达 60℃条件下均能正常生长；沙柳灌木丛因其枝叶茂密、灌丛大，故抗风蚀能力和耐沙埋能力均较强，尤其是沙埋能够促进被埋枝条产生大量的不定根，增加植株吸收水分和养分的能力。喜欢湿润疏松的土壤，立地条件水分充足，则生长旺盛；在地下水位 5～8m 的丘间地，则生长不良。

（二）生长发育

沙柳 3 月下旬至 4 月初萌动，一般 4 月上旬萌芽，4 月中下旬开花，先花后叶，花期 29d 左右，展叶期 6d 左右，种子 5 月中下旬成熟，11 月中旬落叶。果实成熟较早，在 5 月上旬成熟后迅速脱落。每年地径生长 0.55cm 左右，高生长达 100cm 左右，一年中以 6 月份生长最快，7 月份开始减退，8 月下旬后停止生长。前 3 年生长较快，3 年后生长减退，因此沙柳的轮伐期通常为 3 年。沙柳生长迅速，萌芽力强，在自然条件下，通过下种自繁，适当沙埋和平茬更新，很快形成灌丛。

沙柳生长速度比一般灌木快，种植 2～3 年后就能长到 4～5m，有利于生物量的积累；它是轮伐期短的再生资源，轮伐期为 2～3 年，平茬可促进沙柳的生长发育。在沙柳原产地或更优越气候地区可大量引种沙柳，将获得较好的经济效益和生态效益。

三、栽培技术

1. 选地

（1）沙丘间地。宜选在地下水位 1～2m 的丘间地，丘间地风蚀较轻，又有一定程度的沙埋，有利于沙柳的成活和生长。流动沙丘的迎风坡和丘顶，风蚀严重，水分条件差，不宜沙柳造林。

（2）固定和半固定沙地。固定和半固定沙丘植物覆盖率高，造林前需进行整地，以提高土壤含水率（可提高 4.25%），通常局部整地，不宜进行全面整地，以免破坏植被，引起流沙再起。整地时间宜于雨季进行，有利于土壤熟化和收墒。

（3）流动沙丘。流动沙丘虽然风蚀作用强，水分条件差，不利于沙柳成活和生长，但从防沙、固沙目的出发，也常常在流动沙丘上进行造林。

2. 整地

固定、半固定沙地整地时间，应根据潜在的风沙危害程度。如风沙危害少、没有潜在沙化的可能性，整地可在造林前1年雨季进行；或在造林当年雨季进行。采用局部带状或局部块状整地，除去地被物，疏松土壤，带宽2～4m，整地带与主风方向垂直。半固定沙地在当年春季进行块状整地。流动沙地不需要整地。整地次数一般两遍为好。

3. 造林

沙柳天然分布多，种条来源广，生根能力和萌蘖能力强，繁殖容易，常采用直接扦插造林，也可采用埋条断根方法进行造林。

（1）扦插造林。此法简便易行，成本低、见效快，生产上应用最广。最佳造林时间是获得成活率和保存率的关键。沙地每个灌木的生物学和立地条件的不同而各异，所以其造林季节和造林密度也有很大差异。荒漠地区以春季和秋季造林为宜，雨水充足的夏季也可进行扦插造林。流动沙丘不宜秋季造林，应以春季和雨季为好。造林密度应根据立地条件和沙地的流动性确定，一般流动沙地株行距为1m×1m或1.5m×2米；固定、半固定沙地以2m×2m、1.5m×3m或2m×3m为宜，每穴中定植2～4根插条较好。

春季造林宜早勿晚，最佳时间为3月20～4月5日，当土壤解冻，芽苞未放前，随采条随扦插。夏季扦插造林，应在春季采条，可在造林地阴坡挖窖冷藏，用湿沙分层踏实，防止失水。6～7月份抢墒栽植。雨季造林成活率较春季造林要高。秋季落叶后选条扦插，应选择2～3年生健壮枝条，长40～60cm，茎粗0.60cm以上，造林前将插穗用清水浸泡24～48h。

采用开穴整地直插，穴宽20～30cm，深50～60cm。每穴插2～4根，分别置于坑的两角或四角。切口外露2～3cm。扦插前将种条浸水7～10d，深栽可大大提高其造林成活率。

（2）埋条断根造林。春季造林时，在3～4年生沙柳周围，挖深50cm、宽30cm的坑4个，将沙柳枝条2～4根合成1束，每坑压入1束，枝梢露出坑外，覆土踏实。待第二年新根长出后，将枝条与母树连接处切断，即由1穴繁殖成5穴，一般成活率达95%以上。

（3）植苗造林。在晚秋、早春或夏季连续阴雨天，在湿润丘间地挖掘1～2年生实生苗栽植。起苗时要注意深挖，保持根系完整，如有损伤要适当修剪，然后将其移植到流动沙丘的丘间低地或经整地的固定、半固定沙地。株行距1m×1.5m，行与主风垂直。这样移栽的沙柳，当年生枝干平均高25cm，冠幅30cm×30cm，生长良好，尤以低湿沙质丘间低地和积沙不十分厚的地方生长更好。

（4）平茬更新。沙柳萌蘖能力很强，平茬适当，生长越旺。沙柳从4～6月增长最快，7～8月份达最高峰，9月份逐渐较少，9月底至10月初生物量积累基本停止。造林后3年沙柳高生长迅速，3年以后生长速度变慢。平茬又会促进沙柳的重新旺盛生长，因此，轮伐期通常为3年。

平茬应注意：平茬应在沙柳停止生长后（11月后）或翌年萌动前（4月）进行。不宜在生长季节进行平茬；流沙地区平茬，一般采用隔行或隔丛平茬，以后每年交替进行。切忌成片进行，以免沙丘裸露招致沙移；沙柳配于防护林两侧时，应隔年交替在一侧平茬，避免两侧同年进行。

4. 抚育管理

固定、半固定沙地造林后，应加强抚育管理。自造林当年开始，每年都应在整地带内及时松土、除草2～3次。造林后3～4年，沙柳成林后，应及时将保护带进行翻耕，除去杂草，以促进沙柳的生长。

四、病虫害防治

危害沙柳的主要病虫害有枝柳烂皮病、柳金花虫、金龟子、柳天蛾、柳尺蠖、柳大蚜等。

1. 枝柳烂皮病

造林时对种条进行严格的检疫，及时平茬，营造混交林等予以预防。必要时可在早春病菌活动前刮除病斑，涂涮10%碱水或1∶1∶5的波尔多液。

2. 主要虫害防治

对金花虫，可利用其假死特征，采用震落法进行捕杀；当柳天蛾入地化蛹和幼虫进入中龄以后，结合抚育，人工挖蛹和捕杀幼虫；喷施高效低毒药剂；保护柳尺蠖的天敌——瓢虫、白颈乌鸦等。

五、采收与加工利用

1. 防风固沙，生态效益显著

沙柳是防风固沙、水土保持的优良灌木，在沙地生态效益非常显著。内蒙古伊盟地区从20世纪50年代开始利用沙柳营造防风固沙林、护牧林、农田防护林，面积可达56.8万hm^2以上，占全盟森林总面积的53.42%。由于沙柳具有极强的耐沙埋和萌蘖能力，常可成丛出现在沙丘顶部，有效地阻止流沙的迁移。在流沙地区选用沙柳进行大面积造林3年后，植被盖度增加40%，土壤黏粒增加4.43%，土壤有机质含量增加0.45%，空气相对湿度增加1%，气温降低2.3℃，蒸发量降低2.7%。随着植被盖度的增加沙丘移动逐渐停止。与沙区其他灌木相比，沙柳具有更大的生态效益，沙柳盖度为31%时所发挥的生态效益与盖度为90%的杨柴、60%的柠条、80%的沙蒿相当。

据报道，毛乌苏沙地从1949～1974年沙漠化面积从21万hm^2扩大到3 235万hm^2，平均每年扩大近130万hm^2。该地区从1964年开始人工种植沙柳，至1985年全盟实有沙柳林面积25万hm^2，沙漠化趋势基本得到控制。气象资料统计表明，毛乌苏沙地的平均风速在80年代与70年代相比降低了0.23 $m \cdot s^{-1}$，年降水量增加了12.2mm，年蒸发量减少了347.8mm。逐年比较1981～1991年的气象资料发现，年降水量呈增加趋势，蒸发量逐年降低，平均风速降低幅度较大，即整个地区的生态条件向良性方向发展，其中沙柳起了决定性的作用。

2. 材质优良，制造人造成板的主要原料

沙柳由于材质均匀，密度适中，较适合制造刨花板。内蒙古伊盟地区从1992年开始陆续建立了乌审旗等刨花板厂近10条以沙生灌木为原料的人造板企业，获得了较好的经济效益和社会效益。1992年投产的年生产能力5 000m^3的刨花板厂，当年产值为311万元，年利税达68万元。年到1993年年底，利税达300万元。用沙柳制造刨花板其产品质量好，使用性能优良，生产技术成熟。还适合于制造纤维石膏板和中密度纤维板。

3. 良好的造纸原料

研究表明，沙柳是较好的造纸工业原料，沙柳抄纸片可达国家1#牛皮纸板质量标准，可以生产出符合国家标准的强韧纸箱。若能开发利用沙柳资源，不仅能够改善环境，还可以形成农、林、环保工业的相互促进，并带动商业和其他相关产业的发展，获得较好的经济效益、社会效益和生态效益。

4. 优良的饲料和薪炭林

沙柳也是沙区重要的饲料林之一。每千克沙柳含粗蛋白170.0g，蛋白150.6g，粗脂肪35.4g，粗纤维115.6g，粗灰分63.8g，钙13.0g，镁3.8g，磷1.97g，粗蛋白/粗纤维为1.47。沙柳粗蛋白和粗纤维含量均较高。（蛋白质含量是评价饲料品质的主要指标项。）每千克粗蛋白含量沙柳 > 小叶锦鸡儿（146.2g） > 柠条锦鸡儿（142.5g） > 柽柳（117.5g） > 胡枝子（91.9g），与其他沙地灌木相比，沙柳的叶片是优良饲料。（粗蛋白/粗纤维可评价饲料的适口性，这项指标与适口性成正比关系，一般比值 > 1则适口性较好，反之适口性差。）沙柳粗蛋白/粗纤维为1.47，说明沙柳适口性较好。沙柳的可食部分/不可食部分为0.56，大于柠条锦鸡儿（0.46），小于花棒（0.70）。含水量大小依次为花棒（7.86%） > 柠条锦鸡儿（7.48%） > 毛条（7.05%） > 沙柳（6.94%）。可溶性糖含量依次为沙柳（7.75%） > 花棒（4.74%） > 柠条锦鸡儿（3.25%） > 毛条（2.25%）。总之，沙柳是沙地优良的饲料灌木树种。目前，宁夏、内蒙古、甘肃、新疆、陕西等地陆续开发沙柳饲料林，并正在开展对沙柳饲料的集约化加工研究。

5. 其他用途

木材质软，可圈井、筑篱、编排柳栅、结扎防风墙、捆扎柳鞍、建简易房屋及牲畜棚圈等，还可编织筐蓝，尤以精巧的“柳编”颇负盛名，远销国外。树皮可提取鞣料制革。花为蜜源。皮、根均可入药。

（乌云塔娜）

九、竹　　类

103. 毛　　竹

毛竹［*Phyllostachys heterocycla* var. *pubescens*（Mazel）Ohwi］属禾本科（Gramineae）、竹亚科（Bambusoideae）、刚竹属（*Phyllostachys* Sieb. et Zucc.），又名楠竹、茅竹、猫头竹、孟宗竹等。它是我国分布最广，面积最大、经济效益最佳的竹种。我国的毛竹林面种近5 000万亩，占竹林总面积的70%左右。全国竹业总产值达320亿元，其中毛竹占80%。目前已开发出2 000多种产品。

一、植物学特征

毛竹为单轴型散生竹，是散生竹家族中最高大的竹种，一般高10～18m，胸径6～15cm，最高达20m以上，最粗达20cm。节间长10～25cm，最长可达45cm。毛竹为抗逆性最强的竹种。黄河以南的17个省（自治区、直辖市）均有分布，其中福建、浙江、湖南、江西为中心分布区，云南、贵州、四川为次中心分布区，在年均气温14～21℃，极端最低温－16～－14℃，年降水量800～1 900mm；中心产区海拔300～800m，西南地区海拔2 100m以下均能生长发育良好，且能耐大霜大雪。

二、栽培类型

毛竹在长期的栽培过程中，产生了许多栽培类型。

1. 毛竹（*P.* cv. Pubescens）

又名楠竹、猫头竹、孟宗竹等，分布自秦岭、汉水流域至长江流域以南和台湾省，黄河流域也有多处栽培。1737年引入日本栽培，后又引至欧美国家。

2. 圣音毛竹（*P.* cv. Tubaeformis）

秆基部向下呈喇叭状强烈增粗。产于湖南君山。

3. 龟甲竹（*P.* cv. Heterocyla）

秆中部以下一些节间极为缩短而于一侧肿胀，相邻的节交互倾斜而于一侧彼此上下相接或近于相接，其他性状同毛竹。各地毛竹林中零星出现，少有成小片生长。薄壁细胞体形比毛竹小。

4. 强竹（*P.* cv. Obliquinoda）

不同于原栽培型的是秆较粗细，其相邻的节交互倾斜，但节间正常而不畸形。产于浙江、江苏。表皮和皮下层及皮层3层的细胞，同毛竹、龟甲竹相比体型小，层次小，特别是皮层只有2～3层。维管束内导管直径比毛竹小。

5. 佛肚毛竹（*P.* cv. Ventricosa）

不同于原栽培型的是秆的中部以下有10个以上的节间在中部膨大如佛肚状，但相邻的各节并不彼此交互倾斜。产于浙江安吉。

6. 金丝毛竹（*P.* cv. Racilis）

秆始终矮小，高7～8cm，直径3～4cm，秆壁较厚。表皮的长形细胞比毛竹的体型略大，气孔、栓质细胞及硅质细胞比毛竹多。薄壁细胞成菱形状排列，包围着大小不一样的每个维管束，同毛竹有所不同。产于江苏宜兴。

7. 方秆毛竹（*P.* cv. Tetrangulata）

秆为钝四菱形。此种钝四菱形并非因人工作用所成。产于湖南君山。供观赏或制作工艺品。

8. 梅花毛竹（*P.* cv. Obtusangula）

秆具5～7条钝棱，横断面略似梅花形，产于湖南君山。供观赏或制作工艺品。

9. 花毛竹（*P.* cv. Tao Kiang）

又名江氏孟宗竹（台湾）、花秆毛竹，秆具黄绿相间的纵条纹，叶片也可具有黄色条纹。在毛竹产区常有零星栽培。表皮、皮下层、皮层内部等细胞解剖结构同毛竹相似。

10. 黄槽毛竹（*P.* cv. Luteosulcata）

秆绿色，但节间的沟槽则为黄色。产于湖南、福建，浙江竹种园有引种。表皮层的细胞解剖结构同毛竹相似，但皮下层从横切面观察由一排比金丝毛竹的皮下层细胞小得多，体形近似矩形的细胞组成。

11. 绿槽毛竹（*P.* cv. Viridisulcata）

秆绿色，但节间的沟槽则为绿色，产于浙江，为美丽的观赏竹种。

三、生物学特性

（一）生态习性

竹类植物虽然地上分秆林立，地下却紧密相连，竹连鞭、鞭生笋、笋长竹、竹又养鞭，循环增殖。同时，与它周围环境之间是相互联系和相互制约的，不断进行物质和能量的交换，构成一个完整的生态系统—竹林生态系统。

1. 气候

毛竹生长的不同生育期内，积温、降水量和日照时数影响是不同的。温度和降水对竹笋—幼竹的高生长影响尤其显著，特别是温度，在降水量充足的前提下，高生长量和气温是直线相关。

(1) 气温。一般状况下，气温低于8℃就停止生长，18℃以上生长良好，低于18℃以下生长缓慢，25~29℃毛竹生长最活跃。我国毛竹分布中心的年平均气温为14.1~18℃。

(2) 降水。凡是有毛竹自然分布的地方，年降水量都在800~1 000mm以上。在自然状况下，如果年降水量低于这个限度的地区发展和栽培毛竹，必须在阴湿小地形上或必须视毛竹生理需要及时辅以人工灌溉。

2. 地形

不同地形特征，毛竹的分布和生产力水平存在明显差异。

(1) 地形地势。在同一地区，同一时期，相同的经营前提下，坡向、坡位、坡度对竹林的立竹度仍存在显著影响。在新成竹的数量上表现如下趋势：下坡的新成竹数>中坡的>上坡的；坡度小于30°的竹林新成竹数>坡度大于30°的；阴坡—半阴坡的新成竹数>阳坡—半阳坡的等。

(2) 海拔高度。毛竹生长受海拔高度的影响，有随着高度增加而下降的明显趋势。海拔在1 000m以下，毛竹生长良好。到1 100m时，虽然毛竹也能正常生长，但其粗度只相当于适生区的77.9%左右，高度只能达到80.8%。

3. 土壤

毛竹生长快，具有庞大的根系，即竹蔸根系和竹鞭根系，吸收量大，对土壤条件要求高于一般树种。一般适于毛竹生长的土壤条件有：

(1) 土层深厚。要求土壤深度在50cm以上。

(2) 疏松肥沃。要求肥沃，湿润，排水和透气性能良好的沙质土或沙质壤土。过于黏重瘠薄的红土、黄土以及盐碱土等，对竹子生长不利，一般情况下不宜发展毛竹林。

(3) 酸性。要求酸性、微酸性或中性土壤，pH值4.5~7为宜。在碱性或酸性过大的土壤上，生长都不良。

(4) 地下水位适当。要求地下水位在1m上下。过高或过低，都不利于竹鞭生长。

4. 林内生物

在竹林生态系统中，除系统的主体——毛竹外，还有林下灌丛、林中杂木、昆虫、微生物、细菌和动物等。这些都是系统的组成部分，虽然有的属于迁移性的，但都直接或间接地影响竹林的生长。合理利用有益的生物，及时预防和消除有害的生物，是保障竹林良好生长的一环。

(二) 生长发育

1. 地下茎（竹鞭）的生长

毛竹的竹鞭分布在土壤上层，一般在15~40cm范围内，有时深达1m左右，横向起伏生长。可分为鞭柄、鞭身和鞭梢3部分，总称为鞭段，都由鞭梢生长而成。

(1) 鞭梢的生长

• 生长过程　鞭梢又叫鞭笋，是竹鞭的先端部分，具有强大的穿透力。鞭梢的生长过程也就是竹鞭在地下横向生长的过程。

在正常情况下，竹鞭每节居间分生组织是以等同的速度进行分裂增殖，拉长竹鞭的节间长度，推进鞭鞘向前延伸。但在竹鞭生长过程中，如遇到土壤阻力，经常会一侧伸长大，另一侧伸长小，形成两侧不相称的节间长度，竹鞭也随之歪斜扭曲。

• 生长期　毛竹竹鞭生长活动时期一般为5~6个月。当3月份土温回升后，竹鞭生长开始，5~7月份生长加快，8~9月份生长最旺，11月份生长减慢，12月份至翌年1月份停止生长，3月份竹林又开始发笋长竹，如此交替进行。

• 生长与土壤条件　鞭梢生长过程中，土壤条件特别是质地、肥力、水分等的影响很大。在疏松肥沃的土壤中，鞭梢生长快，1年可达4~5m，钻行方向变化不大，起伏扭曲也小，形成的竹鞭，鞭段长，岔鞭少，节间长，鞭径大，侧芽饱满，鞭根粗长。

(2) 断梢与岔鞭。竹鞭的更新生长有其独特的方式，即靠竹鞭分枝来实现。鞭梢在生长过程中常常会或因抵触到坚硬的物体（如石块、树桩）而折断，或伸人低洼积水地而腐烂，或在挖笋松土等过程中伤断，或进入冬季因生长停止而自然萎缩断掉等等，这些现象称之为断梢或“秃顶”。在生长期内，鞭梢在坡地生长的竹林，通常水平方向断根较少，而在沿坡上下方向断梢较多。

根据竹鞭的分岔位置，分为一侧单岔、两侧单岔和两侧多岔 3 种类型。在一般情况下，一侧单岔出现的次数最多，两侧多岔出现的次数最少。

鞭段长度与断梢次数有关。长鞭段通常发笋长竹较多，着生不同年龄的竹株。在竹林培育上，通过松土、施肥、盖土等措施，改进林内和林缘土壤上层的水分、肥力、通气条件，可以促进鞭梢生长，形成粗壮的长鞭段，从而扩大竹林面积和更新复壮老竹林。

(3) 跳鞭。鞭梢在土中横向生长，有时钻出地面，在阳光的影响下又随即钻入土中，形成弓形，称为跳鞭。不能随便伤断它，否则会割断竹子的地下输导系统，影响抽鞭发笋。

(4) 竹鞭年龄。竹鞭的生命历程为幼龄、壮龄、老龄、死亡 4 阶段。阶段不同，其孕笋抽鞭的能力也不一样。1～2 年生的幼龄竹鞭，正处在组织充实生长阶段，除断梢情况外，不抽鞭，也不发笋。3～6 年生的壮龄竹鞭，侧芽发育完全，抽鞭发笋力强，鞭根分枝多而生长旺盛，已形成了强大的竹鞭根系。7～8 年生以后，竹鞭逐渐进入老龄、死亡阶段，发笋成竹能力弱，直至死亡。所以，在竹林培育上，无论是留笋养竹、移竹造林或移鞭栽植，都必须选用幼—壮龄竹鞭。

竹鞭的年龄可以从外观上大致判断出，一般幼龄竹鞭呈淡黄色，为鞭箨所包被。壮龄竹鞭为黄铜色。老龄竹鞭为褐色或深褐色。毛竹的竹鞭寿命较长，可达 10 年以上。

挖掉老鞭竹花，排除地下障碍，改善土壤的水分、肥力、通气等条件，可以引导新鞭回窜过来，达到复壮老林的目的。

2. 竹秆生长

可分为 3 个阶段：即竹笋的地下生长、竹笋—幼竹的生长（竹子秆形生长）和成竹生长（竹秆材质生长）。

(1) 竹笋的地下生长。从竹鞭上的芽到出土为竹笋的形成阶段。

• 竹笋的形成　竹笋在地下阶段生长慢、时间长。夏末秋初，壮龄竹鞭上的部分肥壮侧芽开始萌发分化而为笋芽。笋芽进一步分化形成节、节隔、笋舞、侧芽和居间分生组织，并逐渐膨大，与竹鞭成 20°～50°的角度向外伸长，同时笋尖弯曲向上。

初冬，笋体肥大，笋箨呈黄色，被有绒毛，称为冬笋。从浅鞭长出的冬笋，有的在冬季开始破土露尖，可以挖掘食用。冬季低温时期，竹笋处于休眠状态，到了春季来临，温度回升时，又继续生长出土，称为春笋。另有少部分竹笋不在秋季形成，而在翌年春季，竹鞭侧芽萌发分化生长而成。

• 影响发笋的因素　影响毛竹林发笋的主要因素有气候、土壤、经营管理水平以及竹林自身生长状况等。毛竹孕笋期间所需要的总降水量应不少于 400mm，且雨量分布较均衡。在立地条件好、经营水平高、郁闭度大的材用竹林，一般出笋数量不多，退笋率也相当低。但笋体粗大健壮，长势很旺，成竹质量高。土壤肥厚湿润，郁闭度小的笋用竹林，采取钩梢、挖笋、松土、施肥等措施，竹笋产量高，笋体也大。至于退笋的多少，成竹的大小，还取决于竹林自身的生长状况。竹林生长好，竹鞭粗壮，自身贮藏营养多，才能使较多的竹鞭抽鞭孕笋，长大竹。

• 竹笋出土期　毛竹 3 月中、下旬竹笋露头，出笋的时间较长，一般为 20～30d。按竹笋出土的数量和质量，可分为初期（占 20%～30%）、盛期（占 50%～60%）和末期（占 20%）3 个阶段。

初期出土的竹笋数量小，养分充裕，退笋率低。盛期出土的竹笋数量最多，笋体健壮肥大，成竹质量高。末期出土的竹笋又叫“罢林笋”，养分不足，笋体弱小，退笋率高，即使长成新竹，质量也差。

因此，在竹林培育上，应尽量留养初期和盛期竹笋，挖掘末期竹笋，以减少竹林养分的消耗，保证新竹的质量。

• 影响竹笋出土的因素　影响竹笋出土的因素有地形、气候、竹鞭生长等，其中温度条件是主要的影响因素。毛竹笋开始出土需要 10℃左右的旬平均温度。但这样的温度因地区和年份而有不同。即使在同一竹林中，土壤上部和林缘的温度上升较快，因而竹笋出土较早。

水湿条件以及竹鞭在土中的深度和起伏扭转，同样也会影响到竹笋出土。

(2) 竹笋—幼竹生长（秆形生长）。从竹笋出土到新竹枝叶展开，是竹秆形态建成阶段，即秆形生长阶段。

竹笋生长从基部开始，先是笋箨生长，继而是居间分生组织逐节分裂生长，推动竹笋向上移动，穿过土层，长出地面。

• 生长期　毛竹笋的生长量大，从出笋到幼竹高生长停止所需的时间较长，早期出土的竹笋约 60d 左右，末期笋约需 40～50d。按照竹笋—幼竹生长的速度，可分为初期、上升期、盛期和末期。

初期：笋尖露头，笋体仍在土中，横向膨大生长显著，高生长非常缓慢，一般每天不过1～2cm。

上升期：竹笋的地下部分各节间（即秆柄、秆基）的伸长生长趋于停止。秆基各节大量生根并产生支根，逐渐形成根系，节间生长活动从地下推移到地上，生长逐渐加快，一般每天10～20cm。

盛期：是竹笋生长最快的时期。竹笋的高生长迅速而稳定，到生长高峰，1昼夜可长1m左右。下部笋箨开始脱落，竹秆变绿并开始抽枝，高生长速度又由快而慢，竹笋逐渐过渡到幼竹阶段。

末期：高生长速度显著下降，直至停止。同时笋箨大都脱落，枝条伸展迅速，枝条待长齐后，竹叶几乎同时全部绽放，竹蔸根系形成，长成新竹。

● 高生长（节间生长）　节间生长是由居间分生组织经过细胞分化、伸长加大和老化成熟来实现的。节间伸长活动不是同时，也不是以等同速度进行，而是始于基部，自下而上，按慢—快—慢的规律，逐节伸长，并由一定数量正在伸长的节间构成竹笋高生长的延伸区段。延伸区段内各节间的伸长依照初期、上升期、盛期和末期进行。当区段下部的节间处于生长末期，区段中部的节间正处于生长盛期，而上部的节间则处于上升期和初期。同时，各节间的生长量也不一样，一般基部和梢部的生长量小，节间短。中部的生长量大，节间长。

● 笋箨生长　笋箨相当于叶鞘，对竹笋的节间生长起着保护作用，与居间分生组织同时形成，但其伸长活动比节间生长早得多，速度快，当节间长度开始明显增加时，笋箨生长已濒结束。笋箨的生长量同节间生长一样，笋箨的长度总是中部的长于基部和梢部的。

● 粗生长　竹秆基部的粗度在笋出土前和出土初期已趋定型。在以后的竹笋—幼竹高生长过程中，随节间的伸长，竹秆基部以上各节粗度、壁厚也相应地增加。节间粗度和秆壁厚度总趋势是自基部起往上逐节变小、变薄。

● 根系生长　在竹笋—幼竹地上部分生长的同时，地下部分也相应生长。竹根长度、分布幅度和体积迅速增加，其含水量则减少。

地下部分的干物质的增长量远不如地上部分那样显著，但根系吸收总面积的增加却非常突出。

幼竹地下根系的强壮发展，地上枝叶的全部展放，形成了完整的吸收系统和合成器官，从而具备了“自给自足，独立生活”的能力。

● 影响因素

营养条件：从竹笋长成竹子所需要的大量营养物质，几乎全靠母竹和鞭根系统的供给。所以，营养状况的好坏直接影响到抽鞭孕笋成竹。在土壤肥沃而又集约经营的竹林中，母竹和鞭根存贮的养分丰富，竹笋生长旺盛，退笋率低。反之，养分不足，退笋率高。同样，出土早的竹笋养分丰富，生长旺盛。出土较晚的竹笋则处于“饥饿”状态，生长缓慢、停滞，不是弱小，就是败退死亡，退笋率也高。同一鞭段上发笋较多时，通常是靠近母竹的1～2支竹笋生长健壮，长成新竹，其余远离母竹的竹笋因养分供给不足而死亡。

在竹林培育上，在竹笋一幼竹生长的初期，挖掉一部分生长弱小、分布过密的退笋，高度一般都在30cm以下，不仅可使健壮竹笋生长更良好，提高成竹质量，而且还可增加经济效益。

采伐作业：采伐作业是否科学也是影响出笋的重要因素。竹笋生长期间，任意伐竹或断鞭，特别是二三度的壮龄竹，都会引起竹液大量外流，破坏竹林合理的龄级结构，割断竹与笋的“母子”关系，竹笋营养条件变差，生长衰弱，大部分成为退笋，这种竹笋群众称之为“没娘笋”。即使长成竹子，也是秆短节密，利用价值很低，称为“刀伤竹”。

及时挖取在竹笋—幼竹生长初期的退笋以食用，这些竹笋都不能成竹，从而增加收入。

因此，在林业生产上，必须保留足够数量的健壮母株，加强抚育管理，改善土壤条件，提高竹林的养分积累，为竹笋生长提供充裕的物质基础。“娘壮儿肥”，才能防止退笋大量发生，保证竹笋—幼竹的健壮生长。

气候条件：竹笋出土必须在适宜的温度和充裕的水湿条件下。这样竹笋居间分生组织才能正常进行细胞分裂和伸长扩大，从而增长节间长度，长成优质竹子。在竹笋生长期中，气温急剧下降，竹笋容易遭受寒害，轻则生长缓慢，节间缩短，新竹质量变差；重则笋舞破裂，萎退死亡。这种退笋称为寒退。特别是出笋较早、浅鞭笋，更容易受低温的影响。

笋期久晴不雨，空气和土壤过于干燥，退笋量也相应增加，称为干退。在相反的情况下，久雨不晴，林地低洼处滞水时间过长，土壤通气不良，影响竹根的正常生理活动，甚至引起竹笋死亡，称为水退。同时，幼竹长到林冠高度时，遇大风吹袭，还容易发生断梢折秆。

虫害与兽害：食叶害虫（如竹蝗、竹青虫等）破坏竹子进行光合作用的器官，影响竹林制造和积累养分，从而影响到竹笋—幼竹的正常生长。竹笋害虫（主要有笋蝇、笋夜蛾、竹象虫等）破坏竹笋，轻则生长缓慢，长成的竹子有的是竹秆上留下虫伤痕迹，有的是烂头断梢，降低了成竹质量；重则败退死亡，称为虫退。多年以来，食叶害虫的蔓延基本上得到控制，但竹笋害虫还没有彻底根治，在有些竹林中甚至相当严重。例如集约经营的材用竹林每年被害的竹笋约达 10% ~20%，而在粗放管理的竹林中高达 30% ~40%。

总之，毛竹笋期高产的主要因素是结构合理（分布均匀、立竹度大、壮龄竹多）、全年平均气温和降水较多（尤其是 7 ~9 月份降水较多）、经营水平较高、立竹条件较好及林内卫生状况较好等。

（3）成竹生长（竹秆的材质生长）

新竹形成后直到竹秆衰老死亡为成竹生长阶段。

新竹形成后，竹子的秆形生长结束，竹秆的高度、粗度和体积不再有明显的变化，但竹秆的组织幼嫩，含水量高，干物质少，干物质重量仅相当于老化成熟后的 40%，其余的 60% 要靠日后的成竹生长来完成。所以，成竹生长实际上是竹秆的材质生长，既影响竹材的性质，又关系到竹林的更新发展，在竹林经营管理上，必须二者兼顾，不能偏废。

• 竹龄阶段　根据成竹的生理活动和物理力学性质的变化，可以分为三个竹龄阶段，即幼龄—壮龄竹阶段、中龄竹阶段和老龄竹阶段，相当于竹秆材质生长的增进期、稳定期和下降期。

幼—壮龄竹阶段：此阶段是竹林生理代谢最旺、抽鞭发笋最强时期。竹秆细胞壁逐渐加厚，内含物逐渐减少，干物质逐渐增加，竹材的物理力学性质也相应不断增长，竹秆的材质生长处于增进期。竹秆年龄为 2 ~5 年生。

中龄竹阶段：竹株进入营养水平状况和生理活动均处于最佳的稳定状态。竹秆的材质生长到了成熟时期，容重和力学强度都稳定在最高水平。随即出现减弱趋势，所连的竹鞭也逐渐老化，开始失去抽鞭发笋的能力。竹秆年龄为 6 ~8 年生。

老龄竹阶段：中龄以后的竹子，生活力衰退。由于呼吸的消耗和物质的转移，竹秆的重量、力学强度和营养物质含量也相应降低，形成生理上的收支不平衡和材质生长上的下降趋势。竹秆年龄为 9 年生以上。

因此，在竹林培育上，应留养幼—壮龄竹，砍伐中、老龄竹。移竹造林时，也应选择幼—壮龄竹作母竹，但最好不要超过 3 年。

• 根系生长　竹根系由秆基上着生的茎生根及其上各级支根构成。茎生根在幼竹长成时已经定型，以后不再伸长和更新。支根则能更新，尤其是 3、4 级支根更新频繁。至竹株自然衰老后，支根也开始逐级衰亡，这时一般不复更新。竹根系 80% 以上分布在秆基周围宽 40cm、深 30cm 的土壤中。在这个范围内，竹根系与竹秆基一起，形成了一个致密而坚实的根蔸分布空间，鞭梢难以穿过，使竹鞭分布和发笋成竹范围受到限制，因此，伐竹后要及时清除竹蔸。

• 竹林生长（群体生长）　毛竹林竹连鞭，鞭生笋，笋长竹，竹又养鞭，循环增殖，在有机营养物质的合成、积累、分配、消耗等生理活动中，相互联系和相互影响，形成了竹林的生长发育特点和发展更新规律。

大小年竹林的生长：出笋大小年分明即一年大量发笋，一年发笋少或不发笋的竹林，称大小年竹林。这种竹林大量发笋长竹的年份与换叶生鞭的年份交替进行，每二年为周期，亦称为“一度”。在大年，竹子叶色深浓，叶绿素含量高，光合作用旺盛，竹林的地下系统和地上部分积贮了丰富的养分，供给了竹笋—幼竹生长的大量消耗。新竹长成后，竹林开始进入小年，此时幼竹新叶展放，老竹竹叶变黄，竹林的合成能力和代谢水平处于低潮阶段，经过一段时间恢复后，叶色又逐渐转深绿，然后至秋冬季节再一次转黄而老化，翌年春季脱落，换上新叶后，竹林又进入大年，开始积贮养分，然后大量孕笋，至来年春天又一次大批发笋成竹。所以竹林大年或小年的起止时间，实际上是当年春、夏起到翌年春、夏结束，然后又从第三年春、夏起至第四年春、夏结束，如此循环往复。

大小年竹林由于隔年同时换叶，老叶全部脱落后新叶才展放，中间有一段无叶期，竹叶总面积起伏变化大，影响光合作用，所以总产受到一定影响。

花年竹林的生长：年年出笋差异不大的竹林称为花年竹林。花年竹林在每年出笋长竹的同时，约有半数处于小年状态的竹株换叶，更新了同化器官，加上新竹的营养面积，竹林的合成能力恢复快，鞭梢萌动较早，入秋后因竹笋形成而逐渐停止，一年之间出现长竹、生鞭、孕笋三起伏，依次进行。次年春季竹笋出土，另一半数处于小年状态的竹株换叶，竹鞭生长和竹笋形成过程与上年相同。

花年竹林由于每年只有半数竹株换叶，因而不存在无叶期，竹株总叶面积较稳定，光合作用较强，故总产量较高。所以，生产上要注意培育花年竹林。

形成原因：实际上，毛竹本身并不存在大小年现象。虽然换叶两年一周期，竹林存在着制造、消耗和积累养分的周期变化，但毛竹是竹养鞭，鞭生竹，竹竹相通的整体，在同一鞭上可生长各种年龄的竹子，在自然情况下，各竹大体各占一半，并年年交替进行，养分积累并不存在多—少—多的年际变化规律，所以一般不会出现一年特别多一年特别少的大小年现象，林分每年出笋数大体都是比较接近的。

反常气候：如夏秋的持续干旱，竹株水分缺失严重，导致竹叶萎焉脱落，旱情解除后，竹株又萌发展叶。这样全林长叶一致，林分的养分积累就产生两年一周期的变化规律，从而形成大小年现象。持续严寒也会造成大小年现象的发生。反常的气候也会使已形成的大小年竹林变为花年竹林，如大年来临前出现反常气候，不该落叶的变为部分落叶，这样就会出现形成花年竹林的现象。

病虫害影响：食叶害虫成灾，虫害被控制后，全林重新萌发展叶，这样全林换叶期变为一致。从而出现了大小年现象。

经营措施不合理：不合理的留笋育竹和砍伐制度会造成大小年现象发生，即每年挖光小年笋，砍小年竹，这样就会使本来大小年不明显的毛竹林变为大小年明显的竹林。

总之，造成毛竹林全林换叶一致的原因，都会使其形成大小年。

四、栽培技术

（一）苗木繁殖

传统毛竹育苗多采用无性繁殖的方法，如移竹造林即母竹造林，所需的母竹，资源少，成本高，运栽不方便，成活率低等，在一定程度上制约了毛竹的发展。随着毛竹林的大面积开花结实，出现了播种育苗。这不仅丰富了毛竹生产上用苗结构，而且还大大地降低成本，提高了经济效益。

苗木管理：苗木质量的好坏直接影响到造林的质量，成林和成材。因此，必须加强苗木管理，重点抓好苗木生产和生产用苗两个环节。苗木生产单位或个人必须具备“两证”，即苗木生产许可证和苗木经营证。苗木调拨要附“苗木出圃合格证”，随苗调运。合格证内容包括起苗日期、数量、发包日期、种子产地、苗木检疫、发苗单位、检验员、签证日期等。同样，生产用苗单位或个人必须按程序办事，认真检查、验收，并负责搞好苗木运输、栽植、管护等。

苗木标准：大母竹（来自自然林分）应选择1～2年生，胸径3～6cm，分枝较低，枝叶茂盛，竹节正常，无病虫害的健壮立竹。且其所连竹鞭应具有5个以上健壮侧芽。要求来鞭长20～30cm，去鞭长30～40cm。实生小母竹（来自播种育苗）为1～2年生的无病虫害的健壮植株，胸径2～3cm，从专门苗圃地中选取。

1. 播种育苗

实生苗造林具有适应性强，成活率高，发笋旺，运栽方便，成本低等优点。实生苗的分蘖性强，用分株、埋鞭、压条、留鞭等方法，以苗繁苗，建立永久的竹苗生产基地，是解决母竹来源，多快好省地扩大竹林面积的有效途径之一。

毛竹4～6月开花，8～10月种实成熟。种子采集后经过干燥，脱粒、拌药（50kg种子混拌150～200g敌百虫药粉），即可装运。在运输途中，应防止受潮发热，影响种子质量。成熟的毛竹种子没有休眠期，宜干藏，将种子装入布袋存放在干燥、通风的室内或冷冻。毛竹种子贮藏一般不宜超过半年，最好在采后1个月内播种。贮藏过久，发芽率会显著降低。有条件的可用种子库贮藏，保持0～5℃低温，发芽力可保存1年以上。

毛竹种子千粒重为18.5～25.9g。每千克带壳种子为36 000～66 000粒，一般50 000～56 000粒。千粒重大，种粒饱满，发芽率也较高。健康的种子，胚乳呈淡褐色，有光泽，半透明状。胚和胚乳变黑或胚乳大部分为白粉末状则为坏种子。

在温箱条件下（20～25℃），毛竹种子约7d开始发芽，发芽期持续约30d，15d左右为发芽盛期。室内发芽率为50%～70%，场圃发芽率为20%～40%。

（1）圃地育苗（大田育苗）

• 苗圃地选择　竹苗怕涝、怕旱、怕冻，容易发生病虫害。因此，苗圃地应选择背风向阳，接近水源，排灌方便的地方和酸性至中性反应，疏松肥沃的壤土或砂壤土。有些地方利用撂荒地或透光50% ~60%的疏林隙地培育1年生竹苗，效果很好。

• 整地　整地要深耕细耙，一般深度为20cm左右。施足基肥，每亩施腐熟的厩肥、堆肥2t，土杂肥、火烧土2~3t，或者沤熟的饼肥2~3t。在基肥中，加适量的过磷酸钙或钙镁磷肥，以促进竹苗根系茎秆生长。结合施基肥，每亩拌撒6%可湿性敌百虫粉1~4kg，以消灭地下害虫。

• 播种期　毛竹4~6月开花，8~10月种实成熟。种子成熟后，可随采随播（10~11月，即秋播）。播种时采用塑料薄膜覆盖，既可促使出苗早而整齐，而且又可防冻和鼠害，提高苗木质量。也可采用春播。春季土壤解冻后，地温达10~15℃以上，即2月中旬至4月中旬为播种适期。目前，多采用秋播，种子发芽率高，出苗质量好。

• 种子处理　播种前先用清水洗去拌种药粉，浸0.5h后再用0.3%高锰酸钾消毒2~4h，或用2%的硫酸铜液浸种5min，或用0.1%的食盐液浸种10min，洗净后即用40℃的温水浸种24h后催芽。在室内用湿沙拌种，经常洒水翻动，等种子露白后就可播种。催芽可以提高圃地发芽率，提早出苗和分蘖。播催芽种子时，圃地温度和催芽温度不宜相差太大，播后要浇水保湿，防止"回芽"烂种。

• 播种方法　毛竹种子条播、撒播、穴播均可。穴播种子用量少，竹苗分布均匀且生长整齐，管理也方便，是通常采用的方法。在床面按30cm×40cm株行距开穴，穴径5~6cm，深2~3cm，每穴均匀点播种子8~10粒，用火烧土或细土覆盖，以不见种子为度。盖草、淋水、盖膜，注意保湿、降温和防止病虫鸟鼠危害等。

• 苗期管理

揭草、盖膜、遮荫、去膜、炼苗：待播种穴开始出苗，就要揭草，先揭去1/2，7~10d后全部揭除，再将揭草移放到苗行间。揭草后立刻搭盖拱膜，并架棚遮荫，棚高50~60cm，透光度50% ~60%。高温季节后，应撤除遮荫。秋播一般不需架棚遮荫。温度升高，注意开窗通风降温。去膜前，注意要炼苗。

浇水、保湿：播种后至出苗期要保持苗床土壤湿润，但浇水不能过多，否则会引起苗床板结。夏季高温要注意降温、抗旱。雨季要注意排涝。在竹苗周围覆盖一层稻草、谷壳、木屑等，既能抗旱，又可减轻雨后竹苗露根或蘸泥。

除草、培土：幼苗出土后要经常除草，尤其是秋播。除草应做到"除早、除了、除小"，不要伤幼苗、分蘖芽或带动根部。雨后、浇水后或追肥后可适当松土，竹苗周围浅松，行间深松，深度1~3cm。结合除草松土要培土塞根，既能抗旱，又可防止地表高温灼伤分蘖芽。培土不宜过厚，以不露根为度。

追肥：基肥不足或竹苗生长不旺时需要追肥，按先稀后浓，少量多次的原则进行。实生苗展叶数片后，可用5% ~10%腐熟的清粪水提苗；进入分蘖期后，可用2.5% ~5%沤熟的饼肥或10% ~40%腐熟人粪尿等追施"分蘖肥"。最后1次追肥，一般不得超过8月底。也可进行叶面施肥，采用浓度为0.2% ~0.3%的尿素。

整形修枝：1年生幼苗，一般在第三次分蘖后进行。即在分蘖幼苗高生长将近停止，尚未开枝，剪去其顶梢，留苗高30cm左右，并结合培土追肥。2~3年生苗，一般在2~3月份进行。结合培土追肥，根据苗木生长情况，将苗木定秆到1~1.5m。定秆后，应确保主秆不少于3~5盘旺盛枝。苗木修枝整型后，能促进毛竹行鞭发笋长竹。

保护：冬季寒冻地区，应注意防寒、防冻。同时，应注意防止苗期立枯病、根腐病、虫害、兽害等。

分蘖苗移栽：选择2~3月份阴雨天进行。随起随栽，要求苗根舒展，深浅适宜（比原土壤深约0.5cm），浇定根水，再覆一层松土。注意遮荫。

2. 温床育苗

北方地区通常采用温床育苗。

（1）温床准备。选择避风向阳，排水良好的坡地，东西走向设置温床。温床宽1~1.3m，长度根据地形和播种量而定。挖去温床内土壤深达40cm，温床坑底两端要略倾斜，中挖一条小排水沟，在低的一端留一出口，以便排水。然后填放发酵物30cm，踏实，上面均匀撒少量敌百虫粉，再盖上15cm的火烧土或肥土，略高于床面5~6cm，耙平播种。

（2）播种方法。北方地区以冬季或早春播种为宜。每平方米播50~150g种子，均匀撒下，覆土0.5~1cm，薄盖1层草，浇水，盖上薄膜保温保湿。种子处理同圃地育苗。

（3）苗期管理。晴天日出后揭去草帘，日落前盖上草帘，保持床面气温20～25℃，地温15～20℃为宜，保持苗床土壤湿润，以利种子发芽。竹苗出齐后，床面气温应保持在15～20℃，过高会引起竹苗徒长，容易发生病害，可适当通风降温，苗床湿度不要过大，以手捏成团，落地散开为宜。发现立枯病或根腐病时，要及时防治。竹苗生长期中要给予充分光照。随着大气温度的上升，白天去掉薄膜，晚间覆盖以防霜冻，最后完全撤除。

（4）移苗。晚霜过后，即可将温床或温室的竹苗移植到大田。株行距30～40cm，每穴2～3株。圃地选择、整地作床、移植技术以及苗期管理均与大田育苗相同。移植后需短期遮荫。

3. 容器袋育苗

容器袋育苗便于集约管理。试验表明，容器袋育苗既减少了生产成本如用种量、薄膜用量等，又减少了管护开支如易防鼠、无鼠害等，还大大提高了出苗量。另外，便于移栽。

（1）种子处理。同前。

（2）容器袋选择。容器袋规格一般为8cm×12cm。

（3）营养土配置。要求营养土结构疏松、颗粒细小，掺3%过磷酸钙，并用0.3%的高锰酸钾进行消毒。

（4）播种。按每袋播放3～5粒，每平方米苗床放袋400个，苗床宽1m，长10m左右，用薄膜覆盖。

（5）苗期管理。同前。

4. 无性繁殖育苗

（1）以苗繁苗。也叫以苗育苗、连续分株育苗。在春季解冻后，将1年生竹苗成丛挖起。根据竹丛大小和好坏，分成2～3株1丛。要保护分蘖芽和根系，多带宿土，剪去竹苗枝叶1/2～2/3。按株行距40～100cm，打浆栽植在圃地。一次性浇透水。成活率可达90%以上。分株苗1年后每丛可分蘖10株左右，平均高1m左右，抽鞭1～8根。第2年又可用此法分株移栽，连续4～5年，竹苗仍然保持良好的分株性能，每年可成倍扩大育苗面积。在生产上可采用这种方法建立永久性竹苗圃。

（2）埋鞭育苗。当竹苗起出土后，可将圃地上的残留竹鞭挖起，并截成10～15cm长的鞭段。在苗床横向开沟，宽10cm，深10～15cm，沟距25～30cm。将鞭段连续平放于沟内，芽向两侧，覆土约5cm，压紧、盖草、浇水。成活率一般在70%左右。出苗后，剪去细弱植株，保留1～2株壮苗。加强水肥管理，当年每丛可分蘖3～5株，抽鞭1～7根，鞭芽肥壮饱满，留床1年，就有大量分蘖苗出土。

在母竹来源不足时，亦可用大母竹的竹鞭来育苗，但成活率一般只有20%左右。即选挖鞭色鲜黄、鞭芽饱满、根系健全的壮龄竹鞭（2～4年生）。注意不要撕破竹鞭，损伤鞭芽根系，切口要平，多带宿土，截成长1m左右鞭段，然后埋鞭育苗。方法同上。

（3）压条育苗。在苗丛周围，选择出土不久，尚未展叶的分蘖幼苗，轻轻向外压倒，基部和中部埋入土中，梢部留外。压条埋上后1月左右，入土苗节间即可生根萌笋。清明至白露均可压条，但以5～6月的效果最好、生根最快。

（4）挖苗留鞭育苗。在育苗基地上，挖苗留鞭育苗。在起苗后的穴塘内，适当施肥，用土填平，并浅锄圃地1次。春后就可大量出笋成苗，高达1m左右，群众称为“以肥换苗”。这样可以连续4～5年，每年可提供大量竹苗。

（二）造林

1. 选地

（1）气候。毛竹最适宜的气候条件为年平均气温15～20℃，1月平均气温4～5℃（最低气温不低于－13℃），年降水量1 200mm以上且分布较均匀。

（2）土壤。土层深度50cm以上（丰产林要求80cm以上），疏松、湿润、排水良好，腐殖质土在10cm以上的壤土或沙质壤土，pH值4～7。

（3）地形。中心区选择海拔800m以下、坡度较平缓且避风的山谷、山麓和山腰地带。

2. 整地

整地是造林的重要一环。整地好坏直接影响到造林质量和成林速度。通过整地可以创造适合幼竹成活和新竹成长的 环境条件。

造林整地工作，应在造林前1个月，如秋、冬季进行。

造林整地可分为全面整地、带状整地和块状整地等3种。

（1）全面整地。包括清理林地、全面开垦和挖栽植穴等3道工序。造林前必须进行清理林地。砍除杂草、灌木，并将其平铺于林地，以保持水土。

全面开垦就是对造林地全面翻土。深度20～30cm，除去土中 的大石块和粗的树花、树根等。适当保留部分不影响毛竹生长的阔叶树。翻土时，将表土翻入底层，有利于有机物质分解；底土翻到表层，有利于矿物质风化。大的土块可以不打散，经过一定时期的日晒、雨淋和冬季的霜冻后，会自然粉碎。

挖栽植穴之前，首先要确定造林密度和株行距离。根据各地的经验，毛竹移竹造林，每亩栽22～33株，株行距5m×6m或4m×5m；毛竹截秆造林、移鞭造林和实生苗造林等，每亩栽44～55株，株行距4m×4m或3m×4m。

毛竹移竹造林穴长1.0m，宽0.5～0.6m，深0.4m左右；毛竹截秆造林、移鞭造林穴长0.8～1.0m，宽0.3～0.4m，深0.2～0.3m；毛竹实生苗造林穴长0.5～0.6m，宽0.5左右，深0.3～0.4m为宜。挖穴时，把心土和表土分别放置于穴的两侧。在坡地上挖栽植穴时，应注意穴的长边与等高线平行。

造林密度、株行距离、栽植穴规格等不是一成不变的，应根据具体情况，如立地条件、经营目的、经营水平等，再行确定。

（2）带状整地。对坡度较大（20°～30°）的造林地，最好采用水平带状整地，即整地带与等高线平行。整地带的宽度及带间距离为3m左右。整地带上，首先清理林地，劈除杂草灌木；然后沿带开垦，翻土深度0.4m左右；再在已翻的带上，按造林密度和株行距离挖栽植穴。挖栽植穴的方法与全面整地的方法相同。造林后1～2年内将未垦带轮流垦完，或根据日后发笋情况分年度逐步垦完。

（3）块状整地。全面整地和带状整地都会在一定程度上引起水土流失，尤其在更陡（30°以上）的坡地上进行整地。另外，块状整地易形成小气候，促进毛竹行鞭孕笋长竹，提早成林。故提倡进行块状整地。

根据造林密度和株行距离，确定栽植点。清除各栽植点周围2m左右的杂草灌木，并将其平铺于林地；再根据经营目的，确定栽植穴的规格（同全面整地），挖好栽植穴。栽植后1～2年内，根据具体需要，再行确定整地块状进行整地至全部林地。

3. 造林季节

一般来说，冬季和早春（即11～2月）是毛竹造林的适宜季节。毛竹在3～5月出笋成竹，6～7月新竹生长旺盛，8～10月行鞭排芽，11月至翌年2月竹子生长较缓慢。由于毛竹分布和引种地区辽阔，各地气候条件差异较大，造林季节也有所不同。在毛竹分布的中心区，冬季和早春，除严寒天气外，都可造林。在分布和引种的北缘，最好在早春2月为宜。在南缘，则在竹笋出土前20～30d造林成活率较高。

4. 造林方法

毛竹造林方法有：移竹造林、实生苗造林、移鞭造林、截秆移蔸造林和鞭节育苗造林等。其中移竹造林法在生产上应用最广。

（1）移竹造林

• 母竹的选择　母竹质量对造林质量影响很大。优质母竹造林容易成活和成林，劣质母竹不易栽活，有的即使栽活也难发鞭、孕笋、长竹、成林。毛竹母竹质量主要反映在年龄、粗度和生长情况等方面。母竹年龄最好是1～2年生，由于1～2年生母竹所连的竹鞭，一般处于壮龄阶段（3～5年生），鞭色鲜黄，鞭芽饱满，鞭根健全，因而容易栽活和长出新竹、新鞭。造林母竹不宜过粗，粗大的母竹易受风吹摇晃，不易栽活；过细的竹子，往往生长不良，也不宜选作母竹。根据各地的经验，毛竹母竹胸径3～6cm左右为宜。造林母竹应该生长健壮，分枝较低，枝叶繁茂，竹节正常，无病虫害。有人认为，母竹竹节越密越好，其实并非如此，因为竹节太密是母竹生长不良的表现。可在竹林中选定合格母竹，并在竹秆上作标志（涂石灰水），以便组织力量挖掘母竹。

• 母竹的挖掘　挖竹前应判断竹鞭的走向。据观察，大多数竹子的最下1盘枝条的方向与其竹鞭的走向大致平行。挖掘母竹时，先在距竹子30～50cm处用山锄挖开土层，找到竹鞭，再沿母竹的来鞭和去鞭两侧，按一定长度截取。一般来鞭20～30cm，去鞭30～40cm。

截断竹鞭时，用锄头斩断竹鞭，要求截断面光滑。然后沿平行两侧逐渐挖深，掘出母竹。挖母竹时，不要摇动竹秆，否则容易损伤竹秆和竹鞭的连接处（称“螺丝钉”），破坏鞭与根的输导组织，不易成活。挖出母竹后，按留枝4～6盘，砍去顶梢，要求切口平滑，且用塑料薄膜扎实切口或用湿稻草、布等，以防竹秆失水和切口干枯。鞭篼多留宿土。

• 母竹的运输　短距离搬运母竹不必包扎，但必须防止鞭芽和“螺丝钉”受伤以及宿土震落。挑运或抬运时，可用绳绑在宿土上，竹秆直立。切不可把母竹扛在肩上，这样容易使“螺丝钉”受伤，不易栽活。

远距离运输母竹必须包扎、覆盖、保湿等。用稻草、纤维袋或麻袋等将鞭根和宿土一起包扎好，并最好倾斜放置，使竹蔸相互靠紧，避免架空，这样一来既可多装又可减少竹鞭和竹柄（螺丝钉）的损伤。装好后，要覆盖，注意留好通气口。在装卸时，要轻拿轻放，防止损伤母竹。运输距离越短越好，途中要对竹叶经常喷水，以减少蒸发。

● 母竹的栽植　栽竹时要做到：深挖穴，浅栽竹，下拥紧（土），上松盖（土）。母竹运到造林地后，应立即栽植。在已经整地的穴上，先用表土垫底，一般厚 10 ~ 15cm。然后，解去捆扎物，小心地将母竹放入穴中，来鞭可靠紧穴壁，去鞭则要与穴壁保持一定的间隔，使鞭根舒展，下部与土密接。切忌不要让鞭根直接接触肥料。先填表土，后填心土（除去土中石块，树根等），分层踏实，使鞭根与土壤密接。填土时要防止踏伤鞭根和笋芽。天气干燥或土壤干燥，浇足定根水。覆土深度比母竹原来入土部分稍深 3 ~ 5cm，上部培成馒头形，加盖一层松土，周围开好排水沟，以免积水烂鞭。栽植时不要过多摇动母竹，以免伤及“螺丝钉”。栽植后，将包扎母竹的稻草等物，覆盖在母竹周围，减少土壤水分蒸发，并用木桩和草绳架设支架，以防风吹摇晃。

（2）实生苗造林

● 实生苗的生长　毛竹种子出苗后，经过 40 ~ 50d（秋播需 100d 左右）开始分蘖，分蘖苗约需 1 个月的时间完成其高生长。南方地区（广西柳州）1 年内可分蘖 4 ~ 6 次，北部地区（江苏南京）1 年可分蘖 3 ~ 4 次，分蘖苗一次比一次高大。1 年生的毛竹幼苗每丛有 10 余株，多的可达 20 株以上，一般高度为 20 ~ 50cm，最高可达 80cm 以上。地下无横走竹鞭。当年秋或第二年春分蘖苗继续分蘖生长，基部侧芽部分萌笋长竹，部分长成竹鞭，竹苗生长由合轴丛生过渡到复轴混生阶段。2 年生苗（留床一年），春季开始出笋，五月下旬起大量形成地下径。到了第 3 年大部分竹苗都是由鞭上侧芽萌发而来，枝端叶数减少，叶片变小，笋期限于春季，毛竹苗生长进入单轴散生阶段。3 年生苗（留床两年）只在 2 月至 4 月间发笋一次，这次不但蔸部仍出笋，竹鞭上也开始出笋，当年长成的小竹 ，高达 1 ~ 2m，地径 0. 3 ~ 0. 6cm。2 ~ 3 年生的实生苗都可分株出圃用作造林。

毛竹实生苗的形态及生长发育规律与丛生竹相类似。这一现象说明，在生物进化上，丛生竹比散生竹更原始。

● 造林　毛竹经过 2 ~ 3 年的分蘖繁殖，分蘖苗高达 1m 以上，可以用来造林。挖掘分蘖苗 3 ~ 4 株为 1 丛，留枝 3 ~ 4 盘，剪去梢部。就地栽植不要包扎。远途运输，要用草将竹丛包扎好，以防震落宿土，失水干燥。

按每亩栽 40 ~ 60 丛的造林密度，开穴栽竹。栽植穴的长、宽、深各约 30 ~ 40cm，放苗后，填土踏实（只踏实带土周围，不要踩竹墩中心，免伤鞭芽）。灌足定根水。栽植深度比分蘖苗根际约加 5cm，整成馒头形，以防积水。

（3）其他造林

● 鞭节育苗造林　利用毛竹的鞭节育苗造林，是解决竹林母竹不足的一个重要途径。鞭节育苗参考以鞭育苗。造林方法可参考实生苗造林。

● 移鞭造林　在母竹不足的情况下，可以采取移鞭造林。毛竹移栽竹鞭的年龄一般为 2 ~ 5 年生。此时的竹鞭为黄色，每节上根系健全，侧芽饱满，栽后容易抽发新鞭或长出新竹。

挖取竹鞭时，注意防止撕破竹鞭，损伤竹鞭上的芽，切口要齐，留根要多，多带宿土，以保护鞭根。竹鞭的长度为 0. 8 ~ 1. 2m 为宜。远距离移鞭时，应行包扎，即用稻草将母鞭和宿土一起包扎好。运输时，防止鞭根上的宿土脱落，保护好竹鞭的活芽，注意保持潮湿。

栽植时，每穴可栽植 1 ~ 2 条竹鞭，以保证成活率。先在穴底填一层表土 15 ~ 20cm，解去包扎稻草等物，把鞭平放在上面，再覆土压实。盖上厚度 10cm 左右，略高于地面，上面覆盖包扎的稻草，四周开好排水沟，防止积水烂鞭。

移鞭造林的优点是不需要母竹，运输方便。但是，竹鞭上长出的新竹细小，成林或成材时间较长，同时移鞭造林若当年不长出新竹，母鞭会因得不到光合作用制造的养分供应，失去生命力，第二年也就不会再生新竹了。

● 截秆移蔸造林　截秆移蔸造林或称带蔸移鞭造林，即选 1 ~ 2 年健壮的母竹，并在其基部离地面 16 ~ 30cm 处截断竹秆，然后挖掘、运输和栽植（方法参考移竹造林）。将截断的竹秆向下、竹鞭向上平展，称为“倒栽竹蔸”，可成活出笋。截秆移蔸或倒栽竹鞭的好处是运输方便，栽后没有地上部分的枝叶，竹蔸和竹鞭不易失水，容易出笋成竹。但是，由于鞭花没有竹秆和枝叶，得不到光合作用制造的养料供应，新竹细小，成林成材都较缓慢，若当年不长出新竹，来年很少再有新竹长出。

5. 抚育管理

(1) 幼林管理

● 新栽母竹或幼竹苗当年生长出的新竹，无论大小，都要加以保护。第二年后则开始疏笋疏竹。如母竹过于高大、出现歪斜或根际易摇动，又在当风的地方，栽后要设立支架。若有露根露鞭，要及时培土填盖。母竹造林后，须经7～8个月才能确定是否成活，有的母竹虽然枝秆干枯，但并不一定意味着根蔸部死亡，此时不要急于将其挖除，而应在离地20cm左右处切秆，继续观察，仍有成活和发笋的希望。若造林成活率或发笋成竹率偏低，应考虑补植。

● 竹农间种　新竹造林1～3年内可进行竹、农间种，以短养长，以耕代抚，既可增加农作物收入，又能促进新竹生长。若是实生苗造林，则一般不宜间种高杆作物，以免影响竹苗光照。

● 除草松土　新造竹林，竹子稀疏，林地光照充足，杂草灌木容易滋生，如不及时铲除，不仅消耗竹林的水分和养分，而且直接妨碍竹子生长。因此，在新竹林郁闭前，每年除草松土1～2次。第一次在5～6月间较好，这时已长出新竹，林地上的杂草较嫩，除后易腐烂。第二次在8～9月间较好，这时竹正在行鞭排芽，而林地上的杂草生长也很旺盛，竹子与杂草都要大量消耗水分和养分，矛盾较大。因此，这时除草松土对竹子生长很有好处。每年若进行1次除草松土，可在7～8月间进行，这时高温多湿，除下的杂草容易腐烂。

除草松土时，应注意不要损伤竹鞭、竹节和笋芽。下锄宜轻宜浅。

● 灌溉与排涝　林地土壤的水分状况是影响造林成活率的重要因素。新栽的母竹或竹苗，经过挖、运和栽植，鞭根受到损伤，吸收水分能力减弱，呼吸作用加强。如土壤水分不足，母竹或竹苗的鞭根吸水困难，不能满足枝叶蒸腾的需要，因而失水枯死。如林地排水不良，土壤空气缺乏，不能进行正常呼吸代谢，因而鞭根腐烂。只有在土壤潮湿而又不积水的条件下，母竹或竹苗的鞭根，才能既得到充分的水分，又能得到足够的空气，有利于吸收水分和恢复生长。因此，在新造竹林的第1年内，如遇久旱不雨，土壤干燥时，必须及时灌溉；而当久雨不晴，林地积水时，必须及时排水。

● 施肥　施肥能促进新竹生长，提早成林。新造竹林中，各种肥料都可使用。迟效性的有机肥料，如厩肥、骨粉、土杂肥、塘泥等，最好在秋冬季节施用，既能增加肥力，又可保持土温，对新竹鞭芽越冬很有好处。速效性的化肥（如尿素、氨水等）、饼肥和人粪尿等，应在春夏季节施用。以便及时供应竹子生长的需要，避免肥料流失。施用迟效性有机肥料，可在栽植后不久的竹株根盘两侧30cm处开沟或挖穴施入，施后覆土保墒。每亩施厩肥、土杂肥或塘泥1.5～2.5t。在每年的2月和9月。也可直接撒在林地上，要盖上1层土。

● 疏笋疏竹　幼林竹株一般量多细小，应于秋冬进行适当的间伐抚育，去小留大，去老留幼，去弱留强，去密留疏，以促进幼林快速成林，提早成林。有些生长稠密而健壮的竹株，可以挖来做母竹造林。幼林新竹在抽技后展叶前，折去或砍去1/5～1/4竹梢，去掉顶端优势，这样可以减少蒸发，提高抗旱能力，促进鞭根生长，又能防止风雪侵害。

同时新造竹林出笋后，常因水分养分供应不足而退笋，不能成竹。因此，应及早疏去弱笋、小笋及退笋，保留2～3个健壮竹笋长成新竹。

(2) 成林管理。毛竹造林后，初植密度较大，成活率较高，而又管理良好的林分，一般4～5年可郁闭成林。实生苗造林的，一般8～10年左右可成林，好的5～6年即可成林，胸径可达6～7cm。随后竹林即进入成林管理阶段。

为了提高发笋成活率和加快成林、成材，对成年竹林应进行科学管理，如专人负责、灌溉、除草松土、施肥和采伐等。

● 专人负责　搞好各种管护工作。

● 灌溉与排水　参照幼林管理。

● 除草松土　参照幼林管理。

● 施肥　参照幼林管理

● 竹林采伐　砍伐量：砍伐量应低于生长量。

砍伐年龄：竹子砍伐年龄为6～8年（Ⅲ、Ⅳ度竹）以上。

砍伐季节：一般在出笋长竹年白露至翌年立春前砍伐。竹林孕笋和发笋长，不可另期伐竹。

砍伐方式：遵照“砍老留幼，砍密留疏，砍小留大，砍弱留强”的原则进行择伐。对那些不到砍伐年龄的病虫竹、雪压竹、风倒竹应及时砍伐。应尽量降低伐桩，伐桩不超过 10cm，并随即将其劈破或打通节隔，以利腐烂。提倡带半个竹蔸砍伐，不仅可增加竹材重量，而且提高了利用价值。

（3）竹林保护

• 禁止放牧　为了避免牲畜破坏，应严格禁止在新竹林中放牧。

• 病虫害防治　应贯彻综合防治，以营林为基础，调整竹林结构，加强管理，提高竹林对病虫害的自控能力。对竹蝗、竹毒蛾、竹螟、卵园蝽及毛竹枯梢病等危害性大的病虫害要认真预测预报，及早防治。做好病虫害的检疫。

• 钩梢　雪压、冰挂、风倒等危害严重地方的竹林，应采取钩梢，减少损失。钩梢在 10～11 月进行，留枝 15 盘左右。

（三）竹林分类经营

1. 立地条件类型划分与质量评价

竹林的基本特征表现为竹林的生长情况，立地条件情况，经营管理情况。合理培育竹林，必须依据这些基本特征，从而制定出不同的培育措施。立地条件是毛竹林产量形成的基础，竹林结构是毛竹林产量形成的条件，经营管理措施是毛竹林产量形成的手段。要使毛竹林获得高产、稳产，只有具备适宜的立地条件、合理的竹林结构和科学的经营管理措施，才能达到。

（1）生长级。依照毛竹林的生长情况划分成不同的等级，称生长级。生长级以平均胸径来表示。

（2）立地等级。毛竹林中气候、地形、土壤、生物诸生态因子的综合，构成了竹林的立地条件。具有相同立地特征的竹林地段的总和，成为竹林立地类型。立地等级的划分可以依据地形、土壤 2 个因子划分，也可依据地形、土壤、植被 3 个因子进行划分。

（3）经营级。根据经营措施和措施的配套结合情况、持续时间划分为 3 个等级。

2. 毛竹林分经营类型划分

在生产上，依据林分功能，分为商品竹林和生态公益林；依据经营目的，分为材用竹林、笋用竹林、笋材两用竹林、纸浆竹林、水土保持竹林、观赏竹林等。

（1）材用毛竹林：以竹材为主产品的毛竹林。

（2）笋用毛竹林：以竹笋为主产品的毛竹林。

（3）笋材两用毛竹林：以竹材和竹笋同时作为主产品的毛竹林。

（4）纸浆毛竹林：以生产竹浆作为主产品的毛竹林。

（5）水土保持毛竹林：以发挥竹林水土保持功能的毛竹林。

（6）观赏毛竹林：以发挥竹林景观观赏功能的毛竹林。

3. 毛竹丰产林产量和结构因子指标

总之，毛竹林的培育，实际上就是毛竹低产林改造技术的延伸、发展、深化和提高。即丰产毛竹林不论是材用、笋用、纸浆用、笋材两用等均是在低产林改造的基础上发展起来的。

4. 低产林改造

我国现有毛竹林中低产林占 70% 以上，面积分布甚广。

长期以来，由于乱砍（竹）滥挖（竹）现象严重，加之对竹林投入少，经营管理粗放，造成林地板结，杂草丛生，立竹稀少，效益差，每亩立竹密度（立竹度）在 120 株以下，平均胸径在 8cm 以下，年产新竹竹材在 500kg 左右，竹笋产量在 30kg 左右，年产值不足 200 元，属典型的毛竹低产林。

（1）毛竹低产林衡量标准。毛竹由于生长区域不同或同一生长区域立地条件的差异，表现不同的生长状况，因而衡量毛竹是否为低产林、正常林、丰产林，就必须考虑不同的生长区域及同一生长区域立地条件生产力等级，以及由此表现出的毛竹林胸径大小，密度大小和产量高低。目前衡量毛竹低产林有两种衡量方法。

• 第一种方法：根据我国毛竹生态经济区划，毛竹低产林指标原则上是依据区划各适宜区，各生产力等级区区划指标，下一个档次以下即为该地区低产林。

• 第二种方法　依据我国林业行业标准的不同分布区的不同立地等级的结构因子、产量指标下一个档次以下的密度、胸径、竹材产量为该地区毛竹低产林的标准。

此法在不同分布区、不同立地等级的前提下注重密度、胸径指标的同时把产量指标作为主要指标，把低产林的概念更加明确了。据此可以列出毛竹低产林结构因子、产量指标表。

（2）低产林改造技术。低产林改造应分析低产的原因，并根据低产林的类型和特点，采取相应措施，以调整竹林结构为主，树体管理与土壤管理相结合，提高竹林生产力。

● 改造技术理论基础　是实现三控制，即立地控制、结构控制和遗传控制。

立地控制改善水、热、气、温、肥，促进发鞭孕笋长竹。

● 结构控制　对竹林的林相、立竹（度）和竹龄结构进行控制，构建和谐的空间组成形式，提高竹林生产力，促进丰产稳产。

二是立竹结构控制：保持合理立竹度，增大叶面积，提高出笋成竹和产量。

三是竹龄结构控制：调整竹龄结构，实现"四看四砍"，提高繁殖力促使增产。即一看密度，100株以下应死封禁砍；二看竹龄，"存三去四莫留七"，保留6年以下占90%；三看竹质，砍去弱小病残次竹；四看大小年，选砍大年竹，留养小年壮竹。

● 遗传控制　合理疏笋养竹，提高笋竹产量和质量。

（3）丰产林选址要求。具有经营经验，竹林生产潜力大，且林分质量、立地条件、面积等符合如下要求。

表 103-1　选址要求表

经营类型	生长级	立地级	经营级
材用丰产示范林	第三生长级以上	Ⅱ立地级以上	Ⅰ经营级
笋材两用丰产示范林	第四生长级以上	Ⅱ立地级以上	Ⅰ经营级
笋用丰产示范林	第四生长级以上	Ⅰ立地级	Ⅰ经营级

注：经营级为参考指标。

（4）具体技术措施

● 劈山除杂　劈山又叫樵园、铣山，是竹林的主要抚育措施之一。即清除竹林内的杂草灌木，然后沿等高线5～10m集中成带。劈山可降低和消除杂草对竹林水分和养分的竞争；可消除竹林病、虫、兽害的中间寄主和栖息场所，以及易燃的杂草灌木；有利于施肥、采伐和搬运竹子等；杂草灌木腐烂后，又可增加肥力。同时，将杂草灌木集中成带，可减少水土流失。劈山后，一般可提高新竹产量20%～30%。每年可进行1～2次。若劳力充裕，每年7月和8月两次劈山效果较好，前者称"劈黄露山"，后者称"劈白露山"。每年1次劈山，最好在7月间进行。因为此时气温高，湿度大，杂草嫩，易腐烂，肥效高，并且省工省力。

劈山要做到灌木、杂草劈尽。竹林边缘的杂草也要劈除干净，这不仅有利扩鞭，增加竹林面积，而且可起防火线的作用，防止竹林火灾的发生和蔓延。在劈山时，应砍除细弱、畸形和病虫害严重危害的竹子，以及风倒、雪压、断梢的竹子。竹林中，对竹子生长不利的混生树种，应逐年淘汰。劈山增值是不劈山的5.1倍，投入产出比1∶10。

● 削山松土　削山松土就是用锄头或机械疏松林地，清除杂草，改善竹林土壤条件。夏、秋季（7～9月），在竹林中浅削（10～15cm）土层，铲除杂草，称为削山或铲山。冬季深翻（20～30cm）林地，挖尽柴蔸，除去土中大石块、老竹蔸、老竹鞭，称为松土或垦复。同时，留埋新鞭，引跳鞭和林缘鞭，扩鞭引竹成林。削山松土时要注意不要损伤健壮的竹鞭和笋芽。

削山松土能提高林地的保水、保肥、保温和透气的能力，有利于竹子的生长。竹林经削山松土后，一般可提高新竹产量30%～40%。

削山松土也是竹林的主要抚育措施之一。为防止水土流失，平缓地（20°以下）的竹林，实行全面削山松土；坡度较大（20°～30°）的竹林，采取等高带状削山松土，带宽3～5m、间距5～10m，隔年隔带轮流完成；坡度（35°以上）上的竹林，一般不宜削山松土。

● 开竹节沟　12月～2月，结合深翻松土，在林地开挖竹节沟拦水蓄水，可减少地表径流，延长雨水在土壤中滞留和被充分吸收的时间，从而提高土壤含水量。其方法是沿等高线顺自然地势开挖竹节型蓄水沟，水平沟距5m，垂直沟距5～10m，沟长0.8m、深0.5m、宽0.5m，并将表土回沟。同时，还可在沟内进行施肥、覆盖等。5年后，将老竹节沟填实，再重新开挖新的竹节沟。

● 科学施肥　竹林要丰产，施肥是关键。施肥是促进竹鞭复壮、笋竹高产的重要措施之一。通过施肥，补充营养物质，才能保证竹林的物质和能量循环的正常进行。

竹子生长要求氮、磷、钾完全肥料，其比例为氮∶磷∶钾＝5∶1∶7。竹林施肥应该以有机肥料为主，在有条件的地方，每年每亩竹林可施厩肥、堆肥、垃圾肥、绿肥、嫩草肥等2～3t，或饼肥200～300kg，或塘泥1～2t。一般土壤母质中，钾的含量较丰富，所以，施用化肥应以氮、磷肥为主，可按氮∶磷＝5∶1混合使用。目前，推广的楠竹专用肥充分考虑了氮、磷、钾的搭配比例，以及有机肥与无机肥的组合，应用于生产效果显著。

结合削山松土，于7～9月、12月至翌年2月将专用肥撒于林地上，松土时将肥料翻入土内。材用丰产林、笋材两用丰产林每亩施50kg，笋用丰产林每亩施60kg。带垦和不垦的竹林，采用株穴施或沟施，然后覆土轻压。

此外，在地势平缓，立竹稀疏的竹林里，可间种绿肥，即可防止杂草滋生，又能增进土壤肥力。

● 埋青覆盖　在伏天全垦后即砍杂灌，打青棵每亩100担埋入林地，客土10cm厚或盖竹叶30cm厚，保持土壤湿润。干旱期、出笋期、笋芽萌动期适时浇水，用2%尿素液挖孔浇水，上冻前（10～11月），覆盖地膜、薄膜或竹叶、竹汁、杂草、秕糠等可提早1～2个月出笋，清明前大批迟冬笋、早春笋均可提早上市增值2～5倍。

● 留笋养竹　科学留笋养竹是提高竹林密度，增加竹林产量的关键措施之一。年年留笋养竹，就会使竹林每年都有一部分竹换叶，一部分竹孵笋，形成花年竹林。对大小年竹林要留养小年笋，使其逐步改变为花年竹林。

材用丰产林：选留粗大、健壮、分布均匀的竹笋用来培育新竹，及时挖除退笋（病笋、虫笋、小笋、弱笋等）。若林分密度不够或新壮竹少，则尽量增大留笋数，以培养新竹。禁挖冬笋和鞭笋，及时掩埋露出地面的鞭梢。

笋用丰产林：选留出笋盛期的粗大、健壮、分布均匀的竹笋30%用来培育新竹。每亩每度保留40～60株新竹。若林分密度不够或新壮竹少，则尽量增大留笋数，以培养新竹。大小年明显竹林多培育小年竹。并及时掩埋露出地面的鞭梢。

笋材两用丰产林：选留出笋盛期的粗大、健壮、分布均匀的竹笋30%～50%（约80～100个）用来培育新竹。每亩每度保留50～80株新竹。及时挖取退笋，少挖冬笋（11月至翌年1月）和鞭笋（8月）。春笋（3月中旬至4月下旬）视情况挖。密度不够或幼壮竹少的林分，以及发笋小年，应尽量保留合格笋用于培养母竹。

● 钩梢整枝　合理钩梢可以防止风倒、雪压，使竹秆通直，又可生产毛料（即可加工成品的竹枝），增加经济效益。

钩梢在10～11月间进行。过早，枝梢嫩软，毛料质量差；过迟，不能达到防止风雪危害的目的。钩梢的强度，依竹林生长情况而定。密而高大的竹林可多钩些，稀而矮小的竹林可少钩些。一般最好不要超过竹冠总长度的1/3。每株毛竹留枝应不少于15～20盘枝。

材用丰产林除个别风、雪危害较大的地方为防倒伏而适当轻度钩梢外，一般限制钩梢。笋用丰产林进行适度钩梢，即在风雪危害较严重的地方，只对保留的母竹进行钩梢。笋材两用丰产林只进行轻度钩梢。

合理整枝可以提高竹秆质量。对新竹进行打枝，增加枝下高，可提高出蔑率，改进整竹质量。

整枝应在新竹抽枝后尚未展叶时（5月中旬～6月下旬）进行。过早，竹秆尚未老化，竹梢幼嫩，打枝时会损伤竹秆或震断竹梢；过迟，竹枝已老化，不易打落，或撕下竹青（皮），降低竹材质量。整枝常用小木棍（或竹棍），沿新竹的竹秆分枝处垂直打下竹枝。整枝强度，一般以打掉竹秆最下的枝条3～5盘为宜。

● 号笋号竹

号笋：毛竹出笋的时间较长，一般为20～30d。按竹笋出土的数量和质量，可分为初期（占20%～30%）、盛期（占50～60%）和末期（占20%）3个阶段。

初期出土的竹笋数量小，养分充裕，退笋率低。盛期出土的竹笋数量最多，笋体健壮肥大，成竹质量高。末期出土的竹笋又叫“罢林笋”，养分不足，笋体弱小，退笋率高，即使长成新竹，质量也差。即应尽量留养初期和盛期竹笋，挖掘末期竹笋，以减少竹林养分的消耗，保证新竹的质量。

根据竹笋自然生长规律，人为地标记要保留的竹笋，挖掉其他竹笋。

号竹：每年5～6月，在所发新竹（胸径为5 cm以上）的竹秆上用油漆或油性笔标写年号。通过号竹，能一目了然的知道竹龄，便于竹林的集约经营。

● 排水灌溉　竹子喜欢土壤湿润，但怕积水。积水的林地空气缺乏，不利竹鞭（蔸）、根的呼吸代谢活动，会引起地下系统死亡和腐烂。干燥的土壤，竹子不能获得必要的水分，因而容易生长不良或干死。

排水：在地下水位较高或容易积水的竹林，要开排水沟、渠，降低地下水位和排除积水。开沟、渠的深度、宽度、分布等，应根据竹林的具体情况而定。排水沟可用明沟或暗沟。开明沟，简单易行，但不利竹鞭的伸展；有条件的地方，最好用石块砌成暗沟，沟上铺40～50cm厚的泥土，以利分鞭蔓延。

灌溉：我国南方雨量充沛，竹林一般不需灌溉；而在雨量较少的北方地区，灌溉就成为培育竹林的重要措施之一。

但在有条件的地方，特别是笋用丰产林中，可采用灌溉措施。冬至至翌年 2 月前后，竹林封冻前浇封冻水；清明前后竹笋出土前，浇出笋水；大暑至立秋前后，浇行鞭水。在竹林中划分等高水平块，在水平块的四周筑土埂高 30～35cm，然后先从地势较高的水平块灌水，待水浸透土壤后，再放水至较低的水平块里，这样一块一块地灌，直至全林土壤灌透为止。

● 合理采伐　合理采伐关系到竹林生长的好坏和竹林产量的高低。合理采伐也是调整和保持毛竹林地上合理结构的手段，是充分利用自然力增加竹林产量的措施。

最佳立竹度是竹林经营的内在关键因素。砍伐时应做到砍密留稀使立竹分布均匀，均匀度应大于 3；砍大留小，使立竹胸径整齐度大于 5；砍老留幼，要留足 4 度竹；对病虫害竹、风倒竹、雪压竹等要适时清除。采伐时应做到先标记再伐，伐桩高度小于 10cm，且应秋冬及时挖除竹蔸，填好土，不留穴。如劳力不足，采伐后应将竹蔸劈成几块，以利其腐烂。

材用丰产林：根据各年的新竹留养数确定每度砍伐量。每度亩采伐量一般应小于新竹数。母竹密度或新壮竹数量不足林分，减少或暂停采伐。

笋用丰产林：母竹砍伐更新在冬季进行，每年砍伐量与新竹数大致相等，一般每度每亩 50 株左右。母竹密度或新壮竹数量不足林分，减少或暂停采伐。

笋材两用丰产林：砍竹数量应与新竹留养数基本吻合。即每度亩采伐量一般为 60～75 株。未达到合理密度和年龄结构的林分，应减少或暂停采伐。

● 气候性灾害的防治　雪压、冰挂、风倒等危害严重地方的竹林，因地制宜采取钩梢或伐除等办法。

（5）经营目标

● 产量指标　略。

● 林分质量指标　略。

五、病虫害防治

毛竹在生长过程中，从笋期到竹材砍伐都会受到各种病虫危害，使竹林受损，降低竹林的产量与质量，因此对病虫害的防治是一项重要工作。毛竹病虫害种类较多，主要虫害有竹蝗、竹螟、竹斑蛾、竹笋夜蛾、竹笋蝇、灰顶竹毒蛾、竹缕舟蛾、竹枝小蜂等。毛竹病害有笋腐病、毛竹烂脚病（基腐病）、毛竹枯梢病等。对这些病虫害的防治，主要应贯彻“预防为主，积极消灭”的方针，实行综合防治，主要是结合竹林抚育管理，提高竹林抗病虫能力，如及时砍去病虫竹，挖除病虫笋，垦复林地，铲除林地杂草灌木等以消除病虫源，减少病虫害发生。要随时掌握病虫发生情况，做好预测预报工作，发现病虫危害，必须本着“治早、治小、治了”的原则，采取经济有效的方法及时消灭，以保证竹林健壮生长。

六、加工利用

（一）竹材人造板

竹材人造板是以竹材或竹材废料为主要原料，通过物理化学处理和机械切削，加工成各种不同几何形态的构成单元，施胶后组成不同结构形式的一类人造板材。我国自 20 世纪 70 年代开始，研制开发了各种竹材人造板，使我国竹材资源进入了大规程、多品种工业化利用时代。

1. 竹地板

竹地板是一类小规格的竹材人造板，它表面硬度高、光洁度好、耐磨损，经过 10 多年的研究探索，无论是选配原料、加工工艺、质量都已日渐成熟，且工艺精湛、质量上乘，堪称竹材人造板产品中附加值较高的精品之一。目前，竹地板结构有多层平行胶合的长条结构和单层拼花波浪形方块结构，多层平行胶合的长条结构又可分为弦向面竹地板和径向面竹地板。

2. 竹材胶合板

竹材胶合板原名竹材层积板，它是以带沟槽的等厚竹片为其构成单元胶合而成的，竹片是通过辗平刨削法来制备的。“竹材的高温软化—辗平”是该产品的工艺特征。它既保留了竹材本身强度高、硬度大、弹性好的特点，又有胶合板幅面大，变形小等各种特性，是一种良好的工程结构性材料，目前，应用最多的是车辆底板和建筑模板。

3. 竹篾层积材

竹篾层积材是一种纵向强度特别高、刚性好的结构材料。产品具有显著的方向性，其结构近似于重组竹或重组木，主要用作车厢底板，是一种良好的木材替代产品。

4. 竹席胶合板

竹席胶合板是以竹席为构成单元，经干燥、施胶、热压而成的一种竹材人造板。它是国内出现最早的竹材人造板品种，具有生产工艺简单，建厂投资少，竹材利用率较高和应用较广泛的特点。

5. 竹帘（弦向）胶合板

竹帘胶合板是以竹帘为其构成单元胶合而成的一类竹材人造板。可以认为竹帘胶合板是在竹篾层积材和竹席胶合板的基础上，改变其板材结构与工艺而得到的一种改进型产品，竹帘胶合板根据构成竹篾不同而分成弦向竹篾帘胶合板和径向竹篾帘胶合板两种类型。

6. 径向竹篾帘复合板

径向竹篾帘复合板是将竹材横截，去其内、外节后，进行径向剖篾，再将径向竹篾编织成单篾帘或束篾帘，采用束缚干燥法进行窑干，浸胶和预干后，再与木单板（或竹席）、胶膜纸组成复合结构的板坯，通过一次覆塑热压或基材覆膜热压或涂膜热压等方式胶合成不同用途的产品。

7. 竹碎料板

竹碎料板是利用小径竹材和竹材加工剩余物为原料，加工成碎料为构成单元而压制的一种板材，它是开发利用各种竹材和提高竹材利用率的一条重要途径。竹碎料板根据竹碎料的几何形态和板坯的铺装方法不同，可分为普通竹碎料板、竹丝碎料板、竹大片碎料板和定向竹碎料板等四大类型。普通竹碎料板按其断面状态还可以分为单层竹碎料板、三层竹碎料板和渐变结构竹碎料板等3种。

8. 重组竹

重组竹是根据重组木的制造工艺原理，以竹材为原料加工而成的一种新型竹材人造板。重组竹的构成单元是网状竹束，它是先将竹材疏解成通长的、相互交联并保持纤维原有排列方式的疏松网状纤维束，再经干燥、施胶、组坯成型后热压而成的板状或其他形式的材料。重组竹的最大特点是充分合理利用竹材纤维材料的固有特性，既保证了竹材的高利用率，又保留了竹材原有的物理力学性能。利用我国丰富的竹材资源，特别是尚未得到合理利用的大量小径杂竹资源，开展重组竹的开发与研究是有价值的。

9. 刨切薄竹

刨切薄竹是一种新型的表面装饰材料，它是将竹片压制成径向集成竹块，再将竹块冷压胶合成竹方，然后通过蒸煮软化处理，刨切加工制成的产品。薄竹的厚度在0.5～1.5mm，微薄竹的厚度在0.15～0.5mm，由于其加工工艺较为复杂，目前国外尚未有报道，我国对刨切薄竹的研制也正处在开始阶段。

（二）日用竹制品

日用竹制品，指人们日常生活中需要的竹制品，本节叙述现代工业生产的日用竹制品，是竹材现代工业生产中的大宗产品，具有很好的发展前景。

1. 褙糊席

竹凉席是我国民用竹制品中的大宗产品，原来都是传统手工产品，20世纪70年代初，我国开发一种串席，利用机械将竹子筒料有序破成竹片，然后钻孔用尼龙绳穿接成席。在此基础上进行改进，将有序剖开的竹片，利用机械挖去其竹片中部的两侧，用尼龙绳串穿连接成席。后引入褙糊凉席，使用一套机械设施，开始了竹凉席的生产由传统的手工业编织方式逐步进入现代工业生产。

2. 空心保健竹凉席

空心保健竹凉席是我国自行开发的一种新型竹凉席，也是竹凉席传统工艺的一种新突破。由于它可以卷成筒状，也可纵横折叠成方块放入手提箱式的包装袋里，便于携带与收藏保管，故又名折叠式凉席。空心保健竹凉席以毛竹为主要原料。其工艺独到之处是，通过多道工艺，将竹材加工成标准空心小竹块，经防虫、防霉、漂白等防护处理和磨光后，用高压韧性的尼龙绳（框架绳）作经线，以小尼龙绳（连接绳）作纬线编织而成。空心保健竹凉席通风透气，凉爽舒适，经久耐用。目前，空心保健竹凉席的生产工艺已趋成熟，生产此种凉席的机械完全是国产设备。

3. 竹筷

工业化生产竹筷，一般为一次性卫生筷及特殊用筷，如双生筷、元禄筷、天削筷、利久筷、单支圆筷、菜筷等。其生产均由一条组合的机械生产线来完成。

（1）双生卫生筷。此种卫生筷是目前生产规模最大、用途最广的一个产品。双生筷的杆形为椭圆形。长度规格有21cm和24cm两种，少数亦有19cm，甚至更短的（主要销于国内）。筷端尺寸为14mm×7mm，削尖端斜长及端面为35mm×Φ3mm，一根直径10cm的毛竹，可生产筷子280双左右。

（2）单支圆筷。近年来，开发了单支圆杆卫生筷。利用竹子尾部材料加工，竹材利用率得到进一步提高，而且生产工艺更简单，生产成本也很低，适合于市场上“大排档”餐店使用。但在卫生标准上，因不属双联，在使用上难以证实其一次性。其生产工艺与双生筷基本相同，只需更换相应刀具。其次，这种筷子可带节。

（3）元禄筷。元禄筷是用于高档餐馆的双联卫生筷。元禄筷规格：整体形状为扁方形，筷头较粗，筷尖较小。长度：240mm 和 210mm 两种；筷头：宽×厚为 12mm×5mm，筷尖：宽×厚为 8mm×5mm。元禄筷生产比削尖卫生筷生产要简单一些，只是生产工艺要求比削尖双生筷精细一些。元禄筷与双生筷的生产只有成型机械不同，坯料加工以及漂白、磨光等工艺和设备都是相同的。

（4）天削筷。天削筷是在生产元禄筷基础上，增加一道工序，将筷头部分按 45°斜削去 1/2。故规格、尺寸、生产均与元禄筷完全相同。对一双筷子而言，可理解筷头为上，筷尖朝下，故筷头部分削去一半，称之为天削。此筷原主要用于日本，现在东南亚各国中式餐馆均采用，利用筷头削为斜口部分，是考虑顾客在用餐时，吃生鱼片之类，用来刮调芥末之类调料。

（5）利久筷。利久筷是一种中间肥胖，而两头瘦小，好似织布的梭子形状的高档卫生筷。此筷规格为：长度为 240mm 和 210mm 两种，中间部分宽度为 12mm，而筷头部分为 8mm，厚度 5mm。

生产工艺与元禄筷基本相同，主机为一台成型机，只是成型机的半凹刮片对筷坯分两头反向刮削，一头从中间向右方刮削，一头从中间向左方刮削，成型为利久筷的特有形状。

因为此筷在使用中并无多大特点，只是在造型上有所奇异，所以在市场上并无大的推广。

（6）菜筷。菜筷即是餐桌上的公用筷，它均为单支，形状有如削尖筷、元禄筷等。但它作为公用筷，便于顾客用餐夹起稍远距离的菜肴，故菜筷均加工长度较长。为了造型符合黄金分割原则，其体型也较粗一些。其规格一般为：长 330mm、粗为 Φ7mm。

（三）造纸

中国早在 1 700 多年前的晋代就开始用竹子造纸。著名的江西官堆纸、湖南的玉板纸即是以竹子为原料，至今仍有袭用。竹纸作为一种重要的文化传播媒体，对中国经济和文化的发展起着极为重要的作用。进一步采取措施，发展竹材造纸工业，变竹林的资源优势为经济优势，是振兴中国竹业的重要途径。

1. 竹纸传统加工

中国的竹纸传统加工，即是手工作坊式的生产方式，一般以毛竹的嫩竹（俗称笋料）为原料，经蒸煮或浸渍、打浆、抄制、干燥而成。它经历了漫长的历史，技艺不断改良，生产逐步发展，品种繁多，门类齐全，质地优良，五光十色，为满足我国人民生产生活的需要和促进文化事业的发展起了极为重要的作用。

2. 竹子造纸工业

竹材属中长纤维，竹浆能替代进口阔叶木浆配抄上百种中高档纸张，是优良的制浆造纸原料。我国竹类资源丰富，采用优质纸浆材竹种营造丰产林，不断提高竹材产量和竹浆质量，实施竹、浆、纸一体化经营格局，是我国林纸业发展的必然趋势。

（1）竹子是优良的制浆造纸原料。竹浆的性能介于针叶树与阔叶树之间，明显优于草类浆。多年生产实践证明，竹浆能替代进口阔叶木浆，用于制造各种纸张包括多种中高档纸品。

（2）发展竹浆造纸是解决我国纸业供需矛盾的有效途径。目前，我国已成为纸张生产、消费和进口大国。2004 年，纸及纸板产量和消费量均居世界第二，仅次于美国。随着我国纸产品需求的快速增长，木浆供应远远满足不了需求，造成进口量迅速增加。1995 年到 2001 年，我国纸及纸板进口量以每年 14.5% 的速度递增。2001 年，进口纸及纸板 559 万 t，占到总消费量的 17.5%，进口商品木浆和废纸分别为 490 万 t 和 642 万 t，占纸浆消费总量的 38%，两项相加，用外汇 64 亿美元，占进口商品用汇第三位。因此，大力发展国产竹浆，以取代木浆是解决我国纸业供需矛盾的有效途径。

（3）用竹浆代替木浆是生态保护的迫切需要。我国是一个少林国家，森林覆盖率比世界平均水平低 10 个百分点。自 1998 年开始实施天然林保护工程以来，国内木材的采伐更受限制，从木材消耗总量分析，从 1993 年到 2000 年，国产材年均递减 1.1%，而 3.6% 的商品木材消费年均增长是靠 14.7% 的进口增幅“硬顶”上去的。据预测，2005 年，我国商品木材需求缺口 7 000 万 m^3。在这一背景下，以竹代木的可行性方案的提出与实施，可有效地保护我国极为有限的林木资源。

（4）丰富的资源量为原料供应提供了坚实保障。我国是世界上竹类资源最丰富的国家，有 500

多种，栽培面积、蓄积及年产量居世界之冠。全国竹林面积达420万hm^2之多，占世界1/4，竹林年砍伐量约900万t，且竹材成材期短，一次栽种能连续多年使用，可提供可持续的资源，为工业原料林提供坚实保障。

(5) 竹浆造纸前景广阔。世界主要产竹国都很重视竹浆造纸，如印度、巴西、巴基斯坦、孟加拉国、越南、印尼、缅甸等国。其中以印度为最佳，全国80家造纸厂中有50%的纸厂利用竹子作原料。

近年来我国的一些造纸厂开始用竹浆生产激光打印用纸和复印用纸。井冈山纸厂利用笋壳制浆配抄卷烟纸；抚州造纸厂利用80%毛竹制半化学浆生产牛皮箱板纸，宜春造纸厂利用80%～100%毛竹制漂白化学浆生产胶印书刊纸。目前，我国正着手建设3个大的竹浆造纸项目（四川、广西、贵州各一个），总新增年生产纸浆能力为52万t。

据预测，2005年我国纸业木浆需求量将达到925万t，到2015年需要木浆1780多万t。因此，国家计划至2005年发展300万t竹浆，至2015年发展800万t竹浆，才能合理地调整造纸行业的原料结构。由此可见，利用竹子生长快、周期短、可再生，一次造林，年年受益的特点，培育优质丰产竹林，采用先进的生产技术，建立林纸一体化的竹浆生产基地，其前景是十分广阔的。

(6) 发展竹浆造纸，要处理和解决以下几个主要问题：

• 建立原料基地　竹浆现代化生产完全不同于传统的竹材利用，它要求不能只看到有资源而不作长远规划。为了加快竹浆造纸工业的发展，必须十分重视原料基地的建设。根据有关资料，每生产1t纸浆，需鲜竹4～6 t。在粗放经营及合理砍伐的情况下，每公顷年采伐量为8～10t。如建设一个年产5万t纸浆的纸厂，则每年要消耗3.5万hm^2的竹材砍伐量，理论上意味着40hm^2的采伐半径。这样一种运输半径不仅会使成本增加，更主要的是会使厂家从经济利益出发而导致“竭泽而鱼”。印度是世界上产竹纸大国，现有竹林面积1 300万hm^2，总积蓄量为1.5万t，每年可产1 500万t竹材。可是，印度竹浆厂开工不足却是资源匮乏。泰国、菲律宾等竹纸生产国，均因竹材原料供不应求而呈下降趋势。所以，必须长短结合，全面规划，有计划、有步骤地发展林纸经营，优先建设好原料基地，才能保证竹浆造纸工业健康稳定地发展。

• 提高生产技术　竹纸工业生产中的竹类品种优化，竹材切轧，热煮工艺，碱回收技术等，以及竹子作为造纸原料还存在的一些缺点，诸如竹子原料组成结构紧密，蒸煮渗透比较困难；漂白容易返黄，漂耗率高；采伐期不当，容易造成霉腐和虫蛀以及竹浆中一般含有3.0%的硅化合物，质量控制难度大等，都要组织有关科研、设计、大专院校、机械制造企业等进行联合攻关，提高科技含量，加速竹浆造成技术现代化的进程。同时，要广泛开展国际交流，引进国外竹浆造纸的新工艺和新设备，以提高我国竹浆纸工业的技术水平，加速我国竹浆造纸工业的发展。

• 从政策上扶持　发展竹浆造纸工业，实行林纸并举方针，必须在国家全面规划、统一布局的指导下进行，要防止一哄而上，特别要注意地区或县、乡办小型纸厂，在成本、污染、林纸结合等问题上都不易解决，协调计划不好必然浪费资源。

招商引资，特别要注意引进国外资金，增加林纸生产经营基本建设的投资。国家对林纸商品化应从价格上放开，从资金上扶助，以刺激扩大林纸的生产。建立“林纸”结合监督机构，加强行政执法，以持续地巩固林纸生产发展。

(四) 竹笋加工

竹笋加工，是竹业开发的重要组成部分，对于发展竹乡区域经济，满足人们生活需要，增加出口创汇都有着极为重要的作用。

1. 罐笋的加工

罐笋是以毛竹笋、小竹笋和丛生竹笋作为原料，经过罐头加工过程而制成，是发展竹笋商品生产的重要途径。特别是桶笋生产更有进一步发展的趋势，它是以罐笋生产为基础，改进了包装容量，采用长方形铁桶封装而成。因此，在制造工艺上与罐笋相类似，输出标准与手续也与罐笋相同。罐笋加工是现代化工业生产，必须具备工业生产条件才能顺利进行。

2. 保鲜方便竹笋

在竹林区利用冬笋和个体小的早春笋加工出口外销清汁笋，对鲜笋原料的规格要求苛刻，而大量的春笋，特别是个头较大的鲜笋、退笋不能充分利用，就地加工保鲜方便竹笋，对充分发挥竹林区竹笋资源优势，发展竹林区经济有着重要的现实意义和经济意义。

（艾文胜）

104. 刚　　竹

一、植物学特征

刚竹［*Phyllostachys viridis*（Young）McClure］，又名台竹、柄竹。为禾本科竹亚科刚竹属竹种。

地下茎单轴散生。秆高6.6～12.3m，直径3.7～8.3cm，秆壁厚5.5～6mm，基部直立，分枝一侧有明显全长之纵沟槽，两分枝节间绿色至黄绿色，第二节间长6.7～8.2cm，第六节间长14～18cm，最长节间长28.5～29.7cm，有白色小突起和小凹点；秆环不明显而箨环显著，箨环下有一宽粉圈。箨鞘乳黄色、绿黄色或淡褐黄底色上有绿色脉纹及褐色或紫竭色或淡棕色小斑点，无毛，有少量白粉，上部箨鞘边缘褐紫色，下部具焦边，无箨耳和鞘口刚毛；箨舌绿黄色，弧形至平截形边缘有绿色纤毛；箨叶窄三角形玉带形，绿色，边缘枯黄色，外翻，微皱。小枝具叶2～5枚，多为2枚，有脱落性叶耳和刚毛；叶舌伸出，弧形；叶片通常黄绿色至绿黄色；长5.6～13cm，宽1.6～2.2cm。笋期5月下旬。

刚竹的变型有两种

（1）槽里黄刚竹（*P. viridis* f. *houzeauand* C. D. Chu et C. S. Chao）。亦称绿皮黄筋竹，碧玉间黄金竹。

为刚竹小变型竹种，与刚竹不同的是秆、枝绿色，其分枝一侧的沟槽间有淡黄色纵槽，在绿秆上挂披宽窄不等的黄色纵条纹。

（2）黄皮刚竹［*P. viridis* f. *youngii*（McClure）C. D. Chu et C. S. Chao］。亦称黄皮绿筋竹、金竹。

为刚竹变型竹种，与刚竹不同的是秆、枝、节均为金黄色，节间常间有1至数条宽窄不等的深绿色纵条纹，叶片上偶有乳白色纵条纹。该竹植株个体较小，十分美观。

主产长江流域一带及河南、山东、云南、湖南等地，近年北京、西安等地进行了引种栽培，日本产量很大，欧、美各国曾有引种。其变型竹种主要分布在江苏、浙江、河南、湖南等地。适生于平原、河滩、山坡土壤深厚肥沃之地，一般栽培在农家的房前屋后或城市的庭园之中。该竹种耐寒性较强，能耐－18℃的低温，耐盐碱的能力也特别强，在pH值为8左右以及含量0.1%的盐碱土上亦能生长。湖南多见于湘中丘陵和洞庭湖区，多为零星栽植。

二、栽培技术

刚竹是我国主要栽培竹种之一，为培育速生、丰产、优质的竹林，造林前，必须根据竹子对立地条件的要求，选择适宜的气候、土壤和地形条件。

（一）选地

1. 气候条件

我国长江以南至南岭以北地区，是刚竹分布的中心区。在这一地区，气候条件一般都适于刚竹生长。长江以北至黄河流域地区，为刚竹分布和引种的北区。影响刚竹生长的主要气象因子是生长季的干旱和冬季的严寒。在北区发展刚竹，要选择春、夏降水量大，背风朝南的地方。南岭以南地区为刚竹引种的南区，影响刚竹类生长的主要气象因素是夏季的烈日和夏、秋的台风，在南区发展刚竹，要选择背风朝北的地方。

2. 土壤条件

刚竹生长快，竹鞭、竹根发达。因此，要求土壤深度在60cm以上，肥沃、湿润、排水和透气性能良好的沙质土和沙质壤土，黏重瘠薄的红土、黄土以及盐碱土等不利于刚竹生长。壤土pH值4.5～7。地下水位在1m左右。

3. 地形条件

在同一地区，往往因地形的变化而引起小气候和土壤条件的变化。在刚竹分布的中心区，应选择海拔800m以下的山谷、山麓和山腰地带。在刚竹分布和引种的北区，最好选择海拔600m以下，背风向南的山谷、山麓地带。在刚竹分布和引种的南区，最好选择海拔1 000m以下背风朝北山谷、山麓地带。

（二）整地

1. 整地方法

（1）全面整地。砍除林地内的杂草、灌木，清理石块，全面翻土深度20cm左右，除去土中较粗的树蔸、树根等。翻土时，将表土翻入底层，底土翻到表层。全面整地适应于坡度10°以下，不造成水土流失的地段，开垦时林缘要保留3～5m宽的植被带。

(2) 带状整地。每隔3～5m垦复宽3m、深度20cm左右的带，除去土中的大石块和粗的树蔸、树根等。翻土时，将表土翻入底层，底土翻到表层。带状整地适应于坡度15°以下，易造成水土流失的地段。

(3) 块状整地。根据栽植密度选择林地内较为平坦的地方垦复2～4m²，深度20cm左右的块，除去土中的大石块和粗的树蔸、树根等，将表土翻入底层，底土翻到表层。块状整地适应于坡度15°以上，易造成水土流失的地段。

2. 挖栽植穴

按栽植株数确定株行距。根据各地的经验，一般母竹造林每公顷栽850～1 120株，株行距3m×4m或3m×3m；截秆造林、移鞭造林和实生苗造林每公顷栽1 400～1 500株，株行距2.5m×3m。穴长0.8～1.0m，宽0.4～0.5m，深0.3～0.4m；移鞭或截秆移鞭造林，栽植穴长0.6～0.8m，宽0.3～0.4m，深0.3m左右。

(三) 造林

1. 造林时间

冬季和早春即11至翌年2月。最好在竹笋出土前20～30d造林成活率较高。

2. 造林方式

实生苗造林、移竹造林、移蔸造林、埋鞭造林等。

(1) 实生苗造林。苗圃地选择：要在背风向阳，接近水源，排灌方便的地方选择微酸性至中性、疏松肥沃的壤土或砂壤土中育苗，或利用荒地或透光度50%～60%的疏林隙地培育1年生竹苗。

整地：整地要深耕细耙，深度在30 cm以上，并结合使用低毒无残留药剂消灭地下病虫害。

施基肥：每亩施腐熟的积肥、堆肥4～5t，或沤熟的饼肥2～3t，加适量的钙镁磷肥。

做床：床高10～12cm，宽1～1.2m，步道30～40cm，在排水良好或干旱地区也可采用平床或低床。要求床面表土细碎，床边紧实，步道通直，排水良好。

播种期：竹子种子成熟后，随采随播，春季土壤解冻后，地温达10～15℃以上，即2月中旬至4月中旬为播种适宜期。

种子处理：播种前先用清水洗去拌种药粉，浸0.5h后再用0.3%高锰酸钾消毒2～4h，洗净后即可播种。

播种方法：刚竹种子条播、撒播、穴播均可。在床面按30～40cm株行距开穴，穴径5～6cm，深2～3cm，每穴均匀点播种子8～10粒，用火烧土或细土覆盖，以不见种子为度。

苗期管理：揭草可分2次，大部分播种穴出苗后，揭去1/2；再经7～10d全部揭除。揭草后搭棚遮荫，棚高50～60cm，透光度50%～60%。在晚霜过后应将苗床的竹苗移植到大田，移植株行距30～40cm，每穴2～3株，移植后需短期遮荫。苗床要保持合理的湿度，即时除草、除杂、除去弱小的竹苗，还应根据苗木的生长情况适时追肥、松土、防治病虫害。

出圃造林：起苗时尽可能保持根系完整，不伤苗秆，随起随栽，需长途运输的应保持苗木湿度，栽植要做到直、紧、稳，根系要舒展，并浇足定根水，栽植深度比原来入土深度深3～5 cm，并开好排水沟。

(2) 移竹造林。造林地选择土层深厚肥沃湿润、排水良好。造林前不管采用哪种方式都应挖大穴，穴长1～1.5m，宽50～70cm，母竹大小以胸径2～4cm，节间短而均匀，枝叶浓绿，分枝较低，枝短而下垂，无病虫害的为佳，并应从当阳的疏林中或林缘地选取。挖取母竹时，来鞭应留30～50cm，去鞭应留50～70cm，多带宿土，不伤鞭根、笋芽和螺丝钉（竹蔸与竹鞭连接处），斜向砍去竹梢，留枝4～5盘。母竹挖掘后，要随运随载。

(3) 移蔸造林。其方法与母竹移栽基本相同。但竹蔸应选择1～2年生竹，并在基部离地面20～30 cm处截断竹秆，栽植时保留15 cm以上竹秆在外。

(4) 埋鞭造林。即挖取2～4年生具有饱满笋芽的竹鞭，切成长1m以下，埋于整地挖穴的林地上，穴底先填肥土，将鞭根平放，覆土10～15cm，压紧后，浇水并覆草。也可埋鞭于苗圃地，培育成苗后再移栽。

(四) 抚育管理

1. 新造竹林的抚育管理

(1) 抚育间作。一般来说，新造竹林的密度较小，林中空隙较大，必须加强抚育管理，以有利于竹林的生长发育。初期大多采取在林中空隙间种的方法，以耕代抚。通常种植的作物有绿肥、豆类油菜等，但不宜种植甘薯、芝麻以及花生等作物，禁止种植攀缘性的作物。在干旱地区不宜进行间种的，必须加强中耕除草，抗旱培土等工作。

（2）灌溉排涝。在水源方便的平地或缓坡地，可开水平沟引水自流灌溉；在水源困难的丘陵山地，应挑水逐株浇灌。灌水量以母竹或竹苗鞭根附近的土壤湿润为度。灌水后，要将表层泥土锄松，或加盖一层1~2cm厚的细土，以减少水分蒸发。地下水位较高的林地，应在周围开深沟排水。母竹或竹苗蔸部的覆土，若板结下沉，雨后积水，除及时开沟排水外，还要从周围取土重新培成馒头形，高出地面6~10cm，以利排水。

（3）除草施肥。新造竹林，竹子稀疏，林地光照充足，杂草灌木容易滋生，如不及时铲除，直接妨碍竹子生长。在新竹林郁闭前，每年除草松土1~2次。第一次在5~6月较好，第二次在8~9月较好。施肥能促进新竹生长，提早成林。迟效性有机肥，如厩肥、骨粉、土杂肥、塘泥等最好在秋冬季节施用，速效性的化肥如尿素、氨水、饼肥和人粪尿等，应在春、夏季节施用。

2. *成林的抚育管理*

（1）修山垦复。修山，即砍除林内杂草灌木及已死亡的各种植株。一般在每年的5~6月进行为最佳。垦复大多在夏秋季节进行，垦复深度15cm左右，一般要求新竹林浅、老竹林深。新造竹林已刚刚整地土层比较疏松，而老竹林土壤早已板结，且地下鞭根已满布深层，以及杂草灌木丛生，故宜深挖。立竹周围浅，无竹空地深。立竹周围的鞭根分布较多，不宜受伤，而无竹区深挖可诱入竹鞭。松土宜浅，板土宜深。

垦复方式：一般采用带状隔年轮流垦复或块状垦复。即每隔3~5m垦复2~3m或根据竹子在林中的分布选择性的块状垦复，块状面积大小根据坡度不同确定，坡度大的块状应尽可能小，坡度小的块状可适当加大。

（2）护林养竹。冬笋、春笋都应加强保护。春笋出土前对地面进行一次清理消毒，降低病原体和越冬害虫密度，出笋期禁止砍竹，即时清除退笋、小笋、歪笋和过密笋。笋期和嫩竹生长期禁止放牧。

（3）合理砍伐。就是将那些应该砍伐的竹全部砍去，有利于竹林生长发育的竹全部保留下来。砍伐季节应在立冬至立春前为最佳。砍伐时，应做到不砍“天窗竹”，即近似空旷地中的竹要保留；不砍“孵笋竹”，即当年就有笋发的竹要保留；不砍“走鞭竹”，即正在行鞭孕笋的竹要保留；不砍“冷刀”，即到季节成批砍伐，不随用随砍。对4龄以上的老竹、弱小弯曲的劣质竹，虫包鼓节竹一律予以清除。

三、病虫害防治

（一）病害防治

1. *苗期病害*

竹苗立枯病和笋腐病。

防治方法：整地时进行土壤消毒。可施用敌克松，用药量为20kg·hm^{-2}，与30~40倍细土拌均匀，垫土复种。播种前种子消毒。用种子重量的0.2%~0.3%的退菌特或施用0.5%的敌克松连同种子和10~15倍细土拌匀播下。出苗后，若发生竹苗立枯病、笋腐病等，可喷1∶100~150的波尔多液或0.1%的高锰酸钾，每10d左右喷1次，直至病除为止。发现笋类叶腐烂的病苗时，应立即从基部剪除或喷药。

2. *成竹病害*

（1）刚竹劲腐病。俗称“酱油蒲”，是一种真菌，属半知菌纲镰刀菌属，其发病率最高可达17%，病害一般发生在阴坡、潮湿、郁闭度大、光照条件弱的环境下，3年生竹发病多，影响竹林正常生长，严重时可造成致病全株植死。该菌在25~28℃条件下生长较适宜，pH值4.5~6.0环境条件下生长最快，5月份随着气温的上升，致病病斑开始扩展，6~7月份为盛发期。

防治方法：及时清理感病植株，减少病原体。用50%托布津溶液和50%萎锈灵30倍液喷淋病株，抑制病菌的扩散。

（2）竹秆锈病。竹子锈病又称竹褥病，主要危害竹秆的中部或基部，有时小枝上也有发生。6~7月受害部位产生黄褐色或暗褐色粉质的垫状物，成椭圆形或长条形。11月至翌年春产生橙褐色革质的垫状物。垫状物脱落后竹杆发病部成黑褐色。

防治方法：加强经营管理，合理砍伐，清除病株，减少病害发生的机会。发病时用0.5~1波美度的石流合剂或氨基苯硫酸每隔7天喷1次，连续喷3次。每年的6~10月在林内喷一次1波美度石流合剂或100~500倍的敌锈钠进行防治。

（3）竹赤团子病。多发生在生长过密的小竹上。应适当疏伐，减少竹林密度，加强抚育管理，促使竹枝生长旺盛，可减少发病机会。发病后剪下病枝烧掉。用25%的喷石硫合剂，喷射2~3次。

（二）虫害防治

刚竹毒蛾：在初始阶段有很高的死亡率。3龄前幼虫死亡率在80%左右，到5龄幼虫时累计死亡率达90%。从卵到3龄幼虫阶段是生活的薄弱环节，也是防治的最佳时期。主要防治技术有化学防治技术和生物防治技术。

化学防治：每年的4月下旬至5月上旬（即在挖笋之后）将40%氧化乐果与水按1∶1比例配制成的溶液，以10～15mL/株的用量用注射针头在竹秆基部2～3节打一斜小孔注入，其防治死亡率可达99%以上。另外，把当天采回的新鲜竹枝插在不同浓度药液中，喂食2～3龄和3～4龄虫，其防治效更佳。

生物防治：在林中放养刚竹毒蛾的天敌可起到抑制和防治的作用，1～2龄幼虫的自然死亡是影响种群数量的主要因子，而4龄幼虫到虫角期的关键因子是天敌，刚竹毒蛾的寄生天敌有黑卵蜂、平腹小蜂。幼虫蛹期天敌有绒茧蜂、脊茧蜂、黑点瘤姬蜂以及白僵菌和核多角体病毒等。

四、加工利用

竹材坚硬，性较脆，不宜撕劈编织，可供简易建筑及农具柄材；秆可作晒衣竿、标竿、瓜棚架等用；笋味淡而微苦，浸煮水漂后可食，亦可加工成罐藏食品；竹秆挺直秀美，新竹微被白粉，是城市园林中难得的造园材料。

（苏立刚　柏方敏）

105. 水　竹

水竹（*Phyllostachys heteroclada* Oliv.）生长快，成材早，产量高，用途广。水竹造林，经精心培育，五年便可成林，亩年产竹材500kg以上 。

水竹节间长，无凸起，平整光滑，质地坚韧，韧性强，纹路正，篾丝、篾片不扭不曲，篾色纯净，是编制劈篾的绝佳材料。

我国水竹经营历史悠久，早在六百多年前就有水竹加工的文字记载，不少产品深受海内外消费者欢迎。由于资源少，培育技术相对滞后，竹材供应满足不了加工的要求。因此，掌握水竹生长规律和栽培技术，因地制宜，大力培育速生、丰产、优质的水竹基地，开展综合加工利用，对加快水竹发展，促进农村经济建设具有十分重要意义。

一、植物学特征

水竹竹秆端直，高2～4m，最高可达8m；胸径1～2cm，最大可达6cm；竹节间长20～40cm，分枝较高，各节枝较少，竹壁薄，节间圆筒形。叶披针形，叶片尖端窄，有条纹，叶片短，边缘有细毛。圆锥花序，开在有叶的嫩枝上，由多数花穗组成，丛生于梢头。地下茎细长，横走。竹鞭有节，节上生根，每节着生一芽，交互排列，有的芽抽成新鞭，在土壤中蔓延生长，有的芽发育成笋，出土成竹。

二、生物学特性

（一）生态习性

1. 气候

年平均气温15～20℃，年降水量1 000～1 800 mm，相对湿度80%以上。

2. 土壤

水竹为浅根性竹种，鞭根入土最深不超过30cm，喜湿怕水，对土壤肥力要求较高。土壤以pH值5～7，土层厚度60cm以上，地下水位在100cm以下的冲积层沙质壤土为好，壤土、黄壤次之，石砾含量较多的黏土或常积水、瘠薄干燥的地方，不适宜水竹生长。

（二）地理分布

水竹由于受气候条件和土壤等因子的影响，其地理分布受到较大的限制，主要分布在珠江中下游和长江以南海拔500m以下的丘陵坡地、河湖两岸。以江西、湖南为主，广东、福建少有分布。

三、栽培技术

（一）造林

1. 选地

水竹喜温暖、湿润的气候和肥沃、疏松的土壤，怕水、怕旱，不耐瘠薄。因此，水竹造林地在山丘区应选择背风向阳的坡心、空地、缓坡地带；在平原湖区应选择林旁、宅旁、河流两岸、废堤沿线、河中沙洲等土壤肥沃、排水良好、地下水位不高的地方。

2. 整地

在平原湖区造林要求全面整地，在山丘区结合地形、坡度具体情况采用带状整地或块状整地，深度20～30cm，除去土中的大石块和粗的树蔸、树根等，将表土翻入底层，并均匀碎土，开好排水沟。株行距按4m×4m或3.5m×3m挖好栽植穴，穴长70cm，宽、深各40cm。

3. 母竹的选择

母竹应选择壮龄竹园中的林缘竹和生长在空隙地上的1～2年生的生长健壮，竹节正常，无病虫害，鞭色鲜黄，鞭芽饱满，鞭根健全的竹子。

4. 母竹的挖取

在挖取水竹母竹时，先用绳索把所需挖掘的母竹秆捆扎好，再以块状带土起挖，挖出块状母竹后，用利刀砍成4～8株一丛，用草绳或其他绑扎物将竹蔸部包扎好，注意挖掘母竹时要多带宿土。

5. 造林时间

水竹造林的最适时期是当年11月至翌年2月，此时水竹鞭根处于休眠状态，竹鞭养分贮藏丰富，竹液流动缓慢，造林成活率较高。

6. 造林方法

在已整地穴上，先将表土回垫入穴底，厚度10～15cm，将母竹放入穴中，使鞭根舒展，下部与土密接，先填表土，后填心土，分层踏实，使鞭根与土壤密接，保护好鞭根和笋芽。遇干燥天气，要先行适当灌水，再行覆土，覆土深度比母竹原来入土部稍深3～5cm，竹蔸培成馒头形，加盖一层松土，周围开好排水沟。

（二）新造林的管理

1. 封园禁牧

水竹栽植后，要确定专人管理，严禁人畜践踏，发现缺株、死株，于第二年早春及时补植。

2. 松土除草

水竹栽植后1~3年，林地空旷，杂草丛生，每年要在5~6月和8~9月进行中耕除草，以减少林地养分消耗、水分蒸发，改善竹株生长条件，促进竹鞭发笋。有条件的地方，可进行竹农间作，以耕代抚。间作要以养竹为主，因地制宜，合理种植，切忌高秆、藤蔓、攀缘植物。

3. 抚育间伐

新造水竹林培育5~6年后成林，为调整竹林群体结构，改善立竹分布状况，促进丰产，应及时进行抚育间伐。

确定首次间伐指标是：栽植后5~8年；竹林已全部郁闭；每亩立竹1万株以上；竹秆高达2~3.5m，胸径达1~1.5cm；坐地枝枯死，林冠下细竹生长衰弱。

抚育间伐强度：清除杂灌藤刺，砍掉生长衰弱枯老的被压竹、病虫竹，使之分布均匀，没有“天窗”。间伐强度不宜过大，一般以每亩保存立竹7 000~10 000株为宜。

（三）抚育管理

1. 护笋养竹

水竹发笋一般在“谷雨”前后1周，从出土到成竹45~50d，迟出土的生长快些，早出土的生长慢些，在出笋期内严禁砍竹、人畜践踏。发笋前要疏通沟渠，以利排除积水，促进竹笋出土成长。发笋期间要及时分期分批挖除退笋、枸笋，疏去部分劣笋和过密笋，以提高成竹质量，保持合理分布。

2. 清园除杂

在6~7月或9~11月，清除林内枯竹、病虫竹和杂草、藤刺，扶正倒竹，保持林地卫生。

3. 培土施肥

水竹根系发达，成林土壤易板结，在秋、冬季节适当培土，可保肥、保温，避免露鞭，提高来年新竹质量。小面积竹林每3~5年培土1次，培土厚度6~10cm。大面积竹林人工培土困难，可考虑用漫水淤泥的办法进行。

施肥：在出笋前每公顷施腐熟人畜粪15 000kg和速效性化肥1 500kg，或在秋冬季节施厩、堆肥等迟效性肥料30 000kg。施肥方法：穴施或沟施后覆土。

4. 合理砍伐

砍伐年龄：水竹在1~2年时为竹林加固期，3~4年为竹材力学性质稳定期，5年后为材质下降期。最适砍伐的对象应是4年生的竹子。

砍伐标准：保持竹林合理的立竹密度，对提高竹林的光能利用，维持竹林更新能力关系极大。立竹条件较差，竹株平均胸径1.5cm左右，每亩应保留立竹7 000~10 000株；立地条件较好，竹子胸径2.5~3cm，每亩应保留立竹5 000~7 000株，胸径越大，保留株数可相应减少。

砍伐季节：水竹每二年换叶一次，换叶时间在11月至翌年3月。此时竹秆内水分、养分含量低，加工竹制品不易遭虫蛀，对发笋成竹影响较小，是砍伐的黄金季节。

四、病虫害防治

（一）病害防治

1. 丛枝病

防治方法：加强管理，合理砍伐，保持适当密度，及早除去病株、弱竹和风倒竹；或在病竹下部、中下部节间钻3~4个小孔，注入20%粉锈宁乳油1 000mg・L^{-1}，药液300mL。注入后用胶布封口，抑制病原菌的蔓延。

2. 竹秆锈病

防治方法：加强抚育管理，合理砍伐，防止竹株过密。发病初期，及早砍除病竹并烧毁；或在秋季喷0.5~1波美度石硫合剂，夏季喷涂10∶1普通柴油加硫磺粉或新鲜生石灰乳剂。

（二）虫害防治

1. 褐边绿刺蛾

主要取食水竹叶片，轻则影响生长，降低材质，重则导致当年新竹枯死。防治方法：人工摘除虫叶，踩死幼虫，消灭越冬虫茧，成虫用灯光诱杀。或用敌百虫掺洗衣粉1∶500~800倍液在6月中旬喷杀幼虫。

2. 竹斑蛾

主要危害竹叶影响生长。防治方法：冬季在竹林内搜集虫茧，清除虫害竹、烂头竹，摘除竹林内白膜状叶片，或在幼虫期用90%敌百虫或50%敌敌畏1 000倍液喷雾杀灭。

3. 竹笋夜蛾

主要危害竹笋。

防治方法：加强抚育，除草培土，减少越冬虫卵，及时挖去被害的退笋，或在竹笋出土前用三唑磷，掺水75L，喷施林地2～3次。幼虫钻入笋内后，可用敌百虫500倍液用医疗注射器注入笋内杀死幼虫。

4. 一字竹象虫

主要危害竹笋。防治方法：秋冬两季清理林地，破坏越冬虫茧；利用成虫的假死习性震落捕捉；或用50%甲铵磷0.5～1mL注射竹株。

五、加工利用

1. 水竹凉席

● 竹材选择　竹材年龄要求2～3年生，胸径2cm左右，分枝较高，竹秆无斑点，无风伤虫蛀，色泽鲜美。

● 生产工具　篾刀、起子、织筒等。

● 生产步骤

砍齐竹头，斩除竹尾，适当车平竹节，把竹秆一劈为二，破成3mm宽的条子篾，按照青黄自然厚度分成起青去黄，每皮2.5mm宽，再放入锅中煮熟使纤维软化，糖分溶解，清水浸泡24h，取出，用刮刀刮成规范篾丝后进行编制，扭边成形。

2. 水竹工业品

水竹除编制凉席外，常用于各种工业品及图案花纹的编制。如高档屏风和篮、盘、罐、建筑装饰等，还可以制作大型挂屏以及凳、椅等。

3. 竹笋加工

● 笋干的加工　将鲜竹笋，剥去笋箨，放入沸水中蒸煮20min，取出，去掉笋肉中的水分，再压榨、烘晒。

● 罐头笋的加工

油焖笋：将水竹笋肉切成短条状，每50kg笋肉加食油1.25kg，水20kg，酱油10kg，糖0.75kg，食盐1kg，同时下锅煮沸，加食用防腐剂45g左右，再煮1h，取出装罐即可。

糖醋笋：将水竹笋肉煮熟切成短条状，每50kg笋肉，加入醋20～25kg，白糖10kg，浸24h，装罐即可。

（覃正亚　柏方敏）

106. 慈　竹

慈竹 [*Neosinocalamus affinis* (Rendle) Keng f.]，亦称钓鱼慈、甜慈、茨竹、吊竹。禾本科竹亚科慈竹属。慈竹是我国西南地区栽培最普遍的篾用竹种之一，主要分布于四川、贵州、云南、广西、浙江、江西、湖南、湖北及陕西南部地区。常栽植于房前屋后，四旁，江湖、溪流两岸、丘陵山麓及低山谷地。

一、植物学特征

慈竹乔木状，地下茎合轴型。秆直立、丛生，高 5 ~ 10m，顶部细长作弧形下垂。全竹约 30 节，作壁薄，最下的节间长 15 ~ 30cm，上部节间长可达 60cm，直径 4 ~ 8cm，中空较大，内径 2 ~ 3cm，节间短，圆筒形，生长约 2mm 灰白或灰褐色小刺毛，尤以上部的节间最明显，此小刺毛脱落后于秆的表面留下一小凹痕或一小疣点。秆环平，箨环固箨鞭基部残存而显著，节内长约 1cm，在秆基部数节的箨环有时有一圈紧密贴生向上的银白色绒毛，宽5 ~ 8mm，秆上部的箨环附近没有绒毛或仅于芽的周围稍有绒毛。顶鞘革质，通常长 20 ~ 25cm，背部密集贴生棕黑色刺毛，在其左侧下方原来被盖复的三角形地带内无此刺毛，箨鞘顶端稍呈“山”字形，其内侧有一流苏的箨舌，连同刚毛长达 10 余 mm；箨叶长 10cm 左右，宽 4 ~ 5mm，先端渐尖，向外反曲，基部收缩略呈圆形，正面多脉，密生白色小刺毛，背面的中部疏生小刺毛，两边缘均较粗糙且向内卷；分枝习性中等。枝条多数短细，密集呈半轮生状，开展，主枝不突出；叶在最后小枝上有 2 ~ 10 枚，叶鞘长 4 ~ 8cm，具纵脉，无毛，鞘口无刚毛；叶舌截平形或呈啮蚀状，高 1 ~ 1.5mm，棕色或黑色，叶片质薄，长 10 ~ 30cm，宽 1 ~ 3cm，先端渐细尖，基部作圆形或楔形，正面暗绿色，无毛，背面灰绿色，具微毛，次脉 5 ~ 10 对，边缘有小锯齿，粗糙，叶柄长 2 ~ 3mm；花枝常成束，不具叶，长 20 ~ 30cm 或更长，柔软，弯曲下垂，小穗常以 2 ~ 4 枚生于节，棕紫色，每 1 小穗有花 4 ~ 5 朵，小穗轴节间长约 2mm，无毛。颖 2 ~ 4 片，长 2 ~ 6mm；雄蕊 6 枚，子房长为 1mm，花柱长约 4mm，具微毛，向上分裂为 2 ~ 3 枚羽毛状柱头；果实呈纺锤形，长 7.5mm，上部生微毛，腹部具宽沟，果皮薄质，黄棕色，可与种子相分离。6 月出笋，持续至 10 月，花期多在 4 ~ 7 月。

二、栽培品种

1. 大琴丝竹（*N. affinis* cv. Flavidoriuens Hsueh et Yi）

节间有淡黄色间深绿色纵条纹。

2. 金丝慈竹（*N. affinis* cv. Viridiflavus Hsueh et Yi）

节间分枝一侧具宽窄不一的黄色纵条纹。

3. 黄毛竹（*N. affinis* cv. Chrysotrichus Hsueh et Yi）

其区别在于幼秆节间密被金秀色刺毛和间敷白粉。

4. 绿秆花慈竹（*N. affinis* cv. Striatus Yi et H. R. Qi）

秆的节间有淡黄色条纹，叶片有时亦具淡黄色条纹。

三、生物学特性

1. 气候条件

慈竹喜温、喜湿，其生长随温度、相对湿度和降水量的增加而增加。我国南方的热带和部分亚热带地区是分布的中心区。年平均气温 16℃ 以上，1 月平均温度 2℃ 以上，年降水量1 200mm以上的气候条件下，都能生长良好。

2. 土壤条件

慈竹生长快，发笋能力强，需水量大，要求土壤深度在 80cm 以上，地下水位 1m 左右，pH 值 4.5 ~ 7 的肥沃、湿润、排水和透气性能良好的沙质土和沙质壤土。尤以中性紫色土或红色砂页岩发育的红壤上生长良好。黏重瘠薄的红土、黄土以及盐碱土等不利于慈竹生长。

3. 地形条件

慈竹造林应选择海拔 600m 以下的山谷、山麓和山腰地带。最好选择海拔 400m 以下，背风朝南的山谷、山麓或溪流两岸，平坦而肥沃的土壤上。坡度大的地方不利于慈竹生长。

四、栽培技术

（一）造林

1. 整地

慈竹地下根系集中生长，要求竹蔸周围的土壤疏松、肥沃。整地通常采用大穴结合林地清理方式。植穴大小根据母竹蔸的大小而定，约大于母竹蔸的1～2倍，以使根系舒展，一般为50cm×70cm，深50cm左右。每公顷造林500～600株，株行距4m×5m或3.5m×5m。林地清理：包括砍除林地内的杂草、灌木，清除树蔸、石块等。农田、荒地、四旁地、缓坡地可采用全垦，深度20cm左右。低坡地段可以有选择性的开垦，但必须做好水保措施。

2. 造林技术

移竹造林最好在1～3月竹子的“休眠”期进行。竹苗造林，一年四季均可进行。大面积造林，最好在雨季来临前进行。

（1）母竹造林

● 母竹选择　生长健壮，枝叶繁茂，没有病虫害，秆基的芽眼肥大充实，须根发达的1～2年生的竹秆，发笋力强，栽后易成活，成林迅速。1～2年生的健壮竹株一般都着生在竹丛边缘，秆基入土较深。母竹要大小适中，一般胸径为3～5cm。

● 母竹挖掘　挖掘时，先在离母株25～30cm的外围，扒开土壤，由远到近，逐渐深挖。防止损伤秆基芽眼，竹蔸的须根、支根应尽量保留。在靠近老竹的一侧，找出母竹秆柄与老竹秆基的连接点，然后用利凿、山锄或快刀切断母竹的秆柄，连蔸带土挖起。在切断母竹秆柄时必须特别注意，防止劈破或撕裂秆柄秆基，否则母竹的主蔸易受伤腐烂。根系发达的可采用单株挖蔸，但带土要多些。

母竹挖起后，留1m左右竹秆，从节间中斜行切断竹梢，切口呈马耳形。挖起的母竹如不能及时栽植，应放在阴凉避风地方，并适当浇水。如远距离搬运，要用湿草包扎竹蔸，防止损伤芽眼及震落宿土。

● 施肥　栽竹前，穴底先填细土，有条件的地方可以施些腐熟的杂厩肥，每穴15～25kg，与表土拌匀，然后将母竹斜放于穴中，马耳形切口向上，以便接存雨水，防止竹秆干枯。保持母竹秆基的两侧芽眼倾向水平位置。调整好母竹的斜放位置后，分层填土，使竹蔸根系与土壤紧密接触，压实，灌水，最后覆土以超过母竹原入土深度3cm为宜。培成馒头形，以防积水烂鞭。

（2）育苗造林

● 压条育苗　每年2～4月，在地形平坦，土壤肥沃的竹林地内，选透光度大的1～2年生，生长健壮，隐芽饱满的竹丛边缘竹秆作母竹。从母竹基部向外开一水平沟，深宽各约15～20cm，相当于压条竹秆的长度，除去草根、石块，沟底填一层细土，适当施些基肥和土拌匀。在压条竹秆基部的背面用刀砍一缺口，深度达竹秆的2/3，然后将竹秆向开沟方向慢慢压倒，留20节左右，削去竹梢，保留最后1节枝叶，以利光合作用和养分水分的运输循环，其余各节枝条除留主枝2～3节和隐芽外，全部从基部剪掉。再把母竹秆压入沟内，枝（芽）向两侧，覆土3～5cm，轻轻压实，露出末端1节的枝叶。压条竹园要经常检查，防止人畜入内践踏，对弹起或露出的竹秆，要立即覆压；久雨要注意排除积水，过干要适当灌水。约100天左右，各节隐芽即可发笋生根，长出竹苗。到春季挖起，逐节锯断，成为独立竹苗以供造林用；也可移至苗圃，分株栽植，再行育苗。

● 埋秆育苗　原条埋秆和压条埋秆相同，只是把母竹秆和竹丛分离，移到圃地上进行育苗。将选定的母竹连蔸挖起，保持竹蔸芽眼完整，留20节左右，削去竹梢，切口呈马耳形。每节枝条除留主枝一节及周围侧芽外，其余全部贴秆剪掉。

● 竹枝育苗　以3～4月份为宜。从2～3年生的竹秆上，选择生长健壮，隐芽饱满的1～2年生有根点的主枝，从基部用刀砍下，剪除第1、2节和基部的全部侧枝，最上节适当保留些枝叶，与地面成30°～40°，将枝段斜埋，芽向两侧，最下一节入土3～6cm，切口约与地面平，露出最上一节的枝叶。然后覆草3cm左右，充分淋水。枝段埋插后10d内要适当遮荫，久雨要及时排除积水，天旱要经常浇水，露节要培土覆盖。20d后可以施一次氮肥或人粪尿，3个月即可成苗。

造林前先将苗木从圃地取出，取苗尽可能保持根系完整，随挖随栽。如不能即时栽植的，运输前应打好泥浆，用湿稻草包扎好后淋足叶面水，保持竹苗湿润。栽植前施足基肥，并使肥料与泥土充分拌匀，回填表土，将苗木放在表土上，再覆土踏实使竹根与泥土充分结合，浇足定根水，培成馒头型。覆土深度高于苗木原入土深度3 cm。

（二）抚育管理

慈竹根系相对发达，须根很多，节间较长，竹节均匀。要实现优质丰产的目的，必须加强抚育管理。新造竹林，竹子稀疏，林地光照充足，杂草灌木容易滋生，如不及时铲除，不仅消耗竹林的水分和养分，而且直接妨碍竹子生长。因此，在新竹林郁闭前，每年除草松土 1 ~2 次。分别在 5 ~6 月和 8 ~9 月进行。

慈竹笋出土初期和盛期，正当夏季，气温较高，蛀食竹笋的害虫（如笋象虫等）十分猖獗。竹笋受虫害后，轻则竹秆上留下虫孔、断梢，重则成为退笋。因此，防止虫害是慈竹护笋养竹的关键之一。此外，在出笋季节要防止人畜危害，严禁在竹林中放牧。

成林慈竹夏秋季出笋，至秋末冬初幼秆已经定型，长度、胸径不再增长，为改善地上部分与地下部分的合理结构，必须通过适量的砍伐，使竹林郁闭度降低，增加林内光照，提高土温，促进有机质分解和幼竹枝叶的发育。采伐的方法：砍内留外。根据慈竹特性，新丛地下茎向丛缘发展，竹丛的中部老蔸盘结紧密，芽和笋受机械阻力很大，难以穿过层层阻碍伸出地表，往往形成退笋或极少成竹，故应砍内留外。砍老留嫩。1 年生新竹株发笋能力最强，2 ~4 年生竹发笋力减弱，5 年生以上就失去发笋能力。保留老竹过多，一方面影响新竹形成，另一方面消耗林地营养，挤占光和空间，降低新竹材质。砍次留好。即砍伐生长不良，病虫危害等不良植株。砍小留大。这是培育大径竹材的重要手段之一。竹株胸径愈大，秆的长度愈长，需足够的养分和水分供给，可以提高新竹的径级增长率。砍密留稀。对调整植株个体之间光合作用营养面积合理分布，增强个体间干物质积累，对翌年的出笋和新竹质量的提高十分有利。

慈竹喜湿怕涝，发笋期长，需水量大，但地下水位过高反而不利于生长。因此，在干旱季节，应加强灌溉，保证生长所必须的水分，并在灌水后，将表层泥土锄松，或加一层 1 ~2cm 厚的细土，以减少水分蒸发；地下水位较高的林地或久雨不晴时应在竹林和竹蔸周围开深沟排水，以保证根、笋芽的呼吸作用。

施肥能促进新竹生长，提早成林。迟效性的有机肥料，如厩肥、骨粉、土杂肥、塘泥等，最好在秋冬季节施用，既能增加肥力，又可保持土温，对新竹鞭芽越冬很有好处。速效性的化肥（如尿素、氨水等）、饼肥和人粪尿等，应在春夏季节施用，促进笋芽发笋成竹。

五、加工利用

慈竹秆壁薄，材质柔韧，不宜整秆用，但篾性启层良好，可劈篾扎竹器；嫩竹可作纸浆材；笋微苦，开水煮过，仍可食；植株枝叶茂密，秆梢弯垂，体态优美，是优良的园林绿化竹种。

（苏立刚　覃正亚）

107. 笋用竹

笋用竹一词不属于分类学范畴的种名，它是以培育生产竹笋为主要目的的一批竹类植物的统称。我国是世界上竹类植物种类最多、分布面积最广的国家之一，据统计约有35属、400余种，主要分布在长江以南的热带和亚热带地区。竹笋是竹子笋芽分化后，正在生长的幼嫩可食部分。由于味香质脆，长期以来就是我国的传统佳肴，食用和栽培历史极为悠久。远在3 000多年前就有了“笋席”的记载。现阶段，随着人们生活水平的提高，国内外对竹笋的需求量越来越大，作为一种无公害的森林蔬菜，人们正从减肥、预防肠癌等保健方面进一步认识竹笋的功效，从而使竹笋成了我国最大宗的蔬菜消费和出口商品之一。

泛泛来说，到目前为止尚没有报道称某一竹种的竹笋不能食用。虽说竹类植物种类繁多，但考虑到各种竹笋自身的食用品质、资源的集中分布和培育价值等因素，在我国供食用量较大，人工种植、并加以集约管理的优良笋用竹种也仅20余种。除毛竹作为笋材两用竹种在前面另作介绍外，现就一些人工种植面积较大，具代表性的笋用竹种作一介绍。

一、笋用竹种

1. 雷竹（*Phyllostachys praecox* C. D. Chu et C. S. Chao）

别名早竹（浙江余杭）、早园竹（浙江德清）、燕竹（江苏）等。单轴散生竹。秆高7～11m，径4～8cm，箨鞘淡黑褐色或暗红褐色，光滑无毛；无箨耳和肩毛；箨舌中度发育，先端略拱凸，缘生较短细毛；箨叶外翻，皱褶。主产于浙江的临安、余杭、德清一带，人工栽植于村前屋后和近山缓坡斜地。出笋期3月中旬至4月下旬，正处于蔬菜供应淡季，是众多竹笋种类中出笋最早的，故市场需求量很大，基本上都作鲜食，市场售价高，经济效益好。是目前经营程度最高，同时也是效益最好的竹种，一般中等培植水平的雷竹园，竹笋产量可达7～15t·hm^{-2}。

2. 白哺鸡竹（*P. dulcis* McClure）

别名白竹、象牙竹（浙江宁波）。单轴散生竹。秆高6～10m，径3～7cm，箨鞘淡黄白色，有稀疏的淡褐色小斑，具白粉和细毛；箨耳和肩毛发达，淡绿色；箨舌弧形，中度发育；箨叶反转，皱褶。零星分布于浙江、江苏一带的房前屋后。笋质脆，味甜鲜美，主要用于鲜食，是优良的笋用竹种。自然出笋初期为4月上中旬，4月下旬笋期结束，出笋期短而集中。竹笋色白，价格高。产量一般为8～10 t·hm^2。

3. 红哺鸡竹（*P. iridescens* C. Y. Yao et S. Y. Chen）

别名红竹、红壳竹。单轴散生竹。秆高8～12m，径8～9cm，秆基部节间常具淡黄色纵条纹；箨鞘紫红色，具紫黑色斑点，光滑无毛，被白粉；无箨耳和肩毛；箨舌发达，紫黑色，弧形至截平，边缘密生红褐色长须毛；箨叶颜色鲜艳、彩带状，反转，略皱褶。主要分布于浙江、江苏、安徽等地的低丘平地。笋味甘甜鲜美，笋肉厚实，主要用作鲜食。出笋期4月中旬至5月上旬，引种适应性强。由于竹秆劲直，经晒不裂，多作柄竹、晒杆等用，为笋材兼用竹种。

4. 高节竹（*P. prominens* W. Y. Xiong）

别名洋毛竹、钢鞭哺鸡。单轴散生竹。秆高7～11m，径可达8cm。新秆深绿色，无白粉，节部强烈隆起。箨鞘黄褐色，密生黑褐色斑点和斑块，疏生白色纤毛；箨耳甚发达，紫色或带绿色，箨舌发达，紫黑色，箨叶上面淡橘黄色，下面灰绿色，反转，皱褶。主产浙江杭州地区。植于房前屋后、山脚缓坡地带。笋体粗壮，笋味鲜美，笋肉厚实，可鲜食或作笋罐。自然出笋从4月中下旬至5月下旬。是一中熟高产的优良笋用竹种。一般产量可达20t·hm^{-2}以上，为笋材兼用竹种，引种的适应性也强。

5. 黄甜竹（*Acidosasa edulis* Wen）

别名黄间竹等。单轴散生竹。秆高8～12m，径达6cm，箨鞘无斑点，密被褐色长刺毛，箨耳狭镰刀状，有少数硬肩毛呈放射状开展，箨舌3～4 mm，箨叶绿色，边缘染有紫色，两面粗糙。每节3分枝。原产福建闽北，主要为野生。发笋率高，笋味甜，松脆可口，风味优于一般竹笋，为笋中上品。出笋期4月下旬至6月上旬，为迟熟笋用竹种。是一优良的笋用、材用、观赏的三用竹种。

6. 麻竹（*Dendrocalamus latiflorus* Munro）

别名六月麻、大头竹等。合轴丛生竹，秆高15～20m或更高，直径8～25cm，幼秆表面被白粉，箨鞘革质、坚脆，背部疏生脱落性棕色刺毛，箨耳小，鞘口肩毛稀少，箨舌高约3mm，箨叶翻转，卵状披针形，叶片大型，长18～30cm，宽4～8cm。广泛分布于广东、广西、云南、贵州、福建、台湾等地。出笋期6～10月，产量高，鲜食或制罐笋。

7. 绿竹［*D. oldhami*（Munro）Keng f.］

别名甜竹、毛绿竹等。合轴丛生竹，秆高6～10m，直径5～9cm，节间初时披白色蜡粉，光滑无毛，箨鞘黄绿色，坚脆，背面幼时贴生棕色细毛，成长后无毛而具光泽，箨耳小，箨舌高1mm，顶端截平，箨叶直立。主要分布于广东、广西、海南、福建、台湾和浙江东南部，比麻竹略耐寒。笋期5月下旬至10月上旬。笋味鲜美，俗称“马蹄笋”，为著名笋用竹种，主要供鲜食或制笋干。

8. 勃氏甜龙竹［*D. brandisii*（Munro）Kurz］

合轴丛生竹，秆高12～15m，径8～12cm，梢部下垂，幼秆被白色绒毛，基部节具气生根，箨鞘革质，早落，红棕色至鲜黄色，背面被白色绒毛和棕色脱落性刺毛，箨耳小，箨舌高1cm，箨叶卵状披针形。主要分布于缅甸、越南、老挝、泰国和中国的云南南部。中国广东有引种栽培。笋肉质细嫩，无苦味，极易鲜食，是优良的笋用竹种。

二、生物学特性

竹类植物的生长发育与一般的经济树种完全不同。由于竹子的生命周期很长，开花不稳定，许多竹种一生只开一次花，花后竹株便枯死，所以，物种的繁殖更新主要靠营养体的无性繁殖来实现。

竹类植物根据地下茎的形态特征和分生繁殖的特点，分为单轴、复轴和合轴3种类型，相对应的根据竹秆在地面的竹林类型有散生、混生和丛生3种。本章提到的笋用竹主要包括单轴散生和合轴丛生2种类型。

1. 散生笋用竹的生长

雷竹、白哺鸡竹、红哺鸡竹、高节竹和黄甜竹等笋用竹属单轴型的散生竹。单轴散生竹具有横走地下的“竹鞭”系统，即地下茎。它由节和节间组成，每一节上呈放射状长有一圈鞭根，并着生1芽，交互排列，是散生竹发笋成竹、繁衍生长的基础。新的地下茎形成和竹笋长成新竹都由这些侧芽分化而成，但在外形上无法辨别哪些是鞭芽，哪些是笋芽。

地下茎在土中的延伸、扩展是通过鞭梢的生长和鞭段上的侧芽分化，长出岔鞭来实现的。一年中除冬季外整个生长季鞭梢都在生长。疏松、肥沃、湿润的土壤有利于竹鞭生长，延伸快，节间长，鞭径大，侧芽饱满；而在瘠薄干燥、土壤板结、石砾多、乔灌丛生或老竹鞭较多的地方，鞭梢生长的阻力大，延伸慢，节间短缩扭曲，侧芽瘦小，而且经常发生断梢，分生岔鞭，影响竹林的发笋和长鞭。竹鞭的生命过程经历着幼年、壮年、老年几个生长阶段。对于笋用竹来说，刚抽发的新鞭组织幼嫩，侧芽发育尚未成熟，因此很少萌发新笋；1～3年生竹鞭根系发达，生活力强，侧芽发育成熟，抽鞭发笋能力强，是竹林更新繁殖的主体；4年以上的竹鞭根系开始断脱，死亡，生活力下降，侧芽多已萌发，余下的也是发育不良的弱芽，即使偶有抽鞭发笋也是孱弱细小，生产力不高。

散生笋用竹的出笋期因竹种不同而有早晚的物候差异，栽植地的气候等环境条件对出笋期也有影响，但自然状态下都是春季竹笋出土。不过，多数笋芽的分化膨大却始于头年夏秋季节，由竹鞭上的芽萌动分化成笋芽后，呈休眠状态在地下越冬，翌年春季，气温回升，笋芽继续膨大生长，露出地表，长成新竹。笋芽分化时节，如遇久晴不雨的干旱，则会影响笋芽的形成，使翌年出笋数量锐减；反之，在这一时期，土壤水分状况好，就会促使笋芽大量萌动，翌年出笋数大增。另外，春季出土的竹笋也并非都能长成新竹，基于笋芽本身的发育是否完善，竹笋间的营养竞争、病虫危害、气候条件等内、外部原因，一般总有近60%以上的出土竹笋会在生长中途败退死亡，被称为自然“退笋”。

竹笋在出土前节数已定，出土后不再增加新节。竹笋－幼竹的高生长是通过每节的居间分生组织经过细胞分裂分化，伸长加大和老化成熟得以完成的。散生笋用竹完成秆形高生长一般为25～30d，届时竹秆的高度、粗度等已基本稳定，幼竹开始发枝展叶形成新竹。因各竹种出笋期存在早晚的差异，所以完成新竹生长的时间也存在差异，雷竹等出笋期早的竹种，通常在6月份梅雨到来之前，可完成新竹的发枝展叶，独立进行光合作用，供自身的材质生长和有机营养的输出；黄甜竹等出笋较晚的竹种，在梅雨季节，也可完成新竹的发枝展叶，为下一步的孕笋和竹鞭的伸展打下基础。

另外，散生笋用竹的换叶不同于毛竹林，没有明显的落叶——换叶期，一年中的各生长季节都会有部分新叶发生，老叶脱落，只不过在每年春季，老叶脱落、新叶生长相对比较明显一些。如果加强肥水管理，竹林的落叶期更不明显。

散生笋用竹主要分布在我国的亚热带地区，部分引种也有向温带地区移栽成功的事例。如果不考虑竹林产量，探究限制散生笋用竹北移的主要气象因子并非温度，而是降水。当年降水量在800mm以下时，自然生长就受限制，同时北方冬季和早春的干燥、刮风也是造成散生笋用竹无法成活的主要原因。散生笋用竹适宜种植的气候条件是：年平均气温在12～20℃，1月份平均气温－4～8℃，年降水量800～1 800mm。

2. 丛生笋用竹的生长

麻竹、绿竹和勃氏甜龙竹属合轴型的丛生竹种。合轴丛生竹没有长距离横走地下的竹鞭系统，自身的生长、繁衍依靠竹子秆基部分的芽眼萌发生长。每一竹秆的基部节间短缩，膨大，形如“烟斗”的部位称为秆基；秆基前端细小无根，与母竹联系的部分称秆柄。秆基每节沿分枝方向着生一芽眼，交互紧密排成二列，最基部一对芽眼称“头目”，向上依次为“二目”、“三目”……随竹种不同，芽眼的数目也不相同，通常为6～8个，其中基部的芽眼充实饱满，生活力强，萌发较早，向上依次趋弱。每株竹的芽眼并非全部都能发笋长竹，一般只是2～3个发笋成竹，其余的大部分不能萌发，或萌发后营养不足而退笋。早期发笋长成的幼竹，当年秋天还能萌发新笋；或早期笋割后，留下的笋基部芽眼也会萌发新笋，称“二水笋”。“二水笋”在提高笋用丛生竹林的产量方面有着重要的现实意义。

丛生笋用竹的出笋期与散生笋用竹不同，一般在初夏的5月下旬开始萌动，陆续出土，而且持续时间很长，先后经历3～4个月。如遇暖冬或在南部温暖地区，持续时间更长些。整个出笋期竹笋出土遵从正态分布规律，即初期、后期的出笋量少，中期出笋量大。从竹林生长的角度考虑，一般初期和中期出土竹笋多为秆基中下部芽眼萌发，生长旺盛，退笋率低，成竹质量好；而后期笋多为秆基上部芽眼萌发或为“二水笋”，笋体小，营养不足，容易退笋或成竹质量差。

由于丛生竹的笋期是在初夏至晚秋，竹笋出土完成高生长，通常需要2～3个月，这时天气往往开始转冷，因此，当年新生的幼竹除早期出土的可发放一部分枝叶以外，多数新竹均不生侧枝越冬，到翌年春季，从幼竹梢端开始，先发枝，后展叶，至5月底完成枝叶发放的全部过程，成为能独立生活的竹株。

从生竹的竹节除基部几节外，都长有侧芽。侧芽内有一主芽和若干副芽。主芽发育，萌发成竹秆各节的主枝；副芽随后陆续萌发，形成侧枝。这些主枝和侧枝的基部带有隐芽，能萌发长成独立竹株。另外，竹秆中、下部各节的主芽和副芽受竹株顶端优势的影响，经常处于休眠状态，能保存数年不萌动。栽培上就是利用丛生竹的这一特性进行扦插繁殖或埋节育苗。

从生笋用竹性喜温暖湿润，适生气候区在热带、南亚热带。一般要求年均温度在20℃左右，冬季最低温度不低于－2℃（绿竹耐低温能力稍强）。由于丛生竹入冬时尚未完全生长结束，新竹木质化程度低，不耐严寒，所以低温冻害就成为限制丛生竹往北引种的主要原因。丛生笋用竹适宜的土壤条件是疏松、肥沃、土层深厚、不积水的酸性至中性土。宜在山凹、山麓、平地或溪河两岸冲积地生长。

三、栽培技术

如上所述，散生与丛生两大类型的竹子在生物学特性上存在明显差异，所以在造林及竹园的培育管理上也相应地会有各自不同的特点。以下主要根据散生与丛生两大类型竹种，分述笋用竹的造林与培育管理技术。

（一）笋用竹造林

1. 散生笋用竹的造林

（1）造林地选择。在散生笋用竹的自然分布区域内新造竹园，气候条件一般都能满足其生长要求。往长江以北引种，年降水量不足引起的生长季干旱和冬季的气候干燥、多风造成的竹子生理失水是主要限制因子，因此，要选择背风向阳，水分条件较好的局部地形环境。由于培育主要目的为竹笋，每年的挖笋、垦复、施肥等作业对土壤扰动太大，所以应选择坡度较缓的山地发展笋用竹园，以免造成水土流失等生态问题，可在山坳、山麓缓坡地或旱田等交通方便地带建立笋用林基地。土壤应考虑肥沃、湿润、排水和透气性能良好。

（2）造林整地。整地的目的是为了方便造林工作，保证造林成活和幼林的尽快郁闭。通常散生笋用竹的造林整地以选择全面开垦为好。在清除杂草、灌木的基础上，深翻土壤30cm以上。这种方式改善土壤理化性质的作用大，清除灌木、杂草彻底，同时便于栽竹后的当年和翌年林分尚未郁闭时，实行林间套种，以耕代抚，促进竹株鞭系生长，提早成林。如果受时间或经济限制，也可采用块状整地的方式。待母竹种植后，选择适当的时机，将剩余的部分开垦完成。

（3）造林季节。根据散生笋用竹的生长节律，理想的种竹时节应该是在10月至翌年2月。进入10月份，天气还不十分寒冷，但竹子的蒸腾作用已经变缓，萌动的笋芽对水分的亏缺也尚未到十分敏感的程度。容易造林成活，冬季种竹，尽管雨量少，天气干燥，但竹子生理活动趋弱，蒸腾作用不强，造林成活率也高。如果按照树木春季造林的习惯，选择3月份移栽竹子，由于雷竹等散生竹进入早春发笋季节，笋芽的膨大生长对水分的需求非常强烈，此时移竹不仅对原竹林生长不利，而且造林成活率也低。为了尽量减少对原竹林的破坏，可选择6月份的梅雨季节，新竹完成抽枝长叶后，进行移竹造林。此时挖掘母竹尽管会损伤鞭根，但竹林下半年很快会抽发新鞭，恢复生机，而且梅雨季节空气湿度大，移栽的竹子容易成活。

（4）造林方法。散生笋用竹的造林主要采用移竹造林的方法。母竹的选择要求年龄为1～2年生新竹，粗细适中，分枝低，无病虫害，以林缘竹最好。挖掘母竹最重要的是不能损伤竹鞭上的芽，应尽可能保留健壮芽，有利于分生新鞭，同时应多带宿土。尤其是对远距离运输的母竹，要尽量减少水分损耗，依枝叶繁茂程度，留枝4～7盘，及时砍去顶梢。在运输过程中必须注意用汽车帆布等覆盖、包裹竹冠部分，避免途中竹叶被风吹干，影响造林成活。造林密度一般控制在1 200株·hm^{-2}左右。母竹挖掘后要及时栽种。植穴应略大于母竹根盘。小心将母竹放入穴中，然后分层填土，沿根盘四周踩紧，切忌敲打或踩踏原土球，以免损伤鞭根。栽后浇足定根水。为防止风倒，可设置支架固定母竹。

2. 丛生笋用竹的造林

（1）造林地选择与造林整地。丛生笋用竹对湿热条件要求较高。麻竹要选择年平均温度18～20℃，1月份平均温度6～8℃，最低温≥－2℃，年降水量1 400mm以上的地区栽种，勃氏甜龙竹对热量要求更高，而绿竹可耐冬季低温－4℃左右。选择土壤疏松、土层深厚，水分供应良好的丘陵山脚为宜。如在山坡地种植，为方便笋用林的扒晒和覆土作业，需将坡地改成梯地。造林整地的方式由于丛生竹没有横走地下的竹鞭系统，所以较为省工，可选择土壤条件较好的地段，进行块状整地，采用群状栽植的办法，取得较高生产力。

（2）造林季节。通常选择春季清明前后，芽眼尚未萌动，竹液开始流动前进行，尤其是对长距离移栽竹子。如果单纯采用竹苗造林，或是近距离移栽，一年四季均可进行，造林成活的技术关键是保证水分的供应平衡。

（3）造林方法。造林方法可分为移竹造林、埋秆造林、埋节育苗造林、枝条扦插育苗造林等。

● 移竹造林　通常是选择生长健壮，无病虫危害和开花迹象，秆基部芽眼饱满的1～2年生，中等粗度竹株作为母竹。选好母竹后，先在竹篼外围扒开土壤，由远到近，逐渐深挖，注意不要伤及芽眼，并尽可能保留竹篼的须根和支根。在靠近老竹的一侧，找出母竹和老竹的连接点，用快刀或利凿切断，连篼带土挖起母竹。通常保留5～8节竹秆，2年生母竹留枝2～3盘，以减少蒸腾失水和便于搬运、栽植。如遇母竹不能及时栽种，应放置阴凉避风处，适当浇水。搬运过程中要注意保护芽眼。栽植密度通常确定在500～800株·hm^{-2}，与散生笋用竹不同的是：从生笋用竹没有横走地下的竹鞭系统，栽植后竹丛的相互位置固定，所以必须按株行距定点挖穴种植。将母竹斜放于穴内，避免秆基芽眼上下重叠，分层填土压实，浇水淋土，使土壤与根部密合，表面覆一层松土。

移母竹造林的缺陷是种源受到限制，大量挖掘母竹，会影响竹丛的继续生长，而且母竹挖起后容易干枯，不适合长途搬运。因此，为满足大面积竹林营造的需要，也可采用设立苗圃，培育大量竹苗供造林的办法。

● 埋秆育苗造林　是将整个母竹竹秆平埋土中，利用竹节上的芽眼萌发长出新竹的育苗造林方法。一般分压条埋秆、带篼埋朴和去篼埋秆3种，分述如下。

压条埋秆：在竹丛周围选择1～2年生竹株，从基部水平开一直沟，回填细土和少量基肥，另在母竹基部砍一缺口，将其顺沟压倒，削去竹梢，保留先端一节枝叶，进行光合作用和养分与水分输导，其余各节除留主枝2～3节和周围隐芽外，余下全部贴秆剪除。竹秆埋入土中，覆土5cm，轻轻压实，然后浇水、盖草，并经常保持土壤湿润。约经100d左右，入土各节隐芽即可发笋生根，长成竹苗。翌年春季挖起，逐节锯断成独立竹丛，供造林或移至苗圃，再行育苗。

带篼埋秆：在早春枝叶萌动前，选择2～3年生的母竹连篼挖起，保护好秆基芽眼和各节芽。削去竹梢，解除竹株的顶端优势，同时，在每一节间锯一切口。在已整好的苗床上，每隔20～30cm开平行沟将母竹平放在沟内，枝（芽）朝向两侧，相邻行间的竹篼反向放置。覆土5cm，压实并充分淋水后，盖草，经常保持土壤湿润。约经50d左右，节芽开始萌动。当幼芽出土3～5cm时，应摘除过多的弱芽，每节保留1～3个健壮芽，以减少养分的分散损耗。夏季应搭阴棚，避免阳光直晒。竹苗在初秋开始生根后，要施一些稀薄的氮肥或粪尿，并经常锄草。翌年春季出圃造林时，在原切口处锯断，成独立竹丛。由于秆基部的芽和节芽本身存在着生长成竹株和竹枝的遗传差异，所以，带篼埋秆育苗篼部所出的竹苗高度和直径通常要比节部竹苗大1～2倍。

去篼埋秆：是将不带篼的竹秆平埋圃地，待节芽长成竹苗后，移竹造林。由于竹秆不带篼，与带篼埋秆相比要节省劳力，但成活率稍低，操作方法相同。

● 埋节育苗造林　是通过将带隐芽的竹节平埋圃地，长出竹苗后，移竹造林的方法。可将选定的2年生竹株齐地伐倒，削去竹梢，利用全秆的2/3以下部分作为埋节材料。各节除留主枝1节，以保护枝篼处的休眠芽不干枯外，其余侧枝全部从基部剪除。依据各节休眠芽的健壮程度，截锯单节、双节或三节，在圃地育苗。按株行距20cm左右开沟、埋节。竹节处的芽朝向两侧，覆土5～10cm，压实后盖草、淋水。待萌出竹苗后要加强除草和肥水管理，夏季搭棚、遮荫。一般春季3～4月埋节育苗，入秋后能再分蘖，来年春季成小竹丛可移出造林。

● 枝条扦插育苗造林　是利用竹秆每节的主枝或侧枝基部所带的隐芽萌发成独立竹苗，分蘖后移竹造林的方法。根据所用材料不同，分主枝育苗和侧枝育苗等。扦插季节在春、夏、秋均可进行，但以3～4月的春季最好。通常情况下，主枝育苗的成活率和竹苗质量要好于侧枝育苗。

主枝扦插。选择2～3年生的健壮竹株上枝篼肥大、隐芽饱满的粗壮主枝，用利刀从基部削下，注意不要损伤基部隐芽。保留枝条2～3节，可适当留少量叶片，有利于光合作用。在整好的圃地上，按15cm×25cm的株行距将枝段斜埋入育苗沟，落出最上一节枝叶，压实泥土后，盖草淋水。由于扦插后在短期内竹枝没根，需要适当遮阴并经常浇水。约经40d左右可生根，3个月成苗，4～5个月供造林。

侧枝扦插。侧枝的选择与主枝选择要求一样，即要求枝条粗壮，芽肥大饱满，处于即将萌动状态。过老、过嫩的侧枝不宜选作育苗用。小心剥下选定的侧枝，尽量不要损伤枝篼和根点，留2～3节枝条，剪去上部多余枝叶，斜插入圃地，后续管理与主枝育苗相同。

（二）幼林的抚育管理

造林后到竹子郁闭成林这段时间的管理称为幼林的抚育管理。一般情况下，新造竹林是“1年种，2年养，3年长成林，4年有效益。”幼林的抚育管理应围绕种植母竹的成活和迅速更新繁殖，增加立竹株数，促进郁闭成林的目标，采取相应的技术措施。

（1）水分管理。除母竹栽植时浇足定植水以外，造林后的一段时间，加强水分管理至关重要。由于竹子移栽后鞭、根受损，吸水存在一定困难，容易引起失水，而导致叶片干枯、脱落。因此，如遇天气晴朗干燥，就应随时浇水灌溉，补充水分，帮助母竹尽快恢复生机。另外，多雨季节，或在地下水位高的平地、低洼之处要设法开沟排水，以防积水烂鞭。

（2）除草松土。每年进行2～3次。第一次通常在6月份的梅雨季节，结合松土进行锄草，杂草容易腐烂，并且此时嫩草不带种子，锄后林地比较干净彻底。对于散生竹来说，6月份的松土要深，以便于创造一个有利于竹鞭系统伸展的疏松、透气的土壤环境，诱导竹鞭的深扎、蔓延；第二次锄草通常在9月份杂草未结实前进行。主要是为了改善林地的卫生状况，清除病虫寄生和越冬场所，减少翌年的病虫危害。第三次锄草在翌年2月份，主要是为了将杂草控制在萌芽时期，有利于竹子生长。但此时松土要浅，否则对散生竹来说，容易伤及竹笋，尤其是竹株四周有鞭的地方。

（3）补充施肥。无论是散生竹，还是丛生竹，待母竹抽发新叶或竹秆枝条开始萌发以后，就应该结合水分管理，浇施稀尿水或化肥。平常施肥一般结合松土进行，散生竹选择6～9月的生长旺季施用速效化肥，对加速竹鞭的生长和提高翌年的出笋、成竹数量，将起明显作用。丛生竹可选择春季补充施肥，促进秆基的“笋目”萌动生长。施肥应掌握浓度不宜太大，每丛竹（散生竹也可参照）每次可施化学氮肥100g左右，或粪尿5～10kg。随立竹量的增加，竹林逐渐达到郁闭，施肥量可逐年增加。

（4）间种作物。在土壤条件较好的幼林，可间种瓜类和药材等经济效益较高的植物，造林的最初两年，林地空隙较大，可间种薯类作物。其藤蔓覆盖林地，对降低土壤蒸发，创造湿润、透气的土壤环境作用明显，而且，收割后的藤蔓留于林内，可增加林地有机质含量，培肥土壤。在山地土壤肥力较差的幼林地，可间种豆类作物或绿肥。通过豆科植物的固氮，提高竹林地的土壤肥力。间种作物不宜选择与竹子争夺养分的禾本科同类作物和消耗地力大的芝麻、大麻等。

（5）留笋护竹。新造竹林应以留养新竹为主，增加林地的立竹数量，使其快速郁闭成林。在笋期要严加管护，禁止牛、羊等牲畜进入林内。散生竹新造竹林的前两年，由于竹林稀疏，要保护所有出土竹笋，严禁采笋。为翌年的发笋成竹积累基础。新造竹林在进入第三、四年时，随着竹鞭的向外扩展和立竹数量的增加，出笋已开始远离母竹。此时应根据“留远挖近，留强挖弱，留稀挖密”的原则，疏除离母竹较近的部分竹笋，使林内竹株从原先的丛状分布逐渐地向均匀散状分布变化。通过疏笋，一方面可提高母竹的留养质量，另一方面也可增加竹笋收入。当然，在林分未达郁闭前疏笋的主要目的，仍然是为了留养好母竹。进入初夏的6月份，待新竹长成，开枝放叶后，结合竹林松土等作业，可砍去新竹竹梢，以减少台风和冬季冰雪的危害。

丛生竹一般一根母竹可发2～4个笋不等，如管理不当，当年也不会出笋。超过2年仍未出笋的母竹，即使成活，也可挖出，重新补植。根据造林竹种的个体大小，一般每株母竹只留2～3个笋养竹，形成2～3个子系统，第二年在每个子系统中再留笋2～3个，其余全部挖去。第三年在第二年的子系统中留2～3株，其余出笋全部采收。注意留养母竹必须健壮。

另外，要注意病虫害的防治工作。引种的母竹，常会带有丛枝病等，这主要跟原竹林生长势弱，通风不良有关。母竹栽植后，应及时剪去丛枝，集中烧毁。在幼林阶段，只要加强除草松土，保持林内通风透气，可以抑制多种病菌的孳生繁殖。

（三）笋用竹园的培育管理

1. 散生笋用竹园的培育管理

● 深翻松土　主要在于改善土壤的物理性状，提高土壤的透气性和保水、保肥能力；更新竹鞭系统，及时挖除老鞭和竹篼，释放林地空间；同时结合施肥，将表层的有机物、有机肥等翻入土中，有利于腐烂吸收。一般竹园可选择在6月深翻松土。由于此时新竹已发枝长叶，新鞭行将开始生长，深翻时即使对鞭段有损伤，也能很快地抽发新鞭。适当地断鞭，可以解除鞭梢生长的顶端优势，引发岔鞭，结合加强水肥管理，能使断鞭后，有效鞭段增加，提高发笋能力。笋用竹园不存在明显的大小年现象。所以从8～10月笋芽分化，至翌年的3～5月出笋成竹，均不适合竹林深翻。若要配合施肥，则以浅锄或开浅沟，不伤笋芽为好。

● 删除老竹　根据培育竹种径级大小，一般控制竹园立竹密度在7 500～10 000株·hm^{-2}为宜。1～2年生竹株所连竹鞭通常都是壮龄鞭，鞭芽饱满，发笋力强，4年生竹株所连的竹鞭已成老鞭，鞭芽不齐，多数已出笋或腐烂，偶尔留存的少数芽，质量差，生产力不高，应及时将其删除。可结合松土，在6月份作业，此时竹株体内的养分积蓄已随同抽发新竹而消耗殆尽，更新老竹对竹林的损失不大。当然，对一些笋材兼用，竹秆可做特殊用途的竹种来说，6月份砍伐的竹子易遭虫蛀、霉变，因此应在冬季伐竹。删除老竹的方法宜采用连篼挖除。这样可以方便松土，避免竹篼留在林内。

● 适时施肥　根据笋用竹的年生长规律，竹林的施肥可在一年中四个不同生长时节进行。

第一个施肥时节是在新竹长成后的6月份（发笋成竹较迟的竹林，可适当推迟）。由于经过笋期的发笋、长竹，竹林内部积累的养分已大量消耗，老竹亟待换叶，新竹正在抽发新叶，竹林地下系统也正准备进入生长高峰。此时若能及时补充土壤养分，则不仅对促进竹株换叶，提高叶片的同化功能具有很大益处，而且还能促进竹林地下鞭根系统的生长。在此季节施肥，应以氮、磷、钾配合，施速效肥为主。结合松土，可将一些腐熟的有机肥深翻入土中。

第二个施肥季节是在竹林开始笋芽分化的8～9月份。此时，若能及时补充肥料，对促进笋芽分化非常有利。在此季节宜补充速效性化肥或人粪等液体肥料为好，若遇天气干旱，可结合浇水灌溉，有利于肥料的充分吸收和笋芽的分化。

第三个施肥时节是竹林处于缓慢生长的11～12月份。一般在这一季节的施肥主要跟竹园地覆盖等促成栽培技术一同进行，将厩肥、堆肥等有机肥料直接铺撒在竹林地表，然后上面加盖锯末、砻糠等物，利用有机肥在腐熟过程中产生的热量，提高地温，使竹林提早出笋。铺撒在地表的有机肥可待翌年的6月份，竹林进行深翻松土时，深埋地下。

第四个施肥时节是在竹林行将出笋的3月份。施肥主要采用速效性的氮肥为主，若在出笋期，结合挖笋，可选择尿素或人粪尿等，采用穴施的办法，即在挖笋的穴内，施入肥料，盖上土。

有关笋用竹园的施肥量和一年中的施肥次数，一般根据竹园的土壤肥力状况和经营水平而定，氮素化肥的用量以尿素为例，不超过750kg · hm^{-2}为宜。总的原则应该是速效性的化肥和缓效性的有机肥结合施用，化肥宜少量多次，控制用量，以免产生肥害；有机肥要深翻入土。

• 浇水灌溉　夏秋季节，容易出现竹林的干旱缺水现象，应根据天气状况，及时补充土壤水分，另外，对一些林地覆盖，采用促成栽培技术的竹园，在进入11～12月份，开始覆盖前，要先对林地进行浇水灌溉，使林地湿润后，再行覆盖。其作用有三：一是利用水的热容量较大的特性，覆盖后能使土壤温差变幅变小，容易传热，有利于孕笋；二是维持一定的水分，能使覆盖层的有机物有效地腐烂，增温，提高地温；三是补充林地水分，保证笋芽分化和膨大过程中对水分的需求。

• 覆盖增温　竹园覆盖的目的是为了增加地温，提早出笋。作为一项技术，应注意多方面的问题。

覆盖竹园的选择。用于覆盖的竹园宜交通方便，有利于覆盖物的搬运；其次要求坡度平缓，靠近水源；另外，土壤要求沙性不能太重。沙质土壤由于不保水，热量不易传递，无法增加地温，起不到提早出笋的目的。

覆盖时间作。一般根据竹笋所需上市时间，调整覆盖时间，一般在10～12月份进行，不宜过早或过晚。

覆盖物的选择。竹叶、稻草、谷壳等多种覆盖物均可用来覆盖，但不同的覆盖物作用效果不同。正确的覆盖应采用双层覆盖法。即下层为发热层，采用容易腐烂发酵的杂草、稻草、猪牛厩肥、竹叶等。上层为保温层，采用不易腐烂的谷壳，通常能连续使用3年，可降低成本。

覆盖时的水分管理。此时期浇水灌溉的作用已如前述。需要特别注意的是应控制覆盖物的含水量，过多、过少都影响覆盖物的发酵增温。通常应保持发热层的有机物湿润，以不滴水为好。上层的保温材料要求干燥，以利于保温效果。盖后如遇长期连续下雨、下雪，覆盖物过湿，没有温度，则应在天晴时翻晒上层覆盖物，或增添一些干燥的覆盖物。

覆盖时的施肥。此时期施肥的作用在很大程度上是为了加速有机物的发酵增温。一般选择猪牛厩肥等有机肥，同时为了调整发热层有机物的C/N比值，有利于微生物的生长繁殖活动，宜在此时施入尿素等氮素化肥，切忌过量，以免产生肥害。

覆盖厚度。不同的覆盖物，保温增温的效果不同。因此，覆盖的厚度也应不同。覆盖后应控制地表温度在15℃左右，超过20℃则偏高，超过30℃则对竹林有影响。上层覆盖物一般厚度控制在20～30cm。如遇温度偏高，应扒开覆盖物，适当降温，并除去部分覆盖物；覆盖后温度偏低，多半不是覆盖较薄引起的，主要原因是覆盖物的过干过湿和使用已发酵过的有机物。

• 适时留养　竹园留养母竹的时间一般宜选择在出笋高峰期稍后为好。过早留养母竹，会抑制其他已分化的笋芽继续出土，影响竹笋产量，并且，早期留养母竹，易受低温冻害；母竹留养过迟，往往会影响新竹质量。后期出土的竹笋，由于母竹储存的养分大都已消耗，会因营养不足而使新竹生长细弱，扭曲，并且容易出现留养新竹不够数量的现象。

采用促成栽培的竹园在留养母竹时应特别注意，由于覆盖后打破了以往竹种的出笋规律，使出笋提早，所以留养母竹的时间就变得很难控制。如果相应地提早留养母竹，则往往会遭遇低温冻害，使竹笋无法成竹。通常解决的办法是在出笋后期有意识地逐步撤除覆盖的保温材料，使后期笋推迟出土，便于留养。

笋用竹园一般每年控制留养新竹3 500～4 500株 · hm^{-2}，但留养的出土竹笋应略高于此数，以防退笋。发现退笋，应及时挖除，以免影响食用。

另外，为保证竹笋的鲜嫩，采收竹笋应在竹笋出土不足10cm时，覆盖地的竹笋只要发现露头就可采收。采笋过晚，竹笋木质化程度提高，虽增加了竹笋重量，但却降低了食用价值。采笋时尚需注意，不要伤鞭，以免影响竹林地下系统养分的输导，造成其他竹笋无法出土成竹。

2. 丛生笋用竹园的培育管理

● 扒晒　是指在每年的春季，扒开竹篼四周土壤，使竹秆基暴露，让所有的笋目能够接触阳光的一种处理方式。主要是利用光、热刺激，促进笋芽萌发，达到提早萌笋和增加出笋的目的。实施扒晒作业通常在3月底进行，至4月中、下旬结束。须小心地将竹丛周围的泥土，自外而内圈状挖开，并清理掉杂乱根系，割除缠绕笋芽的须根，使芽的萌动免受束缚，尽量暴露所有笋目，任其风吹日晒。

● 施肥　全年可分3次进行。第一次是在扒晒结束后采用根际施肥，促进发笋。在扒开的竹丛周围浇上人粪尿或施用腐熟的堆肥后，再行覆土。施肥量一般每丛施腐熟厩肥15kg或垃圾肥25kg。

第二次施肥通常在5月中下旬进行，在于补充笋芽分化和膨大过程中的养分亏缺，此时期的肥料一般都选用速效性的化肥。

第三次施肥是结合采笋后的笋篼施肥。由于丛生竹一般笋期很长，在夏季生长旺盛季节适时地补充养分，完全有可能使更多的笋目萌发，从而提高产量。二是可以促使新笋头发生“二水笋”的机会。为了能提高夏季施肥的效果，可将施肥与灌水或降水时期相配合，有利于竹子吸收，充分发挥肥效。

● 培笋　竹丛经扒晒处理，部分笋目开始膨大发育，形成小笋，此时可开始培土，覆盖笋芽。其目的是培育风味好，肉质细嫩，体形粗大丰满的竹笋。将丛间空旷地的土壤覆盖于竹丛根际，厚度以高出原竹篼10cm为宜。也可利用甘蔗叶或在林缘割取杂草加以覆盖，在产笋季节若覆盖充足时，竹笋色泽近于象牙色，味道极美，纤维少，品质、价格均较未覆盖者为高。

● 灌溉　产笋竹林最好能引水灌溉。遇旱季每周或隔周灌水一次，可以提早发笋和增加产量。在割笋期间，如遇较长时间不下雨，就应及时浇水，保持土壤湿润，以保证竹笋的高产和留养新竹的旺盛生长。

● 中耕　中耕除草通常是利用农闲季节，结合竹林的扒晒、封土、挖笋等培育措施一同进行。也可配合砍除老竹时，进行中耕作业。中耕时将老竹篼一起掘出，并将竹林土壤全部耕作一次，深约20cm，以促进土壤风化，改善土壤通气性等。

● 疏竹　通常1~2年生的丛生竹处于幼壮龄阶段，组织幼嫩，篼部芽眼发育良好，萌发力强，是竹林再生的希望；3~4年生竹处于成熟阶段，篼部芽眼已有众多萌笋成竹，留下的笋目萌笋力明显下降，但其枝叶繁茂，对于那些生笋旺盛的1年生母竹还能起防风、支撑等作用，所以，一般丛生竹林都采取择伐四龄老竹。通过年年留母，年年疏母的经营方法，保持竹林合理的结构。

● 采笋　笋用丛生竹园的采笋一般都是根据各竹种的出笋期，采挖初期和末期出土竹笋，保留中期出土竹笋发育成竹。因为初期萌发的竹笋如果保留成竹，则母竹营养会大量集中于新竹生长，同时也抑制了其他笋芽的萌发，导致当年出笋量减少，直接影响产量。另外，多数丛生竹秆基芽的萌发有其特定的规律，如麻竹，秆基上各笋目的萌发次序是：最下部即最大的芽先萌发。较早采笋能使基部留下的两对大芽当年再次萌发，又可采笋；若采笋较迟，所留基部大芽当年就不会再次萌发，影响产量。麻竹的留笋主要选自当年或去年采笋后留下的笋基部大芽萌发的新笋。这样一方面有利于竹丛中竹与竹之间留有相当的距离，使丛内竹株分布均匀；另一方面可避免每次在竹秆基部留笋，使新竹根丛高出地面成墩。丛生竹的采笋有其独特的技术。由于采挖后的笋基部分蘖节常具有再次萌笋的能力，所以，不能采用散生竹的挖笋方法。通常是待丛生竹笋平土面时，先将土扒开，挖除笋芽周围的土壤，使笋裸露，用笋刀割断。切割部位，对麻竹等具“二水笋”的竹子应保证竹笋的质，而舍去量，在竹笋的最高分蘖节处切断，但对后期出土的竹笋或无“二水笋”的竹种，切割部位可以偏下，从而保证竹笋的质和量。

根据丛生竹发笋生长的特点，提出留养母竹宜遵从的原则：首先留母的芽位应尽量留基目笋芽；另外，根据竹丛的合理结构，留母时间以选留中期较粗大健壮的竹笋成竹为佳，其余竹笋均可采割。

四、加工利用

竹笋（不包括毛竹冬笋）由于不耐贮藏，尤其是丛生竹笋的采收期处于夏秋的高温季节，极易腐烂。所以培育笋用竹通常都立足于附近有较大的消费市场，以鲜笋销售为主。目前，除通过低温冷藏能保证鲜笋贮藏较短时间，延长市场流通期以外，为延长竹笋的销售和食用期，常用的方法就是对竹笋进行加工处理。如加工清水笋和制作各类笋干等。

制作清水笋的加工工艺流程为：原料分级处理→预煮→冷却（漂洗）→剥壳整形→分选→装罐→注汤→排气→杀菌→封口→冷却→入库。成品后的清水笋一方面可在市场直接销售，另一方面也可开罐后制成各种精加工产品，生产调味竹笋。

笋干的加工以“天目笋干”较为出名。它是采用刚竹属的小竹笋制成，因盛产于浙江天目山区而得其名。其加工工艺包括：去壳→加盐蒸煮→烘焙干燥→复汤成型→分级包装等流程。所谓的复汤成型是指焙燥的笋干重新在煮沸的盐水中浸软，便于揉搓成团的一项工艺。如果不是为了制作正统的“天目笋干”，则通常可省去这一步骤。

麻竹鲜笋因带有较重的苦涩味，所以比较适合通过制作清水笋或麻笋干，经蒸煮杀青处理，除去苦味。麻笋干的加工工艺包括：去壳→切片→蒸煮→发酵→干燥→分级→包装等流程。

（顾小平）

108. 观 赏 竹

观赏竹是指具有特殊景观与审美价值的一类竹子。它可以表达四季常青、潇洒多姿、高风亮节、虚心自持、宁折不曲、正直挺拔、扶老携幼、助人为乐等情节，有所谓声、影、意、形“四趣”。

我国竹文化源远流长，有确切记载源于仰韶文化。竹子一直是文人墨客、达官庶民描绘、歌咏和生产利用的对象。随着国家经济实力的增强，国民生活水平的提高，城镇绿化建设规模、速度的加快和植物造景品格的提升，观赏竹正越来越得到人们重视和普遍应用。

一、类型和主要物种

（一）类型

我国观赏竹资源十分丰富，有许多较高价值的野生观赏竹种尚待开发。根据株形、秆型、叶色和姿色等举例如下：

1. 秆形变异类

大佛肚竹（*Bambusa vulgaris* cv. Wamin）、小佛肚竹（*Bambusa ventricosa* var. *nana*）、鼓节矢竹（*Pseudosasa japonica* cv. Tsutsumiana）、龟甲竹（*Phyllostachys edulis* f. *heteroclada*）、罗汉竹（*Phyllostachys aurea*）、龙拐竹（*Chimonobambusa szechuanensis* var. *flexuosa*）、螺节竹（*Pleioblastus gramineus* f. *monitrispiralis*）、倭形竹（*Indosasa shibataeoides*）、筇竹（*Qiongzhuea tumidinada*）、方竹（*Chimonoambusa quadrangularis*）等。

2. 秆色特异种

黄金间碧玉竹（*Bambusa vulgaris* cv. Vittata）、花巨竹 *Gigantochloa pseudoarundinaca*）、花吊丝竹（*Dendrocalamus minor* var. *amoenus*）、大琴丝竹（*Neosinocalamus affinis* f. *flavidorivens*）、花孝顺竹（*Bambusa multiplex* cv. Alphonse-Karl）、紫竹（*Phyllostachys nigra*）、金镶玉竹（*P. aureosulcata* f. *spectabilis*）、黄秆京竹（*P. aureosulcata* f. *aureocaulis*）、斑竹（*P. bambusoides* f. *lacrima-deae*）、金明竹（*P. bambusoides* f. *castillonis*）、银明竹（*P. bambusoides* f. *castillonis－inversa*）、黄秆早竹（*P. praecox* f. *viridisulcata*）、黄秆乌哺鸡竹（*P. vivax* f. *aurocaulis*）、黄皮绿筋竹（*P. sulphurea* f. *robert－young*）、筠竹（*P. glauca* f. *yunzhuea*）、黑秆方竹（*Chimonobambusa neopurpura*）、花秆方竹（*Ch. quadrangularis* f. *taejima*）、红秆竹（*Ch. marmorea* f. *variegata*）等。

3. 叶色奇异种

与竹秆一样，竹子叶片的颜色也经常会发生变异，使得绿色的叶片上具有白色、黄色等色彩深浅不同的条纹。常见的竹类有菲白竹（*Sasa fortunei*）、菲黄竹（*Sasa viridistriatus*）、花叶紫竹（*Phyllostachys nigra* cv. Okina）、黄缟竹（*Sasa glabra* cv. Aureostriata）、黄条金刚竹（*Sasa kongosanensis* cv. Aureostriata）、曙筋矢竹（*Pseudosasa japonica* cv. Akebonosuji）等。

4. 形姿皆韵种

或刚劲，或纤柔；或浓密，或舒展。叶量、叶幕或叶韵与众不同，别具滋味。如凤尾竹、观音竹、大明竹、无毛翠竹和箬竹属的一些竹种等。常见种类：凤尾竹（*Bambusa multiplex* f. *fernleaf*）、观音竹（*Bambusa multiplex* f. *riviereorum*）、井冈寒竹（*Gelidocalamus stellatus*）、毛花茶秆竹（*Arundinaia pubiflora*）、大明竹（*Pleioblastus gramineus*）、唐竹（*Sinobambusa tootsik*）、鹅毛竹（*Shibatea chinensis*）、阔叶箬竹（*Indocalamus latifolius*）、翠竹（*Sasa pygmea*）。

这些种类具有其相应的生物学和生态学特性，我国南北、东西差异大，应充分利用竹种固有特性，采用相应的园林栽培设施和适宜的培育措施。

（二）主要物种

1. 小佛肚竹

丛生竹。竹秆有正常秆和畸形秆两种类型，正常竹秆高 8～10m，直径 3～5cm，节间 30～50cm。畸形秆通常高 25～50cm，直径 1～3cm，节间缩短，仅 2～3cm，而且每节基部肿胀，呈瓶状。畸形竹秆是制作竹子盆景最好的材料，采用分兜的方法进行繁殖，但在栽培过程中，每年新形成的竹秆有一部分为正常竹秆。因此，必须不断分兜移栽，去除正常竹秆。原产广东，现我国南方各地均有栽培，耐寒性较佛肚竹强。长江以南露天栽培，只要有简易防寒措施即可安全越冬。

2. 龟甲竹

别名龙鳞竹，属散生竹，是毛竹的一个变型，竹秆基部 1 ~ 1.5m 以下的节间强烈歪斜。用畸形的母竹繁殖，新竹秆可能仍然是畸形的，也可能是正常的。在繁育圃内，通常将正常的竹秆砍掉，有利于来年产生较多的畸形竹秆。

3. 罗汉竹

又名人面竹，属散生竹，竹秆高度一般为3 ~ 5m，直径 3cm 左右。同一竹林内，一部分为正常竹秆，一部分竹秆的下部几个节常宿短、歪斜。该竹种分布较广，秦岭以南地区均有天然分布。耐寒性极强，可以耐 -20℃的低温，北京引种后生长良好。

4. 倭形竹

散生竹。竹秆高 0.5 ~ 2m，直径 0.5 ~ 0.8cm，节间长 10 ~ 20cm。其特点是在竹秆梢部的若干个节间呈“之”字形曲折。原产广东，浙江、江苏等地有引种栽培，为观赏或盆栽佳品。

5. 方竹

又名四方竹。竹秆高 3 ~ 8m，直径 1 ~ 4cm，节间长 8 ~ 22cm，每节分枝初为 3 枝，以后增多成簇生。其特点是竹秆四方形，基部若干个节上有刺状气生根围成环状，叶片狭长，秋季出笋，笋味鲜美，也是优良的笋用竹。浙江、江西、福建、湖南、广西等地有天然分布，南京、上海等城市有栽培。

6. 黄金间碧玉竹

属于高大的丛生竹，竹秆的直径可以达到 8cm，节间长 20 ~ 40cm，竹秆金黄色，具有纵向的碧绿色的条纹，每个节上分枝多，通过埋节生根或主枝扦插繁殖，利用新发的竹笋个体较小的特点制作盆景。分布在南亚热带，耐寒性差，在北亚热带地区春季可以露天繁殖，夏季出笋，但冬季要移到温室内。

7. 花孝顺竹

小型丛生竹，是孝顺竹的一个栽培变型。竹秆高 3 ~ 5m，直径 2cm 左右，节间长 20 ~ 30cm，竹秆金黄色间有纵向深绿色条纹，十分秀丽。通过埋节生根的方法获得单节或双节的植物材料制作盆景。是丛生竹比较耐寒的竹种，可以耐受冬季温度短时间低于 -5℃ 天气。但如果低温持续时间长，地上部分会发生冻害，但地下部分不受影响，来年夏季仍然能够发新笋。

8. 紫竹

又名黑竹。散生竹，竹秆高 4 ~ 10m，直径 2 ~ 5cm，节间长 20 ~ 30cm，每节 2 分枝，新竹秆绿色，但一年以后，竹秆逐渐出现细小紫色斑点，随着竹秆的成熟，细小紫色斑点愈来愈多，最后全部变成黑色。根据紫色斑点变化速率的不同，有人将紫竹区分为不同的品系，如一年紫，即新竹秆当年即开始出现紫色斑点，二年紫，即到第二年竹秆开始出现紫色斑点，有的品系竹秆可以在 3 ~ 5 年的时间没有完全变成黑色（*P. nigra* f. *punctata*），还有的品系竹秆上出现类似于斑竹那样的黑色斑快，而竹秆的大部分保持绿色（*P. nigra* f. *boryana*）。紫竹是经典的观赏竹，早在元代《竹谱详录》一书中就有紫竹的记载。紫竹原产我国，分布甚广，世界上有许多国家都有引种栽培，我国至今仍然有野生的紫竹林。紫竹耐寒性很强，能够经受 -20℃而没有冻害，出笋期 4 月。

9. 金镶玉竹

散生竹，是黄槽竹的一个自然变型，竹秆高4 ~ 6m，直径达 4cm，节间长 20 ~ 30cm，竹秆黄色，每节 2 分枝，节间在分枝一侧的沟槽碧绿色，其他部位亦有不规则的纵向绿色条纹，原产江苏连云港云台山和北京卧佛寺樱桃沟，现各地广泛引种栽培。耐寒性强，繁殖快，出笋期为 3 月下旬至 4 月上旬，是优良的观赏竹。

10. 黄秆京竹

散生竹，也是黄槽竹的一个自然变型，与金镶玉竹的区别在于竹秆全部为金黄色，或仅基部几个节间上有少数绿色纵向条纹，叶片有时也有淡黄色条纹。目前仅少数竹种园有栽培，生物学特性与金镶玉相似。

11. 斑竹

散生竹，是桂竹的一个变型，在适宜的生长条件下竹秆高度可以达到 20m，直径达 15cm，但通常要小得多。新竹秆绿色，但后出现有不规则的紫褐色或淡褐色的斑点。分布较广，有较高的观赏价值，也是造园用的经典竹种。耐寒性强，出笋期 5 月。

12. 筠竹

散生竹，是淡竹的一个变型，竹秆高 5 ~ 8m，直径通常 3 ~ 5cm，在生长条件适宜的情况下，直径可达 10cm，节间长约 25cm，每节 2 分枝，其特点是竹秆绿色，后渐渐出现不规则的紫褐色的斑点，具有较高的观赏价值。原产河南、山西，但北京、山东、江苏、浙江等地均有引种栽培。

13. 菲白竹

散生竹，形体矮小，竹秆高 10 ~ 30cm，直径 1 ~ 2mm，节间短小，每节一分枝。叶片短小，通常具有白色纵条纹。各地竹种园或公园有栽培，用作地被绿化，耐修剪，适合制作小型竹子盆景和地被用竹。

14. 菲黄竹

与菲白竹的主要区别在于嫩叶黄绿色，间有深绿色纵向条纹。随着叶片的老化，逐渐全部变成绿色。各地竹种园或公园有少量栽培，用作地被绿化，耐修剪，适合制作小型竹子盆景和地被用竹。

15. 凤尾竹

属于丛生竹，是孝顺竹的一个变异类型。其特点是植株个体相对较小，分枝低，数量多，末级小枝上叶片呈近羽状排列，叶片短小，长3～6cm，宽4～7mm。产中亚热带以南地区的旷地或溪边。庭院中常有栽培，耐寒性不强，冬季在户外如果遇到连续低于-5℃的天气1周，则发生严重冻害。

16. 观音竹

也是孝顺竹的一个变异类型。其特点是植株个体更加矮小，竹秆实心，高1m左右，直径约3mm，末级小枝常下弯呈弓形，叶片数量多达20余片，呈近羽状排列，叶片短小，长1.6～3.2cm，宽2.6～6.5mm。原产华南地区，多生丘陵山地溪边。庭院中有栽培，耐寒性不强，冬季在户外如果遇到连续低于-3℃的天气1周，则发生严重冻害。

17. 鹅毛竹

属于矮小型散生竹，竹秆高1m左右，直径2～3mm，每节通常5分枝，每个分枝仅先端有1片叶子，叶片短，长度约6～10cm，宽约2cm。江苏、浙江、安徽、江西等地广泛分布，生于山坡或林下。各地庭院有栽培供观赏。

18. 阔叶箬竹

属于中小型散生竹，竹秆高可达2m，直径0.5～1.5cm，每节一分枝。其特点是分枝低矮，叶片宽大，长度可达45cm，宽度达9cm，花坛用竹或矮化后制作盆景，别具一格。华东、华南广为分布。

19. 翠竹

矮小型散生竹，竹秆高度20～40cm，直径1～2mm，叶密生，呈二列排列。目前仅有少量栽培，耐修剪，可以替代草坪用于园林绿化。适合制作小型或微型竹子盆景。

二、生物学特性

竹类植物属于禾本科，竹亚科。与禾本科其他物种相比，竹类植物具有高度木质化的茎秆。具有明显的节与节间。节间常中空，仅少数种类竹秆完全实心，如特产于南美洲的秋竹属（*Chusquea*）的竹种。植物个体的大小因物种的不同而有显著的差异，高大者如毛竹直径可达18cm，高度可达20m；巨龙竹（*Dendrocalamus giganteus*）直径可达30cm，高度可达30m。矮小者如铺地竹、菲白竹等地被竹，竹秆直径1～2mm，高度通常为50cm左右，无毛翠竹的高度通常只有20cm左右。竹类植物地上部分的竹秆通常是直立的，但也有为攀缘的藤本状竹种，如生长在海南等热带地区的藤单竹（*Bambusa scandens*），生长在西藏东南部与云南南部的梨藤竹（*Melocalamus* spp.），竹秆柔软，往往斜倚在其他树木上，竹秆上部节上的芽能够继续发育形成新的竹秆，形成所谓的“空中发笋”的现象。生长在贵州南部石灰岩山上爬竹（*Drepanostachyum scandens*）竹秆纤细，直径只有8mm。如遇攀缘物可攀缘生长，如无攀缘物则下垂或沿地面铺展生长。

竹类植物不能像树木那样的增粗生长，是由于它们的茎秆内缺乏能使植物增粗生长所必须的次生分生组织。因此，竹笋一旦在地下分化结束，冒出地面后，竹笋的直径多粗，今后竹秆的直径也就有多粗，基本没有变化。竹子的每一个节部都有一类特殊的细胞，被称为居间分生组织，它们在竹笋增高生长阶段具有分裂能力，能够在较短的时间内形成大量的新细胞，使竹子在较短的时间内能够迅速增高生长。一旦竹子达到其应有的高度，这些细胞便失去继续分裂的能力。因此，当竹秆的高生长停止之后，不再有增高生长。竹子从出笋到停止生长所需的时间因竹种的不同而有所不同。一般像毛竹这样的大型竹种，需要50～60d，而像刚竹、淡竹这样的小型竹种，只需要25～30d。丛生竹完成高生长的时间较长，一般在85～100d。

竹子的出笋期因物种的不同，也有很大的差别。通常，散生竹在春季出笋，早者在3月份，迟者到5月份。散生竹的笋期比较短，从初笋到尾笋，一般集中在1个月以内。丛生竹通常在夏季出笋，早者5月，迟者6月。丛生竹的笋期较长，从开始出笋，一直可以延续3～4个月，但出笋的盛期一般也只有1个月左右。

与禾本科其他物种相比，竹类植物另外一个重要的生物学特性是营养生长周期长，一般在30～60年，有些竹种甚至更长，可达100年以上。当营养生长结束后便转入生殖生长。此时竹子开花、结实。一个竹种一旦开花，即使是生长在不同地区的群体，只要它们都是来源于同一个种系，不论地理上相隔多远，都将相继开花、结实。同一种系的竹种开花的时间因生长环境条件的不同，可能有一定的差异。从开始出现开花，到整个种系全部开花死亡，一般为3～5年，有些竹种甚至可延续8～10年。不同的竹种，开花习性也有很大的区别。有些竹种一旦开花，整片竹林都很快开花、死亡。但有些竹种经常可以看到零星开花，只是开花的植株在当年或来年死亡，而整片竹林不至于死亡。

正是由于这种特殊的生物学特性，竹类植物主要依赖营养繁殖。它们通过竹鞭或竹秆基部上的芽扩大群体的范围和个体的数量。单个竹秆的寿命因物种的不同有一定的差异。像毛竹这样大型的散生竹，可达15年左右，小型的散生竹如淡竹等只有8年左右。丛生竹的寿命相对较短。

三、栽培技术

（一）苗木繁殖

竹子植物的繁殖可分为有性繁殖与无性繁殖两大类。

有性繁殖是通过开花、授粉、受精、产生种子的过程。通过种子，培育实生种苗。其特点是：种子体积小，贮藏、运输方便，繁殖方法简单，便于大量繁殖，价格便宜；实生苗往往不带病毒，根系发达，生长旺盛，寿命长，对不良的环境条件抗性较强。但竹类植物很少开花，营养生长周期长，可达几十年，甚至上百年，所以很难得到种子。即使开花也往往不产生种子或很少形成可育种子。因此，大多数竹种的繁殖主要通过无性繁殖。

无性繁殖是利用植物的营养器官来形成新的植株个体。其特点是：可以保持原品种的性状，种苗整齐，但繁殖系数低，长途运输成本高，移栽季节性强，如果操作不当，移栽成活率也低。常用的无性繁殖主要有带分株繁殖、埋鞭繁殖、扦插繁殖等方法。

1. 分株繁殖

通常是选择好母竹，连鞭带秆挖掘出母竹，然后将这一部分的竹丛移植到事先已经挖好的穴中的种植方法。这种方法可用于几乎所有竹种，其优点是成活率高，新长出的竹苗大，能较好满足快速成型的要求。

（1）圃地选择　圃地是培育和生产苗木的场所，不同的育苗方法苗圃也就不一样。露地育苗场所是指生产苗木的圃地，保护地育苗场所是指温室、塑料大棚、温床等，通常苗圃地是指露地苗圃。露地苗圃地的选择应优先考虑适于苗木生长的各种自然条件。竹子的带鞭、秆分植是在露地圃地上进行。

• 土壤　竹类植物一般具有强大的地下系统，要求土壤肥沃、湿润、深厚和排水良好，深度在50cm以上，沙质土或沙质壤土最宜，地下水位不宜过高，在1m以下为宜。在碱性土上生长不良，要求酸性、微酸性或中性土壤，pH值4.5～7为宜。

• 地势　竹类植物喜欢温暖湿润的气候条件，忌风。圃地宜选择地势平缓、或山谷、山麓和山腰等土层深厚地带，坡向以东南及南向最适宜，选择圃地时还应考虑交通方便、靠近水源。

• 整地　竹类植物的生长主要依靠母竹抽鞭长笋来完成。所以，土壤的深厚、疏松较重要。整地应在竹苗繁殖的前一年的秋、冬季进行。

（2）母竹的选择　母竹质量对繁殖成功与否影响很大。优质母竹繁殖能力强，易成活，发笋、发鞭能力强，新出笋不仅数量多，而且质量高。劣质母竹不易栽培成活，即使栽培成活，其发笋、发鞭能力也较差，成活的第二年出笋数量不仅少，甚至不出笋，而且质量也差，新出笋长成的竹往往细弱矮小难成林。

• 母竹的年龄　母竹的年龄以1～2年生为宜，因为1～2年生母竹所连的竹鞭，一般处于壮龄阶段（即3年生左右），鞭色鲜黄，鞭根健全，并且鞭芽饱满，容易萌发长出新竹、新鞭，移栽后恢复能力强，容易成活；老龄（3年生以上）的竹子，不宜作为母竹，因为老竹必连老鞭，鞭根稀疏，移栽后恢复能力弱，不易成活。有的虽能栽活，但由于老鞭上多数芽已腐烂、坏死，活芽不多，因而出笋、行鞭较困难。

• 母竹的粗度　用于繁殖的母竹粗度不宜过粗，粗大的母竹易受风吹摇晃，不易栽活；过细的竹子，往往生长不良，也不宜选作母竹。此外，母竹应当生长健壮，无病虫害。丛生竹母竹应选择生长健壮，没有病虫害，秆基芽眼肥大充实，须根发达的1～2年生的竹秆，发笋力强，栽后易成活，是丛生竹移竹造林的最好母竹。3年生以上的竹秆，秆基芽眼已有部分发笋成芽，残留下来的多半老化衰退，失去萌发能力，而且根系也开始衰退，不宜选作母竹。

• 母竹的挖掘　散生竹和丛生竹为两类不同的竹种。丛生竹没有蔓行的地下竹鞭，而是靠竹秆基部两侧的芽萌发成竹笋，长出新秆。因此，丛生竹母竹的挖掘及栽植方法与散生竹有所不同。散生竹母竹的挖取工具常用锋利的山锄。挖竹前应判断竹鞭的走向，据观察，大多数竹子的最下1盘枝条的方向与其竹鞭的走向大致平行。根据竹种的大小，决定挖取土球的大小。一般，中型的竹种，如金镶玉、紫竹、大黄苦、唐竹等，根据留来鞭20cm，去鞭30cm，深30cm来挖取土球。小型的竹种，如菲白竹、鹅毛竹、翠竹等，则根据需要挖取长、宽及深20cm的土球。挖母竹时，不要摇动竹秆，否则容易损伤竹秆和竹鞭的连接处，破坏鞭与根的输导组织，造成成活困难。挖出母竹后，为减少水分蒸发和养分消耗，一般要截去顶梢，要求做到切口平滑，鞭蔸多留宿土。刚竹、淡竹、石竹、水竹等中小型散生竹，通常几株母竹靠近生长在同一鞭上，挖母竹时，可将3~5株一同挖起为一“丛”母竹，用来繁殖效果更好。如母竹“丛”中，株数太多，可行修剪，疏去一些生长弱的竹子，留3~5株即可。

丛生竹挖取母竹的方法不同于散生竹。一般，丛生竹1~2年生的健壮竹株一般都着生在竹丛边缘，秆基入土较深。在丛生竹挖取时，先在离母竹25~30cm的外围，扒开土壤，由远到近，逐渐深挖。为防止损伤秆基芽眼，竹蔸的须根支根应尽量保留。在靠近老竹的一侧，找出母竹秆柄与老竹秆基的连接点，然后用利刀或山锄猛力切断母竹的秆柄，连兜带土挖起。在切断母竹秆柄时必须特别注意，防止劈裂秆柄、秆基，影响母竹的成活率。根据竹种特性和竹秆大小，决定挖掘时的带土量和母竹秆数。对于根径较长或秆径较粗竹种，如大佛肚等，可采用单株挖蔸带土挖取；而根径较短或秆径较细竹种，如孝顺竹、凤尾竹、崖州竹等竹株较小，密集丛生，竹根分布也较集中，可以3~5株成丛挖起栽植。

所有的母竹挖取后若不能及时栽植，则应放置在阴凉避风的地方，适当浇水或用湿草捆扎竹蔸。

● 母竹的运输　短距离搬运母竹不必包扎。但必须防止鞭芽和竹柄受伤以及宿土震落。挑运或抬运时，竹秆应直立，切不可把母竹扛在肩上。远距离运输母竹必须用草绳或蒲包包裹好宿土。运输途中要对母竹覆盖或对母竹竹枝经常喷水，以减少蒸发。

母竹的栽植：母竹运到圃地后，应立即栽植。在已经整地的穴上，先用表土垫底，一般厚10~15cm。然后，解去捆扎母竹的稻草，小心将母竹放入穴中，使鞭根舒展，下部与土密接。先填表土，后填心土（除去土中石块，树根等），分层踏实，使根鞭与土壤密接。填土时要防止踏伤鞭根和笋芽。在天气干燥或土壤干燥的地方，还要先行适当灌水，再行覆土。覆土深度比母竹原来入土部分稍深3~5cm，上部培成馒头形，加盖一层松土，周围开好排水沟，以免积水烂鞭。栽竹时要做到：深挖穴，浅栽竹，下拥紧（土），上松盖（土）。栽植后，将包扎母竹的稻草等物，覆盖在母竹周围，减少土壤水分蒸发。

由于竹类植物在发笋期、休眠期及生长旺盛期的生理活动各不相同，在各地进行栽植时必须注意栽植时间和季节。竹子在生长旺盛期，各种生理活动极其旺盛，这时分鞭秆移载竹子，截断竹鞭，对竹子的生理代谢产生强烈干扰，尤其是发笋期的竹子，极易造成竹子生理代谢混乱而影响竹子移栽的成活率，同时，对母竹林的危害也较大。竹子在发笋前的休眠期，生理活动及新陈代谢弱，这时分鞭秆移栽竹子容易成活。

散生竹种，例如紫竹、金镶玉等，一般为春季3~5月发笋成竹，6~8月新竹生长旺盛，秋季9~10月行鞭排芽，11~12月生长较缓慢，或处于休眠状态。所以，冬末和早春（11月至翌年2月），即竹子开始发笋前，是移栽的良好季节，这时分株繁殖的成活率较高。由于散生竹分布和引种地区辽阔，各地气候条件差异较大，最适栽植季节也略有所不同。在散生竹分布的中心地区，近距离移竹造林，只要注意移栽时严格按照操作程序和规定挖取母竹，多带宿土，并加强移栽后的管理，一年中除高温伏天和霜冻严寒天气外，都可进行分株繁殖。而在散生竹分布和引种的北区，冬季气温低，雨量少，空气湿度小，风速大，蒸发量大，这时栽植竹子，往往竹叶失水枯死，成活率不高。所以，在散生竹的北区，最好在早春2月为宜。

丛生竹一般3~4月发叶，7~8月长笋，分株繁殖的最好季节在1~3月，即竹子的休眠期，或4~5月，即竹子发笋前。孝顺竹、凤尾竹等常为夏季发笋，则春季移栽为宜。

竹子的分鞭秆繁殖，在竹笋出土前1个月左右效果较好。若栽植过早，竹鞭栽造林穴中时间长，消耗养分多，不利出笋和新竹生长。

2. 埋鞭繁殖

所有散生竹和混生竹类的繁殖主要依赖竹鞭上

的芽萌发生长，发育成新鞭和竹笋，长成新竹。因此，在母竹不足的情况下，也可以采取埋鞭繁殖的方法。

实生分蘖苗的竹鞭再生繁殖能力最强。当竹苗起出土后，圃地上的残留竹鞭，挖起并截成10～15cm长的鞭段。远距离移鞭时，应行包扎，即用稻草或蒲包装母鞭和宿土一起包扎起。运输时，注意保持潮湿。栽植时，在苗床横向开沟，宽10cm、深10～15cm，沟距25～30cm。先在穴底填一层15～20cm厚的表土，解去包扎稻草等物，把鞭平放在上面，芽向两侧，每穴可栽两条竹鞭，以保证成活率。再覆土压实。覆土约5cm，略高于地面，压紧、盖上包扎物稻草等物、浇水。苗床四周开排水沟，防止积水烂鞭。出苗后，剪去细弱植株，保留1～2株壮苗。加强水肥管理，当年每丛可分蘖3～5株，抽鞭1～7根，鞭芽肥壮饱满，留床1年，就有大量分蘖苗出土。

在母竹来源不足时，亦可用大母竹的竹鞭来育苗，即选挖鞭色鲜黄、芽苞饱满、根系健全的壮龄竹鞭。刚竹、水竹、紫竹等中小型散生竹的鞭以1～3年为宜。1～3年生的竹鞭为黄色，每节上根系健全，侧芽饱满，栽后侧芽容易萌发长出新鞭或竹笋。母竹的的竹鞭长度，因竹种而异，刚竹、淡竹、石竹、水竹等中小型散生竹种0.6～1m左右为宜。挖取竹鞭时，注意防止撕破竹鞭，不要损伤竹鞭上的芽和根系，切口要齐，留根要多，多带宿土，以保护鞭根。截成长1m左右鞭段，然后埋鞭育苗，方法同上。

埋鞭繁殖的优点是不需要母竹，运输方便。但是，竹鞭上长出的新竹细小，成型所需时间较长。同时，埋鞭繁殖若当年不生长出新竹，母鞭因得不到养分供应，就会失去生命力，第二年就不会再生新竹。

菲白竹、翠竹等地被竹类，竹鞭的发育与分化规律与中型或大型竹子的完全不同，可采用容器进行育苗。

埋鞭繁殖所用容器主要可归纳为两大类：一类是和竹苗一起栽植入土的纸杯、细毡纸营养杯和泥炭容器，这些容器入土后可以被水、植物根系及微生物分解，被称为可降解育苗器。另一类是不可降解育苗器，在竹苗栽植时需要取下，如多孔聚苯乙烯（炮沫塑料）营养杯、多孔硬质聚苯乙烯营养杯、聚乙烯薄膜育苗袋等。

营养土一般有3种基本成分，即田间土壤、有机质和粗团聚体。田间土壤多采用砂壤土或壤土，有机质常用堆肥、腐叶土、泥炭、锯末。锯末必须充分腐熟（每吨锯末中，混合鸡粪100kg，氮7kg，加水发酵2个月以上）才能使用。配置的容积比为：壤土2份，有机质1份，再加入适量的化学肥料，一般每立方米土中加入硫酸铵750g，过磷酸钙2.5kg，硫酸钾300g。当培养土用量大，多采用火烧土78%～88%，腐熟堆肥10%～20%，过磷酸钙2%进行混合，再加入适量的化学肥料。

3. 扦插繁殖

竹子扦插繁殖是指用竹子的秆、枝或鞭根的一部分作为繁殖材料，在苗床上促使休眠芽萌动生不定根，在短时间内培育成根茎兼备、完全独立的植株的一种快速无性繁殖方法。扦插可在短期内培育出大量与亲本优良遗传性状完全一致的竹苗，缩短育苗时间，提高土地利用率。还可以根据插穗大小，有计划地在预定期间内培育出一定规格的苗木。

（1）插床准备。插床可设置成长方形，插床的宽度可在1～1.5m调整，长度可依地形而定。为了便于进行遮荫等操作，床间应留0.3～0.5m宽的步道，插床的长边尽可能南北向。在条件允许情况下，一般可用砖头、水泥、黄沙砌成长方形的扦插池，池深60cm左右。为了有利于排水通气，在扦插池的底层可铺设直径3～5cm的大石块，中层铺直径为0.8～1.2cm的小石子或小碎石等材料，上层铺不少于30cm的插床基质。在上层的插床基质与中层的小石子之间铺设水管，上面安装喷头，并在池底开挖排水沟。

插床作好后，在扦插之前要先行喷水，使基质湿润，然后将它翻松、整平，以便于扦插。喷雾是提高插床地上部分湿度的最理想的方法，通过喷雾可在插穗枝叶表面形成一层水膜，可直接抑制枝叶的蒸腾并补充水分。特别在高温干旱季节，通过气化热的散失，对高温的抑制可起到很大的作用。喷雾灌水装置的规模大小可随插床而异，但结构大同小异。其效果好坏取决于喷雾时间、次数和雾粒大小等。另外，在设计喷雾装置时，但为了喷出细微的雾粒，至少应具备3kg·cm^{-2}以上的水压，而且应选择适当的喷嘴，每个喷嘴相距1m左右。

（2）扦插基质。扦插基质的选择，不仅对扦插物的腐烂关系极大，而且也是决定扦插成败的一个重要因素。用长期耕作的熟土扦插，一般比较容易出现腐烂；相反，用有机质含量很少、排水良好的的褐色心土、黄色粗砂土、河砂、山砂、蛭石、珍珠岩等可以避免引起腐烂。目前，使用较多的插床用土，采用由花岗岩风化而成的5～50目（每平方英寸的筛孔数）的粗砂土，或者将20～30目的粗砂和等量的珍珠岩粗粒混合，在条件允许情况下，也可直接使用珍珠岩或蛭石。

（3）插穗。竹子插穗的生根不仅在属、种之间有较大差异，而且在品种，以及亲本之间，也会表现出较大的差异。已有的研究表明，由于大多数的丛生竹竹节具有的隐芽萌发性强，在进行枝插或秆插时，丛生竹扦插生根能力远大于散生竹种。大多数的丛生竹均可通过扦插获得较满意的效果，例如凤尾竹、观音竹、孝顺竹、大明竹等，扦插生根率可达50%～80%，小佛肚竹、翠竹和菲白竹等，扦插生根率可达25%～45%，而散生竹类扦插的生根能力远低于丛生竹类。

（4）扦插季节。扦插的时期可用休眠枝进行的春插；用新生嫩枝进行的夏插；用壮实的当年绿枝进行的秋插；用休眠枝在加温条件下进行冬插。其中，夏插和秋插是在采穗后立即进行，而春插和冬插除可立即进行外，还可用事先采集并经过储藏的休眠枝。在生产中以夏插和秋插为主。

竹子一般借助于抽枝展叶期的旺盛活力进行扦插。如凤尾竹、观音竹和孝顺竹7月份扦插效果优于9月份；小佛肚竹7月份的扦插效果优于6月和9月份。而绿竹在福建、广东、广西地区春秋两季皆可扦插，以春季的3月底4月初为佳。扦插后约45d可长出新根，再过15d即可出笋成竹。

对于像观音竹、凤尾竹这类小型的丛生竹，宜选择1～2年生竹秆作为亲本材料。以节为单位，将它自下而上截短成一段一段的插穗。每根插穗含一个节，秆梢可以2～3节为1根插穗，疏去或剪短部分侧枝，以减少蒸腾面积。采自3年生以上的竹秆的插穗生根能力明显下降。而对于绿竹这类大型丛生竹，插穗选择2～4年生的健壮母竹中下部粗壮主枝条，按25～40cm（一般含3～4节）为一根插穗。特别注意剪下的插穗及时放到盛有清水的容器。

一般秆上部的插穗生根能力高于秆下部插穗。试验表明，竹子插穗经用萘乙酸低浓度（200mg·kg^{-1}）慢浸4h和ABT生根剂慢浸4h，其生根率分别比对照高11.1%和10.3%。

（5）插后管理。生根是插条成活的一个主要标识。容易生根的插穗，在插条扦插后不久，约10d，插条节上主枝及次主枝基部的潜伏芽（一般是2～4个），开始膨大，萌发成笋芽。当它长到长约0.5～2cm时，每个笋芽基部背面，产生1个白色小突起，迅速伸长，发展成1条不定根；少数笋芽基部有2～4条不定根，分布在芽基的两侧。不定根不断伸长、分枝、再分枝逐渐形成根系。随着地下部分根系的生长，笋芽出土、长成幼苗（第一代幼苗）。这个过程也约需10d。随着幼苗生长和新笋芽的发育，根的数目越来越多，根系越来越发达。

扦插后的水分管理应当特别慎重。扦插后应立即喷雾灌水，喷雾时间要长，水量要足，使苗床完全湿透，见床面出现滞水为止，这样也是为了补充插穗在处理过程中失去的水分。以后应根据竹子特性和插床及环境条件，进行适当的喷雾灌水。凡晴天、白天，每隔2～5min喷雾15～30s，雨天和夜晚停喷。待扦插苗根系大量发育时，停止自动喷雾，进入常规管理。

4. 播种繁殖

实生苗造林具有适应性强，成活率高，发笋旺，运栽方便，成本低等优点。实生苗的分蘖性强，用分株、埋鞭、压条、留鞭等方法，以苗繁苗，建立永久的竹苗生产基地，是解决母竹来源少，多快好省地扩大竹大面积的有效途径之一。

（1）苗圃地选择。竹苗怕涝、怕旱、怕冻，容易发生病虫害。因此，容易积水，盐碱过重，干燥瘠薄或地下病虫害严重的地方，不能选作苗圃地。应选择背风向阳，接近水源，排灌方便的地方，要求土壤酸性至中性反应，疏松肥沃的壤土或砂壤土。有些地方利用生荒地或透光50%～60%的疏林隙地培育1年生竹苗，效果很好。

（2）整地。整地要深耕细耙，抓好冬耕以改良土壤，消灭地下病虫害，一般耙地深度20cm左右。施足基肥可以改良土壤的理化性质，促进竹苗生长和分蘖。肥料的种类和数量要因地制宜。结合整地，每1 000m^2施腐熟的厩肥，堆肥3～4t，土杂肥、火烧土5～6t或者沤熟的饼肥3 000～4 500kg，在基肥中，加适量的过磷酸钙或钙镁磷肥，促进竹苗根系茎秆生长。

种子育苗一般苗床高10～12cm，宽1～1.2m，步道40～50cm，在排水良好或干旱地区也可采用平床或低床。苗床要做到：表土细碎，床边紧实，步道通直，开好排水沟。

(3) 播种期。竹子种子成熟后，随采随播，种子发芽率高，但冬季应对幼苗进行必要的防冻保护。如果在春季播种，种子必须在低温冷库中贮藏，否则，种子的活力将大大降低。以毛竹为例，随采随播，发芽率可达90%以上。3个月后，发芽率降低50%。半年以后，几乎没有发芽能力。当春季土壤解冻后，地温达10～15℃以上，即2月中旬至4月中旬为播种适期。

(4) 种子处理。播种前先用清水洗去拌种药粉，浸0.5h后再用0.3%高锰酸钾消毒2～4h，洗净后即可播种。种子播种前采用催芽处理，即在温室内用湿沙拌种，经常洒水翻动，等种子露白后播种，可以提高圃地发芽率，提早出苗和分蘖。播催芽种子时，圃地温度和催芽温不宜相差太大，播后要浇水保湿，防止"回芽"烂种。

(5) 播种方法。毛竹种子条播、撒播、穴播均可。穴播种子用量少，竹苗分布均多且生长整齐，管理也方便，是通常应用的方法。在床面按30～40cm株行距开穴，穴径5～6cm，深2～3cm，每穴均匀点播种子8～10粒，用火烧土或细土覆盖，以不见种子为度。盖草淋水，注意保湿和防止鸟鼠等危害。撒播用种量大，出苗后在苗床上有成丛分布的现象，不便后期管理。但若采用温床育苗，在竹苗出土后1月左右即移植，则可采用撒播的方法。

(6) 苗期管理。当种子萌发后，应将覆盖的稻草揭去。考虑到种子出苗不整齐，揭草可分2次。大部分播种穴出苗后，揭去1/2；再经7～10d全部揭除。将揭草移放苗行间。揭草后架棚遮荫，棚高50～60cm，透光度50%～60%，早盖晚揭，高温季节后，逐步减少遮荫时间，白露前后，全部撤除。

播种后至出苗期要保持苗床土壤湿润，但浇水不能过多，否则会引起苗床板结。夏季高温干旱期，可采用沟灌降温、抗旱。雨季苗圃地积水，要及时排涝。在竹苗周围覆盖一层谷壳、麦壳、草节、木屑等，既能抗旱，又可减轻雨后竹苗沾泥。

幼苗出土后要经常除草松土。做到"除早、除小、除了"，不要伤幼苗，分蘖芽或带动根部。雨后，浇水或追肥后可适当松土。竹苗周围浅松细松，行间深松浅松，深度1～3cm。结合除草松土要培土壅根。既能抗旱，又可防止地表高温灼伤分蘖芽。培土不宜过厚，以不露根为度。基肥不足或竹苗生长不旺时需要追肥。按"先稀后浓，少量多次"的原则进行。实生苗展叶数片，用5%～10%腐熟的人粪尿追肥；进入分蘖期后，可用2.5%～5%沤熟的饼肥或10%～40%腐熟人粪尿等追施"分蘖肥"，最后1次追肥，一般不得迟于8月底。

冬季寒冻地区，苗圃四周应设置防风障，防止寒流侵袭。在竹苗从周围，壅盖3～5cm的骡马粪，再覆上2～3cm，床面撒6～10cm稻草，浇足封冻越冬水，即可安全越冬。

5. 组织培养

竹子组织培养作为快速繁殖的一种手段具有明显的优越性。已有的研究表明，丛生竹的一个芽通过组织培养1年内至少可繁殖10 000丛苗，而1根竹子用节育苗繁殖1年内只能繁殖5～10丛苗。目前，采用组织培养法进行竹子快速繁殖的主要途径是用幼芽作为外植体，通过直接诱导，以芽繁芽的方法达到快速繁殖的目的。

竹类植物组织培养的培养基大多为MS培养基，添加不同浓度的生长调节物质（BA、KT、NAA及IBA等），以浓度为0.5%～0.8%的琼脂作为凝固剂。蔗糖浓度以25%～30%为宜，pH 5.8～6.5。最常用的外植体还是芽和茎尖。用75%的酒精和0.1%升汞作材料表面消毒剂，处理时间分别为15～20s和5～10min。置于有光照的培养箱或培养室中，每天光照12～14h，光照强度1 200～3 000Lx，培养室温度23～28℃。

在芽诱导生长成新芽丛后进行分瓶增殖培养，这样，一代继一代地进行培养，以增加植株数量，建立起芽的无性系。继代培养获得的芽丛新梢，即无根芽苗，诱导生根后，经约1个月后成为健壮完整植株，即可从培养基移入土中，这是从异养到自养的转变过程。

一般移植前将试管打开瓶盖，置于自然光照下2～3d后，取出试管苗，用自来水冲去培养基，再用0.1%代森锌浸根3～5min，移植到装有用泥炭土、珍珠岩、蛭石等按一定比例配制而成培养土的培养容器中，浇足水分，保持相对湿度70%以上。如相对湿度在70%以下，则可在培养容器上罩上塑料膜以保湿，注意要有一定的透气性，成活后除去。移植时气温对成活率影响很大，最适宜温度为18～22℃。

（二）造林管理

1. 片林管理

中耕除草于7～8月进行，深10cm左右，以增加土壤空隙度，增加透气性，防止土壤水分过度蒸发。大片观赏竹林可将杂草保留林间，腐烂作有机肥料。

2. 营养施肥

竹类植物喜肥。当叶片颜色由墨绿转为浅绿，甚至发黄时，应当及时补充养分。一般采用速效液肥为主，坚持“少量勤施”的原则。

竹林除草的同时进行培土，为使多长健竹，新秆生长良好，应施 N、P、K 和 Si 肥，有机肥如枯饼的效果更好。

3. 景观维护

竹子应尽量避免修剪，展其天然柔软之姿。沿路妨碍通行的应以剪除；观秆种类地上 1m 以内枝条应贴近秆基切除，显露其韵。盆景（栽）竹更要进行适当的整枝修剪，确保整个造型疏密得当，高低层次分明。

修剪时间宜新竹完全抽枝展叶，枝秆完全木质化后。也可结合 7 ~ 8 月林地清理进行。应尽早伐除没有观赏特征和表现力差的植株；清理老、病、残植株；根据景致目的调整竹秆（丛）密度。可在冬季或早春进行，新竹长成后即可进行。必要时，可间伐竹林。

4. 四时植竹

选用合适容器，以人工基质设施栽培技术为核心，对紫竹、茶秆竹、黄秆京竹、金镶玉竹、黄秆乌哺鸡竹等进行全梢大竹容器栽培。全梢经适当修剪枝叶，一定的遮荫保湿和抗逆处理，成活率达到 100%，填补了绿化用竹的及时需要。

四、园林造景利用

观赏竹主要用于创造竹林景观，与亭、台、楼、阁等建筑物配置，阻隔庭园空间，与山石及其他植物组景等形式，或制作成盆景、盆栽，或用作建筑装饰。其艺术设计形式有主景、配景和缀景等。

种植设计利用时，主要造景形式有：

群植：以竹成景，竹径通幽，翠竹摇空，万秆参天，构成独立的竹景。

片植：抑景、障景、框景点缀用。以秆形奇特，姿态秀丽种类为佳。

条植：竹绿篱、竹径等，起隔离、规视的作用。

丛植：点缀亭廊、山石。枝叶婆娑种或清秀种为宜。

孤植：与门廊等组景，创造意境，清秀种为宜。

地被：以低矮竹种制造竹绿坪、绿地，固尘滞音、吸碳放氧效果好于草地，耗水量低于草坪。

护坡：以低矮竹种为宜，密植。

镶边：色艳、低矮竹种为宜，密植。

盆景：竹子本身不适合用绑、扎造型，注意配置疏密得当，虚实相宜，静中有动，曲直和谐，刚柔相济的意境。可以通过修剪、倒栽或与其他材料组合上盆制得。注意控高矮化。

竹建筑装饰：秋冬砍伐竹秆，晾干，用以制作栏干、竹亭、竹舍、竹廊和室内装修用等。

观赏竹景观设计配置时要注意竹秆高度（表 108-1）。

表 108-1 观赏竹秆型高度

类型	秆高范围	适用场所	竹种枚举
大型竹	>10m	广阔庭园、公园、竹林景观	毛竹、刚竹、麻竹、粉单竹
中型竹	6 ~ 9m	宽阔庭园、庭园门厅、林荫道、大厦周边	茶秆竹、唐竹、青皮竹、
小型竹	3 ~ 5m	小庭园、与树木混栽、大型盆景（栽）	方竹、罗汉竹、孝顺竹、
矮生竹	1.5 ~ 3m	小型庭园、园林小品、怪石、假山涧缀景	箬竹、观音竹、花孝顺竹
低型竹	0.6 ~ 1.5	庭园配置、小品缀景、与低矮植物配置	倭竹、爬地竹、凤尾竹
地被竹	<0.5m	庭园地被、花坛覆盖、树木下层配置	菲白竹、菲黄竹、鹅毛竹

（郭起荣）

十、其 他 类

109. 香　椿

香椿是我国特有的名贵树种，已有2 000多年的栽培历史，是国内外久负盛名的名贵木本蔬菜。全身都是宝。香椿的木材纹理通直，花纹美观，材色红润，具有较高的工艺价值，被誉为“中国桃花心木”而著称于世，是制造业和建筑业首选的优良材料之一；香椿具有良好的观赏性而成为园林绿化的优良树种；香椿的芽、叶、果实、树皮中含有川楝素、甾醇和鞣质等成分具有较高的药用价值。香椿的嫩芽、嫩叶是高档美味的精品蔬菜，其质脆汁多、风味鲜美、香气浓郁、营养丰富，鲜食、加工均可。

一、主要物种

香椿［*Toona sinensis*（A. Juss）Roem.］为楝科（Meliaceae）香椿属（*Toona* Roem.）落叶乔木。该属约15种，分布亚洲至大洋洲。我国有4种，6变种，南部较多。

1. 香椿［*Toona sinensis*（A. Juss.）Roem.］

乔木，高20m，胸径1.2m；树皮深褐色，片状脱落。偶数羽状复叶长30～50cm；小叶8～10对，对生或互生，纸质，卵状披针形或卵状长椭圆形，长10～15cm，宽2.5～4cm，先端尾尖，基部不对称，全缘或有疏小锯齿，两面无毛，无斑点，下面呈粉绿色，侧脉每边18～24条，在下面稍突起；小叶柄长5～10mm，无毛，雄蕊10，其中5枚能育，5枚退化；子房无毛，花柱比子房长。果狭椭圆形，长2～3cm，深褐色，被小而苍白色皮孔，种子仅上端具膜质翅。花期6～8月，果期10～12月。

2. 红椿（*T. ciliata* Roem.）

乔木，高25m，胸径1m；幼枝有柔毛，渐变无毛。偶数或奇数复叶，长25～40cm；小叶7～8对，对生或近对生，纸质，长圆状卵形或披针形，长7～15cm，宽3～6cm，先端尾状渐尖，基部不对称，全缘，两面无毛或下面脉腋内有毛，侧脉每边12～18条，在下面突起；小叶柄长6～13mm。花序顶生，与叶近等长，被短硬毛或近无毛；花梗长1～2mm；花瓣白色，长4～5mm，无毛或被微柔毛；雄蕊5；子房密被长硬毛，花柱无毛。果长椭圆形，长2～3.5cm，木质，干后紫褐色，被大而明显的苍白色皮孔；种子两端具膜质翅。花期4～6月，果期10～12月。

3. 小果香椿［*T. microcarpa*（C. DC.）Harms］

乔木，高达26m，小枝初时被柔毛，老后无毛，褐色，有灰白色皮孔。叶为偶数或奇数羽状复叶，长20～60cm，幼叶被柔毛，后变无毛，有小叶10～20片；小叶互生或对生，纸质，长圆形或长圆状卵形，中部稍大，长6～16cm，宽2.5～5.5cm，顶端尾尖或渐尖，基部不等，偏斜，边全缘，两面无毛或背脉稍有毛或脉腋内有髯毛；侧脉每边8～5条；小叶柄长5～10mm，被柔毛。圆锥花序长约为叶的1/2，有短而互生的分枝，被小粗毛；花梗长6～7mm；萼5深裂，外面被小粗毛；花瓣白色，椭圆形或椭圆状卵形，长约6mm，有缘毛；雄蕊5枚，分离；子房柄与子房同被粗毛；子房圆锥形；花柱无毛，柱头盘状。蒴果椭圆形，无毛，黑褐色，有灰白色皮孔，长1.8～2cm，5瓣开裂；种子褐色，薄，两端有膜质的翅。花期3～4月，果期7月。

二、主要栽培品种

1. 太和香椿农家品种

（1）黑油椿。幼树生长旺盛。萌芽力强，抽枝短而粗壮，枝展开张。树干生长较慢，木材颜色暗红。1年生小枝青褐色，皮孔稀，多向一侧弯曲，小叶长14cm左右，先端尖，基部宽大，叶缘锯齿波浪状较浅，叶墨绿色，小叶11～14对。5月底至6月初开花，花期20d左右。10月下旬果熟，蒴果较大，呈狭椭圆形，长30mm，每果有饱满种子6～8粒。3月底发芽，初放时呈紫红色，光泽油亮，以后自下而上渐为墨绿色，尖端暗紫色。椿苔和叶轴向阳面紫红色，背面绿色，嫩叶有皱纹，肥厚，椿芽粗壮肥嫩，香味浓，无苦涩味，食之无渣，是菜用香椿的上品。

（2）红油椿。树冠紧凑，生长旺盛。枝条粗壮，1～2年生小枝紫褐色，皮孔密，圆形，向外突出。材质好，生长快，材色红润。叶质厚，深绿色，叶先端有粗锯齿，叶柄扁粗而短，正面微红，小叶11～14对。5月下旬开花，花期约20d，种子10月下旬成熟，蒴果椭圆形，下部稍宽大，长25mm，每果含种子10粒左右。芽初放时鲜红色，展叶初期变为紫色，光泽油亮，较为艳丽。椿苔及叶轴粗壮肥嫩、微红。嫩叶有皱纹，肥厚，食之无渣，香味浓，略带苦涩。鲜食可用开水烫一下，以除去苦涩。椿芽品质较黑油椿差。采收期也较黑油椿晚，也是较好的菜用品种。

(3) 青油椿。树冠紧凑，树势旺盛。抽枝力强，枝条较细，小枝青灰色，皮孔长椭圆形。嫩枝深绿色。干皮灰褐色，纵裂浅，多翘起。木材生长较快。叶形较为对称，叶质薄，边缘有粗锯齿。小叶绿色，叶柄较圆，小叶10～14对。花、果期与红油椿同。果实倒卵圆形，下部稍大。蒴果壳较薄，易自然开裂，果实较小，座果率较低。幼芽紫红色，后渐呈青绿色，先端金红色，油亮，梗与椿苔肥嫩多汁、无渣。椿芽不易老化，香味稍淡，不苦涩，鲜食较好，属菜、材兼用品种。

(4) 水椿。树势强旺。分枝角度较小，抽枝力极强。小枝青绿色，皮孔长椭圆形，嫩枝青绿色，1～2年生小枝淡红色，树干皮薄，灰褐色，易脱落，木材生长快。叶短圆状披针形，较为对称，有波状粗锯齿。淡绿色，叶质厚，叶柄较粗，小叶9～12对。花、果与青油椿相似。芽淡紫色，叶轴正面紫红色，背面淡绿色，极易抽苔，故名苔椿。椿苔粗壮，肥嫩多汁，含纤维少，木质化较慢，鲜食清脆可口。椿芽不易老化，上市时间可延长至谷雨后5天左右。椿芽味稍淡，不苦涩，品质与青油椿相似。是较好的菜、材兼用品种。

(5) 黄罗伞。树势强旺，分枝角度小，树冠开张，萌芽力强。嫩枝黄绿色，1～2年生小枝青黄褐色，皮薄，皮孔稀而小。干皮灰褐色，多翘起，易自然剥落。材质好，生长快。叶薄而软，主脉弯曲，叶形不对称，叶缘波状或近全缘。叶黄绿色，叶柄扁而瘦，小叶8～15对。5月下旬开花，花序宽大，10月果熟，蒴果卵圆形，壳薄，长14～16mm。芽初放时黄色，逐渐变深蓝色，展叶后为黄绿色，先端红色，光亮。叶片皱纹较少。芽易散开生长，形状似伞，故而得名“黄罗伞”。椿芽瘦弱，易老化，纤维多，油脂少，香味淡，鲜食有苦涩味，品质较差，但上市早，产量高。

2. 山东的农家品种

(1) 红香椿。本品种与安徽太和的红香椿极相似。芽初放时棕红色，以后随着芽苔的伸长，颜色变淡转为绿色，叶有皱缩，芽苔粗壮鲜亮，嫩脆，多汁，香气浓郁，但微有苦涩味。展叶后渐转为绿色，小叶9～13对，茁壮枝上为15～17对，小叶表面有茸毛，背面光滑，叶轴表面淡棕红色，较长时间不褪色。背面绿色，羽叶中部以上的小叶表面主脉淡红色。1年生茎干绿色，大树主干明显，树皮灰褐色，浅纵裂，1年生小枝淡绿褐色，皮孔稀疏，横列长圆形，凸起，橙红色。2年时灰褐色，生长快，产量较高，木材红褐色。本品种的芽经腌制后，香味纯正，是芽、材兼用品种。

(2) 褐香椿。嫩芽褐红色，光泽鲜亮，肥壮。叶厚而大，香气浓郁，汁多渣少，稍带甜味。展叶后变为褐绿色，成叶为暗绿色，叶面皱缩，不平整，上下两面及叶柄都有茸毛，叶柄和叶轴表面为深红棕色，较长时间不褪。1年生苗干深棕红色。叶柄极短。小叶8～11对，前端2～3对，小叶表面褐红色，背面淡褐色。大树主干皮黑褐色，纵裂，上部裂片呈块状薄片翘起。生长缓慢，萌芽力较弱。有的植株呈自然矮化状态，2～3年生仅高15～40cm，顶芽粗大，是培养矮棚密植丰产的优良类型。1～2年生苗干和枝条易受冻干枯。大树干形差，分技角度开张。本品种的嫩芽香气极浓，为市场上的珍品。山东省较稀少，仅沂水、历城、宁阳、莱芜有散生单株。

(3) 苔椿。嫩芽伸展较长，且长时间不木质化，嫩脆如莱蒈故名。嫩芽淡褐红色，展叶后叶表面黄绿色，背面微红，叶子皱缩，叶面上散布许多浅红色斑点。叶轴表面淡红色，小叶8～11对，基部不对称。芽味甜，汁多，香气浓，上市时间可延续到立夏之后。芽的品质与红香椿相似，也属上品。苔椿生长旺盛。大树主干树皮淡灰褐色，纵裂，裂片薄，易脱落，露出灰白色光滑内皮。侧枝开张，主干明显，本品种在外形特征上介于红香椿与褐香椿之间。较稀少，仅沂水、蒙阴等县有散生。

(4) 红芽绿香椿。本品种与安徽的绿油椿极相似。嫩芽及苔深棕色，很长时间不变〈至少到7月中旬以前〉，展叶后，叶、叶柄、叶轴及1年生茎干为绿色，光滑。小叶12～13对，多的达24～30枚，叶轴基部带淡紫色。芽的香气较淡，木质化较慢，无苦涩味，发芽早，产量高。幼树生长旺盛，大树树冠呈圆头形，侧枝较密，主干不明显，树皮暗灰褐色，幼树纵裂较浅，大树树皮裂片翘起，局部横列为块状翘起。适应性强，山东各地均有栽植，适宜作丰产用材林树种。

（5）红叶椿。嫩芽深棕红色，展叶后仅前端5～7枚小叶边缘淡棕红色，背面淡红褐色，较长时间不褪色，光滑无毛，有光泽。以下的小叶表面为绿色，有茸毛。小叶15～25枚，基部楔形，两边对称，全缘或有不规则的细锯齿，叶两面主脉紫红，叶轴淡紫红色，叶质地较薄，但较长、大。芽香气较淡，无苦涩味，易木质化。心材暗红褐色。生长较旺盛，主干明显，为优良用材类型。大树树皮灰褐色，较光滑，浅纵裂。本品种芽的品质与立地条件及栽培水平有很大关系。阳信及沂水县有散生。

三、生物学特性

（一）生态习性

香椿适生于温带和亚热带气候，在年平均气温8～23℃，极端最低气温－25℃的地区都可栽培生长，但以年平均气温12～16℃，极端最低气温－20℃以上地区生长最适宜。香椿的光合作用最适宜的温度是20～25℃。季节和昼夜温差变化也会影响香椿芽的品质和风味，早春气温回升快，昼夜温差大，椿芽萌发早，生长快，香气浓，汁多甜脆；早春气温低，空气湿度大，光照又不足，则发芽晚，香气淡。

香椿喜湿怕涝。在土壤水分饱和，地面短期积水（1～3d）的情况下，尚能继续生长，但淹涝时间较长时，香椿的根系会因缺氧窒息失去吸水能力，产生生理凋萎，叶子变黄脱落。此外，土壤含水率过高，还易引发各种病害，如根腐病、紫纹羽病，轻者使树木生长受到影响，重者还会导致树木死亡。同时，土壤水分过多，香椿生长旺盛，固然可以提高椿芽的产量，芽子也较鲜嫩，但风味显著下降。对用材林来说，过多的浇水和施肥，虽能增加材积生长量，但材质疏松，物理力学性质较差，降低了工艺价值。

香椿根系发达，吸收能力较强，一般的山地、丘陵、平原、河滩；肥土、瘠地；黏土、沙地都能生长，但以深厚肥沃的砂壤土为好。香椿对土壤酸碱度要求不严格，在pH值5.5～8.0的酸性、中性和微碱性土壤中均能生长。山东等地黏质褐色土及河潮土最适合香椿的生长。在有机质含量较高（1.0%以上）、含磷丰富（30mg·kg^{-1}以上）、结构良好的湿润土壤上，生长尤其旺盛，椿芽的品质好，木材的纹理、色泽也都很好。

（二）生长发育

香椿为高大落叶乔木。从种子发芽形成一个新的个体，直至植株衰老死亡，称为香椿的生命周期，可以分为幼年期、成年期和衰老期。

香椿实生苗根系较强大，向下生长的垂直根强于向外延伸的水平根。由分株、扦插等方法繁殖的香椿树，它的根属于茎生根类型，水平根常强于垂直根。

香椿顶芽发达，可以连续生长，形成明显的中心干。顶芽萌发后，长至一定长度（3～5cm）后，侧芽才开始萌发。如果顶芽不摘除，侧芽长到一定长度后便会封顶而不再生长。所以，常使枝条呈层状分布。香椿幼树枝条分生角度较小，有时呈直立状态。随着树龄增加，枝角会逐渐开张。

香椿为顶生圆锥花序，着生于结果枝的顶端。花芽于当年的6月以后，由顶端分生组织分化，并逐步孕育形成，于翌年5月下旬至6月上、中旬开花。盛花期一般5～7d。香椿的花为两性花，子房5室，每室含胚株2枚。授粉后，子房逐渐膨大，形成果实，于10月中、下旬成熟。成熟的果实由青绿色变为黄褐色或深褐色，纵向5裂，中轴粗大。开裂后，数粒种子飞散出来。种子椭圆形，扁平，红褐色，长5～7mm，上端具矩形膜翅，翅长约1～1.2cm。香椿实生苗一般7～10年生即开花结实，15～20年生进入盛果期。应用嫁接等无性繁殖的苗木，可提早到4～6年生结果。

四、栽培技术

（一）苗木繁殖

1. 播种繁殖

（1）采种。选择生长健壮、发育良好、无病虫的10～30年生树作为采种母树。材用林为目的，应选择生长迅速、树干通直高大、材质好的品种。菜用品种为目的，则应选择树形低矮、分枝能力强、枝条生长慢、椿芽粗壮肥嫩的品种。10月中下旬果实由青绿色变为黄褐色或深褐色时，表明果内种子已成熟，应及时采收。采收时将整个果穗摘下，放在阴凉通风处晾干，忌暴晒。待果皮干燥开裂时，抖动果柄，种子便可脱出。种子经充分晾干、去杂质后，装入麻袋放在通风干燥处保存。或将种子混入2倍的细干沙装入缸或罐中，置于1～5℃条件下贮存。种子的翅膜不可脱掉，否则将严重影响种子的发芽能力。香椿种子含油脂较多，不耐贮藏。在常温条件下，随贮存时间的延长，发芽率逐渐下降，半年后发芽率仅有40%～50%，1年后几乎全部丧失发芽能力。

（2）播种育苗

圃地选择。香椿幼苗对肥水、光照条件要求较高，苗圃最好选择地势平坦、土层深厚、土质疏松肥沃、背风向阳、光照充足、靠近水源而又排水良好的壤土或砂壤土。

播种。香椿种子小，种皮坚硬，含油量高，不易吸水，干播出芽慢，易受昆虫和鸟类危害。播种前进行浸种催芽，不仅可以使出苗提前，而且出苗整齐。浸种前种子不要暴晒，轻轻搓去种翅，用清水漂去种翅，然后将种子倒入55℃温水中，不停地搅拌使水温降至30℃左右，继续浸泡12h。也可先用1%福尔马林溶液浸泡20min，用清水反复冲洗干净后，再用温水浸泡24h。也可以直接用0.5%高锰酸钾溶液浸泡24h进行种子消毒。浸种后，捞出种子，清水冲洗几次，沥出水分，适当晾干，用透气性、保湿性好的干净湿布袋或麻袋片包好，置于25℃条件下，避光催芽。在催芽过程中，每天早晚各用25℃左右的温水清洗一遍，中午再翻动一次。一般5～6d出芽，当20%～30%的种子露白时，混入2～3倍湿细沙，即可播种。

播种时期，分春播和秋播两种，北方地区以春播为主。春季露地播种在3～5月均可进行，一般在当地晚霜前10d左右、外界最低气温1～5℃时开始播种。播种采用条播或撒播，条播效果优于撒播。播后覆盖2cm厚细土。覆土后，用地膜、草、麦秸盖严，以利出苗。苗床土质太黏或土壤太差时，可在播种前，先在苗床上浇水，待土壤稍干时再开沟播种。

冬季不太寒冷的地区，可在秋末冬初时节采用干籽条播方法育苗。

苗期管理。出苗后，应遮荫避光、松土除草、间苗定苗。还应根据苗木长势、生长发育阶段进行追肥。苗木生长需要大量的水分，种子发芽出土前一般不需要浇水。出苗后苗床干燥时，可2～3d喷1次水。香椿幼苗忌水湿，遇到沥涝积水要及时排水，否则苗易感染腐烂病而死亡。

2. 无性繁殖

（1）根蘖育苗。秋季植株落叶后或春季土壤解冻、植株萌发新叶前，在母树周围，树冠边缘垂直投影处挖深60cm、宽30～40cm的环形浅沟，挖沟的同时切断沟内见到的根系，在沟中施入农家肥并浇水，水渗下后回土将沟填平，翌年4～5月间母树周围就能萌发出很多根蘖苗，数量比自然萌蘖法增加2～4倍。

（2）埋根育苗。秋冬季节苗木出圃后，从遗留在圃地里的根系，或从健壮母树上挖取侧根，选粗0.5～1.0cm的根条，截成15cm的小段，上端（大头）切成平面，下端（小头）切成斜面，切面要平滑。30～50条根扎成一捆，下端对齐。挖深60cm、宽100cm、长度视根量而定的坑，底部垫10cm厚的树叶或麦秸、稻草，再铺上20cm厚的干净湿河沙。将根条捆下端，在0.05%萘乙酸溶液中蘸一下或0.005%～0.01%吲哚乙酸或吲哚丁酸溶液中浸泡10～20h，然后上端向上、下端向下竖排在沙层上。根条上盖沙，与坑口相平，再覆盖地膜，增温保湿进行催芽。天气寒冷时，夜间覆草，保持沟内温度180℃以上。当根段上长出2～3mm的新芽时，即可扦插进行埋根育苗。

（3）留根育苗。利用苗圃秋季起苗后残留在圃地中的根系育苗的繁殖方法。香椿秋季起苗后，用犁纵横耕翻2～3遍，将圃地中的残根切成数条小段，然后镇压土壤，翌年春季便可长出许多幼苗，待苗高15～20cm时，移栽到苗圃中。

（二）造林

1. 香椿露地栽培

（1）速生用材林栽培

● 品种选择　速生用材林应选择生长快、树干通直高大、材质优良、抗逆性强的品种。目前，我国还没有专用用材香椿品种，可在农家品种中进行选择。由于我国有食用香椿芽的习惯，因此，那些椿芽品质较差而生长速度较快的品种更适合营造香椿材用林，红油椿、青油椿、黄罗伞、米尔红、红芽绿香椿、红叶椿、红毛椿等均可作为速生材用林树种栽培。

● 造林地的选择　虽然香椿对土壤适应性较强，但营造速生用材林最好选择土层深厚、土质肥沃、湿润、排水良好的钙质砂壤土，故河流两岸、道路旁、梯田向阳地均适合造林。山区丘陵地区应选择海拔1 500m以下、地势平坦、土层深厚、有浇水条件、背风向阳地作为造林地。

● 整地施肥　在整地时，要注意施肥和土壤改良。每公顷施充分腐熟的农家肥75～150t豆饼或磷肥1 500～3 000kg。土质黏重、通透性差的地块可在整地时掺入少量炉灰或河沙；质地粗糙的地块，则掺入适量的细黏土。地势低洼的地块，则应修筑台田，抬高地面，挖排水沟，然后造林。

●造林季节　应根据当地的气候条件和苗木大小来确定，对于大多数地区可在早秋、秋末冬初和春季进行营造。

●幼林管理　香椿喜欢土质疏松的土壤，应保持土壤良好的通透性能，因此，必须经常进行中耕松土，有时甚至需要常年进行。每年秋季结合林地耕翻，每公顷施有机肥 60～75t。生长季节要进行多次追肥，可在发芽期、速生前期、速生中期追肥，以氮肥为主，每次 20～30kg，并配合磷、钾肥。速生后期要控制氮肥，着重使用磷肥、钾肥，追肥后要及时浇水，8 月下旬至 9 月上旬停止追肥。

（2）矮化密植园栽培。香椿矮化密植栽培是一种以采收香椿芽为目的的栽培形式。

●园址选择　密植园宜建在地势平坦、土层深厚、土质疏松肥沃且水源充足的地块上。此外，还要求靠近城镇、交通方便，以利运输和销售。香椿怕水湿，故地势低洼、土质黏重、积水地块不宜作为园址，以免根系发育不良，植株生长势弱，椿芽产量低。

●整地施肥　香椿矮化密植园由于种植密度大，地上部枝条多，地下根系密度大，生长量大，占地时间长，对土壤的要求更高。因此，在园址选好后，要进行整地施肥、改良土壤的工作。先将地表整平，再均匀撒施有机肥，每公顷施充分腐熟优质有机肥 75～100t，然后深翻 30cm，使土、肥混合均匀。地表整平后，按定植点挖 80cm 深、直径 80～100cm 的树穴或深 80cm、宽 80～100cm 的种植沟，种植香椿时，每株再施腐熟饼肥 0.5～1.0kg、过磷酸钙 0.2～0.5kg。

●品种选择　香椿矮化密植园以采收香椿芽为目的。因此，应选择适合矮化密植、树形容易控制、枝条生长较慢、椿芽肥嫩鲜美、产量高的品种，黑油椿、红油椿、红香椿、褐香椿以及各地优良农家品种均可进行矮化密植栽培。在同一密植园中，将不同生育期的品种进行搭配，可以延长椿芽的采摘期，不断供应市场。大型密植园可种植 2～3 个品种，小型密植园 1～2 个品种就可以了。

●种植建园　在矮化密植园中，香椿既可单栽又可丛栽。根据各地的生产经验，香椿单株以行距 80cm、株距 40cm，每公顷种植 30 000 株左右为宜，能获得较高产量，且经济效益显著。香椿单栽也可采用大小行种植，小行距 1m，大行距 2m，株距 0.2m，每公顷栽 33 000 株左右。香椿丛栽，行距 2.0m，丛距 1.0m，每丛 3～5 株，每公顷栽 15 000～24 000株。

香椿矮化密植园建园主要在春季苗木萌芽前进行。栽植前要对苗木进行检查，选用壮苗。壮苗的标准是：根系完整发达，有较粗的主、侧根 3～4 条，根幅不小于 30～40cm，茎干粗壮、充实、匀称，皮孔明显，春梢长，秋梢短；顶芽粗大，侧芽饱满，无损伤；根茎粗不小于 1.5cm，苗高 1m 左右。苗木定植不宜在秋季进行，否则冬季易发生冻害。苗木定植时，先在挖好的树穴或种植沟内放入过磷酸钙，每株 0.5～1.0kg，与土混匀后，放入苗木，填一层土，埋住根系后轻轻上提苗木，使填入的土与根系密切结合，然后再填土到根茎原土痕处。苗木定植后，浇定植水。待水渗下后再盖一层干土或覆盖地膜。

●修枝整形　与香椿材用树管理不同，矮化密植园的菜用香椿要求培养成多侧枝、多顶芽的矮化树形，才能提高椿芽的产量和质量，增加收入，同时便于田间管理和椿芽采收。

●土肥水管理　香椿矮化密植园土壤管理主要包括春覆膜、夏覆草、秋刨园三项内容。

适时适量施肥浇水是香椿丰产丰收的保证。春天芽苞开裂前，要足量追施氮肥、尿素加磷酸二氢钾或复合肥，大树每株 500～1 000g，幼树每株 150～200g，开沟穴施，然后浇一次透水。4～7 月份，每次采芽前 3～5 天再追施一次氮肥并适量浇水。8 月份以后要控制使用氮肥，着重磷、钾肥的使用。每株施过磷酸钙和含钾复合肥 150～200g。8 月下旬至 9 月上旬以后要控肥控水，减慢枝条顶端生长，促进树干营养积累、组织充实，防止贪青徒长。香椿忌水涝，梅雨季节应加强排水防涝。除注意采取开穴追肥外，还应加强叶面追肥。萌芽前枝条喷洒 2%～5% 的尿素溶液，增加树体营养，提高香椿头芽的产量；4～7 月，每 15～20d 喷洒 1 次 0.3%～0.5% 的尿素溶液或适量的助壮素；8～9 月份，每隔 10～15d 喷施 0.3%～0.5% 的磷酸二氢钾溶液，连续 2～3 次。

2. 香椿保护地栽培

香椿保护地栽培是以采收幼嫩椿芽为生产目的，在香椿矮化密植栽培的基础上，利用日光温室、塑料大棚、塑料小拱棚等设施进行保护地生产。

（1）日光温室香椿栽培

• 品种及苗木选择　为适应温室有限的空间，应选择株型紧凑、适合密植、易矮化、品质优良、群众喜欢的黑油椿、红香椿、红油椿、褐香椿等农家品种。

• 苗木假植　苗木假植是日光温室香椿栽培的一项重要环节，假植好坏直接影响香椿芽的产量和质量。

• 整地施肥　香椿苗木定植前，温室地面、墙壁要打扫干净，整地施肥。基肥要施足，每公顷施优质有机肥75t以上，过磷酸钙1 500kg，土壤肥沃的可不施有机肥，但要施磷酸二铵和硫酸钾各450kg或复合肥750kg。肥料均匀撒在地面上，深翻30cm，整平后，做成南北向、1.5m宽的平畦。畦埂要上二次土，然后踏实。

• 高密度假植　日光温室栽培方式主要有两种，一是常年矮化栽培，即在温室中播种或定植后不再移出，每年通过平茬、摘心或喷洒多效唑等措施，将幼苗控制在1m高左右，这种方式种植密度小、产量低、且常年占据温室，现少采用。二是囤栽，即高密度矮化假植，露地育苗，温室生产，利用香椿幼树冬季枝叶少的特点，高密度假植，每平方米假植80～200株，元旦、春节前采收椿芽，待露地香椿上市时停止采芽，将苗木移到大田中继续培养。

• 囤栽后的管理　日光温室香椿囤栽后，主要做好温度、湿度及光照的调节，及时补充水肥，创造有利于香椿生长的条件，适时采收椿芽，争取早上市，产量高，经济效益好。

• 采收　日光温室温度、光照适宜时，一般香椿囤栽后40d左右，椿芽即可长到10～15cm，可根据市场供应情况适时采收。

• 间作套种　日光温室囤栽香椿，耗用的苗木多，因此，除特产区或专业化生产区外，其他地区多实行间作套种，充分有效地利用温室有限的土地和空间，提高经济效益。

（2）塑料大棚香椿栽培。利用塑料大棚进行矮化密植栽培也是香椿早熟生产形式之一。投资少，经济效益较高，可比露地香椿提早20～40d上市。塑料大棚种植香椿有二种方式，一是进行囤栽，二是在苗圃地上直接扣棚。塑料大棚香椿定植时间和扣棚膜时间与日光温室相同，但由于没有外部覆盖条件，保温性能差，只能等到每年2～3月份气温回升后，椿芽才能萌发，因此，它比日光温室收获香椿的时间要晚，但比露地要早。

五、病虫害防治

（一）病害防治

1. 猝倒病

香椿苗期主要病害。

防治方法：选择地势较高、地下水位低、排水良好、土质肥沃地块做苗床，无菌新土做床土，肥料要充分腐熟，并撒施均匀。种子要进行消毒处理。催芽不宜过长，播种不宜过密。加强苗床管理，气温控制在20～25℃，地温保持在15℃以上，降低土壤湿度。药剂防治。播种前苗床进行土壤消毒，用3%福尔马林溶液喷撒，发病后及时清除病苗及附近病土，用铜铵制剂400倍液喷洒病苗和周围土壤，或25%甲霜灵可溶性粉剂800倍液，或75%百菌清可溶性粉剂600倍液，或70%代森锰锌可溶性粉剂500倍液，或40%乙磷铝可溶性粉剂200倍液，每7～10d喷1次，连续2～3次，药液喷撒后待植株表面落干后，撒干细土或草木灰降低苗床土层湿度。

2. 立枯病

香椿苗期主要病害。

防治方法：立枯病的防治与猝倒病相同。

3. 紫纹羽病

主要危害香椿成株。

防治方法：避免在低洼积水处造林。雨季或低湿地区要加强排水和养护管理，增强植株抗病能力。苗木检疫，剔除病苗，用1%硫酸铜或20%石灰水浸根消毒。成株发病后，可扒开土壤，剪除病根，浇灌20%石灰水或20%硫酸亚铁溶液，覆盖无菌土壤。死亡病株及时挖除烧毁，并用20%石灰水或3%硫酸亚铁溶液进行树穴消毒。

4. 白粉病

香椿叶部病害。

防治方法：加强田间管理，合理施肥浇水，增强树势和抗病力。及时清除病枝、病叶，烧毁或集中掩埋。药剂防治，香椿发芽前喷一次5波美度的石硫合剂，生长期喷0.3～0.5波美度石硫合剂2～3次，或25%粉锈宁可湿性粉剂1 500～2 000倍液，或1:1:200波尔多液，或40%多硫胶悬剂500倍液，或70%甲基托布津800倍液，或50%多菌灵可溶性粉剂600～800倍液，或20%敌菌酮胶悬剂600倍液，或2%农抗120水剂200倍液，或2%武夷霉素200倍液喷撒。

（二）虫害防治

1. 云斑天牛

属鞘翅目天牛科，成虫啃食新枝嫩皮，幼虫蛀食枝条韧皮部，影响树木生长，严重者可致整枝、整树死亡。

防治方法：成虫集中出现的5～6月份，组织人力捕杀。成虫产卵部位较低，刻槽明显，在产卵期和孵化初期，挖掉虫卵和消灭幼虫。树干发现新鲜排粪孔，清理虫道，用铁钩伸进去杀死幼虫。或注入80%敌敌畏乳油200倍液，或40%氧化乐果400倍液，黄泥封孔，毒杀幼虫。虫道中放入磷化铝片或磷化铝毒签熏蒸，黄泥封口，杀虫率也很高。每虫道放磷化铝片1/20。

2. 金龟子类

属鞘翅目金龟子科。常见的有铜绿金龟子、大黑金龟子和黑绒金龟子。成虫取食树木的叶片和花蕾，严重时可把树叶全部吃光。幼虫为蛴螬，取食幼根、幼茎，是林木重要的地下害虫。金龟子分布范围广，食性杂，是一种危害性极大的害虫。

防治方法：加强田间管理，清洁田园，施用充分腐熟的有机肥，减少成虫产卵场所。利用成虫的趋光性、假死性，使用黑光灯诱杀成虫和组织人力捕杀成虫。使用辛硫磷、甲基异柳磷、乙基异柳磷等颗粒剂处理土壤或用触杀性强的有机磷稀释液灌根消灭幼虫。诱杀成虫。1.5%乐果粉剂，或40%乐果乳剂，或90%敌百虫乳油800～1 000倍液，在成虫危害高峰期喷洒。或用榆、杨、刺槐等枝条浸蘸上述药液制成毒枝，黄昏时插入林地诱杀成虫。

3. 蝽象甲类

属鞘翅目象甲科。主要有椿大象甲、椿小象甲。成虫、幼虫均能危害椿树。

防治方法：加强田间管理，合理施肥，增强树势，提高抗虫性。对已丧失生命力的植株及早采伐。剥开树皮，消灭皮下害虫。幼虫孵化后，于被害处涂抹90%敌敌畏煤油乳剂，或50%磷胺乳油40～60倍液，或50%杀螟松乳油40～60倍液。

4. 芳香木蠹蛾

属鳞翅目木蠹蛾科。以幼虫危害树干。杨、柳、榆、槭、核桃、香椿等树干受害后，伤口愈合形成很多粗肿愈伤组织。

防治方法：成虫出现期，在树干基部2m以下处涂白，防止成虫产卵。虫孔处，用铁钩将幼虫消灭掉或往虫孔中注入60～80倍乐果溶液，毒杀幼虫。刮去老皮，清除虫卵。黑光灯诱杀成虫。注意保护好天敌虎甲。4～5月树干喷洒白僵菌，杀死外出化蛹的幼虫。伐去受害严重的树木，集中烧毁。

5. 草履蚧

属同翅目介壳虫科。若虫和雌虫用刺吸式口器吸吮1～2年生枝条的汁液，造成植株生长不良，椿芽产量下降，枝条干枯，严重时整株死亡。

防治方法：从土中挖出卵块集中消毁。化蛹期清除树皮、树洞中的蛹。若虫上树前，在椿树离地0.6～1.0m处，涂上20cm宽粘虫胶环或绑上20cm宽的塑料环，杀死若虫或阻止若虫上树。粘虫胶的配制：废机油或黄油、蓖麻油加热后，加入等量的松香粉，搅拌均匀即可。若虫上树后，用50%磷胺乳油1 000倍液，或80%敌敌畏乳油1 000倍液喷洒。保护好天敌大红瓢虫，1只瓢虫幼虫可控制100～200只草履蚧的若虫。

六、采收贮藏与加工利用

（一）采收贮藏与加工

1. 芽的商品规格

每一茬芽的品质和商品规格不同，商品价值也不同。第一茬芽的品质最好，色、香、味俱佳，脆嫩多汁，纤维少、芽苔粗壮美观，复叶只为雏形，尚未长成展开，叶轴肥大，脆嫩，在市场上售价最高。如以第一茬芽的售价为100%，则第二茬芽的售价只是第一茬芽的50%～60%，第三茬芽为30%～40%，第四茬芽为10%～20%。从第二茬开始，芽苔的长度、粗皮、香气，一茬比一茬低而淡，复叶的长度、小叶数及纤维含量，一茬比一茬长、数量多、含量高。第一茬芽的长度15～20cm，第二茬芽的长度20～25cm（至复叶尖），第三茬芽更长，而且下端已开始木质化。

2. 采芽的要求

采芽时不要损伤芽，用高枝剪、镰刀将芽采下，不能用长杆击落芽。如用手掰芽，则从芽痕处将芽折断。芽落在地上，再逐一拾起，用枝剪剪去木质化的枝段，然后放在篮子中，搬到室内。最好在上午8：00以前采芽，此时芽上沾有露水，含水分多，比较鲜嫩，色彩明亮，芽尖及复叶上部不萎蔫。中午采摘的芽易失水，色彩不鲜亮。

（二）香椿芽贮藏保鲜技术

1. 短期保鲜

采芽后3～5d内仍不能销售、食用或加工，可将采下的椿芽平摊在通风、凉爽的室内席上，厚度10cm左右，也可以按0.5kg扎成捆，基部要齐平，竖在木盘或搪瓷盘中，盘内放清水深约3～4cm。浸泡24h左右，筐或箱运出，一周内仍保持鲜嫩。另一种方法是按0.25～0.5kg装入塑料袋中，将袋口烙封死，不漏气，放在通风凉爽室内（室内保持5℃以下），可存放10～20d。

2. 较长时期保存

（1）在恒温冷风库中贮存，将香椿芽捆先在保鲜液中洗一下，拿出晾干后，竖立或平放在木条板箱或多孔塑料箱内，放置在0～1℃的冷风恒温库中，可以保存数个月，仍鲜嫩清香。

（2）保鲜剂处理贮藏前，用喷雾器对香椿芽均匀喷洒保鲜剂药液，然后放入宽50cm、长40cm的塑料薄膜袋中（膜厚0.07mm），扎紧口袋，放置在0～1℃的恒温库中贮存。每隔10～15d开袋换气一次。袋内氧气含量不低于2%，二氧化碳含量不高于5%。也可以用涂刷硅氧烷混合液的尼龙纱布袋，将装好椿芽的条板箱放入袋中，压边密封，可保鲜60d。

保鲜和贮藏过程中，切勿使香椿堆挤在一起生热，那样品使香椿芽腐烂、变质，不能食用。竖立或平摊在席上的香椿芽，不要洒水，以免腐烂变质。椿芽怕冻，－3～2℃即冻成暗绿色，半透明状，原有的棕红色也已褪掉。

（三）加工品种及其工艺流程

1. 嫩芽腌渍加工

其工艺流程是：选料→冲洗→晾干→下缸撒盐→倒缸→搓揉→并缸→晾晒→装缸→封藏

具体做法是：

（1）选料。从当天采摘的椿芽中选出长度10～13cm，芽苔、复叶齐全，叶轴肥壮，捏时手感柔软，口中咀嚼时脆嫩，软糯无渣的嫩芽作腌渍的原料。

（2）冲洗。将原料在清洁水中冲洗（不要大水冲刷，以免损伤芽苔及复叶），去除泥沙。

（3）晾干。将冲洗过的椿芽摊晾3～5h，待表面水分蒸发掉以后，即可下缸。

（4）下缸撒盐。备好精盐，每100kg芽用盐20～25kg。一层椿芽撒一层盐，椿芽层厚10～12cm，一直装到缸满为止。撒盐要均匀，不能搓揉芽。

（5）倒缸。也叫做翻缸，这是腌渍香椿芽最重要的工序，下缸后的椿芽仍进行呼吸作用，会使缸内椿芽升温发热，要及时倒缸散热。一般在撒盐后1～2h开始倒缸，要连续倒缸3次，至盐化叶死，缸内温度下降。以后每天早晚各倒缸一次。倒缸就是将原缸撒了盐的椿芽，从上层到底层，按层依次搬入空缸内，原来的上层即成为底层。用同法将第二缸倒入第一缸，第三缸倒入第二缸。依此类推，倒完为止，一般是早上、中午和晚上各倒一次，以后每天早晚各倒缸一次。

（6）搓揉。第一天倒缸，不搓揉，只是将椿芽上下翻动，而且不得损伤芽及叶，第二天轻揉，但用力极轻，绝不能损伤芽，如果芽未发软，应改在第三天倒缸时轻揉，第三天或第四天，芽苔及叶轴已发软（但是仍能挺立），可稍用力搓揉，要求不损伤芽苔及叶。

（7）并缸。结合倒缸和搓揉，要进行并缸。即原来装满芽的缸，经倒缸和搓揉后，各缸都装不满，要并缸，将每缸都装满。同时将缸底的盐水浇在椿芽上。

（8）晾晒。腌制15～20d后，取出椿芽摊晒1～2d，每隔2h翻动一次，翻晒时要挑出老枝及其他杂物。当椿芽表面出现一层白色盐霜时，再放入盐水内回缸再腌，每天早晚翻动两次，2～3d后再次进行晾晒，并且再轻轻搓揉一次，使盐霜附在椿芽上。晾晒至五六成干时，将椿芽摊放在通风的室内，散热2h，即可装缸。

（9）装缸。装缸要实，装至30cm厚时要使劲压实，然后再装一层，再压实，直至装至缸口，在上面撒一层厚约3cm的细盐，即可封缸。

（10）封藏。用木板作缸盖，外用桑皮纸或牛皮纸封缝，最后用黏土或石灰豆腐糊料封住。石灰豆腐糊料的配制方法是：0.5kg石灰，加入1.5kg豆腐，充分搅拌成糊状。用毛刷刷在纸上，贴封缸口，要连续贴2～3层，纸与缸口缝紧密粘住，不能漏气。也可以用2～3层塑料薄膜代替桑皮纸或牛皮纸，扎紧缸口。或选用底口径相同的缸，将缸重叠堆放，缝隙用纸及石灰豆腐糊料糊粘严实。经过这样处理，可存放香椿芽2～3年。食时从缸内取出，在冷开水中浸泡1～2h，清脆可口，香气浓郁。也有的地方在封藏时采用撒明盐入缸，即放一层椿芽，撒一层细盐，然后层层压紧，将缸放在阴凉处贮藏，压实封缸10d，即可食用。如要较长时期贮藏，可用干燥苇席将椿芽严实包装，捆紧，贮放于阴凉干燥处，不受风吹日晒。贮藏腌渍香椿芽的过程中要注意几个问题：不能有油脂、面粉等物掺入，也不能粘附生水。在晾晒时要拣出杂物，以免发霉变质。腌渍的香椿芽含盐量高，水分过多，在缸内极易卤化，变色，不清脆，香气淡，不应长期浸泡在卤水中。

2. 香椿粉的加工

将香椿芽加工成粉末状，作为调料。工艺流程如下：选料→冲洗→晾干→盐水浸泡→晒干→粉碎→过筛→加辅料→装袋。

具体做法是：

（1）选料。用第3茬芽、老叶、1～2年生枝条的皮及平茬1年生苗干的皮，要求鲜嫩，无老皮，不带病斑、虫瘿，纤维含量较高。

（2）冲洗。洗净，不带泥沙。

（3）晾干。将枝皮及香椿芽在通风凉爽的地方摊晾，厚度5～10cm，要每天翻动3～4次，以蒸发水分，至表面无水分，芽叶尚未萎蔫，皮干燥但是仍发软时为止。

（4）盐水浸泡、晒干。将晾干的香椿芽及老叶、枝皮浸入浓盐水（每160kg水加盐20kg）中，浸泡2～3h，杀死细胞，不再进行呼吸作用，再取出摊在席上，在日光下暴晒至干梗。

（5）粉碎。用粉碎机将干香椿芽及老叶、技条粉碎3遍，成粉末状。

（6）过筛。粉粒直径0.01～0.02mm，如胡椒粉。

（7）加辅料。在粉碎时将洗净、晾干的干辣椒加入原料中，共同粉碎，过筛。

（8）装袋。封藏装入塑料薄膜袋中，封口贮放。

3. 香椿汁的熬制

将不能直接食用的香椿老叶，已木质化的椿芽下端，1～2年生的枝条和茎干，熬制成香椿汁，作炒菜及腌菜、鱼肉的调味品。色泽美观，味香可口。工艺流程是：选料→冲洗→切碎→熬煮→密闭→冷却→过滤去渣→加盐→装缸封存。

具体做法是：

（1）选料。在6～7月采摘的老叶、椿芽的木质化基部、1～2年生的枝条、平茬的苗茎等均可作原料。

（2）冲洗。冲洗干净，去掉虫咬、病斑及枯枝、黄叶。

（3）切碎。晒干后，用刀切成1～2cm长的碎片。

（4）熬煮。在大锅中加水熬煮，水比原料高出20cm。先用文火煮，至80℃时用武火，沸腾后，再用文火熬煮，至汤色绛红，香气扑鼻时，熬煮完成。

（5）密闭。冷却汤中有芳香油，温度过高芳香油会被蒸发掉，油的香味变淡，要在密封容器中冷却。

（6）过滤去渣。去掉渣滓，只用滤液。

（7）加盐。每100 kg滤液加盐20kg，以防腐。

（8）装缸封存。用牛皮纸或桑皮纸石灰豆腐糊料糊封缸口。或分装成小瓶（0.5～1.0kg装）。

香椿汁保存时间不长，最好是熬制后，短期内用完，以免香气散逸。用不完的，可密封在塑料桶中。

（陈建华）

110. 印　楝

印楝（*Azadirchta indica* A. Juss.）为楝科（Meliaceae）常绿乔木，是印度、巴基斯坦、斯里兰卡、马来西亚、印度尼西亚、泰国和缅甸的乡土树种，在印度和中部非洲国家广为种植，是热带树种中最有价值的多用途树种之一。印楝可作为农药、医药、肥料、饲料、燃料、土壤改良、建筑材料和化工原料等方面用途，其中最有价值的是印楝植株各部位都含有以印楝素（azadirachtin）为主的多种杀虫活性物质，在种子中的含量最高，被国际公认为最有潜力的杀虫植物。印楝的耐干旱特性和杀虫功能，在当今荒漠化地区植被恢复和化学农药污染等环境问题解决具有重要作用。

印楝全身都是宝，可提供作医药、农药、肥料、饲料、燃料、建筑材料、土壤改良物、化工原料等多种用途。在印度，印楝是著名的“乡村医药”。研究发现，印楝含有60多种药用成分。在印度农村，用印楝防虫和治病已有近千年的历史。印楝树是耐旱地区造林的先锋树种，已成为造林困难的干热地区恢复植被、绿化荒山、防治荒漠化、改善生态环境等重要的造林和农用林树种，被誉为“解决全球问题的树”。种植印楝不仅有助于遏止我国西南干热地区的荒漠化，而且能为当地村民增加经济收入，对促进干热河谷地区经济、社会和环境的可持续发展具有重要的作用。

一、国内外印楝概述

印楝属楝科常绿乔木，原产南亚次大陆及缅甸，是一种具多种用途的干旱地区树种。树形高大优美，生长迅速。每株产果可达20～50kg，结果期长达200年以上。印楝是印度、巴基斯坦、斯里兰卡、马来西亚、印度尼西亚、泰国和缅甸等国的干旱地区乡土树种。20世纪20年代印楝作为干旱地区防治沙漠化树种被引种至非洲等地，60年代德国科学家发现它具有杀虫功能，以至印楝成为当今世界上最受重视的杀虫植物之一。目前，全世界有50多个国家进行引种栽培试验，30多个国家对印楝生物农药进行研究。近10个国家已建或正建印楝农药生产厂，有10多个产品经注册投放市场。1994年，美国环境保护局（EPA）批准印楝油制品在非粮作物上使用，1997年批准印楝油用于防治粮食作物害虫，使印楝杀虫产品得到了较快发展。目前，对印楝的研究主要集中在对其抽提物的防虫治虫效果试验、繁殖栽培技术、生物农药及医药保健制品的研制生产和利用。印楝产品生产（主要印楝农药）还处于起始阶段。美国的印楝农药生产发展最快，产品最多。其次是德国、印度、澳大利亚、缅甸，另有加拿大、泰国、海地等国也开始兴建印楝农药生产厂。

印楝种子、树皮、树叶中均含有以印楝素为主的杀虫活性物质，大量试验证明，印楝提取物对直翅目、鞘翅目、同翅目、鳞翅目等8目200余种农业、卫生和仓储害虫具有显著的抑制生长发育、拒食、忌避、毒杀、内吸和不育等活性。实验证明，印楝种子含有100多种活性物质，其中印楝素、印楝必定（nimbidin）、Mimbin、萨拉宁（salannin）等20几种杀虫活性物质已为人们所认识。据国内外文献报道，这些活性物质对阿米巴、昆虫、线虫、螨、真菌、病菌等有很强的杀伤力。美国、德国、印度和菲律宾先后研制出印楝杀虫剂，并且商品已获注册上市。美国1985年用印楝抽提物制备杀虫剂，德国以树皮提取物生产牙膏等口腔卫生用品。美国农业研究服务部学者Baltsyvihe发现，用印楝油浸润苹果，在贮藏过程中腐烂率比对照减少了50%。印楝种子是制备无公害生物农药、防止化学农药污染的最佳原料。印楝杀虫剂在提高农产品品质，增进人类健康，保护有益生物，使害虫不易产生抗药性和降低防治成本方面成效显著。

在繁殖栽培方面，当前印楝种子生产大国为印度，据资料，每年产印楝种子40万t以上，可供商业用达10万t，主要用于制皂业，缅甸每年种子生产量有1万t左右。其他国家如巴基斯坦、泰国、尼泊尔、孟加拉、斯里兰卡、澳大利亚、菲律宾及非洲和拉丁美洲一些国家也有种植，但栽培面积较小。

印楝在我国无自然分布。1986年由赵善欢教授从非洲多哥首次引入我国，在海南万宁县试种获得成功。1995年，中国林业科学研究院资源昆虫研究所赖永祺研究员从印度引入印楝种子，试种于云南干热河谷地区元江、元谋两地，保存率近100%。3年生平均株高3.5m，最高6m。至1999年，印楝已开花结实，种子具正常生活力。引种结果表明，印楝在我国干热河谷地区引种已获成功。近几年来，我国政府及有关部门对印楝种植与开发极为重视，对印楝进行引种栽培和综合利用研究。云南省将印楝列为生物资源重点发展项目之一。中国林业科学研究院资源昆虫研究所已从印度、缅甸、泰国、塞内加尔等国引入印楝10多个不同种源进行试验，已筛选出部分适合我国种植的优良种源。四川攀枝花市和海南省，也有试种。在产品加工方面，云南、广东等地已开始筹建印楝农药生产厂。

1998年以前，仅在云南的元江、元谋、景谷、景东、潞西等地试验种植约20hm^2。1999年，云南10地（市）试验种植面积达200hm^2。2 000年，云南11地（市）造林约800hm^2（主要是缅甸种源）；当年育苗约2 000万株。2001年，种植印楝600万株左右，造林面积近4 300hm^2。中国在印楝资源培育的研究领域，已基本完成了繁殖栽培技术的跟踪研究，借鉴国外引种印楝的经验，展开较大规模的种源区域性引种栽培试验，在消化吸收引进技术的基础上，根据中国，特别是云南的自然地理气候特征，初步研究出一套可操作性的生产实用技术。中国（主要是云南）引种栽培印楝的发展速度和人工林规模已创下了印楝资源培育的世界之最。但是，我国在印楝遗传多样性、基因改良、生殖生物学等方面的基础研究尚处于起步阶段。

我国无印楝自然分布。中国早在十多年前，印楝就已引种到中国的雷州半岛和海南岛种植，但直到1995年后，才开始在云南干热河谷地区引种栽植，现已在西南干热河谷地区发展成为一定面积的人工林，并用其所产种子进行了育苗、造林试验。

印楝在云南栽植初期生长迅速，3年生树高可达6m，地径10cm。2～4年始开花结实，深受当地政府和农民的喜爱。至1999年年底，在云南省玉溪、楚雄、红河等9地（州）、17县（市）种植印楝面积约5 000多亩，育苗约200万株；

二、生物学特性

印楝属长绿乔木，树高10～20m，分枝早，主干一般较短，冠幅大，枝叶多而密集。根系发达，萌发力强，2～3年生开始开花结实，结果期可达100年以上，羽状复叶，叶片无毛，核果，种子千粒重105～347g，种子成熟2～3周后，萌发率急剧下降。生长迅速，但其生长速度取决于以土壤为主的立地环境因素，树种的生态类型和地理类型，高海拔和气温较低（年均温低于18℃）的地区生长缓慢。在条件适合的地方，3年生印楝高生长可达4～7m，8年生树高5～11m。一般情况下，年均地径生长3～65cm，在印度，16年生印楝的胸径可达40cm以上。在非州，立地条件较好的情况下1年生树高1 5m，2年生树高2m以上，杂草妨碍苗木和幼树生长。印楝单位面积的年生物量10～100t·hm^{-2}，生物量的大小取决于降水量、立地条件和株行距。较好的环境条件下，木材的年生长量可达123m^3·hm^{-2}，在生物量中，叶占50%，木材和果实各占25%。7～8年生树进入盛果期后生长速度减慢，印楝喜温耐旱，无霜或有微霜的地方均可种植，适合区年降水量350～200mm，相对湿度在40%～90%，连续7～8个月的干旱，不需灌溉也能生长。年降水量在100mm的地方也有自然分布，对土壤的要求不严格，但不耐水淹和盐渍。

印楝在适宜的条件下1年抽3次梢，即春梢、夏梢和秋梢。在定植后第2年，53.3%植株开花结果，到第4年时，结果株率达93.1%，结果枝比仅为0.67。印楝在当年抽新枝上结果。作经济林木培育时，新梢的生长，对于树势和产量具有重要意义。枝条的生长与花芽分化之间存在着相辅相成的关系。加强幼树春、夏梢管理，对保证花芽的分化、增加结果枝数甚为重要。印楝幼林的树高连年生长量，在栽后第一年最大，第二年最小，以后各年较一致，至第七年时，生长减缓。地径的生长表现与树高生长相似。但至第七年时，生长呈上升趋势。7年生幼林，从营养生长期到结果始期，这一时期树体生长旺盛，开始形成树冠和骨干枝，逐渐形成树体结构。如何保证树体健壮生长，加速树冠形成，进一步培养良好的树型，迅速提高产量，促进早产丰产，尚需进一步研究。印楝季节性生长分3个时期，即滞生期、生长期和快速生长期。季节性生长节律与水热条件密切相关，快速生长期与雨热同季。温度和降水两因子中，温度对树高、地径的影响较降水的影响更大。为培育良好的树体结构，制造和积累大量的营养物质，必须在雨季开始时及时除草、施肥。印楝在移植当年出现死亡，一旦成活，存活率较高。印楝的引种地属热带、亚热带的干旱、半干旱地区，造林极端困难。为保证造林有较高的成活率，必须采用优良种源以及大塘整地、大苗上山、截干定植、雨季造林等干热河谷地区种植印楝的技术。

三、栽培技术

在云南元江，印楝种子的成熟期是7月下旬至9月上旬，果实的果皮由青绿色变黄色时是种子的最佳采收期。成熟自然脱落的种子，在林下极易发芽，应及时采收。在自然状况下，种子的发芽力随贮存时间的延长而递减，贮存时间达1年的种子，完全丧失发芽力。生产上应随采随播。种子的保存仍需作进一步的研究。容器苗造林利于成活与苗木生长。在秋季，育容器苗可用浸种直播营养袋和做苗床撒播、取地苗移栽于营养袋两种方法育苗。在种子处理过程中，可把除去果肉的干净种子直接用清水浸种36h后晾干。云南播种可在每年雨季的7月上旬开始播种，在10月下旬结束。

印楝的繁殖栽培可种子繁殖，也可营养繁殖，生产上以种子繁殖为主，采种后即开始育苗，也可直播，出苗率比较高，播种方法同一般树种。在云南用营养袋育出的大苗定植后存活率较高，造林前要进行穴状整地，规格为60cm×60cm×60cm，株行距3m×3m。一般在进入雨季时进行定植。定植前作留干25cm截干处理。雨季开始后穴内30cm以上土壤充分湿润时定植。定植后任其自然生长。定植前3年每年雨季前后铲草，雨季开始铲草时每株施复合肥200g。

四、加工与利用

NemExtracts公司是澳大利亚专门从事印楝生物农药加工研究的公司之一，该公司在印楝生物农药的研究开发方面做了许多工作，申请了一项专利，其名称是“印楝素提取工序”，澳大利亚和美国专利号为PCT/AU98/00542，专利费600万澳元。该专利中印楝素的提取过程主要为6个步骤：碾磨种子，除去部分油。用极性有机溶剂萃取去油的种子，印楝素可溶；但糖类和蛋白质不溶，形成印楝素和剩余油的有机溶液。用水溶液萃取有机溶液，形成含印楝素的水溶液和含印楝油的有机溶液。将剩余油从水溶液中分离出去，形成印楝素水溶液。用极性有机溶剂萃取水溶液，糖类和蛋白质留在水相；印楝素萃取进有机相中，形成印楝素有机溶液。蒸发有机溶剂，形成印楝素干粉。

虽然印楝的使用可追溯到两千多年以前，但主要是用于医药。作为杀虫剂的研究，则在1968年Butterworth&Morgan成功地分离出印楝素后才在世界范围内广泛地开展起来。Broughton&Kraus等确定了印楝素的主体化学结构，稍后，印楝素分子的立体化学结构得以详细描述。Ley&Anderson等则在1989年报道了印楝素的合成工作。印楝素是一类高度氧化的柠檬素，带有许多相似的官能团。据统计，印楝制剂可防治的害虫种类超过250种，仅在印度就发现印楝提取物对10个目106种昆虫具有生物活性。印楝制剂的防治对象包括多种农业、森林、畜禽、卫生以及储藏害虫。另外，印楝还对多种线虫和真菌具有生物活性。印楝素及印楝制剂对昆虫具有拒食、忌避、产卵忌避、生长调节、绝育等多种作用。由于有效成分的组成和使用剂量的不同，印楝素对昆虫可以表现出不同的生物活性。印楝素是目前世界上公认的活性最强的拒食剂，而其在昆虫生长调节作用方面的生物活性最稳定，表现出很好的剂量与效应关系，因而被认为是最适合于商品化开发的植物杀虫资源。

印楝制剂的商品化1985年第一个商品化的印楝素制剂Margosan~O在美国获登记，目前许多国家都成功开发出了商品化或半商品化的AZ制剂。1997年我国华南农业大学也开发出了商品化的0.3%印楝素乳油制剂。

印楝可提供医药、农药、肥料、饲料、燃料、建筑材料、土壤改良物、化工原料等多种用途。它的种子和叶除杀虫、杀菌功用外，还有杀精、抗皮炎、牙周炎、牙龈炎和其他炎症以及强心、利尿和抗结核病等作用，可用于制备避孕、治癌、抗炎、驱虫药物等。印楝种子产量很高，栽植于四旁的8年生树，每年株产种子可达20~50kg。其种子含油达18%~22%，印楝油可用于制蜡、肥皂、化妆品、牙膏和药品。在美国，用印楝生产的化妆品多达10余种。其精油可供照明和燃料油、车轮润滑剂。未稀释的纯油有强的杀精子作用，经对罗猴和人体实验，避孕效果达100%，印度DIPAS的科学家已为这种被称作DK-1和DNM-5物质的提取工艺申请了专利，现印度已有印楝避孕药上市。几个世纪以来印楝枯饼一直被用作土壤增肥剂，由于含氮量高，可部分代替氮肥，且含硫量高，有熏蒸消毒土壤作用，对一些土壤害虫有杀虫、驱虫效果。将它施于花圃、菜地，植株生长健壮，抗病虫害能力增强。一些研究证明，用印楝枯饼和有机肥的混合肥比单独使用有机肥能使产量提高一倍。果肉富含碳水化合物和无机养分，可作滋补强壮剂，治疟疾，通便，润肤和驱虫，还可治疗泌尿器官疾病、痔疮和皮肤病，也可供工业发酵用。

（刘惠民）

111. 马　　桑

马桑为马桑科（Coriariaceae）马桑属（*Coriaria* L.）植物的总称。茎皮、根皮及叶含单宁，可提取栲胶和染料；根、叶、树皮均可入药，为有毒中药；叶是马桑蚕的饲料；种子可榨油，是高级工业用油，可制油漆、肥皂等；果可酿制工业及医药用酒精；全株含马桑碱，有毒，可作植物农药，是多用途的经济树种。

同时，马桑又是优良的木本肥源植物和灌木薪材树种。马桑根系发达，有根瘤，耐干旱瘠薄、生长快、繁殖力强，具有良好的绿化和水土保持效应，对绿化荒山、建设生态林业具有重要价值。

马桑多为野生，也有少量人工栽培。

一、主要物种

该属约15种。分布于地中海地区至日本、新西兰和中南美洲，中国3种。

1. 马桑（*Coriaria sinica* Maxim.）

又称黑果果、马鞍子、千年红等。落叶小乔木或灌木状，高达6m，胸径12cm。小枝红褐色，有纵棱、短硬毛。单叶对生，全缘；薄革质，椭圆状卵形；先端突尖，长3～10cm，两面无毛或下面沿脉上有短毛；3出脉，暗红色，上面有时微凹陷；叶下面有白粉；叶柄粗，长仅1～3mm；无托叶。总状花序1～数个，生于去年枝上，长4～8cm，总轴被白色短毛，花梗长约3～5cm，被微毛；苞片窄倒卵形，先端近截形，不规则齿裂；花小杂性，红色，直径约2～3mm；雄花中有退化雌蕊；离心皮雌蕊5，花柱卷曲，红色。聚合小瘦果5，为增大的肉质花瓣所包被，成熟时由红色变为紫黑色，径4～6mm。

产中国陕西南部、甘肃南部、河南、湖北、湖南、江西、广西、四川、贵州、云南、台湾等地。多生于海拔400～3200m山地或山谷灌丛中。

2. 台湾马桑（*C. intermedia* Matsum.）

与马桑相似，但叶先端渐尖或尖。产于台湾；生于海拔2500m以下疏林内、灌丛中。菲律宾也有分布。

3. 尼泊尔马桑（*C. nepalensis* Wall.）

落叶灌木，高2m。枝有纵棱。单叶对生，卵状披针形或椭圆状卵形，先端渐尖或突短尖，基部近圆形，3出脉；叶柄短，长约1～3㎜。总状花序数枚生于去年生枝上，总轴、花梗被毛；苞片倒卵形，先端截形，不规则齿裂；花两性，离心皮雌蕊5。小瘦果5，红色。产于云南德钦白马雪山、西藏察隅；生于海拔2 200～3 300m山地。尼泊尔也有分布。

马桑分布广，适应性强，为普遍利用和造林的树种。

二、生物学特性

（一）生态习性

萌芽力极强，天然更新快，荒山一旦被马桑占据后，虽经过量砍采、放牧，单位面积株数仍有增无减。有“不割不发、常割常发”之特性。

其根系发达，具有抗旱、抗寒、耐瘠薄等特点。能在其他树种不能生长的干旱瘠薄土壤上旺盛生长，是固沙保土、防止水土流失的好树种，为荒山荒地常见的先锋树种。马桑分布广，对土壤的要求不严，但以深厚疏松、pH值6.5～7.5的土壤最适宜。

马桑根瘤可与弗兰克氏放线菌（*Frankia*）形成共生固氮根瘤，具有固氮作用，可改良土壤，增加贫瘠土壤的肥力。马桑根瘤量较低，但根瘤固氮活性较强，固氮能力较高，是固氮能力较高的固氮树种。马桑依靠固氮作用，抗逆性强、适应性广。

马桑喜光，喜生于向阳的灌木丛中。生物量随上木或植被遮盖度增加而减少，在阳坡上生长良好，上木郁闭度在0.5以下生长良好，0.6以上生长较差，上木郁闭度0.7～0.9时马桑基本无生产力。

（二）生长发育

马桑生长迅速，主干砍伐后呈丛生灌木状。造林（或天然更新）后3年即可郁闭成林。年生物量一般在22 500～37 500kg·hm^{-2}。林地生产力评价高于柏木纯林和桤柏混交林林分。据调查：根蔸年龄9年后萌芽力减弱，生物量开始下降。马桑萌芽林木在第2年生长旺盛，林分的生物量最高，3年以后生长速度减少。每年春夏萌条很多，当年高生长达2m以上。马桑结实量很大，一丛3～5年生壮龄树，年结果10～15kg，可采种0.5kg（25万粒左右)。种粒小而轻，可随风飘散，天然下种非常容易。

枝梢类型可划分为：主干梢：为头年生主干萌发生长的枝梢；一级梢：以主干梢为基枝萌发的芽、梢，最早始于3月中、下旬，故又称为春梢；二级梢：基枝为一级梢，始于初夏，又称为夏梢一次；三级梢：基枝为一、二级梢，始于盛夏和秋季，又称为夏梢二次和秋梢。以一、二级枝梢为主要产叶梢。

（三）物候期

物候期因地域不同而存在较大差异。据田泽君等的观察，在四川乐至县。马桑树丛（株）的花芽形成期为头年10月下旬，开花期为1月中旬至2月中旬，盛期为2月上旬；种实成熟期为4月下旬至5月下旬，盛期为5月中旬；早期春芽萌动与开花期一致，抽梢发叶期为3月中、下旬至10月下旬，盛期为7月中旬至8月下旬；落叶期为8月下旬至翌年2月中旬，盛期为10月中、下旬。马桑是一种先花后叶的半常绿灌木树种。一年中3~10月为梢、叶不断萌抽和发叶期。鲜叶百叶重因季节不同而异，以7~10月为最重期；马桑叶的大量增长期为6月下旬至7月中旬。

（四）毒性

马桑的根、茎、叶、果、种子均含有毒性极强的马桑毒素、羟基马桑毒素及马桑亭毒素等。它通过刺激大脑皮层引起兴奋、痉挛、呕吐等一系列中毒症状，频繁的强直抽搐可致脑水肿、呼吸衰竭等，其他如肺、肝、心、肾等脏器亦受损害。人误食后约一小时即可中毒发病，一次吃入较多的马桑果，可导致迷走神经中枢过度兴奋产生心搏骤停而死亡。马桑果毒性剧烈，临床不用，更要防止儿童误食。这类有毒成分都能用乙酸乙酯、乙醚等提取。

三、栽培技术

（一）苗木繁殖

马桑用种子繁殖和插条、压条、分蔸繁殖，但多用种子繁殖和插条繁殖。

1. 播种育苗

马桑果由红色变为紫黑色时即可采种，用水淘洗去肉质后晾干，不能暴晒。

选择长势健壮的老株采集种子，翌年春季播种。播前按行株距开挖33cm×33cm的播种穴，穴里施入磷肥拌煤灰渣或垃圾肥做基肥，肥上盖10cm厚碎土后留3cm左右浅穴，每穴用种子30~40粒均匀播入四角，轻踩一脚，使种子与泥土紧密结合，覆上薄层稻草，保持湿润，以加速生根发芽。出苗后匀苗补缺，每穴留苗4株，锄草保苗。

2. 扦插育苗

立春前后新芽未萌动前，选择主干或健壮、颜色深红的枝条，剪成长33~40cm的条，上部平切，下部削成马耳形，成品字形放入预先开挖好并下了基肥的插植穴里，条尖外露，再盖约15cm厚碎土，用脚踩紧，盖些稻草，成活后锄草培土，薄施追肥。据试验，用主干扦插的成活率和成苗后苗木质量都高于枝条扦插的。

（二）造林

1. 选地

马桑适应性强，其他树难以生长的地方如裸露石骨子、钙质页岩、紫色页岩、红砂石骨难用地上马桑也能生长。但不同的立地条件其生物量有很大差别，可根据经营目的选择土层深厚、土质疏松、pH值6.5~7.5的土壤为佳。

2. 整地

（1）整地方法。一般采用穴状整地，规格为30cm×60cm×60cm或30cm×30cm×30cm。在裸露石骨子地类常采用窝状整地，其规格为30cm×30cm×10cm，窝成下凹状，下凹深度5cm左右成“盘子型”。充分利用有土壤和浅草生长或侵蚀沟侧方“微地形”整地是裸露石骨子地类直播造林成功的重要因素之一。在难利用地整地时，窝的大小随地形而定，无土或缺土时要客土造林，利用某一时段各种“微地形”水分含量的差异性直播马桑，能基本满足种子发芽出土条件。

（2）整地时间。土壤板结、草根盘结的地类要提前在头年冬闲整地。裸露石骨子地宜即整即播，提前整地风化母质遇暴雨流失，容易淤窝，事倍功半。在红砂石骨上点播马桑，必须首先整地，整地后，再行回土。

3. 造林方法

一般采用直播造林和扦插苗造林或压条造林。根据造林经营目的可与柏树、桤木、麻栎、松树、槐树、刺槐、黄荆等混交造林。马桑、麻栎等速生树种在林分组成中要占5~7成，并控制乔木层郁闭度在0.5以下，马桑才能充分利用地力、空间，发挥优势，迅速生长，增大林分生长量。

（1）直播造林。穴状整地点播造林，方法见播种育苗。用种子量：裸露石骨子地类用种量 22.5 ~ 37.5kg · hm^{-2}；荒地用种量 5.25 ~ 7.5kg · hm^{-2}；荒山、未成林造林地、疏林地用种量 3 ~ 4.5 kg · hm^{-2}。

（2）扦插苗造林或压条造林。土层较薄、坡度较陡的山脊及沟坡上部的低产马桑林，采用扦插苗造林或压条造林。可根据情况加大造林密度，修水平阶，蓄水保土，提高生物量。这部分土地分布广而散，面积大，山高坡陡，自然条件差，一般不利于农耕，是马桑主要生产土地。

扦插苗造林，在裸露荒坡，采用整地掺土或客土。压条造林，每穴用 2 ~4 根马桑母条压条造林。在无土的地方，以掺土或客土后能埋下种条为宜。

4. 造林季节

一般 9 月是直播造林的最佳时期。各地要根据当地的情况，在气温开始降低，降水明显减少之前播种，有利于马桑发芽。

扦插苗造林在冬末春初，压条造林在早秋或冬末春初进行。

5. 造林密度

因地制宜选择最佳密度，栽植马桑一般 3 000 ~ 6 600 丛 · hm^{-2}。以马桑、麻栎等速生萌芽薪材树为主的乔、灌混交林以及乔、灌、草结合的薪炭林，密度以 3 000 ~4 000 丛 · hm^{-2}较好。在土质不好的地方要加大种植密度，可达 12 820 ~ 14 285 丛 · hm^{-2}。

（二）抚育管理

马桑的采割周期以 2 年为宜，这样既有利于干物质的积累，又避免周期过长，使萌蘖生长势减弱。对萌蘖枝条的采割不要连续超过 6 年（即 3 个周期），应在第 4 年埋压一定面积的新枝条，促其新枝丛不断更新，保证离体更新枝条的生长，或用实生繁殖法进行更新。

第 1 次采割利用后应立即松土垒蔸，扩大根盘，促进枝条多萌发和生长。此后，秋季采割时，每丛必须保留 1 ~2 条当年春季萌发的健壮枝条护蔸。为了促进多萌枝条，可将所留壮条在距地面 30 ~50cm 高处砍断，以利翌年春季枝条萌发。每次采割后适量追施氮磷肥或垃圾肥渣。

要保护好马桑萌芽根蔸，实行高桩采割，离地面 5 ~20cm 处采割后，新枝萌发快。不宜齐地面砍伐、不留桩或连蔸挖取，以免损伤马桑根蔸生命力。

采叶时应根据采割时间，第一年采摘量要适当控制。春叶虽幼嫩肥厚，但考虑到叶片的光合作用，少摘为宜。不要收尽地面枯枝、落叶等有机物，在林地上保留 50% 左右的落叶。还可就地收集有机肥或沃土，并进行秋季树盘耕翻，松土施肥，增加土壤有机质含量，促进马桑萌芽生长，也利于蓄水保墒。加强管护，封山育林，保护植被，严禁在林地内自由放牧，清除病腐根蔸，保证马桑的正常生长。

四、采收与加工利用

1. 采收

马桑要视其用途采用不同的采收方法和采收时间。马桑樵采、采割利用在郁闭后的秋季进行，一般每 2 年采割 1 次为宜；药用马桑叶一般于 4 ~5 月采收，马桑根于冬季采掘；养马桑蚕，在造林后的第 3 年春即可采割养蚕，以后看叶势情况年可采割 2 ~3 次；作肥料用途的从立夏到寒露都可割青，一年可割 2 ~3 次。

2. 综合利用

（1）提取拷胶。马桑是提取拷胶重要原料之一。马桑全株各部都含有鞣质，其中果肉中为 12.37%，叶子 10.16%，茎 3.85%，茎皮 8.19%，根 5.91%，根皮 6.56%。栲胶生产技术简单，不需要复杂的设备，投资小、见效快、收益高。开发潜力很大，应尽早开发利用。

（2）药用。马桑的根、叶、树皮均可入药，为有毒中药。

马桑叶一般不作内服，可治痈疽、肿毒、疥癞、黄木疮、烫伤、治肿疡、治疥疮、治目赤痛、治外痔、治头癣，鲜马桑叶或茎可治疗精神分裂症；马桑根味酸、涩、苦，性凉，有清热明目、生肌止痛、散瘀消肿之功效。治急性结膜炎、角膜去翳、骨折、跌打损伤、风湿麻木、风火牙痛、疯狗咬伤、汤火伤、痞块、癫狂神经病等；马桑树皮治白口疮等。马桑根、树皮与马桑叶药用成分相同。

寄生在马桑植物的桑寄生和毛叶桑寄生的干燥叶，亦含有相同的药用成分，具有控制兴奋等作用，可治精神分裂症。

（3）养马桑蚕。马桑鲜叶富含营养物质，是饲养马桑蚕的优良原料。马桑蚕是用马桑叶饲养蓖麻蚕而得名，这一饲料始用于 20 世纪 60 年代湘西的桑植等县，80 年代又在湘西保靖等县大量饲养。马桑蚕是一种广食性、发育快、世代多、完全变态的产丝昆虫。饲养简单，投资少，成本低，见效快，适应千家万户饲养。马桑蚕丝可加工成绢纺纱、丝绵或绢丝，是理想的天然纤维和绢纺原料，为一般桑蚕或柞蚕所不及。特别是与其他纤维混纺时，其织物华美，是良好的服装用材料。马桑蚕丝在价格上超过蚕丝。在日本、香港及东南亚一带更为畅销。

马桑每年可采叶15 000kg·hm^{-2}左右，饲养45盒马桑蚕（一般饲养一盒马桑蚕，约10 000条，需马桑叶250～300kg），可产蚕茧70kg以上。马桑林年度内梢叶增长进程与马桑蚕不同世代所需的叶量和叶质要求基本一致。利用马桑叶饲养马桑蚕极有利于马桑林资源的开发利用，增加绢纺工业丝源，并以其副产物如蛹作饲料添加剂、蚕沙（干蚕粪）作综合有机肥料，蚕卵作赤眼峰的寄主卵源，对山区农村养殖业和林业发展具有重要的经济和社会意义。

（4）肥料。马桑嫩枝、嫩叶是沤肥的优质原料。据测定：马桑枝叶含氮3.2%、磷1.97%、钾1.4%，分别是人粪尿的6.9倍、9.9倍和5.8倍，牛粪的12.6倍、11.6倍和14倍，猪粪的5.8倍、6.1倍和4倍。马桑一年可割青2～3次，产鲜茎、叶量相当于硫酸铵1 680 kg·hm^{-2}，过磷酸钙360kg·hm^{-2}，硫酸钾324kg·hm^{-2}。其鲜嫩枝叶柔软多汁，富含养分，易腐烂分解，见效快，单独或与嫩茅草、白栎叶、盐肤木、蕨叶、作物秸秆、厩肥混合后沟施或穴施覆土做果树的稳果肥、壮果肥、采果肥；踩青做中稻、晚稻的基肥，或分成小把踩入禾行间做中稻、晚稻的追肥，都有显著的增产效果。据田间试验，用其嫩枝叶压青15 000kg·hm^{-2}，稻谷可增产13%～15%，玉米可增产17%。同时，马桑根部附生固氮根瘤，每年固氮达45～150kg·hm^{-2}，其固氮能力随覆盖度的增加而增加。

（5）薪炭用材。马桑繁殖容易，生长迅速，萌芽能力强，能多次砍伐。生物产量和燃烧热值高，是优良薪炭林树种。据测定，点播3年的马桑林，高可达1.2～1.5m，地径粗2～3cm，第四年即可采伐利用。平均每年可获鲜柴22 500～37 500 kg·hm^{-2}，高的可达52 500～60 000kg·hm^{-2}，平均每年折合干柴12 000kg·hm^{-2}。平茬一年后，每蔸可萌发新梢20多枝，高平均达2m，地径3.5cm，单位面积的生物量是柏木纯林的7倍、桤柏混交林的5.2倍，已达到目前发达国家短轮伐期人工能源林的生长水平，可与刺槐、银合欢等薪炭树种媲美。

（6）水土保持。马桑具有发达的根系和很强的分根生枝繁殖能力。主根可伸入土中2m深处，侧根穿透力强，能固结30～40cm深的土壤，有效地控制水土流失。同时，还可加快薄皮山地表层分化，增加土层厚度。枝条伸展宽，冠幅大，能减少雨水对地表土壤的冲刷。一丛3年生马桑，可覆盖地面约4m^2。马桑林的枝、叶凋落物，每年高达6 000kg·hm^{-2}，对改良土壤质地结构，增加土壤肥力，具有重要作用。

据在紫色砂岩裸地试验，点播4年后，地表已不见裸露的基岩，地上长满了杂草和青苔。

湖南省桂阳县已成功地用马桑改造了7万亩钙质页岩难用地。昔日的不毛之地已变得满目葱茏。1999年该县科研人员从四川引种的1 800亩马桑获得成功。成活率达80%以上，马桑长势旺盛，绿化效果十分明显。采取用锄头、钢钎开凿树坑，从远处取土种植马桑的办法，终于使“灰色沙漠”变为绿洲。

四川省乐至县在坡顶“石骨子”地上营造马桑林成功，裸露石骨子地由跑水、跑土、跑肥地变成保水、保土、保肥马桑林地，并在内江和其他地区得到大面积推广，马桑已成为四川盆地中部、北部地区不良立地的主要造林先锋树种。

张俊远等在广元市坡耕地上建马桑生物篱，造林3年根系干重为1 350～3 800 kg·hm^{-2}，根幅大，平均为0.9～1.2m，最大达2.0m，根系穿透力强，能深入岩埂8.5～76cm，对土壤固结力强，减少流失而增加土层厚度。马桑生物篱积沙效益（指生物篱上方沉积的泥沙总量与来沙总量之比）一般在80%以上。

（7）其他用途。鲜果果肉为86.4%，种子为13.4%。马桑种子含油20%，可榨油，是高级工业用油，可供制作油漆、油墨、肥皂；果可酿制提取工业和医疗用酒精；全株富含马桑碱，有毒，可制农药；马桑叶、嫩枝是牛、羊、兔的优质饲料。果肉自然晾干后测定（刘兴贵等，1992），每千克含脂肪酸11.5%，总糖18%，总酸度为1.1%（以苹果酸计），维生素C 223.4mg，粗蛋白12.37%，淀粉5%～6%，黄酮类化合物4 725mg（以槲皮素计）。同时还含17种氨基酸及许多微量元素，具有很大开发利用前景。

（李二平）

112. 刺　　槐

刺槐（*Robinia pseudoacacia* Linn.）为蝶形花科（Fabaceae）刺槐属（*Robinia* L.）树种，生长迅速，木材坚韧，纹理细致，有弹性，耐水湿，抗腐朽，是重要的速生用材树种。刺槐萌蘖性强，根系发达，具根瘤，有一定的抗旱、抗烟、耐盐碱能力，是华北、西北等地区优良的保持水土、防风固沙、改良土壤和四旁绿化树种，深得群众欢迎。

刺槐原产美国东部的阿巴拉契亚山脉和奥萨克山脉一带，20 世纪初开始从欧洲引入我国青岛。以后，刺槐在我国栽培面积迅速扩大，目前在北纬 23°～46°，东经 124°～86°的广大区域内均有栽培。在黄河中下游、淮河流域的黄土高原塬面、沟坡、土石山坡中下部、山沟、黄泛细沙地、河漫滩壤质间层细沙地、海滨细沙地及轻盐碱地（含盐量 0.3% 以下）多集中成片栽植，生长旺盛。垂直分布，从渤海、黄海之滨到海拔 2 100m（甘肃省临洮县）的黄土高原都有广泛栽植，但是在华北地区以 400～1 200m的地方生长最好。

刺槐叶子可作饲料：刺槐叶子含氮素为其干重量的 1.767%～2.33%，含粗蛋白 18.81%，蛋白质 15.08%，粗脂肪 4.16%，粗纤维 12.12%。刺槐的嫩枝和叶子都是高蛋白质库，且适口性强，是各类牲畜和家禽喜食的优良饲料。刺槐叶中含的各类营养相对平衡，营养价值高，可以与许多优良牧草相媲美。其养分含量见下表 112-1。

表 112-1　刺槐营养成分含量表

分析部位	干物质（%）	干物质中养分含量（%）							
		总能（$MJ \cdot kg^{-1}$）	消化能（猪）（$MJ \cdot kg^{-1}$）	（鸡）代谢能（$MJ \cdot kg^{-1}$）	粗蛋白	可消化蛋白（猪）（$MJ \cdot kg^{-1}$）	粗纤维 –	钙	磷
叶	30.0	18.19	12.47	8.83	21.7	149	14.3	2.66	0.22

刺槐花是上等蜜源，其花稠密、芳香，在我国从南到北的总开花时间较长，是比较好的一种蜜源，加工以后，就是畅销于国内外的"槐花蜜"。

另外，刺槐鲜花还含芳香油 0.15～0.2%，鲜花浸膏可用作调香原料，配制各种花香型香精。树皮纤维强韧，有光泽，易于漂白和染色，并含鞣质，可作造纸、编织、提炼栲胶的原料。种子含油量 12.0～13.88%，可供制肥皂和油漆等原料。

刺槐属于硬杂木，材质重而坚硬。木材的气干密度 0.792～0.811$g \cdot cm^{-3}$，顺纹抗压强度高达 604～700$kg \cdot cm^{-2}$，高于白桦、臭椿、槐树，苦楝、白榆等阔叶树木材。因此，刺槐木材很适合做建筑支柱、桩木、坑木等用材。木材的抗冲击强度为 0.749～1.057$kg \cdot m \cdot cm^{-3}$，超过了抗冲击强度较大的麻栎。因此，刺槐木材适用于桥梁构件、机械部件、车辆、工具把柄、车轴、运动器材等。木材比较硬，具有耐磨的性能，其径面硬度为 664～912$kg \cdot cm^{-2}$，很适于作地板、滑雪板木撬农具零件枕木耙铺路等用。早材内导管大而多，导管中具大量的侵填体，导管内部缺氧，菌类不易生活，同时，刺槐的心材很宽，耐腐朽力强。即使没有经过防腐处理的刺槐木材，在土中或大气中也能使用几十年不腐。因此，刺槐木材适于水工、土工、造船、海带养殖等用材。

一、形态特征

刺槐为高大落叶乔木，高 25m，胸径 100cm；树皮多为灰褐色至黑褐色，深纵裂至浅裂，少量比较光滑；小枝无毛，有托叶刺。奇数羽状复叶，互生，小叶 7～25 枚，窄椭圆形或长卵形，长 1.5～5cm，宽 1～2cm，先端钝圆，微有凹缺，有小尖头，基部宽楔形，全缘；总状花序，白色，有香气，腋生；荚果扁平，沿腹线有窄翅，长 4～10cm，红褐色；种子 2～15 粒，扁肾形，黄色具有褐色花纹或黑褐色；花期 4～5 月，果 7～9 月成熟。

二、主要变型

目前，在我国栽培的有 3 个变型：

1. 无刺槐［*R. pseudoacaeia* L. f. *inermis*（Mirb.）Rehd.］

树高 3～10m，树冠帚状，枝条生长匀称，整齐美观，枝无刺，可用做行道树和庭园绿化。

2. 球冠无刺槐［*R. pseudoacacia* L. f. *umbraculifera*（*DC.*）*Rehd.*］

分枝细密而整齐，耐修剪，树冠能自成卵圆形，无刺，或刺很小很软。不开花或开花极少，几无果实，多用插根或插条繁殖。

3. 红花刺槐［*R. pseudoacacia* L. f. *decaisneana*（Carr.）Voss］

该变形与刺槐形态基本一致，仅枝上多无刺和具小刺，花粉红色，总状花序，花香浓郁，花期为5月中、下旬，具有较高的观赏价值。

由于刺槐在我国的广泛分布和极强的适应性，在各地均出现了不同程度的变异，为开展选育种工作带来机遇。目前，山东、河南、山西等地的科研机构和大专院校，通过对刺槐的选种、育种，得到了一批适应当地生态条件的优良无性系。如山东选育出的鲁刺系列、河南选育出的豫刺系列和山西经过品种认定的吉良系列等。当前，这些无性系和品种，在当地的造林工作中得到了广泛的引种栽植。

另外，从国外的引种无性系或品种的工作也一直没有间断。目前，比较成功的引种是从国外引进的以饲料用途为主的四倍体刺槐，在已经进行的十几个省、自治区、直辖市的引种试验结果说明，该品种刺槐表现良好。

三、生物学特性

刺槐是温带树种，从过去的观测看，在年平均气温5℃以下，年降水量400mm以下地区，不能正常越冬，出现地上部分年年冻死的现象，来年春天萌发新枝，多呈灌木状态，所以只能作为饲料林培养。在年平均气温5～7℃，年降水量400～500mm的地区，能长成大树，但需要一定的适应期，如在幼龄期间（3～5年以前）及1～3年生枝条常受冻害。所以在这类地区造林，应该选择小地形好、土壤湿润肥厚的地方。刺槐在我国最适宜的气候条件是年平均气温8～14℃，年降水量500～900mm的地方。特别是空气湿度较大的沿海地区，刺槐生长快，干形圆满通直。在年平均气温14℃以上，年降水量900mm以上的地区，刺槐生长速度很快，但树高和胸径旺盛生长期持续时间短，树干低矮、弯曲。

刺槐属于浅根性树种，主根不是很发达，所以大树易在风口发生风折、风倒、倾斜或偏冠现象，一般有6级以上大风发生的地方，不宜栽植刺槐，以避免发生风折。营造在风口的刺槐林生长也比较缓慢，而且干形不良。

刺槐对水分很敏感，也较耐干旱瘠薄，但在水分充足的沙地、山沟、土石山地、河漫滩地及渠道边，生长很快，干形端直。然而，刺槐却不耐水湿，根系长期侵水，会发生烂根现象，而且中小龄林还易发生紫纹羽病，造成整株死亡；但是在干旱季节中，土层深度在20mm以下的石质山区及中沙地，刺槐干梢现象比较普遍，而且在这样的立地生长缓慢，易形成“小老树”。特别是在久旱不雨的大旱季节中，刺槐叶会变黄、脱落，时间过久甚至大量死亡。刺槐喜欢疏松、通透性强的土壤，在黏土地生长缓慢，也容易造成造林失败；刺槐在沙土、沙质沙壤土、壤土、黏壤土，甚至矿渣堆和紫色页岩风化石砾土上都能生长，在中性土、酸性土、和含盐量0.3%以下的盐碱性土上都可以正常生长发育。但是在土层深厚、肥沃、疏松、湿润的山沟、山麓、丘陵和低山的坡地、黄土高原沟谷坡地、壤质间层河漫滩及海滩、“蒙金土”沙地及“四旁”是刺槐的最佳立地。

刺槐属于喜光树种，即使在幼苗阶段也不耐庇荫。在土层厚度相同的条件下，一般说来，阳坡的刺槐林比在阴坡长得好。

刺槐的萌芽力和根蘖性都很强，枝、干和根受机械损伤后，能萌发出旺条子。立地条件对刺槐生长发育的影响较大，在气候温暖，土壤深厚、湿润、肥沃的地方，刺槐生长旺盛，开花结实晚，数量少。在土壤瘠薄干燥的地方，刺槐生长缓慢，很早就开花结实，数量多。

据各地树干解析材料，刺槐的胸径旺盛生长期，有可能出现两次，一次是在5～10年间，一次在15～25年间，但是以第一次旺盛生长期的生长量最大，年平均生长量在0.9～2.7cm，在立地条件较好的地方，旺盛生长期延续时间长，而且能出现第二次旺盛生长期。在立地条件较差的地方或多代萌生林中，只出现一个旺盛生长期，它的特点是出现早，持续期短，一般在5～8年以前，很快就下降，以后一直保持较小的生长量。在太行山低山丘陵地带，多代更新的萌蘖林，其径生长的速生期为3～7年。刺槐的树高生长，一般只有一个旺盛生长高峰，出现于2～6年以前，少数在8～10年以前，持续时间较短，只有3～4年，以后即显著下降。在太行山，多代萌蘖林的高生长在2～5年就结束。材积生长的旺盛期不止1个，往往有2～3个，出现晚，持续期长，大都在 15 ~ 20 年以后，在立地条件较好的地方，能一直保持到 36 年以上。胸径和材积生长出现 2 个以上高峰可能与林分密度的调节（间伐）有关。

四、栽培技术

（一）苗木繁殖

1. 播种繁殖

（1）采种。一般情况下，刺槐 3 ~ 5 年生的即开始开花结实，10 ~ 15 年生以上的大树才大量结实。因此，要选择生长迅速、健壮、树干通直、圆满、材质优良，无严重病虫的 10 ~ 20 年生以上的壮龄刺槐作为采种母树；萌蘖林结实的年龄更早，采种母树林可以选择 8 ~ 15 年的壮龄林。刺槐荚果成熟期各地差异较大，在黄河流域和淮河流域各地大都在 8 ~ 9 月成熟。荚果颜色由绿变为赤褐色，荚皮变硬，呈干枯状，即是成熟的标志。要适当提前几天采种，采种晚了，种子被害虫（刺槐荚螟、种子小蜂和种子麦蛾等）蛀食。荚果采集后，摊在地上日晒，碾压脱粒或用脱粒机脱粒，用风车扬去果皮、秕粒和夹杂物，取得纯净种子。荚果出种率一般为 10% ~ 20%，贮藏刺槐种子用普通干藏法。只要贮藏妥当，2 ~ 3 年内仍有较高的发芽率。

（2）种子处理。刺槐种皮厚而坚硬，透水性差，有很多硬粒种子，如不经浸种催芽处理，种子发芽出土慢，出苗不整齐，不均匀。处理的方法可采用多次热水浸种、分级催芽、分批播种的方法。先用温水（约 50 ~ 60℃）浸泡一昼夜后，捞出已膨胀钧种子，进行催芽。未膨胀的种子，再用开水浸种，把种子放入缸内，再倒入开水，边倒水边搅拌到不烫手为止，浸泡一昼夜，用 30% 的黄泥浆水漂出吸水膨胀的种子，用上述方法连续浸种一二次，剩下少量硬粒种子不膨胀，再把它放人细眼铁筛（每筛 1.5 ~ 2.0kg）内，提筛放人锅内滚开的开水中，使水浸没种子并迅速摇动筛子，使种子均匀受热，约经 10s 左右，迅速提起筛子，把种子倒人凉水桶中，充分搅拌，再浸一昼夜，种子绝大多数膨胀，将浸水膨胀的种子均匀混沙催芽（按 3 份沙 1 份种子的容积比例），放在背风向阳的沙坑中或是放入草袋内、缸内（上盖湿草帘），经常喷水，保持湿润，每日翻动一二次，约经 4 ~ 5d，有 1/3 的种子裂嘴露出白色根尖时，即可取出播种。对顽拗性的部分种子，也可以采取浓硫酸侵种的方法。即把浓硫酸缓慢倒入盛有种子的容器中，边倒边搅，以硫酸刚没过种子为宜，30min 后，把种子取出，用清水中冲洗 3 次以上，以没有硫酸为止。然后进行温水侵种，其他同上。

（3）播种。以春播为主。春播的时间，在不致遭受晚霜危害的前提下，愈早愈好。在春季特别干旱、雨季降雨多的地方，也可雨季播种，在雨季播种更要进行完整催芽。以畦床条播为好，便于除草、松土、灌溉。如需在干旱山地育苗时，可用培垄方法。即每隔 30cm 开一宽 7 ~ 8cm，深2 ~ 3cm的播种沟，踏平沟底，沟内浇水，待水渗下去后，在沟内撒播已催芽处理的种子，然后将播种沟培成高 10 ~ 15cm 的垄，待种子开始发芽时，适时用耙子轻轻耙平培土，使覆土仍在 0.5 ~ 1cm 左右。播种量畦播时每亩用种 2 ~ 3kg。有时为保证在干旱严重的春季出苗整齐，可以在播种后，畦面可覆盖秸秆或薄膜，种子发芽后可及时揭掉。雨季播种时，也最好在畦面覆盖秸秆或者稻草，以利保墒和降温。

2. 无性繁殖

刺槐是无性繁殖比较容易的树种，插根、插条、根蘖和嫁接均可采用。春季插根要选粗 0.5 ~ 2cm 的根，截成 15 ~ 20cm 长的小段，插入苗床，用塑料薄膜增温催芽，可提高发芽成苗率。插条育苗要选用粗 1cm 以上的 1 年生萌条的中下部，剪成长 25cm 的插穗，剪口要平滑，要剪在芽眼附近，容易生根。秋冬季采条沙藏，第二年春，大都能形成愈合组织，对未形成愈合组织和春季采的条子，可用浓度为 2 000mg · L^{-1} 的萘乙酸溶液浸条 5 ~ 10min，再插入沙坑中催根，用塑料薄膜增温催根，约经半月即可形成愈合组织。在冬藏和催根过程中，要及时抹去插穗上的萌条，以促进生根。在遮阴棚中扦插，以河沙或蛭石做基质，插前插穗用 5 000mg · L^{-1} 的吲哚丁酸速蘸 30s，扦插苗木成活率可以达到 80% 以上。

嫁接繁殖方法较多。早春在砧木未发芽前可用劈接法，也可靠接，砧木开始发芽（但要控制接穗芽不萌动），可用袋接法，也可用"皮下接"法；8 月下旬到 9 月上旬可用芽接。但以袋接法操作简单，工效快，成活率高。芽接法只在当地接芽较多的条件下采用。

对于特别珍贵的品种或类型，种源又不多时，可采取组织培养的办法进行。

苗期管理：播种后要加强苗期管理。间苗、定苗和移苗，一般都在灌水后进行，当苗高 3 ~ 4cm 时进行第一次间苗，间去病弱小苗。以后再进行一、二次间苗，最后一次间苗可在苗高 10～15cm 时结合定苗、移苗进行。缺苗的地方可在阴雨天进行小苗带土移补，移栽后及时灌水。

苗圃地在雨季要及时排水，以免圃地积水受涝。幼苗长出 3～4 个真叶后，追施一次人粪尿或化肥，以后再追一二次。8 月下旬以后一般不再灌水、施肥，防止苗木徒长。

刺槐造林多用截干苗，为培育健壮的根系，一般采用摘去苗木叶子，不剪去弱枝，对部分生长旺盛的侧枝采取摘心、去叶等一系列措施，促进苗木根系发育；同时，为促进苗木根系的发育，可采用侧方断根的方法，即在据树的根茎处 10～15cm 处，用利器进行侧方断根，深度可控制在 20～30cm 左右。出圃刺槐苗应该苗干匀称，充分木质化，根系发达，根长不小于 25cm，根幅不小于 20cm；无病虫害及机械损伤。造林用苗为 1 年生，按根径和苗高可分二级。

根径在 1.0cm 以上，苗高在 1.5m 以上可为一级苗；地径在 0.7～1.0cm，苗高 1.0～1.5m，可为二级苗，每 667m^2 产量8 000～10 000株。四旁植树和营造速生丰产林多采用地径 2.5cm 以上的大苗。

（二）造林

1. 选地

要根据刺槐的生物学特性和培育的林种选择造林地。一般用材林多选择中厚层土的山地、平原细沙地，黄土高原灰褐色土的梁峁坡地、沟谷坡地。营林期限一般在 15～30 年；速生用材林大都选择坡度 15°以下的山坡中下部的厚层土，山沟两侧，壤质间层的河漫滩，在地表 50～80cm 以下有沙壤至黏壤土的粉沙地、细沙地、黄土高原沟谷坡地灰褐土，含盐量在 0.2% 以下，地下水位 1m 以上的轻盐碱地。

2. 整地

平原多采用带状、穴状等整地方法，山地应用窄幅梯田、水平阶、水平沟及鱼鳞坑等；盐碱地修筑台田、条田和开沟筑垄法整地。

3. 造林季节和方法

带干栽植，在山东省以“惊蛰”到“清明”，芽苞刚开放时造林成活率高（97% －100%），枯梢率低。提倡采用截干造林，以秋冬季造林的效果最好，成活率高，生长快，干形好。截干高度以不超过 3 厘米为宜，萌条少，生长旺盛。栽植不宜过深，一般比苗木根颈高出 3～5cm，干旱沙地可高出 10～15cm 左右，以免灼干切口。

4. 造林密度

刺槐作为饲料林兼小径材经营时，可采用大密度种植，造林密度可采用株行距1m×1m。生长 3 年后（可作为小径材使用），在冬春季从根茎部平茬。翌年春季不定芽萌发时，每墩留 3～5 株生长健壮的枝条作为小径材培养。当生长至2m 左右时定干，然后每年在夏季对当年生的嫩枝叶进行刈割，作为饲料使用。新枝叶重新萌发后，任其生长，并在秋季落叶后，收集落叶作为饲料。根据小径材的不同粗度需要，2～3 年平茬一次。连续经营5～6 代后，刨去老根，重新造林。刺槐也可以直接进行灌木化栽培，作为纯饲料林经营。造林后 2～3 年，开始进行平茬，以后可直接放牧或刈割。刈割可根据不同的气候、土壤条件，每年进行 2～3 次。作为薪炭林经营时，可参考上述方法。

作为用材林经营时刺槐的造林密度要比其他阔叶树种稍大些，主要目的是促进刺槐的干形发展。其造林密度要根据林种、立地条件和营林精细程度灵活掌握。一般用材林在中等立地条件下，每 667m^2 栽植 330 株为宜，而在土壤肥沃时，可栽植 220 株，速生用材林可采用 160～200 株，水土保持林保留 330 株以上。

5. 幼林抚育

主要包括松土锄草、扩穴培土、踩穴、清淤、抹芽修枝、间种等工作。据经验，3 年抚育 6 次，第一年 3 次，早春化冻时踏穴，预防冻拔，5 月份除草松土，8 月份除草培土和整理穴埝。第二年 2 次，5 月和 8 月中耕除草。第三年 1 次，在 6 月中耕除草。抚育过的幼林与不抚育的相比，树高生长量大 54%，胸径生长大 77%，幼林保存率大 48%，而且树干通直。

五、病虫害防治

1. 紫纹羽病

病原菌（*Helicobasidium mompa* Tanaka）通过土壤侵染刺槐根部，受害重的，叶形变小变黄，发芽迟弱，最后由于根部腐烂，树冠枯死或风倒。对刺槐林要加强抚育管理，适时修枝间伐，以降低林分郁闭度，增强林木抗病能力。据山东省石河林场经验，在 7 月底至 8 月中旬将发病林木表土挖出，以露出树根为度，撒人石灰粉、草木灰或灌入石灰乳

（小树每株用石灰 0.3 ~ 0.5kg，大树 0.5 ~ 1.0kg）然后覆土，防治效果良好。

2. 小皱蝽（*Cyclopelta parva* Dist.）

以成虫及若虫群集 1 ~ 3 年生枝条和幼树基部的幼嫩部位吸食汁液。致使树叶变黄早落，枝条枯死，甚至整株死亡。成虫下树在杂草及石块下越冬。冬季可掀石块、搜草丛，捕杀越冬成虫，早春成虫上树前，在地面活动时间较长，因未取食，抗药力差，可在树干基部和林内越冬场所喷撒 50% 倍硫磷乳剂 1 000 倍液，药杀成虫。在 6 月下旬至 7 月上旬成虫产卵盛期，可剪卵枝烧毁。在若虫大量孵化时，可喷撒 40% 乐果乳剂或 50% 二溴磷乳剂 1 000 倍液，药杀若虫。

此外，小地老虎（*Agrotis ypsilon* Rottemberg）、黄地老虎（*Euxoa segetum* Schiff.）、黑绒金龟子（*Serica orientalis* Motsch.）、朝鲜黑金龟子（*Holotrichia diomphalia* Bates）、大灰象岬（*Sympiezomias lewisi* Roelofs.）、种蝇（*Hylemyia platura* Meigen），刺槐尺蠖（*Apocheima sp*）、蚜虫、槐坚蚧（*Parthenolecanium orientalis* Borchs）等危害刺槐幼苗和大树的叶、枝条等，应积极防治。

六、加工利用

刺槐作为饲料林经营时，直播造林后的 4 年和植苗造林后的 3 年时，就可以把其作为放牧地，直接供牛、羊啃食。需要注意的是不要过牧。在刺槐生长期间，可以从枝条上进行摘叶，直接饲喂牲畜。入秋后，可以把落叶收集起来作为冬饲料使用。如果刈割枝条，可以在冬芽形成以后，叶子还是绿色时把枝条割下，并及时的晒制。晒制质量好的叶片，色泽鲜绿、气味芳香，是冬、春两季牛、羊、兔、鹿喜食的优质饲料。也可以把它打成叶粉，作为饲喂猪、鸡配合饲料的一部分。

刺槐花浸膏提取工艺，刺槐花白色，具宜人的清香，是一种天然的香料植物。国际市场天然香料的价格为每千克 6 000 ~ 10 000元。开发利用这一资源具有投资少、收效快、创汇率高等特点。

刺槐花浸膏的提取工艺是：原料 + 石油醚溶剂→浸提器装料→浸提（残渣待处理）→浸出液→澄清分离（除掉水、杂质）→有机浸液→过滤→常压蒸馏（收回溶剂 9 0%）→搅拌减压蒸馏→粘稠浸液（加 5% 无水乙醇）→搅拌溶解→搅拌减压蒸馏（乙醇、溶剂共混物）→浸膏。在 5℃ 低温下密封贮藏备用。刺槐花出膏率为 0.2%，主要成分有邻氨基苯甲酸甲酯、橙花醇、芳樟醇等物质，可用作化妆品香料和食品香料。

（袁玉欣）

113. 紫 穗 槐

紫穗槐（*Amorpha fruticosa* Linn.）为蝶形花科（Fabaceae）紫穗槐属（*Amorpha* L.）树种，是一种优良的肥料、饲料、燃料及固沙保土的灌木树种。它生长快、繁殖力强，适应性广，耐盐碱、耐水湿、耐干旱和耐瘠薄。根系发达，具有根瘤菌，能改良土壤；枝条可做编织材料，也是蜜源植物，种子可榨油。紫穗槐原产北美洲，约在20世纪初引入我国栽培，解放后普遍推广，有很大发展。

作为优良的肥料树种经营。紫穗槐嫩枝叶作绿肥，不但肥效高、产量高，而且不占耕地，旱涝保收，有“铁杆绿肥”之称。据分析每千克嫩枝叶含氮素13.2g，磷素3g，钾素7.9g；仅氮肥的肥效约等于65kg的硫酸铵。它所含的氮、磷、钾总肥量，约等于草木犀的3.2倍，紫云英的2.8倍。

作为营养丰富的饲料树种经营。饲料质量高低，取决于含蛋白质的数量。据分析：紫穗槐每千克风干叶含蛋白质23.7g，粗脂肪31g。粗蛋白的含量约为紫花苜蓿的125%；胡枝子的196%。紫穗槐叶和嫩枝均可作为饲料使用。紫穗槐的适口性较差，不过经过训饲，可以使牲畜喜食。紫穗槐叶粉中营养含量很高，其中粗蛋白的含量是紫花苜蓿的1倍以上。另外其矿质养分和维生素含量也较高。表113-2是其叶子养分含量的分析结果

表 113-2 紫穗槐叶子的养分分析

分析部位	干物质（%）	干物质中养分含量(%)								
		总能（MJ·kg^{-1}）	消化能(猪)（MJ·kg^{-1}）	代谢能(鸡)（MJ·kg^{-1}）	粗蛋白	可消化蛋白(猪)（MJ·kg^{-1}）	粗脂肪	粗纤维	钙	磷
叶	25.0	19.2	12.0	7.78	23.1	16.1	3.1	18.1	1.93	0.34

作为编制用树种经营，紫穗槐枝条柔软细长，平滑匀称，性韧，是农业生产中筐、篮、箕、篓和工矿用笆材的好原料。种子能榨油，含油率15%，油饼可作肥料。

紫穗槐的叶子可作为生物源农药的资源利用。叶子和种子中含有酚类物质，对叶甲、蚜虫、麦蛾及棉铃虫等害虫，有明显的毒杀效应。如从紫穗槐叶中分离出的有效混合物，对大皱鳃金龟甲的试验表明，表现出理想的杀虫效果。另外，紫穗槐也是比较好的蜜源植物。

原产北美，我国东北中部以南，华北、西北，南至长江流域均能正常生长。华北地区可在海拔1 400m的坝上高原正常越冬，但冬季抽梢现象发生，一般栽植在海拔1 200m以下的平原、丘陵山地。广西及云贵高原也已成功引种。

一、形态特征

落叶丛生灌木，高达4m，枝条直伸，树皮暗灰色；芽常2个叠生。幼枝密被毛。奇数羽状复叶，小叶11~25，窄椭圆形或椭圆形，先端钝圆或微凹，有短尖头，两面有白色短柔毛，叶内有透明油腺点。总状花序、顶生、直立，萼钟形，常具油腺点；旗瓣蓝紫色，翼瓣、龙骨瓣均退化。荚果短，弯曲，长7~9mm，棕褐色，密被瘤状腺点，不开裂，内含种子1粒。花期5~6月，果实成熟期9~10月。

二、生物学特性

紫穗槐在灌木树种中，适应性属于特别强的树种之一。其最适的气候条件为年平均气温10~16℃，年降水量500~700mm。但在温带地区长期生长发育过程中，形成一定的耐寒性；在1月最低平均气温-25.6℃的黑龙江密山县尚能生长；我们曾把紫穗槐引种到河北坝上地区，该地区无霜期仅120d，1月份平均气温为-16.1℃，极端最低温-34.4℃。从观测结果看，紫穗槐在河北坝上也有冬梢发生，但能够安全越冬，并且能够正常开花结实。紫穗槐耐干旱能力也较强，在年降水量只有213mm的宁夏中卫，处在腾格里沙漠东部边缘地带，蒸发量比降水量大15倍，沙面极端最高温度达74℃时，也能生长。同时，又具有耐湿特性，在短期被水淹而不死，林地流水浸泡1个月左右也影响不大。

紫穗槐是喜光树种，在光照不足条件下，如在郁闭度0.85的白皮松林或0.7的毛白杨林下，虽能生长，但很少开花结果，在郁闭度0.7以上的刺槐

林中，不能生长。紫穗槐对土壤要求不严，但以砂壤土生长较好，能耐中度盐碱，在土壤含盐量0.3% ~0.5% 的条件下，也能生长。耐沙埋、风蚀的能力强，如在黄河故道的冲积沙丘上种植，根系被风沙吹出一部分时，仍能成活。紫穗槐病虫害很少，并有一定的抗烟和抗污染的能力。

紫穗槐生长快，耐平茬萌芽力强，枝叶茂密，侧根发达。在一般情况下，当年高生长1m 以上，次年就能开花结实。平茬后，当年高 2m 左右，每丛20 ~30 萌生条，丛幅宽达1.5m，根系盘结在$2m^2$ 内深 30cm 的表土层。每 $667m^2$ 收割紫穗槐枝条：1 年生可割 100kg，2 年生可割 200kg，3 年生就能割500kg 以上，20 年不衰。

三、栽培技术

（一）苗木繁殖

1. 采种

在9 ~10 月份种子成熟后，进行采种。采收后，放在阳光下自然摊晒，每日翻拌几次，约5 ~6d 晒干后，用风车或扬场机进行风选去杂，装袋贮藏。

2. 播种育苗

紫穗槐主要用种子繁殖。播种前，必须进行处理，因荚果皮含有油脂。冬季可用碾子碾破荚壳为宜，经除皮处理的种子，春播时比带皮的种子提早发芽 10d 左右。播前也可用 70℃ 温水浸种 1 ~2d，捞出装入筐箩内，盖上湿布或稻草，每天洒水（温水）1 ~2 次，几天后种子膨大，种皮大部分裂开时，即可播种。浸种的比不浸种提早 10 ~15d 发芽。育苗地以地势平坦、土质肥沃、土层较厚、灌水方便的中性砂壤土为好。沙性较大或粘性较强的土壤作育苗地，应增施有机肥料，改良土壤，增加肥力。育苗地应进行秋耕，翌春每 $667m^2$ 施底肥1 000 ~2 000kg 后，再翻耕一次，然后培垄作床。苗床分大田式和平床两种。大田适于机械操作或耧播。播前灌足底水，等2 ~3d 即播种。播种适期根据当地气候条件决定。北方地区以土壤解冻后为宜。播种沟深4 ~5cm，播幅宽 6 ~8cm，行距 15 ~20cm。覆土1 ~1.5cm，每 $667m^2$ 播种量 2 ~3kg。在没有灌水条件下的大田播种，可在雨前或雨后播。播后 5 ~7d出苗。苗出齐后 10 ~15d 开始疏苗，一次疏完，每米保苗 20 株，每 $667m^2$ 留苗 3.3 万 ~4 万株。苗木生长期间，每年一般灌水 3 ~5。灌水宜在傍晚，一次灌水量不宜过大。假若基肥充分，不必追肥。在灌水或下雨后，及时中耕除草。8 月份停止追肥、灌水。秋季可产合格苗（高约 1m，地径 0.6 ~1.0cm）3 万株左右。起苗前灌一次水。一般在 10月中下旬起苗。起苗时避免损伤苗根，根幅均在20cm 以上。起苗后进行选苗分级，每百株捆成一捆。为减少苗根失水，要尽快假植。选择不积水的地方，挖 50cm 深的假植沟。短途运苗也要包装。插一般条育苗：插条育苗可以获得壮苗丰产。用径粗1.2 ~1.5cm 的 1 年生条作插穗为好。插穗含有大量养分，能较快地形成发达的根系，促进幼苗迅速生长。抗盐碱能力较强。扦插前，先将插穗浸水 2 ~3d。经过浸水催根的插穗，可提早6 ~7d 发芽生根。

（二）造林

紫穗槐造林方法很多，因地制宜地采用植苗、插条、直播和分根等方法。造林前，应进行穴状或带状整地。

1. 植苗造林

在秋冬季地冻前或春季地解冻后，进行造林，为提高成活率，可截干造林。栽植不宜过深，要踏实，有条件地方，栽后灌水一次。

2. 插条造林

多用于低湿地区。春秋造林均可，秋季造林，插条切口可以提前愈合，先生根，翌年春季发芽早，成活率高，生长比春季插条好。造林用的插穗都须保护芽苞。运到造林地时，要用湿草盖严，防止风吹日晒。插条方法有二：一是墩形插条法。在挖好的植树穴四周分别插植 4 ~5 个插穗，一般深 30 ~40cm。覆土踏实，插穗上端与地面平。二是犁沟压条法。按一定的距离（1.0 ~1.5m），边犁沟（10 ~15cm），边斜插入长 50 ~80cm 枝条，用犁覆土 4 ~5cm。此法多在春季进行。

3. 直播造林

催芽在初次透雨之后，用 60℃ 的温水浸泡种子20 ~30h（自然冷却后，保持经常换水，使水保持无浓色），待种子充分吸水膨胀后，捞出种子，用2 ~3 倍于种子的湿细沙与种子拌合掺匀，堆放阴凉处进行催芽。在催芽过程中，每大早晚各翻动一次，并保持沙子湿度 20% 左右。一般 2 ~3d 即有部分种子开始萌发，这时即可带沙进行直播。直播造林播种方式以条播为宜。在下透雨后的坡地，沿等高线在山坡开沟播种，沟深3 ~4cm，行距15 ~20cm，播后覆土 1.5cm，每公顷播种量 30 ~37kg。也可以采取点播，株行距 50cm × 50cm，每穴播种 6 ~8 粒，深度 15 ~ 20cm 深。播后浅覆土。当苗高 10cm 时，可采取定苗，每穴 4 ~ 5 株。

（三）抚育管理

以收割枝条为目的的紫穗槐林，在造林的第 1 年平茬后，可适当地在行间进行一季林粮间作，要进行松土、除草、施肥等措施，促进幼树生长发育。第 2、3 年，要在平茬后适时拥土培墩，扩大根盘，争取多萌芽多发条，芽旺条壮。以后每年平茬一次，注意在风蚀沙荒地上的紫穗槐林，平茬时，要保留 30% ~ 50% 的紫穗槐不平茬作防护带。在气候适宜、土质条件好的地方，当年萌条高达 2 ~ 2.5m，每丛具萌条 20 ~ 30 根，每年每公顷鲜条 15 万 kg。以饲料林经营为目的的紫穗槐林，可以在造林的第一年进行封育，第二年秋季开始平茬。以后一般每年可割青 2 ~ 3 次。平茬后第一年每公顷可收割作饲料及绿肥用鲜枝叶 1.5 万 kg，以后每公顷可收割 3 万 ~ 4 万 kg。作为肥料林经营技术与饲料林经营近似。

四、病虫害防治

苗木主要受金龟子和象鼻虫危害，一般用 90% 敌百虫或 50% 马拉松乳剂 500 倍液毒杀即可。紫穗槐病虫害少可能与其茎叶内含一种特殊气味的物质和单宁等物质有关，能抑制病虫害的蔓延和有驱除作用，这对栽培特用作物，实行轮作和营造混交林有很大意义。

五、加工利用

生长 2 年后的紫穗槐，可以在春、夏两季在枝条 30 ~ 40cm 时，割嫩枝叶喂猪；生长期采叶时，一次不要把全部叶子采完，保留一部分叶子进行光合，以利以后生长。在华北地区，可以在 5 月中旬刈割 1 次，秋季冬芽形成后，叶子还是绿色时再刈割 1 次。如果全年一次采叶利用时，可以在叶子的重量占总重的 50% ~ 60% 时刈割。研究表明，采集越早，产量也高，品质也好。刈割后，可立即晒制。晒制后的叶子应保持其原有的绿色。紫穗槐的干叶，可以直接饲喂牛、羊、兔、鹿等，粉碎的叶粉可以作为猪、鸡的配合饲料的一部分。

紫穗槐叶子进行挥发性精油的提取及化学成分鉴定说明，紫穗槐精油是一种香型独特，用途广泛的辛香型香料，可应用于食品、饮料、卷烟等产品的加香。另外，可以采用加热法从叶子中提取粗蛋白质，工艺流程是：采叶→打浆→过滤→加热→离心→浓缩→烘干。叶子选择越嫩，粗蛋白提取的效果越好，50℃ 和 90℃ 是叶蛋白提取的两个高峰点。

（袁玉欣）

参 考 文 献

1. （澳）W. E. 希里斯，A. G. 布朗 主编. 王豁然等 译. 桉树培育与利用. 北京：中国林业出版社，1990
2. 枸杞研究编写组. 枸杞. 银川：宁夏人民出版社，1982
3. 北京林学院 主编. 树木学. 北京：中国林业出版社，1980
4. 北京林业大学 主编. 森林利用学. 北京：中国林业出版社，1983
5. 蔡礼鸿 编著. 枇杷三高栽培技术. 北京：中国农业大学出版社，2000
6. 陈其峰，周碧英. 梅的栽培与加工. 上海：上海科学技术出版社，1988
7. 陈艺林. 中国植物志（48 卷第 1 分册）. 北京：科学出版社，1982
8. 陈有民 主编. 园林树木学. 北京：中国林业出版社，1990
9. 程必强，喻学俭，丁靖垲，孙汉董 著. 中国樟属植物资源及其芳香成分. 昆明：云南科学技术出版社，1997
10. 单杨. 柑橘加工概论. 北京：中国农业出版社，2004
11. 丁之恩 主编. 银杏——良种丰产・病虫防治 ・加工利用. 北京：中国林业出版社，1999
12. 董凤祥，裴东 编著. 美国黑核桃引种栽培. 北京：中国农业大学出版社，2000
13. 杜朋. 果蔬汁饮料工艺学. 北京：中国农业出版社，1992
14. 方嘉兴 主编. 中国油桐. 北京：中国林业出版社，1993
15. 冯巾帼，张志华 主编. 山地林果栽培. 北京：中国林业出版社，1994
16. 甘康生等. 中国名柚高产栽培. 北京：金盾出版社，1992
17. 高新一 等. 枣树高产栽培新技术. 北京：金盾出版社，1998
18. 耿以礼 等. 中国主要植物图说（禾本科）. 北京：科学出版社，1959
19. 郭善基 主编. 中国果树志——银杏卷. 北京：中国林业出版社，1993
20. 郝艳宾，兰卫宗等 编著. 坚果类名特优果产品产销指南. 北京：中国农业大学出版社，2002
21. 何方，胡芳名. 中国经济林名优产品图志. 北京：中国林业出版社，2001
22. 何天富. 中国柚类栽培. 北京：中国农业出版社，1999
23. 何天富等. 柑橘学. 北京：中国农业出版社，1999
24. 河北农业大学 主编. 果树栽培学各论（第 2 版），北京：中国农业出版社，1999
25. 贺善安，顾姻 主编. 油橄榄驯化育种. 南京：江苏科学技术出版社，1984
26. 贺善文等. 柑橘手册. 长沙：湖南科学技术出版社，1988
27. 胡安・M，马丁内兹・莫兰诺博士 主编. 油橄榄加工技术. 北京：中国对外翻译出版社，1986
28. 胡世林 主编. 中国道地药材. 哈尔滨：黑龙江科学技术出版社，1989
29. 华南农业大学 主编. 果树栽培学各论（南方本）. 北京：中国农业出版社，2000
30. 华南热带作物学院. 橡胶栽培学. 北京：农业出版社，1978
31. 黄卓明 主编. 八角. 北京：中国林业出版社，1994
32. 季玉琴 等. 中国名优茶加工技术. 北京：金盾出版社，2000
33. 江海林，江根玲，伍丽芳 编著. 黄皮早结丰产栽培. 广州：广东科学技术出版社，2000
34. 赖永祺 编著. 五倍子丰产技术. 北京 ：中国林业出版社，1990
35. 劳家骐，腰果——热带木本油料. 北京：农业出版社，1963
36. 李惠民 主编. 山西省经济植物志. 北京：中国林业出版社，1989
37. 李疆，高疆生. 干旱区果树栽培技术. 乌鲁木齐：新疆科学技术出版社，2003
38. 李锦开. 中国木本药材与广东特产药材. 北京：中国医药科技出版社，1994
39. 李聚祯，张福信，刘守纲 编. 中国名特优林产品. 北京：中国林业出版，1990
40. 林海志 主编. 八角高产稳产栽培技术. 北京：中国农业出版社，2003
41. 林进能等 编著. 天然食用香料生产与应用. 北京：轻工业出版社，1991
42. 凌麓山 主编. 油桐栽培. 北京：中国林业出版社，1981
43. 刘合刚 主编. 药用植物优质高效栽培技术. 中国医药科技出版社，2000
44. 刘孟军. 中国野生果树. 北京：中国农业出版社，1998

45. 刘权. 南方特产果树栽培手册. 北京：中国农业出版社，2000
46. 柳鎏 等. 板栗. 北京：科学出版社，1988
47. 龙兴桂 . 现代中国果树栽培. 北京：中国林业出版社，2000
48. 吕文，彭庆光，韩义明 等. 中国沙棘. 银川：宁夏人民教育出版社，2001
49. 马凯，张素贞. 无花果的栽培利用. 南京：南京大学出版社，1993
50. 缪勉之 等. 湖南主要经济树种. 长沙：湖南科学技术出版社，1982
51. 内蒙古农牧学院林学系 编著. 文冠果. 呼和浩特：内蒙古人民出版社，1973
52. 潘志刚，游应天. 中国主要外来树种引种栽培. 北京：北京科学技术出版社，1994
53. 彭继光 等. 湖南名茶. 长沙：湖南科学技术出版社，1993
54. 祁述雄 主编. 中国桉树. 北京：中国林业出版社，1989
55. 邱武陵，章恢志 主编. 中国果树志・龙眼・枇杷卷. 北京：中国林业出版社，1996
56. 曲泽洲，王永蕙 主编. 中国果树志・枣卷. 北京：中国林业出版社，1993
57. 全国供销合作总社土产品局 主编. 漆树与生漆. 北京：中国林业出版社，1979
58. 阮逸，龚榜初. 红柿. 北京：中国林业出版社，2002
59. 陕西省果树研究所. 陕西果树志. 西安：陕西人民出版社，1978
60. 商业部副食品局，上海市果品杂货公司 合编. 中国果品. 北京：中国商业出版社，1985
61. 四川森林编辑委员会. 四川森林. 北京：中国林业出版社，1992，989 ~ 993
62. 四川省医药研究院南川药物种植研究所 四川省中药材公司编著. 四川中药材栽培技术. 重庆：重庆出版社，1986
63. 宋晓平 主编. 最新中药栽培与加工技术大全. 北京：中国农业出版社，2002
64. 苏广达 主编. 作物学. 广州：广东高等教育出版社，2002
65. 孙云蔚 等 编著. 中国果树史与果树资源. 上海：上海科学技术出版社，1983
66. 王劲风，方正明. 甜柿引种栽培. 北京：中国农业出版社，1995
67. 王仁梓. 柿. 北京：中国林业出版社，1982
68. 王性炎 主编. 元宝枫开发利用研究. 陕西：陕西科学技术出版社，1996
69. 王性炎，李艳菊 编著. 元宝枫栽培与加工利用. 西安：陕西人民教育出版社，1999
70. 王延庆，张文玉. 甘肃中草药栽培. 兰州：甘肃人民出版社，1980
71. 王有科，南月政 编著. 花椒栽培技术. 北京：金盾出版社，2000
72. 王元裕. 柿栽培技术. 杭州：浙江科学技术出版社，1996
73. 吴耕民 编著. 栗・枣・柿栽培. 北京：农业出版社，1964
74. 吴黎明，任钦良 主编. 名特优果树栽培技术. 上海：上海科技文献出版社，1993
75. 吴中伦 等. 国外树种引种概论. 北京：科学出版社，1983
76. 武斌，吕荣森，金争平 等. 大果沙棘引种与栽培（第 2 版）. 北京：世界图书出版公司，2000
77. 西安植物园. 扁桃. 西安：陕西科学技术出版社，1983
78. 郗荣庭 主编. 果树栽培学总论（第 3 版）. 北京：中国农业出版社，2000
79. 郗荣庭，曲宪忠 主编. 河北经济林. 北京：中国林业出版社，2001
80. 郗荣庭，张毅萍 主编. 中国果树志・核桃卷. 北京：中国林业出版社，1996
81. 郗荣庭，张毅萍 主编. 中国核桃. 北京：中国林业出版社，1992
82. 夏起洲，王律娥 等. 果梅加工. 北京：中国农业出版社，1994
83. 相一雪 主编. 杧果丰产技术. 南宁：广西科学技术出版社，1992. 11
84. 小林章（日），曲泽州 著. 适地适栽果树环境论——日本的风土条件与果树栽培. 北京：农业出版社，1983
85. 谢保昌 等. 岭南果树栽培技术. 广州：广东科学技术出版社，1991
86. 熊文愈. 中国木本药用植物. 上海：上海科技教育出版社，1993
87. 徐良 主编. 名贵中草药高产栽培技术. 北京：中国医科大学，中国协和医科大学联合出版社，1993
88. 徐良 主编. 中药无公害栽培加工与转基因工程学. 北京：中国医药科技出版社，2000
89. 徐良，徐鸿华. 肉桂规范化栽培技术. 广州：广东科学技术出版社，2003
90. 徐良 主编. 中国名贵药材规范化栽培与产业化开发新技术. 北京：中国协和医科大学出版社，2001
91. 许长同 等. 橄榄栽培. 北京：中国农业出版社，1999

92. 许明宪. 石榴高产栽培. 北京：金盾出版社，2000
93. 许慕农，胡大维 主编. 银杏栽培和产品加工技术. 北京：中国林业出版社，1993
94. 荀守华. 无花果高产栽培技术. 济南：山东科学技术出版社，1999
95. 杨敏娟，吴宝新 合编. 林产学概述. 北京：中国林业出版社，1987
96. 俞德浚 编著. 中国果树分类学. 北京：农业出版社，1982
97. 袁昌齐. 天然药物资源开发利用. 江苏：江苏科学技术出版社，2000
98. 张康健，张亮成 主编. 经济林栽培学（北方本）. 北京：中国林业出版社，1997
99. 张孝祺，杨碧梅，潘建平. 龙眼. 枇杷. 梅. 李优质丰产栽培法. 北京：金盾出版社. 1989
100. 张宇和. 板栗. 北京：科学出版社，1977
101. 郑万钧 主编. 中国树木志（第2卷）. 北京：中国林业出版社，1985
102. 中国科学院植物研究所. 中国经济植物志（上、下册）. 北京：科学出版社，1961
103. 中国科学院植物研究所. 主编. 中国高等植物图鉴（第二册）. 科学出版社，1983
104. 中国林学会 主编. 林副特产的采集培育和利用. 北京：中国林业出版社，1994
105. 中国农科院果树所等 主编. 中国果树栽培学. 北京：农业出版社，1987
106. 中国农业大百科全书（林业卷上）. 北京：农业出版社，1989
107. 中国农业科学院茶叶研究室，茶树栽培技术，北京，农业出版社，1981
108. 中国森林编委会. 中国森林（4卷）. 北京：中国林业出版社，2000
109. 中国树木志编辑委员会. 中国树木志（第2卷）. 北京：中国林业出版社，1985
110. 中国树木志编委会 主编. 中国主要树种造林技术. 北京：农业出版社，1978
111. 中国医学科学院药用植物资源开发研究所. 中国药用植物栽培学. 北京：中国农业出版社，1991
112. 中南林学院 主编. 经济林病理学. 北京：中国林业出版社，1986
113. 中南林学院 主编. 经济林栽培学. 北京：中国林业出版社，1983
114. 周成明. 80种常用中草药栽培. 北京：中国农业出版社，1998
115. 周荣汉. 中药资源学. 北京：中国医药科技出版社，1993
116. 朱先明 等. 湖南茶叶大观. 长沙：湖南科学技术出版社，2000
117. 庄瑞林 等. 中国油茶. 北京：中国林业出版社，1987
118. 鲍逸信. 中国山苍子油研究概况与进展，林产化学与工业，1995，15（2）：73～77
119. 陈明玉. 汉源县花椒土壤条件和硼肥对防止花椒落花落果的研究. 四川农业大学学报，1990，8（4）
120. 陈耀畅，李襄乔. 胡柚开发利用及栽培技术. 全国科技兴林（经济林）研讨会论文集. 中国林业出版社，1993，272～274
121. 陈义挺，赖钟雄，郭志雄 等. 枇杷主要种类的RAPD分析. 江西农业大学学报，2003，25（2）258～261
122. 陈永忠，王德斌. 湖南省油茶良种选育及其推广应有概况. 湖南林业科技，2001，28（3）：23～27
123. 陈宗元，刘秀湘，王国兴 等。橡子仁的综合利用。林产化工通讯，1997，（3）
124. 程晓建 等. 梅品种分类研究进展. 浙江农业大学学报，2002，14（2）：120～124
125. 杜连起，李香艳. 橡子的综合开发利用. 林业科技开发，1996，（1）
126. 端木. 我国栎类资源的综合利用. 河北林学院学报，1994，9（2）
127. 段金猛 等. 糖槭树的大棚育苗技术. 特种经济动植物，2001（11）
128. 范维衡，徐远祥，刘常五. 杜仲叶和皮的药理作用研究，药学通报，1979，（9）：404
129. 方树古，骆胜，刘贤泰 等. 胡柚系列产品的加工技术. 食品工业科技，1992，（5）：34～37
130. 冯玉增 等. 河南省石榴品种资源评价与利用. 果树科学，1998，15（4）：370～373
131. 高思山，程丽阁. 糖槭含糖量的调查研究，林业科技通讯，1996，（10）：21～22
132. 耿宝琴. 紫杉醇类喜树碱类的研究进展. 实用肿瘤杂志，1995，10（4）：199～201
133. 龚榜初，王劲风. 日本甜柿砧木类型选择研究. 林业科学研究，1992，5（6）
134. 龚榜初 等. 锥栗农家品种资源调查研究. 林业科学研究，1997，10（6）
135. 顾德辛. 抗肿瘤药物喜树碱及其类似物的研究开发. 中国医药学报，1995，1（6）：340～344
136. 韩宁林. 芽苗砧接应用于油茶无性系鉴定的研究. 林业科学研究，1989，2（4）
137. 何方，吕芳德 等. 湖南省核桃资源及优良类型选择的研究. 经济林研究，1988，6（2）

138. 何方，谭晓风. 油桐栽培密度及林分结构模式的研究. 林业科学，1986，22（4）：347～355
139. 何方，谭晓风 等. 贵州望谟山苍子考察，全国科技兴林（经济林）论文集，中国林业出版社，1993，264～268
140. 何方，谭晓风 等. 中国66个油桐品种资源的收集及评比试验研究. 中国林学会经济林分会第二次会员代表大会学术讨论会论文集，中国林业出版社，1992：35～54
141. 何方 等. 湖南油茶栽培区划及立地类型划分研究. 经济林研究，1986，4（1）
142. 何志刚，李维新，林晓姿，枇杷果汁加工的酶处理技术研究. 食品科学. 2004，25（1）：72～75
143. 胡芳名 等. 湖南枣子. 中南林学院学报，1982，（1）：1～11
144. 胡芳名，何业华. 枣树落花落果机理及其控制技术的研究. 林业科技开发，2000，14（5）：14～20
145. 胡芳名，何业华 等. 枣树人工种子的研制. 林业科学，2004，40（6）：181～184
146. 胡芳名，李建安，李若婷. 湖南省主要橡子资源综合开发利用的研究. 中南林学院学报，2000，20（4）：13～17
147. 胡芳名，李建安. 湖南省栎类资源开发利用的研究. 经济林研究，1999，17（2）：1～5
148. 胡芳名，谢碧霞 等. 枣树经济施肥与氮素营养诊断研究. 林业科学，1992，28（1）：12～21
149. 胡芳名. 板栗根接育苗. 科学消息. 中国科技情报所，1975年1期，44
150. 胡芳名. 湖南板栗品种和栽培经验调查研究. 林业科学，1964，9（1）：74～81
151. 霍光华. 香椿等植物食用部分氨基酸及营养价值. 中国野生植物，1990（4）：37～39
152. 吉平，冯敢，赵学笃 等. 沙棘产品的生产技术现状及其发展. 沙棘，2001，14（1）：25～30
153. 蓝登明，周世权，邢菊香 等. 种植园沙棘花粉生态学研究. 内蒙古林学院学报（自然科学版），1997，19（4）：25～31
154. 李丙菊 等. 黑荆树综合利用评述——黑荆木材、树叶和种子的利用. 林产化工通讯，1989（1）：7～11
155. 李华，红春明 等. 番木瓜丰产优质栽培技术. 中国南方果树，1994，（4）：33
156. 李健，刘克长. 朱跃军. 北枳木具 的栽培与繁殖. 植物杂志，1999，（2）：25
157. 李疆 等. 新疆扁桃生产的现状及发展对策. 经济林研究，1998，16（3）：58～59
158. 李疆，成建红，李文胜 等. 巴旦杏受精不亲和的生物学特性研究简报，干果研究，2003
159. 李疆，胡芳名 等. 扁桃的栽培及研究概况，果树学报，2002，19（5）：346～350
160. 李疆，胡芳名，张智俊 等. 扁桃主要生物学特性的观测，经济林研究，2003，21（3）：39
161. 李开绵 等. 国内外木薯科研进展概况. 热带农业科学，2001，（1）：56～60
162. 李晓华，刘军，邢军. 石榴果汁饮品的研制与开发. 新疆大学学报（自然科学版），2002，19（4）：480～482
163. 李英霞，孟庆梅. 连翘的本草考证. 中药材，2002，25（6）：435～437
164. 廉永善，沙棘植物的系统分类. 沙棘. 1996，9（1）：15～24
165. 刘娜. 油樟林营造技术及效益分析. 林业科技开发，2002，16（4），46～48
166. 刘卫民，谢云，周薇，袁丽芳. 枇杷果实贮藏生理的研究. 福州大学学报（自然科学版）2004，32（1）：110～113，117
167. 刘星辉 等. 橄榄的授粉生物学研究. 中国果树，1993（3）
168. 留风. 常山胡柚生物学特性及栽培技术. 林业科技开发，1995，（3）：36
169. 龙光远，彭招兰，郭德选 等. 龙脑樟矮林作业技术和效益分析. 林业科技开发，2000，14（6）：30～31
170. 卢健鸣，杨春，韩基明 等. 杏仁系列食品生产工艺. 食品工业科技，2002，23（10）56～58
171. 陆玉英，阮经宙 等. 几个优良黄皮品系的性状及栽培. 广西农业科学，2000，（2）：88～89
172. 罗登义，朱维藩. 刺梨. 贵州农学院丛刊，1984
173. 马成亮. 葛藤的栽培与利用. 林业科技，2002，27（4）：57～59
174. 马林，宋万志. 枳木具 属植物研究进展. 中草药，2000，31（11）：附3～5
175. 毛富春 等. 野生植物葛藤的研究利用现状及其开发前景. 西北林学院学报，1995，10（3）：88～92
176. 孟昭和. 编织柳良种选育研究报告. 山东林业科技，1992（3）：7～11
177. 潘晓芳，秦彦梅. 黄皮花粉萌发研究. 广西农业生物科学，2001，20（3）：182～185
178. 钱敏之，付萼辉. 北美的珍贵树种——糖槭树. 植物科技论丛. 中国科学院武汉植物研究所，1979（2）：2～4
179. 任钦良. 香榧生物学特性的研究. 经济林研究，1987，7（2）
180. 阮海健 等. 茶籽油加工现状及开发对策. 粮油食品加工和机械，2002，8：33～34
181. 施筱健. 木薯良种及其高产栽培技术. 农业科技通讯，2001，（7）

182. 舒常庆，董晓明，杨广东 等. 黄连木子五倍子单宁含量的分析研究. 华中农业大学学报，1999，18（2）：185～187
183. 舒常庆，伍华银，周继荣. 黄连木五倍子生长特性的研究. 华中农业大学学报，1998，17（4）：401～403
184. 舒常庆，伍华银，周继荣. 黄连木五倍子形态特征的研究. 华中农业大学学报，1998，17（3）：285～288
185. 宋晨生，石国庆. 番木瓜冬暖式大棚栽培技术. 蔬菜，2001，（12）：31～32
186. 孙升. 李属资源若干数量性状评价标准探讨. 园艺学报，1999，26（1）：7～12
187. 孙秀殿，袁锦荣，卜东奎. 文冠果丰产栽培技术. 特种经济动植物，2000，（1）：27
188. 谭冬梅，李疆，罗淑萍 等. 阿月浑子性别鉴定的形态学观测法研究. 北方果树，2003，（1）：17～18.
189. 谭冬梅，罗淑萍，李疆 等. 阿月浑子性别鉴定的 RAPD 分析. 果树学报，2003，20（2）：124～126
190. 谭晓风，胡芳名 . 二十一世纪经济林生产和科研发展趋势. 中南林学院学报，2002，22（1）：82～85
191. 谭晓风，胡芳名. 香榧主要栽培品种的 RAPD 分析. 园艺学报，2002，29（1）：69～71
192. 谭晓风，胡芳名. 银杏主要栽培品种的分子鉴别. 中南林学院学报，1998，18（3）：1～8
193. 谭晓风，胡芳名 等. 油茶近成熟种子表达的发育相关基因及其分析，中南林学院学报，2005 年 4 月，25（4）：17～23
194. 谭晓风，漆龙霖 等 山茶属植物油茶组与金花茶组的分子分类研究，中南林学院学报，2005 年 4 月，25（4）：31～34
195. 谭晓风，乌云塔娜 等. 中国梨自交不亲和新基因的分离鉴定. 中南林学院学报，2005 年 2 月，25（1）：1～3
196. 唐太昆. 八角采收时期和加工方法. 经济林研究，1989，（2）
197. 汪新能，品仕洪，李纯 等. 无核黄皮生物学特性研究. 广西植物，1998，18（3）：275～280
198. 王白坡 等. 丘陵山地果梅早果丰产高效栽培试验. 中国果树，1998，27（4）：50～51
199. 王宝仁. 番木瓜新品种. 福建果树，2001，（1）：47～48
200. 王凤英 等. 连翘属栽培新品种（变种）——金中连翘. 植物研究，2001，21（4）
201. 王光陆. 刺梨的早实丰产研究. 水土保持通报，1994，14（3）：25～28
202. 王俨. 阿月浑子生物学特性及栽培技术的研究. 经济林研究. 1988，6（1）：52～57
203. 韦昔娟，朱鸿杰，蒋运生 等. 无核黄皮引种试验研究. 广西科学院学报，1996，12（1）：31～34
204. 文光裕. 紫穗槐的新用途. 植物杂志，1983（3）：18
205. 文梅荣，山苍子油的加工技术. 林业勘测设计，1988，（2）：63～65
206. 吴钦孝，李代琼 等. 俄罗斯科学院细胞遗传研究所和俄罗斯农业科学院新西伯利亚地区浆果试验站沙棘品种简介.
207. 徐坤，肖诗明，花旭斌. 野生刺梨果脯的研制. 四川轻化工业学院学报，2002，（2）
208. 严俊华，张映翠 等. 元谋干热河谷区番木瓜育苗及栽培技术，中国南方果树，2000（2）
209. 严流春，徐木水，张震海 等. 常山胡柚的开花结果习性. 浙江林学院学报，1994，11（1）：48～52
210. 杨军，徐凯，杨明祥 等. 中国李种子休眠与萌发的研究. 安徽农业大学学报，1998
211. 杨鹏 等. 山西省野生油脂植物连翘资源的调查及种籽油的提取与分析. 山西农业大学学报，1996，16（4）：394～396
212. 姚建祥，李志勤 等. 喜树地理种源苗期优势分析. 浙江林学院学报，1997，14（2）：134～141
213. 姚小华 等. 余甘子果实贮藏保鲜的初步研究. 经济林研究，1990，8（2）：31～28
214. 姚小华 等. 余甘子生物学特性及其利用初步研究. 经济林研究，1991，9（2）：30～35
215. 姚小华 等. 余甘子营养（化学）成分研究. 林业科学研究，1992，5（2）：170～176
216. 余优森，任三学. 花椒果实膨大与品质的气象条件. 气象，1994，20（7）
217. 袁正科. 香椿速生丰产的生态条件. 湖南林业科技，1987（2）
218. 臧友维. 杜仲化学成分研究进展. 中草药，1989，20（4）：42～44
219. 张洪，叶丽萍 等. 枳木具子有效部位的初步研究. 广东药学院学报，2003，19（2）：111
220. 张会香，刘邻渭. 中草药解酒保键饮料的研究. 食品科学，2002，23（4）：63～65
221. 张加廷，刘宁，赵锋 等. 仁用杏良种与丰产栽培技术. 北方园艺，2001，6：25～27
222. 张家训. 石榴酒酿造. 食品工业，1998，（4）：15～17
223. 张克迪，蔡都信. 四个高产无性的选育. 中国乌桕研究论文集. 浙江省林业科学研究所编，22～28
224. 张克迪，蔡都信. 乌桕资源的开发利用 中国乌桕研究论文集. 浙江省林业科学研究所编，9～12
225. 张日清，吕芳德，何方. 美国出核桃引种栽培区划研究. 中南林学院学报，2001，21（2），2001，22（2），2002，22（3）.

226. 张诒仙. 世界木薯育种综述. 热带农业科学，1999，(1)：88～93
227. 张玉红，王洋，阎秀峰. 喜树种子萌发过程中喜树碱含量的变化规律. 植物生理学通讯，2002，38（6）：575～577
228. 张玉红，祖元刚. 不同产地和生长季节喜树叶中喜树碱的含量测定. 植物学通报，2003，20（5）：1～5
229. 张玉红. 喜树果实中喜树碱含量的产地差异及季节变化. 东北林业大学学报，2002，30（6）：44～47
230. 张韵冰. 中国柑橘属植物一新种. 植物研究，1991，11（2）：5～7
231. 赵汝证，郑益智. 中国热带南亚热带果树. 农业部发展南亚热带作物办公室编，北京：中国农业出版社，1998
232. 浙江卫生厅. 浙江天山药物志（上集）. 杭州：浙江科学技术出版社，1965，645
233. 中国科学院畜牧研究所. 国产饲料营养成分含量表（第一册）. 北京：农业出版社，1985
234. 仲山民，田荆祥，吴美春. 常山胡柚果实贮藏期间营养成分含量的变化. 浙江林学院学报，1994，11（1）：53～57
235. 仲山民，田荆祥. 常山胡柚果实营养成分分析. 经济林研究，1995，13（2）
236. 仲耘 等. 野葛采收与加工的研究. 天然产物研究与开发，1993，5（2）：82～86
237. 周春明，杨坚，龚正礼. 刺梨果酒的研制. 酿酒，2201，(6)
238. 周光洁 等. 中国石榴生产现状和发展前景. 西南农业大学学报，1995，8（1）：111～116
239. 周蛟，乔光明 等. 腰果育苗技术研究. 云南林业科技，2000，(1)
240. 朱佳满，王强. 刺梨的栽培与果实简易贮藏. 西南园艺，2002，(4)
241. 朱健，潘迎珍. 地埂花椒的丰产栽培技术. 防护林科技，1996. (1)
242. Abbott, B. J. Bioassay of Plant Extracts for Anticancer Activity. Cancer Treat Reports. 1976, 60 (8): 1007～1010
243. Benedicto, J. V., and V. Lopez-avila. Isolation of Camptothecin Comprises Extracting a Substrate with Supercritical Carbon Dioxide, First in the Absence and Then in the Presence of Solvent. WPI Patent. Patent No 6111108
244. Dzheneva A. Relationships between Leaf Chemical Composition and Yield in Almonds, Restenier-Dni-Nauki, 1989, 26 (4) 276～80.
245. Goff W D. Pecan Productin in the Southeast. Auburn: Alabama Cooperative Extension System, 1996.
246. Hutchinson, C. R. Camptothecin: Chemistry, Biogenesis and Medicinal Chemistry. 1981, 37: 1047～1065
247. Jaynes R. Nut Tree Culture in North America. Hamden: Northern Nut Growers Association, 1979.
248. Joolka, N. K. et al. Effect of growth Regulators and Trere Sprayoil onbloom Delay and Productivity of Almonds, India Journal 4f Horticwlture. 1991, 48 (3):
249. Kester, D. E . Thomas M. Gradziel. Alminds Fruit Breeding, 1996, Volume I
250. Kester, D. E.. A. Kader. Almonds. Encyclopedia of Food Science, Acadmic, London. 1993
251. Kester, D. E . Micke, W. Field Evaluation of Almond Varieties, Almond-Facts, 1986, 51 (4): 34
252. Kester, D. E.. The Biological and Cultural Evolution of the Almond, Horticulturae, 1990, 25: 1～2, 63～67
253. Kester, D. E. and R. A. Asay. Germplasm Sources of Almond. Calif. Agric. 1997, 31: 20～21
254. Li, S. Y. and K. T. Adair. Camptotheca Acuminata Decaisne XI SHU 喜树 (Chinese Happytree) a Promising Anti-tumor and Anti viral tree for the 21st Century. The Tucker Center College of Forestry Stephen F. Austin State University Nacogdoches, Texas, USA. 1994
255. Li, S. Y. Camptotheca Lowreyana, A New Species of Anti cancer Happytrees. 植物研究，1997，17（3）：348～352
256. Liu, Z. S. B. Carpenter and R. J. Constantin. Camptothecin Production in Camptotheca Acuminata Seedlings in Response to Shading and Flooding. Canadian Journal of Botany. 1997, 75 (2): 368～373
257. Liu, Z. and J. Adams. Camptothecin Yield and Distribution within Camptotheca Acuminata Trees Cultivated in Louisiana. Canadian Journal of Botany. 1996, 74 (3): 360～365
258. Manaster J. The Pecan Tree. Austin: University of Texas Press, 1994.
259. McEachern G R, Stein L A. Texas Pecan Handbook . Texas Agricultural Extension Service, 1997.
260. Micke W. C.. Kester D. E. Almond Growing in California. Proceedings of the Second International Symposium on Pistachios and Almond, Davis, California, USA, 1997, 21～28
261. Mortan, J. F., The Emblic (Phyclanthus emblica L.) Economic Botang, 1960
262. Nieddu, G. etal . Influence of Postdormant Temperatures on Bloom Time of four Almoond Cultivars, Scientia-Horticulture, 1990, 43: 1～2, 63～67
263. Reid W T. Growing Pecans in Kansas . Chetopa: Pecan Experiment Field, Kansas State University, 1992.

264. Socdan A. S., konl A. K, Wafar B, A. Floral Biology of Almond Nuts under Cultivation in Kashmir Valley, Proceedings of Indian A-cademy of plant Science, 1989, 99: 297 ~ 300

265. Tan Xiao-Feng, Hu Fang-Ming *et al.*, The main expressed genes during the transformation peak of oil in seeds of *Camellia oleifera*. The Second International Forum on Post-Genome Technologies, Nanjing, China, 2005, 98

266. Tan Xiao-Feng, Zhang Dang-Quan *et al.*, Separation and Bioinformatic Analysis of Oleosin Genes in Seeds of *Camellia oleifera.* The Third International Forum on Post-Genome Technologies, Guilin, China, 2005, 90 ~ 91

267. Vezvaei A., Clarke G. R., Jakson J. F. Characterisation of Australian Almond Cultivars and Comparison with Californian Cultivars by Isozyme Polymorphism. Australian Journal of Experimental Agriculture, 1994, 34 (4): 511 ~ 514.

268. Wall, M. E., M. C. Wani, C. E. Cook, and K. H. Palmer. Plant Antitumor Agents. I. The isolation and Structure of Camptothecin, a Novel Alkaloidal Leukemia and Tumor Inhibitor from Camptotheca Acuminata. Journal of the American Chemical Society. 1966, 88 (16): 3888 ~ 3890

269. White, R. A. Dyer, and B. L. Sloane. The Succulent Euphoriaceae (Southern Africa)", Abbey Garden Press, Pasadena, 1941 Annual Report of 1982 in the Institute for Rubber Research. 1983, pp. 139; Paris, France; IRCA. Rapport Annuel 1982.

270. Woodroof J G. Tree Nuts: Production, Processing, Products. Westport: AVI Publishing Co., 1979.

271. Xiu Feng Yan, Yang Wang, Tao Yu, Yu Hong Zhang, and Shao Jun Dai. Variation in Camptothecin Content in Camptotheca acuminata leaves. Botanical Bulletin of Academia Sinica 2003, 44 (2): 99 ~ 105

272. Yao X. H., Genetic Diversity of Emblic in China, Newa-Letter for Asia, the Pacific and Ocean, IPGRI, 1995, No17, 14 ~ 15

273. Yoshikawa M, Murakami T, Ueda T, *et al.*. Bioactivecon Stiuents of Chinese Natural Medicines Absolute Stereostructures of New Dihydroflavonols, Hovenitins, and, Isolated from Horeniae Semen Fructus, The Seed and Fruid of Hovenia Dulcis Thunb. (Rhamnaceae): Inhibitory Effect on Alcohol-induced Muscurelaxation and Hepatoprotective Activity. Yakugaku Zasshi, 1997, 117 (2): 108 ~ 118.

茶园自动节水灌溉

丰产优质茶园

茶树塑料棚栽培

茶农喜采新茶

咖啡树形

小叶咖啡枝叶

小叶咖啡果序

咖啡果序

咖啡果序

咖啡种子

杨梅林

杨梅树形

木桐杨梅树形

优 1 号树形（杨梅）

木桐杨梅

东魁杨梅结果状

1号杨梅

沙棘灌木林

沙棘林

沙棘果序

沙棘中优21果序

沙棘部分产品

刺梨园

栽培刺梨

野生刺梨

刺梨果实

刺梨花

刺梨果实纵切面

山葡萄

西番莲果实

西番莲花朵

西番莲花朵

西番莲花朵及幼果

西番莲落果

西番莲果实

奇伯瓦（越橘）

笃斯越橘

北土越橘

爱国者（越橘）

八角树林

八角树形

八角花

八角

花椒林

花椒树结果状

花椒结果树

花椒果序

花椒果

花椒油

漆树

漆树割漆状

漆树复叶

漆树种子

橡胶

橡胶林

橡胶（割胶）

马尾松割脂

马尾松林

湿地松割脂

湿地松林分

黑荆树林

银荆强更新繁殖能力 #9D8

黑荆树林

黑荆树林

五倍子

盐肤木花序

女贞树结果状

五倍了

五倍子

五倍子（角倍）

女贞种子

紫胶

紫胶

成片棕树

棕树幼果

棕树树形

棕树着果状

白榆天然林

白榆叶枝

白榆花枝

白榆果枝

白榆树形

柠条（锦鸡儿）

柠条（锦鸡儿）果枝

柠条（锦鸡儿）花枝

沙柳灌木林

沙柳树干

桉树林

邓恩桉

桉树树干

桉树木片

桉树机械化采伐

桉树胶合板制造

毛竹林远眺

毛竹出笋

选取母竹

毛竹林近观

毛竹林开竹节沟

毛竹窗帘粗加工产品

毛竹笋

高活性竹笋膳食纤维饮料

竹笋乳酸菌饮料

竹炭系列产品

竹炭系列产品

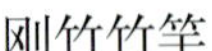

刚竹竹竿

刚竹竹枝生长状况

散生刚竹

水竹生长状况

慈竹丛生枝生长状况

慈竹新竹竹竿

慈竹丛生长状况

绿竹林分

绿竹丛

雷竹林分

雷竹笋用林林地覆盖

白纹阴阳竹

摆竹

凤尾竹

观音竹

斑竹

斑竹

翠竹

茶秆竹

大佛肚竹

大琴丝竹

大明竹

小佛肚竹

小琴丝竹

龟甲竹

多毛镰序竹

菲白竹

桂竹

菲黄竹

方竹

花毛竹

花孝顺竹

黄槽毛竹

黄金间碧玉

鹅毛竹

黄条金刚竹

箭竹

阔叶箬竹

金镶玉竹

黄秆京竹

螺节竹

罗汉竹

棚竹

小叶箬竹

月月竹

铺地竹

箬竹

爬竹

唐竹

孝顺竹

橄榄竹

中华大节竹

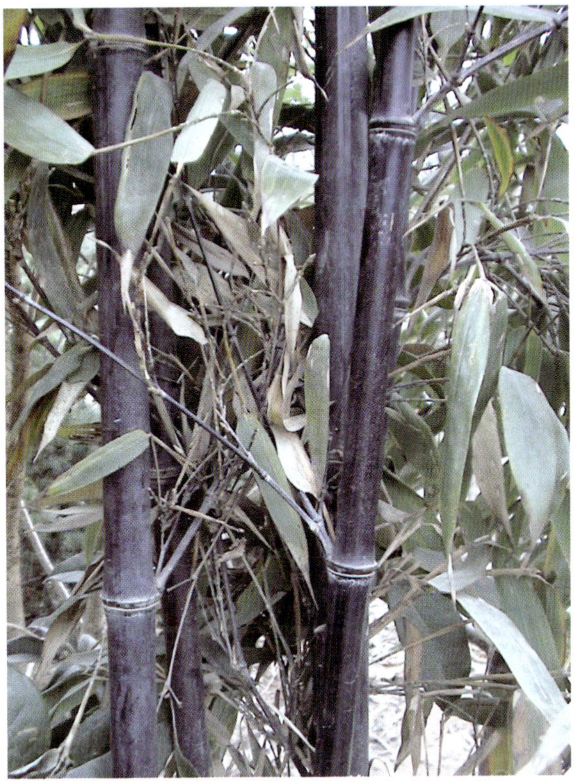

紫竹

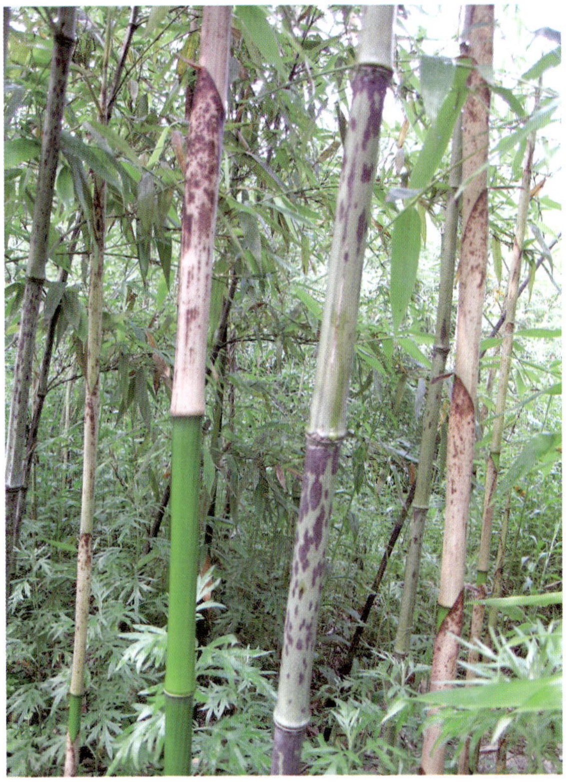

筠竹

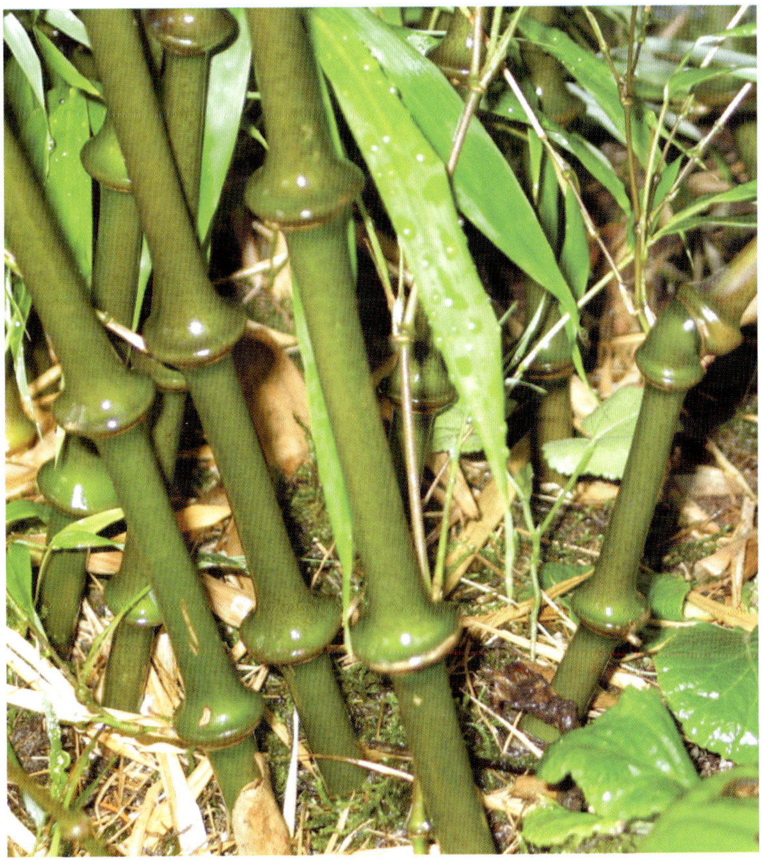

筇竹

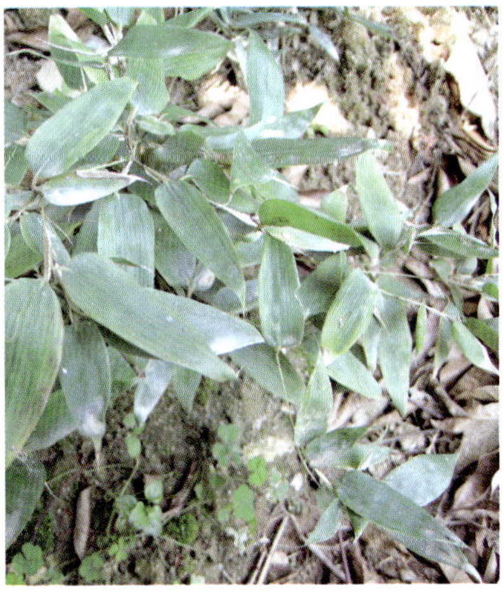

倭形竹

香椿树形

香椿幼树

香椿枝叶

香椿新芽

香椿新芽

香椿新芽

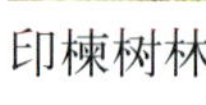
印楝树林

印楝果序

印楝果序

马桑树形

马桑枝叶

马桑

马桑

马桑

刺槐林

刺槐树形

刺槐花枝

刺槐果枝

紫穗槐林

紫穗槐花序

紫穗槐花枝

紫穗槐果枝

悬钩子

附录1 经济树种中文名和拉丁名对照

中文名	拉丁名
阿尔泰山楂	*Crataegus altaica* (Loud.) Lange
阿月浑子	*Pistacia vera* Linn.
埃及黄连木	*Pistacia khinjuk* Stockq
矮扁桃	*Amygdalus nana* Linn.
矮榛果栗	*Castanea alnifolia* Nutt.
澳洲坚果	*Macadamia termifolia* F. Muell.
八角	*Illicium verum* Hook. f.
八角樟	*Cinnamomum ilicioides* A. Chev.
巴山榧树	*Torreya fargesii* Franch.
白哺鸡竹	*Phyllostachys dulcis* McClure
白蜡树	*Fraxinus chinensis* Roxb.
白榄	*Canarium album*(Lour.)Raeusch.
白梨	*Pyrus bretschneideri* Rehd.
白栎	*Quercus fabri* Hance
白木香	*Aquilaria sinensis*(Lour.) Spreng.
白榆	*Ulmus pumila* Linn.
摆竹	*Indosasa shibataeoides* McClure
斑竹	*Phyllostachys bambusoides* f. *lacrimadeae* Keng et Wen
板栗	*Castanea mollissima* Blume
杯叶西番莲	*Passiflora cupirormis* Mast.
北方枸杞	*Lycium chinense* Mill. var. *potaninii*(Pojark.)A. M. Lu
北沙柳	*Salix psammophilla* C. Wang et Ch. Y. Yang
北枳椇	*Hovenia dulcis* Thunb.
篦子三尖杉	*Cephalotaxus oliveri* Mast.
扁桃	*Amygdalus communis* Linn.
滨盐肤木	*Rhus chinensis* var. *roxburghii*(DC.) Rehd.
槟榔	*Areca catechu* Linn.
勃氏甜龙竹	*Dendrocalamus brandisii*(Munro)Kurz
薄叶喜树	*Camptotheca acuminata* Decne. var. *tenuifolia* Fang et Soong
藏杏	*Armeniaca holosericea* (Batal.) Kost.
槽里黄刚竹	*Phyllostachys houzeauand* C·D·Chu et C·S·Chao
长瓣短柱茶	*Camellia grijsii* Hance
长柄樟	*Cinnamomum longipetiolatum* H. W. Li
长梗扁桃	*Amygdalus pedunculata* Pall.
长叶榧树	*Torreya jackii* Chun
长叶金柑	*Fortunella polyandra* (Ridley) Tanaka
长叶蛇王藤	*Passiflora moluccana* Reinw. ex Bl.
长叶西番莲	*Passiflora siamica* Craib
常山胡柚	*Citrus changshan huyou* Y. B. Chang
沉水樟	*Cinnamomum micranthus* (Hayata) Hayata
沉香	*Aquilaria agallocha* Roxb.
匙叶八角	*Illicium spathulatum* Wu

齿叶黄皮	*Clausena dunniana* Lévl.
翅子罗汉果	*Siraitia siamensis* (Craib) C. Jeffrey ex Zhong et D. Fang
川鄂山茱萸	*Cornus chinensis* Wanger.
川梨	*Pyrus pashia* Buch. – Ham. ex D. Don
川陕花椒	*Zanthoxylum piasezkii* Maxim.
慈竹	*Neosinocalamus affinis* (Rendle) Keng f.
刺黑竹	*Chimonobambusa neopurpurea* Yi
刺槐	*Robinia pseudoacacia* Linn.
刺梨	*Rosa roxburghii* Tratt.
刺葡萄	*Vitis davidii* Foex
刺叶高山栎	*Quercus spinosa* David. ex Franch.
粗榧	*Cephalotaxus sinensis* (Rehd. et Wils.) Li
翠竹	*Sasa pygmea* (Miq.) E. G. Camus
大佛肚竹	*Bambusa vulgaris* cv. Wamin
大果西番莲	*Passiflora quadrangularis* Linn.
大果枣	*Ziziphus mairei* Dode
大花枇杷	*Eriobotrya cavaleriei* (Lévl.) Rehd.
大明竹	*Pleioblastus gramineus* (Bean) Nakai
大琴丝竹	*Neosinocalamus affinis* cv. Flavidorivens Hsueh et Yi
丹东栗	*Castanea dandongensis* Lieolishe
邓恩桉	*Eucalyptus dunnii*
地枫皮	*Illicium difengpi* B. N. Chang
滇梨	*Pyrus pseudopashia* Yü
滇山茶	*Camellia reticulata* Lindl.
滇西山楂	*Crataegus oresbia* W. W. Smith
滇枣	*Ziziphus incurva* Roxb.
东北红豆杉	*Taxus cnspidata* Sieb. et Zucc.
东北杏	*Armeniaca mandshurica* (Maxim.) Skav.
洞柿	*Diospyros oleifera* Cheng
豆梨	*Pyrus calleryana* Decne.
笃耨香	*Pistacia terebinthus* Linn.
笃斯越橘	*Vaccinium uliginosum* Linn.
杜梨	*Pyrus betulaefolia* Bunge
杜仲	*Eucommia ulmoides* Oliv.
短梗八角	*Illicium pachyphyllum* A. C. Simth
短序樟	*Cinnamomum brachythyrsum* J. Li
钝黄连木	*Pistacia mutica fisch* Mey
钝叶枣	*Ziziphus obtusifolia* (Hook et Torr. et A. Gray) A. Gray
多花蔷薇	*Rosa multiflora* Thunb.
峨眉葛藤	*Pueraria omeiensis* Wang et Tang
鹅毛竹	*Shibataea chinensis* Nakai
儿茶	*Acacia catechu* (Linn. f) Willd.
番木瓜	*Carica papaya* Linn.
方竹	*Chimonobambusa quadrangularis* (Fenzi) Makino
菲白竹	*Sasa fortunei* (Van Houtte) Fior
菲律宾荔枝	*Litchi philippinensis* Radl.
菲律宾樟	*Cinnamomum philippinense* (Merr.) C. E. Chang
凤尾竹	*Bambusa multiplex* cv. Fernleaf
佛肚竹	*Bambusa ventricosa* McClure

佛州榧	*Torreya taxifolia* Arn.
甘葛藤	*Pueraria thomsonii* Benth.
甘肃山楂	*Crataegus kansuensis* Wils.
甘肃桃	*Amygdulus kansuensis* (Rehd.) Skeels
刚竹	*Phyllostachys viridis* (Young) McClure
高节竹	*Phyllostachys prominens* W. Y. Xiong
高山三尖杉	*Cephalotaxus fortunei* var. *alpina* Li
高山松	*Pinus densata* Mast.
葛藤	*Pueraria lobata* (Willd.) Ohwi
贡山三尖杉	*Cephalotaxus lanceolata* K. M. Feng
枸杞	*Lycium chinense* Mill.
鼓节矢竹	*Pleioblastus japonica* cv. Tsutsumiana
观音竹	*Bambusa multiplex* var. *riviereorum* R. Maire
光核桃	*Amygdalus mira* (Koehne) Yü et Lu
光滑黄皮	*Clausena lenis* Drake
光叶蔷薇	*Rosa wichuraiana* Crep.
广宁红山茶	*Camellia semiserrata* Chi
龟甲竹	*Phyllostachys edulis* f. *heteroclada*
桂花	*Osmanthus fragrans*(Thunb.) Lour.
海南粗榧	*Cephalotaxus Cephalotaxus hainanensis* Li
海棠	*Malus spectabilis* (Ait.) Borkh.
河岸葡萄	*Vitis riparia* Michaux
河北梨	*Pyrus hopeiensis* Yü
河南海棠	*Malus honanensis* Rehd.
核桃	*Juglans regia* Linn.
核桃楸	*Juglans mandshurica* Maxim.
褐果枣	*Ziziphus fungii* Merr.
褐梨	*Pyrus phaeocarpa* Rehd.
黑果枸杞	*Lycium ruthenicum* Murr.
黑核桃	*Juglans nigra* L.
黑荆树	*Acacia mearnsii* De Wilde
黑槭	*Acer nigrum* Michx. f.
黑松	*Pinus thunbergii* Parl.
红哺鸡竹	*Phyllostachys iridescens* C. Y. Yao et S. Y. Chen
红椿	*Toona ciliata* Roem.
红豆杉	*Taxus chinensis* (Pilger.) Rehd.
红毒茴	*Illicium lanceolatum* A. C. Simth
红麸杨	*Rhus punjabensis Stewat* var. *sinica* (Diels) Rehd. et Wils
红花八角	*Illicium dunnianum* Tutch.
红茴香	*Illicium henryi* Diels
红糖槭	*Acer rubrum* Linn.
猴樟	*Cinnamomum bodinieri* Lévl.
厚皮香八角	*Illicium ternstroaemioides* A. C. Simth
厚朴	*Magnolia officinalis* Rehd. et Wils.
胡椒	*Piper nigrum* Linn.
葫芦枣	*Ziziphus jujuba* var. *lageniformis* (Nakai) Kitang
湖北海棠	*Malus hupehensis* (Pamp.) Rehd.
湖北山楂	*Crataegus hupehensis* Sarg.
湖北樟	*Cinnamomum bodinieri* Lévl var. *hupehanum* (Gamble) G. F. Tao

湖南山核桃	*Carya hunanensis* Cheng et R. H. Chang ex Chang et Lu
槲栎	*Quercus aliena* Blume
槲叶木瓜	*Carica guercifolia* (st. Hi) Solms.
花吊丝竹	*Dendrocalamus minor* var. *amoenus* (Q. H. Dai et C. F. Huang) Hsueh et. D. Z. Li
花秆方竹	*Chimonobambusa quadrangularis* f. *taejima*
花椒	*Zanthoxylum bungeanum* Maxim.
花叶紫竹	*Phyllostachys nigra* cv. *Okina*
华中山楂	*Crataegus wilsonii* Sarg.
黄柏	*Phellodendron amurense* Rupr.
黄秆京竹	*Phyllostachys aureosulcata* f. *aureocaulis*
黄秆乌哺鸡竹	*Phyllostachys vivax* f. *aurocaulis*
黄秆早竹	*Phyllostachys praecox* f. *viridisulcata*
黄缟竹	*Sasa glabra* cv. *Aureo striata*
黄果枸杞	*Lycium barbarum* Linn. var. *auranticarpum* K. F. Ching
黄果西番莲	*Passiflora edulrsd* Sins. f. flaricarpa Degcner
黄金间碧玉竹	*Bambusa vulgaris* cv. Vittata
黄连木	*Pistacia chinensis* Bunge
黄毛竹	*Neosinocalamus affinis* cv. Chrysotrichus Hsueh et Yi
黄玫瑰	*Rosa foetida* Herrm.
黄皮	*Clausena lansium* (Lour.) Skeels
黄皮刚竹	*Phyllostachys viridis* f. *youngii*(McClure) C. D. chu et C. S. Chao
黄皮绿筋竹	*Phyllostachys sulphurea* f. *robert* Young
黄皮树	*Phellodendron chinense* Schneid
黄山松	*Pinus taiwanensis* Hayata
黄甜竹	*Acidosasa edulis* Wen
黄条金刚竹	*Sasa kongosanensis* cv. *Aureo striata*
黄樟	*Cinnamomum porrectum* (Roxb.) Kosterm.
加州榧	*Torreya californica* Torr.
假地枫皮	*Illicium jiadifengpi* B. N. Chang
假黄皮	*Clausena excavate* Burm f.
假蓝桉	*Eucalyptus pseudoglobulus* (Naudin ex maiden) Kirkpatr
坚叶樟	*Cinnamomum chartophyllum* H. W. Li
江孜沙棘	*Hippophae rhamnoides* ssp. *gyantsensis* Rousi
降香檀	*Dalbergia odorifera* T. Chen
降真香	*Acronychia pedunculata* (Linn.) Miq.
截萼枸杞	*Lycium truncatum* Y. C. Wang
金慈竹	*Neosinocalamus affinis* cv. Viridiflavus Hsueh et Yi
金弹	*Fortunella crassifolia* Swing.
金柑	*Fortunella japonica*(Thunb.) Swing.
金橘	*Fortunella margarita* (Lour.) Swing.
金明竹	*Phyllostachys bambusoides* f. *castillonis*
金镶玉竹	*Phyllostachys aureosulcata* f. *spectabilis*
井冈寒竹	*Gelidocalamus stellatus* Wen
橘红山楂	*Crataegus aurantia* Pojark
君迁子	*Diospyros lotus* Linn.
筠竹	*Phyllostachys glauca* f. *yunzhuea*
库页悬钩子	*Rubus sachalinensis* Lévl.
阔叶箬竹	*Indocalamus latifolius*(Keng) McClure
阔叶樟	*Cinnamomum platyphyllum*(Diels) Allen

蓝桉	*Eucalyptus globulus* Labill.
老鸦柿	*Diospyros rhombifolia* Hemsl.
雷竹	*Phyllostachys praecox* C. D. Chu et C. S. Chao
肋果沙棘	*Hippophae neurocarpa* S. W. Liu et T. N. He
棱果沙棘	*Hippophae goniocarpa* Lian X. L. Chen et K. Sun
李	*Prunus salicina* Lindl.
丽江山荆子	*Malus rockii* Rehd.
荔枝	*Litchi chinensis* Sonn.
枹栎	*Quercus glandulifera* Blume
栎叶枇杷	*Eriobotrya prinoides* Rehd. et Wils.
镰刀叶黄柏	*Phellodendron chinense* var. *falcatum*
镰叶西番莲	*Passiflora wilsonii* Hemsl.
辽宁山楂	*Crataegus sanguinea* Pall.
裂叶山楂	*Crataegus remotilobata* H. Raik. ex Popov
岭南八角	*Illicium tsangii* A. C. Simth
柳叶沙棘	*Hippophae salicifolia* D. Don
龙拐竹	*Chimonobambusa szechuanensis* var. *flexuosa* Hsueh et C. L.
龙眼	*Dimocarpus longan* Lour.
龙珠果	*Passiflora foetida* L.
龙爪枣	*Ziziphus jujuba* var. *tortusa* Hort
绿秆花慈竹	*Neosinocalamus affinis* cv. Striatus Yi et H. R. Qi
绿荆	*Acacia decurrens* Willd.
绿肉山楂	*Crataegus chlorosarca* Maxim.
绿玉树	*Euphorbia tirucalli* Linn.
绿竹	*Dendrocalamopsis oldhami*(Munro)Keng f.
罗汉果	*Siraitia grosvenorii* (Swingle) C. Jeffrey ex Lu et Z. Y. Zhang
罗汉竹	*Phyllostachys aurea* Carr. ex A. ete. Rir.
螺节竹	*Pleioblastus gramineus* f. *monitrispiralis*
洛氏喜树	*Camptotheca lowreyana* S. Y. Li
麻梨	*Pyrus serrulata* Rehd.
麻栎	*Quercus acutissima* Carr.
麻栗坡枇杷	*Eriobotrya malipoensis* Kuan
麻竹	*Dendrocalamus latiflorus* Munro
马桑	*Coriaria intermedia* Matsum.
马尾松	*Pinus massoniana* Lamb.
杧果	*Mangifera indica* Linn.
毛果枣	*Ziziphus attopensis* Pierre
毛果枳椇	*Hovenia trichocarpa* Chun et Tsiang
毛花茶秆竹	*Arundinaria pubiflora* Keng
毛梾	*Cornus walteri* Wanger.
毛脉枣	*Ziziphus pubinervis* Rehd.
毛葡萄	*Vitis quinguangularis* Rehd.
毛山荆子	*Malus manshurica*(Maxim.) Kom.
毛山楂	*Crataegus maximowiczii* Schneid.
毛叶木姜子	*Litsea mollis* Hemsl.
毛叶枣	*Ziziphus mauritiana* Lam.
毛叶樟	*Cinnamomum mollifolium* H. W. Li
毛樱桃	*Cerasus tomentosa* (Thunb.) Wall.
毛竹	*Phyllostachys heterochycla* var. *pubescens*(Mazel) Ohwi

茅栗 *Castanea seguinii* Dode
玫瑰 *Rosa rugosa.* Thunb.
梅 *Armeniaca mume* Sieb. et Zucc.
美国山核桃 *Carya illinoensis* (Wangenh.) K. Koch.
美味猕猴桃 *Actinidia deliciosa* C. F. Liang
美洲李 *Prunus americana* Marsh.
美洲栗 *Castanea dentata* Borkh
蒙古扁桃 *Amygdalus mongolica* (Maxim.) Richer
蒙古沙棘 *Hippophae rhamnoides* L. ssp. *mongolica* Rousi
米槁 *Cinnamomum migao* H. W. Li
木豆 *Cajanus cajan*(Linn.) Mill sp.
木梨 *Pyrus xerophila* Yü
木薯 *Manihot esculenta* Crantz
南方红豆杉 *Taxus chinsis* var. *mairei* (Lemee et Lévl) Cheng et L. K. Fu
南亚枇杷 *Eriobotrya bengalensis* (Roxb.) Hook. f.
尼泊尔马桑 *Coriaria nepalensis* Wall.
宁夏枸杞 *Lycium barbrarum* Linn.
柠檬桉 *Eucalyptus citriodora* Hook. f.
柠条锦鸡儿 *Caragana korshinshii* Kom.
怒江枇杷 *Eriobotrya salwinensis* Hand. -Mazz.
女贞 *Lingustrum lucidum* Ait.
欧洲李 *Prunus domestica* Linn.
欧洲栗 *Castanea sativa* Mill.
欧洲玫瑰 *Rosa moschata*
欧洲酸樱桃 *Cerasus vulgaris* Mill.
欧洲甜樱桃 *Cerasus avium*(Linn.) Moench
欧洲榛 *Corylus avellana* L.
枇杷 *Eriobotrya japonica*(Thunb.) Lindl.
平榛 *Corylus heterophylla* Fisch. ex Trautv.
苹果 *Malus pumila* Mill.
苹果西番莲 *Passiflora malirormis*
葡萄 *Vitis vīnifera* Limn.
葡萄柚 *Citrus paradisi* Marcf.
漆树 *Rhus verniciflluum* (Stokes.) F. A. Barkl.
千年桐 *Vernicia montana* Lour.
青麸杨 *Rhus potaninii* Maxim.
青花椒 *Zanthoxylum schinifolium* Sieb. et Zucc.
青杨梅 *Myrica adenophora* Hance
清香木 *Pistacia weinmannifolia* J. Poisson. ex Franch.
清香木姜子 *Litsea euosma* Smith
筇竹 *Qiongzhuea tumidinoda* Hsueh ex Yi
秋葡萄 *Vitis romanetii* Roman.
秋子梨 *Pyrus ussuriensis* Maxim.
俅江枳椇 *Hovenia acerba* var. *kiukiangensis*(Hu et Chang) C. Y. Wu
球枣 *Ziziphus laui* Merr.
全缘(叶)黄连木 *Pistacia integerrima* Stewart
全缘叶澳洲坚果 *Macadamia integrifolia* Maiden et Betche
人参 *Panax ginseng* C. A. Mey.
日本栗 *Castanea crenata* Sieb. et Zucc.

日本油桐	*Vernicia cordata* Steud
肉桂	*Cinnamomum cassia* Presl.
乳香黄连木	*Pistacia lentiscus* Linn.
软枣猕猴桃	*Actinidia arguta*(Sieb. et Zucc.)Planch.
三尖杉	*Cephalotaxus fortunei* Hook. f
三裂叶野葛	*Pueraria phaseoloides*(Roxb.) Benth.
三叶海棠	*Malus sieboldii* (Regel) Rehd.
伞形刺槐	*Robinia pseudoacacia* L. f. *umbraculifera* DC.
沙地葡萄	*Vitis rupestris* Scheels
沙棘	*Hippophae rhamnoides* Linn.
砂梨	*Pyrus pyrifolia*(Burm. f.) Nakai
山茶	*Camellia japonica* Linn.
山番木瓜	*Carica Candmarensis* Hook. P.
山峰西番莲	*Passiflora jugorum* W. W. Sinith
山核桃	*Carya cathayensis* Sarg.
山鸡椒	*Litsea cubeba* (Lour.)Pers.
山荆子	*Malus baccata*(Linn.) Borkh.
山橘	*Fortunella hindsii* (Champ. et Benth.)Swing.
山葡萄	*Vitis amurensis* Rupr.
山桃	*Amygdalus davidiana*(Carr.) C. de Vos ex Henry
山枣	*Ziziphus montana* Smith
山楂	*Crataegus pinnatifida* Bunge
山茱萸	*Cornus officinalis* Sieb. et Zucc.
陕西山楂	*Crataegus shensiensis* Pojark.
深绿山龙眼	*Helicia nilagirica* Bedd.
湿地松	*Pinus elliottii* Engelm.
石榴	*Punica granatum* Linn.
食用葛藤	*Pueraria edulis* Pampan
史密斯桉	*Eucalyptus smithii*
柿	*Diospyros kaki* Linn. f.
蜀枣	*Ziziphus xiangchengensis* Y. L. Chen et P. K. Chou
曙筋矢竹	*Pleioblastus aponica* cv. Akebonosuji
栓壳红山茶	*Camellia phellocapsa* H. T. Chang et B. K. Lee
栓皮栎	*Quercus variabilis* Blume
栓皮西番莲	*Passiflora suberula* Linn.
双肋蓝桉	*Eucalyptus bicostata*(Maidenet et al.)Kirkpatr
水竹	*Phyllostachys heteroclada* Oliver
思茅黄檀	*Dalbergia szemaoensis* Prain
斯密尔那无花果	*Ficus carica* var. *smyrnira* Shinn.
四叶澳洲坚果	*Macadamia tetraphylla* Johnson
酸橙	*Citrus aurantium* Linn.
酸枣	*Ziziphus jujuba* var. *spinosa* (Bge.) Hu
台湾林檎	*Malus doumeri*(Bois.)Chev.
台湾罗汉果	*Siraitia taiwaniana* (Hayata) C. Jeffrey ex Lu et Z. Y. Zhang
台湾马桑	*Coriaria sinica* Maxim.
台湾枇杷	*Eriobotrya deflexa* (Hemsl.) Nakai
唐古特扁桃	*Amygdalus tangutica* (Batal.)Korsh.
唐竹	*Shibataea tootsik*
糖槭	*Acer saccharum* Marsh.

桃	*Amygdalus persica* Linn.
腾越枇杷	*Eriobotrya tengyuehensis* W. W. Smith
甜果西番莲	*Passiflora liguaris*
铁核桃	*Juglans sigillata* Dode
秃叶黄皮树	*Phellodendron chinense* var. *glabriusculum*
望春玉兰	*Yulania biondii* Pamp.
尾叶樟	*Cinnamomum caudiferum* Kosterm.
文冠果	*Xanthoceras sorbifolia* Bunge
乌冈栎	*Quercus phillyraeoides* A. Gray
乌桕	*Sapium sebiferum*(Linn.) Roxb.
乌榄	*Canarium pimela* Leenh.
无刺枣	*Ziziphus jujuba* var. *inermis*(Bunge) Rehd.
无花果	*Ficus carice* Linn.
无鳞罗汉果	*Siraitia borneensis* (Merr.) C. Jeffrey ex Lu et Z. Y. Zhang
五味子	*Schisandra chinensis* (Tuecz.) Baill.
西伯利亚杏	*Armeniaca sibirica* (Linn.) Lam.
西藏红豆杉	*Taxus wallichiana* Zucc.
西藏沙棘	*Hippophae thibetana* Schlechtend.
西番莲	*Passiflora caerulea* L.
西府海棠	*Malus micromalus* Makino
西洋梨	*Pyrus communis* Linn.
喜树	*Camptotheca acuminata* Decne.
细毛樟	*Cinnamomum tenuipilum* Kosterm.
细叶黄皮	*Clausena indica* (Datz.) Oliv.
细柱西番莲	*Passiflora gracilis* Jacq. ex. Link.
狭叶枇杷	*Eriobotrya henryi* Nakai
香椿	*Toona sinensis* (A. Juss.) Roem.
香榧	*Torreya grandis* Fort. ex Lindl.
香花黄皮	*Clausena odorata* Huang
香花枇杷	*Eriobotrya fragrans* Champ. ex Benth
香蕉西番莲	*Passiflora mollissima*
香水月季	*Rosa odorata*(Andr.) Sweet
橡胶	*Hevea brasiliensis*(Willd. ex A. Juss) Muell. – Arg.
小果香椿	*Toona microcarpa* (C. DC.) Harms
小果枣	*Ziziphus oenoplia* (Linn.) Mill.
小花八角	*Illicium micranthum* Dunn
小黄皮	*Clausena emarginata* Huang
小琴丝竹	*Bambusa multiplex* cv. Alphonse-Karr
小叶锦鸡儿	*Caragana microphylla*(Pall.) Lam.
小叶栎	*Quercus chenii* Nakai
小叶枇杷	*Eriobotrya seguinii* (Lévl.) Card. ex Guillaumin
小叶油茶	*Camellia oleifera* var. *monosperma* H. T. Chang
蝎尾花西番莲	*Passiflora cincinnata*
心叶西番莲	*Passiflora eberhardtii* Gagn.
新疆枸杞	*Lycium dasystemum* Pojark.
新疆梨	*Pyrus sinkiangensis* Yü
新疆桃	*Amygdalus ferganensis* (Kost. et Rjab.) Yü et Lu
杏	*Armeniaca vulgaris* Lam.
杏李	*Prunus simonii* Carr.

杏叶梨	*Pyrus armeniacaefolia* Yü
岩樟	*Cinnamomum saxatile* H. W. Li
盐肤木	*Rhus chinensis* Mill.
杨梅	*Myrica rubra*(Lour.) Sieb. et Zucc.
腰果	*Anacardium occidentale* Linn.
椰子	*Cocos nucifera* Linn.
野八角	*Illicium simonsii* Maxim.
野山楂	*Crataegus cuneata* Sieb. et Zucc.
银白槭	*Acer saccharinum* Linn.
银桂	*Osmanthus fragrans* var. *latifolius* Mak.
银荆	*Acacia dealbata* Link
银明竹	*Phyllostachys bambusoides* f. *castillonis inversa*
银木	*Cinnamomum septentrionale* Hand. – Mazz.
银杏	*Ginkgo biloba* L.
印楝	*Azadirchta indica* A. Juss
油茶	*Camellia oleifera* Abel
油榧	*Torreya nucifera* (Linn.) Sieb. et Zucc.
油橄榄	*Olea europaea* Linn.
油柿	*Diospyros kaki* var. *silvestris* Mak.
油桐	*Vernicia fordii* (Hemsl.) Ary – Shaw
油樟	*Cinnamomum longepaniculatum* (Gamble) N. Chao
油棕	*Elaeis guineensis* Jacq.
柚	*Citrus maxima* (Burm.) Merr.
余甘子	*Phyllanthus emblica* Linn.
榆叶梅	*Amygdalus triloba*(Lindl.) Ricker
玉兰	*Yulania denudata* Desr.
元宝枫	*Acer truncatum* Bunge
圆叶葡萄	*Vitis rotundifolia* Michx.
圆叶西番莲	*Passiflora henry* Hemsl.
月季	*Rosa chinensis* Jacq.
月叶西番莲	*Passiflora altebilobata* Hemsl.
越橘	*Vaccinium vitis – idaea* Linn.
越南葛藤	*Pueraria montana* (Lour.) Merr.
越南山核桃	*Carya tonkinensis* Lceomt
越南油茶	*Camellia vietnamensis* Huang et Hu
云南榧	*Torreya yunnanensis* Cheng et L. K. Fu
云南葛藤	*Pueraria peduncularis* Grah. ex Benth.
云南枸杞	*Lycium yunnanense* Kuang et A. M. Lu
云南红豆杉	*Taxus yunnanensis* Cheng et L. K. Fu
云南黄皮	*Clausena yunnanensis* Huang
云南沙棘	*Hippophae rhamnoides* L . ssp. *yunanensis* Rousi
云南山楂	*Crataegus scabrifolia*(Franch.) Rehd.
云南松	*Pinus yunnanensis* Franch.
云南樟	*Cinnamomum glanduliferum* (Wall.) Nees
枣	*Ziziphus jujuba* Mill.
樟树	*Cinnamomum camphora*(Linn.) Presl.
樟叶西番莲	*Passiflora laurifolia*
浙江红花油茶	*Camellia chekiangoleosa* Hu
浙江柿	*Diospyros glaucifolia* Metcalf

榛果栗	*Castanea pumila* Mill.
直杆蓝桉	*Eucalyptus maiednii* F. V. Muell
枳	*Poncirus trifoliata*(Linn.) Raf.
枳椇	*Hovenia acerba* Lindl.
中甸山楂	*Crataegus chungtienensis* W. W. Smith
中国沙棘	*Hippophae rhamnoides* L. ssp. *sinensis* Rousi
中国樱桃	*Cerasus pseudocerasus*(Lindl.) G. Don
中华猕猴桃	*Actinidia chinensis* Planch.
中间锦鸡儿	*Caragana intermedia* Kuang et H. C. Fu
中间型无花果	*Ficus carica* var. *intermedia* Shinn
中缅八角	*Illicium burmanium* Wils.
中亚沙棘	*Hippophae rhamnoides* L. ssp. *turkestanica* Rousi
皱枣	*Ziziphus rugosa* Lam.
竹叶花椒	*Zanthoxylum armatum* DC.
柱筒枸杞	*Lycium cylindricum* Kuang et A. M. Lu
锥栗	*Castanea henryi*(Skan) Rehd. et Wils.
准噶尔山楂	*Crataegus songorica* K. Koch
紫果西番莲	*Passiflora edulis* Sims
紫穗槐	*Amorpha fruticosa* Linn.
紫竹	*Phyllostachys nigra*(Lodd. ex Lindl.) Munro

附录2　经济树种拉丁名和中文名对照

拉　丁　名	中　文　名
Acacia catechu(Linn. f) Willd.	儿茶
Acacia dealbata Link	银荆
Acacia decurrens Willd.	绿荆
Acacia mearnsii De Wilde	黑荆树
Acer nigrum Michx. f.	黑槭
Acer rubrum Linn.	红糖槭
Acer saccharinum Linn.	银白槭
Acer saccharum Marsh.	糖槭
Acer truncatum Bunge	元宝枫
Acidosasa edulis Wen	黄甜竹
Acronychia pedunculata (Linn.) Miq.	降真香
Actinidia arguta(Sieb. et Zucc.) Planch.	软枣猕猴桃
Actinidia chinensis Planch.	中华猕猴桃
Actinidia deliciosa C. F. Liang	美味猕猴桃
Amorpha fruticosa Linn.	紫穗槐
Amygdalus persica Linn.	桃
Amygdalus communis Linn.	扁桃
Amygdalus davidiana(Carr.) C. de Vos ex Henry	山桃
Amygdalus ferganensis (Kost. et Rjab.) Yü et Lu	新疆桃
Amygdalus mira (Koehne) Yü et Lu	光核桃
Amygdalus mongolica (Maxim.) Richer	蒙古扁桃
Amygdalus nana Linn.	矮扁桃
Amygdalus pedunculata Pall.	长梗扁桃
Amygdalus tangutica (Batal.) Korsh.	唐古特扁桃
Amygdalus triloba(Lindl.) Ricker	榆叶梅
Amygdulus kansuensis (Rehd.) Skeels	甘肃桃
Anacardium occidentale Linn.	腰果
Aquilaria agallocha Roxb.	沉香
Aquilaria sinensis(Lour.) Spreng.	白木香
Areca catechu Linn.	槟榔
Armeniaca holosericea (Batal.) Kost.	藏杏
Armeniaca mandshurica (Maxim.) Skav.	东北杏
Armeniaca mume Sieb. et Zucc.	梅
Armeniaca sibirica (Linn.) Lam.	西伯利亚杏
Armeniaca vulgaris Lam.	杏
Arundinaria pubiflora Keng	毛花茶秆竹
Azadirchta indica A. Juss	印楝
Bambusa multiplex cv. Fernleaf	凤尾竹
Bambusa multiplex cv. Alphonse-Karr	小琴丝竹
Bambusa multiplex var. *riviereorum* R. Maire	观音竹
Bambusa ventricosa McClure	佛肚竹
Bambusa vulgaris cv. Wamin	大佛肚竹

Bambusa vulgaris cv. Vittata	黄金间碧玉竹
Cajanus cajan(Linn.) Mill sp.	木豆
Camellia chekiangoleosa Hu	浙江红花油茶
Camellia grijsii Hance	长瓣短柱茶
Camellia japonica Linn.	山茶
Camellia oleifera var. *monosperma* H. T. Chang	小叶油茶
Camellia oleifera Abel	油茶
Camellia phellocapsa H. T. Chang et B. K. Lee	栓壳红山茶
Camellia reticulata Lindl.	滇山茶
Camellia semiserrata Chi	广宁红山茶
Camellia vietnamensis Huang et Hu	越南油茶
Camptotheca acuminata Decne. var. *tenuifolia* Fang et Soong	薄叶喜树
Camptotheca acuminata Decne.	喜树
Camptotheca lowreyana S. Y. Li	洛氏喜树
Canarium album(Lour.)Raeusch.	白榄
Canarium pimela Leenh.	乌榄
Caragana intermedia Kuang et H. C. Fu	中间锦鸡儿
Caragana korshinshii Kom.	柠条锦鸡儿
Caragana microphylla(Pall.)Lam.	小叶锦鸡儿
Carica Candmarensis Hook. P.	山番木瓜
Carica guercifolia (st. Hi)Solms.	槲叶木瓜
Carica papaya Linn.	番木瓜
Carya cathayensis Sarg.	山核桃
Carya hunanensis Cheng et R. H. Chang ex Chang et Lu	湖南山核桃
Carya illinoensis (Wangenh.)K. Koch.	美国山核桃
Carya tonkinensis Lceomt	越南山核桃
Castanea alnifolia Nutt.	矮榛果栗
Castanea crenata Sieb. et Zucc.	日本栗
Castanea dandongensis Lieolishe	丹东栗
Castanea dentata Borkh	美洲栗
Castanea henryi(Skan) Rehd. et Wils.	锥栗
Castanea mollissima Blume	板栗
Castanea pumila Mill.	榛果栗
Castanea sativa Mill.	欧洲栗
Castanea seguinii Dode	茅栗
Cephalotaxus Cephalotaxus hainanensis Li	海南粗榧
Cephalotaxus fortunei Hook. f	三尖杉
Cephalotaxus fortunei var. *alpina* Li	高山三尖杉
Cephalotaxus lanceolata K. M. Feng	贡山三尖杉
Cephalotaxus oliveri Mast.	篦子三尖杉
Cephalotaxus sinensis (Rehd. et Wils.) Li	粗榧
Cerasus avium(Linn.) Moench	欧洲甜樱桃
Cerasus pseudocerasus(Lindl.)G. Don	中国樱桃
Cerasus tomentosa (Thunb.)Wall.	毛樱桃
Cerasus vulgaris Mill.	欧洲酸樱桃
Chimonobambusa neopurpurea Yi	刺黑竹
Chimonobambusa quadrangularis f. *taejima*	花秆方竹
Chimonobambusa quadrangularis(Fenzi)Makino	方竹
Chimonobambusa szechuanensis var. *flexuosa* Hsueh et C. L.	龙拐竹

Cinnamomum bodinieri Lévl var. *hupehanum* (Gamble) G. F. Tao	湖北樟
Cinnamomum bodinieri Lévl.	猴樟
Cinnamomum brachythyrsum J. Li	短序樟
Cinnamomum camphora (Linn.) Presl.	樟树
Cinnamomum cassia Presl.	肉桂
Cinnamomum caudiferum Kosterm.	尾叶樟
Cinnamomum chartophyllum H. W. Li	坚叶樟
Cinnamomum glanduliferum (Wall.) Nees	云南樟
Cinnamomum ilicioides A. Chev.	八角樟
Cinnamomum longepaniculatum (Gamble) N. Chao	油樟
Cinnamomum longipetiolatum H. W. Li	长柄樟
Cinnamomum micranthus (Hayata) Hayata	沉水樟
Cinnamomum migao H. W. Li	米槁
Cinnamomum mollifolium H. W. Li	毛叶樟
Cinnamomum philippinense (Merr.) C. E. Chang	菲律宾樟
Cinnamomum platyphyllum (Diels) Allen	阔叶樟
Cinnamomum porrectum (Roxb.) Kosterm.	黄樟
Cinnamomum saxatile H. W. Li	岩樟
Cinnamomum septentrionale Hand. – Mazz.	银木
Cinnamomum tenuipilum Kosterm.	细毛樟
Citrus aurantium Linn.	酸橙
Citrus changshan huyou Y. B. Chang	常山胡柚
Citrus maxima (Burm.) Merr.	柚
Citrus paradisi Marcf.	葡萄柚
Clausena dunniana Lévl.	齿叶黄皮
Clausena emarginata Huang	小黄皮
Clausena excavate Burm f.	假黄皮
Clausena indica (Datz.) Oliv.	细叶黄皮
Clausena lansium (Lour.) Skeels	黄皮
Clausena lenis Drake	光滑黄皮
Clausena odorata Huang	香花黄皮
Clausena yunnanensis Huang	云南黄皮
Cocos nucifera Linn.	椰子
Coriaria intermedia Matsum.	马桑
Coriaria nepalensis Wall.	尼泊尔马桑
Coriaria sinica Maxim.	台湾马桑
Cornus chinensis Wanger.	川鄂山茱萸
Cornus officinalis Sieb. et Zucc.	山茱萸
Cornus walteri Wanger.	毛梾
Corylus avellana L.	欧洲榛
Corylus heterophylla Fisch. ex Trautv.	平榛
Crataegus altaica (Loud.) Lange	阿尔泰山楂
Crataegus aurantia Pojark	橘红山楂
Crataegus chlorosarca Maxim.	绿肉山楂
Crataegus chungtienensis W. W. Smith	中甸山楂
Crataegus cuneata Sieb. et Zucc.	野山楂
Crataegus hupehensis Sarg.	湖北山楂
Crataegus kansuensis Wils.	甘肃山楂
Crataegus maximowiczii Schneid.	毛山楂

Crataegus oresbia W. W. Smith	滇西山楂
Crataegus pinnatifida Bunge	山楂
Crataegus remotilobata H. Raik. ex Popov	裂叶山楂
Crataegus sanguinea Pall.	辽宁山楂
Crataegus scabrifolia(Franch.) Rehd.	云南山楂
Crataegus shensiensis Pojark.	陕西山楂
Crataegus songorica K. Koch	准噶尔山楂
Crataegus wilsonii Sarg.	华中山楂
Dalbergia odorifera T. Chen	降香檀
Dalbergia szemaoensis Prain	思茅黄檀
Dendrocalamopsis oldhami(Munro) Keng f.	绿竹
Dendrocalamus brandisii(Munro) Kurz	勃氏甜龙竹
Dendrocalamus latiflorus Munro	麻竹
Dendrocalamus minor var. *amoenus* (Q. H. Dai et C. F. Huang) Hsueh et. D. Z. Li	花吊丝竹
Dimocarpus longan Lour.	龙眼
Diospyros glaucifolia Metcalf	浙江柿
Diospyros kaki Linn. f.	柿
Diospyros kaki var. *silvestris* Mak.	油柿
Diospyros lotus Linn.	君迁子
Diospyros oleifera Cheng	洞柿
Diospyros rhombifolia Hemsl.	老鸦柿
Elaeis guineensis Jacq.	油棕
Eriobotrya bengalensis (Roxb.) Hook. f.	南亚枇杷
Eriobotrya cavaleriei (Lévl.) Rehd.	大花枇杷
Eriobotrya deflexa (Hemsl.) Nakai	台湾枇杷
Eriobotrya fragrans Champ. ex Benth	香花枇杷
Eriobotrya henryi Nakai	狭叶枇杷
Eriobotrya japonica(Thunb.) Lindl.	枇杷
Eriobotrya malipoensis Kuan	麻栗坡枇杷
Eriobotrya prinoides Rehd. et Wils.	栎叶枇杷
Eriobotrya salwinensis Hand. – Mazz.	怒江枇杷
Eriobotrya seguinii (Lévl.) Card. ex Guillaumin	小叶枇杷
Eriobotrya tengyuehensis W. W. Smith	腾越枇杷
Eucalyptus bicostata(Maidenet et al.) Kirkpatr	双肋蓝桉
Eucalyptus citriodora Hook. f.	柠檬桉
Eucalyptus dunnii	邓恩桉
Eucalyptus globulus Labill.	蓝桉
Eucalyptus maiednii F. V. Muell	直杆蓝桉
Eucalyptus pseudoglobulus (Naudin ex maiden) Kirkpatr	假蓝桉
Eucalyptus smithii	史密斯桉
Eucommia ulmoides Oliv.	杜仲
Euphorbia tirucalli Linn.	绿玉树
Ficus carica var. *intermedia* Shinn	中间型无花果
Ficus carica var. *smyrnira* Shinn.	斯密尔那无花果
Ficus carice Linn.	无花果
Fortunella crassifolia Swing.	金弹
Fortunella hindsii (Champ. et Benth.) Swing.	山橘
Fortunella japonica(Thunb.) Swing.	金柑
Fortunella margarita (Lour.) Swing.	金橘

Fortunella polyandra (Ridley) Tanaka	长叶金柑
Fraxinus chinensis Roxb.	白蜡树
Gelidocalamus stellatus Wen	井冈寒竹
Ginkgo biloba L.	银杏
Helicia nilagirica Bedd.	深绿山龙眼
Hevea brasiliensis(Willd. ex A. Juss) Muell. – Arg.	橡胶
Hippophae goniocarpa Lian X. L. Chen et K. Sun	棱果沙棘
Hippophae neurocarpa S. W. Liu et T. N. He	肋果沙棘
Hippophae rhamnoides L. ssp. *mongolica* Rousi	蒙古沙棘
Hippophae rhamnoides L. ssp. *sinensis* Rousi	中国沙棘
Hippophae rhamnoides L. ssp. *turkestanica* Rousi	中亚沙棘
Hippophae rhamnoides L. ssp. *yunanensis* Rousi	云南沙棘
Hippophae rhamnoides Linn.	沙棘
Hippophae rhamnoides ssp. *gyantsensis* Rousi	江孜沙棘
Hippophae salicifolia D. Don	柳叶沙棘
Hippophae thibetana Schlechtend.	西藏沙棘
Hovenia acerba Lindl.	枳椇
Hovenia acerba var. *kiukiangensis*(Hu et Chang) C. Y. Wu	俫江枳椇
Hovenia dulcis Thunb.	北枳椇
Hovenia trichocarpa Chun et Tsiang	毛果枳椇
Illicium difengpi B. N. Chang	地枫皮
Illicium burmanium Wils.	中缅八角
Illicium dunnianum Tutch.	红花八角
Illicium henryi Diels	红茴香
Illicium jiadifengpi B. N. Chang	假地枫皮
Illicium lanceolatum A. C. Simth	红毒茴
Illicium micranthum Dunn	小花八角
Illicium pachyphyllum A. C. Simth	短梗八角
Illicium simonsii Maxim.	野八角
Illicium spathulatum Wu	匙叶八角
Illicium ternstroaemioides A. C. Simth	厚皮香八角
Illicium tsangii A. C. Simth	岭南八角
Illicium verum Hook. f.	八角
Indocalamus latifolius(Keng) McClure	阔叶箬竹
Indosasa shibataeoides McClure	摆竹
Juglans mandshurica Maxim.	核桃楸
Juglans nigra L.	黑核桃
Juglans regia Linn.	核桃
Juglans sigillata Dode	铁核桃
Lingustrum lucidum Ait.	女贞
Litchi chinensis Sonn.	荔枝
Litchi philippinensis Radl.	菲律宾荔枝
Litsea cubeba (Lour.) Pers.	山鸡椒
Litsea euosma Smith	清香木姜子
Litsea mollis Hemsl.	毛叶木姜子
Lycium barbarum Linn. var. *auranticarpum* K. F. Ching	黄果枸杞
Lycium barbrarum Linn.	宁夏枸杞
Lycium chinense Mill.	枸杞
Lycium chinense Mill. var. *potaninii*(Pojark.) A. M. Lu	北方枸杞

Lycium cylindricum Kuang et A. M. Lu	柱筒枸杞
Lycium dasystemum Pojark.	新疆枸杞
Lycium ruthenicum Murr.	黑果枸杞
Lycium truncatum Y. C. Wang	截萼枸杞
Lycium yunnanense Kuang et A. M. Lu	云南枸杞
Macadamia termifolia F. Muell.	澳洲坚果
Macadamia integrifolia Maiden et Betche	全缘叶澳洲坚果
Macadamia tetraphylla Johnson	四叶澳洲坚果
Magnolia officinalis Rehd. et Wils.	厚朴
Malus baccata(Linn.) Borkh.	山荆子
Malus doumeri(Bois.)Chev.	台湾林檎
Malus honanensis Rehd.	河南海棠
Malus hupehensis (Pamp.) Rehd.	湖北海棠
Malus manshurica(Maxim.) Kom.	毛山荆子
Malus micromalus Makino	西府海棠
Malus pumila Mill.	苹果
Malus rockii Rehd.	丽江山荆子
Malus sieboldii (Regel) Rehd.	三叶海棠
Malus spectabilis (Ait.)Borkh.	海棠
Mangifera indica Linn.	杧果
Manihot esculenta Crantz	木薯
Myrica adenophora Hance	青杨梅
Myrica rubra(Lour.) Sieb. et Zucc.	杨梅
Neosinocalamus affinis (Rendle)Keng f.	慈竹
Neosinocalamus affinis cv. Chrysotrichus Hsueh et Yi	黄毛竹
Neosinocalamus affinis cv. Viridiflavus Hsueh et Yi	金慈竹
Neosinocalamus affinis cv. Flavidorivens Hsueh et Yi	大琴丝竹
Neosinocalamus affinis cv. Striatus Yi et H. R. Qi	绿秆花慈竹
Olea europaea Linn.	油橄榄
Osmanthus fragrans var. *latifolius* Mak.	银桂
Osmanthus fragrans(Thunb.) Lour.	桂花
Panax ginseng C. A. Mey.	人参
Passiflora altebilobata Hemsl.	月叶西番莲
Passiflora caerulea L.	西番莲
Passiflora cincinnata	蝎尾花西番莲
Passiflora cupirormis Mast.	杯叶西番莲
Passiflora eberhardtii Gagn.	心叶西番莲
Passiflora edulis Sims	紫果西番莲
Passiflora edulrsd Sins. f. flaricarpa Degcner	黄果西番莲
Passiflora foetida L.	龙珠果
Passiflora gracilis Jacq. ex. Link.	细柱西番莲
Passiflora henry Hemsl.	圆叶西番莲
Passiflora jugorum W. W. Sinith	山峰西番莲
Passiflora laurifolia	樟叶西番莲
Passiflora liguaris	甜果西番莲
Passiflora malirormis	苹果西番莲
Passiflora mollissima	香蕉西番莲
Passiflora moluccana Reinw. ex Bl.	长叶蛇王藤
Passiflora quadrangularis Linn.	大果西番莲

Passiflora siamica Craib	长叶西番莲
Passiflora suberula Linn.	栓皮西番莲
Passiflora wilsonii Hemsl.	镰叶西番莲
Phellodendron amurense Rupr.	黄柏
Phellodendron chinense Schneid	黄皮树
Phellodendron chinense var. *falcatum*	镰刀叶黄柏
Phellodendron chinense var. *glabriusculum*	秃叶黄皮树
Phyllanthus emblica Linn.	余甘子
Phyllostachys aurea Carr. ex A. ete. Rir.	罗汉竹
Phyllostachys aureosulcata f. *aureocaulis*	黄秆京竹
Phyllostachys aureosulcata f. *spectabilis*	金镶玉竹
Phyllostachys bambusoides f. *lacrimadeae* Keng et Wen	斑竹
Phyllostachys bambusoides f. *castillonis inversa*	银明竹
Phyllostachys bambusoides f. *castillonis*	金明竹
Phyllostachys dulcis McClure	白哺鸡竹
Phyllostachys edulis f. *heteroclada*	龟甲竹
Phyllostachys glauca f. *yunzhuea*	筠竹
Phyllostachys heterochycla var. *pubescens*(Mazel)Ohwi	毛竹
Phyllostachys heteroclada Oliver	水竹
Phyllostachys houzeauand C · D · Chuet C · S · Chao	槽里黄刚竹
Phyllostachys iridescens C. Y. Yao et S. Y. Chen	红哺鸡竹
Phyllostachys nigra cv. *Okina*	花叶紫竹
Phyllostachys nigra(Lodd. ex Lindl.)Munro	紫竹
Phyllostachys praecox C. D. Chu et C. S. Chao	雷竹
Phyllostachys praecox f. *viridisulcata*	黄秆早竹
Phyllostachys prominens W. Y. Xiong	高节竹
Phyllostachys sulphurea f. *robert* Young	黄皮绿筋竹
Phyllostachys viridis (Young)McClure	刚竹
Phyllostachys viridis f. *youngii*(McClure)C. D. chu et C. S. Chao	黄皮刚竹
Phyllostachys vivax f. *aurocaulis*	黄秆乌哺鸡竹
Pinus densata Mast.	高山松
Pinus elliottii Engelm.	湿地松
Pinus massoniana Lamb.	马尾松
Pinus taiwanensis Hayata	黄山松
Pinus thunbergii Parl.	黑松
Pinus yunnanensis Franch.	云南松
Piper nigrum Linn.	胡椒
Pistacia chinensis Bunge	黄连木
Pistacia integerrima Stewart	全缘(叶)黄连木
Pistacia khinjuk Stockq	埃及黄连木
Pistacia lentiscus Linn.	乳香黄连木
Pistacia mutica fisch Mey	钝黄连木
Pistacia terebinthus Linn.	笃薅香
Pistacia vera Linn.	阿月浑子
Pistacia weinmannifolia J. Poisson. ex Franch.	清香木
Pleioblastus aponica cv. Akebonosuji	曙筋矢竹
Pleioblastus gramineus f. *monitrispiralis*	螺节竹
Pleioblastus gramineus(Bean)Nakai	大明竹
Pleioblastus japonica cv. Tsutsumiana	鼓节矢竹

Poncirus trifoliata(Linn.) Raf.	枳
Prunus americana Marsh.	美洲李
Prunus domestica Linn.	欧洲李
Prunus salicina Lindl.	李
Prunus simonii Carr.	杏李
Pueraria edulis Pampan	食用葛藤
Pueraria lobata (Willd.) Ohwi	葛藤
Pueraria montana (Lour.) Merr.	越南葛藤
Pueraria omeiensis Wang et Tang	峨眉葛藤
Pueraria peduncularis Grah. ex Benth.	云南葛藤
Pueraria phaseoloides(Roxb.) Benth.	三裂叶野葛
Pueraria thomsonii Benth.	甘葛藤
Punica granatum Linn.	石榴
Pyrus armeniacaefolia Yü	杏叶梨
Pyrus betulaefolia Bunge	杜梨
Pyrus bretschneideri Rehd.	白梨
Pyrus calleryana Decne.	豆梨
Pyrus communis Linn.	西洋梨
Pyrus hopeiensis Yü	河北梨
Pyrus pashia Buch. – Ham. ex D. Don	川梨
Pyrus phaeocarpa Rehd.	褐梨
Pyrus pseudopashia Yü	滇梨
Pyrus pyrifolia(Burm. f.) Nakai	砂梨
Pyrus serrulata Rehd.	麻梨
Pyrus sinkiangensis Yü	新疆梨
Pyrus ussuriensis Maxim.	秋子梨
Pyrus xerophila Yü	木梨
Qiongzhuea tumidinoda Hsueh ex Yi	筇竹
Quercus acutissima Carr.	麻栎
Quercus aliena Blume	槲栎
Quercus chenii Nakai	小叶栎
Quercus fabri Hance	白栎
Quercus glandulifera Blume	枹栎
Quercus phillyraeoides A. Gray	乌冈栎
Quercus spinosa David. ex Franch.	刺叶高山栎
Quercus variabilis Blume	栓皮栎
Rhus chinensis Mill.	盐肤木
Rhus chinensis var. *roxburghii*(DC.) Rehd.	滨盐肤木
Rhus potaninii Maxim.	青麸杨
Rhus punjabensis Stewat var. *sinica* (Diels) Rehd. et Wils	红麸杨
Rhus verniciflum (Stokes.) F. A. Barkl.	漆树
Robinia pseudoacacia Linn.	刺槐
Robinia pseudoacacia L. f. *umbraculifera* DC.	伞形刺槐
Rosa chinensis Jacq.	月季
Rosa foetida Herrm.	黄玫瑰
Rosa moschata	欧洲玫瑰
Rosa multiflora Thunb.	多花蔷薇
Rosa odorata(Andr.) Sweet	香水月季
Rosa roxburghii Tratt.	刺梨

Rosa rugosa. Thunb.	玫瑰
Rosa wichuraiana Crep.	光叶蔷薇
Rubus sachalinensis Lévl.	库页悬钩子
Salix psammophilla C. Wang et Ch. Y. Yang	北沙柳
Sapium sebiferum(Linn.) Roxb.	乌桕
Sasa fortunei(Van Houtte) Fior	菲白竹
Sasa glabra cv. *Aureo striata*	黄缟竹
Sasa kongosanensis cv. *Aureo striata*	黄条金刚竹
Sasa pygmea(Miq.) E. G. Camus	翠竹
Schisandra chinensis (Tuecz.) Baill.	五味子
Shibataea chinensis Nakai	鹅毛竹
Shibataea tootsik	唐竹
Siraitia borneensis (Merr.) C. Jeffrey ex Lu et Z. Y. Zhang	无鳞罗汉果
Siraitia grosvenorii (Swingle) C. Jeffrey ex Lu et Z. Y. Zhang	罗汉果
Siraitia siamensis (Craib) C. Jeffrey ex Zhong et D. Fang	翅子罗汉果
Siraitia taiwaniana (Hayata) C. Jeffrey ex Lu et Z. Y. Zhang	台湾罗汉果
Taxus chinensis (Pilger.) Rehd.	红豆杉
Taxus chinsis var. *mairei* (Lemee et Lévl) Cheng et L. K. Fu	南方红豆杉
Taxus cnspidata Sieb. et Zucc.	东北红豆杉
Taxus wallichiana Zucc.	西藏红豆杉
Taxus yunnanensis Cheng et L. K. Fu	云南红豆杉
Toona ciliata Roem.	红椿
Toona microcarpa (C. DC.) Harms	小果香椿
Toona sinensis (A. Juss.) Roem.	香椿
Torreya yunnanensis Cheng et L. K. Fu	云南榧
Torreya californica Torr.	加州榧
Torreya fargesii Franch.	巴山榧树
Torreya grandis Fort. ex Lindl.	香榧
Torreya jackii Chun	长叶榧树
Torreya nucifera (Linn.) Sieb. et Zucc.	油榧
Torreya taxifolia Arn.	佛州榧
Ulmus pumila Linn.	白榆
Vaccinium uliginosum Linn.	笃斯越橘
Vaccinium vitis – idaea Linn..	越橘
Vernicia cordata Steud	日本油桐
Vernicia fordii (Hemsl.) Ary – Shaw	油桐
Vernicia montana Lour.	千年桐
Vitis amurensis Rupr.	山葡萄
Vitis davidii Foex	刺葡萄
Vitis quinguangularis Rehd.	毛葡萄
Vitis riparia Michaux	河岸葡萄
Vitis romanetii Roman.	秋葡萄
Vitis rotundifolia Michx.	圆叶葡萄
Vitis rupestris Scheels	沙地葡萄
Vitis vīnifera Limn.	葡萄
Xanthoceras sorbifolia Bunge	文冠果
Yulania biondii Pamp.	望春玉兰
Yulania denudata Desr.	玉兰
Zanthoxylum armatum DC.	竹叶花椒

Zanthoxylum bungeanum Maxim.	花椒
Zanthoxylum piasezkii Maxim.	川陕花椒
Zanthoxylum schinifolium Sieb. et Zucc.	青花椒
Ziziphus fungii Merr.	褐果枣
Ziziphus laui Merr.	球枣
Ziziphus rugosa Lam.	皱枣
Ziziphus attopensis Pierre	毛果枣
Ziziphus incurva Roxb.	滇枣
Ziziphus jujuba Mill.	枣
Ziziphus jujuba var. *spinosa* (Bge.) Hu	酸枣
Ziziphus jujuba var. *inermis* (Bunge) Rehd.	无刺枣
Ziziphus jujuba var. *lageniformis* (Nakai) Kitang	葫芦枣
Ziziphus jujuba var. *tortusa* Hort	龙爪枣
Ziziphus mairei Dode	大果枣
Ziziphus mauritiana Lam.	毛叶枣
Ziziphus montana Smith	山枣
Ziziphus obtusifolia (Hook et Torr. et A. Gray) A. Gray	钝叶枣
Ziziphus oenoplia (Linn.) Mill.	小果枣
Ziziphus pubinervis Rehd.	毛脉枣
Ziziphus xiangchengensis Y. L. Chen et P. K. Chou	蜀枣